现代林产化学工程

第二卷 2

蒋剑春
储富祥
勇　强
周永红
主编

ADVANCED CHEMICAL PROCESSING OF FOREST PRODUCTS

化学工业出版社
·北京·

内 容 简 介

《现代林产化学工程》是对我国林产化学工程领域的一次系统性总结，全面介绍了近年来我国林产化学加工研究与应用领域所取得的新技术、新成果与新方法。

本书分为三卷，共十三篇九十三章，在概述我国林产化工现状、发展情况以及最新发展前沿的基础上，依次详细介绍了木材化学、植物纤维水解、热解与活性炭、制浆造纸、松脂化学、林源提取物、木本油脂化学、生物质能源、生物基高分子材料、木质纤维素生物加工、林副特产资源化学、污染防治与装备等内容，重点介绍了林产化工涉及的原料理化性质、转化过程反应机理、加工工艺和装备、产品及其应用等。其内容深刻反映了我国林产化学工程的时代特点和技术前沿，具有很强的系统性、先进性和指导性。

本书可为林产化学工程领域从事科研、教育、生产、设计、规划等方面工作的科技和管理人员提供参考，也可作为科研院校相关专业师生的学习材料。

图书在版编目（CIP）数据

现代林产化学工程. 第二卷 / 蒋剑春等主编.
北京 : 化学工业出版社, 2024. 10. -- ISBN 978-7-122-45896-4

Ⅰ. TS6

中国国家版本馆 CIP 数据核字第 202408ZE79 号

责任编辑：张 艳 刘 军　　文字编辑：林 丹 丁海蓉
责任校对：田睿涵　　装帧设计：王晓宇

出版发行：化学工业出版社（北京市东城区青年湖南街 13 号 邮政编码 100011）
印　　装：北京建宏印刷有限公司
787mm×1092mm 1/16 印张 73 字数 1991 千字 2025 年 1 月北京第 1 版第 1 次印刷

购书咨询：010-64518888　　售后服务：010-64518899
网　　址：http://www.cip.com.cn
凡购买本书，如有缺损质量问题，本社销售中心负责调换。

定　　价：598.00 元

《现代林产化学工程》

编辑委员会

《现代林产化学工程》

编写人员名单

名誉主编　宋湛谦

主　　编　蒋剑春　储富祥　勇 强　周永红

副 主 编　房桂干　付玉杰　许 凤　王 飞　刘守新

编写人员（按姓名汉语拼音排序）

毕良武　薄采颖　蔡政汉　曹引梅　陈 超　陈翠霞　陈登宇　陈 健　陈 洁
陈尚钘　陈务平　陈玉平　陈玉湘　程增会　储富祥　戴 燕　邓拥军　丁海阳
丁来保　丁少军　范一民　房桂干　冯国东　冯君锋　付玉杰　高 宏　高 强
高勤卫　高士帅　高振华　苟进胜　谷 文　郭 娟　韩春蕊　韩 卿　韩善明
胡立红　胡 云　华 赞　黄 彪　黄曹兴　黄立新　黄六莲　黄耀兵　黄元波
霍淑平　吉兴香　贾普友　姜 岷　蒋建新　蒋剑春　焦 健　焦 骄　金 灿
金立维　金永灿　孔振武　旷春桃　赖晨欢　李昌珠　李红斌　李凯凯　李 梅
李明飞　李培旺　李 琦　李守海　李淑君　李 伟　李湘洲　李 鑫　李 迅
李妍妍　李 铮　梁 龙　廖圣良　林冠烽　林 鹿　刘承果　刘大刚　刘丹阳
刘贵锋　刘 鹤　刘军利　刘 亮　刘 朋　刘汝宽　刘守庆　刘守新　刘思思
刘玉鹏　卢新成　罗金岳　罗 猛　马建锋　马艳丽　马玉峰　梅海波　南静娅
聂小安　欧阳嘉　潘 晖　潘 政　盘爱享　彭 锋　彭密军　彭 胜　齐志文
钱学仁　饶小平　任世学　商士斌　尚倩倩　沈葵忠　沈明贵　施英乔　时君友
司红燕　宋国强　孙 昊　孙 康　孙 勇　孙云娟　谭卫红　檀俊利　田中建
童国林　汪咏梅　汪钟凯　王 傲　王成章　王春鹏　王 丹　王德超　王 飞
王基夫　王 婧　王 静　王 奎　王 堃　王石发　王雪松　王永贵　王占军
王志宏　王宗德　温明宇　吴国民　吴 珽　夏建陵　谢普军　徐俊明　徐士超
徐 徐　徐 勇　许 凤　许利娜　许 玉　许玉芝　薛兴颖　严幼贤　杨 清
杨晓慧　杨艳红　杨益琴　殷亚方　应 浩　勇 强　游婷婷　游艳芝　于雪莹
俞 娟　曾宪海　张代晖　张海波　张 弘　张军华　张 坤　张亮亮　张 猛
张 娜　张 胜　张 谡　张 伟　张旭晖　张学铭　张 逊　张 瑜　赵春建
赵林果　赵振东　郑 华　郑云武　郑兆娟　郑志锋　周 昊　周建斌　周 军
周 鑫　周永红　朱 凯　庄长福　左 淼　左宋林

序一

森林蕴藏着丰富的可再生碳资源。2022 年全球森林资源面积 40.6 亿公顷，森林覆盖率 30.6%，森林蓄积量 4310 亿立方米，碳储量高达 6620 亿吨，人均森林面积 0.52 公顷。2022 年我国森林面积 2.31 亿公顷，森林覆盖率 24.02%，森林蓄积量 194.93 亿立方米，林木植被总碳储量 107.23 亿吨。林业产业是规模最大的绿色经济体，对推进林业现代化建设具有不可替代的作用，2023 年全国林业产业总值超 9.2 万亿元。

林产化学工业是以木质和非木质等林业资源为主要原料，通过物理、化学或生物化学等技术方法制取人民生活和国民经济发展所需产品的加工制造业，是林产工业的重要组成部分。进入 21 世纪，面对资源、能源、环境等可持续发展问题，资源天然、可再生的林产化学工业成为继煤化工、石油化工和天然气化工之后的重要化工行业之一。随着物理、化学、生物等学科的发展，以及信息技术、生物技术、新材料技术和新能源技术在林产化学工业中的应用，林产化学加工已形成木质和非木质资源化学与利用两大方向，研究领域和产业发展方向不断拓展。

2012 年以来，中国林产化学工业已迈入转型发展新阶段，技术创新逐步从“跟跑”“并跑”向“领跑”转变。突出原始创新导向，面向绿色化、功能化和高端化产品创制开展理论研究和方法创新；突出绿色低碳高效，攻克林产资源全质高效高值利用、生产过程清洁节能等核心关键技术难关，构筑现代林产化学工业低碳技术体系，大幅提升资源综合利用效率和生物基低碳产品供给能力；充分挖掘和利用林产资源中蕴含的天然活性物质，创新药、食、饲及加工副产物综合利用新技术与新模式，增强高品质、多功能绿色林产品供给能力。与此同时，传统林产化学加工工程学科不断与林学、能源科学、高分子科学、食品科学、生物技术等学科深度交叉融合，推动产业变革和绿色高质量发展，微波辐射、超临界流体、等离子体、超声、膜过程耦合、微化工等高新技术的应用，为林产资源的加工利用发展带来新活力。面向国家重大战略需求，以“资源利用高效化、产品开发高端化、转化过程低碳化、生产技术清洁化、机械装备自动化”为总体发展思路，加快原始创新与核心关键技术突破，将为抢占林业资源利用科技与产业竞争新优势提供保障。以科技创新催生新产业，加速形成新质生产力，增强发展新动能。

受蒋剑春院士委托，为本书作序，初看书稿之余，欣然领命。该书由蒋剑春院士领衔、汇聚了国内 200 余位长期从事林产化学加工的权威专家和学者多年科研经验和最新研究成果，是一部综合性的林产化学加工领域的大型科技图书，内容丰富，涵盖了我国林产化学加工领域的主要方向，系统介绍了相关原料理化性质、转化过程反应机理、加工工艺和设备、产品及其应用等，论述了现代林产化学加工工程的发展成效、发展水平和发展趋势，具有重要的参考价值和实用价值。我真诚希望，通过该书的出版发行，加快林产化学工程基础知识和科技成果的传播，为林产化学工程领域从事科研、教育、生产、设计、规划、管理等方面工作的科技人员提供业务指导，吸引更多专家、学者加入到林产化学加工领域的科学研究中来，为林产化学工业高质量发展作出更大的贡献。

中国工程院院士　东北林业大学教授

2024 年 6 月

序二

自古至今，森林与人类发展息息相关，是具有全球意义的宝贵财富，是人类赖以生存的基础资源。纵观世界林业发展历程，人类对森林的利用经历了从单一的初级利用到多元化利用，再到经济、环境和社会效益并重的可持续利用。数千年来，森林源源不断地为人类社会发展提供丰富的能源、食品、材料、药材等。联合国粮农组织等机构发布的资料显示，目前全球有约 41.7 亿人居住在距森林 5 公里范围内，约 35 亿至 57.6 亿人将非木材林产品用于自用或维持生计，近 10 亿人直接依靠森林资源维持生计。

发展森林资源的优势之一是不与粮争地，在满足经济社会发展和人民群众美好生活需求方面，森林资源具有不可替代的独特优势和巨大潜力。在可预见的未来，绿色可持续发展是新一轮全球经济发展的主旋律。森林资源作为储量巨大、低碳可再生的重要自然资源，已经成为地球上重要的自然资本与战略资源，在人类可持续发展和全球绿色发展中持续发挥着巨大的基础性作用；其高效利用仍将在粮油安全、能源安全、资源安全，以及增加就业、巩固拓展脱贫攻坚成果等方面发挥重要的作用。

在兼顾生态保护与合理利用的前提下，加快我国传统林业产业向森林食品、林源药物、林源饲料、林业生物基材料等新兴产业转型升级，将生态优势转化为发展优势，更好地架起“绿水青山”与“金山银山”之间的桥梁，让绿水青山产生更多的自然财富、经济财富，是我国林草事业高质量发展的重要途径。

我国自开启工业化进程以来，工业化水平实现了从工业化初期到工业化后期的历史性飞跃，基本经济国情实现了从落后的农业大国向世界性工业大国的历史性转变。经过数代林化人的努力，我国林产化学工业也同国家整体工业一样取得了令人瞩目的巨大进步，如在活性炭、清洁制浆等研究和应用领域，整体水平已居世界前沿。作为不可或缺的重要基础性原料，林产化学加工产品几乎涉及了食品、医药、电子、能源、化工等国民经济相关行业。

科技领域的发展潜力无限，对于人类社会的进步起着关键作用。目前，不同学科、技术、应用、产业之间互相渗透已成常态，智能制造和先进材料等领域的竞争进一步加剧，传统工业过程和产品持续向低碳、高效绿色工业与环境友好型新产品转变，从而促使我国林化产业必须关注产业转型中的问题和挑战，加快创新引领，确保科技真正成为林化产业进步的引擎。

面对林产化学加工工程的发展现状与趋势，为了及时总结、更好地指导并探索适合我国国情的林化发展道路，中国工程院院士、中国林业科学研究院林产化学工业研究所研究员蒋剑春等为主编，汇聚国内林产化学工程学科多位研究和教学专家，历经数年，编著了《现代林产化学工程》。

该书系统、全面地总结了我国林产化学工程的发展历史、研究现状与发展趋势。全书紧扣当前林产化工国内外发展趋势与最新成果，着力体现“现代”特点，注重当前林化领域拓展与延伸，并对未来发展进行了展望。该书结构严谨，针对性强，覆盖面广，充分反映了林化人一如既往的严谨求实、精益求精、追求极致的科学态度。

该书的出版，必将为林产化工行业的科研、教学等提供重要参考；对促进森林资源培育和林产化学加工上下游紧密结合具有战略指导意义，让育种者新品种创制的目标更加明确，让森林资源培育的目标产物更加清晰，进而更好地促进全产业链绿色加工增值。拜读书稿，点滴感悟，聊作为序。值该书付梓之际，也很高兴推荐给同行专家和莘莘学子阅读参考。

中国工程院院士　中国林业科学研究院研究员

2024 年 6 月

序三

林产资源是丰富而宝贵的可再生资源，在人类社会的发展中发挥重要作用。利用现代技术可将木质和非木质林业生物质资源转化成人类生产生活所需要的各类重要产品。由此发展起来的林产化学工业已成为重要产业，是现代化工行业的重要组成部分。鉴于林产原料的丰富性与复杂性，以及转化过程与产品的多样性，现代林产化学工业不断融合各领域新兴科学技术，已成为一个不断发展的跨行业、跨门类、多学科交叉的产业，其应用领域向新能源、新材料、绿色化学品、功能食品、生物医药等新兴产业不断拓展。现代林产化学工业作为支撑社会经济绿色发展的重要产业，对于妥善解决经济、资源与环境三者之间的矛盾，实现人类社会可持续发展和“碳达峰”“碳中和”目标十分重要。在我国，现代林产化学工业对于绿色可持续发展、生态文明建设、健康中国建设、乡村振兴等具有不可替代的作用。

随着科学技术的快速发展，现代林产化学工业与林学、能源环境、材料科学、化学化工、生物技术等多学科深度交叉融合，林产化学品向高值化、多元化、功能化、绿色化和低碳化等方向发展，新原理、新方法、新工艺、新技术、新设备不断涌现，相关知识更新迅速。因此，对林产化学工程领域的发展历史、现状和发展趋势进行归纳总结、分析和研究十分必要。《现代林产化学工程》系统介绍了林产资源的种类与理化性质、转化过程与反应机理、产品的提取分离、加工工艺和装备、产品及其应用等，归纳总结了我国现代林产化学工业的发展历程、发展现状与发展趋势，全面介绍了现代林产化学工业所涉及的木材化学、植物纤维水解、热解与活性炭、制浆造纸、松脂化学、林源提取物、木本油脂化学、生物质能源、生物基高分子材料、木质纤维素生物加工、林副特产资源化学、污染防治与装备等内容，并介绍了相关领域的国内外最新进展。

该大型科技图书在蒋剑春院士和编委会的组织协调下，国内多位相关领域的知名专家、学者参与撰稿，具有权威性、综合性、前瞻性，同时包含许多新观点、新思路，对林产化学工程领域的广大科技工作者、政府部门管理人员、企业家、教师、学生等具有重要的参考价值。我相信，此专著的出版对我国现代林产化学工业的高质量发展具有重要而深远的意义。

韩布兴

中国科学院院士　中国科学院化学研究所研究员

2024 年 6 月

前言

林产化学工程是以木质和非木质林业生物质资源为对象，以林学、木材学、化学、材料学、化学工程与技术等学科的知识为基础，研究人民生活和国民经济发展所需产品生产过程共同规律的一门应用学科，所形成的加工制造产业称为林产化学工业。现代林产化学工程是在传统林产化学加工工程学科基础上，融合现代科学技术，向新能源、新材料和生物医药等新兴产业拓展的交叉学科，具有生产过程绿色低碳、产品多元、国民经济不可或缺的特点，是实现我国“碳达峰”“碳中和”战略目标的重要途径，也是促进我国经济社会绿色发展的重要循环经济产业。

森林资源是林产化学工业的物质基础，是自然界陆地上规模最大的可再生资源。2022 年全球森林资源面积 40.6 亿公顷。我国森林面积 2.31 亿公顷，居全球第五位，其中人工林面积世界第一，森林覆盖率 24.02%，林木植被总碳储量 107.23 亿吨。我国是世界上木本植物资源最丰富的国家之一，已发现木本植物 115 科 320 属 8000 种以上，其中乔木树种 2000 余种，灌木 6000 余种，约占全球树种资源种类的 1/3，分布广泛，可利用总量巨大。林产化学工业是一个跨门类、跨行业、多学科交叉的产业，是森林资源高效可持续利用的重要途径和国民经济发展的重要基础性、民生性产业。林产化学工业以其资源的天然性、可再生性和化学结构特异性等特点，成为继煤炭、石油、天然气化工之后现代化工行业的重要组成部分之一。随着生态文明建设、乡村振兴、健康中国、“碳达峰”与“碳中和”等国家战略不断深入实施，林产化学工业将在国民经济和社会发展中发挥越来越重要的作用。

在人类历史发展进程中积累了许多关于林产品化学利用的知识和经验。中国四大发明中，造纸术、火药和印刷术都离不开林产化工技术：造纸利用木质纤维，火药主要成分含木炭，印刷术利用松香作为黏结剂。松香、松节油、单宁、生漆、桐油、白蜡、色素等林化产品的应用也有悠久的历史。传统林产化学工业主要包括木材热解、木材水解、制浆造纸等为主的木质资源化学加工，以及包括松脂、栲胶、木本油脂、香料、精油、树木寄生昆虫等为主的非木质资源化学加工。代表性产品有木炭、活性炭、纸浆、松香、单宁、栲胶、糠醛、木本油脂、生漆、木蜡、紫胶等，广泛应用于化工、轻工、能源、材料、食品、医药、饲料、环保和军工等领域。进入 21 世纪，随着生物、纳米、新型催化等前沿技术的快速发展与交叉融合，林产化学品正向高值化、功能化、绿色化和低碳化等方向发展，林产化学加工工业领域由木材制浆造纸、树木提取物加工、木材热解和气化、木材水解和林副特产品的化学加工利用等传统领域向生物质能源、生物基材料与化学品、生物活性成分利用等综合高效利用领域拓展。当前，我国松香、木质活性炭、栲胶、木材制浆造纸均已实现机械化、规模化连续生产，产量和出口贸易额居世界前列；大容量储能活性炭、高品质液体燃料、功能生物基材料、林源生物医药、林源饲料添加剂等新产品的创制，为林产化工产业注入新的活力，成为产业高质量发展新的增长点。

随着科学技术的发展，林产化学加工生产过程由传统的小规模、间歇式、劳动密集型为主的模式，向规模化、连续化、自动化和智能化等工业生产模式转变；产品由粗加工向高值化、功能化、多元化精深加工拓展。林产资源全质高效高值利用、生产过程绿色低碳是林产化学工业高质量发展的必然趋势，生物质能源、生物基材料与化学品、药食饲用林产品等加工利用成为现代林产化学工业的重要发展方向。随着新技术、新方法、新设备的不断涌现和知识快速更新，编著一套综合全面且内容新颖的林产化学工程科技专著，显得尤为重要。

《现代林产化学工程》共十三篇九十三章，分为三卷出版。第一卷包括总论、木材化学、植物纤维水解、热解与活性炭、制浆造纸；第二卷包括松脂化学、林源提取物、木本油脂化学、生物质能源；第三卷包括生物基高分子材料、木质纤维生物加工、林副特产资源化学、污染防治与装备。

衷心感谢中国工程院院士、中国林业科学研究院林产化学工业研究所研究员宋湛谦，中国林业科学研究院林产化学工业研究所研究员沈兆邦，南京林业大学教授余世袁、安鑫南、曾韬，东北林业大学教授方桂珍等在本书编写过程中的指导和帮助。《现代林产化学工程》的出版，是全体编写和编辑出版人员紧密合作和辛勤劳动的结果。在本书出版之际，谨对所有为本书出版作出贡献的专家学者表示诚挚的感谢！

由于参与编写人员较多，涉及内容较广，加上知识的局限，难免还存在文字风格、论述深度和学术见解等方面的差异，甚至不妥之处。对此，敬请读者批评指正。

2024 年 8 月

总篇目

第六篇
松脂化学

本篇编写人员名单

主　　编　周永红　中国林业科学研究院林产化学工业研究所

编写人员（按姓名汉语拼音排序）

毕良武　中国林业科学研究院林产化学工业研究所

陈　洁　中国林业科学研究院林产化学工业研究所

陈玉湘　中国林业科学研究院林产化学工业研究所

冯国东　中国林业科学研究院林产化学工业研究所

高　宏　中国林业科学研究院林产化学工业研究所

谷　文　南京林业大学

韩春蕊　北京林业大学

李　梅　中国林业科学研究院林产化学工业研究所

刘承果　中国林业科学研究院林产化学工业研究所

刘　鹤　中国林业科学研究院林产化学工业研究所

廖圣良　江西农业大学

罗金岳　南京林业大学

潘　政　中国林业科学研究院林产化学工业研究所

饶小平　华侨大学

商士斌　中国林业科学研究院林产化学工业研究所

沈明贵　中国林业科学研究院林产化学工业研究所

王　丹　中国林业科学研究院林产化学工业研究所

王　婧　中国林业科学研究院林产化学工业研究所

王石发　南京林业大学

王宗德　江西农业大学

夏建陵　中国林业科学研究院林产化学工业研究所

徐士超　中国林业科学研究院林产化学工业研究所

徐　徐　南京林业大学

张海波　中国林业科学研究院林产化学工业研究所

张　猛　中国林业科学研究院林产化学工业研究所
赵振东　中国林业科学研究院林产化学工业研究所
周永红　中国林业科学研究院林产化学工业研究所

目 录

第一章　绪　论

第一节　松脂加工利用发展历史

松脂为松树树体中的含油树脂，是松树生理活动的产物。松脂经过蒸馏可以得到松香和松节油，是非常重要的林化产品，其深加工产品用于油漆、肥皂、纸张、油墨、胶黏剂、电器、农药、香精香料、食品、医药和化妆品等工业领域中，是国民经济不可缺少的化工原料[1]。

中国松脂和松香的应用具有悠久的历史，与火药、印刷、造纸等我国伟大的发明都有密切联系[2]。1700 多年前，药物学书《神农本草经》中就有采脂和将松脂作为药物应用的记载[3]。我国古代所称的火药，是指含有硝石、硫黄、松香等的混合物，北宋曾公亮等在 1044 年编著的《武经总要》中记载了现存最早的三种军用火药配方，松香在火药总量中占 17%[2]；北宋沈括《梦溪笔谈》中记载“庆历中，有布衣毕昇，又为活板。其法用胶泥刻字……先设一铁板，其上以松脂、蜡和纸灰之类冒之”。这里提及的松脂即松香，松香遇热熔化，冷却后便将一板泥活字都粘在一起。毕昇选用松香作胶黏剂的确是独具匠心。活字印刷术是我国伟大的发明创造，需要解决许多技术问题，松香的选用便是其中之一[4]。在造纸技术中，唐代的黄、白蜡笺和宋时金粟山藏经纸不渗水，被赞为名贵纸，均使用了松香，实际上这已接近近代造纸中使用松香胶和纸浆混合的技术，欧洲人直到 1866 年才制得这种蜡纸，比我国要晚千余年[2]。在中国古代文献中，还有松脂和松香在制墨、军事、造船、染料、制蜡、铸钱等领域应用的记载[5]。

中国古代的采脂技术发展缓慢，唐代《千金翼方》记载了伐树取脂法和根部凿孔取脂法[6]，宋代的宋应星《天工开物・墨》也记载了根部凿孔取脂法[7]。到了清代出现了鳞刺法，《广东・宣统高要县志・实业》记载：“松香，其原料为松之脂膏，择松之老干约十尺围者，以小刀刺之，则油喷出，停积成固体，名松香，全干鳞刺，约一月内，其油始尽，油尽则松枯……”鳞刺采脂法与现在使用的 V 字形的采割技术有类似之处，但该法会导致松树死亡[8]。民国以后，采脂摒弃了可导致松树死亡的不可持续的采脂法，出现了现代采脂技术，即采脂的上升法，20 世纪 60 年代才开始使用下降法采脂[5]。

松香的应用大大促进了它的生产，并促使独立的松香制作工艺迅速发展。到了唐代，直火加热法便应运而生了。唐代《千金翼方》记载了采取煮、蒸的方法炮制、加工出适合医药用途的松香[6]。清代的《外科大成》和《本草纲目拾遗》记载有松节油的提取技术，其原理和现代松节油提取原理大致相同[9,10]。民国时期，滴水法的松香加工技术就已经开始使用，1922 年在广东河源开设了第一家松香加工厂，随后温州也兴办了徐通记炼香厂，使用铜釜蒸馏法生产松香、松节油，说明我国近现代进行松香加工生产已有百年历史[11]。

我国对松香再加工产品的研究与应用迟滞于西方国家。19 世纪 90 年代初，法国 Pellerin 首先报道了松香的氢化反应；1938 年，美国赫格莱斯公司实现了氢化松香产品的工业化生产。1919 年，德国格隆（A. Grun）和温克勒（R. Winkler）最早提出松香的聚合反应，用浓硫酸作催化剂制备聚合松香，20 世纪 30 年代美国建成聚合松香生产车间[12]。

1949 年新中国成立尤其是改革开放以后，我国松脂和松香的研究及工业才有了较快的发展，根据国家有关统计资料，松香年产量从 1950 年的不足 2 万吨上升到 21 世纪初的约 80 万吨，随后由于劳动力成本的逐步提高，行业从业人员持续减少，松香年产量降低到约 40 万吨。

第二节　我国松脂资源状况

2020 年，世界松脂年产量约 110 万吨，我国松脂资源丰富，年产量 50 万～60 万吨，约占世界产量的一半。我国松脂的类型主要有马尾松松脂、云南松松脂、湿地松松脂、油松松脂、南亚松松脂和五针松松脂等。国外引进松松脂的类型主要有湿地松松脂、火炬松松脂、加勒比松松脂等。马尾松松脂与其他松树松脂相比，倍半萜烯含量最为丰富，可达 13.7%，其中主要为长叶烯和 β-石竹烯。由马尾松松脂进行蒸馏可得到长叶烯质量分数达 67.4%、β-石竹烯含量达 17.9%的重松节油。云南松松脂的松节油含量比马尾松高，其中蒎烯含量很高。湿地松是公认的高产脂树种，湿地松松脂具有较高含量的 β-蒎烯，一般在 6.4%～19.2 %。油松松脂中含有较多的单萜化合物和较少的二萜化合物，并含有较多的倍半萜化合物，与五针松松脂的主要差别在于异海松酸、左旋海松酸、糖松酸和枞酸含量的不同。南亚松松脂中含二元树脂酸，具有较高的酸价，软化点也高于普通商品松香，不含海松酸。五针松松脂的倍半萜烯含量较低，单萜类中 α-蒎烯含量也较低，二萜类含量较高，其中二萜酸含量达 59.1%～71.4%，除糖松酸外，还有较多的异海松酸（>11%）和枞酸（>16%），而长叶松酸与左旋海松酸含量低于 10%。据云南省林业调查规划院董静曦提供的 2020 年初步统计结果，全国现有可供产脂松树用材林面积约为 1500 万公顷，其中，湿地松约 250 万公顷、云南松约 100 万公顷、思茅松约 30 万公顷，其余部分主要为马尾松，包括少量的南亚松、加勒比松等。

目前，我国松脂的主要产地为广西、广东、福建、江西、云南、湖南、海南等省（自治区），其中广西、广东产量占全国总产量的一半以上。过去广东产量一直大于广西，由于采脂劳动强度大，随着经济的发展，松香产区逐渐移向较偏远的山区，近年来广西的产量大于广东。云南的脂松香产量也呈现了较快的增长势头。马尾松主要分布在淮河流域、汉水流域以南和云南、贵州、四川东部地区。云南松分布在广西西南部、云南、贵州、四川的西部和西藏东部。引进树种加勒比松和本土树种南亚松，同样受到种植区域和气候条件的限制，主要局限在海南省和雷州半岛的部分区域。引种树种湿地松是推广种植面积最大、种植区域较广的松树，在江西吉安地区已基本上取代了马尾松，在广东的种植区域及面积也不少，已在我国松脂生产中占到了举足轻重的地位。2018 年和 2019 年我国各产区松香产量见表 6-1-1。

表 6-1-1　2018 年和 2019 年我国各产区松香产量　　单位：万吨

省区	2019 年产量	2018 年产量	省区	2019 年产量	2018 年产量
广西	13.2	14.5	广东	5	4.5
云南	5.9	6.2	江西	8.7	8.1
湖南	2.3	2.2	安徽	3.4	3.5
湖北	0.7	0.8	福建	0.8	0.9
贵州	0.4	0.45	浙江	0.4	0.4
海南	0.15	0.2	其他	0.05	0.25
全国各产区松香产量合计				41	42

中国松脂资源主要集中在华南、中南和西南山区或丘陵地区，普遍存在资源分散、经营管理难度大、立地条件差、采集运输困难、机械化程度低、市场波动大、经济效益低等诸多不利因素，严重制约着松脂资源的有效开发和高效利用。中国松香、松节油深加工企业不断稳步发展，实力不断增强，正逐步成为松香、松节油深加工产品的生产、利用和出口大国。但由于国内松脂加工及松香、松节油深加工利用产能过剩，国内松脂资源市场供求关系经常失衡，使得国外松脂及松香、松节油市场逐步形成价格优势。中国虽然长期处于传统脂松香、脂松节油生产和出口大国地位，但国内松香、松节油产量已呈逐年下降趋势，甚至已不能满足国内需求，正逐步变成松脂、松香、松节油净进口国家。据不完全统计，2018 年，我国净进口松脂 1.82 万吨，净进口松香 2.13 万吨（出口 4.86 万吨，进口 6.99 万吨），净进口松节油 4180 吨（出口 900 吨，进口 5080 吨）；2019 年净进口松脂 3 万吨，净进口松香 4 万吨（进口 7.55 万吨，出口 3.55 万吨）。

因此，我国应充分利用松树资源分布广泛、可采脂利用松树种类较多、采脂自然环境气候多样、松树种质资源丰富等优势条件，加强松树遗传育种、优质和个性化松树培育及泌脂机理等基础研究，提高松脂产量，充分利用现有松脂资源，推广培育和应用高产脂松树品种，为松脂加工产业提供优质资源和原料，保障林农、松脂生产与流通、松脂加工与利用等各环节的合理经济效益，从而促进林业、生态、工业的可持续良性发展。

第三节　松脂加工利用现状

松脂是一种用途广泛、重要的林产化工原料，松脂通过加工得到初级产品松香和松节油。松香广泛应用于胶黏剂、油墨、涂料、造纸施胶剂、合成橡胶、表面活性剂、肥皂、食品、医药、电子、香料、香精等工业领域，使用松香、松节油的行业有300多个[13]。尽管松脂深加工产品的许多性能可以用石油化工产品来替代，松脂产品一直与石油化工产品处于竞争态势，但松脂作为地球上少数可以再生的、大宗的环保资源，在强调保护生态环境和持续发展的当今世界竞争格局中，处于非常有利的地位。因此，松脂行业的发展前景十分光明。

一、松脂加工现状

松脂的主要初加工产品为松香和松节油，产品附加值低，产业链短。松香和松节油生产多采用连续蒸汽法，也有部分采用间歇法，方法是对松脂进行熔解、水洗、草酸脱色、澄清、过滤、蒸馏、冷凝和冷却后即得松香和松节油。

目前我国松脂加工普遍已由小规模的“滴水法”和水蒸气蒸馏间歇法，升级为万吨级规模的连续化水蒸气蒸馏法生产松香和松节油，生产过程由环境污染负荷大向绿色清洁生产转变。也有企业采用 CO_2/N_2 循环活气技术。CO_2/N_2 循环活气技术是一种节能减排的松脂蒸馏技术，而且蒸馏所得的产品不含水分，松香无结晶现象，松节油透明无浑浊，蒸馏过程是全封闭式生产操作，没有含松节油废水、废气和工业废盐排放[14]。

“十三五”期间，我国开发了松脂加工节水减排新工艺[15]，有效促进了松脂加工工艺的绿色化和经济化，对松脂产业的技术升级和发展绿色循环经济具有重要意义。

二、松香加工利用现状

我国松香加工产品研制开始于20世纪60年代，自开始研发以来产量在不断地上升，如今的单个企业松香深加工产品生产能力已经能够达到年产量8万吨的水平，全国松香深加工产量超过30万吨，加工利用率已接近80%。

松香加工产业主要集中在广西、广东、湖南、云南、福建、浙江、江西、贵州和四川等地。其中，广西和广东占比较高，两省松香深加工产品产量占全国总产量的44%，而贵州和四川松香深加工产品占比较低，两省松香深加工产品产量占比不足2%。

松香加工产品主要有聚合松香、氢化松香、歧化松香、马来松香、松香腈、松香胺等各种改性松香和改性松香酯。目前大部分松香深加工产品实现连续化、规模化和节能化生产，劳动生产率显著提高。20世纪80年代中期，国外已有的松香加工产品我国都已研发成功，以后陆续投入规模化生产，目前几乎所有产品都实现了连续化生产。20世纪80年代我国开发了氢化松香及其连续化生产技术，为林化工业高温高压加氢技术提供了科学依据，但反应条件苛刻，21世纪开发了松脂直接催化氢化连续化生产氢化松香联产蒎烷技术，反应温度从250～280℃降低到150～190℃，反应压力从12.0～35.0MPa降低到4.0～6.0MPa，能耗显著降低，实现节能化生产。松香深加工产品实现系列化，满足市场的差异化需求，如氢化松香制成10多种系列产品，采用新技术开发出10多种浅色松香、松节油增黏树脂系列产品，可改进胶黏剂色泽。松香酯是一种浅黄色至无色的透明固体，软化点范围宽，酸值较低，增黏性能和耐老化性能优异，常作为胶黏剂、油墨、涂料等产品的重要原材料。歧化松香树脂性能稳定、抗氧化好、保存周期长，常应用于钾皂、丁苯橡胶、氯丁橡胶、ABS（丙烯腈-苯乙烯-丁二烯共聚物）等高分子化合物。聚合松香树脂的软化点较高，粒子团比较细小，酸性显著，具有较强的反应能力，对氧化和老化有好的稳定性，常用于造纸工业的强化施胶、硝基漆、马路涂料等领域。酚醛松香树脂透明，软化点高，呈现淡黄色至红棕色，具有油溶性好的特点，主要用于涂料、油墨、漆包线和橡胶等工业。国内相关产业的迅速发展将增加对深加工松香的需求，今后十年内相关行业将呈现增长趋势。胶黏剂年增长5%～7%，造纸5%～6%，合成橡胶6%～7%，印刷油墨8%，涂料8%。松香生产和出口企业数量增加，竞争将更加激烈，促进松香生产。

近年来，国内外对松香加工利用的研究主要集中在两个方面：一是对传统产品生产的新工艺和新设备的研究方面，以满足降低成本、提质增效和节能减排的需求；二是研究开发新产品，主要是高附加值的功能化松香基精细化学品和高分子材料，以此取代目前的许多石油基产品。小/中分子松香基表面活性剂是离子或非离子化合物，用来降低不同物质之间的表面张力。与石油基表面活性剂相比，松香基表面活性剂具有可设计的表面活性，对许多化学物质（如脂环族、芳香族）亲和性较好，无毒，具有温和的杀菌性能和较强的热稳定性[16,17]。Zhang 等通过脱氢枞基氯、癸二醇和多磷酸制备了脱氢枞基磷酸二酯，它是一种黄色的黏性液体，可作为高活性表面活性剂[18]、羟基磷灰石合成中的磷源和晶体生长控制剂[19]。Atta 等通过二乙醇胺与松香酮的 Diels-Alder 双烯反应制备四官能团环氧树脂[20]。松香作为单体提供了一种合成新型生物基乙烯基酯树脂的途径，以取代传统的石油基乙烯基酯树脂，在很大程度上解决了环境问题。但是，松香具有耐水、耐碱性差且对空气敏感等问题，Jaswal 等采用 Diels-Alder 反应对松香进行改性，得到马来酸酐加合物，并用季戊四醇酯化。在合适的催化剂下，由于在树脂链中引入了季戊四醇上的羟基，从而提高了松香基乙烯基树脂的功能性和柔韧性，且松香基乙烯基酯树脂样品的热稳定性比石油基乙烯基酯树脂更好[21]。

松香衍生的聚酰胺和松香基酸酐也被广泛用作各种环氧树脂的固化剂，这些生物基固化剂也被证明是石油基环氧固化剂的更好的替代品[17,22]。松香还可以用来制备许多其他的化学品，例如氢化松香酸催化剂[23]、松香基生物柴油[24]、松香植物油二聚酸[25]、松香基固化扩链剂[26]、松香基聚氨酯[27] 等。与石油基化学品相比，它们无毒且环保，可广泛应用于各种工业领域[28,29]。改性松香为众多科学、医学和工程领域提供大量的环境友好型解决方案，其中树脂、硬化剂和生物活性化合物是近十年来被研究最多的松香基化学物质，这使它们最具有规模化和商业化前景。

目前，对松香的化工利用在国内外都具有重要的地位[30,31]。即使石油树脂进入市场使得松香在胶黏剂、涂料等领域的应用受到了一定程度的冲击，但是松香仍是发达国家大量使用的化工原料。并且由于松香是天然的产品，其所具备的特性是合成产品所不能替代的，因此，在造纸、油墨、合成橡胶、食品和电子方面的使用量并未削减。并且对于目前的化学原料使用中，发达国家在进行再加工和深加工时都是应用松香进行生产的。在松香的种类中，脂松香是品质最好的一种。

三、松节油加工利用现状

松节油是我国最大的天然精油品种之一，是绿色可再生资源。从松节油出发可以合成数百种精细化工产品。松节油作为化工原料应用时，采用纯度比较高的单体化合物作为合成原料通常具有更好的效果。因此，需要对松节油的成分进行分离。我国从在广东信宜松香厂建立第一套连续化分离松节油制造 α-蒎烯和 β-蒎烯的中试装置后[32-34]，已建立多套规模更大的装置，从松节油中可获得含量稳定在96%以上的 α-蒎烯和 β-蒎烯产品，奠定了我国松节油精细化工利用的技术基础。

目前我国松节油加工利用研究及产品开发取得了很大进展。松节油深加工产品主要有松油、松油醇、冰片、合成龙脑、合成樟脑、萜烯树脂及一些以 α-蒎烯和 β-蒎烯为原料的香料，如合成檀香、芳樟醇、二氢月桂烯醇和龙涎酮等。

合成龙脑可用于制药，在香料工业中用以调制东方型香料，是合成龙脑酯类香料的原料，作为化工中间体广泛地应用于日用化妆品行业，如牙膏、墨锭、墨汁、薰香剂、口腔清洁剂、消毒杀菌剂等，国内产量约为0.1万吨/年，消耗松节油约为0.2万吨/年。合成樟脑广泛应用于日用、医用及工业生产中，在印度、泰国等地也用在宗教领域。合成樟脑与天然樟脑相似，可替代使用，中国和印度是全球主要的生产国，中国的产量最大。国内市场对合成樟脑的需求量近年保持在0.7万吨/年左右，出口需求数量比较稳定，保持在1万吨/年，近两年耗松节油2.5万～4万吨/年，未来中国合成樟脑总产量约在1万～1.5万吨/年。合成冰片的主要用途是医用，具有开窍醒神、清热散毒、明目退翳的功效，目前中国大约有4～5家工厂生产冰片，产量约为0.15万～0.2万吨/年，需消耗松节油0.5万～0.6万吨/年。松节油合成的松油醇主要用于香精、医药、农药、塑料、肥皂、油墨等工业领域，是玻璃器皿上色彩的溶剂，目前中国有16～17家松油醇生产厂，分布在福建、广东、广西等地，产量在1万～1.4万吨/年的水平，消耗松节油约1.8万～2.5万吨/年。松节油合成的萜烯树脂主要用于胶黏剂、涂料、油墨等工业领域，特别适用于制造妇女卫生巾及婴儿尿布。国外萜烯树脂的生产规模比较大，一般在万吨级，而且同时生产几类树脂产品，生产工艺较先进，已经基本实现连续化生产，产品质量上乘，表现为颜色较浅、氯含量低（可达50mg/kg以下），国外正常生产的产品有普通萜烯树脂（包括α-蒎烯树脂、β-蒎烯树脂、双戊烯树脂）、萜烯酚树脂、萜烯苯乙烯树脂、水白萜烯树脂等。近年来松节油价格大幅度上涨，导致萜稀树脂的生产成本急剧上升，用量不断萎缩，我国近两年产量在1万～2万吨/年，消耗松节油0.5万～1万吨/年。

我国松节油深加工产品的种类和应用还远低于国际先进水平，因此，研究开发出中国特色的松节油深加工产品，对促进国家和地方经济的发展都具有非常重要的现实意义。

松节油精细化学利用是松节油深加工研究的主要方向之一。在香料研究方面，研究开发了月桂烯及系列香料产品、二氢月桂烯及系列香料产品、柑青醛和柑青腈、芳樟醇、香叶醇、橙花醇、香叶基丙酮、橙花叔醇、金合欢醇、α-松油醇、诺卜醇及酯类、各种含硫香料、紫苏醛及紫苏糖、桃金娘烯醇及醛、4-松油醇、角鲨烯、维生素E和维生素K_1等。松节油深加工产品在虫害防控方面具有光明的前景，由于松节油中的主要成分有独特的化学结构，松节油被用于合成农药增效剂和新型杀虫剂，如保幼激素、雌性激素及昆虫驱避剂等[35-37]。在药物合成方面，蒎烯化合物本身具有显著的生物活性，可用以合成多种有潜在应用性能的药物[38-40]，如：蒎烯氧化衍生物桃金娘烯醇、桃金娘烷醇以及桃金娘烯醛对人结肠癌细胞呈现出良好的抑制活性；α-蒎烯衍生物（1S,2S,3R,5S)-顺式-2,3-蒎二醇是制备治疗骨髓癌药物硼替佐米必需的手性原料；莰烯衍生物美加明是一种戒烟药物，可用于治疗尼古丁依赖症，美加明也可作为神经节阻断药用于治疗重症高血压。此外，美加明还可用于治疗肠炎、胃溃疡、幽门痉挛、腹部痛性痉挛、机能性肠胃不适等肠胃疾病。α-蒎烯制得的蒎烷基-2-氨基嘧啶类化合物和蒎烷基异噁唑啉类化合物，对大肠杆菌和枯草芽孢杆菌有很强的抑制效果。

蒎烯也是制备新材料的重要单体[41]，如：β-蒎烯经氧化得到诺蒎酮制得的聚酰胺可作为制备尼龙6的原料[42]；β-蒎烯经氧化合成异丙基聚己酸内酯[43]；蒎烯改性的聚硅氧烷可用于制备性能优异的自修复超疏水材料[44]；β-蒎烯经氧化、亚甲基化、环化等途径，制得系列荧光探针，应用于生物、环境中有毒有害物质监测以及生物体内微量物质的实时检测[45]。

重松节油是马尾松松脂加工过程中的高沸点馏分，主要含长叶烯、β-石竹烯等倍半萜类化合物。近年来随着人们对倍半萜类化合物认识和研究的深入，重松节油的分离和应用越来越引起人们的注意。由于长叶烯和β-石竹烯的沸点十分接近，用普通精馏方法很难获得高纯度长叶烯和β-石竹烯。高纯度长叶烯必须通过化学法除去β-石竹烯，然后再进行精馏提纯才能得到。将大部分β-石竹烯反应后得到的粗长叶烯经过简单蒸馏，只将长叶烯纯度提高到85%以上，若再进行精密精馏可得到95%的产品。较纯的β-石竹烯则需要从石竹烯的衍生物中进行化学回收，或者从其他来源获得。重松节油中的其他少量成分很难进行分离提纯，只有通过其他来源获得，如从柏木油中获得柏木烯进行利用。

由于中国国内松节油深加工产业的兴起，以及近年松节油产量的下降、价格的大幅度上涨，给了印尼（全称印度尼西亚）、巴西和越南等国松节油发展的空间，他们凭借较低的人工费用，逐渐挤压国内松节油市场。印尼年产约1万吨脂松节油，巴西脂松节油出口量也超过1万吨/年，在国际市场上对中国脂松节油形成强大的竞争力。越南脂松节油的产量较低，约为0.3万吨/年，品质较低，主要用作低端产品，对我国松节油不构成威胁。2017 年国内松节油产量为 8.06 万吨/年，比 2016 年减少约 4.6%。相较于 2014 年，国内脂松节油产量已经缩减 40%，约 4.6 万吨/年。印尼和巴西的增产难以弥补国内松节油产量快速下降的缺口，整体来看全球松节油产量呈现下降趋势。

第四节　松脂加工利用发展趋势

随着劳动力成本逐步提高，在一段时期内我国脂松香的产量还会有所降低，松脂产业在原料供应、松脂加工和松香松节油精深加工方面存在以下发展趋势。

1. 松脂采购的原料基地趋于完善，采脂技术逐步优化，劳动生产率提高

由于松脂加工产品的成本主要集中在松脂原料采购方面，因此我国松脂产业市场竞争主要体现为松脂原料的竞争，即松脂企业拥有的松脂原料资源越丰富，其竞争优势越强。因此，我国松脂企业纷纷意识到建立原料基地的重要性与紧迫性。在未来几年内，我国松脂企业将致力于松脂原料基地的建设，现已具备原料基地的松脂企业将全面健全完善基地运行体制，现无原料基地的松脂企业将力求建立完整的松脂原料基地。

目前，国内常用每日一刀下降式采割法，生产效率低，雨天无法作业。研发自动化割脂机器，采用定时器控制割脂时间，不仅可以提高劳动生产率，还可以自主控制采割时间和采割位置，可以进行夜晚作业、雨天作业等，可大大提高劳动生产率和扩大作业时间范围，是采脂作业的一项技术变革。

2. 企业逐步加大研发和引进新技术、新工艺力度，完善产品结构

随着松脂产品市场的不断发展，人们对于产品的要求逐渐提升，松香、松节油加工企业需要加大新产品研发力度，不断提高产品质量，逐渐完善产品的品质结构，提高企业技术水平与综合实力，获得较强的能力。因此，在未来几年里，松香、松节油加工企业为了确保自身稳健发展，将重点投入松香、松节油加工产品的种类与功能结构的研发中，积极研发和引进新工艺、新技术，采购新型环保、质量可靠的原材料，努力打造出绿色生态、性能卓越的松脂产品，从而保障市场需要，满足工业生产的需求，推动松香、松节油加工企业竞争力的提升。

3. 松香、松节油精深加工产品开发逐步向精细化、材料化、功能化和高值化发展

各种松香树脂酸是具有特殊结构的天然产物，利用其较好的生态性和结构特点可以开发一系列高端材料和精细化学品，如电子化学品、食用树脂和特效药品等。因此，松香改性产品的研发将主要集中在精细化学品、生物质材料和松香树脂等方面，在食品工业、生物医药和生物农药、生物基材料等领域的应用将被不断拓展。从松香及其衍生物中分离得到的松香酸具有许多潜在的活性，它具有抗肿瘤、抗炎、抗真菌和抗动脉硬化等特性，具有较好的应用前景，但需要较长的周期，研发经费投入大，产业化难度也较大，需要加大与从事药物研究和生产单位的合作力度。高级新型香料和具有除草、杀虫、驱避和杀菌活性的物质以及一些植物源活性物质的合成等松节油精细化工利用将是松节油加工利用的主要方向。

4. 松脂加工和松香、松节油精深加工向绿色化发展

目前我国松脂加工和松香、松节油精深加工工艺仍较为粗放，能耗和水耗较大，原料和产品损失较高，污染负荷大，与发达国家相比有一定的差距。随着环保和安全压力的逐步提高，松脂企业的负担也越来越重，急需清洁生产新技术、新工艺的研发与推广应用。通过国家“十三五”重点研发计划项目的资助，我国开发了松脂节水减排绿色加工工艺，效果比较显著，但还需要继续完善提高和推广应用，促进松脂产业技术升级和松脂资源的可持续发展。

5. 加大浮油及浮油松香深加工研发力度，拓展松香原料来源

虽然通过采脂基地的建设和采脂自动化装置的研发（提高劳动生产率），可以缓解松脂原料的供应，但随着劳动力成本逐步提高，我国脂松香的产量还会有所降低。鉴于造纸业的发展将带

来更多的浮油，因此，我们应当更加注重浮油及浮油松香的加工利用。目前，由于全球纸浆产量不断增长，浮油松香产量也在增长。因此，浮油松香的深加工开发利用研究应值得重视。

参考文献

[1] 贺近恪，李启基. 林产化学工业全书. 北京：中国林业出版社，2001：1071-1117.

[2] 徐炎章. 中国松香技术史. 科学技术与辩证法，1994，11（3）：42-44.

[3] 吴普，等述. 神农本草经. 孙星衍，等辑，戴铭，等点校. 南宁：广西科学技术出版社，2016：46.

[4] 沈括. 梦溪笔谈. 上海：上海书店，1934：308.

[5] 朱霞，王惠云. 松香生产技术的传承变迁及其社会支持系统. 自然辩证法通讯，2019，41（12）：11-16.

[6] 孙思邈. 千金翼方. 彭建中，魏嵩有点校. 沈阳：辽宁科学技术出版社，1997：130.

[7] 宋应星. 天工开物. 钟广言，注释. 北京：中华书局，1978：416.

[8] 马呈图，周赞元. 宣统高要县志. 上海：上海书店出版社，2003：149.

[9] 祁坤. 外科大成. 上海：科技卫生出版社，1958：202.

[10] 赵学敏. 本草纲目拾遗. 北京：人民卫生出版社，1983：198.

[11] 中国金龙松香集团公司. 中国松香工业概况. 林产化学与工业，2004（增刊）：12-19.

[12] 安鑫南. 林产化学工艺学. 北京：中国林业出版社，2002.

[13] 杨章旗. 广西松脂原料发展现状、存在问题与对策研究. 广西林业科学，2007，36（3）：143-146.

[14] 侯文彪，车锦楷，李前，等. 松脂蒸馏的方法及应用. 大众科技，2016（8）：40-42.

[15] 徐士超，陈玉湘，凌鑫，等. 松脂节水减排绿色加工工艺研究及生产示范. 生物质化学工程，2021，55（3）：17-22.

[16] Feng L, Xie D, Song B L, et al. Aggregate evolution in aqueous solutions of a Gemini surfactant derived from dehydroabietic acid. Soft Matter, 2018, 14 (7): 1210-1218.

[17] Atta A M, El-Mahdy G A, Al-Lohedan H A, et al. Synthesis of environmentally friendly highly dispersed magnetite nanoparticles based on rosin cationic surfactants as thin film coatings of steel. International Journal of Molecular Sciences, 2014, 15 (4): 6974-6989.

[18] Li J, Lin H X, Chen X Y, et al. Self-assembled structures and excellent surface properties of a novel anionic phosphate diester surfactant derived from natural rosin acids. Journal of Colloid Interface, 2017, 486: 67-74.

[19] Zhan S H, Han C R, Meng Z, et al. Controlled synthesis of hydroxyapatite using a novel natural rosin-based surfactant. Nano: Brief Reports and Reviews, 2017, 12: 8.

[20] Yan X Y, Zhai Z L, Song Z Q, et al. Synthesis and properties of polyester-based polymeric surfactants from diterpenic rosin. Industry Crops and Products, 2017, 108: 371-378.

[21] Jaswal S, Thakur T, Gaur B, et al. High-performance gum rosin-modifed hyperbranched vinyl ester resin derived from multifunctional pentaerythritol. Polymer Bulletin, 2021: 1-25.

[22] Deng L L, Shen M M, Yu J, et al. Preparation, characterization, and flame retardancy of novel rosin-based siloxane epoxy resins. Industrial and Engineering Chemistry Research, 2012, 51: 8178-8184.

[23] Yue L, Lu L, Liu S, et al. The selective hydrogenation of rosin to hydroabietic content using Pd/SBA-15 as catalysts. Research on Chemical Intermediates, 2016, 43 (2): 1-11.

[24] Wang L, Huang C, Chen J, et al. Catalyst-free biodiesel production from industrial rosin residue (dark-grade rosin) using supercritical methanol. Waste and Biomass Valorization, 2018 (7): 1191-1198.

[25] Jiang J C, Zhang J W, Yang X H, et al. Preparation of a new liquid thermal stabilizer from rosin and fatty acid and study of the properties of the stabilized PVC. Polymer Degradation and Stability, 2014, 109: 129-136.

[26] Zhang L, Jiang Y, Xiong Z, et al. Highly recoverable rosin-based shape memory polyurethanes. Journal of Materials Chemistry A, 2013, 1 (10): 3263-3267.

[27] Zhang M, Luo Z Y, Zhang J W, et al. Effects of a novel phosphorusenitrogen flame retardant on rosin-based rigid polyurethane foams. Polymer Degradation and Stability, 2015 (10): 427-434.

[28] Xu Y, Chen Y, Zhao Z, et al. Process variables and the performance of soybean-oil rosin-based polyester as an internal sizing agent. Bioresources, 2019, 14 (4): 9183-9197.

[29] García D, Bustamante F, Alarcón E, et al. Improvements of thermal and thermochemical properties of rosin by chemical transformation for its use as biofuel. Waste and Biomass Valorization, 2019: 1-12.

[30] 魏军凤，康霁，李璟. 试论松香的精细化工利用. 中国石油和化工标准与质量，2017（15）：107-108.

[31] 赵振东，王婧，卢言菊，等. 松脂精细化学利用对个性化松树资源的需求分析. 林产化学与工业，2021，41（3）：1-10.

[32] 刘先章，蒋同夫，胡樨萼，等. 从松节油中分离 β-蒎烯的研究. 林产科技通讯，1983（10）：351-356.

[33] 刘先章. β-蒎烯分离和应用研究简报. 林化科技通讯，1985，19（6）：19.

[34] 刘先章，蒋同夫，肖金玉，等.连续精馏法从松节油中分离β-蒎烯的中试研究报告.南宁：中国树木提取物化学与利用学术讨论会论文集，1986：160-172.
[35] 周永红，谢晖，宋湛谦.松节油酰亚胺的合成、鉴定及杀虫增效活性.林产化学与工业，2001，21（3）：6-10.
[36] 王宗德，宋杰，姜志宽.松节油基萜类蚂蚁驱避剂的驱避活性与定量构效关系研究.林产化学与工业，2009（10）：47-53.
[37] 孙小玲，赵小艳，林林.松节油在农药和杀虫剂方面的应用与进展.上海应用技术学院学报（自然科学版），2011，11（3）：200-204.
[38] Devane J. Treatment of intestinal conditions with mecamylamine：NZ542260A. 2003-03-14.
[39] Mariusz T，Roman P，Mateusz P，et al. Biological activity of oxygenated pinene derivatives on human colonnorrnal and carcinoma cells. Flavour Fragr J，2018，33：428-437.
[40] Winnacker M，Sag J. Sustainable terpene-based polyamides via anionic polymerization of a pinene-derived lactam. Chem Commun，2018，54：841-844.
[41] Winnacker M. Pinenes：Abundant and renewable building blocks for a variety of sustainable polymers. Angew Chem Int Ed，2018，57：14362-14371.
[42] Winnacker M，Sag J. Sustainable terpene-based polyamides via anionic polymerization of a pinene-derived lactam. Chem Commun，2018，54：841-844.
[43] Quilter H C，Hutchby M，Davidson M G，et al. Polymerization of a terpene-derived lactone：A bio-based alternative to ε-caprolactone. Polym Chem，2017，8：833-837.
[44] Zhao Z H，Wang D P，Li C H，et al. Pinene-functionalized polysiloxane as an excellent self-healing superhydrophobic polymer. Macromol Chem Phys，2019，220：19-21.
[45] 王忠龙.异长叶烷酮基和樟脑基有机荧光探针的合成及性能研究.南京：南京林业大学，2019.

（周永红，张猛，潘政）

第二章 松脂的采集、组成与加工

第一节 松脂的采集、储存与运输

松脂是一种天然树脂，是松属树木生命活动过程中产生的生理分泌物，是无色、透明的黏性液体，经加工可以得到松香与松节油。松脂聚集于松树的树脂道中，为了获得松脂，需在松树树干的木质部和初生皮层中，有规律地开割伤口，使松脂流出，收集起来，作为生产松香、松节油的原料，这种作业称为采脂。我国的采脂生产发展较快，自《中华人民共和国林业部松脂采集规程》林发（产）〔1983〕143 号颁布后，采脂工作走向正规化，并开始转向基地化，建立高产脂原料基地。

一、采脂树种

针叶树有 5 个属的树木中具有树脂道，它们是松属、云杉属、落叶松属、黄杉属和油杉属。松属树木中的树脂道最大最多，油杉中的最小最少。从经济效益出发，中国进行采脂利用的主要松属树种有马尾松、云南松、思茅松、南亚松、黄山松等，还有引种的湿地松、加勒比松等。

1. 马尾松

马尾松（*Pinus massoniana*）广泛分布在南方各省（自治区、直辖市），是我国主要采脂树种，产量和质量均较高，一般单株年产脂量 3～5kg，高的达 10kg 以上。广东德庆县高良乡有一株产脂量特别高的马尾松，年产脂 50kg 以上，已采脂数十年。

马尾松生长较快，主要分布于淮河流域和汉水流域以南的广大地区，东至台湾，西至四川中部、贵州中部和云南东南部。马尾松适生性强，除盐碱土外都能生长，最适合生长在酸性沙壤土和黏壤土中，耐干旱瘠薄条件，为南方瘠薄荒山造林的先锋树种。

2. 云南松

云南松（*Pinus yunnanensis*）是云贵高原山地的主要树种，在云南分布最广，凡海拔 1000～2800m 的山地皆可见到，此外，在四川、广西、贵州、西藏东南部海拔 600～3100m 的山地也有广泛分布，是我国另一个主要采脂树种。云南松松脂的产量在不断增加，一般单株年产脂量 3.5～6kg，高的达 10kg 多。

3. 思茅松

思茅松（*Pinus kesiya* var. *langbianensis*）主要分布于云南南部麻栗坡、思茅、普洱（宁洱）、景东及西部潞西等地，也是云南地区的主要采脂树种。单株采脂量较云南松稍高。

4. 南亚松

南亚松（*Pinus latteri*）主要分布在海南，广东西部，广西的东兴、钦州、合浦等地也有生长。它是我国产脂力最高的松树树种，单株年产脂 10kg 左右，较马尾松、云南松、思茅松都高。

5. 湿地松

湿地松（*Pinus elliottii*）原产自美国东南部，是近年来我国南方各省大面积引种的树种，要求气候温和、湿润。湿地松松脂含量丰富，产脂量高，尤其富含 β-蒎烯。据近几年南方采脂结果，单株平均每对侧沟，每年产脂量中龄林为 90g，近熟林为 125.7g。

除以上几种主要采脂树种外，还有一些松树树种也可进行采脂，如分布于华北的油松，云南北部、四川西部、湖北西部、贵州及西北的华山松，东北东部、华东北部的赤松，台湾和华中部分地区的黄山松，东北的红松，以及西藏地区和云南西部的高山松等均可采脂。但存在采脂季节短或产量低等缺点，有的已停采，有的只有少量采割或试验。虽然引种的加勒比松、火炬松等也可采脂，但分布面积较小，总产量不大。

世界上的主要采脂树种在美洲是湿地松、长叶松、加勒比松等；在欧洲是欧洲赤松、欧洲黑松、阿勒颇松、意大利松、海岸松、卵果松、曲枝松等；在东南亚地区主要是马尾松、云南松、思茅松、南亚松、卡西亚松、苏门答腊松等。

二、松脂的采集

采脂（松脂采割）是指在松树的树干上定期有规律地开割割口，引起松脂大量分泌和收集从割口流出来的松脂的作业。割沟、收脂和松脂的储运等作业称为松脂采集[1]。

为了便于在树干上开割口，在开割割口前需要刮除粗皮，刮去粗皮的范围称为刮面。一个采脂年度里在刮面上开割侧沟称为割面。不足一个采脂年度的割口范围称为沟面。

在刮面上开割的割口称为割沟，割沟有倾斜（如“V”形或弧形）时就称为倾斜的割口，通称侧沟。呈“一”字形的割口，只能称为割沟，不能称为侧沟。在刮面中央开割出一条与地面垂直导流松脂的直沟称为中沟；至于单割面在刮面边缘开割的直沟，应称为主沟，而不能称为中沟。

每对侧沟形成的夹角称为割面角，也称为侧沟夹角。割面宽是指割面的水平宽度。割面纵向的垂直长度称割面长度。割面高通常指每年的割面上，第一对侧沟偶以及最后一对侧沟偶角顶点的位置分别距离地面的高度，亦称为割面部位高。如割面高 1.9～2.2m。

割面负荷是指树干周围长度被采割利用的程度；割面的宽度占树干周围长度的百分率称为割面负荷率，又称线负荷率。

对符合采脂规程的松林进行采脂，采脂工艺主要有常法采脂、强度采脂和化学采脂等，目前国内多进行常法采脂。

在采脂前必须做好准备工作，首先对采脂林区进行调查计划，通过调查，把采脂林的地势、道路、山谷、河流、气候、松林分布情况、树木大小和疏密、产脂力高低、松脂适宜流向和居民点用水情况等调查清楚。林地规划必须与采伐采脂相结合，先采脂后采伐，按林子采伐年限确定采脂年限。开采脂林道应以减少路径长度、提高功效为目的。采脂前还要进行技术培训，准备好各类采脂及集运器具，进行化学采脂前应将药液、刺激剂配制好。采脂的松树必须符合松脂采集规程要求，即胸高直径至少达到 20cm，3 年内要砍伐的松树不受此限。凡有下列情况之一者不准采脂：a. 松树生长不良，针叶枯黄；b. 虫灾严重；c. 风景林；d. 母树林。严禁采割幼树，以及“挖孔”“大割面”“砍劈明子”等损害松林的做法。

（一）常法采脂

不用化学药剂或刺激剂处理割面或割沟的采脂称常法采脂。根据松林采脂年限划分为长期采脂、中期采脂、短期采脂。一般采 10 年以上的称长期采脂，5～10 年称中期采脂，5 年以内称短期采脂。采脂年限不同，采用的方法亦不同。凡是近期不采伐的松林，应当用长期采脂法。从长远经营和总经济效益来说，长期采脂经济效益高，采脂量高的松林更是这样。

根据割面部位扩展方位不同，采脂工艺分为上升式采脂法和下降式采脂法（图 6-2-1）。上升式采脂法是割面部位从树干根株（距地面 20cm）开始采割，第一对侧沟开于割面的下部，以后开割的侧沟都在前一对侧沟的上方，逐渐向上扩展。下降式采脂法则相反，割面部位从树干高处开始采割（图 6-2-2），第一对侧沟开在割面的顶部，第二对侧沟开在第一对侧沟的下方，逐渐向下扩展，一般割到距离地面 20cm 为止。复合式采脂法是指上升式和下降式相结合的方法。

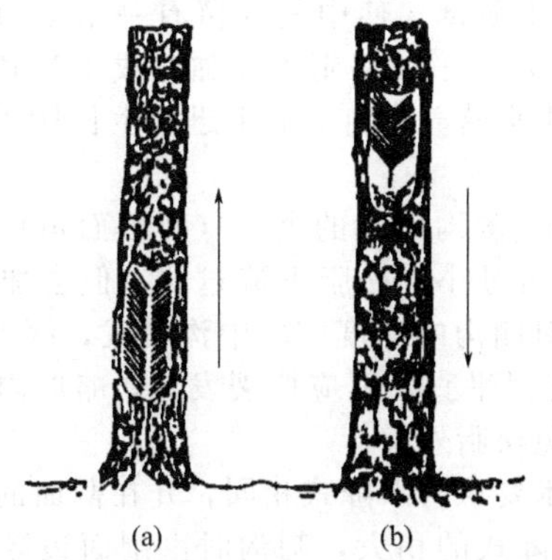

图 6-2-1　上升式（a）和下降式（b）采脂示意图

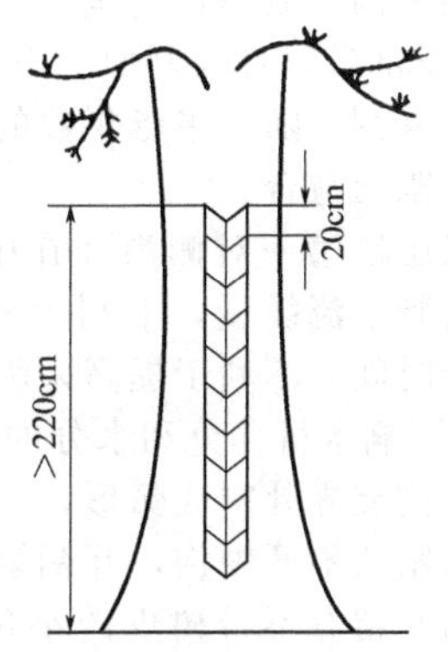

图 6-2-2　下降式采脂割面示意图

1. 配置割面

松树是喜光树种，松树的产脂量一般以阳面为高，因此割面应选在树枝茂盛、节疤少、树皮裂痕较深和松脂能畅流到受脂器的树干上。同时也需考虑采割方便。如果松树生长在土层瘠薄的斜坡上，往往靠斜坡方向的产脂量高，因为这一面根系比较发达。

新采脂的松林，上升式采脂法割面的配置，第一年其下缘距地面 20cm，逐年向上，直到 200cm 以上，割完一面可在树干的另一面配置新的割面带。下降式采脂法第一年割面的上缘一般不低于 220cm，长期采脂可适当提高，短期采脂可酌情下降。

割面的宽度随采脂年限而不同，一般为 20～35cm。过宽会影响树木养分的输送，损害树木生长，降低产脂力；过窄对树木生长虽好，但不利于采脂劳动生产率的提高。10 年以上的长期采脂，割面不要宽于 25cm，中期采脂不宽于 35cm，短期采脂不宽于 40cm。过宽，刮面容易干硬，甚至会造成割面的干裂，松脂产量大大降低。有的采用两个窄单割面，中间留 10cm 宽的营养带，有利于树液的流动和生长的恢复，提高松树的产脂力。

割面负荷率是采割松脂的一个重要指标。一般负荷率越大，松树的总产脂量越高，但侧沟单位面积产脂量却越低，也就是说单位侧沟的产脂量不是按割面负荷率的比例而增加的。大负荷率只用于 1～2 年的强度采脂。长期采脂的割面负荷率不超过 40%，中期的不超过 60%，短期采脂也不超过 75%。超过割面负荷率的上限不但影响树木生长，而且松脂产量也会降低。

2. 刮皮

割面的部位选定后，用刮皮刀将鳞片状的粗皮刮去，刮至无裂隙的淡红色较致密树皮层出现为止。刮面上遗留的粗皮不厚于 0.2cm。

刮皮应在早春树液尚未流动时进行。迟了树液流动过畅，内皮含水量过多，粗皮与内皮容易分离。在刮除粗皮时，使粗皮或块状皮剥落，内皮裸露，松脂外流而干硬，降低产量。

刮面宽度应较预计的割面宽 4cm（每边 2cm），长度应比年所需割面长 5cm，一般为 25cm。如果是下降式采脂法，第一年采脂还需将第一对侧沟的长度增加 15～25cm。

3. 开割中沟和第一对侧沟

刮面刮好后，下降式采脂法可开割中沟。单割面的直沟在刮面的一侧；双割面的中沟在刮面中央。

中沟、直沟与地面垂直，深约 0.7～1cm，也有与侧沟等深（0.4cm 左右）的；亦有不割破内皮的，即在刮粗皮时，有意把靠近中沟附近的粗皮留厚些，以便割中沟时不伤及韧皮部。中沟长度随割面长短而定。为了留有余量和采割的方便，中沟应比割面长 6cm 左右。沟槽应外宽内窄，沟面光滑，可用割刀开割成“V”字形，使松脂畅流入受脂器。

中沟割好后，应在中沟的下端（不够中沟的刮面，可在刮面中央下方，单割面在主沟下端）安装导脂器，随后把受脂器悬挂在导脂器或竹钉上，再盖上盖子。

采脂不割中沟，或不伤内皮，未伤及形成层和木质部，使中间存留有一条宽约1～1.5cm、厚1mm的韧皮部带，且与割面上下方的树皮相连接，到第二年则生长加宽成小营养带，之后各年按上述方法采割。随着采脂年数的增加，原割面中央营养带自上而下迅速生长加宽，并与两侧营养带逐渐将割面愈合。

下降式采脂法第一对侧沟开在中沟上端的两侧。侧沟形成的夹角（即割面角）以90°为宜。夹角过大，松脂下流缓慢，不利于松脂的分泌；夹角过小，松脂下流过快，但会加长割面的长度，增加采脂时间，不利于提高采脂生产率。第一对侧沟的深度应较中沟稍浅，深入木材0.3～0.4cm，过深影响木材养分和水分的输送。侧沟要光滑平直，不应撕裂发毛，略向内侧倾斜。互相对称，与中沟交界处割成弧形，不要留棱角，以免松脂外溢。

上升式采脂法不开中沟，开割第一对侧沟的技术要求与下降式相同，开在割面的最下端，再往上割。侧沟间留有不带树皮的小鱼骨，步距较下降式的稍大，割沟时由割面边缘向割面中部开割。

4. 正常采割

第一对侧沟割好后，可按开沟的间隔期有规律地依次开割新的侧沟，下降式采脂新的侧沟应紧挨前一对侧沟，不留间距，等长、等深、平行、挺直光滑，使松脂更易流入受脂器。要防止把侧沟越割越长，保持割面的整齐，这样既保护了营养带，也控制了割面正常负荷率。侧沟一般割入木材0.3～0.4cm，沟宽0.1～0.2cm。

“浅修薄割”是采脂能手的经验总结，浅修是指径向树截面的进深度较浅，薄割是指铲削的木材厚度较薄。割的侧沟多为0.1～0.2cm，深0.3～0.4cm，年消耗刮面长度15～20cm。在同样的林区，“深修薄割”者侧沟深0.6～1cm，宽0.3～0.4cm，年产脂量仅1.5～2t，而且消耗刮面长，多达50～70cm。

割沟间隔期，就是两次开侧沟之间相隔的时间。合适的间隔期要通过生产实践和科学试验确定，因为树脂道内松脂流出以后，由泌脂细胞形成和补充新的松脂需要一定的时间，待树脂道内重新充满树脂的时候，才会割出较多的松脂来。因此，选择适宜的割沟间隔期，找出松树间隔期与产脂量之间的关系，也是提高产脂量和劳动生产率的重要一环。割沟的间隔期与松脂分泌的持续时间、树木对松脂的补充能力、采脂年限的长短和气温有关，要考虑多种因素，割沟的一般间隔期，马尾松1～2天为好，南亚松5天为宜。同种松树形成补充新松脂的能力，也随立地条件、林地土质、树木生长状况、季节、气温等因素的影响而不同。一般来说，延长采脂间隔期是提高单刀产脂量和劳动生产率的一个重要措施。凡是中、长期采脂的，可采用较长的间隔期，实行分片轮割制度，以提高产量。只有结合采伐，实行短期采脂时，才缩短间隔期，如每日一刀等。

5. 收脂

割口刚流出的松脂含油量达30%以上。每天收一次脂，松脂含油量可达30%；3天收一次，由于油的挥发，含油量为25%左右；每8～9天收一次，含油量降为20%；半个月收一次脂，含油量仅为15%。松脂含油量高，质量就好，因此，收脂越勤，产品质量越高。但收脂过勤，费工时多，效率降低，一般以10天左右为宜。收集的松脂要分级贮存，及时送往收购站。切忌好坏不分，混装在一起，降低松脂等级。

6. 采脂结束

采脂一般要求昼夜平均温度在10℃以上，最适的温度为20～30℃，因为松脂在10℃以下很难流动，甚至凝结起来。气温高也使树木生长快，光合作用强，松脂形成也多。但气温过高，久旱不雨，树木水分供应差，使松节油容易挥发而松脂干结，堵塞树脂道，泌脂受阻，产脂量反而下降。中国各地气温相差很大，各地采脂季节应根据当地气温情况而定。松脂采割至昼夜平均温度在10℃以下时即停止开沟，将受脂器、导脂器及其他工具分别整理收纳。如松树上有毛松香可刮下单独收集，不能混入树皮、泥沙等。在亚热带地区（如海南岛、云南和四川部分地区）可常年采脂，每年采脂的结束工作可免除。

（二）强度采脂

强度采脂的目的是充分利用树木，在采伐前的较短时间内取得大量松脂。强度采脂只用于 2 年内要砍伐的松林。在技术上包括加大割面负荷率、增开割面、增加割沟次数、加大割沟宽度和深度，采用分层采脂、阶梯状采脂和化学刺激物等[2]。

强度采脂一般采用“一树多口”的分层采脂法。即在树干上纵向开割多个割面，但割面均需对正，不得配成“品”字形，以免隔断树木的营养带。对大径树亦可在树干周围配置 3～4 个窄割面，割面之间必须留有 10～15cm 宽的营养带。

阶梯状采脂最初两对侧沟按照下降式开割，第三对侧沟沿第一、第二对侧沟的接界线开割，第四对侧沟在第二对侧沟之下正常的边材上开割，第五对侧沟则在第二、第四对侧沟的接界线上开割，如此反复进行。凡偶数侧沟都在新的边材上，奇数侧沟都开在沟面接界线上。

分层采脂和阶梯状采脂都可配合增加割沟次数、加大割沟宽度和深度以及使用化学刺激剂等进行，促使短期内大量生产松脂。

（三）化学采脂

化学采脂时用化学药品刺激松树，使之多分泌松脂或延长流脂时间，提高松脂产量和劳动效率[3]。化学采脂也是强度采脂的一种措施，分中长期化学采脂和短期化学采脂两种情况，短期采脂可用刺激性较强的化学药物。

1. 化学刺激剂

化学刺激剂应选择药效显著、容易取得、价格便宜、配制简单和使用安全的药物。中长期采脂用刺激剂主要是用植物生长激素类药物处理刮面或割沟，加强松树的生理活动，促使分泌细胞形成松脂，树木的生命力少受或不受影响，使化学采脂的年限延长到 10 年以上。

化学刺激剂主要有：

(1) 乙烯利　主要成分是 α-氯乙基膦酸 [$ClCH_2CH_2PO(OH)_2$]，所用浓度为 8%。

(2) 苯氧乙酸（增产灵-2 号）　是一种植物激素，白色结晶，与氨水或碳酸氢铵适量溶解，再用水稀释至 200mg/kg。

(3) α-萘乙酸　一种植物生长刺激剂，1g 药剂加 25g 酒精溶解，再加清水 9～14kg 配成稀溶液使用。

(4) 尿素　配成 30%～40%的溶液使用。

(5) 亚硫酸盐酒糟液　亚硫酸盐法制浆废液中和发酵制酒精后的酒糟液浓缩物，波兰和苏联使用过，由于该刺激剂混入松脂后能使溶解的松脂乳化，加工时不易澄清，后又改用饲料酵母浸提液，但成本较高，俄罗斯现在试验推广的是生物活性刺激剂。

(6) 松树增脂剂　以稀土为主要成分，是一种营养型植物生长促进剂，外观为无色或微黄色溶液，pH 值 1～2。松树增脂剂为高浓度水剂，每瓶装 50mL 配制时，每瓶药剂加入 1000mL 非石灰石地区的清水稀释即可使用，勿使碱性物质混入。如加入的是含矿物质较高的井水、泉水及石灰岩地区的河水或塘水时，需加入数滴硝酸（或盐酸、醋酸）调 pH 值至 3.5～5.0 方可使用。施药间隔期 1 个月 1 次，增产率达 20%～30%。

(7) 9205 低温采脂剂　一种浓缩液，呈酸性，属生物调节剂。在 5～15℃的低温下采脂，仍有相当的产脂量。将 9205 低温采脂剂浓缩液 100mL 中加入清水 1000mL 稀释即可使用。可采用喷施或涂刷方法，施药间隔期为 5～10 天。

(8) 丰脂灵　由有机和无机两大类物质组成。丰脂灵原液，不需兑水，可直接使用，可采用毛刷涂施或用喷壶喷施，每刀施药 1 次，7～10 天注药 1 次即可。

在国家“十三五”重点研发计划项目资助下，通过调配一定含量的营养元素组成化学增脂剂，再配合植物生长刺激剂乙烯利、α-萘乙酸复合施用，开发了化学/生物型复合增脂剂，通过初步试验，对云南松和思茅松的平均增脂率分别为 31.48%和 29.7%[4,5]。

强度采脂用刺激剂以硫酸为主，它对树木生长有不利影响，只适用于伐前强度化学采脂。由于液体硫酸使用不安全，已逐渐被硫酸软膏代替。硫酸软膏药效期长，耐雨水冲刷，对松脂污染较液体硫酸小，生产比较安全。

2. 化学采脂工艺

中长期化学采脂工艺与常法采脂基本相同，除了采割侧沟外，还需喷涂刺激剂。苯氧乙酸作刺激剂用于马尾松采脂，5 天施药一次，松脂可增产 34%～53.7%；10 天施药一次，也可增产 20%～25%。乙烯是植物所需的生理活性物质，植物体内有微量浓度的乙烯存在，就能表现出显著的生理反应。用 8%的乙烯利涂于马尾松松树的刮面，一个月涂一次药进行采脂，产脂量可提高 20%左右。α-萘乙酸用于华山松松树采脂试验，可平均增产 48%以上，松脂品质不变；与尿素、乙烯利等复配对湿地松采脂可增产（28.5±4.6)%。云南用尿素溶液作刺激剂采脂，用 30%浓度增产 67%，用 40%浓度增产 30.6%～55.1%。采脂操作与常法相同，流脂时间延长 1～2 天。对松香品质没有影响，对树木生长没有明显影响。硫酸软膏强度采脂工艺其化学采脂机理是杀死了排列在树脂道周围的泌脂细胞，扩大了树脂道，减少松脂在树脂道中的流动阻力，延缓割破树脂道的封闭，延长流脂时间。此法只适用于在松树采伐前 1～3 年使用。用硫酸或硫酸软膏化学强度采脂时，在割沟上硫酸渗透部分往往充脂，形成“明子化”，树脂道被堵塞，树皮、木材变硬。因此，下一对侧沟的开沟留一较宽的间隔带（充脂部分），间隔带与侧沟相间成鱼骨形。

在一个采脂年度中，马尾松硫酸软膏法单株松树流出的松脂量略低于常法采脂的产脂量。但因其流脂时间长，采割次数少，工人可多割树，因而大大提高了劳动生产率。所产松脂的质量含油量稍高，杂质较多，软化点和酸值稍低，色级相同，但含硫量高。思茅松用上升鱼骨式采割法进行窄割面割皮硫酸黑膏化学采脂，单株产脂量比常法采脂可提高 22.4%。与负荷率 60%的宽割面硫酸黑膏强度化学采脂比较，产脂量提高 7%，且对松树生长影响小，材积生长量比宽割面约多 10%。

（四）国外采脂工艺

国外松脂松香生产国家有葡萄牙、俄罗斯、墨西哥、巴西、美国、印度等，产量少的有东欧各国、土耳其、印度尼西亚、越南、中美洲各国等数十个国家。各国都有本国生长的主要采脂树种，如葡萄牙是海岸松，俄罗斯是欧洲赤松，美国、巴西是湿地松、加勒比松，墨西哥为卵果松等。为了提高劳动生产率，大多数国家采用化学采脂法，化学刺激剂有用硫酸或硫酸软膏或割皮硫酸法强度采脂的，也有应用生物活性刺激剂进行中、长期化学采脂的，如乙烯利、饲料酵母浸提液等。亚硫酸盐发酵酒糟液作刺激剂在松脂加工时产生乳化现象，妨碍生产，已停止使用。采脂工具配合化学药剂的喷涂，有齿轮式给药器、环形化学采脂割刀等。

美国开发了钻孔采脂技术[6,7]。在胸径 18～36cm 的湿地松下部钻孔，钻孔部位高出地面 10cm，钻头径向入树表皮 10cm 深，孔径 2.5～3.5cm，钻多孔时，孔间距 10cm。钻孔后还可喷乙烯利和硫酸混合物，乙烯利浓度 10%～20%，硫酸浓度 25%，乙烯利用量 150～300mg/孔，硫酸用量 375mg/孔，喷射液含 1%d-柠檬烯，还可以用膏状剂喷孔。用喷流袋或塑料袋收集，容量 1.6～2.4L。每孔一般平均得松脂 676g，每棵松树采集松脂 1.84kg。据报道，此法劳动生产率比割皮硫酸采脂高两倍，减少松节油挥发，减少树脂酸在树表面结晶，松脂质量好。

（五）超低频覆膜采脂工艺

覆膜采脂工艺是指用塑料薄膜将采割面覆盖，使割面及松脂收集形成一基本封闭状态进行采脂的工艺[8]。覆膜方法：在采割面上方横向开一浅沟，将覆盖塑料薄膜固定在浅沟内，浅沟的深度和宽度以不使树干上面的雨水顺树干流入采割面为原则。薄膜的宽度以围绕树干一圈略超一点为标准，长度以达到受脂袋口略超为标准。在中沟末端两侧、导脂薄膜上方钉一木片或统一制作的塑料片。下方钉子钉住方形薄膜片，上方钉子稍高出木片。两木片之间空距离约 5～6cm。将受脂袋前面挂孔挂在木片上的钉子上，确保受脂袋口不与中沟松脂相粘连。同时将方形薄膜放入受脂袋内，并将受脂袋侧挂孔回扣到木片上的挂袋钉子上，以使受脂袋口基本封闭。采用 12 天或 19 天割 1 刀的方法。超低频覆膜采脂技术比常规采脂可增加产量 19%～29%。

三、松脂的储存与运输

松脂的储运以保持清洁、不渗漏、尽量减少松节油挥发为原则。采脂人员收集的松脂宜装入不漏油的容器内，并加上盖子，在安全处存放，避免日晒和尘土混入，并及时运到收购点或工厂。收购点或工厂应将松脂分级贮存，容器应加盖，注意防火。短期内不能调运或加工的树脂，应加清水保养，以防松脂氧化变质。禁止松脂长时间与铁器接触，以避免加深松脂颜色。

松脂水运时直接倾入船舱可增加装载量，但船舱必须清洁，不漏油，并密盖舱板。运输损耗一般约为 1%～3%。汽车运输，如用木桶装运，松脂损耗较大，达 3%～5%，若改用密闭槽车，则可大大提高运输效率和减少松脂的损耗。

第二节　松脂的化学组成

松脂主要由二萜烯类树脂酸和单萜烯类精油化合物以及少量中性物质组成。树脂酸分为枞酸型、海松酸型和其他型三类。松脂中存在 50 多种含量高于 0.1%的化合物，其中单萜烯类化合物主要有 α-蒎烯、莰烯、β-蒎烯、α-香叶烯、苧烯和 α-萜品烯等；倍半萜类化合物主要有长叶烯、石竹烯等；二萜烯类化合物主要有 8,15-异海松酸、海松酸、湿地松酸、长叶松酸、左旋海松酸、糖松酸、去氢枞酸、枞酸和新枞酸等。松脂的基本单位为异戊二烯，异戊二烯单位直接起源于松树光合作用所形成的糖的代谢中丙酮的氧化和柠檬酸的合成[9]。

一、松脂树脂酸和单萜烯类化合物组成

马尾松、云南松、湿地松、南亚松、思茅松、华山松六种松脂单萜烯和树脂酸的组成见表 6-2-1。我国马尾松松香树脂酸中枞酸型树脂酸含量 76%～86%，其中新枞酸含量为 10%～14%。此外，异海松酸含量在 2%以下。湿地松松香含 13%以上的异海松酸和 9%左右的脱氢枞酸。枞酸型树脂酸含量较低，为 57%～62%，其中新枞酸含量仍保持在 11%～14%，而长叶松酸和枞酸的含量均低于 30%，湿地松松香不结晶。南亚松松香中含有 7%以上二元酸，并含有较高的异海松酸且不含海松酸。枞酸型树脂酸含量最少，为 53.2%。由于南亚松酸的存在，南亚松松香的酸值可达 200mg/g 以上，其松香亦不结晶。思茅松和云南松松香树脂酸组成与马尾松相似。华山松松香不含脱氢枞酸，含微量海松酸和少量异海松酸，含山达海松酸 8%左右，其余几乎全为枞酸型树脂酸，高达 90%，特征明显。湿地松和南亚松的山达海松酸含量亦较高，而马尾松、云南松中山达海松酸的含量均较少。思茅松和南亚松的单萜混合物（松节油）的比旋光度为正，其余为负，因为主要组成 α-蒎烯旋光性有正负之分[10]。

中国红松、新疆五针松、华山松、大别山五针松、毛枝五针松、华南五针松、乔松和海南五针松 8 种五针松松脂中均存在大量的糖松酸。五针松松脂的特征是：倍半萜烯含量甚低；单萜类中 α-蒎烯含量也较低；二萜类含量较大，其中二萜酸含量达 59.1%～71.4%，除糖松酸外，还有较多的异海松酸（>11%）和枞酸（>16%），而长叶松酸与左旋海松酸含量低于 10%。油松松脂含有较多的单萜化合物和较少的二萜化合物，并含有较多的倍半萜化合物，与五针松松脂的主要差别在于异海松酸、长叶松酸、左旋海松酸、糖松酸和枞松酸含量的不同[11]。

国外引进松的松脂树脂酸组成见表 6-2-2。国外引进的 16 种松树属油松组，并可再分为赤松亚组（黑松、琉球松）、黑松亚组（长叶松、火炬松、萌芽松、光松、刚松、晚松、湿地松、加勒比松）、山地松亚组（北美短叶松、矮松、沙松）、卵果松亚组（展松、格雷奇松、卵果松）等 4 个亚组。各亚组松脂树脂酸和单萜类化合物含量均有所不同，详见表 6-2-3。

表 6-2-1　六种松脂单萜烯、树脂酸组成

树种及产地	单萜烯含量/%							松节油比旋光度 $[\alpha]_D^{20}/(°)$	树脂酸含量/%								
	蒎烯	β-蒎烯	莰烯	香叶烯	萜烯	双戊烯	β-水芹烯		长叶松酸、左旋海松酸	枞酸	新枞酸	去氢枞酸	海松酸	异海松酸	山达海松酸	二元酸	枞酸型酸
马尾松（广东德庆）	82.8	8.3	2.0	1.5	—	1.3	0.5	−45.80	26.7	41.6	13.5	7.0	9.2	—	2.2	—	81.8
马尾松（福建建瓯）	89.0	5.4	2.0	1.5	—	1.6	0.6	−46.20	19.2	50.1	9.8	6.0	9.6	3.1	2.2	—	79.1
云南松（四川西昌）	81.6	6.0	1.4	1.3	—	1.7	7.5	−39.75	21.9	46.7	12.6	5.5	6.0	5.3	2.1	—	81.2
湿地松（细枝型）（江西吉安）	52.9	39.4	0.8	1.2	—	0.9	4.9	−21.85	19.5	29.7	13.0	9.3	5.3	19.5	3.7	—	62.2
思茅松（云南思茅）	97.4	0.8	0.6	0.5	—	0.5	0.3	+52.65	27.1	37.3	12.7	8.6	7.4	3.8	2.2	—	78.1
华山松（贵州贵阳）	80.7	15.5	0.4	0.7	0.4	0.9	0.8	−42.35	23.4	64.3	3.1	—	微量	0.9	8.9	—	90.8
南亚松（海口白沙）	87.3	9.2	1.1	0.6	0.7	1.1	—	+39.60	19.7	28.4	5.1	5.6	—	15.4	7.4	18.5	53.2

注：一些地区马尾松松脂酸性部分含有少量脂肪酸，如邵阳、梧州分别含十二碳酸 1.4%、2.4%及二十碳酸 0.9%、1.0%。

表 6-2-2 国外引进松的松脂树脂酸组成（质量分数） 单位：%

树种	海松酸	长叶松酸＋左旋海松酸	异海松酸	去氢枞酸	枞酸	新枞酸	山达海松酸	湿地松酸	枞酸型酸
黑松	7.8	39.5	0.8	31.1	12.7	8.9	0.3	—	61.0
晚松	9.2	35.2	0.2	35.6	11.7	7.7	0.4	—	54.6
火炬松	9.3	47.3	—	28.9	9.3	5.1	—	—	61.8
平滑叶松	微量	44.5	微量	27.3	14.1	11.4	2.7	—	70.0
火炬松	8.7	64.0	微量	6.4	8.6	9.5	2.2	—	82.1
晚松	4.6	42.0	12.0	17.0	12.0	8.8	2.9	—	62.0
加勒比松	4.2	49.0	8.0	8.6	10.0	16.0	2.2	—	75.0
长叶松	5.4	52.0	10.0	8.3	9.4	13.0	1.1	—	74.4
湿地松	5.1	37.0	21.0	3.7	9.7	16.0	1.8	3.1	62.0

表 6-2-3 油松组 4 个亚组松脂化学组成（质量分数） 单位：%

化合物	赤松亚组	黑松亚组	山地松亚组	卵果松亚组
α-蒎烯	32.5	19.1	24.9	9.4
β-蒎烯	2.2	10.3	18.9	0.2
双戊烯	1.3	5.0	0.9	15.2
长叶酸	4.4	—	—	2.4
湿地松酸	3.3	2.7	1.7	6.7
异海松酸	0.7	2.8	0.8	5.7
单萜类化合物	36.9	37.1	45.7	26.5
倍半萜类化合物	5.6	—	—	3.6
双萜类化合物	57.1	62.5	53.8	69.5
双萜酸	56.9	62.1	53.4	67.8

松香的来源与树种对树脂酸的组成都有一定的影响，见表 6-2-4[7] 和表 6-2-5[4]。马尾松松脂中枞酸型树脂酸含量存在由南向北、自西向东递减的趋势，如广东信谊、连县，江西上饶枞酸型树脂酸含量在 83%以上，安徽黟县枞酸型树脂酸含量为 80.4%，福建建瓯与浙江庆元枞酸型树脂酸含量为 77.8%～79.0%。与此同时，异海松酸含量有增长趋势，与枞酸型酸互补，二者之和趋于恒定，为 83.0%～84.9%。

表 6-2-4 马尾松松脂树脂酸组成地区差异（10～29 株平均值）（质量分数） 单位：%

地区	海松酸	山达海松酸	长叶松酸＋左旋海松酸	异海松酸	去氢枞酸	枞酸	新枞酸	枞酸型酸	异海松酸＋枞酸型酸
信谊	8.6	1.9	39.1	微量	5.4	28.0	16.9	84.0	84.0
连县	9.1	2.0	42.9	微量	4.9	23.0	17.1	83.0	83.0
上饶	8.5	2.1	47.8	微量	4.9	20.9	15.7	84.4	84.4
黟县	9.4	2.5	35.1	3.2	4.6	29.3	16.0	80.4	83.6
建瓯	8.7	2.9	34.2	7.1	4.3	26.8	16.8	77.8	84.9
庆元	8.3	2.6	37.4	4.6	5.9	27.2	14.4	79.0	83.5

表 6-2-5　不同来源不同树种脂松香树脂酸组成

来源	树种	树脂酸含量/%								枞酸型树脂酸含量/%	酸值/(mg/g)	软化点/℃
		长叶松酸	枞酸	新枞酸	脱氢枞酸	海松酸	异海松酸	山达海松酸	二元酸			
广西梧州	马尾松	34.2	36.6	13.6	5.0	8.8	0	1.9	—	84.4	158.3	61.6
广东河源	马尾松	32.7	32.5	11.9	5.9	12.6	1.7	2.3	—	77.1	156.3	65.8
广东德庆	马尾松	26.7	41.6	13.5	7.0	9.2	0	2.2	—	81.6	157.8	64.2
福建武平	马尾松	29.5	45.4	11.8	2.8	6.6	2.8	1.3	—	86.7	164.0	67.9
福建尤溪	马尾松	25.2	42.6	9.9	9.9	8.6	5.2	2.2	—	77.9	156.2	64.5
江西崇义	马尾松	25.7	38.6	11.7	8.5	12.0	1.3	2.0	—	76.0	157.3	62.2
江西南丰	马尾松	23.4	45.5	11.9	6.8	8.8	2.1	1.4	—	80.8	165.4	70.6
安徽宁国	马尾松	23.4	46.9	10.4	6.2	8.9	1.9	2.3	—	80.7	163.1	72.4
安徽徽州	马尾松	33.2	36.1	12.7	7.0	12.9	2.6	1.7	—	82.0	—	—
湖南洪江	马尾松	34.6	36.6	12.6	4.6	9.7	0	2.1	—	83.8	165.3	72.6
四川西昌	云南松	21.9	46.7	12.6	5.5	6.0	5.3	2.1	—	81.2	172.2	80.2
四川西昌	云南松	16.0	51.5	11.1	6.8	6.7	6.2	1.8	—	78.6	169.3	75.4
江西吉安(粗枝型)	湿地松	18.2	26.9	13.3	9.1	4.3	24.0	3.8	—	58.4	161.4	73.2
江西吉安(中枝型)	湿地松	17.2	29.5	11.0	8.5	6.3	23.5	4.8	—	57.7	162.9	72.8
江西吉安(细枝型)	湿地松	19.5	29.7	13.0	9.3	5.3	19.5	3.7	—	62.2	159.2	71.2
海南	南亚松	19.7	28.4	5.1	5.6	0	15.4	7.4	18.5	53.2	194.3	74.8
云南思茅	思茅松	27.1	37.3	13.7	8.6	7.4	3.8	2.2	—	78.1	167.6	75.2
贵州	华山松	23.4	64.3	3.1	0	微量	0.9	8.3	—	90.8	—	—

二、松脂中性物质组成

松脂中二萜中性物质沸点较高，松脂加工后存留在松香中，含量过高将影响松香酸值及软化点。湿地松、云南松、南亚松及不同地区马尾松松脂中二萜中性物质含量均在10%以下，湿地松松脂中二萜中性物质含量相对较高，约6.04%，不同地区马尾松松脂二萜中性物质含量相差较大。四种松脂各类中性物质占二萜中性物质总量的百分比见表6-2-6。二萜中性物质中二萜醛含量最高，含有海松醛、山达海松醛、异海松醛、长叶松醛、去氢枞醛、枞醛、新枞醛等。各地马尾松中二萜醛均以海松醛为主，含量相当稳定，异海松醛与枞醛存在粗略的互补关系，与树脂酸中枞酸与异海酸的关系相似。不同地区马尾松松脂中二萜醛组成见表6-2-7。二萜醇含量次之，含有海松醇、异海松醇、湿地松醇、长叶松醇、新枞醇等。二萜烃含量较低，含有芮木泪柏烯、海松二烯、异海松二烯等。树脂酸甲酯含量亦低，含有山达酸、异海松酸、去氢枞酸、枞酸、新枞酸等的甲酯。

表 6-2-6　四种松脂中二萜中性物质含量（质量分数）　　单位：%

分类	马尾松					湿地松	云南松	南亚松
	福建尤溪	福建龙岩	广东紫金	广东德庆	广西梧州			
二萜烃	6.5	6.6	9.4	10.3	12.7	8.4	6.5	15.7
二萜醛	40.0	40.0	42.1	41.5	39.4	38.1	44.8	30.2

续表

分类	马尾松					湿地松	云南松	南亚松
	福建尤溪	福建龙岩	广东紫金	广东德庆	广西梧州			
二萜醇	38.6	38.1	33.2	36.4	39.4	25.0	35.9	26.4
树脂酸甲酯	5.6	8.1	5.5	4.7	5.5	4.0	5.2	19.5

注：二萜总量为对比松香的百分数，其他为对比二萜总量的百分数。

表 6-2-7 不同地区马尾松松脂中二萜醛组成（质量分数） 单位：%

组成	福建				广东			广西
	建阳	建瓯	尤溪	龙岩	紫金	德庆	高州	梧州
海松醛	56.8	57.9	59.9	58.0	54.7	54.0	51.5	56.0
异海松醛	23.5	21.8	17.4	22.0	13.0	12.0	6.3	6.6
长叶松醛	2.9	2.1	3.5	3.0	2.5	3.4	6.3	4.9
去氢枞醛	1.4	1.0	1.1	1.1	1.4	1.3	2.0	1.8
枞醛	7.5	7.3	10.2	7.7	18.9	16.3	21.0	18.1
新枞醛	5.5	6.1	5.3	5.0	6.6	9.0	10.8	8.5
其他二萜醛	2.4	3.8	2.4	3.2	2.8	4.0	2.0	2.1

第三节 松脂加工

松脂加工的目的是将松脂中的松节油与松香分离，并除去杂质和水分，生产出符合标准的松香和松节油产品。最原始的方法是置松脂于金属容器中用直接火加热，松节油具有挥发性，沸点相对较低，先逸出，经冷凝后收集，留下的便是松香。将水蒸气蒸馏的原理应用于松脂加工，就有了水蒸气蒸馏法。水蒸气蒸馏分为松脂熔解、熔解脂液净制及净制脂液水蒸气蒸馏三个工段。松脂加工过程连续进行的为连续式生产工艺，间歇进行的为间歇式生产工艺[12]。

一、松脂加工方法

（一）滴水法

滴水法工艺比较简单，将松脂装入蒸馏锅内，用直接火加热，为了降低蒸馏温度及防止带出松节油，在加热至一定温度时滴入适量清水，水很快加热至沸点以上产生水蒸气，与松节油的蒸气一同蒸出，经冷凝冷却器冷却后入油水分离器，油分再经盐滤器得商品松节油，按不同蒸馏温度分别收集不同油品。蒸完松节油后，趁热从锅内放出松香，滤去杂质，进行包装。

双锅滴水法是在单一蒸馏锅的同一灶斜上方增设一熔解锅，利用烟道气的余热对松脂进行余热熔解，然后借高位差使熔解的松脂自动流入蒸馏锅中进行煮炼，分别收集松节油和松香产品[13]。

（二）水蒸气蒸馏法

1. 简易蒸汽法

简易蒸汽法松脂加工有几种流程：一种称小蒸汽法，此法已不再使用；一种称导热油加热蒸馏法；还有一种是部分蒸汽法，即蒸馏部分以蒸汽作解吸介质。

（1）导热油加热蒸馏法　该法与一般间歇蒸馏工艺基本相同。其热源以导热油强制循环代替过热蒸汽闭气加热松脂脂液；用过热直接蒸汽（活汽）熔解松脂和作蒸馏解吸介质提取松节油。可用0.8MPa、0.5t/h、400℃的锅炉产生直接蒸汽（活汽），利用锅炉炉膛烟气（温度达800℃以上）加热导热油炉，充分利用热量。由于烟道温度高，采用水膜式除尘器，排风温度可在180～300℃。生产能力日产20t松香[13]。另一种工艺是不用过热蒸汽而用饱和蒸汽作直接蒸汽（170℃），蒸馏在减压（真空度46.7～93.3kPa）下进行，按不同温度分别蒸出优油、中油、重油，185℃下放香。不用过热炉。

（2）部分蒸汽法　部分蒸汽法是直接火与蒸汽法加工的结合，在生产量较少时，以饱和蒸汽代替滴水，用直接火加热脂液，可免去过热炉。据测定，过热蒸汽加热脂液所耗热量占加工脂液全部热量的20%，直接火的供热量不及滴水法的25%。蒸馏前经熔解、过滤、洗涤、澄清除去松脂中的杂质，蒸馏时直接蒸汽起搅拌脂液作用，强化传热效果，不致局部过热，较滴水法缩短蒸馏时间，改善产品质量。

2. 间歇式水蒸气蒸馏法

间歇式水蒸气蒸馏法松脂加工工艺流程见图6-2-3。

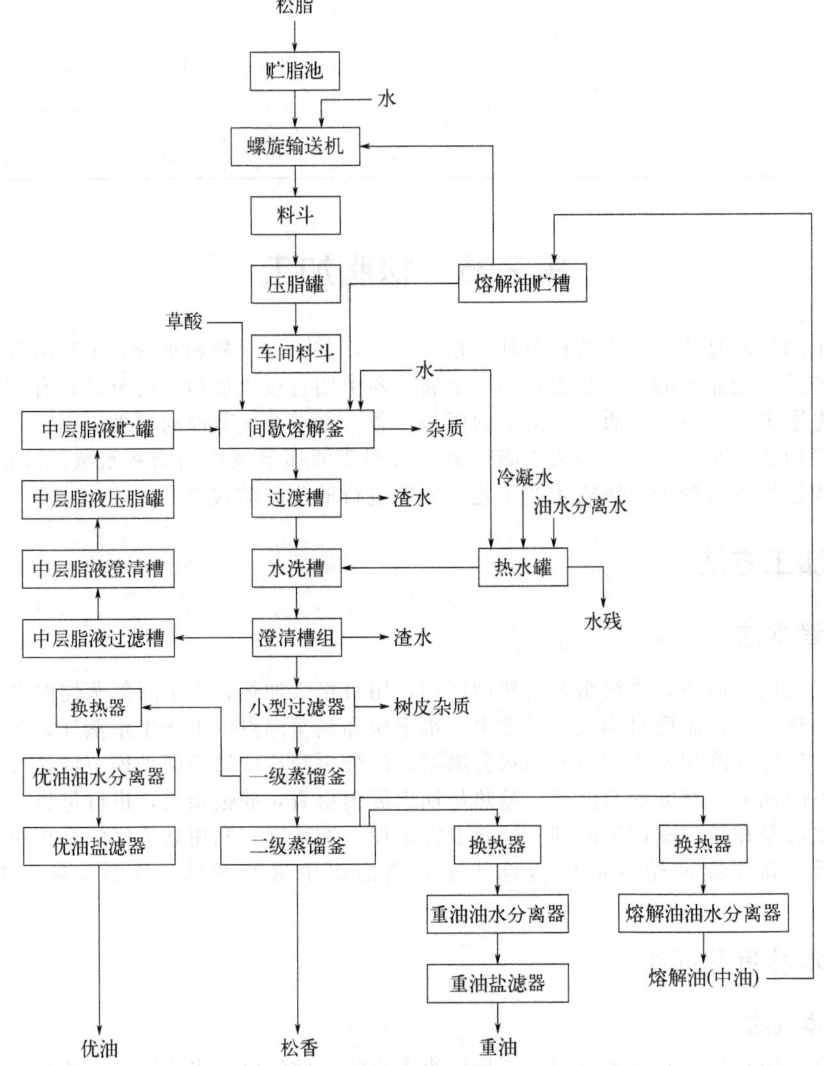

图6-2-3　间歇法水蒸气蒸馏法松脂加工工艺流程

松脂从贮脂池用螺旋输送机或经过压脂罐用压缩空气压入车间料斗。松脂从车间料斗进入熔解釜，并加入一定比例的熔解油和水，放入适量草酸。以直接水蒸气加热熔解，熔解脂液用水蒸气压入过渡槽，杂质残留在滤板上定期排出，熔解时逸出的蒸气经冷凝冷却后返回釜中。从过渡槽放去大部分渣水的脂液间歇地经水洗器水洗后流入澄清槽组澄清。澄清脂液从澄清槽分次流入一级蒸馏釜，入釜前滤去浮渣，从一级蒸馏釜蒸出优油和水的混合蒸气，经冷凝冷却器、油水分离器和盐滤器得到优级松节油产品。蒸完优油的脂液流入二级蒸馏釜，从二级蒸馏釜先后蒸出熔解油和水的混合蒸气，分别经换热器冷凝冷却和油水分离器后，熔解油直接送至熔解油高位槽作稀释和熔解松脂之用；重油再经盐滤器除去残留于油中的水分得产品重油。脂液从二级蒸馏釜蒸完重油后得产品松香，放入松香贮槽，松香包装，冷却入库。

3. 连续式水蒸气蒸馏法

连续式水蒸气蒸馏法松脂加工工艺流程见图 6-2-4[9]。松脂由上料螺旋输送机输入料斗，再

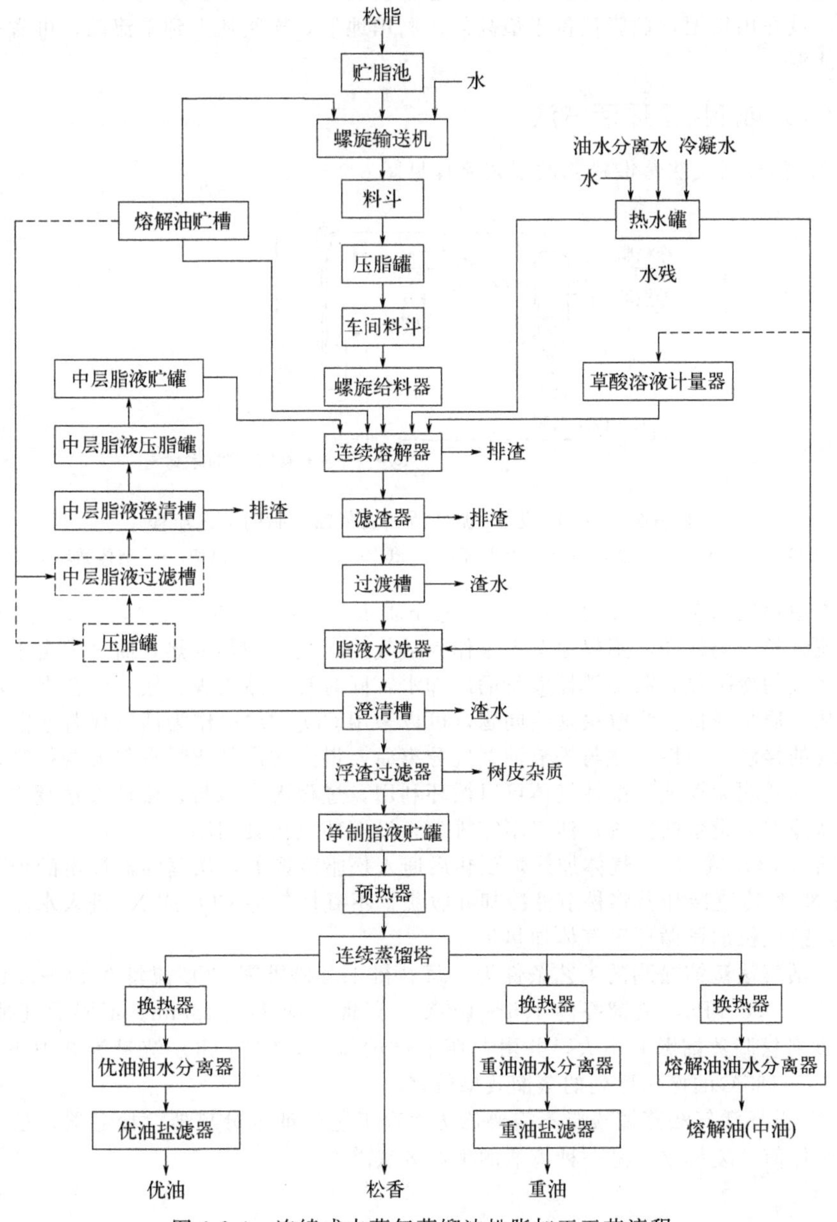

图 6-2-4　连续式水蒸气蒸馏法松脂加工工艺流程

经螺旋给料器不断送入连续熔解器，并加入适量的松节油和水。在熔解器中松脂被加热熔解。熔解脂液经除渣器滤去大部分杂质，经过渡槽放出废水，再流入水洗器用热水或搅拌，或对流，或通过静态混合器使之充分搅和洗涤，然后送入连续或半连续澄清槽，澄清后的脂液经浮渣过滤器滤去浮渣，流入净脂贮罐，澄清的渣水间歇放出。中层脂液经中层脂液澄清槽澄清后流入中层脂液压脂罐，再经高位槽返回熔解器回收；或者单独蒸煮黑松香，回收松节油。脂液泵将澄清脂液从净脂贮罐抽出，经过转子流量计计量，进入预热器加热后连续送入蒸馏塔。有的工厂从预热器抽取部分松节油，油和水的混合蒸气经分凝器分出蒎烯含量高的油分，经冷凝冷却、油水分离、盐滤后得工业蒎烯产品（含蒎烯95%以上），蒎烯含量相对较低的油分（80%以上）作为优油收集。脂液进入蒸馏塔后由间接蒸汽加热，直接蒸汽蒸馏，上段蒸出优油和水的混合蒸气，下段蒸出重油和水的混合蒸气，分别经冷凝冷却、油水分离和盐滤后成为产品优油和重油入库。有的工厂在蒸馏塔的中段还有熔解油和水的混合蒸气蒸出，经冷凝冷却、油水分离后的油分作熔解油使用。蒸馏塔蒸出松节油后塔底连续放出松香，进行包装，冷却入库。

有的工厂设在山坡上，贮脂池位于最高处，利用地形，松脂从上到下流动，可省去泵等动力设备，节约能源。

（三）CO_2 或 N_2 循环活气法

CO_2 或 N_2 循环活气法蒸馏松脂的工艺流程见图 6-2-5。

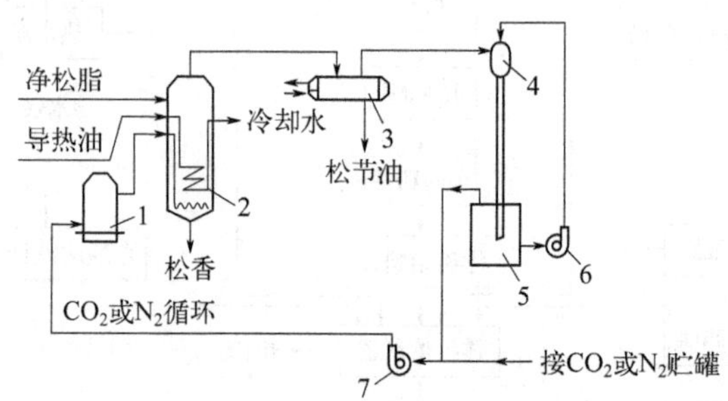

图 6-2-5　CO_2 或 N_2 循环活气法蒸馏松脂的工艺流程

1—气体加热炉；2—松脂蒸馏器；3—冷凝冷却器；4—真空泵；5—气液分离槽；6—液体循环泵；7—风机

该法基本原理同水蒸气蒸馏法[14]，只是把介质水蒸气换成 CO_2 或 N_2。用过热蒸汽蒸馏松脂，其工艺流程长、能耗高，不仅浪费大量作为活气的水蒸气的相变热，而且带走了从松脂蒸馏器出来的水蒸气的冷凝热，需要消耗大量的冷却水，同时其产品松香、松节油会夹带活气残留的微量水分，从而质量降低。为解决这些问题，可以采用 CO_2 或 N_2 作为活气代替水蒸气，避免了松脂与水蒸气的接触，惰性气体与松节油蒸气分离后，得到的产品质量有很大的提高，松香无贯串现象，松节油透明无浑浊，惰性气体可以循环利用，过程无水参与，减排大量废水；节省了油水分离器、盐滤器等设备的投资；活气不需排放，没有环境污染问题。

流程：活气 CO_2 或 N_2 经气体加热炉预热后通入松脂蒸馏器，从蒸馏器馏出的松节油蒸气和活气 CO_2 或 N_2 经冷凝冷却器将松节油冷却并收集，不凝性气体 CO_2 或 N_2 进入水流真空泵抽真空，然后再经鼓风机加压循环至气体加热炉。

CO_2 循环活气法蒸馏松脂的工艺条件为：每制得 1kg 松香需 CO_2 流量 0.14～0.16m^3/h，蒸馏压力 12.67～20.80kPa，蒸馏终温 185～190℃，蒸馏时间 41～45min。不同活气种类 CO_2 与 N_2、活气温度对松脂蒸馏影响不大，并由松脂蒸馏的特点，实施 CO_2 流量为 0.10～0.16m^3/h、蒸馏温度为 80～185℃的操作序列的蒸馏效果较好。

CO_2 或 N_2 循环活气法蒸馏松脂不需要传统生产工艺的油水分离器、盐滤器，是全封闭式的生产过程，无任何三废排放，是一种清洁的生产方法[15-17]。

（四）溶剂沉淀分离法

溶剂沉淀分离法是利用松脂中酸性组分（树脂酸、脂肪酸）和非酸性组分（松节油、不皂化物）在不同溶剂中溶解度有较大差别的原理，而使松香与松节油分离的方法[18]。溶剂沉淀分离法松脂加工的工艺流程为：a. 用二氯甲烷溶解松脂，过滤除去针叶、木片、树皮等不溶性杂质后，在常温下按传统方法用草酸水溶液洗涤松脂溶液，脱除水溶性杂质和与树脂酸结合的铁离子，除去水相；b. 在搅拌下向有机相中加入乙腈，使树脂酸充分沉淀析出并呈颗粒分散状态，静置 30min，过滤回收沉淀；c. 在常压条件下，采用分馏方法将滤液加热蒸馏，收集 75℃前的馏分为回收溶剂二氯甲烷，75～82℃的馏分为回收溶剂乙腈；d. 采用水蒸气蒸馏法分离回收松节油，蒸馏残留物为含有较多不皂化物和氧化树脂酸的树脂酸混合物，可作低级松香或其他用途。

用溶剂沉淀分离树脂酸时，松脂、二氯甲烷和乙腈的用量比为 1∶1.3∶2（质量比）。将回收的二氯甲烷和乙腈应用于松脂加工，重复使用两次，均能使松脂树脂酸沉淀析出，而且与采用新鲜溶剂相比，树脂酸沉淀产率变化不大，这表明二氯甲烷和乙腈可以重复利用。

与水蒸气蒸馏法相比，以混合溶剂沉淀分离法进行松脂加工具有明显优点：a. 无需特殊设备，操作工艺简单；b. 分离所得的松脂树脂酸为洁净白色的易分散性固体颗粒，在 CO_2 或 N_2 保护下加热熔合、热异构化处理也可得到松香，该松香为浅黄色透明固体，具有酸值高（＞183mg/g）、不皂化物含量低（＜2%）的特点，符合精制浅色松香的基本特征；c. 松脂树脂酸含有较多的左旋海松酸，可直接用作分离左旋海松酸的原料，简化以松脂为原料的分离工艺，也可直接用于制备马来海松酸（酐）和马来松香，简化以松香为原料的异构化处理步骤，节省能源消耗；d. 与普通松香相比，松脂树脂酸的枞酸含量不高，以松脂树脂酸为原料的光敏氧化反应可以制备得到较多的树脂酸过氧化物。

松脂加工工艺流程可根据各地松脂产量、技术力量、动力、燃料等辅助条件而选择。一般年产松香 4000t 以上才能选择连续式的工艺流程。连续式工艺流程技术要求较高，操作方便，减轻工人劳动强度，产品质量稳定，由于提高了汽化效率，能耗相对较低，便于自动化控制。间歇式水蒸气蒸馏法和简易蒸馏法生产操作劳动强度较大，产品质量不够稳定。由于生产过程间歇进行，技术要求相对较低，生产过程易于控制，适于松香年产量 2000～4000t 的规模。也有工厂在发展过程中先采用间歇式，后改用连续式，或者部分间歇、部分连续，就导致了流程的多样化。松脂加工厂从管理角度来看，产量大，劳动生产率高，成本低，但产量太大松脂运输困难，路程远，易变质，故生产规模不宜过大，且应做到均衡生产。

二、松脂加工工艺与设备

（一）松脂在工厂中的贮存与输送

由于采脂有季节性，松脂进入工厂的数量随季节而变化。为了使采脂旺季输入工厂的松脂不变质，并保证连续生产，松脂加工厂必须贮存一定数量的松脂。

1. 松脂在工厂中的贮存

在工厂中，一般用贮脂池贮存松脂，国外亦有用地面上的立式贮罐的。松脂的贮存量随生产能力而异。加工能力较大的工厂，需有 1～2 个月的贮存量，如准备常年生产还需加大；生产量较小的工厂亦要有半个月至 1 个月的贮存量；更小的工厂可准备 1 周左右的贮存量。有的工厂将收购点的贮脂池适当扩大，厂本部的贮脂池则可适当减小。

（1）贮脂池　贮脂池一般建于地下，也有为运输的方便或根据地形情况建于地上的，或半地下半地上。形状有圆柱体锥底或正方（长方）体斜底，用钢筋混凝土建造或用砖砌成。蒸汽法加工厂每个贮脂池的容量以 200～500t 为宜。贮脂池的个数随产量而定，并按进厂原料种类和质量不同进行分级贮存。

为防止松脂在贮存时氧化变质和松节油挥发，通常贮脂池内加保养水，超出脂面 10～20cm。

保养水1个月左右更换一次。启用松脂前，先用泵抽出保养水，然后将该池靠螺旋输送机侧墙低处的闸门打开（其他池的闸门关闭），松脂因重力流出闸口，由螺旋输送机送到加料槽内，再以另一螺旋输送机送至车间，也可使松脂从加料槽流入压脂罐，以压缩空气输送至车间。松脂在贮存过程中的损耗为1%左右。

考虑生产安全，贮脂池应距离锅炉20m以上，并有防火设施。

（2）松脂卸料　松脂从收购点的贮脂池运至工厂一般用汽车。距离较近或在工厂收购时，也可用拖拉机运输。过去大多用200L的铁桶作容器，现在各厂多采用槽车运输，槽车有封闭式和敞开式。位于河边的工厂，由水路运来船装的松脂，可用螺旋输送机和压缩空气输送和卸料。

由于采脂受器普遍采用塑料袋，运入工厂的块状松脂大量增加，松脂进入贮脂池前一般经过破碎，即松脂不直接倾入贮脂池中，而是倾入贮脂池前的加料池中。加料池为长方形，长约4m，宽约3m，锥底有2～3台螺旋输送机将松脂输入贮脂池。每个螺距间的轴上焊有1～2把刀片，长度为螺旋叶片宽1/3～1/2，其作用是在输送过程中将块状松脂破碎。为了提高破碎度，螺旋机的安装角度较常用输送松脂的螺旋机要大，因此充满系数低，转速略快，在90r/min以上。未破碎的松脂由于重力作用而回滚，重复破碎。如此块状松脂经反复挤压、搅拌而被破碎，成为半流体态输入贮脂池备用。

2. 松脂厂内输送

松脂厂内输送的方法主要有螺旋输送机输送和压缩空气管道输送两种。前者在中小型工厂中使用，贮脂池离车间较近，可直接用螺旋输送机将松脂送入车间；后者用于规模较大的工厂，贮脂池较多较大，离车间较远，用压缩空气管道输送效率较高。

（二）松脂的熔解

由贮脂池运至车间的松脂呈黏稠的半流体状态，含有泥沙、树皮、木片等杂质，以及一定量的水。为了除去杂质和水分，必须再加入适量的松节油和水，并加入草酸，加热至93～95℃。加热和加油的目的是使松脂更好地熔解，降低松脂的密度和黏度；加水是为了洗去松脂中的水溶性色素；加入草酸是为了除去有色的树脂酸铁盐，生成能溶于水的盐类。熔解后的脂液呈流动状态，便于过滤、净制和输送。

生产中认为，由于受脂器和运输过程中松脂与铁接触，形成树脂酸铁盐，加深产品松香的颜色，使松香的等级下降，因此在熔解时加入草酸（在俄罗斯的工厂中加磷酸），生成草酸（磷酸）铁盐，易溶于水，于净制过程中分离除去。据实测，每吨松脂所用的纯磷酸量不宜超过5～6kg。我国工厂使用草酸不超过0.15%，一般用0.05%～0.10%。也有研究认为铁作为氧的载体存在，松脂的氧化速度会增加，树皮中的单宁与铁离子同时存在，对松香的颜色影响较大。试验将0.05%新制备的Fe_2O_3和1%～2%从松树皮得到的单宁萃取物与水洗过的松脂相混合，蒸馏得到的松香与未加Fe_2O_3的对比，松香的等级下降了七级，而且pH值升高，单宁所形成的化合物发生氧化，使颜色迅速变深。松脂中掺有石灰，则可生成树脂酸钙盐，使松香颜色显蓝绿色。松脂中掺有松针和松毛虫排泄物中的叶绿素成分，也会使生产的松香显青色。近年来，我国的松脂加工在熔解后增加了热水水洗的过程，以进一步洗去水溶性的有色物质。应用含硫脱色剂会影响产品质量，收率也降低。

松脂熔解时熔解油的加入量，可根据进入车间的松脂中不同含水率和含油率以及要求净制脂液的含油量按下式计算：

$$X=\frac{Z}{100-Z-0.5}\times S-T$$

式中　X——熔解油用量，kg/t；

T——每吨进入车间的原料松脂中的松节油量，kg；

S——每吨进入车间的原料松脂中的松香量，kg；

Z——要求净制脂液的含油量，%；

0.5——净制脂液中的含水量，%。

1. 松脂间歇熔解

（1）熔解工艺　松脂间歇熔解工艺流程见图 6-2-6。

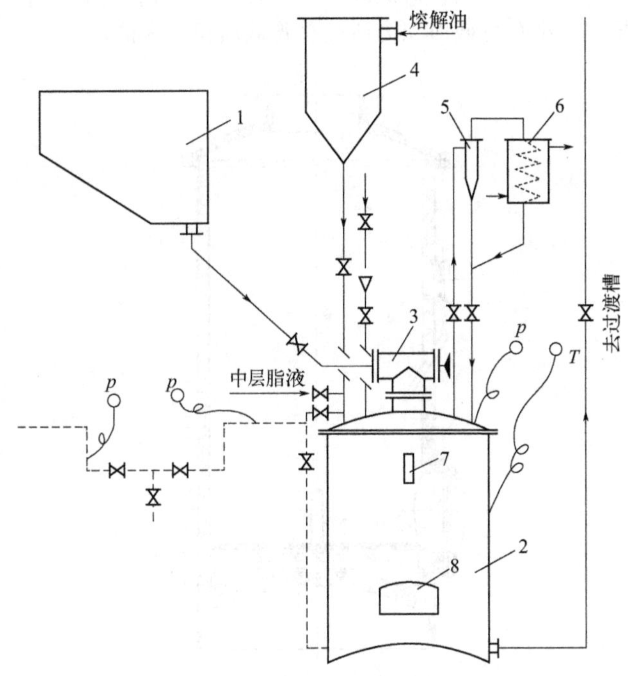

图 6-2-6　松脂间歇熔解工艺流程

1—加料斗；2—熔解釜；3—密闭加料阀；4—溶解油贮罐；5—气液分离器；6—冷凝器；7—视镜；8—出渣口

松脂从加料斗经密闭加料阀进入熔解釜（锅），并从熔解油（中油）贮罐加入熔解油，使松香与松节油的重量比约为（64～62）∶(36～38)，再加入松脂原料重量 8%～10%的水。松香和油的比例是根据澄清和蒸馏的要求确定的。熔解时用饱和或过热直接蒸汽（活汽）搅拌加热至 93～95℃。松脂熔解完毕后，从熔解釜顶部通入蒸汽，使脂液面上压力增至 0.15～0.3MPa，将熔解脂液经压脂管压入过渡槽。脂液压送时通过滤板，较大的杂质（杂质总量的 70%～80%）留在滤板上。熔解 3 锅后清渣一次，清渣前用直接蒸汽喷出残渣中松节油。在熔解过程中有部分松节油和水的蒸气一起蒸发，因而熔解釜必须有排气管与冷凝器 6 相连接，以回收松节油。为防止冲料时松脂进入冷凝器将管道堵塞，有时在冷凝器前设一缓冲罐。一般工厂熔解过程（包括进料、熔解、压脂、清渣）平均约需 25min。间歇熔解残渣的成分因松脂熔解是否完全而有异，熔解完全的残渣成分为：松香 25%，松节油 6%，杂质 35%，水分 34%。

（2）主要设备

① 加料斗。加料斗是车间贮存原料的主要容器，必须有足够的容量才能不致因运输系统发生故障而影响车间内的正常生产。一般要求容纳 1～2h 生产的需要量。加料斗可用钢板制造。矩形、斜锥体底，便于松脂流动，上加盖。用压缩空气管道输脂时，料斗上需设一缓冲罐。也有的工厂在料斗前加一破碎机，使破碎后的松脂颗粒小于 10mm，以利于准确计量与熔解。间歇熔解可从熔解釜的视镜中计量，也可用料斗计量。

② 间歇熔解釜。间歇熔解釜具有加热、搅拌、洗涤、过滤和压送作用。其结构见图 6-2-7。熔解釜的高径比为（2～2.5）∶1，釜身可用不锈钢板焊制。熔解釜底为拱形，以承受较大压力，由于泥沙有磨损作用，釜底应适当加厚。拱形底上面是直接蒸汽喷管（或称活气喷管、开口蒸汽管），管径随生产能力而定。直接蒸汽管上面是不锈钢滤板，分四块安装，用螺钉固定在支架上，以便装卸清理。滤孔孔径 3mm，上小下大，中心距 10mm，交叉排列。孔的总截面积为滤板的 35%～40%，滤板上面侧向为出渣口。釜身上部的 1/3 处设一视镜，以观察加料熔解情况与计

量。釜顶盖由铝板制成，除密闭加料口外，尚设有加油管、加水管、蒸汽管和通往冷凝器的管道。压脂管在熔解釜内直伸至滤板下拱形底的低处，或从滤板下设管接头通出熔解釜。直接蒸汽管的管径随生产能力而定，用不锈钢管弯成环形，直径为釜体内径的 2/3。直接蒸汽喷管开在向外下侧方向，分三排排列。小孔总截面积为活气总管截面积的 3 倍。

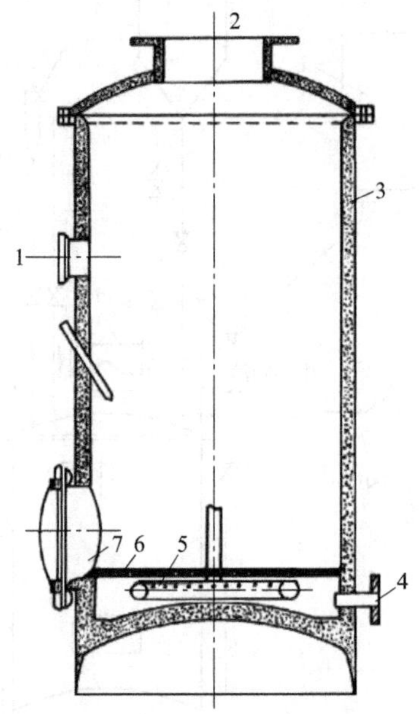

图 6-2-7　间歇熔解釜结构

1—视镜；2—加料口；3—釜身；4—出料口；5—直接蒸汽喷管；6—滤板；7—出渣口

2. 松脂连续熔解

早期应用卧式连续熔解工艺，近年来立式连续熔解较为普遍。

(1) 卧式连续熔解工艺与设备　卧式连续熔解工艺流程见图 6-2-8。

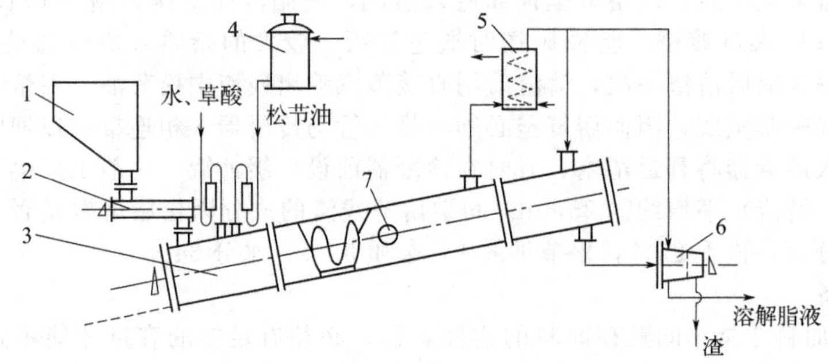

图 6-2-8　卧式连续熔解工艺流程

1—料斗；2—给料器；3—卧式连续熔解器；4—熔解油贮罐；5—冷凝器；6—连续除渣器；7—视镜

松脂从料斗经给料器进入卧式连续熔解器，熔解油从贮罐连续加入，水与草酸溶液从另一口进入，油、水和草酸溶液用转子流量计计量，使脂液中松香和松节油的比例为（64～62）∶（36～38）。熔解以直接蒸汽作加热介质，调节熔解器内温度保持在 93～95℃，同时起搅拌作用。熔解器内有螺旋叶片，松脂和杂质随螺旋叶片的缓慢旋转而向前移动，保证脂块在熔解器中有足够的停留时间从而充分熔解。螺旋轴由传动装置带动，转速取 1r/min 左右。熔解后的脂液连续从熔解器的前部（高端）流出，经过连续除渣器除去杂质，含水脂液送到净制工序净制。熔解时蒸出的少量松节油和水的混合蒸气经冷凝器冷凝后返回熔解器，以保证脂液的含油量。

连续熔解器的给料器实际上是一个螺旋输送机，外壳常用无缝钢管或镀锌水煤气管制成，为提高产品质量，也可用不锈钢管。在水平安装的情况下，松脂在其间充满系数为 0.7～1，在一定的转速下它可以起到定量给料的作用，并能防止熔解器内的蒸气逸出。

卧式连续熔解器结构见图 6-2-9。它主要由圆形筒体与螺旋桨叶所组成。螺旋桨叶由螺旋轴带动，桨叶与筒体壁的间距一般取 5mm。为方便装配、制造及维修，圆筒可由 2～3 节组成。圆筒底部两侧焊有半圆形管，内设直接蒸汽喷管，喷管上开有三排喷汽孔。筒体后部上方设有进料口和加油管、加水管，下方设一排污管，在停工时排污用。为了观察松脂在器内的熔解情况及液面位置，在筒体中下部装有视镜和温度计。筒体前部上方装有松节油蒸气出口管和冷凝液进口管，下方设脂液管放出熔解脂液。螺旋轴末端设一圈反向螺旋桨叶以防止杂质堵塞，熔解器通常倾斜安放，一般倾斜角为 5°～10°。卧式连续熔解实现了熔解的连续化，熔解效果较好。缺点是直接蒸汽喷管槽内易落入细砂等杂质，影响蒸汽喷放，需定时清理。

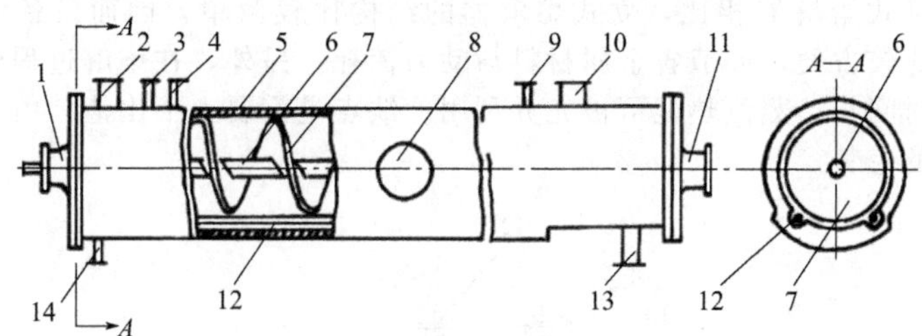

图 6-2-9　卧式连续熔解器结构简图

1—轴承座；2—进料口；3—加油管；4—加水管；5—筒体；6—螺旋轴；7—螺旋桨；8—视镜；9—冷凝液进口管；10—蒸汽出口管；11—尾封；12—直接蒸汽喷管；13—脂液出口管；14—排污管

(2) 立式连续熔解工艺与设备　立式连续熔解工艺流程见图 6-2-10。

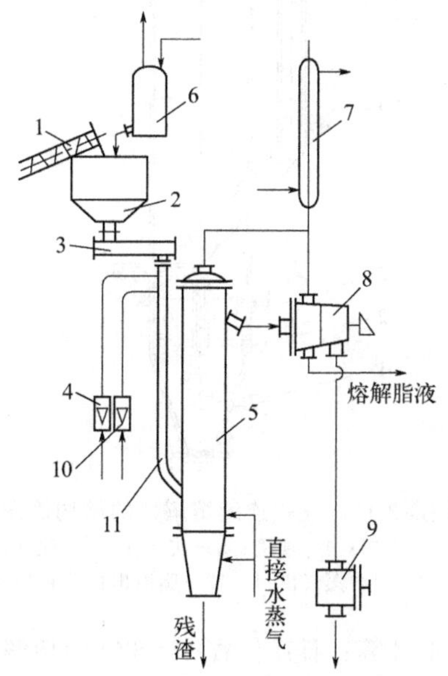

图 6-2-10　立式连续熔解工艺流程

1—螺旋输送机；2—料斗；3—给料器；4—水转子流量计；5—立式熔解器；6—熔解油贮槽；7—冷凝器；8—除渣器；9—残渣贮罐；10—熔解油转子流量计；11—下料管

松脂从螺旋输送机进入料斗后，由给料器将松脂经下料管送入立式熔解器。熔解油和水经转子流量计从下料管上部同时加入。松脂在立式熔解器内由底部盘管喷出的直接蒸汽加热搅拌，借连通器的作用不断流出进入除渣器，滤去轻质浮渣后送至净制工序。粗渣、泥沙等物沉积于立式熔解器底部定期排出。蒸发出的少量松节油和水的混合蒸气接冷凝器回流至熔解器。熔解的工艺条件和要求与卧式连续熔解相同。

立式连续熔解一般每班排一次沉渣，排渣前停止进料，用90℃以上的热水将脂液从熔解器上部顶出，再排渣水，排完渣水后重新进料。这种排渣的方法影响生产的连续性，因此，为保证生产的连续性，某些生产能力较大的工厂在熔解器前设两个立式预熔器，轮流操作，松脂经预熔后进入熔解器，泥沙等沉于预熔器底，轮流排出。熔解器下部一般不再排渣，熔解时间延长，松脂块可充分熔解。

立式连续熔解器的结构见图6-2-11。它主要由一根松脂下料管与立式熔解器相连而成。也有将下料管设于熔解器内的，减少热损失，不易堵塞。立式熔解器实际上是一个圆筒体，它的下部设有直接蒸汽盘管和备用蒸汽管。为观察松脂下料和熔解器内情况，分别于松脂下料管上部、下料管与立式熔解器接口处以及熔解脂液出口处设视镜。温度计装于熔解器上部接近出口处。锥底装有排渣阀门。与卧式熔解器相比，立式熔解器的结构比较简单，因而设备的设计、制造、安装、维修等方面都比较方便，亦节省金属材料与动力消耗。另外，在熔解过程中，松脂和加热蒸汽同一流向，接触时间长，蒸汽热能可被充分利用。缺点是需要上下出渣。由于优点较多，有替代卧式连续熔解器的趋势。

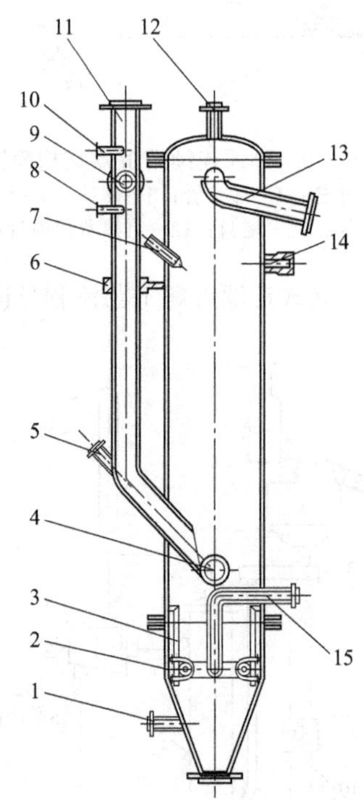

图6-2-11　立式连续熔解器的结构简图

1—备用蒸汽管；2—直接蒸汽盘管；3—支架；4—视镜；5—吹气管；6—抱管；7—温度计；8—进水管；9—视镜；10—进油管；11—松脂下料管；12—混合蒸气出口；13—脂液出口管；14—温度计；15—直接蒸汽进口管

立式连续熔解器内径（D）的计算：日产松香15～20t的熔解器，内径取0.4～0.45m。熔解器截面积（F）为：

$$F=\frac{\pi}{4}D^2$$

脂液在熔解器内的移动速度（u）为：

$$u=\frac{Q}{60\rho F}$$

式中　Q——进料量（原料松脂、熔解油、洗涤水、直接蒸汽冷凝水的总和），t/h；

ρ——脂液密度，t/m^3。

立式连续熔解器的有效高度（H）为：

$$H = tu$$

式中　t——松脂在熔解器内的停留时间，一般取 20min，如松脂中块状松脂较大，可取 25min。

（3）连续滤渣　熔解脂液中含有少量杂质，其中浮渣必须在水洗净制前用过滤的方法除去。如应用间歇滤渣设备，在清渣过程中常有大量松节油蒸气外逸而造成损失和污染，连续滤渣设备可避免这些缺点。生产上应用的连续滤渣器有以下几种形式：a. 截头锥篮式连续滤渣器；b. 卧式锥篮离心机；c. 密封耙式滤网除渣设备。

（三）熔解脂液的净制

传统的松脂加工工艺是在松脂熔解过程中加入部分冷水，加上熔解松脂用的水蒸气冷凝水，可洗去松脂中的色素。但实际上熔解有一定温度，提高了树皮等杂质中色素的浸出率，这些色素大部分随水于澄清时除去，但仍有部分留在脂液中，使产品的颜色加深。因此，20 世纪 80 年代以来，增加了熔解后的水洗工艺。一般的水洗工艺都是在熔解粗滤后进行，粗滤将大部分有色物质滤去，脂液经过渡槽沉去有色的洗涤水，再进行水洗，以进一步除去脂液中的色素，提高产品松香的颜色等级。水洗还可以洗去脂液中残留的无机酸，以减弱蒸馏时树脂酸的异构。水洗后采用澄清法除去水和细小杂质。澄清法设备简单，容易维修，无需消耗动力；缺点是占地面积大，分离时间长，还需加一套中层脂液处理设备。

进入净制工序的脂液组成为：松香 47%～49%，松节油 27%～30%，水 20%～30%，杂质 0.1%左右。

1. 水洗

水洗的过程实质上是液-液萃取过程。色素从脂液中经过脂液-水两相的界面扩散到水中，这是一个传质过程。为获得较高的传质效率，应使两相充分接触，并伴有较强烈的湍动。萃取完毕后还需使两相较快地达到完全分离。脂液水洗应避免乳化。水的温度应在 90～95℃，与脂液同温，过低则会降低脂液温度而使其黏度升高，影响二者的分离澄清。由于用水作萃取剂，水量多少并不严格。目前生产上用的水洗设备有搅拌式设备、脉动筛板塔、静态混合器、管道混合器和超声波水洗器等。也有的工厂熔解时不加草酸，在水洗时加入草酸可节约草酸用量，提高产品松香的色级。但残留在脂液中的酸在蒸馏时可能促进树脂酸异构，从而导致松香结晶。

搅拌式水洗，熔解过滤后的脂液经过渡槽停留约 10～20min，排出沉下的废水，再进入带搅拌器的水洗器，不断加入热水，水温不低于 90℃，搅拌转速 80～90r/min，以提高脂液与水的湍流程度，增加相互间的接触，强化萃取效率。搅拌转速不宜过快，以免引起乳化，影响澄清效果。

2. 澄清工艺

（1）半连续式澄清工艺　半连续式澄清工艺为我国大部分松脂加工工厂所采用。其工艺流程见图 6-2-12。

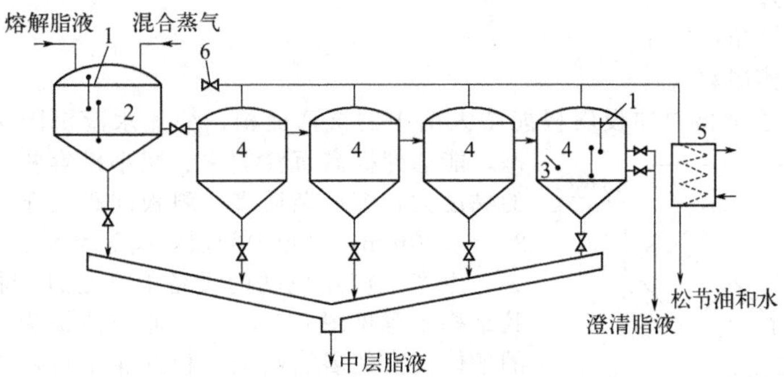

图 6-2-12　脂液半连续式澄清槽组工艺流程

1—液位计；2—过渡槽；3—澄清槽；4—温度计；5—冷凝器；6—单向阀

为了使脂液在澄清槽中以较稳定的流速流动，保持正常的液面，取得较好的澄清效果，水洗后的脂液先经过渡槽，在过渡槽中将70%以上的水和细小杂质除去，然后依次流经澄清槽，水分和杂质继续沉降。澄清后的脂液再经一小型过滤器，除去在澄清过程中未沉降的少量树皮杂质后，送蒸馏工序。渣水由各槽下部放出，放至中间层熔解锅内回收中层脂液中的松脂液成分。澄清槽排渣水的时间视澄清槽的个数而定。

为了保证脂液的正常流速和不致溢出，除了过渡槽具有的位能外，各澄清槽脂液的进出口尚须保持一定的位差，一般相差10cm。在压送和澄清过程中，部分松节油蒸发汽化，过渡槽和澄清槽以管道连接冷凝器，回收松节油。澄清槽组的温度控制在85～90℃，为了减少热损失，槽壁外包裹较厚（10～15cm）的保温层。

生产量较小的连续式松脂加工厂以一个较大的澄清槽处理水洗后的脂液（日产15～20t松香的工厂澄清槽直径约3m），简化了澄清工序，节省了部分设备与材料，减少了操作。由于散热面积减少，热损失也小，有利于脂液的澄清。渣水由连通管不断流出，泥沙由小螺旋定期从底部排出。

（2）斜板澄清　在澄清槽长为L，槽深为H，槽中脂水混合液的水平流速为u，水粒沉降速度为u_0（m/s）时，当脂水混合液在槽中的流动处于理想状态下时，则下式成立：

$$\frac{L}{u}=\frac{H}{u_0}，即\frac{L}{H}=\frac{u}{u_0}$$

式中　L——澄清槽长度，m；

H——澄清槽深度，m；

u——脂水混合液的水平流速，m/s；

u_0——水滴沉降速度，m/s。

可见，L与u值不变时，槽深H越浅，则可截留的水滴的沉降速度u_0越小，并成正比关系。如在槽中增设水平隔板，将原来的H分为多层，例如分为三层，则每层深度为$H/3$。此时假定不改变水平流速u，由于沉降深度由H减小至$H/3$，在每层隔板上的流动距离L缩短为$L/3$，即可将水粒截留在槽内。因此，槽的总容积可减小到1/3。若槽的长度不变，截留的水滴的沉降速度仍采用u_0，沉降深度减少为$H/3$，则水平流速增大3倍为$3u$，仍可将沉降速度为u_0的水滴截留到槽下锥斗。由此可见，如能将深度为H的澄清槽分隔成平行工作的3个格间，即可使处理能力提高3倍，并能保持它原来的处理效果。

由上可知，在理想条件下，分隔成n层的澄清槽，在理论上其处理能力可较原澄清槽提高n倍。为了解决各层的排水和杂质问题，工程上将水平隔层改为水平面倾斜成一定角度α（通常α为50°～60°）的斜面，形成斜板。以各斜板的有效面积总和，乘以倾角α的余弦，即得水平总的投影面积，也就是脂水混合液的总沉降面积：

$$A=\sum_{n-1}^{n}A_1\cos\alpha$$

式中　A——总沉降面积，m^2；

α——隔层倾角，(°)；

n——澄清槽层数。

如上所述，在澄清槽中加设斜板能增大槽中的沉降面积，缩短水滴沉降深度，改善水流状态，能达到提高沉淀效率、减小槽容积的目的。由于脂液的黏度大，细小杂质多，斜板间距大于一般隔油池，采用200～300mm，以免中间层将间隙堵塞。

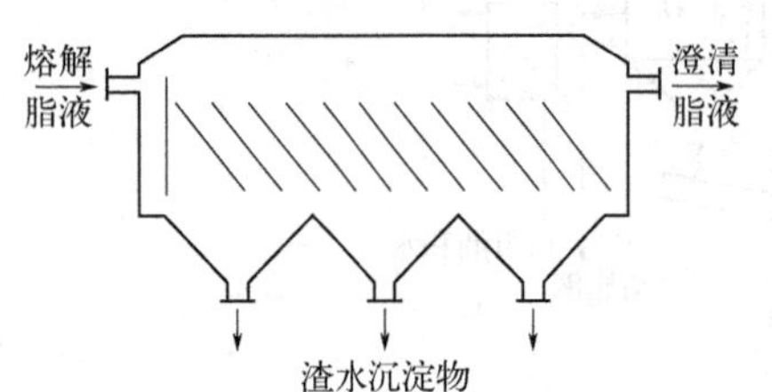

图6-2-13　斜板澄清槽结构

生产上应用成功的设备能满足日产松香120t的要求，其结构示意见图6-2-13[19]。此澄清槽为长方形，在长方形的槽体内安装多块斜板，板互相平行，物料流向为由下向上，当脂液到达斜板的上端时，绝大部分水滴和杂质粒子已经沉降到下方斜板的表面上，积聚到一定数量后便自动滑落至澄清槽的锥底中，然后间歇排出体外，澄清了的脂液从斜板区的上端汇集后从澄清槽的另一端流出。当熔解脂液中的含油量为35%～38%，澄清温度为85～90℃时，澄清后的脂液含水量可降低到0.5%以下，大多数情况下为0.2%～0.3%，固体杂质含量为0.005%～0.02%，大多为0.01%左右。由于节省了材料和建筑面积，投资比圆形喇叭式澄清槽减少37%。

(3) 澄清槽自动排水　多年来工厂多采用人工操纵阀门间歇排放澄清槽的渣水，操作频繁，且排放时渣水的温度高，汽雾大，还有臭味，影响工人健康。20世纪80年代初，某厂根据排放物料电阻的不同，成功研制自动排水装置。据测定，80～85℃时澄清的脂液是绝缘的，电阻无穷大；脂液中含水2%左右时，电阻在5000kΩ以上；中层脂液（松香、松节油含量50%左右），电阻为20～35kΩ；澄清后的渣水电阻为8～10kΩ。据此，可利用各类液体的电阻不同，用继电器、电磁阀等仪器，控制自动开关排水阀门。采用逐个澄清槽远距离揿电钮排水，排完后自动关阀。澄清槽自动排水装置见图6-2-14。

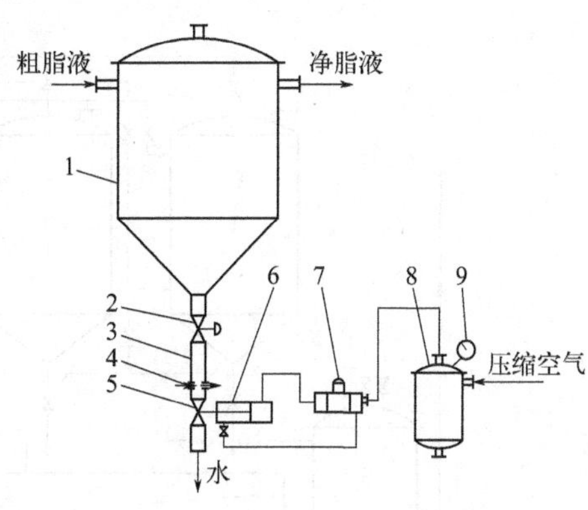

图6-2-14　澄清槽自动排水装置

1—澄清锅；2—手控阀；3—排水管；4—电极；5—排水阀；6—气缸；7—电磁阀；8—贮气缸；9—电接点压力表

3. 澄清设备

澄清槽的结构见图6-2-15。其为锥底圆柱体，可由钢板焊制，内衬混凝土，也可由不锈钢板焊制。高径比为1∶2，锥底夹角约90°～110°，槽内有钢或铝制喇叭与进脂管相连。喇叭的斜面可使脂液均匀地向四周分布并使水粒凝集。大喇叭的直径为槽身内径的60%左右，用螺钉固定焊接在最底部的不锈钢支架上。脂液由进脂管进入槽内，经小喇叭分散至四周，再沿大喇叭流下。浮起的脂液从出脂管流至另一澄清槽，而水分和杂质则下沉至槽底，定期由排渣管放出。澄清槽内的加热盘管是考虑到澄清过程中降温过多补充热量之用，在保温良好的情况下一般不用。槽顶设一导气管接冷凝器收集油水，平衡槽内压力。

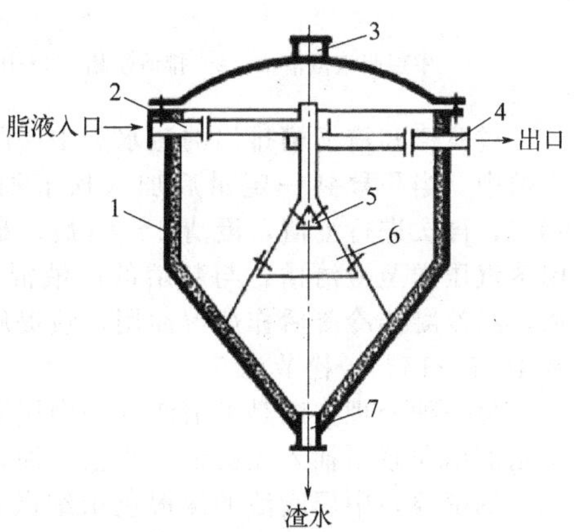

图6-2-15　澄清槽结构简图

1—槽身；2—进脂管；3—导气管；4—出脂管；5—小喇叭；6—大喇叭；7—排渣管

澄清槽或澄清槽组的最大容量可以根据需要净制的松脂量和澄清的速度来确定。澄清槽或澄清槽组的总容积（V）可按下式计算：

$$V=\frac{QT}{\rho}$$

式中　V——澄清槽或澄清槽组的总容积，m^3；

Q——1h加工的脂液量，kg/h；

T——澄清所需要的时间，h（根据工厂的经验，一般采用6～7h）；

ρ——脂液的密度，kg/m^3。

求得的澄清槽或澄清槽组的容积为有效容积，实际容积尚需加20%。

（四）中层脂液的处理

在澄清过程中，澄清脂液和水层之间有一层脂液、水和杂质相混的褐色混合物，称为中层脂液或中间层。其量约为原料量的1%～3%。中层脂液的组成因原料松脂质量不同而有较大差异，通常在下列范围内：松香40%～50%，松节油15%～25%，杂质2%～10%，水25%～40%。高压电场澄清的过程中，中层脂液往往是随渣水不断排出的同时被少量带出，中层脂液的量，随着松脂的质量、熔解和澄清时的操作条件，如温度、含水量、含油量的变化而变化。试验时中层脂液的含量一般符合处理脂液量的1%～5%，同时它的组成情况也略有变化，其组成为：松香47.2%，松节油28.6%，水22.3%，杂质1.9%。中层脂液的组成说明其中尚有相当量的松脂质，必须进行回收利用。中层脂液处理的工艺流程见图6-2-16。

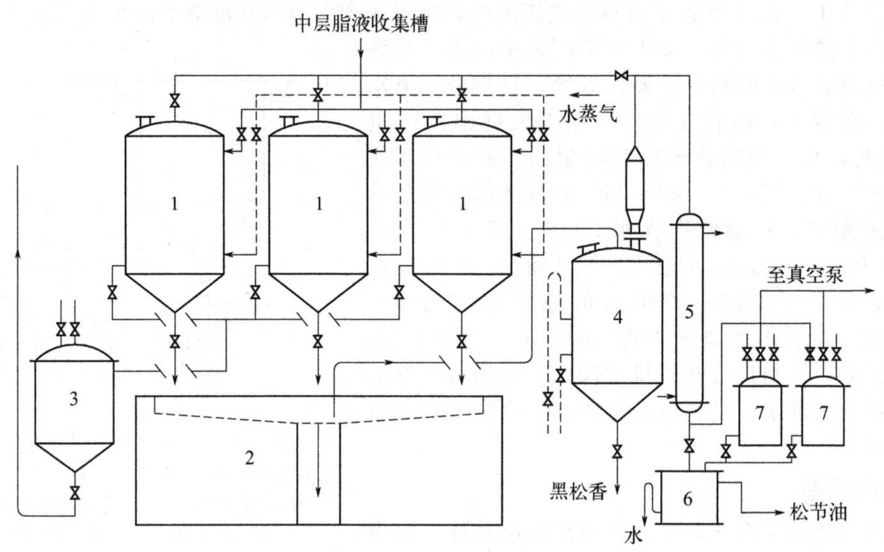

图6-2-16　中层脂液处理工艺流程

1—中层脂液澄清槽；2—排渣水槽；3—压脂罐；4—喷提锅；5—冷凝器；6—油水分离器；7—真空受器

过渡槽和澄清槽排出的渣水和中层脂液都送入中层脂液澄清槽，定期排出渣水，中层脂液留于槽中，当积聚到一定量后加入松节油，使中层脂液的含油量达到40%，通直接蒸汽加热至90℃，再次进行澄清，澄清2～4h后，最下层的水经排渣水槽排至下水道，上层的脂液经压脂罐用蒸汽压送至澄清槽，与新熔的脂液混合回收。中层的尾渣放入喷提锅，用直接蒸汽喷提松节油，经冷凝器冷凝后作熔解油用，喷提后的残渣由排水沟排至车间外的残渣池中。其组成为：松香10%～15%，松节油5%～6%，水20%～25%，杂质52%～67%。

另一种处理方法是澄清渣水和中层脂液放至车间外水泥砌成的池中进一步澄清。澄清后的中层脂液用泥浆泵抽入喷提锅回收松节油，并炼制成黑松香。

据试验，中层脂液的深褐色由细微杂质引起，只要把杂质过滤干净，经水洗、脱色、加油、澄清净制后，蒸馏出来的松香可符合GB/T 8145—2021标准中的5级松香。若掺入脂液中，会降低松香级别，若掺入比例较小不影响产品松香质量。

中层脂液残渣的利用：喷提后的残渣中尚有相当量的松香和松节油，还可以再利用。一般工厂将它与干香或等外低级黑香一起经高温裂解制轻油和松焦油。轻油可作选矿的浮选剂，松焦油作橡胶软化剂或木材防腐剂。干馏裂化时用直接火加热，松香为可燃物品，应特别注意安全。

松焦油为深褐色至黑色黏稠液体，有特殊焦味，密度为1.03～1.07g/cm^3，恩氏黏度为200～300s/(85℃・100mL)，灰分≤0.5%，无机械杂质和水分，酸值小于20mg/g。

（五）净制脂液的蒸馏

脂液在净化工序除去杂质和水分后即进入蒸馏工序，在蒸馏工序用水蒸气将松节油蒸出，并得成品松香。由于脂液中松节油的组成随采脂树种、地区、季节、树龄等不同而有较大差异，因此加工工艺也有所区别。

1. 间歇式脂液水蒸气蒸馏

云南松、思茅松、南亚松、湿地松以及广东、广西某些地理位置偏南的地区、径级较小的马尾松松脂的松节油中，绝大部分是蒎烯，不含或少含高沸点的倍半萜。在蒸馏时可考虑一次蒸出全部优油，用一段蒸馏工艺，蒸馏温度155～170℃，蒸馏时间以松香软化点达到国家标准、松香不出现结晶为度。熔解松脂用优油。我国云南西部和西藏的高山松松脂，倍半萜含量也少，但含有相当数量的3-蒈烯，其蒸馏工艺应区别于其他树种松脂的加工工艺。

我国南方大部分地区的马尾松松脂中含有相当量的倍半萜（大部分为长叶烯，沸点为254～256℃）。脂液间歇式蒸馏时，由于是简单蒸馏，低沸点与高沸点的组分不易严格分离，因此常分3个阶段蒸馏。在150～160℃前蒸出优油（170℃前的馏分70%以上，折射率1.4650～1.4710，大部分为蒎烯），时间20～30min；在160～185℃一部分低沸点油和高沸点油同时蒸出，这部分油不作商品油而用以熔解松脂，循环使用，称为熔解油或中油（含170℃前馏分55%～65%）；在蒸馏的最后阶段蒸出的主要为高沸点的重油（含170℃前馏分的体积在5%以下）。放香温度和蒸馏时间也以松香软化点达到标准、不出现结晶为宜，一般为185～200℃，在春夏季，重油含量多，温度适当提高，秋后重油含量减少，可酌情降低。蒸馏可在一个釜中分3个阶段进行，也可在2个釜中分二级进行，在一级蒸馏釜中蒸出优油，在二级蒸馏釜中蒸出中油和重油。蒸出各类松节油和水的混合蒸气经换热器冷凝冷却，再经油水分离器和盐滤器分离残余水分后收集（中油不需盐滤）。优油和重油分别用泵打往仓库，中油泵回熔解油高位槽用以熔解松脂。

水蒸气蒸馏时必须补充松节油蒸发所需的汽化潜热。其加热方法有2种：一是利用所通入的直接水蒸气为加热介质，因此必有一部分水蒸气冷凝，结果使得蒸馏釜中有冷凝水存在。水层的存在一方面对松香的品质有影响，另一方面有二液层存在，依相律只可能规定操作的总压或温度二者之一，但不能将二者同时自由规定。二是直接通入过热的水蒸气，同时对蒸馏中的脂液进行夹套加热或盘管加热，釜内直接水蒸气不会冷凝，只有一层被蒸馏脂液，而无水层存在，此时只要总压小于两组分在蒸馏温度下的蒸气压之和，依相律即可同时自由规定总压和温度。使用过热蒸汽，在比较高的温度下进行蒸馏，则更有利，原因是：a.水蒸气温度越高，单位质量水蒸气的体积越大，其形成的气泡面积越大，扩散出来被水蒸气带走的松节油蒸气数量越多；b.温度增高，则蒸馏液的部分蒸气压力加大，因此单位重量水蒸气所能蒸出的松节油量就增多；c.过热蒸汽干度大，锅内无水层存在，最后可使松香中的水分降至最低限度，从而保证了产品质量，防止松香结晶。

2.连续式脂液水蒸气蒸馏

20世纪60年代后期，中国松脂加工厂开始采用连续式蒸馏工艺，并得到推广。连续式蒸馏工艺较间歇式生产缩短蒸馏时间，提高产品质量、回收率和气化效率，降低蒸汽耗量，操作简便，减轻工人劳动强度，产品质量比较稳定。

（1）连续式蒸馏工艺　由于原料的组成不同，加工工艺的流程与条件也不相同。对不含或少含倍半萜的松脂可采用一塔一段的蒸馏工艺。对马尾松松脂的连续蒸馏由于含一定量的倍半萜，工艺就复杂些。蒸馏一般在常压下操作，塔型主要是浮阀塔，也曾设计用浮喷塔，后来又应用了筛板塔和舌形塔。工厂根据原料、产量及具体情况选择工艺流程、设备和操作条件。马尾松松脂连续式蒸馏的工艺流程有如下三种。

① 一塔三段。一塔三段脂液连续式蒸馏工艺流程见图6-2-17。此工艺流程是按间歇式蒸馏的3个蒸馏阶段设计的。在1个塔中用盲板将全塔分为3个塔段：优油段、中油段、重油段。塔段间以溢流管相通。净制脂液由脂液泵经转子流量计和预热器预热至130～140℃，从优油段的上部连续进入塔内，在3个塔段的顶部分别蒸出优油、中油、重油，从塔底不断放出产品松香。各段蒸出的松节油和水的混合蒸气经雾沫分离器，通过冷凝器冷凝后，在油水分离器分离水分，得优油、中油和重油。各段塔底的温度与间歇式蒸馏的三段的最终温度基本相同。对过热水蒸气的要求也相同。

② 一塔二段。马尾松松脂液间歇式蒸馏由于是简单蒸馏，沸点相对较低的油分与沸点较高的油分不能严格分离，中间一段馏分既不能作优油也不是重油，而生产中刚好需要熔解松脂用的熔解油，于是这部分中间馏分就用作熔解油。而连续式蒸馏除了解吸作用外，还有分离作用，可以使松节油的低沸点组分与高沸点组分较好地分离，因此，不必像间歇式蒸馏那样再分中油段，可用一塔二段工艺流程，分别蒸出优油和重油，而以优油作熔解油熔解松脂，循环使用，这对澄清、蒸馏都更为有利，还可节省设备投资。一塔二段脂液连续式蒸馏工艺流程见图6-2-18。

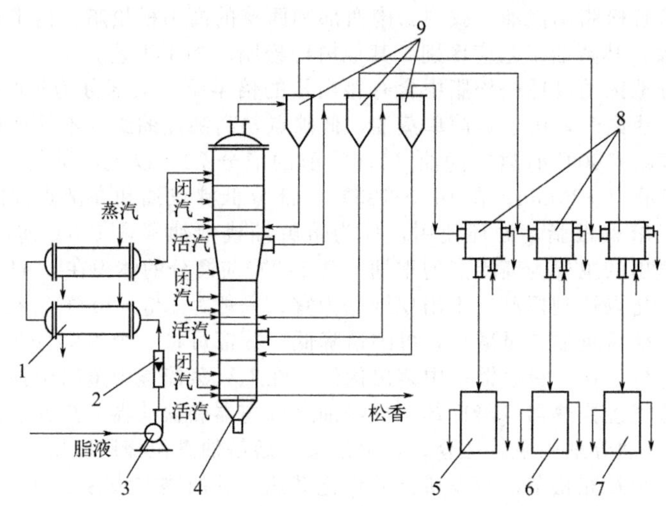

图 6-2-17 一塔三段脂液连续式蒸馏工艺流程

1—预热器；2—转子流量计；3—脂液泵；4—蒸馏塔；5～7—油水分离器；8—冷凝器；9—雾沫分离器

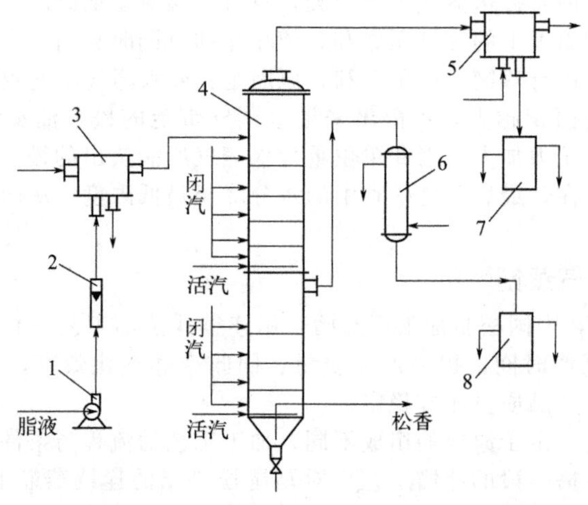

图 6-2-18 一塔二段脂液连续式蒸馏工艺流程

1—脂液泵；2—转子流量计；3—预热器；4—蒸馏塔；5—螺旋板冷凝器；6—列管冷凝器；7，8—油水分离器

净制脂液由脂液泵经转子流量计和预热器预热至 140℃，连续进入蒸馏塔 4 内，塔以盲板隔成两段，两段之间用溢流管相通。上部优油段顶部蒸出优油，下部重油段顶部蒸出重油。优油段底部的蒸馏温度为 180～185℃，重油段底放香温度为 190～200℃左右。

③ 二塔三段。二塔三段连续式蒸馏工艺流程见图 6-2-19。净制脂液从净脂贮罐由脂液泵抽出，经转子流量计、预热器预热至 130～140℃后不断送入蒸馏塔的上部。蒸馏塔分两段，上段蒸出优油与水的混合蒸气，下段顶部蒸出中油、重油与水的混合蒸气，塔底放出松香。中油、重油与水的混合蒸气进入一分凝塔 7，分凝后塔顶蒸出中油混合蒸气，重油与水由塔底流入冷却器，经冷却后入油水分离器。优油段底的温度 155～165℃，放香温度 190～200℃，分凝塔的温度以控制重油中不含 170℃前馏分为度。

某些工厂在分馏优油前先提取蒎烯（蒎烯含量 95%以上），再分两段或三段蒸馏，或者增加优油段的塔板数，蒸出的油分达到工业蒎烯标准，不再分优油。

由于流程不同，设备结构也各异，各塔段的直接蒸汽压力，各厂控制也不相同。它主要随生产力、松脂含油量、间接蒸汽加热面积、总蒸汽压力和过热蒸汽温度不同而控制。

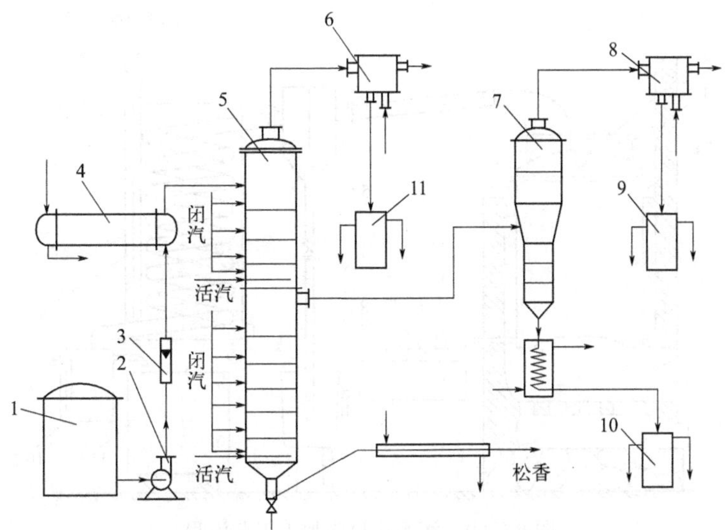

图 6-2-19　二塔三段脂液连续式蒸馏工艺流程
1—净脂贮罐；2—脂液泵；3—转子流量计；4—预热器；5—蒸馏塔；
6—螺旋板冷凝器；7—分凝塔；8～11—油水分离器

（2）连续式蒸馏塔的塔型　脂液的水蒸气蒸馏是一种解吸过程。塔设备能提供水蒸气与松脂液互相充分接触的机会，使物质传递（油从脂液中传到蒸汽中）和热量传递（蒸汽的热量传到脂液中）过程能迅速而有效地进行，还要使接触后的汽与液很快分开，互不夹带。根据这个要求与物料性质，塔设备的结构形式有板式塔和填料塔。由于脂液黏度大，用填料塔容易堵塞，而且直接蒸汽不足以供给松节油所需的热量，因此一般都用板式塔，还要在各层板上加设间接蒸汽盘管或排管，使松节油得到足够的热量补充而挥发更快，又不致使水蒸气冷凝。间接蒸汽盘管的传热系数可取 230～350W/(m^2·K)（优油段）和 60～120W/(m^2·K)（重油段）。

我国自 20 世纪 60 年代后期开始试验和应用了几种板式塔，开始是用浮喷塔，以后较多应用浮阀塔，近年来又使用了筛板塔和斜孔塔板，80 年代后新建工厂不再使用浮喷塔。

连续式蒸馏塔的塔板数、板间距、塔径、排列、压强降、雾沫夹带、淹塔（液泛）、泄漏等可参考《化工原理》进行设计计算。由于塔内必须设置加热盘管，板间距较计算的适当放大。因产品（松节油）的纯度要求不高，因此塔板数不多，也不严格，根据塔设备理论计算与实践经验，对马尾松松脂蒸馏优油段 3～5 块，熔解油段（中油段）3～4 块，重油段 3～4 块。如为一塔二段则优油段 5 块，重油段 3～4 块，均包括盲板和塔釜。对不含或少含倍半萜的松脂脂液连续式蒸馏则一塔 5 块左右就可满足要求。

3. 滴水法松脂加工工艺

滴水法松脂加工工艺流程见图 6-2-20。云南松、思茅松、南亚松、湿地松树脂的加工工艺较简单，马尾松松脂滴水法加工工艺较复杂。

（1）加料　松脂由贮脂池用螺旋输送机送入料槽，再由料槽借位流入蒸馏锅。如果贮脂池按地形设于高位处，则可直接由贮脂池经料槽流入蒸馏锅。装料前必须保证锅内清洁，以免影响产品质量。并检查设备是否完好，然后送入松脂，松脂不能加满，加料量视松脂含油量高低而定。含油量高（13%以上）、色泽新鲜的半流体状松脂，可加至蒸馏锅容量的 80%；含油量少、色泽较差的松脂装至 65%以下。装得太满，锅内泡沫容易冲入冷凝器，使冷凝器堵塞，发生事故。加料后，加入返蒸的中油，再密闭锅盖。加料时间为 5～10min。

（2）熔解　松脂加入锅内后，密封锅盖。炉灶开始生火，从生火到初见来油为熔解阶段。这阶段火力要猛，迅速将锅内温度升到 105～108℃，以加速松脂熔解，缩短工时。开始来油后，用受器先接收留在管道中上一锅的重油，再换受器接优油，并立即稍减火力，保持温火进行煮炼，

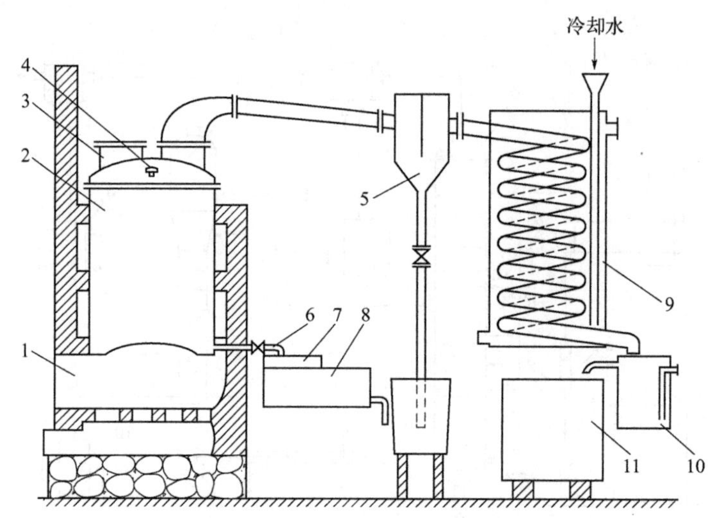

图 6-2-20　滴水法松脂加工工艺流程

1—炉膛；2—蒸馏锅；3—装料口；4—清水入口；5—捕沫器；6—放香管；7—松香过滤器；8—松香冷却槽；9—冷凝器；10—油水分离器；11—松节油贮槽

每分钟升温 1℃左右。

(3) 滴水　当锅内温度高达 130～135℃时，出油量显著减少，可开始滴水。用 LZB-25 型或 PC-5 型转子流量计计量，滴水量为 1.3～2.5kg/min。至 160～165℃蒸完优油，以后加大滴水量至 2.5～2.8kg/min，并加大火力，大水大火，使在较短时间内蒸出松节油的高沸点馏分。滴水最好是热水，以 50～60℃为宜。蒸完优油的尾馏分相对密度为 0.885～0.856/33℃。165～185℃时收集中、重油馏分。180℃前为中油，180℃后为重油，可分开收集，也可一次收集，视松脂中重油含量多少而定。尾馏分的相对密度中油为 0.856～0.890/34℃，重油为 0.900/34℃。

(4) 停滴　在蒸完松节油后即停止滴水。

(5) 煮炼　停止滴水后，再煮炼 5min，可开盖搅拌，将剩余的水分蒸尽，待锅内温度达 195℃时即可熄火。

(6) 放香　锅内残余水分除尽，而且温度升至 195～200℃，即可放香。当松香快放尽时，立即扫锅，除尽残渣。放香完毕后，先向锅内放入一些清水，而后再重新加料，进行下一锅的生产。若暂停生产，则加水量适当增加，以降低锅温。

(7) 过滤　放出的松香经过滤器除尽固体杂质。松香过滤器是嵌有上、下两层铜丝的一个木框。上层 80 目，下层 120 目，中间夹脱脂棉，上下两层要容易分开，以便更换脱脂棉。脱脂棉必须放置均匀，以保证过滤作用。过滤器必须清洁无水，以免引起结晶。松香过滤后流入铝板制的敞口冷却槽中，再进行包装。过滤后的棉花放入水中以防着火。

(8) 包装　包装的要求、规格及包装场地的要求与蒸汽法生产相同。

滴水法加工松脂的蒸馏过程一般需 100～200min。因松脂含油量及其馏分不同，加工时上升温度与时间的控制也不尽相同。一般是熔解阶段用猛火，加速熔化。滴水的目的是降低蒸馏温度，将松节油蒸出。但温度过低，松节油的蒸气压低，水的用量多，热量消耗大，时间延长。因此，在蒸优油时，可适当加快升温至 140～150℃的速度，蒸优油时间适当拉长，以缩短整个蒸馏时间，既保证优油质量，又节省时间和燃料。有些地区 7～9 月 3 个月，由于松脂含重油较多，在蒸中油、重油阶段用大水大火，使产生的水蒸气更多更快地带出重油。10 月中以后，松脂含重油减少，氧化树脂多，水分少，为了保证松香色泽，可提早至 120℃左右滴水，适当加大水量、火量提取优油，并降低中油、重油的蒸馏温度。

（六）松香的出料与包装

经过连续蒸馏塔煮炼的松香，可直接从塔底经管道输入包装场，包装于镀锌铁皮的圆形桶中。如输送管道过长，可用蒸汽夹套保温。间歇蒸馏釜放出的松香，必须先集中放入不锈钢或铝板焊制的槽车，然后分装于桶中。圆柱形桶装量225kg，也有230kg的。化验员可按时于包装场取样，测定松香的软化点、检验色级和其他项目。刚装完热香的铁桶，用轻便包装车分运至包装场内排列，进行冷却。

除了桶装外，松香还可用牛皮纸袋包装，纸袋包装的工艺流程为：热松香（250℃）→热松香预冷槽→计量包装→输送→放置冷却→垒放。

对松香包装的要求是尽量避免由于包装不慎而产生结晶，准确称量，注意安全。包装场地要有平坦且干燥的水泥地面，并有顶盖，通风必须良好，具有防火措施。场地应先打扫干净并洒水，以免尘埃飞扬进入桶中成为晶种。为了使松香迅速冷却，松香桶应保持一定间距，约0.5～0.7m，每桶占地面积约1m^2。桶装松香全部固化约需48h，因此包装场地应保证至少有3天生产量的面积。纸袋装松香占地面积较大，但冷却时间快，周转期短，故占地面积与桶装基本相同。液态松香包装前最好经一不锈钢丝网，以滤去可能从蒸馏设备带出的树皮、木屑等杂物，并除去引槽内可成为晶种的白色浑浊物。刚放出的液态松香温度较高，在包装运输时应注意安全。应保证松香桶的质量，以避免漏香和安全事故。松香桶的摆放是“早西晚东”，防止日光照射；“南风北摆，北风南摆”，避免热风影响。并且尽可能避免交接桶（冷热不同的松香装入同一桶）。冷却的松香须经结晶检查，如无严重结晶现象，即可再称量、定级、封桶（封袋），作为产品出厂。

（七）松节油的收集

从蒸馏釜或蒸馏塔蒸出的水和松节油的混合蒸气，通过冷凝器冷凝和冷却，然后进入油水分离器分离水分，工业蒎烯或优油和重油再经盐滤器除去所含乳状水分，即得成品松节油。

三、松脂加工节水减排工艺

目前我国松脂规模化加工工艺普遍采用蒸汽法，该方法工艺简单、生产过程安全、产品质量可靠，但仍然存在技术较为粗放、水耗高、原料损耗大等问题。随着国家新环保法的实施以及人力成本的快速增加，我国松脂行业的发展日益艰难，低水耗、低损耗松脂加工新工艺的开发和应用十分迫切。针对上述问题，中国林业科学研究院林产化学工业研究所突破了松脂绿色加工关键技术瓶颈，开发出松脂节水减排绿色加工新工艺[20]，松脂加工吨耗水量由现行广西地方标准优质企业的3t/t降低到1t/t以下，废渣及中层脂液中松香、松节油的回收率超过85%，对松脂产业技术升级和松脂资源的可持续发展利用具有十分重要的意义。

1. 松脂节水输送

传统的松脂输送方式有压缩空气输送和螺旋输送器输送两种，由于经松脂池储存后，松脂大多成为块状固体或很稠的半流体，在压缩空气输送和螺旋输送之前都需要用螺旋输送器将松脂破碎，并用大量水将其稀释成流动状态，耗用大量水。压缩空气输送要用到空压机、安全阀和压脂罐，其中压脂罐属于压力容器，当输送距离较长或松脂黏度较大时，安全阀可能会频繁起跳，甚至造成罐体破裂等事故，多数工厂不愿采用此工艺技术。螺旋输送器输送虽然可以避免上述缺陷，但其输送距离有限，当物料提升角度过大时松脂容易回流，发生机械故障或电机烧毁等问题。为解决上述问题，采用专用的松脂输送泵，在无外加水条件下，将高黏度松脂直接输送到生产车间，不仅大大降低了松脂输送过程的耗水量，同时还满足了松脂的远距离、垂直输送等要求。

2. 松脂节水熔解

松脂熔解是松脂加工工艺中的关键步骤，通过松脂熔解工艺将固态或半流态的松脂熔解成液态，方便进一步净化和精制。为减少树皮、松针、松果等有机杂质中色素的浸出，需要在较短的时间内将松脂完全熔解，因此，在松脂熔解过程中需要加入适量溶剂助熔，增加松脂流动性，缩短熔解所需时间。早期的松脂加工工艺，松脂熔解环节通常以水助熔，但水的引入不仅使水耗增加，在气候较为寒冷的季节，还需要消耗蒸汽（作为热源）将系统升至松脂加工所需温度。松脂节水减排绿色加工工艺革除了松脂熔解过程中液态水的添加，采用热溶解油（预热到130℃）与高温过热水蒸气预先混合产生的一定压力高温油汽混合物，使之从松脂熔解器底部沿切线喷射进入，与松脂旋转混合传质传热，油汽对松脂形成充分搅拌，控制熔解脂液含油率40%～45%、温度95℃左右，在松脂熔解过程中仅蒸汽液化进入熔解系统的少量水可计入松脂加工新工艺的耗水量，实现了松脂的快速熔解，耗水量大大降低。

3. 松脂节水除杂

松脂净化的目的在于除去松脂中的杂质，满足后续加工工艺的需要。松脂中除含有树枝、松针、树皮、虫尸等有机轻质杂质外，还含有泥沙、无机盐类等无机杂质。当松脂熔解之后，松脂中含有的大颗粒杂质可以在无外加水的条件下，通过过滤等物理手段将其去除，可以去除绝大多数不溶性杂质。因此，在松脂节水减排绿色加工工艺中，先将熔解脂液通过滤筛粗滤后除掉大部分滤渣，再经精密过滤器过滤，可以在节水条件下将松脂中不溶性杂质去除。

4. 中层脂液节水加工

松脂加工中层脂液中的主要成分是水、松香和松节油，除此之外还有少量的机械杂质。在传统的松脂加工工艺中，中层脂液主要经溶解、过滤、水洗、蒸馏等工序得到黑松香，但该工艺耗水量较大，产品品质低。由于中层脂液中的杂质颗粒微小，通过过滤等方法处理效率低、耗时较长，且设备使用过程中容易出现堵、漏等问题，影响工艺进程。通过样品在离心机中绕轴线的高速旋转，悬浮颗粒会在离心作用下因重量不同而得到分离，转速越高，分离效果也越好，因此，离心除杂是中层脂液除杂的一种有效方法。在松脂节水减排绿色加工工艺中，先用松节油将中层脂液溶解，将溶解液经离心强制分离去除机械杂质之后，再经蒸馏等工艺将松节油和松香进行分离，所得松香产品的等级可达3级。

5. 松脂节水蒸馏

净制脂液由固体松香和液体松节油组成，将液体松节油从净制脂液中分离出来，称为“解离”，在工业生产中，首先通过水蒸气对净制脂液中松节油的解离作用，将松节油解离，在蒸汽冷凝之后，然后通过油水分离和盐析除水，获得松节油产品，但此方法耗用大量水蒸气（约0.7～0.8t/t），导致水耗及环境处理成本显著增加。减压蒸馏可降低蒸馏温度、减少蒸馏时间，有效减少水蒸气用量。松脂节水减排绿色加工工艺采用减压蒸馏工艺及设备，随着真空度的增大，所需的蒸馏温度显著降低，蒸馏时间也显著减少，生产中净制脂液蒸馏所耗用的水蒸气仅为0.20～0.25t/t，有效降低了耗水量。

第四节　松香、松节油品质控制和检验方法

我国脂松香的质量指标主要有色泽、外观、软化点、酸值、不皂化物和乙醇不溶物等。松香结晶虽未列入质量指标，但严重结晶的松香按等外品处理。松节油的质量指标主要有外观、颜色、蒎烯含量、酸值、初馏点和馏程等。原料是影响松香、松节油品质的重要因素，加工工艺也直接影响松香、松节油品质。

一、松香的品质控制

（一）色泽控制

在松香质量标准中，颜色是很重要的一项，其他指标达标后，颜色就决定了松香的等级。我国松香的颜色级别由对照标准玻璃色块确定。

松香主要由酸性和中性萜类化合物组成。纯的树脂酸呈无色。中性物中的单萜、倍半萜和二萜烃均无色；羰基化合物和二萜醇类衍生物色度很低；含氧多官能团二萜类衍生物主要是带有酮醛和氧官能团的二萜醇和醚，其分子式为$C_{20}H_{25}O_3$，有颜色，影响较小。氧化树脂酸影响较大，

而影响松香颜色最甚者为树脂酸铁盐和强极性官能团中性化合物，后者甚至大于前者。在采脂和松脂运输过程中混入的树皮、木片、针叶、尘土、虫尸等有色物质也会影响松香的颜色。

生产高级别的浅色松香，必须在采脂过程中尽量避免有色杂质的混入，勿使松脂接触铁器的时间过长，并减少与空气接触时间，贮脂池中用水覆盖保护。在加工过程中向松脂中添加脱色剂，在蒸馏前采取措施如熔解脂液的过滤水洗、净化，最大限度地除去有色物质。另外，在蒸馏期间应注意高温停留时间不宜过长，放香后使液态松香较快冷却。应用的设备最好用奥氏体不锈钢制作，如1Cr18Ni9Ti型号。尽可能不用铁与铜的设备，尤其在加温的情况下，要完全避免。

做好原料松脂的分级贮存和配比工作，也能生产更多的高级别松香。一般来说，不同级别的松脂能生产出相应的松香。收购到不同级别的松脂，如果将它们随便混在一起，则优质的松脂往往不能生产出浅色的松香。因此，松脂应分级贮存，分别加工。但假如将不同级别的松脂按一定比例搭配，如将部分高一级的松脂搭入低一级的松脂内，则有可能生产出高一级的松香。桂林化工厂长期以来的实践及试验证明这是有效的。将一定数量不同级别的松脂分别取样，在实验室内制得松香，测定其色泽，再将两种松脂按不同质量配比混合均匀制取松香，测定所得松香的色泽。以松脂不同配比和松香色泽作图，图呈线性关系，进而推导出下列公式：

$$S=\frac{M_1S_1+M_2S_2}{M_1+M_2}$$

式中　M_1——前组分的松脂质量，g；

M_2——后组分的松脂质量，g；

S_1——前组分的松脂单独所得的松香色泽；

S_2——后组分的松脂单独所得的松香色泽；

S——二者混合后的松香色泽。

在测定和计算时，因松香色泽的测定罗维邦色级中黄色的级差范围大，红色的级差范围小，应用上式时以红色级别代入更为简便。

在松香贮存和运输过程中，发现松香有颜色发红变深现象，这是松香氧化所致。大面积和大块发红是粉末松香氧化后再熔合的结果。松香内部出现红丝，是松香开裂面氧化生成的膜层熔合在松香内部所形成，这种丝状物颜色较浅时影响松香外观，严重时影响松香的色泽定级。松香贮存地点气温越高，裂面氧化时间越长，发红程度越严重。

当露天贮存松香时，因阳光暴晒，尤其在夏季气温较高时氧化速度加快，1年后松香质量明显下降，2～3年后已无合格产品，且易产生热翻现象，将上层发红松香卷入内部，出现“红心”，可深入内部20～30cm。松香氧化后极性增加，再渗入雨水与之结合，使松香发白。因此，松香不宜露天堆放贮存。堆放时，桶口应朝下，以减少接触空气的机会。

松香包装有时因计量不足，冷却后添加碎香或者运输过程中造成松香破碎、开裂和包装桶破损，都能增加松香与空气的接触面积，加速氧化，碎香多或破碎严重时，1年后就可使松香变成不合格产品。因此，应杜绝添加碎香，降低人为的松香破碎。最好在松香厂内就近设库贮存，注意减少或避免运输过程中松香破碎和包装桶的破损。

（二）软化点控制

松香是多种树脂酸的熔合物，它与晶形结构的固体物质不同，没有一定的熔点，也没有固定的软化温度。它随着温度的上升逐渐变软，直至最后全部变成液态。松香的软化过程是用一种固定的、专用的仪器测定，测定方法按国家标准规定的环球法进行。

松香的软化点与其含油量（高沸点中性物）有一定关系，一般含油量高，软化点则较低，但并不成比例。软化点高的松香其硬性和脆性也增加。有关地区松香中性物百分含量与酸值、软化点的关系见表6-2-8。

表 6-2-8　松香物百分含量与酸值、软化点

项目	湿地松	云南松	马尾松							
			福建				广东			广西
			建阳	龙溪	宁化	龙岩	紫金	肇庆	高州	梧州
中性物/%	9.1	8.3	9.2	9.7	8.5	9.1	8.8	9.1	6.4	7.6
单萜、倍半萜/%	—	2.2	3.9	4.4	3.9	3.2	4.3	5.1	2.6	4.0
二萜中性物/%	6.0	3.1	3.7	4.2	3.7	4.1	2.4	2.3	2.0	1.7
其他高沸点中性物/%	3.1	3.0	1.6	1.2	0.9	1.8	2.1	1.4	1.9	1.8
酸值/(mg/g)	168.0	170.0	168.7	167.3	170.2	168.7	168.4	168.4	173.6	170.9
软化点/℃	—	—	76.8	74.3	76.9	76.6	76.9	75.0	80.4	77.5
计算最高酸值①/(mg/g)	168.0	174.2	175.9	175.5	177.2	174.6	176.8	178.0	178.4	178.7

① 完全除去单萜、倍半萜后计算出的可达到的最高酸值。

从表 6-2-8 中可知，松香的软化点不但受单萜、倍半萜含量的影响，也受二萜中性物含量的影响。因二萜烃、醛等熔点低，二萜醇的熔点比树脂酸也低许多，福建建阳、尤溪、龙岩地区的松香，因二萜中性物含量较高，软化点难以达到广东、广西松香的水平。

要制得软化点较高的松香，必须在蒸馏过程中尽可能将高沸点萜类中性物蒸出。采用过热蒸汽，使直接蒸汽的气泡扩大，具有更大的表面积，以提高汽化效率，也可适当提高温度，但不能过高，温度过高会加深松香颜色。采用减压蒸馏是有效的方法，可使高沸点馏分在较低的温度下蒸出。

（三）酸值控制

各种树脂酸和脂肪酸是以游离酸或酯的形式存在于松香中，酸值的测定主要是测定游离酸的含量。游离酸易与碱起中和反应，而松香酯经水解后才与碱起反应。松香的酸值是以中和 1g 松香中的游离酸所耗用的氢氧化钾质量来表示的。中国脂松香的国家标准要求酸值不小于 164～166。含有二元羧酸的南亚松松香，其酸值可达 200mg/g。

从表 6-2-1 中可知，马尾松、云南松松香因二萜中性物含量较湿地松松香低，故酸值较湿地松松香高。一般来说，酸值的高低可以反映松香中树脂酸的含量。要得到合格酸值的松香，蒸馏时应尽可能多蒸出高沸点的中性物，提高游离酸的含量。因此要控制好蒸馏工艺。

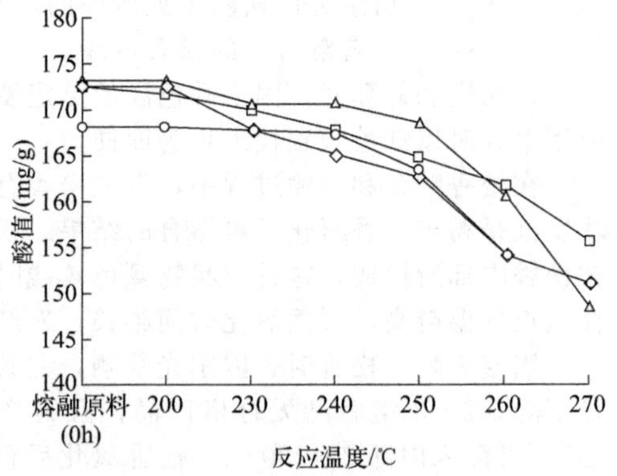

图 6-2-21　松香酸值与热处理温度的关系（处理时间 3h）
—o—湿地松松香；—Δ—马尾松松香；—☞—思茅松松香；—◇—云南松松香

松香的酸值在热作用下，其变化规律见图 6-2-21。加热温度只要不超过 220℃，松香的酸值基本保持不变，没有发生明显脱羧反应。但如果提高温度，特别在 250℃以上，并延长加热时间，酸值将显著下降。因此，只需控制加工过程中温度不超过 220℃，高温持续时间较短，加工过程中松香的酸值不会下降。

（四）不皂化物控制

松香中的不皂化物是松香中不与碱起反应的物质。其成分复杂，从中国和美国湿地松及中国马尾松脂松香中检出 82 种以上的中性组分。有双萜烃、醇、醛、酯；倍半萜、单萜及其醇等。其中有的中性物（如酯）水解后能与碱反应，不属于不皂化物。不皂化物能溶于有机溶剂（如乙醇、乙醚等），但不溶于水。松香用碱溶液蒸煮皂化，皂化后的水溶液用乙醚萃取，萃取液除去乙醚后可得不皂化物。

松香中的不皂化物的含量在一定程度上反映了中性物的含量，松香的酸值、软化点和黏度都随不皂化物含量的增加而降低，结晶趋势则减小。

应用松香的部门和行业一般不欢迎不皂化物含量多的松香。如肥皂厂，当松香中不皂化物含量多时，皂化过程中因其不与碱起反应而最后沉于锅底，清理困难，总得率减少。制成的肥皂发黏，还起消泡作用，降低去污能力。制备歧化松香时，过多的不皂化物易使催化剂中毒而失去活性。含不皂化物多的松香制成油墨时会使油墨发黏，不易干燥。

要使松香中不皂化物含量符合国家标准，务必在脂液蒸馏时尽可能多地将中性物蒸出；勿用重油作熔解油以减轻蒸馏负荷。

（五）乙醇不溶物控制

松香中的有机物易溶解于乙醇中。在采脂、运输和贮存过程中带入的机械杂质如树皮、泥沙等在加工过程中未能除尽，就会使松香中乙醇不溶物增多，影响其应用效果。

生产符合国家标准的松香，应尽量减少采脂和松脂运输等过程中机械杂质的混入；注意加工过程中过滤和澄清的效果；勿使杂质带入蒸馏前的脂液，必要时可从蒸馏前的脂液取样进行测定。要做好放香时的过滤操作。松香包装和运输过程中也应避免尘埃的混入。

（六）灰分控制

松香在高温下灼烧的剩余物为松香的灰分。有机物在灼烧过程中形成碳的氧化物和水分逸出，留下的灰分中主要是金属氧化物和无机盐类。灰分的量一般反映松香中金属的含量。控制松香中灰分含量的措施是：在采脂、松脂运输与加工过程中尽量减少松脂与铁的接触，尤其在加温过程中不与铁器接触。应用不锈钢设备可减少松香与金属的反应。在松脂熔解时加脱色剂不但是脱色的需要，也可降低灰分的含量。脂液的水洗过程可以有效除去可溶性盐类，降低松香中灰分的含量。

（七）松香结晶控制

1. 脂液中树脂酸组成在加热过程中的变化与松香结晶的关系

脂液中树脂酸在加热过程中的变化，国内外都有研究。从马尾松松脂加工的各工段以及松香冷却过程的不同温度下取样，用气相色谱法分析每个样品的树脂酸组成，结果见表6-2-9、表6-2-10。

表6-2-9　马尾松松脂原料、熔解和澄清工序脂液中树脂酸的组成

试样来源	树脂酸含量/%							
	海松酸	山达海松酸	长叶松酸	左旋海松酸	异海松酸	脱氢枞酸	枞酸	新枞酸
松脂	8.8	4.1	20.3	32.6	5.3	8.4	8.7	11.7
熔解脂液	9.7	3.9	20.4	32.9	5.4	8.1	9.0	10.6
澄清脂液	10.1	3.6	19.8	34.4	5.3	6.9	9.3	10.7

表6-2-10　马尾松松脂液不同蒸馏温度和松香冷却过程中树脂酸组成

试样来源	取样温度/℃	树脂酸含量/%							
		海松酸	山达海松酸	长叶松酸	左旋海松酸	异海松酸	脱氢枞酸	枞酸	新枞酸
蒸馏脂液	160	10.3	2.6	24.6	17.9	3.6	14.0	14.8	12.2
	170	9.5	2.8	27.3	17.6	3.5	7.8	17.6	13.9
	180	9.7	3.1	28.3	12.5	3.6	10.0	19.2	13.6
	190	9.6	2.3	33.8	0.8	3.5	6.1	26.4	17.4

续表

试样来源	取样温度/℃	树脂酸含量/%							
		海松酸	山达海松酸	长叶松酸	左旋海松酸	异海松酸	脱氢枞酸	枞酸	新枞酸
放香槽	200	9.1	2.5	31.6	微量	3.2	6.0	30.9	16.8
包装桶	194.5	9.3	2.8	27.6	—	3.0	6.3	35.6	15.6
	183.5	9.2	2.7	23.3	—	2.7	4.1	41.7	16.1
	162.5	9.6	3.0	19.7	—	2.7	5.2	45.0	14.9
冷香	室温	9.2	2.6	19.5	—	2.6	4.7	46.3	15.0

表 6-2-9 和表 6-2-10 表明：松脂在加工过程中受热的作用引起树脂酸含量的变化，这些变化是由树脂酸的异构而产生的。异构化作用主要发生在枞酸型树脂酸之间，尤以左旋海松酸在高温下最易异构。枞酸型树脂酸之间的同分异构作用主要发生在脂液蒸馏和松香冷却等高温过程中，熔解、澄清对其影响不大。这反映了树脂酸异构反应程度与加工温度和时间有密切的关系。海松酸型树脂酸、脱氢枞酸型树脂酸及山达海松酸型树脂酸在松脂加工的全过程中一般变化不大，工艺条件的改变对其影响较小。因此，从枞酸型树脂酸的异构变化规律来看，蒸馏过程的温度和时间对异构化程度起着重要作用。为了保证产品质量，避免产生结晶，在蒸馏时必须对树脂酸异构化程度进行适当控制，不能让其充分异构而形成大量枞酸，或者异构不足形成大量长叶松酸。两者含量过高都易引起松香结晶。必须指出，在通常的加工条件下，树脂酸在加工过程中受热的作用而产生异构是不可避免的。

2. 形成松香结晶的主要因素

在中国，云南松、思茅松、南亚松、湿地松松香很少出现结晶。马尾松松香结晶现象比较多见，松香结晶是松香质量的问题之一。结晶松香熔点较高，可达 110～135℃，难于皂化，在一般溶剂中有再结晶的趋向。结晶使松香的使用价值降低，严重的结晶松香做不列级处理。中国科学院福建物质结构研究所研究了马尾松新鲜松脂和放置几年的松脂中析出结晶颗粒的组成，证明它们都是长叶松酸。研究了高温、低温工艺生产的松香中析出的晶体，证明低温工艺的松香晶体主要是长叶松酸，而高温工艺的松香晶体主要是枞酸。

在脂液蒸馏过程中，蒸馏温度与时间是影响树脂酸异构的主要因素。当蒸馏温度较低、冷却较快、松香中长叶松酸含量较高时，易产生低温结晶；而蒸馏温度过高、时间较长、松香中枞酸含量较高时，易产生高温结晶；加热温度适当、冷却过程合理、松香中长叶松酸与枞酸含量的比例在 1：(1.5～1.7) 时，不易产生结晶，结晶趋势最小。

松香中的水分也是引起松香产生结晶现象的原因之一。松香树脂酸的分子可在水柱表面定向，进而形成结晶。试验证明，用硅胶干燥过的过滤后的松脂放置几年不结晶，但只要加入微量的水分，摇动后，经几小时或几天就可全部结晶。在生产中，松香出锅温度偏低、蒸汽压力不稳定导致松香中残存过多水分，将加速结晶的形成。松香中水分含量与结晶现象的关系见表 6-2-11。

表 6-2-11　松香中水分含量与结晶现象的关系①

生产工艺			软化点/℃	色级	比旋光度 $[\alpha]_D^{20}$	结晶趋势/%	水分含量③/%	结晶现象
二级蒸馏真空度/kPa	蒸馏时间②/min	放香温度/℃						
66.5～73	28/11	185	76.0	特级	+12.82	1.13	0.236	重
66.5～73	37/7	185	77.2	特级	+10.61	—	0.208	重
66.5～73	30/8	185	76.8	特级	+13.16	—	0.169	重

续表

生产工艺			软化点/℃	色级	比旋光度 $[\alpha]_D^{20}$	结晶趋势/%	水分含量③/%	结晶现象
二级蒸馏真空度/kPa	蒸馏时间②/min	放香温度/℃						
60	25/15	190	73.4	一级	+8.88	1.07	0.256	重
60	35/15	190	68.7	一级	+11.05	1.00	0.217	重
66.5～73	52/10	182	78.4	特级	+14.2	—	0.105	无
66.5～73	46/7	182	77.2	一级	+12.68	—	0.148	无
66.5～73	38/10	185	76.5	一级	+13.25	—	0.156	无
66.5～73	44/6	184	75.6	一级	+10.96	—	0.141	无
66.5～73	56/16	185	79.0	一级	+12.07	—	0.126	无

① 松香样品来源为福建建阳。

② 分子为二级蒸馏总时间，分母为重油蒸馏时间。

③ 水分测定采用卡尔·费休法。

由表 6-2-11 可看出，松香中的结晶现象与水分的含量有明显的关系。有肉眼可见结晶的松香，其水分含量在 0.169%以上；无肉眼可见结晶的松香，其水分含量都在 0.156%以下。有工厂曾测定，松香含水率在 0.15%以上者易结晶，0.08%～0.1%时不结晶。

晶种和振动对松香结晶也有影响。松香在包装过程中，如有晶种存在也会引起结晶。松香包装工段的液香贮槽内常存在白色的浑浊物，这种白色浑浊物的软化点和酸值都较低，在偏光显微镜下观察，其中有大量的晶体存在，这种白色浑浊物与松香的互溶性不好，被放香时的热香带入包装桶后较难被热香全部熔化，因而悬浮在液香中，如果液香的结晶趋势较大时就充当了晶种而引起松香结晶。因此，包装时应当防止杂质进入包装桶内。在生产过程中，包装桶不满时常常需要添香，添香时常容易引起结晶。这是由于桶底冷得最快，桶上下温度差约为 20℃，热香加入时，底部冷香上翻，如未能熔化，就会形成雾状结晶。因此，添香在 160℃以上较好。此外，松香冷却至室温的过程中，温度在 140～80℃内振动亦易引起松香结晶。

3. 防止松香结晶措施

松香的化学成分比较复杂，含有多种树脂酸以及中性物等，在加工和冷却过程中，发生着连续的化学和物理变化。因此，防止松香结晶必须综合性地考虑到各个方面的因素，根据现有试验结果，防止措施有下列几个方面：a. 根据原料的组成特性，确定适宜的蒸馏温度与时间，控制松香的异构程度，使树脂酸的组成在不易结晶的范围内。b. 采取适宜的冷却工艺，使热香降温通过 140～80℃的速度较快，防止松香因热力学上的原因而引起结晶，蒸馏工艺需匹配相应的冷却工艺。高温蒸馏、高温放香必须加速冷却，低温季节、低温放香可采取槽车保温和加盖保温等措施。c. 保证过热蒸汽的干度和温度，尽量减少松香中的水分。d. 保持松香包装工段液香贮槽的清洁，消除液香槽车中的白色浑浊物，勿使晶种带入松香包装桶内。防止添香和振动等造成的结晶，严格松香包装工序的工艺规程。

二、松节油的品质控制

1. 外观控制

松节油国家标准的外观要求为无水、透明、无杂质、无悬浮物。生产符合国家标准的松节油，应注意加工过程中油水分离和盐滤的效果，确保水分脱除干净；尽量减少松节油油水混合蒸气冷凝、冷却及分离等过程中机械杂质的混入；要做好松节油的澄清过滤操作，包装和运输过程中也应避免尘埃的混入。

2. 蒎烯含量控制

蒎烯包括α-蒎烯和β-蒎烯，是松节油的主要组分。蒎烯含量是松节油的重要质量指标，国家标准要求在80%以上。生产中根据松节油的主要组成及沸点高低不同，可以分别得到优油、中油和重油等不同馏分。中油是沸点相对较低的油分与沸点较高的油分没有严格分离的中间馏分，一般作为原料松脂的溶解油内部使用；优油的主要组分为蒎烯，作为松节油产品；重油含有较高含量的倍半萜烯，作为重松节油产品。在松脂蒸馏过程中，要严格控制蒸馏温度等工艺参数，截取蒎烯含量符合国标要求的馏分作为优油，及时切换中油和重油受器，勿使中油混入优油中，导致松节油蒎烯含量过低。

3. 馏程控制

松节油的馏程指松节油中170℃以前馏出的油的体积分数，国家标准要求松节油馏程在85%以上，当松节油中含有较多的高沸点组分时，馏程将不合格。生产中需严格控制工艺参数，截取馏程合格的馏分作为松节油产品，避免中油、重油混入。

4. 酸值控制

松节油的酸值以中和1g松节油中的游离酸所耗用的氢氧化钾的质量来表示。松节油的国家标准要求酸值不大于1mg/g。松节油中含微量树脂酸，此外萜烯受空气氧化也会形成微量酸性物质。生产中，控制蒸馏温度，控制馏速，避免高沸点的松香树脂酸混入；做好松节油的密闭贮存，尽量避免空气的氧化。

三、松香、松节油品质检验方法

（一）松香的质量指标及分析方法

1. 国家标准

中国脂松香（GB/T 8145—2021）技术指标见表6-2-12～表6-2-15，松香的分析检验方法按照国家标准GB/T 8146进行。

表6-2-12　各级普通脂松香技术指标①

项目	特级	1级	2级	3级	4级	5级
外观	透明固体					
颜色	微黄	淡黄	黄色	深黄	黄棕	黄红
软化点(环球法)/℃　≥	76.0		75.0		74.0	
酸值/(mg/g)　≥	166.0		165.0		164.0	
不皂化物/%　≤	5.0		5.0		6.0	
乙醇不溶物/%　≤	0.030		0.030		0.040	
灰分/%　≤	0.020		0.030		0.040	

① 本文件规定的特级、1级、2级、3级、4级、5级分别接近ASTM D 509-15规定的以X、WW、WG、N、M、K表示的相应级别，但是二者不完全等同，可作为参考。

表6-2-13　各级马尾松松香技术指标

项目	特级	1级	2级	3级	4级	5级
外观	透明固体					
颜色	微黄	淡黄	黄色	深黄	黄棕	黄红
软化点(环球法)/℃　≥	76.0		75.0		74.0	

续表

项目		特级	1级	2级	3级	4级	5级
酸值/(mg/g)	≥	166.0		165.0		164.0	
不皂化物/%	≤	5.0		5.0		6.0	
乙醇不溶物/%	≤	0.030		0.030		0.040	
灰分/%	≤	0.020		0.030		0.040	
异海松酸含量(GC法)/%	≤	2.0					
湿地松酸含量(GC法)/%		无					

表 6-2-14 各级湿地松松香技术指标

项目		特级	1级	2级	3级	4级	5级
外观		透明固体					
颜色		微黄	淡黄	黄色	深黄	黄棕	黄红
软化点(环球法)/℃	≥	76.0		75.0		74.0	
酸值/(mg/g)	≥	165.0		164.0		163.0	
不皂化物/%	≤	8.0		8.0		9.0	
乙醇不溶物/%	≤	0.030		0.030		0.040	
灰分/%	≤	0.020		0.030		0.040	
湿地松酸含量(GC法)/%	≥	2.0					
异海松酸含量(GC法)/%	≥	13.0					

表 6-2-15 各级南亚松松香技术指标

项目		特级	1级	2级	3级	4级	5级
外观		透明固体					
颜色		微黄	淡黄	黄色	深黄	黄棕	黄红
软化点(环球法)/℃	≥	78.0		77.0		76.0	
酸值/(mg/g)	≥	185.0		183.0		181.0	
不皂化物/%	≤	5.0		5.0		6.0	
乙醇不溶物/%	≤	0.030		0.030		0.040	
灰分/%	≤	0.020		0.030		0.040	
海松酸含量(GC法)/%	≤	1.0					
南亚松酸含量(GC法)/%	≥	7.0					

2.其他质量指标及分析方法

随着松香应用范围的扩大，各行业对松香的质量指标提出了更高、更多的要求。松香生产企业可根据用户的要求增加不同的质量指标。

（1）重金属和砷含量的测定　当松香用于食用行业时，对重金属与砷含量有要求，应对松香中的重金属和砷含量进行测定。砷含量可参照 GB 5009.76—2014 测定。重金属含量可参照 GB 5009.74—2014 方法测定。

（2）松香耐热性试验　将松香样品粉碎成米粒大小，取10g装入16.5mm×165mm的硬质试管中，浸泡到温度为200℃的硅油油浴里，测定其熔解时间，以及过30min、60min、120min后加德纳色号的变化。

（3）石油醚溶解性　将10g粉碎的松香置于锥形烧瓶中称量，加入试剂级石油醚40g，盖塞。在室温下摇动，使松香溶解。在室温下以完全溶解、部分不溶解（微浊）和不溶解（浑浊）来表示其溶解性。

（4）二甲苯不溶物　将150g粉碎的松香放入装有300g试剂级二甲苯带搅拌的圆底烧瓶中，并称量，在室温下搅拌，使其溶解。溶液用玻砂过滤器吸滤（先用二甲苯将它洗净，再于100～105℃下干燥30min，置于干燥器中冷却30min后称量使用）。然后以约100mL二甲苯洗净，在100～105℃下干燥60min，置干燥器中冷却30min后称量。

二甲苯不溶物含量（W，μg/g）以下式计算：

$$W=\frac{M_2-M_1}{150}\times 10^6$$

式中　M_1——新的玻砂过滤器的质量，g；

M_2——含有不溶物的玻砂过滤器的质量，g。

取以上的不溶物进行燃烧，闻其有无石蜡气味，或者将不溶物用红外光谱仪分析，观察在720cm^{-1}处是否有长链甲基的吸收峰，以之判定其中是否含有石蜡。

（二）松节油的质量指标及分析方法

脂松节油（GB/T 12901—2006）的质量技术指标要求见表6-2-9，松节油的分析检验方法按照国家标准GB/T 12901—2006进行。

表6-2-16　脂松节油质量技术指标要求（GB/T 12901—2006）

级别	外观	颜色①	相对密度 d_4^{20} <	折射率 n	蒎烯含量②/% ≥	初馏点/℃ >	馏程③/% ≥	酸值/(mg/g) ≤
优级	透明、无水、无杂质和悬浮物	无色	0.870	1.4650～1.4740	85	150	90	0.5
一级			0.880	1.4670～1.4780	80	150	85	1.0

① 必要时可通过铂-钴颜色号来判定松节油的颜色，优级应在0～35（含35），一级松节油色号在35～70（不含35，含70）。

② 蒎烯含量包括α-蒎烯和β-蒎烯含量之总和。

③ 至170℃时馏出脂松节油的体积分数的数值，以%表示。

参考文献

[1] 左宋林，李淑君，张力平，等.林产化学工艺学.北京：中国林业出版社，2019.

[2] 常新民.几种中长期化学采脂刺激剂的性状及其应用.广西林业科学，2003，32（3）：152-153.

[3] 陈祖洪.我国采脂刺激剂研究现状和发展趋势.林产化工通讯，2000，34（5）：32-34.

[4] 吴春华，王瑞苓，林旭，等.化学生物型复合增脂剂对思茅松增脂机理的研究.林产化学与工业，2020，40（6）：93-98.

[5] 王瑞苓，刘祥义，刘建祥，等.化学生物型复合增脂剂对云南松产脂量的影响.生物质化学工程，2021，55（2）：31-37.

[6] 王远，郭小艳，李明，等.新型松脂采集技术——钻孔采脂法.林业科技通讯，2015，10：85-87.

[7] 常新民，项东云，周宗明，等.松树钻孔法采脂技术研究.林业科技开发，2007，21（4）：63-66.

[8] 郭志文，郭逸榴，刘香莲.超低频覆膜采脂技术研究.南方林业科学，2016，44（1）：45-48.

[9] 程芝，张晋康.天然树脂生产工艺学.北京：中国林业出版社，1996.

[10] Song Z Q，Liang Z Q，Liu X. Chemical characteristics of oleoresins from Chinese pine species. Biochemical Systematics & Ecology，1995，23（5）：517-522.

[11] 宋湛谦.松属松脂特征与化学分类.合肥：中国科学技术大学出版社，2009：122.

[12] 安鑫南. 林产化学工艺学. 北京：中国林业出版社，2002.
[13] 南京林产工业学院. 林产化学工业手册（上册）. 北京：中国林业出版社，1980.
[14] 陈小鹏，王琳琳，祝远姣，等. CO_2 或 N_2 循环活气法蒸馏松脂的研究. 林产化学与工业，2004，24（3）：15-20.
[15] 覃乃朋. CO_2 循环活气法蒸馏松脂过程及其装备研究. 南宁：广西大学，2007.
[16] 覃乃朋，陈小鹏，祝远姣，等. 水蒸气法与 CO_2 循环活气法蒸馏松脂的比较. 化工设计，2007，17（3）：23-26.
[17] 侯文彪，陈小鹏，车锦楷，等. 氮气循环活气法蒸馏松脂过程设计. 化工技术与开发，2016，45（11）：38-43.
[18] 黄道战，雷福厚，曾韬. 溶剂沉淀分离法松脂加工工艺的研究. 南京林业大学学报（自然科学版），2011，35（4）：96-100.
[19] 王阿法，曾韬，马吉玲，等. 一种新型高效脂液澄清设备. 林产化工通讯，1997，20（5）：14-18.
[20] 徐士超，陈玉湘，凌鑫，等. 松脂节水减排绿色加工工艺研究及生产示范. 生物质化学工程，2021，55（3）：17-22.

（陈玉湘，罗金岳）

第三章　松香的组成与性质

第一节　松香的分类、组成与物理性质

一、松香的分类

松树中含有的树脂（即松脂）经加工后得到的非挥发性的树脂酸熔合物称为松香。根据来源不同，松香可分为脂松香、浮油（妥尔油）松香和木松香三类[1]。

1. 脂松香

脂松香是从松树活立木采集的松脂经过熔解、净制、蒸馏等加工工序，蒸出松节油后得到的一种无定形透明玻璃状固体物质。

国家标准 GB/T 8145—2021 将脂松香分为特级、1 级、2 级、3 级、4 级、5 级共 6 个等级，见表 6-2-12～表 6-2-15。还可根据采脂树种进行分类，如马尾松松香、湿地松松香、云南松松香、思茅松松香等。中国的脂松香主要以马尾松脂松香、湿地松脂松香、思茅松脂松香及云南松脂松香为主，此外还有少量的加勒比松脂松香、南亚松脂松香、湿加松脂松香、油松脂松香等脂松香。

脂松香具有颜色浅、酸值和软化点高等特点，其产量占松香总产量的 60% 以上。脂松香及深加工产品具有增黏、乳化、软化、防潮、防腐、绝缘等优良性能，广泛应用于造纸、涂料、胶黏剂、油墨、橡胶、电子、食品及医药等领域。

2. 浮油松香

浮油松香又称塔尔油松香或妥尔油松香，是以松木为原料采用硫酸盐法制浆生产过程中的木浆浮油经加工提取的一种松香。早期生产的浮油松香结晶严重、颜色较深、有异味。随着工艺技术水平的提升，浮油松香品质已接近脂松香。由于造纸所用松木比例减少，降低了浮油分馏所得松香产率。近年来虽然粗浮油分馏能力增加，但是浮油松香产量仍保持相对稳定，约占松香总量的 1/3。浮油松香的性质、用途与脂松香相近，主要用于造纸、涂料、制皂、胶黏剂和高分子材料等工业。

3. 木松香

木松香又名浸提松香，是以明子（富含松脂的松树木材，多为松根）为原料，经破碎、溶剂浸提、浸提液加工、溶剂回收等工序得到的松香。主要产于美国，苏联和我国吉林省也曾生产木松香，由于资源减少，产量也急剧下降。未精制的木松香存在颜色深、软化点低等缺点，需要通过化学法、真空精馏等方法进行精制。精制木松香除较容易结晶外，其他性质与脂松香类似。但是，由于松根明子的来源不足，限制了木松香的产量。

二、松香的化学组成

松香是一种复杂的混合物，主要由树脂酸组成，另有少量脂肪酸和中性物质[2,3]，其成分因松树种类及立地条件不同而略有差异。在一般的松香中，树脂酸的含量为 85.6%～88.7%，脂肪酸的含量为 2.5%～5.4%，中性物质的含量为 5.2%～7.6%。

松香的组成也与加工方法有关。木松香中含有较多的氧化树脂酸，故颜色较深；浮油松香中含有微量硫，并含较多的脱氢枞酸。

（一）树脂酸

树脂酸是主要由多种分子式为 $C_{20}H_{30}O_2$ 的同分异构体组成的混合物，是松香的主要成分。多数树脂酸具有三环菲骨架结构单元并含有双键及羧基官能团，少量为劳丹烷骨架，个别具二元羧酸。各种树脂酸同分异构体主要根据各种树脂酸烷基取代基、双键和羧基位置的不同区分，已经确定的树脂酸约有 13 种，其结构式见图 6-3-1。

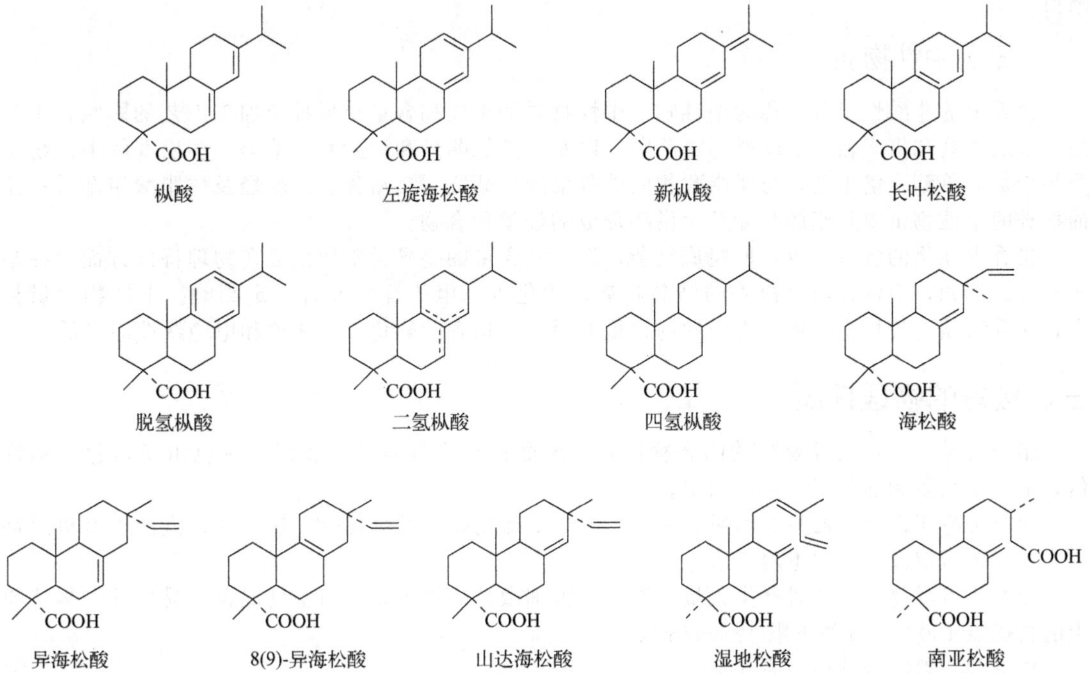

枞酸　左旋海松酸　新枞酸　长叶松酸

脱氢枞酸　二氢枞酸　四氢枞酸　海松酸

异海松酸　8(9)-异海松酸　山达海松酸　湿地松酸　南亚松酸

图 6-3-1　树脂酸结构

松香的主要成分是树脂酸，是各种同分异构树脂酸的熔合物，分子式为 $C_{20}H_{30}O_2$，可以认为是以羧基代替甲基的二萜类含氧衍生物。

按照树脂酸连接在 C13 上的烃基构型不同和双键位置的不同，可将其分为枞酸型、海松酸型和其他类型三种主要类型。

1. 枞酸型树脂酸

枞酸型树脂酸在 C13 位置上连接有一个异丙基，具有共轭双键，易受热或酸的作用而异构化，且易被空气中的氧气氧化。这类树脂酸包括枞酸、左旋海松酸、新枞酸和长叶松酸等。脱氢枞酸和二氢枞酸是枞酸型树脂酸的氧化还原衍生物，性质比较稳定，不易起化学反应。自然界中不存在四氢枞酸。

2. 海松酸型树脂酸

海松酸型树脂酸在 C13 位置上连接有一个甲基和一个乙烯基，包括海松酸、8(9)-异海松酸、异海松酸、山达海松酸等。由于分子中所含的两个碳碳双键处于非共轭状态，一个在环外，另一个在环内，海松酸型树脂酸对热和酸的作用相对稳定，在紫外线区域有弱的吸收作用。

3. 其他类型树脂酸

少量为劳丹烷骨架的树脂酸，主要有湿地松酸和南亚松酸。南亚松酸是南亚松松香特有的二元树脂酸，湿地松酸则是湿地松松香特有的双环二萜树脂酸。

（二）脂肪酸

松香的酸性物除了树脂酸外还含有少量的脂肪酸。马尾松脂松香中脂肪酸含量低于6%，主要包括月桂酸、肉豆蔻酸、棕榈酸、硬脂酸、油酸、亚油酸、亚麻酸等。由于松香中脂肪酸的含量较少，对松香的性质和用途尚未发现有明显的影响。由于脂肪酸是直链，羧基的位阻小，在较温和的条件下就能发生酯化反应，实现与树脂酸的分离。然而不饱和脂肪酸的存在会影响松香的碘值。

（三）中性物质

松香中的非酸性组分也称为中性物。中性物质的组成和含量受树种及加工工艺的影响，主要是少量的单萜和倍半萜、二萜醛、二萜醇，以及少量二萜烃和树脂酸甲酯等。脂松香的中性物主要是少量的单萜、倍半萜，与树脂酸相同碳骨架的二萜醛、二萜醇、二萜烃及树脂酸甲酯等；浮油松香的中性物主要是脂肪酸酯及由甾醇形成的烃类化合物。

松香中性物的含量虽少，但组成复杂，组分和含量的差异常常使松香在物理特性方面存在某些差异。例如，中性物质对松香的结晶趋势、软化点和电绝缘性能有一定影响。中性物含量越高，松香结晶趋势越小。但随着中性物含量的增高，松香的软化点、酸值和电绝缘性能降低。

三、松香的物理性质

脂松香是一种透明且硬脆的固态物质，折断面似贝壳且有玻璃光泽，颜色由淡黄色至褐红色，由松脂品质和加工工艺条件而定。

松香可溶于乙醇、乙醚、丙酮、氯仿、苯、二硫化碳、四氯化碳、松节油、汽油等有机溶剂中，也溶于碱溶液中，但不溶于水。

松香是可燃物，燃烧时产生大量浓黑烟。极细微粒的松香粉末与空气混合极易爆炸，雾状粉尘的自燃点130℃，爆炸下限12.6g/m^3。

松香的一般物理性质见表6-3-1[3]。

表6-3-1　松香的物理性质

指标	数值	指标	数值
相对密度	1.070～1.085	热值/(kJ/kg)	37991～38397
软化点/℃	60℃开始软化,120℃成液态	闪点/℃	216
沸点/℃	250/0.6666kPa	雾状粉尘燃点/℃	130
比热容/[kJ/(kg·℃)]	2.261	爆炸下限/(g/m^3)	12.60
热导率/[W/(m·K)]	0.128	熔化松香膨胀系数/℃$^{-1}$	0.00055

第二节　树脂酸的分离与纯化

单体树脂酸在松香化学利用中具有特殊的用途，特别是在药物合成和许多精细化学品生产中需要从单体树脂酸起始，树脂酸的分离和纯化具有特别重要的意义。目前具有成熟分离技术的树脂酸主要有枞酸、脱氢枞酸、海松酸和异海松酸。

一、枞酸的分离

目前，枞酸的分离提纯方法有溶剂重结晶法、钠盐结晶法、有机胺盐结晶法、共晶法等。但是，上述方法主要存在枞酸收率低、纯度不高以及成本过高等缺点[4,5]。为了提高枞酸的收率和纯度，韩春蕊[5]以松香为原料，通过图 6-3-2、图 6-3-3 的技术路线，系统研究了溶剂重结晶法和有机胺盐法提纯枞酸，寻求低成本、高收率和高纯度的枞酸提取方法。

松香 $\xrightarrow[\text{乙醇}]{\text{盐酸}}$ 异构化反应 $\xrightarrow{\text{重结晶}}$ 枞酸

图 6-3-2　溶剂重结晶法提取枞酸技术路线

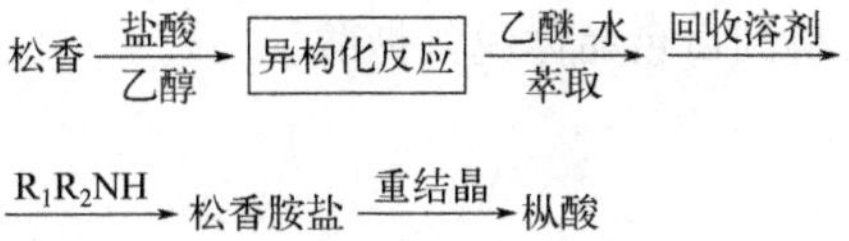

松香 $\xrightarrow[\text{乙醇}]{\text{盐酸}}$ 异构化反应 $\xrightarrow[\text{萃取}]{\text{乙醚-水}}$ $\xrightarrow{\text{回收溶剂}}$

$\xrightarrow{R_1R_2NH}$ 松香胺盐 $\xrightarrow{\text{重结晶}}$ 枞酸

图 6-3-3　有机胺盐法提纯枞酸技术路线

1. 异构化反应

松香中具有共轭双键的枞酸型树脂酸在加热或酸性条件下易发生异构化反应，并可以在酸或热条件下达到平衡。其中，长叶松酸、左旋海松酸和新枞酸在酸或热条件下向枞酸转化。因此，可通过树脂酸异构化反应提高松香中枞酸含量。松香高温直接加热至 200℃，异构化 0.5h 时，枞酸的含量为 58.23%；采用普通加热方法酸异构化松香时，80℃下保持 3h，异构化才达到平衡，异构化松香中枞酸的含量为 60%左右；而采用微波加热至 80℃下反应 5min 或者 40℃下反应 15min 即可达到酸异构化平衡，异构化松香中枞酸的含量为 70%。

2. 溶剂重结晶法

溶剂重结晶法直接用松香重结晶提高枞酸含量，此方法操作简单。使用乙酸乙酯或乙醇重结晶，重结晶三次，枞酸纯度可达到 80%左右，收率 27%。

3. 有机胺盐法

二戊胺作为有机胺，在丙酮中提纯枞酸，纯度可达到 90.4%，收率 34%。使用 V（乙醇）∶V（丙酮）=1∶2 的混合溶剂为重结晶溶剂，重结晶溶剂用量减少为原来的 1/3，枞酸纯度由 90.4%提高到 97.2%，收率由 34%提高到 54%。此外，韩春蕊还使用两种低成本有机胺提纯枞酸，可将纯度提高至 97%，成本控制在二戊胺盐法的 1/5～1/3。

二、脱氢枞酸的分离

脱氢枞酸（又称去氢枞酸）结构中具有苯环结构，化学性质稳定，易于合成具有松香结构的化合物。普通松香中脱氢枞酸含量一般在 10%以下，不适合用作提取脱氢枞酸的原料。工业上以歧化松香为原料提取脱氢枞酸。脱氢枞酸提纯的主要方法有溶液重结晶法、钠盐法以及乙醇胺盐法等。

1. 钠盐法

称取歧化松香 100g 投入 500mL 四口烧瓶中，加入 100mL 蒸馏水，再加入 75mL 0.14mol/L 的 NaOH 溶液，于 95℃水浴上加热回流 1.5h。反应结束后移去冷凝管并冷却至室温。用布氏漏斗将歧化松香树脂酸钠盐溶液中的不溶物滤出，得到浅黄色清亮溶液。将所得歧化松香树脂酸钠盐用 200mL 乙醚进行第一次萃取，充分摇匀后静置分层。水相再用 100mL 乙醚进行第 2 次萃取，用 40mL 蒸馏水水洗第一次萃取的乙醚层，下层皂液并入水相中。移出透明的几乎无色的水相后，将乙醚层蒸发至干，得到浅棕色黏性的油状物。将水相放在 50～60℃的水浴锅中边搅拌边加热，让溶液中的乙醚完全挥发，冷至室温，用稀盐酸酸化，酸化前加入适量的蒸馏水以改变歧化松香树脂酸钠盐溶液的浓度。酸化过程中保证适当、均匀搅拌。通过逐步滴加稀盐酸使其 pH 值下降，控制滴加速度。随着酸化的进行，产物沉淀出来。真空抽滤产物，滤液进一步酸化至最后一个产物的析出。此方法得到的脱氢枞酸纯度为 90%，收率为 41.8%[5]。

2. 乙醇胺盐法

将 200.0g 歧化松香加入三口烧瓶中，加入 500mL 95％的乙醇，开动搅拌，设定温度为 75℃，使其完全溶解。加入乙醇胺 53.68g，反应 30min。将反应液倒入盛有 500mL 80℃水的烧杯中，趁热倒入分液漏斗中，采用异辛烷重复萃取 3 次，保留水相，重结晶得脱氢枞酸铵盐。将脱氢枞酸铵盐过滤，使用 50％乙醇重结晶，重复操作 4 次。把铵盐溶解在 50％的乙醇中，水浴 80℃，直至晶体完全溶解，逐渐滴加 10％的盐酸至 pH＝4。过滤得到脱氢枞酸粗品。采用 80℃的 75％乙醇溶液重结晶两次，得到白色晶体脱氢枞酸。

三、异海松酸的分离

异海松酸是松香中的主要树脂酸之一，其结构中含有一个环内双键和一个环外乙烯基。湿地松松香中的异海松酸含量最为丰富，含量可达到 19.5％。20 世纪 70 年代以来，国内大面积引进湿地松松树，且进入了成熟期和产脂高峰期，异海松酸的分离提纯对其深加工利用显得尤为重要。异海松酸的分离提纯主要经过以下四步[6]。

1. 精制湿地松松香的制备

将 600g 湿地松松脂装入四口烧瓶中，通氮气，加热，当瓶内温度升至 170℃时开始抽真空，抽出大量松节油，调节真空度保持瓶内温度在 170℃，加热反应 2h，然后再经过重结晶得到精制湿地松松香。

2. 异海松酸铵盐的制备

将精制后的 200g 湿地松松香粉碎成小块后装入烧瓶，加丙酮回流直至松香全部溶解，冷却至室温。向烧瓶中慢慢加入 14.0g 异丁醇胺，搅拌 2h 后静置 2h，抽滤结晶，用 50％（体积分数）乙醇洗涤 3 次，干燥后得到 70.5g 铵盐结晶，粗产物得率为 35.2％。

3. 异海松酸铵盐的纯化

将干燥后的异海松酸铵盐粗产物 70.5g 溶于 95％（体积分数）乙醇中，采用复式重结晶法（参见图 6-3-4）进行 5 次重结晶提纯，过滤结晶时用 50％（体积分数）乙醇洗涤滤饼，最后收集得到异海松酸铵盐结晶 25.7g。

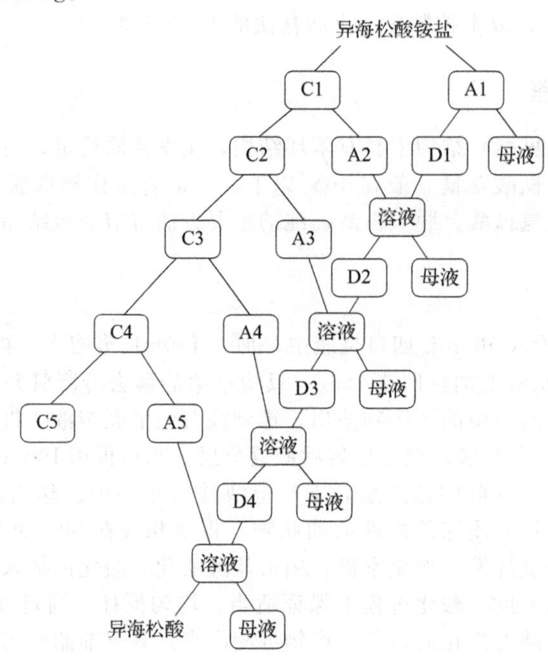

图 6-3-4　复式重结晶法

4. 异海松酸的纯化和游离

将纯化后的异海松酸铵盐 25.7g 溶于适量乙醚中，加入 10%盐酸直至铵盐结晶消失。分出乙醚层，用水洗至中性，蒸除乙醚，将剩余物溶于 15mL 丙酮中，慢慢滴入水，直至结晶不再增加为止。过滤结晶，将结晶真空干燥，得到纯的异海松酸产品。

四、海松酸的分离

海松酸广泛存在于松属植物的树脂和松果提取物中，在法国海岸松松脂、欧洲赤松松脂和松果提取物中含量最为丰富，在我国主产的几种松脂中含量都不高，其中以马尾松松脂含量较多，最高可达 9%以上，一般为 5%～7%左右。目前，国内外对海松酸分离和提纯方面的研究甚少，也没有商业化的高纯海松酸产品，因此，探索高效、高得率、经济可行的分离海松酸的方法将会加快海松酸在医药、生物和材料等领域的应用[7,8]。

1. 树脂酸提纯

将粉碎好的 100g 马尾松松香置于 250mL 的四口烧瓶中，加入 150mL 80%乙醇，室温下搅拌洗涤 4h，静置过夜，抽滤，用 80%乙醇洗涤滤渣两次，将树脂酸结晶置于纸盒中，放入真空干燥器中真空干燥 3～5h 得到树脂酸。

2. 枞酸型树脂酸的马来化加成反应及分离

将 20g 马尾松树脂酸置于 50mL 微波反应瓶中，加入 8g 马来酸酐和 8g 冰醋酸，将反应瓶装入 CEM Discover 单模微波有机合成仪中，装好回流冷凝器，打开冷凝水，固定微波功率 120W，开启磁力搅拌，反应 28min。冷却后在产物中加入 30mL 冰醋酸，放置过夜，过滤，得到马来海松酸结晶，蒸去母液中冰醋酸后，溶于乙醚中，水洗乙醚至中性，用无水硫酸钠干燥，脱去乙醚得到粗海松酸型树脂酸。

3. 海松酸型树脂酸的分离与提纯

将粗海松酸型树脂酸加热搅拌溶于微过量的氢氧化钠水溶液中，加水调节 pH 值至 9～13，溶液澄清后冷却，静置过夜，过滤，用少量蒸馏水洗涤沉淀，再用 3%的盐酸酸化沉淀，加入 10g 乙醚将沉淀溶解，置于分液漏斗中，用蒸馏水或去离子水多次洗涤乙醚层至中性，乙醚层用无水硫酸钠干燥后蒸去乙醚，真空干燥得海松酸型树脂酸，以丙酮为结晶溶剂，采用与图 6-3-4 相同的复式结晶法重结晶五次，得海松酸产品。

第三节　松香树脂酸的化学反应

松香树脂酸分子中含有羧基和两个碳碳双键官能团，其中枞酸型树脂酸含有两个处于共轭位置的碳碳双键，通过对羧基的酯化反应、还原反应、碳碳双键重排反应、D-A 加成反应、氢化反应及氧化反应等反应手段引入各种原子或基团，改善松香的易结晶性、易氧化性和较高酸性的缺陷。因为松香结晶性强、易氧化等，导致胶黏剂的颜色变深，对溶剂的溶解度下降，同时具有较高的酸性，会使松香和油漆中的重金属盐以及被涂的金属表面发生反应而不利于制成胶黏剂或作电绝缘材料，从而限制了它们的用途[9]。为了便于对改性的原理和改性品质变化的理解，下面以树脂酸的双键和羧基结构为基础进行分类介绍。

一、与树脂酸双键有关的反应

（一）异构化反应

左旋海松酸、长叶松酸、枞酸、新枞酸等具有共轭双键的枞酸型树脂酸在酸或热的作用下容易发生异构化反应[10]。异构化反应可由质子加成与消除平衡来解释，异构化的速率取决于温度和酸浓度。枞酸型树脂酸异构化时都趋向于形成枞酸，最后得到平衡混合物，如图 6-3-5 所示。

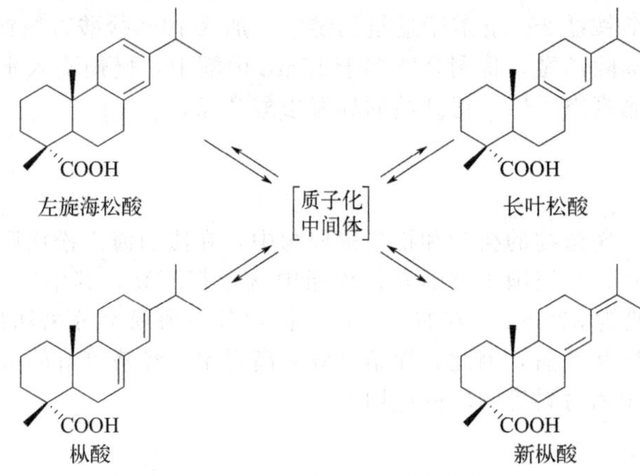

图 6-3-5 枞酸型树脂酸的异构化产物

1. 树脂酸的酸异构化

松香中枞酸型树脂酸遇酸异构[7]，即以 100g 松香为原料、24mL 浓盐酸为催化剂、100mL 甲苯为溶剂进行树脂酸异构反应，最后的平衡混合物是 93%枞酸、4%长叶松酸和 3%新枞酸及少量的左旋海松酸，反应式如图 6-3-6 所示。左旋海松酸及枞酸有不同的负比旋光度，长叶松酸和新枞酸有不同的正比旋光度，各酸单独异构进程中，比旋光度有不同的变化，并趋向平衡终点的同一比旋光度[11]。

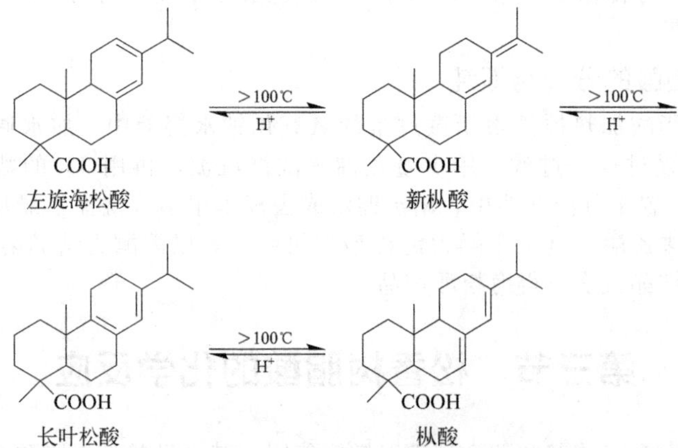

图 6-3-6 枞酸型树脂酸酸性异构平衡反应式

2. 树脂酸的热异构化

左旋海松酸在 152℃以下长时间加热也很少异构，155℃时才有较明显的异构，但异构的反应速率比在酸中慢得多，即使加热 15h 后仍未达到平衡终点，200℃时异构速率比 155℃时快 8 倍。左旋海松酸甲酯受热仍能异构，说明异构不完全由羰基氢离子引起。但左旋海松酸甲酯的异构速率较慢，在 155℃下 18.5h 的进程相当于左旋海松酸的 0.75h[11]。

四种枞酸型树脂酸对热异构的稳定性相差甚远[12]。左旋海松酸最不稳定，其次是长叶松酸、新枞酸，枞酸的热异构倾向性最稳定。200℃下枞酸在 0.5h 时已接近最终平衡，1h 时可完全达到平衡，异构产物的组成为枞酸 81%、长叶松酸 14%、新枞酸 5%。其他各酸热异构均能达到此平衡。正因为有少量左旋海松酸存在，其他三酸加热时能与马来酸酐发生加成反应。

最近发现，枞酸和新枞酸在温度高于 250℃时有向长叶松酸异构的趋势，称为高温异构现象。热异构与松脂加工有密切关系，而松香中枞酸型树脂酸组成比例多由松脂在加工时的温度及时间决定，故松香产品常因组成比例不同表现出不同的结晶趋势[11]。

3. 热异构与松香结晶趋势

在松脂加工过程中，松脂中的枞酸型树脂酸存在热异构现象[13]，在蒸馏过程中异构强烈。马尾松松脂中枞酸型树脂酸占树脂酸总量的80%以上，加工前左旋海松酸及长叶松酸占枞酸型酸的50%左右，蒸馏过程中首先左旋海松酸异构成枞酸和长叶松酸，长叶松酸又继续异构成枞酸，而新枞酸基本保持不变。在此过程中，松香比旋光度起初由负值转向正值，如受热温度过高及时间过长，将通过一最大正值后再转向负值。对某一地区而言，原料比较稳定时，最小结晶趋势有一相应的比旋光度，控制松脂蒸馏加热温度及时间并考虑放香后异构继续进行的程度，可得结晶趋势最低的松香产品。测定比旋光度可判定异构程度。松香中如长叶松酸含量过多，易出现以长叶松酸为主的大颗粒晶体，系异构不足所致，常称低温结晶[11]。

（二）聚合反应

因枞酸存在共轭双键，在光、热或催化剂作用下均可发生聚合反应[14-17]，主要为二聚反应，用凝胶色谱分析，发现尚有少量三聚体。已采用众多方法研究二聚树脂酸的结构，如从硫酸-氯仿聚合法和硫酸-氯化锌-汽油聚合法所制备的聚合松香中，分离出了枞酸的二聚体，并研究了二聚体的结构，如图6-3-7中（**1**）所示。1987年R. Fujii和D. F. Zinkel等用核磁共振等手段研究了枞酸硫酸聚合的主要产物的结构，如图6-3-7中（**2**）～（**5**）所示。

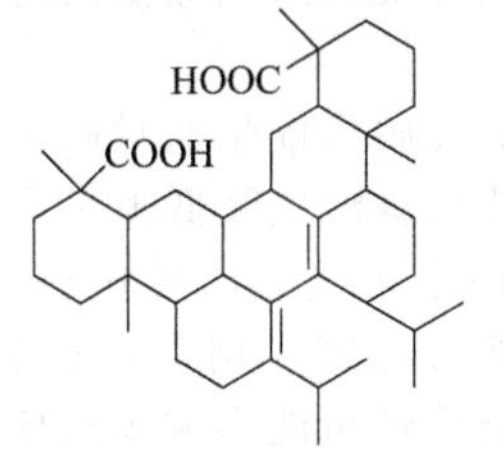

HOOC COOH COOH COOH
(1) 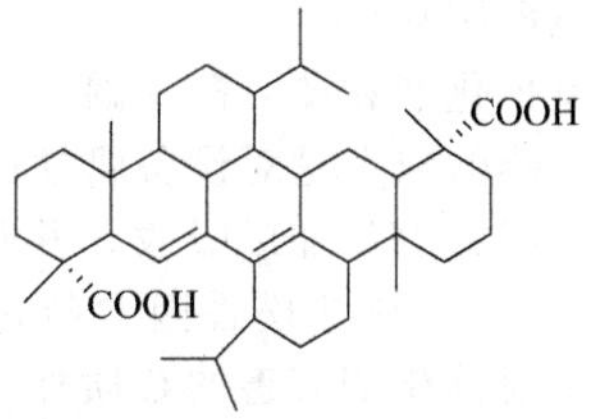 (2)

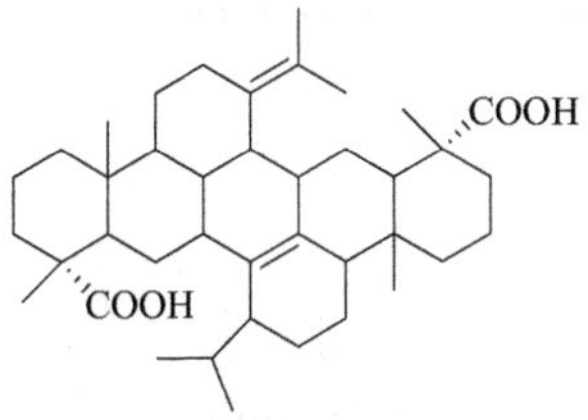

COOH COOH O C 7′ O 14′ COOH
(3) 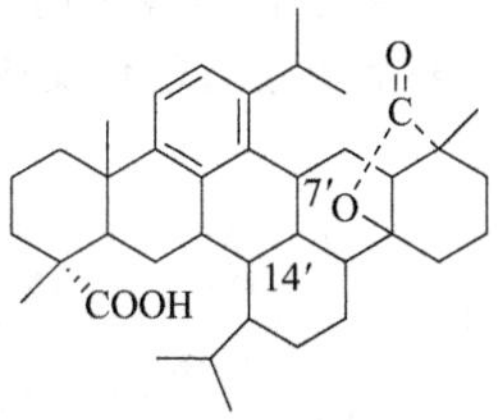 (4)

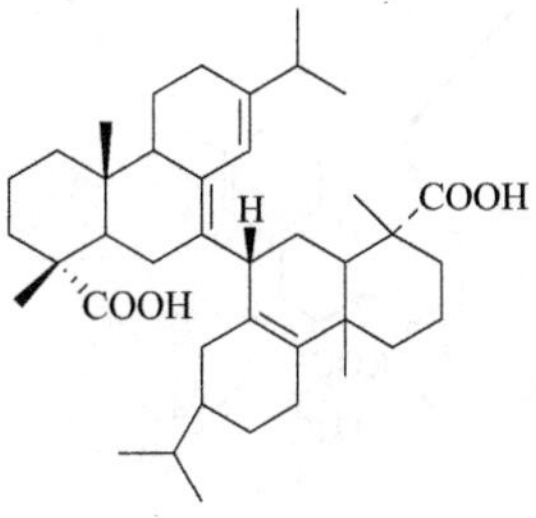

H COOH COOH
(5)

图 6-3-7　枞酸二聚物的结构式

松香聚合反应是将松香溶解在溶剂中，在催化剂存在的条件下进行。常用的溶剂有汽油、甲苯、苯、石油醚、乙酸、有机卤化物等。早期使用的催化剂是酸性催化剂，如硫酸、盐酸、氢氟酸、磷酸等，还可用金属卤化物如氯化锌、三氯化铝、三氟化硼、氯锡酸、溴锡酸以及三氯化铅等作为催化剂。由于单独使用一种催化剂的活性较小，不能实现工业化生产，采用盐酸-氯化锌、硫酸-氯化锌等混合催化剂制备聚合松香取得了良好的效果[9]。由枞酸、浓硫酸、三氯甲烷体系反应动力学的研究得出，表观活化能 $E=25.96\text{kJ/mol}$，说明在混合催化剂下，松香聚合反应易于发生，且温度对反应速率的影响不大。

（三）歧化反应

树脂酸如同其他环烃类化合物一样，在催化剂作用下可转变为芳烃和一些更为饱和的烃的混合物，这种分子间脱氢和加氢，氢原子在基团分子间转移的现象称为歧化反应，所生成的产物称为歧化松香[18,19]。枞酸的歧化反应如图 6-3-8 所示。

松香歧化是在一定的温度下，经催化剂作用，枞酸型树脂酸中一部分分子脱出两个氢原子，双键发生重排，三环母核的碳环形成稳定的苯环结构，即脱氢枞酸；脱去的氢被另一部分树脂酸所吸收，生成二氢枞酸和四氢枞酸[20]。因此，歧化作用是脱氢和加氢结合起来的过程。在歧化过程中，中性物质不发生显著变化，氧化物质含量减少，海松酸实际上没有起到歧化的作用。此种热歧化伴随着脱羧，严重降低酸值。此后采取催化歧化，可加速歧化反应，减少脱羧现象。早期认为歧化反应仅限于枞酸型树脂酸之间，一方面得到去氢枞酸，另一方面得到二氢枞酸及四氢枞酸，如 1956 年 R. V. Lawrence 等报告以钯-炭为催化剂，在 210℃ 下歧化脂松香得到 65% 去氢枞酸、20.4% 二氢枞酸、5% 四氢枞酸及其他产物。此后有人认为枞酸脱去的氢加到海松酸型树脂酸上生成二氢海松酸，并未发现四氢枞酸。新近有实验证明海松酸型酸的环外乙烯基全部氢化成二氢树脂酸，四氢枞酸则甚少[11]。

钯、铂、镍等加氢催化剂和硫、硒、碘、二氧化硫等脱氢催化剂对松香的歧化均有效果，以钯、碘、硫效果较好。碘的缺点是对设备腐蚀严重，使松香酸值降低很多，妨碍了其在工业上的应用。硫化氢需要有专门的设备加以吸收，并且需要用水蒸气蒸出歧化松香中残余的硫。因此，用钯-炭作催化剂的较多[20]。浮油松香因含硫化物对钯有毒害作用，一般采用含硫有机化合物。浮油松香中的杂质除了对催化剂有害的杂质外，有些杂质还可能影响苯乙烯、丁二烯的自由基反应，因此，浮油松香一般需要经过预处理过程，以除去杂质。脂松香及木松香在原料采集及加工过程中混入了重金属，对钯也有毒害作用[11]。脂松香、木松香的高沸点毒害物质或不挥发物质可用减压蒸馏法除去，然后再进行歧化反应。

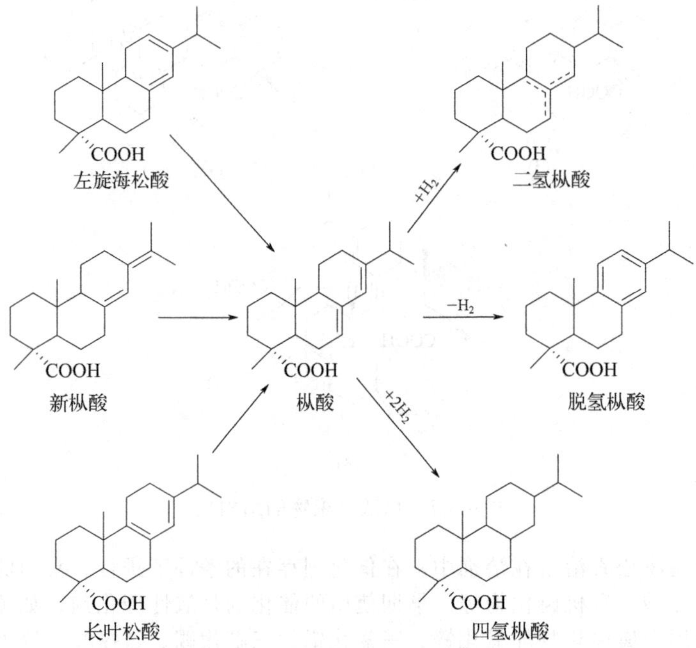

图 6-3-8　枞酸的歧化反应示意图

（四）加成反应

1. 氢化反应

树脂酸主要包括枞酸型和海松酸型两类，在高温及压力下可部分或全部氢化，提高了树脂酸的抗氧化能力[2,11]，反应过程如图 6-3-9 所示。枞酸型树脂酸含有共轭双键，更易氧化，氢化一个双键即可增大其抗氧化性能。枞酸氢化通常分两个阶段进行：第一阶段生成二氢枞酸，反应较为容易；第二阶段生成四氢枞酸，由于位阻原因，氢化反应较难。

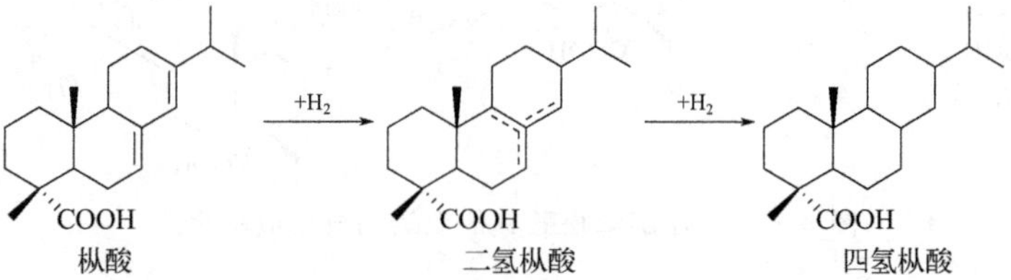

图 6-3-9　枞酸的氢化反应示意图

松香经第一阶段氢化所得的产物称为氢化松香，主要含二氢枞酸；经第二阶段氢化所得的产物称为全氢化松香，主要含四氢枞酸。第一阶段氢化常常伴有脱羧和歧化现象，产品中增加了中性物质及脱氢枞酸的含量。全氢化过程采用活性较强的催化剂和较高的温度与压力，带芳环的脱氢枞酸也可氢化，全氢化松香中脱氢枞酸含量可由氢化松香中的 10%～15%降至 1%以下，吸氧量由氢化松香的 0.2%降至 0.01%。氢化时催化剂种类很多，有贵金属、镍催化剂两类[21]。前者常用钯-炭催化剂，后者常用镍-铝、镍-硅等合金催化剂。树脂酸酯类、盐类以及聚合松香都可用作氢化原料。新近研究无氢气氢化。树脂酸可被甲酸金属盐（钠）在化学计量的水与钯-炭催化剂存在下所释放出的氢气氢化，产物为树脂酸二氢衍生物，反应在常温下进行，极性溶剂可增大反应速率。

2. 双烯加成

在室温无酸条件下，左旋海松酸的共轭双键与马来酸酐发生的 Diels-Alder(D-A)双烯加成反应是定量进行的[1]，如图 6-3-10 所示。其他枞酸型树脂酸在同样的条件下不发生反应，但当松香加热至 180℃以上时，因热异构平衡不断产生可与马来酸酐反应的左旋海松酸，使大部分枞酸型树脂酸发生加成反应得到马来松香。Diels-Alder 加成反应也可在溶液中进行，松香溶于非质子溶剂——缩二乙二醇二甲醚中，在 CO_2 保护下，氯化锌作为催化剂。枞酸型树脂酸异构动态平衡不受加成反应的影响，说明异构化速率大于加成反应速率[15]。

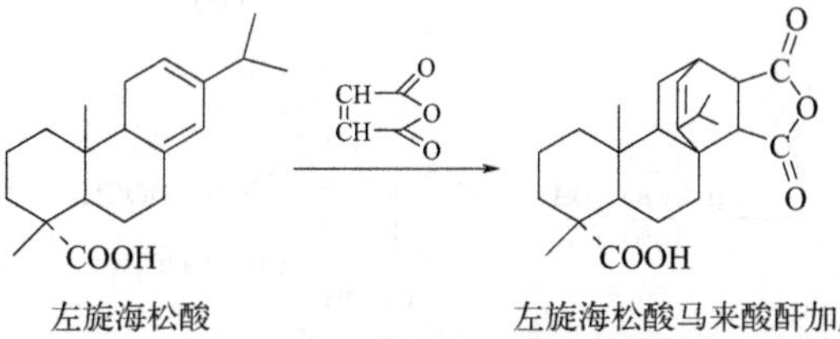

图 6-3-10　左旋海松酸和马来酸酐加成反应示意图

左旋海松酸及存在于松香中的枞酸型树脂酸与反丁烯二酸（富马酸）发生加成反应得到三元酸（**6**），与丙烯酸或β-丙酸内酯发生加成反应得到二元酸（**7**），与丙烯腈反应得到丙烯腈加合物（**8**），如图 6-3-11 所示。其中，（**7**）能溶于芳烃、酯类等有机溶剂，所制涂料流动性好，成膜后有色浅、保光、保色、耐热、耐腐蚀、抗紫外线等特点，广泛应用于油墨和涂料中[9,11]。

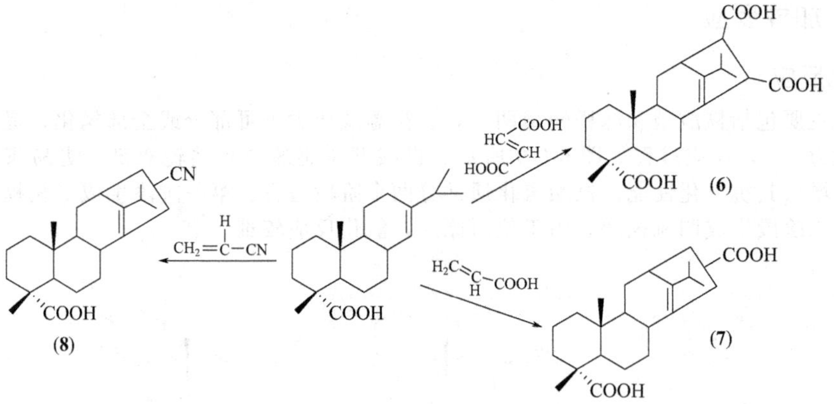

图 6-3-11　左旋海松酸其他双烯加成反应示意图

3. 与甲醛的加成

左旋海松酸与甲醛反应生成 12-羟甲基枞酸（**9**），部分氢化可生成 12-羟甲基二氢枞酸（**10**），深入氢化生成 12-羟甲基四氢枞醇（**11**），可作为聚脲烷和聚氨酯的原料。此外，（**9**）在乙醇钠中还原得 12-氢甲基枞醇（**12**），（**10**）与环氧丙烷或环氧乙烷反应生成聚尿烷硬泡原料；枞酸（1mol）在浓硫酸存在下与甲醛（1～4mol）进行 Prins 反应，生成混合产物，在乙酸中反应时，主产物为 7,14-二乙酸基甲基枞酸酯（**13**），如图 6-3-12 所示。

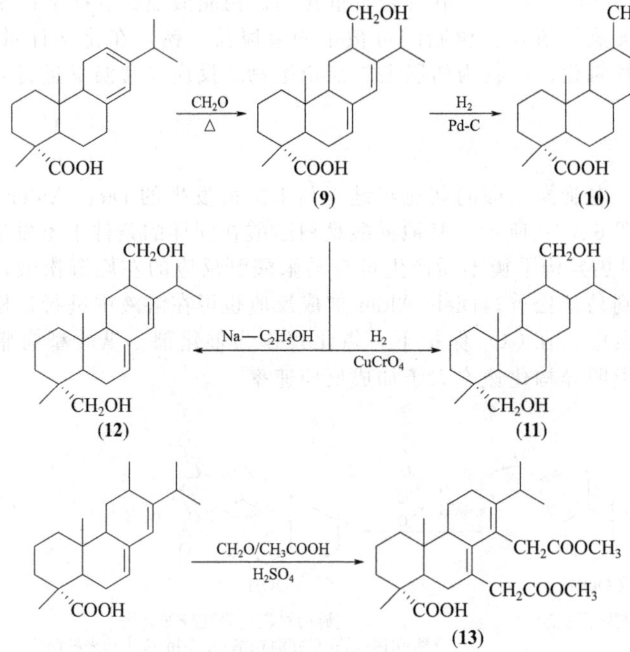

图 6-3-12　左旋海松酸与甲醛反应示意图

4. 与可溶性酚醛树脂反应

苯酚和甲醛在碱性催化作用下生成可溶性酚醛树脂，主要成分是羟甲基酚或二羟甲基酚。树脂酸与羟甲基酚或二羟甲基酚可发生加成反应，如图 6-3-13 所示。该加成产物可与甘油发生酯化反应生成固体树脂，又称为松香改性甘油树脂[9]。

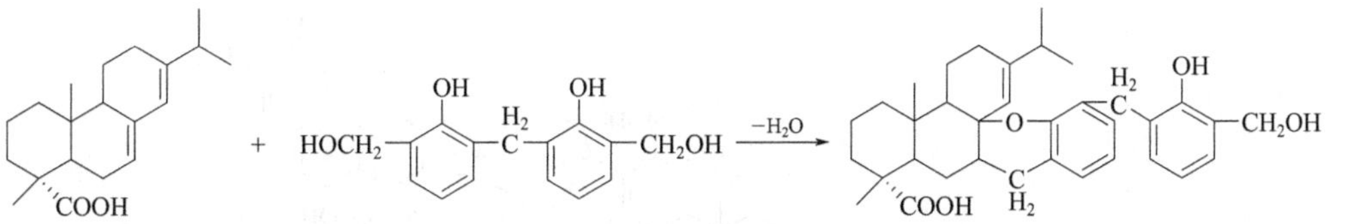

图 6-3-13　松香和可溶性酚醛树脂的反应用途

（五）氯化反应

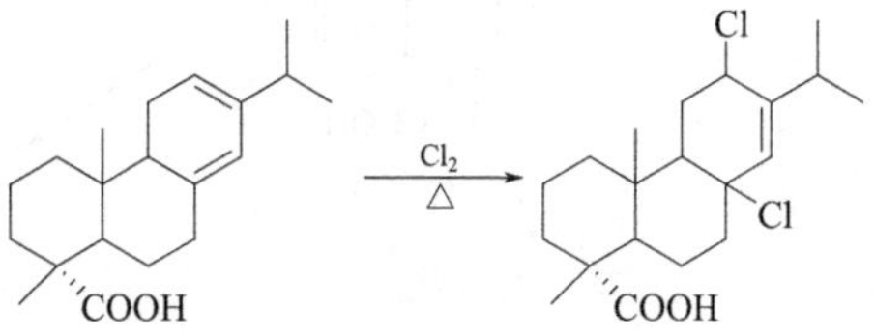

国外将松香树脂酸溶于四氯化碳，然后再溶于苯中，加热，再加入引发剂（如过氧化二苯甲酰），通氯气或滴加 SO_2Cl_2，树脂酸的双键与氯发生加成反应，异丙基与氯发生取代反应，统称氯化反应，松香氯化反应的产物为氯化松香[1,9]。氯化松香及其衍生物在工业上具有广泛的用途[22]。我国制备氯化松香不用易挥发的四氯化碳作溶剂，而采用氯化石蜡作溶剂，操作简便，便于生产。左旋海松酸与氯气发生的加成反应如图 6-3-14 所示。

图 6-3-14　左旋海松酸与氯气的加成反应示意图

（六）氧化反应

1. 自动氧化

松香树脂酸自动氧化的原理是松香中的枞酸在空气中发生自动氧化[23]。松香长期暴露于空气中时能被氧化，松香粉末在较高的温度下更易氧化变色，从而降低使用价值。松香在石油醚中不溶解部分（氧化树脂酸）的含量，可作为衡量松香自动氧化程度的标准。氧化开始时，红外光谱 3430cm^{-1} OH 伸缩振动吸收峰增大，1690cm^{-1} 附近 C═O 吸收无变化，随后 C═O 吸收增大，说明氧化反应先生成羟基，然后产生羰基。松香氧化时红外光谱变化与枞酸相似，唯有 1500cm^{-1} 处芳环吸收峰增加，说明产生了去氢枞酸类物质。

具有共轭双键的枞酸型树脂酸特别是枞酸易与空气中的氧反应，而海松酸型树脂酸相对较稳定。因此松香氧化程度与松香中枞酸含量有关[23]。枞酸氧化增重与枞酸含量减少量呈线性关系。枞酸含量每降低 5.2%，松香质量相应增加 1%。

枞酸氧化初期接近一级反应，后期不是一级反应，可能是表面状况发生变化所致。氧化与表面关系甚大，粉末枞酸或松香极易氧化。在氧化过程中，可能产生过氧化物、羟基和羰基化合物，氧化反应可能是自由基链式反应：一种是在 C12 上活泼的亚甲基发生反应，生成过氧化物，继而分解生成羟基和羰基；另一种是在双键上发生反应，生成环氧化物，环氧化物开裂成二醇。这些反应继续进行，生成复杂的氧化混合物。枞酸被空气氧化时可能生成的中间体如图 6-3-15 所示。

松香催化自动氧化一般有一个诱导期。氧化反应与温度的关系甚大，当温度为 17℃、25℃、40℃时，40～100 目枞酸在纯氧中氧化的诱导期分别为 3.5、2.2 和 0.35，在 50℃时诱导期几乎为零。各温度下最大氧化速度的相对比为 1.0∶2.2∶6.5∶11.8，即 50℃时的氧化速度是 17℃时的 11.8 倍。在此条件下枞酸的反应活化能为 58.62kJ/mol，而松香的反应活化能则为 100.08kJ/mol。

松香的氧化产物比枞酸的更为复杂，分离得到的产物有：7α-羟基-13,14α-环氧-8(9)-枞酸、7-羰基-11-羟基-8,11,13-三烯枞酸、7-羰基-14-羟基-8,11,13-三烯枞酸、12α-羟基-7α,8α,13α,14α-二环氧枞酸、7-羰基-12α-羟基-13α,14α-环氧-8(9)-枞酸和 7,11,14-三羰基-12α,13α-环氧-8(9)-枞酸。

左旋海松酸桥过氧化物制成的 12-羟去氢枞醇有雌性激素作用。枞酸型单氧化的异构产物 13-β-8-烯枞酸有降低血浆中胆固醇的作用。由左旋海松酸甲酯桥过氧化物经几步合成的倍半萜二醛

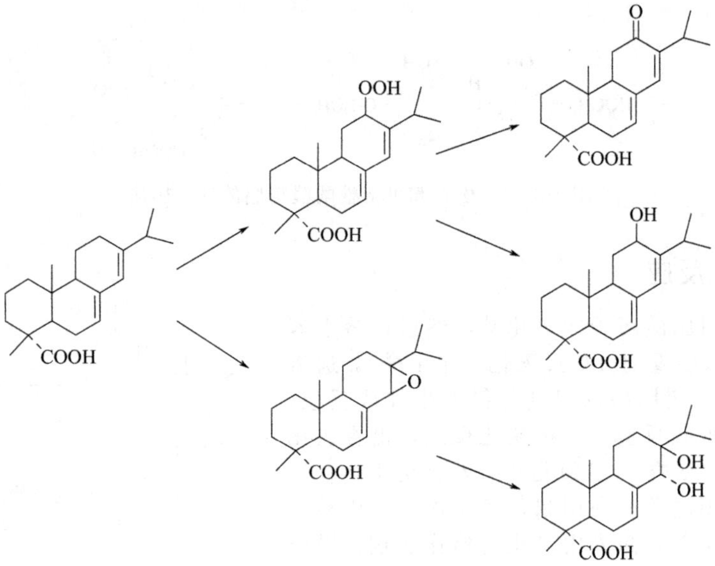

图 6-3-15　枞酸氧化过程中可能的中间产物

的瓦伯冈拉是黏虫及某些鱼类的拒食剂。

2. 光敏氧化

左旋海松酸、长叶松酸及新枞酸在光活化剂亚甲基蓝存在的极性溶剂如乙醇中，低温下即可光敏氧化生成环内过氧化物。在此条件下，并不形成自由基，氧分子可能出现单线态氧而发生氧化反应。而枞酸的氧化要慢得多，通过 7-氢过氧长叶松酸，形成带羟基的过氧化物。4 种枞酸型树脂酸光敏氧化的过程见图 6-3-16。无共轭双键的海松酸、异海松酸也可通过烯键（碳碳双键）而光敏氧化。树脂酸光敏过氧化物可作为聚合或其他反应的有机过氧化物催化剂的廉价来源。左旋海松酸因易从松脂中分离出来，氧可通过 1,4-加成很快形成环式氧化物，该过氧化物是一种化学活性的、多功能性的常用中间体，它的应用受到重视。环过氧化物中环氧基的化学活性很强，它可与许多化合物发生加成反应，生成一系列衍生物，应用于塑料、涂料、胶黏剂等工业领域，也可用作聚氯乙烯的稳定剂和增塑剂[9]。

3. 氧化降解反应

树脂酸如左旋海松酸（甲酯）及新枞酸（甲酯）的部分臭氧降解及彻底臭氧降解产物[11,24]见图 6-3-17。RuO_4-$NaIO_4$ 氧化左旋海松酸甲酯与新枞酸甲酯也可得与彻底臭氧降解一样的产物，并有较好的收率。

二、与树脂酸羧基有关的反应

1. 成盐反应

树脂酸（RCOOH）的羧基可与碱金属、碱土金属及重金属生成盐[25]。碱金属中最主要的是钠盐与钾盐，与氢氧化钠（钾）溶液反应即可生成，见反应式（6-3-1）。枞酸、新枞酸、异海松酸的钠盐易溶于水，左旋海松酸、海松酸的钠盐难溶于水。此类盐多用作纸张施胶剂及洗涤剂。歧化松香的钾（钠）盐用作丁苯橡胶聚合时的乳化剂。其他含有钙、锌、锰、铅、钡、铜等的盐类，多用在油漆及油墨方面。铜盐是一种防腐剂和杀虫剂。钙盐由树脂酸（松香）与氢氧化钙（消石灰）在高温下反应生成，见反应式（6-3-2）。锌盐、锰盐等多由金属氧化物加热制得，见反应式（6-3-3）。锌盐也可由松香皂（钠盐）溶液与氯化锌溶液作用生成，见反应式（6-3-4）。

$$RCOOH + NaOH \longrightarrow RCOONa + H_2O \qquad (6\text{-}3\text{-}1)$$

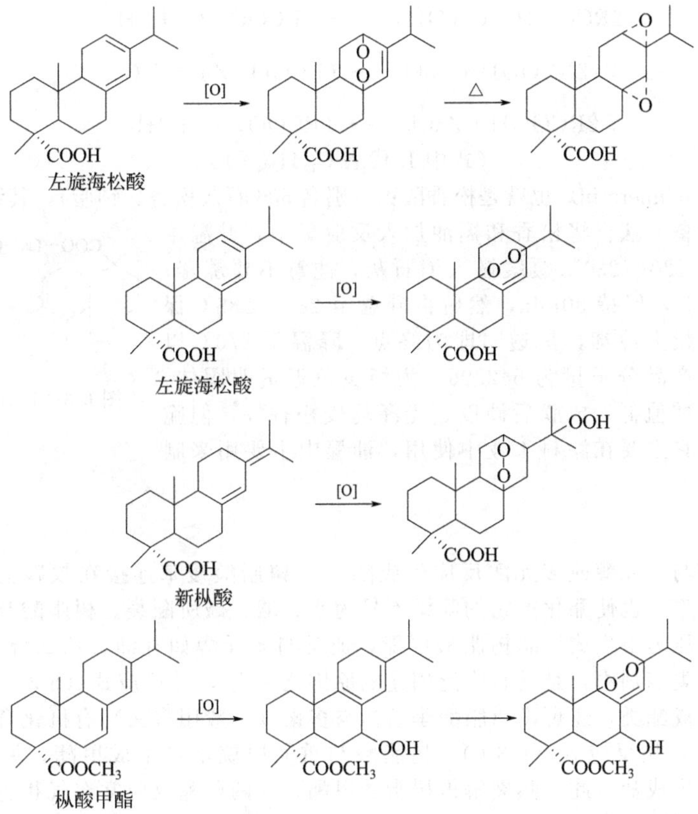

左旋海松酸
[O]
△

左旋海松酸
[O]

新枞酸
[O]

枞酸甲酯
[O]

图 6-3-16　4 种枞酸型树脂酸光敏（单氧）氧化反应示意图

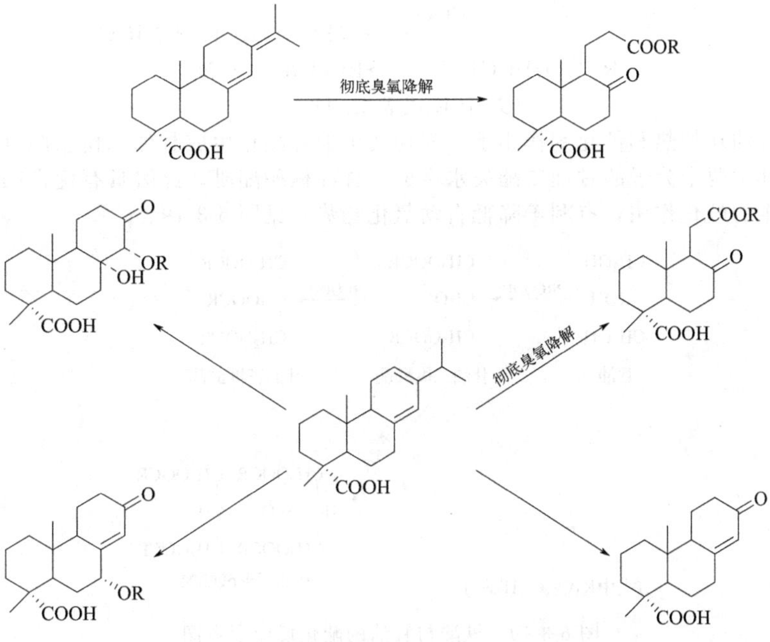

彻底臭氧降解

彻底臭氧降解

图 6-3-17　树脂酸氧化降解反应示意图

$$2RCOOH+Ca(OH)_2 \xrightarrow{\triangle} (RCOO)_2Ca+2H_2O \quad (6\text{-}3\text{-}2)$$

$$2RCOOH+ZnO \xrightarrow{\triangle} (RCOO)_2Zn+H_2O \quad (6\text{-}3\text{-}3)$$

$$2RCOOH+ZnCl_2 \xrightarrow{\triangle} (RCOO)_2Zn+2HCl \quad (6\text{-}3\text{-}4)$$

（式中 R 代表 $C_{19}H_{29}$—）

其中松香钙盐（limerosin）也就是松香酸钙（别名 506 石灰松香、钙脂），其结构见图 6-3-18。

松香钙盐的制备方法：将松香和桐油加入反应釜中，升温熔化，开动搅拌，至 220～230℃缓缓撒入消石灰，注意不要涨釜；加完后升温至 240℃，保持 30min，然后再升温至 280～285℃保持。取样滴在玻璃板上冷却，呈透明即为终点，降温至 270℃以下出釜冷却。所得产品分子量为 642.96，为淡黄色近透明固体，软化点较松香高，酸值低，成膜后硬度、光泽均较松香好，但脆性大、耐候性差。它主要在涂料工业中使用，油墨中主要用来制印报墨[26]。

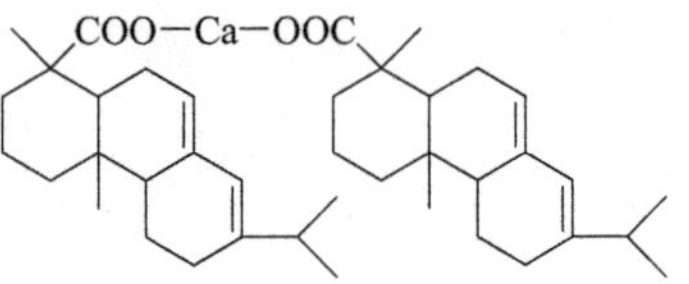

图 6-3-18　松香钙盐结构式

2. 酯化反应

树脂酸的羧基与一元醇或多元醇反应生成酯[26]。树脂酸羧基连接在叔碳上，由于位阻作用大大降低了反应速率，也使酯化产物的酯键不易为水、酸、碱所断裂。树脂酸与一元醇如甲醇反应需在较高温度及压力下生成液态树脂酸甲酯，通常与多元醇如甘油、乙二醇、季戊四醇酯化，酯化产物易溶于烃类溶剂中，是其有广泛用途的原因之一[13]，见反应式（6-3-5）。树脂酸盐与卤族碳氢化合物可生成酯类，还可由树脂酸季铵盐与多卤（一般用多卤）有机化合物反应得一氯甲基酯和亚甲基二酯，见反应式（6-3-6）。树脂酸与重氮甲烷定量生成甲酯，见反应式（6-3-7）。与四甲基氢氧化铵生成盐，此盐热裂解得树脂酸甲酯，这两种酯反应常在气相色谱法分析树脂酸时使用，但对某些树脂酸有副反应。

$$RCOOH+HOR' \longrightarrow RCOOR'+H_2O \quad (6\text{-}3\text{-}5)$$

$$RCOONR_4+CH_2Cl_2 \longrightarrow RCOOCH_2Cl+NR_4Cl$$

$$\xrightarrow{RCOONR_4} (RCOO)_2CH_2+NR_4Cl \quad (6\text{-}3\text{-}6)$$

$$RCOOH+CH_2N_2 \longrightarrow RCOOCH_3+N_2\uparrow \quad (6\text{-}3\text{-}7)$$

（式中 R 代表 $C_{19}H_{29}$—）

树脂酸与甘油在加热和催化剂作用下，起初两个伯醇酯化生成甘油二树脂酸（枞酸）酯，此后生成三酯，其中两个分子的甘油二酯失水生成二甘油枞酸酯醚，此醚具有优良的成膜性能。同时在高温下发生的歧化作用，有利于降低自动氧化趋势，见图 6-3-19。

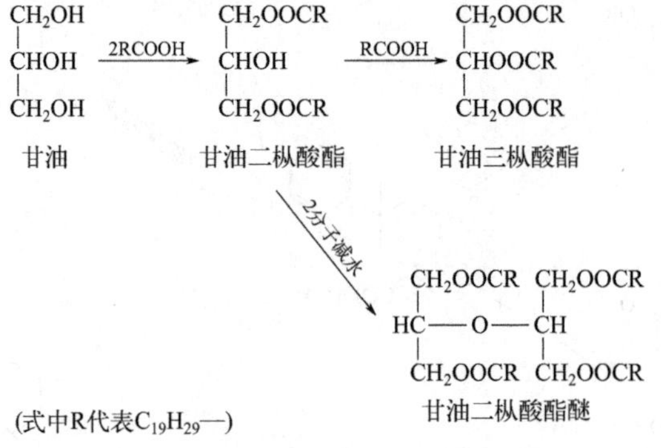

图 6-3-19　枞酸与甘油的酯化反应示意图

甘油二枞酸酯也就是松香甘油酯（estergum），结构见图 6-3-20。

甘油二枞酸酯的制备方法：将松香和桐油加入反应釜中，升温熔化，开动搅拌，至210℃加入氧化锌，之后缓缓加入甘油（约用1h），通入二氧化碳；缓慢升温至250℃，适当排风，保持回流；在此温度下经30min后升温至270℃并保持酸值为15以下；最后升温到290℃，减压30～60min，降温至270℃左右放出冷却。所得产品分子量为660.95，为淡黄色至浅棕色透明玻璃状块，微有特殊香味，不溶于水，溶于植物油。其主要用于铅印油墨、誊写墨中。

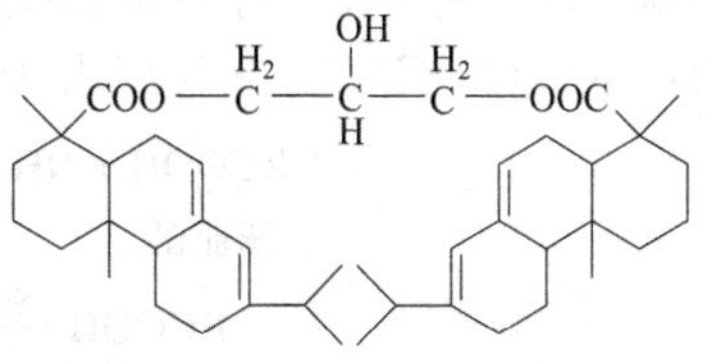

图 6-3-20 甘油二枞酸酯的结构式

树脂酸（松香）还可与季戊四醇在高温和催化剂存在下反应生成相应的季戊四醇酯[27-29]。季戊四醇的醇基均为伯醇，较仲醇易酯化。松香的季戊四醇酯较其甘油酯软化点高，耐久性更好。季戊四醇高温酯化及在酸性介质中时，可部分失水成为二聚季戊四醇。树脂酸也可与二聚、三聚及四聚季戊四醇起酯化反应。具体制备方法为：将松香加入反应釜内，升温熔化，开动搅拌，通入二氧化碳，至230℃加入氧化锌，至250℃约用1.5～2h缓缓加完季戊四醇，再用1.5～2h把温度升至285～290℃，保持酯化至酸值16以下，减压1h，降温至270℃放出冷却。所得产品为浅黄色透明固体，溶解性好，使用于油墨中较石灰松香好，其软化点高，干燥快。其主要用来制造6号印刷调墨油。季戊四醇松香酯亦可用1.5～2倍的桐油溶解制成软树脂。

树脂酸（松香）还可与山梨醇、卫茅醇及芳基衍生物的羟基起酯化反应。山梨糖醇是含有6个羟基的多元醇，但由于易脱水，故在与松香反应时实际上平均只有2.5～3个羟基参与酯化反应。反应所得的山梨糖醇三松香酯80份、聚氯乙烯100份以及山梨糖醇50份可制成一种热熔性胶黏剂。

3. 树脂酸与酸酐的反应

松香树脂酸与乙酸酐反应生成松香酸酐。例如，枞酸与乙酸酐反应生成枞酸酐，见图6-3-21。

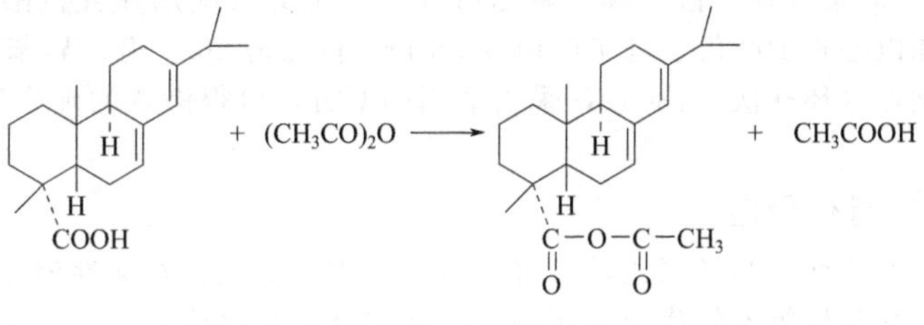

图 6-3-21 松香与乙酸酐的反应示意图

枞酸酐的制备方法：把松香和乙酸酐按1∶1（质量比）的比例在250℃下加热2h，同时除去所生成的乙酸和过量的乙酸酐，操作重复至产品酸值小于10为止，粗产品可在石油醚中重结晶提纯。

枞酸酐有较高的反应活性，能继续与尿素、羟胺、肼以及这些化合物的衍生物反应，分别生成酸尿异羟肟酸和酰肼[9]。

4. 树脂酸甲酯的加氢反应

枞酸甲酯在惰性溶剂中加入钠，即以水使醇钠分解得二氢枞醇。工业上将树脂酸（松香）甲酯在高温高压下选用适当的催化剂氢解得松香醇，结构见图6-3-22。

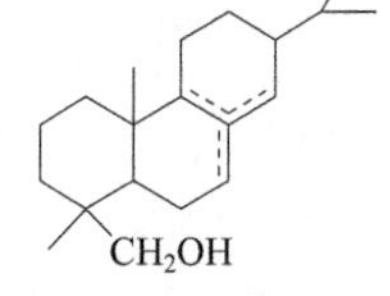

图 6-3-22 二氢枞醇的结构式

一般松香醇也可催化氢化成四氢枞醇。氢化松香醇与环氧烷类反应得羟基聚醚。松香醇与有机酸、无机酸形成的酯类，各有其用途。

5. 树脂酸的胺解反应

树脂酸在高温下通氨得树脂酸铵盐，此盐脱水生成酰胺，再脱水生成腈，两步脱水均可逆，应连续通氨及移去生成的水。腈加氢得胺，加氢最初生成醛亚胺，再加氢得胺（伯胺），通称松香胺，此胺实为—CH_2NH_2取代羧基的产物，见反应式（6-3-8）。酰胺可由树脂酸酰氯与氨水反应生成，酰胺与NaOCl（或NaOBr）反应即所谓霍夫曼降解得胺，此种胺为—NH_2代替羧基的产物，再与光气反应可得异氰酸酯。四氢枞酸酰胺在霍夫曼降解过程中可分离得四氢枞酸异氰酸酯，熔点 59～61℃，见反应式（6-3-9）。

$$\underset{\text{树脂酸}}{RCOOH} + NH_3 \longrightarrow \underset{\text{松香酰胺}}{[RCONH_2]} \xrightarrow{-H_2O} \underset{\text{松香腈}}{RCN} \xrightarrow{2H_2} \underset{\text{松香胺}}{RCH_2NH_2} \qquad (6\text{-}3\text{-}8)$$

$$\underset{\text{树脂酸}}{RCOOH} \xrightarrow{SOCl_2} \underset{\text{树脂酸酰氯}}{RCOCl} \xrightarrow{(NH_3)} \underset{\text{酰胺}}{RCONH_2} \xrightarrow{NaOCl} \underset{\text{树脂酸胺}}{RNH_2} \qquad (6\text{-}3\text{-}9)$$

(式中R代表$C_{19}H_{29}$—)

松香腈是制备松香胺的中间产物，本身可作成膜物稳定剂、增塑剂、润滑油及燃料油的添加剂。松香胺主要用作杀虫剂、除藻剂。去氢枞酸胺（$—CH_2NH_2$ 取代物）是优良的光学拆分剂。霍夫曼降解酰胺所得的树脂酸胺可考虑作异氰酸酯原料[22]。去氢枞酸的胍盐有广谱抗菌性，建议作为制备药物时的保存剂[3]。

6. 树脂酸与异氰酸酯的反应

松香树脂酸的羧基中含有氢氧基，可与异氰酸酯反应生成 *N*-取代的酰胺并放出二氧化碳[9]，见反应式（6-3-10）。

$$Ar—N═C═OH + R—\overset{O}{\overset{\|}{C}}—OH \longrightarrow [ArNH—\overset{O}{\overset{\|}{C}}—O—\overset{O}{\overset{\|}{C}}—R] \longrightarrow ArNH—\overset{O}{\overset{\|}{C}}—R + CO_2 \qquad (6\text{-}3\text{-}10)$$

(式中R代表$C_{19}H_{29}$—)

酰胺中剩余的异氰酸酯键再与空气中的水作用，分子间缩二脲键发生聚合生成成膜物质。例如松香与 2,4-甲苯二异氰酸酯（TDI）或 4,4′-二苯基甲烷二异氰碳酯（MDI）反应可得熔点 200℃左右的含酰氨基的聚合物。松香改性聚酯可代替一部分聚酯用在异氰酸酯制成的硬质聚氨酯泡沫塑料中。例如以松香 100 份、马来酸酐 30.8 份、丙二醇 20.5 份、异苯二酸 14.2 份制得的松香改性聚酯，软化点（环球法）130℃，采用适当的配方，可得满意的硬质泡沫，且不易燃烧，同时降低了成本。

7. 树脂酸的烷氧基化反应

松香树脂酸羧基的活性氢与环氧乙烷、环氧丙烷一类烯氧化物在碱性催化剂存在下发生缩合反应生成单酯。树脂酸与环氧乙烷生成树脂酸乙二醇单酯，见反应式（6-3-11）。此类带烷基的单酯可与更多的烯氧化物反应，树脂酸单酯继续与环氧乙烷反应得聚氧乙烯醚，环氧乙烷加入量可达 20 个分子。此类端基为—OH 的聚醚，有许多工业用途。松香与甘油内酯的醚反应却只能得到单酯[11]，见反应式（6-3-12）。

$$RCOOH + \underset{\diagdown O \diagup}{H_2C—CH_2} \longrightarrow RCOOCH_2CH_2OH \xrightarrow{\underset{\diagdown O \diagup}{H_2C—CH_2}} RCOO(CH_2CH_2O)_n—H \qquad (6\text{-}3\text{-}11)$$

$$RCOOH + R'OCH_2\underset{\diagdown O \diagup}{HC—CH_2} \longrightarrow RCOOCH_2CH(OH)CH_2OR' \qquad (6\text{-}3\text{-}12)$$

(R′ = 辛基至十八碳基)

三、树脂酸的其他反应

1. 热解及其他重排反应

热解是最强烈的反应，发生碳碳键的开裂及重排。热解范围包括在温和条件下的脱羧和内酯化[30]。温度高于 400℃时树脂酸降解成芳烃。在某种催化剂下热解，松香可生成甲基取代的环戊烷、甲基苯、萘、甲基萘、酚以及有机酸等。其他碳-碳重排可由强酸及照射引起。枞酸在

－40℃氟磺酸介质里发生脱羧-甲基转移反应，生成三烯产物。左旋海松酸10℃时在硫酸里重排成五元环衍生物。枞酸在250～275℃无氧加热，发生热分解，伴随不皂化物质的生成，此时若在真空下沸腾，除脱羧生成不皂化物外，还发生强烈的脱水反应生成枞酸酐。

2. 光化学反应

树脂酸光反应可生成碳碳键或断裂碳碳键，左旋海松酸在醇中照射得光化左旋海松酸（**14**），加热后可回复成左旋海松酸。光化左旋海松酸以过酸氧化，随之进行路易斯酸重排，得五元环衍生物（**15**），若以臭氧氧化得四元环的二元酸（**16**）。长叶松酸在苯中以光照射得相应的光化长叶松酸（**17**），在戊烷中则发生光化环断裂而生成三烯（**18**），此三烯可再生成长叶松酸，见图6-3-23。

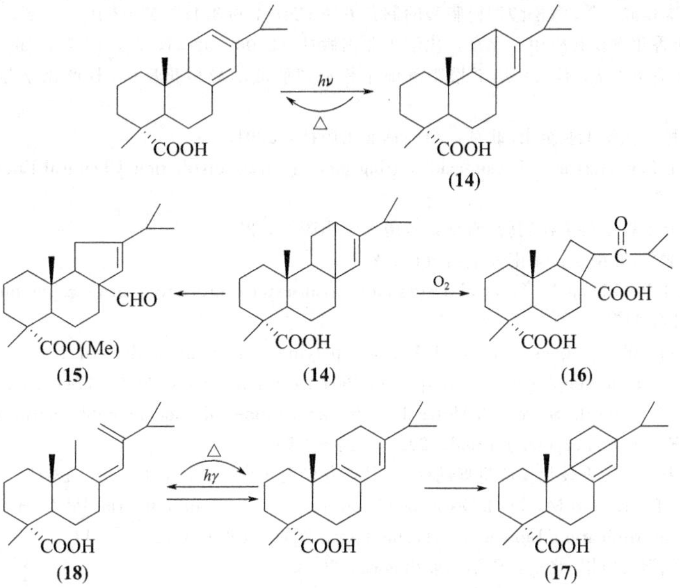

图6-3-23　树脂酸的光化学反应

枞酸、新枞酸酯的光分解分别得13-甲氧基产物和15-甲氧基产物，以乙醇作溶剂的光解反应得到三元环，见图6-3-24。

13-甲氧基产物　　15-甲氧基产物　　三元环产物

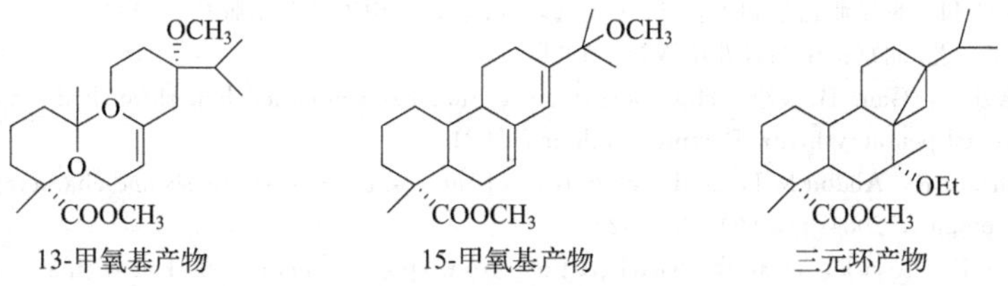

图6-3-24　枞酸、新枞酸酯的光分解产物

3. 脱异丙基化反应

去氢枞酸经F-C反应脱异丙基甲酯化后，以铬酸钾氧化得6，7-二氧-5α，10α-8，11，13-三烯-15-罗汉松甲酯（**19**）（CA1972年前命名法），进而经二苯乙醇重排得一芴化合物（**20**），结构见图6-3-25，其甜度是蔗糖的1000倍，曾考虑将该物用作甜味剂，也可用于合成赤霉素[9]。将二酮化合物（**19**）添加到饲料中，对家蚕有明显的增丝作用，若改变添加量及饲料期可使3龄蚕结细丝茧，是一种有效的细丝剂。

(19)　　**(20)**

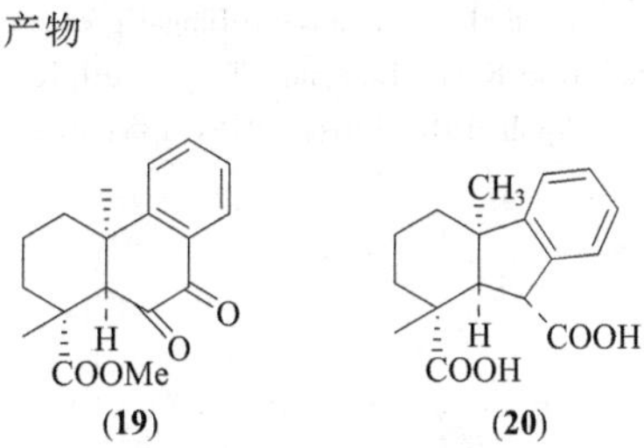

图6-3-25　6，7-二氧-5α，10α-8，11，13-三烯-15-罗汉松甲酯（**19**）结构式和一芴化合物（**20**）结构式

参考文献

[1] 程芝. 天然树脂生产工艺学. 北京：中国林业出版社，1996.
[2] 安鑫南. 林产化学工艺学. 北京：中国林业出版社，2002.
[3] 左宋林. 林产化学工艺学. 北京：中国林业出版社，2019.
[4] Jin Z，Pan Y，Liu J. Separation of rosin acids by molecular recognition：crystal structure of the complex of neoabietic acid with 2-amino-6-methyl-pyridine. J of Chemical Crystallography，2000，30 (3)：195-198.
[5] 韩春蕊. 枞酸型树脂酸分离及其衍生物合成与生物活性研究. 北京：中国林业科学研究院，2008.
[6] 李兴迪，陈玉湘，赵振东，等. 异海松酸分离制备的新方法. 林产化学与工业，2008 (5)：24-28.
[7] 陈玉湘，赵振东，古研，等. 松香中海松酸型树脂酸在酸作用下的组成变化规律. 精细化工，2009，26 (8)：818-823.
[8] 赵振东，陈玉湘，毕良武，等. 海松酸型树脂酸的制备方法 CN101508871. 2009-08-19.
[9] 任天瑞，李永红. 松香化学及其应用，北京：化学工业出版社，2006：52-53，70，72-74，79-84，203.
[10] 岳贤田，曾韬，凌清华，等. 不同介质下松脂蒸馏中松香树脂酸的异构化反应. 林产化学与工艺，2018，38 (4)：124-128.
[11] 贺近恪，李启基. 林产化学工业全书. 北京：中国林业出版社，2001.
[12] Portugal I，Vital J. Isomerization of resin acids during pine oleoresin distillation. Chemical Engineering Science，1996，51 (11)：2577-2582.
[13] 徐勇，王新龙. 高分子科学与工程实验. 南京：东南大学出版社，2019.
[14] 芦金荣，周萍. 化学药物. 南京：东南大学出版社，2013.
[15] Yao K M，Wang J F，Zhang W J，et al. Degradable rosin-ester-caprolactone graft copolymers. Biomacromolecules，2011，12 (6)：2171-2177.
[16] Dong Y M，Zhang W，Hughes M，et al. Various polymeric monomers derived from renewable rosin for the modification of fast-growing poplar wood. Composites Part B：Engineering，2019，174：106902.
[17] Yuan L，Hamidi N，Smith S，et al. Molecular characterization of biodegradable natural resin acid-substituted polycaprolactone. European Polymer Journal，2015，62：43-50.
[18] 宋湛谦，梁志勤. 中国脂松香歧化反应机理的研究. 林产化学与工业，1997，17 (3)：13-17.
[19] Souto J C，Yustos P，Ladero M，et al. Disproportionation of rosin on an industrial Pd/C catalyst：Reaction pathway and kinetic model discrimination. Bioresource Technology，2011，102 (3)：3504-3511.
[20] 哈成勇. 天然产物化学与应用. 北京：化学工业出版社，2003.
[21] 伍忠萌. 林产精细化学品工艺学. 北京：中国林业出版社，2002.
[22] 刘自力. 林产化工产品生产技术. 南昌：江西科学技术出版社，2005.
[23] 周晓迪，刘雄民，张强，等. 固态枞酸和松香氧化过程及其过氧化物生成研究. 应用化工，2018，47 (8)：1616-1621.
[24] 梁希. 林产制造化学. 北京：中国林业出版社，1985.
[25] 天然树脂、松节油和木浆浮油化学和工艺学. 王定选，译. 北京：中国林业出版社，1982.
[26] 李齐贤. 松脂加工工艺. 北京：中国林业出版社，1988.
[27] Jaswal S，Thakur T，Gaur B，et al. High-performance gum rosin-modified hyperbranched vinyl ester resin derived from multifunctional pentaerythritol. Polymer Bulletin，2021.
[28] Atta A M，Mansour R，Abdou M I，et al. Epoxy resins from rosin acids：synthesis and characterization. Polymers for Advanced Technologies，2004，15 (9)：514-522.
[29] Rosu L，Mustata F，Rosu D，et al. Bio-based coatings from epoxy resins crosslinked with a rosin acid derivative for wood thermal and anti-fungal protection. Progress in Organic Coatings，2020：106008.
[30] Kim K H，Daugaard T J，Smith R，et al. Recovery of resin acids from fast pyrolysis of pine. Journal of Analytical and Applied Pyrolysis，2019，138：132-136.

（商士斌，张海波，刘鹤）

第四章　松节油的组成与性质

第一节　松节油的分类与性质

一、松节油的分类与组成

松节油是以富含松脂的松树为资源，通过不同的加工方式得到的具有芳香气味的挥发性萜烯混合物。松节油可分为脂松节油、木松节油、硫酸盐松节油、干馏松节油。在我国以脂松节油为主，曾经生产过的木松节油和干馏松节油已不再生产，硫酸盐松节油只有少数几家硫酸盐法制浆厂有少量生产[1-3]。

1. 脂松节油

脂松节油是松科松属树木分泌的松脂经过水蒸气蒸馏而得的挥发油。以单萜烯为主要成分的馏分称为优级松节油，简称优油。以倍半萜烯为主要成分的馏分称为重质松节油，简称重油。

根据采脂树种的不同，松节油的组成也有差异。我国主要的采脂树种有马尾松、湿地松、云南松、思茅松等。优质松节油以马尾松松脂加工得到的产量最大，云南松、思茅松松脂次之，湿地松松脂加工而得的产量有增加的趋势，南亚松的产量不大。不同树种所得优油的主要化学组成见表 6-4-1。

表 6-4-1　各种优级松节油的化学组成及物理常数

松脂样品来源	树种	气相色谱分析组成/%							物理常数		
		α-蒎烯	莰烯	β-蒎烯	香叶烯	3-蒈烯	苧烯	β-水芹烯	折射率① n_4^{20}	比旋光度① $[\alpha]_D^{20}$/(°)	相对密度 d_4^{20}
广西梧州	马尾松	76.5	2.2	17.1	1.7	—	1.7	0.9	1.4683	−23.63	0.8580
广东德庆	马尾松	82.8	2.0	8.3	1.5	—	1.3	0.5	1.4678	−45.30	0.8311
福建武平	马尾松	81.6	2.5	10.6	1.4	—	2.4	1.0	1.4698	−41.30	0.8615
江西崇义	马尾松	89.1	2.4	4.7	1.7	—	1.7	0.5	1.4687	−42.30	0.8576
安徽宁国	马尾松	88.4	2.0	5.7	1.1	—	1.9	0.9	1.4692	−42.65	0.8609
湖南洪江	马尾松	86.2	0.9	8.9	1.4	—	1.0	1.5	1.4701	−39.90	—
四川西昌	云南松	85.9	1.9	7.2	0.8	—	1.8	2.2	1.4674	−45.10	0.8595
江西吉安	湿地松	52.1	1.5	33.1	1.5	—	1.4	10.1	1.4724	−30.58	0.8590
广东海南	南亚松	87.3	1.1	9.2	0.6	0.7	1.1	—	1.4677	+39.60	0.8600
云南思茅	思茅松	97.4	0.6	0.8	0.5	—	0.5	0.3	1.4633	+52.85	—
贵州贵阳	华山松	80.7	0.4	15.5	0.7	0.4	0.9	0.8	1.4663	−42.35	—

① 折射率 n_4^{20} 和比旋光度 $[\alpha]_D^{20}$ 在 2%乙醇溶液中测定。

由于马尾松松脂中含有较多的长叶烯、石竹烯等倍半萜烯，沸点较高，在松脂加工过程中，为了提高松节油的利用价值，将低沸点的单萜烯与高沸点的倍半萜烯分段收集。松脂蒸馏塔的分离效果比较差，重质松节油中通常还有少量的单萜烯成分。重油的主要成分为长叶烯和石竹烯，长叶烯和石竹烯总量约为60%，同时伴有少量α-蒎烯、β-蒎烯、对伞花烃、苧烯、β-水芹烯、γ-松油烯、异松油烯、香叶醇、松油醇、倍半萜烯烃和罗汉柏烯等单萜类化合物。

一些国家和地区脂松节油的主要组成见表6-4-2。

表6-4-2 一些国家和地区脂松节油的主要组成

来源	α-蒎烯		β-蒎烯		苧烯/%	3-蒈烯/%
	含量/%	比旋光度/(°)	含量/%	比旋光度/(°)		
美洲	65	−42	30	—	3	—
	75	+25	20	−21.8	—	—
法国	60	−47.2	27	−21.5	2	—
希腊	95	+48	2	—	3	—
印度	85	+37	5	—	5	—
日本	85	−41	10	—	—	5
毛里求斯	45	−25	46	—	6	—
新西兰	85	+3.1	65	−21.5	—	—
葡萄牙	80	−42	17	−21.5	3	—
俄罗斯	75	+28.8	—	—	—	15

2. 木松节油

松木明子经过溶剂浸提得到的松节油称为木松节油。木松节油中除含有蒎烯和其他单萜烯外，尚含有以萜烯醇为主的高沸点成分。东北产红松明子制得的木松节油中，其主要成分为：α-蒎烯64%，β-蒎烯6%，莰烯8%，3-蒈烯9.6%，双戊烯6.2%，萜品烯3.2%，未知成分3.0%。

3. 硫酸盐松节油

硫酸盐法松木制浆过程中，从蒸煮废气中回收得到的松节油称为硫酸盐松节油。佳木斯产粗硫酸盐松节油经精馏后，所得松节油的化学组成为：α-蒎烯69%，β-蒎烯3%，3-蒈烯12%，α-苧烯7%，单环萜烯4%，高沸点组分5%，同时含硫量小于0.013%。

4. 干馏松节油

从松树或松根干馏废气中分离得到的松节油称为干馏松节油或轻松节油。明子干馏的轻馏分，经碱液洗涤后再蒸馏，得到干馏松节油，其组成与加工工艺有关。开始的产品含萜烯较多，随着干馏温度的提高，双戊烯和对伞花烃含量相应增加。

二、松节油的性质

松节油的性质一般由它含有的主要成分所决定。

（一）松节油的物理性质

松节油是一种无色透明的挥发性液体，具有芳香气味，味微苦而辛，能与乙醚、乙醇、苯、二硫化碳、四氯化碳和汽油等互溶，不溶于水。易挥发，属二级易燃液体。对皮肤有轻微刺激性和较强的穿透作用，长时间放置后被空气氧化，其颜色由原来的无色逐渐加深变为淡黄色。其一般物理性质见表6-4-3。

表 6-4-3　松节油的一般物理性质

指标	数值
外观颜色	透明且带有芳香气味的液体优级、一般松节油无色，重松节油淡黄色，无杂质和悬浮物
比热容/[J/(kg·℃)]	0.45～0.47
热导率/[W/(m^2·K)]	0.136
热值/(kJ/kg)	45426.8
闪点(开口式)/℃	35
爆炸下限(体积分数)/%	0.8(32～35℃)
爆炸下限/(g/m^3)	45

松节油是多种萜烯的混合物，其物理性质如相对密度、折射率、比旋光度、沸点、黏度等，与其化学组成有关。如马尾松的松节油是左旋的，湿地松的松节油也是左旋的，就是因为松节油中的 α-蒎烯是左旋的，而思茅松和南亚松的松节油具右旋性，是因为其中的 α-蒎烯是右旋的。松节油中主要成分的物理性质见表 6-4-4。

表 6-4-4　松节油中主要成分的物理性质

名称	结构式	相对密度 d_4^{20}	沸点 /℃	熔点 /℃	折射率 n_4^{20}	比旋光度 $[\alpha]_D^{20}/(°)$	用作鉴定的衍生物	
							名称	熔点/℃
α-蒎烯		0.8578	155～156	—	1.4653	+48.3	亚硝基氯化物	102～103
β-蒎烯	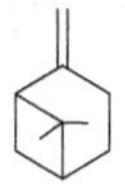	0.8712	162～163	—	1.4787	−22.44	β-蒎酸	126～128
苧烯	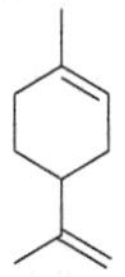	0.8420	175～176	—	1.4750	±123～±125	四溴化物（旋光性）	104～105
3-蒈烯		0.8645	170～171	—	1.4723	±17.1	硝脂肟	140～142
莰烯		0.8422	158～160	47～52	1.4551	+18	异龙脑	212
α-水芹烯	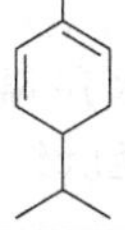	0.8480	173～175	—	1.4769	±84	α-亚硝脂肟 β-亚硝脂肟	113 103

续表

名称	结构式	相对密度 d_4^{20}	沸点 /℃	熔点 /℃	折射率 n_4^{20}	比旋光度 $[\alpha]_D^{20}/(°)$	用作鉴定的衍生物	
							名称	熔点/℃
β-水芹烯	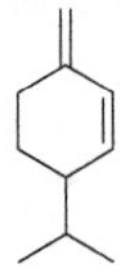	0.8413	171～172	—	1.4868	—	α-亚硝脂肟 β-亚硝脂肟	102 97～98
月桂烯（α-香叶烯）	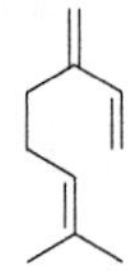	0.7912	53～54	—	1.4670	无旋光性	—	—
陇牛二烯（β-香叶烯）	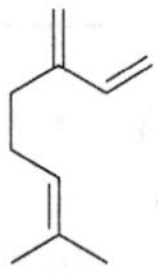	0.7898	166～168	—	1.4699	无旋光性	—	—
对伞花烃	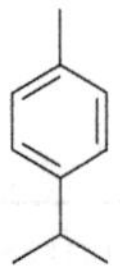	0.8573	176	−67.94	1.4904	无旋光性	对苯二甲胺	300
异松油烯	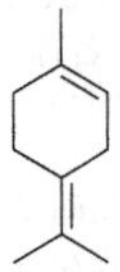	0.8623	183～185	—	1.4860	无旋光性	—	—
α-松油烯	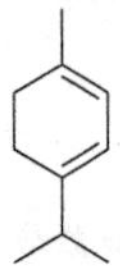	0.8350	173～175	—	1.4794	无旋光性	亚硝脂肟	155
长叶烯	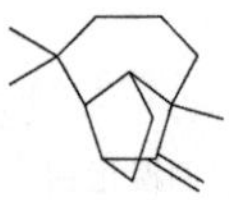	0.9284	254～256	—	1.4950	$[\alpha]_D$+42.73	长叶烯 HCl 衍生物	59～60
α-石竹烯	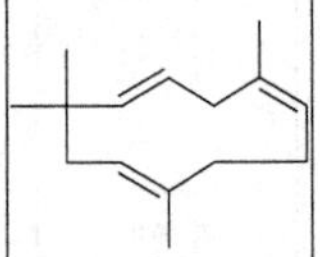	0.8865	147～148 (1.6kPa)	—	1.5038	−4°40′	亚硝基氯化物	177
β-石竹烯	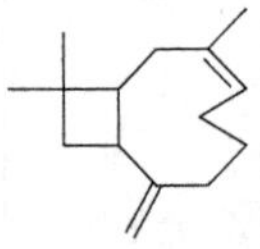	0.9052	118～119 (1.29kPa)	—	1.5000	−8°31′	亚硝基氯化物	159

（二）松节油的化学性质

松节油是由 α-蒎烯、β-蒎烯、莰烯、3-蒈烯等双环单萜烯烃，苧烯、α-水芹烯、β-水芹烯、异松油烯、α-松油烯等单环单萜烯烃以及以长叶烯和石竹烯为主的倍半萜烯烃所组成的混合物，其中的桥环结构和 C═C 双键结构赋予了松节油独特的化学性质。

1. 活泼的双键反应性能

由于松节油中的单萜和倍半萜烯烃分子中均含有不饱和 C═C 双键，具有普通烯烃所有的各种化学性质，如易发生氧化反应、加成反应和聚合反应等。

松节油在光照及水分存在下易被空气中的氧所氧化，导致松节油颜色加深，甚至产生黄色树脂状物质，影响了松节油产品的质量。因此，松节油在包装时应先尽量去除其中残留的水分，同时尽可能排出包装中的空气，可通过添加抗氧化剂的方式，防止松节油因氧化而影响其品质，延长松节油产品的保质期；松节油深加工过程中，也可利用 C═C 双键易被氧化的特点制成各种化学品。根据氧化程度的不同，C═C 双键可发生部分断裂和完全断裂，如 α-蒎烯经臭氧或高锰酸钾氧化后，C═C 完全断裂生成蒎酮酸，蒎酮酸再以次氯酸钠或次溴酸钠进行氧化可得到蒎酸，蒎酸再氧化转变为低蒎酸，蒎酸和蒎酮酸可用于制造增塑剂、润滑剂、合成树脂、化学助剂等。β-蒎烯经高锰酸钾氧化后，可得到一种重要的有机中间体诺蒎酮。α-蒎烯的 C═C 双键经氧化部分断裂时，可制得 2,3-蒎二醇、2-羟基-3-蒎酮等；α-蒎烯还可发生烯丙位氧化反应，制得马鞭草烯酮、马鞭草烯醇，这些氧化产物可以作为香料。松节油中的 C═C 双键可被过氧化物氧化，生成环氧化产物。如 α-蒎烯经过氧乙酸氧化得到 2,3-环氧蒎烷，再经 Lewis（路易斯）酸催化开环异构生成具有樟脑和松木香气的 α-龙脑烯醛，再经羟醛缩合等反应制得系列檀香型香料。β-蒎烯的环外双键也可被环氧化，制得 2,10-环氧蒎烷，具有与迷迭香相似的香气。2,10-环氧蒎烷经异构反应可得桃金娘烯醇和紫苏醇。

松节油中的 C═C 双键还可发生催化加成反应，制得脂环烃类化合物。如 α-蒎烯和 β-蒎烯经催化氢化后可制得蒎烷，再经裂解后可制得二氢月桂烯，是合成香料的重要中间体；蒎烷经过氧化、还原等反应制得 2-蒎醇，再经热解可制得重要的香原料芳樟醇。苧烯、α-水芹烯、β-水芹烯、异松油烯、α-松油烯等单环烯烃经催化氢化后可制得 1-甲基-3-异丙基环己烷，应用于制作香料及制备重要芳烃化合物的原料。

松节油在路易斯酸催化作用下生成 C^+，C^+ 再进攻其中的 C═C 双键生成新的 C^+，经聚合反应可制得 α-蒎烯树脂、β-蒎烯树脂、双戊烯树脂、萜烯苯乙烯树脂、萜烯苯酚树脂、萜烯酚醛树脂等，这些树脂具有优良的增黏效果，可广泛应用于胶黏剂、热熔涂料、橡胶、包装、油墨等工业部门。长叶烯也可发生阳离子聚合反应，制得长叶烯树脂。

2. 桥环结构的不稳定性

松节油中的双环单萜烯烃，如 α-蒎烯、β-蒎烯、3-蒈烯等，由于其分子中含有的三元环和四元环存在较大的角张力，易发生异构、热裂解、开环等化学反应。

蒎烯在钛催化剂作用下首先生成 C^+，四元环发生 C—C 键的迁移反应，生成以莰烯和三环烯为主的异构产物，副产物为双戊烯、异松油烯、小茴香烯等。莰烯可进一步制得樟脑、合成檀香等。双戊烯、异松油烯在酸性条件下转变为 α-松油烯，它能制成定型香料非兰酮，与马来酐加成环氧树脂；长叶烯在质子酸或路易斯酸存在下，发生 C^+ 的连续迁移，制得异长叶烯。异长叶烯可直接作为香原料使用，同时也可进一步发生 C═C 双键的原位氧化制得异长叶烷酮以及 C═C 双键的烯丙位氧化制得异长叶烯酮。异长叶烷酮是一种传统的木香型香料，异长叶烯酮则可作为高效驱蚊剂使用。

α-蒎烯和 β-蒎烯在高温下可发生热裂解开环反应。α-蒎烯热解时生成双戊烯、罗勒烯、别罗勒烯等，其中以别罗勒烯为主，别罗勒烯由于含有 3 个 C═C 双键，具有良好的反应性，可用于制备多种醇类、醛类和酯类香料。β-蒎烯热裂解则生成以月桂烯为主的裂解产物，其中月桂烯约为 77%～81%，双戊烯为 9%～10%，(7)8-对-蓋二烯为 3%～4%，同时还含有少量其他产物。月桂烯是合成香料的重要中间体，经氯化氢反应、酯化、皂化反应可以制得香叶醇、橙花醇、芳樟醇及其衍生物，也可利用月桂烯所含的共轭双键进行 D-A 加成反应，制得新铃兰醛、新铃兰腈、柑青醛、甲基柑青醛以及龙涎酮等多种香料。

3. 环结构加双键结构的双重活性

松节油活泼的化学性质更多的是其中较大的角张力与富电子的 C═C 双键叠加的结果，易发生酸催化水合、异构酯化、异构化脱氢或芳构化等。

在质子酸如硫酸、磷酸等作用下，α-蒎烯与水发生水合反应生成水合 1,8-萜二醇，水合萜二醇在 0.2%硫酸或 0.5%磷酸作用下，脱去一分子水，得到由 α-松油醇、β-松油醇和 γ-松油醇所组成的粗松油醇，其中以 α-松油醇为主。以偏钛酸为催化剂，蒎烯首先生成 C^+，在四元环角张力的诱导下 C^+ 再发生重排及开环生成新的碳正离子，再脱去 H^+ 质子后生成以莰烯和三环烯为主的产物，同时还得到双戊烯、异松油烯、小茴香烯等副产物。莰烯可进一步与甲酸发生异构酯化等反应制得樟脑、合成檀香等。双戊烯、异松油烯在酸性条件下可异构成 α-松油烯，用于制备非兰酮。α-蒎烯在乙酸酐或偏硼酸酐的催化作用下，与草酸发生异构酯化反应，生成草酸龙脑酯，再经皂化制得龙脑，用于制备医药和香料，这是目前生产合成龙脑（冰片）的主要方法。以稀酸为催化剂催化长叶烯水合制得长叶莰醇、长叶莰烷-9-醇等香料。

α-蒎烯在碘、硫等试剂的作用下可发生开环异构和脱氢芳构化反应，生成对异丙基甲苯（俗称对伞花烃）。对伞花烃是石油资源的替代品，可制得各种取代芳烃；也可通过进一步氧化制得对苯二甲酸等化工原料，还可制备麝香型香料及农药等。

第二节　松节油成分的分离与纯化

松节油是一种由多种萜烯化合物构成的混合物，主要由 α-蒎烯、β-蒎烯、莰烯、月桂烯、苧烯、β-水芹烯、3-蒈烯等单萜烯，以及少量长叶烯、β-石竹烯等倍半萜烯组成。松节油组成随树种、产地及加工工艺等的不同而有所变化，但是通常具有一定的规律性，比如脂松节油中 α-蒎烯和 β-蒎烯的总含量通常应不小于 80%；木松节油及硫酸盐松节油中除 α-蒎烯和 β-蒎烯外，3-蒈烯含量也比较高；干馏松节油中 α-蒎烯和 β-蒎烯含量都很低，而且组成复杂。

松节油中各组分在物化性质方面具有一定的相似性，如 α-蒎烯和 β-蒎烯在发生诸如氢化、水合、聚合等反应时可得到相同的产物，使得以蒎烯为主要成分的脂松节油有时可以混合物形式进行再加工。但是，绝大多数松节油组分彼此间的反应性存在明显差异，无法以混合物形式加以利用，即使 α-蒎烯和 β-蒎烯同时反应时，反应活性也存在较大差别，反应效率低于单一组分。所以，松节油的深加工利用必须以松节油组分的分离提纯为前提。

如前文所述，松节油中各组分沸点存在明显差异，工业上通常利用沸点差通过减压精馏工艺实现各组分的分离。只是，对于天然含量较低的组分，如苧烯、β-水芹烯、3-蒈烯等需要进行多次富集分离过程；对于含量低且与其他组分沸点非常相近的组分，如 β-蒎烯和 3-蒈烯、长叶烯和 β-石竹烯等，往往需要在精馏的同时辅助以其他化学手段。

一、连续式精馏工艺

减压精馏是实现松节油分离的最主要工艺技术，按照操作方式可分为间歇式精馏和连续式精馏。

中国在 20 世纪 80～90 年代，松节油以直接利用为主，分离利用需求少、规模小。一般采取间歇式精馏，在塔里先分出 α-蒎烯，β-蒎烯慢慢在釜底富集，等富集物积累到一定数量后再入塔分离 β-蒎烯。1986 年，刘先章等开发的松节油分离制备 β-蒎烯技术在广东信宜松香厂中试成功。90 年代中期，间歇式乃至半连续式精馏逐渐得到推广，并成为主要的生产方式。间歇式精馏设备成本低、操作灵活性高，一套设备可适用于不同产品的生产，而且通过不断切换馏分的办法也能起到类似连续精馏的作用。但是，间歇式工艺存在合格产品收率低、原料利用率低、劳动强度大、能耗高、生产能力低等一系列缺点，已逐渐被淘汰。

1999 年，厦门中坤化学有限公司为了满足二氢月桂烯醇规模化生产的需求，开发并建立了大型连续式松节油分离技术及装置，用以规模化制备 α-蒎烯。随后，该技术在行业内得到迅速推广，广东新会华侨实业总公司、广西梧州松脂股份有限公司、佛山三水精泽化工有限公司等相继建成松节油连续式精馏分离装置。连续式精馏虽然设备成本相对较高，但是因其原料利用率高、分离效果好、产品纯度高，可同时达到多种组分的高效分离，可实现自动化控制，从而减少操作失误、降低劳动成本等，成为松节油工业中应用率最高的分离技术手段。不同的生产企业在设备构成方面可能有所不同，但操作原理基本一致，通过多个高效精馏塔的组合使用，实现各组分的高效分离。具有代表性的连续式精馏工艺流程如图 6-4-1 所示。

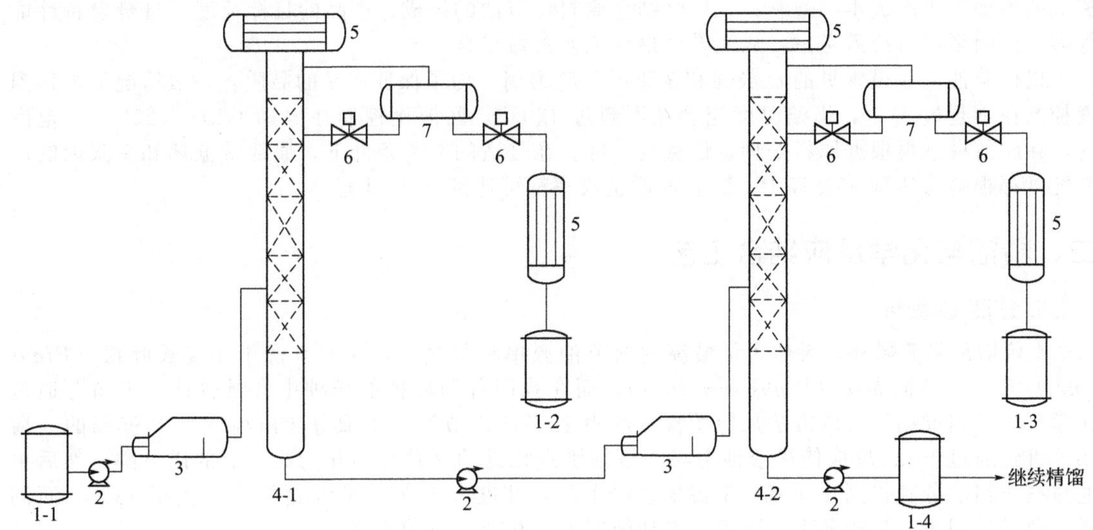

图 6-4-1　连续式精馏工艺流程

1-1—松节油储罐；1-2—α-蒎烯储罐；1-3—β-蒎烯储罐；1-4—釜液储罐；2—物料泵；3—再沸器；4-1—1 号蒸馏塔；4-2—2 号蒸馏塔；5—冷凝器；6—计量阀；7—馏分分配器

1. 设备构成

通常一套连续式精馏系统由原料和产品储罐、精馏塔、再沸器、馏分分配器、冷凝器和计量泵、计量阀等大小设备，以及配套的加热系统、冷却系统和真空系统等构成。目前，较大型的松节油加工企业已实现了数字化自动控制，通常称为 DCS 系统。

精馏塔的性能是决定精馏工艺效率的最主要因素，而填料、塔高和塔径是决定精馏塔性能的关键因素，三者决定了精馏塔的理论塔板数。在国内较大型松节油企业，常见精馏塔塔高 25～50m，塔径 0.6～2m，通常采用不锈钢波纹丝网填料，其理论塔板数为 3.5～5 块/m。一个精馏系统的塔的数量与工厂的产品数有关，通常由 2 个塔组成，多的有 5～6 个塔。

2. 工艺过程

松节油经再沸器加热后进入精馏塔中段，各组分在精馏塔内填料作用下经过多次的气-液转化，低沸点组分逐渐汇集于塔顶，而高沸点组分汇集于塔釜；塔顶物料再通过控制回流比，实现彼此间的高度分离，沸点最低的 α-蒎烯组分从塔顶馏出，经冷凝后进入产品收集器；剩余组分从塔釜进入第二个精馏塔进行再次分离，重复上述过程，得到 β-蒎烯产品；第二个塔釜的物料通常包括多种沸点较高的单萜烯，如苧烯、β-水芹烯、异松油烯等，以及少数倍半萜烯，如长叶烯、β-石竹烯等，此部分物料继续精馏分离，可得到单萜烯组成的双戊烯和倍半萜烯组成的重油，这两类物质可作为产品直接销售，也可在多次富集后，经进一步精馏分离，分别得到高纯度的苧烯、异松油烯、β-水芹烯、长叶烯等单体。所得产品的具体纯度取决于精馏塔功效和相关工艺参数的设置。

此外，松节油中不饱和烯烃在长期或无保护措施的放置过程中容易发生氧化、聚合等反应，超过一定量的过氧化物可能会引发爆炸风险，聚合产物会导致精馏塔填料堵塞而失活。对于此类型原料，工厂在连续精馏前会进行前期预处理，可采取措施包括洗涤、净化以及闪蒸等工艺。

3. 参数设置

连续精馏工艺主要参数包括：真空度、塔釜和塔顶温度以及回流比。真空度与温度的设置具有高度相关性，更高的真空度意味着可以在更低温度下实现各组分的分离，一方面可以降低加热成本，另一方面可以减少因高温造成的组分挥发或发生氧化、聚合等反应造成的物料损失，但是高的真空度需要高质量设备和高性能真空系统的配合，前期设备投资和维护成本相应增加；从物理原理来说，回流比越大越有利于组分的高效分离，但是过大的回流比意味着生产时间的延长，相应的增加了生产成本。通常，工厂会结合原料松节油的组成、产品的目标纯度、自身设备性能等多方面因素进行统筹考虑，从而设置最佳工艺参数组合。

以松节油工业最常见的α-蒎烯和β-蒎烯分离为例，为了保证产品的品质，一般情况下塔顶温度控制在不超过90℃，塔釜温度控制在不超过120℃，回流比控制在（10∶1）～(20∶1）范围内，在此前提下再根据原料处理量设置真空度。在合适的工艺条件下，通常α-蒎烯和β-蒎烯的产品纯度都很容易达到95%以上，二者的质量收率都可达到98%以上。

二、精馏与化学反应结合工艺

1. 分离3-蒈烯

3-蒈烯是除蒎烯外，天然含量最高的松节油源单萜烯之一，主要来源于印度长叶松（*Pinus longifolia*）和欧洲赤松（*Pinus sylvestris*），而在我国普遍种植的松种中含量较低。王婧等通过化学反应与精馏相结合的方法从原始含量约为22%的松节油中提取分离出纯度大于95%的3-蒈烯。首先通过Prins反应使松节油中与3-蒈烯沸点相近的β-蒎烯转化为高沸点的诺卜醇，然后再通过减压精馏分别得到α-蒎烯、3-蒈烯和诺卜醇，纯度大于95%的3-蒈烯收率大于43%，而同样的原料采用单一精馏分离，则无法得到纯度大于95%的3-蒈烯产品[4]。

2. 分离长叶烯

长叶烯主要存在于马尾松松节油中，但在其中含量比较低，一般不超过3%，在松节油分离工业中经过多次富集后，通常与β-石竹烯一起成为重松节油的主要组分。由于二者沸点相近，难以通过精馏实现高度分离，目前即使高效的精馏塔也无法将长叶烯的纯度提高至90%，迫使人们开始关注先通过其他手段将β-石竹烯转化，再精馏提纯长叶烯工艺的开发。研究证明有效的化学反应手段包括异构、水合、氧化和Prins反应等，在这些反应中β-石竹烯都表现出远高于长叶烯的反应活性，部分反应中其转化率可达到98%，生成产物包括石竹烯醇和环氧石竹烯等，产物沸点与长叶烯相差较大，更易于分离。先经化学反应后再精馏，可得到纯度大于95%的长叶烯产品[5]。

3. 分离其他烯烃

将含有α-蒎烯、β-蒎烯、苧烯和β-水芹烯的混合馏分一起加入一个同时具有4条通道的分馏塔，处理后分别得到产物β-蒎烯、苧烯、β-水芹烯、茴香醇以及β-石竹烯。从结果可知，这几种组分中至少α-蒎烯在处理过程中发生了转化，生成其他香料化合物，其他组分通过精馏过程也实现了分离提纯，实际上就是化学反应与精馏工艺的组合利用。选择合适的原料和反应方法可应用于松节油合成香料工艺，但目前来看此方法需要考虑的因素比较多，实际应用效果还有待深入研究。

第三节　松节油的化学反应

松节油由大量单萜烯类和少量倍半萜烯类化合物组成，组分分子可以提供C_{10}或C_{15}分子骨架，并同时提供多元环及桥环、环外或环内双键等，具有活泼的化学反应性能，可以发生异构、加成、氧化、聚合等多种化学反应，是难得的天然化工原材料，在合成香料及其他功能性物质方面起着十分重要的作用，已成功开发的松节油衍生产品多达上千种。

一、异构化反应

松节油虽然组分众多，但是工业上实现分离后再利用的通常只有α-蒎烯、β-蒎烯、3-蒈烯和长叶烯等少数组分，其余组分因含量太低，提取成本较高。另外，松节油中多数组分互为同分异构体，结构类似，易于相互转化，从而实现由天然含量较高的单萜烯制备天然含量较少的单萜烯的目的，这类型反应通常称为松节油异构化反应，其中，由蒎烯等异构生成伞花烃的反应也称为脱氢反应，β-蒎烯异构为月桂烯的反应也称为裂解反应（图 6-4-2）[6]。

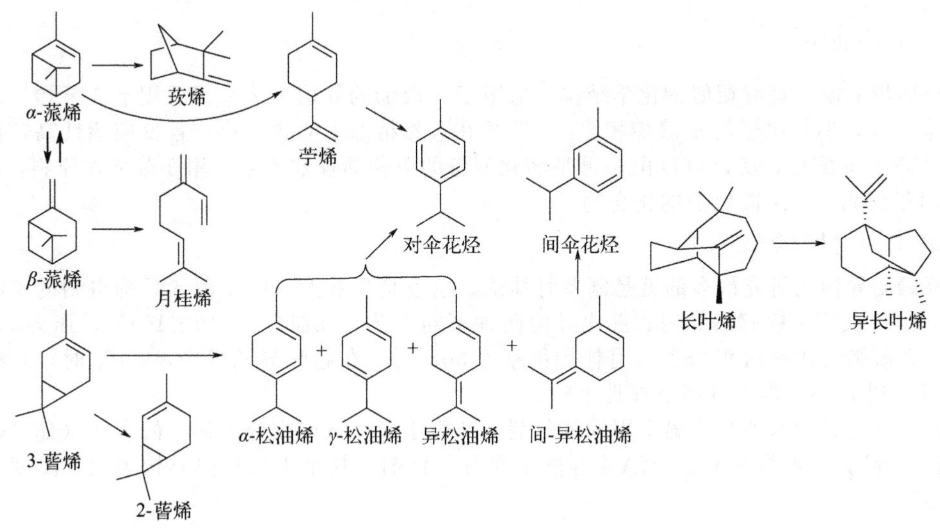

图 6-4-2　松节油异构产物构成

（一）α-蒎烯

α-蒎烯是松节油中含量最高的化合物，由 α-蒎烯通过各种化学过程制备其他萜烯化合物一直是研究热点。α-蒎烯异构通常是在加压或者催化剂存在下，采用连续或间歇方式进行，反应温度一般都比较低，主要产物是以苧烯为主的单环萜烯和以莰烯为代表的双环化合物，多数情况下为混合物，提高目标产物的选择性一直是优化 α-蒎烯异构工艺的最重要目标。

1. 异构为苧烯

以磷钼酸为催化剂，四氢呋喃为溶剂，于 70℃下反应，α-蒎烯转化率为 90%，苧烯选择性为 45%，异松油烯选择性为 20%～30%，莰烯选择性为 10%；α-蒎烯含量为 80%的硫酸盐松节油在 12MPa、340℃下发生异构，α-蒎烯转化率为 100%，苧烯选择性为 45.5%；将碱金属 K、Na 等负载于 13-X 型分子筛上作为催化剂，150℃下反应 5h，α-蒎烯转化率为 91%，苧烯得率为 65%，另有约 11%的异松油烯；以与少量有机胺化合物混合的有机酸为催化剂，120～200℃下异构，苧烯得率可达 70%～80%。

2. 异构为莰烯

以 HY 型分子筛（$SiO_2/Al_2O_3 \geqslant 5$）为催化剂，140℃下反应 4h，α-蒎烯转化率为 96%，产物中莰烯含量为 40.80%，苧烯含量为 24.24%；$Si(OEt)_4$ 修饰 13-X 分子筛作为分子筛，140～160℃下反应 2～6h，产物中含莰烯 40%、异松油烯 35%和苧烯 10%；将贵金属 Au 负载于 γ-Al_2O_3 上作为催化剂，正辛烷为溶剂，N_2 或 H_2 为载气，200℃下异构，α-蒎烯转化率为 99.9%，莰烯选择性为 60%～80%；以斜发沸石为催化剂，155℃下异构，莰烯选择性可达 43.9%；以脱铝镁碱沸石为催化剂，α-蒎烯异构生成以莰烯和苧烯为主的多种单萜烯的混合物，二者得率分别为 52%和 35%。

3. 异构为 β-蒎烯

将金属 K、Na 等溶于有机溶剂中制备成有机碱金属化合物，再将新鲜的有机碱金属化合物与 α-蒎烯在 40℃下反应 12h，α-蒎烯异构化生成单萜烯混合物，其中 β-蒎烯的含量超过 30%；以

$Pd/\gamma\text{-}Al_2O_3$ 为催化剂，β-蒎烯的选择性最高可达 99%。

4. 异构为对伞花烃

以 $Pd/\gamma\text{-}Al_2O_3$ 和 Pd/ZSM-5 为催化剂，H_2 为载气，200～400℃下，对伞花烃选择性可达 95%。

（二）β-蒎烯

β-蒎烯与α-蒎烯具有相似的化学结构，适用于α-蒎烯的异构工艺大都适用于β-蒎烯，产物组成也基本一致，但是由于与α-蒎烯相比，β-蒎烯在天然精油中的含量小，且反应活性高，使得其价格往往高于α-蒎烯，所以可以由α-蒎烯转化制备的单萜烯往往不会采用β-蒎烯作原料，β-蒎烯更多地用于合成一些更高价值的化合物。

1. 异构为月桂烯

β-蒎烯的异构化研究最多的就是制备月桂烯，这也是少数无法由α-蒎烯异构得到的单萜化合物之一，这一反应一般有热异构和催化异构两种不同工艺。在温度（510±10）℃、压力 0.1MPa 条件下，β-蒎烯转化率为 99.8%，月桂烯得率为 80.6%；在超临界乙醇中，400℃时，月桂烯的选择性可达到 72%，温度升高选择性下降。

β-蒎烯催化异构制备月桂烯常用的催化剂为负载于 $\gamma\text{-}Al_2O_3$ 或分子筛上的金属（如 Ag、Fe、Cu-Zn 合金等），或者是 TA-4、MA-4 等丝光沸石催化剂，其余工艺与热异构类似，温度一般不高于 500℃。

2. 异构为 α-蒎烯

在合适的条件下β-蒎烯同样可以转化为α-蒎烯。以固体超强碱 $Na\text{-}\gamma\text{-}Al_2O_3$ 为催化剂，环己烷为溶剂，室温下β-蒎烯 100%地异构成了α-蒎烯，这一工艺的好处就是产物α-蒎烯的纯度高于由松节油精馏所得的产物。

（三）3-蒈烯

3-蒈烯结构与蒎烯有明显区别，利用 3-蒈烯异构可制备得到无法由蒎烯制备的特殊单萜烯，如间伞花烃等。

1. 异构为 2-蒈烯

2-蒈烯的反应活性要好于 3-蒈烯，所以将 3-蒈烯异构为 2-蒈烯具有实用价值，二者转化属于平衡反应，对工艺的要求比较高。以 NaX 型沸石为催化剂，200℃下反应 1h，3-蒈烯转化率为 36.3%，2-蒈烯的选择性为 78.4%；将镍负载于 Si 上作为催化剂，120℃下异构，3-蒈烯转化率为 48%，2-蒈烯的选择性为 91%；将四丁基锡改性的镍负载于 Si 上作为催化剂，120℃下反应 1h，3-蒈烯转化率为 61%，2-蒈烯选择性为 50%。

2. 异构为松油烯

3-蒈烯在硫酸、磷酸等无机酸催化下，可异构转化为α-松油烯、γ-松油烯、异松油烯以及间-异松油烯的混合物，硫酸具有更好的催化活性。将 3-蒈烯、35%硫酸-水溶液以及吐温 80 按质量比 1∶1.5∶0.001 一起加热到回流温度（约为 103℃），反应 4h，3-蒈烯即可 100%转化，此时混合产物总得率约为 90%，4 种组分相互间的质量比例约为 3∶1∶2∶2。

3. 异构为对伞花烃

以 Cr_2O_3 为催化剂，H_2 为载气，450℃下异构，对伞花烃得率为 75%；以经钯充分浸泡处理过的 Si 为催化剂，对伞花烃得率超过 90%；以将 KOH、NaOH 等碱金属的氢氧化合物负载于以 Al_2O_3、Si 为代表的具有孔状结构且表面积较大的物体作为催化剂，300～500℃下 3-蒈烯异构为对伞花烃；$Pt\text{-}Al_2O_3$、Pt/C 或者 Pd/C 作用下，3-蒈烯也会发生脱氢反应，转化为对伞花烃。

4. 异构为间伞花烃

以 $Pt\text{-}Al_2O_3$ 为催化剂，300℃下异构，3-蒈烯转化率为 100%，间伞花烃选择性为 70.7%，对伞花烃选择性为 19.3%。

（四）双戊烯

对伞花烃是工业双戊烯最重要的下游产品之一，以 Pt/C、Pt/γ-Al_2O_3、Pd/C 等为催化剂都可以使双戊烯转化为对伞花烃。在自制镍系催化剂作用下，双戊烯于 400～420℃下发生反应，粗产品中对伞花烃含量达到 79.6%；以甲酸镍为催化剂，双戊烯在液相条件下脱氢，产物中对伞花烃含量达到 81.1%；以钯为催化剂，加入链烯烃作为氢转移剂，对伞花烃的得率可达到 95%；Pd/C 催化工业双戊烯连续脱氢，进料速度为 4L/h、氮气流速为 2L/min，于 280℃下反应下，产物中对伞花烃的质量分数达 97.09%。

（五）倍半萜烯

在以硫酸为主体的复合催化剂作用下，长叶烯含量 62.1%、石竹烯含量 18.8%的重质松节油在 60～70℃下反应 3.5h，异长叶烯得率达到 83.9%；以固体超强酸为催化剂，重质松节油在 190～200℃下反应 4h，异长叶烯得率达到 90%以上[7]。

二、加成反应

在松节油可发生的诸多反应中，加成反应具有非常重要的地位，松节油主要组分结构中都至少含有一个双键，可与许多试剂发生加成反应，实现官能团引入、分子结构转化、碳原子数增加等多种目的，从而合成数量众多、类型丰富、性能优良的化合物，这些化合物广泛应用于香料、材料、医药等行业中，是松节油衍生化反应研究的重中之重[8]。

（一）与氢气加成

松节油与氢气的加成反应又称为松节油氢化反应，是制备具有 C_{10}、C_{15} 双环或桥环结构饱和化合物的重要途径（图 6-4-3）。

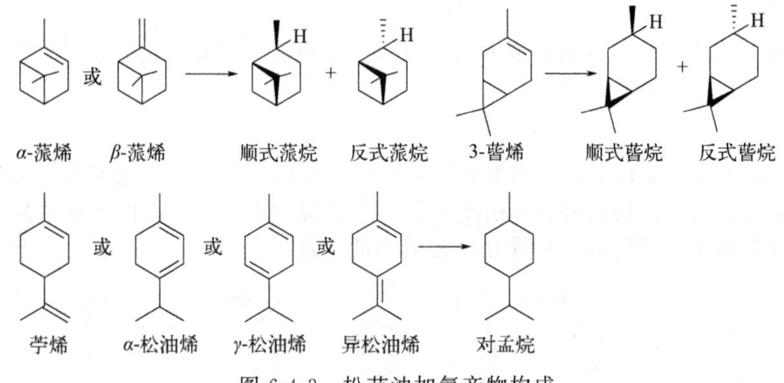

图 6-4-3　松节油加氢产物构成

1. 蒎烯

α-蒎烯和β-蒎烯通过催化加氢都可以生成蒎烷，但是由于β-蒎烯的天然产量小于α-蒎烯，所以蒎烷的合成主要是以α-蒎烯为起始原料。生成的蒎烷具有顺、反两种结构，其中顺式蒎烷反应活性更高，是合成其他萜类香料的重要中间体，具有良好的应用价值。因此，蒎烯氢化主要以提高顺式蒎烷选择性为研究目的[9,10]。

蒎烯的顺式加氢受多种因素影响，比如催化剂、温度、时间、压力等，其中以催化剂作用最为明显。蒎烯加氢常用催化剂分为贵金属催化剂和镍系催化剂。目前使用比较多的贵金属催化剂是钯（Pd）、钌（Ru）、铂（Pt）等。由于金属单独使用活性较差，实际反应中需要进行结构修饰或者负载于具有较大表面积的惰性载体上。镍系催化剂通常以雷尼镍形式使用。

采用 $HRu_3(CO)_9$ 和 $HRu_2(CO)_4$ 为催化剂，于90℃、5.0MPa条件下将蒎烯催化加氢，反应15h后，产物中顺式蒎烷的质量分数接近100%；以0.5%Ru/C为催化剂，进行连续化蒎烯加氢反应，顺式蒎烷选择性可达99%，起始转化率高达100%；以5% Ru/Al_2O_3 作催化剂，在1.4MPa、25℃条件下催化加氢，反应3h后，产物中顺式蒎烷占96.2%；以5%的Pd/C为催化剂，在1.96～9.80MPa压力下恒温进行加氢反应，蒎烯转化率为95.7%，顺式蒎烷选择性为95%～96%；以 $CuCl_2$ 修饰的Pd/C为催化剂，乙醇为溶剂，在75℃、2～3MPa下进行蒎烯氢化反应，反应3h，蒎烯转化率为63.3%，顺式蒎烷选择性为93.1%。而以未修饰的Pd/C为催化剂，在同样的条件下，蒎烯转化率为99.3%，顺式蒎烷选择性为80.1%。

在蒎烯氢化反应中，镍系催化剂具有不亚于贵金属的催化活性，而且具有造价更低的优点。镍合金粉、雷尼镍都可以作为催化剂使用，反应也可在经过修饰的镍系催化剂作用下进行，比如Ni/γ-Al_2O_3、Ni-Zr、Ni-P/γ-Al_2O_3、Ni-Cu/γ-Al_2O_3、Ni-P/尼龙66、Ni-P/玻璃纤维、Ni/γ-Al_2O_3/丝光沸石等。镍催化蒎烯氢化反应通常需要在高温、高压条件下进行，压力通常为1～6MPa，温度为100～150℃，蒎烯转化率可达到99%，顺式蒎烷选择性大于95%。

2. 3-蒈烯

3-蒈烯加氢可制备得到蒈烷，反应工艺与蒎烯类似，需要在贵金属或镍催化剂作用下进行[11]。

以10%Pd/C为催化剂，乙醇为溶剂，3-蒈烯与氢气反应，制得产物中蒈烷的含量为46.5%；以硼氢化钠还原得到的Pt/C为催化剂，3-蒈烯氢化得到蒈烷，产率为90%；以雷尼镍为催化剂，于100℃、9MPa下反应3h，3-蒈烯转化率为99.5%，蒈烷选择性为92.8%。

3. 双戊烯

以Pd/C为催化剂或改性镍为催化剂，工业双戊烯为原料，采用固定床连续加氢制备对蓋烷，反应压力9MPa，温度220℃，时间4h，双戊烯的转化率大于99.5%，产物中对蓋烷含量达到97.1%[12]。

（二）与水加成

松节油与水的加成反应又称为松节油水合反应。反应需要在酸催化下进行，催化剂包括路易斯酸、无机酸、有机酸、杂多酸等[7,13]。

1. 蒎烯

α-蒎烯或β-蒎烯在酸催化下，与水发生加成反应，生成松油醇，产物通常为多种组分的混合体，主要包括α-松油醇、β-松油醇、γ-松油醇和4-松油醇（图6-4-4）。由于这些异构体难以高效分离提纯，所以提高单一产物的选择性是工艺研究的重点。

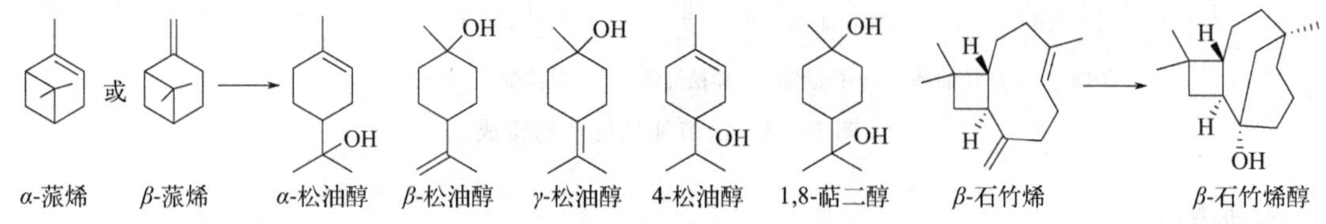

图6-4-4　松节油水合产物构成

蒎烯水合反应的选择性和速率受到多种因素的限制，如反应时间、反应温度、催化剂类型及用量等，在这些因素中，催化剂的作用更为重要。

以一氯乙酸或草酸为催化剂，α-蒎烯转化率为80%，α-松油醇选择性为70%，但由于反应是在均相中进行的，导致废液很难处理；以沸石为催化剂，α-蒎烯转化率达到100%，α-松油醇选择性达到57%；使用三氯乙酸和水合氧化锆为催化剂，α-蒎烯转化率为57%，α-松油醇选择性为57%；将三氯乙酸负载于Y-沸石中作为催化剂，α-蒎烯转化率为83%，α-松油醇选择性为59%；将沸石和磷钼酸负载于聚合物膜上作为催化剂，α-蒎烯转化率为50%，α-松油醇选择性为75%；

以中孔分子筛 Zr/Mo-MCM-41 为催化剂，α-蒎烯转化率为96%，α-松油醇选择性为57%；在超临界二氧化碳流体下，以 SO_4^{2-}/Zr-MCM-41 中孔分子筛为催化剂，α-蒎烯转化率为94%，α-松油醇选择性为88%；以固体超强酸 Ni/SO_4^{2-}-SnO_2 为催化剂，α-蒎烯转化率为100%，α-松油醇选择性为73%；以酸功能化离子液体为催化剂，α-蒎烯转化率达89.4%，α-松油醇选择性达65.0%。以β-蒎烯为原料也可以合成松油醇，但是由于β-蒎烯在松节油中的含量较小，而且反应产物与α-蒎烯类似，且活性不及α-蒎烯，所以通常不作为原料使用。

2. 倍半萜烯

在酸性催化剂作用下，重质松节油与水在溶剂体系中于50℃反应10h，得到β-石竹烯醇，提纯后产品纯度可达99.9%。

（三）与醇加成

松节油与醇加成可生成醚类衍生物（图6-4-5）。

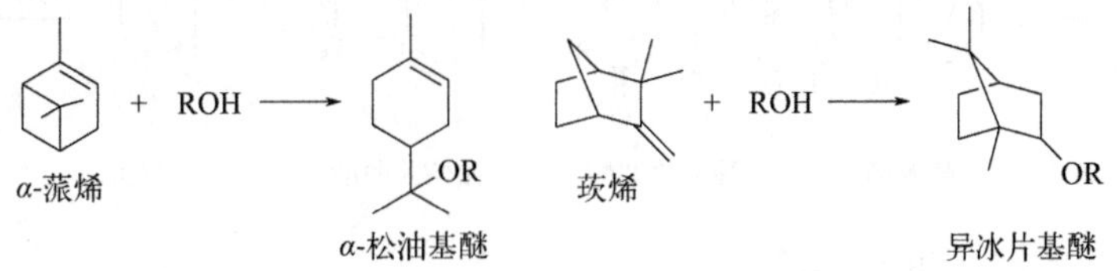

图6-4-5　松节油与醇加成产物构成

1. 蒎烯

以大孔磺酸树脂为催化剂，α-蒎烯和甲醇反应合成制备α-松油基醚，产物选择性为40%左右；以活性炭负载硅钨酸为催化剂，无水乙醇为反应介质，α-蒎烯同时发生异构化和乙氧基化反应，α-松油基乙醚选择性超过50%；以D-72离子交换树脂为催化剂，α-蒎烯与丙醇反应，α-松油基丙醚选择性超过50%[14]。

2. 莰烯

微波辐射下莰烯与乙醇在对甲苯磺酸催化下反应30min，反应液中异冰片基乙醚含量为76.35%。在A-15型阳离子树脂催化剂作用下，莰烯与烯丙醇于75℃下反应7h，莰烯转化率为85.5%，异冰片基醚得率为83.4%[15]。

（四）与醛加成

1. 蒎烯

β-蒎烯在酸催化下可以与多聚甲醛发生Prins反应，生成诺卜醇，反应工艺可分为催化法与压热法（图6-4-6）[16]。

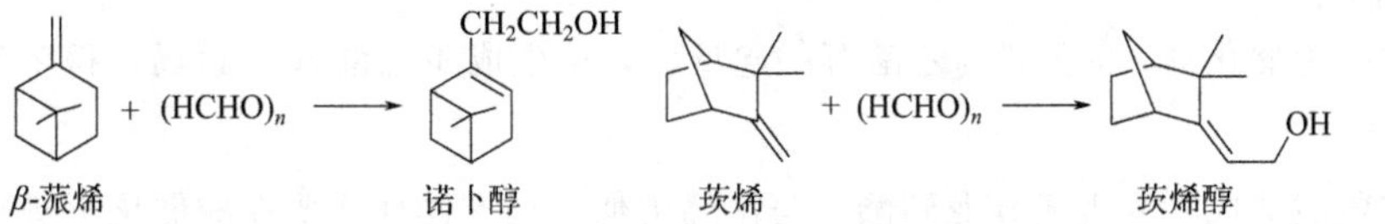

图6-4-6　松节油与甲醛加成产物构成

催化法所用催化剂为路易斯酸或固体超强酸。以氯化锌作为催化剂，β-蒎烯与多聚甲醛在120℃下反应15h，诺卜醇得率为71.31%；将氯化锌负载于阴离子交换树脂上作为催化剂，β-蒎烯与甲醛在80℃下反应4h，诺卜醇产率为62.4%；以纳米固体超强酸为催化剂，β-蒎烯与甲醛在70℃下反应12h，诺卜醇产率为50%；以固体超强酸 SO_4^{2-}/ZrO_2-TiO_2 为催化剂，微波辐射下，β-蒎烯与多聚甲醛在110℃下反应2.5h，诺卜醇得率为60.4%。

β-蒎烯与多聚甲醛在密闭反应釜中，于120℃下反应20h，诺卜醇得率为43.36%。催化法与压热法结合可显著提高诺卜醇得率，β-蒎烯、多聚甲醛、氯化锌、氯化锡一起于密闭反应釜中在120℃下反应12h，诺卜醇得率为74.82%。

2. 莰烯

莰烯也可与多聚甲醛反生Prins反应生成莰烯醇，反应工艺与β-蒎烯类似。

（五）与羧酸加成

松节油与有机酸（酐）发生加成反应主要生成酯类衍生物，由于在分子中引入了酰基，也称为酰化反应（图6-4-7）。松节油的酯类衍生物大多具有令人愉悦的清香气息，是重要的香料产品，是高档香精调配不可或缺的原料。

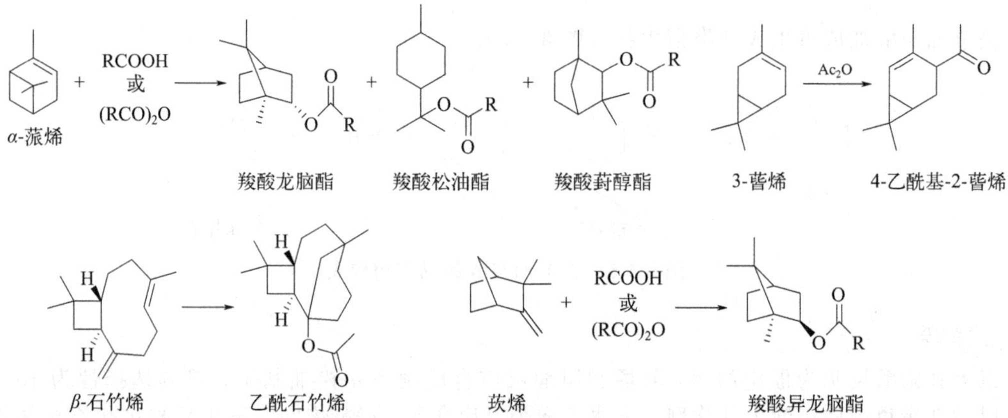

α-蒎烯 + RCOOH 或 $(RCO)_2O$ → 羧酸龙脑酯 + 羧酸松油酯 + 羧酸葑醇酯；3-蒈烯 $\xrightarrow{Ac_2O}$ 4-乙酰基-2-蒈烯；β-石竹烯 → 乙酰石竹烯；莰烯 + RCOOH 或 $(RCO)_2O$ → 羧酸异龙脑酯

图6-4-7　松节油与羧酸加成产物构成

1. α-蒎烯

α-蒎烯与羧酸的加成反应需要在酸催化下进行，产物通常为多种酯类组分的混合物，比如龙脑酯、松油酯、葑醇酯等。以含硼固体酸（BSBA）为催化剂，α-蒎烯与冰醋酸于120℃下反应8h，原料转化率为99%，乙酸龙脑酯选择性为32.5%；以硼酸为催化剂，α-蒎烯与冰醋酸于60℃下反应24h，原料转化率为93.14%，总酯得率为54.1%，乙酸龙脑酯为主产物，副产物为葑醇酯；以 TiO_2/SO_4^{2-} 固体超强酸为催化剂，松节油与乙酸于95℃下反应6h，一步合成乙酸松油酯，原料转化率可达83.39%；在磷酸复合催化剂作用下，α-蒎烯与乙酸于95℃下反应6h，乙酸松油酯得率为60.2%；以离子液体［HSO_3-pmim］H_2PO_4 为催化剂，α-蒎烯与乙酸于40℃下反应10h，乙酸松油酯得率为36%[17]。

2. 3-蒈烯

以氯化锌为催化剂，3-蒈烯与乙酸酐一起反应，可生成4-乙酰基-2-蒈烯，得率为70%。

3. 莰烯

莰烯与羧酸加成主要生成异龙脑酯，与蒎烯类似，反应同样需要在酸催化下进行，常用催化剂包括路易斯酸、质子酸、杂多酸、沸石等[18]。

以无水氯化铁为催化剂，莰烯与冰醋酸于25℃下反应2h，原料转化率为99%，乙酸异龙脑酯选择性为94%；以对甲苯磺酸为催化剂，莰烯与甲酸在微波辐射下回流反应40s，产物中乙酸异龙脑酯含量达到77.2%；以强酸性离子交换树脂为催化剂，莰烯与冰醋酸于30～35℃下反应2.5～3h，产物中乙酸异龙脑酯含量为72%；以固体超强酸 Mo_3/ZrO_2 为催化剂，莰烯与冰醋酸于80℃下反应8h，乙酸异龙脑酯收率为74.7%；以Beta沸石为催化剂，莰烯与冰醋酸于95℃下反应5h，莰烯转化率为89%，乙酸异龙脑酯选择性大于60%。

4. 倍半萜烯

在杂多酸 $H_3PW_{12}O_{40}$ 催化下，β-石竹烯可以与醋酸发生乙酰化反应，生成乙酰石竹烯。

（六）与含卤素化合物加成

松节油组分可与含氯、溴、碘等元素的试剂发生加成，生成一卤代烃和二卤代烃，也称为松节油卤化反应（图 6-4-8）。松节油卤化衍生物通常都具有明显的除草、杀虫等活性，在农药领域具有重要的地位。

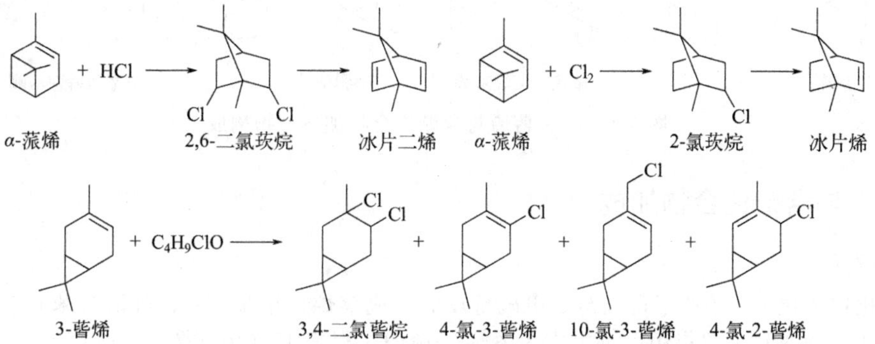

图 6-4-8　松节油与含卤素化合物加成产物构成

1. 蒎烯

α-蒎烯可以与氯或溴的卤素分子发生加成反应，反应同时伴随有异构发生，产物为二卤代莰烷。二卤代莰烷易发生消除反应生成冰片二烯，后者作为降冰片二烯的替代品，具有良好的潜在应用价值。以 α-蒎烯、氯气、$NaHCO_3$ 为原料可合成二氯莰烷，温度为-10℃时 2,6-二氯莰烷的得率最高；α-蒎烯与溴进行加成、异构化可合成 2,6-二溴莰烷[19,20]。

α-蒎烯可以与氯化氢发生加成反应，反应经异构后，可以生成 2-氯莰烷。以正己烷为溶剂，室温下，将干燥的 HCl 导入 α-蒎烯中进行反应，得到 2-氯莰烷，2-氯莰烷再进一步与氯气反应，生成不同取代程度的多氯代莰烷混合物。以浓硫酸为催化剂，正己烷为溶剂，在-4～-1℃下，α-蒎烯与干燥 HCl 加成、异构得到 2-氯莰烷。以 β-蒎烯为原料也可合成 2-氯莰烷。

2. 3-蒈烯

在紫外线（UV）照射下，3-蒈烯与次氯酸叔丁酯在 20℃下反应 5h，生成 4-氯-3-蒈烯 78%，10-氯-3-蒈烯 10%，3,4-二氯蒈烷 12%；同样在 UV 照射下，3-蒈烯与 N-氯代酰亚胺在 20℃下反应 24h，生成 4-氯-3-蒈烯 60%，10-氯-3-蒈烯 20%，3,4-二氯蒈烷 20%。与蒎烯类似，3-蒈烯、氯气、$NaHCO_3$ 一起反应同样可生成卤代蒈烯，包括 4-氯-3-蒈烯、4-氯-2-蒈烯、10-氯-3-蒈烯，但是选择性都比较差[21]。

（七）与含硼化合物加成

1. 蒎烯

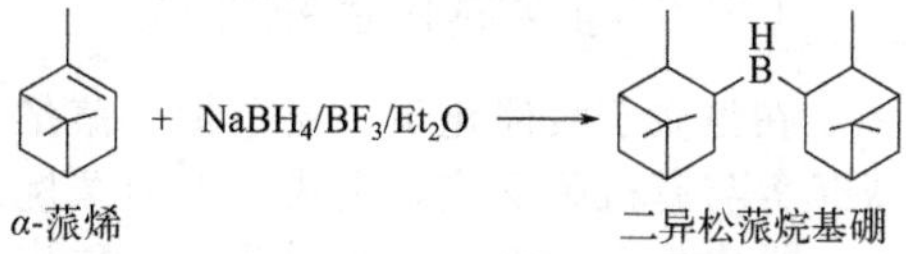

α-蒎烯可以与硼烷发生反马氏加成反应，生成二异松蒎烷基硼（图 6-4-9）。α-蒎烯与甲硼烷甲硫醚配合物在四氢呋喃中反应，静置结晶，得到 20%～34%的二异松蒎烷基硼；在四氢呋喃反应介质中，硼氢化钠与三氟化硼乙醚溶液生成的硼烷不经分离，直接与 α-蒎烯发生反马氏加成反应，生成二异松蒎烷基硼，随后用不同的催化剂经过两步氧化后得到（−）-异松蒎酮[22]。

图 6-4-9　α-蒎烯与含硼化合物的加成反应

2. 3-蒈烯

3-蒈烯与 $H_2BCl \cdot SMe_2$ 在二氯甲烷中于室温下反应，可生成氯代二蒈烷基硼，产物得率99%。3-蒈烯、$NaBH_4$、$BF_3 \cdot OEt_2$ 以及1,5-辛二烯一起在二甘醇二甲醚中反应，可生成辛基蒈烷基硼（图6-4-10）[23]。

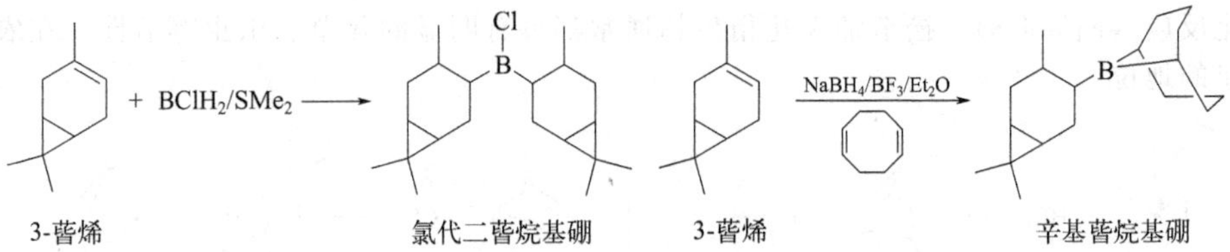

3-蒈烯 + $BClH_2/SMe_2$ → 氯代二蒈烷基硼；3-蒈烯 $\xrightarrow{NaBH_4/BF_3/Et_2O}$ 辛基蒈烷基硼

图 6-4-10　3-蒈烯与含硼化合物加成产物构成

（八）与含硫化合物加成

1. 3-蒈烯

在氯化锌催化下，3-蒈烯可以与二甲硫醚反应生成蒈烷二甲硫醚；3-蒈烯与苯并三唑氯化硫反应，中间产物在叔丁醇作用下可生成3-蒈烯-4-硫醇，得率17.6%（图6-4-11）[24]。

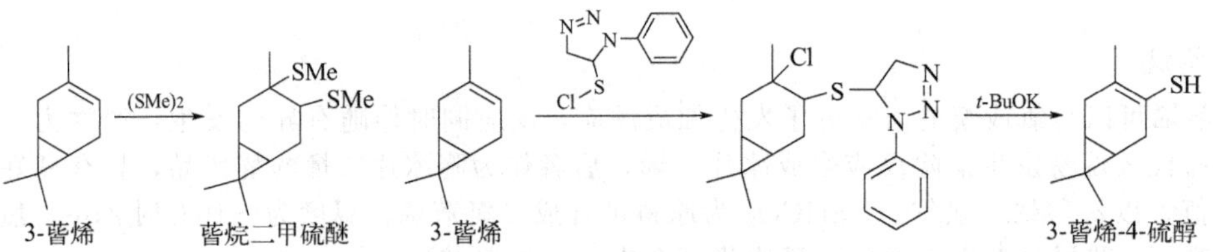

3-蒈烯 $\xrightarrow{(SMe)_2}$ 蒈烷二甲硫醚；3-蒈烯 → … $\xrightarrow{t\text{-BuOK}}$ 3-蒈烯-4-硫醇

图 6-4-11　3-蒈烯与含硫化合物加成产物构成

2. 莰烯

在 BF_3-Et_2O 催化下，莰烯与不同的硫醇在乙醚与丙酮混合溶液中反应，可生成莰烷基硫醚，得率大约为40%～79%。加入三氟甲基磺酸铟作催化剂，可将硫醚得率提高到65%～91%（图6-4-12）[25]。

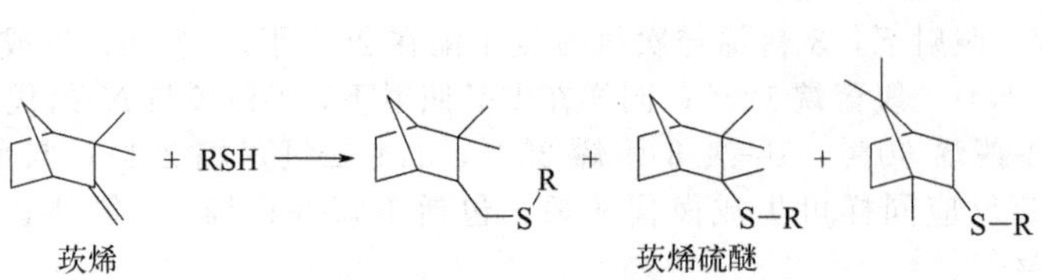

莰烯 + RSH → 莰烯硫醚

图 6-4-12　莰烯与含硫化合物加成产物

（九）与含氮化合物加成

在强质子酸催化下，松节油、蒎烯、双戊烯等与有机腈反应，生成1,8-对蓋烷二酰胺，得率大于60%。1,8-对蓋烷二酰胺在无机强碱催化下发生水解反应，可得到1,8-对蓋烷二胺（图6-4-13）[26,27]。

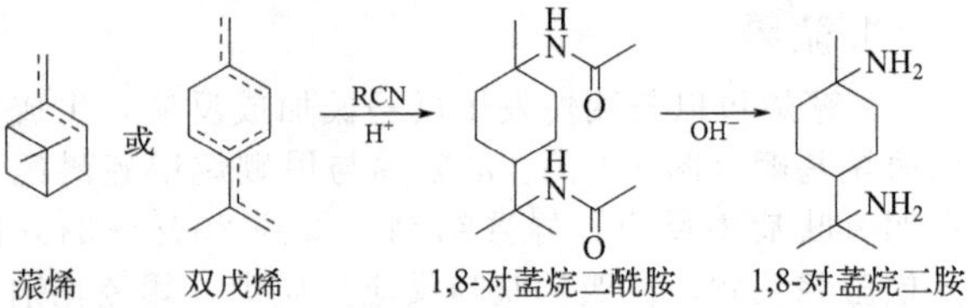

蒎烯 或 双戊烯 $\xrightarrow{RCN, H^+}$ 1,8-对蓋烷二酰胺 $\xrightarrow{OH^-}$ 1,8-对蓋烷二胺

图 6-4-13　松节油与含氮化合物加成产物构成

三、氧化反应

氧化反应是松节油最重要的衍生化反应之一，是实现松节油组分高值化利用的重要途径。松节油含氧衍生物种类繁多，大都具有良好的生物活性，既是重要的香料产品，更是合成高等香料、医药中间体、功能性材料的关键原料。松节油组分氧化反应工艺具有相似性，基本都需要氧化剂与催化剂的共同作用，生成产物按主要官能团结构可分为环氧类衍生物、醇类衍生物、酮类衍生物、醛类衍生物、羧酸类衍生物等。

（一）环氧类衍生物

松节油组分结构中含有一至多个双键，可以发生环氧化反应，生成一系列环氧化合物（图 6-4-14）。不同工艺的区别主要体现在氧化剂类型上，目前常用氧化剂包括过氧酸，过氧化氢及烃基过氧化氢，氧气以及其他氧化物[28-33]。

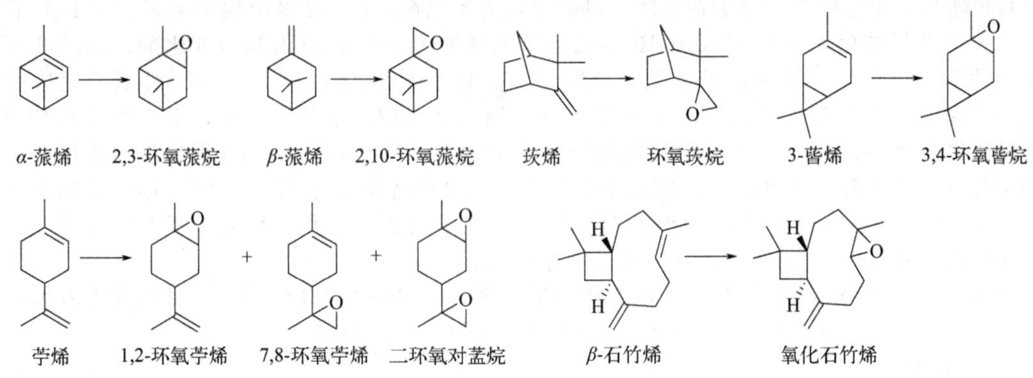

图 6-4-14　松节油环氧类衍生物构成

1. α-蒎烯

以 SalenMnCl 为催化剂，过氧乙酸为氧化剂，三氯甲烷为溶剂，在 10℃下反应 3.75h，α-蒎烯转化率为 100%，2,3-环氧蒎烷选择性为 91.6%。以无水碳酸钠为缚酸剂，过氧乙酸为氧化剂，三氯甲烷为溶剂，于 0～10℃下反应，α-蒎烯转化率大于 99%，2,3-环氧蒎烷选择性大于 95%。

以甲基三氧化铼与 N-甲基咪唑为催化体系，35%过氧化氢为氧化剂，氯代烷烃为溶剂，于 10℃下反应 5h，α-蒎烯转化率为 99%，2,3-环氧蒎烷选择性为 95%；以 $Na_2WO_4 \cdot 2H_2O$ 为催化剂，$PhP(O)(OH)_2$ 为助催化剂，60%过氧化氢为氧化剂，于室温下反应 16h，α-蒎烯转化率和 2,3-环氧蒎烷选择性皆为 89%；以 $[Cl_2]_3[PW_{12}O_{40}]$ 为催化剂，30%过氧化氢为氧化剂，2-甲基四氢呋喃为溶剂，于 65℃下反应 4h，α-蒎烯转化率为 95%，2,3-环氧蒎烷选择性为 51%；以 $Mn(ClO_4)_2 \cdot 6H_2O$/吡啶-2-甲酸/醋酸钠为催化体系，50%过氧化氢为氧化剂，丁二酮和乙腈为溶剂，于室温下反应 1h，α-蒎烯转化率为 95%，2,3-环氧蒎烷选择性为 80%；以 Mn-MCM-41 为催化剂，30%过氧化氢为氧化剂，二甲亚砜为溶剂，于 0℃下反应 1h，α-蒎烯转化率为 99.5%，2,3-环氧蒎烷选择性为 90.2%。将 $Mo(Co)_6$ 负载于改性聚乙烯树脂上作为催化剂，以叔丁基过氧化氢为氧化剂，四氯化碳为溶剂，反应 5h，α-蒎烯转化率为 97%，2,3-环氧蒎烷选择性为 97%。

含钴分子筛对 α-蒎烯环氧化具有良好的催化活性。以氮掺杂的中空炭球为载体的 Co_3O_4 纳米颗粒为催化剂，氧气为氧化剂，二甲亚砜为溶剂，于 110℃下反应 4h，α-蒎烯转化率为 99%，2,3-环氧蒎烷选择性为 89%；以 Co-Beta 为催化剂，干燥空气为氧化剂，TBHP 为引发剂，二甲亚砜为溶剂，于 90℃下反应 5h，α-蒎烯转化率为 92.8%，2,3-环氧蒎烷选择性为 88.3%；以 Co-SAPO-34 为催化剂，干燥空气为氧化剂，过氧化氢异丙苯为助氧化剂，二甲亚砜为溶剂，于 90℃下反应 6h，α-蒎烯转化率为 80%，2,3-环氧蒎烷选择性为 95%；以 Co-MOR 为催化剂，

TBHP为助催化剂，空气为氧化剂，二甲亚砜为溶剂，于90℃下反应5h，α-蒎烯转化率为86.4%，2,3-环氧蒎烷选择性为81.5%。

将Mn(salophen)Cl负载于碳纳米管上作为催化剂，以$NaIO_4$为氧化剂，乙腈为溶剂，在室温下反应3h，α-蒎烯转化率为93%，2,3-环氧蒎烷选择性为83%；将Ru(salophen)Cl负载于改性二氧化硅上作为催化剂，以$NaIO_4$为氧化剂，乙腈为溶剂，在室温下反应3h，α-蒎烯转化率为93%，2,3-环氧蒎烷选择性为87%；将三氟甲基酮固定于硅胶上作为催化剂，以过硫酸氢钾为氧化剂，水和乙腈为混合溶剂，在室温下反应3h，2,3-环氧蒎烷选择性为92%。

2. β-蒎烯

以固体碳酸钠为缚酸剂，过氧乙酸为氧化剂，二氯甲烷为溶剂，于20℃下反应3h，β-蒎烯转化率为97%，2,10-环氧蒎烷产率为82.7%。

以六齿配合物八羟基喹啉Mn(Ⅲ)为催化剂，10%过氧化氢为氧化剂，丙酮为溶剂，于10℃下反应2h，β-蒎烯转化率为100%，2,10-环氧蒎烷选择性为99%；以CH_3ReO_3为催化剂，3-甲基咪唑和1-甲基咪唑为添加剂，30%过氧化氢为氧化剂，1,2-二氯甲烷为溶剂，于10℃下反应2.5h，β-蒎烯转化率为100%，2,10-环氧蒎烷选择性为94%；以丙酮为催化剂，30%过氧化氢为氧化剂，乙腈-水为溶剂，于30℃下反应8h，β-蒎烯转化率为100%，2,10-环氧蒎烷选择性为79.6%；以三氧化钼为催化剂，叔丁基过氧化氢为氧化剂，甲苯为溶剂，于90℃下反应2h，β-蒎烯转化率为24.9%，2,10-环氧蒎烷选择性为91.4%；以Mn(Ⅲ)Salen配合物为催化剂，氧气为氧化剂，异丁醛为还原剂，于35℃下反应6h，β-蒎烯转化率为97%，2,10-环氧蒎烷选择性为64%；以*N*-羟基邻苯二甲酰亚胺为催化剂，氧气为氧化剂，乙腈为溶剂，于60℃下反应2h，β-蒎烯转化率为45%，2,10-环氧蒎烷选择性为80%。

将Mn(salen)固载到Na-Y分子筛上作为催化剂，以PhIO为氧化剂，二氯乙烷为溶剂，于15℃下反应2h，β-蒎烯转化率为100%，2,10-环氧蒎烷选择性为80%。

3. 3-蒈烯

以间氯过氧苯甲酸为氧化剂，三氯甲烷为溶剂，在室温下反应2h，3-蒈烯转化率大于90%，3,4-环氧蒈烷选择性大于95%；以过氧磷钼钨酸十六烷基吡啶盐为催化剂，过氧化氢为氧化剂，三氯甲烷为溶剂，于35℃下反应6h，3-蒈烯转化率为99.1%，3,4-环氧蒈烷选择性为94.8%；以负载型酞菁钴为催化剂，氧气为氧化剂，1,2-二氯乙烷为溶剂，于25℃下反应8h，3-蒈烯转化率为99%，3,4-环氧蒈烷产率为70.7%；以金属Zr的磷酸钾盐（KZrPA）为催化剂，过氧化氢为氧化剂，二氯甲烷和乙酸为混合溶剂，于50℃下反应6h，3-蒈烯转化率为50.4%，3,4-环氧蒈烷选择性为48.3%；以$[Mn(Ⅲ)(H_2O)BW_{11}O_{39}]_6$为催化剂，过氧化氢为氧化剂，乙腈为溶剂，回流反应2h，3-蒈烯转化率为76%，3,4-环氧蒈烷选择性为62%；以CrO_3-吡啶为催化剂，氧气为氧化剂，于25℃下反应22h，3-蒈烯转化率为70%，3,4-环氧蒈烷选择性为25%。

4. 莰烯

以间氯过氧苯甲酸为氧化剂，三氯甲烷为溶剂，在室温下反应，环氧莰烷得率为75%；以$PdCl_2$为催化剂，过氧化氢为氧化剂，乙腈为溶剂，于60℃下反应12h，莰烯转化率为40%，环氧莰烷选择性为90%；以Mn(salen)OAc为催化剂，过氧化氢为氧化剂，莰烯环氧化10min，环氧莰烷产率达到97%，莰烯转换率大于97%；以甲基三氧化铼（Ⅶ）(MTO)为催化剂，过氧化氢为氧化剂，二氯甲烷为溶剂，在室温下反应3h，环氧莰烷产率为97%。

5. 苧烯

以Mn-dmtacn-Si为催化剂，过氧化氢为氧化剂，乙腈为溶剂，0℃下反应20h，苧烯转化率为58%，1,2-环氧苧烯选择性为81%；−10℃下反应21.6h，苧烯转化率为71%，1,2-环氧苧烯选择性为79%。以$Ga(NO_3)_3$为催化剂，过氧化氢为氧化剂，乙酸乙酯为溶剂，80℃下反应3h，产物中包含1,2-环氧苧烯选择性7%、7,8-环氧苧烯5%、二环氧对蓋烷7%。以镍-氧化铝-水滑石为催化剂，90℃下反应6h，苧烯转化率为51.7%，环氧产物选择性为38.9%。以Sulphonato-salen-Mn(Ⅲ)为催化剂，苧烯与新戊醛、*N*-甲基咪唑一起于室温下反应6h，苧烯转化率为

94.7%，1,2-环氧-苧烯选择性为93.3%。

6. 倍半萜烯

β-石竹烯在 H_2O_2 等氧化剂作用下可以发生氧化反应，或者直接放置在空气中也会自动氧化，生成氧化石竹烯。

（二）醇类衍生物

松节油氧化反应可生成醇类衍生物（图6-4-15），多种情况下是环氧化反应的副产物，所以产物得率一般都不太高[16,22,25,32]。

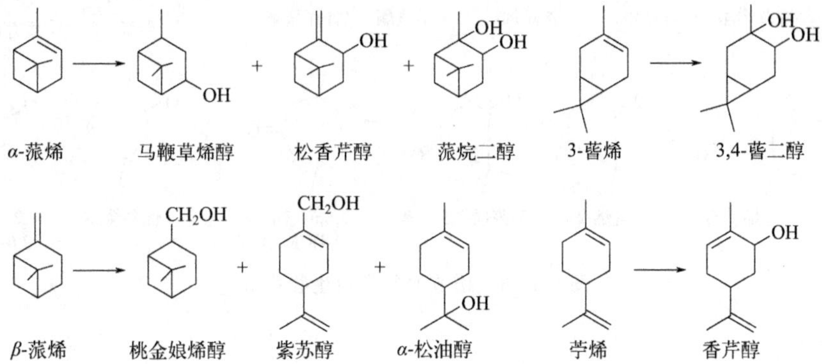

α-蒎烯　马鞭草烯醇　松香芹醇　蒎烷二醇　3-蒈烯　3,4-蒈二醇

β-蒎烯　桃金娘烯醇　紫苏醇　α-松油醇　苧烯　香芹醇

图6-4-15　松节油醇类衍生物构成

1. α-蒎烯

α-蒎烯氧化可生成醇类衍生物，既可以是烯丙位氧化的副产物，如马鞭草烯醇等，也可以是环氧化反应的副产物，如2,3-蒎烷二醇等。以Ti-MCF为催化剂，过氧化氢为氧化剂，乙腈为溶剂，于50℃下反应5h，α-蒎烯转化率为62%，马鞭草烯醇选择性为14%；以 $H_5PW_{11}TiO_{40}/SiO_2$ 为催化剂，过氧化氢为氧化剂，乙腈为溶剂，于50℃下反应5h，α-蒎烯转化率为60%，马鞭草烯醇选择性为9%；以 $KMnO_4$ 为氧化剂，丙酮和水为混合溶剂，于0～5℃下反应5h，α-蒎烯转化率为97.1%，2-羟基-3-蒎酮选择性为78.4%，同时生成2.7%的2,3-蒎烷二醇。

2. β-蒎烯

以 $Cu(NO_3)_2$ 为催化剂，过氧化氢为催化剂，甲醇为溶剂，于55℃下反应4h，β-蒎烯转化率为56%，α-松油醇选择性为30%。β-蒎烯环氧化产物2,10-环氧蒎烷开环可以生成桃金娘烯醇、紫苏醇、2,10-蒎烷二醇等，但是产率都比较低。

3. 3-蒈烯

以十四烷基三甲基高锰酸铵为催化剂，过氧化氢为氧化剂，二氯甲烷为溶剂，于30℃下反应1h，3-蒈烯转化率为75%，3,4-蒈二醇选择性为71%；以金属Zr的磷酸盐（ZrPA）为催化剂，过氧化氢为氧化剂，二氯甲烷和乙酸为混合溶剂，于50℃下反应6h，3-蒈烯转化率为73.7%，3,4-蒈二醇选择性为28.7%。

4. 苧烯

以镍-氧化铝-水滑石为催化剂，于90℃下反应6h，苧烯转化率为51.7%，香芹醇选择性为13%。

5. 莰烯

以 $PdCl_2$ 为催化剂，过氧化氢为氧化剂，乙腈为溶剂，于60℃下反应12h，莰烯转化率为100%，莰二醇选择性为64%。

（三）酮类衍生物

松节油组分发生烯丙位氧化反应可合成酮类衍生物（图 6-4-16），所用氧化剂与环氧化类似，包括氧气、过氧化氢及烃基过氧化氢、过氧酸、金属氧化物等，但是，反应转化率与选择性通常都低于环氧化反应[16,34,35]。

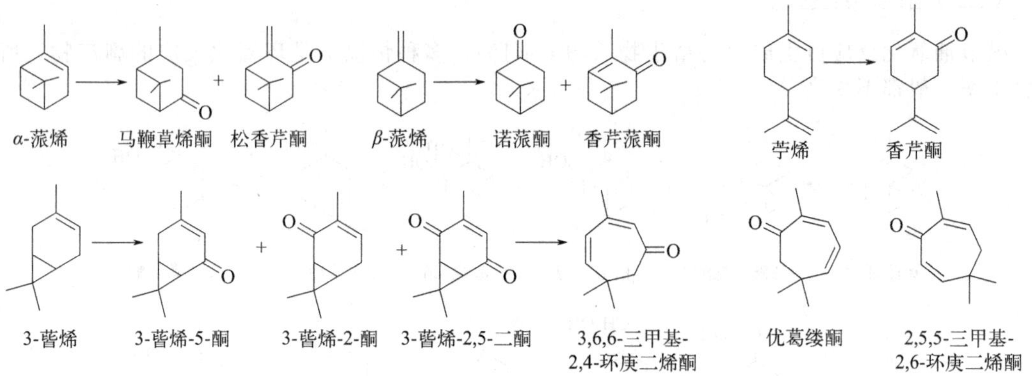

图 6-4-16　松节油酮类衍生物构成

1. α-蒎烯

α-蒎烯的酮类衍生物主要为马鞭草烯酮，有时也可生成松香芹酮，但是含量极小。以乙酰丙酮氧钒为催化剂，过氧化氢为氧化剂，丙酮为溶剂，于 20℃下反应 6h，*α*-蒎烯转化率为 73%，马鞭草烯酮选择性为 13.2%；以 Co-吡啶配合物为催化剂，氧气为氧化剂，冰醋酸为溶剂，于 50℃下反应 22h，*α*-蒎烯转化率为 86%，马鞭草烯酮选择性为 46%；以 Mn-M 为催化剂，氧气为氧化剂，于 75～80℃下反应 18～22h，*α*-蒎烯转化率和马鞭草烯酮选择性皆为 56.5%；以 Si-Ti 为催化剂，TBHP 为氧化剂，于 80℃下反应 8h，*α*-蒎烯转化率为 32%，马鞭草烯酮选择性为 63%。

2. β-蒎烯

β-蒎烯氧化可生成诺蒎酮，以及微量的松香芹酮、香芹蒎酮等。*β*-蒎烯合成诺蒎酮可采用氧化剂包括臭氧、OsO_4、$KMnO_4$ 等，由于臭氧不易操作，OsO_4 为剧毒化学品，所以常采用的是 $KMnO_4$ 氧化法。以 2mol/L 硫酸为催化剂，$KMnO_4$ 为氧化剂，丙酮为溶剂，于 15～25℃下反应 5h，*β*-蒎烯转化率为 94.15%，诺蒎酮选择性为 89.19%；*β*-蒎烯的吡啶溶液与 $KMnO_4$ 的水溶液于 60℃下反应 5h，也可合成得到诺蒎酮，产率为 73%。

3. 3-蒈烯

3-蒈烯发生烯丙位氧化可生成 3-蒈烯-5-酮、3-蒈烯-2-酮、3-蒈烯-2,5-蒈二酮，多数情况下是三者的混合物。具有蒈烷结构的酮类化合物易于开环形成结构稳定的双烯七元环酮。以 CrO_3-吡啶为催化剂，氧气为氧化剂，氯苯为溶剂，于 25℃下反应 22h，3-蒈烯转化率为 70%，3-蒈烯-5-酮选择性为 60%，3-蒈烯-2,5-蒈二酮选择性为 9%；以乙酰丙酮钴为催化剂，3-蒈烯与氧气在 345kPa、80℃下反应 1h，原料转化率为 75%，产物中 3-蒈烯-5-酮选择性为 60%，3-蒈烯-2,5-蒈二酮选择性为 10%；CrO_3 与吡啶复合催化下，3-蒈烯与氧气于 25℃下反应 18h，原料转化率为 66%，产物中 3-蒈烯-5-酮选择性为 64%，3-蒈烯-2,5-蒈二酮选择性为 8%。

氧氛围下，3-蒈烯与硬脂酸钴、NaOH-水溶液在 50℃下反应 10h，原料转化率为 100%，3,6,6-三甲基-2,4-环庚二烯酮选择性为 28.3%，优葛缕酮选择性为 19.7%。升高到回流温度，3,6,6-三甲基-2,4-环庚二烯酮选择性增加到 48.0%，优葛缕酮减小为 11.5%。3-蒈烯与占其质量 6%的 CrO_3 在氧氛围下振摇 10.5h，产物中鉴定 3 种酮类组分，分别为 3,6,6-三甲基-2,4-环庚二烯酮（含量 23%）、优葛缕酮和 2,5,5-三甲基-2,6-环庚二烯酮。

4. 双戊烯

以镍-氧化铝-水滑石为催化剂，于 90℃下反应 6h，苧烯转化率为 51.7%，香芹酮选择性为 8.3%；以醋酸钴为催化剂，氧气为氧化剂，乙酸为溶剂，工业双戊烯于 45～50℃下反应 18h，香芹酮得率为 40%。

（四）醛类衍生物

松节油合成醛类衍生物的工艺与酮类衍生物类似，主要由烯丙位氧化所得（图 6-4-17）[36-38]。

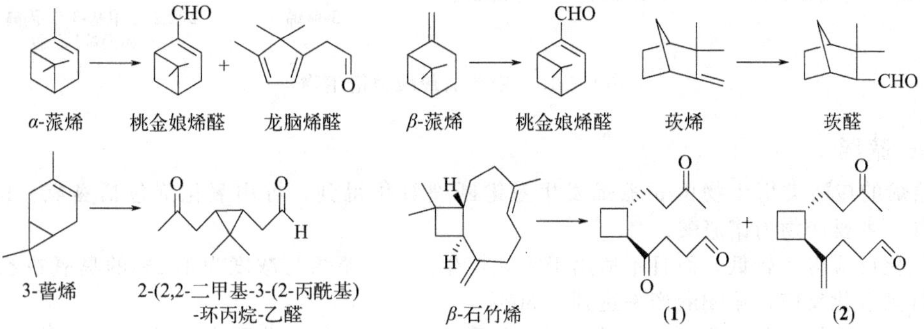

α-蒎烯 → 桃金娘烯醛 + 龙脑烯醛　β-蒎烯 → 桃金娘烯醛　莰烯 → 莰醛

3-蒈烯 → 2-(2,2-二甲基-3-(2-丙酰基)-环丙烷-乙醛　β-石竹烯 → (1) + (2)

图 6-4-17　松节油醛类衍生物构成

1. α-蒎烯

α-蒎烯的醛类衍生物主要为桃金娘烯醛。以 Fe_2O_3-V_2O_5/Al_2O_3 为催化剂，氧气为氧化剂，于 80℃下反应 4h，α-蒎烯转化率为 84.9%，桃金娘烯醛选择性为 78.4%；以 V_2O_5 为催化剂，SeO_2 为氧化剂，无水乙醇为溶剂，于 80℃下反应 3.5h，α-蒎烯转化率和桃金娘烯醛选择性皆为 77.5%；在光化学反应器中，以吡啶-醋酸酐-铜盐为催化剂，氧气为氧化剂，于 45℃下反应 6h，α-蒎烯转化率为 97.34%，桃金娘烯醛选择性为 48.10%。

α-蒎烯氧化也可生成龙脑烯醛。以乙酰丙酮氧钒为催化剂，过氧化氢为氧化剂，丙酮为溶剂，于 20℃下反应 6h，α-蒎烯转化率为 73%，龙脑烯醛选择性为 58.7%；以 Ti-MCM-41 为催化剂，过氧化氢为氧化剂，乙腈为溶剂，于 70℃下反应 7h，α-蒎烯转化率为 12%～16%，龙脑烯醛选择性为 27%。

2. β-蒎烯

以高压钠灯为光源，虎红为光敏剂，吡啶-乙酐为复合催化剂，氧气为氧化剂，于 32℃下反应 4h，β-蒎烯转化率为 93.4%，桃金娘烯醛选择性为 85.7%。

3. 3-蒈烯

以 $RuCl_3$ 为催化剂，$NaIO_4$ 为氧化剂，四氯化碳-乙腈-水为混合溶剂，于 20℃下反应 0.7h，3-蒈烯转化率为 100%，产物 2-[2,2-二甲基-3-(2-丙酰基)-环丙烷]-乙醛选择性为 95%；在吡啶存在下，3-蒈烯与臭氧在二氯甲烷中反应，2-[2,2-二甲基-3-(2-丙酰基)-环丙烷]-乙醛产率为 95%。

4. 莰烯

以 $PdCl_2$ 为催化剂，过氧化氢为氧化剂，乙腈为溶剂，于 60℃下反应 12h，莰烯转化率为 87%，莰醛选择性为 60%。

5. 倍半萜烯

β-石竹烯可进行臭氧化还原反应，产物为较大量的 4-[(1S,2R)-3,3-二甲基-2-(3-氧代丁基)环丁基]-4-氧代丁醛（**1**）和少量 4-[(1S,2R)-3,3-二甲基-2-(3-氧代丁基)环丁基]-4-戊烯醛（**2**）的混合物，见图 6-4-17。

（五）羧酸类衍生物

松节油羧酸类衍生物主要是由结构中双键在臭氧或强氧化剂作用下发生断裂形成（图 6-4-18）[39-41]。

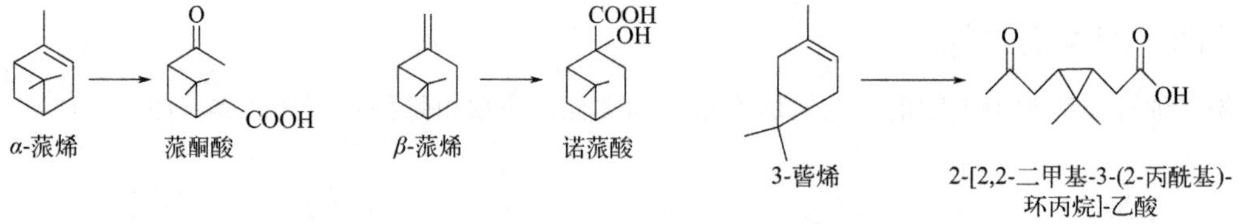

α-蒎烯 → 蒎酮酸　β-蒎烯 → 诺蒎酸　3-蒈烯 → 2-[2,2-二甲基-3-(2-丙酰基)-环丙烷]-乙酸

图 6-4-18　松节油羧酸类衍生物

1. α-蒎烯

α-蒎烯的羧酸类衍生物由 α-蒎烯发生双键断裂氧化得到，可用氧化剂包括臭氧、$KMnO_4$、$NaIO_4$ 等，主要产物为诺蒎酸。

臭氧化反应得率较低，而且不适用于大规模生产。α-蒎烯与浓度为 1.2%的臭氧在乙酸水溶液中进行臭氧化反应，蒎酮酸产率达到了 50%。

$KMnO_4$ 直接氧化 α-蒎烯需要在 10℃以下反应 10～15h，蒎酮酸产率较低，约为 40%～60%。采用硫酸铵为 pH 调节剂、水为反应介质，$KMnO_4$ 与 α-蒎烯反应合成了蒎酮酸，得率 58.5%。加入催化剂有助于提高产物得率。以十二烷基硫酸钠（K12）为催化剂，$KMnO_4$ 与 α-蒎烯在 30℃下反应 5～5.5h，蒎酮酸产率可达 62%；$Bu_4N^+Cl^-$ 作相转移催化剂，$KMnO_4$ 与 α-蒎烯在苯与乙酸体系下，于 35～40℃下反应 5h，蒎酮酸得率为 70%；$KMnO_4$ 与二环己基-18-冠-6-醚配合后可在苯中溶解，25℃下反应，蒎酮酸产率达到 90%。

2. β-蒎烯

β-蒎烯的羧酸类衍生物由 β-蒎烯发生双键断裂氧化得到，主要产物为诺蒎酸，通常采用 $KMnO_4$ 氧化法合成，先得到诺蒎酸钠盐或钾盐，然后酸化得到诺蒎酸。

在超声辐照（声强 0.38W/cm^2）下，以 $KMnO_4$ 为氧化剂，NaOH 为 pH 调节剂，叔丁醇为溶剂，于 15℃下反应 30min，诺蒎酸的产率达 66.4%；以 $KMnO_4$ 为氧化剂，NaOH 为 pH 调节剂，叔丁醇和水为混合溶剂，于 25℃下反应，诺蒎酸产率超过 70.0%。

3. 3-蒈烯

以 $RuCl_3$ 为催化剂，$NaIO_4$ 为氧化剂，四氯化碳-乙腈-水为混合溶剂，于 20℃下反应 2h，3-蒈烯转化率为 100%，产物 2-[2,2-二甲基-3-(2-丙酰基)-环丙烷]-乙酸选择性为 92%。

四、聚合反应

松节油组分发生聚合反应用于合成树脂产品，可分为均聚和共聚两大类，均聚的主要产物为萜烯树脂，共聚产物种类较多。

（一）蒎烯

1. 均聚反应

α-蒎烯和 β-蒎烯发生聚合反应都可以生成萜烯树脂，β-蒎烯的反应活性高于 α-蒎烯，但是由于 β-蒎烯天然含量较低，工业上通常以 α-蒎烯或者松节油作为原料使用（图 6-4-19）。由于 α-蒎烯和 β-蒎烯的聚合产物一样，所以将二者的共聚归类于蒎烯均聚反应[42]。

蒎烯均聚反应属于阳离子聚合，常用催化剂是 $AlCl_3$ 或者 $AlCl_3$ 与其他路易斯酸构成的复合催化体系（如 $AlCl_3/SbCl_3$），反应需要在低温（0℃以下）下起始，甲苯、二甲苯等常被作为反应介质使用，萜烯树脂得率大于 70%。为了改进传统工艺存在的如反应温度过低、催化剂易残

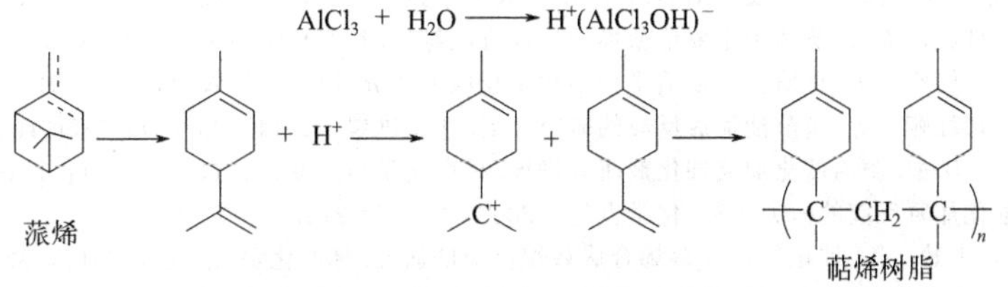

$AlCl_3 + H_2O \longrightarrow H^+(AlCl_3OH)^-$

蒎烯 萜烯树脂

图 6-4-19 蒎烯聚合反应产物构成

留等弊端，许多新的工艺逐渐被开发出来。采用 $AlCl_3$ 为主催化剂，三甲基氯硅烷为助催化剂，可以有效降低产品中氯元素含量。严格控制 $SbCl_3$ 与 $AlCl_3$ 的比例，以及加入工艺，可以实现在 15～25℃下的常温聚合，而且萜烯树脂得率不受影响。

2. 共聚反应

α-蒎烯可以与多种化合物实现共聚，共聚方法包括自由基共聚和阳离子共聚。

在 $AlCl_3/SbCl_3$ 复合催化剂作用下，α-蒎烯与苯乙烯、甲基苯乙烯发生共聚反应，制备得到苯乙烯/α-蒎烯嵌段共聚物与低密度聚乙烯。酸催化剂引发下，α-蒎烯和马来酸酐发生聚合反应，得到 TMA [1-异丙基-4-甲基二环-(2,2,2)-5-辛烯-2,3-二酸酐]。以 AIBN（偶氮二异丁腈）为引发剂，α-蒎烯与 VAc（醋酸乙烯酯）发生共聚反应，得到了外观呈现浅黄色至黄色透明状态、软化点 42～88℃、平均分子量（*Mr*）4200～7500 的聚合物。以 $AlCl_3/SbCl_3$ 为催化剂，α-蒎烯与 C_5 烷烃馏分发生共聚反应，得到软化点 110℃的共聚物，单体转化率为 45%。

（二）双戊烯

1. 均聚反应

采用路易斯酸催化体系，以甲苯为溶剂，双戊烯含量 68.8%的工业双戊烯在 0～10℃下进行阳离子聚合，得到软化点 95～120℃的双戊烯树脂，双戊烯转化率为 90%，树脂得率大于 63%[43]。

2. 共聚反应

在稀土金属氧化物或碘催化下，双戊烯与马来酸酐发生共聚反应，得到软化点为 79℃、色度为 6 的萜烯马来酸酐加合物。双戊烯与氧气在 40℃下氧化可合成 PDP 树脂，PDP 树脂主链和支链的热稳定性能特殊，既可作高温下聚合物之间的嫁接物，也可作低温下的引发剂。将双戊烯缓慢滴加入处于沸腾状态的苯酚、硫酸、甲醛、水混合体系中，于 150℃下反应 3h，得到软化点为 78℃、色度为 11 的浅黄色透明固体，得率为 85%。

松节油可以发生的化学反应绝不仅限于此，除 α-蒎烯、β-蒎烯、3-蒈烯、苧烯、莰烯外，松节油中还包括数十种单萜烯及少数倍半萜烯组分，虽然这些化合物含量甚微，但是在松节油精馏工业中，经过长期的日积月累，总量不可小觑。幸运的是，松节油单萜烯组分互为同分异构体，理化性质相似，且易于互相转化，所以适用于蒎烯的反应工艺，稍加改进即可用于桧烯、松油烯等微量组分，这也是松节油通常以混合物形式作为化工原料使用的理论基础所在。

另外，随着化学工业的发展，传统工艺不断被完善和优化，新的合成技术如雨后春笋般涌出，新的松节油衍生物随时都在产生。而且，松树作为天然植物，自身组成时时刻刻都在衍变中，这也意味着松节油的化学构成并不是一成不变的，新组分的出现是必然的，对于松节油化学反应的研究是一项没有终点的事业。

参考文献

[1] 安鑫南. 林产化学工艺学. 北京：中国林业出版社，2002.
[2] 程芝. 天然树脂生产工艺学. 北京：中国林业出版社，1983.
[3] 金琦，刘志群. 木松节油和硫酸盐松节油的组成分析及其精馏分离的研究. 东北林业大学学报，1989 (6)：85-87.
[4] 王婧. 3-蒈烯的精制及异构化反应研究. 北京：中国林业科学研究院，2003.

[5] 关继华，吴建文. 重质松节油中单离长叶烯的研究. 南方农业学报，2018，49（12）：2525-2531.
[6] 王婧，赵振东，毕良武，等. 松节油中主要单萜烯的异构方法综述. 林产化学与工业，2013，33（2）：144-150.
[7] 秦荣秀，梁忠云，李桂珍，等. 重质松节油倍半萜烯化学反应的研究进展. 热带农业科学，2017，37（5）：84-87.
[8] 廖圣良，商士斌，司红燕，等. 松节油加成反应的研究进展. 化工进展，2014，33（7）：1856-1863.
[9] 蔡美萍，范国荣，王宗德. 蒎烯催化加氢催化剂研究进展. 林产化学与工业，2011，31（2）：114-118.
[10] 段文贵. 松节油催化加氢反应的研究进展. 化学世界，2003，5：274-276.
[11] 何丽芝，赵振东，王婧，等. 催化氢化 3-蒈烯合成蒈烷反应的研究. 林产化学与工业，2012，32（2）：114-118.
[12] 黄卫文，黄寿恩，黎继烈，等. 双戊烯催化加氢制备对孟烷工艺的研究. 食品与机械，2011，27（4）：136-139.
[13] 刘悦. 催化 α-蒎烯水合反应的研究进展. 上海化工，2013，38（12）：31-34.
[14] 丁兴红，林中祥. 微波辐射下 α-蒎烯与甲醇的加成反应. 林产化学与工业，2004，24（S）：52-56.
[15] 林中祥，欧文华. 微波辐射下莰烯与羧酸加成反应的研究. 林产化学与工业，2004，24（S）：41-46.
[16] 高艳清，商士斌，李健，等. 诺卜醇、诺蒎酸、诺蒎酮及其衍生物的合成研究进展. 生物质化学工程，2010，44（3）：45-49.
[17] 戚春杰. 催化合成乙酸松油酯研究进展. 精细石油化工进展，2011，12（10）：44-50.
[18] Castanheiro J E，Fonseca I M，Ramos A M，et al. Acetoxylation of camphene catalysed by beta zeolite. Catalysis Communications，2008，9：2205-2208.
[19] 李开婧，曾韬，冯涛，等. 冰片二烯的合成研究. 林产化学与工业，2009，29（S）：59-63.
[20] 梁志华，李好瑾，徐徐，等. α-蒎烯合成樟脑醌的研究. 南京林业大学学报（自然科学版），2013，37（3）：123-128.
[21] Uzarewicz A，OEcianowski J，Bakowska-Janiszewska J. Reaction of（＋）-3-carene and（＋）-2-carene with t-butyl hypochlorite or n-chlorsuccinimide in the presence of free radical catalysts. Polish J Chem，2000，74：777-783.
[22] 王石发，李艳苹，张明光. 左旋异松蒎酮的合成. 有机化学，2007，27（12）：1612-1617.
[23] Brown H C，Park W S，Cho B T. Addition compounds of alkali metal hydrides. 29. preparation and properties of chiral dialkylmonoalkoxyborohydrides. A new class of asymmetric reducing agents J Org Chem，1986，51（17）：3278-3282.
[24] Nikitina L E，Plemenkov V V，Chernov A N，et al. Lewis acid-catalyzed addition reaction of disulfides to 3-carene. Zh Obshch Khim，1990，60：2303-2309.
[25] 翁玉辉，肖转泉，陈金珠，等. 莰烯衍生物的合成研究进展. 广州化工，2015，43（21）：16-21.
[26] 曾小静，徐士超，王婧，等. 对孟二烯制备 1,8-对孟烷二乙酰胺的工艺研究. 林产化学与工业，2018，38（4）：29-34.
[27] 王婧，徐士超，曾小静，等. 1,8-对孟烷二胺高效制备工艺. 林产化学与工业，2018，38（6）：59-66.
[28] 金建中，沈敏敏. β-蒎烯氧化反应研究进展. 广州化学，2006，31（3）：51-56.
[29] 王中天，于凤丽，袁冰，等. α-蒎烯催化环氧化研究进展. 日用化学工业，2016，46（6）：353-358.
[30] 黄道战，甄月文，朱守记，等. 过氧磷钼钨酸盐高效催化 3-蒈烯氧化合成 3,4-环氧蒈烷. 精细化工，2014，31（12）：1526-1530.
[31] Oliveira A A，Silva M L，Silva M J. Palladium-catalysed oxidation of bicycle monoterpenes by hydrogen peroxide in acetonitrile solutions：A metal reoxidant-free and environmentally benign oxidative process. Catal Lett，2009，130：424-431.
[32] 郑敏，何必飞，徐琼，等. α-蒎烯氧化中的催化作用研究进展. 林产化学与工业，2012，32（3）：126-130.
[33] Macaeva F Z，Malkov A V. Use of monoterpenes，3-carene and 2-carene，as synthons in the stereoselective synthesis of 2,2-dimethyl-1,3-disubstituted cyclopropanes. Tetrahedron，2006，62：9-29.
[34] 廖圣良. 新型(－)-β-蒎烯衍生物的合成、生物活性和构效关系研究. 北京：中国林业科学研究院，2016.
[35] 胡建华，韩嘉，李倩茹，等. α-蒎烯衍生物的合成及其综合利用. 山东化工，2014，43（6）：63-68.
[36] 肖毅，黄红梅，毛丽秋，等. 乙酰丙酮氧钒催化氧化 α-蒎烯一步转化成龙脑烯醛. 应用化学，2010，27（11）：1272-1275.
[37] 刘伟，李凝，吕义浩，等. Fe_2O_3-V_2O_5/Al_2O_3 催化氧化 α-蒎烯制备桃金娘烯醛的研究. 化工技术与开发，2010，39（7）：1-4.
[38] 欧阳玉祝，李辉，尹笃林，等. 光敏催化氧化 β-蒎烯制备桃金娘烯醛. 林产化学与工业，2004，24（4）：45-48.
[39] 周巧燕，张萍，钱清华. 诺蒎酸的超声合成. 化学通报，2011，74（5）：462-465.
[40] 马世营，沈敏，哈成勇. 均相体系中 β-蒎烯氧化制备诺蒎酸. 林产化学与工业，2007，27（2）：114-116.
[41] Ziyat H，Ali M A，Karim A，et al. Catalytic oxidative cleavage of terpenic olefins：Useful route to chiral polyfunctionalised cyclobutanes and cyclopropanes. Acta Chim Slov，2004，51：223-230.
[42] 李爱元，孙向东，张慧波，等. α-蒎烯聚合近期研究进展. 中国胶粘剂，2014，23（1）：50-53.
[43] 安鑫南，蔡智慧，程芝. 双戊烯树脂的研制. 林产化学与工业，1994，14（特刊）：116-124.

（王石发，谷文，王婧）

第五章 改性松香

利用松香树脂酸中双键的化学反应（如异构化、加成、氢化和歧化等）可以制备改性松香。改性松香提高了产品的软化点、颜色、抗氧化性能和结晶性能，广泛应用于胶黏剂、合成橡胶、涂料、油墨、造纸、电子、食品等领域。目前，主要的改性松香产品有氢化松香、歧化松香、马来松香、聚合松香以及精制浅色（无色）松香等。

第一节 氢化松香

氢化松香系松香枞酸型树脂酸的共轭双键在催化剂作用下，经过一定的温度和压力，部分或全部地被氢气饱和而成，反应示意图见图 6-5-1[1]。部分被氢饱和的松香称为二氢松香，通称氢化松香。全部被氢化饱和的松香称为四氢松香，又称全氢化松香。氢化松香中二氢枞酸含量为75%，全氢化松香中二氢枞酸 1%～14%、四氢枞酸 66%～80%。经氢化后的松香颜色浅、热稳定性高、脆性小、抗氧化性能好。除直接氢化外，松香也可以先酯化为松香酯类再行氢化。聚合松香、歧化松香等改性松香经氢化处理后可得到颜色更浅、质量更稳定的产品。

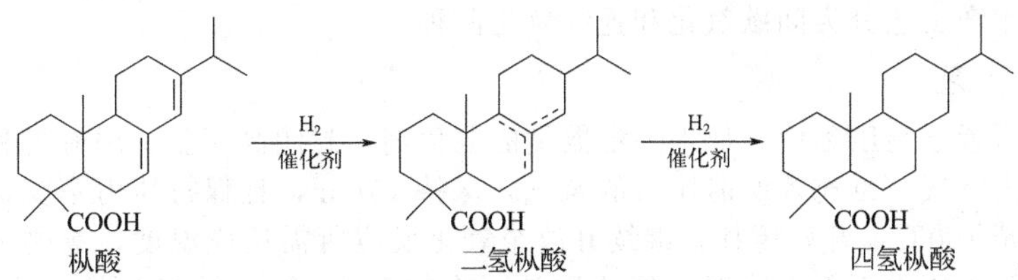

图 6-5-1 氢化松香反应示意图

一、氢化松香的制备

（一）催化剂的选择

活性和选择性是选择氢化催化剂的两个主要因素。活性是指催化一个反应的难易程度，而选择性则是指在几个可能的反应基团中，促进其中一个基团或官能团被氢化的能力。松香的氢化反应既要使不饱和基团迅速被氢饱和，又要保护羧基不被还原，而且羧基在季碳原子位置上，所以还要使脱羧现象尽量减少。因此，松香氢化对催化剂的要求较高。

1. 催化剂的种类

松香氢化的催化剂种类很多，大致可以分为两类：镍催化剂和贵金属催化剂[2]。

镍催化剂来源较广，价格便宜，但用量较大，分离不易，而且反应时间较长，容易引起松香脱羧。这类催化剂包括镍-硅藻土、镍-甲酸盐、镍-铝、镍-硅、镍-钴、镍-铜、镍-硅-锰等，美国的氢化松香生产中常使用镍-铝、镍-硅等合金催化剂。

贵金属催化剂活性大，选择性好，用量少，包括锇、铂、钌、铑、钯等，其中钯、铑、钌三种贵金属活性最大，但钌易引起松香脱羧，铑和钯最为理想，特别是钯，其用量只有镍用量的1/100～1/50，但是价格较贵，资源量少。由于松香的位阻效应，全氢化松香工业生产通常以钯-炭催化剂为主[3,4]。

2. 催化剂的使用效率

由于贵金属氢化催化剂价格较贵，如何提高催化剂的使用效率是松香氢化过程中的一个关键问题，通常可以从增加活性、减少中毒、回收使用三个方面来解决。

为了提高催化剂的活性，常采用载体。钯-炭催化剂即采用活性炭作载体，让催化剂分散在载体表面，增加与反应介质的接触面积。载体愈细，接触面积愈大，活性就愈高，氢化时间愈短。但粒度过细，造成分离困难，损耗增大。一般载体活性炭颗粒为3～5mm，载钯后活性合乎要求，也易于从氢化松香中分离。如果把钯载于活性炭颗粒尺度的更硬载体，如氧化铝等其他物质，可提高稳定性，减少催化剂损耗。实验表明，载于氧化铝的钯活性更强，经10次氢化循环而不破碎，可以减少催化剂的损耗。

松香氢化时催化剂中毒会使其失去活性，引起中毒的原因主要是松香中含有的金属杂质、设备腐蚀产生的金属杂质、高沸点中性物、松香脱羧产生的一氧化碳和二氧化碳，以及催化剂使用前已受到的外界空气污染等。要延长催化剂寿命，可将松香预先纯化，无催化剂条件下进行加热的同时用氢气吹洗，排除松香中的挥发物质。也可以将松香和氢气预先通过一定数量的催化剂除去催化剂中毒的部分，然后再加入新鲜催化剂进行氢化。还可以通过釜内排气，除去一氧化碳、二氧化碳，用新鲜氢气代替，避免催化剂中毒。

催化剂活性失效后，可以回收重新活化。钯-炭催化剂一般可重复使用5～10次，但随着重复使用次数的增加，氢化时间也要延长。一般以重复使用3～4次为宜。

（二）氢化工艺

氢化松香的生产工艺分为间歇氢化和连续氢化两种。

1. 间歇氢化工艺

将松香熔融后置于高压釜内，加入一定数量的催化剂，封闭高压釜。用氮气和氢气先后冲洗高压釜，排除釜内空气。再充入所需压力的氢气，保持15min，且保持压力不变，确保高压釜不漏气。然后升温至180℃，开始搅拌，继续升温至氢化反应所需反应温度，釜内压力降低表明反应正在进行。当釜内压力不再下降时，停止搅拌，冷却至180℃，排气开釜，过滤除去催化剂，即得氢化松香[5,6]。

松香间歇氢化的主要工艺条件：催化剂为5%Pd/C，用量0.01%（以松香计）；氢气压力10MPa（30℃下进气压力）；反应温度270℃；反应时间1～2h。

2. 连续氢化工艺

将粉碎成5cm大小的块状松香加入熔融釜内，用0.8MPa的闭汽熔融加热至130～150℃，而后利用蒸汽或氮气压力经松香过滤器将熔融松香压送入熔融松香贮槽内。熔融松香由高压泵加压至反应压力，经松香缓冲器和松香加热器加热至反应温度后进入混合器，被高速氢气分散成小液滴并一同进入氢化反应器内，在一定压力、温度及催化剂的作用下，松香与氢气反应生成氢化松香。

氢化反应器采用固定床反应器，是松香加氢的主要设备。加氢反应在气（氢气）、固（钯-炭催化剂）、液（松香）三相间进行。固定床反应器的优点是物料和催化剂接触状态优于釜式，有利于加氢反应，催化剂固定在反应器中，省去了催化剂和氢化松香的分离过程；生产连续化，操作方便，便于自动控制。反应器筒体由不锈钢管制造，筒体内装有内胆，内胆内部存放钯-炭催化剂。筒体外套一层厚8mm的低碳钢管，作为导磁性材料。再以50mm厚的绝缘材料作保温层，外用导线绕制线圈，以工频电感应供热，端盖采用结构简单的透镜垫密封。在流程中，熔融松香与氢气的混合器直接放在氢化反应器的顶盖上，这有利于松香均匀分散在反应器内胆的横截面上与催化剂良好接触，提高催化剂的利用效率。

松香连续氢化的主要工艺条件[7]：年有效生产天数300天；催化剂为钯（5%）-炭催化剂，活性炭颗粒3mm×5mm，每吨氢化松香需要钯-炭催化剂量0.63kg；最高操作温度270℃；最高操作压力14.7MPa；气液比（标准状态下氢气体积和熔融松香的体积比）4000∶1；空间速度

(单位时间、单位催化剂体积通过原料的数量) 0.6m³/(m³·h)；每吨氢化松香耗氢量 102m³(标)；氢化松香得率（以松香计）98.5%[7]。

（三）松脂催化氢化生产氢化松香联产蒎烷

传统的氢化松香生产工艺是以松香为原料，以 Pd/C 为催化剂，在高温（250～280℃）、高压(12.0～35.0MPa) 下加氢制备氢化松香[8]，反应条件苛刻。而以松脂为原料直接催化加氢联产氢化松香和蒎烷，利用松脂自身含有的松节油作为溶剂，降低了反应体系的黏度，促进了热量和质量的传递，在反应温度 150～190℃、反应压力 4.0～6.0MPa 的温和条件下催化加氢，然后分离提纯得到氢化松香和蒎烷[9-11]。由松脂催化加氢生产氢化松香和蒎烷的路线见图 6-5-2，过程流程见图 6-5-3[12]。

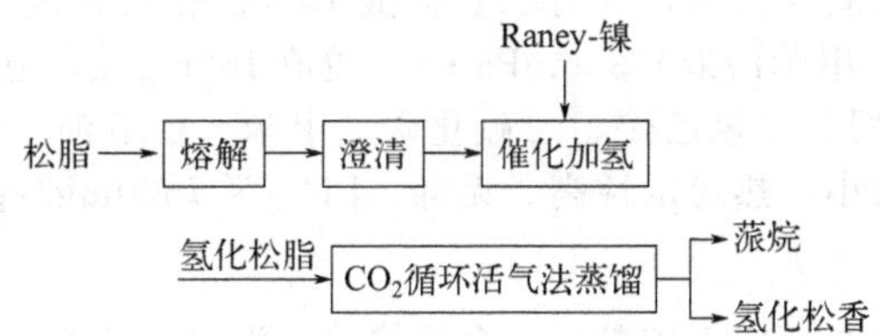

图 6-5-2　松脂催化加氢生产氢化松香和蒎烷的路线

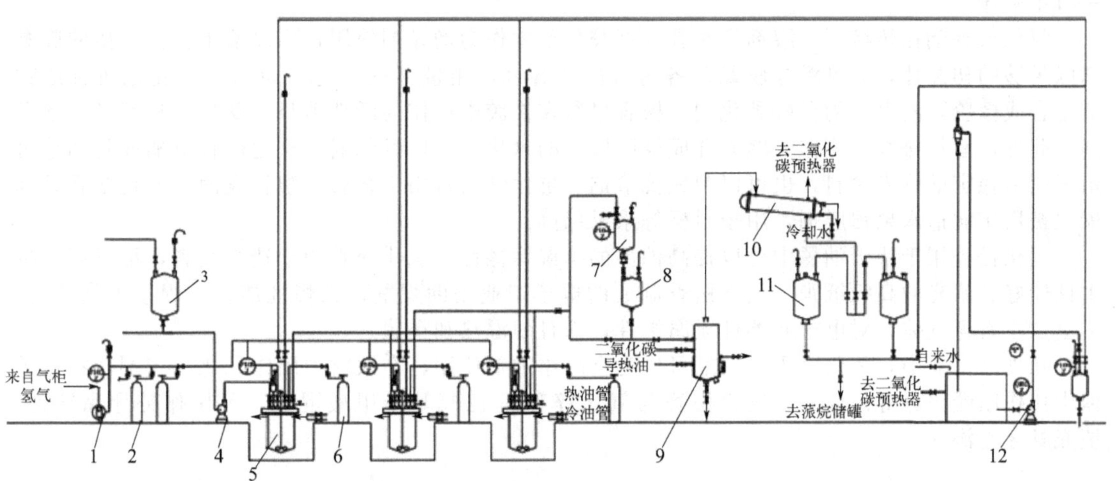

图 6-5-3　松脂催化加氢生产氢化松香流程

1—氢气压缩机；2—高压缓冲瓶；3—计量槽；4—高压泵；5—反应器；6—氮气瓶；7—过滤器；8,11—中间贮槽；9—蒸馏器；10—换热器；12—真空系统

（四）影响氢化反应的因素

松香氢化反应同时伴随着脱羧和歧化反应，最佳条件要求尽可能完全和迅速地完成氢化反应，减少脱羧现象，而且避免歧化反应发生。研究发现，氢化反应的主要影响因子为催化剂的种类和数量、反应温度、反应压力、松香流量、气液比和溶剂极性等[7]。

确定钯-炭催化剂后，影响松香氢化的主要因子依次为反应温度、松香流量和反应压力。控制反应温度是保证氢化松香质量的关键，提高反应温度可以充分发挥催化剂效能，保证产品的质量，还可以增大松香流量，提高设备生产能力。但是，过高的温度对催化剂的活性有害，会减短催化剂的使用周期，并易引起松香脱羧，使酸值下降。在保证产品质量的前提下，提高松香流量，有利于增加生产能力，降低生产成本。适当地增大反应压力有利于保持催化剂活性，促进加氢反应，提高产品质量。维持一定的气液比，可以及时地排除氢化反应热，避免催化剂局部温度过高，延长其使用周期。

二、氢化松香的性质与用途

1. 氢化松香的质量指标

松香可以部分或全部被氢气饱和，部分饱和的松香称为二氢松香，通称氢化松香，分子式 $C_{19}H_{31}COOH$，分子量 304.46。全部饱和的松香称为四氢松香，又称全氢化松香，分子式 $C_{19}H_{33}COOH$，分子量 306.47。氢化松香的颜色变浅，具有较高的抗氧化性能，在空气中不致氧化，在光的作用下不易变色，减少了脆性，无结晶趋势，增加了溶解性，提高了初黏性、相容性、粘接性和耐老化性。

氢化松香为无定形透明固体树脂，含有二氢枞酸 75％。相对密度 1.045，软化点 70～72℃，折射率 1.5270，黏度（60％甲苯溶液）3.6mPa・s，酸值 162mg/g，皂化值 167mg/g，闪点（开杯）203℃。溶于乙醇、丙酮、二氯乙烷、二硫化碳、甲苯、松节油、石油醚、溶剂汽油和植物油中。抗氧化性能好，脆性小，热稳定性高。无毒，LD_{50} 为 7600mg/kg。

2. 氢化松香的用途

氢化松香用途广泛，主要应用于胶黏剂、合成橡胶、涂料、油墨、造纸、电子、食品等工业部门。在许多场合，氢化松香以其酯的形式加以应用，这将在氢化松香酯类产品的制备及其应用一节中阐述。

氢化松香酯在热熔型、溶剂型和乳液型胶黏剂中作为增黏剂使用，可以给予各种类型的胶黏剂以足够的初黏性，并可增加胶黏剂各组分的相容性，用量可达 30％～50％。氢化松香钾或钠皂是合成橡胶乳液聚合的良好乳化剂。松香皂留在橡胶中可作为活性填料，既是增塑剂又是增黏剂。此外，氢化松香也可作天然或合成橡胶极好的软化剂和抗老化剂。氢化松香甲酯或甘油酯可用于制造稳定的感光涂料，也可以制成抗溶剂、抗化学涂料用于金属、塑料表面。氢化松香甘油酯也被用于制造水果覆膜剂，用于柑橘等水果保鲜。

氢化松香用于快干油墨中可以提高油墨的抗湿摩擦性。氢化松香用于造纸胶料，可以制得抗水性能好、耐光的高级纸张。氢化松香制成的电子工业用助焊剂，助焊性能好，焊接可靠性高，不会产生有毒气体，对电子元器件无腐蚀性，而且耐湿热和霉菌。

在食品工业中，氢化松香甘油酯可作为食品添加剂使用，在饮料中用作乳化稳定剂，在口香糖中用作咀嚼组分等。此外，氢化松香与氧化锌和邻-乙氧基苯甲酸混合，可用作补牙黏结剂，填充蛀牙空洞。

第二节　歧化松香

普通脂松香中含共轭双键型的树脂酸含量在 70％以上，为了减少共轭双键型树脂酸对橡胶单体的阻聚作用，必须将其转化成脱氢或氢化树脂酸。歧化反应是消除枞酸型树脂酸或尽可能地降低其含量的一种行之有效的途径，可使松香中共轭双键型的树脂酸含量大大降低，而使脱氢、氢化树脂酸的含量相应增加[13,14]，歧化松香中枞酸含量低于 0.5％，脱氢枞酸的含量一般在 45％以上。

一、歧化松香的制备

（一）松香歧化反应过程中树脂酸的变化

原料脂松香中含有 65％左右的枞酸型树脂酸（枞酸、长叶松酸和新枞酸）和 22％左右的海松酸型树脂酸（海松酸、异海松酸型酸和山达海松酸），在钯-炭催化剂（0.1％Pd/5％C）、270℃和 N_2 保护下反应 3h 完成歧化反应时，松香的组分发生了变化，大部分枞酸型树脂酸脱氢生成脱氢枞酸，所有的海松酸/异海松酸型酸全部氢化为二氢-(海松酸/异海松酸）型树脂酸，只生成少量的二氢枞酸。未发现四氢枞酸的存在。

在歧化脂松香中，除了大部分为脱氢枞酸外，检出了8种二氢树脂酸。二氢枞酸型酸包括13*β*-8(9)-二氢枞酸、13*β*-8(14)-二氢枞酸和13*β*-7(8)-二氢枞酸；二氢-(海松酸/异海松酸）型酸包括8(9)-二氢海松酸、8(14)-二氢海松酸、8(9)-二氢异海松酸、8(14)-二氢异海松酸和7(8)-二氢异海松酸。

中性物在脂松香中含量约8.8%，歧化反应后增至13.9%。大部分脱氢枞酸在20min内反应生成（生成脱氢枞酸总量的50%仅需5min)，枞酸含量也相应减少。然后，二氢树脂酸增加（生成二氢树脂酸总量的50%需要35min)，速度显然很慢。由于海松酸型酸的脱氢过程比其加氢过程要快得多，因而只形成少量的二氢枞酸型树脂酸。海松酸/异海松酸型酸的环外乙烯基没有共轭双键，空间位阻较小，比较容易氢化，因此全部氢化为二氢-(海松酸/异海松酸）型树脂酸。

宋湛谦等[13]采用自行制备的钯-炭催化剂进行中国脂松香的歧化反应（反应过程见图6-5-4)，由于催化剂比较新鲜，活性较大，容易使二氢枞酸进一步加氢，生成四氢枞酸，因此在松香歧化反应产物中鉴定出3种四氢枞酸，即13*β*-四氢枞酸，9*β*,13*β*-四氢枞酸和18-四氢枞酸，其总含量大于10%。

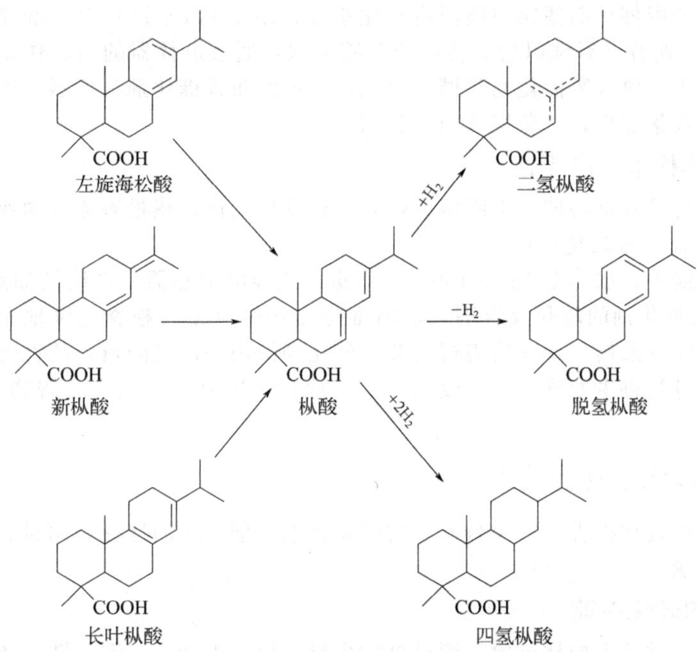

图6-5-4 松香中树脂酸歧化反应过程

（二）歧化松香生产工艺

松香歧化反应一般是采用催化歧化的方法，生产工艺路线有固定床（连续法）和悬浮床（间歇法）两种，它们各有优缺点。固定床是连续操作，便于自动化，设备结构比较简单，而且催化剂固定不动，不易磨损，损失较少，也无需单独的催化剂分离装置。但如果原料松香的品质不一致，歧化松香产品的质量会受到影响，生产的连续性也会被破坏。悬浮床是间歇分批操作，原料松香的不一致性对其影响不大，可得到质量稳定的歧化松香产品。但催化剂悬浮在物料中，又带有搅拌，导致设备增加且复杂。此外，搅拌使催化剂粒度变小，分离困难加大，且损失增多。通常根据生产规模大小、原料来源是否一致等条件决定生产工艺。

1. 间歇法歧化松香生产工艺

（1）歧化过程　将松香块送入熔解锅，经盘管加热器加热至160℃。待松香全部熔化后，用泵经计量输送进反应釜内。在15min内完成投料，随后加入催化剂钯-炭。钯与炭的比例为5∶95，而钯-炭与水的比例为30∶70，钯-炭催化剂用量为原料松香用量的0.15%（以绝干计）。待加完原料与催化剂后，反应釜内通入氮气。以100r/min的搅拌速度搅拌均匀。釜内温度升至280℃。从加料开始到升温至280℃，大约需用1h。

在280℃的温度下，反应1.5～2.0h后开始取样，用紫外吸收光谱检测样品枞酸含量。歧化反应过程约需4h完成。反应结束后放料至中间受器，由此放入贮槽。整个歧化反应周期为6h，产率为96%。

在歧化过程中，部分挥发性物质和分解产物经冷凝回收排入受器，约占原料松香重量的2%，可与重油混合，作燃料用。

（2）过滤过程　歧化反应完成后，用带有保温夹套的高温泵将松香输送至催化剂高温过滤器，趁热（约260℃）进行过滤。催化剂过滤器内装置空心搅拌器，搅拌器由18～20块圆形不锈钢空心过滤板组成。过滤器的下部有四个进出口。高温歧化松香液由下部进入过滤器，滤去催化剂，循环过滤几次，最后放进贮槽。一部分直接装桶，即为成品歧化松香，大部分送去皂化。

过滤网上滤出的废催化剂滤饼中残留有歧化松香，用2%碱水进行多次洗涤，约可回收占原料松香重1%的歧化松香。碱洗以后，将过滤器灌满水，通过搅拌器的离心作用，滤饼与过滤网分离，与水一起排出，放入废催化剂贮槽。由此再经过滤布式催化剂过滤器，留在滤布上的废催化剂经离心脱水后收集起来，以备继续回收利用。

2. 连续法歧化松香生产工艺

连续法生产歧化松香是将催化剂固定在松香歧化反应塔内，热松香流经两座反应塔，塔内保持270～290℃，从而完成歧化反应。

松香加入熔化锅中，加热至150～160℃，借重力流经电加热器，继续被加热至270～290℃。然后进入装有钯-炭催化剂的歧化反应塔，塔内维持280～290℃，松香连续地发生歧化反应，反应完成后流入歧化松香贮槽，冷却后进行包装。催化剂使用一段时间后，活性降低或消失，将其从反应塔中取出，进行再生处理后可重复使用。反应过程中有少量松香分解物，经冷凝器回收，可作载热体的燃料。

（三）影响歧化过程的因素

用钯催化剂生产歧化松香时，原料松香的歧化性能、催化剂的选择和用量、歧化温度、水质等对歧化效果有影响。

1. 原料松香的歧化性能

原料松香必须经过预先抽样试验，测试枞酸含量。松香中杂质（铜、铁、硫等）的含量亦需要在许可范围之内。

2. 催化剂的选择

催化剂对松香歧化反应有着决定性的影响。各国研究者曾对催化剂进行过许多研究，发现镍、铂、钯、硫、硒、碘、二氧化硫等都有催化效果，并认为钯、碘、硫效果更好。碘因对设备腐蚀严重，妨碍了它在工业上的应用。硫的缺点是催化剂用量大（2%～3%），在285℃下反应时间长达6h，歧化后枞酸含量过高（1%～2%），放置或皂化后颜色变深，反应过程中产生的硫化氢需要专门的设备加以吸收，并需用水蒸气蒸馏以除去歧化松香中残余的硫，不适于工业应用。钯由于用量少，易于回收，工艺简单，产品质量好，在工业上得到了广泛应用。

载体选择对催化剂的活性大小影响较大，从而影响歧化效果。原料松香（酸值164.2，皂化值176，不皂化物含量3.4%，枞酸含量24.7%）用不同载体的钯催化剂催化歧化，产生不同的歧化效果。这是因为它们的表面性质，如比表面积、孔隙率、平均孔径、表面粗糙度等不同，使催化剂中毒的杂质含量亦不同。钯-炭催化剂的效果最好，反应生成物中枞酸的含量最低。

活性炭的表面状态对歧化反应进程产生影响，表面凹凸程度愈大愈好，粒子愈小愈好。活性炭粒度和数量对歧化反应的影响结果表明，用钯量相同时，增加活性炭的数量可明显地促进歧化反应。60～75 目的活性炭数量由 0.08%增至 0.40%时，枞酸含量由 13.5%降至零。活性炭数量相同时，其粒度降低也可明显促进歧化反应。如活性炭用量同为 0.40%，60～75 目粒度的活性炭歧化 3h 枞酸含量达到零，而 120～150 目粒度的活性炭歧化 2h 枞酸含量就达到零。

活性炭数量大，虽然可促进歧化反应，但增加过滤、回收的负荷，而且降低钯灰中的钯含量。活性炭的粒度降低则对过滤装置的要求提高。活性炭数量增大和粒度降低以不过分影响钯回收率为原则。

3. 催化剂用量

试验证明，催化剂钯-炭的用量对歧化反应速率有较大的影响，当催化剂钯用量较大时，枞酸含量在歧化反应 1h 后降为零。用量较小，则需较长的时间枞酸含量才能降至零。同时，脱氢枞酸的含量亦随钯用量的增大而递增。

增大钯催化剂的用量，虽然歧化反应速度快，产品中脱氢枞酸含量高，但催化剂消耗多，同时产品中由于脱氢枞酸含量过高，歧化松香结晶严重。如脱氢枞酸含量控制在 50%左右，既可节省催化剂，又可使结晶情况大大改善，仅轻微结晶。因此，歧化松香钯-炭催化剂的用量一般为松香量的 0.15%～0.2%，载钯率为 3%，则钯用量与松香的质量比以 0.45×10^{-4}～0.6×10^{-4} 为宜。

4. 歧化温度

提高温度可加快歧化反应的速度。同样的活性炭粒度与数量，相同的用钯量，在 270℃下反应 3h 枞酸含量仍在 5%以上，而在 280℃下反应 3h 则枞酸含量可降至 0.5%以下。提高温度有利于歧化反应，但会使酸值略有降低。如果温度过高（超过 300℃），松香会出现严重的脱羧现象。一般悬浮床歧化工艺温度为（270±10)℃。

5. 水质

为了提高钯的活性，应尽量除去能使催化剂中毒的物质，这对催化剂制备时的水质提出一定的要求。歧化生产用水必须使用阳离子交换树脂处理过的软化水，质量见表 6-5-1。

表 6-5-1 歧化松香生产用软化水质量指标

项目	质量指标	项目	质量指标
全硬度/(μg/g)	<0.9	氧含量/(μg/g)	<10
硅含量/(μg/g)	<20	固体杂质含量/(μg/g)	<100
铁含量/(μg/g)	<0.1	pH 值	7

（四）钯-炭催化剂的回收和制备

由于钯来源少、价格贵，所以失去活性的催化剂必须进行回收。钯回收的方法有氨化法、氯气-盐酸法、熔融法、还原法等，其中以还原法比较简便易行。还原法钯-炭催化剂回收与制备的工艺流程，主要由废钯-炭催化剂的煅烧回收，钯的再生、还原、溶解和纯化过程，以及钯-炭催化剂的制备三部分组成。

二、歧化松香的性质与用途

歧化松香分为特级品、一级品。各项技术指标应符合规定（LY/T 1065—2022)，具体质量指标见表 6-5-2。

表 6-5-2　歧化松香质量指标

指标名称		特级品	一级品
颜色，罗维邦色号	≤	黄，20 红，2.1	黄，30 红，2.5
枞酸含量/%	≤	0.1	0.5
脱氢枞酸含量/%	≤	52.0	45.0
软化点(环球法)/℃	≥	75.0	75.0
酸值/(mg/g)	≥	155.0	150.0
不皂化物含量/%	≤	10.0	10.0

歧化松香钾皂的质量指标见规定（LY/T 1065—2022）。

歧化松香的主要用途是用作合成橡胶的聚合乳化剂。用歧化松香作丁苯橡胶的乳化剂时，脱氢枞酸、二氢枞酸使丁苯的聚合速度加快，而当有共轭双键型树脂酸存在时，丁二烯和苯乙烯的聚合速度显著减慢，非共轭双键型树脂酸的存在影响则很小。另外，歧化松香还大量用于制造水溶性压敏胶黏剂，也可作为橡胶组分的拼料、胶黏剂的增黏剂等。

第三节　聚合松香

聚合松香是松香改性产品中的重要品种之一，是松香中枞酸型树脂酸的共轭双键发生双分子聚合反应得到的产品，以二聚体为主体，含有松香单体及松香烃等混合物，尚有少量三聚体。它与松香相比具有更高的分子量、较高的软化点和较低的酸值，抗氧化性强，不易结晶，在有机溶剂中有更高的黏度等。主要反应过程如图 6-5-5 所示。

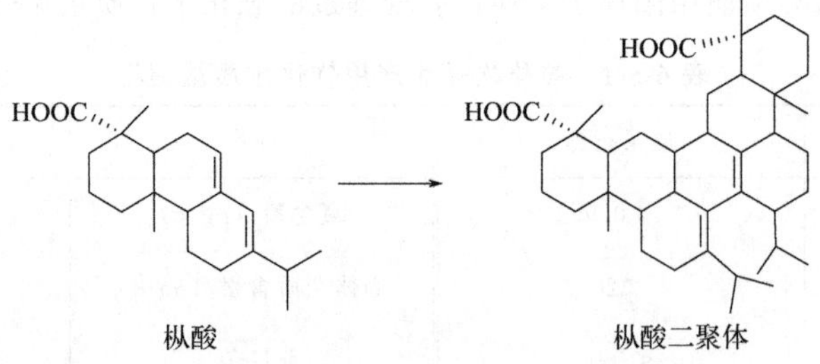

图 6-5-5　聚合松香主要反应过程

一、聚合松香的制备

目前主要采用两种工艺生产聚合松香。文献[15-18]曾对氯仿-硫酸法和氯化氢-氯化锌法两种聚合工艺进行了详细报道，但是这两种工艺存在氯仿毒性大和氯化氢腐蚀性强等缺点，不适合工业化生产。近年来，研究者开展了以固体超强酸为催化剂的制备工艺的研究[16,17]，但亦未有大规模工业化生产。

（一）硫酸法聚合工艺

粉碎的松香经汽油溶解、硫酸催化聚合，经澄清、中和、洗涤、蒸馏等工序而得到聚合松香产品。方框流程见图 6-5-6，生产工艺流程见图 6-5-7[18]。

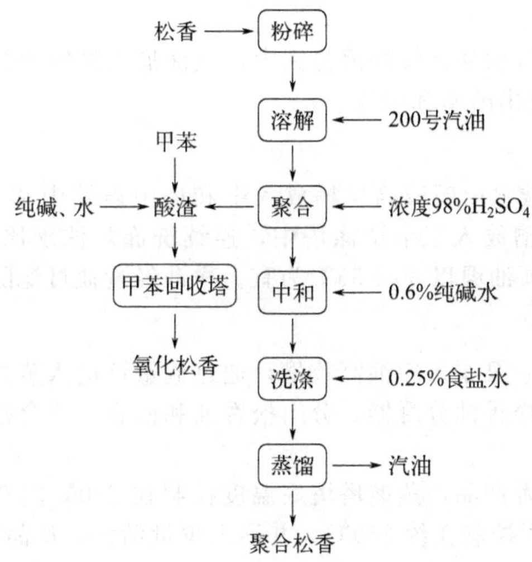

图 6-5-6　硫酸法聚合松香生产方框流程

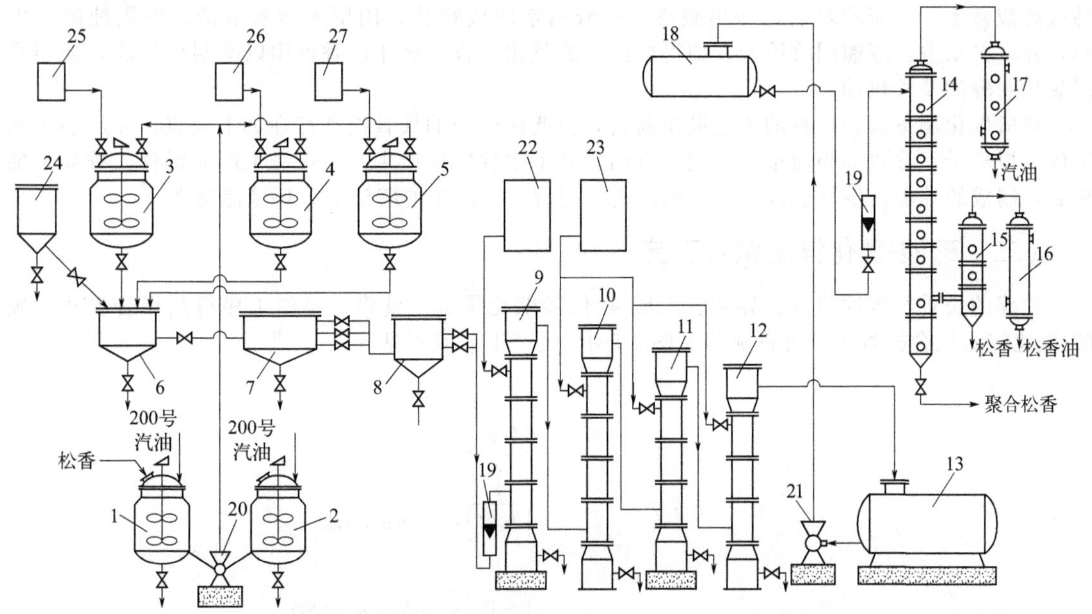

图 6-5-7　聚合松香生产工艺流程

1，2—溶解釜；3～5—反应釜；6—缓冲澄清锅；7—连续澄清槽；8—高位槽；9—中和塔；10～12—洗涤塔；13—净油贮槽；14—连续蒸馏塔；15—松香油分凝器；16，17—冷凝器；18—净油高位槽；19—流量计；20，21—离心泵；22—碱液高位槽；23—热盐水高位槽；24—汽油高位计量槽；25～27—硫酸高位计量槽

1. 溶解

将松香与汽油按质量比 1∶1 或 1∶1.1 加入溶解釜，搅拌溶解，由离心泵送入聚合反应釜中，开动搅拌。

2. 聚合

将相对密度为 1.84 的工业浓硫酸由高位槽缓慢加入反应釜，硫酸用量视生产聚合松香牌号的不同而不同。加酸速度先快后慢，控制在 2h 左右加完。反应温度从加酸时的 35℃放热上升至 55℃，保温 4h，将至终点时降温至 45℃。反应完毕，反应液入缓冲澄清锅。

3. 澄清

将 200 号汽油由高位计量槽加入缓冲澄清锅中，汽油加入量约为原加入汽油量的 80%，然后放入澄清槽，待澄清 1h 后放出酸水和酸渣。

4. 中和、洗涤

反应透明液用 0.6%纯碱水由碱液高位槽放入中和塔中连续中和，塔底排水 pH 值为 3。将 0.25%食盐水由热盐水高位槽放入三个洗涤塔中，连续洗涤，油水比约 1∶2.5，废水从塔底排出，pH 值为 5.8～6.4。塔顶油温以 50～55℃为宜。净油经食盐过滤除水后进入贮槽。

5. 蒸馏

净油贮槽中的净油由离心泵泵入净油高位槽，通过流量计进入蒸馏塔，蒸出并回收 200 号汽油。松香油和未聚合物进入松香油分凝器，分出松香油和松香。聚合松香产品从连续蒸馏塔塔底放出。

若生产 115 牌号聚合松香产品，蒸馏塔塔底温度控制在 210℃左右，塔底不通活汽。如生产 140 牌号聚合松香，塔底温度控制在约 260℃，并通入少量活汽，产品得率可达 68%左右。

6. 酸渣及甲苯回收

连续澄清槽放出的酸水，用玻璃纤维过滤除去少许酸渣，浓缩至 98%，可用以制取过磷酸钙或硫酸铵等。放完酸水后，即出酸渣。酸渣遇水即成粒状，用甲苯溶解酸渣，再用纯碱水中和，并多次水洗。蒸馏回收甲苯，即得棕红色的氧化松香。氧化松香可用以配制低档漆，或经高温裂化制轻油及松焦油。

硫酸催化制备聚合松香的工艺简单易行，但此法生产的聚合松香存在如下缺点：a. 产品中残留硫酸根离子，导致油墨质量不稳定，有结块和不溶性颗粒产生；b. 该法生产的聚合松香如果酯化后，制成的油墨油溶性能较差；c. 此法硫酸用量大，产生的酸渣多，环境污染大。

（二）硫酸-氯化锌法聚合工艺

粉碎的松香经汽油溶解、异构、硫酸-氯化锌催化聚合、洗涤、蒸馏工序得到聚合松香。硫酸-氯化锌法聚合松香生产方框流程见图 6-5-8，生产工艺流程见图 6-5-9[15]。

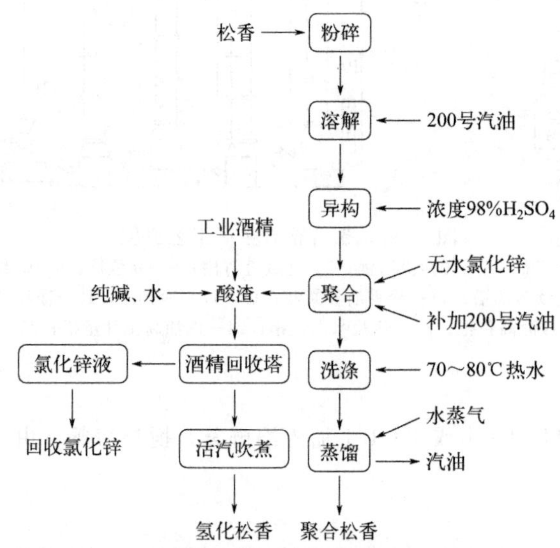

图 6-5-8　硫酸-氯化锌法聚合松香生产方框流程

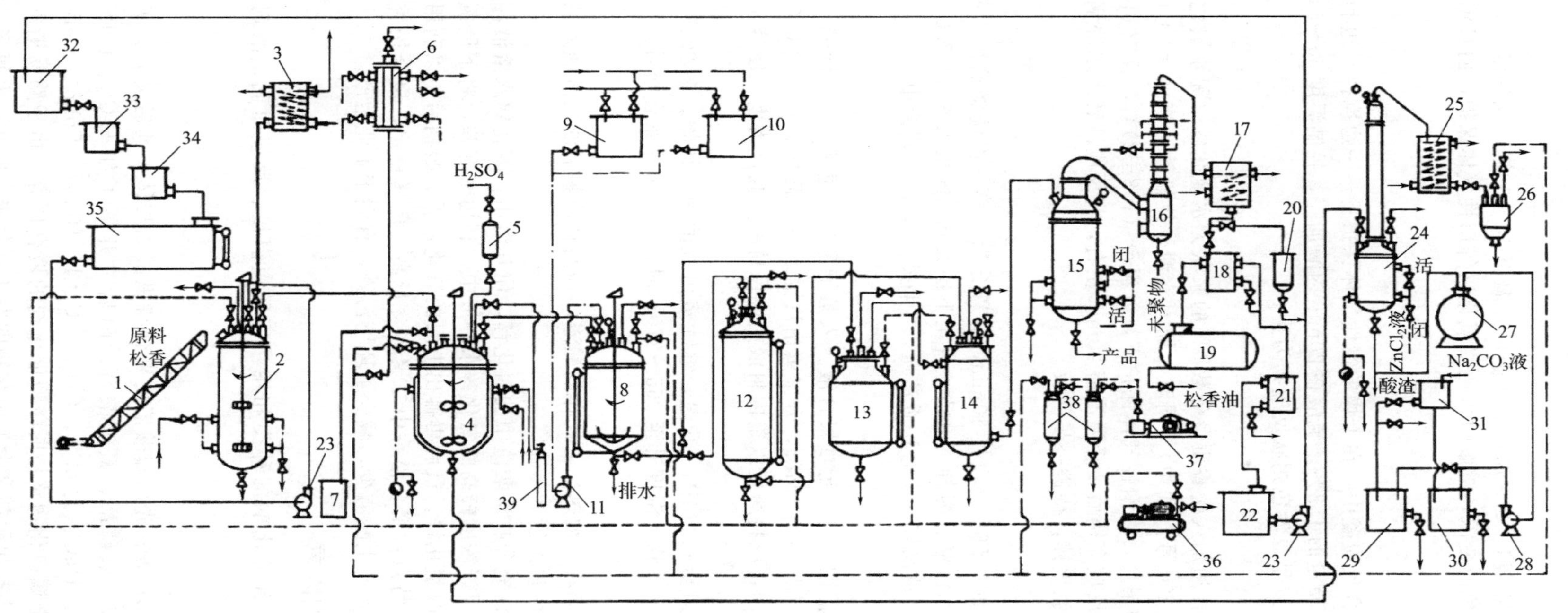

图 6-5-9　硫酸-氯化锌法聚合松香生产工艺流程

1—皮带运输机；2—溶解釜；3—溶解冷凝器；4—聚合反应釜；5—硫酸计量罐；6—石墨冷凝器；7—氯化锌或酒精计量槽；8—水洗锅；9，10—热水贮槽；11—热水泵；12～14—贮罐；15—间歇蒸馏釜；16—未聚香回收塔；17，25—冷凝器；18—油水分离器；19—松香油贮罐；20—低沸未聚香贮罐；21—盐滤器；22—汽油中间贮槽；23—汽油转液泵；24—酒精回收塔；26—真空缓冲罐；27—氯化锌液澄清罐；28—转液泵；29，30—氯化锌澄清槽；31—碳酸锌贮槽；32—油高位槽；33—盐滤器；34—分子筛脱水器；35—无水汽油贮槽；36—空气压缩机；37—真空泵；38—真空缓冲罐；39—二氧化碳钢瓶

1. 溶解

将粉碎的松香与汽油按质量比 1∶0.9 加入溶解釜，升温至 54～56℃，搅拌溶解，至呈淡黄色透明溶液。为避免松香氧化色泽变深，溶解时可通二氧化碳等惰性气体保护，而且温度不宜过高，一般控制不超过 60℃。

2. 异构

将溶解好的松香液压入聚合反应釜中，在干燥的惰性气体保护下，一边搅拌一边滴加质量浓度为 98%的硫酸，用量为松香质量的 1.2%。硫酸在 20min 内滴加完，控制温度 50～54℃。滴酸完毕后，保持此温度异构 1h，以呈豆沙色粥状反应物为止。

3. 聚合

在异构好的松香中，边搅拌边加入松香质量分数 5%的浆状无水氯化锌（无水氯化锌粉末为避免吸水，事先保存在脱水的 200 号汽油中）。同时，加入汽油，使松香∶汽油＝1∶1。反应初期温度控制在 50℃，氯化锌加毕后，在惰性气体保护下，升温至（108±2)℃，反应 6h，随着温度上升反应液转变为酱红色。反应完毕后，降温澄清 20min 左右，将反应液转入水洗锅内，余下酸渣。酸渣中含有氧化松香、氯化锌，待进一步回收。

4. 洗涤

于酱红色聚合物中加 70～80℃热水，搅拌 10min，静置分层。第一次洗涤液排入回收槽中，以备氯化锌回收。然后再加热水洗涤、搅拌、澄清，直至下层废水 pH 值为 6.8～7.0，以用 1%氯化钡溶液检查无 SO_4^{2-} 为准。洗涤好的聚合松香液压入中间贮罐，以备蒸馏用。

5. 蒸馏

蒸馏采用常压间歇水蒸气蒸馏。将一定量聚合液压入蒸馏釜后，通入 450～500℃过热蒸汽，闭汽压力 0.45～0.55MPa，活汽压力 0.1MPa，升温蒸出汽油。当釜温升至 120～130℃时，开始连续从中间贮槽压料至蒸馏釜内，压料速度以釜内料液始终保持一定高度为度，使蒸出的汽油与压入的料液保持平衡，液温为 130℃。

压料完毕后，加大活汽压力至 0.2MPa，升温，继续蒸出汽油和中性物。在 200℃以前回收汽油，随后分离松香油及中性未聚物。温度升至 265～270℃时，放出成品聚合松香。

6. 酸渣及酒精回收

在聚合反应釜内加入工业酒精，加热洗去残存的酸渣。经酒精溶解后的酸渣抽入酒精回收塔进行精馏蒸出工业酒精，控制塔顶温度 80～90℃。

酸渣的回收：利用塔釜活汽充分吹洗酸渣中的氯化锌，使其溶出。氯化锌水溶液相对密度控制在 1.2 以上，此时氧化松香浮于浓度较高的氯化锌水溶液中，利用密度差，将下层氯化锌水溶液放入氯化锌澄清槽，以备回收氯化锌。最后再排出上层的氧化松香，装桶后予以利用。

硫酸-氯化锌法聚合工艺的特点：聚合松香中二聚体含量高，色泽稳定，聚合松香得率较硫酸法高；此工艺中硫酸用量少，产生酸渣少，减少了环境污染，有利于工业生产。

（三）影响松香聚合的因素

影响松香聚合的主要因素有催化剂的种类和用量、反应温度、反应时间、溶剂、搅拌强度等[4]。

1. 催化剂的种类

1919 年德国格隆（A. Grun）等首先用硫酸催化聚合得枞酸二聚体。其后又研究了多种催化剂，如盐酸、氢氟酸、氢溴酸、氟磷酸、氟硼酸等。随后又开展了如 $FeCl_2$、$FeBr_3$、$FeBr_2$、$ZnCl_2$、$AlCl_3$、$SnCl_4$、$TiCl_4$、$HgCl_2$、$CoCl_2$、$CuCl_2$、CuCl、$HgBr_2$、$CoBr_2$、$CuBr_2$、CuBr、H_2SnCl_6、H_2SnBr_6 和 BF_3 等金属卤化物路易斯酸型催化剂的聚合研究。由于路易斯酸型催化剂活性小，聚合效果不理想，有人提出硫酸和金属卤化物的两步催化法。此外，近年来亦有人研究用超强酸、分子筛、阳离子交换树脂、硫酸-离子液体复合催化剂等催化松香聚合。我国生产聚合松香的催化剂主要为硫酸、硫酸-氯化锌等。美国聚合松香生产使用的催化剂主要为硫酸、二氟化硼，日本为氢氟酸。

2. 催化剂的用量

溶剂、催化剂和松香中枞酸的相对比例是最重要的反应变数之一。以氯仿-硫酸-枞酸为例，不同浓度的枞酸氯仿溶液中，硫酸与枞酸的比例和二聚体产量的关系见图 6-5-10。由图 6-5-10 可见，硫酸和枞酸的比例只在一个狭窄的范围内，才能得到最大量的二聚体，而这个最适宜的比例随着枞酸在氯仿中浓度的变化而不同。在 7.5g 枞酸/100mL 氯仿溶液中，硫酸与枞酸摩尔比为 2.1∶1 时，二聚体产量最大；而 3.75g 枞酸/100mL 氯仿溶液中，最宜摩尔比则为 3.0∶1；30g 枞酸/100mL 氯仿溶液中，最宜摩尔比为 1.3∶1。由此可见，在硫酸作催化剂时，其用量应视原料的不同与产品规格的不同而变化。

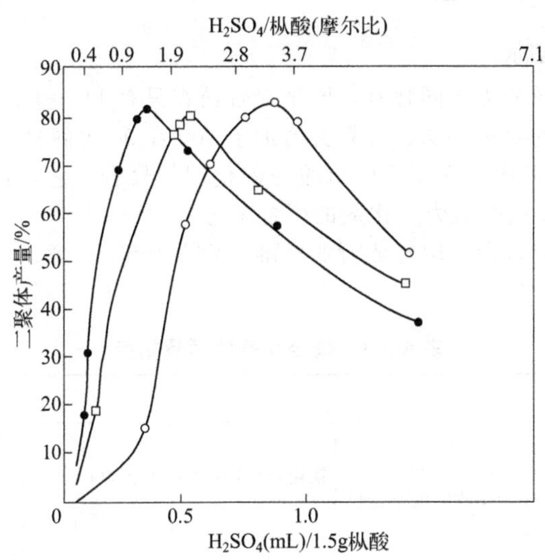

图 6-5-10　二聚反应中硫酸与枞酸比例和二聚体产量的关系

—●— 30g 枞酸/100mL $CHCl_3$；—□— 7.5g 枞酸/100mL $CHCl_3$；—○— 3.75g 枞酸/100mL $CHCl_3$

3. 溶剂

氯仿、醋酸、二氯乙烷、苯、甲苯、异辛烷、庚烷、汽油等均可用作聚合反应的溶剂。其中以氯仿、醋酸为溶剂生产的聚合松香二聚体的产量最高；苯、甲苯、二氯乙烷次之；烃类溶剂最差。但生产中常用汽油作为溶剂，由于汽油毒性小、价格低廉、回收方便，且松香中的深色氧化物不溶于汽油，所得聚合松香颜色浅。

4. 反应温度

松香聚合过程中，反应温度升高有利于聚合反应的进行，随着温度的升高，聚合松香的软化点升高，但脱羧严重，使酸值下降，氧化亦趋于剧烈，使产品颜色加深。

如图 6-5-11 所示，温度超过 50℃时脱羧严重，低于 30℃时反应速度很慢，故反应温度一般以 40～50℃为宜。

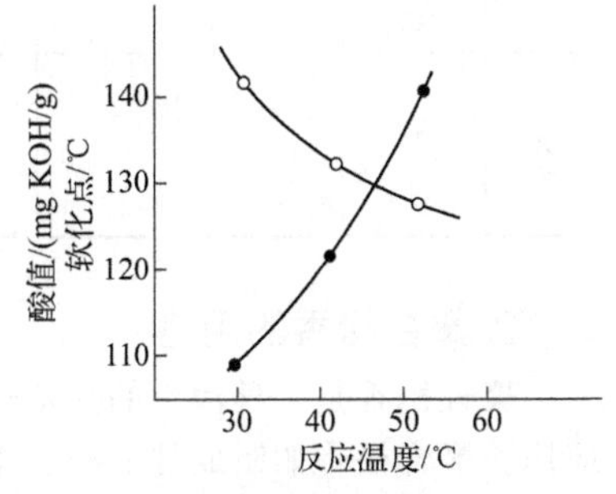

图 6-5-11　聚合松香酸值、软化点与反应温度的关系

—○—酸值；—●—软化点

5. 反应时间

催化剂硫酸和枞酸的量影响反应速度，当硫酸浓度提高时，反应时间大大缩短。通常条件下，二聚体产量与反应时间的关系见图 6-5-12。可见，聚合反应在 2h 内就接近完成，2～7h 内二聚体含量增加很小。我国硫酸法生产时，一般控制反应

时间为 3～4.5h。

6. 搅拌强度

搅拌可使松香、硫酸、汽油溶液等物料均匀反应，减少局部过热，搅拌强度十分重要。搅拌装置采用涡轮式，速度达到 200r/min。

7. 其他条件的影响

不同种类松香的聚合反应的效果也不同。枞酸聚合生成二聚体含量较高，脂松香和木松香次之，浮油松香聚合效果稍差。

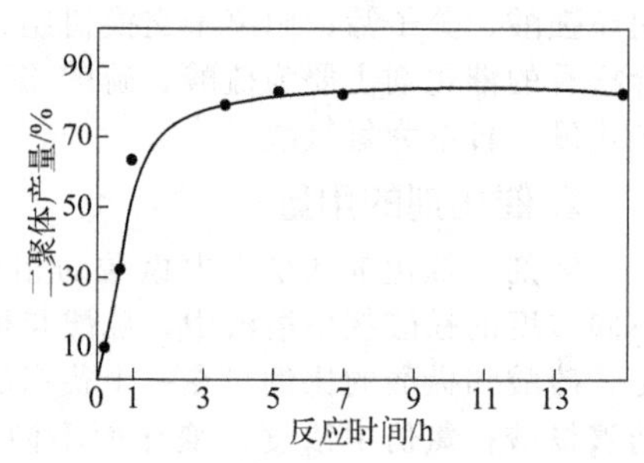

图 6-5-12　二聚体产量与反应时间的关系

二、聚合松香的性质与用途

1. 聚合松香的质量指标

聚合松香按软化点不同分为不同牌号，原来聚合松香只有 115 和 140 牌号，随着生产工艺的进步和市场上对产品种类的要求提高，近来又增加了 100 和 90 等牌号。按松香聚合工艺的不同，分为 A、B、C 三个型号，其中，A 型为以硫酸为催化剂的聚合工艺，B 型为以硫酸-氯化锌为催化剂的聚合工艺，C 型为以超强酸为催化剂的聚合工艺。

聚合松香的质量指标应符合中国林业行业标准 LY/T 1065—2022《松香深加工产品》中聚合松香的技术要求，见表 6-5-3。

表 6-5-3　聚合松香的质量指标

牌号	型号	指标						
		外观	颜色		软化点(环球法)/℃	酸值/(mg/g) ≥	乙醇不溶物/% ≤	热水溶物/% ≤
			加德纳比色 ≤	玻璃色块比色 ≤				
140	A	透明	9	三级	135.0～145.0	140.0	0.050	0.20
	B		10	四级			0.030	
	C		9	三级			0.050	
115	A		9	三级	110.0～120.0	145.0	0.050	
	B		10	四级			0.030	
	C		9	三级			0.050	
100	A		8	二级	98.0～103.0	150.0～160.0	0.050	
	B						0.030	
	C						0.050	
90	A		7	二级	90.0～98.0		0.050	
	B						0.030	
	C						0.050	

2. 聚合松香的用途

聚合松香是一种浅色的热塑性树脂，可直接应用，也可以与多元醇或碱反应生成酯类或盐类应用。聚合松香如制成甘油酯、季戊四醇酯、马来酸酐改性树脂或酚醛改性树脂时，则其有更好的抗氧化性和抗结晶性。其主要应用于油墨、涂料、胶黏剂、合成树脂、造纸施胶剂、口香糖基础剂等[5]。

利用聚合松香或其深加工产品作为树脂制得的油墨、涂料具有光泽好、固着快、保色性好和立体感强等优点；作为增黏剂用于压敏型、热熔型胶黏剂中，能提高胶黏剂的粘接性，降低成本；还可用于电缆浸渍油增加其黏度，也可用于电子助焊剂、造纸施胶剂、光学树脂胶、乐器松香、金属催干剂、建筑材料等中。此外，可用于与食品包装有关的胶黏剂、涂料和纸张中，亦可用作口香糖的胶基。

第四节　马来松香

马来松香是松香与马来酸酐（顺丁烯二酸酐）通过狄尔斯-阿尔德尔（Diels-Alder）反应所得到的产物[1,18]。马来松香出现于 20 世纪 30 年代，是目前产量大、用途广的改性松香品种之一，并逐步应用在造纸、油漆、油墨、建筑、化工、有机合成等领域[15]。我国自 1975 年开始研制马来松香，将其作为强化施胶剂取代天然松香应用于造纸工业[19]。

一、马来松香的制备

马来酸酐与左旋海松酸起狄尔斯-阿尔德尔（Diels-Alder）反应生成马来海松酸酐加合物，这是一种典型的双烯加成反应。松香主要由树脂酸组成，其中左旋海松酸的共轭双键在同一环上，更有利于双烯加成反应的进行[20]。当松香和马来酸酐反应时，左旋海松酸在室温下即可与之反应，而松香中其他各种枞酸型树脂酸如枞酸、新枞酸、长叶松酸则需热异构化为左旋海松酸，才能与马来酸酐发生加成反应生成马来海松酸酐加合物。此外，将马来酸酐加到含有微量左旋海松酸的平衡混合物中，也可发生双烯加成反应，并使平衡混合物不断向生成微量左旋海松酸与马来酸酐反应的方向推移，通过该反应获得大量的马来海松酸酐加合物[15]，其反应路线如图 6-5-13 所示。

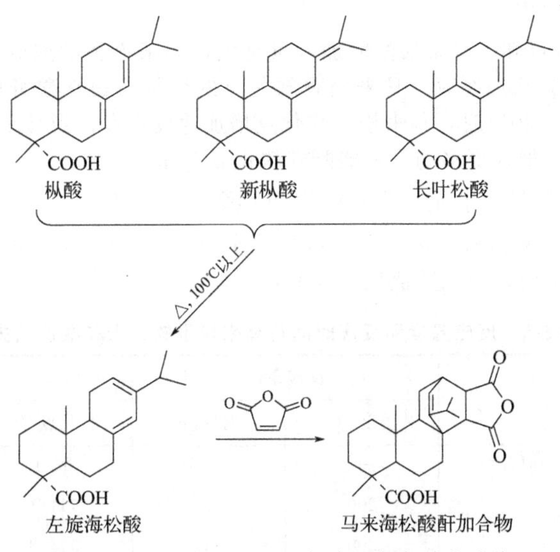

图 6-5-13　马来海松酸酐加合物制备技术路线

工业中一般在 150℃以上制取马来松香，得到的马来松香实际上是由 50%以上马来海松酸酐加合物、约 35%未起反应的树脂酸以及 10%中性物质组成的混合物。马来海松酸酐分子式 $C_{24}H_{32}O_5$，分子量 400.52，熔点 226～227℃，比旋光度 $[\alpha]_D=-29.6°$（氯仿中）[18]。

Ray. V. Lawrence 认为，枞酸与马来酸酐在 200～250℃范围内加热 30min，也会得到同样结构的马来酸酐加合物。

此外，马来酸和富马酸在一定的条件下同样能够与松香中的左旋海松酸起 Diels-Alder 反应，所得产物分别是马来酸松香、富马松香[18]。

（一）马来酸酐松香的制备

先将脂松香粉碎到20～40mm，加热熔化，当料温达到150～165℃时，开始搅拌，并加入马来酸酐（其量根据所需的马来松香规格确定）。该加成反应属于放热反应，料温会迅速上升至190～200℃，维持此温度搅拌反应约3h，即可得马来松香。生产工艺条件的选择可根据马来松香规格确定。

1. 马来酸酐加入量对马来松香软化点、酸值、皂化值的影响

马来酸酐加入量与制备的马来松香的软化点、酸值和皂化值的关系如表6-5-4所示。

表6-5-4　马来酸酐的加入量与马来松香的软化点、酸值和皂化值的关系

名称	反应条件			马来松香		
	马来酸酐加入量/%①	温度/℃	时间/h	软化点/℃	酸值/(mg/g)	皂化值/(mg/g)
特级天然松香	0	—	—	72.5	166.3	100
0%马来松香	0	200	5	76.8	164.8	—
3%马来松香	3	200	5	88.6	177.5	209
5%马来松香	5	200	5	89.6	185.7	222
10%马来松香	10	200	5	101.7	205.8	252
15%马来松香	15	200	5	109.7	221.9	292
20%马来松香	20	200	5	118.2	233.9	325
30%马来松香	30	200	5	132.2	261.2	385

① 指100g松香对应的马来酸酐加入量。

由表6-5-4中的数据可知，马来酸酐的加入量越大，马来松香的酸值、皂化值、软化点就越高。当马来酸酐加入量小于15%时，马来松香软化点的增加与马来酸酐加入量成正比关系；当马来酸酐加入量在15%～30%时，马来松香软化点增加速度变慢；当马来酸酐加入量为30%时，马来松香软化点最高，再加入更多的马来酸酐则软化点下降。

2. 反应温度和反应时间对马来松香软化点和酸值的影响

100份松香与15份马来酸酐，在160～200℃内分别反应1h、3h、5h。反应结束后，分别测定马来松香的软化点和酸值，详细数值见表6-5-5。

表6-5-5　反应温度和反应时间与马来松香软化点和酸值的关系

名称	反应条件		马来松香	
	温度/℃	时间/h	软化点/℃	酸值/(mg/g)
15%马来酸酐加三级松香的混合物	—	—	63.1	230.3
15%马来松香①	200	1	111.1	225.7
15%马来松香	200	3	111.3	223.9
15%马来松香	200	5	111.6	223.3
15%马来松香	180	1	110.2	225.4
15%马来松香	180	3	112.5	224.0
15%马来松香	180	5	112.2	223.9
15%马来松香	160	1	108.9	225.9
15%马来松香	160	3	111.3	225.8
15%马来松香	160	5	111.9	226.4

① 100份松香与15份马来酸酐反应所得到的马来松香，简称15%马来松香。

由表 6-5-5 中的数据可知，温度在 160℃以上，一定时间后加成反应基本上可以完成。反应温度提高，反应时间缩短；反应温度降低，反应时间增长。当温度高于 200℃时，马来松香软化点稍微降低，颜色变深，故反应温度以不超过 200℃为宜[8]。

根据表 6-5-4 和表 6-5-5 可知，马来松香制备工艺条件为：反应温度 190～200℃，反应时间 3h，马来酸酐用量 15%。但生产中可按产品要求，选择确定相应的工艺条件。

（二）马来酸松香的制备

马来酸的价格相比于马来酸酐较为低廉，且来源充足，为此研究了马来酸松香的制备与应用。

马来酸同马来酸酐一样，在一定的条件下也能与松香中的左旋海松酸发生加成反应，马来酸在加热条件下脱水生成马来酸酐，再与松香发生加成反应，制备路线如图 6-5-14 所示。

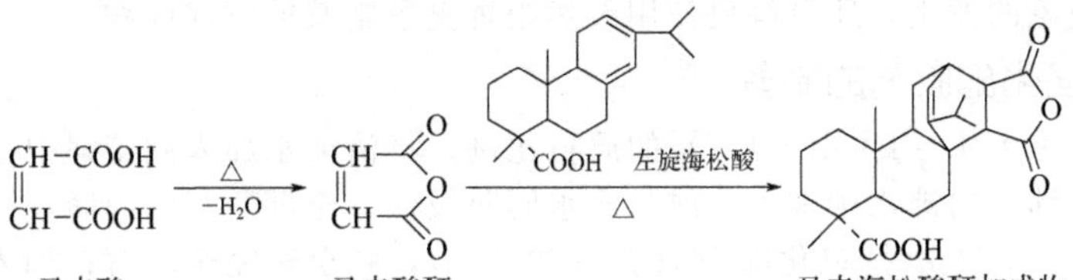

图 6-5-14　马来酸松香的制备路线

马来酸松香的制备工艺条件与马来松香基本相同，但是马来酸加热时由于脱水反应会使料液暴沸或溢泡，应注意控制温度与投料方式。此外，15%、18%或 20%马来酸松香的品质与马来酸酐松香相当，仅软化点及酸值略有降低。用作施胶剂时，3%马来酸松香与 3%马来酸酐松香的施胶效果基本相同。但若生产 15%马来松香，以马来酸为原料的生产成本较用马来酸酐降低 10%～15%。

二、马来松香的性质与用途

马来松香是一种无定形透明固体树脂，其中加合物主要为马来海松酸，分子式 $C_{24}H_{52}O_5$，分子量 400.52。按马来酸酐的加入量不同分为 115 马来松香和 103 马来松香两个品种，产品的质量指标见表 6-5-6（GB/T 14021—2009）。

表 6-5-6　马来松香的质量指标

项目			质量指标	
			115 马来松香	103 马来松香
外观			透明固体	透明固体
颜色	色泽		红棕	黄红
	不深于“中国松香颜色分级标准”		—	五级
软化点(环球法)/℃		≥	106.0	84.0
酸值/(mg/g)		≥	220.0	178.0
皂化值/(mg/g)		≥	280.0	192.0
马来酸酐加合物含量(质量分数)/%		≥	47.0	10.0
乙醇不溶物含量(质量分数)/%		≤	0.060	0.050

马来松香具有耐光、耐氧化和软化点高等特点，并且加合物分子结构中含有三个羧基，可与许多化合物发生反应生成一系列衍生物，因而其用途十分广泛，主要用作纸张施胶剂，在涂料、

油墨、建筑、胶黏剂、合成橡胶、合成树脂等方面也得到了广泛的应用[18,20]。

（一）纸张施胶剂

马来松香作为造纸工业的强化施胶剂，已经取得了良好的效果[21]。马来松香制备的胶料，除天然松香皂化后生成的树脂酸钠和游离树脂酸外，主要含有马来海松酸钠和游离马来海松酸。相比于天然松香胶，此种胶料乳化后在乳液中的颗粒更小（多数粒径在 2μm 以下），分散度高。此外，胶料中马来海松酸有三个羰基，因此增加了羟基的活性，施胶时，羟基朝向纤维一边，硫酸铝-马来松香络合物就能更均匀地分布在纤维表面上，提高了施胶效果，从而提高了纸张的抗水度（施胶度），改善了纸张质量。因此，达到目标施胶度所耗胶量比天然松香胶少。对木浆、棉浆施胶时松香用量降低了 40%左右，对草浆、苇浆施胶时松香用量降低了 30%左右，同时相应地减少了纯碱和硫酸铝的用量，降低了生产成本。使用马来松香胶料，不仅减少粘辊、粘缸、糊网、脏毛巾等现象的发生，还可解决使用天然松香夏季施胶的沉淀问题[15]。

1. 马来松香强化施胶剂的制备

一般按马来松香：水＝1：(1～1.2) 的质量比例，将清洁水加入制胶锅中，用 0.2～0.3MPa 压力的蒸汽加热煮沸；向沸水中加入（或与冷水同时投入）全部所需的纯碱，一般用量为马来松香质量的 12.8%～15.5%（按皂化度为 70%～80%计），煮至碱完全溶解；加入石蜡并热熔，石蜡用量为马来松香质量的 1.5%～2%；控制蒸汽压力在 0.02～0.04MPa 范围内，在不断搅拌下将小块的马来松香分批加入制胶锅中进行熬胶。待泡沫消失后再加大蒸汽压力至 0.12～0.15MPa，使物料升温维持在 102～105℃，熬 3～4h，即可得黄色透明的强化松香胶。该强化松香胶的含水量约 25%～30%，游离马来松香约 15%～25%。熬好的马来松香胶与 60～70℃的热水借助蒸汽喷射器（蒸汽压力 0.4～0.5MPa）分散乳化，用水稀释为 18～20g/L 浓度的乳液于乳液池中，用泵循环使乳液充分混合，并控制在 35℃下保存备用。

为了减去造纸厂的熬胶工序，制备了马来松香膏状强化施胶剂与粉状强化施胶剂，供造纸厂直接选用[18]。

2. 膏状马来松香强化施胶剂的制备与质量指标

(1) 制备方法　将清水加入蒸汽加热夹套的熬胶锅中，加热至沸腾；再加入适量的碳酸钠，待碱溶毕，投入 103 马来松香，其与水的质量比为 1：1；用固体石蜡作为消泡剂，控制反应防止溢锅，加热至蒸汽压力不低于 0.2MPa，反应 3h，降低蒸汽压力至 0.1MPa，保温 1h；加入 1%～10%的减黏剂和 1%～5%的稳定剂，不断搅拌使之混合均匀（搅拌 15～30min），出锅即为膏状强化施胶剂[18]。

在膏状强化施胶剂中添加一定量的减黏剂可以降低膏状胶的黏度，使其在正常输送和储存温度条件下暴露于空气中，也不会形成硬而脆的泡沫状表皮，改善了胶的流动性能。但胶中只添加减黏剂尚不够稳定，在自然存放一定时间后，仍有析出结晶或游离水的现象发生。因此胶中还需要加入一定量的稳定剂，使胶粒不仅很好地分散，并且产生保护层，从而使颗粒不易凝聚而保存稳定。添加稳定剂所制备的膏状施胶剂，保存 2 年后仍保持均匀膏状的状态。

(2) 质量指标　膏状马来松香强化施胶剂的质量指标按中华人民共和国行业标准 LY/T 1065—2022，见表 6-5-7。

表 6-5-7　膏状马来松香强化施胶剂的质量指标

项目		质量指标
外观		均匀膏状
颜色		浅黄色至浅褐色
总固物含量/%	≥	60.0
马来酸酐加合物含量(以总松香量为基准)/%	≥	10.0

续表

项目		质量指标
游离松香含量/%	≥	13.0
溶解性(60℃温水中)		全部溶解无沉淀

膏状强化施胶剂的重要特征之一是松香的颗粒度较小（0.1～0.2μm），易溶于温水，使用方便。其施胶效果，对比天然松香胶，松香和硫酸铝的用量分别降低66%和55%，对比普通马来酸酐松香胶，松香和硫酸铝的用量分别降低43%和21%，是目前较为理想的一种施胶剂。

3.粉状马来松香强化施胶剂的制备与质量指标

（1）制备方法　以103马来松香为原料采用离心喷雾干燥法制备粉状强化施胶剂。熬胶与马来松香胶基本相同，粉状马来松香施胶剂生产工艺流程如图6-5-15所示[18]。

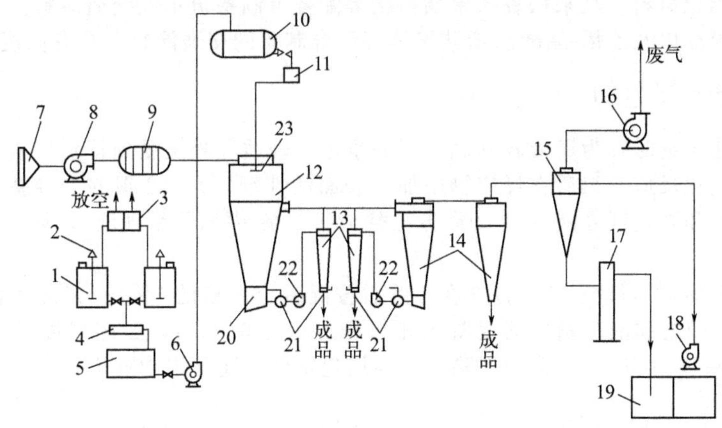

图6-5-15　粉状马来松香施胶剂生产工艺流程

1—熬胶锅；2—搅拌装置；3—缓冲罐；4—冷凝器；5—液胶过渡槽；6—液胶泵；7—空气过滤器；8—胶风机；9—空气加热器；10—液胶；11—储槽；12—喷雾干燥塔；13，14—旋风分离器；15—水洗塔；16—引风机；17—水封；18—水泵；19—水池；20—旋风盘；21—蝶阀；22—粉料抽送风机；23—喷雾离心机

粉状马来松香施胶剂含水率为0.35%～0.71%。由于粉状马来松香施胶剂吸湿性较强，故用两层聚乙烯薄膜包装，储存期可在8个月以上。

（2）质量指标　粉状马来松香强化施胶剂的质量指标按中华人民共和国行业标准（LY/T 1065—2022），见表6-5-8。

表6-5-8　粉状马来松香强化施胶剂的质量指标

项目		指标
总固物含量/%	≥	95
马来酸酐加合物含量/%	≥	10
pH值(2%水溶液,室温)		9～10
机械杂质含量/%	≤	0.1

粉状马来松香强化施胶剂外观为浅黄色或白色粉状细小颗粒，易溶于60～80℃的热水中。

粉状马来松香强化施胶剂性能稳定，易乳化，分散性和溶解性好。经造纸厂使用，施胶效果好，对比天然松香胶，粉状马来松香强化施胶剂的松香用量节约36%～50%，适宜于大规模连续化生产时采用。

马来松香经皂化后，再与石蜡以及诸如ABS（丙烯腈-丁二烯-苯乙烯共聚物）树脂之类的共聚物进行乳化反应，可制备马来松香疏水剂。该疏水剂具有弱碱性，1%水溶液的 pH 值为 9～10，带负电荷，可涂于纸张或帆布上，具有良好的疏水性。与纤维板的纤维混合，可增加纤维板的防水性。

（二）马来松香酯类

马来松香与多元醇（甘油、季戊四醇）发生酯化反应制备的产品可广泛地用作表面涂料、印刷油墨的配料。如马来松香甘油酯变色倾向小，日久或烘烤都不泛黄，用以配合适当的油类可制造最佳的不泛黄白色瓷漆或浅色瓷漆，也可用于金属涂饰用的烘烤漆和印铁清漆。

马来松香季戊四醇酯与矿物油、天然干性油都有很好的相溶性，在油墨中广泛用作载色体，使其具有良好的光泽和快干等特点。

马来松香季戊四醇和乙烯-醋酸乙烯共聚物配合，可制备橡胶等的优良黏合剂。

马来松香与高分子量的伯醇等配合也被建议用于热熔性、与混凝土有很好黏着力、具抗冲击性能的公路交通标记材料。马来松香与聚酯树脂等配合可制备疏水性交通涂料。由马来松香和邻苯二甲酸、二烯丙酯以及乙烯-醋酸乙烯共聚体等混合制备的交通涂料，具有高度的耐久性。

（三）混凝土起泡剂

在建造高层建筑物时，为了减轻基础工程的重量，轻质混凝土受到特别的重视。马来松香与三乙醇胺进行胺皂化反应，然后在反应物中加入表面活性剂（9～12 碳的二羟基硬脂酸磺酸酯）、硅酸钠（水玻璃）和乳化剂乳液（丁二烯-苯乙烯或丁二烯-丙烯腈系乳液），均匀地乳化混合成水泥起泡剂。

使用时先将起泡剂稀释至 10%的浓度，然后按混凝土质量的 1%～2%加入混凝土中，搅拌（150～200r/min）使之起泡。制得的混凝土相对密度为 1.0～1.1，压缩强度是 12MPa，气泡约占 13%（最多不超过 20%）。该混凝土除用于高层建筑外，还可用于隧道覆盖、家内墙壁和仓库建筑材料。

用马来松香铵盐作起泡剂时，还可制备相对密度仅为 0.5、压缩强度为 3MPa 的混凝土制品。

（四）合成橡胶添加剂

松香和马来酸酐等物质的量反应生成的产物可与尿素（3mol）发生反应，生成酰脲型聚合物。此聚合物可用作合成橡胶的活填料，并且与橡胶形成配位化合物。添加此填料的合成橡胶具有较低的初始模量和较高的相对伸长、弯曲强度，以及较好的弹性和老化性能，且硬度较低。

（五）合成塑料助剂

马来松香经过分离提纯得到马来海松酸（三元酸），与辛醇或月桂醇酯化得到三元酸三酯，该产品可用作耐热型塑料增塑剂，代替进口的偏苯三酸三辛酯用作增塑剂[22-24]。

由马来松香衍生的化合物与二异辛酯、邻苯二甲酸、2-乙基已酯等之一所组成的混合物可作为聚氯乙烯的良好增塑剂。结构式见图 6-5-16 中的（Ⅰ）和（Ⅱ）。

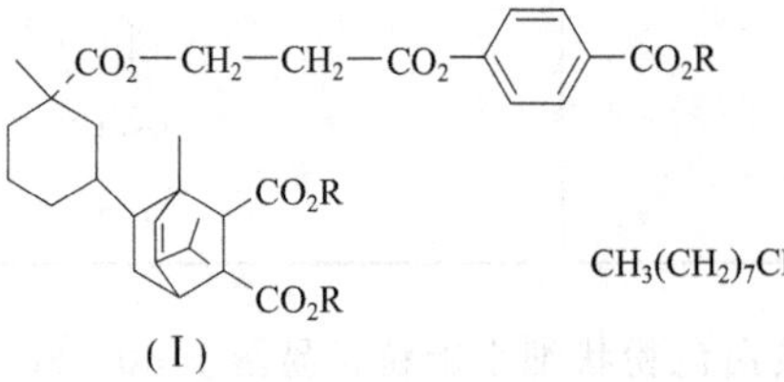

$CO_2-CH_2-CH_2-CO_2-C_6H_4-CO_2R$

CO_2R

CO_2R

（Ⅰ）

$CH_3(CH_2)_7CH=CH(CH_2)_7CO_2CH_2CH_2O_2CC_6H_4CO_2R$

（Ⅱ）$R=C_6 \sim C_{12}$烷烃

图 6-5-16　马来松香衍生的聚氯乙烯增塑剂结构式

马来松香或富马松香可用以合成松香酯酸酐、马来海松酸酰亚胺和双马来酰亚胺等环氧树脂固化剂[25-27]，以及富马海松酸锌、镧、铈热稳定剂和钙锌复合热稳定剂[28-30] 等塑料助剂。

（六）合成聚酰胺-亚胺树脂

由马来松香（**1**）与亚硫酰氯先制成松香-顺丁烯二酸酐单酰氯（**2**），再与各种二胺如乙二胺、间苯二胺、4,4′-氧代二苯胺、4,4′-亚甲基二苯胺等进行反应生成双酰胺，双酰胺再与各种二胺熔融缩合，生成聚酰胺-亚胺（**3**），其反应如图 6-5-17 所示[31]。

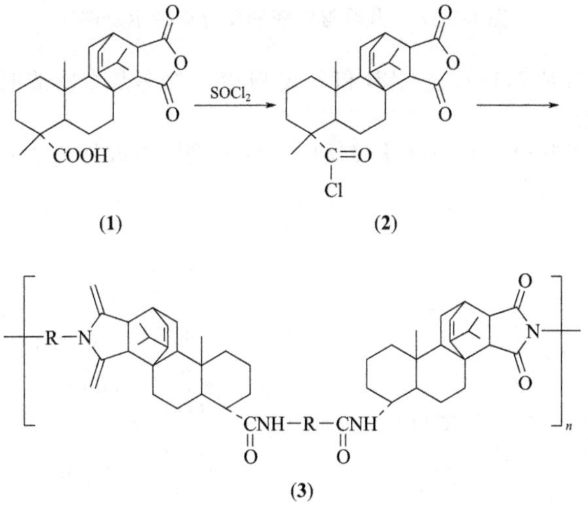

图 6-5-17　松香基聚酰胺-亚胺的合成路线

[图中 R 可以是 $(CH_2)_n$（n=2,3,6）、p-C_6H_4、m-C_6H_4、$C_6H_4CH_2C_6H_4$ 或 $C_6H_4OC_6H_4$]

聚酰胺-亚胺由许多重复单元（**3**）组成，分子量为 2000～18000。它既可溶于氯仿制备硬而坚韧的抗有机溶剂的薄膜，也可冷拉成丝，是一种很有实用价值的树脂。

若把松香-顺丁烯二酸酐单酰氯与二醇或双酚反应生成酯，然后再与二胺类缩聚，也可制备性能优良的聚酯-亚胺树脂。此外，以马来松香为原料，还可以合成一系列具有重要意义的松香衍生物[32,33]。

第五节　其他改性松香产品

松香结构中含有共轭双键和羧基，可通过化学改性引入新的功能基团，并制备新型功能单体，并在涂料、环氧树脂、聚氨酯、精细化学品等工业方面有着应用[21]。

一、甲醛改性松香

甲醛改性松香（又称羟甲基松香）是由松香结构中的烯碳与甲醛通过羟甲基化反应制备。甲醛改性松香经过进一步的改性可以得到不同用途的产品。通过甲醛改性松香与氧化锌反应，制备的甲醛改性松香锌可以用作防腐涂料，对硫酸以及硫化氢具有较好的防腐蚀作用；利用其制备清漆，具有较好的耐水性，性能与马来松香甘油酯以及松香改性酚醛树脂相当。通过甲醛改性松香与环氧乙烷或环氧丙烷反应之后，可进一步制备聚氨基甲酸酯。此外，甲醛改性松香在纸张施胶剂和表面活性剂领域表现出较好的应用前景[21,34,35]。

（一）反应机理

枞酸结构中的烯碳与甲醛反应生成羟甲基基团，称为羟甲基化反应。其反应途径如图 6-5-18 所示。

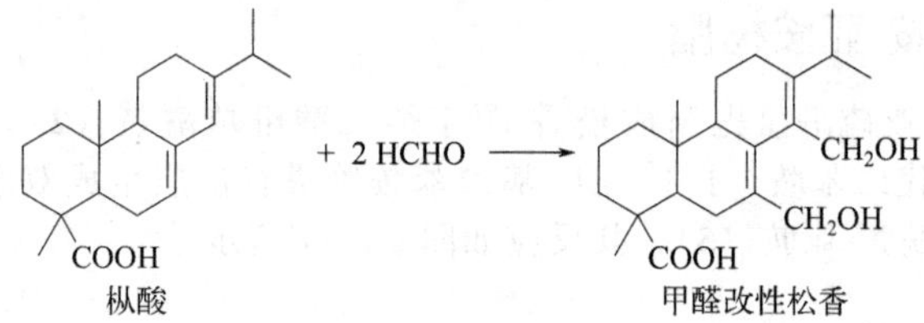

+ 2 HCHO ⟶

枞酸　　　　甲醛改性松香

图 6-5-18　枞酸与甲醛的反应途径示意图

反应所得的产物通常是7,14-二羟甲基和7-或14-单一羟基加合物的混合物。此混合物中的主产物为7,14-二羟甲基松香。

甲醛改性松香（羟甲基松香）与氧化锌反应，可生成甲醛改性松香锌（羟甲基松香锌）。反应式如图6-5-19所示[18]。

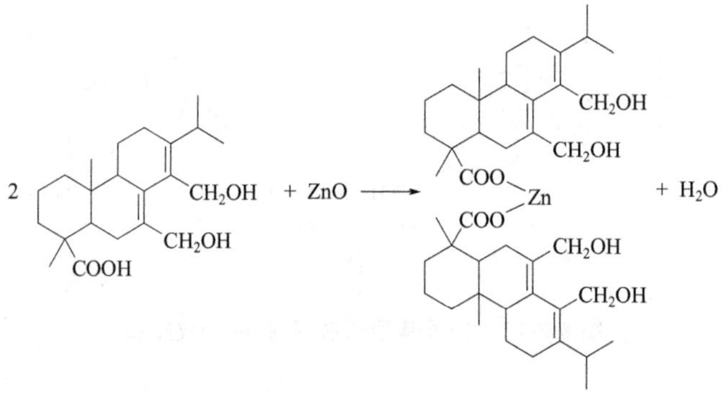

图 6-5-19　甲醛改性松香（羟甲基松香）与氧化锌反应

（二）制备方法

1. 甲醛改性松香

按松香：甲醛水溶液（36.5%）：草酸（质量比）为1：1：0.083添加到反应釜中，在温度140～145℃、压力0.6MPa条件下反应3h。反应结束，减压除水，在235～240℃下反应1.5h，出料。

2. 甲醛改性松香锌

称取甲醛改性松香加入反应釜中，升温至210～230℃熔解并搅拌；继续升温至270～280℃，分批次加入氧化锌和醋酸锌，反应时间为6～7h。

二、氯化松香

氯化松香由松香通氯气或滴加硫酰氯（SO_2Cl_2）进行反应制备，具有较好的抗氧化性和耐燃性，广泛应用在高弹性树脂、耐燃表面涂料等领域。

（一）反应机理

在光照活化条件下，氯气可产生游离基（自由基）：

$$Cl_2 \xrightleftharpoons{h\nu} 2 \cdot Cl$$

游离基和松香（RH）反应：

$$RH + \cdot Cl \longrightarrow R \cdot + HCl$$

以枞酸为例，考虑到位阻影响，氯与松香的反应可能为：

（1）取代反应

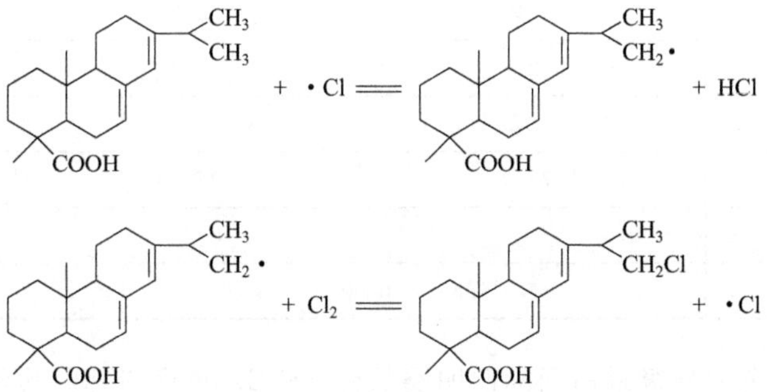

（2）加成反应

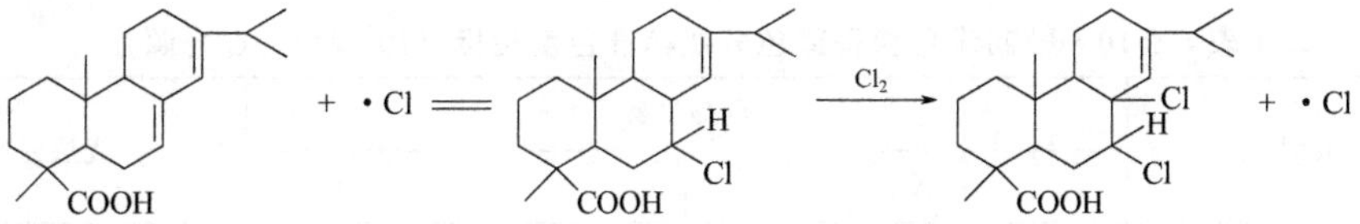

氯化松香的反应机理和分子结构尚待进一步查明。在不同反应条件下，在双键上亦可能发生取代反应。

（二）制备方法

国外氯化松香的制备是在四氯化碳溶剂中进行，方法如下：首先将松香或松香酯溶于四氯化碳中，之后再将其溶于苯中，加热至 75℃，再加入引发剂（松香以过氧化二苯甲酰为引发剂，松香酯以对异丙苯过氧化物为引发剂），其中引发剂与被氯化物质的摩尔比为 0.01∶1，然后慢慢滴加 4 倍过量的氯化剂（如 SO_2Cl_2），反应可连续进行，直至松香中的双键被全部破坏为止。最后，产物用沉淀法分离。

国内氯化松香的制备采用不易挥发的氯化石蜡为溶剂，方法如下：在光照条件下，在沸水浴中将氯气通入氯化石蜡中至饱和；加入松香，并继续通入氯气至恒重。该方法具有下列特点：a. 加入溶剂使反应体系为液相；b. 氯化石蜡的沸点较高，不易挥发；c. 在使用过程中，氯化石蜡对产品没有影响，不用分离。

制备的氯化松香为棕黑色而且黏度较大，氯含量达到 19%，四球磨损试验的临界值 p*K*（即油膜被破坏时的临界负荷）为 83。

氯化松香甘油酯和硝化纤维素以丙酮为溶剂，在 50℃下反应，可得到高硬度和高弹性的树脂；氯化松香甘油酯和环氧树脂以及二聚合种子油脂肪酰胺，按 1∶1 比例混合，然后在 60℃下反应（15min）得到不溶于有机溶剂，具有抗火焰性、耐候性、耐热性和抗机械冲击性能好的树脂、聚酯树脂和涂料等。

三、精制浅色松香

1. 制备工艺

精制浅色松香是以松脂或脂松香为原料经真空减压蒸馏工艺精制而得，可获得 XC、XB、XA 颜色等级的产品。精制的技术关键在于：a. 松香精制温度一般为 250～270℃，在此温度下具有“热漂白”作用；b. 通过减压蒸馏可除去松香的氧化物以及中性物等；c. 在精制过程中需要惰性气体保护。

2. 性能与用途

精制浅色松香是一种固态天然树脂。外观为浅黄色透明固体，精制浅色松香分为一、二、三级，其技术指标应符合表 6-5-9（中华人民共和国行业标准 LY/T 1065—2022）的规定。

表 6-5-9　精制浅色松香技术指标

项目		一级	二级	三级
颜色(加纳比色)		2	3	4
软化点(环球法)/℃	≥	78.0		
酸值/(mg/g)	≥	175.0	172.0	170.0
不皂化物/%	≤	4.0		
灰分/%	≤	0.005		0.008

精制浅色松香颜色的分级采用国际照明委员会（CIE）色度指标。其各级颜色的色度指标（10°视场，C 光源）见表 6-5-10，其相当的标准物质为玻璃标准色块，每套三枚。

表 6-5-10　精制浅色松香颜色分级标准色度指标（10°视场，C 光源）

颜色级别	色品坐标		光透射率/%
	X_{10}	Y_{10}	
一级	0.3458	0.3737	83.4
二级	0.3785	0.4171	77.1
三级	0.4115	0.4486	68.8

浅色松香的用途与松香基本相同，在制造浅色产品时应用。

四、无色松香

无色松香是一种重要的松香改性产品。通常，将松香（或改性松香）经过氢化加氢、歧化异构和精制等工艺或采用脱色剂对松香进行脱色处理，得到的颜色为哈森色号小于 150 号的松香称为无色松香。

1. 制备工艺

无色松香的工业化制备路线见图 6-5-20。

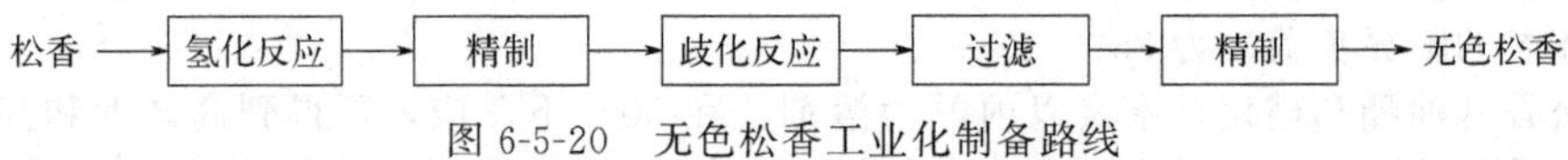

图 6-5-20　无色松香工业化制备路线

具体操作如下：将松香加入高压釜中，加入一定量的 Pd/C 催化剂，驱除空气后压入氢气，使氢气压力达 $100kg/cm^2$。加热升温，使釜内温度达到 260～270℃，保持反应 3～4h。反应完全后降温，将反应物料转移到精制反应釜中，在高真空下减压蒸馏。在去除前馏分和釜残氧化物后，得到的主馏分再用一定量的 Pd/C 催化剂进行歧化反应，反应温度控制在 270℃，在惰性气体保护下，反应 1h 时将歧化反应后的产物再在高真空下蒸馏，去除前馏分和釜残氧化物，得到的主馏分为无色松香产品。

2. 性能与用途

无色松香具有与松香或精制浅色松香同样的用途，由于其更好的色泽和稳定性，主要作为锡焊用液态焊剂基体，或用于制作浅色树脂芯焊锡丝。该产品耐热性能强，热稳定性好；在电子焊料里具有良好的助焊性、附着性、润湿性、铺展性及流变等特性；免清洗，对金属板具有抗氧化保护作用；无毒、无刺激性气味；成膜性均匀，光亮，有韧性；腐蚀性低于普通特级松香。无色松香技术指标见表 6-5-11。

表 6-5-11 无色松香技术指标

项目		指标	
		无色松香	高软化点无色松香
外观		水白色透明	
颜色，哈森色号	≤	150	
软化点(环球法)/℃	≥	80.0	120.0
酸值/(mg/g)	≥	170.0	220.0
溶解性		溶于乙醇或异丙醇，不产生沉淀	

参考文献

[1] 程芝. 天然树脂生产工艺学. 北京：中国林业出版社，1996.

[2] 俞明远，刘仕伟，解从霞，等. 松香催化加氢的研究进展. 林产化学与工业，2010，30 (1)：111-115.

[3] 中国林业科学研究院林产化工研究所松香研究室. 氢化松香研制与应用. 林业科学，1979，15 (4)：269-275.

[4] 宋湛谦，陈原勋，向凤仙，等. 氢化松香的制备和应用. 中国林业科学研究院林产化学工业研究所研究报告选集. 第 2 集. 北京：中国林业出版社，1988.

[5] 金淳. 对氢化松香若干问题的讨论. 面向 21 世纪林产化工发展研讨会学术会议论文集. 南京：中国林学会林产化学化工分会，1999，225-234.

[6] 陈小鹏，王琳琳，马建，等. 以骨架镍为催化剂制备氢化松香的研究. 林产化工通讯，2001，35 (6)：7-10.

[7] 赵守普，陈原勋，宋湛谦，等. 松香连续氢化中间试验报告. 林产化学与工业，1981，1 (1)：1-12.

[8] Masalykin I T. Industrial production of hydrogenated rosin on a palladium catalyst. Maslob Zhir Prom，1964，30 (8)：36-38.

[9] Savinykh V I，Kushnir S R. Improvement of the hydrogenation technology of colophony. Gidroliz Lesokhim Promst，1992 (3)：19-20.

[10] 李前，韦小杰，陈小鹏，等. Raney 镍上松香加氢制备二氢和四氢枞酸的本征动力学. 化工学报，2010，61 (10)：2573-2578.

[11] 韦小杰，李前，陈小鹏，等. Pd/C 催化剂上松香加氢制备二氢和四氢枞酸的本征动力学. 高校化学工程学报，2011，25 (2)：269-275.

[12] 黄斌，黄榜，侯文彪，等. 松脂催化加氢联产氢化松香和蒎烷过程设计. 化工技术与开发，2017，46 (2)：45-49.

[13] 宋湛谦，梁志勤. 中国脂松香歧化反应机理的研究. 林产化学与工业，1997，17 (3)：13-17.

[14] 谭家勇，凌鑫，梁忠云，等. 松香歧化反应活性的研究. 广西林业科学，2014，4 (3)：329-331.

[15] 贺近恪，李启基. 林产化学工业全书. 第二卷. 北京：中国林业出版社，2001.

[16] 罗金岳，伍忠萌. 固体超强酸催化合成聚合松香的研究. 林产化学与工业，1999，19 (4)：57-62.

[17] 缪首领. 高活性、高稳定性的 $SO_4^{2-}/TiO_2/La_3^+$ 催化合成聚合松香. 化工科技，2016，24 (4)：45-48.

[18] 任天瑞，李永红. 松香化学与利用. 北京：化学工业出版社，2006.

[19] 宋湛谦，商士斌. 我国林产化工学科发展现状和趋势. 精细与专用化学品，2009，000 (22)：13-15.

[20] 安鑫南. 林产化学工艺学. 北京：中国林业出版社，2002.

[21] 宋湛谦. 生物质资源与林产化工. 中国林学会 2005 年林产化工与生物质产业学术会议论文集，2005：10-14.

[22] 王定选，黄焕，周浩，等. 制备马来海松酸三酯增塑剂的方法. CN1204643A，1999-01-13.

[23] 黄焕. 林产品合成耐热增塑剂的研究. 北京：中国林业科学研究院，2001.

[24] 王春平，雷福厚，李浩，等. 马来海松酸三月桂酯的合成及表征. 林产化学与工业，2011，31 (4)：46-52.

[25] 王海卫. 松香基环氧固化剂的合成及其固化行为研究. 长春：长春工业大学，2011.

[26] Liu X Q，Xin W B，Zhang J W. Rosin-derived imide-diacids as epoxy curingagents for enhanced performance. Bioresource Technology，2010，101 (7)：2520-2524.

[27] 林贵福. 松香基环氧固化剂的合成、性能及其在各向同性导电胶中的应用. 北京：中国林业科学研究院，2011.

[28] 王永强. 改性松香钇 (钙/锌) 的制备及对 PVC 的热稳定性研究. 南宁：广西民族大学，2017.

[29] Li M，Zhang J W，Huang K，et al. Mixed calcium and zinc salts of dicarboxylic acids derived from rosin and dipentene：preparation and thermal stabilization for PVC. RSC Advances，2014，4 (108)：63576-63585.

[30] Mohamed N A，El-Ghany N A A，Fahmy M M，et al. Synergistic effect of maleimido phenyl urea derivatives mixed with some commercial stabilizers on the efficiency of thermal stabilization of PVC. Polymer Testing，2015，44：66-71.

[31] 万国芸，杨三秋，阙民辉，等. 松香制备聚马来松香酰胺-酰亚胺. 华侨大学学报（自然科学版），1991，12（3）：318-322.
[32] Ma Q Q，Liu X Q，Zhang R Y，et al. Synthesis and properties of full bio-based thermosetting resins from rosin acid and soybean oil the role of rosin acid derivatives. Green Chemistry，2013，15：1300-1310.
[33] Wang J F，Chen Y P，Yao K J，et al. Robust antimicrobial compounds and polymers derived from natural resin acids. Chemical Communications，2012，48：916-918.
[34] 张猛，周永红，李书龙，等. 松香树脂酸和甲醛的 Prins 加成反应研究. 精细化工，2008，25（2）：195-200.
[35] 张猛. 新型松香聚醚多元醇及硬质聚氨酯泡沫塑料的合成研究. 北京：中国林业科学研究院，2008.

（商士斌，高宏，沈明贵，饶小平）

第六章　松香衍生物

利用树脂酸或者改性松香结构中的羧基通过成盐、酯化、酰胺化及还原等反应可以制备松香衍生物。松香衍生物主要有松香酯、松香盐、松香醇及松香胺等产品，广泛应用于胶黏剂、肥皂、涂料、油漆、油墨、橡胶、电子工业、造纸及食品等领域。

第一节　松香酯

松香酯为天然松香或改性松香（氢化松香、聚合松香、歧化松香、富马松香、马来松香等）树脂酸中的羧基与醇类化合物反应生成的相应酯类[1]，主要包括一元醇酯、二元醇酯、三元醇酯、四元醇酯和多元醇酯，见反应式（6-6-1）。

$$R_1—COOH+HOR_2 \rightleftharpoons R_1—COOR_2+H_2O \tag{6-6-1}$$

（R_1 代表树脂酸基 $C_{19}H_{29}$—；R_2 代表醇基）

一、松香酯的制备

（一）松香一元醇酯

松香一元醇酯包括甲酯和乙酯，由松香与一元醇如甲醇在较高温度和压力下反应生成，为不干性液体。松香一元醇酯也可以采用酯交换法制备[2,3]，也有在离子液体、亚临界流体中或采用微波加热进行酯化的研究[4-6]。代表性树脂酸枞酸与甲醇的反应见式（6-6-2）。

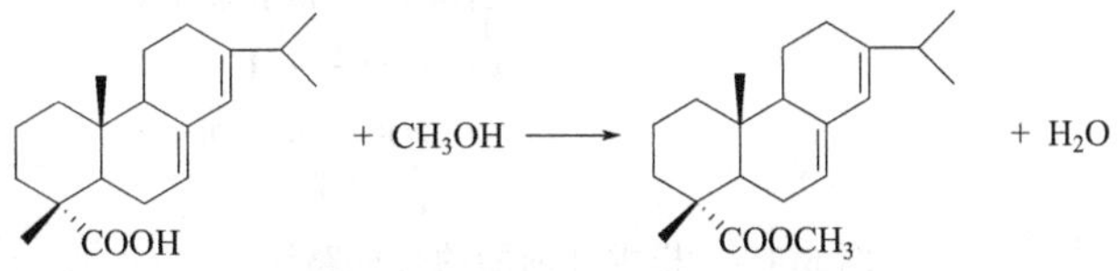

$$\text{COOH} + CH_3OH \longrightarrow \text{COOCH}_3 + H_2O \tag{6-6-2}$$

枞酸　　　　枞酸甲酯

（二）松香二元醇酯

松香与乙二醇反应见式（6-6-3）。以锌粉或硼酸为催化剂，松香与乙二醇在 250～260℃下进行酯化反应制得。松香二元醇酯是一种半可塑性树脂，多用作胶黏剂和增塑剂。

$$2R—COOH + \begin{matrix} CH_2OH \\ | \\ CH_2OH \end{matrix} \xrightarrow[\triangle]{\text{催化剂}} \begin{matrix} R—COOCH_2 \\ | \\ R—COOCH_2 \end{matrix} + 2H_2O \tag{6-6-3}$$

松香　　乙二醇　　松香乙二醇酯

（式中R代表树脂酸基$C_{19}H_{29}$—）

在氢氧化钙或氢氧化钠等碱性催化剂存在下，松香与环氧乙烷或环氧丙烷等环氧化物很容易发生缩合反应，生成黏稠状的枞酸羟烷基酯，合成路线见图 6-6-1。

枞酸与环氧乙烷聚合可生成树脂酸聚氧乙烯酯，其合成路线如图 6-6-2 所示。

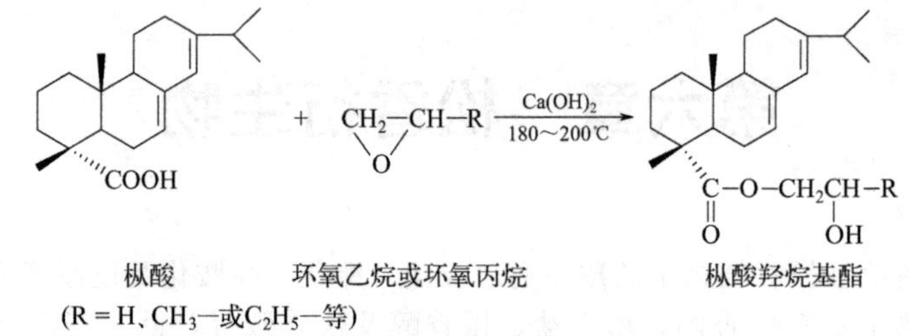

$$\text{枞酸} + \underset{\text{O}}{CH_2{-}CH{-}R} \xrightarrow[180\sim200℃]{Ca(OH)_2} \text{枞酸羟烷基酯 (}{-}C(=O){-}O{-}CH_2CH(OH){-}R\text{)}$$

枞酸　　环氧乙烷或环氧丙烷　　枞酸羟烷基酯

($R=H$、CH_3—或C_2H_5—等)

图 6-6-1　枞酸羟烷基酯合成路线

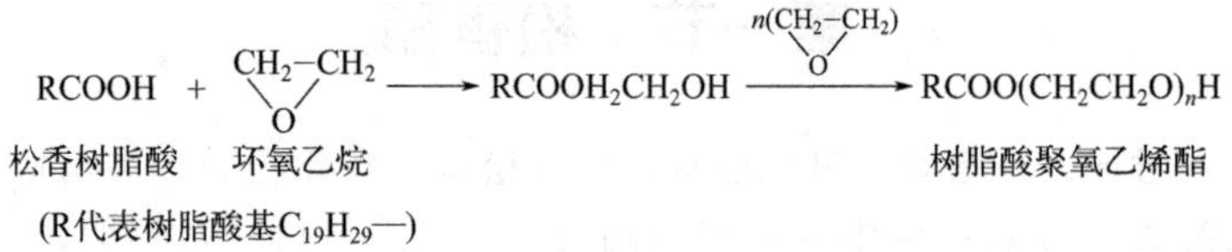

$$\underset{\text{松香树脂酸}}{RCOOH} + \underset{\text{环氧乙烷}}{\underset{O}{CH_2{-}CH_2}} \longrightarrow RCOOH_2CH_2OH \xrightarrow{n(\underset{O}{CH_2{-}CH_2})} \underset{\text{树脂酸聚氧乙烯酯}}{RCOO(CH_2CH_2O)_nH}$$

(R代表树脂酸基$C_{19}H_{29}$—)

图 6-6-2　树脂酸聚氧乙烯酯合成路线

（三）松香三元醇酯

松香三元醇酯为松香甘油酯，俗称脂胶。松香与甘油在氧化锌等催化剂作用下，加热反应，首先生成二枞酸甘油酯（**1**），然后又生成三枞酸甘油酯（**2**）和二枞酸甘油酯醚（**3**）。松香甘油酯是化合物（**1**）、（**2**）和（**3**）的混合物，其合成路线见图 6-6-3。

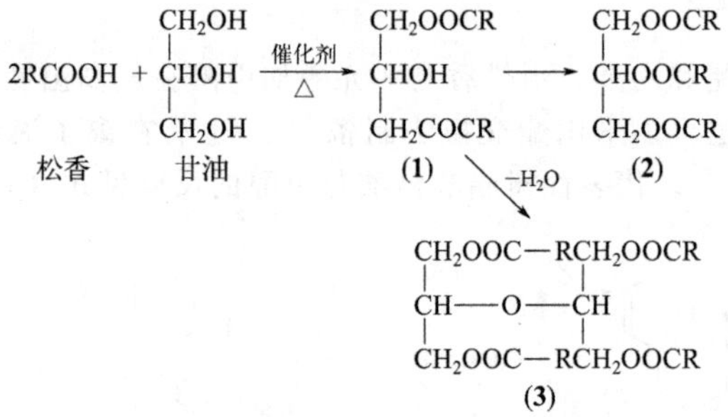

$$\underset{\text{松香}}{2RCOOH} + \underset{\text{甘油}}{\begin{matrix}CH_2OH\\ |\\ CHOH\\ |\\ CH_2OH\end{matrix}} \xrightarrow[\triangle]{\text{催化剂}} \underset{(\mathbf{1})}{\begin{matrix}CH_2OOCR\\ |\\ CHOH\\ |\\ CH_2COCR\end{matrix}} \longrightarrow \underset{(\mathbf{2})}{\begin{matrix}CH_2OOCR\\ |\\ CHOOCR\\ |\\ CH_2OOCR\end{matrix}}$$

$$(\mathbf{1}) \xrightarrow{-H_2O} \underset{(\mathbf{3})}{\begin{matrix}CH_2OOC-RCH_2OOCR\\ |\qquad\qquad |\\ CH{-}{-}O{-}{-}CH\\ |\qquad\qquad |\\ CH_2OOC-RCH_2OOCR\end{matrix}}$$

图 6-6-3　松香甘油酯的合成路线

松香甘油酯主要有两种型号，即 136 松香甘油酯和 138 松香甘油酯。当甘油紧缺价格较高时，可用季戊四醇和乙二醇代替甘油制备。两种树脂的制备中，松香和甘油的配比略有区别，催化剂一般采用氧化锌，用量约为松香用量的 0.04％。

136 松香甘油酯的原料质量配比为：特级松香：甘油：氧化锌＝100：(11.8～12.2)：(0.0423～0.0425)。

138 松香甘油酯的原料质量配比为：特级松香：甘油：氧化锌＝100：11.3：(0.0425～0.0426)。

以 136 松香甘油酯为例，制备工艺为：将原料松香全部投入不锈钢反应锅内，加热熔化，并通二氧化碳或氮气等惰性气体保护。当松香熔融后，停止通惰性气体开始搅拌，抽真空，升温。当升温至 220℃时，开始滴加甘油，回流冷凝器通冷却水，以回流甘油蒸气。升温至 (275±2)℃时，保持反应，至酸值合格。抽真空约 2h，降温，出料。

（四）松香四元醇酯

松香四元醇酯以松香季戊四醇酯为代表，其反应如图 6-6-4 所示。

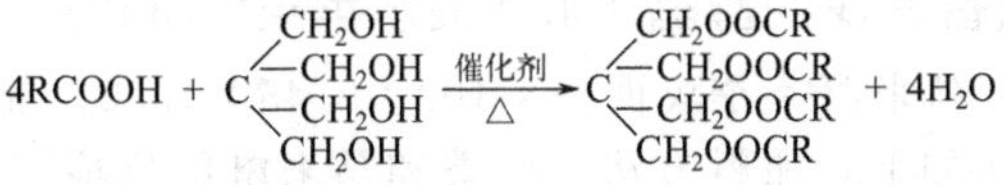

$$4RCOOH + C\begin{cases}CH_2OH\\CH_2OH\\CH_2OH\\CH_2OH\end{cases} \xrightarrow[\triangle]{催化剂} C\begin{cases}CH_2OOCR\\CH_2OOCR\\CH_2OOCR\\CH_2OOCR\end{cases} + 4H_2O$$

(R代表树脂酸基$C_{19}H_{29}$—)

图 6-6-4　松香季戊四元醇酯的合成路线

松香季戊四元醇酯与松香甘油酯的制备工艺基本相同，原料质量配比为特级松香：季戊四醇：氧化锌＝100：(11.8～12.4)：0.04，反应温度大约 280℃。

（五）松香蔗糖酯

蔗糖具有多元醇结构，有良好的亲水性能。因此，将松香与蔗糖在一定条件下进行酯化反应即可合成松香蔗糖酯。如脂肪酸蔗糖酯一样，松香蔗糖酯的合成有直接酯化法[7]、酯交换法[8,9]和酰氯法[10] 三种，但均没有实现工业化。酰氯法合成去氢枞酸蔗糖酯的路线见图 6-6-5[10]。

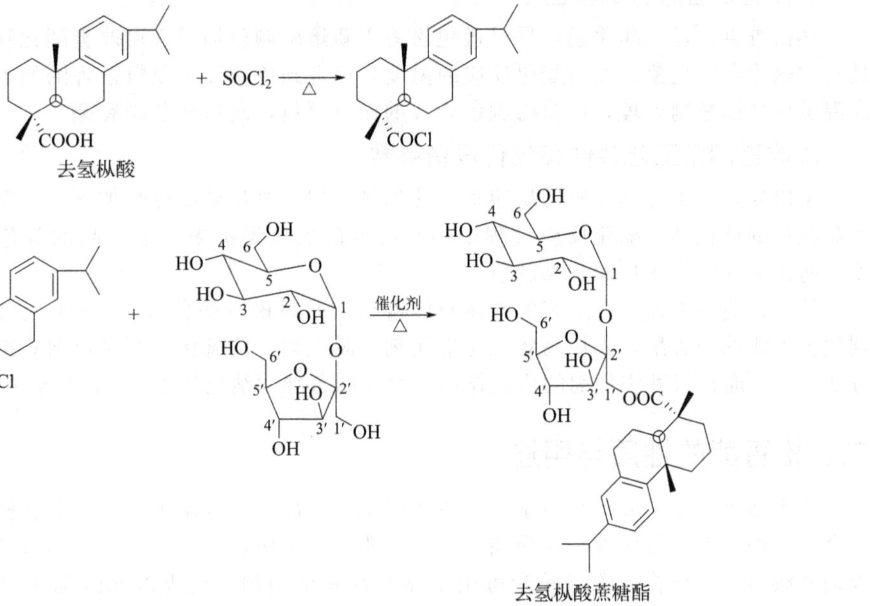

去氢枞酸 + $SOCl_2$ $\xrightarrow{\triangle}$ (COCl)

(COCl) + 蔗糖 $\xrightarrow[\triangle]{催化剂}$ 去氢枞酸蔗糖酯

图 6-6-5　去氢枞酸蔗糖酯的合成路线

（六）改性松香酯

氢化松香、歧化松香、聚合松香、马来松香、富马松香等改性松香均可像天然松香一样与多元醇反应生成相应的酯化物，它们的制备方法可参考上述松香酯的反应条件，并根据不同产品的特点进行原料配比和反应条件的调整。

工业上生产比较普遍的改性松香酯是 422 马来酐改性松香甘油酯和 424 马来酐改性松香季戊四醇酯。

1. 422 马来酐改性松香甘油酯（422 失水苹果酸酐树脂）

原料质量配比为松香：马来酐：甘油＝100：11.8：19.3，催化剂氧化锌的用量为松香量的 0.04%左右，具体操作如下：将松香在氮气或二氧化碳惰性气体保护下加热，热熔后搅拌。当反应釜内温度至 150～160℃时，开冷凝器的冷却水，加入马来酐，让温度自然上升到 195～200℃，保持此温度反应 1h。随后，停止通保护气体，加入催化剂，搅拌 5min 后，慢慢滴加甘油，边滴加边升温。加甘油时间根据投料量大小控制在 2～3.5h。加毕甘油，将温度慢慢升至 270℃左右，保持反应约 4h。然后抽真空约 2h。取样化验，酸值合格后，通惰性气体，降温出料。

2. 424 马来酐改性松香季戊四醇酯（424 失水苹果酸酐树脂）

原料用量配比为松香∶马来酐∶季戊四醇＝100∶3.45∶15.2，催化剂氧化锌的用量为松香量的0.04%左右，具体操作如下：加料方法、松香和马来酐的反应工艺与马来酐改性松香甘油酯的制备相同。当松香与马来酐在195～200℃下反应1h后，逐渐加入催化剂和季戊四醇，加季戊四醇时间根据投料量大小控制在0.5～1.5h。加入季戊四醇后，逐渐升温至270℃，保温反应约6～8h，抽真空约3h。取样检验，酸值合格后，降温出料。

（七）浅色松香酯

松香（或改性松香）多元醇酯产品一般颜色较深，随着科技的进步和国民经济的发展，人们对松香酯产品的质量提出了更高的要求，尤其是颜色指标。在浅色涂料、书籍装订、纸尿布、助焊剂等方面，都希望使用浅色松香酯，产品的颜色已成为市场竞争的焦点。可通过控制松香原料的颜色、改进制备工艺条件和优化设备参数等达到生产浅色松香酯的目的[11]。

1. 控制松香原料的颜色

热松香直接进入酯化釜，尽量避免松香重新熔融颜色加深，可改善酯化物颜色；利用脂松香具有“热漂白”现象，控制酯化反应的温度，可得到色泽浅于原料松香的酯类产品；对松香进行高温减压蒸馏精制处理，可获得颜色较浅的松香原料，制备浅色松香酯。

2. 改进制备工艺条件和优化设备参数

采用导热油为加热介质的反应釜，使加热均匀，避免局部过热加深产品颜色；避免使用影响产品颜色的催化剂；酯化反应过程中用高纯度的氮气保护来保证产品的颜色；采用较高的真空度，防止氧气的带入加深产品颜色。

但是，通过上述生产工艺的控制只能得到较原料松香颜色浅1～2个色号的产品，如果要得到颜色更浅的松香酯，添加高效酯化催化剂、脱色剂、抗氧化剂等是目前获得浅色松香酯的主要方法[12-16]。通过多种添加剂的协同作用，可以制备加德纳色号小于2，甚至无色的松香酯。

二、松香酯的性质与用途

松香酯类产品一般具有耐水、耐酸和耐碱性，被广泛应用于涂料工业和橡胶工业，以及用作黏合剂和增塑剂。如松香一元醇酯（松香甲酯和氢化松香甲酯）可用于黏合剂、表面活性剂、助焊剂和涂料等；松香二乙二醇酯可用于黏合剂和增塑剂；松香多元醇酯主要用于热熔胶、压敏胶、油漆、涂料和油墨等；精制的松香甘油酯和氢化松香甘油酯还可以用作乳化香精中的增香剂和口香糖的柔软保香剂等。主要松香酯和改性松香酯的物理性质及用途见表6-6-1[17]。

表 6-6-1 主要松香酯、改性松香酯的主要物理性质及用途

名称	外观	酸值/(mg/g)	软化点/℃≥	颜色（加德纳色号）≤	相对密度(d^{25})	甲苯中溶解度(1∶1)	用途
松香甲酯	淡黄色透明黏稠液体	<8	—	2	1.023	清	黏合剂、助焊剂、表面活性剂、涂料等
氢化松香甲酯	淡黄色透明黏稠液体	2～6	—	2	1.018	清	黏合剂、助焊剂、表面活性剂、涂料等
松香乙二醇酯	半可塑性树脂	<15	60	8	1.114	清	用作黏合剂和增塑剂
松香甘油酯	黄色透明固体	≤10	85	9	1.06～1.09	清	压敏胶、黏合剂行业，精制的松香甘油酯可用作乳化香精中的增香剂和口香糖的柔软保香剂

续表

名称	外观	酸值/(mg/g)	软化点/℃≥	颜色(加德纳色号)≤	相对密度(d^{25})	甲苯中溶解度(1∶1)	用途
氢化松香甘油酯	黄色透明固体	≤10	80	9	1.06～1.09	清	可用作乳化香精中的增香剂和口香糖的柔软保香剂，也可用于压敏胶、热熔胶及涂料
聚合松香甘油酯	红棕色或黄色透明固体	≤10	110	8	1.090	清	油漆、油墨，可用作口香糖的胶基
松香季戊四醇酯	红棕色或黄色透明固体	≤20	90	9	1.06～1.09	清	黏合剂、橡胶行业
聚合松香季戊四醇酯	红棕色或黄色透明固体	≤15	120	11	—	清	胶带，可提高持黏性和内聚力
马来改性松香甘油酯	红棕色或黄色透明固体	≤30	120	10	1.143	清	压敏胶和涂料行业
马来改性松香季戊四醇酯	红棕色或黄色透明固体	≤20	120	10	1.08	清	油漆、油墨、热熔胶
浅色松香甘油酯	浅黄色至水白色透明固体	≤10	85	2	1.09	清	压敏胶、黏合剂行业
浅色松香季戊四醇酯	浅黄色至水白色透明固体	≤25	95	3	1.08	清	压敏胶、热熔胶及涂料
浅色改性松香季戊四醇酯	浅黄色至水白色透明固体	≤30	93	2	—	清	卫生制品胶、EVA型热熔胶

第二节　松香盐

松香盐即树脂酸盐，是松香树脂酸中羧基上的氢原子被金属原子或胺取代后得到的盐类物质，或松香经过改性后制备的金属盐或铵盐。松香盐可以分为松香金属盐和松香（季）铵盐。与松香树脂酸成盐的金属主要有碱金属、碱土金属及重金属等，包括钠盐、钾盐、钙盐、镁盐、锌盐、铜盐、镧盐等；与松香树脂酸成盐的胺主要有乙醇胺、二戊胺等，松香树脂酸叔胺衍生物与卤化物反应可制备松香季铵盐[17]。

一、松香盐的制备

松香树脂酸盐的制备方法为熔融法或沉淀法。松香树脂酸的羧基可以和金属氢氧化物或氧化物反应制备松香金属盐，同时也可与有机胺或者带有铵盐的化合物反应生成松香铵盐或季铵盐。

树脂酸金属盐由松香树脂酸和碱金属、碱土金属、重金属氧化物或氢氧化物等反应制得[17]。碱金属盐包括钠盐、钾盐，松香与氢氧化钠或氢氧化钾加热就能反应生成，见反应式（6-6-4）；碱土金属盐常见的是钙盐，松香树脂酸与氢氧化钙或氧化钙在高温下反应可制备得到，见反应式（6-6-5）；重金属盐有锌盐、锰盐和铜盐等，可以由松香与氧化物反应加热制备，见反应式（6-6-6），松香锌盐也可由松香钠皂溶液与氯化锌溶液反应生成，见反应式（6-6-7）。

$$C_{19}H_{29}COOH + NaOH \longrightarrow C_{19}H_{29}COONa + H_2O \qquad (6\text{-}6\text{-}4)$$

$$2C_{19}H_{29}COOH + Ca(OH)_2 \longrightarrow (C_{19}H_{29}COO)_2Ca + 2H_2O \qquad (6\text{-}6\text{-}5)$$

$$2C_{19}H_{29}COOH + ZnO \longrightarrow (C_{19}H_{29}COO)_2Zn + H_2O \qquad (6\text{-}6\text{-}6)$$

$$2C_{19}H_{29}COONa + ZnCl_2 \longrightarrow (C_{19}H_{29}COO)_2Zn + 2NaCl \quad (6\text{-}6\text{-}7)$$

近年来研究主要集中在松香多元酸金属盐的制备及应用上[18-20]。松香多元酸中由于有多个羧基，与碱土金属或者重金属反应时一般采用沉淀法，即松香多元酸先与碱金属氢氧化物反应生成碱金属盐，碱金属盐再跟碱土金属盐溶液反应生成碱土金属盐或重金属盐。

韩春蕊等以歧化松香为原料提纯得到去氢枞酸，用浓硫酸磺化得到磺化去氢枞酸，将磺化去氢枞酸溶于水中，加入各金属离子对应的水溶性盐，用氢氧化钠调节 pH 值到适当范围，于适当温度下反应，过滤，浓缩滤液，结晶得到去氢枞基磺酸盐。磺化去氢枞酸亚铁盐的合成方法如图 6-6-6 所示[21]。

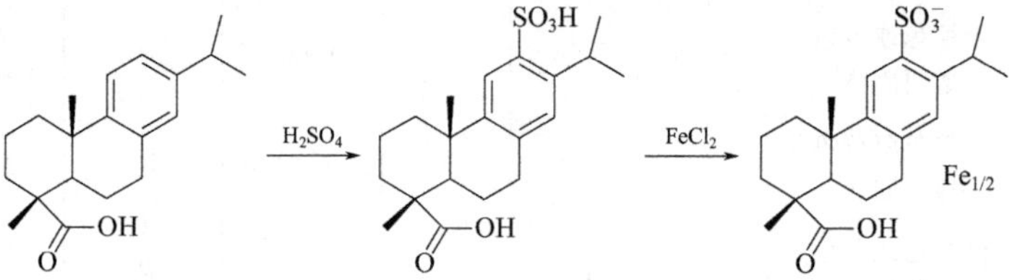

图 6-6-6　磺化去氢枞酸亚铁盐的合成路线

李梅等以松香为原料，与丙烯酸进行 D-A 加成反应制备丙烯海松酸，然后用 NaOH 中和，干燥得到丙烯海松酸钠盐，在丙烯海松酸钠盐中加入 $ZnSO_4$ 和 $CaCl_2$ 的水溶液得到丙烯海松酸锌钙复合盐，合成方法如图 6-6-7 所示[19]。

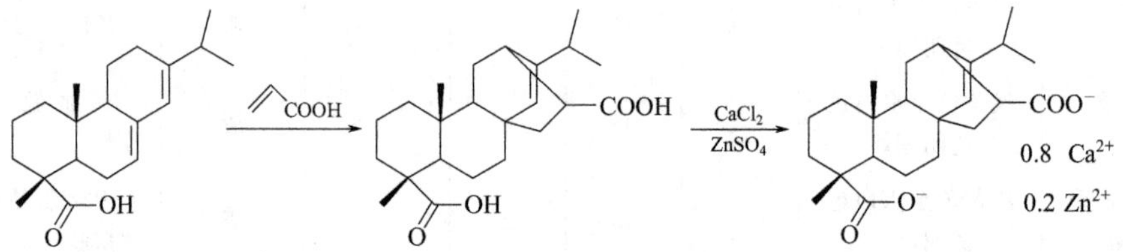

图 6-6-7　丙烯海松酸锌钙复合盐的合成路线

杨忠芝等以马来海松酸酐、醋酸锌（醋酸铜）、氢氧化钠为原料在高压反应釜中通过高温高压将马来海松酸酐开环制得马来海松酸，利用马来海松酸与醋酸锌（醋酸铜）在无水乙醇溶液中反应制备马来海松酸锌盐（马来海松酸铜盐），合成方法如图 6-6-8 所示[22]。

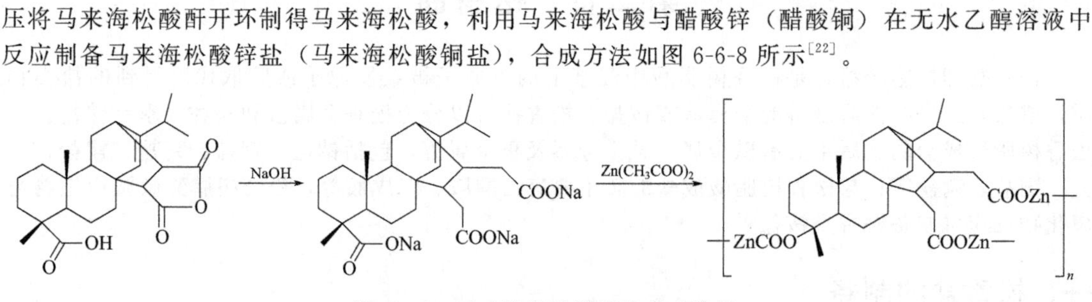

图 6-6-8　马来海松酸锌盐的合成路线

李海龙等利用马来松香、氢氧化钠、硝酸钙和硝酸镁为原料，通过溶液反应成功制备了马来海松酸钙盐和马来海松酸镁盐，合成方法如图 6-6-9 所示[23]。

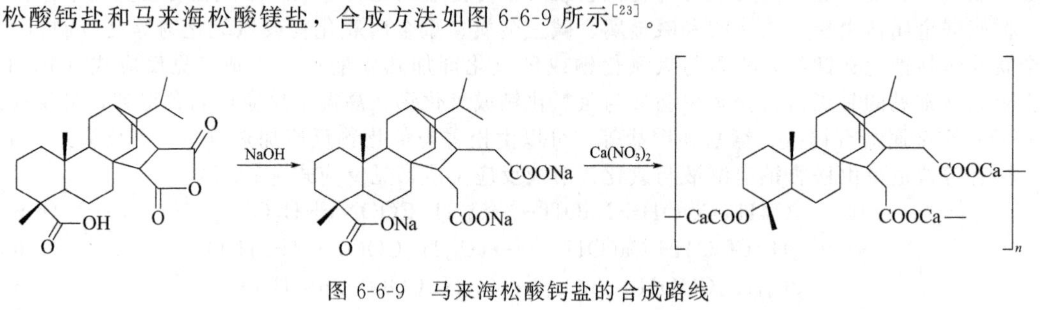

图 6-6-9　马来海松酸钙盐的合成路线

将马来海松酸酐和氢氧化钠混合均匀倒入高压反应釜中反应，冷却后得到深黄色液体，调节溶液的 pH 值后将析出的白色沉淀抽滤分离得到马来海松酸。将醋酸镧溶于少量蒸馏水中，然后加入无水乙醇，另称取马来海松酸加入无水乙醇中使其完全溶解，产生大量白色沉淀，得到白色固体马来海松酸镧。合成方法如图 6-6-10 所示[24]。

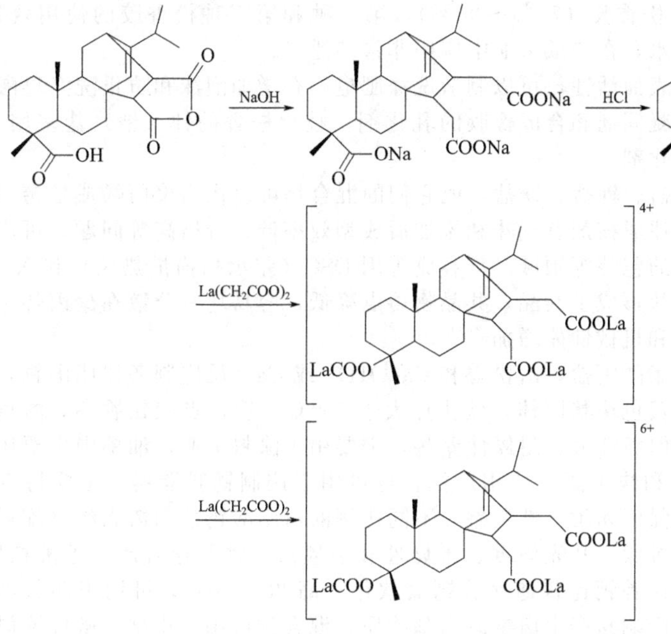

图 6-6-10　马来海松酸镧盐的合成路线

松香铵盐的合成可以把松香溶于有机溶剂中，加入有机胺即可以得到松香铵盐，如松香二戊胺盐的制备，把酸异构后的松香溶于丙酮中，加入二戊胺形成沉淀得到松香二戊胺盐，经冰醋酸多次结晶可以得到纯度较高的枞酸二戊胺盐，冰醋酸酸化后可以得到枞酸[25]。

松香季铵盐一般由松香叔胺与卤代烷反应制备，在乙醇中回流反应 24～48h 可以得到松香季铵盐，季铵化反应时间较长，合成产率较低。合成方法如图 6-6-11 所示[26]。

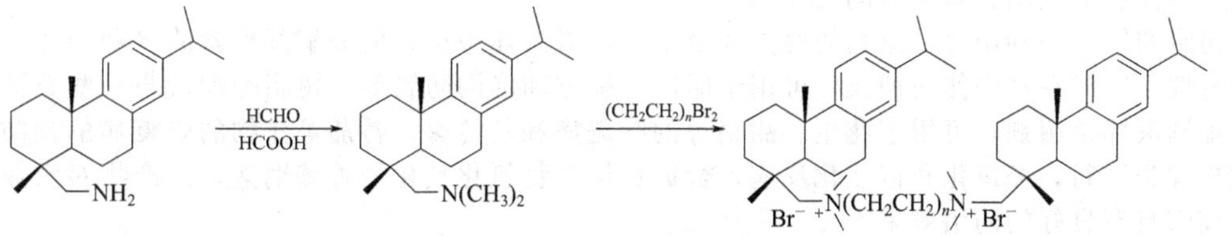

图 6-6-11　松香叔胺合成季铵盐

松香季铵盐也可由松香树脂酸或树脂酸衍生物与环氧丙基三甲基氯化铵制备，由于环氧基团活性高，羧基和环氧开环容易，这种方法合成松香季铵盐比叔胺与卤代烷反应时间短、产率高。合成方法如图 6-6-12 所示[27]。

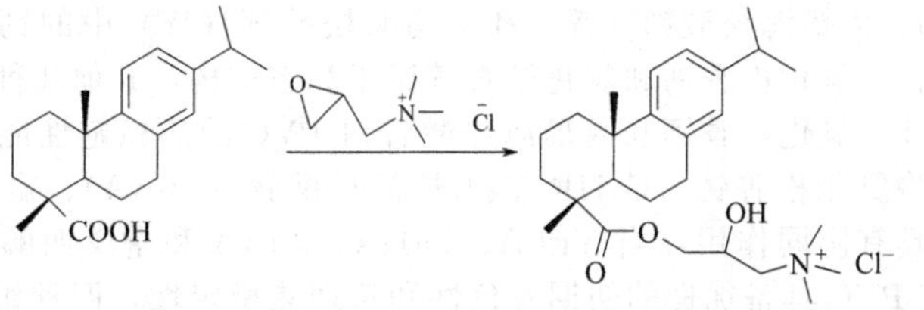

图 6-6-12　松香和环氧季铵盐反应合成松香季铵盐

二、松香盐的性质与用途

松香碱金属盐主要是钠盐和钾盐，通过降低纸张的吸水性和防止墨水的渗透性可用作造纸胶料，也称作松香胶。松香胶根据游离松香含量的不同可以分为中性胶（褐色胶）、白色胶（含游离松香 25%～40%）和高游离松香胶（70%～90%），第二种和第三种松香胶的使用效果较好，可使纸张坚韧、平滑且不易透水，在造纸工业中应用非常广泛[1]。

同时松香钠盐和钾盐具有表面活性，可以制造洗涤肥皂，有增加泡沫和防止洗涤皂酸败变质等效果。此外，还可用作水泥凝固剂和合成橡胶的乳化剂，歧化松香的钾（钠）盐多用于丁苯、氯丁和丁腈橡胶聚合时用的乳化剂。

脱氢枞酸，脱氢枞酸的钠盐、钾盐、镁盐，或它们的混合物可以作为聚丙烯成核透明剂，松香类成核剂成本低，不存在以往成核剂有气味和添加后成型效率低、价格高等问题，可广泛应用于食品、饮料、医药和化妆品的包装等领域。李春成等用 DSC（差示扫描量热仪）和 X-ray 衍射的方法证实脱氢枞酸和它的钠盐形成了共晶，共晶物熔点降低，容易均一分散在聚丙烯中，使聚丙烯的结晶温度、热变形温度和机械性能增加[28-31]。

松香碱土金属盐主要是树脂酸钙盐，由松香和 $Ca(OH)_2$ 或 CaO 反应制备树脂酸钙，在制漆工业广泛应用。石灰松香为淡黄色块状固体，软化点大于 100℃，软化点较松香高，酸值低，成膜后硬度、光泽均较松香好，但脆性大，耐候性差些，主要用于涂料工业，油墨中主要用来制印报墨，在造漆工业制光亮漆块和快干漆中应用广泛，也可用于调制钙脂瓷器。主要特点是漆膜硬、光亮足，不足之处是机械强度和耐水性稍差，不同比例的树脂酸钙盐和树脂酸复配后可溶于甲苯，进一步可制备坚硬的松香漆，其光泽度、干燥性和油墨渗透性与松香改性酚醛树脂相当。另外，用聚合松香制备的聚合松香钙比普通松香钙盐软化点高 20～40℃，可用于凹版油墨生产中。松香酸钙和光敏染料受光影响易产生卤素游离基物质，混合物可用于正型光敏抗蚀剂[1]。

马来海松酸锌盐、钙盐，丙烯海松酸锌盐、钙盐可以作为 PVC（聚氯乙烯）的热稳定剂，性能优于商业热稳定剂硬脂酸钙和硬脂酸锌。马来海松酸锌对 PVC 样品具有良好的热稳定作用，马来海松酸锌与硬脂酸钙复合物在 PVC 热稳定方面具有良好的协同作用[19]。

松香树脂酸锌盐可用于配制高质量的套色印刷油墨，聚合松香与醋酸锌在高温下反应制备的聚合松香锌盐可用于配制高质量的套色印刷油墨。树脂酸锰盐的用途广泛，可用作油漆或者涂料的催干剂，还可用于制造油墨、防腐剂、驱虫剂和润滑油添加剂等。树脂酸锰还可以作为甲苯用空气进行液相氧化制备苯甲酸的催化剂[1]。

树脂酸铜是一种用途广泛的防腐剂和杀菌剂，对海洋中存在的分解纤维素的多种菌体都有强烈的毒性，同时在水中使用期长，可用于船底漆配方和渔网防腐剂。树脂酸铜盐与一些石油蒸馏物可配制液体杀菌剂，可用于花生、甜菜等的叶斑病和马铃薯、番茄等作物的晚疫病的预防。以歧化松香为原料，经氯化和铜盐化反应，合成目标产物氯化歧化松香基铜盐，该产物对农业害虫甜菜夜蛾具有良好的防治效果[22]。

氢化松香钇（YHR）、丙烯海松酸钇（YAA）、富马海松酸钇（YFPA）能提高聚氯乙烯（PVC）热稳定性。当富马海松酸（FPA）和 Y（Ac）$_3$ 的物质的量之比为 1∶2 时，产物 YFPA 中钇含量可达到 17.03%。氢化松香钇（YHR）、丙烯海松酸钇（YAA）和富马海松酸钇（YFPA）是非晶态结构，其中钇离子和羧酸根负离子以离子键相结合，具有良好的耐热性能，富马海松酸钇对 PVC 具有优良的热稳定性，随着钇含量的升高，PVC 热稳定性也增加[18]。

氢化松香钙（锌）、丙烯海松酸钙（锌）和富马海松酸钙（锌）中的钙（锌）离子和羧酸根负离子通过离子键结合。氢化松香钙和氢化松香锌属于晶态结构，其他几种属于非晶态结构，对原料具有优良的耐热性。氢化松香钙和丙烯海松酸锌对 PVC 的热稳定性能比市售热稳定剂硬脂酸钙和硬脂酸锌好。将氢化松香钙（CaHR）、丙烯海松酸锌（ZnAA）、富马海松酸钇（YFPA）和季戊四醇进行复配具有协同作用，当 YFPA、CaHR、ZnAA 和季戊四醇按不同的比例同时加入 PVC 中时，可以使 PVC 具备优良的初期着色性和长期热稳定性，四种组分 YFPA/CaHR/Pe/ZnAA 的最佳添加比例为 1∶1.5∶1∶0.5[18]。

马来海松酸镧对 PVC 具有良好的热稳定作用。马来海松酸镧和马来海松酸铈作催化剂对松香甘油酯的合成具有良好的催化活性，马来海松酸镧催化合成松香甘油酯反应温度低，速度快，简化了后处理，提高了产品质量，催化活性优于硫酸、对甲苯磺酸、氧化锌，在工业上具有一定的应用价值[24]。

磺化去氢枞酸双亚铁盐和文献报道药物去氢枞基磺酸单钾盐具有抑制胃酸分泌活性，市售抗胃溃疡西咪替丁为对照药物组测试了抗胃酸活性及抗胃溃疡活性，对磺化去氢枞酸亚铁盐进行了毒理学和病理学测试，测试结果显示该亚铁盐基本无毒，胃酸量和总胃酸抑制率效果均比阳性药西咪替丁好[21]。

松香树脂酸铵盐主要用来分离提纯松香树脂酸，松香或者歧化松香与胺形成铵盐后经重结晶提纯，不同结构的树脂酸铵盐在溶剂中的溶解度相差较大，经重结晶后可以分离不同结构的树脂酸铵盐，树脂酸铵盐再经酸化后可以得到纯度较高的树脂酸，如枞酸的提纯主要经过松香树脂酸二戊铵盐，左旋海松酸的提纯主要经过松香树脂酸丁醇铵盐，脱氢枞酸的提纯主要用乙醇铵盐，新枞酸的提纯主要用 2-氨基-2-甲基-1,3-丙二醇等[25]。松香树脂酸的铵盐也可以用作含颜料的工业废水絮凝剂，达到净化工业废水的目的。

松香季铵盐是一类性能优良的阳离子表面活性剂，在一定条件下能降低水的表面张力，具有优异的表面活性性能，同时松香季铵盐具有一定的抑菌活性。松香基季铵盐双子表面活性剂可自组装球形胶束作为模板，制备得到花球状复合材料，在一定程度上增大了复合材料的比表面积。韩世岩等则以去氢枞基三甲基溴铵和松香基 Gemini 双子表面活性剂为模板，合成超细介孔二氧化硅材料，材料受松香树脂酸手性结构影响，生成哑铃形等特殊形状，对于控制二氧化硅材料形貌具有明显的作用[32-35]。

松香盐由于独特的性能广泛用于国民经济的各个部门，近年来以松香为原料合成多元酸，再与各种碱土金属及重金属复合的研究引起了广泛的兴趣，在新兴领域热稳定剂及催化剂等方面吸引了科研工作者的广泛兴趣。松香季铵盐作为表面活性剂的研究也非常广泛。同时松香是一种生物质资源，制备的松香盐具有绿色化、可降解的特征，符合可持续发展要求。

第三节 松香胺

一、松香胺的制备

（一）松香胺的制备原理

树脂酸（以 RCOOH 表示）在高温下通氨得树脂酸铵盐，此盐脱水生成酰胺，树脂酸酰胺进一步脱水生成树脂酸腈，这两步的脱水反应是可逆的，因此在生产过程中需要连续通入氨气以及及时除去反应过程中生成的水。树脂酸腈通过加氢反应得到松香胺，第一步加氢生成醛亚胺，进一步加氢得到松香胺（伯胺）。松香胺在结构上看是—CH_2NH_2 基团取代—COOH 基团的产物。树脂酸酰氯与氨水反应可以生成树脂酸酰胺，树脂酸酰胺与次氯酸钠（或次溴酸钠）反应，发生霍夫曼降解，也可以制得胺，这一类胺在结构上看是—NH_2 基团取代—COOH 基团的产物，它与光气反应可进一步得到异氰酸酯。在霍夫曼降解反应中，四氢枞酸酰胺转化为四氢枞酸异氰酸酯，熔点 59～61℃。树脂酸（松香）胺反应路线如图 6-6-13 所示。

$$\underset{\text{树脂酸}}{RCOOH} + NH_3 \longrightarrow \underset{\text{松香酰胺}}{[RCONH_2]} \longrightarrow \underset{\text{松香腈}}{RCN} \xrightarrow{H_2} \underset{\text{松香胺}}{RCH_2NH_2} \qquad (\text{I})$$

$$\underset{\text{树脂酸}}{RCOOH} \xrightarrow{SOCl_2} \underset{\text{树脂酸酰氯}}{RCOCl} \longrightarrow \underset{\text{酰胺}}{RCONH_2} \xrightarrow{NaOCl} \underset{\text{树脂酸胺}}{RNH_2} \qquad (\text{II})$$

（式中R代表$C_{19}H_{29}$—）

图 6-6-13 树脂酸（松香）胺反应路线

（二）松香胺的生产工艺

1. 松香腈的制备方法

松香腈的生产工艺流程见图 6-6-14。

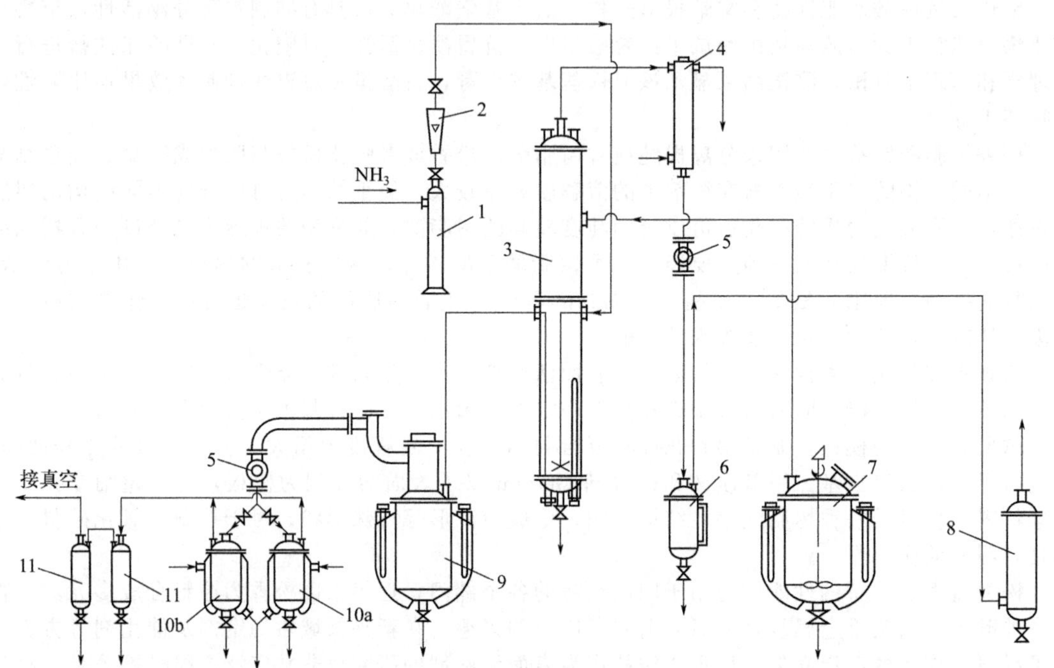

图 6-6-14　松香腈生产工艺流程

1—缓冲器；2—转子流量计；3—氨化反应器；4—冷凝器；5—视镜；6—氨水分离器；7—熔融釜；8—氨吸收槽；9—粗腈蒸馏釜；10—真空受器；11—稳定罐

(1) 氨化脱水制备粗腈　破碎成小块的松香，在熔融釜中加热至160～180℃熔化后，加入催化剂，借真空吸入氨化反应器，氨气则经缓冲器和转子流量计调节流量后，经通氨管引入氨化反应器底部进行鼓泡。在真空吸入液态松香前，要注意反应器内需要保持较小氨气流量，避免松香吸入通氨管发生堵塞现象。

进料完毕，开电热棒加热，并加大氨气流量。在开始 1～1.5h 内，松香中的树脂酸很快与氨中和生成树脂酸铵盐，需要的氨气量较大。随着反应温度的上升，树脂酸铵盐开始脱水反应，氨气只需维持较小流量，使脱水反应平衡向生成松香腈方向进行即可。

反应脱出的水蒸气和未吸收的氨气，以及被气流带出的少量松香腈和松香酰胺等，一起经反应器顶部导气管流经冷凝器冷凝，氨水及少量松香腈、松香酰胺（浮于上层）等由氨水分离器收集。松香腈及酰胺可回锅再进行反应，尾气（主要是氨气）则通入氨吸收槽。氨水再与硫酸中和制取硫酸铵，供作农用肥料。

氨化反应过程中，通氨速度以保持尾气吸收槽内有鼓泡现象为准。当反应器由液温升至200℃以上时，可以从视镜中观察到脱水现象。前 1～1.5h 反应温度控制在 180～230℃，然后逐步升温至 300℃。反应中每隔 1h 取样分析酸值，待酸值小于 5，脱水量达到理论计算值以上时，继续保温 0.5h，即可降温出料。

松香氨解成腈的适宜工艺条件：松香氨解反应温度为 230～300℃，催化剂钨酸铵用量为 0.25%～0.3%（以松香量为基准），通氨量为 2～3kg/h（实际氨气耗量为松香量的 15%～18%），氨化反应时间为 12h 左右。

(2) 粗腈减压蒸馏　经氨化脱水生成的粗制松香腈，伴随有一些脱羧、裂化产物，使松香腈呈黑褐色黏稠状混合物。必须经过蒸馏提纯后才能作为松香胺制备用的中间体。

粗腈减压蒸馏的流程见图6-6-14。主要设备粗腈蒸馏釜由不锈钢（材料1Cr18Ni9Ti）制造。釜外夹套中采用硝盐混合物（55%KNO_3加45%$NaNO_3$）作载热体。在夹套内直接插入电热棒进行加热。

粗腈趁热借真空吸入粗腈蒸馏釜，开电热棒，使料液加热升温。当釜内液温达120℃左右时，开启真空泵抽空减压。约经1h，有低沸点物馏出，收集于头馏分真空受器中。当气相温度在210～260℃/2kPa时，收集精腈于另一真空受器中。最后当气相温度上升到260℃以上时，由视镜中观察馏出物从线流状逐渐减小至滴状，同时气相温度明显下降，表明达到了蒸馏终点，即停止蒸馏。

趁热放出蒸馏釜残渣及精制松香腈。粗腈减压蒸馏时间约需5～7h。精制松香腈的得率，以脂松香为原料时约70%，以歧化松香为原料时约80%（以松香量为基准）。

2.松香胺的制备方法

松香胺的生产工艺流程见图6-6-15。主要设备加氢反应器由耐高压无缝不锈钢管制成，通氢管由反应器上部直伸至底部，管下端连接一个氢气喷头。反应器内装置四块花板。器外具有夹套，可通蒸汽加热或冷水冷却。

（1）催化加氢　采用管式氢气循环鼓泡加氢法。松香腈20kg，工业乙醇38kg，雷氏镍催化剂6kg（湿法称量），氢氧化钠200g（预先用2kg乙醇配成氢氧化钠乙醇溶液），混合搅拌均匀。开启真空阀，用真空泵将整个加氢设备抽真空，立即将上述原料在不断搅拌下由加氢反应器底阀吸进，吸料完毕。继续抽真空约3～5min，整个加氢系统达到一定的真空度，停真空泵，关真空阀。

随即充入氢气（或氮气）0.4MPa，经水封放空。塔内剩余压力0.2MPa，以洗去反应器内的微量空气。重复两次，然后充入氢气。氢气由高压钢瓶经针形阀直接充入加氢反应器，开动循环泵，系统压力最高控制在4MPa。开蒸汽，使加氢反应器加热。当温度升到80℃左右时，松香腈在雷氏镍催化剂和助催化剂的作用下开始与氢气发生加成反应。此时系统压力下降，反应温度上升（松香腈加氢为放热反应）。需要不断地充入高压氢气，使加氢系统压力一直维持在4MPa，温度控制在80～110℃。

在反应过程中，氢气经通氢管不断从加氢反应器底部吹出，经过反应器底部和中部的4块花板，使料液及催化剂鼓泡翻动，三相能均匀分配，接触良好。反应尾气（未吸收的氢气）从反应器顶部经导气管（具冷却水夹套管）进入气液分离器，以分离尾气中带出的料液与催化剂。料液与催化剂经分离器下端回流入反应器。氢气则自气液分离器顶部抽入氢气循环泵，然后压送入油气分离器除油净化后，与高压氢气钢瓶送来的新鲜氢气汇合，进入加氢反应器。如此往复循环，直至加氢速度渐渐缓慢下来，加氢系统压力基本上不再下降，表明反应已近结束，即停止通入氢气。

为使反应更加完全，可保持压力在4MPa，温度90～100℃下保压保温循环0.5h。然后关蒸汽阀，通冷却水将料液冷却到70℃左右。停循环泵，将系统内氢气经贮气罐缓慢排放入大气，待压力降至0.2MPa，将反应器内料液自下端底阀放至催化剂分离桶内。

（2）催化剂的分离　料液在分离桶内静置20min左右，使催化剂全部沉淀于桶底。料液需保持一定温度（60～70℃），使催化剂易于分离和沉降。待催化剂沉淀之后，将上层松香胺乙醇溶液倾出吸入松香胺贮槽中，催化剂则留存桶内。用热乙醇洗1～2次，使催化剂中残存的松香胺分离出来。经过热乙醇洗净的催化剂仍有很高的活性，可以反复使用。但由于分离和洗涤时催化剂有所损失，在再配料时需要补充新催化剂。

（3）乙醇的回收　将槽中的松香胺乙醇溶液用真空吸入乙醇回收釜中，外用蒸汽夹套加热。蒸馏时加热不宜太快，易产生液泛而将松香胺带出。

在回收乙醇过程中，松香胺中的游离胺将随乙醇蒸出，故乙醇呈碱性（pH=10～12）。蒸出的乙醇经冷凝器冷凝，流入中和桶，用工业硫酸中和至中性（pH=7～8），放入贮槽。集中一定量后吸入预热器预热，再流入精馏塔精馏提纯。所得乙醇呈中性，含量95%左右。乙醇存于贮槽中，供加氢工段重复使用。粗氨则留存于釜底。

（4）粗胺的蒸馏　加氢反应制得的粗制松香胺含量一般在90%左右，其中含有未反应完全的半加氢物和杂质，必须经过减压蒸馏提纯制取精制松香胺。

将乙醇回收釜中的粗胺借真空吸入胺蒸馏釜中。加料完毕后，先在低真空度（80kPa左右）下将松香胺中所含少量乙醇、水分和游离胺蒸出。然后逐渐提高真空度，抽空减压约1h开始低沸点物馏出，收集于头馏分受器。

在气相温度为180～240℃/2kPa时，收集精胺于真空受器。当气相温度达到240℃以上时，自视镜观察馏出物由线流状逐渐减少至滴状，同时气相温度明显下降，表明到蒸馏终点。趁热放出锅底黑色残渣，蒸馏约需4～6h。脂松香胺得率85%，歧化松香胺得率90%以上（以精制松香腈计），产品胺含量94%～95%。

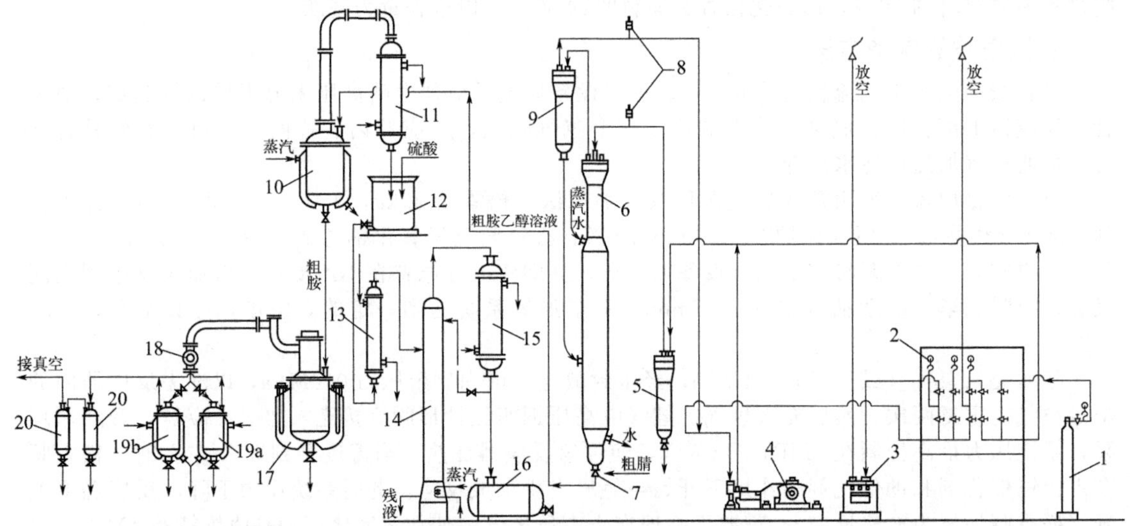

图6-6-15　松香胺生产工艺流程

1—氢气钢瓶；2—操作屏；3—真空泵；4—循环泵；5—油气分离器；6—加氢反应器；7—底阀；8—安全阀；9—气液分离器；10—乙醇回收釜；11，15—冷凝器；12—中和桶；13—预热器；14—乙醇精馏塔；16—乙醇贮槽；17—胺蒸馏釜；18—视镜；19—真空受器；20—稳定罐

3.催化剂（雷氏镍）的制备与再生

（1）雷氏镍催化剂的制备　雷氏镍由铝、镍、铬合金（配比为铝∶镍∶铬＝60.3∶38.5∶1.2）经过高温（900～1000℃）熔炼，再经磨碎，过筛（80～120目），用碱液进行消化处理后制得。其反应原理是：合金粉中铝起雷氏镍的载体作用，当发生硝化反应时，铝与氢氧化钠反应生成铝酸钠，并放出活泼氢。反应生成的铝酸钠等杂质用水洗去，这样就使镍催化剂表面形成许多小空穴，形似骨架，又称骨架镍。同时，反应中放出的初生态氢（H），吸附在骨架镍表面从而具有加氢活性。

硝化反应的原料配比，合金粉∶水∶氢氧化钠＝1∶3∶1，即合金粉10kg，蒸馏水30kg，氢氧化钠10kg（用蒸馏水配成40%浓度）。制备时，先在硝化反应釜内加少量蒸馏水，开动搅拌器并加热。慢慢加入合金粉，再补足剩余的蒸馏水。当釜内液温加热到50℃时，开始滴加碱液，严格控制反应温度在（52±2）℃，全部加完碱液约需3～4h。然后提高液温至60～70℃，保温搅拌6～8h。取样分析，合格后即可出料。料液放入洗涤桶中冷却，倾出上层铝酸钠白色浑浊液及碱液。雷氏镍用热（40～50℃）蒸馏水进行多次洗涤，至中性（pH＝7）为止。

（2）雷氏镍催化剂的再生　雷氏镍用作松香腈加氢催化剂具有很高的催化能力，一般可反复使用10次以上。以后催化剂活性逐渐衰退，明显表现不再吃氢。这是由于松香腈加氢反应时产生的副产物沉积于催化剂的孔穴中，使雷氏镍的晶格被遮蔽从而失去活性。此时必须对催化剂进行再生处理，其方法是将旧催化剂用95～100℃蒸馏水煮洗直至中性。然后用热（70～75℃）乙醇洗涤 2～3 次，即可再用。

二、松香胺的性质与用途

松香胺是一种浅黄色黏稠油状液体，有刺激性氨味。沸点 187～211℃(666.5Pa)，闪点＞180℃，燃点＞210℃。微溶于沸水，易溶于醇、醚、烃等大部分有机溶剂。松香胺在温度 100℃以下比较稳定。若加热至 100℃以上时，则随着加热时间的增加，松香胺会逐渐分解。松香胺虽属低毒产品，但对皮肤有一定的刺激作用，应避免长时间与皮肤接触。

脂松香胺和歧化松香胺产品的质量指标见表 6-6-2。

表 6-6-2 松香胺质量指标

项目	指标	
	脂松香胺①	歧化松香胺①
外观	黄色黏稠油液	黄色黏稠油液
颜色(加特纳色号)	6～7	6～7
相对密度	1.002	1.003
折射率(n_D^{20})	1.5374	1.5424
比旋光度($[\alpha]_D^{20}$)	+25.63(2%甲醇溶液)	+46.45(2%甲醇溶液)
黏度/mPa·s	30.88(80℃)	33.55(80℃)
仲胺含量/%	＜2	＜2
总胺含量/%	94.5	95.1

① 脂松香胺得率一般为 85%，歧化松香胺得率一般为 90%以上。

松香胺及其衍生物已广泛应用于生产各种工业助剂，如杀虫剂、杀菌剂、除藻剂、缓蚀剂、金属切削加工冷却润滑剂、浮选剂、光学活性拆分剂、原油破乳剂、塑料增韧剂和各种用途的表面活性剂[1,11]。

歧化松香胺经提纯得到脱氢枞胺，脱氢枞胺也可以脱氢枞酸为原料直接合成。脱氢枞胺是一种具有三环二萜结构的碱性光学活性拆分剂，在光学有机酸的拆分以及手性药物的合成中有着不可或缺的作用。如可用来拆分萘普生、青霉素中间体 dl-y-苯丙基丁二酸、dl-y-苯氧基丙酸、dl-4-氯戊-2-乙烯、dl-苹果酸、2-(ω-苯氧基烷基）环氧羧酸、色满-2-羧酸、2-氟-α-甲基-[1,1-二苯基]-4-乙酸等，同时，脱氢枞胺也是 D2 生物素及其他手性药物合成过程中关键中间体的新型光学碱性拆分剂[36-38]。脱氢枞胺通过成盐、N—C 衍生、N═C 衍生及芳环（C 环和 B 环）改性可以合成一系列具有抑菌、抗氧化、抗肿瘤、抗溃疡、防腐、缓蚀和催化活性的新物质，有望在药物合成、杀虫、缓蚀、防腐、催化、金属离子浮选等领域得到应用[39-45]。

第四节 松香醇

一、松香醇的制备

将松香甲酯溶解在惰性溶剂中，加入金属钠进行还原反应，最后用水使树脂酸醇钠分解得到松香醇。工业上，松香甲酯在高温高压（300℃，35MPa）下，以 $CuCrO_3$（亚铬酸铜）为催化剂通过催化氢解制备得到树脂酸醇，即松香醇。以氢化松香甲酯、歧化松香甲酯为原料，经催化氢解可制备氢化松香醇和歧化松香醇等改性松香醇。氢化松香醇也可由松香醇催化加氢制备。松香醇的合成路线如图 6-6-16 所示。

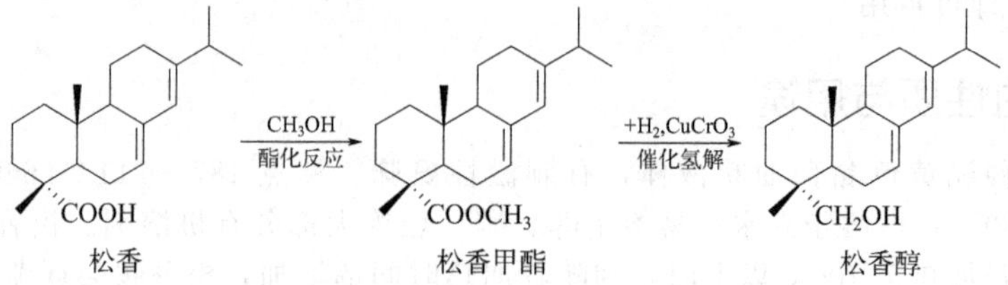

图 6-6-16　松香醇的合成路线示意图

二、松香醇的性质与用途

松香醇是一种淡黄色黏稠液体，酸值低（约 0.1～0.3mg/g），羟值高（≥145mg/g），即相当于产品中含 85%的松香醇，因为饱和度高，较一些松香衍生物有更好的抗氧化性；氢化松香醇是一种重要的松香醇产品，是一种无色有光泽的黏稠液体，黏度在 3000mPa·s 左右。松香醇溶于甲醇、乙醇、异丙醇，无色澄清，色泽（铁钴法）≤2，软化点（环球法）在 80℃。

松香醇可直接应用于助焊剂、胶黏剂中；氢化松香醇可用于无色环保免洗助焊剂、环保助焊剂、焊料中起成膜助焊作用，基本无需清洗，还可用于树脂增塑胶黏剂、漆、油墨及黏合剂中。

松香醇酯衍生物具有特别的用途，可在高黏度时用作链端反应剂，松香醇酯衍生物应用在树脂中可以有效地控制体系的黏度。松香醇水杨酸酯和松香醇香豆素酯对紫外线有较好的吸收作用，可应用于紫外线防护产品中。

松香醇和氢化松香醇的醚类衍生物也有重要用途。松香醇和氢化松香醇与环氧化物反应可形成羟基聚醚，在醇溶性树脂、增塑剂和表面活性剂领域有重要应用[46-49]。氢化松香醇乙烯基醚与醇酸树脂、干性油等原料有良好的相溶性，用途广泛，被开发成多种工业添加剂，如油灰添加剂。

参考文献

[1] 程芝. 天然树脂生产工艺学. 北京：中国林业出版社，1996.

[2] 吴秀荣. 脱氢松香酸和甲酯傅克反应及衍生物荧光性质研究. 南宁：广西大学，2007：16-17.

[3] 王义刚，聂小安，常侠. 低温常压均相酯交换法制备氢化松香甲酯的研究. 现代化工，2013，33（11）：43-46.

[4] 王徐斌. 亚临界 CO_2 流体中 ZnO/FC_3R 催化松香甲酯化过程优化及反应动力学. 南宁：广西大学，2018.

[5] 李露，于世涛，刘福胜，等. SBA-15-［HSO_3-AMS］＋［HSO_4］催化合成松香甲酯. 林产化学与工业，2009，29（增刊）：83-86.

[6] 巩育军，薛元英，庞重军，等. 微波辐射松香酯的合成研究. 化学与生物工程，2009，26（5）：14-18.

[7] 苏俏俏，黄育连，周龙，等. 松香与蔗糖直接合成松香酸蔗糖酯的研究. 化工技术与开发，2018，47（4）：31-35.

[8] 冯光炷，谢文磊，卫延安，等. 合成松香酸蔗糖酯的研究. 精细化工，1998，15（2）：4-6.

[9] 任云. 改性松香蔗糖酯的合成研究. 南宁：广西大学，2005.

[10] 段文贵，任云，张晓丽，等. 歧化松香蔗糖酯的合成. 化学通报，2006（2）：109-113.

[11] 任天瑞，李永红. 松香化学与利用. 北京：化学工业出版社，2006.

[12] 高宏，宋湛谦，王振洪，等. 添加剂在浅色甘油酯制备中的应用. 浙江林学院学报，2006，23（1）：94-97.

[13] 高宏，宋湛谦，王振洪，等. 高稳定浅色松香甘油酯的制备. 林产化工通讯，2005，39（5）：1-4.

[14] 吴春华，赵黔榕，安鑫南. 浅色松香酯的研究进展. 四川林业科技，2003，24（2）：22-24.

[15] 梁春杰，曾玉凤，李柄辉. 抗氧剂在制备浅色松香甘油酯中的应用. 玉林师范学院学报（自然科学），2013，34（5）：44-47.

[16] 刘月蓉. 生产浅色聚合松香酯类产品浅色剂的选择. 林业科学，2007，7（43）：74-77.

[17] 任天瑞，李永红. 松香化学与利用. 北京：化学工业出版社，2006.

[18] 王永强. 改性松香钇（钙/锌）的制备及对 PVC 的热稳定性研究. 南宁：广西民族大学，2017.

[19] Li M，Zhang J W，Huang K，et al. Mixed calcium and zinc salts of dicarboxylic acids derived from rosin and dipentene：Preparation and thermal stabilization for PVC. RSC Advances，2014，4（108）：63576-63585.

[20] Mohamed N A，El-Ghany N A A，Fahmy M M，et al. Synergistic effect of maleimido phenyl urea derivatives mixed with some commercial stabilizers on the efficiency of thermal stabilization of PVC. Polymer Testing，2015，44：66-71.

[21] 韩春蕊，宋湛谦，李海涛，等.磺化去氢枞酸盐的合成与生物活性测试.林产化学与工业，2007，6：81-84.
[22] 杨忠芝.马来海松酸锌（铜）的制备、表征及应用研究.广西：广西民族大学，2012.
[23] 李海龙.马来松香钙（镁）的制备与表征.广西：广西民族大学，2010.
[24] 刘玉森，黄奇良，雷福厚.新型热稳定剂马来海松酸镧的合成及应用研究.塑料科技，2014，42（10）：112-116.
[25] 王琳琳，陈小鹏，刘幽燕，等.松香树脂酸的单离及应用.化工进展，2005，24（11）：1301-1305.
[26] 贾卫红，饶小平，宋湛谦.松香基季铵盐 Gemini 表面活性剂的合成及性能研究.现代化工，2008，38（s2）：390-394.
[27] 黄秀芝，饶小平，薛志革，等.松香酯羟丙基季铵盐表面活性剂的合成、表征及性能.林产化学与工业，2014（6）：75-80.
[28] 谢飞，张祥福，方舫，等.成核剂对增韧聚丙烯力学性能的影响.中国塑料，2000，14（11）：76-79.
[29] Li C，Zhu G，Li Z. Effects of rosin type nucleating agent on polypropylene crystallization. J Appl Polym Sci，2002，83：1069-1073.
[30] 雷华，鲁阳.结晶型聚烯烃树脂用成核剂.中国塑料，2002，16（1）：64-66.
[31] Jingbo W，Qiang D，Shishan W，et al. Influence of the amount of salts of rosin acid on the nonisothermal crystallization，morphology，and properties of isotactic polypropylene. Polymer Engineering and Science，2007，47（6）：889-897.
[32] 韩春蕊，朱莉伟，刘六军.微波溶剂热法松香基表面活性剂控制合成氢氧化镍材料.林产化学与工业，2009，29：149-153.
[33] Xu Y，Li B，Li J. Controlled hydrothermal synthesis of ball-flower $Ni(OH)_2$/ NiOOH composites assisted by rosin-based betaine zwitterionic surfactant. Journal of Materials Science：Materials in Electronics，2015，26（10）：8040-8046.
[34] Li W，Xie D，Song B. Synthesis and characterization of ordered mesoporous silica using rosin-based Gemini surfactants. Journal of Materials science，2018，53：2434-2442.
[35] 韩世岩，宋湛谦，余方丹.双子表面活性剂为模板纳米二氧化钛的制备及光催化活性.功能材料，2011，42（11）：2064-2067.
[36] 饶小平，宋湛谦，高宏.脱氢枞胺及其衍生物的研究与应用进展.化学通报，2006，69（3）：168-172.
[37] 杨艳平，沈明贵，商士斌，等.脱氢枞胺及其衍生物的应用研究进展.化工进展，2015，34（11）：4006-4012.
[38] 刘超祥，林中祥.脱氢枞胺衍生物及功能性研究.安徽农业科学，2014，42（6）：1595-1597.
[39] 屠双燕，徐武双，齐芬，等.光学纯脱氢枞胺杂环衍生物与 DNA 作用及初步细胞毒活性.有机化学，2019，39（11）：3269-3276.
[40] 王婷，李鹏飞，袁霖，等.脱氢枞胺 Schiff 碱高分子铜配合物催化氧化茴香油工艺优化.食品科学，2016，37（2）：39-44.
[41] 伍勇，黄春花，徐静.松香基 Schiff 碱杂环衍生物的合成及抑菌活性.精细化工中间体，2020，50（4）：30-33，40.
[42] Gigante B，Santos C，Silva A M，et al. Catechols from abietic acid：synthesis and evaluation as bioactive compounds. Bioorganic & Medicinal Chemistry，2003，11（8）：1631-1638.
[43] Zhou Z，Lin Z X，Liang D，et al. First synthesis of ring-B C_{60}-substituted derivatives of N-(tetrachlorophthaloyl) dehydroabietylamine. Tetrahedron，2013，69（1）：43-49.
[44] 余星.脱氢枞胺 C 环和 B 环衍生物的合成及生物活性研究.南京：南京林业大学，2014.
[45] 刘超祥.脱氢枞胺衍生物合成及结构与 DNA 相互作用、抗癌活性关系.南京：南京林业大学，2014.
[46] 王基夫，吴红，林明涛，等.丙烯酸氢化松香醇酯的合成和表征.精细化工，2009，26（6）：599-603.
[47] 齐帆，杨艳平，商士斌，等.脱氢枞醇丁烯二酸单酯的合成及助焊性能研究.林产化学与工业，2016，36（2）：94-98.
[48] 王基夫，林明涛，王春鹏，等.甲基丙烯酸氢化松香醇酯的合成与表征.生物质化学工程，2011，45（6）：5-10.
[49] Hu Lihong，Zhou Yonghong，Song Zhanqian. Synthesis and properties of Rosin-based Polyglucoside. Chemistry and Industry of Forest Product，2006，26（1）：11-14.

（商士斌，刘鹤，张海波，高宏，王丹）

第七章　松香基精细化学品

第一节　松香基表面活性剂

表面活性剂是一类在较低浓度下便可以降低溶液界面性质如表面张力的物质，因其在溶液中可自组装成不同的聚集形态，在洗涤、医药、农药、食品和功能材料等多个领域具有重要的应用价值，被誉为“工业味精”。表面活性剂分子由极性的亲水基（疏油基或憎油基）和非极性的亲油基（疏水基或憎水基）两种不同性质的基团组成。亲水基是容易溶于水或易被水所湿润的原子团，包括有机酸盐（羧酸盐、磺酸盐、硫酸酯盐、磷酸酯盐等）、胺盐（伯胺盐、仲胺盐、叔胺盐及季铵盐）、羟基和醚链等；亲油基则是与油具有较好亲和力和溶解力的原子团，常见的是石油基的直链烷烃或环烃、含氟烃基和硅烷等。松香树脂酸分子的三元菲环骨架结构具有优异的亲油性，但由于分子中亲水性基团羧基的亲水性弱，松香树脂酸的表面活性有限。以松香为原料获得表面活性剂，需经化学改性以增强分子的亲水能力。且由于松香树脂酸分子中三元菲环亲油基团不同于石油基柔性长链烷烃亲油基团，其具有一定刚性，赋予了松香基表面活性剂特异表面性能和应用价值。根据松香基表面活性剂在水溶液中离解出的电荷类型，可将其分为阴离子型、阳离子型、两性型和非离子型四种。

一、松香基阴离子型表面活性剂

阴离子型表面活性剂是表面活性剂中占比最大的一类，约40%的表面活性剂属于阴离子型。松香基阴离子型表面活性剂包括羧酸盐、磺酸盐以及磷酸盐等。松香最早在表面活性剂中的应用便是阴离子型（anionic，A）松香皂类表面活性剂产品，如：具有良好起泡、乳化去污能力的松香钠皂，不仅可作为肥皂使用，还用作造纸施胶剂等；松香钾皂则是合成橡胶不可替代的乳化剂。此两种表面活性剂分子中均含有一个亲水基团羧酸盐，为进一步增加分子的亲水性，Wang等[1]以松香酸和马来酸酐反应合成马来海松酸，再用碱进行中和得到羧酸钠盐阴离子型表面活性剂（**A01**），合成路线见图6-7-1。A01与松香钠皂相比，增加了两个羧酸钠盐，亲水性得到大幅提高。以上松香基羧酸钠盐阴离子型表面活性剂的起泡、乳化去污能力，是在表面活性剂浓度相对较低的情况下所表现出来的表面性能。

以上所得到的羧酸盐类阴离子型表面活性剂的亲油端为松香的刚性骨架，Chen等[2]利用松香酸羧基的反应性能引入长链烷烃亲油基团，再继续引入羧酸阴离子，得到**A02**，该松香基羧酸阴离子型表面活性剂由于同时含有刚性和柔性亲油基团，在高浓度下自组装可获得黏弹性溶液。而Zhai等[3,4]在三元环的另一侧引入长链烷烃（C_{12}、C_{14}、C_{16}），合成得到系列含长链尾结构的松香基羧酸盐阴离子型表面活性剂（**A03**和**A04**），结构式见图6-7-2。其中长链为C_{12}的化合物结构为**A03**，**A03**在0.1mmol/L的浓度［约1.1倍临界胶束浓度（CMC）］下，可形成100～200nm的球形聚集体，而在58mmol/L的高浓度下，则形成线状蠕虫胶束，具有明显黏弹性能，如图6-7-3所示。且将其与十六烷基三甲基溴化胺（CTAB）复配，可得到具有pH响应性的溶液，可实现对单壁碳纳米管的分散和回收利用。

有机羧酸盐的亲水性仍然较弱，与其相比，磺酸盐的亲水性更优。陈立云等[5]以松香酸为原料，经磺化和酸碱中和两步法合成了一种非对称Bola型磺化脱氢松香酸二钠盐表面活性剂，该产品具有更优的亲水性能。但与市售表面活性剂十二烷基磺酸钠相比，CMC值和表面张力均较高，表面活性一般，分析原因主要是由于分子的Bola型结构和三元菲环骨架结构，但其在低

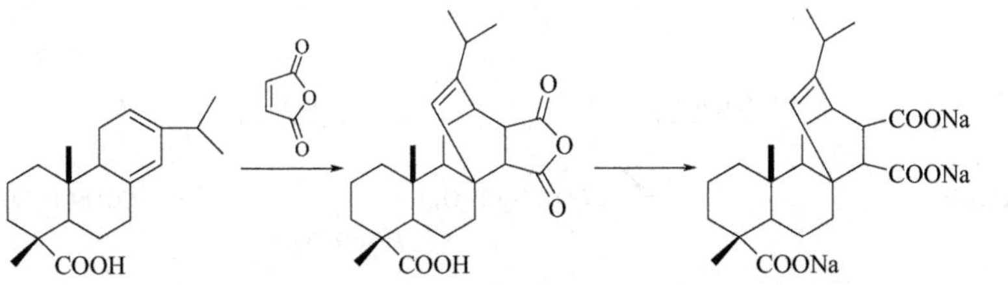

图 6-7-1　羧酸钠盐阴离子型表面活性剂 **A01** 的合成路线

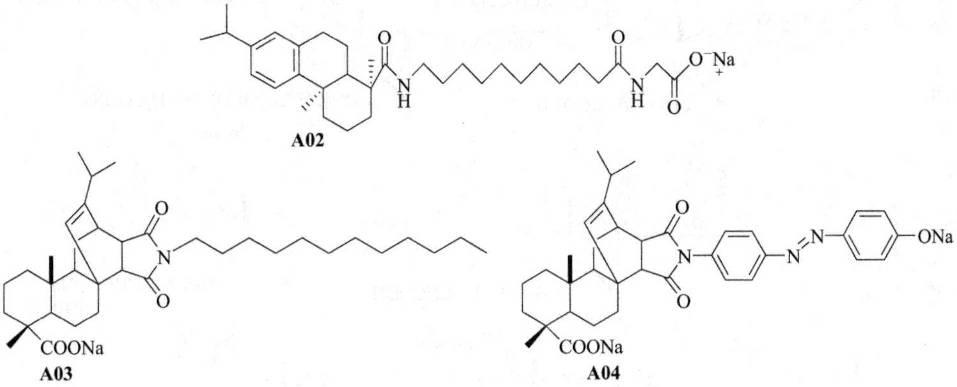

图 6-7-2　羧酸钠盐阴离子型表面活性剂 **A02**～**A04** 结构式

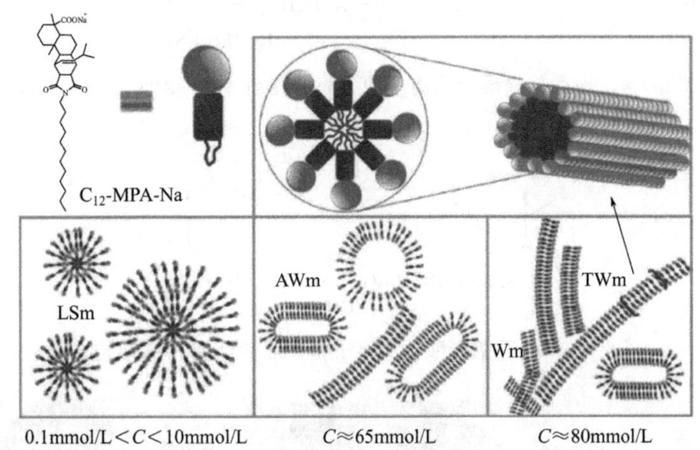

图 6-7-3　羧酸钠盐阴离子型表面活性剂 **A03** 在不同浓度下的聚集形态

浓度时可生成聚集数很低的胶团，是一类具有开发前景的表面活性剂。贾卫红等[6,7]对松香基磺酸盐表面活性剂做了较系统的研究，分别以松香酸和松香胺为原料，合成出多种松香基磺酸盐阴离子型表面活性剂（**A05**～**A08**），合成路线见图 6-7-4。研究表明，这四种表面活性剂均具有较好的润湿性能，且表面活性随分子结构中连接的亚甲基链长度的增加而增强。

有机磷酸盐也是一类性能优良的表面活性剂，Li 等[8] 通过松香树脂酸羧酸的反应性能引入磷酸基团得到松香基磷酸盐阴离子型表面活性剂 **A09**（图 6-7-5），其在水溶液中可组装聚集成直径约为 50nm 的球形胶束，组装过程如图 6-7-6 中 A 所示。根据图 6-7-6 中 B 和 C 可发现，**A09** 与阳离子型表面活性剂十六烷基三甲基溴化胺（CTAB）具有优异的复配性能，在离子间电荷吸附和分子空间位阻共同作用下，**A09** 和 CTAB 共同组装为直径约 30nm 的球形胶束，临界胶束浓度（CMC）降为原来的 1/10，但 **A09** 与同为阴离子型表面活性剂的十二烷基苯磺酸钠（SDBS）复配效果不佳，主要是由于 A09 和 SDBS 间负电荷的排斥作用。

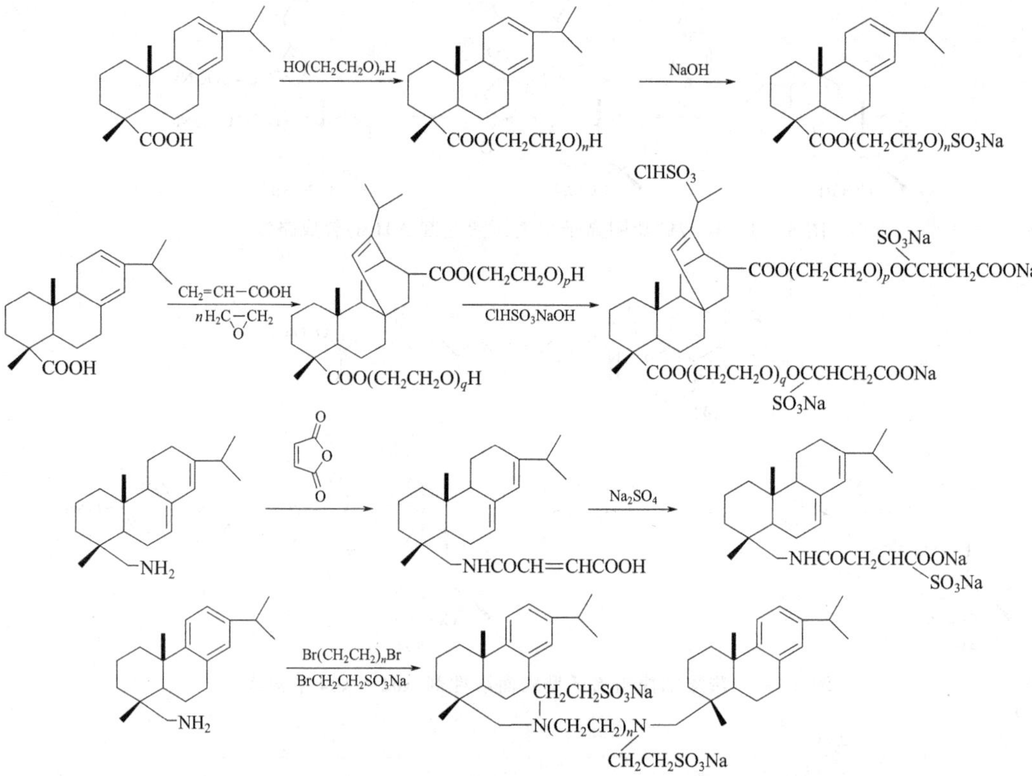

A05

A06

A07

A08

图 6-7-4 松香基磺酸盐阴离子型表面活性剂 **A05**～**A08** 的合成路线

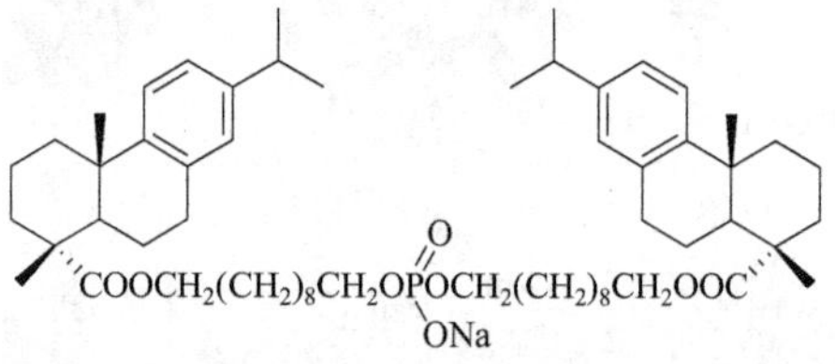

图 6-7-5 松香基磷酸盐阴离子型表面活性剂 **A09** 结构式

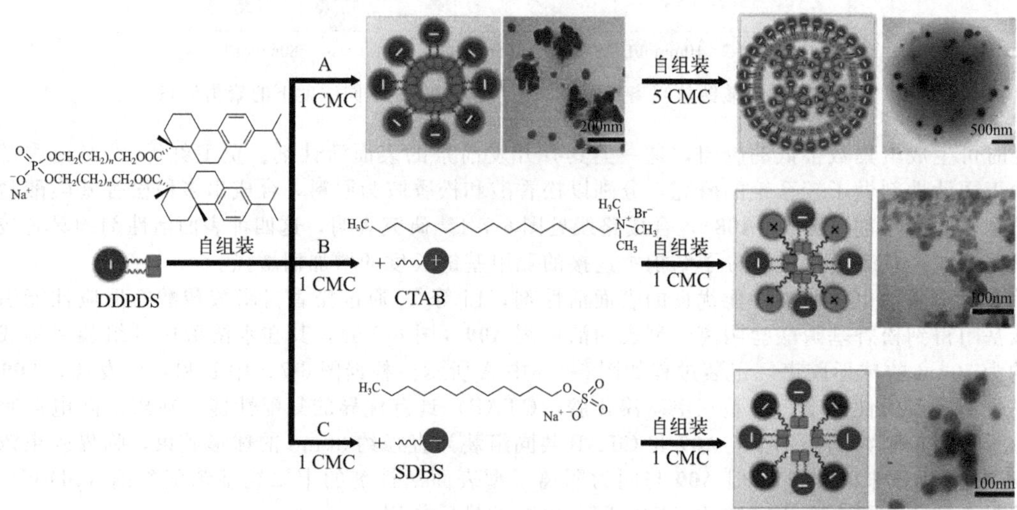

图 6-7-6 **A09** 自组装过程及与 CTAB、SDBS 复配聚集行为图（Li，2017）

二、松香基阳离子型表面活性剂

松香基阳离子型（cationic，C）表面活性剂主要为铵盐（伯、仲、叔、季铵盐）和杂环氮盐（如吡啶盐），此类表面活性剂具有优良的抗静电、柔软、防腐、杀菌、乳化等性能。

松香基季铵盐类阳离子表面活性剂的相关研究最多[9]，其通常具有良好的杀菌、缓蚀和乳化作用。梁梦兰等[10]以去氢枞胺为原料合成得到具有良好杀菌性能的 *N*,*N*-二甲基-*N*-苄基-*N*-脱氢松香基氯化铵季铵盐阳离子型表面活性剂（**C01**）。韩建军[11]以松香、三乙胺和环氧氯丙烷为原料，在常压下，通过溶剂法合成了阳离子松香表面活性剂（**C02**），酯化率高达 93.4%，被广泛应用到阳离子分散松香胶和乳化沥青中。贾卫红等[7,12]合成得到一系列泡沫性能良好的松香基季铵盐阳离子型双子表面活性剂（**C03** 和 **C04**），并采用微波溶剂法加快了反应速度，将产品产率从常规方法的 70.3%上升至微波法的 85.5%，合成路线见图 6-7-7。黄志等[13]则采用微波辐射法，以氢化松香、环氧氯丙烷和四甲基乙二胺为原料，合成季铵盐阳离子型双子表面活性剂（**C05**），反应效率得到了大大提高，氢化松香转化率高达 99.61%，时间只需 25s，合成路线见图 6-7-7。Feng 等[14]在松香树脂酸羧基基团上引入长链得到松香基季铵盐型双子表面活性剂（**C06**），结构见图 6-7-8，其在 120mmol/L 浓度下可形成蠕虫状胶束从而显示出黏弹性能。

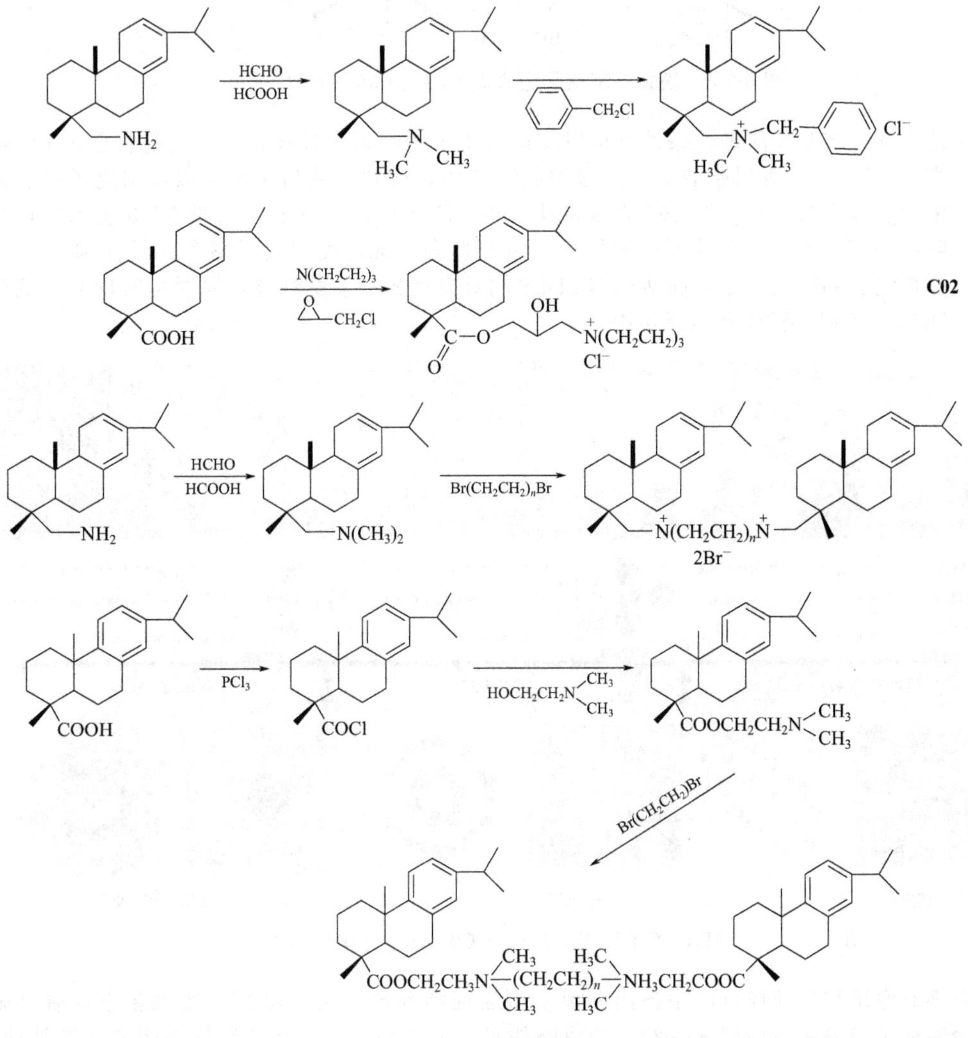

HCHO / HCOOH；CH_2Cl (benzyl chloride)；NH_2；N；H_3C；CH_3；$\overset{+}{N}$—CH_2—；Cl^-　**C01**

$N(CH_2CH_3)_3$；CH_2Cl (epichlorohydrin)；COOH；C—O；OH；$\overset{+}{N}(CH_2CH_3)_3$；$Cl^-$　**C02**

HCHO / HCOOH；$Br(CH_2CH_2)_nBr$；NH_2；$N(CH_3)_2$；$\overset{+}{N}(CH_2CH_2)_n\overset{+}{N}$；$2Br^-$　**C03**

PCl_3；$HOCH_2CH_2N(CH_3)_2$；COOH；COCl；$COOCH_2CH_2N(CH_3)_2$；$Br(CH_2CH_2)Br$；$COOCH_2CH_3N(CH_3)_2$—$(CH_2CH_2)_n$—$(H_3C)_2NH_3CH_2COOC$　**C04**

图 6-7-7

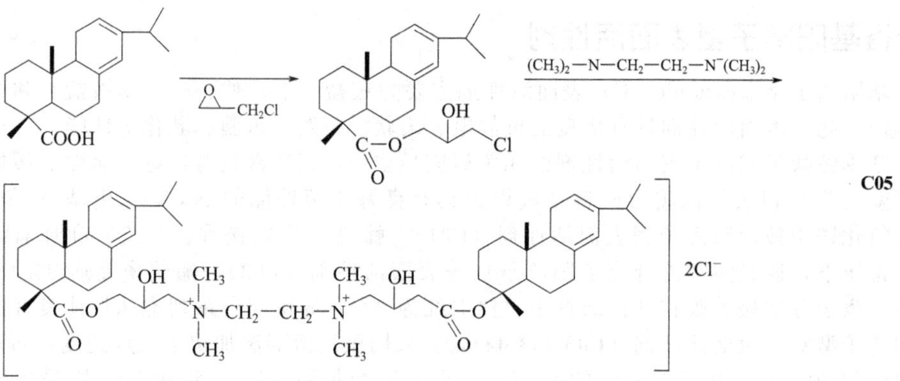

C05

图 6-7-7　松香基阳离子型表面活性剂 **C01～C05** 的合成路线

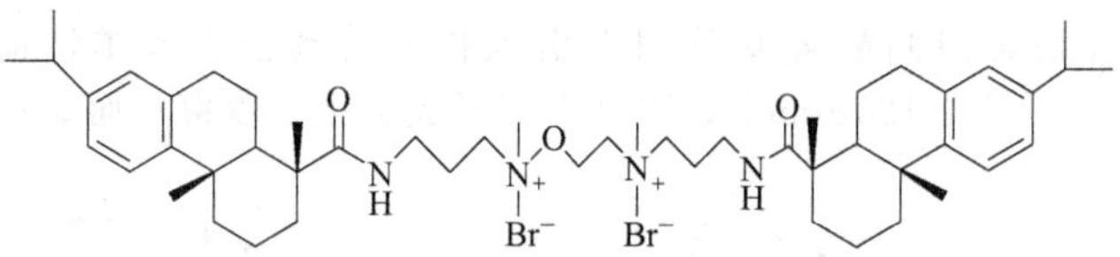

图 6-7-8　松香基阳离子型表面活性剂 **C06** 结构式

与季铵盐相比，叔胺在酸碱性条件下可以实现对质子的吸附和脱吸转变，也就表现出 pH 响应性。林海霞等[15-18] 在松香树脂酸上引入多种叔胺基团，得到一系列松香基叔铵阳离子型表面活性剂，其中含有 3 个叔胺基团的 **C07** 表现出优异的 pH 响应性，可形成如图 6-7-9 所示的球形胶束、蠕虫胶束和蠕虫大聚集体等不同的聚集体组装形态，且此类阳离子型表面活性剂 A 与非离子表面活性剂皂苷和阴离子型表面活性剂 SDBS 均具有优异的复配性能，同时可实现对抗癌药物阿霉素（DOX）的靶向释放和缓释作用。

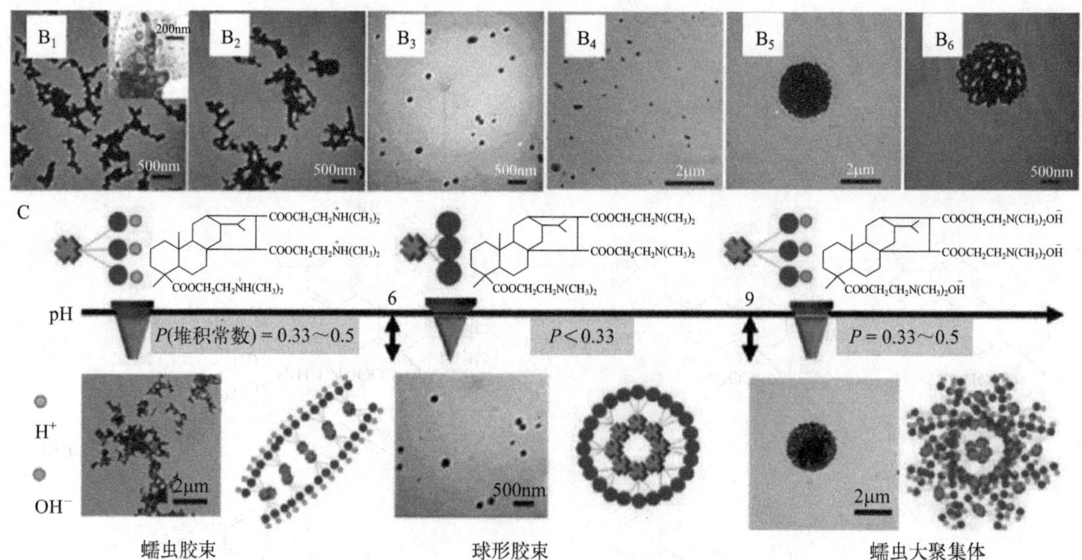

图 6-7-9　松香基阳离子型表面活性剂 **C07** 在不同 pH 下的组装图

利用杂环氮原子结构同样可以制备出阳离子型表面活性剂，汪蓉蓉等[19] 得到新型松香基吡啶双季铵盐阳离子型表面活性剂（**C08**），合成路线见图 6-7-10。其具有良好的杀菌和缓蚀性能，确定了最佳的合成工艺条件，即 n（丙烯酸改性松香）：n（甲醛）：n（吡啶）＝1：3：4，在 75～

85℃下反应 8h。研究发现，其与阴离子型表面活性剂具有较好的相容性。

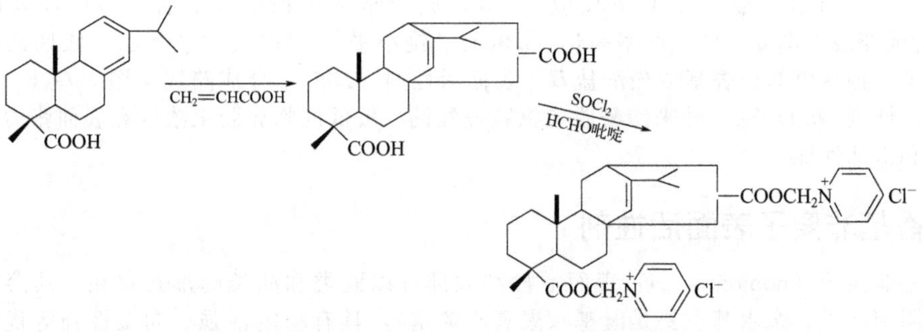

图 6-7-10 松香基吡啶双季铵盐阳离子型表面活性剂 **C08** 的合成路线

三、松香基两性离子表面活性剂

松香基两性型（zwitterionic，Z）表面活性剂一般阳离子部分以胺盐形式存在，阴离子部分为羧酸盐和磺酸盐，具有优越的物化性能和应用性能。王延等[20]以脱氢松香胺为原料，制备得到了氨基酸羧酸盐类两性表面活性剂（**Z01** 和 **Z02**），合成路线见图 6-7-11，均具有较低的 Krafft 点，对革兰氏阳性菌及阴性菌表现出一定的抑制性，且具有明显选择性。

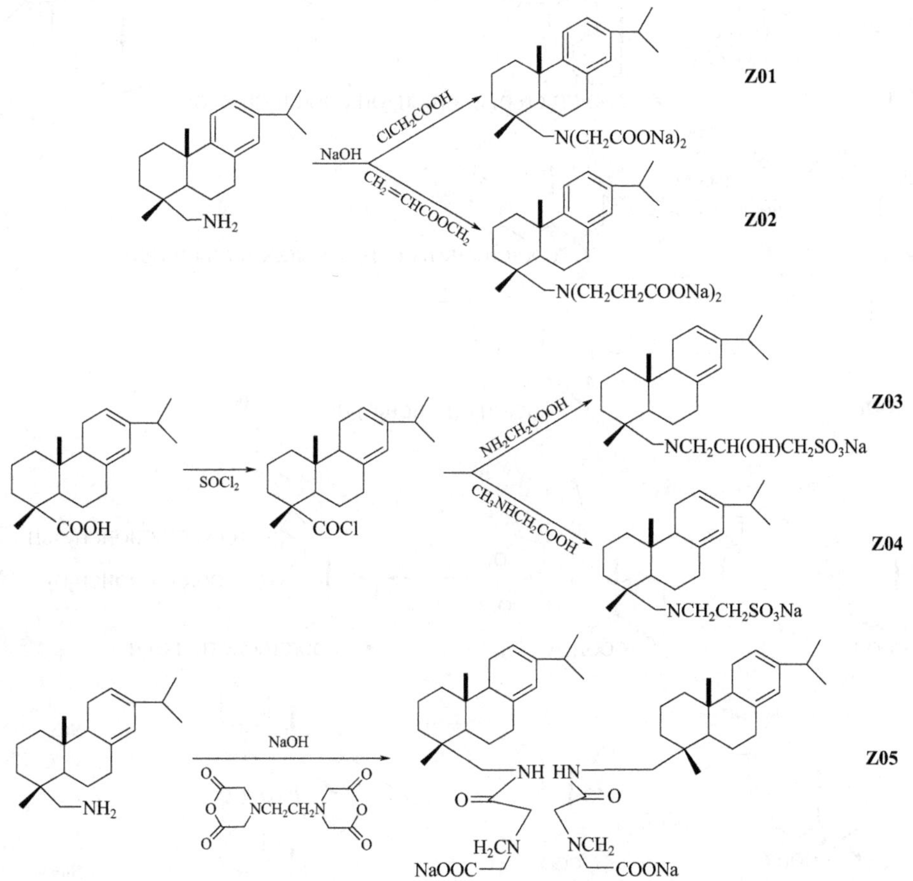

图 6-7-11 氨基酸羧酸盐类两性表面活性剂 **Z01**～**Z05** 的合成路线

刘贤贤等[21]以松香酸为原料，经松香酰氯，再与甘氨酸在室温下反应 2～3h，合成得到松香酰甘氨酸（**Z03**）表面活性剂，产率为40.5%。然而，2004年，冯光柱等[22]以松香酸为原料，经松香酰氯，再与肌氨酸在27℃下反应2.75h，成功制备得到松香酰肌氨酸两性表面活性剂（**Z04**），合成路线见图6-7-11，产率高达83.96%。饶小平等[23]以松香胺和乙二胺四乙酸酐为原料，合成了一种绿色的松香基双羧酸盐双子表面活性剂（**Z05**），合成路线见图6-7-11，其具有比常规表面活性剂Na-DMA（马来酸酰脱氢枞胺羧酸钠）较低的临界胶束浓度和表面张力，较强的乳化性能和泡沫性能。

四、松香基非离子表面活性剂

松香基非离子（nonionic，N）表面活性剂大部分以醚类和酯类的形式存在，其溶于水中时不电离出阴阳离子。亲水基主要是醚基（聚氧乙烯基），具有稳定性强、润湿性强等优势，常被用作稳定剂、润湿剂、洗涤剂、缓蚀剂、破乳剂、絮凝剂、浮选剂、分散剂等使用。韦瑞松等[24,25]以图6-7-12所示合成路线，以歧化松香为原材料，采用微波辐射法，先进行酯化反应得到中间体，再分别将中间体与苹果酸、柠檬酸进行酯化反应，合成歧化松香聚乙二醇苹果酸酯（**N01**）和氢化松香聚乙二醇柠檬酸酯（**N02**）。甘油的亲水性较弱，但是可以通过聚合得到改善。王百军等[26]以马来松香与聚甘油反应，采用图6-7-12的合成路线，制得了马来松香聚甘油酯非离子表面活性剂（**N03**、**N04**）。Yan等[27-30]合成一系列聚酯类松香基非离子表面活性剂，发现该类表面活性剂具有非常好的乳化和形成凝胶的性能。

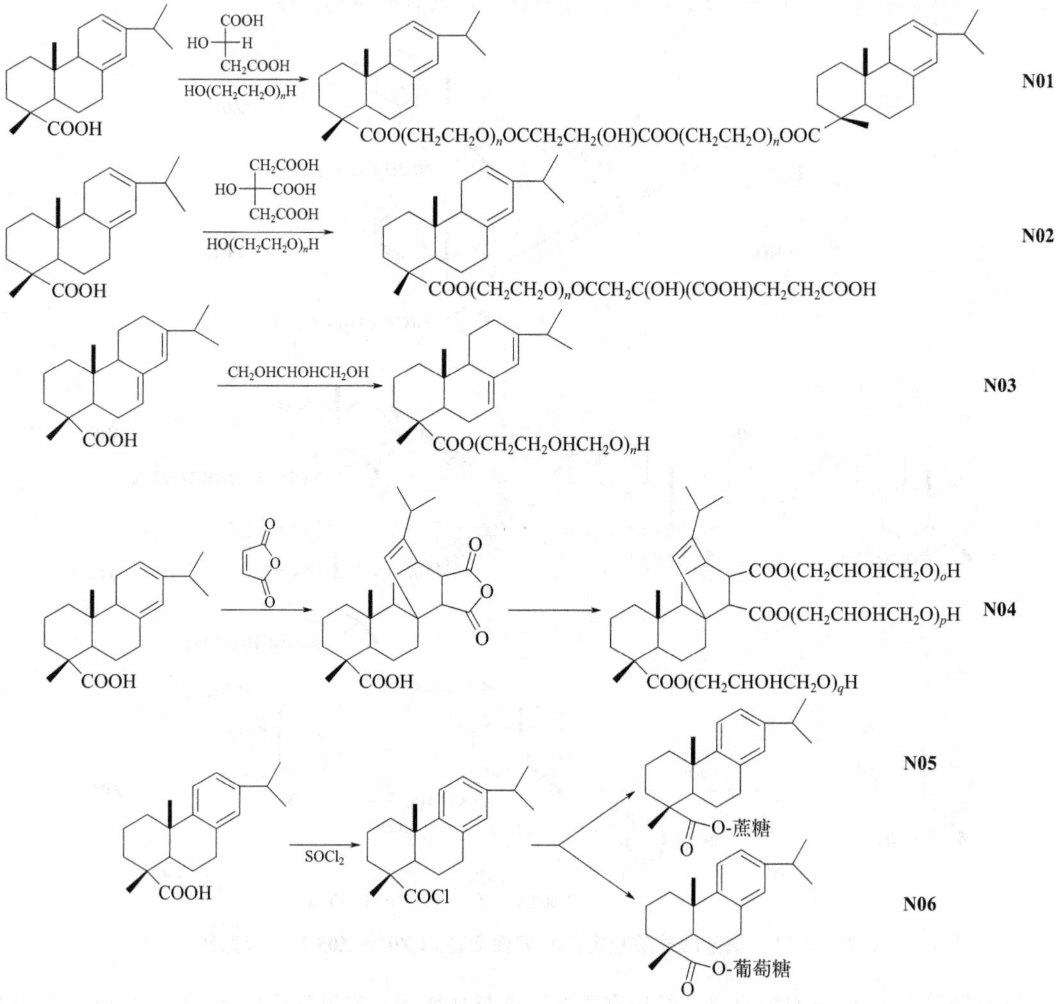

COOH; HO—C—H; CH_2COOH; $HO(CH_2CH_2O)_nH$; COOH; $COO(CH_2CH_2O)_nOCCH_2CH_2(OH)COO(CH_2CH_2O)_nOOC$; **N01**

CH_2COOH; HO—C—COOH; CH_2COOH; $HO(CH_2CH_2O)_nH$; COOH; $COO(CH_2CH_2O)_nOCCH_2C(OH)(COOH)CH_2CH_2COOH$; **N02**

$CH_2OHCHOHCH_2OH$; COOH; $COO(CH_2CH_2OHCH_2O)_nH$; **N03**

O; O; O; COOH; COOH; $COO(CH_2CHOHCH_2O)_oH$; $COO(CH_2CHOHCH_2O)_pH$; $COO(CH_2CHOHCH_2O)_qH$; **N04**

COOH; $SOCl_2$; COCl; O-蔗糖; **N05**; O-葡萄糖; **N06**

图6-7-12　松香基改性松香多元醇酯非离子表面活性剂**N01**～**N06**的合成路线

糖具有绿色、天然、亲水性较好等优势，对于表面活性剂来说具有极大的吸引力。岑波等[31]通过脱氢松香酸酰氯和蔗糖反应生成去氢枞酸蔗糖酯（**N05**），产率36.7%，合成路线见图6-7-12；许雪棠等[32]以离子液体Br作为绿色反应溶剂，用葡萄糖取代蔗糖，按图6-7-12合成路线制备得到脱氢松香酸葡萄糖酯（**N06**），产率30.3%，反应条件温和，且其离子液体可循环使用3次以上。

五、松香基功能性表面活性剂

由于表面活性剂分子中官能团的特殊性可赋予其功能性，此类表面活性剂称为功能性(functional，F）表面活性剂，为一类用途广阔的表面活性剂。功能基团的引入，可赋予松香基表面活性剂优异的生物降解、金属螯合、抑菌性能和生物医药等功能，根据松香基表面活性剂的结构特征分类，包括可分解型、可反应型、螯合型、Bola型表面活性剂等。

可分解型表面活性剂是一些带有弱化学键，并且在一定条件下能够分解的表面活性剂，其满足了生物降解的要求，是一种绿色环保的表面活性剂，其中以酯基表面活性剂在酸碱性条件下可分解而最具代表性。

松香树脂酸由于三元菲环骨架结构的空间位阻作用而使其分子上羧基反应活性降低，对其改性合成酯类化合物需采用高温或与高活性反应试剂或将羧基活化等方式进行。工业上合成松香季戊四醇酯，张健等[33]便是采用200℃以上高温进行的，但该方法存在需高温设备且转化率相对较低的缺点，而且单纯引入酯结构，对分子亲水性性能提高较弱，松香季戊四醇酯的表面性能欠佳。雷亮[34]利用羧基与高活性反应试剂环氧氯丙烷反应后再季铵化，引入羰基、磺酸基、磷酸基三种不同的亲水基，合成了三种甜菜碱型松香基表面活性剂（**F01**～**F03**），表面性能优良，在岩石表面吸附量低，具有优良的抗盐及二价离子功能，稳定性好，较低浓度下即可达到最佳乳化效果，还可作为驱油用的表面活性剂。将羧基活化为酰氯再与醇反应是制备松香酸酯最常用且高效的方法，许雪棠等[32]便是采用该方法，以离子液体Br作为绿色反应溶剂，与葡萄糖反应，合成了脱氢松香酸葡萄糖酯（**F04**），收率为30.3%，反应条件友好温和，离子液体可循环使用3次以上。段文贵等[35]利用该方法制备得到具有优异乳化能力的去氢枞酸蔗糖酯，纯度高达96.31%的歧化松香蔗糖酯（**F05**），以及临界胶束浓度为1.4×10^{-2}mol/L、表面张力为20.5mA/m的*N*,*N*-二羟乙基去氢枞酸酰胺（**F06**）。另外，用松香通过两步酯化反应引入多亲水基团也是合成松香酸酯表面活性剂的方法，韦瑞松等[24,25]便是采用此方法，辅助微波辐射下，两步酯化后得到了氢化松香聚乙二醇柠檬酸酯表面活性剂（**F07**）和歧化松香聚乙二醇苹果酸酯（**F08**），微波辐射可提高反应收率，合成的目标产物性能优良。

以上引入多亲水基团合成松香酸酯的方法多为多步单元反应，步骤繁多，过程复杂。郑建强等[36]则是以松香、聚乙二醇、环氧氯丙烷为主要原料采用一锅法，经酯化、醚化、季铵化合成了松香酯醇醚型季铵盐表面活性剂（**F09**），临界胶束浓度为0.1～0.3mmol/L，表面张力为37～39.5mN/m，产品的毒性小，具有环境友好性，易于生物降解。

松香树脂酸与马来酸酐进行D-A加成可在三元菲环结构上引入两个羧基结构，利用该羧基结构可经过酯化反应合成多酯基松香基表面活性剂。例如Wang等[37]以松香为原料，经过与富马酸进行双烯加成，再与氢氧化钠反应得到了酯基型表面活性剂（**F10**），这种方法简单快捷，节约了成本。郑建强等[38]用松香与不同的胆碱反应合成了八种松香基季铵盐表面活性剂，其中有四种（**F11**～**F14**）是在三元菲环上引入酯基，并探究出羟基的存在能够提高表面活性剂的表面活性，并且对松香基季铵盐的抑菌性能无明显影响。上述几种合成方法步骤较少，合成的表面活性剂结构相对简单，而王百军等[26]先将松香进行D-A加成得到马来松香，再与聚甘油反应，合成了马来松香聚甘油酯非离子表面活性剂（**F15**），对松节油的乳化力为38～100s，泡沫性能是11～65mm，润湿力为70～102s，是一种性能优良的表面活性剂，可作为乳化剂、破乳剂和缓蚀剂等使用。Yman等[39]以松香和马来酸酐为原料，进行D-A加成，引入了羧基，然后进行酰氯化，最后进行酯化反应，成功合成了松香基季铵盐表面活性剂（**F16**），得到的产物表面性能良好，表面张力为29.4mN/m，并制备了环境友好型、高溶解性的磁铁矿（Fe_3O_4）纳米颗粒。丁秀丽等[40]通过松香与亲双烯试剂反应得到改性松香之后，再经两步酯化反应得到松香酯基表面活性剂，总活性物≥95％，临界胶束浓度为 $1.3\times10^{-4}\sim6.8\times10^{-3}$g/mL。岑波等[31]则以松香和蔗糖为原料合成三种中间体，再与蔗糖酯交换最终合成了松香缩水甘油二乙醇胺丙烯酸蔗糖酯(**F17**)，三种中间体的得率分别为98％、92.9％、95.3％，最终产物的得率为71.2％，此种合成方法较为复杂，所用原料较多，但收率较高。化合物 **F01**～**F17** 的结构见图 6-7-13。

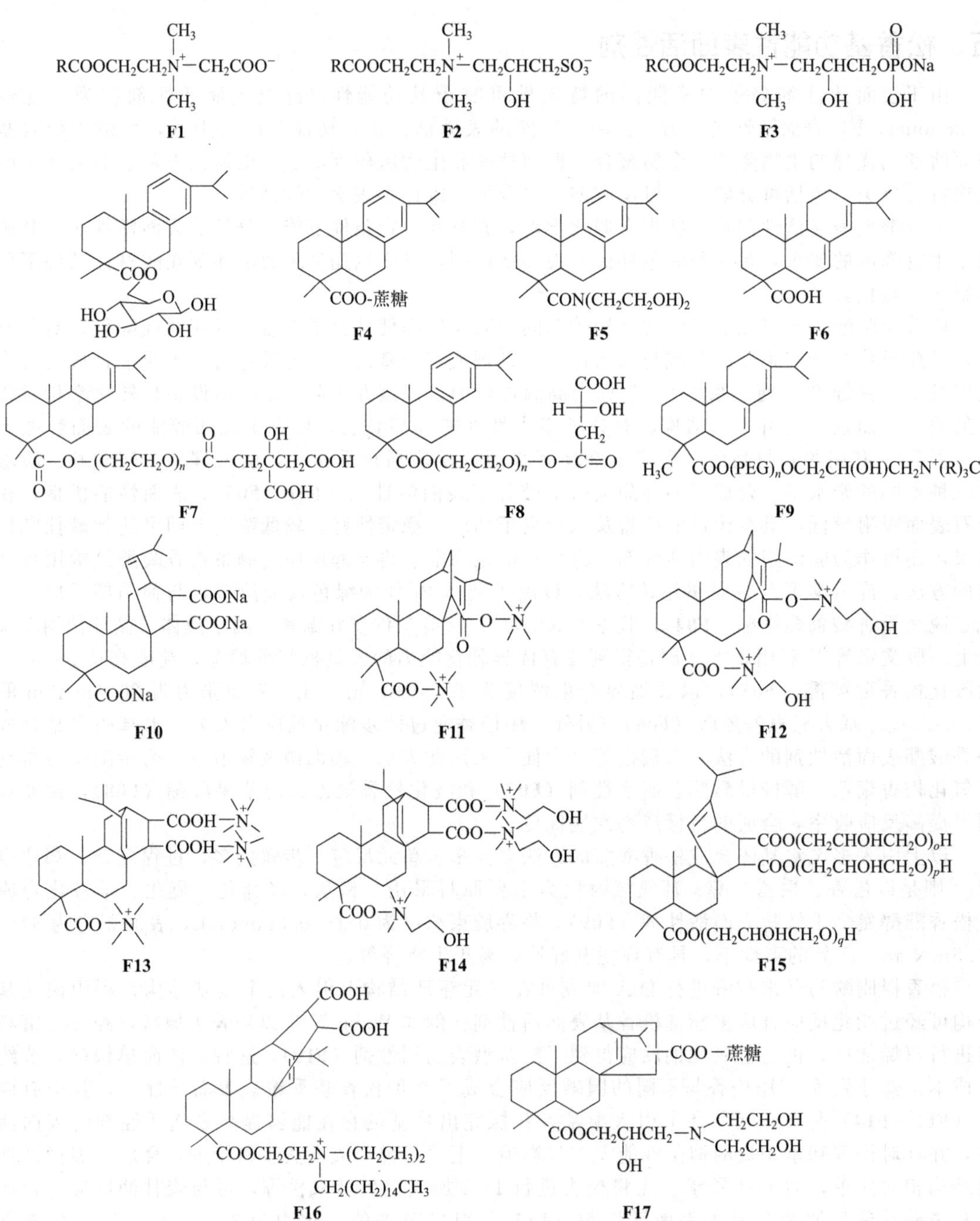

图 6-7-13　松香基功能性表面活性剂 **F01**～**F17** 结构式

将带有优异亲水性基团和可反应双键的化合物引入松香中可得到具有可反应性的松香基功能性表面活性剂，此类反应多为在松香树脂酸的羧基基团上引入双键。如 Zheng 等[41]以脱氢松香和乙烯单体为原料，合成了丙烯酸酯松香基可反应性表面活性剂（**F18**）；杨雪娟等[42]则是以歧化松香和甲基丙烯酸缩水甘油酯为原料，通过环氧开环酯化反应制得了歧化松香甲基丙烯酸甘油二酯（DR-GMA）单体（**F19**），后加入一定量的反应性稀释剂苯乙烯制得 DR-GMA 单体/苯乙烯共聚材料，增加了乳液稳定性能。上述合成反应步骤较为简单，不需要合成中间体就可直接得到产物。而陈春红等[43]是先合成中间体，再与松香钠皂发生亲核取代反应，合成了松香烯丙醇酯型表面活性剂（**F20**），并探究了反应最佳工艺，产率达 75.4%，反应时间短，温度低。王基夫等[44]则是以脱氢枞酸为原料，先进行酰基化，再与甲基丙烯酸-β-羟基丙基酯进行酯化，合成了脱氢枞酸（β-甲基丙烯酰氧基丙基）酯（**F21**），确定了最佳反应条件，产率（质量分数）为 97.7%，在此基础上，又将草酰氯作为酰化试剂，后与丙烯酸 β-羟基乙基酯酯化，合成了脱氢枞酸（β-丙烯酰氧基乙基）酯（**F22**），产率（质量分数）为 98.5%，在引发剂的作用下可以发生聚合反应。

在松香基体中引入多种含氧等孤对电子的原子，在提高其亲水性得到优异表面活性的同时还赋予了其螯合功能，可用于金属材料等特殊领域[45]。饶小平等[46]利用松香羧酸与聚乙二醇酯化反应和三元菲环的 D-A 加成引入羧基反应的共同作用，成功合成了可生物降解的松香基螯合型表面活性剂（**F23**），M 为金属离子 K^+ 或 Na^+，PEG 为聚乙二醇，分子量为 400、600、10000、20000、40000 中的任意一种，该表面活性剂不仅具有较强的表面活性，还可作为钙、镁离子的螯合剂，其中对钙的螯合值为 10～30。王凯等[47]以脱氢松香酸为底物，通过甲酯化、溴代、氧化、硝化、缩合等步骤，合成了 7-羰基-12-*N*-异丙基-13-硝基脱氢松香酸甲酯（**F24**）。表面活性剂 **F18**～**F24** 的结构见图 6-7-14。并通过荧光猝灭法测定其对 Cu^{2+} 和 Fe^{2+} 的螯合作用来探讨脱氢松香酸潜在的抗氧化活性，发现产物对这两种金属离子的螯合性良好，耦合常数分别为 102.9L/mol、168.3L/mol，有望作为一种通过螯合作用而抑制自由基产生的潜在抗氧化剂。冠醚由于具有环状孤对电子结构而具有优异的螯合功能，常被用于合成有机-无机配位化合物。杨林等[48]就是以松香为原料，经分离得到脱氢松香胺，合成了手性氮杂冠醚类松香基表面活性剂（**F25**），合成路线见图 6-7-15，产率为 41%～56%，该类表面活性剂具有优异的阳离子亲和力。

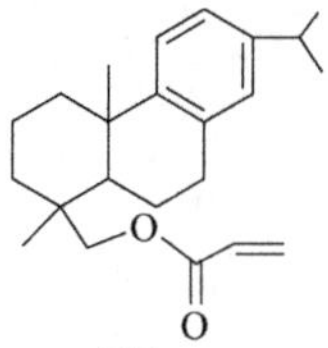

F18 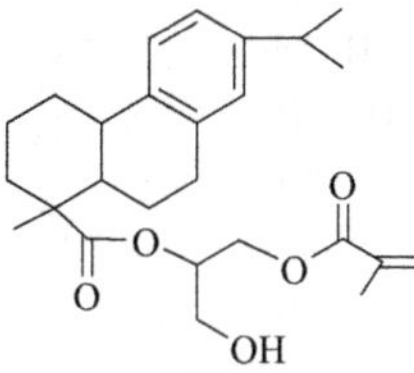 **F19** 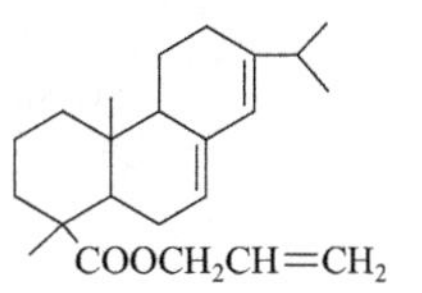 **F20** 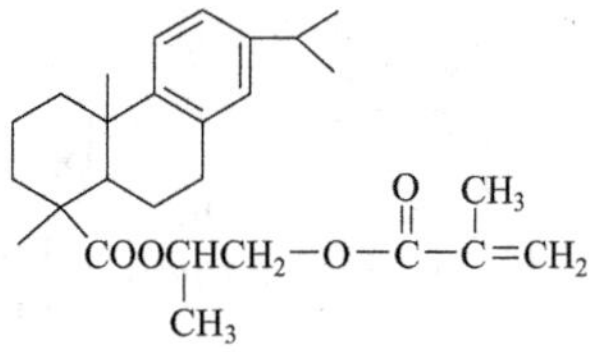 **F21**

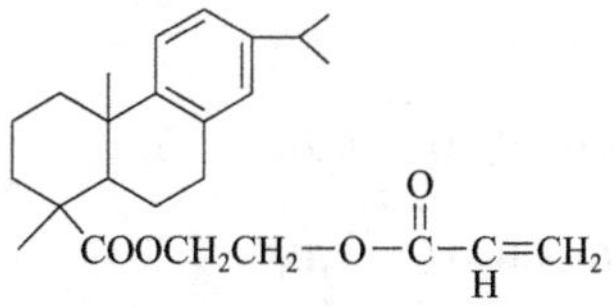

F22 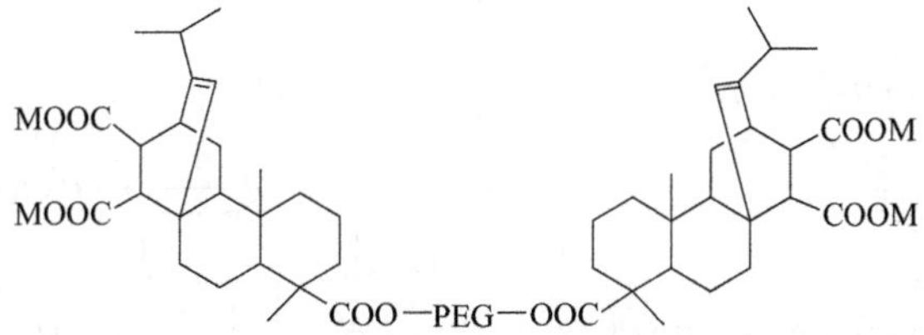 **F23** 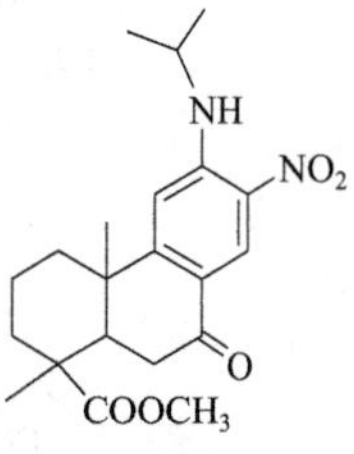 **F24**

图 6-7-14 松香基功能性表面活性剂 **F18**～**F24** 的结构式

在松香树脂酸的羧基和三元菲环骨架上分别引入亲水基团，可得到中间为三元菲环亲油结构、两端含亲水结构的 Bola 型表面活性剂，该类表面活性剂水溶性好，可在气液界面以 U 型构象存在形成单分子膜，在气液特定环境中具有特殊性能。汪蓉蓉等[19]将松香与丙烯酸发生 D-A 加成，在菲环上引入羧酸基团，再经酰化与甲醛吡啶反应，合成了新型的吡啶双季铵盐松香基对称的 Bola 型阳离子表面活性剂（**F26**），合成路线见图 6-7-16。而李淑君等[49]制备了松香基二季铵盐类 Bola 型表面活性剂（**F27**），其具有很好的发泡性及泡沫稳定性。陈立云等[5]则是以脱氢松香酸为原料，经过磺化和酸碱中和两步合成了一种非对称 Bola 型表面活性剂——磺化脱氢松

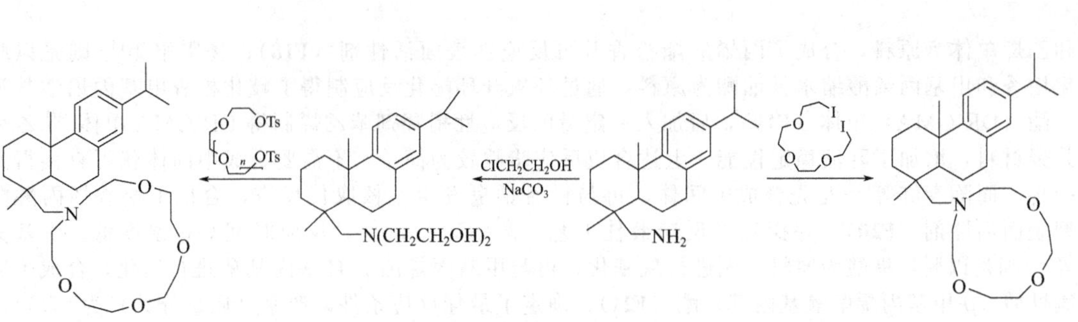

图 6-7-15 手性氮杂冠醚类松香基表面活性剂 **F25** 的合成路线

香酸二钠盐 DSDA（**F28**），临界胶束浓度明显降低，降为 3.83mmol/L，表面极限吸附量下降，最低表面张力基本不受影响。在此基础上，陈立云等[50]将 DSDA 与环氧丙基三乙基氯化铵反应合成了 Bola 型表面活性剂（**F29**），并将其与十二烷基硫酸钠复配，复配后能够产生较强烈的增效作用。赵银凤等[51]也成功地合成了脱氢松香基 Bola 型两性表面活性剂（**F30**）。另外，崔锦峰[52]和龚福忠[53]课题组合成了马来松香基 Bola 型表面活性剂（**F31**、**F32**），该表面活性剂去油污能力强，无毒，起泡性强，具有杀菌作用。表面活性剂 **F27**～**F32** 的结构见图 6-7-17。

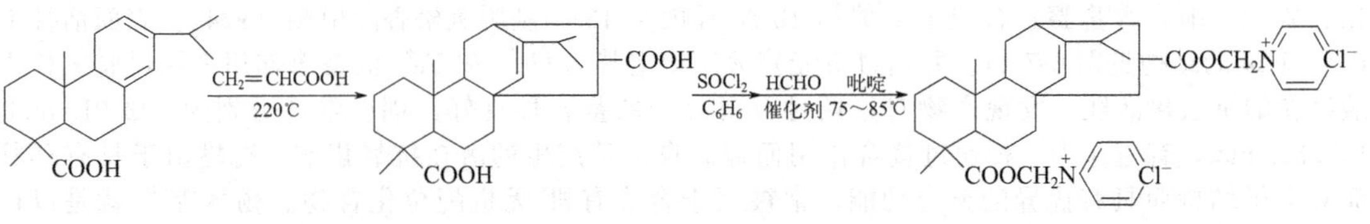

图 6-7-16 吡啶双季铵盐松香基对称的 Bola 型阳离子表面活性剂（**F26**）的合成路线

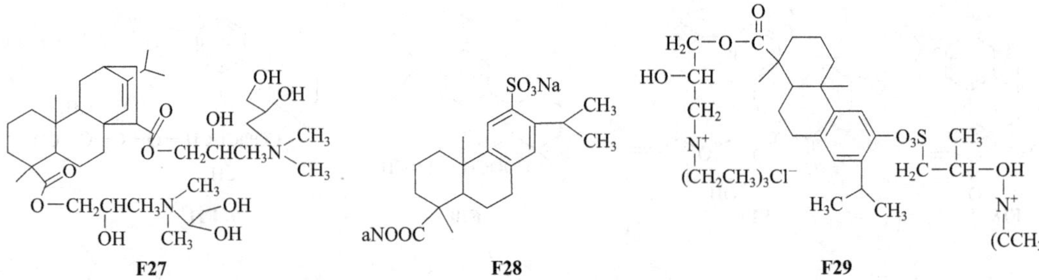

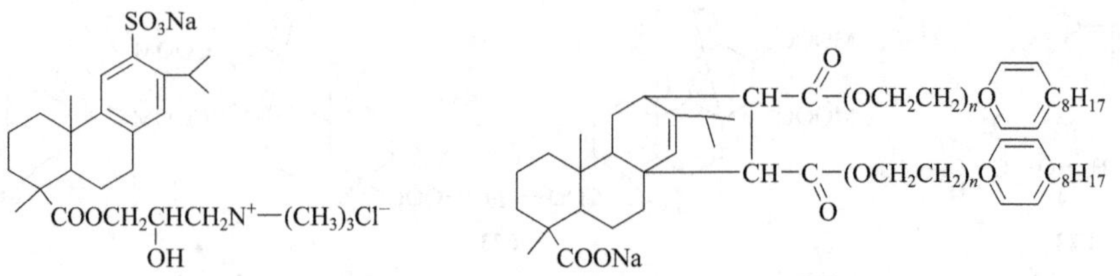

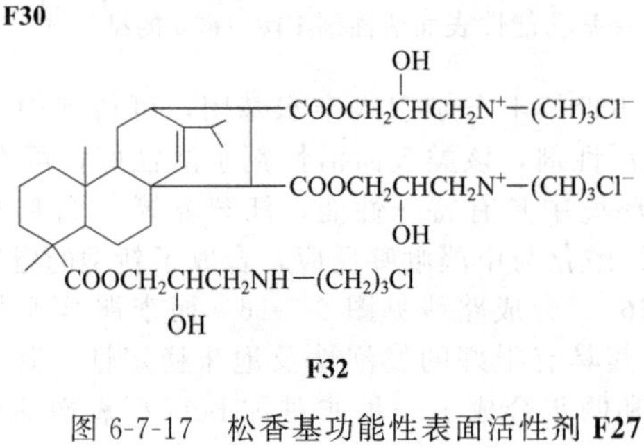

图 6-7-17 松香基功能性表面活性剂 **F27**～**F32** 结构

六、松香基表面活性剂的应用

松香基表面活性剂不仅具有传统表面活性剂的乳化、润湿、分散等功能，可应用于纺织、金属、食品加工、造纸、皮革等传统工业领域，还具有生物降解、抑菌性能、金属螯合等功能，使松香基表面活性剂在传统应用的基础上不断向高新技术领域发展。

季铵盐型表面活性剂具有优异的抑菌性能，如表面活性剂（**F11**～**F13**）均对表皮葡萄球菌具有良好的抑制效果，最小抑菌浓度为2mg/L，优于市售的新洁尔灭和氨苄青霉素钠。此外，松香基功能性表面活性剂还可用于基因转染[54]和新药研发中，如双子表面活性剂可作为基因载体携带基因转染至哺乳动物细胞，Bola 型表面活性剂可与 DNA（脱氧核糖核苷酸）或药物分子进行聚集形成囊泡，还可作为新型的基因或药物载体，广泛应用于药物提取、药物合成、分离纯化和药物剂型的改进中。

松香基表面活性剂以其特有的低表面张力、分散悬浮及润湿渗透作用在半导体集成电路、电子影像材料及电子陶瓷方面[55,56]有所应用。高延敏等[57]发明了一种含有可分解型松香基酰胺表面活性剂的焊接助剂，此种焊接助剂适应性强，表面张力低，润湿与扩散效果好，可消除表面氧化物，防止再氧化。螯合型表面活性剂由于其特殊的金属螯合能力则可应用于金属清洗，有利于油污的去除，加快清洗速度，表面活性剂具有良好的螯合能力，可作为钙、镁离子的螯合剂，可增强金属清洗剂和抛光剂的效果。

表面活性剂可形成多种形式的分子有序组合体，从而应用在纳米功能材料的制备中[58-60]。韩世岩等[60]以松香基表面活性剂和 CTAB 为共混模板，制备了四种二氧化硅材料，其中两种形貌优良，比表面积均较大，且孔径分布均一。韩春蕊等[61-66]合成了 Bola 型、可分解型等功能性松香基表面活性剂，并用合成的松香基表面活性剂控制制备无机材料用于智能靶向载药等研究。

第二节 松香基环氧固化剂

环氧树脂因其粘接强度高、收缩率低、稳定性好和机械强度高等优点，广泛应用于机械、电气、电子、航空航天、化工、交通运输、建筑等领域。环氧树脂是至少含有一个环氧基的热固性材料前体[67]。环氧基团对多种官能团都具有较高的活性，例如羧基、氨基、羟基等。因而环氧树脂是极为通用的材料，广泛用于集成电路板、结构碳纤维胶、电子灌封胶和胶黏剂等领域[68-70]。如今，世界上几乎 90%的环氧树脂都是基于双酚 A［2,2-二(4′-羟基苯基) 丙烷］和环氧氯丙烷制备得到双酚 A 二缩水甘油醚（DGEBA），见图 6-7-18。

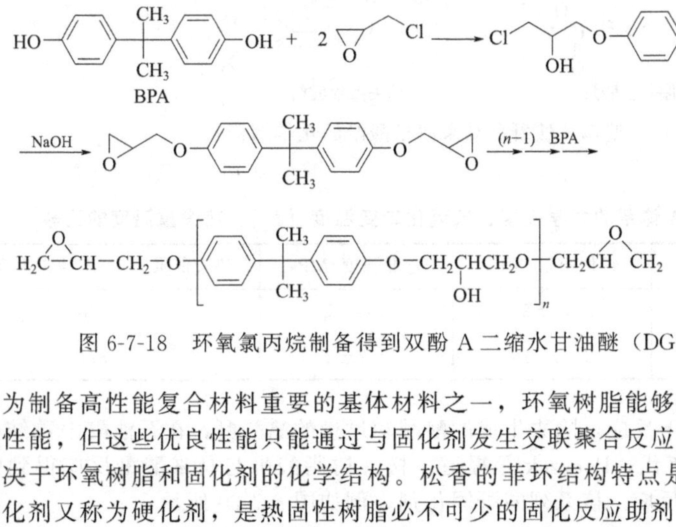

图 6-7-18 环氧氯丙烷制备得到双酚 A 二缩水甘油醚（DGEBA）的合成路线

作为制备高性能复合材料重要的基体材料之一，环氧树脂能够赋予复合材料良好的力学性能和物理性能，但这些优良性能只能通过与固化剂发生交联聚合反应后才能实现，固化产物的性能主要取决于环氧树脂和固化剂的化学结构。松香的菲环结构特点是形成耐热型固化剂的结构基础。固化剂又称为硬化剂，是热固性树脂必不可少的固化反应助剂。固化剂种类繁多，按化学反应机理及化学结构可分为加成聚合型固化剂（包括多元胺、改性多元胺、酸酐及高分子预聚物等）和催化聚合型固化剂（包括阴离子聚合型和阳离子聚合型），固化剂的理化性质对固化产物性能影响巨大。

作为可再生资源，松香来源广泛，且结构独特，是制备优质材料的基础原料，在各个领域有广泛应用。以天然资源松香为原料，通过对其改性研究，制备松香基酸酐类、酰胺类和酰亚胺类固化剂，可提高松香的附加值。松香中含三元菲环结构，是制备耐热材料的基础，通过一系列反应，在松香中引入柔性链段多元胺，在一定程度上可克服松香脆性大的缺点，并提高固化体系的剪切强度，扩大了松香的应用领域。

一、酸酐型松香基环氧固化剂

松香酸及其衍生物本身就含有可与环氧树脂发生反应的羧基、酸酐等官能团，因此它本身就可以作为环氧树脂固化剂使用。

1. 酸酐环氧固化剂

工业双戊烯与顺丁烯二酸酐加成、合成萜烯马来酐加合物。由于其分子中含有酸酐官能团，在常温下呈黏稠状液体状态。因此，可以作为操作性能好的环氧树脂液态酸酐型固化剂。

20 世纪 60 年代，Staniak 等研究了以马来松香为固化剂与低分子量双酚 A 型环氧树脂的固化反应行为，在 N,N-二甲基苄胺促进剂作用下，于 130℃下 45min 即发生凝胶化反应，270℃下 20h 可完全固化。

黄文等[71]以松香酸和马来酸酐为原料，通过 D-A 反应合成了高纯度的马来海松酸酐（MPA），结构见图 6-7-19。对比研究了分别由它及其石油基相似物——偏苯三酸酐（TMA）固化得到的环氧树脂的各种性能差异，尤其是力学性能的差异，见表 6-7-1。由表 6-7-1 可知，MPA/DER662E 和 TMA/DER 662E 体系对应的弯曲强度和弯曲模量基本相同。但是前者具有略高的 T_g（玻璃化转变温度）。这可能是由于 MPA 和 TMA 在固化环氧树脂 DER 662E 时，具有相同的官能度（都是一个酸酐和一个羧基，官能度为 3），但是 MPA 相对于 TMA 而言，其庞大的氢菲环结构具有更大的空间位阻效应，从而在一定程度上提高了环氧树脂的 T_g。以马来海松酸酐和偏苯三酸酐作为固化剂固化后所得环氧树脂具有相似的力学强度和热分解温度，但是前者具有更高的玻璃化转变温度。由此可见，马来海松酸酐有望作为一种生物基的固化剂替代现有的石油基产品偏苯三酸酐，从而制备得到性能更加优异的生物基环氧树脂。

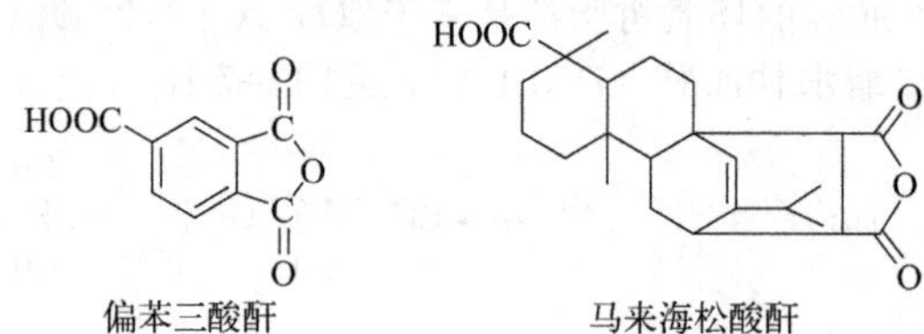

图 6-7-19 偏苯三酸酐和马来海松酸酐的化学结构式

表 6-7-1 MPA 和 TMA 体系的力学强度、玻璃化转变温度（T_g）、热失重温度的比较

环氧树脂体系	T_g/℃	拉伸模量/MPa	弯曲强度/MPa	热失重质量 5%对应温度 T_5/℃
TMA/DER 662E	121	2510±21	105±1	378
MPA/DER 662E	127	2450±18	107±2	374

松香与醋酸酐在一定条件下反应，除去生成的醋酸和过量的醋酸酐，在石油醚中重结晶可得到松香树脂酸酐。20 世纪 70 年代，Penezek 等报道了松香树脂酸酐与马来酸酐反应得到的系列酸酐固化剂与环氧树脂的固化反应。该系列酸酐固化剂举例如图 6-7-20 所示。

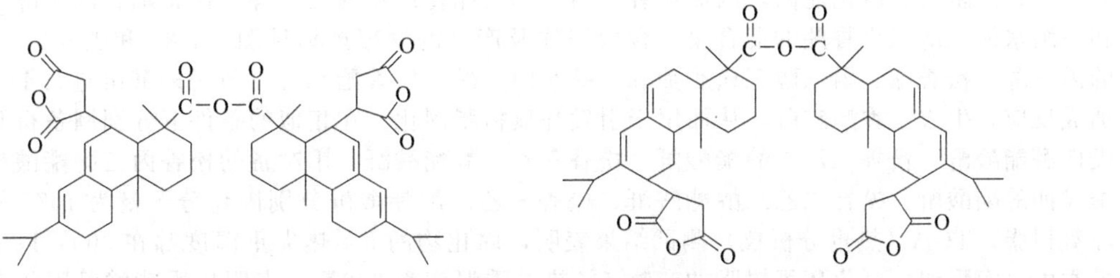

图 6-7-20 松香树脂酸酐结构式

Wang 等[72]以 K_2CO_3 为催化剂，在 DMF（N,N-二甲基甲酰胺）溶剂中，松香的羧基与 CH_3I 进行酯化反应，酯化产物在严格的温度条件下，经过异构化反应，生成左旋海松酸酯，再进行 Diels-Alder 加成反应。经过两步反应，松香基酸酐固化剂的产率为 66%，合成路线如图 6-7-21 所示。

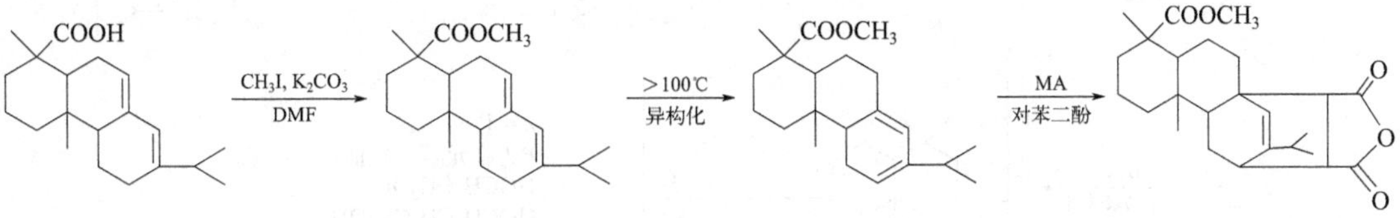

COOH　CH_3I, K_2CO_3 / DMF　$COOCH_3$　>100℃ / 异构化　$COOCH_3$　MA / 对苯二酚　$COOCH_3$

图 6-7-21 松香基酸酐固化剂的合成路线

2. 松香酯酸酐环氧固化剂

固化剂作为环氧树脂必不可少的成分之一，它本身的化学结构和性能直接影响了环氧树脂固化物的综合使用性能。Wang 和 Liu 等[73]为了调节松香基固化剂的分子链柔性，从而改善环氧树脂固化物的脆性，以松香酸为原料合成了马来海松酸酐封端的柔性链型酸酐型环氧固化剂，合成路线见图 6-7-22，并将该固化剂用于环氧树脂的固化。结果表明，随着两个松香酸酐中间柔性链段的加长，固化物的断裂伸长率也随之增加。

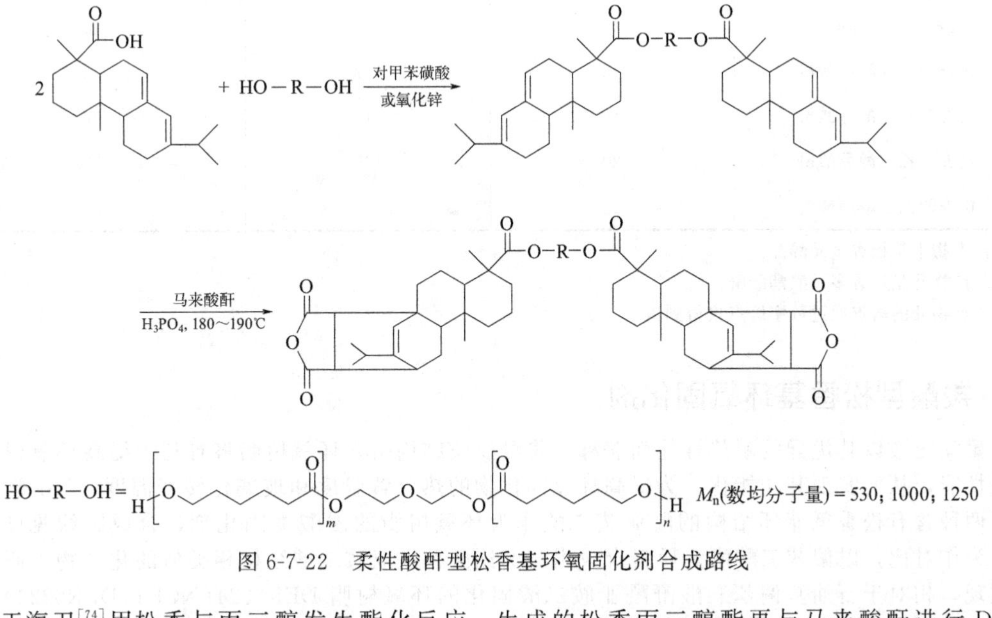

2　+ HO—R—OH　对甲苯磺酸 / 或氧化锌　O—R—O

马来酸酐 / H_3PO_4, 180～190℃　O—R—O

HO—R—OH＝　M_n(数均分子量)＝530；1000；1250

图 6-7-22 柔性酸酐型松香基环氧固化剂合成路线

王海卫[74]用松香与丙三醇发生酯化反应，生成的松香丙三醇酯再与马来酸酐进行 Diels-Alder 加成反应合成了松香丙三醇酯酸酐，用于固化双酚 A 环氧树脂。由于松香的羧基位于叔碳原子上，位阻大、活化能高，因而松香与丙三醇的酯化产物为丙三醇二松香酯、丙三醇三松香酯和一缩水丙三醇二松香酯的混合物，合成路线及产物的物理指标见图 6-7-23 和表 6-7-2。但生成的丙三醇二松香酯、丙三醇三松香酯和一缩水丙三醇二松香酯都可以与马来酸酐进行 Diels-Alder 加成反应，生成松香酯酸酐，从而用于引发环氧树脂固化。在相似的条件下分别制备得到松香季戊四醇酯酸酐、松香二乙二醇酯酸酐、松香三乙二醇酯酸酐。用制备的松香丙三醇酯酸酐、松香季戊四醇酯酸酐、松香二乙二醇酯酸酐、松香三乙二醇酯酸酐分别固化分子量为 1075 的双酚 A 环氧树脂，TGA（热重分析仪）测试结果表明，固化物的 5%热失重温度都在 300℃以上，其中松香丙三醇酯酸酐固化环氧树脂的产物 5%热失重温度为 322℃，表明松香酯酸酐固化产物具有良好的热稳定性。

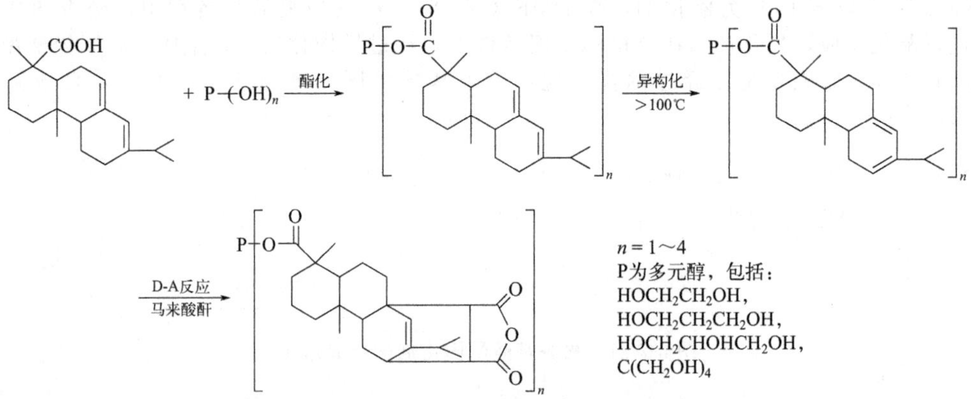

图 6-7-23　松香酯酸酐的合成路线

表 6-7-2　松香酯及松香酯酸酐的酸值及熔点

	酸值/(mg/g)		熔点③/℃
	产物Ⅰ①	产物Ⅱ②	
松香乙二醇酯酸酐	15	125	114
松香丙三醇酯酸酐	12	132	118
松香季戊四醇酯酸酐	16	142	120
松香二乙二醇酯酸酐	18	118	70
松香三乙二醇酯酸酐	20	135	72
松香四乙二醇酯酸酐	22	146	68

① 产物Ⅰ是松香多元醇酯。

② 产物Ⅱ是松香多元醇酯酸酐。

③ 产物Ⅱ的熔点通过数字熔点仪得到。

二、羧酸型松香基环氧固化剂

聚酰亚胺以其优异的耐热性能而著称，将酰亚胺结构引入环氧树脂将有利于提高环氧树脂的耐热性能，从而实现其功能化。为提高环氧固化物的热分解温度和玻璃化转变温度，Liu 等[75]合成了两种含有松香氢菲环结构的酰亚胺二酸作为环氧树脂的羧酸类固化剂，合成路线见图 6-7-24。为作对比，以偏苯三酸酐为原料合成出与上述两种酰亚胺二酸结构相类似的化合物。研究结果发现，相对于石油基偏苯三酸酐酰亚胺二酸固化的环氧树脂 DER6224（NCPT/DER6224），由松香基酰亚胺二酸固化得到的固化物（RMID/DER6224、D-RMID/DER6224）玻璃化转变温度提高了 35～45℃，分别达到 141℃和 152℃，其拉伸强度和拉伸模量也提高了 20%以上。同时，相对于不含酰亚胺结构的普通环氧树脂固化物而言，酰亚胺结构的引入也极大地提高了它们的热分解温度，其热失重5%的温度可达到350℃以上，充分证明了酰亚胺结构在提高环氧树脂固化物热分解温度上的潜力。

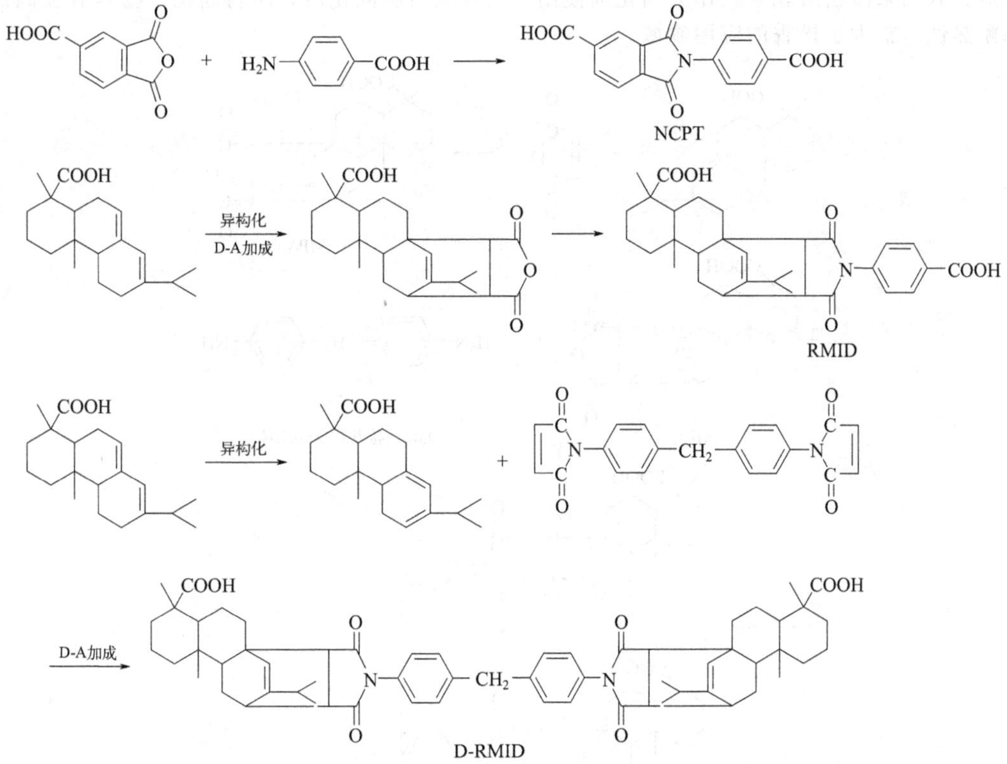

HOOC　O　O　O　+　H_2N—　—COOH　⟶　HOOC　O　N—　—COOH　O　NCPT

COOH　异构化　D-A加成　COOH　O　O　O　⟶　COOH　O　N—　—COOH　O　RMID

COOH　异构化　COOH　+　O　C　N—　—CH_2—　—N　C　O　C　O　C　O

D-A加成　COOH　O　N—　—CH_2—　—N　O　COOH　O　O　D-RMID

图 6-7-24　羧酸型松香基环氧固化剂（NCPT、RMID、D-RMID）合成路线

三、胺类松香基环氧固化剂

1. 酰亚胺类松香基环氧固化剂

氮原子上含有未成键电子对，它具有亲核性，可进攻环氧基上的C^+原子，形成一个负离子中心，使环氧树脂按阴离子反应历程进行固化。这使得聚酰胺类化合物可作为固化剂使用。万国芸等[76]以松香为原料，通过异构化、Diels-Alder反应及亚胺化反应，得到聚马来松香酰胺-酰亚胺，氮原子上有未成键电子对，为松香酰胺-酰亚胺提供亲核性，可作固化剂使用，其结构见图6-7-25。所得产物的软化点（190～335℃）与双酰胺或酰胺盐酸盐的结构有关，一般来说，由双酰胺制得的聚酰胺-酰亚胺的软化点低于用酰胺盐酸盐制得的聚酰胺-酰亚胺。以松香为原料制备聚酰胺-酰亚胺，具有原料易得、成本低廉、产物耐温耐辐射等优点。

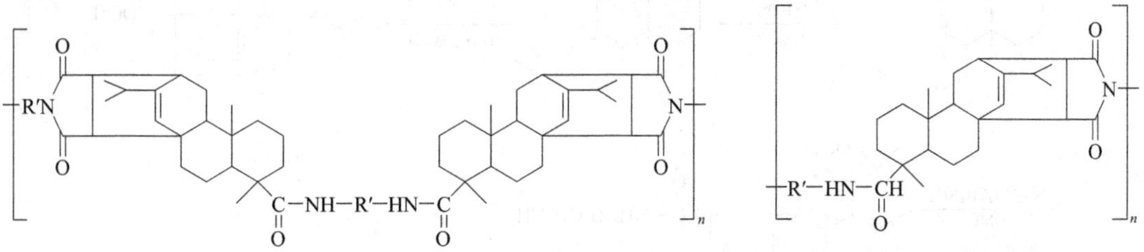

O　R′N　O　C—NH—R′—HN—C　O　O　O　N　O　n　O　N　O　R′—HN—CH　O　n

图 6-7-25　聚马来松香酰胺-酰亚胺的结构式

刘德辉等[77]以松香、马来酸酐为原料，经 Diels-Alder 反应生成 MPA，然后利用 MPA 与 4,4-二胺基二苯基甲烷进行反应，合成双马来海松酸酰亚胺，反应历程如图 6-7-26 所示。双马来海松酸酰亚胺具有多环结构，通过对其表征，确定其熔点≥400℃，但在 200℃以上发生氧化、开环反应。双马来海松酸酰亚胺作为固化剂使用，与环氧树脂固化后，所得固化产物具有较高的硬度和耐热性，扩大了松香的应用领域。

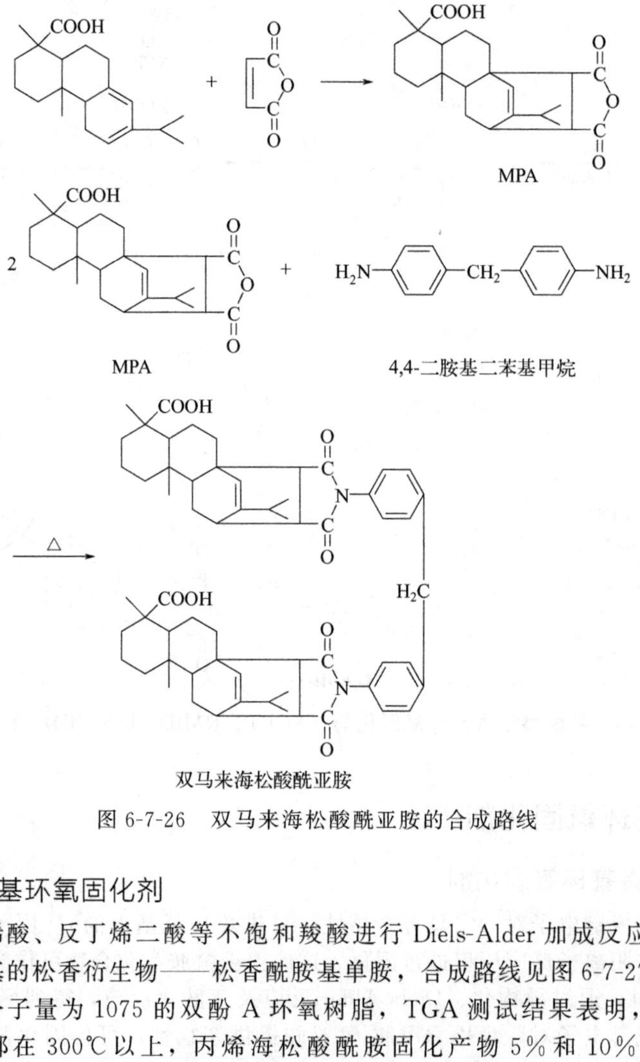

图 6-7-26　双马来海松酸酰亚胺的合成路线

2. 酰胺类松香基环氧固化剂

松香分别与丙烯酸、反丁烯二酸等不饱和羧酸进行 Diels-Alder 加成反应，再与乙二胺反应合成出带一个端胺基的松香衍生物——松香酰胺基单胺，合成路线见图 6-7-27 和图 6-7-28[73]。以此作为固化剂引发分子量为 1075 的双酚 A 环氧树脂，TGA 测试结果表明，固化产物的 5%和 10%的热失重温度都在 300℃以上，丙烯海松酸酰胺固化产物 5%和 10%热失重温度分别为 310℃和 308℃，表明松香酰胺基胺类固化产物具有良好的热稳定性。

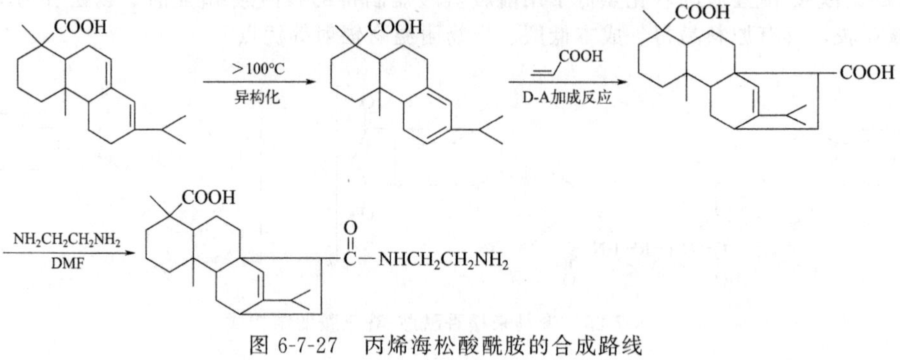

图 6-7-27　丙烯海松酸酰胺的合成路线

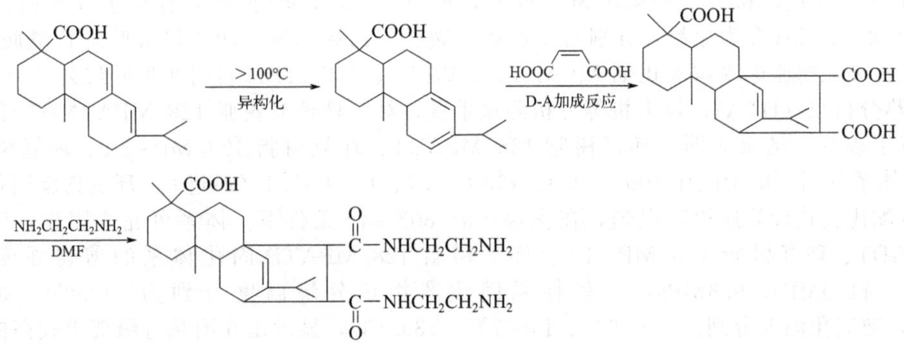

图 6-7-28　反丁烯海松酸酰胺的合成路线

王海卫[74]通过松香与马来酸酐的 Diels-Alder 加成反应得到马来海松酸，再与乙二胺合成出马来海松酸酰亚胺基单胺（MPA-ED），合成线路见图 6-7-29。用合成出来的马来海松酸酰亚胺为固化剂固化双酚 A 环氧树脂（DGEBA1075）。以马来海松酸（MPA）和商业上的胺类固化剂二氨基二苯甲烷（DDM）作对比，经测试对比可知，马来海松酸酰亚胺和马来海松酸固化产物的玻璃化温度分别为 114℃和 116℃，二氨基二苯甲烷固化产物的玻璃化温度为 105℃，松香基固化产物较商业芳香族固化剂具有较高的玻璃化温度。DGEBA1075/MPA-ED 体系固化产物的 5%热失重温度为 357℃，由于存在酰亚胺键和氢菲环结构，松香基固化剂固化产物具有较高的玻璃化温度及优良的热稳定性。在环氧树脂固化剂领域，松香及其衍生物取代商业上的芳香族和脂肪族固化剂具有潜在的应用前景。

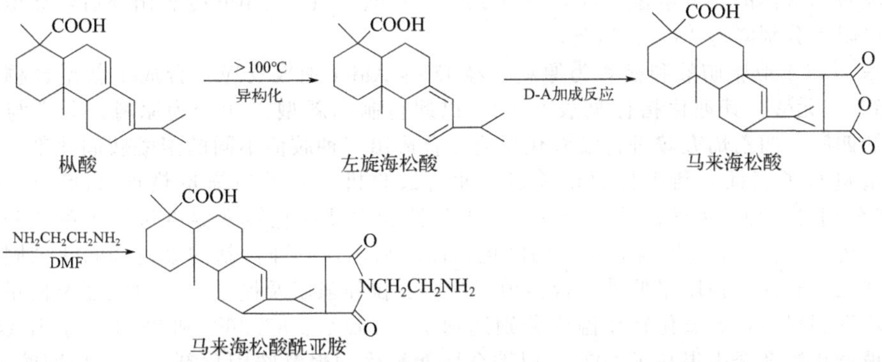

枞酸　　左旋海松酸　　马来海松酸

马来海松酸酰亚胺

图 6-7-29　马来海松酸酰亚胺的合成路线

Panda[78]以 $H_2NRCOOH$（或 H_2NRNH_2、$HOOCR'COOH$）为原料，通过分子间氨基与羧基的缩合脱水反应，生成长碳链聚合物，该聚合物与松香酸反应，生成共聚酰胺，如图 6-7-30 所示。通过对其表征可知，共聚酰胺性质与市售聚酰胺相似，且所得共聚酰胺具有高韧性、高强度、低密度等优点，使其应用前景非常广阔。

$$H_2NRCOOH \longrightarrow H\left[NHRCO\right]_n OH + H_2O$$

$$H\left[NHRCO\right]_n OH + R'COOH \longrightarrow H\left[NHRCO\right]_n O{-}O{-}OCR' + H_2O$$

或

$$H_2NRNH_2 + HOOCR'COOH \longrightarrow H\left[HNRNHCOR'CO\right]_n OH + H_2O$$

$$H\left[HNRNHCOR'CO\right]_n OH + R''COOH \longrightarrow H\left[HNRNHCOR'CO\right]_n O{-}O{-}OCR'' + H_2O$$

图 6-7-30　共聚酰胺的合成路线

林贵福[79]首先以松香、马来酸酐为原料，通过 Diels-Alder 反应，合成了环氧树脂固化剂 MPA。其次，以 MPA 为原料，分别与二乙烯三胺、三乙烯四胺、四乙烯五胺进行酰胺化反应，合成了三种环氧树脂聚酰胺固化剂 MPADT、MPATT、MPATP。利用傅里叶红外光谱仪（FT-IR）、差热分析仪（DTA）、拉力机等分析测试手段，对三种环氧树脂 128/MPA 体系固化产物的性能进行了表征。结果表明，环氧树脂 128/MPADT、环氧树脂 128/MPATT、环氧树脂 128/MPATP 体系分别按质量配比 100∶50.8、100∶45.1、100∶45.1（通过 C_{36} 环氧树脂固化剂用聚酰胺多胺配比公式计算所得）混匀，在室温/6h、80℃/4h 条件下，体系可完全固化，环氧树脂 128/MPADT、环氧树脂 128/MPATT、环氧树脂 128/MPATP 固化体系的剪切强度分别为 21.6MPa、11.0MPa、9.3MPa，三种体系固化产物热分解温度分别为 343.0℃、341.3℃、338.8℃，玻璃化温度分别为 146.6℃、140.7℃、133.5℃，显示出在耐热等级要求较高的应用领域极强的潜在应用价值。同时，利用 Málek 方法和自催化模型 Šesák-Berggren 方程，对环氧树脂 128/MPADT 固化动力学进行研究，以等转化率法求取固化反应活化能，最终得到固化动力学方程，通过对固化反应过程进行模拟发现，Šesák-Berggren 模型可较好地模拟环氧树脂 128/MPADT 固化过程。最后，以环氧树脂 128 及 MPADT 为基体，Ag 包 Cu 粉为导电胶填料，KH-560 及聚乙二醇（200）为助剂，制备了耐热性能优良的双组分各向同性导电胶产品，探讨了各组分配比及其协同效应对导电胶剪切强度、导电性能的影响，测定了导电胶的玻璃化温度、耐热性及耐老化性能。结果表明，环氧树脂 128/MPADT 为基体的导电胶可以在质量比环氧树脂 128∶MPADT∶Ag 包 Cu 粉∶KH-560∶聚乙二醇（200）＝100∶50.8∶60∶1.8∶3（即：MPADT 为环氧树脂 128 的 50.8%，Ag 包 Cu 粉的添加量为环氧树脂 128 质量的 60%，KH-560、聚乙二醇（200）添加量分别为 Ag 包 Cu 粉质量的 3%、5%）时，导电胶体积电阻率为 4.4×10^{-2}cm，固化物热分解温度为 342.1℃，玻璃化温度为 144.7℃，其耐热性能较以环氧树脂 128/油脂基聚酰胺为基体的热分解温度高，经过 150℃/40h、－18℃/40h 冷热循环后，导电胶剪切强度、体积电阻率分别降低 18%、14%。

杨小华[80]以工业脂肪酸和松香为原料，经 Diels-Alder 加成反应，合成了新型含稠环结构的松香/油脂基二元酸，其理化指标见表 6-7-3。以此自制的新型二元酸为原料，分别与二乙烯三胺、三乙烯四胺、四乙烯五胺进行酰胺化反应，合成出三种胺值不同的聚酰胺固化剂。对固化物用红外光谱进行了表征，利用拉力试验机、冲击试验机、差示扫描量热仪（DSC）、扫描电镜（SEM）等分别对三种聚酰胺固化产物的机械力学性能和玻璃化转变温度进行了测试和分析，结果表明，与传统 C_{36} 二聚酸聚酰胺 650 的固化物性能相比，三种自制的聚酰胺固化剂固化物的性能除断裂伸长率和冲击强度略低外，拉伸剪切强度、拉伸强度及模量、弯曲强度及模量、压缩强度、硬度均得到提高，玻璃化转变温度分别达到了 73.46℃、87.36℃和 88.40℃，比聚酰胺 650 固化物的玻璃化温度至少提高了 30℃。以综合性能最优的聚酰胺固化剂（三乙烯四胺和松香/油脂基二元酸合成）为例，采用非等温热重分析方法（TGA）研究该聚酰胺固化物的热分解过程。通过 Coats-Redfern 积分法得到热分解反应为一级反应，用 Kissinger 最大失重速率法求得热分解反应活化能为 134.85kJ/mol，用 Ozawa 等失重百分率法求得 20%～80%的失重率下热分解反应活化能在 157.03～227.29kJ/mol 之间，频率因子 $\ln A$ 在 34.99～46.56min 之间。与 C_{36} 二聚酸聚酰胺 651 的固化物的热分解反应活化能相比，该新型聚酰胺固化物的热分解活化能更高，热稳定性更好。本研究通过在传统 C_{36} 二聚酸的合成过程中添加一定比例的松香后，制得新型油脂/松香基聚酰胺固化剂，其固化物的性能除断裂伸长率和冲击强度略有下降外，其余的机械力学性能和耐热性均得到了提高，达到了该研究的预期目的，丰富了松香的衍生物，具有一定的理论价值。

表 6-7-3　松香/油脂基二元酸的理化指标

指标	色泽(铁钴比色)	酸值/(mg/g)	碘值/(mg/g)	黏度(40℃)/mPa·s	二聚体的含量/%
测定值	14～15	193.9	136.8	320	51.03

唐小东[81]以α-松油烯和马来酸酐为原料，进行 Diels-Alder 加成、还原、磺酯化、胺解等多步反应，制备了中间体萜烯二醇及目标产物萜烯基多胺化合物（胺值为 50.12mg/g），合成路线见图 6-7-31。通过实验拓展了α-松油烯在有机反应和精细化学品领域的应用研究，为开发萜类化合物的新用途以及有效利用萜类资源提供了一些借鉴。

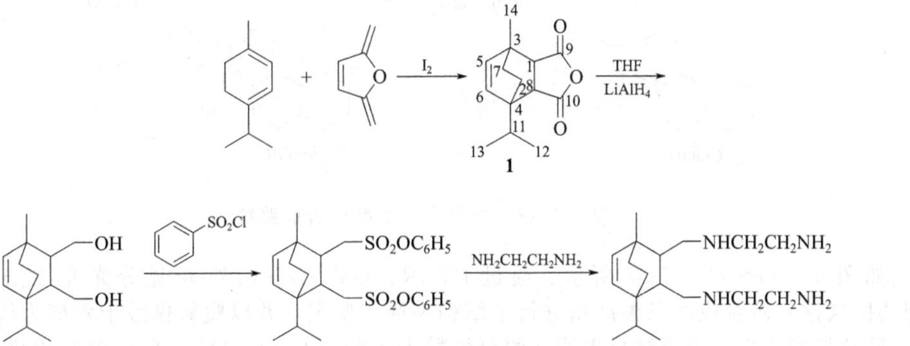

图 6-7-31 萜烯基多胺环氧树脂固化剂的合成路线

第三节 松香基增塑剂

增塑剂是一种加入塑料、树脂或弹性体中以改变它们的加工性、可塑性、柔韧性和拉伸性的重要添加剂，广泛应用于玩具、建筑材料、汽车配件、电子与医疗部件如血浆袋和成套输液器材等大量耐用并且易造型的塑料制品中[82]。我国塑料制品产量增长迅速，增塑剂需求量也大幅度增长，目前我国增塑剂年产量近 300 万吨。增塑剂品种主要包括邻苯二甲酸酯类、对苯二甲酸酯类、脂肪酸酯类、烷基磺酸苯酯类和氯化石蜡类等。其中以邻苯二甲酸酯类所占比例最大，其产量约占增塑剂总产量的 80%。欧美国家的邻苯类增塑剂使用量占所有增塑剂用量的 65%左右，而我国邻苯类增塑剂使用量占 85%以上。由于邻苯类增塑剂可以经口、呼吸道、静脉输液、皮肤吸收等多种途径进入人体，对机体多个系统均有毒性作用，被认为是一种环境内分泌干扰因子。因此，在欧盟、美国、日本和韩国相继被禁止使用，加快无毒环保增塑剂产品的研发及推广应用就更显得迫在眉睫[83-86]。以松香和松香衍生物为原料合成的增塑剂，具有增塑性能好、容易降解、环保无污染的特点，符合目前增塑剂的发展方向[87]。

一、松香基醇酯型增塑剂

根据松香中树脂酸的多种同分异构体的结构特点，即均含有一个三环菲骨架结构和一个位于叔碳原子上的羧基，通过羧基改性，设计合成松香基醇酯型增塑剂，兼具三环菲骨架刚性结构和长烷基柔性链。该类增塑剂的结构与邻苯二甲酸酯类增塑剂具有相似性，但更具环保性和可再生性。

1. 松香十二醇酯增塑剂

王大飞等[88]以松香和十二醇等为原料，在无溶剂和氮气保护下，采用醇过量方法，通过直接酯化反应合成了环保型松香十二醇酯增塑剂，合成路线见图 6-7-32。产物的 TG 热稳定性分析结果表明，松香十二醇酯的主分解温度为 295℃，具有一定的耐温性，可以作为耐热型环保增塑剂使用。

2. 脱氢枞酸长链酯增塑剂

王大飞[89]以树脂酸中的一种主要同分异构体——脱氢枞酸（DA）为原料，二氯甲烷为反应的溶剂，草酰氯为酰氯化试剂，首先将羧基酰氯化，然后再与高碳链的十二、十四、十六醇进行酯化，合成脱氧枞酸十二、十四、十六酯，合成过程低温、高效，产率较高，均在 85%以上，合

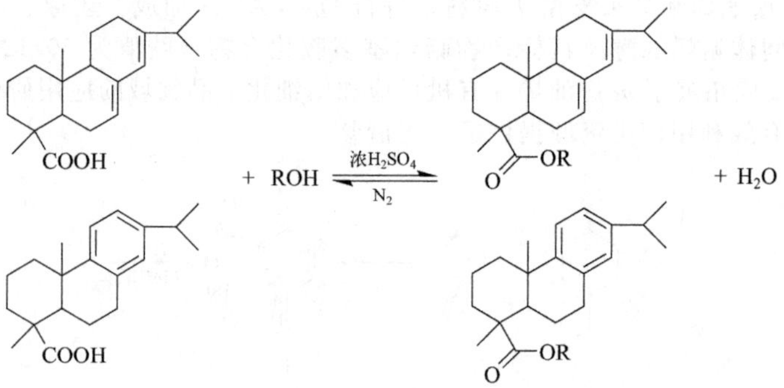

$+ ROH \xrightleftharpoons[N_2]{浓H_2SO_4}$ $+ H_2O$

图 6-7-32　松香十二醇酯的合成路线

成路线如图 6-7-33～图 6-7-35 所示。通过 FT-IR、UV-Vis（紫外-可见分光光度法）、^{1}H-NMR（核磁共振氢谱）对合成的三种产物进行了结构表征和鉴定，并以脱氧枞酸十六酯为代表通过 TG 测试考察其热稳定性，分析结果表明，脱氧枞酸十六酯在 200℃之前表现出较好的热稳定性，基本没有质量损失，分解温度为 271℃，远高于树脂通常的加工温度，因此也可以作为耐热型环保增塑剂使用。

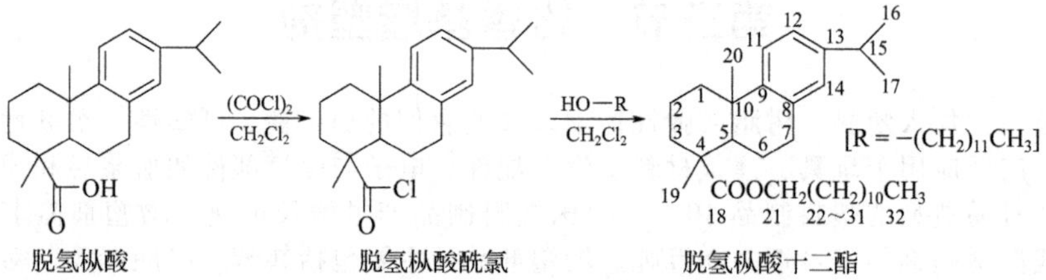

图 6-7-33　脱氢枞酸十二醇酯的合成路线

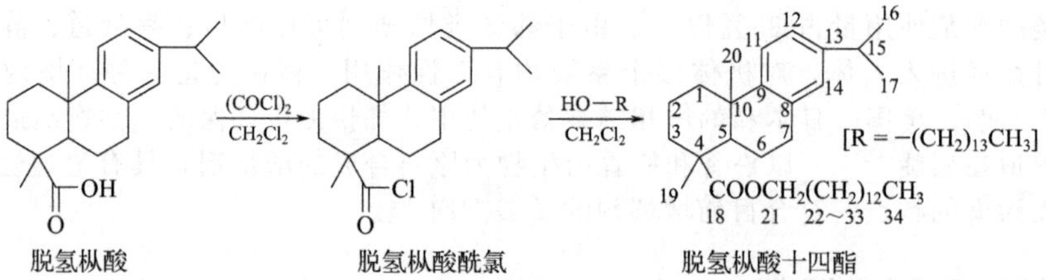

图 6-7-34　脱氢枞酸十四醇酯的合成路线

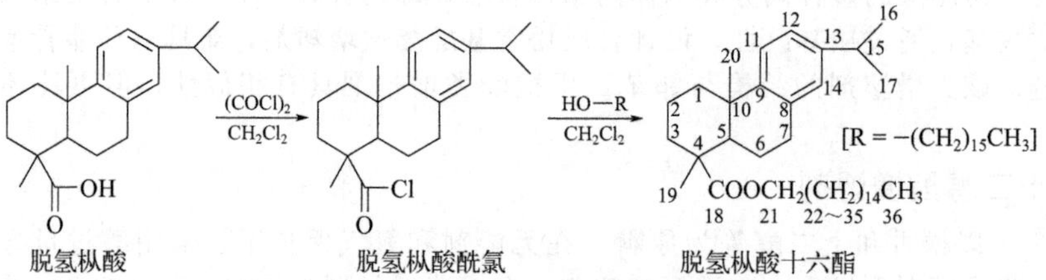

图 6-7-35　脱氢枞酸十六醇酯的合成路线

脱氧枞酸十二、十四、十六酯作为环保型增塑剂与 PVC 共混体系的流变试验结果表明，三种增塑体系稳定后，在流变曲线上对应转矩趋于一稳定的数值，平衡转矩大小分别为 3.46Nm、3.55Nm、3.43Nm 和 3.52Nm，表明增塑体系完全熔融后都有相近似的黏度，密炼效果较好。三种脱氢枞酸长链酯增塑剂均可使 PVC 树脂的玻璃化转变温度降低，但由于分子量较大，增塑效率低于邻苯二甲酸酯类增塑剂。

二、松香基多元醇酯型增塑剂

松香中的枞酸型树脂酸与马来酸酐经 D-A 加成反应生成马来海松酸酐（MPA）。马来海松酸具有与偏苯三酸酐相似的三元酸结构，其稠合多脂环刚性结构应具有良好的耐热性[90,91]。同时，松香及其改性产品均具有优良的电绝缘性能[22]，由马来海松酸制得的酯类增塑剂也将具有良好的电绝缘性。此外，马来海松酸与偏苯三酸酐相比具有明显的价格优势。黄涣[92]以马来海松酸为原料，与 2-乙基己醇反应，采用自制复合催化剂，在自制耐压反应釜中带压酯化，连续排反应水，经 10h 后把产物酸值降到 1 以下，再经精制可得马来海松酸三辛酯（TOMP），得率为 90%，可替代偏苯三酸三辛酯（TOTM）作为耐热电缆增塑剂，合成路线见图 6-7-36。

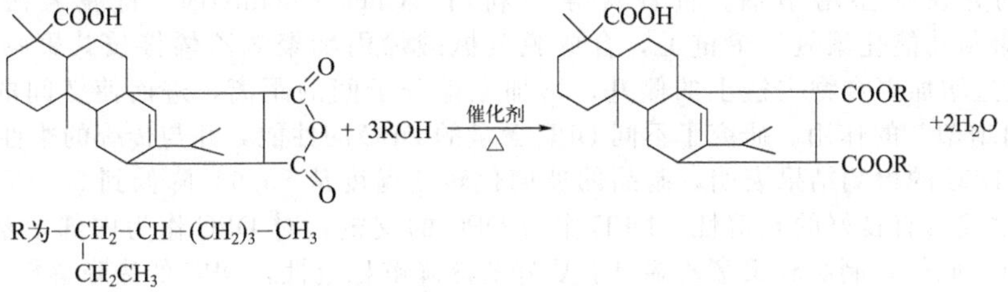

COOH　　　COOH

+ 3ROH $\xrightarrow[\triangle]{催化剂}$　COOR　COOR　$+2H_2O$

R为$-CH_2-CH(CH_2CH_3)-(CH_2)_3-CH_3$

图 6-7-36　马来海松酸三辛酯合成路线

马来海松酸三辛酯的性能指标均达到耐热耐久增塑剂的要求。马来海松酸三辛酯的各项性能与偏苯三酸三辛酯相似[92]，见表 6-7-4。由于马来海松酸三辛酯含有稠合多酯环刚性结构，热稳定性高于偏苯三酸三辛酯。此外，体积电阻率大大优于偏苯三酸三辛酯，这是由于松香及其改性产品所特有的优良电绝缘性能。

表 6-7-4　马来海松酸三辛酯和偏苯三酸三辛酯的性能

项目	马来海松酸三辛酯	偏苯三酸三辛酯
酸值/(mg/g)	0.42	<0.20
加热减量/%	0.17	<0.20
闪点(开口杯)/℃	254	>250
体积电阻率/(Ω·m)	2.2×10^{11}	$>1\times10^{9}$

塑化试验和应用试验表明，马来海松酸三辛酯可以取代大部分的偏苯三酸三辛酯作为 105℃ 绝缘电缆料的环保增塑剂。当马来海松酸三辛酯部分或大部分替代偏苯三酸三辛酯后，电缆料的性质与单独使用偏苯三酸三辛酯不相上下，均超过了国家标准，见表 6-7-5。而电缆料的热稳定性则因多用马来海松酸三辛酯而显著提高。马来海松酸三辛酯作为一种新型耐热增塑剂，为国内外首创，其成本大大低于偏苯三酸三辛酯，具有广阔的市场前景。

表 6-7-5　105℃ 绝缘电缆料的性质

项目	国家标准	配方 1	配方 2	配方 3
20℃时体积电阻率/(Ω·m)	$>1.0\times10^{12}$	8.9×10^{12}	1.1×10^{13}	3.1×10^{12}
95℃时体积电阻率/(Ω·m)	$>5.0\times10^{8}$	7.2×10^{9}	8.7×10^{9}	7.3×10^{9}
介电强度/(MV/m)	>20	22	23	23
拉伸强度/MPa	>15	26.2	22.3	21.8
断裂伸长率/%	>150	276	276	244
200℃热稳定时间/min	>80	105	120	150

注：配方 1 为 PVC 100，TOTM 45；配方 2 为 PVC 100，TOTM 25＋TOMP 30；配方 3 为 PVC 100，TOTM 10＋TOMP 52.5；稳定剂均为 7.5。

王春平等[93]以马来海松酸和直链的月桂醇为原料，正辛烷为带水剂，价廉易得的对甲苯磺酸为催化剂，合成了环保型增塑剂马来海松酸三月桂酯。结果表明，马来海松酸三月桂酯色泽浅，体积电阻率大，闪点高，黏度低，加热后酸值、色泽与加热前比变化较小，耐挥发性好，符合增塑剂的要求，且一些指标比同类型产品性能好，将是一种开发利用前景广阔的新型绿色环保增塑剂。

三、松香基反应型增塑剂

为了防止制品在加工和使用过程中失去增塑剂，导致制品的物理化学性质发生变化，缩短制品的使用寿命，影响使用价值，甚至对人体健康产生威胁，人们合成了各种各样的增塑剂，其中耐久性最好的是反应型增塑剂。贾普友等[94]利用“Click Chemistry”将脱氢松香酸炔丙酯（DPE）加到叠氮功能化聚氯乙烯链上，合成脱氢枞酸烯丙酯聚氯乙烯接枝共聚物（DPC），见图 6-7-37。通过增加聚合物主链上的侧基，增加主链分子间的距离，进而使链间的相互作用减弱，达到“内增塑”的作用。研究了不同 DPE 含量的 DPC 的性能，并与传统的柔性 PVC 进行比较。DMA 和 DSC 的检测结果表明，制品的玻璃化转变温度从 85.6℃降低到 39.7℃，表明 PVC 链与 DPC 链之间具有良好的互溶性。DPE 作为 DPC 的支链，对 DPC 作为内部增塑剂起到了有效的增塑作用。此外，制品较聚氯乙烯具有更好的热降解稳定性，DPC 的热降解释放出更少的有毒气体（HCl 和 Cl_2），并且具有较高的残炭率。此外，贾普友等[95]通过用脱氢松香酸衍生物代替 PVC 中的氯合成了一种不含邻苯二甲酸盐和高度增塑的含有伯胺基的聚氯乙烯（PVC）材料 DA-P-b，合成路线见图 6-7-38。该松香改性 PVC 材料具有更高的柔韧性和耐迁移性，与聚氯乙烯相比，玻璃化转变温度从 85.6℃降低到 27.5℃。在热降解期间释放的窒息气体比 PVC 少，不含有毒的邻苯二甲酸酯，并且没有增塑剂迁移。松香基反应型增塑剂兼顾了塑化聚氯乙烯并且没有增塑剂迁移，可以使制品的性质保持长期稳定。

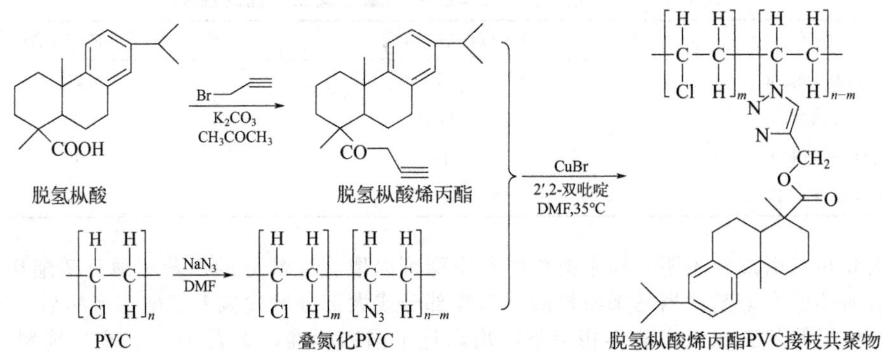

图 6-7-37 松香基聚氯乙烯高分子材料 DPC 的合成路线

四、其他松香基增塑剂

曾韬等[96]以松香腈部分代替邻苯二甲酸二-(2-乙基己基) 酯（DOP），与 DOP 配合使用，可以作为聚氯乙烯树脂和钙塑材料的增塑增韧剂来使用，测试结果表明：松香腈对聚氯乙烯树脂增韧效果明显，在纯聚丙烯树脂中加入 3～10 份松香腈，能使聚丙烯树脂由脆性材料变为韧性材料；将松香腈与橡胶配合加入钙塑材料中，对辊拉片，注射成型时，流动性好，可以降低树脂的加工温度。刘小青等[97]通过马来海松酸与端基为氨基的聚醚或者端基为氨基的聚酯经过一系列反应，得到松香基增塑剂，制备方法操作简便，适宜工业化生产。

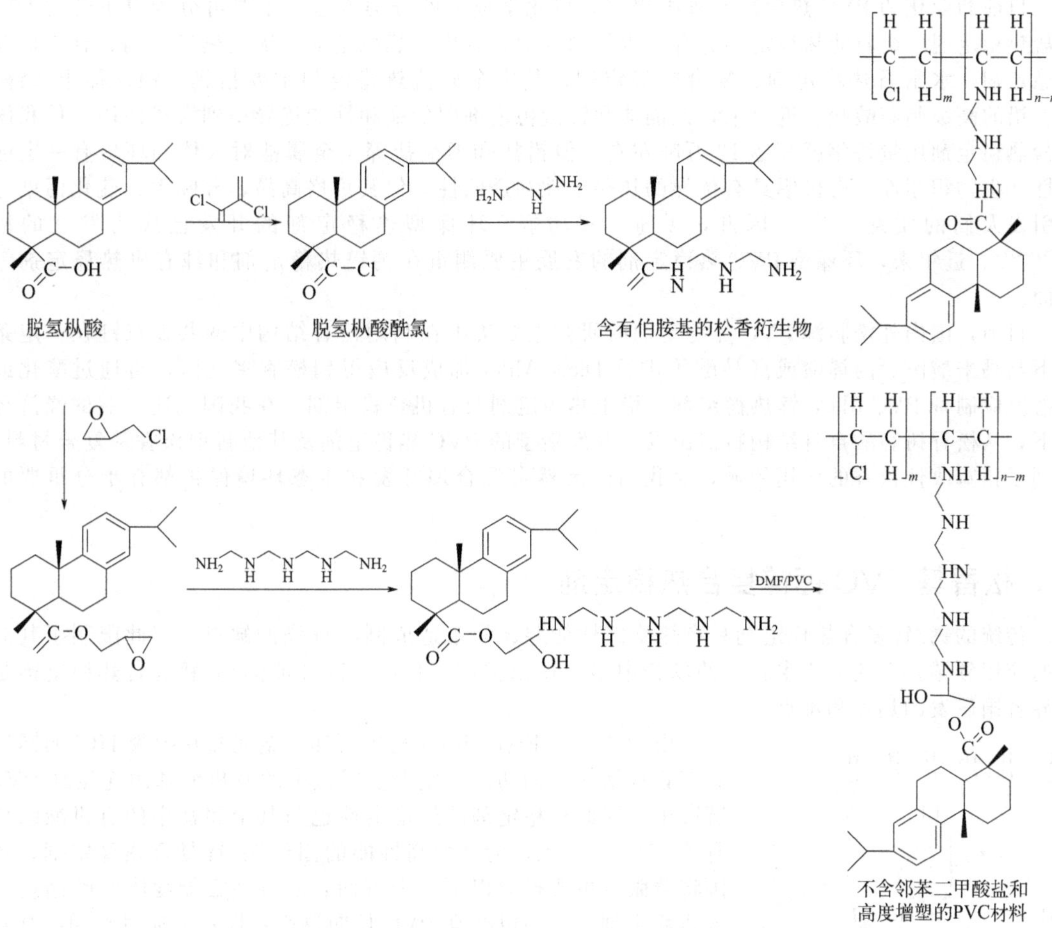

脱氢枞酸

脱氢枞酸酰氯

含有伯胺基的松香衍生物

DMF/PVC

不含邻苯二甲酸盐和高度增塑的PVC材料

图 6-7-38　松香基聚氯乙烯高分子材料 DA-P-b 的合成路线

第四节　松香基热稳定剂

聚氯乙烯（PVC）是世界上五大通用树脂之一[98]。目前我国 PVC 工业的产能、产量和消费量为全球第一，2018 年我国 PVC 树脂产量为 1922.2 万吨。2017 年至 2020 年，全球需求年增长率达到 4.9%，2020 年市场需求量达 4950 万吨[99,100]。但 PVC 耐热性能差[101-103]，常规 PVC 树脂加热至 100℃时，即伴随脱氯化氢反应，PVC 在其加工温度（170～200℃）下降解速度加快；随着降解程度的加深，PVC 树脂的颜色逐渐加深且制品力学性能受到严重破坏。因此，PVC 加工时必须加入适量的热稳定剂，添加适量的热稳定剂使得 PVC 具有良好的热稳定性的同时提高了其制品的其他性能，能显著扩大其应用领域[104,105]。

热稳定剂是一类能够有效提高 PVC 热稳定性的 PVC 助剂。热稳定剂应满足下列几种功效之一[106-109]：a. 结合热降解产生的 HCl，抑制其自动催化作用；b. 置换 PVC 分子中不稳定的烯丙基氯原子或叔碳氯原子等不稳定结构，抑制脱 HCl 反应；c. 与 PVC 脱除 HCl 后产生的双键或共轭双键加成，降低其活性，阻止双键因共轭化使得样片发色，以及引发进一步氧化、热解、断裂和交联等；d. 捕捉自由基，阻止氧化反应[110,111]。在实际应用中，如果热稳定剂兼具 b 和 c 两个功效，那么该热稳定剂能抑制 PVC 初期着色；如果热稳定剂兼具 b 和 d 两个功效，那么其不仅能减轻 PVC 的初期着色效果，而且能赋予 PVC 良好的长期热稳定性。此外，如果热稳定剂兼具上述多种功能，那么其在热稳定 PVC 的过程中就能够显著改善 PVC 的初期和长期热稳定性。

目前商业化的 PVC 热稳定剂种类繁多，按化学成分的分类方法，主要可分为以下几类[112]：铅盐热稳定剂、金属盐热稳定剂、有机锡热稳定剂、有机锑热稳定剂、稀土热稳定剂、有机辅助热稳定剂、水滑石热稳定剂、复合热稳定剂。其中金属盐热稳定剂主要指钙、钡、稀土、锌、镉、铅的高级脂肪酸盐。近年来，钡镉盐和铅盐稳定剂因价廉和性能优异得到大量使用，仅我国铅盐热稳定剂用量每年就高达 12 万吨左右。但铅盐和钡镉盐等重金属盐对人体和环境有一定的毒性和生物积累性。有机锡具有优异的热稳定性和透明性，但其价格高昂、异味大、硫化污染等也引发人们的质疑[113,114]。因此，无毒、多功能、环保型热稳定剂的开发已成为发展的潮流[115-117]。近年来，环保型 PVC 热稳定剂的发展主要侧重在钙锌热稳定剂和纯有机热稳定剂等方面。

目前，国内外松脂源 PVC 热稳定剂的研究主要集中在利用松香结构中的共轭双键在一定条件下与马来酸酐、丙烯酸或富马酸等进行 Diels-Alder 加成反应得到松香多元酸，再通过酯化或成盐反应制备 PVC 用钙/锌热稳定剂、稀土热稳定剂及有机热稳定剂。在我国飞速发展的经济环境下，从松香树脂酸自身结构特点出发，开发新型的 PVC 热稳定剂及其他新型松香基复合材料，有利于拓宽改性松香的应用领域，对我国的天然资源合理开发和生态环境保护都有十分重要的意义。

一、松香基 PVC 钙锌复合热稳定剂

传统的钙/锌复合热稳定剂具有热稳定性能差、易于造成制品锌烧的缺点，因此限制了其制品的应用领域，在性能要求较高的场合中很难得以推广。目前，高性能的钙/锌复合热稳定剂是世界各国研发的热点和难点。

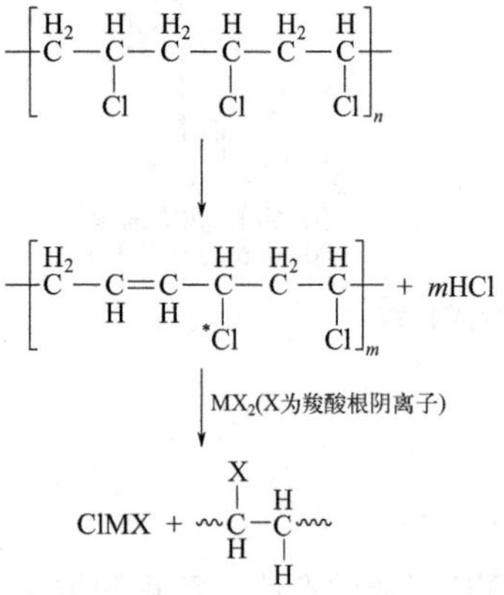

图 6-7-39　Frye-Horst 机理

由图 6-7-39 Frye-Horst 机理可知，金属盐在吸收 HCl 的同时具有置换活泼氯的功能，使得金属盐中的有机酸基团连接到 PVC 链段中，因此热稳定剂的热稳定性也与其金属盐中的有机酸结构有关[118-120]。因此，为开发高性能的固体钙/锌复合热稳定剂，各国将着眼点主要投向以下 4 个方面：a. 将多官能度脂肪酸结构引入热稳定剂分子中以提高 PVC 长期热稳定性；b. 通过在油脂基双键上增加活性基团的方式增加热稳定剂与 PVC 间的相容性，进而改善 PVC 热稳定性；c. 甘油金属配合物的开发与应用；d. 开发新型的与钙/锌体系具有良好协同作用的辅助热稳定剂如 β-二酮等。

王永强[121]以氢化松香（HR）、丙烯海松酸（AA）和富马海松酸（FPA）为原料，碱化后分别与氯化钙和氯化锌反应得到了相对应的氢化松香钙（锌）、丙烯海松酸钙（锌）和富马海松酸钙（锌），并对其结构和耐热性进行了表征分析，且对 PVC 热稳定性进行了研究。结果表明，氢化松香钙（锌）、丙烯海松酸钙（锌）和富马海松酸钙（锌）中的钙（锌）离子和羧酸根负离子均以离子键结合，其中氢化松香钙和氢化松香锌均是晶态结构，其他均是非晶态结构。通过刚果红实验和热烘箱老化变色实验对比其热稳定性，并与市售硬脂酸钙/锌做了对比，结构表明，氢化松香钙的热稳定时间最长为 19min，比硬脂酸钙长 3min，且长期热稳定性也优于硬脂酸钙。丙烯海松酸锌的热稳定时间为 12min，比硬脂酸锌长 4min。氢化松香钙（CaHR）和丙烯海松酸锌（ZnAA）复配使用具有协同作用，CaHR 和 ZnAA 的最佳复配比例为 3.2∶0.8。

李梅等[122]以松香、松节油、二聚脂肪酸为起始原料，经 Diels-Alder 加成反应、二步复分解反应工艺制备了萜马酸酐钙锌复合热稳定剂（TMA-Ca/TMA-Zn stabilizer），丙烯海松酸钙锌复合热稳定剂（APA-Ca/APA-Zn stabilizer）和二聚酸钙锌复合热稳定剂（C_{36}-DA-Ca/C_{36}-DA-Zn stabilizer）的具体合成线路见图 6-7-40。在 100g PVC 中添加总量为 3 份的不同比例的钙锌复合物，对比 TMA-Ca/TMA-Zn stabilizer、APA-Ca/APA-Zn stabilizer、C_{36}-DA-Ca/C_{36}-DA-Zn stabilizer 及市售通用型硬脂酸钙锌复合热稳定剂对 PVC 热稳定性能的影响。刚果红热稳定试验、

变色法试验、热降解动力学分析试验结果表明，萜烯马来酸酐钙锌复合热稳定剂的初期着色性、长期热稳定性最优，其热降解所需的活化能最高（136.9kJ/mol）；丙烯海松酸钙锌复合热稳定剂的热稳定性优于市售通用型硬脂酸钙锌复合热稳定剂，且可与油脂基二聚酸钙锌复合热稳定剂相媲美，热降解所需的活化能可达到113kJ/mol，这是由于在PVC复合热稳定剂中引入松香刚性稠环、萜烯桥环结构可改善PVC的热稳定性。丙烯海松酸钙锌复合热稳定剂和萜马酸酐钙锌复合热稳定剂的开发可扩大松香、松节油的应用领域，促使其向高值化方向发展。

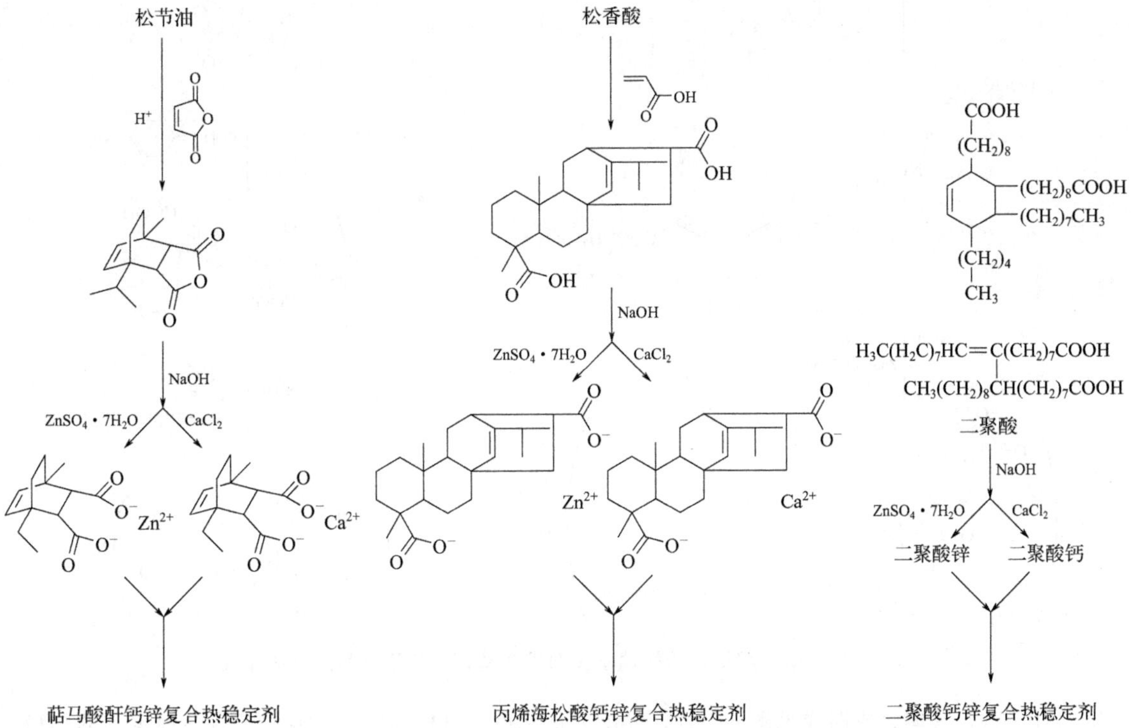

图 6-7-40　萜马酸酐钙锌、丙烯海松酸钙锌、二聚酸钙锌三类复合热稳定剂的合成路线

钙锌热稳定剂因其无毒性而受到广泛使用。相关报道指出，一些含环氧、异氰酸、苯环、脂环等特殊官能团的钙锌热稳定剂也具有十分优异的热稳定性[123-125]。据报道，酰胺有机热稳定剂作为PVC热稳定剂能显著提高制品的热稳定性，但有关能提高PVC长期热稳定性的含酰胺结构的羧酸钙锌热稳定剂很少报道[125-127]。汪梅等[128,129]以桐马酸酐和双戊烯为原料，通过与马来酸酐的Diels-Alder加成反应、对氨基苯甲酸（PABA）的氨解反应、$CaCl_2$（或$ZnSO_4 \cdot 7H_2O$）的复分解反应，合成含单酰胺结构的桐油基及双戊烯基钙锌热稳定剂，合成路线见图6-7-41。*N*-(3-氨基-苯甲酸）萜马酰胺酸钙锌（ABDPMA-Ca和ABDPMA-Zn）盐得率分别为89.42%和87.25%。*N*-(3-氨基-苯甲酸）桐马酰胺酸钙锌（ABTMA-Ca和ABTMA-Zn）盐的得率可以在90%以上，ABTMA-Ca盐得率94.27%，ABTMA-Zn盐得率91.93%。并考察其PVC试样的热稳定性和动态热机械性能等，综合刚果红法、变色法、紫外光谱分析和热重分析的结果，发现自制的ABDPMA-Ca/ABDPMA-Zn作用的PVC试样活化能最高，最难降解。四种Ca/Zn热稳定剂具有相同的热稳定顺序：ABDPMA-Ca/ABDPMA-Zn＞ABTMA-Ca/ABTMA-Zn＞C_{36}DA-Ca/C_{36}DA-Zn＞$CaSt_2$/$ZnSt_2$。这可能是ABDPMA-Ca/ABDPMA-Zn中Ca/Zn协同热稳定和自由基热稳定等共同作用的结果，且ABDPMA-Ca/ABDPMA-Zn在PVC中更好的分散性也有助于提高PVC的热稳定性。

李梅等[130]将月桂烯先后与马来酸酐、$NaHCO_3$、$CaCl_2$及$ZnSO_4 \cdot 7H_2O$反应可得到月桂烯钠盐、锌盐及钙盐。其中，Ca-AMMA、Zn-AMMA和Na-AMMA中钙、锌、钠金属离子含量分别为11.83%、20.51%和14.23%。三者经复配可得到月桂烯源钙/钠/锌复合热稳定剂（Ca/Na/

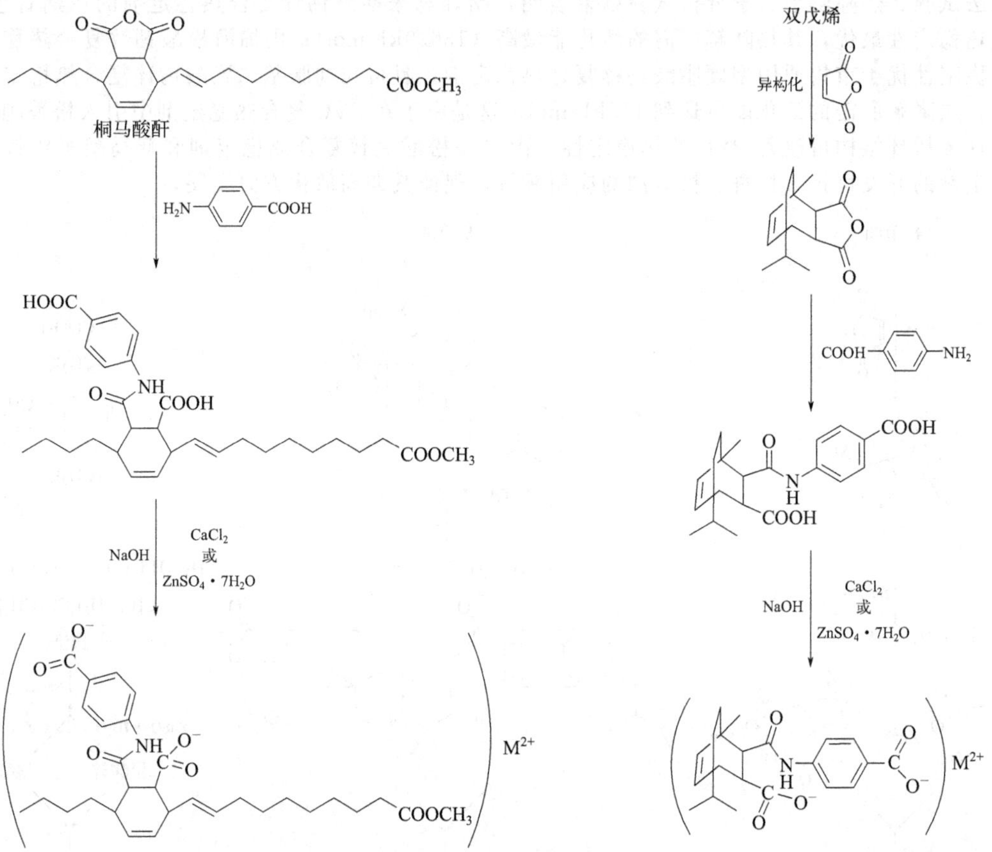

图 6-7-41　单酰胺结构的桐油基及双戊烯基钙锌热稳定剂的合成路线

Zn-AMMA），具体合成路线见图 6-7-42。经配方优化后，月桂烯源钙/钠/锌复合热稳定剂的热稳定性可与市售通用型硬脂酸钙锌复合热稳定剂性能相对比，且其具有良好的初期着色性和长期热稳定性，Ca/Zn/Na-AMMA 具有良好的应用前景。

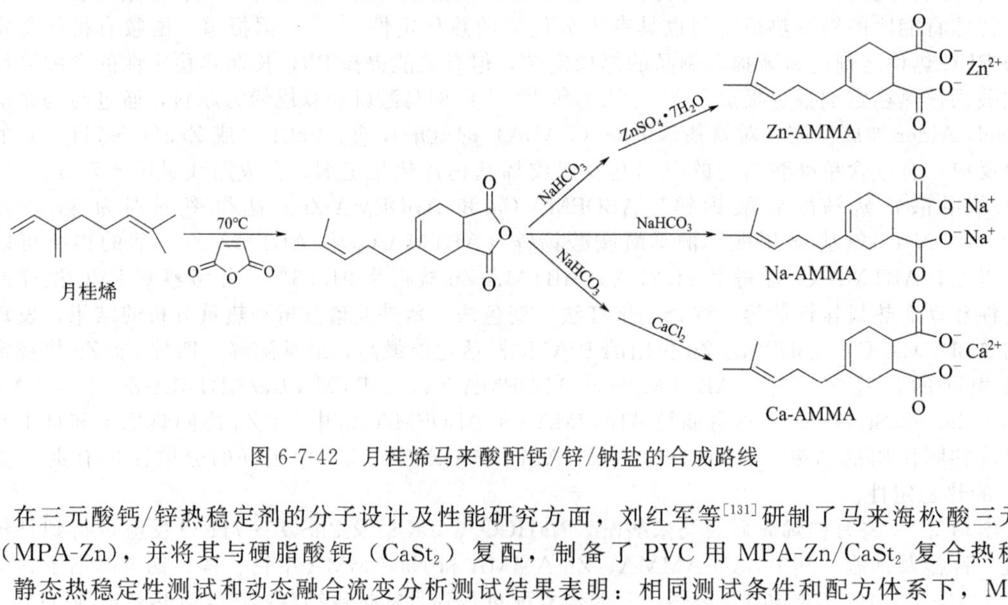

图 6-7-42　月桂烯马来酸酐钙/锌/钠盐的合成路线

在三元酸钙/锌热稳定剂的分子设计及性能研究方面，刘红军等[131]研制了马来海松酸三元酸锌（MPA-Zn），并将其与硬脂酸钙（$CaSt_2$）复配，制备了 PVC 用 MPA-Zn/$CaSt_2$ 复合热稳定剂。静态热稳定性测试和动态融合流变分析测试结果表明：相同测试条件和配方体系下，MPA-

Zn的热稳定时间为硬脂酸锌的2.88倍；MPA-Zn/$CaSt_2$复合热稳定剂的动态融合流变性能可满足实际使用要求，且其长期热稳定时间可达59min，是一种性能良好的环保型PVC热稳定剂。

二、松香基稀土热稳定剂

稀土元素是ⅢB族钪、钇和镧系元素群的总称。稀土热稳定剂之所以具有优异的热稳定性，是因为稀土元素特殊的结构。目前，稀土热稳定剂对PVC的稳定机理主要有吸附中和HCl机理、捕捉游离基机理和与不稳定的氯配位机理[132-136]。

(1) 吸附中和HCl机理 稀土热稳定剂在PVC热加工成型过程中，首先对游离的HCl分子进行化学吸附，形成氢键，再进行化学反应。由于化学吸附的不可逆原理，稀土离子与母体脱出的HCl分子发生表面化学反应，生成非活性产物盐基性氯化物。而HCl是加速PVC分解的主要因素之一，这样就阻止了HCl分子在热成型体系中对母体分子的降解，抑制HCl自动催化降解作用，延缓了PVC的热分解，从而起到了热稳定的作用。

(2) 捕捉游离基机理 稀土稳定剂中的+3价稀土是不稳定的。受到PVC热加工体系中热与能的激发，将它剩余的4f层的1个（或2个）电子贡献于PVC体系中游离羧基活性分子基团，从而形成一个稳定的化学键，成为+4价稀土。同时还能与体系中的氧和臭氧及微量的水分发生氧化还原反应，也变为+4价稀土。

(3) 与不稳定的氯配位机理 稀土金属离子有许多4f、5d空电子能级，可作为中心离子接受配位体的孤对电子，且有较大的离子半径，因而易与PVC链上不稳定的氯原子结合形成稳定的络合物，这样就能够有效地抑制PVC链上活泼氯的脱除反应，延缓或阻止氯化氢的自动氧化连锁反应，起到热稳定的作用。此外，根据“软硬酸碱”原则，氯离子属于硬碱，稀土离子属于硬酸，它们之间易形成稳定的络合物。因此，稀土原子通过与PVC链上不稳定的氯原子进行配位络合，形成化学键，抑制PVC脱HCl，进而起到热稳定的作用。

稀土热稳定剂独特的结构和性能特点使得其在PVC树脂中具有广泛的应用，国内掀起研究开发热潮。王永强[121]以氢化松香（HR）、丙烯海松酸（AA）和富马海松酸（FPA）为原料，与醋酸钇反应，生成了氢化松香钇（YHR）、丙烯海松酸钇（YAA）和富马海松酸钇（YFPA），并对其结构进行表征。通过热重分析测试其耐热性能，并利用刚果红试纸法和热烘箱老化法测试其对PVC热稳定性的影响。结果表明，氢化松香钇（YHR）、丙烯海松酸钇（YAA）和富马海松酸钇（YFPA）中的钇离子和羧酸根负离子均以离子键结合，都是非晶态结构，并且相对原料均具有良好的耐热性能，富马海松酸钇表现出对PVC具有优良的长期热稳定性，且钇含量越高，PVC热稳定性越好。

刘玉森[137]以马来海松酸酐为原料成功制备出了马来海松酸镧和马来海松酸铈，并对二者在PVC热稳定剂方面的应用进行了研究。结果表明：马来海松酸镧和马来海松酸铈都对PVC具有良好的热稳定作用，且马来海松酸镧和马来海松酸铈都与硬脂酸钙具有良好的协同作用。

三、松香基有机热稳定剂

邱丽玲等[138]首先从松香树脂中分离提纯出左旋海松酸，经光敏氧化、过氧化反应制得左旋海松酸环过氧化物。在微波条件下，以杂多酸季铵盐为催化剂，将左旋海松酸环过氧化物、硬脂酸、季戊四醇按一定比例一步反应合成松香酸硬脂酸季戊四醇复合酯。结果表明，该复合酯作为聚氯乙烯热稳定剂，对PVC制品的静态热稳定性、动态热稳定性、刚果红时间、吸水性、电性能等都有较好的改善效果。

参考文献

[1] Wang H S, Zhang R C, Zhao S L, et al. Synthesis and application of dehydroabietylisothiocyante as a new chiral derivatizing agent for the enantiomeric separation of chiral compounds by capillary electrophoretic. Analytica Chimica Acta: 2006, 560 (1-2): 64-68.

[2] Chen J, Song B L, Pei X, et al. Rheological behavior of environmentally friendly viscoelastic solutions formed by a

rosin-based anionic surfactant. Journal of Agricultural and Food Chemistry，2019，67（7）：2004-2029.
[3] Zhai Z L，Yan X Y，Xu J，et al. Phase behavior and aggregation in a catanionic system dominated by an anionic surfactant containing a large rigid group. Chemistry-A European Journal，2018，24（36）：9033-9040.
[4] Zhai Z L，Yan X Y，Song Z Q，et al. Annular and threadlike wormlike micelles formed by a bio-based surfactant containing an extremely large hydrophobic group. Soft Matter，2018，14（4）：499-507.
[5] 陈立云，方桂珍，王献玲，等. Bola 型表面活性剂磺化脱氢松香酸二钠盐的表面化学性质. 林产化学与工业，2008，28（1）：103-107.
[6] 贾卫红，宋湛谦，饶小平，等. 松香基磺酸盐表面活性剂的合成及性能研究. 生物质化学工程，2008，42（4）：6-8.
[7] 贾卫红. 松香基双子表面活性剂的合成及性能研究. 北京：中国林业科学研究院，2009.
[8] Li J，Lin H X，Chen X Y，et al. Self-assembled structures and excellent surface properties of a novel anionic phosphate diester surfactant derived from natural rosin acids. Journal of Colloid Interface Science，2017，486：67-74.
[9] 朱雪梅，蒋士猛，蔡照胜，等. 3-氯-2-羟丙基二甲基脱氢枞基氯化铵的制备及其表面活性研究. 林产化学与工业，2014（3）：116-120.
[10] 梁梦兰，叶建峰. 松香衍生物的季铵盐阳离子表面活性剂的合成与性能测定. 化学世界，2000，41（3）：138-141.
[11] 韩建军. 松香系表面活性剂研究综述. 科教视野，2007（22）：18.
[12] 贾卫红，饶小平，宋湛谦，等. 松香基季铵盐 Gemini 表面活性剂的合成及性能研究. 现代化工，2008，28（z2）：390-392，394.
[13] 黄志，韦小杰，陈小鹏，等. 微波合成氢化松香基季铵盐表面活性剂及其性能. 林产化学与工业，2012，32（5）：41-45.
[14] Feng L，Xie D，Song B L，et al. Aggregate evolution in aqueous solutions of a Gemini surfactant derived from dehydroabietic acid. Soft Matter，2018，14（7）：1210-1218.
[15] 林海霞，杨明生，田超，等. 松香基叔胺盐的自组装、复配及载药性能研究. 林产化学与工业，2018，38（2）：59-66.
[16] Lin H X，Yang M S，Tian C，et al. Design of diversified self-assembly systems based on a natural rosin-based tertiary amine for doxorubicin delivery and excellent emulsification. Colloids & Surfaces B：Biointerfaces，2018，8（1）：191-198.
[17] Tian C，Liang Y L，Lin H X，et al. Surface properties and doxorubicin delivery in mixed systems comprising a natural rosin-based ester tertiary amine and an anionic surfactant. Journal of Dispersion Science and Technology，2019，40（6）：892-900.
[18] Lin H X，Yang M S，Li J，et al. A novel bola-type rosin-based functional surfactant and its synergistic effect with natural surfactant saponin. Journal of Surfactants and Detergents，2017，20（5）：1205-1212.
[19] 汪蓉蓉，王宇，刘倩，等. 松香改性阳离子表面活性剂的合成. 精细化工中间体，2007，37（2）：56-59.
[20] 王延，宋湛谦. *N*-脱氢枞基氨基酸类两性表面活性剂合成及其结构与性质关系研究. 林产化学与工业，1996，16（3）：1-6.
[21] 刘贤贤，王庆蓉，刘江强，等. 松香酰甘氨酸表面活性剂的新合成法. 化学世界，2007（5）：301-303.
[22] 冯光炷，朱春山. *N*-歧化松香酰基肌氨酸的合成及其性能. 日用化学工业，2004，34（1）：21-24.
[23] 饶小平，宋湛谦，商士斌. 松香基双羧酸盐双子表面活性剂的合成及性能. 生物质化学工程，2011，45（6）：1-4.
[24] 韦瑞松，段文贵，耿哲，等. 歧化松香聚乙二醇苹果酸酯的微波合成研究. 应用化工，2006，35（11）：833-836.
[25] 韦瑞松，段文贵，岑波，等. 氢化松香聚乙二醇柠檬酸酯的微波辅助合成. 生物质化学工程，2007，41（4）：17-21.
[26] 王百军，杨艳，周永红，等. 马来松香聚甘油酯的合成及性能研究. 日用化学工业，2003，33（2）：84-86.
[27] Yan X Y，Zhai Z L，Song Z Q，et al. Synthesis and properties of polyester-based polymeric surfactants from diterpenic rosin. Industrial Crops and Products，2017，108：371-378.
[28] Zhou J Y，Zhang X，Zhao Y Z，et al. Surface properties and structural transformation behaviors of mPEG-Maleic rosin copolymer in water. Polymers，2017，9（10）：466-478.
[29] Zhang H B，Huang X，Jiang J X，et al. Hydrogels with high mechanical strength cross-linked by a rosin-based crosslinking agent. RSC Advances，2017，7（67）：42541-42548.
[30] Wang J，Yao K J，Wang C Z，et al. Synthesis and drug delivery of novel amphiphilic block copolymers containing hydrophobic dehydroabietic moiety. Journal of Materials Chemistry B，2013，1（17）：2324-2332.
[31] 岑波，罗常泉，段文贵，等. 去氢枞酸蔗糖酯的溶剂法合成. 化学研究与应用，2005，17（2）：269-272.
[32] 许雪棠，黄媚，段文贵，等. 离子液体 Br 中脱氢松香酸葡萄糖酯的合成. 林产化学与工业，2009，29（S1）：113-116.
[33] 张健，吴润秀，王晶，等. 马来松香季戊四醇酯树脂制备方法：103030793. 2015-04.
[34] 雷亮. 松香基甜菜碱型两性表面活性剂的合成及性能研究. 西安：西安石油大学，2013.
[35] 段文贵，任云，张晓丽，等. 歧化松香蔗糖酯的合成. 化学通报，2006，69（2）：109-113.

[36] 郑建强，黄秀芝，饶小平.松香酯醇醚季铵盐表面活性剂的合成及性能研究.现代化工，2014，34（1）：98-100.
[37] Wang H S，Zhao S L，He M，et al. Sodium maleopimaric acid as pseudostationary phase for chiral separations of amino acid derivatives by capillary micellar electrokinetic chromatography. Electrodriven Separation，2007，30（128）：2748-2753.
[38] 郑建强，刘莉，饶小平.松香基胆碱季铵盐表面活性剂的合成及抑菌活性研究.林产化学与工业，2015，35（5）：99-104.
[39] Yman M A，Gamal A E，Amro K F D. Application of highly surface active cationic surfactants based on rosin as corrosion inhibitor for tubing steel during acidization of petroleum oil and gas wells. International Journal of electrochemical science，2013（8）：9629-9643.
[40] 丁秀丽，曹明章，李谱超，等.松脂基非离子表面活性剂及其制备和应用：CN102949956B. 2014-07-02.
[41] Zheng Y J，Yao K J，Lee J，et al. Well-defined renewable polymers derived from gum rosin. American Chemical Society，2010，29（43）：5922-5924.
[42] 杨雪娟，李守海，李梅.歧化松香乙烯基酯单体及其与苯乙烯共聚材料的制备与性能.工程塑料应用，2013，41（8）：9-13.
[43] 陈春红，段文贵，李行任，等.松香烯丙醇酯的合成研究.林产化学与工业，2007，27（5）：57-61.
[44] 王基夫，林明涛，刘玉鹏.松香基甲基丙烯酸酯单体的合成和表征.现代化工，2009，29（2）：75-78.
[45] 李华伟，王祥荣.螯合型表面活性剂的合成及作为精炼剂的应用研究.印染助剂，2014，31（2）：26-28.
[46] 饶小平，宋湛谦，商士斌，等.松香基螯合双子表面活性剂及制备方法：CN101961620B. 2013-05-08.
[47] 王凯，张业，梁敏，等.7-羰基-12-*N*-异丙基-13-硝基脱氢松香酸甲酯的合成及其金属离子螯合性.应用科技，2010，37（5）：64-68.
[48] 杨林，唐莅东，潘英明，等.含松香骨架的手性氮杂冠醚的合成及其在不对称Michael加成反应中的应用.有机化学，2008，28（7）：1250-1253.
[49] 李淑君，陈志俊，田兵.松香基二季铵盐类阳离子表面活性剂的制备：CN101830816B. 2013-01-02.
[50] 陈立云，方桂珍，刘凯.磺化脱氢松香基双季铵盐阳离子表面活性剂的结构表征及性能.林产化学与工业，2007，27（4）：66-70.
[51] 赵银凤，方桂珍，艾青，等.脱氢松香基两性表面活性剂的合成.东北林业大学学报，2010，38（2）：87-90.
[52] 崔锦峰，杨保平，周应萍，等.马来松香聚氧乙烯醚双酯羧酸钠表面活性剂的制备方法：CN101254429B. 2010-05-19.
[53] 龚福忠，阮恒，张国利.马来松香基三季铵盐类阳离子表面活性剂及其制备. CN101249400B，2011-07-20.
[54] 冯丽枝. Gemini 表面活性剂的合成及其性能研究.武汉：中南民族大学，2012.
[55] 邹文恕，杨许召，宋浩.表面活性剂在电子与信息技术领域中的应用.日用化学品科学，2015，38（11）：42-47.
[56] 尹计深，戴爱斌，陈世远.一种有铅焊锡膏用无卤助焊剂：CN104175025A. 2014-12-03.
[57] 高延敏，吕伟刚.一种焊接助剂：CN101934440B. 2012-08-15.
[58] Atta A，El-Mahdy G，Al-Lohedan H，et al. Synthesis of environmentally friendly highly dispersed magnetite nanoparticles based on rosin cationic surfactants as thin film coatings of steel. International Journal of Molecular Sciences，2014，15（4）：6974-6989.
[59] Ma Y，Shang X，Cui S，et al. Preparation of porous silica using modified rosin as template. Chemistry and Industry of Forest Products，2013，33（6）：37-40.
[60] 韩世岩，李淑君，王威.一种松香基双季铵盐和 CTAB 共混模板介孔 SiO_2 的制备.功能材料，2013，4（44）：126-129.
[61] 韩春蕊，朱莉伟，刘六军，等.微波溶剂热法松香基表面活性剂控制合成氢氧化镍材料.林产化学与工业，2009，29（S1）：149-153.
[62] Xu Y X，Li B T，Li J，et al. Controlled hydrothermal synthesis of ball-flower $Ni(OH)_2$/NiOOH composites assisted by rosin-based betaine zwitterionic surfactant. Journal of Materials Science：Materials in Electronics，2015，26（10）：8040-8046.
[63] Song F，Wang P，Chen S X，et al. Ordered lamellar supermicroporous titania templating by rosin-derived quaternary ammonium salt. Plos One，2017，12（6）：178-189.
[64] Yang M S，Tian C，Han C R，et al. Hierarchical self-assembled hollow hydroxyapatite flower microspheres containing terpene functional groups for efficient drug loading and pH-responsive drug release. Ceramics International，2018，44（17）：20913-20920.
[65] Yang M S，Xu P F，Zhao X Y，et al. Systematic studies of hydroxyapatite/terpene hybrid microspheres：Natural rosin-based phosphorus sources and chemical structure of coordination compounds. Materials Research Express，2019（6）：085078-085084.
[66] Zhan S H，Jiang X H，Li J，et al. Controlled synthesis of hydroxyapatite using a novel natural rosin-based

surfactant. Nano，2017，12（8）：1750098-1750104.
[67] Raquez J M，Nabar Y，Narayan R，et al. New developments in biodegradable starch-based nanocomposites. International Polymer Processing，2007，22（5）：463-470.
[68] Kummerer K. Sustainable from the very beginning：Rational design of molecules by life cycle engineering as an important approach for green pharmacy and green chemistry. Green Chemistry，2007，9（8）：899-907.
[69] 王德中. 树脂生产与应用. 北京：化学工业出版社，2001：246.
[70] 黄坤. 植物油基环氧热固单体的合成、固化与性能. 北京：中国林业科学研究院，2014.
[71] 黄文，刘小青，朱锦，等. 马来海松酸酐的合成及其作为环氧树脂固化剂的研究. 化学通报，2011，74（1）：92-96.
[72] Wang H H，Liu B，Liu X Q，et al. Synthesis of biobased epoxy and curing agents using rosin and the study of cure reactions. Green Chem，2008（10）：1190-1196.
[73] Wang Hong hua，Liu Xiaoqing，Liu Bo，et al. Synthesis of rosin-based flexible anhydride-type curing agents and properties of the cured epoxy. Polymer International，2009，58（12）：1435-1441.
[74] 王海卫. 松香基环氧固化剂的合成及其固化行为研究. 长春：长春工业大学，2011.
[75] Liu X Q ，Xin W B ，Zhang J W. Rosin-derived imide-diacids as epoxy curing agents for enhanced performance. Bioresource Technology，2010 ，101（7）：2520-2524.
[76] 万国芸，杨三秋，阙民辉，等. 松香制备聚马来松香酰胺-酰亚胺. 华侨大学学报（自然科学版），1991，12（3）：318-322.
[77] 刘德辉，郭虹，刘学贵，等. 用松香合成双马来海松酸酰亚胺. 沈阳化工学院学报，2002，16（2）：85-88.
[78] Panda R. Copolyamides of rosin. 林产化学与工业，1990，10（1）：1-10.
[79] 林贵福. 松香基环氧固化剂的合成、性能及其在各向同性导电胶中的应用. 北京：中国林业科学研究院，2011.
[80] 杨小华. 松香/油脂基二元酸及其聚酰胺固化剂的制备与性能研究. 北京：中国林业科学研究院，2013.
[81] 唐小东. 脂肪族醚胺及萜烯多胺的合成和表征. 北京：中国林业科学研究院，2014.
[82] 邴涓林，黄志明. 聚氯乙烯工艺技术. 北京：化学工业出版社，2008.
[83] 王文广. 塑料改性实用技术阿. 北京：中国轻工业出版社，2000.
[84] Athalye A S，Trivedi P. PVC technology-compounding，processing and application. Popular Plastics and Packaging，1994，39：65.
[85] Braun D. Poly（vinyl chloride）on the way from the 19th century to the 21stcentury. Journal of Polymer Science Part A：Polymer Chemistry，2004，42（3）：578-586.
[86] 蒋平平，张书源，冷炎，等. 催化合成环保增塑剂的研究及其应用进展. 化工进展，2012，31（5）：953-964.
[87] 蒋平平，周永芳. 环保塑料剂. 北京：国防工业出版社，2009，1（17）：152-183.
[88] 王大飞，王平美，罗建辉，等. 环保型增塑剂松香十二醇酯的合成与表征. 工程塑料应用，2013（9）：107-111.
[89] 王大飞. 环保增塑剂松香基长链酯的合成、表征及增塑 PVC 性能的初步研究. 北京：北京林业大学，2014.
[90] 季钦伦，郑薇. C_9，C_{10} 芳烃应用（上）. 化工时刊，1992（7）：2-8.
[91] 王定选，黄焕，周浩，等. 制备马来海松酸三酯增塑剂的方法：CN1204643A. 1999-01-13.
[92] 黄焕. 林产品合成耐热增塑剂的研究. 北京：中国林业科学研究院，2001.
[93] 王春平，雷福厚，李浩，等. 马来海松酸三月桂酯的合成及表征. 林产化学与工业，2011，31（4）：46-52.
[94] Jia P Y，Ma Y F，Feng G D，et al. High-value utilization of forest resources：Dehydroabietic acid as a chemical platform for producing non-toxic and environment-friendly polymer materials. Journal of Cleaner Production，2019，227：662-674.
[95] Jia P Y，Ma Y F，Song F，et al. Toxic phthalate-free and highly plasticized polyvinyl chloride materials from non-timber forest resources in plantation. Reactive and Functional Polymers，2019，144：104363-104373.
[96] 曾韬，彭淑静，钱忠卿，等. 松香腈作增塑剂、增韧剂的研究. 林产化学与工业，1999，19（4）：12-16.
[97] 刘小青，朱锦. 一种松香基增塑剂及制备方法：CN102311544A. 2012-01-11.
[98] Jr W F C，Johnson R W，Moore S S，et al. Applied Plastics Engineering Handbook，Chapter 5：Poly（Vinyl Chloride）. Amsterdam：Elsevier Inc，2011：61-76.
[99] 张国锋，肖娜. 聚氯乙烯树脂行业现状、发展趋势及建议. 河南化工，2013，30（5）：21-23.
[100] Labuschagne F J W J，Dan M M，Focke W W，et al. Heat stabilising flexible PVC with layered double hydroxide derivatives. Polymer Degradation and Stability，2015，113：46-54.
[101] Dong T，Li D，Li Y，et al. Design and synthesis of polyol ester-based zinc metal alkoxides as a bi-functional thermal stabilizer for poly（vinyl chloride）. Polymer Degradation and Stability，2019，159：125-132.
[102] Arrieta M P，Samper M D，Jiménez-López M，et al. Combined effect of linseed oil and gum rosin as natural additives for PVC. Industrial Crops & Products，2017，99：196-204.
[103] Purmova J，Pauwels K F D，Zoelen W V，et al. New insight into the formation of structural defects in poly（vinyl chloride）. Macromolecules，2004，38（15）：6352-6366.

[104] Yu J, Sun L S, Ma C, et al. Thermal degradation of PVC: A review. Waste Management, 2016, 48: 300-314.
[105] Dong W F, Ruan X K, Ni Z B, et al. Influence of soy proteinisolate on the thermal stability of poly (vinyl chloride) in the presence or absence of calcium and zinc stearates. Polymer Degradation and Stability, 2013, 98: 96-101.
[106] 吴茂英. PVC 热稳定剂及其应用技术. 北京: 化学工业出版社, 2011: 3-45.
[107] 山西省化工研究所. 塑料橡胶加工助剂. 2 版. 北京: 化学工业出版社, 2002: 265-364.
[108] Minsker K S, Zaikov G E , Zailov V G. Achievement and Research Tasks for Poly (vinyl chloride) Ageing and Stabilization. Macromolecular Symposia, 2005, 228: 299-313.
[109] Arkiş E, Balköse D. Tin soaps in emulsion PVC heat stabilization. Advances in Polymer Technology, 2002, 21 (1): 65-73.
[110] Starnes Jr W H. Overview and assessment of recent research on the structural defects in poly (vinyl chloride). Polymer Degradation and Stability, 2012, 97 (9): 1815-1821.
[111] Rani M, Shim W J, Han G M, et al. Benzotriazole-type ultraviolet stabilizers and antioxidants in plastic marine debris and their new products. Science of the Total Environment, 2017, 579: 745-754.
[112] 李钟宝, 刘秀梅. PVC 热稳定剂合成与应用研究进展. 塑料助剂, 2010 (2): 1-8.
[113] 吴茂英, 罗勇新. PVC 热稳定剂的发展趋势与锌基无毒热稳定剂技术进展. 聚氯乙烯, 2006 (10): 1-6.
[114] Papageorgiou G Z, Tsanaktsis V, Papageorgiou D G, et al. Evaluation of polyesters from renewable resources as alternatives to the current fossil-based polymers phase transitions of poly (butylene 2, 5-furan-dicarboxylate). Polymer, 2014, 55 (16): 3846-3858.
[115] Wang M, Song X H, Jiang J C, et al. Plasticization and thermal behavior of hydroxyl and nitrogen rich groups-containing tung-oil-based esters plasticizers for PVC. New Journal of Chemistry, 2017, DOI: 10. 1039/C7NJ03578K.
[116] Jiang P P, Song Y Y, Dong J, et al. Zinc glycerolate with lanthanum stearate to inhibit the thermal degradation of poly (vinyl chloride). Journal of Applied Polymer Science, 2013, 127: 3681-3686.
[117] Li D G, Xie L H, Fei M, et al. Synergistic effects of lanthanum-pentaerythritol alkoxide with zinc stearates and with β-diketone on the thermal stability of poly (vinyl chloride). Polymer Degradation and Stability, 2015, 114: 52-59.
[118] Šimon P. Kinetics of polymer degradation involving the splitting off of small molecules: Part 1-Basic concepts. Polymer Degradation and Stability, 1990, 29 (2): 155-163.
[119] Bacaloglu R, Fisch M. Degradation and stabilization of poly (vinyl chloride). Ⅰ. Kinetics of the thermal degradation of poly (vinyl chloride). Polymer Degradation and Stability, 1994, 45: 301-313.
[120] McNeill I C , Memetea L , Cole W J. A study of the products of PVC thermal degradation. Polymer Degradation and Stability, 1995, 49 (1): 181-191.
[121] 王永强. 改性松香钇 (钙/锌) 的制备及对 PVC 的热稳定性研究. 南宁: 广西民族大学, 2017.
[122] Li M, Zhang J W, Huang K, et al. Mixed calcium and zinc salts of dicarboxylic acids derived from rosin and dipentene: preparation and thermal stabilization for PVC. RSC Advances, 2014, 4 (108): 63576-63585.
[123] Mohamed N A, El-Ghany N A A, Fahmy M M, et al. Synergistic effect of maleimido phenyl urea derivatives mixed with some commercial stabilizers on the efficiency of thermal stabilization of PVC. Polymer Testing, 2015, 44: 66-71.
[124] 段儒哲. 液体多元复合热稳定剂的性能研究. 无锡: 江南大学, 2008: 12-53.
[125] Mohamed N A, El-Ghany N A A, Fahmy M M, et al. Thermally stable antimicrobial PVC/maleimido phenyl urea composites. Polymer Bulletin, 2014, 71 (11): 2833-2849.
[126] Mohammed F C, Conley M, Rumple A C, et al. Enhanced thermal stabilization and reduced color formation of plasticized poly (vinyl chloride) using zinc and calcium salts of 11-maleimideoundecanoic acid. Polymer Degradation and Stability, 2015, 111: 64-70.
[127] 林莅蒙, 吴茂英, 王锋. 氰基胍作为 PVC 热稳定剂的应用. 塑料, 2012, 41 (2): 70-74.
[128] Wang M, Xia J L, Jiang J C, et al. Mixed calcium and zinc salts of *N*-(3-amino-benzoic acid) terpene-maleamic acid: Preparation and its application as novel thermal stabilizer for poly (vinyl chloride). RSC Advances, 2016, 6: 97036-97047.
[129] Wang M, Xia J L, Jiang J C, et al. A novel liquid Ca/Zn thermal stabilizer synthesized from tung-maleic anhydride and its effects on thermal stability and mechanical properties of PVC. Polymer Degradation and Stability, 2016, 133: 136-143.
[130] Li M, Xia J L, Ding H Y, et al. Optimal design, characterization, and thermal stability of bio-based Ca/Na/Zn composite stabilizer derived from myrcene for poly (vinyl chloride). Polymer Degradation and Stability, 2017, 139: 117-129.
[131] 刘红军, 周永红, 宋兴. 新型塑料热稳定剂马来海松酸盐的合成与应用研究. 热固性树脂, 2010, 25 (2): 35-37, 42.

［132］康永，柴秀娟. PVC稀土热稳定剂的性能特征及发展趋势. 金属材料与冶金工程，2011，39（1）：57-60.
［133］陈曼，刘杰，童敏伟，等. 聚氯乙烯稀土热稳定剂的研究进展. 塑料助剂，2013（6）：1-7，11.
［134］郑德，庄和宽，肖伟平，等. 稀土稳定剂对PVC的作用机理及其在型材中的应用. 化学建材，2001（7）：7-11.
［135］崔小明. PVC稀土热稳定剂的作用机理及应用研究进展. 精细与专用化学品，2015，23（9）：44-47.
［136］Zheng Y Y，Cai W L，Fu M L，et al. Rare earth stearates as thermal stablizers for rigid poly（vinyl chloride）. Journal of Rare Earths，2005，23（2）：172-177.
［137］刘玉森. 马来海松酸镧（铈）合成及应用研究. 南宁：广西民族大学，2014.
［138］邱丽玲，徐军，陈肇汉，等. 松香酸硬脂酸季戊四醇复合酯的合成及其在PVC中的应用. 中国塑料，2012，26（4）：97-101.

（夏建陵，饶小平，韩春蕊，李梅，陈洁）

第八章　松香改性树脂

第一节　松香改性不饱和聚酯树脂

近年来，随着原油的短缺和价格的提升，世界各国的科研人员开始探索可以替代石油成为生产高分子材料的可再生资源。松香及其衍生物具有刚性结构，表现出较好的耐热性、增黏性、疏水性等特点，已成为继纤维素、木质素、淀粉、壳聚糖等之后，又一个制备高分子材料的重要原料来源。在高分子材料中引入松香结构，可提高材料的耐热性、机械强度、疏水性等，故已在丙烯酸酯、环氧树脂、聚氨酯、聚酯等方面得到了广泛的研究[1]。

不饱和聚酯树脂（unsaturated polyester resin，UPR）是一类重要的热固性树脂，一般由二元醇、不饱和二元酸/酸酐和饱和二元酸/酸酐通过缩聚反应制备而成[2,3]，如图 6-8-1 所示。不饱和聚酯树脂具有价格低、力学性能优异、耐化学性好、易加工等优点，因此广泛用于建筑、汽车、船舶、电气、装饰和航空航天工业。普通 UPR 树脂脆性大、耐腐蚀性欠佳，故提高 UPR 的抗冲击性、耐腐蚀性是不饱和聚酯树脂改性的重要研究方向之一[4]。

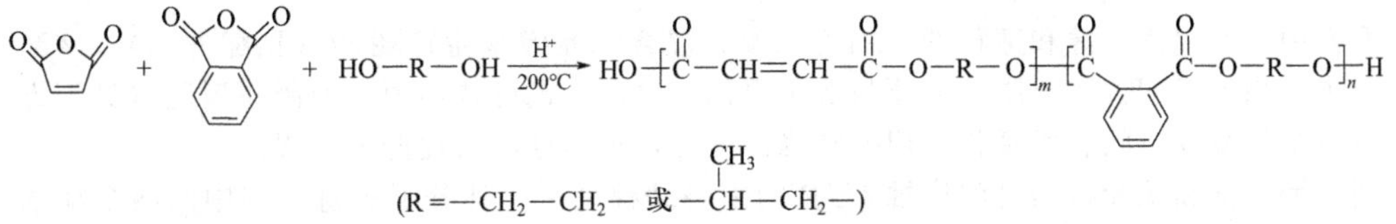

$$\text{(马来酸酐)} + \text{(邻苯二甲酸酐)} + HO-R-OH \xrightarrow[200^\circ C]{H^+} HO\!\left[\overset{O}{\overset{\|}{C}}-CH=CH-\overset{O}{\overset{\|}{C}}-O-R-O\right]_m\!\left[\overset{O}{\overset{\|}{C}}-C_6H_4-\overset{O}{\overset{\|}{C}}-O-R-O\right]_n\!H$$

$$(R = -CH_2-CH_2-\ \text{或}\ -\overset{CH_3}{\overset{|}{C}H}-CH_2-)$$

图 6-8-1　缩聚法制备不饱和聚酯树脂

松香对 UPR 的改性主要有两种方法：一是把松香作为封端剂，即利用松香酸的羧基与聚酯分子中的端羟基发生酯化作用，起到封闭端基的效果，从而提高产品的耐腐蚀性；二是利用松香酸的共轭双键与含有不饱和双键的有机酸如丙烯酸发生 Diels-Alder 加成反应，生成二（多）元酸用来代替苯二甲酸酐等[5,6]。

一、松香封端的不饱和聚酯树脂

当利用松香的羧基与 UPR 进行酯化反应时，松香起到端基封闭剂的作用。这不但可以降低 UPR 成本和扩大原料来源，而且可以改进 UPR 的抗水性、耐药品性以及与苯乙烯的相容性。松香基 UPR 的合成工艺主要有：a. 一步法。松香在反应初期加入，工艺简单，操作方便，但所生成的树脂分子量低，分子量分布较宽，性能不稳定。b. 二步法。首先是二元醇与二元酸之间发生酯化反应，生成线性聚酯，而松香在反应后期加入，生成的树脂分子量大，分子量分布较窄。

张俭[7]详细介绍了封端型松香基 UPR 的合成工艺，表 6-8-1 为封端型松香不饱和聚酯树脂的合成配方。该松香基 UPR 的性能会因松香的加入量与加入时间的改变而发生明显的变化。一般凝胶时间要求在 30min 的情况下，松香加入量不得超过 30%。

表 6-8-1　封端型松香不饱和聚酯树脂的合成配方

原料名称	配方一		配方二		配方三	
	物质的量之比	加料量/kg	物质的量之比	加料量/kg	物质的量之比	加料量/kg
乙二醇	6.00	200.0	3.00	94.1	—	—

续表

原料名称	配方一		配方二		配方三	
	物质的量之比	加料量/kg	物质的量之比	加料量/kg	物质的量之比	加料量/kg
一缩乙二醇	—	—	3.00	160.9	—	—
丙二醇	—	—	—	—	6.00	235.0
顺丁烯二酸酐	3.75	197.6	3.00	148.8	3.06	181.0
邻苯二甲酸酐	1.25	99.5	2.00	149.8	1.40	106.8
松香	1.00	162.4	1.00	152.9	1.00	155.6
苯乙烯	39%	390.0	36%	352.9	39%	400.0
对苯二酚	—	0.2	—	0.18	—	0.2
石蜡	—	0.32	—	0.315	—	0.325
环烷酸铜液	—	300mL	—	280mL	—	310mL

该松香基UPR采用二步法合成，具体合成工艺为：a.分别将二元醇、二元酸按配方投入反应釜中，加热，将料温升至200～205℃，并在此温度下反应至酸值≤50mg/g。b.加入松香，控制反应温度在210℃左右，继续反应至酸值≤80mg/g时，减压蒸馏。c.减压反应至酸值40mg/g以下，结束反应，降温加入对苯二酚、石蜡，搅拌30min。d.预先在稀释釜内加入计量的苯乙烯、环烷酸铜液，搅拌均匀。e.放料稀释，不断调节放料速度并稀释釜夹套冷却水进水量，控制稀释温度70～90℃，搅拌1h。

配方中可选用乙二醇和廉价的一缩乙二醇为混合二元醇来生产树脂（见配方二）。该配方树脂的耐水性稍差于配方一树脂，但原料成本更低。另外，也可选用丙二醇制备树脂（见配方三）。该配方树脂的凝胶时间有所延长，但放热峰温度低，抗腐蚀能力比配方一强。

间苯型不饱和聚酯树脂是耐腐蚀UPR的主要品种之一，其分子主链结构中因两个酯基相隔较远，空间效应较小，故具有较为优异的物理化学性能[8-11]。为了降低间苯二甲酸用量，提高树脂的耐腐蚀性，刘卫红等[12,13]用松香对间苯型UPR进行了封端改性。表6-8-2为松香改性间苯型UPR和通用间苯型UPR的原料配比。

表6-8-2　松香改性间苯型UPR和通用间苯型UPR的原料配比

原料	改性间苯型UPR	通用间苯型UPR
丙二醇/mol	1.2	1.1
间苯二甲酸(IPA)/mol	0.3	0.5
顺丁烯二酸酐(MA)/mol	0.7	0.5
松香/mol	0.15	—
苯乙烯/%	45	45
对苯二酚/%	0.01	0.01

由表6-8-3可知，间苯型UPR通过松香封端改性后，其力学性能与通用间苯型树脂的力学性能相当，但树脂浇筑体的耐水、耐酸、耐碱性有所提高，同时松香的加入也降低了生产成本。

表6-8-3　树脂（液体及其浇筑体）的物理、力学与热学性能

指标	改性间苯型UPR	通用间苯型UPR
固含量/%	55	55
黏度/Pa·s	0.86	0.92
酸值/(mg/g)	24.8	19.4

续表

指标	改性间苯型 UPR	通用间苯型 UPR
色泽(目测)	浅棕	浅黄
胶凝时间/min	9.6	6.5
固化时间/min	25.4	18
抗拉强度/MPa	18.22	23.05
压缩强度/MPa	108.56	107.77
热变形温度/℃	91	102

二、马来松香改性不饱和聚酯树脂

松香中的双键在加热、有机酸或无机酸的影响下易发生异构反应，形成共轭双键结构，并达到一种动态平衡。该共轭双键在一定条件下可与亲二烯体进行 Diels-Alder 加成反应，最常见的是与马来酸酐、丙烯酸和富马酸等在一定条件下生成马来松香、丙烯松香和富马松香等二元酸或多元酸[14,15]。利用此类松香酸参与不饱和聚酯的缩聚反应，可获得不同类型的松香基 UPR。

将顺酐加到含有微量左旋海松酸的平衡混合物中，即可发生双烯加成反应制备马来松香[16]。

马来松香是目前产量最大、用途最广的改性松香产品之一，马来海松酸（MPA）则是松香中左旋海松酸与马来酸酐的 Diels-Alder 双烯加成产物，是马来松香的主要成分。MPA 可在乙酸中重结晶获得，其晶体外观为白色，熔点 228～230℃，分子结构中有一个羧基和一个酸酐，官能度为 3。MPA 的性能与偏苯三酸酐、邻苯二甲酸酐性能相当，常用于替代偏苯三酸酐、邻苯二甲酸酐合成聚酯类树脂。已有研究表明，通过二步法合成的 MPA 改性醇酸树脂，与苯酐醇酸树脂相比，由于 MPA 的官能度和分子空间内阻增大，有助于提高涂膜的硬度、耐水性和干燥速度[17-19]。马来松香及 MPA 与醇类化合物、不饱和酸/酸酐等缩聚可制备高分子量的不饱和聚酯[20-25]。

合成工艺为：在装有搅拌器、温度计、导气管和分水器的四口烧瓶中按一定配比加入 MPA 和一缩二乙二醇，通入 N_2，加热，并开动搅拌器，温度升至 230～240℃时，恒温反应 4.0h。取样测酸值，酸值在 100mg/g 左右时，降温至 140℃，加入一定配比的邻苯二甲酸酐、顺丁烯二酸酐和丙二醇，升温至 180～185℃，反应 13.5h。取样测酸值，至酸值降低到 60mg/g 左右，加入对苯二酚，冷却至 95～70℃，加入一定量的苯乙烯，快速搅拌 2.0～3.0h，降至室温，得到 MPA 改性 UPR。

按树脂：引发剂：促进剂（质量比）为 100：4：0.3 的比例配制浇注体，引发剂为 50%的过氧化苯甲酰糊，促进剂为 30%的 *N*,*N*-二甲基苯胺的苯乙烯溶液。

固化性能见表 6-8-4。由表可知，与通用 UPR 相比，MPA 改性 UPR 的凝胶时间、固化时间长，放热峰低。这可能是由于 MPA 分子中环状结构的存在使聚酯分子链空间位阻比较大，引发剂难以接近碳碳双键，从而延长了固化时间。

表 6-8-4　MPA 改性 UPR 与通用 UPR 的固化性能

指标	通用 UPR	MPA 改性 UPR
阻聚剂用量/%	—	0.016
苯乙烯含量/%	—	33
25℃凝胶时间/min	7.9	30
固化时间/min	32	67
最高放热峰/℃	112	93

耐腐蚀性见表 6-8-5。由表可知，MPA 改性 UPR 的耐酸、碱和溶剂的性能都超过通用 UPR，但耐水性稍差。由于 MPA 分子空间位阻大，其发生酯化反应需要更高的温度和更剧烈的条件，这种阻碍特性决定了松香酯的键合很难被水、酸或碱所断裂，所以 MPA 改性 UPR 的耐腐蚀性较好。然而，由于一缩二乙二醇分子中氧桥键对水比较敏感，故树脂的耐水性较差。

表 6-8-5　MPA 改性 UPR 和通用 UPR 的耐腐蚀性

溶剂	蒸馏水	甲苯	95%乙醇	30%氢氧化钠	30%盐酸	30%硫酸
通用 UPR 重量变化/%	+0.56	碎裂	+1.97	−2.65	+2.12	+1.53
MPA 改性 UPR 重量变化/%	+0.62	+2.79	+1.85	−1.65	+1.54	+0.69

三、丙烯海松酸改性不饱和聚酯树脂

丙烯海松酸（APA）是由丙烯酸和松香中的枞酸型树脂酸经 Diels-Alder 加成制得的纯化产品。其为二官能度的有机酸，通常呈白色晶体，熔点 200～202℃，可用于合成多种不同性能的聚酯、聚酯亚胺、聚酰胺-酰亚胺、聚酯多元醇等。与 MPA 类似，APA 也可以与二元醇、不饱和二元酸/酸酐等反应生成不饱和聚酯[26-32]。

丙烯海松酸改性不饱和聚酯树脂的合成工艺为：a. 加成。将粉碎松香加入反应锅中后，通入惰性气体，加热升温。熔融后，搅拌。当温度升至 150～170℃时，加大惰性气体流量，以带走松香中逸出的少量挥发物和水分。当温度升至 190～200℃时，松香为 1mol，丙烯酸为 0.4～0.63mol 配比，缓慢加入丙烯酸。丙烯酸加在液面下，控制在 1h 内加完。同时升温至 226℃，反应 1h。得到的改性松香软化点为 120℃，酸值为 240mg/g，碘值为 80。b. 酯化。用二元醇酯化时，采用乙二醇和二甘醇等物质的量的混合液。二元醇的加入量按改性松香酸值计算，并过量 60%。酯化分两段进行，先加入混合醇总量的 65%进行酯化，使温度在 1h 内升至 265℃，反应 0.5h。再加入余下的混合二元醇，在 1h 内升温至 280℃，控制在该温度下反应 2～3h。当脱水量接近理论值，酸值降至 30mg/g 以下时，即可降温并转入缩聚。c. 缩聚。当温度降至 200℃左右时，加入 80μg/g 氢醌、2mol 反丁烯二酸（按 1mol 松香计）和按化学计算并过量 10%的等物质的量的乙二醇和二甘醇的混合液。加完料后温度约为 140℃，继续升温缩聚。在 160～170℃时反应激烈，生成大量反应水，此时需缓慢升温。在 193～195℃下反应 5h 左右，待反应水量接近理论值，酸值在 40mg/g 左右时，缩聚结束，即可降温。d. 混溶。当温度降至 160℃时，加入树脂总量 0.01%的氢醌，搅拌均匀，140℃时出料。放入盛有苯乙烯的容器中混溶（苯乙烯用量为树脂总量的 35%），搅拌均匀，待冷却后包装。整个反应过程均在惰性气体保护下进行。在丙烯酸缺乏时，脂松香可在 260～280℃与过量二元醇直接酯化，然后在 200℃时加入反丁烯二酸、二元醇继续酯化、缩聚，最后在 100℃下与苯乙烯混溶，亦可制得不饱和聚酯。

由上述工艺制备的松香改性不饱和聚酯树脂的性能较好。这种树脂用玻璃纤维增强后，可制玻璃纤维增强塑料（又称玻璃钢），具有优良的力学性能，适用于制作大型机件的壳体，如农用车、打谷机、汽车、货车车身等。该树脂经铸模成型后对水、10%氢氧化钠、30%硫酸等耐腐蚀性能较好，可用于一定范围的化工防腐设备，电绝缘性能也较好，可用于一般电绝缘材料。此外，尚可用作触变性腻子、锚固剂和涂料等。

树脂性能见表 6-8-6。三种聚酯树脂在电性能、力学性能、抗水、抗酸、抗汽油性能方面无明显差别，只是对醋酸、乙醇及碱的耐腐蚀性能有所不同。丙烯酸改性松香聚酯在 36%醋酸中浸渍 1 年，重量变化较小；在 95%乙醇中浸渍 1 年，外观无变化。而其他两种聚酯都有不同程度的龟裂。南亚松松香聚酯有较好的耐碱性能。10 年老化试验结果证明，丙烯酸改性松香聚酯和普通松香聚酯均有较好的耐候性能。10 年大气曝晒后，强度保留值均在 50%以上，室内存放保留值 70%以上，优于通用型 196 不饱和聚酯树脂。

表 6-8-6 几种松香改性不饱和聚酯树脂及其浇铸树脂板和玻璃钢的性能

试样	项目		南亚松松香聚酯	马尾松松香聚酯	丙烯酸改性马尾松松香聚酯
树脂液	黏度(涂 4 号杯)/s		88	31	28
	酸值/(mg/g)		221	200	211
	凝胶时间(80℃,2%过氧化苯甲酰)/min		7	7	6
	颜色(加德纳色号)		9	9～10	10～11
浇筑树脂板	电性能	表面电阻系数/Ω	3.05×10^{13}	1.21×10^{13}	1.14×10^{13}
		体积电阻系数/(Ω/cm)	2.57×10^{15}	2.11×10^{15}	2.62×10^{15}
		介电常数/(10^6 Hz)	2.53	2.72	2.51
		介电损失正切/(10^6 Hz)	3.06×10^{-2}	2.66×10^{-2}	2.53×10^{-2}
	(常温浸渍 1 年)耐腐蚀试验	10%氢氧化钠	−1.497	+5.067	+3.160
		30%硫酸	+0.5936	+0.5234	+0.6046
		200 号汽油	+1.6432	+1.5611	+1.6416
		36%醋酸	+3.1276	+2.5573	+2.2943
		95%乙醇	−7.6313	+7.0727	+10.1663
		蒸馏水	+0.9923	+0.9194	+0.9709
玻璃钢	拉伸强度/MPa		3073	2902	2543
	冲击强度/(kJ/m)		225	250	208
	压缩强度/MPa		1680	1421	1405
	弯曲强度/MPa		2725	2369	2483
	水煮 4h 后弯曲强度/MPa		1687	1555	1543
	马丁耐热/℃		95	106	88

注：耐腐蚀性能中，“+”表示增重，“−”表示减重。乙醇浸 3 月后，马尾松松香聚酯样开始龟裂；9 月后南亚松松香聚酯样开始龟裂；丙烯酸改性马尾松松香聚酯样 1 年外观无变化。耐腐蚀试验板厚 3mm。

四、二聚松香酸改性不饱和聚酯树脂

李军诚[33]以松香合成二聚松香酸代替邻苯二甲酸酐合成了枞酸型不饱和聚酯，如图 6-8-2 所示。

二聚松香酸改性不饱和聚酯树脂的制备工艺为：a. 在装有温度计、冷凝器、搅拌器的三口瓶中投入准确计量的二聚松香酸、二元醇、二元不饱和羧酸，然后升温至固体料溶解，开动搅拌，当温度达到 170℃时开始流出反应水，当缩水流出量达理论缩水总量 1/2 时投入顺丁烯二酸酐，继续升温；b. 随着反应的进行，反应水流出量逐渐减少，这时分子量大、黏度大、水分不易排出，可进行减压蒸馏，抽尽水分达理论值左右，测定酸值 45～50mg/g 即为反应终点；c. 降温到 180℃，加入稳定剂等助剂，搅匀，慢慢放料于盛有活性稀释剂单体（苯乙烯）的掺和釜中，搅匀，掺和温度控制在 80～90℃，降到 70℃出料，过滤，包装。

将所得二聚枞酸型树脂浇铸体固化物在常温常压下浸泡在 18 种不同浓度的介质中，做连续半年耐药品性能试验，观察称重结果并分析。由外观和重量变化得出：二聚枞酸型树脂对水、37%甲醛、醋酸耐腐蚀性能良好，对 120# 汽油有优异的耐腐蚀性，耐 30%盐酸、85%磷酸，重量增减不超过±2.0%，外观变化不明显，对弱碱、一般有机溶剂有耐腐蚀能力，对强碱和强氧化性酸耐腐蚀力不良，但较通用型树脂 191#、196# 等均有所改善。

表 6-8-7 和表 6-8-8 分别是二聚枞酸型树脂与通用型树脂性能比较，以及二聚枞酸型树脂固化物性能。研究结果表明，以松香合成二聚松香酸代替邻苯二甲酸是可行的，该树脂具有良好的耐水性、耐化学药品性、电绝缘性，特别适用于浇铸制品和电器绝缘灌封料。

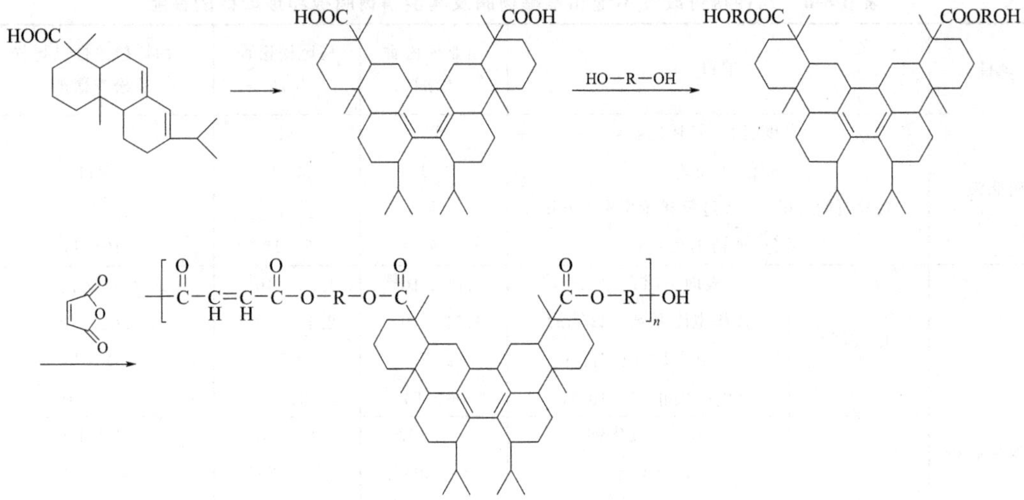

图 6-8-2　枞酸型不饱和聚酯的合成

表 6-8-7　二聚枞酸型树脂与通用型树脂性能比较

树脂名称	通用型树脂 191#	二聚枞酸型树脂
外观	微黄透明	微黄透明
固体含量/%	65	66
黏度(25℃)/s	85	152
凝胶时间(25℃)/min	11.12	43.73
树脂相对密度	1.213	1.098
固化收缩率/%	7.97	4.86

表 6-8-8　二聚枞酸型树脂固化物性能

项目	指标
巴氏硬度	50
压缩强度/MPa	118
弯曲强度/MPa	80
拉伸强度/MPa	30
冲击强度/(kJ/m)	5
热导率/[cal/(s·cm·℃)]	5×10^{-4}
线胀系数	97×10^{-6}
介电常数/(5MHz)	3.2
介电强度/(kV/mm)	2.0
表面电阻率/Ω	10^{15}
体积电阻率/(Ω/cm)	10^{14}
收缩率/%	4.86

注：1cal≈4.184J。

第二节　松香改性醇酸树脂

醇酸树脂是由多元醇、多元酸和脂肪酸（一元酸）或者植物油通过酯化缩聚反应合成的线形树脂，也叫作一元酸改性的聚酯树脂。从分子结构分析，醇酸树脂可以认为是以多元醇与多元酸反应生成的酯键为主链，以一元酸为侧链的线形树脂。常见醇酸树脂化学反应及典型线形醇酸树脂结构见图 6-8-3。

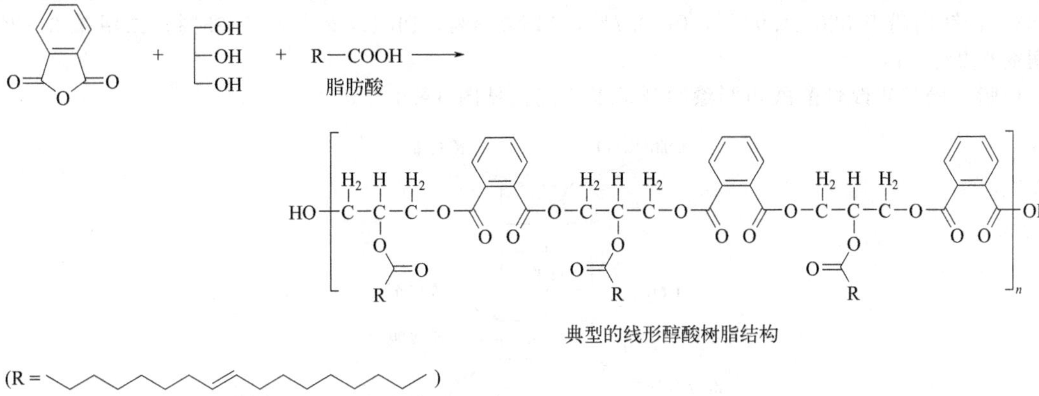

图 6-8-3　常见醇酸树脂的化学反应及典型的线型醇酸树脂结构

利用松香部分取代植物油脂肪酸合成醇酸树脂，可以提高涂膜干率、光泽。松香分子中的部分双键可以和植物油［如亚麻油、梓油、桐油、脱水蓖麻油、大麻油（线麻油）、核桃油等］中的共轭双键发生 D-A 加成反应，可以借以减慢有桐油参加反应制造醇酸树脂时的黏度增速，改进合成工艺稳定性。而且只要用量适当，就不会降低醇酸树脂的其他性能（如耐候性）。国外在 20 世纪五六十年代就开始研究并应用松香改性醇酸树脂制备一些涂料，早期通常使用松香作为一元酸成分的一部分。树脂或树脂衍生物的存在赋予了聚合物更好的刷涂效果、更快的干燥速度、更好的光泽和光泽保持力、更高的硬度和更好的黏附力。也可用作邻苯二甲酸酐的替代品，以降低成本。近年来，尽管醇酸调和树脂绝对量仍在增加，由于松香价格不断上升，多用价格较低的石油树脂、涤纶废丝等代用品，使松香在醇酸调和漆中的用量大幅下降[34]。

一、松香改性醇酸树脂的制备与应用

（一）松香改性醇酸树脂的制备

松香改性醇酸树脂的制备主要由醇解、酯化-缩聚反应两部分组成[15,35]。具体的操作步骤如下。

1. 松香熔化

按配方将松香与植物油加入熔化锅中，通入 CO_2 保护。开始加热、搅拌，待松香全部熔化后（油温 100℃左右），经滤网过滤装桶。

2. 醇解

将热油脂称量后转入酯化釜，通入 CO_2，边搅拌边升温至 220℃时，加入催化剂氢氧化锂 LiOH（或氧化铅 PbO），加热到 240℃时分批加入季戊四醇进行醇解。待 95％乙醇的容忍度为 1∶5(25℃)，醇解液透明时即达醇解终点。

3. 酯化

醇解合格后，当温度降至 200℃时加入苯二甲酸酐和 5％二甲苯（占反应物量）。停止通入 CO_2，并以每小时升温 10℃的速度进行酯化，逐步升温至 240℃后保温，当酸值 10mg/g 以下、格氏黏度 4～5s 后降温，得到松香改性不饱和聚酯树脂。也可采用同样方法，直接用松脂制备改性醇酸树脂。

（二）松香改性醇酸树脂漆的制备与性能

松香改性醇酸树脂主要用于制备清漆和磁漆[15,36]。制备过程为：松香改性醇酸树脂酯化反应结束后，当温度降到 200℃以下时，加入 200 号汽油，即为漆料。将漆料调至适当黏度（允许黏度范围 40～80s），固体含量 45%以上，按配方加入干料制成清漆。

各色磁漆是在三辊研磨机中加入各种颜料研磨而成，如制造白磁漆的配方为：树脂 67.86%，钛白粉 R-820 24.99%，Co 0.7%，Mn 0.3%，Pb 1.8%，Zn 0.35%，二甲苯 3.8%，湿润剂 0.2%。

松脂（松香）改性醇酸树脂漆的制备工艺流程见图 6-8-4[36]。

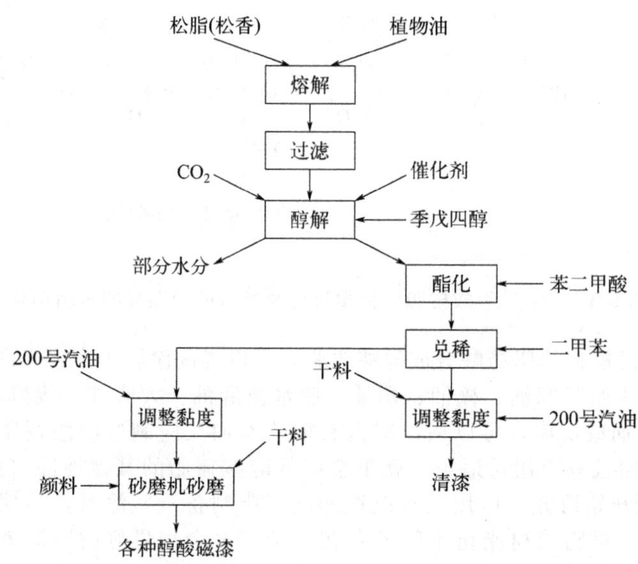

图 6-8-4　松脂（松香）改性醇酸树脂漆的制备工艺流程

松脂（松香）改性醇酸树脂清漆的各项质量指标均达到或超过植物油改性醇酸树脂制成的清漆（C01-7）部颁标准（HG 2007—1991）。各色松脂（松香）改性醇酸树脂磁漆的质量指标也均达到或超过 C04-2 各色醇酸磁漆的部颁标准（HG/T 2576—1994），其中清漆与磁漆的光泽、硬度均超过部颁标准。

松脂（松香）改性醇酸树脂清漆以及各色醇酸磁漆进行木器及铁器的涂刷使用表明，清漆透明，具有涂刷性能好、漆膜硬、光泽度高、耐水性优良、装饰性强等特点，其性能优于酚醛清漆和一般醇酸清漆。在木器上涂刷可以打磨抛光，其质量可与硝基漆相媲美。磁漆光泽、硬度好，常温下干燥快，色泽鲜艳，附着力和耐水性也好，适用于木材和金属的涂覆。

二、马来松香改性醇酸树脂的制备与应用

进入 21 世纪后，主要是利用松香的马来化产物马来松香（MPA）来改性醇酸树脂[37-41]，用于制备快干醇酸树脂涂料和热熔型改性松香-醇酸树脂路标涂料。

（一）马来松香改性醇酸树脂与快干醇酸树脂涂料

马来松香改性醇酸树脂的制备方法分为醇解法和非醇解法两种[37,38]。

1. 醇解法

在装有温度计、搅拌器和分水器的四口烧瓶中将双漂亚麻油、季戊四醇和催化剂加入反应器

中，封闭加料口，在氮气保护下升温至（245±5）℃，当醇解至反应物 1 份溶解在 10 份的 87%（体积分数）的乙醇中保持透明时，降温至 180℃加入 MPA 和适量二甲苯，在（220±5）℃下保温酯化至酸值和黏度合格，降温，加入二甲苯稀释，过滤，出料备用。按此法分别制备油度为 60%的苯酐醇酸树脂和 MPA 醇酸树脂。应用傅里叶红外光谱仪分析测定 MPA 的结构和合成的反应终点。

2. 非醇解法

也可以用非醇解法工艺制备马来松香改性醇酸树脂，将亚麻油、季戊四醇、MPA 和二甲苯一起加入反应器中，在（220±5）℃保温酯化至酸值和黏度合格，降温、稀释、过滤，出料备用。

醇解法和非醇解法合成的改性醇酸树脂在树脂和涂膜性能方面没有明显的差别，但非醇解法较醇解法所需的反应时间短，而且最高反应温度较低，合成的树脂颜色较浅，见表 6-8-9。在醇酸树脂的合成过程中，若将植物油（蓖麻油除外）、多元醇和苯酐直接混合在一起加热酯化，由于植物油对多元醇和苯酐不能溶解，总是分为两相，一相为植物油，另一相为多元醇与苯酐的悬浮物，在加热情况下多元醇与苯酐逐渐反应生成聚酯，反应至一定程度使体系凝胶，而植物油不参与反应。醇解的目的是使反应成为均相体系，将植物油结合到醇酸树脂中。在高温下，本体系中的马来海松酸（MPA）能与亚麻油和季戊四醇混合体系相溶，反应体系为均相，不进行醇解反应也能将植物油分子引入醇酸树脂体系中。因此，非醇解法可省去醇解步骤，缩短总反应时间，减少加料次数，简化了生产工艺，使合成的产品颜色变浅。

表 6-8-9　马来松香（MPA）改性醇酸树脂的物化性能比较

方法	反应时间/h	树脂黏度(涂-4 杯)/s	树脂酸值/(mg/g)	表干时间/h	树脂色度(铁-钴，Fe-Co)	硬度(摆杆)	光泽度(60℃)/%
醇解法	12	130	10	1.0	13	0.50	90
非醇解法	8	120	8	1.0	10	0.52	91

醇酸树脂及其涂膜性能在较大程度上取决于醇酸树脂的分子量及其分布。利用凝胶渗透色谱（GPC）检测改性醇酸树脂的分子量及其分布，并检测传统苯酐醇酸树脂的分子量，检测结果见表 6-8-10。MPA 改性醇酸树脂的分子量比传统苯酐醇酸树脂的分子量高，其分布也较宽，因为理论上 MPA 为三官能度多元酸，参与醇酸树脂的反应会生成大量的交联和支化结构，甚至生成体型聚合物，使反应体系凝胶，由于松香不全是枞酸型树脂酸，不能全部转化为 MPA，降低了反应体系的平均官能度，但其平均官能度又明显高于苯酐，因此反应合成的改性树脂的分子量比苯酐醇酸树脂的大，其分布也比苯酐醇酸树脂的宽。

表 6-8-10　马来松香改性醇酸树脂的分子量

种类	数均分子量 M_n	重均分子量 M_w	重均分子量分布
苯酐醇酸树脂	3200	42000	13.1
MPA 改性醇酸树脂	3500	51000	14.6

MPA 的官能度比苯酐大，含有松香的刚性环状结构，表 6-8-11 表明 MPA 改性醇酸树脂涂料具有涂膜干燥速度快、硬度高和耐水性好的优点[38,39]。

表 6-8-11　马来松香基醇酸树脂的涂膜性能

项目	MPA 改性醇酸树脂	苯酐醇酸树脂	检测标准
涂膜外观	透明平整	透明平整	GB/T 3181—2008
表干时间/h	1	4	GB/T 1728—2020
实干时间/h	12	18	

续表

项目	MPA 改性醇酸树脂	苯酐醇酸树脂	检测标准
光泽(60℃)	93	90	GB/T 9754—2007
硬度(摆杆)	0.50	0.38	GB/T 1730—2007
附着力/级	1	1	GB 9286—2021
冲击性能/(kg/cm)	50	50	GB 1732—2020
耐水性(48h)	无变化	气泡	GB 1733—1993

（二）热熔型马来松香改性醇酸树脂与路标涂料

热熔型马来松香改性醇酸树脂路标涂料以改性松香树脂（马来松香甘油酯）和醇酸树脂为成膜物质，添加了乙烯-醋酸乙烯酯共聚物（EVA 树脂）、颜料、增塑剂、玻璃微珠、填料，制备出具有反光性能、干燥时间短、耐水、耐酸碱且对路面附着力好、对环境无污染等性能的路标涂料[40,41]。

1. 热熔型马来松香改性醇酸树脂的制备

（1）改性松香树脂的制备　用马来酸酐和甘油对松香进行改性，合成改性松香树脂。利用红外光谱和紫外光谱对其结构进行分析，探讨了马来酸酐和甘油用量对改性松香树脂的酸值和软化点的影响。其合成化学反应式见图 6-8-5。改性松香树脂的合成是分两步反应进行的。首先，松香与马来酸酐反应生成马来松香，其反应属于 Diels-Alder 反应（即双烯加成反应），是对松香中双键的改性。其次，马来松香与甘油反应生成改性松香树脂，其反应属于聚酯化反应，通过酯化可降低马来松香的酸值，提高软化点，并改善其稳定性。松香与马来酸酐的反应温度应控制在松香的熔点以上（190～200℃）。

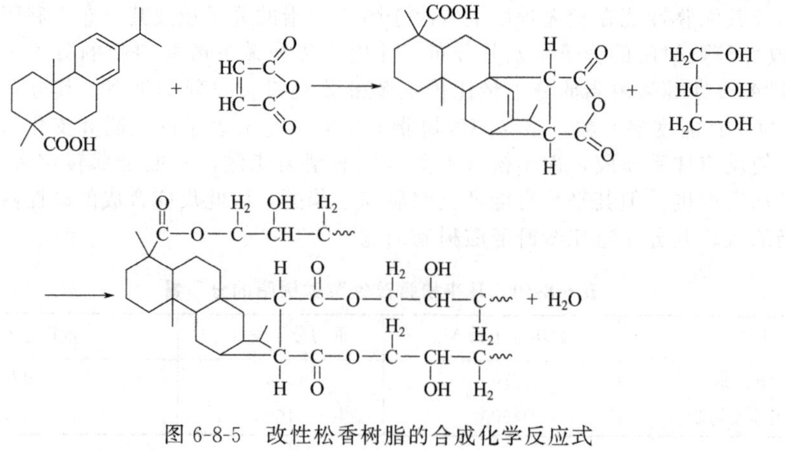

图 6-8-5　改性松香树脂的合成化学反应式

其制备工艺为：先将 60%的松香加入装有冷凝管、温度计和搅拌器的四口烧瓶中，通 N_2，升温至 150℃，开动搅拌使松香熔融，熔化后再加入剩余的 40%的松香，边搅拌边缓慢加入马来酸酐，再升温，控制温度在 200℃，在此温度下反应 1h。然后在 200℃下加入甘油，再升温至 270℃，反应 7h，边反应边排出酯化生成的小分子水。最后抽真空，抽出剩余小分子化合物，倒出树脂后，测其酸值和软化点。

影响马来松香酸值及软化点的因素主要有马来酸酐和甘油的加入量。

① 马来酸酐加入量。随着马来酸酐加入量的增加，马来松香的酸值逐渐增大。软化点是指无定形聚合物开始变软的温度。它不仅与高聚物的结构有关，而且与其分子量大小相关。从表 6-

8-12 中可以看出，马来松香的软化点随着马来酸酐加入量的增加而增大，这是由于马来松香的分子量增大，因此，软化点也随之增大。

表 6-8-12　马来酸酐用量对改性松香树脂酸值和软化点的影响

马来酸酐用量/g	酸值/(mg/g)	软化点/℃
5	190	92
10	211.5	110
15	230	125
20	237.3	127
25	239.4	130

② 甘油的加入量。随着甘油加入量（相对松香质量的百分含量）的增加，改性松香树脂的酸值逐渐减小。改性松香树脂的软化点随着甘油加入量的增加而增大，这是由于改性松香树脂的分子量增大，因此其软化点也随之增大。

(2) 醇酸树脂低聚物的合成　用蓖麻油、甘油和邻苯二甲酸酐，选择合适的反应温度、催化剂及合成方法，经过蓖麻油脱水反应、酯交换和聚酯化反应制得干性中油度的醇酸树脂低聚物。

醇酸树脂低聚物的制备见图 6-8-6。

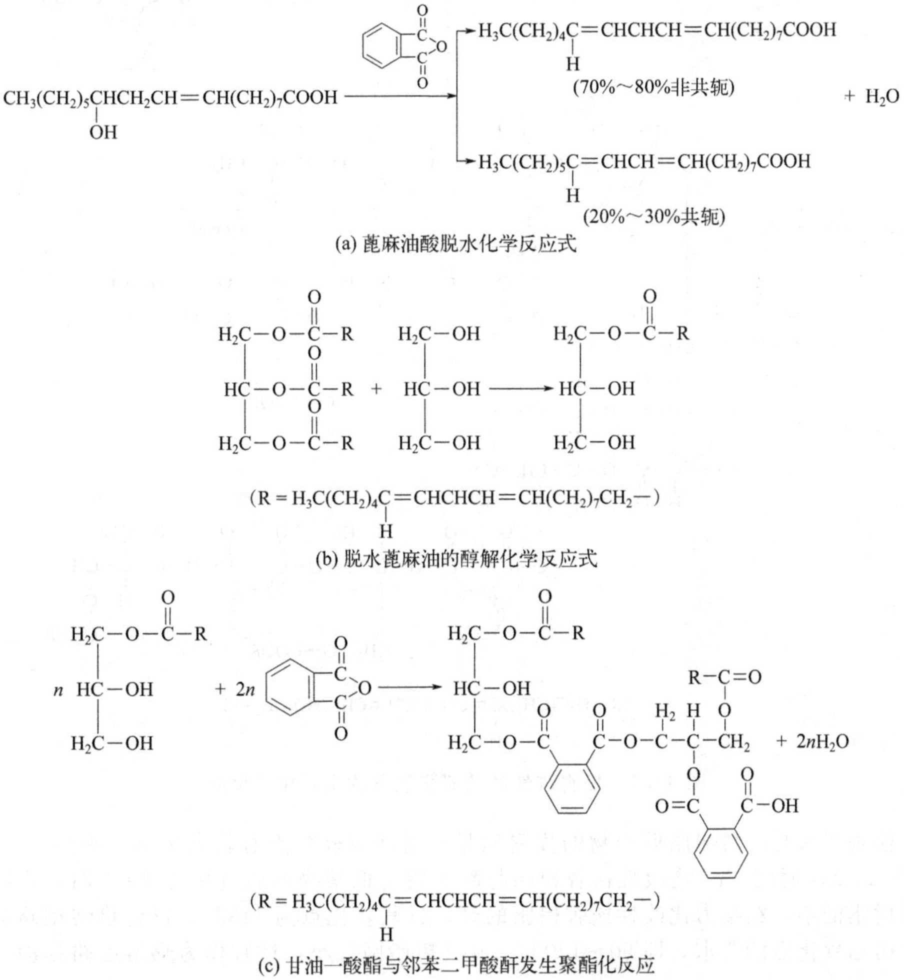

$CH_3(CH_2)_5CH(OH)CH_2CH=CH(CH_2)_7COOH \xrightarrow{\text{邻苯二甲酸酐}}$

→ $H_3C(CH_2)_4CH=CHCHCH=CH(CH_2)_7COOH$ (70%～80%非共轭)

→ $H_3C(CH_2)_5CH=CHCH=CH(CH_2)_7COOH$ (20%～30%共轭)

$+ H_2O$

(a) 蓖麻油酸脱水化学反应式

$H_2C-O-CO-R$ / $HC-O-CO-R$ / $H_2C-O-CO-R$ + H_2C-OH / $HC-OH$ / H_2C-OH ⟶ $H_2C-O-CO-R$ / $HC-OH$ / H_2C-OH

($R = H_3C(CH_2)_4CH=CHCHCH=CH(CH_2)_7CH_2-$)

(b) 脱水蓖麻油的醇解化学反应式

n $H_2C-O-CO-R$ / $HC-OH$ / H_2C-OH + $2n$ 邻苯二甲酸酐 ⟶ $H_2C-O-CO-R$ / $HC-OH$ / $H_2C-O-CO-C_6H_4-CO-O-CH_2-CH(O-CO-C_6H_4-COOH)-CH_2-O-CO-R$ + $2nH_2O$

($R = H_3C(CH_2)_4CH=CHCHCH=CH(CH_2)_7CH_2-$)

(c) 甘油一酸酯与邻苯二甲酸酐发生聚酯化反应

图 6-8-6　醇酸树脂低聚物合成中的主要化学反应

制备工艺为：用邻苯二甲酸酐作催化剂，用量为蓖麻油质量的1%，脱水反应温度为260℃，脱水反应时间为1.5h。醇解反应工艺，以氢氧化锂为醇解反应的催化剂，用量为0.04%（相对油的质量分数），在蓖麻油脱水后加入甘油，酯交换反应温度为220℃，时间为30min。酯化缩聚反应工艺，在酯交换反应结束后加入苯酐，当反应时间达到4h后，酸值变化平缓，黏度急剧上升，生成了醇酸树脂低聚物，因此，选定反应时间为4h，得到醇酸树脂低聚物。其中蓖麻油（分析纯）用量271g，甘油（分析纯）用量65.1g，苯酐（分析纯）用量148g，理论出水量30.6g，得到合成油度为50%的脱水蓖麻油醇酸树脂低聚物。得到低聚物的黏度为2330mPa・s，棕黄色透明液体，表干时间60min，实干时间13h，其黏度及干燥时间适中，色泽较浅，能够满足热熔型路标涂料干燥时间短、颜色浅、流动性好的要求。

（3）马来松香改性醇酸树脂的制备　利用改性松香树脂（马来松香甘油酯）与醇酸树脂低聚物发生化学反应，化学反应方程式见图6-8-7。

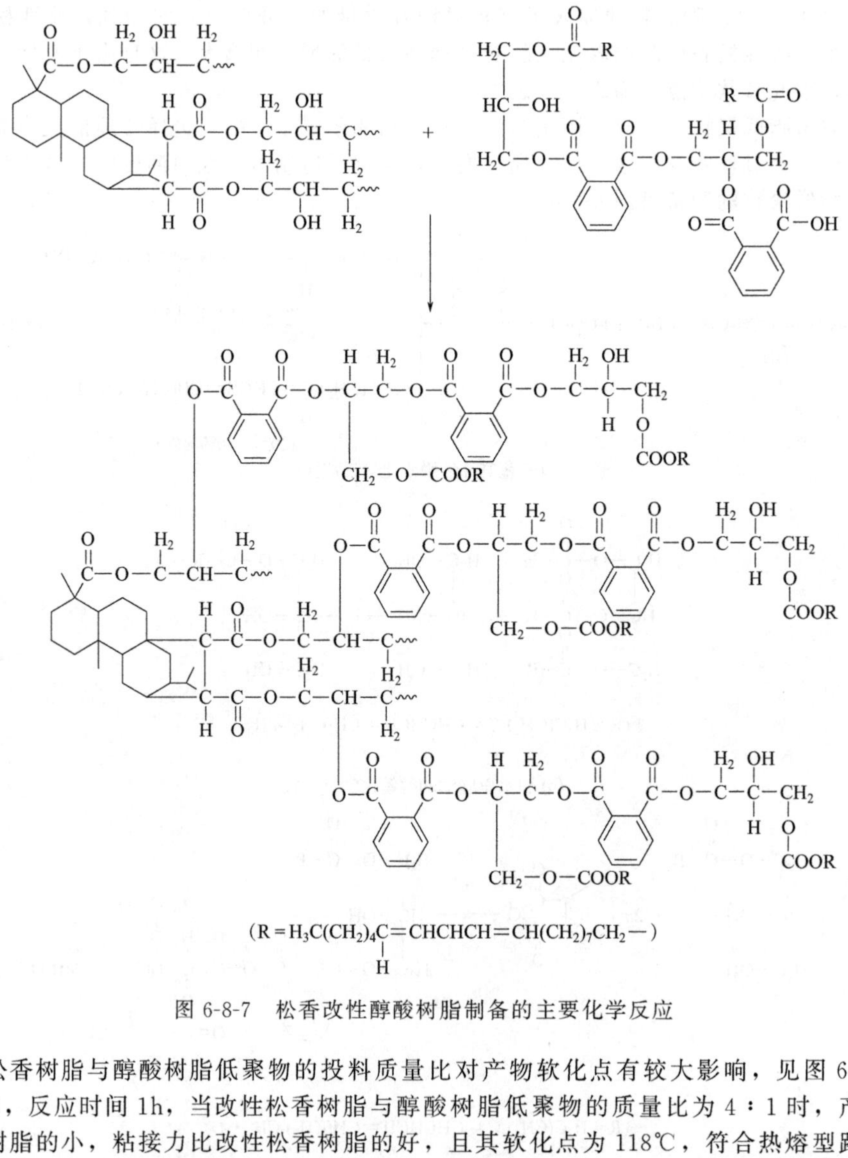

$(R = H_3C(CH_2)_4CH{=}CHCHCH{=}CH(CH_2)_7CH_2-)$

图6-8-7　松香改性醇酸树脂制备的主要化学反应

改性松香树脂与醇酸树脂低聚物的投料质量比对产物软化点有较大影响，见图6-8-8。反应温度200℃，反应时间1h，当改性松香树脂与醇酸树脂低聚物的质量比为4∶1时，产物脆性比改性松香树脂的小，粘接力比改性松香树脂的好，且其软化点为118℃，符合热熔型路标涂料对于热塑性树脂软化点的要求，即90～120℃。并且树脂脆性小，适宜作为热熔型路标涂料的基料树脂。

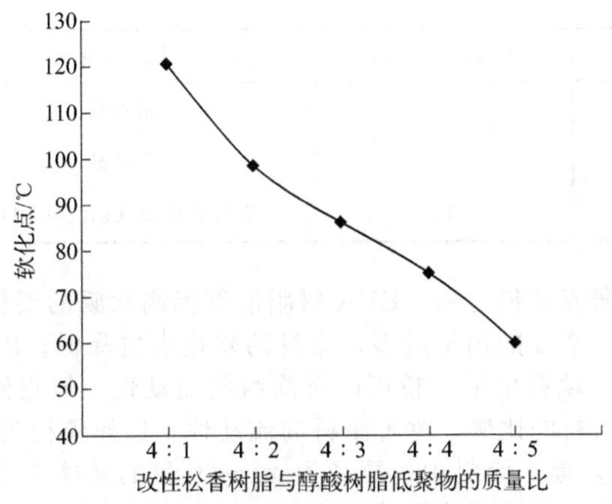

图 6-8-8　投料比例对产物软化点的影响

反应时间对松香改性醇酸树脂的酸值及黏度也有影响。由图 6-8-9 可知，产物的酸值随反应时间的延长而下降，而黏度随反应时间的延长而增大，当反应时间达到 60min 即 1h 后，酸值变化缓慢，黏度急剧增长。说明改性松香树脂与醇酸树脂低聚物发生了缩聚反应，逐渐生成了分子量越来越大的聚合物。但作为热熔型路标涂料的成膜物质，其黏度不应过大，如果黏度过大，则其流动性不好，分散颜填料困难，必然影响涂料的流动性及其他性能。选择反应时间为 1h，其产物酸值小，黏度不大，适合作为热熔型路标涂料的成膜物质。

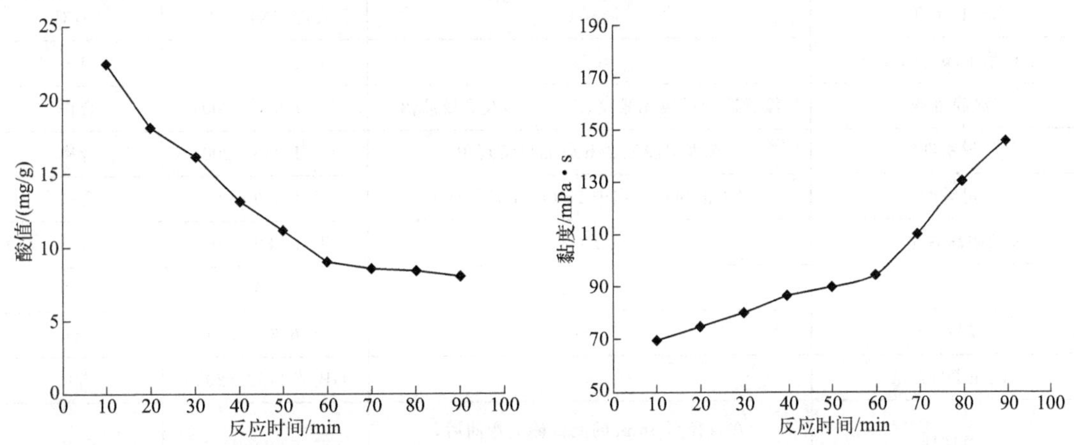

图 6-8-9　改性松香-醇酸树脂酸值与黏度随反应时间的变化曲线

综上所述，在改性松香树脂与 50%油度的醇酸树脂低聚物反应合成改性松香-醇酸树脂中，改性松香树脂与醇酸树脂低聚物的投料质量比为 4∶1，反应温度为 200℃，反应时间为 1h，生成的改性松香-醇酸树脂的颜色浅、脆性小、软化点高。

2. 热熔型改性松香-醇酸树脂路标涂料的制备与性能

（1）制备过程　热熔型改性松香-醇酸树脂路标涂料的配方见表 6-8-13。将改性松香-醇酸树脂放入烧瓶中，使其熔化，升温至 200℃，边搅拌边加入 EVA 树脂，待全部熔融后，加入剩余原料，强力搅拌，使涂料均匀分散，最后出料。

表 6-8-13　路标涂料的配方

物料名称	用量(质量份)	物料名称	用量(质量份)
改性松香-醇酸树脂	25	钛白粉	8

续表

物料名称	用量(质量份)	物料名称	用量(质量份)
EVA树脂	4	滑石粉	15
邻苯二甲酸二辛酯	3	石英砂	30
预混玻璃微珠(80～10目)	11	面撒玻璃微珠(40～60目)	15～20

（2）涂料性能　通过研究分析得到，EVA树脂能够提高涂膜的柔韧性、附着力，但降低涂料的软化点；邻苯二甲酸二辛酯的用量过多，涂料的软化点也降低。因此，EVA树脂、邻苯二甲酸二辛酯的用量要适当。填料中滑石粉可改善涂料的流动性，但它使涂膜表面发黏，不易干燥。通过调节石英砂与滑石粉的比例，改善涂料的流动性。选择粒径为80～100目的玻璃微珠，投料量为涂料总量的11%，混入涂料中；粒径为40～60目的玻璃微珠，投料量为涂料总量的15%～20%，撒在涂膜表面，使玻璃微珠不会下沉，且具有良好的反光效果。

制备的路标涂料的相关性能见表6-8-14。该热熔型改性松香-醇酸树脂路标涂料具有夜间反光性好、干燥时间短、耐摩擦、耐水、耐酸碱且对路面附着力好、对环境无污染等性能，适用于公路、高速公路、城市道路的路面上，夜间在汽车车灯的照射下能够反光，使道路标线更加明显，有助于司机的夜间行车。

表6-8-14　热熔型改性松香-醇酸树脂路标涂料的性能

检测项目	标准	参考标准	检测结果
软化点/℃	≥80℃	公安部CN48－1989	104℃
不粘胎干燥时间/min	≤15	JT/T 280－2004	10
涂膜外观	涂膜冷固后应无皱纹、斑点气泡及裂纹脱落	JT/T 280－2004	合格
耐水性	在水中浸泡24h应无异常现象	JT/T 280－2004	合格
耐碱性	浸入饱和石灰水中18h应无异常现象	JT/T 280－2004	合格
玻璃微珠含量/%	≤15%	JT/T 280－2004	11%
白度	>65度	JT/T 280－2004	82度
硬度/H	—	GB 6739－2006	5H
抗冲击性/cm	—	GB/T 1732－2020	50
柔韧性	在直径为5mm的测试棒上弯曲后，试样应无开裂、剥离现象	JT/T 280－2004	合格
附着力	≤4级	JT/T 280－2004	一级
耐磨性(200rad/1000g，荷重后减重)/mg	≤40(JM-100橡胶砂轮)	JT/T 280－2004	34
逆反射系数/(mcd·lx·m^2)	白色≥200	JT/T 280－2004	217

三、丙烯酸松香改性醇酸树脂的制备与应用

（一）丙烯酸松香改性醇酸树脂的制备

丙烯酸松香改性醇酸树脂的制备可分为冷拼法、共聚法和单甘油酯法，而其中采用最广泛的是单甘油酯法。Solomon首先提出用含羧基的丙烯酸共聚物与单甘油酯反应，以酸值控制缩聚反

应程度，当反应达到一定程度后加入邻苯二甲酸酐和多元醇，进一步缩聚到终点，称此改性方法为单甘油酯法。制备丙烯酸松香改性醇酸树脂所使用的原料和配方见表 6-8-15 和表 6-8-16[42]。

1. 丙烯酸预聚物的合成

醇酸树脂的制备关键是低分子量、窄分布的活性丙烯酸预聚物的合成。丙烯酸预聚物的基本配方见表 6-8-15。在装有搅拌器、加料漏斗及温度计的反应釜中，用 N_2 置换掉釜中的空气，加入二甲苯及甲基丙烯酸甲酯，加热至 80℃左右，然后缓慢滴加引发剂二甲基乙烯酮乙基三甲基硅基缩醛和催化剂四丁基二甲苯酸氢铵至烧瓶中，升温现象说明反应开始，温度回落到 85℃后，加入甲基丙烯酸和苯乙烯，升温至 120℃保温数小时至反应终点。最终得到无水透明液体，黏度 300～360s，酸值≤11mg/g，固含量在 58%～61%之间。

表 6-8-15　丙烯酸预聚物的基本配方

原料名称	规格	质量分数/%
甲基丙烯酸	工业级	8～10
苯乙烯	工业级	20～30
丙烯酸丁酯	工业级	10～20
二甲苯	工业级	40～50
甲基丙烯酸甲酯	工业级	10～20
二甲基乙烯酮乙基三甲基硅基缩醛	分析纯	3～5
四丁基二甲苯酸氢铵	分析纯	0.8～2

2. 丙烯酸改性松香基醇酸树脂的制备

丙烯酸改性松香基醇酸树脂的配方见表 6-8-16。将植物油、苯甲酸、季戊四醇、二甲苯加入反应釜内，升温至回流，然后缓慢升温到 240℃，使其充分醇解。降温至 180℃，加入丙烯酸预聚物，升温保温至酸价及黏度合格，然后降温加入马来海松酸酐，升温保温至酸价及黏度合格，降温出料。得到树脂颜色（铁钴法）≤6 的透明液体，黏度在 43～50s 之间，酸值≤11mg/g，固含量在 58%～61%之间。

表 6-8-16　丙烯酸改性松香基醇酸树脂的配方

原料名称	规格	质量分数/%
植物油	工业级	49
苯甲酸	工业级	3
季戊四醇	工业级	18
马来海松酸酐	工业级(白色晶体,熔点 224～227℃,纯度 99.9%,酸值 420～422mg/g)	20～25
二甲苯	工业级	4～10
丙烯酸预聚物	自制	2～12

3. 植物油对合成树脂性能的影响

表 6-8-17 表明了植物油对合成树脂性能的影响。根据油的碘值（即 100g 植物油所能吸收的碘的质量）可以将油分为 3 种，即干性油（碘值＞140）、半干性油（碘值在 100～140）、不干性油（碘值＜100）。用于多元醇醇解反应的油可以分别从 1 种或多种干性油、半干性油或不干性油中选择，也可以从它们的混合物中选择。如果分别从 1 种或多种干性油、半干性油或不干性油中选择，该组分可以采用氧化固化。同样地，如果将至少 1 种干性油或半干性油与 1 种不干性油混

合，只要该混合物总体是干性和/或半干性的，也可以采用氧化固化。“总体是干性或/半干性”是指至少有45%的油是干性和/或半干性的。干性油和半干性油含有碳碳双键，就可以进行氧化交联，而不干性油不含这种双键，不含有足够进行固化的这种键。亚麻油是一种较好的干性油，而豆油是一种较好的半干性油，所以在实验中使用的多数是豆油和亚麻油的混合油，物质的量之比为1∶1。

表 6-8-17 植物油对合成的丙烯酸改性松香基醇酸树脂性能的影响

植物油种类	豆油	亚麻油	m(豆油)/m(亚麻油)	m(豆油)/m(桐油)	m(亚麻油)/m(桐油)
配比	—	—	1∶1	1∶1	1∶1
树脂外观	浅色透明	浅色透明	浅色透明	深色半透明	色深半透明
柔韧性	合格	合格	合格	合格	合格
附着力	合格	合格	合格	合格	合格
稳定性	好	好	好	较差	差

改性醇酸树脂的合成中，原料选择以豆油和亚麻油为最佳，慢速升温，丙烯酸树脂用量以2%～8%为佳。合成出的改性醇酸树脂有更短的表干、实干时间，更强的硬度，更好的耐冲击性、附着力和耐介质性等性质，可以取代传统的醇酸树脂得到广泛的应用。

（二）丙烯酸改性松香基醇酸树脂的应用性能

按照质量比丙烯酸醇酸树脂80份、钛白粉20份、群青0.5份、代钴稀土4份、二甲苯5份的比例共计109.5（质量）配制丙烯酸改性松香基醇酸漆。其质量指标见表6-8-18。

表 6-8-18 丙烯酸改性松香基醇酸漆的性能

测试项目	干燥时间		硬度(摆杆法)	耐冲击性/(kg·cm)	附着力/级	耐水性	
	表干时间/h	实干时间/h				48h	72h
C-01 醇酸漆	6	18	0.30	50	1	失光能恢复	失光
丙烯酸改性松香基醇酸漆	1	5	0.70	50	0	合格	合格
检测标准	GB/T 1728—2020	—	GB/T 1730—2007	GB/T 1732—2020	GB/T 9286—2021	GB/T 9274—1988	—

四、松香基水性醇酸树脂的制备与应用

水性醇酸树脂的主要组成与一般溶剂型醇酸树脂基本相同，由多元酸、多元醇和脂肪酸或者植物油经过酯化缩聚而成。但是为了使制备的醇酸树脂可溶于水，必须控制它的酸值和分子量。水性涂料相比于传统的溶剂型涂料有许多优点：因为使用了水代替有机溶剂，减少了挥发性有机化合物（VOC）的排放，为环境友好型涂料，降低了涂料生产、运输及施工过程中对操作人员的身体伤害；降低了储存过程中发生火灾的概率；施工方便，施工工具易于清洗，减少了清洗溶剂的消耗；水相相比于有机溶剂是一种更廉价的资源，使树脂的生产成本降低，同时水是一种可循环利用的自然资源，大大降低了因使用有机溶剂对石油资源的消耗[43-46]。

1. 松香基水性醇酸树脂的制备

将称量好的亚麻油酸、三羟甲基丙烷、邻苯二甲酸酐、马来松香或马来海松酸酐（MPA）和回流二甲苯加入装有分水器的四口烧瓶中，并在分水器中加入二甲苯，加热并通氮气保护。加热至120℃开启搅拌，缓慢升温至180℃，梯度升温到220～230℃恒温反应，每隔一定时间测定

反应产物的酸值，直至酸值降至 20mg/g。降温至 150℃，加入称量好的偏苯三酸酐，1h 内升温至 180℃，恒温反应，直至酸值降至 50～60mg/g。降温至 120℃，加入计算量的助溶剂丙二醇甲醚，反应 0.5h。降温至 80℃，加入中和剂三乙胺，反应 1h。降温至 50℃，加入计算量的去离子水，配成 50%的溶液。最后用三乙胺调节产物 pH 值为 7.5～8.5，搅拌均匀，停止加热，结束通氮，出料。

2. 松香基水性醇酸树脂的性能与应用

用马来松香和马来海松酸酐（MPA）改性的水性醇酸树脂的性能见表 6-8-19。

表 6-8-19 松香基水性醇酸树脂的性能

项目	外观	黏度(涂-4 杯)/s	漆膜表干时间/h	漆膜实干时间/h	附着力/级	抗冲击强度/kg	柔韧性/mm	耐水性
马来松香改性树脂	合格	71	3.5	14	一	50	1	合格
MPA 改性树脂	合格	68	1.5	10	一	50	1	合格

马来松香和 MPA 改性的水溶性醇酸树脂可用于制备水溶性醇酸树脂底漆，符合铁道部《铁路货车水溶性厚浆涂料技术条件》性能指标的要求，MPA 对水溶性厚浆醇酸底漆的改性效果更明显，大大降低了漆膜的干燥时间，并且耐烟雾，贮存稳定性能得到了很大的提高[47]。

第三节 松香改性聚氨酯树脂

聚氨酯树脂是一类重要的合成树脂，凡是在高分子主链上含有许多重复的—NHCOO—基团的高分子化合物统称为聚氨酯，它由多异氰酸酯与多元醇反应制成，可以以泡沫塑料、胶黏剂、涂料、弹性体等多种产品形态应用于国民经济的许多领域。其中的多元醇包括聚酯多元醇和聚醚多元醇。聚酯多元醇由二元酸与二元醇（或与三元醇的混合物）脱水缩聚而成；聚醚多元醇是端羟基的齐聚物，主链上的羟基由醚键连接，以低分子量多元醇、多元胺或活泼氢的化合物为起始剂，与氧化烯烃在催化剂作用下开环聚合而成。

松香是多种树脂酸和少量脂肪酸、中性物质的复杂混合物，具有稠合多脂环刚性结构，刚性大、耐热性好，如果把它引入多元醇中，势必对其刚性、光泽、耐热性等性能产生影响，进而提高由其合成的树脂材料的性能。

一、松香基多元醇的制备

通常多元醇是一类具有多官能度，并且具有一定范围的黏度和分子量的物质，而松香为一元酸，要想把松香引入多元醇的分子链中，就要通过对松香分子的结构进行重新设计和修饰，通过对树脂酸分子结构上的活性中心（双键或羧基）改性来增加反应活性基，制备得到多官能度的多元醇。

1. 羧基改性

通过羧基与小分子多元醇酯化，利用醇上的羟基或直接利用羧基与环氧化物发生加成反应生成松香多元醇酯。松香中的叔羧基位阻大、活化能高，进行酯化反应时需要相对苛刻的反应条件[48]。松香多元醇酯是一类高附加值的精细化学品，其酸值低、软化点高，被广泛应用于增塑剂、黏合剂、软化剂以及食品添加剂等领域。其中常用的多元醇有甘油和季戊四醇，其次为 1,3-丙二醇和乙二醇。松香羧基改性反应式见图 6-8-10。

$$R-COOH + HOR' \longrightarrow R-COOR' + H_2O$$

(R—COOH = [结构式，含 COOH]；R′ = —C_nH_{2n+1})

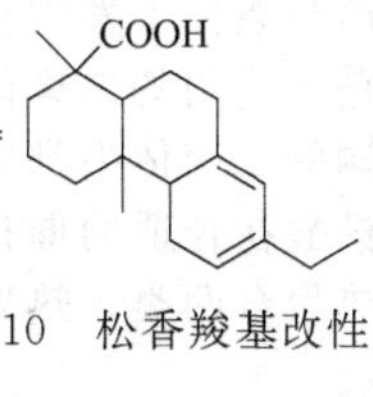

图 6-8-10 松香羧基改性反应式

2. 双键改性

通过树脂酸双键与马来酸酐、富马酸、丙烯酸、甲醛等进行 Diels-Alder 加成反应，然后再进行酯化反应合成松香酯多元醇。松香中的树脂酸除左旋海松酸外，都不能直接与马来酸酐、富马酸、丙烯酸和甲醛发生加成反应，但枞酸、新枞酸和长叶松酸在加热条件下可异构为更稳定的左旋海松酸，能发生 Diels-Alder 反应。马来海松酸酐酯化条件苛刻，松香酯化的催化剂同样适用于马来海松酸酐酯化。曾韬等[49]研究了碱土金属氧化物 MgO、ZnO 和过渡金属硫酸盐 Zr(SO)·4HO、Ce(SO)·4HO 以及不同组合催化马来松香与甘油的酯化反应，发现 MgO 催化效果最好。松香和甲醛加成，所得的产物经过酸化、还原、酯化后得到二元酸，进一步和多元醇酯化制备聚酯多元醇。反应方程式见图 6-8-11。

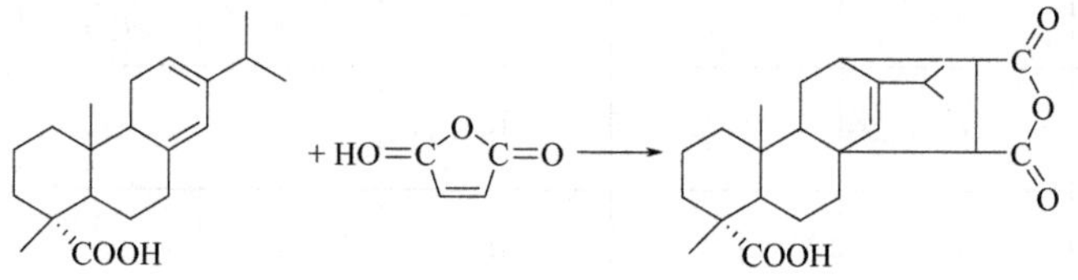

(a) 松香与马来酸酐加成

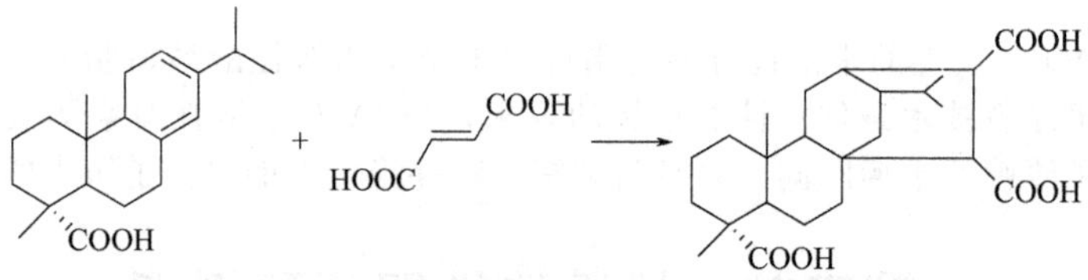

(b) 松香与富马酸加成

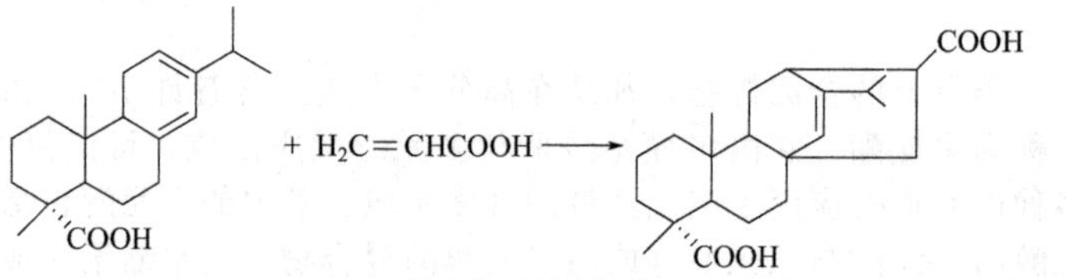

(c) 松香与丙烯酸加成

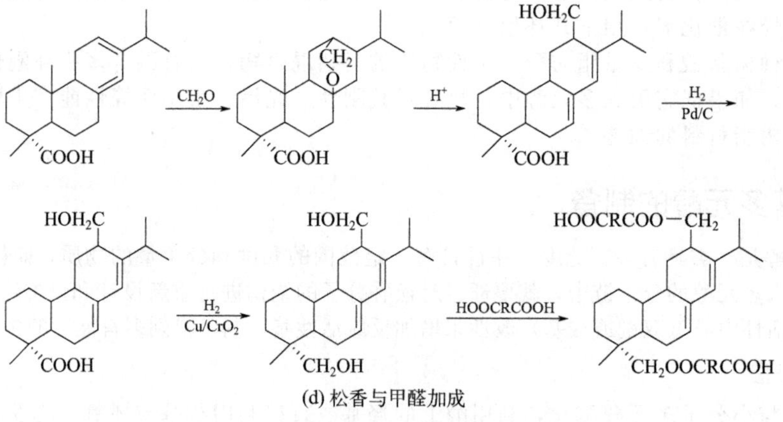

(d) 松香与甲醛加成

图 6-8-11　松脂聚酯多元醇制备反应

松香在适当条件下发生自聚合而生成聚合松香，可作为二元酸制备聚酯多元醇。聚合反应的产物大部分是不均匀的二聚体。松香聚合反应的中心是共轭双键，羧基在反应前后没有变化，生成的不同结构的二聚体中都含有两个羧基。李军诚[33]探讨了合成二聚枞酸不饱和聚酯的反应途径，两分子枞酸在合适的催化剂和一定的温度下发生聚合，生成二聚松香二元酸。聚合方式有酸催化聚合和热聚合两类，热聚合是松香在惰性气体保护下于 300℃下减压蒸馏，酸催化在有机溶剂中进行。目前国内聚合松香多采用硫酸催化。聚合松香具有软化点高、色泽浅、不结晶、抗氧化性好、酸值低以及在有机溶剂中黏度大等特点。反应方程式见图 6-8-12。

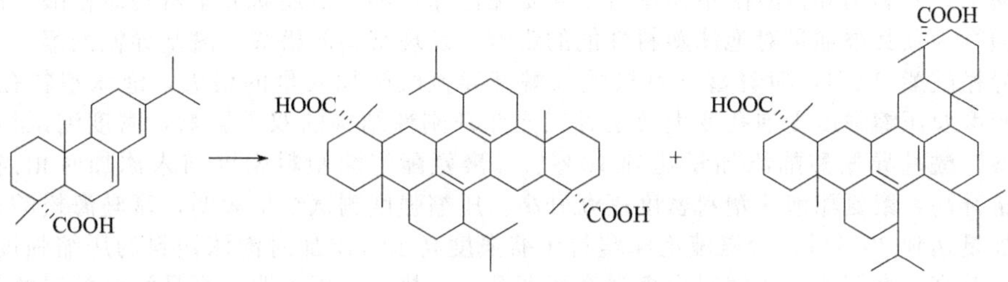

图 6-8-12　松香二聚体的反应方程式

二、松香基聚酯多元醇合成工艺

常用的聚酯多元醇合成工艺有三种[48,50]：真空熔融法、熔融通气法和共沸蒸馏法。

1. 真空熔融法

松香二元或三元酸与二元醇在反应釜中加热熔融，于 120～150℃时通过氮气反应生成水，逐步蒸出，釜内生成低分子量的聚酯混合物。随着水分蒸出，釜内温度逐渐升高，在 170～230℃下开始抽真空，当真空度达 5000Pa 时，逐渐将过量的二元醇和少量的副产物以及少量反应残留水一起蒸出。

2. 熔融通气法

采用惰性气体氮气、二氧化碳等鼓泡通入松香二元或三元酸和二元醇的混合物中，以除去反应生成的水。采用此工艺时，二元醇的损失量要大于真空熔融法，所以在投料时要考虑到这部分物料的损失。

3. 共沸蒸馏法

共沸蒸馏法的特点是利用惰性溶剂回流带水，也就是利用溶剂与水沸腾原理，使水不断蒸出和冷却分离出来。主要利用甲苯和二甲苯作溶剂，在常压下，较低温度（130～145℃）下进行回流脱水。

三、松香基聚氨酯材料的制备与性能

1. 松香基聚氨酯泡沫

张跃冬等[51-54]报道了由马来海松酸合成耐热的马来海松酸酯多元醇，并以马来海松酸酯多元醇与适量聚醚多元醇 635 混合作为多元醇组分制备了硬质聚氨酯泡沫塑料，并研究了马来海松酸酯多元醇结构对泡沫塑料力学性能及耐热性的影响。比较了各种硬泡之间热性能的差异，重点讨论了酯多元醇结构对硬泡耐热性的影响。由于将松香的三元菲环骨架结构引入聚氨酯硬泡中，明显地提高了材料的耐热性和尺寸稳定性，耐高温达 200℃以上。热重分析表明，最终泡沫材料的热稳定性与酯多元醇的结构密切相关，低温阶段的热失重主要是由酯多元醇部分引起的，而高温阶段的热分解则主要是由异氰酸酯部分控制的。合成酯多元醇所用原料二醇的分子量越小，最终硬泡的耐热性就越好。华东理工大学金建锋[55]也合成了不同马来松香含量的马来松香酯多元醇，制备了硬质聚氨酯-聚异氰脲酸酯泡沫塑料，与以工业聚酯多元醇（Daltolac P744）制得的泡沫相比，压缩强度增加 10%，并在 100℃和－30℃下具有较好的尺寸稳定性，具有更低的热导率以及更高的高温分解活化能，并采用 FT-IR、DSC、SEM 等测试方法对合成泡沫塑料的分子结构、聚集态结构及泡孔结构进行了关联研究。沈阳化工学院的陆波等[56]对松香与顺丁烯二酸酐的 Diels-Alder 反应进行了研究，讨论了反应温度、反应时间和反应物摩尔比对反应的影响，并进一步酯化得到端羟基马来松香，对含端羟基马来松香酯的硬质聚氨酯泡沫塑料的耐热性进行了研究，发现松香基的引入提高了聚氨酯泡沫塑料的耐热性。

宋兴[57]以枞酸为原料，通过中间体富马海松酸三酰胺，采用非光气法合成了富马海松酸三酰基异氰酸酯，并利用异氰酸酯单体制备了聚氨酯泡沫塑料。他还研究了富马海松酸三酰基异氰酸酯的发泡行为及其添加量对泡沫塑料性能的影响，发现富马海松酸三酰基异氰酸酯的反应活性不及市售异氰酸酯PAPI，随着富马海松酸三酰基异氰酸酯加入量的增大，泡沫塑料孔径变大。泡沫塑料密度及压缩强度受泡孔变大及松香三元菲环刚性结构的双重影响，密度测试结果表明，富马海松酸三酰基异氰酸酯添加量达到10%后，聚氨酯泡沫塑料密度与未添加时相当，其后，随着添加量升高，聚氨酯泡沫塑料密度逐渐升高。压缩强度测试结果表明，富马海松酸三酰基异氰酸酯添加量达到20%后，聚氨酯泡沫塑料压缩强度高于未添加时泡沫塑料的压缩强度，其后，随着添加量升高，聚氨酯泡沫塑料压缩强度逐渐升高。热重分析表明，富马海松酸三酰基异氰酸酯的加入，提高了聚氨酯泡沫塑料的耐热性，添加量越高，泡沫塑料的耐热性越好。Jin等[58]先将乙二醇与马来松香反应制备了马来海松酸聚酯多元醇，再与异氰酸酯反应，得到了与商业聚氨酯泡沫发泡方式类似的松香改性聚氨酯泡沫，研究发现：高温分解时松香改性聚氨酯热传导性差、反应活化能高及耐热性好。张猛等[59]以松香、小分子二元醇、蔗糖聚醚、多苯基多亚甲基多异氰酸酯为原料经酯化等反应将松香添加到聚氨酯中，得到具有良好耐热性和机械强度的松香改性聚氨酯泡沫塑料。中国林科院林化所张猛等[60]以羟甲基松香和丙三醇为起始化合物，与环氧丙烷和环氧乙烷进行嵌段缩聚反应，得到不同羟甲基松香含量和不同环氧链节的松香聚醚多元醇，并以该多元醇与异氰酸酯反应制备了松香基硬质聚氨酯泡沫，结果表明松香环状结构的引入提高了多元醇的反应活性和泡沫材料的耐热性。松香聚醚多元醇分子结构中含有酯键和醚键，并可以控制醚氧键的长度，兼具了两者的优点。Szabat[61]用枞酸型树脂酸（含量＞97%）与季戊四醇、山梨醇进行酯化反应，然后再与环氧丙烷开环反应，制备了羟值分别为207mg/g和640mg/g的聚酯-聚醚多元醇，而后与二苯基甲烷二异氰酸酯（MDI）、发泡剂、表面活性剂和催化剂混合制备了聚氨酯硬泡，密度为32kg/m^3，其闭孔率为91.3%。另外，由季戊四醇聚酯-聚醚多元醇与山梨醇聚酯-聚醚多元醇按质量比1∶1混合发泡，得到密度24kg/m^3、闭孔率91.7%的硬泡。抚顺佳化聚氨酯有限公司的李金彪发明专利涉及一种利用天然材料制聚醚多元醇的方法：在催化剂作用下，直接以天然羧酸和多元醇为起始剂，与环氧化物开环聚合制备含有羧酸酯基团的聚醚多元醇[62]。张猛等[63]以生物质资源松香为原料，与甲醛、环氧丙烷、环氧乙烷反应合成新型松香聚醚多元醇，并对产物进行结构鉴定和性能测试，同时对产物的耐热性进行了研究。分别以松香聚醚多元醇、马来松香酯多元醇和工业聚醚4110为原料制备硬质聚氨酯泡沫塑料，结果表明：多元醇反应活性顺序为马来松香酯多元醇＞松香聚醚多元醇＞工业聚醚4110；三种聚氨酯泡沫的热解活化能分别为89.17kJ/mol、82.66kJ/mol和57.65kJ/mol。松香环状结构的引入提高了多元醇的反应活性和泡沫材料的耐热性。

张猛等[64]开发了一种用于硬质聚氨酯泡沫的结构阻燃型松香基多元醇的制备工艺。由松香经环氧化反应之后再与磷酸二乙酯开环得到阻燃松香衍生物单体，最后和环氧乙烷或环氧丙烷开环聚合制得结构阻燃型松香基多元醇。利用环氧开环反应把阻燃磷酸酯基团引入松香结构中，合成了结构阻燃型松香基多元醇，降低了阻燃的成本，其多元醇结构中含有可调控的酯键和醚键，和市售聚酯、聚醚多元醇混溶性较好，且反应活性较高，磷含量高达8.0%。用其制备的阻燃型聚氨酯泡沫，氧指数可达到24%～27%，具有燃烧时制品不滴液、保持形状、烟密度小等优点，在建筑保温、管道运输等一些特殊的场合具有广泛的应用前景。

2.松香基聚氨酯涂料

用松香改性的醇酸树脂多元醇制备的聚氨酯涂料，不仅成膜干燥速度快，还可增加漆膜的附着力，减少漆膜起皱，提高漆膜的光泽、耐热性及耐水、耐腐蚀性能，并改善了漆膜的硬度和柔韧性，综合利用树脂酸分子中的羧基和双键进行改性已是越来越多人的共识。林跃华等[65]用天然松香与二元醇、二元酸和甲苯二异氰酸酯（TDI）合成了不饱和聚氨酯树脂，再加入稀释剂苯乙烯配制成家具涂料。涂料具有表干时间短、丰满度高、透明性佳、不易塌陷等特点，产品性能优异，提高了家具涂装的档次，具有很高的装饰性，是有前途的家具涂料。不同二元醇对合成树脂家具涂料的性能影响较大，其中乙二醇型的聚酯家具涂料具有优良的抗冲击性、硬度较高、附着力好、固化收缩率低等优越性能。谢晖等[66]先制备富马海松酸，利用加成、酯化及聚合等方式将富马海松酸引入水性聚氨酯主链结构中，再采用乳液聚合技术将松香与聚氨酯、丙烯酸酯、环氧树脂等有机结合，分别制备富马海松酸改性聚氨酯与丙烯酸酯、环氧树脂等，稠合多脂环结构的富马海松酸提高了水性聚氨酯材料的抗水性能、硬度和耐热性，解决了普通水性聚氨酯存在的问题，得到综合性能优异的聚氨酯复合材料。刘鹤等[67,68]以马来海松酸聚酯多元醇、甲苯二异氰酸酯为原料采用丙酮法制备了马来海松酸改性水性聚氨酯，马来海松酸引入聚氨酯主链结构增强了聚氨酯的机械力学性、耐热性、耐水性等。还研究了以环氧树脂和富马海松酸聚酯多元醇为原料制备环氧树脂复合富马海松酸改性水性聚氨酯复合漆膜，结果表明该复合漆膜具有优良的耐水性、力学性、耐溶剂性等性能。Si 等[69]采用马来松香酸制备了新型的双组分水性聚氨酯（WPU），用马来海松酸作为原料合成松香多元醇制备 WPU，从而引入松香的三元结构，使得新型 WPU 膜的热稳定性、耐水性、光泽度、铅笔硬度和耐乙醇性均得到了提高。

以聚酯多元醇为基础的树脂材料，通常具有力学性能好、耐油等特点，聚酯多元醇内聚能大，与其他原料组分的互溶性差。谢晖等[70,71]用丙烯海松酸代替己二酸与乙二醇、二甘醇、1,4-丁二醇进行缩聚反应合成聚酯多元醇，测定了聚酯多元醇的分子量、羟值、聚合度、官能度及黏度等理化参数，由该多元醇制备的聚氨酯涂料漆膜，其耐腐蚀性、耐热性和耐水性等得到提高。同时，他还研究了丙烯海松酸与不同二元醇的缩聚反应。通过对产物进行的性能测试，认为其可作为具有良好的光泽、耐热性及耐水性的水溶性树脂，可用于水性油墨[72]。余蜀宜等[73,74]用丙烯海松酸和乙二醇、二甘醇、三甘醇酯化制得双烯酸改性松香酯多元醇，测试了酯化产物的分子量、聚合度、黏度、羟值和官能度等理化参数，并对各产物的耐热性和红外光谱进行了分析，结果表明酯化产物可作为耐热的多元醇原料以制备聚氨酯涂料。

3. 松香基聚氨酯胶黏剂

李强等[75]以聚酯多元醇、4,4-二苯基甲烷二异氰酸酯（MDI）和液态松香增黏树脂等为原料，采用本体聚合法制备了反应型 PU-HMPSA（聚氨酯热熔压敏胶）。反应型 PU-HMPSA 具有压敏性和一定的初始剥离强度，可制成 PSA（压敏胶）胶带制品，粘接后经湿气固化，剥离强度明显提高。PU-HMPSA 的综合性能相对最好，其初黏力为 14＃（钢球），初始 180°剥离强度为 22N/25mm，最终 180°剥离强度为 75N/25mm，玻璃化转变温度为－32.61℃。以 2,4-二异氰酸酯、松香和亚硫酸氢钠为原料，合成松香型造纸施胶剂，将此种施胶剂应用于施胶中，相对于传统的松香施胶，此种松香型施胶剂是一种自乳化型施胶剂，不需外加乳化剂，pH 的变化对施胶效果无明显影响，施胶效果好，对纸张具有显著的增强作用。李文等[76]以马来松香、聚乙二醇和 2,4-甲苯二异氰酸酯为主要原料，以酒石酸为亲水单体，KH550 作封端剂和改性剂，制备仿中性高分散松香化聚氨酯施胶剂。该松香基聚氨酯乳液可直接自身离子化，形成高分散乳液。红外光谱和 SEM 等测试结果表明，KH550 已接枝到 WPU 体系中，乳化剂稳定性良好，纸张拒水性显著提高。阴离子水性聚氨酯可以实现松香胶浆内施胶和表面施胶的双重应用。

化石资源的不断减少迫使人们寻找新型的可再生资源，生物质资源被认为是替代化石资源的最佳选择。以松香为原料制备松香基多元醇替代石油基原料可以降低人类对化石资源的依赖和对化石资源的储量日益减少的担忧。同时，松香在替代石油基原料制备聚醚酯树脂材料方面具有潜在的应用前景。

第四节　松香改性酚醛树脂

酚醛树脂是指酚与醛在酸性或碱性催化剂存在下缩聚而成的树脂性聚合物的总称。通常指的是苯酚或取代苯酚等与甲醛缩合得到的树脂。按所用原料的种类和配比以及催化剂类型的不同，可分为热塑性（novolacs）和热固性（resoles）两类树脂[77]。热塑性酚醛树脂是线性树脂，受热时仅熔化，而不能变为不溶不熔状态，但加入固化剂（如六亚甲基四胺）后则能转变为热固性，该类树脂是在酸性催化剂和酚的摩尔用量大于醛的摩尔用量时生成的。热固性酚醛树脂是网状聚合物，受热时变为不溶不熔状态，该类树脂是在碱性催化剂和醛过量的情况下生成的。酚醛树脂耐热、耐酸和耐碱，用以制黏合剂、涂料、耐酸胶泥和酚醛塑料等。

为了改善酚醛树脂的性能，通常加入改性材料对树脂进行改性，当用松香作为改性剂时得到的树脂，我们称之为松香改性酚醛树脂[78]。该类树脂具有软化点高、油溶性好等优点，广泛应用在油墨、涂料、胶黏剂及橡胶等领域。

一、松香改性酚醛树脂的制备原理

松香改性酚醛树脂一般是使用松香对热固性（resoles）树脂进行改性。即酚与甲醛在碱性催化剂作用下发生羟醛缩合反应生成羟甲基酚，如常见的苯酚和甲醛反应机理如图 6-8-13 所示[79]，进一步反应，可以生成如图 6-8-14 所示的网状结构。同样，对位取代苯酚和甲醛缩合反应路线[80]如图 6-8-15 所示。这样，通过选择不同的酚和醛，以及其他改性材料，控制反应条件，可制备不同性能的酚醛树脂。

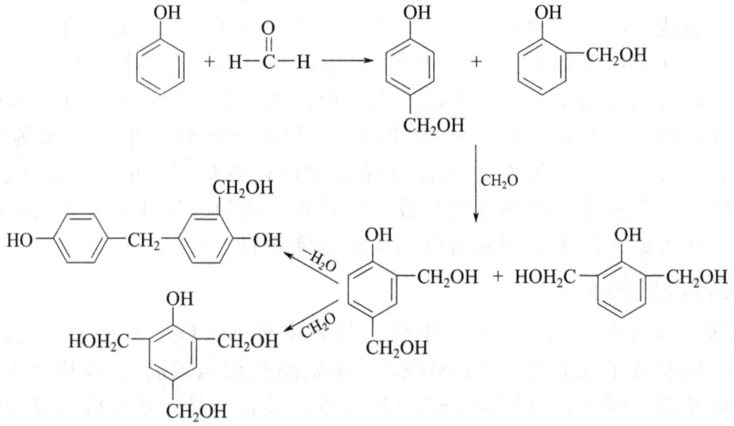

图 6-8-13 苯酚与甲醛的缩合反应路线

图 6-8-14 苯酚与甲醛缩合反应形成的网状结构产物

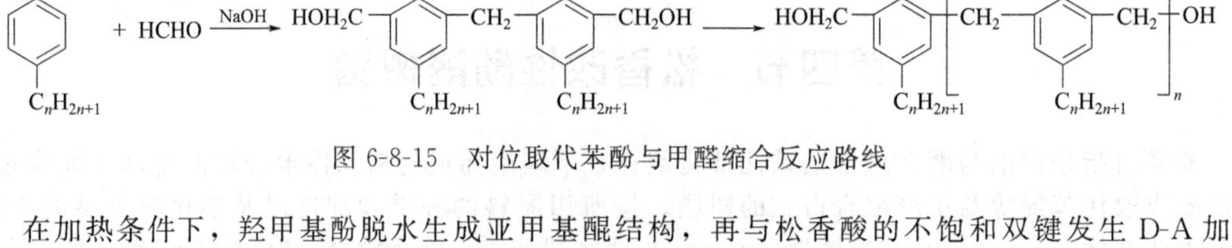

图 6-8-15 对位取代苯酚与甲醛缩合反应路线

在加热条件下，羟甲基酚脱水生成亚甲基醌结构，再与松香酸的不饱和双键发生 D-A 加成反应而得到松香酚醛加成物，反应机理见图 6-8-16。由于松香的羧基未参与上述反应，因此还可以通过松香的羧基与多元醇反应提高软化点。

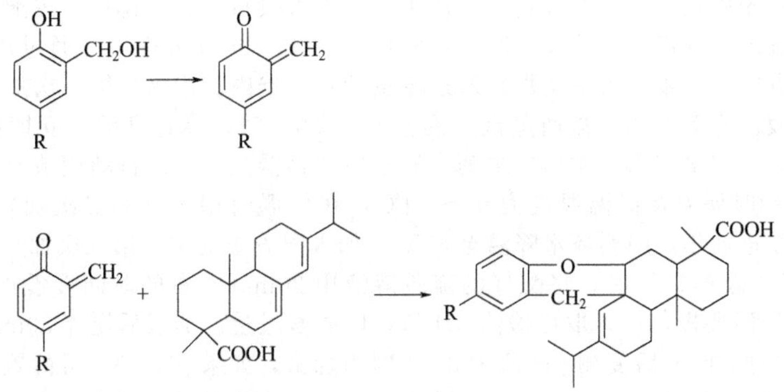

图 6-8-16 松香与苯酚甲醛缩合物的反应过程

二、松香改性酚醛树脂的制备方法

松香改性酚醛树脂的制备方法可分为一步法和两步法[78,81]。

1. 一步法

一步法制备松香改性酚醛树脂是在松香存在下，以碱性化合物为催化剂，使酚与醛缩合，反应所生成的羟甲基酚很好地溶解在松香中，阻止了自身的进一步缩合。当温度升高后，羟甲基苯酚脱水生成亚甲基醌，与松香酸发生加成反应生成加成物，然后再用多元醇酯化得到松香改性酚醛树脂。为了得到其他改性产品，可以在亚甲基醌与松香酸加成的阶段加入含不饱和双键的化合物与松香进行加成，同时采用含羟基的化合物与多元醇一起酯化进行改性，得到更多具有各种性能的松香改性酚醛树脂。一步法的优点是酚与醛之间的缩合不致过度，避免了制备酚醛浆时缩聚过度的弊病，分子量比较均匀。缺点是如果原料质量不高，含有杂质，容易涨釜，且产品颜色较深。

一步法制备 210 松香改性酚醛树脂的投料比（质量比）为松香（一级）：苯酚：多聚甲醛：抗氧剂 300：乌洛托品：甘油＝80：7.59：4.86：0.08：0.11：7.31。

操作步骤：将松香装于反应釜中，加热到 150℃熔融，同时通二氧化碳或者氮气保护，等完全熔解后，开动搅拌，加入抗氧化剂、苯酚和甘油，降温到 120℃，加入催化剂乌洛托品，然后慢慢加入甲醛，加完甲醛后，于 130℃下保温 6h。保温完后，在 6h 内从 130℃升到 262℃，在 262℃下保温 8h，取样测试指标。根据指标情况，抽真空 2h 左右，取样，测试指标合格后出料。得到软化点 135℃、颜色 7 号、酸值 18mg/g 的黄色透明树脂，产品质量指标符合行业标准 LY/T 1065—2022 规定的Ⅰ类树脂的指标。

2. 两步法

两步法制备松香改性酚醛树脂又分为两种合成工艺：第一种是先加成后酯化的合成工艺；第二种是先酯化后加成的合成工艺。

（1）先加成后酯化合成工艺　以碱性化合物为催化剂，使酚与醛缩合，反应所生成的含羟甲基酚的各种结构的缩聚合物，俗称酚醛浆。再把酚醛浆滴加到松香酸中，发生加成反应生成加成物，最后再与多元醇酯化得到松香改性酚醛树脂。同样，为了得到其他改性的产品，可以在酚醛浆与松香酸加成的阶段加入含不饱和双键的化合物与松香进行加成，同时采用含羟基的化合物与多元醇一起加入松香酚醛加成物中酯化进行改性，得到更多性能各异的松香改性酚醛树脂。

该合成方法举例如下。

① 酚醛浆的制备。投料比（质量比）为辛基酚（工业级）：甲醛（含量 37%）：二甲苯（工业级，下同，第一次加）：氢氧化钙（工业级）：水（自来水，下同，第一次加）：硫酸（≥92%，工业级）：水（第二次加）：二甲苯（第二次加）：水（第三次加）＝31.13：30.66：15.03：

0.43∶2.16∶0.46∶2.3∶11.6∶6.23。投料总量为4818kg。

操作步骤：首先检查原材料及设备，一切正常后方可投料。开强排风，按配方数量将辛基酚装入釜内，停强排风，开横、竖冷及冷凝水，弱排开50%。将配方中甲醛通过流量计打入釜内，开动搅拌。将配方中二甲苯（第一次加）通过流量计打入釜内。用水（第一次加）中约一半的量配制氢氧化钙溶液。开下夹和下盘通蒸汽升温至45～50℃时，停止升温，立即将配好的氢氧化钙溶液加入釜内，并用水（第一次加）中剩余的水冲洗容器及管道。自动调节升温，当釜内温度升至90℃时即可计时保温，保温温度为90～94℃，在保温时用水（第二次加）配制硫酸溶液。保温3～3.5h后停止加热，用循环水降温至85℃，加入配方中的水（第三次加）和二甲苯（第二次加）。当釜内温度低于70℃时，将配好的硫酸溶液用20min左右的时间慢慢加入釜内，调pH值至3～4，后期加酸要慢，经常取样检测pH值，以防酸过量。加酸后搅拌30min测pH值，pH值应为3～4，继续搅拌1h后复测pH值为3～4即为合格，如果pH<3，可静置20min将水层放出后再加总量8%的水搅拌30min，然后静置分水过滤。合格后停止搅拌，静置4h后可分水过滤，装入容器中。取样测固含量合格备用。

② 加成和酯化。投料比（质量比）为松香（一级）∶以上制备的酚醛浆（按100%计）∶甘油（按100%计）∶PTS（对甲苯磺酸）液（自制）=55.53∶40.26∶4.21∶0.19，以上合计为100.19。投料总量为4268kg。

操作步骤：装料升温，首先检查设备、仪表、原材料一切正常方可投产。开强排风，按配方量将松香打入锅内，开下夹下盘升温。表面通氮气为4～5m^3/h（若松香预热未启用，可在4h内升温至120～150℃，至松香全部化净），开搅拌70r/min，（变频40Hz）。加酚醛浆，将釜内温度升到200～240℃后即可加浆，加浆时用小阀门来调整浆的流量为6～10kg/min，总加浆时间为6～7h。酯化，加完酚醛浆后，关闭浆管路上的阀门，升温并底部通氮气赶二甲苯1h，当温度升到240～245℃时，停止底部通气，从锅口处慢慢加入甘油，注意不要溢锅。表面通氮气3～4m^3/h，继续用下盘下夹升温至243～248℃。保温4h后取测指标（黏度、酸值、正庚烷值），如黏度小、酸价高，可加大排风量使黏度增大，并视酸价情况间隔1～2h再测指标。当酸值等于30～36mg/g，黏度（25℃）≥6000mPa·s，正庚烷值<8时，按表6-8-20调整温度后即可滴加PTS液。

表6-8-20　根据黏度确定PTS液的温度

黏度/(mPa·s)	滴加PTS液的温度/℃
6000～7000	243～248
7000～8000	248～255
8000～10000	255～260
≥10000	260～270

由于该树脂PTS液的加入温度至关重要，所以必须保证在工艺要求范围内加PTS液。反应终点的确定：加完PTS液后，黏度一般先升后降，此产品要求最好在25℃的黏度下降至11000～15000mPa·s时冲油。加完PTS液后，2h取样测指标（每次停搅拌取样前加5～10g消泡剂并搅拌3～5min），若此时25℃的黏度≥20000mPa·s，在原温度范围基础上，参照加PTS液温度要求，上调一档保温，1～2h取测指标，若此时25℃的黏度<20000mPa·s，1h后取样测指标，当25℃的黏度等于11000～15000mPa·s，酸值≤25mg/g，正庚烷值=11～18时为合格。树脂合格后留样，立即冲入亚麻油，搅拌15min，要求从取合格样至开始冲油的时间不能超过60min，将冲油后的树脂放入中间釜后，立即降温至100℃以下。

（2）先酯化后加成合成工艺　松香中加入改性原料进行改性，再加入多元醇等醇类进行酯化，得到特定酸值的松香酯，再与酚醛浆或酚和醛反应，得到松香改性酚醛树脂。

该合成方法的实验举例如下。向装有搅拌器和温度计的加压釜中加入454.4g松香，并在注入氮气的同时加热至 140℃，从而完全熔化。接下来，添加 50.5g 季戊四醇，将其加热至 250℃，并保持 4h。将混合物冷却至 120℃，向其中添加 447g 对辛基苯酚和 147g 多聚甲醛，并密封釜。然后，将温度升高至 135℃，并保持 2h。反应釜减压，并在约 6h 内将温度升至 260℃，保温继续反应 20min，得到酸值 16.4mg/g、加德纳黏度 L、软化点 173℃、颜色（加德纳色数）11、重均分子量 70000 的松香改性酚醛树脂。

两步法的优点是在制备酚醛浆时经过洗涤，即使采用质量较差的原料酚也可以获得颜色较浅的产品，另外生产的松香改性酚醛树脂基本上是复杂的大分子化合物，树脂分子量大，软化点高，黏度高，溶解性高。大分子、高黏度松香改性酚醛树脂具有好的结构特征，成胶性好，内聚力强。缺点是酚醛浆制造终点不易掌握，如缩合过度或放置时间过长，都会使它在松香中的溶解性降低，影响加成反应，甚至变成不溶颗粒或固体而无法使用。

图 6-8-17 为常规的生产松香改性酚醛树脂的工艺流程。

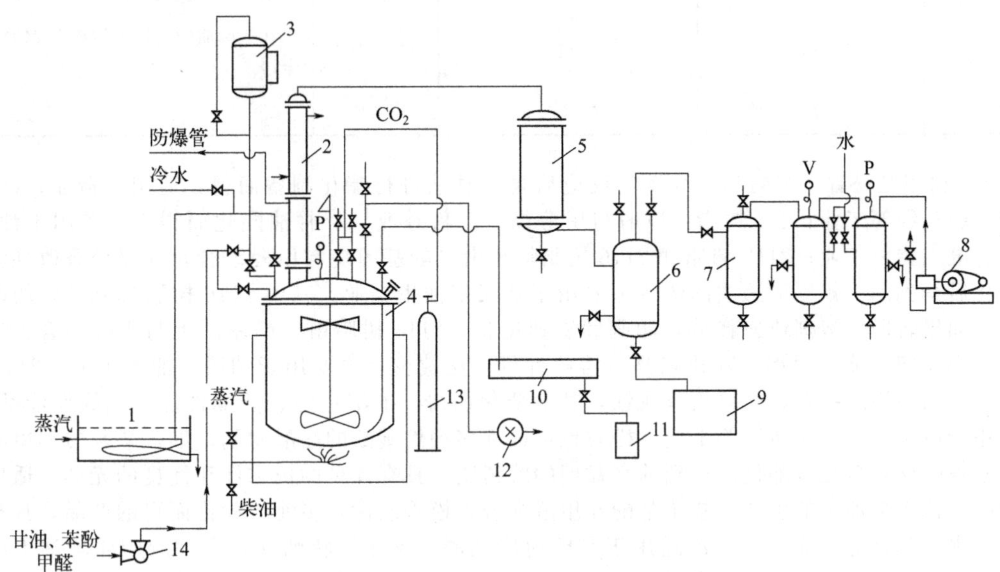

图 6-8-17　松香改性酚醛树脂常规生产流程

1—松香熔化槽；2，5—冷凝器；3—甲醛计量槽；4—反应锅；6—受器；7—真空缓冲罐；8—真空泵；9—轻油、水贮槽；10—冷却盖；11—包装桶；12—抽风机；13—CO_2 钢瓶；14—齿轮泵；V—真空表；P—压力表

三、松香改性酚醛树脂的性质与应用

松香改性酚醛树脂的外观、酸值、颜色、软化点和溶解度等主要指标按照林业行业标准 LY/T 1065—2022 中方法测定，该标准规定了松香改性酚醛树脂的主要质量指标，见表 6-8-21。

表 6-8-21　松香改性酚醛树脂的质量指标

项目	指标		
	一级	二级	三级
外观	无定形黄色至黄棕色透明固体		
酸值/(mg/g)　≤	20		
颜色(加德纳色号)≤	8	10	12
软化点(环球法)/℃	135～190		
溶解度(在苯中)	透明,无机械杂质和沉降物		

我国生产的松香改性酚醛树脂由于所用的酚类原料不同而有多种品种，如 210、211、2112、2116、2118 和 2119 等，它们的性能指标见表 6-8-22[15]。

表 6-8-22　松香改性酚醛树脂部分品种的性能指标

树脂品种	酸值/(mg/g) ≤	颜色(加德纳色号) ≤	软化点/℃	溶解性
210	20	12	135～150	在甲苯(1∶1)中全溶
211	20	13	≥133	在苯(1∶1)中全溶，在亚麻油(2∶1)中加热至 240℃时全溶
2112	20	2	>135	在苯(1∶1)中全溶
2116	18	12	151～162	在亚麻油(2∶1)中加热至 240℃时全溶
2118	20	12	157～165	在亚麻油(2∶1)中加热至 240℃时全溶
2119	20	16	≥130	—

210 树脂是松香、苯酚和甲醛发生反应后再用甘油进行酯化制备而得，适用于造漆、油墨、橡胶、漆包线等工业；211 树脂由甲酚与甲醛缩合、松香改性、甘油酯化而得，主要用于油漆、油墨、电工器材工业；2112 树脂和 2116 树脂均是由二酚基丙烷与甲醛缩合，并以松香改性，甘油酯化后得到的不规则形透明固体，主要用于造漆基油墨工业，其中 2116 树脂具有良好的印刷适性，油墨转印后溶剂快速释放，印刷固着速度快；2118 树脂由二酚基丙烷与甲醛缩合、松香改性、季戊四醇酯化而得，软化点高，溶解性好，泛黄少，主要用于油漆、油墨工业；2119 树脂由二甲酚与甲醛缩合，并以松香改性，甘油酯化而得，油溶性能、防潮性能、绝缘性能都好，主要用于电工器材、漆包线等工业。松香也可改性多种烷基酚的酚醛树脂，如：辛基酚和甲醛缩合，松香改性，多元醇酯化而得到的高黏度酚醛树脂，具有优良的抗水性和优良的光泽，适用于胶印亮光快干型油墨的生产；叔丁基酚和甲醛缩合，松香改性，多元醇酯化而得的产品，具有优良的抗水性和良好的光泽，广泛适用于胶印树脂油墨、胶印轮转油墨及书刊胶印轮转油墨的生产。此外，混合酚也可用作此类树脂的原料，如以松香改性的叔丁基酚、壬基酚混合酚醛树脂具有优良的抗水性和良好的光泽，成胶性优异，广泛应用于胶印亮光快干油墨。

参考文献

[1] 王基夫，林明涛，王春鹏，等. 可缩合聚合松香基高分子单体的研究进展. 高分子材料科学与工程，2009，25（4）：170-174.
[2] 陈莉晶，曹晓琴，徐徐. 松香基功能性单体的合成及应用. 化工进展，2016，35（12）：4001-4006.
[3] 李娟，蔡益波. 生物质不饱和聚酯树脂的研究进展. 当代化工研究，2018，4：148-149.
[4] 杨小华，夏建陵，于海燕，等. 松香树脂酸合成新材料的研究进展. 材料导报 A：综述篇，2011，25（11）：146-151.
[5] 刘卫红，赵林，周兰芳，等. 耐腐蚀不饱和聚酯树脂的品种及国内发展概况. 热固性树脂，2004，19（6）：28-31.
[6] 李侨光，刘鹤，商士斌，等. 松香及其衍生物改性高分子材料的研究进展. 林产化学与工业，2017，37（4）：23-229.
[7] 张俭. 松香型系列不饱和聚酯树脂的合成研究. 热固性树脂，1995，1（4）：20-25.
[8] Wilbon P A，Zheng Y，Yao K，et al. Tang，renewable rosin acid-degradable caprolactone block copolymers by atom transfer radical polymerization and ring-opening polymerization. Macromolecules，2010，43：8747-8754.
[9] 李军城. 松香在合成聚酯树脂中的新途径探讨. 热固性树脂，1997，1（12）：50-53.
[10] 齐双春，邢广恩. 松香酸改性对苯型不饱和聚酯树脂的研制. 中国塑料，2005，19（9）：61-63.
[11] 唐君，徐国财，沈娜. 松香改性对苯型不饱和聚酯树脂的合成及性能. 热固性树脂，2009，4（1）：18-20.
[12] 刘卫红，赵林，周兰芳. 苯甲酸封端间苯型不饱和聚酯树脂的合成及性能研究. 玻璃钢/复合材料，2007，1：39-41.
[13] 刘卫红，赵林，周兰芳. 改性间苯型不饱和聚酯树脂的合成及耐腐蚀研究. 精细石油化工，2005，5：42-44.
[14] 李佶辉，哈成勇. 松香改性的研究进展. 天然产物研究与开发，2003，15（6）：552-558.
[15] 任天瑞，李永红. 松香化学及其应用. 北京：化学工业出版社，2006.
[16] 徐徐，宋湛谦，商士斌，等. 富马海松酸的制备及纯化. 林产化学与工业，2009，29：69-72.

[17] Wang J, Yao K, Korich A L, et al. Combining renewable gum rosin and lignin: Towards hydrophobic polymer composites by controlled polymerization, Journal of Polymer Science Part A: Polymer Chemistry, 2011, 49: 3728-3738.

[18] Yao K, Wang J, Zhang W, et al. Degradable rosin-ester-caprolactone graft copolymers. Biomacromolecules, 2011, 12: 2171-2177.

[19] Sacripante G G, Zhou K, Farooque M . Sustainable polyester resins derived from rosins. Macromolecules, 2015, 48: 6876-6881.

[20] 刘煜平，韩秀萍，傅宁婕，等. 马来海松酸不饱和聚酯树脂研究. 广西大学学报（自然科学版），2005，30（4）：348-351.

[21] Atta A M, Nassar I F, Bedawy H M. Unsaturated polyester resins based on rosin maleic anhydride adduct as corrosion protections of steel. Reactive and Functional Polymers, 2007, 67: 617-626.

[22] Liu X, Li C, Zhang D, et al. Synthesis, characterization and properties of poly (butylene succinate) modified with rosin maleopimaric acid anhydride. Polymer International, 2006, 55: 545-551.

[23] Liu X, Li C, Zhang D, et al. Melting behaviors, crystallization kinetics, and spherulitic morphologies of poly (butylene succinate) and its copolyester modified with rosin maleopimaric acid anhydride. Journal of Polymer Science Part B: Polymer Physics, 2006, 44: 900-913.

[24] 翟兆兰，高宏，商士斌，等. 水溶性松香树脂的制备及应用研究进展. 生物质化学工程，2018，52（3）：45-49.

[25] 程珍发，解洪柱，卢渊，等. 水溶性油墨用富马酸改性松香树脂的研制. 林产化工通讯，2002，36（2）：6-9.

[26] Atta A M, Elsaeed A M, Farag R K, et al. Synthesis of unsaturated polyester resins based on rosin acrylic acid adduct for coating applications. Reactive and Functional Polymers, 2007, 67: 549-563.

[27] Atta A M , El-Saeed S M, Farag R K. New vinyl ester resins based on rosin for coating applications. Reactive and Functional Polymers, 2006, 66: 1596-1608.

[28] Nande V S, Barabde U V, Morkhade D M, et al. Synthesis and characterization of PEGylated derivatives of rosin for sustained drug delivery. Reactive and Functional Polymers, 2006, 66: 1373-1383.

[29] Roy S, Kundu A, Maiti S . Polymers from renewable resources-13. polymers from rosin acrylic acid adduct. European Polymer Journal, 1990: 471-474.

[30] 王百军，谢晖，周永红. 丙烯酸改性松香聚甘油酯的合成及性能研究. 精细化工，2002，1（22）：66-69.

[31] Yan X, Zhai Z, Song Z, et al. Synthesis and properties of polyester-based polymeric surfactants from diterpenic rosin. Industrial Crops and Products, 2017, 108: 371-378.

[32] 谢晖，商士斌，王定选. 水溶性丙烯海松酸聚酯的合成及性能研究. 林产化学与工业，2001，21（1）：51-55.

[33] 李军诚. 松香在合成聚酯中的新途径探讨. 热固性树脂，1997，1：50-53.

[34] 刘国杰. 醇酸树脂涂料. 北京：化学工业出版社，2015：15-18.

[35] 金琦，郭幼庭，刘宪斌，等. 松脂改性醇酸树脂的研究——醇解过程中醇解组分变化的研究. 东北林业大学学报，1986，14（增刊）：43-44.

[36] 金琦，郭幼庭，郑志方，等. 松脂改性醇酸树脂漆的研制. 东北林业大学学报，1987，15（6）：55-61.

[37] 凌建雄，涂伟萍，杨卓如. 马来海松酸（MPA）改性醇酸树脂的研制. 合成材料老化与应用，2000，1（1）：1-5.

[38] 瞿金清，涂伟萍，陈焕钦. 马来海松酸快干醇酸树脂涂料的研制. 林产化学与工业，2002，22（1）：59-62.

[39] 瞿金清，涂伟萍，陈焕钦. 马来海松酸快干醇酸树脂涂料的研制. 林产化学与工业，2002，22（1）：59-62.

[40] 赵娇娇，王久芬，张军科，等. 热熔型改性松香-醇酸树脂路标涂料的研制. 化工生产与技术，2007，14（1）：12-14.

[41] 赵娇娇. 热熔型改性松香-醇酸树脂路标涂料的研制. 太原：中北大学，2007.

[42] 陶波，谢晖，黄莉，等. 丙烯酸改性松香基醇酸树脂的合成研究. 热固性树脂，2010，25（3）：27-30.

[43] 张立成. 水溶性醇酸树脂制备的研究. 济南：山东大学，2004.

[44] 蔡玲. 改性水性醇酸树脂的合成及底漆的制备. 涂料工业，2005，35（9）：39-40.

[45] 向涛. 改性水性醇酸树脂的合成及其性能研究. 重庆：重庆大学，2017.

[46] 谢晖，商士斌，王定选. 改性松香类水溶性醇酸树脂的合成与性能研究. 林产化学与工业，2001，21（2）：29-33.

[47] 张俊华. 马来海松酸酐（MPA）的合成及其对自干型水溶性醇酸树脂的改性研究. 济南：山东大学，2006.

[48] 王宏晓，商士斌，宋湛谦，等. 松香基多元醇的合成及其应用. 生物质化学工程，2007，41（6）：32-36.

[49] 曾韬，刘玉鹏，梁静谊. 固体酸碱催化马来松香酯化反应. 林产化工通讯，2001（6）：18-21.

[50] 丛树枫，喻露如. 聚氨酯涂料. 北京：化学工业出版社，2003.

[51] 张跃冬，金一. 含松香的硬质聚氨酯泡沫塑料的制备及性能研究. 林产化学与工业，1991，11（3）：203-207.

[52] 张跃冬，商士斌. 松香改性硬质聚氨酯泡沫塑料耐热性研究（Ⅰ）：松香酯多元醇结构对其耐热性的影响. 林产化学与工业，1995，15（3）：1-6.

[53] 张跃冬，商士斌. 松香改性硬质聚氨酯泡沫塑料耐热性研究（Ⅱ）：泡沫组成对耐热性的影响. 林产化学与工业，1995（4）：1-6.

[54] Zhang Y S, et al. Influence of the composition of rosin-based rigid polyurethane foams on their thermal stability. Journal of Applied Polymer Science, 1996, 59 (7): 1167-1171.

[55] 金建锋. 聚氨酯材料的增强研究. 上海：华东理工大学，2000.

[56] 陆波，李梅，刘煜，等. 端羟基马来松香酯的制备及应用. 沈阳化工学院学报，1994 (2): 87-92.

[57] 宋兴. 松香多异氰酸酯的合成及应用研究. 生物质化学工程，2012 (3): 60-61.

[58] Jin J F, Chen Y L, Wang D N, et al. Structures and physical properties of rigid polyurethane foam prepared with rosin-based polyol. Journal of Applied Polymer Science, 2002, 84 (3): 598-604.

[59] Zhang M, Zhang L, Zhou Y. Preparation and characterization of polyurethane foams from modified rosin-based polyether polyol//Jiang Z, Han J. Advances in Materials and Materials Processing Ⅳ, Pts 1 and 2, 2014: 727-730.

[60] 张猛，郭晓昕，周永红，等. 新型松香聚醚多元醇的合成及耐热性研究. 热固性树脂，2010 (1): 7-11.

[61] Szabat J F. Polyurethanes from a rosin acid polyether-ester. US3236790A. 1966-02-22.

[62] 李金彪，于江，梁国强. 一种聚醚多元醇的制备方法：CN1696174. 2005-11-16.

[63] 张猛，周永红，胡立红，等. 松香基硬质聚氨酯泡沫塑料的制备及热稳定性研究. 热固性树脂，2010 (5): 37-40.

[64] 张猛，周永红，郑敏睿，等. 用于硬质聚氨酯泡沫的结构阻燃型松香基多元醇及其制备方法和应用. ZL201610941336.7, 2019-2-19.

[65] 林跃华，龙清平，聂建华. 高性能 PU/UP 不饱和聚酯家具涂料的研制. 山东化工，2017, 46 (5): 24-26.

[66] 徐海波，谢晖，黄莉，等. 光-热双固化水性聚氨酯丙烯酸酯的涂膜性能. 南京工业大学学报（自然科学版），2016, 38 (1): 39-44.

[67] 刘鹤，徐徐，商士斌. 马来海松酸改性水性聚氨酯的制备及性能研究. 林产化学与工业，2013, 33 (3): 38-42.

[68] 刘鹤，徐徐，商士斌，等. 环氧树脂复合富马海松酸改性水性聚氨酯的合成及性能研究. 林产化学与工业，2014, 34 (5): 122-126.

[69] Si H, Liu H, Shang S, et al. Maleopimaric acid-modified two-component waterborne polyurethane for coating applications. Journal of Applied Polymer Science, 2016, 133 (15).

[70] 谢晖，程芝. 丙烯海松酸型聚氨酯涂料的研制. 林产化学与工业，1998, 18 (3): 67-73.

[71] 谢晖，程芝. 丙烯海松酸聚氧乙烯酯聚醚多元醇的合成研究. 林产化学与工业，2000, 20 (1): 27-32.

[72] 谢晖，商士斌，王定选. 水溶性丙烯海松酸聚酯的合成及性能研究. 林产化学与工业，2001 (1): 51-55.

[73] 余蜀宜. 双丙烯海松酸酯多元醇的合成研究. 安徽化工，1998 (6): 23-25.

[74] 余蜀宜，李建华，余蜀兴. 双丙烯酸改性松香酯多元醇的性能测试与分析. 涂料工业，1998 (7): 42-44.

[75] 李强，严明，林中祥. 反应型聚氨酯热熔压敏胶的研制. 中国胶粘剂，2014, 23 (4): 33-37.

[76] 李文，唐星华，张爱琴，等. 松香基水性聚氨酯施胶剂的制备及其应用. 现代化工，2015, 35 (10): 118-121.

[77] Detlefsen W D. Phenolic resins: some chemistry, technology, and history. Adhesion Science and Engineering, 2002, 20: 869-945.

[78] 程芝. 天然树脂生产工艺学. 北京：中国林业出版社，1996.

[79] Tang K H, Zhang A L, Ge T J, et al. Research progress on modification of phenolic resin. Materials Today Communications, 2021, 26.

[80] 耿向东，张振荣. 高档热固油墨用松香改性长链烷基酚醛树脂的制备. 热固性树脂，2017, 30 (5): 34-37.

[81] 伍忠萌. 林产精细化学品工艺学. 北京：中国林业出版社，2002.

（周永红，张猛，冯国东，刘承果）

第九章　松节油合成香料

香料是一种能被嗅感嗅出气味或味感尝出香味的物质，可以是一种单一物质，也可以是多种物质的混合物，按来源不同一般分为天然香料和合成香料两大类。天然香料主要指从动植物中提取得到的精油、浸膏等具有芳香性的物质；合成香料则是指利用各种化学反应由不同的原料制备得到的芳香物质。天然香料在香味等性质方面可能优于合成香料，但是由于其在动植物体内含量不高，提取率又比较低等原因，产量极低，价格昂贵，无法满足工业需求；而合成香料具有原料来源广泛、合成工艺多样等特点，无论是品种还是产量都远远超过天然香料，是香料工业的支柱。松节油一方面可作为天然香料使用，其自身以及单离组分蒎烯等都是重要的调香原料，而且，与其他精油相比，具有资源丰富、易生产、产量大、价格低等特点，是当之无愧的“天然精油之王”。另一方面，松节油又是合成其他香料产品的重要原料，在香料领域的重要性远超过其作为天然香料的使用价值。以松节油或其单离组分蒎烯等为原料合成的香料产品多达上百种，按功能团结构不同可分为烃类、醇类、酯类、酮类和酸类等，广泛应用于食品、日化、医药、农药等领域。此外，在科研领域，松节油也是新香料产品开发的首选原材料之一，各种各样的松节油源香料化合物日益涌现，促进香料产业不断发展壮大。

第一节　蒎烷及其衍生物

一、蒎烷的性质

蒎烷，学名12,6,6-三甲基双环［3,1,1］庚烷，是一种单萜化合物，具有温和松针样气息，透明油状液体，分子量138.24，分子式$C_{10}H_8$，熔点−50℃，沸点168℃，相对密度$d_4^{20}=0.854$，折射率$n_D^{20}=1.4630$，不溶于水，易溶于乙醚、苯等有机溶剂。

蒎烷有顺式和反式两类，包括4种异构体，它们分别为**C1**：*cis*-(1R,2S,5R)；**C2**：*cis*-(1S,2R,5S)；**T1**：*trans*-(1R,2R,5R)；**T2**：*trans*-(1S,2S,5S)。蒎烷的四种异构体如图6-9-1所示。

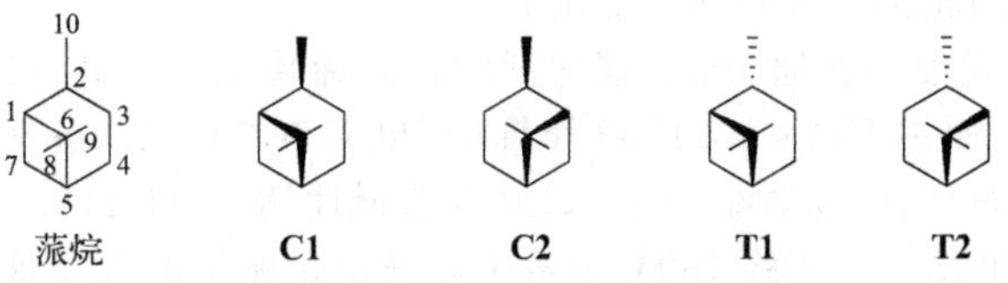

图6-9-1　蒎烷的四种异构体

蒎烷的分子骨架中有一个张力较大的环丁烷环，很容易发生扩环或开环、氧化等反应，具有重要的工业用途，可用于合成多种萜类香料。例如，蒎烷经氧化、还原及裂解等反应可制得香料芳樟醇，可进一步制得乙酸芳樟酯、维生素E等。蒎烷经热异构或催化异构得到二氢月桂烯，进而合成二氢月桂烯醇、香茅醇、玫瑰醚、曼酮、二甲缩酮及玫瑰麝香等许多香料产品[1-4]。

工业生产上要求蒎烷以顺式异构体为主（一般要求顺式与反式蒎烷之比≥9），因为顺式异构体的反应活性高于反式异构体，发生自氧化反应时，顺式蒎烷中C2—H的活性是反式体的6.4倍，而反式蒎烷C3、C4位置上仲氢反应活性则明显较强，会生成松莰醇、马鞭烷醇等副产物。Bain的实验结果表明顺式蒎烷的异构化比反式体快，以95%顺式蒎烷在550～600℃时裂解得64%二氢月桂烯，而在相同条件下95%反式体只得30%二氢月桂烯，且光学活性相反[5,6]。

二、蒎烷的制备

（一）制备原理

工业蒎烯经高压催化加氢可制备蒎烷。松节油主要成分α-蒎烯和β-蒎烯都可以经催化加氢制得蒎烷，但工业上以较高纯度的α-蒎烯为原料更经济，反应路线如图 6-9-2 所示。α-蒎烯加氢反应中 H 原子主要从α-蒎烯的 Endo 面（α-蒎烯的取代基朝向面内）进攻，生成顺式蒎烷及少量反式蒎烷。反式蒎烷 C2—H 键受偕二甲基的保护空间位阻增大，反应活性仅为顺式的 0.16 倍，且反应产物复杂。若要提高蒎烯加氢反应中顺式蒎烷的选择性，关键在于催化剂的选择和设计[7-9]。

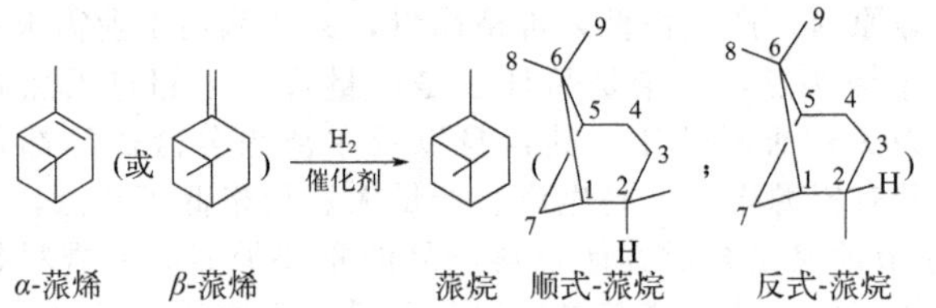

α-蒎烯（或 β-蒎烯）$\xrightarrow[\text{催化剂}]{H_2}$ 蒎烷（顺式-蒎烷；反式-蒎烷）

图 6-9-2 蒎烯催化加氢合成蒎烷路线

（二）催化剂

影响蒎烯催化加氢反应的因素很多，有反应物本身结构、催化剂因素（如催化剂种类、用量、组合配比等）、反应温度、反应时间、反应压力、气流量及物料与催化剂之间的接触程度等[10-12]，高选择性和高效率催化剂，加之优化工艺条件是制备顺式蒎烷的关键[13-15]。α-蒎烯催化加氢主要用贵金属催化剂和非贵金属催化剂，有的采用常规非均相的镍催化剂（如瑞尼镍），有的采用贵金属非均相催化剂（如 Pd/C、Pt/C 和 Ru-Pd 等），有的采用贵金属均相催化剂（如 Crabtee 催化剂、三苯基膦氯化铑等），也有人采用经修饰的镍催化剂（如钯修饰的硼化镍催化剂、Ni-Zr、P-Ni/尼龙-66 等）[16-18]。

1. 贵金属催化剂

几乎所有的贵金属都可以用于催化蒎烯加氢制备蒎烷，常用贵金属有钯(Pd)、银(Ag)、铂(Pt)、铑(Rh)、钌(Ru) 等，其中以 Pd/C 和 Ru/Al_2O_3 的应用最广。根据反应体系状态不同，贵金属催化剂可分为非均相催化剂和均相催化剂。

余小兵等[14]研究发现使用普通 Pd/C 催化剂时，蒎烯转化率虽高（99.3%），但顺式蒎烷选择性却很低（80.1%），而以 $CuCl_2 \cdot 2H_2O$ 修饰的 Pd/C 在 75℃、2～3MPa 和乙醇溶剂中氢化 40g 蒎烯 3h，尽管转化率只有 63.3%，但顺式蒎烷选择性达到 93.1%。李云华等[16]采用聚苯乙烯-二乙烯基苯负载 Pd 催化剂，在约 180℃和常压下进行α-蒎烯的气相催化加氢，产品中顺式蒎烷只有 60%～70%、反式蒎烷多达 25%～30%。Palvin[17]采用 5%Ru/Al_2O_3 为氢化催化剂，在常温下反应 3h，所得产物中顺式蒎烷选择性为 96.2%。Wachholz 等[18]也用 Ru/Al_2O_3 催化剂研究这个工艺，但他使用的是固定床反应器，所用催化剂为 1%Ru/Al_2O_3，在 50℃下进行反应，所得产物中顺式异构体含量在 95%～97%之间。

Jenke 等[19]采用可溶性手性催化剂 $HRu_3(CO)_9$ 及 $HRu_2(CO)_4$ 催化氢化蒎烯，在 90℃、5.0MPa 条件下反应 15h，产物中顺式蒎烷选择性近 100%。Brown[20]使用可溶性催化剂 Crabtee 催化蒎烷均相加氢反应，产物中顺式蒎烷含量达 98%。杨晓等[21]以水促进 $RuCl_3$ 催化蒎烯加氢，在α-蒎烯 2.5g、$m(H_2O):m$(α-蒎烯)=4∶1、压力 5MPa、$RuCl_3$ 1.8mg、温度 160℃、反应 5h 工艺条件下，α-蒎烯转化率为 99.7%，顺式蒎烷选择性为 96.3%。

2. 非贵金属催化剂

蒎烯加氢制备蒎烷用的非贵金属催化剂主要是镍催化剂，包括非均相镍催化剂及经修饰的镍催化剂。Rummelsburg[22]首先报道了用镍催化剂，在80℃和5.0MPa条件下加氢合成蒎烷。王碧玉等[23]以α-蒎烯为原料进行试验生产时，以镍为催化剂，在压力0.5～0.8MPa、温度100～140℃下反应2.5h，α-蒎烯转化率98.0%以上，蒎烷总得率98.0%以上，顺式蒎烷选择性大于95.0%。陈小鹏[24]证明在同样条件下瑞尼镍比Pd/C催化剂的效率更高。黄宗凉等[11]以自制镍系催化剂催化α-蒎烯加氢反应，蒎烯转化率达99%以上，顺式蒎烷选择性大于95.7%。毕梦宇等[25]发现蒎烯原料中β-蒎烯含量与产物中顺式蒎烷得率呈负相关性，且在100℃、6.0MPa、正丁醇溶剂、催化剂用量为原料3%的条件下，蒎烯转化率可达100%，产物中顺式蒎烷含量高于95%。谢晖等[26]将纳米镍催化剂用于α-蒎烯加氢，在4MPa、90℃、催化剂用量1%条件下，α-蒎烯转化率接近100%，顺式蒎烷选择性为94.3%。

（三）制备工艺

生产规模不大时，通常采用间歇法蒎烯催化加氢工艺制备蒎烷，以瑞尼镍为催化剂，在高压反应釜中完成。主要操作工艺过程为：将适量蒎烯投入压力反应釜（可加入一定比例的乙醇作为溶剂），加入瑞尼镍催化剂，密封并测试气密性，充氮气置换充分，而后再充氢气置换充分，充氢气到反应所需压力。逐步加热到反应温度，保温反应，反应过程中视情况补加氢气，直至反应体系压力在一段时间内基本不降低。反应结束后降温到室温，放空反应釜，再充氮气置换，出料，过滤，蒸馏分离乙醇溶剂后拉白得到蒎烷产品。

生产规模比较大时，通常采用固定床连续法催化加氢工艺制备蒎烷。将蒎烯用泵输送至预热器，加热到反应温度后进入混合器，被高速氢气分散成小液滴后一同进入装填有骨架镍催化剂的氢化反应器内，在一定压力、温度及催化剂的作用下，蒎烯与氢气反应生成蒎烷，由反应器出来的氢气与产品混合物经分离器分离出蒎烷，经减压阀放出液体产品至贮槽，分离出来的剩余氢气重新补足反应消耗的氢气后，再经热交换，加热后循环至氢化反应器。工艺流程如图6-9-3所示[27]。

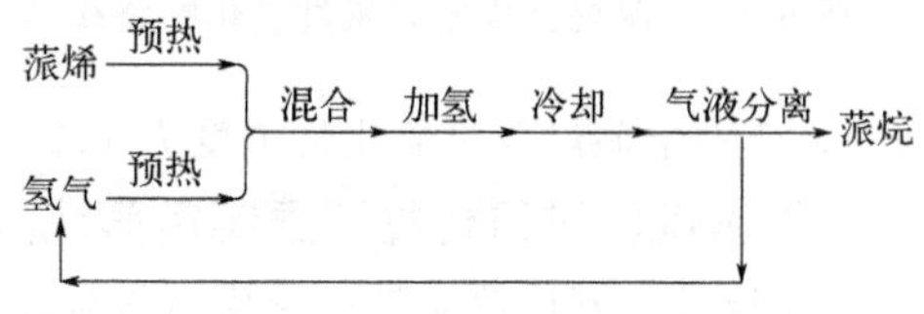

图6-9-3　蒎烯制备蒎烷连续生产流程

三、蒎烷的应用

（一）合成芳樟醇

芳樟醇，别名里那醇、沉香醇，化学名称为3,7-二甲基-1,6-辛二烯-3-醇；无色液体，沸点为197～199℃，相对密度为$d_4^{25}=0.858～0.862$，折射率$n_D^{20}=1.4610～1.4640$，闪点为79℃；几乎不溶于水，不溶于甘油，溶于丙二醇、非挥发性油和矿物油，混溶于乙醇和乙醚；具有强烈的铃兰花香香气，是天然精油中分布最为广泛和最重要的萜烯香料之一[28]。左旋芳樟醇存在于芳樟叶油、薰衣草油等精油中，右旋芳樟醇存在于胡荽子油等精油中。芳樟醇广泛应用于各种日用香精的配方之中，是日用香精中使用频率最高的香料产品，也用于调配食用香精。它的各种羧酸酯例如甲酸酯、乙酸酯、丙酸酯等脂肪酸酯以及苯甲酸酯等芳香羧酸酯也是重要的香料。同时，它还是合成维生素A、维生素E和维生素K等产品的重要原料[29]。每年芳樟醇及其衍生下游产品用于医药化工产品生产的数量约5万吨[30]。由蒎烷氧化合成芳樟醇及下游产品是合成芳樟醇的重要工艺方法之一。

1976年英国B.B.A.公司开始用α-蒎烯[31]合成芳樟醇，1997年中国梧州松脂厂建成用松节油生产500t合成芳樟醇的生产装置。以α-蒎烯为原料，先将蒎烯氢化为蒎烷，然后经过氧化得到蒎烷氢过氧化物，再将它还原为2-蒎烷醇，最后经过高温裂解得到芳樟醇[32]。该合成路线如图6-9-4所示。

1. 蒎烷氧化合成蒎烷氢过氧化物

蒎烷氢过氧化物是蒎烷的氧化产物，合成线路如图6-9-5所示，主要用于合成芳樟醇，它本

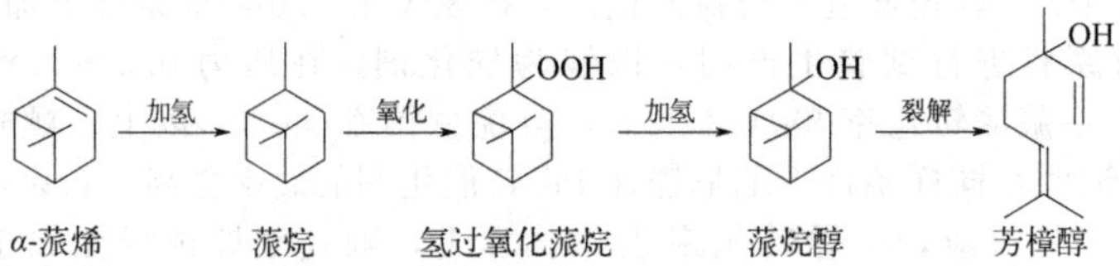

图 6-9-4 α-蒎烯合成芳樟醇路线

身也可作为单独的化学试剂参与其他反应而加以开发。如蒎烷氢过氧化物与 3-蒈烯反应可得 3a-、3b-环氧化蒈烷（环氧蒈烯），再经催化异构、酮缩合、氢化还原可得具优美持久香气的一系列香料产品[33]。

蒎烷氢过氧化物从结构上看属于叔烷基氢过氧化物，一般对碱性较稳定，但在一些情况下也可分解成醇和氧，尤其是等分子量氢过氧化物与钠盐相遇时分解速度更快。此外，蒎烷氢过氧化物遇热易分解，且大多数氢过氧化物加热至高温都会爆炸，处理时需小心[34]。

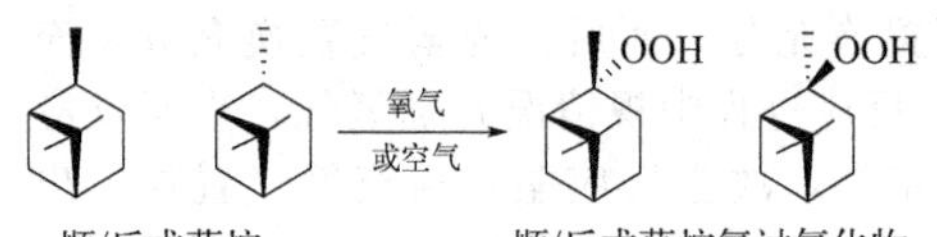

图 6-9-5 蒎烷合成蒎烷氢过氧化物路线

蒎烷在 80～150℃、常压后稍加大压力，用氧气或空气氧化，可得含蒎烷氢过氧化物的氧化液，得率达到 85%以上，副产物是少量的醇、酮和酸类化合物。Fisher 等[35]用过量的氧气分段氧化，在 120℃下反应 30min 后改为 110℃下反应 4h，蒎烷氢过氧化物得率为 72%。赵振东等[36]改用空气于 110℃下催化氧化蒎烷 25h，产物中蒎烷氢过氧化物浓度为 45%～50%。

2. 蒎烷氢过氧化物还原制备蒎烷醇

蒎烷醇是利用蒎烷氢过氧化物路线合成芳樟醇的过程中的必备中间体。Fisher 等[37]采用硫化钠的氢氧化钠溶液在 80℃下还原 1h，2-蒎烷醇收率为 88%。Brose 等[38]用装填 2%Pd/α-Al_2O_3 的夹套连续管式氢化装置，在 50℃、常压下用氢气还原质量分数为 15%的蒎烷氢过氧化物。赵振东等[36]用常压 Pa/C 催化加氢还原法制得 2-蒎烷醇，粗产物中含量 38%以上。

3. 蒎烷醇热解制备芳樟醇

2-蒎烷醇的热解是 α-蒎烯路线中最关键也是最困难的一步，通常在减压或者以氮气、水为稀释剂的情况下进行。Cocker[39]以 90%纯度的 2-蒎烷醇（顺/反比例为 70∶20）为原料，以约 7 倍质量的水为稀释剂于 475～530℃下进行热解，2-蒎烷醇的转化率为 66.7%～90.1%，芳樟醇选择性为 57%～76%。

Leiner 等[40]使用电加热的石英管式反应器，以氮气为载气，在 450～600℃下，停留时间 0.6～0.8s 进行热解，主要产物为芳樟醇，但芳樟醇会进一步异构化生成鸢醇，产物中还发现有 β-松油醇和 5,7-二甲基-6-辛烯-2-酮的存在（如图 6-9-6 所示）。

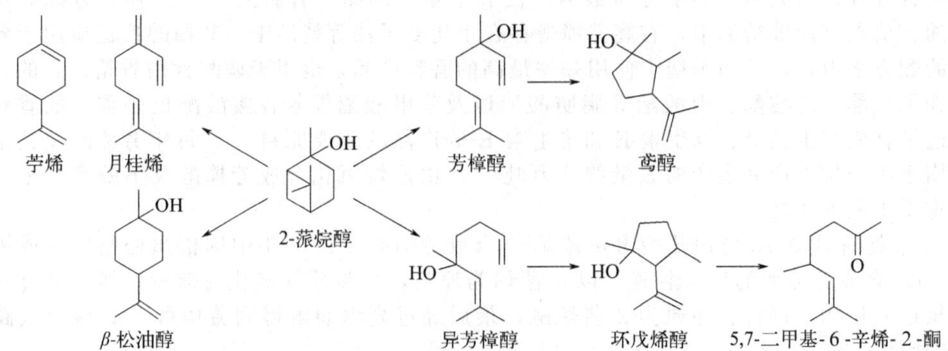

图 6-9-6 2-蒎烷醇热解产生芳樟醇和其他副产物

Buddoo 等[41]以 100%乙醇稀释蒎烷醇，以氮气为载气，流量 0.5mL/min 下进行顺式 2-蒎烷醇的热解反应，用微管式反应器时好于传统反应器，2-蒎烷醇转化率 81.7%，芳樟醇选择性 71.2%，收率 58.2%；用多通道微反应器更好，2-蒎烷醇转化率 92.6%，芳樟醇选择性 79.2%，收率 73.3%。

（二）合成二氢月桂烯醇

二氢月桂烯醇，化学名称为 2,6-二甲基-7-辛烯-2-醇，无色稍黏稠液体，具强烈白柠檬及柑橘类花香和甜味。它是自然界不存在的合成香料，20 世纪 70 年代后初露头角，由于具有稳定的柠檬样新鲜感和薰衣草的花香，用于香水中的效果非常好，被大剂量地使用于所有家用日化产品中。2020 年世界年生产量已达 10000t 以上。

二氢月桂烯催化水合是合成二氢月桂烯醇重要的工艺方法。该工艺路线分为两步：第一步为蒎烷的异构化，合成二氢月桂烯；第二步为二氢月桂烯催化水合制备二氢月桂烯醇（如图 6-9-7 所示）。

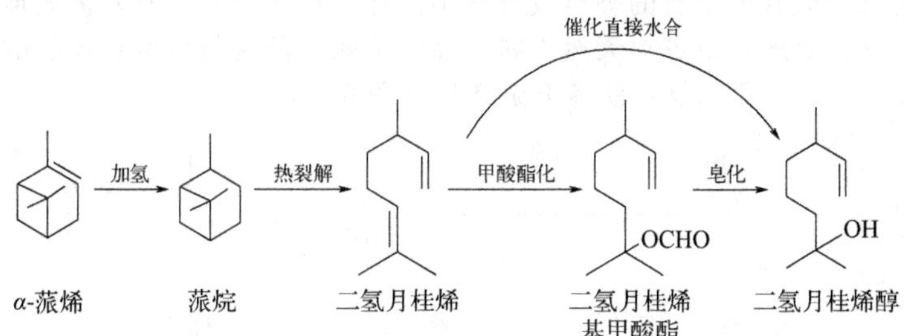

图 6-9-7 二氢月桂烯醇合成路线

1. 蒎烷催化异构化制备二氢月桂烯

二氢月桂烯，别名香茅烯，化学名 2,6-二甲基-2,7-辛二烯，β-体。沸点 158～159℃/101.3kPa，$d_4^{20}=0.759$，$n_D^{20}=1.436$[42]，由蒎烷热异构化或热裂解制得，可用于合成玫瑰醚、薄荷脑等一系列香料和医药中间体。

蒎烷的热裂解可在常压下也可在减压下进行，温度范围从 385℃到 620℃。日本野村正人和藤原义人[43]利用改性合成沸石分子筛作催化剂，在 410℃、1.33kPa 和 15mL/h 的条件下反应，蒎烷转化率 71%，二氢月桂烯选择性 85%。刘旦初等[44]用微型固定床反应器，以 SiO_2 型化合物、ZSM 型分子筛、MgO-SiO_2 混合氧化物和天然矿石等为催化剂，二氢月桂烯选择性约 50%。

2. 二氢月桂烯水合制备二氢月桂烯醇

由二氢月桂烯合成二氢月桂烯醇，有一步直接水合法和两步间接水合法两种方法，两步间接水合法又分为先酯化再皂化和先氢氯化再水解两种工艺。

Gildenl 于 1959 年用 H_2SO_4 作催化剂直接水合得到二氢月桂烯醇[45]。野村正人等[43]以合成沸石催化二氢月桂烯的一步水合反应，于 80℃下反应 120h，转化率 40%，选择性 79.5%。Nigam[46]使用类似索氏提取器的装置一步水合制得二氢月桂烯醇，以乙酸为溶剂进行回流（72～85℃）反应 38h，转化率 78%，选择性 88%。

两步法中二氢月桂烯在酸性催化剂下与羧酸加成酯化后再皂化制备二氢月桂烯醇的方法已经较为成熟。报道的催化剂有硫酸、甲磺酸、氯醋酸等[47]，一般用甲酸进行加成酯化反应。

野村正人和藤原义人[43]分别用阳离子交换树脂和合成分子筛沸石为催化剂，经氯代乙酸酯化后再皂化合成二氢月桂烯醇。反应路线如图 6-9-8 所示。

两步法的另一条路径，是反应物先与 HCl 气体发生加成反应得中间产物 7-氯-3,7-二甲基-1-辛烯，再水解得产物，产率可达 60%～70%。反应路线如图 6-9-9 所示。

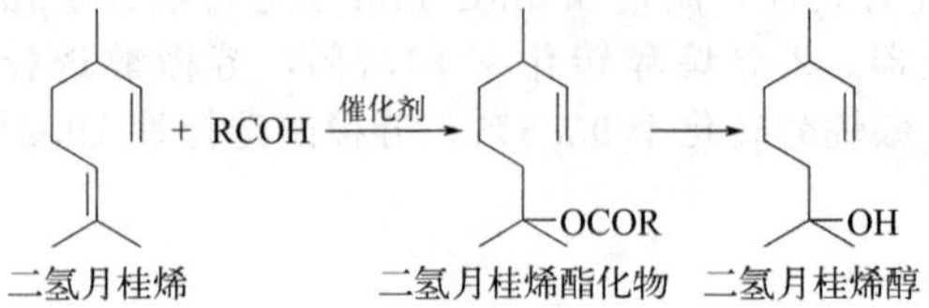

催化剂 + RCOH → 二氢月桂烯酯化物（OCOR）→ 二氢月桂烯醇（OH）

二氢月桂烯　二氢月桂烯酯化物　二氢月桂烯醇

图 6-9-8　二氢月桂烯先酯化再皂化制备二氢月桂烯醇路线

HCl 催化剂

二氢月桂烯　二氢月桂烯氯化物（Cl）　二氢月桂烯醇（OH）

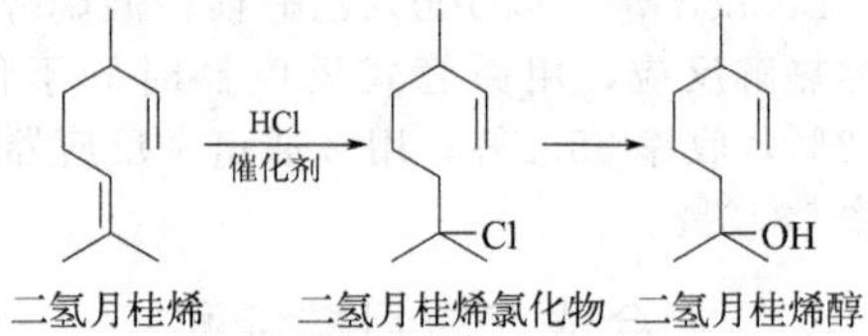

图 6-9-9　二氢月桂烯先加成再水解制备二氢月桂烯醇路线

国内在由二氢月桂烯制取二氢月桂烯醇的工业生产上，硫酸催化酯化再碱性水解法和改性沸石分子筛催化水合法两种工艺都有使用，厦门中坤化学有限公司使用一步水合工艺，二氢月桂烯醇生产规模约 1500t/a。

（三）合成其他香料产品

从蒎烷出发还可合成其他重要的香料或香料中间体。这些产品的开发极大地推动了香料工业的发展，在一定程度上缓解了市场对天然香料产品的依赖。蒎烷衍生香料产品的开发主要包括芳樟醇下游产品（图 6-9-10）和二氢月桂烯下游产品（图 6-9-11）。

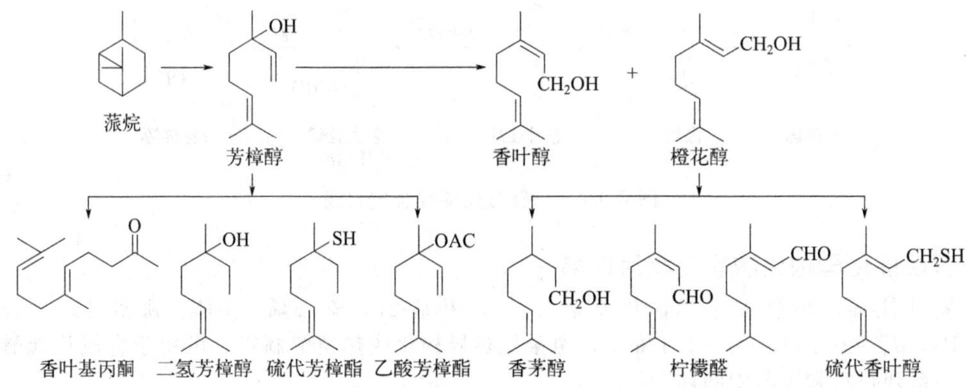

图 6-9-10　蒎烷合成芳樟醇下游产品路线

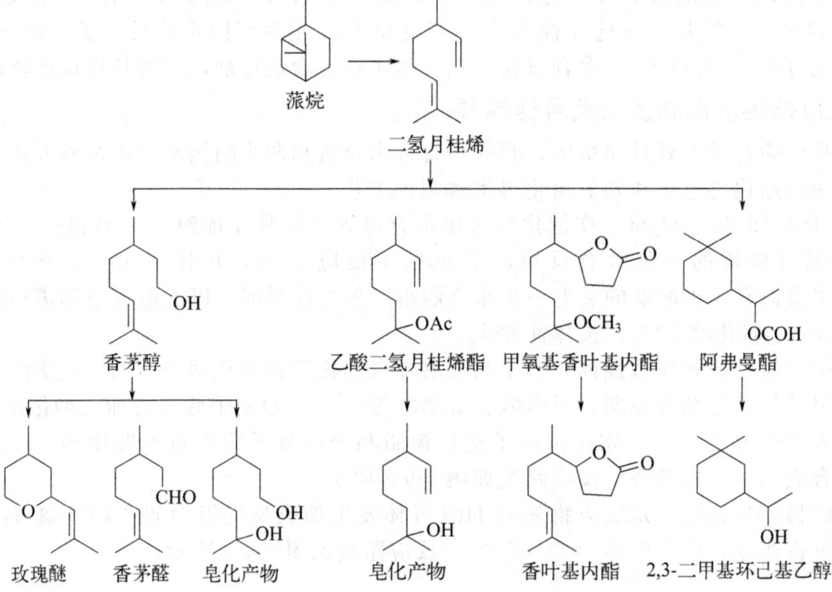

图 6-9-11　蒎烷合成二氢月桂烯下游产品路线

1. 芳樟醇下游产品

以芳樟醇为原料，以甲苯为溶剂，用原钒酸三乙醇胺酯和三仲丁基硼烷催化重排可制备香叶醇和橙花醇；由香叶醇可合成柠檬醛，这也是一个大宗香料，天然存在于山苍子油中；由柠檬醛经醇醛缩合及环化反应可合成紫罗兰酮系列衍生物，如甲基紫罗兰酮和紫罗兰酮等，并进一步合成维生素 A。芳樟醇和乙烯酮在对甲苯磺酸等强酸催化下可制备乙酸芳樟酯[48]。芳樟醇经卤代、重排、硫代、水解等步骤可制备硫代香叶醇[49]。此外，以芳樟醇为原料还可制得香叶基丙酮、橙花叔醇、异植醇，并由异植醇合成维生素 E，由香叶醇经香茅醛可制得四氢香叶醇和四氢香叶醛等。

2. 二氢月桂烯下游产品

二氢月桂烯作为一个重要的中间体，不仅可以合成二氢月桂烯醇，也可以合成玫瑰醚、薄荷脑等一系列香料和医药中间体。在酸催化下二氢月桂烯与甲酸反应生成阿弗曼酯，具有香草香和海风香。二氢月桂烯通过 Ziegler 氧化水解反应可制得香茅醇，由香茅醇可制得香茅醛、玫瑰醚；二氢月桂烯经乙酸酯化后以乙酸汞为催化剂在甲醇中加成可制得甲氧基乙酸香茅酯。由香茅醛可制得异胡薄荷醇、羟基香茅醛、甲氧基香茅醛和香茅腈。用自制的脱氢催化剂催化异胡薄荷醇在 280～302℃下脱氢可制得麝香草酚，在镍催化下加氢可制得消旋薄荷醇[50]。二氢月桂烯与丙二酸二乙酯在甲醇钠存在下可制得甲氧基香叶基内酯，具有玫瑰铃兰香气，用酸处理得香叶基内酯，具有强烈的茉莉和柑橘香气。

第二节　月桂烯及其衍生物

一、月桂烯的性质

月桂烯，也称作香叶烯，化学名称是 7-甲基-3-亚甲基-1,6-辛二烯，分子式 $C_{10}H_{16}$，分子量 136.24，密度（20℃）0.794g/cm^3，沸点 167℃，常温下呈无色或淡黄色油状液体，几乎不溶于水，可以溶于乙醇、乙醚、氯仿、冰醋酸等有机溶剂中，是一种天然的烯类有机化合物，具有令人愉快的、清淡的香脂气味，存在于伞形科植物水芹［*Oenanthe javanica*（Bl.）DC.］的全草挥发油中，柏科植物杜松（*Juniperus rigida* Sieb. Et Zucc.）的球果挥发油中，蔷薇科植物杏（*Prunus Armeniacd* L.）或山杏（*P. sibirica* L.）的果实挥发油等植物中。

二、月桂烯的制备

月桂烯是无环单萜类化合物，含 3 个不饱和的碳碳双键，其中 2 个为共轭双键，是反应活性很高的结构单元，容易发生氧化、聚合、异构、重排等化学反应。它被归类到烃类的萜烯中，并能与大多数其他香料混合，还可与亲二烯化合物进行 Diels-Alder 反应生成一系列环己烯基香料产品[51,52]。月桂烯存在于月桂油、马鞭草油、忽布油等精油中，我国吉林的黄柏油含月桂烯高达 80%。一般来说月桂烯在天然精油中含量很少，远不能满足合成香料工业的要求。目前，国内外企业主要是利用 *β*-蒎烯裂解制备月桂烯[53,54]。*β*-蒎烯在 500～600℃下催化裂解或者热裂解可以获得纯度 75%以上的月桂烯成品。月桂烯合成路线见图 6-9-12。

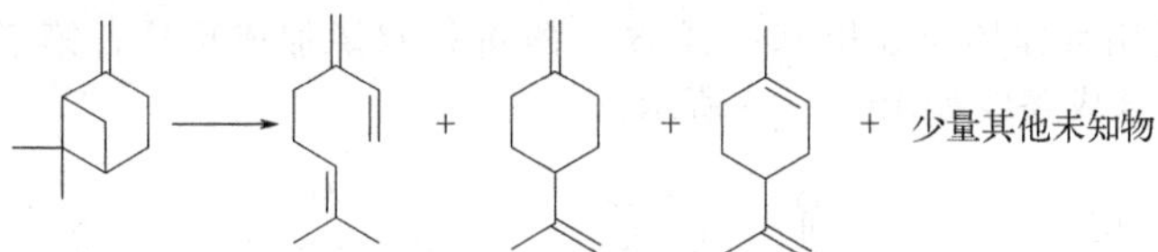

图 6-9-12　月桂烯合成路线

另外，也可以利用异戊二烯为原料，在碱金属钾、钠催化下，二异丙胺作择型剂和阻聚剂，四氢呋喃为溶剂，在一定反应温度下合成月桂烯[55]。

三、月桂烯的应用

月桂烯是香料工业中最重要的化学品原料之一，主要用于合成古龙香水和消臭剂等。由于其具有令人愉快的甜香脂气味，偶尔也被直接使用。另外，月桂烯也是合成多种香精和香料的一种极其重要的中间体，如合成新铃兰醛、香叶醇和橙花醇、龙涎酮、柑菁醛、柑菁酸甲酯、查尔酮。此外，月桂烯的氧化产物有特殊的香味，也可用于合成香料和化妆品[56]。

（一）醛和酮类衍生物的合成

1. 合成新铃兰醛

新铃兰醛，具有柔和而甜润的兔耳草花香，有较好的铃兰香韵，属于青滋香型。香气稳定而持久，在香料工业中用途极为广泛[57,58]。月桂烯合成新铃兰醛的合成路线有两种。

（1）路线一　月桂烯在酸性催化剂作用下与水反应得到月桂烯醇（或月桂烯用仲胺法制得月桂烯醇），月桂烯醇进一步与丙烯醛进行 D-A 反应得到新铃兰醛。合成路线如图 6-9-13 所示。

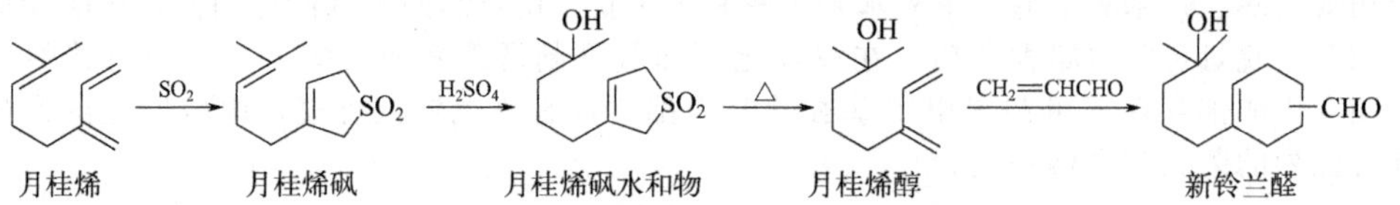

SO_2　H_2SO_4　△　CH_2═CHCHO
OH　OH　OH
SO_2　SO_2　CHO
月桂烯　月桂烯砜　月桂烯砜水和物　月桂烯醇　新铃兰醛

图 6-9-13　月桂烯合成新铃兰醛路线

（2）路线二　月桂烯与丙烯醛进行双烯加成反应得到柑菁醛，柑菁醛为清香型香料，进一步在醛基保护下，再酸性水合加水分解得新铃兰醛。合成路线如图 6-9-14 所示。

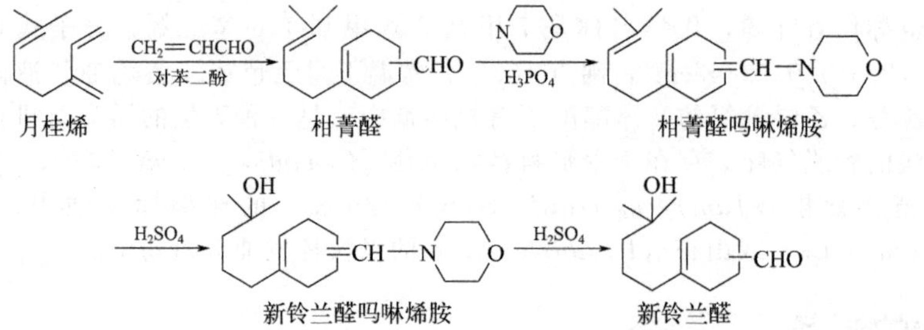

CH_2═CHCHO　对苯二酚　CHO　N　O　H_3PO_4　═CH—N　O
月桂烯　柑菁醛　柑菁醛吗啉烯胺

OH　OH
H_2SO_4　═CH—N　O　H_2SO_4　CHO
新铃兰醛吗啉烯胺　新铃兰醛

图 6-9-14　月桂烯合成新铃兰醛路线

2. 合成龙涎酮

龙涎香是最有价值的高档香料之一，起初来源于抹香鲸体内的代谢产物。随着鲸鱼数量的减少和海洋的污染，天然龙涎香已经很难获得，多以合成产品替代。龙涎酮作为一种廉价的龙涎香型香料，被广泛应用于香水、化妆品、香皂、洗涤剂等日用品的生产中[59]。

唐健[60]、John 等[61]介绍了以乙醛、丁酮和月桂烯为原料，经羟醛缩合反应、D-A 反应和环化反应合成龙涎酮的方法，主要分 3 步进行：第一步是由乙醛和丁酮进行缩合反应制取 3-甲基-3-戊烯-2-酮；第二步是用月桂烯与 3-甲基-3-戊烯-2-酮进行双烯加成反应；第三步是使加成物进行环化而合成龙涎酮。合成路线如图 6-9-15 所示。

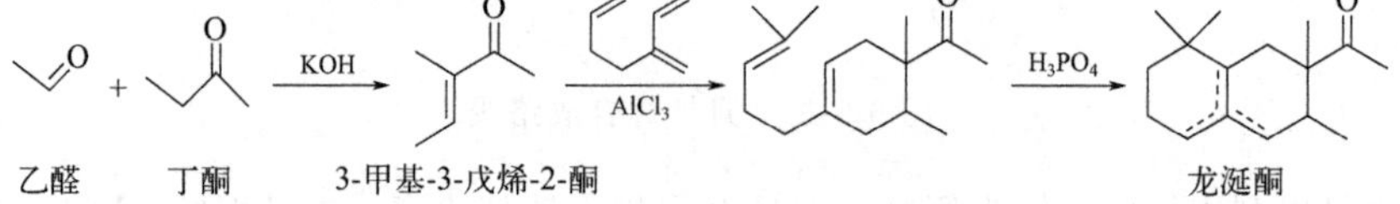

O　O　O　O　O
\+　KOH　$AlCl_3$　H_3PO_4
乙醛　丁酮　3-甲基-3-戊烯-2-酮　龙涎酮

图 6-9-15　月桂烯合成龙涎酮路线

夏建陵等[62]对该合成路线进行了改良，通过实验得到了适宜的工艺条件，利用自制催化剂 Cat-Ⅱ代替了条件苛刻的 $AlCl_3$ 催化剂。针对环化反应制备了 Cat-Ⅲ，为工业化生产龙涎香提供了有力的指导。

3. 合成柑菁醛

柑菁醛是近 40 年来国际上流行的清香型香料品种之一，因其具有浓郁的柑橘叶和香草气味、强烈的扩散能力及化学稳定性好等一系列优点，所以被应用于很多品种的花香型与非花香型以及清香-果香香型的香精中[63,64]。

(1) 路线一 李秋庭等以月桂烯和丙烯醛为原料，经 D-A 反应制取柑菁醛，并详细讨论了各反应因素对产品得率的影响。合成路线如图 6-9-16 所示。

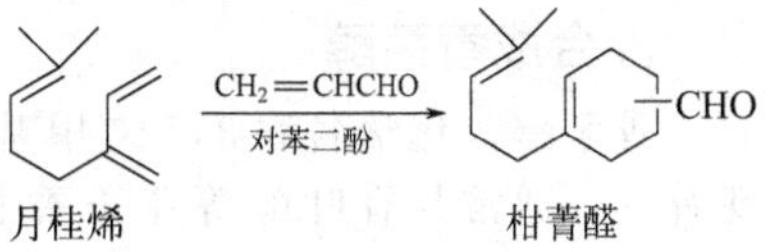

CH_2═CHCHO
对苯二酚
月桂烯
柑菁醛
CHO

图 6-9-16 月桂烯合成柑菁醛路线

(2) 路线二 丙烯醛在苯溶液中与苯胺反应生成西佛碱(席夫碱)，西佛碱在 85%的磷酸（或硫酸）催化下与月桂烯发生环合反应生成柑菁醛。合成路线如图 6-9-17 所示。

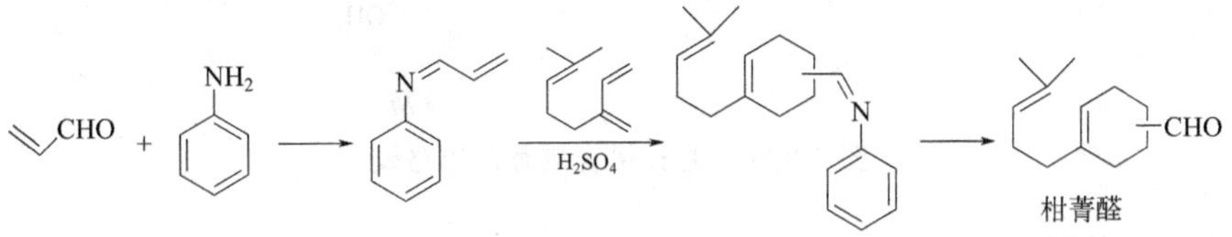

CHO
NH_2
N
H_2SO_4
N
CHO
柑菁醛

图 6-9-17 月桂烯合成柑菁醛路线

4. 合成[(1R,6R)-4-(4-甲基-3-戊烯基)-6-苯基-3-环己烯]-苯甲酮

Corbett 等[65]以苯乙酮和苯甲醛为原料经醛酮缩合反应合成了查尔酮，查尔酮与 β-月桂烯经 D-A 反应得到目标产物 [(1R，6R)-4-(4-甲基-3-戊烯基)-6-苯基-3-环己烯]-苯甲酮，它不仅可以作为药物直接使用，也可以作为合成其他药物的中间体[66]。合成路线如图 6-9-18 所示。

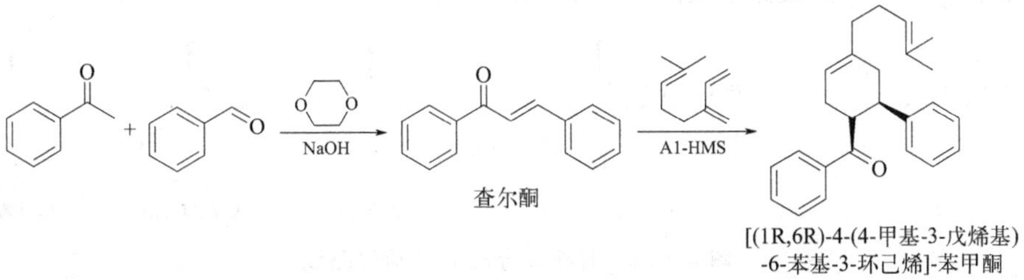

O
O
O
O
NaOH
O
查尔酮
A1-HMS
O
[(1R,6R)-4-(4-甲基-3-戊烯基)-6-苯基-3-环己烯]-苯甲酮

图 6-9-18 月桂烯合成 [(1R,6R)-4-(4-甲基-3-戊烯基)-6-苯基-3-环己烯] -苯甲酮路线

5. 合成香叶基丙酮

孙美环等[67]以月桂烯为原料，与氯化氢反应生成香叶基氯及同分异构体，产物与乙酰乙酸乙酯发生取代反应，经水解脱羧制得香叶基丙酮。月桂烯的加成反应是整个反应过程的关键步骤，对合成香叶基丙酮起决定性作用。通过工艺研究得到了最适宜的反应条件。

(二) 醇和酯类衍生物的合成

1. 合成香叶醇和橙花醇

香叶醇是一种单萜烯醇，它是橙花醇的顺式异构体，相对密度 0.883～0.886，折射率 1.4766，沸点 230℃，不溶于水，能溶于大多数有机溶剂[68]。香叶醇有似玫瑰香气，广泛应用于药物、烟草、食品配料等领域。刘先章等[69]以月桂烯的一级氯化物与乙酸钠共热，得香叶醇和橙花醇的乙酸酯混合物。然后将此粗酯皂化，再蒸馏得约含 60%香叶醇和 40%橙花醇的混合物，仔细分馏可得高品级的香叶醇。合成路线如图 6-9-19 所示。

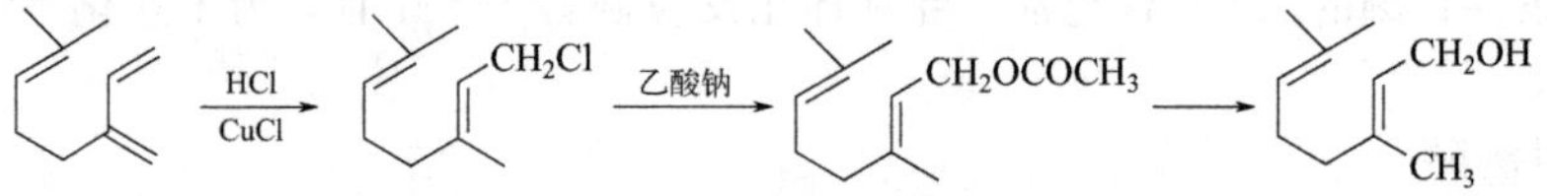

图 6-9-19　月桂烯合成香叶醇路线

2. 合成香茅醇

香茅醇，化学名称 3,7-二甲基-6-辛烯-1-醇，是一种非常重要的香料原料，它具有新鲜的玫瑰香气，通常与香叶醇等花香香料调配成各种花香型香料，具有广泛的用途[70]。合成路线如图 6-9-20 所示。

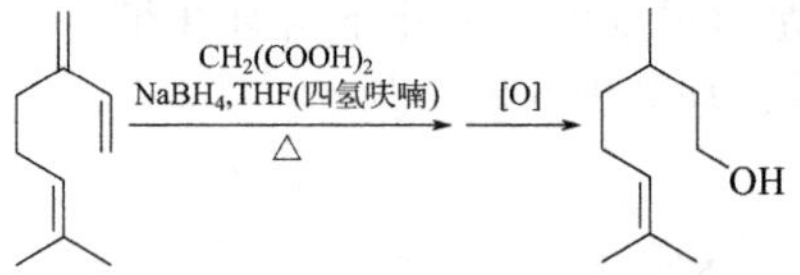

图 6-9-20　月桂烯合成香茅醇路线

3. 合成 L-薄荷醇

薄荷醇，俗名薄荷脑，学名 5-甲基-2-异丙基-环己醇。L-薄荷醇除具有刺激性的甜味外，还具有强烈的清凉作用。由于 L-薄荷醇独特的香味和较强的清凉作用，它在食品、饮料、日用化工、化妆品、香烟、医药中被广泛应用。郑昌戈等综述了以月桂烯为原料，与二乙基胺基锂反应得到 *N*,*N*-二乙基香叶基胺，在配合物 BINAP-Ru(Ⅱ) 不对称催化加氢条件下得到香茅醛烯胺，进一步酸解得到香茅醛，香茅醛在路易斯酸催化下经关环反应生成异胡薄荷醇，最后经加氢反应还原得到 L-薄荷醇[71]。合成路线如图 6-9-21 所示。

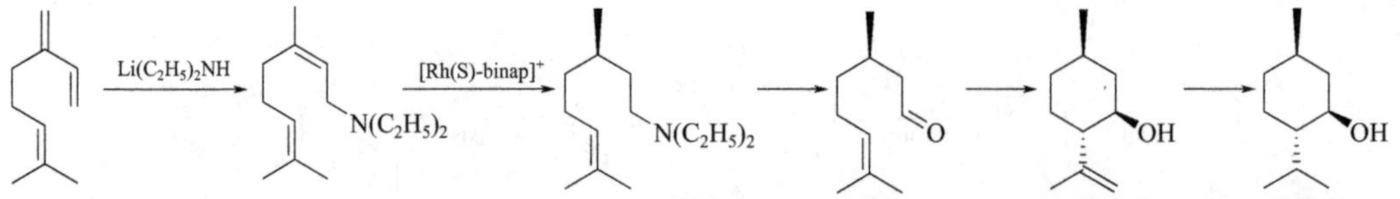

图 6-9-21　月桂烯合成 L-薄荷醇路线

4. 合成月桂烯醇

Brown 等[72]将 B_2H_6 溶于四氢呋喃中制备了有机硼化物 Sia_2BH，然后在 N_2 氛围下加入等物质的量的新蒸馏出来的月桂烯，在 0～10℃下保持 4h 即得中间产物，然后进行氧化处理就得到了目标产物月桂烯醇。合成路线如图 6-9-22 所示。后来研究者分别用不同的有机硼化物对月桂烯的碳碳双键进行了羰基化和选择性加成得到手性化合物，目标产物都实现了分离与验证，但是，有机硼化物反应条件苛刻，大大限制了其在工业上的推广应用[73,74]。

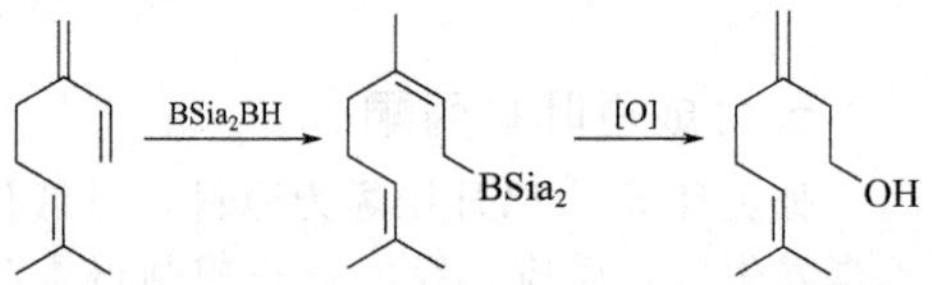

图 6-9-22　月桂烯合成月桂烯醇路线

5. 合成柑菁酸甲酯

柑菁酸酯是一种留香时间比较长的香料，可以应用到各种高档物品特别是高级化妆品或食品的包装材料中，使包装有一种淡雅的木香或花香等香味，起到提高产品档次的作用。Veselovsky 等[75]研究了 *β*-月桂烯与丙烯酸甲酯的 D-A 反应，在常温下反应得到了 73％的对位柑菁酸甲酯。

Yin 等[76]采用 $AlCl_3$ 作催化剂，使该反应的对位选择性（p/m）提高到了 12.4，柑菁酸甲酯的产率最高达 93.1%，但是该方法要求绝对无水，操作条件较为苛刻。Oskooie[77]以硅胶为催化剂，在微波辐射下对该反应进行了研究，但是其得到的对位柑菁酸甲酯的比例却不尽如人意。

6. 合成乙酸橙花酯和乙酸香叶酯

乙酸橙花酯和乙酸香叶酯是玫瑰香调香精类所使用的原料，为橙花酯和香叶酯中最重要的品种。它们主要用于调配香柠檬、薰衣草、玫瑰、铃兰、橙花等花精油，广泛用于香水、化妆品、皂用香精等中，亦用于杏、苹果、香蕉、葡萄、柠檬、酸柠檬、桃味等食用香精中。

传统的合成乙酸橙花酯和乙酸香叶酯的方法是使用乙酸酐或浓硫酸在乙酸存在下与橙花醇和香叶醇进行反应制得。但是这种方法具有环境污染严重及严重腐蚀设备等缺点，所以急需开发新型高效催化剂。尹显洪[78]通过比较较有发展前途的杂多酸及固体超强酸后，确定了 SO_4^{2-}/Fe_2O_3 固体超强酸用于催化合成乙酸橙花酯和乙酸香叶酯，具有较高的催化活性和优良的重复使用稳定性，后处理简单，不产生环境污染，不腐蚀设备。合成路线如图 6-9-23 所示。

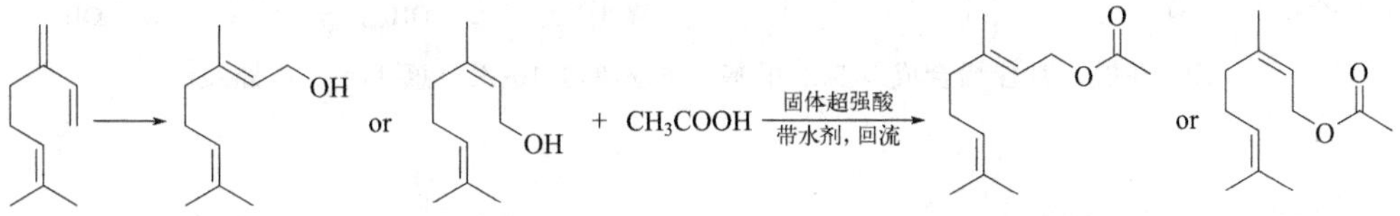

香叶醇　or　橙花醇　+ CH_3COOH $\xrightarrow[\text{带水剂, 回流}]{\text{固体超强酸}}$ 乙酸香叶酯　or　乙酸橙花酯

图 6-9-23　月桂烯合成乙酸橙花酯和乙酸香叶酯路线

7. 合成 4-(4-甲基-3-戊烯基)-4-环己烯-1,2-酸异辛酯

增塑剂是目前塑料、橡胶中用量最大的助剂，目前国内应用的增塑剂主要包括邻苯二甲酸二-(2-乙基己基) 酯 (DOP)、邻苯二甲酸二异壬酯 (DINP)、邻苯二甲酸二异癸酯 (DIDP) 三种，但近年来由于国际上的限制及我国政府对环境问题的日益重视和人们环保意识的不断增强，邻苯类增塑剂的使用大大地受到了限制[79]。所以开发新型增塑剂成为趋势，连建伟等[80]以月桂烯为原料，利用性能优异的 B 酸性离子液体 $[HSO_3\text{-}bmim]^+[HSO_4]^-$ 作酯化反应催化剂，合成了 4-(4-甲基-3-戊烯基)-4-环己烯-1,2-酸异辛酯化合物。该化合物可作为增塑剂使用，具有性能优异和环保的优点。合成路线如图 6-9-24 所示。

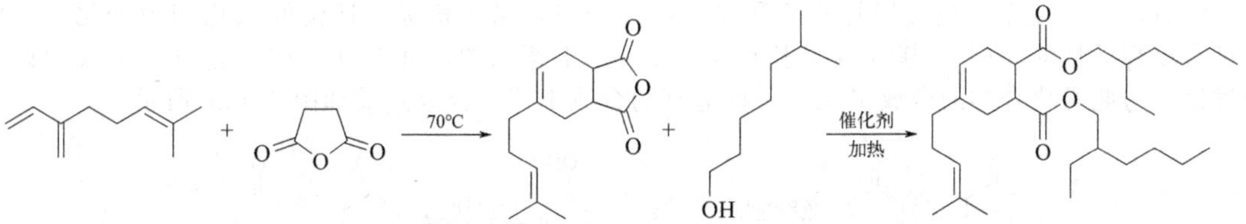

$\xrightarrow{70^\circ C}$　$\xrightarrow[\text{加热}]{\text{催化剂}}$

图 6-9-24　月桂烯合成 4-(4-甲基-3-戊烯基)-4-环己烯-1,2-酸异辛酯路线

此外，月桂烯的氧化产物也有特殊的香味，可用于合成香料和化妆品。Dieckmann 等[81]和 Kenney 等[82]分别报道了月桂烯可以发生自动氧化和光敏氧化，分别得到了月桂烯的不同衍生物。Goncalves 等[83]对月桂烯的选择性氧化进行了研究，得到了两种比例相当的氧化产物 a 和 b。这两种异构体含有环戊烯的骨架，具有令人愉悦的花香和果香味道，可以作为合成香料的中间体。具体的合成路线如图 6-9-25 所示。

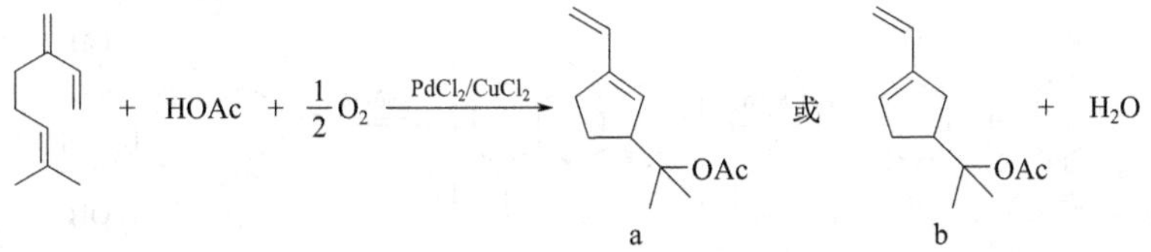

+ HOAc + $\frac{1}{2}O_2$ $\xrightarrow{PdCl_2/CuCl_2}$ a（OAc）　或　b（OAc）　+ H_2O

图 6-9-25　月桂烯选择性氧化路线

（三）蒽二酚类化合物的合成

月桂烯除了在香料合成方面有了更进一步的发展外，其作为一种二烯体，利用醌类物质作为亲二烯体与其进行 D-A 反应，合成了很多具有抗癌活性的醌类化合物。这一新的思想促使人们对月桂烯的深加工利用，开发其在医药领域的应用具有重要价值。

海维[84]以 β-月桂烯和对苯醌为原料，以三氟化硼-乙醚为催化剂，通过 D-A 反应得到过渡态产物，过渡态产物中醌式和烯醇式结构在路易斯酸作用下，支链烯烃和桥环烯烃双键发生亲电加成，得到目标产物。通过实验得到了原料适宜配比及反应条件。其合成路线如图 6-9-26 所示。然后在此基础上利用蒽二酚进一步酯化合成了蒽二酚二乙酸酯，合成路线见图 6-9-27。

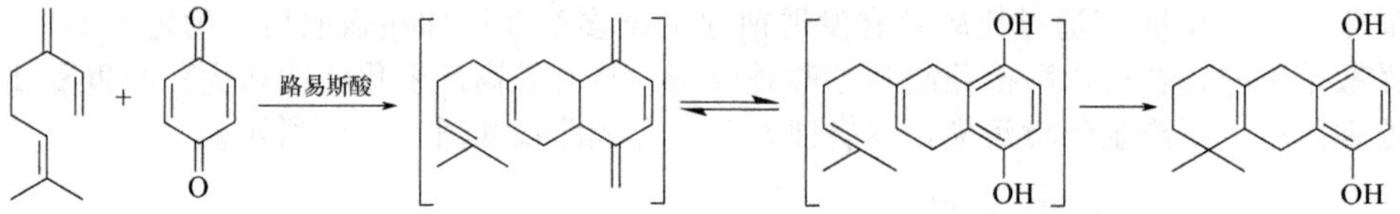

路易斯酸

图 6-9-26　月桂烯合成 5,5-二甲基-5,6,7,8,9,10-六氢蒽-1,4-二酚路线

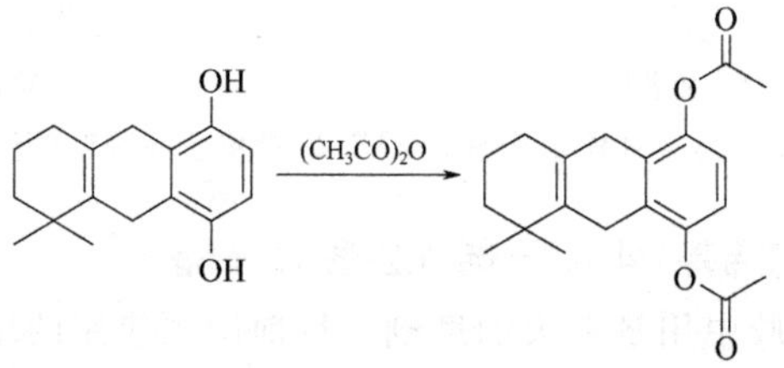

$(CH_3CO)_2O$

图 6-9-27　5,5-二甲基-5,6,7,8,9,10-六氢蒽-1,4-二酚二乙酸酯的合成路线

月桂烯和对苯醌的 D-A 反应产物 1,4-萘醌类及 1,4-蒽醌类本身就是一类很重要的具有抗癌活性的化合物，这类物质对 P-388 鼠类白血病、A-549 人类肺癌、HT-29 和 H-460 人类结肠癌、MEL-28 人类恶性黑色素瘤、MCF-7 乳腺癌和 SF-268 脑癌等赘生性细胞系都有抑制生长的活性[85]。

随后，高飞飞等[86]研究以月桂烯和对苯醌为原料，采用价廉、性优的氯化锌为催化剂合成了具有较高活性的 6-(4-甲基-3-戊烯基)-5,8-二氢-1,4-萘二酚，并对其合成工艺进行了较为详细的讨论，为此类化合物的合成提供了一种适宜的合成工艺。合成路线如图 6-9-28 所示。

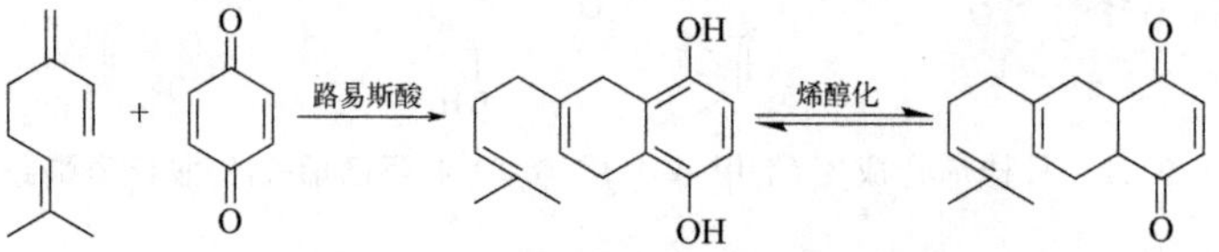

路易斯酸　烯醇化

图 6-9-28　6-(4-甲基-3-戊烯基)-5,8-二氢-1,4-萘二酚的合成路线

2014 年，冯虹钧等[87]在高飞飞合成 6-(4-甲基-3-戊烯基)-5,8-二氢-1,4-萘二酚的基础上，进一步经芳构化制备了产物 6-(4-甲基-3-戊烯基)-1,4-萘二醌，考察不同工艺条件对反应的影响，得到了适宜的合成条件。合成路线如图 6-9-29 所示。

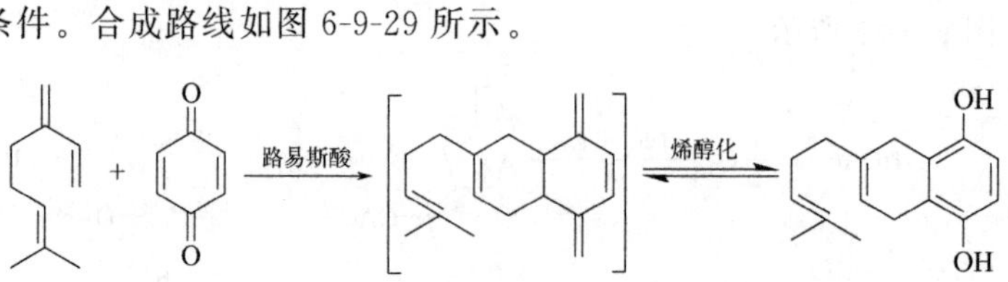

路易斯酸　烯醇化

图 6-9-29　6-(4-甲基-3-戊烯基)-1,4-萘二醌的合成路线

（四）其他衍生物的合成

1. 合成 N,N-二乙基-3,7-二甲基-(E)-2,6-辛二烯-1-胺

N,N-二乙基-3,7-二甲基-(E)-2,6-辛二烯-1-胺是重要的有机化工中间体，可用于合成单萜烯类香料如柠檬醛、二氢柠檬醛和香茅醛等，亦可作为手性药物前体[88,89]。

王志军等[90]以二乙胺和月桂烯为原料，在有机锂的催化下合成了重要的有机中间体 N,N-二乙基栊牛儿胺（GDEA），产品摩尔收率大于 85%，产品经减压分馏后纯度大于 95%。合成路线如图 6-9-30 所示。

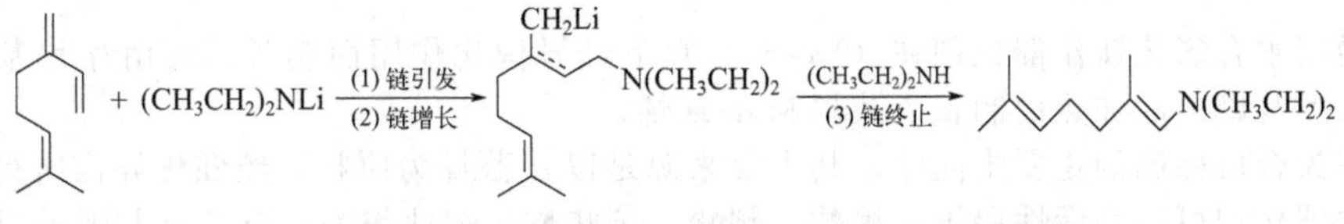

图 6-9-30　月桂烯合成 N,N-二乙基栊牛儿胺路线

2. 合成 4-(4-甲基-3-戊烯基)-4-环己烯-1,2-酸酐

Goldblatt 等[91]将月桂烯精馏后与马来酸酐等物质的量进行 D-A 反应，收集 190～195℃/1.067kPa（绝压）下馏分，得到了沸点为 33～34℃的具有木香香气的加成物 4-(4-甲基-3-戊烯基)-4-环己烯-1,2-酸酐（图 6-9-31）。罗金岳等[92]制备了 $SO_4^{2-}/TiO_2\text{-}ZrO_2$ 固体超强酸，并用其催化该反应。陆占国发现该反应加氢产物有很高的焊接活性，可应用于电子领域里的焊接。

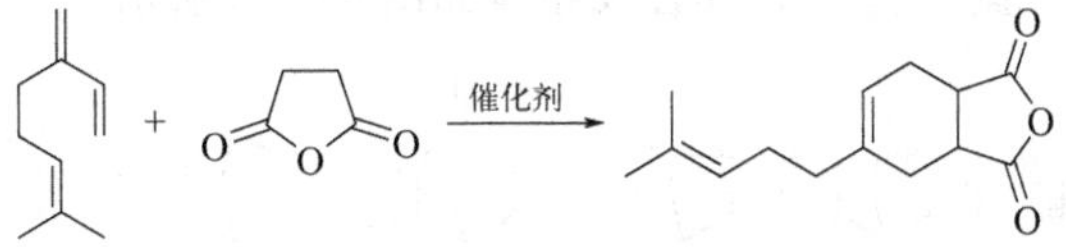

图 6-9-31　4-(4-甲基-3-戊烯基)-4-环己烯-1,2-酸酐的合成路线

3. 合成维生素 E

月桂烯可以和活泼亚甲基发生偶联反应形成碳碳键。Dhanalakshmi 以咪唑类离子液体为溶剂，在铑配合物和三苯基磷三磺酸钠催化下，对月桂烯和乙酰乙酸乙酯的偶联反应进行了研究。研究发现，该催化体系能够高选择性地催化月桂烯和乙酰乙酸乙酯的偶联反应，偶联产物收率为 93%，且没有生产副产物。文中对偶联产物进行了脱水和脱羰基的反应，合成制备了维生素 E[93]。合成路线如图 6-9-32 所示。

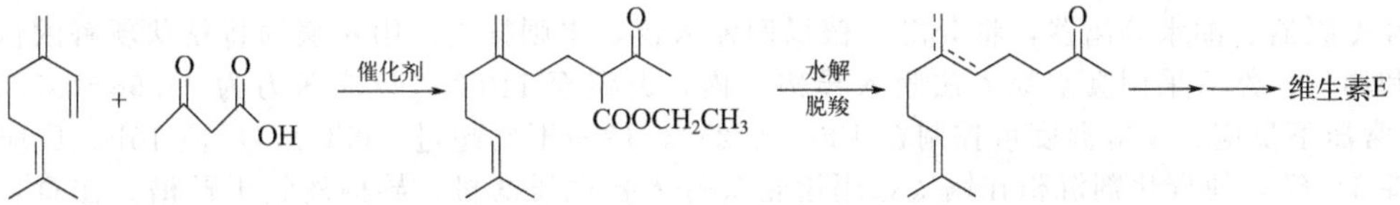

图 6-9-32　维生素 E 的合成路线

我国拥有丰富的月桂烯资源，在深加工利用方面有丰富的资源优势。月桂烯作为一种化学性质活泼的天然产物，已经利用有机合成等手段将其应用于众多领域。

第三节　莰烯及其衍生物

一、莰烯的性质

莰烯，又名樟脑萜、莰芬，化学名为 2,2-二甲基-3-亚甲基双环［2,2,1］庚烷，是一种双环

单萜类化合物，分子式为 $C_{10}H_{16}$，分子量为 136.23，熔点为 48～52℃，沸点为 159～160℃，密度为 0.85g/mL，折射率为 1.4551。不溶于水，微溶于乙醇，易溶于环己烷、乙醚及氯仿。在空气中挥发，加热时产生可燃性蒸气，具有类似樟脑香气。依据不同的来源，莰烯有 *l*-型、*d*-型和消旋体三种，其中最常见的消旋体莰烯由 *α*-蒎烯经催化异构所得，而 *l*-莰烯（左旋莰烯）和 *d*-莰烯（右旋莰烯）则由天然精油分离所得。*d*-莰烯熔点 45～46℃，旋光度＋104°；*l*-莰烯熔点 51～52℃，旋光度－85°。莰烯在香料中少量直接用于木香型香精中，主要是作为合成樟脑、合成檀香的原料[94]。

二、莰烯的制备

由蒎烯用水合氧化钛作催化剂在（135±2)℃下经异构化作用而制备，或由冰片基氯在松香烯磺酸存在下与碱一起加热而制备 *l*-莰烯和 *d*-莰烯。

莰烯作为合成樟脑的重要中间体，其主要来源是以 *α*-蒎烯为原料，经催化异构所得。可用于催化异构的催化剂可以是活性白土、钨酸、硼酸、苦味酸、偏钛酸等。而工业上则是以偏钛酸为催化剂，偏钛酸的表面对蒎烯具有选择性的吸附作用，反应选择性高。

（一）由 α-蒎烯异构制备莰烯

1. 偏钛酸催化液相异构法

偏钛酸催化液相异构法是当前主要的工业化生产莰烯的方法。*α*-蒎烯结构中具有 C ═C 双键、四元环及异丙基，性质非常活泼，经催化异构后主要转化成莰烯、三环烯，同时还生成双戊烯、异松油烯、小茴香烯等副产物[95]，其合成路线如图 6-9-33 所示。

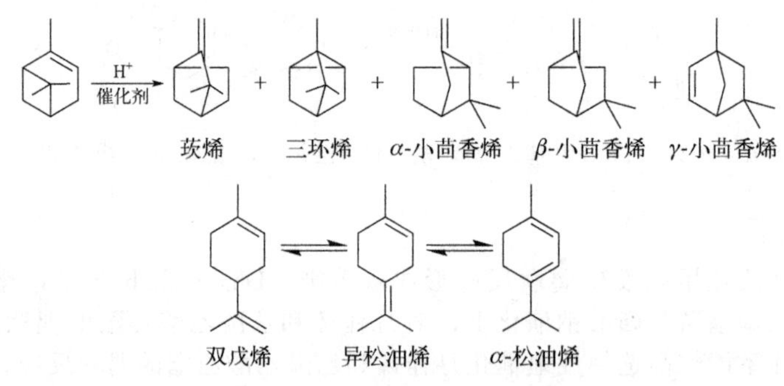

图 6-9-33　莰烯的合成路线

将 *α*-蒎烯加入异构化反应釜中，用饱和水蒸气间接加热，在搅拌下升温至 100℃除水，油水蒸气经冷凝器、油水分离器，将分出 *α*-蒎烯回流入锅，水则排去。用 *α*-蒎烯将粉状新鲜的钛催化剂调和均匀，然后采用真空吸入法吸入异构釜内，升温至 118℃，反应压力为 34.66～37.33kPa（如果常压下反应，反应温度可控制在 130～132℃，最高不要超过 135℃），反应 15h。反应液静置沉淀 4～6h，使催化剂沉积在锅底，用齿轮泵打入板框压滤机，异构液收于贮槽。注意：催化异构化反应是剧烈的放热反应，操作过程中必须严格控制锅内反应温度和真空度。最初阶段加热蒸汽几乎可以全部关闭，并以冷却水调节，以防发生冲料或爆炸事故。异构反应终点的确定至关重要，可采取测定异构原液的折射率、测定凝固点以及采用气相色谱分析法等快速准确的方法进行判断。

异构液中莰烯的含量一般在 75%左右，为了除去其中的双戊烯、小茴香烯等副产物，采用精馏塔进行分离，可将莰烯的纯度提升至 96%～97%，塔底残液中莰烯含量在 2%～3%，大部分为双戊烯和少量的双萜烯。莰烯精馏的操作条件为：a. 精馏温度，物料预热温度为 100～110℃，塔顶温度为 96～98℃，塔釜温度为 135～140℃；b. 操作压力，塔顶 10.67～13.33kPa，塔釜 34.66～37.33kPa，塔釜加热用饱和蒸汽压力 490.4～539.4kPa；c. 回流比为 2～3。塔顶冷凝器用冷却水的温度不应低于50℃，冷却水温度过低将会使莰烯凝固，从而导致冷凝器及管道堵塞。

2. 离子交换树脂催化液相异构法

由于传统的偏钛酸催化剂制备、再生和回收时间长，Valencia等[96]利用离子交换树脂作为催化剂异构α-蒎烯制备莰烯。研究了反应时间、反应温度、α-蒎烯与催化剂的比例对异构产物的影响，探索了α-蒎烯转化成莰烯和副产物的路径，比较了离子交换树脂与偏钛酸的催化效果。结果表明：离子交换树脂作异构催化剂时，在120℃下反应6h后，α-蒎烯转化率达到99.7%，但是莰烯的选择性仅为31.3%，而且异构产物很复杂。增加了莰烯的分离难度，降低了α-蒎烯的有效利用率，同时增加了原料消耗，提高了制备莰烯的成本。

3. 锰-偏钛酸复合催化剂催化液相异构法

Xiang等[97]为了改进偏钛酸的性能，在偏钛酸制备过程中，通过添加Mn元素对偏钛酸进行复合改性，并对偏钛酸改性前后的催化性能进行比较发现，Mn改性的偏钛酸提高了反应速率，而且莰烯和三环烯的得率提高了1%。复合催化剂的催化机理表明：α-蒎烯异构化反应需要质子酸和路易斯酸的协调催化，布朗斯酸影响催化剂的催化活性，而路易斯酸则影响催化剂的催化选择性。以锰改性的偏钛酸为催化剂，在120℃下，催化剂用量为蒎烯用量的3.5%，反应8h后，蒎烯的转化率达98.86%，莰烯和三环烯的选择性分别达到69.86%和11.93%；而以未改性的偏钛酸为催化剂，在相同的反应条件下，反应16h后，蒎烯的转化率为99.09%，莰烯和三环烯的选择性分别为68.86%和11.53%。

4. 磷钨酸催化液相异构法

Frattini等[98]以介孔分子筛SBA-15为载体负载磷钨酸，并以此为催化剂催化α-蒎烯异构制备莰烯，并且与熔融二氧化硅载体负载磷钨酸的催化活性进行了比较。发现用纯杂多酸作催化剂时，莰烯和双戊烯的选择性接近，均在50%左右；而用熔融二氧化硅载体负载磷钨酸作催化剂时，莰烯的选择性下降至40%，双戊烯的选择性则升至近60%；以SBA-15负载磷钨酸为催化剂时，莰烯的选择性进一步下降至38%，双戊烯的选择性则超过60%。

5. 钛酸盐纳米管催化液相异构法

Huang等[99]采用水热重构和盐酸改性法制备了一种固体酸催化剂钛酸盐纳米管，并以此为催化剂催化α-蒎烯异构制备莰烯。发现钛酸盐纳米管的催化效果比二氧化钛纳米粒子的催化效果好。催化剂用量占α-蒎烯用量的5.8%，反应温度120℃，反应2h，α-蒎烯转化率达到97.8%，莰烯选择性则达到78.5%，并且该催化剂可回用。但是催化剂制备比较复杂。

6. 斜发沸石催化液相异构法

Findik等[100]以斜发沸石作催化剂催化α-蒎烯异构制备莰烯。探索了反应温度、催化剂用量、搅拌速度以及催化剂颗粒大小对α-蒎烯转化率和莰烯选择性的影响，但结果不理想，莰烯的得率小于44%，而且产物复杂。

7. 硫化氧化锆催化液相异构法

Comelli等[101]以硫化氧化锆为催化剂，催化α-蒎烯异构制备莰烯，但是莰烯的最高得率也仅仅为67.4%，α-蒎烯转化率最高仅为88.2%。

8. $Au/\gamma-Al_2O_3$催化气相异构法

Simakova等[102]首次开发了一种气相异构法，采用$Au/\gamma-Al_2O_3$为催化剂，以正辛烷为溶剂，以氢气或氮气为载气，在190～210℃下进行气相异构。在此条件下，莰烯的选择性为60%～80%，α-蒎烯转化率达到99.9%。研究发现，当α-蒎烯在反应器的入口浓度≥4%（在正辛烷中的体积浓度）时催化剂容易失活，其失活的原因是炭沉积堵塞了催化剂表面的空隙。失活的催化剂在650℃下通入氧气可将其中的积炭完全除去，实现催化剂的再生。

（二）天然精油提取法

以 α-蒎烯为原料经催化异构制得的莰烯是一种外消旋产物，没有旋光性。而从天然精油中分离得到的莰烯则有光学活性，根据精油来源的不同，所得莰烯的光学活性有左旋和右旋之分。从樟脑油、姜黄油、白菖蒲油、薰衣草油、橙花油等天然精油中分离得到的莰烯为右旋莰烯，而从冷杉油、铁杉油、崖柏油等天然精油中分离得到的莰烯为左旋莰烯。分离的方法主要采用水蒸气蒸馏结合精密分馏法。也有采用柱色谱法分离的，但是成本太高，缺乏工业化生产价值[103]。

（三）生物合成法

由于通过催化异构法制备得到的莰烯为消旋体，而从天然精油中分离虽可得到具有光学活性的莰烯，但是资源相对少。采用生物法制备莰烯一方面可以得到具有光学活性的莰烯，另一方面可以克服天然资源少的缺点。Croteau 等[104]以（－）-芳樟醇磷酸酯为原料，采用酶催化环化法制得（－）-莰烯。但是芳樟醇本身昂贵，其价格远高于（－）-莰烯，因此该技术没有实际应用价值。

三、莰烯的应用

莰烯是一种重要的化学中间体，具有广泛的应用价值，在农药、医药、香料、材料等领域具有广泛的应用市场。特别是在香料领域，是合成樟脑、檀香等香料的重要原料。

1. 合成樟脑

樟脑具有除湿杀虫、散寒止痛、止痒的作用，可治疗跌打损伤引起的瘀血疼痛，可以治疗心脑血管引起的神志昏迷，具有开窍作用。

工业化合成樟脑主要是以莰烯为原料。在酸性催化剂作用下，莰烯与甲酸或乙酸发生加成酯化反应，生成甲酸或乙酸异龙脑酯；异龙脑酯再经皂化，得到异龙脑；异龙脑再经催化脱氢氧化得到樟脑。在酯化过程中所用的酸可以是硫酸、离子交换树脂或 D-72 树脂等，莰烯与乙酸的物质的量之比为 1∶1.2，反应温度为 45～55℃，反应时间为 10h。在皂化过程中，以 NaOH 为催化剂，酯与碱的物质的量之比为 1∶1.05，碱液浓度为 45%，皂化反应时间为 6～8h。异龙脑脱氢氧化需在微碱性条件下进行，采用适量的消石灰提供微碱性环境，消石灰用量为异龙脑质量的 0.8%，采用 $CuCO_3$-$Cu(OH)_2$ 作为催化剂，用量为异龙脑质量的 0.8%，以二甲苯为溶剂，脱氢反应温度为 180～200℃，脱氢时间为 16～24h。经过脱氢反应后，采用汽化蒸馏的方式提纯得到樟脑产物，为白色结晶性粉末或半透明的坚硬晶体。合成路线如图 6-9-34 所示。

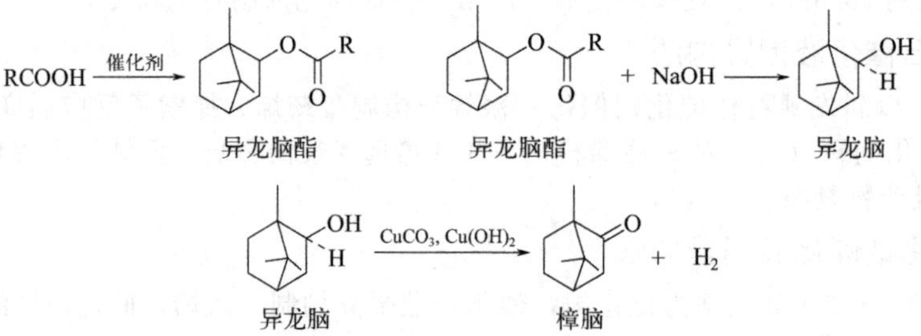

图 6-9-34　由莰烯合成樟脑的路线

2. 合成檀香

檀香油是从檀香木中提取的名贵天然香料，大量使用于皂用、化妆用香精中。天然檀香油价高，且国内尚未有生产，依赖于进口。松节油异构得到的莰烯与愈创木酚可制得合成檀香油，具有持久的、强烈的檀香木型香味，为人们提供了一个令人满意的天然檀香油代用品，广泛地应用于香料、日用化妆、香皂等工业。

莰烯（**1**）与愈创木酚（**2**）经酸性白土催化，加热升温至 150℃经缩合反应后，生成萜烯愈创木酚（**3**）。Ⅲ在雷尼镍催化下进行加氢反应，首先生成甲氧基莰基环己醇（**4**），进一步氢化，由于甲氧基氢解产生少量的水、甲醇、甲烷等，经重复排气和加氢，直至每摩尔莰烯愈创木酚吸收 4.5mol 氢为止。得到的莰基环己醇（**5**）具有 $C_{14}H_{28}O$ 的分子式，此产物接近天然檀香油中的主成分。此反应得到的为 **4** 和 **5**（以 **5** 为主）的混合物，称为合成檀香。其合成路线如图 6-9-35 所示。

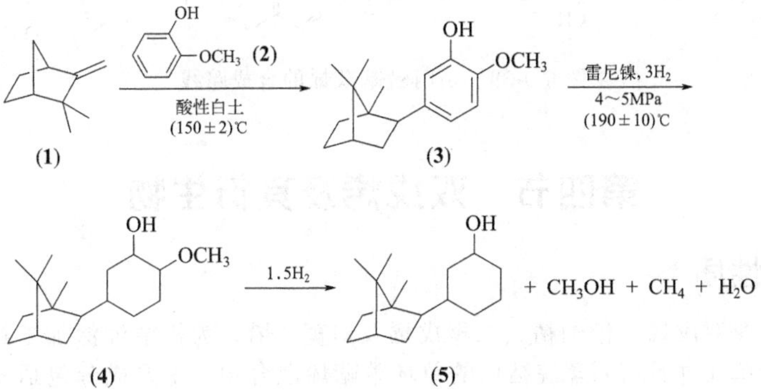

图 6-9-35 由莰烯合成檀香的路线

合成檀香分子式 $C_{16}H_{28}O$，分子量 236.38，无色透明或微黄色黏稠油状液体，具有持久的檀香型香气。相对密度 $d_4^{20}=0.9937\sim1.0133$，折射率 $n_D^{20}=1.5060\sim1.5080$。沸点 165～175℃/2.0kPa，闪点＞100℃，溴值≤8.5g/100g，酸值≤0.5mg/g，黏度＞20Pa·s。人造檀香具有淡甜的木香，似檀香香气，香气虽不及天然檀香油甜润、透发，但相当持久，可以代替天然檀香油调配香精，广泛用于檀香等各种香型配方和各种日用化学品香精中。

3. 合成冰片基醚类香料

异冰片氧基丙酮是一种新型香料，具有清凉气息，头香有明显的龙脑样香气，尾香有木香香气，香气透发，而且具有价格低廉的特点。张翘楚等[105]利用莰烯为原料，在硫酸催化下与 1,2-丙二醇反应，制得 1-冰片氧基-2-丙醇，再以 CrO_3-H_2SO_4 溶液进行氧化后得到冰片氧基丙酮，如图 6-9-36 所示。

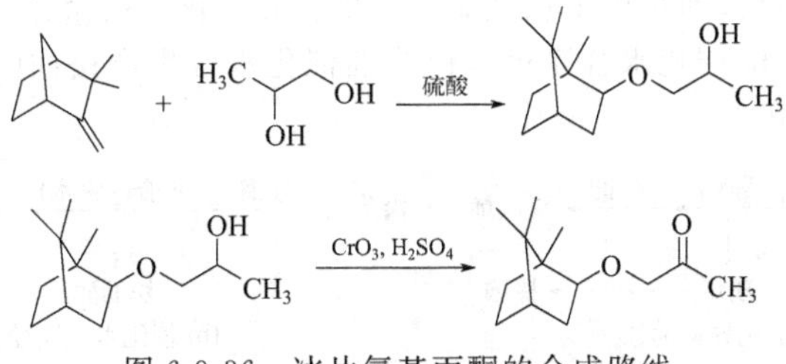

图 6-9-36 冰片氧基丙酮的合成路线

聂慧琴等[106]以大孔强酸性阳离子交换树脂为催化剂，以莰烯和 2-甲基-1,3-丙二醇为原料制备异冰片基羟异丁基醚香料，如图 6-9-37 所示。产品可用作香料、化妆品、食品添加剂，还可用作润滑剂、溶剂以及药物中间体。

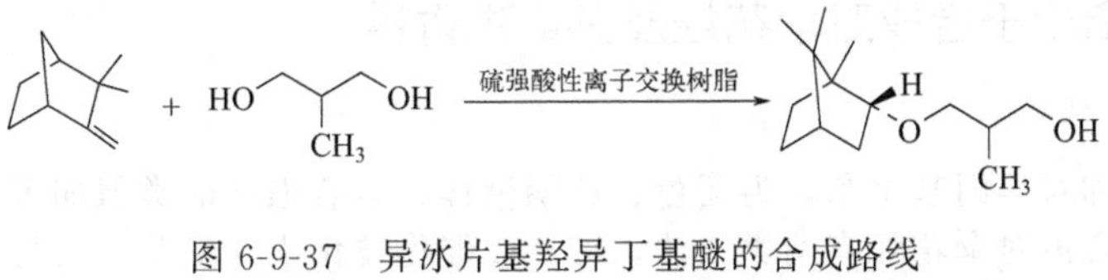

图 6-9-37 异冰片基羟异丁基醚的合成路线

4. 合成 ω-丙酰基莰烯

ω-丙酰基莰烯是一种新型香料。刘辉等以莰烯乙酸酐为原料，以 $ZnCl_2$ 为催化剂，制得 ω-丙酰基莰烯，如图 6-9-38 所示。

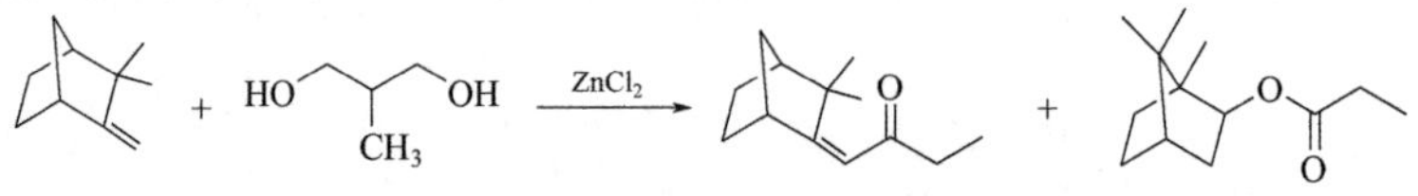

$$\text{莰烯} + HOCH_2CH(CH_3)CH_2OH \xrightarrow{ZnCl_2} \text{ω-丙酰基莰烯} + \text{丙酸酯}$$

图 6-9-38　ω-丙酰基莰烯的合成路线

第四节　双戊烯及其衍生物

一、双戊烯的性质

双戊烯也称工业双戊烯、松油精、二聚戊烯及对䓝二烯，为松节油深加工过程中产生的一类含有两个异戊二烯单元并具有对䓝烷结构的单环单萜烯混合物。主要成分包括 α-松油烯（**1**）、苧烯（**2**）、γ-松油烯（**3**）、异松油烯（**4**）等。分子式 $C_{10}H_{16}$，分子量 136.23。主要成分的结构式见图 6-9-39。双戊烯产品中通常也含有少量的对伞花烃[107]。

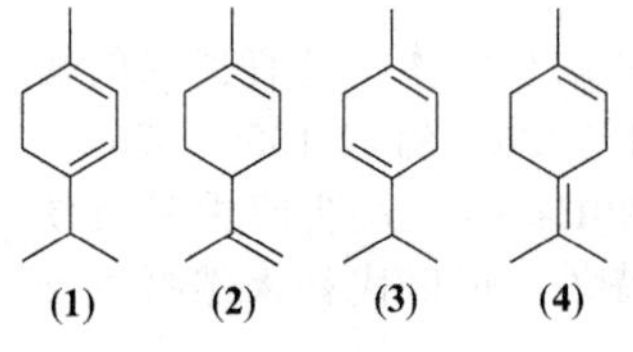

图 6-9-39　双戊烯主要成分结构式

双戊烯为澄清、透明、无色至微黄色液体，有萜类香气和较淡的柠檬香气。优级品双戊烯的主要技术指标为：颜色（铂-钴单位）≤40，相对密度（20℃）为 0.846～0.875，折射率（20℃）为 1.4680～1.4860，双戊烯含量（色谱法）≥90.0%，莰烯含量（色谱法）≤2.0%，沸程（172～190℃）≥95.0%（体积分数），水分≤0.20%。

双戊烯具有一般单萜烯的化学性质，可发生氧化、还原、加成、聚合等反应。

二、双戊烯的制备

松节油来源的双戊烯可以通过以下途径制备，即：a. 催化异构途径（松节油催化异构生产莰烯过程中产生的副产物）；b. 催化水合途径（松节油催化水合生产松油醇过程中产生的副产物）。其具体制备路线见图 6-9-40。

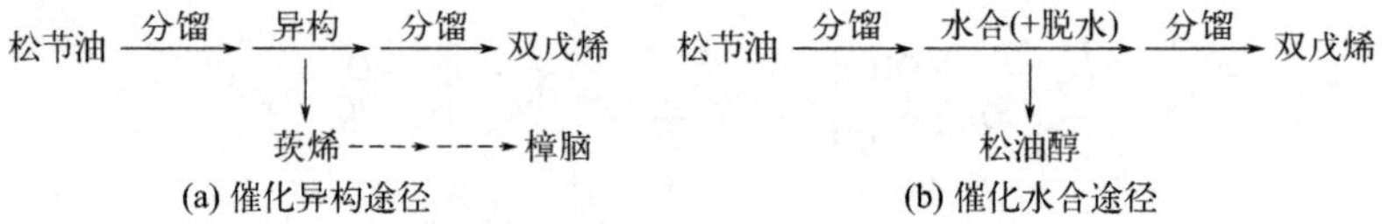

松节油 —分馏→ 异构 —分馏→ 双戊烯；异构 ↓ 莰烯 ---→ 樟脑

(a) 催化异构途径

松节油 —分馏→ 水合(+脱水) —分馏→ 双戊烯；水合 ↓ 松油醇

(b) 催化水合途径

图 6-9-40　松节油来源双戊烯的制备路线

三、双戊烯的应用

（一）双戊烯用于合成对伞花烃及其衍生香料

1. 对伞花烃

对伞花烃，又称对异丙基甲苯，为无色、透明液体，具有强烈的类似胡萝卜香气，也有柠檬烯香气。由双戊烯合成对伞花烃有两类方法，即：a. 催化歧化法（工业双戊烯液相催化歧化生成对伞花烃和对䓝烷）；b. 催化脱氢法（工业双戊烯气相或液相催化脱氢生成对伞花烃）[108-110]。两类方法的具体合成路线见图 6-9-41。

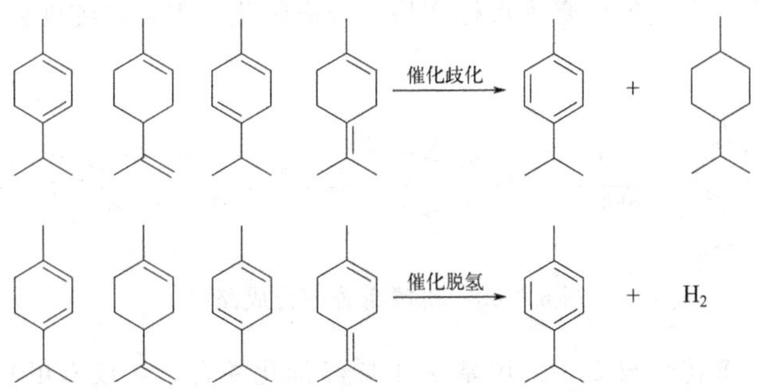

图 6-9-41 双戊烯合成对伞花烃的路线图

双戊烯合成对伞花烃的工艺开发主要侧重于催化剂的研制，其目的是得到选择性好、转化率高、使用寿命长的催化剂。如：根据刘全志的研究报道，铜-镍催化剂可用于双戊烯的脱氢反应，通常选取铜镍比为1.1∶1（质量比），反应温度为（180±2）℃。双戊烯经催化歧化反应可以得到对伞花烃，但同时会生成一定量的对蓋烷。胡贵贤等研究了两类催化剂，分别应用于双戊烯液相脱氢和气相脱氢反应，其中催化剂甲酸镍较适用于双戊烯的液相脱氢，而自制的钯-炭催化剂适用于双戊烯的气相脱氢，收率可达96%。王兰英等开发了一种以甲酸铜-甲酸镍为活性前体的催化剂［Cu^{2+}/Ni^{2+}＝1∶3(物质的量之比)，经碳酸钠溶液并流沉淀，活性炭负载］，催化剂用量为1.0g/15mL双戊烯，180℃下液相反应6h即可；其研发的另一种催化剂（草酸铜-草酸镍/活性炭），在气相条件下对双戊烯进行二次脱氢，得到对伞花烃。吴志平等也采用廉价易得的催化剂，研究了双戊烯气相催化脱氢反应工艺，但脱氢反应温度较高，所用催化剂可循环使用6次以上。Lesage等在研究双戊烯催化脱氢反应时，在反应体系中巧妙地引入氢转移剂如链烯烃，有效地控制脱出的氢对双戊烯的进一步加成，从而提高收率。此外，研究报道中用于双戊烯脱氢的催化剂还有钯-硫/碳、硫/对称二苯硫脲、铂/碳、铂-γ-三氧化二铝、镍-铜、钯/二氧化硅等。

此外，毕良武等在其开发的工业双戊烯连续化气相催化脱氢反应工艺中，将超声波雾化气化技术运用于中试放大试验并取得满意效果，其脱氢装置示意图见图6-9-42。

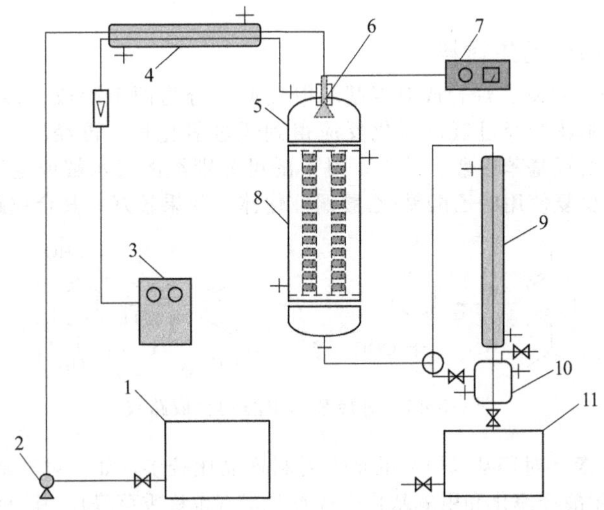

图 6-9-42 工业双戊烯连续化气相催化脱氢制备对伞花烃的装置示意图

1—原料槽；2—计量泵；3—氮气发生器；4—预热器；5—气化器；6—超声波雾化器；7—超声波控制器；8—反应器；9—冷凝器；10—收集器；11—粗产品贮槽

2. 多环麝香型衍生香料

（1）粉檀麝香　对伞花烃与2-甲基-2-丁烯经过催化缩合，得到六甲基茚满中间产物，随后经乙酰氯的乙酰化反应，生成粉檀麝香目标产物，分离纯化后得到高纯度粉檀麝香。其合成路线见图 6-9-43。

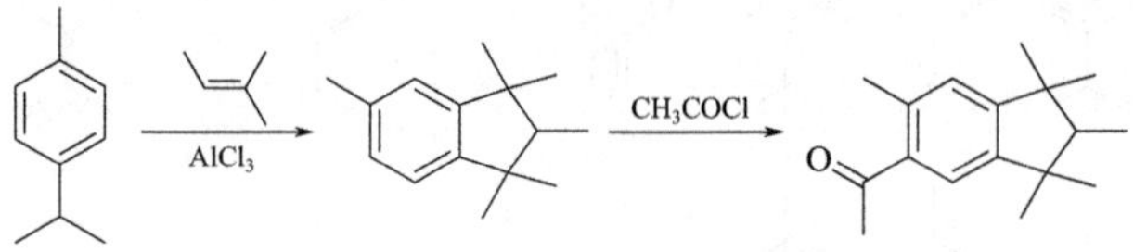

图 6-9-43 粉檀麝香的合成路线

（2）吐纳麝香 对伞花烃与 2,3-二甲基-1-丁烯经催化缩合，生成六甲基四氢化萘中间产物，再与乙酸酐-三氯化铝或者乙酰氯发生乙酰化反应，经过分离精制，得到吐纳麝香产品。另外，六甲基四氢化萘中间产物也可以由对伞花烃与 2,3-二甲基-2-丁醇合成，再经过乙酰化，同样可以得到吐纳麝香。其合成路线见图 6-9-44。

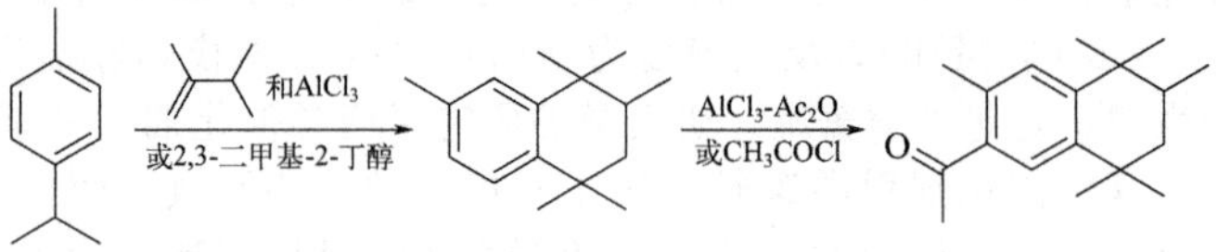

图 6-9-44 吐纳麝香的合成路线

（3）伞花麝香 对伞花烃与叔丁醇经催化环烷化生成 1,1,3,3,5-五甲基茚满中间体，然后再经过硝化反应得到伞花麝香产品。同样，异丁烯代替叔丁醇也可进行环烷化反应，最终得到伞花麝香产品。其合成路线见图 6-9-45。

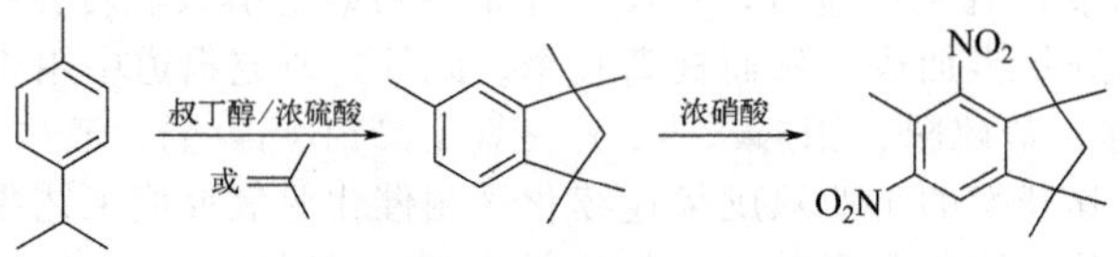

图 6-9-45 伞花麝香的合成路线

3. 对羟基苯甲醛系列衍生香料

（1）对羟基苯甲醛 对伞花烃合成对羟基苯甲醛通常分为两个阶段。第一阶段是由对伞花烃合成对甲酚。其中，对伞花烃经过氢过氧化反应得到氢过氧化物，再经酸分解得到对甲酚。第二阶段则是由对甲酚合成对羟基苯甲醛。其中，对甲酚可分别经卤代水解或空气（氧气）催化氧化，合成对羟基苯甲醛，可反复使用的乙酸钴-乙酸铜催化体系效果较好。其合成路线见图 6-9-46。

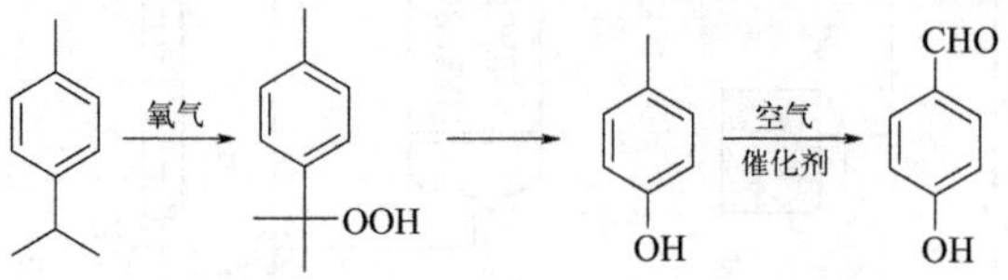

图 6-9-46 对羟基苯甲醛的合成路线

（2）茴香醛和香兰素 对羟基苯甲醛的衍生香料产品比较多，如：对羟基苯甲醛直接甲氧基化生成茴香醛；对羟基苯甲醛经溴化和甲氧基化生成香兰素（也称香草醛）。其合成路线见图 6-9-47。

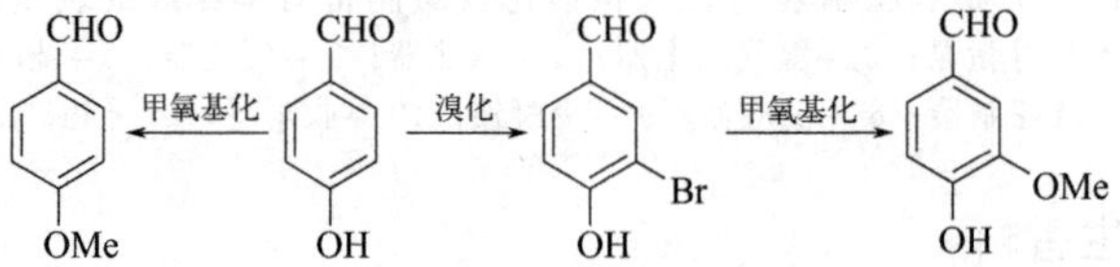

图 6-9-47 茴香醛和香兰素的合成路线

（3）覆盆子酮　对羟基苯甲醛在氢氧化钠存在下与丙酮发生缩合反应，随后经催化氢化得到覆盆子酮。其合成路线见图 6-9-48。

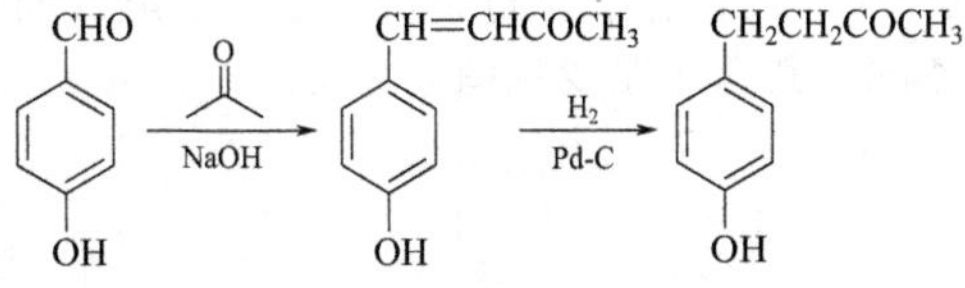

图 6-9-48　覆盆子酮的合成路线

4. 对异丙基苯甲醛系列衍生香料

（1）对异丙基苯甲醛　对伞花烃在含乙酸的甲醇中进行直接电解氧化，氧化中间体再经水解得到对异丙基苯甲醛。同样，在甲醇和金属钠的存在下，对伞花烃的甲基经阳极氧化也可得到对异丙基苯甲醛。Vaudano 等报道，对伞花烃直接电解氧化的转化率大于 95%，选择性为 58%～59%。毕良武等曾分别研究了对伞花烃的直接和间接电解氧化，其中间接电解氧化得到的是对甲基苯乙酮和对异丙基苯甲醛的混合物，且对甲基苯乙酮多于对异丙基苯甲醛。其合成路线见图 6-9-49。

（2）兔耳草醛　兔耳草醛又名对异丙基-α-甲基二氢桂醛。对异丙基苯甲醛与丙醛在氢氧化钾存在下，发生催化缩合反应，随后经选择加氢得到兔耳草醛。其合成路线见图 6-9-50。

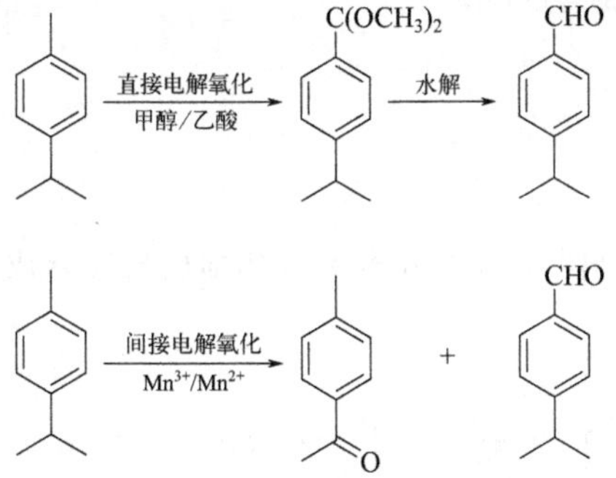

图 6-9-49　对异丙基苯甲醛的合成路线

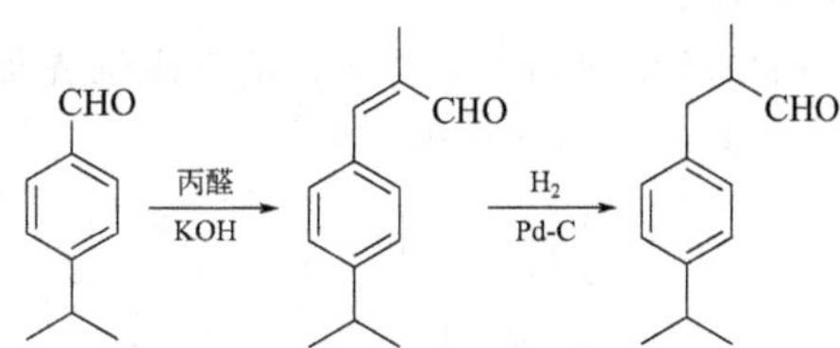

图 6-9-50　兔耳草醛的合成路线

5. 对伞花烃来源的其他衍生香料

（1）香芹酚　对伞花烃经过磺化、碱熔、中和等步骤得到香芹酚。上述磺化反应的选择性不强，经过碱熔处理后，同时会产生一部分香芹酚的异构体百里香酚。百里香酚也是一种用途较广的香料。其合成路线见图 6-9-51。

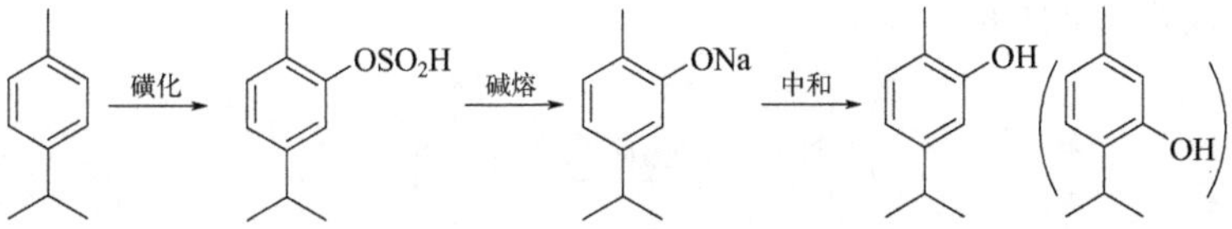

图 6-9-51　香芹酚的合成路线

（2）苯甲醛　首先利用对伞花烃催化裂解脱去异丙基得到甲苯，然后所得甲苯再经过三条合成路线得到苯甲醛。路线一：甲苯催化氧化（空气、氧气）得到苯甲酸，苯甲酸酯化得到苯甲酸甲酯，然后再还原得到苯甲醛；路线二：上述得到的苯甲酸，也可以直接催化加氢得到苯甲醛；路线三：甲苯通过直接或间接电解氧化法制备苯甲醛。其合成路线见图 6-9-52。

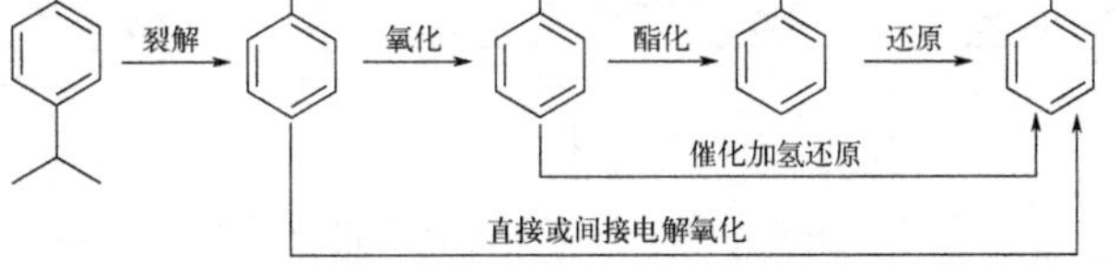

图 6-9-52　苯甲醛的合成路线

（3）对甲基苯乙酮　对伞花烃经活性二氧化锰或者以氯化铵为配体的三氧化铬氧化剂（ACC）的催化氧化得到对甲基苯乙酮。同样，对伞花烃进行间接电解氧化也可以得到对甲基苯乙酮。其合成路线见图 6-9-53。

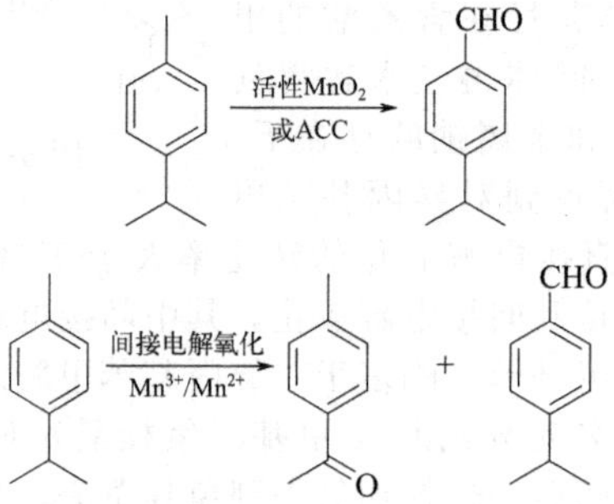

活性MnO_2 或ACC　CHO

间接电解氧化 Mn^{3+}/Mn^{2+}　+　CHO　O

图 6-9-53　对甲基苯乙酮的合成路线

（二）双戊烯用于合成其他衍生香料

1. 藿檀酯

利用单环单萜烯含量≥90%的双戊烯先催化异构，再与丙烯酸甲酯经催化加成反应合成藿檀酯[111-113]。其合成路线见图 6-9-54。

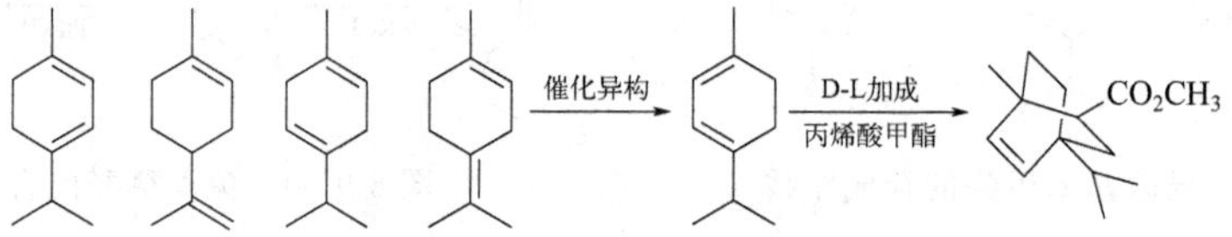

催化异构　D-L加成 丙烯酸甲酯　CO_2CH_3

图 6-9-54　藿檀酯的合成路线

2. 香芹酮

双戊烯可经过氧气催化氧化，分离得到香芹酮（俗称一步法）；也可以经过亚硝基氯加成等步骤得到香芹酮（俗称三步法）。另外，早期开发的环氧化法，因其步骤更长、总收率较低，不再被使用。其合成路线见图 6-9-55。

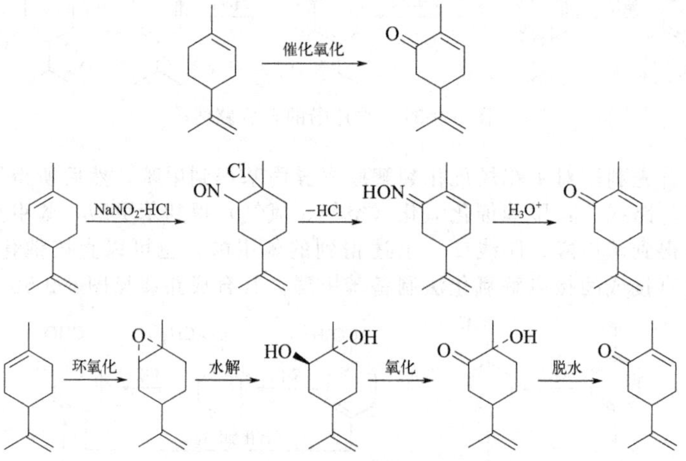

催化氧化　O

$NaNO_2$-HCl　ON Cl　−HCl　HON　H_3O^+　O

环氧化　O　水解　HO OH　氧化　O OH　脱水　O

图 6-9-55　香芹酮的合成路线

3. 香芹醇

由双戊烯的成分右旋苧烯通过生物转化途径，可氧化生成反式香芹醇。其合成路线见图 6-9-56。

4. 橙花酮

工业双戊烯经催化反应部分加氢生成 1-对蓋烯，再在氯化锌存在下与丙酸酐发生酰化反应得到橙花酮。同样，1-对蓋烯与乙酸酐反应，也可以合成对应的乙酰化衍生物 2-乙酰基对蓋-6-烯[111-113]。其合成路线见图 6-9-57。

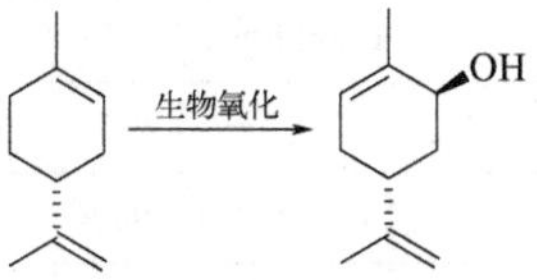

图 6-9-56　香芹醇的合成路线

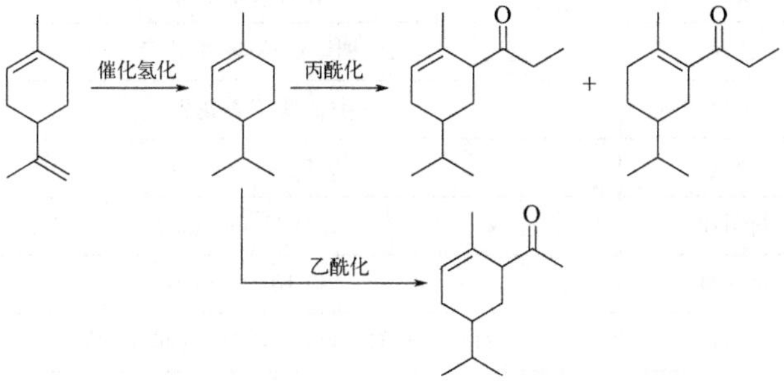

图 6-9-57　橙花酮和 2-乙酰基对蓋-6-烯的合成路线

5. 乙酸松油酯

双戊烯经催化酯化反应可生成 α-乙酸松油酯和 γ-乙酸松油酯。由固体超强酸三氯化铝-D72 催化双戊烯合成乙酸松油酯。其合成路线见图 6-9-58。

6. 香柠檬酯

双戊烯在磷酸存在下与多聚甲醛、乙酸酐低温反应，经水洗、萃取、干燥和减压蒸馏，得到香柠檬酯。其合成路线见图 6-9-59。

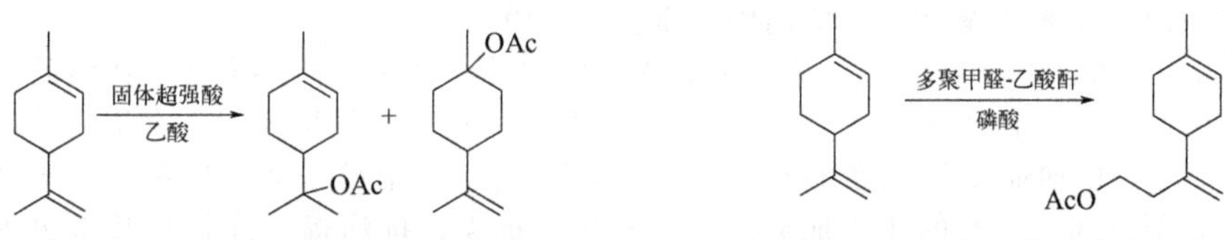

图 6-9-58　乙酸松油酯的合成路线　　图 6-9-59　香柠檬酯的合成路线

第五节　松油醇及其衍生物

一、松油醇的性质

松油醇是单环单萜叔醇，天然存在于水仙和小苍兰之类的花中，并且在马郁兰、牛至、迷迭香和柠檬皮油中也曾有发现。松油醇又称萜品醇，化学式 $C_{10}H_{18}O$，分子量 154.25，相对密度 0.9337，沸点 220.85℃，还易燃、易爆，溶于乙醇等有机溶剂，微溶于水和甘油［1 份松油醇能溶于 2 份（体积）70％的乙醇溶液中］[114-116]。可通过呼吸吸入、食入、皮肤渗入等方式进入人体。如不慎进入人体后可能会引起化学性结膜炎、角膜损伤、皮炎；兴奋、头痛、头晕、嗜睡、恶心、呕吐和腹泻等胃肠道刺激；物质吸入肺部可能造成化学性肺炎，这可能是致命的。另外，松油醇对水生生物也是有害的，可能对水体环境产生长期不良影响，并对臭氧层有危害。

松油醇是由松节油经水合、脱水反应而得，产品为无色黏稠液体或低熔点透明结晶，馏程 214～224℃（101kPa）。含醇量 90％以上的合成松油醇具有紫丁香香气，主要用于皂用、调和香精和化妆品香料，是松节油化学加工工业中产量最大的产品[117-120]。含醇量40%～85%的松油醇为合成松油，主要在有色金属浮选工业中用作起泡剂，并用于制造清洁剂和杀菌剂等。松油醇的质量指标（中华人民共和国轻工业部标准QB/T 2617—2011）见表6-9-1。

药用松油醇主要用于调合肥皂、香皂及化妆品香料等方面，此外还可用于紫丁香系等的调合香精，玻璃器皿上色彩的优良溶剂，油墨、仪表、电信、制药等工业用。香料松油醇主要用于调合香皂及化妆品香料，以及紫丁香及类似香气的高级香精[121]。

表 6-9-1 松油醇的质量指标

项目	香料级松油醇	药用级松油醇
色状	无色稠厚液体，标准比色4号	无色稠厚液体，标准比色4号
香气	类似紫丁香花香气	类似紫丁香花香气，略带杂气
密度	0.9360～0.9410	0.9360～0.9410
折射率	1.4825～1.4850	1.4825～1.4855
旋光度	$-0°10'\sim+0°10'$	—
沸程	214～224℃，≥96%，初馏点起5℃内≥90%	214～224℃，≥96%
溶解度(25℃)	溶解在2倍体积70%乙醇中	溶解在2倍体积70%乙醇中
	溶解在4倍体积60%乙醇中	—

此外，松油醇有α-、β-、γ-、δ-和松油烯-4-醇这五种常见的同分异构体（图6-9-60），α-松油醇和松油烯-4-醇是自然界中最常见的松油醇[122]。其中，α-松油醇是用30%硫酸处理松节油，目的是将松节油的主成分α-蒎烯转变为一水合萜二醇，之后再将其脱水得到粗制萜品醇，再经分馏、精制而得。α-松油醇是调配紫丁香型香精的主剂，耐碱性强，适用于皂用香精，其乙酸酯具有香橼和薰衣草香气。α-松油醇还具有广泛的生物学应用，如抗氧化剂、抗癌剂、抗惊厥药、抗溃疡药、抗高血压药、抗伤害性药物等[123-125]，它还用于增强皮肤渗透性，并且具有杀虫特性[126]。总的来说，α-松油醇在医疗应用中起重要的作用。

β-松油醇是α-松油醇的异构体，为一无旋光性的叔醇，具有风信子香气，在商品松油醇中存在，但尚未在天然来源中得到过。γ-松油醇是α-松油醇的第二个异构体，没有旋光性，是商品松油醇的一个成分。松油烯-4-醇又称4-松油醇、松油醇-4、1-对蓋烯-4-醇、1-甲基-4-异丙基-1-环己烯-4-醇等，是茶树油中主要的化学成分，具有抗菌、抗炎、抗病毒、抗肿瘤及杀虫等功效[123]。此外，松油烯-4-醇有一对立体异构体，在天然物中有右旋体和左旋体之分，也有二者等量混合的外消旋体。然而，在自然界中以右旋体居多，但也存在左旋体，而合成品以外消旋体为主，如天然纯品右旋松油烯-4-醇为无色透明液体，有栩味香气，沸点为209～212℃（1.3kPa下沸点56～87℃），相对密度为0.9255，折射率为1.4765，比旋光度为$+21°22'$[127]。

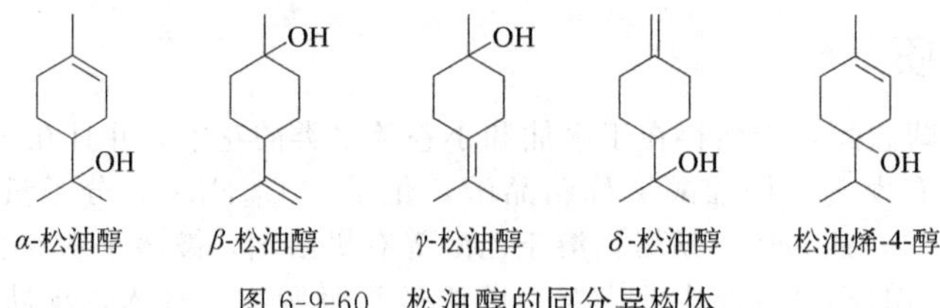

图 6-9-60 松油醇的同分异构体

二、松油醇的制备

松油醇一般采用化学合成法和从天然物中提取两种方式来制备，其中化学合成法又分为两步法和一步法，下面详细介绍松油醇的两种制备方法。

（一）化学合成法制备松油醇

1. 两步法

在松油醇的工业生产中，大多采用硫酸两步法，其中原料、催化剂以及乳化剂分别为蒎烯、硫酸和平平加，加水进行水合反应可得水合萜二醇，之后水合萜二醇在脱水剂稀硫酸的作用下脱水分馏生成粗松油醇，再经分馏得到松油醇。其中，磷酸、甲酸、乙酸、硫酸-丙酮溶液、硫酸-二氧戊环溶液、一氯醋酸、二氯醋酸、三氯醋酸、大孔径的聚苯乙烯磺酸型阳离子交换树脂、沸石分子筛、混合酸等也可作为蒎烯水合反应的催化剂。当用磷酸作为蒎烯水合反应的催化剂时，粗产物中并无水合萜二醇产生，而是直接得到松油醇。但是，以磷酸为蒎烯水合反应的催化剂制备的松油醇含量不高（约 45%），作为松油产品，可用于金属浮选起泡剂。

此外，水合萜二醇的脱水反应深度与稀硫酸的浓度有关，硫酸浓度极稀，得到的主要产物是 α-松油醇，同时也有 β-松油醇和 γ-松油醇生成，但反应速度很慢。反之，若硫酸浓度稍高些，反应速度加快，有部分水合萜二醇会脱去二分子水，生成对-盖二烯类化合物，不仅影响 α-松油醇的得率，而且产生的杂质会损害松油醇的香气。其中不同浓度的硫酸对黄油中含醇量的影响见表 6-9-2，发现随着硫酸浓度的增加，在相同的反应时间内，黄油中含醇量在减少。当硫酸的浓度为 0.15%时，黄油中含醇量为 78.3%；当硫酸的浓度为 1.00%时，黄油中含醇量为 22.5%，含醇量降低。酸浓度的改变对含醇量的影响较大，表明反应不够稳定，不易控制。因此，两步法中常采用浓度为 0.15%～0.2%的硫酸。

水合萜二醇的脱水反应采用的脱水剂除了硫酸外，还有磷酸、草酸、对甲苯磺酸、邻苯二甲酸、硫酸氢钾等。当以磷酸为水合萜二醇脱水催化剂时（磷酸为中等电离能力的酸），在 0.25%～1.0%的酸度范围内，脱水情况较好，黄油中醇含量均在 85%以上。磷酸浓度对黄油中含醇量的影响见表 6-9-3。

表 6-9-2　硫酸浓度对黄油中含醇量的影响

硫酸浓度/%	反应时间/h	黄油中含醇量/%
0.15	4	78.3
0.20	4	76.0
0.50	4	50.7
1.00	4	22.5

表 6-9-3　磷酸浓度对黄油中含醇量的影响

磷酸浓度/%	反应时间/h	黄油中含醇量/%	α-松油醇占总醇量百分比/%
0.25	6	86.0	83.2
0.50	6	87.0	83.0
0.75	5	85.0	83.6
1.00	5	85.0	82.5

由表 6-9-2 和表 6-9-3 可见，若以磷酸作为水合萜二醇的脱水催化剂，黄油中含醇量在一定酸度范围内变化很小（86%±1%），α-松油醇的含量也均大于 80%；同时，随着酸浓度的增加，脱水过程中产生的水，以及粗水合萜二醇中带入的少量碱都不会对体系的酸度变化产生较大的影响，而且反应过程缓和，反应条件易于掌握，不易发生深度脱水。

另外，脱水反应时间对水合萜二醇的脱水进程也有很大的影响。这是因为，用酸作水合萜二醇的脱水催化剂时，一定的酸度就有一最佳反应时间，在最佳反应时间到达之前，随着脱水反应时间的增加，转化率提高，导致产物中含醇量也随之增加。但在反应最佳时间之后，随着反应时间继续增加，生成一次脱水产物的同时，会生成深度脱水的副产物对-蓋二烯类，从而减少了产物中的含醇量。故研究了不同酸催化剂的反应时间与黄油中含醇量的关系，结果见表 6-9-4。

表 6-9-4　不同酸类催化脱水反应时间与黄油中含醇量的关系

催化剂	含醇量/%			
	4h	6h	8h	10h
0.50%磷酸	反应不完全	87.0	86.4	85.1
0.20%硫酸	76.0	56.7	40.5	22.4

由表 6-9-4 可见，用 0.20%硫酸作为脱水剂时，反应 4h，含醇量 76.0%，随着反应时间的加长，含醇量依次减少，当用 0.50%磷酸作为脱水剂时，即使延长反应时间到 10h，产物中的含醇量仍维持在 85%以上。由此可以说明，相比于硫酸，磷酸更适合用作水合萜二醇的脱水反应催化剂。

2. 一步法

松油醇的工业生产一直采用两步法，虽然该方法得率尚可，香味也纯正，但存在生产周期长、能源消耗高、工人劳动强度大、设备腐蚀严重、成本高等缺点，极大地影响了松油醇的生产经济效益。近期国内外对“一步法”合成松油醇进行了研究，即松香油在酸催化剂作用下直接进行水合反应生成松油醇。其中主要有阳离子交换树脂催化水合法、混酸一步法、氯代羧酸（一氯醋酸、二氯醋酸、三氯醋酸）催化水合法、电解法等。

具体操作方法如下：以优级松节油为原料，酸Ⅰ（含量 75%以上的工业品），酸Ⅱ（白色结晶体，含量 99%以上的工业品），液碱（工业品，33%左右的浓度），平平加为乳化剂。

水合反应的投料比为松节油：酸Ⅰ：酸Ⅱ：水＝1：0.45：0.15：5.8（物质的量之比），10%平平加，以一定的速度搅拌（780r/min），使溶液充分乳化，同时逐渐把反应温度提高到 58～63℃（反应 20～24h）。根据取样分析，达到预定的松油醇含量时，反应即可停止。分出有机相和水相。水相分别测定混酸各组分的含量后，适当补加新酸，可用于下一次的水合反应。

粗松油醇是用 30%～33%的碱液中和、水洗、静置分水分馏得到的，平均得率约为 53.63%（以松节油投料量的重量计），其余的是未反应的松节油、其他单环萜烯类和松油。油的总回收率达到 93.11%（以分馏物质量占松节油投料量计）。

松油醇的质量指标：色泽为标准比色液 3 号色标；相对密度 0.931～0.938，折射率 1.4825～1.4855，初馏点 214～215℃，沸程（%，体积比）214～224℃。

生产性试验表明，一步法合成松油醇是可行的，并且生产设备简单，流程和生产周期短，产品质量稳定，为两步法工艺提出了改善的可能性。

（二）天然植物提取制备松油醇

α-松油醇具有紫丁香香气，为一结晶状的醇，有左旋、右旋、消旋三种光学异构体。(＋)-α-体存在于松节油、小豆蔻油、甜橙油、肉豆蔻油等精油中；(－)-α-体存在于松针油、桂叶油、柠檬油、白柠檬油等精油中；(±)-α-体存在于香叶油、玉树油等精油中。其中，通过水合萜二醇合成的 α-松油醇是没有旋光性的，天然精油中含有的 α-松油醇或由蒎烯不经水合萜二醇合成的 α-松油醇均具有旋光性。

γ-松油醇是 α-松油醇的第二个异构体，无旋光性，同时是商品松油醇的一个成分，也存在于天然精油中（在西藏柏木叶油中曾有发现）。松油烯-4-醇在许多天然植物精油中都可以找得到，这些精油在单独或配方使用过程中，松油烯-4-醇可能是重要的活性成分之一。同时，在许多植物中都发现有松油烯-4-醇存在，如西番莲、杏、芒果和巴尔干松树的顶芽、枝条及树干，且巴尔干松树中松油烯-4-醇的含量随季节有所变化；月桂树叶精油、日本胡椒果及嫩叶精油、油篙茎和叶精油、胖尼基桧叶精油、柠檬树皮及叶子精油、乳香黄连木精油、胶质水苏精油、多香果精油、金毛狗脊根精油、罗勒精油等天然精油中都含有一定数量的松油烯-4-醇；肉豆蔻油及肉豆蔻提取液也含有松油烯-4-醇，这些植物都可作为一般性松油烯-4-醇资源加以考虑。而澳洲茶树油是目前最好的松油烯-4-醇资源，一般情况下，茶树油中松油烯-4-醇的含量在35%～40%之间。

三、松油醇的应用

（一）直接应用

松油醇有五种同分异构体，其中α-松油醇和松油烯-4-醇是自然界中最常见的松油醇。松油烯-4-醇是茶树精油的主要有效成分之一，由于其特殊的香气，同时又具有防腐和抗菌的作用，被广泛用于调香、高级化妆品和个人护理用品中，也可作为食用香料和食欲增强剂的添加成分[128-131]。松油烯-4-醇还被用来作为驱虫剂和驱蚊剂使用[132]。松油烯-4-醇还具有杀虫活性，如含松油烯-4-醇30%的活性氧化铝可用作衣物防虫蛀剂使用。另外，一些草药中的药效作用可能也与松油烯-4-醇有直接关系。辛夷挥发油具有抗过敏和局部收敛的作用，据认为其中所含4%的松油烯-4-醇是其治疗鼻渊的有效物质基础。

松油烯-4-醇有强烈的辛香气，非常淡的肉豆蔻余韵，由于具有甘牛至的药草特征香而显得特别重要。在很多草药和辛香精油中，该物质的含量水平都是非常高的。它的用途很广，当然通常最确定的用途是用于辛香料和调味品中。实际上，该物质还有更多的应用，在各类不同的食品香精中，特别是在柑橘和浆果食品香精中。

α-松油醇在降低血压和血管阻力的应用上有一定的作用，可以有效地降低高血压。此外，α-松油醇还可以有效地抗氧化，故α-松油醇可以作为防腐剂，在食品、化妆品和医药产品中，防止其成分发生氧化变性。实验证明，α-松油醇还对前列腺癌、乳腺癌、肺癌、白血病和卵巢癌等几种人的癌细胞株产生了非常有效的细胞抑制作用，尤其是对肿瘤细胞的抑制作用。同时，醋酸芳香醇与α-松油醇在抗癌效果上起到协同作用。

慢性阻塞性肺疾病（COPD）在发达国家由于人口老龄化问题而频繁出现。慢性阻塞性肺病会导致肺功能损害，目前对它的治疗方案非常有限。研究者通过实验发现α-松油醇可以有效地抑制细菌等微生物的感染，阻止疾病的发展。此外，α-松油醇作为一种抗惊厥、抗溃疡、抗伤害的药物，在生物学上有着广泛的应用前景。它还用于增强皮肤渗透，也具有杀虫性能。

（二）合成其他香料

因为松油醇的主要成分是萜烯醇类，并且根据松油醇含醇量的不同，精制的松油醇具有稳定的紫丁香香气，因此松油醇可在香料工业中用于高级香皂、化妆品香料以及调和香精中，并且松油醇已成为我国出口的合成香料之一[133,134]。

蒎烯在酸催化下经水合反应可制备α-松油醇，α-松油醇经过催化氢化可得到二氢松油醇。α-松油醇酯化可得乙酸松油醇酯，再经氢化可得二氢乙酸松油醇酯，这些产品都是常用的合成香料。

1. 二氢松油醇

松油醇催化氢化生成两个醇，即顺式与反式二氢松油醇，其合成路线如图6-9-61所示。

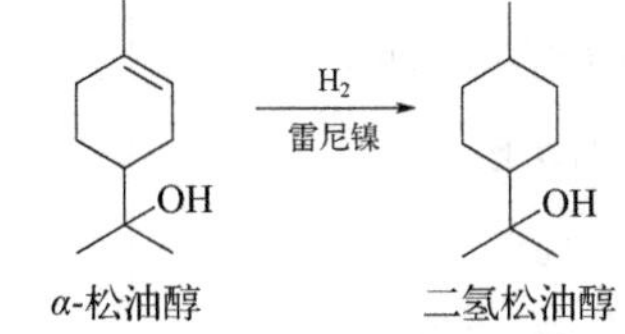

图6-9-61　二氢松油醇的合成路线

松油醇（含α-松油醇90%以上）在2%～4%雷尼镍催化作用下，在加压催化下加氢，控制反应温度在100～150℃范围内，加氢压力为2～4MPa，反应1～2h，再经分馏提纯，得二氢松油醇。二氢松油醇为无色至微黄色液体，标准比色4号，分子式$C_{10}H_{20}O$，分子量156.26，相对密度0.904～0.912，含醇量90%以上，沸程204～220℃（>93%），溴值<2，闪点（开口式）94℃。香气较淡，可用于紫丁香系等的调和香精中，是制造双氧水的优良溶剂。

2. 乙酸松油醇酯

乙酸松油醇酯是由α-松油醇与醋酐在磷酸催化下制得的，其合成路线如图6-9-62所示。

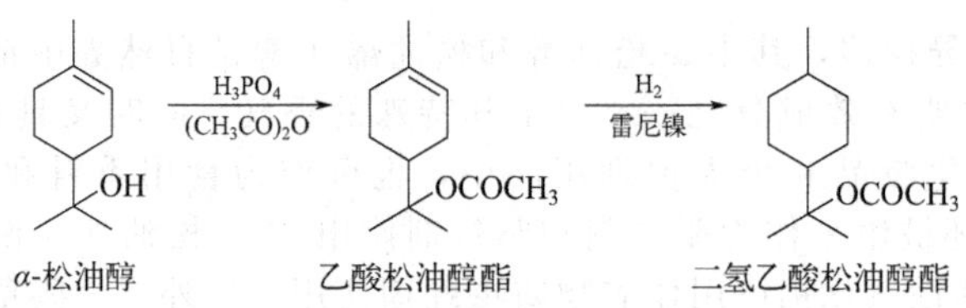

图6-9-62　乙酸松油醇酯和二氢乙酸松油醇酯的合成路线

该酯化反应是在具有夹套的搪瓷反应釜中进行的。首先将醋酐与磷酸配成催化混合物，配比为醋酐∶磷酸=10∶1，放置一昼夜，将其作为催化剂备用。之后在反应釜中先加入醋酐，然后加入配制好的催化剂，并在26～28℃下加入松油醇。由于该反应是放热反应，故反应温度应控制在40～45℃内，反应16h，搅拌速度为300r/min。反应结束后，静置反应液，放出下层酸水，水洗，用纯碱（Na_2CO_3）中和，加热水分解剩余醋酐，洗至中性的粗制品含酯量90%以上即可。之后将粗酯进行真空精馏，真空度0.098～0.10MPa，即可得到含酯量95%以上的乙酸松油醇酯。

由乙酸松油醇酯制备二氢乙酸松油醇酯的加氢工艺与α-松油醇制备二氢松油醇酯相同。反应温度控制在100℃以下，压力2～3MPa，反应3～4h。乙酸松油醇酯和二氢乙酸松油醇酯的质量指标见表6-9-5。其中乙酸松油醇酯为无色至微黄色液体，标准比色5号，分子式$C_{10}H_{20}O_2$，分子量196.29，相对密度0.947～0.960，含醇量95%以上，折射率1.464～1.470，酸值<1，闪点（开口式）85℃，有类似香柠檬和薰衣草的香气，可用作配制薰衣草、香柠檬及古龙香气的香原料，亦可用于香皂及食品香精的配制。

二氢乙酸松油醇酯为无色至微黄色液体，标准比色4号，分子式$C_{12}H_{20}O_2$，分子量198.30，相对密度0.9290～0.9330，含醇量95%以上，折射率1.4485～1.4495，闪点（开口式）88℃，有类似香柠檬和薰衣草的花香，香气优美，可用作配制薰衣草、香柠檬及古龙香气等的原料。

表6-9-5　乙酸松油醇酯及二氢乙酸松油醇酯的质量指标

项目	乙酸松油醇酯	二氢乙酸松油醇酯
色状	无色至微黄色液体，标准比色5号	无色至微黄色液体，标准比色4号
香气	类似香柠檬和薰衣草的香气	类似香柠檬和薰衣草的花香，香气优美
相对密度	0.947～0.960	0.9290～0.9330
折射率	1.464～1.470	1.4485～1.4495
溶解度	溶于5倍体积70%乙醇	—
含醇量	95%以上	95%以上
酸值/(mg/g)	<1	—
闪点(开口式)	85℃	88℃

第六节　长叶烯及其衍生物

一、长叶烯的性质

长叶烯是自然界中分布很广的一种三环倍半萜烯（图 6-9-63），也是目前世界上产量最大的倍半萜烯。于 1928 年在印度长叶松（*Pinus longifolia*）的精油中发现，1953 年由 Moffet 等确定了它的结构。分子式 $C_{15}H_{24}$，分子量 204.36，为无色至浅黄色液体，沸点 126～127℃（2kPa），折射率 1.500～1.5040，相对密度 0.9319，比旋光度＋42.73°。长叶烯有两种构型，天然的为右旋，人工合成的为左旋。在我国占绝对优势的主要采脂树种马尾松松脂中，倍半萜类化合物的含量达到了 13.7%，这构成了我国马尾松松脂的重要特征。在我国松脂加工过程中，作为松香、松节油生产过程中的联产品，每年约可得重松节油 0.8 万～1 万 t，重松节油中含 40%以上的长叶烯，是国内最重要的长叶烯开发资源之一。长叶烯具有木香香气，资源充沛，价格便宜，是很有利用价值的合成香料原料，广泛应用于长叶烯酯、长叶烷酮、长叶烷醇等木香系香料及香料工业基础原料的合成。

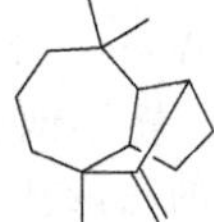

图 6-9-63　长叶烯分子结构式

二、长叶烯的制备

1. 从重松节油中分离提纯

由于长叶烯和 β-石竹烯的沸点极为接近，单用一般的精馏方法难以得到含量 80%以上（色谱检测）的长叶烯产品，所以研究者开始致力于用新方法从重松节油中分离出长叶烯。陈长发等在常压 25～30℃下，在自制的洗脱塔中，采用自制的洗脱剂，将含有约 60%长叶烯的重油倍半萜烯中的石竹烯由 10%～15%降至 1%以下，长叶烯含量达 75%～80%，经分馏后得 80%～90%的产品，长叶烯利用率可达 80%以上，得率（80%长叶烯）可达 50%以上。关继华等采用富集、精馏方法从重质松节油中分离长叶烯，以减少化学处理影响而获得高纯度的长叶烯，富集长叶烯的最佳工艺条件为真空度 10mmHg、加热温度 165℃、回流比 3∶2，该条件下长叶烯纯度为 68.81%，得率为 67.16%；精馏长叶烯的最佳工艺条件为真空度 2mmHg、加热温度 150℃、回流比 4∶1、回流时间 3.0h，在此条件下长叶烯纯度达 83.38%，得率为 68.20%。重油中长叶烯、雪松烯和石竹烯与多聚甲醛在 Prins 反应中所表现出的反应活性有很大差异，其次序为石竹烯＞雪松烯＞长叶烯。李希成等利用这一性质将重油 124～128℃/1.95kPa 的馏分、冰醋酸、多聚甲醛加入瓶中回流 2h，蒸出乙酸，水洗，用石油醚萃取，碱洗至中性，除溶剂，反应物中石竹烯由 12%～15%降至 1.62%，精馏得到 95%的长叶烯，得率 20%。黄宇平等利用酸性离子交换树脂作催化剂，用量为重油简单分馏产物的 5%，加入与原料质量比为 1∶1 的溶剂和占原料质量 10%的去离子水，在 85～90℃下反应 12h，过滤，回收溶剂，产物中石竹烯含量由 11.1%降至 1.1%，转化率超过 90%，长叶烯含量保持不变。米世伍等利用自制的催化剂催化重油简单分馏产物（长叶烯含量 68.86%～78.15%），在温度不超过 30℃下反应 6～7.5h，过滤，产物中石竹烯含量由 14.74%～15.83%降至 0.22%～0.63%，长叶烯含量可达到 80%～90%以上，收率达到 97.0%以上，此工艺过程短，反应过程易于控制，后处理简单，无“三废”产生。梁忠云等在 100℃下用十二水硫酸铁铵催化重油倍半萜烯反应 24h，长叶烯基本不变，而石竹烯由 15.42%降至 9.95%。实验结果表明，固体酸催化重油倍半萜烯能产生异构反应，降低石竹烯含量。黄道战等以过氧磷钼钨酸十六烷基吡啶盐（$Cat\text{-}PMo_2W_2O_{24}$）为催化剂，质量分数 30%的 H_2O_2 为氧化剂，催化重质松节油中 β-石竹烯氧化生成环氧石竹烯，最优反应条件为重质松节油 2.80g、催化剂用量为重质松节油质量的 1.07%、溶剂乙酸乙酯 5mL、H_2O_2 与 β-石竹烯的物质的量之比 1.78、反应温度 35℃、反应时间 2.5h，在该条件下，β-石竹烯转化率和环氧石竹烯选择性分别高达 98.1%和 98.4%，而长叶烯基本不被氧化；反应体系为环境友好液-液-固相转移催化反应体系，催化剂易分离回收、重复利用；反应结束后，反应混合物经冷却、相分离除去水相，过滤回收催化剂，减压分馏得到高纯度长叶烯（GC 测定含量＞92%）和环氧石竹烯（GC 测定含量＞95%）。许榕生通过沉淀-浸渍法将 Ce^{4+} 负载于 $S_2O_8^{2-}/ZrO_2-TiO_2$ 中制得新型固体超强酸 Ce-$S_2O_8^{2-}/ZrO_2-TiO_2$，其对石竹烯转化与消除具有良好的催化活性，适宜的催化转化反应条件为催化剂用量 3.5%、反应温度 150℃、反应时间 4h，该条件下石竹烯的转化率为 99.1%，反应液经过精馏提纯后可获得含量分别为 80%～90%（GC 检测）等不同级别的长叶烯产品。刘兵等以重松节油为原料，采用重油原料质量 1% 的硫酸为催化剂，乙酸溶剂与原料的体积质量比为 1∶3（mL/g），反应温度为 20℃，反应时间为 4h，在此条件下石竹烯转化率接近 100%，可得到高纯度长叶烯。

2. 由 Wieland-Miescher 酮合成

Wieland-Miescher 酮（**1**）是合成长叶烯最理想的起始物，它转化为结晶单缩酮（**2**）并保持有 α-、β-不饱和羰基系，结晶单缩酮用 Wittig 试剂（乙烯基-三苯基膦烷）处理，转化为含碳碳双键的乙烯基衍生物（**3**）；控制温度 0℃，用 1mol/L 四氧化锇乙醚-吡啶溶液，使 **3** 的双烯选择性地羟基化为双醇（**4**），在生成 **4** 时，在环外上双键的选择性羟基化作用，是因这种双键具有有利于反应的空间效应。为活化这个中间体，以达到环膨胀目的，要从双醇混合物制备第 2 代单-p-甲苯磺酸酯衍生物（**4′**，R＝Ts），甲苯磺酸化的反应是关键性的一步。50℃下，在悬浮有碳酸钙的饱和过氯酸锂的四氢呋喃介质中，经 60h，生成以环庚烯酮为主的混合物，经色谱分离法分离出（**5**）。缩酮 **5** 在剧烈条件（100℃，2mol/L 盐酸，处理 24h）下生成共轭双酮（**6**），它是生成长叶烯核最关键的中间体。在含有三乙胺的乙二醇中，于 225℃下，经 24h，80% 双酮转化为结晶三环双酮（**7**），长叶烯骨架已经形成。用三苯甲基钠-甲基碘化物使三环双酮 α 甲基化，得到结晶 **8**；**8** 的羰基经还原转化为单亚乙基硫代缩酮（**9**），再用氢化铝锂还原得到 **10**，然后用雷尼镍或联二胺脱硫，生成 dl-长叶莰醇（**11**），**11** 经铬酸氧化得到 dl-长叶莰酮（**12**），**12** 与过量的甲基锂反应，甲基化生成相应的叔醇，低温下叔醇用亚硫酰氯的吡啶脱水成无色的 dl-长叶烯（**13**）。合成路线如图 6-9-64 所示。

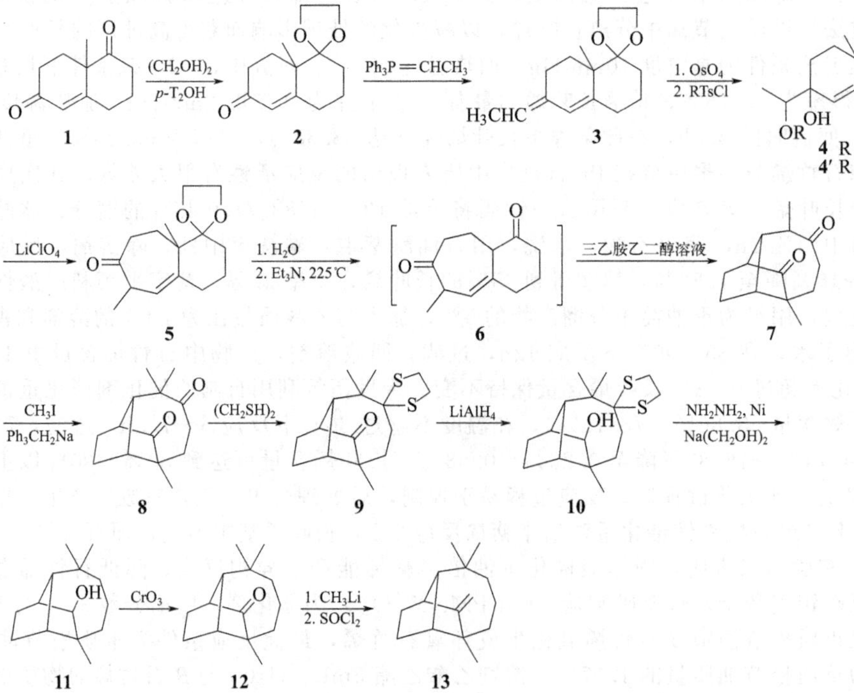

图 6-9-64　长叶烯的合成路线

3. 由 Wieland-Miescher 酮衍生物合成

Sasan Karimi 等以 Wieland-Miescher 酮的溴代物为原料，经过 10 步反应得到了长叶烯。原料 **14** 在二异丙基氨基锂（LDA）和三甲基硅烷基氯、碘化钠存在下反应得到 **15**，得率为 60%～80%；**15** 发生 Simmons-Smith 反应得到 **16**，**16** 和 **17** 都无需纯化即可进行下一步反应；**18** 在钯/炭下进行加氢可得白色晶体 **19**，再与磷叶立德发生 Wittig 反应，将酮变为烯烃 **20**，**20** 要用色谱法进行纯化；用 Simmons-Smith 反应把 **20** 中的双键转化为环丙烷结构 **21**，如同 **15** 反应为 **16** 那样，所用试剂也一样；在 PtO_2 存在下将 **21** 中的环丙烷片段氢解得 **22**，具有偕二甲基；**22** 进行脱溴反应得 **23**；最后，**23** 中羰基变为双键即得长叶烯。所有步骤的产物均用薄层色谱法（TLC）监测，并用 IR 和 NMR 测定、解析结构。合成路线如图 6-9-65 所示。

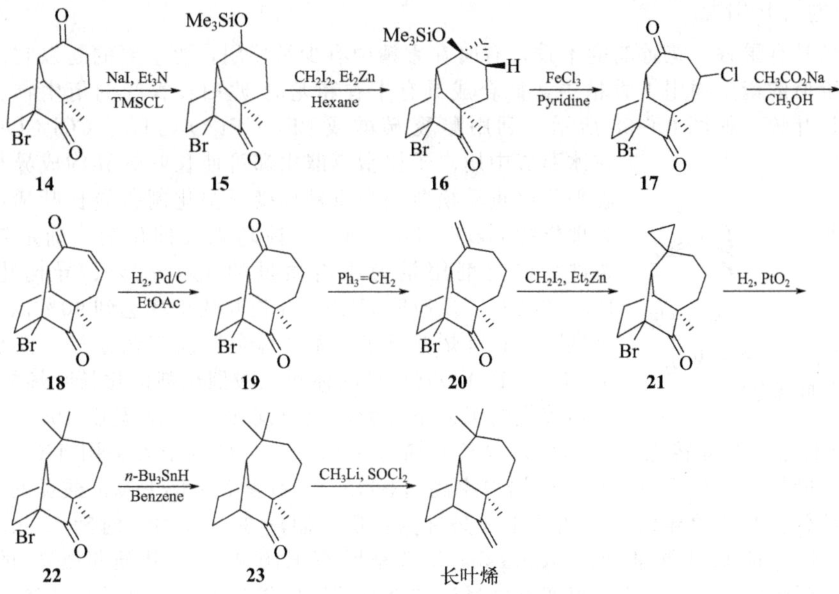

图 6-9-65　长叶烯的合成路线图

三、长叶烯的应用

长叶烯在香精中的直接应用较少，却是合成多种香料的原料，它的衍生物具有木香和龙涎-琥珀香香气，广泛应用于香水、护肤品、生活用品中。目前，长叶烯直接合成的香料主要为甲酸长叶烯酯、ω-乙酰氧甲基长叶烯和 ω-羟甲基长叶烯等。长叶烯利用的一个重要途径是异构为异长叶烯，另一用途是重排芳构化为 1,1-二甲基-7-异丙基-1,2,3,4-四氢萘，由这两种化合物为起始原料合成其他系列香料。

1. 合成乙酰基长叶烯

乙酰基长叶烯具有木香、龙涎香香气，可由长叶烯在三氟化硼乙醚催化下用过量的酸酐反应制得，如图 6-9-66 所示。

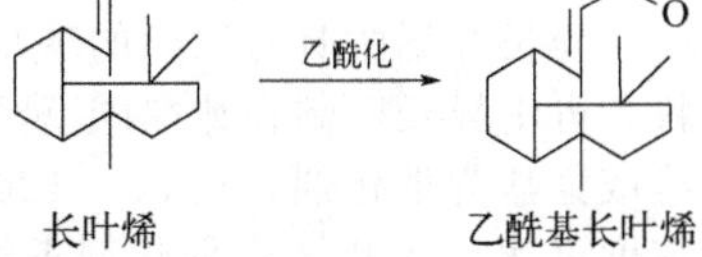

2. 合成 ω-乙酰（或甲酰）氧甲基长叶烯

ω-乙酰（或甲酰）氧甲基长叶烯具有温和清淡的木香香韵，是一种优良的调和香料的配料，有显著的增香和定香作用，可用于调配多种香型的香精。它可以通过长叶烯在冰醋酸（或甲酸）中同甲醛进行 Prins 反应或用醋酸-三醋酸锰反应制得，进一步水解可得到相应的 ω-羟甲基长叶烯。李晶等利用醋酸锰（Ⅲ）氧化长叶烯得到 *E*-ω-乙酰氧甲基长叶烯，产率为 62%；王植材等研究发现，长叶烯与多聚甲醛

长叶烯　乙酰化　乙酰基长叶烯

图 6-9-66　乙酰基长叶烯合成路线

的物质的量之比对产率的影响较大，当多聚甲醛的投料量为长叶烯的1.2倍以上时，易形成ω，ω-二（乙酰氧甲基）长叶烯而降低产率。合成路线如图6-9-67所示。

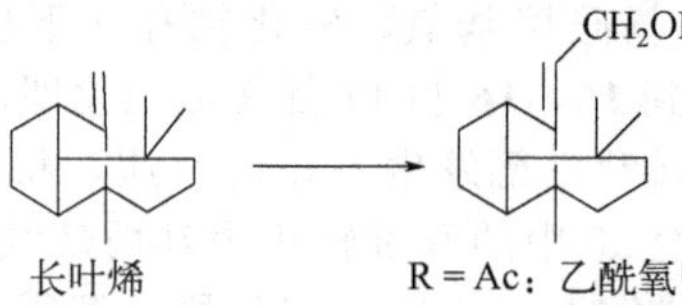

CH_2OR

长叶烯

R＝Ac：乙酰氧甲基长叶烯

R＝H：羟甲基长叶烯

图6-9-67　乙酰氧甲基和羟甲基长叶烯合成路线

3. 异构为异长叶烯

异长叶烯具有果香、花香韵的木香，有时在香精中有少量使用，更重要的是以它为原料合成一系列更有价值的衍生物用于香精中，如合成具有木香和龙涎-琥珀香香气的衍生物。长叶烯易于异构成异长叶烯，如图6-9-68所示。利用醋酸-硫酸或$BF_3 \cdot Et_2O$-C_6H_6、CCl_3COOH等，或在冰醋酸中用离子树脂膜催化都可使长叶烯异构成异长叶烯。邹志平等以重质松节油为原料直接异构化制备异长叶烯，选出了较为理想的GO_4^{n-}/TiO_2(A)固体超强酸催化剂，确定较好的反应条件为催化剂用量为原料质量的1%～2%、异构化反应温度190～200℃、反应时间4h，异长叶烯得率达到90%以上，为工业化生产异长叶烯探索了一条“绿色”新工艺途径。罗金岳等研究了SO_4^{2-}/TiO_2-ZrO_2型固体超强酸催化剂催化长叶烯的异构反应，得到较优的工艺条件为反应时间4h、反应温度165℃、催化剂用量4%，该条件下长叶烯转化率99.1%，异长叶烯得率97.2%。徐景士等采用TiO_2-$S_2O_8^{2-}$固体超强酸催化长叶烯异构化反应，异长叶烯得率高达96%。王石发等采用Lewis酸类的Cat-Ⅱ作为异构催化剂催化长叶烯的异构，较佳的工艺条件为：反应温度30℃左右，时间1.5h，催化剂用量3.0%（以长叶烯原料重量计）。Ramesha等将蒙脱石K10黏土和其质量20%的长叶烯在110～115℃下隔绝空气加热17h，粗产物经过滤和真空精馏后得到唯一产物异长叶烯。

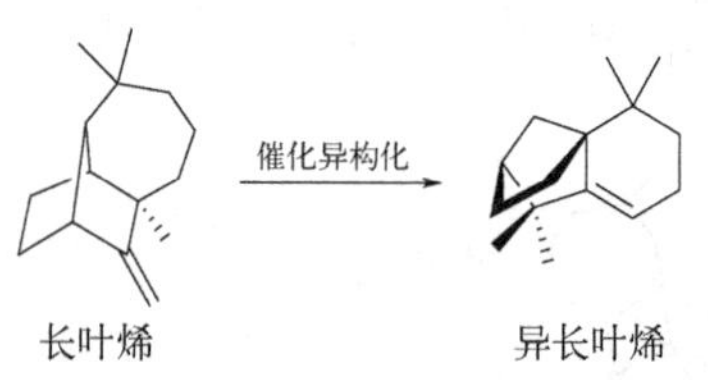

图6-9-68　长叶烯异构为异长叶烯路线

4. 芳构化为四氢萘

长叶烯经过芳构化反应，生成具有萘满型结构的1,1-二甲基-7-异丙基-1,2,3,4-四氢萘（如图6-9-69所示），这是合成多种多环麝香和龙涎香香料的重要中间体，在香料工业和精细化学工业中具有十分重要的意义，它们的一系列衍生物都可作为香料或香料中间体。刘震等研究发现了两种高催化活性和高选择性的非质子路易斯酸催化剂Cat_1和Cat_2，并探究了催化剂配比、助催化剂配比、反应温度和反应时间等因素对反应的影响，得到最佳反应工艺条件是反应温度120℃、反应时间9h、催化剂配比4.2%、助催化剂配比2.65%，异长叶烯的产率为93.4%～97.2%。李丽等采用溶胶-凝胶法制备不同组成的SO_4^{2-}/TiO_2-ZrO_2复合氧化物固体酸催化剂，其催化长叶烯芳构化适宜的组成为$n(Zr)/[n(Zr)+n(Ti)]=0.5$。

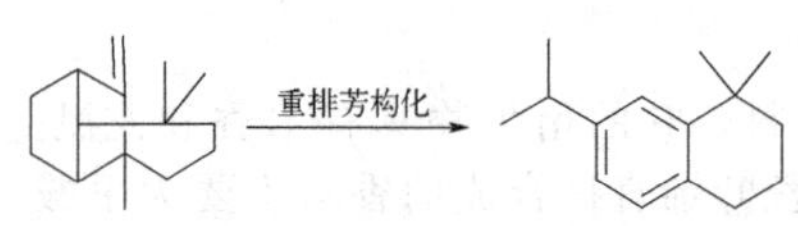

图6-9-69　长叶烯的重排芳构化反应

5. 合成异长叶烯酮

异长叶烯酮具有浓烈的琥珀膏香、木香和焦甜香气，香气幽雅而透发，是一种很有价值的香料，可由异长叶烯在冰醋酸-醋酐中以无水铬酸钠氧化而得。刘震等以异长叶烯为原料，有机钴盐或锰盐为催化剂，在30～120℃下，通空气氧化反应12～60h，异长叶烯酮的产率可达80%，纯度可达99%以上，催化剂不经处理可反复使用5次以上，催化效率基本无变化。武法文等以富氧空气为氧化剂，催化氧化异长叶烯合成异长叶烯酮，反应的最佳条件为富氧空气中$\varphi(O_2)$＝33.1%、反应温度60℃、气体通量60mL/min、反应12h，转化率达87.5%，收率达78.0%。反应条件温和，过程无有机溶剂参与，分离纯化简单，环境友好，适于工业化生产。武法文采用自制的聚二甲基硅氧烷/聚砜（PDMS/PSF）复合膜制备富氧空气，用于异长叶烯催化氧化制取异长叶烯酮，在31.0%O_2富氧空气和37.5mL/min的气体流量下可同时获得较为理想的转化率（67.5%）和产率（59.8%）。王占军等也以此法合成异长叶烯酮，得到了适于工业化生产的最优反应条件，即富氧空气中氧体积分数35%，气体通量60mL/min，反应时间8h，反应温度60℃，转化率达61.79%，异长叶烯酮收率达55.49%。彭晗等以重质松节油为原料，经三氟化硼乙醚催化异构得到异长叶烯，采用Cu为催化剂、叔丁基过氧化氢（TBHP）为氧化剂、叔丁醇（TBA）为溶剂经烯丙位氧化得到异长叶烯酮，如图6-9-70所示。并确定了适宜的氧化工艺条件为Cu粉用量3%（以异长叶烯质量计）、TBHP与异长叶烯物质的量之比3.5∶1、溶剂TBA与异长叶烯的质量比1∶1、80℃下反应12h，异长叶烯酮得率达93%，纯度98.75%。

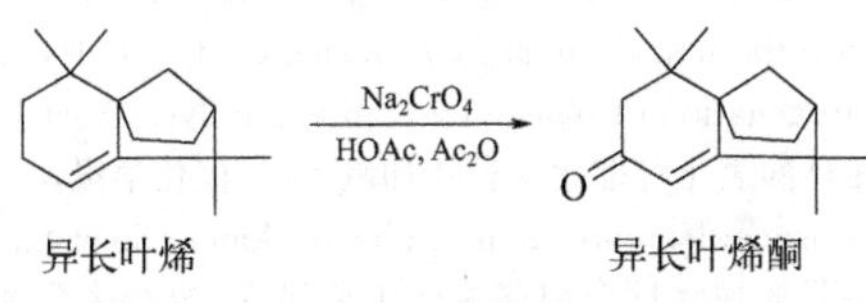

图6-9-70　异长叶烯酮的合成路线

6. 合成异长叶烷酮

异长叶烷酮具有广藿香和持久的香根香韵的木香、琥珀香，可在多种日化香精中使用。它可由异长叶烯在冰醋酸-硫酸介质中用过氧化氢氧化制得。蒋凤池等以浓硫酸为催化剂，以冰醋酸为溶剂，先将长叶烯异构化成异长叶烯；再在同一介质中直接加入30%的过氧化氢，在指定的温度下反应6～8h，主要产物是异长叶烷酮的两种差向异构体（α-和β-异构体），总含量达65%左右；经差向异构化反应后，β-异构体可转化为α-异构体，蒸馏后的产物中异长叶烷酮的含量提高到70%～80%，不含不饱和的异长叶烷酮。王植材等以长叶烯为原料，冰醋酸和少量浓硫酸作催化剂，甲酸甲酯为溶剂，用一步法合成异长叶烷酮，产率接近分步法。白杨等以脱石竹烯重质松节油为原料，经酸性异构、环氧化、差向异构合成了饱和异长叶烷酮，异长叶烯环氧化投料为异长叶烯∶冰醋酸∶过氧化氢=1∶3∶3（物质的量之比）、加料温度为30～35℃、加料时间为4h、回流温度为30～50℃、回流时间为14h，环氧异长叶烷收率达21.4%，环氧异长叶烷进一步差向异构得到异长叶烷酮，如图6-9-71所示。

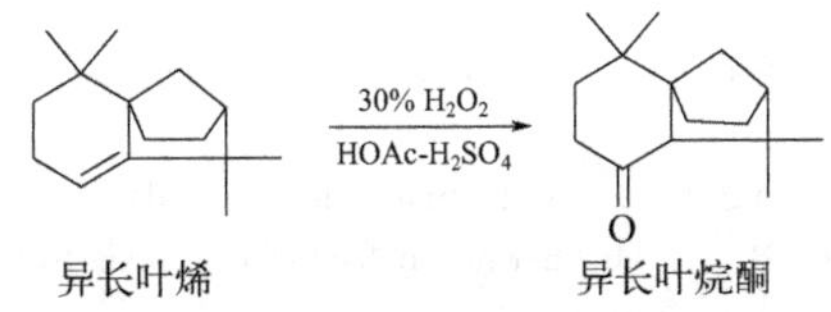

图6-9-71　异长叶烷酮的合成路线

参考文献

[1] 黄宗凉，马新宾，那平，等.蒎烷的制备及其下游产品开发应用综述.林产化学与工业，2001，21（4）：65-72.

[2] 付亚.主要萜类化合物催化加氢研究进展.金陵科技学院学报，2005，21（3）：50-55.

[3] Brose T，Pritzkow W，Thomas G. Studies on the oxidation of cis-and trans-pinane with molecular oxygen. Journal Für Praktische Chemie，1992，334（5）：403-409.

[4] 谢利花.两亲性分子筛负载Ru纳米粒子催化α-蒎烯加氢反应的研究.青岛：青岛科技大学，2018.

[5] 谢晖，杨圣军，张志杰.纳米镍催化α-蒎烯加氢合成顺式蒎烷的研究.林产化学与工业，2005，25（4）：56-58.

[6] 俞明远.水/有机两相中氯化钯催化α-蒎烯加氢反应的研究.山东化工，2009，38（8）：12-15.

[7] 付亚，范以宁.气相常压法α-蒎烯加氢制蒎烷Ni/C—Al_2O_3催化剂研究.化工时刊，2005，19（8）：18-20.

[8] Chouchi D，Gourgouinon D，Courel M，et al. The influence of phase behavior on reactions at su-percritical conditions：Hydrogenation of α-pinene to cis-pinane. Ind Eng Chem Res，2001（40）：2551-2554.

[9] Karl A，Swift D. Catalytic transformations of the major terpene feedstocks. Topics in Catalysis，2004（27）：143-155.

[10] Kim B S，Sekino T，Yamamoto Y，et al. Gelcasting process of Al_2O_3/Ni nanocompasites. Mater Lett，2004，58

(1/2)：17-20.
[11] 黄宗滨，马新宾，那平，等. α-蒎烯催化加氢合成蒎烷的研究进展. 化学工业与工程，2001，18 (6)：385-389.
[12] 蔡美萍，范国荣，王宗德. 蒎烯催化加氢催化剂研究进展. 林产化学与工业，2011，31 (2)：114-118.
[13] 王浩浩，蒋丽红，王丽媛. 松节油的深加工研究进展. 化工科技，2013，21 (3)：81-86.
[14] 余小兵，谈燮峰，冯爱群，等. 改性 Pd/C 催化氢化蒎烯的研究. 广州化学，1999 (2)：23-27.
[15] 张运明，唐亚贤，陈小鹏，等. 松脂液加氢反应的研究. 林产化学与工业，1995，15 (3)：17-23.
[16] 李云华，吴企华，甘光岳，等. 高分子负载钯催化剂的 α-蒎烯催化加氢. 天然气化工，1982 (2)：22，26-29.
[17] Palvin M S. Hydrogenation of alpha-pinene to cis-pinane. US 4310714，1982-01-12.
[18] Wachholz G，Thelen G，Voges H W. Ultrasound method of reactivating deactivated hydroganation catalysts. US 5132270，1992-07-21.
[19] Jenke T，Suess-Fink G. Kinetische enantiomerendifferenzierung bei der katalytischen hydrierung nicht funktionalisierter terpenolefine mit chiral modifizierten ruthenium clustern. J Organomet Chem，1991，405 (3)：383-391.
[20] Brown J M. The study on the hydrogenation of pinene by crabtee catalyst. Aust J Chem，1992，45 (1)：143-149.
[21] 杨晓，刘仕伟，谢从霞，等. 水促进的氯化钌催化 α-蒎烯加氢反应. 催化学报，2011，32 (4)：643-646.
[22] Rummelsburg A L. Vapor-phasa thermal isomerization of pinane. Amer Chem Soc J，1944，66 (1)：1718-1721.
[23] 王碧玉，吴燕翔，蔡国辉，等. α-蒎烯加氢反应制蒎烷的工艺研究. 福州大学学报（自然科学版），2003，31 (3)：52-54.
[24] 陈小鹏. α-蒎烯催化加氢反应的研究. 精细化工，2002 (6)：55-57.
[25] 毕梦宇，曾韬. 蒎烯催化加氢制备顺式蒎烷. 南京林业大学学报（自然科学版），2003，27 (1)：41-44.
[26] 谢晖，杨圣军，张志杰. 纳米镍催化蒎烯加氢合成顺式蒎烷的研究. 林产化学与工业，2005，25 (4)：56-58.
[27] 李忠海，黄卫文，黎继烈，等. 蒎烯催化加氢制备蒎烷工艺参数的优化. 中国食品学报，2011，11 (8)：18-125.
[28] 邵俊杰，林金云. 实用香料手册. 上海：上海科学技术出版社，1991.
[29] 汪清如，张承曾. 调香术. 上海：轻工业部香料工业研究所，1985.
[30] 林翔云. 天然芳樟醇与合成芳樟醇. 化学工程与装备，2008 (7)：21-26.
[31] 贾金莲. 松节油工业现状与市场. 林产化学与工业，2001，21 (4)：59-64.
[32] 黄战鏖，侯峰. 芳樟醇合成的研究进展及绿色评估. 应用技术学报，2017，17 (2)：136-150.
[33] 金琦. 香料生产工艺学. 哈尔滨：东北林业大学出版社，1996：220-221.
[34] 潘长华. 实用小化工生产大全. 北京：化学工业出版社，1997.
[35] Fisher G S，Stinson J S，Goldblatt L A. Peroxides from turpentine. Ⅱ. Pinane hydroperoxide. J Am Chem Soc，1953，75 (15)：3675-3678.
[36] 赵振东，刘先章，李冬梅，等. 蒎烷空气氧化反应的研究. 林产化学与工业，2003，23 (1)：17-20.
[37] Schmidt G A，Fisher G S. Terpene hydroperoxides. Ⅳ. The thermal decomposition of pinane hydroperoxide. J Am Chem Soc，1954，76 (21)：5426-5430.
[38] Brose T，Pritzkow W，Thomas G. Studies on the oxidation of cis- and trans-pinane with molecular oxygen. J Pract Chem，1992，334 (5)：403-409.
[39] Cocker W. Improvements in and relating to the producting of linalool. GB1019649. 1966-02-09.
[40] Leiner J，Stolle A，Ondruschka B，et al. Thermal behavior of pinan-2-ol and linalool. Mole，2013，18 (7)：8358-8375.
[41] Buddoo S，Siyakatshana N，Zeelie B，et al. Study of the pyrolysis of 2-pinanol to tubular and microreactor systems with reaction kinetics and modelling. Chem Eng Process，2009，48 (9)：1419-1426.
[42] Ambry，et al. Installations for the coating of parts by powdering. US 3847118，1974-11-12.
[43] 野村正人，藤原義人. 触媒の熱共性化反応. 日本農芸化学学会誌，1983，57 (12)：1227-1229.
[44] 刘旦初，谢关根，郑绳安，等. 蒎烷催化异构制取二氢月桂烯. 精细化工，1988，5 (1)：14-19.
[45] 马怀柱. 基础有机化学反应. 合肥：安徽教育出版社，1987：45-47.
[46] Nigam S C. New access to primary alcohol and aldehydes from terminal alkenes and alkynes. Tetra Left，1986，27 (1)：75-76.
[47] Akiira H，Hideki S. Carbon-silicon bond cleavage of organotrlakoxysililanes and organosilatranes with MCPBA new route to primary alcohols. Chem Lett，1981，110 (2)：243-246.
[48] 梁日富，陈子涛. 乙烯酮法合成乙酸芳樟醇. 香料香精化妆品，1987 (2)：5-6.
[49] 陈振锋，王修建，梁宏，等. 硫代芳樟醇和硫代香茅醇的合成研究. 广西化工，1998，27 (1)：11-15.
[50] 杨泽榆，邓卫慈. 麝香草酚的合成. 催化学报，1990，11 (1)：80-82 .
[51] Bogel-Lukasik E，Silva M G，Nogueira I D，et al. Study on selectivity of beta-myrcene hydrogenation in high-pressure carbon dioxide catalysed by noble metal catalysts. Green Chem，2009，11 (11)：1847-1856.
[52] 邹志平. Diels-Alder 反应在松节油半合成香料中的应用. 林产化工通讯，2002，36 (3)：35-38.

[53] 罗金岳，彭淑静. β-蒎烯热异构制备月桂烯工艺的研究. 林产化学与工业，2000，20（3）：47-51.
[54] 王金娥，朱岳麟，熊常健. 月桂烯的来源及其在香料化学中的应用. 山东化工，2011，40（3）：47-50.
[55] 范存良，徐佩若，杨忠保，等. 由异戊二烯合成月桂烯. 精细化工，2002（3）：137-139.
[56] 连建伟，夏建陵，黄坤，等. β-月桂烯在有机反应中的应用研究进展. 化工进展，2011，30（8）：1826-1831.
[57] 林晓，黄方吕，杨泽榆. 从月桂烯出发合成新铃兰醛. 广州化学，2002（3）：42-48.
[58] 游翔，张冠群，霍奕璇. 新铃兰醛合成技术的优化. 精细与专用化学品，2019（2）：34-37.
[59] 黄志喜，王慧辰. 现代合成香料. 北京：中国轻工业出版社，2009.
[60] 唐健. 龙涎酮的合成. 河北化工，2010，33（10）：57-58.
[61] John B H，Sanders J M. Perfume compositions and perfume articles containing one isomer of an octahydrotetramethyl acetonaphthone：US 3929677. 1975.
[62] 夏建陵，彭淑静. 合成龙涎酮香料的研究. 南京林业大学学报，1995，19（4）：33-38.
[63] 曾昭国. β-蒎烯合成柑菁醛初报. 林产化学与工业，1986（4）：32-38.
[64] 李秋庭，陆顺忠. 月桂烯合成柑菁醛的研究. 广西化工，2002，31（1）：16-17.
[65] Corbett L J，Weavers R T. Aluminosilicate catalysis of chalcone Diels-Alder reactions. Synthetic Communicatons，2008，38（4）：489-498.
[66] 陆国元. 有机反应与有机合成. 北京：科学出版社，2009：131.
[67] 孙美环，齐欣，唐向阳，等. 由月桂烯合成香叶基丙酮的研究. 化学工业与工程，2016，33（1）：51-56.
[68] 孙立宏，孙立明. 香叶醇的研究进展. 西北药学杂志，2009（5）：428-430.
[69] 刘先章，王振洪，蒋同夫. 合成香叶醇和橙花醇的研究. 林产化学与工业，1989，9（4）：11-19.
[70] Etzold B，Jess A. Heterogeneously catalyzed epimerization of menthol stereoisomers-an instructive example to account for diffusion limitations in complex reaction networks. Chem Eng Technol，2008，31（9）：1282-1289.
[71] 郑昌戈，刘煊业，喻晓蔚. L-薄荷醇的合成研究进展. 化工进展，2011，30（10）：2276-2281.
[72] Brown H C，Singh K P，Garner B J. Hydroboration of terpenes Ⅰ. The selective hydroboration of myrcene with disiamylborane. Journal of Organometallic Chemistry，1963，1（1）：2-7.
[73] Murphy R，Prager R H. Organoboranes in organicsynthesis Ⅸ. Carbonylation products of organoboranes derived from myrcene. Journal of Organometallic Chemistry，1979，10（1）：133-147.
[74] 杨铭，黎彧，张伟健，等. Diels-Alder 反应合成月桂烯类香料的研究进展. 农业机械，2011，2：137-139.
[75] Veselovsky V V，Gybin A S，Lozanova A V，et al. Dramatic acceleration of the Diels-Alder reaction by adsorption on chromatography adsorbents. Tetrahedron Letters，1988，29（2）：175-178.
[76] Yin D，Yin D，Fu Z，et al. The regioselectivity of Diels-Alder reaction of myrcene with carbonyl-containing dienophiles catalysed by Lewis acids. Journal of Molecular catalysis A：Chemical，1999，148：87-95.
[77] Oskooie H A. Diels-Alder reaction of myrcene with carbonyl containing dienophiles supported on silica gel under microwave irradiation. Phosphorus，Sulfur，and Silicon，2004，179：1165-1167.
[78] 尹显洪. 固体超强酸催化合成乙酸橙花酯和乙酸香叶酯. 精细化工，2001，18（11）：641-644.
[79] 汪多仁. 增塑剂化学品生产配方和合成工艺. 北京：科学文献出版社，1999：7.
[80] 连建伟，夏建陵，杨小华，等. 4-(4-甲基-3-戊烯基)-4-环己烯-1,2-酸异辛酯的合成及其增塑性能研究. 现代化工，2011，31（12）：36-41.
[81] Dieckmann R H，Palamand S P. Autoxidation of some constituents of hops. The monoterp- ene hydrocarbon，myrcene. J Agr Food Chem，1974，22（3）：498-503.
[82] Kenney R L，Fisher G S. Photosensitized oxidation of myrcene. J Am Chem Soc，1959，81（16）：4288-4291.
[83] Goncalves J A，Howarth O W，Gusevskaya E V. Palladium catalyzed oxidation of monoterpenes：Novel oxidation of myrcene with dioxygen. Journal of Molecular Catalysis A：Chemical，2002，185：97-104.
[84] 海维. 月桂烯合成蒽二酚类化合物的研究. 南京：南京林业大学，2009.
[85] Molinari A，Oliva A，José M M C，et al. Cytotoxic-antineoplastic activity of acetyl derivatives of prenylnaphthohydroquinone. IL Farmaco，2004，59（8）：651-656.
[86] 高飞飞，罗金岳，阚晨曦. 6-(4-甲基-3-戊烯基)-5,8-二氢-1,4-萘二酚的合成研究. 林产化学与工业，2012，32（4）：102-106.
[87] 冯虹钧，杨久芳，高飞飞，等. 6-(4-甲基-3-戊烯基)-1,4-萘二醌的合成研究. 林产化学与工业，2014，34（2）：103-107.
[88] Ryoji N. Asymmetric Catalysis. Science and Opportunities（Nobel Lecture）. Angew Chem Int Ed，2002，41：2008-2022.
[89] Kumobayashi H，Sayo N，Akutagawa S. Industrial asymmetric synthesis by use of metal-BINAP catalysts. Nippon Kagaku Kaishi，1997，12：825-846.
[90] 王志军，臧健，吴怡祖，等. *N*,*N*-二乙基-3,7-二甲基-(E)-2,6-辛二烯-1-胺的合成研究. 精细化工中间体，2005，35

(3)：42-46.
[91] Goldblatt L A，Palkin S. Vapor phase thermal isomerization of α-and β-Pinene. J Am Chem Soc，1941，63：3517-3522.
[92] 罗金岳，安鑫南，雷福厚. 固体超强酸 SO_4^{2-}/TiO_2-ZrO_2 催化 β-月桂烯与马来酸酐的 Diels-Alder 反应的研究. 林产化学与工业，2007，27（6）：90-94.
[93] 陆占国，小林直，张亚丽. 以 β-月桂烯为原料的新单萜衍生物合成及构造解析. 化学与粘合，2005，27（3）：131-134.
[94] 伍忠萌. 林产精细化学品工艺学. 北京：中国林业出版社，2001.
[95] Girola N，Figueiredo C R，Farias C F，et al. Camphene isolated from essential oil of Piper cernuum（Piperaceae）induces intrinsic apoptosis in melanoma cells and displays antitumor activity in vivo. Biochemical and Biophysical Research Communicatons，2015，467：928-934.
[96] Valencia O C，Sánchez A R，Martínez V C，et al. Ion exchange resins as catalyst for the isomerization of α-pinene to camphene. Bioresource Technology，2004，93：119-123.
[97] Xiang J H，Luo Z H. Study on the pinene isomerization catalyzed by TiM. Chinese Journal of Chemical Engineering，2018，26：2537-2541.
[98] Frattini L，Isaacs M A，Parlett C M A，et al. Support enhanced α-pinene isomerization over HPW/SBA-15. Applied Catalysis B：Environmental，2017，200：10-18.
[99] Huang G，Zhou S L，Liu J，et al. Highly-selective solvent-free catalytic isomerization of α-pinene to camphene over reusable titanate nanotubes. RSC Advance，2020，10：10606.
[100] Findik S，Gündüz G. Isomerization of α-painene to camphene. JAOCS，1997，74（9）：1145-1151.
[101] Comelli N A，Ponzi E N，Ponzi M I. α-Pinene isomerization to camphene：Effect of thermal treatment on sulfated zirconia. Chemical Engineering Journal，2006，117：93-99.
[102] Simakova I L，Solkina Y S，Moroz B L，et al. Selective vapour-phase α-pinene isomoerization to camphene over gold-on alumina catalyst. Applied Catalysis A：General，2020，285：136-143.
[103] Girola N，Figueiredo C R，Farias C F，et al. Camphene isolated from essential oil of Piper cernuum（Piperaceae）induces intrinsic apoptosis in melanoma cells and displays antitumor antivity in vivo. Biochemical and Biophysical Research Communications，2015，467：928-934.
[104] Croteau R，Satterwhite D M，Cane D E，et al. Biosynthesis of monoterpenes- enantioselectivity in the enzymatic cyclization of（＋）- and (-)-linalyl pyrophosphate to（＋）- and (-)-pinene and (-)-camphene. The Journal of Biological Chemistry，1988，263（21）：10063-10071.
[105] 张翘楚，钟平. 冰片氧基丙酮的合成与分析. 江西师范大学学报（自然科学版），1993，17（2）：157-159.
[106] 聂慧琴，许如银，陶海，等. 莰烯与 2-甲基-1,3-丙二醇烷氧基化反应的研究. 南京大学学报（自然科学），2015，51（4）：692-699.
[107] LY/T 2860—2017 双戊烯.
[108] 张秋格，毕良武，赵振东，等. 对伞花烃的制备与应用研究进展. 现代化工，2008，28（S）：401-406.
[109] 张秋格. 工业双戊烯催化脱氢及对伞花烃定向氧化反应研究. 北京：中国林业科学研究院，2010：1-51.
[110] LY/T 2859—2017 对伞花烃.
[111] 廖英，冯亚青，那平. 工业双戊烯下游产品研究进展. 化学工业与工程，2004，21（2）：121-124.
[112] 孙崇鲁，黄克瀛，陈丛瑾，等. 工业双戊烯合成香料的研究实例. 生物质化学工程，2006，40（5）：47-50.
[113] 苗雨欣，蒋丽红，王昊，等. 工业双戊烯在精细化学品制备中的应用. 日用化学工业，2011，41（1）：55-59.
[114] 詹益兴. 现代化工小商品制法大全 第 2 集. 长沙：湖南大学出版社，1999.
[115] 赵晨阳. 化工产品手册 有机化工原料. 北京：化学工业出版社，2016.
[116] Sales A，Felipe L D，Bicas J L. Production，properties，and applications of alpha-terpineol. Food and Bioprocess Technology，2020，13（8）：1261-1279.
[117] 刘环宇. 香料香精实验. 北京：科学出版社，2017.
[118] Bhatia S P，Letizia C S，Api A M. Fragrance material review on（－)-alpha-terpineol. Food and Chemical Toxicology，2008，46（11）：S204-S205.
[119] Bhatia S P，Letizia C S，Api A M. Fragrance material review on alpha-terpineol. Food and Chemical Toxicology，2008，46（11）：S280-S285.
[120] Bhatia S P，McGinty D，Letizia C S，et al. Fragrance material review on dihydro-alpha-terpineol. Food and Chemical Toxicology，2008，46（11）：S128-S130.
[121] 陈煜强，刘幼君. 香料产品开发与应用. 上海：上海科学技术出版社，1994.
[122] 李齐贤. 松脂加工工艺. 北京：中国林业出版社，1988.
[123] Khaleel C，Tabanca N，Buchbauer G. α-Terpineol，a natural monoterpene：A review of its biological properties. Open Chemistry，2018，16（1）：349-361.
[124] Zhu W P，Liu X，Wang Y Q，et al. Discovery of a novel series of alpha-terpineol derivatives as promising anti-

asthmatic agents: Their design, synthesis, and biological evaluation. European Journal of Medicinal Chemistry, 2018, 143: 419-425.

[125] Kong Q J, Zhang L L, An P P, et al. Antifungal mechanisms of alpha-terpineol and terpene-4-alcohol as the critical components of Melaleuca alternifolia oil in the inhibition of rot disease caused by Aspergillus ochraceus in postharvest grapes. Journal of Applied Microbiology, 2019, 126 (4): 1161-1174.

[126] Khaleel C, Tabanca N, Buchbauer G. Alpha-terpineol, a natural monoterpene: A review of its biological properties. Open Chemistry, 2018, 16 (1): 349-361.

[127] 中国食品添加剂和配料协会."十一五"国家重点图书出版规划项目：食品添加剂手册. 3版. 北京：中国轻工业出版社，2012.

[128] Li Y H, Shao X F, Xu J Y, et al. Effects and possible mechanism of tea tree oil against botrytis cinerea and penicillium expansum in vitro and in vivo test. Canadian Journal Microbiology, 2017, 63 (3): 219-227.

[129] 涂云华，李明娥，康颖倩，等. 松油烯-4-醇对人黑色素瘤 WM35 细胞增殖及凋亡的影响. 实用医学杂志，2016，32 (10)：1584-1587.

[130] Silva C S, Figueiredo H M, Stamford T L, et al. Inhibition of listeria monocytogenes by melaleuca alternifolia (tea tree) essential oil in ground beef. International Journal of Food Microbiology, 2019, 293: 79-86.

[131] 李琳，熊鑫，马树杰，等. 松油烯-4-醇光学异构体及外消旋体对家蝇的杀虫活性比较. 昆虫学报，2015，58 (7)：761-766.

[132] 天津轻工业学院食品工业教学研究室编. 食品添加剂（修订版）. 北京：中国轻工业出版社，2008.

[133] 国家食品安全风险评估中心. 中国食品工业标准汇编 5　食品添加剂卷. 北京：中国标准出版社，2018.

[134] 贺近恪，李启基. 林产化学工业全书. 北京：中国林业出版社，2001.

（赵振东，王石发，罗金岳，毕良武，徐徐）

第十章　松节油合成原料药

原料药是指用于生产各类药品制剂的原料药物，是制剂中的有效成分，但病人无法直接服用的一类物质，通常由化学合成、植物提取或者生物技术等工艺手段制备得到。按来源不同可分为天然化学药和化学合成药两大类，其中化学合成药根据原料不同又分为无机合成药和有机合成药。松节油作为一种天然精油，在中国具有悠久的药用历史，《神农本草经》记载了其可以用于治疗毒疮、刀伤等；东晋著名医药学家葛洪在长期的研究实践中发现其具有治疗关节炎的奇效；《本草纲目》记载了其治疗关节风痛、转筋挛急、风热牙痛、跌打损伤等症状的方剂。随着现代化学工业的发展，松节油的药用价值得到进一步的提升与体现，以松节油为原料制备得到的多种衍生物在清热解毒、驱虫杀虫、除菌抑菌、舒缓镇痛等多个方面具有显著功效，是多种药品生产不可或缺的原料，其中具有代表性的产品有龙脑、樟脑、薄荷脑、松油醇等。

第一节　龙脑

一、龙脑的性质

龙脑即莰醇，俗称冰片，是一种双环单萜仲醇类化合物，化学名为1,7,7-三甲基双环［2,2,1］庚-2-醇，分子式 $C_{10}H_{17}OH$，分子量154.14；熔点208℃，沸点213℃，闪点65℃，密度1.01g/cm³；外观为无色透明或白色半透明片状松脆结晶，气清香，味辛凉，有樟脑和松木香气，溶于乙醇、氯仿、汽油、乙醚等有机溶剂，微溶于水。天然龙脑有左旋和右旋两种，比旋光度为 $[\alpha]_D^{20}=\pm 37.7°$。右旋的 *d*-龙脑又名冰片，存在于南洋婆罗洲的龙脑树以及我国广东省的针叶树中；左旋的 *l*-龙脑又名艾片，存在于两广（广东和广西）艾草中。龙脑也可以由松节油的主要成分 α-蒎烯制得。合成龙脑的旋光性则取决于 α-蒎烯原料的旋光性。合成龙脑中含有少量的异龙脑，其结构式与构型分别如图6-10-1所示。

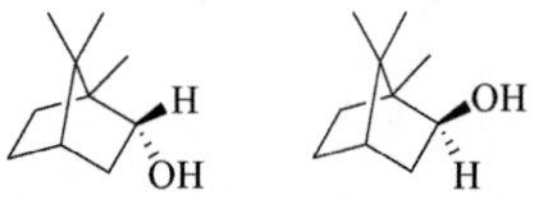

龙脑　　异龙脑

图6-10-1　龙脑和异龙脑的结构式

二、龙脑的制备

以松节油为原料合成龙脑的方法有三种，分别为草酸法、氯乙酸法和固体酸催化法。

（一）草酸法制备龙脑

由松节油分馏所得蒎烯与当量的无水草酸在2%～5%硼酐及0.5%醋酐催化下，缩合反应生成草酸龙脑酯、双戊烯及二聚萜烯类轻油分。用水蒸气将轻油分蒸去后加苛性钠溶液皂化，使龙脑游离。再用水蒸气蒸馏将龙脑与聚合物分离，经升华结晶等方法精制成商品龙脑。其化学反应过程如图6-10-2所示。

① 结晶草酸加热生成无水草酸：

$$HOOC-COOH\cdot 2H_2O \longrightarrow HOOC-COOH + 2H_2O\uparrow \qquad (a)$$

② 硼酸熔融脱水生成硼酐：

$$2H_3BO_3 \xrightarrow{\triangle} B_2O_3 + 3H_2O\uparrow \qquad (b)$$

③ α-蒎烯与草酸的酯化反应：

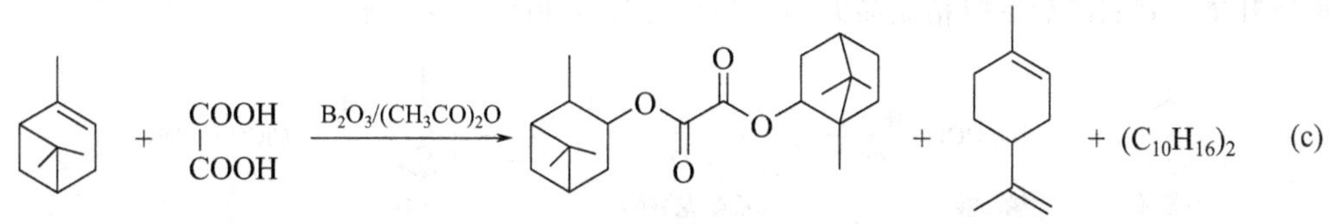

α-蒎烯 + 草酸 $\xrightarrow{B_2O_3/(CH_3CO)_2O}$ 草酸龙脑酯 + 双戊烯 + $(C_{10}H_{16})_2$　(c)

④ 草酸龙脑酯的皂化反应：

草酸龙脑酯 $\xrightarrow{NaOH}$ 龙脑 + $Na_2(COO)_2$　(d)

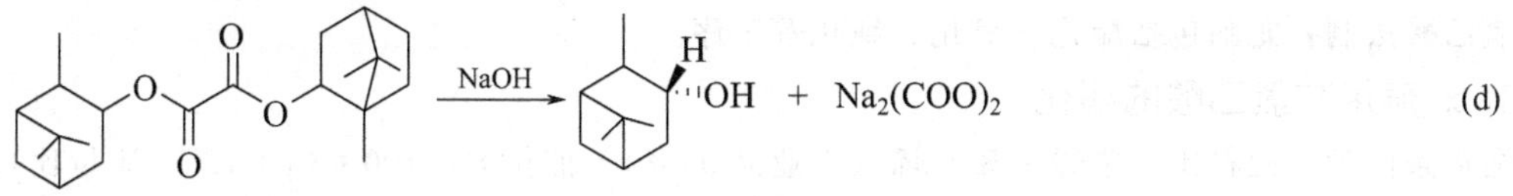

图 6-10-2　草酸法制备龙脑反应过程

合成龙脑的过程包括原材料处理、酯化、皂化及粗龙脑的提纯四个工序。

1. 原材料处理

优级松节油经减压蒸馏后得含蒎烯 96％以上的无水蒎烯。含水草酸在常压、温度 105～110℃下搅拌脱水，得白色无水草酸。熔点 187～189℃，过筛（60 目）后密闭贮存备用。硼酐由硼酸加热熔融脱水，粉碎过筛（80 目）而得，密闭贮存备用。

2. α-蒎烯与草酸的酯化

α-蒎烯与草酸的酯化反应条件：原料配比为蒎烯∶无水草酸∶硼酐∶醋酐＝100∶22∶2∶0.2；反应温度 55～56℃（放热反应需控制）；反应时间 3h。草酸可分批加入，反应结束后澄清分层，上层反应油送洗涤槽用 70℃热水洗涤，搅拌 2～3h，静置，分出水分。反应油用水蒸气蒸馏蒸出未反应的蒎烯等。下层硼酸及草酸沉淀物送酯化锅复用。

3. 草酸龙脑酯的皂化与蒸馏

草酸龙脑酯的皂化反应条件：草酸龙脑酯与固体氢氧化钠的配料比＝100∶(15～17)（也可配成 50％的水溶液使用）；皂化时间 30～50min。皂化后的反应液就在皂化锅中进行活汽蒸馏，蒸馏温度 90～110℃，蒸出的龙脑蒸气在喷水的冷却塔塔底筛板上收集，每 8h 收集一次粗龙脑（皂化蒸馏总时间为 20～24h）。用离心机甩去水分和脑油得粗龙脑。甩出的脑油经冷冻结晶回收部分粗龙脑，余下脑油再经蒸馏得轻油和油脑，轻油为主要含小茴香醇的茴香油。皂化后蒸完粗龙脑，静置适当时间，皂化锅中物料分为两层：底层为含草酸钠的碱溶液，用来回收草酸；上层重油为反应中生成的高沸点聚合物，可作裂化油原料。

4. 粗龙脑纯化

为了除去粗龙脑中夹带的杂质，提高产品的熔点与纯度，通常采用溶解与结晶提纯法。常用溶剂为 120 号汽油。配比为粗龙脑∶汽油＝1∶(1.2～1.8)，采用盘管夹套蒸汽加热，温度 110℃左右，溶解回流 2～3h。此时粗龙脑中所含约 5％～10％的水分与龙脑汽油溶液分层，弃去水分。龙脑汽油溶液经过滤除去杂质，放入结晶槽中冷却结晶，晶槽温度以 10℃为宜，结晶时间 6～7 天，晶体取出，通风阴干 4～5 天，挥发汽油，即得龙脑成品。为了缩短晾干时间，也可用烘房于 30～40℃下干燥约 24h。若一次结晶纯度尚达不到要求，可进行第二次结晶，方法同第一次。汽油母液可重复使用或蒸馏回收后重复使用，釜残放出冷却结晶得半制品龙脑，重结晶后得精制龙脑。

草酸法合成龙脑存在许多问题，如酯化反应较难控制，汽油结晶生产不安全，产品中正龙脑含量不高等，因此人们开展了各种新工艺的研究，下面介绍两种新的生产工艺。

（二）氯乙酸法制备龙脑

松节油经分馏后，得到蒎烯含量 96％以上的馏分，与氯乙酸在催化剂作用下发生酯化反应生成氯乙酸龙脑酯，经过滤、洗涤、减压蒸馏得到净酯，净酯用氢氧化钠水溶液皂化得到粗龙脑，再经升华、精制最后制得精制品龙脑。其合成路线如图 6-10-3 所示。

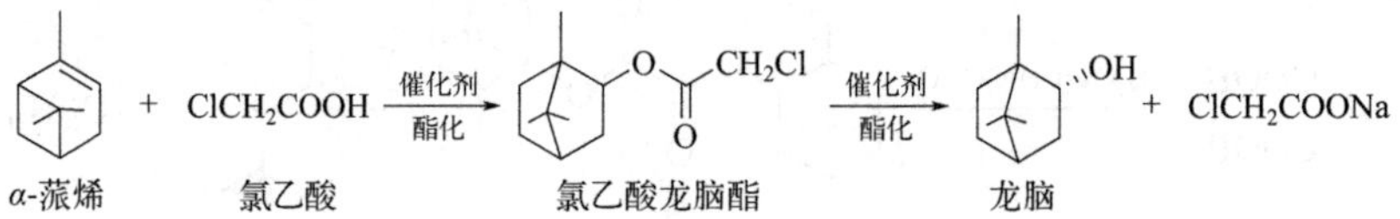

α-蒎烯 + $ClCH_2COOH$ —催化剂/酯化→ 氯乙酸龙脑酯 —催化剂/酯化→ 龙脑 + $ClCH_2COONa$

氯乙酸　　　　氯乙酸龙脑酯（CH_2Cl，O）　　　　龙脑（OH）

图 6-10-3　氯乙酸法制备龙脑路线

氯乙酸法制备龙脑包括酯化、皂化、纯化等工序。

1. α-蒎烯与氯乙酸的酯化

酯化条件为：配料比＝蒎烯∶氯乙烯（工业品 95%）∶催化剂＝100∶44∶1.5（质量比）；反应温度 65～70℃；反应时间 7～10h。

先将蒎烯加入反应釜中，升温至 45～70℃加入催化剂，再加入氯乙酸，反应至氯乙酸含量不再下降为止，出料过滤。滤液用 50～60℃温水洗涤，放出洗液（淡氯乙酸浓度约 32%，加以回收），再用碳酸钠水溶液洗至 pH 值 7～9，即得粗酯（含酯 50%以上）。粗酯用水蒸气减压蒸馏，回收未反应的蒎烯及副产物双戊烯，得到净酯，其相对密度为 $d_4^{20}=1.10\pm0.1$。

在氯乙酸法酯化过程中虽也有副反应生成小茴香酯，但其量较草酸法少得多，草酸法中小茴香酯与龙脑酯的比例为（0.4～0.5）∶1，而氯乙酸法只有（0.25～0.4）∶10。此外，氯乙酸法副反应中双戊烯含量约为 30%，但双萜烯则小于 5%，未反应的蒎烯仍可回收利用。而草酸法中双戊烯含量虽较少只有 10%～15%，双萜烯含量却高达 30%～35%。反应液中不含蒎烯，全部转化为其他产物。

2. 氯乙酸龙脑酯的皂化

反应釜中的净酯在搅拌下加入液碱，比例为酯∶碱＝1∶（2～3）（物质的量之比），放热反应，升温至 50～60℃，反应 3～5h，至酯含量降至 0.3%以下，停止反应。加入 50～60℃温水洗涤，放出副产物钠盐，再加少量水洗涤一次，然后加热到 120℃左右，用直接蒸汽将龙脑升华出来，喷水冷却，收集，离心甩干，干燥得白色粒状粗制品，再经升华即可获得含正龙脑 96%以上的龙脑成品。母液用直接蒸汽进一步回收龙脑。水蒸气升华条件：温度 120～130℃，蒸汽压力 0.15～0.20MPa，汽脑比（重量）1∶（3～5），冷却室温度 20～40℃。

（三）固体酸催化法制备龙脑

此法为α-蒎烯在新型 GC-82 型强酸性固体酸催化下，直接水合一步生成龙脑和松油醇。反应产物中除龙脑、松油醇外还有其他萜烯副产物。得到的龙脑成品中含正龙脑 92.23%，异龙脑 7.77%。

固体酸催化法制备龙脑包括水合、分馏、脱水及提纯等工序。

1. 水合

α-蒎烯水合反应的条件为：配料比＝莰烯∶去离子水∶催化剂＝1∶3∶1（质量比）；反应温度 50～80℃；反应时间 40～70h。

2. 水合油分馏

水合油分馏的条件为：真空度 87.98～95.98kPa；塔顶温度 80～120℃；回流比 1∶（1～2）。

3. 母液分馏

母液精密分馏的条件为：真空度 93.31kPa；塔顶温度 100～120℃。分馏残液为重油。馏出物中有萜烯、主馏分（主含龙脑）和后馏分（主含松油醇）。因龙脑不发生脱水反应，松油醇选择性脱水反应方法可以分离和回收其中的龙脑。

4. 粗龙脑提纯

用溶剂汽油进行两次重结晶，以达到提纯的目的。所得透明或半透明片状结晶经烘干即为成品合成龙脑。结晶条件为：配料比＝粗龙脑：汽油＝1：(1.5～1.8)（质量比）；溶解温度 90～110℃；结晶时间 5～7 天。

固体酸催化法制备龙脑的得率 32.5%，副产萜烯 52.5%，粗松油醇 3.3%，重油 8.0%，损失 3.7%。产品中正龙脑含 92.23%，异龙脑 7.77%。将此工艺进一步完善和提高，将有良好的工业化前景。

三、龙脑的应用

1. 在医学中的应用

作为芳香开窍药之一的冰片，药性辛、苦，微寒，归心、脾、肺。明代李时珍所著《本草纲目》记载：龙脑具有通利全身四肢九窍、发散诸经火的功效。冰片是一味常用中药，被广泛用于临床内、外、妇、儿、五官等各科。冰片具辛散之性与芳香走窜之性，长于散脏腑郁热，行诸经气血，祛瘀阻之火，开神昏痹闭。冰片被历代医家用于治疗中风邪闭、高热惊风、热病神昏与心痛等证。现代医师在中风、冠心病、心绞痛、高血压病等心脑血管疾病中应用含有冰片的中成药较多，如安宫牛黄丸、复方丹参滴丸、牛黄降压丸等。龙脑被外用则多入散剂，治疗疮疡、眼疾、喉痹等病症，如冰硼散等。龙脑作为角膜渗透促进剂，提高地塞米松对眼角膜的渗透性，提高治疗效果[1]。据统计含冰片的成方制剂达 160 余种[2,3]。

龙脑也是制备药物的重要原料。2-哌嗪基乙酸龙脑酯具有优异的抗溃疡活性[4]、抗病毒活性[5]。

2. 在香料中的应用

龙脑合成的乙酸龙脑酯有清凉的松木香气，并有樟脑似的气息，可用于配制可乐、芒果、薄荷和菠萝等食用香精，也可用于调味香精中。龙脑已列入欧洲食用香料产品目录，我国国标 GB 2760—2024 也明确规定乙酸龙脑酯可作为食用香料。

第二节　樟脑

一、樟脑的性质

樟脑，亦称莰酮-2，是一种单萜酮类化合物，化学名为 1,7,7-三甲双环［2,2,1］庚-2-酮，即 2-莰酮，分子式为 $C_{10}H_{16}O$，分子量为 152.24，白色或透明的蜡状固体，容易升华，熔点为 179～181℃，沸点为 204℃，密度为 $(1.0\pm0.1)g/cm^3$，闪点为 64.4℃，蒸气压为 4mmHg（70℃），蒸气密度为 5.24，折射率为 1.485，微溶于水，溶于乙醇、乙醚、氯仿、二硫化碳、二硫化碳等大多数有机溶剂。

樟脑

根据来源不同，樟脑可分为天然樟脑和合成樟脑。天然樟脑又称右旋樟脑，比旋光度为 $[\alpha]_D^{20}=+44°$，存在于樟树中，由樟树的根、枝、叶、果等经水蒸气蒸馏得樟脑油，再经真空蒸馏、冷冻、离心、升华而得。天然樟脑是我国重要的特产之一，也是我国出口的传统商品。天然樟脑广泛用于医药、化工以及国防工业中，是国际市场上不可缺少的重要商品。其作为医药中间体，可经磺化成樟脑磺酸后，以碳酸氢钠乙醇溶液中和而制得樟脑磺酸钠。樟脑磺酸钠是中枢兴奋药，具有兴奋呼吸中枢和血管运动中枢的作用，还具有强心作用，主要用于中枢抑制药中毒和肺炎等引起的呼吸及循环抑制。全世界天然樟脑产量仅在 2500～3000t 左右。以我国和日本产量最高，我国的福建、江西、台湾尤为丰富。

由于天然樟脑产量有限，远不能满足高达 1 万～2 万 t 的市场需求。因而，20 世纪以来各国都用松节油来合成樟脑，使合成樟脑获得迅速的发展。合成樟脑是一种消旋体，是塑料、化纤、油漆、医药工业的重要原料，用途十分广泛。目前世界上合成樟脑市场供不应求，尤其是医药级樟脑市场。目前，中国大部分生产合成樟脑的厂家采用传统的莰烯酯化法进行生产。

二、樟脑的制备

（一）由松节油制备外消旋体樟脑

外消旋体樟脑主要以松节油的主要成分 α-蒎烯为原料制得[6]。α-蒎烯制备樟脑有 3 种方法。

第一种方法是 α-蒎烯与氯化氢发生加成和进行 A. wagner 重排生成莰烯，经水化、重排为异龙脑，然后氧化生成樟脑。合成路线如图 6-10-4 所示。

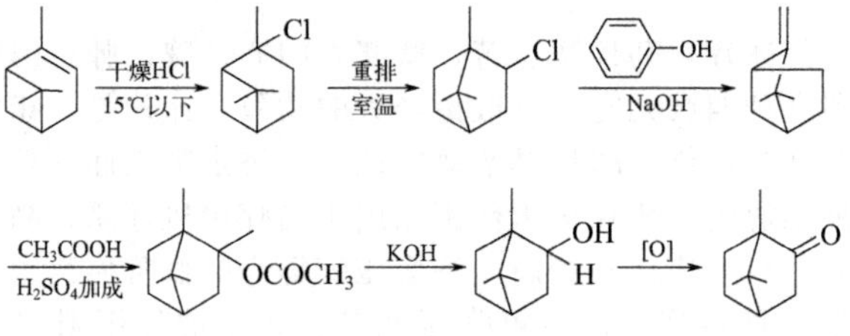

图 6-10-4 由 α-蒎烯合成樟脑的路线（Ⅰ）

第二种方法是 α-蒎烯与氯化氢加成生成卤化物，再经格氏反应、氧化、酸解、氧化得到樟脑。合成路线如图 6-10-5 所示。

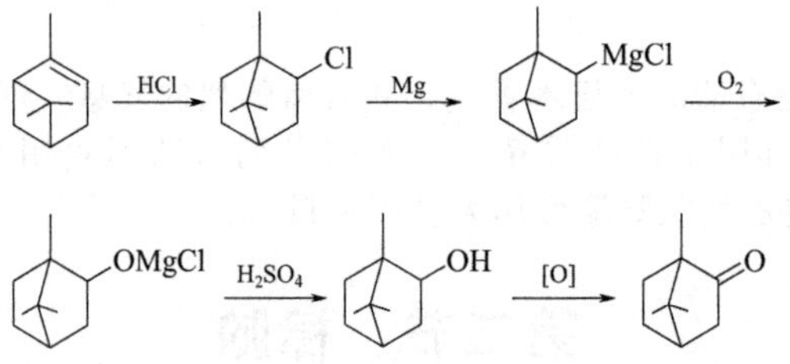

图 6-10-5 由 α-蒎烯合成樟脑的路线（Ⅱ）

第三种方法是 α-蒎烯、β-蒎烯经催化异构生成莰烯，再经酯化、皂化、脱氢最终得到樟脑。合成路线如图 6-10-6 所示。

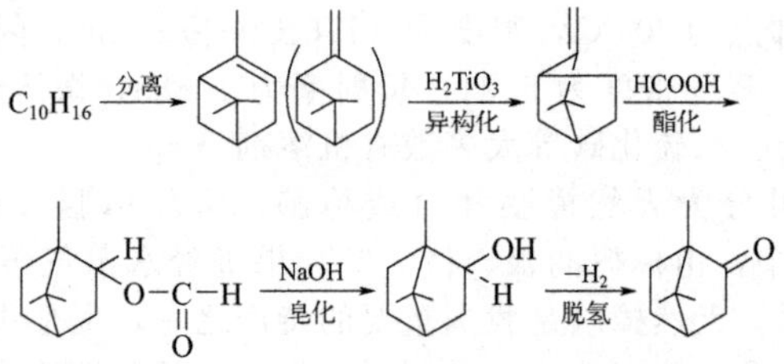

图 6-10-6 由 α-蒎烯和 β-蒎烯合成樟脑的路线（Ⅲ）

工业生产中，大多采用第三种方法。由反应式可以看出，异构法合成樟脑可以分为以下几个基本工序：蒎烯异构、莰烯酯化、酯的皂化、异龙脑脱氢和樟脑的提纯。松节油制备莰烯见第九章第三节，这里只讨论后面几个工序。

1. 莰烯酯化反应

莰烯的酯化反应过程中，首先在酸催化下氢离子向不饱和双键中具有较多氢的一端进攻使 C2 成为正碳离子，再经重排生成异龙脑碳正离子；异龙脑碳正离子与甲酸或乙酸的负离子团相结合，生成甲酸或乙酸异龙脑酯，如图 6-10-7 所示。

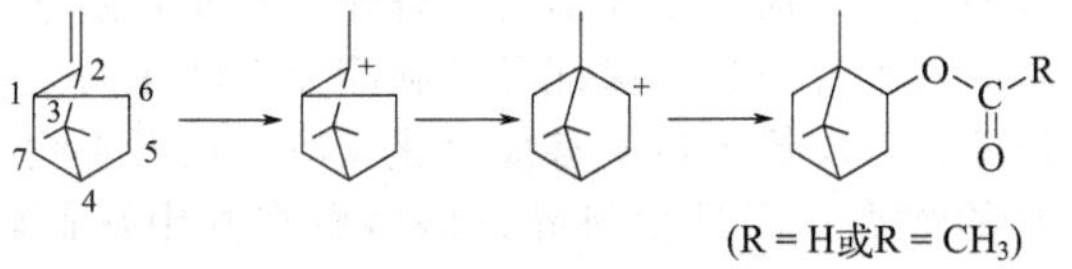

(R = H或R = CH_3)

图 6-10-7　莰烯的酯化合成路线

蒎烯异构制得的莰烯包括 16%～21%的三环烯，也参加酯化反应，产物与莰烯酯化相同，都为甲酸（或乙酸）异龙脑酯，故把它算在总莰量中，如图 6-10-8 所示。

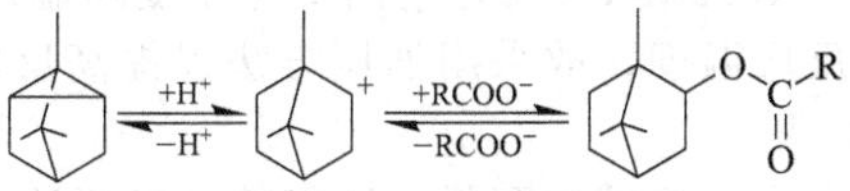

$+H^+$ / $-H^+$　$+RCOO^-$ / $-RCOO^-$

图 6-10-8　三环烯的酯化合成路线

此外，莰烯中尚含 1%左右的小茴香烯，小茴香烯在一定条件下也能和有机酸发生酯化反应生成异小茴香酯，此酯沸点与异龙脑酯相近，不易分开，在后续工序中一直和异龙脑酯一起皂化、脱氢，最终生成异小茴香酮，此酮熔点低，仅 5～6℃，混到樟脑（熔点为 174～179℃）中将大大降低樟脑产品的熔点，从而影响其质量。因此，在莰烯酯化时就要尽量减少异小茴香酯的生成，由于异小茴香酯在较高温度下才比较容易生成，当温度低于 50℃时则难以生成，因此莰烯的酯化温度一般都控制在 50℃以下。

莰烯酯化常用的催化剂有浓硫酸和阳离子交换膜。以浓硫酸作催化剂时，先将莰烯溶解于冰醋酸中，开动搅拌，保持 30℃，滴加 98%浓度的硫酸（2～3h 内完成），在温度 30～48℃下反应 3～4h（因反应是放热反应，故夹套中通冷冻盐水，确保温度不升高），降温至 20℃，继续反应 8～10h 后，抽样化验，当粗酯含量达 85%以上时，即可停车。静置 2h，澄清分层，排去酸渣。澄清液先用稀酸水洗涤一次，再用 50～60℃温水洗一次，洗液放回稀酸贮槽，再用温水及稀碱水将粗酯洗至中性后放入粗酯贮槽。

以硫酸为催化剂，需用大量水洗涤，造成环境污染。硫酸还会促使产品聚合而生成二聚体、三聚体，此外莰烯还有少量被磺化。

采用阳离子交换膜作催化剂时，所得的酯纯度高，不含重油，粗酯经减压蒸馏得含量 95%以上精酯，水解后的异龙脑熔点达 213℃，较传统硫酸法（203℃）高。而且离子膜可连续使用，再生容易，方法简单。用 40～50℃温水清洗，后用 4～6mol/L 盐酸浸泡（6＋6)h。水洗至中性，脱水后即可使用。阳离子交换膜催化酯化反应条件为：莰烯∶乙酸＝1∶1.2（物质的量之比）；反应温度 45～55℃；反应时间 10h；离子膜用量为莰烯量的 1/7。用量虽大，但可连续使用 180d 以上。

莰烯酯化后的粗酯中含酯一般在 85%左右，其余 15%为未反应的莰烯、双戊烯及其他萜烯，这些非酯成分都应在酯的皂化前将其分离出去。除去双戊烯的方法通常采用间歇蒸馏方式，蒸馏塔可用填料塔或浮阀塔。蒸馏条件为：塔顶温度 80～90℃；塔釜温度 140～145℃；真空度不低于 80～93kPa；冷却水温 40℃左右。蒸馏第一馏分为酸莰，占投料量的 6%，其中莰烯 80%，酯、双戊烯 20%，凝固点在 35℃以上，可送回酯化锅再行酯化。第二馏分占投料量的 6%，其中莰烯 30%～60%，双戊烯 13%～15%，其余为酯。塔釜放出的为含酯 94%以上的精酯，占总投料量的 87%～88%。粗酯经分馏所得之精酯中，仍含有 6%的重油，颜色较深呈褐色，还需进一步提纯（即拉白），使酯含量达 96%以上。精酯在汽化锅中用闭汽加热至 130℃使之汽化，经冷凝得到半透明乳白色液体，称为“白酯”，白酯供下一工序皂化用，锅残称酯脚，为深褐色液体，其中所含的酯可经水蒸气蒸馏进一步回收。

2. 异龙脑酯皂化

甲酸（或乙酸）异龙脑酯与氢氧化钠水溶液或醇溶液作用，生成异龙脑。皂化反应在常压下进行，反应温度为 124～128℃，反应时间为 8h，在此条件下酯的转化率可达 99.5%以上。但白酯中还含有一定量的异小茴香酯、莰烯、双戊烯及聚合物等非龙脑酯杂质，异小茴香酯因与异龙脑酯沸点相近，不易分开而带入水解中，在保证异龙脑酯完全转化的条件下，尽可能抑制异小茴香酯转化为异小茴香醇。莰烯、双戊烯等虽不参加皂化反应，也不影响异龙脑酯的水解，但它们的存在会降低异龙脑及樟脑的熔点，而且会将异龙脑溶解在其中从而转至母液中造成损失。此外，存在的少量萜聚合物可起乳化作用，含量超过1%时，在洗涤过程中易引起乳化，导致分层困难。加溶剂二甲苯的目的是防止输送管道堵塞，使异龙脑重结晶，除去包含在晶体中的杂质，提高最终产品的质量。

甲酸（或乙酸）异龙脑酯皂化条件为：酯∶碱＝1∶1.05（物质的量之比），碱液的浓度是45%；皂化锅内压力为191.1～245.2kPa（因为皂化反应速度随温度升高而加快，可以缩短反应时间，但因系统含水不易提高反应温度，故采用加压方法以提高反应温度）；反应时间为6～8h；二甲苯用量为酯质量的5%～15%。

皂化反应工艺过程为：将白酯、液碱按配料比所需的量吸至计量槽后送入皂化锅内，开动搅拌，加热，反应至含酯量降至0.3%以下，通入冷却水，压力降到49.0kPa后放空。从二甲苯计量槽中按需要量送入反应锅内，然后加水洗涤，第一次用水为上锅的第二次洗涤水，搅拌洗涤，澄清分离，下层放至甲酸（乙酸）钠贮槽，进行回收或出售，第二次洗涤水放至稀碱液贮槽，留着下锅第一次洗涤之用，洗至中性后再次加入二甲苯，使异龙脑呈溶液状态，以便通过输送管道送至脱氢工序。有的工厂不用二甲苯溶解，而将异龙脑放至水池中用水喷淋洗涤至中性，再离心脱水，离心时可适量加些二甲苯以除去异龙脑中的重油、双戊烯及小茴香烯等。

3. 异龙脑脱氢

异龙脑经氧化或脱氢反应后即可得到樟脑，如图6-10-9所示。工业上比较完善的方法是脱氢。异龙脑在催化剂的作用下，脱去两个氢原子而转变为酮。由于脱氢反应只有在微碱性下才能快速进行，所以加催化剂的同时必须加适量的80目细粉消石灰。

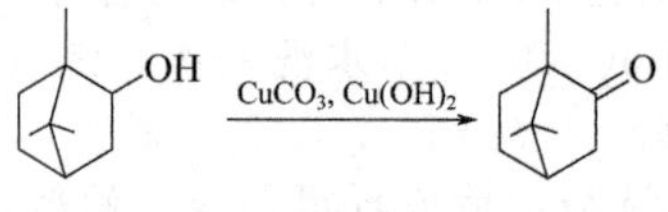

OH —— $CuCO_3$, $Cu(OH)_2$ ⟶ O

图6-10-9 异龙脑脱氢合成樟脑的路线

异龙脑脱氢反应过程为：将异龙脑二甲苯溶液送入脱氢锅中，加热除水，以加快反应速度。140℃脱水完毕，加入用二甲苯调和好的消石灰和催化剂，开始脱氢至异龙脑含量降到2%～4%，即可停止反应，从锅底放料至汽化锅。脱氢反应为吸热反应，采用热油或过热蒸汽供给所需热量。

脱氢反应工艺条件为：消石灰用量为异龙脑重量的0.8%；催化剂用量为异龙脑重量的0.8%，分两次加入，第一次是锅温升至150℃，二甲苯回流正常时加入0.5%，第二次是在第一次加入后的8h，再加余下的0.3%；脱氢温度为180～200℃；脱氢时间为第一次催化剂加入后约16～24h。如果异龙脑是离心法得到的，则以固体状加入脱氢锅，需加20%二甲苯溶解后，才能进行脱氢。

4. 樟脑的提纯

异龙脑脱氢后放出的料液中除了樟脑外还有二甲苯溶剂、催化剂以及少量未脱氢的异龙脑和聚合物，必须经过提纯才能获得符合标准要求的樟脑产品。樟脑熔程为174～179℃，沸点209℃，由于沸点和熔点比较接近，所以樟脑容易升华。工业上利用此性质来提纯樟脑。樟脑纯化过程为：将脱氢后的物料加到汽化锅中，加热使樟脑、二甲苯及异龙脑等挥发组分汽化，以气相进入蒸馏塔。二甲苯从塔顶逸出，经冷凝器和回流缓冲器，一部分回流进塔，另一部分收集于受器，经蒸馏后重复使用。樟脑及少量异龙脑由塔釜流出入升华锅，加热升华，樟脑不断升华进入升华室，不凝缩气体通过樟脑尾气吸收塔后排入大气。

樟脑纯化工艺条件：汽化锅温度210℃左右；分馏塔顶温度155～156℃（压力为101.3kPa）；

分馏塔中温度 190～200℃；分馏塔釜温度 208～212℃；升华锅温度 210～212℃；升华室温度 90～95℃（或 95～100℃）。

生产 1t 合成樟脑消耗松节油 1.5～2.0t，乙酸 600～800kg（甲酸 600～700kg），固碱 400kg 左右。

工业生产的合成樟脑为白色结晶性粉末或半透明的坚硬晶体，有刺激性臭味，味初辛后清凉，在室温下能慢慢挥发，点火能发生多烟有光的火焰。相对密度 $d_4^{20}=0.9853$，微溶于水（1kg 樟脑溶于 1300kg 水中），易溶于乙醇、乙醚、脂肪油、氯仿中，比旋光度 $[\alpha]_D^{20}=-1.5°\sim+1.5°$，比热容 1.79kJ/(kg·℃)，蒸发热 385.73kJ/kg，熔点 174～179℃，沸点 209℃，燃点 50℃，自燃点 375℃。合成樟脑属二级爆炸性物品，粉尘爆炸危险量，尘粒 850μm 时爆炸下限为 10.1g/m³，火灾危险温度是 850℃，厂区空气中樟脑蒸气的平均允许浓度为 3mg/m³。为保证安全生产，厂房应装有整体和局部的强制通风装置，设备必须严格密闭。

合成樟脑产品质量应符合中华人民共和国国家标准（GB/T 4895—2007），见表 6-10-1。

表 6-10-1　合成樟脑各项技术指标

指标名称		优级	一级	二级
外观		白色粉状结晶		
水分		10%(质量体积分数)石油醚溶液应清晰透明		
不挥发物含量/%	≤	0.05	0.05	0.1
乙醇不溶物含量/%	≤	0.01	0.01	0.015
熔点/℃	≥	174	170	165
含量/%	≥	96	95	94
硫酸显色	≤	1/1000	1/600	—
酸值/(mg/g)	≤	0.01		

（二）由左旋龙脑制备左旋樟脑

由于天然樟脑大多为右旋结构，左旋樟脑十分稀少。然而，随着医药及特殊合成用途的需要，左旋樟脑的需求越来越大。左旋樟脑的制备主要有两种方法：一是以左旋龙脑为原料的氧化或脱氢法；二是消旋樟脑的拆分法。

1. 左旋龙脑化学氧化法

（1）邻碘酰基苯甲酸氧化法　Fregerio 等[7,8]采用邻碘酰基苯甲酸为氧化剂，氧化左旋龙脑得到左旋樟脑。将 62mg 左旋龙脑溶于 1mL 二甲亚砜中，加入 123mg 氧化剂邻碘酰基苯甲酸氧化 2～5h，即可制得左旋樟脑，分离得率 100%，纯化后的产物熔点 179～180℃。

（2）次氯酸钠氧化法　Stevens 等[9-11]以次氯酸钠作为氧化剂，以冰醋酸为溶剂，在 15～25℃下将左旋龙脑氧化 2.5h，得到左旋樟脑。该反应操作简单，产物得率高，可实现大规模制备，产物的比旋光度 $[\alpha]_D^{25}=-42.1°$，得率 95.8%，熔点 175.5～176.5℃。

（3）PCC-硅胶氧化法　将 PCC 分散在硅胶上，经超声波处理后用作氧化左旋龙脑的氧化剂，以二氯甲烷为溶剂，在室温下反应 1.5～2.5h，产物经乙醇-水重结晶后，得到左旋樟脑[12]，纯度大于 99%，熔点 176.0～177.5℃，$[\alpha]_D^{25}=-44°$。

（4）杂多酸催化的双氧水氧化法　以杂多酸作催化剂[13,14]，以 35%～40%的双氧水作氧化剂，以丁醇作溶剂，在回流状态下反应 24h，左旋龙脑氧化成左旋樟脑，产物经色谱柱分离得到左旋樟脑，转化率和选择性均大于 98%。

2. 左旋龙脑直接催化脱氢法

李允隆等[15]利用 Zn-Ca 催化剂，在液相或气相状态下，天然左旋龙脑发生脱氢反应制得左旋龙脑，反应产物保持了 99%的光学特性，产品纯度达到 99%，收率大于 95%，是比较有应用前景的反应。

3. 消旋樟脑的拆分法

Ramachandran 等[16]采用手性二蒎烷基氯化硼作为还原剂，将消旋体樟脑选择性还原制备手性樟脑。采用左旋的二蒎烷基氯化硼作为还原剂时，在室温下反应 1～2h，能将左旋樟脑还原成醇，而右旋樟脑则不反应，通过分离可得到右旋樟脑。反之，采用右旋体试剂时，则可以得到左旋樟脑。但手性试剂价格昂贵，难以实现工业化生产。

三、樟脑的应用

樟脑的功效是通窍、杀虫、止痛、辟秽，在医学上有广泛的用途。

1. 兴奋与强心作用

樟脑对抑制状态的呼吸中枢、血管运动中枢及心肌有兴奋作用。当中枢被抑制时，注射樟脑可使呼吸增强，血压回升。樟脑在体内代谢过程中生成的氧化樟脑有强心作用，可直接兴奋心肌，加强心肌的心缩力，保护心脏功能。樟脑的强心作用主要表现在心脏机能活动好转、心跳有力、脉搏充盈度增强和动脉压的调整等方面。

2. 消炎、镇痛、抗菌、止咳作用

樟脑对皮肤黏膜有刺激作用，可增进局部血液循环，活血化瘀，并有微弱的局部麻醉与防腐作用，可镇痛止痒并消除炎性反应[17]。樟脑还有抗真菌作用，复合物麝香草酚樟脑有抗金黄色葡萄球菌等抗菌作用。樟脑芳香剂等有镇咳作用，可用于化学物诱导引起的咳嗽的治疗。

3. 促渗作用

樟脑与薄荷脑对尼莫地平均有促渗作用，薄荷脑的促渗时滞明显短于樟脑，两者合用，促渗效果有一定的提高。3%的樟脑与 3%Azone 对水杨酸和氟尿嘧啶均有明显的促渗作用。

4. 其他作用

Raei 等以樟脑作为饲料添加剂，发现樟脑作为药用饲料添加剂，能提升公鸡的精子质量、精子抗氧化能力以及繁殖能力[18]。樟脑及其衍生物与银离子络合后具有良好的抗菌活性[19]。樟脑衍生物同时还具有优异的抗病毒效果，对牛痘病毒、正痘病毒等具有显著的功效[20]。

第三节　薄荷脑

一、薄荷脑的性质

薄荷脑又称薄荷醇，学名 5-甲基-2-异丙基-环己醇，分子式 $C_{10}H_{20}O$，英文名 menthanol，分子量 159.69，是薄荷和欧薄荷精油的主要成分，以游离和酯的状态存在。薄荷脑有 3 个手性中心，共有 8 个异构体（图 6-10-10）和 4 个外消旋体。在 4 对外消旋化合物中，*dl*-薄荷脑是目前具有最重要工业价值的化合物，但是，*d*-和 *l*-薄荷脑这两种异构体在香味、凉味等感官性质上差别很大；*l*-薄荷脑为无色针状或棱柱状结晶或白色结晶性粉末，带有轻快的甜的刺激气味，有很强的清凉作用，熔点 44℃，沸点 216.4℃，微溶于水，溶于乙醇、乙醚、丙酮、氯仿；*d*-薄荷脑为无色透明针状晶体，带有辛辣的刺激气味，几乎没有清凉作用，熔点 38℃，沸点 216℃，溶于乙醇、乙醚、丙酮和苯。性质上的区别尤其是气味上的差异使得 *l*-薄荷脑的价值比 *d*-薄荷脑大得多，可用作局部麻醉剂、化妆品添加剂、杀菌剂、香烟香料、清凉饮品和食品等，在医药卫生、食品工业和日用精细化工品等方面具有广泛的应用[21-25]。

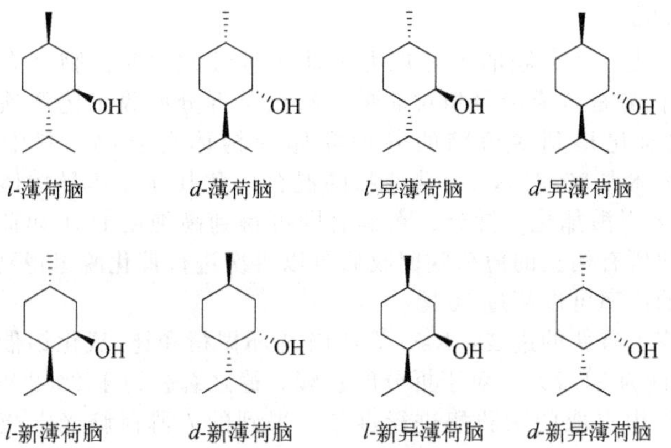

l-薄荷脑　d-薄荷脑　l-异薄荷脑　d-异薄荷脑

l-新薄荷脑　d-新薄荷脑　l-新异薄荷脑　d-新异薄荷脑

图 6-10-10　薄荷脑的八个异构体

二、薄荷脑的制备

天然薄荷脑为左旋体，主要来源于唇形科植物薄荷新鲜茎叶的精油中[26]。由于天然提取的薄荷脑的产量已无法满足日益增长的工业需要，现在厂家越来越依赖化学合成的薄荷脑。合成薄荷脑一般分为三种：a. 制备消旋薄荷脑，然后进行拆分，德国德之馨公司就是用这种方式进行生产，现为世界上产量最大的薄荷脑合成方式；b. 用不对称合成技术获得手性源，日本高砂香料公司的工艺是用野依（Noyori）不对称催化剂合成 *l*-薄荷脑，现有两条年产 1500t 的生产线（2012 年）；c. 利用天然的手性前体，通过简单转化获得 *l*-薄荷脑，比如用天然的 *l*-薄荷酮直接氢化获得 *l*-薄荷脑，但受原料供应的限制，厂家的规模和产量都较小。其中，前两种方式已实现产业化。

从有机结构来分，合成 *l*-薄荷脑的原料大体可分为环相似类原料及其衍生物和开环烯烃类原料及其衍生物。由于合成 *l*-薄荷脑有较高的经济利益，关于这方面的合成报道非常多，但很多仅限于文献报道，实用价值不高。合成 *dl*-薄荷脑的途径很多，从松节油出发主要有蒎烯、蒈烯、苧烯、月桂烯、异松油烯、α-和β-水芹烯[27]。

1. 由月桂烯合成

日本高砂公司开发了一条已工业化的不对称合成 *l*-薄荷脑的路线，见图 6-10-11。由月桂烯与二乙基胺基锂反应先得到 *N*,*N*-二乙基香叶基胺，再经不对称氢迁移、酸水解、关环得到异胡薄荷脑，最后经过重结晶和简单氢化得到 *l*-薄荷脑。该法工艺简单，可直接获得 *l*-薄荷脑，已实现工业化。

能对 *d*-香茅醛进行关环的催化剂种类较多，一般都是路易斯酸和布朗酸，其中溴化锌催化得到的异胡薄荷脑与其他异构体含量比为 94/6，因溴化锌具有价格相对便宜、可以回收和收率较高等优点，得到了工业化应用[28]。

在得到 *d*-香茅醛后，有很多研究表明可以连续进行关环氢化得到 *l*-薄荷脑，但都因产率过低或成本过高而未实现工业化。目前有关合成薄荷脑的报道，选择性最高的是 85%～90%，但采用贵金属催化剂和有机溶剂，既不经济也不环保[29]。

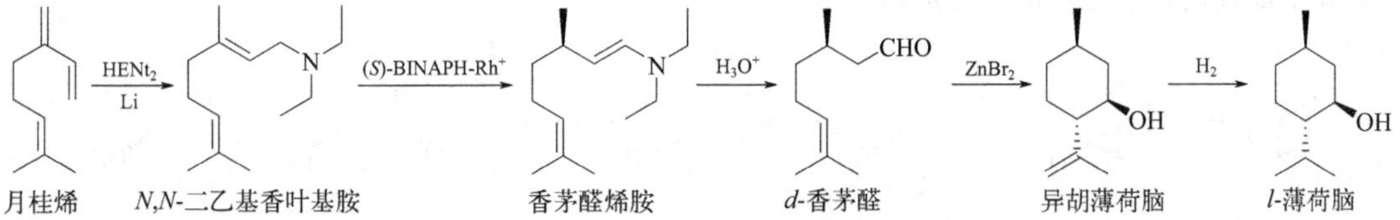

$HENt_2$ / Li；(*S*)-BINAPH-Rh^+；H_3O^+；$ZnBr_2$；H_2

月桂烯　*N*,*N*-二乙基香叶基胺　香茅醛烯胺　*d*-香茅醛　异胡薄荷脑　*l*-薄荷脑

图 6-10-11　月桂烯合成 *l*-薄荷脑的路线

2. 由百里香酚合成

德国德之馨公司合成 *l*-薄荷脑的工艺现为全球产量最大的薄荷脑合成方式，其工艺流程见图 6-10-12。此路线的优势是合成步骤相对简单，缺点是拆分回收工艺烦琐。间甲酚和丙烯在路易斯酸催化下经催化氢化得到薄荷脑的各种立体异构体混合物，其中 *dl*-薄荷脑混合物占 60.3%，其他立体异构体占 39.2%，*dl*-薄荷脑的混合物和其他立体异构体可以通过精馏得到分离[30,31]。*dl*-薄荷脑用苯甲酸酯化、拆分、水解后即可得到高纯度的 *d*-薄荷脑和 *l*-薄荷脑。除了产品 *l*-薄荷脑外，其他所有构型的薄荷脑回收后可以再次进行催化脱氢得到百里酚，然后再进行氢化拆分，此路线总的产率可以超过 90%。

该路线中各步反应也有新的进展，Ravi 等使用 *β*-环糊精和铑/氧化铝催化剂对百里酚加氢还原，*dl*-薄荷脑的选择性为 81.7%。对于拆分的步骤，德之馨公司于 2002 年发明了脂肪酶拆分技术，例如用从假丝酵母中提取的脂肪酶进行拆分，得到的 *l*-薄荷脑光学纯度（ee）可近 100%，但因成本过高并未实现工业化。

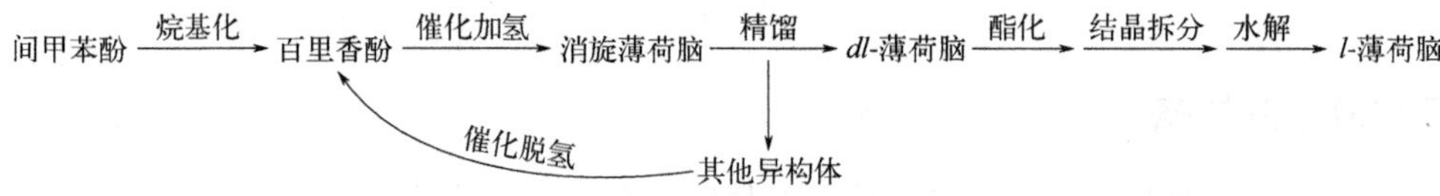

图 6-10-12　百里香酚合成 *l*-薄荷脑的工艺流程

3. 由蒎烯合成

以左旋 *α*-蒎烯或左旋 *β*-蒎烯为原料合成 *l*-薄荷脑的路线见图 6-10-13。对左旋 *α*-蒎烯进行催化加氢和还原，能高产率得到顺式蒎烷，顺式蒎烷经过高温裂解和氧化反应得到香茅醇，最后选择性氧化羟基得到右旋香茅醛。后面的步骤跟高砂工艺一致，这条路线的原料来源方便，每一步产率都较高，工业化前景明晰。目前对这条路线的研究有很多，此路线的优点是各个步骤的收率较高，原料价格低廉，缺点是产物中有约一半的 *d*-薄荷脑副产物。

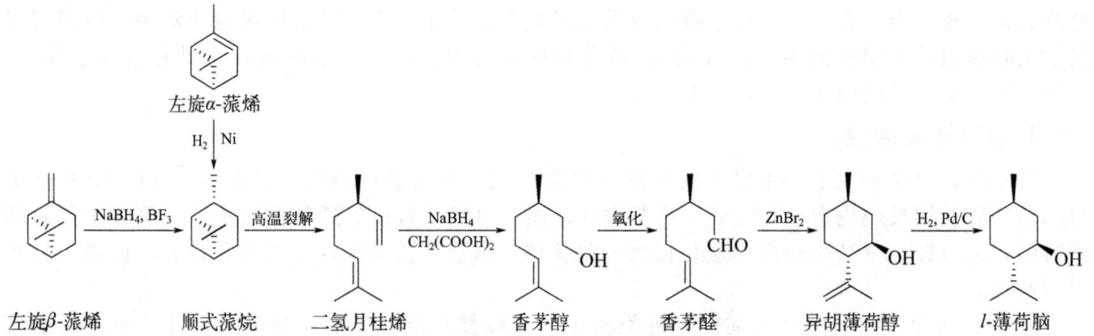

左旋α-蒎烯　H_2　Ni

左旋β-蒎烯 —$NaBH_4$, BF_3→ 顺式蒎烷 —高温裂解→ 二氢月桂烯 —$NaBH_4$, $CH_2(COOH)_2$→ 香茅醇 —氧化→ 香茅醛 —$ZnBr_2$→ 异胡薄荷醇 —H_2, Pd/C→ *l*-薄荷脑

图 6-10-13　左旋蒎烯合成 *l*-薄荷脑的路线

由 *α*-蒎烯合成 *l*-薄荷脑的另一种方法是，*α*-蒎烯先氧化成马鞭草烯酮，然后马鞭草烯酮热异构生成百里香酚，后面的工艺路线与德国德之馨公司由百里香酚合成 *l*-薄荷脑的路线一致，合成路线见图 6-10-14。由蒎烯来合成 *l*-薄荷脑未见有生产报道，但其原料来源方便，并且路线中每一步收率都较高，有较高的工业应用价值。

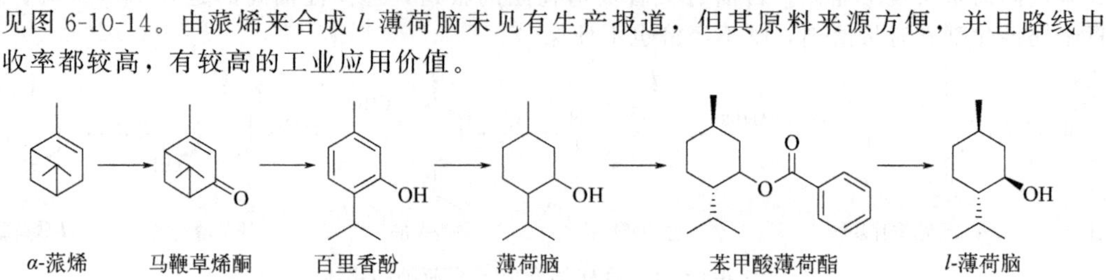

α-蒎烯 → 马鞭草烯酮 → 百里香酚 → 薄荷脑 → 苯甲酸薄荷酯 → *l*-薄荷脑

图 6-10-14　*α*-蒎烯合成 *l*-薄荷脑的路线

4. 由水芹烯合成

以 α-水芹烯为原料，经氯化氢加成、水解、烯丙基重排、氧化、氢化和还原反应可以得到 *l*-薄荷脑。另一种方法是氯化物与碱金属乙酸盐作用生成（－）-顺式、（＋）-反式胡椒醇的酯，再经皂化、氧化、氢化和还原反应得到 *l*-薄荷脑。近来美国 SCM 公司开发以 β-水芹烯为原料的工艺，经氯化氢加成和烯丙基重排生成醋酸对蓋烯-1-醇酯，后面的工艺路线和 α-水芹烯路线相同。此路线合成步骤太长，目前不具备经济意义。以水芹烯为原料的合成路线见图 6-10-15。

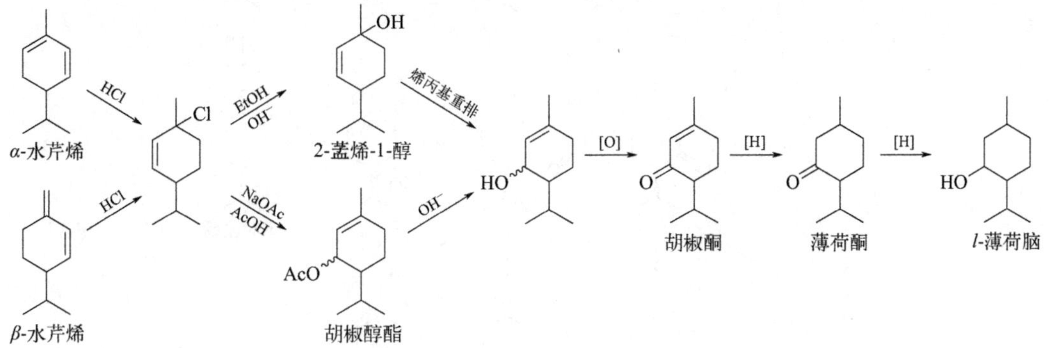

图 6-10-15　水芹烯合成 *l*-薄荷脑的路线

5. 由 3-蒈烯合成

由美国赫克力士集团公司（Hercules）开发的路线见图 6-10-16。3-蒈烯先经异构、高温裂解、加成和消除反应得到异-异松油烯，再经加成、酯化、水解和加氢反应得到主产物 *l*-薄荷脑，最后通过精馏得到高纯度的 *l*-薄荷脑。

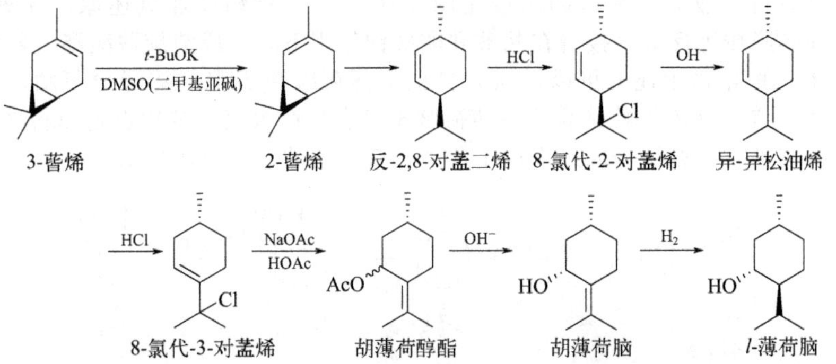

图 6-10-16　3-蒈烯合成 *l*-薄荷脑的路线（Ⅰ）

另一条路线（见图 6-10-17）是先将 2-蒈烯环氧化，然后用对甲苯磺酸处理得到（＋）-顺式-2,8-对蓋二烯-1-醇，再经酯化和水解生成顺反-薄荷二烯醇，两者通过精馏或结晶法分离，得到的反式醇通过加氢、精馏可以得到高纯度的 *l*-薄荷脑，顺式醇可以重新酯化后跟下一批原料一起水解，从而得到再利用。

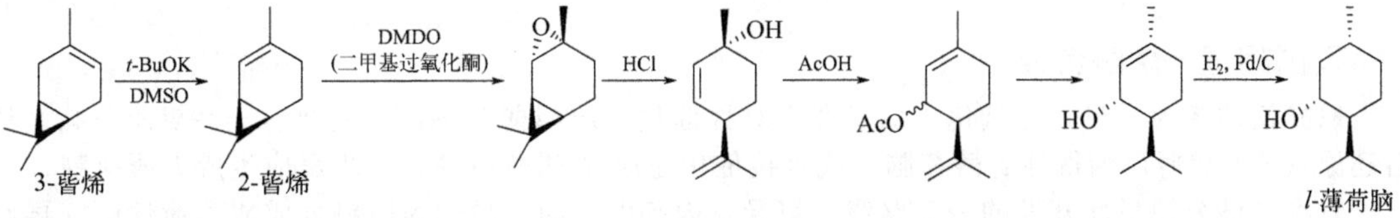

图 6-10-17　3-蒈烯合成 *l*-薄荷脑的路线（Ⅱ）

1982 年，印度开始用 3-蒈烯工业化生产 *l*-薄荷脑，合成路线见图 6-10-18。其报道最后氢化得到的各种构型中 *l*-薄荷脑占 58%，其他 3 种构型 *d*-新薄荷脑、*d*-异薄荷脑和 *d*-新异薄荷脑共占 42%，最后通过精馏可以得到纯的 *l*-薄荷脑，其他构型可以回收再利用。

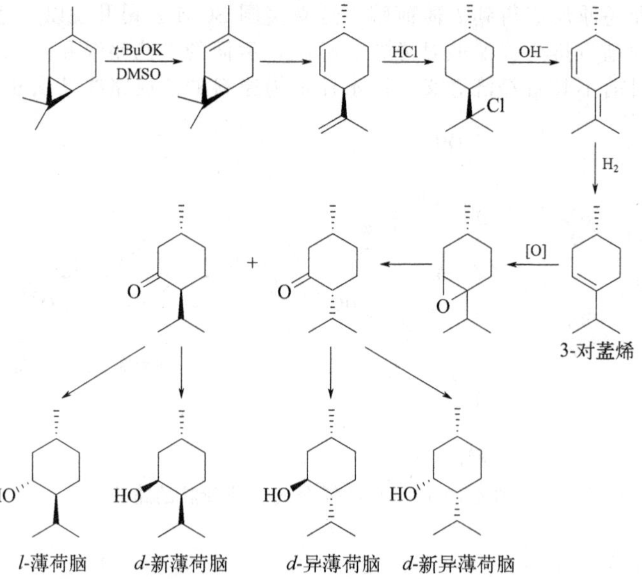

t-BuOK DMSO HCl OH^- H_2 [O] 3-对蓋烯

l-薄荷脑 *d*-新薄荷脑 *d*-异薄荷脑 *d*-新异薄荷脑

图 6-10-18 3-蒈烯合成 *l*-薄荷脑的路线（Ⅲ）

6. 由 *d*-柠檬烯合成

以柠檬烯为原料合成 *l*-薄荷脑的路线见图 6-10-19。柠檬烯经加氢还原、环氧化、酸水解、和醋酐反应、加热脱羧等反应，接着在醋酸和醋酸钠作用下，生成消旋羧酸酯，羧酸酯水解后再用 5%的 Pd-C 在乙醇溶液中还原可以得到 75%的 *l*-薄荷脑和 25%的 *l*-异薄荷脑，通过精馏得到纯度很高的 *l*-薄荷脑。由 *d*-柠檬烯合成 *l*-薄荷脑未见有生产报道，其优点是原料来源方便，路线中每一步收率都较高，缺点是合成过程过于烦琐，有一定的工业应用价值。

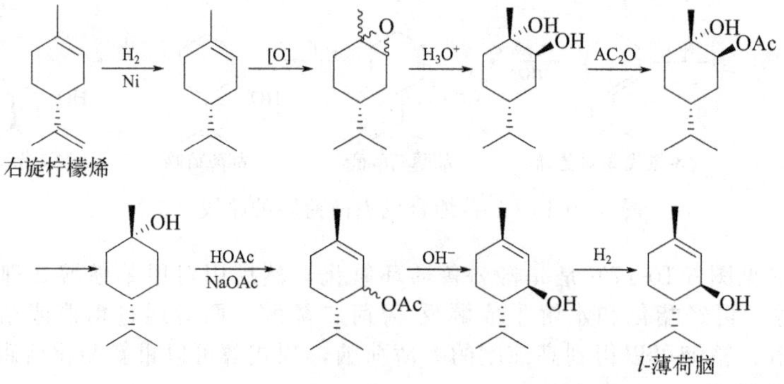

H_2 Ni [O] H_3O^+ Ac_2O 右旋柠檬烯 HOAc NaOAc OH^- H_2 *l*-薄荷脑

图 6-10-19 *d*-柠檬烯合成 *l*-薄荷脑的路线

7. 由胡薄荷烯酮合成

以异松油烯为原料，经氧化、加氢和不对称催化还原胡薄荷烯酮，得到（－）-胡薄荷脑，最后还原（－）-胡薄荷脑得到 *l*-薄荷脑。或直接催化还原 *d*-胡薄荷酮，一步反应生成 *l*-薄荷脑。

日本高砂公司最新开发的一条路线，以异亚丙基丙酮和丁烯酮为原料合成胡薄荷烯酮，再经选择性氢化和还原羰基得到（－）-胡薄荷脑，最后经不对称氢化可以高产率得到 *l*-薄荷脑，如图 6-10-20 所示。此路线简化了反应步骤，所生产的产品质量和成本都优于月桂烯路线。

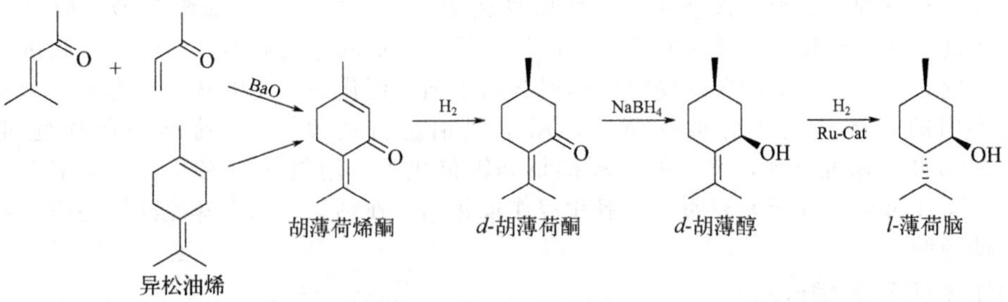

图 6-10-20　胡薄荷烯酮合成 l-薄荷脑的路线

8. 由异戊二烯合成

以异戊二烯为原料合成薄荷脑，先将异戊二烯转化为柠檬醛或香茅醛，然后柠檬醛或香茅醛催化加氢一锅合成 l-薄荷脑。前面已综述香茅醛合成 l-薄荷脑的方法与工艺，此处不再赘述，重点介绍从异戊二烯出发经由柠檬醛合成 l-薄荷脑。柠檬醛须先加氢，再闭环成胡异薄荷脑，最后加氢得到 l-薄荷脑，如图 6-10-21 所示。

柠檬醛加氢已被广泛研究，但是许多加氢的结果，产物要么是未闭环的直链醛或直链饱和醇，要么是胡异薄荷脑。目前有关柠檬醛合成薄荷脑的报道，有的是采用贵金属作催化剂但选择性低，选择性最高的是 70%～75%[32]。念保义等[33]制备了双功能催化剂 Ni-Cu/SiO_2，催化加氢柠檬醛，结果显示在最优条件下，柠檬醛转化率为 100%，薄荷醇的选择性为 88.6%。Trasarti 等直接一步合成薄荷脑，能催化柠檬醛合成薄荷脑，使用的是镍配位体的双功能催化剂，产物得率为 90%，其中 l-薄荷脑占 70%～75%[34]。

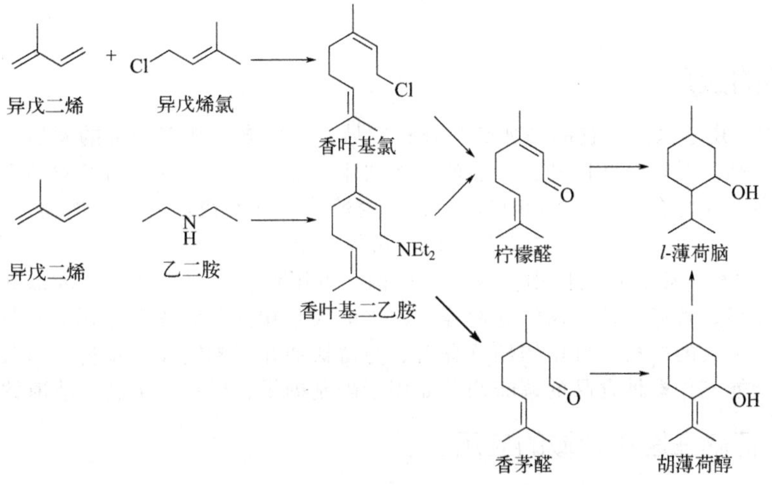

图 6-10-21　异戊二烯合成 l-薄荷脑的路线

9. 由 l-薄荷酮合成

天然薄荷油中，l-薄荷酮通常占到 30%。因为工艺简单，由 l-薄荷酮合成 l-薄荷脑是最古老的方法，如图 6-10-22 所示。由于 C4 为 S 构型，在异丙基的空间位阻作用下，还原后一般可以得到绝对优势的 l-薄荷脑。以氧化钯和雷尼镍为催化剂，还原 l-薄荷酮合成薄荷脑占优势。用氢硅烷还原 l-薄荷酮，几乎可以定量地得到 l-薄荷脑和 d-新薄荷脑的混合物，但主要还原产物是 d-新薄荷脑。从薄荷素油中分离出的 l-薄荷酮用钠还原，即生成 l-薄荷脑与 d-异薄荷脑的混合物。由碱金属还原 l-薄荷酮和 d-异薄荷酮，l-薄荷脑的选择性可达 98.6%。

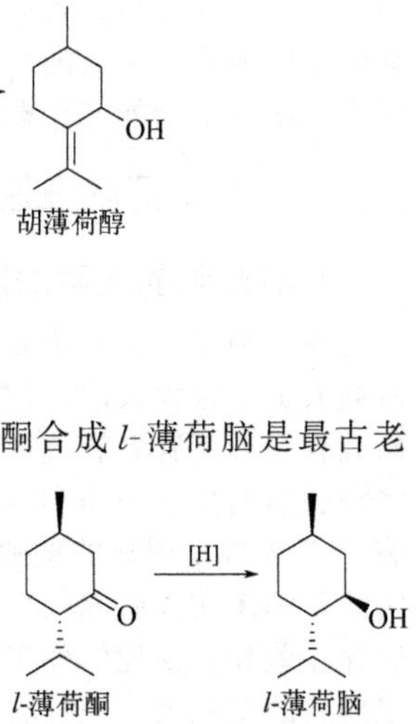

图 6-10-22　l-薄荷酮合成 l-薄荷脑的路线

由于异构化过程中必须加入金属钠，并加热到200～220℃，尽管非常危险，但工厂仍不愿意采用。因此，在相当长的一段时间内，采用的是将*l*-薄荷脑分离后的异构体薄荷脑进行异构化的方法，即向分出*l*-薄荷脑的薄荷脑异构体混合物中加入催化剂，发生异构化得到*l*-薄荷脑。工业上较为实用的方法是在乙醇或液氨中，用金属钠进行还原，*l*-薄荷脑的选择性可以达到98.6%。2006年有研究发现，在一种*β*-环糊精和镍催化下，用氢气还原可以高得率得到*l*-薄荷脑。2007年，Tsuhako等研究表明，用氯化锌作催化剂，在钙氢、三甲基氯硅烷还原下可以高产率得到*l*-薄荷脑。

10. 由*d*-胡薄荷酮合成

西班牙胡薄荷油是一种价格相对低廉的精油，含有丰富的*d*-胡薄荷酮。*d*-胡薄荷酮和*l*-薄荷脑的C1构型一致，因此可以用来合成*l*-薄荷脑，如图6-10-23所示。*d*-胡薄荷酮用三氯硅氢在六甲基磷酰三胺（HMPT）催化下可以高得率得到*l*-薄荷酮，接下来的工艺和*l*-薄荷酮合成*l*-薄荷脑的路线一致。这个路线与*l*-薄荷酮路线相比，优势是精油来源相对便宜，但多了一步还原，使工艺相对复杂，总产率降低。以*l*-薄荷酮和*d*-胡薄荷酮来生产*l*-薄荷脑是历史最悠久的方法，由于原料靠天然提取，且产量严重受限于原料的供应，一般都是一些规模较小的厂家在进行少量生产。

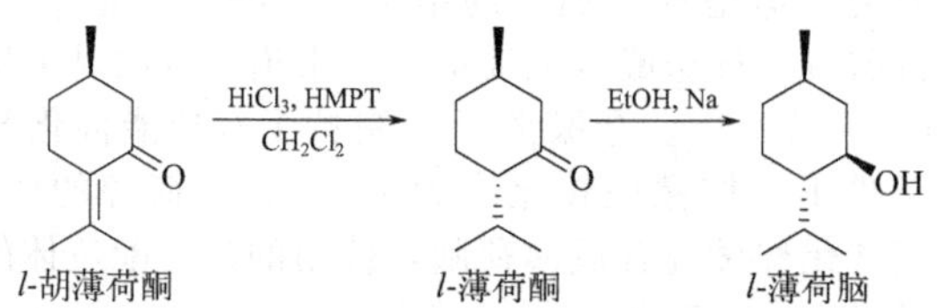

图6-10-23　*d*-胡薄荷酮合成*l*-薄荷脑的路线

三、薄荷脑的应用

l-薄荷脑主要用于医药、食品添加剂与香料领域。近年来，随着经济的发展，人们对生活的质量要求不断提高，对食品和医药保健品的品质要求也越来越高，国内市场对薄荷脑的需求日益增长。据中国薄荷业协会介绍，2006年以后，国内薄荷业开始快速发展，连续10年的市场供给增长率在100%以上，但是依然无法满足国内的市场需求。

l-薄荷脑在医药卫生领域的应用占较大的比例，可用作软膏、镇痛剂、局部麻醉剂和杀菌剂等，以及治疗牙痛、胃痛、神经痛的锭剂等；其次的大宗用途是在香料领域，*l*-薄荷脑是环状单萜烯醇中需求量最大的香料，可用作烟草香料、与薄荷油并用配制牙膏香精、与其他香料配制花露水；薄荷脑还能充作多种食品的调味剂，如用于配制糖果、糕点、果酒、清凉饮料等[35]。

（一）薄荷脑在医药领域的应用

1. 薄荷脑的抗肿瘤活性

薄荷脑作为一种历史悠久且被广泛使用的植物药，因其具有广泛的药理作用，近年来受到了研究人员的极大关注，目前已被美国食品药品监督管理局（FDA）认定为安全无毒药物。之前的研究表明薄荷脑具有抗炎镇痛、抗菌抗病毒及止咳等多种生理功能。进一步研究表明，薄荷脑对多种肿瘤的生长和非实体瘤细胞的增殖具有抑制作用，如对前列腺癌[36]、膀胱癌、结肠癌和肝癌[37]等表现出明显的抗肿瘤效应。目前有关薄荷脑抗肿瘤的研究主要在体外环境下进行，动物实验及临床实验研究较少，由于体外实验条件的局限性，以及肿瘤细胞株的生物学特性与体内肿瘤存在差异，仅凭体外实验尚不能真实反映人体内肿瘤的生物行为，因此今后的研究应在离体细胞研究的基础上，进一步观察其对整体动物相应肿瘤模型的效应。

由于薄荷脑受体TRPM8分布的广泛性及其生理病理功能的多样性，广泛使用薄荷脑也产生了一些不良反应，如引起皮肤过敏、哮喘、精神错乱甚至导致肝硬化等，使得临床上针对

TRPM8 开展肿瘤的治疗变得很困难。因此，对于薄荷脑在肿瘤治疗中的推广应用至少需要克服其选择性低、特异性差等缺点，而如何克服以上缺点仍然有待进一步的深入研究[38]。

2. 薄荷脑促进多种药物透皮吸收作用

薄荷脑对于经皮给药的药品，能提高其经皮渗透度，如合成药 5-氟尿嘧啶、烟酰胺、特比萘芬、扑热息痛和胰岛素等。对于其中的一些药物的促透效果，甚至超过了现在公认的合成促透药物氮酮，在中医药中对积雪草苷、芦荟、小檗碱、葛根素和当归素等几十种中药的有效部分都有较好的促透作用。薄荷脑还有促进药物透过血脑屏障的效果，用薄荷脑与冰片以 3∶1 比例制成的低共熔物对神经毒素纳米粒鼻腔给药，可使药物透过血脑屏障入脑，并且有一定的缓释作用。薄荷脑不仅有透皮作用，而且还对机体的不同部位有促透的作用，如黏膜洗剂、芳香吸入剂和肺部给药喷雾剂等，都有显著的促进作用[39-42]。

3. 薄荷脑的多效性

薄荷脑不仅有较好的透皮促进作用，同时还具备其他多功能的药理作用。研究发现通过吸嗅薄荷脑可增强学习记忆力。刘莉茵等选用较低浓度的薄荷脑对大鼠进行了吸嗅研究，通过水迷宫、大鼠海马乙酰胆碱酯酶及谷氨酸受体表达的变化试验研究表明，大鼠吸嗅薄荷脑后学习记忆能力得到明显提高，考虑此效应主要是通过嗅觉通路作用于中枢神经系统。

薄荷脑还是治疗瘙痒的主要药物成分，其止痒作用与拮抗组胺和抑制肥大细胞通透性作用有关。有试验研究表明，薄荷脑能有效抑制肥大细胞释放组胺，薄荷脑高剂量组的组胺抑制率为 57%[43,44]。

4. 薄荷脑对呼吸系统的作用

薄荷脑在雾化吸入止咳药剂中作为促透剂使用时，还具有排痰、止咳、增加鼻腔气流、清凉等多效性。通过雾化或吸入薄荷脑后，在薄荷脑的刺激下气管、支气管可产生新的分泌物，使稠厚的黏液易于排出。吸入薄荷脑蒸气，能使呼吸道黏液分泌增加，降低分泌物密度。薄荷脑用于支气管炎能减少呼吸道的泡沫痰，使有效通气腔道增大，从而表现出祛痰作用。薄荷脑还能抑制改善气道的高反应，能抑制咳嗽反射，对轻度的哮喘有治疗作用。

5. 薄荷脑的镇痛作用

薄荷脑在临床上使用具有镇静和止痛的作用，作用时间长且毒性低，可作为新型局麻药品推广应用。Davies S J 等对 1 例常规治疗无效的带状疱疹后遗症神经痛妇女运用薄荷油治疗，结果其疼痛立即改善，且不良反应轻微，首次证明薄荷油具有强烈的神经性疼痛的镇痛作用。薄荷脑注射液对小儿外科手术切口、肛肠科、喉科、带状疱疹后遗症神经痛等也有良好镇痛作用。

（二）合成薄荷脑衍生物

薄荷脑存在以下缺点：a. 熔点只有 38℃左右，暴露在空气中极易升华或挥发，不耐高温，在一些需经高温处理的食品、香烟等中的应用受到限制；b. 由于其在人的皮肤和口腔中凉味持续时间短而凉味瞬时作用强烈，让人难受并带有苦味，影响了它在食品（如口香糖）和个人护理用品中的使用效果。因此，只有有效地提高薄荷脑的稳定性，才能制得品质较好的添加薄荷脑的产品。

薄荷脑酯类具有清新、长效、纯正的薄荷凉味和无苦味的优良特性，是一类具有广泛应用前景的新型清凉剂。许多薄荷脑酯类化合物是重要的香料成分，已广泛应用于食品、烟草、医药和化妆品等领域。近年来，人们对常见的乙酸薄荷脑酯、乳酸薄荷脑酯等单薄荷脑酯的合成，在催化剂、脱水剂筛选等条件优化方面进行了深入的研究，同时开发了氨基酸薄荷脑酯、水杨酸薄荷脑酯等单薄荷脑酯以及由丁烯二酸、苹果酸、酒石酸等合成双薄荷脑酯，并进行了包括多薄荷脑酯在内的潜香添加剂研究。薄荷脑酯类衍生物结构式见图 6-10-24。

l-薄荷脑易挥发、水溶性差等缺点阻碍了其更大规模的应用，而将其糖苷化后可以有效弥补上述缺陷。*l*-薄荷基-α-D-葡萄糖苷（α-MenG）能被许多种不同的糖苷酶或酸水解，从而降解为 *l*-薄荷脑和糖，之后薄荷的清新以及凉爽的味道释放出来，可以应用于食品、口腔清新剂、制冷

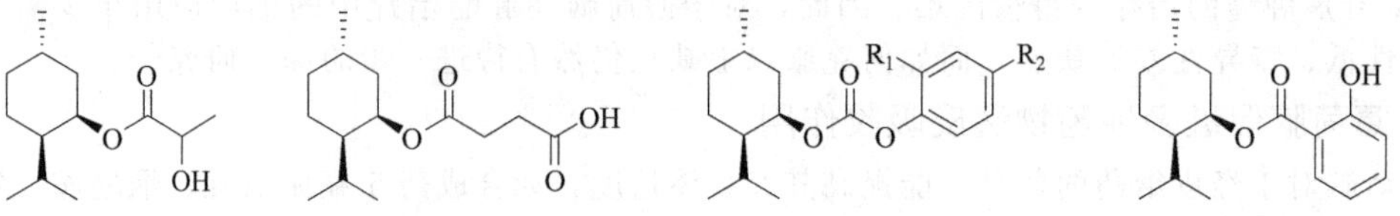

乳酸薄荷脑酯　单琥珀酸薄荷脑酯　碳酸薄荷脑酯　水杨酸薄荷脑酯

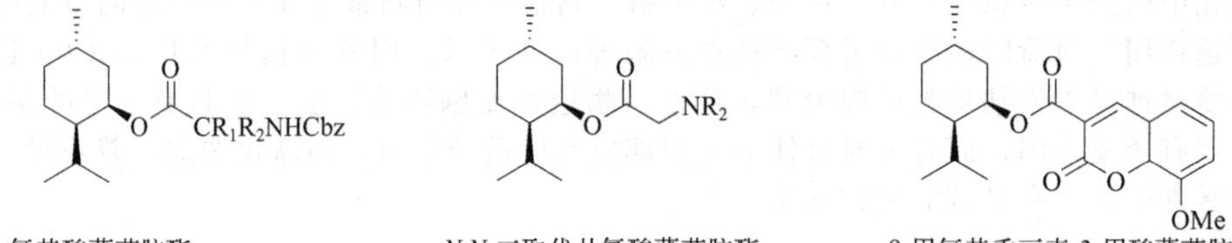

氨基酸薄荷脑酯　*N*,*N*-二取代甘氨酸薄荷脑酯　8-甲氧基香豆素-3-甲酸薄荷脑酯

图 6-10-24　薄荷脑酯类衍生物结构式

剂与烟草添加剂等，其结构式见图 6-10-25。由于 α-MenG 具有水溶性以及不易挥发的特性，在贮藏时无需隔绝空气保存，且可以持续提供清新与凉爽的感觉，推测在 *l*-薄荷脑可以应用的产业该糖苷也具有应用的可能性。

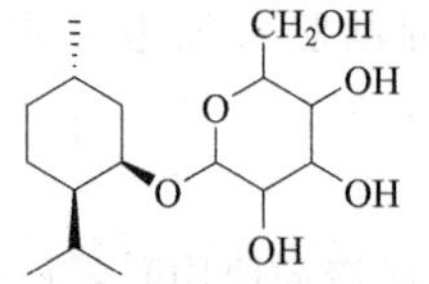

图 6-10-25　*l*-薄荷基-α-D-葡萄糖苷（α-MenG）的结构式

第四节　4-松油醇

一、 4-松油醇的性质

4-松油醇（terpinen-4-ol）又称松油醇-4、松油烯-4-醇、1-对蓋烯-4-醇、4-香芹烯蓋醇等。CAS 号［562-74-3］，CA 命名为 4-甲基-1-(甲基乙基)-3-环己烯-1-醇。分子式 $C_{10}H_{18}O$，分子量 154.25，沸点 212℃，相对密度 $d_4^{20}=0.9315$，折射率 $n_D^{20}=1.4799$，为无色透明液体。4-松油醇主要存在于澳洲茶树油（互叶白千层精油）和杜香属植物精油中，在番荔枝果精油、麝香草精油和辛夷精油中也有少量存在。4-松油醇有一对立体异构体，如图 6-10-26 所示。天然的 4-松油醇中有右旋体和左旋体之分，也有二者等量混合的外消旋体，自然界中以右旋体居多，但也有少量左旋体，合成品以外消旋体为主[45,46]。4-松油醇具有紫丁香、木香、壤香和百合香气，是最有用的日化香料之一，常用于香料和调味品中[47]。4-松油醇具有良好的除菌性能，是很好的医药及生物农药原料之一。

图 6-10-26　4-松油醇的两个异构体

二、 4-松油醇的制备

目前合成 4-松油醇的主要方法有三种，分别以 1,4-桉叶素、松节油和桧烯为原料，经异构化、氧化、还原、水合等反应得到。

1. 以 1,4-桉叶素为原料

1,4-桉叶素的异构化是合成 4-松油醇最简单的方法，如图 6-10-27 所示。此反应在酸性或碱性条件下进行，但受到 1,4-桉叶素资源稀少的限制。项小燕等[48]研究发现，在磷酸和乙酸混酸催化下，1,4-桉叶素易异构化为4-松油醇。1,4-桉叶素10mL，在12mL磷酸与乙酸体积比为6∶1的混合酸催化剂中，反应温度60℃，反应时间8h，1,4-桉叶素转化率可达74.7%，选择性为75.4%，精制后的4-松油醇质量分数在90%以上。黄金龙等[49]研究发现，采用丝光沸石负载酸催化剂催化1,4-桉叶素异构化，可以提高4-松油醇产量，并且减少酸用量。将100g原料油（1,4-桉叶素含量77.8%）和6g丝光沸石（负载硫酸85%～98%）加入反应瓶中，反应温度50℃，反应时间8h，得到的4-松油醇含量为59.6%，选择性为80%。梁剑平等[50]公开了一种固体酸凹凸棒催化1,4-桉叶素异构化的方法，将硫酸与磷酸按体积比3∶2与黏土混合制备固体酸凹凸棒，1,4-桉叶素与凹凸棒质量比为1∶1.2，反应温度60℃，反应时间8h，1,4-桉叶素转化率为86.7%，得到的4-松油醇粗品经精馏可达到药用标准。

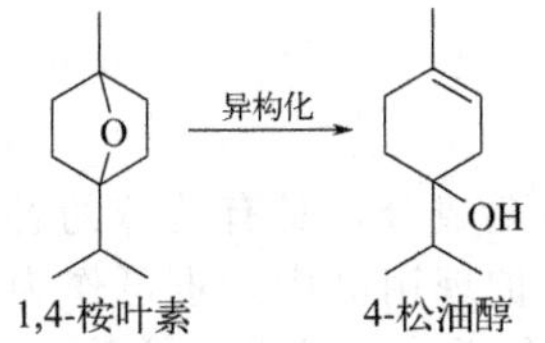

图6-10-27 1,4-桉叶素异构化合成4-松油醇路线

2. 以松节油为原料

此种方法是先将松节油转化为异松油烯，再将异松油烯经过部分环氧化或光敏氧化，然后还原得到4-松油醇，是目前制备4-松油醇比较经济的方法，如图6-10-28所示。将松节油异构化转变为异松油烯，常用的方法有一步法和两步法，均以强酸作为催化剂。胡宏成等[51]以对甲苯磺酸为催化剂，采用一步法将蒎烯转化为异松油烯，反应温度90℃，反应时间7h，催化剂用量为原料质量的12.7%，水用量为原料质量的36%，乳化剂用量为原料质量的1.3%，得到异松油烯的含量和得率分别达到38.8%和39.9%。姚兴东等[52]公开了一种一步法异构松节油的方法，以α-蒎烯或松节油为原料，以丙酮或乙醇为溶剂，用磷钼酸作催化剂，经一步均相催化异构化反应制得异松油烯。在反应过程中，催化剂磷钼酸用量为α-蒎烯体积的1%～5%（g/mL），异松油烯的产率为33.2%。这种方法具有简单、耗时短、成本低、收率高等优点。王亚明等[53]采用两步法催化异构松节油，在第一步中，13X钠型分子筛催化剂为催化剂，用量2%～10%（质量分数），反应温度130～160℃，反应时间10～90min。第二步中，催化剂为0.25～1.0mol/L硫酸溶液浸渍的SO_4^{2-}/ZrO_2固体超强酸，用量2%～10%（质量分数），反应温度80～120℃，反应时间4～10h。经过两步催化反应最终获得最佳异松油烯收率为35.2%。

将异松油烯转化为4-松油醇，常用光敏氧化反应和部分环氧化反应。周光平等[54]先将α-蒎烯转化为异松油烯，然后选用0.1%～0.3%亚甲基蓝作光敏剂，甲醇作溶剂，于400～700nm波长下进行异松油烯光敏氧化，再将反应液氢化，得到含量为40%的4-松油醇。另一种方法是先将异松油烯用间氯过氧苯甲酸或双氧水氧化，得到异松油烯4,8-环氧化物，再经还原得到4-松油醇[55]。

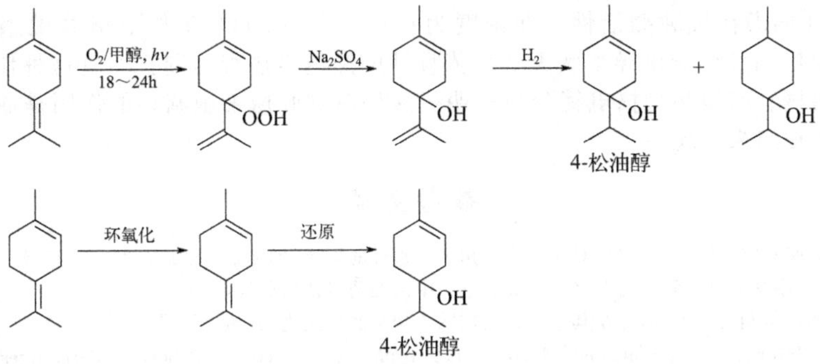

图6-10-28 以松节油为原料合成4-松油醇路线

3. 以桧烯为原料

研究发现，桧烯在冷的稀硫酸中反应有开环转化为4-松油醇的趋势。赵振东等对该反应进行了深入研究，开发了桧烯直接水合制备4-松油醇的工业化生产方法，如图6-10-29所示。

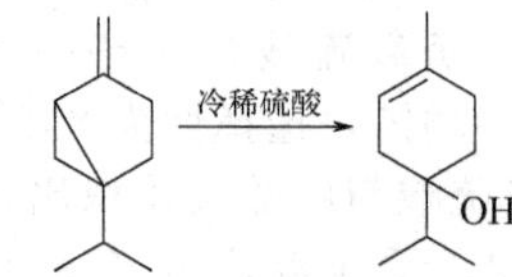

图6-10-29 桧烯合成4-松油醇路线

三、4-松油醇的应用

天然4-松油醇是澳洲茶树油的主要成分，具有特殊的香气，同时又具有天然防腐剂的作用，被广泛用于调香、高级化妆品和个人护理用品中，也可作为食用香料和食欲增强剂的添加成分。此外，4-松油醇表现出多种生物活性如杀虫、抑菌、抗肿瘤，在医药开发方面具有较大的潜力。

1. 杀虫活性

从日本罗汉柏（*Thujopsis dolabrata*）中获得的4-松油醇被用来作为驱虫剂和驱蚊剂使用。含4-松油醇30%的活性氧化铝可用作衣物防虫蛀剂使用。Ma等[56]研究了4-松油醇对黏虫各生长阶段的影响，发现其对黏虫的酸性磷酸酶（ACP）和碱性磷酸酶（AKP）活性有诱导作用，在麻痹期对ACP有抑制作用，对细胞色素P450的O-去甲基化酶活性均有抑制作用，对兴奋期、抽搐期、麻痹期和恢复期的抑制率分别为26.27%、46.03%、80.24%和90.22%。4-松油醇对储藏粮食害虫玉米象具有很强的杀虫活性，其对细胞色素P450有很强的诱导作用[57]。黄金龙等[58]研发了一种4-松油醇和辛硫磷的复合杀虫剂，两种成分的重量比为（1∶4）～（1∶9），与辛硫磷单用相比具有明显的增效作用，施用72h后防治效果仍高于90%。4-松油醇能杀灭螨虫，将其制成湿巾局部擦拭眼部，可以有效治疗眼睑炎[59]。因此，4-松油醇有望发展成一种新型杀虫剂或增效剂，在杀虫剂抗性管理领域具有潜在的应用价值。

2. 抑菌活性

茶树油能高效杀死皮肤表面的真菌，并对皮肤的灼伤有治疗作用。Gendy等[60]采用GC-MS分析了野生和栽培牛至属植物 *Origanum syriacum* 的挥发油成分，其中百里香酚、γ-松油烯、芳樟醇、4-松油醇为主要成分。栽培牛至精油在4μL/disc(100%)浓度时对金黄色葡萄球菌的抑菌圈为（32±4.0)mm，对曲霉菌的最低抑菌浓度（MIC）为0.25mg/L。Su等[61]研究了4-松油醇对引起眼睑病的微生物的杀灭作用，发现2%的4-松油醇能在60s内杀死13种细菌、1种真菌和卡氏棘阿米巴虫，且不引起眼睛和脸部刺激。

3. 抗肿瘤活性

Calcabrini等[62]研究了茶树精油及其主要成分4-松油醇对人黑色素瘤M14 WT细胞及其阿霉素耐药细胞M14的潜在抗肿瘤活性。在浓度为0.005%～0.03%条件下培养敏感细胞和抗性细胞，茶树油和4-松油醇均能诱导半胱天冬酶依赖性的黑色素瘤细胞凋亡，且这种作用在耐药变异细胞群中更为明显。冻裂和扫描电镜分析表明，这种诱导肿瘤细胞凋亡的作用是通过与质膜的相互作用和膜脂的重组来实现的。

参考文献

[1] 杨洪滨，姜洁，张小宇，等.合成冰片对地塞米松角膜渗透性的影响.国际眼科杂志，2017，17（4）：628-630.
[2] 国家药典委员会.中华人民共和国药典（一部）.北京：中国医药科技出版社，2015.
[3] 赖浩强，袁日明，贺利贞，等.冰片及其纳米化制剂的生物医药应用进展.药学进展，2019，43（5）：334-342.
[4] Borisova M S，Yarovaya O I，Semenova M D，et al. Antiulcerogenic activity of borneol derivatives. Russian Chemcial Bulletin，2018，67：558-561.

[5] Kononova A A, Sokolova A S, Cheresiz S V, et al. N-heterocyclic borneol derivatives as inhibitors of Marburg virus glycoprotein-mediated VSIV pseudotype entry. MedChemComm, 2017, 8: 2233-2237.
[6] 伍忠萌. 林产精细化学品工艺学. 北京：中国林业出版社，2002.
[7] Fregerio M, Santagostino M. 2-Iodoxybenzoic acid oxidation of hydroxyl groups to carbonyls: DE 4343054C1. 1993.
[8] Fregerio M, Santagostino M, Sputore S. Process for the oxidation of primary and secondary alcohols to aldehydes and ketons and for the oxidation of 1,2-diols to alpha-ketols and alpha-diketones: EP658533Al. 1994
[9] Stevens R V, Chapman K T, Weller H N. Convenient and inexpensive procedure for oxidation of secondary alcohols. J Org Chem, 1980, 45 (10): 2030-2032.
[10] Stevens R V, Gaeta F C, Lawrence D S. Campharae: Chiral intermediates for enantiospecific total synthesis of steroids. J Am Chem Soc, 1983, 105 (26): 7713-7719.
[11] Stevens R V, Chang J H, Lapalm E R. Studies on the synthesis of vitamin B-12. J Am Chem Soc, 1983, 105 (26): 7719-7729.
[12] Adams L A, Luzzio F A. Ultrasonic in oxochromium (Ⅵ)-amine-mediated oxidations-modifications of Coreysuggs oxidation for the facile conversion of alcohols to carbonyl compounds. J Org Chem, 1989, 54 (212): 5387-5390.
[13] Venturello C, Gambaro M, Ricci M. Method for the preparation of ketones: EP232742Al. 1987.
[14] Ishii Y, Yamawaki K, Ura T. Hdrogen peroxide oxidation catalyzed by heteropolyacid combined with cetylpyridium chloride. Epoxidation of olefins and allylic alcohols, ketonization of alcohols and diols, and oxidative cleavage of 1,2-diols and olefins. J Org Chem, 1988, 53 (15): 3587-3593.
[15] 李允隆，陈庆之，杨国丽，等. 光学活性樟脑. 应用化学，1992，9（4）：117-119.
[16] Ramachandran R V, Cheng M, Brown H C. Chiral synthesis via organoboranes 42. Selective reductions 57. Efficient kinetic resolution of representative α-tertiary ketones with B-cholorodiisopinocampheylborane. J Org Chem, 1996, 61 (1): 88-94.
[17] 吴连珍. 丁桂樟脑散敷脐治疗遗尿症 10 例. 河南中医，2002，22（1）：18.
[18] Raei H, Torshizi M K, Sharafi M, et al. Improving seminal quality and reproductive performance in male broiler breeder by supplementation of camphor. Theriogenology, 2021, 166: 1-8.
[19] Carvalho M F, Leite S, Costa J P, et al. Ag (Ⅰ) camphor complexes: Antimicrobial activity by design. J Inorg Biochem, 2019, 199: 110791.
[20] Sokolova A S, Kovaleva K S, Yarovaya O I, et al. (+)-Camphor and (−)-borneol derivatives as potential anti-orthopoxvirus agents. Arch Pharm, 2021: e2100038.
[21] 郑昌戈，刘煊业，喻晓蔚，等. *l*-薄荷醇的合成研究进展. 化工进展，2011，30（10）：2276-2281
[22] 念保义，徐刚，杨立荣. *l*-薄荷醇的合成及手性拆分研究进展. 化工进展，2006（4）：401-405.
[23] 章雨龙. *l*-薄荷醇生产现状及市场分析. 安徽化工，2018，44（1）：22-25.
[24] 李强，鲍志华，陈家骥. 薄荷脑. 牙膏工业，2000（1）：19-25
[25] 陈旭敏，黄山，陆涛，等. 左旋薄荷醇的合成现状及进展. 有机化学，2009，29（6）：884-890.
[26] 念保义，林明穗，黄志华，等. 合成 *l*-薄荷醇产业化的研究进展. 三明学院学报，2012（6）：72-77.
[27] 赵振东，刘先章. 松节油的精细化学利用（Ⅴ）-松节油合成药理活性物质. 林产化工通讯，2001（5）：35-40.
[28] 范存良，杨忠保. 左旋薄荷醇合成技术的进展. 香料香精化妆品，2002（4）：28-30.
[29] 念保义，徐刚，吴坚平，等. 离子液体介质中用 Cu/ZrO_2-SiO_2 催化香茅醛加氢合成薄荷醇. 高等学校化学学报，2007，28（9）：1677-1680.
[30] 王铃，陈志荣，尹红，等. 百里香酚合成薄荷醇副反应研究. 浙江大学学报（理学版），2014，41（3）：310-313.
[31] 王智慧，赖群萍，吴旭锋. *d*，*l*-薄荷醇的合成. 中国食品添加剂，2020，31（12）：6-10.
[32] 聂丽娟，李响敏，秦中. 薄荷醇的合成新工艺. 化学世界，2000，41（5）：237-239.
[33] 念保义，徐刚，吴坚平，等. 离子液体中柠檬醛选择性催化加氢合成薄荷醇的研究. 浙江大学学报（理学版），2007（5）：556-559.
[34] 伍怡郦，阚健全. *l*-薄荷醇的制备及检测方法研究进展. 现代食品科技，2005，21（1）：144-144.
[35] Bhatia S P, Mcginty D, Letizia C S, et al. Fragrance material review on d-menthol. Food and Chemical Toxicology, 2008, 11 (11): 215-217.
[36] 王永志，王行环，杨中华，等. 薄荷醇抑制前列腺癌 DU145 细胞的增殖和迁移. 现代泌尿生殖肿瘤杂志，2012，4（5）：301-306.
[37] 陶兴魁，张兴桃，王海潮，等. 薄荷醇对肝癌 HepG2 细胞增殖，迁移及 IL-8，CXCL-12，VEGF 表达的影响. 中国实验方剂学杂志，2019（21）：60-65.
[38] 陈晨. 薄荷醇及其受体 TRPM8 与肿瘤关系研究进展. 中国药理学通报，2015，31（3）：312-314.
[39] 梁庆，王晖. 氮酮与薄荷醇联用对 5-氟尿嘧啶的促透作用. 中国临床药理学与治疗学，2020，25（7）：734-739.
[40] 王璐，何伟，李勇. 薄荷醇促透皮吸收作用的研究进展. 食品与药品，2007，9（6A）：44-46.

[41] 王景雁，兰颐，林红梅，等. 薄荷醇对不同 logP 值中药有效成分经皮吸收的促透研究. 中国新药杂志，2016，25（2）：202-209.

[42] 柴国宝，潘越芳，李范珠. 冰片-薄荷脑低共熔物对神经毒素纳米粒鼻腔给药载药入脑的影响. 中国中药杂志，2009，34（6）：698-701.

[43] 刘莉茵，方文恒，陈君，等. 薄荷醇吸嗅对大鼠学习记忆及海马区乙酰胆碱酯酶及谷氨酸受体 1 表达的影响. 国际药学研究杂志，2012，39（3）：238-241.

[44] 林月彬，王晖，梁庆，等. 薄荷醇止痒作用的研究. 中华中医药学刊，2009，27（7）：1488-1489.

[45] 赵振东，孙震，刘先章. 松节油的精细化学利用（Ⅳ）-松节油合成日化香料（下）. 林产化工通讯，2001，35（4）：34-40.

[46] 赵振东，陈风雨. 4-松油醇的资源、制备及利用. 林产化工通讯，2002，36（3）：25-28.

[47] 香料解析（三十六）：4-松油醇在食品香精中的应用. 国内外香化信息，2014，9：16-17.

[48] 项小燕，林锡煌，吴彝华，等. 混酸催化 1，4-桉叶素异构化合成 4-松油醇的研究. 应用化工，2012，41（2）：252-255.

[49] 黄金龙，邱安彬，江锦航，等. 负载酸催化剂催化 1，4-桉叶素合成 4 松油醇的方法：CN106631701B. 2020-04-03.

[50] 梁剑平，刘宇，梁妍，等. 一种固体酸凹凸棒催化合成 4 松油醇的方法：CN110054548A. 2019-07-26.

[51] 胡宏成，曾韬，陈华成. 蒎烯合成异松油烯的研究. 生物质化学工程，2007，41（1）：19-21.

[52] 姚兴东，柴坤刚，石展望，等. 一步催化、异构化制备异松油烯的方法：CN101747138A. 2013-06-19.

[53] 王亚明，谢惠定，夏为龙，等. 松节油两步催化制备异松油烯：CN1164539C. 2004-09-01.

[54] 周光平，刘六军，陈素文. 光敏氧化制备松油烯-4-醇. 林产化工通讯，2002，36（4）：11-13.

[55] 郑辉东，黄元斌，赵素英，等. 一种异松油烯 4，8-环氧化物的合成方法：CN108947939B. 2022-03-11.

[56] Ma Z Q，Han X L，Feng J T，et al. Effects of terpinen-4-ol on four metabolic enzymes and polyphenol oxidase（PPO）in Mythimna separta Walker. Agricultural Sciences in China，2008，7（6）：726-730.

[57] Huang Y，Liao m，Yang Q Q，et al. Knockdown of NADPH-cytochrome P450 reductase and CYP6MS1 increases the susceptibility of Sitophilus zeamais to terpinen-4-ol. Pesticide Biochemistry and Physiology，2020，162：15-22.

[58] 黄金龙，许鹏祥. 一种含 4-松油醇和辛硫磷的复合杀虫剂：CN102349537A. 2012-02-15.

[59] 杨洋，曾流芝，陈鸣. 4-松油醇湿巾在蠕形螨性睑缘炎治疗中的作用. 湖南中医药大学学报，2020，40（2）：86-88.

[60] Gendy E A N，Leonardi M，Mugnaini L，et al. Chemical composition and antimicrobial activity of essential oil ofwild and cultivated Origanum syriacum plants grown in Sinai，Egypt. Industrial Crops and Products，2015，67：201-207.

[61] Su C W，Tighe S，Sheha H，et al. Safety and efficacy of 4-terpineol against microorganisms associated with blepharitis and common ocular diseases. Bmj Open Ophthalmology，2018，3（1）：e000094.

[62] Calcabrini A，Stringaro A，Toccacieli L，et al. Terpinen-4-ol，the main component of Melaleuca alternifolia（tea tree）oil inhibits the in vitro growth of human melanoma cells. Journal of Investigative Dermatology，2004，122（2）：349-360.

（赵振东，王石发，王婧）

第十一章　松节油合成农药中间体

合成农药的发明及使用极大地提高了粮食产量，从根本上改变了农业的面貌，为世界人口的快速增长做出了不可估量的贡献。但是，合成农药的长期大量施用随之也带来一系列新的问题，首当其冲的就是农药的毒性对生态环境和人类健康的威胁日益显现，从而使得自带环境友好性的天然来源农药的开发和应用受到越来越多的重视。在这其中，萜类化合物因其来源广泛、种类丰富、生物活性优良且多元等特性一直都是此领域的研究热点。松节油作为一类典型的萜类化合物，其多种衍生物被证明具有明显的除草、抗菌、杀虫等药理活性，是开发植物源农药或农药中间体等产品的理想原料。

在松节油合成农药方面，历史上真正产业化和大量应用的有毒杀芬和敌稻瘟，但它们均是高效高毒的农药品种，已放弃生产和应用。过去几十年来，松节油合成杀虫剂、昆虫驱避剂及引诱剂、除草剂和杀虫增效剂等农药品种的研究取得了良好的进展。

第一节　杀虫剂

研究发现，松节油主成分 α-蒎烯对一些昆虫，例如蚜虫、小菜蛾、米象等体现出良好的触杀和熏杀活性[1,2]。研究机理表明，α-蒎烯对昆虫的腺苷三磷酸酶具有较强的抑制活性[3]。由此可见，α-蒎烯可以作为制备新型杀虫剂的原料。以 α-蒎烯为原料开发杀虫剂一直以来也受到了人们的关注。此外，研究人员也开展了以松节油另一种主成分 β-蒎烯为原料制备杀虫衍生物的研究。但到目前为止，尚未开发出以松节油为原料制备的商业化杀虫剂产品。

以下是目前已报道的松节油基杀虫衍生物的制备方法及其杀虫活性研究[4-10]。

一、3-蒎酮衍生物

1. 制备方法

α-蒎烯经硼氢化、氧化等反应转化成 3-蒎酮，再在三氟化硼乙醚的作用下，3-蒎酮与伯胺反应，生成 3-蒎酮亚胺衍生物，再经氢化还原，制得 3-蒎胺衍生物，如图 6-11-1 所示。

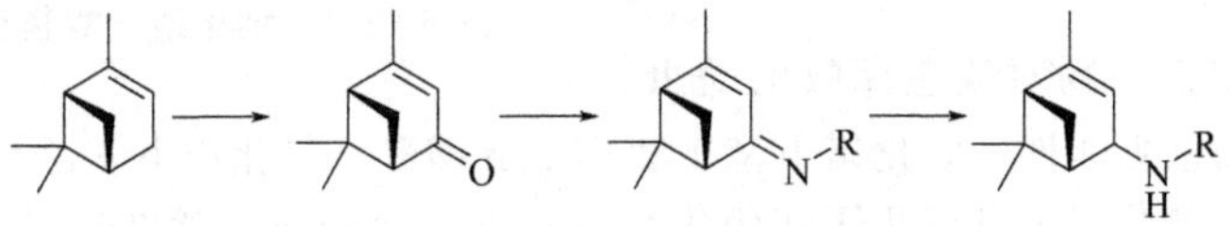

图 6-11-1　3-蒎酮衍生物的合成路线

2. 应用

部分衍生物对松材线虫体现出良好的杀虫活性。其中，*N*-苯基-3-蒎酮亚胺具有很强的杀松材线虫活性，在 $1\times10^{-3}\mu L/mL$（约为 $1\times10^{-3}mg/mL$）浓度下，24h、48h 和 72h 内杀线虫效率分别达到 89.28%、89.58%和 95.75%。

二、蒎酮酸衍生物

1. 制备方法

α-蒎烯通过氧化开环得到蒎酮酸，蒎酮酸再经酰氯化、取代和缩合等反应，生成蒎酮酸酰基硫脲衍生物，如图 6-11-2 所示。

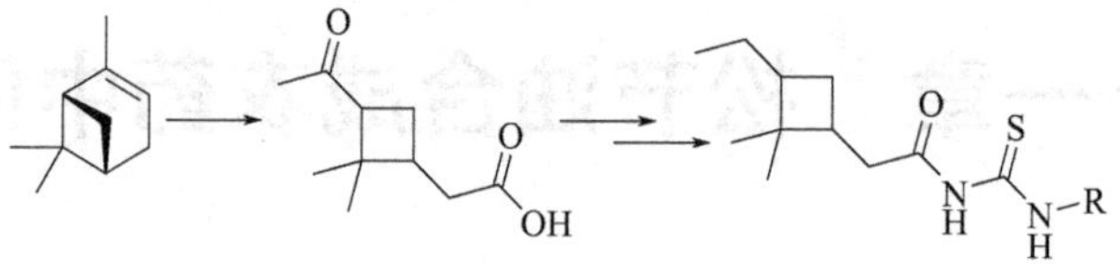

图 6-11-2 蒎酮酸酰基硫脲衍生物的合成路线

2. 应用

（2,2-二甲基-3-乙基环丁基）乙酸与取代苯胺生成的酰基硫脲表现出较好的杀虫活性，其中 1-[2-(3-乙基-2,2-二甲基环丁基)乙酰基] -3-(2-甲基苯基）硫脲、1- [2-(3-乙基-2,2-二甲基环丁基)乙酰基]-3-(4-三氟甲基苯基）硫脲、1-[2-(3-乙基-2,2-二甲基环丁基)乙酰基]-3-(2-氯苯基）硫脲、1-[2-(3-乙基-2,2-二甲基环丁基)乙酰基]-3-(4-氯苯基）硫脲的杀虫活性较好，在 1g/kg 浓度下对亚洲玉米螟的校正致死率在 93.1%以上。

三、氢化诺卜醇衍生物

1. 制备方法

β-蒎烯与多聚甲醛通过 Prins 反应制备获得诺卜醇，诺卜醇经催化氢化制备氢化诺卜醇。氢化诺卜醇在 PCC 的氧化下，可制备获得氢化诺卜醛。氢化诺卜醛与一系列二元醇反应，可制备系列氢化诺卜醛缩醛衍生物（**S**）。氢化诺卜醇在三氧化铬冰醋酸作用下，转化为氢化诺卜酸，氢化诺卜酸经酰氯化、缩合反应制备获得氢化诺卜酰胺衍生物（**X**）。氢化诺卜醇经取代反应制备获得氢化诺卜卤代物（主要是氯、溴、碘），后者与一系列取代吡啶反应，制得氢化诺卜吡啶衍生物（**N**）。氢化诺卜卤代物分别与一系列三同烷基胺反应，制得了氢化诺卜基三同烷基卤化铵衍生物（**L**），如图 6-11-3 所示。

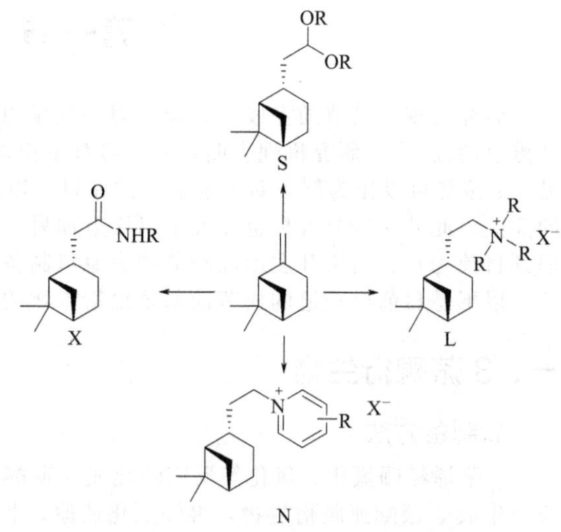

图 6-11-3 氢化诺卜醇衍生物的合成路线

2. 应用

部分氢化诺卜醇衍生物对淡色库蚊的幼虫、成虫和蛹具有一定的杀虫活性。氢化诺卜基 1,2-丙二醇缩醛、氢化诺卜基乙二醇缩醛、氢化诺卜基 1,3-丙二醇缩醛、氢化诺卜基三正丁胺碘化铵这 4 种化合物对 4 龄幼虫具有一定的毒杀活性，它们的 LC_{50}（半致死浓度）分别为 80.06mg/L、90.11mg/L、103.61mg/L、111.60mg/L。*N*-邻羟基苯基氢化诺卜酰胺、*N*-间硝基苯基氢化诺卜酰胺、*N*-甲基氢化诺卜酰胺、*N*-苯基氢化诺卜酰胺、氢化诺卜基乙二醇缩醛、氢化诺卜基 1,2-丙二醇缩醛、氢化诺卜基 1,3-丙二醇缩醛对淡色库蚊成虫具有较好的熏蒸击倒作用，在浓度为 12.8%（质量分数）时，KT_{50}（半数击倒时间）<10min。此外，氢化诺卜基乙二醇缩醛、氢化诺卜基 1,3-丙二醇缩醛、氢化诺卜基 1,2-丙二醇缩醛、*N*-甲基氢化诺卜酰胺在浓度为 12.8%时不仅 $KT_{50}<10$min，而且 24h 熏杀的 $LC_{50}<0.5\%$。

四、桃金娘烷醇衍生物

1. 制备方法

β-蒎烯通过硼氢化氧化反应制备获得桃金娘烷醇。在 DCC（二环己基碳二亚胺）/DMAP（4-

二甲氨基吡啶）催化活化作用下，桃金娘烷醇与一系列羧酸反应，制得羧酸桃金娘烷酯衍生物，见图 6-11-4。

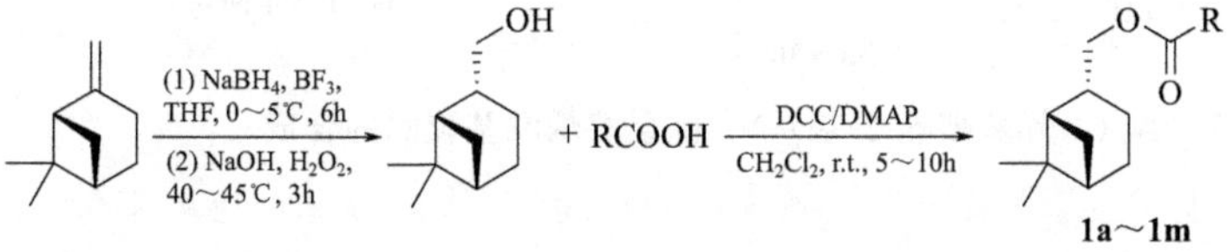
(1) NaBH$_4$, BF$_3$,
THF, 0～5℃, 6h
(2) NaOH, H$_2$O$_2$,
40～45℃, 3h
OH
+ RCOOH
DCC/DMAP
CH$_2$Cl$_2$, r.t., 5～10h
O
R
O
1a～1m

1a. R = H
1b. R = CH_3
1c. R = C_2H_5
1d. R = C_3H_7
1e. R = iso-C_3H_7
1f. R = C_4H_9
1g. R = iso-C_4H_9
1h. R = C_6H_{11}
1i. R = C_6H_5
1j. R = 4-$CH_3C_6H_4$
1k. R = 4-$OCH_3C_6H_4$
1l. R = 4-ClC_6H_4
1m. R = 4-$NO_2C_6H_4$

图 6-11-4 羧酸桃金娘烷酯衍生物的合成路线

桃金娘烷醇经三氧化铬氧化制备获得桃金娘烷酸，桃金娘烷酸经酰氯化、取代、缩合等反应，制得一系列 *N*-芳基桃金娘烷酰胺、*N*-芳基-*N'*-桃金娘烷酰基硫脲和 *N*-(4-芳基噻唑-2-基)-*N'*-桃金娘烷酰基硫脲衍生物，见图 6-11-5～图 6-11-7。

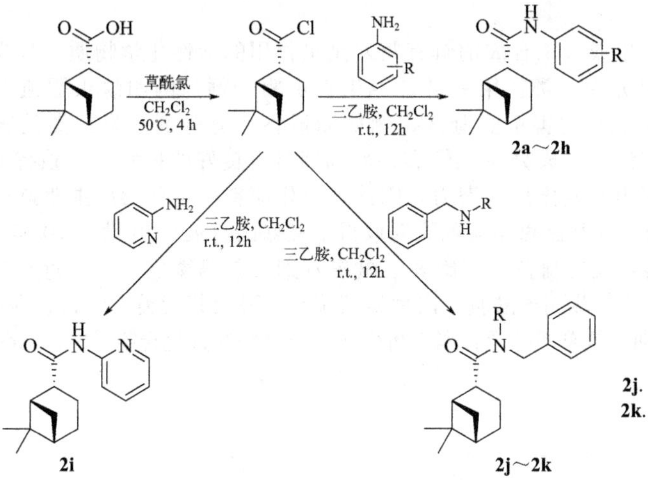
O OH
草酰氯
CH$_2$Cl$_2$
50℃, 4 h
O Cl
NH$_2$
R
三乙胺, CH$_2$Cl$_2$
r.t., 12h
H
O N
R
2a～2h
NH$_2$
N
三乙胺, CH$_2$Cl$_2$
r.t., 12h
N
H
R
三乙胺, CH$_2$Cl$_2$
r.t., 12h
H
O N N
2i
R
O N
2j～2k

2a. R= H
2b. R= 2-Br
2c. R= 3-Br
2d. R= 4-C_2H_5
2e. R= 4-CF_3
2f. R= 2,6-diF
2g. R= 4-F
2h. R= 4-NO_2

2j. R = H
2k. R = 4-CH_3

图 6-11-5 *N*-芳基桃金娘烷酰胺的合成

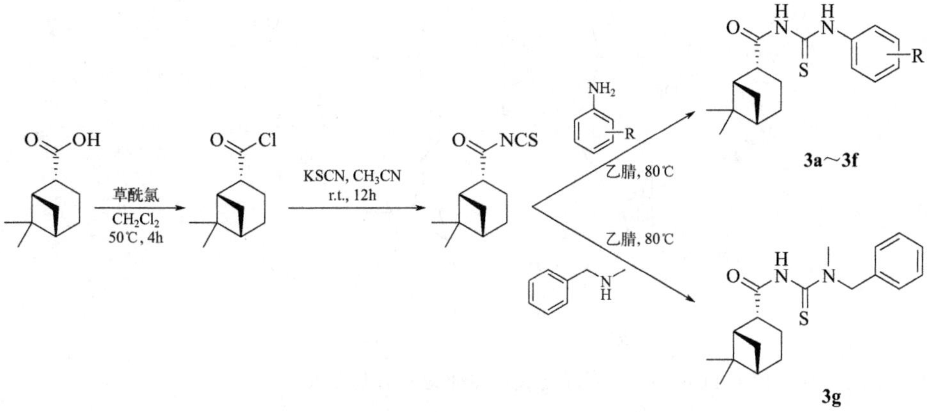
O OH
草酰氯
CH$_2$Cl$_2$
50℃, 4h
O Cl
KSCN, CH$_3$CN
r.t., 12h
O NCS
NH$_2$
R
乙腈, 80℃
H H
O N N
S
R
3a～3f
乙腈, 80℃
N
H
H
O N N
S
3g

3a. R = H
3b. R = 2-Br
3c. R = 4-C_2H_5
3d. R = 4-CF_3
3e. R = 2,6-diF
3f. R = 4-F

图 6-11-6 *N*-芳基-*N'*-桃金娘烷酰基硫脲的合成

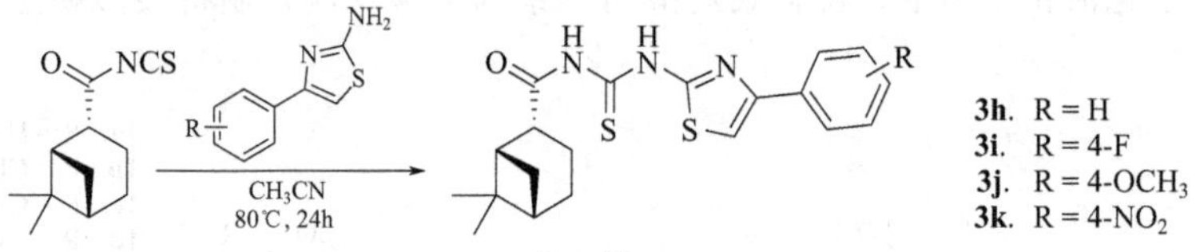

图 6-11-7 N-(4-芳基噻唑-2-基)-N'-桃金娘烷酰基硫脲的合成

2. 应用

部分桃金娘烷醇衍生物对小菜蛾 *Plutella xylostella*、黏虫 *Mythimna separata*、苜蓿蚜虫 *Aphis craccivora* 和芹菜蚜虫 *Semiaphis heraclei* 表现出良好的杀虫活性。当受试化合物的浓度为 1mg/mL 时，化合物 5f 对黏虫的校正致死率可达 84.00%，化合物 **1m**、**3a** 和 **3d** 对芹菜蚜虫的校正致死率分别为 87.50%、87.50%和 91.67%。此外，化合物 **2c**、**2e**、**2f**、**2h** 和 **2j** 对芹菜蚜虫的校正致死率均为 100.00%。

第二节 驱避剂

昆虫驱避剂是由植物产生或人工合成的具有驱避昆虫作用的活性化学物质。根据靶标昆虫的不同，昆虫驱避剂可以大致分为三类。第一类是卫生害虫驱避剂，例如蚊虫驱避剂、苍蝇驱避剂、蟑螂驱避剂等。第二类是农业害虫驱避剂，例如赤拟谷盗驱避剂。第三类是其他昆虫驱避剂，例如蚂蚁驱避剂。松节油的主成分 α-蒎烯和 β-蒎烯因具有良好的挥发性、独特的结构和活泼的化学反应特性，同时展现出驱避昆虫的潜力，因此被当作原料用于开发昆虫驱避剂。

在过去的几十年中，松节油基昆虫驱避剂研究取得了良好的进展。20 世纪 70 年代，云南省植物研究所等以 α-蒎烯为原料，成功制备了右旋 8-乙酰氧基别二氢葛缕酮[11,12]。近年来，以 α-蒎烯为原料，合成获得了蒎酮酸酯、蒎酮酸酰胺、内型异莰烷基甲醇及其酯类衍生物、内型 γ-异莰烷基醇及其酯类衍生物、8-羟基别二氢葛缕醇及其酯类衍生物等驱避剂候选化合物[13-16]，见图 6-11-8。

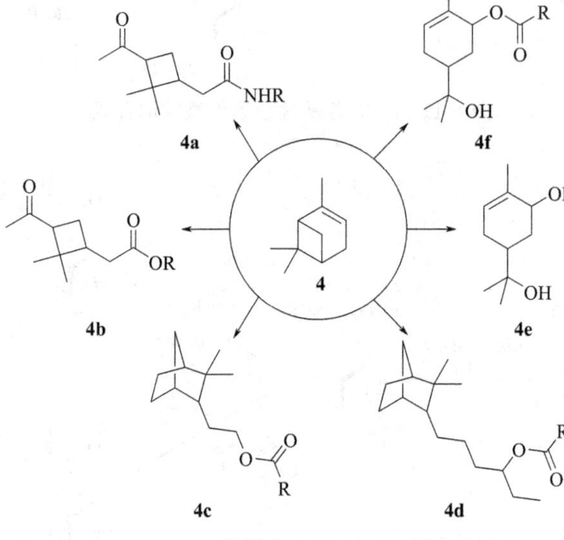

图 6-11-8 以 α-蒎烯合成昆虫驱避化合物路线

以 β-蒎烯为原料，可合成获得诺卜醇及其醚类和酯类衍生物、氢化诺卜醇及其醚类和酯类衍生物、氢化诺卜基甲酸酯和氢化诺卜基甲酰胺衍生物、4-(1-甲基乙烯基)-1-环己烯-1-乙醇的酯类衍生物等驱避剂候选化合物[17-21]，见图 6-11-9。

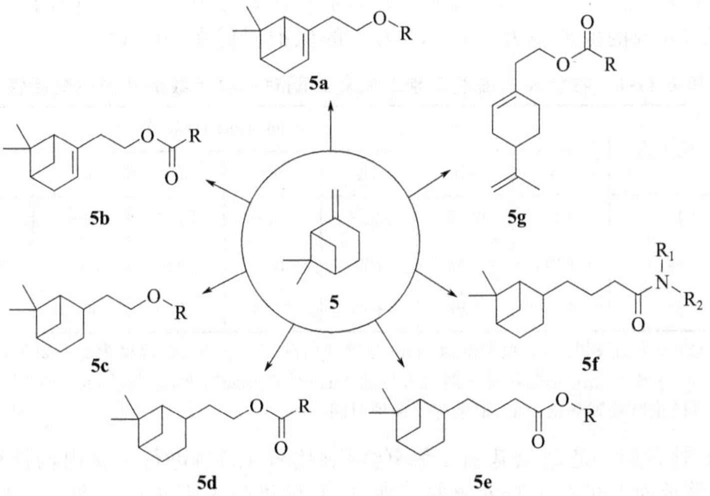

图 6-11-9 以 β-蒎烯合成昆虫驱避化合物路线

一些具有应用前景的化合物被成功地筛选获得，其中的代表性产品为右旋 8-乙酰氧基别二氢葛缕酮（**6a**）和甲酸 8-羟基别二氢葛缕酯（**6b**），结构式见图 6-11-10。

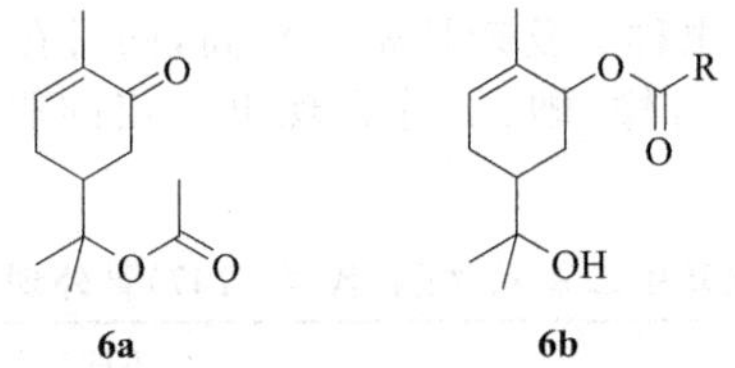

图 6-11-10 右旋 8-乙酰氧基别二氢葛缕酮（**6a**）和甲酸 8-羟基别二氢葛缕酯（**6b**）结构式

一、右旋 8-乙酰氧基别二氢葛缕酮

1. 制备方法

20 世纪 70 年代，云南省植物研究所（现为中国科学院昆明植物研究所）等从野薄荷植物中成功提取分离获得右旋 8-乙酰氧基别二氢葛缕酮，通过室内和室外驱避试验证明其对蚊虫、蠓、蚋、虻等具有良好的驱避活性。基于此，云南省植物研究所等以 α-蒎烯为原料，成功制备了右旋 8-乙酰氧基别二氢葛缕酮：以 α-蒎烯为原料，利用过氧乙酸将其氧化成 2,3-环氧蒎烷，再在硫酸水溶液的作用下，将 2,3-环氧蒎烷水合为右旋 8-羟基别二氢葛缕醇。右旋 8-羟基别二氢葛缕醇经二氧化锰氧化后，生成右旋 8-羟基别二氢葛缕酮，再经乙酰化作用得到右旋 8-乙酰氧基别二氢葛缕酮[11]。合成路线见图 6-11-11。

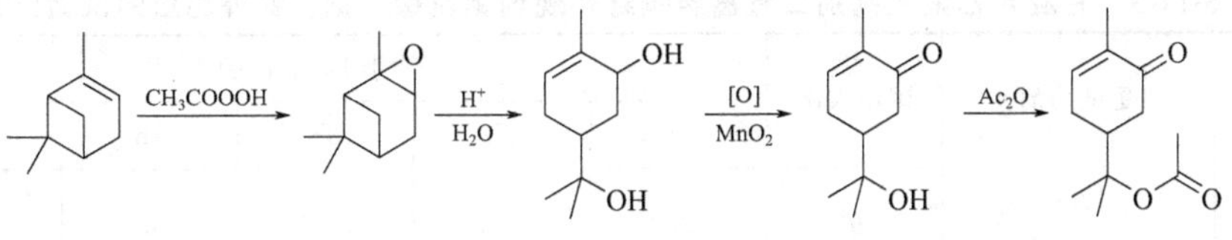

图 6-11-11 右旋 8-乙酰氧基别二氢葛缕酮的合成路线

2. 应用

右旋 8-乙酰氧基别二氢葛缕酮对白纹伊蚊的室内驱避活性数据见表 6-11-1。由表可见，右旋

8-乙酰氧基别二氢葛缕酮对白纹伊蚊具有良好的驱避活性。原油在3h内的保护率为100%，5h内的保护率仍在90%以上。40%的酊剂在6h内的保护率为100%，8h内的保护率仍在90%以上。30%的乳剂在5h内的保护率为100%，6h内的保护率仍在90%以上[12]。

表 6-11-1　右旋 8-乙酰氧基别二氢葛缕酮对白纹伊蚊的室内驱蚊活性

受试药剂	试验人次	不同时间的保护率/%							
		3h	4h	5h	6h	7h	8h	9h	10h
原油	14	100	92.8	92.8	78.6	21.4	—	—	—
40%酊剂	87	100	100	100	100	93	92	86.2	70.1
30%乳剂	35	100	100	100	94.3	82.9	65.7	—	—

注：测试条件，供试蚊种为白纹伊蚊，蚊虫密度为1min叮咬空白对照20～30次，温度为25～28℃，湿度为70%左右。测试方法，将原油0.3mL或药剂0.5mL均匀涂抹于测试人员的手背（约300cm^2）上，涂药后，每小时测试一次，每次在蚊笼内暴露2～5min，如有一只蚊虫叮咬则测试结束，记录有效保护时间。

研究人员除了对右旋8-乙酰氧基别二氢葛缕酮（代号1237）进行了室内活性测试以外，还在昆明、云南和黑龙江等地对其进行了野外驱避活性，试验结果列于表6-11-2和表6-11-3。受不同地区生存的蚊虫种类差异的影响，30%的右旋8-乙酰氧基别二氢葛缕酮乳剂的驱避活性有所差异。在昆明市郊大观楼和黑龙潭附近（1972～1973年）的试用效果最佳，有效保护时间达5h，该地区的蚊种主要以中华按蚊、致倦库蚊、二带喙库蚊和三带喙库蚊为主。在云南河口地区的实验结果为有效保护时间达4h，该地区的蚊种主要以白纹伊蚊、侧白伊蚊、骚扰阿蚊、阿萨密伊蚊为主。在黑龙江抚远试用的效果不理想，该地区蚊虫种类复杂且密度较高，同时存在密度较高的蠓、蚋、虻等害虫。右旋8-乙酰氧基别二氢葛缕酮还对蠓、蚋、虻等表现出一定的驱避活性，2h内的保护率达90%以上。

表 6-11-2　右旋 8-乙酰氧基别二氢葛缕酮（代号 1247）野外现场驱避蚊虫的试验结果

试用地区	受试药剂	试用人次	不同时间的保护率/%							
			1h	2h	3h	4h	5h	6h	7h	8h
昆明市郊	1237 30%乳剂	238	100	100	100	100	100	95.8	90.8	83.2
云南河口	1237 30%乳剂	33	100	100	100	100	93.9	75.7	—	—
黑龙江抚远	1237 30%乳剂	819	94	64	30	5.1	—	—	—	—
	避蚊胺 30%乳剂	52	57.7	40.4	13.5	0	—	—	—	—

表 6-11-3　右旋 8-乙酰氧基别二氢葛缕酮野外现场驱避蠓、蚋、虻等昆虫的试验结果

试用地区	受试药剂	试用人次	不同时间的保护率/%				
			1h	2h	3h	4h	>4h
黑龙江抚远	1237 30%乳剂	297	98.3	93.3	73.1	39.7	32.6
	避蚊胺 30%乳剂	35	71.4	42.8	22.8	11.4	0

二、甲酸 8-羟基别二氢葛缕酯

1. 制备方法

通过对上述 α-蒎烯和 β-蒎烯衍生物进行的昆虫驱避活性研究发现，部分衍生物对白纹伊蚊、德国小蠊、臭虫、小黄家蚁、赤拟谷盗、蚜虫等具有驱避活性。其中，甲酸 8-羟基别二氢葛缕酯对白纹伊蚊表现出良好的驱避活性[22-29]。

甲酸 8-羟基别二氢葛缕酯可以利用 α-蒎烯为起始原料合成获得。其合成路线为：以 α-蒎烯为原料，利用过氧乙酸将其氧化成 2,3-环氧蒎烷，再在硫酸水溶液的作用下，将 2,3-环氧蒎烷水合为 8-羟基别二氢葛缕醇。8-羟基别二氢葛缕醇经甲酯化反应后，制备获得甲酸 8-羟基别二氢葛缕酯，合成路线见图 6-11-12。

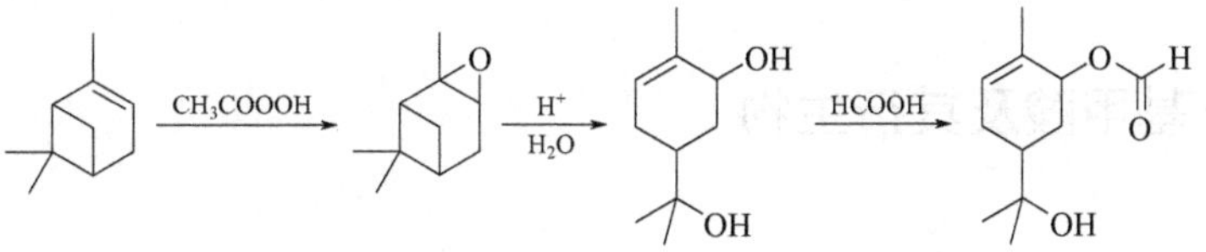

CH_3COOOH → ; H^+ / H_2O → ; HCOOH →

图 6-11-12　甲酸 8-羟基别二氢葛缕酯的合成路线

2. 应用

甲酸 8-羟基别二氢葛缕酯（代号 R1）对白纹伊蚊和中华按蚊的室内驱避活性数据见表 6-11-4。R1 对白纹伊蚊具有较高的驱避活性，使用浓度为 20％时对人体的保护作用可达 7～8h，驱避效果达到甚至优于避蚊胺，超过了国家标准有效保护时间≥6h 的 A 级标准。R1 对白纹伊蚊和中华按蚊的驱避效果存在比较大的差异。20％的 R1 对白蚊伊蚊的驱避效果为 7～8h，而对中华按蚊的驱避效果仅为 1～2h。

表 6-11-4　甲酸 8-羟基别二氢葛缕酯（代号 R1）的室内驱避活性

受试药剂	测试浓度/％	有效保护时间/h	
		白纹伊蚊	中华按蚊
R1	10	<5	<1
	20	<8	<2
避蚊胺	10	<7	<2
	20	>7	<6

注：表中数据参照国家标准 GB 17322.10—1998 以人为受试对象获得。驱避实验方法为在人的双手背面 5cm×5cm 面积上，一只手按 1.5μL/cm² 涂抹药剂，另一只手为空白对照。在不同时间将手伸入不少于 300 只雌蚊的 40cm×30cm×30cm 蚊笼内，暴露涂药皮肤 4cm×4cm 的面积，严密遮蔽其余部分，观察 2min。每次只要有一只叮刺即判驱避剂失效，记录有效保护时间。

甲酸 8-羟基别二氢葛缕酯（代号 R1）在新疆野外现场驱蚊试验的数据见表 6-11-5[30]。试验现场为新疆霍城县伊犁河北岸的三道河地区，生境为荒漠和河漫滩树林草地，其间分布有沼泽苇湖，并且由于春夏季节冰雪融化及河水上涨，伊犁河两岸形成大面积的坑洼积水，这些都造成了蚊虫绝好的滋生和栖息场所。该地区蚊虫种类以往调查有 7 属 17 种，伊蚊属种类和数量较多，优势种为刺扰伊蚊、里海伊蚊、哈萨克斯坦伊蚊等，此外米赛按蚊、凶小库蚊的数量也较多。该地区蚊虫从 5 月份开始活动，6 月下旬至 7 月下旬为蚊虫活动高峰时间；在一天当中，蚊虫的活动出现 2 个高峰，日出后 1h（约 8:00）为晨峰，日落后 1h（约 23:00）为昏峰，昏峰蚊虫数量很多，是蚊虫危害最严重的时间。试验观察时间从下午 17:00 到 23:00，在 23:00 蚊虫活动高峰时间试验人员进入树林静坐 15min，观察蚊虫叮咬情况。

由表 6-11-5 可知，20％R1 的有效保护时间为 3～5h，20％避蚊胺（DEET）的有效保护时间为 4h 左右，10%DEET 有效时间最短，小于 3h，保护效果最差。通过现场试验可知，20%R1 与 20%DEET 的驱蚊效果相当。此外，现场试验还发现，试验人员的个体差异对蚊虫刺叮的吸引力有较大影响，涂抹驱避剂后，防护效果也有较大差异。

表 6-11-5　R1 现场驱蚊有效时间及有效率

药剂	叮咬人数(有效率/%)				最短有效时间/h	最长有效时间/h
	3h	4h	5h	6h		
20% R1	2(37)	1(67)	1(67)	3(0)	3	5
20% DEET	0(100)	2(37)	3(0)	4(0)	4	<5
10% DEET	3(0)	3(0)	—	—	<3	<3

三、氢化诺卜基甲酸及其衍生物

1. 制备方法

以 β-蒎烯为起始原料，经 Prins 反应制备诺卜醇，诺卜醇经催化氢化制备氢化诺卜醇，氢化诺卜醇经取代反应合成氢化诺卜基氯或氢化诺卜基溴，再经过 Grignard 反应，与二氧化碳作用并经稀酸水解、酰氯化、酯化、酰胺化等系列反应合成氢化诺卜基甲酸及其酰氯、酯类和酰胺类衍生物，合成路线见图 6-11-13。

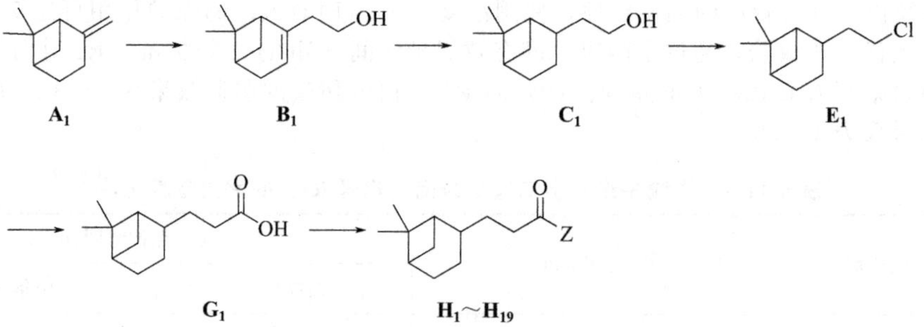

OH　OH　Cl

A_1　B_1　C_1　E_1

O　O

OH　Z

G_1　H_1～H_{19}

图 6-11-13　氢化诺卜基甲酸及其衍生物的合成路线

2. 应用

以德国小蠊（*Blattella germanica*）雄性成虫为试虫，采用滤纸药膜选择法，测试了氢化诺卜基甲酸及其衍生物对德国小蠊的驱避活性。结果表明，在浓度为 340μg/cm² 时，氢化诺卜基氯、氢化诺卜基正戊基醚、苯甲酸氢化诺卜酯、氢化诺卜酰胺、*N*-甲基氢化诺卜酰胺、*N*-甲基氢化诺卜基甲酰胺等 6 种化合物有较好的驱避德国小蠊活性，驱避率分别为 71.48%、69.86%、86.48%、61.38%、73.24%、66.10%，驱避率均高于避蚊胺 DEET 的驱避率（53.61%），其中，苯甲酸氢化诺卜酯的驱避等级达到最高级（Ⅴ级），远高于 DEET 的驱避等级（Ⅲ级），具有良好的商品化前景。

第三节　引诱剂

引诱剂属于昆虫信息素的一种，昆虫信息素是一类由昆虫体内或植物体内产生的对昆虫活动具有重要作用的化学物质，具有引诱（诱获）、产卵、集合、防御等功效。在这些信息素当中，性信息素和聚集信息素等对昆虫具有引诱作用，它们在虫情测报和害虫防治领域具有重要的应用。昆虫信息素的天然产量较少，为了能使其在生产实际中得到应用，人们一般通过仿生合成的手段来研制各种昆虫信息素。由于许多昆虫信息素是萜类衍生化合物，因此以 α-蒎烯和 β-蒎烯合成结构复杂的昆虫信息素得到了广泛的研究。目前，研究较为广泛的是蒎烯基介壳虫信息素和蒎烯基松树害虫信息素[31-40]。

一、四元环类介壳虫信息素

1. 制备方法

前人研究报道了三种四元环类介壳虫信息素的合成研究，分别是橘臀纹粉蚧 *Planococcus citri* 信息素含四元环的乙酸酯类化合物和柑橘棘粉蚧 *Pseudococcus cryptus* 信息素含四元环的 2-甲基-1-丁烯-4-酸酯类化合物，以及木槿曼粉蚧 *Maconellicoccus hirsutus* 含四元环的 3-甲基-1-戊烯-2 醚类化合物。

乙酸酯类化合物的制备路线有 4 条：a. 以 α-蒎烯为原料，在四乙酸铅作用下，转化为乙酸马鞭草烯酯，乙酸马鞭草烯酯经臭氧化、硼氢化、脱水、酯化等反应，最终制备获得目标产物。b. 以 α-蒎烯为原料，首先制备获得马鞭草烯酮，马鞭草烯酮经高碘酸氧化开环、官能团置换和酯化反应，最终制备获得目标产物。c. 以 α-蒎烯为原料，首先制备获得马鞭草烯酮，马鞭草烯酮经臭氧化开环、甲酯化、Witting 反应和酯交换反应，最终制备获得目标产物。d. 以 α-蒎烯为原料，首先制备蒎酮醛，蒎酮醛经 Perkin 反应、臭氧化、催化氢化、Witting 反应和酯化反应，最终制备获得目标产物。

2-甲基-1-丁烯-4-酸酯类化合物是以 α-蒎烯为原料，在四乙酸铅作用下，转化为乙酸马鞭草烯酯，乙酸马鞭草烯酯经臭氧化、硼氢化、脱水、酯化等反应，最终制备获得目标产物。

3-甲基-1-戊烯-2 醚类化合物是以 α-蒎烯为原料，首先氧化开环获得蒎酮酸，蒎酮酸再经催化加氢、内酯化、催化脱氢、催化还原、酯化等反应，最终制备获得目标产物。

四元环类蚧虫信息素的合成路线见图 6-11-14。

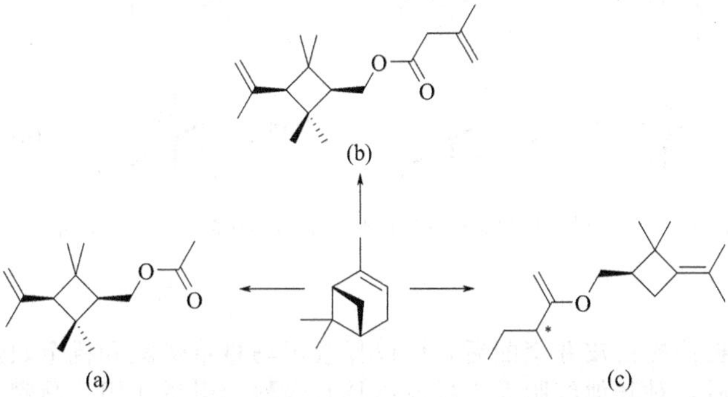

图 6-11-14　四元环类蚧虫信息素的合成路线

(a) 含四元环的乙酸酯类化合物；(b) 含四元环的 2-甲基-1-丁烯-4-酸酯类化合物；(c) 含四元环的 3-甲基-1-戊烯-2 醚类化合物

2. 应用

目前，以 α-蒎烯合成的四元环类介壳虫信息素主要用于防治果树、蔬菜和亚热带树木上的介壳虫。其中，含四元环的乙酸酯类化合物可用作橘臀纹粉蚧 *Planococcus citri* 信息素，含四元环的 2-甲基-1-丁烯-4-酸酯类化合物可用作柑橘棘粉蚧 *Pseudococcus cryptus* 信息素，以及含四元环的 3-甲基-1-戊烯-2 醚类化合物可用作木槿曼粉蚧 *Maconellicoccus hirsutus*。

二、桃金娘烯醛

1. 制备方法

以 α-蒎烯为原料，以 SeO_2 氧化、光敏催化氧化等氧化方式，可选择性氧化 α-蒎烯中与双键相连的甲基，制得桃金娘烯醛，合成路线见图 6-11-15。

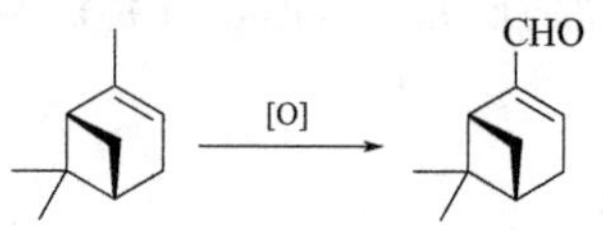

图 6-11-15　桃金娘烯醛的合成路线

2. 应用

桃金娘烯醛的用途很广泛，可作为香料、化工中间体和昆虫信息素等。在用作昆虫信息素时，桃金娘烯醛对鞘翅目小蠹科害虫具有聚集引诱活性，包括：红脂大小蠹（*Dendroctonus valens*）、纵坑切梢小蠹（*Tomicus piniperda*）、华山松大小蠹（*Dendroctonus armandi*）等。此外，桃金娘烯醛对台湾乳白蚁（*Coptotermes formosanus*）也具有聚集引诱活性。通常情况下，桃金娘烯醛可与其他引诱化合物通过复配来提高引诱效果。桃金娘烯醛的应用对各种蠹虫和乳白蚁的监测、预报、诱捕、防治，以及保护森林有潜在的应用价值和生态效益。

三、马鞭草烯酮和马鞭草烯醇

1. 制备方法

以 α-蒎烯为原料，三氧化铬为氧化剂，可以制备获得顺式-马鞭草烯酮，后者经氢化还原，可以制备获得顺式-马鞭草烯醇。此外，α-蒎烯经四乙酸铅处理，可以制备获得反式-乙酸马鞭草烯酯，后者在碱性条件下水解，可以制备反式-马鞭草烯醇。合成路线见图 6-11-16。

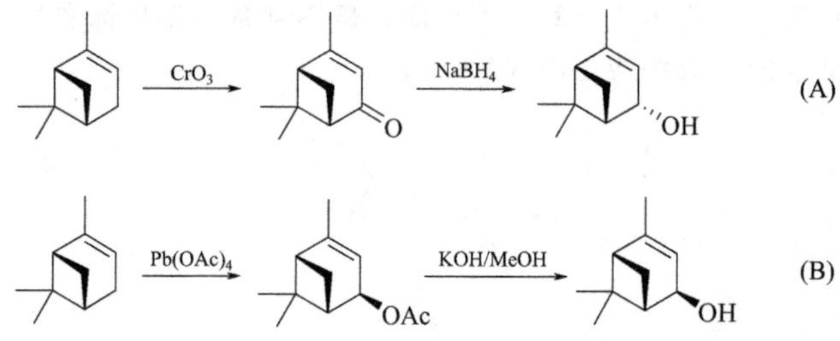

图 6-11-16　马鞭草烯酮（A）和马鞭草烯醇（B）的合成路线

2. 应用

在红脂大小蠹取食油松韧皮并交配后，可以释放出马鞭草烯酮和桃金娘烯醇，这些化合物与油松韧皮挥发物混合后，对其他红脂大小蠹成虫具有强烈的引诱作用。马鞭草烯酮与 3-蒈烯体积比为 0.5∶100 时，马鞭草烯酮能显著提高 3-蒈烯对红脂大小蠹的引诱作用。然而，马鞭草烯酮对红脂大小蠹存在剂量效应，在一定低剂量范围内能增加 3-蒈烯对红脂大小蠹的引诱效果，起协同增效作用；当马鞭草烯酮剂量超过一定的阈值后，会严重干扰红脂大小蠹对寄主挥发物 3-蒈烯的趋性，对红脂大小蠹产生显著的驱避作用。低浓度的马鞭草烯酮可作为植物源引诱增效剂应用于红脂大小蠹的监测与防治。

马鞭草烯醇对小蠹类昆虫（红脂大小蠹、松纵坑切梢小蠹等）、台湾乳白蚁等具有聚集引诱活性。反式-马鞭草烯醇与壬醛复配（95%/5%）可显著增强 α-蒎烯对松纵坑切梢小蠹的引诱活性。松木材中存在的挥发性成分马鞭草烯醇对台湾乳白蚁具有引诱作用，具有开发应用于白蚁饵剂的潜力。

第四节　除草剂

自 20 世纪中叶起，施用农药逐渐成为农业生产中最主要的除草方式之一。根据联合国粮食与农业组织的统计，除草剂的广泛应用使全球粮食产量增长10%以上，对粮食产量的提高起到举足轻重的作用。然而，目前使用的大多为合成农药，具有毒性大、难以生物降解等缺陷，过量的农药应用对环境的危害日益严重，严重影响了食品和生态安全，新型环境友好型农药的开发和应用日益受到重视。植物源除草剂是利用植物资源开发的农药，因来源丰富、高效低毒、可生物降解等特性，是近年来研究最广泛的新型农药之一。天然资源产量的有限性是限制植物源农药产业化的瓶颈问题，因此，目前发现的植物源除草活性物获得商业化应用的较少[41-50]。

松节油是世界上产量最大的天然萜类资源，我国脂松节油资源丰富，年产量常年居世界首位，由于可以提供高活性单萜骨架，毒性低、除草活性高、生物相容性好，松节油衍生植物源除草剂的开发应用前景广阔，是植物源除草剂领域的研究重点。近年来，国内外科研工作者以松节油为原料，开发出多种活性优异的松节油衍生植物源除草活性物，其中松节油含氧衍生物环庚草醚是目前已知效果最好的植物源除草剂之一，已在欧美国家作为除草剂的主要成分实现商业化应用[51-54]。

一、环庚草醚

环庚草醚的化学名称为（1RS，2SR，4SR)-1,4-环氧-*p*-䓝-2-基-2-甲基苄基醚；CAS登录号87818-31-3；分子式 $C_{18}H_{26}O_2$。结构式见图6-11-17。环庚草醚为深琥珀色液体，沸点313℃，20℃蒸气压10mPa，密度1.014g/cm^3（20℃），水溶性（20℃）63mg/L，溶于任何比例下的大多数有机溶剂，大鼠急性经口 LD_{50}（半数致死量）为3960mg/kg。

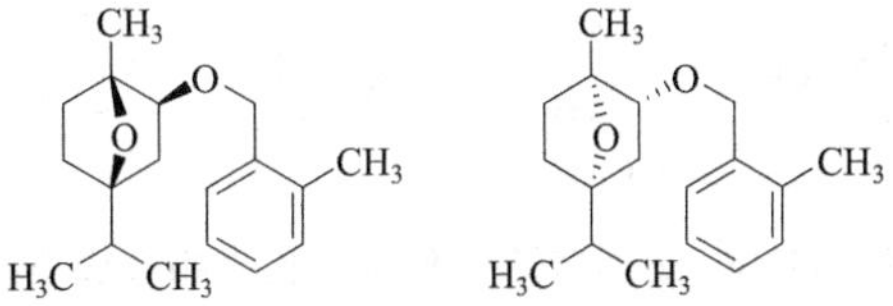

图 6-11-17 环庚草醚结构式

环庚草醚是新型桉树脑类除草剂，广泛用于黑麦草、稗草、鸭舌草和异型莎草的防除，对植物分生组织的生长具有显著抑制作用。环庚草醚通常拌毒土施药，可以强烈地被土壤吸附，在145℃以下稳定，经模拟日光照射100h后，在有机溶剂或水中回收达70%以上。

机理研究表明，环庚草醚为酰基载体蛋白（acyl carrier protein，ACP）脂肪酸硫酯酶（fatty acid thioesterase，FAT）选择性抑制剂，通过对植物脂肪酸生物合成的抑制破坏细胞膜，最终导致杂草死亡。2018年，巴斯夫向澳大利亚和欧盟申请登记环庚草醚，并在欧盟和英国进一步登记。2019年11月，澳大利亚农药和兽药管理局（APVMA）批准登记了巴斯夫的除草剂Luximax（750g/L环庚草醚乳油）。2020年，巴斯夫环庚草醚获得了由国际除草剂抗性行动委员会（HRAC）给予的自1985年以来第一个新作用机理分类。

1. 制备方法

将叔丁酸、(±)-萜烯-4-醇、双（2,4-戊二酸）钒（Ⅳ）氧化物在二氯甲烷中加热回流2h，加热完成后滴加对甲苯磺酸，继续将反应混合物回流，得到（±)-2-挂-羟基-1-甲基-4-异丙基-7-氧杂双环［2,2,1］庚烷，将所得产物与邻甲基氯苄在氢氧化钠存在下反应得终产物。

2. 应用

Luximax是全球首个登记的环庚草醚除草剂产品，用于芽前防除麦田中一年生黑麦草（*Lolium rigidum*），产品同时对一些禾本科杂草有抑制作用。在一年生黑麦草防治上，Luximax是一个突破，它为澳大利亚农民率先带来具有独特作用机理的防治工具，为除草剂轮用增加了新的选项，强化了现有的杂草综合治理策略，对黑麦草提供长达12周的持效防控作用，包括对现有作用机理除草剂产生抗性的杂草生物型。

二、 3-对蓋烯-1-胺衍生物

1. 制备方法

以松节油及乙腈为原料，在硫酸溶液中通过异构化 Ritter 反应制得 1,8-对蓋烷二乙酰胺，后者经盐酸水溶液、氢氧化钠乙二醇溶液两次水解制得 3-对蓋烯-1-胺，所得胺与不同结构的醛经醛胺缩合制得 3-对蓋烯-1-席夫碱类化合物，后经硼氢化钠选择性还原制得一系列 3-对蓋烯-1-仲胺类化合物。合成路线见图 6-11-18。

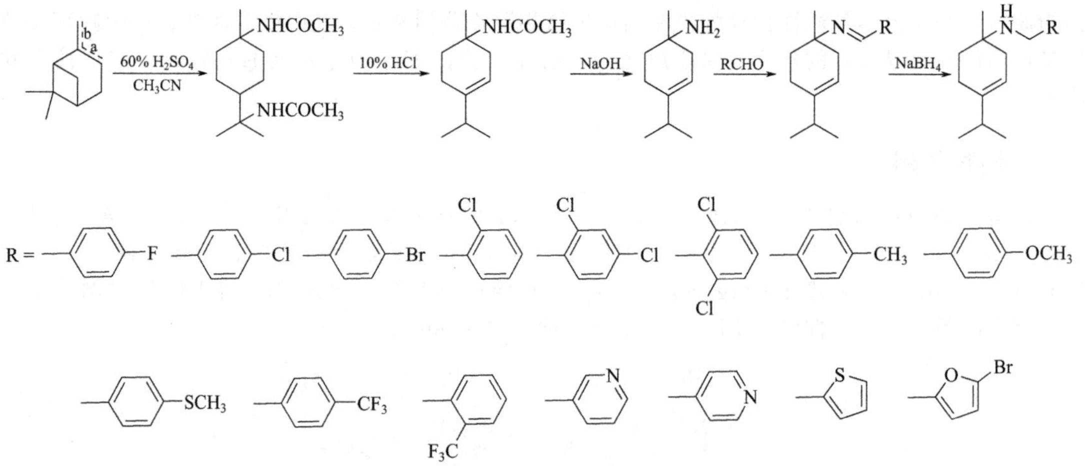

60% H_2SO_4 / CH_3CN → NHCOCH₃ … 10% HCl → NaOH → RCHO → $NaBH_4$

R = 4-F-苯基、4-Cl-苯基、4-Br-苯基、2-Cl-苯基、2,4-二Cl-苯基、2,6-二Cl-苯基、4-CH₃-苯基、4-OCH₃-苯基、4-SCH₃-苯基、4-CF₃-苯基、2-F₃C-苯基、3-吡啶基、4-吡啶基、2-噻吩基、5-Br-2-呋喃基

图 6-11-18　3-对蓋烯-1-仲胺类化合物合成路线

2. 应用

研究表明，3-对蓋烯-1-胺及其衍生物对黑麦草、稗草等常见田间杂草根、茎生长都具有较好的抑制作用，其中以 3-对蓋烯-1-席夫碱类化合物和 3-对蓋烯-1-仲胺类化合物的活性最好。席夫碱或仲胺取代基团的吸、供电子效应对其除草活性影响显著，当席夫碱苯环上取代基团为吸电子性的氯原子（单取代或二取代）时，相关化合物对黑麦草的抑制活性比市售除草剂草甘膦分别高 78.3%和 355.6%。而当仲胺化合物苯环上的取代基团为吸电子性的 F 或三氟甲基时，相关化合物对稗草根生长抑制的 IC_{50}（半抑制浓度）值仅为 0.0268mmol/L 和 0.0274mmol/L，远优于市售除草剂草甘膦的 0.0388mmol/L。

进一步的杂草防除谱与作物安全性研究表明，对氟苄基取代的 3-对蓋烯-1-仲胺化合物在质量浓度为 100mg/L 时对反枝苋、狗尾草、苘麻、一年生黑麦草、稗草及马唐等常见杂草均表现出明显抑制作用，优于市售除草剂敌草隆。相同浓度下，该化合物对水稻、小麦、黄瓜及萝卜生长的药害率均低于 20%，即基本没有药害，而敌草隆则产生严重药害。表明该化合物不仅具有广谱除草活性，而且对农作物的安全性较高。

三、对蓋烷-1,8-二胺衍生物

1. 制备方法

以松节油及乙腈为原料，在硫酸溶液中通过异构化 Ritter 反应制得 1,8-对蓋烷二乙酰胺，后者经氢氧化钠丁醇溶液水解制得对蓋烷-1,8-二胺，精馏可得 *cis*-对蓋烷-1,8-二胺，所得胺与不同结构的醛经醛胺缩合制得 *cis*-对蓋烷-1,8-二席夫碱类化合物，后经硼氢化钠选择性还原制得一系列 *cis*-对蓋烷-1,8-二仲胺类化合物，合成路线见图 6-11-19。

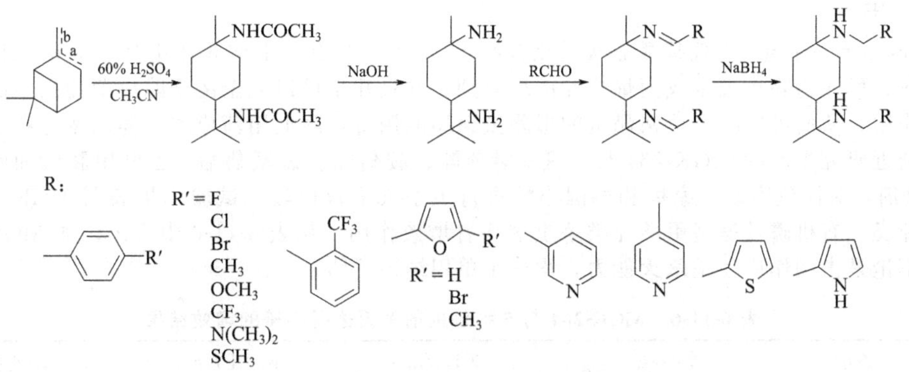

图 6-11-19　*cis*-对䓝烷-1,8-二仲胺类化合物合成路线

2. 应用

cis-对䓝烷-1,8-二胺及其衍生物对黑麦草、稗草等常见田间杂草根、茎生长同样具有较好的抑制作用，跟 3-对䓝烯-1-胺衍生物类似，在一系列 *cis*-对䓝烷-1,8-二胺衍生物中以 *cis*-对䓝烷-1,8-二席夫碱类化合物和 *cis*-对䓝烷-1,8-二仲胺类化合物的除草活性最好。环周取代基团的吸、供电子效应对相关化合物的除草活性同样影响显著，当 *cis*-对䓝烷-1,8-二席夫碱衍生物的取代基为三氟甲基苯基以及 5-溴-2-呋喃基时，相关化合物的除草活性最好，其中三氟甲基苯基衍生物对稗草根生长的 IC_{50} 值优于市售除草剂敌草隆，同草甘膦的除草效果相当。而不同取代基团的 *cis*-对䓝烷-1,8-二仲胺类化合物对稗草根生长的抑制 IC_{50} 值的顺序为 CF_3＞Br＞Cl＞F＝N（CH_3）$_2$＞CH_3＞OCH_3，基本上跟取代基的吸电子能力顺序类似。

第五节　增效剂

农药增效剂多为害虫体内多功能氧化酶、羧酸酯酶等生物解酶的抑制剂。增效剂的作用机理主要是抑制或弱化靶标（害虫、杂草、病菌等）对农药活性的解毒作用，延缓药剂在防治对象内的代谢速度，从而增加生物防效。杀虫增效剂本身对昆虫无毒杀作用，但与杀虫剂混配使用，能提高杀虫效果，达到降低用药成本和减少环境污染的双重作用。世界范围内常用的杀虫增效剂主要有芝麻素、增效醚、增效胺、增效酯、增效砜、增效环、增效磷、增效醛、八氯二丙醚、氧化胡椒基丁醚 S_1 等。但国内杀虫增效剂品种较少，仅有增效磷、八氯二丙醚等数种，且采用石油化工原料制成，有些产品毒性较大。目前，增效剂产量还不能满足我国农药工业的需要，需花费大量外汇进口，如氧化胡椒基丁醚 S_1。随着人民生活水平的提高和农药工业的发展，杀虫增效剂的需求量将会日益增长，同时对品质的要求（低毒、无害）也会越来越高。松节油的主要组分是 α-蒎烯和 β-蒎烯，两者总和一般在 90％以上，不少试验表明，松树树干和针叶中松节油及其所含组分与多种危害松树的昆虫存在关系。从化学结构来分析，α-蒎烯和 β-蒎烯具有双键、异丙基、四元环和亚甲基等活泼性强的基团，可以进行各种化学反应。利用松节油来源于天然、可再生和独特的反应性能来合成高效、低价、无毒的增效剂产品，将为我国杀虫增效剂添加新的品种，同时也为松节油的利用开辟一条新途径[55-60]。

一、　N-烷基酰亚胺类化合物 MGK-264

1. 制备方法

马来酸酐与单体环戊烯首先在苯中溶解后，加热缩合，得到的白色晶体随后在甲苯中与干燥的异辛胺回流反应，缩合得到 MGK-264，整个反应产率较高且无副产物生成。

2. 应用

Neleson 首先报道 *N*-烷基酰亚胺类化合物 MGK-264 具有杀虫增效作用[61]，它由毒性很小的原料制成，可作为除虫菊素或丙烯菊酯的增效剂，并且几乎可以完全溶于除虫菊酯当中起到部分取代的作用，从而可以减少价格昂贵的拟除虫菊醋的用量，降低用药成本。姜志宽等在实验室选用国内新近研究生产的 MGK-264 与二氯苯醚菊酯、胺菊酯、氯氰菊酯、乙酰甲胺磷和残杀威等 5 种杀虫剂，对淡色库蚊、家蝇和德国小蠊进行了杀灭增效比较。试验结果表明 MGK-264 对拟除虫菊酯类、有机磷及氨基甲酸酯类杀虫剂均有增效作用。从表 6-11-6 中看出，加 MGK-264 使用后，不论是击倒作用还是杀灭能力，均优于单用结果[62,63]。

表 6-11-6　MGK-264 与 5 种杀虫剂杀灭德国小蠊的增效结果

杀虫剂	剂量/(mg/m^2)	KT_{50}/min	24 小时死亡率/%	增效倍数
二氯苯醚菊酯	54	3.4	88.9	
二氯苯醚菊酯＋MGK-264	54＋162	2	100	1.7
胺菊酯	54	2.4	63.6	
胺菊酯＋MGK-264	54＋162	1.5	100	1.6
氯氰菊酯	54	3.3	90.9	
氯氰菊酯＋MGK-264	54＋162	2.2	100	1.5
乙酰甲胺磷	54	11.2	75	
乙酰甲胺磷＋MGK-264	54＋162	6.7	100	1.7
残杀威	54	18	90	
残杀威＋MGK-264	54＋162	15	100	1.2

MGK-264 与杀虫剂混用对德国小蠊的杀灭增效数据见表 6-11-7。试验结果表明，MGK-264 使用剂量越大，其增效倍数越高。

表 6-11-7　不同剂量 MGK-264 与二氯苯醚菊酯杀灭德国小蠊的增效结果

杀虫剂	剂量/(mg/m^2)	KT_{50}/min	24 小时死亡率/%	增效倍数
二氯苯醚菊酯	10.8	8.2	55	
二氯苯醚菊酯＋MGK-264	10.8＋32.4	6.4	94	1.3
二氯苯醚菊酯＋MGK-264	10.8＋54	4.2	100	2
二氯苯醚菊酯＋MGK-264	10.8＋108	2.9	100	2.8

二、杀虫增效剂 Synepirin500

1. 制备方法

20 世纪 60 年代，日本以松节油为原料制成 *α*-松油烯，再由 *α*-松油烯合成杀虫增效剂 Synepirin500[64,65]。

2. 应用

Synepirin500 增效效果明显，毒性极小，对人畜无害，可以和杀虫剂制成各种制剂如喷雾剂、气雾剂、乳剂和电热蚊香液等，配制用于家庭、家畜及畜舍、食品工厂和宠物的杀虫剂，也可以在农业上应用，其效果优于氧化胡椒基丁醚 S_1。但是由于它需要先由松节油制成 *α*-松油烯，再进一步加工，所以成本较高，因而限制了其应用推广。松节油还合成过多种增效剂，如 DHS 活化剂（蒎烯乙二醇醚）、萜品二醋酸酯、杀那特（硫氰基醋酸异冰片基酯）等。但这些品种对光、热均不稳定，且毒性较大，现在已经不再作为增效剂使用[66]。

三、 N-烷基酰亚胺类增效剂A系列

为了充分利用我国的松节油资源，创制杀虫增效剂新品种，周永红等直接以松节油为原料，采用创新工艺合成 *N*-烷基酰亚胺类增效剂 A_1 等系列杀虫增效剂，填补了国内杀虫增效剂空白[65,66]。

1. 制备方法

增效剂 A_1 合成路线如图 6-11-20 所示。该研究直接用松节油的主要成分 α-蒎烯为原料，在催化剂磷酸和助催化剂作用下，经异构同时与马来酸酐发生 D-A 反应，生成 1-异丙基-4-甲基二环［2,2,2］-5-辛烯-2,3-二羧酸酐（TM）。常压下 TM 和氨气反应生成 1-异丙基-4-甲基二环［2,2,2］-5-辛烯-2,3-二甲酰亚胺（TMI），然后使 TMI 和 1-溴-2-乙基己烷反应合成杀虫增效剂 A_1。在 A_1 的基础上，又进一步合成了增效剂 A_2、A_3。

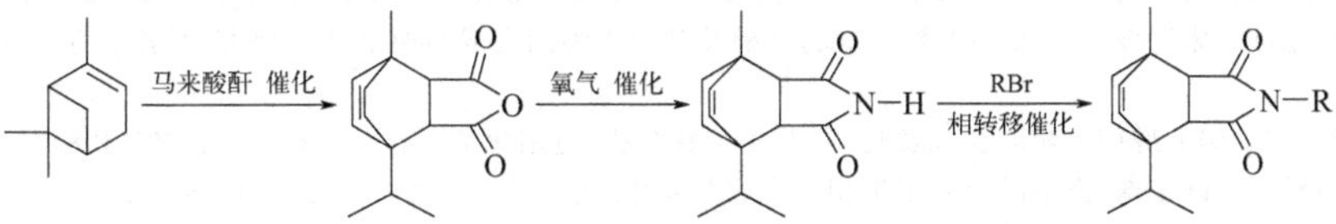

图 6-11-20　增效剂 A_1 合成路线

2. 应用

增效剂 A_1 等对拟除虫菊酯、氨基甲酸酯及有机磷类农药均有明显的增效作用，由于它由天然产品松节油合成，毒性很小，价格便宜，是一种比较理想的卫生和农田用杀虫增效剂。增效剂 A_1 在中性条件下对光、热稳定；不溶于水，溶于大部分有机溶剂中；经口半致死量大于 10000mg/kg，经皮半致死量大于 5000mg/kg，属于微毒类化学品。增效剂 A_1 原料来自于天然，符合当今绿色潮流；采用创新工艺制备，具有较好的化学安定性；对人畜毒性极小，尤其适合于家庭、宾馆等卫生杀虫剂增效，而且价格便宜，仅为进口产品 S_1 和国外同类产品的 40%。研究表明增效剂 A_1 对拟除虫菊酯、氨基甲酸酯及有机磷杀虫剂均有增效作用，经检测其作用略优于进口增效剂氧化胡椒基丁醚 S_1。并且他们探讨松节油酰亚胺结构与增效活性的关系，内 *N*-烷基酰亚胺的增效活性强于外 *N*-烷基酰亚胺。增效剂 A_2、A_3 经初步药效试验，对拟除虫菊酯同样有较好的增效作用，价格仅分别为 A_1 的 70%和 50%，也具有良好的应用前景。

随着人们生活水平的提高、生态与环境保护意识的不断加强，以及人类对自身健康重视程度的增加，安全高效、绿色环保的杀虫化学品将是人们的首选。松节油作为全世界产量最大的天然精油，又具有独特的化学结构特点和化学反应性能，以之为原料可以寻找和开发出环保的绿色杀虫化学品，从而有利于我国无公害农药的发展。利用我国丰富的松节油合成高效、低价、低毒的增效剂产品，将为我国杀虫增效剂增加新的品种，也为我国松节油利用开辟一条新途径。同时，对于促进我国松节油深度加工利用水平的提高，从而实现更好的经济效益也具有积极的推动作用。

参考文献

［1］ Ma S, Jia R, Guo M, et al. Insecticidal activity of essential oil from *Cephalotaxus sinensis* and its main components against various agricultural pests. Industrial Crops and Products, 2020, 150: 112403.

［2］ Sun J S, Feng Y, Wang Y, et al. α-Pinene, caryophyllene and β-myrcene from peucedanum terebinthaceum essential oil: Insecticidal and repellent effects on three stored-product insects. Records of Natural Products, 2020, 14 (3): 189.

［3］ Saad M M G, Abou-Taleb H K, Abdelgaleil S A M. Insecticidal activities of monoterpenes and phenylpropenes against Sitophilus oryzae and their inhibitory effects on acetylcholinesterase and adenosine triphosphatases. Applied Entomology and Zoology, 2018, 53 (2): 173-181.

[4] 徐丽锋. 氢化诺卜基缩醛类和酰胺类化合物的合成及基抑菌活性研究. 南昌：江西农业大学，2015.
[5] 金霖霖. 氢化诺卜基季铵盐衍生物的合成及其抑菌活性研究. 南昌：江西农业大学，2017.
[6] 林雨. 氢化诺卜醇衍生物对淡色库蚊生物活性研究. 南昌：江西农业大学，2017.
[7] 杨益琴，王石发，李艳苹，等. α-蒎烯含氮衍生物的合成及其杀松材线虫活性的研究. 化学学报，2009，67（21）：2463-2474.
[8] 尹延柏. 蒎酮酸衍生物的合成、表征及生物活性研究. 北京：中国林业科学研究院，2009.
[9] Gao Y，Li J，Shang S，et al. Synthesis and insecticidal activity of acylthiourea derivatives from β-pinene. Lett Drug Des Discov，2015，12：241-249.
[10] 廖圣良. 新型（—）-β-蒎烯衍生物的合成、生物活性和构效关系研究. 北京：中国林业科学研究院，2016.
[11] 云南省植物研究所，昆明军区后勤军事医学科学研究所，云南省热带植物研究所，等. 新型驱避药物右旋-8-乙酰氧基别二氢葛缕酮的研究. 云南植物研究，1975（1）：1-14.
[12] 赵振东，刘先章. 松节油的精细化学利用（Ⅵ）——松节油合成农用及家用生物活性物. 林产化工通讯，2001，41（6）：41-45.
[13] 王宗德，陈金珠，宋湛谦，等. 四元环萜类化合物的合成及其驱蚊活性的初步研究. 江西农业大学学报，2006，28（3）：347-349.
[14] 尹延柏. 蒎酮酸衍生物的合成、表征及生物活性研究. 北京：中国林业科学研究院，2009.
[15] 王宗德. 博士后出站报告：萜类驱避化合物的合成及其活性研究. 北京：中国林业科学研究院，2005.
[16] 王宗德，陈金珠，宋湛谦，等. 8-羟基别二氢葛缕醇及其衍生物的合成与驱避活性研究. 林产化学与工业，2007，27（4）：1-6.
[17] 王宗德，肖转泉. 诺卜醇衍生物的合成及其^{13}C化学位移分析. 应用化学，2002，20（5）：497-498.
[18] 王宗德，肖转泉，陈金珠. 诺卜醇及其衍生物的合成与表征. 化学世界，2004，59（2）：89-92.
[19] 赵玲华. 氢化诺卜醇及其衍生物的合成与生物活性研究. 南昌：江西农业大学，2012.
[20] 刘艳. 氢化诺卜基甲酸及其衍生物的合成与驱避活性研究. 南昌：江西农业大学，2014.
[21] 陈金珠，肖转泉，王宗德. 4-(1-甲基乙烯基)-1-环己烯-1-乙醇的酯类衍生物的合成. 江西农业大学学报，2006，28（6）：953-955.
[22] 韩招久，姜志宽，王宗德，等. 萜类化合物对蚊虫驱避活性的研究. 中华卫生杀虫药械，2005，11（3）：154-156.
[23] Liao SL，Liu Y，Si HY，et al. Hydronopylformamides：Modification of the naturally occurring compound（—）-β-pinene to produce insect repellent candidates against Blattella germanica. Molecules，2017，22（6）：1004.
[24] 韩招久，王宗德，姜志宽，等. 萜类化合物对德国小蠊驱避活性的研究. 中华卫生杀虫药械，2012，18（4）：290-296.
[25] 韩招久，王宗德，姜志宽，等. 萜类臭虫驱避剂筛选的初步研究. 中华卫生杀虫药械，2013，19（5）：383-385.
[26] 韩招久，王宗德，姜志宽，等. 桥环萜类化合物的合成及其对蚂蚁驱避活性的研究. 江西农业大学学报，2008，30（4）：586-591.
[27] 郑卫青，姜志宽，韩招久，等. 萜类化合物筛选蚂蚁驱避剂的研究. 中华卫生杀虫药械，2008，14（2）：84-86.
[28] 韩招久，郑卫青，姜志宽，等. 萜类化合物对赤拟谷盗驱避活性研究. 中国粮油学报，2009，24（12）：107-113.
[29] Wang Z D，Song J，Han Z J，et al. Quantitative structure-activity relationship of terpenoid aphid antifeedants. Journal of Agricultural and Food Chemistry，2008，56（23）：11361-11366.
[30] 张桂林，孙响，邢丹，等. 2种新型驱避剂现场防蚊效果的研究. 中华卫生杀虫药械，2010，16（6）：418-419.
[31] Nakahata T，Itagaki N，Arai T，et al. Synthesis of the sex pheromone of the citrus mealybug，Pseudococcus cryptus. Bioscience，biotechnology，and biochemistry，2003，67（12）：2627-2631.
[32] Zada A，Dunkelblum E，Harel M，et al. Sex pheromone of the citrus mealybug Planococcus citri：Synthesis and optimization of trap parameters. Journal of Economic Entomology，2004，97（2）：361-368.
[33] Passaro L C，Webster F X. Synthesis of the female sex pheromone of the citrus mealybug，Planococcus citri. Journal of Agricultural and Food Chemistry，2004，52（10）：2896-2899.
[34] Zhang A，Nie J. Enantioselective synthesis of the female sex pheromone of the pink hibiscus mealybug，Maconellicoccus hirsutus. Journal of Agricultural and Food Chemistry，2005，53（7）：2451-2455.
[35] Kukovnets O S，Zvereva T I，Kasradze V G，et al. Novel synthesis of Planococcus citri pheromone. Chemistry of Natural Compounds，2006，42（2）：216-218.
[36] 陈海波. 红脂大小蠹化学信息物质的研究. 北京：中国林业科学研究院，2010.
[37] 周楠，李丽莎，蒋昭龙，等. 云南松纵坑切梢小蠹聚集信息素研究. 云南林业科技，1997（2）：23-41.
[38] Zhao M，Liu B，Sun Y，et al. Presence and roles of myrtenol，myrtanol and myrtenal in Dendroctonus armandi（Coleoptera：Curculionidae：Scolytinae）and Pinus armandi（Pinales：Pinaceae：Pinoideae）. Pest Management Science，2020，76（1）：188-197.
[39] 宋灿灿，周祥，徐凡丁，等. 松木材中挥发性成分对台湾乳白蚁行为的影响. 南方农业学报，2019，50（1）：74-80.

[40] 周楠，李丽莎，蒋昭龙，等.云南松纵坑切梢小蠹聚集信息素研究.云南林业科技，1997（2）：23-41.
[41] Gao Y Q，Li L L，Chen H，et al. High value-added application of rosin as a potential renewable source for the synthesis of acrylopimaric acid-based botanical herbicides. Industrial Crops and Products，2015，78：131-140.
[42] Zhu S J，Xu S C，Wang J，et al. Synthesis and Herbicidal Activities of *p*-Menth-3-en-1-amine and Its Schiff Base Derivatives. Journal of Agricultural and Food Chemistry，2016，64（51）：9702-9707.
[43] Zhu S J，Xu S C，Yi X Q，et al. High value-added application of turpentine as a potential renewable source for the synthesis of heterocyclic Schiff base derivatives of cis-1,8-*p*-menthane-diamine serving as botanical herbicides. Industrial Crops and Products，2018，115：111-116.
[44] Li J，Tian X R，Gao Y Q，et al. A value-added use of volatile turpentine：antifungal activity and QSAR study of *β*-pinene derivatives against three agricultural fungi. RSC Advances，2015，5：66947-66955.
[45] Pavela R. Essential oils for the development of eco-friendly mosquito larvicides：A review. Industrial Crops and Products，2015，76：174-187.
[46] Hazrati H，Saharkhiza M J，Moein M，et al. Phytotoxic effects of several essential oils on two weed species and tomato. Biocatalysis and Agricultural Biotechnology，2018，13：204-212.
[47] Xu S C，Zhu S J，Wang J，et al. Design，synthesis and evaluation of novel cis-*p*-menthane type Schiff base compounds as effective herbicides. Chinese Chemical Letters，2017，28：1509-1513.
[48] Zhu S J，Xu S C，Zhao Z D. An efficient synthesis method targeted to a novel aziridine derivative of *p*-menthane from turpentine and its herbicidal activity. Natural Product Research，2017，31（13）：1536-1543.
[49] Isman M B，Grieneisen M L. Botanical insecticide research：Many publications，limited useful data. Trends in Plant Science，2014，19（3）：140-145.
[50] Chaudhary S，Kanwar R K，Sehgal A，et al. Progress on azadirachta indica based biopesticides in replacing synthetic toxic pesticides. Frontiers in Plant Science，2017. https：//doi. org/10. 3389/fpls. 2017. 00610.
[51] Ismail A，Lamia H，Mohsen H，et al. Reviews on phytotoxic effects of essential oils and their individual components：News approach for weeds management. International Journal of Applied Biology and Pharmaceutical Technology，2013，4（1）：96-114.
[52] Dayan F E，Cantrell C L，Duke S O. Natural products in crop protection. Bioorganic & Medicinal Chemistry，2009，17：4022-4034.
[53] Barton A F M，Dell B，Knight A R. Herbicidal activity of cineole derivatives. Journal of Agricultural and Food Chemistry，2010，58（18）：10147-10155.
[54] 徐士超，曾小静，董欢欢，等.萜类植物源除草活性物开发及应用研究进展.林产化学与工业，2019，39（2）：1-8.
[55] 宋湛谦 王宗德，姜志宽，等.由松节油开发绿色杀虫化学品的现状与展望.林业科学，2006，42（10）：117-122.
[56] 周永红，王延，宋湛谦.*α*-蒎烯合成杀虫增效剂的研究.林产化学与工业，1998（1）：1-11.
[57] 孙小玲，赵小艳，林林.松节油在农药和杀虫剂方面的应用与进展.上海应用技术学院学报（自然科学版），2011，11（3）：200-204.
[58] 秦朗，王亚明.松节油在农药增效剂及杀虫剂中的应用与进展.精细与专用化学品，2005，13（12）：31-32.
[59] 赵振东，刘先章.松节油的精细化学利用（Ⅵ）——松节油合成农用及家用生物活性物.生物质化学工程，2001，35（6）：41-45.
[60] 姜志宽，陈超.增效剂的应用与研究进展.中华卫生杀虫药械，2006，12（3）：155-160.
[61] 周永红，宋湛谦.松节油类农药增效剂系列产品开发.精细与专用化学品，2001，9（5）：13-14.
[62] Nelson R H. 1-(2-Ethylhexyl)-2，5-diketo-3,4-(1,4-Δ2-cyclopentenylene) pyrrolidine . U. S. Patent：2476512，1949.
[63] 姜志宽，赵学忠.增效灵对五种杀虫剂杀灭蚊蝇和蟑螂增效作用的比较.医学动物防制，1991（2）：79-81.
[64] Michio N，et al. Bicycle [2,2,2] octanedicarboxylic acid anhydrides. 日本公开特许：昭 41-13 141，1966.
[65] 周永红，宋湛谦.松节油合成的杀虫增效剂.中华卫生杀虫药械，1997（4）：13-17.
[66] 周永红，谢晖，宋湛谦.松节油酰亚胺的合成、鉴定及杀虫增效活性.林产化学与工业，2001，21（3）：6-10.

（周永红，王宗德，廖圣良，徐士超，潘政）

第十二章　松节油合成树脂

树脂是指分子量不固定但通常都比较高，常温下呈固态、中固态、假固态，有时也可以是液态的一类有机物质，一般不溶于水，能溶于有机溶剂，具有软化或熔融温度范围。树脂产品按来源可分为天然树脂和合成树脂。天然树脂是指由自然界中动植物分泌物所得的无定形有机物质，如松香、琥珀、虫胶等；合成树脂主要指由结构中含有双键的化合物经聚合等化学反应得到的高分子产物。作为松节油主要组分的各类单萜烯，由于分子结构中都包含一至两个双键，所以是合成树脂的主要原料来源。树脂按生产方式不同又可分为自聚物和共聚物，在松节油合成树脂产品中前者主要为萜烯树脂，后者包括萜烯-苯乙烯树脂、萜烯酚树脂和 C_5/C_9 改性萜烯树脂等。

第一节　萜烯树脂

以松节油中的主要单萜烯为原料，通过阳离子催化聚合而制得的碳氢聚合物，统称聚萜烯树脂。根据聚合单萜烯烃的不同，萜烯树脂又分为 α-蒎烯树脂、β-蒎烯树脂、双戊烯或苧烯树脂等。萜烯树脂是一种优良的增黏剂，具有黏结力强、抗老化性能好、内聚力高、耐热、耐光、耐酸、耐碱、无臭、无毒等优良性能，广泛用于胶黏剂、热熔涂料、橡胶、包装、油墨等工业部门。

一、萜烯树脂的制备方法

（一）α-蒎烯树脂制备

α-蒎烯分子中含有一个环内 C═C 双键，环内 C═C 双键的位阻大，聚合时除需要主催化剂（Lewis 酸如 $AlCl_3$、$TiCl_4$、$SbCl_3$ 等）外，常需加助催化剂，以提高树脂的软化点和得率。首先 $AlCl_3$ 在微量水作用下生成复式的质子酸（$AlCl_3+H_2O \longrightarrow H^+\ (AlCl_3OH)^- \equiv H^-G^+$），$H^+$ 进攻 α-蒎烯的 C═C 双键，形成 C^+（Ⅰ），C^+（Ⅰ）再经 1→2 迁移和开环异构生成 C^+（Ⅱ）和（Ⅲ），见图 6-12-1。C^+ 再进攻 α-蒎烯分子，分子间形成 C—C 键的同时也产生新的 C^+。此外，C^+ 通过脱 H^+，生成莰烯、对伞花烃、冰片基氯等，使得分子链不再增长而终止。

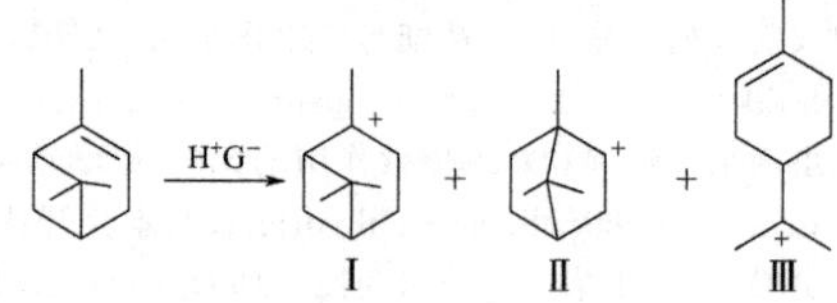

图 6-12-1　α-蒎烯形成的 C^+

α-蒎烯树脂制备主要包括聚合、水解洗涤、蒸馏三个阶段。

1. 聚合

以 α-蒎烯为主要成分的松节油或工业蒎烯为原料，以甲苯为溶剂，按投料比为松节油∶甲苯＝1∶(0.8～1)（体积比）经计量槽加入聚合釜中，分批加入主催化剂 $AlCl_3$，加入量为松节油质量的 5%～8%，助催化剂 $SbCl_3$ 用量为原料量的 1%，聚合温度控制在 0～15℃，松节油滴加完毕后，维持在 0～15℃下继续反应 3～4h。聚合结束，聚合液放入水解水洗釜中。

2. 水解洗涤

由热水槽加入热水破坏催化剂，使 $AlCl_3$ 生成易溶于水的氢氧化铝而除去。放出废液后，聚合液中加入其量一倍的热水，搅拌、洗涤 30min，洗涤温度控制在 80～85℃，静置分层，分去水层，重复洗涤 3～4 次至水层呈中性，无铝离子、铁离子和氯离子为止。铝离子用 0.1mol/L NH_4OH 溶液检查无白色沉淀，铁离子用 0.1mol/L $K_3Fe(CN)_6$ 溶液检查无蓝色，氯离子用 1% $AgNO_3$ 溶液检查无白色沉淀。

3. 蒸馏

洗涤后的聚合液经过滤进入计量槽，再加入蒸馏釜中。塔釜温度控制在 220℃以下，常压下蒸出甲苯和未聚合的松节油，蒸出的甲苯脱水后可以复用。在减压下（真空度 98.64kPa），温度控制在 260℃以下蒸出低聚物（即液体树脂）。然后降温至 200～220℃，放出萜烯树脂成品。出料前关闭热油进油阀，用冷油循环降低料液温度，避免树脂局部过热而加深产品颜色。释放真空时，蒸馏釜中可充氮气或二氧化碳气体回至常压，避免高温下空气进入釜内，与残存甲苯和低聚物接触而引起燃烧。

萜烯树脂生产时的副产物液体树脂可用作塑料的增塑剂、高温载热体和防锈油等。

α-蒎烯树脂的质量指标为：软化点（环球法）80～120℃，色泽（加德纳色阶）≤6，酸值≤1mg/g，皂化值≤1.5mg/g，碘值 40～75mg/g，相对密度（25℃）0.99，甲苯不溶物≤0.05%。

（二）β-蒎烯树脂制备

β-蒎烯树脂是以纯度为 72%～95%的 *β*-蒎烯为原料，在阳离子催化作用下聚合得到的树脂。与 *α*-蒎烯的结构相比，*β*-蒎烯的 C═C 双键处于环外，位阻小，更容易形成 C^+，比 *α*-蒎烯更易聚合，其聚合过程也是经过链引发、链增长和链终止三个阶段。

β-蒎烯树脂的制备工艺流程与 *α*-蒎烯树脂相同，但工艺条件有所差异，不需要使用助催化剂。

β-蒎烯树脂的制备工艺条件为：*β*-蒎烯∶甲苯＝1∶1.6（质量比）；催化剂用量 4%～6%（以原料重量计）；聚合温度－5～0℃；聚合时间 4～5h（包括加料和保温）；水解、水洗温度小于 80℃；常压下蒸出甲苯，甲苯回收率 85%以上；减压蒸馏蒸出低聚物，蒸馏最终温度 240～260℃；最终真空度 98.64kPa。在上述条件下，产品得率在 93%以上，液体树脂得率 1.6%～5.6%。

β-蒎烯树脂的质量指标为：软化点（环球法）115～136℃，色泽（加德纳色阶）≤2，酸值＜1mg/g，皂化值＜1mg/g，溴值 15～30mg/g，相对密度（25℃）0.99，甲苯不溶物≤0.05%。

（三）双戊烯树脂制备

双戊烯树脂是以双戊烯或苧烯为原料经阳离子聚合所得的产物。在我国生产双戊烯树脂的原料是来自松节油合成樟脑和松油醇过程中的副产物双戊烯，也称为工业双戊烯。在国外，制备双戊烯树脂的原料主要来自橘皮油提取橘子香精后的苧烯，其含量在 95%以上。

苧烯或双戊烯的聚合机理与 *α*-蒎烯树脂、*β*-蒎烯树脂相同。由于双戊烯分子中含有 2 个 C═C 双键，而且异丙烯基上的双键位阻小，比 *β*-蒎烯更容易发生聚合。

双戊烯树脂的生产工艺条件如下：催化剂用量 7%（以原料重量计）；溶剂比 1∶0.8；聚合温度 0～10℃；聚合时间 4～5h；水解、洗涤温度 80℃；蒸馏最终温度 260～280℃；真空度 98.64kPa。

双戊烯树脂的软化点与得率随原料中双戊烯含量的增大而提高。以精馏工业双戊烯（66.8%）为原料时，固体树脂软化点为 95～105℃，得率 63%以上，双戊烯转化率 90%以上。若以橘子萜（苧烯含量 95%以上）为原料，固体树脂软化点为 115～120℃，得率 90%以上。

双戊烯树脂的质量指标为：软化点（环球法）100～135℃，色泽（加德纳色阶）＜4，酸值＜1mg/g，皂化值＜2mg/g，溴值 27～28mg/g，相对密度（25℃）0.99。

二、萜烯树脂的主要用途

萜烯树脂因具有优异的抗老化和热稳定性能，作为增黏树脂在压敏胶、热熔胶、橡胶、油漆、油墨、纺织等领域得到广泛应用。此外，萜烯树脂因无毒、对皮肤无刺激等，也广泛用于食物储存及口香糖制造中。

以天然橡胶为基础树脂的压敏胶中，萜烯树脂的加入可显著提升胶黏剂的剪切强度。在SBS压敏胶中，萜烯树脂作为增黏剂的胶膜初黏性好、剥离强度高，并具有适中的持黏性，增黏效果比其他树脂好。而且与其他树脂的相容性好。在热熔胶黏剂中，萜烯树脂的黏合力、初黏性、内聚强度好，与基础树脂的相容性及配色效果好。*β*-蒎烯树脂主要用于溶剂型压敏胶带、标签的制造、罐头端面密封中。此类树脂具有优良的胶黏性能（如黏合、抗剪切和抗撕裂强度等），良好的色泽和保色性，优良的抗氧化和抗紫外线等性能。双戊烯树脂的突出用途是在热熔胶黏剂和涂料生产方面，它们具有优良的稳定性、热稳定性、抗氧化性，有香味和带热黏合性[1-6]。

第二节　无色萜烯树脂

无色萜烯树脂，又称浅色萜烯树脂、水白萜烯树脂、氢化萜烯树脂等，是一种高品质的萜烯树脂产品，具有无色、无味、高硬度、高附着力、耐酸碱、耐光、耐老化等优异特性，同时还具有良好的电绝缘性和热稳定性，不仅适用于胶黏剂、涂料、橡胶、油墨等普通萜烯树脂应用行业，而且由于其无毒、无刺激性，在一些高端领域，诸如食品胶黏剂、食品添加剂、卫生材料制造生产中也被广泛使用[7]。

一、无色萜烯树脂的制备方法

（一）原料萜烯树脂制备

普通萜烯树脂主要以松节油、*α*-蒎烯、*β*-蒎烯、苧烯等单萜烯类化合物为原料，在路易斯酸催化下发生阳离子聚合制备得到，见图6-12-2。由于其结构中存在双键，在放置及应用过程中，容易被氧化变色，这也是萜烯树脂产品从新鲜制备时的浅黄色逐渐衍变为黄色甚至黄褐色的主要原因，产品颜色的加深不仅仅对外观带来影响，更会对其相关性能产生负面作用，从而限制其应用范围。在一些行业尤其是食品、卫生和医药等高端领域，对萜烯树脂的品质要求越来越高，逐步开始采用无色或浅色萜烯树脂来代替普通级别产品，无色萜烯树脂产品的开发受到越来越多的关注。

$$AlCl_3 + H_2O \longrightarrow H^+(AlCl_3OH)^-$$

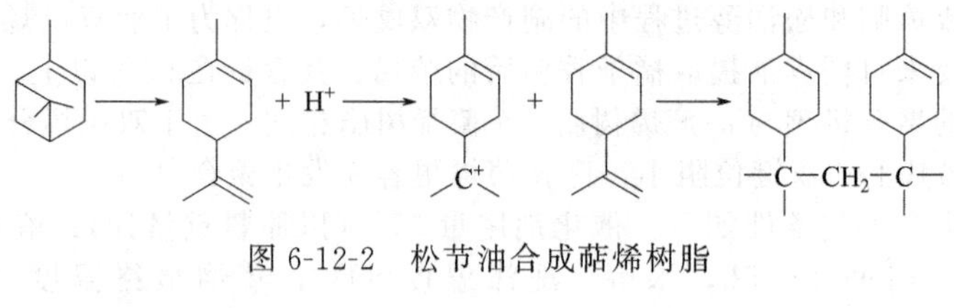

图6-12-2　松节油合成萜烯树脂

（二）无色萜烯树脂制备

广义上的无色萜烯树脂又可分为氢化萜烯树脂和脱色萜烯树脂，氢化萜烯树脂由普通萜烯树脂氢化所得，脱色萜烯树脂顾名思义为普通萜烯树脂经脱色后所得。

1. 氢化萜烯树脂

目前最常用的制备无色萜烯树脂的方法是氢化还原法，这是萜烯树脂脱色最有效、最彻底的方法之一，它不但可以彻底消除分子中不饱和碳碳双键氧化对产品颜色带来的影响，而且可以使已经形成的有色物质通过还原达到脱色目的。氢化还原法按照工艺过程又可以区分为一步加氢法和两步反应法。

(1) 一步加氢法 一步加氢法直接以颜色较深的聚合物萜烯树脂为原料，在一定温度、压力和催化剂存在的条件下与氢气反应得到无色或水白色氢化萜烯树脂[8]。反应工艺流程如图 6-12-3 所示。

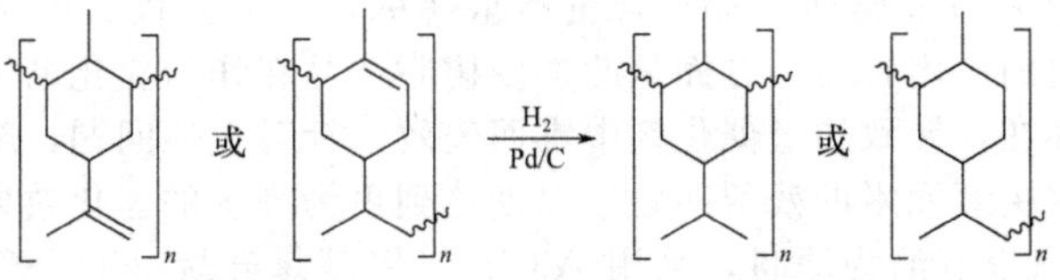

或 $\xrightarrow[Pd/C]{H_2}$ 或

萜烯树脂 氢化萜烯树脂

图 6-12-3 萜烯树脂氢化工艺流程

决定萜烯树脂氢化工艺效率的因素主要有催化剂类型和用量、反应时间、反应温度和反应压力。表 6-12-1 列出了一些具有代表性的不同类型的萜烯树脂氢化反应工艺参数与结果。

表 6-12-1 代表性的不同类型的萜烯树脂氢化反应工艺参数与结果

编号	类型	工艺				结果			工艺评价
		催化剂用量/%	温度/℃	时间/h	压力/MPa	得率/%	颜色	软化点/℃	
1	亚铬酸铜和铜/锌混合物	2	50～300	1～4	0.3～17.2	97.1	浅于加德纳色号 1	95	催化剂兼有较强的脱色活性，且氢化过程不受所处理树脂中残留氯含量的影响，即使含氯量高达 4.2% 的原料也可反应
2	附载于 SiO_2 上的 Ni/Zn 氧化物	12.3	200～300	1～10	0.01～0.1	—	浅于加德纳色号 1	125.1	反应压力低，反应安全性较高
3	附载于氧化铝上的 6～11 族的金属单体或其二聚体	—	100～350	800	13.8	—	小于 20 (Hunter Ultrascan Colormeter)	比原料低 8℃	催化剂不易中毒，可耐受原料中卤素质量分数达 50～2000mg/kg，既不需要对原料树脂进行前期脱卤素处理，同时也不用对产品进行后处理
4	纳米镍(粒径范围为 0.01～500μm)	—	200～250	—	2.9～9.8	—	—	—	反应完成后可通过无机膜管使固液分离，从而实现催化剂的回收再利用

（2）两步反应法　由一步加氢法可知，原料中氯元素含量是萜烯树脂氢化工艺需要考虑的重要因素，原因是氯元素易导致氢化所用金属类催化剂中毒而失活，而氯元素的存在是由传统的萜烯树脂制备工艺特点决定的。

传统的萜烯树脂是由萜烯类化合物在 $AlCl_3$ 和 $SbCl_3$ 复合催化剂作用下发生阳离子聚合而制得的。此工艺存在的一大问题就是催化剂用量大且难以完全去除，从而导致产品中氯含量以及金属含量，尤其是毒性较大的金属锑（Sb）含量严重超标，一方面极大限制了其在诸如食品、医药、卫生等高端领域内的应用，另一方面是此类型树脂产品在作为氢化萜烯树脂生产原料时极易因为高含量氯元素的存在，导致加氢催化剂中毒而失效。针对上述问题，新的氢化工艺从原料萜烯树脂合成工艺着手解决氯元素的残留问题，以期达到更为理想的氢化效果[9,10]。

① 方法一。首先以松节油为原料，采用 $AlCl_3$/三甲基氯硅烷（TMSCl）复合催化体系（二者的用量分别为松节油质量的6%和3%），在甲苯溶剂中于0～30℃下反应8h，得到萜烯树脂产品，经检测此工艺下产品中氯含量通常都小于100mg/kg，最低可达20mg/kg。采用同样的反应温度和反应时间，$AlCl_3$/$SbCl_3$ 催化体系所得产品中氯含量通常在750～1500mg/kg范围内，对比结果，表明以TMSCl代替 $SbCl_3$ 作为助催化剂，起到了非常明显的降低催化剂残留量的效果。接着，以此类型低氢含量的萜烯树脂为原料，5%Pd/C为催化剂（用量为萜烯树脂质量的2%～3%），在对蓋烷溶剂中于250～270℃下反应7～10h，得到无色萜烯树脂，产品呈现无色透明状态，颜色色号小于铂-钴色号70，软化点大于100℃，氯含量小于5mg/kg。而且，此工艺由于原料萜烯树脂中氯含量较低，氢化过程不存在催化剂中毒问题，催化剂可多次循环利用，鉴于催化剂造价较高，极大地降低了生产成本。

② 方法二。以 α-蒎烯、β-蒎烯或双戊烯为原料，经阳离子催化聚合，通过严格的工艺控制首先得到色浅、高软化点的浅色萜烯树脂，再以Pd/C为催化剂，于温度140～200℃和压力1.0～10.0MPa下反应得到无色萜烯树脂，最终产品的颜色小于加德纳色号1。

2. 脱色萜烯树脂

有色的萜烯树脂除了可以通过氢化脱色外，还可以通过其他一些较为简单的方法达到脱色目的[11]。

方法一：将萜烯（或共聚）树脂与锂、镁或二者混合物的有机金属化合物在20～70℃下反应，然后再用0.5～5mol/L NaOH水溶液洗涤，分离除去其中的残留无机氯化物，在氮气保护下减压蒸馏除去其中的可挥发性有机物，得到具有较高热稳定性的无色或近乎无色的萜烯树脂。

方法二：将萜烯树脂溶于合适溶剂中制备成溶液，或者在聚合反应结束后，直接蒸馏除去溶剂得到液态熔融状树脂，在其中加入少量的单质碘、溴或卤化物作为脱色剂，在130～200℃下反应得到无色或者水白萜烯树脂。脱色剂也可以在聚合反应前或反应进行过程中直接加到反应混合物中，直接合成得到无色树脂，产品颜色小于加德纳色号1。

这种通过加入脱色剂从而使树脂脱色的方法存在工艺简单、成本低，在反应过程中分子的结构和极性不受影响，所得产品除颜色外别的性质不发生改变等优点。但是，由于单纯的脱色未能改变萜烯树脂结构中存在大量不饱和双键这一特点，所以无法达到从根本上改变树脂颜色的目的，即使是经脱色得到的无色产品，在放置一段时间后也存在再次变为浅黄色乃至深黄色的可能。严格来说，经脱色得到的萜烯树脂应该被称为“浅色萜烯树脂”“脱色萜烯树脂”或“水白萜烯树脂”，以便与氢化工艺所得到的真正的“无色萜烯树脂”相区别。

二、无色萜烯树脂的主要用途

无色萜烯树脂产品除颜色外，其他理化性质与萜烯树脂基本一致，现阶段主要市售产品性能指标如表6-12-2所示。

表 6-12-2　无色萜烯树脂理化性质

级别	形态	颜色(铂-钴色号) ≤	软化点(环球法)/℃	酸值/(mg/g) ≤	皂化值/(mg/g) ≤	甲苯不溶物/% ≤
特级	无色透明固体	70	80～130	1.0	1.5	0.04
一级		100				0.05

据初步调研，国内有少数企业可以生产颜色较浅的萜烯树脂产品，其余大部分还仅能提供普通级别的产品。受产量限制，无色萜烯树脂产品应用量还比较低，且主要依赖进口。近年来，一些国内企业从技术上已经攻克了无色萜烯树脂生产难关，也完成了中试试验，但由于各种原因，市场上尚没有成规模的产品出售。

现阶段，国外企业主要可提供的无色萜烯树脂类产品有两类，一类是颜色指标小于加德纳色号 3 的水白级别树脂，另一类是颜色指标小于加德纳色号 1 或者小于铂-钴色号（APHA 色号）70 的无色级别树脂。美国亚利桑那化学公司所能提供的无色级别萜烯树脂产品，其颜色级别可达到小于铂-钴色号 70，但在其公开产品目录中只有颜色级别小于加德纳色号 3 的浅色萜烯树脂产品。日本安原化学株式会社是目前能够提供无色萜烯树脂产品的主要企业，但在其产品目录中并没有“无色萜烯树脂”这一名称，而是代之以“氢化萜烯树脂”或者“改性萜烯树脂”进行宣传和销售，其中改性萜烯树脂产品颜色指标小于加德纳色号 2，氢化萜烯树脂产品颜色指标小于加德纳色号 1 或者小于铂-钴色号 70。

无色萜烯树脂产品除了同普通萜烯树脂一样可以被运用于胶黏剂、密封剂、油漆、印刷油墨、塑料助剂、纺织浸润剂、防水用品等领域外，更多的是应用于一些对产品性能，尤其是有毒元素残留量要求更高的行业，诸如食品加工业和医药卫生行业等。另外，萜烯树脂通过氢化反应，产品中残留卤素的含量大大降低，从而使得树脂的耐热耐候性明显改善，与合成橡胶、EVA（乙烯-醋酸乙烯聚合物）、SBS（丁二烯-苯乙烯共聚物）、SIS（苯乙烯-异戊二烯-苯乙烯嵌段共聚物）等的相溶性得到进一步提升，更易于通过相互作用制备得到各种性能优良的改性树脂类产品，进一步扩大了萜烯树脂的应用范围，逐渐在制备电子照相纸、静电显像墨粉、压转印修改带、高品质热熔胶、不干胶、包装保护膜、电子防潮绝缘涂料及其他材料方面也得到广泛使用。但是值得注意的是，根据生产厂家不同，在应用无色萜烯树脂的产品配方中，除无色萜烯树脂外，同样的产品也会以氢化萜烯树脂、改性萜烯树脂或水白萜烯树脂等名称进行标注。

萜烯树脂作为松节油衍生物具有重要的应用价值，是代表性的松节油再加工产品之一，而萜烯树脂通过再加工制备得到无色萜烯树脂，进一步提升了产品的品质，使得产品应用范围从一些大众化行业走向高尖端领域。目前，无色萜烯树脂制备技术方面的报道不多，应用领域及范围也比较窄，但是与萜烯树脂相比，基本上都用于高端产品的生产，价值不可同日而语。目前，国内无色萜烯树脂的生产呈现近乎空白状态，具有很大的发展前景与空间。另外，无色萜烯树脂的发展很大程度上依赖于普通级别萜烯树脂制造水平的提高和进步，所以进一步改善优化萜烯树脂生产工艺依然具有重要的意义。

第三节　萜烯苯乙烯共聚树脂

萜烯-苯乙烯树脂是一种水白至透明的浅色树脂，用 50%溶液测定加德纳色阶≤1，热稳定性特别好，在芳香族化合物中的溶解性比萜烯树脂好，同时也易溶于脂肪化合物中。这种树脂能与蜡、乙烯-醋酸乙烯酯（EVA）以及各种弹性体如热塑性嵌段共聚物（苯乙烯-异戊二烯-苯乙烯、苯乙烯-丁二烯-苯乙烯）、天然橡胶和丁苯橡胶相容。主要用于制备卫生巾及尿布用热熔胶黏剂。萜烯-苯乙烯树脂国外主要以苧烯为原料制得，我国则进行了以双戊烯和 α-蒎烯为原料的研究[12-16]。

一、萜烯苯乙烯共聚树脂的制备方法

按与苯乙烯聚合的单体不同，萜烯-苯乙烯树脂可分为双戊烯-苯乙烯树脂和α-蒎烯-苯乙烯树脂。

1. 双戊烯-苯乙烯树脂的制备

双戊烯与苯乙烯聚合属阳离子催化聚合，其活性中心是正碳离子。在催化剂作用下，双戊烯、苯乙烯都可以被引发而形成正碳离子，其聚合的可能情况如图 6-12-4 所示。

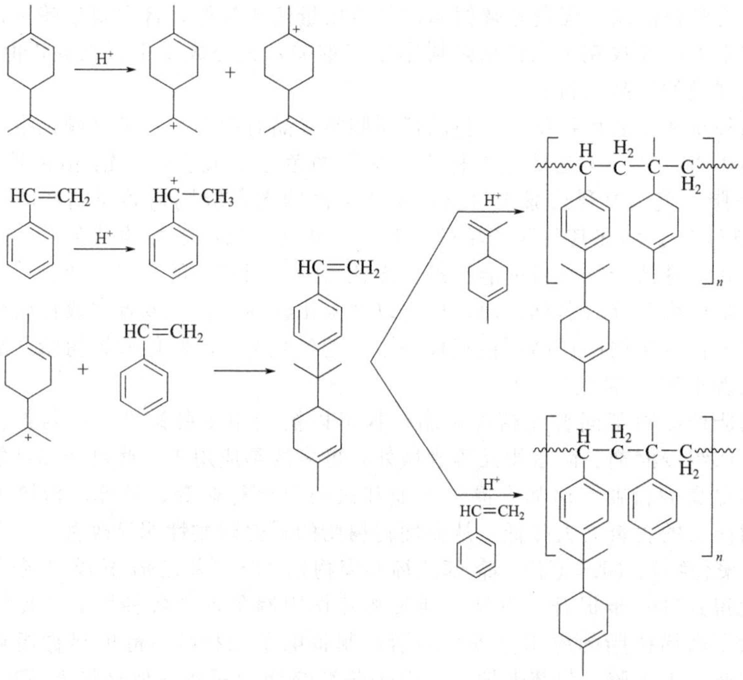

图 6-12-4　双戊烯（苧烯）-苯乙烯树脂聚合机理

阳离子聚合不能发生双分子链终止反应，链转移终止反应可能是向单体的链转移或活性链离子发生重排而自发终止。

合成工艺与其他萜烯树脂的工艺基本相同，经聚合、水解水洗、蒸馏三个工序。以α-蒎烯热裂解得到的双戊烯为原料（含量 84%），投料配比为苯乙烯：双戊烯＝(1.6～2.4)：1（物质的量之比）；溶剂为甲苯，溶剂：反应物＝0.8：1（体积比）；催化剂为 Lewis 酸，用量为反应物的 6%～8%；聚合温度－10～10℃；聚合时间 3～5h；搅拌速度 300～400r/min。水解、水洗温度控制在 80～85℃，水洗至水层呈中性为止。常压蒸出溶剂（220℃），再减压蒸馏蒸出低聚物，最终蒸馏温度 260～280℃，真空度 98.64kPa。

以上工艺条件得到的双戊烯-苯乙烯树脂得率约 95%，其质量指标为：软化点（环球法）＞110℃，色泽（加德纳色阶）≤3，酸值≤1mg/g、溴值 20g/100g。符合美国商品双戊烯-苯乙烯树脂的质量指标。

2. α-蒎烯-苯乙烯树脂的制备

以α-蒎烯含量 85%的松节油为原料合成α-蒎烯-苯乙烯树脂时，投料配比为松节油：苯乙烯＝1：(2.2～2.8)（物质的量之比）；溶剂比为松节油＋苯乙烯：苯＝1：(0.8～1)；催化剂 $AlCl_3$ 的用量为原料总量的 6%～8%；反应温度 10～20℃；反应时间 3～4h；水解、水洗温度 80℃以下；常压蒸馏 120℃前回收溶剂，减压蒸馏终温 270℃，真空度 98.64kPa。树脂得率 90%以上，软化点 100～110℃。采用苯作溶剂，产品软化点和得率都较甲苯为溶剂时增高。树脂的产率和软化点随原料中苯乙烯量的增加而提高。

采用上述工艺条件制得的α-蒎烯-苯乙烯树脂的质量指标为：软化点（环球法）80～110℃，色泽（加德纳色阶）1～3，酸值≤1mg/g，皂化值≤2mg/g，碘值≤22g/100g，甲苯不溶物≤0.05%。

二、萜烯苯乙烯共聚树脂的主要用途

萜烯-苯乙烯树脂色浅，可以在胶黏剂、涂料、油墨工业中作无色增稠剂使用，特别在热熔胶黏剂中，适合于制妇女卫生巾及婴儿尿布用。

第四节　萜烯酚树脂

萜烯酚树脂是一种酚改性的萜烯树脂，由于其增加了萜烯树脂的极性，能与绝大多数成膜物质很好地混溶，因此是丙烯酸树脂、丁苯橡胶、天然橡胶、氯丁橡胶等的优良增黏剂，当热熔胶黏剂和涂料的生产部门在需要增加产品延展性和柔韧性时都可通过加入萜烯酚树脂获得[17-31]。

一、萜烯酚树脂的制备方法

1. 聚合机理

萜烯和酚的反应是 Friedel-Crafls 烷基化反应，根据对树脂的红外光谱分析所得结果，推论其机理如下。

松节油中主要组分α-蒎烯，在 Lewis 酸催化剂存在下，经过一个正碳离子中间过程，主要形成了有进攻能力的正碳离子Ⅱ和Ⅲ，见图 6-12-1。

由于苯酚可被取代，也可被醚化，产物比较复杂，因此，对于正碳离子Ⅱ和Ⅲ与苯酚可能产生的共缩聚形式如图 6-12-5 所示。

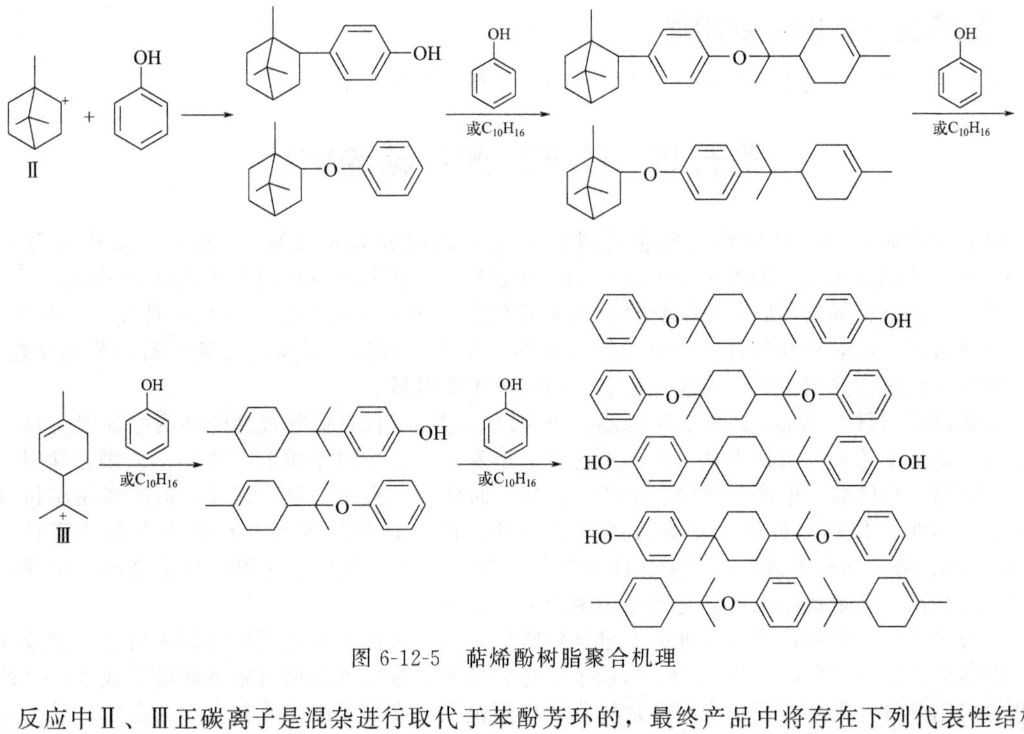

图 6-12-5　萜烯酚树脂聚合机理

反应中Ⅱ、Ⅲ正碳离子是混杂进行取代于苯酚芳环的，最终产品中将存在下列代表性结构，见图 6-12-6。

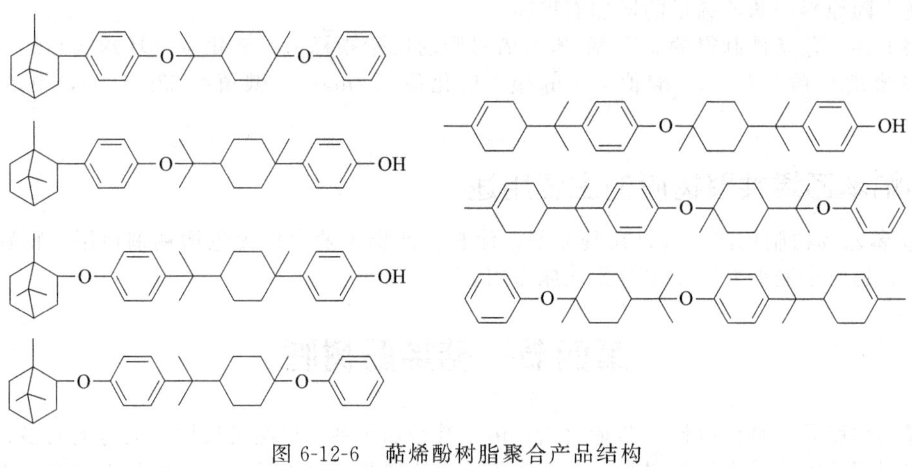

图 6-12-6　萜烯酚树脂聚合产品结构

此反应的继续主要由催化剂的活性控制，在反应过程中需不断地提供新鲜催化剂。

2. 生产工艺

萜烯酚树脂生产工艺与 α-蒎烯树脂相同，也分聚合、水解水洗、蒸馏三个工序。流程中只需增加一个苯酚熔解槽和一个苯酚计量槽，即可进行生产。

适宜的工艺条件：投料比松节油：苯酚＝1：(0.5～0.7)（物质的量之比)；催化剂 Lewis 酸用量 4%～5%（以原料总重量计)；溶剂比松节油：甲苯＝1：0.8；反应温度 25～50℃；反应时间 4～6h；蒸馏最终温度 240～260℃；最终真空度 98.64kPa。

上述工艺条件下得到的萜烯酚树脂软化点为 115℃以上，得率 90%以上（以原料总重量计)。质量指标为：软化点（环球法)≥115℃，色泽（加德纳色阶）1～3，酸值≤1mg/g，皂化值≤2mg/g，碘值 22g/100g，甲苯不溶物≤0.05%。

二、萜烯酚树脂的主要用途

萜烯酚树脂主要用于胶黏剂、油漆、油墨、涂料、橡胶等工业部门。

第五节　C_5/C_9 改性萜烯树脂

松节油合成 C_5/C_9 改性萜烯树脂是以松节油中的组分如 α-蒎烯、β-蒎烯、双戊烯等具有 $C_{10}H_{16}$ 分子式的萜烯与石油裂解副产物 C_5/C_9 通过阳离子催化共聚而成的改性萜烯树脂。

萜烯树脂是萜烯通过阳离子催化聚合而制得的低分子碳氢化合物。它是一种优良的增黏剂，具有黏结力强、抗老化性能好、内聚力高、耐热、耐光、耐酸、耐碱、无臭、无毒等优良性能，广泛用于胶黏剂、热熔涂料、橡胶、包装、油墨等工业领域。

萜烯树脂因具有无毒、疏水、不结晶、电绝缘、增黏等优良的物理性能和耐酸碱等优良的化学性能，易溶于芳香烃及植物油，是一种优良的增黏剂，已应用于橡胶、塑料、油墨、涂料、纺织、胶黏剂、压敏胶、电缆、彩印、油漆、包装、防锈油、食品工业等领域。但萜烯树脂抗老化性能差，用在胶黏剂里虽然能提高胶黏剂初黏性，但胶黏剂的剥离力和持黏力有所降低，和 EVA、SIS、丙烯酸酯等极性合成弹性体相容性不好。随着工业自动化程度越来越高，对胶黏剂性能要求越高，萜烯树脂不能满足高品质黏合剂的要求。

随着生态环境保护以及松节油的产量逐年降低，以松节油为主要原料的萜烯树脂产量逐年萎缩。以廉价的石油裂解副产物 C_5/C_9 与松节油进行共聚合成改性萜烯树脂既降低了成本，又改善了萜烯树脂部分性能，从而扩大了萜烯树脂的应用范围，满足了高品质黏合剂的需要。

一、C_5/C_9 改性萜烯树脂的制备方法

（一） 顺-1,3-戊二烯、α-甲基苯乙烯制备改性萜烯树脂

该改性萜烯树脂是由蒎烯、顺-1,3-戊二烯、α-甲基苯乙烯三种单体在催化剂和抗氧化剂的作用下共聚得到的聚合物。改性萜烯树脂三种单体配方的质量分数组成为：蒎烯 20%～80%，顺-1,3-戊二烯 10%～50%，α-甲基苯乙烯 5%～40%。催化剂为三氯化铝，其加入量为三种单体总质量的 4%～5%；抗氧化剂为季戊四醇酯类抗氧化剂或 5-叔丁基-4-羟基-2-甲基苯硫醚类抗氧化剂，其加入量为三种单体总质量的 0.0001%～0.001%。

1. 投料

在计量容器中按质量比例加入蒎烯 20%～80%、顺-1,3-戊二烯 10%～50%、α-甲基苯乙烯 5%～40%三种单体物质并混合均匀；将催化剂三氯化铝、抗氧化剂、溶剂甲苯或二甲苯加入反应容器内。

2. 聚合

在搅拌条件下，将混合后的三种单体物质在 30～45min 内缓慢滴入反应容器内进行聚合反应，聚合压力为常压，控制聚合反应温度－10～10℃，聚合反应时间 2～8h。

3. 水洗与蒸馏

将聚合反应完成后的混合液用 70～90℃水进行洗涤，分去水相，蒸馏回收溶剂及低聚物，得到改性萜烯树脂。

该改性萜烯树脂具有色泽低、软化点高、蜡雾点低、相容性好、抗老化性能优等特点。该改性萜烯树脂应用于胶黏剂，能大幅改善胶黏剂的使用性能，不仅初黏性增大，而且持黏性和剥离强度也显著增强。尤其是α-甲基苯乙烯单体配比的加大，有助于提高改性萜烯树脂的极性和与极性弹性体的相容性；顺-1,3-戊二烯单体配比的加大，有助于提高胶黏剂的剥离力和持黏力。从而增加了萜烯树脂的应用范围，满足高品质黏合剂的需要。

（二）蒎烯、间戊二烯共聚制备改性萜烯树脂

该改性萜烯树脂是由蒎烯和间戊二烯共聚得到的聚合物，物料配比为 40%～80%蒎烯，20%～60%间戊二烯。以甲苯为溶剂，甲苯的质量为蒎烯、间戊二烯、催化剂三氯化铝、抗氧化剂季戊四醇酯总质量的 0.8～1 倍；以三氯化铝为催化剂，用量为蒎烯、间戊二烯两原料总质量的 4%～5%；以季戊四醇酯为抗氧化剂，用量为蒎烯、间戊二烯两原料总质量的 0.0001%～0.001%。

该改性萜烯树脂制备方法如下：在干燥的三口烧瓶中加入适量甲苯、三氯化铝，控制浴温在－5～10℃，再将适量蒎烯、间戊二烯、季戊四醇酯抗氧化剂原料缓慢滴入反应混合液中，30～45min 滴完，搅拌反应 2～8h。然后，将反应混合液用 70～90℃水进行洗涤，分去水相，蒸馏回收溶剂及低聚物，得淡黄色固体改性萜烯树脂。

该萜烯树脂色泽（加德纳色号）≤6，酸值≤1.0mg/g，甲苯不溶物≤0.05%，软化点（环球法）(86±3)℃，能溶解于芳烃、醋酸酯等。该聚合物经洗涤，脱除溶剂、残留单体、低聚物后，聚合总收率达到 88%以上。该制备方法反应条件易于控制，聚合收率高，可以制成品质更优良的增黏树脂，广泛应用于胶黏剂行业，与 SIS、SEBS（氢化苯乙烯-丁二烯嵌段共聚物）、APP（无规聚丙烯）等热塑性弹性体、天然橡胶具有很好的相容性，适用于配制以 SIS、聚烯烃及其他弹性体为基料的黏合剂。

二、C_5/C_9 改性萜烯树脂的主要用途

松节油合成 C_5/C_9 改性萜烯树脂主要应用于橡胶、塑料、油墨、涂料、纺织、胶黏剂、压敏胶、电缆、彩印、油漆、包装、防锈油、食品工业等领域，能满足部分高品质胶黏剂需要。

参考文献

[1] Watanabe K，Kawachi T，Ikeda K. Rubber composition and tire：US201815921149. 2018.

[2] Takata Y，Hosokawa T，Hase T，et al. Anticorrosive agent and terminal fitted electric wire：US201616060136. 2016.

[3] Ueno Y. Bonding material，method for producing the same，fiber molded product，and method for producing the same：JP2019151892. 2019.

[4] Laksmanan P R. Adhesive compositions and process for bonding a plastic surface to metal：EP78300287. 1978.

[5] 多拉斯 T，阿尔滕韦格纳 T，加伯斯 J. 胶粘剂、特别地用于可剥离胶带的胶粘剂及用于在经涂覆的木片壁纸上的粘合的用途：CN108138011A. 2018-06-08.

[6] He J R，Zhong H X，Zhang L Z. Water-soluble binder PAALi with terpene resin emulsion as tackifier for $LiFePO_4$ cathode. Journal of Applied Polymer Science，2018，135：46132.

[7] 王婧，赵振东，李冬梅，等. 脱色萜烯树脂的制备及应用综述. 林产化学与工业，2009，29（增刊）：243-246.

[8] 徐南平，周永红，谢晖. 氢化萜烯树脂的制造方法：CN1422877A. 2003-06-11.

[9] 熊德元，刘雄民. 无色萜烯树脂的制备方法：CN1709927A. 2005-12-21.

[10] Schluenz R W. Light-colored hydrocarbon and terpene resins decolorized by iodine compounds：US 4482688. 1984-11-13.

[11] Ambrogio M，Attilio S，Claudia A，et al. Process for the preparation of colourless hydrocarbon resins and products obtained thereby：EP 0499941A1. 1992-10-02.

[12] Paul L. Adhesive composition and element for attaching to human skin：US2009076186A1. 2009.

[13] Shi Z H，Wu X B，Sun K H，et al. Color-developing agent for carbonless copying paper：CN101722753B. 2011-03-30.

[14] Masami H，Shigeru I. Adhesive composition for polyphenylene ether-based resin：JP2009102538A. 2009.

[15] Georges M K，Listigovers N A，Drappel S V，et al. Toner compositions with styrene terpene resins：US5364723. 1994.

[16] Corp W. Rubber hydrochloride film：GB699674A. 1951.

[17] 袁友珠，程芝. 萜烯酚树脂的研制. 南京林业大学学报，1989，13（1）：22-31.

[18] 袁友珠，程芝. 萜烯酚树脂性能研究. 林产化学与工业，1994，14（1）：1-7.

[19] 任东. 由 α-蒎烯生产萜烯酚树脂. 合成树脂及塑料，1993，10（4）：25-26，58.

[20] 王兴益. 萜烯酚树脂的研制. 兴义民族师范学院学报，2011（6）：105-109.

[21] 徐媚，卢俊琳，曾丽丽，等. 一种松香改性萜烯酚树脂的制备方法：CN112812276A. 2021-05-18.

[22] 徐黎明，姚翔，彭华龙，等. 一种高抗湿滑、低滚动阻力增长 HMMM 改性萜烯酚树脂及其制备方法：CN110698652A. 2020-01-17.

[23] 翁亮，徐社阳，林莉. 一种浅色高软化点萜烯酚树脂及其制备方法与应用：CN110003446A. 2019-07-12.

[24] 定司健太，樋口真觉，加藤直宏，等. 粘合片：CN109852271B. 2022-08-30.

[25] 叶大利. 一种萜烯酚树脂的生产方法：CN102964569A. 2013-03-13.

[26] 吴健. 萜烯酚树脂的交联和催化酯化反应. 广西民族学院学报（自然科学版），2003，9（4）：38-40.

[27] 彭华龙，谢翛然，姚翔，等. 一种改性萜烯酚树脂及其制备方法及其在轮胎胎面胶中的应用. CN106589322A，2016.

[28] Zheng X，Stormi T，Vanessa D，et al. Industrial thermal inkjet inks：WO2020223533A1. 2020.

[29] Benjamin P，Sarah Z. Pressure-sensitive adhesives：CN111675987A. 2019.

[30] Elizabethl H，Xavier S. Rubber composition with resins：WO2016109476A. 2016.

[31] Marc V J. Polyolefin based hot melt adhesive composition：US6486246B1. 2014.

（赵振东，王石发，陈玉湘，王婧）

第七篇
林源提取物

本篇编写人员名单

主　　编　付玉杰　北京林业大学

编写人员（按姓名汉语拼音排序）

陈尚钘　江西农业大学
戴　燕　中国林业科学研究院林产化学工业研究所
付玉杰　北京林业大学
焦　骄　东北林业大学
旷春桃　中南林业科技大学
李　琦　南京林业大学
李湘洲　中南林业科技大学
李妍妍　东北林业大学
罗　猛　海南热带海洋学院
梅海波　南京林业大学
司红燕　江西农业大学
谭卫红　中国林业科学研究院林产化学工业研究所
杨　清　北京林业大学
杨艳红　中南林业科技大学
于雪莹　东北林业大学
张　胜　中南林业科技大学
张　谡　北京林业大学
张旭晖　南京林业大学
赵春建　东北林业大学
赵林果　南京林业大学
周　军　中南林业科技大学
朱　凯　南京林业大学

目 录

第一章　绪　论

第一节　林源提取物研究的历史进程

一、概念

林源提取物（forestry extract）是以物理、化学等手段分离、纯化森林植物原料中的某一种或多种有效成分而形成的以生物小分子和高分子为主体的森林植物提取物产品。

二、历史进程

林产化工极具发展潜力。林源提取物是在20世纪80年代兴起的，目前，已从原料性产品过渡到保健品、植物药等多种产品形式。

林源提取物按照提取出来的单一有效成分或有效成分大类百分比含量分为三种[1]：a.从植物中提取单一有效成分，含量99%以上；b.从植物中提取有效成分，含量50%以上；c.单味或多味植物制成的制剂，对有效成分或有效部位的含量没有太高的规定。2020年版《中药注册分类及申报资料要求》中提到：中药创新药注重满足尚未满足的临床需求，中药改良型新药需要体现临床应用优势和特点。不再仅强调原注册分类管理中"有效成分"和"有效部位"的含量要求[2]。

20世纪80年代，林源提取物以非药方式进入国外市场且需要符合进口国的绿色标准，但是制成的制剂出口到我国却不需要类似的绿色检查。国家药品监督管理局令第6号《进口药品管理办法》中未明确规定相关重金属与农药残留等安全性质量内容[3]。2004年，中华人民共和国商务部颁布了《药用植物及制剂外经贸绿色行业标准》等6项推荐性外经贸行业标准：《贯叶连翘提取物》（WM/T 3—2004）、《当归提取物》（WM/T 4—2004）、《枳实提取物》（WM/T 5—2004）等[4]。目前，我国林源提取物行业所生产的产品已经达到中药原料药的要求。2015年版《中国药典》收录了47种提取物产品标准。2020年版《中国药典》收录了46种植物油脂和提取物，主要包括丁香罗勒油、牡荆油等[5]。2013年起，中国医药保健品进出口商会牵头制定了《植物提取物国际商务标准》，发布了越橘提取物、银杏叶提取物等提取物品种行业植物提取物标准。2018年，第四批《植物提取物国际商务标准》[6]包括白芸豆提取物、槟榔提取物等品种的20项标准。2013年～2018年，正式发布植物提取物标准包括《白柳皮提取物》（T. CCCMHPIE 1.1—2016），《槟榔多糖多酚》（T. CCCMHPIE 1.2—2016）等45个[7]。2014年发布的《食品药品监管总局关于加强中药生产中提取和提取物监督管理的通知》明确提出[8]：自2016年1月1日起，凡不具备中药提取能力的中成药生产企业，一律停止相应品种的生产。2015年，国家食品药品监督管理总局在一次飞行检查中发现，擅自改变提取工艺生产银杏叶提取物，从不具备资质企业违规购进银杏叶提取物，并将其用于银杏叶片生产并销售的恶性事件[9]。工艺更改背后，是林源提取物的标准亟待完善。2016年8月11日，国家食品药品监督管理总局发布《关于开展药品生产工艺核对工作的公告（征求意见稿）》，要求药品生产企业对每个批准上市药品的生产工艺（中药为制法）开展自查[10]。目前，企业外采提取物是发展的必然趋势，今后的生产质量管理会日趋规范。

林源提取物的作用机理能被阐述得通俗易懂。林源提取物疗效确切，毒副作用小，在国际市场上大受欢迎[1]。美国食品药品监督管理局（FDA）将植物提取物作为一种膳食补充剂（dietary supplement）使植物提取物的发展升级。欧盟的食品补充剂（food supplement）源于欧盟《食品补充剂法令》(directive 2002/46/EC)[11]。植物提取物在2002年行业出口额为2亿美元，在2014年更是达到了17.8亿美元，处于上升趋势[12,13]。目前，植物药的标准上没有国际标准，但是联合国粮食及农业组织（FAO）和世界卫生组织（WHO）均制定了食品、蔬菜及茶叶重金属的周容许摄入量和农残限量。美国、欧盟及传统出口中药的东南亚地区均对中药提出了重金属和农药残留限量的指标要求，并有逐渐严格的趋势。因此建立我国自己的绿色提取物行业标准将有助于以世界贸易组织（WTO）通行准则保护本国市场，提高产品的市场准入。

第二节　林源提取物的现状

一、应用现状

林源提取物用途非常广泛，可用于医药及保健产品、食品及食品添加剂等行业领域。

林源药用提取物主要应用在心血管疾病、内分泌等领域。多通路和多靶点的应用特点：

① 一种活性成分有多个靶点通路。例如：白藜芦醇（resveratrol）、荜茇酰胺（piperlongumine）等皆有多个靶点通路。化学结构式见图7-1-1。

② 一个信号通路有多种活性成分。例如，5-羟色胺受体。

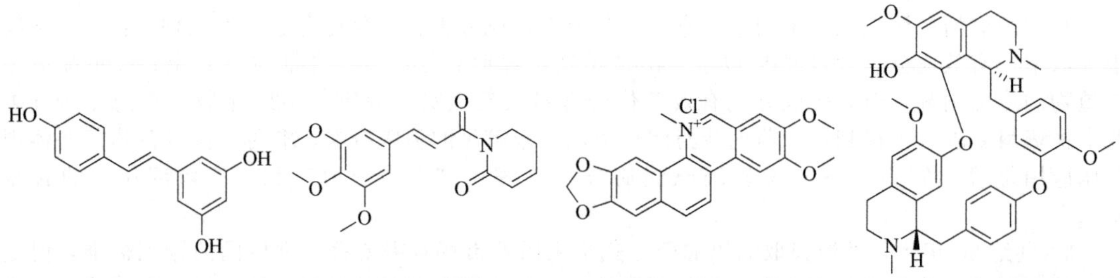

白藜芦醇　荜茇酰胺　氯化两面针碱　防己诺林碱

图7-1-1　典型多靶点通路药物的化学结构

林源食用提取物包括天然浆果、林源食用菌、林源坚果、木本食用油料四大类资源的提取物。林源食品添加剂的种类主要包括林源抗氧化剂、林源增稠剂等。林源饲料主要包括树叶粉饲料、发酵饲料等。综上所述，林源食用提取物的应用领域主要集中在色素类产品、天然甜味剂产品等。

二、加工利用现状

林源提取物的加工利用属于多行业综合开发利用，主要包括药物、保健品等生产加工企业。林源提取物主要应用于医药、食品等领域。

提取分离生产工艺常见的提取方法有煎煮法、冷浸法等。常见的提取液的分离、纯化法有离心法、超滤法、絮凝法等。林源提取物提取分离的工艺流程通常如下。

工艺过程1：原料→粉碎→提取→过滤→浓缩→干燥→产品。

工艺过程2：原料→水提→结晶→精制→干燥→产品。

关键技术：a.溶剂提取技术；b.离心技术；c.结晶技术；d.喷雾干燥技术。

林源提取物提取分离技术中两个重要的分离技术：a.水蒸气蒸馏或者超临界萃取技术。精油品质与提取技术极其相关。超临界 CO_2 流体萃取技术（supercritical fluid extraction，SFE）有温度低、产品收率较高等特点。例如应用在食品脱脂、茶叶和咖啡豆脱咖啡因等领域[14-17]。超临界二氧化碳适用于高沸点、热敏性及易氧化物的分离和纯化。例如桉叶油母液中间歇减压精馏纯化1,8-桉叶油素[18]。b.色谱分离技术。色谱法（chromatography）作为化学分离中应用最广泛的发展领域，新技术新方法层出不穷。

目前林源提取物企业装备已经向生产环境安全洁净、生产设施系统完善和高效能并重的方向转变。

林源提取物检测控制技术包括技术要求、包装、运输等各方面。提取物产品的理化要求包括有效成分含量、堆密度等。我国的植物提取物产品质量控制主要以对有效成分或指标成分进行量化来控制产品的质量。高效液相色谱（high performance liquid chromatography，HPLC）技术是功能分析和质量控制技术中应用最广泛的技术。傅里叶变换衰减全反射红外光谱（fourier transform infra red attenuated total reflection，FTIR-ATR）技术用于对烟用香精配制的过程质量进行多元统计过程控制（multivariate statistical process control，MSPC）[19]。

有害物质的检测控制技术如欧盟法令中列出了29个农残测定类别，对植物提取物涉及产品的农药残留限制有300多种[20]。我国《关于深化改革加强食品安全工作的意见》（2019年），提出加快修订农药残留、兽药残留等食品安全通用标准，到2020年农药兽药残留限量指标达到1万项，基本与国际食品法典标准接轨[21]。2009年颁布实施的《食品安全法》中提出了食品安全标准的概念，涵盖污染物、特殊人群的营养要求等内容，构成食品安全法规的重要组成部分[22]。

《关于印发食品中农药最大残留限量标准的公告》发布《食品安全国家标准　食品中农药最大残留限量》（GB 2763—2021）等5项食品安全国家标准[23]。在重金属限量控制方面的标准有：《中华人民共和国药典（2020版）》第四部通则0861残留溶剂测定法；《中华人民共和国药典（2020版）》第四部通则2321残留溶剂测定法 铅镉砷汞铜测定法；《食品安全国家标准　食品中铅的测定》（GB 5009.12—2023）；《食品安全国家标准　食品中镉的测定》（GB 5009.15—2023）；《食品安全国家标准　食品中总汞及有机汞的测定》（GB 5009.17—2021）；《食品安全国家标准　食品中总砷及无机砷的测定》（GB 5009.11—2024）；《食品安全国家标准　食品添加剂中重金属限量试验》（GB 5009.74—2014）[24]。林源提取物卫生学标准，相关标准文件陆续出台：关于《食品安全国家标准　食品微生物学检验　小肠结肠炎耶尔森氏菌检验》等标准调整实施日期的说明[25]。另外，还有《食品安全国家标准　食品添加剂　磷酸氢钙》（GB 1886.3—2021）等。

目前，我国关于各类有害物质的检测技术很多，关键共性控制技术主要包括以下四种：

① 固相萃取技术（solid phase extraction，SPE）样品制备技术。为消除或减小基质效应，固相基质萃取与净化、凝胶渗透色谱和超临界流体萃取等前处理技术已被广泛应用[27]。分散固相萃取法（quick，easy，cheap，effective rugged，and safe，QuEChERS）为一种快速高效的前处理技术，为农药多残留检测首选的前处理方法[28,29]。

② 液质联用技术即高效液相色谱-质谱联用技术（high performance liquid chromatographymass spectrometry，HPLC-MS）在鉴别和测定复杂体系或混合物时十分有效。液质联用技术飞行时间质谱（time of flight mass spectrometer，TOF-MS）对食品中真菌毒素进行高通量筛查定性。

③ 气质联用技术即气相色谱法-质谱法联用（gas chromatograohy-mass spectrometry，GC-MS）可对食品添加剂成分进行检测。

④ 分子修饰技术。分子修饰技术可以改善天然活性物质产品制剂的剂型等。

目前仍有大量的提取物企业对环保设备的配备和建设还缺乏足够认识，应该引起高度关注。

第三节　林源提取物产业发展趋势

一、绿色生态化发展

林业工程产业是从保护生态环境出发，发展人工培植资源，利用环境友好化的关键技术将植物资源高效转化为满足人类需要的产品。技术走绿色生态化发展之路，符合国际发展的大趋势。

林源农药提取物的生物制剂，防治植物病虫害同时可自然降解，环保是其特色。鸦胆子苦素D（bruceine D）、增效醚（piperonyl butoxide）等典型绿色抗虫剂的化学结构见图7-1-2。

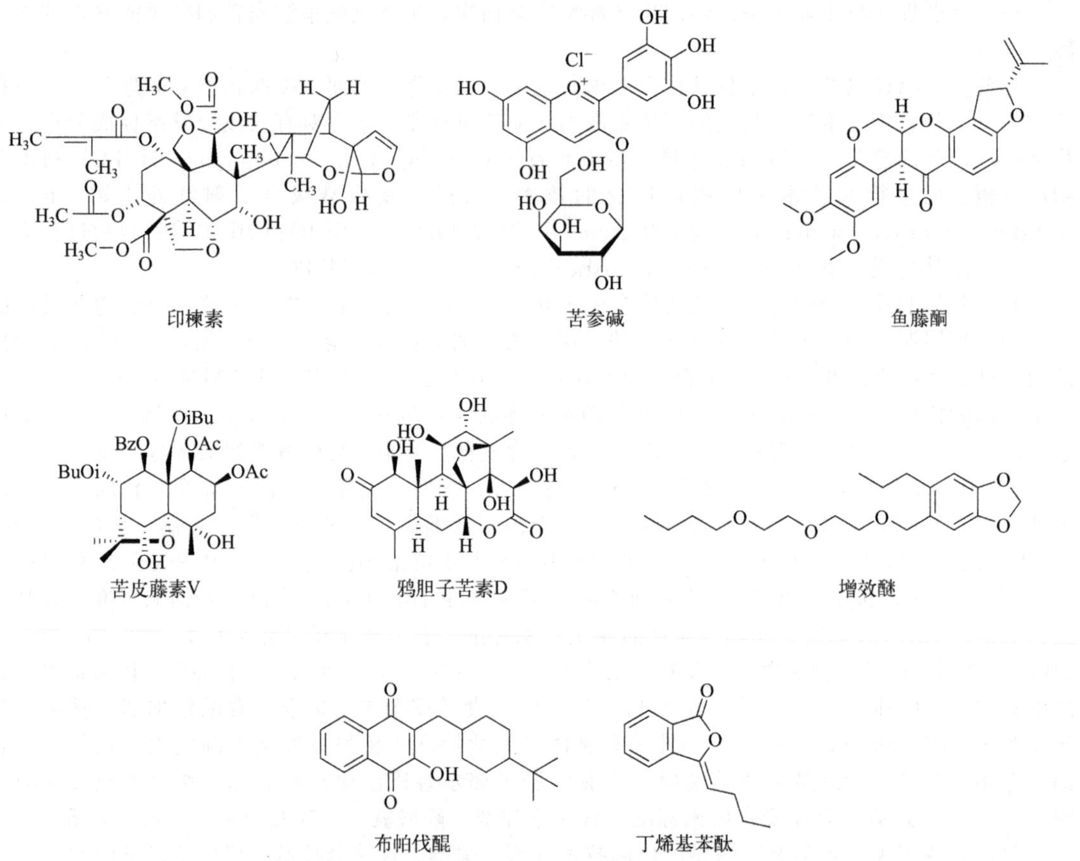

印楝素　苦参碱　鱼藤酮

苦皮藤素V　鸦胆子苦素D　增效醚

布帕伐醌　丁烯基苯酞

图 7-1-2　典型绿色抗虫剂的化学结构

近年来，林源提取物国际贸易向好，以环保标准为基础的绿色认证制度为林源提取物建立“环保标签”，成为“绿色产品”势在必行。

二、多学科交叉融合发展

近年来药物研发方向已经从传统免疫化疗转变为新药靶向治疗。由于林源提取物功能活性靶向性的需要，需要多学科交叉融合发展。以蛋白激酶 C（PKC）抑制剂的研发为例，林源提取物蛋白激酶 C 抑制剂的化学结构见图 7-1-3。

林源提取物蛋白激酶 C 抑制剂的植物来源不同。例如，粗糠紫毒素（rottlerin）是从大戟科（Euphorbiaceae）野桐属（*Mallotus*）粗糠柴（*Mallotus philippensis*）中得到的一种天然产物；巨大戟醇甲基丁烯酸酯（ingenol mebutate）是大戟科（Euphorbiaceae）大戟属（*Euphorbia*）南欧大戟（*Euphorbia peplus*）中的二萜类活性提取物。

研究蛋白激酶 C 抑制剂的靶点，需要生物学技术融合。粗糠紫毒素是 PKC 的一个特异性抑制剂，也是控制癌细胞生死的酶、转录因子和信号分子的抑制剂。

林源提取物蛋白激酶 C 抑制剂具有多种功能活性。粗糠紫毒素可作为线粒体直接解偶联剂，用于牛皮癣的治疗，抑制 HIV-1 整合和狂犬病病毒（RABV）感染。转化生长因子 β（transforming growth factor-beta，TGF-β）是多效性蛋白质超家族的成员，调节多种细胞过程。异常的 TGF-β 信号与多种疾病有关。因此，TGF-β 信号通路被认为是潜在的药物靶点，见图 7-1-4。

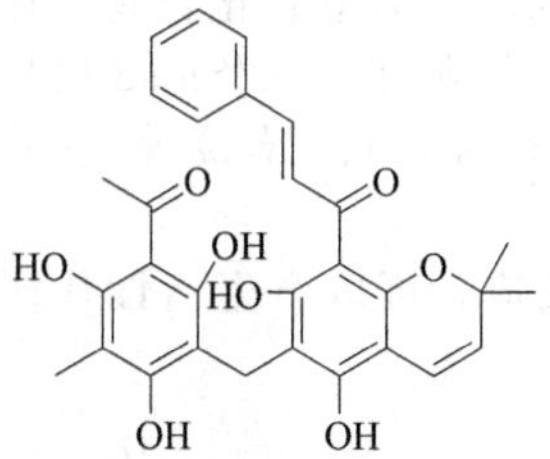

粗糠紫毒素 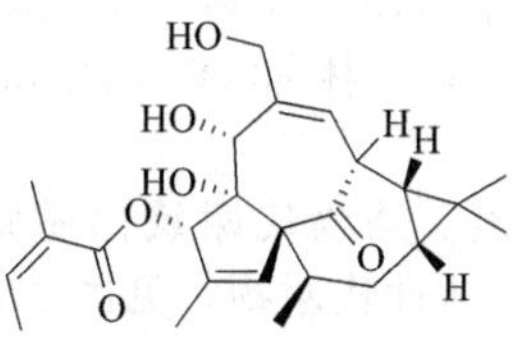　　巨大戟醇甲基丁烯酸酯 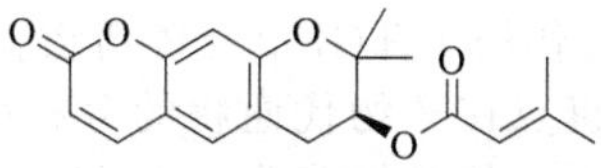　　紫花前胡素 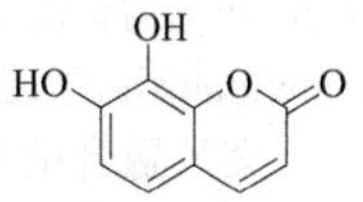　　瑞香素

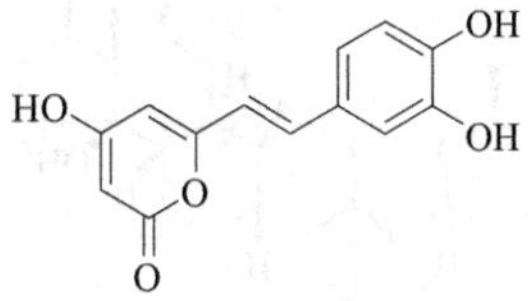

牛奶树碱 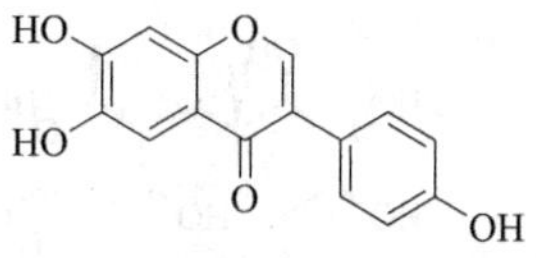　　4′,6,7-三羟基异黄酮 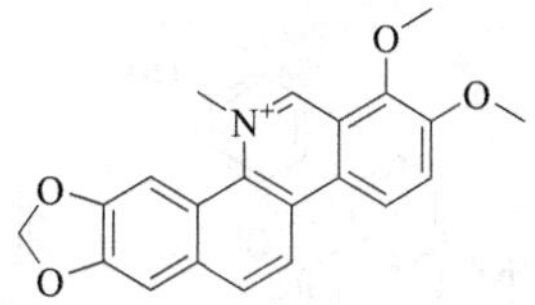　　白屈菜红碱

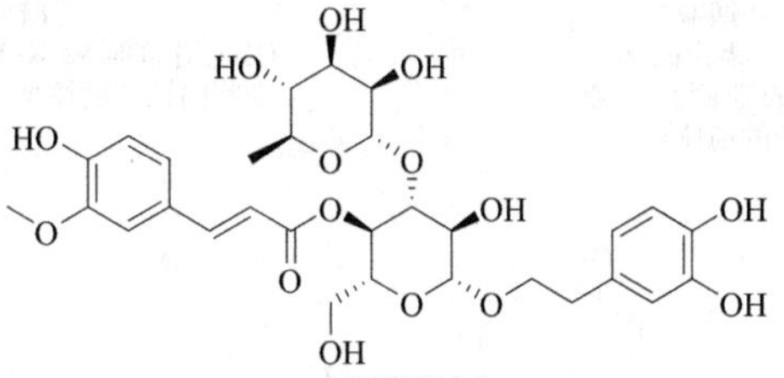

米团花苷A

图 7-1-3　林源提取物蛋白激酶 C 抑制剂的化学结构

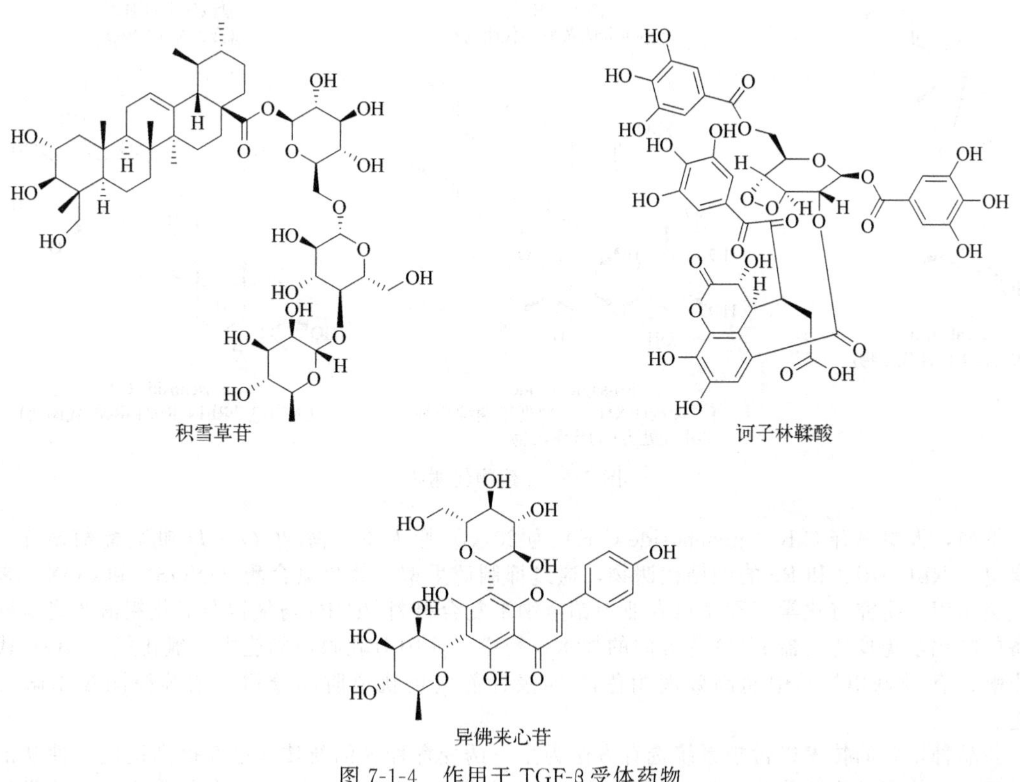

图 7-1-4　作用于 TGF-β 受体药物

积雪草苷（asiaticoside）是从积雪草（*Centella asiatica*）中分离得到的三萜皂苷化合物，在瘢痕疙瘩成纤维细胞中，通过活化 Smad7，抑制 TGF-βRI 和 TGF-βRII，抑制 TGF-β/Smad 信号通路而发挥抗氧化、抗炎、抗溃疡作用。诃子林鞣酸（chebulinic acid）、异佛来心苷（isoviolanthin）也可作用于 TGF-β 受体药物。

交叉融合的关键点在药物代谢物的分析检测。药物代谢氧化还原反应，可以产生活性代谢物，在极少数情况下，甚至共轭反应也可以产生活性代谢物，见图 7-1-5。

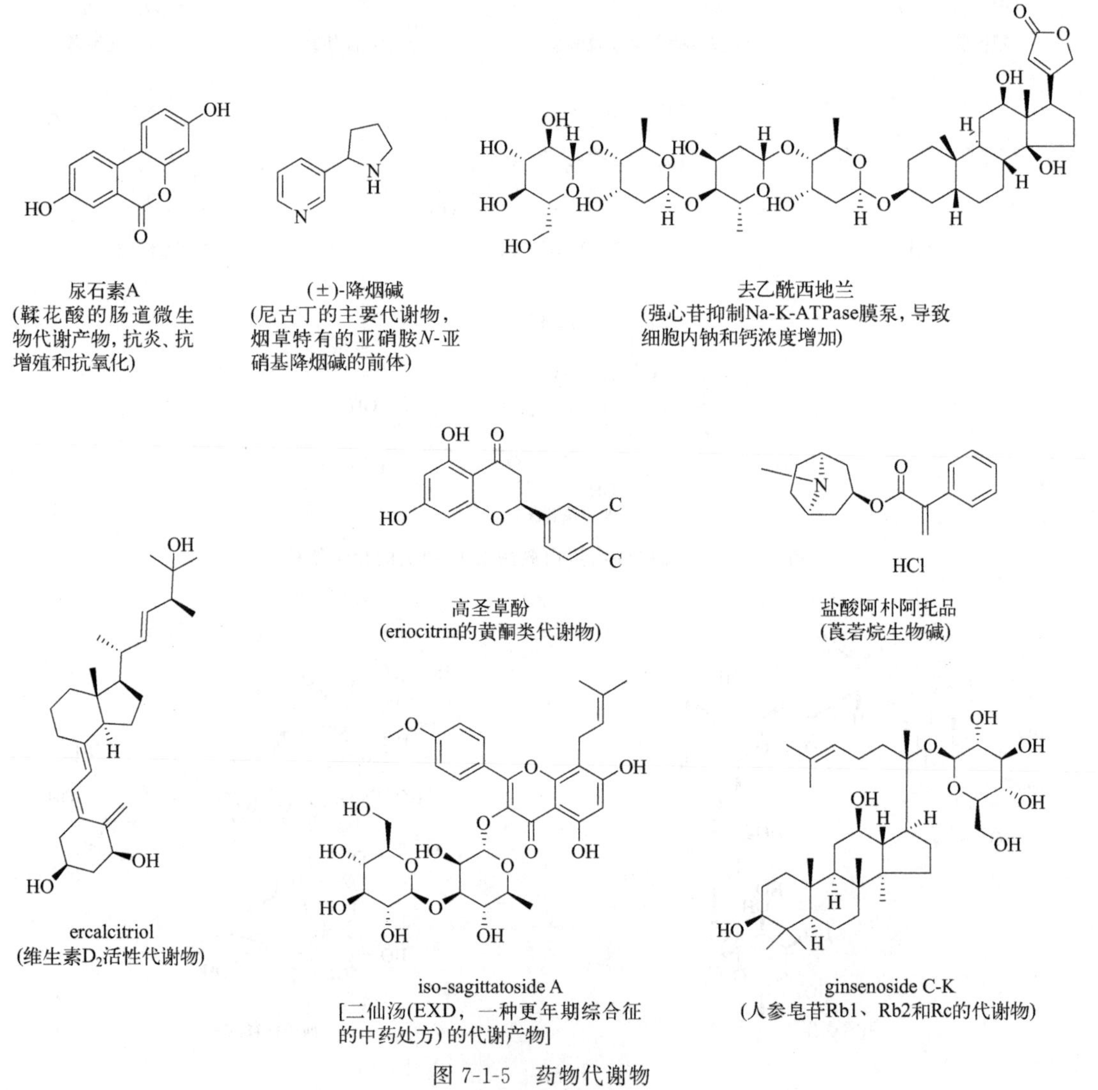

尿石素A
(鞣花酸的肠道微生物代谢产物，抗炎、抗增殖和抗氧化)

(±)-降烟碱
(尼古丁的主要代谢物，烟草特有的亚硝胺*N*-亚硝基降烟碱的前体)

去乙酰西地兰
(强心苷抑制Na-K-ATPase膜泵，导致细胞内钠和钙浓度增加)

高圣草酚
(eriocitrin的黄酮类代谢物)

HCl

盐酸阿朴阿托品
(莨菪烷生物碱)

ercalcitriol
(维生素D_2活性代谢物)

iso-sagittatoside A
[二仙汤(EXD，一种更年期综合征的中药处方) 的代谢产物]

ginsenoside C-K
(人参皂苷Rb1、Rb2和Rc的代谢物)

图 7-1-5　药物代谢物

例如，人参皂苷 C-K（ginsenoside C-K）为 20(S) 原人参二醇-20-*O*-*β*-*D*-吡喃葡萄糖苷，是人参皂苷 Rb1、Rb2 和 Rc 的细菌代谢物，通过抑制诱生型一氧化氮合酶（iNOS）和 COX-2 来发挥抗炎作用。研究将化学工程学科专业中铂金纳米复合材料 PtNPs 与氟掺杂氧化锡薄膜光电性能制备的电化学免疫传感器 FTO 等方向的技术、药学专业中对乳腺癌细胞中一氧化氮（NO）代谢的影响、液-质联用技术中超高效液相色谱-四级杆静电场轨道阱高分辨质谱等检测技术融合在一起。

新品种培育的技术以常规系统选育方法为主，诱变育种等创新技术已经得到运用。性状的分子标记、遗传图谱构建等分子标记辅助育种技术也开始应用[30]。新品种选育是整合遗传学、育种学等多门学科的科技资源系统工程。

林源提取物加工利用的对象主要是人工培植的植物资源。《中华人民共和国农产品质量安全法》的实施对规范种植(养殖)、提高种植质量和安全水平等方面产生了积极作用。林地地区分布不均，空间分布差异性较大等[31]，故需要重视地理和气候等因素所致的土壤环境异质性。学科融合的技术方向包括全国林源植物种植区域的划分与合理布局、遥感和地理信息系统（GIS）普查与监测技术、森林信息提取技术、植树技术及树种养护技术等相关配套栽培技术等六大方向。

原料采收加工利用技术重点在研究采收的时限性、品质保证等方面。从初加工、运输、仓储等方面进行技术控制，维持植物原料的有效成分、标准化包装。学科融合的技术方向包括采收季节和有效物质含量相关的控制技术、机械化采收技术等七大方向。

三、全产业链融合发展

林源提取物加工利用产业是一个从资源种植、加工利用到市场贸易的完整的全产业链融合发展模式，包括五个产业链环节（见图 7-1-6）。产业亟需新理论、新技术等方面的创新支撑，实质性改进技术工艺。

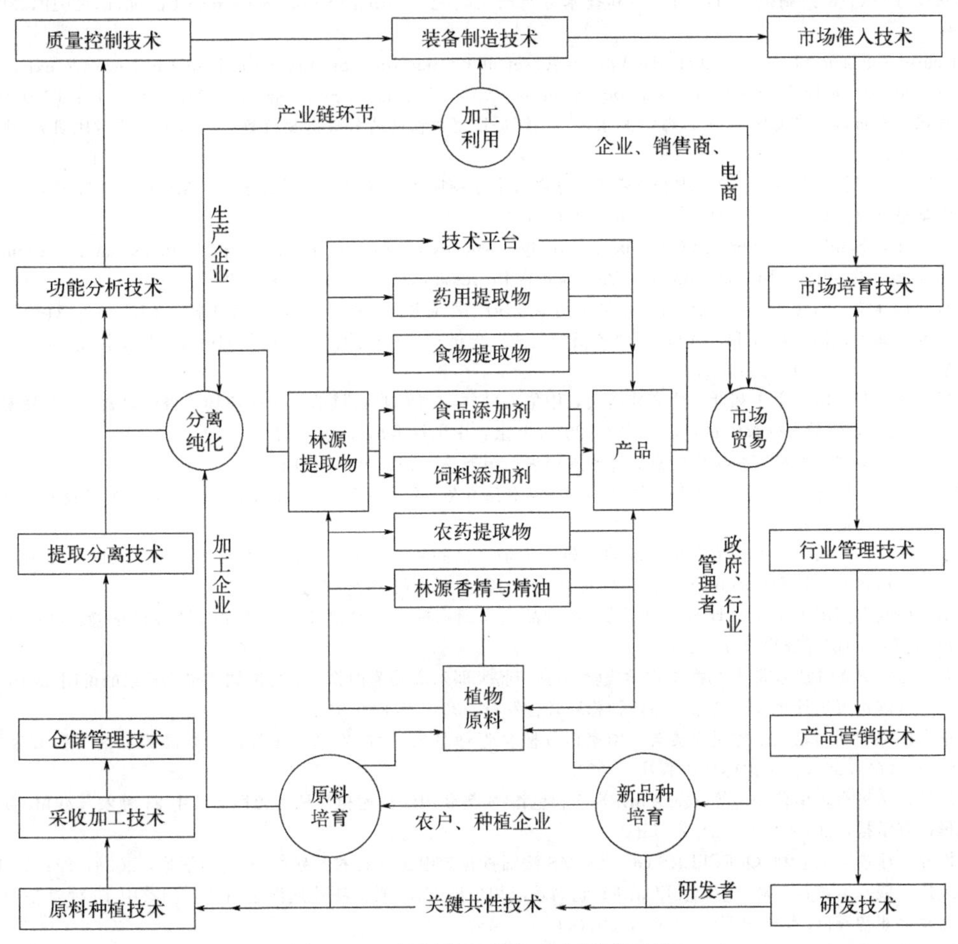

图 7-1-6　林源提取物加工利用产业链

由于林源提取物应用在多个领域，关键技术平台是一个完整的产业链，主要领域之间缺少有效的宏观规划管理，尚未达到共性关键技术的资源共享。植物的制剂技术主要依赖制剂的机械设备。装备制造技术的发展趋势是实现智能化。随着计算机时代的迅猛发展，关键共性技术平台的资源共享已是必然趋势。

参考文献

[1] 药用植物及制剂进出口绿色行业标准（中华人民共和国对外贸易经济合作部发布，自 2001 年 7 月 1 日起实施）.
[2] 药品注册管理办法［国家市场监督管理总局令（2020 年）第 27 号］.
[3] 进口药品管理办法［国家药品监督管理局令（1999 年）第 6 号］.
[4] 药用植物及制剂外经贸绿色行业标准［商务部公告（2005 年）第 6 号公布 6 项外经贸行业标准编号及名称］.
[5] 中华人民共和国药典（国家药品监督管理局 国家卫生健康委 2020 年第 78 号公告发布）.
[6] 植物提取物国际商务标准（中国医药保健品进出口商会 第四批植物提取物国际商务标准公示通知，2018 年 6 月 1 日）.
[7] 植物提取物行业标准（第一至四批）（中国医药保健品进出口商会，2018 年 12 月 11 日）.
[8] 食品药品监管总局关于加强中药生产中提取和提取物监督管理的通知［食药监药化监（2014 年 135 号）］.
[9] 关于桂林兴达药业有限公司等企业违法生产销售银杏叶药品的通告［国家食品药品监督管理总局（2015 年）第 15 号］.
[10] 关于开展药品生产工艺核对工作的公告（征求意见稿）（国家食品药品监督管理总局发布，2016 年 8 月 11 日）.
[11] Ahn K. The worldwide trend of using botanical drugs and strategies for developing global drugs. BMB Reports，2017，50（3）：111-116.
[12] 何潇怡，于志斌. 2018 年我国植物提取物出口分析. 精细与专用化学品，2019，27（8）：11-14.
[13] 蒋薇薇. CDK4/6 抑制剂 palbociclib 专利技术分析药学研究. Journal of Pharmaceutical Research，2019，38（10）：608-613.
[14] Aizpurua-Olaizola O，Ormazabal M，Vallejo A，et al. Optimization of supercritical fluid consecutive extractions of fatty acids and polyphenols from *Vitis vinifera* grape wastes. Journal of Food Science，2015，80（1）：E101-107.
[15] 田程飘，宋雅玲，许海棠，等. 超临界和水蒸气蒸馏提取沉香精油成分分析及抗氧化、抑菌活性对比研究. 中国中药杂志，2019.
[16] 刘秀明，李源栋，张翼鹏，等. 基于分子蒸馏分离云南冰糖脐橙“褚橙”精油结合 GC-MS 分析香气成分. 云南农业大学学报（自然科学版），2019，44（18）：4000-4018.
[17] Mouna K，Sami S，Fakher F. Optimization of lycopene extraction from tomato peels industrial by-product using maceration in refined olive oil. Food and Bioproducts Processing，2019，117：321-328.
[18] 王石，靳林溪，谢建春，等. 从桉叶油母液中间歇减压精馏纯化 1,8-桉叶油素. 食品科学，2013（8）：21-26.
[19] 王家俊，邱启，杨刘巍. FTIR-ATR 指纹图谱的主成分分析——马氏距离法应用于烟用香精质量控制. 光谱学与光谱分析，2007，27（5）：895-897.
[20] 中华人民共和国国家卫生和计划生育委员会，中华人民共和国农业农村部，国家市场监督管理总局. 食品安全国家标准 食品中农药最大残留限量：GB 2763—2019. 北京：中国标准出版社，2019.
[21] 关于深化改革加强食品安全工作的意见［中共中央、国务院（2019 年 5 月 9 日）］.
[22] 中华人民共和国食品安全法（中华人民共和国主席令第九号 2009 年 2 月 28 日第十一届全国人民代表大会常务委员会第七次会议通过）.
[23] 关于印发食品中农药最大残留限量标准的公告（中华人民共和国国家卫生健康委员会、中华人民共和国农业农村部、国家市场监督管理总局联合发布 食品安全标准与监测评估司 2021-03-18）.
[24] 中华人民共和国国家卫生和计划生育委员会. 食品安全国家标准　食品添加剂中重金属限量试验：GB 5009. 74—2014. 北京：中国标准出版社，2016.
[25] 关于《食品安全国家标准 食品微生物学检验 小肠结肠炎耶尔森氏菌检验》等标准调整实施日期的说明. 2016 年第 11 号公告（国家卫生计生委、食品药品监管总局联合发布，2016 年 8 月 31 日）.
[26] 中华人民共和国国家卫生健康委员会，国家市场监督管理总局. 食品安全国家标准　食品添加剂　磷酸氢钙：GB 1886. 3—2021. 北京：中国标准出版社，2021.
[27] 钟韵梅，丛梅梅，牟善婷，等. QuEChERS-气相色谱-质谱联用法快速检测植物源性食品中 24 种农药残留. 食品安全质量检测学报，2019（10）：3132-3136.
[28] 张艳峰，徐鹏，王会利. QuEChERS-GC-MS/MS 法筛查花椒中 115 种农药残留. 农药学学报，2020，22：1-11.
[29] 王纯强，钱永忠，章程辉，等. QuEChERS-超高效液相色谱-QDa 质谱法快速测定白菜与油菜中 15 种氨基甲酸酯类农药及代谢物残留. 农药学学报，2018，20（4）：459-467.
[30] 李敏，赵文吉，敬勇，等. “十二五”川产道地药材种质资源和优良品种选育研究. 中国现代中药，2017，19（6）：804-805，827.
[31] 邵亚奎，朱长明，徐新良，等. 2000—2015 年安徽省林地遥感制图与时空变化分析. 生态科学，2019，38（6）：15-21.

（付玉杰，于雪莹）

第二章　林源提取物化学组分与提取分离

第一节　林源提取物的植物资源

一、林源药用植物资源

我国药用植物资源丰富，主要包括 383 科、2309 属、11146 种。林源草本药用植物如菊科含白术、苍术、云木香等药用植物 778 种；豆科含黄芪、鸡血藤等药用植物 490 种；毛茛科含有川乌、草乌等药用植物 420 种；唇形科有丹参、黄芩等 436 种药用植物；蔷薇科含乌梅、地榆等药用植物 360 种；五加科有人参、三七等药用植物 112 种；林源裸子木本药用植物有 140 余种，主要分布在苏铁科、银杏科、松科、柏科、罗汉松科、三尖杉科、红豆杉科等；林源木本药用被子植物资源有近 200 种，主要有芸香科、蔷薇科、木兰科、樟科、桑科、云实科、桃金娘科、大戟科、无患子科、漆树科、夹竹桃科、马鞭草科、木樨科、八角科等[1]。林源提取物药用资源见表 7-2-1。

表 7-2-1　林源提取物药用资源

序号	植物名称	学名	科属	植株形态	入药部位	药用成分	功能
1	银杏	*Ginkgo biloba*	银杏科银杏属	乔木	叶、种子、树皮	银杏内酯、银杏黄酮	治疗心脑血管疾病
2	油松	*Pinus tabuliformis*	松科松属	乔木	松节、松针、花粉	挥发油、黄酮、色素、木质素等	提树脂、松节油、栲胶；祛风湿强筋骨
3	苏铁	*Cycas revoluta*	苏铁科苏铁属	乔木	叶、根、花及种子	苏铁苷、穗花杉双黄酮、扁柏双黄酮等	收敛止血，解毒止痛；抗肿瘤、抑菌、抗氧化和增强免疫力等
4	三尖杉	*Cephalotaxus fortunei*	三尖杉科三尖杉属	乔木	枝、叶	生物碱	治疗淋巴肉瘤
5	桃柘罗汉松	*Podocarpus totara*	罗汉松科罗汉松属	乔木	芯材和枝叶	桃柘酚等桃柘烷型二萜类化合物	在欧美均被列入药妆品范畴
6	金钱松	*Pseudolarix amabilis*	松科金钱松属	乔木	树皮、根皮	萜类化合物、木质素等	提栲胶；治顽癣和食积等症
7	侧柏	*Platycladus orientalis*	柏科侧柏属	乔木	种子、生鳞叶	侧柏酮等挥发油、扁柏双黄酮等黄酮	制作强壮滋补药、健胃、清凉收敛、利尿
8	榕树	*Ficus microcarpa*	桑科榕属	乔木	根、树皮、叶、树脂	三萜皂苷、黄酮苷、酸性树脂、鞣质	祛风清热，活血解毒
9	桑	*Morus alba*	桑科桑属	乔木	根皮、果实、枝条、叶	生物碱、黄酮类	降糖、抗氧化等
10	八角	*Illicium verum*	木兰科八角属	乔木	果实、果皮、种子、叶	茴香油，包括茴香醚、黄樟醚等成分	刺激胃肠神经血管，促进消化液分泌
11	厚朴	*Magnolia officinalis*	木兰科木兰属	乔木	树皮、根皮、花、种子、芽	厚朴酚、异厚朴酚、朴酚、桉叶醇等	化湿导滞、行气平喘、化食消痰、祛风镇痛

续表

序号	植物名称	学名	科属	植株形态	入药部位	药用成分	功能
12	玉兰	*Magnolia denudata*	木兰科木兰属	乔木	花	柠檬醛、丁香油酚、1,8-桉叶素、木兰花碱、芍药苷	食用、熏茶、提芳香油、配制香精、制浸膏;祛风寒,通鼻窍
13	樟	*Cinnamomum camphora*	樟科樟属	乔木	根、果、枝和叶	以樟脑、芳樟醇、松油醇为主	祛风散寒、强心镇痉和杀虫
14	肉桂	*Cinnamomum cassia*	樟科樟属	乔木	树皮、果实、枝条	桂皮醛、肉桂酸、香豆素、桂皮醇等	温中补肾、散寒止痛
15	香叶树	*Lindera communis*	樟科山胡椒属	常绿灌木或小乔木	枝叶入药	挥发油,含山胡椒酸、愈创木烯等	民间用于治疗跌打损伤及牛马癣疥等
16	乌药	*Lindera aggregata*	樟科山胡椒属	常绿灌木或小乔木	根	劳罗立新碱、乌药烷、乌药醇、龙脑、柠檬烯、乌药内酯等	散寒理气健胃
17	枫香树	*Liquidambar formosana*	金楼梅科枫香树属	落叶乔木	树脂、根、叶	环烯醚萜苷类、挥发油、齐墩果烷型三萜类、黄酮类、鞣质等	树脂解毒止痛,止血生肌;根、叶及果实祛风除湿,通络活血
18	杜仲	*Eucommia ulmoides*	杜仲科杜仲属	乔木	树皮	木脂素类、环烯醚萜类、黄酮类、苯丙素类、甾醇类、三萜类、多糖类等	树皮药用,作为强壮剂及用于降血压,并能医腰膝痛、风湿及习惯性流产等
19	枇杷	*Eriobotrya japonica*	蔷薇科枇杷属	乔木	叶	萜酸、挥发油、倍半萜、黄酮、糖苷类	化痰止咳,和胃降气
20	石楠	*Photinia serrulata*	蔷薇科石楠属	常绿灌木或小乔木	叶、根	类胡萝卜素、樱花苷、山梨醇、鞣质、正烷烃、苯甲醛等	制强壮剂、利尿剂,镇静解热等;又可作农药防治蚜虫,抑制马铃薯病菌孢子发芽
21	杏	*Armeniaca vulgaris*	蔷薇科杏属	乔木	果实	苦杏仁苷等	润肠通便,补脑益智
22	梅	*Armeniaca mume*	蔷薇科杏属	乔木	花、叶、根和种仁	枸橼酸、苹果酸、草酸、琥珀酸和延胡索酸等	果实可食;入药止咳、止泻、生津、止渴
23	桃	*Amygdalus persica*	蔷薇科桃属	乔木	树干	胶质	桃胶粘接剂、聚糖类可食;入药破血、和血、益气
24	山楂	*Crataegus pinnatifida*	蔷薇科山楂属	落叶乔木	果实	糖类、蛋白质、脂肪、维生素 C、胡萝卜素、苹果酸、枸橼酸、钙和铁等	果可食用或作果酱果糕;入药健胃、消积化滞、舒气散瘀
25	儿茶	*Acacia catechu*	豆科合欢属	乔木	心材	儿茶鞣酸、鞣质、槲皮素、山柰酚、花旗松素、异鼠李素、黏液质、脂肪油、蜡及多聚己糖树胶	儿茶浸膏或儿茶粉末可入药,清热、生津、化痰、止血、敛疮、生肌、定痛
26	苏木	*Caesalpinia sappan*	豆科云实属	乔木	心材	苏木素	清血剂,祛痰、止痛、活血、散风;苏木素,用于生物制片的染色

续表

序号	植物名称	学名	科属	植株形态	入药部位	药用成分	功能
27	皂荚	*Gleditsia sinensis*	豆科 皂荚属	乔木	荚、子、刺	三萜皂苷（皂荚苷、皂荚皂苷）、鞣质、蜡醇、廿九烷、豆甾醇、谷甾醇等	祛痰通窍、镇咳利尿、消肿排脓、杀虫治癣
28	槐	*Sophora japonica*	豆科槐属	乔木	花、果实、叶、根皮	芸香苷、三萜皂苷、槐花米甲素、乙素等	清凉收敛、止血降压；清热解毒、治疗疮毒
29	酸豆	*Tamarindus indica*	豆科 酸豆属	乔木	果实入药	植酸、果胶、5-己二烯醛、脂质、亚油酸、皂苷、半胱氨酸等	为清凉缓下剂，有驱风和抗坏血病之功效
30	山油柑	*Acronychia pedunculata*	芸香科 山油柑属	乔木	根、叶、果	山油柑双素等酚类、柠檬烯等挥发油；吴茱萸春碱、香草木宁等	化气、活血、去瘀、消肿、止痛、抗病毒
31	吴茱萸	*Evodia rutaecarpa*	芸香科 吴茱萸属	小乔木 或灌木	果实	顺式5,8-十四碳二烯酸、吴茱萸烯、吴茱萸内酯醇等	苦味健胃剂和镇痛剂，驱蛔虫药
32	黄檗	*Phellodendron amurense*	芸香科 黄檗属	乔木	树皮	小檗碱、掌叶防己碱、黄柏酮、黄柏内酯、白鲜交酯、黄柏酮酸、β-谷甾醇、菜油甾醇等	清热解毒，泻火燥湿；治急性细菌性痢疾、急性肠炎、急性黄疸型肝炎、泌尿系统感染等
33	臭椿	*Ailanthus altissima*	苦木科 臭椿属	乔木	树皮、根皮、果实	臭椿苦内酯、β-卡波林衍生物等	有清热利湿、收敛止痢等效
34	楝	*Melia azedarach*	楝科 楝属	乔木	叶、根皮、果实	川楝素等	灭钉螺；驱蛔虫和钩虫；治疥癣
35	川楝	*Melia toosendan*	楝科 楝属	乔木	果实	川楝素、生物碱、山柰醇、树脂及鞣质	泻火、止痛、杀虫作用，主治胃痛、虫积腹痛、疝痛、痛经等
36	巴豆	*Croton tiglium*	大戟科 巴豆属	灌木或 小乔木	种子、根、叶、树枝	巴豆树脂、巴豆毒素、巴豆苷、精氨酸、赖氨酸、解脂酶等	峻泻药，外用于恶疮、疥癣等；治风湿骨痛等；杀虫药或毒鱼
37	盐肤木	*Rhus chinensis*	槭树科 盐肤木属	落叶小乔木或灌木	根、叶、花及果	鞣酸	五倍子蚜虫寄主植物，虫瘿为五倍子入药；可供鞣革、医药、农药、塑料和墨水等工业上用
38	枸骨	*Ilex cornuta*	冬青科 冬青属	常绿灌木或小乔木	根、枝叶和果	熊果酸、槲皮素、金丝桃苷、3,4-二咖啡酰鸡纳酸等	滋补强壮、活络、清风热、祛风湿
39	七叶树	*Aesculus chinensis*	七叶树科 七叶树属	乔木	种子	七叶树素皂苷	抗炎、抗氧化；促进血液循环、促进创伤愈合、抗水肿、保护血管
40	枳椇	*Hovenia acerba*	鼠李科 枳椇属	乔木	果实、种子	生物碱，含有大量的葡萄糖、苹果酸钙	食用、酿酒、熬糖；清凉利尿，能解酒毒，促进乙醇分解和排出

续表

序号	植物名称	学名	科属	植株形态	入药部位	药用成分	功能
41	枣	*Ziziphus jujuba*	鼠李科 枣属	乔木	根、果实	芳香酸、香豆素、三萜皂苷、黄酮	养胃、健脾、益血、滋补、强身；枣仁安神
42	酸枣	*Ziziphus jujuba* var. *spinosa*	鼠李科 枣属	本变种常为灌木	种子	酸叶酮	酸枣的种子酸枣仁入药，有镇定安神之功效，主治神经衰弱、失眠等症
43	木芙蓉	*Hibiscus mutabilis*	锦葵科 木槿属	落叶灌木或小乔木	花、叶	黄酮、有机酸、挥发性成分、豆甾、蒽醌、香豆素等	有清肺、凉血、散热和解毒之功效
44	木棉	*Bombax malabaricum*	木棉科 木棉属	乔木	花、根皮、树皮	鞣质、木棉胶、肉豆蔻酸、十六烷酸、十六烷酸乙酯、油酸乙酯等	花可食；入药清热除湿，能治菌痢、肠炎、胃痛；祛风湿、治跌打损伤、治痢疾等
45	梧桐	*Firmiana platanifolia*	梧桐科 梧桐属	乔木	茎、叶、花、果和种子	海州常山苷、刺槐素-7-双葡萄糖醛酸苷等	清热解毒
46	茶	*Camellia sinensis*	山茶科 山茶属	灌木或小乔木	叶	茶多酚、茶多糖、茶色素、蛋白质等	治疗心脑血管、呼吸系统、免疫系统疾病；抗癌、抗辐射、抗氧化等
47	番木瓜	*Carica papaya*	番木瓜科 番木瓜属	常绿软木质小乔木	果和叶	番木瓜碱、木瓜蛋白酶、凝乳酶、隐黄素等	消食下乳，除湿通络，解毒驱虫
48	土沉香	*Aquilaria sinensis*	瑞香科 沉香属	乔木	茎、花	挥发油，主成分为沉香螺醇、白木香酸等	树脂为沉香药材，治胃病特效药；也作为香料原料用；木质部可提取芳香油；花可制浸膏
49	石榴	*Punica granatum*	千屈菜科 石榴属	落叶灌木或乔木	果皮、根皮	安石榴苷等多酚类、黄酮类、生物碱和有机酸等	涩肠止血，治慢性下痢及肠痔出血等症，根皮驱虫
50	诃子	*Terminalia chebula*	使君子科 诃子属	乔木	果实	鞣质、多酚、多糖、挥发油	抗菌，收缩血管，提高免疫力，治疗慢性痢疾、慢性咽喉炎等
51	楤木	*Aralia chinensis*	五加科 楤木属	灌木或乔木	根皮	茎皮中含齐墩果酸、刺囊酸、常春藤皂苷元、谷甾醇、豆甾醇等	镇痛消炎、祛风行气、祛湿活血；治胃炎、肾炎、风湿疼痛、外伤等
52	山茱萸	*Cornus officinalis*	山茱萸科 山茱萸属	落叶乔木或灌木	果实	莫罗忍冬苷、獐牙菜苷、番木鳖苷等	收敛性强壮药，补肝肾、止汗
53	柿	*Diospyros kaki*	柿科 柿属	乔木	果实	黄芪苷、异槲皮素、山柰酚等	止血润便、降压、润脾补胃、解酒、祛痰镇咳等
54	白蜡树	*Fraxinus chinensis*	木犀科 梣属	乔木	树皮	七叶素、秦皮素等	湿热泻痢、带下

续表

序号	植物名称	学名	科属	植株形态	入药部位	药用成分	功能
55	女贞	*Ligustrum lucidum*	木犀科女贞属	灌木或乔木	枝、叶、果实	女贞子苷、洋橄榄苦苷、齐墩果酸、桦木醇等	枝、叶上放养白蜡虫，生产白蜡；入药作强壮剂，可解热镇痛
56	海州常山	*Clerodendrum trichotomum*	马鞭草科大青属	灌木或小乔木	叶、嫩枝	β-谷甾醇、β-胡萝卜苷、棕榈酸、十八烷酸和芹菜素等	祛风除湿，平肝降压，解毒杀虫；治风湿痹痛、偏头痛、疟疾等
57	黄荆	*Vitex negundo*	马鞭草科牡荆属	灌木或小乔木	茎叶、花和枝叶	挥发油、黄酮类、二萜类、植物甾体激素类、环烯醚萜类、苯丙素类等	清凉镇静、驱蛲虫、治久痢；可提取芳香油
58	梓	*Catalpa ovata*	紫葳科梓属	乔木	果实（梓实）	枸橼酸、对羟基苯甲酸、种子脂肪油、羟基苯甲酸等	消肿毒、利尿剂；治肾病、膀胱炎、肝硬化、腹水疥疮等
59	木蝴蝶	*Oroxylum indicum*	紫葳科木蝴蝶属	乔木	种子、树皮	黄酮苷类挥发油、对羟基苯乙醇、环己醇等	消炎镇痛；治心气痛、肝气痛、支气管炎及胃、十二指肠溃疡等
60	槟榔	*Areca catechu*	棕榈科槟榔属	乔木	果实	槟榔次碱、槟榔碱等生物碱	杀虫，破积，降气行滞，行水化湿
61	草麻黄	*Ephedra sinica*	麻黄科麻黄属	草本状灌木	全株	主含麻黄碱、伪麻黄碱等生物碱类；挥发油类、生物碱类、黄酮类等	发汗解表，宣肺平喘，利水消肿
62	川桑寄生	*Taxillus sutchuenensis*	桑寄生科钝果寄生属	灌木	全株	桑寄生毒蛋白、桑寄生凝集素、黄酮类化合物等	治风湿痹痛、腰痛、胎动、胎漏
63	槲寄生	*Viscum coloratum*	桑寄生科槲寄生属	灌木	全株	黄酮、萜类、生物碱、槲寄生凝集素等	治风湿痹痛、腰膝酸软、胎动、胎漏及降低血压等
64	威灵仙	*Clematis chinensis*	毛茛科铁线莲属	木质藤本	全株	白头翁素、白头翁内酯、甾醇、糖类、皂苷、内酯、酚类等	祛风湿、利尿、通经、镇痛；治急性扁桃体炎、咽喉炎、丝虫病、牙痛；可作农药，防治菜青虫、地老虎等
65	牡丹	*Paeonia suffruticosa*	毛茛科芍药属	落叶灌木	根皮	单萜苷类、芪类、鞣质类、三萜和甾体类、黄酮类、丹皮酚类	镇痉药，能凉血散瘀，治中风、腹痛等症
66	阔叶十大功劳	*Mahonia bealei*	小檗科十大功劳属	灌木或小乔木	叶	根碱、小檗碱、掌叶防己碱及木兰花碱	清热补虚、止咳化痰
67	南天竹	*Nandina domestica*	小檗科南天竹属	常绿小灌木	根、叶	木兰花碱、抗坏血酸等	强筋活络、消炎解毒、镇咳等
68	千金藤	*Stephania japonica*	防己科千金藤属	稍木质藤本	根	生物碱	祛风活络、利尿消肿等

续表

序号	植物名称	学名	科属	植株形态	入药部位	药用成分	功能
69	常山	*Dichroa febrifuga*	虎耳草科常山属	灌木	根	常山素等生物碱	抗疟疾药
70	贴梗海棠	*Chaenomeles speciosa*	蔷薇科木瓜属	灌木	树枝	超氧化物歧化酶、五环三萜有机酸、黄酮类、多糖等	驱风、舒筋、活络、镇痛、消肿、顺气
71	郁李	*Cerasus japonica*	蔷薇科樱属	灌木	种子	苦杏仁苷、脂肪油、挥发性有机酸、油酸、皂苷及植物甾醇等	显著的降压作用
72	玫瑰	*Rosa rugosa*	蔷薇科蔷薇属	灌木	花	左旋香芳醇等挥发油、没食子酸、咖啡酸、木犀草素、槲皮素等	蒸制芳香油、饼馅、玫瑰酒、玫瑰糖浆、茶；治肝、胃气痛，胸腹胀满和月经不调
73	锦鸡儿	*Caragana sinica*	豆科锦鸡儿属	灌木	根皮	二苯乙烯类化合物	祛风活血、舒筋、除湿利尿、止咳化痰
74	望江南	*Cassia occidentalis*	豆科决明属	灌木	种子、根、叶	大黄素甲醚、大黄酸、大黄酚、芦荟大黄素等	利尿、缓泻；治疟疾、治毒蛇毒虫咬伤
75	苦参	*Sophora flavescens*	豆科槐属	草本或亚灌木	根、种子	苦参碱、金雀花碱等生物碱	清热利湿，抗菌消炎，健胃驱虫；种子可作农药
76	古柯	*Erythroxylum novogranatense*	古柯科古柯属	灌木或小灌木	叶	古柯碱、皮酰古柯碱等生物碱	解除疲劳，制兴奋剂和强壮剂；古柯碱为重要的局部麻醉药物
77	鸦胆子	*Brucea javanica*	苦木科鸦胆子属	灌木或小乔木	种子	苦木内酯类四环三萜	清热解毒、止痢疾等
78	卫矛	*Euonymus alatus*	卫矛科卫矛属	落叶灌木	枝条	倍半萜类、黄酮类、三萜类、甾体和强心苷	破血，通经，杀虫；可降血糖
79	木槿	*Hibiscus syriacus*	锦葵科木槿属	灌木	茎皮	辛二酸、白桦脂醇、古柯三醇、肉豆蔻酸等	入药治疗皮肤癣疮
80	芫花	*Daphne genkwa*	瑞香科瑞香属	落叶灌木	花蕾	芫花素、芫花酯丙、芫花酯丁和芫花酯戊等	治水肿和祛痰药；根可毒鱼，全株可作农药杀虫
81	使君子	*Quisqualis indica*	使君子科使君子属	攀援状灌木	种子	使君子氨酸	驱蛔药
82	刺五加	*Acanthopanax senticosus*	五加科五加属	灌木	根皮、种子	刺五加苷	本种根皮亦可代“五加皮”，供药用
83	通脱木	*Tetrapanax papyrifer*	五加科通脱木属	常绿灌木或小乔木	茎髓	通脱木皂苷、多糖等	中药用通草作利尿剂，并有清凉散热功效
84	羊踯躅	*Rhododendron molle*	杜鹃花科杜鹃花属	落叶灌木	全株	闹羊花毒素、马醉木毒素等	治疗风湿性关节炎、跌打损伤；用作麻醉剂、镇痛药及农药

续表

序号	植物名称	学名	科属	植株形态	入药部位	药用成分	功能
85	百两金	*Ardisia crispa*	紫金牛科 紫金牛属	灌木	全株	岩白菜素,紫金牛酸,百两金皂苷A、B,环状缩合肽等	清热利咽、舒筋活血等
86	紫金牛	*Ardisia japonica*	紫金牛科 紫金牛属	灌木	全株	岩白菜素等	治肺结核、咯血、咳嗽、慢性气管炎、跌打风湿、黄疸肝炎等
87	连翘	*Forsythia suspensa*	木犀科 连翘属	灌木	果实、叶	挥发油、连翘酚等多种苯乙醇类,连翘苷等木脂类,三萜类及香豆素等	清热解毒、消结排脓;药用治疗高血压、痢疾、咽喉痛等
88	密蒙花	*Buddleja officinalis*	马钱科 醉鱼草属	灌木	全株	蒙花苷等	清热利湿、明目退翳;可治疗牛马红白痢
89	夹竹桃	*Nerium indicum*	夹竹桃科 夹竹桃属	常绿直立大灌木	叶、茎皮	夹竹桃苷	强心剂;有毒
90	萝芙木	*Rauvolfia verticillata*	夹竹桃科 萝芙木属	灌木	根、叶	阿马里新、利血平、萝芙甲素及山马蹄碱等	治高血压、高热症、胆囊炎、急性黄疸性肝炎、头痛、失眠、玄晕、癫痫、疟疾、蛇咬伤、跌打损伤等
91	杠柳	*Periploca sepium*	萝藦科 杠柳属	落叶蔓性灌木	根皮、茎皮	杠柳毒苷、4-甲氧基水杨醛、β-谷甾醇等	祛风湿、壮筋骨强腰膝;治风湿关节炎、筋骨痛等
92	枸杞	*Lycium chinense*	茄科 枸杞属	多分枝灌木	果实、根皮	甜菜碱、胡萝卜素、玉蜀黍黄素、烟酸、维生素、谷甾醇、亚油酸、原儿茶酸、咖啡酸等	滋肾,润肺,补肝,明目
93	栀子	*Gardenia jasminoides*	茜草科 栀子属	灌木	果实、叶、花、根	京尼平苷、栀子苷等	清热利尿、泻火除烦、凉血解毒、散瘀;可提取栀子黄色素
94	钩藤	*Uncaria rhynchophylla*	茜草科 钩藤属	藤本	带钩藤茎	钩藤碱	清血平肝,息风定惊;治疗风热头痛、降血压等
95	忍冬	*Lonicera japonica*	忍冬科 忍冬属	半常绿藤本	花蕾、茎藤	绿原酸和异绿原酸	清热解毒、消炎退肿
96	菝葜	*Smilax china*	百合科 菝葜属	攀援灌木	根茎	菝葜素、齐墩果酸、山柰素等	祛风活血;可以提取淀粉和栲胶、酿酒
97	木通	*Akebia quinata*	木通科 木通属	落叶木质藤本	茎、根和果实	木通苷	利尿、通乳、消炎,治风湿关节炎和腰痛
98	梗花雀梅藤	*Sageretia henryi*	鼠李科 雀梅藤属	藤状灌木	果实	麦芽碱	清火热和清胃热
99	马莲鞍	*Streptocaulon griffithii*	萝藦科 马莲鞍属	木质藤本	根、叶	杠柳苷元、乌沙苷元、α-香树脂醇乙酸酯等	可治痢疾、湿热腹泻、心胃气痛、感冒发烧、慢性肾炎、跌打等

续表

序号	植物名称	学名	科属	植株形态	入药部位	药用成分	功能
100	广防己	*Aristolochia fangchi*	马兜铃科马兜铃属	木质藤本	块根	粉防已碱(即汉防己甲素)、防已诺灵碱、轮环藤酚碱等	块根药用,性寒、味苦涩,有祛风、行水之功效,主治小便不利、关节肿痛、高血压、蛇咬伤等
101	五味子	*Schisandra chinensis*	木兰科五味子属	落叶木质藤本	果实	五味子素、去氧五味子素、新五味子素、五味子醇等	敛肺止咳、滋补涩精、止泻止汗
102	南蛇藤	*Celastrus orbiculatus*	卫矛科南蛇藤属	藤本	果实	山柰酚-7-鼠李糖苷等黄酮苷类	舒郁,理气,安神,活络
103	络石	*Trachelospermum jasminoides*	夹竹桃科络石属	常绿木质藤本	根、茎、叶、果实	牛蒡苷、络石苷、去甲络石苷、橡胶肌醇等	祛风活络、利关节、止血、止痛消肿、清热解毒
104	巴戟天	*Morinda officinalis*	茜草科巴戟天属	藤本	根	甲基异茜草素、大黄素甲醚、水晶兰苷等	补肾阳,强筋骨,祛风湿
105	木鳖子	*Momordica cochinchinensis*	葫芦科苦瓜属	粗壮大藤本	种子、根和叶	木鳖子酸、齐墩果酸、甾醇等	消肿、解毒止痛
106	天仙藤	*Fibraurea recisa*	防已科天仙藤属	木质大藤本	根	巴马丁等多种生物碱	消炎解毒药
107	蝙蝠葛	*Menispermum dauricum*	防已科蝙蝠葛属	草质、落叶藤本	根茎	苦参碱、氧化苦参碱、蝙蝠葛碱等生物碱类	清热解毒,利湿消肿
108	何首乌	*Fallopia multiflora*	蓼科何首乌属	多年生草本	块根	蒽醌类、二苯乙烯苷类、磷脂类、酚类和黄酮类等	安神、养血、活络
109	商陆	*Phytolacca acinosa*	商陆科商陆属	多年生草本	根	三萜皂苷、黄酮、酚酸等	逐水、散结,治水肿、胀满、脚气、喉痹、痈肿疮毒;可作兽药及农药
110	孩儿参	*Pseudostellaria heterophylla*	石竹科孩儿参属	多年生草本	块根	糖类、皂苷类、环肽类、甾醇类、油脂类、挥发油类、氨基酸类等	健脾、补气、益血、生津等功效,为滋补强壮剂
111	升麻	*Cimicifuga foetida*	毛茛科升麻属	多年生草本	根茎	甾萜类化合物、异阿魏酸、阿魏酸、咖啡酸、生物碱和呋喃香豆精类化合物等	治风热头痛、咽喉肿痛、斑疹不易透发等;可作农药,消灭马铃薯块茎蛾、蝇蛆等
112	黄连	*Coptis chinensis*	毛茛科黄连属	多年生草本	根茎	小檗碱、黄连碱、甲基黄连碱、掌叶防已碱等生物碱	治急性结膜炎、急性细菌性痢疾、急性肠胃炎、吐血、痈疖疮疡等症
113	大戟	*Euphorbia pekinensis*	大戟科大戟属	多年生草本	根	小檗碱、黄连碱、甲基黄连碱、掌叶防已碱等生物碱	逐水通便,消肿散结,主治水肿,并有通经之效;可作兽药

续表

序号	植物名称	学名	科属	植株形态	入药部位	药用成分	功能
114	人参	*Panax ginseng*	五加科 人参属	多年生 草本	根	人参皂苷等	强壮、滋补药，调整血压，恢复心脏功能，治疗神经衰弱，祛痰，健胃，利尿，兴奋等
115	三七	*Panax notoginseng*	五加科 人参属	多年生 草本	根	皂苷类、黄酮类、挥发油、氨基酸、多糖、淀粉、蛋白质等	化瘀止血、消肿止痛
116	当归	*Angelica sinensis*	伞形科 当归属	多年生 草本	根	藁苯内酯类、香豆素类、黄酮类以及有机酸类等	补血、和血、调经止痛，润肠滑肠
117	过路黄	*Lysimachia christinae*	报春花科 珍珠菜属	多年生 草本	全株	槲皮素、山柰酚等黄酮类成分	清热解毒，利尿排石
118	半夏	*Pinellia ternata*	天南星科 半夏属	多年生 草本	块茎	挥发油、左旋麻黄碱、胆碱、β-谷甾醇、原儿茶醛、姜辣烯酮、黄芩苷等	燥湿化痰，降逆止呕，生用消疖肿；可用作兽药
119	天麻	*Gastrodia elata*	兰科 天麻属	多年生 草本	根茎	天麻苷、香荚兰醇、香荚兰醛等	治疗头晕目眩、肢体麻木、小儿惊风等症

二、林源食用植物资源

林源食用植物资源包括浆果资源、食用菌资源、树坚果资源、木本食用油料植物资源等。浆果资源主要分布在猕猴桃属、葡萄属、悬钩子属、茶藨子属、越橘属、桑属、荚蒾属、蔷薇属、忍冬属、沙棘属、酸浆属等；食用菌资源主要分布在蘑菇属、田头菇属、木耳属、牛肝菌属、鸡油菌属、乳头蘑属、鬼伞属、竹荪属、金针菇属、奇果菌属、猴头菌属、乳菇属、红菇属、羊肚菌属、侧耳属、口蘑属、草菇属等；在世界范围内栽培或处于半野生状态的主要坚果作物有100种，其中在国际坚果贸易中占主导地位的坚果包括核桃、榛子、腰果、杏仁、板栗等；木本食用油料植物资源在我国分布有50多种，常见的木本食用油料主要有油茶、油棕、油橄榄、椰子、牡丹籽等[2]。

（一）浆果资源

浆果生物活性化合物中富含糖（葡萄糖、果糖），热量低，含有少量脂肪，膳食纤维（纤维素、半纤维素、果胶）含量很高；含有有机酸（柠檬酸、苹果酸、酒石酸、草酸和富马酸），微量矿物质、维生素（抗坏血酸和叶酸）、酚类化合物（酚酸、花青素、黄酮醇、单宁等），对人体具有多种健康益处，如预防炎症性疾病、心血管疾病或起保护作用，以降低各种癌症的风险等[3]。

1. 草莓属

本属约20余种，我国产约8种，1种系引种栽培，如草莓、裂萼草莓、纤细草莓、西南草莓、黄毛草莓、西藏草莓、东方草莓、五叶草莓、野草莓等。草莓原产自南美洲，在欧洲和北美洲是露天集中种植，在中国主要在温室中种植。欧洲的草莓种植年产量多达390万吨，俄罗斯和美国草莓的第二大产区年产110万吨草莓。草莓中的花青素是已知的主要的多酚化合物，使果实颜色鲜美，可用作食品工业的天然色素（红色和蓝色）。

2. 悬钩子属

本属约700余种，我国有194种，如红树莓、覆盆子、黑莓、云莓等。红树莓是世界上第四重要的水果产品，欧洲年产23万吨，俄罗斯年产13万吨[4]。覆盆子又称荆棘果，其花青素含量略高于草莓，但比黑莓少。黑莓具有与覆盆子相似的形态，其多酚提取物可强烈抑制NO的产生且没有细胞毒性，并且可抑制结肠肿瘤细胞生长，具有神经保护功效。云莓为兴安悬钩子，产于我国东北林中，果实味美，可供食用。

3. 越橘属

越橘属浆果包括越橘、蓝莓、蔓越莓等。越橘浆果被认为是维生素和其他具有药用活性价值物质的重要来源。蓝莓是抗坏血酸含量最丰富的水果之一，含量通常介于10～100mg/100g鲜重之间，是具有最高抗氧化能力的水果之一[5]。浆果的学名、提取物产量见表7-2-2。

表7-2-2　越橘属浆果的学名、提取物产量[6]

名称	学名	纬度	经度	产量/(kg/亩)
黑莓(blackberry cv. Loch Tay)	*Rubus fruticosus*	45°35′N	8°04′ E	378.1
黑醋栗(black currants)	*Ribes nigrum*	45°35′N	8°04′ E	241.9
蓝莓(blueberries cv. Blue Ray)	*Vaccinium corymbosum*	45°35′N	8°04′ E	264.5
蓝莓(blueberries cv. Duke)	*Vaccinium corymbosum*	45°03′ N	7°30′ E	197.7
蓝莓(blueberries cv. Misty)	*Vaccinium corymbosum*	45°35′N	8°04′ E	366.5
枸杞(goji)	*Lycium barbarum*	45°04′ N	7°43′ E	769.9
山莓(raspberries)	*Rubus idaeus*	45°03′ N	7°30′ E	451.6
红醋栗(red currants)	*Ribes rubrum*	44°32′ N	7°65′ E	162.6
红醋栗(red gooseberries)	*Ribes Grossularia*	45°03′ N	7°30′ E	186.9
白醋栗(white currants)	*Ribes pallidum*	44°82′ N	7°97′ E	178.1
白醋栗(white gooseberries)	*Ribes Grossularia*	44°79′ N	7°37′ E	120.2

注：1亩≈667m^2

（二）食用菌资源

1. 蘑菇属

蘑菇属担子体较大，是常见的腐生真菌，子实体大，菌肉肥厚，味道好。

① 野蘑菇又称田蘑菇，是燕麦伞菌，分布较广泛。

② 大紫蘑菇又称窄褶菇、橙黄蘑菇，分布于青海、西藏、黑龙江、内蒙古、山西、新疆等。

③ 双孢蘑菇又称双孢菇、白蘑菇、洋蘑菇、西洋菇，是该属广泛栽培的著名食用菌，长期人工大规模培养或菌丝体发酵培养，具有抗氧化活性，可降血脂、抗肿瘤等，可作为提高免疫力的健康食品。

④ 双环蘑菇又称大肥菇、美味蘑菇、双环菇、大白蘑菇等，可人工培养、利用菌丝体发酵培养，分布在青海、河北、新疆等。

⑤ 巴氏蘑菇又称巴西蘑菇、姬松茸，原产于美洲，中国已有引种培养，来自姬松茸子实体或菌丝体的亚临界水提取物具有抗癌活性。

⑥ 蘑菇又称四孢蘑菇、四孢菇、田野蘑菇、黑蘑菇、雷窝子，也被称作姬松茸，能人工培养和利用菌丝体深层发酵培养[7-9]。

2. 口蘑属

蜜环菌又名蜜香菇，属于口蘑科的药用食用菌，与中药常用草本植物天麻有很强的共生关系。蜜环菌是一种寄生真菌，可侵染植物多达300个属，具有镇静、抗惊厥等生物活性。蜜环菌又称榛蘑、小蜜环菌、蜜环蕈、栎蘑、蜜色环菌、根索菌、根腐蕈等；假蜜环菌又称青杠菌、亮菌、树秋、发光假蜜环菌等。含有生物活性化合物来源的菌丝体的水和乙醇提取物可以治疗失眠[10]。

3. 田头菇属

茶树菇被国内外称为“中华神菇”，其学名柱状田头菇，又称柳菇、茶薪菇、柱状环锈伞、杨树蘑、柳环菇、杨树菇、柳蘑菇等，分布在福建、台湾、云南、西藏等，因其子实体的独特风味和高营养成分而广受欢迎，是一种多用途的食品补充剂[11]。

4. 木耳属

木耳又称黑叶、耳子、黑木耳、细耳、云耳、黑菜、木蛾、细木耳等。毛木耳又称粗木耳、牛皮木耳、黄背木耳、海蜇菌。另外，还有褐黄木耳。木耳的特点是担子体厚，毛密而簇生，担子和担子孢子大。该物种在世界范围内广泛分布[12]。

5. 牛肝菌属

黄肉牛肝菌又称波尔多牛肝菌、牛肝菌，是最重要的野生商业收获蘑菇。黄褐牛肝菌又称大脚菇。另外，还有美网柄牛肝菌。牛肝菌子实体大，菌肉肥厚[13]。

6. 鸡油菌属

鸡油菌是全球六大知名食用菌之一，具有极高的药用价值和食品价值，又称鸡蛋黄菌、杏菌、鸡油黄菌，属于外生菌根菌。从鸡油菌属中分离的半乳聚糖通过将肿瘤相关巨噬细胞转化为M1样表型来调节抗肿瘤免疫反应；从鸡油菌属中分离出的一种新型 β-葡聚糖具有巨噬细胞活化作用[14]。

7. 乳头蘑属

乳头蘑属包含四种：*Catathelasm evanescens*、*Catathelasm imperiale*、*Catathelasm singer* 和 *Catathelasm ventricosum*，主要分布在我国西南地区，为外生菌根菌。已有研究表明松苞菇多糖具有潜在的抗糖尿病作用[15]。

8. 鬼伞属

鸡腿蘑又称毛鬼伞、鬼盖，是一种在世界范围内流行的可食用的蘑菇，因其美味、高营养价值和抗糖尿病等生物活性非常受欢迎。鸡腿蘑具有抗氧化、抗癌、抗雄激素、保肝、抑制乙酰胆碱酯酶、抗炎、抗糖尿病、抗肥胖、抗菌等活性[16]。

9. 竹荪属

长裙竹荪是担子菌高等蘑菇门伞形菌纲的科成员，其子实体具有三个宏观特征：锥形帽、茎和从头/帽垂下以覆盖腿/茎的锢网状白色面纱。以其形态优雅而闻名，被命名为新娘面纱真菌、面纱女士或蘑菇女王，又称竹荪，是一种药食两用的腐生真菌，其多糖提取物具有增强免疫力功效[17]。

10. 金针菇属

金针菇属是亚洲特有种，又称冬菇、朴菰、构菌、毛柄金钱菌、冻菌、金针蘑、金钱菇、白金针菇、毛柄类火菇等，作为一种流行的商业食用菌，其含有多糖和倍半萜类活性成分[18]。

11. 奇果菌属

本属的药食两用灰树花，又称舞茸、贝叶多孔菌、莲花菌、舞蕈、栗蘑、栗子蘑、千佛菌等，在东亚广泛种植，含多糖、蛋白质和非挥发性味觉成分，具有抗肿瘤、抗氧化和抗炎等活性[19]。

12. 猴头菌属

猴头菌又称猴头菇、刺猬菌、猴头、菜花菌，是开发功能性食品和药物的独特资源，具有抗衰老、抗癌、抗胃炎、抗代谢疾病等特性[20]。

13. 红菇属

红菇属是世界上最大和形态最多样化的担子菌属之一，它们在地理和生态上广泛分布，与多种植物形成外生菌根关系。它们除了有良好的生态作用外，还是美味蘑菇，其水溶性多糖通常具有降血糖、抗癌和免疫增强活性[21]。

14. 羊肚菌属

羊肚菌具有类似羊肚的蜂窝状结构，呈棕色、黄色、黑色或浅色的上盖结构，含有丰富的必需氨基酸、维生素和生物活性化合物，对健康有益。目前已知的有约 80 种羊肚菌，包括黑脉羊肚菌 M、粗腿羊肚菌、高羊肚菌、小羊肚菌、普通羊肚菌等[22]。

15. 侧耳属

侧耳俗称平菇，侧耳属的食用蘑菇主要有白小侧耳、金顶侧耳、白黄侧耳、泡囊侧耳、刺芹侧耳、阿魏侧耳、白灵侧耳、肺形侧耳等。它们富含外源性和内源性氨基酸、不饱和脂肪酸、维生素以及高度重视的大量和微量营养素，其中一些从体外培养物中获得的子实体和生物质含有生物活性化合物，具有抗氧化、抗病毒和抗菌特性[23]。

16. 口蘑属

口蘑属是一种重要的外生菌根真菌，口蘑属的一些物种是有价值的食用菌，如松茸（松口蘑），在亚洲很受欢迎，其他种类有粗壮松口蘑、蒙古口蘑等[24]。

17. 草菇属

草菇又称香菇，是一种生长在热带和亚热带地区的食用菌，在亚洲许多地区以农业废料（稻草、棉花废料）为生长基质，以商业规模广泛种植。2010 年中国大陆草菇产量 33 万吨，占全球产量的 80%以上[25]。

（三）树坚果资源

林源坚果又叫树坚果，大多为树木种子的子叶或胚乳，含有非常丰富的营养成分，如蛋白质、糖类、不饱和脂肪酸、纤维素、矿物质和膳食纤维等。除此之外，坚果中还含有许多功能性成分，例如维持人体正常代谢所必需的氨基酸、脂肪酸、磷脂、多酚、黄酮和微量元素等[26]。正是这些种类丰富的营养元素和功能成分的存在，使得坚果具有调节人体血糖和血脂水平、纤体瘦身、预防心脑血管疾病、滋补肝肾、增强记忆力、延缓衰老、预防癌症等效果[27]。比较有影响的树坚果资源主要有核桃、榛子、腰果、杏仁、板栗等[28]。

1. 核桃资源概况

核桃属植物共有 23 种，分别属于核桃组、核桃楸组、黑核桃组和灰核桃组。核桃属植物广泛分布于六大洲的 50 多个国家。其中核桃组的天然产区分布在欧洲东南部、西亚、中亚、喜马拉雅及中国的云南、贵州、四川西部等地。核桃楸组主要分布在中国东部、东南部和日本。黑核桃组主要分布在北美南部、中美洲、南美洲阿根廷中部。灰核桃组主要分布在美国东北部。核桃的商业化栽培主要集中在中国、美国、伊朗、土耳其、墨西哥、乌克兰、法国、罗马尼亚和印度等少数几个国家。根据联合国粮农组织的统计，2016 年世界核桃年总产量为 3747549t，其中中国产量为 1785879t，其次是美国（607814t）、伊朗（405281t）、土耳其（195000t）、墨西哥（141818t）、乌克兰（107990t）、智利（73529t）、法国（39410t）、罗马尼亚（34095t）和印度（33000t）。中国一直是核桃种植的主要国家之一，年产量约占世界总产量的 48%。同时中国也是世界第一大核桃生产国和第四大出口国。核桃在中国分布范围很广，其中云南、山西、四川和河北是我国核桃生产大省，其年产量占全国总产量的 10%以上。相对于其他坚果，中国核桃资源开发利用历史悠久，生产规模大，同时国内外对核桃及产品保持着稳定的需求[29]。

2. 榛子资源概况

榛子为榛树的果实，被称为坚果之王。榛树是桦木科榛属植物，在世界范围内约有 20 个品种，其中原产于我国的有 8 个种，包括平榛、华榛、毛榛、川榛等，它们大部分仍处于野生状态。榛子在我国有着悠久的栽培历史，目前全国 22 个省区均有榛属植物分布，尤其东北以及山西、内蒙古、山东、河南等地均有很大面积的榛子林分布[30]。国外榛属植物主要有欧洲榛、美洲榛、大果榛及土耳其榛，但在国外栽培最多的榛属植物是原产于中亚、西亚以及欧洲地中海沿岸的欧洲榛，其栽培历史悠久，广泛分布在几乎整个欧洲和亚洲西部地区，尤其是土耳其、意大利、西班牙、美国、伊朗、法国、希腊、阿塞拜疆、以俄罗斯为代表的地中海和黑海沿岸地区。由于欧洲榛坚果大而美观、果实香味浓郁、出仁率高，经济价值较高，各栽培地都十分重视其育种工作，现已选育出了上百个栽培品种，广泛栽培利用的品种有 20 多个。根据国际坚果和干果统计数据库数据分析，2017 年至 2018 年，全世界的榛子产量超过 49 万吨。土耳其作为榛子的主要生产国，其榛子产量约占世界份额的 73%。作为榛子栽培第一大国，土耳其全国有 45%的省份在种植榛子，主要是野生榛子，大部分分布在 750m 海拔以下的北部地区。在当地，榛子被誉为“国宝”，是重要的出口物资之一，年出口量占世界榛子总出口量的 75%。

3. 腰果资源概况

腰果是一种经济价值很高的热带作物，属于漆树科腰果属。腰果属共有 11 个种，全部起源于南美洲，16 世纪被引入非洲和亚洲。目前世界上主要栽培的品种是 *Anacardium occidentale*。腰果树属于热带树种，对温度变化非常敏感，因此腰果大多生长在降雨量较为充沛的海岸砂土地。世界上主要腰果生产国有印度、越南、巴西、尼日利亚、印度尼西亚、科特迪瓦、莫桑比克、坦桑尼亚等。

腰果于 20 世纪 40 年代起传入中国，20 世纪 50 年代末期，从斯里兰卡进口加工果仁的商品种子在广东、海南、广西、云南、福建、四川等省份进行大面积引种试验，由于受到寒害影响，除海南和云南以外其他省份的引种试种均没有成功。20 世纪 70 年代，我国从坦桑尼亚大规模进口加工果仁的商品种子，在海南岛和云南西双版纳大面积栽培，海南省的腰果栽培主要分布在海南南部和西南部的乐东、东方、昌江、三亚、陵水等县（市）滨海沙土和燥红土地区，其中乐东县是腰果主要生产区，占据了海南 60%的栽培面积。在 20 世纪 80 年代中期到 90 年代初期，中国腰果生产经历了快速发展时期，中国热带农业科学院热带作物品种资源研究所、海南省腰果研究中心在 1984～1990 年间与荷兰皇家热带学研究院（KIT）进行合作，开展了“海南腰果开发”项目[31]。

4. 杏仁资源概况

山杏为蔷薇科李亚科杏属植物，多处于野生、半野生状态，加之自交不亲和，种间杂交现象普遍，种质资源异常丰富。杏广泛种植于美洲、地中海、南非等世界各个地区，目前我国已查明的有 9 个种，其中资源量较大的有西伯利亚杏、东北杏和野杏。杏多生长在暖温带，性喜温暖、阳光充足的气候环境，所以杏树大部分是种植在向阳的地方。我国现有西伯利亚杏林面积在 200 万 hm^2 以上，年产杏核约 20 万吨[32]。西伯利亚杏是亚洲特有的生态经济型树种，具有较高的经济价值和药用价值，也是值得推广种植的木本生物柴油能源树种，具有广阔的开发利用前景。东北杏主要分布于俄罗斯远东地区、朝鲜北部及中国的东北等地，主要分布区为中国东北的东部地区，除长白山北段张广才岭、老爷岭、完达山、太平岭和长白山山脉中部地区有分布外，还包括吉林牡丹岭、哈达岭、威虎岭和长白山山脉南段龙岗山和辽宁的东部[33]。野杏原产地为中国黄河流域，在我国黄土丘陵沟壑区分布广泛。山杏对土壤要求不严，耐瘠薄能力强，耐寒，较抗旱，耐风沙，耐盐碱，但不耐水湿。杏仁是杏的种子，具有较高的营养价值，杏仁为非常受欢迎的坚果之一。世界上杏仁产量较大的国家分别是美国、澳大利亚和西班牙。其中西班牙具有世界上最大的杏仁种植面积，截至 2015 年已经超过 60 万 hm^2。

5. 板栗资源概况

板栗为壳斗科栗属植物，是我国的主要经济树种之一，素有“木本粮食”“铁杆庄稼”“干果之王”等美称，板栗还同红枣、柿、白果等一起被人们称为“树上面包”[34]。板栗在我国已有 3000 多年的种植历史，春秋时的《诗经》及其后的《史记》《战国策》《本草纲目》中均有记载。栗属是壳斗科中最具食用价值的植物类群，该属的 7 个种广泛分布于北半球的温带地区。其中，东亚分布 4 种，分别是中国大陆的中国板栗（*Castanea mollissima*）、茅栗（*C. seguinii*）、锥栗（*C. henryi*）及分布于日本、朝鲜半岛的日本栗（*C. crenata*）；北美洲 2 种，即美洲栗（*C. dentata*）

和美洲榛果栗（*C. pumila*）；欧洲大陆、非洲北部及西亚仅有欧洲栗（*C. sativa*）一种[15]。作为经济作物栽培的栗属有 4 个种，分别为中国板栗、日本栗、欧洲栗和美洲栗。中国作为板栗种植强国，其种植区域主要集中在华北、华中、华南地区各省，中国的板栗生产和出口数量一直位居世界第一。据联合国粮农组织报告称，2013 中国板栗年产量约为 165 万吨，占全世界产量的 82.11%。

（四）木本食用油料植物资源

木本食用油料植物是指种子含油量高、可供人食用的木本植物。油茶、油棕、油橄榄、椰子是世界上著名的四大木本食用油料植物。食用植物油是国民重要的生活必需品，关系到国家粮油安全，关系到人民健康。我国人多地少，受多种因素影响，国内食用植物油产需缺口不断扩大，进口增加，对外依存度上升，国内食用植物油产量只能满足需求的 40%，其余 60%需要进口，如此大的供需缺口，严重地威胁着我国食用植物油供应的安全性[35]。我国木本食用油料有 50 多种，其中亚热带以南有 17 种，亚热带地区 26 种，温带地区 14 种，常见的木本食用油料主要有油茶、油棕、油橄榄、椰子、山核桃、核桃、榛子及松籽类等。中华人民共和国卫生部 2011 年 3 月 22 日第 9 号公告把牡丹籽油也定为新的资源食品。随着经济发展和人民生活水平的提高，追求健康已经成为 21 世纪的消费主流，绿色食品消费比较符合大众的需要。木本食用油营养比较丰富，比如油茶、核桃等，油酸含量非常高，含有人体所需要的一些营养成分，还有一定的保健功能，综合利用价值高。在种植过程中，多利用山地、丘陵的自然地力，无需使用化肥和农药等对人体有害的物质，属于绿色无污染食品。保健型优质绿色健康的木本食用油符合追求绿色、健康的消费潮流，其市场需求日益增加。如全世界有 40 多个国家以橄榄油作为主要食用油，特别是地中海沿岸国家已经实现食用油料木本化。西班牙和希腊等国木本食用油料也占到本国食用油的 80%～90%。

1. 油茶资源概况

油茶为山茶科山茶属植物，是我国特有的木本食用油料树种，亦是世界四大木本油料树种之一，在我国已有多年的利用和栽培历史。茶油是从灌木植物油茶的种子中提取出来的油脂，茶油具有“东方橄榄油”的美称，是食用油里的珍品[36]。我国是茶油生产基地最大的国家。全世界的油茶主要分布在我国的长江流域及其以南地区，除此之外，越南、缅甸、泰国、马来西亚和日本等国均有少量分布[2]。我国种植栽培的油茶品种主要为普通油茶，此外还有小果油茶、越南油茶、浙江红花油茶、攸县油茶、广宁油茶、腾冲红花油茶、宛田红花油茶等[37]。

2. 油棕资源概况

油棕属多年生单叶子植物，归属油棕属棕榈科。棕榈油是由油棕树的中果皮榨成的油，是世界三大植物油之一，是世界上最具产量的植物油料作物之一。据报道，油棕种植园平均每年每公顷产 3.5t 棕榈油，产油量是椰子的 2～3 倍，是花生产油量的 7～8 倍，所以被人们誉为“世界油王”，同时也是目前世界上生产量、消费量和国际贸易量最大的植物油品种。油棕起源于非洲西部，最初油棕的扩张从塞拉利昂、利比里亚、加纳和喀麦隆，一直延伸到刚果的赤道附近。油棕属于热带植物，主要生长在南纬 10° 至北纬 15°，海拔 150m 以下的热带地区。20 世纪 70 年代以来，东南亚各国开始大量种植油棕。目前，油棕已成为马来西亚、印度尼西亚和泰国等国家的重要工业作物[38]。目前，印度尼西亚和马来西亚是世界上最大的棕榈油生产国，占全球棕榈油产量的 85.4%。根据石油组织 2017 年统计报道，油棕种植园占世界农业用地的近 10%（约 3 亿 hm^2）。预计油棕种植所需的种植面积将以每年 7%的增长率继续增长，以满足全球棕榈油需求。我国自 20 世纪 80 年代开始进行油棕组培技术的研究，但一直未取得突破性进展，直至 2011 年，中国热带植物农业科学院获得了首株移栽成活组培苗，经过一系列的试验、研究，油棕有望实现在我国大规模种植。

3. 油橄榄资源概况

油橄榄（木樨榄）是木犀科木犀榄属木本油料树种，主要分布在地中海沿岸的一些国家，如希腊、突尼斯、意大利和西班牙等[39]。油橄榄栽培历史悠久，可追溯至4000多年前。目前油橄榄广泛种植于世界各地的亚热带地区，我国自20世纪60年代开始广泛引种油橄榄，1964年3月3日，周恩来总理引进油橄榄并在云南省海口林场亲手种植了一株橄榄树，从而开创了我国引种油橄榄的光辉历程。在我国，油橄榄的种植区域主要集中在甘肃、四川、云南等地[40]。我国油橄榄产业正处于发展时期，截至2016年底，我国油橄榄栽种面积为6万多公顷[41]。

4. 椰子资源概况

椰子属于棕榈科椰子属，原产于亚洲东南部、印度尼西亚至太平洋群岛，主要分布于亚洲、非洲、拉丁美洲等热带地区，是热带地区主要的木本油料作物之一，综合利用经济效益高，被称为热带水果之王。椰子在我国主要分布在广东南部诸岛及雷州半岛、海南、台湾及云南南部热带地区。我国海南岛种植椰子已有2000多年的历史，海南岛还被称为“椰子岛”。2000多年前《史记》对椰子已有记载。椰子为重要的热带木本油料作物，具有极高的经济价值[42]。

第二节 林源植物化学组分

一、糖苷类

1. 糖苷

糖苷是由糖或糖的衍生物（如糖醛酸）通过其端基氧、硫、氮、碳等原子与另一非糖物质配基相连而成。糖和糖苷配基部分可以通过酸水解、碱水解、酶水解等方法破坏糖苷键，水解掉糖或结构发生改变会生成次级苷，根据连接单糖个数可分为单糖苷、双糖苷、三糖苷等。按照苷键原子分类可分为氧苷、硫苷、氮苷、碳苷、氰苷等。按照苷元分类可分为环烯醚萜苷、甾体皂苷、三萜皂苷、蒽醌苷、香豆素苷等[43]。

2. 多糖

多糖是由10个以上的单糖通过糖苷键连接而成的分子量可达数万的化合物。多糖具有以下特征。

① 结构：多糖结构复杂，分子链上的多羟基结构骨架决定了糖苷键可以有多种连接方式和空间构型。

② 种类：菊糖、淀粉、树胶、黏液质纤维素、甲壳素以及膳食纤维等。

③ 性质：多糖一般难溶于水，不溶于乙醇和其他有机溶剂中，无还原性，无甜味。

④ 分子量测定方法：主要有尺寸排阻色谱法、质谱法、黏度法、光散射法、膜渗透法和端基法等。

⑤ 制备方法：采用热水浸提法、碱提取法、微波、超滤、纤维素酶和发酵等方法。

多糖具有抗氧化、抗肿瘤、保肝、降血糖、抑菌、消炎、抗病毒和免疫调节等多种生物活性，对多糖分子进行修饰，改变其结构和构象可以增强其生物活性[44]。典型林源多糖提取物有人参多糖、刺五加多糖、黄芪多糖、竹叶多糖、刺梨多糖、山茱萸多糖、木香多糖等[45]。

二、萜类

萜类化合物是以异戊二烯单元为基本结构单元的一类化合物，异戊二烯通过“头对头”“头对尾”“头对中部”等方式连接起来，按照异戊二烯的数目分为单萜、倍半萜、二萜、三萜、四萜以及杂萜等[46]。

1. 单萜

单萜由2个异戊二烯聚合而成，最早是从松节油中分离得到的，集中在花或挥发性精油中，应用在调味品和香料中。单萜主要分为链状单萜、单环单萜、双环单萜、环烯醚萜等。单萜的结构类型主要有以下几种[47]。

① 萜烯：月桂烯、二氢月桂烯、柠檬烯、罗勒烯、别罗勒烯、α-松油烯、异松油烯、水芹烯、侧柏烯、冬青油烯等。

② 醇类：薰衣草醇、香茅醇、香叶醇、橙花醇、牻牛儿醇、芳樟醇、薄荷醇、1,8-松油醇、桉油精（桉叶油醇）、侧柏醇、香芹醇、紫苏醇、胡薄荷醇、茴香醇等。

③ 醛酮类：紫罗兰酮、柠檬醛、香茅醛、羟基香茅醛、环庚三烯酚酮、扁柏酚、紫苏醛、水芹醛、薄荷酮、辣薄荷酮、香芹酮、二氢香芹酮、万寿菊酮、二氢万寿菊酮醛、侧柏醛、侧柏酮、茴香酮等。

④ 蒎烯类：蒎烯、松香芹醇、桃金娘烯醇、马鞭草烯醇等。

⑤ 莰烯类：樟脑、龙脑、异龙脑等。

⑥ 不规则的单萜化合物：芍药苷、除虫菊酯类、土荆芥酮等。

⑦环烯醚萜：假荆芥内酯、二氢假荆芥内酯、玄参苷、京尼平苷、龙胆苦苷、女贞苷等。

单萜类化合物多存在于植物挥发油中，主要用作香料工业原料，具有多种生物活性，例如：环庚三烯酚酮又称卓酚酮，此类化合物具有抗菌生物活性；辣薄荷酮有松弛平滑肌的作用，可治疗支气管哮喘；樟脑是重要的刺激剂和强心药；龙脑又称冰片，抗缺氧，用于冠心病、心绞痛的治疗；环烯醚萜又称伊蚁内酯，最早是从伊蚁的分泌物中得到的一类特殊单萜，从植物中分出多种环烯醚萜类化合物，具有抗菌、杀虫等多种生理活性；假荆芥内酯又称猫薄荷，有兴奋作用；京尼平苷又称栀子苷，可促进胆汁分泌；龙胆苦苷泻肝胆实火等[48-50]。

2. 倍半萜

倍半萜是指由 3 分子异戊二烯聚合而成的天然萜类化合物。倍半萜和单萜都是挥发油的主要组成成分，倍半萜的沸点较高，其含氧衍生物大多有较强的香气和生物活性。倍半萜类化合物按骨架类型可分为桉叶烷型、愈创木烷型、香根螺烷型和艾里莫酚烷型等[51]。主要的倍半萜化合物的化学结构和生物活性见表 7-2-3。

表 7-2-3 主要的倍半萜化合物的化学结构和生物活性

典型化合物	化学结构式	活性
小白菊内酯	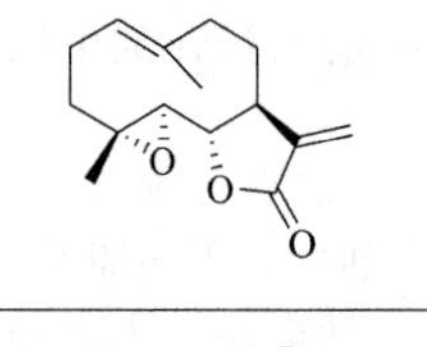	通过以肠道微生物群依赖性方式调节 Treg/Th17 平衡来改善结肠炎症。通过抑制 NF-κB 活化而表现出抗炎活性。通过共价修饰微管蛋白使微管不稳定。可抑制 HDAC1 蛋白而不影响其他Ⅰ/Ⅱ类 HDAC
青蒿素	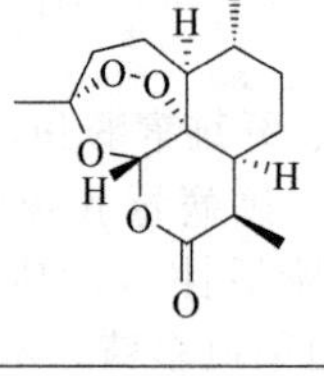	抗疟药。通过降低 pAKT 来抑制 AKT 信号通路。青蒿素化合物通过调节铁稳态使癌细胞对铁死亡敏感。可减少癌细胞的增殖、迁移、侵袭、肿瘤发生和转移，有神经保护作用
姜黄素	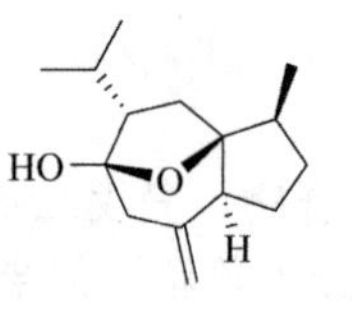	抗癌、抗微生物、抗真菌、抗病毒和抗炎。通过 YAP/NCOA4 在非酒精性脂肪肝中抑制铁蛋白吞噬以抑制肝细胞衰老。通过促进 IFN-β 分泌来抑制脑心肌炎病毒。通过靶向关键信号通路（如 MAPK/ERK、PI3K/Akt 和 NF-κB）诱导凋亡
β-榄香烯	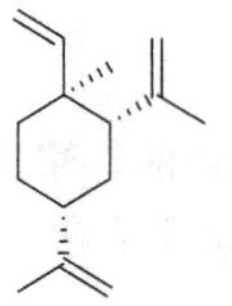	在心力衰竭中通过 PPARβ 激活阻断脂质诱导的炎症通路。抗肿瘤活性诱导细胞凋亡。β-榄香烯和西妥昔单抗联合治疗通过诱导铁死亡和抑制上皮-间质转化对 KRAS 突变的结直肠癌细胞敏感

续表

典型化合物	化学结构式	活性
白术内酯Ⅰ	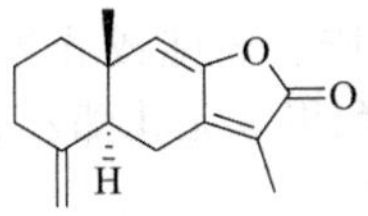	神经保护、抗过敏、抗炎和抗癌。通过激活肿瘤抗原呈递来增强对免疫检查点阻断治疗的反应性。TLR4 的拮抗剂，在 A375 细胞中降低 JAK2 和 STAT3 的磷酸化水平。通过抑制 Drp1 介导的线粒体分裂抑制结肠炎相关结直肠癌中 NLRP3 炎症小体的激活
白果内酯	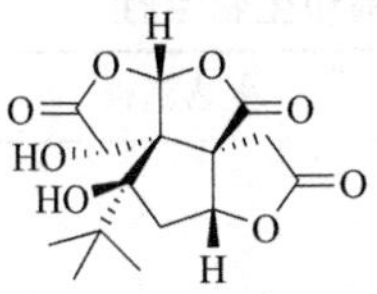	通过 AMPK 信号通路抑制 3T3-L1 脂肪细胞中的脂肪生成。抑制 NMDA 诱导的胆碱流出。通过抑制 TLR2/4 信号通路保护 BV2 小胶质细胞免受 OGD/复氧损伤。通过激活 SH-SY5Y 细胞中的 PI3K/Akt 通路来防止细胞凋亡。通过上调 lincRNA-p21 减轻阿尔茨海默病的神经炎症并促进自噬。对神经元发挥保护和营养作用
堆心菊内酯	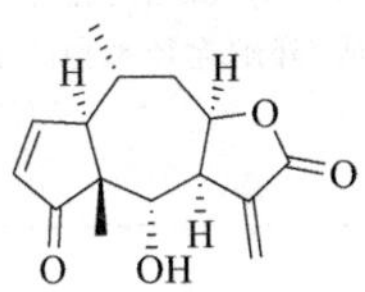	通过靶向人类前列腺癌细胞中的硫氧化蛋白还原酶 1 促进活性氧介导的细胞凋亡和细胞周期阻滞。通过直接靶向 p65 选择性抑制转录因子 NF-κB 以 NF-κB 的 p65 亚基中的半胱氨酸巯基为靶点，抑制其 DNA 结合。PI3K/Akt 和 NF-κB 通路是肝星状细胞活化的靶点
异土木香内酯	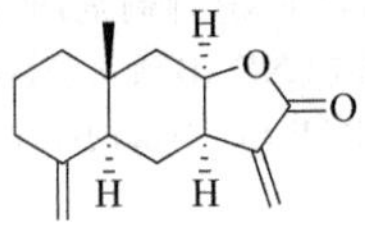	通过减少交替激活的巨噬细胞和 STAT6/PPAR-γ/KLF4 信号来缓解卵清蛋白诱导的哮喘性炎症。通过多种信号通路抑制 RANKL 诱导的破骨细胞形成。通过调节 PI3K 和 Wnt 信号通路抑制胰腺癌增殖
α-香附酮	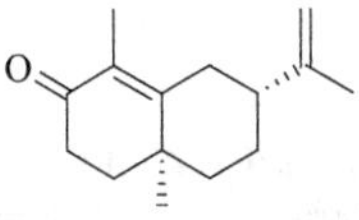	通过激活 Akt/Nrf2/HO-1 和抑制 NF-κB 通路来抑制 LPS 诱导的 BV-2 细胞炎症。下调 Cox-2、IL-6、Nck-2、Cdc42、Rac1 的表达降低炎症反应。对肿瘤衍生 DNA 的抑制作用通过 STING 途径触发小胶质细胞
蛇麻烯	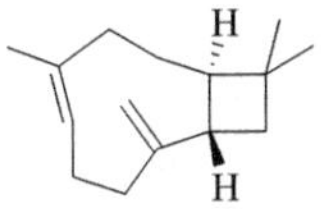	CB2 受体激动剂。通过一些非常规靶点改善了肥胖相关的气道高反应性。通过多种途径促进伤口愈合
去氢木香内酯	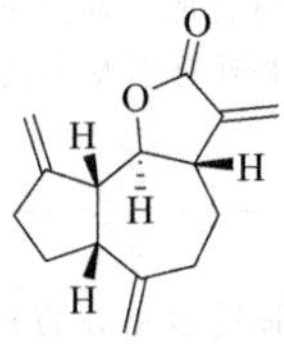	从云木香中分离得到。通过 p38 MAPK 和 Akt 介导的 NF-κB 信号通路抑制 LPS 诱导的急性肺损伤和巨噬细胞活化。抑制雌激素缺乏引起的骨质疏松症
山金车内酯 D	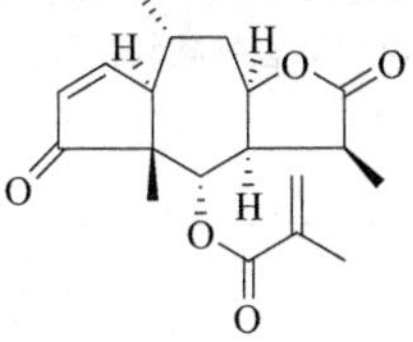	从石胡荽中分离得到。发挥抗黑色素瘤作用并抑制 NF-κB 通路。通过抑制 Akt/mTOR 和 STAT3 信号通路抑制三阴性乳腺癌细胞增殖。以剂量和时间依赖性方式显著抑制鼻咽癌(NPC)细胞生长
百秋李醇	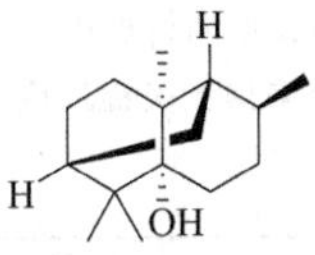	通过抑制大鼠的氧化应激和肠道源性 LPS 渗漏来改善急性肝损伤。激活 PXR 并抑制 NF-κB 介导的肠道炎症

3. 二萜

二萜是由4分子异戊二烯聚合而成的分子中含有20个C原子的天然萜类化合物，由于二萜类分子量较大，挥发性较差，故大多数不能随水蒸气蒸馏，很少在挥发油中发现，个别挥发油中发现的二萜成分也是多在高沸点馏分中。二萜化合物多以树脂、内酯或苷等形式存在于自然界。比较重要的有丹参酮类化合物、雷公藤内酯、甜菊苷、芫花酯甲、芫花酯乙、穿心莲内酯等。主要的二萜化合物的化学结构和生物活性见表7-2-4。

表7-2-4 主要的二萜化合物的化学结构和生物活性

典型化合物	化学结构式	生物活性
雷公藤内酯	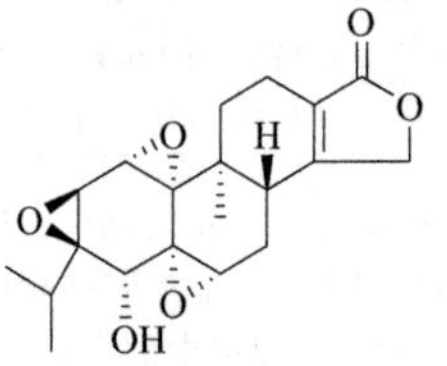	一种潜在的自噬调节剂。NF-κB活化的抑制剂。通过抑制NF-κB/TNF-α和调节蛋白质合成/降解途径来预防LPS诱导的骨骼肌萎缩
穿心莲内酯	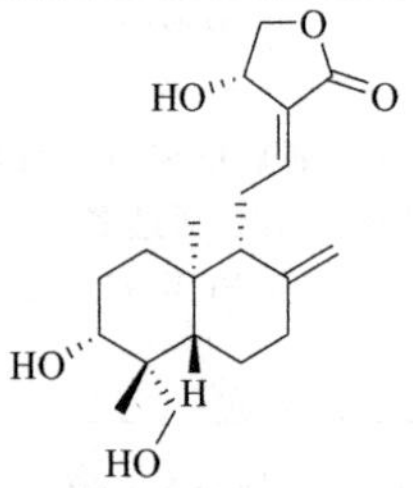	一种抗炎多靶点药物：NF-κB抑制剂，通过共价修饰内皮细胞中p50的半胱氨酸残基而抑制NF-κB活化，通过靶向动力相关蛋白1介导的线粒体裂变减轻MPTP-PD小鼠的帕金森病。耿杰具有抗病毒作用
丹参酮	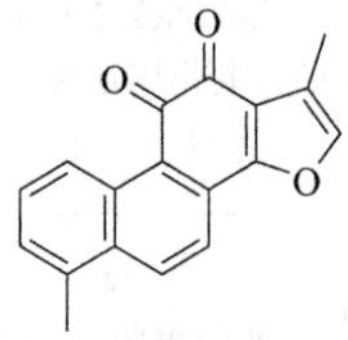	是IIA型人重组sPLA2和兔重组cPLA2抑制剂，通过失活PI3K/AKT/mTOR通路诱导细胞凋亡和自噬来减弱卵巢癌的恶性生物学特性。通过调节NF-κB减轻LPS诱导的乳腺炎
截短侧耳素	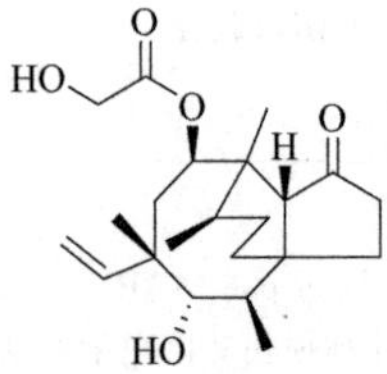	通过下调pFAK2抑制A2780和Caov-3卵巢癌细胞的增殖和迁移以及小鼠A2780肿瘤异种移植物的生长。能够通过绑定细菌的核糖体亚基50S抑制细菌的蛋白合成。通过下调pFAK2抑制A2780和Caov-3卵巢癌细胞的增殖和迁移以及小鼠A2780肿瘤异种移植物的生长
冬凌草乙素	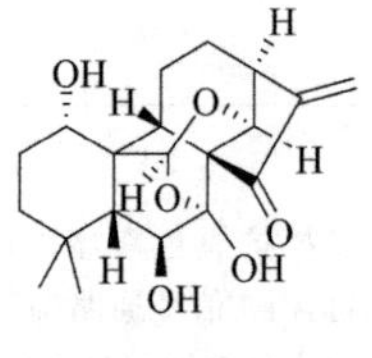	通过JAK2和STAT3信号通路在胃癌中诱导细胞凋亡。降低JAK2和STAT3的磷酸化水平，单对其蛋白水平无作用。通过调节高脂血症、氧化应激和炎症标志物减轻链脲佐菌素诱导的大鼠糖尿病肾病
脱氢松香酸	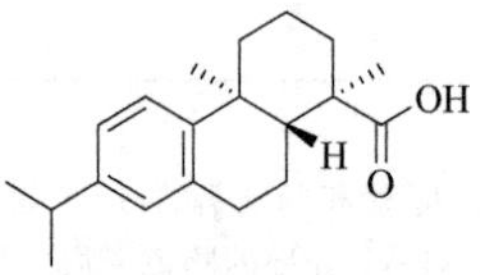	抗病毒。通过激活Keap1/Nrf2-ARE信号通路减少铁死亡来改善非酒精性脂肪肝。是一种新型的胃癌生存素抑制剂。通过抑制Src-、Syk-和TAK1介导的途径来抑制炎症反应

4. 三萜

三萜类化合物衍生自植物体内甲羟戊酸或甲基赤藓醇-4-磷酸途径合成的异戊烯基焦磷酸或二甲基烯丙基焦磷酸，通常由六个五碳的异戊二烯单元组成，以游离形式或与糖结合成苷存在于甘草、柴胡、人参、三七和黄芪等植物中，后者因具有亲水亲脂两性，能产生肥皂般泡沫而得名皂苷。三萜类化合物种类繁多，其骨架超过 100 种，以四环三萜和五环三萜最为常见。四环三萜的骨架类型主要有羊毛脂甾烷型、达玛烷型、大戟烷型、原萜烷型、葫芦烷型；五环三萜的骨架类型主要有齐墩果烷型、乌苏烷型、羽扇豆烷型和木栓烷型[52]。

三萜类化合物不仅能够在病毒复制早期抑制病毒的吸附和侵入宿主细胞，还可以在病毒侵染细胞后抑制其复制或成熟的过程，从而能有效保护宿主细胞免受病毒感染。

① 蔷薇属植物中发现的三萜类化合物多为五环三萜，主要分为乌苏烷型、齐墩果烷型和羽扇豆烷型。乌苏烷型三萜大多是乌苏酸衍生物，主要以游离或糖苷的形式存在于金樱根、四季青、积雪草等植物中，具有抗肿瘤、抗氧化、抗炎、抑菌等药理活性。

② 蓬莪术根茎中吉玛烷型倍半萜化学成分及其抗血小板聚集活性。

③ 绞股蓝总皂苷及其水解产物中达玛烷型四环三萜类化合物及其降糖活性。

三、生物碱类

生物碱是指一类含氮有机化合物，不包括氨基酸肽、蛋白质、核苷酸、核酸、胺、抗生素和维生素 B 等相关化合物。生物碱多具有较复杂的氮杂环结构，多数由 C、H、O、N 元素组成，一般无色，多为结晶形固体，少数为无定形粉末。生物碱结构中如有手性碳原子或手性氮原子，具有旋光性。几乎都会引起苦味，通常具有生物活性和碱性。分为有机胺类、吡咯类、哌啶类、托品类、喹啉类、吖啶酮类、异喹啉类、吲哚类、咪唑类、喹唑酮类、萜类生物碱、甾体类生物碱等[53]。典型生物碱化合物的化学结构和生物活性见表 7-2-5。

表 7-2-5 典型生物碱化合物的化学结构和生物活性

典型化合物	化学结构式	生物活性
秋水仙碱	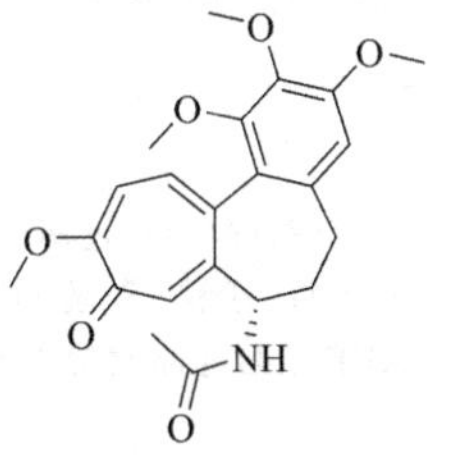	微管蛋白抑制剂和微管干扰剂。微管蛋白和秋水仙碱结合位点抑制剂之间相互作用，抑制微管聚合。α3-甘氨酸受体竞争性拮抗剂
野百合碱	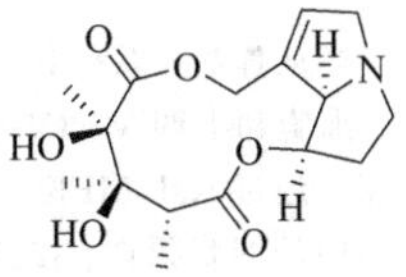	是从猪屎豆植物的种子中提取的吡咯里西啶生物碱，糜蛋白酶抑制可减轻仓鼠野百合碱诱导的窦阻塞综合征。用于在啮齿动物中诱导肺动脉高血压，在静脉血复氧过程中通过与肺红细胞结合和释放来诱导肺内皮损伤
千金藤碱	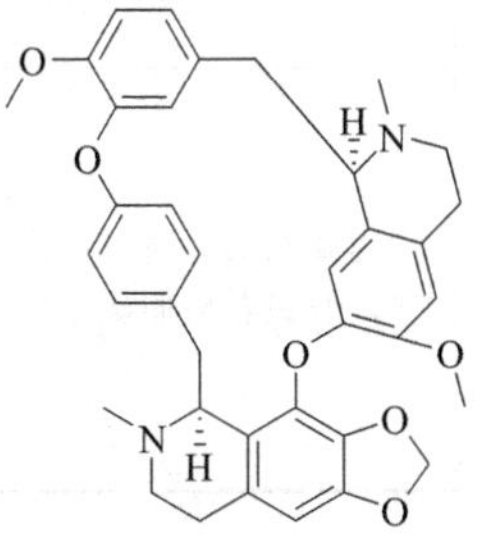	日本批准千金藤碱在 COVID-19 中的抗病毒潜力。抗炎、抗氧化、减轻肢体缺血再灌注引起的肌肉和肾脏损伤，具有治疗肺腺癌的潜力。诱导乳腺癌细胞发生自噬、凋亡和细胞周期阻滞。通过降低细胞膜的流动性来抑制 HIV 入侵

续表

典型化合物	化学结构式	生物活性
盐酸小檗碱	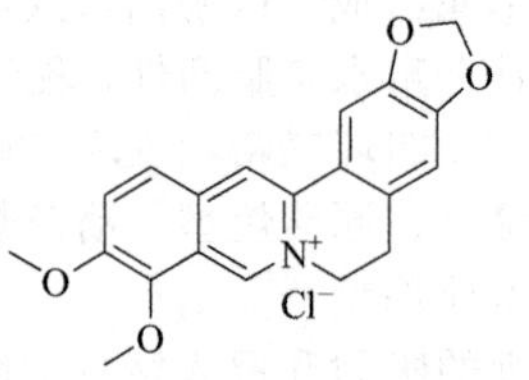	对DSS诱导的大鼠溃疡性结肠炎的保护作用。诱导活性氧生成并抑制DNA拓扑异构酶，抗肿瘤。抑制兔小管撕裂修复后的炎症和纤维化。对白色念珠菌的抑制作用及HOG-MAPK通路的作用
氧化苦参碱	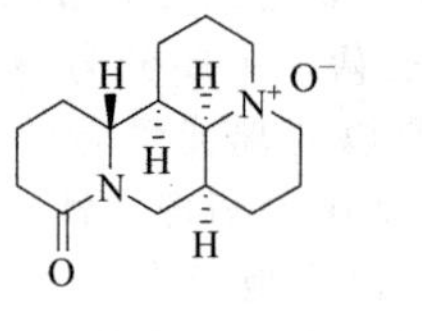	抗炎、抗纤维化、抗肿瘤，可改善多柔比星诱导的大鼠心脏毒性。抑制iNOS表达和TGF-β/Smad通路。抑制博卡病毒MVC复制，通过减弱PKM2介导的有氧糖酵解抑制结直肠癌转移。降低病毒基因表达并减少病毒感染诱导的细胞凋亡
甲基莲心碱	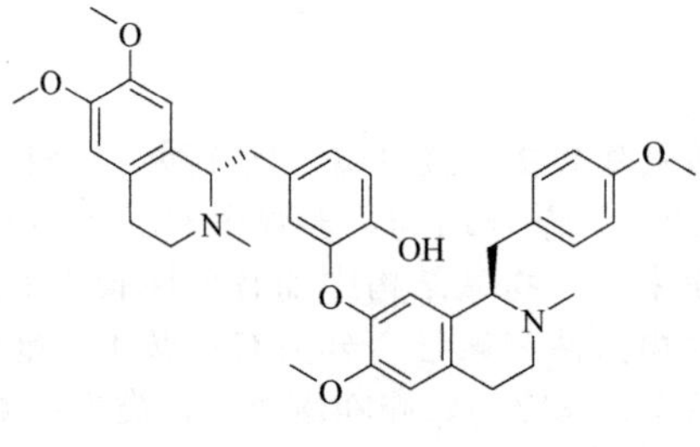	通过调节ROS/NLRP3/Caspase-1信号通路抑制LPS-ATP诱导的内皮细胞焦亡。强效抑制NF-κB激活。通过抑制NF-κB信号通路来抑制血管内皮炎症
川芎嗪	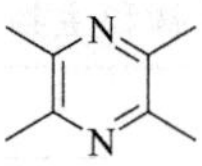	在PC12细胞和血管性痴呆大鼠中，川芎嗪通过Bax/Bcl-2和caspase-3通路抑制神经元凋亡。通过PI3K/Akt/mTOR信号通路诱导存在缺血/再灌注损伤的视网膜神经节细胞的活力、抑制凋亡和自噬
盐酸青藤碱	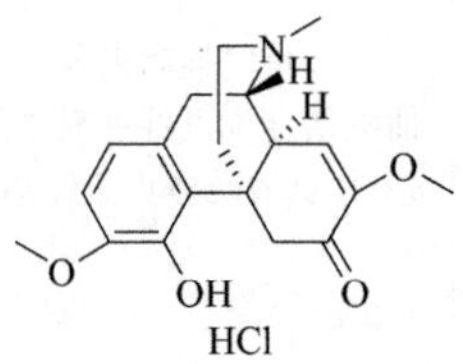	盐酸青藤碱通过调节miR-23a抑制前列腺癌细胞的增殖、迁移、侵袭和促进凋亡。通过激活Nrf2/ARE信号通路改善心脏肥大
吴茱萸碱	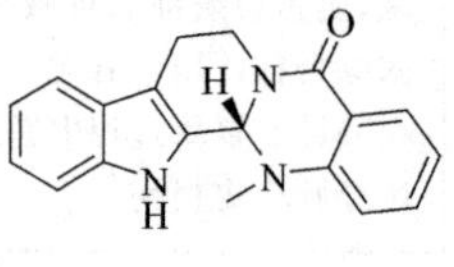	是从萱草的果实中分离的生物碱。通过升高CD8+T细胞和下调MUC1-C/PD-L1轴来抑制非小细胞肺癌。通过Raf/MEK/ERK信号通路诱导人骨肉瘤细胞中的细胞凋亡、G2/M细胞周期停滞，以及细胞迁移和侵袭的抑制
钩藤碱E	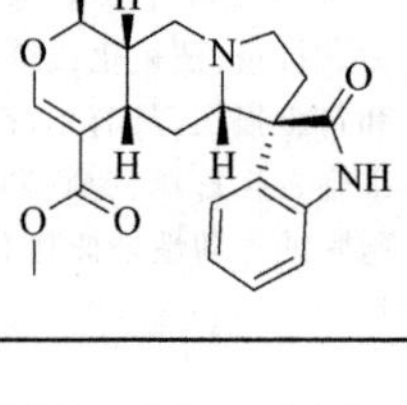	钩藤碱E对革兰氏阳性菌具有抗菌活性，是M1型毒蕈碱乙酰胆碱受体及5-HT2受体的正向调节剂

续表

典型化合物	化学结构式	生物活性
红豆碱		在骨关节炎中通过 PIM2/VEGF 信号传导促进细胞增殖并抑制白细胞介素 1β 刺激的软骨细胞凋亡
芦竹碱		是从芦竹中得到的生物碱，通过改善小胶质细胞活化促进脊髓损伤后的功能恢复。为有效的脂联素受体激动剂。通过调节 NF-κB 和 STAT3 信号传导减弱口腔癌发生中 EGFR 介导的炎症和细胞增殖

四、苯丙烷类

1. 苯丙烷类化合物代谢产物分化的类群

由苯丙烷-乙酸酯代谢途径产生的植物酚类芳香族代谢物统称为苯丙烷类化合物，基本结构是由酚羟基取代的芳香环与丙烯酸构成，分子中取代基多为羟基、糖基，也有脂类、萜类氨基酸等成分。这类成分有的单独存在，也有的以两个、三个、四个至多个单元聚合存在，主要包括木脂素类、香豆素类、黄酮类、醌类、酚酸类、芪类等成分[54]，如图 7-2-1 所示。

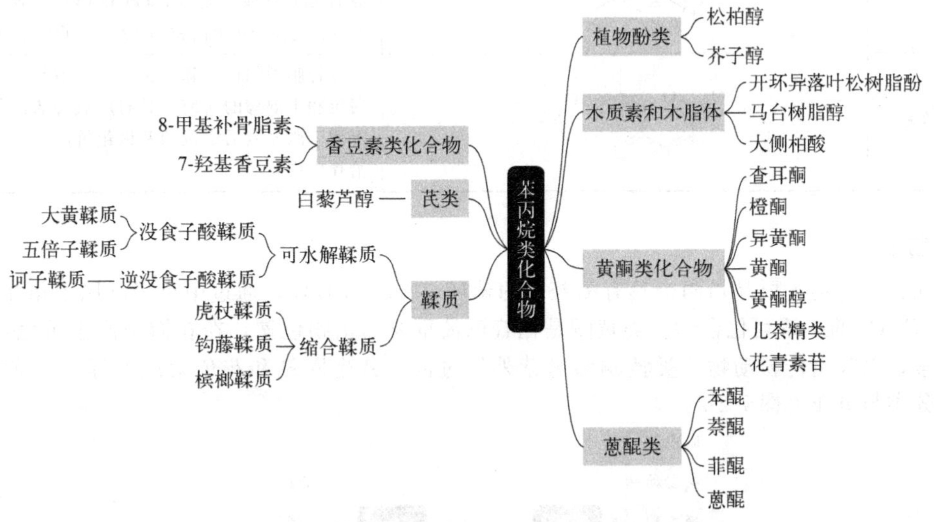

图 7-2-1　苯丙烷类化合物代谢产物分化的类群示意图

2. 木脂素与香豆素类

木脂素是一类由苯丙素氧化聚合而成的天然产物，通常为二聚物，少数是三聚物和四聚物。组成木脂素的单体主要有四种：肉桂醇、桂皮酸、丙烯基酚和烯丙基酚。多种多样的连接方式形成了结构式不同的木脂素分子。木脂素结构类型多样，生物活性广泛且效果显著，主要的生物活性有抗肿瘤作用、肝保护和抗氧化作用、抗 HIV（艾滋病）病毒作用、血小板活化因子拮抗活性、平滑肌解痉作用、毒鱼作用、杀虫作用等，某些木脂素还有雌激素样作用[55]。

香豆素母核为苯并 α-吡喃酮，环上常常有羟基烷氧基、苯基和异戊烯基等取代基，其中异戊烯基的活泼双键与苯环上的邻位羟基可以形成呋喃环或者吡喃环的结构。根据香豆素结构中取代基的类型和位置，把它们分成简单香豆素类、呋喃香豆素类、吡喃香豆素类等。香豆素具有抗病毒、抗肿瘤、抗骨质疏松、抗凝血等生物活性，还具有对心血管系统的作用和光敏作用，但有些香豆素类化合物也具有毒性，导致肝损伤甚至癌变[56]。典型木脂素与香豆素类化合物的化学结构和生物活性见表 7-2-6。

表 7-2-6　典型木脂素与香豆素类化合物的化学结构和生物活性

典型化合物	化学结构式	生物活性
丹参素	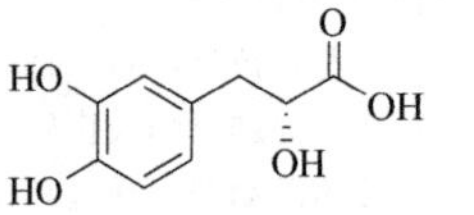	丹参的有效成分，通过 AKT/内皮一氧化氮合酶(eNOS)通路调节高葡萄糖处理的内皮祖细胞功能障碍。能够激活 Nrf2 信号通路，保护心血管。通过下调 BRD4 抑制 HMGB1 易位来缓解慢性酒精性肝病
菊苣酸	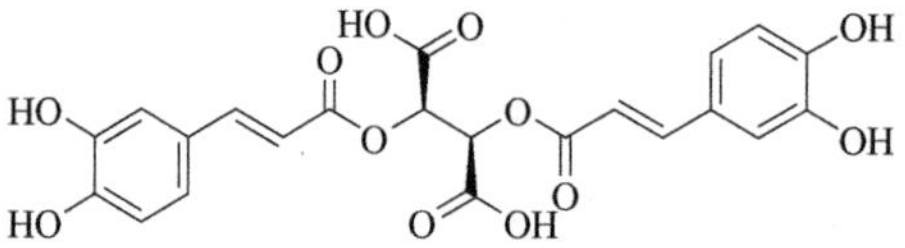	菊苣和紫锥菊中极为重要的免疫活性成分之一，抑制 hIAPP 的错误折叠聚集和原纤维化。具有抗氧化活性。通过抑制 NF-κB 信号通路，减少 NLRP3 炎症小体的活化来改善尿酸单钠诱导的炎症反应。通过抑制 ROS/NF-κB/mTOR/P70S6K 信号级联来防止 PDGF-BB 诱导的 VSMC 去分化、增殖和迁移
异嗪皮啶	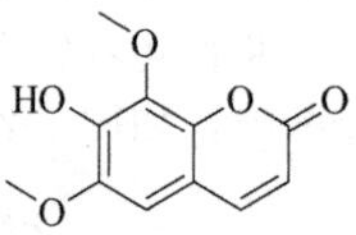	通过 NLRP3 炎症小体抑制减轻心肌梗死。抑制 MMP-7 表达和人肝癌细胞侵袭。作用于肝癌细胞，抑制 ERK1/2 磷酸化。减弱人髓核细胞中 IL-1β 诱导的炎症反应。减弱 iNOS 和 COX-2 表达，抑制 TLR4/髓样分化蛋白 2(MD-2)复合物的形成
甲氧沙林	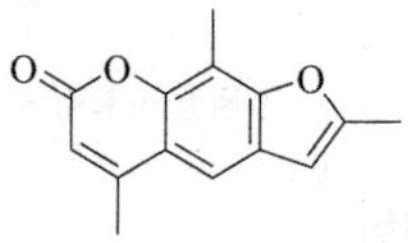	补骨脂素的衍生物。是一种光敏剂，可用于白癜风和手湿疹的研究。具有脂氧合酶抑制活性。可用于激光激活定位的基因组链间交联可视化。治疗牛皮癣

3. 黄酮类

黄酮类化合物主要是指两个具有酚羟基的苯环（A 环与 B 环）通过中央三碳原子相互连接而成的 C_6-C_3-C_6 的一系列化合物。类黄酮是花着色最重要的植物色素，在花瓣中产生黄色或红色、蓝色色素，以吸引传粉动物，类黄酮参与紫外线过滤、共生固氮和花色素沉着等[57]。黄酮类化合物的分类与分布见图 7-2-2。

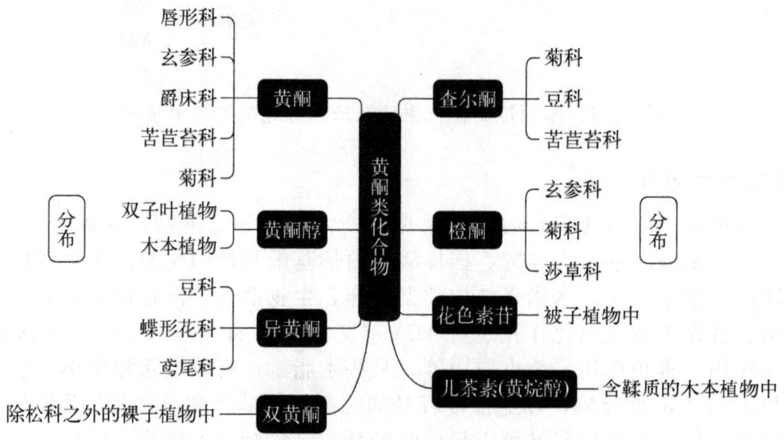

图 7-2-2　黄酮类化合物的分类与分布

黄酮类化合物多为结晶性固体，黄酮苷均有旋光性。黄酮类化合物是否有颜色与分子中是否存在交叉共轭体系以及助色团（—OH、—OCH_3 等）的种类、数目和取代位置有关：a. 黄酮、黄酮醇及其苷类多显灰黄色至黄色；b. 查耳酮为黄色至橙黄色；c. 二氢黄酮、二氢黄酮醇、异黄酮类不显色或显微黄色。游离苷元难溶或不溶于水，易溶于甲醇、乙醇、乙酸乙酯、乙醚、丙酮等有机溶剂及稀碱水溶液中。黄酮类化合物具有改善心血管系统、抗病毒、抗炎、抗菌和抗病毒作用，以及解痉作用、雌性激素样作用[58,59]。典型黄酮类化合物的化学结构和功能活性见表 7-2-7。

表 7-2-7　典型黄酮类化合物的化学结构和功能活性

典型化合物	化学结构式	功能活性
槲皮素	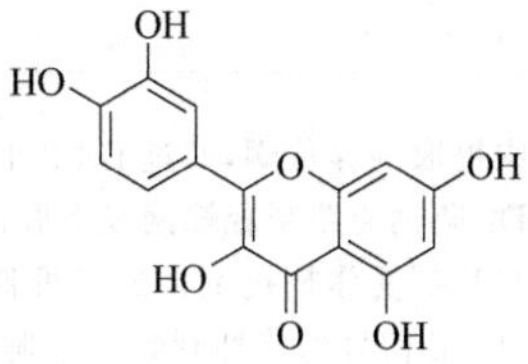	激活或抑制许多蛋白质的活性。激活 SIRT1，也可抑制 PI3K，抑制 PI3Kγ、PI3Kδ、PI3Kβ。增加脂联素、降低瘦素、抗氧化活性、降低胰岛素抵抗、升高胰岛素水平和阻断钙通道
木犀草素	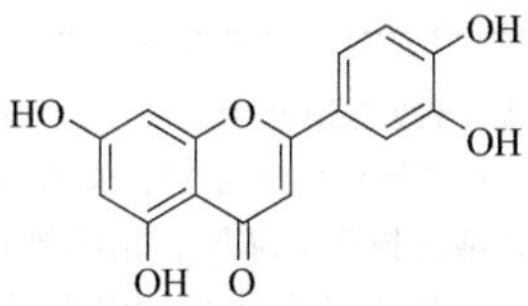	Nrf2 抑制剂。介导的蛋白质网络和 microRNA 在不同癌症中的靶向作用：专注于 JAK-STAT、NOTCH、mTOR 和 TRAIL 介导的信号通路。诱导正常妊娠大鼠子宫动脉血管的舒张
山柰酚	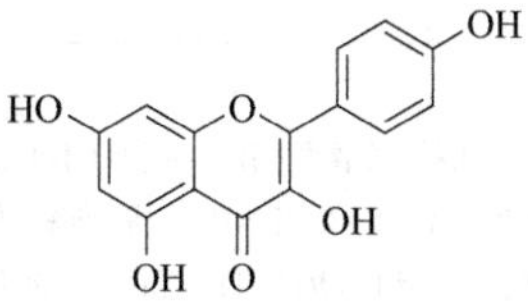	在乳腺癌细胞中抑制雌激素受体表达，通过激活 Nrf2/SLC7A11/GPX4 轴来改善氧葡萄糖剥夺/复氧诱导的神经元铁死亡。在胶质母细胞瘤细胞和肺癌细胞中，通过激活 MEK-MAPK 诱导细胞凋亡
染料木素	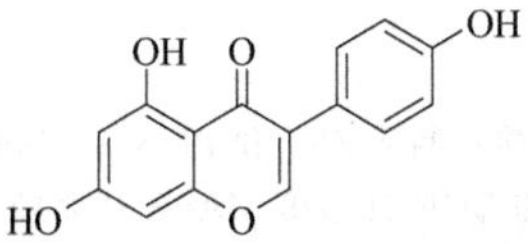	阿尔茨海默病的神经保护作用。多重的酪氨酸激酶抑制剂，抑制 ATDC5 细胞的软骨形成分化和矿化。是多种癌症的化疗剂，主要通过改变细胞凋亡、细胞周期和血管生成抑制转移
黄芩苷	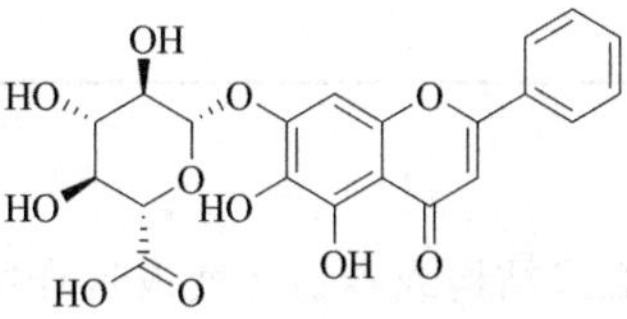	对溃疡性结肠炎大鼠 IKK/IKB/NF-κB 信号通路及凋亡相关蛋白的调节作用。变构肉碱棕榈酰转移酶 1 是激活剂。通过 PI3K/AKT/FoxO1 通路抑制 toll 样受体 4 的表达来改善神经炎症诱导的抑郁样行为。降低 NF-κB 表达
漆黄素	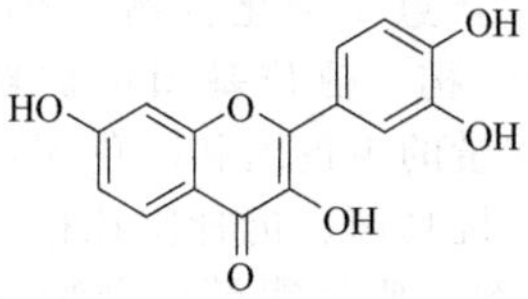	通过抑制脓毒症 AKI 小鼠中 Src 介导的 NF-κB p65 和 MAPK 信号通路减轻肾脏炎症和细胞凋亡。通过内质网应激和线粒体应激依赖性途径诱导胰腺癌细胞自噬。通过 FGFR1/TLR4/NLRP3 炎性体通路减轻牙周炎

续表

典型化合物	化学结构式	功能活性
芦丁	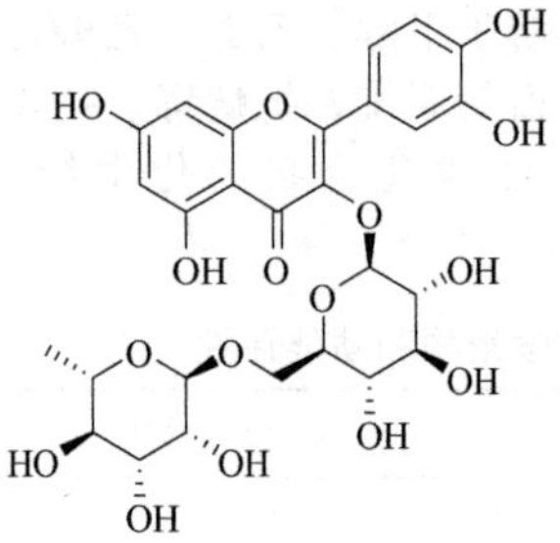	调节芦丁共同给药可逆转伯氏疟原虫感染小鼠中线粒体介导的细胞凋亡。在体外抑制大鼠未成熟间质细胞的雄激素合成和代谢。在体外抑制非小细胞肺癌的增殖和迁移
葛根素	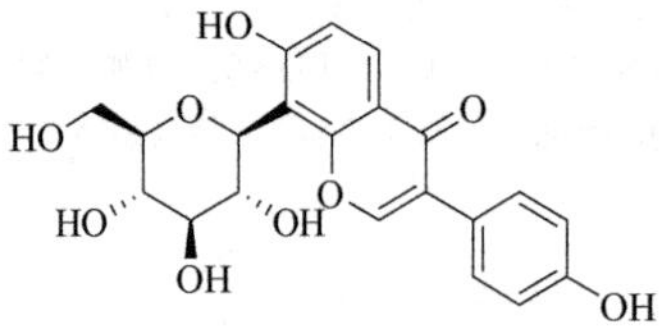	是从葛根中提取的异黄酮，通过 Bcl-2/Bax/cleaved caspase-3 和 Sirt3/SOD2 凋亡通路减轻蛛网膜下腔出血小鼠的神经功能缺损。是 5-HT2C 受体拮抗剂。通过抑制 TRAF6/ROS 依赖的 MAPK/NF-κB 信号通路抑制破骨细胞生成，从而减轻卵巢切除术诱导的小鼠的骨质疏松症
川陈皮素	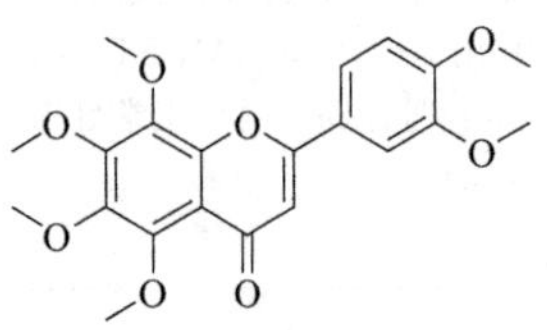	来自柑橘皮，可改善记忆力丧失，是一种 RORs 激动剂。通过激活 SIRT-1/FOXO3a 介导的自噬和线粒体生物合成来改善肝缺血和再灌注损伤。降低分化的肌管中 ROS 的水平，并具有抗炎和抗癌特性，通过下调 miR-15-5p 使 WNT/β-Catenin 信号转导失活来抑制非小细胞肺癌
大豆异黄酮	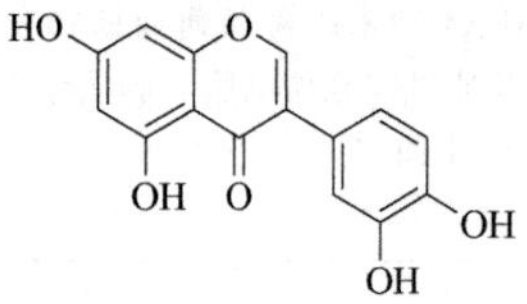	抗皮肤老化和抗肥胖作用。抑制 CK1ε、VEGFR2、MAP4K5、MNK1、MUSK、TOPK 和 TNIK。是染料木黄酮的一种酶转化产品，通过靶向酪蛋白激酶 1Epsilon 发挥抗肥胖作用。对阿尔茨海默病的四种病理特征具有调节多功能性
异鼠李素	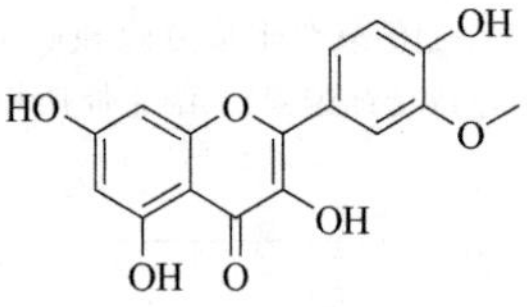	可通过直接抑制 MEK1 和 PI3K 来抑制皮肤癌。通过 TGF-β1/Smad3 和 TGF-β1/p38 MAPK 通路减少自噬和抑制细胞外基质形成来抑制肝纤维化。通过激活小鼠的 CFTR 改善干眼症

4. 醌类

醌类化合物是指分子内具有不饱和环二酮结构的醌式结构或容易转变成这样结构的植物次生代谢产物。天然醌类化合物主要分为苯醌、萘醌、菲醌和蒽醌四种类型，分布于蓼科、茜草科、豆科、鼠李科、百合科、唇形科、紫草科等植物中。其中，蒽醌类化合物以 9，10-二蒽酮作为母核，通过不同程度的还原转化为氧化蒽酚、蒽酮、蒽酚结构，侧位基团可被羟基、甲氧基、甲基、羟甲基、卤素、糖苷等基团取代。由于母核中含有大量的生色团和助色团，蒽醌类化合物呈现较深的颜色，具荧光。蒽醌类化合物具有泻下、抗菌、抗真菌、抗骨质疏松、利尿、抗肿瘤等活性[60]。醌衍生物用作着色物质（染料和颜料）和氧化剂。典型醌类化合物的化学结构和功能活性见表 7-2-8。

表 7-2-8　典型醌类化合物的化学结构和功能活性

典型化合物	化学结构式	功能活性
紫草素	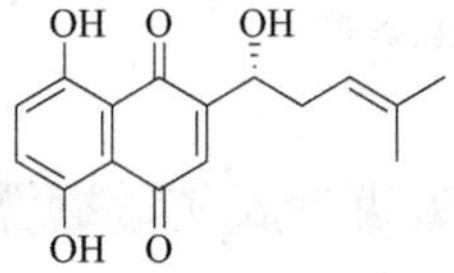	是 TMEM16A 氯化物通道抑制剂。通过抑制氧化应激和炎症减轻对乙酰氨基酚引起的急性肝损伤。是一种特异的丙酮酸激酶 M2(PKM2)抑制剂，抑制 TNF-α 和 NF-κB 途径。通过下调 PI3K/AKT 和 MAPKs 信号通路实现抗血管生成作用。通过抑制糖酵解降低外泌体的分泌。抑制 AIM2 炎性体活化
隐丹参酮	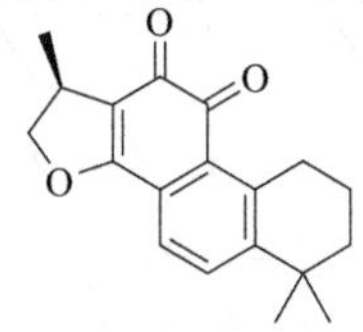	是从丹参的根中提取出来的，具有抗肿瘤活性。通过抑制 Smad 和 STAT3 信号通路来预防肺纤维化。通过激活 AMPK/SIRT1 和 Nrf2 信号通路减轻乙醇诱导的肝损伤。改善 CUS 诱导的小鼠抑郁样行为
大黄素	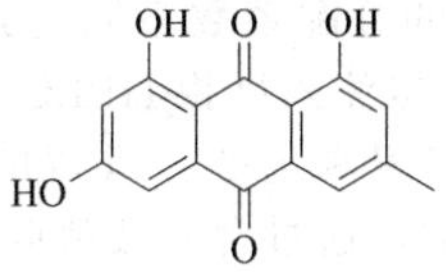	抗 SARS-CoV 化合物抑制酪蛋白激酶 2(CK2)。诱导的线粒体功能氧化抑制有助于 BiP/IRE1α/CHOP 信号介导的 ER 相关细胞凋亡。11β-HSD1 抑制剂。可改善饮食诱导的肥胖小鼠的代谢紊乱。通过激活 RAW 264.7 细胞中的自噬来抑制脂多糖诱导的炎症。通过抑制细胞凋亡和调节重症急性胰腺炎的免疫反应来缓解肠屏障功能障碍
芦荟大黄素	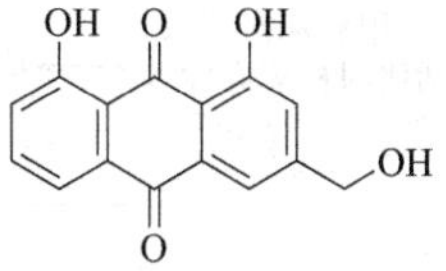	通过 Toll 样受体 3 激活抑制猪繁殖和呼吸综合征病毒。通过上调 miR-133 表达减轻心肌梗死和细胞凋亡。逆转阿霉素诱导的 MCF-7/ADR 细胞耐药作用
茜素	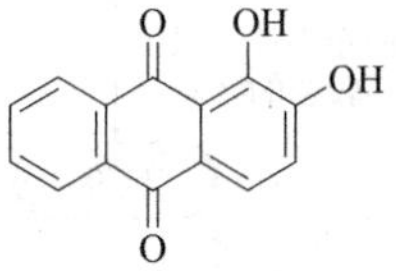	是从茜草植物根部提取的天然染料，已广泛用作纺织品和绘画中的颜料

第三节　林源提取物的现代分析测试方法

一、样品前处理

林源提取物分析样品中含有大量的植物次生代谢产物，组成复杂、组分浓度低、干扰物质多、易受环境影响，需要经过样品前处理过程才能进行分析测定，分为：a. 可直接进样的溶液；b. 需稀释；c. pH 缓冲；d. 加入内标；e. 其他定容操作。前处理除去干扰物以便保护色谱柱或仪器不受损害。样品的前处理过程中提取净化是关键，直接影响分析的准确度、灵敏度和重现性。样品前处理方法见图 7-2-3。

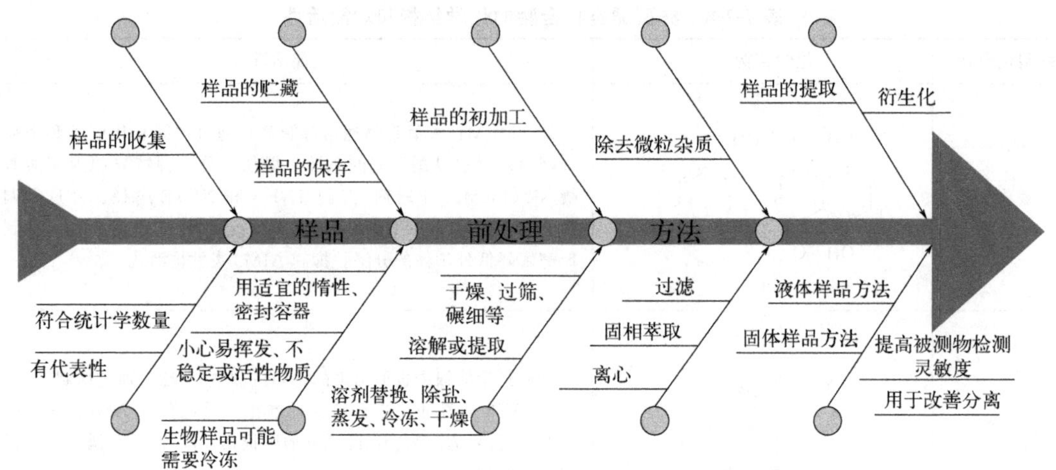

图 7-2-3　样品前处理方法

1. 液-液萃取

液-液萃取通过被测物在两种不混溶的液体（或相）中的分配系数不同达到分离的目的。分为水相和有机溶剂相，亲水性强化合物会进入水相，能够直接注入反相 HPLC 色谱柱等分析设备中进行分析；疏水化合物溶于有机溶剂，溶剂挥发后再复溶解测定[61]。常规的液-液萃取方法使用分液漏斗。连续液-液萃取是循环连续使用新鲜的有机溶剂，通过含有被萃取的水相的方法。

2. 固相萃取

固相萃取（SPE）为一种类似于 HPLC 的色谱过程。应用固相萃取技术对提取物样品进行净化处理，是一种样品前处理技术。用于 SPE 的装置有萃取管、圆盘滤头、涂布纤维口等。固相萃取柱萃取流程如图 7-2-4 所示。

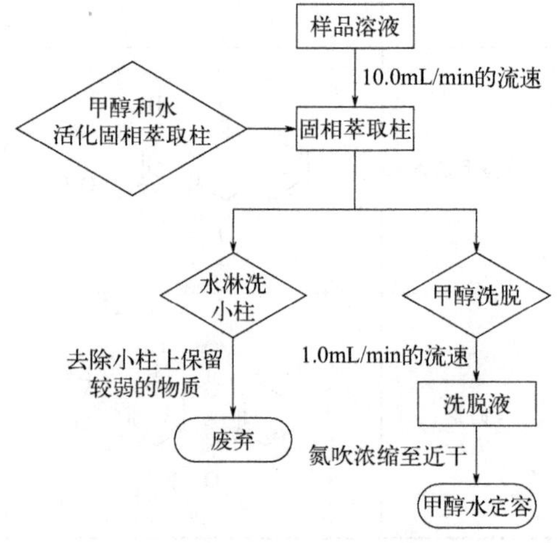

图 7-2-4　固相萃取柱萃取流程

SPE 的目的是除去干扰物和色谱柱中的疏水物质（如脂肪、油类、酯类）、聚合物或微粒等杂质；浓缩或富集痕量被测物、除盐、更换溶剂、现场衍生化、便于样品储存与运输等。可以消除样品中杂质成分对检测的影响，提高检测的准确性，而且可以很好地延长仪器的使用寿命[62]。

3. 柱切换

色谱柱切换又称多维柱色谱或耦联柱色谱，初始色谱柱（1 柱）的一部分色谱图被有选择地转送至第二支色谱柱（2 柱）再次分离。用于：a. 精确地分析复杂样品中，在线前处理消除基体物质；b. 富集痕量离子；c. 快速测定强保留离子。在建立茶碱高效液相色谱柱切换测定方法中，流动相组成、预柱的长短及填料种类、净化时间长短、切换时间长短等因素造成的系统峰会对被测组分产生干扰[63]。

4. 衍生化

衍生化反应主要有两种形式：a. 加入发色团或荧光团；b. 使正常形式下不能被检测的被测物能够进行检测。酸类、生物碱类、胺类、羟基和甾体化合物能进行衍生化反应。HPLC 衍生化主要用来提高被测物的可检测性，也可以用衍生化进行手性分析[64]。

二、标准对照品

国内标准对照品主要来自中国食品药品检定研究院。国外进口标准品和对照品品牌，例如 Sigma-Aldrich、Dr. Ehrenstorfer、AccuStandard、ERA、Fluka、LGC、美国药典等，部分机构见表 7-2-9。

表 7-2-9　标准对照品部分机构

机构名称	标准对照品
中国食品药品检定研究院	设有国家药品标准物质查询与订购平台，对于普通品种的标准物质，用户可在订购平台上在线查询和购买
法国中(草)药 (Extrasynthese)	成立于 1986 年，坐落在法国里昂，专注于中(草)药标准品，其中纯化的植物提取物质多达数百种
Phyto Lab	是德国的一家致力于天然化合物提取和分离，集生产与销售于一体的中(草)药对照品公司。超过 1300 多种中(草)药对照品，种类涵盖了醇类和酚类、醛和酮、黄酮类化合物、硫代葡萄糖苷、异戊二烯、含氮化合物、有机酸和酯类、苯丙烷类、凯诺和鞣酸类物质等
Chromadex 公司	于 1999 年在美国成立，主要生产植物化学中(草)药对照品以及标准材料，提供多达 3000 种产品和试剂盒，满足了自然产品的参考标准品、材料、业务的需求。是植物参考标准创造以及植物化学物质的产品和服务市场的领导者
Sigma-Aldrich 公司	生物科学技术(75%)与化学试剂(25%)的领导者，是世界上最大的化学/生物化学试剂供应商。数以百万计的科学家和技术人员使用 Sigma-Aldrich 标准品。其产品数量超过 120000 种，并在 9 个国家设立了 31 个生产基地
日本 TCI 标准品	TCI 主要标准品包括：有机化学试剂、化学中间体、生化试剂、分析试剂、化妆品原料、有机合成试剂、功能性材料研究用试剂、糖链化学研究用试剂、标准物质、医药中间体、化妆品原料、功能性材料、电子信息材料

三、分析检测方法

（一）紫外分光光度法

紫外分光光度法是在 190～800nm 波长范围内测定物质的吸光度，被该物质吸收的量与该物质的浓度和液层的厚度（光路长度）成正比，符合朗伯-比尔定律[65]：

$$A=\lg(1/T)=Kbc$$

式中，A 为吸光度；T 为透光率；K 为摩尔吸光系数，它与吸收物质的性质及入射光的波长 λ 有关；b 为吸收层厚度，cm；c 为吸光物质的浓度，mol/L。

采用紫外分光光度法测定桃金娘果实中单宁含量，以没食子酸为对照品，用磷钼酸、钨酸钠作显色剂，与桃金娘果实中的单宁生成深蓝色物质，在 758nm 波长下进行测定。

（二）薄层色谱分析法

薄层色谱分析法是一种用于分离非挥发性混合物的色谱技术，是一种吸附薄层色谱分离法，它利用各成分对同一吸附剂的吸附能力不同，使在流动相流过固定相的过程中，连续地产生吸附、解吸附、再吸附、再解吸附，从而达到各成分互相分离的目的。由于具有操作方便、设备简单、显色容易等特点，薄层色谱法被广泛应用于成分分析中[66]。

薄层色谱法实验操作涉及薄层板、点样器材、展开缸等器材的选择，供试品溶剂的选择，点样量和展开剂的选择等。1-脱氧野尻霉素是桑叶生物碱，薄层色谱法定性分析条件以正丁醇-醋酸-水（4∶1∶1）为展开剂，以氯-邻联甲苯胺为显色剂，1-脱氧野尻霉素在薄板上的展开效果好，斑点圆整、清晰，可作为药桑叶定性鉴别指标。

（三）高效液相色谱法

高效液相色谱法（high performance liquid chromatography，HPLC）是在色谱法的基础上，用高压在色谱柱中产生所需要的流速，加高压泵和检测器等，获得成分流经色谱柱时产生的信号峰。HPLC 仪一般由溶剂输送系统、进样系统、色谱柱分离系统、检测系统和数据处理与记录系统组成，具体包括储液器、输液泵、进样器、色谱柱、检测器、记录仪或数据工作站等[67]。HPLC 的主要分析测试流程如下。

① 掌握样品的性质，明确分离目的，同时辅助查阅大量相关文献。

② 选择好设备。尤其是针对目的化合物的特征选择合适的色谱柱和检测器。根据流动相和固定相的相对极性不同，液相色谱柱常用反相色谱柱，反相色谱柱键合基团有 C8、C18、苯基、氨基、五氟苯基、氰基等。常用检测器有：可变波长紫外检测器、二极管阵列检测器、荧光检测器、示差折光检测器、蒸发光散射检测器、电化学检测器和质谱检测器等。如蒸发光散射检测器可以检测没有紫外吸收的活性成分，如银杏内酯、黄芪甲苷、人参皂苷等。桑叶中 1-脱氧野尻霉素本身不发荧光，可以进行衍生化反应后使用荧光检测器测定。示差检测器特别适用于糖化合物的检测，缺点是受环境温度、流动相组成等波动的影响较大，不适合梯度洗脱。

③ 样品的前处理。有必要时要先进行显色反应或紫外分析，待测样品适当纯化后，才能用色谱级甲醇或乙腈溶解，过滤，进样。

（四）气相色谱法

气相色谱法（gas chromatography，GC）用氮气、氦气和氢气等作载气流动相，固定相为毛细管，优化柱温和载气流速等操作参数，利用被测物质的沸点、极性及吸附性质的差异来实现分离[68]。GC 的主要分析测试流程如下。

① 待测样品。可挥发且是热稳定的，沸点一般不超过 500℃，可以使用萃取技术、浓缩和稀释方法、提纯方法、衍生化等样品前处理技术。

② 进样技术。顶空进样和裂解进样，或高分子材料的裂解色谱等 GC 间接分析。

③ 检测器。热导检测器、火焰离子化检测器、电子俘获检测器、热离子检测器、质谱检测器等。

④ 毛细管柱填料。毛细管柱内采用较薄的固定液膜，没有固体填料，气阻比填充柱小得多，采用较长的柱管和较小的柱内径，以及较高的载气流速，可以消除填充柱中涡流扩散，减小纵向扩散造成的谱带展宽。

⑤ 毛细管柱极性。毛细管柱分为非极性、弱极性和极性三种类型。根据极性相容原理来选用，分析醇类和酯类（如含酒精饮料）多用极性柱。

⑥ 分析样品方法。选择合适的装置、载气、色谱柱、检测器等，确定进样量、进样口温度、检测器温度、色谱柱温度和载气流速等分离条件。

（五）光谱/波谱分析法

光谱分析法是根据物质的光谱来鉴别待测物质以及确定其化学组成和相对含量的方法。波谱分析主要是以光学理论为基础，以物质与光相互作用为条件，建立物质分子结构与电磁辐射之间的相互关系，从而进行物质分子几何异构、立体异构、构象异构和分子结构分析和鉴定的方法。光谱/波谱分析主要有原子吸收光谱、紫外-可见吸收光谱、红外光谱、核磁共振、质谱等。

1. 原子吸收光谱

原子吸收光谱是基于待测元素的基态原子蒸气对其特征谱线的吸收，根据特征谱线的特征性和谱线被减弱的程度对待测元素进行定性定量的方法。原子能级量子化，即元素从基态跃迁至第一激发态时吸收的能量不同，被测元素的基态原子对由光源发出的该原子的特征性窄频辐射产生共振吸收，各元素的共振吸收线具有不同的特征，其吸光度在一定范围内与蒸气相中被测元素的基态原子浓度成正比。应用朗伯-比尔定律，建立测量的吸光度和分析物浓度之间的关系，确定待测元素的浓度[69]。

2. 紫外-可见吸收光谱

紫外-可见吸收光谱基于光电效应，应用光强度的控制原理，由可见光区扩展到紫外线区和红外线区，用来做含发色团化合物的纯度检查、定性和定量分析以及结构鉴定。根据谱图中吸收峰的数目、强度对活性成分中具有不饱和度的分子式成分和含量之间的差异进行测定。紫外-可见分光光度法应用于药品、食品营养成分、食品添加剂、香精香料以及有害物质测定等方面，如总黄酮、总多糖、总蛋白、总皂苷、总花青素等含量的测定。该方法简便，易操作，在定性分析和定量分析中都很有优势[70]。

3. 红外光谱

红外光谱是由有机物分子振动和转动能级跃迁所引起的，分子振动产生电磁场的频率取决于化学键或官能团的能量，分子偶极矩变化的振动才具有红外活性。波长范围：分子的基频振动吸收的中红外光谱波长范围在 4000～400cm^{-1}；分子振动的倍频和组合频吸收的近红外光谱波长范围在 12500～4000cm^{-1}。傅里叶变换红外光谱（Fourier transform infrared spectrometry，FTIR）技术是常用的红外分析方法，可应用于天然活性小分子、络合物、高分子化合物和无机化合物的分析[71]。

4. 质谱

质谱法（mass spectrum，MS）可以提供各种化合物的分子量、结构碎片等信息，鉴定活性分子结构。质谱仪使分子带上电荷，然后将带电离子流转化为数据系统能够识别的成比例电流。数据系统将这一电流转化为数字信息，得到质谱图。质谱仪以离子源、质量分析器和离子检测器为核心。常见的电离方法：电子离子化（EI）、化学电离（CI）、负离子化学电离（NCI）、电喷雾电离（ESI）、大气压化学电离（APCI）[72]。MS 分析主要操作流程如下。

① 仪器组成。气化室、离子源、电离技术、质量分析器、离子检测和数据采集系统。

② 仪器操作。进样、数据采集、极性切换（正离子和负离子模式）、全扫描与选择离子监测，以及连续数据与质心数据。

③ 质谱解析。m/z、单同位素质量与平均质量、同位素分布、加合物、碎裂、多电荷态和氮规则。

④ 质谱数据处理。将离子强度求和，然后按总离子强度对时间（色谱保留时间）的函数作图，得到总离子流色谱图（TIC）。质谱的数据输出、存储和检索，通过软件设计来完成。

5. 核磁共振

核磁共振（nuclear magnetic resonance，NMR）是指核磁矩不为零的原子核，在外磁场的作用下，吸收射频辐射而产生能级跃迁的谱学技术。NMR 图谱常见的有：1H-NMR（氢所处的大致化学环境、不同化学环境中氢的比例以及相邻氢的个数信息）、^{13}C-NMR（碳所处的大致化学环境和不同化学环境中碳的个数信息）、DEPT（碳所处的大致化学环境和碳的类型信息）、^{1}H-^{1}HCOSY（同一自旋偶合系统内氢的连接顺序信息）、TOCSY（一自旋偶合系统内氢的连接顺序并且给出所有相关信号）、HSQC（氢碳直接连接的信息和确定碳的类型）、HMBC（分子中间隔 2 个或 3 个化学键的氢碳连接信息）、NOESY（不同化学环境氢间空间距离相近）和 ROESY（旋转坐标系中氢间空间距离）。NMR 广泛应用在水果、蔬菜、肉制品、乳制品和油脂等食品的质量安全、代谢物检测、品质掺假和产地溯源等方面，具有对样品结构性质无损伤性、易于量化、几乎不需要分离、识别新化合物、不需要化学衍生等技术优势[73]。

（六）色谱-光谱联用分析法

1. 液相色谱-质谱联用技术

液相色谱-质谱（LC-MS）是将高效液相或超高效液相与质谱串联起来的技术，具有灵敏度高、定性准确等优点，近年来已越来越多地应用于食品中残留痕量物质的分析检测。LC-MS 系统主要包括液相系统、接口、离子源、质量分析器、检测器、真空系统、电气系统和数据处理系统等。LC-MS的接口包括汽化器、电离室和抽气系统三部分，汽化器是一根金属毛细管。离子源可用来区分HPLC应用中不同的MS技术，不同的质谱技术通常是指采用的离子源（日常维护更换需要毛细管和靶针）不同。样品用电子轰击电离（EI）、化学电离（CI）、快原子轰击（FAB）、电喷雾离子化（ESI）、热喷雾（TSP）、激光解吸（LD）等方法离子化。MS中有许多类型的质量分析仪，包括磁电式、四极、离子阱（ITP）、飞行时间（TOF）、傅里叶变换离子回旋共振（ICR）等质量分析仪[74]。根据质量分析仪的不同，LC-MS联用技术可分为以下类型。

① 单四极杆质谱。四极杆由四根带有直流电压和叠加的射频电压的准确平行杆构成，相对的一对电极是等电位的，两对电极之间电位相反。质荷比不同的离子进入电场，满足特定条件的离子做稳定振荡通过四极杆，被监测器检测，通过扫描RF场可以获得质谱图，适合ESI离子化方式。单四极杆技术是液质联用耐用且可靠的质量检测技术。单四极杆质谱检测设计为与UPLC、UPC^2、HPLC和Auto Purification兼容，具有广泛的离子化选择，是一种通过分离结果产生额外维度信息的简易方法[75]。

② 串联四极杆质谱。串联四极杆（三重四极杆）可以进行质谱裂解分析，可广泛应用于农学、林学、药学等领域的分析研究。如串联四极杆质谱技术多反应监测模式能够快速对复杂样品中目标化合物通过准分子离子和特征碎片离子对实现精确定性和定量分析[75]。

③ 飞行时间质谱（TOF-MS）。TOF-MS的分辨率达到0.1～1.0Da，借助于反射装置、连续梯度（曲线）反射及类似装置，分辨率与三元四极质谱或离子阱质谱相近。用MALDT作离子源，通过改变激光能级，产生不同程度离子化的离子和碎片离子，多样品引入，同一靶盘中往往有数百个不同的样品，静态方式扫描单个样品仅需数秒钟。采用其他样品引入和离子源的质谱仪很难做到几分钟内可分析数百个样品的水平[76]。

④ 离子淌度质谱。将离子淌度（单位场强下离子迁移的速率）分离与高分辨率MS结合，有效地提高常规MS/MS工作流程，能够发现其他方法不能发现的新物质[77]。

⑤ 离子阱质谱。离子阱质谱（ITMS）将离子储存在阱里，然后改变电场按不同质荷比将离子推出阱外，强大的电场使分析物离子化并以带单电荷或多电荷的离子形式进入质量分析器。混合物经过液相色谱分离后，经过偶联的与在线连接的离子阱质谱分析，给出待分析物的结构信息等。GC-ITMS、FTR-ITMS等联用技术应用于蛋白质组学和药物代谢分析[78]。

2. 气相色谱-质谱联用技术

气相色谱-质谱联用（GC-MS）是将气相色谱和质谱串联起来的技术，该技术利用气相色谱的分离能力让混合物中的组分分离，并利用质谱鉴定分离出来的组分（定性分析）以及其精确的量（定量分析），其具有GC的高分辨率和质谱的高灵敏度，可用于环境分析、食品安全筛查、代谢组学等领域[79]。

3. 液相色谱-核磁联用技术

液相色谱-核磁联用（LC-NMR）是在核磁仪器前加上一级色谱分离设备再把样品送入NMR中扫描的技术。LC-NMR主要考虑的技术细节是NMR的灵敏度、溶剂的相容性、溶剂的抑制、NMR探头的设计、色谱峰以及NMR流动池的体积。LC-NMR在药物研究中用于：a. 活性成分、药物代谢产物和微生物代谢物的结构测定；b. 药物构型研究；c. 药物在体液中的毒性与药代动力学研究[80]。

4. 毛细管电泳-质谱联用技术

毛细管电泳-质谱联用（CE-MS），是以毛细管为分离通道、以高压直流电场为驱动力的新型液相分离技术，从微升水平进入纳升水平分析，适合生物大分子如蛋白质的分离分析。CE-MS技术适合于分析极性带电化合物，在植物中大部分初生代谢物都具有强极性和亲水性等特点，CE-MS适合分析初生代谢物[81]。

四、常规检测项目

林源提取物的常规检测项目主要包括：提取物的理化测试、农药残留检测、重金属检测和微生物检测。

1.农药残留检测

农药残留是指农药使用后残存于环境、生物体和食品中的农药母体、衍生物、代谢物、降解物和杂质的总称。造成林源提取物农药残留量超标的主要是一些国家禁止在人工栽培生产中使用的有机磷农药和氨基甲酸酯类农药，如甲胺磷、氧化乐果、甲拌磷、对硫磷、甲基对硫磷等。农药分析可以分为制剂分析（光谱法、GC和HPLC测定商品农药中主成分的含量和杂质含量）和残留物分析（微量农药残留物）[82]。

农药残留分析：水溶性溶剂提取→非水溶性溶剂再分配→取样→样品处理（萃取、净化和衍生化）→固相吸附柱净化→气相或液相色谱检测。样品为mg/g量级、ng/g量级，甚至pg/g量级的农药和/或代谢产物及降解产物。色谱分离和体积排阻色谱用于样品净化，测定使用毛细管柱GC和HPLC，定性分析用GC-MS和LC-MS。各国都有农药残留物分析的国家标准[82]。

《中国药典》（2020版）四部2341通则中药材及饮片（植物类）的禁用农药及代谢物的种类扩增至33种，共54个农药残留物化合物，说明农药残留的监控在整个中药材质量安全评价中有重要作用。

2.重金属检测

重金属检测方法：紫外分光光度法（UV）、原子吸收法（AAS）、原子荧光法（AFS）、电感耦合等离子体法（ICP）、X荧光光谱（XRF）、电感耦合等离子体质谱法（ICP-MS）、气相色谱-原子吸收光谱（GC-AAS）等。ICP-MS由离子源ICP焰炬、接口装置和作为检测器等的质谱仪三部分组成，有很高的灵敏度。ICP-MS对单纯溶液的检出限大约为10^{-12}级。轻元素（如S、Ca、Fe、K、Se）在ICP-MS中有干扰[83]。

3.微生物检测

《中国药典》中微生物限度检查法，为《中国药典》附录收载的关于药品微生物检查的法定方法。检查项目包括细菌数、霉菌数、酵母菌数及控制菌检查。非无菌提取物品的微生物限度标准是基于提取物品的给药途径及对患者健康潜在的危害而制定的。微生物检测包括提取物品的生产、贮存、销售过程中的检验，原料及辅料的检验等。常用的微生物检测：生化方法、色谱技术、显色培养基技术、链式反应检测技术、核酸探针检测技术、电阻抗检测技术和免疫分析检测技术等。荧光定量PCR技术应用在环境微生物检测中。近红外光谱技术应用在微生物分类、食源性微生物检测和成像微生物检测等方面，快速识别和分类不同的微生物[84]。

检测范围包括：

① 生产环境的检验。车间用水、空气、地面、墙壁等。

② 原辅料检验。包括植物、添加剂等一切原辅材料。

③ 提取物加工、储藏、销售诸环节的检验。包括提取物从业人员的卫生状况检验，加工工具、运输车辆、包装材料的检验等。

④ 提取物产品的检验。对出厂产品、可疑食品及食物中毒食品的检验。

第四节 林源提取物的提取分离

一、提取

1.溶剂提取法

根据“相似相溶”原理选择适当极性的溶剂将目标成分从原料中提取出来。植物提取物化学成分中，萜类、甾体等脂环类及芳香类化合物因极性较小，易溶于三氯甲烷、乙醚等弱极性溶剂中，而糖苷、氨基酸等类成分则极性较大，易溶于极性溶剂如水、乙醇等中。常见溶剂的极性强弱顺序可表示如下：石油醚＜四氯化碳＜三氯乙烯＜二氯甲烷＜乙醚＜三氯甲烷＜乙酸乙酯＜丙酮＜乙醇＜甲醇＜乙腈＜水。从植物中提取活性成分时，由于存在多种成分间的相互助溶作用，情况复杂得多。影响溶剂法提取效果的主要因素：物料粒径、时间、温度、溶剂类型和浓度等。溶剂提取法可用于提取固体、液体及半流体等，根据提取对象的不同可分为浸提法、渗漉法、煎煮法、回流提取法、连续回流提取法等[85]。

2. 水蒸气蒸馏法

水蒸气蒸馏法适用于能随水蒸气蒸馏而不被破坏的林源药用植物有效成分的提取，此类成分的沸点多在100℃以上，与水不相混溶或仅微溶，且在约100℃时存在一定的蒸气压，通常为挥发性精油。当与水在一起加热时，其蒸气压和水的蒸气压总和为1atm（1atm＝101325Pa）时，液体就开始沸腾，水蒸气将挥发性物质一并带出。水蒸气蒸馏法分为共水蒸馏法（即直接加热法）、通水蒸气蒸馏法及水上蒸馏法三种。为提高馏出液的纯度或浓度，一般需进行重蒸馏，收集重蒸馏液。但蒸馏次数不宜过多，以免挥发油中某些成分氧化或分解。水蒸气蒸馏法适用于具有挥发性、能随水蒸气蒸馏而不被破坏、与水不发生反应、难溶或不溶于水的化学成分的提取和分离[86]。

3. 超临界流体萃取法

超临界流体萃取技术是指把气体压缩到临界点以上，使其达到超临界状态，从而使其同时具有气体的黏度和液体的密度，这种超临界状态会大大增加气体对溶质的溶解能力。而当改变压力和温度时处于超临界状态的气体会恢复气态，而其中溶解的溶质就会释放出来。该技术具有以下优点：萃取速度高，特别适合于固态物质的分离提取；可在接近常温的条件下操作，能耗低于一般精馏，适合于热敏性物质和易氧化物质的分离；传热速率快，温度易于控制；适合于挥发性物质的提取。影响超临界CO_2萃取的因素有很多，主要有：温度、压力、夹带剂、操作时间、物料粉碎度等[87]。

4. 超声波提取法

超声提取是利用超声波辐射产生的强烈的空化效应、机械振动、扰动、乳化、扩散、击碎、搅拌等多种作用，增加物质分子运动的频率和速度，并增强溶剂的穿透力，从而加速目标成分溶出，击破植物细胞壁，高效、快速地提取细胞内容物的过程。超声提取技术具有无需高温、提取效率高、对溶剂性质要求不高且溶剂用量少等优点。因此，该技术可供选择的提取溶剂种类多、适用性广，绝大多数的中药材中各类成分均可采用超声提取技术，并能降低提取工艺成本，提高综合经济效益。影响该技术提取效率的主要因素有超声波能量（功率和时间）、温度、物料粉碎度、提取剂种类等[88]。

5. 微波提取法

微波辅助提取技术是利用微波加热的特性对物料中目标成分进行高效提取的方法，其原理是植物样品在微波场中吸收大量的能量，而周围的溶剂则吸收较少，从而在细胞内部产生热应力，植物细胞因内部产生的热应力而破裂，细胞内部的物质直接与相对冷的提取溶剂接触，进而使目标产物由细胞内部加速转移到提取溶剂中，从而强化了提取过程。此外，由于不同物质的介质损耗因数值不同，对微波能的吸收程度也不同，微波辅助提取即是利用不同物质的这种差异，对体系中不同组分进行选择性加热，从而使被提取物质从基体或体系中分离出来，进入提取溶液中。该技术提取速度比传统方法快得多，在减少提取时间的同时避免有价值的植物提取物被破坏和降解。影响该技术提取效率的主要因素有提取剂种类、微波能量（时间和功率）、物料粉碎度、物料溶剂比、提取次数等[89]。

6. 负压空化提取法

负压空化提取技术是利用负压空化气泡产生强烈的空化效应和机械振动造成样品颗粒物细胞壁破裂，而且气泡破裂过程在瞬时完成，在局部产生极高的瞬时压强，加强了胞内物质的释放、扩散和溶解，加速胞内活性成分的释放、扩散和溶解。与传统提取工艺相比，负压空化提取技术具有以下优点：无需高温加热、高效绿色、环保节能、操作简单、可实现产业化等。影响该技术提取效率的主要因素有负压度、空化时间、液固比、物料粉碎度、提取剂种类等。负压空化提取装置见图 7-2-5[90]。

7. 酶辅助提取法

酶辅助提取法包括外源酶和内源酶辅助提取两种手段。外源酶辅助提取技术是利用外源生物酶将细胞壁成分水解或降解掉，促进细胞内溶物大量释放和结合态目标活性成分的充分游离。内源酶辅助提取技术是在保持植物物料中离体生物酶活力的前提下，利用植物体自身高效的内源酶催化体系和合成目标产物的代谢前体与底物，在胞外条件下定向生物合成目标活性成分。与传统提取工艺相比，酶辅助提取技术操作过程温和绿色，环保节能，解决了植物资源利用率低、环境污染严重、成本高等问题。影响该技术提取效率的主要因素有酶的种类和用量、酶解时间、温度、酸碱度、物料细度、搅拌等[91]。

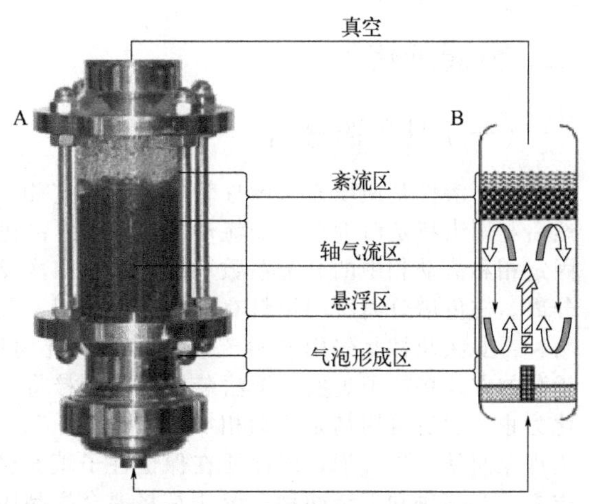

图 7-2-5　负压空化提取装置[90]

8. 绿色溶剂耦合物理场提取法

绿色溶剂耦合物理场提取技术，主要利用物理场辅助技术达到高效提取的目的，而“绿色”主要体现在提取溶剂的绿色化，即在提取过程中使用绿色溶剂或可替代溶剂。常用的场辅助技术包括微波场（微波辅助提取）、超声场（超声辅助提取）、电场（高压脉冲电场辅助提取）、热场（加热回流提取）、压力场（负压空化辅助提取、强化超临界提取）等。在提取过程中，既可使用单一场辅助技术，也可使用耦合场辅助技术来协同强化提取过程，如超声强化超临界提取、超声微波协同萃取等。目前研究应用的绿色溶剂主要包括水、超临界 CO_2、生物质基溶剂、室温离子液体和低共熔溶剂、天然油脂和定制合成的绿色溶剂等。在天然产物提取过程中，既可使用上述的单一绿色溶剂，也可使用混合绿色溶剂。除了这些绿色溶剂外，无溶剂过程作为绿色化学的重要组成实际上可看成是最好的“绿色溶剂”。绿色溶剂耦合物理场提取见图 7-2-6[92]。

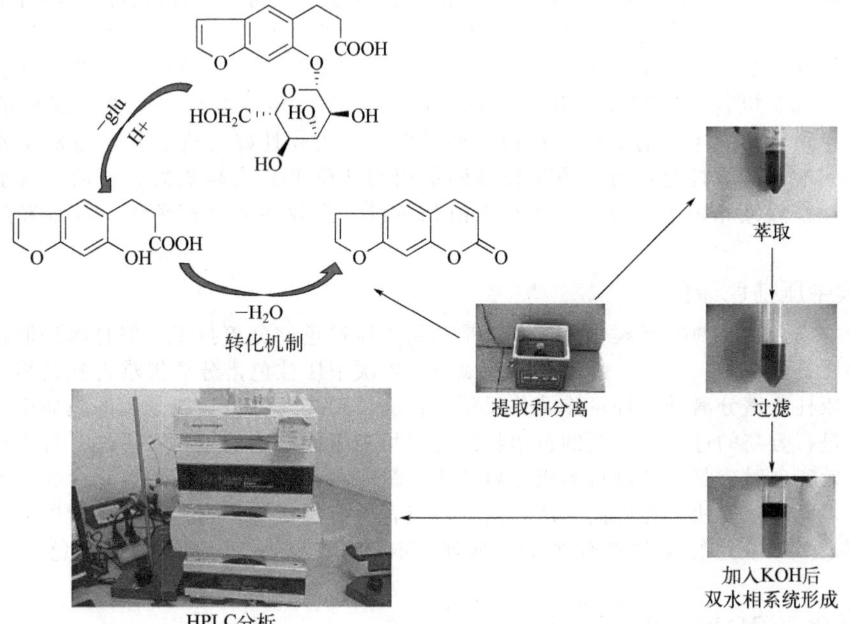

图 7-2-6　绿色溶剂耦合物理场提取[92]

二、分离纯化

（一）柱色谱分离

将不溶性基质填充入圆柱管中形成固定相，再将混合样品经过一定处理后加入柱子最上层，然后利用由特定溶剂组成的流动相对其上样品进行洗脱，在洗脱过程中混合样品中不同组分因在固定相和流动相中的分配系数不同，经过多次反复分配最终被逐一分离开来，此过程称为柱色谱分离。柱色谱分离所用填料有硅胶、氧化铝、聚酰胺、活性炭等，装柱子有湿法装柱和干法装柱两种：湿法装柱是先用初始流动相将填料拌匀后填入柱子中，然后再用流动相通过加压“走柱子”的方式将柱子走实；干法装柱则是直接将填料加到柱子中，轻敲柱子两侧至填料界面不再变化为止，然后再用初始流动相加压“走柱子”，干法装柱通常会因流动相和填料之间存在吸附放热现象而易产生气泡，因此要在保证柱子填充结实的同时用较多的溶剂“走柱子”。混合样品上样方式有湿法和干法两种：湿法是将混合样品用尽可能少的特定有机溶剂溶解，然后将溶解的样品滴加到已用固定相填充完毕的柱子上，添加过程速度均匀但尽量要快，同时要避免出现气泡以及柱子干燥；干法是将特定有机溶剂溶解后的混合样品和少量填料拌匀，再通过旋转蒸发仪将溶剂去除，将所得粉末小心加入柱子顶层，并保证样品层平整[93]。柱色谱分离过程中流动相的选择至关重要，主要从溶解性、亲和性和分离度三个方面进行考虑，同时应尽可能选择价廉、安全、低毒的溶剂，如石油醚、乙酸乙酯、二氯甲烷、乙醚、甲醇和正己烷等[94]。柱色谱分离的操作方式主要包括常压分离、减压分离和加压分离三种模式：常压分离是最简单的分离模式，但是洗脱时间长；减压分离尽管能节省填料的使用量，但是由于大量的空气通过填料会使溶剂挥发，并且有时在柱子外面会有水汽凝结，有些易分解的化合物也难以得到，而且还必须同时使用水泵或真空泵抽气；加压分离与常压柱类似，只不过外加压力，可以加快流动相的洗脱速度，缩短样品分离时间，是目前最常用的林源提取物分离方法。

1. 高压柱色谱分离

高压柱色谱分离技术又称高效液相色谱技术，其固定相由以特殊方法制备而成的小粒径填料填充而成，加上在高压［压强最高可达 5000psi（1psi＝6.895kPa）］下工作的流动相，每米塔板数可达几万或几十万，可使柱效显著高于传统液相色谱技术，同时柱后连有高灵敏度的自动分析仪器，可对流出物进行连续检测，是一种高效的分离分析方法，广泛用于林源提取物制品如药物、保健品、化妆品、杀虫剂等的分离分析[95]。该技术对沸点高、热稳定性差、分子量大（大于 400 以上）的有机物（这些物质几乎占有机物总数的 75％～80％）原则上都可进行分离分析。高压柱色谱分离技术具有灵敏、快速、分辨率高、重复性好等优点，但通常需要借助于特定色谱仪来实现。高效柱色谱分离方法按其固定相的性质可分为高效凝胶色谱、疏水性高效液相色谱、反相高效液相色谱、高效离子交换液相色谱、高效亲和液相色谱、高效聚焦液相色谱等类型。

2. 连续中压柱色谱分离

化学产物或天然产物的规模化分离主要是利用中压柱色谱分离技术，但林源提取物中通常残存胶质、鞣质、蛋白质、多糖、色素等复杂成分，单次中压柱色谱分离很难得到高纯度目标化合物。连续中压柱色谱分离是一种可连续化反复操作、填料多元且可在线复用的施加压力于多个串联色谱柱上进行分离的过程，串联的色谱柱中可以填充不同类别的填料，可进行自主模块化组装排列，可有效实现对待测样品进行多级分离纯化，最终可获得高纯度的单体化合物。连续中压柱色谱分离技术具有速度快、纯度高、产量高等特点，所有操作过程均在密闭系统中完成，可有效避免溶剂挥散，工业连续化生产性能好，属于清洁生产工艺[96]。连续中压柱色谱分离装置见图 7-2-7。

3. 自动化快闪分离技术

自动化快闪分离技术即自动化低压制备液相色谱技术，是在传统液相色谱技术上发展起来的现代化分离手段，是将不同的工作模块如流动相、多元泵、比例阀、混合器、色谱柱、检测器、收集器等组合成一个集成化系统，可通过软件实现自动化在线控制柱压、洗脱程序、流速、检测波长、收集模式等，进而实现对混合样品中目标化合物的高效快速分离。自动化快闪分离技术具有省时省力、分离过程可视化、分离效率高、用途广等优点，已广泛应用于林源提取物中重要活性成分的纯化领域，但该技术分离规模较小，化合物得率和纯度不高，多数情况下需要进一步精制处理，目前在实验室级别范围内应用较为成熟。自动化快闪分离装置及分离流程见图 7-2-8[97]。

图 7-2-7 连续中压柱色谱分离装置

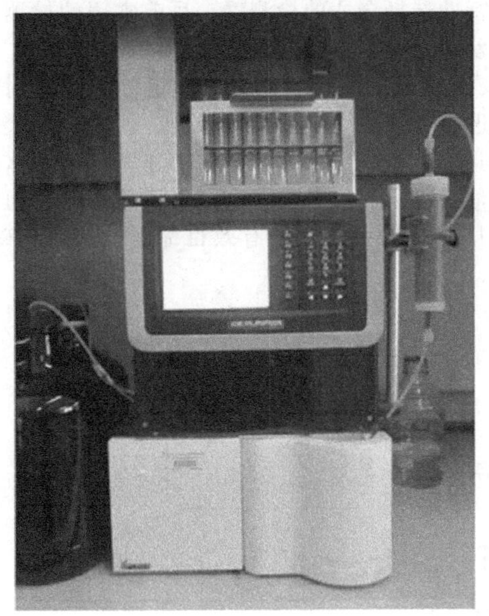

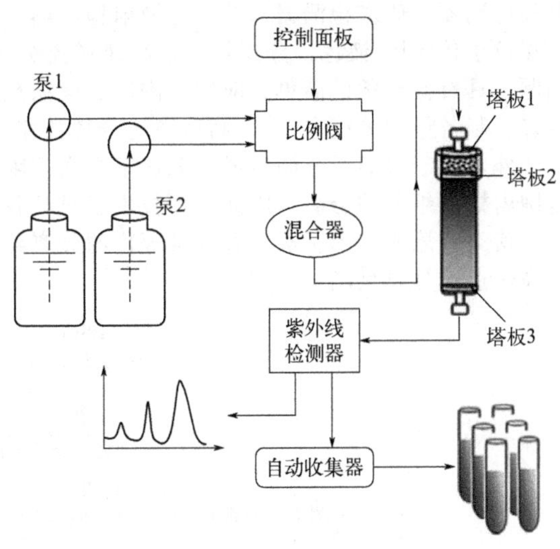

图 7-2-8 自动化快闪分离装置及分离流程[97]

（二）大孔吸附树脂分离

大孔吸附树脂是一种具有较大比表面积的球状且多孔的人工合成高聚物材料，具有稳定的理化性质，粒度在 20～60 目之间，其可通过表面功能基团与待测组分之间形成氢键而产生吸附性能。大孔树脂有非极性和极性之分，且同极性的大孔树脂因其比表面积、孔容、孔径等不同，其对目标组分的吸附能力往往不同。此外，大孔吸附树脂的多孔性结构使其对不同分子量大小的组分具有筛选作用[98]。因此，大孔树脂的吸附和筛选效果主要取决于目标组分的极性和分子量大小，且其吸附性能主要依据相似相容原则：强极性树脂易从非极性溶剂中吸附极性目标组分，相反，非极性树脂可从极性溶剂中吸附非极性目标组分，而中等极性树脂兼具强极性树脂和非极性树脂的吸附能力[99]。通常大孔吸附树脂的吸附作用为物理吸附，可利用适宜的吸附和解吸附条件实现对混合样品中的目标组分进行富集和纯化。大孔吸附树脂富集分离工艺流程为：树脂预处理→树脂上柱→上样吸附→洗脱→树脂再生。除了大孔吸附树脂本身的理化特性以及目标组分的性质之外，影响大孔吸附树脂富集纯化效果的主要因素有上样浓度、温度、pH 值、洗脱溶剂、树脂柱的径高比、洗脱流速等。

大孔吸附树脂对林源提取物中黄酮、生物碱、皂苷、花色苷、苯丙素等活性化合物具有良好的精制纯化效果。国家中医药管理局等单位联合发布的 2002～2010 年《医药科学技术政策》已明确鼓励大孔吸附树脂分离技术可应用于中药研制过程中。尽管大孔树脂在纯化精制天然产物方面效果良好，但仍存在一些问题，如：树脂中残留致孔剂、分散剂等；树脂预处理好坏对纯化效果影响显著；多数树脂再生效果较差；树脂吸附效能缺乏选择性等。这些问题限制了大孔吸附树脂分离技术在工业化生产实践中的应用，目前大孔吸附树脂对林源提取物中活性成分精制纯化的研究大多仍局限于实验室范围。

（三）高速逆流分离

高速逆流分离技术是一种高效连续的液-液色谱分离技术，其通过互不相溶的两相溶剂在螺旋管中进行高速行星式（公转或自转）运动产生二维力场，使目标组分在两相之间高频次萃取，最终实现混合样品中目标组分的高效分离。高速逆流色谱仪通常由泵、六通阀、检测器、工作站、分离柱、数据采集系统和馏分收集器等模块组成。确定好两相溶剂系统后，即可通过控制样品浓度、体积流量、柱温、洗脱方式、流动相转速等参数实现对目标组分的高效分离[100]。此外，随着分析检测技术的不断发展，还可根据目标组分的特性选择合适的检测器，目前常用的检测器有紫外检测器、质谱检测器、蒸发光散射检测器、示差折光检测器等。

相较于传统固-液色谱分离技术，高速逆流分离技术克服了固相载体对目标组分的死吸附损失问题，具有操作条件简单、应用范围广、样品预处理简单、污染小、高效快速、回收率高、重现性好、制备量大等优点[101]。高速逆流分离技术既可以实现分段分离，还可以分离得到单体成分。此外，由于溶剂系统的组成及配比不受太多限制，高速逆流技术从理论上来讲适用于任何极性范围内样品组分的分离，因此该项技术已被广泛应用于林源提取物中有效目标组分（生物碱、黄酮、萜类、蒽醌、木脂素、香豆素等）的分离纯化。

高速逆流分离见图 7-2-9[100]。

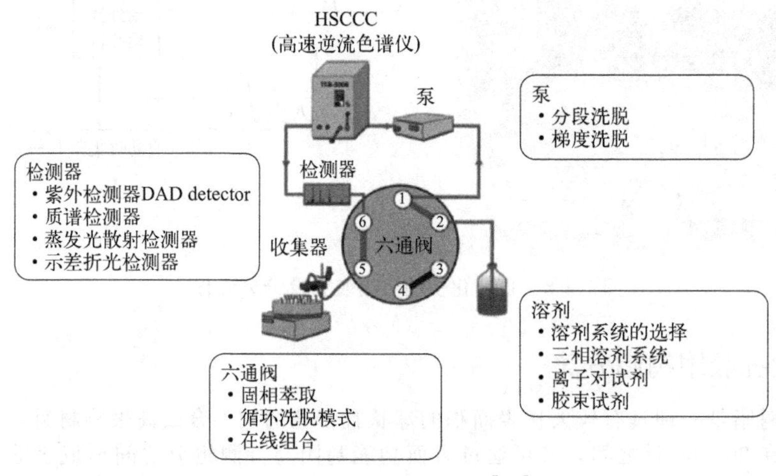

图 7-2-9　高速逆流分离[100]

（四）靶向印迹分离

靶向印迹分离技术是基于对目标分子具有靶向识别能力的印迹分离技术，其利用交联剂和引发剂将模板分子（目标分子或化合物）与功能单体在适当条件下反应得到一种高分子聚合物，后经洗脱去掉模板分子，最终得到具有靶向吸附位点的印迹分离介质，其在空间和功能上具有与模板分子选择性结合的能力，可达到从复杂的混合样品中特异性分离出目标分子或其结构类似物的目的，可利用本体聚合、表面印迹聚合、沉淀聚合、悬浮聚合等多种制备方法获得[102]。

相较于柱色谱分离、大孔吸附树脂分离、高速逆流分离等传统技术手段，靶向印迹分离能够利用其特异的识别功能对混合物中的目标分子或化合物进行特异性吸附，从而实现富集和分离目标化合物的目的，具有目标性强、性质稳定、操作简便、有机溶剂消耗少等优点[103]。利用靶向印迹介质衍生的色谱分离、固相萃取、膜分离等技术，已在林源活性成分的富集纯化、样品前处理、色谱分析等领域中具有广泛的应用基础研究，但天然模板分子的不易获得及缺乏、吸附机制的不明晰、解吸附效率低等问题，使得靶向印迹分离相关技术目前仍局限于一些常见酚类、黄酮、生物碱等天然产物的实验室级别的分离上。随着科研人员对上述问题的逐步解决，未来有望实现越来越多的天然活性成分的规模化制备。

分子印迹技术吸附分离见图 7-2-10[102]。

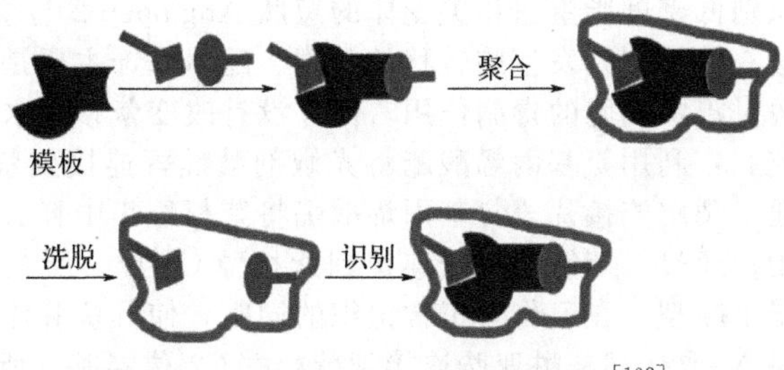

图 7-2-10　分子印迹技术吸附分离[102]

三、结构修饰

（一）化学法结构修饰

林源活性成分大多数存在水溶性较差、靶向性低、生物利用度不高等问题，使其在药用/保健价值等实际应用过程中难以得到充分发挥。林源活性成分作为前药或先导化合物，可通过化学结构修饰的方式，使其水溶性、生物活性、靶向性等增强，进而可得到一些新型的林源活性成分衍生物。由于林源活性成分种类繁多，涉及的化学结构修饰反应复杂，本部分内容将以三种典型的林源活性化合物（紫杉醇、喜树碱和银杏内酯）为例进行详述。

1. 紫杉醇的结构修饰

紫杉醇是特异性存在于红豆杉属植物中的一种四环二萜类抗肿瘤天然化合物，常用于治疗乳腺癌、卵巢癌、非小细胞肺癌等，但紫杉醇几乎不溶于水，临床使用的制剂是含有非水溶媒助溶剂（聚氧乙烯蓖麻油和无水乙醇）的注射液，易导致患者出现过敏性反应。另外，因为缺乏靶向性，紫杉醇临床用药易引起患者出现嗜中性白细胞减少症、神经性疾病等不良反应。紫杉醇的化学结构式是由巴卡亭环和 C13 侧链两个主体部分构成，通过对其构效关系的研究表明：巴卡亭骨架的 C7 位羟基对紫杉醇抗肿瘤活性的影响较小，C13 侧链的 C2′羟基位阻较小，这两个位点是针对紫杉醇开展结构修饰的常用取代位点。紫杉醇化学结构式见图 7-2-11[104]。

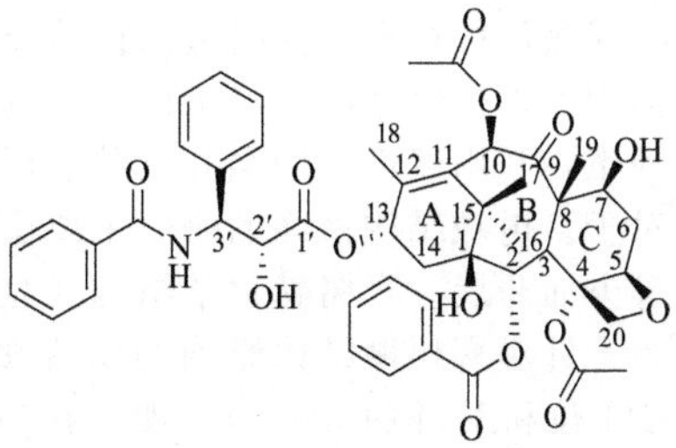

图 7-2-11　紫杉醇化学结构式[104]

由于紫杉醇 C7 位羟基空间位阻较大，目前对该位点的修饰多是添加一些小基团或者靶向性蛋白片段，尽管提高紫杉醇的抗肿瘤活性，但对其水溶性影响较小，应用前景不大。相关研究有：利用叶酸-半胱氨酸-偶氮型染料伊文思蓝对紫杉醇 C7 位进行成酯化结构修饰，所得到的紫杉醇偶联物半衰期延长、抗肿瘤活性增强且不良反应降低；利用 *N*-乙酰氨基半乳糖对紫杉醇 C7 位进行单价或双价修饰，所得到的紫杉醇偶联物对肝癌细胞 HepG2 增殖抑制作用增强；利用生物素交联剂在 C7 位与紫杉醇反应生成紫杉醇-生物素偶联物，该偶联物可增强紫杉醇对肿瘤细胞识别的靶向能力。

目前针对紫杉醇的结构修饰主要集中在 C2′位，这是因为 C2′位的位阻较小，既有利于该位点的羟基与修饰基团发生化学反应，也有利于化学键的断裂，从而将紫杉醇游离出来，是紫杉醇结构修饰最理想的取代位点。相关研究人员将紫杉醇 C2′位的结构修饰分为配体修饰、环境敏感型片段修饰和大分子聚合物修饰三种。配体修饰的相关研究有：通过将肿瘤细胞核仁蛋白的核酸适配体连接到紫杉醇 C2′位，获得的水溶性核仁蛋白适配体-紫杉醇偶联物可向卵巢肿瘤组织实现靶向性传送；通过含有二硫键的片段将可亲和前列腺特异膜抗原的谷氨酸脲连接到紫杉醇 C2′位，获得的紫杉醇偶联物可靶向作用于前列腺癌细胞；通过琥珀酸可将细胞穿膜肽胺基连接到紫杉醇 C2′位，获得的偶联物不但提高了紫杉醇的水溶性，还增强了偶联物对肿瘤细胞增殖的抑制作用；通过将能够靶向识别低密度脂蛋白相关受体的短肽 Angiopep-2 与琥珀酸化的紫杉醇 C2′位相连，获得的偶联物能够有效抑制已发生脑转移的肿瘤。配体修饰主要是增强紫杉醇对肿瘤细胞的靶向作用，降低紫杉醇对正常细胞的毒副作用，但并没有改变紫杉醇水溶性低的问题。环境敏感型片段修饰的相关研究有：利用氨基丙烯酸酯将光敏剂酞硅菁连接到紫杉醇 C2′位，获得的偶联物经远红外光线照射通过裂解连接片段氨基丙烯酸酯将紫杉醇集中释放到肿瘤部位，避免紫杉醇对正常组织的毒性作用；通过二硫键将油酸连接到紫杉醇 C2′位，所获得偶联物中的二硫键可在肿瘤细胞的高还原环境中断裂，在不伤害正常组织的同时，使其抗肿瘤活性显著增强；通过含有硫醚基团的连接片段将 *N*-取代马来酰亚胺连接到紫杉醇 C2′位羟基，所获得的偶联物可与血液中的人白蛋白 Cys-34 中的巯基结合，使其进入肿瘤并产生滞留，肿瘤微环境可使偶联物中硫醚键被氧化，进而将紫杉醇释放出来。环境敏感型片段修饰主要是利用肿瘤微环境的低氧性、高还原性、弱酸性等特性，使紫杉醇集中在肿瘤细胞中释放，有效降低了药物对正常组织的毒性作用，同样也没有解决紫杉醇溶解性低的问题。大分子聚合物修饰是目前紫杉醇结构修饰研究的重点内容，主要是利用透明质酸、羧甲基纤维素、右旋糖酐、壳聚糖和肝素等天然来源的水溶性多聚糖（无免疫原性和无毒可降解）通过连接片段对紫杉醇 C2′位羟基进行修饰，形成大分子偶联物，这些偶联物可以利用实体瘤的高通透性和滞留效应实现紫杉醇的靶向释放，最重要的是可以显著提高紫杉醇的水溶性。和上述低分子结构修饰方法相比，大分子聚合物修饰还可以提高载药量，使紫杉醇缓慢释放，在体内保留时间更长，达到药物半衰期延长和抗肿瘤活性增强的目的。目前研究多集中于对聚合物分子量和连接片段的优化和筛选。

2. 喜树碱的结构修饰

喜树碱是从喜树中分离出来的一种具有显著抗肿瘤活性的生物碱，同样存在水溶性差、靶向性不明确、稳定性低等问题，严重影响了其临床应用效果。为了解决这些问题，可在保持喜树碱活性位点不受影响的前提下，通过在喜树碱结构中引入极性基团、亲水性聚合物载体或靶向性分子等，来改善喜树碱的生物利用度以及增强其抗肿瘤活性的靶向作用功效。基于此，目前针对于喜树碱结构修饰的研究主要围绕增强活性、提高水溶性和靶向释放等方面开展。喜树碱化学结构式见图 7-2-12[105]。

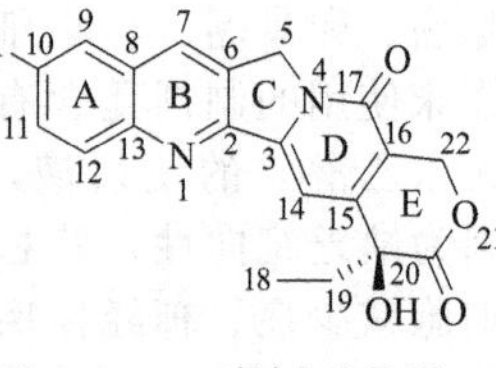

图 7-2-12　喜树碱化学结构式[105]

针对喜树碱结构修饰的研究多数集中在 A、B 环的 C7、C9、C10、C11 位和 E 环的 C20 位，如：在 A 环 C9 位上通过 Mannich 反应引入含氮取代基得到托泊替康，其水溶性和抗肿瘤活性显著增强，已成为临床治疗复发性小细胞肺癌的唯一单药；通过在 A 环 C9、C10 位上骈合六元环得到了 9,10-(1,3) -二辛氧基喜树碱,具有与托泊替康相当的体外抗肿瘤活性；在喜树碱的 B 环 C7 位引入亚氨基甲基得到贝洛替康，能够显著增强喜树碱内酯环的稳定性，已成为临床上治疗胃癌、小细胞肺癌和宫颈癌的特效药；将西佛碱结构和羧酸酯类取代基引入喜树碱 B 环 C7 位上得到吉马替康和 Sinotecan，展示出了对肝癌细胞增殖的强烈抑制作用。为了提高喜树碱对肿瘤细胞的选择性以降低其对正常细胞的毒副作用，针对喜树碱 A 环 C10 位羟基和 E 环 C20 位羟基的靶向性结构修饰已成为当前研究的一项重要内容，如将脱氧胆酸与喜树碱 C10 位羟基连接所合成的偶合物，对肿瘤细胞增殖的抑制作用和喜树碱相当，但对正常细胞几乎没有毒性；将多羟基聚苹果酸通过甘氨酸连接到喜树碱 C10 位羟基上，所得到的聚苹果酸-羟基喜树碱缀合物水溶性显著增强，同时缀合物中的酯键可在肿瘤组织的酸性环境中裂解，使喜树碱释放，达到靶向抗肿瘤的目的；通过酯化反应将青蒿连接到喜树碱 E 环 C20 位羟基上，所得到的青蒿琥酯-喜树碱偶联物对肿瘤细胞的增殖抑制活性明显提高，同时偶联物可与肿瘤靶向蛋白（转铁蛋白）紧密连接而不影响蛋白构象，因此可发挥对肿瘤细胞的靶向性作用；将透明质酸连接到喜树碱E环C20位羟基上所得到的偶联物，能够在过表达透明质酸的肝癌细胞中靶向性富集；将含有二硫键的亲水性聚磷酸酯缀合到喜树碱E环C20位羟基上所得到的偶联物，可以在水溶液中形成均匀的胶束，同时能够在肿瘤细胞高谷胱甘肽还原条件下断裂偶联物中的二硫键，靶向释放出喜树碱进而有效抑制肿瘤细胞的增殖。

3. 银杏内酯的结构修饰

银杏内酯是从银杏中分离得到的由6个五元环组成的一类萜内酯类化合物，如银杏内酯A、银杏内酯B、银杏内酯C、银杏内酯J、银杏内酯M等病，具有拮抗血小板活化因子、非特异性甘氨酸受体、γ-氨基丁酸受体等活性，可用来治疗心脑血管病、老年性痴呆等疾病，因其水溶性差和生物利用度低，导致了银杏内酯单体制剂一直未能成药，因此对银杏内酯开展结构修饰研究，改善其生物利用度并提高其生物活性，有望开发出银杏内酯衍生物新药。银杏内酯化学结构式见图7-2-13[106]。

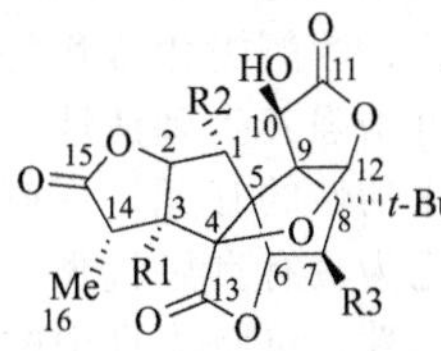

图7-2-13　银杏内酯化学结构式[106]

通过对银杏内酯C的C1和C10位进行甲基化修饰，所得到的衍生物活性显著优于银杏内酯C。通过对银杏内酯B的C10位进行苄基醚化修饰，能够得到活性更强的衍生物。通过对银杏内酯B的C7位引入叠氮、氟、氯基团，可显著改善衍生物拮抗血小板活化因子的活性。为了改善银杏内酯的水溶性，目前主要是通过成盐以及引入氨基、糖基等对其进行结构修饰。通过成盐方式将银杏内酯B制成甲磺酸盐衍生物，在显著改善银杏内酯B水溶性的同时，并未影响其拮抗血小板活化因子的活性。通过将甘氨酸、丙氨酸、亮氨酸等引入银杏内酯B的C1、C10等位点制备成氨基酸酯衍生物，在保持银杏内酯B抗急性脑缺血活性的同时，极大地提高了其水溶性。通过在银杏内酯B的C1、C3、C10等羟基位点引入单糖、二糖等，合成了一系列糖基化衍生物，使其水溶性得到了大幅度的改善。

（二）生物转化法结构修饰

对林源活性天然产物用化学法进行结构修饰是获得新型功能先导化合物的主要途径，但是由于天然产物结构复杂，特别是存在着一些手性立体结构位点，很难用化学法实现立体选择性修饰，而生物转化法可利用酶体系或者生物体内特定的酶体系，能够弥补化学法不能或者很难进行的结构修饰，从而得到更多结构新颖的化合物，经活性筛选可获得高效低毒的先导化合物。特别是生物转化法具有反应条件温和、催化位点专一、产物得率高、副产物少、成本低等优点，被公认为环保绿色的天然产物结构修饰策略，应用前景非常广阔。药用森林植物资源中常含有很多活性较低且难以利用化学法进行结构修饰的前体化合物，选择合适的微生物、催化酶或者通过基因改造设计出一些特定的酶催化体系，把活性较低的前体化合物转化为能够满足市场需要的稀有或至今在天然资源中未曾发现的活性化合物。天然产物生物转化示意见图7-2-14[107]。

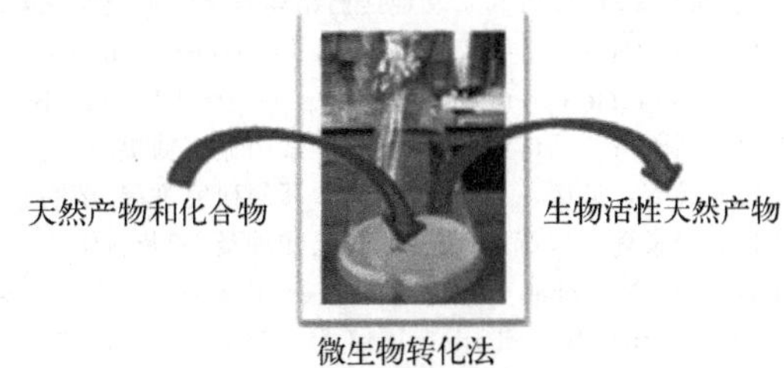

图7-2-14　天然产物生物转化示意[107]

利用生物转化法对天然产物进行结构修饰主要涉及的化学基团有糖苷基、酰基、羟基等。水解反应在天然产物生物转化结构修饰中最为常见，通常是直接利用糖苷水解酶或可产糖苷水解酶的微生物对化学结构中含有糖苷键的天然产物进行水解，以制备得到活性较高的目标化合物。羟基化反应在天然产物生物转化结构修饰中也较为常见，该反应能够利用生物体系中特定的羟基化酶，专一立体选择性地在底物分子中某一位点引入羟基，以期实现降低毒性和提高活性的目的。糖基化作用可使天然产物由非结合态转化为结合态，以便于人体细胞对其进行生物利用，天然产物化学结构中易发生糖基化的官能团有—OH、—NH_2、—COOH、—OCH_3、—$COOCH_3$等，利用生物体系中特定的糖基转移酶对上述官能团进行糖基化修饰，通常在改善天然产物生物活性的同时，还可提高其水溶性，使人体生物利用度也相应得到提高。此外，生物转化还可借助于生物体系中多种催化酶对天然产物进行异构化、环氧化、酰基化、烷基化、甲基化等结构修饰，以期得到更多结构新颖的化合物，再通过活性筛选，有望得到新型高效低毒的林源天然产物衍生物[108]。

皂苷是很多重要林源药用植物如人参、黄芪中的特征性活性成分，但多数皂苷类化合物可以通过改变糖配基结构改善其生理活性。利用肠道微生物转化人参二醇系皂苷及人参三醇系皂苷可定向获得生理活性更强的人参单体皂苷；从真菌 *Penicillium oxalicum* sp. 68 发酵液中分离纯化得到的 β-葡萄糖苷酶，可将人参中低活性的皂苷类成分转化为活性更高的稀有人参皂苷 C-K；利用犁头霉属 *Corymbifera* AS2 的脱乙酰化作用可将一些低活性黄芪皂苷成分转化为高活性黄芪甲苷；黄酮类化合物是众多林源药用植物中最为重要的次生代谢活性成分，通过生物转化结构修饰可增强其生理活性；利用高产 β-葡萄糖苷酶的甘草内生菌，能够有效地将甘草黄酮转化为高抗氧化活性的苷元，反应专一且效率高；利用南极假丝酵母所产脂肪酶可催化低活性的柚皮苷酯基转化为具有良好抗炎、抗过敏和抗癌活性的毛地黄黄酮。利用固定化食用曲霉所具有的糖苷水解酶活性，可将木豆中的染料木苷以及虎杖中的虎杖苷，分别转化为高活性的染料木素和白藜芦醇，转化效率在 95%以上，且固定化技术也显著降低了生产成本，工业化应用前景良好；生物碱也是很多林源药用植物中的活性前导化合物，生物转化法有助于将一些活性低的生物碱转化为价值更高的成分；利用喜树内生真菌的羟基化作用可将喜树碱转化为抗肿瘤活性更好的 10-羟基喜树碱；通过内生真菌生物转化法对青藤碱进行结构修饰，获得了一系列结构新颖的抗炎青藤碱衍生物；利用内生真菌 *Metarhizium anisopliae* LB-10 对红豆杉原料进行发酵转化，可使紫杉醇含量显著增加[109]。

参考文献

[1] 任建武，刘玉军，马超，等. 林源药用植物资源可持续利用与产业化. 林业资源管理，2011（1）：35-61.

[2] 王英伟. 我国野生食用植物资源利用现状及问题. 林业勘查设计，2017（3）：67-70.

[3] 李亚东，孙海悦，齐猛. 我国小浆果选种、育种概况与展望. 东北农业大学学报，2012，43（10）：1-9.

[4] Strik B C. Berry crops：Worldwide area and production systems// Zhao Y. Berry fruit：value-added products for health promotion. Boca Raton：CRC Press，2007：3-51.

[5] Koca I，Karadeniz B. Antioxidant properties of blackberry and blueberry fruits grown in the black sea region of turkey. Sci Hortic，2009，121：447-450.

[6] Lavefve L，Howard L R，Carbonero F. Berry polyphenols metabolism and impact on human gut microbiota and health. Food& Function，2020，11（1）：45-65.

[7] Yasuma T，Toda M，Kobori H，Tada N，et al. Subcritical water extracts from agaricus blazei murrill's mycelium inhibit the expression of immune checkpoint molecules and axl receptor. J Fungi（Basel），2021，23，7（8）：590-602.

[8] Göçenoğlu Sarıkaya A. Kinetic and thermodynamic studies of the biosorption of Cr（Ⅵ）in aqueous solutions by Agaricus campestris. Environ Technol，2021，42（1）：72-80.

[9] 胡日瓦. 内蒙古和东北地区蘑菇属真菌资源及驯化栽培研究. 长春：吉林农业大学，2019.

[10] Li I C，Lin T W，Lee T Y，et al. Oral administration of armillaria mellea mycelia promotes non-rapid eye movement and rapid eye movement sleep in rats. J Fungi（Basel），2021，7（5）：371.

[11] 高雅倩，马诗经，林丽，等. 茶树菇多糖提取工艺优化及抗氧化活性研究. 现代食品，2022.

[12] 吴芳，员瑗，刘鸿高，等. 木耳属研究进展. 菌物学报，2014，33（2）：198-207.

[13] 李泰辉，宋斌. 中国牛肝菌已知种类. 贵州科学，2003（Z1）：78-86.

[14] Qu Y，Zhao X，Guo H，et al. Structural analysis and macrophage activation of a novel β-glucan isolated from Cantharellus cibarius. Int J Mol Med，2021，47（4）：50.

[15] Stilinović N，Čapo I，Vukmirović S，et al. Chemical composition，nutritional profile and in vivo antioxidant properties of the cultivated mushroom Coprinus comatus. R Soc Open Sci，2020，7（9）：200900.

[16] Nowakowski P，Naliwajko S K，Markiewicz-Żukowska R，et al. The two faces of Coprinus comatus-Functional properties and potential hazards. Phytother Res，2020，34（11）：2932-2944.

[17] Lin C，Zhang H，Chen L，et al. Immunoregulatory function of Dictyophora echinovolvata spore polysaccharides in immunocompromised mice induced by cyclophosphamide. Open Life Sci，2021，16（1）：620-629.

[18] 于荣利，秦旭升，宋凤菊. 金针菇研究概况. 食用菌学报，2004（4）：63-68.

[19] 李云飞. 从食用蘑菇奇果菌属 *Grifola frondosa* 和离褶伞属 *Lyophyllum connatum* 中分得一新的神经酰胺. 国外医药（植物药分册），2004（5）：205-206.

[20] 马强，杨焱，张忠，等.猴头菌多糖的研究和开发应用进展.食用菌学报，2021，28（6）：199-216.
[21] 李国杰，李赛飞，赵东，等.红菇属研究进展.菌物学报，2015，34（5）：821-848.
[22] 杜习慧，赵琪，杨祝良.羊肚菌的多样性、演化历史及栽培研究进展.菌物学报，2014，33（2）：183-197.
[23] 殷朝敏，范秀芝，刘纯友，等.12株侧耳属食用菌菌丝中主要营养成分分析.核农学报，2019，33（1）：96-102.
[24] 丁玉香.东北地区口蘑属和杯伞属及其相关属的分类学研究.长春：吉林农业大学，2017.
[25] 陈月珍，王其传，张可站.日光温室冬春黄瓜夏秋草菇高效栽培模式.江苏农业科学，2007（3）：111，206.
[26] 庄馥萃.坚果、坚果作物及营养价值.生物学通报，2000（9）：14-16.
[27] 郜海燕，陈杭君，穆宏磊，等.坚果类食品氧化及抗氧化研究进展.中国食品学报，2017，17（11）：1-8.
[28] 林文广.世界四大干果.湖南林业，1997（4）：28.
[29] 王帅，戴涟漪，库雪晶，等.核桃营养组成与保健功能研究进展.中国酿造，2016，35（6）：30-34.
[30] 赵娣.我国东北野生榛子种质资源调查及选优.北京：北京林业大学，2013.
[31] 吕芳德，张日清，李向华.我国腰果引种现状和对策.经济林研究，1996（S2）：201-202.
[32] 王利兵.我国3种杏的地理分布及其植物学性状.林业科学研究，2010，23（3）：435-439.
[33] 张皓凯.东北杏种质资源多样性研究.沈阳：沈阳农业大学，2017.
[34] 阚黎娜，李倩，谢爽爽，等.我国板栗种质资源分布及营养成分比较.食品工业科技，2016，37（20）：396-400.
[35] 洪燕真，余建辉，戴永务，等.基于食物当量计算的木本粮油生产能力研究.林业经济，2010（11）：58-61.
[36] 姚小华，王开良，罗细芳，等.我国油茶产业化现状及发展思路.林业科技开发，2005（1）：3-6.
[37] 刘声光，翁美红.油茶主要良种.现代园艺，2009（9）：13.
[38] Lam M K，Tan K T，Lee K T，et al. Malaysian palm oil：Surviving the food versus fuel dispute for a sustainable future. Renew Sust Energ Rev，2009，13（6）：1456-1464.
[39] 丁莎莎.油橄榄果渣膳食纤维的制备、特性及改性研究.北京：中国林业科学研究院，2017.
[40] 王成章，陈强，罗建军，等.中国油橄榄发展历程与产业展望.生物质化学工程，2013，47（2）：41-46.
[41] 王碧霞，刘露，刘捷，等.旱季和雨季不同油橄榄品种光合生理特性及产量的比较.生态环境学报，2018，27（10）：1861-1869.
[42] 董志国，刘立云，王萍，等.海南椰子种植业现状分析.现代农业科技，2007（17）：72-74.
[43] Bartnik M，Facey P C. Glycosides. Academic Press，2017：101-161.
[44] Aspinall，Gerald O，et al. The polysaccharides. Academic press，2014.
[45] 申利红，王建森，李雅，等.植物多糖的研究及应用进展.中国农学通报，2011（2）：349-352.
[46] Cho K S，Lim Y，Lee K，et al. Terpenes from forests and human health. Toxicological Research，2017，33（2）：97-106.
[47] Chern L Y，Shukor M Y，Muse R. Monoterpenes in plants-a mini review. Asian Journal of Plant Biology，2013，1（1）：15-19.
[48] Santos M R V，Moreira F V，Fraga B P，et al. Cardiovascular effects of monoterpenes：A review. Revista Brasileira de Farmacognosia，2011，21（4）：764-771.
[49] Guimarães A G，Quintans J S S，Quintans-Júnior L J. Monoterpenes with analgesic activity——a systematic review. Phytotherapy research，2013，27（1）：1-15.
[50] de Cássia da Silveira e Sá R，Andrade L N，de Sousa D P. A review on anti-inflammatory activity of monoterpenes. Molecules，2013，18（1）：1227-1254.
[51] Abu-Izneid T，Rauf A，Shariati M A，et al. Sesquiterpenes and their derivatives-natural anticancer compounds：An update. Pharmacological Research，2020，161：105165.
[52] Hill R A，Connolly J D. Triterpenoids. Natural Product Reports，2020，37（7）：962-998.
[53] Manske，Richard Helmuth Fred，Henry Lavergne Holmes，et al. The alkaloids：Chemistry and physiology. Elsevier，2014.
[54] Weisshaar B，Jenkins G I. Phenylpropanoid biosynthesis and its regulation. Current opinion in plant biology，1998，1（3）：251-257.
[55] Ayres D C，Ayres D C，Loike J D. Lignans：Chemical，biological and clinical properties. Cambridge university press，1990.
[56] Jain P K，Joshi H. Coumarin：Chemical and pharmacological profile. Journal of Applied Pharmaceutical Science，2012，2（6）：236-240.
[57] Panche A N，Diwan A D，Chandra S R. Flavonoids：An overview. Journal of nutritional science，2016，5（47）：1-15.
[58] Havsteen B H. The biochemistry and medical significance of the flavonoids. Pharmacology & therapeutics，2002，96（2-3）：67-202.
[59] Karak P. Biological activities of flavonoids：An overview. Int J Pharm Sci Res，2019，10（4）：1567-1574.

[60] 卜卓琳，余传明，林雯毓，等.蒽醌类化合物的合成研究进展.合成化学，2019，27（9）：747-762.
[61] 崔春雨，杨宇婷，肖丽，等.液-液萃取法从金银花中分离纯化绿原酸.山东化工，2020，49（10）：24-25.
[62] 华叙荣，于涛，徐哲婷.固相萃取技术的作用机制及在化学分析中的应用进展.江西化工，2019（1）：26-29.
[63] 倪承珠.柱切换-离子色谱法的研究及其在复杂基体中的应用.杭州：浙江大学，2016.
[64] 高恩泽，于小涵，刘婷，等.柱后衍生化技术及其在药物与食品分析中的应用与进展.药物分析杂志，2014，34（5）：747-759.
[65] 董静，吕肖楠.紫外分光光度法在食品检测及食品安全分析中的应用.食品安全导刊，2022（2）：151-153.
[66] 汪瑗，朱若华，陈惠.薄层色谱分析法及其进展.大学化学，2006（3）：34-40.
[67] 沙娇，李涛，任保增.高效液相色谱法在食品分析中的应用进展.河南化工，2016，33（8）：15-17.
[68] 王巍，银燕春，卢红.气相色谱法在药品食品及环境领域中的应用进展.世界最新医学信息文摘，2018，18（98）：123，125.
[69] 帅瑾，巩卫东，刘胜男，等.原子吸收光谱法测定食品中重金属元素的研究进展.粮油加工（电子版），2014（10）：62-64，67.
[70] 王海军，宁新霞.紫外可见分光光度技术的应用进展.理化检验（化学分册），2012，48（6）：740-745.
[71] 陈裕凤，聂斌，詹国平，等.近红外光谱的数据分析方法研究进展.江西中医药大学学报，2022，34（2）：120-124.
[72] 向玉，侯晨月，徐伟.微型化质谱仪研究进展.生命科学仪器，2019，17（3）：28-34.
[73] 陈琳，高彤，方嘉沁，等.低场核磁共振在食品加工中的应用研究进展.食品工业，2021，42（2）：274-278.
[74] 许海舰，刘翠哲.液相色谱-质谱联用技术的研究进展.承德医学院学报，2017，34（6）：513-516.
[75] 胡明珠，孟宪双，王春，等.质谱在高通量快速检测技术中的应用研究进展.分析测试学报，2018，37（2）：127-138.
[76] 陈秀英，高保祥，周焕英.基质辅助激光解吸电离飞行时间质谱分析低分子量化合物的基质的研究进展.分析化学，2022，50（1）：12-24.
[77] 翟容容，高雯，李梦宁，等.离子淌度质谱技术在中药化学成分分析中的研究进展.色谱，2022，40（9）：782-787.
[78] 杨宝坤，姜婷，向玉，等.小型离子阱质谱技术研究进展.真空与低温，2022，28（4）：453-462.
[79] 何宁，王玲，郝红霞.便携式气相色谱-质谱联用技术的应用进展.分析试验室，2021，40（9）：1100-1108.
[80] 曲峻，罗国安，吴筑平.高效液相色谱-核磁共振联用技术最新进展.分析化学，1999（8）：976-981.
[81] 王宁，刘佳，李书文，等.毛细管电泳-质谱联用技术研究进展.氨基酸和生物资源，2015，37（2）：1-5.
[82] 姚佳，黄希莲，马媛，等.基于文献计量分析农药残留检测技术研究进展.食品安全导刊，2021（23）：92-95.
[83] 艾好.农产品重金属检测研究进展.食品安全导刊，2020（27）：158.
[84] 韩金龙，闵武琼，叶富饶，等.微生物快速检测技术研究进展.现代食品，2022，28（8）：105-107.
[85] 顾志荣，师富贵.现代新兴的中药溶剂提取技术研究进展.安徽农业科学，2013，41（22）：9235-9237.
[86] 温悦.挥发油提取方法研究概况.中国药业，2010，19（12）：84-85.
[87] 石莹莹.超临界流体萃取技术提取中草药活性成分的研究进展.河南化工，2019，36（12）：3-6.
[88] 冯飞，葛永杰，代容，等.超声波辅助提取技术研究进展.食品工业，2022，43（4）：239-243.
[89] 刘梅，米莹.微波提取在中药领域的应用进展.天津药学，2009，21（5）：62-64.
[90] Liu W，Fu Y，Zu Y，et al. Negative-pressure cavitation extraction for the determination of flavonoids in pigeon pea leaves by liquid chromatography-tandem mass spectrometry. Journal of Chromatography A，2009，1216（18）：3841-3850.
[91] Dong L L，Fu Y J，Zu Y G，et al. Application of cavitation system to accelerate the endogenous enzymatic hydrolysis of baicalin and wogonoside in Radix Scutellariae. Food chemistry，2012，131（4）：1422-1429.
[92] Wang T，Gu C B，Wang S X，et al. Simultaneous extraction，transformation and purification of psoralen from fig leaves using pH-dependent ionic liquid solvent based aqueous two-phase system. Journal of Cleaner Production，2018，172：827-836.
[93] Coskun O. Separation techniques：Chromatography. Northern clinics of Istanbul，2016，3（2）：156.
[94] Chakravarti B，Mallik B，Chakravarti D N. Column chromatography. Current Protocols Essential Laboratory Techniques，2016，13（1）：6.2.1-6.2.15.
[95] Rathore A S，Kumar D，Kateja N. Recent developments in chromatographic purification of biopharmaceuticals. Biotechnology letters，2018，40（6）：895-905.
[96] Žuvela P，Skoczylas M，Jay Liu J，et al. Column characterization and selection systems in reversed-phase high-performance liquid chromatography. Chemical reviews，2019，119（6）：3674-3729.
[97] Dong L L，Fu Y J，Zu Y G，et al. An enhanced preparation and purification of the major antioxidants baicalein and wogonin from Scutellariae radix. Food chemistry，2012，133（2）：430-436.
[98] 胡迎丽，夏璐，雷福厚.大孔吸附树脂在天然产物的分离纯化中的应用进展.化工技术与开发，2021，50（11）：29-34.

[99] Yao L，Zhang N，Wang C，et al. Highly selective separation and purification of anthocyanins from bilberry based on a macroporous polymeric adsorbent. Journal of agricultural and food chemistry，2015，63 (13)：3543-3550.
[100] 彭诗涛，刘振丽，宋志前，等. 高速逆流色谱技术在中药及天然产物中的应用研究. 中国中医基础医学杂志，2021，27 (5)：821-829.
[101] 赵旭升. 高速逆流色谱分离纯化中药化学成分的研究. 化工设计通讯，2021，47 (8)：196-197.
[102] 刘克建，屈琦超. 分子印迹技术在天然活性成分分离纯化中的研究进展. 食品工业科技，2018，39 (22)：328-333.
[103] 廖辉，金晨，何玉琴，等. 分子印迹技术在中药化学成分富集分离中的应用研究进展. 中国药房，2017，28 (4)：543-546.
[104] 黄晓妍，师以康. 抗肿瘤药物紫杉醇结构修饰的研究进展. 山东医药，2019，59 (15)：95-100.
[105] 杨若澜，郭惠，靳如意，等. 喜树碱结构修饰及抗肿瘤靶向性研究进展. 中国药物化学杂志，2020，30 (11)：696-704.
[106] 陈称，陈莉，孙建博. 银杏内酯类化合物的来源，结构修饰与新剂型研究进展. 南京中医药大学学报，2019，35 (3)：344-350.
[107] Hegazy M E F，Mohamed T A，ElShamy A I，et al. Microbial biotransformation as a tool for drug development based on natural products from mevalonic acid pathway：A review. Journal of Advanced Research，2015，6 (1)：17-33.
[108] 贺赐安，余旭亚，孟庆雄，等. 生物转化对天然药物进行结构修饰的研究进展. 天然产物研究与开发，2012，24 (6)：843-847.
[109] 王珊珊，胡萍，余少文. 天然产物微生物转化的研究进展. 中国新药杂志，2016，25 (1)：71-75.

（焦骄，于雪莹，付玉杰，罗猛）

第三章　林源药用提取物

第一节　抗癌林源药用提取物

肿瘤是组织异常生长形成的瘤。恶性为癌症，能分离不正常的细胞，并能转移。抗癌林源药用提取物用于癌症的化疗中。

一、分类

1. 生物碱类抗癌提取物

生物碱对于多种癌症有良好的治疗效果，多为吡啶类、莨菪烷类、吲哚类、异喹啉类、有机胺类[1-26]。

2. 萜类抗癌提取物

萜类化合物对于多种癌症有良好的治疗效果，例如紫杉醇、高三尖杉酯碱、雷公藤甲素等[27-43]。

3. 醌类抗癌提取物

蒽醌类化合物以 9,10-二蒽酮作为母核，通过不同程度的还原转化为氧化蒽酚、蒽酮、蒽酚结构。蒽环类抗癌药是临床上最广泛使用的癌症化疗药物之一，是一类具有抗肿瘤活性的芳香多聚酮类化合物。萘醌是一种天然色素，具有独特的抗肿瘤活性。1,4-萘醌具有抗菌、抗病毒、抗肿瘤、抗疟等活性，其结构大量存在于多种抑癌靶标抑制剂中，例如从紫草及软紫草中分离得到的一系列紫草素及异紫草素类衍生物、拉帕醇（lapachol）类衍生物（来源于重蚁木等植物的树皮）、胡桃醌（胡桃楸青龙衣）、白鹤灵芝素等[44-70]。

二、功能活性

癌症是一种多基因突变引起的基因与环境互作产生的疾病。癌基因与癌症发病有关，分为病毒癌基因（V-OnC）和细胞癌基因[71]。癌症发病过程见图 7-3-1。

抗癌药根据作用原理分为六类：干扰核酸生物合成的药物（抗嘌呤药、抗嘧啶药、抗叶酸药、DNA 多聚酶抑制剂）；破坏 DNA 结构和功能的药物（烷化剂、铂类配合物、拓扑异构酶抑制剂）；嵌入 DNA 干扰核酸合成的药物（放线菌酮、阿霉素）；干扰蛋白质合成的药物（长春碱、紫杉醇）；影响激素功能的抗癌药物（性激素、肾上腺皮质激素）；生物反应调节剂（细胞因子、胸腺肽、细菌类、肿瘤增殖病毒）。

靶向作用于 DNA 的抗癌药物的作用机制都有一个共同的特点：通过干扰 DNA 的生物合成过程，使细胞的 DNA 合成受阻，诱导细胞凋亡，最终导致细胞死亡。靶向作用于 DNA 的抗癌药物可以分为 DNA 切割剂、交联剂、靶向 DNA 序列交联剂、嵌入剂、拓扑异构酶抑制剂、烷基化剂等。

拓扑异构酶（DNA enzyme topoisomerase I/topo）是存在于细胞核内的一类酶，能够催化 DNA 链的断裂和结合，控制 DNA 的拓扑状态。拓扑异构酶可调控组成染色体的 DNA 超螺旋结构的变化，如缠绕状态和展开状态的互变。分为拓扑异构酶Ⅰ或Ⅱ：a. 拓扑异构酶Ⅰ催化 DNA 链的断裂和重新连接，每次只作用于一条链，即通过形成短暂的单链裂解-结合循环，催化 DNA 复制的拓扑异构状态的变化；b. 拓扑异构酶Ⅱ可同时断裂并连接双股 DNA 链，以改变 DNA 的拓扑状态。这一过程通常需要能量辅因子 ATP（三磷酸腺苷）的帮助。拓扑异构酶特异性抑制剂和激动剂见图 7-3-2。

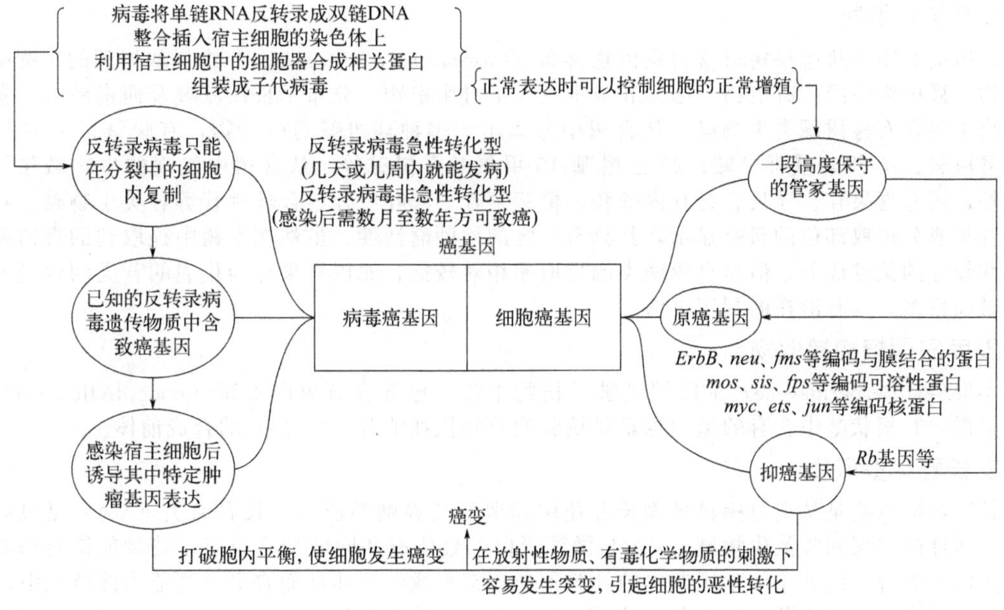

图 7-3-1　癌症发病过程

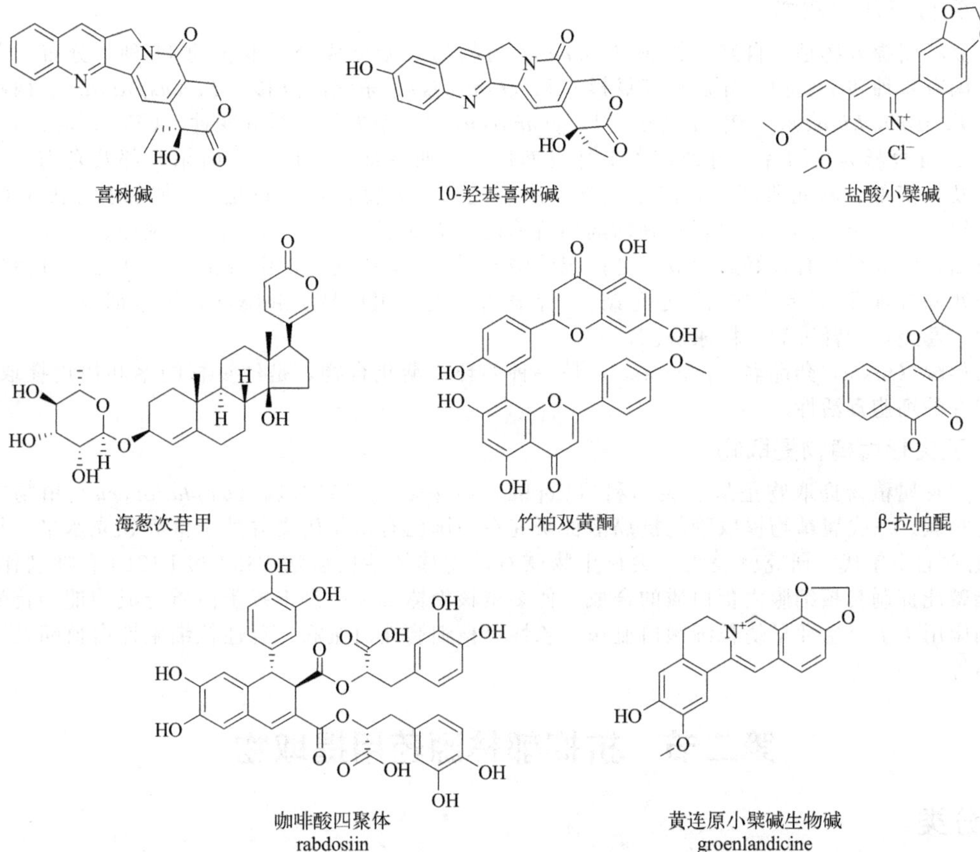

图 7-3-2　拓扑异构酶特异性抑制剂和激动剂

三、典型的抗癌林源药用提取物加工与应用

1. 喜树提取物

喜树提取物是从蓝果树科喜树属植物喜树（*Camptotheca acuminata*）中提取得到的生物碱类化合物。喜树为中国特有植物，国家Ⅱ级重点保护野生植物，分布于长江流域及西南各省。喜树提取物主要含有喜树碱类生物碱。从喜树中分离出十多种喜树碱的衍生物，有脱氧喜树碱、10-羟基喜树碱、10-甲氧基喜树碱、20-乙酰基-10-甲氧基喜树碱等。从喜树中发现的生物碱除了游离碱外，还有喜果苷、异长春花苷内酰胺、樟芽莱苷、三叶豆苷、金丝桃苷等苷类生物碱。对喜树果苷类成分提取部位的研究显示，其具有一定的抗肿瘤活性。虽然在喜树中提取到的喜树碱类是活性较好的抗癌成分，但是喜树碱类的提取率相对较低，而以喜果苷为代表的苷类的含量就比喜树碱高得多，具有潜在的利用价值。

2. 鬼臼属植物提取物

小檗科（Berberidaceae）鬼臼属是被子植物中唯一已知含有鬼臼毒素（podophyllotoxin）的植物类群，其根状茎中含有的鬼臼毒素是抗肿瘤药物依托泊苷（VP16）的合成前体。

3. 长春花提取物

长春花提取物是从夹竹桃科植物长春花中提取的长春碱类成分，长春碱类（VA）是具有显著抗癌活性的二聚吲哚类生物碱。VA与微管蛋白二聚体有共同的结合位点，药物的结合抑制了微管蛋白的聚合，使处于细胞周期中的细胞不能正常形成纺锤体从而丧失分裂能力停留在中期。

长春碱类生物碱来源于长春花类植物，所以有时也被称为长春碱。这类生物碱具有广谱和高效的抗癌活性。目前已有数种已被获准上市，另有多种正在临床研究之中。

4. 红豆杉属提取物

红豆杉属提取物是来自红豆杉属（*Taxus*）植物的二萜类成分。本属约11种，分布于北半球。我国有4种和1变种，分别是红豆杉（*T. chinensis*）、东北红豆杉（*T. cuspidata*）、西藏红豆杉（*T. wallichiana*）、云南红豆杉（*T. yunnanensis*）、南方红豆杉（变种）（*T. chinensis* var. *mairei*）。红豆杉为我国特有树种，产于甘肃南部、陕西南部、四川、云南东北部及东南部、贵州西部及东南部、湖北西部、湖南东北部、广西北部和安徽南部（黄山），常生于海拔1000～1200m以上的高山上部。红豆杉较高的药用价值使其受到诸多关注。在消积、利尿、消炎以及通经等方面，红豆杉具有较好的疗效，是传统的中药材，《本草纲目》中曾记载，红豆杉可治疗霍乱、伤寒并且排毒。《本草推新》也记载：“紫杉可入药，用皮易引起呕吐，用木部及叶则不吐，且利尿、通经，治肾脏病、糖尿病。”

紫杉醇（taxol，药品名：paclitaxel）是一种四环二萜化合物，是红豆杉的茎和树皮提取物，具有很好的细胞毒活性。

5. 三尖杉属植物提取物

三尖杉属植物提取物是从三尖杉科（Cephalotaxaceae）三尖杉属（*Cephalotaxu*）植物中提取的生物碱。三尖属植物提取物的抗癌活性研究在中国已有多年历史并处于世界领先水平。早在20世纪六七十年代，研究就表明三尖杉生物碱对动物移植性白血病P388和L1210有抑制作用。生物酯碱能抑制真核细胞内蛋白质的合成，使多聚核糖体解聚，是干扰蛋白质合成功能的抗癌药物，临床用于治疗急性早幼粒细胞白血病、急性单核细胞性白血病、急性粒细胞性白血病及恶性淋巴瘤等。

第二节　抗抑郁林源药用提取物

一、分类

抑郁症是一种以显著而持久的心境低落为主要临床特征的综合征。

1. 苯丙烷类抗抑郁提取物

苯丙素类抗抑郁提取物主要包括葛根素（synonyms）、阿魏酸、厚朴酚、香芹酚、柚皮素、槲皮素衍生物、丁香酚、罗布麻叶总黄酮、棉籽总黄酮、金丝桃苷、黄蜀葵总黄酮等。

棉籽总黄酮（total flavonoids extracted from *cottonseed*，CTN-T）有抗抑郁活性，可能与其增强脑内 5-HT 神经功能有关。使用棉籽油/大麻油/海藻酸盐/阿魏胶合成绿色双胶以释放槲皮素制剂[72]。

黄蜀葵总黄酮（total flavone of *abelmoschus manihot*，TFA）是从中药黄蜀葵中提取的一类有效成分，其主要活性成分为金丝桃苷（hyperfine，Hyp）、槲皮素和槲皮素苷。总黄酮在体外和体内均能增强血管生成能力；具有脑缺血保护作用，抗脑卒中后抑郁（post stroke depression，PSD）；可增加 PSD 大鼠的水平与垂直运动得分；抑制 PSD 大鼠各切变率下全血黏度、血浆黏度的升高，提高红细胞的变形性；TFA 具有抗 PSD 作用，其机制可能与改善血液流变学、抗脂质过氧化作用有关[73]。

花椒毒酚（xanthotoxol）（8-hydroxypsoralen）是一种具有生物活性的线性呋喃香豆素，抗炎，抗氧化，有 5-HT 拮抗和神经保护作用。通过抑制局灶性脑缺血大鼠模型中的炎症反应发挥神经保护作用；降低了 IL-1β、TNF-α、IL-8 和 NO 水平，并减弱了 iNOS 活性；显著阻止了缺血/再灌注诱导的 iNOS、COX-2 和核 NF-κB p65 蛋白表达的增加[3]。

细辛醚（asarone）是菖蒲属中主要的活性物质，具有抗抑郁等功效。*β*-asarone 通过激活 P13K/Akt/Nrf2 信号通路改善 *β*-淀粉样蛋白诱导的 PC12 细胞神经毒性。alpha-asarone 改善 APP/PS1 小鼠的认知功能，减少 Aβ 42、P-tau 和神经炎症，促进海马神经元存活[74-76]。

一叶秋碱［(—)-securinine]抑制炎症介质 NF-κB 的活化，以及脂多糖（LPS-）刺激的 BV2 细胞中的丝裂原活化蛋白激酶抑制干扰素-γ-(IFN-γ-)诱导一氧化氮水平和 iNOS mRNA 表达[77]。4-羟基德里辛（4-hydroxyderricin）是当归的主要活性成分之一，是一种有效的选择性 MAO-B（单胺氧化酶抑制剂），可以轻度抑制 DBH（多巴胺 *β*-羟化酶）活性，具有抗抑郁活性[78]。

2. 萜类抗抑郁提取物

萜类抗抑郁提取物主要包括 *β*-蒎烯、人参皂苷 Rg1、缬草烯酸。*β*-蒎烯（*β*-pinene）可显著缩短小鼠 FST 的不动时间，具有良好的抗抑郁活性，可能与 D1 受体作用有关。人参皂苷 Rg1 能显著增加海马突触相关蛋白的表达，并抑制海马星形胶质细胞和小胶质细胞的活化，通过单胺类神经递质、抗氧化、抗炎、BDNF 及神经营养、HPA 轴的调节等多种途径发挥抗抑郁作用。缬草烯酸（valerenic acid）是一种倍半萜，是具有口服活性的 GABAA 受体的正变构调节剂、5-HT5a 受体的部分激动剂。通过含有 β3 亚单位的 GABAA 受体介导抗焦虑活性。通过减少小鼠海马-杏仁核区域中血清素和去甲肾上腺素的周转来保护身体和心理压力[79]。*α*-侧柏酮（*α*-thujone）是一种从西方金钟柏精油中分离出来的单萜，是 GABAA 受体的可逆调节剂，有抑制 *α*7-烟碱型乙酰胆碱受体的功能，并在一次试验被动回避范式中削弱尼古丁诱导的记忆增强[80]。莽草毒素（anisatin）是一种从日本植物 Illicium anisatum）种子中分离出来的一种有毒倍半萜内酯类，是一种类苦毒素的非竞争性 GABA 抗剂。迷迭香酸（rosmarinic acid）是植物中广泛存在的一种酚酯化合物，预防阿尔茨海默病具有安全性和有效性，可能有助于预防 AD 相关神经精神症状的恶化[81]。

3. 生物碱类抗抑郁提取物

生物碱类抗抑郁提取物主要包括钩藤总生物碱、益母草碱、胡椒碱、小檗碱、吲哚类生物碱（mitragynine）、异戊烯基吲哚生物碱（neoechinulin A）、异喹啉生物碱（neferine）、川芎嗪、去氢骆驼蓬碱（harmine）等。去氢骆驼蓬碱（harmine）是一种具有抗癌和抗炎活性的天然双特异性酪氨酸磷酸化调节激酶（DYRK）抑制剂，增强 GABA 能传递到小鼠基底杏仁核投射神经元上，对 5-HT2A 血清素受体具有高亲和力[82]。异紫堇杷明碱［(—)-isocorypalmine]是从延胡索粗碱中分离得到的多巴胺受体配体，通过作用于多巴胺受体来降低可卡因对小鼠的行为致敏性和奖励作用[83]。药根碱（jatrorrhizine）是异喹啉生物碱，通过抑制转运蛋白（uptake-2transporter）的活性减少血清素（5-HT）和去甲肾上腺素（NE）的摄取[84]。异去氢钩藤碱（isocorynoxeine）

是一种与钩藤碱有关的生物碱，在 HT22 细胞测定中有神经保护活性，对 5-HT2A 受体介导的电流反应呈剂量依赖性抑制[85-87]。石杉碱甲（huperzine A）是从梅花苔中分离得到的生物碱，具有神经保护活性，是血脑屏障渗透性的乙酰胆碱酯酶（AchE）抑制剂、*N*-甲基-*D*-天冬氨酸（NMDA）受体的非竞争性拮抗剂。石杉碱甲用于神经退行性疾病的研究，对痴呆和轻度认知障碍阿尔茨海默病有疗效[16]。海罂粟碱 glaucine（*O*,*O*-dimethylisoboldine）是一种从 *glaucium flavum crantz* 中分离的生物碱，海罂粟碱拮抗 α1 受体，对 5-HT 2 和 α1 肾上腺素能受体具有活性，能治疗中枢神经系统疾病[88]。

4. 糖苷及多糖类抗抑郁提取物

酸枣仁皂苷 A（jujuboside A）属于 GABA 受体激动剂，是从酸枣仁中提取的糖苷，可以用于失眠和焦虑症状的相关研究。通过激活 Axl/HSP90/PPARγ 通路促进 Aβ 清除并改善阿尔茨海默病的认知缺陷；通过促进 PI3K、Akt 和 mTOR 的磷酸化以及抑制 LC3 转化来显著减小 ISO 造成的损害[89,90]。

二、功能活性

1. 5-羟色胺受体

神经元信号（neuronal signaling）调节中枢神经系统结构、功能、遗传学和生理学等。G 蛋白偶联受体（g protein-coupled receptors，GPCR）包括 5-HT 受体、组胺受体、阿片受体等，是最大的感觉蛋白类，是神经信号传导的重要治疗靶点。受体突变（notch 信号如 β-和 γ-分泌酶等）导致 GPCR 功能障碍，导致中风、阿尔茨海默病和中枢神经系统肿瘤（包括 GPCR PCa、PSGR2、CaSR、GPR30 和 GPR39 在内的异常 GPCR 信号）等疾病发生。GPCR 的调节剂是制药行业的一个关键领域。

5-羟色胺受体（5-HT receptor，5-HT 受体）是一组 G 蛋白偶联受体（GPCR）和配体门控离子通道（LGIC），存在于中枢和外周神经系统中，包括 5-HT1、5-HT2、5-HT3、5-HT4、5-HT5、5-HT6、5-HT7。5-HT 受体介导兴奋性和抑制性神经传递。

5-羟色胺受体是抗抑郁药物的靶点，也是抗抑郁药、抗精神病药、厌食药、止吐药、促胃动力药、抗胰岛素药、致幻剂和促内生剂等多种药物的靶点。例如：葛根素 5-HT2C 受体拮抗剂是从葛根中提取的异黄酮化合物；去氢骆驼蓬碱对 5-HT2A 血清素受体具有高亲和力；花椒毒酚具有 5-HT 拮抗和神经保护作用；马来酸甲麦角新碱是具有口服活性的 5-HT 受体拮抗剂；药根碱通过抑制 uptake-2 transporter 的活性减少 5-HT 和去甲肾上腺素的摄取；异去氢钩藤碱抑制 5-HT2A 受体；strictosidinic acid 抑制 5-HT 生物合成的前体酶并降低 5-HT 含量；巴婆碱是多巴胺（dopamine）生物合成的抑制剂；缬草烯酸是 5-HT5a 受体的部分激动剂。通过含有 β3 亚单位的 GABAA 受体介导抗焦虑活性。化学结构式见图 7-3-3。

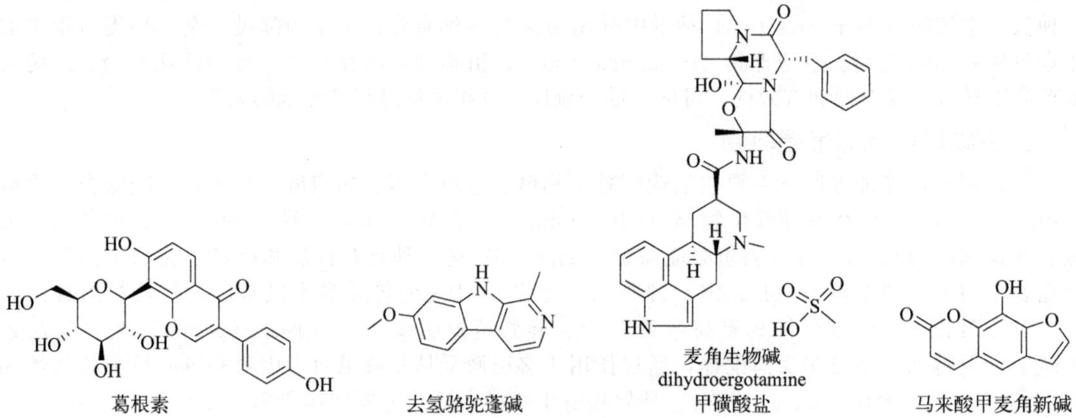

葛根素　去氢骆驼蓬碱　麦角生物碱 dihydroergotamine 甲磺酸盐　马来酸甲麦角新碱

图 7-3-3　作用于 5-羟色胺受体的物质的化学结构式

2. 多巴胺受体

多巴胺受体（dopamine receptor，DA）是脊椎动物中枢神经系统（CNS）中一类重要的G蛋白偶联受体。神经递质多巴胺是多巴胺受体的主要内源性配体。多巴胺受体信号传导和多巴胺能神经功能异常与神经精神疾病有关。多巴胺受体至少有五种亚型：D1样家族（D1、D5）和D2样家族（D2、D3和D4）。抗精神病药物通常是多巴胺受体拮抗剂，精神刺激剂通常是多巴胺受体的间接激动剂。例如：四氢小檗碱对D2和5-HT1A受体有uM级亲和力；右旋四氢巴马汀是多巴胺受体拮抗剂，优先亲和D1受体；海罂粟碱是弱多巴胺D1和D2受体的拮抗剂；左旋千金藤啶碱同时属于多巴胺受体D激动剂和多巴胺受体D2拮抗剂；异紫堇杷明碱是多巴胺受体配体。化学结构式见图7-3-4。

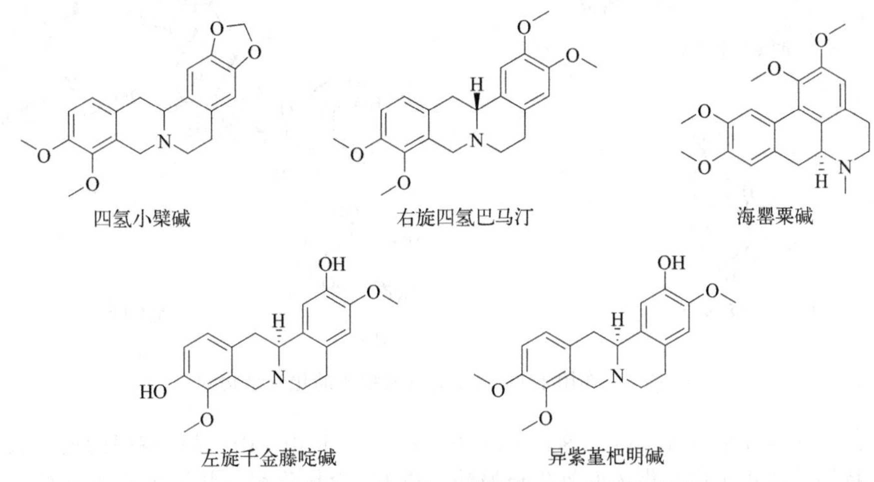

图7-3-4　作用于多巴胺受体的物质的化学结构式

3. GABA受体

对神经递质γ-氨基丁酸（gamma-aminobutyric acid，GABA）是脊椎动物中枢神经系统中的主要抑制性神经递质。离子受体（GABAA）是配体门控离子通道，移行受体（GABAB）是G蛋白偶联受体。GABAA受体如荷包牡丹碱、木防已苦毒素和印防已毒素能阻断神经元对GABA的快速反应。作用于GABA受体的药物分为抑制剂、激动剂、拮抗剂、激活剂和调节剂。例如：酸枣仁皂苷A是GABA受体激动剂；jujuboside A（酸枣仁糖苷）用于失眠和焦虑症状；α-细辛醚抗抑；一叶秋碱GABAA是受体拮抗剂；人参皂苷Rc是GABA受体激动剂，增强GABA受体A介导的离子通道电流；3,4,5-三甲氧基肉桂酸是GABA受体激动剂，能够增强GAD65和GABAA受体γ亚基，对α和β亚基没有作用；莽草毒素是非竞争性GABA拮抗剂，以浓度依赖性方式抑制GABA诱导的电流。化学结构式见图7-3-5。

4. 其他受体

（1）离子型谷氨酸受体（ionotropic glutamate receptor，iGluR）　由神经递质谷氨酸激活的一种配体门控离子通道，是一种完整的膜蛋白，由四个大亚基组成，形成一个中央离子通道孔，包括AMPA、红藻氨酸、NMDA和δ受体。AMPA受体是基础传递过程中的主要电荷载体，允许钠离子流入以使突触后膜去极化。NMDA受体被镁离子阻断，只允许先去极化后的离子通量，突触可塑性检测，钙通过NMDA受体流入导致突触传递强度的持续改变。

（2）单胺类转运体（monoamine transporters，MATs）　属于人类转运体的溶质载体6（s solute carrier 6，LC6）家族。MATs是位于单胺能神经元质膜上的跨膜蛋白，使用Na^+和Cl^-梯度作为能量来源，将单胺类物质移入或移出神经元。

（3）儿茶酚*O*-甲基转移酶（catechol *O*-methyltransferase，COMT）　是负责内源性神经递质、含有儿茶酚结构的外源性物质和激素的*O*-甲基化的酶。

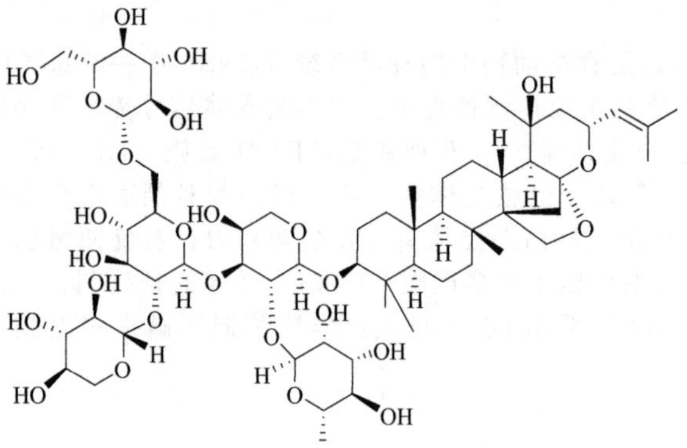

酸枣仁皂苷A

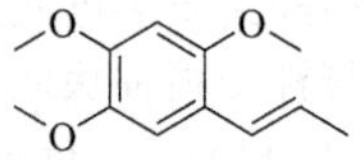

α-细辛醚

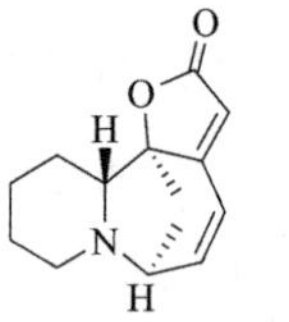

一叶秋碱

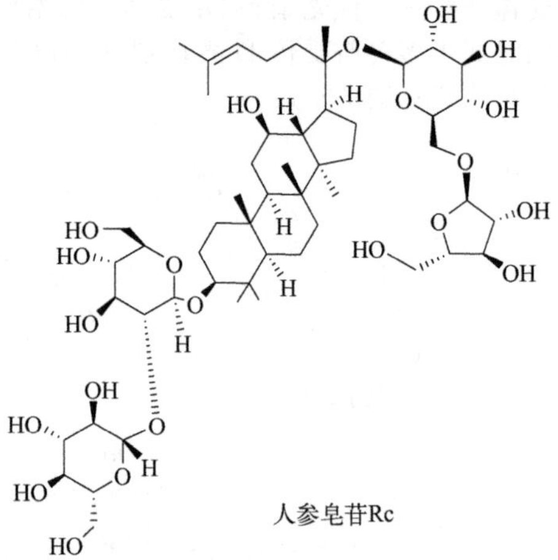

人参皂苷Rc

图 7-3-5　作用于 GABA 受体的物质的化学结构式

（4）多巴胺 β-羟化酶（dopamine β-hydroxylase）　是一种由 DBH 基因编码的酶。属于氧化还原酶家族，特别是作用于成对供体的氧化还原酶，以 O_2 为氧化剂，并结合或还原氧气。多巴胺 β-单加氧酶催化与 3,4-二羟基苯乙胺、抗坏血酸和 O_2 3 种底物发生化学反应，3 种产物是去甲肾上腺素、脱氢抗坏血酸和 H_2O。

例如：石杉碱甲生物碱也是 *N*-甲基-*D*-天冬氨酸（NMDA）受体的非竞争性拮抗剂；δ-3,2-羟基补骨脂酚是一种有效的单胺转运蛋白（monoamine transporter）抑制剂，对多巴胺转运蛋白（DAT）和去甲肾上腺素转运蛋白（NET）的选择性比血清素转运蛋白（SERT）更强，有潜力用于帕金森病、抑郁症和可卡因成瘾等疾病的研究；4-羟基-3-甲氧基苯基丙酮酸（vanilpyruvic acid）是儿茶酚胺代谢物和香草酸的前体，作用于 MATs 受体；迷迭香酸抑制儿茶酚 O-甲基转移酶（MAO-A，MAO-B 和 COMT）；5-羟基阿魏酸是 COMT 非酯化底物；5-羟基色胺盐酸盐是儿茶酚 *O*-甲基转移酶（COMT）抑制剂；4-羟基德里辛是选择性 MAO-B 单胺氧化酶抑制剂。化学结构式见图 7-3-6。

石杉碱甲

δ-3,2-羟基补骨脂酚

4-羟基-3-甲氧基苯基丙酮酸

迷迭香酸

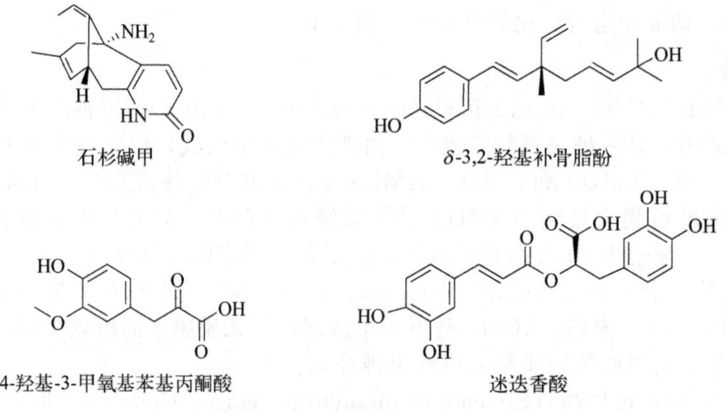

图 7-3-6　作用于其他受体的物质的化学结构式

三、典型的抗抑郁林源药用提取物加工与应用

1. 贯叶连翘提取物

贯叶连翘提取物是以贯叶连翘（*Hypericumperforatum*）花期梢端或地上部分为原料提取的产品，商品提取物通常标准化为含总金丝桃素 0.3%。金丝桃素（hypericin）是贯叶连翘的一种提取物，具有极强的抗病毒作用，同时抗肿瘤。化学结构式见图 7-3-7。

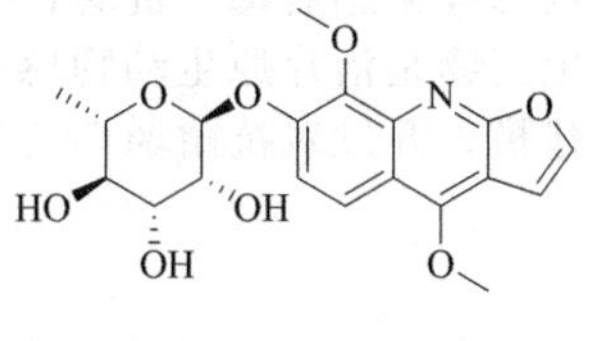

glycoperine

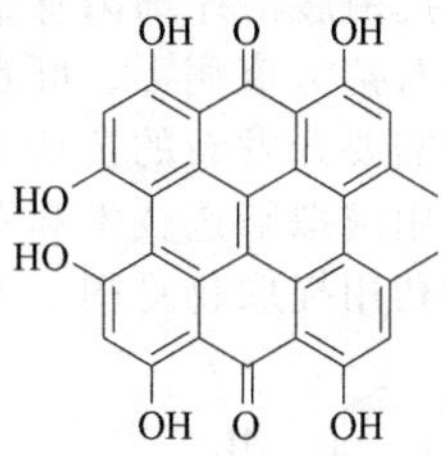

金丝桃素

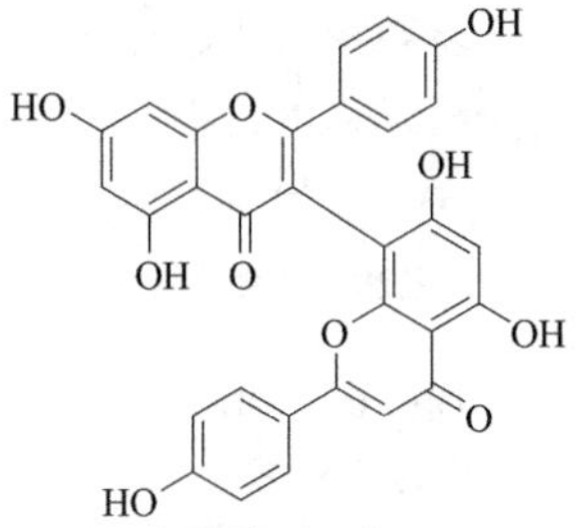

3,8″-biapigenin

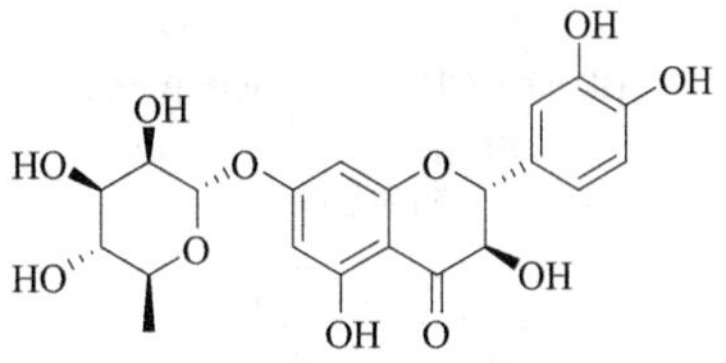

taxifolin 7-*O*-α-L-rhamnoside

图 7-3-7 贯叶连翘提取物化学结构式

2. 厚朴提取物

厚朴提取物（magnolia bark extract，MBE）为木兰科植物厚朴（*Magnolia officinalis*）或凹叶厚朴提取物。为棕褐色至白色精细粉末，气香，味辛辣，微苦。有效成分：和厚朴酚 2%～90%，总酚 50%～90%，厚朴酚 90%。

厚朴提取物有抗抑郁作用，调节去甲肾上腺素、5-羟色胺等单胺类神经递质，抗炎抗氧化，清除自由基，调节神经营养因子、促进神经再生，调节下丘脑-垂体-肾上腺（HPA）轴功能，以及调节免疫功能等。厚朴酚（magnolol）又称 5′,5-二烯丙基-2,2′-联苯二酚，是从厚朴的树皮中分到的木脂素，为 RXRα 和 PPARγ 的双重激动剂；和厚朴酚（honokiol）是一种具有生物活性的双酚类植物化学物质，靶向多种信号分子，抑制 Akt 的活化，能透过血脑屏障抗氧化，抗炎，有抗血管生成和抗癌活性；四氢厚朴酚（tetrahydromagnolol）是厚朴酚的主要代谢产物，是一种有效的选择性大麻素 CB2 受体激动剂，对 CB2 受体的选择性比 CB1 受体高 20 倍，是一种弱的 GPR55 受体拮抗剂；厚朴木酚素 A（magnolignan A）是一种天然木脂素；4-*O*-甲基和厚朴酚（4-*O*-methyl honokiol）为 PPARγ 的激动剂，可抑制 NF-κB 的活性。

厚朴提取物化学结构式见图 7-3-8。

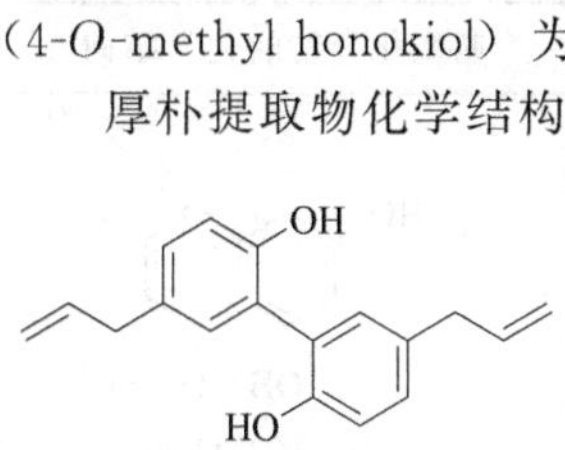

厚朴酚 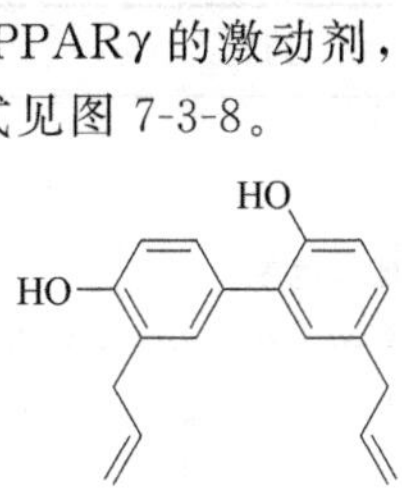 和厚朴酚 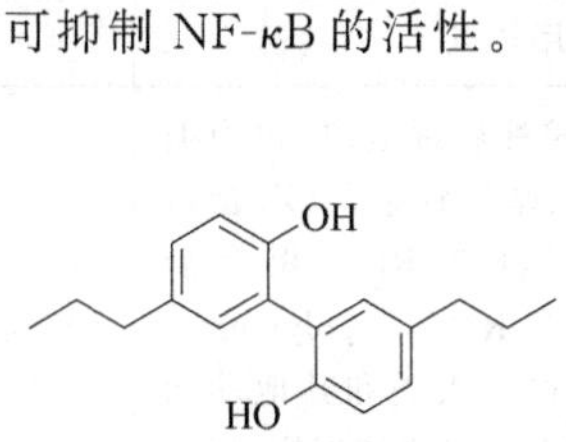 四氢厚朴酚 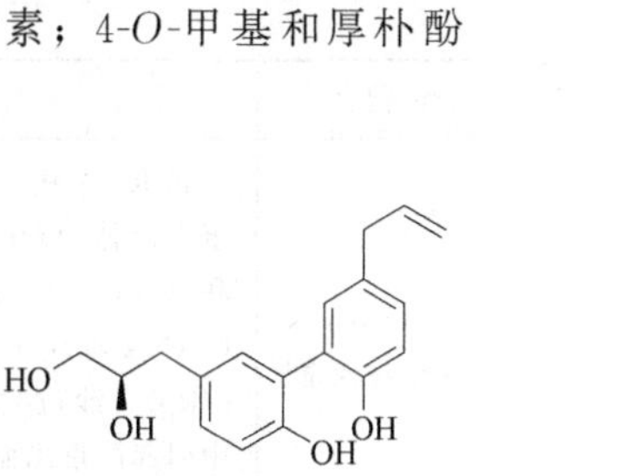 厚朴木酚素A

图 7-3-8 厚朴提取物化学结构式

第三节　抗病毒林源药用提取物

一、分类

抗感染药物是大类药物，包括抗生素和抗菌药物、抗真菌药物。抗病毒药物和抗原虫药物。光动力疗法（PDT）和抗菌肽治疗细菌感染。常见的抗真菌靶点包括真菌 RNA 合成、细胞壁和细胞膜成分。抗病毒药对抗疱疹病毒、肝炎病毒、艾滋病毒和流感病毒。抗病毒药物临床应用中的耐药性已使人们迫切需要开发新的抗病毒药物。抗原虫药物是治疗原生动物感染的药物。对抗疟药物进行化学修饰，用虚拟筛选技术和对接进行分子建模，开发对抗耐药性药物是一种趋势。

典型的抗感染林源药用提取物见图 7-3-9。

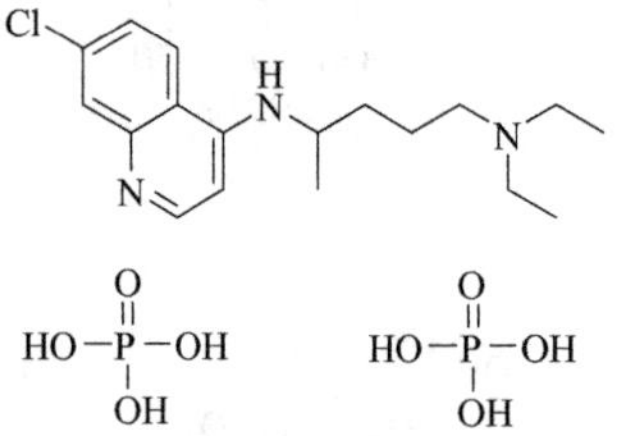

磷酸氯喹 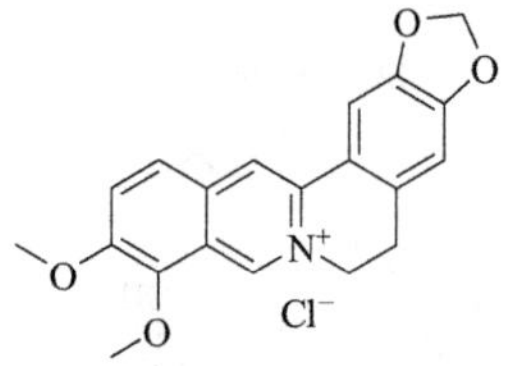　　盐酸小檗碱

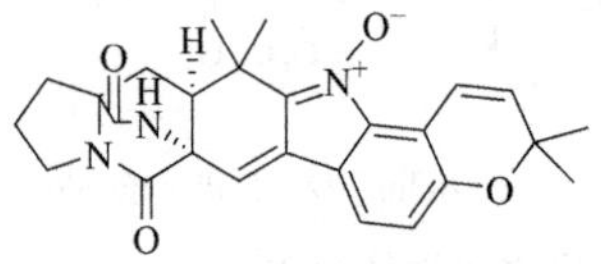

avrainvillamide 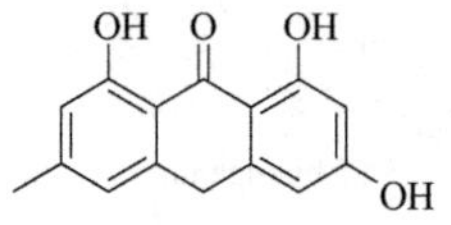　　大黄素蒽酮

图 7-3-9　典型抗感染药物的化学结构式

病毒是引发人类疾病和威胁生命健康的主要原因之一，根据 mRNA 生成机制不同可分为 DNA 病毒、RNA 病毒和逆转录病毒。其中，人类免疫缺陷病毒（human immunodeficiency virus，HIV）、流感病毒（influenza virus）、乙型肝炎病毒（hepatitis B virus，HBV）、丙型肝炎病毒（hepatitis C virus，CV）、冠状病毒（coronavirus）、呼吸道合胞病毒（respiratorysyncytial virus，RSV）、人乳头瘤病毒（humanpapillomavirus，HPV）和单纯疱疹病毒（herpessimplex virus，HSV）等是容易造成全球流行性疾病的病原体。2019 新型冠状病毒 2019-nCoV（后命名为 SARS-CoV-2）引发的肺炎，病毒的突变率较高，易导致耐药病毒株的出现，需要不断开发新的抗病毒药物。药物通过抑制病毒感染过程中的不同阶段（包括病毒的渗透、脱壳、合成核酸、将 DNA 整合进入宿主的基因组、结构蛋白的表达和组装、病毒从宿主中释放以及成熟），以达到抗病毒的效果。抗病毒药物按照靶点分类见表 7-3-1。

表 7-3-1　抗病毒药物的靶点及药物

靶点	作用特点	药物	典型化合物的化学结构
arenavirus（沙粒病毒）	属 RNA 病毒，四种病毒蛋白：包膜糖蛋白前体、核蛋白、基质锌结合（Z）蛋白和大（L）RNA 依赖性 RNA 聚合酶（RNA-dependent RNA polymerase rdRp）。沙粒病毒可在人类和其他动物中引起严重出血热和神经系统疾病，病毒聚合酶是主要的抗病毒治疗靶点之一	5,7-二羟基色酮（柘树 *Cudrania tricuspidata* 提取物）	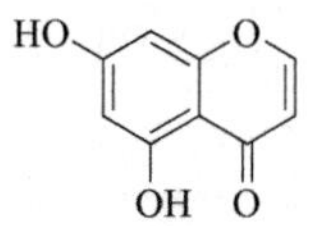 5,7-二羟基色酮

二、功能活性

1. 抗流感病毒

流感病毒（influenza virus）属于正黏病毒科，是一种被包膜、分段的单链反义 RNA 病毒，病毒包膜含血凝素蛋白（HA）和神经氨酸酶（NA，又称唾液酸酶）两种结构蛋白。流感病毒通过其表面的血凝素蛋白，识别和结合呼吸道表面的唾液酸（sialic acid）受体从而引发感染。人类流感甲和乙病毒都会导致季节性疾病流行，出现急性呼吸道感染疾病。以清热解毒为代表功效的药用植物板蓝根具有抗菌、抗病毒、抗内毒素及调节内源性免疫等多种药理活性。抗流感病毒物质的化学结构式见图 7-3-10。

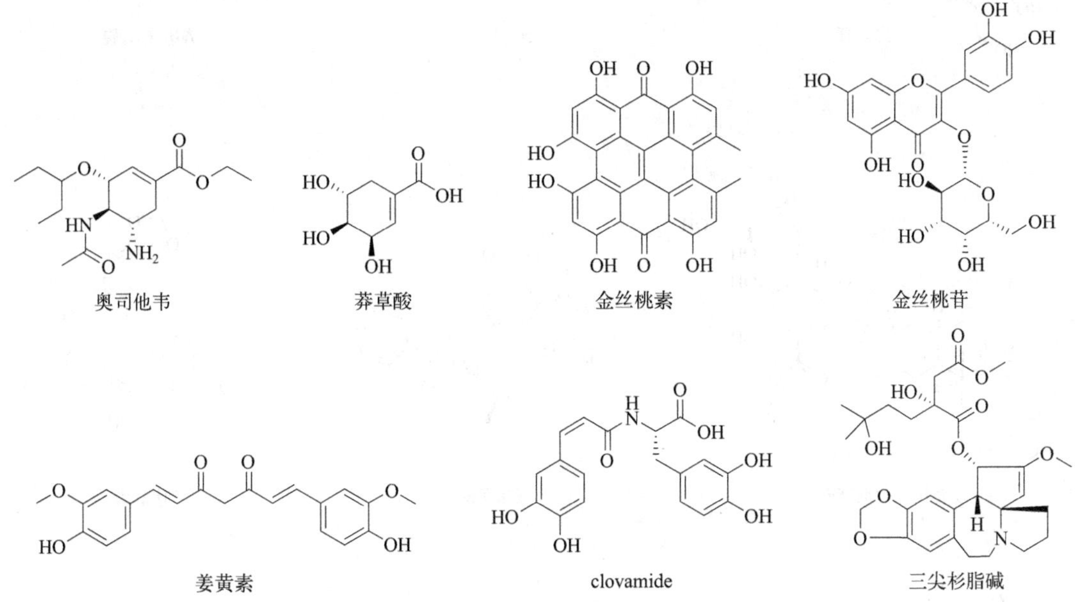

图 7-3-10　抗流感病毒物质的化学结构式

2. 抗 HIV

人类免疫缺陷病毒（human immunodeficiency virus，HIV）是一种逆转录病毒亚组的慢病毒，可导致获得性免疫缺陷综合征（acquired immunodeficiency syndrome，AIDS），通过血液、精液、阴道液、射精前或母乳的转移发生 HIV 感染。HIV 以游离病毒颗粒和受感染免疫细胞内的病毒的形式存在。HIV 感染人类免疫系统中辅助性 T 细胞（特别是 CD4＋T 细胞）、巨噬细胞和树突状细胞等重要细胞，当 CD4＋T 细胞数量下降到临界水平以下时，细胞介导的免疫功能丧失，导致威胁生命的机会性感染和癌症的滋生。抗 HIV 物质的化学结构式见图 7-3-11。

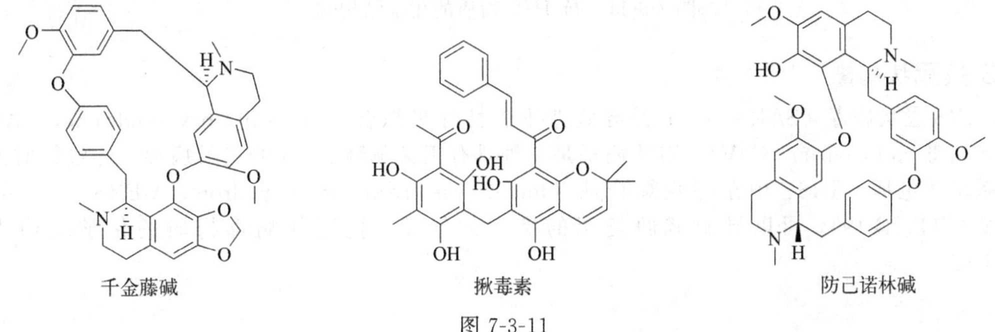

图 7-3-11

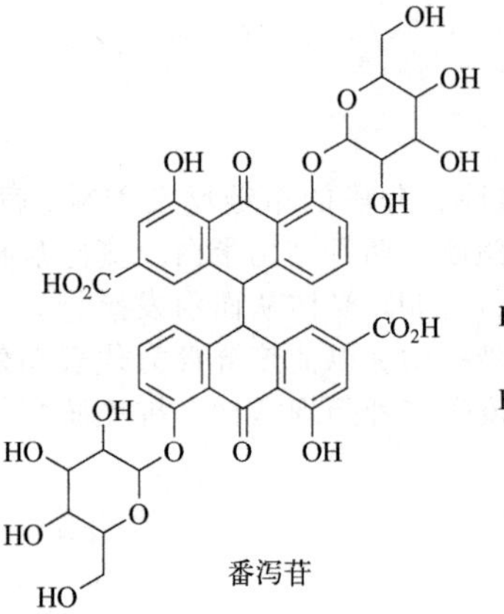

番泻苷 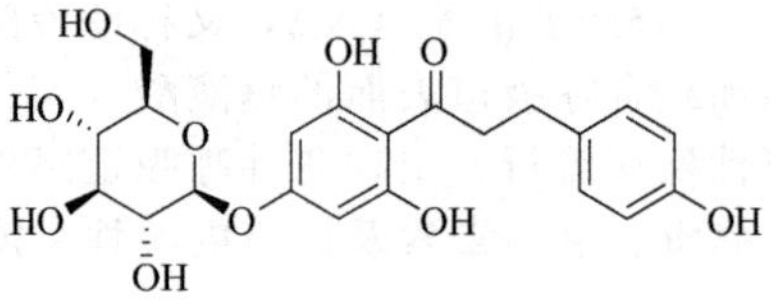　三叶苷 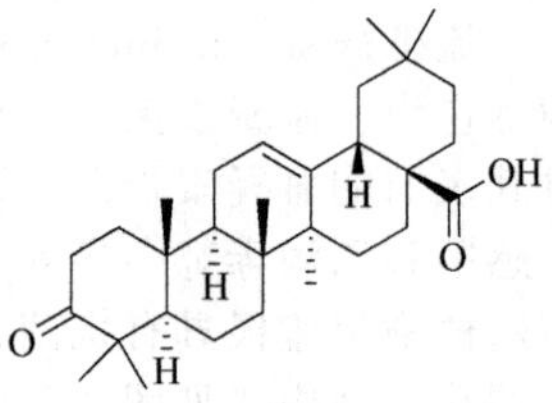　齐墩果酮酸

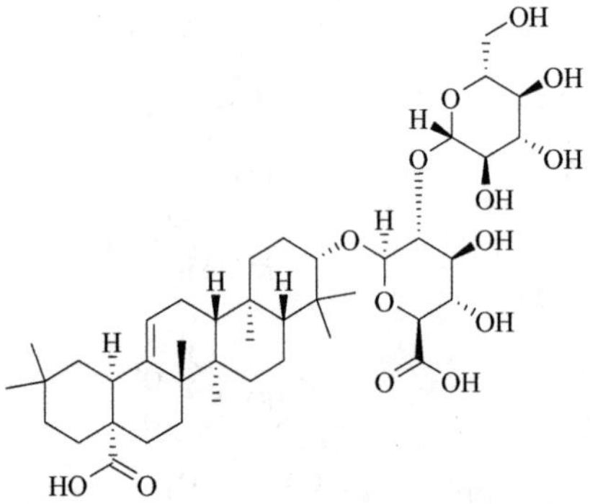

姜状三七皂苷R1 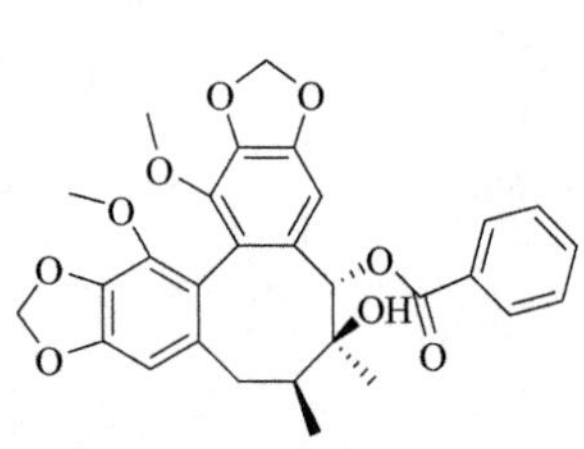　五味子酯 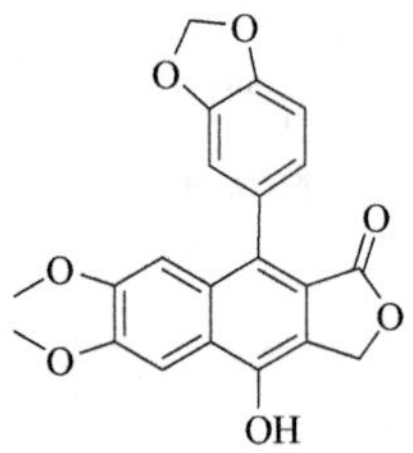　二叶草素

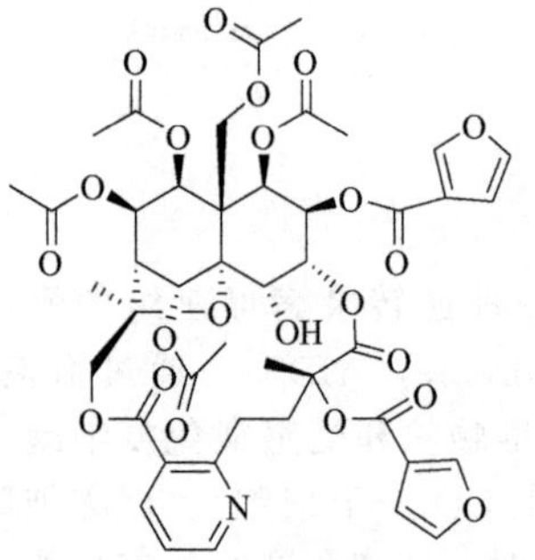

triptonine B/18-*O*-(3-糠酰)雷公藤春碱 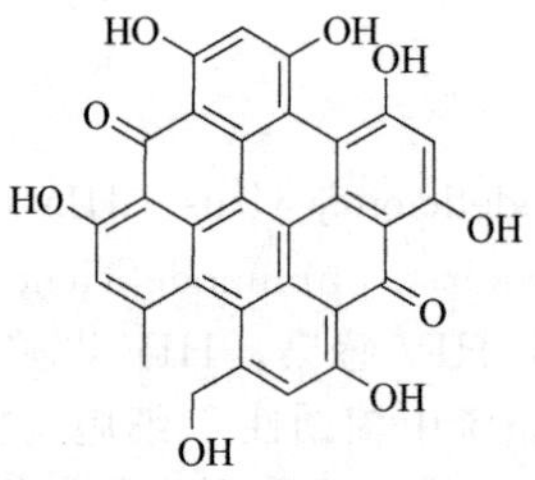　伪金丝桃素 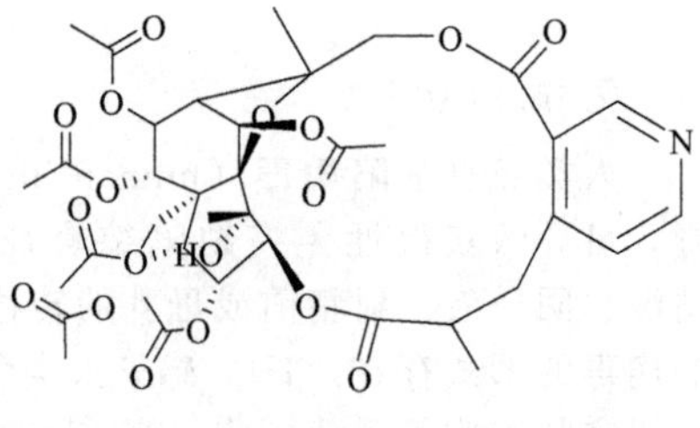　雷公藤新碱

图 7-3-11　抗 HIV 物质的化学结构式

3. 抗冠状病毒

SARS 冠状病毒（SARS-CoV）是导致严重急性呼吸综合征（respiratory syndrome，SARS）的冠状病毒 coronavirus（CoV）。冠状病毒是一种具有正义单链 RNA 的包膜病毒，通过针对人类呼吸系统，包括 SARS、中东呼吸综合征（middle east respiratory syndrome MERS）和 SARS-CoV-2（COVID-19），可以导致威胁健康的疾病的暴发。抗冠状病毒物质的化学结构式见图 7-3-12。

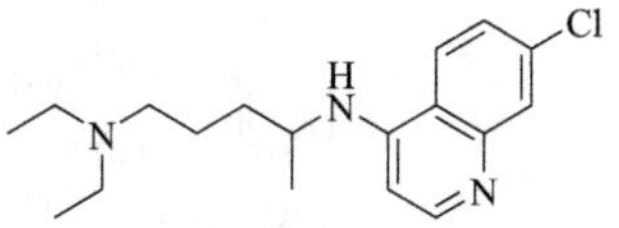

氯喹 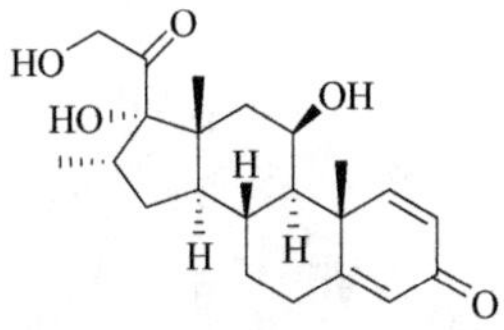　地塞米松 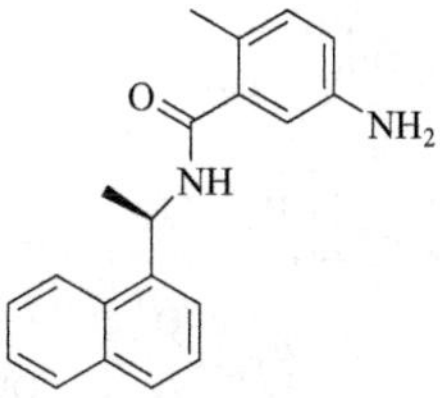　GRL0617 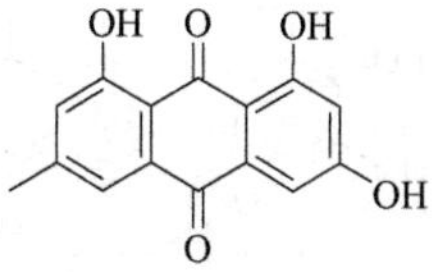　大黄素

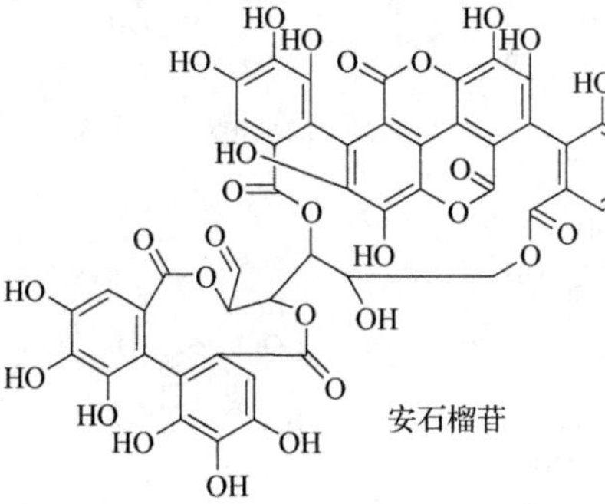

安石榴苷 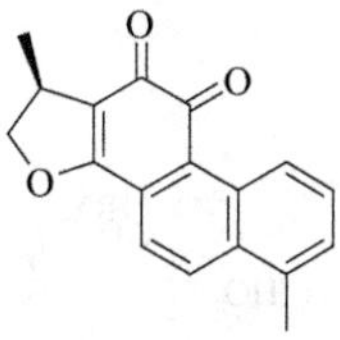　二氢丹参酮 I 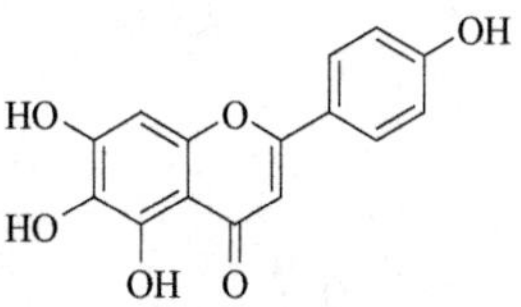　野黄芩素

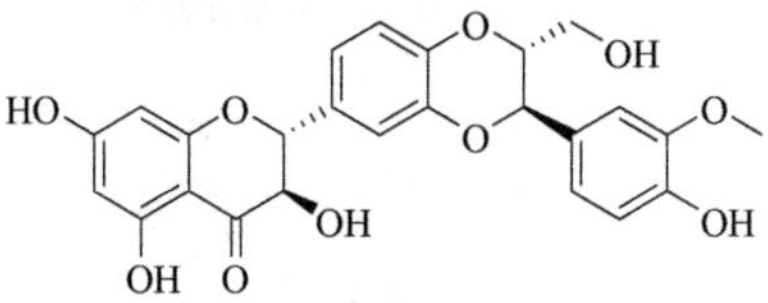

水飞蓟宾 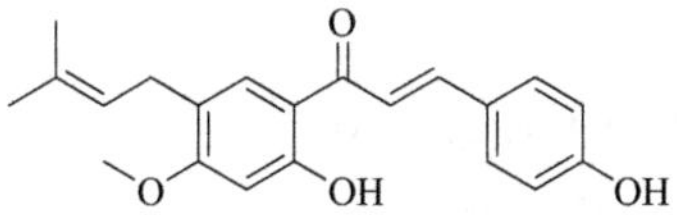　4′-*O*-甲基补骨脂查尔酮 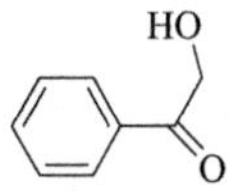　2-羟基苯乙酮 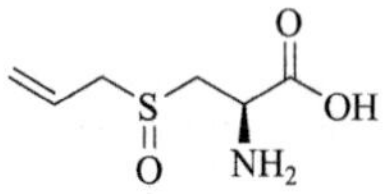　蒜氨酸

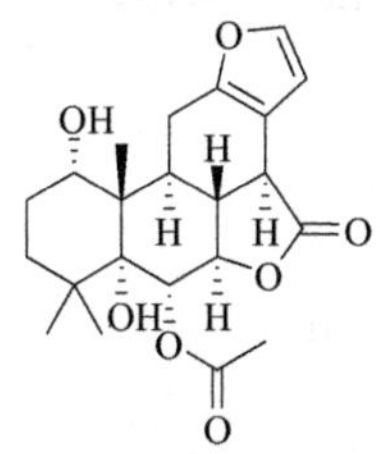

补骨脂二氢黄酮 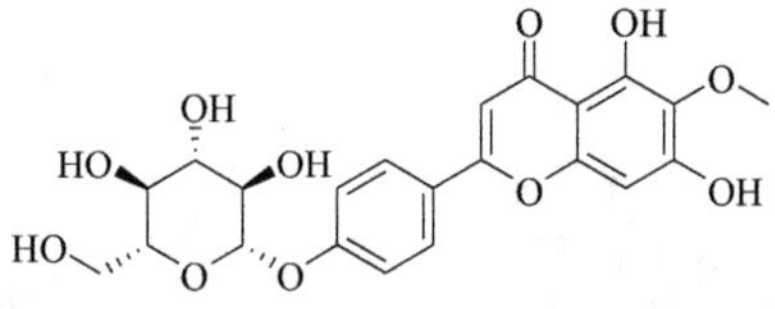　hispidulin 4′-*O*-*β*-*D*-glucopyranosid 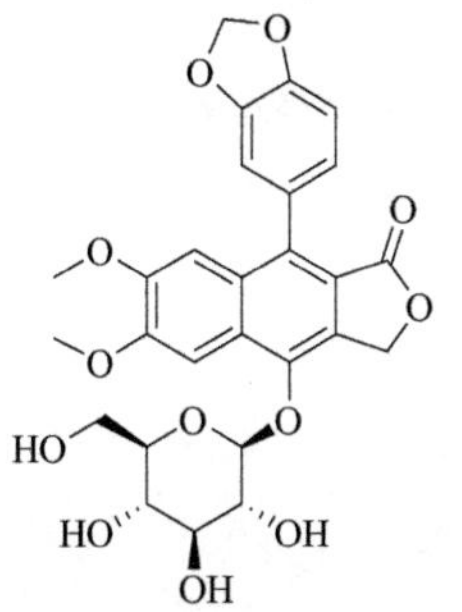　cleistanthin B

图 7-3-12　抗冠状病毒物质的化学结构式

4. 抗肝炎病毒

肝炎是一种发生于肝脏的炎症性疾病。甲肝（A 型肝炎）通过被污染的水源或食物经由粪便传播；乙肝（B 型肝炎）是血源性肝炎的病原体乙型肝炎病毒（hepatitis B virus，HBV）通过血液传播；丙肝（C 型肝炎）是血源性肝炎的病原体丙型肝炎病毒（hepatitis C virus，HCV）通过血液传播；HBV 和 HCV 可以通过性接触、从母亲到胎儿的垂直传播以及通过共用针头和输血传播。

安石榴苷、梓醇、异绿原酸、土荆皮乙酸、石榴皮鞣素、异东莨菪素、对羟基苯乙酮、当药醇苷、槐醇、鸡矢藤苷等具有抗乙型肝炎病毒（HBV）活性，泽泻醇 F（alisol F）和狼毒色原酮在体外对乙肝病毒（HBV）表面抗原（BsAg）的分泌具有抑制活性。这些物质的化学结构式见图 7-3-13。

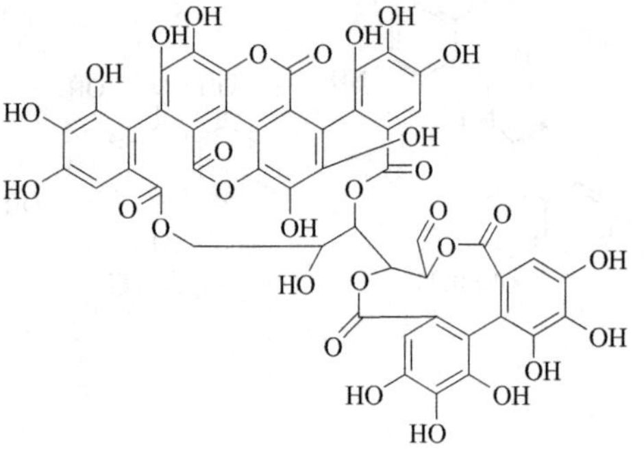

安石榴苷 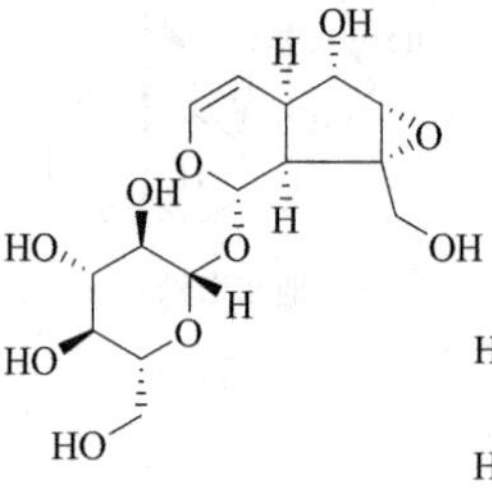　梓醇 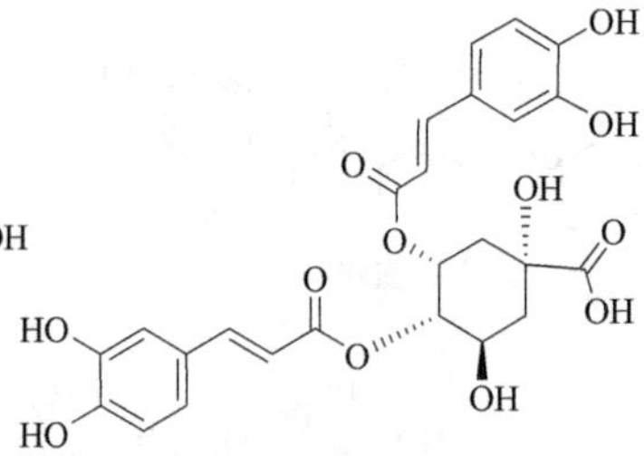　异绿原酸

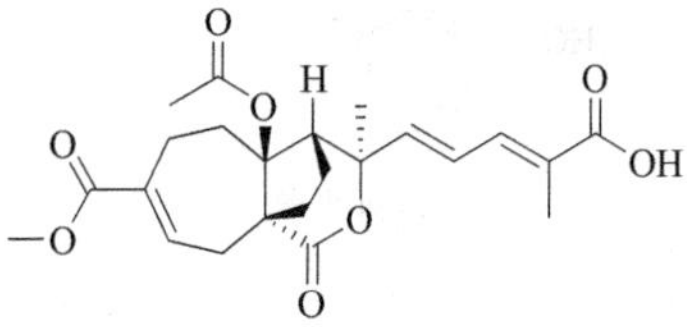

土荆皮乙酸 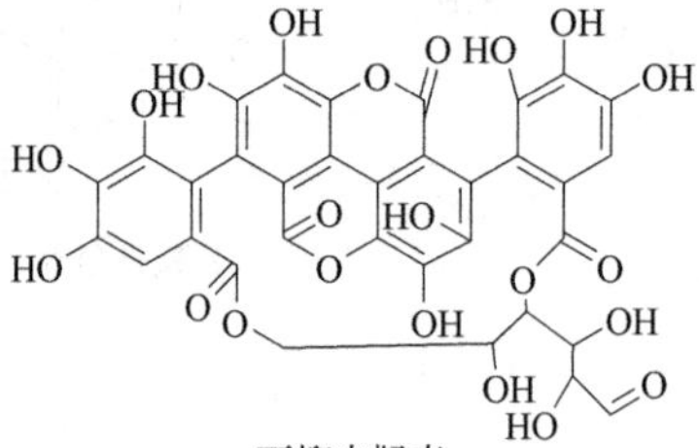　石榴皮鞣素 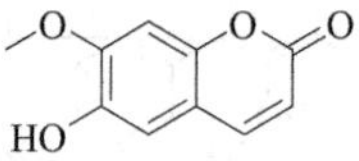　异东莨菪素

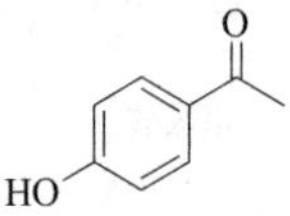

对羟基苯乙酮 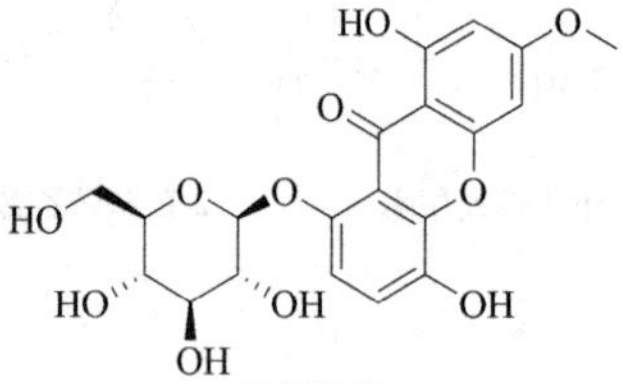　当药醇苷 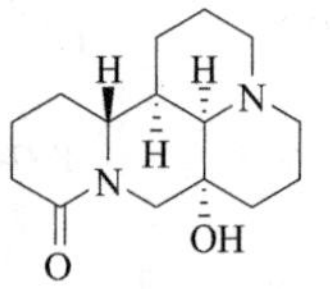　槐醇 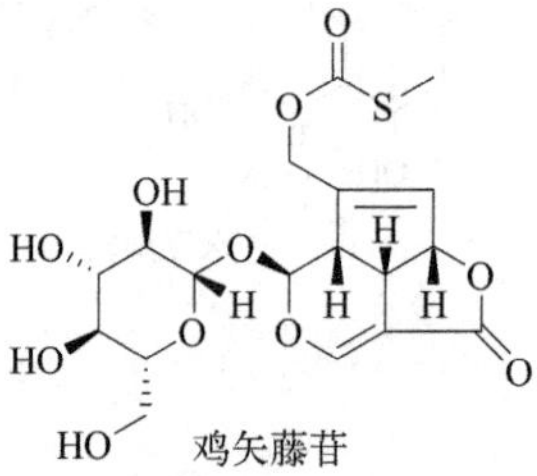　鸡矢藤苷

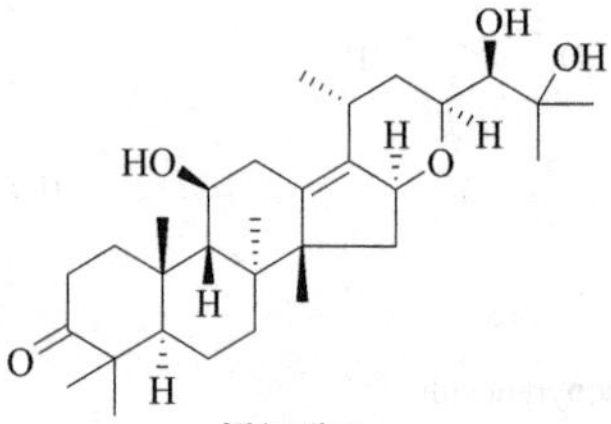

泽泻醇F 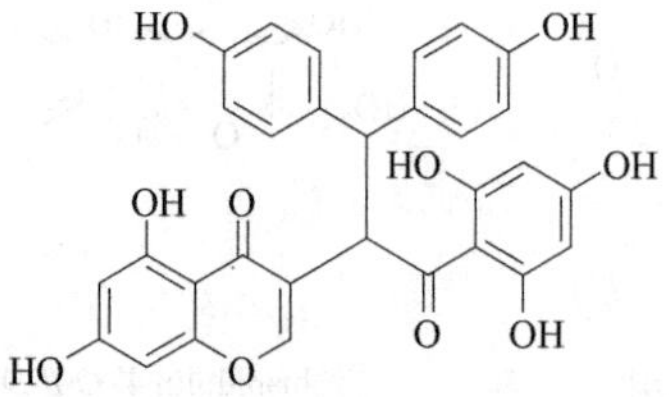　狼毒色原酮

图 7-3-13　抗 HBV 物质的化学结构式

HCV 是黄病毒科肝炎病毒属的一种正链 RNA 病毒，包括三种结构蛋白（衣壳蛋白核心，包膜糖蛋白 E1 和 E2）和七种非结构（NS）蛋白（p7、NS2、NS3、NS4A、NS4B、NS5A 和 NS5B）。主要靶点：NS5A 抑制剂（HCV 蛋白 NS5A 通过抑制 Kv2 防止细胞内钾的流失）、HCV RNA 依赖性 RNA 聚合酶（RdRp）（在病毒复制中起关键作用，并且缺乏哺乳动物同源酶）。例如：赤芝酮 A（lucidone A）和 α-干扰素、蛋白酶抑制剂特拉匹韦（telaprevir）、NS5A 抑制剂达卡他韦（daclatasvir，BMS-790052）或 NS5B 聚合酶抑制剂索非布韦（p sofosbuvir，SI-7977）的组合可协同抑制 HCV RNA 复制。抗 HCV 物质有青蒿素、去芹糖桔梗皂苷 D、桔梗皂苷 D3、番泻苷元（sennidin B）、桑皮苷 A、柴胡皂苷 B2、γ-崖椒碱、见草素 B 等。HCV 蛋白酶（HCV protease）如异千金子素。

三、典型的抗病毒林源药用提取物加工与应用

1. 甘草提取物

甘草提取物是从甘草（*Glycyrrhiza urlensis*）根、茎中提取出来的具有天然生物活性的三萜类化合物，主要成分是甘草酸。甘草是一种常见的中药，在中医体系中具有祛痰止咳、清热解毒、调和诸药的功效。甘草酸的化学结构式见图 7-3-14。

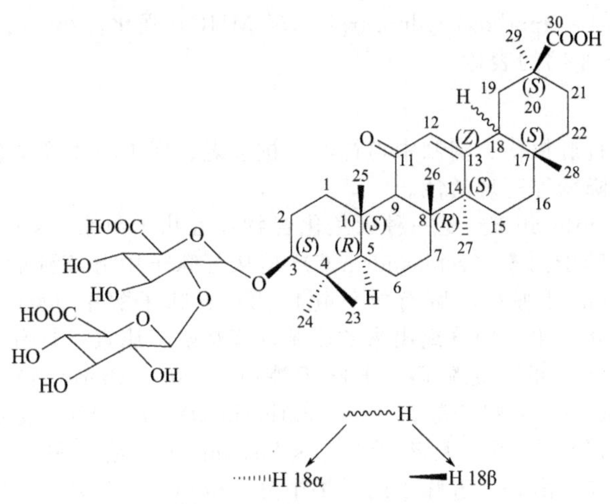

图 7-3-14　甘草酸的化学结构式

2. 金银花提取物

金银花提取物是忍冬科忍冬属忍冬组缠绕亚组植物忍冬（*Lonicera japonica*）的干燥花蕾或带初开的花的提取物，主要成分为绿原酸，是棕色粉末，可作药品、保健品、化妆品的原料。

绿原酸（chlorogenic acid，CGA），又名咖啡鞣酸，是由咖啡酸（eafeic acid）与奎尼酸（quinic acid）形成的缩酸，属于苯丙素类化合物。分子式 $C_{16}H_{18}O_9$，分子量 354.30。绿原酸半水合物为白色或微黄色针状结晶，难溶于三氯甲烷、乙醚、苯等亲脂性有机溶剂。熔点 210℃(dec.)(lit.)，比旋光度 −36°(c=1，H_2O)，沸点 407.55℃(roughestimate)，密度 1.3594(roughestimate)，折射率 −37°(c=1，H_2O)，储存条件 0～6℃，酸度系数(pK_a)3.91±0.50 (predicted)，化学结构式如图 7-3-15 所示。

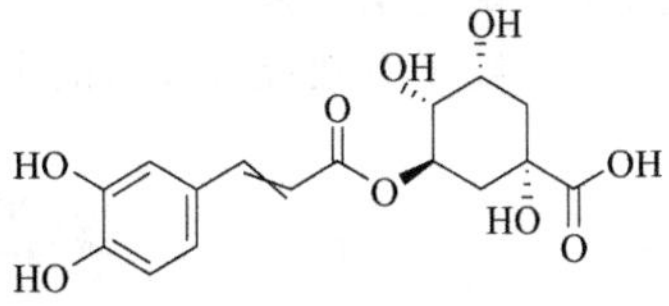

图 7-3-15　绿原酸化学结构式

3. 连翘提取物

连翘提取物是从玄参目木犀科连翘属植物连翘（*Forsythia suspensa*）中提取出来的苯乙醇苷类成分，含有连翘苷 A、B、C、D、E 和连翘酚。

连翘苷（phillyrin）为白色结晶性粉末，易溶于苯、乙醚、氯仿。分子式 $C_{27}H_{34}O_{11}$，分子量 534.55，熔点 166～168℃，沸点(730.4±60.0)℃[760Torr(1Torr=133Pa)]，密度(1.361±0.06)g/cm³(20℃，760Torr)，酸度系数 pK_a12.81±0.70(最酸性温度 25℃)，储存条件 2～8℃且干燥、避光、密封。化学结构式如图 7-3-16 所示。

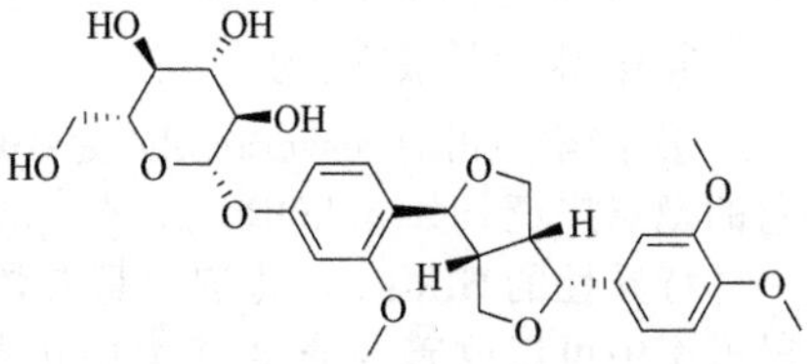

图 7-3-16　连翘苷化学结构式

4. 黄檗提取物

黄檗提取物为芸香科（Rutaceae）黄檗（*Phellodendron chinense*）的树皮的黄色粉末状提取

物产品。主含小檗碱（berberine），并含巴马亭药根碱、黄柏碱、蝙蝠葛任碱、白桥楼碱、黄柏桐等。以小檗碱为指标来评价其质量。黄檗又名关黄柏，系植物，主要产于中国东北地区大兴安岭东南部、小兴安岭、长白山、完达山、千山等山区和华北各省，是珍贵的用材树种，其韧皮部入药即为关黄柏。小檗碱化学结构式见图 7-3-17。

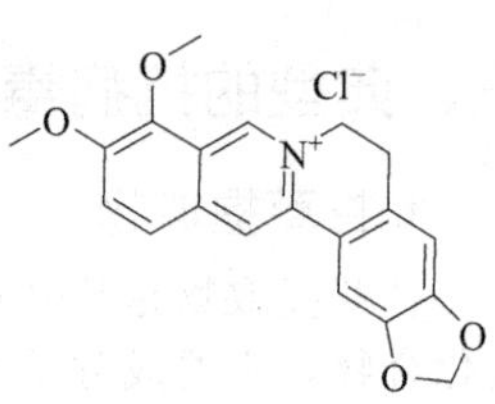

图 7-3-17　小檗碱化学结构式

用于治疗肠道感染的植物抗生素的用途：用于在肥大细胞中肝素钠的荧光染色；一种生物碱，带有弱的抗生素特性。小檗碱的抗微生物活性可被 MDR 抑制剂 5′-methoxyhydnocarpin（5′-MHC）强化。小檗碱调控肝癌细胞 *Pgp* 基因的表达。

5. 五味子提取物

五味子提取物具有抗肝损伤、抑制中枢神经、抗衰老、保护心血管系统、保护呼吸系统、抗肿瘤、抗氧化、抑菌、降糖等药理活性。

五味子酯戊（schisantherin E）是一种天然化合物；五味子甲素（schisandrin A）、五味子乙素（schisandrin B）、五味子丙素（schisandrin C）是从五味子中分离到的联苯环辛二烯衍生物，已被证明对啮齿类动物的肝脏和心脏有抗氧化作用；五味子醇甲（schisandrin）、五味子醇乙（schisandrol B）是从五味子果实中分离出来的联苯环辛烯类木脂素，具有抗氧化、保肝、抗癌和抗炎的活性，可以逆转大鼠的记忆障碍；五味子酯甲（schisantherin A）通过 IκBα 降解来抑制 p65-NF-κB 易位进入细胞核；五味子酯 D（schisantherin D）有抗 HIV 复制活性，抑制内皮素受体 B（ETBR）并具有保肝作用；五味子酚（schisanhenol）是一种天然化合物，被报道是 UGT2B7 的抑制剂；五味子酮是从五味子的干果中分离得到的 4-芳基四氢呋喃木脂素；异型南五味子丁素（heteroclitin D）具有抗脂质过氧化作用；戈米辛 J（gomisin J）是一种在五味子（*Schisandra chinensis*）中发现的小分子量木脂素，具有血管舒张活性，通过激活 AMPK、LKB1 和 Ca^{2+}/钙调蛋白依赖性蛋白激酶Ⅱ以及抑制 HepG2 细胞中的胎球蛋白-A（fetuin-A）来调节脂肪生成、脂肪分解酶和炎症分子的表达以抑制脂质积累，在研究非酒精性脂肪性肝病方面具有潜在的益处；当归酰基戈米辛 Q（angeloylgomisin Q）是可以从五味子茎中提取的一种新的二苯并环辛二烯类木脂素。

五味子有效成分提取的常规方法是浸提和超声提取。

第四节　抗衰老林源药用提取物

一、分类

衰老是在人类个体的生命周期中，从出生开始，生长发育到生理高峰期后，逐渐进入功能减退期，出现不可逆转的疾病或者死亡。

1. 单味药用提取物

① 白藜芦醇（resveratrol）是一种天然多酚，具有抗氧化、抗炎、保护心脏和抗癌的特性。它的靶点广泛，如 mTOR、JAK、*β*-amyloid、adenylyl cyclase、IKKβ、DNA polymerase。它也是一种特异性的 SIRT1 活化剂，是有效的孕烷 X 受体（PXR）抑制剂，是一种 Nrf2 激活剂，在小鼠模型中可以改善与衰老相关的进行性肾损伤。作用于内皮细胞促进 NO 产生白藜芦醇靶点 DNA polymerase，resveratrol analog 2 是白藜芦醇（HY-16561）的类似物（analog）。

② 牛蒡酚 A（lappaol A）是一种天然产物，具有抗衰老活性。

③ 羟基积雪草苷（madecassoside）是一种从崩大碗中分离出来的五环三萜，有抗炎作用。

④ 细叶远志皂苷（tenuifolin）是从远志中分离出的三萜，具有神经保护作用。在小鼠中表现出增强睡眠的作用。通过抑制 β-secretase 减少 Aβ 蛋白分泌。可通过降低 AChE 活性来改善衰老小鼠的学习和记忆能力，有潜力用于阿尔茨海默氏病（AD）的研究。

⑤ 3,4,5-三咖啡酰奎宁酸（3,4,5-tricaffeoylquinic acid）通过抑制 Akt 和 NF-κB 途径抑制肿

瘤坏死因子-α刺激角质形成细胞中炎性介质的产生。诱导人神经干细胞G0/G1细胞周期阻滞、肌动蛋白骨架组织、染色质重塑、神经元分化和骨形态发生蛋白信号传导。

⑥ 甘草西定（licoricidin，LCD）是一种从*Glycyrrhiza uralensis*中分离出来的异黄酮类化合物，可防止UVA诱导的人类皮肤纤维细胞光老化。通过调节PTPN1活性消除T细胞活化并减轻体内特应性皮炎。通过诱导周期停滞，诱导细胞凋亡和自噬，可用于结直肠癌的研究。通过抑制肿瘤血管生成和淋巴管生成以及肿瘤组织局部微环境的变化抑制肺癌转移。通过体外和体内Akt和NF-κB途径的失活，增强吉西他滨诱导的骨肉瘤（OS）细胞的细胞毒性。过ROS清除阻断UVA诱导的光老化，限制MMP-1的活性，被认为是新的局部应用的抗衰老制剂中的活性成分。

⑦ 金线莲苷（kinsenoside）是从金盏花属植物中分离得到的主要活性成分，具有多种生物活性和药理作用。以Nrf2依赖的方式保护髓核细胞（NPCs）在氧化应激下的生存能力，防止细胞凋亡、衰老和线粒体功能障碍[91-101]。

抗衰老提取物的化学结构式见图7-3-18。

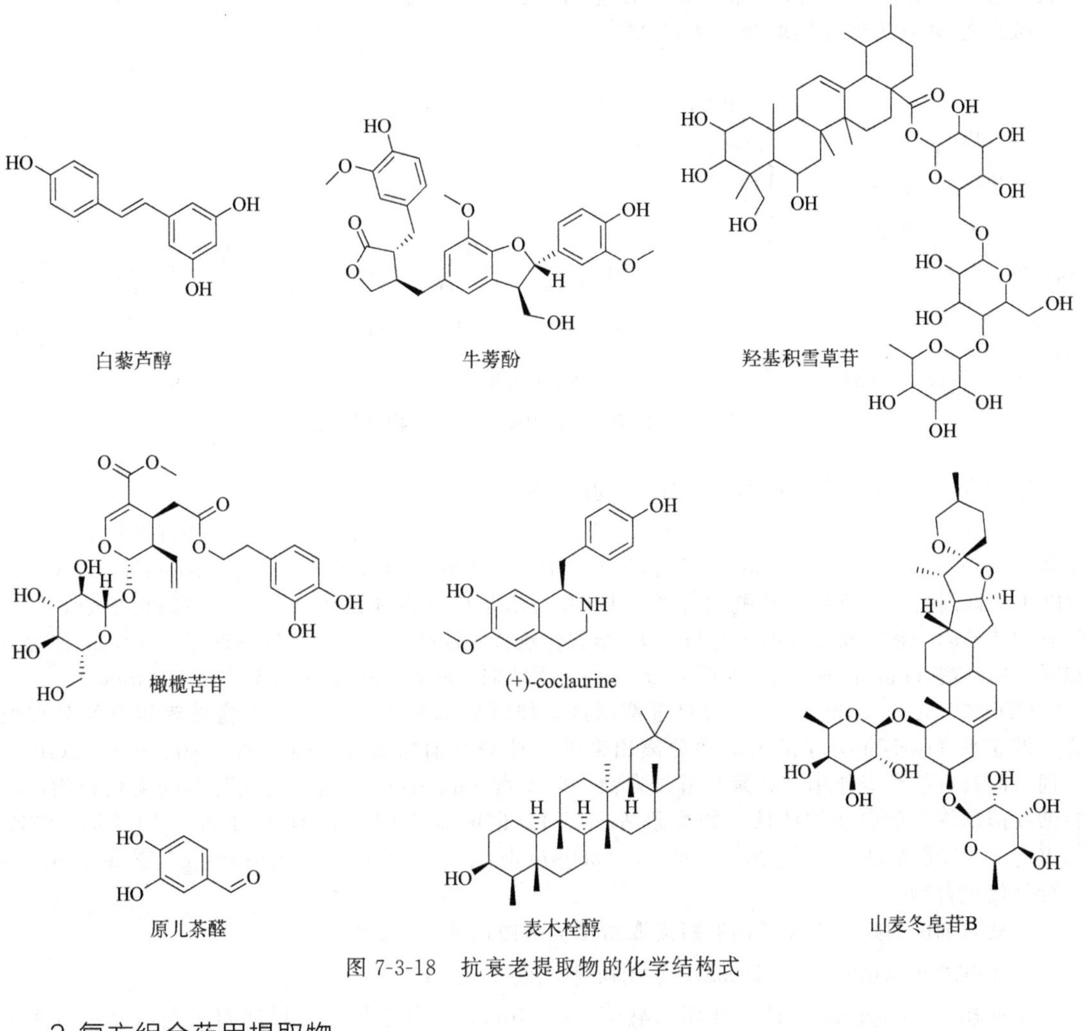

白藜芦醇　牛蒡酚　羟基积雪草苷

橄榄苦苷　(+)-coclaurine　山麦冬皂苷B

原儿茶醛　表木栓醇

图7-3-18　抗衰老提取物的化学结构式

2. 复方组合药用提取物

复方药用提取物的药力平和，所用药物之间相互协调、相互促进、补偏救弊，充分体现其整体效果。

二、功能活性

1. MAPKERK 信号通路

MAPKERK 信号通路（MAPKERK pathway）：MAPK 家族在增殖、分化、发育、转化和凋亡等复杂的细胞程序中发挥着重要作用。三个 MAPK 家族：经典 MAPK（ERK，细胞外调节蛋白激酶）；C-Jun N-末端 kinse/应激激活蛋白激酶（JNK/SAPK）；p38 激酶。

绞股蓝皂苷 L（gypenoside L）增加 SA-β-半乳糖苷酶活性，促进与衰老相关分泌细胞因子的产生。阿魏酸甲酯（ferulic acid methyl ester）能够透过细胞膜和血脑屏障，清除自由基，可用于神经退行性疾病的研究。其在原发性骨髓源性巨噬细胞中，抑制 COX-2 的表达，降低 p-p38 和 p-JNK 的水平。姜黄素（curcumin）是一种天然酚类化合物，是乙酰转移酶 p300/CREB 结合蛋白特异性抑制剂，抑制组蛋白/非组蛋白的乙酰化和组蛋白乙酰转移酶依赖的染色质转录。姜黄素对 NF-κB 和 MAPKs 有抑制作用，并具有抗炎、抗氧化、抗增殖和抗血管生成等多种药理作用。姜黄素通过 keap1 半胱氨酸修饰诱导 Nrf2 蛋白的稳定[102-104]。

抗衰老 MAPK 通路提取物结构式见图 7-3-19。

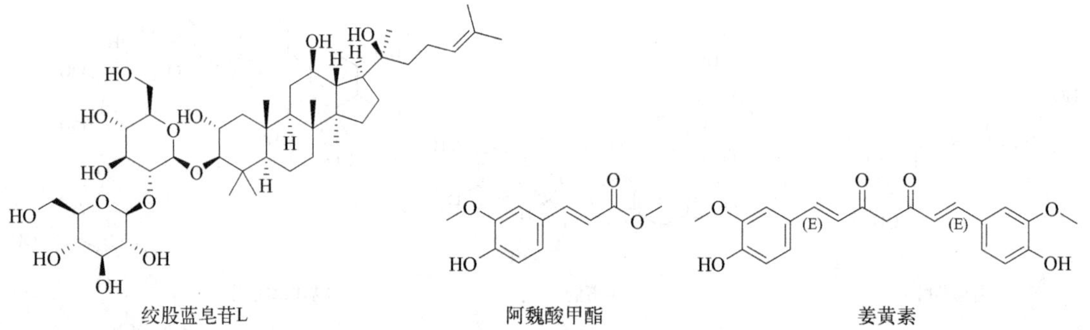

绞股蓝皂苷L　　阿魏酸甲酯　　姜黄素

图 7-3-19　抗衰老 MAPK 通路提取物结构式

2. cell cycle/DNA damage（细胞周期/DNA 损伤）信号通路

sirtuins 是 NAD+依赖性组蛋白去乙酰化酶，在神经保护和细胞衰老中起关键作用。沉默信息调节蛋白（SIRT）是必需的抗衰老因子。SIRT1 是组蛋白去乙酰化酶（histone deacetylase，HDAC）抑制剂，组蛋白的乙酰化有利于 DNA 与组蛋白八聚体的解离，核小体结构松弛，从而使各种转录因子和协同转录因子能与 DNA 结合位点特异性结合，激活基因的转录。sirtuins 抑靶点包括：抑制剂（Inhibitors）、激动剂（agonists）、激活剂（activators）、调节剂（modulators）[105]。

GDP366 是 survivin 和 op18 的双重抑制剂，抑制癌细胞生长，诱导细胞衰老和有丝分裂突变。派立辛（parishin）是从天麻中分离出来的一种酚类葡萄糖苷，通过调节 sir2/uth1/TOR 信号通路而具有抗衰老作用，并延长酵母寿命。槲皮素（quercetin）是一种天然黄酮类化合物，可激活或抑制许多蛋白质的活性，如可激活 SIRT1，也可抑制 PI3K，抑制 PI3Kγ、PI3Kδ、PI3Kβ 的 IC_{50}（半抑制浓度）分别为 2.4μmol/L、3.0μmol/L、5.4μmol/L。Quercetin-d5 是 quercetin 的一种氘代化合物[106,107]。

抗衰老细胞周期/DNA 损伤通路提取物化学结构式见图 7-3-20。

3. mitochondrial metabolism（线粒体代谢）通路

女贞苷（ligustroside）是一种环烯醚萜（secoiridoid）衍生物，在早期阿尔茨海默病（AD）和脑老化模型中的线粒体生物能量学方面表现出色，其机制可能不会干扰 Aβ 的产生，显著抑制脂多糖激活的 RAW264.7 巨噬细胞中一氧化氮的产生[108,109]。

抗衰老细胞线粒体代谢通路提取物的化学结构式见图 7-3-21。

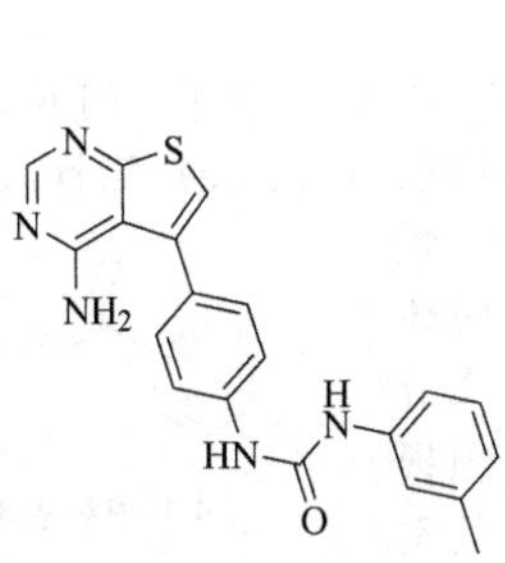

GDP366 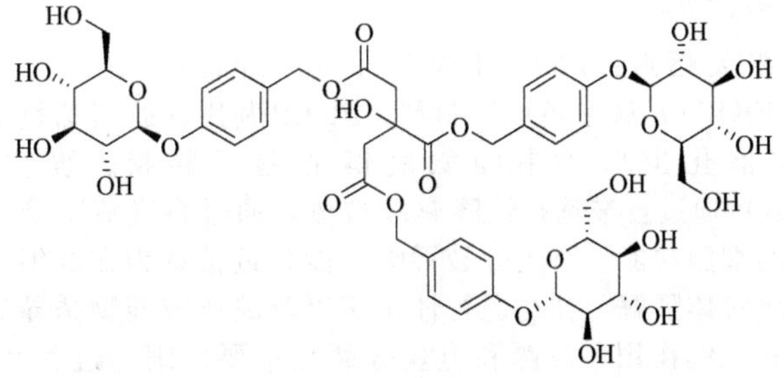　　派立辛

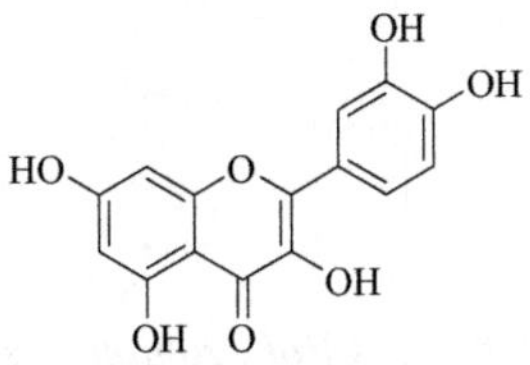

槲皮素 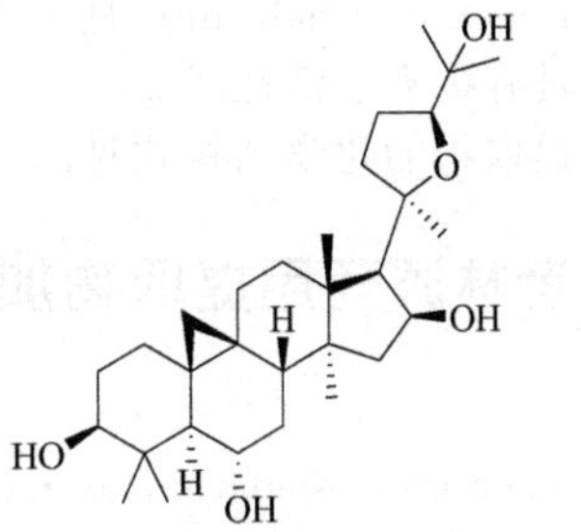　　环黄芪醇

图 7-3-20　抗衰老细胞周期/DNA 损伤通路提取物的化学结构式

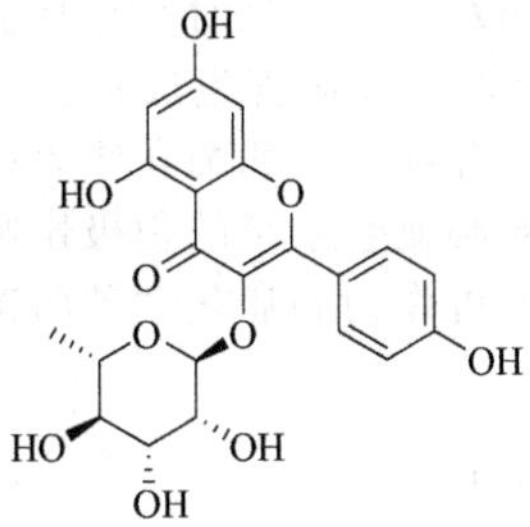

阿福豆苷 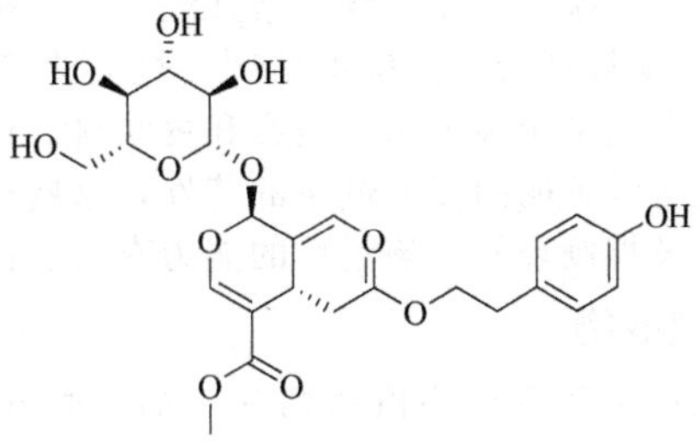　　女贞苷

图 7-3-21　抗衰老细胞线粒体代谢通路提取物的化学结构式

4. endogenous metabolite（内源性代谢物）通路

褪黑素（melatonin）是一种由松果体分泌的激素，可激活褪黑激素受体。褪黑素在睡眠中起作用并具有重要的抗氧化和抗炎特性。其通过内质网应激减弱 palmitic acid-induced（HY-N0830）诱导的小鼠颗粒细胞凋亡，在分子与基因水平上对抗衰老[110]。

甜菜碱（betaine）可维持正常 DNA 甲基化模式的活性甲基供体，作为渗透物通过防止脱水和渗透失活来维持禽类的细胞水和离子平衡，促进各种肠道微生物抵抗渗透变化从而改善微生物发酵活性[111]。

抗衰老细胞内源性代谢物通路提取物的化学结构式见图 7-3-22。

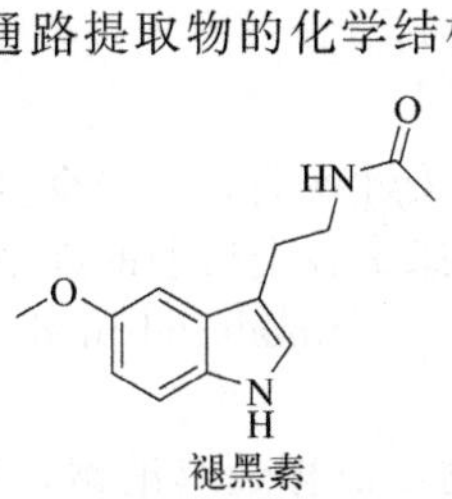

褪黑素 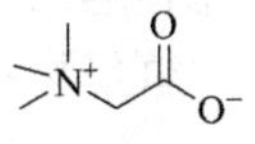　　甜菜碱

图 7-3-22　抗衰老细胞内源性代谢物通路提取物的化学结构式

5. 自噬通路

自噬相关靶点：FKB、LRRK2、mitophagy、ULK 等。FK506 结合蛋白（FK506-binding proteins，FKBPs）属于免疫抑制剂，FKBP 利用其肽基脯氨酰异构酶（pplase）活性在蛋白质折叠过程中催化蛋白质中脯氨酰键的顺反转换。线粒体自噬（mitophagy）通过自噬选择性降解线粒体，通过自噬清除受损线粒体维持适当的细胞功能。有丝分裂吞噬功能最近被认为在红细胞终末分化、父代线粒体降解、神经退行性疾病以及缺血或药物诱导的组织损伤中发挥着关键作用。自噬和有丝分裂是重要的细胞过程[112]，负责分解细胞内容物，保存能量，防止受损和聚集的生物分子积累。4,4′-甲氧基查耳酮（4,4′-dimethoxychalcone）是一种天然自噬诱导剂，用于帕金森神经保护，具有抗衰老活性[22]。

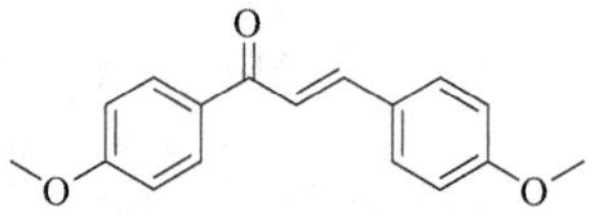

4,4′-甲氧基查耳酮

图 7-3-23 抗衰老自噬通路提取物的化学结构式

抗衰老自噬通路提取物的化学结构式见图 7-3-23。

三、典型的抗衰老林源药用提取物加工与应用

1. 虎仗提取物

虎仗提取物（polygonum cuspidatum extract）是从蓼科植物虎杖（*Polygonum cuspidatum*）根茎中提取的蒽醌萜类化合物，主要成分是虎杖苷（polydatin，PD）和白藜芦醇（resveratrol，Res）。

白藜芦醇（resveratrol），化学名称是 3,4′,5-三羟基-1,2-二苯基乙烯（3,4′,5-芪三酚），是一种天然非黄酮类多酚次生代谢产物，紫外线照射、机械损伤及真菌感染时其合成急剧增加。临床应用[113]：白藜芦醇被视为一种抗增殖剂、抗氧化剂、抗炎剂、抗血管生成剂、抗凋亡剂和抗癌剂。白藜芦醇现在越来越多地用于美容和皮肤科。这种大量存在于红葡萄和浆果中的多酚植物抗毒素具有许多经科学证明的促进健康的特性，这些特性与对心血管系统的积极影响、降低低密度脂蛋白的浓度以及抑制环氧合酶活性的能力有关。白藜芦醇可作为癌症化学预防剂的成分。

2. 刺五加提取物

刺五加提取物是从五加科植物细柱五加、刺五加、蜀五加的根皮、茎皮、叶子中提取的成分。三萜皂苷和黄酮类为其主要成分。主要有齐墩果酸（oleanolic acid）、刺五加苷（aciwujianoside A）、刺五加苷（a4 ciwujianoside A4）、蒴五加苷（d3 ciwujianoside D3）。从刺五加叶中分离出以齐墩果酸为配基或在齐墩果烷型配基上连有单糖链或双糖链的 13 种三萜皂苷，多以刺五加苷 B 和 E 作为其提取物标准。

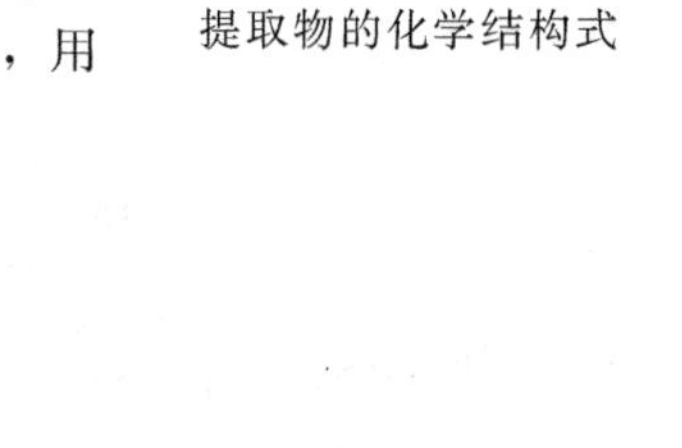

刺五加苷（eleutheroside）又名紫丁香苷，化学结构式如图 7-3-24 所示。

图 7-3-24 刺五加苷的化学结构式

第五节 抗疟林源药用提取物

一、分类

疟疾是疟原虫以雌性按蚊为媒介传播的传染性疾病，是当今世界公共卫生中的突出问题。在可寄生于人类的 5 种疟原虫中，恶性疟原虫可感染各个时期的红细胞，引起严重的全身症状甚至导致死亡，对人类健康威胁最大。抗疟疾药物（antimalarial medication）也被称为抗疟药，用于预防或治疗疟疾。

（1）奎宁类药物 奎宁是生物碱类化合物，俗称金鸡纳碱，最早是从茜草科植物金鸡纳树（*Cinchona ledgeriana*）及其同属植物的树皮中提取得到的。

喹啉可从煤焦油的洗油或萘油中提取。萘油馏分和洗油馏分用稀硫酸洗涤，得到硫酸喹啉盐基溶液。合成喹啉最有代表性的方法是斯克洛浦合成法：将苯胺、甘油、硫酸和氧化剂（如硝基苯）一起加热，经环化脱氢而生成喹啉。

常山为虎耳草科植物常山（*Dichroa febrifuga*）的干燥根，常山抗疟有效成分常山碱是从中药常山中提取的一种喹唑酮型生物碱，具有很强的抗疟活性。但由于其严重的呕吐、胃肠道损伤、肝损伤等毒副作用，限制了其临床应用。常山酮 halofuginone（RU-19110）是一种竞争性的脯氨酰-tRNA 合成酶（prolyl-tRNA synthetase）抑制剂，具有抗疟疾、抗炎、抗癌、抗纤维化作用。

奎宁类药物的化学结构式见图 7-3-25。

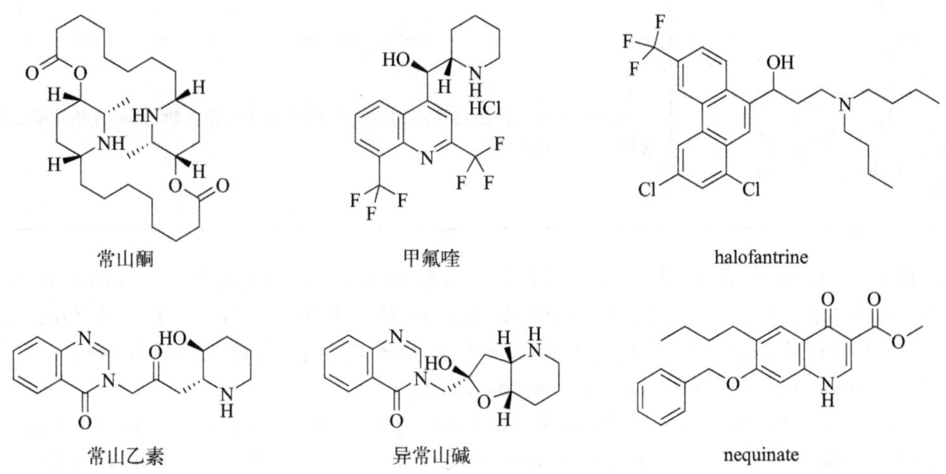

图 7-3-25　奎宁类药物的化学结构式

（2）其他类抗疟药物　其他类抗疟药物见表 7-3-2。

表 7-3-2　其他类抗疟药物

化学结构	抗疟药物
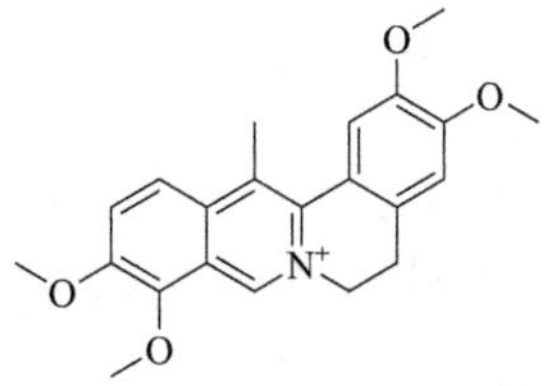	脱氢紫堇碱(dehydrocorydaline)是一种生物碱。调节 Bax、Bcl-2 蛋白表达；激活 caspase-7、caspase-8，并使 PARP 失活。增强 p38 MAPK 活化，具有抗炎、抗癌等功效。具有强大的抗疟疾作用，并具低细胞毒性
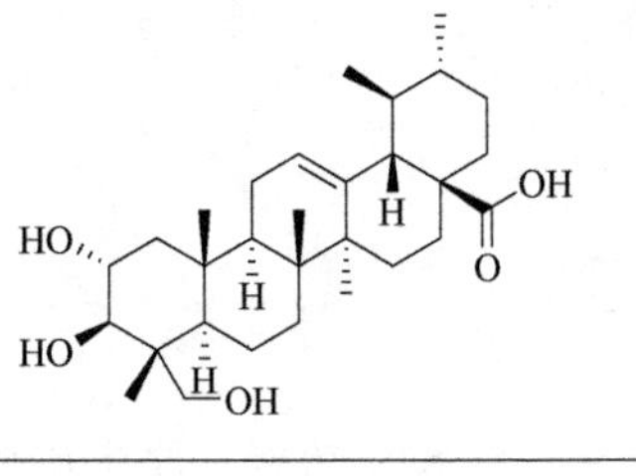	积雪草酸(asiatic acid)是在积雪草中发现的一种五环三萜，可诱导黑色素瘤细胞的凋亡，有用于皮肤癌的潜能。具有抗疟、抗炎活性
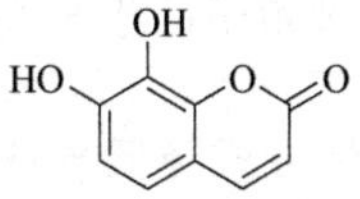	瑞香素(daphnetin)是一种香豆素衍生物，是一种蛋白酶(protein kinase)抑制剂，用于抗炎、抗过敏疾病、凝血功能障碍、类风湿性关节炎等疾病治疗中，具有抗疟疾、解热等特性

续表

化学结构	抗疟药物
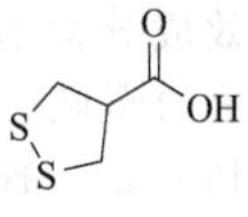	芦笋酸(asparagusic acid)是芦笋植物中的一种含硫气味成分，具有抗寄生虫作用
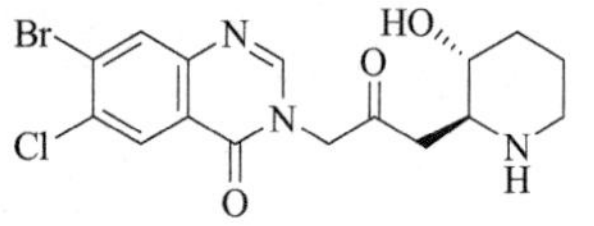	番木瓜碱(carpaine)是一种具有抗血小板减少活性的生物碱，在维持血小板数目方面表现出强烈的活性，无急性毒性，具有抗疟疾活性以预防疟疾
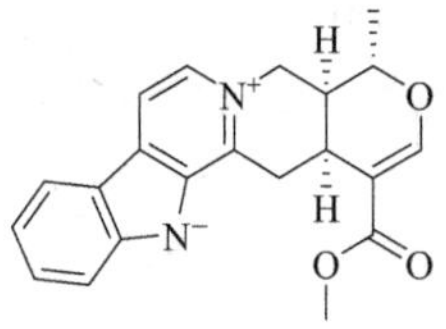	alstonine是一种植物性药物的主要吲哚生物碱化合物，具有抗精神病、抗焦虑、抗癌和抗疟疾的特性

(3) 抗疟药物的联合疗法　由于疟原虫（plasmodium）对氯喹（chloroquine）、奎宁（quinine）等单一化学抗疟药物的敏感性逐渐降低，世界卫生组织（World Health Organization，WHO）推荐了以青蒿素及其衍生物为基础与其他抗疟药配伍使用的青蒿素联合疗法，简称为ACT疗法（artemisininbasedcombination therap，ACTs）。

例如：a. 氯喹（chloroquine）和羟氯喹（hydroxychloroquine），治疗疟疾病例的现行做法是基于联合治疗的概念；b. 苯芴醇（lumefantrine）是一种抗疟疾药物，与artemether联用，作为一线和二线抗疟药；c. 四磷酸哌喹四水合物piperaquine tetraphosphate tetrahydrate是一种双喹啉抗疟药，可以与青蒿素联用于抗疟研究。

奎宁类药物的化学结构式见图7-3-26。

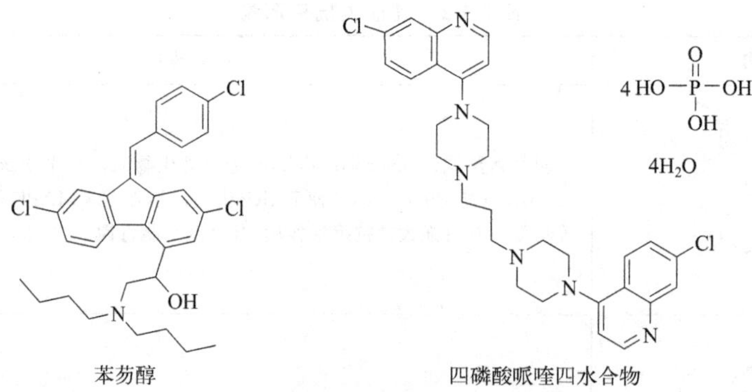

图7-3-26　奎宁类药物的化学结构式

二、功能活性

近年来抗疟药物研制主要靶向在疟原虫的纳虫空泡、DNA复制、线粒体功能、原生质体、寄生虫的残留质体细胞器等的功能抑制方面。抗疟药物作用的关键是抑制裂殖子的生长和裂殖体的释放过程。一些抗疟药靶点如下。

(1) AKT　青蒿素（artemisinin）是一种倍半萜烯内酯，以剂量依赖性方式降低pAKT来抑制AKT信号通路。其可减少癌细胞的增殖、迁移、侵袭、肿瘤发生和转移，同时具有神经保护作用。artemisinin-d4的化学结构式见图7-3-27。

(2) 5-HT receptor 和 AChE 5-HT receptor　巴婆碱 asimilobine 是从木兰的植物中分离出的一种阿朴啡型异喹啉生物碱，是多巴胺（dopamine）生物合成的抑制剂，具有抗疟（antimalarial）和抗癌活性。5-HT receptor 的化学结构式见图 7-3-28。

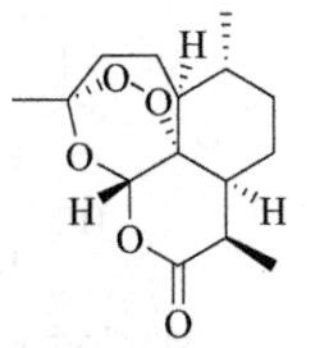

图 7-3-27　artemisinin-d4 的化学结构式

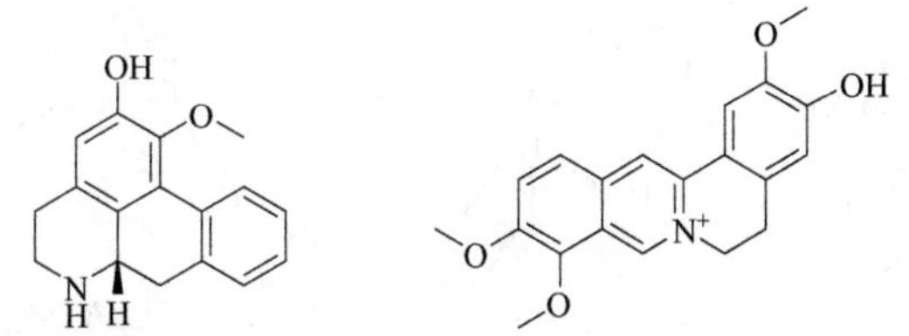

巴婆碱　药根碱

图 7-3-28　5-HT receptor 的化学结构式

(3) AMPK　酸模素（nepodin）是一种醌氧化还原酶（pfNDH2）抑制剂，从 *Rumex crispus* 中分离，通过激活 AMPK 刺激 GLUT4 向质膜的转运。其具有抗糖尿病和抗疟疾的作用。AMPK 抗疟提取物的化学结构式见图 7-3-29。

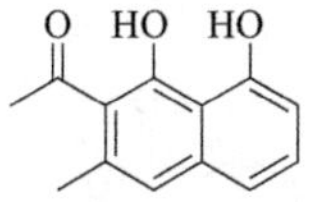

图 7-3-29　AMPK 抗疟提取物（酸模素）的化学结构式

三、典型的抗疟林源药用提取物加工与应用

1. 金鸡纳树提取物

氯喹（chloroquine）是德国于 20 世纪 40 年代在奎宁的结构基础上合成的新型抗疟药，广泛用于疟疾和类风湿性关节炎的抗炎试剂中。磷酸氯喹（chloroquine phosphate）是自噬和 Toll 样受体（TLRs）的抑制剂。其可有效抑制 SARS-CoV-2（COVID-19）感染。硫酸羟氯喹（hydroxychloroquine sulfate）是一种合成的抗疟疾剂，也可以抑制 Toll 样受体 7/9（TLR7/9）信号传导，有效抑制 SARS-CoV-2 感染。奎尼丁（quinidine）是一种抗心律失常剂，也是 K^+ 通道（K^+ channel）的有效阻断剂，是一种有效且选择性的细胞色素 P450db 抑制剂，抗疟。辛可宁（cinchonine）是金鸡纳树皮中的天然化合物，可激活内质网应激诱导的人肝癌细胞凋亡。ethylhydrocupreine（optochin）是一种具有抗菌作用的奎宁衍生物，具有抗肺炎链球菌（S. pneumoniae）的活性。还具有抗 plasmodium falciparum 的抗疟活性，IC_{50} 为 25.75nmol/L。是一种 gallus gallus 2 受体（ggTas2r1，ggTas2r2 和 ggTas2r7）激动剂。二茂铁氯喹 ferroquine（ferrochloroquine），是 chloroquine 的二茂铁基类似物，是一种抗疟疾剂。通过诱导氧化应激和随后的膜破坏而对疟原虫表现出杀虫作用[114-116]。

5-金鸡纳树提取物的化学结构式见图 7-3-30。

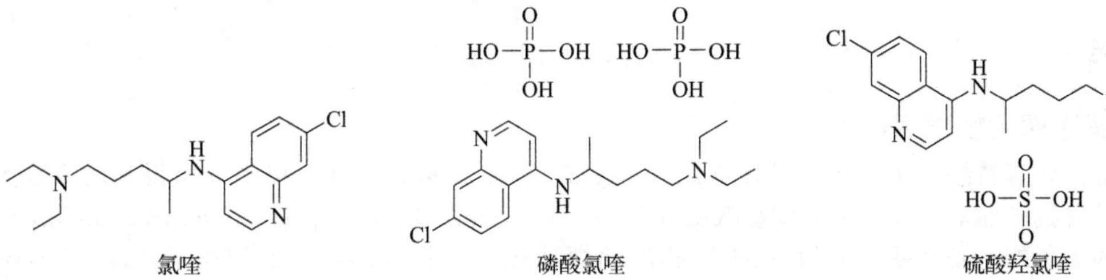

氯喹　磷酸氯喹　硫酸羟氯喹

图 7-3-30

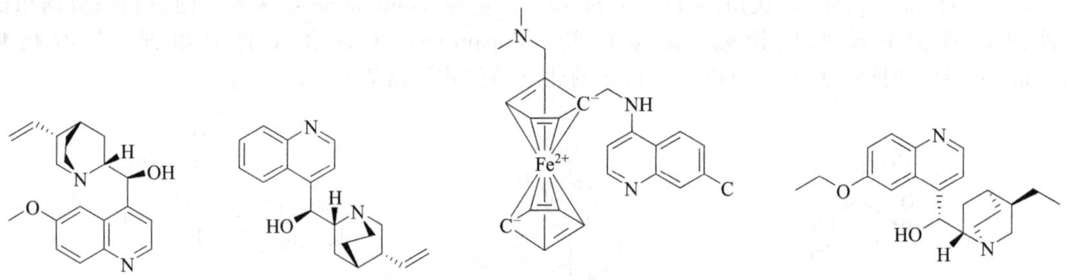

奎尼丁　辛可宁　二茂铁氯喹　ethylhydrocupreine

图 7-3-30　5-金鸡纳树提取物的化学结构式

2. 黄花蒿提取物

青蒿素为无色针状结晶，易溶于氯仿、丙酮、乙酸乙酯，可溶于乙醇、乙醚，微溶于冷石油醚，几乎不溶于水。因其具有特殊的过氧基团，它对热不稳定，易受湿、热和还原性物质的影响而分解。其化学结构式如图 7-3-31。

青蒿素　双氢青蒿素　青蒿琥酯　artefenomel

蒿甲醚　青蒿酮　蒿乙醚　cinchonidine

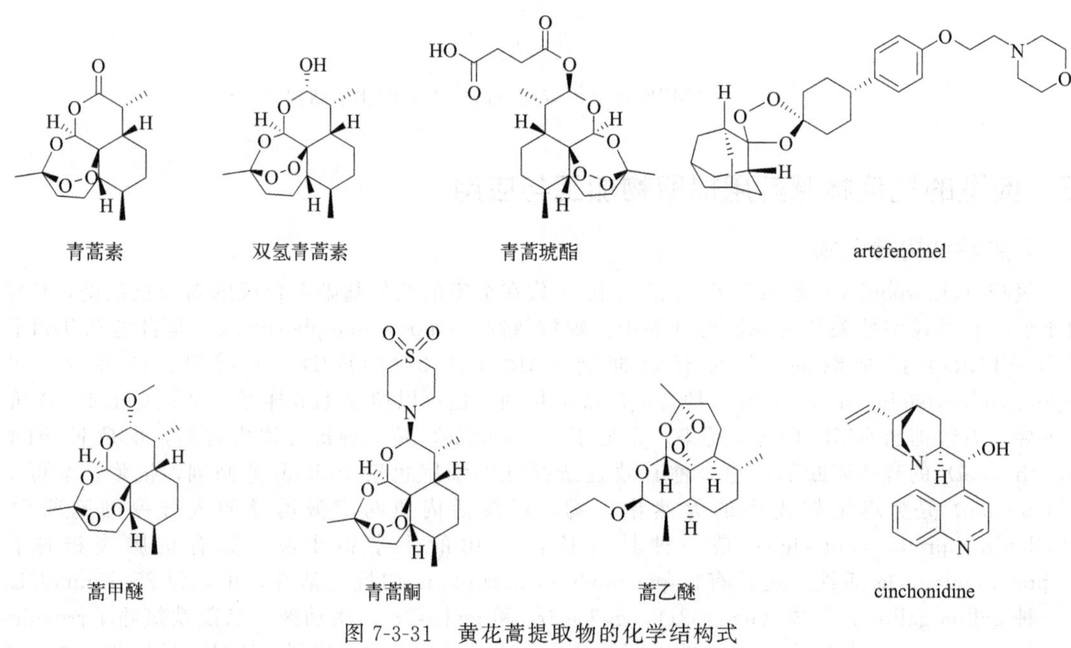

图 7-3-31　黄花蒿提取物的化学结构式

第六节　治疗糖尿病林源药用提取物

一、分类

1. 抗糖尿病活性靶点药物

（1）抗糖尿病黄酮类化合物　异甘草素 isoliquiritigenin 是从光果甘草根中分离得到的黄酮类化合物，具有抗肿瘤的活性；6-甲氧基哌啶（6-methoxytricin）是从艾蒿 *Artemisia iwayomogi* 中分离得到的类黄酮，是醛糖还原酶（AR）和晚期糖基化终产物（AGE）的抑制剂；myrciacetin 是一种黄酮类化合物，对大鼠晶状体醛糖还原酶有抑制作用。抗糖尿病黄酮类化合物的结构式见图 7-3-32。

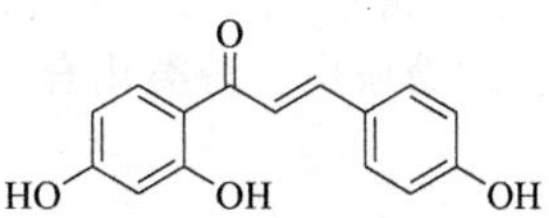

异甘草素 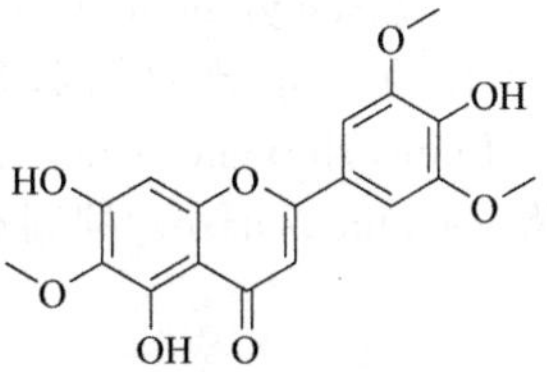　6-甲氧基哌啶 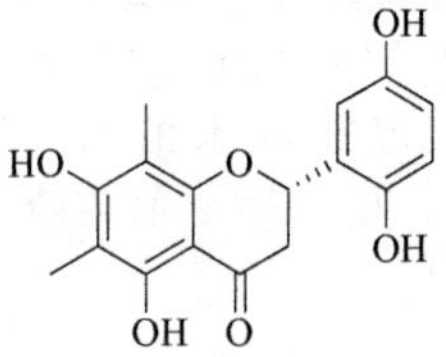　myrciacetin 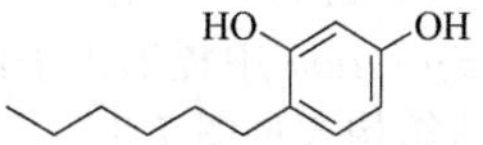　4-己基间苯二酚

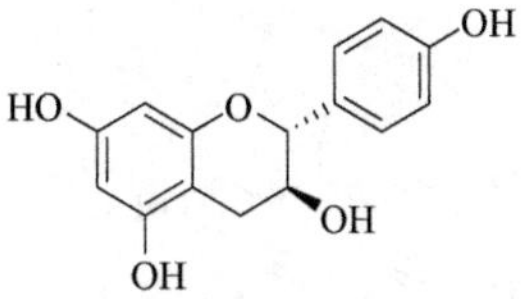

(+)-阿夫儿茶精 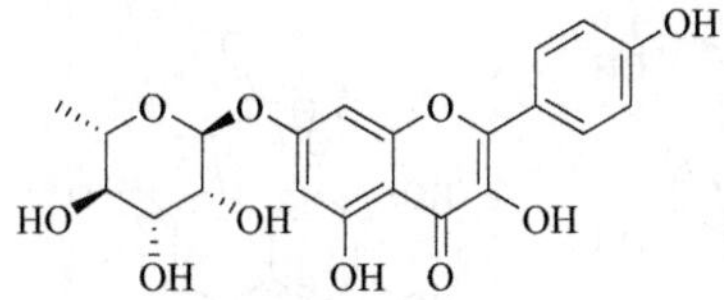　山奈酚-7-*O*-鼠李糖苷 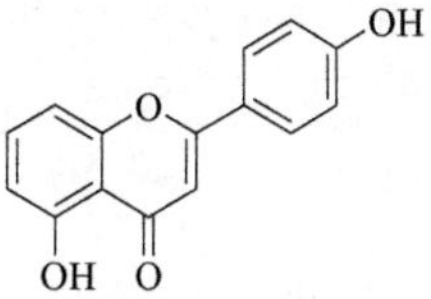　4′,5-二羟基黄酮

图 7-3-32　抗糖尿病黄酮类化合物的结构式

（2）抗糖尿病糖苷类化合物　金石蚕苷（poliumoside）是一种从 *Brandisia hancei* 的茎和叶中分离出来的咖啡酰化的苯丙烷糖苷，具有抗炎和抗氧化活性；quercetin 3-gentiobioside 槲皮素 3-龙胆二糖是从 *A. iwayomogi* 中分离出来的，显示出抗醛糖还原酶（AR）的生物活性和抑制晚期糖基化终产物（AGEs）的形成；norathyriol 是芒果苷的天然代谢物，具有抗氧化、抗癌、抗菌、抗炎活性。抗糖尿病糖苷类化合物的结构式见图 7-3-33。

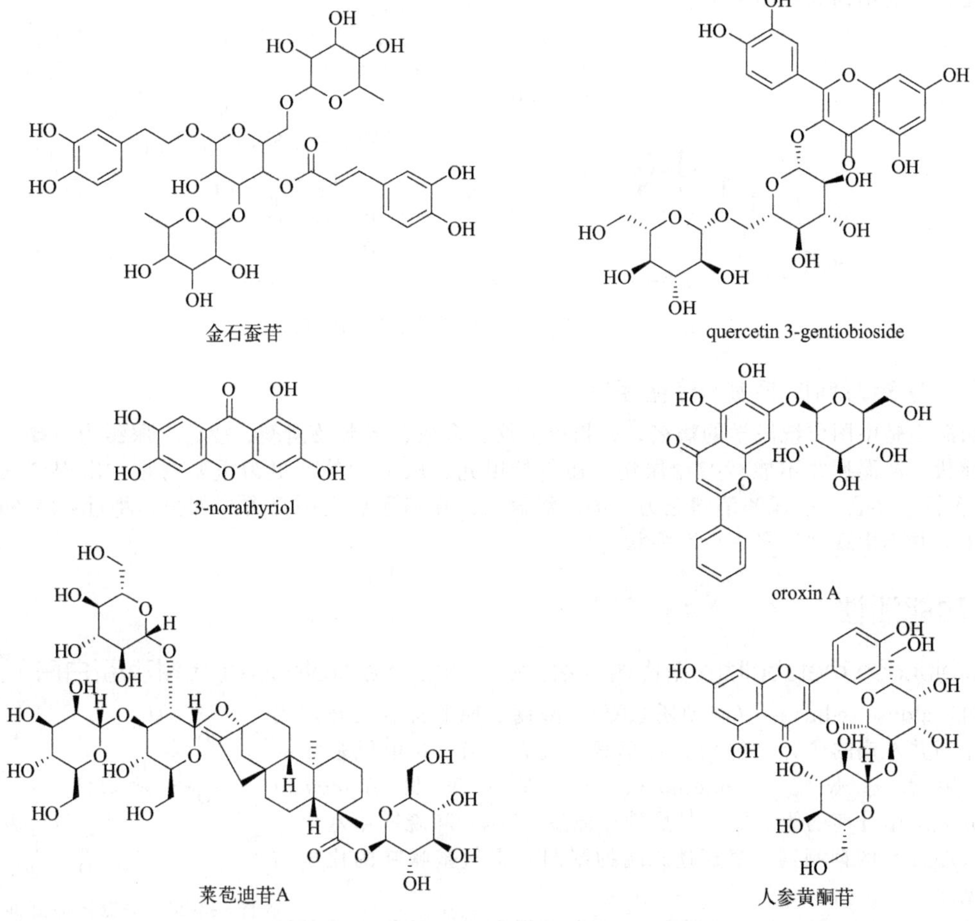

图 7-3-33　抗糖尿病糖苷类化合物的结构式

（3）抗糖尿病多酚类化合物　异绿原酸（3,4-dicaffeoylquinic acid）是天然分离的，具有抗氧化、DNA 保护、神经保护和肝保护特性，具有凋亡介导的细胞毒性和 α-葡萄糖苷酶（α-glucosidase）抑制作用；短叶苏木酚酸（brevifolincarboxylic acid）是从蓼属植物 *Polygonum capitatum* 中提取出来的，是一种 α-葡萄糖苷酶（α-glucosidase）抑制剂。抗糖尿病多酚类化合物的结构式见图 7-3-34。

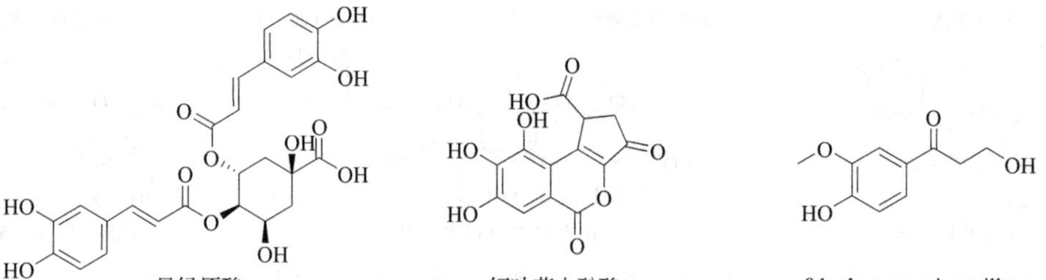

异绿原酸　短叶苏木酚酸　β-hydroxypropiovanillone

图 7-3-34　抗糖尿病多酚类化合物的结构式

（4）抗糖尿病三萜类化合物　灵芝酸 Y（ganoderic acid Y）是一种 α-葡萄糖苷酶抑制剂，对酵母 α-葡萄糖苷酶的 IC_{50} 为 170μmol/L，通过阻止肠道病毒 71（EV71）的脱膜而抑制其复制。二肽基肽酶（dipeptidyl peptidase）是广泛分布的外肽酶，在蛋白质水解中起着核心作用，富含药物靶点。azaleatin 是二肽基肽酶-Ⅳ的抑制剂，可用于 2 型糖尿病和肥胖症的研究。抗糖尿病三萜类化合物的结构式见图 7-3-35。

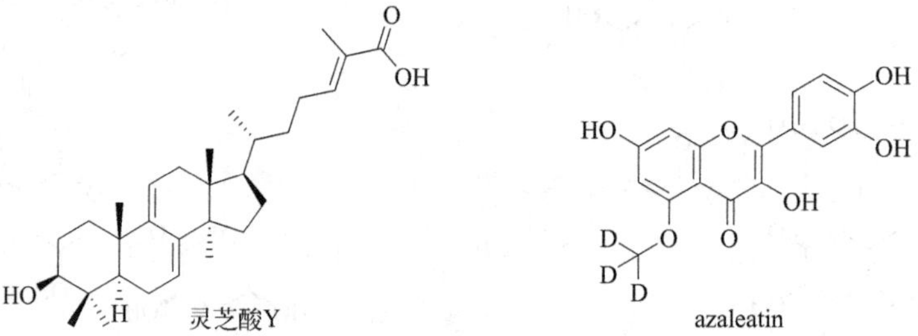

灵芝酸Y　azaleatin

图 7-3-35　抗糖尿病三萜类化合物的结构式

2. 中医药方剂提取物治疗糖尿病

消渴症是中国传统医学的病名，是指以多饮、多尿、多食及消瘦、疲乏、尿甜为主要特征的综合症状。消渴症并不能特指糖尿病，还包括甲亢、尿崩症等。更为重要的是，出现“三多一少”（多饮、多食、多尿和消瘦乏力）的消渴病人，在糖尿病人中只占少部分，将近 80%的病人在临床上并不出现“三多一少”症状。

二、功能活性

1. glucose metabolism 糖代谢 metabolic enzyme/protease（代谢酶/蛋白酶）

（1）aldose reductase（醛糖还原酶）　醛糖还原酶抑制剂开发用于糖尿病并发症的研究，包括异甘草素、金石蚕苷、6-甲氧基哌啶等。6-甲氧基哌啶（6-methoxytricin）是从艾蒿 *Artemisia iwayomogi* 中分离的类黄酮，是醛糖还原酶（AR）和晚期糖基化终产物（AGE）的抑制剂。醛糖还原酶抑制剂 6-甲氧基哌啶的化学结构式见图 7-3-36。

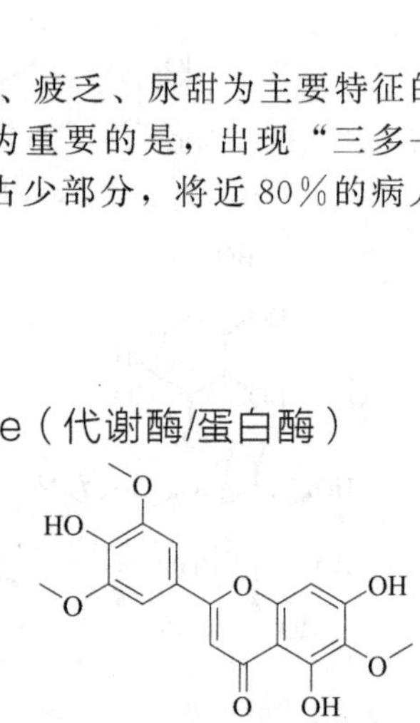

图 7-3-36　醛糖还原酶抑制剂 6-甲氧基哌啶的化学结构式

（2）glucokinase（葡萄糖激酶）　葡萄糖激酶是一种促进葡萄糖

磷酸化为葡萄糖-6-磷酸的酶，它通过充当葡萄糖传感器，以响应葡萄糖水平的上升或下降，如饭后或禁食时发生的变化。这种酶的基因突变可导致不寻常的糖尿病或低血糖症。软脂酸（palmitelaidic acid）是棕榈油酸（palmitoleic acid）的反式异构体，是一种葡萄糖激酶抑制剂。葡萄糖激酶抑制剂软脂酸的化学结构式见图 7-3-37。

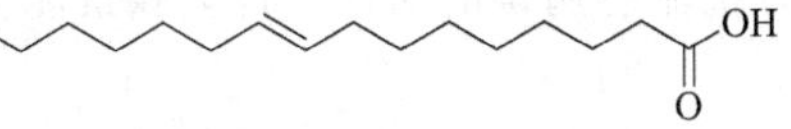

图 7-3-37 葡萄糖激酶抑制剂软脂酸的化学结构式

2. GLUT（葡萄糖转运体）激活剂

葡萄糖转运蛋白（glucose transporters，GLUTs）是由 12 个跨膜区域组成的蛋白质。葡萄糖转运蛋白通过促进扩散机制将葡萄糖转运到质膜上。GLUT1（SLC2A1）是一种单转运蛋白，促进葡萄糖在哺乳动物细胞质膜上的转运。

野漆树苷（rhoifolin）是从琯溪蜜柚（*Citrus grandis*）叶子中分离的黄酮糖苷，通过增强脂联素分泌，有益于糖尿病并发症。番泻素 A（sennidin A）可从 cassia angustifolia 中分离得到，能够抑制 HCV NS3 解旋酶。番泻素 B（sennidin B）是 sennidin A 的异构体，活性比 sennidin A 低。利卡灵 B（licarin B）来源于 *Myristica fragrans* 的种子，是 NO 生成的抑制剂，可通过激活 IRS-1/PI3K/AKT 通路中的 PPARγ 和 GLUT4 改善胰岛素敏感性。葡萄糖转运体激活剂的化学结构式见图 7-3-38。

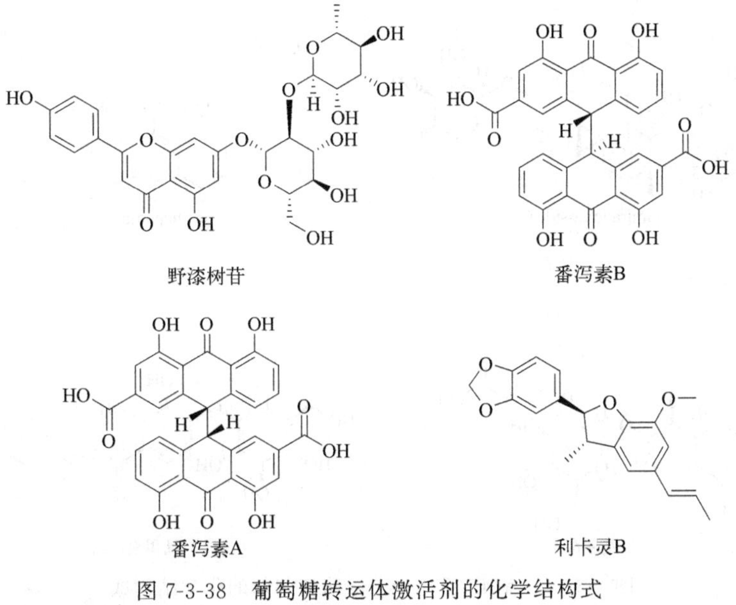

野漆树苷　番泻素B　番泻素A　利卡灵B

图 7-3-38 葡萄糖转运体激活剂的化学结构式

3. GPCR/G Protein 信号通路

（1）adenosine receptor（腺苷受体） 腺苷受体由一组 G 蛋白偶联受体（G protein-coupled receptors，GPCR）组成，它们介导腺苷的生理作用。迄今为止，已有四种 AR 亚型在不同组织中被克隆和鉴定。这些受体在暴露于激动剂后具有不同的定位、信号转导途径和调节方式。

当药黄素（swertisin）是一种从日本紫菜中分离出的 C-葡萄糖基黄酮，具有抗糖尿病、抗炎和抗氧化作用，是腺苷 A1 受体（adenosine A1 receptor）拮抗剂。腺苷受体拮抗剂当药黄素的化学结构式见图 7-3-39。

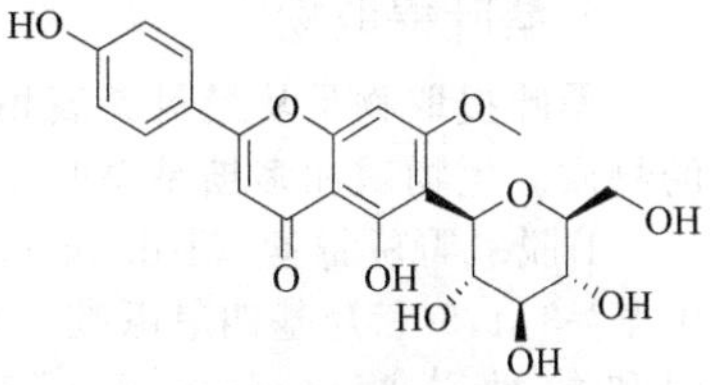

图 7-3-39 腺苷受体拮抗剂当药黄素的化学结构式

（2）adrenergic receptor（肾上腺素能受体） 肾上腺素能受体是一类G蛋白偶联受体，是儿茶酚胺，尤其是去甲肾上腺素和肾上腺素的靶点。许多细胞拥有这些受体。异阿魏酸（Isoferulic acid）（3-hydroxy-4-methoxycinnamic acid）是具有抗糖尿病活性的肉桂酸衍生物，结合并激活 $\alpha 1$-肾上腺素能受体（$IC_{50}=1.4\mu mol/L$），增强 β-内啡肽的分泌［EC_{50} 半最大效应浓度=52.2nmol/L］，并增加体外葡萄糖的使用，具有抗流感病毒的活性。肾上腺素能受体激活剂异阿魏酸的化学结构式见图7-3-40。

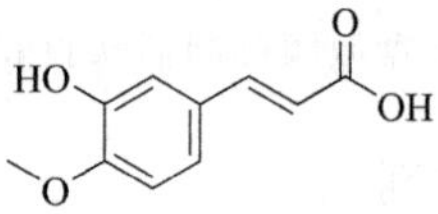

图7-3-40　肾上腺素能受体激活剂异阿魏酸的化学结构式

4. AMPK（AMP活化蛋白激酶）

AMP活化蛋白激酶（AMP-activated protein kinase）是一种在细胞能量稳态中起作用的酶。它由三种蛋白质（亚单位）组成，共同构成一种功能酶。

cimiracemoside C是升麻中的有效成分，可激活AMPK，具有抗糖尿病的潜力。nepodin是一种醌氧化还原酶（pfNDH2）抑制剂，从 *Rumex crispus* 中分离，具有抗糖尿病和抗疟疾的作用。苦龙胆酯苷（amarogentin）是一种裂环烯醚萜苷，主要从 *Swertia* 和 *Gentiana* 根中提取，表现出许多生物学效应，包括抗氧化、抗肿瘤和抗糖尿病活性。AMP活化蛋白激酶抑制剂的化学结构式见图7-3-41。

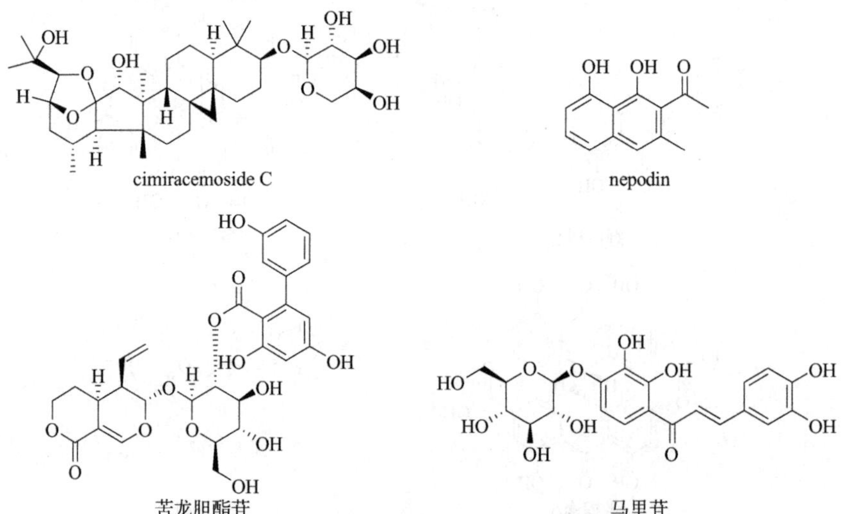

图7-3-41　AMP活化蛋白激酶抑制剂的化学结构式

三、典型的抗糖尿病林源药用提取物加工与应用

1. 桑叶提取物

桑叶提取物是从桑科桑属植物桑（*Morus alba*）叶中提取出来的一类主要含生物碱和多糖类的物质。生物碱和多糖是桑叶中主要的降血糖活性成分。

1-脱氧野尻霉素（1-deoxynojirimycin，1-DNJ、DNJ）化学名称为（2R，3R，4R，5S）-2-(羟甲基)-3,4,5-三羟基四氢哌啶，分子式为 $C_6H_{13}NO_4$，分子量为163.17。荞麦碱fagomine是一种温和的糖苷酶（glycosidase）抑制剂，作用于amyloglucosidase（A. niger）、β-Glucosidase（bovine）和isomaltase（yeast）。矢车菊素-3-*O*-葡萄糖苷（kuromanin chloride）来源于桑叶，具

有提高血糖浓度、维持脂质代谢平衡以降低肥胖的作用。其化学结构式如图 7-3-42 所示。

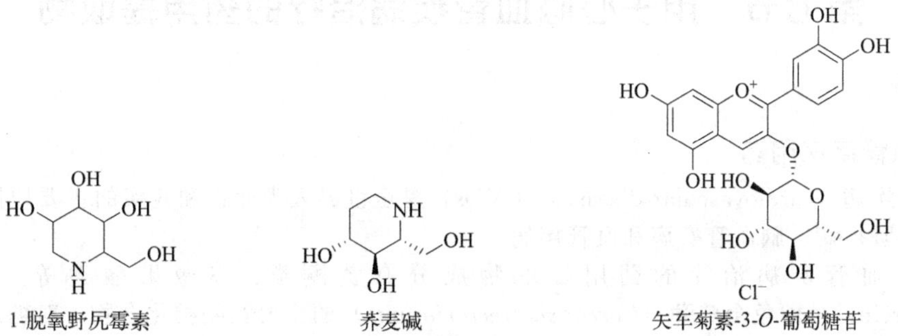

1-脱氧野尻霉素　　荞麦碱　　矢车菊素-3-O-葡萄糖苷

图 7-3-42 桑叶提取物的化学结构式

桑叶作为药食两用的原料，早已在民间广泛应用。《本草纲目》中记载："桑叶汁煎代茗，能止消渴。"其具有降血糖、降血压、降血脂、延缓衰老等多种保健功效。在医药领域中，桑多糖目前已作为极少甚至无不良反应的药物用于治疗糖尿病、高血压和高血脂等疾病。

2. 地黄提取物

地黄提取物是从玄参科植物地黄（*Rehmannia glutinousa*）中提取出来的，深棕色，味微甜，含梓醇（catalpol）、地黄素（rehman-nin）、甘露醇、多种糖类与氨基酸等。

梓醇属环烯醚萜苷类化合物，分子式 $C_{15}H_{22}O_{10}$，分子量 362.33。地黄苦苷元（rehmapicrogenin）可从地黄的根部分离得到，通过抑制 iNOS、COX-2 和 IL-6 表现出有效的抗炎作用。地黄苦苷（rehmapicroside）是从地黄根茎中分离得到的一种紫罗酮糖苷。其化学结构式如图 7-3-43 所示。

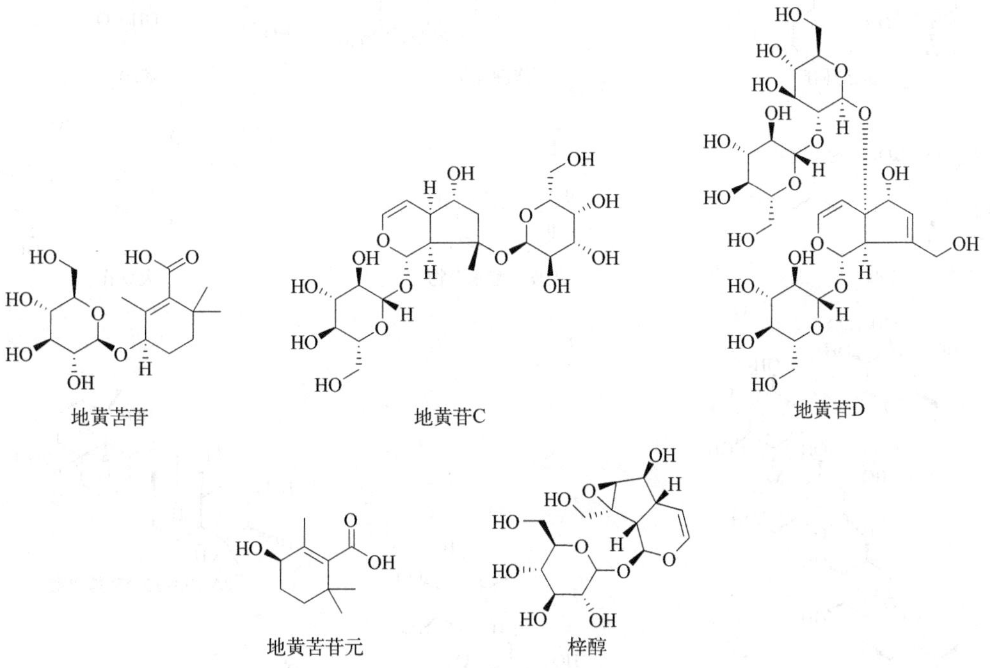

地黄苦苷　　地黄苷C　　地黄苷D

地黄苦苷元　　梓醇

图 7-3-43 地黄提取物的化学结构式

地黄提取物对纤聚蛋白增长有促进作用，可改变皮脂的组成，结合它在低湿度环境下的吸湿能力，可在抑制油性、柔肤和润肤化妆品中使用；地黄提取物对组织蛋白酶 D 活性的促进，显示可治皮炎；还可在减肥、生发和乌发制品中使用[117-121]。

第七节　用于心脑血管疾病治疗的药用提取物

一、分类

1. 心血管疾病用药

心血管疾病（cardiovascular diseases，CVDs）是全世界人类死亡和残疾的主要原因。心血管疾病包括心脏疾病、脑血管疾病和血管疾病。

用于心血管疾病治疗的药用提取物成分有黄酮类、齐墩果酸类等。黄诺马苷（flavanomarein）是两色金鸡菊（*Coreopsis tinctoria nutt*）的主要黄酮类化合物，对糖尿病性肾病具有保护作用，具有良好的抗氧化、降糖、降压和降血脂活性。澳洲茄胺（solasodine）是类固醇生物碱，存在于茄科植物中，具有神经保护、抗癌、抗动脉粥样硬化等作用。田蓟苷（tilianin）是一种活性黄酮类苷，具有降压、保护心肌、抗氧化等作用。

用于心血管疾病治疗的内源性代谢物（endogenous metabolite）：①羟基酪醇 hydroxytyrosol（DOPET），是从橄榄树及其叶子中提取的一种酚类化合物，具有抗氧化、抗动脉粥样硬化、抗菌、抗炎和抗肿瘤的作用；②高根二醇（erythrodiol），是橄榄油的成分，通过选择性抑制ABCA1蛋白的降解来促进胆固醇外流（ChE），有潜力用于动脉粥样硬化的研究；③澳洲茄胺，是类固醇生物碱，存在于茄科植物中，具有神经保护、抗真菌、降压、抗雄激素和抗炎活性。

心血管疾病用药的化学结构式见图7-3-44。

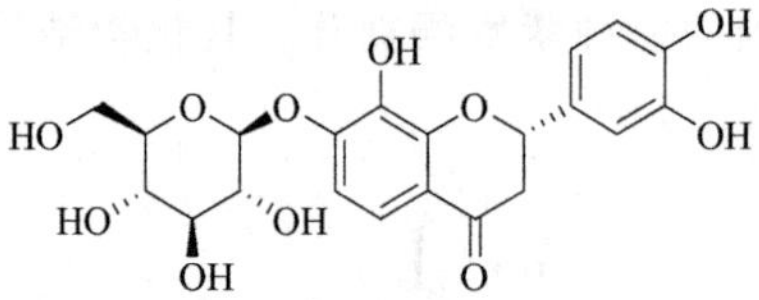

黄诺马苷 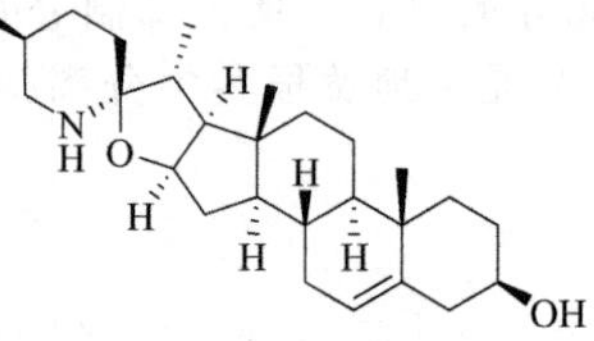　　澳洲茄胺 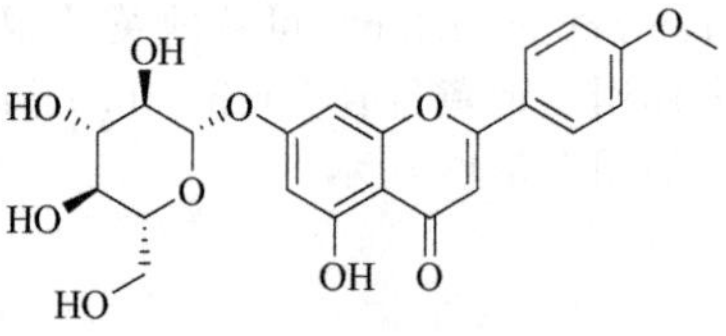　　田蓟苷

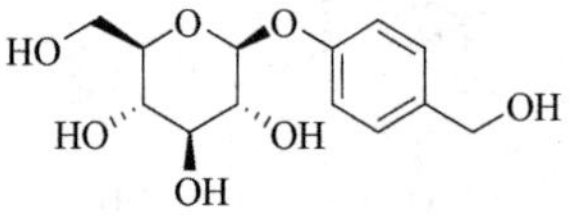

天麻 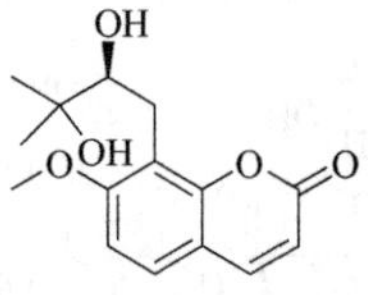　　橙皮内酯水合物 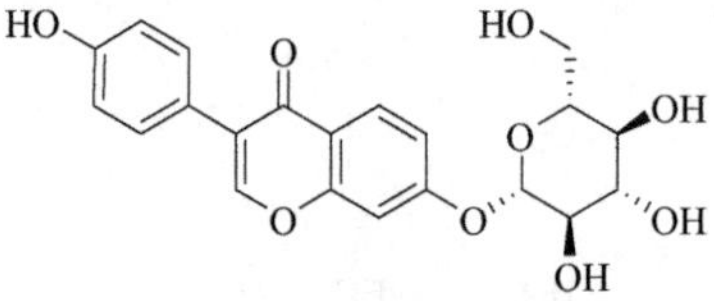　　大豆苷

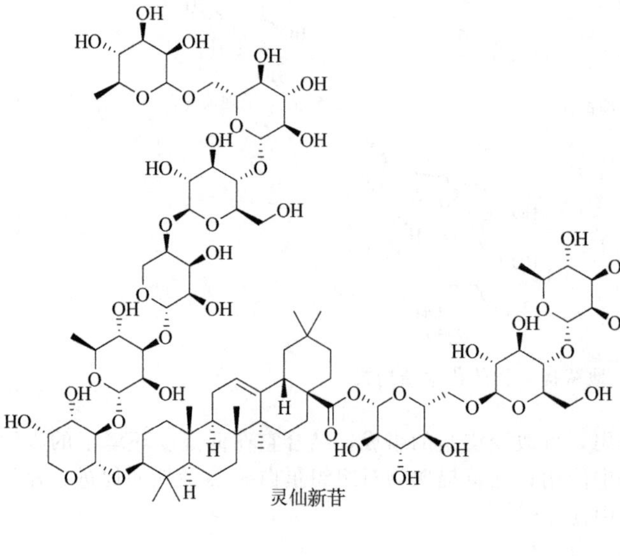

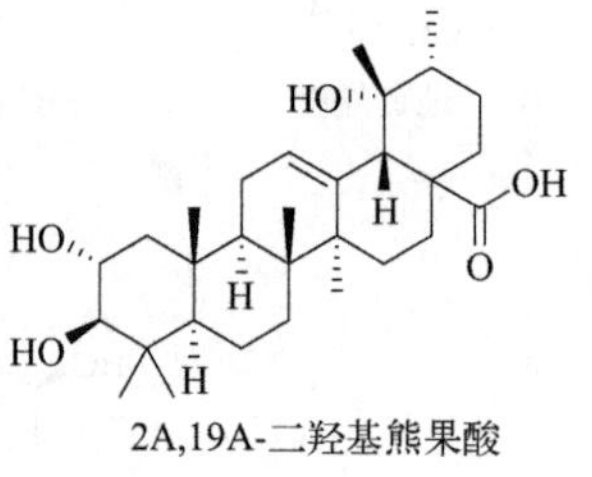

2A,19A-二羟基熊果酸

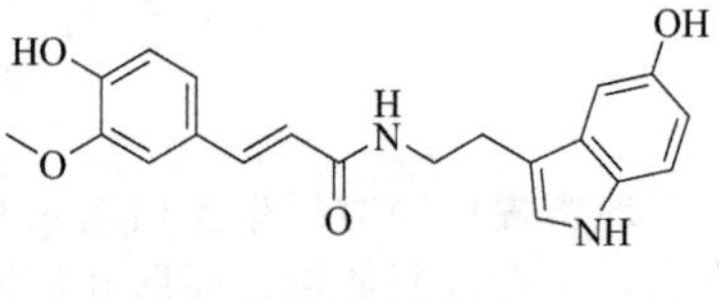

灵仙新苷　　*N*-阿魏羟色胺

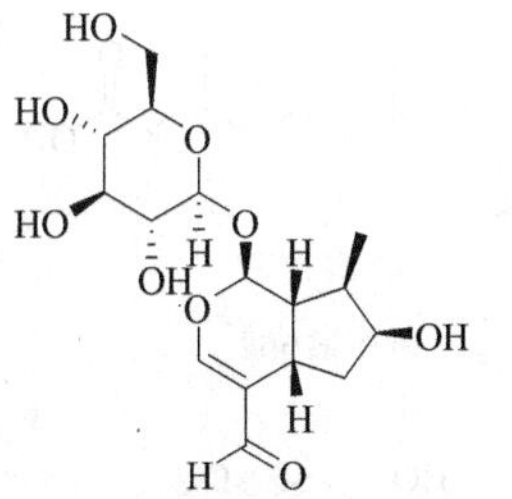

马钱苷酸 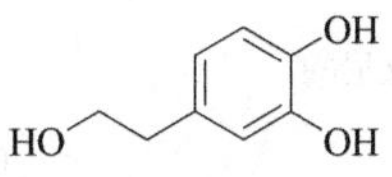　羟基酪醇 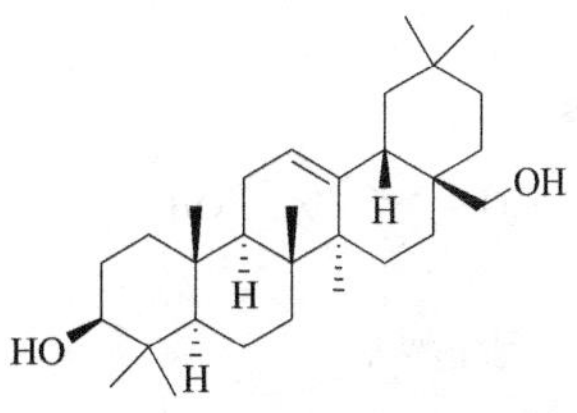　高根二醇

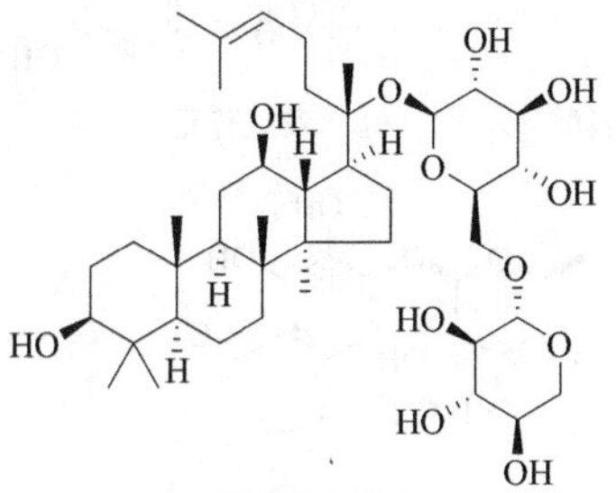

绞股蓝皂苷XIII 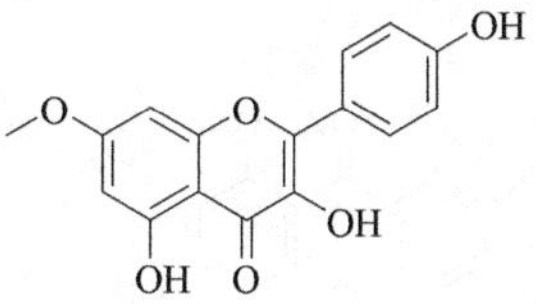　鼠李柠檬 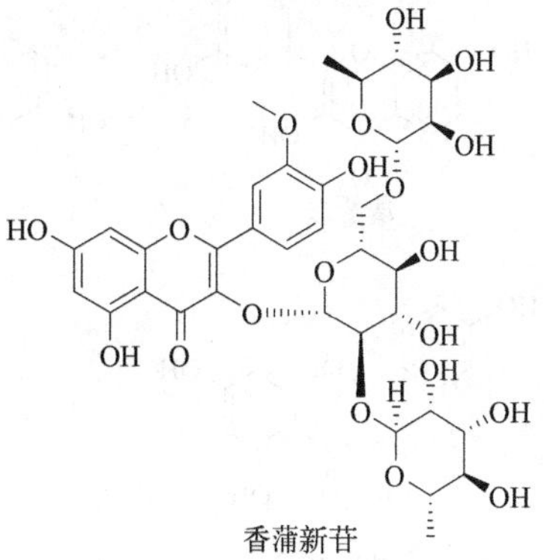　香蒲新苷

图 7-3-44　心血管疾病用药的化学结构式

2. 降血脂类药物

脂质异常是指脂蛋白的代谢异常，是动脉粥样硬化、CVD 独立危险因素。

伊马昔尔 imanixil（HOE-402 free base）是 LDL 受体（LDLR）的诱导剂。Imanixil（HOE-402 free base）也是一种有效的降胆固醇化合物，可抑制极低密度脂蛋白（VLDL）的产生，从而减弱动脉粥样硬化的发展。

（1）Metabolic Enzyme/Protease（代谢酶/蛋白酶）信号通路 HMG-CoA Reductase（HMGCR）　辛伐他汀 simvastatin（MK 733）是一种竞争性的 HMG-CoA reductase 抑制剂；阿托伐他汀 atorvastatin 是一种具有口服活性的 HMG-CoA 还原酶抑制剂，抑制人 SV-SMC 细胞的增殖和侵袭。

（2）PPAR（过氧化物酶体增殖物激活受体）Cell Cycle/DNA Damage（细胞周期/DNA 损伤）信号通路　是核激素受体超家族的配体激活转录因子。吉非罗齐 gemfibrozil 是一种 PPAR-α 激活剂，为一种降脂药，同时是 P450 的非选择性抑制剂；匹立尼酸 pirinixic acid（Wy-14643）是一种有效的 PPAR-α 激动剂，对人的 PPAR-α、PPAR-γ 和 PPAR-δ 的 EC_{50} 值分别为 5.0μmol/L、60μmol/L、35μmol/L。

降血脂类药物的化学结构式见图 7-3-45。

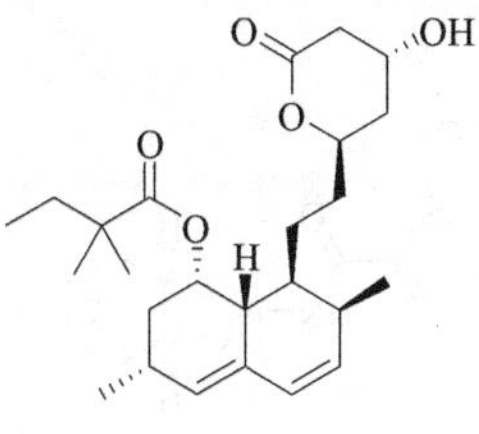

辛伐他汀 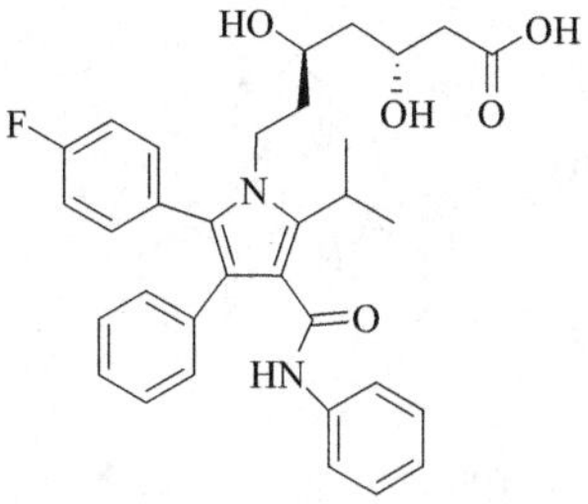　阿托伐他汀 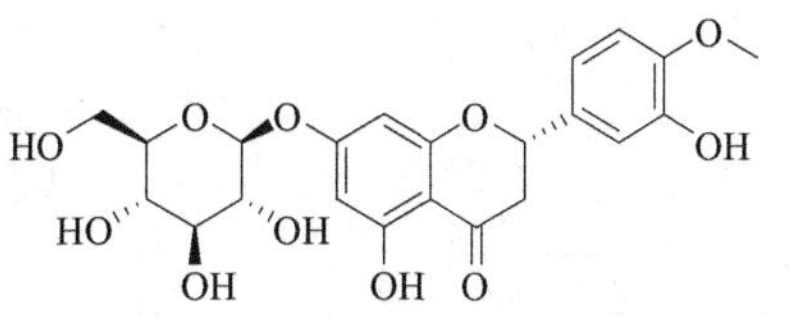　橙皮素-7-*O*-葡萄糖苷

图 7-3-45

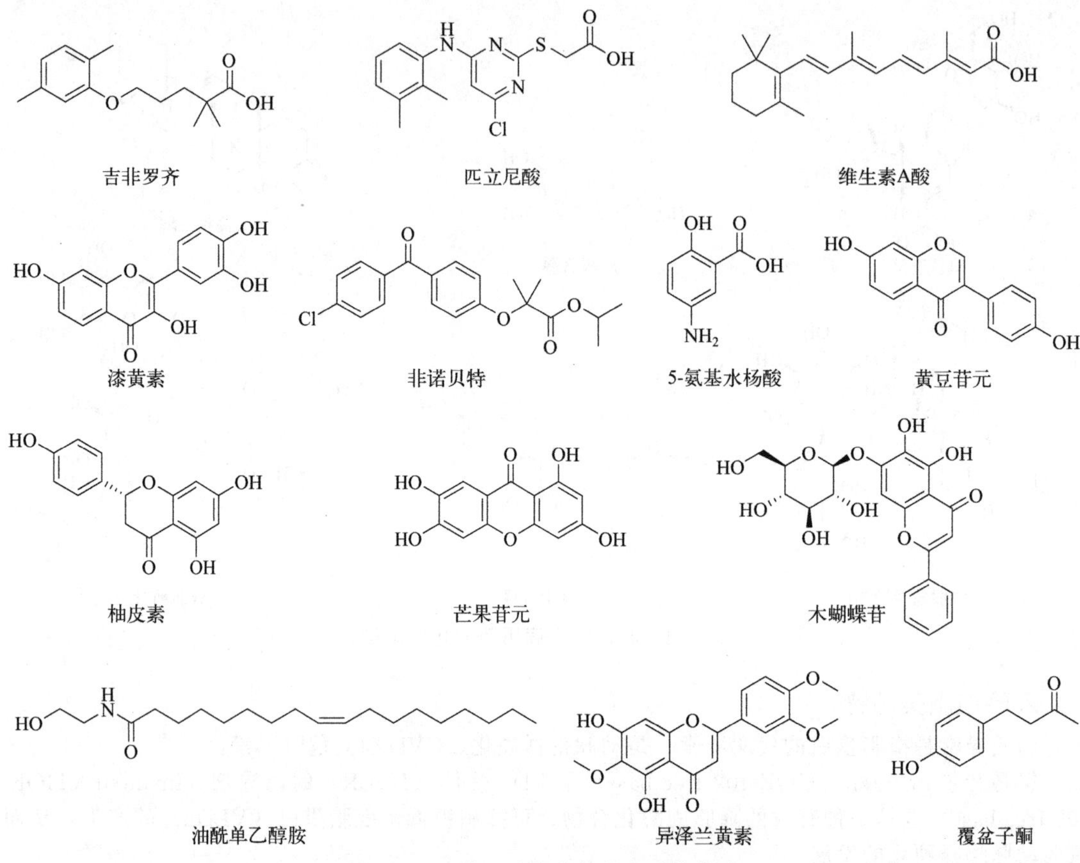

图 7-3-45 降血脂类药物的化学结构式

3. 降压类药物

降压药分为五大类：利尿剂，如氢氯噻嗪等；钙离子通道阻滞剂，如氨氯地平、硝苯地平；β 受体阻滞剂，如美托洛尔、普萘洛尔等；血管紧张素转换酶抑制剂，如卡托普利、福辛普利；血管紧张素Ⅱ受体拮抗剂，如缬沙坦、替米沙坦等。

地巴唑（bendazol）是一种降压药物，也可以增强 NO 合成酶（NO synthase）在肾小球和集合小管中的活性。manidipine 是钙离子通道阻断剂，有降压作用。曲帕胺（tripamide）是一种具有口服活性的磺胺类可利尿的降压试剂（antihypertensive agent）。氢氯噻嗪（hydrochlorothiazide，HCTZ）是一种口服有效的噻嗪类利尿药，可抑制转化 TGF-β/Smad 信号通路。降压类药物的化学结构式见图 7-3-46。

地巴唑　　马尼地平　　曲帕胺

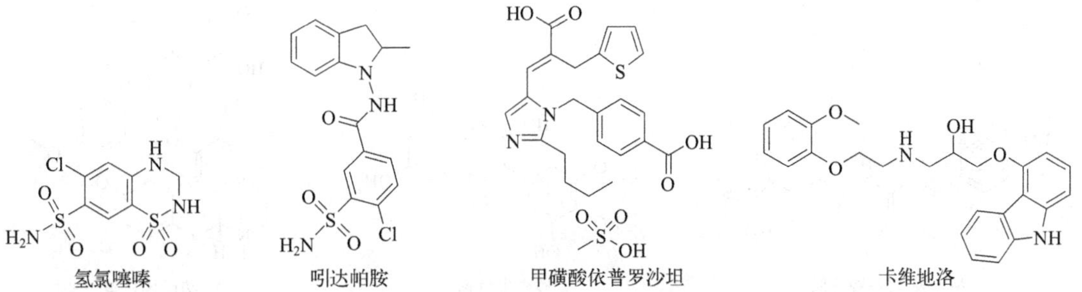

氢氯噻嗪　　吲达帕胺　　甲磺酸依普罗沙坦　　卡维地洛

图 7-3-46 降压类药物的化学结构式

4. 治疗代谢综合征类药物

代谢综合征（metabolic syndrome）是以多种代谢性危险因素聚集为特征的临床症候群，主要包括肥胖、高血糖、高血压和血脂异常。

CB1 antagonist 1 是 CB1 receptor 的拮抗剂，可用于代谢综合征、肥胖、神经炎性疾病、胃肠功能紊乱和心血管疾病的研究。cannabinoid receptor（大麻素受体）GPCR/G Protein（G 蛋白偶联受体/G 蛋白）信号通路，大麻素受体目前分为三类，即中枢受体（CB1）、外周受体（CB2）和 GPR55，它们都是 G 蛋白偶联的。儿茶酚（caulophyllogenin）是一种从绿茶、冬青等植物中提取的三萜皂苷。治疗代谢综合征类药物的化学结构式见图 7-3-47。

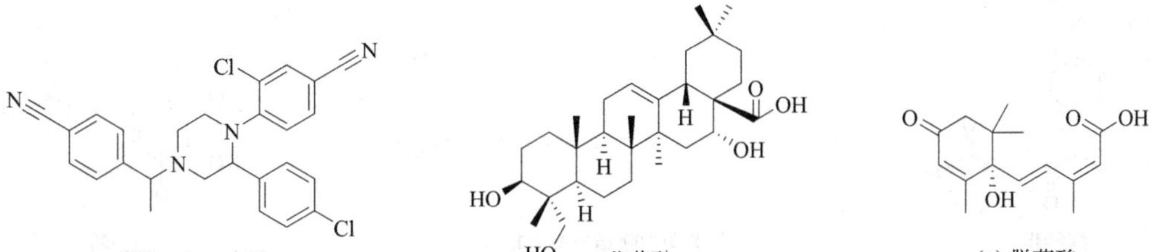

CB1 antagonist 1　　儿茶酚　　(+)-脱落酸

图 7-3-47 治疗代谢综合征类药物的化学结构式

二、功能活性

心血管药物的靶点主要有：钙离子通道抑制剂、羟甲基戊二酰辅酶 A 还原酶抑制剂、靶标血管紧张素ⅡAT-1 受体拮抗剂等。

1. 蛋白酪氨酸激酶（protein tyrosine kinase, PTK）信号通路

蛋白酪氨酸激酶信号通路是蛋白质酪氨酸激酶（protein-tyrosine kinases，PTK）催化 ATP 的 γ-磷酸转移到蛋白质底物的酪氨酸残基上，是控制细胞增殖和分化的信号通路的关键组成部分。细胞中存在两类 PTK：跨膜受体 PTK 和非受体 PTK。

目前，临床上有几种针对特定 PTK 的小分子抑制剂和单克隆抗体。*N*-p-香豆酰-羟色胺［*N*-(p-coumaroyl) serotonin］是一种从红花种子中分离出来的多酚，具有抗氧化、抗动脉粥样硬化和抗炎特性。可降低肌浆网中 PDGF 诱导的对中 PDGFR 酪氨酸磷酸化和 Ca^{2+} 释放的作用。防己诺林碱（fangchinoline）是从粉防己（*Stephania tetrandra*）中分离出来的，具有广泛的生物学活性，例如增强免疫力、消炎杀菌和抗动脉粥样硬化，是新型 HIV-1 抑制剂。

作用于蛋白质酪氨酸激酶的提取物的化学结构式见图 7-3-48。

2. GPCR/G Protein（G 蛋白偶联受体/G 蛋白）

angiotensin receptor（血管紧张素受体）是一类以血管紧张素Ⅱ为配体的 G 蛋白偶联受体。它们在肾素-血管紧张素系统中很重要，负责主要效应激素血管紧张素Ⅱ的血管收缩刺激的信号转导。

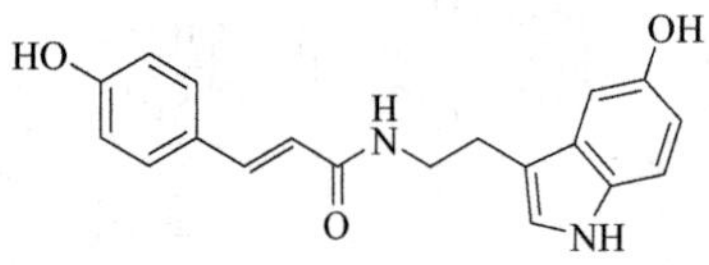

N-p-香豆酰-羟色胺

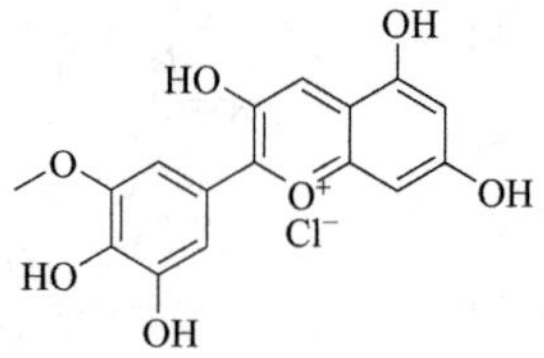

矮牵牛色素

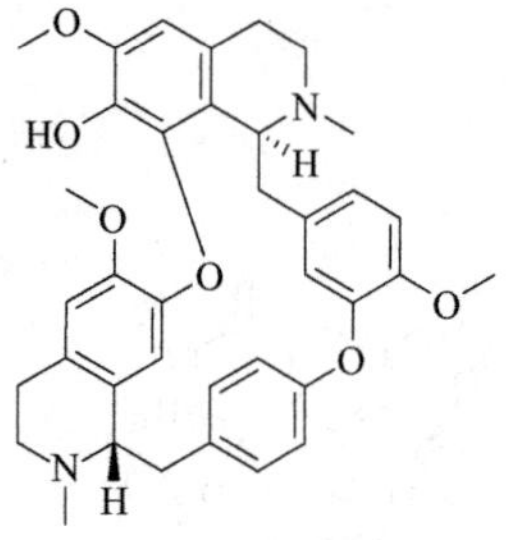

防己诺林碱

图 7-3-48 作用于蛋白质酪氨酸激酶的提取物的化学结构式

芥子酸 sinapinic acid（sinapic acid）是从蚁寨（*Hydnophytum formicarum*）根中分离到的酚类化合物，为 HDAC 的抑制剂，具有有效的抗肿瘤活性，诱导肿瘤细胞凋亡，有抗氧化、抗糖尿病的作用。地舍平（deserpidine）是与 reserpine 相关的从萝芙木（*Rauvolfia verticillata*）的根中分离的生物碱，被用作抗高血压药和镇定剂，是一种竞争性血管紧张素转化酶（ACE）抑制剂。维采宁 2（vicenin 2）来自广东金钱草（*Grona styracifolia*）的地上部分，是一种血管紧张素转换酶（ACE）抑制剂。

作用于 G 蛋白偶联受体/G 蛋白通路的提取物的化学结构式见图 7-3-49。

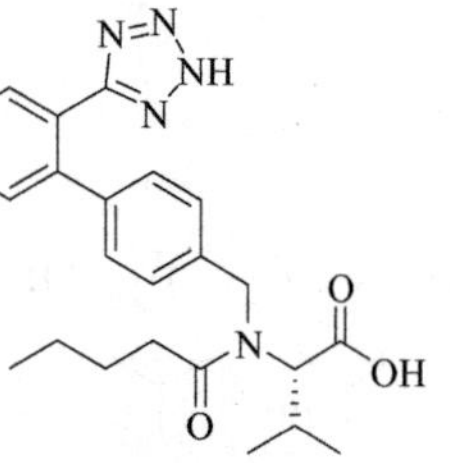

缬沙坦

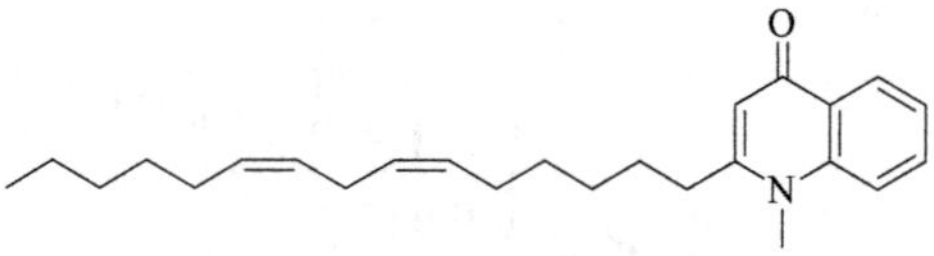

吴茱萸中喹诺酮类生物碱

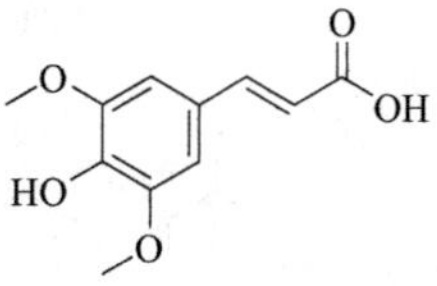

芥子酸

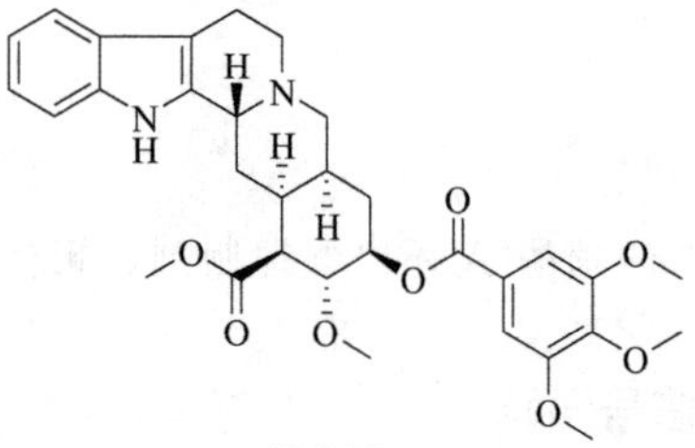

地舍平

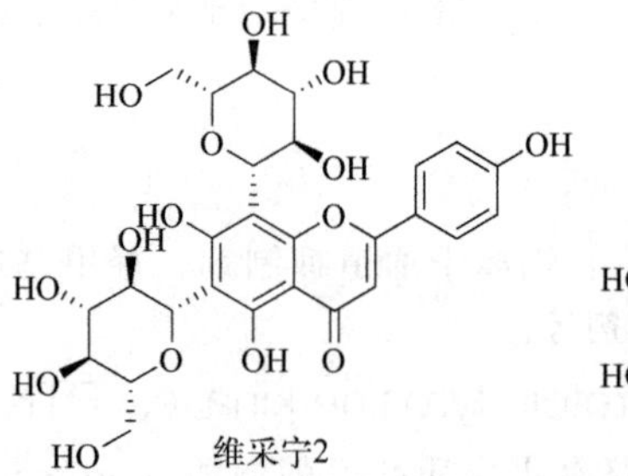

维采宁2

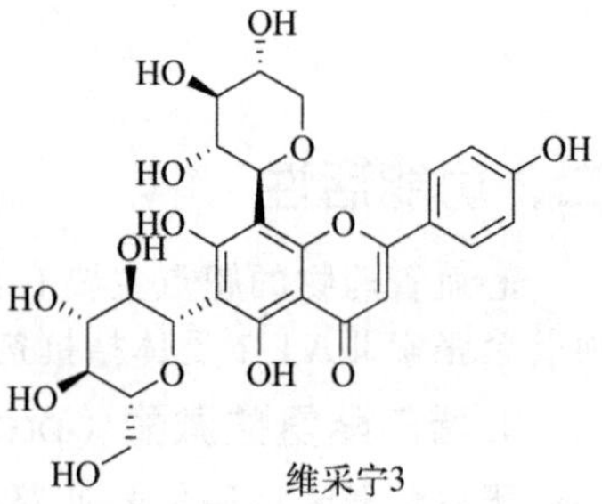

维采宁3

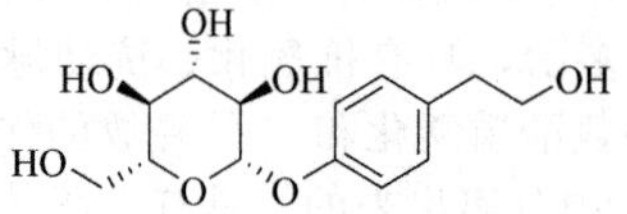

淫羊藿次苷D2

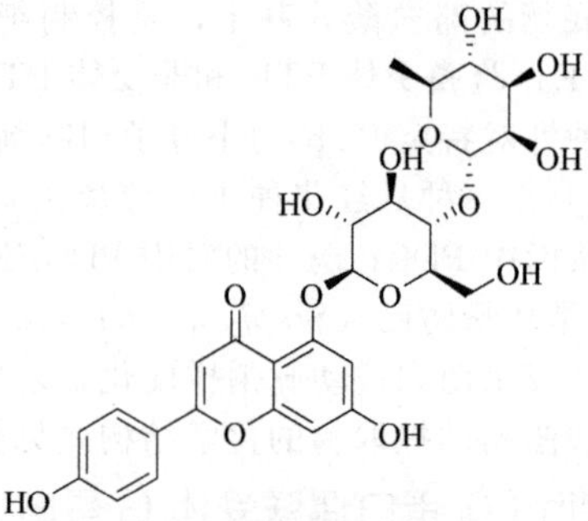

山茶黄酮苷B

图 7-3-49 作用于 G 蛋白偶联受体/G 蛋白通路的提取物的化学结构式

3. Membrane Transporter/Ion Channel（跨膜转运）信号通路

大多数分子主要通过膜转运蛋白进入或离开细胞，膜转运蛋白在多种细胞功能中发挥重要作用，包括细胞代谢、与细胞外空间小分子的结合、能量转导、渗透调节以及生理和发育等过程。

（1）calcium channel（钙离子通道）

① 钙离子通道抑制剂。汉防己甲素（tetrandrine）是一种双苯基异喹啉生物碱，抑制电压门控钙离子通道（ICa）和 Ca^{2+} 激活的钾离子通道。长春质碱（catharanthine）是长春花中的生物碱类物质，抑制电压门控 L 型钙离子通道（voltage-operated L-type Ca^{2+} channel），具有抗肿瘤、降血压的活性。麦冬皂苷 D（ophiopogonin D）是从麦冬（*Ophiopogon japonicus*）的块茎中分离得到的，是一种罕见的天然存在的 C_{29} 甾体糖苷。

② 拮抗剂。人参皂苷 ginsenoside ro（polysciasaponin P3；chikusetsusaponin 5；chikusetsusaponin V）具有 Ca^{2+} 拮抗剂的抗血小板作用。白花前胡素 E（praeruptorin E）是白花前胡（*Peucedanum praeruptorum*）的一种主要的生物活性成分，是一种钙（calcium）拮抗剂；白花前胡丙素（praeruptorin C）是白花前胡的一种主要的生物活性成分。

作用于跨膜转运信号通路的提取物的化学结构式见图 7-3-50。

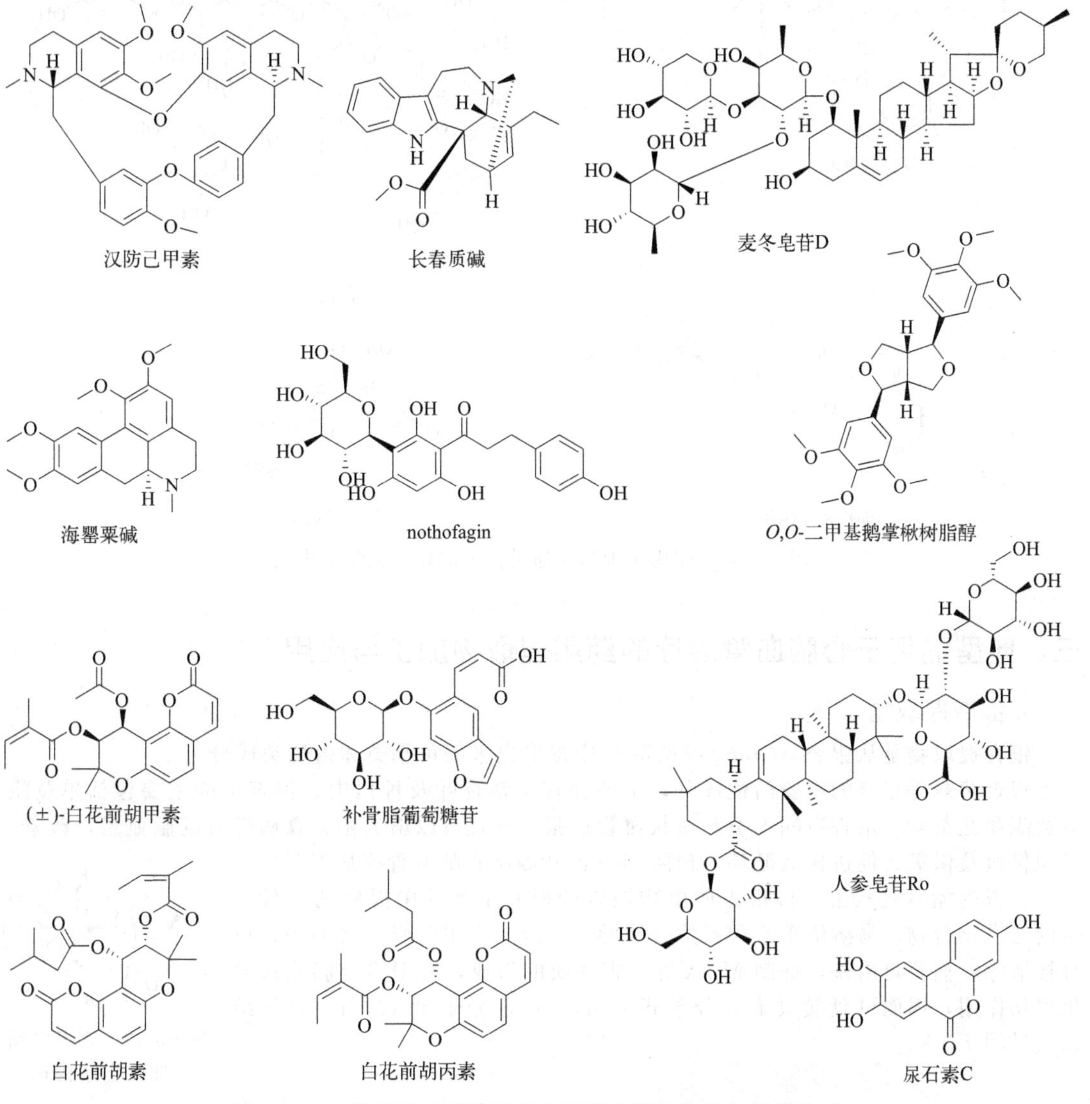

汉防己甲素　长春质碱　麦冬皂苷D

海罂粟碱　nothofagin　*O,O*-二甲基鹅掌楸树脂醇

(±)-白花前胡甲素　补骨脂葡萄糖苷　人参皂苷Ro

白花前胡素　白花前胡丙素　尿石素C

图 7-3-50　作用于跨膜转运信号通路的提取物的化学结构式

（2）otassium channel（钾离子通道） 钾离子通道有利尿降压活性。钾通道是分布最广泛的离子通道类型，几乎在所有生物中都存在。它们形成横跨细胞膜的钾选择性孔。钾通道存在于大多数细胞类型中，控制着多种细胞功能。

汉防己甲素（tetrandrine）是一种双苯基异喹啉生物碱，抑制电压门控钙离子通道（ICa）和 Ca^{2+} 激活的钾离子通道。单宁酸（tannic acid）是一种新型的 hERG 通道阻塞剂，其 IC_{50} 值为 3.4μmol/L。蝙蝠葛苏林碱（daurisoline）是一种 hERG 抑制剂，也是一种自噬抑制剂。

作用于钾离子通道的提取物的化学结构式见图 7-3-51。

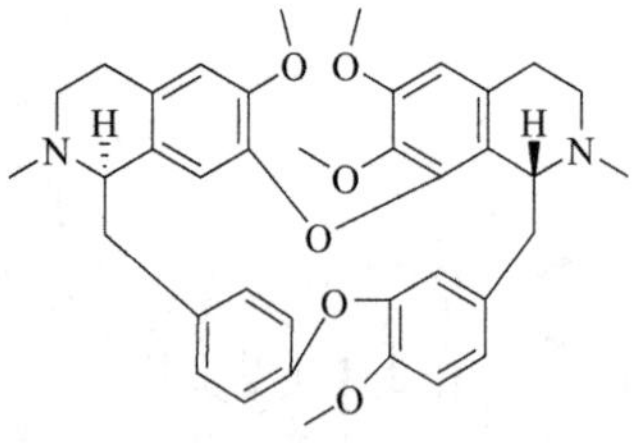

汉防己甲素

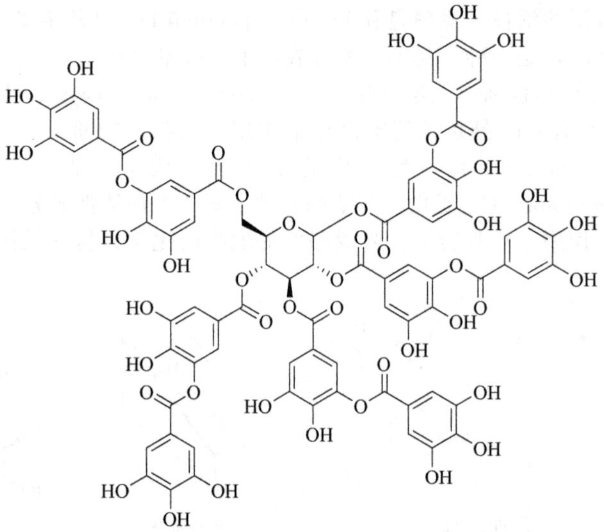

单宁酸

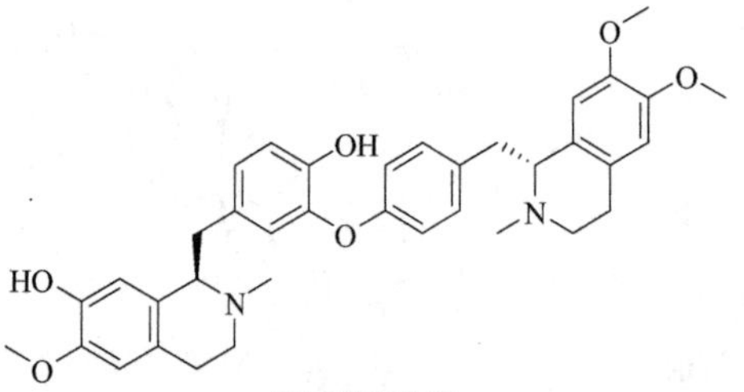

蝙蝠葛苏林碱

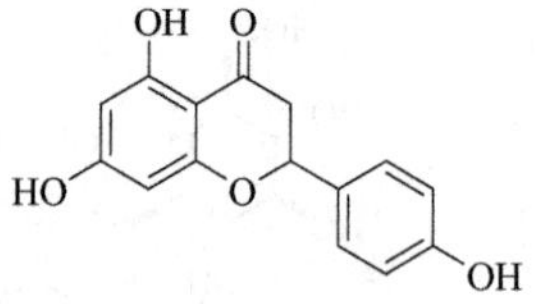

(±)-柚皮素

图 7-3-51　作用于钾离子通道的提取物的化学结构式

三、典型的用于心脑血管治疗的药用提取物加工与应用

1. 银杏提取物

银杏提取物是从银杏（*Ginkgo biloba*）中提取出来的黄酮类和内酯类成分。

银杏黄酮是银杏的主要活性成分，主要存在于银杏叶及种仁中。银杏黄酮主要包括单黄酮、双黄酮和儿茶素。银杏黄酮可引起冠状血管扩张，并且可以增加帕金森病患者的脑血量，改善脑组织供血及供氧，促进血液循环，预防 chemicalbook 心脑血管疾病[122,123]。

银杏内酯 B 是从银杏科银杏属植物银杏的根和干燥叶中提取的一种二萜内酯类化合物，易溶解于乙酸乙酯、甲醇、乙醇、二甲亚砜等溶剂中，可直接清除、捕获自由基，抑制 MDA 等有害物质的形成，有明显抗脂质过氧化损伤作用，因而可延缓衰老。分子式 $C_{20}H_{24}O_{10}$，分子量 424.4，化学结构式见图 7-3-52。

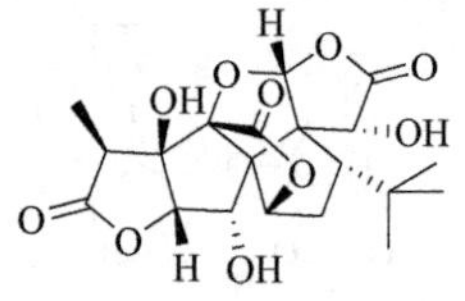

图 7-3-52　银杏内酯 B 的化学结构式

2. 杜仲提取物

杜仲提取物是从杜仲（*Eucommia ulmoides*）中提取出来的。功效成分主要有杜仲胶、木脂素类、环烯醚萜类、其他萜类及脂肪类等。其具有降血压、降血糖、抗肿瘤、抗骨质疏松等药理作用。

松脂醇二葡萄糖苷（pinoresinol diglucoside）为白色结晶粉末，易溶于沸水，略溶于冷水，不溶于乙醇、乙醚等有机溶剂。分子式 $C_{32}H_{42}O_{16}$，分子量 682.67，化学结构式见图 7-3-53。

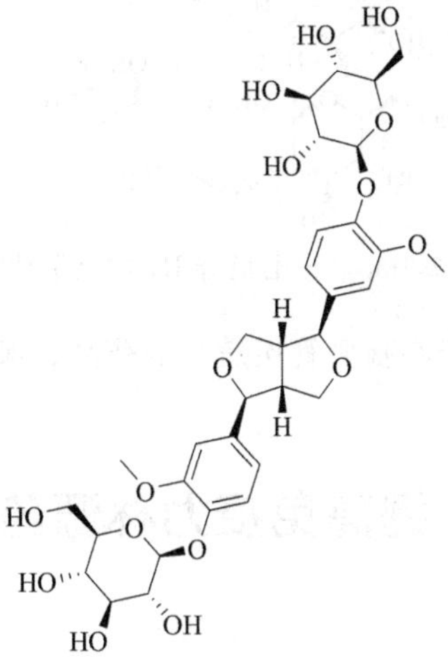

图 7-3-53 松脂醇二葡萄糖苷的化学结构式

从杜仲中分离出二十几种环烯醚萜类化合物，多数为已知化合物，包括京尼平苷、京尼平苷酸等。其中，京尼平苷酸、京尼平苷可作为抗衰老的重要药物。

杜仲常作配伍药材使用，但其本身的应用也十分广泛，目前研制出绿叶杜仲茶、杜仲雄花茶以及杜仲叶饲料添加剂等。除此之外，还可生产杜仲胶，在木材利用中使用，在畜牧水产中也有应用。

3. 越橘提取物

越橘提取物（bilberryextract）是以成熟的越橘浆果为原料，提取得到的一类无定形粉末物（USP32-NF27）。越橘提取物中含有较大量的花色苷以及一部分多糖、果胶、单宁、熊果苷、维生素 C 和 B 族维生素等。花色苷具有抗氧化作用和清除自由基能力，还具有抗炎、抗肿瘤、调血脂和改善胰岛素抵抗等生物活性。花色苷是由花色素与糖结合而成的一类物质的统称。花色素是 2-苯基苯并吡喃阳离子的多羟基和甲基衍生物，因共轭双键的存在，花色素能吸收可见光而呈现一定的颜色。花色苷的化学结构式见图 7-3-54。

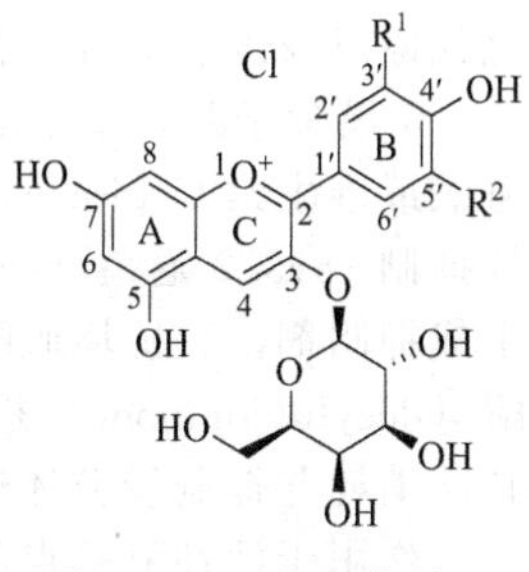

图 7-3-54 花色苷的化学结构式

越橘中含有的花色苷绝大部分都储存于果皮细胞的细胞质中，因此在提取时，必须先将原料进行破壁，破壁效率大致决定了提取得率。目前，工业化生产中多采用的提取方法有溶剂浸提法、超声波提取法和酶解提取法等。

4. 三七提取物

三七提取物（radix Notoginseng P. E.）是从五加科植物三七（*Panax notoginseng*）的根中提取出来的一类皂苷类成分，主要成分为三七总皂苷（panax notoginseng saponins，PNS），包括人参皂苷 Rb1、人参皂苷 Rg1 和 Rg2、三七皂苷 R1，主要有效成分是三七皂苷 Rl。三七皂苷 R1（notoginsenoside R1）为白色或类白色粉末，分子式 $C_{47}H_{80}O_{18}$，分子量 933.131，化学结构式见图 7-3-55。

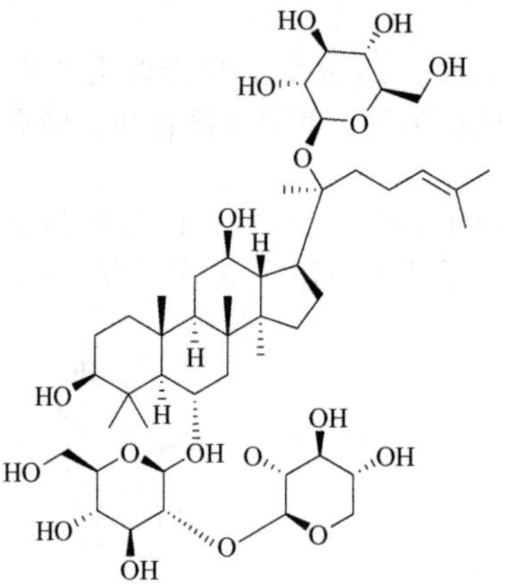

图 7-3-55　三七皂苷 R1 的化学结构式

三七总皂苷提取物主要应用于心脑血管疾病类的药品、保健品等如“血塞通”“复方丹参滴丸”中。

第八节　提高免疫力林源药用提取物

一、分类

针对常见的免疫/炎症相关酶的化合物进行分类：reactive oxygen species（活性氧）、COX（环氧合酶）（见功能活性部分）、histamine receptor（组胺受体）、toll-like receptor（TLR）（Toll样受体）、interleukin related（白介素相关）、NO synthase（一氧化氮合酶）、CCR（见功能活性部分）等。

1. 作用于活性氧（ROS）的提取物

活性氧（reactive oxygen species，ROS），如超氧阴离子（O^{2-}）、过氧化氢（H_2O_2）和羟基自由基（HO·），由氧部分还原形成的自由基和非自由基氧组成。细胞内的活性氧是在线粒体氧化代谢以及细胞对外源性物质、细胞因子和细菌入侵的反应中内源性产生的。

5-没食子酰基奎宁酸（5-galloylquinic acid）是绿茶中活性氧（ROS）的主要清除剂。L-抗坏血酸或维生素 C［l-ascorbic acid(l-ascorbate)］，一种电子供体，是一种内源性抗氧化剂。其选择性抑制 cav3.2 通道（cav3.2 channels），IC_{50} 为 6.5μmol/L。它还是一种胶原沉积促进剂和弹性生成抑制剂。L-抗坏血酸通过产生活性氧（ROS）和选择性损伤癌细胞表现出抗癌作用。癸基泛醌（decylubiquinone）是泛醌（辅酶 Q10）的类似物，其阻止活性氧（ROS）的产生以响应谷胱甘肽消耗并抑制线粒体通透性转变的激活。

作用于活性氧靶点的提取物的化学结构式见图 7-3-56。

2. 作用于组胺受体的提取物

组胺受体（histamine receptor）是一类以组胺为内源性配体的 G 蛋白偶联受体。作用于 GPCR/G Protein（G 蛋白偶联受体/G 蛋白）信号通路有四种已知的组胺受体为 H1 受体、H2 受体、H3 受体、H4 受体。

苯海拉明（diphenhydramine）是第一代具有抗胆碱能作用的组胺 H1 受体（histamine h1-receptor）拮抗剂。D 能透过血脑屏障。蛇床子素是一种天然抗组胺药替代试剂，可有效抑制组胺 H1 受体活性。地氯雷他定是非镇静 H1 抗组胺药 loratadine 的主要口服代谢物，是一种选择性 H1 受体拮抗剂，具有抗过敏和抗炎活性。

作用于组胺受体的提取物的化学结构式见图 7-3-57。

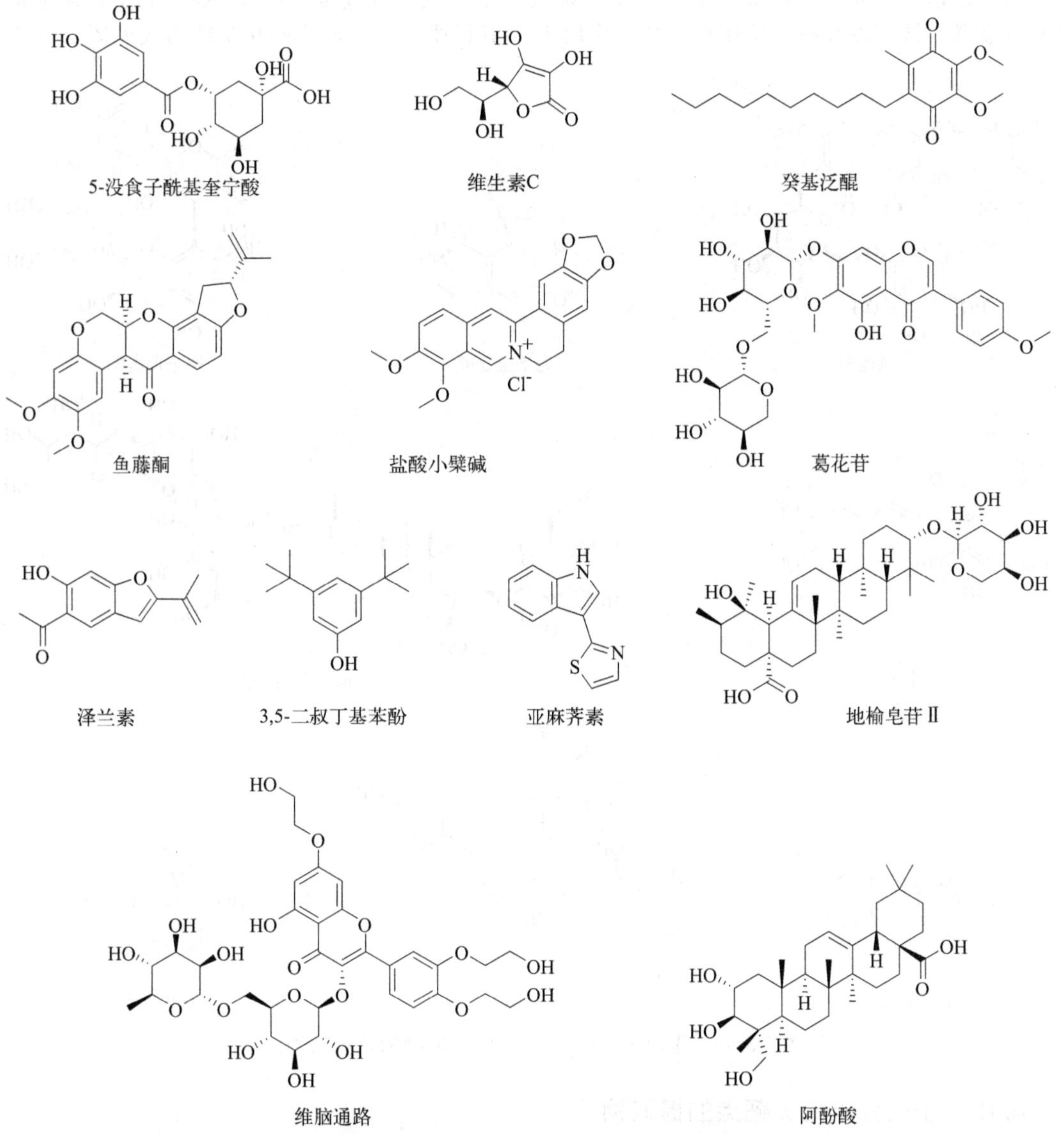

5-没食子酰基奎宁酸　　维生素C　　癸基泛醌

鱼藤酮　　盐酸小檗碱　　葛花苷

泽兰素　　3,5-二叔丁基苯酚　　亚麻荠素　　地榆皂苷Ⅱ

维脑通路　　阿酚酸

图 7-3-56　作用于活性氧靶点的提取物的化学结构式

苯海拉明　　蛇床子素　　地氯雷他定　　盐酸西替利嗪

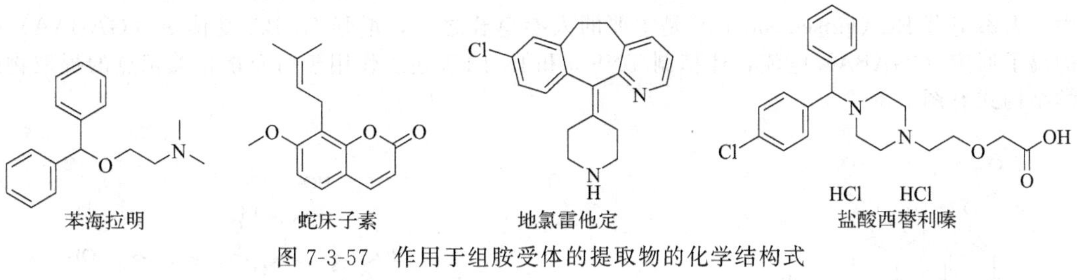

图 7-3-57　作用于组胺受体的提取物的化学结构式

3. 作用于 Toll 样受体（TLR）的提取物

氯喹（chloroquine）是一种广泛用于疟疾和类风湿性关节炎的抗炎试剂，是自噬（autophagy）和 Toll 样受体（TLRs）的抑制剂。刺槐素（robinin）是一种存在于短豇豆（*Vigna unguiculata* subsp. *cylindrica*）叶中的类黄酮，通过 TLR4/NF-κB 通路改善氧化的低密度脂蛋白（Ox-LDL）

引起的炎症损伤。光千金藤碱（stepharine）是天然生物碱，可直接靶向 TLR4（TLR4 抑制剂），具有抗衰老、抗病毒和抗高血压等活性。作用于 Toll 样受体的提取物的化学结构式见图 7-3-58。

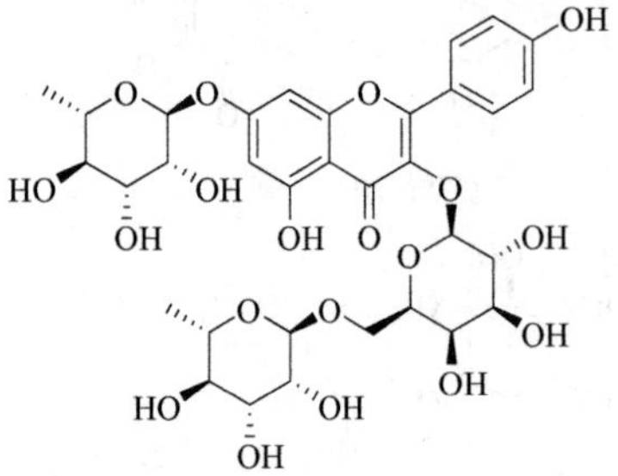

刺槐素 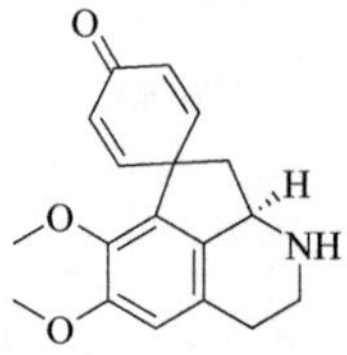　　光千金藤碱 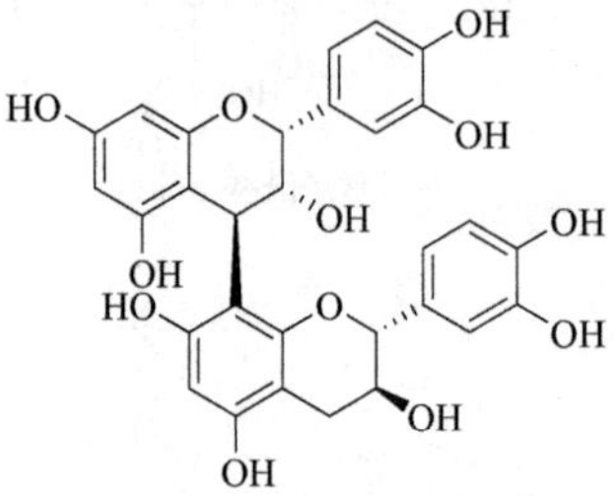　　原花青素B1

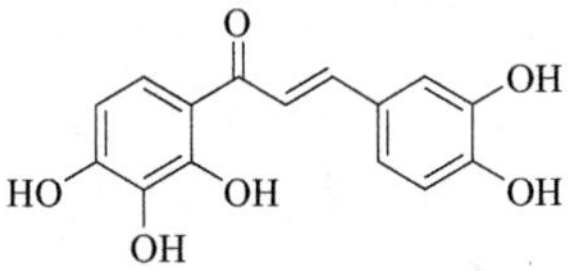

奥卡宁 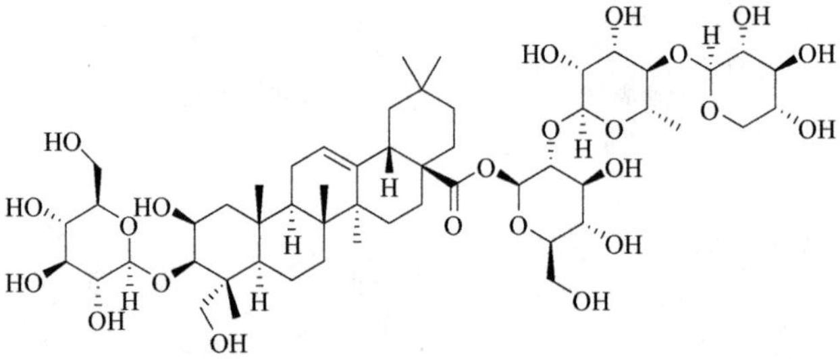　　瓜子金皂苷己

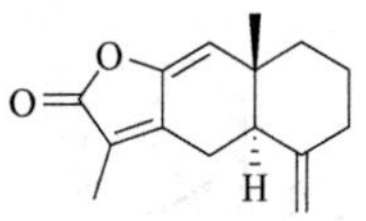

白术内酯Ⅰ 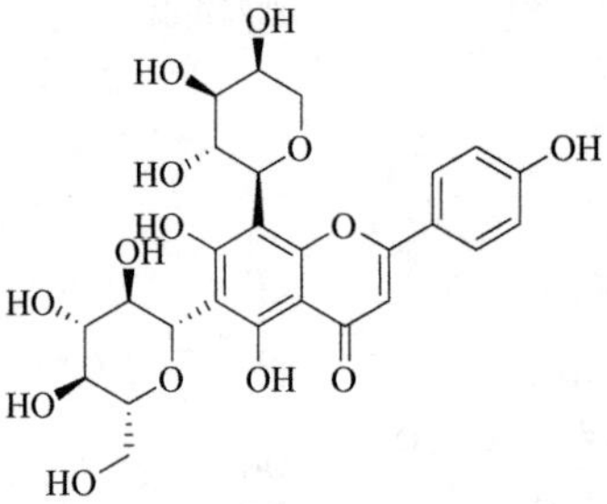　　夏佛塔苷 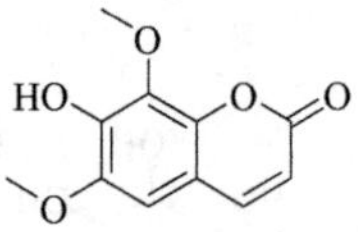　　异嗪皮啶

图 7-3-58　作用于 Toll 样受体的提取物的化学结构式

4. 作用于白介素相关靶点的提取物

双醋瑞因（diacerein）是白介素-1β 抑制剂，是慢效的蒽醌类化合物。新绿原酸（neochlorogenic acid）是在干果和其他植物中发现的一种天然多酚化合物，抑制 TNF-α 和 IL-1β 产生。人参皂苷 Rc（ginsenosiderc）是主要的人参皂苷之一，增强 GABA 受体 A（GABAA）介导的离子通道（IGABA）电流，还抑制 TNF-α 和 IL-1β 表达。作用于白介素相关靶点的提取物的化学结构式见图 7-3-59。

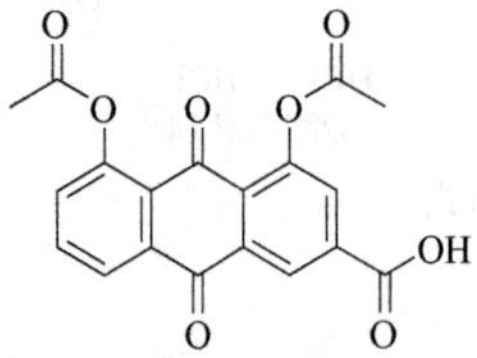

双醋瑞因 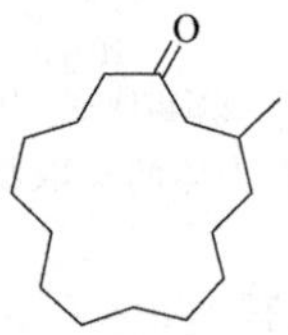　　麝香酮 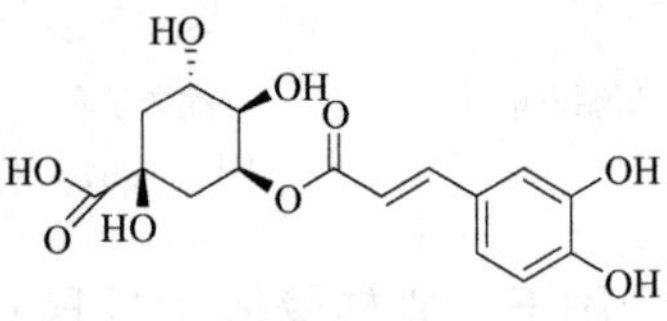　　新绿原酸

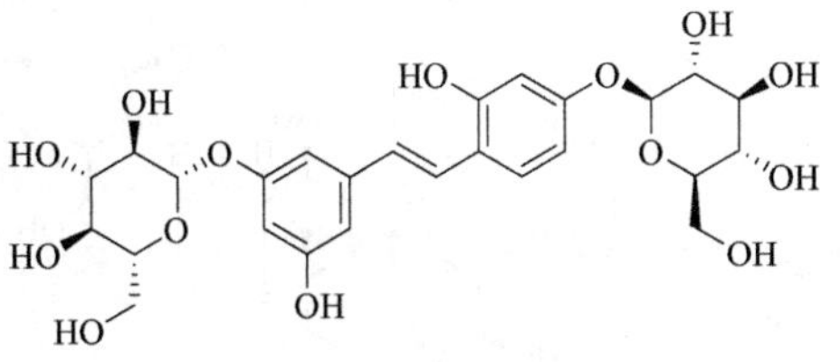

桑皮苷A 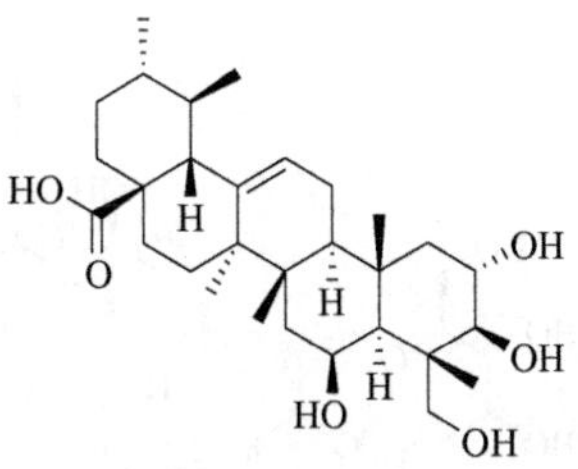　　羟基积雪草酸

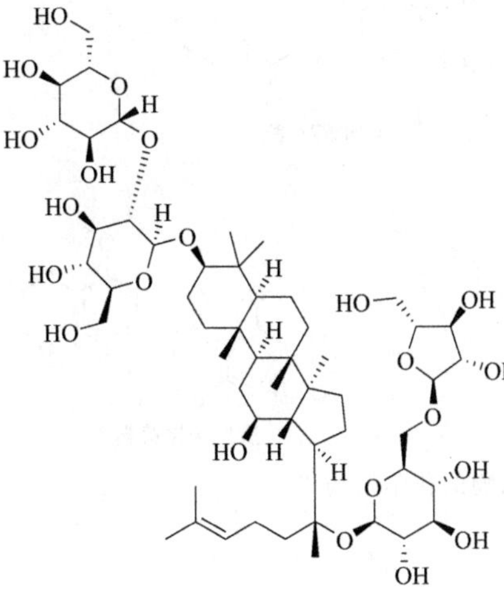

人参皂苷Rc 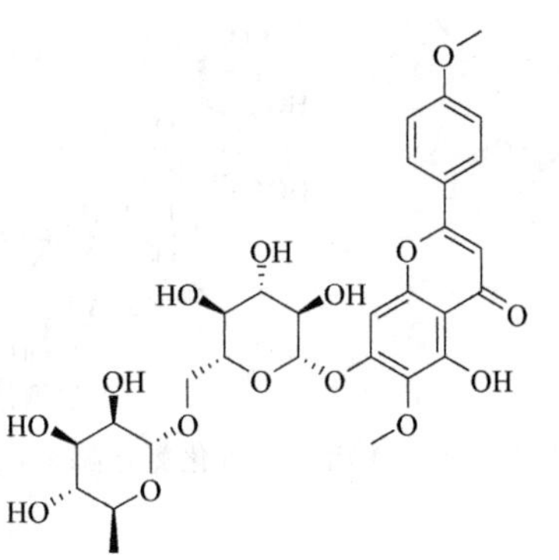　　柳穿鱼叶苷 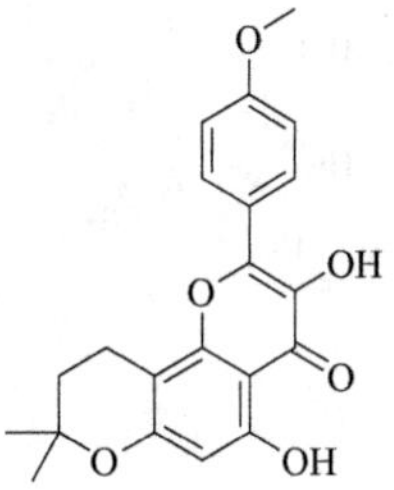　　β-淫羊藿素

图 7-3-59　作用于白介素相关靶点的提取物的化学结构式

5. 作用于一氧化氮合酶的提取物

一氧化氮合成酶（nitric oxide synthases，NOSs）是一类催化 L-精氨酸生成一氧化氮（NO）的酶。通过亚型选择性 NOS 抑制剂控制 NOS 活性对于 NO 相关疾病的治疗具有巨大潜力。

槲皮素-3-葡萄糖苷通过调节核因子-κB（NF-κB）转录调节系统调节一氧化氮合酶 2（NO_2）的表达。硫酸软骨素（chondroitin sulfate 或 chondroitin polysulfate）是五种糖胺聚糖之一，已被广泛用于研究骨关节炎。人参皂苷 Rb3（ginsenoside Rb3）在 293T 细胞系中抑制 TNFα 诱导的 NF-κB 转录活性，抑制 COX-2 和 iNOS mRNA 的诱导。作用于一氧化氮合酶靶点的提取物的化学结构式见图 7-3-60。

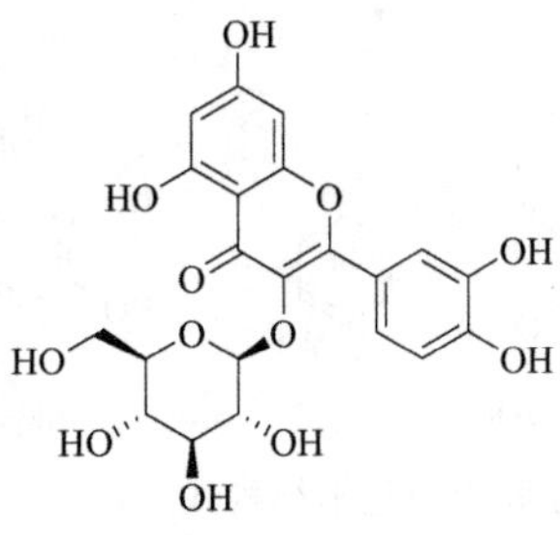

槲皮素-3-葡萄糖苷

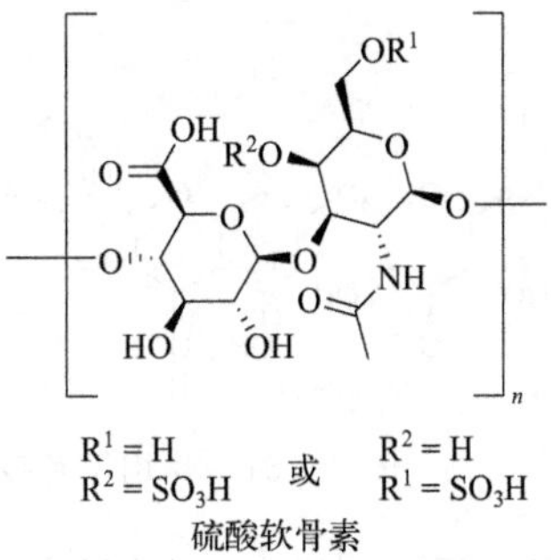

$R^1 = H$，$R^2 = SO_3H$ 或 $R^2 = H$，$R^1 = SO_3H$

硫酸软骨素

图 7-3-60

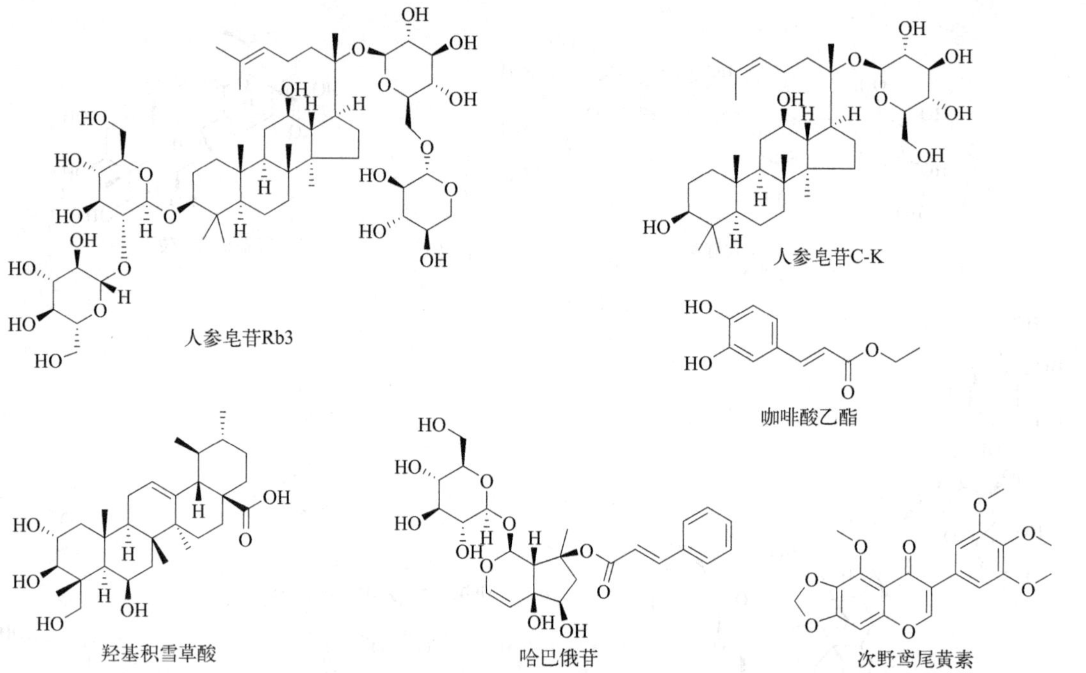

人参皂苷Rb3　人参皂苷C-K　咖啡酸乙酯

羟基积雪草酸　哈巴俄苷　次野鸢尾黄素

图 7-3-60　作用于一氧化氮合酶靶点的提取物的化学结构式

二、功能活性

1. Immunology/Inflammation（免疫及炎症）信号通路

炎症/免疫学（inflammation/immunology）中由免疫系统紊乱引起的疾病分为两大类：免疫缺陷和自身免疫。免疫疗法也经常用于免疫抑制患者（如 HIV 患者）和患有其他免疫缺陷或自身免疫疾病的人。

（1）Aryl Hydrocarbon Receptor（芳香烃受体）　芳香烃受体（aryl hydrocarbon receptor，AhR 或 AhR）是一种细胞质受体和转录因子，属于碱性螺旋-环-螺旋转录因子家族。地奥司明（diosmin）是在各种柑橘类水果中发现的类黄酮，也是芳香烃受体（AhR）的激动剂。豆蔻明（cardamonin）是一种黄酮类化合物，通过 AhR/Nrf2/NQO1 途径抑制 NLRP3 炎性体激活来减轻炎症性肠病。短叶苏木酚酸（brevifolincarboxylic acid）是从蓼属植物头花蓼（*Persicaria capitata*）中提取得到的，对芳香烃受体（AhR）具有抑制作用。作用于免疫及炎症信号通路的提取物的化学结构式见图 7-3-61。

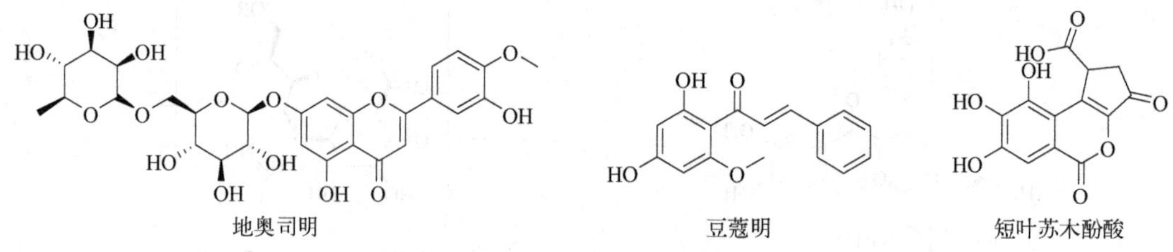

图 7-3-61　作用于免疫及炎症信号通路的提取物的化学结构式

（2）COX（环氧化酶）　环氧化酶（COX），官方名称为前列腺素内过氧化物合酶（prostaglandin-endoperoxide synthase，PTGS），是一种酶，负责形成重要的生物介质，称为前列腺素。药物抑制 COX 可以缓解炎症和疼痛症状。作用于环氧化酶的提取物的化学结构式见图 7-3-62。

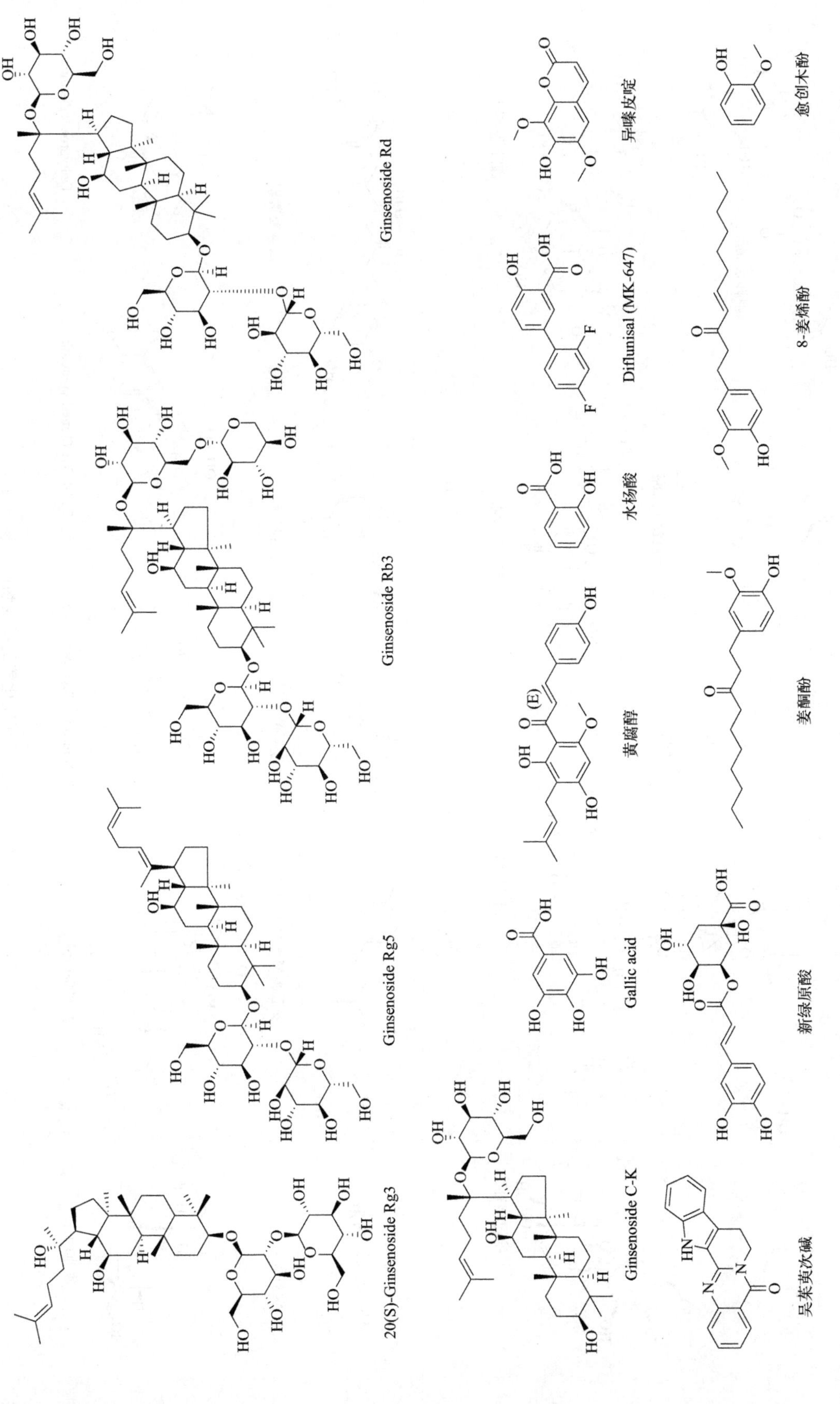

20(S)-Ginsenoside Rg3

Ginsenoside Rg5

Ginsenoside Rb3

Ginsenoside Rd

Ginsenoside C-K

Gallic acid

黄腐醇

水杨酸

Diflunisal (MK-647)

异嗪皮啶

吴茱萸次碱

新绿原酸

姜酮酚

8-姜烯酚

愈创木酚

图 7-3-62

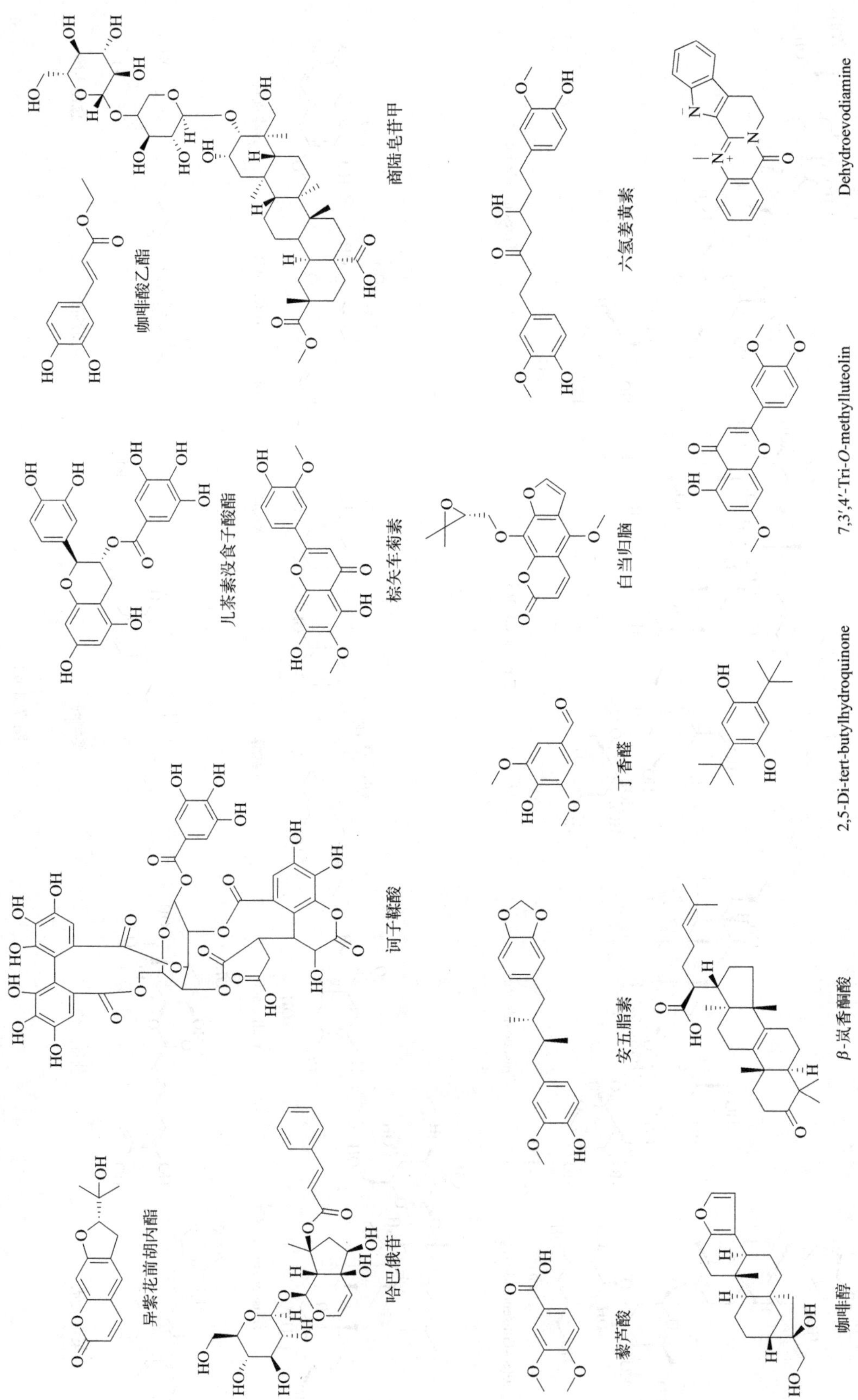

异紫花前胡内酯　诃子鞣酸　儿茶素没食子酸酯　咖啡酸乙酯

哈巴俄苷　棕矢车菊素　商陆皂苷甲

藜芦酸　安五脂素　丁香醛　白当归脑　六氢姜黄素

咖啡醇　β-岚香酮酸　2,5-Di-tert-butylhydroquinone　7,3′,4′-Tri-*O*-methylluteolin　Dehydroevodiamine

图 7-3-62　作用于环氧化酶的提取物的化学结构式

2. GPCR/G Protein（G 蛋白偶联受体/G 蛋白）信号通路

（1）CCR（趋化因子受体） 趋化因子受体（chemokine receptors）是在某些细胞表面发现的细胞因子受体，与一种称为 achemokine 的细胞因子相互作用。哺乳动物中有 19 种不同的趋化因子受体。

（2）CXCR（CXC 趋化因子受体） CXC 趋化因子受体（CXC chemokine receptors）是一种完整的膜蛋白，能特异性结合 CXC 趋化因子家族的细胞因子并对其作出反应。目前已知哺乳动物中有七种 CXC 趋化因子受体，分别命名为 CXCR1 到 CXCR7。宝藿苷Ⅰ（baohuoside Ⅰ）是从朝鲜淫羊藿中得到的黄酮类化合物，作为 CXCR4 的抑制剂，能够抑制 CXCR4 的表达，诱导凋亡，具有抗肿瘤活性。紫堇达明碱（corydalmine）抑制某些植物病原体的孢子萌发以及腐生真菌，具有口服活性，可用于缓解疼痛的研究。紫花前胡素（decursin）是一种细胞毒性剂，是一种来自当归（*Angelica sinensis*）根的有效蛋白激酶 C（protein kinase C）激活剂。作用于 CXC 趋化因子受体的提取物的化学结构式见图 7-3-63。

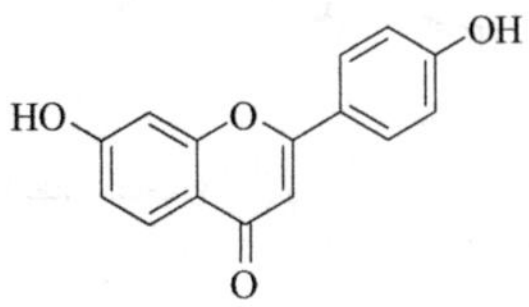

7,4′-二羟基黄酮

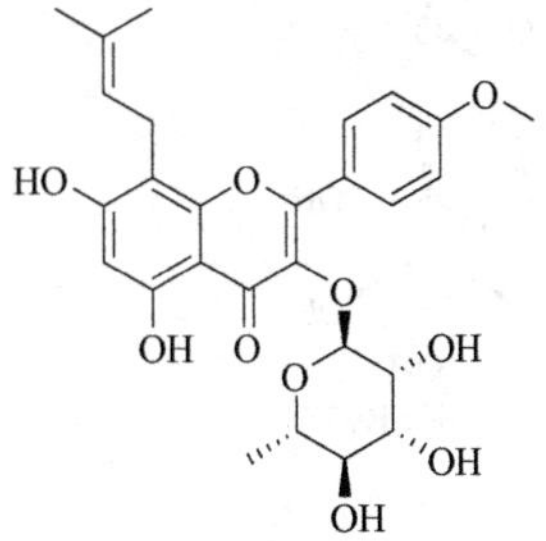

宝藿苷Ⅰ

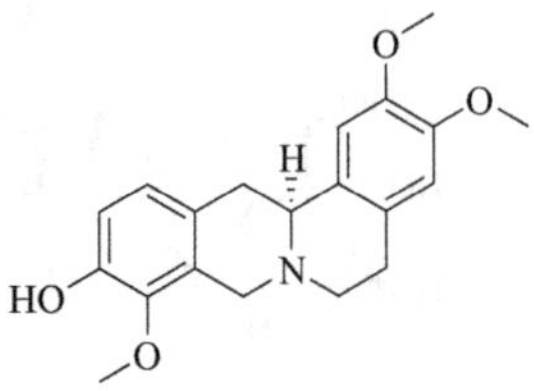

紫堇达明碱

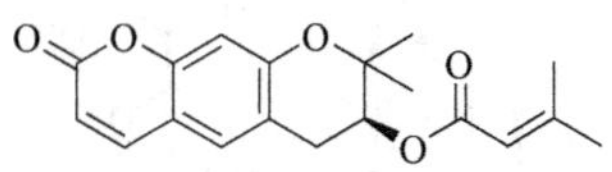

紫花前胡素

图 7-3-63 作用于 CXC 趋化因子受体的提取物的化学结构式

3. JAK/STAT Signaling（JAK/STAT 信号通路）

janus 激酶（janus kinase JAK）/信号转导和转录激活因子（signal transducer and activator of transcription，STAT）途径是细胞因子受体信号传导的核心，细胞因子受体是 30 多种跨膜蛋白的超家族，可识别特定的细胞因子，在血液形成和免疫反应中起关键作用。

JAK 是受体亚单位的一个组成部分，很少释放或交换到细胞质中，因此主要位于质膜上。目前，临床上已经使用了几种 JAK 靶向药物来治疗类风湿性关节炎和骨髓增生性疾病。

三、典型的提高免疫力林源药用提取物加工与应用

1. 人参提取物

人参根提取物是以五加科人参（*Panax ginseng*）的根为原料提取的皂苷类成分。人参皂苷属于达玛烷型四环三萜类糖苷，包括人参皂苷 Rb1、Rb2、Rc、Rd、Rg1 和 Re 等。

人参皂苷为白色或淡黄色无定形粉末，一般含有 2～4 个糖基，可溶于甲醇、乙醇和热丙酮，有旋光性。可分为四环三萜类的达玛烷型和五环三萜的齐墩果烷型。

20(S)-Ginsenoside Rg3是红参的主要成分，抑制 Na^+ 和 hKv1.4 通道，IC_{50} 分别为（32.2±4.5）μmol/L 和（32.6±2.2）μmol/L。还抑制 Aβ、NF-κB 活性和 COX-2 表达。ginsenoside Rg5

是红参的主要成分，阻断 IGF-1 与其受体的结合，IC_{50} 约为 90nmol/L。通过抑制 NF-κB p65 的 DNA 结合活性来抑制 COX-2 的 mRNA 表达。ginsenoside Rb3 是从三七（*Panax notoginseng*）中提取的，在 293T 细胞系中抑制 TNFα 诱导的 NF-κB 转录活性，IC_{50} 为 8.2μmol/L。ginsenoside Rb3 还抑制 COX-2 和 iNOS mRNA 的诱导[124,125]。

人参皂苷的化学结构式见图 7-3-64。

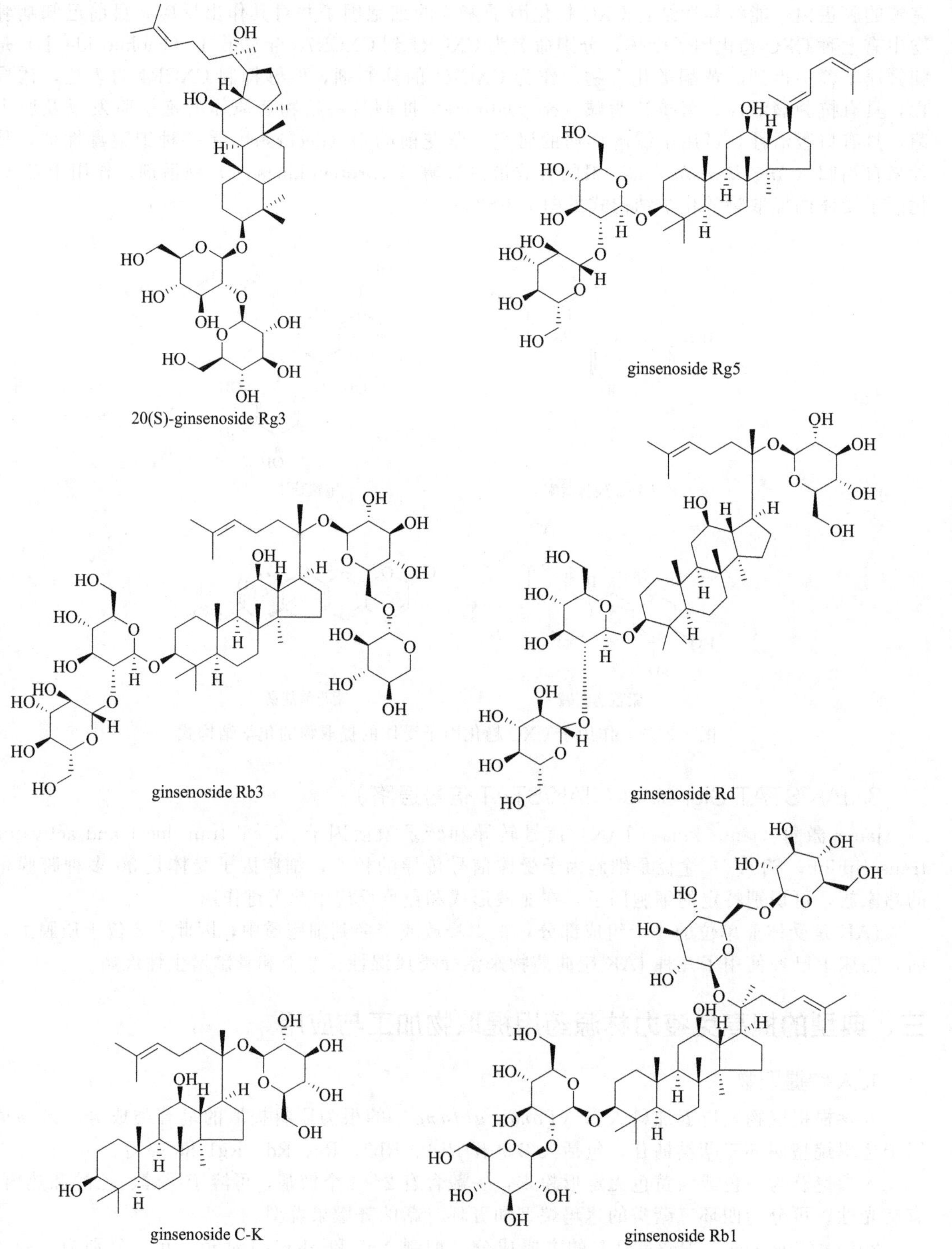

20(S)-ginsenoside Rg3

ginsenoside Rg5

ginsenoside Rb3

ginsenoside Rd

ginsenoside C-K

ginsenoside Rb1

图 7-3-64　人参皂苷的化学结构式

人参皂苷易透过皮肤表层而为真皮吸收，能扩张末梢血管，增加血流量，促进纤维类细胞的增殖，使皮肤组织再生并增强其免疫作用。如人参皂苷 Rb2 型有显著的细胞生长活性，可以此作表皮生长因子使用，也可治疗并防止粉刺的发生。人参皂苷也是生发护发的增强剂，对灰发的防治有一定疗效。

2. 绞股蓝提取物

绞股蓝提取物为淡黄色粉末。卫生部的部颁标准以绞股蓝皂苷 A 含量为标准。绞股蓝皂苷 A（gypenoside A），分子式 $C_{46}H_{74}O_{17}$，分子量 899.07，白色结晶粉末，可溶于甲醇、乙醇、二甲基亚砜（DMSO）等有机溶剂，结构式见图 7-3-65。

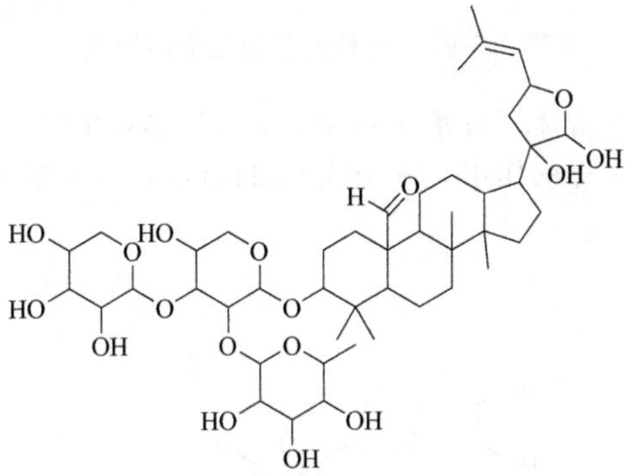

图 7-3-65　绞股蓝皂苷 A 的化学结构式

绞股蓝总皂苷（gypenoside，GP）具有保肝、降血脂、抗癌、降血糖、抗衰老等作用。GP 能显著提高慢性乙型肝炎患者的细胞免疫功能，降低患者脂质过氧化合物水平。故推论 GP 有改善机体免疫功能，降低脂质过氧化物产生是治疗慢性乙型肝炎有效的主要机制。

3. 黄芪提取物

黄芪提取物（astragalus root extract）是从中药黄芪中提取出来的黄芪多糖（astragaluspoly-saccharides）、黄芪皂苷（astragalussaponins）和黄芪异黄酮（isoflavones）成分的混合物，为棕黄色或灰白色粉末。主要采用黄芪皂苷中的黄芪甲苷（astragalosideⅣ）作为评价黄芪药材质量优劣的标准。

黄芪甲苷（astragaloside A）是中药黄芪的代表性成分，具有强心、降压、心肌保护等作用，环黄芪醇-6-*O*-*β*-D-葡萄糖苷是黄芪甲苷的主要代谢产物之一。分子式 $C_{41}H_{68}O_{14}$，分子量 784.97，化学结构式见图 7-3-66。

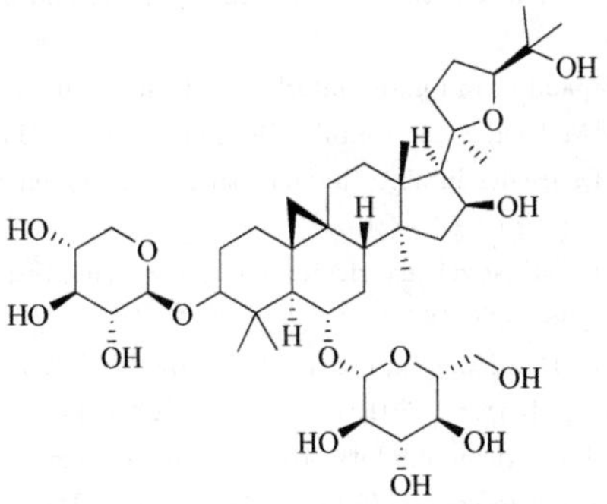

图 7-3-66　黄芪甲苷的化学结构式

黄芪多糖具有提高营养物质的利用，促进动物生长的功能，作为饲料添加剂可显著提高畜禽的生长速度，提升机体抵抗力，提高肉蛋奶品质及产量，广泛用于兽药原料针剂口服液、饮水、拌料饲料添加、保健、抗病毒良药等中。

4. 红景天提取物

红景天提取物是景天科植物红景天根部的提取物产品，主要含苯丙酯类和类黄酮类。

红景天苷（salidroside）为棕褐色粉末，分子式 $C_{14}H_{20}O_7$，分子量 300.3044，极易溶于水，易溶于甲醇，溶于乙醇，难溶于乙醚，对热较稳定。化学结构式见图 7-3-67。

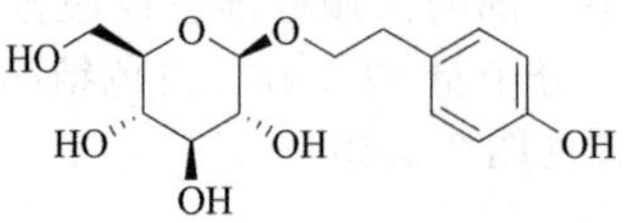

图 7-3-67 红景天苷的化学结构式

络塞维（rosavin）为黄色膏体，可溶于甲醇、乙醇、DMSO 等有机溶剂。络塞维具有抗疲劳、抗缺氧、抗微波辐射、抗毒的作用。分子式 $C_{20}H_{28}O_{10}$，分子量 428.43，化学结构式见图 7-3-68。

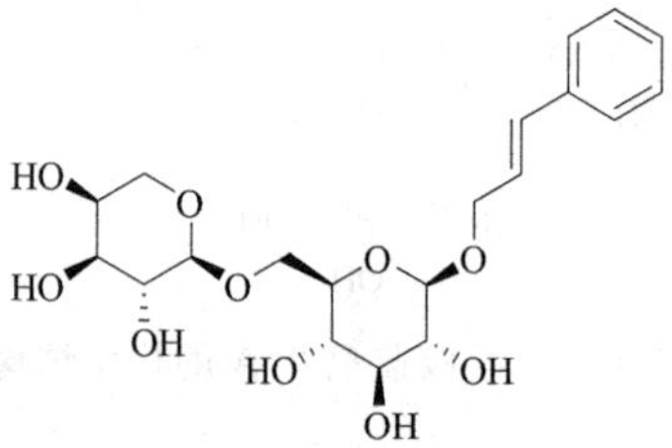

图 7-3-68 络塞维的化学结构式

红景天苷具有预防肿瘤、增强免疫功能、延缓衰老、双向调节中枢神经、修复保护机体等作用，通常用于对慢性病人和体弱易感染病人的治疗。临床用于治疗神经衰弱和神经官能症，提高注意力、记忆力，也用于治疗高原红细胞增多症、高血压病。

参考文献

[1] Ma Z G，Yuan Y P，Zhang X，et al. Piperine attenuates pathological cardiac fibrosis via PPAR-γ/AKT pathways. EBioMedicine，2017，18：179-187.

[2] Wei R，Cao J，Yao S. Retracted article：Matrine promotes liver cancer cell apoptosis by inhibiting mitophagy and PINK1/Parkin pathways. Cell Stress and Chaperones，2018，23（6）：1295-1309.

[3] Chen L，Chen L，Wan L，et al. Matrine improves skeletal muscle atrophy by inhibiting E3 ubiquitin ligases and activating the Akt/mTOR/FoxO3α signaling pathway in C2C12 myotubes and mice. Oncology Reports，2019，42（2）：479-494.

[4] Zhu X，Liu S，Cao Z，et al. Higenamine mitigates interleukin-1β-induced human nucleus pulposus cell apoptosis by ROS-mediated PI3K/Akt signaling. Molecular and Cellular Biochemistry，2021，476（11）：3889-3897.

[5] Jiang L，Guo T，Jiang Y，et al. Dauricine inhibits human pancreatic carcinoma cell proliferation through regulating miRNAs. Molecular Omics，2021，17（4）：630-640.

[6] Zhou X，Qu Y Q，Zheng Z，et al. Novel dauricine derivatives suppress cancer via autophagy-dependent cell death. Bioorganic Chemistry，2019，83：450-460.

[7] Zhang Y B，Fei H X，Guo J，et al. Dauricine suppresses the growth of pancreatic cancer in vivo by modulating the Hedgehog signaling pathway. Oncology Letters，2019，18（5）：4403-4414.

[8] Deng B，Jiang X L，Tan Z B，et al. Dauricine inhibits proliferation and promotes death of melanoma cells via inhibition of Src/STAT3 signaling. Phytotherapy Research，2021，35（7）：3836-3847.

[9] Radakovic A，Boger D L. Ultra-potent vinblastine analogues improve on-target activity of the parent microtubulin-targeting compound. Bioorganic & Medicinal Chemistry Letters，2019，29（11）：1370-1374.

[10] Chen X，Yan N. Stachydrine inhibits TGF-β1-induced epithelial-mesenchymal transition in hepatocellular carcinoma cells through the TGF-β/Smad and PI3K/Akt/mTOR signaling pathways. Anti-Cancer Drugs，2021，32（8）：786-792.

[11] Zhou F, Liu F, Liu J, et al. Stachydrine promotes angiogenesis by regulating the VEGFR2/MEK/ERK and mitochondrial-mediated apoptosis signaling pathways in human umbilical vein endothelial cells. Biomedicine & Pharmacotherapy, 2020, 131: 110724.
[12] Fouzder C, Mukhuty A, Mukherjee S, et al. Trigonelline inhibits Nrf2 via EGFR signalling pathway and augments efficacy of Cisplatin and Etoposide in NSCLC cells. Toxicology in Vitro, 2021, 70: 105038.
[13] Serratì S, Porcelli L, Guida S, et al. *Tomatine* displays antitumor potential in in vitro models of metastatic melanoma. International Journal of Molecular Sciences, 2020, 21 (15): 5243.
[14] Wu H, Li W, Wang T, et al. α-tomatine, a novel early-stage autophagy inhibitor, inhibits autophagy to enhance apoptosis via Beclin-1 in Skov3 cells. Fitoterapia, 2021, 152: 104911.
[15] Vogt S, Fuchs K, Richter E. Genotoxic effects of myosmine in a human esophageal adenocarcinoma cell line. Toxicology, 2006, 222 (1-2): 71-79.
[16] Lin W Y, Tsai B C K, Day C H, et al. Arecoline induces heart injure via Fas/Fas ligand apoptotic pathway in heart of Sprague-Dawley rat. Environmental Toxicology, 2021, 36 (8): 1567-1575.
[17] Tu H F, Chen M Y, Lai J C Y, et al. Arecoline-regulated ataxia telangiectasia mutated expression level in oral cancer progression. Head & Neck, 2019, 41 (8): 2525-2537.
[18] Watano T, Nakazawa K, Obama T, et al. Non-competitive antagonism by hirsuteine of nicotinic receptor-mediated dopamine release from rat pheochromocytoma cells. The Japanese Journal of Pharmacology, 1993, 61 (4): 351-356.
[19] Huang Y, Huang H, Wang S, et al. Dehydrocorydaline inhibits the tumorigenesis of breast cancer MDA MB 231 cells. Molecular Medicine Reports, 2020, 22 (1): 43-50.
[20] Hu H, Dong Z, Wang X, et al. Dehydrocorydaline inhibits cell proliferation, migration and invasion via suppressing MEK1/2-ERK1/2 cascade in melanoma. OncoTargets and Therapy, 2019, 12: 5163.
[21] Peng X, Wang Z, Liu Y, et al. Oxyfadichalcone C inhibits melanoma A375 cell proliferation and metastasis via suppressing PI3K/Akt and MARK/ERK pathways. Life Sciences, 2018, 206: 35-44.
[22] Yang B, Zhang D, Qian J, et al. Chelerythrine suppresses proliferation and metastasis of human prostate cancer cells via modulating MMP/TIMP/NF-κB system. Molecular and Cellular Biochemistry, 2020, 474 (1): 199-208.
[23] Bishayee K, Chakraborty D, Ghosh S, et al. Lycopodine triggers apoptosis by modulating 5-lipoxygenase, and depolarizing mitochondrial membrane potential in androgen sensitive and refractory prostate cancer cells without modulating p53 activity: Signaling cascade and drug-DNA interaction. European Journal of Pharmacology, 2013, 698 (1-3): 110-121.
[24] Allaman-Pillet N, Schorderet D F. Piperlongumine promotes death of retinoblastoma cancer cells. Oncotarget, 2021, 12 (9): 907.
[25] Fouzder C, Mukhuty A, Mukherjee S, et al. Trigonelline inhibits Nrf2 via EGFR signalling pathway and augments efficacy of Cisplatin and Etoposide in NSCLC cells. Toxicology in Vitro, 2021, 70: 105038.
[26] Bai Y, Du S, Li F, et al. Histone deacetylase-high mobility group box-1 pathway targeted by hypaconitine suppresses the apoptosis of endothelial cells. Experimental Biology and Medicine, 2017, 242 (5): 527-535.
[27] Weaver B A. How Taxol/paclitaxel kills cancer cells. Molecular Biology of the Cell, 2014, 25 (18): 2677-2681.
[28] Chen X J, Zhang W N, Chen B, et al. Homoharringtonine deregulates MYC transcriptional expression by directly binding NF-κB repressing factor. Proceedings of the National Academy of Sciences, 2019, 116 (6): 2220-2225.
[29] Xu H, Liu B. Triptolide-targeted delivery methods. European Journal of Medicinal Chemistry, 2019, 164: 342-351.
[30] Yang J, Qian S, Cai X, et al. Chikusetsusaponin Ⅳa butyl ester (CS-Ⅳa-Be), a novel IL-6R antagonist, inhibits IL-6/STAT3 signaling pathway and induces cancer cell apoptosis. Molecular Cancer Therapeutics, 2016.
[31] Ju D W, Zheng Q Y, Cao X, et al. Esculentoside A inhibits tumor necrosis factor, interleukin-1, and interleukin-6 production induced by lipopolysaccharide in mice. Pharmacology, 1998, 56 (4): 187-195.
[32] Li Y, Sun Y, Tang T, et al. Paris saponin Ⅶ reverses chemoresistance in breast MCF-7/ADR cells. Journal of Ethnopharmacology, 2019, 232: 47-54.
[33] Zhang X, Yang S, Cheng Y, et al. Biopharmaceutics classification evaluation for Paris saponin Ⅶ. Chinese Journal of Natural Medicines, 2020, 18 (9): 714-720.
[34] Lin X, Gajendran B, Varier K M, et al. Paris Saponin Ⅶ induces apoptosis and cell cycle arrest in erythroleukemia cells by a mitochondrial membrane signaling pathway. Anti-Cancer Agents in Medicinal Chemistry (Formerly Current Medicinal Chemistry-Anti-Cancer Agents), 2021, 21 (4): 498-507.
[35] He J, Lu X, Wei T, et al. Asperuloside and asperulosidic acid exert an anti-inflammatory effect via suppression of the NF-κB and MAPK signaling pathways in LPS-induced RAW 264.7 macrophages. International Journal of Molecular Sciences, 2018, 19 (7): 2027.
[36] Liu R, Dow Chan B, Mok D K W, et al. Arnicolide D, from the herb *Centipeda minima*, is a therapeutic candidate

against nasopharyngeal carcinoma. Molecules，2019，24（10）：1908.

[37] Qu Z，Lin Y，Mok D K W，et al. Arnicolide D inhibits triple negative breast cancer cell proliferation by suppression of akt/mTOR and STAT3 signaling pathways. International Journal of Medical Sciences，2020，17（11）：1482.

[38] Wang M，Hayashi H，Horinokita I，et al. Neuroprotective effects of Senkyunolide Ⅰ against glutamate-induced cells death by attenuating JNK/caspase-3 activation and apoptosis. Biomedicine & Pharmacotherapy，2021，140：111696.

[39] Pang Z，Jiang Z，Zhu R，et al. Bardoxolone-methyl prevents oxidative stress-mediated apoptosis and extracellular matrix degradation in vitro and alleviates osteoarthritis in vivo. Drug Design，Development and Therapy，2021，15：3735.

[40] Chen G Q，Benthani F A，Wu J，et al. Artemisinin compounds sensitize cancer cells to ferroptosis by regulating iron homeostasis. Cell Death & Differentiation，2020，27（1）：242-254.

[41] Rasool J U，Mir K B，Shaikh M，et al. Palladium catalyzed migratory heck coupling of *arteannuin* B and boronic acids：An approach towards the synthesis of antiproliferative agents in breast and lung cancer cells. Bioorganic Chemistry，2022，122：105694.

[42] Zhang H，Li J，Luo H，et al. Pseudolaric acid B exhibits anti-cancer activity on human hepatocellular carcinoma through inhibition of multiple carcinogenic signaling pathways. Phytomedicine，2019，59：152759.

[43] Şöhretoğlu D，Barut B，Sari S，et al. In vitro and in silico assessment of DNA interaction，topoisomerase Ⅰ and Ⅱ inhibition properties of chrysosplenetin. International Journal of Biological Macromolecules，2020，163：1053-1059.

[44] Trujillo J，Granados-Castro L F，Zazueta C，et al. Mitochondria as a target in the therapeutic properties of curcumin. Archiv der Pharmazie，2014，347（12）：873-884.

[45] Wu C Y，Yang Y H，Lin Y S，et al. Dihydroisotanshinone I induced ferroptosis and apoptosis of lung cancer cells. Biomedicine & Pharmacotherapy，2021，139：111585.

[46] Verma S，Singh A，Mishra A. Gallic acid：Molecular rival of cancer. Environmental Toxicology and Pharmacology，2013，35（3）：473-485.

[47] Jaganathan S K，Supriyanto E. Antiproliferative and molecular mechanism of eugenol-induced apoptosis in cancer cells. Molecules，2012，17（6）：6290-6304.

[48] Ahn B Z，Baik K U，Kweon G R，et al. Acylshikonin analogs：synthesis and inhibition of DNA topoisomerase-I. Journal of Medicinal Chemistry，1995，38（6）：1044-1047.

[49] Ren Q，Guo F，Tao S，et al. Flavonoid fisetin alleviates kidney inflammation and apoptosis via inhibiting Src-mediated NF-κB p65 and MAPK signaling pathways in septic AKI mice. Biomedicine & Pharmacotherapy，2020，122：109772.

[50] Xu Y，Wu K，Han S，et al. Astilbin combined with lipopolysaccharide induces IL-10-producing regulatory B cells via the STAT3 signalling pathway. Biomedicine & Pharmacotherapy，2020，129：110450.

[51] Li Y，Yu X，Deng L，et al. Neochlorogenic acid anchors MCU-based calcium overload for cancer therapy. Food & Function，2021，12（22）：11387-11398.

[52] Duan C，Han J，Zhang C，et al. Inhibition of kidney cancer cell growth by Mulberroside-A is mediated via mitochondrial mediated apoptosis，inhibition of cell migration and invasion and targeting EGFR signalling pathway. Journal of B U O N：Official Journal of the Balkan Union of Oncology，2019，24（1）：296-300.

[53] Lee Y J，Jin Y R，Lim W C，et al. Ginsenoside Rc and Re stimulate c-fos expression in MCF-7 human breast carcinoma cells. Archives of Pharmacal Research，2003，26（1）：53-57.

[54] Zhang H，Zhang M，Tao Y，et al. Madecassic acid inhibits the mouse colon cancer growth by inducing apoptosis and immunomodulation. Journal of B U O N：Official Journal of the Balkan Union of Oncology，2014，19（2）：372-376.

[55] Huang B，Zhai M，Qin A，et al. Sinensetin flavone exhibits potent anticancer activity against drug-resistant human gallbladder adenocarcinoma cells by targeting PTEN/PI3K/AKT signalling pathway，induces cellular apoptosis and inhibits cell migration and invasion . Journal of B U O N：official journal of the Balkan Union of Oncology，2020，25（2）：1251-1256.

[56] Watanabe M，Iizumi Y，Sukeno M，et al. The pleiotropic regulation of cyclin D1 by newly identified sesaminol-binding protein ANT2. Oncogenesis，2017，6（4）：e311.

[57] Zeng Y，Ma J，Xu L，et al. Natural product gossypol and its derivatives in precision cancer medicine. Curr Med Chem，2019；26（10）：1849-1873.

[58] Muthusamy G，Gunaseelan，Prasad N R. Ferulic acid reverses P-glycoprotein-mediated multidrug resistance via inhibition of PI3K/Akt/NF-κB signaling pathway. J Nutr Biochem，2019，63：62-71.

[59] Wang R，Hu X，Wang J，et al. Proanthocyanidin A1 promotes the production of platelets to ameliorate chemotherapy-induced thrombocytopenia through activating JAK2/STAT3 pathway. Phytomedicine，2022，95：153880.

[60] He B，Zhang B，Wu F，et al. Homoplantaginin inhibits palmitic acid-induced endothelial cells inflammation by suppressing TLR4 and NLRP3 inflammasome. J Cardiovasc Pharmacol，2016，67（1）：93-101.

[61] Wu Y，Wang W，Liu L. Effect of β-anhydroicaritin on the expression levels of tumor necrosis factor-α and matrix metalloproteinase-3 in periodontal tissue of diabetic rats. Mol Med Rep，2015，12 (2)：1829-37.

[62] Monika M，Daniela W，Stefan T，et al. Compounds from Caesalpinia sappan with anti-inflammatory properties in macrophages and chondrocytes. Food Funct，2016，7 (3)：1671-1679.

[63] Arisawa M，Handa S S，McPherson D D，et al. Plant anticancer agents XXIX. Cleomiscosin A from *Simaba multiflora*，*Soulamea soulameoides*，and *Matayba arborescens*. Journal of Natural Products，1984，47 (2).

[64] Peng Y，Chen T，Luo L，et al. Isoforskolin and Cucurbitacin IIa promote the expression of anti-inflammatory regulatory factor SIGIRR in human macrophages stimulated with Borrelia burgdorferi basic membrane protein A. Int Immunopharmacol，2020，88：106914.

[65] Ho S T，Lin C C，Tung Y T，et al. Molecular mechanisms underlying yatein-induced cell-cycle arrest and microtubule destabilization in human lung adenocarcinoma cells. Cancers，2019，11 (9)：1384.

[66] Li R，Yang W. Gomisin J inhibits the glioma progression by inducing apoptosis and reducing HKII-regulated glycolysis. Biochemical and Biophysical Research Communications，2020，529 (1)：15-22.

[67] Hassanein E H M，Sayed A M，Hussein O E，et al. Coumarins as modulators of the Keap1/Nrf2/ARE signaling pathway. Oxidative Medicine and Cellular Longevity，2020，2020：1675957.

[68] Weiskirchen R. Physalin B attenuates liver fibrosis via suppressing LAP2α-HDAC1 mediated deacetylation of glioma-associated oncogene 1 and hepatic stellate cell activation. British Journal of Pharmacology，2021，178 (20)：4045-4047.

[69] Lv R，Zhu M，Chen K，et al. Z-guggulsterone induces apoptosis in gastric cancer cells through the intrinsic mitochondria-dependent pathway. The Scientific World Journal，2021，2021：3152304.

[70] Tang Q，Ren L，Liu J，et al. Withaferin A triggers G2/M arrest and intrinsic apoptosis in glioblastoma cells via ATF4-ATF3-CHOP axis. Cell proliferation，2020，53 (1)：12706.

[71] 刘隽怡，潘清波. 浅析癌症现状及抗癌药物的发展前景. 世界最新医学信息文摘，2019，19 (26)：103.

[72] Thomas C，et al. Caspases in retinal ganglion cell death and axon regeneration. Cell Death Discovery，2017，3：17032.

[73] Brenner D，et al. Regulation of tumour necrosis factor signalling：Live or let die. Nature reviews. Immunology，2015，15 (6)：362-374.

[74] Liu M，Xu Z P，Wang L，et al. Cottonseed oil alleviates ischemic stroke-induced oxidative stress injury via activating the Nrf2 signaling pathway. Molecular Neurobiology，2021，58 (6)：2494-2507.

[75] Tang L Y，Pan W，Zhu G S，et al. Total flavones of abelmoschus manihot enhances angiogenic ability both in vitro and in vivo . Oncotarget，2017，8 (41)：69768-69778.

[76] He W，Chen W，Zhou Y，et al. Xanthotoxol exerts neuroprotective effects via suppression of the inflammatory response in a rat model of focal cerebral ischemia. Cellular and Molecular Neurobiology，2013，33 (5)：715-722.

[77] Zeng L，Zhang D，Liu Q，et al. Alpha-asarone improves cognitive function of APP/PS1 mice and reducing $A\beta_{42}$，P-tau and neuroinflammation，and promoting neuron survival in the hippocampus. Neuroscience，2021，458：141-152.

[78] Meng M，Zhang L，Ai D，et al. β-Asarone Ameliorates β-Amyloid-Induced Neurotoxicity in PC12 Cells by Activating P13K/Akt/Nrf2 Signaling Pathway. Frontiers in Pharmacology，2021，12：1079.

[79] Leonoudakis D，Rane A，Angeli S，et al. Anti-inflammatory and neuroprotective role of natural product securinine in activated glial cells：Implications for Parkinson's disease. Mediators of Inflammation，2017，2017：8302636.

[80] Li Y，Goto T，Yamakuni K，et al. 4-Hydroxyderricin，as a PPARγ agonist，promotes adipogenesis，adiponectin secretion，and glucose uptake in 3T3-L1 cells. Lipids，2016，51 (7)：787-795.

[81] Jung H Y，Yoo D Y，Nam S M，et al. Valerenic acid protects against physical and psychological stress by reducing the turnover of serotonin and norepinephrine in mouse hippocampus-amygdala region. Journal of Medicinal Food，2015，18 (12)：1333-1339.

[82] Sultan A，Yang K H S，Isaev D，et al. Thujone inhibits the function of α7-nicotinic acetylcholine receptors and impairs nicotine-induced memory enhancement in one-trial passive avoidance paradigm. Toxicology，2017，384：23-32.

[83] Noguchi-Shinohara M，Ono K，Hamaguchi T，et al. Safety and efficacy of Melissa officinalis extract containing rosmarinic acid in the prevention of Alzheimer's disease progression. Scientific Reports，2020，10 (1)：1-10.

[84] Liu W Z，Huang B W，You W J，et al. Harmine enhances GABAergic transmission onto basoamygdala projection neurons in mice. Brain Research Bulletin，2018，137：294-300.

[85] Xu W，Wang Y，Ma Z，et al. L-isocorypalmine reduces behavioral sensitization and rewarding effects of cocaine in mice by acting on dopamine receptors. Drug and Alcohol Dependence，2013，133 (2)：693-703.

[86] Sun S，Zhou S，Lei S，et al. Jatrorrhizine reduces 5-HT and NE uptake via inhibition of uptake-2 transporters and produces antidepressant-like action in mice. Xenobiotica，2019，49 (10)：1237-1243.

[87] Qi W，Chen F，Sun J，et al. Isolation and identification of twelve metabolites of isocorynoxeine in rat urine and their neuroprotective activities in HT22 cell assay. Planta Medica，2015，81（1）：46-55.

[88] Zeng P，Wang X M，Ye C Y，et al. The main alkaloids in Uncaria rhynchophylla and their anti-Alzheimer's disease mechanism determined by a network pharmacology approach. International Journal of Molecular Sciences，2021，22（7）：3612.

[89] Moore A，Beidler J，Hong M Y. Resveratrol and depression in animal models：A systematic review of the biological mechanisms. Molecules，2018，23（9）：2197.

[90] Grinan-Ferre C，Bellver-Sanchis A，Izquierdo V，et al. The pleiotropic neuroprotective effects of resveratrol in cognitive decline and Alzheimer's disease pathology：From antioxidant to epigenetic therapy. Ageing Research Reviews，2021，67：101271.

[91] Yang A J T，Bagit A，MacPherson R E K. Resveratrol，metabolic dysregulation，and Alzheimer's disease：Considerations for neurogenerative disease. International Journal of Molecular Sciences，2021，22（9）：4628.

[92] Niedzwiecki A，Roomi M W，Kalinovsky T，et al. Anticancer efficacy of polyphenols and their combinations. Nutrients，2016，8（9）：552.

[93] Potdar S，Parmar M S，Ray S D，et al. Protective effects of the resveratrol analog piceid in dopaminergic SH-SY5Y cells. Archives of Toxicology，2018，92（2）：669-677.

[94] Sasmita A O，Ling A P K，Voon K G L，et al. Madecassoside activates anti-neuroinflammatory mechanisms by inhibiting lipopolysaccharide-induced microglial inflammation. International Journal of Molecular Medicine，2018，41（5）：3033-3040.

[95] Elhassan S A M，Candasamy M，Ching T S，et al. Effect of madecassoside and catalpol in amelioration of insulin sensitivity in pancreatic（INS-1E）β-cell line. Natural Product Research，2021，35（22）：4627-4631.

[96] Cao Q，Jiang Y，Cui S Y，et al. Tenuifolin，a saponin derived from Radix Polygalae，exhibits sleep-enhancing effects in mice. Phytomedicine，2016，23（14）：1797-1805.

[97] Lee H S，Kim J，Choi H G，et al. Licoricidin abrogates T-cell activation by modulating PTPN1 activity and attenuates atopic dermatitis in vivo. Journal of Investigative Dermatology，2021，141（10）：2490-2498.

[98] Kim K J，Xuan S H，Park S N. Licoricidin，an isoflavonoid isolated from Glycyrrhiza uralensis Fisher，prevents UVA-induced photoaging of human dermal fibroblasts. International Journal of Cosmetic Science，2017，39（2）：133-140.

[99] Qi C，Zhou Q，Yuan Z，et al. Kinsenoside：A promising bioactive compound from Anoectochilus species. Current Medical Science，2018，38（1）：11-18.

[100] Xing S F，Liu L H，Zu M L，et al. The inhibitory effect of gypenoside stereoisomers，gypenoside L and gypenoside LI，isolated from *Gynostemma pentaphyllum* on the growth of human lung cancer A549 cells. Journal of Ethnopharmacology，2018，219：161-172.

[101] Narra N，Kaki S S，Prasad R B N，et al. Synthesis and evaluation of anti-oxidant and cytotoxic activities of novel 10-undecenoic acid methyl ester based lipoconjugates of phenolic acids. Beilstein Journal of Organic Chemistry，2017，13（1）：26-32.

[102] Nelson K M，Dahlin J L，Bisson J，et al. The essential medicinal chemistry of curcumin：Miniperspective. Journal of Medicinal Chemistry，2017，60（5）：1620-1637.

[103] Manjula R，Anuja K，Alcain F J. SIRT1 and SIRT2 activity control in neurodegenerative diseases. Frontiers in Pharmacology，2021，11：1899.

[104] Lin Y，Sun Y，Weng Y，et al. Parishin from *Gastrodia elata* extends the lifespan of yeast via regulation of Sir2/Uth1/TOR signaling pathway. Oxidative Medicine and Cellular Longevity，2016，2016：4074690.

[105] Li Y，Yao J，Han C，et al. Quercetin，inflammation and immunity. Nutrients，2016，8（3）：167.

[106] Lee S B，Kang J W，Kim S J，et al. Afzelin ameliorates D-galactosamine and lipopolysaccharide-induced fulminant hepatic failure by modulating mitochondrial quality control and dynamics. British Journal of Pharmacology，2017，174（2）：195-209.

[107] Wongrattanakamon P，Nimmanpipug P，Sirithunyalug B，et al. Molecular modeling of non-covalent binding of *Ligustrum lucidum* secoiridoid glucosides to AP-1/matrix metalloproteinase pathway components. Journal of Bioenergetics and Biomembranes，2018，50（4）：315-327.

[108] Zisapel N. New perspectives on the role of melatonin in human sleep，circadian rhythms and their regulation. British Journal of Pharmacology，2018，175（16）：3190-3199.

[109] Day C R，Kempson S A. Betaine chemistry，roles，and potential use in liver disease. Biochim Biophys Acta（BBA）-General Subjects，2016，1860（6）：1098-1106.

[110] Wen M，Liu Y，Chen R，et al. Geniposide suppresses liver injury in a mouse model of DDC-induced sclerosing

cholangitis. Phytotherapy Research, 2021, 35 (7): 3799-3811.

[111] Hou Y, Yuan P, Fu Y, et al. Geniposide from *Gardenia jasminoides* var. radicans makino attenuates myocardial injury in spontaneously hypertensive rats via regulating apoptotic and energy metabolism signalling pathway. Drug Design, Development and Therapy, 2021, 15: 949.

[112] Zhang W, Chen H, Ding L, et al. Trojan horse delivery of 4, 4′-dimethoxychalcone for parkinsonian neuroprotection. Advanced Science, 2021, 8 (9): 2004555.

[113] Jardim F R, de Rossi F T, Nascimento M X, et al. Resveratrol and brain mitochondria: A review. Molecular Neurobiology, 2018, 55 (3): 2085-2101.

[114] Fong W, To K K W. Repurposing chloroquine analogs as an adjuvant cancer therapy. Recent Patents on Anti-Cancer Drug Discovery, 2021, 16 (2): 204-221.

[115] Singh B, Ryan H, Kredo T, et al. Chloroquine or hydroxychloroquine for prevention and treatment of COVID-19. Cochrane Database of Systematic Reviews, 2021, 2 (2): CD013587.

[116] Paddon C J, Westfall P J, Pitera D J, et al. High-level semi-synthetic production of the potent antimalarial artemisinin. Nature, 2013, 496 (7446): 528-532.

[117] Yan J, Wang C, Jin Y, et al. Catalpol ameliorates hepatic insulin resistance in type 2 diabetes through acting on AMPK/NOX4/PI3K/AKT pathway. Pharmacological Research, 2018, 130: 466-480.

[118] Bhattamisra S K, Koh H M, Lim S Y, et al. Molecular and biochemical pathways of catalpol in alleviating diabetes mellitus and its complications. Biomolecules, 2021, 11 (2): 323.

[119] Feng S, Zou L, Wang H, et al. RhoA/ROCK-2 pathway inhibition and tight junction protein upregulation by catalpol suppresses lipopolysaccaride-induced disruption of blood-brain barrier permeability. Molecules, 2018, 23 (9): 2371.

[120] Zhao L, Du W, Zhao D, et al. Catalpol protects against high glucose-induced bone loss by regulating osteoblast function. Frontiers in Pharmacology, 2021: 121.

[121] Zhu Y, Du Q, Jiao N, et al. Catalpol ameliorates diabetes-induced testicular injury and modulates gut microbiota. Life Sciences, 2021, 267: 118881.

[122] Tian J, Liu Y, Chen K. *Ginkgo biloba* extract in vascular protection: molecular mechanisms and clinical applications. Curr Vasc Pharmacol, 2017, 15 (6): 532-548.

[123] Savaskan E, Mueller H, Hoerr R, et al. Treatment effects of *Ginkgo biloba* extract EGb 761 on the spectrum of behavioral and psychological symptoms of dementia: meta-analysis of randomized controlled trials. International Psychogeriatrics, 2018, 30 (3): 285-293.

[124] Sun M, Ye Y, Xiao L, et al. Anticancer effects of ginsenoside Rg3. International Journal of Molecular Medicine, 2017, 39 (3): 507-518.

[125] Tang M, Xie X, Yang Y, et al. Ginsenoside compound K-a potential drug for rheumatoid arthritis. Pharmacological Research, 2021, 166: 105498.

（于雪莹，付玉杰，赵春建，张谡）

第四章　林源食用提取物

第一节　天然浆果提取物

一、分类

天然浆果（berries）是野生或部分人工栽培的可供食用的果实，主要品种包括蓝莓、蓝靛果等。由于浆果中多糖、多酚类活性物质含量较高，与慢性疾病的保护作用有关。另外，浆果还具有抗氧化和抗炎特性。

（一）多糖及糖苷类

1. 多糖

浆果多糖的共同点：每种单糖的物质的量之比、糖链结构等存在形式不同，不具有三股螺旋结构等。蓝莓多糖通过过氧化氢-抗坏血酸氧化系统来降解，随着时间或温度的升高，平均分子量降低，还原糖含量升高。降解多糖表现出很强的抗糖化活性，对 α-淀粉酶和 α-葡萄糖苷酶有抑制作用，可以作为糖尿病治疗的潜在应用[1,2]。

2. 糖苷

果实中覆盆子酮葡糖苷对黑色素合成有抑制作用，具有抗炎及清除一氧化氮的活性。可通过使用葡萄糖苷酶和醇脱氢酶从天然衍生的杜鹃花苷开始进行生物催化级联反应，以高产率生产覆盆子酮[3,4]。覆盆子酮对 α-葡萄糖苷酶有抑制作用，通过蛋白质-配体对接检测模拟，证实此为一种可逆且快速结合的非竞争性抑制[5,6]。

阿酚酸（arjunolic acid）具有抗氧化、抗真菌等多种生物活性，例如作为心脏保护剂的治疗应用背后的科学依据在于其预防心肌坏死和细胞凋亡等。可设计、合成新的苯乙炔和阿酚酸的异噁唑类似物作为有效的酪氨酸酶和 α-葡糖苷酶抑制剂[7,8]。覆盆子酮葡糖苷和阿酚酸的化学结构式见图 7-4-1。

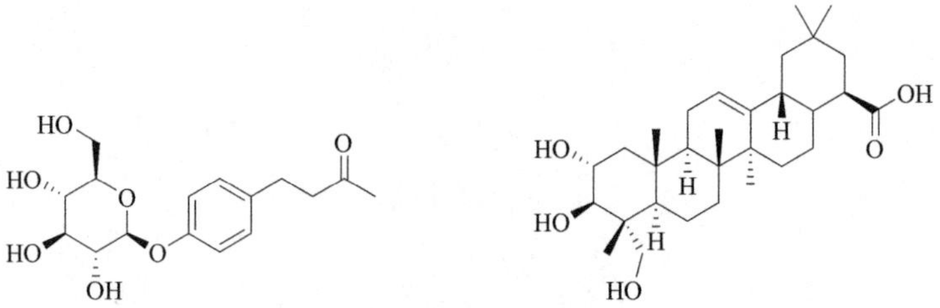

覆盆子酮葡糖苷　　　　阿酚酸

图 7-4-1　覆盆子酮葡糖苷和阿酚酸的化学结构式

（二）浆果多肽

小浆果多肽（polypeptide）是浆果中的大分子蛋白质分解为不同分子量及氨基酸排序的小分子肽。例如：沙棘籽多肽、软枣猕猴桃多肽、樱桃籽多肽具有抗氧化活性；欧李仁多肽具有免疫调节作用等[9]。lyciumins A～D 是从中国枸杞中分离出来的环状肽（cyclic peptides）。lyciumin A

可用于高血压的研究。可以利用枯草芽孢杆菌来发酵枸杞蛋白得到枸杞多肽[10]。lyciumins A～D的化学结构式见图 7-4-2。

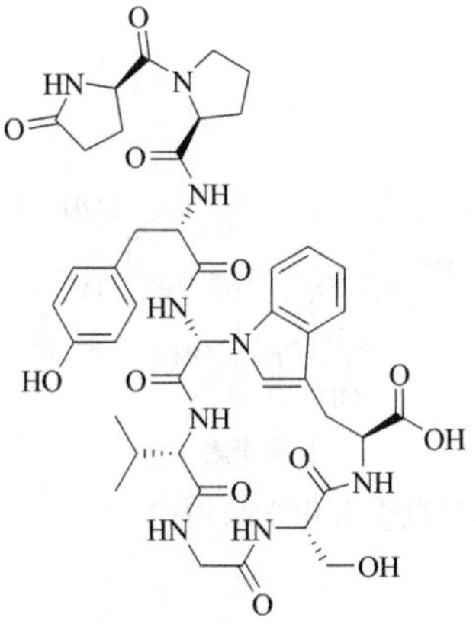

lyciumin A

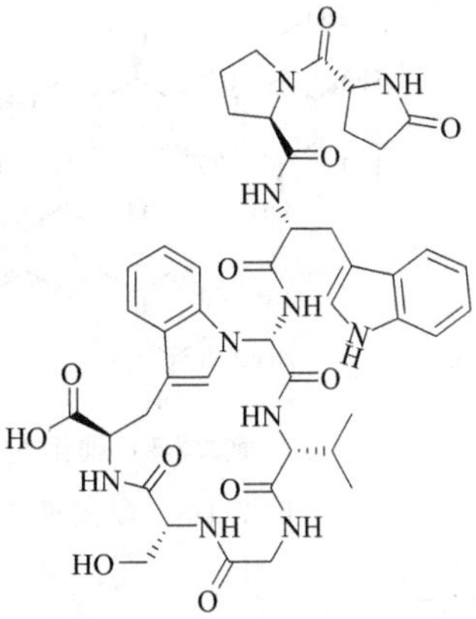

lyciumin B

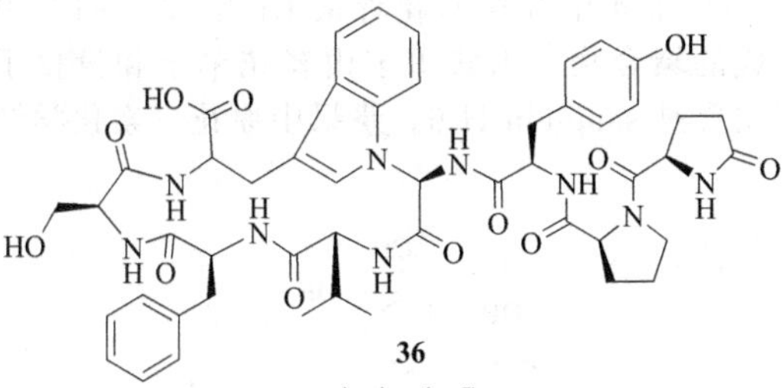

36

lyciumin C

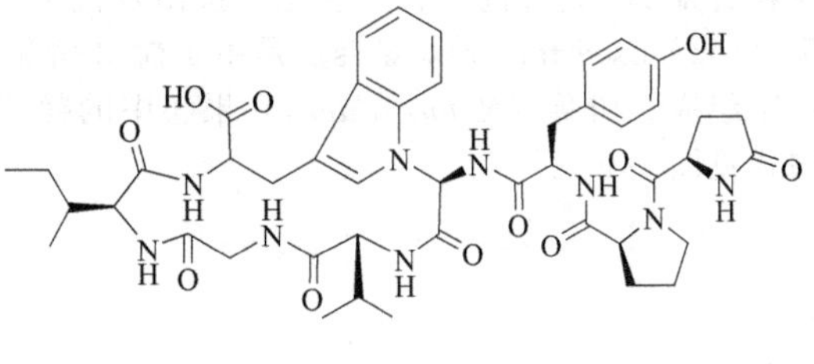

lyciumin D

图 7-4-2　lyciumins A～D 化学结构式

（三）苯丙素类化合物

浆果中苯丙素类化合物包括酚酸、多酚及其亚类单宁和黄酮类化合物等。

1. 酚酸

浆果中酚酸化合物分为苯甲酸衍生物、羟基肉桂酸衍生物。浆果酚类物质具有抗氧化特性。不同浆果所含酚酸各有不同。应用色谱（HPLC、GC）技术鉴定分析浆果多酚，化合物的紫外-可见光谱记录在 200nm 和 650nm 之间。多酚化合物中含量最高的浆果是蓝莓和黑莓，白醋栗和红醋栗样品的多酚含量最低。

2. 花色苷

蓝靛果花色苷是蓝靛果果实中主要的功能成分。山莓（*Rubus corchorifolius*）花青素-3-葡萄糖苷是浆果品种中最突出的花青素。黑树莓（*Rubus ulmifolius*）的花色苷含量高于红树莓，主要的花色苷是矢车菊素 3-*O*-芸香糖苷和矢车菊素 3-*O*-木糖基-芸香糖苷[11]。

3. 黄酮

浆果类黄酮可分为六个亚类：黄酮醇、黄酮、异黄酮、黄烷酮、花青素和黄烷醇（儿茶素和原花青素）。花青素具有提供和激活细胞抗氧化保护的能力；黄酮醇及其糖基化类似物是植物合成的有效抗氧化剂。

黄酮醇是浆果中最普遍的黄酮类化合物，以槲皮素和山柰酚为主要代表。槲皮素 3-*O*-槐苷-7-*O*-鼠李糖苷、异鼠李素（isorhamnetin）是从沙棘中提取的，前者为黄酮类化合物，后者为类黄酮化合物。其化学结构式见图 7-4-3。

使用比色法测定总黄酮含量[12]。研究结果表明，最高的总花青素含量（TAC）和总黄酮

（TFC）值记录在黑醋栗中。比较黑莓和覆盆子的 TAC 和 TFC，结果表明黑莓的价值高于覆盆子。

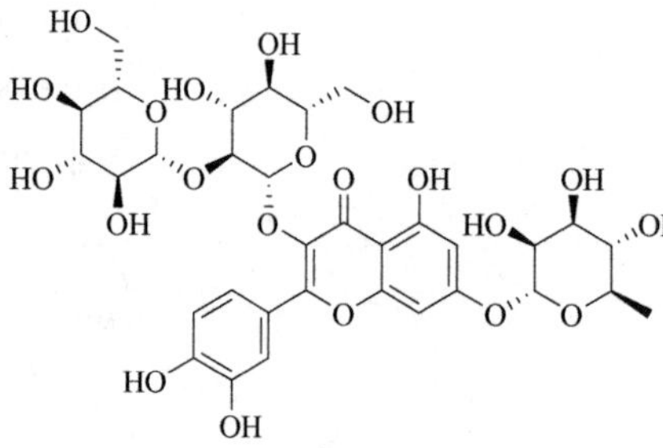

槲皮素3-*O*-槐苷-7-*O*-鼠李糖苷 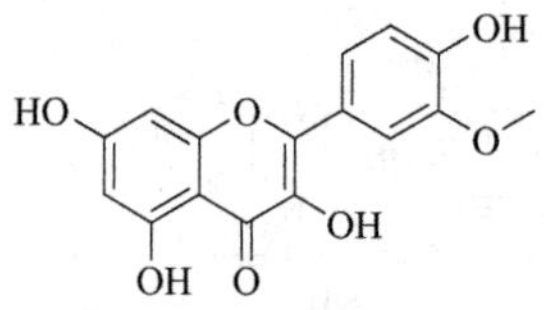　　异鼠李素

图 7-4-3　槲皮素 3-*O*-槐苷-7-*O*-鼠李糖苷和异鼠李素化学结构式

4. 单宁

原花青素（proanthocyanidin，PACs）可用作抗氧化剂和抗癌剂，也可抗炎、保护心脏等。原花青素 A2 具有抗癌、抗氧化、抗菌及抗炎活性。黑莓果实中存在原花青素 B1 和 B2。缩合单宁（condensed tannins，CTs）是由黄烷-3-醇缩合形成的聚合物。水解单宁由鞣花单宁和没食子单宁组成。树莓（*Rubus idaeus*）果实中的鞣花单宁主要是 sanguiin H-6。浆果中原花青素化学结构式见图 7-4-4。

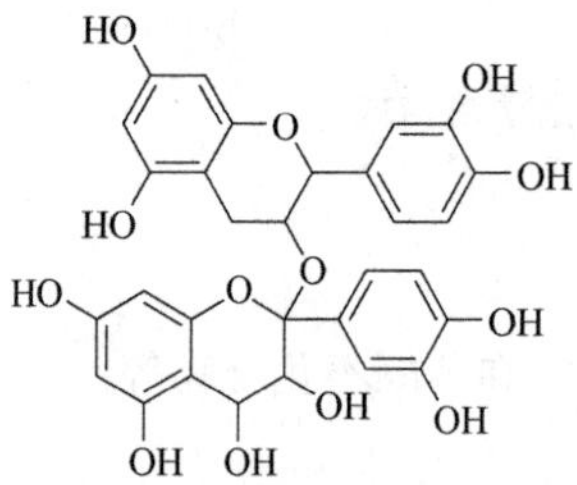

原花青素 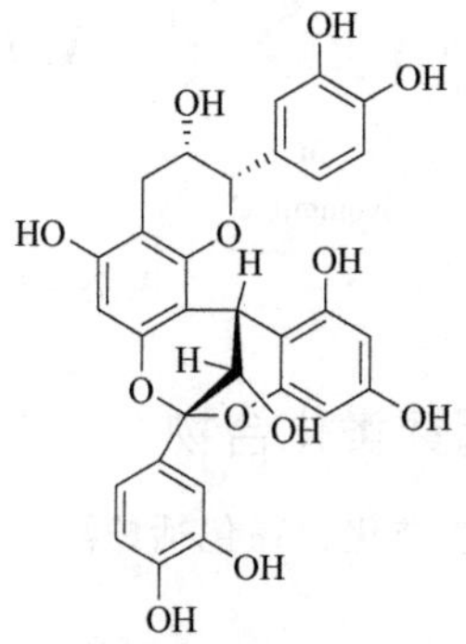　　原花青素A2

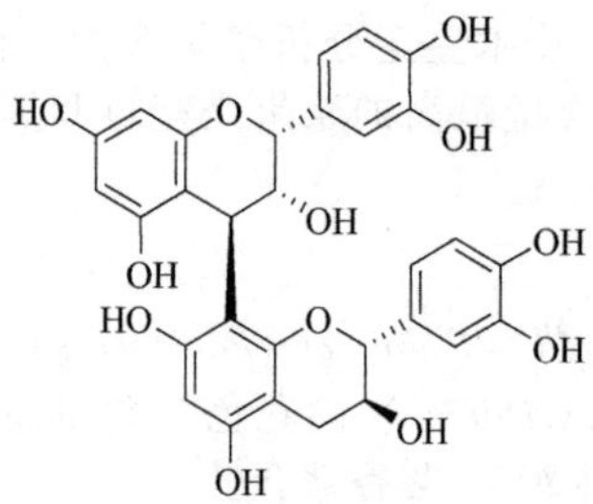

原花青素B1 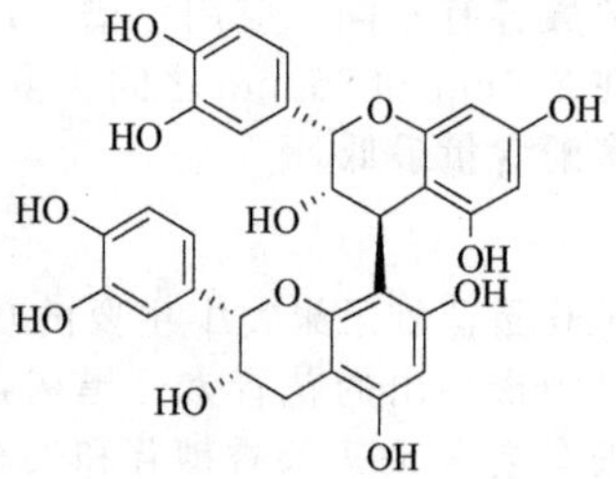　　原花青素B2

图 7-4-4　浆果中原花青素化学结构式

5. 芪

白藜芦醇（resveratrol）是天然多酚，具有抗氧化、抗炎等特性。其也是一种特异性的 SIRT1 活化剂、一种有效的孕烷 X 受体（PXR）抑制剂等。紫檀芪（pterostilbene）是芪类化合物，具有抗氧化、抗炎等功效。紫檀芪（pterostilbene）抑制 ROS 的生成，能对抗多种自由基。浆果中芪类化合物的化学结构式见图 7-4-5。

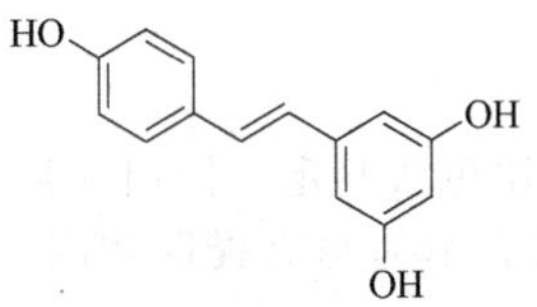

HO
OH
OH
白藜芦醇 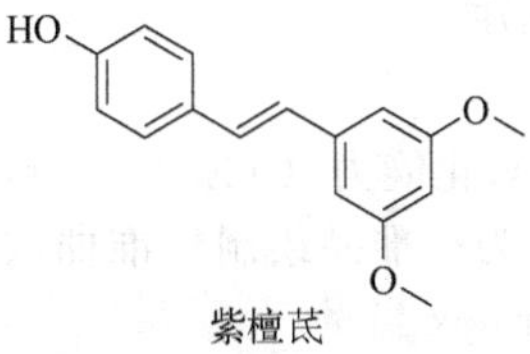
HO
紫檀芪

图 7-4-5　浆果中芪类化合物化学结构式

（四）油脂

亚油酸甲酯（methyl linoleate）是雀梅藤果实的主要活性成分，是一种主要的抗黑色素生成化合物，下调小眼畸形相关转录因子（MITF）和酪氨酸酶相关蛋白。浆果中亚油酸甲酯化学结构式见图 7-4-6。

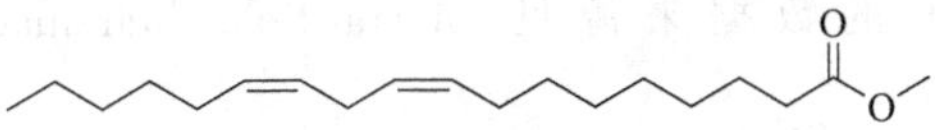

图 7-4-6　浆果中亚油酸甲酯化学结构式

沙棘油是一种天然甘油酯，是从沙棘（*Hippophae rhamnoides* Linn.）中提取的。含有抗氧化剂、维生素 C 等活性成分[13,14]。

二、功能活性

（一）活性氧信号通路

1. 活性氧

活性氧（reactive oxygen species，ROS）是免疫及炎症（immunology/inflammation）信号通路的靶点。ROS 通过直接抑制 MAPK 磷酸酶激活 MAPK 途径。ROS 能诱导 MAPK 通路活化，多种细胞接受外源刺激产生 ROS 后，同时细胞内 MAPK 信号分子活化。浆果中富含 L-ascorbic acid，可通过产生活性氧（ROS）和选择性损伤癌细胞表现出抗癌作用，且番茄红素（lycopene）、鞣花酸也具有抗氧化作用。作用于活性氧（ROS）化合物的化学结构式见图 7-4-7。

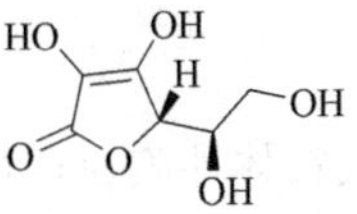

l-ascorbic acid
鞣花酸 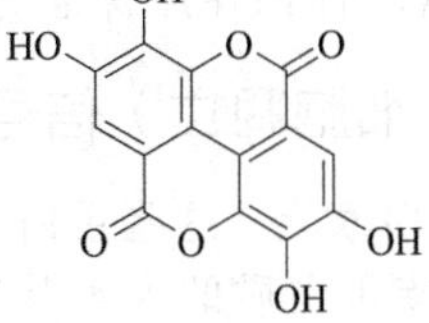
番茄红素 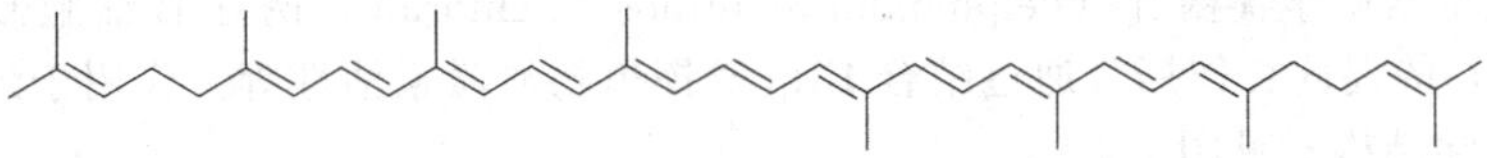

图 7-4-7　作用于活性氧（ROS）化合物的化学结构式

此外，飞燕草素-3-桑布双糖苷（delphinidin-3-sambubioside）可通过活性氧（ROS）介导的线粒体途径诱导 HL-60 细胞凋亡。这些药物与以 ROS 依赖性或独立方式起作用的其他药物结合使用，以增强有助于杀死癌细胞的作用[16-20]。

2. 抗氧化能力测定

（1）方法

① Trolox 等效抗氧化能力（TEAC）。TEAC 用比色法测定。使用 6-羟基-2,5,7,8-四甲基色烷-2-羧酸（trolox）作为标准品绘制校准曲线。结果表示为每克提取物的 mmol trolox 当量和每克新鲜物质的 mmol trolox 当量。

② 铁还原抗氧化能力（FRAP）。FRAP 测定采用比色法。计算 FRAP 值并表示为 mmol Fe^{2+} 当量/g 提取物和 mmol Fe^{2+} 当量/g 新鲜物质（使用为 Fe_2SO_4 准备的校准曲线）。

③ 清除 DPPH・自由基。监测提取物中酚类物质的清除效果。将含有 0.2～0.8 mg/mL 提取物的 0.1mL 甲醇溶液与 1mL 去离子水混合，然后添加到 DPPH・（1mmol/L，0.125mL）的甲醇溶液中。将混合物涡旋 1min，黑暗中室温下静置 20min，用分光光度计 DU 7500 在 517nm 处测量溶液的吸光度。数据表示为 EC_{50} 值。

（2）同抗氧化能力测定（TEAC、FRAP 和 DPPH）的结果　进行的不同抗氧化能力测定（TEAC、FRAP 和 DPPH）的数据来源见 Marta Solà Marsiñach，Aleix Pellejero Cuenca（2019）[13]。

与黑醋栗相比，枸杞的抗氧化能力最低，其次是白醋栗和黑莓，它们的抗氧化能力最高。在所有抗氧化能力测定中证实了 TAC 和 TFC 获得的结果。花青素的结构也影响其抗氧化能力，三种抗氧化能力测定的 TAC 和 TFC 结果显著，与 TEAC 和 FRAP 呈正相关，见表 7-4-1。

表 7-4-1　总花青素含量（TAC）和总黄酮（TFC）的相关系数和抗氧化活性测定[13]

项目	TEAC①	FRAP②	DPPH③
TAC	0.580**	0.729**	−0.338*
TFC	0.424**	0.567**	−0.333*

① TEAC 为总抗氧化能力（trolox equivalent antioxidant capacity）。
② FRAP 为铁离子还原/抗氧化能力（ferric-reducing antioxidant power）。
③ DPPH 为二苯代苦味肼基自由基抗氧化能力。
注：* 表示相关性显著为 0.05 水平；** 表示相关性显著为 0.01 水平。
数据来源：Marta Solà Marsiñach，Aleix Pellejero Cuenca（2019）。

黄酮醇是比花青素更强大的抗氧化剂。最大和最小 DPPH・自由基清除活性、trolox 等效抗氧化能力和铁还原抗氧化能力测量显示相同的趋势。蓝莓和黑莓的多酚含量最高。油酸和 α-亚麻酸代表覆盆子中最丰富的 FA，而 PUFA 含量最低的浆果是黑醋栗和白醋栗。

（二） Apoptosis（细胞凋亡）信号通路

Bcl-2 是一个进化相关蛋白家族。这些蛋白质控制线粒体外膜通透性（MOMP），可以是促凋亡或抗凋亡。编码属于该家族蛋白质的人类基因包括 *Bak*1、*Bax* 等。黑加仑提取物诱导 A549 细胞凋亡，呈剂量依赖性地降低 Bcl-2 蛋白的表达，促进了 Bax 蛋白的表达[21]。

例如：飞燕草素鼠李葡糖苷（delphinidin 3-rutinoside chloride）诱导 B 细胞慢性淋巴细胞性白血病（B CLL）的促凋亡作用，通过结合 ERβ 发挥植物雌激素活性等。作用于细胞凋亡通路的浆果化合物的化学结构式见图 7-4-8。

（三） PI3K/Akt/mTOR 信号通路

在生理和病理条件下，PI3K/Akt/mTOR 信号通路对细胞生长和存活的许多方面都至关重要。配体结合后，活性 RTK 中的磷酸化酪氨酸与 p85 结合，催化亚单位 p110，活化的 p110 使 PIP2 磷酸化为第二信使 PIP3，PIP3 将下游 Akt 招募到内膜，并磷酸化 Akt。活化 Akt 参与下游 mTORC1 介导的蛋白质和核糖体生物发生反应。例如，枸杞环状肽（lyciumin B）能够通过激活细胞凋亡抑制神经元凋亡 PI3-K/Akt/GSK3β 途径[22-25]。

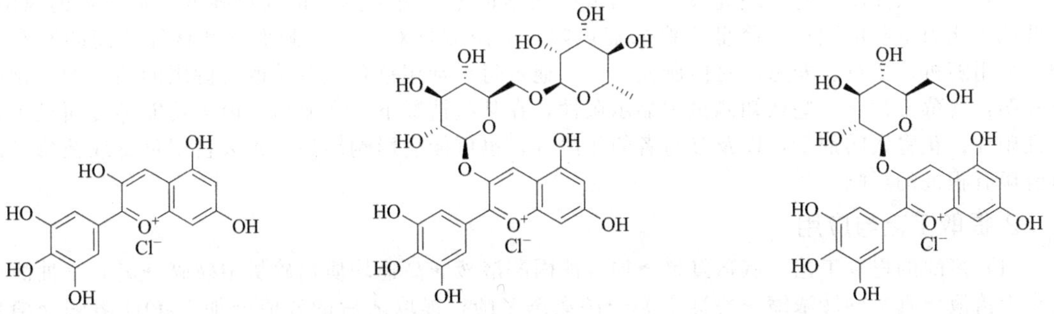

氯化花翠素　　飞燕草素鼠李葡糖苷　　氯化飞燕草素葡萄糖苷

图 7-4-8　作用于细胞凋亡通路的浆果化合物的化学结构式

（四）膳食浆果的抗肥胖作用

膳食浆果类水果蓝莓、蔓越莓等可以：①降低食物摄入量，通过抑制内质网应激提高瘦素的敏感性，从而影响参与控制食欲的神经元，降低 NPY、ARC 和 AgRP 的表达，增强 POMC；②通过上调和下调抗肥胖和致肥胖物种来调节肠道微生物群的组成，解决肥胖难题[26] 等。

三、典型天然浆果提取物加工与应用

（一）蓝莓

蓝莓（*Semen Trigonellae*）为杜鹃花科（Ericaceae）越橘属（*Vaccinium* spp.）多年生落叶或常绿灌木果树的蓝色浆果（blueberry）。生产栽培的蓝莓品种主要包括高灌蓝莓（伞房花越橘）、矮灌蓝莓（狭叶乌饭树）等。

1. 化学成分与活性

蓝莓富含维生素、花青素等，具有高抗氧化活性。蓝莓中的花青素使蓝莓呈现诱人的蓝色。蓝莓酸甜适宜，可用来食用、制作香料、酿酒[27-32]。

（1）蓝莓的组成　蓝莓的组成主要包括：① 糖（葡萄糖和果糖）、蛋白质（1.7g/50g）等。②从蓝莓中分离到的黄酮类物质主要包括（+/−）-儿茶素、杨梅黄酮苷/半乳糖苷等。蓝莓中最常见的黄酮醇是槲皮素、杨梅素和山柰酚，黄烷醇由儿茶素、表儿茶素和没食子酸组成。③蓝莓中含有飞燕草苷、苹果维苷等五种花青素。花青素具强抗氧化性，对人类健康有益。不同品种的蓝莓花青素多达 15 种。④蓝莓只含有原花青素，原花青素被认为是果肉（单宁）中的主要酚类化合物之一。蓝莓提取物中的原花青素 B1 的平均浓缩单宁含量是可水解单宁含量的 90 倍。⑤蓝莓中类胡萝卜素具有非极性结构，可提供黄色、橙色等颜色。

蓝莓含有的花青素主要包括矢车菊色素、飞燕草色素等五种，花青素的众多衍生物以及熊果苷、儿茶酸等多酚类物质，例如矢车菊色素-3-半乳糖苷、芍药色素-3-半乳糖苷、矢车菊色素-3-葡萄糖苷等。含量为：花青素（anthocyanidins）134（mg/kg FW）；黄烷醇（flavanols）1.1（mg/kg FW）等[33]。

（2）抗氧化功能活性　蓝莓被认为是一种抗氧化剂含量高的水果。抗氧化活性与多酚化合物的强弱呈正相关，花青素含量和抗氧化能力之间呈正相关。

（3）蓝莓的健康效应　蓝莓中含有大量具有抗氧化、抗肿瘤等活性的生物活性化合物，对健康有益。例如补充组每天服用 50g 蓝莓，持续 8 周，可能改善代谢综合征的某些途径[34-36]。

（4）调节代谢紊乱综合征　对代谢紊乱综合征的受试者，采用随机、双盲、安慰剂对照、平行干预、交叉干预对照研究[37-40]，经调查的临床试验表明，蓝莓摄入量对测量的 CVD 没有显著影响相关标记，每天食用蓝莓八周后收缩压和舒张压显著降低。

（5）影响认知功能与心理健康　根据流行病学证据，类黄酮的摄入可降低患抑郁症的风险，降低认知能力下降的速度，降低患痴呆症风险。食用蓝莓对老年人脑血管和认知功能的有利影响，采用随机、双盲、安慰剂对照研究[41,42]。通过每天食用草莓或蓝莓改善健康的趋势的干预研究表明：蓝莓干预在一些认知测试中显示阳性，在某些情况下，在血压、内皮功能等方面显示选择性阳性；花青素的剂量，以及参与者的年龄等，也可能会影响结果；每天食用草莓或蓝莓可能对健康有积极的影响[43,44]。

2. 提取工艺与应用

（1）多酚的提取工艺　蓝莓鲜果→加入冰丙酮溶液→高速均质捣碎机中破碎→离心→抽滤→收集上清液→真空旋转浓缩→冷冻干燥→游离态多酚，提取之后的残渣→加 NaOH 溶解→消化处理 1h→浓盐酸中和 NaOH→pH 值调至 2.0→乙酸乙酯萃取→乙酸乙酯层真空浓缩→除去乙酸乙酯→70%的甲醇水溶液进行复溶→冷冻干燥→结合态多酚。

（2）水浸法多糖提取工艺　蓝莓粉末→溶于水→水浴浸提→搅拌→离心→取上清液→加入无水乙醇至体积分数为 80%→冰箱中静置过夜→取出→离心→取沉淀→后用丙酮、乙醚、乙醇冲洗抽滤→真空干燥→得粗多糖。

（3）蓝莓汁制备工艺　榨汁机从新鲜和冷冻的浆果中榨出→果汁澄清→过滤→巴氏杀菌→蓝莓汁。

（4）浓缩蓝莓汁制备工艺　不同的浓缩方法：①蒸发；②反渗透膜分离（RO）；③冷冻浓缩（CC）。

食品工业通常采用在单通道（块状或渐进式）系统中使用冷冻浓缩，因为设备简单，分离阶段简单。

（5）应用　蓝莓在新鲜、冷冻等加工方式下的衍生产品包括酸奶、饮料等。蓝莓是欧洲制造多种水果浓缩提取物高级化妆品的原料之一，蓝莓加工中剩下的果渣可用来提取色素、酿醋和生产酶制剂等。含花青苷速效性片剂，可用作眼病药剂或保健药品。欧洲花青苷含量≥24%的色素提取物作为药用，其中欧洲越橘花青苷的提取物已被意大利、德国等国家的药典收载[45]。

（二）蓝靛果

蓝靛果（*Lonicera caerulea*）为忍冬科（Caprifoliaceae）忍冬属（*Lonicera*）的果实，又称蓝果忍冬。蓝靛果浆果富含抗坏血酸和酚类成分，具有多种生物效应。

1. 化学成分和活性

（1）化学成分的测定[46]　样品取冷冻果实样品。测定方法：多酚类化合物的总含量（以没食子酸当量计）通过改进的 Folin-Ciocalteu 法测定，单体花青素的总含量通过 pH 差示分光光度法测定，原花青素（以原花青素 B2 计）通过改进的 Bate-Smith 方法测定。通过 HPLC-DAD/TOF-MS 测定单个花青素、环烯醚萜类、类黄酮和 HCA 的谱。结果：① *Lonicera altaica*、*Lonicera caerulea* 和 *Lonicera edulis* 的果实中含有三萜酸、β-胡萝卜素、抗坏血酸等和其他酸；②酚类化合物主要为羟基肉桂酸、黄酮醇和黄酮；③环烯醚萜类中以马钱酸和马钱碱为主。

（2）酚酸　气相色谱-质谱联用检测：①游离酚酸仅占所有浆果酚酸的一小部分；②绿原酸（0.42%）、咖啡酸（0.14%）和阿魏酸（0.10%）含量较高；③原儿茶酸、龙胆酸、迷迭香酸和香草酸的含量较低；④结合酚酸主要以酯的形式存在（69.70%）；⑤由糖苷键结合的酚酸占 28.60%[46]。

（3）黄酮醇、黄酮和黄烷醇　蓝靛果中主要酚类化合物是黄烷醇，以单体形式（儿茶素）和聚合物形式（原花青素）存在。蓝莓果实中黄酮醇含量低于越橘、黑醋栗和蓝莓。黄烷醇、黄酮醇和黄酮含量取决于品种来源[46]。

（4）花青素　花青素和白花青素代表蓝靛果浆果中的主要多酚类化合物。BH 浆果中的主要花青素是花青素、牡丹素、飞燕草素、天竺葵素的苷和芸香苷。花青素-3-葡萄糖苷（79%～88%）作为主要花青素，花青素-3-芸香苷为 1%～11%，花青素-3,5-二葡萄糖苷为 2.2%～6.4%[46]。

（5）抗氧化活性　蓝靛果浆果抗氧化成分：花青素；其他黄酮类化合物；酚酸和类黄酮。蓝靛果水果样品的总抗氧化能力：①氧自由基吸收能力（ORAC），其值为 18～104μmol；②Trolox 当量/g 鲜重和铁还原抗氧化能力（FRAP）为每克鲜重 37～113μmol；③DPPH 为 6.59～10.17g 抗坏血酸当量/kg 鲜重[46]。

（6）抗肥胖活性[47]　脂肪生成过程受一系列转录因子的调节，代谢通路包括 apoptosis（凋亡）信号通路调节 CCAAT/增强子结合蛋白 α（C/EBPα）转录因子介导基因表达等 5 种代谢通路。例如，蓝靛果浆果的多酚（BHBE）通过抑制脂肪生成来抑制脂肪细胞中脂质积累的研究。

（7）保肝活性[48]　细胞凋亡通过两种途径发生：一是涉及死亡配体与其各自细胞表面受体相互作用的外在途径；二是由损伤 DNA 引发的内在途径。二者会导致线粒体损伤、细胞色素 c 的释放和下游半胱天冬酶的激活，例如 caspase-3。其他下游半胱天冬酶的激活导致细胞蛋白的裂解，例如 PARP、细胞角蛋白 18 和其他半胱天冬酶，从而导致细胞凋亡的形态和生化变化。对 cleaved caspase-3 和 PPAR 的抑制被认为是保肝指标。BH 提取物显著降低了 CCl_4 诱导裂解的 caspase-3 和 PARP 免疫标记的肝细胞数量增加；在 200mg/kg 时，BHe 的作用最强。

（8）抑制 α-葡萄糖苷酶活性[49]　Metabolic Enzyme/Protease（代谢酶/蛋白酶）信号通路的 glucosidase（葡萄糖苷酶）是糖苷水解酶。α-葡萄糖苷酶抑制剂是一种新型的抗糖尿病药物。通过降低餐后血糖浓度，有效控制血糖水平。蓝靛果多糖 α-淀粉酶和 α-葡萄糖苷酶的表征及抑制活性的研究，从蓝色金银花浆果中获得杂多糖（HEP-2）。HEP-2 是 α-淀粉酶和 α-葡萄糖苷酶的竞争性抑制剂。实验总体结果支持 HEP-2 作为降血糖剂用于糖尿病或功能性食品的酶靶向治疗的潜在效用。

（9）食用 BH 健康益处[49]　蓝靛果树枝浸液可作为利尿剂，新鲜水果和果汁可治疗胃病和扁桃体炎。对健康有益的主要成分是多酚类。对健康的保护作用都与其抗氧化特性有关，主要是花青素含量。包括：①酚类组分抑制由叔丁基过氧化氢（tBH）诱导的大鼠肝微粒体过氧化；②*Lonicera caerulea* 浆果提取物可阻断诱变，并已显示可在体外改变不受控制的细胞增殖和凋亡过程等益处。

2. 提取工艺与应用

（1）花青素的稳定性和提取工艺　花青素的颜色稳定性取决于多种因素的组合：花青素的结构和浓度；pH、温度；络合剂（酚类、金属等）的存在。例如蓝靛果中 cyanidin-3-glucoside 会被阳光降解；yanidin-3-glucoside 在 pH 值 1～2 时更稳定等。花青素含量受提取工艺的影响：获得产量的最适方法是使用酸化甲醇作为提取介质；在 pH 3.5 时观察到最大的色素沉着效果；紫外辐射对花青素与辅助颜料复合物的降解影响比在 80℃加热时更强等。

（2）BH 提取物制备工艺　热水提取物的冻干粉：水和干燥的 BH 以 10∶1（质量比）的比例混合→在 90～95℃下回流煮沸 3h→将上清液浓缩（55～65℃）→冷冻干燥。BH 溶液经酶处理后的冻干粉：冷冻 BH 水果加热→粉碎→酶处理→加热→加入壳聚糖和瓜尔胶→过滤→冷凝→灭菌→冷冻干燥。收率为 10.83%。

（3）蓝靛果花青素 3-葡萄糖苷制备工艺　高速逆流色谱法分离蓝靛果果实中的花青素 3-葡萄糖苷，采用双相溶剂体系。每次注射 100mg 粗提物可产生 22.8mg 纯度为 98.1%的花青素 3-葡萄糖苷（C3G）。该化合物通过电喷雾电离质谱（ESI/MS）及 ^{1}H 和 ^{13}C 核磁共振（NMR）光谱进行鉴定[50]。

（4）应用　蓝靛果果实富含花青素，可降低患心血管疾病、糖尿病和癌症的风险等。多酚对神经退行性疾病产生神经保护作用。类黄酮可作天然抗氧化剂的来源。蓝靛果资源的开发利用主要为果汁、果冻和果酒等加工产品，如蓝靛果叶黄素微胶囊片、蓝靛果-沙棘发酵果汁、蓝莓与蓝靛果复合冻干粉、蓝靛果多酚微胶囊等。

（三）沙棘

沙棘浆果是胡颓子科（Elaeagnaceae）沙棘属（*Hippophae*）沙棘（*Hippophae rhamnoides*）果实，圆球形，橙黄色或橘红色。沙棘属有 4 种。

1. 化学成分与活性[51]

（1）营养素　含有维生素、糖等。浆果富含维生素 C、维生素 E、维生素 P 以及苹果酸和柠檬酸。

沙棘多糖主要为阿拉伯糖、葡萄糖、半乳糖三种糖。不同部位的沙棘多糖组分存在差异，沙棘果实中含有 5%～10%的糖类，水解单糖以葡萄糖和果糖为主。

（2）抗氧化剂　中国沙棘（*Hippophae sinensis*）果实富含维生素 C，抗坏血酸、β-胡萝卜素等。浆果含有生育酚，即维生素 E、叶酸和维生素 B 复合群。水果含有类黄酮、儿茶素、原花青素、环多醇、磷脂、单宁、糖类（半乳糖、果糖、木糖）以及大约 3.9%有机酸（马来酸、草酸等）、酚酸。

（3）沙棘油　沙棘油含有大约 190 种生物活性物质，包括油酸 ω-9 $C_{18:1}$、棕榈油酸 ω-7 $C_{16:1}$、甾醇、强抗氧化剂（生育酚、生育三烯酚）等。沙棘脂肪酸的组成：①沙棘油含有稀有的棕榈油酸（omega-7），可刺激表皮再生和伤口愈合，治疗胃肠道溃疡，舒缓和减少皮肤灼伤、擦伤、褥疮等皮肤变化；②有棕榈酸和硬脂酸形式的饱和脂肪酸，并具有不饱和脂肪酸；③脂肪酸（UFA）和多不饱和脂肪酸（PUFA）包括 α-亚麻酸（omega-3）$C_{18:3}$、γ-亚麻酸（omega-6）$C_{18:3}$ 等[52]。

（4）对皮肤的活性　甾醇（包括 β-谷甾醇等）可增强皮肤的脂质屏障，保护机体免受外界有害物质的侵害，减少表皮水分流失，从而改善皮肤弹性和紧致度。

维生素 A、维生素 C、维生素 E、维生素 F、维生素 P 和维生素 B 复合物存在于油中。维生素 A 以类胡萝卜素的形式存在，可提供油的再生和抗皱特性。维生素 C 具有抗氧化作用并防止有害的 UVA 和 UVB 辐射，可以使肤色均匀。维生素 E 以生育酚、类黄酮等形式存在，可增强毛细血管壁。

沙棘油对皮肤有益，可对抗自由基，重建细胞并延缓细胞衰老，支持伤口愈合，治疗皮肤病、痤疮等，改善皮肤弹性和结构，防止有害辐射，具有再生和抗衰老作用。

（5）对人类健康的活性　沙棘油含有来自多不饱和 FA 的亚油酸（LA）和 α-亚麻酸（ALA），还含有复杂的脂质，具有保湿和软化表皮、改善皮肤弹性等作用。沙棘油还含有甾醇、果酸等物质和矿物盐。此外，沙棘油含有许多活性物质，通过这些活性物质，这种油具有许多不同的特性[52]。沙棘油在抗肿瘤、改善心脑血管系统、保护消化系统及抗衰老方面均有较好的保健功能。此外，沙棘可通过其对铁诱导的癫痫的神经保护和行为改变潜力发挥抗癫痫作用，沙棘汁对造血细胞有促进作用，沙棘果油具有明显的抗炎和镇痛作用[53,54]。

2. 提取工艺与应用

（1）提取工艺　多糖可用溶剂浸提法、酶辅助提取法、微波辅助提取法等方法进行提取，其中用大孔树脂 AB-8 的纯度最高，达 71.45%。黄酮可采用溶剂提取、超声波辅助提取等方法。沙棘油可采用超临界 CO_2 萃取法、水代法等提取。

（2）应用　沙棘提取物、馏分、油（来自种子和果肉）和分离的化合物已被广泛研究用于抗氧化、抗炎等多种用途。沙棘油被越来越多地用于护肤品或疾病的辅助治疗。沙棘浆果可治疗炎症、癌症、腹泻和皮肤病等。沙棘类在医药产品方面的应用主要有：治疗缺血性心脏病和高脂血症的沙棘黄酮片；具有保健功能的沙棘油、沙棘冲剂、沙棘干乳剂等。

（四）枸杞

枸杞浆果（lycii fructus）是茄科（Solanaceae）枸杞属（*Lycium*）植物的果实，包括宁夏枸杞（*Lycium barbarum* L.）、枸杞（*Lycium chinense* Mill.）等 8 种和 2 个变种枸杞。

1. 化学成分与活性

（1）枸杞多糖　枸杞多糖（*Lycium barbarum* polysaccharides，LBPs）是一组水溶性糖缀合物。多糖由阿拉伯糖、葡萄糖等组成。LBP 结构表征方法：高效凝胶渗透色谱（HPGPC），用于确定大分子的均一性和分子量；气相色谱-质谱（GC-MS），用于确定连接位置等[55]。

从*L. barbarum*中分离和纯化LBP，研究表明，单糖和氨基酸残基构成糖缀合物，相对于聚糖骨架的糖苷键分析，分支位点和侧链被认为是LBP的结构[56]。通过制备型高效尺寸排阻色谱法（HPSEC）分析了*L. barbarum*的多糖。整个多糖部分的单糖组成已通过水解后GC测定，发现该组合物含Rha、Ara、Xyl、Fuc、Glc、Gal（1∶2.14∶1.07∶2.29∶3.59∶10.06）[56-59]。

（2）多酚及其他成分　采用Q-TOF/M SE鉴定出宁夏枸杞中含有28种多酚类化合物，包括7种黄酮类化合物、11种香豆酸糖普衍生物、8种多酚亚精胺化合物和2种二氢咖啡酸。黄酮类成分主要是山柰酚、异鼠李素糖苷衍生物等。黑果枸杞中多酚化合物主要包括花色苷、绿原酸等。类胡萝卜素是枸杞中的呈色物质。

（3）多糖生物活性　枸杞多糖具有多种生物活性：免疫促进、免疫调节等。枸杞多糖能改善2型糖尿病大鼠β细胞损伤、修复胰岛素的合成以及分泌功能，通过体外实验，发现LBP-1能抑制抵抗胰岛素的HepG2细胞的生长，保护胰岛细胞不受损伤。LBP对健康的有益影响，包括抗氧化和抗衰老作用、增加新陈代谢等作用。

（4）类胡萝卜素改善视力活性　枸杞类胡萝卜素有改善视力、明目的功效，具有较强的抗氧化作用。游离的类胡萝卜素包括β-隐黄质、α-胡萝卜素和玉米黄质。给14名受试者连续28天服用15g枸杞，结果表明总类胡萝卜素含量与抗氧化活性呈正相关。

（5）黄酮抗氧化活性　采用DPPH、FRAP、ABTS和清除羟基自由基4种体外抗氧化方法评价枸杞中枸杞多糖、类胡萝卜素、维生素C（VC）和黄酮的抗氧化能力，结果表明枸杞黄酮的含量决定枸杞体外抗氧化能力。

2. 提取工艺与应用

（1）提取工艺　对枸杞多糖的提取采用传统水提法，也可用稀碱、稀酸提取。LBPs的酶辅助提取、微波辅助提取和超声辅助提取等方法对LBPs的质量产生不同的影响。

（2）应用　LBP具有巨大的潜在健康益处，可进一步用于营养保健品和制药领域。新型食品市场上的枸杞产品有Goji产品和GoChi™（声称含有超过30%的生物活性多糖的果汁）。枸杞和枸杞产品在美国和欧洲作为食品或食品补充剂合法销售。

（五）黑加仑

黑加仑（black currant）是虎耳草科（Saxifragaceae）茶藨子属（*Ribes*）黑茶藨子（*Ribes nigrum*）的果实。果实近圆形，直径8～10（14）mm，熟时黑色，疏生腺体。

1. 化学成分与活性

（1）化学成分　黑加仑浆果有最丰富的花青素。罗马尼亚黑加仑汁含有总多酚（GAE）、总黄酮（QE）、总花青素（CGE），含量取决于品种和成熟度。在不同时期，斯洛文尼亚收获的黑醋栗总酚含量从393mg/100g到734mg/100g，花青素从196mg/100g到461mg/100g[60-69]。

花青素：花青素3-*O*-葡萄糖苷（65.99±8.64）μg/g和飞燕草素（delphinidin）（13.81±0.91)mg/kg。黄酮醇：槲皮素3-*O*-葡萄糖苷（106.25±22.56)mg/kg。肉桂酸衍生物：新绿原酸（356.33±24.026）mg/kg和咖啡酸（52.8±3.57）mg/kg[70]。黑加仑中的花青素含量为(3011mg/kg鲜重，黄酮醇苷含量为100mg/kg鲜重[71]。

黑加仑种子油含有α-和γ-亚麻酸、花青素等和2种含腈化合物。黑加仑种子通过超临界二氧化碳提取后制剂，研究对实验模型大鼠的胃肠道和代谢的生理影响。观察到测试制剂的明显降血糖作用，而发现其抗氧化性能相当低，并表现为肾脏组织中硫代巴比妥酸反应性物质含量的降低[72]。

黑加仑多糖（cassis polysaccharide，CAPS），3.454g黑醋栗汁中获得了13.5g冻干CAPS粉。CAPS粉末不含任何内毒素。1g CAPS粉的膳食纤维含量为828mg。CAPS的免疫刺激机制涉及通过Myd88依赖性TLR4通路刺激树突状细胞DCC，并激活Th1型细胞因子释放[73]。

（2）调节NF-κB信号通路抑制炎症级联反应　富含花青素的黑醋栗皮肤提取物（BCSE）可抑制二乙基亚硝胺（DENA）引发的大鼠肝癌发生，作用机制是通过调节NF-κB信号通路抑制炎症级联反应可能。NF-κB通路的激活参与慢性炎症性疾病的发病机制。NF-κB的不正确调节与癌症、炎症、感染性休克和不适当的免疫发育等有关。NF-κB也参与了突触可塑性和记忆过程。哺乳动物NF-κB家族中有五种蛋白质：NF-κB1、NF-κB2、RelA、RelB、c-Rel[74]。

（3）改善葡萄糖代谢活性　花青素是黑加仑中最丰富的酚类化合物。食用黑醋栗粉末提取物，黑醋栗花青素可减轻饮食诱导的肥胖小鼠的体重增加并改善葡萄糖代谢，并具有完整但未中断的肠道微生物组[75]。冷冻干燥的黑醋栗（BC）提取物在低于阿卡波糖的浓度下抑制酵母α-葡萄糖苷酶活性，而绿醋栗（GC）没有抑制作用。表明BC中含量高的花青素通过抑制α-葡萄糖苷酶活性对餐后高血糖具有最大的影响。在BC中鉴定出的特定花青素被证明可以抑制α-葡萄糖苷酶[76]。

（4）诱导细胞凋亡　黑加仑提取物（BCE）富含多酚类物质，可诱导多种癌细胞凋亡，通过MAPK和PI3K/Akt介导的线粒体途径诱导MKN-45和TE-1细胞凋亡。BCE诱导的MKN-45细胞凋亡与MAPK激酶信号通路通过激活p38和JNK以及失活Erk1/2相关。据报道，MAPK激酶激活MAP3K-MAP2K级联诱导JNK激活。MAP4K在细胞凋亡、细胞存活、细胞自噬和细胞迁移的调节中发挥重要作用。MAP4K通过JNK非依赖性途径参与免疫细胞反应的调节[77]。

（5）抗氧化活性　黑醋栗是具有非常强的体外抗氧化能力的水果，有效地防止了高摄入多不饱和脂肪酸PUFA引起的DNA损伤[78]。富含花青素的黑加仑皮提取物（BCSE）可对二乙基亚硝胺DENA引起的肝癌发生发挥化学预防作用。通过Keap1失活诱导的Nrf2上调通常在癌细胞中观察到。癌细胞中Nrf2的异常激活加速了增殖和代谢。Nrf2诱导也是加速致癌物解毒和保护身体免受化学致癌作用的治疗策略[79]。

2. 提取工艺与应用

（1）多糖制备工艺　获得粗制黑醋栗汁，并按如下方式添加葡聚糖酶：0.01% Sclase S和0.01% Viscozyme。48℃下孵育5h后，80℃下灭活10min。后通过离心回收上清液。用双倍体积黑醋栗汁进行乙醇沉淀，离心收集沉淀物。冻干前重复乙醇沉淀三次。最后沉淀物用冷冻干燥机干燥[80]。

（2）酶法和超声波醪液处理　在超声波水浴中对醪液进行酶促结合超声波处理。醋栗果实在室温下解冻。完全解冻的水果在混合器中压碎。压碎后，称重约500g，转移并均匀分布到超声波水浴的不锈钢腔室中。Enzyme Fructozym EC color用于酶醪处理。根据酶生产商指南设置酶浸渍条件、剂量和时间。向粉碎的醋栗中加入酶，混合后置于50℃水浴中，无超声波。在特定时间后，将超声波设置为最大超声功率，并对醪液进行超声处理，每个样品的总处理时间为75min。

榨汁：将处理后的醪液转移到液压机的笼中，加压。将果汁收集在塑料桶中并称重。后转移到塑料瓶，冷冻，直到分析。榨汁前通过超声波结合酶处理不同颜色的醋栗醪液汁产量略有增加，其他参数有微小差异。BC样品的情况除外，其中酚类化合物含量的总和增加了约6%～7%。酶促结合超声处理对所获得的果汁的生物活性化合物和其他特征没有影响[81]。

（3）溶剂提取工艺　用甲醇、50%甲醇和水获得黑醋栗、红醋栗和醋栗果实的提取物。对每种提取物的总多酚含量、总黄酮含量和总花青素含量进行了评估。在醋栗的DPPH测试中，水提取物被证明是最活跃的。在PCL测试中，50%的黑醋栗甲醇提取物的效力是红醋栗提取物的6倍以上。在醋栗的情况下，水提取物具有最高的抗氧化活性。在每个样品中鉴定出槲皮素3-*O*-葡萄糖苷。在肉桂酸衍生物中，新绿原酸在黑醋栗中的含量最高（356.33μg/g）[82]。研究了榨汁、四乙醇提取、乙醇蒸发和超临界流体提取的黑醋栗分馏，乙醇从压榨残渣中提取了几乎所有的酚类化合物。乙醇萃取似乎是一种从黑醋栗榨汁残渣中分离酚类化合物的有效且简单的方法[83]。

（4）黑加仑果酒和酸奶的加工工艺　黑加仑浓缩汁→稀释→调整成分→接种酵母菌→主发酵→后发酵调整成分→过滤→杀菌→无菌灌装→成品［酒精含量为6%（体积分数）的黑加仑果酒］。

原料奶经过验收→在标准化的过程中加入黑加仑果汁→均质→杀菌→发酵→成品（有黑加仑

果和酸奶的双重功效)。

(5) 应用 黑加仑的籽油制成软胶囊。富含 γ-亚麻酸 (GLA) 的黑加仑品种可用于保健油的生产。黑加仑压榨残渣提取物作为食品抗氧化剂来源的潜力,可用于稳定和强化食品的抗氧化剂[84]。黑加仑色素可用于汽水、果酱、冰激凌等的着色。花青素在食品、化妆品等领域有着巨大的应用潜力。

第二节 林源食用菌提取物

食用菌 (edible fungi) 含有蛋白质、多糖和黑色素等物质,是具有优良药用价值的优质营养补充剂。珍稀食用菌如灰树花菌 (*Grifola frondosa*)、猴头菇 (*Hericium erinaceus*) 等。

一、分类

1. 食用菌多糖提取物

食用菌多糖提取物含有多糖、纤维素等。灰树花菌多糖 (*G. frondosa* polysaccharide) 能抗肿瘤,有效降低血糖、血脂等。液体发酵是获得活性灰树花菌多糖的一种快捷有效的方法。磁场促进发酵,促进菌丝体的生长。多糖冬虫夏草、蝉花及蛹虫草的主要活性成分之一。在虫草多糖的液体培养下,蛹虫草细胞外多糖的产生随着外加磁场强度的增加而呈增加趋势[85]。

2. 食用菌黄酮提取物

桑黄菌 (*Phellinus igniarius*) 富含多糖、黄酮类等化学元素,具有抗肿瘤、抗氧化等作用。超声波辅助液体发酵提取桑黄菌丝体类黄酮的最大产量是对照的 2.09 倍。弱磁场辅助模式有助于提高桑黄提取物的总抗氧化能力和超氧阴离子自由基清除能力。

二、功能活性

1. 免疫调节

食用菌作为一种特殊的具有免疫功能的食品,含多种可作免疫调节剂的成分。一些食用菌可以通过体液免疫释放免疫因子,提高机体免疫力。因此,基于食用菌的特性,可以进行多途径、多靶点的免疫调节[86]。

食用菌多糖的主要成分之一是 β-葡聚糖。研究发现,食用菌多糖通过与不同受体的相互作用发挥不同的生物活性。香菇多糖通过诱导细胞因子的释放来调节免疫。

2. 抗肿瘤

食用菌的抗肿瘤机制[87]:一是直接的肿瘤攻击,例如细胞凋亡;二是间接的防御,例如抑制肿瘤新血管形成。香菇多糖通过增强癌细胞凋亡提高吉西他滨治疗膀胱尿路上皮癌的疗效。

3. 抗炎

食用菌的抗炎机制是减少促炎细胞因子、氧化应激和改变肠道菌群,而抗过敏机制是改善 Th1/Th2 的倾斜平衡。榆黄蘑 (*Pleurotus citrinopileatus*) 多糖抑制 IFNγ/LPS 激活的巨噬细胞中促炎细胞因子 TNF 和 IL-6 的表达,促进 IFNγ/LPS 激活的巨噬细胞中抗炎细胞因子 IL-10 的分泌。

4. 抗氧化

食用菌抗氧化机制:银耳多糖对超氧自由基和 H_2O_2 的清除作用呈剂量依赖性;羊肚菌 (*Morchella esculenta*) 胞外多糖提高老年小鼠血清和心肌的抗氧化酶活性;点柄臭黄菇 (*Russula senecis*) 多糖、灰树花 (*Grifola frondosa*) 多糖等均具有抗氧化特性。

5. 抗衰老

食用菌抗衰老机制:灰树花多糖抑制皮肤黑色素的生物合成,发挥美白作用;猴头菇多糖、银耳多糖等均有抗衰老作用。

6. 调节血糖

食用菌调节血糖机制：猴头菇（*Hericium erinaceus*）多糖增加抗高血糖活性和血清高密度脂蛋白（HDL）含量，降低低密度脂蛋白（LDL）含量。平菇多糖、灵芝多糖等也均有调节血糖之效。

7. 改善认知功能

食用蘑菇对于预防多种基于年龄的神经元功能障碍至关重要。灰树花、虎乳灵芝等可以改善认知功能。食用蘑菇可以减少 β-淀粉样蛋白诱导的神经毒性。例如：毛木耳（*Auricularia polytricha*）多糖 AAPS-1、AAPS-2 和 AAPS-3 抑制 β 分泌酶的活性；拟层孔菌（*Fomitopsis officinalis*）脱氢硫酸减少神经元损伤等[88,89]。

三、典型林源食用菌提取物加工与应用

（一）黑木耳

黑木耳（*Auricul ariaauricula*）属担子菌门（Basidiomycota）、蘑菇纲（Agaricomycetes）、木耳目（Ariculariales）、木耳科（Auriculariaceae）、木耳属（*Auricularia*），是药食两用真菌。

1. 化学成分与活性

化学成分：提取物的初步植物化学分析显示存在碳水化合物、蛋白质等 11 类物质。分别用于 tris 缓冲液和温水提取，化合物量与从温水中获得的量没有显著差异（$p>0.05$）。

黑木耳 tris 和温水蛋白提取物具有抗菌作用；A. auricula-judae 蛋白可能具有潜在的抗菌成分，可用作治疗人类细菌和真菌感染的抗菌蛋白/肽（AAPs）。AAPs 主要是杂多糖。例如：AAPs 具有免疫刺激活性，刺激 TLR4，诱导巨噬细胞活化，分泌促炎细胞因子，通过与 Toll 样受体 4（TLR4）结合关键模式识别受体（PRR），发挥体外免疫刺激作用[90]。

2. 加工利用与应用

真菌多糖的原料有子实体、菌核等。在提取食药用真菌多糖前，一般先除去原料表面的脂肪，再进行提取。多糖提取法有热水提取（HAE）、超声辅助提取（UAE）等多种方法。碱提取或酸提取通常在 HAE 之后进行，以最大限度地回收多糖。常吃木耳可养血驻颜，令肌肤红润，清胃涤肠，对胆结石、肾结石等有显著作用，促进肠胃蠕动，加速机体废物排出，减少有害物质的吸收。黑木耳制品有黑木耳胶囊、蜜饯、洋羹等。黑木耳中的黑色素可被用作染发剂和防晒霜，也可作治疗神经系统疾病的药物或作药物载体等。

（二）灵芝

灵芝（*Ganoderma lucidum*）为担子菌门（Basidiomycota）担子菌纲（Basidiomycetes）多孔菌科（Polyporaceae）灵芝属（*Ganoderma*）的一种真菌。

1. 化学成分与活性

灵芝的化学成分主要包括多糖、三萜类化合物等，具有控制各种疾病的多种治疗特性。灵芝酸（ganoderic acid）已分离到 100 多种，如灵芝酸 A、B、C 等。灵芝酸 F（ganoderic acid F）通过抑制血管生成等特性来显示抗肿瘤和抗转移活性。灵芝酸 TR（ganoderic acid TR）是一种广谱抗流感神经氨酸酶（NAs）的抑制剂，尤其是抑制 H5N1 和 H1N1[91]。灵芝酸化学结构式见图 7-4-9。

液相色谱-串联质谱法（LC-MS/MS）配备三重四极杆质谱仪，测定灵芝中五种灵芝酸，定量限（LOQ）为 20.0～40.0ng/mL，检测限（LOD）为 3.0～25.0ng/mL。这种方法是灵芝及其相关物种质量控制的方法[92]。

灵芝的功能活性包括免疫调节、抗癌、抗糖尿病等[93,94]。

（1）JAK/STAT signaling（JAK/STAT 信号通路） Janus 激酶（JAK）/信号转导和转录激

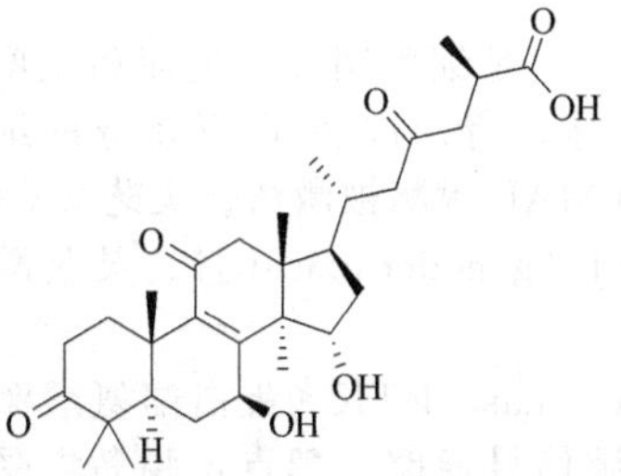

灵芝酸A 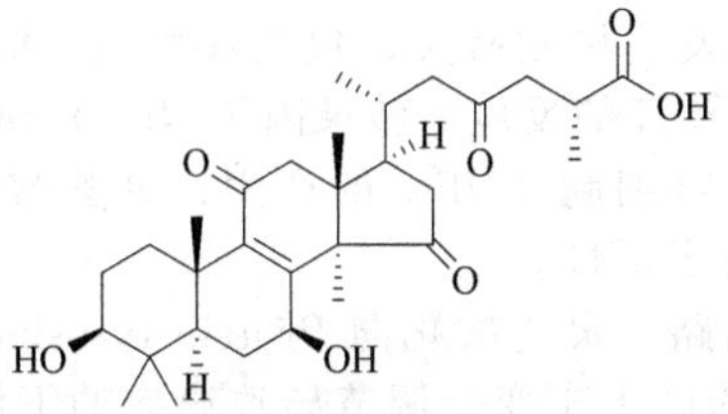　　灵芝酸B 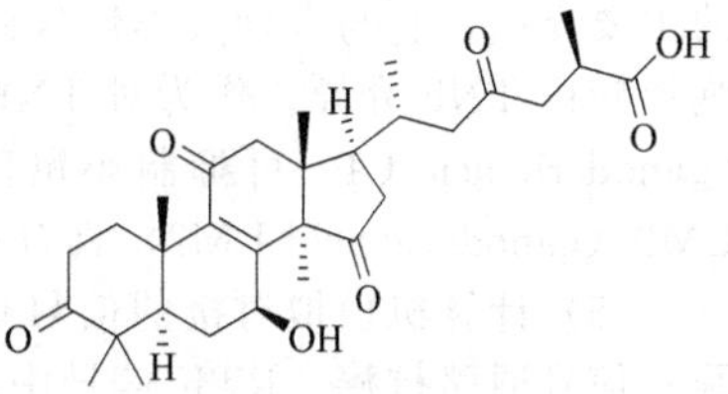　　灵芝酸C1

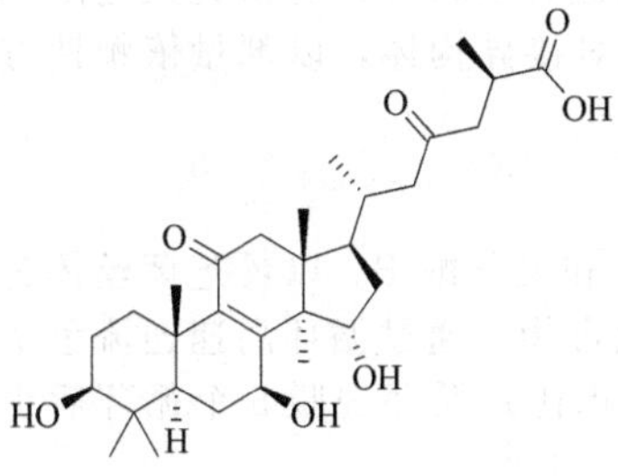

灵芝酸C2 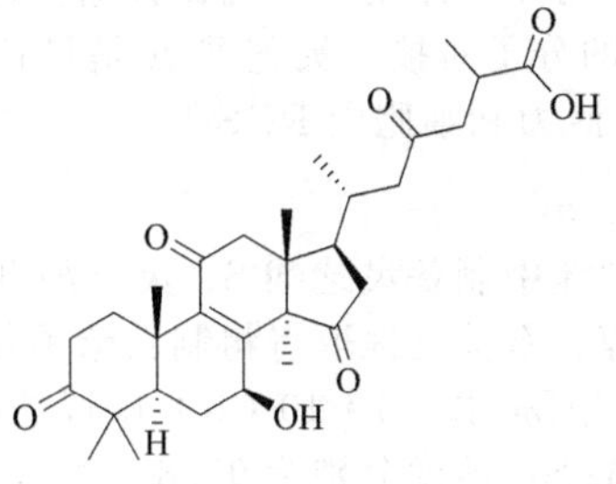　　灵芝酸D 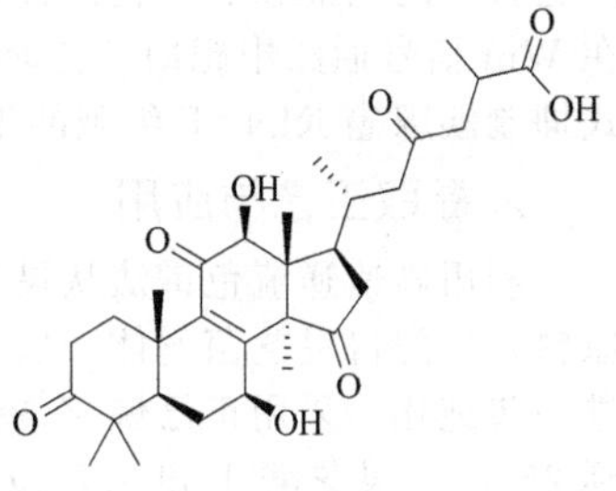　　灵芝酸D2

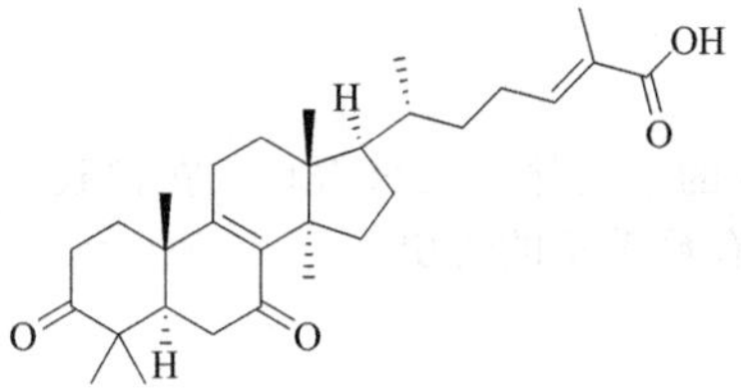

灵芝酸DM 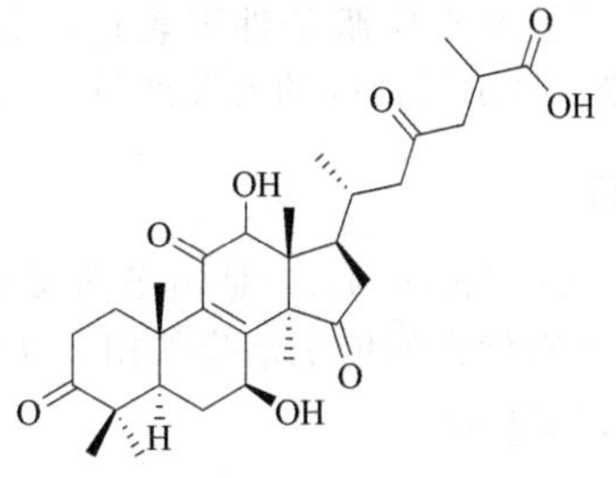　　12-羟基灵芝酸D

图 7-4-9　灵芝酸化学结构式

活因子（STAT）途径是细胞因子受体信号传导的核心，细胞因子受体可识别特定的细胞因子，在血液形成和免疫反应中起关键作用。JAK/STAT 通路的异常激活已在多种疾病中被报道，包括炎症、恶性血液病和实体瘤。灵芝酸 A（ganoderic acid A）能抑制 JAK-STAT3 信号通路，也能抑制细胞增殖，提高存活率和抑制 ROS 的产生。

（2）Cell cycle/DNA damage（细胞周期/DNA 损伤）信号通路　Telomerase（端粒酶）包含一种特殊的端粒酶逆转录酶（TERT）和端粒酶 RNA（TER），具有自己的模板和 TERT 活性所需的其他元素（催化核心），端粒酶活性在大多数人类恶性肿瘤中负责维持染色体末端结构（端粒）和癌细胞的永生性，使端粒酶成为一个有吸引力的治疗靶点。灵芝酸 B（ganoderic acid B）为端粒酶抑制剂，使 Epstein-Barr 病毒（EBV）抗原活化，也是一种 HIV-1 protease 的中等强度抑制剂。

（3）Metabolic enzyme/protease（代谢酶/蛋白酶）信号通路　Aldose reductase（醛糖还原酶）与涉及晶状体、肾脏等的糖尿病和半乳糖并发症的发展有关。醛糖还原酶在高血糖条件下其激活导致慢性糖尿病并发症的发生，并且是炎症和细胞毒性条件的关键促进剂，是一个很好的药物靶点，能够找到抑制醛糖还原酶的新化合物。灵芝酸 C2（ganoderic acid C2）具有潜在的抗肿瘤生物活性，有抗组胺、抗衰老和细胞毒性作用，对大鼠晶状体醛糖还原酶具有很高的抑制活性。

（4）Apoptosis（凋亡）信号通路　TNF receptor（肿瘤坏死因子）是细胞凋亡、炎症和免疫的主要介质，它与多种人类疾病的发病机制有关，包括败血症、糖尿病等。许多 TNF 诱导的细胞反应由 TNF 介导。作为对 TNF 治疗的反应，转录因子 NF-κB 和 MAP 激酶被激活。灵芝酸 C1（ganoderic acid C1）可抑制小鼠巨噬细胞 TNF-α 的产生；灵芝酸 J（ganoderic acid J）、灵芝酸 LM2（ganoderic acid LM2）具有抗炎活性。

（5）计算机模拟对接的信号通路　灵芝酸靶向 Protein tyrosine kinase/RTK（蛋白酪氨酸激酶）信号通路抗癌。RTK 信号中的微小畸变会调节导致癌症的下游信号通路。靶点：胰岛素受体（IR）、胰岛素样生长因子受体 1（IGFR-1）等[95]。

Wnt 信号通路是一组由蛋白质组成的信号转导通路。Wnt 信号中 β-连环蛋白的核积累是一种广泛公认的癌症预后不良的标志物，可调节脂肪和葡萄糖代谢。通过计算机和体外研究灵芝酸 A 在 Wnt 信号通路中靶向 β-连环蛋白的分子对接。灵芝酸 A 是最佳对接异构体，以剂量依赖性方式抑制胰腺癌 RIN-5F 细胞的增殖、活力和细胞内 ROS[96]。

2. 提取工艺与应用

利用高速逆流色谱法从灵芝菌丝体中制备灵芝酸 S、灵芝酸 T 和灵芝酚 B。以灵芝菌丝体为原料，发酵得灵芝菌丝体，后用乙醇、石油醚提取得粗制三萜类化合物。通过循环高速逆流色谱进一步纯化。采用正己烷-乙酸乙酯-甲醇-水（6∶10∶8∶4.5，体积比）循环洗脱 5 个循环后得到 25.7mg 灵芝酸 T 和 3.7mg 灵芝酸 S，纯度分别为 97.8% 和 83.0%[97]。

代谢调控是灵芝活性成分提取的有效途径[98,99]。灵芝现在已被公认为治疗白血病、癌症等的替代佐剂。为满足国际日益增长的需求，目前的趋势是开发主要通过液体培养生产其的新策略。调控一些转录因子主要在应激条件下表达，参与调控三萜类化合物的合成。发酵过程已扩大到 300L 生物反应器，显示出良好的 GA 产量[100]。

（三）银耳

银耳（*Tremella fuciformis*）是担子菌属真菌银耳的子实体，又名雪耳，在护肤、增强免疫、预防疾病等方面具有优良的传统治疗作用，在中国已有数千年的历史。

1. 化学成分与活性

银耳多糖由木糖、甘露糖和葡萄糖醛酸通过 α-1,3-糖苷键连接而成，侧链由半乳糖、阿拉伯糖和少量岩藻糖组成。

银耳子实体多糖的分子量远高于深层发酵多糖。银耳多糖的单糖组成会随着菌株的不同而变化。银耳多糖调节非特异性免疫、体液免疫和细胞免疫，以增强免疫功能。银耳多糖对多种癌细胞有抑制作用，可通过下调抗凋亡基因 *bcl-2* 和 *survivin* 的表达诱导癌细胞凋亡，这与其免疫机制有关[101-103]。从银耳中分离得到的卵孢菌素（oosporein），化学式 $C_{14}H_{10}O_8$，化学结构式如图 7-4-10 所示。

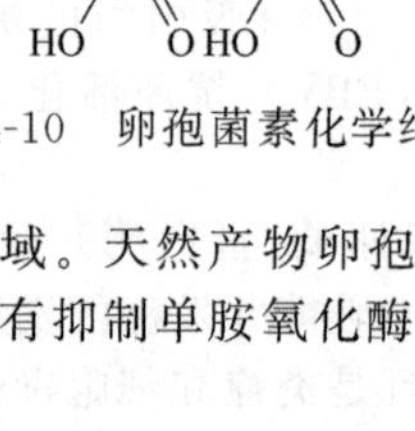

图 7-4-10　卵孢菌素化学结构式

卵孢菌素的应用主要在生物防治领域。天然产物卵孢子素对单纯疱疹病毒 1 型 DNA 聚合酶有抑制作用；白僵菌代谢的卵孢菌素具有抑制单胺氧化酶（MAO）的活性，抗抑郁。

2. 提取工艺与应用[104,105]

① 银耳多糖的制备工艺。银耳的培养过程易受温度、光照、水分等因素的影响，导致多糖

质量不稳定。深层发酵培养银耳，以葡萄糖和半乳糖作碳源，硝酸铵和谷氨酸钠作氮源。银耳细胞外多糖生产的有利 pH 值（4.48g/L）为 6.0，富集酸性银耳多糖（74.8%）的最适 pH 值约为 7.0。提取多用乙醇沉淀法，粗多糖需进一步分离纯化。

② 银耳卵孢菌素的制备工艺。将琼脂、含有马铃薯-葡萄糖-琼脂的斜面接种菌丝体在 25℃下培养 5 天，用作种子培养的接种物。种子培养物在摇瓶中生长 2 天，pH 值为 6.8～7.0，温度为 25℃，转速为 150r/min，深层发酵与种子培养基相同。所有培养基均在 115℃下灭菌 20min。发酵液离心（10000r/min），50℃下旋转蒸发浓缩，加入 4 倍体积的无水乙醇，4℃下过夜沉淀，10000r/min 下离心除去多糖和蛋白质。旋转蒸发浓缩，先用蒸馏水洗涤，再用 95%乙醇洗脱，洗脱液于 4℃下保存，得到粗结晶，洗涤后重结晶在 95%乙醇溶液中。

③ 银耳多糖用于高血糖、肥胖等慢性病治疗。作为天然保湿剂，可修复皮肤屏障，还可防辐射。银耳多糖独特的理化性质使其在液体产品中具有良好的稳定性，适合工业产品的制备。银耳多糖的黏度可以使其与蛋白质等成分紧密结合，增加产品弹性和润滑性。

④ 银耳可作为细胞工厂大规模生产用于食品工业的疏水蛋白。利用银耳酵母样细胞作为细胞工厂生产平菇疏水蛋白：利用根癌农杆菌将来自平菇的Ⅰ类疏水蛋白基因 *Po.hyd* 转化到银耳酵母样细胞中，*Po.hyd* 基因的质粒被根癌农杆菌转化。

（四）猴头菇

猴头菇（*Hericium erinaceus*）属于担子菌门、层菌纲、非褶菌目、猴头菇科、猴头菇属。野生猴头蘑多生长在柞树等树干的枯死部位，喜欢低湿环境。

1. 化学成分与活性[106-108]

猴头菇的子实体和菌丝体含有异常丰富的营养成分，主要含多糖和次级代谢物。从 *H.erinaceus* 的子实体中提取的芳香化合物，已鉴定出 11 种（hericenones A-K）。*H.erinaceus* 物种的抗氧化活性是由于黄酮类化合物和多酚等的存在。

猴头菇萜类化合物约 70 种，二萜（cyathane）具有一系列药理特性，包括抗炎和神经保护作用。许多 cyathanes，如 cyahookerin C、cyathin Q，可以刺激细胞中的神经突生长，相反地 scabronine M 则抑制 NGF 刺激的神经突生长。主要抗癌 cyathanes 是 erinacine A、cyathins Q 和 R，具有触发癌细胞死亡的能力。猴头菌素的化学结构式见图 7-4-11[22]。

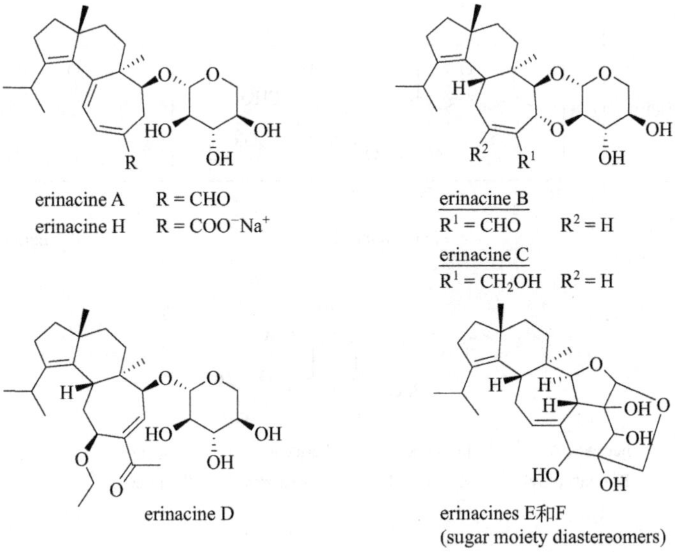

erinacine A　R = CHO
erinacine H　R = $COO^{-}Na^{+}$

erinacine B
R^1 = CHO　R^2 = H
erinacine C
R^1 = CH_2OH　R^2 = H

erinacine D

erinacines E和F
(sugar moiety diastereomers)

图 7-4-11

erinacine K　erinacine G

erinacene P　R = CHO
erinacine Q　R = CH$_2$OH
erinacine J

erinacene R　erinacene I

图 7-4-11　猴头菇子实体和菌丝体中猴头菌素的化学结构式[22]

海苔酮、海里辛存在于新鲜原基和干燥的子实体（野生和栽培）中，菌丝体不存在。*H. erinaceus* 的担子瘤含有相当数量的生物活性分子，例如海苔酮。猴头菇子实体和菌丝体中芳香化合物的化学结构式见图 7-4-12[22]。

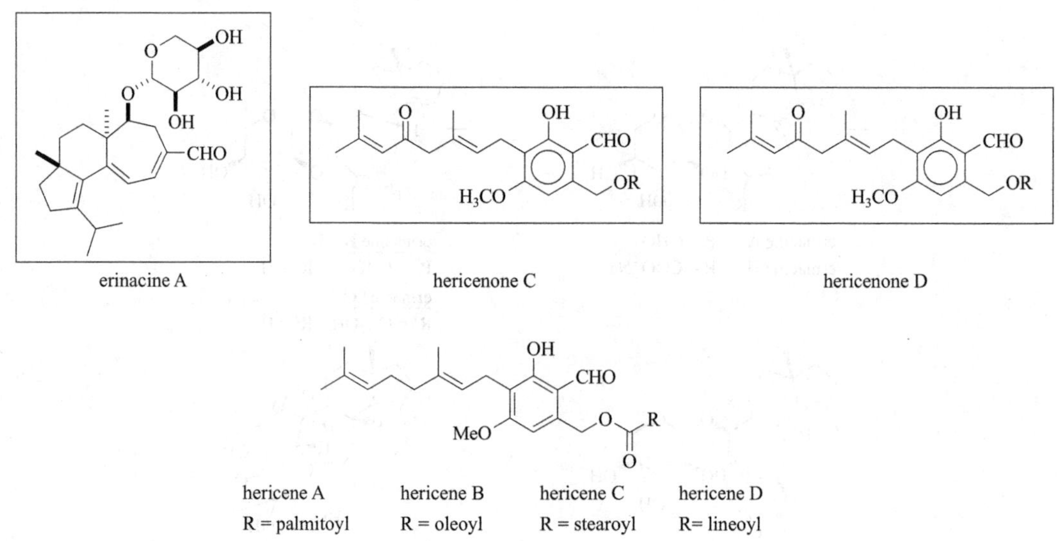

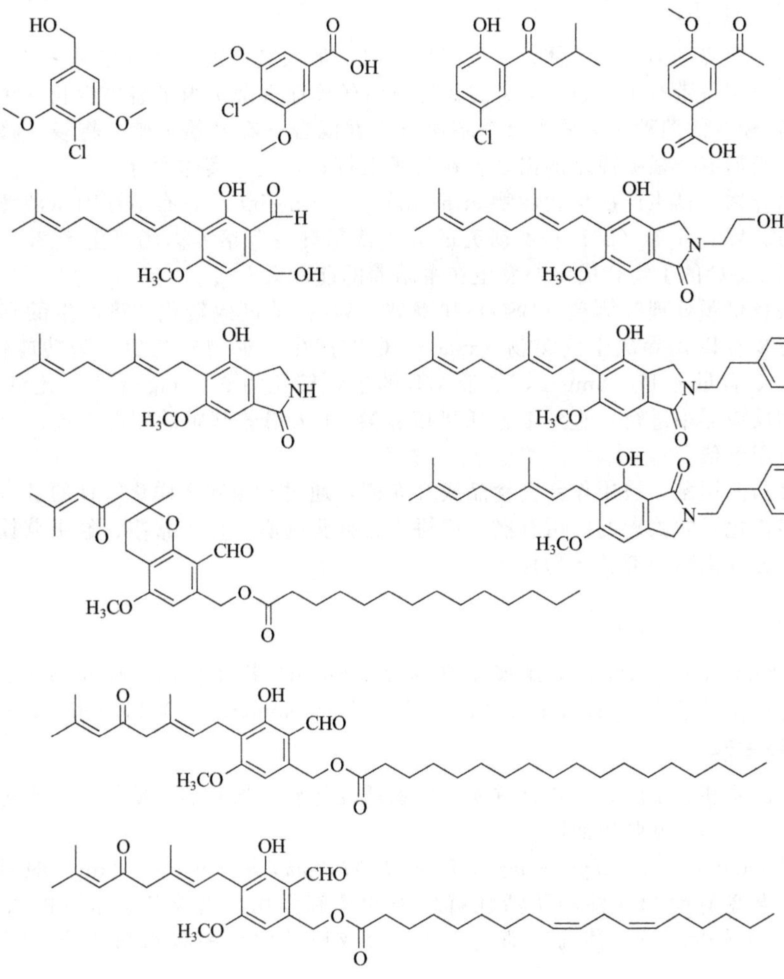

图 7-4-12　猴头菇子实体和菌丝体中芳香化合物的化学结构式[22]

猴头菇糖蛋白（glycoprotein）具有血凝活性。圆二色谱显示 HEG-5 主要是一种 β-折叠糖蛋白。这种糖蛋白抑制了人胃癌细胞的生长[109]。猴头菇菌丝体中多糖组成：岩藻糖、半乳糖、葡萄糖、鼠李糖和木糖。从猴头菇中分离出的一种水溶性低聚糖为猴头菌多糖（β-D-葡聚糖）。

在猴头菇乙醇提取物中发现，6 个麦角甾醇（erinarols A～F）、5 个麦角甾烷型甾醇脂肪酸酯（ergostane-type sterol fatty acid esters）、10 种麦角甾烷型甾醇（ergostane-type sterols）和麦角甾醇 erinarols G～J，均具有抗炎和抗增殖特性。

（1）抗癌活性　猴头菇通过多种途径增殖并诱导细胞死亡（凋亡）机制，包括活性氧物种的破坏（ROS）、破坏 DNA 和必需蛋白质等。猴头菇含有的谷氨酸的核糖核酸酶（ribonuclease）产生了一种修饰酶，抑制了人类白血病细胞系的增殖。

（2）神经保护活性　猴头菇有助于改善大脑以及人类的神经疾病。例如：猴头菇提取物（hericenones：C，4.12mg/g；D，0.21mg/g；E，0.49mg/g.）改善了大脑皮层诱发的认知缺陷淀粉样肽[110]。

（3）抗抑郁活性　猴头菇通过单胺、抗炎等途径显著改善抑郁症，具有作为治疗抑郁症的补充和替代药物的潜在作用。作用靶点：单胺能调节。调节单胺类神经递质是治疗抑郁症的一个主要靶点，*H. erinaceus* 通过抑制应激动物中的血清素能、去甲肾上腺素能和多巴胺能调节具有抗抑郁样作用；BDNF 途径中，BDNF 会受到单胺能递质的影响，*H. erinaceus* 对 BDNF 的恢复作用被认为是通过单胺能调节和正常化，在给药 8 周后，血清 BDNF 水平下降[111,112]。

2. 提取工艺与应用

子实体培养：菌株分离→菌丝体，接种至培养皿，加入氯霉素，黑暗孵育→孢子体培养→温室中，制备基质→制备带有 *H. erinaceus* 的菌种→菌丝体在灭菌聚丙烯袋中生长→黑暗中进行两周，至完全定植→5%的菌种无菌放入每个基质袋中并混合→在基质定殖，将袋子移至明暗循环的房间，诱导原基形成→根据原基的出现，在袋子上打孔，使子实体发育。

通过浸没培养猴头菇生产次生代谢物 erinacine C。Erinacine C 具有治疗阿尔茨海默病等神经疾病的巨大潜力。Wolter 等（2015）所研究的方法使每升主要培养肉汤可生产 2.73g，erinacine C，并确定 erinacine C 的生物合成主要发生在主培养的前六天[113]。

猴头菇深层栽培预处理啤酒糟（BSG）和麦麸（WB）的高效转化。将产生的真菌生物质应用于第二个发酵步骤以诱导次生代谢物 erinacine C 的产生。生物质被生产为功能性食品成分，BSG 的 erinacine C 含量为 174.8mg/g，基于 WB 的生物转化为 99.3mg/g[114]。胞外多糖（EPS）生物合成在生物反应器中进行，直到细胞耗尽培养第 14 天培养基中的碳源，提出了该方法在大规模生产中的应用价值[115]。

猴头菇为食药两用菌，被用作膳食食品或补充剂，通过平衡和多样化饮食的日常使用产生有益效果。作为多样化日常饮食的应用有猴头菇饼干、猴头菇酒、猴头菇酱、猴头菇饮料、猴头菇保健口服液、复方猴头菇冲剂、猴菇片等[116]。

（五）松茸

松茸（*Tricholoma matsutake*），隶属于真菌界（Fungi）担子菌门（Basidiomycota）担子菌纲（Basidiomycetes）伞菌目（*Agaricales*）口蘑科（Tricholomataceae）口蘑属（*Tricholoma*）。

1. 化学成分与活性

松茸富含蛋白质和氨基酸，并含有重要的生物活性物质，如双链多糖等，具有抗肿瘤、抗病毒、抗糖尿病、保肝和免疫刺激活性。

松茸多糖（homogeneous polysaccharide from *Tricholoma matsutake*，Tmp）具有较强的抗氧化活性，对 α-葡萄糖苷酶和 α-淀粉酶活性有较强的抑制作用。当胰岛素抵抗的人肝癌细胞系（IR-HepG2）被 Tmp 处理时，葡萄糖消耗、糖原合成以及丙酮酸激酶和己糖激酶的活性显著改善[117]。

松茸衍生肽（tricholoma matsutake-Derived peptides）：Ser-Asp-Leu-Lys-His-Phe-Pro-Phe（SDLKHFPF）和 Ser-Asp-Ile-Lys-His-Phe-Pro-Phe（SDIKHFPF）。松茸肽可有效抑制 NF-κB/COX-2 的活化，并可能对 LPS 诱导的细胞损伤产生整体保护作用，例如松茸肽显著改善炎性细胞因子的产生并抑制 COX-2、iNOS、IKKβ 等的表达。松茸肽 TMWP 显著上调超氧化物歧化酶（SOD）活性并减少 RAW264.7 巨噬细胞中活性氧（ROS）的产生。此外，TMWP 改善了 LPS 应激巨噬细胞的线粒体呼吸，抵消了 LPS 治疗对线粒体功能的有害影响[118-120]。

食用菌子实体形成和发育的分子机制影响其产量和品质。例如：APC 基因编码后期促进后期复合物（APC），Esp1 基因编码分离蛋白（esp1）在 TM-3 中上调，说明 APC 是 esp1p 和 pds1 形成的关键复合物，在成熟期通过释放姐妹染色体分离 ESP1 及其抑制剂 Pds1p，促进姐妹染色单体的解离和分离（TM-3）。SPO11 和 Rec8 基因编码减数分裂重组蛋白 REC8 Spo11 基因和 Rec8 基因在 TM-3 中上调，表明它们是催化减数分裂 DNA 双链断裂（DSB）形成的关键基因，对于确保同源染色体分离在成熟的减数分裂中正确进行是必不可少的松茸阶段[121]。

2. 提取工艺与应用

松茸子实体的鉴定：在研究地点收集的所有子实体都根据形态学进行了物种鉴定，并用核苷酸序列确认。从子实体组织中提取基因组 DNA。用扩增 rDNA 的内部转录间隔区（ITS）GC-3′）。使用 Biotools 聚合酶进行 PCR 扩增，PCR 产物由商业测序服务（Macrogen Inc.）进行测序。使用 BLAST 算法将序列与 GenBank 中可用的序列进行比对，并以登录号 KM517228 至 KM517248 保存来自 SF 位点的样品，LC373239 至 LC37325 用于来自 NJ 位点的样品[122]。核苷可作为松茸质量评价指标。采用超高效液相色谱-串联质谱（UPLC/MS）测定，是一种高效可行的质量评价方法[123]。UPLC-TOF/MS 和 UPLC-QqQ/MS 用于核酸化合物的松茸质量评价。15 种核酸化合物的化学结构式见图 7-4-13。

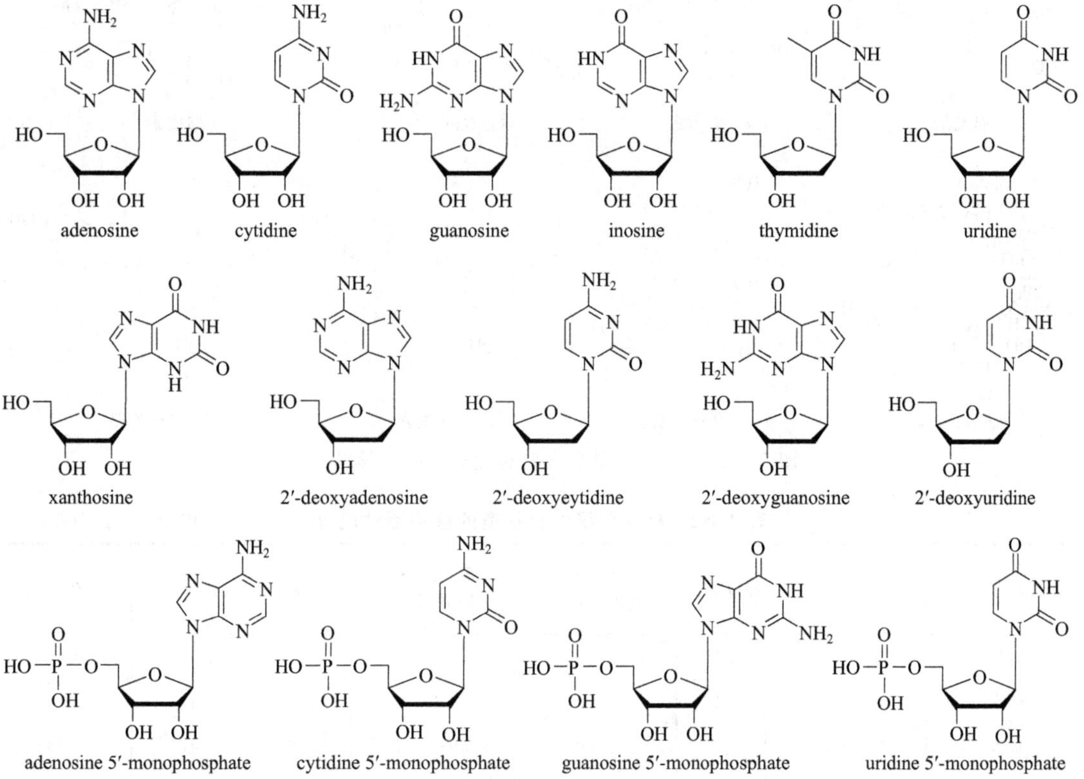

图 7-4-13　15 种核酸成分的化学结构式[40]

新鲜松茸的保质期随着氧气浓度的增加而降低，当 O_2 含量在 1%～21%之间时，其保质期可延长至 18 天。MAP 条件为 1% O_2＋21% CO_2＋78% N_2，对新鲜松茸的运输和保存到市场以及减少其在采后链中的损失有显著好处[124,125]。松茸保健食品有松茸腐乳、松茸冲片及松茸保健酒等。松茸提取物可用作化妆品的添加剂。采用顶空-气相色谱-离子淌度谱（HS-GC-IMS）测定油炸松茸中主要风味化合物的变化基于醇等 C_8 化合物的热分解和一系列化学反应。其他化合物，如酯、烷烃和醛，包括肉桂酸甲酯等，在松茸样品风味的调和和互补中发挥作用[126]。

第三节　林源坚果提取物

林源坚果又叫树坚果，是坚果的一个子类。林源坚果主要有核桃、榛子、腰果、杏仁、板栗等。林源坚果大多为树木种子的子叶或胚乳，含有非常丰富的营养成分，如：蛋白质、糖类、不饱和脂肪酸、纤维素、矿物质和膳食纤维等。除此之外，坚果中还含有许多功能性成分，例如维持人体正常代谢所必需的氨基酸、脂肪酸、磷脂、多酚、黄酮和微量元素等。正是这些种类丰富的营养元素和功能成分的存在，使得坚果具有调节人体血糖和血脂水平、纤体瘦身、预防心脑血管疾病、滋补肝肾、增强记忆力、延缓衰老、预防癌症等效果。

一、分类

林源坚果中含有的生物活性成分主要有酚类、酸类、油脂类等。图 7-4-14 是林源坚果中一些活性成分的化学结构式；表 7-4-2 是一些林源坚果中已报道的植物活性成分的种类与含量。

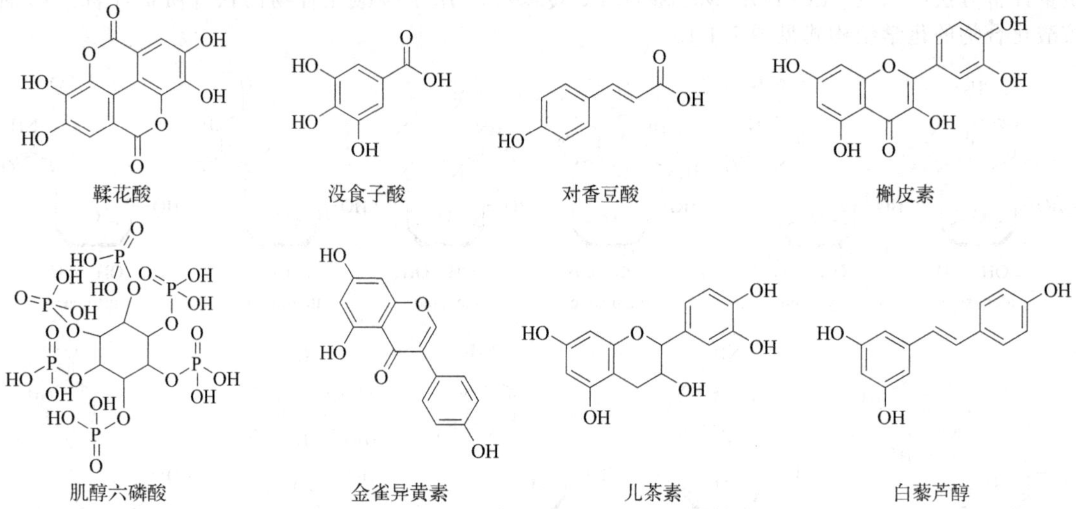

鞣花酸　没食子酸　对香豆酸　槲皮素

肌醇六磷酸　金雀异黄素　儿茶素　白藜芦醇

图 7-4-14　林源坚果中常见活性成分的化学结构式

表 7-4-2　林源坚果中已报道的植物活性成分　　单位：mg/100g

林源坚果	总酚	原花青素	没食子酸＋没食子单宁	鞣花酸＋鞣花单宁	黄酮	酚酸	芪类
杏仁	47～418	176	14～41	49～63	11	0.2～0.7	0.008～0.01
腰果	137～274	2	22	ND	2	ND	ND
板栗	1580～3673	*	276～907	149～1052	0.02	4～142	ND
榛子	291～835	491	0.2～4.3	ND	12	2	ND
松子	32～68	*	ND	ND	0.5	ND	ND
山核桃	1558～1625	60	0.1	6～823	3～65	36	ND

注：ND 为未检出；* 为已检出。

数据来源：Venkatachalam 等[127]。

1. 坚果酚类提取物

林源坚果中含有种类丰富的酚类物质，既有游离型多酚，又有结合型多酚。在酚类物质中，结合型多酚的体内抗氧化能力占 10%～60%[128]。林源坚果是食物多酚的主要来源之一[129]，杏仁中含有 1～2mg/100g 结合型原花青素，约有 8mg/100g 结合型酚酸[130]；板栗、山核桃多酚含量大于 1g 没食子酸当量/100g（即以没食子酸为参考标准而计算出的多酚含量），而大多数坚果仅大于 0.1g 没食子酸当量/100g[131]。杏仁、核桃、榛子中含量最丰富的多酚是原花青素。虽然在杏仁、榛子中也发现过 A 型原花青素，但林源坚果中多为 B 型原花青素[132]。

2. 坚果酸类提取物

肌醇六磷酸和酚酸是坚果中主要的酸性活性成分。山核桃富含酚酸，其含量为 36mg/100g，但研究报道未能精确表征其多酚的结构。大多数林源坚果中都含有肌醇六磷酸，一般以肌醇磷酸盐形式存在，比如：在杏仁和榛子中，检测到 1～6-肌醇磷酸盐均有存在[133]。

3. 坚果油脂类提取物

一些代表性林源坚果中的部分脂溶性活性成分的化学结构式如图 7-4-15 所示。表 7-4-3 总结了林源坚果中的一些脂溶性活性成分（脂质、生育酚、植物甾醇、类胡萝卜素、叶绿素和烷基酚等）。

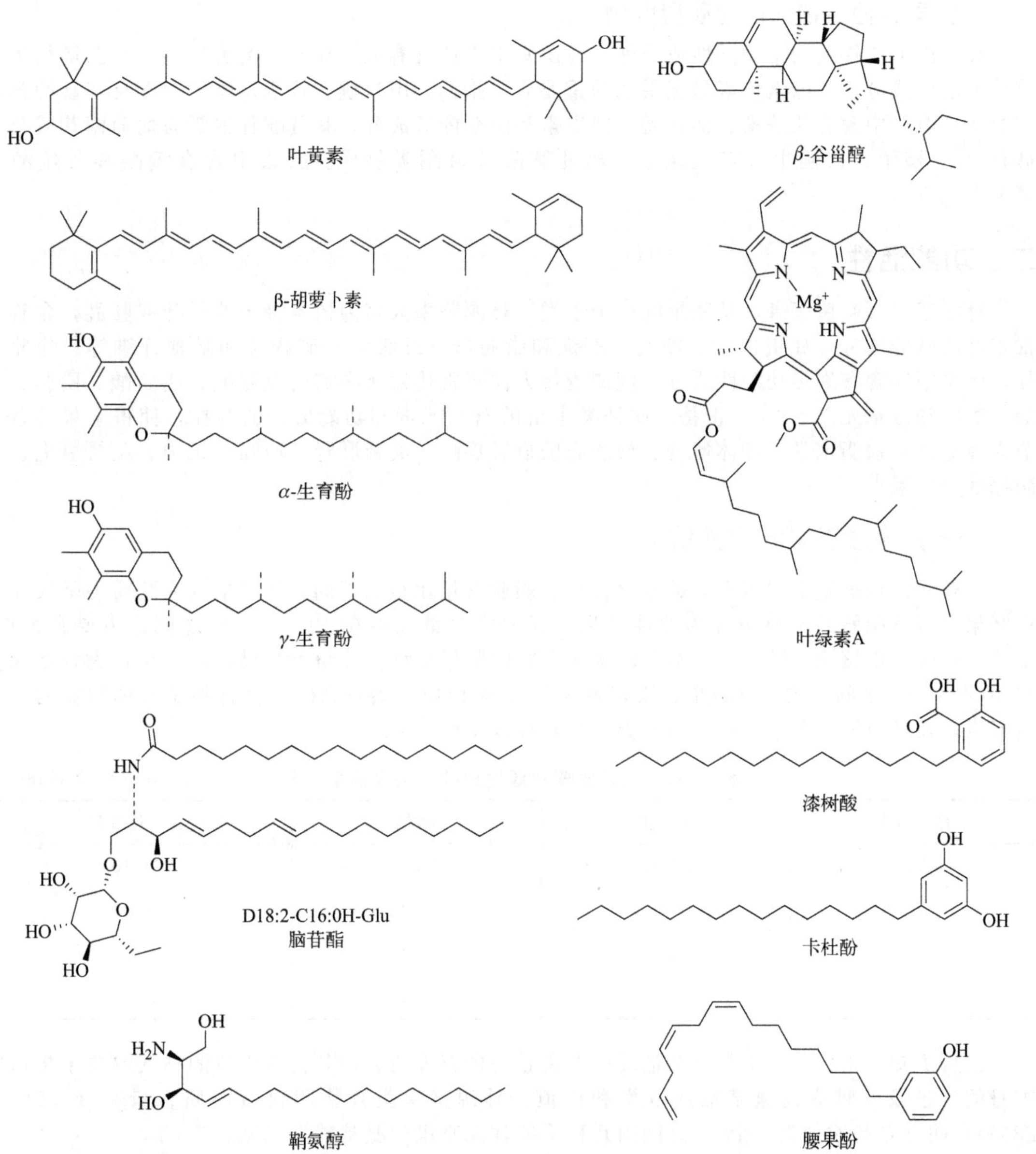

图 7-4-15　林源坚果中常见脂溶性活性成分的分子结构式

表 7-4-3　已报道坚果油中脂溶性生物活性物质　单位：mg/100g（除脂质外）

林源坚果	脂质％	生育酚	植物甾醇	类胡萝卜素	叶绿素	烷基酚
杏仁	49.93	28.60	271	ND	ND	ND
腰果	43.85	7.10	199	0.09*	ND	146～242
板栗	2.26	59.60	800	ND	ND	ND
榛子	60.75	51.31	165	ND	ND	ND
松籽	68.37	45.80	164	ND	0.007	ND
山核桃	65.21	43.72	307	ND	ND	ND

注：ND代表未检出；*代表数据是β-胡萝卜素、叶黄素和玉米黄质的平均值，来自 Trox 等[134]。腰果油中类胡萝卜素含量是在腰果油含量（43.85g/100g）基础上计算得到的。

4. 坚果其他生物活性物质提取物

除了以上所提及的生物活性成分外，林源坚果中还含有如叶绿素、类黄酮、二苯乙烯衍生物等其他活性成分。叶绿素色素是坚果油的重要质量指标。山核桃、核桃、榛子中含有丰富的黄酮类物质。杏仁中含有儿茶素、柚苷元、槲皮素和山柰酚等成分，其黄酮苷主要为葡萄糖苷或芸香糖苷[135]。榛子、核桃中含有儿茶素、棓儿茶酸等黄酮类物质。腰果中含有黄酮和黄烷醇类多酚[136]。

二、功能活性

林源坚果又叫树坚果，是坚果的一个子类。林源坚果大多为树木种子的子叶或胚乳，含有非常丰富的营养成分，如蛋白质、糖类、不饱和脂肪酸、纤维素、矿物质和膳食纤维等。除此之外，坚果中还含有许多功能性成分，例如维持人体正常代谢所必需的氨基酸、脂肪酸、磷脂、多酚、黄酮和微量元素等[137]。正是这些种类丰富的营养元素和功能成分的存在，使得坚果具有调节人体血糖和血脂水平、纤体瘦身、预防心脑血管疾病、滋补肝肾、增强记忆力、延缓衰老、预防癌症等效果[138]。

（一）林源坚果的营养价值

一般我们根据坚果中所含的碳水化合物和脂肪含量比重的不同，将坚果分为淀粉类坚果和油性坚果。富含脂肪的坚果被称为油性坚果，其油脂含量大多在40%～80%之间，主要有杏仁、榛子、核桃、山核桃、腰果等；富含碳水化合物的坚果被称为淀粉类坚果，碳水化合物含量大多在40%～70%之间，主要有板栗、银杏果等[139]。蛋白质、脂肪和碳水化合物是人体所需的三大营养素，几种重要林源坚果的三大营养素含量如表7-4-4所示。

表7-4-4 几种重要林源坚果的三大营养素含量 单位：g/100g可食部分

林源坚果	蛋白质	脂肪	碳水化合物
杏仁	28.00	54.40	11.10
榛子	15.60	52.90	26.70
核桃	14.90	58.80	9.60
山核桃	8.30	64.50	21.30

众所周知，蛋白质是生物生命活动中非常重要的营养成分，其营养价值的高低取决于蛋白质本身的含量及八种必需氨基酸的种类和比值。林源坚果类食物不仅蛋白质含量高（7.5%～28%），而且氨基酸种类齐全[137]。国内几种重要林源坚果的氨基酸模式见表7-4-5。

表7-4-5 国内几种重要林源坚果的氨基酸模式

食物名称	赖氨酸	亮氨酸	异亮氨酸	蛋氨酸	苯丙氨酸	苏氨酸	色氨酸	缬氨酸
杏仁	6.0	14.3	7.5	1.6	10.9	6.2	1.0	8.8
榛子	2.0	5.5	3.0	0.7	4.0	2.53	1.0	3.5
核桃	2.5	6.0	3.2	—	3.7	2.6	1.0	3.9
山核桃	1.7	5.0	3.9	0.7	5.3	1.9	1.0	3.1

注：—代表未检测。

数据来源：中国食物成分表2004[140]。

中性脂肪，简称为脂肪，是自然界中存在的最丰富的脂肪类物质。脂肪由一分子的甘油和三分子的脂肪酸构成，甘油分子的组成结构非常简单，但脂肪酸的种类和长短多种多样[141]。脂肪酸分为饱和脂肪酸（SFA）和不饱和脂肪酸（UFA），其中不饱和脂肪酸由于双键个数的不同，又被分为单不饱和脂肪酸（MUFA）和多不饱和脂肪酸（PUFA）[142]。饱和脂肪酸可以由人体自身合成，也可以从食物中摄入，但是不饱和脂肪酸只能从食物中摄入，因此不饱和脂肪酸又被称为人体“必需脂肪酸”，代表性的必需脂肪酸有亚油酸、亚麻酸等。2003 年和 2004 年美国 FDA（食品药品监督管理局）已认定：合乎要求的健康饮食要摄入约 42.5g/d 不同类型的坚果，尤其是核桃，可以预防心脑血管疾病的出现，也可作为低饱和脂肪和低胆甾醇饮食的一部分[143]。

在淀粉类的林源坚果中，碳水化合物的含量比较高。碳水化合物可以为机体的活动和代谢提供能量，而且对人体内的蛋白质有很大的保护作用，可以使人体内的多种酶、激素、抗体等蛋白质类物质免于分解，并促使其发挥最大作用。

油性林源坚果中富含维生素 B_1（VB_1）、维生素 B_2（VB_2）、维生素 E（VE）等维生素，其中 VE 可以清除体内自由基，提高机体免疫能力，保护体内酶活性，有效预防衰老，还能有效抑制不饱和脂肪酸的氧化，并且能够影响性器官的成熟和胚胎发育。山核桃中含有丰富的 γ-生育酚，它是 VE 的水解产物，具有良好的抗氧化作用，常被添加于护肤品中。

矿质元素对人体正常的生理功能有着重要的辅助作用，在人体内，任何一种矿质元素的缺乏或者过量都会影响其他元素的吸收及其有效作用的发挥，油性林源坚果中含有 Cu、Mu、Fe、P、Zn 等丰富的矿质元素[144]。

此外，林源坚果中含有的膳食纤维可以抑制小肠对糖分的吸收，减少体内胰岛素的释放，从而降低人体血液中血糖和血脂的含量。另外，林源坚果类食品中含有的丰富的不饱和脂肪酸以及其他多种营养元素对人们当前饱和脂肪酸摄入过多的饮食方式有一定的缓冲作用，可将其作为保持健康饮食习惯的理想辅食。

林源坚果属于重要的林果资源，具有较高食用药用价值及经济价值。在食品加工利用方面，林源坚果占有较高的市场份额。红松籽油[145,146] 由于其独特的芬芳气味和在心脑血管疾病预防方面的独特效果，愈来愈受到世界人民的喜爱；榛子油可以用于心脑血管疾病的预防，也可作为制作肥皂、蜡烛和化妆品的原料[147]；板栗由于淀粉含量较高，常用于制备板栗粉、板栗果脯以及板栗酒等[148,149]；扁桃仁也常用于提取食用油和磨粉。林源坚果经简单处理也可获得许多食用油料和工业原料，如：山杏仁油可以作为精密仪器的润滑油、化妆品的基础油及高级涂料，也可在催化剂作用下发生加氢反应，制备生物柴油和生物燃料[150]。由于坚果的果壳一般比较坚硬，含有大量的木质素和纤维素，可以用于制作活性炭；核桃皮、毛榛叶经处理可作为肥料和饲料，用于农林产业。

由于坚果种类各异，加工方式也不尽相同。坚果的全粉制作工艺在国内外的应用研究较多，主要包括蒸煮、粉碎、干燥等环节。其中，干燥是最古老、最普通的环节，但同时也是坚果粉生产中的一项重要环节。坚果粉的干燥加工，不仅解决了坚果在自然条件下极易霉变，不耐储存的不足，而且极大地保留其营养成分和活性成分，提高了坚果的产品附加值，同时加工后更便于储藏、运输及周转流通。针对不同种类的坚果，一般生产常采用以下 5 种干燥方式：热风干燥[151]、冷冻干燥、真空微波干燥[152]、喷雾干燥[153]、滚筒干燥。热风干燥是一种传统的干燥工艺，浆料在热空气作用下相互碰撞、破碎、分散，同时借助热风循环，使物料中水分随热空气蒸发，直至得到产品；冷冻干燥即真空干燥即在物料在超低温下冷冻成固体，通过改变压力和温度，使水分直接升华，从而得到产品；真空微波干燥，即在真空条件下，借助微波将物料从内部和外部同时加热，此时极性的水分子发生剧烈碰撞，产生大量的热，使得水分快速地从物料中溢出，可以实现快速干燥物料的目的；喷雾干燥即将原料按照一定的料液比进行磨浆后，将浆料进行雾化，喷至热空气中，随热空气进行翻转，由于喷出颗粒较小，干燥后一般直接可以得到成品；滚筒干燥即将磨浆后的物料经滚筒挤压成膜，借助筒壁的高温直接使水汽化，冷却后可得到产品。

坚果中存在许多具有医疗保健作用的功能性成分，但同时也存在一些危害人体的有毒有害物质，如银杏果中的氢氰酸和银杏酸。对于坚果中有毒物质的提取和脱除，目前主要采取以下几种方法：a. 热处理法操作简单，应用广泛，比较适用于工业化生产。b. 光照法主要借助一些光敏性物质的光不稳定性，通过光线的照射达到将有毒有害物质脱除的目的。但该方法占地面积大、处理时间长，而且容易导致产品褐变，影响品质，不太适合大批量生产。c. 微生物发酵法，利用微生物的代谢过程，将一种化合物转化成其他物质，从而达到增加风味和降低有毒物质含量的目的。d. 超临界 CO_2 提取[154,155]，该方法成本较高、操作量较小，主要用于坚果中特殊成分的提取，从而制备一些生物制品以及药品等。

目前，国内采用的干燥方式主要为喷雾干燥和热风干燥。喷雾干燥存在费用较高、蛋白质破坏严重、喷头容易堵塞、设备清洗困难等不足。热风干燥，设备简单，但速度较慢，同时物料易发生收缩硬化。使用不同干燥方式生产的坚果粉的品质也存在一些差异，对有毒有害成分的去除及活性成分的保留效果也不同。因此，选用合适的加工方式，开发经济、环保、高效的坚果生产工艺，对坚果的相关产品开发具有一定的指导意义。下面以银杏果和核桃为例，介绍其加工利用技术进展。

（二）银杏果的加工利用

(1) 工艺流程　原料→清洗→筛选→预煮→脱壳，去内衣→护色→清洗→打浆→调制→煮浆→胶磨→冷却、装盘→冷冻干燥→包装→成品。

(2) 操作要点[156]

① 原料选择：选择无霉变、无硬心的银杏果为原料，用清水漂洗去除变质果和杂质以及漂在水面的秕果。

② 预煮：将筛选后的银杏果在 98～100℃下煮 10～15min，边煮边搅动，煮后银杏果容易脱壳和去内衣。

③ 脱壳、去内衣：将预煮后的银杏果冷却至室温，脱去外壳，内种皮大多可随外壳一同去除，部分果仁上残留的内种皮可用蒸汽喷射法或人工去除，放入 0.6%的氯化钠溶液中进行护色保存，打浆前经水漂洗 2 次。

④ 打浆：用打浆机将银杏果果仁破碎打浆，料液比约为 2∶5。

⑤ 调制、煮浆：将银杏浆经泵打入加热缸，加热至 50～55℃，加入阿斯巴甜以及食盐、低聚果糖等配料搅拌调味，继续加热至 80℃，保温 15min。

⑥ 胶磨：将经过调制、煮浆的料液用胶体磨细磨 2 次，进行湿法超微粉碎。

⑦ 冷却、装盘：将银杏浆冷却至 35℃，装入物料盘，厚度为 10～15mm。

⑧ 冷冻干燥：将物料盘放入冷冻干燥机进行冷冻干燥。

⑨ 包装：冻干后的物料要迅速包装，包装间应安装空调，相对湿度小于 45%，采用塑料袋包装，每小袋 15g，热封后即为成品。

（三）核桃的加工利用

(1) 工艺流程　核桃去壳→浸泡→脱皮→漂洗→烘烤→磨浆→过滤→调制→灭菌→接种→灌装→发酵→检验→成品。

(2) 技术要点[157]

① 去壳：采用剥壳机使核桃破碎，一般要求破壳率＞80%，振动筛选使壳、仁分离，去除皮壳。

② 脱皮：用 0.2%的食用烧碱溶液浸泡核桃仁，待表面软化后用弱酸中和，脱皮后用清水冲洗干净。

③ 烘烤：去皮后对核桃仁进行烘烤，以便增加香味。

④ 磨浆：将核桃仁在 60℃热水中以料液比 1∶6 浸泡 2h，用小苏打将 pH 值调为 8.7，湿法磨浆，使所含油脂和蛋白质释放到提取液中，固形物用 200 目筛网过滤分离。

⑤ 调制：核桃浆∶牛乳为 3∶7，白砂糖 8g/100mL。

⑥灭菌：121℃下高温灭菌 15min，冷却至 45℃。

⑦ 接种：使用保加利亚乳杆菌和嗜热链球菌混合菌种，接种量为 4%，接种后分装、封口。

⑧ 发酵：42℃下恒温发酵 4h，放置至 4℃后熟制 12h。

三、典型林源坚果提取物加工与应用

林源食用植物包括林源坚果和林源食用油料植物。林源坚果又叫树坚果，大多为树木种子的子叶或胚乳，市场上常见的坚果有松籽、山核桃、扁桃仁、板栗、银杏果等。木本食用油料植物是指种子含油量高、可供人食用的木本植物，我国常见的木本食用油料主要有山核桃油、茶油、橄榄油、牡丹籽油和红松籽油等。在这些林源食用植物中不仅含有非常丰富的营养成分，如蛋白质、糖类、不饱和脂肪酸、纤维素、矿物质和膳食纤维等，还富含多种生物活性成分，例如维持人体正常代谢所必需的氨基酸、脂肪酸、磷脂、多酚、黄酮和微量元素等。由于林源食用植物多种多样，因此对它们的提取加工技术也各不相同。目前，运用于林源食用植物的提取加工技术主要有干燥法（热风干燥、冷冻干燥、真空微波干燥、喷雾干燥、滚筒干燥）、（脱皮）低温压榨法、新型溶剂提取法、水酶萃取法、超临界 CO_2 萃取法、超声辅助提取法以及微波辅助提取法等。其中压榨法是常用的一种油脂提取方法，而超临界 CO_2 流体萃取技术是一种新型高效分离技术，在油脂加工及其综合利用中有广泛的研究和应用。

（一）松籽

松籽是松科植物红松（*Pinus koraiensis*）的种子，又名松籽、罗松籽、松籽仁、红松果、海松籽等，东北松籽为珍贵树种红松的种子，主产于我国东北小兴安岭、长白山等山林地区，在朝鲜、俄罗斯以及欧洲一些国家有少量出产。红松生长 50 年后才可以结籽，因此松籽极其珍贵。我国食用松籽已有三千多年的历史，食松仁有补气血、清肺、止咳、润五脏、益智、安神、美容、抗衰老、通肠的作用。松籽因清香可口以及较强的生物活性功能而备受大众喜爱，有“长寿果”的美称[158]。

1. 化学成分和性质

松籽仁具有很高的营养价值，其中碳水化合物、蛋白质、脂类的含量分别为 63.5%、16.5%、9%，膳食纤维约为 9%。其中脂类化合物中以不饱和脂肪酸为主，主要成分为亚油酸和油酸等。松籽仁中含有 18 种氨基酸，特别是各种必需氨基酸的含量十分丰富。松仁中还含有丰富的维生素和矿物质，包括维生素 B、维生素 E、烟酸，还含有丰富的磷、钙、铜、锌、锰、铁等微量元素。因此，松籽仁常被作为一种较好的滋养补品[159]。

红松松仁中油脂含量高达 63%～70%，其中不饱和脂肪酸含量占 90%以上，主要为亚麻酸和亚油酸等，对心血管系统有保护作用，可调节血脂，减少胆固醇沉积，促进抗凝，增强血管弹性，预防血栓[160,161]。多不饱和脂肪酸具有强抗氧化活性，可以抑制胆固醇氧化，另外可以与甾醇结合，对胆固醇的形成具有协同抑制作用。牛之瑞等研究发现，红松仁中的不饱和脂肪酸可以降低大鼠血清总胆固醇、体脂比、肝脏脂褐质和甘油三酯水平，而对总脂酶和肝脂酶活性则可以显著提高，表明红松仁不饱和脂肪酸可以调节大鼠脂代谢[162,163]。1997 年，挪威科学家首次公布了松籽中含有皮诺敛酸（pinolenic acid），是一种只存在于松籽油中的不饱和脂肪酸，其不仅能够降低总甘油三酯，升高高密度脂蛋白、总胆固醇，而且对于其他不饱和脂肪酸对机体的不利影响具有抑制作用。此外，最新研究表明，它还具有控制食欲、改善淋巴细胞功能、抗炎、解热、镇痛、抗菌等作用，被誉为洗血因子[164-166]。

研究发现，松仁中的蛋白质由 18 种氨基酸组成，总量为 13%～20%，其中谷氨酸含量最高，高达 16.3%，必需氨基酸占氨基酸总量的 25%[167]。松仁蛋白对衰老小鼠具有抗氧化作用，发现松仁蛋白显著增强了机体谷胱甘肽过氧化物酶、超氧化物歧化酶、过氧化氢酶活力，降低了小鼠体内丙二醛的生成，对延缓小鼠衰老具有一定的作用[168]。杨立宾通过小鼠负重游泳实验对红松种子蛋白进行研究，发现红松种子蛋白具有免疫调节功能和抗疲劳功效。研究还发现松仁蛋白能够显著降低小鼠脑组织中乙酰胆碱酯酶含量，增强小鼠的学习记忆能力[169]。松仁蛋白不仅是优良的蛋白质，还是制备多肽的良好原料。红松松籽多肽可以显著增加小鼠胸腺指数与脾脏指数，增强小鼠细胞免疫与体液免疫，并且可以提高小鼠脾脏中 IL-6 与 IL-2 的蛋白含量。綦蕾采用酶水解法制备松仁抗肿瘤肽及抗氧化肽，发现此多肽可抑制氧化酶活力，激活抗氧化酶活力，提高机体免疫力，从而降低小鼠体内过氧化产物丙二醛的含量，还可以抑制肝癌 HepG2 细胞、结肠癌 HT29 细胞的增殖[170]。此外，徐冰心等通过抗氧化实验发现松仁蛋白胃蛋白酶酶解物对羟基自由基具有清除能力和还原能力[171]。

20 世纪 80 年代，科学家在日本白松松塔中发现了一种抗肿瘤、抗 HIV、抗病毒的酸性多糖，从此对松多糖的研究开始进入人们的视野。研究发现松多糖在抗肿瘤、抗氧化等方面具有较强的作用。松多糖为松籽的主要成分之一，有多种免疫药理活性，对抗辐射损伤、抗肿瘤有较好的疗效，对造血系统也有明显作用，且具有降低血脂和胆固醇、软化血管、增强耐力、抗疲劳、提高机体免疫力等功能，具有很大的应用开发潜力[172]。松籽壳多糖具有多种生物活性，如抗肿瘤、抗病毒、抗氧化、抗衰老等。研究发现，红松松籽壳多糖能够促进小鼠脾细胞增殖，增强 NK 细胞的杀伤活性，调节腹腔巨噬细胞的活性等，且红松松籽壳多糖对小鼠脾细胞具有很低的毒性[173]。李明谦研究发现，松籽壳多糖对荷瘤小鼠的体重下降具有延缓作用，可以提高荷瘤小鼠血清、胸腺脾脏中 IL-2、TNF-α、IFN-γ 蛋白的表达水平[172]。孙芳经分离纯化得到 4 种松仁多糖组分，该组分可以增加小鼠免疫器官的重量，对小鼠的细胞单核-巨噬细胞吞噬功能和免疫功能具有显著的促进作用，可以增强机体的特异性免疫应答[174]。

2. 提取工艺与应用

松仁松脆、酥，有一股淡淡的香味，是一种营养丰富的保健食品。松仁有养心安神、润肤、抗衰老等作用，不仅可以直接食用，还可以加工成糕点、糖果、饮料、罐头、菜肴等食品。目前，用于松籽的提取工艺主要有超声辅助提取法、超临界 CO_2 萃取法和水浴加热法等。蒋丽萍等[175] 对松仁蛋白的提取工艺进行了研究，以松籽为原料，采用超临界 CO_2 萃取法除去松籽原料中的油脂。在测定松籽蛋白等电点的基础上，设定了正交试验，得出提取松籽蛋白的最佳条件为料液比 1∶10（g/mL），碱提 pH 值为 10，碱提时间为 120min，碱提温度为 40℃，在 pH 4.6 时提取蛋白质，其收率最高为 17.48%。黎晨晨等[176] 以松籽壳粉为原材料，利用乙醇水浴加热提取，研究了提取时间、提取温度、乙醇体积分数、料液比对松籽壳中总黄酮得率的影响，以总黄酮得率为响应值，进行响应面分析，松籽壳的最佳提取工艺条件为乙醇体积分数 62%、料液比 1∶28（g/mL）、提取温度 60℃、提取时间 1.2h，此条件下松籽壳中总黄酮的得率为 5.882mg/g。苏晓雨等[177] 采用超声辅助提取技术对红松籽种皮进行提取，并对提取物中的多酚及黄酮类成分以及抗氧化活性进行了研究，结果表明红松籽种皮提取物富含多酚和黄酮类成分，含量分别为 262mg/g 和 174mg/g。此外，还发现红松籽种皮提取物具有较好的清除自由基的能力，同时还具有较强的金属离子螯合能力，并且对卵黄脂蛋白的过氧化过程具有显著的抑制作用。

（二）山核桃

山核桃（*Carya cathayensis* Sarg.），又名野核桃、麻核桃、野漆树，是胡桃科（Juglandaceae）山核桃属（*Carya*）落叶乔木，适生于山麓疏林或腐殖质丰富的山谷，主要产于安徽宁国和浙江临安、淳安、安吉等地，是一种重要的经济树种[178]。其根、枝、叶、外果皮、根皮、坚果内皮及果仁均可入药，具有清热、解毒、止痢、明目等功效，可用于治疗泄泻、痢疾、白带、目赤等疾病[179]。近年来国内外对山核桃的化学成分和药理作用等方面进行了深入的研究，发现其具有较好的抗菌、抗肿瘤等作用。山核桃的根皮在韩国作为民间药物治疗癌症[180]。在印度和非洲，核桃各个部位的提取物作为民间药物使用了很多年[181]。山核桃的果实由于具有极高的营养价值和独特的口感风味，逐渐成为一种广受欢迎的高档坚果。

1. 化学成分和性质

山核桃果仁味美可口，含有丰富的蛋白质及人体营养必需的不饱和脂肪酸，这些成分皆为大脑组织细胞代谢的重要物质，能滋养脑细胞，增强脑功能。其中蛋白质含量为 7.8%～9.6%，人体必需的氨基酸占 7 种，其含量高达 25%，还含有 22 种人体所需的微量元素，其中以钙、镁、磷、锌、铁含量尤为丰富。20 世纪以来，研究人员对山核桃的化学成分进行了广泛的研究，先后分离得到了多种化合物，主要包括有机酸、脂肪酸、酚类、黄酮类、萘醌类、糖及其苷类、皂苷、生物碱、挥发油、香豆素类、强心苷类等多种化学成分。

山核桃果仁中所含的各类油脂具有很好的营养和临床价值。赵志刚[182]从山核桃仁油中鉴定出5种化合物，分别是亚油酸、油酸、亚麻酸、棕榈酸和硬脂酸，其含量分别为63.48%、19.90%、11.96%、3.31%和1.35%。韩喜江等[183]采用色谱-质谱联用仪对山核桃仁油中13种未知成分及含量进行了确定和分析，其中13-二十二碳烯酸、15-二十四碳烯酸、十九酸等具有较强的生理活性和药用价值。

胡桃属植物的青果皮在中国医学上有青龙衣之称，特指胡桃楸和山核桃未成熟果实的肉质果皮。青果皮成分主要有鞣质、胡桃醌、胡桃苷、α-氢化胡桃醌、β-氢化胡桃醌、萘醌、β-谷甾醇、3,5-二甲氧基-4-羟基苯甲酸、琥珀酸、没食子酸及一些色素[184]。另外，青果皮中含有多种脂肪酸，周靖等[185] 采用GC-MS对山核桃青果皮中脂肪酸的成分进行了测定，发现其主要成分为十六碳酸、十八碳酸、十六碳烯酸、十八碳烯酸、十八碳二烯酸、十八碳三烯酸等不饱和脂肪酸，虽然含量较低，但具有较好的保护心血管方面的作用。刘元慧等[186] 采用固相微萃取法从山核桃青果皮中提取挥发油化学成分，其中主要成分为（反式）-1-(2,6-二羟基-4-甲氧苯基)-3-苯基-2-丙烯-1-酮（36.69%）、β-谷甾醇（11.83%）、十六酸（10.762%）、（Z，Z)-9,12-十八烷二烯酸（6.644%）、2,3-二羟丙-反-油酸丙酯（6.538%）等。

潘亚琴[187] 从山核桃叶中分离出6种成分，分别包括二十九烷醇、二十八烷醇、β-谷甾醇、胡桃醌、3-甲氧基-7-甲基胡桃醌及琥珀酸等。刘亚敏等[188] 用采用GC-MS法分离确定出20种化学成分，主要有萜类（84.89%）、芳香烃（3.9%）和酯类（1.34%）等化合物。An等[189] 从山核桃叶甲醇提取物中分离出胡桃糖苷、槲皮素3-*O*-α-L-阿拉伯糖胞苷、槲皮素3-*O*-α-L-吡喃阿拉伯糖苷、槲皮素3-*O*-α-L-鼠李吡喃糖苷、儿茶酚、槲皮素3-*O*-β-D-半乳糖等6种化学物质。

2. 提取工艺与应用

山核桃仁不饱和脂肪酸含量高，在加工和贮藏过程中容易引起酸败，从而导致品质下降。目前，关于山核桃果仁的精深加工报道较少。国内常见的山核桃大部分以烘烤的干果或者果仁销售，很少有其他副产品。而对于核桃壳的研究较多。核桃壳质地坚硬，在加工核桃仁的过程中当作废物被丢掉或焚烧，造成了资源的严重浪费。山核桃壳在700℃下热解可形成生物炭。美国山核桃生物炭不仅提高了土壤中的碳含量，还改善了土壤的持水、渗透和聚合能力，这是对农业废物高效利用的绿色途径。

近年来山核桃中物质常用的提取工艺主要有超声辅助提取法、微波辅助提取法、压榨法、超临界CO_2萃取法等。李赓[190] 以山核桃果壳粉为原料，采用微波辅助法提取黄酮类物质。通过单因素实验研究了微波功率、微波时间、料液比对山核桃果壳黄酮得率的影响。在单因素实验的基础上，通过正交实验优化了微波提取山核桃果壳黄酮的工艺，得到最佳工艺条件为微波功率396W、微波处理时间180s、料液比1∶35（g/mL)、预浸提时间2h，在此条件下黄酮得率达到了3.54%。赵定华[191]以临安山核桃内果皮为材料，利用超声波辅助提取技术研究了不同溶剂、超声时间、固液比、不同梯度乙醇浓度和超声功率等因素对山核桃内果皮黄酮提取率的影响。在单因素基础上，以黄酮提取率为响应值，采用三因素三水平响应面法进行了进一步优化实验，得到山核桃内果皮黄酮提取工艺的最佳条件为超声时间10min、超声功率370W、乙醇浓度56%、固液比为1∶44（g/mL)，黄酮提取率为44.91mg/g。压榨法是常用的一种油脂提取方法，而超临界CO_2流体萃取技术是一种新型高效分离技术，在油脂加工及其综合利用中有广泛的研究和应用。不同的加工方法对化学组成有一定影响，其品质的优劣将直接影响后续加工产品的质量。方亮等[192]通过采用压榨法和超临界CO_2流体萃取法2种提取方法，对提取油脂后的薄壳山核桃饼粕的理化性质进行了研究和比较，发现其中富含油脂、蛋白质、矿物质等营养物质，其中氨基酸种类齐全，不饱和脂肪酸含量高，是一种适宜的食品加工原料。

（三）扁桃仁

扁桃（*Amygdalus communis* L.），又名美国大杏仁、巴旦木，是蔷薇科（Rosaceae）桃属

(*Amygdalus*）乔木，是优良的干果油料树种[193]。我国引种扁桃已有1300多年的历史，但发展较缓慢，主要集中在新疆南部的和田与喀什两地，四川、河北、河南也有少量野生分布。近年来，陕西、山西、山东、甘肃等地也纷纷引种，已取得初步成效。扁桃仁味道香美，营养丰富，富含矿物元素、脂肪油、多种维生素、蛋白质及一些人体必需的氨基酸等活性成分，是一种滋补佳品，誉有“圣果”的美称[194]。现代医学研究发现，扁桃仁不仅可以降低血压、抑制神经衰弱，还可以用于止咳、安神、润肺等的治疗[195]。此外，研究发现扁桃果实的外果皮富含三萜类物质和黄酮类等多种生物活性成分[196]。

1. 化学成分与活性

张凤云等[197]对新疆莎车县扁桃种仁化学成分研究发现，该地扁桃仁中含有十分丰富的蛋白质和脂肪，18种氨基酸的含量为24.13%，其中必需氨基酸的含量可达6.827%，明显高于鸡蛋和核桃。Sanchez-Vizcaino等[198]对扁桃外壳的营养成分进行了研究，发现扁桃外壳中脂肪和天然蛋白的含量在13%～14%之间，并且含有微量的蛋氨酸和色氨酸，必需氨基酸的含量很高，可作为一种动物饲料。此外，有研究发现扁桃蛋白与大豆蛋白相比具有较好的油吸附能力和较低的黏性，研究还发现胃蛋白酶更容易水解扁桃蛋白，说明扁桃蛋白是一种极易被人体吸收的高质量蛋白[199]。

研究发现，新疆莎车县扁桃仁富含维生素 B_1、维生素 B_2、维生素E，其含量分别为3.50μg/g、3.21μg/g、95.69μg/g，分别是核桃的1.09倍、2.92倍和19.14倍[200]。与果蔬及其他主食相比，扁桃仁还具有非常高的食用价值。张萍等[201]采用高效液相色谱法（HPLC）测定了陕西扁桃种仁中α-维生素E的含量，发现其含量是所有已报道的植物油中仅次于麦胚油的一种优质保健植物油，其含量高达201.2～216.7mg/kg，远远高于新疆产扁桃，而且还优于一般的果仁如核桃仁、葵花籽仁等。申烨华等[10]利用高效液相色谱仪对陕西产扁桃仁中的维生素C、维生素 B_1、维生素 B_2 和维生素 B_6 四种水溶性维生素进行了测定，研究发现陕西产扁桃仁中维生素 B_2 含量约为4.27～4.53mg/kg，远高于新疆扁桃仁，维生素 B_1 含量为0.799～0.838mg/kg，低于新疆扁桃仁的含量。但该方法未检测出维生素C和维生素 B_6，说明陕西产扁桃仁不含或者含有少量的维生素C和维生素 B_6。

在对新疆莎车县及喀什地区产扁桃仁中的微量元素分析时发现，扁桃仁中硒含量十分充足，可达0.0610μg/g，而且扁桃仁中锰和锌的含量也较高，分别是核桃含量的19.23倍、167.1倍[197,202]。申烨华等[203]测定了陕西扁桃仁中的微量元素，其中有人体所需的K、P、Mg、Ca、Na、Fe、Zn、Mn、Cu 9种矿质元素，且不含Hg、As、Pb、Cd等有害元素。其中K含量略低于新疆扁桃仁，约为6047mg/kg；Ca含量约为2286mg/kg，是新疆扁桃仁含量的8.76倍；Fe含量高于新疆产扁桃仁，为54.06mg/kg；Zn含量约为33.36mg/kg。

人们采用GC-MS和GC对新疆扁桃仁中脂肪酸进行了定性定量分析，发现该地区扁桃仁脂肪酸主要由棕榈酸（5.97%）、亚油酸（15.60%）和油酸（75.40%）组成[204]。申烨华等[205]研究了扁桃油超声波强化萃取的方法，萃取率高达58.55%。此外，申烨华等进一步对扁桃油主要成分及理化特性进行了分析[206]，发现扁桃油是一种高级的植物保健食用油。高疆生等[207]对扁桃油超临界 CO_2 萃取工艺条件进行了研究，结果表明萃取温度70℃、CO_2 体积40mL、压力351.88kg/cm^2 时，萃取扁桃油的效果较好。

扁桃仁中除了富含人体内所需的基本营养物质外，还含有多种生物活性成分。S. Frison-Norrie等[196]使用飞行时间质谱（MALDI-TOF MS）测定并鉴定了扁桃种皮中四种黄酮苷类物质，分别是异鼠李素芸香糖苷、异鼠李素葡萄糖苷、山柰酚芸香糖苷和山柰酚葡萄糖苷，并使用HPLC对其进行了验证。Sang等[208]从扁桃种皮正丁醇和乙酸乙酯的提取物中分离出了9种酚类物质，均具有抗氧化作用，并通过核磁共振、质谱对其进行鉴定，分别是3′-氧-甲基槲皮素-3-氧-α-L-鼠李糖-(1->6)-β-D-吡喃葡萄糖苷、3′-氧-甲基槲皮素-3-氧-β-D-吡喃半乳糖苷、柚（苷）素-7-氧-β-D-吡喃葡萄糖苷、3′-氧-甲基槲皮素-3-氧-β-D-吡喃葡萄糖苷、莰非素-3-氧-α-L-鼠李糖-(1->6)-β-D-吡喃葡萄糖苷、邻羟基苯酚酸、儿茶素、香子兰酸、原儿茶素。M. Pinelo等[209]研究了从扁桃种皮、种壳、种仁中提取多酚类抗氧化剂的条件，发现乙醇对总酚的提取效果好，而甲醇对多酚的提取效果较好。

2. 提取工艺与应用

扁桃是一种新型的木本油料植物，种仁中含有较多的粗脂肪和粗蛋白。通常，扁桃仁经压榨工艺后所得的压榨饼中蛋白含量可达 50%以上。目前，对于山核桃的提取工艺运用较多的主要有超声辅助提取法、微波辅助提取法、超临界法、压榨法和溶剂法等。李述刚等[210]研究了超临界法、压榨法和溶剂法三种不同脱脂处理方法对扁桃仁蛋白功能特性的影响，结果发现超临界法脱脂处理的扁桃仁蛋白热稳定性、溶解性、持水性和乳化性最好，而压榨法脱脂处理的扁桃仁蛋白乳化稳定性最好，溶剂法脱脂处理的扁桃仁蛋白持油性最好。扁桃的用途特别广泛，不仅可以直接食用，还可以加工成各种产品。扁桃仁营养丰富，可制成各种保健补品，如扁桃酒、扁桃乳等。扁桃仁具有健脾养胃、明目健脑、滋阴补肾、增强免疫力、抗癌防癌等医疗功能，与其他药材相配，可用于治疗神经衰弱、冠心病、肺炎、佝偻病、高血压等疾病，尤其在治疗支气管炎、肺炎等呼吸道疾患上效果十分显著[211]。扁桃油味芳香，色淡黄、清亮，富含 α-VE 和不饱和脂肪酸，不含芥酸，既可作为高级食用植物保健油，又可开发为发用油、基础油、按摩油和防锈油，并可用于高级化妆品的制作，如扁桃水、扁桃乳状液、雪花膏等[193]，是植物油中上好的润肤油。扁桃果肉及提取油之后的残渣富含蛋白质、矿物质、纤维素、碳水化合物等多种营养物质，可以制作饲料。果壳中含有一些具有清除自由基作用的多酚类物质，因此扁桃壳废料可作为抗氧化剂的生产原料[212]。除此之外，扁桃果壳还可制作活性炭，用于吸附饮用水中的痕量金属[213]和挥发性有机物[214]。扁桃树胶还可用于提制胶水和棉织品染色中[193,215]。

（四）银杏果

银杏（*Ginkgo biloba* L.）是中国经济林树种。银杏果，又称白果，是银杏的种仁。银杏的栽培区域十分广泛，北至沈阳，南达广州，海拔东起 40m、西南至 2000m 以下的地带均有栽培。银杏主要的栽培品种有三类：佛手银杏类、圆子银杏类和马铃银杏类。其中佛手类栽培性最强[216]，市面上也较为常见。

1. 化学成分与活性

银杏果作为日常食用坚果，营养价值丰富，除此之外还有很高的药用价值。经测定，银杏果干燥果仁中，主要含淀粉（63%）、粗蛋白（13%）、粗脂肪（2.8%）、蔗糖（5.2%）、还原糖（1.1%）、核蛋白（0.26%）、矿物质（3.0%）、粗纤维（1.2%）[217]，另外还含有 17 种氨基酸，维生素 B_1、维生素 B_2、维生素 C、维生素 D、胡萝卜素、核黄素以及磷、钾、钙、镁、铁等 25 种微量元素[218]。银杏果中除了含有蛋白质、淀粉、多糖、矿物质等营养物质外，还含有多种功能活性成分，包括黄酮苷类、萜类、多烯醇类和烃基酚类等，主要为银杏黄酮、银杏内酯和银杏多糖。

临床试验表明，银杏黄酮和银杏内酯具有抗衰老、抗肿瘤等功效，可以帮助改善血液循环，抑制神经细胞衰老[219]，常用于心脑血管药物及保健品。银杏黄酮的结构包含许多抗氧化基团，可以与糖结合为黄酮苷，是天然的强抗氧化剂，有清除自由基、防止细胞质过氧化的功能，可防止大脑功能衰弱，帮助肝脏排毒，提高肝脏功能酶的活性。银杏内酯目前分离出来的主要包括银杏内酯 A、银杏内酯 B、银杏内酯 C 和白果内酯。不同种类之间的活性存在一定差异，银杏内酯 B 的活性最强，主要作用于血液，可增加供血量、改善心律失常和心肌大脑缺血，防止形成血栓。此外，银杏内酯还可以通过减缓乙酰胆碱转移酶活性降低，提高大脑机能，改善记忆和学习能力。

虽然银杏果富含多种营养成分，但银杏果的种皮和果芯中存在银杏酸和氢氰酸成分，属漆树酸类，这些致敏成分具有细胞毒性、非免疫毒性，并且可能诱发有机体发生突变和癌变[220]，对人体健康有严重危害。银杏酸的不良反应主要表现在胃肠道不良、过敏性紫癜、过敏性哮喘、高血压和中枢神经兴奋。因此，在银杏果的加工制备工艺中，除去银杏酸也是非常重要的环节。

2. 提取工艺与应用

银杏果含水量高，易发生霉变，所以通常需要深加工或者延长存储期。目前市场上主要存在的加工产品为银杏果干（果脯）[221] 和银杏果粉[222]等，或将银杏果作为配料添加到其他食品当中，保留其中的营养成分并赋予食品一定的保健功能和药用价值。还有一部分是利用银杏果发酵制作成银杏果酒、银杏果醋、复合饮料等饮品[223]。

以银杏鲜果为原料，主要的加工工艺还是制备银杏粉，其中的关键工艺主要有筛选、预煮、脱酸、干燥等。原料的选择主要是通过考察不同种类银杏果营养成分含量及差异，根据市场对产品品质的要求，选择淀粉、脂肪和蛋白质等合适的原料，然后通过水选法来去除新鲜银杏果中的霉烂果、空心果。预煮和脱酸可以降低银杏酸的含量，主要是借助银杏酸的热不稳定性和酸性来实现脱除过程[224]。银杏果壳坚硬、种皮中致敏物质含量较高，预煮处理可使果壳开裂，实现果肉与果壳、种皮脱离，且可以降低银杏果外壳中银杏酸等毒性成分。脱酸主要是采用低浓度碱液处理，如碳酸氢钠、碳酸钠及氢氧化钠浸泡[225]。两种方式都能显著降低银杏酸的含量。此外，不同干燥方式对银杏粉品质也会产生非常重要的影响[226]，不同处理条件下的产品在致敏性成分的脱除效果、功能活性成分、产品色泽、糊化特性、速溶性等方面都不同。因此，干燥方式的选择在全粉加工工艺中十分重要。干燥方式主要分为热风干燥、真空冷冻干燥、微波干燥、喷雾干燥和滚筒干燥。其中滚筒干燥设备筒壁的高温处理过程，对银杏酸去除有显著效果；真空冷冻干燥和喷雾干燥对活性成分的保留较好；微波干燥下可以保留银杏天然的淡黄色；喷雾干燥和滚筒干燥条件下堆积密度较小，溶解性好。综合考虑，滚筒干燥条件下的银杏全粉具有较好的溶解性、持水性，可以广泛地应用于各类食品产品中，提高食品口感和营养[227]。

（五）板栗

板栗（*Castanea mollissima*）为壳斗科（Fagaceae）栗属（*Castanea*）坚果类植物。其组织成分中含有大量淀粉，还含有蛋白质、脂肪、维生素、无机盐和黄酮类物质，素有“干果之王”“铁杆庄稼”之美称。板栗的种子即是自身，故板栗仁也可称为板栗种仁。板栗原产于中国，历史悠久，自古以来，人们以板栗仁为食，果腹充饥[228,229]。其分布广泛，主要分为华北地区品种群和长江流域品种群[230]，品种多样，不同地区之间的板栗成分含量不同[231]。

1. 化学成分和性质

研究表明，板栗种仁含有多种营养物质和活性成分，营养物质包括淀粉、蛋白质、可溶性糖、维生素 C（26.3～46.7mg/100g）及多种矿物质元素，活性成分包括黄酮、有机酸、萜类、甾醇、生物碱、鞣质（鞣花酸）、木质素及多种挥发油类成分，且不含胆固醇。淀粉是板栗仁的主要成分之一，含量约为 50%[232,233]。板栗中还含有丰富的不饱和脂肪酸[234]。板栗壳为板栗的外果皮，已有研究表明栗壳中含有多糖（或苷类）、酚类、有机酸、内酯、香豆素、鞣质、甾体（或三萜）及微量元素、木质素或芳香族化合物等多种化学成分[235]。

板栗仁同样有显著的保健功能和药用价值，在中医中，板栗性温，味甘、平，入脾、胃、肾经，有养胃健脾、补肾强筋、活血止血的功效，临床上主要治疗反胃、泄泻、腰脚软弱、吐血、衄血、便血、金疮等症。板栗仁中的多糖具有很好的抗氧化功能，黄酮类化合物有抗氧化、降血脂、增强免疫力的作用，酚类化合物有益于高血压、冠心病及心脑血管疾病的防治。现代临床研究表明板栗具有抗氧化、抗肿瘤、降血糖血脂、补肾、抗病毒、抑菌等药理作用[236]。

2. 提取工艺与应用

我国板栗分布广泛，在复杂的地理和气候条件下，经过长期的自然选择，形成了许多生态类型和地方品种，据不完全统计，中国板栗地方品种多达 350 个（尚不包括有价值的遗传材料和东北的丹东栗），种质资源极为丰富。近年来的研究表明，板栗仁中可以提取多糖、氨基酸、总黄酮、多酚、色素等成分，具有抗氧化、抗肿瘤、抗病毒、止血、养胃健脾等功效。在我国，板栗仁产量高，对板栗仁的深加工有助于保存板栗仁，获得更多经济效益。板栗仁的应用多种多样，包括即食板栗仁、板栗罐头、板栗饮料、发酵板栗酸奶、板栗米饼、板栗脆片。板栗的深加工可以延长板栗的储存期，增加板栗的经济价值。

板栗罐头[237]：板栗罐头常用作菜肴辅料，因为板栗已经去皮，果实饱满，栗仁完整，食用方便。在板栗加工过程中，需要加入褐变抑制剂（0.15%明矾、0.02%EDTA-2Na、0.2%柠檬酸），能有效抑制美拉德反应，防止板栗仁的非酶褐变。其他板栗产品有板栗饮料[238]、板栗乳发酵饮料（以板栗和脱脂乳粉为原料进行乳酸发酵）[239]、板栗膨化米饼[240]、板栗脆片[241] 等。目前为止最常见的板栗产品仍然是糖炒栗子。板栗食品仍然在开发，但板栗去壳和板栗护色是难点[242,243]，直接影响板栗仁产品的品质。

板栗多糖有多种提取方法，张美等[244]对水提法、碱提取法、微波辅助提取法的对比研究表明，板栗仁中可溶性多糖选择微波辅助法提取效率更好。吕佼等[245]采用碱提取酸沉淀法提取板栗中的粗蛋白。还有研究学者将板栗仁蛋白水解成小分子肽链，其抗氧化活性高，模拟消化试验后仍保持良好的抗氧化活性[246]。于帅等[247]选用微波法提取板栗仁中酚类化合物，能够从板栗仁中分离得到的酚类化合物单体分别为没食子酸、原儿茶酸、儿茶素、槲皮素、表儿茶素、山柰酚。

第四节　林源食用油料提取物

木本食用油料植物是指种子含油量高、可供人食用的木本植物。油茶、油棕、油橄榄、椰子是世界上著名的四大木本食用油料植物。

一、分类

木本食用油中含有丰富的功能性成分，如酚酸类、维生素、角鲨烯、甾醇类等成分。一些木本油料的活性成分含量见表 7-4-6。

表 7-4-6　5 种木本油料的部分活性成分含量　　单位：mg/100g

活性成分		油茶籽油	红松籽油	山茶油	核桃油	橄榄油
角鲨烯		139.3	—	173.3	53.8	6294.7
β-谷甾醇		475.1	2459.2	1091.5	2442.1	1515.8
生育酚类	α-生育酚	28.00	20.97	38.39	—	26.59
	β-生育酚	—	—	—	—	0.57
	γ-生育酚	—	0.74	—	—	2.25
	δ-生育酚	—	—	—	—	—
	总生育酚	28.00	21.71	38.39	—	29.41

注："—"表示未检出。

1. 食用油中多酚类提取物

多酚在人体内具有清除自由基和自身抗氧化作用，因此对人体的营养和健康起着重要的保护作用。山茶油中含有较高的茶多酚类物质，能够提高人体免疫力，预防心脑血管疾病的发生；橄榄油中含有的多酚类物质，有助于降低血管系统中的炎症[248]。

橄榄油中含有丰富的角鲨烯角，鲨烯又名鱼肝油萜，是一种高度不饱和的脂肪族烃类化合物，角鲨烯能抑制癌细胞的生成，促进新陈代谢，提高机体免疫力。研究表明，植物中的甾醇类物质能够降低血液中胆固醇的含量、防治前列腺肥大、抗癌等。

2. 食用油中维生素类提取物

维生素 E 包含多种生育酚与生育三烯酚，它是人类自身无法直接合成，必须从植物资源中摄取的维生素之一。天然维生素 E 在人体内的生物利用率要比合成的维生素 E 强 2 倍。它不仅是一种优质的营养素，还是一种天然的抗氧化剂。油脂中的维生素 E 不仅对油脂的氧化稳定性起到积极的作用，并且在人体摄入后能保护不被大量的不饱和脂肪酸所氧化。维生素 E 在人体内有多种生理功效：a. 对生育功能起到保护作用；b. 对人体的内分泌与泌尿系统、呼吸与消化系统在体内正常作用起到了积极作用；c. 保护心脑血管、神经系统与视网膜的正常生理作用。当然食用油中维生素 E 的含量也不应过量，微量的维生素 E 起到保护油脂的作用，但是维生素 E 含量偏高则会导致油脂氧化加速。

油料作物是植物油脂和蛋白质的重要来源，随着人们生活水平的不断提高，木本油料作物以其独特的香味以及较高的营养价值越来越受到人们的追捧。一般情况下，木本油料加工可同时获得毛油和饼粕，它们可以作为直接工业原料或进行再加工[248]。毛油经过进一步加工可得到不同级别的食用油和固体脂肪，在加工过程中也可以进行一些化合物的高附加值利用，如磷脂、脂肪酸、甾醇、生育酚等，当然油脂本身又可制成多种工业原料或制品。饼粕则可进一步加工制成动物饲料或蛋白制品。

为提高和改善油脂和饼粕的品质，制油工艺尤为重要，现阶段工艺主要有（脱皮）低温压榨法、新型溶剂提取法、水酶萃取法、超临界 CO_2 萃取法等[249-256]，新型制油工艺的使用也为增加产品附加值和开发特种功能性油脂提供了新途径。（脱皮）低温压榨技术可去除油料中含油脂较少的种皮，同时低温压榨可显著降低氨基酸的破坏程度，能保持油脂的独特香味，有利于提高油脂的品质。新型溶剂提取法比较先进，效率也比较高，而且当前应用较为广泛，其基本原理是通过固液萃取技术，选用能够溶解油脂的有机溶剂，通常是低级烷烃类化合物，通过对油料的接触（浸泡或喷淋），萃取出其中的油脂成分，再经分离纯化得到油脂。溶剂提取法是当前工业化生产油脂的方法之一，能够较为完全地将油从原料中提取出来，原料利用率较高，但溶剂提取法常常伴随一些风味物质的损失，油品色泽较深，溶剂残留问题是其广泛应用的最大阻碍，不太符合当今消费者对绿色健康的迫切需求，这些都限制了溶剂提取法的进一步发展。水酶萃取法，即结合水酶法和溶剂萃取法，通过研磨和添加酶制剂，在温和的反应条件下，利用酶水解细胞壁，破坏原料的细胞结构，促使油脂更好地从细胞中释放出来，有利用溶剂的提取，此法不仅能提高油脂的提取率，还能较好地保留油料中的多种有效成分。超临界 CO_2 萃取法，即利用超临界 CO_2 对油脂的独特溶解能力，通过控制压力和温度使 CO_2 达到超临界状态，在此状态下进行油脂的提取，该法操作温度低，可一次完成提取分离而且没有溶剂残留，同时保证了油脂的色泽和品质，但该方法设备投入较大。

下面以大众木本食用油料——核桃油加工工艺为例，进一步说明其加工利用技术。

（1）工艺流程　原料→脱青皮→破壳取仁→去皮清洗→压榨→脱胶→脱酸→脱色→脱臭→储藏。

（2）操作要点

① 脱青皮。目前我国核桃采摘后大部分仍采用人工脱青皮的方式，只有小部分使用了青皮脱皮机。青皮脱皮机主要通过摩擦实现脱皮，工作效率较高，同时能有效避免青皮对工人的伤害[257]。

② 破壳取仁。传统的人工破壳方法费时费力，效率低下，当前市场上已有小型破壳机，投资较小，可在一定程度上提高生产效率，若想进一步提高破壳取仁效率，可采用破壳及壳仁分离系统，该系统可大大提高效率，但投资相对较大，不太适应一般中小型企业的需求。

③ 压榨。压榨法是当前核桃油生产中最为常用的一种，也是应用较为成熟的核桃油提取方法。通常情况下，使用螺旋榨油机和液压榨油机将原料中的油脂一次性挤出，而压榨类型包括冷榨和热榨两种。现阶段，我国使用最为广泛的加工方法是冷榨，有利于保持核桃的独特风味。

④ 脱胶[258]。脱胶就是除去毛油中以磷脂为主的胶质，通常利用油中胶类物质良好的水溶性，采用水化法进行脱胶。一般使用食用烧碱将磷脂进行水化，水化后将磷脂从油中转移到水中，再通过油水分离除去水化磷脂。对于非水化磷脂，则需要加入磷酸，再采用上述方法除去。

⑤ 脱酸。脱酸主要是为了除去油脂中的游离脂肪酸，方法主要有碱炼和物理精炼两种。碱炼即通过酸碱中和的方法，使用烧碱中和核桃油中的酸类物质。物理脱酸一般和脱臭步骤同时进行，该过程需在脱臭塔中完成，通过汽提方式将游离脂肪酸和挥发性成分一起除去，有利于减少操作次数，但此法一般不适用于热敏感性油脂。

⑥ 脱色。脱色是为了除去核桃油中的色素，同时也可以去除重金属离子和有害物质，能使核桃油色泽更透亮。

⑦ 脱臭。脱臭主要是为了除去核桃油加工过程中产生的不良气味，通常是游离脂肪酸的氧化物以及一些挥发性成分，该过程通常在脱臭塔中进行，其操作与物理精炼脱酸一致。

二、功能活性

木本食用油料是含油量高、可供人食用的木本植物的种子所榨出的植物油[259]。经过长期的栽培实践，我国有十多种具有经济价值的木本油料植物，主要有油茶、油棕、核桃、椰子、油橄榄、山核桃、红松籽、牡丹籽等[260]。

木本食用油料富含多种脂肪及营养元素，能够提供大量的能量和营养[261]。木本食用油料中脂肪酸成分以不饱和脂肪酸为主，常见的木本食用油中主要脂肪酸组成及含量见表 7-4-7。

表 7-4-7　常见食用油中主要脂肪酸组成及含量

类别	饱和脂肪酸/%	单不饱和脂肪酸（ω-9 油酸）/%	多不饱和脂肪酸	
			ω-6 脂肪酸（以亚油酸为主）/%	ω-3 脂肪酸（以 α-亚麻酸为主）/%
棕榈油	49	41	0	10
橄榄油	9～11	84～86	4～7	1
山茶油	10.5	76.8	11.6	0.7
核桃油	8	23.6	60.4	7.9
牡丹籽油	6.6	21.4	28	44
油茶籽油	10.4	81.3	8.1	0.3
红松籽油	7.7	27.6	46.7	0.3

按照碳的饱和程度可以将脂肪酸分为饱和脂肪酸和不饱和脂肪酸。常见的饱和脂肪酸有辛酸、月桂酸、软脂酸、硬脂酸、豆蔻酸、癸酸等，适量地食用饱和脂肪酸有助于体内脂肪的代谢，但过量食用却会导致脂肪在体内堆积，引起高血脂和冠心病等疾病[262]。不饱和脂肪酸包括十六碳烯酸、油酸、亚油酸、亚麻酸、二十二碳烯酸等[263]，人类自身不能合成不饱和脂肪酸，只能从食品中摄入，其中 α-亚麻酸更是脑组织的重要组成部分，在提高婴幼儿智力，增强免疫力，保护视力，降低血脂、血压、血糖，防止心脑血管疾病等方面具有重要作用[264-266]。其中榛子中的油酸含量很高，是一般植物油脂无法比拟的，油酸可以有效地防止心血管疾病的发生[267]。

三、典型林源食用油料提取物加工与应用

（一）山核桃油

山核桃（*Carya cathayensis*）属胡桃科（Juglandaceae）山核桃属（*Carya*）木本乔木[268]。山核桃又称小核桃、小胡桃，桃仁中富含油脂和蛋白。相比于核桃，山核桃呈水滴状，颗粒小，显灰麻色，表面粗糙，果仁含油量更高、香气更浓，但不易剥壳。

1. 化学成分和性质

山核桃油属于木本油类，含油率是木本油料中最高的一种，且 90%为不饱和酸，主要为油酸、亚油酸和亚麻酸，其中油酸在 60%左右；其余饱和酸<10%，为棕榈酸和硬脂酸。山核桃油中还富含钾、钙、锌、铁等矿物质元素以及维生素 A、维生素 E。其果仁蛋白质含量 7.8%～9.6%，氨基酸含量高达 25%，其中人体必需氨基酸 7 种[269]。油酸作为不饱和脂肪酸具有非常强

的稳定性和抗氧化性，且可降低血脂、胆固醇含量，防治心血管疾病、动脉粥样硬化，因此，高油酸的山核桃油具有较高的营养保健价值。山核桃中另一个重要的活性营养成分是维生素E。维生素E是抗氧化能力很强的一种抗氧化物质，能够保护机体细胞免受自由基的伤害。除此之外，山核桃油脂中维生素E可抑制多不饱和脂肪酸的氧化，从而提高油脂的稳定性，防止酸败，延长保存时间[270-272]。

2. 提取工艺与应用

目前，山核桃油脂的提取主要采用压榨法、有机溶剂浸提法、水酶法、超临界流体萃取等方法，尤其是超声波、微波等辅助技术的应用，有助于提高山核桃油脂得率和品质。山核桃油的压榨工艺总体可以分为两种，即冷榨工艺和热榨工艺。冷榨工艺是一种通过物理机械作用的制油方式，整个过程都处于低温，所获得的冷榨油不需要再进行进一步的精炼，只要再通过一次过滤步骤就可以达到食用油标准，通常适合于用高含油量的原料来生产高品质的油脂[273]。但由于核桃仁含油量高、纤维含量低，其组织结构是属于柔性油料的特性，核桃仁颗粒和颗粒之间的摩擦系数减小，压榨过程中难以建立榨膛压力。在冷榨过程中，细胞膜没有遭到破坏，油脂和油溶性的物质与蛋白质的亲合力很强，需要更大的压力才能把油滴从细胞内挤压出来。热榨工艺主要经过山核桃仁的破碎、软化、压胚、蒸炒、压榨、毛油沉淀后得到成品精油，经过蒸炒，气味香甜，酸值上升，出油率变高。但核桃饼中蛋白变性，其活性成分损耗较大。

传统的压榨方法不能充分利用原料中所含有的蛋白质，且出油率相对较低，因此现代工艺越来越多地利用超声、微波、超临界等辅助手段来提高产品的品质，采用气相色谱-质谱法对成品油进行成分分析及质量评价。不同的提油方法可能会对山核桃油的质量和稳定性产生不同的影响。超声辅助提取利用超声波产生的强烈振动、空化等超声效应及其协同作用提高分子的运动频率，使细胞壁快速破裂，可以提高活性成分的提取率，同时提取时间大幅度缩短，简化操作。超临界 CO_2 萃取法是利用超临界条件下的 CO_2 气体作为萃取剂，从液体或固体中萃取出某些成分并进行分离的技术，因其有无毒、安全、对生态环境污染小、对油脂有很好的溶解性、分离简单、操作过程温度比较低、得到的油脂的品质和纯度高等诸多优点，但生产成本高，通常应用于附加价值更高的产品。因此，超临界 CO_2 萃取技术也适合于小品种油脂山核桃油的提取。水酶法是从水代法的基础上发展而来，是近年来研究较多的一种油脂提取技术，其原理是依靠油和非油成分对水的亲合力差异以及利用酶水解包埋油脂的脂蛋白和脂多糖等成分，再利用油与水密度的差异将两者分离[274-276]。

为了利于加工和贮藏，还可以将山核桃油制成微囊[277]，可有效地减少油脂受外界环境因素（如光、氧、热）的影响，延缓及避免山核桃油的氧化从而保持稳定。同时，微囊可以使油脂由液态转化为较稳定的固态粉末油脂，便于工业化的加工、贮藏和运输。

（二）茶油

茶油是指将油茶籽进行物理机械压榨或有机溶剂提取便可获得油茶籽油，又名茶油、山茶油、山茶籽油，油茶籽种仁含油率为40%～65%[278,279]。油茶（*Camellia oleifera*），又名茶子树、茶油树、白花茶等，为山茶科（Theaceae）山茶属（*Camellia*）常绿大灌木或小乔木。油茶是我国特有的木本食用油料树种，有两千多年的栽培和使用历史，与油橄榄、油棕、椰子并称为世界四大木本油料植物，与乌桕、油桐和核桃并称为我国四大木本油料植物。油茶广泛分布于长江流域以南大部分省份的丘陵地区，普通油茶在我国栽培面积最大，此外，小果油茶、浙江红花油茶、腾冲红花油茶、攸县油茶、越南油茶等均有种植[280]。

1. 化学成分和性质

茶油主要由不饱和脂肪酸（油酸、亚油酸等）和少量饱和脂肪酸（棕榈酸、硬脂酸等）组成，其中不饱和脂肪酸超过90%，油酸含量高达80%[281]。茶油中含量最高的脂肪酸是油酸，其含量是人们衡量食用油品质的重要指标。与其他食用植物油相比，茶油不含芥酸等难以消化吸收的成分[282]，且含有β-谷甾醇、豆甾醇、2,2-二氢菠菜甾醇等不皂化物以及多酚、角鲨烯、维生素E、β-胡萝卜素等活性成分[283-288]。

茶油中含有的油酸等成分不仅可以使茶油具有多种保健功能，如预防和抑制高血压、冠心病等心脑血管疾病，增强机体免疫力，而且能延缓茶油氧化。茶油中的其他微量成分也具有多种生理活性，例如：角鲨烯具有很好的富氧能力，能使细胞恢复活力，有抗缺氧和抗疲劳的作用；黄酮类化合物具有清除皮肤中自由基、促进皮肤新陈代谢、减少色素沉着、润泽肌肤等作用，可防止皮肤老化、防辐射防晒、抑菌消炎；脂溶性维生素可促进机体内层细胞再生，修复皮下受损细胞，增强皮肤的自我更新，调节皮肤水油平衡，抑制皮肤老化和弹性下降。

2. 提取工艺与应用

压榨法是用纯物理压榨方式，从油茶籽中榨取油茶籽油的方法，其对原料的要求比较高，出油率低，产量少，营养成分保留较好。沈佳奇等[289]以贵州昶江山茶为原料，采用液压榨油技术，通过单因素试验探讨含壳率、蒸胚时间、压榨时间和压榨温度对茶籽油出油率的影响，所得毛油不饱和脂肪酸含量高达86.51%。胡健华等[290]在油茶籽脱皮冷榨研究的基础上，选用压缩比较大的双螺杆榨油机，35℃以下冷榨，一次压榨饼中残油即可达到8%以下，出油率可达86%，显示出较大的优越性。除了酸值较高外，其他各指标均达到压榨成品油茶籽油一级标准[291]。

水代法是利用水浸入油料种子细胞中去取代其中的油脂，使细胞中的油脂被替换到水相表面的一种提取植物油的方法。郭玉宝等[292]利用正交试验确定了油茶籽油的水代法提取最佳工艺条件，油茶籽油提取率可达80.28%。李依娜等[293]利用水代法提取油茶籽油，茶油出油率可达到80%，茶油色泽透明金黄，香气浓郁，除了水分及挥发物含量指标外，其他指标均符合国家一级压榨茶油的标准。郑小非等[294]研究表明微波辐照辅助水代法提油率高达90%，保留了茶油的营养成分及风味。然而，水代法在提油工艺过程中易产生乳化现象，导致提油率降低。

张智敏等[295]对比了冷榨法、热榨法、浸提法、水酶法、超临界CO_2萃取法（SCFE）、亚临界萃取法（SWE）六种提取方法，表明：油酸含量最高的是水酶法（毛油79.12%），其次是冷榨法（毛油78.41%）；亚麻酸含量最高的是冷榨法（毛油0.57%），其次是水酶法和SWE（毛油0.47%），含量最低的是浸出法（毛油0.38%）；亚油酸含量最高的是热榨法（毛油13.66%），其次是SCFE（毛油8.88%）；花生一烯酸含量最高的是水酶法（毛油0.84%），含量最低的是SCFE（毛油0.48%）。总体而言，冷榨法毛油的不饱和脂肪酸含量最高（87.92%），其次是水酶法工艺（87.83%）。

（三）橄榄油

橄榄油是世界上最古老、最名贵的食用油之一，主要存在于橄榄果肉中，取自果肉的油称为“橄榄油”，取自果仁的油称为“橄榄仁油”。油橄榄在地中海沿岸已有4000多年的栽培历史，我国在20世纪60年代引进橄榄树，现主要分布在广东、广西、福建、台湾、四川、云南、海南等地[296]。

1. 化学成分和性质

橄榄油常温下是一种淡黄色油状液体，产品品质优良，香味独特，有“植物油皇后”的美誉。油橄榄鲜果含油率为15%～20%，其中棕榈酸9.5%～15.5%、硬脂酸1.4%～4.2%、花生四烯酸0.2%～0.6%；其中不饱和脂肪酸含量为81%～87%，包括油酸67%～81%、棕榈油酸0.7%～2.4%、亚油酸4.6%～13.2%、亚麻油酸0.28%～1.7%[297]。按照橄榄油皂化情况，可将橄榄油分为皂化物部分和不皂化物部分。皂化物部分包括游离脂肪酸和甘油三酯，主要是甘油三酯，占98.5%左右；不皂化物占1.5%左右，包括游离醇、三萜烯、色素（叶绿素和类胡萝卜素）、生育酚、多酚、甾醇、角鲨烯及挥发性成分等[298]。这些物质不但可以提高免疫细胞活性，增强免疫功能，清除人体内自由基，促进新陈代谢，还可以提高人体的抗病能力、延缓人体的衰老，使得橄榄油在医学临床观察中具备了综合性、多方面的疗效功能。

2. 提取工艺与应用

橄榄油的加工工艺主要有传统工艺、两相分离工艺及三相分离工艺。传统的橄榄油提取工艺较简单，一般先用石磨将清理过的成熟橄榄果实碾碎，用清洁的袋装好，通过挤压机将油挤出来，经过滤、沉淀、装瓶，得到成品油。现代制油工艺用高速离心机替代挤压机，实现了油和渣的快速分离，提高了出油率和油品质量，工艺流程为：鲜果采集→运输和存放→去枝叶清洗→磨碎→融合→离心→分离→贮存→装瓶[299]。橄榄果一般在每年11月至次年2月份进行鲜果采集，青果与黑果的含油率和抗氧化活性成分含量不同，采摘的最佳比例是75∶25。采集的鲜果通风贮存，避免挤压，通过风机将枝叶和果子分离，清洗出去灰尘和少量残余叶子，采用锤式破碎机将果子破碎，过筛后转移到融合池，混合均一之后进行离心，采用三相离心之后，贮存装瓶。目前，我国橄榄油加工大多采用三相离心工艺，少数采用两相离心工艺。三相离心需加入40%～50%的水，其中果渣占45%左右，其残油率为4%～6%，出油率为25%左右；两相离心不需加水，果渣占75%左右，其含水率为60%～65%，出油率为25%左右，离心机转速为3000r/min。目前，比较先进的技术就是锤片粉碎、螺杆挤压的机械化生产线，自动化程度高，产品封闭生产，卫生条件好，对于集中时间上市的橄榄果加工来说，可以实现三班生产不停工，可以节约大量用水，也便于实现绿色生产，保护环境[300]。

目前消费橄榄油的国家达180多个，随着国际市场对橄榄油需求的持续快速增长，其价格也基本呈上升趋势，我国近几年初榨橄榄油的进口数量超过了4万吨。目前，橄榄油除广泛作为一种食用油外，在医药品和保健品的生产加工方面也有报道。刘元勇和刘玉红[301]就发明了一种橄榄当归油软胶囊，通过加入质量分数90%～96%的橄榄油和4%～10%的当归油，再加入胶体研磨均质，然后加入明胶制成胶丸，最后灌装制成橄榄当归油软胶囊。祁治林等[302]发明了一种橄榄油黄芪复方软胶囊，利用黄芪提取物黄芪多糖和橄榄油复配，通过溶胶、配料、压丸、定型、洗丸、烘干制作而成，最后灌装制成橄榄油黄芪软胶囊。这些都是利用另外一种中药成分与橄榄油结合制成软胶囊，使其具有一定的功能保健作用。此外，王文果等[303]发明了一种橄榄口服液的原料配方及其制备工艺，该工艺主要是以橄榄浓缩汁为主要成分制成橄榄口服液，经过脱涩处理，并最大限度地保留油橄榄的功能性成分，然后制成口服液，便于服用。此外，也有以油橄榄制成餐用油橄榄罐头或蜜饯等产品的报道。

（四）牡丹籽油

牡丹（*Paeonia suffruticosa*）被誉为中国的国花，主要分布在山东菏泽、安徽铜陵、河南洛阳等地，其野生品种作为珍贵的花卉资源，深受人们的喜爱。牡丹皮是主要的入药部位，根据药典记载，其有清热凉血、活血化瘀、夜热早凉的功效，牡丹籽属于丹皮生产的副产品，以牡丹籽为原料，通过不同的提取工艺可以制成金黄色的牡丹籽油[304]。

1. 化学成分和性质

牡丹籽油富含α-亚麻酸、亚油酸、油酸等不饱和脂肪酸（UFA），总UFA含量占了80%以上，亚麻酸含量在40%以上，其中α-亚麻酸的含量是核桃油的5倍，是玉米油的30倍以上[305]。除此之外，牡丹籽油还含有丰富的维生素E、甾醇等多种活性成分。研究表明：α-亚麻酸具有降血糖、降血脂、减肥、预防心血管疾病、抗癌等功能。α-亚麻酸和亚油酸是人体必需的脂肪酸。α-亚麻酸在肝脏去饱和酶和链延长酶的作用下，能够生成EPA和DHA。牡丹籽油含有丰富的人体容易吸收的单不饱和脂肪酸和α-亚麻酸，是其营养和保健功能的重要物质基础。因此，开发牡丹籽油对满足人类的营养需求具有重大的意义[306]。随着油用牡丹资源用量的逐年增加，我国现阶段的牡丹籽油加工产业也逐步发展起来。

2. 提取工艺与应用

目前，提取牡丹籽油的工艺主要有压榨法、溶剂浸出法、水媒法、超声辅助提取法、超临界CO_2萃取法。

压榨法较早应用于提油，经过不断改良后，目前已经非常成熟。从环境角度来说，压榨法绿色环保，污染小，但是热处理时间长，而且饼粕残油率比较高，使得饼粕中的蛋白质变性，只能被用作肥料、饲料，从而造成了蛋白资源浪费。冯贞等[307]比较了超声提取和低温压榨法对牡丹籽油得率及其品质的影响，结果表明：低温压榨法所得的牡丹籽油得率仅为23.5%，但是牡丹籽油理化指标和微量活性成分保留方面优势明显，得到的牡丹籽油酸值和过氧化值较低，维生素E、甾醇、角鲨烯含量较高，而且油的品质好、微量活性成分丰富，具有更高的营养价值和保健功效。

董秀婷等[308]以正己烷为溶剂通过超声辅助法对“凤丹”牡丹籽油进行了提取和工艺优化，实验结果如下：在超声功率350W、超声时间20min、提取温度50℃、料液比1∶6条件下，牡丹籽油得率为30.63%，提取率达93.4%。与单一正己烷溶剂提取法相比，超声辅助法提取效率高、提取温度低，利于保证牡丹籽油品质。“凤丹”牡丹籽油以亚麻酸、亚油酸、棕榈酸和硬脂酸为主，其不饱和脂肪酸及亚麻酸含量分别达85.47%和60.074%。

也有很多学者对回流萃取法进行了研究，其中马晓等以石油醚为萃取剂，采用回流萃取法进行提取，通过考察液料比值、萃取温度、萃取时间和粒径四个因素，以籽油得率作为评价指标，采用正交试验优选工艺，得出牡丹籽油萃取的最优条件组合为液料比值5mL/g，萃取温度70℃、萃取时间1.5h，此时的牡丹籽油得率最大，为32.93%±0.28%[309]。除此之外，水媒法也是一种较好的提取方法，既绿色安全，又可以提高提油率，其温和的工艺条件可以保证油脂品质、保护其他副产物（如蛋白质等），具有良好的开发前景[310]。

目前，利用水媒法及超临界CO_2萃取技术提取牡丹籽油的研究渐多。刘普等[311]在提取牡丹籽油时，采用了超声辅助水代法，结果显示出油率可达28.85%；张正周等[312]研究了5种酶的酶解反应对牡丹籽出油率的影响，在最优条件下，牡丹籽出油率达19.08%；李静等[313]通过对酶制剂的筛选，得到碱性蛋白酶用于水酶法提取牡丹籽油，经过优化，牡丹籽出油率达23.25%；彭瑶瑶等[314]采用三步酶解、二次破乳的方法，将水酶法提取的牡丹籽油得率提高到了25.40%；史小锋[315]采用超临界CO_2萃取法提取牡丹籽油，所得油色泽浅、透明澄清，相对密度、不饱和脂肪酸含量较高，皂化值、过氧化值较低，品质优于压榨法、浸提法。

牡丹籽油因其丰富的营养成分，在2011年被认定为新资源食品，具有急性肝损伤保护、抗糖尿病、降血脂、降血糖、防晒等保健功能，因此开发牡丹籽油对满足人类的营养需求具有重大的意义。

（五）红松籽油

红松（*Pinus koraiensis*）是松杉纲松科（Pinaceae）松属（*Pinus*）植物，广泛分布于北半球温带至寒带地区，我国东北地区有大面积的红松林，资源非常丰富，具有良好的开发利用价值[316]。红松籽为红松的种子，红松籽油风味独特，含有大量的不饱和脂肪酸，可直接作为食用油来源。

1. 化学成分与性质

红松籽油含有高达93.2%的不饱和脂肪酸，包括亚麻酸、亚油酸、二十碳五烯酸、花生四烯酸及一种独特的脂肪酸——皮诺敛酸，可以直接作为食用油来源，对于便秘、风湿性关节炎的治疗有一定疗效，同时具有降低血脂、抑制食欲的功效，进一步达到减肥效果[317]。国外已经把红松籽油作为原料，开发了大量保健食品、保健饮料等功能性食品。

2. 提取工艺与应用

目前，提取植物油脂成分通常采用的手段有压榨法、有机溶剂提取法、超临界CO_2萃取法等。压榨法是通过机械外力的作用将油脂从油料中提取出来，操作容易，规模相对灵活。研究发现，通过冷榨法制取红松籽油，压榨过程中始终保持常温，能最大限度保留油中各种营养成分，避免高温产生反式脂肪酸、油脂聚合体等有害物质，并可保持油料天然风味、色泽及其他有效成分，如维生素E、甾醇、类胡萝卜素等。实验结果如下：当粉碎粒度为1.18mm、压榨压力为4Mpa、水分含量为4%时，松籽出油率为51.1%，并测得此工艺下的松籽油不饱和脂肪酸含量高达92.9%，且不含反式脂肪酸，碘值高达143.0g/100g[318]。水代法设备工艺简单，制取的松籽油安全环保，吴洪军等[319]研究了水代法提取红松籽油的最佳工艺参数：料液比6∶1（g/mL）、 pH9、提取温度70℃、提取时间2h，其中料液比是最重要的因素，该法提油率较低，渣滓中残油率较高。周琪等[320]在水代法的基础上采用双酶法，红松籽油提取的优化工艺条件为碱性蛋白酶加酶量2364U/g、温度51℃、时间3h、pH8.40，蜗牛酶加酶量39mg/(10g松籽乳)、温度44℃、时间1h、pH7、料水比1∶5（g/mL），在此条件下，红松籽油得率可以达到93.87%，皮诺敛酸的量为855.77mg/(10g松籽乳)，明显高于传统方法。水酶法是近几年才发展起来的一种技术，即通过研磨和添加酶制剂，破坏油料的细胞结构，从而促使油脂更好地释放出来。

马文君等[321]以石油醚为溶剂采用索氏抽提法提取松籽油，由于浸提过程中一些有色物质被溶剂浸提出来，颜色较水酶法提取的松籽油稍深一些。此外，为了提高提油率，也采用超声辅助法提取松籽油。研究表明[322]，超声波辅助法提取松籽油，不仅提油率高达56.3%，而且该法比较节省试剂，是一种可靠、高效提取松籽油的方法。另外，随着超声强度、溶剂用量、提取时间、提取次数的变化，松籽油的提取率也有所不同。除此之外，有关超临界CO_2萃取技术萃取红松籽油的报道很多，李清光[323]在萃取压力35Mpa、萃取温度45℃、萃取时间240min、5%无水乙醇作夹带剂、CO_2流量20～25L/h条件下，使用夹带剂后提取速率和出油率均有提高，其中不饱和脂肪酸得率为11.69%，松油酸含量从14.80%提高到85.92%。

松籽粗油存在透明度低、异味大、酸价高等问题，从而限制了其在医药制品、化妆品及保健品等相关领域的应用。因此，研究松籽粗油的精炼工艺，为满足不同行业对松籽油品质的要求，提高松籽油经济效益，拓宽应用领域及野生松籽资源的开发与应用提供基础理论支持。松籽油为高度不饱和油脂，氧化稳定性较差，吸附剂往往会强化油脂的自动氧化，因此松籽油脱色前应尽量除去油脂中的空气[324]。脱臭的真空度高，在180℃左右油中的胶质炭化会导致油色变深，也会在脱色时覆盖吸附剂的部分活性表面，使脱色效率下降。因此，在碱炼前应先脱胶。李婉莹等[325]在加热温度40℃、加酸量4.0%、搅拌30min的条件下进行脱胶，在碱炼温度80℃、碱液浓度8.0%、超碱量0.25%、碱炼时间40min条件下进行脱酸，以活性炭与活性白土复合作脱色剂（1∶1），在脱色剂用量7.0%、脱色温度70℃、脱色时间30min条件下进行脱色，经一系列工艺操作对松籽毛油进行精炼，得到酸值（0.63mg/g，以KOH计）和过氧化值（0.43mmol/kg）较低的松籽油。

红松籽油可用于医药品、化妆品和保健品的生产加工等方面，但有关松籽油加工品的研究比较少见。目前，国外市场上有关红松籽油的产品有松籽油胶囊、松籽油粉、松籽油饮料等；国内市场上有妊娠纹防护精华、松籽精华油等产品。

参考文献

[1] 刘淑燕，彭小燕，李杨，等.浆果多糖的研究进展.农产品加工，2021（4）：67-72.

[2] Ma C，Bai J，Shao C，et al. Degradation of blue honeysuckle polysaccharides，structural characteristics and antiglycation and hypoglycemic activities of degraded products. Food Research International，2021，143（4）：110281.

[3] Koeduka T，Takarada S，Fujii K，et al. Production of raspberry ketone by redirecting the metabolic flux to the phenylpropanoid pathway in tobacco plants. Metabolic Engineering Communications，2021，27（13）：e00180.

[4] Becker A，Böttcher D，Katzer W，et al. An ADH toolbox for raspberry ketone production from natural resources via a biocatalytic cascade. Applied Microbiology and Biotechnology，2021，105（10）：4189-4197.

[5] Xiong S L，Yue L M，Lim G T，et al. Inhibitory effect of raspberry ketone on α-glucosidase：Docking simulation integrating inhibition kinetics. International Journal of Biological Macromolecules，2018，113：212-218.

[6] 李安良，杨淑琴，郭秀茹.化妆品活性成分覆盆子酮葡糖苷的研究进展.香料香精化妆品，2014（4）：63-66.

[7] Ghosh J，Sil P C. Arjunolic acid：A new multifunctional therapeutic promise of alternative medicine. Biochimie，2013，95（6）：1098-1109.

[8] Olanipekun B E，Ponnapalli M G，Patel H K，et al. Design，synthesis of new phenyl acetylene and isoxazole analogues of arjunolic acid as potent tyrosinase and alpha glucosidase inhibitors. Natural Product Research，2023，37（7）：1092-1097.

[9] 邢丽颖，李建颖，孙怡，等.小浆果多肽研究进展.粮食与油脂，2022，35（2）：21-24.

[10] Potterat O. Goji（Lycium barbarum and L. chinense）：Phytochemistry，pharmacology and safety in the perspective of traditional uses and recent popularity. Planta medica，2010，76（1）：7-19.

[11] 薛宏坤，韩茜宇，谭佳琪.黑加仑花色苷的分离纯化及其热降解动力学.精细化工，2019，36（4）：721-729.

[12] Zadernowski R，Naczk M，Nesterowicz J. Phenolic acid profiles in some small berries. Journal of agricultural and food

chemistry，2005，53（6）：2118-2124.

[13] Zorzi M，Gai F，Orcid，et al. Bioactive compounds and antioxidant capacity of small berries. Foods，2020，9（5）：623.

[14] 郑苏楠，程春雷，王永刚. 沙棘油中脂肪酸的 GC-MS 分析及其抗炎机制的网络药理学研究. 药学研究，2021，40（11）：521-523.

[15] Zielińska A，Nowak I. Lipids Health Dis：Abundance of active ingredients in sea-buckthorn oil. Lipids in health and disease，2017，16（1）：95.

[16] Marta Solà Marsiñach，Aleix Pellejero Cuenca . The impact of sea buckthorn oil fatty acids on human health. Lipids in Health and Disease，2019，18（1）：145.

[17] Hou D X，Tong X，Terahara N，et al. Delphinidin 3-sambubioside，a Hibiscus anthocyanin，induces apoptosis in human leukemia cells through reactive oxygen species-mediated mitochondrial pathway. Arch Biochem Biophys，2005，440（1）：101-109.

[18] Feng R，Ni H M，Wang S Y，et al. Cyanidin-3-rutinoside，a natural polyphenol antioxidant，selectively kills leukemic cells by induction of oxidative stress. The Journal of Biological Chemistry，2007，282（18）：13468-13476.

[19] 徐雅琴，刘柠月，李大龙. 蓝靛果多糖功能特性、结构及抗糖基化活性. 食品科学，2020，41（2）：8-14.

[20] 杨露，郑思韬，鲍元榕. 超声辅助提取蓝靛果果实多糖的优化及清除自由基活性研究. 食品研究与开发，2020，20：145-150.

[21] 俞杰，陈卫荣，黄勇. 基于 PSMA3-AS1 研究黑加仑提取物对肺癌细胞周期、凋亡和迁移的影响. 广西医科大学学报，2022，39（1）：120-126.

[22] Li Y Y，Hu S Q，Huang Y Q，et al. Preventing H_2O_2-induced toxicity in primary cerebellar granule neurons via activating the PI3-K/Akt/GSK3β pathway by kukoamine from Lycii Cortex. Journal of Functional Foods，2015，17：709-721.

[23] 唐晓姝，胡博，陈雪梅，等. 6 种小型浆果营养成分及 DPPH 自由基清除活性比较. 江苏农业科学，2021，49（20）：182-187.

[24] 王纯，甘庆萌，孟菲，等. 四种小浆果浆汁活性成分及其抗氧化活性. 食品工业科技，2019，40（5）：71-76.

[25] 俞杰，陈卫荣，黄勇. 基于 PSMA3-AS1 研究黑加仑提取物对肺癌细胞周期、凋亡和迁移的影响. 广西医科大学学报，2022，39（1）：120-126.

[26] Jiang H，Zhang W，Li X，et al. The anti-obesogenic effects of dietary berry fruits：A review. Food Research International，2021，147：110539.

[27] Girard K K，Sinha N K. Cranberry，blueberry，currant，and gooseberry. Handbook of fruits and fruit processing，2012：399-417.

[28] Kalt W，Cassidy A，Howard LR，et al. Recent research on the health benefits of blueberries and their anthocyanins. Advances in nutrition（Bethesda，Md.），2020，11（2）：224-236.

[29] Kuntz S，Kunz C，Rudloff S. Inhibition of pancreatic cancer cell migration by plasma anthocyanins isolated from healthy volunteers receiving an anthocyanin-rich berry juice. European journal of nutrition，2017，56（1）：203-214.

[30] Li X N，Liu H Y，Lv L Z，et al. Antioxidant activity of blueberry anthocyanin extracts and their protective effects against acrylamide-induced toxicity in HepG2 cells. International Journal of Food Science and Technology，2018，53（1）：147-155.

[31] Pertuzatti P B，Barcia M T，Jacques A C，et al. Bioactive compounds，color and physicochemical parameters of blueberries. In M Marsh（Ed.），Blueberries：Antioxidant properties，health and innovative technologies，2016：31-53.

[32] Pertuzatti P B，Hermosín-Gutiérrez I，Godoy H T. Blueberries：Market，cultivars，chemical composition and antioxidant capacity. In M Marsh（Ed.），Blueberries：Harvesting methods，antioxidant properties and health effects，2016：1-30.

[33] Miller K Feucht W，Schmid M. Bioactive compounds of strawberry and blueberry and their potential health effects based on human intervention studies：A brief overview. Nutrients，2019，11（7）：1510.

[34] Casas-Forero N，Orellana-Palma P，Petzold G. Influence of block freeze concentration and evaporation on physicochemical properties，bioactive compounds and antioxidant activity in blueberry juice. Food Science and Technology，2020，40：387-394.

[35] Castro-Acosta M L，Smith L，Miller R J，et al. Drinks containing anthocyanin-rich blackcurrant extract decrease postprandial blood glucose，insulin and incretin concentrations. The Journal of Nutritional Biochemistry，2016，38：154-161.

[36] Castro-Muñoz R. Pervaporation：The emerging technique for extracting aroma compounds from food systems. Journal of Food Engineering，2019，253：27-39.

[37] Stull A J，Cash K C，Champagne C M，et al. Blueberries improve endothelial function，but not blood pressure，in adults with metabolic syndrome：A randomized，double-blind，placebo-controlled clinical trial. Nutrients，2015，7（6）：4107-4123.

[38] Riso P, Klimis-Zacas D, Del Bo' C, et al. A wild blueberry (*Vaccinium angustifolium*) drink intervention on markers of oxidative stress, inflammation and endothelial function in humans with cardiovascular risk factors. Eur J Nutr, 2013, 52: 949-961.

[39] Stote K S, Sweeney M I, Kean T, et al. The elects of 100% wild blueberry (*Vaccinium angustifolium*) juice consumption on cardiometablic biomarkers: A randomized, placebo-controlled, crossover trial in adults with increased risk for type 2 diabetes. BMC Nutr, 2017, 3: 524.

[40] Johnson S A, Figueroa A, Navaei N, et al. Daily blueberry consumption improves blood pressure and arterial stiness in postmenopausal women with pre-and stage 1-hypertension: A randomized, double-blind, placebo-controlled clinical trial. J Acad Nutr Diet, 2015, 115: 369-377.

[41] Bowtell J L, Aboo-Bakkar Z, Conway M E, et al. Enhanced task-related brain activation and resting perfusion in healthy older adults after chronic blueberry supplementation. Appl Physiol Nutr Metab Physiol Appl Nutr Et Metab, 2017, 42 (7): 773-779.

[42] Miller M G, Hamilton D A, Joseph J A, et al. Dietary blueberry improves cognition among older adults in a randomized, double-blind, placebo-controlled trial. European Journal of Nutrition, 2018, 57 (3): 1169-1180.

[43] Guisella T B, Nidia C F, Patricio O P, et al. Blueberry juice: Bioactive compounds, health impact, and concentration technologies—A review. Food Science, 2021, 86 (12): 5062-5077.

[44] Basu A, Du M, Leyva M J, et al. Blueberries decrease cardiovascular risk factors in obese men and women with metabolic syndrome. The Journal of Nutrition, 2010, 140 (9): 1582-1587.

[45] 魏鑫，郭丹，王宏光，等.不同品种蓝莓果实品质和香气物质差异分析.食品研究与开发，2022，43（6）：149-156.

[46] Perova I B, Rylina E V, Eller K I, et al. The study of the polyphenolic complex and iridoid glycosides in various cultivars of edible honeysuckle fruits *Lonicera edulis* Turcz. ex Freyn. Vopr Pitan, 2019, 88 (6): 88-99.

[47] Liu X, Lv Y, Zheng M, et al. Polyphenols from blue honeysuckle (*Lonicera caerulea* var. *edulis*) berry inhibit lipid accumulation in adipocytes by suppressing lipogenesis. J Ethnopharmacol, 2021, 28 (279): 114403.

[48] Lee Y S, Cho I J, Kim J W, et al. Hepatoprotective effects of blue honeysuckle on CCl4-induced acute liver damaged mice. Food Sci Nutr, 2018, 7 (1): 322-338.

[49] Fu X, Yang H, Ma C, et al. Characterization and inhibitory activities on α-amylase and α-glucosidase of the polysaccharide from blue honeysuckle berries. International Journal of Biological Macromolecules, 2020, 15 (163): 414-422.

[50] Chen L, Xin X, Lan R, et al. Isolation of cyanidin 3-glucoside from blue honeysuckle fruits by high-speed counter-current chromatography. Food Chemistry, 2014, 152: 386-390.

[51] Ciesarová Z, Murkovic M, Cejpek K, et al. Why is sea buckthorn (*Hippophae rhamnoides* L.) so exceptional? A review. Food Research International, 2020, 133: 109170.

[52] Aleksandra Zielińska, Izabela Nowak. Abundance of active ingredients in sea-buckthorn oil. Lipids in Health and Disease, 2017, 16 (1): 95.

[53] Ladol S, Sharma D. The effects of Hippophae rhamnoides in neuroprotection and behavioral alterations against iron-induced epilepsy. Epilepsy Research, 2021, 175: 106695.

[54] Pundir S, Garg P, Dviwedi A, et al. Ethnomedicinal uses, phytochemistry and dermatological effects of *Hippophae rhamnoides* L.: A review. Journal of Ethnopharmacology, 2020, 266: 113434.

[55] Tian X J, Liang T S, Liu Y L, et al. Extraction, structural characterization, and biological functions of lycium barbarum polysaccharides: A review. Biomolecules, 2019, 9 (9): 389.

[56] Yang J, Wei Y Q, Ding J B, et al. Research and application of Lycii Fructus in medicinal field. Chin Herb Med, 2018, 10: 339-352.

[57] Zhong-Qiua H U, Liu J D, Wang B L. Research on extraction technology of *Lycium barbarum* polysaccharides by the alkaline solution. J Northwest A F Univ Nat Sci Ed, 2008, 36: 173-178.

[58] Luo Q, Yan J, Zhang S. Isolation and purification of *Lycium barbarum* polysaccharides and its antifatigue effect. J Hyg Res, 2000, 29: 115-117.

[59] Amagase H, Farnsworth N R. A review of botanical characteristics, phytochemistry, clinical relevance in efficacy and safety of Lycium barbarum fruit (Goji). Food Res Int, 2011, 44: 1702-1717.

[60] Luo Q, Yan J, Zhang S. Isolation and purification of *Lycium barbarum* polysaccharides and its antifatigue effect. J Hyg Res, 2000, 29: 115-117.

[61] Yang R F, Zhao C, Chen X, et al. Chemical properties and bioactivities of Goji (*Lycium barbarum*) polysaccharides extracted by different methods. J Funct Foods, 2015, 17: 903-909.

[62] Li X M, Li X L, Zhou A G. Evaluation of antioxidant activity of the polysaccharides extracted from *Lycium barbarum* fruits in vitro. Eur Polym J, 2007, 43: 488-497.

[63] Muatasim R, Ma H L, Yang X. Effect of multimode ultrasound assisted extraction on the yield of crude polysaccharides from *Lycium Barbarum* (Goji). Food Sci Technol, 2018, 38: 160-166.
[64] Skenderidis P, Petrotos K, Giavasis I, et al. Optimization of ultrasound assisted extraction of of goji berry (*Lycium barbarum*) fruits and evaluation of extracts' bioactivity. Journal of Food Process Engineering, 2017, 40 (5) e12522. 1-e12522. 12.
[65] Zhao C, Yang R F, Qiu T Q. Ultrasound-enhanced subcritical water extraction of polysaccharides from *Lycium barbarum* L.. Sep Purif Technol, 2013, 120: 141-147.
[66] Liu Z G, Dang J, Wang Q L, et al. Optimization of polysaccharides from *Lycium ruthenicum* fruit using RSM and its anti-oxidant activity. Int J Biol Macromol, 2013, 61: 127-134.
[67] Reverchon E, de Marco I. Supercritical fluid extraction and fractionation of natural matter. J Supercrit Fluids, 2006, 38: 146-166.
[68] Diaconeasa Z, Leopold L, Rugină D, et al. Antiproliferative and antioxidant properties of anthocyanin rich extracts from blueberry and blackcurrant juice. IJMS, 2015, 16 (2): 2352-2365.
[69] Mikulic-Petkovsec M, Schmitzer V, Slatnar A, et al. Composition ofsugars, organic acids and total phenolics in 25 wild or cultivated berry species. J Food Sci, 2012, 77: 1064-1070.
[70] Laczkó-Zöld E, Komlósi A, Ülkei T, et al. Extractability of polyphenols from black currant, red currant and gooseberry and their antioxidant activity. Acta Biologica Hungarica, 2018, 69 (2): 156-169.
[71] Maatta K, Kamal-Eldin A, Törrönen R. Phenolic compounds in berries of black, red, green, and white currants (Ribes sp.). Antioxid Redox Signal, 2001, 3 (6): 981-993.
[72] Jurgoński A, Juśkiewicz J, Sójka M, et al. Black currant seeds after supercritical carbon dioxide extraction as a potential dietary supplement. Rocz Panstw Zakl Hig, 2008, 59 (4): 421-427.
[73] Ashigai H, Komano Y, Wang G, et al. Polysaccharide from black currant (*Ribes nigrum* L.) stimulates dendritic cells through TLR4 signaling. Biosci Microbiota Food Health, 2017, 36 (4): 141-145.
[74] Bishayee A, Thoppil R J, Mandal A, et al. Black currant phytoconstituents exert chemoprevention of diethylnitrosamine-initiated hepatocarcinogenesis by suppression of the inflammatory response. Mol Carcinog, 2013, 52 (4): 304-317.
[75] Esposito D, Damsud T, Wilson M, et al. Black currant anthocyanins attenuate weight gain and improve glucose metabolism in diet-induced obese mice with intact, but not disrupted, gut microbiome. J Agric Food Chem, 2015, 63 (27): 6172-6180.
[76] Barik S K, Russell W R, Moar K M, et al. The anthocyanins in black currants regulate postprandial hyperglycaemia primarily by inhibiting α-glucosidase while other phenolics modulate salivary α-amylase, glucose uptake and sugar transporters. The Journal of Nutritional Biochemistry, 2020, 78: 108325.
[77] Liu B, Li Z. Black currant (*Ribes nigrum* L.) extract induces apoptosis of MKN-45 and TE-1 cells through MAPK-and PI3K/Akt-mediated mitochondrial pathways. J Med Food, 2016, 19 (4): 365-373.
[78] Salobir J, Zontar T P, Levart A, et al. The comparison of black currant juice and vitamin E for the prevention of oxidative stress . Int J Vitam Nutr Res, 2010, 80 (1): 5-11.
[79] Thoppil R J, Bhatia D, Barnes K F, et al. Black currant anthocyanins abrogate oxidative stress through Nrf2-mediated antioxidant mechanisms in a rat model of hepatocellular carcinoma. Curr Cancer Drug Targets, 2012, 12 (9): 1244-1257.
[80] Alonso-Gonzaález E, Torrado-Agrasar A, Pastrana-Castro L M, et al. Production and characterization of distilled alcoholic beverages obtained by solid-state fermentation of black mulberry (*Morus nigra* L.) and black currant (*Ribes nigrum* L.) . Journal of Agricultural and Food Chemistry, 2010, 58 (4): 2529-2535.
[81] Kidoń M, Narasimhan G. Effect of ultrasound and enzymatic mash treatment on bioactive compounds and antioxidant capacity of black, red and white currant juices. Molecules, 2022, 27 (1): 318.
[82] Laczkó-Zöld E, Komlósi A, Ülkei T, et al. Extractability of polyphenols from black currant, red currant and gooseberry and their antioxidant activity. Acta Biol Hung, 2018, 69 (2): 156-169.
[83] Sandell M, Laaksonen O, Järvinen R, et al. Orosensory profiles and chemical composition of black currant (*Ribes nigrum*) juice and fractions of press residue. Journal of agricultural and food chemistry, 2009, 57 (9): 3718-3728.
[84] Puganen A, Kallio H P, Schaich K M, et al. Red/green currant and sea buckthorn berry press residues as potential sources of antioxidants for food use. Journal of Agricultural and Food Chemistry, 2018, 66 (13): 3426-3434.
[85] Li W, Ma H L, He R H, et al. Prospects and application of ultrasound and magnetic fields in the fermentation of rare edible fungi. Ultrasonics Sonochemistry, 2021, 76: 105613.
[86] Wei Y M, Li L, Liu Y, et al. Identification techniques and detection methods of edible fungi species. Food Chem, 2022: 374.
[87] Zhang Y R, Wang D W, Chen Y T. Healthy function and high valued utilization of edible fungi. Food Science and Human Wellness, 2021, 10 (4): 408-420.

[88] Rai S N, Mishra D, Singh P, et al. Therapeutic applications of mushrooms and their biomolecules along with a glimpse of in silico approach in neurodegenerative diseases. Biomedicine & Pharmacotherapy, 2021, 137: 1113777.

[89] Oli A N, Edeh P A, Al-Mosawi R M, et al. Evaluation of the phytoconstituents of Auricularia auricula-judae mushroom and antimicrobial activity of its protein extract. Eur J Integr Med, 2020, 38: 101176.

[90] Chen N, Zhang H, Zong X, et al. Polysaccharides from Auricularia auricula: Preparation, structural features and biological activities. Carbohydrate Polymers, 2020, 247: 116750.

[91] Ahmad M F. Ganoderma lucidum: Persuasive biologically active constituents and their health endorsement. Biomedicine & Pharmacotherapy, 2018, 107: 507-519.

[92] Liu Y, Liu Y, Qiu F, et al. Sensitive and selective liquid chromatography-tandem mass spectrometry method for the determination of five ganoderic acids in Ganoderma lucidum and its related species. Journal of Pharmaceutical and Biomedical Analysis, 2011, 54 (4): 717-721.

[93] Sanodiya B, Thakur G, Baghel R, et al. Ganoderma lucidum: A potent pharmacological macrofungus. Current Pharmaceutical Biotechnology, 2009, 10 (8): 717-742.

[94] Cizmarikova M. The efficacy and toxicity of using the lingzhi or reishi medicinal mushroom, ganoderma lucidum (agaricomycetes), and its products in chemotherapy (review) . Int J Med Mushrooms, 2017, 19 (10): 861-877.

[95] Gill B S, Navgeet, Kumar S. Ganoderic acid targeting multiple receptors in cancer: In silico and in vitro study. Tumor Biology, 2016, 37 (10): 14271-14290.

[96] Gill B S, Kumar S, Navgeet. Ganoderic acid a targeting β-catenin in wnt signaling pathway: In silico and in vitro study. Interdisciplinary Sciences: Computational Life Sciences, 2016, 10 (2): 233-243.

[97] Feng N, Wei Y, Feng J, et al. Preparative isolation of ganoderic acid S, ganoderic acid T and ganoderol B from Ganoderma lucidum mycelia by high-speed counter-current chromatography. Biomedical chromatography : BMC, 2018, 32 (10): e4283.

[98] Sun B, You H, Xu J W. Enhancement of ganoderic acid production by promoting sporulation in a liquid static culture of Ganoderma species. Journal of Biotechnology, 2021, 328: 72-77.

[99] Ang R, Liang S, Jing Z, et al. Shedding light on the mechanisms underlying the environmental regulation of secondary metabolite ganoderic acid in Ganoderma lucidum using physiological and genetic methods. Fungal Genetics and Biology, 2019, 128: 43-48.

[100] Sganzerla William Gustavo, Todorov Svetoslav D, da Silva Aline P G. Research trends in the study of edible mushrooms: Nutritional properties and health benefits. International Journal of Medicinal Mushrooms, 2022, 24 (5): 1-18.

[101] Ma X, Yang M, He Y, et al. A review on the production, structure, bioactivities and applications of Tremella polysaccharides. International journal of immunopathology and pharmacology, 2021, 35 (3): 629-661.

[102] Terry B J, Liu W C, Cianci C W, et al. Inhibition of herpes simplex virus type 1 DNA polymerase by the natural product oosporein. The Journal of Antibiotics, 1992, 45 (2): 286-288.

[103] He G, Yan J, Wu X Y, et al. Oosporein from Tremella fuciformis. Acta Crystallogr Sect E Struct Rep Online, 2012, 68 (Pt 4): o1231.

[104] Zhu H, Liu D, Wang Y, et al. Use of the yeast-like cells of Tremella fuciformis as a cell factory to produce a Pleurotus ostreatus hydrophobin. Biotechnol Lett, 2017, 39 (8): 1167-1173.

[105] Kang L, Li Q, Lin J, et al. Biosynthesis of resveratrol in blastospore of the macrofungus tremella fuciformis. Mol Biotechnol, 2015, 57 (7): 675-684.

[106] Friedman M. Chemistry, nutrition, and health-promoting properties of hericium erinaceus (Lion's Mane) mushroom fruiting bodies and mycelia and their bioactive compounds. J Agric Food Chem, 2015, 63: 7108-7123.

[107] Bailly C, Gao J M. Erinacine A and related cyathane diterpenoids: Molecular diversity and mechanisms underlying their neuroprotection and anticancer activities. Pharmacol Res, 2020, 159: 104953.

[108] Watanabe H, Takano M, Umino A, et al. Enantioselective total synthesis of (−)-Erinacine B. Organic Letters, 2007, 9 (2): 359-362.

[109] Wang X Y, Zhang D, Yin J Y, et al. Recent developments in Hericium erinaceus polysaccharides: Extraction, purification, structural characteristics and biological activities. Critical Reviews in Food Science and Nutrition, 2019, 59: S96-S115.

[110] Ratto D, Corana F, Mannucci B, et al. Hericium erinaceus improves recognition memory and induces hippocampal and cerebellar neurogenesis in frail mice during aging. Nutrients, 2019, 11: 715.

[111] Chong P S, Fung M L, Wong K H, et al. Therapeutic potential of hericium erinaceus for depressive disorder. Int J Mol Sci, 2019, 21 (1): 163.

[112] Ryu S H, Hong S M, Khan Z, et al. Neurotrophic isoindolinones from the fruiting bodies of Hericium erinaceus.

Bioorganic & Medicinal Chemistry Letters, 2021, 31.
[113] Wolters N, Schembecker G, Merz J. Erinacine C: A novel approach to produce the secondary metabolite by submerged cultivation of Hericium erinaceus. Fungal Biology, 2015, 119 (12): 1334-1344.
[114] Wolters N, Schabronath C, Schembecker G, et al. Efficient conversion of pretreated brewer's spent grain and wheat bran by submerged cultivation of Hericium erinaceus. Bioresour Technol, 2016, 222: 123-129.
[115] Malinowska E, Krzyczkowski W, Łapienis G, et al. Improved simultaneous production of mycelial biomass and polysaccharides by submerged culture of Hericium erinaceum: Optimization using a central composite rotatable design (CCRD). J Ind Microbiol Biotechnol, 2009, 36: 1513-1527.
[116] Wang M, Gao Y, Xu D, et al. Hericium erinaceus (Yamabushitake): A unique resource for developing functional foods and medicines. Food Funct, 2014, 5 (12): 3055-3064.
[117] Yang H R, Chen L H, Zeng Y J. Structure, antioxidant activity and in vitro hypoglycemic activity of a polysaccharide purified from tricholoma matsutake. Foods, 2019, 10 (9): 2184.
[118] Li M, Ge Q, Du H, et al. Food-derived bioactive peptides Tricholoma matsutake-Derived Peptides Ameliorate Inflammation and Mitochondrial Dysfunction in RAW264.7 Macrophages by Modulating the NF-κB/COX-2 Pathway. Foods, 2021, 10 (11): 2680.
[119] Li M, Lv R, Wang C, et al. Tricholoma matsutake-derived peptide WFNNAGP protects against DSS-induced colitis by ameliorating oxidative stress and intestinal barrier dysfunction. Food Funct, 2021, 12 (23): 11883-11897.
[120] Li Mengqi, Dong Liu, Du Hanting. Potential mechanisms underlying the protective effects of Tricholoma matsutake singer peptides against LPS-induced inflammation in RAW264. Food ChemistryVolume, 2021, 353: 129452.
[121] Tang X, Ding X, Hou Y L. Comparative analysis of transcriptomes revealed the molecular mechanism of development of Tricholoma matsutake at different stages of fruiting bodies. Food Sci Biotechnol, 2020, 29 (7): 939-951.
[122] Vaario L M, Sah S P, Norisada M, et al. Tricholoma matsutake may take more nitrogen in the organic form than other ectomycorrhizal fungi for its sporocarp development: The isotopic evidence. Mycorrhiza, 2019, 29 (1): 51-59.
[123] Yong L, Leng A Q, Yang Z X, et al. A Practical method for determination of nine nucleosides in tricholoma matsutake by UPLC/MS and quantitative analysis of multicomponents using single marker method. J Anal Methods Chem, 2021: 9571329.
[124] Xue Y, Jin W, Xu X S, et al. Quality evaluation of tricholoma matsutake based on the nucleic acid compounds by UPLC-TOF/MS and UPLC-QqQ/MS. Molecules, 2018, 24 (1): 34.
[125] Fu Z, Zhao S, Zhang X, et al. Quality characteristics analysis and remaining shelf life prediction of fresh tibetan tricholoma matsutake under modified atmosphere packaging in cold chain. Foods, 2019, 8 (4): 136.
[126] Li M, Du H, Lin S. Flavor changes of tricholoma matsutake singer under different processing conditions by using HS-GC-IMS. Foods, 2021, 10 (3): 531.
[127] Venkatachalam M, Sathe S K. Chemical composition of selected edible nut seeds. J Agric Food Chem, 2006, 54 (13): 4705.
[128] Yang J, Liu R H, Halim L. Antioxidant and antiproliferative activities of common edible nut seeds. LWT-Food Sci Technol, 2009, 42 (1): 1-8.
[129] Bolling B W, Chen Y Y, Kamil A G, et al. Assay dilution factors confound measures of total antioxidant capacity in polyphenol-rich juices. J Food Sci, 2012, 77 (2): 69-75.
[130] Pérezjiménez J, Neveu V, Vos F, et al. Identification of the 100 richest dietary sources of polyphenols: An application of the Phenol-Explorer database. Eur J Clin Nutr, 2010, 64 (S3): S112.
[131] Bolling B W, Chen C Y, Mckay D L, et al. Tree nut phytochemicals: Composition, antioxidant capacity, bioactivity, impact factors. A systematic review of almonds, Brazils, cashews, hazelnuts, macadamias, pecans, pine nuts, pistachios and walnuts. Nutr Res Rev, 2011, 24 (2): 244-275.
[132] Prior R L, Gu L. Occurrence and biological significance of proanthocyanidins in the American diet. Phytochemistry, 2005, 66 (18): 2264-2280.
[133] Colaric M, Veberic R, Solar A, et al. Phenolic acids, syringaldehyde, and juglone in fruits of different cultivars of *Juglans regia* L.. J Agric Food Chem, 2005, 53 (16): 6390-6396.
[134] Trox J, Vadivel V, Vetter W, et al. Bioactive compounds in cashew nut (*Anacardium occidentale* L.) kernels: Effect of different shelling methods. J Agric Food Chem, 2010, 58 (9): 5341.
[135] Sathe S K, Monaghan E K, Kshirsagar H H, et al. Chemical composition of edible nut seeds and its implications in human health. J Agric Food Chem, 2009, 9: 11-35.
[136] 张翔，刘锦宜，黄雪松. 坚果的主要生物活性成分及其保健作用. 食品安全质量检测学报，2017 (7): 246-254.
[137] 荣瑞芬. 几种重要坚果的营养特性比较. 北京联合大学学报（自然科学版），2010，24 (1): 12-13.
[138] 堪集. 食坚果有益处. 防灾博览，2007 (1): 36.

[139] 陈咪佳. 山核桃主要营养成分比较及其加工影响的研究. 杭州：浙江农林大学，2017：2-4.
[140] 杨月欣. 中国食物成分表 2004. 北京：北京大学医学出版社，2004：115-121.
[141] 仲山民. 食品营养学. 武汉：华中科技大学出版社，2013.
[142] 陈辉. 现代营养学. 北京：化学工业出版社，2005：34-38.
[143] Food and Drug Administration. Qualified health claims：Letter of enforcement discretion-walnut and coronary heart disease：Docket No. 02P-0292.
[144] 刘志皋. 食品营养学. 北京：中国轻工业出版社，2004.
[145] 杨明非，苏雯，王海英. 红松籽油的体外抗氧化活性. 东北林业大学学报，2017，45（12）：80-82.
[146] 仇记红，侯利霞. 松籽油加工工艺及脂肪酸组成研究进展. 粮食与油脂，2018，31（12）：10-12.
[147] 孟燕婷. 榛子在我国的市场开发前景及应用分析. 乡村科技，2018，30（28）：94-96.
[148] 任二芳，刘功德，艾静汶，等. 板栗精深加工技术与综合利用进展研究. 食品工业，2018，39（12）：239-242.
[149] Maria P，Massimiliano R，Antonella C，et al. Effect of chestnut flour supplementation on physico-chemical properties and oxidative stability of gluten-free biscuits during storage. LWT-Food Sci Technol，2018，98：451-457.
[150] 姜伟，牛欣宇，宋腱森，等. 山杏仁油料的理化特性及综合利用. 粮油加工（电子版），2014（4）：37-43.
[151] Edvaldo V S J，Livia L M，Rafael A B M，et al. Influence of ultrasound and vacuum assisted drying on papaya quality parameters. LWT-Food Sci Technol，2018，97：317-322.
[152] 杜冉，郑新雷，王世雄，等. 真空微波干燥技术对食用菌粉品质的影响. 食品科技，2018，43（7）：76-82.
[153] 赵洪现. 喷雾干燥制备全脂速溶苦杏仁粉的研究. 秦皇岛：河北科技师范学院，2018.
[154] 顾贵洲，季圣豪，熊南妮，等. 超临界 CO_2 流体萃取东北红豆杉中紫杉醇的研究. 化学工程，2018，46（12）：1-4.
[155] Sandra P M，Isabel B L，Jesús L S，et al. Supercritical CO_2 extraction of bioactive compounds from *Hibiscus sabdariffa*. J Supercrit Fluid，2019，147：213-221.
[156] 阎小红，赵洁. 银杏的营养价值及其加工利用. 农产品加工，2013（12）：44-45.
[157] 王新平，孙慧英，茹慧玲，等. 核桃加工利用三法. 农村新技术，2018，12（8）：55-56.
[158] 冷帅辰. 长白山松仁抗氧化肽的制备、分离纯化及鉴定. 长春：吉林农业大学，2015.
[159] 王振宇，杨立宾，魏殿文. 红松松仁中天然产物的研究进展. 国土与自然资源研究，2008（2）：90-91.
[160] Ferramosca A，Savy V，Einerhand A W C，et al. Pinus koraiensis seed oil（Pinno ThinTM）supplementation reduces body weight gain and lipid concentration in liver and plasma of mice. J Anim Feed Sci，2008，17（4）：621-630.
[161] 王振宇，陈小强. 红松籽油调节血脂作用研究. 特产研究，2004，26（1）：7-10.
[162] 牛之瑞，王振宇，冯雷，等. 红松仁油中多不饱和脂肪酸纯化工艺研究. 粮油加工，2010（10）：16-18.
[163] 王振宇，牛之瑞. 红松仁不饱和脂肪酸对肥胖大鼠肝脏脂肪代谢的影响. 营养学报，2008，30（6）：547-550.
[164] Wolff R，Comps L，Deluc B，et al. Fatty acids of the seeds from pine species of the Ponderosa-Banksiana and Halepensis sections. The peculiar taxonomic position of Pinus pinaster. J Am Oil Chem Soc，1998，75（13）：45-50.
[165] Lee B M，Choi J H，Hong S I，et al. Enrichment of pinolenic acid from pine nut oil via lipase-catalyzed ethanolysis with an immobilized lipase. Biocatal Biotransfor，2011，29（4）：155-160.
[166] Xie K，Miles E A，Calder P C. A review of the potential health bene－fits of pine nut oil and its characteristic fatty acid pinolenic acid. J Funct Foods，2016，23（5）：464-473.
[167] 吴晓红，王振宇，郑洪亮，等. 红松仁蛋白氨基酸组成分析及营养评价. 食品工业科技，2011，32（1）：267-270.
[168] 吴晓红，杨传平. 松仁蛋白对小鼠抗氧化能力的影响. 中国粮油学报，2015，30（7）：28-31.
[169] 杨立宾. 红松种子蛋白提取与生理功能研究. 哈尔滨：东北林业大学，2008：1-2.
[170] 綦蕾. 红松松仁抗氧化肽与抗肿瘤肽的制备及功能鉴定. 哈尔滨：哈尔滨工业大学，2010：64.
[171] 徐冰心，刘敏，林秀芳，等. 胃蛋白酶水解松仁蛋白的研究. 安徽农业科学，2013，41（6）：2672-2674.
[172] 李明谦. 红松松籽壳多糖超声提取工艺的建立与抗肿瘤活性的研究. 长春：吉林大学，2013：69.
[173] 丁宁. 红松松籽壳多糖的提取纯化、组成分析及抗氧化活性研究. 青岛：青岛科技大学，2014：1-16.
[174] 孙芳. 松仁多糖的理化性质及免疫功能研究. 哈尔滨：东北林业大学，2007：48-49.
[175] 蒋丽萍，高吉喆. 松籽仁蛋白提取工艺的研究. 中国科技信息，2005，2（23）：98.
[176] 黎晨晨，张煜，许静. 溶剂法提取松籽壳总黄酮工艺的研究. 哈尔滨商业大学学报，2018，34（4）：6.
[177] 苏晓雨，王振宇. 红松籽种皮提取物活性成分及抗氧化作用研究. 林产化学与工业，2010，30（4）：99-102.
[178] 黄坚钦，方伟，丁雨龙，等. 影响山核桃嫁接成活的因子分析. 浙江林学院学报，2002，19（3）：227-230.
[179] 江苏新医学院. 中药大辞典. 1 版. 上海：科学技术出版社，1996，1793.
[180] Kim S H，Lee K S，Son，et al. Cytotoxic compounds from the roots of Juglans mandshuaica. J Nat Prod，1998，61（5）：643-645.
[181] Talapatra S K，Karmacharya，et al. (-)-regiolone，an α-tetralone from Juglans regia：Structure，stereochemistry and conformatio. Phytochemistry，1988，27（12）：3929-3932.
[182] 赵志刚. 山核桃仁油中脂肪酸组成的分析及评价. 安徽农业科学，2009，37（6）：2473-2474，2488.

[183] 韩喜江，彭刚华，邵铁华. 山核桃仁油中未知成分的确定及含量分析. 精细化工，2001，18 (6)：366-368.
[184] 周家驹，谢桂荣，严新建. 中药原植物化学成分手册. 北京：化学工业出版社，2004：4573.
[185] 周靖，尹泳一，尹泳彪，等. 山核桃青果皮中脂肪酸成分的色谱-质谱分析. 中国林副特产，2002，62 (3)：7-8.
[186] 刘元慧，周惠琪，袁珂. 固相微萃取技术与气相色谱-质谱联用分析山核桃青果皮中的挥发油化学成分. 时珍国医国药，2009，20 (7)：1667-1669.
[187] 潘亚琴，李全清，张森尧，等. 山核桃叶与美国山核桃叶中化学成分的初步分析. 中华中医药学刊，2008，26 (11)：2517-2519.
[188] 刘亚敏. GC/MS 法分析核桃叶挥发油化学成分. 西北植物学报，2004，24 (6)：1100-1102.
[189] An R B，Kim H C，Tian Y H，et al. Free radical scavenging and hepatoprotective constituents from the leaves of Juglans sinensis. Arch Pharm Res，2005，28 (5)：529-533.
[190] 李赓. 微波辅助法在山核桃果壳黄酮类物质提取中的应用. 蚌埠学院学报，2018，38 (2)：16-19.
[191] 赵定华. 山核桃内果皮黄铜提取、抗氧化及抑菌活性研究. 杭州：浙江农林大学，2015.
[192] 方亮，李永荣，彭方仁，等. 不同加工工艺对薄壳山核桃饼粕理化性质的影响. 江西农业学报，2014 (10)：94-96.
[193] 刘金荣，但建明，江发寿，等. 巴旦杏仁的营养成分与理化常数测定. 营养学报，2002 (2)：202-203.
[194] 薛晓珍. 新疆巴旦杏的主要营养成分及用途. 仪器仪表与分析监测，2003 (2)：45-46.
[195] 刘金荣，但建明，江发寿，等. 巴旦杏仁的营养成分与理化常数测定. 营养学报，2002，24 (2)：202-203.
[196] Suzanne F N，Peter S. Identification and quantification of flavonol glycosides in almond seed coats using MALDI-TOF MS. J Agr Food Chem，2002，50 (10)：2782-2787.
[197] 张凤云，王国礼，张和平，等. 扁桃种仁化学成分研究. 西北农业学报，1997，6 (3)：82-84.
[198] Sanchez-Vizcaino E，Moreno R R. Nutritional values of the almonds' tegument. World Congr Anim Feed，1978，7 (1)：487-491.
[199] Sze-Tao K W C，Sathe S K. Functional properties and in vitro digestibility of almond (*Prunus dulcis* L.) protein isolate. Food Chem，2000，69：153-160.
[200] 张凤云，毛富春，翟梅枝. 巴旦杏生育营养成分探讨. 中国林副特产，2000 (3)：1-2.
[201] 张萍，申烨华，郭春会，等. 扁桃种仁中维生素 E 的高效液相色谱法测定. 食品科学，2004，25 (1)：142-144.
[202] 刘金荣，但建明，赵文彬，等. 维药巴旦杏的微量元素分析. 微量元素与健康研究，2002，19 (1)：29-30.
[203] 申烨华，张萍，孔祥虹，等. 高效液相色谱法同时测定扁桃仁中的水溶性维生素 C，B_1，B_2 和 B_6. 色谱，2005，23 (5)：538-541.
[204] 解成喜，王强，谢效新. 巴旦杏中脂肪酸的测定. 新疆大学学报（自然科学版），2003，20 (1)：99-100.
[205] 申烨华，张萍，郭春会. 超声波强化提取扁桃油的研究. 延安大学学报（自然科学版），2002，21 (3)：53-55.
[206] 申烨华，张萍，王高学，等. 扁桃油理化特性及主要成分分析. 西北大学学报（自然科学版），2005，35：101-103.
[207] 高疆生，易晓华，陈毓荃，等. 超临界二氧化碳萃取扁桃油的研究. 西北农业学报，2001，10 (1)：11-13.
[208] Sang S M，Lapsley K，Jeong W S，et al. Antioxidative phenolic compounds isolated from almond skins (Prunusamygdalus batsch). J Agr Food Chem，2002，50 (8)：2459-2463.
[209] Pinelo M，Rubilar M，Sineiro J，et al. Extraction of antioxidant phenolics from almond hulls (Prunus amygdalus) and pine sawdust (*Pinus pinaster*). Food Chem，2004，85：267-273.
[210] 李述刚，陆健康，王萍，等. 不同脱脂处理对新疆莎车 1 号扁桃仁蛋白功能特性的影响. 中国油脂，2015，40 (6)：24-28.
[211] 玛依拉，李阿峰. 新疆地产维吾尔保健品-巴旦研究概况. 中国民族民间医药杂志，2001 (12)：163-164.
[212] Pinelo M，Rubilar M，Sineiro J，et al. Extraction of antioxidant phenolics from almond hulls (*Prunus amygdalus*) and pine sawdust (*Pinus pinaster*). Food Chem，2004，85 (2)：267-273.
[213] Ahmedna M，Marshall W E，Husseiny A A，et al. The use of nutshell carbons in drinking water filters for removal of trace metals. Water Res，2004，38 (4)：1062-1068.
[214] Bansode R R，Losso J N，Marshall W E，et al. Adsorption of volatile organic compounds by pecan shell-and almond shell-based granular activated carbons. Bioresource Technol，2003，90 (2)：175-184.
[215] 张运涛. 扁桃的营养成分及其加工. 世界农业，1999 (7)：31-32.
[216] 杨光. 再论科研开发银杏资源的重要意义. 北京中医药，2008 (6)：463-466.
[217] 粱立兴. 白果在中医药中的应用. 天然产物分离，2004，2 (5)：22-23.
[218] 陈文英，王成章，高彩霞，等. 白果中总黄酮的含量及其油脂的化学成分研究. 生物质化学工程，2006，6 (40)：6-8.
[219] Watanabe C M H，Wolffram S，Ader P，et al. The invivo neuromodulatory effects of the herbal medicine ginkgo biloba. P Natl A Sci India A，2001，98 (12)：6577-6580.
[220] Ahmad S，Ansar M，Manaf A，et al. Hydrocyanic acid and sugar content dynamics under nitrogen andsulphur application to forage sorghum cultivars. Turk J Field Crops，2014，19 (1)：46-52.

[221] 赵文红，肖燕清，白卫东，等. 改善常压渗糖白果果脯品质的工艺研究. 食品科技，2010（3）：104-107.

[222] 唐仕荣，巫永华，李超，等. 低银杏酸速溶银杏果粉的加工工艺研究. 食品科技，2018，43（11）：116-122.

[223] 史垠垠，石瑞，曹福亮，等. 澄清白果汁酶解工艺的研究. 南京林业大学学报（自然科学版），2010（3）：11-14.

[224] Tyman J H P，Tychopoulos V，Chan P. Long-chain phenols：XXV. Quantitative analysis of naturalcashew nut-shell liquid（Anacardium occidentale）by high-performance liquid chromatography. J Chromatogr A，1984，303：137-150.

[225] 郭云霞. 银杏茶中银杏酸脱除工艺研究. 西安：陕西科技大学，2012.

[226] 张焕新，臧大存，刘靖，等. 银杏粉喷雾干燥工艺的研究. 食品工业科技，2009，30（52）：205-207.

[227] 张凤景. 银杏全粉的制备及其评价. 无锡：江南大学，2017.

[228] 赵世杰，史国安，董新纯，等. 植物生理学实验指导. 1 版. 北京：中国农业科学技术出版社，2002.

[229] 朱帅. 板栗真空爆壳热工过程分析及自动脱壳设备的研究. 咸阳：陕西科技大学，2015.

[230] 吴超平. 板栗浊汁饮料加工工艺的研究. 合肥：合肥工业大学，2015.

[231] 赖俊声，江锡兵，龚榜初，等. 板栗地方品种质量性状多样性分析. 浙江农业科学，2016，57（8）：1196-1200.

[232] 侯莉侠. 采后板栗射频杀虫灭菌技术及方法研究. 咸阳：西北农林科技大学，2017.

[233] 赵巧娇. 羧甲基板栗淀粉的制备及性质研究. 北京：北京林业大学，2016.

[234] Gong Z，Li D，Liu C，et al. Partial purification and characterization of polyphenol oxidase and peroxidase from chestnut kernel. LWT-Food Sci Technol，2015，60（2）：1095-1099.

[235] 赵德义，高文海，花成文，等. 板栗壳化学成分的初步研究. 陕西林业科技，2003（2）：1-3，47.

[236] 齐敏，岳崇峰，李玉梅，等. 板栗的药用价值及开发利用. 中国林副特产，1997（3）：51-52.

[237] 邵澜媛. 板栗罐头非酶褐变机理及褐变模型的研究. 杭州：浙江大学，2014.

[238] 谭新旺. 纯板栗饮料的研发. 青岛：青岛大学，2016.

[239] 王思文. 板栗乳酸发酵饮料加工工艺研究. 长春：吉林农业大学，2015.

[240] 曾赟. 膨化板栗饼的加工工艺及品质特性研究. 武汉：华中农业大学，2011.

[241] 丁浩. 即食板栗休闲产品加工工艺研究. 合肥：安徽农业大学，2015.

[242] 张宇和. 中国果树志：板栗，榛子卷. 北京：中国林业出版社，2005：9-17.

[243] 杨浣漪，张国华，吴诗榕，等. 微波辅助板栗脱壳去皮的技术研究. 食品工业科技，2014，35（21）：269-272.

[244] 张美，张丛兰，杨芳，等. 不同方法对板栗仁多糖提取效果的比较. 食品科学技术学报，2016，34（6）：53-59.

[245] 吕佼. 板栗蛋白的提取工艺优化、功能特性及其应用研究. 北京：北京林业大学，2015.

[246] Feng Y X，Ruan G R，Jin F，et al. Purification，identification，and synthesis of five novel antioxidant peptides from Chinese chestnut（Castanea mollissima Blume）protein hydrolysates. LWT-Food Sci Technol，2018.

[247] 于帅. 板栗仁中酚类化合物提取及含量测定. 秦皇岛：河北科技师范学院，2011.

[248] 姜欢笑，蒲彪，周婷，等. 油料冷榨饼粕的应用研究进展. 食品工业科技，2014，35（8）：397-400.

[249] 王新平，孙慧英，茹慧玲，等. 核桃的营养药用价值及加工利用. 现代园艺，2017（4）：20.

[250] Tihomir M，Stela J，Drago Š，et al. Pressing and supercritical CO_2 extraction of Camelina sativa oil. Iin Crop Prod，2014，54：122-129.

[251] 王婷，阙欢. 核桃油生产工艺研究. 现代食品，2017（22）：108-111.

[252] 李占灵. 核桃仁脂肪油提取工艺的研究. 周口师范学院学报，2018，35（2）：68-71.

[253] 朱敏敏，赵巧玲，魏长庆. 水酶法制油工艺研究进展. 粮食与油脂，2017，30（11）：12-13.

[254] 蔺建学，徐速，江连洲. 油料作物制油工艺现状与冷榨制油的研究进展. 大豆科技，2013（1）：29-35.

[255] 张小伟. 二氧化碳超临界萃取法提取核桃中油酸研究. 广东化工，2017，44（6）：40-58.

[256] Oscar B R，Maria R P，Maria T S，et al. Supercritical carbon dioxide extraction of quinoa oil：Study of the influence of process parameters on the extraction yield and oil quality. J Supercrit Fluid，2018，139：62-71.

[257] 姚英政，董玲，陈开燕，等. 核桃油加工技术. 四川农业科技，2017（9）：41-42.

[258] 满永刚. 大豆油脱胶方法的研究进展. 农产品加工，2017（9）：75-76.

[259] 易雪平，段鹏飞，何守峰，等. 木本食用油料植物资源及其籽油的研究现状. 中国野生植物资源，2017：62-64.

[260] 段丽娟，侯智霞，李连国，等. 我国木本食用油料植物种实品质研究进展. 北方园艺，2009（7）：136-139.

[261] 王瑞元. 中国食用植物油消费现状. 黑龙江粮食，2017（5）：11-13.

[262] 鲍建民. 多不饱和脂肪酸的生理功能及安全性. 中国食物与营养，2006（1）：45-46.

[263] 刘刚，努尔买买提阿不都克里木，陶敏芳，等. 油酸及其衍生物的应用. 新疆师范大学学报（自然科学版），2004，23（1）：32-35.

[264] 林非凡，谭竹钧. 亚麻籽油中 α-亚麻酸降血脂功能研究. 中国油脂，2012（9）：44-47.

[265] 陈亮，王丽梅，郭艳芬，等. 核桃油、紫苏油、α-亚麻酸、亚油酸对大鼠学习记忆的影响. 中国油脂，2011（10）：33-37.

[266] Shahidi F. Omega-3 fatty acids and marine oils in cardiovascular and general health：A critical overview of controversies and realities. Journal of Functional Foods，2015（19）：797-800.

[267] 郑建仙. 新型油脂生产关键技术与典型范例. 北京：科学技术文献出版社，2006.
[268] Hall G D. Pecan food potential in prehistoric North America. Econ Bot，2000，54 (1)：103-112.
[269] 章亭洲. 山核桃的营养、生物学特性及开发利用价值. 食品与发酵工业，2006，32 (4)：90-93.
[270] Hlais S，El-Bistami D，Rahi B E，et al. Combined fish oil and high oleic sunflower oil supplements neutralize their individual effects on the lipid profile of healthy men. Lipids，2013，48 (9)：853-861.
[271] Alba G，Saenz J，Santa-Maria C，et al. Oleic acid modulates mRNA expression of liver X receptor (LXR) and its target genes ABCA1 and SREBP1c in human neutrophils. Eur J Nutr，2014，53 (8)：1707-1717.
[272] Kaseb F，Rashidi M，Afkhami-Ardekani M，et al. Effect of olive，almond and walnut oil on cardiovascular risk factors in type2 diabetic patients. Int J Diabetes Dev C，2013，33 (2)：115-119.
[273] 忻耀年. 油料冷榨的概念和应用范围. 中国油脂，2005，30 (2)：20-22.
[274] Balvardi M，Rezaei K，Mendiola J A，et al. Optimization of the aqueous enzymatic extraction of oil from Iranian wild almond. J Am Oil Chem Soc，2015，92 (7)：985-992.
[275] 孙红，费学谦，方学智，等. 油茶籽油水酶法制取工艺优化. 中国油脂，2011，36 (4)：11-15.
[276] 钱浩杰. 水酶法提取山核桃油脂工艺研究. 核农学报，2017，31 (7)：1365-1373.
[277] 王小宁. 山核桃油微囊的制备及稳定性研究. 食品工业科技，2017，38 (5)：214-218.
[278] 朱勇，王湘莹，马锦林，等. 不同物种油茶籽仁含油率及其茶油的脂肪酸组成. 经济林研究，2013，31 (2)：134-137.
[279] 刘欢，于靖，吴友根，等. 大果油茶实生树茶籽油脂肪酸组成分析. 热带作物学报，2017，38 (5)：843-848.
[280] 马力，钟海雁，陈永忠，等. 11 个山茶属植物种子性状及其成分研究. 西南林业大学学报，2015，35 (1)：21-25.
[281] 陈兴誉. 油茶籽油三种不同制油方法比较研究. 咸阳：西北农林科技大学，2011.
[282] 傅长根，周鹏. 植物油领域的新军——茶油. 江西食品工业，2003 (2)：19-21.
[283] 罗晓岚，朱文鑫. 油茶籽油加工和油茶资源综合利用. 中国油脂，2010，35 (9)：13-17.
[284] 曾虹燕，李昌珠，蒋丽娟，等. 用 GC-MS 分析不同方法提取的茶油脂肪酸. 热带亚热带植物学报，2005，13 (3)：271-274.
[285] 王李平，林晨，蔡大川，等. 气相色谱法测定茶油中角鲨烯的含量. 食品工业，2015，36 (2)：284-286.
[286] 聂明，杨水平，姚小华，等. 不同加工方式对油茶籽油理化性质及营养成分的影响. 林业科学研究，2010，23 (2)：165-169.
[287] 罗凡，费学谦，方学智，等. 固相萃取/高效液相色谱法测定茶油中的多种天然酚类物质. 分析测试学报，2011，20 (6)：696-700.
[288] 赵清洁，龙奇志，钟海雁，等. 半制备液相色谱法分离制备油茶果皮多酚的优化条件. 经济林研究，2012，30 (2)：73-77.
[289] 沈佳奇，徐俐，舒德保，等. 正交试验优化液压法榨取油茶籽油工艺研究. 广东农业科学，2014 (13)：83-87.
[290] 胡健华，韦一良，何东平，等. 脱壳冷榨生产纯天然油茶籽油. 中国油脂，2016，34 (1)：16-19.
[291] 刘芳，黄科瑞，黎远成，等. 微波辅助提取油茶籽油的工艺优化. 中国农学通报，2012，28 (3)：290-294.
[292] 郭玉宝，汤斌，裘爱勇，等. 水代法从油茶籽中提取茶油的工艺. 农业工程学报，2008，24 (9)：249-252.
[293] 李依娜，钟海雁. 油茶籽油的水代法提取工艺研究及品质分析. 食品与机械，2010，26 (2)：139-142.
[294] 郑小非，万绍平，万光，等. 微波辐射前处理水代法工艺提取原生山茶油的试验研究. 江西林业科技，2011 (5)：29-34.
[295] 张智敏，吴苏喜，刘瑞兴，等. 制油工艺对油茶籽油营养品质的影响. 食品科学，2013，34 (11)：268-272.
[296] 白满英，张金诚. 橄榄油的开发应用. 粮油食品科技，2003，11 (2)：31-33，45.
[297] 徐纬英，王贺春. 油橄榄及其栽培技术. 北京：中国林业出版社，2004.
[298] Rodríguezbencomo J J，Cabreravalido H M，Péreztrujillo J P，et al. Bound aroma compounds of Gual and Listán blanco grape varieties and their influence in the elaborated wines. Food Chem，2011，127 (3)：1153-1162.
[299] 邢立民. 橄榄油的加工技术与开发利用研究. 内蒙古科技与经济，2008 (4)：82-83.
[300] 邓迪，翁梓聪，陈慧媛，等. 橄榄的加工现状及其发展对策. 中国中医药现代远程教育，2014，12 (1)：101-102.
[301] 刘元勇，刘玉红. 橄榄当归油软胶囊及其制备方法：CN1013422241B. 2011-11-30.
[302] 祁治林. 橄榄油黄芪复方软胶囊：CN1957989. 2007-05-09.
[303] 王文果，刘清培，郑金营. 橄榄口服液的原料配方及其制备工艺：CN101066295B. 2011-06-15.
[304] 韩继刚，李晓青，刘炤，等. 牡丹油用价值及其应用前景. 粮食与油脂，2014 (5)：21-25.
[305] 王青，孙金月，郭溆，等. 7 种特种油脂的脂肪酸组成及抗氧化性能. 中国油脂，2017，41 (6)：125-128.
[306] Hiroshi H，Taisuke K. Alpha-linolenic acid-enriched diacylglycerol oil does not promote tumor development in tongue and gastrointestinal tract tissues in amedium-term multi-organ carcinogenesis biossay using male F344rat. Food Chem Toxicol，106：185-192.
[307] 冯贞，方晓璞，任春明. 不同提取方法对牡丹籽油品质和微量活性成分的影响. 中国油脂，2018，43 (10)：17-19.

[308] 董秀婷，杨国恩，王秋敏，等.凤丹牡丹籽油的提取工艺优化及脂肪酸组成分析.中国油脂，2018，43（7）：6-9.
[309] 马晓，陈刚，姜琳.回流萃取法提取“凤丹”牡丹籽油工艺优化.食品工业，2018，39（2）：22-25.
[310] 宋媛媛.乙醇辅助水酶法提取牡丹籽油工艺研究.无锡：江南大学，2018.
[311] 刘普，许艺凡，刘一琼，等.超声辅助水代法提取牡丹籽油工艺研究.粮油食品科技，2015，23（6）：29-33.
[312] 张正周，张驰松，郑旗，等.油用牡丹籽油水酶法提取工艺的研究.农业与技术，2016，36（3）：30-32.
[313] 李静.牡丹籽油制备工艺及其稳定性研究.吉首：吉首大学，2014.
[314] 彭瑶瑶，王千千，王爱梅，等.水酶法提取牡丹籽油的研究.中国油脂，2014，39（6）：12-17.
[315] 史小锋，任力民.超临界 CO_2 萃取牡丹籽油的研究进展.粮食加工，2016，41（6）：47-54.
[316] 杨明非，苏雯，寇萍，等.高速匀质-微波辅助提取红松籽油工艺及其品质评价.植物研究，2017，37（5）：789-796.
[317] 郭阳.东北红松松籽油的提取及其微胶囊的制备.哈尔滨：东北林业大学，2017.
[318] 李默馨，王妍，周晓丹，等.冷榨红松籽油的工艺研究.食品工业，2010，31（5）：79-81.
[319] 吴洪军，付婷婷，李靖彤，等.水代法提取红松籽油加工工艺的研究.中国林副特产，2014（4）：31-33.
[320] 周琪，韦家辉，盛智丽，等.双酶法提取红松籽油及其抗氧化分析.食品研究与开发，2019，40（1）：57-63.
[321] 马文君，齐宝坤，王晶，等.不同方式提取松籽油理化性质及微波加热对其品质影响的研究.中国食物与营养，2015，21（3）：50-54.
[322] 包怡红，郭阳.响应面试验优化超声波辅助水酶法提取松籽油工艺及其氧化稳定性.食品科学，2016，7（22）：60-68.
[323] 李清光.超临界 CO_2 萃取红松籽油的研究.大连：大连工业大学，2008.
[324] 仇记红，侯利霞.松籽油加工工艺及脂肪酸组成研究进展.粮食与油脂，2018，31（12）：10-12.
[325] 李婉莹.松籽油的精制及在化妆品中的应用.长春：吉林农业大学，2016.

（付玉杰，于雪莹，杨清，李妍妍）

第五章　林源食品添加剂

林源食品添加剂是指从森林植物中提取获得的用以改善食品的品质和色香味，以及因防腐和加工工艺的需要而加入食品中的一类天然物质[1]。从森林植物中提取食品添加剂具有资源丰富、种类繁多、资源综合利用价值高、天然绿色、功能多样、市场潜力巨大等特点，符合绿色食品添加剂的发展趋势。

林源食品添加剂的分类方法有多种，如按来源分类、按应用特性分类以及按功能分类等。其中按功能分类大致可以分为抗氧化剂、着色剂、增稠剂、甜味剂以及防腐剂等。

随着人们对健康、美好生活的追求，作为食品工业重要组成部分的林源食品添加剂逐步成为近年来研究的热点。以林源着色剂为例，据统计，我国近年来已开发出越橘红、叶绿素铜钠盐、栀子蓝、可可壳棕等 30 多个品种。正在研究和开发的有山楂红色素、板栗壳棕色素、落葵红色素、五味子红色素、火棘色素、柿皮色素、枸杞子红色素、映山红色素、核桃青皮色素等。另外，从森林植物中提取获得的成分也被开发成抗氧化剂、增稠剂、防腐剂、甜味剂和功能活性因子等用于食品工业中。我国中医药文化历史悠久，在对食药两用植物成分进行全面、系统分析的基础上，研究并开发绿色、安全、营养、高效、质优价廉的天然食品添加剂，已成为我国食品添加剂研究和开发的重点[2]。

第一节　林源抗氧化剂

林源抗氧化剂是指从森林植物中获得的能够阻止或延缓食品氧化，提高食品稳定性和延长储存期的一类天然抗氧化剂。林源抗氧化剂也可广义理解为天然抗氧化剂。氧化是除微生物之外引起食品变质的一个重要原因，抗氧化剂能够防止或延缓油脂或食品氧化分解、变质，以达到提高食品品质的目的。林源抗氧化剂来源于森林植物，通过提取、分离等过程获得，具有改善食品的感官性状，增加食品的品种和方便性，有利食品加工、适应生产机械化和自动化的特点。

一、分类

（一）按化学结构分类

林源抗氧化剂按照化学结构可分为类胡萝卜素类抗氧化剂、维生素类抗氧化剂、酶/蛋白/肽类抗氧化剂、黄酮类化合物、多酚类化合物、多糖类化合物、植酸等。

1. 类胡萝卜素类抗氧化剂

类胡萝卜素是一类重要的天然色素的总称，普遍存在于动物、高等植物、真菌、藻类的黄色、橙红色或红色的色素之中。类胡萝卜素的成员约有 600 多种，大多数具有强抗氧化活性。它是含 40 个碳的类异戊烯聚合物，即四萜化合物。典型的类胡萝卜素是由 8 个异戊二烯单位首尾相连形成的含有多个双键的碳氢化合物及它们的氧化衍生物。类胡萝卜素的颜色因共轭双键的数目不同而有差异。共轭双键的数目越多，颜色越移向红色类胡萝卜素。类胡萝卜素是一种营养性抗氧化剂，在动物和人体细胞中的抗氧化损伤机理主要包括淬灭单线态氧和以热的形式散失能量，消除自由基以阻碍或终止反应链的进行等。

2. 维生素类抗氧化剂

维生素是人体不可或缺的一种营养素，许多维生素是酶的辅酶或者是辅酶的组成部分。大部分维生素不能在人体内合成，或者合成量不足，无法满足人体的需要，必须从食物中摄取。维生素 C、维生素 E、辅酶 Q_{10} 等维生素具有很强的抗氧化活性，能够清除自由基，可以作为抗氧化剂使用。维生素类抗氧化剂广泛应用于食品、药品和化妆品等领域。

3. 酶/蛋白/肽类抗氧化剂

具有抗氧化活性的酶大多属于氧化还原酶，例如，过氧化氢酶、葡萄糖氧化酶、超氧化物歧化酶、谷胱甘肽氧化酶等。酶类催化效率高，分布广泛，是生物体内主要的清除氧自由基的物质。

部分蛋白质具有一定的抗氧化活性，包括金属硫蛋白、血浆铜蓝蛋白、肌球蛋白、血红蛋白及其复合物等。这类蛋白的抗氧化作用与其所含巯基或类似酶的活性有关。例如，金属硫蛋白含有大量巯基，可以与自由基反应，使自由基还原，巯基则氧化形成二硫键。与酶类相比，蛋白质类的抗氧化活性较弱。

除了酶和蛋白质类抗氧化剂外，一些肽类如谷胱甘肽、肌肽等也具有较强的抗氧化活性，可以作为抗氧化剂。

4. 黄酮类化合物

黄酮类化合物，又名生物类黄酮化合物，是色原酮或色原烷的衍生物，是自然界中以 C_6-C_3-C_6 的方式构成的三环天然有机化合物，其化学结构中 C_3 部分可以是脂链，也可以与 C_6 部分形成六元环或五元环。黄酮类化合物广泛存在于自然界，在植物的叶子和果实中大部分以与糖结合成黄酮苷的形式存在，少部分以游离的苷元形式存在。

黄酮类化合物中的黄酮、黄酮醇、黄烷酮、黄烷酮醇、异黄酮等具有较强的抗氧化活性，常被用作抗氧化剂。

5. 多酚类化合物

多酚类化合物是分子中具有多羟基化合物的一类物质的总称，包括低分子量的简单酚类以及具有高聚合结构的大分子聚合物。天然存在的酚类化合物大多以与单糖或多糖相结合的形式或其衍生物的形成存在，少量以游离的形式存在。天然酚类化合物有 8000 余种，其中黄酮类化合物约占一半。多酚类化合物主要存在于植物的皮、根、叶、果肉等组织器官中。例如，覆盆子多酚、苹果多酚、葡萄多酚、茶多酚、石榴皮多酚等。在一些针叶树的树皮中其含量高达 40%。广义的多酚类化合物包括两类，即非聚合物和单宁类物质。非聚合物包括各种黄酮类化合物、绿原酸、鞣花酸等。狭义的多酚类化合物指单宁类物质，其是由单体酚类聚合而成的低聚体或多聚体的统称。

单宁又可分为水解单宁和缩合单宁两类。水解单宁是由没食子酸或其衍生的酚羧酸与多元醇相连接而成的酯类。水解单宁在酸、碱、酶的作用下易水解生成酚羧酸和多元醇。根据水解后产物中多元酚羧酸的不同，又可将水解单宁分为倍单宁和鞣花单宁。缩合单宁是由黄烷醇缩合而成的聚合物，其不含糖残基。缩合单宁的分子中芳香核均以 C-C 键的形式相连，水溶液中不易分解，在强酸性条件下分子间缩合成不溶于水的红色沉淀。

6. 多糖类化合物

多糖类化合物是由单糖聚合而成的一类天然生物大分子，由碳、氢、氧三种元素组成，广泛存在于植物、真菌和藻类中，是维持生命体正常生理和生化作用的基本物质之一。过去，在生产过程中，多糖常作为加工副产物，大多未被合理利用。随着 20 世纪 70 年代后期生命科学技术等相关学科的快速发展，发现部分多糖也具有清除多种活性氧的作用等重要生物活性，促进了人们对多糖类化合物的深入了解。具有抗氧化活性的多糖包括竹叶多糖、枸杞多糖等植物多糖，以及真菌多糖和藻类多糖。

7. 植酸

植酸，又名肌醇六磷酸、环已六醇六磷酸酯，是一种天然的有机磷类化合物，为淡黄色或黄褐色黏稠状液体。分子式 $C_6H_{18}O_{24}P_6$，分子量 660.08。易溶于水、95%乙醇、甘油和丙酮，可溶于乙醇和醚的水溶液，难溶于无水乙醇、甲醇、苯、已烷、氯仿和乙醚。植酸的水溶液为强酸性，在高温下受热发生分解，热变性温度为150℃。植酸主要以游离态或植酸盐（如植酸钠、植酸钙等）的形式存在于谷物、豆类及油料作物等中。

植酸分子12个酸性氢原子的存在使其具有很强的螯合能力，植酸可以与钙、镁、铁和锌等金属离子以及蛋白、淀粉等螯合形成不溶性化合物。植酸的抗氧化活性与其强螯合能力有关，植酸能有效抑制维生素C的氧化，植酸与维生素E复配使用具有协同抗氧化作用。

（二）按溶解性能分类

林源抗氧化剂按其溶解性能的差异可以分为脂溶性林源抗氧化剂和水溶性林源抗氧化剂两类。脂溶性林源抗氧化剂能均匀地分布在油脂中，防止油脂及含油脂的食品氧化酸败。常见的脂溶性林源抗氧化剂有维生素E、类胡萝卜素等。水溶性林源抗氧化剂能溶于水，主要用于防止食品氧化变色以及因氧化而降低食品的风味和质量等，能与含水油脂或乳化食品中的脂溶性抗氧化剂产生协同增效的作用。常见的水溶性林源抗氧化剂有抗坏血酸类、异抗坏血酸及其钠盐、植酸等。

（三）按作用机理分类

林源抗氧化剂按作用方式的不同可以分为自由基捕获剂、还原剂或耗氧剂、金属离子螯合剂、氧清除剂、单线态氧淬灭剂、过氧化物分解剂、紫外线吸收剂、酶类抗氧化剂以及多功能抗氧化剂等[3]。其中自由基捕获剂一般为酚类化合物，酚类化合物的分子结构中羟基取代的高反应性和其捕获自由基的能力，使其具有强抗氧化活性。酶类抗氧化剂包括葡萄糖氧化酶、谷胱甘肽氧化酶等，其作用机制包括可以除去氧或消除来自食物的过氧化物等。

二、抗氧化机理

食品和生物体内的脂类化合物通过自由基反应历程不断地进行氧化反应。其中，食品中的脂类化合物易氧化分解，生成胆固醇氧化物以及脂类氢过氧化物、丙二醛等。高温、光照、金属离子和辐射作用等因子可以诱发脂质过氧化反应。

林源抗氧化剂的作用机理复杂，在食品体系中存在着多种可能的作用机制，大致归纳为以下3种类型。

① 氢原子转移。林源抗氧化剂通过阻止脂质氧化链式反应的引发或传递过程，形成稳定的自由基，以延迟或抑制脂质及其他物质的氧化，这类林源抗氧化剂有维生素E、多酚类化合物等。

② 电子转移伴随质子转移。抗氧化剂可以进行电子转移生成正离子自由基，再发生质子转移生成苯氧自由基，然后通过共振作用达到稳定状态，以延缓或中断自由基链式反应。这类林源抗氧化剂有类胡萝卜素、维生素C等。

③ 金属离子络合作用。抗氧化剂与生物体内的游离金属离子发生络合作用，减少因游离金属离子催化过氧化氢生成的羟基自由基的产生，从而延缓氧化反应的发生。

三、典型林源抗氧化剂加工与应用

（一）茶多酚

茶多酚，又称抗氧灵、维多酚，是茶叶中多酚类化合物的总称。其为淡黄至茶褐色略带茶香的粉状固体或结晶。易溶于水，可溶于乙醇、甲醇、乙酸乙酯、冰醋酸，不溶于苯、氯仿和石油醚。主要成分为儿茶素类、黄酮醇类、花青素类、酚酸类等4类化合物，其中以儿茶素类化合物的含量最多，占茶多酚总量的50%～80%（表7-5-1）。

表 7-5-1　茶多酚中主要成分的化学结构式

OH
O　OH
OR′　R

主要成分	R	R′
儿茶素	H	H
没食子儿茶素	OH	H
儿茶素没食子酸酯	H	$-C(=O)-C_6H_2(OH)_3$（3,4,5-三羟基苯甲酰基：OH、OH、OH）

1. 茶多酚的提取生产工艺

从茶叶中提取分离制备茶多酚的传统方法主要有 3 类[4]，包括溶剂浸出和萃取分离法、热水浸提和离子沉淀分离法、热水浸提和柱色谱分离法。新兴提取分离技术包括超临界流体萃取法、高速逆流色谱法等。工业上仍以传统方法为主。

（1）溶剂浸出和萃取分离法　以稀乙醇或丙酮浸提茶叶、溶液浓缩得浓缩水溶液，氯仿萃取分离浓缩水溶液中的咖啡因，乙酸乙酯萃取分离得萃取液，溶液浓缩、干燥，丙酮精制得茶多酚产品。具体生产工艺见图 7-5-1。

其中乙酸乙酯萃取工序是常用方法，该方法具有工艺成熟、生产能力大、对设备的要求较低等优点，但也存在产品品质不稳定、安全风险以及环境污染等问题。

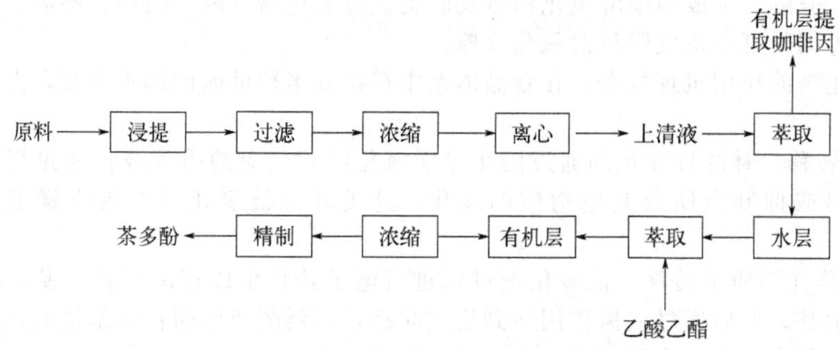

图 7-5-1　溶剂浸出和萃取分离生产茶多酚的工艺

（2）热水浸提和离子沉淀分离法　茶叶以热水浸出得浸出液，无机盐离子沉淀、过滤得茶多酚初品，以稀硫酸或稀盐酸将初品转溶于水，乙酸乙酯萃取得萃取液，浓缩、干燥得茶多酚产品。具体生产工艺见图 7-5-2。

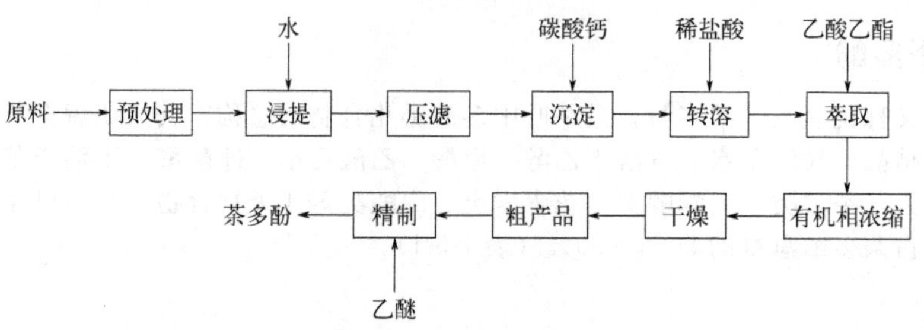

图 7-5-2　热水浸提和离子沉淀分离生产茶多酚的工艺

此法是根据茶多酚中儿茶素能与某些重金属离子（如 Pb^{2+} 等）形成沉淀的原理进行的。由于 Pb^{2+} 等重金属离子存在毒性大的问题，已逐渐被碱性 Ca^{2+} 或 $AlCl_3$ 沉淀法取代。分离工序中不使用氯仿脱除咖啡因，减少了环境污染与能量消耗，与溶剂萃取法相比，具有一定优势。但也存在影响产品品质以及茶多酚收率较低等问题。

（3）热水浸提和柱色谱分离法　茶叶经热水浸提得水提液，减压浓缩、柱色谱分离，分段收集洗脱液，浓缩、干燥得茶多酚产品和副产物咖啡因。具体生产工艺见图 7-5-3。

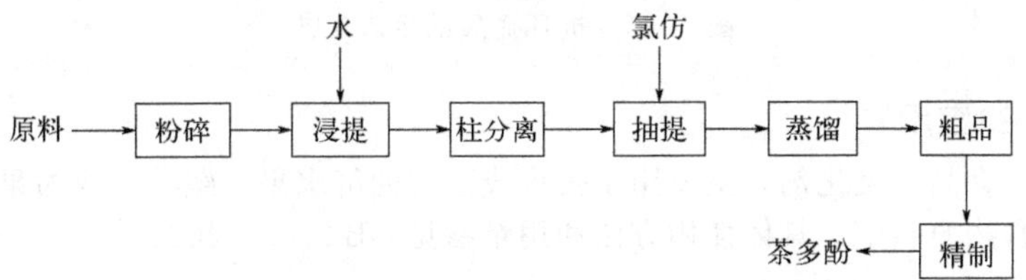

图 7-5-3　茶多酚的热水浸提和柱色谱分离生产工艺

此法所用的分离柱包括吸附柱、离子交换柱、凝胶柱等。利用柱分离法制备茶多酚具有产品纯度高、不使用毒性大的有机溶剂、产品品质好等优点。但柱填充剂的再生次数有限、再生工序烦琐，导致成本增大，难以实现连续生产。

2. 茶多酚的应用

茶多酚常作为食品抗氧化剂主要应用于动植物油脂、水产品、饮料、糖果、乳制品、油炸食品、调味品及功能性食品等中，也可作为防腐剂，具有保鲜、消除异味和改善食品风味等作用。具体使用方法和用量参见 GB 2760—2024[5]。

（二）抗坏血酸

抗坏血酸，又称 L-抗坏血酸、维生素 C。分子式 $C_8H_8O_6$，分子量 176.13。白色或浅黄色晶体或结晶粉末，无臭，有酸味，熔点 190～192℃。溶于水、无水乙醇和甘油，不溶于苯、氯仿、石油醚和大部分有机溶剂。抗坏血酸分子中具有烯二醇结构、内酯环和 2 个手性碳原子，性质极活泼、不稳定，且具有旋光性。在光和热等条件下逐渐变褐而变质，pH 值 3.4～4.5 时较稳定，在碱性介质中或微量金属离子存在下易分解。抗坏血酸主要存在于新鲜的果实中，例如苹果、葡萄、菠萝、山楂、橘子、桃等。抗坏血酸的化学结构式见图 7-5-4。

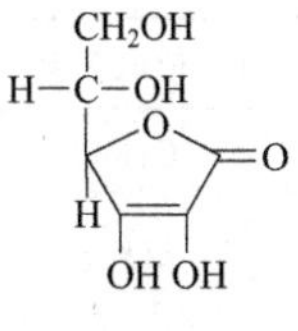

图 7-5-4　抗坏血酸的化学结构式

抗坏血酸能与氧结合成除氧剂，具有钝化金属离子的作用。抗坏血酸通过自身氧化作用以减缓对氧敏感的食物成分的氧化，还原高价金属离子，降低食品的氧化还原电位，延缓不良氧化物的产生从而达到抗氧化的目的。

1. 抗坏血酸的生产工艺

从果蔬中提取分离抗坏血酸的方法存在提取分离效果较差、产品品质不稳定等问题，工业上已被化学合成法所取代。抗坏血酸的化学合成法生产工艺包括：a. 以葡萄糖为原料，在镍等催化剂的作用下加氢生成山梨醇；b. 山梨醇经醋酸杆菌发酵氧化成 L-山梨醇；c. L-山梨醇在浓硫酸催化下与丙酮发生缩合反应生成双丙酮缩 L-山梨糖；d. 在碱性条件下，利用高锰酸钾将双丙酮缩 L-山梨糖氧化而制成抗坏血酸。具体生产工艺见图 7-5-5。

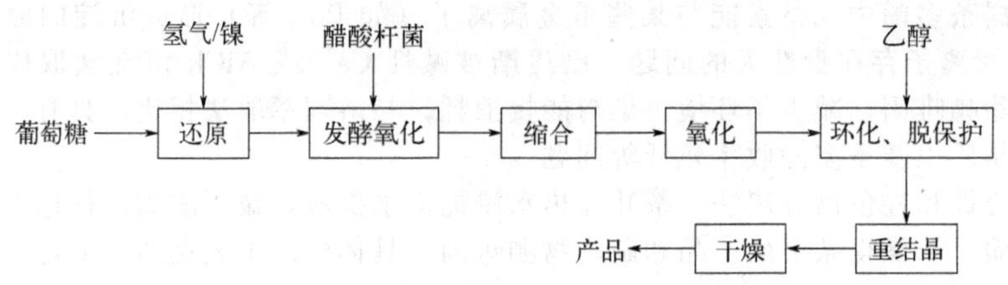

图 7-5-5 抗坏血酸的生产工艺

2. 抗坏血酸的应用

抗坏血酸作为食品抗氧化剂，主要用于去皮或预切的鲜水果、蔬菜、浓缩果蔬汁（浆）以及小麦粉等食物或食物原料中。具体使用方法和用量参见 GB 2760—2024[5]。

（三）维生素 E

维生素 E，又称为生育酚，系指具有相似结构的酚类化合物的总称。黄至褐色，几乎无臭，为澄清透明的黏稠液体。不溶于水，可溶于乙醇、丙酮和植物油脂，可与油脂以任意比例混溶。对酸和热稳定，对碱不稳定。

天然生育酚为 *d*-生育酚（右旋型），以 α、β、γ、δ 共 4 种构型为主，主要存在于大豆中；另有生育三烯酚，包括 α、β、γ、δ 共 4 种构型的主要同系物，主要存在于棕榈油、椰子油、米糠油等中。生育酚和生育三烯酚均具有抗氧化活性。生育酚的化学结构式见图 7-5-6。

图 7-5-6 生育酚的化学结构式

d-α-生育酚、*d*-β-生育酚、*d*-γ-生育酚、*d*-δ-生育酚和 *dl*-α-生育酚的结构式中对应 R^1 基团、R^2 基团、R^3 基团、R^4 基团如表 7-5-2 所示。

表 7-5-2 生育酚结构式中对应的基团

种类	R^1 位取代基	R^2 位取代基	R^3 位取代基	R^4 位取代基
d-α-生育酚	CH_3	CH_3	CH_3	H
d-β-生育酚	CH_3	H	CH_3	H
d-γ-生育酚	H	CH_3	CH_3	H
d-δ-生育酚	H	H	CH_3	H
dl-α-生育酚	CH_3	CH_3	CH_3	H

植物毛油中含有较多的生育酚，具有一定的氧化稳定性，但精炼工艺将损失约 30% 的生育酚。

1. 维生素 E 生产工艺

依据生产原料的不同，维生素 E 的生产工艺包括以植物油脂为原料、以油渣或下脚料为原料和以脱臭馏出物为原料制备维生素 E 等 3 类方法[6]。

（1）以植物油脂为原料制备维生素 E　原料经醇提、分相、回流皂化、萃取、分子蒸馏等工段，制备得到的维生素 E 浓缩液含量约 40%，维生素 E 收率约 70%。其生产工艺见图 7-5-7。

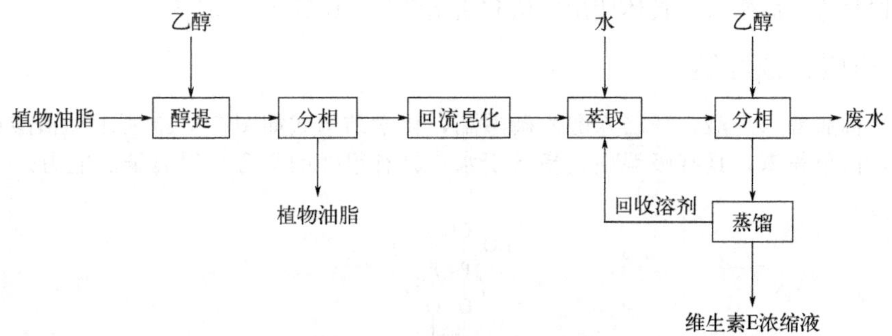

图 7-5-7　以植物油脂为原料制备维生素 E 的生产工艺

从植物油脂中提取得到的维生素 E 是一种良好的食品抗氧化剂和营养剂，但由于植物油脂本身价格较贵，且提取维生素 E 后损害了原植物油脂的营养价值，也不利于植物油脂的保存，工业上一般不利用此法生产维生素 E。

(2) 以油渣或下脚料为原料制备维生素 E　原料经酯化或皂化、酶催化酯化、水洗、冷析分离、蒸馏等工序得到维生素 E 粗品，再经酯化、水洗、蒸馏或萃取等工序制备得到约 50%含量的维生素 E 浓缩液，收率可达 60%，同时还可以得到植物甾醇和脂肪酸酯等副产物。其生产工艺见图 7-5-8。

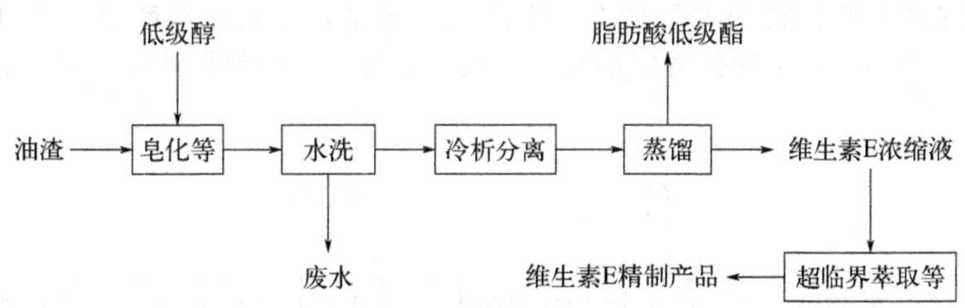

图 7-5-8　以油渣或下脚料为原料制备维生素 E 的生产工艺

以油渣或下脚料为原料提取制备维生素 E，原料中维生素 E 的含量较低，成分复杂，导致提取分离工序复杂烦琐，工业化方面仍存在一定的难度。研究和开发资源量巨大的油渣或下脚料，有利于缓解维生素资源紧张的局面，提高油渣资源综合利用率。

(3) 以脱臭馏出物为原料制备维生素 E　浓缩液脱臭馏出物经酯化、中和、冷析分离、蒸馏等工序可得含量约 30%的维生素 E 粗品，经萃取或吸附工序可得含量 80%以上的维生素 E 浓缩液，同时还可以回收得到植物甾醇和脂肪酸低级酯等副产物。其生产工艺见图 7-5-9。

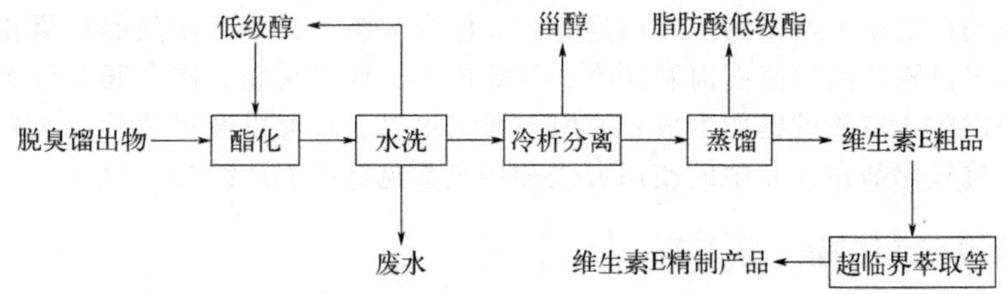

图 7-5-9　以脱臭馏出物为原料制备维生素 E 的生产工艺

2. 维生素 E 的应用

天然维生素 E 是一类高效安全的食品抗氧化剂，也是人类必需营养成分。动物性油脂中很少含有维生素 E，故维生素 E 作为食品抗氧化剂，大多用于猪油、牛油等动物性脂肪及其加工制品中，防止油脂的酸败、变质。例如，用于熏肉及其他腌制品中防止亚硝胺类物质的产生，用于鸡肉食品中防止冷藏中的腐败变质，用于鱼肉食品中改善口味和风味；也可用于乳制品、面制品、坚果制品、饮料等食品领域。具体使用方法和用量参见 GB 2760—2024[5]。

（四）植酸、植酸钠

植酸，又称肌醇六磷酸、环已六醇六磷酸酯，化学结构式如图 7-5-10 所示。植酸钠，又名肌醇六磷酸钠，白色粉末，具有吸湿性，易溶于水，具有很强的螯合金属离子的能力。

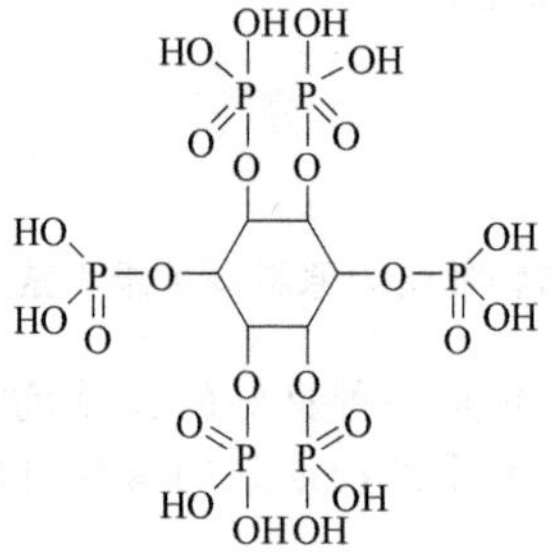

图 7-5-10　植酸的化学结构式

1. 植酸的生产工艺

植酸在植物组织中通常不以游离态的形式存在，而是以植酸钙的形式存在。因此，需要先制取植酸钙，再以植酸钙为原料制取植酸[7]。生产工艺包括：a. 原料经酸浸、中和、过滤得植酸钙；b. 再经酸化、中和、离子交换树脂酸化、浓缩、脱色、干燥制得植酸产品。具体生产工艺见图 7-5-11。

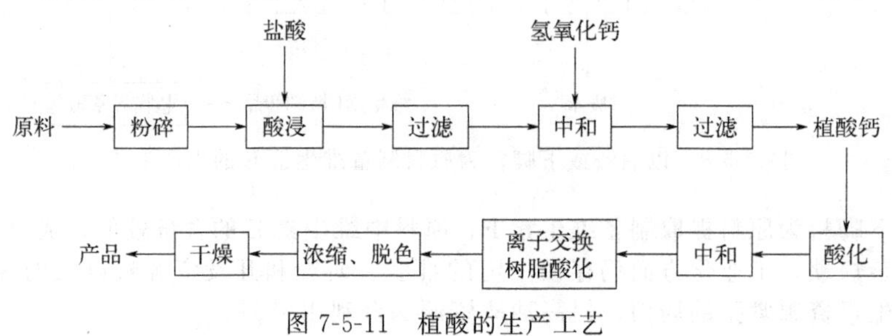

图 7-5-11　植酸的生产工艺

2. 植酸的应用

植酸、植酸钠在食品工业中的主要用途有：a. 作为油脂及其加工制品的抗氧化剂，防止油脂酸败、变质，用于包腌腊肉和酱卤肉制品类、油炸肉类、西式火腿、肉灌肠类等中；b. 主要用于鲜虾类水产品中以防止磷酸铵镁的生成；c. 用于加工水果、蔬菜以及果蔬汁（浆）类饮料等。植酸、植酸钠作为抗氧化剂在食品中的使用方法和用量参见标准 GB 2760—2024[5]。

（五）竹叶抗氧化物

竹叶抗氧化物是以刚竹属竹种的叶（1～2 年生）为原料，经提取、精制而成的一类天然抗氧化剂。黄色或棕黄色的粉末或颗粒，无异味。可溶于水和一定浓度的乙醇。略带吸湿性，其在干燥状态下较稳定。

根据竹叶抗氧化物的溶解性差异可将其分为水溶性产品和脂溶性产品两类。水溶性产品的有效成分为竹叶碳苷黄酮（异荭草苷、荭草苷、牡荆苷、异牡荆苷）、对香豆酸、绿原酸等；脂溶性产品的有效成分为对香豆酸、阿魏酸、苜蓿素以及竹叶黄酮的酯化产物等。

竹叶抗氧化物的加工工艺包括竹叶原料预处理、30%乙醇浸泡、加热回流、提取、干燥、萃取、浓缩等。

竹叶抗氧化物作为食品抗氧化剂在食品工业中应用较广泛，例如，用于基本不含水的脂肪和油、油炸坚果与籽类、油炸面制品、即食谷物［包括碾轧燕麦（片）］、焙烤食品、腌腊肉制品类、酱卤肉制品类、熏烧烤肉类、油炸肉类、西式火腿类、肉灌肠类、发酵肉制品类、水产品及其制品、膨化食品、果蔬汁（浆）类饮料、茶（类）饮等中。具体使用方法和用量参见 GB 2760—2024[5]。

（六）迷迭香提取物

迷迭香提取物，又称香草酚酸油胺，是以迷迭香的茎、叶为原料，经溶剂提取或超临界二氧化碳萃取、精制等工艺生产的一类天然抗氧化剂。淡黄色、黄褐色粉末或膏状液体，有特殊香味，不易挥发，具有良好的热稳定性。

根据水溶性的差异，可以将迷迭香提取物分为水溶性迷迭香提取物和脂溶性迷迭香提取物。水溶性提取物中的有效成分包括迷迭香酸、绿原酸等化合物；脂溶性提取物中的主要成分包括迷迭香酚、鼠尾草酚、鼠尾草酸、熊果酸、齐墩果酸等化合物。这些化合物均具有较高的抗氧化活性。

迷迭香提取物作为食品抗氧化剂主要用于植物油脂、动物油脂、油炸坚果与籽类、预制肉和酱肉卤制品、熏烧烤肉类、油炸肉类、西式火腿（熏烤、烟熏、蒸煮火腿）类、肉灌肠类、发酵肉制品类、膨化食品等中，具体使用方法和用量参见 GB 2760—2024[5]。

第二节　林源着色剂

林源着色剂，也称林源食用色素，是从森林植物中经提取分离获得的用以改善食品色泽、增进人们对食品的喜爱、提高食品品质的一类天然食品添加剂。我国使用林源着色剂的历史悠久。《史记·货殖传》记载“茜栀千亩，亦比千乘之家”，说明早在东周时期先民们就已利用茜草科植物和黄栀子等着色。北魏末年（公元 6 世纪），农学家贾思勰所著《齐民要术》一书中记载了从植物中提取着色剂。

林源着色剂的来源丰富，我国批准使用的食用林源着色剂超过 30 个品种，包括茶绿、柑橘黄、桑椹红、沙棘黄、酸枣色、杨梅红、天然胡萝卜素、可可壳色等，在天然着色剂品种中占比达到 50%。我国森林资源丰富、品类繁多，同时林源着色剂具有安全、色泽自然鲜艳、多数不受添加量的限制和使用范围广的特点，已成为着色剂发展的主要方向之一。

一、分类

林源着色剂按颜色的不同可以分为林源黄色素、林源红色素和林源绿色素等；按来源的不同可以分为山茶科源着色剂、桑科源着色剂、鼠李科源着色剂和芸香科源着色剂等；按化学结构的差异可以分为花青素类、黄酮类、类胡萝卜素类、四吡咯类、醌类、焦糖类等[8]。本节按化学结构对林源着色剂进行分类。

1. 花青素类林源着色剂

花青素类化合物是由糖苷配基和糖组成的天然水溶性色素，其结构包括花色苷元和糖。花青素苷元具有基本的黄酮母核，即 2-苯基苯并吡喃阳离子，结构见图 7-5-12。苯环上取代基的不同构成了各种各样的花青素苷元，已知的花青素苷元有 550 余种，其中常见的花青素苷元有天竺葵素、矢车菊素、飞燕草素、芍药色素、牵牛色素、锦葵色素，这 6 种花青素苷元占总量的 90%以上。花青素苷元苯环上的羟基可以与一个或多个单糖、双糖以及三糖等通过糖苷键形成花青素，且成苷的位置大多在苯环上的 3、5、7 碳位上。

花青素类着色剂的颜色鲜艳，色泽多样，但其稳定性较差，是限制其应用的天然缺陷。花青素类着色剂呈现的颜色与其所在的体系 pH 值和浓度有关。花青素类着色剂在酸性条件下显红

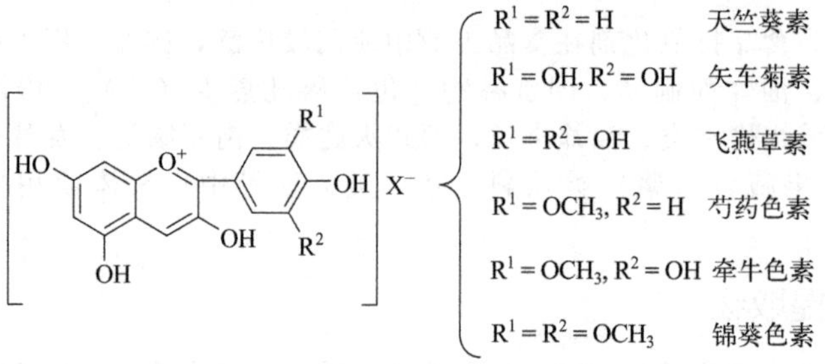

$R^1 = R^2 = H$　天竺葵素
$R^1 = OH, R^2 = OH$　矢车菊素
$R^1 = R^2 = OH$　飞燕草素
$R^1 = OCH_3, R^2 = H$　芍药色素
$R^1 = OCH_3, R^2 = OH$　牵牛色素
$R^1 = R^2 = OCH_3$　锦葵色素

图 7-5-12　花青素苷元的结构

色，且 pH＜4 时颜色较稳定，在碱性条件下显蓝色。对光和热均敏感，长时间加热时易生成无色的具有查尔酮结构的化合物，导致花青素褪色。在酸和酶的作用下，花青素分子结构中的苷键会部分或全部水解。花青素的稳定性与其苷配位基，特别是酚羟基数量和位置有关。氧和金属离子对花青素的稳定性也有一定影响，铜、铁等金属离子可促进花青素降解或变色。

花青素类普遍存在于植物的花、叶、果中，植物中花青素类化合物的含量随品种、气候、季节、成熟度等的不同呈现出较大的差异。葡萄、蓝莓、血橙、红莓、樱桃、桑椹、山楂等植物的果实、花瓣、叶子、块茎和种子等部位中均含有一定量的花青素类化合物。越橘红、葡萄皮红、杨梅红等花青素类林源着色剂已被列入《食品添加剂》名录。

2. 黄酮类林源着色剂

黄酮类林源着色剂属于水溶性色素，为浅黄或无色、橙黄色。以 2-苯基苯并吡喃酮为基本母核结构（图 7-5-13），因母核结构中的 2 个苯环上取代基种类和数量的不同，以及吡喃环上取代基数量、饱和程度、开闭环等的不同，形成了不同类型的黄酮类化合物。黄酮化合物的苷类一般易溶于水、甲醇和乙醇，难溶于苯、乙醚等。在盐酸的作用下易成盐，呈艳丽的颜色。与三氯化铁反应后呈蓝、蓝黑、紫或棕等不同颜色。黄酮类着色剂的稳定性受分子中酚羟基数量和结合位置的影响。此外，光、热和金属离子对其稳定性也有一定的影响。

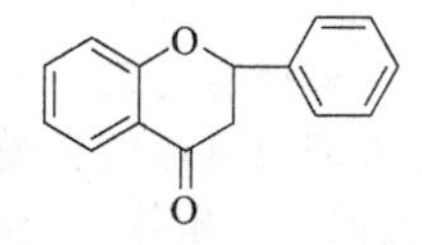

图 7-5-13　黄酮类化合物的母核结构

黄酮类林源着色剂及其衍生物常以苷的形式分布于植物的花、果、茎、叶中，成苷的糖有葡萄糖、鼠李糖、半乳糖、阿拉伯糖、芸香糖和新橙皮糖等，已发现有数千种化合物。可可色素、茶黄素等黄酮类林源着色剂已被列入《食品添加剂》名录。

3. 类胡萝卜素类林源着色剂

类胡萝卜素类林源着色剂是一类天然脂溶性色素的总称。浅黄到深红色，几乎不溶于水、乙醇、甲醇，易溶于氯仿、苯等。类胡萝卜素分子中含有 4 个异戊二烯单元，中间两个异戊二烯单元尾尾连接，两端的两个异戊二烯单元首尾相连，形成链状的共轭结构，链的两端可连接不同的基团。类胡萝卜素是高度共轭的多烯类化合物，绝大多数天然多烯色素以能量较低的反式形态存在，且多与蛋白质形成较为稳定的络合物。类胡萝卜素具有较强的亲脂性，亲脂性随着分子中含氧基数目的增多而减弱。类胡萝卜素热稳定性较好，pH 值的变化对其稳定性影响小，但抗氧、抗光稳定性较差，且易被酶降解而褪色。在氯仿溶液中与三氧化锑反应产生蓝色，与浓硫酸作用产生蓝绿色。

按化学结构和溶解性的不同，类胡萝卜素又分为胡萝卜素和叶黄素两类，其中胡萝卜素系共轭烯烃，叶黄素类系共轭多烯烃的含氧衍生物。典型类胡萝卜素林源着色剂的化学结构式见图 7-5-14。

常见的类胡萝卜素林源着色剂有栀子黄、栀子蓝、番茄红、辣椒红和天然胡萝卜素等，均已被列入《食品添加剂》名录。

4. 四吡咯类林源着色剂

四吡咯类林源着色剂，又称卟啉类林源着色剂，主要包括叶绿素类和叶绿素铜钠盐等。四吡

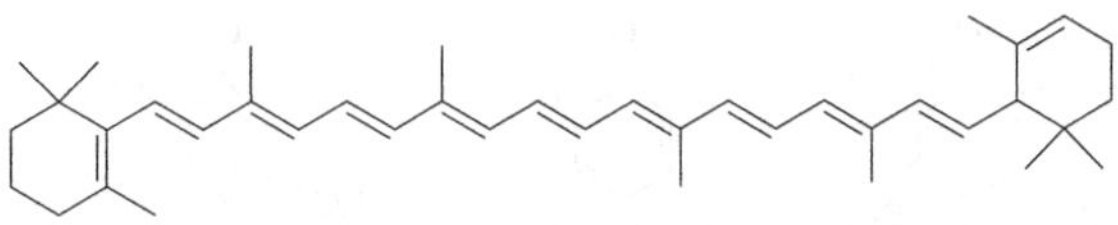

α-胡萝卜素

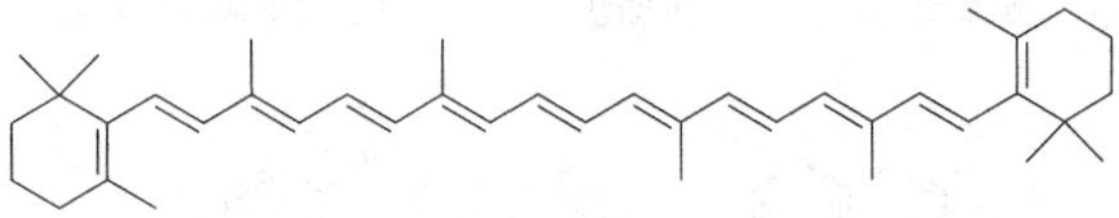

β-胡萝卜素

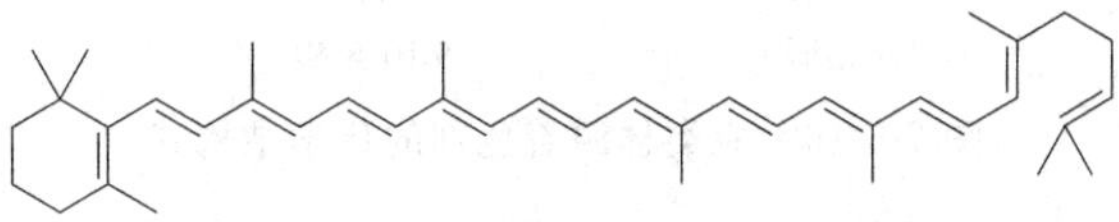

γ-胡萝卜素

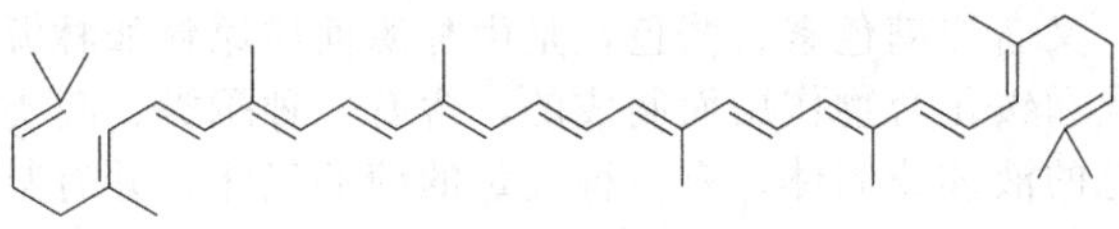

番茄红素

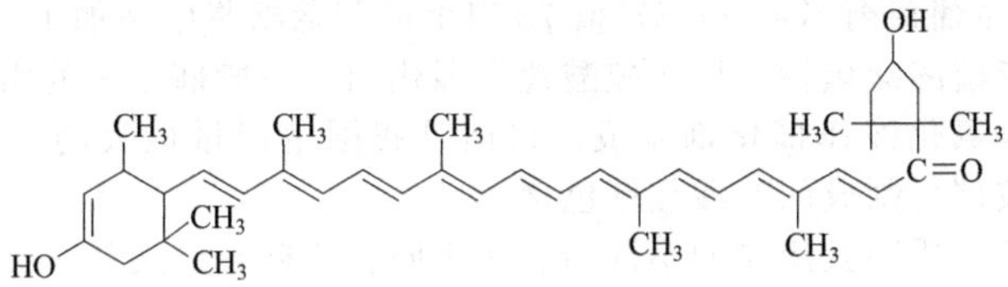

辣椒红素

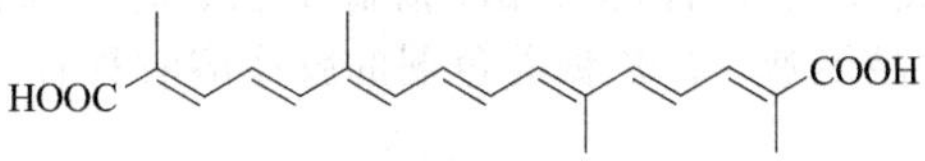

藏红花素

图 7-5-14　典型类胡萝卜素林源着色剂的化学结构式

咯类色素的母体结构（图 7-5-15）是由 4 个吡咯环的 α-碳原子通过 4 个亚甲基桥连接而成的以卟吩为结构基础的大环共轭体系，这类分子的色彩与其共轭体系有关，稳定性与中心螯合的金属离子有关。例如叶绿素铜钠盐，叶绿素不溶于水，但经过皂化、酸化铜代、成盐等反应后制成的墨绿色的叶绿素铜钠盐溶于水，其着色能力更强，对光和热更稳定，在酸性（pH<6）条件下易产生沉淀，在中性或碱性（pH 7～12）条件下较稳定而适宜应用。

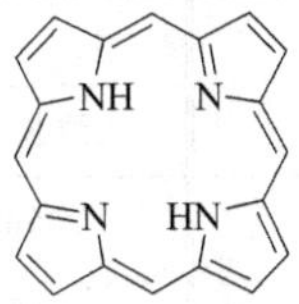

图 7-5-15　四吡咯类色素母体的化学结构式

5. 醌类林源着色剂

醌类林源着色剂是醌类化合物的衍生物，有苯醌、萘醌和蒽醌等多种类型，见图 7-5-16。大多溶于乙醇、乙醚和苯等有机溶剂，难溶于水。在酸性条件下大多对光、热的稳定性较好，其颜色也随 pH 值的变化而变化。主要的醌类林源着色剂为酸枣色。

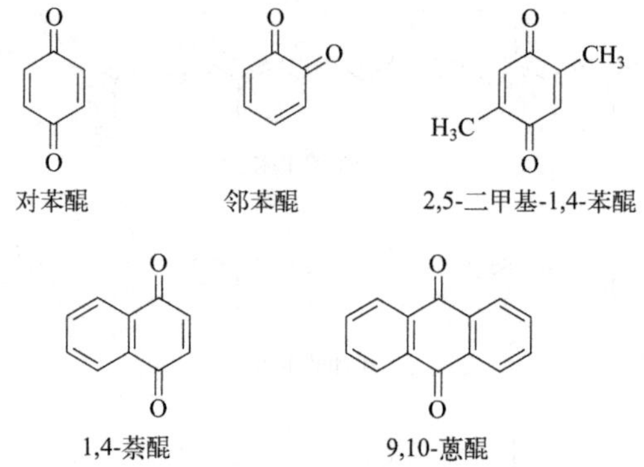

对苯醌　邻苯醌　2,5-二甲基-1,4-苯醌

1,4-萘醌　9,10-蒽醌

图 7-5-16　醌类林源着色剂的化学结构式

6. 焦糖类林源着色剂

焦糖类林源着色剂，又名焦糖色素、酱色，是由林源糖质原料如林源糖蜜、木本淀粉等在高温下脱水、分解、聚合或和铵化合物作用而制成的，含有多种酮类、醛类及杂环化合物的一类色素。通常为棕黑色至黑色的液体或固体，有一种烧焦的糖的气味，并有某种苦味。

按照焦糖类林源着色剂生产中使用添加剂的不同，可以将其分为以下四类：普通焦糖，在160℃左右的温度下，在葡萄糖当量（DE）值 70 以上的葡萄糖浆中添加 1%（干基）的氢氧化钠作催化剂制成；碱性亚硫酸盐焦糖，用亚硫酸盐作催化剂，一般催化剂的用量较高，我国不允许使用；氨法焦糖，用氢氧化铵作催化剂制成，目前是我国生产量最大的一类焦糖；亚硫酸盐焦糖，用亚硫酸（氢）铵催化制成的耐酸焦糖色素。

焦糖着色剂的化学性质因其用途的不同而有所不同。焦糖着色剂是一类胶态物质，其等电点在 pH 值 3.0～6.9 左右。焦糖着色剂的胶体溶液 pH 值 3～5，pH 值≥5 时，说明焦化不完全或中和时碱用量过大，容易造成微生物的污染。pH 值低于 2.5 时，则在短时间内发生树脂化或凝胶化，pH 值越低则这种变化越迅速[9]。焦糖着色剂的胶体溶液具有一定的稳定性。

二、着色机理

不同的着色剂能吸收不同波长的光，若某着色剂所吸收的光的波长在可见光区以外，则呈白色；若吸收的光波波长为 400～800nm 的可见光，则呈现出一定的颜色，其呈现的颜色是由反射或透过未被吸收的光所组成的综合色，也称为被吸光光波组成颜色的互补色。例如，510nm 为绿色光谱，某种物质吸收了波长为 510nm 的光，而人肉眼所见其呈现的颜色为紫色，这是由于紫色是绿色光的互补色。（表 7-5-3）

表 7-5-3　不同波长光波对应的颜色及互补色

吸收光波		互补色	吸收光波		互补色
波长/nm	对应颜色		波长/nm	对应颜色	
400	紫	黄绿	530	黄绿	紫
425	蓝青	黄	550	黄	蓝青
450	青	橙黄	590	橙黄	青
490	青绿	红	640	红	青绿
510	绿	紫	730	紫	绿

着色剂能吸收可见光而呈现出不同的颜色，是由于其分子本身含有某些特殊基团，即生色基团。典型的生色基团有 C═C、酮基、醛基、羰基、偶氮和 C═S 等。着色剂均为有机化合物，

当这些有机物分子中含有一个生色基团时，若生色基的吸收波长为 200～400nm，则这些有机物仍为无色。当有机物分子中有 2 个或 2 个以上生色基团共轭时，其对光波的吸收波长向可见光区移动，则该有机物会呈现出一定的颜色（表 7-5-4）。例如，1,2-二苯基乙烯为无色，当其两个苯环之间连接 3 个共轭的 C=C 时，则呈现淡黄色；当连接 5 个共轭的 C=C 时，则呈现橙色；当连接 11 个共轭的 C=C 时，则呈现紫色。

表 7-5-4　共轭多烯化合物吸收光的波长与双键数量及对应颜色间的关系

体系	化合物	双键数	波长 λ/nm	颜色
$HC=CH$ $CH_2=CH-CH=CH_2$	乙烷	无	135	无色
	乙烯	1	185	无色
	1,3-丁二烯	2	217	无色
	己二烯	3	258	无色
	二甲基辛四烯	4	296	淡黄色
	维生素 A	5	335	淡黄色
	二氢 β-胡萝卜素	8	415	橙色
	番茄红素	11	470	红色
	去氢番茄红素	15	504	紫色

此外，还有一类基团，如—OH、—OR、$—NH_2$、—NR、—Cl、—Br 等的吸收波长在紫外光区，当这些基团与共轭键或生色基团相连接时，可使连接的共轭键或生色基团的吸收波长向长波区移动而显色，这些基团称为助色基团。

着色剂是由生色基团和助色基团共同组成的，因而能呈现出不同的颜色。

三、典型林源着色剂加工与应用

1. 叶绿素铜钠盐

叶绿素铜钠盐是以桑科植物桑的叶等为原料，利用乙醇等有机溶剂萃取，去除络合物中的镁，并浓缩得叶绿素，再经皂化、铜代、水解等方法加工而成的一类着色剂。一般为墨绿色至黑色的粉状，易溶于水，几乎不溶于低醇，不溶于氯仿。水溶液透明、无沉淀。酸性条件（pH 值 6.5 以下）或钙离子存在时，有沉淀析出。叶绿素铜钠盐为混合物，主要包括叶绿素铜钠 a 和叶绿素铜钠 b，其结构式见图 7-5-17。

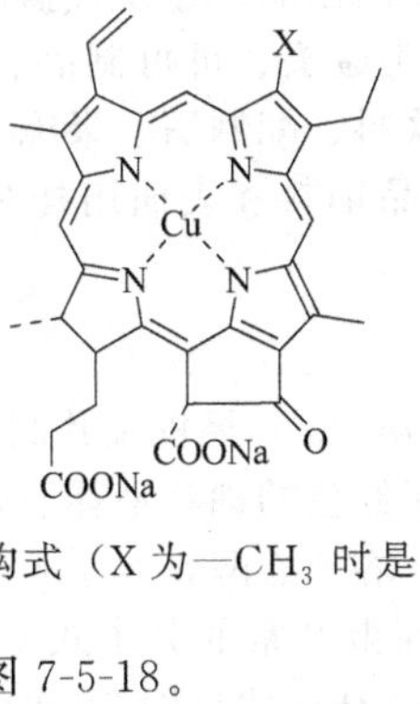

图 7-5-17　叶绿素铜钠盐的化学结构式（X 为$—CH_3$ 时是 a 系列，X 为—CHO 时是 b 系列）

叶绿素铜钠盐浸提生产工艺[3] 见图 7-5-18。

叶绿素铜钠盐作为着色剂用于食用冰除外的冷冻饮品、蔬菜罐头、熟制豆类、加工坚果与籽类、糖果、粉圆、焙烤食品、包装饮用水除外的饮料类、果蔬汁（浆）类饮料、配制酒、果冻等

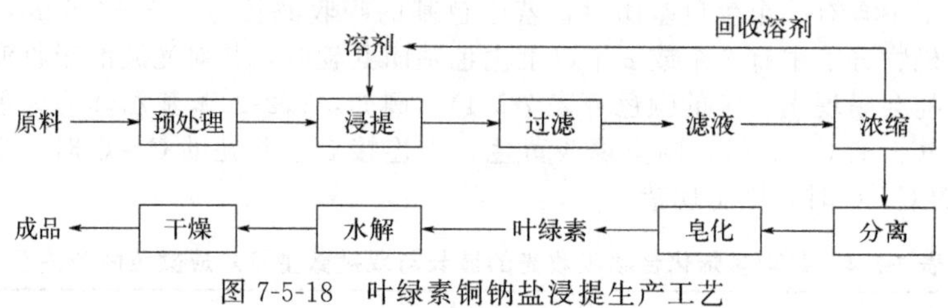

图 7-5-18　叶绿素铜钠盐浸提生产工艺

的着色。具体使用方法和用量参见 GB 2760—2024[5]。

2. 栀子黄

栀子黄是以茜草科植物栀子（*Gardenia jasminoides* Ellis）的果实为原料，用水或乙醇提取，经精制、浓缩、干燥等工序制成的可用糊精稀释的粉末、浸膏或液态的一类天然着色剂。粉末产品呈橙黄色至橘红色，浸膏产品呈黄褐色，液态产品呈黄褐色至橘红色。易溶于水，可溶于乙醇和丙二醇中，不溶于油脂。主要含有藏花素和藏花酸。其中藏花素分子式 $C_{44}H_{64}O_{24}$，分子量 977.21；藏花酸分子式 $C_{20}H_{24}O_{4}$，分子量 328.35。栀子黄的化学结构式见图 7-5-19。

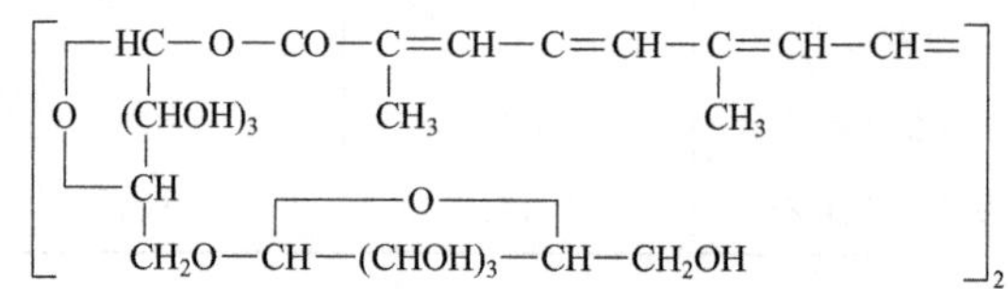

图 7-5-19　栀子黄的化学结构式

栀子黄的浸提生产工艺[10] 见图 7-5-20。

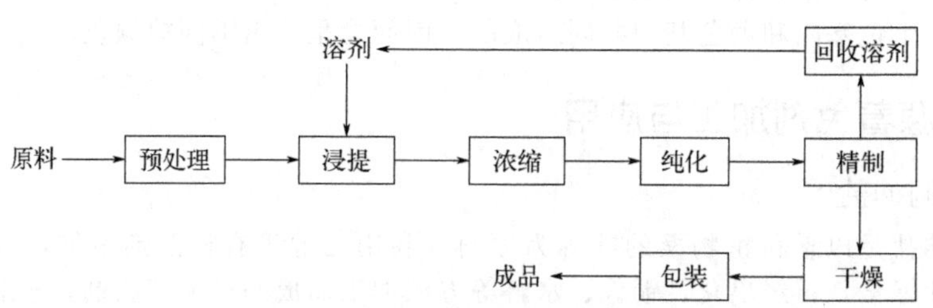

图 7-5-20　栀子黄的浸提生产工艺

栀子黄作为食品着色剂用于人造黄油及其类似制品、腌渍的蔬菜、油炸坚果与籽类、方便米面制品、粮食制品馅料、饼干、禽肉熟肉制品、盐及代盐制品除外的调味品和固体饮料、冷冻饮品（食用冰除外）、蜜饯类、坚果与籽类罐头、可可制品、巧克力和巧克力制品以及糖果、生干面制品、果蔬汁（浆）类饮料、果味饮料、配制酒、果冻（如用于果冻粉，按冲调倍数增加使用量）、膨化食品、生湿面制品、焙烤食品馅料和表面用挂浆等的着色。具体使用方法和用量参见 GB 2760—2024[5]。

3. 辣椒红

辣椒红是以辣椒（*Capsicum annuum* L.）果皮及其制品为原料，经萃取、过滤、浓缩、脱辣椒素等工艺制成的一类天然着色剂。深红色的油状液体、膏状或粉末，具有特殊气味或辣味。易溶于植物油、丙酮、乙醚、三氯甲烷，溶于乙醇，几乎不溶于水，不溶于甘油。熔点 176℃。主要含有辣椒红素和辣椒玉红素。其中辣椒红素的分子式 $C_{40}H_{56}O_{3}$，分子量 584.87。辣椒玉红素分子式 $C_{40}H_{56}O_{4}$，分子量 600.87，化学结构式见图 7-5-21。

辣椒红的生产工艺主要有油溶法、溶剂法、超临界流体萃取法等。采用溶剂法制取辣椒红的生产流程包括用乙醇等有机溶剂浸提辣椒粉，再将浸提液浓缩、精制得辣椒红。溶剂法产品收率

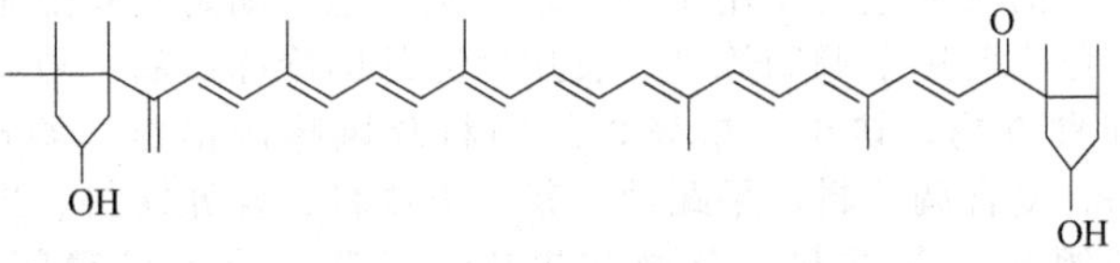

图 7-5-21　辣椒玉红素的化学结构式

低、纯度较差，且具有异味和溶剂残留，产品质量较差。超临界 CO_2 萃取法作为新兴提取分离技术，已逐步应用于辣椒红的生产中。超临界分离技术具有能耗低，萃取溶剂无毒、易回收，所得产品纯度高等优势。其工艺流程见图 7-5-22。

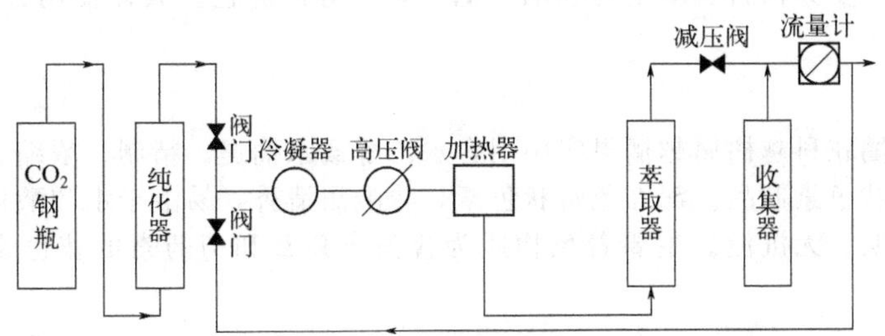

图 7-5-22　常规超临界二氧化碳萃取工艺流程

辣椒红作为食品着色剂用于食用冰除外的冷冻饮品、腌渍的蔬菜、油炸坚果与籽类、可可制品、巧克力及制品、糖果、面糊、裹粉、煎炸粉、方便米面制品、粮食制品馅料、糕点上彩装、饼干、腌腊肉制品类、熟肉制品、冷冻鱼糜制品、盐及代盐制品除外的调味品、果蔬汁（浆）类饮料、蛋白饮料、果冻、膨化食品、冷冻米面制品、糕点、焙烤食品馅料及表面用挂浆、生肉调理料等的着色。具体使用方法和用量参见 GB 2760—2024[5]。

4. 可可壳色

可可壳色是以可可壳为原料，经粉碎、焙炒后用热水溶液提取，再经精制、浓缩、干燥等工艺制得的一类天然色素。深棕色粉末。易溶于水，对光、热及还原性物质的稳定性均较好，在 pH 值 4～11 时颜色稳定，但遇还原剂易褪色。可可壳中的黄酮类化合物如儿茶酸、花青素、表儿茶酸等在焙炒过程中发生复杂的氧化、缩聚等反应而形成颜色很深的多酚类化合物，分子量大于 1500，其结构单元见图 7-5-23。

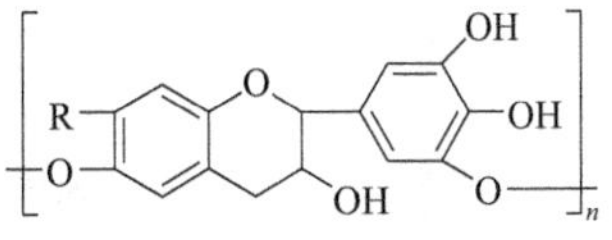

$n=5$或$\geqslant 6$；R为半乳糖醛酸

图 7-5-23　可可壳色化学结构的基本单元

可可壳色作为食品着色剂用于食用冰除外的冷冻饮品和饼干、可可制品、巧克力和巧克力制品以及糖果、糕点上彩装、面包、糕点、焙烤食品馅料、表面用挂浆、配制酒、植物蛋白饮料以及碳酸饮料等的着色。具体使用方法和用量参见 GB 2760—2024[5]。

5. 焦糖色

焦糖色，又称焦糖、酱色，是以蔗糖、淀粉糖浆、木糖母液等为原料，在 121℃以上的高温下加热（或同时加压）使之焦化，进一步处理制得的一类着色剂。黑褐色的液体、粉末或颗粒，具有焦糖的焦香味。易溶于水，不溶于常见有机溶剂及油脂，水溶液中呈红棕色，透明，对光和热较稳定，具有胶体的一般特性，有等电点[11]。焦糖色是糖类物质在高温下发生脱水、分解和聚合反应生成的复杂混合物，其中某些为胶质聚集体。依据生产方法的不同将焦糖色分为四类，即普通法（不加氨）、苛性亚硫酸盐法、氨法或亚硫酸铵法。

氨法生产的焦糖色主要用于调制炼乳、食用冰除外的冷冻饮品和含乳饮料、果酱、面糊、裹粉、煎炸粉、醋、可可制品、巧克力及制品、糖果、粉圆、即食谷物、饼干、调味糖浆、酱油、酱及酱制品、复合调味料、果蔬汁（浆）类饮料、果味饮料、白兰地、配制酒、调香葡萄酒、啤酒和麦芽饮料、威士忌和朗姆酒、黄酒、果冻等的着色。

苛性亚硫酸盐法生产的焦糖色主要用于白兰地、威士忌、朗姆酒和配制酒等的着色。

普通法生产的焦糖色主要用于调制炼乳、食用冰除外的冷冻饮品、巧克力及制品、糖果、面糊、裹粉、煎炸粉、即食谷物、饼干、焙烤食品馅料及风味派馅料、调理肉制品、调味糖浆、醋、酱油、酱及酱制品、复合调味料、果蔬汁（浆）类饮料、含乳饮料、果味饮料、白兰地、配制酒、调香葡萄酒、啤酒和麦芽饮料、黄酒和果冻、果酱、威士忌和朗姆酒、膨化食品等的着色。

亚硫酸铵法生产的焦糖色主要用于调制炼乳、食用冰除外的冷冻饮品和含乳饮料、风味派类粮食制品馅料、饼干和复合调味料、酱油、果蔬汁（浆）类饮料、碳酸饮料、果味饮料和固体饮料、酱及酱制品、料酒及制品和茶（类）饮料、咖啡（类）饮料和植物饮料、白兰地、配制酒、调香葡萄酒、啤酒和麦芽饮料、威士忌和朗姆酒、黄酒等的着色。具体使用方法和用量参见 GB 2760—2024[5]。

6. 越橘红

越橘红是从杜鹃花科越橘属越橘果实中用含水乙醇或水抽提、精制、浓缩、干燥等工艺制备得到的一类天然膏状色素制品。深红色膏状色素，味酸甜清香，易溶于水和酸性乙醇，不溶于无水乙醇。水溶液透明、无沉淀。主要着色物质为含矢车菊素和芍药素的花色素苷类，结构式见图 7-5-24。

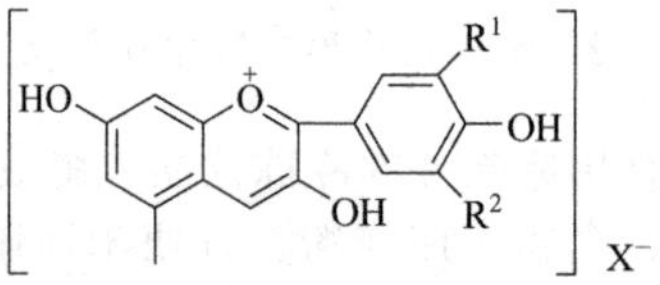

$R^1 = OH$, $R^2 = H$时为矢车菊素；$R^1 = OCH_3$, $R^2 = H$时为芍药素；X^-为酸部分

图 7-5-24　越橘红的化学结构式

越橘红的生产方法主要有醇溶提取工艺、醇浸水溶提取工艺和水浸水溶提取工艺等[9]。其中水浸水溶提取工艺见图 7-5-25。

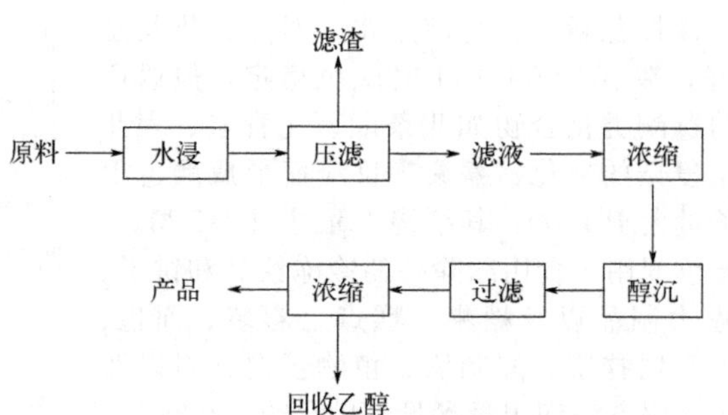

图 7-5-25　越橘红的水浸水溶提取工艺

越橘红作为食品着色剂主要用于食用冰除外的冷冻饮品、果蔬汁（浆）类饮料和果味饮料及固体饮料等的着色。具体使用方法和用量参见 GB 2760—2024[5]。

7. 天然胡萝卜素

天然胡萝卜素是以胡萝卜（*Daucus carota*）、棕榈果油（*Elaeis guinensis*）、甘薯（*Ipomoea batatas*）或其他可食用植物为原料，经溶剂萃取、过滤、浓缩和干燥等工艺制成的一类天然食用色素。红棕色至棕色或橙色至暗橙色的固体或液体，稍有异臭或异味。不溶于水、甘油、酸和碱，可溶于苯、石油醚、氯仿和植物油，难溶于乙醇、甲醇和丙酮。在 pH 值 2～7 范围内较稳定，且不受还原物质的影响，对光和氧不稳定等。主要着色物质为β-胡萝卜素和α-胡萝卜素，β-胡萝卜素占大多数。β-胡萝卜素的分子式为 $C_{40}H_{56}$，分子量为 536.88，化学结构式见图 7-5-26。

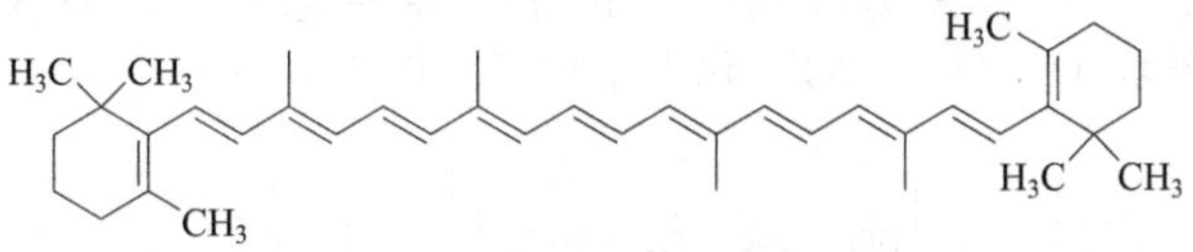

图 7-5-26　β-胡萝卜素的化学结构

天然胡萝卜素作为食品着色剂主要用于乳酪制品、脂肪类甜品、食用冰除外的冷冻饮品、醋、油或盐渍水果、水果罐头、果酱、蜜饯凉果、水果甜品、番茄沙司除外的蔬菜泥（酱）面糊、裹粉、煎炸粉、油炸面制品、杂粮罐头、方便米面制品、冷冻米面制品、谷类和淀粉类甜品（如米布丁、木薯布丁）、粮食制品馅料、焙烤食品、冷冻鱼糜制品、预制水产品（半成品）、熟制水产品、蛋制品、液体复合调味料、植物饮料和果冻、稀奶油（淡奶油）及其类似品和熟肉制品、非熟化干酪、蒸馏酒和葡萄酒除外的发酵酒等的着色。具体使用方法和用量参见 GB 2760—2024[5]。

8. 茶黄素

茶黄素是茶叶中多酚类物质氧化聚合而成的一类多酚羟基具茶骈酚酮结构的天然色素。橙黄色或红褐色的粉状或晶状，味涩。溶于乙醇和乙酸乙酯，在碱性条件下易氧化变色，有吸湿性。化学结构式见图 7-5-27。

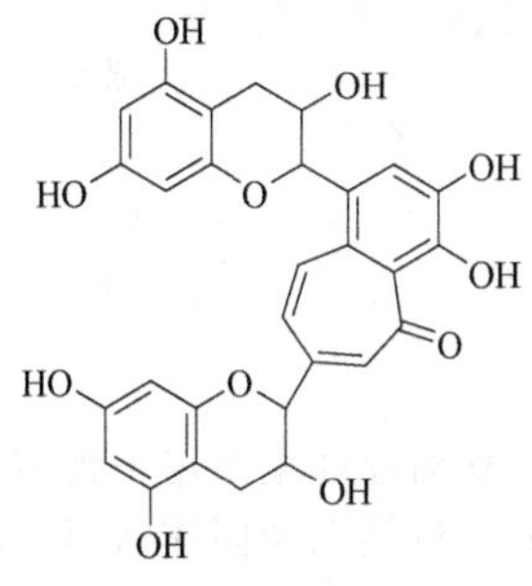

图 7-5-27　茶黄素的化学结构式

茶黄素的生产工艺是以低档绿茶为原料，利用 85℃的热水对其进行连续浸提 2 次，得浸提液，再经过滤、浓缩、喷雾干燥等工序即可得产品。按产品中茶黄素含量分为 TF20、TF40 和 TF60 三种规格。

茶黄素作为食用着色剂用于装饰性果蔬、糖果、糕点上彩装、果蔬汁（肉）饮料、果味饮料、茶饮料类和配制酒以及固体饮料的着色。具体使用方法和用量参见 GB 2760—2024[5]。

9. 番茄红

番茄红是以番茄或番茄制品为原料，以超临界流体（例如二氧化碳等）或有机溶剂为萃取介质制备的一类天然食用色素。深红色的膏状物或油状液体或粉末（晶体）。易溶于乙酸乙酯和正己烷，部分溶于乙醇和丙酮，不溶于水。主要成分为番茄红素，其分子式为 $C_{40}H_{56}$，分子量为 536.87。番茄红的浸提生产工艺见图 7-5-28。

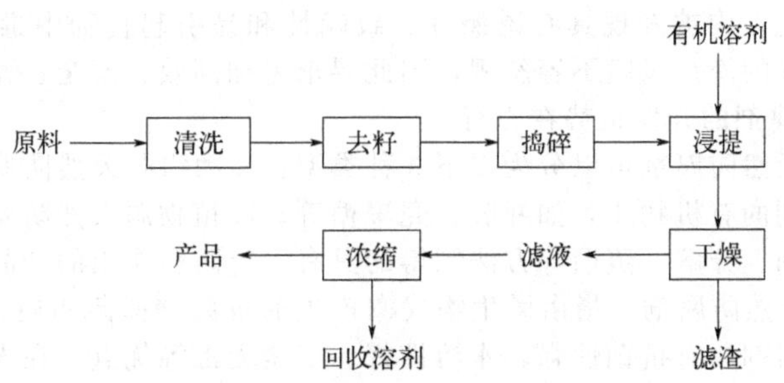

图 7-5-28　番茄红的浸提生产工艺

番茄红作为食用着色剂主要用于风味发酵乳、饮料类（包装饮用水除外）以及固体饮料等的着色。具体使用方法和用量参见 GB 2760—2024[5]。

10. 葡萄皮红

葡萄皮红是以葡萄皮或葡萄榨汁后的皮渣为主要原料，经水或食用乙醇提取、精制而成的一类天然食用色素。无味或稍有气味的粉末、颗粒或液体，色红至紫红。主要着色成分为花色苷，包括芍药素（$C_{16}H_{13}O_6X$，其中 X 为酸基团，下同）、锦葵色素（$C_{17}H_{15}O_7X$）、飞燕草花青素（$C_{15}H_{11}O_7X$）和甲花翠素（$C_{16}H_{13}O_7X$），化学结构式见图 7-5-29。

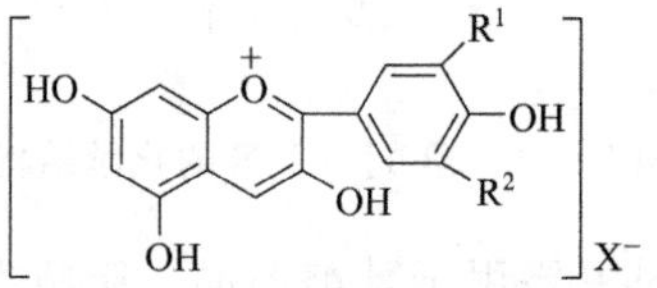

$R^1=R^2=OCH_3$时为锦葵色素；$R^1=OCH_3$，$R^2=H$时为芍药素；
$R^1=R^2=OH$时为飞燕草色素；$R^1=OCH_3$，$R^2=OH$时为甲花翠素；X^-为酸部分

图 7-5-29　葡萄皮红的化学结构式

葡萄皮红的乙醇浸提生产工艺[4]见图 7-5-30。

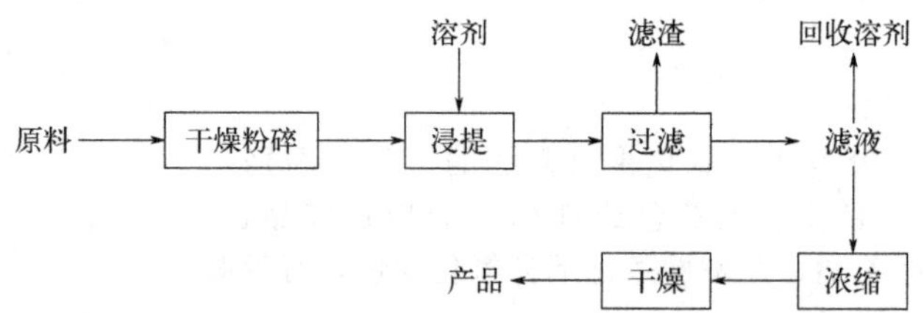

图 7-5-30　葡萄皮红的乙醇浸提工艺

葡萄皮红主要用于食用冰除外的冷冻饮料和配制酒、果酱、糖果和焙烤食品、包装饮用水除外的饮料类以及固体饮料等的着色。具体使用方法和用量参见 GB 2760—2024[5]。

第三节　林源防腐剂

食品在加工和贮运过程中由微生物繁殖引起的腐败变质，不仅使食品丧失营养价值，还易导致食物中毒，造成巨大的资源浪费和经济损失[12]。因此，各类食品的防腐保鲜始终是一个亟待解决的重要问题。为了延长食品的保藏期限，人们在食品加工过程中采用不同的手段使微生物丧失活性，延缓或阻止其生长[13]。添加防腐剂是其中一种较为方便、有效的食品防腐方法。

目前的食品防腐剂主要有化学防腐剂和天然防腐剂。化学防腐剂因其成本低、防腐效果好而在食品加工中备受欢迎，山梨酸钾、苯甲酸钠即为其中的代表[3]。随着科技的进步，过去认为安全的一些化学防腐剂现在均被发现具有诱癌性、致畸性和易引起食物中毒等问题[14]。长期食用化学防腐剂对人体带来的潜在风险不容忽视，因此寻求更加高效、安全、无毒的天然食品防腐剂尤为重要[15]，天然防腐剂的开发也势在必行。

根据来源分类，天然防腐剂可以分为以下 3 种类型：a. 动物源天然防腐剂，指从与动物相关的物质中提取制备得到的有机物质，如蜂胶、壳聚糖等；b. 植物源天然防腐剂，指天然存在于植物体内，通过人工修饰、分解、蒸馏等方法制得的具有一定防腐作用的产品，如果胶分解物、茶多酚等；c. 微生物源天然防腐剂，指由微生物代谢产生的抗菌、抑菌物质，如乳酸链球菌素、ε-聚赖氨酸等。天然防腐剂具有抗菌性强、水溶性好、安全无毒等优点，在人体消化道内可降解为食物的正常成分，不影响消化道菌群，不影响药用抗生素的使用，而且还具有一定的营养价值，是目前食品防腐剂开发的主要方向之一。

一、分类

植物是生物活性化合物的天然宝库，自然界中存在的含有丰富生理活性成分的森林植物为防腐剂的开发提供了丰富的原材料，林源防腐剂已逐渐成为国内外研究的热点。常见的林源防腐剂主要有香辛料提取物、果胶分解物、茶多酚、中药提取物、竹提取物等[16]。

（1）香辛料提取物 香辛料是具有辛香、麻辣、苦甜等典型风味的食用植物材料的统称。在食品工业中，香辛料除了具有增进食欲、消除异味、增加香气和着色等基本作用外，还具有抑菌防腐、抗氧化的作用以及细胞毒性、光毒性、防诱变性等生物学功能，因而能有效替代化学防腐剂。从环保角度以及绿色食品的发展趋势来看，将香辛料精油应用于肉类食品防腐保鲜有巨大的市场潜力。常见的林源香辛料防腐剂有肉桂、丁香、山苍子等。

（2）果胶分解物 果胶是一种水溶性天然聚合物，主要存在于柑橘、柠檬、柚、橙、葡萄等果皮中或苹果、甜菜等废渣中。以果胶酶分解果胶得到的果胶分解物在酸性环境中具有较强的抗菌作用，尤其是能显著抑制大肠杆菌的增殖，同时对食品有提高风味和调味作用。目前，国外以果胶分解物为主要成分，混入其他一些天然防腐剂，已广泛应用于酸菜、咸鱼、牛肉饼等食品的防腐[5]。果胶分解物防腐效果理想，加工成本低廉，工艺简单，极具开发价值。

（3）茶多酚 茶多酚是从茶叶中提取的多酚类复合物，包括黄烷醇、黄烷双醇、类黄酮和酚酸类物质。茶多酚具有很好的防腐保鲜作用，对枯草杆菌、金黄色葡萄球菌、大肠杆菌等均有抑制作用。同时茶多酚具有良好的抗氧化能力，对人体还有很好的生理效应，能清除人体内多余的自由基、改进血管的渗透性能、增强血管壁弹性、降低血压、防止血糖升高、促进维生素的吸收与同化。茶多酚是良好的天然抗氧化剂和防腐剂，可用于肉制品和水果蔬菜的贮藏中。

（4）中药提取物 我国拥有丰富的中药资源，中药历来就被公认为既有益于健康又有特定治疗效果。几千年的人体临床应用经验，使中药积累了许多作用独特、效果显著的单品和复方。并且中药来源于大自然，纯正温和，毒副作用小，利用具有悠久食用历史的中药作为食品防腐剂相较于化学合成品更加安全可靠。从中药中分离提取天然高效防腐剂的研究前景十分广阔，同时也是我国独有的研究领域。目前研究的林源中药防腐剂有桂枝、五倍子、银杏、连翘等。

（5）竹提取物 竹子是禾本科竹亚科多年生常绿植物，广泛分布于东南亚、印度、中国南部等地，是当今世界上最具有使用价值的植物之一。竹叶中含有多种活性物质，包括竹叶黄酮及其苷类、活性多糖类、特种氨基酸等。竹叶黄酮具有良好的抗氧化、抑菌、清除自由基等功效，且无毒副作用，在食品的防腐保鲜中发挥着重要的作用。

二、防腐作用机理

林源防腐剂具有较强的抑菌活性，其抑制与杀死微生物的机理十分复杂。目前国内外对林源防腐剂的抑菌机理的研究还不够深入，一般认为主要有以下三种[12]。

（1）破坏或损伤细胞壁和细胞膜体系 一些林源防腐剂能破坏细胞壁的完整性和细胞膜的通透性，使营养物质和代谢产物无法正常穿过细胞膜，胞内物质外泄，从而达到防腐保鲜的作用。

（2）破坏蛋白质和遗传物质的结构 微生物体内有大量蛋白质，当细胞膜被破坏后，林源防腐剂中的部分物质能与微生物细胞中的蛋白质或遗传物质结合，使蛋白质合成受阻，DNA无法复制，影响微生物的功能性蛋白质或酶的活性，从而干扰微生物的生长和繁殖。

（3）干扰细胞代谢过程 林源防腐剂能够抑制微生物细胞的呼吸作用，或通过干预微生物细胞信号的传导过程，使细胞无法进行正常的生理代谢过程。

林源防腐剂的种类不同，其抑菌机理也不尽相同，同一防腐剂的抑菌机理也可能通过多方面起作用。另外，不同微生物的结构、代谢方式均有一定差异，这也会导致同一种防腐剂对不同微生物的作用不一样。

三、典型林源防腐剂加工与应用

（一）安息香提取物

安息香提取物的主要成分为安息香酸，另含有桂酸、香兰素等，有特殊香气[15]。安息香酸又称苯甲酸，分子式$C_7H_6O_2$，分子量122.12，熔点122.13℃，沸点249℃，相对密度1.2659，微溶于水，易溶于乙醇、乙醚、氯仿。天然的苯甲酸存在于许多水果、蔬菜中，如苹果、杏、草莓等中。其化学结构式见图 7-5-31。

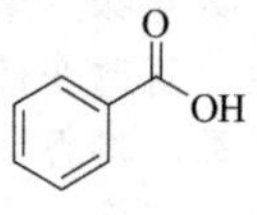

图 7-5-31　安息香酸的化学结构式

1. 安息香提取物的生产工艺

用刀割伤安息香科植物安息香后所分泌的树脂，经过乙醇提取得到安息香提取物，产品为淡褐色至褐色液体。具体工艺流程见图 7-5-32。

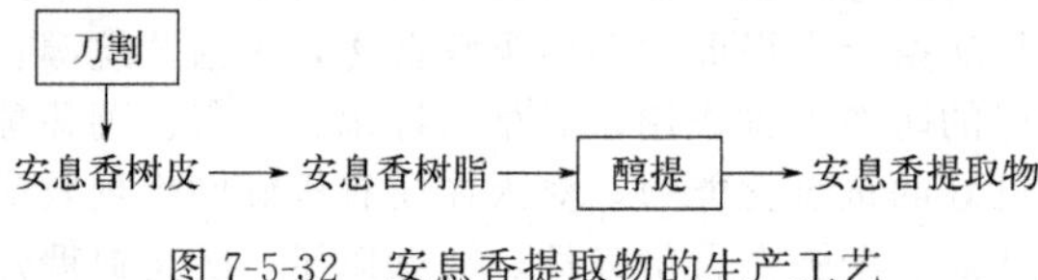

图 7-5-32　安息香提取物的生产工艺

2. 苯甲酸及其钠盐的应用

GB 2760—2024 规定苯甲酸及其钠盐可用于 22 类食品中。以苯甲酸计其最大使用量，在浓缩果蔬汁（浆）中为 2.0g/kg，在胶基糖果中为 1.5g/kg，在风味冰、冰棍类、果酱（罐头除外）、腌渍的蔬菜、调味糖浆、食醋、酱油、酿造酱、半固体复合调味料、液体复合调味料、果蔬汁（浆）类饮料、蛋白饮料、茶、咖啡、植物（类）饮料、风味饮料中为 1.0g/kg，在除胶基糖果以外的其他糖果、果酒中为 0.8g/kg，在复合调味料中为 0.6g/kg，在蜜饯中为 0.5g/kg，在配料酒中为 0.4g/kg，在碳酸饮料、特殊用途饮料中为 0.2g/kg[5]。

安息香提取物因有特殊香气，用于食品防腐时应注意其会改变食品的原有风味。

（二）桂皮提取物

桂皮提取物的主要成分为肉桂醛，另外还含有丁香酚、苯甲醛、肉桂酸、苯甲酸、香兰素等[9]。肉桂醛又名桂醛，分子式 C_9H_8O，分子量 132.16，熔点－8℃，沸点 248℃，相对密度 1.0497，微溶于水，易溶于乙醇、乙醚、氯仿。天然的肉桂醛存在于斯里兰卡桂叶油、斯里兰卡桂皮油、中国肉桂油等中。其化学结构式见图 7-5-33。

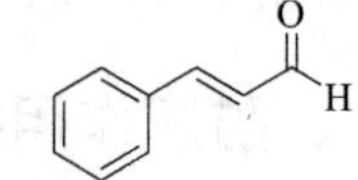

图 7-5-33　肉桂醛的化学结构式

1. 桂皮提取物的生产工艺

用水蒸气蒸馏肉桂的树皮及枝叶可提取得到肉桂精油，为淡黄色油状液体。具体工艺流程见图 7-5-34。

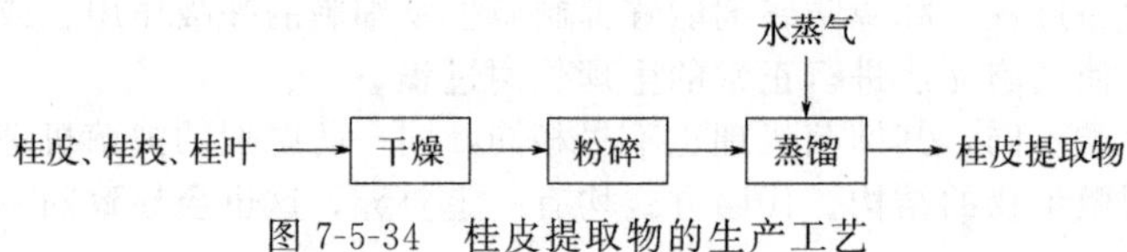

图 7-5-34　桂皮提取物的生产工艺

2. 肉桂醛的应用

肉桂醛在用于经表面处理的鲜水果时，可按生产需要适量使用，但残余量应低于 0.3mg/kg[5]。在其他食品中的使用剂量为：无醇饮料 10～13mg/kg，冷饮 8.5mg/kg，焙烤制品 170mg/kg，调味品 40～200mg/kg，肉类 40mg/kg。

（三）果胶分解物

果胶分解物的主要成分有半乳糖醛酸和低聚半乳糖醛酸，有柔和的无刺激性酸味，与有机酸盐合用有缓冲作用。其结晶有两种形态，α 型为带有一个水分子的针状结晶，熔点 159℃，溶于水，微溶于乙醇；β 型熔点 166℃，与盐酸共热会生成糠醛。在 pH 5.5 以下，对大肠杆菌、金黄色葡萄球菌、乳酸菌有较为明显的抑制作用。半乳糖醛酸的化学结构式见图 7-5-35。

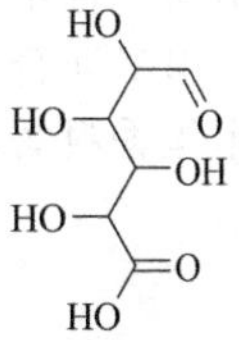

图 7-5-35　半乳糖醛酸的化学结构式

1. 果胶分解物的生产工艺

葡萄柚和苹果等果皮经压榨后，粕中所含的原果胶在由酵母分泌的酶作用下所得的酶解物，再经提纯制得果胶分解物，产品为褐色液状或糊状物。工艺流程见图 7-5-36。

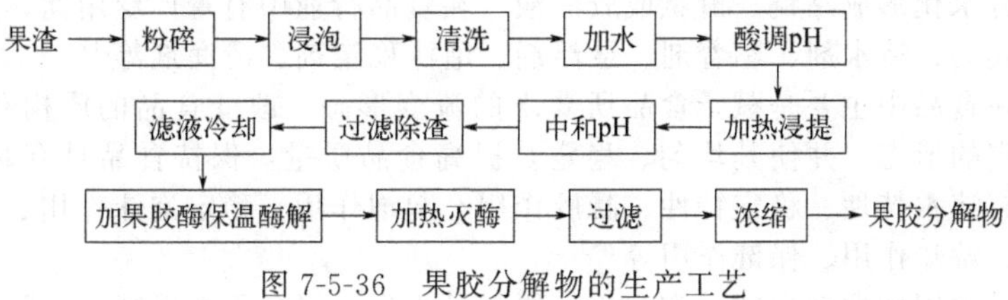

图 7-5-36　果胶分解物的生产工艺

2. 果胶分解物的应用

果胶分解物可用于酸渍蔬菜、汤面制品、牛肉饼等食品中，适用于 pH<6 的产品[15]。

（四）牛至叶提取物

牛至叶提取物为淡黄色至淡绿褐色油状液体，主要成分为百里香酚及香芹酚等，另含有原儿茶酚酸、咖啡酸、迷迭香酸等，有特殊香气。

百里香酚又名百里酚，分子式 $C_{10}H_{14}O$，分子量 150.22，密度 0.979，熔点 48～51℃，沸点 233℃。微溶于水，溶于冰醋酸和石蜡油，易溶于乙醇、氯仿、乙醚和橄榄油。天然的百里香酚也存在于百里香油、罗勒油等精油中。其可作为抗菌剂、食品防腐剂、食用香精。其化学结构式见图 7-5-37。

香芹酚又称为异百里香酚，是百里香酚的同分异构体，香气与百里香酚类似。沸点 238℃，熔点 0.5～1℃，闪点 100℃，溶于乙醇、乙醚、丙二醇和碱，不溶于水。天然的香芹酚也存在于百里香、冬季香薄荷、亚加菊等植物中。其化学结构式见图 7-5-38。

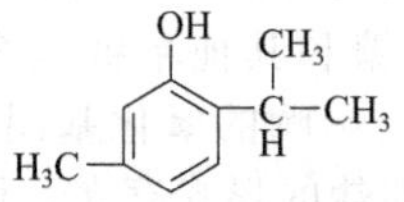

图 7-5-37　百里香酚的化学结构式

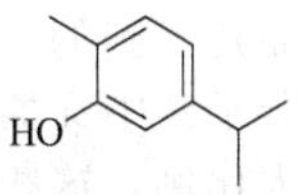

图 7-5-38　香芹酚的化学结构式

1. 牛至叶提取物的生产工艺

牛至叶为唇形科植物牛至（*Origanum vulgare*）的干燥全草，味辛、性凉、无毒，具有发汗解表、利水消肿、和胃调经、消暑化湿等功效。将干燥的牛至叶粉碎，用乙醇或有机溶剂提取得到牛至叶提取物。具体工艺流程见图 7-5-39。

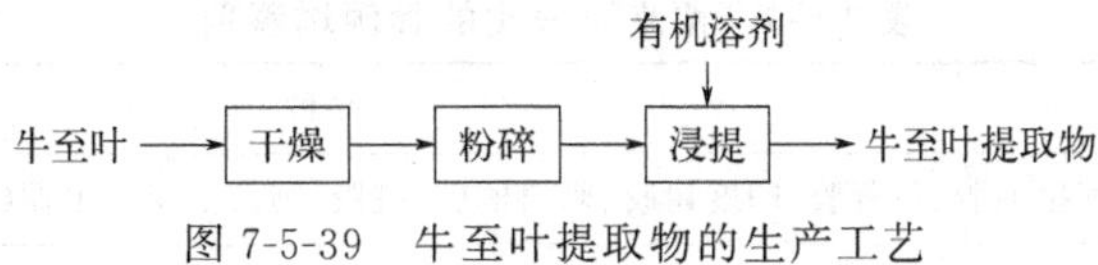

图 7-5-39　牛至叶提取物的生产工艺

2. 百里香酚和香芹酚的应用

百里香酚和香芹酚属于同分异构体，侧链羟基在苯环上的位置不同导致两种分子的理化性质有所不同。百里香酚在常温下为无色晶体或无色结晶粉末，气味类似于麝香草香气。在香料工业中，可用于牙膏、香皂以及某些化妆品香精配方中，但用量有一定限制。香芹酚是油状液体，主要可用作香料香精、消毒剂、驱虫剂、杀菌剂、防腐剂等[17]。

第四节　林源增稠剂

林源增稠剂，也称为食品胶或糊精，是从森林植物中提取分离得到的用于提高物系黏度，改善食品体系的外观、口感和稳定性的一类天然食品添加剂。一般来讲，林源增稠剂亲水性强，在一定条件下可充分水化形成黏稠、滑腻或胶冻液，在食品行业中有着广泛用途，可以被用作胶凝剂、乳化剂、成膜剂、持水剂、黏着剂、悬浮剂、泡沫稳定剂、滑润剂等[18]。

林源增稠剂在食品中主要是赋予食品所要求的流变形态，改变食品的质构和外观，将液体、浆状食品形成特定的形态，并使其均匀、稳定，提高食品质量，保持食品具有黏滑适口的感觉，同时增稠剂还具有溶水特性、稳定特性、凝胶作用、起泡作用、稳定泡沫作用、黏合作用、成膜作用、保水作用、矫味作用、保健作用等[13]。

林源增稠剂是食用增稠剂中的一类，具有原料可再生、绿色无毒等特点。随着人们生活水平的日益提高，对饮食健康的要求也越来越高，对纯天然、绿色、无毒的林源增稠剂的需求也日益趋增。天然增稠剂特别是林源增稠剂，现已成为食用增稠剂的研究热点之一。

一、分类

大部分林源增稠剂的基本化学组成单位是单糖及其衍生物。常见的单糖有葡萄糖、葡萄糖醛酸、甘露糖、甘露糖醛酸、鼠李糖、吡喃半乳糖、古洛糖醛酸、半乳糖、半乳糖醛酸等[18]。此外，有些林源增稠剂的化学组成中尚含有非糖部分，这些非糖部分赋予其特殊的性能。如卡拉胶的半乳糖单位上接有硫酸酯基团，从而使其与酪蛋白有良好的亲和作用。因此，卡拉胶是一种良好的乳蛋白分子胶体保护剂[18]。阿拉伯胶中大约含 2%的蛋白质组分，由于蛋白质的亲水、疏水性能及其高浓度情况下低黏度的特性，阿拉伯胶被广泛用于乳化香精中[18]。

在食品中需要添加的林源增稠剂其量甚微，通常为千分之几，但却能有效又经济地改善食品体系的外观、口感和稳定性[18]。其化学成分大多是天然多糖及其衍生物，广泛分布于自然界中。根据其来源，大致可分为以下两类[18]。

（1）植物渗出液来源的增稠剂　对于由不同植物表皮损伤的渗出液制得的增稠剂，其所具有的功能是人工合成产品达不到的[18]。其成分是一种由葡萄糖和其他单糖缩合而成的多糖类衍生物，在它们的多羟基分子链中穿插一定数量对其性质有一定影响的氧化基团[18]。在许多情况下，氧化基团中羟基占很大比例，这些羟基常以钙盐、镁盐或钾盐的形式存在，而不以自由羟基的形式存在。阿拉伯胶、桃胶、黄蓍胶均属于此类增稠剂[18]。

（2）植物种子及其他部分来源的增稠剂　由植物及其种子制取的增稠剂，在许多情况下，其中的水溶性多糖类似于植物受刺激后的渗出液[18]。它们是经过精细的专门技术处理制备而成的，包括选种、种植布局、种子收集和处理等，都有一套科学的方法。正如植物渗出液一样，这些增稠剂都是多糖聚合物的盐，其分子结构复杂。常用的这类增稠剂有瓜尔胶、槐豆胶、罗望子胶等[18]。

各种常见的林源增稠剂可按来源进行简单分类，如表 7-5-5 所示[18]。

表 7-5-5　按来源分类的林源增稠剂

来源	品种
渗出液	阿拉伯胶、黄蓍胶、印度树胶、刺梧桐胶、桃胶、阿拉伯半乳聚糖(松胶)、盖提胶等
种子及其他部分提取物	瓜尔胶、槐豆胶、罗望子多糖胶、亚麻子胶、田菁胶、木瓜子胶、刺云豆胶、他拉胶、决明子胶、沙蒿子胶、车前子胶、果胶、魔芋胶、黄蜀葵胶、芦荟胶等

二、增稠作用机理

增稠剂一般通过与表面活性剂形成棒状胶束、与水作用形成三维水化网络结构或利用自身的大分子长链结构等使体系达到增稠的目的。不同功能团的增稠剂其增稠机理各不相同。其中高分子型增稠剂的增稠机理如图 7-5-40(a) 所示，吸附在乳液粒子表面的若干点上。吸附高分子的末端和其他的粒子相遇后，吸附该粒子，并在粒子间交联，形成如图 7-5-40(b) 一样的网状结构，提高黏度[19]。下面分别介绍各个不同功能团的增稠机理。

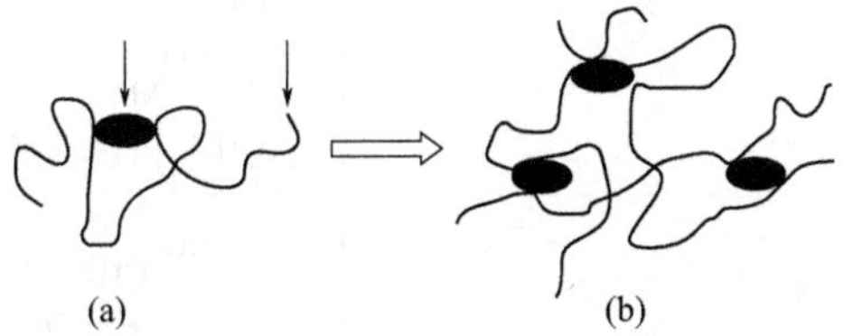

图 7-5-40　高分子型增稠剂增稠机理

(1) 纤维素类增稠剂　纤维素类增稠剂的增稠机理是：纤维素增稠剂分子的疏水主链与周围水分子通过氢键缔合，提高了聚合物本身的流体体积，减少了颗粒自由活动的空间，从而提高了体系黏度。也可以通过分子链的缠绕实现黏度的提高，表现为在静态和低剪切下有高黏度，在高剪切下为低黏度。这是因为静态或低剪切速度时，纤维素分子链处于无序状态而使体系呈现高黏性；而在高剪切速度时，分子平行于流动方向做有序排列，易于相互滑动，所以体系黏度下降[19]。

(2) 天然胶增稠剂　天然胶增稠剂的增稠机理是通过聚多糖中糖单元含有的 3 个羟基与水分子相互作用形成三维水化网络结构，增大了物质的运动阻力，起到了支撑体系作用，从而达到增稠的效果[19]。此类增稠剂浓的水溶液是非牛顿流体，稀溶液有部分会接近牛顿流体。溶液从低浓度增加到高浓度的过程中，体系中的表面活性剂从主要由单体形式分布逐渐向胶束体形式变化。胶束体的形状不同，所产生的物质运动阻力就不同，因此具有不同的黏稠度。六角形的胶束体具有的黏稠度最大，棒状形黏稠度其次，层状胶束体相对容易滑动，因此体系的黏稠度较小。当增稠剂加入体系中时，或者由于其产生电荷作用，降低原胶束体表面活性剂同性的电荷间的排斥力，或者由于其形状的特殊性，增加两分子在相接处表面的排列稳定性以及胶束体的缔合数，从而使胶束由球形向棒状转化，运动阻力增大，体系黏稠度也相应增大[20]。

(3) 疏水缔合型增稠剂　聚合物中同时带有亲水基团与疏水基团，其增稠机理是：当聚合物在水溶液中的浓度高于临界胶束浓度时，大分子链通过疏水基团的缔合作用聚集，而其中带电离子基团会同时产生静电排斥与吸引，这两种作用又会相互竞争与协同，最终形成以分子间缔合为主的超分子结构——动态物理交联网络结构，从而达到增稠的目的[21]。

增稠剂含有的亲水性基团一般较多，在溶液中容易形成网状结构或者胶体，具有较高的黏度。增稠剂分子量的大小不同，其流变特性也不一样。通常分子量大小与黏度成正比，由于增稠剂所含的亲水基团不同，所以具有的分子结构不同，因此，即使在浓度相同、其他条件也相同的情况下，黏度仍有很大差别[20]。

三、典型林源增稠剂加工与应用

(一) 刺云实胶

刺云实胶 (tara gum)，也可叫刺云豆胶、他拉胶、塔拉胶。刺云实是一种源于秘鲁的灌木，由豆科的刺云实 (*Caesalpinia spinosa*) 种子的胚乳经研磨加工后可以制得食品添加剂刺云豆胶。中国于 2006 年 4 月批准了刺云实胶作为食品添加剂增稠剂，一般用于冷冻食品、肉制品、烘焙食品等食品中[22]。

刺云实胶是一种白色至黄白色粉末，密度为 0.5～0.8g/cm^3。溶于水，水溶液呈中性，不溶于乙醇。刺云实胶含有 80%～84%的多糖，3%～4%的蛋白质，1%的灰分及部分粗纤维、脂肪和水。对 pH 变化不敏感，在 pH>4.5 时，刺云实胶的性质相当稳定[22]。

刺云实胶是一种半乳甘露聚糖，主链由 D-甘露糖通过 1,4 糖苷键连接而成，支链由半乳糖通过 1,6 糖苷键与主链连接，刺云实胶的平均半乳糖与甘露糖之比约为 1∶3，其结构式如图 7-5-41 所示。这种线性多糖的分子组成决定了其在低浓度时就表现出相当高的黏度，25℃下，1%浓度的刺云实胶溶液的黏度可高达 4500～6500Pa·s，并且其黏度随浓度的增加而呈指数级增加[22]。

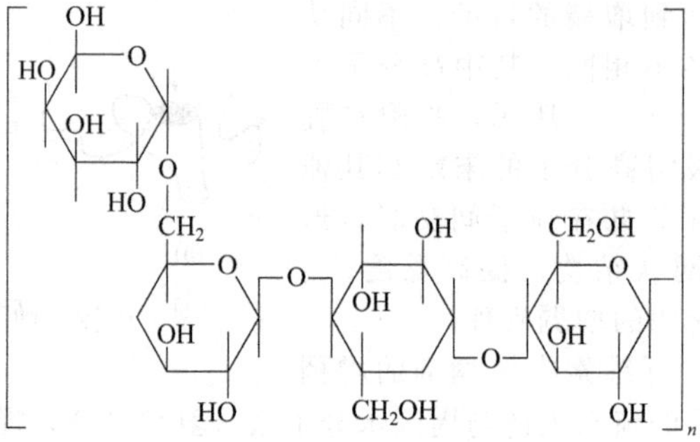

图 7-5-41　刺云实胶化学结构式

1. 刺云实胶的提取生产工艺

刺云实胶的生产流程和其他豆胶类似，大致流程是：种子经过破碎后，筛选出其胚乳部分，胚乳粉碎后用热水溶解，再加入乙醇使刺云实沉淀出来，固态物质经离心分离、干燥、粉碎后即可得到刺云实胶成品。具体工艺见图 7-5-42。

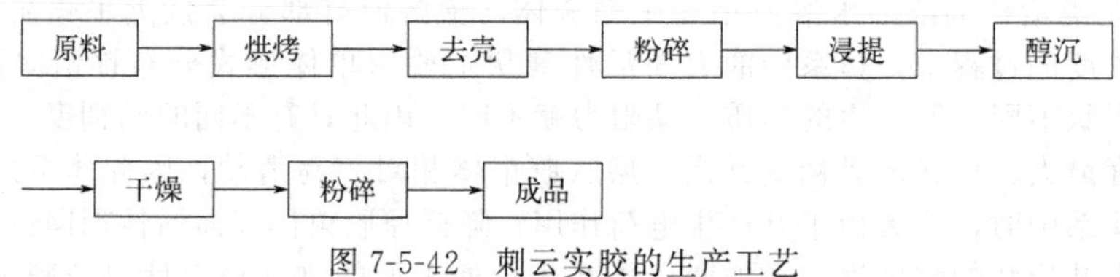

图 7-5-42　刺云实胶的生产工艺

刺云实胶感官要求和理化指标要求见 GB 1886.86—2015[23]。

2. 刺云实胶的应用

刺云实胶在不同食品中的最大用量不同，其在食品中的适用范围及最大用量见 GB 2760—2024[5]。

刺云实胶作为一种林源食品增稠剂，在多种食品中得到广泛的应用。李陈陈等用刺云实胶调配研制了一种玫瑰蜂蜜花茶[24]。

（二）阿拉伯胶

阿拉伯胶（gumarabic）是阿拉伯胶树（*Acacia senegal*）因创伤或逆境引起的树干分泌物，由于多产于阿拉伯国家而得名。在各种金合欢属树胶（acacia gum）中，阿拉伯胶是最主要的一种商品化树胶。树胶的应用首先从中国、印度、澳大利亚和一些非洲国家开始，至今已有几千年的历史。自从树胶被引进欧洲后，它们在食品、医药、印染和造纸等各种工业中的用途便不断扩展。阿拉伯胶作为食品增稠剂已被收录于《食品安全国家标准　食品添加剂使用标准》（GB 2760—2024）中。

阿拉伯胶由两种成分组成，其中 70%是由不含 N 或含少量 N 的多糖组成，另一组成是具有高分子量的蛋白质结构。多糖是以共价键与蛋白质肽链中的羟脯氨酸、丝氨酸相结合的，总蛋白质含量约为 2%，特殊品种可高达 25%；而与蛋白质相连接的多糖分子是高度分支的酸性多糖，它具有如下组成：D-半乳糖 44%、L-阿拉伯糖 24%、D-葡萄糖醛酸 14.5%、L-鼠李糖 13%、4-*O*-甲基-D-葡萄糖醛酸 1.5%。在阿拉伯胶主链中 *β*-D-吡喃半乳糖是通过 1,3-糖苷键相连接的，而侧链是通过 1,6-糖苷键相连接的[25]。

阿拉伯胶具有较高的水溶性及较低的黏度，50%浓度的阿拉伯胶水溶液仍具有流动性，但不溶于乙醇等有机溶剂[26]。5%阿拉伯胶水溶液的黏度低于5mPa·s；25%水溶液的黏度约80～140mPa·s[26]。阿拉伯胶结构上带有酸性基团，其水溶液的pH值也呈弱酸性。当pH值在4～8时，对阿拉伯胶的性状影响不大，说明其具有酸性稳定性[26]。蛋白质和鼠李糖的存在使阿拉伯胶具有非常好的亲水亲油性。鼠李糖含量越高，含氮量越高，乳化稳定性也越好[26]。

阿拉伯树胶是一种水溶性的多糖物质，属水合胶体一族。阿拉伯树胶的平均分子量35000，它的溶液有牛顿胶体的表现，pH在3～10范围内时，pH对黏度的影响很小，低pH时羧酸基团的离子化作用受到抑制，结果就趋向于胶凝或沉淀。另外，阿拉伯胶作为已知所有水溶性胶中用途最广泛的胶，它可以和大多数其他的水溶性胶、蛋白质、糖和淀粉相配伍，也可以和生物碱相配伍混溶应用。而阿拉伯胶不论是处于溶液还是薄膜状态均可和羧甲基纤维素CMC相配伍使用[27]。

1. 阿拉伯胶的提取生产工艺

阿拉伯胶会在树皮上自然造成结节，被称为流胶现象。树皮若是被割，就会分泌胶体来封住“伤口”，这个进程需要3～8周。阿拉伯胶是从金合欢树和阿拉伯胶树的枝干分泌出来的。更多的加工工艺采用将原始胶溶解后去杂、批号混合、过滤、漂白、杀菌、喷雾干燥后获得可以直接用于食品及制药工业的精制阿拉伯胶粉，具体工艺如图7-5-43所示[28]。

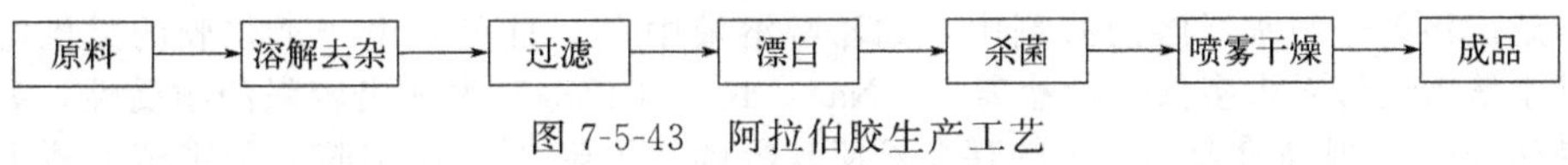

图7-5-43 阿拉伯胶生产工艺

在食品安全国家标准食品添加剂范围中，以从阿拉伯胶树（*Senegalia senegal*）区或与其接近的金合欢（*Vachellia farnesiana*）区的枝干获得的胶状分泌物为原料，经物理加工制得的食品添加剂阿拉伯胶，其感官要求、理化指标要求和微生物指标要求见GB 29949—2013[29]。

2. 阿拉伯胶的应用

在《食品安全国家标准 食品添加剂使用标准》(GB 2760—2024）中，阿拉伯胶作为增稠剂属于可在各类食品中按生产需要适量使用的食品添加剂。

(1) 食品工业 阿拉伯胶曾经是食品工业中用途最广及用量最大的水溶胶，全世界年需要量仍保持在大约4万～5万吨[28]。在食品添加的应用方面，有如作为饮料中的乳化助剂、保持香味的护囊剂、食品黏着剂、糖果或巧克力的披覆、加强口感、防止沉淀等数十种用途。

阿拉伯胶具有良好的乳化特性，特别适合于水包油型乳化体系，广泛用于乳化香精中作乳化稳定剂；它还具有良好的成膜特性；作为微胶囊成膜剂用于将香精油或其他液体原料转换成粉末形式，可以延长风味品质并防止氧化，也用作烘焙制品的香精载体[28]。阿拉伯胶能阻碍糖晶体的形成，用于糖果中作抗结晶剂，防止晶体析出，也能有效地乳化奶糖中的奶脂，避免溢出；还用于巧克力表面上光，使巧克力只溶于口，不溶于手；在可乐等碳酸饮料中阿拉伯胶用于乳化、分散香精油和油溶性色素，避免在储存期间精油及色素上浮而出现瓶颈处的色素圈；阿拉伯胶还与植物油及树脂等一起用作饮料的雾浊剂以增加饮料外观的多样性[28]。

阿拉伯胶在食品工业中的应用可归纳为天然乳化稳定剂、增稠剂、悬浮剂、黏合剂、成膜剂、上光剂、水溶性膳食纤维等[28]。

(2) 医药行业 阿拉伯胶主要在口服和局部用药制剂中用作助悬剂和乳化剂。通常与西黄蓍胶联合使用，以西黄蓍胶1份与阿拉伯胶15份的比例合成用最为适宜。还可用作锭剂和片剂的黏合剂，因其干燥常形成一层硬膜，故不宜作外用乳剂的乳化剂。

(3) 印刷工业 印刷版面主要是擦阿拉伯胶液。阿拉伯胶是一种固体晶状物体，当它被泡在水中时，会吸水溶胀，最后成为一种黏状胶体溶液。把液状的胶体擦在印版上待水分蒸发后，胶液便由液体状态恢复到原来的固体状态吸附在版面上。其作用就在于胶液干燥后，覆盖于版面呈硬化胶膜，把印版与空气隔离开来，从而达到防止氧化的目的。阿拉伯胶含有阿拉伯酸（X—COOH)，这种酸是很好的清除版面油腻的清洁剂，版面擦胶待干燥后其作用更大。版面擦阿拉伯胶后，其胶液与版面无机盐层接触，形成一层更好的亲水膜，提高版面的亲水性。

（三）瓜尔胶

瓜尔胶（guargum），原产于印度、巴基斯坦等地的瓜尔豆种子的胚乳中，或产于皂荚种子的内胚乳中，是一种天然高分子植物胶，就分子结构来说是一种非离子半乳甘露聚糖[30]，如图 7-5-44 所示。它是 D-吡喃甘露糖单元之间以 β-1,4 糖苷键连接形成聚甘露糖主链，D-吡喃半乳糖以 α-1,6 糖苷键连接在聚甘露糖主链上，其中半乳糖与甘露糖单元的物质的量之比约为 1∶3.2。我国在 GB 2760—2024 中批准将瓜尔胶作为食品增稠剂。

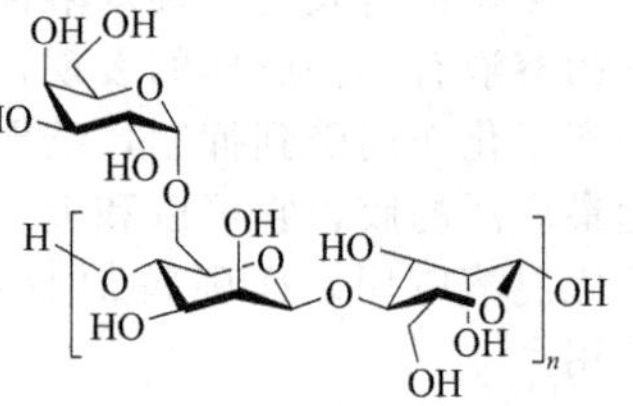

图 7-5-44　瓜尔胶的化学结构式

瓜尔胶为白色或浅黄色可自由流动的粉末，略微带有豆腥味，易吸潮[30]。瓜尔胶在水溶液中表现出典型的缠绕生物聚合物的性质，一般而言，0.5%以上的瓜尔胶溶液已呈非牛顿流体的假塑性流体特性，没有屈服应力[30]。瓜尔胶在冷水中就能充分水化（一般需要 2h），能分散在热水或冷水中形成黏稠液，1%水溶液的黏度在 5～6Pa·s之间，具体黏度取决于粒度、制备条件及温度，为天然胶中黏度最高者。瓜尔胶是一种溶胀高聚物，水是它的通用溶剂，不过也能以有限的溶解度溶解于与水混溶的溶剂中，如乙醇溶液中[30]。此外，由于瓜尔胶的无机盐类兼容性能，其水溶液能够对大多数一价盐离子（Na^+、K^+、Cl^- 等）表现出较强的耐受性，如食盐的浓度可高达 60%，但高价金属离子的存在可使其溶解度下降[30]。瓜尔胶分子主链上每个糖残基都有两个顺式羟基，在控制溶液 pH 值的条件下，将会通过极性键和配位键与游离的硼酸盐、金属离子进行交联，生成具有一定弹性的水凝胶，此外还能形成具有一定强度的水溶性薄膜[30]。瓜尔胶与大多数合成的或天然的多糖具有很好的配伍和协同增效作用，如瓜尔胶与黄原胶、海藻酸钠、魔芋胶和淀粉等都混溶产生协同效应，使混合胶的黏度大大提高，甚至形成凝胶[30]。这种增效作用通常与温度、pH 值和金属离子等有关。瓜尔胶水溶液的热稳定性较差，短时间内加热到 40℃，很快就能获得最高黏度，但是冷却后能恢复到原来的数值，另外长时间的高温处理将导致瓜尔胶降解而使黏度降低[30]。

1. 瓜尔胶的提取生产工艺

称取一定量的瓜尔豆种子，在电炉上煮沸 30min，至其变软、充分吸水膨胀后手工剥离得内胚乳，研磨成粉后烘干，称重。重复以上操作 3 次，计算瓜尔豆种子中内胚乳含量。将上述实验中所得内胚乳粉分别用足量的水溶解，得到内胚乳溶液，经抽滤弃去不溶物后，向其中加入丙酮使瓜尔胶沉淀析出，过滤、烘干得瓜尔胶纯品[31]。称重计算内胚乳中瓜尔胶的含量，具体工艺如图 7-5-45 所示。

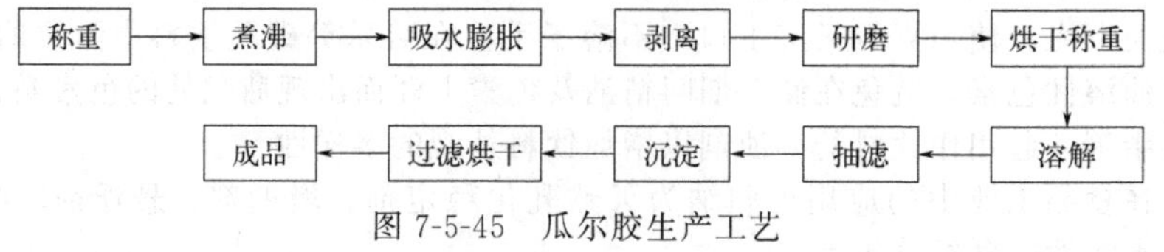

图 7-5-45　瓜尔胶生产工艺

瓜尔胶的感官要求、理化指标要求和微生物指标要求见 GB 28403—2012[32]。

2. 瓜尔胶的应用

瓜尔胶具有很强的与水结合的能力，使它在食品工业中有着广泛的应用。在食品工业中，瓜尔胶主要用作增稠剂、持水剂，通常单独或与其他食用胶复配使用[33]。用于色拉酱、肉汁中起增稠作用，用于冰淇淋中使产品融化缓慢，用于面制品中增进口感，用于烘焙制品中延长老化时间，用于肉制品内作黏合剂，也用于奶酪中增加涂布性等。在几种常见食品中的具体应用如下。

① 冰淇淋。少量瓜尔胶不能明显地影响这种混合物在制造时的黏度，但能赋予产品滑溜和糯性的口感。另外一个好处是使产品缓慢融化，并提高产品抗骤热的性能。用瓜尔胶稳定的冰淇

淋可以避免由于大冰晶生成而引起颗粒的存在。

② 罐头食品。这类产品的特征是尽可能不含流动态的水，瓜尔胶则可用于稠化产品中的水分，并使肉菜固体部分表面包裹一层稠厚的肉汁。特殊的、缓慢溶胀的瓜尔胶有时还可以用于限制装罐时的黏度。

③ 奶酪。在软奶酪加工中，瓜尔胶能控制产品的稠度和扩散性质。胶能结合水的特性，使产品能更均匀地涂敷奶酪，有可能带更多的水。

④ 调味汁和色拉调味品。在调味汁和色拉调味品中，利用了瓜尔胶在低浓度下产生高黏度这一基本性质，使得这些产品的质构和流变等感官品质更优。化学改性可使瓜尔胶改变在溶剂中的分散状况、黏度、水化速率、溶液透明度等特性。产品有离子型的羧甲基瓜尔胶钠（CMG）和非离子型的羟丙基瓜尔胶（HPG）等。

瓜尔胶在食品生产加工领域被广泛使用，市场广阔。其允许使用品种以及最大使用量见 GB 2760—2024[5]。

（四）田菁胶

田菁胶（sesbania gum），主要产于我国东南沿海地区，是一种天然多糖类高分子物质，由一年生豆科植物田菁的种子内胚片通过机械和化学处理提取而成，其主要成分是 D-半乳糖和 D-甘露糖，以 1∶2 组成，其结构式如图 7-5-46 所示。田菁胶资源丰富且无毒，我国在 GB 2760 中批准将田菁胶作为食品增稠剂。

田菁胶为灰白色粉末，略有豆味。田菁胶不溶于醇、醚、酯等有机溶剂，但是水可以作为它的良溶剂[34]。田菁胶的分子中有大量羟基和规律的半乳糖侧链，能分散在冷水中形成较高黏度的胶液。常温下田菁胶分散在水中，大部分溶于水，成分是半乳甘露聚糖，被工业应用。同时有一小部分不溶于水，成分是大分子量的半乳甘露聚糖和小分子量的蛋白质、纤维素等[34]。田菁胶能和硼砂及有机钛、有机锆等过渡金属离子交联形成凝胶，黏度比原液高 10～50 倍。田菁胶受离子影响小，不产生盐析现象，在高浓度无机盐离子存在下黏度能保持稳定[34]。

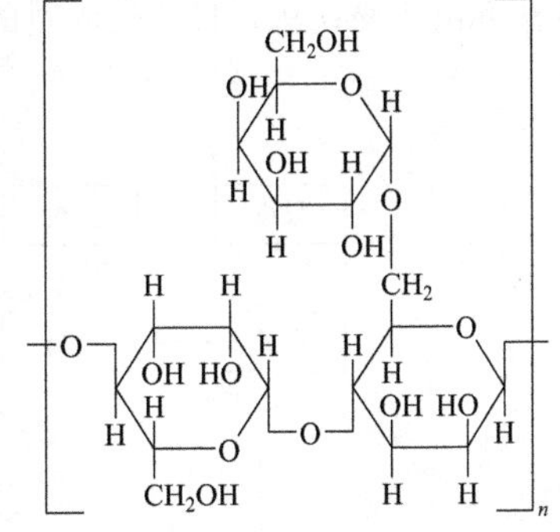

图 7-5-46 田菁胶的化学结构式

1. 田菁胶的提取生产工艺

田菁胶是豆科植物田菁豆的内胚乳经改性（物理法或化学法）制得的一种植物多糖胶。其生产工艺如下：将清选去杂的田菁豆粉碎，进一步去除种皮和子叶，得到较为纯净的胚乳片[35]。胚乳片中加入水，通过一定时间的搅拌使胚乳片吸水膨胀，然后对水化后的胚乳片进行增黏，搓成细小的条状后粉碎成一定细度的胶粉。具体工艺如图 7-5-47 所示[35]。

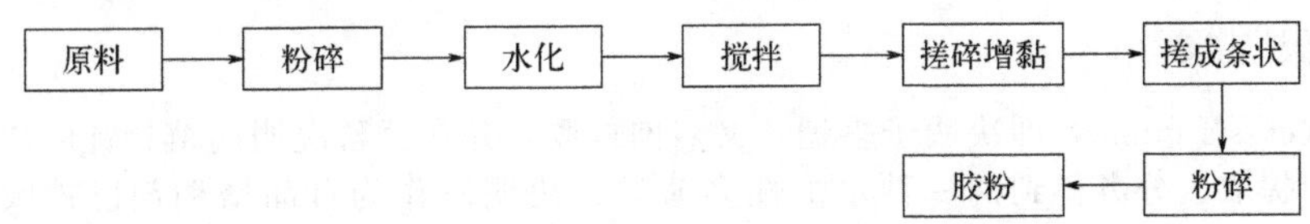

图 7-5-47 田菁胶生产工艺

其感官要求、理化指标要求和微生物指标要求见 GB 1886.188—2016[36]。

2. 田菁胶的应用

我国田菁胶资源丰富，其是富含羟基的多糖高分子，经我国学者多年的实际应用研究，其作为增稠剂、黏着剂、稳定剂、絮凝剂等，已广泛应用于食品、石油、造纸、污水处理等领域[34]。其允许使用品种以及最大使用量见 GB 2760—2024[5]。

（五）果胶

果胶（pectin）是由 α-1,4 糖苷键连接半乳糖醛酸组成的复杂多糖物质，一般由半乳糖醛酸聚糖（homogalacturonan，HGA）、鼠李半乳糖醛酸聚糖Ⅰ（rhamnogalacturonan-Ⅰ，RG-I）和鼠李半乳糖醛酸聚糖Ⅱ（rhamnogalacturonan-Ⅱ，RG-Ⅱ）组成[37]。其广泛存在于植物细胞壁的初生壁和细胞中间片层，主要由天然果胶质（原果胶）、果胶酯酸及果胶酸三部分组成。其中，果胶存在于所有高等植物中，在植物细胞壁中，主要与纤维素、半纤维素、木质素等共价结合，形成原果胶，它是植物的一种结构物质，对维持植物的结构和硬度起着至关重要的作用。果胶分子结构因植物的种类、组织部位、生长条件等的不同而不同，一般分光滑区和须状区。植物细胞壁中的果胶含量最多，其中果胶在双子叶植物中主要存在于细胞壁的初生细胞壁和中间片层中，大约占30.0%～35.0%。果胶中含有大量的多缩半乳糖醛酸甲酯，和镁、钙结合后会以盐的形式存在于植物细胞中。果胶作为食品增稠剂已被收录于《食品安全国家标准 食品添加剂使用标准》（GB 2760—2024）中。

1. 果胶的提取生产工艺

目前，生产果胶的原料主要是柑橘皮、葡萄皮、苹果皮和柠檬皮。果胶的提取有酸解法、酶解法和离子交换法，目前较成熟的是酸解法。酸解醇沉法具体工艺如图 7-5-48 所示。

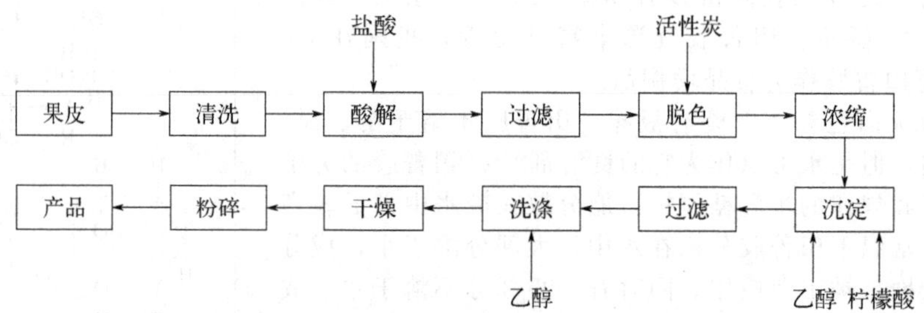

图 7-5-48 果胶酸解醇沉法生产工艺

果胶的感官要求和理化指标要求见 GB 25533—2010[38]。

2. 果胶的应用

根据我国《食品安全国家标准 食品添加剂使用标准》（GB 2760—2024）中规定：果胶可按生产需要适量用于各类食品中，果胶可用于果酱、果冻的制造，防止糕点硬化，改进干酪质量，制造果汁粉等[26]。高脂果胶主要用于酸性的果酱、果冻、凝胶软糖、糖果馅心以及乳酸菌饮料等中；低脂果胶主要用于一般的或低酸味的果酱、果冻、凝胶软糖以及冷冻甜点、色拉调味酱、冰淇淋、酸奶等中[26]。

（六）决明胶

决明胶（cassia gum），即决明子多糖，又名肉桂胶，是从豆科决明属植物钝叶决明或小决明的成熟种子中提取、分离得到的一种水溶性多糖[39]。决明胶作为食品增稠剂已被收录于《食品安全国家标准 食品添加剂使用标准》（GB 2760—2024）中，可按标准添加至乳制品、香肠、焙烤食品等众多种类的食品中。

决明胶以决明（*Cassia obtusifolia* 或 *Cassia tora*）植物的种子胚乳为原料，主要成分为半乳甘露聚糖，即包含甘露糖线性主链和半乳糖侧链的聚合物。其中甘露糖与半乳糖的比例为 5∶1，甘露糖构成主链，半乳糖通过在甘露糖的第 6 位 C 原子的位置取代羟基的方式连接上，其化学结构与瓜尔豆胶和槐豆胶相接近，分子量在 20 万～30 万之间[39]，结构式见图 7-5-49。

决明胶作为一种可食用植物多糖，现在国内外研究较少。刘娟等用热水浸提经除脂处理后的决明子炒品获得粗多糖，再经斐林试剂除杂后，通过 DEAE-纤维素柱色谱分离，证明决明胶是一种成分单纯的中性多糖。邓泽元等研究了热水浸提法提取决明胶的工艺条件，确定最佳工艺条

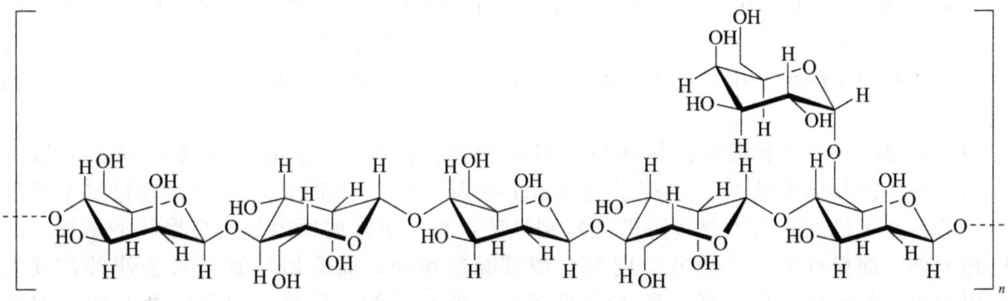

图 7-5-49　决明胶化学结构式

件为温度 80℃、固液比 1∶30、浸提 2 次、时间 2.5h。郭晓强等用热水浸提法处理决明子，再经过二次醇析和过氧化氢脱色处理后获得决明胶，测定其抗氧化活性，发现决明胶能清除部分羟基自由基，浓度达到 0.83mg/mL 时清除量为 50%。张继等通过决明胶的流变性研究，发现决明胶为非牛顿流体，溶液黏度随剪切速度的增加而下降，且温度对决明胶溶液黏度的影响较小，而溶液 pH 值对其影响较大[39]。

1. 决明胶的提取生产工艺

决明胶是用化学萃取的方法加工而成的一种胶体，是国家批准使用的天然食品增稠剂，在食品加工中具有很大的发展潜力。目前常见的提取方法是热水浸提法和超声波辅助热水浸提法，具有耗时长、效率低等缺点。高压脉冲电场技术用于提取多糖类物质，具有耗时短、效率高、对多糖破坏小等优点[39]。具体工艺如图 7-5-50 所示。

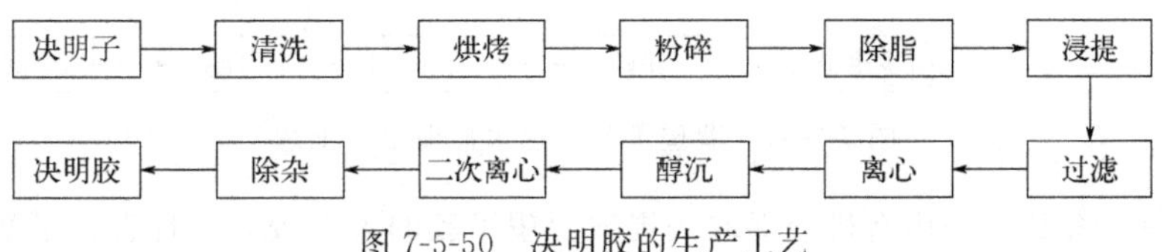

图 7-5-50　决明胶的生产工艺

决明胶是灰白色粉末，干燥的粉末不溶于乙醇，分散于冷水中形成胶状溶液。其感官要求、理化指标要求和微生物指标要求见 GB 31619—2014[40]。

2. 决明胶的应用

在食品工业中，决明胶作为一种食品添加剂具有很广泛的用途，可作为增稠剂、稳定剂、胶黏剂、胶凝剂等，主要用于烘焙类、糖果类、乳制品类、口香糖类、果汁饮料类、饼干类、果冻类、面制品、烘焙糕点、冷饮等食品加工中。其允许使用品种以及最大使用量见 GB 2760—2024[5]。

（七）罗望子胶

罗望子胶（tamarindgum）又称为罗望子多糖（tamarindseed polysaccharide），简称为 TSP。它是从豆科罗望子属罗望子（*Tamarindus indica*）的种子中提取出来的一种带浅棕色的灰白色粉末，易分散于冷水中，加热则形成黏稠状液体，具有耐盐、耐热、耐酸的增稠作用[41]。加糖则形成凝胶，凝胶形成能力约为果胶的 2 倍，且不像果胶那样需要加酸[41]。在中性至酸性溶液中形成的凝胶则较为坚实。水溶液的黏稠性较强，其黏度不受酸类和盐类等的影响[41]。罗望子胶作为食品增稠剂已被收录于《食品安全国家标准　食品添加剂使用标准》(GB 2760—2024) 中。

罗望子胶的分子结构中，主链为 β-D-1,4-连接的葡萄糖，侧链是 2-D-1,6-连接的木糖和 β-D-1,2-连接的半乳糖，由此构成了支链极多的多糖类物质。该类多糖的分子量，由于测定方法的不同，相差甚大[41]。据报道，测出的分子量有 115000、55000、650000 等。除多糖外，还有少量游离的L-阿拉伯糖。据Duke（1981）报道，在罗望子种子中，非纤维碳水化合物的含量为65%～73%，蛋白质含量为15%～20%，脂肪为6%～8%，纤维为3%～5%，灰分为2.5%～3.2%。可以看出，在罗望子的种子中，绝大多数为非纤维碳水化合物，即多糖类物质。所以，它的利用价值极高。

罗望子胶是一种亲水性较强的植物胶。当罗望子胶在冷水中分散后被加热到85℃以上就会溶解，形成均匀的胶体溶液[42]。罗望子胶在pH值为7.0～7.5时比较稳定，超过这个范围其黏度则会降低，在无机酸介质中黏度降低得特别显著，黏度下降的原因是其高聚物的解聚。添加蔗糖、D-葡萄糖、淀粉糖浆和其他低聚糖都可使其黏度增加，而添加过氧化氢会使其黏度大大降低。罗望子胶一般不溶于醇、醛、酸等有机溶剂，能与甘油、蔗糖、山梨醇及其他亲水性胶互溶，但遇乙醇会产生凝胶，与四硼酸钠溶液混合则形成半固态物质[42]。

罗望子胶为自由流动、无臭无味、乳白色或淡米黄色的粉末，随着胶纯度的降低，制品的颜色逐渐加深，有油脂气味和手感，易结块，不溶于冷水，但是能在冷水中分散，能在热水中溶解，不溶于大多数有机溶剂和硫酸铵、硫酸钠等盐溶液[42]。它本身不带电荷，属于中性植物性胶。但是当罗望子胶用金属氢氧化物或碱式盐溶液处理后，得到相应的金属络合物，能变成阴离子或阳离子衍生物[42]。

1. 罗望子胶的提取生产工艺

目前罗望子胶的提取方法主要有两种：a. 热水抽提法；b. 有机酸提取法。

热水抽提法是早期提取罗望子胶的主要方法，提取过程中保证了罗望子胶结构不发生改变，罗望子胶的得率约为50%。具体工艺如图7-5-51所示。

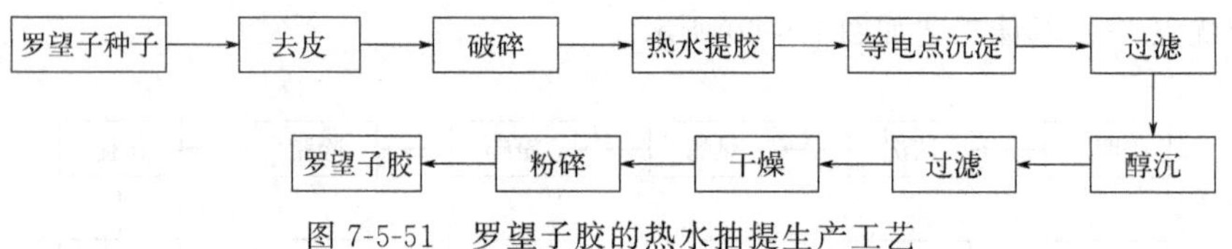

图7-5-51　罗望子胶的热水抽提生产工艺

与热水抽提法相比，采用有机酸提取法提取罗望子胶的得率较高，且省去了醇沉淀的工序。有报道称用柠檬酸处理后罗望子胶的最高得率高达70%。阚欢等通过响应面法优化罗望子胶的提取工艺，提取率达到了53%[43]；而王文光等通过正交试验研究罗望子胶的提取工艺，提取率高达70.2%，具体工艺如图7-5-52所示[43]。

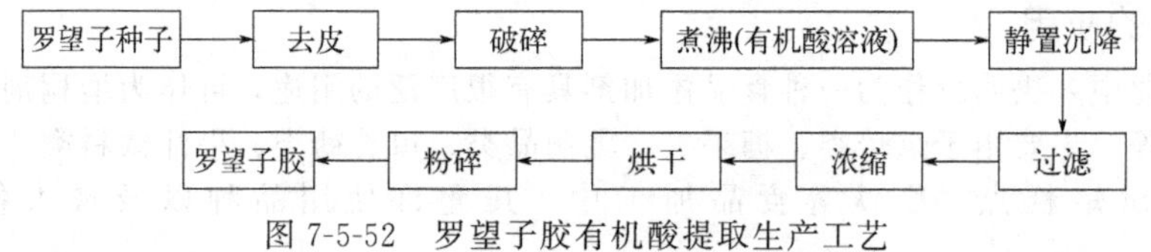

图7-5-52　罗望子胶有机酸提取生产工艺

罗望子胶产品的感官要求、理化指标要求和微生物指标要求见GB 1886.106—2015[44]。

2. 罗望子胶的应用

罗望子胶是一种用途广泛的增稠剂、稳定剂、胶凝剂，可用于替代食品工业中使用的果胶和明胶。罗望子胶作为一种性能优良的食品添加剂愈来愈受到人们的重视，日本自1964年以来大量从印度进口罗望子种仁粉，用于生产食用罗望子胶。目前，罗望子胶已广泛应用于冰淇淋、果冻、果酱、饮料、罐头、软果、奶制品等的生产中。用罗望子胶作凝胶的果冻或软糖等，弹性好，有咬劲，甜度低。在冰淇淋、冰棒或冰糕中用罗望子胶作稳定剂，可使产品抗热、抗震、保水性好、不易融化、不会析出冰晶和糖，运输中不易松散。用罗望子胶替代习惯上应用的明胶，可使冰淇淋的生产工艺周期缩短，不需“老化”过程。如果与卡拉胶及藻酸钠合用，还可防止乳清化。此外，用罗望子胶生产的冰淇淋纹理细腻，组织光滑，起丝多，口感好，入口易融，有独特的风味[41]。

罗望子胶在牙膏、洗涤剂、烟草工业、医药工业等领域中也有应用。如罗望子胶可以作为牙膏中的黏结剂和增稠剂，使牙膏具有较好的稳定性。在液体洗涤剂中，罗望子胶作为增稠剂和稳定剂使用时，能够确保液体洗涤剂在贮存期内黏度基本不变，从而保证液体洗涤剂在垂直的硬表面上有较好的滞留性，能够充分发挥洗涤剂的清洗效果。在烟草工业中，查正根等研究发现罗望子胶是生产再生烟丝（重组烟丝、膨胀烟丝）良好的黏合剂。在医药工业中，罗望子胶既是药片良好的黏合剂，又是膏霜类药物的增稠剂和稳定剂[43]。

罗望子胶作为食品增稠剂，其允许使用品种以及最大使用量见 GB 2760—2024[5]。

（八）沙蒿胶

沙蒿胶（artemisia arenaria），别名沙蒿籽胶。沙蒿胶是从多年生半灌木状植物沙蒿种子表皮提取的一种亲水胶体，可用于面粉加工业及植物蛋白饮料加工中，作为增稠剂及稳定黏着剂，是一种十分优良的天然食品添加剂。食品添加剂沙蒿胶于 2011 年被列入 GB 2760—2024。其主要是由阿拉伯糖、鼠李糖、木糖、甘露糖、葡萄糖和半乳糖等糖基以及糖醛酸组成的一种具有交联结构的多糖类物质，黏度大（1%水溶液达 9000Pa·s），为明胶的 1800 倍。其不溶于水，但可均匀分散于水中，吸水数十倍后溶胀成蛋清样胶体。

沙蒿胶具有特别的化学稳定性，不溶于一般的溶剂，也不溶于热的稀酸或稀碱中。在水中呈有限吸水状态，在二甲亚砜中亦呈有限溶胀状态，在高氯酸或硫酸中可溶化。

1. 沙蒿胶的提取生产工艺

利用沙蒿胶在水中溶胀而不溶解的性质，先将沙蒿籽浸入水中使胶质层充分溶胀，然后用高速搅拌设备进行搅拌使胶质与中心籽粒发生分离，从而达到胶、籽分离的目的。沙蒿胶浸渍法具体工艺如图 7-5-53 所示[45]。

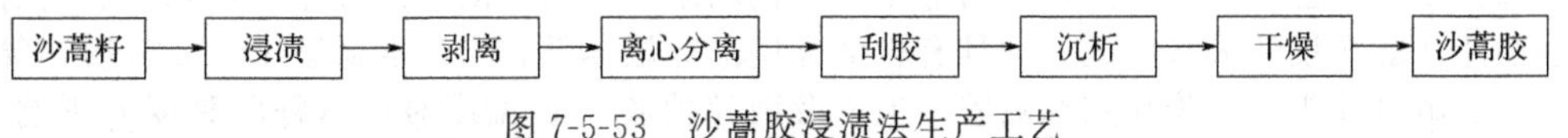

图 7-5-53 沙蒿胶浸渍法生产工艺

沙蒿胶产品的感官要求和理化指标要求见 GB 1886.70—2015[46]。

2. 沙蒿胶的应用

沙蒿胶是一种纯天然无污染的植物胶，是绿色食品添加剂。本身营养成分含量高、黏性大（15000mPa·s）、吸水性强、乳化效果好，在食品工业中它可以替代果胶、琼胶、阿拉伯胶、海藻酸丙二脂等用作增稠剂、黏合剂、稳定剂、乳化剂[47]。

（1）沙蒿胶在食品工业中的主要应用　主要可分为人造奶油、面包、蛋糕等食品生产，雪糕、冰淇淋生产，低温肠生产，挂面和方便面生产等方面，具体如下。

① 目前在人造奶油、面包、蛋糕等食品中，广泛使用的甘油硬脂肪酸酯、甘油醋酸酯、山梨酸脂肪酸酯、甘油乳酸酯、蔗糖脂肪酸酯等，大部分进口，小部分国内生产，但不完全过关。沙蒿胶替代使用作为乳化剂，不但在国内有市场，尚可挤入国际市场[48]。

② 沙蒿胶在雪糕、冰淇淋中作为增稠剂，用量是一般增稠剂的 1/3～1/2，有很好的乳化作用[85]。我国目前使用的海藻酸丙二脂、CMC、食用明胶等年产量各 1000t 左右，夏季冷饮工业使用量呈递增趋势，如果用沙蒿胶占领 1/30 的市场，即有上百吨市场容纳量[48]。

③ 沙蒿胶也可供给低温肠（灌肠和火腿肠）使用，用量只有卡拉胶的一半，产品性状不变，而且生产出的产品在低温冷冻下保存期延长，解冻后完全可以恢复原状。此市场估计容纳量在 5000t 以上[48]。

④ 沙蒿胶在挂面和方便面生产中作为品质改良剂用量更大[47]。目前一般使用进口硬脂酰乳酸钙与硬脂酰乳酸钠，价格昂贵。我国目前加入焙烤协会的方便面厂总产量在 100 万吨，尚有很多未加入此协会，按使用沙蒿胶 0.5%～1.5%的中间值 1.0%计算，一年尚需要 1 万吨沙蒿胶[48]。其可提高面条弹性和韧性，口感爽滑、有咬劲、不断条，对筋度较低或面筋质较差的面粉特别有效。更主要的是其是天然植物提取物，不是化学合成物质，在世界回归自然大趋势下，

很有市场竞争力。

（2）沙蒿胶在其他领域中的应用　沙蒿胶在化妆品、发胶等中也可使用。在制药工业中又是脂溶性药物的乳化剂，中、西药片的黏合剂[48]。

沙蒿胶的允许使用品种以及最大使用量见 GB 2760—2024[5]。

（九）亚麻籽胶

亚麻（*Linum ustitatissimum* L.）又称胡麻，属亚麻科、亚麻属，是世界十大油料作物之一，主要产于俄罗斯、中国、哈萨克斯坦、加拿大等国家。目前，全世界亚麻籽总产量在 300 万吨以上，根据联合国粮农组织（Food and Agriculture Organization，FAO）提供的数据显示，2018 年世界亚麻籽产量约 318 万吨，中国约为 36 万吨。作为亚麻籽的主产国之一，我国种植区域主要集中在北方和西南地区，如内蒙古、陕西、山西、贵州、云南等地[49]。早在 20 世纪 40 年代，国外就有人发现亚麻籽表面有一层胶状物，并对其进行了提取和初步研究，人们发现该胶状物主要是多糖类化合物，分子量一般在 12000～14000，在实验室制备出的胶样有液态和粉状两种[50]。液态胶呈浅色透明状，有一定黏度且黏度随胶液浓度和温度变化而变化，在液胶中添加某些有机溶剂或盐类可使胶液发生沉淀。而干胶粉呈淡黄色粉末，无毒、无异味，相对密度在 0.4～0.8，不溶于油和大多数有机溶剂，可与水形成淡黄色胶黏溶液，人们把这种胶称为亚麻籽胶或富兰克胶[50]。

亚麻籽胶作为一种新型天然亲水胶体，是一种阴离子杂多糖，主要由中性单体（75%）和酸性单体（25%）组成的异生物聚合物构成。中性单体主要为半乳糖、木糖、阿拉伯糖（1∶6.2∶3.5，物质的量之比），酸性单体主要为 L-岩藻糖、L-半乳糖、D-半乳糖醛酸、L-鼠李糖（1∶1.4∶1.7∶2.6，物质的量之比）[49]。

亚麻籽胶为黄色颗粒状晶体，或白色至米黄色粉末，干粉有淡淡甜香味。亚麻籽胶具有较好的溶解性能，能缓慢地吸水形成一种具有较低黏度的分散体系，当浓度低于 1～2g/L 时，能够完全溶解，溶解度高于瓜尔胶和刺槐豆胶，但不及阿拉伯胶[51]。温度对亚麻籽胶黏度的影响很大，温度越高黏度越低，同一浓度胶液 0℃时的黏度是 90℃时黏度的 48 倍。pH 值对亚麻籽胶溶液表观黏度的影响很大：在酸性条件下，随着 pH 值的降低，表观黏度逐渐降低；在碱性条件下，随着 pH 值的增大，表观黏度也逐渐下降；在中性条件下，亚麻籽胶溶液的表观黏度达到最大值[51]。1%亚麻籽胶的黏度为 350～2500mPa・s，一般来讲未经干燥的亚麻籽胶其黏度比较高，大于 1500mPa・s，而用干胶粉配成胶液其黏度在 350mPa・s 以上。

1. 亚麻籽胶的提取生产工艺

亚麻籽胶主要从脱脂饼粕或亚麻籽种子中提取，通常采用水提取法，在提取过程中加入铁盐可防止单宁的溶出。也可采用加压蒸汽从亚麻籽中提取亚麻籽胶。亚麻籽胶的产率为 3.5%～9.4%，它与提取的方法有关[52]。亚麻籽胶水提法具体工艺如图 7-5-54 所示。

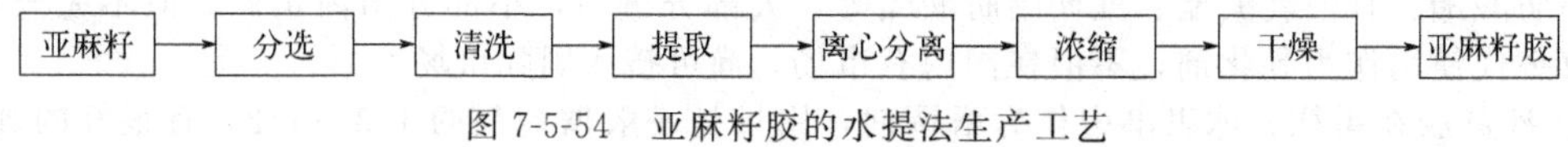

图 7-5-54　亚麻籽胶的水提法生产工艺

亚麻籽胶产品的感官要求和理化指标要求见 GB 1886.175—2016[53]。

2. 亚麻籽胶的应用

亚麻籽胶在各类食品中按生产需要适量使用，其允许使用品种以及最大使用量见 GB 2760—2024[5]。

（1）在面制品中的应用　亚麻籽胶具有较高的黏度、较强的水结合能力，并具有形成热可逆的冷凝胶的特性，因此亚麻籽胶在食品和非食品领域中可替代大多数的非胶凝性的亲水胶体，与其他亲水胶体相比，具有较低廉的价格[51]。亚麻籽胶添加到面粉中的量在 0.1%～0.4%之间时，面团的筋力最好，而且面制品口感筋道、爽滑、不糊汤。添加亚麻籽胶使面团的吸水率增加，面团的形成时间和稳定时间延长，弱化度降低，使面团的稳定性更好；添加亚麻籽胶使面条烹煮后的硬度和咀嚼度提高，并具有较好的弹性和拉伸性能，面条的烹煮损失和面汤浊度降低，因而亚麻籽胶可用于面制品中以改善其食用品质[51]。

（2）在冰淇淋中的应用　亚麻籽胶具有较好的保湿作用和较大的持水量，能够较好地改善冰淇淋浆料的黏度，而且由于它具有良好的乳化性，能使冰淇淋口感细腻[51]。冰淇淋生产中加亚麻籽胶的量为0.05%，经老化凝冻后的产品膨胀率在95%以上，口感细腻、润滑、适口性好、无异味，冷冻后结构仍松软适中、冰晶极微，而且加入亚麻籽胶还能避免粗大冰晶的生成。因此，亚麻籽胶可代替其他乳化剂的使用[54]。

（3）在肉制品中的应用　亚麻籽胶添加到肉制品中，能减少蒸煮过程中脂肪和肉类风味的损失，提高肉蛋白、肌原纤维蛋白和盐溶肉蛋白的热稳定性，增强盐溶肉蛋白的凝胶强度，适用于肉制品的加工。在肉制品加工后期加入亚麻籽胶，能够增强肉制品弹性，增强复水性，消除淀粉感，增加咀嚼感[51]。

（4）在饮料中的应用　有些水果汁当放置时间稍长时，其中所含的细小果肉颗粒就会下沉，果汁色泽会变化，影响外观，即使经过高压均质也不例外。在果汁中加入亚麻籽胶作悬浮稳定剂，能使细小果肉颗粒较长时间均匀地悬浮于果汁中，延长果汁的货架寿命。如在胡萝卜汁中应用，可以使胡萝卜汁在储藏期间较好地保持色泽和浑浊稳定性，其效果比加果胶好，而且亚麻籽胶价格明显低于果胶[55]。

（5）在果冻中的应用　亚麻籽胶复配果冻在凝胶强度、弹性、持水性等方面都具有明显优势。亚麻籽胶用于果冻生产可很好地解决果冻生产中常见的果冻凝胶强而脆、弹性差、脱水收缩严重等缺点。亚麻籽胶在复配果冻粉中含量为25%，果冻粉用量为0.8%时，所制得的果冻凝胶强度、黏弹性、透明性、持水性等性质最协调，果冻口感最佳[55]。

第五节　林源甜味剂

林源甜味剂是指源自森林植物并赋予食品以甜味的食品添加剂。林源甜味剂在食品中主要有三个方面的作用：a.口感，甜度是许多食品的感官指标之一，为使食品、饮料具有适口的感觉，需要加入一定量的甜味剂；b.风味的调节和增强；c.风味的形成[56]。人们对高品质生活的追求和对化学合成甜味剂的种种忧虑，推动了林源甜味剂的开发与利用。

一、分类

（1）按照营养价值分类　林源甜味剂按营养价值可分为营养性甜味剂和非营养性甜味剂。林源营养性甜味剂有山梨糖醇、麦芽糖醇、D-甘露糖醇、木糖醇和赤藓糖醇等；林源非营养性甜味剂有甜菊糖苷、罗汉果甜苷、索马甜、甘草酸铵、甘草酸一钾和甘草酸三钾等[11,56,57]。

（2）按照化学结构和性质分类　林源甜味剂按化学结构和性质可分为糖类甜味剂和非糖类甜味剂。林源糖类甜味剂包括糖类与糖醇类，蔗糖、葡萄糖、果糖、麦芽糖、果葡萄糖浆、淀粉糖浆等习惯上称为糖，但其可为机体提供一定的热量，并能够参与机体的新陈代谢，因长期被人食用，且是重要的营养素，通常视为食品原料，在中国不属于食品添加剂范畴，糖醇类包括麦芽糖醇、D-甘露糖醇、木糖醇和赤藓糖醇等。非糖类甜味剂包括甜菊糖苷、罗汉果甜苷、索马甜、甘草酸铵、甘草酸一钾和甘草酸三钾等[11,56,58]。

（3）按照甜度分类　林源甜味剂按甜度可分为低倍甜味剂和高倍甜味剂。林源高倍甜味剂有甜菊糖苷、罗汉果甜苷和索马甜等。目前，甜度还不能用物理或化学的方法定量测定，只能凭人们的味觉感官判断，因此，为比较甜味剂的甜度，一般选择蔗糖作为标准甜度，其他甜味剂的甜度是与它比较而得出的相对甜度，测定相对甜度的方法有极限浓度法和相对甜度法。极限甜度法是将甜味剂配成可被感觉出来甜味的极限浓度（即阈值）。相对甜度法是将甜味剂配成与蔗糖浓度相同的溶液，然后以蔗糖溶液为标准比较该甜味剂的甜度。

取蔗糖的甜度为100，我国现行的国家标准《食品安全国家标准 食品添加剂使用标准》（GB

2760—2024）中规定我国允许使用的13种林源甜味剂的相对甜度见表7-5-6[5,56,57]。

表 7-5-6　13 种林源甜味剂的相对甜度

林源甜味剂	相对甜度	林源甜味剂	相对甜度
甜菊糖苷	30000	木糖醇	100～140
罗汉果甜苷	30000	山梨糖醇	70
甘草酸铵、甘草酸一钾及三钾	20000～30000	麦芽糖醇	80～90
索马甜	300000～500000	乳糖醇	16～27
赤藓糖醇	80	异麦芽酮糖	50
D-甘露糖醇	32～60		

二、作用机理

甜味是甜味剂与甜受体之间以一种特殊方式相互作用的结果[59]。1898 年，R. S. Sternberg 首先报道了化学结构与甜味的关系，他推测，甜味和苦味都与羟基和氨基的作用有关。1914 年，Cohn 发现，多羟基化合物和 D 型氨基酸经常是甜的，而高度硝化的化合物通常是苦的，在一个分子中引入氯原子常会产生甜味。1982 年，曾广植提出了 6 个生甜基和 9 个助甜基，为 AH-B 生甜基学说的提出奠定了基础。

目前，有关甜味的理论以 R. S. Shallenberger 提出的 AH-B 理论为主。根据这一理论，所有具有甜味的物质都有一电负性较大的原子，其上有一个质子以共价键相连，以基团的质子为中心的 2.5～4Å（1Å=10^{-10}m）的距离内有一电负性较大的原子及味受体这样一对相应基团。二者结合形成由一双氢键螯合成的“底物-受体”复合体而产生甜感，甜味的强弱与氢键的强度有关。

1963 年，R. S. Shallenberger 提出可根据糖分子内羟基间的氢键结合来对其甜味进行解释，之后他又提出了甜味的基本单元 AH-B 系统。在 AH-B 系统中，A 和 B 是空间几何适当接近的带负电原子，A 含有一带正电质子，因而可认为是酸，B 为质子受体，因而可认为是碱。一个甜味分子中的 AH-B 系统可和位于味蕾蛋白受体上的另一合适的 AH-B 系统进行氢键结合，形成双氢键复合物而产生甜味刺激。这种复合物的复合强度决定了甜味刺激的响应强度。R. S. Shallenberger 认为糖分子与受体之 AH-B 系统的分子几何形状决定着其结合物的强度，因此甜味剂分子的构象与构型对味觉响应起重要的作用[59]。

Kier 提出可以扩大 AH-B 系统这个概念，认为它还应该包括甜味药效团中的疏水性或亲油性官能团 X，X 距离 AH 的 A 约 3.5Å，距离 B 约 5.5Å。Hough 也认为，除 AH-B 系统外，还应有一个亲油性或闭合性的第三连接点，这也就承认了 Kier 的三联模式生甜团系统[56,59,60]。

对甜味剂分子结构的研究已经证实了 AH-B 系统的有效性，但甜味剂分子引入或到达受体的机理仍需深入研究，目前主要有以下三种机理。

（1）机理一　甜味剂分子接近味细胞黏膜上的离子通道激发处，打开离子通道（离子载体）迫使一束钠离子流或钾离子流流进或流出细胞，如果这类基本离子载体数量足够多，则就能产生足够多的离子流来获得潜在的动作及激动味神经细胞，那么其反应强度当然是确定的，但是，刺激分子与离子载体相结合的反应强度最终取决于所获得的离子流，而持久性则与分子继续作用的时间有关[59,60]。

（2）机理二　甜味剂分子首先与细胞黏膜的非专一性部位发生可逆性结合，引起代表持久性的刺激物浓度的集中，当甜味剂分子从非专一性部位脱落后可到达由之激动而打开的离子载体上，这个过程导致刺激物分子的释放，且关闭的离子通道可被另一糖分子重新打开，因此，反应强度可解释为结合位的快速占有与让出及同时发生的离子通道的快速打开与闭合[59,60]。

（3）机理三　刺激物分子不可逆地进入接近离子载体的“有序排列队”，这条排列队的物理长度决定了持久性[59,60]。

三、典型林源甜味剂加工与应用

（一）甜菊糖苷

甜菊糖苷是从菊科草本植物甜叶菊的叶子中提取出来的一种甜苷。这种植物原产于南美洲巴拉圭、巴西等地，现在中国、新加坡、马来西亚等国家也有大量种植。甜菊糖苷已在亚洲、北美洲、南美洲和欧盟各国广泛用作食品甜味剂，我国是全球最主要的甜菊糖苷生产国。

1. 甜菊糖苷的化学结构和性质

甜菊糖苷为白色至浅黄色晶体粉末，可溶于水和乙醇，不溶于苯、醚等有机溶剂，味清凉甘甜，在空气中易吸湿。主要糖苷为甜菊苷和瑞鲍迪苷A，其他已知的糖苷包括瑞鲍迪苷B、瑞鲍迪苷C、瑞鲍迪苷D、瑞鲍迪苷F、杜克苷A、甜茶苷和甜菊双糖苷[5]。其化学结构式见图7-5-55[57]。13种糖苷化合物的名称、R^1位取代基和R^2位取代基见表7-5-7。

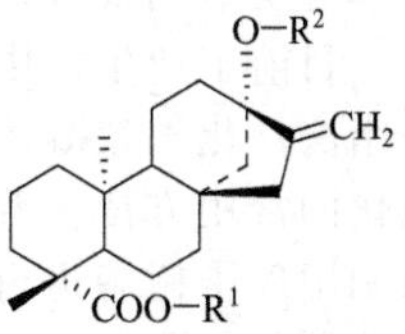

$O-R^2$　CH_2　$COO-R^1$

图7-5-55　甜菊糖苷的化学结构式

表7-5-7　13种糖苷化合物名称、R^1位取代基和R^2位取代基

化合物名称	R^1位取代基	R^2位取代基
甜菊苷	β-Glc	β-Glc-β-Glc(2→1)
瑞鲍迪苷A	β-Glc	β-Glc-β-Glc(2→1) | β-Glc(3→1)
瑞鲍迪苷B	H	β-Glc-β-Glc(2→1) | β-Glc(3→1)
瑞鲍迪苷C	β-Glc	β-G-lc-α-Rha(2→1) | β-Glc(3→1)
瑞鲍迪苷D	β-Glc-β-Glc(2→1)	β-Glc-β-Glc(2→1) | β-Glc(3→1)
瑞鲍迪苷E	β-Glc-β-Glc(2→1)	β-Glc-β-Glc(2→1)
瑞鲍迪苷F	β-Glc	β-G-lc-β-Xyl(2→1) | β-Glc(3→1)
瑞鲍迪苷M	β-Glc-β-Glc(2→1) | β-Glc(3→1)	β-Glc-β-Glc(2→1) | β-Glc(3→1)
瑞鲍迪苷N	β-Glc-α-Rha(2→1) | β-Glc(3→1)	β-Glc-β-Glc(2→1) | β-Glc(3→1)
瑞鲍迪苷O	β-Glc-β-Glc(3→1)-α-Rha(2→1) | β-Glc(3→1)	β-Glc-β-Glc(2→1) | β-Glc(3→1)
杜克苷A	β-Glc	β-Glc-α-Rha(2→1)
甜茶苷	β-Glc	β-Glc
甜菊双糖苷	H	β-Glc-β-Glc(2→1)

2. 甜菊糖苷的生产工艺

我国甜菊糖苷的商业化生产大多采用从甜叶菊中提取甜菊糖苷粗提物后经精制而成的方法。提取甜菊糖苷的经典方法为溶剂提取法，溶剂可以采用水、甲醇和乙醇等。随着科学技术的发展，连续逆流提取法、超声辅助提取法、微波辅助提取法、超临界流体萃取法、酶解-微膜提取法、超高压技术等新型提取技术也应用于甜菊糖苷的提取。与传统溶剂提取法相比，新的提取方法具有明显的优势，但是，成本问题或可连续操作性差等因素是制约其工业化应用的障碍[61,62]。

目前工业生产中常用的甜菊糖苷纯化方法主要有醇沉法、普通吸附法、重结晶法、大孔吸附树脂法、化学絮凝法和膜分离法。醇沉法工艺简单，安全性高，回收方便，成本低，是甜菊糖苷纯化的常用方法。普通吸附法常用于纯化甜菊糖苷，先采用化学絮凝剂、活性炭吸附杂质，然后用阴阳离子树脂进行脱盐、脱色以达到纯化目的。与传统的醇沉、絮凝、大孔树脂柱色谱分离等甜菊糖苷工业纯化工艺相比，膜技术纯化甜菊糖苷具有纯化效果好、速度快等优势，在甜菊糖苷的工业化生产中逐步取代传统工艺，为今后工业生产的趋势[61]。水提取-离子交换法制备甜菊糖苷的生产工艺见图 7-5-56。

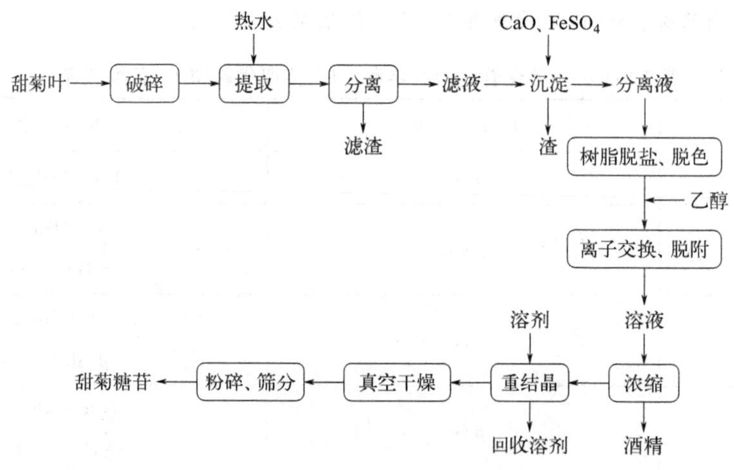

图 7-5-56　水提取-离子交换法制备甜菊糖苷的生产工艺

此外，高速逆流色谱法、高效液相色谱法、毛细管电泳法等新方法在分离甜菊糖苷方面也有报道，但这些方法通量小，一般仅用于实验室分离、鉴定[61]。

3. 甜菊糖苷的质量标准

甜菊糖苷在体内不代谢、无残留，能预防儿童龋齿、中老年心血管疾病，可降低血压，形成钙离子阻断剂，同时又不影响病人的血糖、尿酸及血脂，尤其适用于肥胖症、糖尿病患者，可广泛应用于各种食品、饮料、腌制品和医药制剂中。甜菊糖苷的质量指标见 GB 1886.355—2022。

4. 甜菊糖苷的应用

甜菊糖苷的安全性：小鼠经口 LD_{50}（半数致死量）≥15g/kg；大鼠分别以 2.7g/kg、1.3g/kg 每日灌服一次，连续 90 天，各组鼠的胃肠无病理变化，生殖系统无影响，故甜菊糖苷安全无毒[57]。

GB 2760—2024 中规定[5]：甜菊糖苷可按生产需要适用于糖果、糕点、饮料、罐头、医药、烟草、牙膏、啤酒和酱制品中。

甜菊糖苷与蔗糖、果糖或异构化糖复合使用时，可提高其甜度，改善口味。用甜菊糖苷代替30%左右的蔗糖时，效果较佳。用甜菊糖苷代替蔗糖制作鸡蛋面包，其外形、色泽、松软度均佳，且口感良好；用甜菊糖苷代替糖精钠制作话梅，其香甜可口[56]。

甜菊糖苷的热值仅为蔗糖的 1/300，且在体内不参与新陈代谢，因而适用于制作糖尿病、肥胖症、心血管疾病患者食用的保健食品。其用于糖果中，还有防龋齿作用。

（二）罗汉果甜苷

罗汉果是原产于广西、广东、湖南、江西等热带、亚热带山区的药食同源植物，其主要成分为三萜甜味苷——罗汉果甜苷Ⅳ、罗汉果甜苷Ⅴ、罗汉果甜苷Ⅲ、罗汉果甜苷ⅡE、罗汉果甜苷ⅢE、罗汉果甜苷Ⅵ、罗汉果甜苷 A、赛门甜苷Ⅰ、11-*O*-罗汉果甜苷Ⅴ等，其中罗汉果甜苷Ⅴ含量最为丰富。罗汉果甜苷作为甜味剂可不限量用于各类食品中。

1. 罗汉果甜苷的化学结构和性质

罗汉果甜苷为白色、黄色或棕色粉末，有罗汉果香，味极甜，易溶于水和稀乙醇，热稳定性强。主要成分罗汉果甜苷Ⅴ的分子式为 $C_{60}H_{102}O_{29}$，分子量 1287.43，熔点 197～200℃，比旋光度 $[\alpha]_D^{20}=-9.5°$（水 0.05g/mL），溶解度为 6.10g/100mL H_2O。罗汉果甜苷Ⅴ在 pH 值 2～9 范围内的甜度变化不大，当 pH 值小于 2 和大于 9 时，甜度有明显的下降趋势。罗汉果甜苷Ⅴ具有良好的起泡性和乳化性，在硫酸溶液中变红，并有绿色荧光。其化学结构式见图 7-5-57[5]。

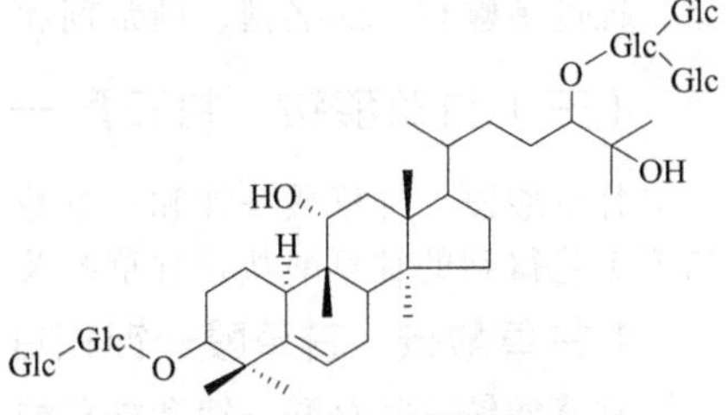

图 7-5-57 罗汉果甜苷Ⅴ的化学结构式（Glc 为葡萄糖基）

2. 罗汉果甜苷的生产工艺

罗汉果甜苷的经典提取方法是溶剂提取法，一般采用水或 50%～70% 的乙醇水溶液在常温或 70℃下多次浸提。近年来，一些新型提取技术应用于罗汉果甜苷的提取，如超声提取法、微波辅助提取法、超临界流体提取法和闪蒸式提取法等，但因技术不成熟或成本过高等缺点，难以实现产业化[63,64]。

罗汉果甜苷最初是采用无机吸附剂和无机脱色剂相结合的方法进行分离纯化，但是分离效率不高、成本高昂且操作复杂。目前，主要采用 AB-8 吸附树脂、Amberlite XAD-2 树脂、活性炭及硅藻土柱和 DA-201 丙烯酸型树脂对提取液进行初步分离，然后采用硅胶柱或氧化铝对粗罗汉果甜苷进行色谱分离[64-66]。高效液相色谱法也可用于罗汉果甜苷的精制。罗汉果甜苷的主要生产工艺路线见图 7-5-58。

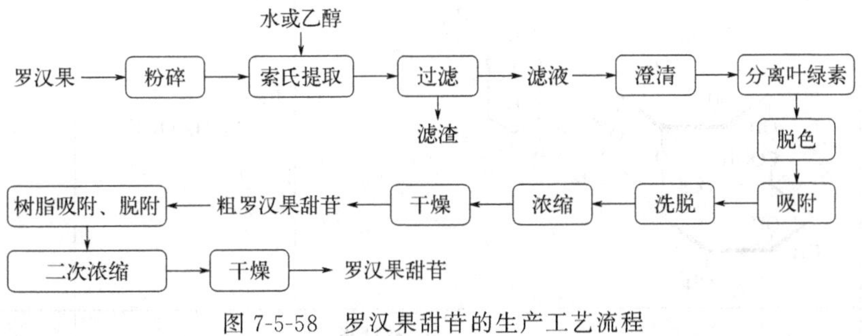

图 7-5-58 罗汉果甜苷的生产工艺流程

3. 罗汉果甜苷的质量标准

罗汉果甜苷的质量指标见 GB 1886.77—2016。

4. 罗汉果甜苷的应用

罗汉果甜苷不仅是一种新型低热量、非糖甜味剂，同时具有镇咳、祛痰、平喘、降血糖、抗氧化、保肝、降脂减肥和抗癌等生物活性，因此，在食品、添加剂、医药和保健品行业具有广阔的应用前景。1995 年，美国 FDA 批准罗汉果甜苷可作为甜味剂加入食品中，1996 年我国批准将其作为添加剂在食品中使用。据权威机构 Innovadatabase 统计，2015 年 1 月至 5 月，美国市场发布使用罗汉果甜苷的新产品高达 187 种，同比增长了 140%。

罗汉果甜苷的甜度是蔗糖的 300 倍，具有低热、天然和口感好的特点，是一种理想的代糖甜味剂。在我国，将罗汉果甜苷加到淀粉软糖中，可制得口感、风味、色泽俱佳的糖果；添加到饼干中，可改善饼干的结构质地；添加到乳制品中，可促进儿童、病人和亚健康人群的健康。在英国，罗汉果甜苷常与葛根提取物混合制成低糖固型饮料；日本将罗汉果甜苷加工成功能饮料和泡制酱菜。美国食品饮料行业的大型企业都将罗汉果甜味剂产品用于其已有产品的改良以及新产品中[63]。

我国已批准罗汉果甜苷作为肥胖症和糖尿病患者的代用糖，部分或全部替代蔗糖而应用于保健品中。日本作为最大的罗汉果甜苷进口国，将其加工成减肥食品、降糖食品、增强免疫力食品、抗过敏颗粒、润喉糖、糖浆剂和泡腾片等[63]。

（三）甘草酸铵、甘草酸一钾和甘草酸三钾

甘草酸铵、甘草酸一钾和甘草酸三钾是以甘草根茎中三萜皂苷类化合物粗甘草酸经过一定的加工工艺得到的甘草酸盐，甘草酸及其盐类也总称甘草甜素，目前已在我国推广应用。

1. 甘草酸铵、甘草酸一钾和甘草酸三钾的化学结构和性质

甘草酸铵、甘草酸一钾和甘草酸三钾的结构式、分子式和分子量见表 7-5-8。

表 7-5-8　甘草酸铵、甘草酸一钾和甘草酸三钾的结构式、分子式和分子量

名称	结构式	分子式	分子量
甘草酸铵	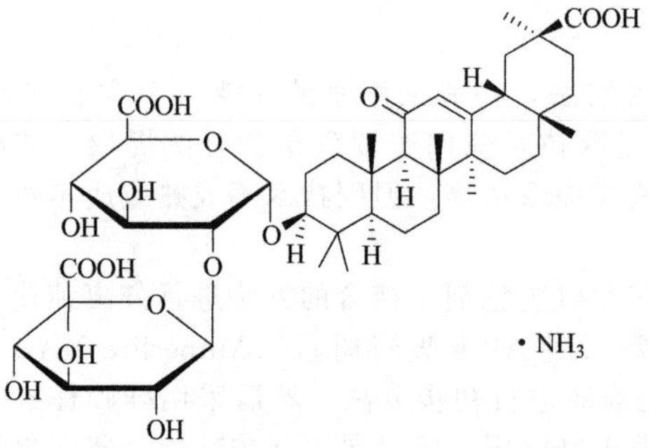 COOH, COOH, O, OH, OH, O, O, COOH, O, OH, OH, OH, H, H, H, H, · NH_3	$C_{42}H_{61}O_{16}NH_4$	839.96
甘草酸一钾	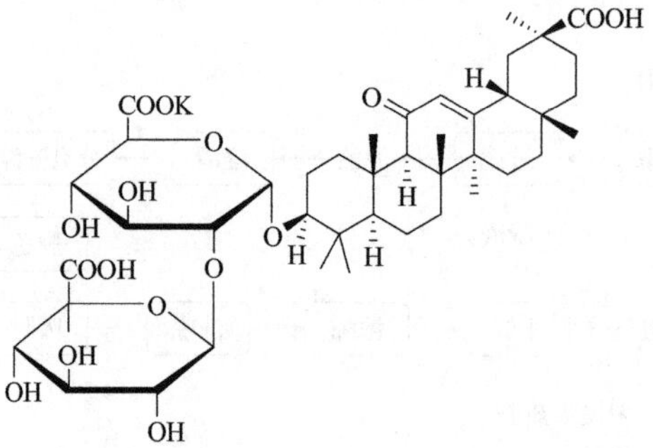 COOH, COOK, O, OH, OH, O, O, COOH, O, OH, OH, OH, H, H, H, H	$C_{42}H_{61}O_{16}K$	861.02
甘草酸三钾	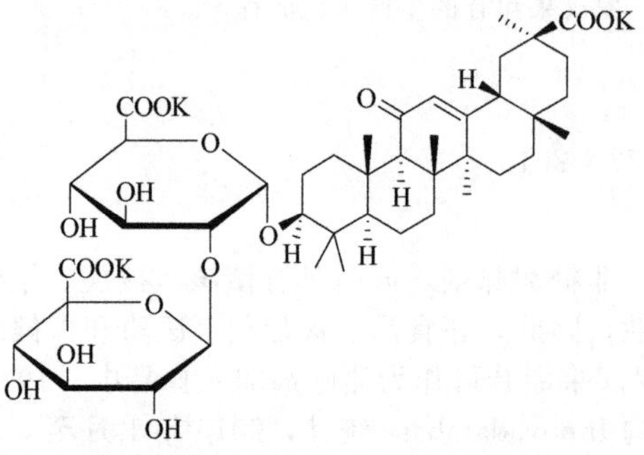 COOK, COOK, O, OH, OH, O, O, COOK, O, OH, OH, OH, H, H, H, H	$C_{42}H_{59}O_{16}K_3$	937.20

甘草酸铵又叫甘草酸单铵水合物、甘草酸单铵盐、草酸单铵盐、甘草酸一铵盐水合物、甘草

酸单铵、甘草甜素、甘草皂苷和强力宁。甘草酸铵为白色粉末或晶体，有强甜味，甜度约为蔗糖的200倍。甘草酸铵溶于氨水，不溶于冰醋酸。作为甜味剂具有甜度高、安全性高的优势。与蔗糖相比，甘草酸铵甜味感觉速度偏慢，带有甘草后余味，温凉感弱。

甘草酸一钾和甘草酸三钾为白色或淡黄色粉末，无臭。有特殊的甜味（甘草酸一钾的甜度约为蔗糖的500倍，甘草酸三钾为蔗糖的150倍），甜味残留时间长，易溶于水，溶于稀乙醇、甘油、丙二醇，微溶于无水乙醇和乙醚[67]。

2. 甘草酸铵、甘草酸一钾和甘草酸三钾的生产工艺

甘草酸铵是粗甘草酸经硫酸（或盐酸）酸化沉淀、乙醇浸提、氨化、结晶等工艺制备而成的。而甘草酸提取方法主要有水浸提法、氨水浸提法、超声提取法、丙酮抽提法和醇氨浸提法[56]，其中效果较好的有水浸提法、氨水浸提法和醇氨浸提法。分离纯化方法有酸沉淀法、大孔树脂法、柱色谱分离法和制备色谱法[68,69]。甘草酸铵的生产工艺流程见图7-5-59。

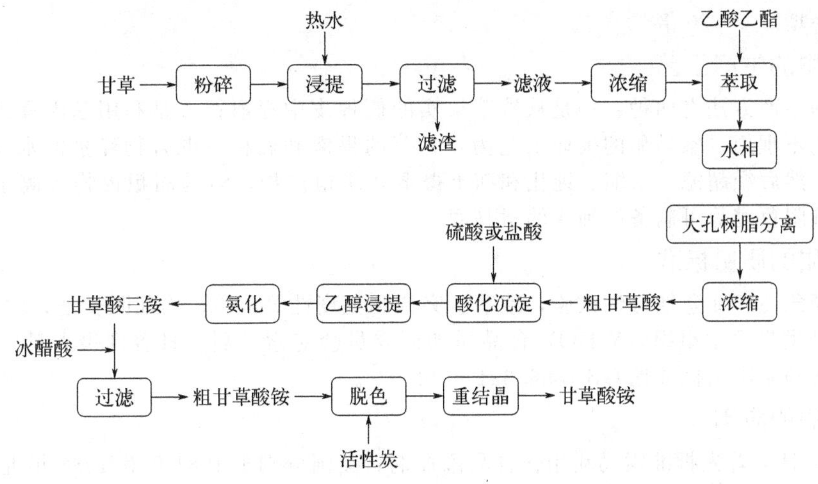

图7-5-59　甘草酸铵的生产工艺流程

甘草酸一钾和甘草酸三钾的生产工艺与甘草酸铵类似。

3. 甘草酸铵、甘草酸一钾和甘草酸三钾的质量标准

甘草酸铵、甘草酸一钾和甘草酸三钾的质量指标分别见GB 1886.242—2016、GB 1886.240—2016、GB 1886.241—2016。

4. 甘草酸铵、甘草酸一钾和甘草酸三钾的应用

甘草甜素是从植物中提取出来的天然化合物，是美国食品和药品管理局（FDA）认为最安全的甜味剂之一，不仅具有增甜、增香和增加风味的作用，而且还具有抗炎、抗变态反应、解毒、镇咳、抗肿瘤、抑制艾滋病毒等作用，还可调理和预防某些疾病，如肥胖症、糖尿病和心血管病等，因此甘草甜素广泛应用于食品领域。

甘草甜素适用于糖果、饮料、罐头、饼干、焙烤食品、乳制品、肉制品和调味品，使用量可按正常生产需要。饮料中加入甘草甜素可克服因多用糖而引起的发酸、酸败现象；腌制品中加入甘草甜素或与甜菊糖苷的复配物，除能增进风味外，还能抑制制品酸败、发酵和发黏等；在肉制品中使用甘草甜素既能增强风味品质，又能起到保健作用；酱油中添加甘草甜素除可抑制酱油的咸味外，又能衬托酱油的香味，还能起辅助化学调味剂的作用。

（四）索马甜

索马甜又称竹芋甜素、沙马汀、非洲竹芋甜、索吗汀，是从非洲竹芋果实假种皮中提取的一种天然蛋白质甜味剂，被认为是“无营养甜味剂”[70-72]。竹芋为生长在西非热带雨林中的竹芋科

多年生植物。1855 年，W. F. Daniell 发现了索马甜的存在；1972 年，Van der Wel 和 Loeve 从果实的假种皮中提取出了索马甜。

1. 索马甜的化学结构和性质

索马甜的主要成分为竹芋甜素Ⅰ、竹芋甜素Ⅱ、竹芋甜素Ⅲ以及竹芋甜素 a 和竹芋甜素 b，五种甜味成分均由多肽链组成，含有 207 个氨基酸残基，N 末端均为丙氨酸，分子内含 16 个半胱氨酸，可以形成 8 个链内二硫键，其分子量约为 21000[56,71]。

索马甜为白色至奶油色的无定形无臭粉末，极易溶于水，可溶于乙醇、甘油等有机溶剂，不溶于丙酮、乙醚。竹芋甜素的稳定性受到 pH、温度和溶液中氧离子的影响，常温常压下非常稳定，甜味不会减弱，也无褐变现象，无吸湿性，在 pH 值 1.8～10 的范围内较稳定。竹芋甜素被长时间高温处理，其甜味消失。索马甜的甜度平均是蔗糖的 3000～5000 倍，且甜味阈值极低，在浓度 10^{-8}mol/L 时仍可感知其甜味，其甜味爽口、无异味、持续时间长。索马甜与单宁结合后，其甜度丧失；在高浓度的食盐溶液中，其甜度减弱；在索马甜的溶液中添加抗坏血酸或其钠盐，其甜度会增加 5～20 倍[56,70-72]。

2. 索马甜的生产工艺

索马甜的生产方法有两种：一是从竹芋果实的假种皮中提取；二是利用基因重组技术生产，但目前结果仍不理想。索马甜的提取工艺为：竹芋的果肉和假种皮混合物经蒸馏水浸泡、打浆、提取、过滤，然后经超滤、浓缩、纯化和冻干得索马甜粗提物，索马甜粗提物经离子交换色谱、吸附树脂、排阻色谱等可制备高纯度的索马甜[71]。

3. 索马甜的质量标准

索马甜经急性和亚急性毒性试验，致畸、突变和免疫性等试验，均证明安全，联合国粮农组织（FAO）和世界卫生组织（WHO）食品添加剂委员会对索马甜每日容许摄入量（ADI）不作特殊规定。索马甜质量标准见 GB 1886.321—2021[72]。

4. 索马甜的应用

1979 年，日本首先批准索马甜用作食品添加剂，英国分别于 1981 年和 1986 年批准索马甜用于药品和食品甜味剂；1994 年，欧洲批准索马甜作为甜味剂和风味增强剂；随后，美国食品药品监督管理局（FDA）批准其可在食品中使用。2014 年，我国正式批准索马甜可作为食品添加剂使用。

索马甜作为一种天然低热型甜味剂，具有甜度大、安全可靠、增强产品风味以及掩盖苦味和涩感等特性，使得其在食品、医药、饮料工业上得到广泛应用，适用于饮料、牛奶制品、果酱、果胶、糖果、冰淇凌、调味品和食品增补剂中。索马甜在低脂肪乳制品中，添加 2mg/kg，可以产生一种丰富的奶油风味，改善其因脱脂而失去的风味；索马甜与糖精、安赛蜜和阿斯巴甜等甜味剂复配使用有协同效果，且能够掩盖金属味和其他甜味剂带来的苦味，提供更接近蔗糖的口感，增进甜味和延长甜味感；在口香糖生产过程中加入少量的索马甜，就可达到将原来的甜度，且甜味持续时间长。索马甜能增强凉性药物的风味，掩盖药品不良的苦后味。将索马甜添加于香烟的过滤嘴部分，可以有效地去除一些焦油带来的杂味，使烟味变得更加柔和[56,70,71]。

（五）赤藓糖醇

赤藓糖醇是一种天然新型糖醇类甜味剂，具有低甜度、低热值、清凉感、防龋齿、热稳定性好、不被酶降解以及不参与糖代谢等特点，以低含量的形式广泛存在于海藻、蘑菇、甜瓜、葡萄和发酵食品中，应用和发展前景十分广阔。

1. 赤藓糖醇的化学结构和性质

赤藓糖醇，化学名 1,2,3,4-丁四醇，分子式 $C_4H_{10}O_4$，分子量 122.12，熔点 119℃，沸点 329～331℃，是一种四碳多元醇，外观为白色光亮粉末或结晶，能溶于水，耐热性好，即使在高温条件下也不会分解和变色。化学性质类似于其他多元醇，不含还原性端基，对热和酸稳定

(pH 2～12)[73]。

赤藓糖醇的甜度是蔗糖的70%～80%，甜味纯正，与蔗糖的甜味十分接近，无不良后苦味。食用时有清凉感，发热量低，仅为蔗糖发热量的1/10，易结晶、吸湿性低[74]。其化学结构式见图7-5-60。

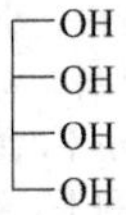

—OH
—OH
—OH
—OH

图7-5-60　赤藓糖醇的化学结构式

2. 赤藓糖醇的生产工艺

赤藓糖醇的生产方法主要有化学合成法和发酵法。化学合成法有以下两种[73-76]。

(1) 化学合成法一　乙炔和甲醛合成2-丁烯-1,4-二醇，然后将其水溶液与活性镍催化剂混合并加入阻化剂氨水，在0.5MPa压力下通入氢气氢化，得到赤藓糖醇。

(2) 化学合成法二　以淀粉为原料的化学合成法是将淀粉用高碘酸法生成双醛淀粉，再经氧化裂解生成赤藓糖醇和其他衍生物。

化学合成法生产赤藓糖醇的工艺存在流程长、成本高、污染严重、条件要求高、产品安全性差等不足，无法与发酵法比拟。

我国淀粉资源比较丰富，采用发酵法生产赤藓糖醇，具有原料来源容易、工艺相对简单、生产成本较低的特点。发酵法是以葡萄糖为原料或将淀粉乳酶解成葡萄糖，然后经发酵、浓缩、结晶、干燥等工艺制备。其工艺流程见图7-5-61。

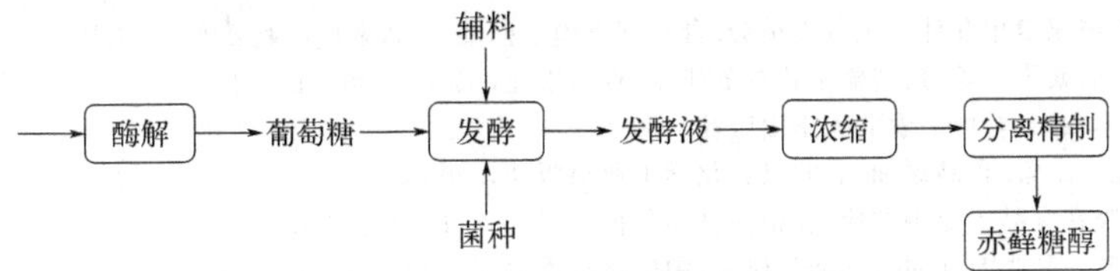

图7-5-61　发酵法生产赤藓糖醇的工艺流程

3. 赤藓糖醇的质量标准

赤藓糖醇的质量指标见GB 26404—2011[77]。

4. 赤藓糖醇的应用

赤藓糖醇经过急性、亚急性、慢性毒性试验等动物试验以及人体试验确认安全无毒、食用安全性高。1990年，日本批准赤藓糖醇可直接作为食品配料；1999年，世界粮农组织（FAO）和世界卫生组织（WHO）联合组成的食品添加剂专家委员会（JECFA）批准赤藓糖醇作为食用甜味剂，无需规定ADI值；我国国家标准GB 2760—2024中也允许其在食品中应用。

赤藓糖醇可促进巧克力风味的形成，改善产品的品质；赤藓糖醇的高吸热性使得产品食用后具有持久的爽口清凉感觉，可改善口香糖、清凉性固体饮料和糖果的品质；赤藓糖醇在与甜菊糖苷等高倍甜味剂复配时可有效地掩盖其后苦味；赤藓糖醇还可以降低酒精的异味，改善酒的口感与风味；在蔬菜汁饮料中使用，可有效地抑制蔬菜饮料的不良口味；在咖啡中添加可有效地抑制咖啡的涩味[76]。

（六）其他糖类甜味剂

其他林源糖类甜味剂还有山梨糖醇、麦芽糖醇、D-甘露糖醇、木糖醇、乳糖醇、异麦芽糖醇等，其甜度、风味与蔗糖相似，这类甜味剂广泛应用于食品、医药等产业中。

参考文献

[1] 李和平.精细化工产品工艺学.北京：化学工业出版社，2016.
[2] 谢碧霞，谢涛.我国天然食品添加剂森林植物资源的开发利用.经济林研究，2001，20 (4)：60-62.
[3] 高彦祥.食品添加剂.北京：中国林业出版社，2013.

[4] 陈玉昆. 芳香族天然产物的提取及生产工艺. 北京：科学出版社，2009.
[5] 中华人民共和国国家卫生和计划生育委员会. 食品安全国家标准 食品添加剂使用标准：GB 2760—2024.
[6] 李军生. 维生素 E 的生产与应用. 北京：中国轻工业出版社，2005.
[7] 孙宝国. 食品添加剂. 2 版. 北京：化学工业出版社，2013.
[8] 李青山，李秋荣. 着色配色技术手册. 北京：中国纺织出版社，2016.
[9] 罗金岳，安鑫南. 植物精油和天然色素加工工艺. 北京：化学工业出版社，2005.
[10] 宋小平. 食品添加剂生产技术. 北京：科学出版社，2016.
[11] 郝利平，聂乾忠，周爱梅，等. 食品添加剂. 北京：中国农业大学出版社，2016.
[12] 孙宝国. 食品添加剂. 北京：化学工业出版社，2008.
[13] 郝利平，聂乾忠，周爱梅，等. 食品添加剂. 北京：中国农业大学出版社，2016.
[14] 曹雁平，肖俊松，王蓓. 食品添加剂安全应用技术. 北京：化学工业出版社，2012.
[15] 凌关庭. 天然食品添加剂手册. 北京：化学工业出版社，2008.
[16] 王金木. 天然防腐剂及其在食品中的应用. 食品安全导刊，2021（12）：29-31.
[17] 郑渝川，成会如，尔古甲甲，等. 五种食用香料协同抗菌及对猪肉品质的影响. 中国食品添加剂，2021，32（8）：76-83.
[18] 黄来发. 食品增稠剂. 2 版. 北京：中国轻工业出版社，2009.
[19] 刘英梅，白建忠，罗润芝，等. 增稠剂研究进展. 山东化工，2017，46（4）：59-60，62.
[20] 张珊，赵华，邓颖姝，等. 化妆品增稠剂的流变学特性研究进展. 当代化工，2014，43（4）：580-583，610.
[21] 于丽，邢铁玲，关晋平，等. 增稠剂的种类及应用研究进展. 印染，2017，43（10）：51-55.
[22] 尹胜利，陈艳燕，孙瑾，等. 新型食品添加剂增稠剂刺云实胶的特性及其在食品中的应用. 中国食品添加剂，2007（4）：89，108-109.
[23] 中华人民共和国国家卫生和计划生育委员会. 食品安全国家标准 食品添加剂刺云实胶：GB 886. 86—2015.
[24] 李陈陈，陈钢，简素平，等. 玫瑰蜂蜜花茶的研制. 食品工业，2017，38（1）：49-52.
[25] 阚健全. 食品化学. 北京：中国农业大学出版社，2008.
[26] 李凤林，黄聪亮，余蕾. 食品添加剂. 北京：化学工业出版社，2008.
[27] 胡国华. 阿拉伯胶在食品工业中的应用. 粮油食品科技，2003，11（2）：7-8.
[28] 王卫平. 阿拉伯胶的种类及性质与功能的研究. 中国食品添加剂，2002（2）：22-28.
[29] 中华人民共和国国家卫生和计划生育委员会. 食品安全国家标准 食品添加剂阿拉伯胶：GB 29949—2013.
[30] 熊燕. 两性离子型瓜尔胶的制备及其性能研究. 太原：中北大学，2007.
[31] 刘晓敏，董立峰. 皂荚瓜尔胶的提取及其性能. 河北科技师范学院学报，2007，21（3）：33-35，66.
[32] 中华人民共和国卫生部. 食品安全国家标准 食品添加剂瓜尔胶：GB 28403—2012.
[33] 胡国华，翟瑞文. 瓜尔豆胶的特性及其在食品工业中的应用. 冷饮与速冻食品工业，2002，8（4）：26-28.
[34] 李东虎. 田菁胶的改性及在洗发水中的应用. 无锡：江南大学，2014.
[35] 罗彤彤，单齐梅，卢亚平，等. 田菁胶脱色技术的研究. 矿冶，2002，11（3）：99-101.
[36] 中华人民共和国国家卫生和计划生育委员会. 食品安全国家标准 食品添加剂田菁胶：GB 1886. 188—2016.
[37] 杨金姝，木泰华，马梦梅. 果胶结构、提取方法及乳化特性研究进展. 食品工业科技，2018，39（14）：315-322.
[38] 中华人民共和国卫生部. 食品安全国家标准 食品添加剂果胶：GB 25533—2010.
[39] 李亦. 决明胶提取、分离工艺及应用研究. 福州：福建农林大学，2014.
[40] 中华人民共和国国家卫生和计划生育委员会. 食品安全国家标准 食品添加剂决明胶：GB 31619—2014.
[41] 赵元藩，赵良，田洁，等. 罗望子胶的生产工艺研究. 云南化工，1999（1）：30-33.
[42] 王元兰，李忠海. 罗望子胶及其在食品工业中的应用. 食品研究与开发，2006，27（9）：179-182.
[43] 樊凯凯. 罗望子胶在冰淇淋中的应用研究. 天津：天津商业大学，2013.
[44] 中华人民共和国国家卫生和计划生育委员会. 食品安全国家标准 食品添加剂罗望子多糖胶：GB 1886. 106—2015.
[45] 刘俞辰，刘进荣. 食用沙蒿胶提取工艺的研究进展. 内蒙古石油化工，2009，35（12）：1-2.
[46] 中华人民共和国国家卫生和计划生育委员会. 食品安全国家标准 食品添加剂沙蒿胶：GB 1886. 70—2015.
[47] 胡国华. 功能性食品胶. 北京：化学工业出版社，2004.
[48] 白寿宁，雍彤五，云秀芳. 沙蒿籽提取沙蒿油及沙蒿胶研究概况与前景. 包装与食品机械，2000，18（3）：17-23.
[49] 马兰雪，李曦，邹玉峰，等. 亚麻籽胶功能性质及其在食品中的应用进展. 食品安全质量检测学报，2021，12（7）：2722-2727.
[50] 刘勇，刘惠军，刘宏. 新的天然植物胶——亚麻籽胶. 内蒙古石油化工，2001，27（4）：180-181.
[51] 许晖，孙兰萍. 亚麻籽胶的研究进展及在食品工业中的应用. 中国调味品，2008（3）：18-22.
[52] 陈海华，许时婴，王璋. 亚麻籽胶的研究进展与应用. 食品与发酵工业，2002，28（9）：64-68.
[53] 中华人民共和国国家卫生和计划生育委员会. 食品安全国家标准 食品添加剂亚麻籽胶：GB 1886. 175—2016.
[54] 王盼盼. 食品加工中的增稠剂（三）植物来源的增稠剂. 肉类研究，2009（12）：67-75.

[55] 黄惠芙，方红斌.胡麻胶的特性及食品应用.食品工业，2005（3）：32-34.
[56] 胡国华.功能性高倍甜味剂.北京：化学工业出版社，2008.
[57] 郝素娥，庞满坤，钟耀广，等.食品添加剂制备与应用技术.北京：化学工业出版社，2003.
[58] 牛培志，康明丽.甜味剂的种类、功能及发展趋势.山西食品工业，2004（2）：2-3，38.
[59] 郑建仙.高效甜味剂.北京：中国轻工业出版社，2009.
[60] 刘波.甜味分子与甜味觉：甜味化合物的结构、功能及其作用机制.北京：科学出版社，2019.
[61] 徐健，李维林.甜菊糖药理作用及生产工艺研究进展.食品与发酵工业，2013，39（10）：207-214.
[62] 许丽卫，张丽萍，王久荣，等.天然甜味剂甜菊苷和甜菊苷A的提取工艺研究.饲料研究，2017（13）：20-24.
[63] 李雨蒙，张泽生，秦程广，等.罗汉果甜苷的提取及活性研究进展.食品研究与开发，2017，38（8）：220-224.
[64] 朱慧玲.罗汉果皂苷类化合物的分离、纯化及其抗氧化活性研究.武汉：华中农业大学，2014.
[65] 黎海彬，张越华.大孔树脂吸附分离罗汉果皂苷的动力学研究.食品科学，2010，38（17）：124-128.
[66] 黎海彬，刘慧娟，江津津，等.罗汉果皂苷分离纯化.食品科学，2011，32（18）：15-18.
[67] 周家华，崔英德，曾颢.食品添加剂.2版.北京：化学工业出版社，2008.
[68] 周宝华.种植甘草中甘草酸、甘草酸单铵盐生产工艺研究及工业化设计.兰州：兰州理工大学，2011.
[69] 郗万宝.光甘草定和甘草酸联合提取、纯化工艺的研究.石河子：石河子大学，2018.
[70] 肖雷，陆则坚.新型天然低热甜味剂——非洲竹芋甜素.食品科技，1999（5）：35-37.
[71] 张泽生，李雨蒙，孙明哲，等.天然甜味蛋白索马甜的研究进展.中国食品添加剂，2018（5）：186-189.
[72] 中华人民共和国国家卫生健康委员会.食品安全国家标准 食品添加剂索马甜：GB 1886.321—2021.
[73] 叶娴.赤藓糖醇高产菌株的选育及发酵条件的研究.泰安：山东农业大学，2008.
[74] 刘建军，赵祥颖，田延军，等.低热值甜味剂——赤藓糖醇.食品与发酵工业，2007，33（9）：132-135.
[75] 高蕾蕾，刘峰，栾庆民，等.赤藓糖醇生产与应用研究进展.精细与专用化学品，2020，28（3）：1-4.
[76] 刘建军，赵祥颖，田延军，等.低热值甜味剂赤藓糖醇的研究现状及应用.中国酿造，2006（12）：1-3，16.
[77] 中华人民共和国卫生部.食品安全国家标准 食品添加剂赤藓糖醇：GB 26404—2011.

（李湘洲，周军，旷春桃，张胜，杨艳红）

第六章　林源饲料及饲料添加剂

第一节　林源饲料

林源饲料一般指可供饲用的乔木、灌木、半灌木和竹类植物的幼嫩枝叶、花、果实、种子及其加工后产生的木屑和刨花等副产品，既可直接放牧利用，也可经采集、刈割、加工后饲喂畜禽，国际上称之为 wood grass 或 woody forage[1]。

一、分类

我国森林面积为 2.20 亿公顷，森林覆盖率为 22.96%，森林蓄积量为 175.60 亿立方米[2]，是世界上植物种类最丰富的国家之一，拥有约 8000 多种木本植物，其中可用作木本饲料的约有 1000 种，因而具有丰富的林业饲料资源。其中，按照原料来源不同林业饲料植物资源可分为针叶乔木、阔叶乔木、灌木、半灌木、小灌木、木质藤本、竹类以及加工废弃物等。

(1) 针叶乔木饲料植物资源　具有饲用价值的针叶乔木有 6 科 30 属 200 余种，主要有松属（*Pinus*）、冷杉属（*Abise*）、云杉属（*Picea*）、落叶松属（*Larix*）、柏木属（*Cupressus*）。例如，落叶松（*L. gmelinii*）、油松（*P. tabilaeformis*）、侧柏（*Placycladus orientalis*）、圆柏（*Sabina chinesis*）、马尾松（*P. massoniana*）、云南松（*P. yunnanensis*）、云杉（*C. asperata*）、杉木（*Cunnighamia lanceolata*）、柏木（*C. funebris*）等。

(2) 阔叶乔木饲料植物资源　阔叶乔木饲用植物种类丰富，主要有榆属（*Ulmus*）、桦木属（*Betula*）、杨属（*Populus*）、柳属（*Salix*）等。例如，白桦（*B. platyphylla*）、小叶杨（*P. simonii*）、旱柳（*S. matsudana*）、刺槐（*Robinia pseudoacacia*）、胡杨（*P. euphratica*）、乌柳（*S. cheilophila*）、沙棘（*Hippophae rhamnoides*）、刺榆（*Hemiptelea dauidii*）、山荆子（*Malus baccata*）、肥牛树（*Cephalomapps sinensis*）、高山栎（*Q. semecarpifolia*）、华南朴（*Celtis austrosinensis*）等。

(3) 灌木饲料植物资源　根据株高和叶形，可将灌木类饲用植物分为：a. 小叶灌木，例如锦鸡儿属（*Caragana*）、绣线菊属（*Spiraca*）、盐豆木属（*Halimodendron*）；b. 宽叶灌木，例如黄柳（*S. gordejevii*）、胡枝子（*Lespedeza bicalor*）、胡颓子（*Elaeagnus umbellata*）；c. 无叶灌木，例如梭梭属（*Haloxlon*）、沙拐枣属（*Caligomun*）；d. 鳞叶灌木，例如柽柳属（*Tamarix*）、水柏枝属（*Myricaria*）；e. 针叶灌木，例如臭柏（*S. vulgaris*）；f. 小灌木，例如绵刺（*Potaninia mongolica*）、刺旋花（*Convolvulus tragacanthoides*）；g. 肉质叶灌木。

(4) 半灌木饲料植物资源　半灌木可分为蒿类半灌木、盐柴类半灌木、多汁盐柴类半灌木、宽叶半灌木和垫状半灌木。蒿类半灌木包括蒿属（*Artemisia*）、绢蒿属（*Seriphidium*）及类蒿类植物亚菊属（*Aiania*）、女蒿属（*Hipplytia*）等；盐柴类半灌木主要有假木贼属（*Anabasis*）、猪毛菜属（*Salsola*）等；多汁盐柴类半灌木较重要的有盐爪爪属（*Kalidium*）、碱蓬属（*Suaeda*）等；宽叶半灌木主要有胡枝子属（*Lespedeza*）、岩黄芪属（*Hedysarum*）、棘豆属（*Oxytropis*）等；垫状半灌木主要有西藏亚菊（*Aiania tibetica*）、垫状驼绒藜（*C. compacta*）等。

(5) 竹类饲料植物资源　可供饲用的竹类植物约 19 属 41 种。小竹类主要有箭竹属（*Siuarundinaria*）、箬竹属（*Indocalamus*）、短穗竹属（*Brachystachyum*）等；高竹类较重要的有刺竹属（*Bambusa*）、方竹属（*Chimonobambusa*）、苦竹属（*Pleioblastus*）等。

(6) 林业加工剩余物资源　林业加工剩余物是指林业生产和加工过程中产生的剩余物，包括森林抚育与间伐剩余物、城市园林绿化废弃物、经济林修剪废弃物、废弃木质材料、林木采伐和造材剩余物、木材加工剩余物、竹材采伐和加工剩余物共七大类。经测算，我国年产各类林业加工剩余物超 4.5 亿吨[3]。

二、生物功能

(1) 木本植物的营养价值　饲料的营养价值包括粗蛋白质、粗纤维、粗脂肪、氨基酸及矿物质元素等，与禾草饲料相比，木本饲料的一个明显优势是其叶子及嫩枝中的粗蛋白质含量高、氨基酸种类多、矿物质含量丰富[4]。研究表明，木本饲料中粗蛋白质和钙的含量比禾草饲料分别高 54.4%和 3 倍以上，粗纤维含量则比禾草饲料低 62.5%，粗灰分和磷的平均含量没有太大的差别。从可消化养分上看，木本饲料比作物秸秆高出 1 倍以上，比草本饲料稍低。对木本饲料而言，蛋白质、矿物质、有机物及维生素含量越高，纤维素含量越低，饲料的营养价值就越高。如桑树、构树、槐树、胡枝子、柠条、辣木、银合欢等营养价值丰富，都是优良的植物蛋白饲料，可以满足禽畜生长发育过程中对营养物质的需求。就矿物元素含量而言，许多木本饲料含有较高含量的钙元素、铁元素、锰元素、锌元素、钾元素等，是一种良好的矿物元素补充剂。当然，各种木本饲料中，矿物元素的种类及其含量各不相同，可在畜禽的配合饲料中适当补充。此外，大部分木本植物中维生素含量丰富，对动物机体的生长、发育、新陈代谢和健康有极其重要的作用。

(2) 木本植物的主要功能活性成分　饲用植物的主要功能活性成分为植物自然生长过程中合成的次级代谢产物，如黄酮类、植物多糖类、生物碱类、多酚类、有机酸类、皂苷类、挥发油类等。不同品种的植物，其活性成分存在差异，且其中的功能活性成分并不是单一的化合物，因此饲用植物一般具有多种功能特性，但根据其主要活性物质含量，某种饲用植物及其提取物应具有某一种主要功能特性。

当然，尽管木本饲用植物中含有丰富的营养成分及多种功能活性成分，但制约木本饲料发展的一个重要因素就是木本饲料中抗营养因子和一些毒素的存在。抗营养因子是木本饲料中含有的一类次生代谢物，包括单宁、木质素、植酸、生物碱、皂素、含羞草素、二氢吡啶、鞣酸和酚醛树脂等。这些抗营养因子会降低禽畜体内营养物质（尤其是蛋白质）的利用率、动物增重、饲料适口性、采食量以及消化酶活性，甚至引起牲畜生病或中毒死亡[5]。其中影响木本饲料在草食动物中应用的主要是单宁[6]。如何减少或利用木本饲料中的抗营养因子，是目前木本饲料的重点研发方向。目前已经有很多科研工作者在寻找新方法及新工艺，通过物理方法和化学方法来消除或减少其中的抗营养因子，如通过消煮、青贮、干燥、生物酶降解、良种选育等途径来减少这些抗营养因子。

(3) 木本植物的主要生物功能

① 提高肉蛋产品的色泽。诸多林源树叶、果及果皮等产品中，富含类胡萝卜素、叶黄素、叶绿素、黄酮类等天然增色物质，如松针叶中含胡萝卜素 197～343mg/kg，在饲料中添加 3%～5%的松针叶粉作为蛋鸡增色剂，有明显的促进蛋黄着色的作用；在海兰褐壳蛋鸡饲粮中添加 5%松针粉，能极显著地提高蛋黄颜色（$P<0.01$）[7]；枸杞渣富含枸杞红色素等类胡萝卜素，能够沉积到蛋黄中，进而提高蛋黄颜色等级，日粮中添加 2.5%和 5.0%枸杞渣可显著改善蛋黄颜色，提高幅度分别为 30.96%和 29.81%。常作动物增色剂的林产饲料还有很多，如桑树叶、马尾松针叶、刺槐叶、泡桐叶、紫穗槐等。

② 增加动物产品可食部分。用于动物饲料或饲料添加剂的多种林产品，富含蛋白质，含较多且平衡的各种氨基酸、脂肪酸、多种维生素、矿物微量元素等天然有机营养物质。将其作部分饲料或作饲料添加剂按比例添加入配合饲料中，可使配合饲料的营养水平更趋向全价化，为充分发挥动物生产性能、增加瘦肉率、降低体脂肪、改善产品品质提高营养物质基础。泡桐叶含粗蛋白 19.33%、17 种氨基酸，还含有多种维生素及硒、铜、锌、锰、铁等微量元素。5%泡桐叶粉可使猪增重率提高 32.63%，胴体瘦肉率提高 11.16%，体脂肪减少 4.17%，饲料报酬提高

22.29%。紫穗槐粉含粗蛋白质21.5%、粗脂肪101%、胡萝卜素27mg/100g。在肉羊配合精饲料中添加8%紫穗槐粉，结果表明，增重率比对照组提高9%～30%，瘦肉率提高7.21%，腹腔脂肪降低2.36%。能提高养殖动物瘦肉率的林产饲料还有杜仲叶、银杏叶、辣木叶、构树叶、杨树叶、马尾松针、枸杞叶、沙棘果渣等。

③ 增加动物产品中的营养素含量。林产产品作动物饲料添加剂，其本身含有较丰富的动物机体必需营养物质，而且这些有机物质在动物体内易消化、吸收和利用，可提高或增加动物体内某种营养成分的含量。在肉仔鸡饲料中添加2%～3%松叶粉，鸡的肌肉中维生素A、硒、肌原蛋白含量分别提高57.3%、8.9%、9.1%。在AA肉鸡小、中、大三个饲养阶段饲料中均添加0.3%杜仲粉，对肉中营养分析，发现胸肌总氨基酸含量高于对照组，其中几种影响肉香味的氨基酸含量显著高于对照组。在肉鸡日粮中添加从山茶籽饼中提取的糖萜素，按500mg/kg添加，发现肌肉中苏氨酸、肌内脂肪含量分别增加8.38%、20.18%，肌肉中总色素提高7.48%。在日粮中添加松籽提取物喂猪、鸡、兔等畜禽，均可不同程度地提高肌肉中的脂肪酸含量，从而提高肌肉的烹调风味。

④ 降低动物产品中胆固醇的含量。临床和流行病学研究发现，动脉粥样硬化是导致心血管疾病的重要因素，而高脂、高胆醇（CHOL）膳食与动脉粥样硬化有密切关系。研究表明，树木产品中均含有一定的纤维素、木质素、木脂素、异黄酮、植物固醇等物质。因此，诸如陈皮、银杏、松籽、泡桐叶、樟树叶、杜仲叶、刺槐叶、桑叶等都有降低CHOL的作用。如在肉仔鸡的饲料中添加2%桉树炭灰可使鸡血液和肌肉中CHOL含量分别降低43.33%和67.20%。在蛋鸡日粮中添加2%杜仲纯粉，结果表明，杜仲可使蛋黄、肌肉中CHOL含量分别降低62.71%、32.60%。

⑤ 降低动物产品中的有害物质残留。集约化人工养殖过程中，有害物质残留在动物产品中的问题日益突出，进而严重影响到产品的品质。研究表明，与添加抗生素对照组相比，肉仔鸡基础日粮中添加500mg/kg糖萜素，肉鸡肌肉和肝中重金属镉和铅的含量明显降低，肌肉脂肪和氨基酸含量增加。从茶叶中提取的茶多酚能与进入动物胃肠道中的铜、铅、镉、镁、锌等金属结合为络合物，使之不能被机体吸收，从而能有效防止有害金属离子在体内的残留。

⑥ 作抗氧化剂。抗氧化剂是指能延缓和防止饲料中营养成分被氧化变质的天然植物饲料添加剂，同时具有提高饲料稳定性和延长贮存时间的作用。现已知的具有抗氧化作用的林源植物有越橘叶、儿茶酸（山茶、茶树枝叶，水或乙醇提取）、栎树皮、桉叶提取物、红茶、棕榈等。

⑦ 提高动物产品风味。多种林产品中含有与肉蛋的香鲜成分相关的氨基酸，如苯丙氨基酸、亮氨酸、异亮氨酸、组氨酸、缬氨酸、谷氨酸、赖氨酸等，而且树叶、树脂、树皮中含有不同香型的挥发油，这些挥发油有助于提高动物肉、乳、蛋产品的香鲜气味。这类林源产品如杜仲粉、桑叶粉、山苍子、肉豆蔻、丁香、陈皮等。

三、林源饲料加工技术

松针叶、槐树叶、泡桐叶、桑叶、构树、元宝枫叶、枸杞叶、沙棘叶、黄梁木枝叶等林业植物除了通过切短、粉碎等简单处理后直接饲用，或作为林源饲料添加剂的提取加工原料外，主要有以下几种主要的加工技术。

(1) 快速脱水技术　快速干燥脱水能较大限度地保留原料中的营养物质，并利于保存和利用。此外，在实际生产中，为降低运输成本和节省储藏空间，可集成烘干与压块等配套加工技术制作成高密度饼块。

(2) 青贮技术　青贮是将新鲜的青绿多汁植物（如林源树叶等）经切碎、入窖、压紧、密封后，在封闭厌氧条件下通过乳酸菌等微生物的发酵作用，将饲料转化成营养多汁、芳香可口的饲料。具体操作为将新鲜植物紧实地堆积在不透气的窖内，通过乳酸菌等厌氧微生物的发酵，将原料中所含的糖分分解为乳酸等有机酸，借此提高酸度。当乳酸菌在青贮原料中积累到一定浓度（pH值为4.0左右）时，抑制了杂菌，并能最大限度地将原料中的养分保存下来。青贮饲料具有适口性好、消化率高、保存年限长等特点。

① 切碎青贮原料。切碎青贮原料有利于原料中糖分的渗出，使原料的表面湿润，加速乳酸菌的生长和繁殖；同时便于压实，以排出原料间隙中的空气，为乳酸菌创造厌氧环境，抑制植物细胞与好氧微生物的呼吸作用，防止青贮饲料温度升高，从而损失养分、破坏维生素和降低消化率。此外，也可抑制造成青贮饲料变质的有害微生物的生长。切碎青贮原料的长度由青贮原料的粗细、软硬程度和含水量等因素来确定。一般来说，嫩枝等细茎植物一般切成 3～4cm 左右长度的小段，而玉米秸秆等粗茎植物则应切成 0.5～2cm 左右长度的小段，一些柔软的幼嫩树叶则可直接进行青贮。

② 调节青贮原料水分。青贮原料的含水量是影响青贮饲料品质的关键参数。林源植物饲料作物的含水量一般控制在 60%～75%。质地粗硬的原料含水量可低一些，幼嫩多汁的原料含水量应高一些。当原料含水量较高时，一般通过晾晒或掺入粉碎的干秸秆、干草等方法进行调节；当含水量过低时，可掺入一些含水量较高的原料混合青贮。

③ 装填与压实。切碎的原料应该立即装填，并以一次装满为佳，如果是大型青贮窖，也应在 2～3 天内装满。装填前可以先在青贮窖窖底铺 10～15cm 厚切短的软草，用以吸收青贮原料渗出的汁液，窖四周需要铺垫塑料薄膜，以加强密封，防止漏水和漏气。装填时必须层层压实，特别要注意周边部分的填压。

④ 密封。青贮原料装填完毕应立即密封，这是调制优质青贮饲料的关键之一。如果密封不严，进入空气和水分，将会导致霉菌等有害菌的繁殖，最终导致青贮失败。一般先在原料上面盖 10～20cm 厚切短的秸秆，然后用塑料薄膜密封，薄膜上再加盖 30～50cm 厚的土或其他物品。应经常检查密封后的青贮窖，如发现漏气，必须及时密封。青贮窖的四周还要挖排水沟，以利于排出积水。

⑤ 青贮饲料质量的感官评定。通常用眼看、手捏和鼻闻等方法，根据颜色、气味、口味和质地结构等指标来感官评定青贮饲料的质量好坏。上等青贮饲料为黄绿色、绿色，酸味浓，有芳香味、酒酸味，柔软稍湿润且易分离；中等青贮饲料为黄褐色、黑绿色，酸味中等或较少，香味淡，稍有酒精味或酸味，柔软稍干或水分稍多；下等青贮饲料为黑色、褐色，酸味很少，有异味，干燥松散或黏结成块。

⑥ 青贮饲料的取用与饲喂。青贮饲料一般在温度较低且缺乏青饲料的冬季取用。青贮窖打开后必须按需取出、连续利用。取用青贮饲料时，圆形窖应从表层一层一层地往下取，使青贮饲料始终保持在一个水平面；青贮壕、青贮池应从青贮饲料的横断面由上向下垂直切取，每次切取的厚度为 6～7cm。要及时取出弃掉青贮窖中已变质或发霉的青贮饲料。

青贮饲料的每天喂量一般为：猪 7～8kg/头，羊 5～6kg/只，犊牛 4～9kg/头，育肥牛 5～14kg/头，产奶牛 15～20kg/头，肉牛 10～20kg/头。饲喂时要保持饲槽的清洁卫生，不要污染饲料或影响家畜的食欲。对冬季结冻的青贮饲料，应解冻后再进行饲喂。

（3）挤压膨化　挤压膨化技术是集混合、搅拌、破碎、加热、喷爆、杀菌、成型于一体的高新技术。通过挤压、摩擦、剪切和高温高压蒸汽等综合作用，使细胞间及细胞壁内的木质素熔化，部分氢键断裂，木质素、纤维素、半纤维素发生高温水解，促使细胞壁破碎疏松，呈现蜂窝状结构，便于植物细胞内有效成分的溶出。

（4）揉丝技术　揉丝技术是利用秸秆挤丝揉搓机将植物原料揉搓成草丝状，然后再加入发酵菌剂后挤压打捆装袋的一种秸秆加工技术。经揉丝处理后，植物原料表面硬质茎节遭到破坏，有利于畜禽消化吸收。此外，由于揉丝添加的是发酵菌剂，而非单纯乳酸菌，更有利于原料中木质素、纤维素和半纤维素的降解，并将部分原料转化成低聚糖、乳酸和挥发性脂肪酸等，从而能有效提高原料利用率。

（5）碱化和氨化技术　碱化加工是用一定浓度的碱液处理植物原料，通过部分破坏原料中纤维素、半纤维素和木质素三者间的醚键或酯键等化学键，增加纤维素间的空隙度，使植物细胞壁疏松，增加瘤胃微生物的接触面积，提高纤维素降解效率。碱化处理后的植物原料消化率虽然有所提高，但存在的问题是该过程易造成环境污染。氨化加工则是向切碎的植物原料中加入氨源或尿素，通过氨与粗纤维的作用，使木质素与多糖间的化学键断裂而产生氨盐。氨化不仅能提高植物原料的营养价值，还能为瘤胃微生物提供一定量的氮源。在实际生产中，常常将碱化和氨化技术作为植物原料青贮和微贮的预处理方式。

（6）微生物固态发酵技术　利用有益微生物固态发酵单一或混合饲料原料，不仅可以将淀粉、蛋白质和纤维素等大分子物质转化为利于动物肠道吸收的小分子物质，有效提高饲料营养价值及饲料利用率，而且能产生多种来源于微生物、微生物次级代谢产物、微生物及其分泌的酶作用于原料的分解物等多种功能活性物质，同时具有改善适口性、减毒等作用，是一种绿色的生态养殖技术。目前林源植物固态发酵研究主要集中在树叶上，如银杏叶、辣木叶、桑叶、橄榄叶、构树叶等。该技术的关键在于获得具有很强的发酵林源饲料、有效破坏植物细胞壁并产生多种营养物质或生物活性物质的优良菌种。

发酵树叶使用的微生物菌株主要集中在：10 种乳酸菌（植物乳杆菌、费氏乳杆菌、乳酸乳球菌、保加利亚乳杆菌、嗜热链球菌、嗜酸乳杆菌、干酪乳杆菌、戊糖乳杆菌、戊糖片球菌、布氏乳杆菌），主要利用其益生性，产酸、抑制异常微生物的生长，改善林源饲料适口性；5 种霉菌（黑曲霉、米曲霉、绿色木霉、毛曲霉、红曲霉），主要利用其产酶特性，改善林源饲料利用率和潜在营养价值；4 种芽孢杆菌（凝结芽孢杆菌、地衣芽孢杆菌、纳豆芽孢杆菌、枯草芽孢杆菌），主要利用其益生作用和产酶（非淀粉多糖酶、淀粉酶和蛋白酶等）的特点，改善林源饲料的潜在营养价值；3 种酵母（产朊假丝酵母、热带假丝酵母、酿酒酵母），主要利用其益生作用，且其代谢产物、风味物质能有效改善林源饲料适口性[8]。

（7）酶解加工技术　向植物原料中直接添加适宜的外源酶制剂，其酶制剂可以是淀粉酶、蛋白酶、纤维素酶、半纤维素酶等一种或几种水解酶。添加的淀粉酶、蛋白酶、纤维素酶和半纤维素酶能将植物中的淀粉、蛋白质、纤维素和半纤维素等大分子降解为动物易于利用的物质，还可刺激瘤胃中纤维素酶等内源酶的分泌，能显著提高原料利用率。酶的种类、催化特性和原料特点是酶解加工技术中的关键要素。

（8）生化转化　林产木质生物质资源主要由纤维素、半纤维素和木质素三种高分子物质构成，如槐树、杨树等木本植物及其加工下脚料，是世界上最丰富的可再生的碳水化合物资源。木质生物质资源的生物转化即是利用纤维素分解菌或纤维素酶作用于木质纤维原料，使纤维素、半纤维素转化为单糖或低聚糖，继而进一步发酵生产酶制剂、有机酸等高附加值产品，或直接培养微生物生产单细胞蛋白。为了有效提高转化效率，需对原料进行碱法或蒸汽爆破法或生物法预处理，从而有利于其中碳水化合物的酶解糖化，进而有利于经微生物作用转化为菌体蛋白或其他具有某种生理功效的次级代谢产物。

（9）植物原料中抗营养因子消除技术

① 原料中主要抗营养因子及抗营养作用

a. 蛋白酶抑制因子。一般指胰蛋白酶抑制因子和胰凝乳蛋白酶抑制因子，主要抑制胰蛋白酶、胃蛋白酶和糜蛋白酶的活性，并且会引起胰腺的肥大和增生。

b. 植物凝集素。能够结合小肠上皮细胞表面的特定受体，通过形成复合物破坏小肠黏膜功能，进而增加肠壁血管的通透性，降低动物机体免疫功能。植物凝集素广泛存在于植物中。

c. 单宁。单宁是一类多元酚类聚合物，具有味苦涩、适口性差、易与蛋白质和消化酶结合形成难溶物等特点。单宁还会与激素和金属离子等反应，降低饲料蛋白、金属离子等营养物质在畜禽体内的利用率。

d. 非淀粉多糖。包括纤维素、半纤维素、果胶等，是植物中除淀粉外所有碳水化合物的总称，为植物细胞壁的重要组成成分。不仅不能被单胃动物消化利用，而且会导致原料的胞内物质难以被充分利用。此外，非淀粉多糖还会因高黏稠性而阻碍营养物质被酶消化。

e. 植物饲料中的抗原蛋白。动物机体吸收植物饲料中的抗原蛋白后，会被机体免疫系统误认为是异物而刺激免疫系统产生抗体，这会引起动物肠黏膜受损，影响动物对饲料的消化吸收，严重时还会因急性过敏反应导致动物腹泻和体重下降，甚至死亡。

f. 胀气因子。其在动物胃肠中不易被消化，却容易被大肠内的好氧菌分解产生氢、甲烷、二氧化碳等气体，引起动物胃肠胀气。胀气因子通常是一些存在于植物籽实中的低聚糖，如棉籽糖和水苏糖等。

g. 植酸。植酸是植物磷的重要贮存形式，50%～70%植物中的磷是以植酸磷的形式存在，而单胃动物体内缺乏植酸酶，致使植酸磷的利用率低。而且，植酸是一种强螯合剂，阻碍动物对原料中钙、锌、镁、铁等必需矿物质元素的吸收，植酸盐还可与胃蛋白酶和胰蛋白酶等结合，降低动物对饲料蛋白质的消化率。

② 原料中抗营养因子的消除技术。目前，原料中抗营养因子的消除方法主要有物理法、化学法和生物法等。

物理法主要包括加热处理和机械加工处理。加热处理在一定程度上可钝化原料中部分抗营养因子，如对热较敏感的胰蛋白酶抑制剂、植物凝集素等，该方法具有效率高、成本低及操作简单等特点。机械加工处理主要针对集中存在于植物原料中一些特定位置的抗营养因子，通过去壳、粉碎、制粒、膨化、浸泡等方法，部分去除抗营养因子而减轻抗营养作用。例如，高粱通过去外皮外壳可去除其籽实中的大部分单宁成分。

化学法主要是通过在原料中添加一定量的特定化学物质，在适宜条件下使其发生反应，钝化部分抗营养因子。例如，针对单宁含量较高的植物原料，可适当加入提供甲基供体的蛋氨酸或胆碱，使单宁甲基化而失活。

生物法主要是利用植物籽实发芽时内源酶的作用，或直接添加外源酶制剂或菌剂，借助酶的作用钝化或消除原料中抗营养因子。如在原料中加入植酸酶或非淀粉多糖酶，可减轻抗营养因子对畜禽消化饲料时的不良影响。此外，可通过现代育种技术定向培育出无抗营养因子或低抗营养因子的植物品系。

(10) 植物原料中有毒有害物质消减技术　植物原料中常见的有毒有害成分可分为生物碱类、苷类、毒蛋白类、有机酸类、亚硝酸盐和霉菌毒素等。不同的有毒有害物质有不同的脱毒加工技术。

① 生物碱类有毒成分的去除。植物有毒成分中，生物碱不仅种类多，还具有神经毒性和细胞毒性等多种毒性。例如，真菌毒素麦角生物碱，不仅会损害采食动物毛细血管内皮细胞从而导致血栓，还可损害中枢神经系统从而产生血液循环障碍等症状。采用烘制、蒸制或碱处理方法能有效去除原料中生物碱类毒性，同时也能较大限度地保留有效成分。

② 苷类有毒成分的去除。植物原料中常见的苷类有毒有害成分有氰苷类、硫葡萄糖苷和一些皂苷类等。氰苷本身不表现出毒性，但当动物采食含有氰苷的植物原料后，氰苷会以氢氰酸形式在组织中发挥其毒性，且相对于反刍动物而言，单胃动物会较晚出现氰苷中毒症状。硫葡萄糖苷本身也无毒，但降解后会产生毒性，如促使动物甲状腺肿大从而减缓动物生长。植物中皂苷一般多呈苦味和辛辣味，从而影响饲料适口性，而且当反刍动物大量采食富含皂苷的新鲜苜蓿、油茶籽饼时，皂苷会在瘤胃中与水形成大量的持久性泡沫，最终会因阻塞贲门而使瘤胃臌气。在利用植物资源时，除需考虑植物生育期中苷类有毒成分含量的变化及畜禽对该植物的敏感性外，还可以采用一些处理方法，如加工成青贮料或干草后饲用，水浸泡结合加热蒸馏消除植物原料中氰苷类有害成分。

③ 毒蛋白类有毒成分的去除。在一些植物原料中存在着一类本身并不是构成蛋白质的氨基酸，由于具有与正常氨基酸类似的结构而成为真正氨基酸的抗代谢物，结果会引起饲喂动物中毒，如出现脱毛、肝脏受损、生长缓慢等症状。此外，植物中还存在一些毒肽或毒蛋白。例如，蓖麻中存在的毒蛋白因会使核糖体失活而抑制蛋白质的合成，导致畜禽中毒性肝病、出血性胃肠炎等疾病，甚至导致呼吸系统衰竭。毒蛋白的去毒方法主要有蒸汽处理法、化学处理和氨处理法、蒸煮挤压法等。如通过蒸煮挤压机旋转轴产生的高剪切力和涡轮刮板摩擦压紧物料时产生的高温对物料的破坏，以及石灰水的化学作用，可有效去除蓖麻籽中的毒蛋白类。

④ 有机酸类有毒成分的去除。植物原料中有机酸类有毒有害成分主要有环丙烯类脂肪酸、草酸等。环丙烯类脂肪酸一般指的是棉籽油或棉籽饼残油中所含的苹婆酸和锦葵酸，均为脱氢酶的抑制剂，从而影响动物机体脂肪中脂肪酸的组成。草酸的大量存在会降低动物对钙、锌、镁、铜和铁等矿物质元素的利用，还会刺激其胃肠黏膜，引起腹泻，甚至胃肠炎。在畜牧养殖中，对

草酸盐敏感的动物，必须少喂或不喂草酸盐含量高的原料，如需饲喂富含草酸盐的植物料，则应补加磷酸氢钙、碳酸钙等钙剂来阻碍动物机体对草酸盐的吸收，从而减轻草酸盐对动物的危害。

⑤ 亚硝酸盐的去除。动物摄入富含亚硝酸盐的植物原料时，进入血液的亚硝酸根离子可与血红蛋白作用形成高铁血红蛋白，出现高铁血红蛋白血症，导致血红蛋白失去携氧功能，引起机体组织缺氧，严重时还会导致动物死亡。另外，亚硝基化合物是强致癌物，会对动物的健康造成安全隐患。为减少原料中亚硝酸盐给喂养动物带来的危害，需注意原料的存储、加工调制及方式。例如，叶菜类植物宜鲜喂；植物原料应存放在干燥、阴凉和通风的地方，不宜长期堆放；当用硝酸盐含量较高的植物饲喂反刍动物时，可通过同时补喂适量易消化的富含糖的其他饲料来减少亚硝酸盐的摄入。另外，在种植饲料作物时，可通过优化栽培工艺减少植物体内硝酸盐的累积。

⑥ 霉菌毒素的去除。霉菌毒素是由一些霉菌或真菌分泌的有毒的次级代谢产物。受霉菌污染的饲料或霉变的饲料不仅其质量和适口性都会降低，严重影响动物的采食量，而且会使动物中毒，导致其免疫力下降，影响生产性能，甚至危害人类健康。霉菌毒素的消减方法主要有物理法、化学法、微生物法和复合法。其中物理法主要有高温处理、水洗、吸附以及辐射等。原料中添加活性炭、水合铝硅酸钠钙、精制沸石粉等高效吸附剂也被认为是一种有效的霉菌毒素消除措施。化学消除主要是基于毒素在强酸、强碱或强氧化剂的作用下会转化为无毒物质，常见的有酸法、碱法、氨法及有机溶剂法。微生物法主要是通过乳酸菌、醋酸菌、面包酵母、酿酒酵母、米曲霉和枯草杆菌等一些微生物转化、降解黄曲霉毒素等霉菌毒素而降低其毒性。复合脱毒处理是由无机吸附剂、有机吸附剂、微生物及酶制剂、生物活性成分、免疫增强剂以及自由基清除剂等组成的复合脱毒剂，可充分发挥不同脱毒成分的优势来达到脱毒效果。此外，为保护喂养动物免遭霉菌毒素侵袭，还可采用营养调节法，即通过在霉变饲料中使用一定量的硒、含硫氨基酸、维生素及微量元素等营养素来缓解霉菌毒素对动物造成的危害。

四、典型林源饲料及其在动物养殖中的应用

（1）松针　松针来源广泛，属于可再生资源，为植物松树的叶，是松属植物的主副产物之一。目前国内松树品种主要有马尾松（*Pinus massoniana*）、油松（*Pinus tabulaeformis*）、华山松（*Pinus armandii*）、云南松（*Pinus yunnanensis*）等。松树的幼嫩枝条和针叶经过脱叶、切碎、干燥、粉碎等工艺加工形成松针粉（pine needle powder，PNP）。松针作为一味药材具有味苦、性温的特性，有补充营养、健脾理气、祛风燥湿、杀虫和止痒等功效。当前松针已被开发成一种绿色保健饲料添加剂。

① 松针树分布情况。全世界松科植物共有 10 个属 230 余种，我国松树有 10 个属 120 余种，可供药用的达 13 种。其中，云南松、马尾松、华山松、湿地松和油松等集中分布于南方，红松、樟子松、雪松和黑松等品种则比较适宜生长在北方。我国每年可砍伐面积约为 7 万 hm^2，再加上全国每年有 2500 万 hm^2 抚育间伐林中的幼龄树，每年可获得松针约 200 万～300 万 t。20 世纪 70～90 年代中后期，国内还形成了许多人工湿地松林区。松针资源丰富、分布相对较集中的条件为其开发利用提供了有利条件。

② 松针粉营养成分。松针粉含有丰富的粗蛋白质、粗脂肪和粗纤维等营养成分，含有氨基酸、维生素、胡萝卜素、多酚类、色素、苷类、黄酮、萜类化合物、挥发油和多种微量元素等生物活性物质。

a. 蛋白质和氨基酸。松针中粗蛋白含量较高，且游离的氨基酸种类多、含量高，其所含人体必需氨基酸齐全。优质的松针粉含粗蛋白 9%～12%，含 18 种氨基酸，其中赖氨酸含量可达 0.48%。黄山松、赤松、油松、河北承德的华北落叶松、马尾松、黑松、雪岭云杉的蛋白含量分别为 11.92%、10.60%、9.80%、7.9%、8.75%、3.68%、3.3%，与这些品种相比，日本落叶松的蛋白含量最高，达 16.0%。马尾松、黑松含有 18 种氨基酸，但雪岭云杉只含 16 种氨基酸。

b. 维生素。松针中富含维生素 C、维生素 E、维生素 K、维生素 B 等维生素。研究表明，松针中所含的维生素 C 和维生素 E 远高于一般的水果和蔬菜，分别达到 0.0412%～0.2505%和

0.0201%～0.1266%。当然，不同生长期的松针，其所含的维生素差异较大，如成熟松针维生素C含量是幼嫩松针的1.7～2.0倍。

c. 色素。主要包括叶绿素和胡萝卜素。叶绿素是一种天然的着色剂，胡萝卜素对机体的健康起着重要的作用。有研究表明，马尾松、湿地松、红松、黄山松所含叶绿素分别为128.0～222.0mg/kg、202.8mg/kg、189.6mg/kg、223.0mg/kg，胡萝卜素的含量分别为197.1～343.7mg/kg、128.9mg/kg、125.8mg/kg、273.5mg/kg；杜松、油松、云杉、樟子松针叶中的β-胡萝卜素含量分别为77.2mg/kg、47.5mg/kg、50.7mg/kg、82.7mg/kg。

d. 多糖。在马尾松针水溶性物质中约含10.7%还原糖，其中包括鼠李糖、葡萄糖、果糖、山梨糖、D-阿拉伯糖、D-木糖。从雪松松针中可提取获得约4.9%可溶性多糖；从红松松针中可提取获得15.2mg/kg多糖；从湿地松松针中可提取4.0%多糖。

e. 黄酮类化合物。松针中含有多种黄酮类化合物。如从马尾松松针中已分离获得木犀草素、木犀草素-7-*O*-吡喃葡萄糖苷、双氢槲皮素、槲皮素、花旗松素、花旗松素-3′-*O*-*β*-D-葡萄糖苷、儿茶素、柚皮素-7-*O*-*β*-D-葡萄糖苷、3′,5-二羟基-4′-甲氧基二氢黄酮-7-*O*-*β*-D-葡萄糖基（1→2)-*α*-L-鼠李糖苷、3′,5-二羟基-4′-甲氧基二氢黄酮-7-*O*-*α*-L-鼠李糖基（1→6)-*β*-D-葡萄糖苷、4′,5-二羟基二氢黄酮-7-*O*-L-鼠李糖基（1→2)-*β*-D-葡萄糖苷等。

f. 木脂素。松针中含有多种木脂素类化合物。如从马尾松松针中分离得到莽草酸、(+)-落叶松脂醇、(7S,8R)-3′,4,9,9′-四羟基-3-甲氧基-7,8-二氢苯并呋喃-1′-丙醇基新木脂素、(7S,8R)-3′,4,9′-三羟基-4-甲氧基-9-*O*-莽草酰基-7,8-二氢苯并呋喃-1′-丙基新木脂素、(7S,8R)-4,9,9′-三羟基-3,3′二甲氧基-7,8-二氢苯并呋喃-1′-丙基新木脂素、(+)-9′-*O*-咖啡酰基落叶松脂醇酯、4,4′,8-三羟基-4,4′-二甲氧基-9-木脂内酯、(7S,8R)-3,4，9′-三羟基-3-甲氧基-7,8-二氢苯并呋喃-1′-丙醇基新木脂素-9-*O*-*α*-L-鼠李糖苷、(7S,8R)-3,4,9′-三羟基-3-甲氧基-7,8-二氢苯并呋喃-1′-丙醇基新木脂素-9-*O*-*α*-L-鼠李糖苷、(7S,8R)-4,9′-二羟基-3,3′-二甲氧基-7,8-二氢苯并呋喃-1′-丙基新木脂素-9-*O*-*β*-D-吡喃葡萄糖苷等。

g. 挥发油。由于松树品种的差异和区域的不同，不同来源的松针挥发油的组分及含量有较大区别。利用气相色谱（GC）和气相色谱-质谱（GC-MS）进行组分和含量分析，发现马尾松松针提取物所含单萜化合物中*α*-蒎烯、*β*-蒎烯和萜品油烯的含量分别为42.32%、15.37%和2.91%，倍半萜化合物*β*-石竹烯和*α*-石竹烯的含量则为11.26%和2.68%；湿地松的单萜化合物*α*-蒎烯、*β*-蒎烯和*β*-水芹烯的含量分别为16.17%、23.49%和5.42%，倍半萜化合物长叶烯、*β*-石竹烯和杜松烯含量分别为19.83%、4.41%和4.41%。厦门马尾松松针精油中*β*-石竹烯含量达到14.42%～24.88%，而四川马尾松的*β*-石竹烯含量最高仅能达到14.64%。

h. 其他成分。松针中含有多种脂肪酸，其中亚油酸占30%以上。松针中还富含多种微量元素以及甾醇等化学成分。

③ 松针的生物学功能。在中国，松针、松皮已有上千年药用历史。《千金方》记载松叶“令人不老，生毛发，安五脏，守中，不饥延年，治中风，治风湿，百节酸痛之方”。《千金翼方》中记载松叶可“主万病，发白返黑，齿落更生”。《本草纲目》记载“松为百木之长，其叶、皮、膏主治风湿、风疡、生毛发、安五脏、健阳补中、不饥延年；久服，固齿驻颜，肌肤玉泽，轻身不老”。松针具有降血糖、降血脂、止咳祛痰、平喘、镇静催眠、抗疲劳及镇痛抗炎等多种药理作用。民间有通过饮用松针泡的水或酒来调理血压的做法，在中医上有利用松针配合中药煎服来治疗营养不良性水肿和神经衰弱的做法。

a. 抗氧化及抗衰老功能。松针含有的黄酮、原花青素、多糖、钠锌盐和钠铁盐等物质都能提高机体的抗氧化能力。通过对小鼠的研究发现，松针提取物对降低小鼠血清中过氧化脂质（LPO）含量及提高超氧化物歧化酶（SOD）活性具有极大的作用。这说明松针对脂质过氧化反应具有较好的抑制作用，能够提高机体对自由基损伤的防御机能。马尾松松针提取物对油脂的抗氧化试验表明，松针提取物对油脂的抗氧化能力及清除自由基的能力有显著的积极作用，能有效抵御疾病、延缓衰老。

b. 抗菌活性。松针提取物具有很好的抑菌作用。松针提取物所含精油中包括*α*-松油醇

（30.2%）、沉香醇（24.47%）、柠檬烯（17.01%）、茴香醚（14.57%）、石竹烯（3.14%）以及丁子香酚（2.14%），这些物质具有极强的抗菌能力，其最低抑菌浓度和最低杀菌浓度分别为0.2～1.56ng/mL和0.39～6.25ng/mL。而且，水提法的抑菌效果优于醇提法；幼叶的抑菌效果优于老叶；对腐败细菌的抑制效果优于真菌；对革兰氏阳性菌的抑制作用大于革兰氏阴性菌，且对所有真菌都有明显的抑制效果。

c.抗肿瘤活性。松针提取物具有明显的抗肿瘤作用。松针提取物能对环磷酰胺诱发小鼠骨髓细胞微核形成的致突变性产生抑制作用。当松针提取物与环磷酰胺共同存在时，能抑制环磷酰胺的致突变性。松针提取物中所含α-蒎烯能有效抑制肝癌细胞蛋白质的表达，减缓癌细胞的生长速度，从而通过改变癌细胞自噬的敏感度来抑制癌细胞的扩散。对松针中含有的原青花素对S180荷瘤小鼠的抗肿瘤作用进行研究，通过检测原花青素对肿瘤细胞中钙泵活性的影响，观察原花青素对肿瘤细胞中钙离子含量的影响，发现原花青素能抑制肿瘤的生长。

d.毒性。研究表明，松针的粗提物没有毒性，且无致突变和致畸胎作用。红松叶油小鼠腹腔注射的半数致死量（LD_{50}）为（2.17±0.028）mL/kg。

④ 松针粉在动物生产上的应用。松针粉是新型的畜禽饲料添加剂，所含营养价值较高。用作畜禽饲料添加剂或直接饲喂畜禽，不仅能节省饲料，降低成本，而且对促进畜禽生长发育、增强抗病力和提高生殖功能等均有明显的促进作用。经过多次试验结果表明，松针粉在畜禽饲料中的使用量一般为：猪牛羊类为3%～5%，鸡鸭类为3.5%～5.5%，水产类约为4%。

a.松针粉在养猪生产中的应用。松针粉富含动物生长发育所需的必需氨基酸、维生素、色素、胡萝卜素和多种微量元素，这些物质能满足仔猪生长需要。此外，松针叶中含有植物杀菌素、黄酮类物质，对细菌具有一定的抑制和杀灭作用，能减少应激、疾病等不良因素对仔猪造成的影响。在仔猪日粮中添加松针粉，可提高饲料转化率，增加仔猪日增重，降低料重比和腹泻率，有效减少仔猪下痢，提高动物的生产性能，增强机体免疫力和抗氧化能力，改善仔猪血液生化指标。例如，韩杰等（2015）[9] 研究表明，在30日龄断奶仔猪日粮中添加松针提取物500mg/kg，日增重提高11.63%，料重比下降6.29%，成活率提高4.2%，保育达标率提高3.9%，显著提高了断奶仔猪的生长性能。葛洪伟等（2015）[10] 在大白断奶仔猪日粮中添加500mg/kg松针提取物，与对照组相比，试验组末重和日增重分别显著提高3.0kg和0.08kg（$P<0.05$），料重比显著降低0.14，成活率和保育达标率分别显著提高6.7%和5.8%，血清总蛋白、白蛋白、球蛋白、谷丙转氨酶、谷草转氨酶、Cu-Zn超氧化物歧化酶、过氧化氢酶、总超氧化物歧化酶、Mn超氧化物歧化酶活性以及含量分别显著提高11.5%、9.5%、39.0%、15.1%、15.8%、14.9%、42.5%、17.9%和55.8%，丙二醛含量显著降低34.6%。在肥育猪日粮中添加松针粉，能有效刺激肥育猪的食欲，促进消化吸收和新陈代谢，提高肥育猪日增重及饲料转化率，改善动物生产性能，增加经济效益等。在母猪日粮中添加松针粉，能提高母猪的繁殖性能。松针粉富含维生素A、维生素E、维生素C和多种矿物质，能满足母猪特殊的生理需要，并能使母猪断奶后易于发情，提高母猪繁殖性能，缓解母猪便秘。

b.松针粉在家禽生产中的应用

ⅰ.对免疫性能的影响。松针粉中含有的多糖和有机酸可激活机体的单核巨噬细胞，增加免疫器官指数，促进巨噬细胞的吞噬功能，提高淋巴细胞转化（增殖）率，增强机体的特异性免疫应答，进而提高动物机体免疫性能。据报道，松针粉和水煎剂可促进雏鸡T淋巴细胞的增殖与分化，提高CD^{3+}、CD^{4+}和CD^{3+}、CD^{8+} T淋巴细胞含量，协同疫苗增强特异性免疫，能不同程度地降低血清胆固醇水平。

ⅱ.对生产性能的影响。在家禽日粮中添加松针提取物，能增加采食量，降低料重比，提高生产性能。选用400只7日龄广西铁脚麻鸡，随机分成4组，在基础日粮中添加0、3%、5%和7%的松针粉，试验期为42d。结果显示：试验各组生产性能均提高，以3%和5%组差异显著，添加3%和5%松针粗蛋白质的利用率分别提高6.23%、9.71%，粗脂肪的利用率分别提高8.72%、13.69%，日增重分别提高13.44%、21.98%，料肉比分别降低6.94%、10.20%，干物质利用率分别提高6.74%、12.68%。

ⅲ.对血液生化指标的影响。松针提取物富含黄酮类化合物，能有效清除氧自由基。应用试验表明，松针提取物能显著提高广西麻鸡血清中谷胱甘肽过氧化物酶（GSH-PX）、SOD活性以及钙、磷含量，显著降低血清丙二醛（MDA）和胆固醇的含量[11]。

ⅳ.对禽产品品质的影响。松针粉可以提高禽蛋的品质和风味，改善禽肉肉质，提高肉鸡养分的代谢率。研究表明，在饲粮中添加5%松针粉饲喂海兰褐壳蛋鸡，能显著提高鸡蛋中粗灰分、粗蛋白质的含量，极显著地提高蛋黄颜色。在青脚优质型麻鸡日粮中添加300mg/kg松针粉，与对照组相比，试验组的活体重、屠体重分别显著提高56.8g和68.6g，屠宰率、半净膛率、全净膛率、胸肌率和腿肌率分别显著提高1.2%、1.3%、1.4%、1.1%和1.2%，腹脂率提高0.3%，剪切力、失水率、肌肉水分含量、肌间脂肪含量、肌肉蛋白质含量和肌苷酸含量6个指标有一定改善。

ⅴ.对繁殖性能的影响。在饲喂基础日粮中分别添加3%松针粉、5%松针粉，在相同的条件下饲喂种公鸡。结果表明，与对照组相比，日粮中添加松针粉能在一定程度上提高精液品质，添加3%、5%松针粉的精液量分别显著增加105.13%、62.82%，精子活率显著提高32.83%、29.09%，且未造成精子畸形率的上升。

c.松针粉在兔生产中的应用。在日粮中添加2%～5%的松针粉饲养种公兔后，能有效提高公兔的性欲和配种效果，也可促进饲喂待配母兔的发情、排卵。

d.松针粉在反刍动物生产中的应用。松针粉含有丰富的黄酮、激素、萜类等生物活性物质以及蛋白质、脂肪、可消化纤维素、维生素等营养物质，能为反刍动物提供必需营养物质，能改善动物生产性能。如在重庆黑山羊日粮中分别添加4%、8%和12%的松针粉，与对照组相比，黑山羊平均日增重分别增加5.97%、17.41%和22.24%，平均日采食量分别增加5.06%、17.58%和18.38%，料肉比分别显著下降5.08%、17.54%和17.82%。

（2）构树　构树，属于桑科构属，多年生乔木，又称楮树、鹿仔树、葛树、谷桑和毛构树等，耐干冷、耐湿热，根系发达，少有病虫害。全球一共有5种构树，分布在我国绝大部分地区（除东北和西北以外）以及朝鲜半岛、日本、东南亚、太平洋群岛，是一种具有重要价值的多功能树种。中国有构树、藤构、小构树三种。

① 营养价值。构树叶营养价值较高，是极好的畜禽饲料。作为传统的粗蛋白饲料原料，构树叶（以干物质为基础）片干物质占85.85%，粗脂肪含量3.58%，仅次于大豆，约是小麦、大米的2倍；粗蛋白质含量26%，与槐树粗蛋白质含量相当，约为柞树、胡枝子、杨树粗蛋白质含量的2倍，是水稻和玉米的3倍，仅次于大豆，高于蛋白饲料紫花苜蓿。与常规饲料相比，构树粗纤维含量虽高于高粱、玉米等草本饲料，略低于苜蓿，但构树粗纤维在木本饲料中的含量相对较少，约占9.07%～15.4%，仅为柠条和胡枝子叶片粗纤维含量的一半。构树粗脂肪含量约为槐树、柠条、胡枝子等木本饲料和苜蓿、玉米等常规饲料的2倍，与其他木本饲料和常规饲料相比具有一定的优势。构树叶片无氮浸出物38.76%、灰分12.02%、钙2.23%（钙和锰含量远远超过了苜蓿、大豆、玉米）、磷含量约0.55%～1.37%，普遍高于其他木本饲料和常规饲料。因此，构树作为一种众所周知的饲料原料，粗蛋白、粗脂肪、钙等营养成分含量丰富。而且，构树具有理想的氨基酸模式，叶片中含有天冬氨酸和赖氨酸等20余种氨基酸，每100g干燥构树叶中含有总氨基酸24.35g，其中必需氨基酸有7种，必需氨基酸总量为9.95g，约占其总数的40%。蛋氨酸和赖氨酸通常被认为是大多数动物的前两大限制性氨基酸，构树叶中的赖氨酸含量高于大部分木本科植物，约为玉米的7倍；蛋氨酸含量与玉米差别不大，约为苜蓿的2倍。构树中含有丰富的维生素、胡萝卜素，含有大量的黄酮类化合物，种类多达40种，此外还有生物碱、香豆素、木脂素、脂肪酸、挥发油等活性成分。因此，构树叶具有抗氧化、杀虫、抗菌、降血脂、抗肿瘤等生理学活性。构树不易产生病虫害，是一种无农残、绿色的有机饲料，且构树饲料具有独特的清香味，单宁和木质素含量相对较低，适口性好，动物喜食。以构树叶为饲料还具有利用率高、生产速度快等优点。杂交构树的叶片、细枝条、全株嫩苗粗蛋白在48小时后消化率可达95%左右，与豆粕粗蛋白降解率相当（98.37%）；茎秆粗蛋白48小时降解率为83.76%，与苜蓿草粉相当（85.12%），远高于玉米秸秆粗蛋白降解率（34.85%）。据推测，40～45棵构树可饲养一头

猪，65～80棵构树可饲养一头羊，120～160棵构树可饲养一头牛。

② 构树在动物养殖中的应用

a. 直接饲喂（鲜饲和晒制干草）单胃动物。中国农村长期以来就用构树叶喂猪。用构树叶替代部分常规饲料喂猪效果较好，对生长性能无影响，可改善猪肉品质，降低饲养成本，提高养猪生产的经济效益。在生长猪的日粮中添加构树叶，其总能、粗脂肪、粗蛋白、无氮浸出物的表观消化率与玉米、麦麸、豆粕、稻谷相比虽有差别，但蛋白质含量仅低于豆粕，粗蛋白的消化率接近玉米，可替代一部分基础日粮。当添加量不超过20%时，对猪的采食量不仅没有影响，而且能促进猪的生长。但在配制日粮时要注意限制性氨基酸和含硫氨基酸的平衡。大量研究证实，15%的构树叶粉替代豆粕和麦麸，能够显著降低饲料成本；添加15%～20%的构树叶粉可以提高蛋鸡的生蛋率和鸡蛋品质；在育肥猪的日粮中添加一定比例的构树叶，背膘厚度降低28.57%，皮脂率降低11.87%，瘦肉率提高2.45%，可有效降低猪的脂肪沉积量。此外，谷氨酸钠与肌内脂肪含量也有显著性提高，其中谷氨酸钠极具鲜味，有助于改善肉的品质。由于构树叶富含多种活性物质，如黄酮类化合物和生物碱类物质等，对提高机体免疫力及其抗应激能力有一定的作用，能够有效改善鸡蛋品质。在海兰灰雏鸡的基础日粮中添加不同比例的构树叶后，与对照组相比，两种病毒的抗体效价均明显提高，证明了构树叶可以增强蛋鸡的免疫功能，促进机体内抗体的合成。在7日龄的雏鸡日粮中分别添加0、1.5%、2%的构树叶，发现在雏鸡日粮中添加1.5%和2%的构树叶可以显著提高雏鸡ND、AIHS-4和AIHS-5的抗体水平（$P<0.05$），也能显著提高雏鸡免疫器官指数（$P<0.05$）；构树叶在整个试验期间均能显著促进雏鸡脾脏中IL-2mRNA的表达，说明构树叶能有效促进机体的Thl免疫反应。添加0.5%、1%、1.5%、2%的构树叶于基础日粮中，饲喂45周龄海兰灰蛋鸡，结果显示1.5%添加组的蛋黄颜色、蛋壳相对重及厚度变化均显著（$P<0.05$），表明在蛋鸡日粮中添加构树叶可提高鸡蛋品质。此外，构树叶不仅能促进蛋鸡机体营养物质的消化吸收，为其提供充足的能量和蛋白，还能有效提高肠道对钙的吸收，促进排卵，改善内分泌系统，调节子宫收缩，改善蛋鸡的生产性能，提高产蛋的品质。

b. 直接饲喂（鲜饲和晒制干草）反刍动物。木本植物饲料大部分因其含有含量较高的植物纤维，影响饲料的适口性及机体的消化吸收，从而限制了其推广利用。通过研究杂交构树在瘤胃中的降解发现，杂交构树茎秆、叶片及全株嫩苗的有机物、粗蛋白、干物质在瘤胃中24h、48h都具有较高的降解率，粗蛋白在瘤胃内降解率达到了苜蓿、草粉、豆粕的水平，NDF及ADF在瘤胃内的降解率除了茎秆较低外，细枝条、叶片全株嫩苗都较高，这为杂交构树在反刍动物日粮中的实际应用提供了理论支撑。用杂交构树叶配制的奶牛精饲料，饲喂后奶牛的乳脂量、乳蛋白量和产奶量都有所提高。杂交构树粗蛋白、粗脂肪、钙含量高的特点，为配制反刍动物的日粮提供了新的思路。据测算，每吨畜禽、水产采用构树饲料喂养，比常规饲料可节约饲料量30%左右，即每吨可节约成本180元。按照每头猪使用300kg配合饲料计算，可以降低每头猪的饲料成本54元，提高养殖效益20%以上。

c. 青贮或发酵后饲喂动物。构树叶最初主要以鲜叶、干叶或者叶粉的形式，制成粉状饲料、颗粒饲料、块状干草饲料等常规饲料类型，作为动物饲粮的蛋白质补充料。现在构树饲料以全株利用为本，兼顾枝条的幼嫩程度和生长速度。幼嫩的枝条蛋白质含量较高，饲喂效果较好，但是随着枝条的生长，木质化程度会提高，畜禽难以充分消化吸收结构复杂的粗蛋白质和高含量的粗纤维，大量营养成分随粪便排出。此外，在基础日粮中添加构树叶粉后，畜禽的生长性能、胴体性能均无显著性差异，而且构树叶粉末饲料适口性较差，刺激口腔黏膜，易引起咳嗽。饲用构树在制作粉状或颗粒饲料以及干草饲料时，其含水量难以严格控制，导致饲料不易储存、饲喂效果较差。因此，限制了构树在畜牧生产中的应用。所以，现在将其制成青贮饲料、发酵饲料等，以满足不同畜禽的需求。青贮构树饲料是收割构树嫩枝及树叶，通过厌氧发酵制作的优质饲料。青贮技术对木质素或者植物纤维具有软化作用，对提高原料的适口性有很大的帮助。此外，将构树叶经过发酵处理后，粗蛋白含量大幅提高，并且粗纤维含量有所降低，具有酸香味、透软多汁、适口性好等优势。运用生物发酵技术和酶工程技术等生物手段，筛选适宜的微生物菌种，对构树叶进行发酵处理，将构树中的粗蛋白质分解为易吸收的游离氨基酸和小分子成分，同时分解粗纤维，是进一步开发利用构树饲料资源的重要途径。构树叶经过发酵处理后，可以提高营养成分的消化吸收率，提高部分能量。构树中含有抗营养因子——单宁，是一种天然防腐剂，其平均含量在1.60%左右，尽管青贮对降解纤维素和单宁有一定的效果，但仍然存在苦味，但经过发酵后单宁含量降低为0.031%。同时，其氨基酸、总磷含量大幅度提高，粗纤维含量降低，转化成能量物质，说明发酵构树叶提高了关键养分的含量，同时优化了蛋白品质。构树发酵饲料能够满足家禽的营养需要，促进生长发育，产生优质的禽产品。在肉仔鸡的饲粮中添加适宜的构树发酵饲料对于改善鸡肉品质有一定的作用，是获得优质肉产品的有效手段。添加发酵构树叶到健康AA肉仔鸡的基础日粮中后，肉鸡的皮脂厚度、肌间脂肪宽度显著降低，肉仔鸡的肉品质和风味得到显著改善。采用鲜叶发酵后的构树叶饲喂番鸭，发现其优于配合饲料与混合饲料，喂养增效达46%～108%。这些研究表明，构树发酵饲料不仅可以提高家禽的生长性能、生产性能，而且能改善其产品的品质及风味[12]。构树发酵饲料具有提高猪长势、抗病力，缩短养殖周期，改善猪肉品质，提高饲料转化率等特性。在日粮中添加10%的发酵构树叶饲喂体重60kg左右的杜洛克×长白猪×大约克夏猪三元杂交猪，可显著降低背膘厚度，显著提高屠宰后肉样中游离氨基酸和谷氨酸钠含量，肉色亦有所改善。利用构树发酵饲料饲喂生长育肥猪，结果表明，与对照组相比，猪对粗蛋白质、粗脂肪、粗纤维和总磷的表观消化率分别提高28.14%、21.78%、19.67%和29.88%，且育肥猪较对照组增重22.78%。在日粮中添加一定比例的构树叶可以增加生长肥育猪的采食量，且对猪的生长性能有促进作用。经证实，饲料中添加20%的发酵构树叶饲喂生长猪，其日增重为0.74kg。

（3）沙棘　沙棘又名沙枣、醋柳果，属胡颓子科沙棘属植物，为落叶灌木、小乔木或乔木，广泛分布在中国、俄罗斯及大部分北欧国家，其中中国是世界上沙棘资源最丰富的国家，在沙棘属的6个种13个亚种中，中国有4个种6个亚种，占总数的2/3。沙棘是药食同源的植物品种，共有200多种化学成分。黄酮类化合物为沙棘属植物中主要的生物活性物质，同时，含有丰富的维生素、氨基酸、有机酸等营养物质，其中维生素C含量高，素有“维生素C之王”的美称，具有保肝、增强免疫力、抗氧化、抗衰老等作用。大量研究表明，沙棘具有提高动物生长性能和免疫机能、改善畜禽产品品质等功能，因此，可以将沙棘、沙棘提取物及沙棘果渣作为促生长添加剂添加到饲料中替代或部分替代抗生素。

① 沙棘黄酮的种类。沙棘果、种子和叶中都含有多种黄酮类化合物，主要有槲皮素、山柰酚、异鼠李素等苷元及其苷类化合物，其中主要是以苷元形式存在。黄酮类化合物存在于沙棘的所有部位。种类主要有异鼠李素（72%）、槲皮素（21%）和山柰酚（7%）[13]。

② 沙棘黄酮的生物学功能

a.对心血管系统的作用。沙棘黄酮能增加试验小鼠的心肌营养血流量，降低心肌氧耗，改善心肌微循环。此外，沙棘黄酮可通过抑制核转录因子NF-κB信号传递系统的激活，改变细胞内相关分子表达调控机制，从而发挥改善心肌肥大的作用，且抑制NF-κB的作用与沙棘黄酮间存在浓度依赖关系。沙棘黄酮可降低大鼠血液黏度和血浆黏度，改善血液流变性和血流动力，抑制动静脉环路血栓的形成和发展。另外，沙棘黄酮对正常小鼠的血糖、血脂具有一定的降低作用，并可抑制糖异生。

b.对免疫系统的作用。沙棘黄酮能够提高机体的免疫功能。沙棘黄酮同时具有清除人体内自由基的作用，对体液免疫和细胞免疫具有明显的调节作用。沙棘总黄酮有增加小鼠白细胞溶菌酶、吞噬功能等作用，可促进抗体生成，升高血清抗体水平。沙棘总黄酮能增加血液T细胞比例，低浓度时促进淋巴细胞转化。

c.氧化作用。沙棘黄酮具有较强的抗脂质过氧化、清除自由基的作用。沙棘籽渣黄酮和沙棘果渣黄酮能有效抑制大鼠心、肝、肾组织匀浆自发性丙二醛（MDA）的生成或H_2O_2诱导的肝组织脂质过氧化，并明显抑制H_2O_2诱导的红细胞溶血，即具有清除·OH而抗脂质过氧化的作用。另外，其对$NaNO_2$产生的NO有直接的清除作用。

d.具有抗炎、抗病毒、抗过敏、抗疲劳等作用。沙棘叶总黄酮对金黄色葡萄球菌、枯草芽孢杆菌、大肠杆菌有较好的抑制作用。

③ 沙棘黄酮在畜禽生产中的应用

a. 提高生产性能。在畜禽日粮中添加沙棘黄酮可通过提高畜禽营养物质留存率、采食量、平均日增重等生产性能促进动物生长。刘红南等（2010）[14]研究表明，沙棘叶总黄酮可以促进1～21日龄AA肉鸡蛋白质表观消化率和蛋白质的沉积，当添加量为0.025%和0.05%时，可显著提高蛋白质表观消化率（$P<0.05$）；当添加沙棘叶总黄酮0.025%和0.1%时，胸肌率分别显著提高26.95%和17.42%（$P<0.05$），腿肌率分别显著提高37.2%和21.28%（$P<0.05$）。杨应栋（2009）[15]将沙棘果渣提取物作为饲料添加剂用于生长育肥猪的养殖中，添加沙棘果渣提取物用量分别为0.5%、1%、2%时，结果表明，在生长育肥猪日粮中添加沙棘果渣提取物能提高体重（$P<0.01$），并能提高生产性能。沙棘提取物喂饲早期断奶仔猪可在转录水平上调控脂肪代谢相关基因的表达，可增加腹脂和皮脂中PPARα和ACO mRNA表达，降低腹脂中PPARγ mRNA表达，降低腹脂和皮脂中FAS mRNA表达，从而能减少猪体内脂肪沉积和改善猪肉品质。沙棘黄酮还可通过改善与生长相关的生化指标提高动物生产性能，如能提高东北民猪试验组血清生长激素（GH）水平，降低血清总胆固醇（TC）、血清低密度脂蛋白胆固醇（LDL）含量，当沙棘提取物用量为0.1%时，可显著提高7d和28d血清胰岛素样生长因子-I（IGF-I）浓度（$P<0.05$），显著降低21d血清生长抑素（SS）（$P<0.05$）与28d血清皮质醇浓度（$P<0.05$）。

b. 提高畜产品品质。沙棘黄酮具有提高肉鸡胴体品质和改善肉质等作用。研究表明[16]，肉鸡生长全期在饲料中添加0.1%沙棘黄酮对饲料中蛋白质表观消化率有提高趋势（$P=0.054$），对腿肌肌纤维直径有降低趋势（$P=0.080$）；添加0.2%沙棘黄酮极显著地提高了肉鸡的屠宰率、胸肌和腿肌的肉色、腿肌粗蛋白质的含量（$P<0.01$），极显著地降低了肉鸡腹脂率（$P<0.01$），显著降低了胸肌和腿肌的滴水损失、腿肌粗脂肪以及血清甘油三酯的含量（$P<0.05$）。沙棘系列产品可增加家禽的蛋壳强度、蛋黄中胡萝卜素含量，降低蛋中胆固醇含量等。此外，沙棘黄酮能和沙棘中的类胡萝卜素共同作用产生良好的着色效果。早期饲喂沙棘提取物可显著提高试验组肥育猪眼肌面积（$P<0.05$）、腹部皮下脂肪leptin mRNA表达量（$P<0.01$）以及仔猪血清leptin水平（$P<0.05$）；显著降低背膘厚和肌内脂含量（$P<0.05$）与背部皮下脂肪和肠系膜脂肪leptin mRNA表达量（$P<0.05$），且脂肪leptin mRNA表达量与血清leptin水平极显著负相关（$P<0.01$）；对照组脂肪leptin mRNA表达量与背膘厚、眼肌面积和肌内脂显著相关（$P<0.05$）。

c. 增强免疫机能。沙棘能促进免疫器官生长发育，增强动物免疫功能，从而能有效地提高动物的抗病力和生产力。饲料中添加沙棘黄酮可显著提高21日龄和56日龄AA肉鸡的血清IgG含量、新城疫抗体效价以及T淋巴细胞比率（$P<0.05$）。此外，沙棘黄酮可增加仔猪脾和胸腺指数及CD^{4+}细胞数量，降低CD^{8+}细胞数量，CD^{4+}/CD^{8+}提高，血液中IL-2和INF-γ水平提高。

d. 具有缓解家禽热应激的作用。沙棘叶黄酮可提高胸肌IMP含量及其相关基因ADSL mRNA的表达量，从而缓解热应激导致的肉质风味的下降。在AA肉鸡基础饲粮中分别添加0.025%、0.05%、0.10%沙棘叶总黄酮，结果表明：适温和高温下，添加沙棘叶总黄酮对白蛋白和球蛋白影响不显著（$P>0.05$）；高温下添加沙棘叶总黄酮组胰岛素和皮质醇含量较对照组差异显著（$P<0.05$）；添加沙棘叶总黄酮可显著提高高温下脾脏、法氏囊和胸腺的相对指数（$P<0.05$），提高适温下脾脏和法氏囊的相对指数（$P<0.05$），但对适温下胸腺相对指数的影响不显著（$P>0.05$）；高温时溶菌酶含量各处理组间差异显著（$P<0.05$）；适温时添加沙棘叶总黄酮组的补体C3显著高于对照组（$P<0.05$），补体C4各处理组间差异不显著（$P>0.05$）；高温时补体C3和C4各处理组间差异不显著（$P>0.05$）。这是由于沙棘叶总黄酮在一定程度上可以提高肉鸡在热应激条件下的免疫功能，从而缓解热应激带来的不利影响。

（4）桑树

① 桑叶的简介。桑树为桑科桑属多年生落叶乔木，是多年生深根性植物。我国大约种植80万公顷桑树，是世界上桑树种植面积最大的国家。桑叶占整植株地上部分的64%，每年可摘3～6次。桑树的环境适应能力极强，既喜深厚、疏松、肥沃的土壤，也能在土层贫瘠、养分贫乏的

土地中生长，在土壤pH值为4.5～9.0、含盐量0.9%的条件下依然能正常生长，但适宜种植在温暖地带。桑树品种繁多，有30多个种和几个亚种。

② 桑叶的活性物质

a. 多酚。桑叶总多酚含量为7.84～44.7mg/g，其中黄酮类成分含量丰富，约占桑叶干重的1.0%～3.0%。桑叶多酚主要为绿原酸及其异构体、7-羟基香豆素、咖啡酸、对羟基肉桂酸、芦丁、槲皮素、异槲皮苷、槲皮素葡萄糖苷及其衍生物、山柰酚葡萄糖苷及其衍生物和异鼠李素葡萄糖苷等，具有显著的抗氧化、清除自由基等作用。

b. 多糖。多糖具有增强免疫、抗氧化、降血糖、降血脂等功能，在改善肉品质方面也有一定功效。

c. 生物碱。桑叶总生物碱的降血糖活性最为显著，还具有抑制糖原分解的活性。桑叶独特的生物碱为1-脱氧野尻霉素（1-DNJ），含量为0.11%～0.388%，具有高效的糖苷酶抑制作用。

③ 桑叶的饲用营养价值。桑叶、桑枝、桑椹、桑白皮均被收录在中华人民共和国农业部第1773号公告公布的《饲料原料目录》中。桑叶是药食同源物质，营养价值比禾本科牧草高80%～100%，比豆科牧草高40%～50%，与优良的苜蓿草粉营养价值相似。桑叶含有丰富的碳水化合物、蛋白质、维生素和矿物元素及天然活性物质。嫩桑叶每千克约含干物质（DM）194～304g，每千克DM中约含粗蛋白168～223g，总糖106～273g，还原性糖42～197g，粗纤维183～247g，中性洗涤纤维174～247g，酸性洗涤纤维85～124g；成熟桑叶每千克含DM 207～337g，每千克DM中约含粗蛋白113～239g，总糖88～165g，还原性糖85～215g，粗纤维210～388g，中性洗涤纤维210～301g，酸性洗涤纤维82～189g。桑叶中氨基酸总量占桑叶干物质的10%以上，种类有18种，组成比例合理，其中必需氨基酸和非必需氨基酸的比例在50%以上，17种组成蛋白质的氨基酸包括赖氨酸、苯丙氨酸、苏氨酸、亮氨酸、缬氨酸和异亮氨酸等6种必需氨基酸，含有非蛋白质组成氨基酸γ-氨基丁酸（GABA）。桑叶蛋白粉中含量最高的氨基酸为谷氨酸和天冬氨酸，分别占氨基酸总量的3.7%和12.3%。除异亮氨酸与缬氨酸含量相对于理想蛋白较低外，赖氨酸、苯丙氨酸、酪氨酸等其他氨基酸含量较高，均与理想蛋白质含量相当。

桑叶含有丰富的钙、磷、锌、铁、锰等矿物质，其中钙为0.82%～3%，磷为0.20%～0.6%。桑叶粉中的铁含量为270.8～900mg/kg。桑叶中含有丰富的维生素，每100g干桑叶中含维生素B_1 0.5～0.8mg、维生素B_2 0.8～1.5mg、维生素B_5 3～5mg、维生素C 30～40mg、维生素E 30～40mg、维生素B_{11} 0.5～0.6mg。这些营养物质对维持机体免疫、抗氧化机能具有重要作用。

桑叶中还含有多种天然活性物质及其衍生物，比如桑黄酮类、生物碱、植物甾醇、色素、桑多糖等功能性物质。每100g DM约含芸香苷470～2670g，槲皮苷30mg，槲皮素100mg，异槲皮素200～500mg，1-脱氧野尻霉素（DNJ）100mg，谷甾醇46mg，豆甾醇3mg，氨基丁酸（GABA）226mg，GABA前体物谷氨酸2323mg，多糖类18.8g。

④ 桑叶在家禽饲料中的应用和研究进展。桑叶在饲料中的添加形式包括：新鲜桑叶直接饲喂；快速干燥粉碎将桑叶加工成桑叶粉；青贮发酵；微生物发酵桑叶等。

a. 对肉鸡生长和胴体指标的影响。在饲料中添加桑叶，能降低肉鸡采食量、料重比、腹脂率、肌肉肌内脂肪和饱和脂肪酸含量，能有效提高体重、成活率、半净膛率、全净膛率、肌肉肌内ω-3脂肪酸含量等方面的指标。

b. 对肉鸡肉质指标的影响。在肉鸡日粮中添加桑叶粉，鸡肉在肉嫩度和汤鲜味方面表现出明显的优势，胸肌中的鲜味物质——肌苷酸含量可增加20.6%，新鲜度提高12.1%。同时，可降低肉鸡血清尿素氮含量，提高氮的利用率，从而有利于氨基酸的沉积；能明显改善肉色，对pH、嫩度及系水力（持水力）无明显影响，可以显著降低鸡肉中硫代巴比妥酸反应物和挥发性盐基态氮的产生，延长鸡肉贮存期，而且可降低总胆固醇、LDL胆固醇和甘油三酯浓度，提高HDL胆固醇、蛋白质和葡萄糖含量，使肉色加深。

c. 对蛋鸡生产性能的影响。饲料中添加桑叶粉，蛋鸡的产蛋量有不同程度的提高，且桑叶粉可增加蛋重、显著降低蛋壳破损率。但也有不少研究结果表明，饲料中桑叶粉的添加量在一定范围内对产蛋量无显著影响，达到一定比例会导致产蛋量下降，并且桑叶粉添加量越多，其不良影响越大。

d. 对蛋鸡采食量的影响。研究表明，在饲料中添加桑叶粉对蛋鸡采食量的影响不显著。但也有研究结果表明，添加桑叶粉可降低蛋鸡采食量。可能是不同研究所用的实验对象、桑叶添加量不同导致结果不同。

e. 对鸡蛋品质的影响。在蛋鸡饲料中添加一定量的桑叶，对蛋重、蛋壳相关指标、哈夫单位无影响或无显著影响。但在蛋鸡饲料中添加桑叶可以增加蛋黄颜色，降低鸡蛋胆固醇含量，可以提高鸡蛋中一些营养成分的含量。例如，可增加蛋黄中的维生素 K_1，可使蛋清和蛋黄中 β-胡萝卜素的含量明显增加，能提高鸡蛋中总氨基酸、人体必需氨基酸、维生素 E、β-胡萝卜素、不饱和脂肪酸含量，同时降低饱和脂肪酸的含量，能改善鸡蛋口味，显著提高蛋鸡对蛋白质的表观利用率。

f. 桑叶对鸡其他性状的影响的研究进展。在蛋鸡日粮中添加桑叶，可以明显减少鸡粪中氨气浓度，发酵鸡粪臭气明显减轻，可减少雏鸡互啄尾毛现象，保持雏鸡羽毛整洁光亮。

⑤ 桑叶在猪饲料中的应用研究进展。桑叶富含多酚、多糖、生物碱等抗氧化成分，能保护脂质免受氧化，抑制猪肉酸败，延长货架期，起到保护猪肉品质的作用。评价肉品质的指标主要包括肌肉 pH 及肉色、肌内脂肪含量、嫩度、风味、胴体品质、滴水损失等。

pH 是公认的区分生理正常肉和灰白水样肉的重要指标。刚屠宰的猪机体糖原、脂肪分解产生大量乳酸使肌肉 pH 值急剧下降，促使蛋白质变性，若 pH 值下降很快，将会产生灰白水样肉、暗干肉等低品质猪肉。研究表明，桑叶中富含的具有抗氧化作用的活性物质可通过多种途径抑制肌糖原酵解，减少屠宰后肌肉中乳酸的积累，进而提高 pH 值及减缓 pH 值下降速度，减少低品质猪肉的出现。

肌内脂肪含量影响猪肉的嫩度、风味、系水力及大理石纹评分，因此与猪肉品质密切相关。猪肉理想的肌内脂肪含量为 2%～3%，大理石纹的深度与肌内脂肪含量呈正相关，在适当范围内随着肌内脂肪含量的升高，肌肉的大理石纹评分增加。在猪日粮中添加适量桑叶能提高猪肉肌内脂肪含量，但桑叶 1-脱氧野尻霉素能在一定程度上抑制脂肪的生成，降低肌内脂肪含量。

嫩度是评定肌肉多汁性的指标，是指肉切割难易程度、蒸煮后入口咀嚼时的软硬程度，以及咀嚼后的残渣量等。剪切力与嫩度成反比，平均剪切力值越小表示肉越嫩。桑叶能降低剪切力，但桑叶添加水平对肌肉剪切力的影响不显著。

肌肉中与风味有关的成分有氨基酸、醇类、脂类和有机酸等，肉的香味来源于肌内脂肪的氧化降解产物，肌内脂肪氧化产物不同导致不同种类的肉类具有独特的风味。形成肉香味所必需的前体氨基酸主要包括丝氨酸、谷氨酸、甘氨酸、丙氨酸、异亮氨酸和脯氨酸。氨基酸在畜禽体代谢过程中相互转化，改变畜禽肉中氨基酸的组成比例，提高鲜味氨基酸的含量。由于桑叶中蛋白质含量高，氨基酸含量丰富、组成合理，所以在饲料中适量添加桑叶可改善猪肉氨基酸的组成，提高总氨基酸含量，增加风味前体氨基酸，提高必需氨基酸含量，改善猪肉品质和营养价值。多不饱和脂肪酸与猪肉风味密切相关，是肌内脂肪重要的前体物质，且对人体健康有重要意义。研究表明，在猪日粮中添加适宜的鲜桑叶或饲用桑粉能提高亚油酸含量，降低硬脂酸和油酸的含量，即桑叶可使猪肌肉的饱和脂肪酸含量降低，不饱和脂肪酸和多不饱和脂肪酸含量有所提高。肌苷酸是影响肌肉鲜味的主要成分之一。屠宰后动物机体细胞内糖原由有氧代谢转为无氧酵解，生成乳酸，导致 pH 值下降，同时肌肉中 ATP 减少使肌质网功能失常，ATP 酶活化，剩余 ATP 经系列生化反应生成肌苷酸[17]。桑叶饲喂动物能够提高动物肉中肌苷酸的含量，增加肉鲜味。

添加适量桑叶到饲粮中对畜禽胴体率没有明显影响。添加桑叶既能提高瘦肉率，减少脂肪沉积，又能增加肌内脂肪含量，表明了桑叶对脂肪的合成具有双向调节作用，能够通过多种途径影响脂肪组织和肌内脂肪的生成沉积。

桑叶中含有多种营养成分和活性物质，尤其是丰富多样的抗氧化活性成分通过消化吸收，在动物体内代谢转化，必然改变着机体内各种物质的代谢，最终影响到畜禽肉的品质。研究表明，添加适量桑叶到饲粮中能够提高猪肉中抗氧化物质的含量，从而提高猪肉的抗氧化能力，抑制猪肉酸败，保护猪肉品质。

⑥ 桑叶在其他动物中的应用研究。利用桑叶粉替代精料饲养育肥牛、肉牛，能提高日增重，且饲料报酬高、经济效益好。用桑树茎叶饲料替代羊饲粮中苜蓿后，粗蛋白质消化率接近苜蓿饲粮。添加不超过16%桑树茎叶饲料到饲粮中，对肉兔的平均日增重、平均日采食量和料重比无显著影响，但能提高屠宰后兔肌肉的红度和持水力，提高肌肉中多不饱和脂肪酸及风味物质含量，降低肌肉中饱和脂肪含量。

(5) 辣木

① 辣木生物学特性。辣木是单科单属植物，现有14个已知种。其中*Moringa oleifera*（原产于印度北部喜马拉雅区域）、*M. peregrina*（原产于苏丹、埃及和阿拉伯半岛）、*M. stenoptetala*（原产于埃塞俄比亚和肯尼亚北部）和*M. ovalifolia*（原产于安哥拉和纳米比亚）4个种已有栽培。其中，生长快、分布广且利用和研究最多的是*M. oleifera*。辣木树高一般5～12m，多数8～10m，树冠呈伞形，树干通直，软木材质，树皮呈灰白色；主根粗壮，树根膨大似块茎，可贮存大量的水分；枝干细软，树枝多数下垂。叶呈浅绿色，三回羽状复叶，长30～60cm。花具芳香味，白色或乳白色，直径约2.5cm，放射状排列。果实为三棱状，早期为浅绿色，后变成深绿色，成熟后呈褐色，充分成熟的荚果横切面近圆形或三棱形，长30～120cm。辣木能适应砂土和黏土等各种土壤，也能生长于微碱性土壤中。辣木喜温耐寒，抗逆性强，对土壤条件和降雨量有较强的适应性，能耐高温和轻微霜冻，能耐长期干旱，但忌积水。

② 辣木的营养组分。辣木叶含粗蛋白25%～27%，是较好的蛋白质来源，且胃蛋白酶可降解氮比例为82%～92%，酸性洗涤不溶蛋白低于3%；含有的18种氨基酸中必需氨基酸含量与豆粕接近，其中赖氨酸、亮氨酸和苯丙氨酸含量超过豆粕。

研究表明，辣木所含钙和蛋白质含量分别为牛奶的4倍和2倍，维生素C是柳橙的7倍，维生素A是胡萝卜的4倍，钾是香蕉的3倍，铁是菠菜的3倍，其营养价值与现代营养学家称为“人类营养的微型宝库”的螺旋藻相当。当然，辣木叶、辣木枝和辣木茎的粗蛋白、氨基酸、粗脂肪、中性洗涤纤维和酸性洗涤纤维等营养成分均存在较大差异，其中粗蛋白含量最高的为辣木叶，高达253g/kg DM，其次为枝和茎。辣木中粗脂肪含量、脂肪酸含量、粗灰分含量的趋势和粗蛋白一致，由大到小依次为辣木叶、辣木枝和辣木茎；辣木枝和辣木茎中中性洗涤纤维和酸性洗涤纤维的含量远远大于辣木叶。辣木树含有钙、钾、磷、铁、镁等多种矿物质，新鲜辣木树叶的铁和钙含量分别远高于相同重量的菠菜和牛奶。辣木果、花、叶、种子中都含有丰富的维生素，但不同区域的维生素含量差异显著，热带雨量充沛的地区，干叶中VC、VB、VA和VE含量远高于热带、亚热带半干旱地区种植的野生辣木。

辣木中活性物质主要是多糖、黄酮、多酚类物质。辣木中的多糖成分复杂，如辣木叶多糖主要由甘露糖、鼠李糖、葡萄糖及半乳糖组成，其中各单糖的物质的量之比为0.49∶3.65∶0.63∶1.27，组成多是β构型的酸性呋喃多糖，具有相似的官能团。辣木多糖具有抗氧化、降血糖、降血脂、抗肿瘤和免疫调节等多种生理活性。此外，多糖提取物对DPPH、ABTS和OH-自由基等羟基自由基以及超氧阴离子均具有很强的清除作用。辣木中的黄酮类物质主要由12种黄酮类化合物组成，包括蔷薇苷、*β*-谷甾醇（Ⅰ）、牡荆素、胡萝卜苷（Ⅱ）、芦丁、槲皮素-3-*O*-(6-丙二酰葡萄糖苷)、槲皮素-3-*O*-葡萄糖苷、槲皮素-3-*O*-羟甲基戊二酰基半乳糖苷、槲皮素-3-*O*-乙酰基葡萄糖苷、山柰酚-3-*O*-丙二酰基己糖苷、山柰酚-3-*O*-葡萄糖苷、异鼠李素-3-*O*-芸香糖苷等。其中，槲皮素和山柰酚作为3-氧-糖苷形式，是辣木叶中主要的黄酮醇。黄酮总含量（661.10±9.20）mg/g，且具有很强的抗氧化性能。辣木叶中多酚类含量较其他部位含量高，异硫氰酸酯是多酚类物质的一种，在辣木中的含量丰富。此外，辣木叶片中含有辣木碱、玉米素、辣木素、绿原酸等物质。这些物质具有抗氧化、抗炎、抑菌、调节免疫等活性。辣木叶具有辛香刺激味道，含苯乙醛、苯甲醛、己烯醛、邻苯二甲酸、二氢猕猴桃内酯、异硫氰酸甲氧基甲酯、棕榈酸甲酯和棕榈酸等多种挥发性成分，且多数沸点较低。

辣木作为一种非常规饲料，单宁、胰蛋白酶抑制剂、硝酸盐和草酸等抗营养因子含量少。基于其营养成分、活性成分及抗营养因子的含量可知，辣木在饲料中有着广阔的应用前景。

③ 辣木在动物饲料中的应用

a. 在反刍动物饲料中的应用。辣木主要以青饲料、青贮饲料的形式应用于奶牛饲粮中。辣木叶粉能够替代象草等作为饲料蛋白来源而不会影响牛奶成分（包括脂肪、粗蛋白、酪蛋白等的改变）。作为牛的蛋白质补充剂，辣木饲料或辣木叶提取物可提高牛的干物质（DM）摄入量，能有效增加体重、肉产出量和产奶量，能促进瘤胃微生物的合成，且能增加牛奶中令人愉悦的鲜草风味和清香，但不影响牛奶的颜色和外观。添加适量辣木到奶牛饲粮中能提高乳产量和乳品质，改善奶牛机体抗氧化和免疫功能。辣木青贮后饲喂奶牛效果更佳。辣木可以替代部分苜蓿干草和青贮玉米饲喂奶牛，且对奶牛的产奶量、养分消化率、血清生化指标无负面影响。饲粮中添加适量辣木叶粉可以提高山羊的粗蛋白质利用率、生长性能、羊乳的产量和品质，并可改善胴体品质。Kholif 等（2015）[18]用辣木叶粉替代山羊饲粮中 50％以上的芝麻粉，证明了辣木叶粉可以作为一种蛋白质饲料资源代替芝麻粉饲喂山羊。结果表明，辣木叶粉不仅能提高山羊的采食量，完善机体的消化功能，而且可显著提高羊乳的产量和乳品质，提高羊肉中不饱和脂肪酸、共轭亚油酸的含量，改善了肉品质。Kholif 等（2016）[19]还比较了辣木叶青贮、新鲜辣木叶和辣木干草替代羊饲粮中的芝麻粉的效果，结果表明辣木叶青贮的效果优于鲜辣木叶和辣木干草。此外，辣木叶有助于改善羊的繁殖性能。Raji 等（2014）[20]研究发现，在饲料中添加 50％辣木饲料添加剂能够显著增强山羊性腺的能力，提高精子的储备量和活力、pH 等。

b. 在单胃动物中的应用。辣木在单胃动物饲料中不仅能改善动物生产性能和产品品质，还具有一定的预防疾病、增强免疫力的功能。用适量的辣木叶直接替代部分鱼粉和豆粕能有效提高肉鸡平均日增重、改善饲料转化率；能够提高肉鸡血清红细胞数量、总蛋白和球蛋白数量；能够降低肉鸡血液中甘油三酯和极低密度脂蛋白浓度，提高高密度脂蛋白浓度，改善肉鸡脂代谢；能提高肉鸡肝脏、胰脏、脾、法氏囊和胸腺重量，降低肉鸡腺胃和小肠重量，降低食道、嗉囊和大肠长度。当然，辣木叶对肉鸡生长性能、生理代谢、屠宰性能和器官指数的作用效果受到辣木叶使用量的显著影响，并且与辣木叶的来源、辣木叶中抗营养物质含量、替代原料种类、饲喂动物种类等因素有关。辣木叶能够改善蛋鸡产蛋性能及蛋品质，但辣木叶对蛋鸡产蛋性能和蛋品质的影响也有不同的研究结果，这同样应该与辣木叶的来源、辣木叶使用量、辣木叶中抗营养物质含量、替代原料种类、饲喂动物种类等因素有关，其中剂量效应显著。大部分研究结果均倾向于添加较低剂量的辣木叶（不超过 10％），才能发挥辣木叶改善产蛋性能和蛋品质的优势。目前，辣木叶对蛋鸡生理代谢影响的研究报道较为少见，主要集中在脂质代谢方面。已有研究证实不超过 10％的添加量均具有降低血清胆固醇、改善脂质代谢的作用，且这种改善作用能够间接地反映在蛋品质上。辣木叶改善蛋鸡脂代谢的原因可能是通过高密度脂蛋白介导逆胆固醇转运过程，将外围组织中的胆固醇逆转运至肝脏，经胆汁酸排出，降低胆固醇浓度。此外，辣木叶中含有与胆固醇结构相似的 β-谷甾醇，能够竞争性抑制小肠对胆固醇的吸收，从而降低机体胆固醇。基于添加量对于产蛋性能和蛋品质的影响具有较大差异，因此需深入研究辣木叶对蛋鸡生理代谢的影响，以明确其发挥调控作用的内在机制。将适量辣木叶粉添加到生长育肥猪基础饲粮中，能提高氮的消化利用率，提高育肥猪的生长性能和抗氧化功能，改善肉品质，但添加过量的辣木叶粉会影响育肥猪的采食量。研究表明，Mukumbo 等[21]在生长育肥猪的基础饲粮中分别添加 2.5％、5.0％和 7.5％的辣木叶粉，发现当辣木叶粉的添加量不高于 5.0％时，生长育肥猪的猪肉货架期显著提高（$P<0.05$），且对生长性能和肉品质没有不良影响；当饲料中添加辣木叶粉 7.5％时，日采食量显著提高，饲料转化率明显降低。张婷婷等[22]在三元杂育肥猪的基础饲粮中分别添加 3％、6％、9％的辣木叶粉，试验结果表明：与对照组相比，6％剂量组育肥猪的平均日增重、终末体重、胴体直长均显著升高，背膘厚度显著降低；3％和 6％剂量组育肥猪的料重比显著降低；6％和 9％剂量组育肥猪的肌肉超氧化物歧化酶活性、血清超氧化物歧化酶活性和总抗氧化能力显著提高；各剂量组育肥猪的血清丙二醛含量均显著降低。但各剂量组育肥猪肌肉干物质、粗脂肪和粗蛋白质含量无显著变化。由于辣木叶粉口感偏苦，在猪饲粮中添加过多会影响整体饲粮的口感，从而对猪的日采食量、日增重等产生一定的负面影响。因此，可以考虑在添加辣木叶粉的同时添加适量甜味剂改善饲粮的适口性。

c. 在兔饲粮中的应用。辣木叶粉可作为生长兔与幼龄兔的优良植物蛋白源。将辣木叶粉添加到兔饲粮中可以提高兔的生长性能和胴体品质，改善机体的抗氧化功能和血液指标。Dougnon等[23]分别按0、10%和15%的比例将辣木叶粉添加到兔的饲粮中，发现与对照组相比，添加组的饲料转化率、粗蛋白质利用率、日增重均显著提高，且添加15%组的兔的生长性能和胴体品质有显著的改善。Sun等[24]研究发现，在基础饲粮中分别添加0（对照）、10%、20%、30%的辣木叶粉代替苜蓿草粉，20%添加量组兔的日增重和饲料转化率显著高于对照组；饲粮中添加辣木叶粉显著提高了兔的生长性能和肉品质，且对血液生化指标有明显的改善作用。Djakalia等[25]在断奶后幼龄兔基础饲料中添加3%辣木叶粉，与未添加辣木叶粉的对照组相比，其表现出更高的粗蛋白质消化率、平均日增重和存活率。

d. 在水产饲料中的应用。辣木在水产动物饲料中的研究较少，大多数以罗非鱼为研究对象。研究表明，在饲料中添加适宜的辣木叶粉，对罗非鱼的生长没有影响。韩如刚等[26]以15%的添加量将辣木叶粉加到罗非鱼饲粮中以替代部分饲料，结果发现，辣木叶粉能促进其对蛋白质的消化利用率，氨基酸平衡较佳，能够提高饲料报酬，降低生产成本。

（6）杨树　杨树是速生丰产型树种，是我国林木资源的重要组成部分。杨树的适应能力强，在全国的绿化树木中占的比重也很大，全国杨树生长的面积约占林木资源的20%～30%。杨树周身都可以用来做饲料，尤其是杨树花、枝叶以及树皮含有丰富的营养成分，都可用来作为饲料来饲喂畜禽。

① 杨树的营养成分

a. 杨树叶。杨树叶有较高的营养价值，可作为畜禽蛋白质饲料。杨树叶中粗蛋白质含量在12%以上，粗脂肪2.31%～3.35%，无氮浸出物48.65%～55.01%，钙3.45%～3.95%，磷0.07%～0.12%。杨树叶的氨基酸组成中有14种含量很高，除缬氨酸和蛋氨酸外，其中有7种氨基酸的含量均高于聚合草、紫云英和玉米。此外，杨树叶中糖类的含量在6.592～10.89g/100g之间。杨树叶的采集、加工和贮存，可结合修枝和生长季采伐，收集到大量的杨树叶，无损于杨树生长。随着季节和牲畜的不同，饲喂的杨树叶也不同。在生长季中，牛、羊、兔可喂鲜叶或者青贮的叶子，秋冬季可喂食干杨树叶或青贮杨树叶，兔、猪和鸡最好喂杨树叶粉，与其他精料混合饲养。

b. 杨树花。杨树花的营养成分含量极为丰富，主要有蛋白质、氨基酸、脂肪、多糖、有机酸、酚类、生物碱、维生素、磷和钙等，其粗蛋白质、粗脂肪、总糖的含量要明显高于一般饲用植物，是良好的饲料替代物。杨树花含有极为丰富的氨基酸，包括了畜禽所需的7种必需氨基酸，其中第一限制性氨基酸赖氨酸和第二限制性氨基酸蛋氨酸的含量都较高，蛋氨酸的含量是优质苜蓿的1.71倍。另外谷氨酸的含量高达2.55%，接近谷物。杨树花序中具有高K低Na的特点，作为动物饲料非常有利于维持动物体内酸碱平衡，所含K、Ca、Mg等常量元素和Fe、Mn、Zn等微量元素也很丰富，在动物体内起调节物质代谢和氧化过程的I、具有抗氧化刺激生长作用的Se含量也比一般植物饲料高出一个数量级。杨树花VB_1和VB_2的含量均高于玉米和麸皮，但VE的含量较低。可见杨树花与其他饲料混合可弥补氨基酸、微量元素、维生素等营养的不足，提高日粮的营养价值。

c. 杨树皮。杨树皮中含有丰富的蛋白质、脂肪等营养物质，含有抗菌作用的树脂，可抑制或者杀灭大肠杆菌和葡萄球菌等有害细菌，同时还可以驱除畜禽的体内寄生虫。杨树皮在畜禽养殖业中的应用可以起到良好的饲喂效果。

② 杨树的饲用方式。可将杨树干叶、鲜叶直接饲喂给牛、羊等，这种方式适用于农村小型养殖户，方便实用；也可以加工成杨叶粉，作为饲料原料或饲料添加剂喂给猪、兔、鸡等小型家畜或家禽；也可以将其通过微生物糖化发酵，增加营养物质及活性物质的含量，提高适口性，减少树叶中抗营养因子的含量，这种饲料主要用于饲喂猪、鸡。

根据杨树叶不同生长阶段也有不同的饲用方式。杨树叶在生长初期，粗蛋白质含量高，粗纤维含量低，在叶片生长初期采摘，可以制成高蛋白饲料，适用于饲喂肉鸡、育雏期的蛋鸡及妊娠后期的母猪，从而可降低饲喂成本。而在落叶期，粗蛋白质含量明显降低，粗纤维含量升高，此时收集可直接饲喂产奶期间的奶牛、羊等反刍动物或马等盲肠发达的单胃动物，也可加工成一定规格的颗粒料或粉料，用于配合饲喂家兔、种公猪等对粗纤维有较强利用能力的单胃动物，使资源充分利用。

③ 杨树叶粉在畜禽饲料中的应用。在蛋鸡日粮中添加杨树叶粉，既能提高产蛋率，又能提高种蛋受精率、孵化率和雏鸡成活率，并可加深蛋黄色泽，有效改善鸡蛋品质。薛文新（2013）[27]利用杨树叶粉饲喂京白蛋鸡，结果表明，含杨树叶粉的饲料使试验蛋鸡的产蛋率提高7.4%，鸡蛋中的干物质、蛋白质、脂肪含量分别增加16.00%、32.84%和11.76%，说明在饲料中添加杨树叶粉可提高蛋鸡的生产力。在猪饲料中添加杨树叶粉能提升增重率，在仔猪日粮中添加适当的杨树叶粉100g/(头·d)，可提高头均日增重12.27%，提高头均收入12.14%。将3%～5%的杨树叶粉添加到鱼饲料中，鱼增重率可提高12.7%～14.5%，鱼瘦肉率和可食部分显著提高，体内脂肪和饵料系数下降，色泽明显鲜亮。

④ 杨树花在畜禽饲料中的应用。将杨树花或杨树花提取物添加到动物饲料中能有效提高机体生长性能、增强免疫功能、改善肉和蛋的品质，并能够改善肠道健康、提高蛋鸡产蛋率和改善蛋的品质。

王帅兵等（2017）[28]给肉鸡饲喂1%杨树花超微粉饲料，可显著促进肉鸡生长和增强其体质，可显著提高雏鸡体内免疫球蛋白A（IgA）、免疫球蛋白G（IgG）和免疫球蛋白M（IgM）含量，可促进脾、胸腺和法氏囊发育，解除环磷酰胺的免疫抑制，并在免疫抑制后期可明显促进胸腺和脾生长，使血清中抗体含量恢复正常水平甚至超过正常水平。李丽等[29]利用复方杨树花素预混剂饲喂AA+鸡，与对照组相比，整个试验期（1～42d）内，平均日增重提高6.59%（$P<0.05$），料重比降低5.45%（$P<0.05$），但对肉仔鸡采食量无影响（$P>0.05$）。研究结果还表明[29]，添加一定量的杨树花，能显著提高胰蛋白酶、脂肪酶和前肠淀粉酶的活性，明显降低沙门菌和空肠大肠杆菌数量，同时显著提高了益生菌乳酸杆菌的数量，有效改善了肠道微生态环境。而且，杨树花素预混剂能提高AA+肉鸡21日龄和42日龄的法氏囊、脾和胸腺指数，提高T淋巴细胞的转化率、血清中免疫球蛋白的含量和新城疫抗体水平，可显著提高肉仔鸡的抗病能力（$P<0.05$），明显提高成活率，并且发现其防病效果与安普霉素接近[30]。李丽[31]还研究了复方杨树花预混剂对蛋鸡产蛋性能和蛋品质的影响，结果表明，复方杨树花预混剂可以起到显著提高蛋鸡的产蛋率、蛋黄颜色、哈夫单位和蛋黄相对质量的作用，同时对蛋壳厚度、蛋壳强度和蛋壳相对质量的提高也有一定的影响，另外还能显著降低料蛋比和蛋次品率（$P<0.05$）。许二学[32]报道在猪日粮中添加15%～20%的杨树叶粉，能有效提高猪的日增重，试验猪的增重率比对照组高35%。梅红[33]在日粮中添加1.5kg/t杨树花提取物，结果表明，与对照组相比，试验组肉仔鸡大肠杆菌数量减少5.31%（$P<0.05$），乳酸杆菌数量提高8.72%（$P<0.05$）。

（7）槐树　槐树属于豆科、蝶形花亚科乔木，全国各地均有栽培，该树种具有较好的经济价值和药用价值。刺槐、紫穗槐等槐树树叶都可以用作饲料。

① 槐树的营养价值。槐树的粗蛋白质含量占30.6%，粗脂肪3.89%，粗纤维8.52%，无氮浸出物50.83%，钙1.57%，磷0.47%，可作为高蛋白优质绿色饲料。槐树叶中胡萝卜素含量仅次于苜蓿草粉，能为动物生长发育提供充足的维生素。槐树叶中含有的维生素B_1和维生素B_{11}（叶酸）的含量分别为0.8～1.5mg/kg和0.5～0.6mg/kg，能为动物生长发育提供充足的维生素，同时赖氨酸含量也高达0.96%。

② 槐叶加工调制技术。鲜槐叶含水量高，难以保存，需要通过加工调制来延长槐叶的饲喂时间，提高其适口性、利用率和营养价值，以及解决畜禽越冬的饲料问题。加工调制方法主要包括以下几种。

a. 干燥法。进行自然晾干或烘干采摘的槐叶，于阴凉处贮藏备用。其中，高温快速干燥主要用来生产干槐叶粉或干槐叶块。高温快速干燥时要控制好烘干温度及烘干时间，尽可能把营养物质的损失降到最低。

b. 水泡法。将较嫩的槐叶用水洗净，在适宜的容器内，用80%～100%的温开水烫一下，然后放入清水中浸泡2～4h，清水用量以超出料面为宜。其目的主要是脱去苦味。将泡好的叶片切碎后即可混入日粮中进行饲喂。

c. 盐渍法。将槐叶洗净、切碎，倒入适宜的容器内，食盐用量一般为5%，按一层树叶一层食盐分层压实，进行盐渍。经过盐渍法处理后，槐叶不易腐烂，适口性更好，并有鲜香味。

d. 蒸煮法。用180℃左右的蒸汽加热槐叶15min后，使树叶的组织受到破坏，并利用筒内设置的旋转刀片将原料切成类似棉花状物。该种饲料如用于饲喂牛、羊，掺入比例可为30%～50%。

e. 青贮法。先将槐叶洗净、切碎、沥干水，然后再一层层地装入青贮容器内。青贮原料的适宜含水量为70%～75%。若槐叶内含水量少时，可进行人工喷水调节；若含水量过多，可晾晒一定时间或加入并混匀含水量少的原料后再进行青贮。若能将落叶和枯黄叶进行微贮，则能提高其营养价值，饲喂收益更高。青贮过程中通过乳酸菌发酵可迅速提高乳酸菌数量，降低饲料pH以及改善饲料适口性，且乳酸菌能产生乳酸菌素和有机酸，同时形成厌氧环境，抑制大肠杆菌等致病菌的增殖。

f. 发酵法。先将采摘下来的槐叶或收集的秋季自然落叶晒干，加工粉碎成槐叶粉。然后掺入一定量的麸皮等谷物粉，用30～50℃温水搅拌均匀后，压实，堆积发酵48h后即可取用。如引入优良的饲用微生物或发酵剂进行发酵效果更好，能更好地提高槐叶的营养价值，减少其单宁的含量。杨永强等[34]选取地衣芽孢杆菌D50对槐树叶中纤维素进行降解，再添加乳酸菌进行二次发酵。地衣芽孢杆菌D50一次发酵时间48h，接种量1.5%；乳酸菌二次发酵时间24h，接种量10%。双菌发酵使槐树叶中纤维素降解率达到11.75%，乳酸含量最大为2.93%，发酵后pH值达5.65。发酵的饲料主要用于喂猪、鸡。

③ 槐树叶在畜禽饲料中的应用。槐叶中含有丰富的蛋白质、维生素和微量元素，可以给畜禽提供丰富的营养。另外，刺槐花味道清香甘甜，富含维生素和多种矿物质，具有清热解毒的功效；槐叶粉含有较好的天然着色剂叶黄素，可以增加畜禽及水产养殖动物产品的色泽。

a. 提高动物的生产性能。在日粮中添加槐叶或槐叶粉，可起到增重快、饲料报酬高和节省粮食、降低饲料成本等效果。试验证明，在肉鸡日粮中加入8%槐叶粉，能增加日增重，提高饲料报酬和节约精料；养殖种鸡时，饲喂适量的鲜槐叶能够刺激种鸡食欲，增加采食量，提高种鸡产蛋率和种蛋受精率，提高饲养种鸡的经济效益；刺槐叶粉以3%～5%的比例在蛋鸡饲料中应用，具有提高产蛋率、降低料蛋比、提高饲料转化率和经济效益的作用。槐叶粉喂猪具有耗料少、增重快、省粮食、降成本、易推广、效益高等优点。研究证实，用青贮槐树叶饲料喂猪，其体重显著增长，喂养10d后进食量增加2/3，持续饲喂两个月，进食常规饲料的猪平均日增重0.31kg，食用槐树叶青贮发酵饲料的猪平均日增重0.47kg。在泌乳牛日粮中，以20kg的鲜槐叶糊代替20kg的青贮玉米秸，平均日产奶量提高5%，并对其采食生长无不良影响。用8%鲜槐叶糊饲喂罗非鱼，可明显提高增重率和成活率，显著降低饲养成本。

b. 改善动物产品的质量。添加3%～5%刺槐叶粉于鸡日粮中，不但对鸡有促进健康的作用，还能明显提高蛋黄光泽。在奶山羊日粮中，用35%刺槐叶替代30%麦麸、3%玉米和2%豆饼，虽然产奶量差异不大，但能降低饲料成本，而且羊奶中的蛋白质、乳糖和灰分含量均明显提高。长毛兔饲喂槐叶粉可显著提高产毛量，缩短产毛周期10～15d，毛质也相应提高。

c. 增强机体免疫力。槐叶粉在治疗鸡白痢、球虫疾病中，具有与复方敌菌净、呋喃唑酮药物同样良好的防治效果。詹明克等依据“槐实味苦酸咸，气寒无毒。入心肝大肠三经，主五内邪热，杀虫去风。枝端主湿热，皮清痫解毒，又主赤白痢，花枝皮叶近同功”的中药理论，用槐叶粉进行育雏，收到了育雏率略高于敌菌净的效果。说明槐叶粉具有杀菌灭球虫、调节胃肠功能、增强机体抵抗力的作用，可替代或部分替代一些抗生素。

(8) 油橄榄

① 油橄榄及其活性物质。油橄榄是亚热带的重要经济林木和地中海生产橄榄油的重要来源。

油橄榄叶中富含动物所需的营养物质如蛋白质、不饱和脂肪酸、维生素、膳食纤维、必需氨基酸及各种丰富的矿质元素Ca、P、Fe等，可作为动物饲料或发酵饲料的加工原料。其中，蛋白质占11.46%，可溶性总糖3.13%，粗脂肪3%，粗纤维15.8%，所含有的总能量约为13.19kJ/g。同时，油橄榄叶中富含黄酮、萜类及其衍生物、芳香族化合物、脂肪族化合物等活性物质，其中黄酮、萜类及其衍生物为主要成分。研究表明，橄榄粗提物或单体化合物具有抑菌、消炎、止痛、抗氧化、抗癌、保肝、抗糖尿病等药理活性。

油橄榄果渣的主要成分为纤维素、木质素、果渣油、酚类化合物和萜类化合物等。其中活性物质主要包括果渣油、酚类化合物和萜类化合物等。油橄榄果渣油是用溶剂或其他物理方法从已初榨提取橄榄油的果渣中获得的油脂，其主要成分等基本与初榨橄榄油相同，同样含有丰富的单不饱和脂肪酸。酚类物质是油橄榄中一类最为重要的成分，果实中酚类物质的种类和含量直接影响了橄榄油的外观品质、风味和生物活性。油橄榄中主要的酚类物质有橄榄苦苷、羟基酪醇、咖啡酸、阿魏酸、*p*-香豆酸、没食子酸、木犀草素、芦丁等。油橄榄富含齐墩果酸、山楂酸、熊果醇、高根二醇等五环三萜类化合物，而在非皂化的初榨橄榄油中富含三萜类化合物，它们具有较强的生物活性。

② 油橄榄在畜禽饲料中的应用。油橄榄叶是油橄榄生产中的重要副产物资源，它富含多种营养物质，具有抗氧化、抑制病毒和增强机体免疫等作用。利用油橄榄叶直接喂食反刍动物，可使瘤胃细菌合成的蛋白质质量提高，提高动物消化吸收率，使泌乳期奶牛产的牛奶中不饱和乳脂含量增加，改善牛乳的品质。唐中海等（2012）[35]在日粮中添加了不同水平油橄榄叶饲喂育肥期獭兔，结果表明，添加油橄榄叶能显著影响獭兔肉的品质，延缓肌肉 pH 下降，增加獭兔肉持水性，降低兔肉蒸煮损失，增加肉嫩度，影响肉色度。同时，添加油橄榄叶会影响肝脏和肌肉的抗氧化酶活性，增强机体抗氧化能力。唐中海等（2013）[36]利用 10%～15%油橄榄叶直接喂食仔兔，结果发现油橄榄叶能显著增加其体重，有助于提升仔兔的抵抗力和存活率。但如果利用油橄榄果渣、油橄榄叶直接饲喂鸡、鸭等不含有瘤胃细菌的反刍动物，由于油橄榄果渣、油橄榄叶中单宁等抗营养因子含量较高，会阻碍这些动物对它们的消化吸收利用，所以需要对油橄榄叶、油橄榄果渣等进行加工，处理后饲喂效果会更好。谢普军（2015）[37]利用油橄榄叶渣在适宜的条件下通过固态发酵制备动物饲料添加剂。结果表明，经 *A. niger* 和 *C. utilis* 混菌对油橄榄叶渣固态发酵，在提高蛋白质富集程度、增加纤维素酶活性和提高单宁酸降解效率方面效果最好。动物喂养实验表明，在肉鸡饲料中添加 50%以内的发酵饲料饲喂 28 天，肉鸡体重增加 120%，超过对照组（肉鸡体重增加 112%）；且添加 10%油橄榄叶渣发酵产物饲喂鸡较其他添加量组饲喂的鸡的免疫功能有所提高。

（9）银杏叶

① 银杏叶及其活性成分。银杏（*Ginkgo biloba*）是植物中的“活化石”，是一种重要的传统药用植物。世界上 70%以上的银杏树生长在我国。据不完全统计，我国银杏叶年产量在 4 万吨以上。近年来，随着我国银杏产品的精深加工和开发利用，银杏产业得到了快速发展，种植规模不断扩大。

研究表明，银杏叶含有独特的黄酮类化合物和萜类化合物等多种活性成分。其中，黄酮类化合物含量较高，约为 2.5%～2.9%，是银杏叶提取物的主要药用部分之一。目前已从银杏叶中分离出了 38 种黄酮类化合物，主要以山萘酚、槲皮素、异鼠李素连接不同数量、种类的糖形式（糖苷形式）存在，是极好的天然抗氧化剂。银杏内酯和白果内酯是银杏的特征性萜类活性物质，具有防治心脑血管疾病的功效。

② 银杏叶发酵物在动物生产中的应用。长期以来，银杏叶提取物被广泛用于医药、保健食品等领域中，但未能实现其全生物量的高效利用。同时，由于银杏叶提取物价格较高，其在动物生产中的广泛应用受到极大的限制，而且由于银杏叶的适口性不好、含有有毒成分，大量的银杏叶也难以被直接用在动物养殖中。南京林业大学在国内外率先开展了银杏叶的发酵及其产品在畜禽养殖中应用的研究，开发了系列产品。即以银杏叶为主要原料，运用优良的菌种，通过酶工程和微生物发酵工程，将银杏叶中动物难以消化的大分子营养源降解为易消化吸收的小分子物质，使银杏叶中固有的活性成分游离、暴露出来，更易被动物吸收。发酵后的产物除含有黄酮类化合物、银杏内酯等活性物质外，还含有大量的有益菌和高活力的复合酶。如，通过比较不同酵母菌在以银杏叶为主要发酵原料中的增殖能力，获得了一株具有较强抗银杏叶抑制物的产朊假丝酵母，在适宜的培养条件下发酵产物中主要营养成分的含量得到有效提升，并富含活性酵母；以一

株优良的复合酶产生菌黑曲霉为菌种，以银杏叶为主要原料，在适宜的固态发酵条件下，粗蛋白质、总氨基酸、必需氨基酸含量显著提升，同时，产品中还富含高活力的风味酶（β-葡萄糖苷酶）、纤维素酶和半纤维素酶，使产品的生物活性及香味得到了明显的改善，粗纤维等抗营养因子的含量得到明显降低。此外，还开展了地衣芽孢杆菌或纳豆芽孢杆菌发酵银杏叶的技术及其产品性能的研究。在此基础上，开展了大量的系列发酵物在畜禽养殖中应用的试验。结果表明，银杏叶发酵物作为饲料添加剂能提高黄羽肉仔鸡屠宰性能，其中屠宰率以添加0.5%组最高，半净膛率以添加1.0%组最高，且显著高于其他组。全净膛率、胸肌率以添加1.0%组和1.5%组较高，均显著高于添加0.5%组和对照组；银杏叶发酵物对黄羽肉仔鸡增重有明显促进作用，添加1.0%组和0.5%组的末重分别比对照组提高5.56%（$P<0.05$）和5.02%（$P<0.05$），平均日增重分别提高5.74%（$P<0.05$）和5.19%（$P<0.05$），从添加水平上看，以添加1.0%为佳。另外，银杏叶发酵物对脾脏、胸腺和法氏囊等免疫器官的发育有一定的促进作用。将银杏叶生物饲料运用于蛋鸡养殖中的研究发现，银杏叶生物饲料能显著提高蛋壳强度、蛋黄颜色及蛋黄百分率；降低蛋黄中胆固醇含量，改善鸡蛋蛋黄色泽，提高亚油酸、花生四烯酸和多不饱和脂肪酸（PUFA）的含量，降低棕榈酸、饱和脂肪酸（SFA）的含量，改善PUFA/SFA比例，显著降低血清中总胆固醇、甘油三酯、低密度脂蛋白水平。与对照组相比，3.5g/kg发酵银杏叶能显著提高肉鸡的平均日采食量（ADFI）、日增重（ADG），最佳添加量为3.5～4.5g/kg。Zhang等（2013）[38]发现经黑曲霉发酵后的银杏叶可提高肉仔鸡体重、饲料转化率以及血清和肝脏中α-生育酚浓度，显著降低肝脏活性氧、蛋白羰基和丙二醛（MDA）含量；经地衣芽孢杆菌或纳豆芽孢杆菌发酵后的银杏叶可改善肉鸡的饲料效率、促进胸腺和脾脏发育。

（10）黄梁木

① 黄梁木及其活性成分。黄梁木（*Neolamarckia cadamba*）又名团花树，属茜草科团花属植物，为常绿乔木，年平均生长量3.0～3.5m，分布于我国广东、广西和云南南部以及越南、缅甸等地，是一种热带、亚热带地区速生常绿阔叶乔木。黄梁木富含粗蛋白质，是优良的蜜源树种、饲料树种和药材树种。

黄梁木叶具有粗蛋白质含量高、营养成分丰富、饲料生物量高等特点，是一种潜在的饲料资源。去除黄梁木木质化较高部分后，在干物质基础上其枝叶与大多数木本饲料的营养特点相同，具有高蛋白、高钙和磷的特点，其中粗蛋白质含量为11.72%，粗纤维含量为13.2%，钙含量为1.6%，总磷含量为0.18%，蛋氨酸含量为0.12%，赖氨酸含量为0.55%。现已从黄梁木叶、枝、树皮、花和果实中分离出多种化学成分，主要有吲哚类生物碱、萜类化合物、皂苷类、黄酮类、单宁、酚类、绿原酸、β-谷甾醇、类固醇类、脂肪类和还原性糖等。

② 黄梁木在畜禽饲料中的应用。基于黄梁木的营养价值、药用价值，黄梁木具有作为反刍动物和非反刍动物饲料开发的潜力。用新鲜黄梁木枝叶直接饲喂乐至黑山羊，发现其具有良好的适口性，且黄梁木枝叶茂密，叶片面积大，反刍动物可食用部分多。利用黄梁木叶粉不同比例替代花生秧粉饲喂育肥期伊拉兔，对其生产性能无不良影响。

由于鲜黄梁木叶水分含量高，自然干燥难度大，青贮是最适宜的贮藏方式。黄梁木叶片青贮保存后pH较低，粗蛋白含量较高，营养成分保存完好，可以调制成优良的青贮饲料。汪胜楠等（2017）[39]利用50%青贮黄梁木（细枝和树叶）替代青贮全株玉米饲喂乐至黑山羊，结果表明，可显著提高乐至黑山羊平均采食量、眼肌面积以及屠宰肉中氨基酸含量，同时显著降低其料重比和失水率，且对其余屠宰指标均无不良影响。

第二节　林源饲料添加剂

一、分类

林源饲料添加剂是以一种或多种天然植物原株或其部分为原料，经物理加工或化学提取或生物发酵，开发的具有增加营养、促生长、提高饲料利用率、改善动物产品品质和替代或部分替代抗生素等功效的一种饲料添加剂。

林源饲料添加剂按活性成分分类，大致可以分为植物多酚、生物碱、植物精油、黄酮、有机酸、甾醇、多糖、植物色素、皂苷、低聚糖等；按林源植物种类可分为杜仲提取物、松树皮提取物、银杏叶提取物、茶叶提取物、杨树提取物、女贞提取物和泡桐花提取物等；按植物提取物的内在质量和分离纯化程度可分为全提取物、组分提取物、纯化提取物和标准化提取物等；按林源提取物的物理状态可分为粉状提取物、液状提取物和膏状提取物等。

（1）按活性成分分类

① 植物多酚类。植物多酚（plant polyphenol）是一类具有多元酚结构的次生代谢物，在植物中的含量丰富，主要存在于植物的叶、果、皮和根中[40]。狭义上认为植物多酚是单宁（tannins）或鞣质，其分子量在500～3000之间；广义上还包括小分子酚类化合物，如花青素、儿茶素、栎精、没食子酸、鞣花酸、熊果苷等天然酚类。植物多酚按照结构分类，可分为酚酸类、木酚素类、类黄酮类和1,2-二苯乙烯类。植物多酚具有清除自由基、抗脂质氧化、防癌和提高免疫力等多种药理活性，主要在茶叶、橄榄、石榴等产品中以茶多酚、橄榄多酚、石榴多酚等形式存在。

② 生物碱类。生物碱广泛存在于双子叶植物中，如夹竹桃科、芸香科、小檗科等，具有抗病毒、抗菌、抗炎、抗氧化、抗肿瘤等多种生物学活性。作为饲料添加剂可应用的生物碱类有胆碱、肉碱、苦参碱、小檗碱和甜菜碱等。

③ 植物精油类。植物精油又称挥发油或香精油，主要是从天然林源植物如松柏科、木兰科、樟科、蔷薇科等中通过特定方法萃取得到的高度浓缩的植物提取物，是一类有强烈气味和香味的挥发性油状液体。植物精油主要由芳香族（肉桂醛、香芹酚、丁香酚、大蒜素、百里酚等）、脂肪族和萜类化合物（主要是倍半萜和单萜，如α-蒎烯、石竹烯、柠檬烯等）组成，芳香族是主要的特异芳香味来源。植物精油具有多种生物活性，如清除自由基、调节肠道菌群、促进消化液分泌等[41]。

④ 黄酮类。黄酮类化合物指两个苯环通过三个碳原子相互连接而成的一系列化合物的总称，是一类重要的植物次生代谢产物，具有抗癌、抗氧化、调节脂代谢、抗菌、抗病毒、抗炎等生理功能。作为一种天然、绿色、环保的抗氧化剂，黄酮类化合物可提高动物的生长性能和抗氧化能力[42]。

⑤ 有机酸类。有机酸类，是一类分子结构中含有羧基的化合物，其作为饲料添加剂，可减少体内由细菌产生的毒性物质、改善动物肠壁形态。

⑥ 植物甾醇类。饲用甾醇主要指植物甾醇和菌类甾醇，在自然界存在最多的包括β-谷甾醇、豆甾醇、谷甾烷醇等，目前已发现的植物甾醇有200余种。生理作用主要表现在降低胆固醇、抗感染、抗菌和抗肿瘤等，具有提高动物生长性能、增加饲料转化率、改善奶牛泌乳性能等作用。

⑦ 多糖类。植物多糖，是由10个以上单糖（包括葡萄糖、木糖、阿拉伯糖、半乳糖、鼠李糖、果糖、甘露糖等）聚合而成的天然生物大分子，主要存在于植物的根、茎、叶中。其中，由单一单糖组成的多糖称为同质多糖，由非单一单糖组成的多糖称为异质多糖。大量研究表明，植物源水溶性多糖在一定剂量范围内能够改善动物肠道环境，具有提高动物生长性能、增强免疫力等多种药理活性[43]。将植物多糖开发为饲料添加剂，可以有效减少抗生素等药物添加剂在饲料中的使用。

⑧ 植物色素类。林源植物的花、叶、果实、皮等常呈现各种各样的颜色，其与植物内部的天然色素有关。按照溶解性，植物色素可分为脂溶性色素和水溶性色素两大类。植物色素类物质具有多种生物学活性，能够增强动物机体功能、预防疾病，常用作动物的营养补充剂和辅助药物。

⑨ 皂苷类。皂苷类物质主要由皂苷元（三萜皂苷和甾体皂苷）、糖（葡萄糖、鼠李糖、半乳糖、木糖、阿拉伯糖及其他戊糖类）、糖醛酸、有机酸等组成，主要存在于植物的茎、叶、根等部位。皂苷存在于如丝兰、可来雅皂角树等林源植物中。皂苷类物质具有多种药理活性（如抗菌、消炎、双向免疫调节等），作为饲料添加剂，可改善畜禽的饲料转化率、减少动物死亡率等。

以皂苷为功能因子生产功能性饲料具有较大潜力。此外，皂苷类物质可作为天然表面活性剂降低液体表面张力，还可作为营养物的保护剂、乳化剂、增味剂等。目前，已在国内被批准上市的皂苷类饲料添加剂有 3 种：天然类固醇萨洒皂角苷（来源于丝兰）、天然三萜烯皂角苷（来源于可来雅皂角树）、苜蓿提取物。

⑩ 低聚糖。低聚糖是指由 2～10 个单糖聚合而成的功能性化合物，其具有改善肠道菌群生态环境、提高益生菌竞争性优势的作用，从而提高动物机体免疫力、改善动物健康水平。低聚木糖（xylooligosaccharides）是功能性寡糖的常用种类，已被批准为饲料添加剂，是由 2～7 个 D-木糖经 β-1,4 糖苷键结合成的直链或支链低度聚合糖，有效成分以木二糖和木三糖为主，具有稳定性好、有效用量少、无残留及来源丰富等特点，对畜禽防病促长、增强免疫力、提高饲料报酬、降低养殖成本、促进生态养殖等都有明显效果[44]。

（2）按林源植物种类分类　按林源植物种类来分，林源饲料添加剂种类较多，具有代表性的主要有以下几种。

① 杜仲提取物。作为我国特有的经济林树种，杜仲的皮、果、叶、花等富含大量具备生物功能的营养成分。杜仲富含木脂素类、环烯醚萜类、苯丙素类、黄酮类及多糖类等多种活性成分[45]。目前已从杜仲中分离出京尼平苷、京尼平苷酸、桃叶珊瑚苷、车叶草酸、杜仲醇、杜仲醇苷等多种环烯醚萜类化合物，咖啡酸、二氢咖啡酸、松柏酸、绿原酸、愈创木丙三醇、绿原酸甲酯、丁香苷、香草酸、间羟基苯丙酸等多种苯丙素类化合物。杜仲叶提取物的主要成分为绿原酸、杜仲多糖、杜仲黄酮。这些活性成分能有效地增强动物免疫力和改善营养物质在动物体内的生物转化。

② 松树皮提取物。松树属于松属，在云南、四川等地广泛种植。松树皮中含有以萜类化合物为主的挥发油、以原花青素类为主的多酚以及多糖、氨基酸、微量元素等营养物质，所以松树皮提取物具有抑菌、抗氧化、抗炎和提高机体免疫力等多种生物学功能。因其具有来源广泛、价格低廉等优势，可作为饲料添加剂，在畜禽中具有广阔的应用前景。

③ 女贞提取物。女贞子又名女贞实、冬青子、白蜡树子、鼠梓子，原生于中国长江流域及南方各地，河南、陕西、甘肃等北方不太冷的地方也有引种。女贞子含有齐墩果酸、乙酰齐墩果酸、熊果酸等多种活性成分，其中含量较高的是齐墩果酸。女贞子提取物除主要含有齐墩果酸外，还含有多糖、氨基酸、苷类、微量元素、挥发油等。其中，挥发油含有大量酯类、醇类和醚类，其次是硫酮、烃类和少量胺类与醛，但不含萜烃类，这一点与一般植物挥发油不同。

④ 泡桐花提取物。泡桐树是多年生落叶速生高大乔木，早春开花，花后生叶，其花朵肥大，一穗数十朵。泡桐花资源丰富、价格低廉，主要活性成分有生物碱、黄酮类、有机酸、挥发油、氨基酸、蛋白质、多糖、酚类及鞣质类成分[46]。研究表明，泡桐花含有的生物活性物质，对提高猪的日增重有一定效果，并具有疏风散热、清热解毒、清肝明目、燥湿止痢等功能。开发利用这一资源，对降低动物饲养成本、节约粮食和提高经济效益具有重要的作用。

⑤ 淫羊藿提取物。淫羊藿是小檗科淫羊藿属植物的干燥叶，具有补肾壮阳、强筋健骨、祛风除湿等功效。淫羊藿提取物为淫羊藿的乙醇提取物，主要有效成分为淫羊藿苷等黄酮类化合物。淫羊藿提取物具有多种生物活性，如促进子宫内膜增厚和卵巢激素的分泌、促进动物的性腺发育并调节激素水平、抗氧化、抗肿瘤、抗病毒、神经保护等[47]。

⑥ 茶叶提取物。我国的茶叶产量居全世界首位且价格低廉。茶叶中富含多种特殊药用功能物质（茶多酚、咖啡碱、茶氨酸等），是天然植物性饲料添加剂[48]。其中，茶多酚是茶叶中提取的多酚类物质及其衍生物的总称，占干重的 18%～36%，是一种基础结构为 α-苯基苯丙吡喃的类黄酮化合物，具有抗氧化、抗病毒等多种药理作用[49]。咖啡碱在干茶中的含量约为 1%～5%，具有刺激心脏、刺激神经及利尿的作用。L-茶氨酸是茶叶中特有的氨基酸，属于非必需氨基酸，其具有抗氧化、抗炎、降血压等功效，已于 2014 年被我国批准为新型食品添加剂。茶叶提取物具有兴奋中枢神经系统的作用，可提高肝脏对物质的代谢能力、促进动物的生长，是一种绿色、优质、多功能的饲料添加剂。

⑦ 杨树提取物。杨树皮含有水杨苷、白杨苷、水杨柯亭和特里杨苷等酚苷类化合物，具有

很好的解热镇痛和抗风湿等作用。杨树皮还含有水杨酸、香草酸、阿魏酸和咖啡酸等有机酸，具有抗痢疾杆菌、金黄色葡萄球菌、大肠杆菌和绿脓杆菌等作用。此外，杨树皮含有由葡萄糖、木糖、鼠李糖、阿拉伯糖、半乳糖和甘露糖等组成的水溶性多糖。应用试验表明，这些活性成分能有效提高动物生长性能及肉品质。所以，以资源丰富、收集方便、价格低廉的杨树皮剩余物为原料，提取酚苷、酚酸、多糖等生物活性物质作为饲料添加剂具有很好的应用前景。

⑧ 刺五加提取物。刺五加为五加科药用植物，多年生落叶灌木，其提取物中富含黄酮类（原茶儿酸、紫丁香苷、刺五加苷 E、异嗪皮啶等）、皂苷类、微量元素、氨基酸、糖苷（酚苷、香豆精苷和木脂素苷等）以及维生素 C 等[49]。刺五加提取物作为饲料添加剂或保健药物，已被证明具有较好的促进动物生长、提高免疫力、抗炎等功效。

⑨ 丝兰提取物。丝兰，别名软叶丝兰、毛边丝兰、洋菠萝，为百合科丝兰属植物。丝兰抗性强，适应性广，为常绿灌木，观赏价值高，是园林绿化的重要树种。丝兰提取物的主要成分为甾类皂苷［萨洒皂苷配基（sarsapogein）、菝葜配基（smilagenin）、龙舌蓝皂苷配基（hecogenin）］、自由皂苷（saponin-free）、海可皂苷和糖类复合物（glyco-components）。丝兰提取物是一种新型饲料添加剂，对促进畜禽健康、高产，改善其消化道环境，改善肉产品品质，促进营养物质吸收，提高饲料利用率等具有重要作用。丝兰提取物可降低畜舍氨气、硫化氢等有害气体的浓度，改善畜禽的饲养环境，增强机体免疫力，提高动物生产性能，还可刺激循环和呼吸系统，影响动物荷尔蒙分泌，具有胰腺乳化剂等功能。在美国、英国等国家，丝兰提取物作为畜禽饲料添加剂得到广泛应用。

⑩ 糖萜素。糖萜素（saccharicter-penin）由糖类、配糖体和有机酸组成，是一种三萜皂苷类与糖类的混合物，具有增强机体免疫力、提高动物生产性能等作用[50]。糖萜素安全性高，且和其他饲料添加剂配合使用无配伍禁忌，已于 1998 年被农业部正式批准为新型饲料添加剂（农牧涵〔1998〕6 号），是我国首个自主研发的产品。2000 年 7 月 6 日，中国绿色食品发展中心为糖萜素颁发了 AA 级纯天然绿色饲料添加剂证书。

（3）按林源植物提取物的内在质量和分离纯化程度分类

① 全提取物。林源植物仅经过提取、浓缩和干燥获得的提取物，亦可称为“粗提物”“比例提取物”或“简单提取物”。

② 组分提取物。林源植物经过提取、分离得到的有效组分，且对有效组分进行可量化质控标示（标示含量可通过混合不同批次的提取物来进行调整）。

③ 纯化提取物。植物经过提取、分离、纯化得到的单一成分产品，一般含量规格在 98% 以上。

④ 标准化提取物。它是对林源植物从种植、采收、初加工、提取、质量控制等方面均有标准要求，且提取分离的所有活性物质均是已知并可量化控制的产品。

（4）按林源植物提取物的物理状态分类

① 粉状提取物。林源植物提取物，经蒸发、干燥、粉碎过筛所得的固形物产品。

② 液状提取物。林源植物提取物，经分离后获得的可流动态（油脂态或精油等）产品。

③ 膏状提取物。林源植物提取物，经蒸发制备的溶剂而获得的稠状物产品。

二、生物功能

（1）促进肠道消化及营养吸收　肠道是营养物质消化吸收的主要场所，肠道绒毛是机体营养物质吸收的主要部位。幼龄动物在断奶时，由于受到饲料形态、营养成分等变化的应激，机体肠道组织结构受到破坏，使得机体肠绒毛高度与隐窝深度的比值（比值越高说明肠道的吸收能力越强；反之，越低）显著下降，腹泻率提高。林源植物饲料添加剂能够提高肠绒毛与隐窝深度之比，增强肠道消化吸收的能力。此外，林源植物饲料添加剂进入畜禽胃肠道后也可起到生物酶解的作用。林源植物饲料添加剂可刺激胰腺和肠道酶的功能，例如植物香味剂的活性物质可激活非反刍动物的多种消化酶，促使营养成分通过肠道到达吸收部位，从而提高饲料营养效价。

当肠黏膜结构与功能受损时，就会影响营养物质的吸收。此时，添加必需的抗氧化酶［如超氧化物歧化酶（SOD）、过氧化氢酶（CAT）等]，就可消除损害正常消化功能的氧自由基，从而保护机体免受氧化应激的损害。林源植物饲料添加剂可以增加肠黏膜表面的微绒毛高度，从而提高动物对营养物质吸收的能力。

（2）促进肠道益生菌生长　林源植物提取物可以影响动物肠道微生物的菌群。如牛至精油可增加乳酸菌的数量，降低回肠和盲肠中大肠杆菌、葡萄球菌和肠球菌的数量；香芹酚在断奶仔猪体内有促进杆菌属细菌生长、减少肠道有害菌群数量的积极作用。

功能性低聚糖不被消化吸收而直接进入大肠内优先为双歧杆菌、乳酸菌、肠球菌等益生菌所利用，是有益菌群最直接、最有效的养料，它能排除消化系统干扰，选择性地进入乳酸杆菌等益生菌最适宜生长的大肠，促使双歧杆菌等快速生长和大量繁殖[51]。所以，低聚糖能调节动物菌群结构、增殖有益菌群，进而达到提高畜禽生产性能、提高畜禽免疫性能、改善畜禽肠道微生态环境、除粪臭等作用。

（3）改善动物生产性能　林源植物饲料添加剂能有效提高动物生产性能，提高饲料转化率。研究表明，猪饲料中添加300g/t松针中提取的原花青素，能显著提高猪的平均日增重，降低饲料增重比。花青素能极显著地促进肉鸡生长[52]。添加40mg/kg茶多酚组产蛋率提高了5%[53]。在动物饲粮中添加一定比例的植物多糖能改善动物的生产性能，降低料肉比。在饲料中添加适量桑叶黄酮可改善吉富罗非鱼的生长性能。研究表明，林源植物饲料添加剂通过促进机体生长相关激素的合成与分泌来提高机体氨基酸与蛋白质合成，从而促进动物生长。植物饲料添加剂还可以通过产生有机酸有助于改善消化过程，产生较高的生产性能。

（4）增加饲料及动物产品中的营养素含量，改善产品品质　林源植物源饲料或饲料添加剂富含蛋白质、氨基酸、脂肪酸、维生素、矿物微量元素等天然有机营养物质。将其按比例添加入配合饲料中，可使饲料的营养水平更趋向全价化，能够有效降低体脂肪、改善动物肉品质等。能提高养殖动物瘦肉率的林源植物饲料添加剂有泡桐叶、杜仲叶、白果叶、辣木叶、构树叶、杨树叶粉、马尾松针粉、紫穗槐粉、沙棘果渣粉、枸杞叶粉等。例如，茶多酚通过抑制胰脂肪酶活性，减少机体对甘油三酯的吸收，从而促进能量的排出，降低甘油三酯水平；5%泡桐叶粉可明显提高猪胴体瘦肉率，减少体脂；将3%杨树叶粉添加至AA肉鸡的饲料中，其瘦肉率较对照组提高、腹脂含量下降；在尼罗罗非鱼饵料中添加适量马尾松针粉，其瘦肉率较对照组提高了6.93%、腹脂率降低了3.71%；8%紫穗槐粉可明显提高肉羊的瘦肉率，减少腹腔脂肪。

① 增加动物产品中的营养素含量。林源植物提取物作为动物饲料添加剂，因其本身含有丰富的有机营养物质，这些物质在动物体内易消化、吸收，并转化于动物体组织内，能够提高动物产品的营养品位。例如，在肉仔鸡饲料中添加适量松叶粉，可明显提高肌肉中维生素A、硒、肌原蛋白等的含量；在肉仔鸡饲料中添加适量杜仲粉，能提高胸肌总氨基酸的含量；在鳝鱼饵料中添加杜仲粉，可提高肌胶原蛋白含量；在肉鸡日粮中添加糖萜素，可提高肌肉中苏氨酸、脂肪和总色素的含量；在猪、鸡、兔等畜禽的日粮中添加松籽提取物，可不同程度地提高肌肉中的脂肪酸含量。

② 提高肉蛋产品的色泽。林源植物的树叶、果、皮等部位富含类胡萝卜素、叶绿素等天然增色物质。常用于动物增色泽剂的林源植物有很多，如刺槐叶、泡桐叶、紫穗槐、桑叶、鸡血藤等。例如，松针叶中含有197～343mg/kg的胡萝卜素，可作为蛋鸡增色剂，使蛋黄色泽提高5～7个级别；槐叶粉内含有维生素A、叶黄素、叶绿素等，在蛋鸡日粮中添加5%～10%饲喂蛋鸡，蛋黄颜色加深；在日粮中添加3%马尾松针叶粉可使鲤鱼色泽提高5～6个级别。

③ 降低动物产品中胆固醇的含量。动脉粥样硬化是导致心血管疾病的重要因素，而高脂、高胆醇（CHOL）膳食与动脉粥样硬化有着密切关系。在动物饲料中添加陈皮、银杏、松籽、泡桐叶、樟树叶、桑叶等林源饲料添加剂可有效降低动物产品中CHOL的含量。例如，在蛋鸡日粮中添加适量杜仲纯粉，可降低蛋黄、肌肉中CHOL的含量；在淡水鱼的饲料中添加用杜仲叶、刺槐叶等制作的林源植物饲料添加剂，可降低鱼肉中CHOL的含量。

④ 提高动物产品风味。植物中含有多种与肉蛋香鲜相关的氨基酸（如苯丙氨酸、亮氨酸、缬氨酸、谷氨酸、赖氨酸等）和不同香型的挥发油，这些挥发油有助于提高动物肉、蛋、乳等产

品的鲜香气味。研究表明，在肉鸡饲粮中添加适量杜仲粉，能明显提高鸡胸肌氨基酸的含量，提高鸡肉烹调的香鲜味；在肉鸡饲粮中加适量桑叶粉，其肉质更细、香味更浓、口感更好；用丁香、陈皮、山苍子等提取物组成的饲料添加剂，可使猪、鸡的肉质变细，提高肉烹调的香鲜味。此外，用山苍子树的叶、花、果渣等饲喂动物，可显著提高肉、蛋、乳等产品的浓香味。

⑤ 降低动物产品中有害物质残留。人工养殖的动物，常因环境、饮水、饲料等中某种有害物质污染而残留在体内，影响动物产品的品质。研究表明，在肉仔鸡的日粮中添加糖萜素，可明显降低肉鸡肌肉和肝中重金属的含量、增加肌肉中脂肪和氨基酸的含量；茶多酚在动物体内常会与进入动物胃肠道中的铜、铅、镉等重金属络合，使之不能被机体吸收，防止有害金属离子在组织中残留。

（5）提高抗氧化、抗炎能力　炎症和氧化应激是影响动物生长性能的重要因素。炎症反应是机体对感染和组织损伤的防御性反应，严重的炎症反应会对动物机体造成组织器官特别是肠黏膜的损伤，从而影响饲粮营养的吸收，扰乱动物机体的新陈代谢。

多数林源植物饲料添加剂具有很好的抗氧化和抗炎能力。提取物中的酚类物质、黄酮类化合物都具有很好的抗氧化性，在饲料中添加适量桑叶黄酮可改善吉富罗非鱼的生长性能，显著提高其抗氧化能力及抗亚硝酸盐应激能力，提高抗氧化酶 SOD 和 CAT 的基因表达水平[54]。植物多糖普遍具有抗炎和抗氧化功能，可提高 SOD 等氧化性自由基清除酶的活性，加快活性氧（ROS）的清除，减少对机体的损伤。其作用机理主要包括：a. 通过快速摄取 O^{2-} 的电子和 OH^- 的氢原子，将 ROS 还原成对机体无害的产物；b. 通过提高 SOD、CAT、谷胱甘肽过氧化物酶等活性，起到抗氧化作用；c. 多糖中的醇羟基可络合 Fe^{2+}、Cu^{2+} 等金属离子，从而阻断自由基的产生；d. 加快 SOD 的释放，起到清除 ROS 的作用及阻断由 ROS 引起的连锁反应[55]。

（6）提高免疫力　大量的研究发现，植物多糖是重要的免疫调节剂，能够激活免疫细胞，提高机体免疫功能，其作用机制是通过激活各免疫细胞对细胞因子的释放，促进抗体生成，从而实现免疫调节作用。松树皮提取物作为饲料添加剂，具有提高动物机体免疫力、抗炎和氧化应激等作用。儿茶素类化合物对多种有害细菌、真菌、病毒等都有明显的抑制能力，还能抑制细胞外毒素的活性。茶多酚可通过改变细菌细胞膜通透性和渗透性，导致其细胞膜严重破坏、代谢紊乱甚至死亡，同时能提高白细胞吞噬能力和 T 细胞转化率。

（7）抗病毒、抗菌能力　三萜皂苷可以促进动物中枢和外周免疫器官发育成熟，提高免疫球蛋白含量和抗体形成，增强黏膜免疫功能，抑菌抗病毒等。植物精油中香芹酚、百里香酚、丁子香酚以及肉桂醛等化合物抗菌作用显著，并且精油中多种化合物往往具有协同作用，可以高效抑制动物瘤胃、肠道等中有害微生物的生长，降低反刍动物甲烷排放量，有利于动物生产性能的提高，并且活性成分在代谢组织中的积累可以抑制腐败或致病细菌的生长。

泡桐花对金黄色葡萄球菌及伤寒杆菌、痢疾杆菌、大肠杆菌、绿脓杆菌、布氏杆菌、革兰氏菌、酵母菌等均有一定的抑制作用，其中对金黄色葡萄球菌、枯草杆菌作用较强，对酵母菌作用次之，对大肠杆菌作用较弱。泡桐花中有效成分熊果酸、黄酮类化合物具有多种生物活性，其也具有很强的抗菌作用。

（8）保鲜防腐，延长保质期　天然植物饲料添加剂能延缓和防止饲料中营养成分被氧化变质，同时还具有提高饲料稳定性和延长贮存时间的作用。具有抗氧化作用的林源植物有越橘叶、栎树皮、桉叶、红茶、棕榈等。茶多酚和 L-茶氨酸等活性物质均具有较强的抗氧化作用，可以替代食品和饲料中的食品抗氧化剂和工业抗氧化剂，提升食品和饲料的品质并延长保质期。夏天储运条件下，在油脂中添加 1000mg/kg 的茶多酚母液，再将油脂以 2%的比例加入饲料中，可以保存 2 个月以上[56]。另外，植物精油可以抑制霉菌生长，延缓饲料霉变，从而保证饲料的品质。

三、典型林源饲料添加剂加工与应用

（1）杜仲提取物

① 杜仲及其营养价值。杜仲为落叶乔木，是我国特有的品种，在广西、四川、安徽、河南等地多有种植。杜仲的主产国为中国，约占世界总产量的 95%，资源丰富，每年预计可产杜仲

干叶 40 万 t，为杜仲作为饲料添加剂的使用和发展奠定了坚实的基础。杜仲除含有京尼平甘酸、绿原酸、桃叶珊瑚苷、总黄酮等有效成分外，还含有多种矿物质和氨基酸。杜仲具有补肝肾、降血压、提高机体免疫力等生理活性，被列为中药的上品。杜仲叶粉中含有粗蛋白质、粗脂肪、维生素等多种营养物质，能够满足动物生长发育所需，并且具有抗菌、消炎、抗病毒、抗氧化及增加白细胞等作用，对动物脏器重量变化、生理机能有很大的影响。我国古代就有用杜仲叶浸水喂猪的记载。

② 杜仲的主要利用形式。杜仲作为林源植物，可作为饲料添加剂的主要形式有：杜仲皮、叶粉和杜仲叶提取物。杜仲皮一直以来都是杜仲作为中药的可使用成分之一，其可作为饲料添加剂，主要利用形式为杜仲皮或杜仲皮提取物的酊剂或水煎剂，受其产量的影响，将杜仲皮大规模使用在功能饲料添加剂方面具有极大的局限性。杜仲叶同杜仲皮一样都具有使禽畜健康生长和提高生产性能的作用，且杜仲叶资源丰富，用杜仲叶作饲料添加剂可大大提高其利用率，其主要利用形式为杜仲叶粉或杜仲叶的提取物（杜仲素）。

③ 杜仲的有效活性物质及其生物功能。杜仲中含有 80 多种天然活性物质，主要包括黄酮类、木脂素类、环烯醚萜类、苯丙素类、多糖类、氨基酸和矿物质元素等[57]。

a. 黄酮类。杜仲中主要的黄酮类物质包括芦丁、异槲皮素、槲皮素、山柰酚和紫云英苷等，总黄酮含量的多少是判断杜仲生药及其质量的重要标准。杜仲黄酮具有降胆固醇、降血脂、抗病毒和抗肿瘤等方面的生理活性。

b. 木脂素类。已从杜仲中检测到的木脂素类化合物有 27 种，主要包括单环氧木脂素类、双环氧木脂素类、倍半木脂素类及新木脂素类等。杜仲中木脂素类化合物具有抗肿瘤、降血压、扩张血管等生理活性。

c. 环烯醚萜类。已从杜仲中分离到 20 多种环烯醚萜类化合物，主要包括桃叶珊瑚苷、京尼平苷、杜仲醇等。杜仲中环烯醚萜类化合物具有免疫抑制性、预防性功能低下、促进胆汁分泌、抗肿瘤活性、抗补体性、抗乙肝病毒和抑菌等生理活性。

d. 苯丙素类。已发现杜仲中 11 种含量较高的苯丙素活性物质，主要包括绿原酸、咖啡酸、香草酸及寇布拉苷等，其是由天然存在的苯环与 3 个直链碳连接构成的化合物。苯丙素类在杜仲叶中含量较高，是杜仲皮中含量的 18 倍。杜仲中苯丙素类化合物具有抗病毒、抗肿瘤、抗氧化、抗菌消炎、刺激中枢神经、促进胆碱和胃液分泌、保肝护肝及修复碱基等生物活性。

e. 多糖类。杜仲多糖的主要成分包括酸性聚糖杜仲糖 A 和杜仲糖 B。杜仲多糖具有活化网状内皮系统、增强机体免疫功能等生理活性。

f. 其他。除上述活性成分外，杜仲中还含有氨基酸、矿物质、酚类化合物、醇类化合物、生物碱和挥发油等物质。

④ 杜仲作为饲料添加剂在动物养殖中的应用。目前，杜仲粉作为饲料添加剂的主要形式，其生产技术及工艺已经完全成熟，国内也有多个生产厂家。杜仲饲料添加剂有非常好的饲养效果，其主要功效有以下几方面。

a. 促进动物胆固醇和脂质代谢。在人类食物中，蛋黄内的胆固醇含量非常高。用杜仲叶粉饲喂蛋鸡，可有效促进胆固醇代谢，降低蛋类中胆固醇的含量。此外，随着禽畜饲养集约化程度的不断提高，禽畜由于受到活动空间的影响，严重缺乏代谢，体内的脂质含量过高。将杜仲叶粉添加到鸡和鸭的饲料中发现，其腹脂肪含量明显降低；在鲤鱼的饲料中添加适量杜仲叶粉，饲喂后发现鱼肉中脂肪含量明显下降。

b. 促进动物蛋白质的合成。研究表明，将杜仲叶粉添加至禽畜的饲料中，其肌肉中粗脂肪和粗蛋白质的含量明显提高，胸腿肌的比率显著增加，其肉的品质显著改善，与野生动物相类似；在鳝鱼的饵料中添加杜仲叶粉，可显著提高鳝鱼的肌肉强度、降低肌纤维粗度、提高肌胶原蛋白的含量，从而改善鳝鱼肉的烹调风味；在鱼的饲料中添加杜仲叶粉，饲喂后其肌蛋白含量升高，人体必需氨基酸的含量显著升高。

c. 改善禽畜的免疫应答能力和抗病能力。杜仲中含有多种微量元素、不饱和脂肪酸及多糖等生物活性物质，可改善禽畜的免疫应答能力和抗病能力。研究表明，在肉仔鸡的饲粮中添加杜仲提取物，与对照组相比其免疫器官（法氏囊、胸腺、脾脏等）发生了显著的变化；在贵妃鸡的饲粮中添加杜仲素，能显著增强淋巴细胞的免疫应答和促进脾的发育；在鲤鱼的饵料中添加杜仲叶粉后，显著提高了鲤鱼的血清抗体效价和白细胞的吞噬活性，使其采食量增加、生长速度加快、存活率提高；在断奶仔猪饲料中添加杜仲提取物，能显著提升断奶仔猪的免疫能力[58]。

d. 提高畜禽产品的质量和产量。研究表明，在牛饲料中添加杜仲叶提取物，其日增重、饲料利用率和母牛产犊率显著提高；在猪饲料中添加杜仲叶提取物，猪的采食量和生产性能明显提高[59]；在羊饲料中添加杜仲叶提取物，其日增重、饲料利用率和羊毛增产率大大提高，且羊毛的品质有明显改善；在草鱼的饵料中添加适量的杜仲叶提取物，可提高其日增重和饲料利用率；在蛋鸡的饲粮中添加杜仲叶提取物，其产蛋时间加倍、老龄蛋鸡产蛋率显著提高、鸡蛋中总胆固醇含量显著降低；在仔猪和獭兔饲料中添加杜仲叶提取物，发现仔猪和獭兔的日增重率显著提高、饲料消耗率明显下降，且毛皮的品质也显著提高[60]；在肉猪饲料中添加适量杜仲素，其日增重率和料重比等均比对照组高，瘦肉率及后腿肌肉率等指标有所提高，肉类的品质明显改善；在对虾的饲料中添加杜仲素，可提高其成活率及日增重率、降低饵料系数，并改善对虾的肉质。

e. 其他。杜仲在宠物功能饲料等方面也有较为广阔的应用前景。用杜仲叶提取物作为饲料复配剂喂养宠物，如猫、狗等，可改善其毛发品质、降低排泄物中的异味，使其更加活泼逗人。

（2）林源植物精油　林源植物精油是通过特定方法从天然林源植物中萃取得到的高度浓缩的一类具有强烈气味和香味的挥发性油状液体，又称挥发油或香精油，其绿色环保、安全高效，具有抗菌、抗氧化、抗炎等生理活性。

① 林源植物精油的加工制备技术。林源植物精油的加工制备技术主要包括压榨法、蒸馏法、萃取法、辅助提取法和微胶囊技术法等[61]。

a. 压榨法。利用机械外力将林源植物压榨，从而释放其中的精油成分。该法操作简单并能很好地保留林源植物原本的香气，缺点是精油的提取率及产量低，难以大规模生产应用。

b. 蒸馏法。将林源植物与水混合，利用植物精油具有挥发性、不与水反应的特性，加热使林源植物精油与水蒸气一并馏出，冷凝后提取精油成分。该法操作简单、成本低廉，缺点是耗时且易导致精油中的热敏成分分解从而影响林源植物精油质量。

c. 萃取法。萃取法又分为有机溶剂萃取法、超临界流体萃取法、亚临界水萃取法等。有机溶剂萃取法是利用相似相溶的原理，用有机溶剂（乙醇、石油醚等）将林源植物中的可溶性精油成分萃取出来，经蒸馏后将有机溶剂去除以获得精油。该法成本低廉、提取率高，缺点是有机溶剂残留影响林源植物精油的质量。超临界流体萃取法是通过改变压力和温度从而改变超临界流体（如 CO_2）的溶解能力，可针对性萃取、分离林源植物中的精油成分。该法克服了有机溶剂萃取法中有机试剂残留的问题，缺点是操作烦琐、设备昂贵，限制了此法的广泛应用。亚临界水萃取法是通过控制压力，将水加热到100℃以上、374℃以下，此时的水由强极性变为非极性，可代替有机溶剂将林源植物中的精油成分萃取出来。此法耗时短、环境友好、设备和操作要求较超临界流体萃取法要低，是一项使用前景广阔的林源植物精油提取方法。

d. 辅助提取法。辅助提取法可分为微波辅助提取法、超声波辅助提取法和生物酶辅助提取法三种。辅助提取法单独使用时效果不佳，常需和其他方法联用，能够大幅度缩短提取时间，节省溶剂消耗。微波辅助提取法是利用高频微波对样品及溶剂的极性成分产生热效应，破坏林源植物细胞的结构，加速林源植物精油成分的流出，但热效应产生的高温易导致精油结构的裂解；超声波辅助提取法是利用超声波的空化及机械效应，破坏林源植物细胞的结构，加速林源植物精油成分的流出，但此法的效果不稳定，受多因素影响；生物酶辅助提取法是利用酶的专一性，破坏林源植物细胞中的细胞壁（如纤维素、半纤维素和果胶质等），加速林源植物精油成分的流出，但生物酶的活性及酶学性质不稳定，使用成本较高。

e. 微胶囊技术法。林源植物精油受其挥发性的影响，导致自身性质并不稳定，极易造成挥发损失，难以控制其在动物的胃肠道内定点释放。微胶囊技术是通过高分子材料将林源植物精油进行包裹，使其与外界隔绝，从而提高林源植物精油在动物体内的利用率。微胶囊技术法主要分为以下3种：ⅰ. 物理法。通过物理变化直接将微胶囊壁材在气相中包被液态的林源植物精油，喷雾干燥法是物理法中最常见的方法，此外还有包结络合法、空气悬浮法和超临界流体法等。ⅱ. 化学法。在一定条件下，芯材与特定溶剂混合会发生聚合反应生成高分子聚合物，可与芯材连接组装后形成微胶囊。ⅲ. 物理化学法。通过改变外在条件，使成膜材料产生相分离，同时自由能也会下降，进而具备了形成微胶囊的环境。

② 林源植物精油的有效活性成分。林源植物精油中含有萜烯、醇、酚、醛、酮、酯和其他复杂的碳氢化合物。目前有关林源植物精油的研究主要集中在芸香科、樟科等芳香植物上。主要成分有以下 4 类[62]。

a. 萜烯类化合物。萜烯类化合物在林源植物精油中的含量最多，主要包括沉香醇、香叶醇、冰片等化合物。

b. 芳香族化合物。芳香族化合物是林源植物精油中仅次于萜烯类化合物的第二大类化合物，主要包括百里香酚、香芹酚、桂皮醛等。

c. 脂肪族化合物。脂肪族化合物是林源植物精油中分子量较小的一类化合物，主要包括异戊醛、芳樟醇、姜油酮等。

d. 含硫含氮化合物。含硫含氮化合物主要包括大蒜素、三硫化物和异硫氰酸酯等。

③ 林源植物精油的生物功能

a. 抗菌活性。林源植物精油能降解细菌细胞壁，破坏细胞膜蛋白质结构，导致细胞质凝聚，从而起到抑制细菌活性的作用。此外，精油中所含的萜类化合物结构中的羰基官能团亦能增强精油的抗菌活性。研究表明，林源植物精油活性成分的抗菌活性强弱顺序为苯酚＞肉桂醛＞醇类＞醛类＞酮类＞醚类＞烃类，其中酚类成分的抗菌活性会随着分子间空间位阻的增大而增强。

b. 抗氧化活性。林源植物精油具有抗氧化活性，且活性的强弱与精油结构中的萜烯及其含氧化合物的存在有关，其作用机制包括以下 3 点：ⅰ. 酚类化合物与自由基结合，使自由基活性降低或清除；ⅱ. 酚羟基与金属离子 Fe^{2+} 或 Cu^{2+} 等螯合生成稳定的螯合物，减少金属离子 Fe^{2+} 或 Cu^{2+} 等诱导的自由基的生成；ⅲ. 萜烯类化合物可以上调动物机体内抗氧化酶的活性。

c. 抗肿瘤活性。林源植物精油可通过抑制细胞增殖、阻滞细胞生长周期等方式发挥其抗肿瘤活性。研究表明，丁香酚可通过消耗细胞内的巯基而破坏氧化还原系统的平衡，造成细胞内活性氧蓄积，引发线粒体渗透性改变，从而激活 Caspase-9 和 Caspase-3 的级联反应，而后诱导 Bax 蛋白迁入线粒体，导致 Bcl-2 抗凋亡蛋白的减少，从而共同诱导癌细胞的凋亡，起到抗肿瘤的作用。

d. 免疫学活性和抗炎活性。林源植物精油中的活性成分能够通过调节动物机体内抗氧化酶的水平，降低细胞促炎因子，提高动物免疫力，但其免疫学活性的调节机制尚不明确。林源植物精油的抗炎作用机制主要有以下 2 种：ⅰ. 通过阻滞 NF-κB 途径实现。植物精油可以降低 IκB-α 的磷酸化和降解，抑制 MAPK 途经中细胞外调节蛋白激酶、C-Jun 氨基末端激酶和丝裂原活化蛋白激酶的活性，导致 NF-κB 的合成受阻。ⅱ. 通过抑制磷酸化 STAT3 的表达，降低前炎症细胞因子 IL-1β 和 IL-6 的产生和释放。

e. 提高动物生长性能和屠宰性能。在饲料中添加林源植物精油可有效提高动物的生长性能和屠宰性能。例如，在肉鸡的日粮中添加适量精油混合物（香芹酚、肉桂醛、辣椒油树脂等），可增加肉鸡的体重和胸肌率，降低料重比和腹脂率。

f. 刺激食欲、提高营养物质消化率和养分利用率。林源植物精油可通过刺激脑三叉神经诱发动物产生采食行为，刺激食欲，促进消化道蠕动，进而促进消化液和消化酶的分泌，从而提高营养物质消化率。此外，在饲料中添加适量的唇形科精油提取物可提高肉鸡对日粮中干物质的消化率、粗脂肪的消化率和淀粉的消化率。

g. 互作效应。适宜的精油组合物能较好地抑制微生物生长、改善肠道健康。例如，香芹酚和 p-百里香素、肉桂醛和丁香酚、蒿属植物精油和苯唑西林之间均存在协同或叠加作用。

④ 林源植物精油在动物养殖中的应用

a. 猪。仔猪的生长强度相对较大，消化系统和免疫系统发育不完善，易受到外界环境、细菌和病毒等不良因素的影响，其生长的好坏在一定程度上影响猪的生产性能。研究表明，在仔猪基础日粮中添加植物精油合剂，对仔猪的血清免疫学指标有明显的改善作用，能在一定程度上增强仔猪对外界环境的抵抗力[63]。此外，植物精油可以增强育肥猪的免疫力和改善排泄环境。

b. 家禽。在鸡鸭的日粮中添加植物精油，对其胃肠道健康起到明显的积极作用。研究表明，松脂精油的添加能降低肉鸡空肠中有害菌群的数量，提高肉鸡对多种营养物质的消化率[64]，提高蛋鸡的产蛋率，提高鸡蛋品质；复合植物精油的添加，使得肉鸭不论是在生长性能还是抗氧化能力方面均有明显的提升[65]。

c. 反刍动物。幼龄反刍动物的瘤胃、免疫系统等尚处于发育阶段，极易受外界环境的影响。林源植物精油用作饲料添加剂有助于幼龄反刍动物的生长和健康。研究表明，在荷斯坦奶牛日粮中添加植物精油混合物，其瘤胃中的琥珀酸纤维杆菌和白色瘤胃球菌的数量显著减少，表明植物精油在一定程度上可以代替瘤胃素作为荷斯坦奶牛的瘤胃发酵剂[66]；在牛饲粮中添加一定量的植物精油，可减少成年牛日常甲烷、氨等气体的排放量。

d. 水产动物。林源植物精油可通过抑制水产动物肠道中的有害菌来提高其抗氧化能力、增强免疫力，以及提高其生长性能。研究表明，在杂交红罗非鱼的饵料中添加植物精油可显著提高罗非鱼的平均日增重和血浆中溶菌酶活性；在罗非鱼的饵料中添加香芹酚可提高 IL-8 和 IL-1β 的 mRNA 表达量，从而显著提高头、肾巨噬细胞的吞噬活性，进而提高其机体免疫力[67]；在银鲶鱼饲粮中添加植物精油可显著增强其脑内 CAT 和 SOD 酶的活性[68]；在虹鳟鱼的饲粮中添加香芹酚可显著抑制鱼肠道内乳酸杆菌和厌氧菌群的数量，改善其肠道微生态环境，进而减少发病率和死亡率[69]。

(3) 低聚木糖饲料添加剂　低聚木糖是一种乳白色或浅黄色粉末，是利用内切木聚糖酶降解木聚糖的 β-1,4-糖苷键而得到的以木二糖～木五糖为主要成分的混合物，其中木二糖和木三糖的含量越高，说明该制品的活性越强。我国已于 2009 年发布了饲料级低聚木糖添加剂的国家标准《饲料添加剂 低聚木糖》（GB/T 23747—2009）。近年来，因低聚木糖良好的稳定性和选择性可增殖双歧杆菌和乳酸菌等有益菌的生理功能，被广泛应用于食品工业、医药行业以及饲料工业。

① 低聚木糖生产原料。农林业废弃物等木质纤维原料主要由纤维素、半纤维素和木质素三种组分组成。木聚糖是木质纤维素中半纤维素的主要成分，通过酸水解或者内切木聚糖酶水解的方法可以获得低聚木糖。因此，在工业生产中多以农林业废弃物作为原料生产具有高附加值的低聚木糖。

② 低聚木糖的代谢特性。低聚木糖在动物机体内代谢时，其不同聚合度的组分在 β-木糖苷酶、阿拉伯糖苷酶、α-葡萄糖醛酸酶等水解酶的作用下释放出木糖、阿拉伯糖和葡萄糖等，随后进入肠道内由肠道细菌进行发酵产生短链脂肪酸。发酵过程分为 2 个阶段：产生乙酸和乳酸阶段；产生丙酸和丁酸阶段。并且，短链脂肪酸和乳酸的浓度随着发酵过程中低聚木糖的消耗而升高。低聚木糖在动物肠道内的代谢效率由多种因素决定：分支低聚木糖发酵较慢，丁酸产量高，有利于动物机体健康；低聚木糖的完全水解需要 β-木糖苷酶、α-L-阿拉伯糖苷酶、α-葡萄糖醛酸酶和乙酰木聚糖酯酶等多种酶的共同作用；低聚木糖对短链脂肪酸的产量随低聚木糖组分分子量的增加而下降。

③ 低聚木糖的生产技术。由于木质纤维原料中纤维素、木质素等物质与半纤维素形成致密结构会影响木聚糖的提取得率，因此为了使半纤维素更多地暴露出来，需打破纤维素、木质素和半纤维素的致密结构以提高低聚木糖的提取效率。常用方法有：物理化学生产法、物理/化学-酶解联合生产法。

a. 物理化学生产法。主要包括：ⅰ. 自水解法。木质纤维原料中的半纤维素在高温、高压的环境下会发生水解断裂，使木聚糖自身发生水解反应从而释放出低聚木糖。自水解的温度和保温时间对产物产量有极大的影响，保温时间的延长会造成副产物的大量产生，降低低聚木糖的产率。ⅱ. 酸水解法。酸在水中解离生成的氢离子能够与水结合生成水合氢离子，可使半纤维素中糖苷键上的氧原子迅速质子化形成共轭酸，使糖苷键的键能减弱从而发生断裂，半纤维素末端形成的正碳离子与水反应最终生成低聚糖或单糖。半纤维素的酸水解根据温度的高低可分为高温水解和低温水解。在高温（>160℃）下进行酸水解，半纤维素降解反应速度较快，多用于单糖和糠醛的生产；在低温度下进行酸水解，通过部分水解原料中的木聚糖生产低聚木糖，为低聚木糖生产的主要方式。研究表明，使用醋酸、盐酸和硫酸三种不同的酸在 pH 2.7、150℃、30min 的相同条件下对玉米芯进行了处理，醋酸处理低聚木糖的收率最高，可达 45.91%，处理后的玉米芯具有更多新暴露的表面，更有利于后续纤维素的酶解。ⅲ. 无机盐法。无机盐处理半纤维素对设备的腐蚀性较低，且具有更高的催化活性，其主要利用了 Lewis（路易斯）酸和酸碱质子理论的特性，使金属离子和水形成复杂的络合物，这些配位化合物和水中的氢键可以帮助半纤维素降解。ⅳ. 其他处理方法。除了上述 3 种方法外，还有蒸汽爆破法、微波处理法、超临界二氧化碳辅助自动水解法等方法可生产低聚木糖。其中，蒸汽爆破法对环境的污染最小、成本低廉、耗时短，在蒸汽爆破期间，蒸汽通入爆破容器可使木质纤维素经受一段时间的高温和高压，半纤维素随即发生水解爆破，随后快速减压使物料的结构变得分散，使木质纤维素的各组分能够有效分离。微波处理法是一种绿色高效的生产方法，具有能耗低、传热均匀、即关即停等优点。亚临界二氧化碳辅助自动水解法也是一种绿色环保、成本低廉且副产物少的有效生产方法，高压 CO_2 能够原位形成 H_2CO_3（酸性），并经两步解离迅速降低体系的 pH 从而选择性地促进半纤维素的降解。此外，高压 CO_2 极易渗透进木质纤维素的多孔结构中，提高其润胀能力，有利于木质纤维结构的解聚，从而提高半纤维素水解速率。

b. 物理/化学-酶解联合生产法。利用生物酶降解半纤维素生产低聚木糖是一种反应条件温和、短时高效的更适合工业化生产低聚木糖的方法[70]。为了更好地发挥生物酶的酶解效率，可在酶解前先用预处理的方式使半纤维素暴露，如碱预处理可去除木质素以及果胶、脂肪、蛋白质等，保留木聚糖和葡聚糖，从而在后续的木聚糖酶解过程中有更高的低聚木糖产量。

④ 低聚木糖的生物功能。a. 调节动物肠道菌群组成和代谢活性。低聚木糖能使动物肠道内有益微生物有选择性地增殖，而对有害微生物有吸附和抑制的作用。因为其几乎不能被动物自身消化利用，也不能被肠道内大肠杆菌、葡萄球菌、埃希氏大肠菌和梭状芽孢杆菌等大部分有害菌利用，而只能被双歧杆菌和乳酸杆菌等有益菌利用，增加有益菌在肠道内的定植能力，从而改善肠道微生态区系，维持内环境稳定。低聚木糖对双歧杆菌的增殖作用主要包括以下 3 个方面：ⅰ. 为双歧杆菌增殖提供能量；ⅱ. 增殖的双歧杆菌参与形成微生物屏障，阻止致病菌和有害菌的生长；ⅲ. 发酵低聚木糖产生的短链脂肪酸、乳酸等有机酸降低了肠道 pH，抑制大多数致病菌的生长繁殖。低聚木糖增殖的益生菌能诱导黏蛋白基因连接、抵御外来有害物质侵袭、调节动物肠道的菌群结构形成最佳的微生态区系，从而提高动物的健康水平。

b. 增强机体免疫力。低聚木糖可作为免疫刺激的辅助因子，增加动物机体免疫系统对疫菌、药物和抗原的免疫应答，从而提高动物的体液和细胞免疫功能。此外，发酵低聚木糖产生的短链脂肪酸可以促进肠道对食糜的排出，减少机体内毒性物质的沉积。

c. 促进矿物质等营养物质的吸收。发酵低聚木糖产生的短链脂肪酸等物质可以吸附钙化合物，从而提高动物机体对钙的吸收能力。此外，低聚木糖中的木糖分子直接与细胞表面的蛋白质结合形成糖蛋白，糖蛋白可使机体免疫系统正常化、刺激干细胞的生长，使动物机体远离过敏、炎症等疾病。

d. 增加动物日重，提高饲料效率。低聚木糖可以降低动物的料肉比，增加动物日增重。研究表明，在猪的饲料中添加低聚木糖，可以增加其平均日增重和饲料效率，提高胰蛋白酶活性，降低粪便中大肠杆菌的数量，增加乳酸杆菌的数量。

e. 抗氧化作用。低聚木糖对不同的自由基均有抗氧化作用，且能够有选择性地清除自由基。研究表明，在饲料中加入低聚木糖，可以提高动物的生长性能，改善其抗氧化能力和先天免疫力等。

f. 降脂、降胆固醇作用。低聚木糖能够促进双歧杆菌的增殖，使其代谢产生烟酸抑制脂肪合成激素的分泌，从而能够促进动物脂类代谢，降低蛋产品中胆固醇的含量。此外，双歧杆菌和乳酸菌的大量增殖对胆固醇亦有同化作用，可以起到降低胆固醇和脂肪的效应。

⑤ 低聚木糖在动物养殖中的应用

a. 猪。低聚木糖可改善仔猪、育肥猪和母猪的肠道微生态平衡，进而对其生长性能、胴体性质、肉品质产生影响，其作用的原理是基于低聚木糖具有调节动物肠道菌群的功能以及提高猪生产性能的作用。研究表明，低聚木糖不仅能有效地提高猪对饲料的利用率和猪的采食量、提高猪的平均日增重，并且可通过促进乳酸杆菌、双歧杆菌的增殖，抑制大肠杆菌、沙门氏菌等细菌在猪肠壁上的黏附和定植，降低猪的腹泻率[71]。

b. 禽类。低聚木糖在家禽（肉仔鸡、蛋鸡和肉用雏鸭等）中可作为益生素调节肠道微生物区系，改善肠道功能，提高家禽生长性能和产品品质。研究表明，在产蛋后期的蛋鸡日粮中添加适量低聚木糖，可以显著增加蛋鸡的产蛋率、降低料蛋比，同时改善了后期所产鸡蛋的品质[72]；在肉用雏鸭的日粮中添加少量低聚木糖，可以提高其生长性能、促进其对营养物质的利用率和吸收率、改善肠道微生态环境，促进其快速生长[73]。

c. 水产动物。适宜的低聚木糖可通过改善肠道菌群结构对水产动物生长性能、免疫功能及脂质代谢产生有益影响。研究表明，在鲤鱼的饵料中添加适量低聚木糖可提高鲤鱼血清中溶菌酶的活性，从而调节其头肾免疫相关基因的表达[74]。此外，低聚木糖通过促进水产动物肠道中有益菌的增殖来提高其生长性能。

d. 其他动物。除上述畜禽、水产类动物外，低聚木糖在牛、羊、兔以及宠物类动物的饲料中也有少量应用。研究表明，低聚木糖能够降低牛、羊等幼龄反刍动物的腹泻率，对幼犬也有增强免疫力的作用，还能够改善兔的腹泻和便秘等症状。

（4）丝兰提取物　林源植物源皂角苷类产品是天然绿色的饲料添加剂，是美国食品药品监察局公认的安全类的添加剂和有机产品。目前，经我国批准可上市使用的林源植物源皂苷类饲料添加剂有 3 种：源自丝兰的天然类固醇萨洒皂角苷、源自可来雅皂角树的天然三萜烯皂角苷和含有苜蓿皂苷的苜蓿提取物。皂角苷类化合物的生理活性主要包括：a. 促进营养物质的吸收。皂苷类化合物具有很强的表面活性，可改变动物消化道肠上皮黏膜细胞的形态和通透性，促进营养物质的吸收。同时，其能够提高营养物质的乳化能力，使肠道内的营养物质更易被动物消化吸收。b. 促进肠道发育。皂苷类化合物增加了动物肠上皮细胞的通透性，促进营养物质进入肠细胞，有助于肠道的生长发育。c. 杀菌抑菌、抑制球虫。皂苷类化合物的分子结构中既有水溶性基团，又有脂溶性基团，是天然的表面活性剂，可以影响细菌生物膜上的脂质活性，使细菌生物膜蛋白质变性；皂苷类化合物能结合球虫细胞膜上的胆固醇及脂类，使球虫的细胞表面形成空洞，小分子物质不断流失，失去繁殖功能从而死亡。d. 免疫双向调节。当动物的抵抗力下降或机体处于应激状态时，皂苷类化合物能增强机体的非特异性免疫力。e. 抗氧化活性。皂苷类化合物可显著增强 SOD 酶和 GSH-Px 酶的活力，可使动物的胴体品质、肉色肉质等都有所改善，这与其抗氧化的活性密切相关。f. 降低血液中胆固醇的含量。皂苷类化合物可与胆固醇及脂类形成不可逆的复合物而排出体外，从而起到降低血脂的效果。g. 提高缺氧耐受力。皂苷类化合物能增强线粒体生物氧化代谢功能，对于线粒体功能强的动物，在缺氧状态下其自由基并不增多，从而提高动物对缺氧环境的耐受力、增加对蛋白质与脂肪的供能、加强三羧酸功能、加强呼吸链功能，有利于动物（特别是幼龄动物）的快速生长，并预防多种疾病发生，保障动物健康。h. 其他。例如，皂苷类化合物具有明显的防癌抗肿瘤特性；有效降低禽蛋胆固醇含量、增加蛋壳厚度；增强单胃动物肌体免疫和抗氧化功能；影响反刍动物瘤胃内部微生物区系和新陈代谢，提高瘤胃营养物质利用率、减少温室气体排放等。

数百年前就有利用丝兰的花、果、茎秆、根等部位蒸煮浓缩后制成药物用于治疗的例子。近年来，丝兰通过甲醇或乙醇等溶剂回流提取、浓缩、干燥后可获得丝兰提取物。由于丝兰提取物具有特殊的生理结构，对有害气体的抗性较强，可作为天然的绿色饲料添加剂应用于畜牧生产中。

① 丝兰提取物的生物功能

a. 减少氨气、硫化氢等有害气体的排放，改善畜舍环境。丝兰提取物是一种脲酶抑制剂，可抑制尿素酶的活性，阻止粪尿中氮的硝化，使氮以无机质形式排出，减少氨气排放。丝兰提取物还能促进微生物将氨气转变成微生物蛋白，减少粪尿中氨气的产生。丝兰提取物中的大分子（大于 200kDa）和序列分子能直接吸附、结合环境中氨气、硫化氢等有害气体，减少其排放，改善畜舍环境。

b. 促进动物生长，改善动物产品品质。丝兰提取物可降低动物体内氨气的浓度，减弱氨气对肠道的刺激，减少排泄物中氨气的排放，改善畜舍环境。丝兰提取物可减少动物肠道组织增生，减少动物对能量、蛋白质和氧气的消耗。丝兰提取物还能刺激反刍动物瘤胃内的厌氧发酵，增加微生物蛋白质的合成，改善动物肉品品质。

c. 促进饲料营养物质的消化吸收，提高饲料报酬。源自丝兰的天然类固醇萨洒皂角苷是天然的表面活性剂，有助于清除黏附于动物肠道黏膜上的垃圾，且其很难通过动物消化道上皮细胞，能延缓动物消化道内营养物质的通过，从而提高动物对饲料营养物质的消化吸收率。丝兰提取物还可以改变动物消化道上皮细胞膜的形态，减少细胞膜的表面张力，促进肠道对营养物质的吸收，提高饲料报酬。

d. 增强动物机体免疫力。丝兰提取物可增加动物肠道黏膜的厚度，从而防止病毒、细菌的入侵，抑制病毒、有害细菌在消化道内增殖，抑制细菌等对消化道内养分的吸收。同时，丝兰提取物作用于动物肠黏膜，可降低畜舍环境中的氨气浓度，减少因呼吸道疾病引起的动物神经系统障碍。

② 丝兰提取物在动物生产中的应用

a. 鸡。美国在蛋鸡饲料中添加适量丝兰提取物，与对照组相比，随着添加量的增加，产蛋率提高、饲料消耗率降低，且鸡舍内的氨气浓度显著降低，大大提高了经济效益；在肉鸡和火鸡饲料中添加丝兰提取物，日平均增重率提高。

b. 猪。荷兰在仔猪期和肉猪期以不同比例将丝兰提取物制品添加到饲料中，与对照组相比，仔猪和肉猪的日增重率显著提高，饲料消耗率均有下降。此外，在猪饲料中添加丝兰提取物，可大大减少猪舍中氨气、硫化氢等有害气体的排放。在肥育猪日粮中添加适量丝兰提取物，日增重率、饲料转化率均有所提高，降低了饲料的成本，且肥育猪的胴体长度、等级、背膘厚度等均有所改善。

c. 牛。将玉米和干草混合并添加适量丝兰提取物后喂牛，可提高牛瘤胃中固形物的消化率和丙酸的生成率；在肉牛日粮中，按不同比例添加丝兰提取物可提高肉牛的品质。美国加利福尼亚州的肉牛育肥场在牛舍潮湿的环境中撒布丝兰提取物，并在牛舍清洗水的贮水池中加入适量丝兰提取物，可明显改善牛舍的环境，牛舍内的苍蝇和蠓虫大大减少，臭气显著降低。

d. 水产动物。以每吨饲料中添加 100g 丝兰提取物的添加量加入养殖虾饲料中，明显降低排泄物总氨氮量和改善水质，改善虾的周期增重和料肉比，亦能帮助降低黑斑病的发生率、减少因弧菌病发而招致的损害，而且无任何药物残留，是养虾生产的绿色饲料添加剂。

e. 宠物。在贵宾犬每吨基础日粮中加入 250g 丝兰提取物，宠物粪便在第 1、2、3 周显著性下降。另外，其作为天然安全的宠物营养补充剂，对猫、狗、马以及其他小动物的关节、皮肤和消化健康都有明显的促进作用。

(5) 糖萜素　糖萜素是由糖类、配糖体和有机酸组成的天然活性物质，是从山茶属植物（油茶等大宗木本油料植物）种子饼粕中提取的混合物，其有效成分是低聚糖和三萜皂苷类。其中，糖萜素皂苷含量≥30%，总糖含量≥30%，多糖含量≥25%。根据糖萜素的分子结构式，可大致推出总糖含量约为 49%，皂苷元含量约为 39%，有机酸含量约为 12%。

① 糖萜素的加工制备技术。糖萜素的加工制备技术有以下 2 种：a. 用纯净的油茶皂素酸解或酶解，得到五环三萜化合物和低聚糖；b. 先用酸或酶水解油茶籽粕，再从水解液中提取五环三萜化合物和低聚糖的混合物。由此可以看出，糖萜素也是油茶籽粕中茶皂素、总糖及淀粉的分部裂解产物。

② 糖萜素的生物功能

a. 提高动物机体免疫力和抗病毒、抗应激作用。糖萜素中的低聚糖可刺激免疫系统，提高动物机体免疫力，改善动物机体的健康水平。此外，低聚糖能与病毒、真核细胞的表面结合，可作为外源抗原的佐剂，增强抗原的效价，起到抗病毒、抗应激的作用。糖萜素中的五环三萜类皂苷可以增强网状内皮细胞的吞噬能力，增强中性粒细胞和肺泡巨噬细胞的吞噬率，增强动物机体的非特异性细胞免疫功能。糖萜素可以显著提高动物机体的淋巴细胞转化率（44.69%～54.07%）、白细胞介素-2 的活性（32.70%～66.09%）和 IgG 的活性（83.70%～115.40%）以及红细胞 C3b 受体花环率（21.70%），具有抗应激、抗诱变和抗病原微生物作用。此外，糖萜素还可以促进动物中枢淋巴器官和外周淋巴器官的生长发育，对调节神经免疫、抗病毒功能有显著效果。

b. 清除自由基和抗氧化作用。糖萜素对自由基的清除效率随浓度增加而提高，能够明显降低饲料中的酸值和过氧化值，对饲料中粗脂肪具有明显的抗氧化作用。

c. 促进蛋白质合成和消化酶活性。糖萜素可以显著提高肉鸡血液中环磷酸腺苷（cAMP）和环磷酸鸟苷（cGMP）的含量，其 cAMP/cGMP 的值为 15.46，经法氏囊病毒感染后 cAMP 的含量降低，cAMP/cGMP 比值降为 0.437。此外，糖萜素可以明显提高血清总蛋白含量和小肠内消化酶（蛋白水解酶、脂肪酶、淀粉酶等酶）的活性。

d. 改善胃肠道，提高生产性能。糖萜素中的低聚糖有利于动物肠道内双歧杆菌、乳酸菌等有益菌的繁殖，增加乳酸、醋酸、丁酸、丙酸的产量，降低 pH，改善胃肠道环境，从而促进蛋白质的合成、提高消化酶活性，更有利于动物对营养物质的吸收，提高饲料利用率，有效提高动物的生产性能和存活率。

e. 改善肉质。糖萜素可加快畜禽的新陈代谢，加速体液循环，净化肝脏内的环境，增强肝细胞的活力和解毒能力，协助清除畜禽体内自由基，明显降低镉、铅等重金属的含量。此外，糖萜素中的皂苷类化合物具有抗氧化功能，减少体内脂肪氧化反应和胆固醇的合成，提高肌肉脂肪中多不饱和脂肪酸的含量，改善肌肉中总色素的含量和 pH 值，从而起到提高畜肉产品品质和风味的作用。

③ 糖萜素的作用机理

a. 糖萜素中低聚糖的作用机理。糖萜素中低聚糖不能直接被动物体内的消化酶所消化，但可以被动物机体内有益菌（双歧杆菌、乳酸菌等）所利用，且不被对机体有害的菌（沙门氏菌、大肠杆菌等）所利用，从而可以促进动物肠道内有益菌的大量增殖。有益菌的大量增殖能产生更多的乳酸、醋酸、丁酸等，从而有效降低动物肠道内的 pH，维持动物肠道内的微生态环境，增强动物机体的免疫力；增加 Ca、Mg、Fe、Cu 等金属离子的溶解度；同时，有益菌能够促进动物胃肠道蠕动，促进动物对营养物质的吸收，提高饲料利用率。其中，双歧杆菌的细胞壁含有大量的肽聚糖和磷壁酸物质，能激活动物腹腔巨噬细胞、机体免疫细胞（NK）和淋巴细胞因子的活性；也可刺激动物机体产生抗体、延长抗原的作用时间，从而使动物机体的免疫力得到显著提高。

b. 糖萜素中五环三萜皂苷的作用机理。五环三萜皂苷类化合物可以抑制脲酶，减少动物因腹水症引发的死亡率；能够减少畜禽舍中氨气的浓度，提高产蛋率、平均日增重率和饲料利用率；在反刍动物中，能有效地增加菌体蛋白的合成，抑制有害微生物生长，减少氨和甲烷气体的生成量；可刺激雌性动物的卵巢，使其产卵增多。此外，糖萜素中五环三萜皂苷还具有刺激机体免疫系统、使精神安定、放松肌肉和降温的作用。

④ 糖萜素在动物生产中的应用

a. 禽类。在肉仔鸡日粮中添加适量糖萜素添加剂，可以降低肉鸡的死亡率，提高平均日增重、饲料转化率，大大提高肉鸡养殖的经济效益。在蛋鸡的饲料中添加糖萜素，能够提高饲料的转化率，提高饲料利用率，改善蛋鸡产蛋性能，增强抗病能力，减少蛋鸡的死亡率。在海兰褐蛋用公雏的基础日粮中添加不同剂量的糖萜素，与对照组相比，试验组平均日增重显著提高，平均日采食量和饲料增重比有不同程度的降低，公雏的成活率也有不同程度的提高[75]。在种鸡日粮中添加适量糖萜素，能够提高种鸡的受精率和种蛋的孵化率、产蛋率，提高饲料报酬，降低种鸡死亡率。在商品蛋鸡饲料中添加糖萜素，能够提高其产蛋率，降低料肉比。

b. 猪。在生长育肥猪的饲料中添加适量的糖萜素，能够较好地促进其生长，提高饲料的利用率，大大降低了饲喂的成本。在断奶仔猪日粮中添加适量糖萜素，能提高仔猪的生产性能，且糖萜素能部分或全部取代黄霉素在仔猪日粮中的应用。此外，用糖萜素替代杆菌肽锌等常规抗生素，其促生长作用与饲料利用率都优于药用抗生素组，并且均未发生仔猪下痢的症状，说明糖萜素可替代或部分替代抗生素在仔猪饲喂中的应用。

c. 反刍动物。在山羊精料中添加糖萜素，能够提高山羊的生长速度，缩短饲养周期，提高山羊青饲料的采食量和消化率。

d. 兔。在新西兰肉兔日粮中添加适量糖萜素，可提高肉兔的日增重和饲料利用率，降低料肉比。在断乳仔兔的饮水中加入一定浓度的糖萜素，可显著增加兔的日采食量、日增重和料重比[76]。

e. 水产动物。糖萜素可以提高水产动物饲料转化率，促进免疫器官发育，提高其全身免疫机能，增强其抗病、抗应激能力，提高成活率；同时，改善了水产动物体内微生态环境，促进其生长性能的提高。此外，还能起到改善鱼肉品质和风味的作用。

(6) 松树皮提取物　松属植物一年四季常青，是可持续利用的再生资源。国内松树品种主要有马尾松（*P. massoniana*）、油松（*P. tabulaeformis*）、云南松（*P. yunnanensis*）、华山松（*P. armandii*）等。松树皮为松属植物的主副产物之一，具有来源广泛、价格低廉、易规模化生产等优势，在动物饲料添加剂中的应用更具广阔的前景。

① 松树皮提取物的活性成分。松树皮提取物的活性成分受其品种、生长区域、环境条件以及提取方法等诸多因素影响，但其活性成分种类主要包括多酚类、挥发油类等。

a. 多酚类化合物。主要包括芳香类、类黄酮类、儿茶素类等。研究表明，多酚类化合物不仅具有清除自由基的能力，还可通过抑制氧化酶和螯合过渡金属离子发挥其抗氧化作用。

b. 挥发油类。主要由萜类化合物（倍半萜和单萜）、脂肪族和芳香族组成。其中，萜类化合物在松树皮提取物中的含量较高；芳香族含量相对较少，但为特征香味的主要来源，且具有很好的生理活性。

c. 其他成分。松树皮是储存和运输养分的场所，松树皮提取物中除了多酚类和挥发油类物质外，还有其他一些维持生命活动的营养成分，例如多糖、氨基酸、维生素和微量元素。

② 松树皮提取物的提取工艺。传统的松树皮提取工艺主要有水提法和有机溶剂浸提法，其主要原理是根据活性成分与溶剂间的相似相溶原理将其从松树皮中萃取出来。这类方法的优点是操作简便、成本低廉，但存在耗时长、效率低，且提取物杂质含量较多等缺点。

新型的松树皮提取工艺主要有超声波提取法、声波辅助提取法、超临界流体提取法、酶辅助提取法等。原理通常是通过改变外在物理条件，加速松树皮细胞中活性物质的释放，并使其溶解于浸提液中。相较于传统松树皮提取工艺，这类方法在提取得率和产品的纯度上均有很大程度的提升，但缺点是提取成本相对较高。酶辅助提取法是将纤维素酶、果胶酶和漆酶等生物酶按照一定比例混合，通过破坏细胞壁结构，促进松树皮细胞内活性物质的释放，大大提高了松树皮中活性物质的提取效率，且具有操作简单、能耗低等优点。

③ 松树皮提取物的生物功能

a. 调节菌群。松树皮提取物中的挥发油成分和多酚类化合物对多种细菌或真菌均有较好的抑制效果，能够影响动物肠道菌群和肠道代谢，从而对动物的生长发育产生有益效果[77]。

b. 抗氧化活性。松树皮提取物中多酚类物质具有良好的抗氧化活性，其抗氧化能力与多酚类物质结构中酚羟基的数量和位置有关，酚羟基可解离电子直接使自由基失活，酚羟基数量越多，抗氧化能力越强。松树皮提取物中多酚类物质的抗氧化活性机理主要有 4 个：ⅰ. 多酚类物质中的酚羟基可解离电子直接使自由基失活，增强动物机体的抗氧化能力[78]；ⅱ. 多酚类物质可促进体内 GSH-Px 酶、CAT 酶和血红素加氧酶等抗氧化酶的表达，进而增强抗氧化能力；ⅲ. 多酚类物质可与其他抗氧化剂协同作用增强抗氧化能力；ⅳ. 多酚类物质可通过其分子结构上的酚羟基与金属离子结合来中断芬顿反应，缓解动物机体的氧化应激反应。

c. 其他作用。松树皮提取物还具有抗炎、神经保护、抗癌等其他生理活性[79]。阿魏酸、咖啡酸、儿茶素等多酚类物质因其自由基清除能力在缓解炎症反应中具有协同作用，显示出显著的抗炎活性；原花青素代谢物则在体外显示出极高的抗炎活性。

④ 松树皮提取物在畜禽养殖中的应用。炎症、氧化应激反应是在动物生长过程中影响其生长性能的重要因素。炎症反应是机体对感染和组织损伤的防御性反应，严重的炎症反应会对动物机体造成损伤，尤其是肠黏膜的损伤会直接影响动物对饲粮营养物质的吸收，从而扰乱动物机体的正常代谢。松树皮提取物具有很好的抗炎作用，可从清除氧自由基、螯合体内金属离子等方面

来缓解动物的氧化应激反应，从而保护动物肠道免受炎症及氧化损伤，提高动物对营养物质的吸收和利用能力。研究表明，在肉鸡饲粮中添加适量松树皮提取物，能抑制LPS诱导的炎症因子分泌，降低肉鸡血清中干扰素、白细胞介素-2（IL-2）、白细胞介素-4（IL-4）、白细胞介素-6（IL-6）和白细胞介素-10（IL-10）的含量，增强机体的抗炎作用[80]；给热应激条件下的雏鸡口服松树皮提取物，能显著降低其血浆中天冬氨酸转氨酶活性，缓解热应激导致的肝脏损伤[81]；在猪的饲粮中添加松树皮提取物，与对照组相比，试验组的日增重提高，且料重比下降，并能改善猪血液中蛋白质和脂质的代谢，提高其生长性能。

参考文献

[1] 蔡小艳，曹树威，赖大伟，等.木本饲料的开发利用及研究现状.上海畜牧兽医通讯，2016，1：68-71.

[2] 共和国国家统计局.中国统计年鉴（2019）.北京：中国统计出版社，2019.

[3] 段新芳，周泽峰，徐金梅，等.我国林业剩余物资源、利用现状及建议.中国人造板，2017，24（11）：1-5.

[4] Zhang L，Bai Y，Shu S，et al. Simultaneous quantitation of nucleosides，nucleobases，amino acids，and alkaloids in mulberry leaf by ultra high performance liquid chromatography with triple quadrupole tandem mass spectrometry. Separation Science，2014，37（11）：1265-1275.

[5] Bairagi A，Sarkar G K，Sen S K，et al. Evaluation of the nutritive value of *Leucaena leucocephala* leaf meal，inoculated with fish intestional bacteria *Bacills subtilis* and *Bacillus circulans* in formulated diets for rohu，*Labeo rohita*（Hamilton）fingerlings. Aquaculture Research，2015，35（5）：436-446.

[6] 王鹏，陈婷，孙加节，等.辣木在动物饲料中应用的研究进展.动物营养学报，2018，30（7）：2488-2495.

[7] 陈建荣.松针粉饲料喂养对鸡产蛋品质的影响.韶关学院学报（自然科学版），2013，34（8）：47-50.

[8] 崔艺燕，田志梅，邓盾，等.发酵树叶及其在鸡生产中应用的研究进展.广东农业科学，2020，47（1）：123-130.

[9] 韩杰，莫勇魁，谭珊，等.松针提取物对断奶仔猪生长性能的影响.饲料博览，2015，9：11-14.

[10] 葛洪伟，覃子榕，韦宗海，等.松针提取物对断奶仔猪生长性能和血清生化指标的影响.养猪，2015，3：33-35.

[11] 陆海英，葛洪伟，唐燕飞，等.松针提取物对广西亚麻鸡血液生化指标、抗氧化能力及免疫功能的影响.饲料博览，2014，10：47-50.

[12] 蔡玉，陈国顺，支喜军，等.构树发酵饲料在猪禽养殖中的应用研究进展.畜牧兽医杂志，2019，38（1）：41-45.

[13] 金敬红，孙晓明，吴素玲.沙棘高效高值综合利用技术的研究.中国野生植物资源，2015，34（4）：82-86.

[14] 刘红南，李垚，赵伟，等.沙棘叶总黄酮对1～21日龄爱拔益加肉鸡蛋白质利用率的影响.动物营养学报，2010，22（4）：1024-1030.

[15] 杨应栋.沙棘果渣提取物对育肥猪生产性能的影响.家畜生态学报，2009，30（4）：61-62.

[16] 李垚，付晶，王宝东，等.沙棘黄酮对AA肉仔鸡胴体和肉品质的影响.畜牧兽医学报，2008，9：1217-1223.

[17] 崔艺燕，马现永.桑叶对猪肉品质影响的研究进展.中国饲料，2017，1：5-9.

[18] Kholif A E，Gouda G A，Morsy T A，et al. *Moringa oleifera* leaf meal as a protein source in lactating goat's diets：Feed intake，digestibility，ruminal fermentation，milk yield and composition，and its fatty acids profile. Small Ruminant Research，2015，129：129-137.

[19] Kholif A E，Morsy T A，Gouda G A，et al. Effect of feeding diets with processed *Moringa oleifera*，meal as protein source in lactating Anglo-Nubian goats. Animal Feed Science and Technology，2016，217：45-55.

[20] Raji A Y，Njidda A A. Gonadal and extra-gonodal sperm reserves of the red Sokoto goats fed *Moringa oleifera* supplemented diets. International Journal of Agricultural Bioscience，2014，3（2）：61-64.

[21] Mukumbo F E，Maphosa V，Hugo A，et al. Effect of *Moringa oleifera* leaf meal on finisher pig growth performance，meat quality，shelf life and fatty acid composition of pork. South African Journal of Animal Science，2014，44（4）：388-400.

[22] 张婷婷，张博，司丙文，等.辣木叶对育肥猪生长性能、屠宰性能、抗氧化功能和肉品质的影响.动物营养学报，2018，1：255-261.

[23] Dougnon T J. Effects of substitution of pellet of *Moringa oleifera* to commercial feed on rabbit's digestion，growth performance and carcass trait. Journal of Applied Pharmaceutical Science，2012，2（9）：16-17.

[24] Sun B，Zhang Y，Ding M，et al. Effects of *Moringa oleifera* leaves as a substitute for alfalfa meal on nutrient digestibility，growth performance，carcass trait，meat quality，antioxidant capacity and biochemical parameters of rabbits. Journal of Animal Physiology & Animal Nutrition，2017，102（1）：194-203.

[25] Djakalia B，Guic B L，Soumaila D. Effect of *Moringa oleifera* on growth performance and health status of young post-weaning rabbits. Research Journal of Poultry Sciences，2011，4（1）：7-13.

[26] 韩如刚，蔡志华，梁国鲁，等.辣木叶粉在鱼饲料中的应用研究.安徽农业科学，2013，41（4）：1537-1538.

[27] 薛文新.杨树叶粉对蛋鸡生产性能及鸡蛋品质的影响.中国畜禽种业，2013，9（7）：139-140.

[28] 王帅兵，熊良伟，陈晓兰，等.杨树花超微粉对肉鸡生产性能和免疫功能的影响.饲料研究，2017，13：25-28.
[29] 李丽，王金莉.杨树花素对 AA＋肉鸡生产性能和肠道菌群的影响.饲料研究，2013，3：48-50.
[30] 李丽，刘哲.杨树花提取物对 AA＋肉鸡生产性能和免疫功能的影响.饲料研究，2013，7：54-56.
[31] 李丽.复方杨树花预混剂对产蛋鸡生产性能的影响.饲料研究，2013，5：76-78.
[32] 许二学.杨树花及其提取物在动物生产中的应用.现代农业科技，2013，7：297-298.
[33] 梅红.杨树花提取物对肉仔鸡生产性能、肠道菌群及免疫功能的影响.郑州：河南农业大学，2009.
[34] 杨永强，惠嫣婷，谢海强，等.混合菌种发酵制备槐树叶饲料工艺研究.山地农业生物学报，2012，31（6）：533-537.
[35] 唐中海，马缨，涂朝勇，等.日粮中不同油橄榄叶添加水平对育肥獭兔肉品质及抗氧化能力的影响.食品科学，2012，33（15）：274-278.
[36] 唐中海，游章强，刘昊，等.饲粮添加油橄榄叶对育肥期獭兔生长、血液生化指标及抗氧化能力的影响.中国农业科学，2013，46（5）：1081-1086.
[37] 谢普军，黄立新，张彩虹，等.不同菌种对油橄榄叶发酵饲料的影响.林产化学与工业，2015，35（4）：59-64.
[38] Zhang X H，Zhao L G，Cao F L，et al. Effects of feeding fermented *Ginkgo biloba* leaves on small intestinal morphology，absorption，and immunomodulation of early lipopolysacharide-challenged chicks. Poult Science，2013，92（1）：119-130.
[39] 汪胜楠，柳广斌，李耀坤，等.青贮黄梁木不同比例替代青贮全株玉米对育肥期乐至黑山羊生长性能、屠宰性能和肉品质的影响.饲料工业，2017，38（21）：37-44.
[40] 蒋步云，伍树松，侯德兴，等.植物多酚作为动物饲料添加剂的研究进展.中国畜牧杂志，2014，50（7）：89-93.
[41] 赵亚星，敖长金.植物精油的生理功能和作用机制及其在动物生产中应用的研究进展.中国畜牧杂志，2021，57（5）：23-27.
[42] 萧培珍.日粮中添加水飞蓟素对草鱼脂质代谢的影响及其机制研究.咸阳：西北农林科技大学，2017.
[43] 解玉怀，尚庆辉，古丽美娜，等.饲料添加剂植物多糖的生物学作用.草业科学，2016，33（3）：503-511.
[44] Samanta A K，Jayapal N，Jayaram C，et al. Xylooligosaccharides as prebiotics from agricultural by-products：Production and applications. Bioactive Carbohydrates and Dietary Fibre，2015，5（1）：62-71.
[45] 代士现，康萍.杜仲作为饲料添加剂的研究进展.农业灾害研究，2020，10（2）：22-24.
[46] 冯卫生，吕锦锦，张靖柯，等.泡桐花中糖苷类成分及其抗氧化活性.中成药，2020，42（2）：103-108.
[47] Chen X J，Tang Z H，Li X W，et al. Chemical constituents，quality control，and bioactivity of epimedii folium（Yinyanghuo）. The American Journal of Chinese medicine，2015，43（5）：783-834.
[48] 孙林，刘平，卓伟伟，等.茶叶的营养成分及其提取物在家禽生产中的应用.饲料博览，2020（4）：19-22.
[49] Chen L，Xin X，Feng H，et al. Isolation and identification of anthocyanin component in the fruits of *Acanthopanax Sessiliflorus*（*Rupr.* & *Maxim.*）*Seem.* by means of high speed counter current chromatography and evaluation of its antioxidant activity. Molecules，2020，25（8）：1781.
[50] 郭广玲，马庆霞，张淼.新型饲料添加剂糖萜素的研究进展.中国饲料添加剂，2014，12：7-10.
[51] 张成楠，李秀婷.功能性低聚糖作用于肠道菌群抑制肥胖的研究进展.中国食品学报，2019，19（12）：283-289.
[52] 李海利，周松涛，巩耀进，等.原花青素饲料添加剂在动物生产中的应用.北方牧业，2014（23）：15.
[53] 李忠浩，王丽.日粮中添加茶多酚对产蛋鸡生产性能及抗氧化性能的影响.黑龙江畜牧兽医，2014，5：82-83.
[54] 杨继华.桑叶黄酮对吉富罗非鱼生长性能、抗氧化功能和肌肉品质的影响.广州：华南农业大学，2017.
[55] 王丽雪，解玉怀，杨维仁，等.植物多糖通过核因子 κB 及丝裂原活化蛋白激酶/核因子 E2 相关因子 2 信号通路发挥抗氧化作用的机制.动物营养学报，2018，30（10）：3857-3863.
[56] 陈君君.茶多酚饲料添加剂在鸡养殖业发展中的应用.中国饲料，2019，642（22）：13-16.
[57] Tang J J，Zhao N，Gao Y Q，et al. Phytosterol profiles and iridoids of the edible *Eucommia ulmoides Oliver* seeds and their anti-inflammatory potential.　Food Bioscience，2021，43：101295.
[58] 赵广伟，冯广鹏，李婉涛，等.杜仲叶提取物对断奶仔猪机体健康影响的研究进展综述.福建农业科技，2021，52（6）：58-63.
[59] 王建辉，贺建华，易宣，等.杜仲提取物对猪生长性能及血液指标的影响.饲料研究，2007，2：1-4.
[60] 王介庆，顾其根.杜仲提取液作饲料添加剂在畜牧业中的应用.中国饲料，2001，23：32.
[61] 尤龙，王建全，任士伟.国内植物精油提取工艺研究进展.山东化工，2019，48（11）：28-29.
[62] lvarez-Martínez J，Barrajón-Catalán E，Herranz-López E，et al. Antibacterial plant compounds，extracts and essential oils：An updated review on their effects and putative mechanisms of action. Phytomedicine，2021，90：153626.
[63] 马明，方福平，常向彩，等.植物精油合剂对紫云花仔猪免疫防御性能的影响.饲料研究，2019，42（1）：38-41.
[64] 王兰，陈代文，余冰，等.植物精油对肉鸡生长性能、抗氧化能力和免疫机能的影响.动物营养学报，2019，31（2）：348-355.
[65] 李敏莹，马静云，李少帅，等.复合植物精油对肉鸭生长性能与血清生化指标的影响.中国饲料，2015，12：19-22.

［66］ Khorrami B，Vakili A R，Mesgaran M D，et al. Thyme and cinnamon essential oils：Potential alternatives for monensin as a rumen modifier in beef production systems. Animal Feed Science and Technology，2015，200：8-16.

［67］ Ran C，Hu J，Liu W，et al. Thymol and carvacrol affect hybrid tilapia through the combination of direct stimulation and an intestinal microbiota-mediated effect：Insights from a germ-free zebrafish model. Journal of Nutrition，2016，146（5）：1132-1140.

［68］ Zeppenfeld C C，Saccol E，Pês T S，et al. Aloysia triphylla essential oil as food additive for Rhamdia quelen-Stress and antioxidant parameters. Aquaculture Nutrition，2017，23（6）：1362-1367.

［69］ Giannenas I，Triantafillou E L，Stavrakakis S，et al. Assessment of dietary supplementation with carvacrol or thymol containing feed additives on performance，intestinal microbiota and antioxidant status of rainbow trout（*Oncorhynchus mykiss*）. Aquaculture，2012，350：26-32.

［70］ Costa J R，Tonon R V，Gottschalk L M F，et al. Enzymatic production ofxylooligosaccharides from Brazilian *Syrah* grape pomace flour：A green alternative to conventional methods for adding value to agricultural by-products. Journal of the Science of Food and Agriculture，2019，99（3）：1250-1257.

［71］ 谭兵兵. 低聚木糖对断奶仔猪生长性能、血浆生化参数和肠道微生态的影响. 南宁：广西大学，2015.

［72］ 王瑛，何健，邓传东. 低聚木糖对产蛋后期蛋鸡生产性能及蛋壳品质的影响. 中国家禽，2016，38（13）：45-47.

［73］ 王志文. 低聚木糖在肉用雏鸭生产中的应用研究. 杨凌：西北农林科技大学，2012.

［74］ 王俊丽，单金峰，朱浩拥，等. 饲料中添加低聚木糖对鲤鱼免疫力和生长性能的影响. 水产科学，2014，30（10）：611-615.

［75］ 金仁哲，李青竹. 糖萜素对雏鸡生产性能的影响. 吉林农业科技学院学报，2007，16（4）：7-9.

［76］ 闵亚宏，仝明薇，孟丽梅，等. 糖萜素对腹泻断乳仔兔生产性能的影响. 饲料添加剂，2011，8：18-19.

［77］ Zhao T T，Shen X J，Dai C，et al. Benefits of procyanidins on gut microbiota in *Bama minipigs* and implications in replacing antibiotics. Journal of Veterinary Science，2018，19（6）：798-807.

［78］ Nakayama S，Kishimoto Y，Saita E，et al. Pine bark extract prevents low-density lipoprotein oxidation and regulates monocytic expression of antioxidant enzymes. Nutrition Research，2015，35（1）：56-64.

［79］ Kim Y J，Hwang E S，Kim M J，et al. Antihypertensive effects of polyphenolic extract from Korean red pine（*Pinus densiflora* Sieb. et Zucc.）bark in spontaneously hypertensive rats. Antioxidants，2020，9（4）：333.

［80］ Wu Q J，Wang Y Q，Qi Y X. Influence of procyanidin supplementation on the immune responses of broilers challenged with lipopolysaccharide. Animal Science Journal，2017，88（7）：983-990.

［81］ Yang H，Chowdhury V S，Bahry M A，et al. Chronic oral administration of pine bark extracr（flavangenol）attenuates brain and liver mRNA expressions of HSPs in heat-exposed chicks. Journal of Thermal Biology，2016，60：140-148.

（赵林果，李琦，张旭晖）

第七章　林源农药提取物

林源农药是指从森林植物中提取的具有杀虫、杀菌、除草及植物生长调节等活性有机体的全部或部分有机物质及次生代谢物质加工而成的农药。利用森林植物资源开发农药是农药发展史中最古老、最原始的途径[1,2]。与传统的化学农药相比，林源农药具有低毒、低残留、环境友好等特点，因此受到越来越多人的重视。

林源农药根据作用不同，可分为林源杀虫剂、林源杀菌剂、林源除草剂和林源植物生长调节剂等。

第一节　林源杀虫剂

林源杀虫剂是一类利用具有杀虫活性的森林植物的某些部位提取其有效成分制成的杀虫剂。

新中国成立以来，我国在大力发展化学农药工业的同时，也十分重视植物性杀虫剂的生产和应用[3-5]。林源杀虫剂具有高效、选择性高、能与环境相容、作用机理独特、开发成本低、不易产生抗性、原料丰富等优点[6,7]。它表现出了明显的生态效益、经济效益和社会效益，是一种绿色新型农药，符合农药的发展趋势及人们的需求。

一、分类

植物源杀虫剂在中国研究最早，也是研究最为成熟的一种植物源农药[8]。

(1) 按活性成分分类　按其活性成分，可分为生物碱类、萜烯类、黄酮类、甾体类和羟酸酯类、番荔枝内酯类等[8]。

① 生物碱类。主要有烟碱、苦参碱、喜树碱、黄连碱、胡椒碱、辣椒碱等。

② 萜烯类。主要有单萜类、倍半萜类、二萜类和三萜类化合物等。

③ 萘醌和黄酮类。多以苷或苷元、双糖苷或三糖苷状态存在，主要有鱼藤酮、毛鱼藤酮、类鱼藤酮、扁蒴藤类等。

④ 甾体类与酯类。主要有 Nic-1、Nic-1 及植物质蜕皮酮、羊角拗总苷、牛藤甾酮等。最新的酯类化合物有亚油酸和油酸、烷基苯类［蛇床（酞）内酯、(3s)-丁基苯酞和新蛇床内酯］、乙酸透骨草醇酯等。

⑤ 其他类。番荔枝内酯是由四氢呋喃环和末端 γ-内酯环通过碳链相连接，碳链上带有羟基、酮基和乙酰氧基。此外，还有羟酸酯类（如除虫菊酯）、木脂素类（如乙醚酰透骨草素）、糖苷类（如番茄苷）等。

(2) 按林源植物种类分类　按具有杀虫作用的林源植物种类分类，林源杀虫剂可分成卫矛科、姜科、大戟科、楝科、瑞香科、唇形科、茄科、豆科、柏科、百部科、菊科、芸科、藜科、天南星科等。种类较多，具有代表性的主要有楝科的印楝、川楝、苦楝；豆科的鱼藤、苦参、苦豆子；卫矛科的雷公藤、苦皮藤等。

二、作用机理

植物活性成分的多样性和自然界害虫种类及其生活习性的多样性构成了林源农药对昆虫作用方式的多样性。根据现有的报道，其作用方式主要包括以下几方面[9,10]。

(1) 毒杀作用　一部分植物源杀虫剂具有胃毒作用。经相关研究证明，此类植物源杀虫剂会对害虫的中肠进行破坏，也可能是具有神经毒剂作用，阻断了昆虫的神经传导使昆虫死亡。如苦皮藤素、川楝素主要是破坏害虫的中肠组织，从而杀灭害虫。胃毒毒杀是在害虫取食杀虫剂后，影响其正常消化从而表现出中毒症状。如菜粉蝶幼虫在取食了川楝素后，虫体僵直，中肠食物残渣结块，并伴随有拉稀，体表脱水，最后由于中肠穿孔破裂、腐烂而死。

（2）忌避与拒食作用　部分植物源杀虫剂可以影响害虫的行为方式，通常表现为害虫拒食、忌避。忌避作用主要是利用药剂散发出特殊气味，使昆虫主动离开。而拒食作用是抑制昆虫的感觉器官使其无法感知到食物，或是对食物产生厌恶，最后饥饿而死。取食行为既依赖于昆虫感受器官对食物的感知，又依赖中枢神经对传入食物信息的分析判断。某些植物源杀虫剂（如印楝素）等抑制了昆虫的味觉功能，表现出拒食效应。例如鱼藤酮会影响昆虫电子传递系统中的NADH脱氢酶和辅酶Q，造成严重的耗氧量减少，使得昆虫的口器瘫痪，造成它们进食困难，死于饥饿。

（3）触杀作用　触杀作用是指虫体接触到杀虫剂时，杀虫剂通过接触虫体表皮，渗入虫体内引发虫体中毒，并造成虫体死亡。触杀作用对害虫成虫和害虫虫卵均有作用。将具有触杀作用的杀虫剂施用于虫卵上，触杀效果更好。这样杀虫剂使用剂量减少，可以减少对土壤的污染。除虫菊酯、鱼藤、烟草、苦参、烟碱等对蚜虫具有较强的触杀作用，例如除虫菊酯接触昆虫后，昆虫表现出兴奋，这样的中毒症状是神经中毒的典型模式，兴奋、抽搐、瘫痪和死亡。

（4）生长发育抑制作用　昆虫食用部分植物源杀虫剂后，表现出生长发育延缓、虫卵发育不正常，幼虫不能变态发育，有的幼虫畸形发育从而成为畸形虫。这类植物源杀虫剂使昆虫内分泌系统受到干扰，使得与昆虫生长发育紧密相关的保幼激素、促前胸腺激素、蜕皮甾类等的合成、分泌、运送至靶标受到抑制，都会影响昆虫正常的变态和发育。某些杀虫剂会影响昆虫的生化过程，特别是扰乱其内分泌平衡，可能会毒害其神经或者作为昆虫生长调节剂，扰乱正常的形态发生过程。

有的杀虫剂具有一种作用方式，而有的杀虫剂可能几种方式同时发挥作用。

三、典型林源杀虫剂加工与应用

（一）印楝提取物

印楝属楝科速生常绿乔木，原产于南亚次大陆包括印度、孟加拉国、巴基斯坦、斯里兰卡及缅甸等国，现在东南亚、非洲、美洲和澳洲等地区广泛生长。印楝在我国无自然分布，我国现有的该树种是于20世纪80年代引种的，经过十余年的发展，目前我国云南省已经成为世界上人工种植印楝面积最大的地区。

印楝是一种多用途的优良树种，已被作为传统医药广泛应用。印楝木材的材质好，防虫蛀，是很好的建筑及制作家具的原料；印楝油可用于制皂、制蜡、作润滑油或燃料；而印楝种仁中的印楝素作为植物源杀虫剂、杀菌剂具有对有害生物高效、对非靶标生物安全、易分解、不污染环境和不破坏生态平衡等许多优点，应用前景非常广阔。

1. 印楝提取物化学组成

印楝中含有丰富的活性物质，对于印楝中化学成分的研究始于20世纪中期，到1991年，已有十几个国家和地区的学者致力于印楝的研究[11]。迄今为止，从印楝种仁、叶、果实、树皮、根等不同部位分离和鉴定出来的化合物超过300个。根据结构，这些化合物可以简单分为萜类和非萜类两大类。

（1）萜类化合物

萜类化合物是印楝中所含的最重要的成分，从印楝中分离和鉴定出来的萜类化合物有100多种。这些化合物又可分为二萜类、三萜类，其中主要是四环三萜类的印楝素。印楝素是一系列类似化合物的统称，包括印楝素A、印楝素B、印楝素D、印楝素E、印楝素F、印楝素G、印楝素H、印楝素I、印楝素K、印楝素L、印楝素M、印楝素N、印楝素O、印楝素P、印楝素Q等15种[12]，化学结构式见图7-7-1。

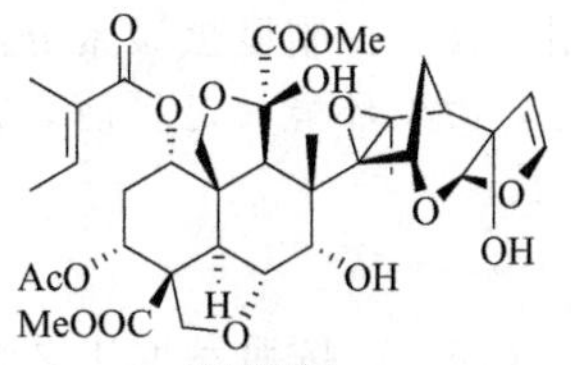

印楝素A 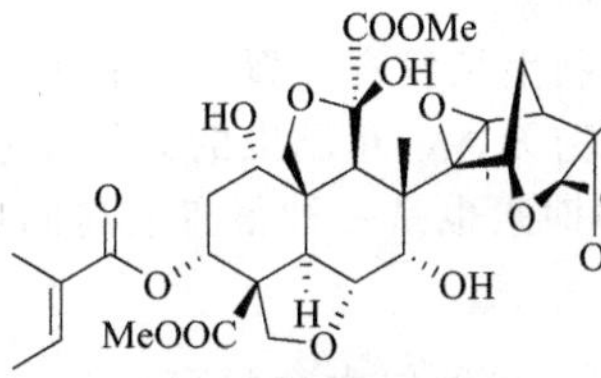　印楝素B 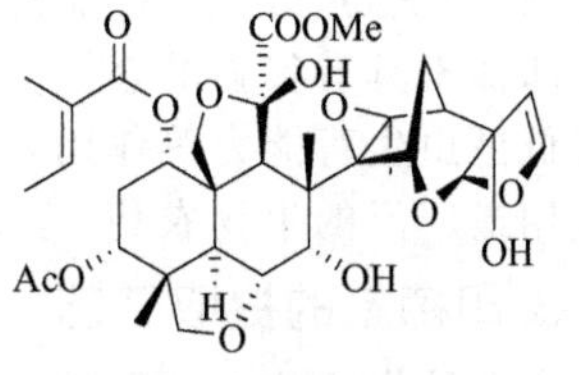　印楝素D

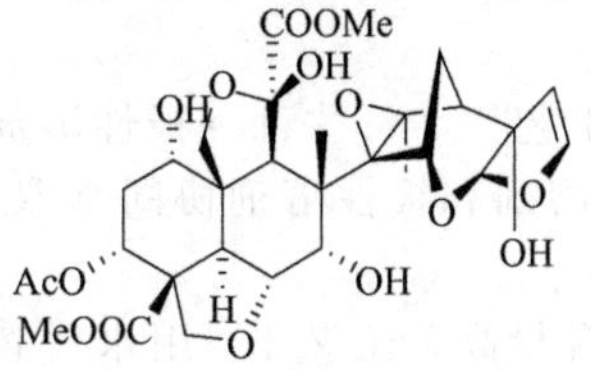

印楝素E 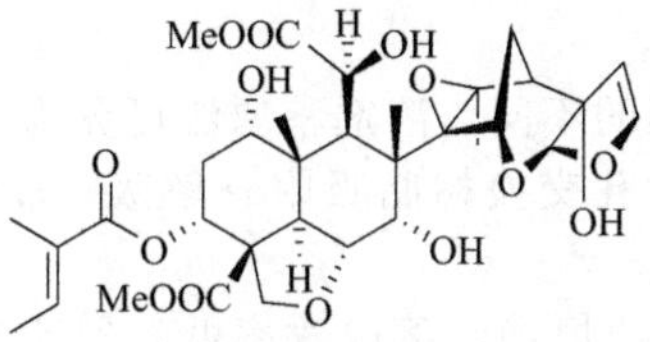　印楝素F 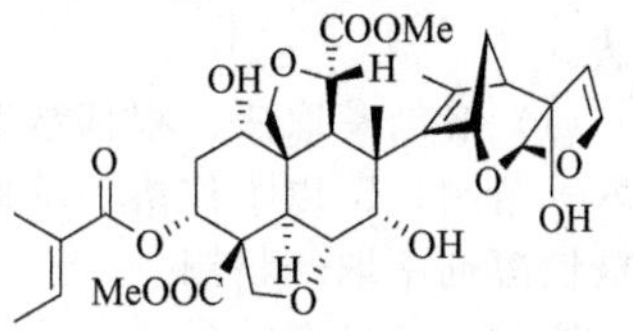　印楝素G

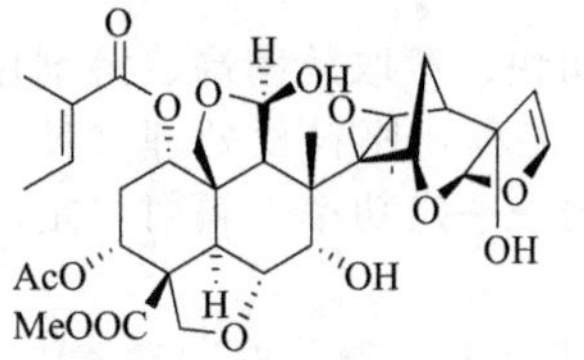

印楝素H 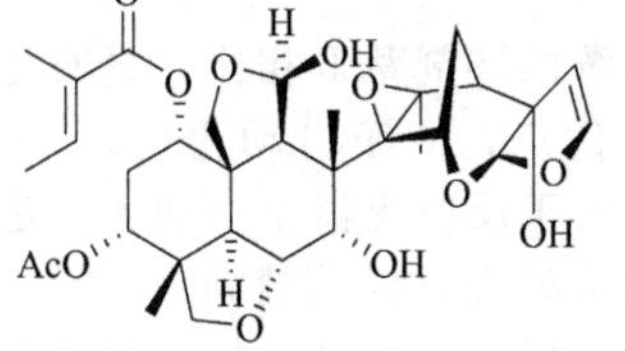　印楝素I 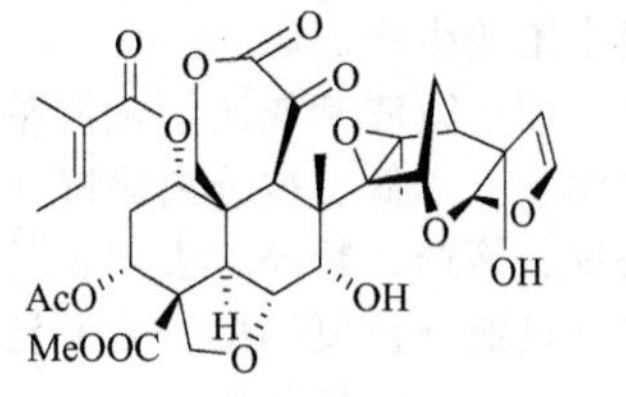　印楝素K

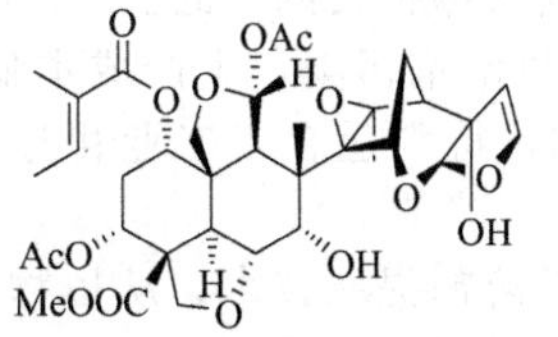

印楝素L 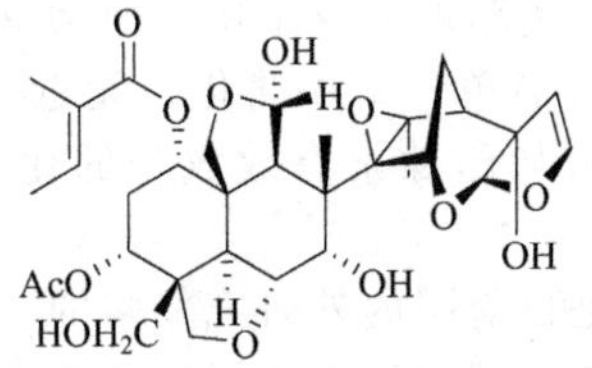　印楝素M 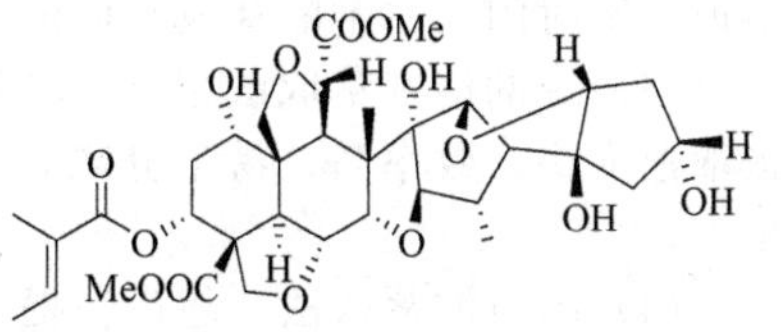　印楝素N

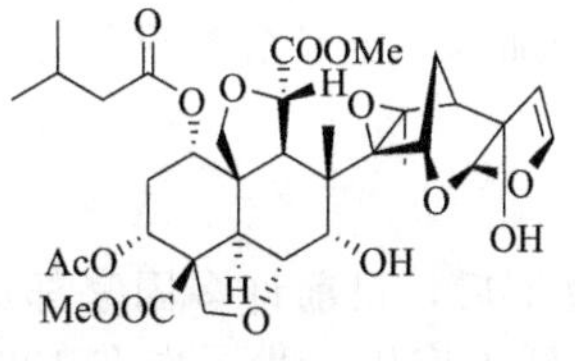

印楝素O 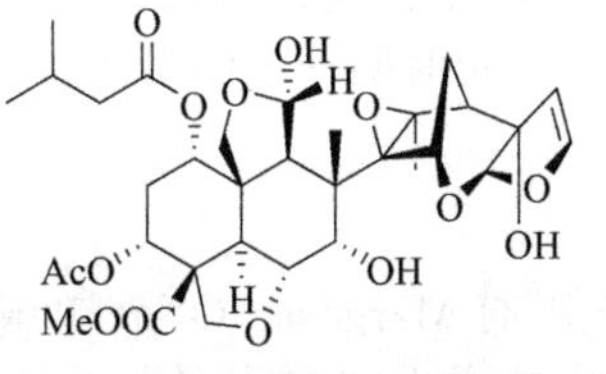　印楝素P 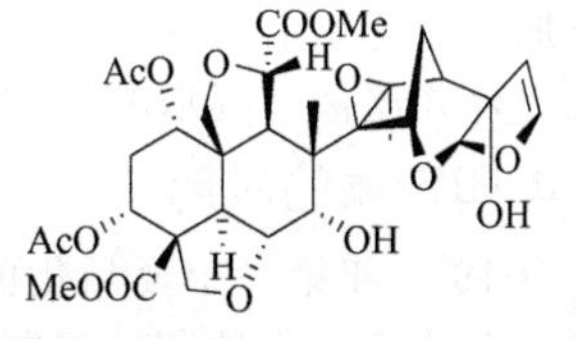　印楝素Q

图 7-7-1　印楝素 A～Q 的化学结构式

印楝中研究较多的是印楝素 A。印楝素 A 是无色或略带黄色的结晶或结晶性粉末，味微苦，熔点 244～245℃（分解），旋光度－13.1°（c＝1.75，丙酮），易溶于吡啶、丙酮、乙醇、甲醇，微溶于氯仿、苯，几乎不溶于石油醚及水。

印楝素 A 在印楝植物全株均有分布，其中在种仁中含量最高，其次是叶子中。印楝种仁中印楝素的含量与种子的大小、种子的重量、含油量等没有直接关系，但与产地有关，土壤条件是影响印楝素含量的第二项主要因素。

（2）非萜类化合物　非萜类化合物涉及硫化物、多酚（黄酮及其苷）、香豆素、单宁、脂肪酸、碳氢化合物（多糖）、蛋白质（氨基酸）等多种化合物类型，这些化合物中绝大多数具有重要的生物活性。

2. 印楝素的生物活性

印楝素是从印楝种仁中分离出来的柠檬苦素类活性物质，属于四环三萜类化合物。较常研究

的是 *Azadirachtin* A，即通常所指的印楝素。

印楝素具有很强的杀虫、拒食、抑制生长发育、胃毒、忌避、抑制呼吸、抑制昆虫激素分泌和降低昆虫生育能力等作用，对高等动物无害，对昆虫的天敌比较安全，污染环境，是目前研究和应用最广泛的生物农药[13]。此外，印楝素也是一种很有前途的抑菌剂。

3. 印楝素的提取工艺

在印楝提取物中，印楝素含量最高，在种仁中含量可高达 0.1%～0.6%。按照萃取工艺的不同，印楝素的提取方法主要有 4 种：溶剂萃取法、微波萃取法、超临界萃取法、超声波萃取法。

（1）溶剂萃取法　根据萃取流程的不同，溶剂萃取法可分为 4 种工艺[14]：a. 去油→极性溶剂萃取→精制；b. 以水作溶剂萃取→大孔交换树脂吸附→解吸；c. 烃类溶剂和极性溶剂协同萃取；d. 极性溶剂萃取→精制。

四种工艺各有特点：工艺 a，复杂烦琐，萃取效率低，但印楝素含量高；工艺 b，用水代替有机溶剂，减少了环境污染，但印楝素在水中易分解；c 和 d 两种工艺萃取效率高，工艺简单，适合工业生产。

（2）微波萃取法　微波萃取与传统的溶剂萃取相比，具有处理时间快、萃取效率高、溶剂用量少、成本低、被分离物降解率低等优点，便于自动化生产[15]。工艺流程：原料预处理（种子去皮、筛选、粉碎、去油、过筛）→置于反应容器中→加入一定量溶剂→一定功率下辐射一定时间→过滤→重复辐射→合并滤液→滤液处理→样品精制。

（3）超临界萃取法　以印楝种仁、树皮、树枝、树叶等为原料，按以下步骤萃取印楝素[16]：粉碎原料→置于萃取釜中→用一定温度、压力的浓缩二氧化碳及共溶剂在一定温度、压力下持续萃取一定时间，并不断释放萃取液→分离萃取液→干燥→研磨→得到富含印楝素的产品。

与传统的溶剂萃取法相比，其设备简单，工序简化，无毒，无有机溶剂污染，生产成本低，提取速度快，效率高，易于分离，不破坏印楝素有效成分的化学结构，特别适合于工业化连续生产。

（4）超声波萃取法　超声波提取是目前国内外研究较多的一种辅助溶剂提取技术，从植物中提取，其首要条件是被提取物能够快速、高效地进入提取介质中，提取过程中需要将细胞破碎。

超声波萃取工艺[17]：原料预处理（种子去皮、筛选、粉碎、去油、过筛）→置于反应容器中→加入一定量溶剂→一定功率下超声一定时间→过滤得滤饼→滤饼中加入一定量溶剂重复超声提取→合并滤液→提取液处理→粗品。

4. 印楝素的应用

自 1985 年第一个商品化的印楝素制剂 Margosan-O® 在美国获准登记后，目前许多国家都成功开发出了商品化的印楝素制剂，使印楝素生物农药在世界范围内得到了应用，我国也在 1997 年由华南农业大学开发出了商品化的 0.3%的印楝素乳油制剂，并申报了相关的专利。除上述两种外，商品化的制剂还有 Azatin-EC®（美国）、Bioneem®（美国）、RH-9999®（美国）、Neemix® 4.5（美国）、Neem-EC®（加拿大）、Neemark®（印度）、Neemgard®（印度）、Neemazal®（德国）等十几种。这些制剂中有乳油、可湿性粉剂、悬浮剂、颗粒剂等[13]。印楝素类农药在我国于 1992 年起登记生产后发展缓慢，至 2000 年仅有 6 家企业登记生产（0.3%楝素乳油 3 个厂次，0.5%楝素乳油 2 个厂次，复配制剂 1 个厂次）。从实际使用情况来看，目前使印楝素发挥作用的主要是乳油，而乳油的生产使用因其配方中有机溶剂存在毒性、药害、危险性问题而受到限制。另外，溶剂和乳化剂的使用也使农药制剂的成本增高，而且乳油在运输、包装上易产生农药挥发、渗漏现象，影响产品的质量及药效。

目前农药剂型正朝着水性化、粒状化、多功能、缓释、省力化和精细化的方向发展，一些高效、安全、经济和环境相容的新剂型，如超微乳剂、水乳剂、悬乳剂、水分散粒剂、干悬浮剂、缓释剂等新剂型正在兴起，并将成为 21 世纪农药剂型发展的主流。因此我们不仅应研究传统剂型的配方，还应顺应发展，根据印楝素的特殊物理化学性质开发出适应其特点，使用方便的新剂型的印楝素生物农药。

（二）银杏酚酸提取物

银杏是我国特有的经济裸子植物，资源丰富，现有资源占全世界的80%以上，除海南、黑龙江和内蒙古三省外，其他各省均有分布。它集食用（白果）、药用（叶、白果）和观赏等多种价值于一体。通常把银杏种核、内种皮、中种皮总称为白果，白果外部肉质部分就是银杏外种皮。银杏外种皮约占银杏种子的2/3，含银杏酚酸类物质较叶子多，是杀虫灭菌的活性物质。

1. 银杏酚酸提取物的化学组成

银杏酚酸为银杏重要的次生代谢产物，属漆酚酸类物质，是银杏酚和银杏酸的总称，包括白果酚、白果二酚及银杏酸等[18]。银杏酸是银杏酚酸的主要物质，占整个酸性提取物的90%。随着科学技术的发展，在银杏叶、外种皮及种仁中均检测出银杏酸，但外种皮中总银杏酸含量最高。

图7-7-2、表7-7-1分别是银杏外种皮中银杏酚酸主要成分的化学结构式及化学结构式中对应的基团。银杏酸侧链的烃基长度为C_{13}、C_{15}、C_{17}，侧链上含有不同数量双键的2-羟基-6-烷（烯）基-苯甲酸，目前分离的主要有白果新酸、白果酸、氢化白果酸、十七烷一烯基银杏酸和十七烷二烯基银杏酸等5种。银杏酚是侧链烷基长度为C_{15}、C_{17}，侧链双键数为1的3-烷（烯）基苯酚；银杏二酚为侧链烷基长度为C_{15}、C_{17}，侧链双键数为2的5-烷（烯）基苯酚[19]。

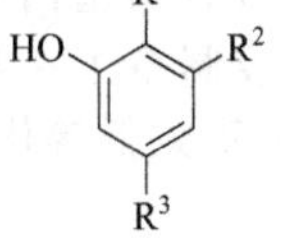

图7-7-2　银杏外种皮中银杏酚酸主要成分的化学结构式

表7-7-1　银杏外种皮中银杏酚酸主要成分化学结构式中对应的基团

名称	R^1	R^2	R^3
白果酸	COOH	$(CH_2)_7CH=CH(CH_2)_5CH_3$	H
氢化白果酸	COOH	$(CH_2)_{14}CH_3$	H
氢化白果亚酸	COOH	$(CH_2)_{13}CH_3$	H
白果新酸	COOH	$(CH_2)_{12}CH_3$	H
十七烯-烯银杏酸	COOH	$(CH_2)_9CH=CH(CH_2)_5CH_3$	H
4-羟基白果酸	COOH	$(CH_2)_7CH=CH(CH_2)_5CH_3$	OH
4-羟基白果新酸	COOH	$(CH_2)_{12}CH_3$	OH
白果酚	H	$(CH_2)_7CH=CH(CH_2)_5CH_3$	H
银杏酚	H	$(CH_2)_7CH=CH(CH_2)_5CH_3$	OH
十七烷二烯银杏酸	COOH	$(CH_2)_7CH=CHCH_2CH=CH(CH_2)_4CH_3$	H
5-(十七烷基-10-烯)银杏酚	H	$(CH_2)_9CH=CH(CH_2)_5CH_3$	OH
3-(十七烷基-10-烯)白果酚	H	$(CH_2)_9CH=CH(CH_2)_5CH_3$	H
银杏新酚	H	$(CH_2)_{14}CH_3$	OH

2. 银杏酚酸提取物的生物活性

银杏烷基酚酸具有杀虫活性。银杏酚酸对蚜虫、菜青虫、蓟马、甜菜夜蛾、小夜蛾、红蜘蛛、桑螨、蛴螬等害虫有良好的灭杀作用[20]。石启田[21]用含银杏酚酸的银杏外种皮粗提物制备的生物农药防治蚜虫、菜青虫、蓟马效果良好。董俊等[22]采用旋转蒸发器提取银杏外种皮中的有效杀虫成分并使用棉铃虫作为实验对象检测其杀虫效果，发现银杏外种皮浓缩液具有非常明显的杀灭二龄棉铃虫的效果，其短时间（10min）内杀灭二龄棉铃虫的有效率可达100%。

3. 银杏酚酸提取物的提取方法

银杏酚酸的提取方法主要有回流法、微波法和超临界 CO_2 萃取法等[23]。

（1）回流法与微波法　一般采用下面的提取工艺流程：新鲜银杏种仁→干燥→粉碎→过筛→回流提取（按一定料液比加入萃取溶剂，恒温水浴或微波回流一定时间）→多次回流提取→合并提取液→抽滤→真空浓缩→冷冻干燥→分离纯化→银杏酚酸。

回流法与微波法，两者提取工艺流程基本一致，加热回流方式不同[24]。回流法采用水浴恒温回流，微波法则是在微波催化合成/萃取仪中进行回流萃取。微波法具有节省时间和能源、易于工业化操作的优点。

（2）超临界 CO_2 萃取法　新鲜银杏种仁→干燥→粉碎→过筛→样品置于萃取装置中→静态萃取→动态萃取→分离器分离→银杏酚酸粗品。

该方法[25]操作简便，得率、纯度较高，无溶剂残留，环境污染小，优于传统的溶剂萃取法。

4. 银杏酚酸提取物的应用

银杏酚酸具有强烈的杀虫活性。我国民间很早就利用银杏叶和外种皮的水浸液防治棉蚜、红蜘蛛、蛴螬、桑蟥、稻螟虫等作物害虫，现已得到广泛关注，在农业害虫防治方面应用很多[26]。吴伦忠等[27]利用废弃的银杏外种皮及多种具有杀菌活性的植物制备了林源杀虫液，可用于金橘红蜘蛛的防治。刘秀芳[28]利用银杏果提取液制备了一种春季香梨杀虫剂，该杀虫剂在生长期能有效灭杀小菜蛾幼虫、蚜虫，具有成本低、毒素低等优点，是一种绿色杀虫剂。

（三）苦参提取物

苦参为豆科槐属落叶灌木，性寒，味苦，具有燥湿、祛风、杀虫、利尿等功效。

1. 苦参提取物的化学组成

苦参提取物中有生物碱、黄酮类化合物、氨基酸类、脂肪酸类、护发油类、果糖类等化合物。生物碱主要为喹嗪啶类生物碱，极少数为双哌啶类生物碱，其中苦参碱、氧化苦参碱、羟基苦参碱、槐果碱、氧化槐果碱等为含量较多的生物碱[29,30]。

2. 苦参提取物的生物活性

苦参提取物中的苦参碱、氧化苦参碱、槐果碱等具有杀虫活性，对蚜虫、菜青虫、茶毛虫、小菜蛾、茶小绿叶蝉、白粉虱、枣尺蠖、金纹细蛾、松毛虫、杨树舟娥、美国白蛾、红蜘蛛等害虫均有不同程度的毒杀作用。害虫一旦触及可麻痹其神经中枢，使虫体蛋白质凝固，堵死虫体气孔，使害虫窒息死亡[30]。

3. 苦参提取物的提取方法

苦参碱是苦参提取物中主要的杀虫活性成分。国内苦参碱的提取方法主要有溶剂提取法、超声辅助提取法及微波辅助提取法等[31]。

以超声辅助提取法为例，提取、分离工艺如下[32]：植物苦参果实干燥→粉碎→过筛→按一定料液比加入原料和溶剂→混匀→超声萃取→过滤→浓缩→浓缩液→上 DF01 型大孔吸附树脂→洗脱→收集洗脱液→浓缩→苦参碱粉末。

4. 苦参提取物的应用

在农业生产中，苦参碱可替代甲胺磷等五种国家禁用的高毒有机磷及含有上述高毒农药的混剂农药品种，也可替代其他高毒农药使用。目前国内市场上商品化的苦参杀虫剂有苦参碱含量为0.1%～10%的醇溶液、水剂及粉剂等[33]。0.26%复方苦参碱杀虫剂对蔬菜、果树、树木、花卉、茶树、粮食和棉花等多种作物上的蚜虫、菜青虫、红蜘蛛、白粉虱、潜叶蝇、小菜蛾、烟青虫、黏虫、韭蛆等害虫均有较好的防效[34]。白重庆等[35]制备的0.5%虫菊・苦参碱杀虫剂对高寒牧区的防控草原毛虫防控效果在 90%以上，防控效果较理想，可以作为青海省草原毛虫生物防控储备用药。

（四）万寿菊提取物

万寿菊属菊科植物，一年生草本植物，生长在热带及亚热带地区，原产自墨西哥，我国各地均有栽培，也是近年来研究较多的杀虫植物之一。万寿菊享有同印楝、川楝、烟草、鱼藤同样的地位，已成为从 2400 种已记载控害植物中挑选出来的 43 种光谱控害植物之一，被誉为“控害的精华”。

1. 万寿菊提取物的化学组成

万寿菊提取物中主要含叶黄素、玉米黄素（zeaxanthin）、叶黄素酯、α-三联噻吩等[36]。α-三联噻吩即 2,2′∶5′,2″-三联噻吩（$C_{12}H_8S_3$），为非极性化合物，其基本化学结构式见图 7-7-3。

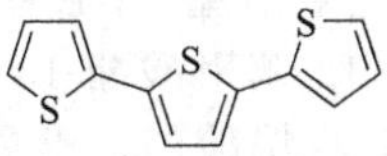

图 7-7-3　α-三联噻吩的化学结构式

2. 万寿菊提取物的生物活性

万寿菊提取物中主要杀虫活性成分是 α-三联噻吩。α-三联噻吩是一种光活化杀虫剂，发挥杀虫作用的过程也是它本身光降解的过程，不会在环境中持久残留。其对瘤缘蝽、斜纹夜蛾、南方根结线虫、枣树害虫枣尺蠖、菊花蚜虫、白纹伊蚊等具有毒杀作用[37,38]。

3. 万寿菊提取物的提取方法

α-三联噻吩是万寿菊提取物中一种有效的杀虫活性成分。万寿菊茎的冷浸提取物中 α-三联噻吩的含量最大，其次为根，而叶和花中的含量极少。α-三联噻吩在植株体内含量不高，因而 α-三联噻吩的提取技术是其开发利用的关键。目前大部分文献都是采用溶剂回流提取、微波辅助提取、超声辅助提取、超临界 CO_2 提取等方法对万寿菊进行提取[39,40]。

以超声辅助提取为例，提取工艺流程如下：万寿菊→干燥→粉碎→超声提取→合并提取液→粗品。

超临界 CO_2 萃取技术能在很大程度上减少提取过程中 α-三联噻吩的损失，具有良好的开发前景。

4. 万寿菊提取物的应用

α-三联噻吩是一种典型的光活化毒素，在有“绿色农药”美誉的光活化农药中因高效、低毒、无残留而成为其中的明星分子。α-三联噻吩有一定的杀虫活性，被认为是万寿菊有杀虫作用的主要原因。万寿菊根部乙醇提取物具有杀线虫活性（三天后死亡率大约为 50%），根部水提取物以及茎部乙醇和水提取物均无杀线虫活性。根部乙醇提取物分别由石油醚、氯仿、乙酸乙酯萃取，获得的三种萃取组分均有较强的杀虫活性（死亡率分别为 90%、85%和 82%）[37]。曾建明等[41]将万寿菊应用在防治茶园小绿叶蝉中，提供了一种万寿菊在防治茶园小绿叶蝉中的应用方法，为建立茶园小绿叶蝉绿色防控技术体系打下了基础，对茶园小绿叶蝉的防治效果为 40%左右。

（五）巴豆提取物

巴豆（*Croton tiglium*），又称猛子仁、江子、巴菽、双眼龙、虫蛊草、猛子树等，是大戟科巴豆属的一种常绿灌木或小乔木，主要分布于我国长江以南各省，特别是云南、四川、广东、海南、浙江等省广为分布。梠《广西植物名录》记载，巴豆全株有毒，种子油有剧毒，种子峻泻行水，杀虫解毒；种子、叶、茎为良好的土农药，可杀玉米螟、蚜虫、蝇等害虫，亦可毒鱼。

1. 巴豆提取物的化学组成

对巴豆化学成分的研究主要集中在种仁上，种仁含脂肪油34%～57%，蛋白质约18%，主要含二萜及其酯类化合物、生物碱类化合物及其植物毒蛋白类[42]。

脂肪油为棕榈酸、硬脂酸、油酸、巴豆油酸、巴豆酸等组成的甘油酯。油中含巴豆醇及16种巴豆醇双酯化合物。其中巴豆醇-12,13-二酯的含量约占巴豆油的4%；巴豆醇三酯的含量约占巴豆油的4%。

巴豆中的萜类及其内酯化合物主要为labdane和pimarane型。巴豆中的二萜酯类由佛波醇与甲酸、丁酸等结合而成，通常以酯的形式存在于巴豆油中，主要有巴豆醇-12-十四烷酸酯-13-乙酸酯、巴豆醇-12-癸酸酯-13-乙酸酯、巴豆醇-12-月桂酸酯-13-乙酸酯、巴豆醇-12-棕榈酸酯-13-乙酸酯、巴豆醇-12-α-甲基丁酸酯-13-月桂酸酯、巴豆醇-12-α-甲基丁酸酯-13-癸酸酯、巴豆醇-12-乙酸酯-13-月桂酸酯、巴豆醇-12-巴豆酸酯-13-癸酸酯、巴豆醇-12-巴豆酸酯-辛烯酸酯、巴豆醇-12-α-甲基丁酸酯-13-辛烯酸酯、巴豆醇-12-巴豆酸酯-13-月桂酸酯、巴豆醇-12-巴豆酸酯-13-丁酸酯、巴豆醇-12-丁酸酯-13-月桂酸酯、巴豆醇-12-苯甲酸酯-13-苯甲酸酯、巴豆醇-4-甲氧基-12-十四烷酸酯-13-乙酸酯、巴豆醇-13-乙酸酯-20-十八烷酸酯、巴豆醇-13-巴豆酸酯-20-十八烷酸酯、巴豆醇-12-乙酸酯-13-巴豆酸酯等。

巴豆生物碱是巴豆的有效成分，已知的主要有巴豆苷、异鸟嘌呤及木兰花碱等。

2. 巴豆提取物的生物活性

巴豆提取物对玉米象、谷蠹、长角扁谷盗、锯谷盗等4种储粮害虫有驱避作用和触杀作用，另外对桑螨、桑天牛、椿尺蠖、桑木虱、油茶毒蛾、松毛虫、水稻螟虫、橘小实蝇、豆蚜、米蛾、棉红铃虫、库蚊、甘薯小象甲、美洲烟夜蛾、赤拟谷盗等害虫也有毒杀或抑制生长发育的作用[43-45]。

3. 巴豆提取物的提取方法

一般采用溶剂浸渍法对巴豆进行提取。以巴豆乙醇提取物为例，提取方法如下[44]：将巴豆果实用清水洗净晾干后，置于50℃恒温干燥箱中烘干，再用粉碎机充分粉碎制成干粉。称取巴豆干粉，装入广口瓶中，加入5倍量（体积质量比）的工业酒精，置于超声波细胞粉碎机中粉碎振荡1h。工作参数为：工作时间7s，间隙3s，温度保护50℃。过滤提取液，减压浓缩得到巴豆乙醇提取物。

4. 巴豆提取物的应用

巴豆是一种著名的有毒植物，全株有毒，种子油有剧毒，能杀虫解毒，种子、叶、茎为良好的土农药。自古以来，巴豆就被我国南方农民作为杀虫植物使用。国内外对巴豆提取物作为林源农药杀虫剂的研究也不少。王海建[44]研究发现，巴豆乙醇提取物对小菜蛾幼虫有较强的拒食作用和生长抑制作用，对小菜蛾成虫有较强的产卵忌避作用，提取物浓度越高，作用效果越明显。以巴豆、大蒜、洋葱等为主要原料，可制得一种杀虫剂，该杀虫剂对小菜蛾、苎麻夜蛾、甜菜夜蛾、斜纹夜蛾具有良好的灭杀效果，72h内杀虫率高达100%，72h内的田间杀虫率可达70%以上，效果显著[46]。

（六）多裂骆驼蓬提取物

多裂骆驼蓬是蒺藜科，为我国特有的骆驼蓬属多年生草本有毒植物，分布于中国陕西北部、内蒙古西部、宁夏、甘肃、青海。多裂骆驼蓬提取物对多种植物病原菌及害虫有显著的抑制和毒杀作用。

1. 多裂骆驼蓬提取物的化学组成

多裂骆驼蓬的化学成分以生物碱为主，分离出的生物碱主要有哈尔明碱、哈尔马灵碱、去氢骆驼蓬碱、哈尔醇、哈梅林、鸭嘴花碱、鸭嘴花酮碱、脱氧鸭嘴花酮碱、吴茱萸碱等[47]。

2. 多裂骆驼蓬提取物的生物活性

多裂骆驼蓬提取物中的有效生物活性物质主要是生物碱。多裂骆驼蓬乙醇提取物对山楂叶螨、麦岩螨、棉蚜、修尾蚜、斑蚜、杨叶甲幼虫、菜青虫等常见昆虫具有触杀、胃毒、拒食和忌避活性，其中触杀和胃毒活性较为显著[48]。

3. 多裂骆驼蓬提取物的提取方法

多裂骆驼蓬的生物碱一般采用溶剂回流法提取。以乙醇作溶剂为例，提取工艺流程如下[48]：多裂骆驼蓬地上部分→自然阴干→粉碎→80℃的水浴回流提取 3 次→合并提取液→冷却→过滤液→浓缩→膏状物，即生物碱粗品。

4. 多裂骆驼蓬提取物的应用

多裂骆驼蓬提取物是一种潜在的林源杀虫剂。刘健新等[49]研究发现，多裂骆驼蓬水溶性生物碱、脂溶性生物碱和总生物碱提取液对麦二叉蚜、桃蚜均有明显的抑制和触杀作用，但水溶性生物碱的抑菌杀虫活性大于脂溶性生物碱。李越鲲等[50]将骆驼蓬生物碱和牛心朴子生物碱提取物按照一定的重量比混合制得一种林源农药，该农药具有广谱高效的防治枸杞主要害虫的功能，适合枸杞生长周期内预防和防治枸杞蚜虫、木虱、蓟马、蛀果蛾等主要害虫，具有高效、广谱、低毒、持效期长等特点。

（七）黄帚橐吾提取物

黄帚橐吾系菊科橐吾属多年生草本有毒植物，主要分布于我国西藏东北部、云南西北部、四川、青海、甘肃、不丹和尼泊尔等地，生长于海拔 2600～4700m 的草甸、河滩、林缘、沼泽、草原、灌丛及阴坡湿地中。

1. 黄帚橐吾提取物的化学组成

对黄帚橐吾中的化学成分，国内外天然药物化学工作者们已经进行了数十年的研究，确定其含有多种类型的化学成分[51]，如萜类、甾体类等。其中最主要的化学成分是倍半萜类，尤其以艾里莫芬型倍半萜和苯并呋喃型倍半萜最为多见。艾里莫芬型倍半萜是黄帚橐吾最主要的化学成分，根据结构不同又可分为艾里莫芬内酯型、呋喃艾里莫芬型、降碳艾里莫芬型和其他艾里莫芬型等。

黄帚橐吾植株中所含的强毒性杀虫成分主要由萜类化合物、芳香族化合物、有机酸和烷烃类化合物组成，挥发性成分占 40%以上[52]。

2. 黄帚橐吾提取物的生物活性

黄帚橐吾大毒，但同时其乙醇提取物有很强的生物农药活性，具备开发为生物农药的潜力。黄帚橐吾乙醇提取物对棉铃虫 2～3 龄幼虫有很强的拒食活性，拒食中浓度为 2.59mg/mL，当浓度为 10mg/mL 时，拒食率可达 95%以上；触杀和胃毒活性也较强，致死中浓度（LC_{50}）在 3.00mg/mL 时，校正死亡率均可达 80%以上，且 3 种作用的活性强度随浓度增大而增强[53]。黄帚橐吾甲醇提取物对菜粉蝶 4 龄幼虫具有很强的拒食和触杀作用，48h 的拒食率为 82.2%～100.0%，触杀死亡率为 80.0%～94.1%[54]。

3. 黄帚橐吾提取物的提取方法

黄帚橐吾提取物一般采用有机溶剂提取。以乙醇溶剂为例，黄帚橐吾提取物的提取工艺如下[55]：黄帚橐吾全草→除尘→烘干→粉碎→按一定固液比，粉碎物与 90%乙醇混合→常温浸泡 24h→45℃超声→静置→重复超声 3 次→过滤→收集滤液→滤渣按上述方法共提取 3 次→合并滤液→除溶剂→得棕黑色浸膏。

4. 黄帚橐吾提取物的应用

黄帚橐吾挥发物与铁棒锤生物碱复配长效杀虫剂，对多种作物害虫有防治效果，尤其对设施农业中常见又难治的室温白粉虱、各种蚜虫等刺吸式害虫和棉铃虫等夜蛾科害虫的防治效果显著，杀虫速度快，持续时间长[56]。黄帚橐吾复合物与乳化剂、分散剂等助剂加工成的黄帚橐吾提取物杀虫剂对多种作物害虫有防治效果，对人畜、环境和天敌安全[57]。

（八）藜芦提取物

藜芦属百合科藜芦属植物，为多年生草本、药用植物。藜芦及其同属植物作为典型杀虫植物在中国、欧洲及北美等地应用历史悠久。

1. 藜芦提取物的化学组成

藜芦提取物的主要成分为维藜芦碱类生物碱（verazine type）、介藜芦胺类生物碱（jervine type）、茄次碱类生物碱（solanidine type）、西藜芦碱类生物碱（cevanine type）等甾体生物碱类，如（20R)-介芬胺（20R-jervine）、（20S)-介芬胺（20S-jervine）、藜芦托素（veratrosine）、O-acetyl Jervine、当归酰基棋盘花胺（3-angeloylzygadenine）、藜芦酰基棋盘花胺（3-veratroylzygadenine）、（20R)-藜芦胺（20R-veratramine）、（20S)-藜芦胺（20S-veratramine）和 dihydrojervine[58]。

2. 藜芦提取物的生物活性

藜芦总生物碱对酢浆草如叶螨、玉米黄呆蓟马有较好的毒杀活性，其 LC_{50} 分别为 2.37mg/mL 和 2.03mg/mL、2.67mg/mL 和 0.28mg/mL[58]；室内毒力测试表明，0.5%藜芦碱可溶性液剂对朱砂叶螨和瓜蓟马的 LC_{50}（24h）分别是 8.16mg/mL 和 41.12mg/mL。藜芦根茎中的氯仿、乙醇、正丁醇提取物对黏虫、蚜虫、朱砂叶螨和蚊幼虫均具有良好的毒杀活性，其中氯仿提取物对 3 龄黏虫有很强的拒食作用，对蚜虫的毒杀力最大；乙醇提取物对 4 龄蚊幼虫的杀虫活性高，对朱砂叶螨的毒杀力最强[59]。

3. 藜芦提取物的提取方法

藜芦所含的有效成分为生物碱，且均为亲脂性的物质。典型提取工艺如下[60]：藜芦根茎干燥→粉碎→乙醇水溶液回流提取多次→过滤→合并提取液→减压浓缩→浸膏（总生物碱）。

4. 藜芦提取物的应用

藜芦作为植物性杀虫剂，早已为人们熟知。据记载早在公元 5 世纪初，地中海居民就用藜芦提取物处理种子，以防治害虫。我国民间也早已利用藜芦阴干碾碎防治家蝇和蔬菜地下害虫。20 世纪 40 年代初，藜芦碱已成为商业性杀虫剂用于柑橘害虫防治。苦参和藜芦提取物的组合农药可以很好地灭杀同翅目害虫如蚜虫、介壳虫、白粉虱等，半翅目害虫如绿盲蝽等，对农业生产具有积极意义[61]。

（九）百部提取物

百部是百部科百部属植物，生长于海拔 300～400m 的山坡草丛、路旁和林下，分布于中国浙江、江苏、安徽和江西等省；日本曾引入栽培，有变为野生者。百部根可以入药，外用于杀虫、止痒、灭虱；内服有润肺、止咳、祛痰之效。

1. 百部提取物的化学组成

百部的化学成分主要是生物碱类和其他类化合物。百部提取物含直立百部碱（sessilistemonine）、霍多林碱（hordonine）、对叶百部碱（tuberostemonine）、原百部碱（protostemonine）、百部碱（stemonine）、次百部碱（stemonidine）、异次百部碱（isostemonidine）、蔓生百部碱（stemonidine）、异蔓生百部碱（isostemonamine）、氧化对叶百部碱（oxotuberostemonine）、斯替明碱（stemine）等[62]。

2. 百部提取物的生物活性

百部生物碱有驱虫杀虫作用。直立百部根中的对叶百部碱提取物对海灰翅夜蛾幼虫有很好的拒食活性；蔓生百部根中的提取物可以抑制斜纹幼蛾幼虫的进食；直立百部和对叶百部中的对叶百部碱对犬腹孔绦虫、肝片吸虫等消化道蠕虫有浓烈的驱虫活性[63]。直立百部根部提取物对小菜蛾亦有一定的杀虫活性，半数致死浓度（LC_{50}）为 86.97mg/mL[64]。

3. 百部提取物的提取方法

百部提取物的主要活性成分是生物碱，主要采用溶剂萃取法提取。提取工艺如下[65]：干燥百部茎、叶→粉碎→乙醇溶剂多次浸提→合并提取液→减压浓缩→浓缩物用 2%盐酸调 pH 值至 1～2→乙醚提取 3 次→酸性溶液用浓氨溶液调 pH 值至 9～10→二氯甲烷提取 3 次→合并提取液→去除溶剂→粗生物碱。

提取速率与溶剂用量（一般 7～15 倍）、原料粉碎度、操作条件（如温度、搅拌）等因素有关。

4. 百部提取物的应用

百部提取物可以有效杀死朱砂叶螨，对小菜蛾、菜青虫、菜蚜有较强的毒杀活性。百部作为新型植物源农药，是具有开发潜力的杀虫植物。李彩瑞[66]发明了一种含有百部提取物的杀虫剂，杀虫效果优异，害虫防治率高达 90%以上，且具有杀虫广谱性，可用于防治果树、蔬菜、谷物等方面的各类害虫病菌，药效持久、无毒副作用、稳定性高。谢明等[67]发明了一种百部碱与蜡蚧菌的复配杀虫剂，该复配杀虫剂可加工成湿性粉剂，对害虫粉虱和蚜虫有高效的防治效果。含有百部生物碱的复合农用杀虫剂“绿浪”百部·楝·烟乳油，特别用于杀灭蔬菜、花卉、水果等高产值作物的多种害虫，防治范围广[68]。

（十）鱼藤提取物

鱼藤是豆科鱼藤属植物，攀援状灌木，多生于沿海河岸灌木丛、海边灌木丛或近海岸的红树林中，分布于中国、印度、马来西亚及澳大利亚北部等地。在我国，鱼藤分布于福建、台湾、广东、广西。

1. 鱼藤提取物的化学组成

鱼藤提取物的化学成分主要包括黄酮、异黄酮、鱼藤酮等，还有 *B*-香树脂醇、顺式-10-十九碳烯酸、豆甾 4-烯-3-酮、羽扇-20-(29)-烯-3-酮、白桦脂酸、3-谷甾醇、丁香酸、*N*-苯甲酰基-三-苯丙氨醇等化合物[69]。

2. 鱼藤提取物的生物活性

鱼藤提取物中的鱼藤酮在毒理学上是一种专属性很强的物质，对昆虫尤其是菜粉蝶幼虫、小菜蛾、蚜虫、飞虱、黄条跳甲、蓟马、黄守瓜、猿叶虫、菜青虫、斜纹夜蛾、甜菜夜蛾、小菜蛾等具有强烈的触杀和胃毒两种作用[70]。

3. 鱼藤提取物的提取方法

鱼藤中的杀虫活性物质主要是存在于其根部的鱼藤酮。鱼藤酮的提取方法有索氏提取法、超临界流体萃取法、超声波辅助萃取法、水蒸气蒸发法等，这些方法提取效率高，但是成本也高[71]。工业生产中提取鱼藤酮主要是采用冷浸法，冷浸法提取效率相对较低，周期较长，但成本低，操作简单，适用于工业化生产。

鱼藤酮传统浸提工艺流程：干燥鱼藤根→粉碎研磨→按一定固液比，氯仿浸泡 3 次→过滤→滤液浓缩→鱼藤酮粗品→精制。

4. 鱼藤提取物的应用

鱼藤根部可提取鱼藤酮，鱼藤酮作为杀虫农药的历史已有 150 余年。鱼藤酮杀虫谱广，可防治 800 余种害虫，对蚜虫、菜粉蝶、柑橘红蜘蛛等害虫都有优良的防治效果[72,73]。田春[74]公开发明的一种鱼藤酮杀虫剂，可高效消除规模化水产养殖附加值经济绿藻类过程中出现的敌害生物草履虫、似壶吸管虫，解决了绿藻养殖减产绝收难题，且残留少。龙晓明[75]将鱼藤酮和米尔比霉素及其他助剂复配，该复配农药对十字花科红蜘蛛的防治效果起到相加的作用，减少了农药的用量，对环境友好，持效期长，不易产生抗性。王胜[76]制备的一种含鱼藤提取物的盐碱地白菜专用植物杀虫剂，施药 15 天，对白菜中常见的蚜虫、小菜蛾、菜粉蝶的防治效果均达 92%以上。

第二节　林源杀菌剂

林源杀菌剂是指直接利用或从林源植物的根、茎、叶、花或果实等部位提取获得稳定的有效成分，按一定方法制成的具有杀菌作用的林源制剂，对植物病原物具有杀死作用或抑制生长作用，用于防治植物病害但又不妨碍植物正常生长。

植物中的活性物质是植物在自然环境下与有害生物协同进化的结果，这些物质来源于自然，也易在自然中降解，一般不会污染环境及农产品，对人畜相对安全且不易使病虫害产生抗药性。相对于化学农药，林源杀菌剂具有低毒、选择性高、易降解等独特优势，引起了众多学者的重视，成为当今生物杀菌剂研究领域的一个热点[77]。

一、分类

林源杀菌剂具有来源广泛、高效、低毒、低残留的特点，并有助于解决日趋严峻的细菌耐药性问题。

按有效化学成分分类，林源杀菌剂有萜类、生物碱类、黄酮类、脂肪酸类、蒽醌类、酯类、酚类、醛类、醇类、有机酸及精油类等[78]。

按林源植物分类，主要有菊科、豆科、伞形科、姜科、松科、樟科、禾本科、百合科、桃金娘科、唇形科等植物。此外，薯蓣科、红树科、麻黄科、银杏科、马尾藻科等植物也具有杀菌、抑菌活性[79]。

二、作用机理

林源抑菌活性物质的抑菌机制复杂多样，可作用于菌体细胞的多个结构，通过破坏细胞壁、细胞膜的完整性，干扰酶系统，影响孢子萌发、菌丝生长、附着胞和子实体的形成，影响呼吸代谢、核酸含量等，从而起到抑制菌体生长和繁殖的作用[79]。

表 7-7-2 统计了近年来发现的具有抗菌或杀菌活性的林源植物（或部位）及其活性成分、成分种类和抗菌谱。

表 7-7-2　部分林源抗菌或杀菌活性植物（或部位）

名称	活性成分	成分种类	抗菌活性/抗菌谱
苜蓿	—	—	革兰氏阳性菌
多香果	丁子香酚	香精油	通用
芦荟	胶乳	复杂混合物	棒状杆菌,沙门氏菌,链球菌,金黄色葡萄球菌
苹果	根皮素	黄酮类衍生物	通用
南非醉茄	withafarin A	内酯	细菌,真菌
绿玉树	—	—	金黄色葡萄球菌
木橘	香精油	萜烯类	真菌
苦瓜	—	—	通用
伏牛花	小檗碱	生物碱	细菌,原生动物
罗勒	精油	萜类化合物	沙门氏菌,细菌
月桂	精油	萜类化合物	细菌,真菌
槟榔	儿茶酚,丁子香酚	精油	通用

续表

名称	活性成分	成分种类	抗菌活性/抗菌谱
黑胡椒	胡椒碱	生物碱	真菌,乳酸杆菌,微球菌,大肠杆菌,粪肠球菌
蓝莓	果糖	单糖	大肠杆菌
巴西胡椒树	萜酮	萜类化合物	通用
布枯	香精油	萜烯类	通用
牛蒡	—	聚乙炔,单宁,萜类化合物	细菌,真菌,病毒
毛茛	原白头翁素	内酯	通用
香芹籽	—	香豆素	细菌,真菌,病毒
波希鼠李皮	单宁	多酚,蒽醌	病毒,细菌,真菌
腰果	水杨酸	多酚	痤疮丙酸杆菌,细菌,真菌
蓖麻籽	—	—	通用
锡兰肉桂	精油,其他	萜类化合物,单宁	通用
黄春菊	抗坏血酸	酚酸	结核分枝杆菌,鼠伤寒沙门氏菌,金黄色葡萄球菌,蠕虫
矮橡林	—	香豆素	病毒
矮橡林	去甲二氢愈创木酸	木脂素	皮肤细菌
辣椒,辣椒粉	辣椒素	萜烯类	细菌
丁香	丁子香酚	萜烯类	通用
古柯	可卡因	生物碱	革兰氏阴性和阳性球菌
麦仙翁	—	—	通用
款冬	—	—	通用
香菜	—	—	细菌,真菌
酸果蔓	果糖	单糖	细菌
蒲公英	—	—	白色念珠菌,酿酒酵母
莳萝	香精油	萜烯类	细菌
松果	—	—	通用
桉树	鞣酸	多酚	细菌,病毒
蚕豆	—	萜烯类	
蚕豆	*fabatin*	硫堇	细菌
藤黄	—	树脂	通用
大蒜	大蒜素,阿霍烯	亚砜,硫酸化萜类化合物	通用
参	—	皂苷	大肠杆菌,申克氏孢子丝菌,葡萄球菌,毛发癣菌

续表

名称	活性成分	成分种类	抗菌活性/抗菌谱
荣耀百合	秋水仙碱	生物碱	通用
毛茛	小檗碱，白毛茛碱	生物碱	细菌，贾第虫十二指肠，锥虫疟原虫
雷公根	亚细亚皂苷	萜烯类	麻风分枝杆菌
葡萄柚皮		萜烯类	细菌
绿茶	儿茶素	类黄酮	通用，志贺氏菌，弧菌，变形链球菌，病毒
骆驼蓬，芸香	—	—	细菌，真菌
麻	*f3-resorcyclic acid*	有机酸	细菌和病毒
指甲花	没食子酸	酚醛	金黄色葡萄球菌
酒花	蛇麻酮，酒花酮	酚酸	通用
辣根	—	（半）萜类化合物	通用
	—	萜类化合物	
牛膝草	—	萜类化合物	病毒
（日本）草药	*trichorabdal* A.	萜	幽门螺杆菌
马缨丹	—	—	通用
—	指甲花	醌	结核分枝杆菌
薰衣草棉	—	—	革兰氏阳性菌，念珠菌
豆类（西非）	猫尾草异黄酮	黄酮	血吸虫
柠檬唇膏	单宁	多酚	病毒
柠檬马鞭草	香精油	萜烯类	蛔虫，大肠杆菌，结核分枝杆菌，金黄色葡萄球菌
甘草	光甘草酚/醇	酚类酒精	金黄色葡萄球菌，结核分枝杆菌
黄花夹竹桃	—	—	疟原虫
肉豆蔻	—	—	通用
万寿菊	—	—	细菌
牧豆树	—	—	通用
山地烟草	堆心菊内酯	内酯	通用
橡木	单宁	多酚	细菌
	槲皮素	类黄酮	
橄榄油	己醛	醛	通用
洋葱	大蒜素	亚砜	细菌，念珠菌
橘皮	—	萜烯类	细菌
俄勒冈葡萄	小檗碱	生物碱	疟原虫
			锥虫，通用

续表

名称	活性成分	成分种类	抗菌活性/抗菌谱
风铃木	倍半萜	萜类化合物	菌类
番木瓜	胶乳	混合萜类化合物，有机酸，生物碱	通用
铁线海棠	白头翁素	内酯	菌
薄荷	薄荷醇	萜烯类	通用
长春花	利血平	生物碱	通用
仙人掌	麦司卡林	生物碱	通用
一品红	—	—	通用
罂粟	鸦片	生物碱等	通用
土豆	—	—	细菌，真菌
匍匐虎杖	—	—	通用
紫色草原三叶草	*petalostemumol*	黄酮	细菌，真菌
奎宁	奎宁	生物碱	疟原虫属
萝芙木，钱德拉	利血平	生物碱	通用
迷迭香	香精油	萜烯类	通用
红豆草	单宁	多酚	瘤胃细菌
黄樟	—	—	蠕虫
冬季香薄荷	香芹	萜烯类	通用
狭叶番泻	莱茵	蒽醌	金黄色葡萄球菌
绣球花	—	—	通用
蛇草	—	—	通用
圣约翰草	金丝桃素，其他	蒽醌	通用
甜旗，菖蒲	—	—	肠道细菌
艾菊	精油	萜烯类	蠕虫，细菌
龙蒿	咖啡酸，单宁	萜类化合物，多酚类	病毒，蠕虫
百里香	咖啡酸，百里酚，单宁	萜烯类，酚醛，多酚，黄酮	病毒，细菌，真菌
树吟	桃柁酚，竹柏内酯	黄酮醇，内酯	痤疮丙酸杆菌，其他革兰氏阳性菌，真菌
棉叶麻风树	—	—	通用
姜黄	姜黄素，姜黄油	萜类化合物	细菌，原生动物
缬草	香精油	萜烯类	通用

续表

名称	活性成分	成分种类	抗菌活性/抗菌谱
柳	水杨苷，单宁，精油	酚类葡萄糖苷，多酚，萜类化合物	—
冬青	单宁	多酚	通用
香车叶草	—	香豆素	通用，病毒
西洋蓍草	—	—	病毒，蠕虫
皱叶酸模	—	—	大肠杆菌，沙门氏菌，葡萄球菌

三、典型林源杀菌剂加工与应用

（一）白屈菜提取物

白屈菜为双子叶植物纲、罂粟科、白屈菜属植物，多年生草本植物。中国大部分省区均有分布，生长于海拔 500～2200m 的山坡、山谷林缘草地或路旁、石缝。朝鲜、日本、俄罗斯及欧洲也有分布。

1. 白屈菜提取物的化学组成

白屈菜根茎、花和植株中含多种生物碱，其中有白屈菜碱、原阿片碱、人血草碱、别隐品碱、小檗碱、白屈菜红碱、血根碱、鹰爪豆碱，还有羟基白屈菜碱即氧化白屈菜碱、甲氧基白屈菜碱、隐品碱、白屈菜黄碱、白屈菜胺、高白屈菜碱、羟基血根碱即氧化血根碱，另含黄连碱、刻叶紫堇明碱、白屈菜玉红碱、白屈菜默碱、消旋金罂粟碱、左旋金罂粟碱、别隐品碱、黄连碱、左旋金罂粟碱 β-甲羟化物、左旋金罂粟碱 α-甲羟化物、小聚碱、刻叶紫堇明碱、羟基血根碱。除生物碱外，还含白屈菜酸、苹果酸、柠檬酸、琥珀酸、胆碱、甲胺、组胺、酪胺、皂苷、黄酮醇、白屈菜醇、强心苷等。

叶含黄酮类和维生素 C。花含黄酮类。果实含多量胆碱、白屈菜碱和四氢黄连碱。种子含脂肪油、黄连碱。发芽的种子含白屈菜红碱和小檗碱。

另外，白屈菜全草粗粉中还分离出消旋四氢黄连碱、6-甲氧基二氢血根碱、6-甲氧基二氢白屈菜红碱、8-氧黄连碱、四氢小檗碱等生物碱。

果实中主要含黄酮类化合物，内有槲皮素-3-*O*-鼠李糖苷、槲皮素-3-*O*-葡萄糖苷、槲皮素-3-*O*-半乳糖苷、槲皮素-3-*O*-木糖苷、槲皮素、山柰酚、山柰酚-3-*O*-葡萄糖苷、山柰酚-3-*O*-半乳糖苷、山柰酚-3-芸香糖苷，还含有机酸类化合物，内有 3/4/5-咖啡酰奎宁酸、3/4/5-阿魏酰奎宁酸、4-(β-D-吡喃葡萄糖氧基)-苯甲酸、羟基桂皮酸、羟基苯甲酸等。另外，还含挥发油，其中主成分是反式茴香脑，还有对丙烯基苯基异戊烯醚、α-及 β-蒎烯、樟烯、月桂烯、α-水芹烯、α-柠檬烯、3-蒈烯、枝叶素、4(10)-侧柏烯、α-松油烯、芳樟醇、α-松油醇、4-松油醇、爱草脑、顺式茴香脑、茴香醛、α-香柑油烯、顺式-β-金合欢烯、β-丁香烯、对苯二醛、β-甜没药烯、α-薄草烯、3-甲氧基苯甲酸甲酯、β-芹子烯、α-(王古)(王巴)烯、对甲氧基苯-2-丙酮、δ-及 γ-荜澄茄烯、β-愈创木烯、橙花叔醇、榄香醇、甲基异丁香油酚、β-橄榄烯、胡萝卜次醇、柏木醇、对甲氧基桂皮醛[80]。

2. 白屈菜提取物的生物活性

白屈菜的主要活性成分为生物碱，包括白屈菜碱、白屈菜红碱、血根碱、小檗碱、黄连碱等，其中白屈菜红碱是一种具有显著生理活性的生物碱，这也是白屈菜具有抗菌活性的主要原因。白屈菜提取物对甜瓜枯萎病菌、西瓜枯萎病菌、茄子黄萎病菌、黄瓜枯萎病菌、辣椒炭疽病菌、葡萄炭疽病菌、草莓灰霉病菌、番茄灰霉病菌及西葫芦菌核病菌等植物病原真菌菌丝的生长均有一定的抑制作用[81,82]。

3. 白屈菜提取物的提取方法

白屈菜红碱是白屈菜提取物的抗菌有效活性成分，可采用超声波辅助法、索氏提取法及冷浸法等方法提取。以超声波辅助法为例，一般提取工艺如下[81]：白屈菜干燥→粉碎→按一定料液比加入溶剂、原料→一定功率条件下超声一定时间→过滤→浓缩滤液→得稠膏状物，即白屈菜红碱粗品。

4. 白屈菜提取物的应用

赵伟等[83]发明了一种生物杀菌剂白屈菜红碱悬浮制剂，该制剂具有高效的杀菌防病性能，用于防治农作物病虫害应用范围广、效果好。王庆等[84]将白屈菜红碱提取物（纯度 80%）与辅助淀粉混合均匀，获得含 5%～20%白屈菜红碱的制剂，并将该细菌性疾病预防剂添加在饲料中投喂鱼类，广泛适用于对鳜鱼、鲈鱼、鲤鱼、草鱼、鳗鱼等细菌性出血病的防治。

（二）大黄提取物

大黄，又名黄良、火参、将军等，为蓼科植物掌叶大黄、药用大黄及唐古特大黄的干燥根及根茎。掌叶大黄和唐古特大黄称北大黄，主产于青海、甘肃等地。药用大黄称南大黄，主产于四川。

1. 大黄提取物的化学组成

大黄中含有蒽醌类、吡喃酮类、苯丁酮类、萘苷类、酰基糖苷类、二苯乙烯类、鞣质前体及鞣质等，其主要药效成分为蒽醌类化合物[85-87]。大黄中蒽醌类化合物主要以游离型和结合型两种形式存在。

① 游离蒽醌衍生物，如芦荟大黄素、土大黄素、大黄酚、大黄素、异大黄素、虫漆酸 D、大黄素甲醚、大黄酸。部分化合物的结构式见图 7-7-4。

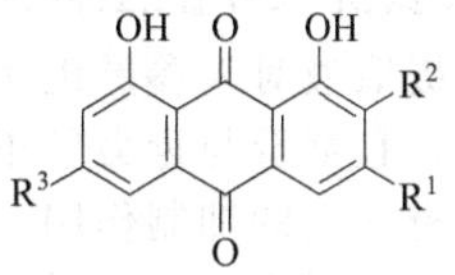

大黄素	$R^1 = OH, R^2 = H, R^3 = H$
大黄酸	$R^1 = COOH, R^2 = H, R^3 = H$
大黄酚	$R^1 = OH, R^2 = H, R^3 = CH_3$
芦荟大黄素	$R^1 = H, R^2 = CH_2OH, R^3 = H$
大黄素甲醚	$R^1 = OCH_3, R^2 = H, R^3 = CH_3$

图 7-7-4 部分游离蒽醌衍生化合物结构式

② 结合蒽醌化合物，有大黄酸、芦荟大黄素、大黄酚的单和双葡萄糖苷，大黄素、大黄素甲醚的单糖苷，蒽酚和蒽酮化合物，如大黄二蒽酮、掌叶二蒽酮以及与糖结合的苷如番泻苷 A、B、C、D、E、F 等。苷类化合物分为土大黄苷、3,5,4′-三羟基芪烯-4′-*O*-*β*-D-(6′-*O*-没食子酰）葡萄糖苷、3,5,4′-三羟基芪烯 4′-*O*-*β*-D-吡喃葡萄糖苷。

2. 大黄提取物的生物活性

张志敏等[88]通过室内抑菌试验和田间防效试验相结合的方法，研究了大黄素甲醚 AS 对刺梨白粉病的防治效果，发现浓度为 12.5～25.0mg/L 的 0.5%大黄素甲醚 AS 与浓度为 166.7mg/L 的 25%嘧菌酯 SC，对刺梨白粉病的抑菌作用和防治效果相当，且产量与增产率均显著高于 25%嘧菌酯 SC。王娜[89]通过对大黄素甲醚处理后的稻瘟病菌进行室内离体、温室盆栽和田间试验，验证大黄素甲醚对稻瘟病菌的防治效果，实验结果发现大黄素甲醚水剂对稻瘟病菌具有明显的防治效果。赵霞等[90]探讨了大黄素甲醚对白粉病的田间防效，发现 0.05%大黄素甲醚悬浮剂对草莓、番茄、黄瓜、葡萄等 4 种作物白粉病具有良好的防效。

3. 大黄提取物的提取方法

蒽醌类化合物是大黄提取物中的主要药效成分，提取方法主要是超声波提取法、水提法、醇提法、微波萃取法、超临界 CO_2 萃取法等[91]。以超声提取法为例，提取工艺流程如下：大黄干燥→粉碎→按合适的料液比加入原料及溶剂→一定功率下超声提取多次→过滤→合并滤液→浓缩除溶剂→粗品。

4. 大黄提取物的应用

大黄提取物对多种细菌和真菌具有抑制效果。大黄蒽醌类化合物以天然植物大黄为原料，可经提取加工制成新型林源杀菌剂，具有风险低、活性好、用量少、防病效果好且稳定的优点。季红进等[92]制备的一种含有大黄素的杀菌剂组合能有效防治作物的某些特定的细菌或真菌病害。0.1%大黄素甲醚可用于防控甘薯病毒病害[93]。0.8%大黄素甲醚悬浮种衣剂对小麦纹枯病具有较好的防治效果，可以在生产中推广使用[94]。

（三）白头翁提取物

白头翁为毛茛科植物，银莲花属多年生草本植物。别名有老翁花、奈何草、老姑草等，生长在平原、低山山坡草地、林缘或干旱多石的坡地，分布于东北、华北及陕西、甘肃、山东、江苏、安徽、河南、湖北、四川等地。

1. 白头翁提取物的化学组成

白头翁的根含有多种化学成分，主要有三萜皂苷类化合物、木质素类、香豆素、有机酸类以及黄酮类化合物，其中对于三萜皂苷类化合物、木质素类、香豆素、有机酸类早已有深入的研究[95-97]。白头翁所含三萜皂苷分为羽扇豆烷型和齐墩果烷型两类数十种皂苷及常春藤皂苷元、齐墩果酸等三萜皂苷元。此外，白头翁的主要化学成分还有白头翁素（银莲花素）、白头翁灵等强心成分，豆甾醇、β-谷甾醇，以及木脂素类成分（+）-松脂素和β-足叶草脂素。白头翁根水提液中还分离纯化出一种非O连接的糖蛋白及常春藤酮酸。

2. 白头翁提取物的生物活性

白头翁提取液对人参黑斑病菌有不同程度的抑菌效果，提取液的抑菌活性整体上随着浓度的增大而增强，且剂量与毒力呈正相关[98]。白头翁不同溶剂提取液对玉米小斑病菌菌丝生长和孢子萌发均具有一定的抑制作用，且对菌丝生长的抑制效果好于对其孢子萌发的抑制效果。石油醚和氯仿提取液对菌丝生长的抑制效果较好，在浓度为100mg/L时，抑制率分别为70.68%和60.12%，在浓度为250mg/L时，白头翁石油醚提取液对孢子萌发的抑制率达到76.59%，与对照组差异显著[99]。

3. 白头翁提取物的提取方法

白头翁提取物常采用溶剂热回流法提取，可用超声波、微波辅助提取[100]。以热回流提取法为例，提取工艺如下：白头翁→干燥→粉碎→称取一定量粉碎原料于反应容器中→按一定固液比，加入一定量溶剂→回流一定时间→过滤→滤渣重复回流提取→过滤→合并滤液→降压浓缩→真空干燥→保存备用。

4. 白头翁提取物的应用

李旭冉[101]制备的一种含白头翁的中药农药组合物，该农药杀虫效果好，有一定的抑菌效果，而且无残留、无污染，不产生抗药性。杨世林等[102]公开发明了一种白头翁提取物在制备治疗病毒性或细菌性疾病的药物中的应用。张华景[103]用白头翁等多种中药成分搭配提取抗菌活性物质，制备了一种抗菌添加剂，对多种病菌均具有很强的灭杀效果。

（四）八角提取物

八角，又名大茴香、八角茴香、大料、八角珠，是双子叶植物纲木兰亚纲八角科八角属的一种，生于气候温暖、潮湿且土壤疏松的山地，栽培或野生，分布于广东、广西、贵州、云南等地。

1. 八角提取物的化学组成

八角提取物可分为挥发性成分和非挥发性成分[104,105]。

八角中挥发性成分即挥发油，主要成分是反-茴香脑，其次是草蒿脑、小茴香灵、茴香醛等。不同的提取方法得到的化合物有差异。水蒸气蒸馏法获得的挥发油主要成分可分成两大类，即萜类化合物和苯丙素类化合物，此外还含有烷酮（樟脑）、烷醇（龙脑）、萜烯醛（柠檬醛）、酯、醚类等化合物。溶剂法得到的挥发油除了以上成分外，还含有脂肪酸、蜡纸、色素等成分。

八角中非挥发性成分，果实中含有莽草酸和原儿茶酸，种子中含有油酸、亚油酸、棕榈酸和硬脂酸等脂肪酸。八角果实、根、茎、叶等都含有丰富的黄酮类物质，另外还可以分离出极性比较大的苯丙烷苷类化合物。八角中也有少量胡萝卜苷等甾体化合物，其他成分有醛类、高级脂肪酸及糖苷类化合物等。

2. 八角提取物的生物活性

八角挥发油具有广谱的抗菌性，对金黄色葡萄球菌、大肠杆菌、枯草杆菌、黑屈霉、黄曲霉和橘青霉、酵母菌及黑曲霉菌、大肠埃希菌、痢疾杆菌、白喉杆菌、伤寒杆菌等多种菌株均有抑菌效果，对霉菌的抑菌效果较好[106]。陆宁海等[107]的研究发现，使用4种不同极性的溶剂提取出来的八角有效成分对水稻的纹枯病菌和棉花枯萎病菌等4种植物病原菌都有一定的抑制作用。

3. 八角提取物的提取方法

目前对八角化学成分的研究主要集中在挥发油方面。挥发油的提取方法主要有水蒸气蒸馏法，也有超声波或微波辅助水蒸气蒸馏法、有机溶剂萃取法、超临界 CO_2 萃取法等。以常用的水蒸气蒸馏法为例，八角挥发油提取工艺流程为[108]：八角干燥→粉碎→一定量八角粉末置于反应器中→按一定料液比加入蒸馏水→安装蒸馏装置→加热蒸馏一定时间→收集馏出物→盐析→有机溶剂萃取多次→合并有机相→无水硫酸钠干燥→过滤→去除溶剂→八角挥发油。

4. 八角提取物的应用

八角丰富的天然成分具有抑菌作用。八角挥发油具有广谱的抗菌性，对霉菌的抑菌效果较好[109]。彭方杰等[110]的研究表明八角茴香乙醇提取物对5种主要致病菌大肠杆菌、金黄色葡萄球菌、黑曲霉、灰葡萄孢菌和青霉菌均有抑菌作用。

（五）缬草提取物

缬草是败酱科缬草属多年生高大草本植物，又名小救贺、大救贺、五里香、满坡香等，根、茎供药用。该属植物在全世界有250余种，主要生长在气候温和、湿度较大的山坡草地、林下和沟边等地，主要集中在我国陕西秦岭一带，广泛分布于陕西长安、宁陕、蓝田、黄龙等地区，全国均有栽培。

1. 缬草提取物的化学组成

缬草提取物主要含挥发性成分：α,β-蒎烯（α,β-piene）、乙醇龙脑酯（bornyl acetate）、异戊酸龙脑酯（bornyl isovalerate）、丁香烯（caryophyllene）、隐日缬草酮醇（cryptofau-ronol）、橄榄醇（maali alcohol）、*l*-桃金娘醇（*l*-myrtenol）、异戊酸*l*-桃金娘酯（*l*-myrteny isovalerate）、缬草萜酮（valeranone）、β-谷甾醇（β-sitosterol）、松油醇（terpineol）、乙酸阔叶缬草醇酯（kessyl acetate）、阔叶缬草甘醇（kessoglycol）、α-小茴香烯（α-fenchene）、月桂烯（myrcene）、水芹烯（phellandrene）、γ-松油烯（γ-terpinene）、异松油烯（terpinolene）、佛术烯（ermophilene）、别香橙烯（alloaro-madendrene）、荜澄茄烯（cadinene）、缬草萘烯醇（valerianol）、缬草萜烯醇酸（valerenolic acid）、橙皮酸（hesperitinic acid）、山萮酸（behenic acid）、β-甜没药烯（β-bisabolene）、姜黄烯（curcumene）、喇叭醇（ledol）、芹子烯（selinene）、紫罗兰酮（isonone）、广藿香醇（patchouli alcohol）、左旋帕西飞哥醇（pacifigorgiol）、日缬草酮（faurinone）、缬草萜烯醇（valerenol）、*E*,*Z*-缬草萜烯醇乙酸酯（*E*,*Z*-valerenyl acetate）、*E*,*Z*-缬草萜烯醇异戊酸酯（*E*,*Z*-vale-renyl isovalerate）、*E*,*Z*-缬草萜烯醇戊酸酯（*E*,*Z*-valerenyl valerate）、*E*,*Z*-缬草萜烯醇己酸酯（*E*,*Z*-valerenyl hexanoate）、缬草萜烯醛（valerenal）、羟基缬草萜烯酸（hydroxy valerenic acid）、乙酰氧基缬草萜烯酸（acetoxy valerenic acid）、缬草萜烯酸（valerenic acid）[111,112]。

此外，缬草中还含有生物碱、黄酮类和多酚类等非挥发物。

2. 缬草提取物的生物活性

从缬草中提取出的总生物碱有抗菌作用，特别是对革兰氏阳性细菌效力较好。杨杰等[113]以索氏提取法和水蒸气蒸馏法提取的缬草油为试材，用管碟法和微量稀释法比较两种方法提取的缬草油对供试菌的抑菌活性、最低抑菌浓度和最小杀菌浓度，结果显示两种方法提取的缬草油对金黄色葡萄球菌、枯草杆菌、大肠杆菌及毛菌均有一定的抑制作用，对金黄色葡萄球菌的抑菌直径在16cm以上最为敏感，对枯草杆菌和大肠杆菌的抑菌圈直径均在14cm以上较为敏感。

3. 缬草提取物的提取方法

缬草精油的提取主要有超临界 CO_2 萃取法、水蒸气蒸馏法和溶剂萃取法。超临界 CO_2 萃取方法成本较高，不易大规模推广；水蒸气蒸馏法与溶剂萃取法相比提取得率较低。

黎继烈等[114]采用索氏提取法对缬草精油进行提取，提取工艺流程为：缬草根茎→真空冷冻干燥→粉碎→过筛→索氏提取→真空浓缩→缬草精油。

通过正交试验对缬草精油的提取工艺进行了优化，确定最佳提取工艺为：溶剂石油醚，料液比为1∶9，温度80℃，提取时间2h。在此优化条件下，缬草精油的提取率为0.75%。

4. 缬草提取物的应用

缬草提取物缬草油有抑菌作用，具有很大的应用潜力，可以作食品、化妆品、农药等行业的抑菌剂进行开发。缬草挥发油作为名贵的天然食用香精是香料工业中的座上客，像生活中的烟、酒、食品、化妆品、香水香精里均有它的身影。在我国，缬草油和缬草根提取物已被允许作为天然香料添加到食品中。胡还普等[115]研究了缬草精油对夏黑葡萄的保鲜作用，实验表明，用缬草精油处理夏黑葡萄，能明显延缓夏黑葡萄可滴定酸含量的降低速度、延缓果实软化、保持可溶性固形物含量、抑制呼吸作用、减小失重率、提高好果率，从而延长果实保鲜期。

（六）艾蒿提取物

艾蒿又名艾，是菊科蒿属植物，多年生草本或略呈半灌木状，植株有浓烈香气，生于低海拔至中海拔地区的荒地、路旁河边及山坡等地，也见于森林草原及草原地区，局部地区为植物群落的优势种。其分布于蒙古国、朝鲜、俄罗斯（远东地区）和中国。在中国分布广，在除极干旱与高寒地区外，几乎遍及中国。

1. 艾蒿提取物的化学组成

艾叶提取物含丰富的挥发油、黄酮类、三萜类、桉叶烷类、微量元素以及鞣质、多糖等化合物，其活性成分主要为挥发油和黄酮类[116]，具有抗菌、抗病毒、祛痰、止咳平喘、抗过敏、抗凝血、补体激活以及镇静等多种药理活性。艾叶挥发油中含2-甲基丁醇、2-己烯醛、顺式-3-己烯-1-醇、三环烯、香桧烯、*β*-蒎烯、*α*-侧柏烯、柠檬烯、*α*-侧柏酮、*α*-水芹烯、香茅醇、水合樟烯、1,4-桉叶素、蒿属酮、辣薄荷酮、羽毛柏烯等成分。艾叶黄酮类成分有5,7-二羟基-6,3,4-三甲氧基黄酮、5-羟基-6,7,3,4-四甲氧基黄酮、5,7,3′-三羟基-3,6,4′-三甲氧基黄酮醇（矢车菊黄素）、5,3′-二羟基-3,6,7,4′-四甲氧基黄酮醇（紫花牡荆素）、5,7-二羟基-6,3′,4′-三甲氧基黄酮（异泽兰黄素）、5,7,4′-三羟基-6,3′-二甲氧基黄酮（棕矢车菊素）、芹菜素、山柰酚、木犀草素、槲皮素等。桉叶烷类成分有柳杉二醇、魁蒿内酯、1-氧-4*β*-乙酰氧基桉叶-2,11(13)-二烯-12,8*β* 内酯、1氧-4*α*-乙酰氧基桉叶-2,11 (13)-二烯-12,8*β*-内酯等。三萜类成分有*α*/*β*-香树脂醇、无羁萜、*α*/*β*-香树脂醇的乙酸酯、羽扇烯酮、黏霉烯酮、羊齿烯酮、24-亚甲基环木菠萝烷酮、西米杜鹃醇、3*β*-甲氧基-9*β*、19-环羊毛甾-23(*E*)烯-25，26-二醇、无羁萜等。其他成分还有*β*-谷甾醇、豆甾醇、棕榈酸乙酯、油酸乙酯、亚油酸乙酯、反式的苯亚甲基丁二酸以及镍、钴、铝、铬、硒、铜、锌、铁、锰、钙、镁等元素。

2. 艾蒿提取物的生物活性

艾蒿提取物中的挥发油、黄酮类、多糖等成分均有抑菌活性。提取物总黄酮抑制病原真菌具有选择性，能选择性抑制苹果腐烂病菌和黄瓜枯萎病菌，当其浓度为0.25mg/mL时，抑菌率均大于60%；对小麦赤霉菌、炭疽病菌、棉花枯萎病菌、番茄灰菌有一定的抑制作用[117]。秦凯等[118]研究了甲醇、乙醇、乙酸乙酯、丙酮等4种溶剂的艾蒿提取液对黄瓜枯萎病菌的抑菌活性，结果表明，浓度相同时，艾蒿的乙酸乙酯提取液抑菌活性最好，且随着加入量的增加，抑菌效果逐渐增强。黄建华等[119]采用菌丝生长速率法，研究了用石油醚、乙醚、乙酸乙酯、丙酮及95%乙醇等不同溶剂提取的艾蒿提取物的农用杀菌抑菌作用，发现艾蒿提取物对葡萄黑斑痘病菌、苹果斑点落叶病菌、苹果轮纹病菌、柑橘炭疽病菌、小麦赤霉病菌、苹果枯萎病菌、构巢曲霉病菌、青霉菌等近10种植物病原真菌均有抑菌作用，且各种溶剂抑菌作用有差别，乙酸乙酯提取的艾蒿提取物的抑菌作用最强，石油醚提取物的抑菌作用最弱。

3. 艾蒿提取物的提取方法

艾蒿提取物的提取方法主要有水蒸气蒸馏法、溶剂提取法、超声辅助萃取法、微波萃取法、CO_2超临界流体萃取法等[120]。以微波辅助萃取法从艾蒿中提取黄酮物质为例，其工艺流程为：艾蒿干燥→粉碎→微波辅助回流→过滤→重复回流提取→合并滤液→浓缩→纯化。

4. 艾蒿提取物的应用

艾蒿全草入药，有温经、去湿、散寒、止血、消炎、平喘、止咳、安胎、抗过敏等作用。艾蒿提取物中含有大量挥发油、多糖、黄酮等多种生物成分，不仅可以抗氧化防衰老，还能抑制多种有害细菌生长。邵万均等[121]制备的艾草乙醇提取物可制成防螨产品，安全性高。闫宗莹等[122]用乙醇将艾草中的有效抗菌成分提取出来，并与粉状聚乙烯（PE）混合干燥后挤出造粒，进而吹塑成抗菌薄膜，该PE/艾草提取物薄膜具有一定的抗菌效果。

（七）紫茎泽兰提取物

紫茎泽兰，多年生草本或半灌木状植物。原产于墨西哥，自19世纪作为一种观赏性植物在世界各地引种后，因其繁殖力强，已成为全球性的入侵物种。它是一种重要的检疫性有害生物，是中国遭受外来物种入侵的典型例子，在2003年由中国国家环保总局和中国科学院发布的《中国第一批外来入侵物种名单》中名列第一位。大约20世纪40年代紫茎泽兰由中缅边境传入中国云南南部，现云南80%面积的土地都有紫茎泽兰分布。西南地区的云南、贵州、四川、广西、西藏等地都有分布，大约以每年10～30km的速度向北和向东扩散。

1. 紫茎泽兰提取物的化学组成

紫茎泽兰提取物的化学成分有蛋白质、糖、有机酸、黄酮类、酚类、香豆素、内酯、挥发油和油脂等[123,124]。具体包括表木栓醇、豆甾醇、正二十八烷酸、β-胡萝卜苷、2-异丙烯基-5-乙酰基-6-羟基苯并呋喃的乙酰化物、邻羟基桂皮酸、阿魏酸、咖啡酸等。

2. 紫茎泽兰提取物的生物活性

杨泽波等[125]研究了紫茎泽兰提取物对水果采后病原菌的抑菌活性，发现紫茎泽兰乙醇提取物浓度25.00mg/mL时，对香蕉炭疽菌、柑橘炭疽菌、疫霉、橘青霉均有抑菌活性。姜少娟等[126]通过对紫茎泽兰不同溶剂提取物的抑菌活性实验，发现石油醚、乙酸乙酯、正丁醇和水对其95%乙醇提取物进行萃取得到的4种不同溶剂提取物对放线菌、金黄色葡萄球菌、大肠杆菌、黑曲霉和青霉均有不同程度的抑菌作用，其中，乙酸乙酯提取物对放线菌抑制作用最强。

3. 紫茎泽兰提取物的提取方法

可采用回流法、超声萃取法、浸渍法等方法对紫茎泽兰中的有效成分进行提取。以回流法为例，其提取工艺流程为：紫茎泽兰干燥→粉碎→研磨→按一定固液比加入萃取溶剂→固定温度下机械搅拌固定时间→水浴回流→过滤→滤渣重复回流萃取→收集滤液→浓缩→黏稠状粗品。

胡佳等[127]以乙醇为萃取剂，得出紫茎泽兰中总黄酮类的最佳提取工艺：60%乙醇，料液比1∶20（质量体积比），每次回流90min，回流3次；提取总皂苷的最佳工艺：95%乙醇，料液比1∶10（质量体积比），每次回流90min，回流1次。

4. 紫茎泽兰提取物的应用

紫茎泽兰茎叶中含有杀菌活性物质，且原材料来源极其丰富。利用其植株中丰富的天然活性物质开发植物源杀菌剂，应用于绿色现代农业生产具有重大的战略意义。李强等[128]公开了一种含紫茎泽兰提取物的植物源杀菌剂组合物的制备方法和应用，该组合物对烟草黑胫病的防治效果明显，不存在农药残留问题，对环境友好，使用时有效浓度低，成本低廉。曹坳程等[129]采用10%～100%的甲醇、乙醇、乙酸乙酯、石油醚、氯仿水溶液作为溶剂提取紫茎泽兰活性成分，并加工为植物源农药，作为杀虫剂、杀菌剂、除草剂应用。雷建新[130]以紫茎泽兰为原料制取了一种杀菌剂产品。

（八）重楼提取物

重楼为华重楼、滇重楼或七叶一枝花的干燥根茎。重楼是百合科重楼属植物。华重楼生长于海拔600～2000m的林下荫处或沟谷边的草丛中，分布于中国江苏、浙江、江西、福建、台湾、湖北、湖南、广东、广西、四川、贵州和云南；滇重楼主要分布在云南全范围；七叶一枝花生长于高海拔（1800～3200m）林下，分布在不丹、越南、锡金、尼泊尔以及中国大陆的贵州、云南、西藏、四川和台湾等地。

1. 重楼提取物的化学组成

重楼提取物的化学成分主要包括甾体皂苷、胆甾烷醇类、C_{21} 甾体化合物、植物甾醇类、植物蜕皮激素、萜类化合物、黄酮类化合物及其他类化学成分等[131]。

甾体皂苷是重楼属植物的主要化学成分。按螺甾烷结构中 C_{25} 的构型和F环的环合状态，可分为异螺甾烷醇型、螺甾烷醇型、呋甾烷醇型及变形甾螺烷醇型，4种类型在重楼植物中均有存在。重楼属植物中含有77个异螺甾烷醇型化合物，苷元主要为薯蓣皂苷元和偏诺皂苷元，糖部分有D-葡萄糖、L-鼠李糖、L-阿拉伯糖及少量的D-木糖和L-夫糖。

从重楼中已分离检测到的植物甾醇类化合物主要有豆甾醇、胡萝卜苷、*β*-谷甾醇、豆甾醇-3-乙酸酯、*β*-谷甾醇-3-乙酸酯、谷甾醇-3-*O*-葡萄糖苷、Δ5-22-豆甾醇-3-*O*-*β*-D-葡萄吡喃糖苷。

黄酮类成分是重楼属植物的脂溶性成分，主要结构类型是黄酮醇类，苷元是山柰酚、槲皮素和异鼠李糖。

2. 重楼提取物的生物活性

重楼提取物具有抑菌性。李敏敏等[132]采用菌丝生长速率法研究了重楼的苯、无水乙醇、乙酸乙酯、乙醇提取物对柑桔链格孢菌、柑桔褐霉疫霉菌、柑桔炭疽菌等3种病原菌的抑制活性，结果表明在50mg/mL浓度下各溶剂提取物对3种病原菌均具有抑制作用，其中乙醇提取物对柑桔炭疽菌的抑制率达100%。

3. 重楼提取物的提取方法

重楼不同成分提取工艺不同。皂苷类物质为重楼的主要活性成分，可采用溶剂加热回流、超声辅助及微波辅助等方法提取。以溶剂回流法为例，提取工艺流程为[133]：根茎干燥→粉碎→过筛→按一定料液比加入溶剂→冷浸一定时间→回流提取一定时间→过滤→重复提取→合并滤液→浓缩→粗品。

4. 重楼提取物的应用

重楼提取物具有抗菌作用。薛银福等[134]从重楼中提取有效活性菌株进行发酵，得到发酵产物，通过对具有特定药用价值的重楼内生放线菌进行分离和筛选，可以提取与药用植物的药用成分相似的活性成分，抗菌活性物质对植物病原菌具有抑制和杀灭作用，高效、低毒、环保。

（九）肉桂提取物

肉桂是樟科樟属中等大乔木，原产中国，广东、广西、福建、台湾、云南等地的热带及亚热带地区广为栽培，其中尤以广西栽培为多，现印度、老挝、越南至印度尼西亚等地也有，但大都为人工栽培。

1. 肉桂提取物的化学组成

肉桂提取物含挥发油、鞣质及黏液质。主要包含肉桂醛、肉桂酸、肉桂醇乙酸酯、丁香酚、石竹烯氧化物、*β*-石竹烯、*γ*-桉叶油醇、*δ*-荜澄茄油烯、*δ*-杜松醇、L-冰片、*E*-橙花叔醇、咕吧烯、反式-肉桂醛、α-依兰油烯、芦丁、儿茶素、槲皮素、山柰酚、异鼠李素等化合物[135]。

2. 肉桂提取物的生物活性

肉桂提取物中的肉桂精油含有肉桂醛等主要活性成分，对很多细菌和真菌都具有优良的抑制作用。很多研究结果表明，肉桂提取物对表皮葡萄球菌、金黄色葡萄球菌、枯草芽孢杆菌、大肠埃希菌、绿脓杆菌、变形杆菌、瓜果腐霉、终极腐霉、尖镰孢菌、灰葡萄孢菌、禾谷镰孢菌、球孢炭疽菌、黑曲霉、匍匐根菌、茄链格孢菌、烟草赤星病菌、多隔镰刀菌、大豆炭疽病菌等均具有一定的抑制效果[136,137]。

3. 肉桂提取物的提取方法

肉桂油是肉桂的主要提取物，提取方法有水蒸气蒸馏法、有机溶剂浸渍法、微波法、超声微波法和超临界萃取法[138,139]。以常用水蒸气蒸馏法为例，提取工艺流程为：肉桂干燥→粉碎→过筛→肉桂粉末置于烧瓶中→加入一定比例的蒸馏水，100℃下蒸馏一定时间→收集馏分。

4. 肉桂提取物的应用

肉桂提取物肉桂精油是一种天然的植物精油，具有绿色、安全的优势，因其优良有效的抑菌活性，被广泛应用于食品防腐保鲜领域[139]。王娟等[140]以肉桂、佛手果、大蒜皮提取物为主要原料，制得可食性保鲜膜涂料，可用于肉制品、水产品的保鲜。赵伯涛等[141]以芥末油、肉桂精油、牛至精油等植物油为原药制备的杀菌剂对黄瓜枯萎病具有良好的防治效果。王阳等[142]以肉桂提取物肉桂醛、助剂及水等制备了一种绿色杀菌剂，该杀菌剂以水为主要基质，对环境污染小，使用后无残留，不易燃，贮藏、运输方便安全。

（十）竹提取物

竹，又名竹子，有毛竹、麻竹、箭竹等，为多年生禾本科竹亚科植物，茎多为木质，也有草本。原产自中国，主要分布在南方，如四川、重庆、湖南、浙江等，类型众多，适应性强，分布极广。

1. 竹提取物的化学组成

竹提取物的化学成分包括黄酮及其苷类、多糖类、氨基酸及其肽类、芳香成分以及锌、锰、硒等多种微量元素[143]。

竹叶黄酮为竹提取物中的主要活性成分。黄酮类化合物主要是黄酮苷，以在6、8位的碳苷黄酮为主，如荭草苷、异荭草苷、牡荆苷和异牡荆苷等。也有在3位的氧苷黄酮醇，如槲皮素-3-*O*-云香糖苷、槲皮素-3-*O*-葡萄糖苷和鼠李素-3-*O*-芸香糖苷等。

2. 竹提取物的生物活性

竹提取物不仅对食品微生物表现出较好的防腐抗菌作用，对植物病原微生物也具有较好的抑制作用。操海群等[144]研究分析发现，毛竹粗提物对小麦赤霉菌、苹果炭疽菌分别表现出不同程度的抑制作用，48h EC_{50}（半最大效应浓度）分别为1.25g/L和2.47g/L；粗提取物经萃取分离得到的乙酸乙酯组分对小麦赤霉菌和苹果炭疽菌48h抑制率分别高达100%和89.2%，具有较强的抑菌作用。姚曦等[145]采用滤纸片法比较研究了17种竹子竹竿提取物对水稻白叶枯菌、金黄色葡萄球菌、番茄青枯菌和大肠杆菌的抑菌活性，结果表明竹竿提取物具有广谱的抑菌活性，不同竹种对供试细菌的抑制活性不同。

3. 竹提取物的提取方法

以超声法提取竹叶多糖为例，提取工艺流程为：竹叶干燥→粉碎→称取一定量竹叶粉末→与提取剂（如水）按一定料液比混合均匀→在一定超声温度、功率下超声一定时间→过滤→滤液浓缩→粗品。

秦明有[146]通过正交实验对提取工艺进行了优化，在超声时间40min、料液比为1∶18（质量体积比）、超声温度55℃、超声功率200W的工艺条件下，竹叶多糖提取率最高。

4. 竹提取物的应用

竹叶提取物具有抗菌、杀虫等诸多生物活性，在食品防腐和有害生物防治方面的应用前景十分广阔。操海群等[147]制备了一种含毛竹提取物的杀菌剂复配制剂，该制剂符合农药制剂质量要求，对植物病原菌具有良好的抑制作用，用水稀释后可作为番茄叶霉病、番茄灰霉病、苹果腐烂病、梨黑星病或辣椒灰霉病防治的杀菌剂。

第三节　林源除草剂

林源除草剂是指在人为控制下使用的灭杀杂草的人工培养繁殖的大剂量林源制剂。化学除草剂的使用对环境和人类健康产生了严重威胁，其研制和使用将严格受到制约。利用来源广泛的林源产物开发新的除草剂，已表现出强大的优势，林源除草剂日益受到人们的关注[148]。

一、分类

1. 按林源植物中除草活性成分分类

林源除草剂按林源植物中除草活性成分可分为以下几类[149]。

（1）天然羧酸类　壬酸是牛儿苗科中若干植物的天然产物，属于脂肪酸或羧酸类化合物，为触杀性、广谱、非选择性除草剂，可以防除一年生与多年生阔叶杂草。工业生产的壬酸微溶于水，可溶于大多数有机溶剂，除作为除草剂以外，还可作为疏果剂。

（2）三酮类　纤精酮，是从红千层中分离出的一种有除草活性的化学成分，以它作为先导化合物，进行多次结构改造，发现了磺草酮、甲苯磺草酮和双环磺草酮，从而发现了以 HPPD（4-羟苯基丙酮酸双氧化酶）为作用靶标的三酮类除草剂。

（3）萜烯类　桉树脑是一些植物产生的天然挥发性单萜，存在于月桂酸、白叶鼠尾草、迷迭香、多桉等植物的油类中，具有抑制植物生长的效应。桉树脑的主要杀虫成分为 1，8-桉树脑，1，8-桉树脑（不少芳香植物的一种单萜成分）具有高度的植物毒性。

（4）醌酚类　核桃醌（5-羟基萘醌）是从核桃树中提取出来的具有高除草活性的化合物，通过自身氧化作用抑制各种杂草生长。

（5）香豆素类　香豆素是主要存在于禾本科、兰科及柑橘属植物的果实和叶片中的高植物毒性克生化合物，属多链内酯，侧链易异戊二烯化，其衍生物呋喃香豆素具有很高的除草活性。

（6）噻吩类　林源噻吩类天然产物中具有除草效应的 α-三噻吩是从万寿菊属植物非洲金盏花中提取出来的，除具有除草特性外，还有杀线虫作用。

（7）生物碱类　从许多植物如假高粱、曼陀罗中发现了多种除草活性物质，如曼陀罗中的曼陀罗碱等具有独特的植物生长抑制机理。

（8）二苯醚类　从莎草中提取的天然产物莎草茵得到启发，开发出了 10 多个以原卟啉原氧化酶为作用靶标的二苯醚类除草剂品种，其中用量较大的除草剂有三氟羧草醚。

2. 按具有除草活性的林源植物种类分类

通过近几年来国内外植物源除草剂研究和发展现状以及发现的具有化感作用的物质，可以确定下述 10 种具有开发价值的具有化感作用的植物：猪毛蒿、烟管头草、核桃、飞机草、豚草、芒萁、蟛蜞菊、胜红蓟、桉树属植物、核桃楸。

二、作用机理

生物除草剂的杀草机理涉及对防除对象的侵染能力、侵染速度及对杂草的损害性等。其中，真菌的侵害与杂草生长处于相互拮抗和斗争的状态。杂草的防御机制和生长会逐渐修复侵染物导致的损害，只有侵害速度高于杂草生长速度，才能控制住杂草。林源除草剂种类不同，杀草机理亦不尽相同。

表 7-7-3 列出部分林源除草剂，活性成分不同，作用机理不同。

表 7-7-3　部分林源除草剂

名称	学名	活性成分	成分种类	作用机理
红千层	*Calistemon* spp.	纤精酮(leptospermone)	三酮	抑制 *p*-羟苯丙酮酸二加氧酶，阻碍类胡萝卜素合成，进而导致杂草白化
香料植物	*Laurus nobilis* L.，*Salvia* spp.，*Eucalyptus* spp.	环庚草醚(cinmethylin)	单萜	抑制络氨酸转移酶
天竺葵属植物	*Pelargonium genus*	天竺葵酸(pelargonic acid)	脂肪酸	破坏植物细胞角质层，诱发炎症并最终导致组织死亡。此外，还导致叶绿素脱落
荜茇	*Piper longum* L.	假蒟亭碱(sarmentine)	烯酰胺	破坏植物细胞角质层，诱发炎症并最终导致组织死亡
柠檬香茅	*Cymbopogon citratus*	柠檬醛(citral)	二萜	破坏杂草幼苗微管聚合过程

李祖任等[150]采用营养液培养法证明了一定浓度的龙葵醇提取物对稗草和莴草种子萌发及幼苗生长的抑制作用。该组后续又报道了将椰子经物理压榨成椰子油，椰子油经皂化、酸化、蒸馏分段，再经气质联用仪鉴定其中具有除草活性的产物，并采用室内生测法和田间药效试验对该产物的除草活性进行评价，表明其活性成分羊脂酸具有抑制小飞蓬防御酶的作用。

魏进等[151]采用培养皿滤纸法和室内盆栽法测定地桃花提取物对稗等 10 种植物的抑制活性。结果初步表明不同浓度下的地桃花提取物对刺苋、稗草等有不同程度的抑制作用，有望经过进一步研究和优化，成为潜在的林源除草剂。

何祚宽等[152]采用室内生物测定方法，研究了花椒不同溶剂提取物对棒头草种子萌发、苗期生长的影响，并测定了乙酸乙酯提取物对幼苗中的超氧化物歧化酶（SOD）和过氧化物酶（POD）活力、丙二醛（MDA）含量的影响。结果显示，当花椒提取液浓度达到 0.016g/mL 时，杂草的 SOD、POD 活力都急剧下降，此时杂草体内活力氧形成和清除系统之间的平衡被打破，植物自身的抵抗力急剧下降，从而证明花椒提取液对杂草有强烈的抑制作用。

林源除草剂具有环保、无污染、易降解等优点，具有广阔的应用前景。此外，通过研究林源除草剂的作用机理，可以发现新的靶向位点，开发高效、环保的新型除草剂，更好地保障农产品和林业资源。目前，我国虽然已经形成了一批具有自主知识产权的林源除草剂研究成果，但是因为除草剂受植物本身生态适应范围限制，还没有达到国际规模的商业化除草剂出现。因此，还需要加大力度筛查各种植物提取物的除草活性，研究新的林源化合物结构，发掘更高效的靶向位点。

三、典型林源除草剂加工与应用

（一）萜类精油

精油又称挥发油，是一类具有芳香气味的油状液体的总称。精油成分复杂，大体由萜类化合物、芳香族化合物、脂肪族化合物等组成，其中以萜类化合物为多见。挥发油中的萜类成分主要是单萜、倍半萜和它们的含氧衍生物，广泛存在于高等植物分组织中，是植物次生代谢产物中含量最高、种类最多的组分之一。

植物精油的除草活性主要跟精油中的单萜和倍半萜成分有关，单萜和倍半萜会影响杂草的生理过程，如光合作用、叶绿色合成以及细胞分裂等。环庚草醚、松油醇、柠檬醛、*d*-柠檬烯、*α*-蒎烯、1,8-桉叶素、樟脑、*β*-蒎烯、1,4-桉叶素、香芹酚、百里香酚、黄花蒿素等萜类化合物均是除草活性成分，部分化合物结构式如图 7-7-5 所示。

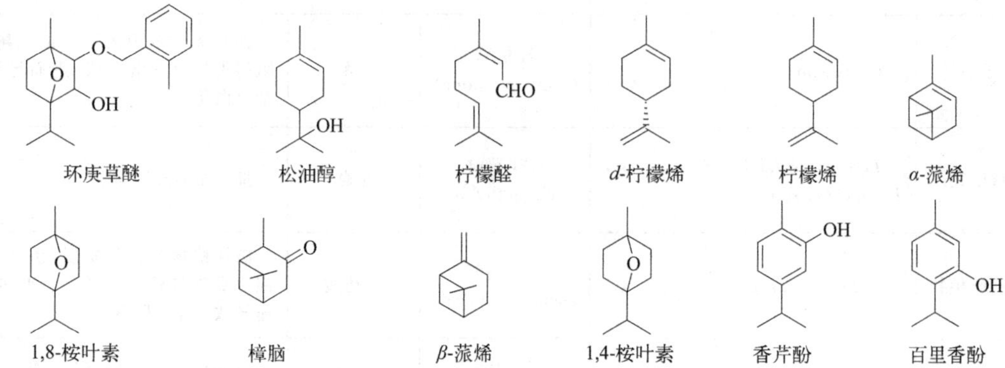

环庚草醚　松油醇　柠檬醛　*d*-柠檬烯　柠檬烯　*α*-蒎烯

1,8-桉叶素　樟脑　*β*-蒎烯　1,4-桉叶素　香芹酚　百里香酚

图 7-7-5　常见的具有除草活性的天然萜类化合物的化学结构式

松油醇是松节油深加工的大宗产品之一，是许多名贵香料的原料；柠檬醛是柠檬草油的主要成分；柠檬烯和柠檬醛在枳壳油中的含量比较丰富；香芹酚存在于百里香属和牛至属的唇形科植物精油中；黄花蒿素是从黄花蒿中提取出来的一种倍半萜烯内酯类化合物；*α*-蒎烯、*β*-蒎烯、1,8-桉叶素、1,4-桉叶素、樟脑、环庚草醚等物质均可以从其他相应的植物精油中提取，它们都是林产资源中有效的除草活性物质。

1. 萜类精油的提取方法

松节油是世界上产量最大的天然单萜化合物，是松油醇等醇萜和部分皂化脂肪酸的混合物。松节油从粗松脂中提取，常用的提取方法是蒸气蒸馏或有机溶剂萃取。以微波加热直接水蒸气蒸馏从粗松脂中提取松节油方法为例，其工艺流程为：按一定比例将粗松脂和水混匀→微波加热，水蒸气蒸馏→收集蒸馏液至无油珠馏出→蒸馏液静置、冷却、分液→取上层油层加无水 Na_2SO_4，干燥去水→产品。

陈国安等[153]探讨了不同试验条件对松节油收率的影响，结果表明，微波提取松节油的时间短，在粗松脂 10g、加水量 27mL、功率 20%（130W）、蒸馏时间 30min 左右的条件下能得到较好的收率。

2. 萜类精油的应用

近年来，国内外科研工作者在萜类植物精油及其衍生物除草应用领域做了大量研究工作[154]，开发出了环庚草醚等具有商业应用价值的萜类植物源除草剂[155]。Fagodia 等[156]对枳壳油及其主要成分柠檬醛和柠檬烯的植物毒性、细胞毒性进了研究，结果显示：柠檬醛对野燕麦、稗草、小子藕草等具有较强的毒性，可在农业生产中用于抑制杂草生长。Azirak 等[157]的研究表明：百里香酚和香芹酚的植物毒素作用抑制了萝卜和独行菜的萌芽和胚根生长，研究还同时评估了香芹酚和百里香酚对新疆野生油菜、反枝苋、矢车菊、野萝卜、土大黄、苍耳和苦菜的萌发和胚根生长可能的植物毒性，除苍耳显示出抗性外，香芹酚和百里香酚对测试的其他杂草均具有高植物毒性作用。香芹酚和百里香酚的植物毒素作用可抑制反枝苋和藜的萌发及幼苗生长，其效果优于商业除草剂 2,4-D-异辛酯。林艳等[158]发明的一种基于桉叶油的植物源除草剂对环境友好，可以防治果树、蔬菜及花卉行间一年生单子叶杂草和阔叶杂草。

（二）生物碱类化合物

生物碱是一类重要的天然有机含氮碱性化合物，广泛分布于植物界，许多重要林源植物如麻黄、金鸡纳、番木鳖、苦参、三尖杉等都主要含有生物碱成分。生物碱具有庞杂的结构类型和非常大的数量。根据分子中氮原子所处状态主要分为以下六类：游离碱、盐类、酰胺类、*N*-氧化物、氮杂缩醛类、其他如亚胺及烯胺等。

1. 生物碱类化合物的提取方法

生物碱的提取一般采用有机溶剂萃取纯化法，可以超声波辅助提取。以超声辅助溶剂提取法提取针叶黄华总生物碱为例[159]，其提取工艺流程为：针叶黄华干燥→粉碎→按一定比例将针叶黄华粉碎物和无水乙醇混合→超声循环提取机辅助提取→合并滤液→减压回收溶剂→得浸膏→挥干到恒重→1mol/L 盐酸溶解→过滤→收集酸水液→氯仿萃取酸水液数次→4mol/L 氢氧化钠调酸水液 pH 值至 9～11→氯仿萃取多次直至氯仿液中检不出生物碱→合并氯仿液→减压浓缩→得总生物碱。

2. 生物碱类化合物的应用

许多植物的除草作用与其释放的生物碱有关。张红[159]从针叶黄华、高乌头中提取的生物碱部分对五爪金龙、萝卜和黄瓜的种子萌发和幼苗生长有一定的化感抑制作用，可对黄华碱进行深入研究，进行开发为植物源除草剂，高乌头生物碱也可作为目标活性物质开发除草剂。郭金春[160]采用种子萌发法对曼陀罗生物碱及分离出的生物碱单体 S1 的除草活性进行了研究，在 1.2mg/mL 浓度下，曼陀罗生物碱对供试反枝苋、婆婆纳、紫花苜蓿、野燕麦、灰绿藜、鲤肠等 6 种种子芽后生长有较好的抑制作用，对根和茎的生长抑制率均高于 75%；在 0.8mg/mL 浓度下，S1 对供试反枝苋、婆婆纳、紫花苜蓿等芽后生长有较好的抑制作用，对根的生长抑制率高于 60%，其中，对婆婆纳抑制作用最大，对供试婆婆纳的根的生长抑制率高于 90%。马树杰等[161]采用种子萌芽法评价了中国粗榧总生物碱及从中分离出来的 8 种生物碱对红三叶、反枝苋、黑麦草及高丹草等 4 种杂草种子幼根和幼芽的生长抑制作用，实验结果表明，中国粗榧生物碱对双子叶杂草具有较好的除草活性，其主要活性成分为桥氧三尖杉碱，且主要作用方式为抑制幼芽（根）的生长。周丽娟等[162]公开发明了一类异喹啉类生物碱在除草剂方面的应用，该生物碱对拟南芥、薇甘菊、牛筋草、马唐、三叶鬼针草、青葙、浮萍等多种常见杂草均具有显著的除草效果，可用于实际生产中进行杂草的防除，环保、安全。

（三）核桃醌

核桃醌又名胡桃醌、5-羟基-1,4-萘醌、5-羟基-1,4-萘二酮等，分子式 $C_{10}H_6O_3$，化学结构式见图 7-7-6。

该化合物的熔点为 161～163℃，性质不稳定，溶剂对核桃醌的稳定性影响较大，随着存放时间的加长核桃醌会分解。

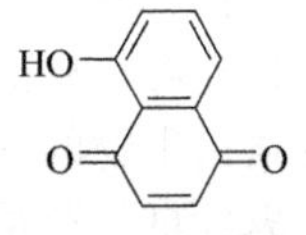

HO O O

图 7-7-6　核桃醌的化学结构式

1. 核桃醌的提取方法

核桃醌是从核桃楸、核桃树皮、青龙皮、叶或核桃壳等中提取出来的。以从核桃壳中提取核桃醌为例，提取工艺流程为：核桃壳晒干→粉碎→过筛（60 目）→按一定料液比将溶剂乙醇和样品加入常压微波合成/萃取反应仪中→在一定时间、温度、搅拌功率下回流提取→过滤→滤液用氯仿萃取三次→萃取物于 60℃下干燥→得提取物粗品。

李建涛等[163]对该工艺进行了优化，确定了最佳工艺：提取温度 80℃，提取时间 2h，料液比 1∶12（质量体积比），乙醇浓度 85%。

2. 核桃醌的应用

核桃醌通过自身氧化作用抑制其他作物的生长，甚至杀死其植物，具有除草活性[163]。潘丹等[164]通过室内盆栽实验的方法研究了核桃醌溶液对黄芩种子萌发及幼苗生长的影响，结果表明：核桃醌对黄芩种子的萌发主要表现出抑制作用，随着浓度的升高，抑制作用逐渐增强；对幼苗生长的影响则受到核桃醌浓度和黄芩幼苗密度双因素的影响，在高浓度或高密度下表现出较强的抑制作用。韦玉国等[165]发明了一种包含核桃醌物质的植物除草剂，该除草剂具有起效快、除草效果显著、无农药残留、不易产生耐药性和毒副作用蓄积作用等特点。

（四）香豆素类化合物

香豆素类化合物是邻羟基桂皮酸内酯类成分的总称，7-羟基香豆素（伞形花内酯，化学结构式见图 7-7-7）被认为是香豆素类化合物的母体。香豆素类化合物最早是从豆科植物香豆中提取得到的，故名香豆素。香豆素按照生物源途径可以分为简单香豆素、呋喃香豆素、吡喃香豆素和其他香豆素。

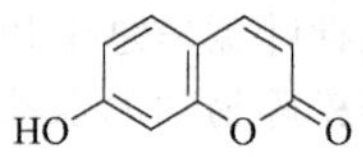

图 7-7-7 伞形花内酯的化学结构式

香豆素广泛存在于高等植物的根、茎、叶、花、果实、皮和种子等各部位，特别是在伞形科、芸香科、瑞香科、木犀科、黄藤科、虎耳草科、五加科、菊科、豆科、茄科和兰科等科中大量存在。目前，从自然界中已分离出 1200 余种这种类型的化合物[166]。香豆素化合物具有多种生物活性，如抗菌、抗癌、抗炎、抗肿瘤、杀虫、除草以及促进植物生长等活性，在医药、食品和农业等领域显示出良好的研究价值[167,168]。

1. 香豆素类化合物的提取方法

香豆素类化合物的提取分离有溶剂提取法、水蒸气蒸馏法和碱溶酸沉法等。一般采用甲醇、乙醇或者水作为提取溶剂从植物中进行提取，合并提取液，回收溶剂得到提取物；再用石油醚、乙醚、乙酸乙酯和正丁醇等极性由低到高的有机溶剂萃取，并将提取物分为极性不同的五个萃取部分。每个部分所含的化合物极性类似，需要进一步色谱分离，才能得到单体化合物。常用的分离方法包括经典柱色谱、制备薄层色谱和高效液相色谱等。

以白芷香豆素为例，可采用溶剂提取法、超声辅助提取法、微波辅助提取法、闪式提取法、超临界二氧化碳提取法等方法提取[169]。袁园等[170]以乙醇为提取剂，采用微波法提取白芷中总香豆素，并采用正交实验对工艺条件进行了优化，其工艺流程为：白芷干燥到恒重→粉碎→准确称取 1g→加入乙醇溶液→微波提取 2 次→抽滤→合并提取液→去除溶剂→总香豆素粗品。最佳工艺条件为：乙醇浓度 40%，提取时间 8min，料液比 1∶50，提取温度 80℃。

2. 香豆素类化合物的应用

香豆素类化合物来源广泛，是一类重要的化感物质，对许多植物都有化感作用，具有一定的抑草活性，在以其开发除草剂或为先导合成新型除草剂方面的研究具有良好前景。

何秀龙[171]研究了香豆素的生物活性，结果表明，香豆素对黑麦草种子萌发、胚根及胚芽的生长具有良好的抑制活性，对黑麦草种子萌发抑制中 IC_{50} 为 67.69mg/L。谢颖等[172]对 6-酯基香豆素衍生物的除草活性进行了研究，研究结果表明，6-酯基香豆素衍生物对含羞草、猪屎豆、三叶鬼针草、黄瓜、萝卜种子等 5 种受体植物表现出较好的除草活性。高愚哲等[173]以 4-羟基香豆素作为先导化合物，对其进行修饰，得到了 3-苯甲酰-4-羟基香豆素，合成了一些化合物，该类化合物对双子叶植物油菜有良好的抑制作用。

（五）壬酸

壬酸，别名天竺葵酸、风吕草酸、洋绣球酸，化学结构式如图 7-7-8 所示。

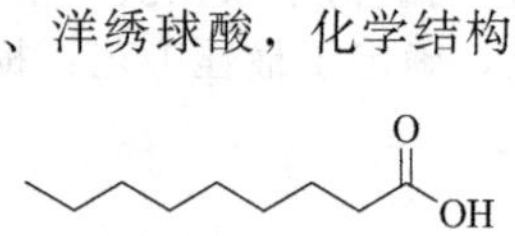

图 7-7-8 壬酸（$C_9H_{18}O_2$）的化学结构式

壬酸熔点 12.4℃，室温下为无色油状液体，具有淡的脂肪和椰子香气，不溶于水，溶于乙醇、乙醚和氯仿，是广泛存在于动物和植物体内的中链饱和脂肪酸，在植物中多以脂的形态存在于玫瑰、香叶、鸢尾、酒花、薰衣草等精油中，极少数以游离态形式存在。

壬酸具有良好的除草活性，毒性低，对环境友好，作为除草剂的研究多有报道[174,175]。钱振官等[176]在室内条件下用 30%壬酸 EW 对 23 种供试杂草的防除效果的研究显示，30%壬酸 EW11250、15000、22500g a.i./hm^2 3 个计量对牛筋草、马唐、绿狗尾、早熟禾、硬草、日本看麦娘、罔草、加拿大一枝黄花、铁苋菜、小飞蓬、马齿苋、小藜、佛座、牛繁缕、碎米苋、猪殃殃、老鹳草、刺果毛艮、荠菜、大巢菜、空心莲子草等供试杂草均有较好的防除效果，计量越高，防除效果越好，可作为灭生性除草剂在栽前灭茬和果林、非耕地等处应用。张兴等[177]发明了一种含壬酸的生物源增效复配除草剂，该生物源增效复配除草剂对禾本科杂草和阔叶杂草有较高的田间防除效果，在有机作物中具有极大的应用推广价值，是新型的生物源除草剂产品。

（六）纤精酮

纤精酮，化学结构式见图 7-7-9，沸点 120℃，可从红千层中提取得到。红千层是桃金娘科红千层属大灌木或小乔木，原产于澳大利亚昆士兰州等地，中国云南、广东、广西有栽培。

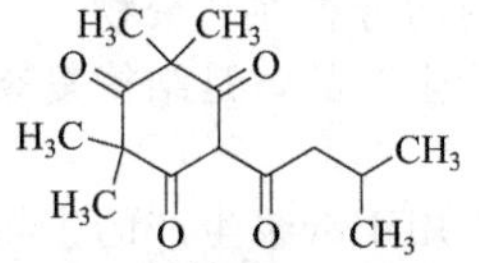

图 7-7-9 纤精酮（$C_{14}H_{20}O_4$）的化学结构式

纤精酮具有较好的除草活性，对很多杂草表现出独特的白化作用，是光合作用中 HPPD 酶的抑制剂。

第四节 林源植物生长调节剂

林源植物生长调节剂属于生物源调节剂，指从森林资源中的植物、动物和微生物及其副产物中提取的一类植物生长调节剂。林源植物生长调节剂在很低剂量下即能对植物生长发育产生明显的促进或抑制作用。该类物质可以是植物或微生物自身产生的（称为内源激素），也可以是人工合成的（称为外源激素）。

虽然植物生长调节剂大多数是低毒的化合物，但是它们属于农药的登记管理范畴。目前发达国家如美国、日本和澳大利亚等，对农药的管理越来越严格，在登记时越来越严格地考量农药对环境和有益生物的潜在风险。植物内源或者林源化合物是今后新型植物生长调节剂的发展方向。

一、分类

按作用方法不同主要可以分为以下三类[178]。

（1）生长抑制剂　生长抑制剂是植物生长调节剂的一种，可能导致茎伸长，从而抑制植物的顶端优势，促进植物侧叶增多。主要作用是促进开花、早熟，防止旺长等。

（2）生长促进剂　生长促进剂具有促进机体细胞分裂和新生器官分化等作用，且其作用效应在一定程度上可被植物生长抑制剂所逆转。主要作用是促进生根发芽、打破休眠、防止衰老等。

（3）生长延缓剂　生长延缓剂是抑制植物亚顶端分生组织生长的生长调节剂，使植物的节间缩短，株型紧凑，植株矮小。

二、作用机理

① 植物生长促进剂可促进植物细胞分裂及器官分化。

② 植物生长延缓剂的作用机理为可抑制植物细胞的分裂，但却不妨碍器官分化，因而这种延缓剂使植物矮小，却功能齐全。

③ 植物生长抑制剂可影响细胞分化，植物的顶端优势为最常见的抑制效应之一。

不同植物生长调节剂对植物的调节作用不同，有的表现出促进效应，而有的表现出抑制或者延缓效应；同时不同植物对同一种植物生长调节剂的反应也可能表现不同[179]。

三、典型林源植物生长调节剂加工与应用

（一）木质素磺酸盐

1. 概述

木质素磺酸盐分子中含有苯丙烷基疏水骨架和以磺酸基为主的亲水基团，是具有阴离子表面活性剂结构特征的高分子化合物。其来源范围广、费用低廉、可再生且无毒。

2. 植物资源

木质素是一种广泛存在于植物体内的芳香性高聚物。

木质素磺酸盐是最重要的木质素衍生产品，是结构复杂的混合物。其原料木质素多来源于制浆造纸废液。

由于不同地域的生物质资源不同，用于纸浆生产的生物质原料也不同。目前，主要原料有木材纤维原料和非木材纤维原料。木材纤维原料中，常见的针叶材纤维原料有落叶松、云南松、马尾松、红松及樟子松等；常见的阔叶材纤维原料有杨木、桦木、桉木等。非木材纤维原料中，竹子被视为“仅次于木材的造纸原料”。

3. 提取和分离

木质素磺酸盐来源于亚硫酸法生产纸浆或者纤维浆的附产物，在造纸厂废液黑液中直接提取[180]。

4. 生物活性

木质素磺酸盐具有促进植物伤口愈合、促进插条发根、提高种子发芽率及加速苗木生长等作用，并能提高林木幼苗的抗逆性，同时对提高果实的产量和品质也有很大的作用[181]。

（二）壬酸

1. 概述

壬酸属于脂肪酸或羧酸类化合物，兼有除草剂和植物生长促进剂的双重功效，低毒，对环境影响较小。

2. 植物资源

壬酸是广泛存在于动植物体内的脂肪酸，是牻牛儿苗科中若干植物的天然产物，该物质天然品（游离或酯化状态）主要存在于玫瑰、香叶、鸢尾、酒花、薰衣草等精油中[182]。

3. 提取和分离

壬酸的提取工艺为：干燥原料→粉碎→溶剂回流提取→浓缩提取液→浸膏→浸膏分散水中→溶剂萃取→浓缩→分离。

4. 生物活性

壬酸可促进种子的萌发和幼苗生长[182,183]。

（三）三十烷醇

1. 概述

三十烷醇是一种天然的长碳链植物生长调节剂，化学名称正三十烷醇，又称蜂花醇。其对人畜无害且无副作用，对环境无污染。

2. 植物资源

1933 年卡巴尔等首先从苜蓿中分离出来三十烷醇，1975 年里斯发现其生物活性。三十烷醇普遍存在于植物根、茎、叶、果实和种子的角质蜡层中。

3. 提取和分离

三十烷醇常与高级脂肪酸结合成酯，普遍存在于植物蜡和虫蜡（如蜂蜡、糠蜡、蔗蜡、棉蜡等）中，经皂化后分离提纯得到[184]。

4. 生物活性

三十烷醇具有促进生根、发芽、开花、茎叶生长和早熟作用，具有提高叶绿素含量、增强光合作用等多种生理功能，能使作物提高结实率，增强抗寒、抗旱能力，增加产量，改善产品品质[185-187]。

在作物生长前期使用三十烷醇，可提高发芽率，改善秧苗素质，增加有效分蘖；在生长中、后期使用，可增加花蕾数、坐果率等。

（四）水杨酸

1. 概述

水杨酸（salicylic acid，SA），即邻羟基苯甲酸，是一种植物体内含有的天然苯酚类植物生长物质。1828 年德国的 John Buchner 最早从柳树皮中分离出水杨醇糖苷，1838 年 Piria 将柳树皮中这种活跃的有效成分命名为水杨酸。

2. 植物资源

水杨酸广泛存在于高等植物中，如柳树、杨树、马尾松松针、柞树、板蓝根、冬青树、滇南狸尾豆、猕猴桃等[188]。

3. 提取和分离

水杨酸一般采用下述方法进行提取和分离[189,190]：粉碎原料→溶剂萃取→浸取液→蒸馏萃取→水杨酸。

4. 生物活性

水杨酸能诱导不定根形成和促进根系生长；是一种开花诱导因子，能有效诱导植株花芽分化；诱导大蒜鳞茎膨大；延长切花保鲜期；延缓果实变质；有效保持果蔬品质；增强植物的抗冷、抗盐、抗旱、抗热、抗病等抗逆性；抑制果蔬贮藏期病害[191,192]。

（五）茉莉素

1. 概述

茉莉酸（jasmonic acid，JA）及其衍生物是一类新型植物激素，它们结构上的特点是具有环戊烷酮，统称为茉莉素（jasmonate）。主要包括茉莉酸、茉莉酸甲酯、茉莉酸异亮氨酸、12-氧-植物二烯酸等衍生物[193]。

2. 植物资源

茉莉素从含有芳香油的植物中分离鉴定出来，绝大多数植物都含有茉莉素。

茉莉酸甲酯（MeJA）首先是从茉莉属素馨花的香精油中提取出来的，后来在突尼斯迷迭香中也发现了这种物质。其广泛存在于蕨类、苔藓等植物中。

3. 提取和分离

茉莉素的提取和分离工艺为：原料研磨→溶剂（如甲醇）萃取→无水硫酸钠干燥提取液→浓缩→提纯。

4. 生物活性

茉莉素具有诱导植物防御基因的表达，诱导多种次生代谢物的合成，抑制光合作用，促进呼吸作用、气孔关闭、叶片衰老脱落以及果实成熟等生理功能[194]。

（六）独脚金内酯

1. 概述

独脚金内酯是一些天然的独脚金醇类化合物及人工合成类似物的总称，属倍半萜类化合物。目前已分离的天然独脚金内酯多达36种，但它们均具有相同的碳骨架，结构包括三环内酯和α/β-不饱和呋喃环[195]。

2. 植物资源

独脚金内酯广泛存在于高等植物中，主要在根中合成，通过木质部向上运输至地上部分。Cook等最先从棉花的根系分泌物中分离得到了独脚金醇（strigol），Akiyama等从三叶草中分离得到黑蒴醇。

3. 生物活性

独脚金内酯是一种新型植物激素，可抑制植物分枝生长、控制中胚轴伸长、促进侧根形成和诱导根毛伸长[196-199]。

（七）尿囊素

1. 概述

尿囊素，亦称乙醛酰脲或5-脲基乙内酰脲。纯品是一种无毒、无刺激性的白色晶体。其能溶于热水、热醇和稀氢氧化钠溶液，微溶于常温的水和醇，难溶于乙醚和氯仿等有机溶剂。

2. 植物资源

尿囊素最早于紫草科植物中萃取出，其广泛存在于尿液、山药、甜菜根、小麦芽、玉米、玉米须及烟草种子植物中。此外，在肉苁蓉原植物、艾草、扬子毛茛、芸香草、白刺、梓木草等植物中也发现了尿囊素[200,201]。

3. 提取和分离

可采用超声法从小麦中提取尿囊素[202]：原料粉碎→溶剂（如乙醇）萃取→过滤→浓缩→提纯。

4. 生物活性

尿囊素可刺激植物生长，对小麦、柑橘、水稻、蔬菜、大豆等均有显著增产效果，并有固果、早熟作用[203,204]。

（八）乙二醇缩糠醛

1. 概述

乙二醇缩糠醛的化学名称是2-(2-呋喃基)-1,3-二氧五环，是从植物的秸秆中分离精制而成的新型低毒植物生长调节剂。

2. 植物资源

植物秸秆既包括稻草、小麦等废弃物农业秸秆，也包括芦苇秆、树枝等废弃物林业秸秆，产量巨大。

3. 提取和分离

从植物的秸秆中分离精制乙二醇缩糠醛。

4. 生物活性

乙二醇缩糠醛能增强植物的抗旱性和抗盐能力，促进植物根系生长，提高作物在逆境条件下的成活力。田间药效试验表明，20%乙二醇缩糠醛乳液能增强小麦对逆境（干旱、盐碱）的抵抗能力，促进小麦生长，提高小麦产量[205]。

（九）壳聚糖

1. 概述

壳聚糖，化学名称为（1,4)-2-氨基-2-脱-氧-β-D-葡萄糖，为天然多糖甲壳素脱除部分乙酰基的产物，又名脱乙酰甲壳素、可溶性甲壳素和甲壳胺等，是自然界唯一的碱性多糖。

2. 植物资源

壳聚糖广泛存在于低等植物菌类、藻类的细胞中，节肢动物虾、蟹、蝇蛆和昆虫的外壳中，贝类、软体动物的外壳和软骨中，高等植物的细胞壁等中[206,207]。

壳聚糖在昆虫体内分布广泛，在昆虫的原表皮层中含量最为丰富。从臭蜣螂、蝇蛆、蟋蟀、金龟子、松毛虫等昆虫中提取壳聚糖有报道。

桑白皮等高等植物中也可分离出壳聚糖。

3. 提取和分离

以桑白皮为例，从中提取壳聚糖的具体工艺流程为[208]：桑白皮→干燥粉碎过 40 目得桑白皮粉→1％醋酸加热提取 3 次→过滤得滤渣→碱→醇加热→过滤得滤渣→水洗至中性→2％盐酸溶液，80℃浸提→过滤得滤液→调 pH→离心→湿壳聚糖→干燥得淡黄色壳聚糖粉末。

4. 生物活性

壳聚糖能引起作物的生理效应，可提高作物的叶绿素含量、作物种子中的贮藏蛋白含量、作物产量，改善作物品质，诱导作物产生广谱抗逆性，对作物碳、氮代谢具有一定的生物调节功能。它是一种具有广泛应用前景的植物天然生长调节剂[209-211]。

（十）三萜酸

1. 概述

三萜酸是一类天然的弱酸性五环三萜类化合物，难溶于水和石油醚，但可溶于乙醇、甲醇和丙酮等有机溶剂中，是具有多种生物活性的天然产物。

2. 植物资源

三萜酸类化合物在中药中分布很广，山楂、枇杷叶、茯苓等中药中都含有三萜酸成分；另外在松科植物针叶中含量也丰富。

松科植物是裸子植物中最大的一科，包括松属、云杉属、冷杉属、黄杉属、落叶松属、金钱松属、雪松属、铁杉属、油杉属和银杉属，共 10 属 230 种，是构成地球木材蓄积量最多的树种之一。

3. 提取和分离

三萜酸的提取方法主要有溶剂回流提取法、超声波辅助提取法、微波辅助提取法等[212-214]。溶剂回流提取法，指用乙醇等挥发性有机溶剂浸提，加热浸提液，挥发性溶剂先流出后被冷凝，重新流回进出器中浸提药材，这样循环往复，直至有效成分回流浸提完全的方法。

三萜酸的分离纯化方法有酸碱沉淀法、活性炭吸附法、重结晶法、硅胶柱色谱法等，但主要还是以大孔树脂吸附法为主。

4. 生物活性

三萜酸能够提高农作物产量，降低细菌和真菌对植物的发病率，增加植物耐寒力和抗旱性，以及加快果实成熟等，而且对人和动物无害，植物体和土壤内无残留，是绿色无公害农作物的生长促进剂。

针叶三萜酸拌种和喷施能够改善小麦的生物学性状，提高小麦的出苗率，增强小麦的抗倒伏性，提高小麦的成穗率，进而提高小麦的产量[215]。针叶三萜酸单独使用比清水对照组增产 6.6％，与甲柳三唑酮拌种混用比清水对照组增产 16.5％。针叶三萜酸还能改善小麦的营养品质，使麦粒的蛋白质含量提高18.4%～28.2%。

（十一）膨压素

1. 概述

Schildkeeht 等（1984）从含羞草和合欢中分离鉴定出一类可调控植物感性运动的生长调节物质，它是含有 β-糖苷的没食子酸，可随着蒸腾流传到叶枕，迅速改变叶枕细胞的膨压，导致小叶合拢。由于它们作用于叶枕细胞的膨压故称膨压素。

2. 植物资源

含羞草、合欢、酢浆草等中都含膨压素。

3. 生物活性

膨压素可调控植物感性运动。

（十二）木醋液

1. 概述

生物质热解炭化过程中，会产生大量烟气，将烟气冷却、液化、分离、净化后可得到木醋液。其主要成分为有机酸，还含有醇、酚、酮等多种有机物。

2. 植物资源

木醋液的来源分布广泛，易得，成本低。树干、树枝、果核、果壳、玉米芯、木屑等农林业加工废弃物均可用来提取木醋液，且不同种类木醋液的成分有差别，以酸类及酚类为主，还含有量较少、种类复杂的酮类、酯类、醛类和醇类等化合物。

柞木，俗称名橡木，是木醋液的来源之一。它们分布在北半球高海拔寒冷地区。在我国吉林、辽宁、陕西、湖北等地分布有柞木。吉林、辽宁曾经有较大产量，湖北神农架及陕西亦有少量柞木出产。

3. 提取和分离

木醋液主要是秸秆、树枝和果实等农林废弃物经热解过程产生的酸性冷却液[216,217]。直接得到的粗木醋液表面漂浮有木焦油，还含有易氧化、易聚合、易变色的化学成分及苯酚、甲醛等有毒成分，需要精制后才能利用。常用的精制分离方法有静置分离法、常压或减压蒸馏法、活性炭吸附法等。

4. 生物活性

木醋液中含有多种化合物以及 K、Ca、Mg、Zn、Ge、Mn、Fe 等矿物质，此外还含有维生素 B_1 和维生素 B_2，能促进蔬菜、果树、花卉等植物的生长，是一种天然的植物生长调节剂。因为木醋液本身为生物质提取液，具有很好的“物归原主”式的渗透作用，直接喷施于植物表面，能起到促进光合作用、加快叶片生长、减缓叶片衰老、全面均衡营养和恢复树势作用[218]。

（十三）多裂骆驼蓬提取物

1. 概述

骆驼蓬属为蒺藜科多年生草本植物，世界上共6种，中国分布有3种，即骆驼蓬、骆驼蒿和多裂骆驼蓬，其中多裂骆驼蓬为我国特有种。

2. 植物资源

骆驼蓬属在中亚、地中海沿岸、墨西哥和美国南部有间断分布，在我国主要分布于新疆、甘肃、宁夏、内蒙古和陕西北部的荒漠化草原、黄土高坡、河岸沙地、砾石戈壁及高海拔寒漠边缘等不同旱生环境，资源丰富。

3. 提取和分离

称取骆驼蓬粗粉，浸于5倍于粗粉重量的85%乙醇溶液中，在85℃水浴中回馏提取1h，收集提取液，过滤。再加相同体积的85%乙醇溶液回馏提取两次，将3次回馏提取液在80℃水浴中减压回收乙醇，并浓缩至糖浆状，用5%的盐酸洗脱，减压过滤。滤液用蒸馏水定容，氨水调pH值为4，此提取液作为骆驼蓬总生物碱的提取母液备用。

4. 生物活性

骆驼蓬属含有生物碱类、甾体、黄酮、蒽醌、氨基酸、多糖和无机元素等多种成分。小麦、玉米、豌豆、燕麦等种子经多裂骆驼蓬提取液浸种后幼苗生长增强[219]。

（十四）艾蒿提取物

1. 概述

艾草，别名香艾、艾蒿、艾灸草等，为菊科多年生草本植物，植株有浓烈香气。除极干旱与高寒地区外，全国都有分布。

2. 植物资源

艾蒿分布广，分布于东北、华北、华东、华南、西南、西北等地，我国大部分省区都有分布，多为野生，也有少量栽培，可一年一收。

3. 提取和分离

将艾蒿叶茎粉粹，有机溶剂提取[220]。

4. 生物活性

提取物为混合物，主要成分为以天然比例存在的多种黄酮类化合物和多种植物生长调节成分等。其对多种植物具有明显促进作用[221]，具有使用方便、经济、高效、无公害、广谱等特点。经在粮食、蔬菜、油料、烤烟、水果等多种作物上田间药效实验表明：增产率为10%～40%，能明显提高果实品质。

（十五）紫茎泽兰提取物

1. 概述

紫茎泽兰为菊科泽兰属丛生型半灌木多年生草本植物，具有强大的入侵性和生态适应性，通过释放化感物质改善土壤微环境，使当地其他植物的生长受到抑制，甚至消失，且在短时间内能生根发芽，快速发展为单优群落。

2. 植物资源

紫茎泽兰原产于中、南美洲，20世纪40年代从中缅传入云南后随西南风迅速向东和向北蔓延扩散。目前，已在云南、贵州、四川、广西、西藏、台湾等省（区）广泛存在。2003年，紫茎泽兰被我国环保总局确定为最重要的16种外来入侵生物之一。

3. 提取和分离

将采集回来的紫茎泽兰鲜株洗净，并自然阴干，用40℃恒温干燥箱干燥48h后，粉碎过40目筛，称重后与75%乙醇按1∶5（质量体积比）混合，再用40℃水浴超声波振荡4h。过滤，重复三次，将每次的滤液混合。最后用旋转蒸发仪减压蒸馏（水浴温度为65℃）至黑色膏状物，质量不再变化，封口保存备用。

4. 生物活性

紫茎泽兰对不同植物具有不同的化感作用，化感作用也表现出不同的形式[222]。紫茎泽兰叶水浸提液对刺齿唇柱苔、荔波唇柱苣苔和烟叶唇柱苣苔幼苗的生长均有抑制作用，茎的水浸提液对台闽苣苔幼苗的生长存在化感抑制作用；在构建的人工群落中，因为紫茎泽兰的化感作用，青蒿、马唐的始花期和盛花期被推迟；紫茎泽兰对一年生黑麦草、多年生黑麦草、紫花苜蓿和光叶紫花苕四种草无化感抑制作用，甚至存在一定的促进作用。

（十六）滇重楼提取物

1. 概述

滇重楼为百合科重楼属亚高山多年生草本植物，又名重楼一枝箭，是一种珍贵的药用植物，具有极高的药用价值。

2. 植物资源

全世界该属植物有 24 个种，分布于亚欧大陆的热带至温带地区。我国为该植物的分布中心之一，有 19 种，大部分省区均有分布，以西南各省为多。

3. 提取和分离

选取饱满的滇重楼种子，分离种皮、胚乳（带胚），分别磨碎后各称取一定量于容器内，加入一定量的溶剂萃取，在室温下密闭浸提，间隔一定时间搅拌 1 次，使其浸提充分，每隔 24h 倒出上清液，再重新加入足量溶剂继续浸提，重复 3 次，合并所有浸提液，于冰箱中密闭保存备用。

4. 生物活性

滇重楼的种皮和种子中均含有抑制萌发的物质[223-225]，且随着提取液浓度的增加抑制作用增强。不同类型溶剂提取的滇重楼种皮和种子提取物的抑制活性不同。

（十七）油橄榄叶提取物

1. 概述

油橄榄为木犀科常绿乔木，又名洋橄榄、欧橄榄、齐墩果，是一种速生、高产、长寿、果实含油率高的木本油料树种，是地中海最古老的栽培果树之一。油橄榄叶中含有丰富的酚类化合物，在医药和保健方面的广泛运用已成为国内外的研究热点。

2. 植物资源

自 1964 年以来，我国开始陆续引种油橄榄品种 100 多个，我国油橄榄主要分布在甘肃、广东、广西、云南、四川等省区。每年因修枝、自然落叶和加工业而产生大量的副产品和残留物，但大多数都被丢弃或焚烧，从而造成大量的资源浪费和生态环境的严重破坏。实际上，进行油橄榄叶加工提取时仅需其废弃物的 10%。因此，油橄榄叶是一种丰富又廉价的原材料。

3. 提取和分离

油橄榄叶提取物的提取和分离工艺为：油橄榄叶粉粹→溶剂提取→合并滤液→浓缩。

4. 生物活性

油橄榄叶提取物对双子叶植物番茄和牧草，以及单子叶植物玉米、小麦和草坪种子萌发有一定影响，且有差异[226]。其抑制作用与溶剂种类、提取物浓度、种子类型有关；油橄榄叶提取物对根的抑制作用比茎强；低浓度提取物对种子萌发有促进作用，高浓度提取物对种子萌发有抑制作用；油橄榄叶中有水溶性生物碱和醇溶性生物碱，分别对不同种子萌发表现出不同的效应。

（十八）银杏外种皮提取物

1. 概述

银杏是古老的木本孑遗植物，生长于新生代第四纪冰河时期，植物分类学上被世界古生物学家称为“活化石”，为我国的稀有珍贵树。银杏外种皮是种子硬壳外面的肉质部分，俗称白果衣胞。银杏外种皮占整个种子重量的 75%左右。采收银杏时，外种皮是一种废弃物，在我国每年大约有 2.4 万吨银杏外种皮被随意丢弃，发出恶臭味，既浪费了资源，又严重污染了环境。

2. 植物资源

我国银杏资源丰富，约占全世界的70%以上，分布遍及25个省，总面积已达到17万公顷以上。干银杏外种皮每年至少产生1.2万吨。

3. 提取和分离

称取一定量的干燥的银杏外种皮，粉碎。加入80%的乙醇，置于超声波发生器中，在温度75℃下浸泡3h，过滤，重复2次，合并提取液，减压蒸馏回收乙醇，将浓缩液用3∶1的石油醚萃取，减压浓缩萃取液成黑膏状。再经纯化后即得银杏外种皮酚酸类物质。

4. 生物活性

银杏外种皮提取物可提高小麦、大豆和玉米种子的萌发率、发芽率，促进幼苗地上和地下部分生长，提高小麦和玉米幼苗的淀粉酶和叶绿素的含量[227-229]。

（十九）大黄提取物

1. 概述

大黄为多种蓼科大黄属多年生草本植物的合称，也是中药材的名称。

2. 植物资源

大黄产于四川、湖北、陕西、云南等省，生于大山草坡上与土壤肥厚、阳光充足的地方。

3. 提取和分离

大黄提取物的提取和分离工艺为：原料粉碎→溶剂萃取→过滤→浓缩→提纯。

4. 生物活性

大黄中主要化学成分大体可分为蒽醌类、多糖类与鞣质类。低浓度的大黄提取物对小麦幼苗的根长、株高、干重、鲜重等产生促进作用[230]。

（二十）苦楝果实提取物

1. 概述

苦楝是一种比较常见的楝属植物，为落叶乔木，树木暗褐色，在我国资源丰富，是一种可以综合利用的树种。苦楝全株都有毒，尤其果实毒性较大。

2. 植物资源

苦楝常生长于海拔800m以下的山坡、路旁、庭院四周，是我国的一种乡土树，广泛分布于黄河流域及南部地区，在我国西南及中部地区生长极为普遍。

3. 提取和分离

苦楝果实提取物的提取和分离工艺为：苦楝果实原料烘干→粉碎→水萃取→过滤→得苦楝果实水提取物溶液。

4. 生物活性

较高浓度的苦楝果实提取物对小麦发芽率有抑制作用；苦楝果实水提取物中含有对小麦幼苗的生长有促进作用的活性物质，在一定浓度范围内能促进幼苗生长[231,232]。

（二十一）其他

1. 腐殖酸

腐殖酸是动植物残体经过微生物一系列分解和合成及地球化学的一系列过程而形成的分子量大小不一的脂肪芳香族羟基羧酸的混合物，广泛存在于风化煤、褐煤、草炭中，土壤、堆肥、厩肥、河泥、塘泥、造纸废液、酿酒废液、制糖废渣、糠醛渣等中也有一定含量。腐殖酸是一种天然的植物生长调节剂[233]。

2. 抗坏血酸

抗坏血酸（VC）是一种广泛分布在植物的果实以及茶叶中的维生素物质，1928年从植物中分离出来，1933年鉴定其结构，同年进行了人工合成。它广泛存在于植物的果实中，茶叶中也富含抗坏血酸，是天然存在的维生素[234]。商品名维生素C、丙种维生素。

3. 羟烯腺嘌呤

羟烯腺嘌呤属低毒植物生长调节剂[235]，可经微生物发酵产生，也存在于植物根、茎、叶、幼嫩分生组织及发育的果实和种子中，主要由根尖分泌并运输至其他所需部位。

4. 芸苔素

天然芸苔素即油菜素内酯，化学名称为（$22R,23R,24S$）-$2\alpha,3\alpha$,22,23-四羟基-24甲基-β-高-7-氧杂-5α-胆甾烷-6-酮。直接从含量较高的植物花粉及其衍生物中提取，最早就是从油菜花粉中得到的，是植物体内含量极微的一种生长调节剂，被称为第6类植物内源激素。它有促进根系发育和幼苗生长、增加坐果和果实膨大的作用，同时具有提高叶绿素含量、增强光合作用、改善生理代谢、增强抗逆性的功能，还可协调植株各部分均衡生长，对植物的生长具有重要作用[236]。

5. 赤霉素

赤霉素是由水稻恶苗病菌产生的一类具有二萜羧酸结构的高效能植物生长激素，能促进细胞伸长，加速生长发育，促进早熟，增加产量，在农业生产上有广泛的应用[237]。

6. 系统素

系统素是植物受到外界伤害时在细胞质中产生的具有信号传导功能的内源多肽物质。也是目前植物伤害生理这一新领域研究中最关键的因素[238]。

7. 复硝酚钠

复硝酚钠的化学成分是5-硝基愈创木酚钠、邻硝基苯酚钠、对硝基苯酚钠，是20世纪60年代日本最先发现的高效植物生长调节剂，在农业上具有明显的提质增产效果[239]。

愈创木酚可从天然物中提取。愈创木酚油、林化杂酚、金竹、水竹中均有提取报道。

8. 脱落酸

脱落酸是一种具有倍半萜结构的植物激素。1963年美国艾迪科特等从棉铃中提纯了一种物质能显著促进棉苗外植体叶柄脱落，称为脱落素Ⅱ。英国韦尔林等也从短日照条件下的槭树叶片中提纯出一种物质，能控制落叶树木的休眠，称为休眠素。1965年证实，脱落素Ⅱ和休眠素为同一种物质，统一命名为脱落酸，是植物五大天然生长调节剂之一。

脱落酸可促进植物器官脱落；促进芽和种子的休眠，可用于马铃薯和种子贮藏；增加植物抗旱性；影响性分化；促进种子、果实的贮藏物质，特别是贮藏蛋白和糖分的积累；低浓度脱落酸能促进不定根的形成与再分化，组织培养前景广阔[240,241]。

参考文献

[1] 吴文君，胡兆农，姬志勤，等.中国植物源农药研究与应用（精）.北京：化学工业出版社，2021.
[2] 邵仁志，刘小安，孙兰，等.中国植物源农药的研究进展.湖北农业科学，2017，56（8）：1401-1405.
[3] 张洁，樊志民，张兴.中国植物源杀虫剂发展历程研究.咸阳：西北农林科技大学出版社，2017.
[4] 韩俊艳，张立竹，纪明山.植物源杀虫剂的研究进展.中国农学通报，2011，27（21）：229-233.
[5] 蔡璞瑛，毛绍名，章怀云，等.植物源杀虫剂国内外研究进展.农药，2014，53（8）：547-551.
[6] 彭万达.植物源杀虫剂的特性和应用.甘肃科技，2016，32（19）：91，143-144.
[7] 曹涤环.植物源农药的优点及研究发展趋势.科学种养，2016（4）：57-58.
[8] 刘平.植物源杀虫剂的主要种类及应用前景.青海农林科技，2019（4）：57-60，68.
[9] 何君，谢令德，贺艳萍.植物源杀虫剂作用方式研究进展.粮油仓储科技通讯，2010（6）：30-32.
[10] 张秋颖.浅谈植物源农药的作用机理及特点.中国科技博览，2012（31）：605-606.
[11] 赵津池.印楝的化学成分研究进展.世界最新医学信息文摘，2015，15（10）：74-75.
[12] 徐勇，郭鑫宇，项盛，等.植物源杀虫剂印楝素研究开发及应用进展.现代农药，2014，13（5）：31-37.

[13] 谭卫红，宋湛谦.天然植物杀虫剂印楝素的研究进展.华南热带农业大学学报，2004，10（1）：23-28.
[14] 段琼芬，王有琼，孙龙，等.4种提取印楝素方法的比较.农药，2005，44（10）：455-456，459.
[15] 赵淑英，宋湛谦，高宏，等.微波辅助法提取印楝素的研究.林产化学与工业，2003，23（4）：47-50.
[16] 王宏涛，洪燕珍，赵凯歌，等.楝树杀虫成分苦楝素的超临界 CO_2 萃取.化学工程，2011，39（1）：1-5.
[17] 王秋芬，宋湛谦，赵淑英，等.超声波用于强化有机溶剂提取印楝素.林产化学与工业，2004，24（1）：25-28.
[18] 刘平平，潘苏华.银杏叶制剂中银杏酚酸研究进展.中国重要杂志，2012，37（3）：274-277.
[19] 成亮，楼凤昌.银杏外种皮中银杏酚酸的研究概况.药学进展，2004，28（5）：209-213.
[20] 冯致，杨竣茹，李萌，等.银杏酚酸生物活性及合成途径研究进展.安徽农业科学，2020，48（23）：35-43.
[21] 石启田.银杏酚酸类物质防治农业害虫的研究.林产化学与工业，2004，24（2）：83-86.
[22] 董俊，刘文漪.银杏果中有效杀虫成分的提取及效果检验.生物化工，2021，7（2）：96-97.
[23] 付强强，高振琨，刘林，等.银杏酚酸的提取分离方法、检测方法、药理作用及制剂研究进展.中国药房，2017（4）：547-550.
[24] 张衡，刘晓杰，姚文红，等.银杏外种皮中银杏酚酸的提取方法研究.青岛农业大学学报（自然科学版），2012，29（2）：147-151.
[25] 尹秀莲，杨克迪，杨榴青，等.银杏外种皮中银杏酚酸的超临界 CO_2 萃取.中药材，2003，26（6）：428-429.
[26] 李中新，孙绪艮.银杏酚酸及其防治农业害虫研究进展.山东农业大学学报（自然科学版），2007，38（4）：654-656.
[27] 吴伦忠，吴雨奇.一种金桔红蜘蛛生物防治方法：CN107996224A.2018-05-08.
[28] 刘秀秀.一种春季香梨杀虫剂及其制备方法：CN107593775A.2018-01-19.
[29] 吕美，王利涛，许欣欣，等.HPLC法同时检测苦参碱杀虫剂中生物碱含量.济宁医学院学报，2017，40（4）：268-270.
[30] 杨生武.中草药提取物苦参碱在农业生产病虫害防治领域中的应用.中兽医学杂志，2017（6）：80-81.
[31] 韩高伟，高子怡，赵二劳.苦参中生物碱的提取及纯化工艺研究进展.现代食品，2018（15）：163-166.
[32] 苏刘花.一种苦参碱的提取方法.中国：CN109422746A.2019-03-05.
[33] 沈直.低毒天然植物杀虫剂苦参碱.农药信息市场，2007（5）：30.
[34] 王学东.植物源农药杀虫剂——苦参碱.农业知识：瓜果菜，2007（7）：43.
[35] 白重庆，于红妍，侯秀敏.05%虫菊·苦参碱防治草原毛虫药效试验.青海草业，2019，28（4）：18-19.
[36] 额尔敦巴雅尔，云雪艳，董同力嘎.基于UPLC-Q-TOF-MS法分析万寿菊提取物中化学成分研究.食品科技，2019，44（12）：266-271.
[37] 王帅，赵曜，郭勇，等.万寿菊杀虫活性研究.第十届全国生物医药色谱及相关技术学术交流会，2014.
[38] 胡中芳.万寿菊杀虫、抑菌活性的研究.生物学通报，2017，52（11）：52-54.
[39] 郭雁君，吉前华，郭丽英，等.万寿菊主要功能成分提取工艺及开发利用研究进展.现代农业科技，2021（14）：220-223，233.
[40] 刘妍妍，王宪青，岳如冰.万寿菊花中 α-三连噻吩的提取及保鲜作用.食物研究与开发，2012，33（4）：189-193.
[41] 曾建明，孙晓玲，张瑾，等.万寿菊在防治茶园小绿叶蝉中的应用及应用方法：CN108124684A.2018-06-08.
[42] 金锋，张振凌，任玉珍，等.巴豆的化学成分和药理活性研究进展.中国现代中药，2013，15（5）：372-375.
[43] 姚英娟，杨长举，薛东，等.巴豆提取物对4种储粮害虫的生物活性研究.江西农业大学学报，2008，30（6）：1061-1065.
[44] 王海建，钟策宏，蒋春先，等.巴豆提取物对小菜蛾生物活性研究.西南农业学报，2013，26（3）：1009-1013.
[45] 姚英娟，薛东，杨长举，等.巴豆粉及其溶剂提取物对玉米象的防治效果.昆虫知识，2006，43（6）：793-797.
[46] 杨杰.一种植物源蔬菜杀虫剂、制备方法及应用：CN108432827A.2018-08-24.
[47] 张义英.骆驼蓬属植物化学成分及其抑菌活性研究.咸阳：西北农林科技大学，2006.
[48] 刘建新.多裂骆驼蓬生物碱类物质抑菌杀虫活性研究.植物保护，32（5）：41-44.
[49] 刘彬.多裂骆驼蓬提取物杀虫活性的研究.甘肃农业科技，2010（7）：25-27.
[50] 李越鲲，曹有龙.一种防治枸杞主要害虫的植物源农药及其制备方法与用途：CN110477031A.2019-11-22.
[51] 董乐乐.两种药用植物的化学成分和生物活性研究.兰州：兰州大学，2012.
[52] 孙晓白.拳参和黄帚橐吾化学成分研究.兰州：兰州大学，2007.
[53] 刘锦霞，李晶，李娜，等.黄帚橐吾乙醇提取物对棉铃虫的生物活性.植物保护，2015，41（4）：191-195.52.
[54] 胡冠芳，刘敏艳，李玉奇，等.甘肃天然草地30种有毒植物提取物对菜粉蝶幼虫的拒食和触杀作用研究.草业学报，2011，20（5）：169-176.
[55] 李晶，刘锦霞，李娜，等.黄帚橐吾乙醇提取物对小鼠的急性毒性试验.草业科学，2017，34（9）：1941-1946.
[56] 刘锦霞，李晶，李娜，等.黄帚橐吾挥发物与铁棒锤生物碱复配长效杀虫剂及其制备方法：CN104738107A.2017-08-29.
[57] 刘锦霞，李晶，李娜，等.黄帚橐吾提取物杀虫剂及其制备方法：CN104336085B.2016-09-21.
[58] 谢娜.藜芦杀虫活性成分研究.咸阳：西北农林科技大学，2018.

[59] 时清亮，王海棠，李平，等. 藜芦杀虫活性的初步研究. 天然产物研究与开发，2007 (19)：266-269.
[60] 杨会龙，刘宝友，王淑娟. 几种植物有效成分的提取及杀虫活性研究. 河北科技大学学报，2005，26 (3)：208-211.
[61] 何其明，唐齐，严寒，等. 含苦参和藜芦提取物的农药组合物及其制备方法和应用. 中国：CN103651633B. 2015-04-15.
[62] 杨诗博. 百部提取物杀螨活性及其对植物生长影响的研究. 沈阳：沈阳大学，2020.
[63] 姜登钊，吴家忠，刘红兵，等. 百部药材的生物碱类成分及生物活性研究进展. 安徽农业科学，2011，39 (31)：19097-19099，19102.
[64] 卢金清，何冬黎，许家琦，等. 3 种植物提取物复配对小菜蛾的生物活性. 河南农业科学，2011，40 (12)：110-112.
[65] 杨中铎，赖东海. 百部有效部位提取物的制备方法及其用途：CN103386057A. 2013-11-13.
[66] 李彩瑞. 一种含有百部提取物的杀虫剂：CN107969424B. 2018-11-09.
[67] 谢明，张艳军，彭德良，等. 蜡蚧菌与百部碱的复配杀虫剂：CN107087643A. 2017-08-25.
[68] 张光明，马成明. 植物源杀虫剂——“绿浪”1.1%百部·楝·烟乳油. 山东蔬菜，2002 (3)：40.
[69] 蒋诚，熊本强，邱细敏，等. 鱼藤卤虫致死活性成分的分离和结构鉴定. 中药材，2012，35 (5)：719-723.
[70] 韩俊艳，张立竹，纪明山. 植物源杀虫剂的研究进展. 中国农学通报，2011，27 (21)：229-233.
[71] 俞娟，胡一鸿. 鱼藤酮的提取和应用概述. 华中昆虫研究，2019，15 (1)：102-107.
[72] 黄炳球，肖整玉，胡美英. 鱼藤根提取物对果菜害虫活性与药效研究. 农药科学与管理，1995 (3)：5-7，26.
[73] 赵莉蔺，刘素琪，侯辉，等. 植物源杀螨剂的研究进展. 植物医生，2004 (3)：4-6.
[74] 田春. 一种鱼藤酮杀虫剂：CN107535507A. 2018-01-05.
[75] 尤晓明，张国栋，冯小波，等. 含有鱼藤酮的杀虫剂：CN106070191A. 2016-11-09.
[76] 王胜. 一种含鱼藤提取物的盐碱地白菜专用植物杀虫剂及其制备方法：CN105851073A. 2016-08-17.
[77] 易永丰，周洁尘. 浅谈植物源杀菌剂. 林业与生态，2018 (10)：31-3
[78] 张禄. 植物源抑制剂在抑菌方面的研究进展. 内蒙古林业，2021 (3)：31-33.
[79] 李晓菲，徐政. 植物源杀菌剂研究进展. 南方农业，2018，12 (13)：40-42.
[80] 姚旭颖. 白屈菜根化学成分和多种植物的抑菌活性研究. 齐齐哈尔：齐齐哈尔大学，2012.
[81] 范海延，薛广厚，吕春茂，等. 白屈菜中白屈菜红碱的提取及抑菌活性. 食品科学，2009，30 (24)：126-129.
[82] 程睿波，陈旭，刘淑杰. 白屈菜提取物抑制变形链球菌的实验研究. 上海口腔医学，2006，15 (3)：318-320.
[83] 赵伟，俞定保，阮云锣. 生物杀菌剂白屈菜红碱水乳剂及其制备方法：CN102701841B. 2014-03-12.
[84] 王庆，吴淑勤，石存斌，等. 白屈菜红碱药物的制备方法及其在防治水产动物细菌性疾病中的应用：CN102058596A. 2011-05-18.
[85] 刘玲丽，周紫芳，胡婕妤，等. 大黄蒽醌类化合物抑菌作用研究进展. 杭州师范大学学报（自然科学版），2021，20 (1)：54-58.
[86] 王亦君，冯舒涵，程锦堂，等. 大黄蒽醌类化学成分和药理作用研究进展. 中国实验方剂学杂志，2018，24 (13)：227-234.
[87] 吕慧英. 大黄提取物抗氧化活性与化学成分相关性研究. 长沙：中南大学，2009.
[88] 张志敏，侯发民，吴琴芳. 大黄素甲醚对刺梨白粉病的防治效果研究. 安徽农学通报，2020，26 (8)：87-90.
[89] 王娜. 大黄素甲醚对稻瘟菌的生物活性及作用机理研究. 北京：中国农业大学，2016.
[90] 赵霞，夏丽娟. 0.05%大黄素甲醚悬浮剂对 4 种作物白粉病的田间防效研究. 农药科学与管理，2021，42 (7)：44-49.
[91] 邵晶，郭玫，余晓晖，等. 大黄中蒽醌的提取纯化工艺研究进展. 安徽农业科学，2010，38 (11)：5864-5866，5869.
[92] 季红进，仲汉根，张明，等. 含有大黄素和叶菌唑的杀菌剂组合物：CN109526958A. 2019-03-29.
[93] 闫会，张允刚，谢昊，等. 一种减轻甘薯 SPVD 危害的方法：CN107360906A. 2017-11-21.
[94] 元维军，周忠雄，刘美玲，等. 0.8%大黄素甲醚悬浮种衣剂防治小麦纹枯病效果初探. 湖北植被，2020 (6)：29-30.
[95] 时维静，李立顺，董卫星. 白头翁化学成分、药理作用及临床应用研究进展. 中兽医医药杂志，2009 (4)：22-25.
[96] 舒展. 中药白头翁化学成分研究（二）. 兰州：兰州大学，2012.
[97] 丁秀娟. 中药白头翁化学成分研究. 苏州：苏州大学，2010.
[98] 徐荣，李悦，赵博雅，等. 藜芦与白头翁提取液对人参黑斑病菌的抑菌活性. 农民致富之友，2019 (7)：135-136.
[99] 申晓慧，张敬涛，姜成，等. 白头翁 3 种提取液对玉米小斑病菌的抑制效果. 作物杂志，2010 (1)：91-93.
[100] 宋科标，时维静，周杰，等. 白头翁提取方法比较. 中兽医医药杂志，2011 (4)：19-21.
[101] 李旭冉. 一种中药农药组合物及其制备方法：CN107711920A. 2018-02-23.
[102] 杨世林，苏柘僮. 一种白头翁提取物在制备治疗病毒性和/或细菌性疾病的药物中的用途：CN110090222B. 2022-04-05.
[103] 张华景. 一种塑料用抗菌添加剂：CN108192146A. 2018-06-22.
[104] 阳小勇，唐荣平. 八角茴香的化学成分及应用研究. 中国调味品，2018，43 (8)：194-195，200.
[105] 郑燕菲，蓝亮美，罗雅梅. 八角茴香挥发油的化学成分及其包合物制备工艺研究. 中国调味品，2020，45 (11)：

38-41.
[106] 黄丽贞，谢滟，姜露，等.八角茴香化学与药理研究进展.辽宁中医药大学学报，2015，17（2）：83-15.
[107] 陆宁海，吴利民，赵荣艳，等.不同溶剂提取八角茴香抑菌活性物质初步研究.广东农业科学，2011（22）：75-77.
[108] 李萍，汪青青，赵鹏英，等.水蒸气蒸馏法提取八角茴香油及其抑菌活性研究.天津农业科学，2019，25（2）：7-11.
[109] 黄锁义.八角研究的新进展.国外医学：医学地理分册，2010，31（2）：82-88，89.
[110] 彭方杰，朱丹，牛广财，等.香辛料提取物对葡萄主要致病菌抑菌效果的研究.中国食品添加剂，2017（9）：129-132.
[111] 蔡昊城，刘志华，熊文，等.缬草根提取物中挥发性香气成分分析.安徽农业科学，2021，49（4）：186-190，226.
[112] 樊浩，李玉泽，严淑婷，等.缬草化学成分的研究.中成药，2020，42（11）：2930-2934.
[113] 杨杰，李忠海，黄凌，等.缬草油体外抑菌活性研究.时珍国医国药，2009，20（7）：1651-1652.
[114] 黎继烈，杨杰，张慧，等.缬草精油提取工艺及成分分析.中国粮油学报，2010，25（9）：52-56.
[115] 胡还甫，吴德智，柳宁，等.缬草精油对夏黑葡萄保鲜作用的研究.湖北农业科学，2021，60（2）：130-133.
[116] 胡林峰，崔乘幸，吴玉博，等.艾蒿化学成分及其生物活性研究进展.河南科技学院学报，2010，38（4）：75-78.
[117] 王艳丽，李军德，孔祥平.超声波辅助提取艾蒿总黄酮及其抑菌活性研究.食品科技，2019，44（5）：204-207.
[118] 秦凯，刘永震.不同溶剂艾蒿提取液对黄瓜枯萎病菌的抑菌活性研究.现代农业科技，2018（1）：107，110.
[119] 黄建华，孟昭礼.艾蒿农用杀菌抑菌作用研究.当代生态农业，2005（1）：111-113.
[120] 刘民，徐志.艾草的活性成分、提取方法、药理作用及其应用前景.国外医药：抗生素分册，2020，41（5）：391-397.
[121] 邵万军.一种艾草提取物及其制备方法和应用：CN110917230A.2020-03-27.
[122] 闫宗莹，倪雨涛，廖宝宝，等.PE艾草提取物抗菌薄膜制备及性能.工程塑料应用，2021，49（4）：48-52.
[123] 张梅，刘伟丽，高峡，等.紫茎泽兰的化学成分研究.热带亚热带植物学报，2015，23（6）：697-702.
[124] 李余钊，章仁，郝吉，等.紫茎泽兰的化学成分研究.中药材，2019，42（9）：2058-2061.
[125] 杨锋波，周衡刚，夏泽敏，等.紫茎泽兰提取物对水果采后病原菌的抑菌活性.广东农业科学，2011（8）：83-84，97.
[126] 姜少娟，陈豪，李飞.紫茎泽兰不同溶剂提取物的抑菌活性.江苏农业科学，2013（7）：124-126.
[127] 胡佳，魏芸，古燕翔，等.正交实验法优选紫茎泽兰中总黄酮类和总皂苷提取工艺的研究.中草药及天然产物资源开发与保护相关技术研讨会，2009.
[128] 李强，戴美玲，刘晓颖，等.一种含紫茎泽兰提取物的植物源杀菌剂组合物及其制备方法和应用：CN107821450A.2018-03-23.
[129] 曹坳程，王秋霞，郭美霞，等.紫茎泽兰提取液作为植物源农药的应用：CN101317588A.2008-12-10.
[130] 雷建新.以紫茎泽兰为原料制取绿原酸、杀虫剂、杀菌剂和木炭的方法：CN101050180.2007-10-10.
[131] 杨远贵，张霁，张金渝，等.重楼属植物化学成分及药理活性研究进展.中草药，2016，47（18）：3301-3323.
[132] 李敏敏，胡军华，姚廷山，等.重楼提取物对柑桔3种病原真菌的抑制活性.中国南方果树，2011，40（6）：1-3，8.
[133] 王仕宝，苏莹，李会宁，等.响应面法优化重楼药材中甾体皂苷的回流提取工艺研究.陕西农业科学，2019，65（1）：46-52.
[134] 薛银福，郑薇，林凡.一种农药增效剂：CN108041099A.2018-05-18.
[135] 赵凯，薛培凤，屠鹏飞.肉桂的化学成分及其生物活性研究进展.内蒙古医科大学学报，2013，35（1）：63-74.
[136] 王秋亚，马艳阳.肉桂精油的成分分析、抑菌和抗氧化活性及在食品保鲜中的应用进展.中国调味品，2020，45（3）：183-187.
[137] 陆宽，王巧荣，霍昕，等.肉桂丙酮提取物成分分析及其对5种植物病原菌的抑制作用.西南农业学报，2019，32（4）：798-802.
[138] 王秋亚，马艳阳.肉桂精油的成分分析、抑菌和抗氧化活性及在食品保鲜中的应用进展.中国调味品，2020，45（3）：183-187.
[139] 林艺青.肉桂精油提取工艺、抑菌活性及防腐保鲜的应用.食品工业，2020（9）：254-256.
[140] 王娟，谭思敏.一种肉桂、佛手果提取物可食性保鲜涂膜剂的制备方法及应用：CN106070531A.2019-10-18.
[141] 赵伯涛，黄晓德，钱骅，等.一种防治黄瓜枯萎病的植物源杀菌剂及其制备方法：CN107637610B.2020-09-15.
[142] 王阳，陈琳，田小曼.一种含肉桂醛的植物源杀菌剂及其制备方法：CN102823591A.2012-12-19.
[143] 岳永德，操海群，汤锋竹.提取物的化学成分及其利用研究进展.安徽农业大学学报，2007，34（3）：328-333.
[144] 操海群，岳永德，彭镇华，等.毛竹提取物的抑菌活性及其有效成分的初步分离.植物病理学报，2005，35（5）：428-433.
[145] 姚曦，岳永德，汤锋.竹秆提取物的抑菌及抗氧化活性.光谱实验室，2013，30（2）：629-634.
[146] 秦明有，竹叶多糖超声提取工艺研究.皮革与化工，2018，35（1）：25-28.

[147] 操海群，施艳红，刘牛妞，等.一种毛竹提取物水乳剂及其制备方法：CN104970053B. 2018-05-01.
[148] 张红梅，陈玉湘，徐士超，等.生物源除草活性物质开发及应用研究进展.农药学报，2021，23（6）：1031-1045.
[149] 陈燕芳，丁伟，丁吉林，等.天然产物除草剂研究进展.杂草科学，2007（2）：1-5，6.
[150] 李祖任，岳勇志，彭迪，等.龙葵醇提物对稗草和菵草种子萌发及幼苗生长的影响.湖南农业科学，2017（12）：100-103.
[151] 魏进，刘霞，张静，等.地桃花提取物对10种植物的抑制活性.杂草学报，2018，36（3）：24-28.
[152] 何祚宽，王旭，史俊峰.花椒提取物对棒头草的抑制生长和作用机理研究.湖南农业科学，2018（10）：77-80.
[153] 陈国安，赵胜芳，许有为，等.松节油微波提取的研究.江苏农业科学，2012，40（10）：247-249.
[154] 徐士超，曾小静，董欢欢，等.萜类植物源除草活性物开发及应用研究进展.林产化学与工业，2019，39（2）：1-8.
[155] Ismail A，Lamia H，Mohsen H，et al. Reviews on phytotoxic effects of essential oils and their individual components：News approach for weeds management. International Journal of Applied Biology and Pharmaceutical Technology，2013，4（1）：96-114.
[156] Fagodia S K，Singh H P，Batish D R，et al. Phytotoxicity and cytotoxicity of Citrus aurantiifolia essential oil and its major constituents：Limonene and citral. Industrial Crops & Products，2017，108：708-715.
[157] Azirak S，Karaman S. Allelopathic effect of some essential oils and components on germination of weed species. Acta Agriculturae Scandinavica，Section B—Soil and Plant Science，2008，51（1）：88-92.
[158] 杨艳，张兴，冯俊涛，等.一种基于桉叶油的植物源除草剂：CN104770406B. 2017-10-20.
[159] 张红.常见杂草化感除草活性及其作用机理研究.兰州：西北师范大学，2007.
[160] 郭金春.曼陀罗等植物除草作用初步研究.咸阳：西北农林科技大学，2004.
[161] 马树杰，刘琳，芦小鹏，等.中国粗榧生物碱的除草活性.中国农业科学，2016，49（19）：3746-3753.
[162] 周利娟，黄继光，田延琴.一类异喹啉类生物碱在作为除草剂方面的应用：CN107950546B. 2021-01-26.
[163] 李建涛，樊雪梅，白成龙.核桃壳中核桃醌的提取工艺优化.商洛学院学报，2011，25（6）：25-26，42.
[164] 潘丹，翟明普，李晓艳.核桃醌对黄芩种子萌发和幼苗生长的影响.中国农学通报，2010，26（17）：132-136.
[165] 韦玉国.一种植物除草剂：CN107736384A. 2018-02-27.
[166] 吴立军.天然药物化学.北京：人民卫生出版社，2010：116.
[167] 代英宏，赵艳敏，张美媛，等.香豆素类化合物生理药理活性的研究.山东化工，2021，50（4）：30-31.
[168] 文思奇.香豆素类抗菌化合物应用研究新进展.临床医药文献电子杂志，2017，4（24）：4707，4710.
[169] 杨柳.白芷香豆素提取工艺研究进展.农业科技与装备，2017（7）：59-60.
[170] 袁园，张燕军，张孝琴.白芷中香豆素类成分的提取工艺研究.山东化工，2016（10）：29-31.
[171] 何秀龙.香豆素抑制黑麦草种子萌发及生长的机制.重庆：西南大学，2019.
[172] 谢颖，雷震霖，骆焱平.6-酯基香豆素衍生物的除草抑菌活性.海南大学学报（自然科学版），2014，32（3）：233-238，251.
[173] 高愚哲，刘斌，谢龙观，等.利用化感物质4-羟基香豆素开发新型除草剂的研究.中国第五届植物化感作用学术研讨会，2011.
[174] 于稳欠，张颂函，王承芳，等.一种含植物源壬酸的除草剂及其制备方法和应用：CN111406748A. 2020-07-14.
[175] 钱振官，沈国辉，李涛，等.植物源除草剂30%壬酸EW防除非耕地杂草试验研究.上海农业科技，2008（6）：125.
[176] 钱振官，沈国辉，李涛，等.植物源除草剂壬酸除草活性及其应用技术的研究.上海农业学报，2010，26（2）：1-4.
[177] 张兴，周一万，吴华，等.一种含壬酸的生物源增效复配除草剂及其制备方法：CN104186562B. 2016-07-20.
[178] 阙好新.植物生长调节剂研究进展.河北农机，2021（8）：139，141.
[179] 张义，刘云利，刘子森，等.植物生长调节剂的研究及应用进展.水生生物学报，2021（3）：700-708.
[180] 张玉.基于制浆废液的植物生长调节剂调节机制研究.南京：南京林业大学，2019.
[181] 俞家楠，刘照斌，吕建洲，等.一种纳米木质素磺酸盐制剂在促进植物苗种生长方面的应用.中国：CN104957139A，2015.
[182] 王宁，王文静，杜丽，等.壬酸对克隆植物积雪草组培苗生长的影响.井冈山大学学报（自然科学版），2020，41（4）：47-51.
[183] 程艳丽，唐婷，吕建洲.壬酸对绿豆种子萌发及幼苗生长发育的影响.生物技术世界，2016（4）：40.
[184] 孙蕊，丛玉凤，苏建，等.溶剂萃取米糠蜡及提取三十烷醇.辽宁石油化工大学学报，2020，40（6）：6-9.
[185] 李芳，陈建明，张珏锋，等.三十烷醇促进茭白提早孕茭的方法及三十烷醇的新用途.中国：CN111418585A，2020.
[186] 谢娟.三十烷醇对湄潭茶叶产量与品质影响的研究.轻工科技，2021，37（6）：1-2.
[187] 曹建，夏春阳，刘涛，等.三十烷醇对硝酸钙胁迫下番茄幼苗生长的影响.现代农业科技，2021（9）：111-114.
[188] 巨婷婷，刘建芳，李小东.水杨酸的提取方法及应用研究进展.天津化工，2021，35（4）：7-9.
[189] 李冕，王成栋.一种水杨酸植物提取出渣装置：CN212974389U. 2021-04-16.

[190] 黄永鑫，王洋，阎秀峰.提取植物叶中水杨酸最佳条件的探讨.植物生理学通讯，2007，43（3）：615.
[191] 李润枝，靳晴，李召虎，等.水杨酸提高甘草种子萌发和幼苗生长对盐胁迫耐性的效应.作物学报，2020，46（11）：1810-1816.
[192] 韦荣昌，唐美琼，覃芳，等.3种植物生长调节剂对罗汉果苷和罗汉果醇积累的影响.中国南方果树，2019，48（4）：53-56.
[193] 吴德伟，汪姣姣，谢道昕.茉莉素与植物生物胁迫反应.生物技术通报，2018，34（7）：14-23.
[194] 冯孟杰，徐恒，张华，等.茉莉素调控植物生长发育的研究进展.植物生理学报，2015，51（4）：407-412.
[195] 陈虞超，巩檑，张丽，等.新型植物激素独脚金内酯的研究进展.中国农学通报，2015，31（24）：157-162.
[196] 王碧娇，冯德明，孙诗清，等.植物源激素独脚金内酯的研究进展.农业科学，2018，51（4）：1239-1244.
[197] 孙倩.独脚金内酯调控番茄侧枝生长的功能研究.杭州：浙江大学，2020.
[198] 粟盛颖，罗为桂，徐明，等.独脚金内酯对油菜分枝及生长发育的影响.分子植物育种，2020，18（20）：6822-6827.
[199] 洪林，杨蕾，杨海健，等.独脚金内酯调控植物非生物胁迫响应的研究进展.植物生理学报，2020，56（6）：1097-1108.
[200] 吕丽.麦系作物中尿囊素的提取与分析.大连：辽宁师范大学，2011.
[201] 杨帆，王宇鹏，赵华.响应面法优化超声提取山药尿囊素的研究.粮食与油脂，2020，33（6）：81-84.
[202] 回瑞华，侯冬岩，李铁纯，等.小麦中提取尿囊素工艺的研究.鞍山师范学院学报，2012，14（2）：19-22.
[203] 张伟，赵娇.一种含尿囊素的植物生长调节组合物：CN106305745A.2017-01-11.
[204] 曲玲，罗青，曹有龙，等.尿囊素浸种对豌豆幼苗生长发育的影响.宁夏农林科技，2001（3）：30-31
[205] 洪亮.两种新型的植物生长调节剂的应用.农药市场信息，2011（B04）：37.
[206] 申熙耀，梅增霞，李建庆.壳聚糖的提取及应用研究.现代园艺，2018（6）：13-14.
[207] 袁媛，荣雅利，杨丰，等.甲壳素/壳聚糖的分离提取方法及在食品工业中的应用研究现状.食品与发酵工业，2020，46（18）：252-258.
[208] 陈忻，袁毅桦，赵甜霞.桑白皮壳聚糖的制备研究.食品研究与开发，2005（4）：30-32.
[209] 王灿，屈用函，张雪廷，等.茶渣基质中添加壳聚糖对辣椒、番茄幼苗生长的影响.湖南农业科学，2020（1）：19-23.
[210] 梁文光.壳聚糖处理对柠条种子萌发及幼苗生长的作用探究.花卉，2020（6）：27-28.
[211] 张萌，孙明，王岩，等.壳聚糖对绿化带根际土壤及植物生长的影响.北方园艺，2020（22）：86-95.
[212] 施佳男，曹超，许佳玉，等.超声提取柿果皮总三萜酸工艺优化.食品安全质量检测学报，2020，11（14）：4574-4580.
[213] 尹小娟，冯光富，温慧敏，等.枇杷叶总三萜酸提取分离工艺研究.现代中药研究与实践，2018，32（1）：42-44.
[214] 付亚玲，姚俊修，张仁堂.响应面法优化黑化红枣三萜酸提取工艺及抗氧化活性研究.食品工业科技，2021，42（12）：176-183.
[215] 郑光耀，高丽萍，尹有干，等.冷杉针叶三萜酸在小麦生产上的应用.江苏农业科学，2014，42（11）：98-100.
[216] 王才威，张守玉，杨东杰，等.木醋液制备及形成机理研究进展.化工进展，2020，39（9）：3723-3738.
[217] 卢辛成，蒋剑春，何静，等.杉木屑分段热解制备木醋液及其特性研究.林产化学与工业，2019，39（2）：96-102.
[218] 王诗语，孙璐.木醋液对植物生长的影响研究进展.现代农业科技，2020（11）：131，134.
[219] 赵晓萌，刘悦萍，曾召海.骆驼蓬提取物对小麦玉米种子萌发及幼苗生长的影响.中国农学通报，2005，21（6）：94-96.
[220] 苗广伟.艾蒿提取物及其制备方法：CN101507743.2009-08-19.
[221] 虞梅，高桂枝，卢海龙，等.不同艾蒿提取物浸种对粳稻种子生长的影响.江苏农业科学，2009（3）：72-74.
[222] 李颖，张丽娜，杨文秀，等.紫茎泽兰叶片提取物对4种杂草种子萌发及幼苗生长的抑制效应.核农学报，2021，35（5）：1209-1220.
[223] 古今，吴梅，李文春，等.滇重楼种子中萌发抑制物质活性的研究.现代中药研究与实践，2013，27（1）：10-12.
[224] 魏玉兰，毛美琴，赵燕，等.滇重楼种子水浸液对三种植物种子萌发和幼苗生长的影响.植物科学学报，2018，36（1）：94-102.
[225] 赵燕.滇重楼种子内源抑制物质的活性研究与GC-MS鉴定.雅安：四川农业大学，2018.
[226] 周轩，王维香，陈祥贵，等.油橄榄叶提取物的化感作用（1）——对5种植物种子萌发的影响.四川林业科技，2015，36（6）：32-39.
[227] 张笑聪.银杏外种皮提取物对桑叶及蚕茧产质量的影响.南京：南京林业大学，2020.
[228] 赵东亚，唐进根，陈利红，等.银杏外种皮提取物对植物种子萌发及幼苗生长的影响.江苏林业科技，2014，41（3）：10-13.
[229] 赵东亚.银杏外种皮有效成分的提取及生物活性的研究.南京：南京林业大学，2013.
[230] 韩丰竹，姜琳，李永德，等.大黄提取物对小麦种子萌发及幼苗生长的影响.种子科技，2016（7）：105-106.

[231] 翟兴礼. 苦楝果实水提取物溶液对蔬菜种子发芽率的影响. 湖北农业科学，2011，50（16）：3317-3319.
[232] 翟兴礼. 苦楝果实水提取物对小麦幼苗生长的影响. 种子，2009，28（3）：35-37.
[233] 周丽平，袁亮，赵秉强，等. 腐植酸促进作物根系生长机理的研究进展. 腐植酸，2019（2）：13-18.
[234] 刘拥海，俞乐，王若仲，等. 抗坏血酸对植物生长发育的作用及其缺失突变体的研究进展. 植物生理学报，2011，47（9）：847-854.
[235] 陆剑飞. 四种植物生长调节剂对茶叶产量与品质的影响. 浙江农业学报，2006，18（3）：192-194.
[236] 张文君，曹兵伟，郭卫. "芸苔素" 的研发进展及应用前景. 农药市场信息，2020（9）：23-24.
[237] 石鹏，王永，张大鹏. 赤霉素调控林木生长发育的研究进展. 江西农业学报，2021，33（2）：33-41.
[238] 谢永红，丁志祥，欧毅，等. 植物系统素研究进展. 西南园艺，2006，34（1）：45-49.
[239] 刘兴宇. 新型植物生长调节剂复硝酚钠及其应用. 农药市场信息，2007（14）：35，44.
[240] 朱晓琛，张汉马，南文斌. 脱落酸调控植物根系生长发育的研究进展. 植物生理学报，2017，53（7）：1123-1130.
[241] 操春燕，陈熙，吴燕. 脱落酸调控种子萌发和休眠的研究进展. 生命科学，2017，29（6）：582-588.

（谭卫红，戴燕）

第八章 林源香料与精油

据联合国粮农组织公布的世界森林资源评估报告，目前森林面积为34.4亿公顷，森林覆盖率为27%，中国森林面积约为2.08亿公顷，森林覆盖率21.63%，森林植物和森林类型极为丰富多样，其中蕴藏有丰富的芳香植物资源。全世界发现的芳香植物大约有3600种，涉及163科、756属，其中已经被有效开发利用的芳香植物有400多种，经常使用的芳香植物有200～300种。中国是世界上香料植物资源最为丰富的国家之一，芳香植物在1000种以上，其中含精油较高的芳香植物达370余种，经开发利用作为天然香料的产品达到240多种。香料植物资源主要来源于林中、林下及林地边沿，由此提取得到林源香料。

林源香料为天然香料范畴，是指从林源动植物的生理器官或分泌物中提取出来的有机混合物，主要呈油状，少数呈膏状或半固态。根据它们的形态和制法可分为精油、浸膏、净油、香脂和酊剂等，其中大部分是精油，因此人们习惯上将植物性香料通称为植物精油。精油的性质不同于一般油脂类物质，精油主要是通过水蒸气蒸馏得到的挥发性馏分，其主要成分是单萜、倍半萜和萜类的衍生物。

林源香料主要的产品类型包括精油、浸膏、净油和酊剂。

精油：存在于香原料中易挥发和具芳香气味的物质，它们是植物的含香精华，通常采用水蒸气蒸馏和压榨方法提取得到的芳香性油状物。

浸膏：用挥发性溶剂浸提香原料得到的半固态膏状物，其中除含有香物质外，还含有蜡、色素、叶绿素、糖类杂质等。

净油：浸膏或香脂用高纯度乙醇溶解，除去植物蜡等杂质，将乙醇蒸出后所得到的浓缩物。

酊剂：用一定浓度的乙醇浸提香原料所得到的浸提液。

其他还有浓缩油、香脂、香树脂、油树脂、CO_2萃取物等。

植物性天然香料通常含有许多芳香性物质，其中一些重要的组分构成了天然香料的特征香气。天然香料可直接用于调香，添加到加香产品中，也可以通过精制分离的方法把其中的主要香成分提取出来，得到单离香料。单离香料由于实现了香成分的有效分离，并除去了有机杂质，所以往往特征香气更明显、更纯正，调香更方便，加香效果更好。

第一节 精油性质与化学组成

一、精油性质

精油为芳香性油状物，具有挥发性，大多不溶于水，易溶于有机溶剂，具有热敏性等特点。这些特性对精油的加工具有重要的意义，往往也决定了精油采用的加工方式。

① 精油具有挥发性。人们把几滴精油滴在纸上或喷在房间里，会立即嗅到其香气。不同的香成分具有各自不同的蒸气压。通常情况下各组分沸点在150～300℃之间，所以精油常可采用水蒸气蒸馏法提取，分馏法进行精制或分离。

② 精油几乎不溶于水，并且大多比水轻，这给水蒸气蒸馏制取精油带来了方便。水蒸气蒸馏后的冷凝液只需通过冷凝，然后油水分离便可得到精油。

③ 精油易溶于多种易挥发性有机溶剂。利用这一特性，可用有机溶剂浸提制取各种天然香料产品。

④ 精油为热敏性物质。受热、遇空气，精油易氧化、树脂化或发生聚合反应，使香气变差，所以精油加工尽可能在低温和真空下进行。

⑤ 精油是可燃性液体。一般精油的闪点均在 45～100℃之间，大多属于三级液体易燃危险品，所以工艺设备及生产操作过程中要考虑防火防爆的要求。

⑥ 精油有一定的溶解能力。其能溶解蜡、树脂、石油蜡、脂肪及橡胶等，在生产中可利用这些特点，同时在生产及贮存时要避免与可溶物接触。

⑦ 精油中某些成分遇水易于水解、异构，故有些精油对人有刺激性，长期接触对人们的身体有危害作用。

二、精油化学组成

植物性精油由数十至数百种有机混合物所组成，主要包括萜类化合物、芳香族化合物、脂肪族化合物和含氮含硫化合物等四类化合物。

（一）萜类化合物

萜类化合物广泛存在于林源芳香植物中，是精油中最重要的香成分，主要为单萜、倍半萜及相应萜类衍生物。林源香料中有代表性的萜类化合物主要分为以下五类。

1. 萜烃

林源香料中部分萜烃的化学结构式见图 7-8-1。

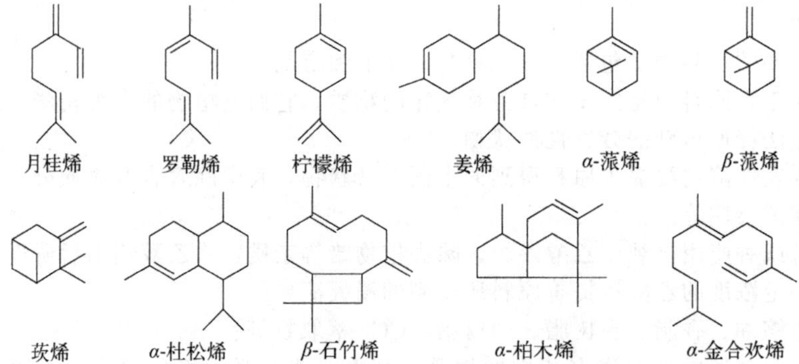

图 7-8-1　林源香料中部分萜烃的化学结构式

2. 萜醇

林源香料中部分萜醇的化学结构式见图 7-8-2。

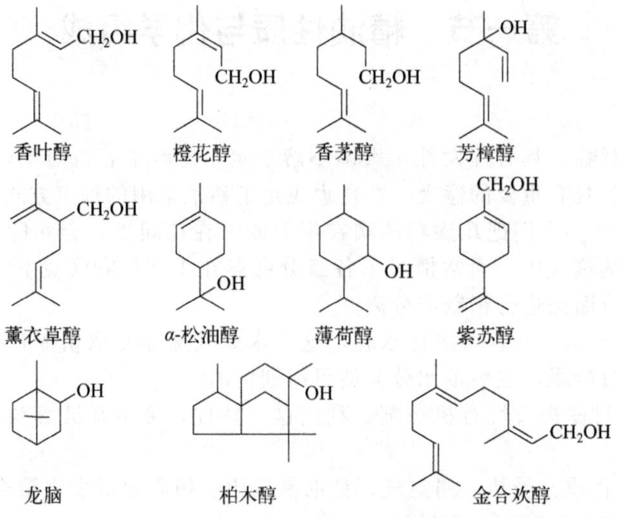

图 7-8-2　林源香料中部分萜醇的化学结构式

3. 萜醛

林源香料中部分萜醛的化学结构式见图 7-8-3。

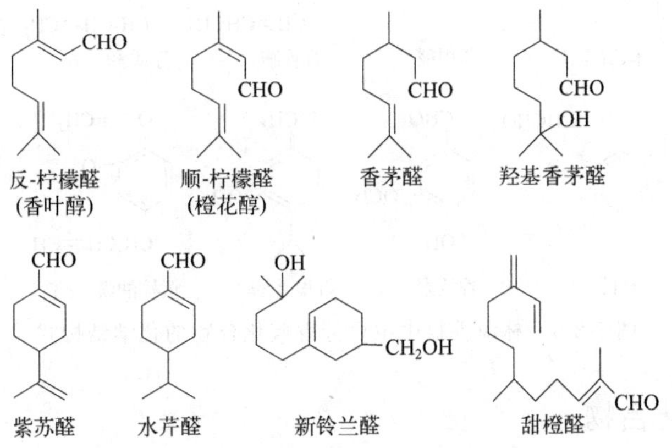

图 7-8-3　林源香料中部分萜醛的化学结构式

4. 萜酮

林源香料中部分萜酮的化学结构式见图 7-8-4。

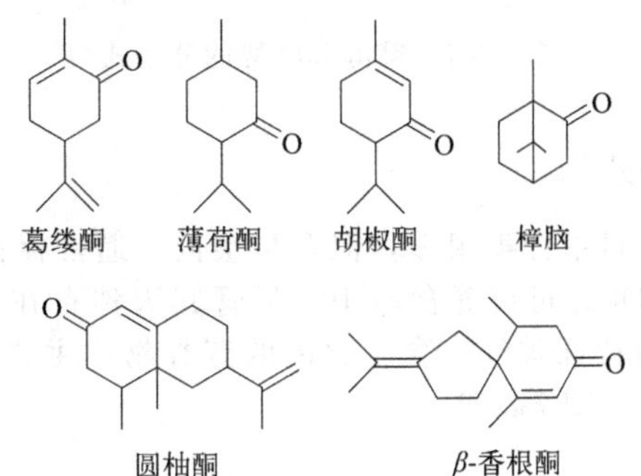

图 7-8-4　林源香料中部分萜酮的化学结构式

5. 其他

林源香料中其他成分的化学结构式见图 7-8-5。

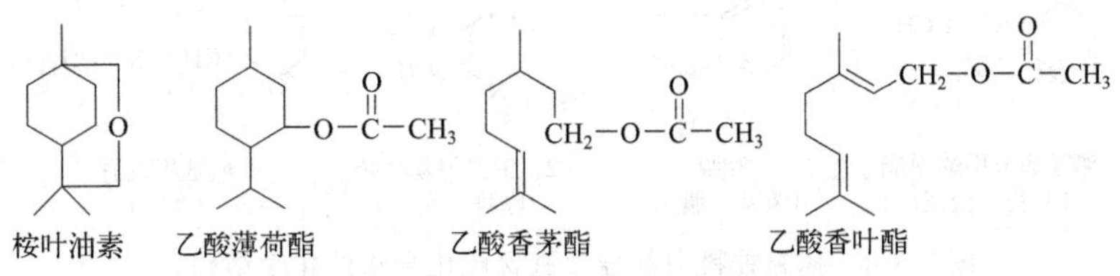

图 7-8-5　林源香料中其他成分的化学结构式

（二）芳香族化合物

林源香料中也存在大量的芳香族化合物，由于其特殊的结构，通常为有香物质，在某些芳香原料中为主体或特征香成分，主要包括图 7-8-6 中的芳香族化合物。

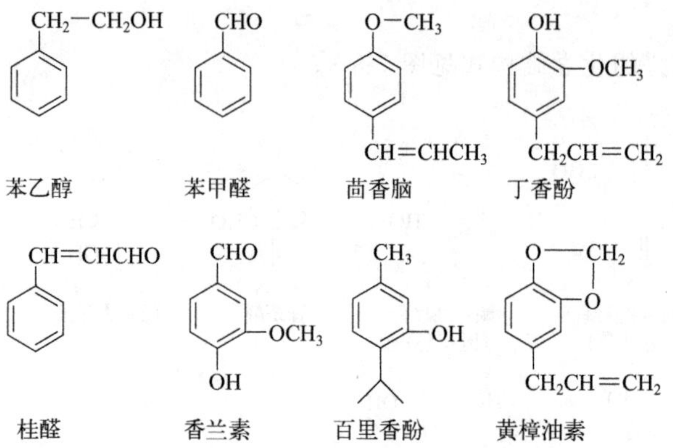
CH2—CH2OH
CHO
O—CH3
OH
OCH3
CH=CHCH3
CH2CH=CH2
苯乙醇
苯甲醛
茴香脑
丁香酚
CH=CHCHO
CHO
CH3
O
CH2
O
OCH3
OH
OH
CH2CH=CH2
桂醛
香兰素
百里香酚
黄樟油素

图 7-8-6　林源香料中主要芳香族化合物的化学结构式

（三）脂肪族化合物

林源香料中也存在着许多脂肪族化合物，种类多，但含量较低，在有些香料中体现其特征香气，如：绿叶植物中的顺式-3-己烯醇也称叶醇，赋予青草和绿叶的清香；2-己烯醛也称叶醛，具有逼真的黄瓜清香（图 7-8-7）。

$CH_3CH_2CH{=}CHCH_2CH_2OH$	$CH_3(CH_2)_2CH{=}CHCHO$
叶醇	叶醛

图 7-8-7　叶醇和叶醛的分子式

（四）含氮含硫化合物

含氮含硫化合物在林源香料中种类很多，但含量很低，通常存在于可食用植物中，如肉类、葱蒜、谷物、豆类、花生、咖啡、可可等食品中。尽管其天然存在含量极低，但往往香气阈值低，气味极强，为许多食品的特征香气。含氮含硫的芳香物质主要包括硫醚类、呋喃类、噻唑类、吡咯类、吡嗪类等化合物（图 7-8-8）。

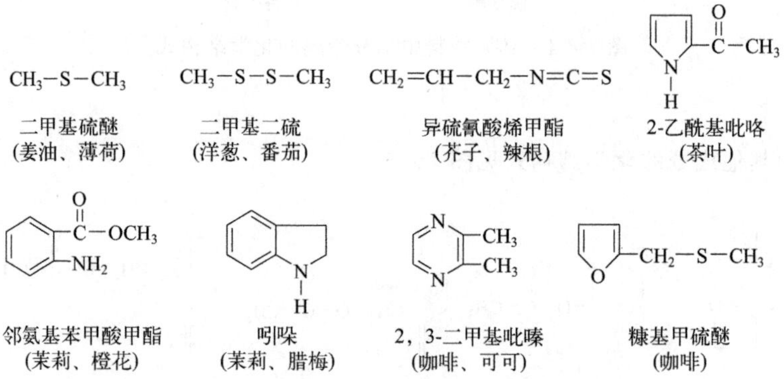
CH3—S—CH3
CH3—S—S—CH3
CH2=CH—CH2—N=C=S
O
C—CH3
N
H
二甲基硫醚
(姜油、薄荷)
二甲基二硫
(洋葱、番茄)
异硫氰酸烯甲酯
(芥子、辣根)
2-乙酰基吡咯
(茶叶)
O
C—OCH3
NH2
N
H
N
CH3
CH3
N
O
CH2—S—CH3
邻氨基苯甲酸甲酯
(茉莉、橙花)
吲哚
(茉莉、腊梅)
2，3-二甲基吡嗪
(咖啡、可可)
糠基甲硫醚
(咖啡)

图 7-8-8　林源香料中部分含氮含硫化合物的化学结构式

三、香气与化学结构

香气和化学结构之间存在一些内在的关系，但要在香料化合物分子结构与香气之间确定一种能肯定地预测某种结构化合物的香气特征和规律，是一件非常困难的事，目前还没有准确的定论。根据目前的研究确定，香料化合物中碳原子的个数、不饱和性、官能团、取代基及同分异构等因素对香气会产生影响。虽然这些因素对香气的影响还不是十分确定，但仍然具有一些指导作用。

研究发现，芳香性化合物，通常含碳数10～15左右香气最强，分子量太低，很易挥发，通常没有气味或有刺激性气味，反之，分子量太高，会因蒸气压减小而难以挥发，因而香气强度很弱，所以发香物质的分子量被限定为26～300之间。发香物质分子结构中，通常具有不饱和键，以及羟基、羰基、卤素、氰基和氨基等发香基团。可发香的一些主要基团见表7-8-1。

表7-8-1　发香化学基团

醇	—OH	醛	—CHO
酚	—OH	硫醚	—S—
酮	—CO	硝基	$—NO_2$
羧酸	—COOH	胺基	$—NH_2$
酯	—COOR	腈	—CN
内酯	—COO—	异腈	—NC
硫醇	—SH	硫氰	—SCN
醚	—O—	异硫氰	—NCS

具体香气和结构之间的关系大致如下：

① 脂肪族烃类一般具有石油气味，低级的烃类通常无气味，随着碳数的增加香气变得强烈，8～10个碳香气最强，16个碳后随着分子量的增加，由于不易挥发，所以香气逐渐变弱。一般来讲，链状的香气比环状强，增加不饱和度，香气有增强趋势。

② 羟基是强的发香基团。不饱和键存在时，香气更强烈；不饱和键接近羟基时，香气显著增强；羟基数增加香气反而变弱。

脂肪族醇类的分子量变化会对其香气产生影响。通常低碳醇如甲醇、乙醇、丙醇具有酒香气味，但香气比较刺激；4～5个碳的醇类具有杂醇油的香气，而6～7个碳的醇通常具有清香、果香及油脂气味；醇的碳数继续增加，甚至会出现花香气味；而14个碳以上的醇则会失去香味。

芳香醇类的香气一般比脂肪醇类要弱，以花香、皮香为主。

开链的单萜烯醇及倍半萜烯醇通常以花香为主，单环或双环及环状倍半萜烯醇其香气主要以木香为主。

③ 醛和酮通常具有强烈的芳香气息。低分子量的脂肪族醛、酮具有强烈的刺激性气味，香气一般；8～12个碳的醛具有花果香和脂蜡的香气；16碳的醛、酮分子量大，不易挥发，所以几乎没气味。

具有侧链的脂肪醛，香气通常好于同类直链异构体，而其直链异构体十四醛却只有弱的油脂气味。

在芳香族醛中，官能团在环上的位置对香气影响较大，含有3、4位取代基的常有好的香草气味，如香兰素等。

环酮类化合物环的大小对香气影响很大。通常5～8个碳的环酮具有薄荷的香气；9～12个碳的环酮为樟脑香气；13个碳的环酮为木香香气；14～18个碳的大环酮具有动物香香气。

④ 在脂肪族羧酸类化合物中，4～5个碳的羧酸具有腐败的黄油气味，且5个碳的羧酸气味最强，8～10个碳的羧酸有不愉快的汗臭气味，14个碳的羧酸几乎无味。

⑤ 酯类芳香化合物品种最多，并且香气通常比较出色。一般脂肪族酯类具有果香或酒香味，萜烯醇酯大都具有青滋香，还常带有花香气息。芳香族酯类通常香气较弱，但一般具有良好的定香作用。

⑥ 内酯类化合物大都具有特殊的果香，有些还具有奶香甚至可贵的动物香气味。内酯的环状大小不同时，对香气影响较大。环中的碳原子数为14～17时，其香气最强；大环内酯具有珍

贵的麝香气味。

⑦ 香料化合物结构上常有立体异构现象，顺反异构不同，特别是有无旋光性或旋光不同对香料化合物的香气影响很大。香叶醇与橙花醇互为顺反异构，由于香气的差异，为两种不同的香料，通常橙花醇香气更加华丽，较香叶醇为优；香芹酮具有旋光性，左旋香芹酮为青滋香香韵香料，右旋体为果香韵，而消旋体没有香气，不作为香料使用；香茅醇也有旋光异构，习惯上把左旋体称为玫瑰醇，尽管均为蜜甜香香韵的香料，但玫瑰醇的香气远好于右旋的香茅醇。

第二节　林源香料提取及精制分离

一、提取方法

根据芳香原料中所含芳香成分的性质特点，林源香料的提取可以采用不同的方法，主要提取方法包括水蒸气蒸馏法、浸提法或萃取法、压榨法、吸附法及吸收法，具体见图 7-8-9。

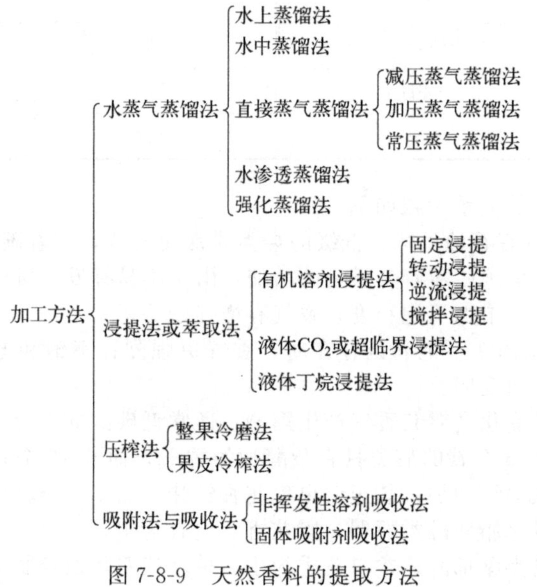

图 7-8-9　天然香料的提取方法

（一）水蒸气蒸馏法

精油是各种有机化合物的混合物，其成分及沸点各不相同。精油中成分一般具有挥发性，常压沸点一般为 150～300℃，但精油中成分多为热敏性物质，温度高时易于分解，香气被破坏。采用水蒸气蒸馏可以在低于 100℃时把精油从芳香植物原料中提取出来。精油基本上不溶或微溶于水，因此利用水蒸气蒸馏提取精油十分有利。

1. 蒸馏原理

水蒸气蒸馏的依据是道尔顿分压定律，即组分互不相溶的混合液在受热时逸出蒸气，其蒸气的总压等于该温度下各组分蒸气分压之和。

$$p_{总}=p_1+p_2+p_3+\cdots\cdots \tag{7-8-1}$$

其中各组分的分压仅由混合液的温度确定，与组成无关，而在理论上等于该温度下各纯组分的饱和蒸气压。若外压为大气压，则只要该混合物 $p_{总}=p_{大气压}$，该混合物就会沸腾。因此混合物的沸点比任一组分的沸点都低，故用水蒸气蒸馏可以在低于水的沸点之下将精油从芳香原料中蒸出。

根据道尔顿分压定律，在水和精油混合物沸腾时，设水和精油的分压为 $p_{水}$ 和 $p_{油}$，则：

$$p_{水}=pN_{水}=p\frac{n_{水}}{n_{水}+n_{油}} \tag{7-8-2}$$

$$p_{油}=pN_{油}=p\frac{n_{油}}{n_{水}+n_{油}} \tag{7-8-3}$$

式中　p——混合气体总压；

$p_{水}$——水蒸气分压；

$p_{油}$——油蒸气分压；

$N_{水}$——水物质的量分率；

$N_{油}$——油平均物质的量分率；

$n_{水}$——水物质的量；

$n_{油}$——油平均物质的量。

由式（7-8-2）除以式（7-8-3）得：

$$\frac{p_{水}}{p_{油}}=\frac{pN_{水}}{pN_{油}}=\frac{n_{水}}{n_{油}}=\frac{G_{水}/M_{水}}{G_{油}/M_{油}} \tag{7-8-4}$$

$$\frac{G_{水}}{G_{油}}=\frac{M_{水}\ p_{水}}{M_{油}\ p_{油}} \tag{7-8-5}$$

式中　$G_{水}$，$G_{油}$——混合蒸气中水、精油的质量；

$M_{水}$，$M_{油}$——水、精油的分子量。

由上式可知，蒸馏出来的水和精油的质量分别和它们的分子量与蒸气压之积成正比，馏出物中油水的比率可通过改变压力来实现。提高或降低蒸馏压力时，相应混合蒸气中的油和水的饱和蒸气压会相应增加或下降，但由于水的蒸气分压较油的变化幅度要小得多，所以增加操作压力，混合气中油的比率提高，只需耗用少量的蒸气，会蒸馏出更多的精油，并能提取出高沸点物质；相反，如降低压力，能耗高，提取效率低。

2. 蒸馏工艺及设备

（1）普通水蒸气蒸馏　普通水蒸气蒸馏是最常用的工艺，通常有水中、水上和直接水蒸气蒸馏形式，直接水蒸气蒸馏提取效率高，精油质量好，而水中蒸馏尽管设备简单，但存在芳香成分的水解、过热等问题。三种蒸馏方式的比较见表 7-8-2。

表 7-8-2　三种蒸馏方式的比较

技术内容	水中蒸馏	水上蒸馏	直接水蒸气蒸馏
原料要求	不适于易水解及热分解原料	不适于易结块及细粉状原料	不适于易结块及细粉状原料
加热方式	直火加热、间接蒸气加热、直接蒸气加热	直火加热、间接蒸气加热、直接蒸气加热	水蒸气直接通入加热
温度、压力	95℃左右、常压	95℃左右、常压	均可调节
精油质量	高沸点成分不易蒸出，直火加热易糊焦	较好	最好

水蒸气蒸馏法的生产设备主要由蒸馏器、冷凝器、油水分离器三个部分组成。工艺流程见图 7-8-10。

（2）水渗透蒸馏法　水渗透蒸馏法与普通水蒸气蒸馏法加工流程方向相反，水蒸气是由顶部进入，蒸气在蒸馏釜底部进行冷凝。工艺流程见图 7-8-11。

水渗透蒸馏法的主要特点是蒸汽消耗量少，节能，并且由于芳香原料与水少有接触，避免芳香成分的水解。但此工艺适用性受限，通常只适合于籽类芳香原料的提取，并且设备容易阻塞。

（3）强化蒸馏法　强化蒸馏釜底部有磨碎装置，在蒸馏的同时对原料进行碾磨，强化蒸馏效果。同时，在蒸馏锅上设置一个分馏柱，使携带精油的蒸气沿着分馏柱上升，经冷凝、分离获取精油。蒸馏装置见图 7-8-12。

强化蒸馏法蒸馏效率较高，提取完全，但工艺设备比较复杂。

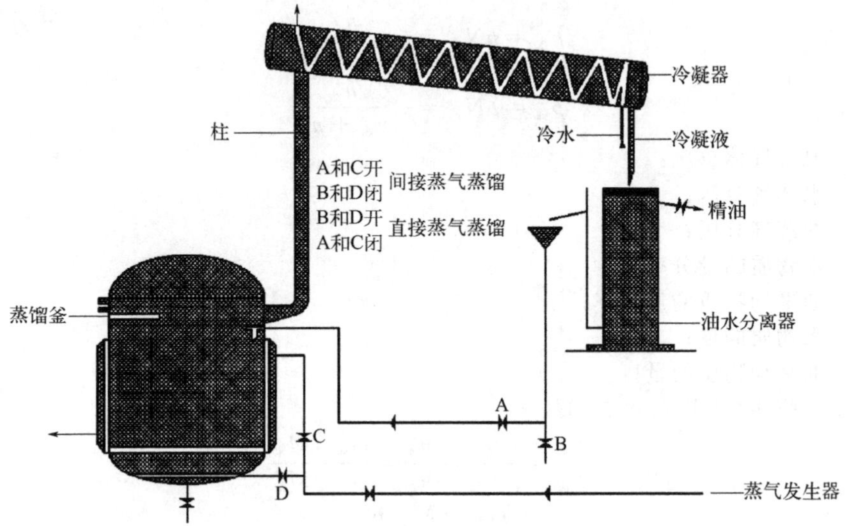

图 7-8-10　水蒸气蒸馏工艺流程

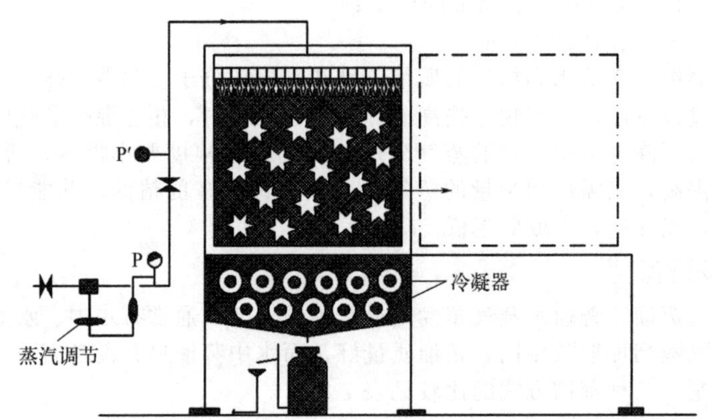

图 7-8-11　水渗透蒸馏工艺流程

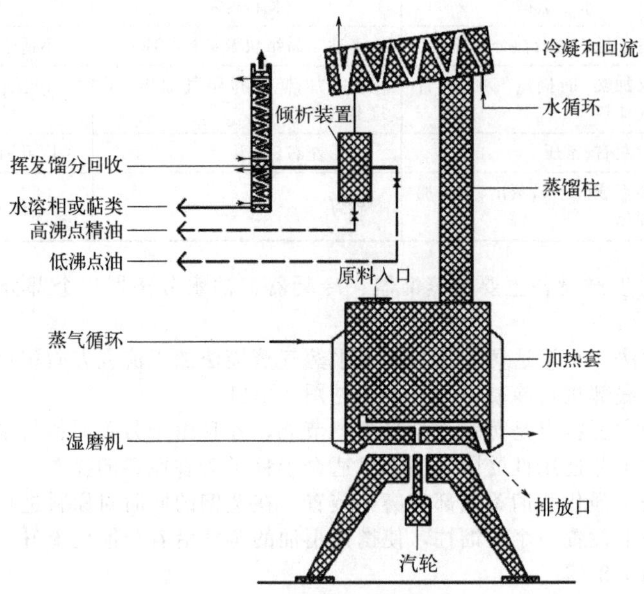

图 7-8-12　强化蒸馏工艺流程

（二）浸提法或萃取法

用易挥发有机溶剂把香料动物或植物组织中的香成分提取出来的方法称为浸提法。浸提法最适用于香花的加工，对那些遇热容易分解或大部分能溶解在水中的芳香物质，不宜采用水蒸气蒸馏法进行加工。另外，有些芳香物质沸点相当高，采用水蒸气蒸馏的方法难以蒸出，而浸提法恰好能弥补这方面的缺陷。

1. 浸膏生产

浸提法主要包括固定浸提、搅拌浸提、转动浸提和逆流浸提等四种加工方式。

① 固定浸提。原料静置在有机溶剂中，溶剂可以静止，也可以加热回流及循环往复。主要设备包括浸提釜、冷凝器、过滤器、蒸发器、浓缩釜等。

② 搅拌浸提。和固定式浸提设备及工艺类似，只是浸提设备中增加了搅拌装置，使原料和溶剂转动，强化提取效果。

③ 转动浸提。原料在转鼓中和溶剂做相对运动，此方法针对性比较强，提取效率高。

④ 逆流浸提。原料和溶剂做逆流方向移动，是一种连续式萃取工艺，提取效率高，提取完全。

四种浸提方式的比较见表 7-8-3。

表 7-8-3　四种浸提方式的比较

技术内容	固定浸提	搅拌浸提	转动浸提	逆流浸提
原料要求	适于大花茉莉、晚香玉、紫罗兰花等娇嫩花朵	适于桂花、米兰等小花或粒状原料	适于白兰、茉莉、墨红等花瓣较厚原料	适于产量大的多种原料
生产效率	较低	较高	高	最高
浸提率	60%～70%	80%左右	80%～90%	90%左右
产品质量	原料静止，不易损伤，浸膏杂质少	搅拌很慢，原料不易损伤，浸膏杂质较少	原料易损伤，浸膏杂质多	浸提较充分，浸提效果好，杂质较多

浸提法常用的有机溶剂有石油醚、乙醇、丙酮、二氯甲烷等。选择溶剂时要考虑沸点低，容易回收；无色无味、化学稳定性好；毒性小，安全性好。由于苯毒性大，乙醚易燃易爆，故不建议使用。

生产操作：将植物原料加入固定浸提容器中，用有机溶剂如己烷、苯、甲苯或其他二元溶剂盖满，加热浸提。操作温度随使用的溶剂及其沸点而变，提取持续时间和提取的次数随植物原料性质而不同。浸提后，将浸提液泵入蒸发器中，回收溶剂，再将蒸发后的物料泵入浓缩器中进行真空浓缩，最终得到浸膏。

浸提工艺流程见图 7-8-13。

2. 净油生产

浸膏中含有大量植物蜡、色素等杂质，所以产品通常存在流动性差、溶解性差、香气不纯正、颜色深等问题，应用受到限制，需要进行精制处理。

蜡在低温下不溶于乙醇，因此可将浸膏先溶于 30～40℃乙醇中，然后降温，当乙醇溶液冷冻到－10～－5℃时，蜡就沉淀下来。通过抽气旋转，过滤器过滤，滤液经真空浓缩除去乙醇后，得到净油。净油通常是液态，流动性较好。

净油提取工艺流程见图 7-8-14。

3. 液体 CO_2 或超临界 CO_2 浸提法

CO_2 萃取法的优点在于：无残留的有毒溶剂，特别适合作调香剂的香料；处理温度低，这对加工不稳定或热敏性的产品是非常重要的；选择性强；不易燃；节省能源。

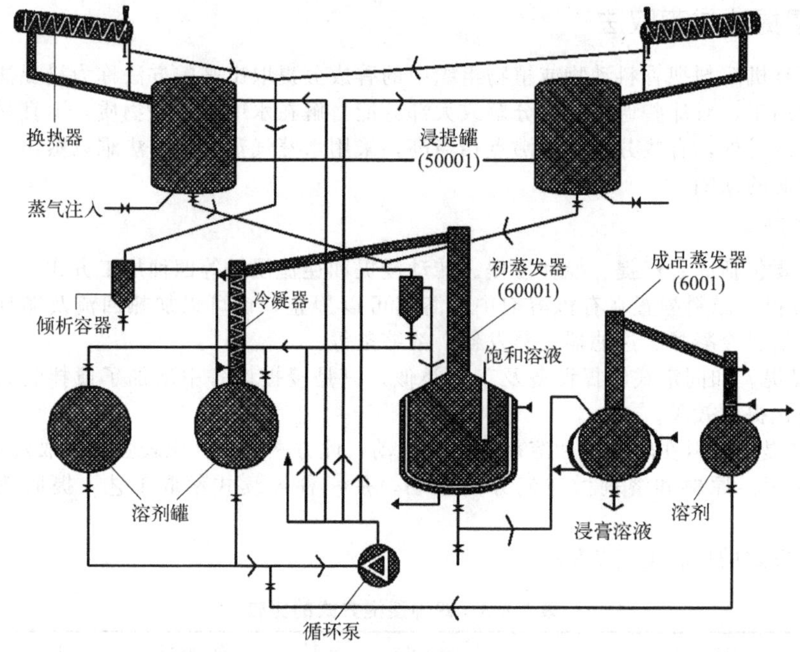

图 7-8-13　浸提工艺流程

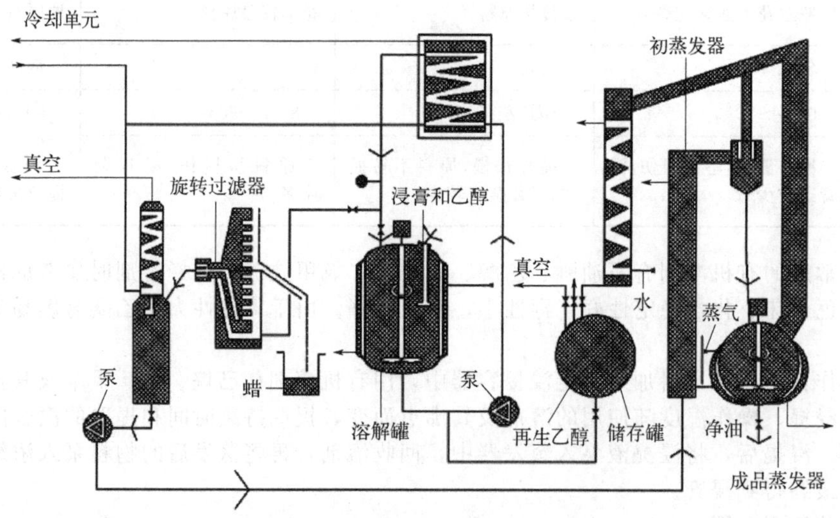

图 7-8-14　净油提取工艺流程

CO_2 萃取参数可根据产品的性质而变化，可用液态 CO_2 或者超临界 CO_2［压力大于 1071psi (1psi＝6.895kPa)，温度为 31℃或更高］。通过改变压力和温度参数，改变所得萃取物的性质。CO_2 萃取法将是未来调味剂和天然香料萃取的最主要方法之一。

CO_2 萃取法的原理是基于芳香植物原料或半成品如浸膏或精油的大部分成分在 CO_2 流体中具有良好的溶解性。

生产中，将植物原料加入萃取器中，然后通入液态或者超临界 CO_2 液体，容器中的温度和压力根据生产过程的进行而调整；CO_2 被泵入分离容器中，分离器中的压力和温度均比萃取罐中低；分离出产品后，CO_2 重新压缩，循环使用。生产流程见图 7-8-15 和 7-8-16。

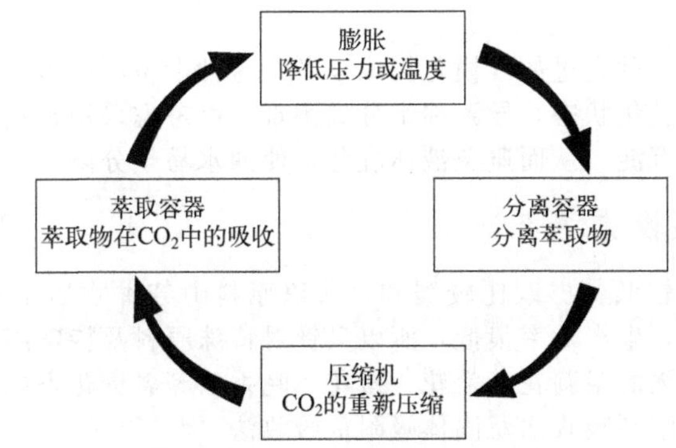

图 7-8-15 CO_2 萃取状态过程示意图

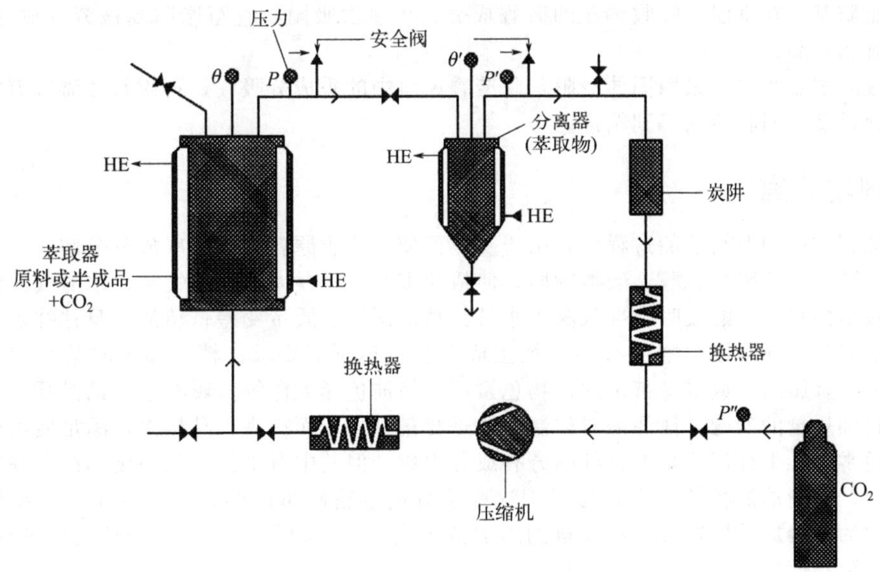

图 7-8-16 超临界 CO_2 萃取工艺流程

P—压力；θ—温度；HE—热水

（三）压榨法或冷榨法

压榨法主要是通过挤压、锉磨芳香原料提取精油的方法，主要适用于柑橘类精油的提取。该法包括锉榨法、整果磨橘法、海绵吸收法、螺旋压榨法。

1. 锉榨法

锉榨法是一种古老的加工方法。通过锉榨器内壁上小尖钉，刺破橘皮表面的油细胞，使含油汁液流出，然后分离出精油。此方法加工温度低，精油质量好，但生产效率低。

2. 整果磨橘法

整果磨橘法是比较先进的规模化提取方法。柑橘类整果被磨橘机磨破果皮上的油细胞，使汁液流出，通过喷水冲淋，再经分离得到柑橘精油。

3. 海绵吸收法

海绵吸收法也是一种非常古老的柑橘精油的提取方法，是用带有海绵的上下压板摩擦挤压果皮，导致果皮油细胞破裂，渗出果皮汁液被海绵吸收，再挤出海绵中的汁液，最后经分离得到柑橘精油。

4. 螺旋压榨法

螺旋压榨法采用的是一种先进的规模化提取设备，这种设备压榨力大，果皮易粉碎，会使果胶大量流出，精油会形成乳化状态，导致油水分离困难。可考虑采用石灰水浸泡果皮，使果胶反应为不溶于水的果胶酸钙沉淀，从而避免液体乳化，使油水易于分离。

（四）吸附法与吸收法

吸收法通常加工温度较低，提取比较缓和，所以原料中芳香物质不易被破坏，香气品质最佳。但吸收法是手工操作，生产效率很低，所以只针对特殊原料及特殊用途使用，适合于一些容易释放的芳香成分如香势强的茉莉花、兰花、橙花、晚香玉等名贵花香原料的提取。

吸收法包括非挥发性溶剂吸收法及固体吸附剂吸收法。

非挥发性溶剂吸收法又可分为温浸法和冷吸收法。温浸法所用溶剂通常为动物油脂、橄榄油、麻油等，浸提温度大约为50～70℃；冷吸收法通常采用猪油、牛油或通过炼制的膏状脂肪混合物作脂肪基，在室温下吸收鲜花的芳香成分，可多次吸附，直至脂肪基被芳香成分所饱和，最终制得香脂产品。

固体吸附剂吸收法是采用固体吸附剂将芳香原料中的香成分吸收，再用石油醚等有机溶剂洗脱，最后通过蒸发回收溶剂得到精油。

二、精制与分离

在水蒸气蒸馏制取精油的过程中，由于受热而使一些香原料中的某些成分分解，产生诸如硫化氢、氨以及一些低碳醇、醛、酸类物质，使精油带有一些令人不快的气味；水蒸气蒸馏出的精油常含有较多的水分，贮放时会导致酯类水解、精油浑浊、质量变差；精油本身往往也含有一些不良气味的成分；通常馏出物中某些特征主成分含量达不到要求；精油加工时常会带入一些杂物，接触某些金属离子或本身带来的植物色素造成精油色泽太深等，影响精油的品质。为了解决以上影响精油质量的问题，往往需对初制精油进行精制，从而提高产品档次，满足使用要求。

精油通常由几十种甚至是上百种的芳香成分组成，但其中有1种或几种化学组分在精油中所占比例较高，为精油的特征香气，可以把这些组分通过精制单离的方法提取出来，得到单离香料。和精油的直接加香比较，单离香料的附加值更高，应用效果也更好，而且还可进行深加工，合成一系列附加值更高的天然等同香料。

常用的精制分离方法主要包括真空精馏、分子蒸馏、结晶及重结晶、化学精制提纯等。

（一）真空精馏

把天然香料中的某种成分精制单离出来，最常用的方法就是真空精馏。因为精油中的化学组分大多具有挥发性，所以可以根据精油中各组分在不同温度下饱和蒸气压的不同（沸点不同），实现各挥发组合的分离。另外，精油中的香成分通常具有热敏性，高温下易起氧化、热分解等化学反应，会影响产品得率、色泽和香气，所以精馏往往需要在真空下进行，这样可隔绝氧气，降低操作温度，这符合精油产品特性的要求。

真空精馏法包括普通真空精馏和高真空精馏。目前生产上使用的主要是普通真空精馏方法，操作时的绝对压力通常在1500～3000Pa之间；而高真空精馏技术操作压力通常在50～100Pa之间，远低于普通的真空精馏，该技术特别适用于高热敏性、难分离、高沸点物质的分离提纯，尤其是在香精香料行业，用于单离香料提取，产品得率高、质量好。目前上海化工研究院已经成功开发了高真空间歇精馏和高真空连续精馏技术，用于单体香料桃醛、β-苯乙醇、紫罗兰酮等单体香料的精制分离，取得了很好的效果。

1. 分馏理论

根据拉乌尔定律：

$$p_A = p_A^0 X_A \tag{7-8-6}$$

$$p_B = p_B^0 X_B = p_B^0 (1 - X_A) \tag{7-8-7}$$

式中　p——溶液上方组分的平衡分压；

p^0——同温度下纯组分的饱和蒸气分压；

X——溶液中组分物质的量分率。

习惯上常略去上式中的下标，以 x、y 分别表示液相、气相中易挥发组分物质的量分率，以 $(1-x)$、$(1-y)$ 表示难挥发组分物质的量分率。

$$p = p_A + p_B \tag{7-8-8}$$

式中　p——溶液上方蒸气总压。

经推算整理得：

$$y = \frac{p_A^0 x}{p} \tag{7-8-9}$$

通常总压一定，所以可选某一温度 t，查得该温度下各纯组分的饱和蒸气压 p_A^0 及 p_B^0，可绘出沸点-组成（$t-x-y$）图。该图是分析蒸馏的理论基础。

气液平衡关系可用相对挥发度表示：

$$\alpha = \frac{p_A^0}{p_B^0} \tag{7-8-10}$$

由此表明，理想溶液中组分的相对挥发度等于同温度下纯组分的饱和蒸气压之比。由于 p_A^0 及 p_B^0 均随温度沿相同方向变化，因而两者的比值变化不大，故一般可视 α 为常数，计算时可取平均值。

由以上几式可推出气液平衡方程：

$$y = \frac{\alpha x}{1 + (\alpha - 1)x} \tag{7-8-11}$$

由气液平衡方程可知，相对挥发度 α 值的大小可以用来判断某混合物是否能用蒸馏方法加以分离以及分离的难易程度。若 $\alpha > 1$，表示组分 A 较 B 容易挥发，α 愈大，分离愈易。若 $\alpha = 1$ 即气相组成等于液相组成，此时不能用普通蒸馏的方法分离混合液。

2. 分馏工艺及设备

天然精油加工通常具有小批量、多品种的特点，所以分馏常采用多组分间歇式真空分馏工艺。

在进行间歇式精馏时，釜中液体的组成随精馏的进行而不断降低，塔内操作参数（如温度、浓度）也随时间而变化，因此间歇精馏属于不稳定操作过程，并且塔顶组成因操作方式而异。

间歇精馏的操作方式主要有两种：其一是馏出液组成恒定时的间歇精馏操作，即馏出液组成保持恒定，而相应的回流比不断地增大；其二是回流比恒定时的间歇精馏操作，即回流比保持恒定，而对应的馏出液组成逐渐减少。

目前，国内外用于香料分馏的主体设备——分馏塔多为填料塔，而且绝大多数采用 20 世纪 70 年代问世的苏尔寿（Suher）网状波纹填料。

图 7-8-17 是间歇式真空分馏工艺流程，各组分可以根据沸点温度不同而得到分离。在分馏的过程中，逐渐提高温度，以便先分离出易挥发性成分，然后是其他成分，真空度越高，分馏温度就越低，有利于保护产品中的热敏成分不发生化学变化。

（二）分子蒸馏

分子蒸馏是一种在高真空下操作的蒸馏方法，这时蒸气分子的平均自由程大于蒸发表面与冷凝表面之间的距离，从而可利用料液中各组分蒸发速率的差异，对液体混合物进行分离。

分子蒸馏又称短程蒸馏。它作为特殊的新型分离技术，具有浓缩效率高、质量稳定可靠、操作易规范化等优点，能分离常规蒸馏较难分离的物质，特别适合于高沸点、高黏度、热敏性的物质。

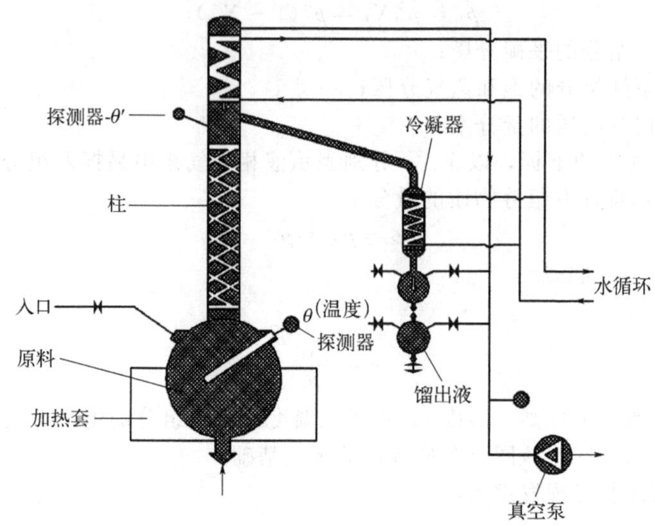

图 7-8-17　间歇式真空分馏工艺流程

1. 分子蒸馏的原理

根据分子运动理论，液体混合物受热后分子运动会加剧，当接受到足够能量时，就会从液面逸出成为气相分子。随着液面上方气相分子的增加，有一部分气相分子就会返回液相。在外界条件保持恒定的情况下，最终会达到分子运动的动态平衡。从统计学观点看，不同种类分子逸出液面后不与其他分子碰撞的飞行距离是不同的，分子蒸馏的分离作用就是依据液体分子受热会从液面逸出，而不同种类分子逸出后在气相中其运动平均自由程不同这一性质来实现的。

2. 分子蒸馏的特点

(1) 蒸馏温度低　分子蒸馏是靠不同物质的分子运动平均自由程的差别进行分离的，蒸气分子一旦由液相中逸出，挥发就可实现分离，而非达到沸腾状态。因此，分子蒸馏可在远离沸点下进行。

(2) 蒸馏压强低　分子蒸馏装置内部压降极小，可获得很高的真空度。一般常规真空蒸馏真空度仅达到 5kPa，而分子蒸馏真空度可达到 0.1～100Pa。高真空可以隔绝氧气，又在低温度下进行，避免芳香成分在分离过程中的破坏损失。

(3) 受热时间短　分子蒸馏装置中加热面与冷凝面的间距要小于轻分子的运动平均自由程，由液面逸出的轻分子几乎未发生碰撞即到达冷凝面，所以受热时间很短，通常受热仅为几秒或几十秒，可避免热敏性物质芳香成分的热分解。

(4) 分离效果好、效率高　分子蒸馏分离液膜很薄，加上在非平衡状态下操作，传热、传质阻力的影响较常规蒸馏小得多，因此其分离效率要远远高于常规蒸馏，而且可分离常规蒸馏难以分离的物质。

3. 分子蒸馏技术的应用

精油的主要成分大都是醛、酮、醇类，且大部分都是萜类，这些化合物沸点高，属热敏性物质，受热时很不稳定。因此，在传统的蒸馏过程中，长时间受热会使分子结构发生改变从而使油的品质下降。

分子蒸馏适用于对天然香精油进行脱臭、脱色和提纯，在制备过程中除去萃取工艺中残留的有机溶剂等，对玫瑰精油、山苍子油、茉莉精油、广藿香油等芳香油进行提纯取得很好的效果。由于是在高真空和较低温度下进行，物料受热时间极短，因此保证了精油的质量，尤其是对高沸点和热敏性芳香成分的提取更显示了其优越性。

（三）结晶及重结晶

结晶分离是基于混合物中各成分在同一种溶剂里溶解度的不同或在冷热情况下溶解度显著差异，采用结晶方法加以分离的技术方法。

1. 结晶分离技术分类

结晶分离技术主要包括以下几类方法。

（1）降温结晶法　先加热溶液，蒸发溶剂使溶液饱和，降低饱和溶液的温度，溶解度随温度变化较大的溶质就会呈晶体析出。

（2）蒸发结晶法　蒸发溶剂，使溶液由不饱和变为饱和，继续蒸发，溶质就会呈晶体析出。可以观察溶解度曲线，溶解度随温度升高而升高得很明显时，此溶质叫陡升型；反之，叫缓升型。当陡升型溶液中混有缓升型时，若要分离出陡升型，可以用降温结晶的方法分离；若要分离出缓升型的溶质，可以用蒸发结晶的方法。

（3）重结晶法　将晶体溶于溶剂或熔融以后，又重新从溶液或熔体中结晶的过程即重结晶。此方法也叫再结晶。重结晶可以使不纯净的物质获得纯化，或使混合在一起的盐类彼此分离。重结晶的效果与溶剂选择大有关系，最好选择对主要化合物是可溶性的，对杂质是微溶或不溶的溶剂，滤去杂质后，将溶液浓缩、冷却，即得纯的物质。重结晶往往需要进行多次，才能获得较好的纯化效果。

（4）升华结晶法　应用物质升华再结晶的原理制备单晶的方法。物质通过热的作用，在熔点以下由固态不经过液态直接转变为气态，而后在一定温度条件下重新再结晶，称升华再结晶。

2. 结晶分离技术的应用

（1）结晶分离技术在有机合成方面的应用　结晶分离技术主要用于有机物的分离与精制，如二甲苯、对二氯苯、对硝基甲苯、对硝基氯苯、一氯醋酸等的分离与纯化。

（2）结晶分离技术在香料生产中的应用　工业上采用溶液结晶法进行香料分离提纯多以乙醇、丙酮等低级醇或酮为溶剂，通过加热把香料粗提物溶解到溶剂中，然后通过冷却结晶、过滤、液固分离、干燥最终得较高纯度的芳香物质。结晶分离是植物性天然香料的常用精制分离技术，如由薄荷油精制分离出薄荷脑、柏木油和杉木油单离柏木醇、黄樟油单离黄樟油素、茴香油提取大茴香脑、桉叶油分离桉叶油素等均采用结晶分离技术。

（四）化学精制提纯

天然香料为复杂的有机混合物，许多香成分的化学结构中含有羟基、羰基、羧基、酯基、酚基、醚键等化学基团。可以利用这些基团的化学性质，通过一定的化学反应，把所需要的香料化合物保护起来，然后除去其他有机物，最后再通过化学反应使反应物还原为原物质，精制得到单离香料；或者通过化学试剂直接和其他有机物杂质反应，从而实现精制分离。化学精制常包括以下几种方法。

1. 硼酸酯化法

醇类化合物和硼酸反应生成硼酸酯，硼酸酯不易挥发，通过冲蒸、减压蒸馏，除去其他没反应的易挥发有机杂质，然后通过水解，还原醇类化合物。可以采用这种方法由香茅油制备得到高含量的香叶醇单离香料，反应式如下：

$$3\ (CH_3)_2C{=}CH{-}CH_2{-}CH_2{-}C(CH_3){=}CH{-}CH_2OH + H_3BO_3 \rightleftharpoons [(CH_3)_2C{=}CH{-}CH_2{-}CH_2{-}C(CH_3){=}CH{-}CH_2O]_3{-}B + 3H_2O$$

2. 邻苯二甲酸酐酯化法

羟基化合物和邻苯二甲酸酐反应生成邻苯二甲酸酐酯加合物，此化合物溶于水，可采用分层法除去其他非极性的有机物质，然后再通过水解反应得到原羟基化合物。

3. 酚羟基与碱成盐法

酚类化合物和氢氧化钠反应可生成酚盐，酚盐溶于水，可以和其他不溶于水的有机物实现分离，然后再酸化，就可得到原酚类物质。丁香酚和异丁香酚常用此方法精制单离。

4. 亚硫酸氢钠加成法

醛、酮类香料化合物能和亚硫酸氢钠生成加成物，此加成物溶于水，不溶于一般的有机物，所以借此可实现和其他有机物的分离，最后加成物分解还原为原先的醛酮化合物。此方法可用于天然香料的分离、提纯和分析检验。山苍子油可以采用亚硫酸氢钠加成单离柠檬醛，反应原理如下：

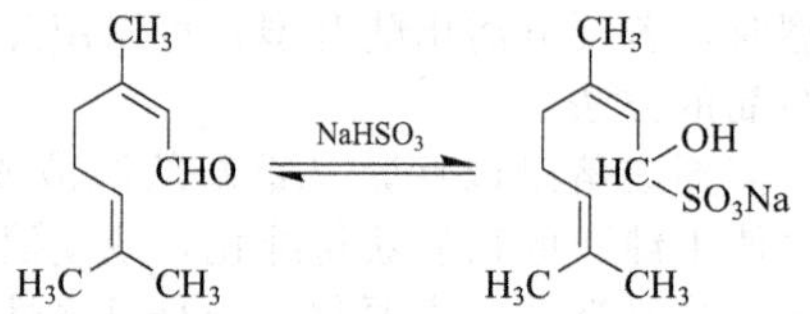

CH_3 … CHO ⇌($NaHSO_3$) CH_3 … HC(OH)SO_3Na；H_3C CH_3 / H_3C CH_3

（五）旋转带蒸馏技术

旋转带蒸馏技术的一个重要用途是用来分离沸点非常相近的液体物质。虽然可采用各种色谱技术分离微量化学物质，但是旋转带蒸馏仍然是唯一用来分离大量沸点非常相近的液体物质的技术。旋转带蒸馏技术的优势在于：非常低的蒸馏塔内就可实现极高的理论塔板数（可高达200块）；旋转带蒸馏能够分离沸点相差仅0.5℃的物质，是分离液体混合物的强大工具；旋转带蒸馏可分离物质的量少到5g，这是其他化学提纯方法难以实现的；旋转带蒸馏的其他优点是存液量少，一般情况下，蒸馏后塔内液体残存量为0.5mL或更少，这一点对于分离昂贵的或难以获得的物质尤为重要。

1. 旋转带蒸馏原理

进行旋转带蒸馏时，呈螺旋状的一条金属或Teflon带，在中空的蒸馏塔内以每分钟几千转的速度高速旋转，旋转带对上升的蒸气和下降的冷凝液不断作用，使两相之间紧密接触，从而获得极佳的分馏效果。旋转带独特的几何形状、特殊的结构材质、很高的旋转速度及其他设计特征，决定了旋转带蒸馏能达到很高的理论塔板数。一般来说，旋转带旋转速度越快，理论塔板数越多；液体沸腾得越慢，理论塔板数越多。

2. 工艺设备

旋转带蒸馏设备可采用包括自动化加热、馏分收集和真空度控制装置的全自动化系统，也可采用半自动化和手动操作装置。微处理器能控制旋转带电动机、回流阀、加热比、平衡以及塔顶和罐体温度的显示。多达20种蒸馏程序可由上述参数编制，每个程序内可切割8种馏分，每种馏分有可编程的分馏点、加热速率、回流比及平衡时间的开关设置。热键和程序编辑允许在一次操作中快速简捷地切换。馏分收集器能按温度或近似体积来收集馏分。馏分收集器在微处理器控制下，能在真空或常压下操作，可自动收集多达8个馏分；也可利用其他的多种手动馏分收集器或接收瓶接收馏分。旋转带蒸馏系统可利用抽真空系统进行减压蒸馏，可在低于1mmHg（1mmHg=133.3Pa）的真空度下进行蒸馏操作。

3. 香料分离中的应用

旋转带蒸馏已用于香料香精工业，其典型实例是使2-甲基-1-丁醇（沸点128℃）与3-甲基-1-丁醇（沸点为128.5℃）分离。在蒸馏器中进行常压蒸馏，蒸馏前混合物中大约含有48%的2-甲基-1-丁醇和51%的3-甲基-1-丁醇。尽管二者沸点仅相差0.5℃，但也能进行彻底的分离。

分离桉属萜烯的混合物，这些混合物的敏感特性要求蒸馏在低压下进行，以防止样品降解。在最初的混合物中有多达20种组分，其中两种主要成分为桉树脑和间伞花烃，在这种情况下，彻底隔离混合物中的每一种物质是不可能的，但可将这两种主要成分进行浓缩，桉树脑从 47%浓缩至 74%，间伞花烃从 35%浓缩至 85%。

此外，还用于紫罗兰酮的顺反异构体等香料成分的分离。

（六）其他分离方法

除上述分离方法外，天然产物分离还可以用色谱法、膜分离、毛细管电泳法等分离方法。

三、主要林源香料

全世界发现的芳香植物尽管有约 3600 种，但具有天然香料商业价值的只有 200～300 种，主要来源于林中、林下及林地边沿。下面主要介绍部分重点林源香料品种。

1. 薰衣草油（lavender oil）

（1）唇形科　薰衣草的学名为 *Lavandula angustifolia*。

（2）产地　主要产于法国。从地中海阿尔卑斯山移植到世界各地，现意大利、俄罗斯、匈牙利、英国、澳大利亚、美国、保加利亚、南斯拉夫、西班牙均有栽培，中国新疆、陕西等地大量种植。主要品种有薰衣草、杂薰衣草、穗薰衣草。法国的普罗旺斯和格拉斯附近的山区都以种植薰衣草而闻名。

（3）加工　用水蒸气蒸馏花序得油，得率 0.5%～1.5%，目前世界年产量约在 1000～1500t；也可用溶剂浸提法制成浸膏，得率为 1.5%～2.2%，再精制可得薰衣草净油。

（4）理化常数　无色或浅黄色澄清液体，相对密度 0.880～0.896，折射率 1.4585～1.4730，旋光度－12°～－3°。

（5）主要成分　包括乙酸芳樟酯（约 60%）、芳樟醇、香叶醇、薰衣草醇、香茅醇、丁酸芳樟酯、香叶酯、乙酸龙脑酯等。

（6）香气　花香，清韵。清香带甜的花香，有清爽之感，香气透发，整个香气尚持久。穗薰衣草油樟凉气息较显，而缺少酯香与花香，香气较粗烈，远不如薰衣草油；杂薰衣草和薰衣草香气基本接近，无明显樟脑味，比穗薰衣草油为好。

（7）应用　用于清洁卫生的日用化学品，如香水、薰衣草水、古龙水、花露水、爽身粉、头蜡、香皂等香精中；也可用于牙膏、牙粉及烟用香精中，取其清香。

2. 玫瑰花油（rose oil）、浸膏和净油

（1）蔷薇科　玫瑰约有 150 种，分布在北温带和热带高山地区，中国有 60 余种。作为香料来源的玫瑰主要品种有：重瓣玫瑰（*Rosa rugosa* var. *plena* Rehd），即中国玫瑰；苦水玫瑰（*R. sertata* X. R.），产于中国甘肃省；大马士革玫瑰（*R. damascena* Mill），是欧洲和北非的主要品种；百叶玫瑰或五月玫瑰（*Rosa centifolia* L.），主要栽培于法国南部和摩洛哥，是国外常用品种；墨红（*R. chinensis* jacq. "crimson glory"），又名朱墨双辉，是引入种，主要栽培于中国浙江、江苏、河北等省。

（2）加工　用水蒸气蒸馏鲜花可得玫瑰精油，得率为 0.02%～0.04%；用挥发性溶剂从鲜花中浸提可得其浸膏，得率 0.2%～0.3%。全世界年产精油、浸膏和净油约在 15000kg 以上。

（3）理化常数　精油是浅黄色液体，在温度低于 21℃时，有时会析出片状玫瑰蜡晶体，保加利亚精油相对密度 0.849～0.875，折射率 1.452～1.466，旋光度－1°～－5°，熔点 16～23.5℃。

净油为稠厚棕红色液体，相对密度 0.964～0.993，折射率 1.506～1.516，旋光度＋9°40′～＋14°25′。

玫瑰浸膏：熔点 41～54℃，折射率 1.4811，旋光度＋10°20′。

（4）主要成分　保加利亚玫瑰精油主要含玫瑰醇（24%～64%）、橙花醇、苯乙醇、香叶醇、芳樟醇、α-紫罗兰酮、玫瑰醚/橙花醛、桂醛、壬醛、乙酸香茅酯、乙酸橙花酯等。

（5）香气　花香，甜韵。玫瑰花香甜如蜜，芬芳四溢，为人们所喜爱，它有类似其同科蔷薇、月季的花香，但比它们更优美，更细致，更有力。

（6）应用　玫瑰花油香甜如蜜，为花油之冠，是最重要的鲜花精油之一，但由于价格昂贵限制了其使用。玫瑰花油仅用于高档化妆品香精中，适用于百花型、玫瑰、香石竹、芝兰玫瑰、玫瑰檀香及许多非花型香精中。玫瑰还具有抗敏感、保湿、美胸及消除黑眼圈、皱纹、妊娠纹的美容功效；对身体有洁净、调理子宫、调整女性内分泌和月经周期、改善性冷感、改善更年期不适以及改善反胃、呕吐、便秘、头痛等症状的功效；还能镇定、减压、安眠、安抚、热情、浪漫、催情，增自信人缘、解愤怒忧伤，能使女人对自我产生积极正面的感受。

用水蒸气蒸馏法提取玫瑰油时所得的玫瑰水，也可直接用作食品和化妆品的原料。

3. 茉莉花油（jasmin oil）、浸膏和净油

（1）木樨科　大花茉莉学名为 *Jasminum officinale* var. *grandiflorum* L.，小花茉莉学名为 *Jasminum sambac* Ait.，茉莉是仅次于玫瑰的重要鲜花品种，国外习惯使用大花茉莉。

（2）产地　大花茉莉在法国、意大利、埃及、摩洛哥、几内亚、阿尔及利亚等国生产。现全世界年浸膏产量约 20t。

（3）加工　用水蒸气蒸馏鲜花可得茉莉精油，得率为 0.015%～0.040%；茉莉鲜花一般是用石油醚浸提，浸膏得率约在 0.20%～0.38%之间（大花茉莉浸膏得率一般高于小花茉莉）；浸膏制净油，得率为 40%～55%。

（4）理化常数　大花茉莉浸膏（法国格拉斯）为红棕色蜡状固体，熔点 47～52℃，相对密度 0.886～0.8987，折射率 1.4640～1.4658，旋光度＋5°～＋12°。小花茉莉浸膏通常为淡绿色至棕色黏稠膏状物。

（5）主要成分　大花茉莉净油主要含乙酸苄酯、芳樟醇、乙酸芳樟酯、苄醇、吲哚、茉莉酮、邻氨基苯甲酸甲酯、香叶醇、苯甲酸苄酯、茉莉酮酸甲酯及乙酯、茉莉内酯等。小花茉莉净油主要含乙酸苄酯、芳樟醇、苄醇、金合欢烯、顺式-己烯-3-醇及其乙酸酯、反式橙花叔醇等。

（6）香气　花香，鲜韵。清鲜温浓的茉莉花香，香气细致而透发，有清新之感。通常大花茉莉香气较浓郁，相对偏浊，很持久；小花茉莉香气较清灵雅淡。

（7）应用　广泛用于花香型等高档香精中，具有添鲜增清的效能，可赋予香精天然感，也是素心兰型、紫罗兰基、含羞花及许多花香基的修饰剂。

茉莉精油因产量极少而十分昂贵，其具有的高雅气味可舒缓郁闷情绪、振奋精神、提升自信心；茉莉对皮肤弹性恢复、抗干燥和淡化鱼尾纹的效果，从古埃及开始就有记载；还是神奇的男女共同有效的催情精油，可安抚神经，令人极度放松，重拾信心；在男性方面，能改善前列腺肥大以及增强性功能，增加精子数，适用于男性不育、阳痿、早泄的治疗。

4. 芳樟油（ho oil）

（1）樟科　是樟 *Cinnamomum camphora*（L）Sieb. 中的一个变种。商品名为芳樟油。

（2）产地　主要产于中国。

（3）加工　用水蒸气蒸馏法从叶、干、根提油，干、根的得率为 2%～4%，叶的得率为 0.3%～0.8%。全世界年产量约 10000t。

（4）理化常数　浅黄色或几乎无色的液体；相对密度 0.860～0.865，折射率 1.4613～1.4621，旋光度＞－14°。不同来源的樟树原料，其化学组成差异很大，按其化学组成不同可将樟树分为脑樟（主要含樟脑）、芳樟（芳樟醇）、油樟（桉油素）、异樟（异-橙花叔醇）和龙脑樟（右旋龙脑）等不同类型。

（5）主要成分　芳樟油中主要含芳樟醇（50%～65%）、乙酸芳樟酯、丁香酚、桉叶素、黄樟素、香叶醇、香茅醇、樟脑、莰烯、蒎烯、苧烯等。

（6）香气　青滋香。原油凉味掩盖清甜的花木香，香气粗飘。精制品几乎无樟脑气，而近似芳樟醇及伽罗木油气味，但不如玫瑰木油。

（7）应用　芳樟油广泛应用于配制日化香精、芳香疗法精油、食品和制药等领域，有抗抑郁、镇静、止痛、消炎、解毒、灭菌、防腐、杀病毒、清洁、产生欣快感和松弛肌肉等功效。

中国古代就有利用樟脑树根作为药材的记录。《四川中药志》：“避邪恶，除风湿。治霍乱腹

胀，宿食不化，手足风湿痹痛及疥癣瘙痒。”樟树的木材耐腐、防虫、致密、有香气，故樟脑还有强心解热、杀虫之效，可以用于制造樟脑球。

5. 薄荷油（mint oil）

（1）唇形科 亚洲薄荷学名为 *Mentha haplocalyx* Briq.，椒样薄荷为 *Mentha piperita* L. var. *piperita*。

（2）产地 亚洲薄荷主要产于中国（江苏、安徽、河南、台湾等地）、印度、巴西、日本等国；椒样薄荷主要产于美国、英国、法国、意大利、俄罗斯、保加利亚等国，中国也有栽培。

（3）加工 用水蒸气蒸馏法从鲜的或阴干的茎叶（地上绿色部分）中蒸馏得油，一般得率为0.3%～0.6%。

亚洲薄荷油经冷冻法取出45%～55%薄荷脑后，其“脱脑油”称薄荷素油。

（4）理化常数 精油均为浅黄或浅草绿色油状液体，温低时会析出结晶。

亚洲薄荷油相对密度0.898～0.910，折射率1.460～1.465，旋光度−30°～−37°，总含醇量（按薄荷脑计）75%～88%。

薄荷素油是浅黄或几乎无色液体，相对密度0.890～0.910，折射率1356～1371，旋光度−18°～−24°，总含醇量（按薄荷脑计）>50%。

（5）主要成分 其主要含左旋薄荷脑、薄荷酮、乙酸薄荷酯、新薄荷醇、异薄荷酮、辣薄荷酮、异戊酸薄荷酯、薄荷呋喃等。

（6）香气 其具有薄荷叶的特征香气，新鲜、强烈而微带青草气。椒样薄荷油尽管薄荷脑含量低于亚洲薄荷油，但香气通常较亚洲薄荷油清甜优美。

（7）应用 薄荷油主要用于牙膏、口腔卫生用品、食品、烟草、酒、清凉饮料、化妆品、香皂的加香；在医药上广泛用于驱风、防腐、消炎、镇痛、止痒、健胃等药品中。

6. 留兰香油（spearmint oil）

（1）唇形科 学名 *Mentha spicata* L.，亦称绿薄荷油。

（2）产地 原产于欧洲，英国曾是最早生产国之一，质量好，现美国产量最大。中国江苏、浙江、安徽、河南、新疆等地有大量生产。留兰香品种有大叶、小叶之分。

（3）加工 用水蒸气蒸馏法从茎、叶、花序中提油，得率0.3%～0.6%。留兰香油通常需要经过真空分馏等精制方法，制备出符合《食品安全国家标准 食品添加剂 留兰香油》（GB 1886.36—2015）和《留兰香（精）油》（QB/T 2521—2011）的产品。世界年产量1500t左右，其中美国产量最大，中国年产量约400t。

（4）理化常数 无色至浅黄色或草绿色液体，相对密度0.920～0.937，折射率1.485～1.491，旋光度−60°～−45°，全溶于10倍体积的80%乙醇中，含酮量（香芹酮计）>55%。

（5）主要成分 其主要含左旋香芹酮、苧烯、水芹烯、松油醇、桉叶油素、蒎烯、薄荷酮、石竹烯等。

（6）香气 青滋香。清甜柔和微凉的香气，稍有青草气，与新鲜留兰香叶片香气相同，香气透发有力，稳定，但留香不长。品种不同，香气有异，国外习惯使用小叶留兰香香气。

（7）应用 留兰香油主要用于牙膏、漱口水等口腔卫生制品中，化妆品及香皂香精中；配制各种食用香精，添加到糖果、胶姆糖等食品中；用于香熏香疗，对缓解头痛、神经紧张、哮喘、支气管炎有一定效果。

7. 蓝桉油（eucalyptus oil）

（1）桃金娘科 学名 *Eucalyptus globulus* Labill。

（2）产地 产于澳大利亚、法国、西班牙、葡萄牙、巴西、哥伦比亚、厄瓜多尔、刚果、阿尔及利亚、印度、美国等国。中国云南、广东、广西、台湾有大量生产。

（3）加工 用水蒸气蒸馏法从枝叶中提油，得率0.8%～2.9%，干叶得率3%，蓝桉叶油是世界十大精油之一，年产量约4000t。

（4）理化常数 无色或浅黄色液体，相对密度0.906～0.925，折射率1.459～1.467，旋光度 0°～+10°，桉叶素含量>70%。

（5）主要成分　其主要含桉叶素、蒎烯、莰烯、聚伞花烃、樟脑、水芹烯等。

（6）香气　青滋香。清凉尖刺的桉叶、樟脑气味，带有凉味、药气，有清爽之感，香气强烈而不留长，桉叶素是其主要成分和特征香气。

（7）应用　蓝桉油可用于牙膏、牙粉、爽身粉、药皂、口香糖、咳嗽糖等香精中，兼顾有香气和卫生两个方面的效用；在喷雾剂、香皂香精中亦用之；蓝桉叶油也可用于单离桉叶素，桉叶素广泛用于医药、日化及食用香精中。

8. 香茅油（citronella oil）

（1）禾本科　学名：爪哇种 *Cymbopogon winterianus* Jowitt；斯里兰卡种 *Cymbopogon nardus* Rendle。

（2）产地　爪哇香茅主要产于中国的台湾和海南岛等地，以及印尼、印度、危地马拉、洪都拉斯等国；斯里兰卡种主要分布在斯里兰卡。

（3）加工　用水蒸气蒸馏法从鲜草或干草中蒸馏得油，得率 0.4%～1.2%。全世界年产香茅油 6000t 左右，中国和印尼的出口香茅油数量合计占国际市场的 70%以上。

（4）理化常数　爪哇香茅油相对密度 0.880～0.895，折射率 1.466～1.473，旋光度 −5°～0°；斯里兰卡香茅油相对密度 0.894～0.910，折射率 1.479～1.487，旋光度 −22°～−12°。

（5）主要成分　爪哇香茅油的主要化学成分为香茅醛、香叶醇、香茅醇、柠檬醛、丁香酚、丁香酚甲醚、香茅酸、香茅酯等；斯里兰卡香茅油的主要化学成分为香茅醛、香叶醇、左旋龙脑、丁香酚甲醚、苧烯、橙花醇、乙酸香叶酯等。其中香叶醇含量约 50%，香茅醛约 30%。

（6）香气　青涩的草香，以香茅醛为主的草青香，微有香叶醇的甜香，香气强烈而颇持久。爪哇种的香气比斯里兰卡的稍甜而圆和。

（7）应用　香茅油可直接用于肥皂、洗涤剂、清洁剂、杀虫剂中，但主要用途是从中单离香茅醛和香叶醇，或进一步合成羟基香茅醛、香茅醇、柠檬醛、紫罗兰酮等香茅油系列香料；香茅油也可药用，有杀菌、消炎、舒筋、活络、止痛等功能；香茅精油有助于摆脱恐惧、抑郁和焦虑，它能散发安定的气味，从而提供抚慰。

9. 柏木油（cedarwood oil）

（1）柏科　主要品种有：侧柏，学名 *Biota orientalis*（L.）Endl；柏，学名 *Cupressus funebris* Endl.，习惯上常称扁柏；桧柏，学名 *Juniperus chinensis* L.，习惯上常称赤柏；弗吉尼亚柏，学名 *Juniperus virginian* L.；墨西哥柏，学名 *Juniperus mexicana* Schiede，习惯上常称得克萨斯柏等。

（2）产地　侧柏、柏、桧柏产于中国；弗吉尼亚柏产于美国；墨西哥柏产于美国与墨西哥。

（3）加工　采用水蒸气蒸馏法从树干、树根或原木材加工留下的木屑、锯屑、边角料中提油，得率 1%～6%。

（4）理化常数　柏木油为黄色至棕色黏稠液体，相对密度 0.9567，折射率 1.5064，旋光度 −29.5°～−27°。

（5）主要成分　其主要含柏木醇、柏木烯、柏木烯醇、罗汉柏烯等，其中含柏木醇 20%～40%。

（6）香气　柏木油类均为木香香气，各品种又有其特征性气味。桧柏木油和弗吉尼亚柏木油，含柏木醇虽不多，但其香气优异，是干甜的木香，有些似乙位紫罗兰酮，并略有膏香，气势浓而温和，留香较久，是柏木油类中香气较好的品种。

（7）应用　柏木油类可用于化妆品、香皂、家用或工业产品用香精中；有杀虫作用，可配入室内喷雾剂、消毒剂、杀虫剂等中。

10. 香叶油（geranium oil）

（1）栊牛儿苗科　天竺葵属（*Pelargonium*），品种较多。作为提取香料用的多以香叶天竺葵（*Pelargonium graveolens*，L'Her.）和玫瑰香叶（*P. roseum* Willd.）为主，其他还有 *P. radula*

Ait，以及一些杂交品种。

（2）产地　原生长于摩洛哥、阿尔及利亚、法国、埃及等国家，现主产分布于南非、埃及、摩洛哥、法国、阿尔及利亚、印度、以色列、西班牙等国，以及中国的云南、四川、浙江、福建等地。

（3）加工　用水蒸气蒸馏法从茎叶中提油，得率0.1%～0.3%，偶有少量制成浸膏或净油。现全世界年产量约200t。

（4）理化常数　香叶天竺葵油为淡黄至黄绿色澄清液体，相对密度0.888～0.905，折射率1.462～1.470，旋光度－14°～－7°。

（5）主要成分　主要成分为香叶醇、香茅醇、芳樟醇、异薄荷酮、玫瑰醚、甲酸香叶酯、甲酸香茅酯、柠檬醛、丁香酚、异戊醇等，其中按香叶醇和香茅醇计的总醇含量为50%～80%。

（6）香气　有甜而清的玫瑰和香叶醇样香气，少许的果香凉气和脂蜡气。

（7）应用　香叶油广泛用于调配香水、香皂、化妆品等日化产品的香精中，也可用于调配玫瑰、草莓、覆盆子、葡萄、樱桃等食用香精以及烟用、酒用香精中，作为食品添加剂使用要符合《食品安全国家标准 食品添加剂 香叶油》（GB 1886.200—2016）的要求。

11. 丁香油（clove oil）

（1）桃金娘科　学名 *Eugenia caryophyllata* Thunb.。

（2）产地　原产于摩鹿加群岛，现主要产地为马达加斯加、坦桑尼亚、外留尼汪、科摩罗、塞舌尔、东南亚槟榔屿、印尼摩鹿加等地。

（3）加工　用水蒸气蒸馏法蒸馏干花蕾或花梗或叶片提油，得率：干花蕾15%～20%；花梗5%～6%；叶2%～3%。花油年产量300～500t；花梗油年产量225～250t（桑给巴尔）。马达加斯加年产800t。

（4）理化常数　花蕾油是黄色至棕色液体，遇铁后呈暗紫棕色，相对密度1.044～1.057，折射率1.528～1.538；叶油为暗绿色或紫棕色液体，相对密度1.039～1.051，折射率1.5310～1.5350，旋光度－0°40′～＋1°53′。

（5）主要成分　丁香油主要含丁香酚（95%）、石竹烯、乙酸丁香酚酯、甲基戊基甲酮。

（6）香气　花油有辛甜、清浓、温暖的丁香花蕾香气，略有酸甜和焦糖气味，香气飘逸；叶油香气较粗强，带酚样气味，微甜，带焦面包气味，有干木香气特征。

（7）应用　丁香油广泛用于化妆品、香皂、牙膏、牙粉、漱口水香精中；在食用、烟用、酒用香精中也大量使用；医药上可作消毒、驱风和局部麻醉剂；丁香叶油也用于单离丁香酚与石竹烯。

12. 肉桂油（cinnamon oil）

（1）樟科　肉桂的学名 *Cinnamomum cassia* Blume，习惯上常称中国肉桂（Chinese cinnamon）。

（2）产地　产于中国的广西、广东等地，越南、印度亦有生产。

（3）加工　从叶、枝或树皮或籽中用水蒸气蒸馏法提油，鲜枝叶得率为0.3%～0.6%，树皮为1%～2%。

（4）理化常数　深棕色液体，精制品是黄色或深黄色液体。皮油相对密度1.045～1.072，折射率1.6020～1.6135，旋光度－0°40′～＋0°30′。叶枝油为红棕色液体，相对密度1.052～1.070，折射率1.600～1.614，旋光度－1°～＋1°，含醛量（按肉桂醛计）70%～95%。

（5）主要成分　肉桂油主要含桂醛、乙酸桂酯、香豆素、水杨醛、苯甲酸、水杨酸、桂酸、苯甲醛、邻甲氧基苯甲醛、邻甲氧基桂醛等。

（6）香气　辛烈而暖甜的香气，带焦、木、膏香。质量好的是从老树的厚皮中蒸馏出来的，带甜气，少辛烈气味，不仅有桂醛香气，还有桂醇及其酯类气味。

（7）应用　肉桂皮作中药和用于调味已有悠久历史，主要是取其温暖的芳香和强心、健胃的性能。肉桂油主要用于饮食、烟用、酒用、牙膏、牙粉、漱口水等香精中；肉桂油可用于单离肉桂醛。

13. 香荚兰（vanilla）

（1）兰科　香荚兰豆是一种兰花的荚果，主要有三个品种：墨西哥香荚兰，学名 *Vanilla planifolia* Andr.；塔希提香荚兰，学名 *V. tahitensis*；哥德洛普香荚兰，学名 *V. pompona*。

（2）产地　墨西哥香荚兰原产于墨西哥，现主要产地还有留尼汪、马达加斯加（产量最大，占世界总产量的 80%）、科摩罗、塞舌尔等地。塔希提香荚兰主产于塔希提。哥德洛普香荚兰主产于哥德洛普（Guadeloupe）。中国福建、广东、云南有种植。

（3）加工　豆荚经处理发酵后，用乙醇制成 10%～25%酊剂，或用溶剂浸提得浸膏，浸膏精制成净油。全世界年产豆荚 600～1400t。

（4）外观　酊剂是浅棕色液体；浸膏是深棕色稠厚液体；净油是深棕色清的稠厚液体。

（5）主要成分　香荚兰豆含香兰素（1%～3%）、大茴香醇、大茴香醛、大茴香酸、洋茉莉醛、香兰酸、3,4-二羟基苯甲醛、3,4-二羟基苯甲酸、对羟基苯甲醛等。

（6）香气　清甜的豆香带有膏香、粉香和甜辛香，有木香、烟草香和海狸香样的香气，有些花香似紫罗兰和金合欢。

（7）应用　主要制成酊剂用于各种食品如冷饮、冰淇淋、巧克力、糖果、糕饼等的加香；用于烟、酒用香精中和药用；用于高档香精尤其是香水香精中，如用于东方香型、琥珀基、百花型、重花香型香精等中能赋予产品优美而浓郁之感。

14. 山苍子油（litsea cubeba oil）

（1）樟科　山苍子是山鸡椒的商品名称，学名 *Litsea cubeba*（Lour）Pers.。

（2）产地　主产于中国，中国长江以南许多地区有大量野生山苍子，印度、缅甸、越南、老挝、柬埔寨也有少量分布。

（3）加工　用水蒸气蒸馏法从鲜果中提油，得率 2%～8%，中国年产量约 1000t。

（4）理化常数　浅黄色液体，相对密度 0.8925～0.9068，折射率 1.4785～1.4364，旋光度 +5°～+35°。

（5）主要成分　其主要含柠檬醛（60%～80%）、甲基庚烯酮、香茅醛、蒎烯、莰烯、苧烯、芳樟醇、松油醇、香叶醇、樟脑、乙酸香叶酯等。

（6）香气　清鲜甜的果香，有强烈柠檬醛气味，与柠檬油相似，柔甜果香，还有药草香、脂蜡香和生辣气味。

（7）应用　其可用于修饰柠檬、白柠檬香味，在果香中作清鲜剂；可用于配制人造防臭木油、古龙香基、家用喷雾剂、空气清新剂及香皂等香精。山苍子油的主要用途是单离柠檬醛。

15. 甜橙油（orange sweet oil）

（1）芸香科　甜橙的学名 *Citrus sinensis*（L.）Osbeck.，变种较多，中国习惯上常称为广柑。

（2）产地　原产于中国西南部，16 世纪由西班牙、葡萄牙人引入欧洲、非洲，后再到美洲，现主要分布于巴西、美国、以色列、意大利、西班牙、摩洛哥、澳大利亚、印度尼西亚和中国的华南、华东地区。

（3）加工　由甜橙新鲜果实冷磨或由鲜果皮冷榨可得冷压甜橙油，得率 0.3%～0.5%；也可采用水蒸气蒸馏的方法加工得到蒸馏甜橙油，得率 0.4%～0.7%；也可经除萜处理，主要除去柠檬烯等萜烯类物质得除萜甜橙油。甜橙油全世界年产量 50000t 左右。

（4）理化常数　甜橙油为深橘黄色或棕红色液体，相对密度 0.8443～0.8490，折射率 1.4723～1.4746，旋光度 95°～98°。

（5）主要成分　其主要含 *d*-柠檬烯、柠檬醛、甜橙醛、辛醛、癸醛、芳樟醇、橙花醇、松油醇、香叶醇、邻氨基苯甲酸甲酯、月桂烯等，其中 *d*-柠檬烯含量可高达 90%以上。

（6）香气　有新鲜甜美的甜橙果香和柑橘香气，带有脂蜡醛香，有新鲜甜美之感，惹人馋欲。

（7）应用　其为中国 GB 2760 批准允许使用的食用香料，主要用于食用香精中，包括酒类、牙膏、糖果中的加香；也大量用于日化香精中，如在香水、古龙水、盥用水、膏霜、香粉、唇膏、头蜡、牙膏、香皂等香精中；除萜油可用于香水等高端化妆品香精中。

16. 橘和红橘油（tangerine oil）

（1）芸香科　红橘，学名 *Citrus reticulata* Blanco.，杂交种为 var. *tangerine*。

（2）产地　原产于中国华南及越南等地，现主要分布于中国的华南、华东地区，以及巴西、美国、俄罗斯、西班牙、南非等国。

（3）加工　用冷榨法或水蒸气蒸馏法从鲜果皮或干果皮中提油，得率：冷榨法 0.1%～0.2%；蒸馏法 0.2%～0.5%。

（4）理化常数　红橘油为深橙红色或深棕色液体，密度 0.850～0.856，折射率 1.4750～1.4780，旋光度+90°～+96°。

（5）主要成分　其主要含 *d*-柠檬烯、橙花醇、香叶醇、芳樟醇、松油醇、癸醛、辛醛、乙酸香叶酯、乙酸香茅酯等，其中 *d*-柠檬烯含量为 90%左右。

（6）香气　清甜的橘子果香，近似甜橙油，并带有脂蜡香，除萜油香气有香水感，似橙花香。

（7）应用　GB 2760 批准其为允许使用的食品香料，主要用于食用香精中，以及酒类、牙膏、糖果中的加香和化妆品香精中，除萜油可用于高档香水和高档膏霜中。

第三节　天然等同香料绿色化学合成

一、合成方法

香料合成采用了许多有机化学反应，例如氧化、还原、水解、缩合、加成、酯化等反应。香料合成方法可以大致分为全合成法、半合成法。

全合成法是从各种基本有机化工原料出发，经一系列有机反应合成香料化合物。全合成法的特点是原料来源广、成本低、设备工艺复杂、香气差。

半合成法是以天然香料中分离出的单离香料为原料合成香料化合物的方法。天然等同香料采用半合成法得到，和化学全合成法比较，工艺过程比较简单，合成路线短，并且由于合成物的原料是天然的，所以通常具有天然香料的绿色、安全特点，更适用于化妆品、食品等加香产品中，并且天然等同香料比化学合成香料香气更纯正、浓郁和可贵，在加香产品中使用效果更好。随着国民经济的发展和人民生活水平的提高，以及人们回归自然意识的增强，天然等同香料必然越来越受到人们的青睐，有更广阔的市场前景。

目前，香料合成工艺中普遍存在着辅助原料或催化体系毒性大、腐蚀性强、后处理复杂、副反应严重，以及原料和燃料消耗高的问题。针对这些问题需要研究采用清洁的合成路线，从而实现生产过程中的绿色环保。

二、主要天然等同香料合成

（一）丁香酚系列香料

丁香油及丁香罗勒油的主要成分为丁香酚，其中丁香油中含量为 80%～95%，丁香罗勒油中含量为 30%～70%。丁香类精油为世界上的大类精油，全球年产量 3000～4000t。精油可以直接使用，但更重要的用途是从中分离出丁香酚，丁香酚是重要的单离香料，可大量用于食用香精中，也可在日化香精及医药中使用。丁香酚也可以作为原料合成附加值更高的丁香酚系列香料。丁香酚异构可以合成异丁香酚；丁香酚和异丁香酚可分别合成丁香酚醚类和酯类香料；异丁香酚还可合成香兰素、浓馥香兰素等高端香料。

1. 丁香酚催化异构为异丁香酚

传统的酚醚类香料的异构化方法主要是采用氢氧化钾等强碱催化剂，需要在减压条件下，

170～180℃高温下，液相反应7～8h，故存在反应时间长、得率较低、能耗高、废液污染、后处理困难等问题。

异丁香酚绿色合成路线主要有以下几种。

① 以聚苯乙烯树脂固载PEG（聚乙二醇）相转移催化体系，在无溶剂条件下进行催化异构。此合成路线的优点是常压反应，反应结束只需要通过简单的过滤就能实现催化剂和产品的分离，催化剂可循环使用；降低了异构化温度（90℃），缩短了反应时间（4h），异构产品得率均达到95%以上；降低了能耗，合成工艺绿色环保。

固载相转移催化剂机理：在浓氢氧化钾作用下直接与氯甲基化聚苯乙烯树脂反应合成聚苯乙烯固载聚乙二醇（DVB-PS-PEG）高分子相转移催化剂。

$$\text{Ⓟ}-C_6H_4-CH_2Cl + HO(CH_2CH_2O)_nH \xrightarrow[\text{甲苯}]{33\%\ NaOH} \text{Ⓟ}-C_6H_4-CH_2O(CH_2CH_2O)_nH + HCl$$

在碱的催化下，烯烃的双键可发生转移。

$$RCH_2CH{=}CH_2 + B^{\ominus} \longrightarrow BH + RCH_2{=}\overset{\ominus}{C}H{=}CH_3 \longrightarrow RCH{=}CH-CH_3 + B^{\ominus}$$

② 钌金属配合物催化剂催化异构合成异丁香酚。在100℃以下，反应时间3～4h，异丁香酚得率为92%～98%。过渡金属配合物作为异构化的催化剂表现优异，钌催化剂在催化过程中形成的过渡金属氢配合物结构独特、活性高，且该催化系统稳定，可以抑制顺式异构体的生成。这是一种相对绿色环保的催化体系。

催化合成机理：首先$RuCl_2(PPh_3)_3$分解成m[$RuCl_2(PPh_3)_2$]，后丁香酚的π-烯丙基电子在金属配合物不饱和溶液中相互作用形成一个π-配合物**a**，**a**再通过烯丙基H从γ碳原子迁移到m形成π-烯丙基金属氢化配合物**b**，**b**上的氢化物迁移到α碳原子上形成**c**，活性催化物质**c**易分解为1和2。

③ 以$Pd(OAc)_2$为主催化剂，$Al(OTf)_3$为非氧化还原金属离子，加速Pd(Ⅱ)催化丁香酚的双键异构化反应。在反应温度50℃、反应时间6h条件下，异丁香酚得率为96.3%。

2. 丁香酚和碳酸二甲酯甲基化反应合成丁香酚甲醚

酚羟基的甲基化反应通常是以硫酸二甲酯、溴甲烷等为甲基化试剂，这些试剂毒性很大，并有很强的腐蚀性，会给环境带来严重的污染，特别是硫酸二甲酯属于有机剧毒品，并且在反应过程中产生硫酸，腐蚀性强，后处理工序复杂，产生大量的废酸水。

碳酸二甲酯（DMC）是一种无毒、环保性能优异、成本低廉、用途广泛的化工原料，用碳酸二甲酯作为甲基化试剂合成醚类香料可以解决传统合成的环境污染问题，符合低污染、低排放的环境友好型经济的发展方向。

碳酸二甲酯甲基化合成机理：在碱性条件下，酚Y离子化为酚氧负离子，然后作为亲核试剂进攻碳酸二甲酯上的碳原子，攻击甲基碳生成醚；氧负离子也可能攻击羰基碳发生酯交换反应，生成酯类物质。

$$Y^- + CH_3OC(=O)OCH_3 \longrightarrow YCH_3 + CH_3O^- + CO_2 \qquad Y^- + CH_3OC(=O)OCH_3 \longrightarrow YCOOCH_3 + CH_3O^-$$

3. 异丁香酚催化氧化合成香兰素

异丁香酚催化氧化合成香兰素，过去主要以重铬酸钾为氧化剂，此合成工艺的缺点是反应过程中会产生大量的化学危废，环境污染严重。

① 异丁香酚臭氧化反应合成香兰素。在反应温度15℃、反应时间2h、气体流量3L/min条件下，香兰素得率为91.5%。臭氧作为一种绿色的氧化剂，可以直接氧化，氧化过程操作方便，反应速度快，产率高，在反应结束后会自行分解，不会给环境带来污染，解决了重铬酸钾严重的污染问题。

臭氧化反应机理：首先臭氧和烯烃反应生成臭氧化中间体，生成的中间体分解成羰基化合物和羰基氧化物，分解得到的羰基化合物和羰基氧化物结合生成臭氧化物，反应过程中生成的过氧羰基化合物和臭氧化物都容易被还原成醛。

CHO, OH — O_3 → HC(O—O—O)CH—CH_3, OCH_3, OH — H_2O → CHO, OCH_3, OH

② 甲基三氧化铼催化过氧化合成香兰素。以叔丁醇为溶剂，反应温度60℃，反应时间4h，香兰素的得率为90.3%。此催化体系具有高活性、高选择性，反应条件温和，产物易于分离，对环境污染小，符合绿色化学的理念。

氧化反应机理：

H_3CO, OH — CH_3ReO_3 / H_2O_2 → H_3CO, OH — H_2O → HO, OH, H_3CO, OH — CH_3ReO_3 / H_2O_2 → H_3CO, OH

4. 丁香酚合成浓馥香兰素

传统丁香酚合成浓馥香兰素工艺采用硫酸二乙酯作为乙基化试剂，此试剂为剧毒化学品，腐蚀性强，对设备要求高，反应产生大量的硫酸，需要大量的碱去中和；异构化反应需要使用过量的碱，反应温度高；去甲基化反应时间长，副产物较多。

新的绿色合成工艺以丁香酚为原料，以碳酸二乙酯（DEC）为乙基化试剂，以KF/γ-Al_2O_3固体碱为催化剂，采用反应精馏工艺合成丁香酚乙醚，然后使用相转移催化剂（PTC）聚乙二醇将丁香酚乙醚异构化为异丁香酚乙醚，最终异丁香酚乙醚去甲基化合成浓馥香兰素。

反应机理：

① 丁香酚乙基化：

$R-C_6H_4-O^- + C_2H_5OC(=O)OC_2H_5 \xrightarrow{CAT(过氧化氢酶)} R-C_6H_4-OC_2H_5 + CO_2 + C_2H_5OH$

② 丁香酚乙醚的异构化：

$$H_3CH_2CO-C_6H_3(OCH_3)-CH_2CH{=}CH_2 \xrightarrow[PTC]{碱} H_3CH_2CO-C_6H_3(OCH_3)-CH_2-CH{=}CH_2 \ (OH^-)$$

$$\longrightarrow H_3CH_2CO-C_6H_3(OCH_3)-\overset{\ominus}{C}H{=}CH{=}CH_2 \longrightarrow H_3CH_2CO-C_6H_3(OCH_3)-CH{=}CH-\overset{\ominus}{C}H_2$$

$$\longrightarrow H_3CH_2CO-C_6H_3(OCH_3)-CH{=}CH-CH_3$$

③ 异丁香乙醚脱甲基化：

$$R-O-CH_3 \overset{A^+}{\rightleftharpoons} R-O-CH_3 \xrightarrow{X^-} \left[R-\overset{A}{O^+}\cdots CH_3\cdots X^- \right] \longrightarrow ROH + CH_3X$$

$$ROH \xrightarrow{X^-} ROX$$

（二）柏木系列香料

柏木油是全球十大精油之一，精油可直接用于香精的调配，也可以从中分离出柏木脑（柏木醇）、α-柏木烯、β-柏木烯和罗汉柏木烯等主要成分，这些化合物可作为单离香料使用，更重要的作用是作为原料合成高附加值的天然等同香料。柏木系列香料香气独特、可贵，通常含有木香及动物香气，所以在香料香精工业中占有非常重要的地位。

柏木生长周期比较长，通常 60 年才能成材，目前柏木资源已经非常匮乏，严重影响到香料工业的发展。研究发现，杉木富含杉木油，其香气特征和组成与柏木非常类似，完全可以替代柏木油用于香料香精工业中。而且杉木是中国南方最重要的造林树种，其蓄积量及采伐量最大。每年采伐及加工过程中产生大量的木屑、树根、枝丫等废弃物，以此为原料可以提取杉木精油。

分别以柏木油和杉木油为原料，通过真空精馏和结晶、重结晶可分离得到柏木醇、α-柏木烯、β-柏木烯和罗汉柏木烯，然后再进行化学深加工，由柏木醇合成甲酸柏木酯、乙酸柏木酯、甲基柏木醚等，由柏木烯合成甲基柏木酮、环氧柏木烷、柏木烷酮、柏木二醇、环氧柏木烷、柏木烯醛、帝王龙涎酮（ambrocenide）等。

1. 甲基柏木醚的合成

采用氨基钠代替传统的 NaOH、KOH 等无机强碱为催化剂，通过柏木醇和硫酸二甲酯的甲基化反应合成得到甲基柏木醚。反应时间为 2h，反应温度为 80℃，甲基柏木醚的得率为 84.5%。这个工艺解决了生产操作的安全、稳定问题，使之更适于工业化生产。

合成机理：柏木醇与氨基钠反应，生成柏木醇钠，再通过威廉姆逊（Williamson）合成法制得甲基柏木醚。

反应式如下：

$$\text{柏木醇(OH)} \xrightarrow[溶剂]{NaNH_2} \text{(ONa)} \xrightarrow{(CH_3)_2SO_4} \text{(OCH}_3\text{)}$$

2. 甲基柏木酮（乙酰基柏木烯）的合成

乙酰基柏木烯的合成通常是用醋酐作酰化剂，在酸催化下，柏木烯通过乙酰化反应合成得到甲基柏木酮。清洁的合成工艺采用强酸性离子交换树脂、活性炭固载磷钨酸（PW/AC）等固体酸催化剂，替代过去的磷酸、多聚磷酸、过磷酸等无机液体酸催化剂，解决了原催化体系导致的设备腐蚀严重及液体酸对环境造成污染的问题，并且提高了选择性及产品的收率。

反应式如下：

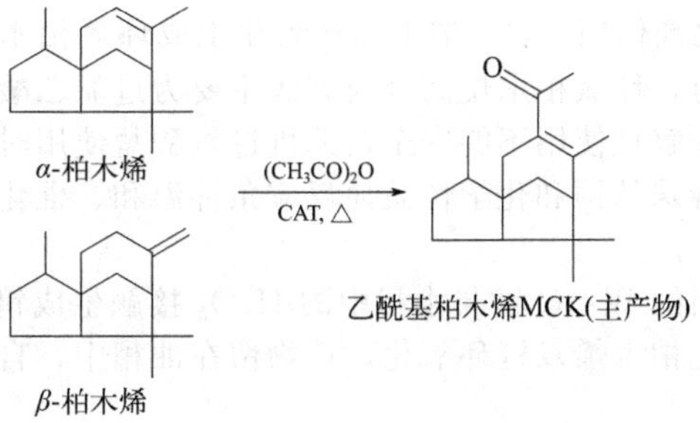

α-柏木烯

$(CH_3CO)_2O$

CAT, △

乙酰基柏木烯MCK(主产物)

β-柏木烯

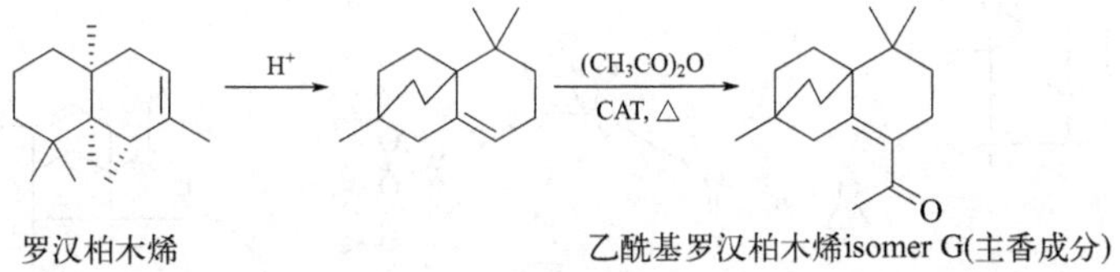

H⁺

$(CH_3CO)_2O$

CAT, △

罗汉柏木烯

乙酰基罗汉柏木烯isomer G(主香成分)

甲基柏木酮产品实际上是一种非常复杂的混合物，其中酮类的含量在60%～90%之间，而大多的酮类香气较弱，香气最为优异的是isomer G，其含量的高低是评判甲基柏木酮质量的重要标准。α-柏木烯、β-柏木烯的乙酰化只能得到以乙酰基柏木烯MCK为主的产物，而罗汉柏木烯的乙酰化能得到以乙酰基罗汉柏木烯isomer G为主的产物。

isomer G制备：首先由罗汉柏木烯催化异构成olefin B，然后再乙酰化得到。罗汉柏木烯的酸催化异构过程非常复杂，生成的异构体超过10种，因此，如何最大限度地选择性得到olefin B，从而获得高含量的isomer G是需要解决的关键问题。

2017年，马莉等研究以二氧化硅负载磷钨酸固体催化体系，催化异构罗汉柏木烯，在反应温度80℃、反应时间7h条件下，产物得率为58.1%，主产物olefin B的选择性为97.7%。

柏木烯异构化反应机理如下：

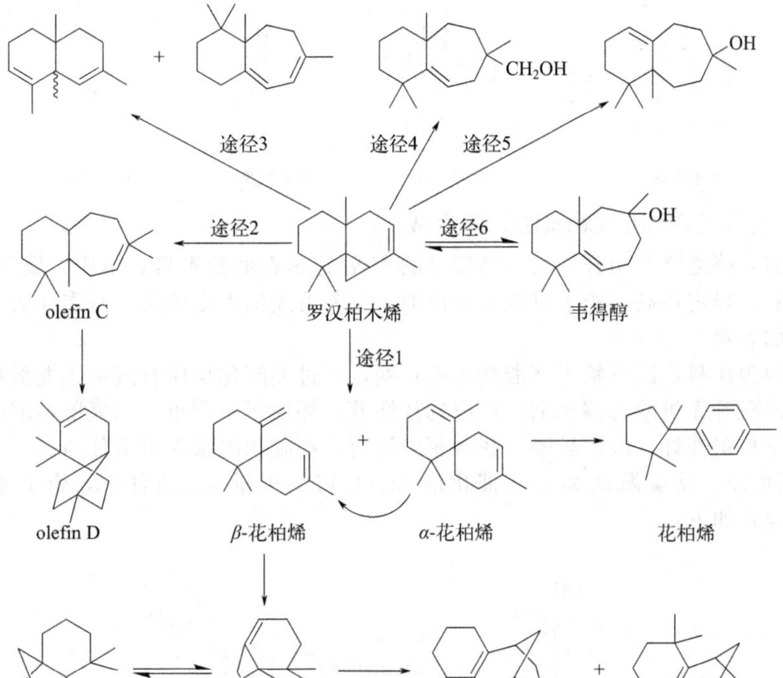

OH

CH_2OH

途径3

途径4

途径5

途径2

途径6

OH

olefin C

罗汉柏木烯

韦得醇

途径1

olefin D

β-花柏烯

α-花柏烯

花柏烯

olefin A

olefin B

olefin E

olefin F

3. 环氧柏木烷的合成

以 H_2O_2 为氧化剂，在催化剂作用下，α-柏木烯环氧化生成环氧柏木烷；环氧柏木烷在酸性条件下重排得到柏木烷酮。目前，环氧柏木烷的合成方法主要为过氧乙酸氧化，或以无机过氧酸盐进行环氧化。有机过氧酸易分解且使用不够安全，无机过氧酸盐使用时需要加入乙酸酐，对环境有污染。而杂多酸及其盐的特殊结构和化学性质使反应条件温和、催化活性好、腐蚀性小，环境友好。

环氧化机理：首先，催化剂的 W＝O 键与水相中的 H_2O_2 接触生成钨氧三元环，然后在季铵盐的作用下从水相进入油相催化柏木烯双键环氧化，产物留在油相中，自身被还原为 W＝O 进入水相，循环往复反应。

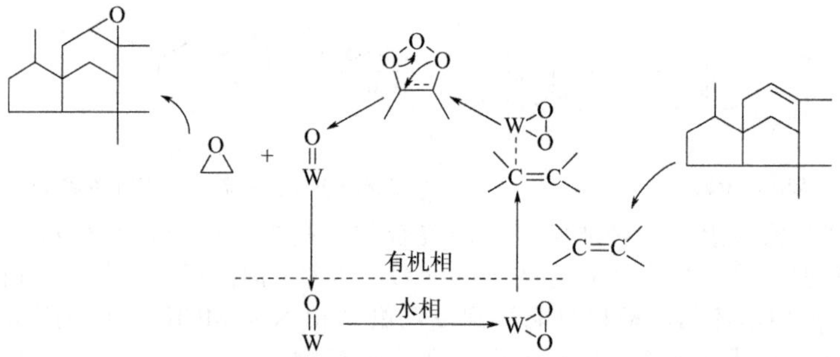

有机相

水相

4. 柏木二醇的合成

柏木二醇是一种比较新的香料，具有极淡的木香香气，而且留香长。以环氧柏木烷为原料，以阳离子交换树脂为催化剂，通过环氧柏木烷的催化开环合成得到柏木二醇产物，并可同时得到柏木烷酮、柏木烯醇。这个方法解决了过去以硫酸作催化剂导致的设备腐蚀和大量废酸液给环境带来污染的问题。阳离子交换树脂是一种固体酸，易分离，可循环使用。

柏木二醇的合成机理如下：

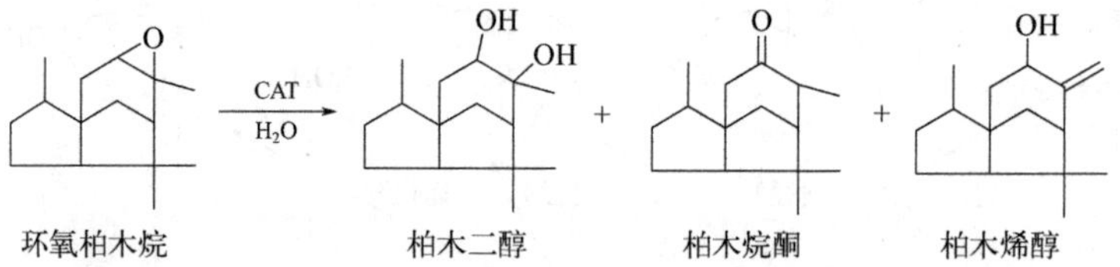

CAT / H_2O

环氧柏木烷　柏木二醇　柏木烷酮　柏木烯醇

5. 帝王龙涎酮（Ambrocenide）的合成

帝王龙涎酮是德之馨公司开发的一种新型的木香-龙涎香型的香料，本质上属于缩酮类香料。产品留香时间长，稳定性高，给人以强烈突出的、令人着迷的嗅觉感受，是迄今为止柏木系衍生香料中最优异的香料。

以柏木二醇为原料，以三氟甲磺酸铟为催化剂，通过缩酮化反应合成帝王龙涎酮。目前主要以硫酸、多聚磷酸等无机酸为催化剂，反应选择性差，环境污染严重。三氟甲磺酸盐是一种新的路易斯酸，化学稳定性好，酸性较强，在水相中稳定，在温和的条件下活性高。

在反应时间 1h、反应温度 20℃、催化剂 $In(OTf)_3$ 用量 4％条件下，帝王龙涎酮收率为 74.0％。其反应式如下：

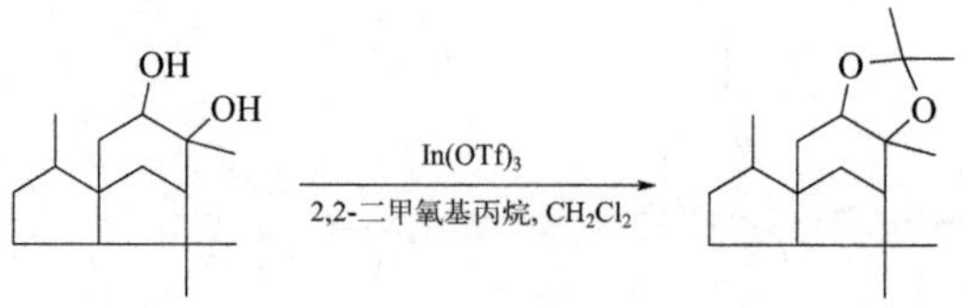

$In(OTf)_3$ / 2,2-二甲氧基丙烷, CH_2Cl_2

（三）香茅系列香料

香茅属禾本科，主要有爪哇种和斯里兰卡种。爪哇种主要产于印尼及我国台湾、海南岛，印度、危地马拉、洪都拉斯、海地等有少量栽培；斯里兰卡种主要分布在斯里兰卡，具有青涩的以香茅醛为主的草香，微有香叶醇的甜香，香气强烈而持久。香茅挥发油由香茅全草经蒸气蒸馏而得，为淡黄色液体，有浓郁的山椒香气，其主要成分是香茅醛、香叶醇、香茅醇、左旋龙脑、柠檬醛等。以香茅油中提取分离的香茅醛、香叶醇为原料，可进一步合成羟基香茅醛、香茅醇、柠檬醛、紫罗兰酮等香茅油系列香料。香茅系列香料也可用于杀虫剂、驱蚊药、皂用等产品中。

1. 香茅醇的合成

由提取分离的香茅醛，采用 Meerwein-Ponndorf 或 Meerwein-Schmidt 反应合成香茅醇，或在骨架镍和骨架钴及硅酸镍的存在下，氢化香茅醛得到香茅醇，选择适当的绿色催化剂，氢化率能够得到很大的提高，即可获得高产率的香茅醇。或以脱铝-碱金属或碱土金属离子交换的改性 BEA 沸石为催化剂，香茅醛羰基 MPV 还原选择性合成香茅醇，并蒸馏分离产物。主要合成路线如下：

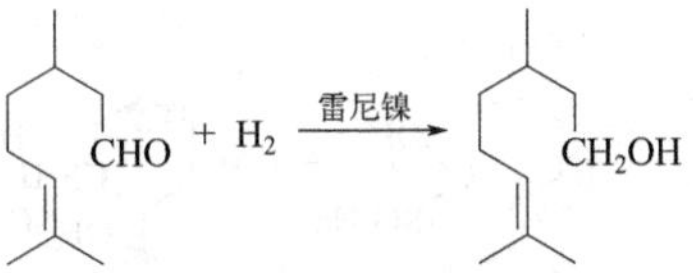

以从香茅油中分离出的香叶醇为原料，经催化加氢或选择性加氢可以制得香茅醇。其中，在钯催化下经选择性加氢而制取的香茅醇香味纯、品质好，工艺过程简单，是一种经济实用的制备工艺。主要合成路线如下：

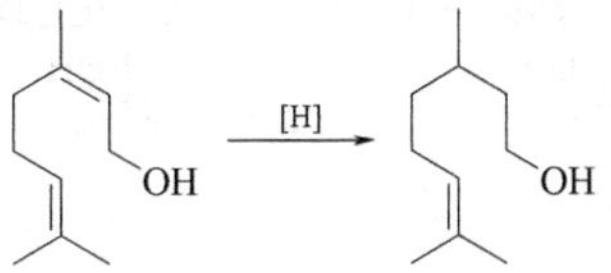

2. 香茅腈的合成

以香茅醛为原料，经肟化反应生成醛肟，再在醋酸酐存在下加热脱水生成香茅腈。为提高香茅肟在固体碱 KOH 催化下的脱水反应产率，可以使用聚乙二醇（PEG）作固-液相转移催化剂进行反应合成；或采用固定床反应器，使用 Cu/SiO_2 催化剂，采用一步催化香茅醇脱氢氨化可合成香茅腈；或以香茅醛为原料，在微波辐射及相转移催化剂聚乙二醇-600 催化作用下，由 SiO_2/Na_2CO_3-NaOH 混合碱促进无溶剂一步法直接制备香茅腈。主要合成路线如下：

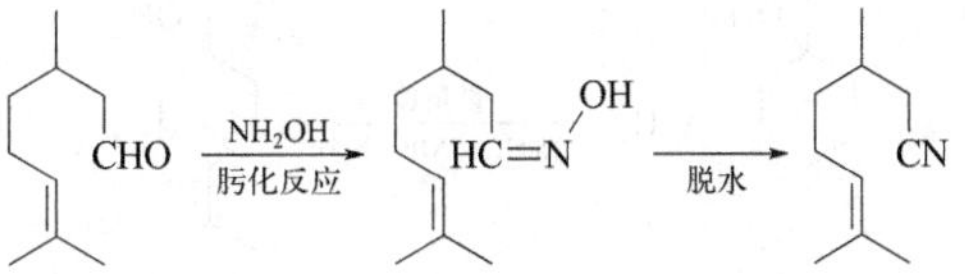

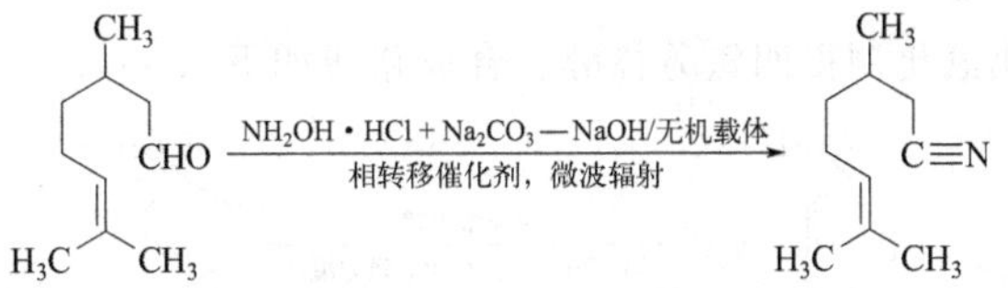

3. 香茅醇酯的合成

主要采用酯化法，以天然香茅醇和天然有机酸为原料，经酯化反应而得。利用有机溶剂中游离脂肪酶催化合成香茅醇酯，但游离酶在有机溶剂中分散性较差且不易回收利用，在随后的研究中逐渐被固定化酶所取代。随着技术的改进，传统的有机相体系，如己烷等被一些离子液体、超临界二氧化碳等所替代，能较好地制备获得香茅醇酯。近年来，发展起来的酶工程领域中无溶剂体系，以低熔点反应物为反应溶剂，使酶直接作用于底物，加快了反应速率，且克服了有机溶剂毒性大、易燃易挥发、对环境造成污染及回收和循环使用成本高等缺点，是具有良好发展潜力的新型反应体系。主要合成路线如下：

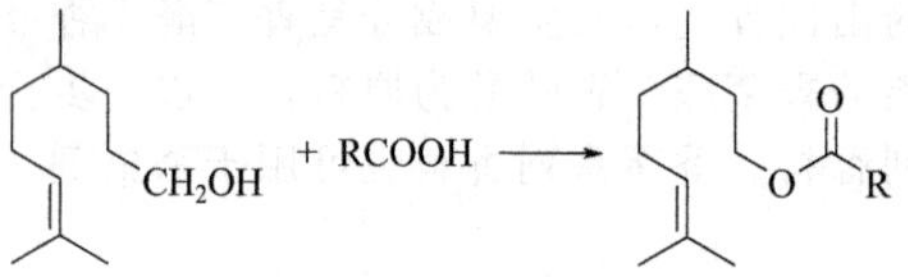

CH_2OH + RCOOH ⟶ O—C(=O)—R

R＝H，CH_3，CH_3CH_2，$CH_3CH_2CH_2$，$H_3C—CH(CH_3)—$

4. 羟基香茅醛和羟基香茅醇的合成

以香茅醛为原料，先用亚硫酸氢钠生成加成物来保护醛基，再在酸性下水合产生羟基，最后再在碱性下分解制得羟基香茅醛。合成路线如下：

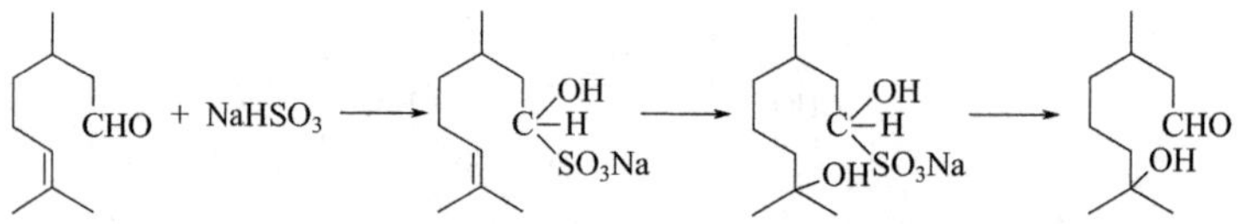

CHO + $NaHSO_3$ ⟶ C(OH)(H)SO_3Na ⟶ C(OH)(H)SO_3Na, OH ⟶ CHO, OH

以 3,7-二甲基-7-羟基辛醛为原料，在镍催化下加压氢化生成羟基香茅醇。合成路线如下：

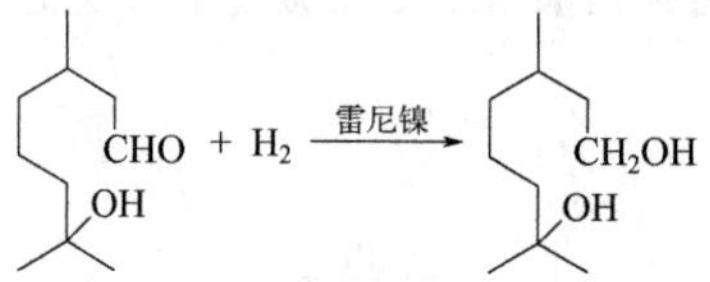

CHO, OH + H_2 $\xrightarrow{\text{雷尼镍}}$ CH_2OH, OH

（四）芳樟系列香料

从芳樟树枝叶中提取制得芳樟油，其主要成分是芳樟醇（含量 40%～95%），可通过精馏分离出芳樟醇。近年来，江西、福建、广西等地采用矮化作业方式，将芳樟树矮化，每年采收枝叶进行芳樟油的提取。芳樟醇可用于维生素 A 和维生素 E 的合成，也可用于香精香料产品中。经过各种绿色化学手段，由芳樟醇可以制得各种系列衍生物。

1. 二氢芳樟醇的合成

由芳樟醇经催化选择加氢制得二氢芳樟醇。合成路线如下：

OH + H_2 $\xrightarrow[\text{25℃, 0.1MPa, 搅拌}]{\text{雷尼镍}}$ OH

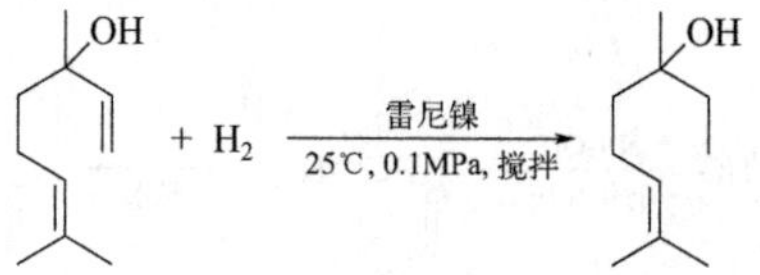

2. 四氢芳樟醇的合成

由芳樟醇经完全催化氢化制得四氢芳樟醇。合成路线如下：

OH + H_2 $\xrightarrow[\text{50～70℃, 1～3MPa, 强力搅拌}]{\text{W-6雷尼镍}}$ OH

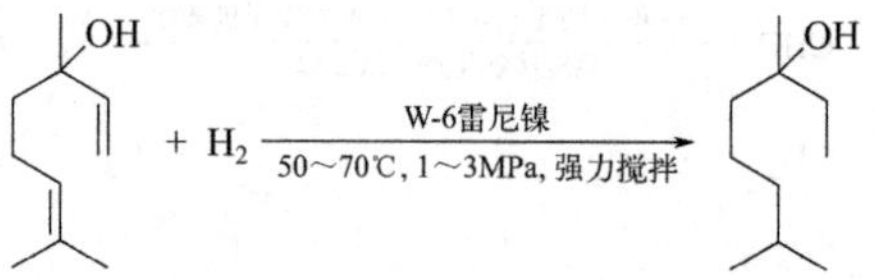

3. 乙基芳樟醇的合成

用甲基乙基乙烯基甲醇与异丙烯基甲醚缩合加成乙基庚烯酮，再转化为乙基脱氢芳樟醇，最后选择性氢化获得乙基芳樟醇。合成路线如下：

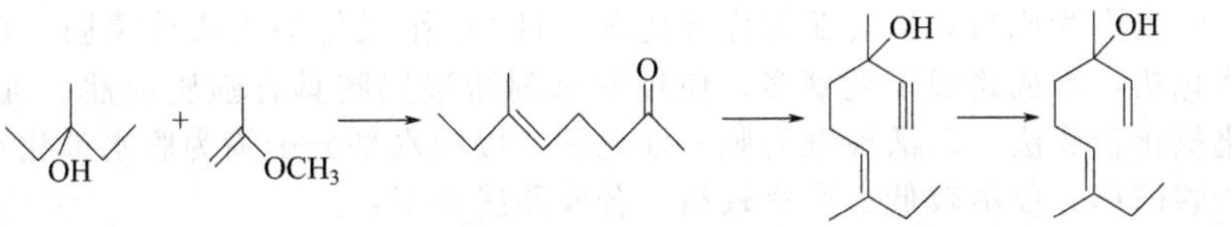

OH　OCH$_3$　O　OH　OH

4. 橙花叔醇的合成

以芳樟醇为原料，先将芳樟醇转化为香叶基丙酮，炔化后成为脱氢橙花叔醇，经加氢后制得橙花叔醇。合成路线如下：

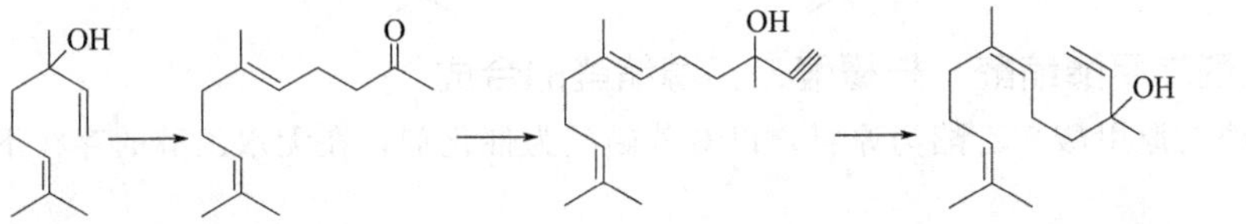

OH　O　OH　OH

5. 芳樟醇酯的合成

由天然有机酸与天然芳樟醇经酯化反应制得芳樟醇酯。所用的催化法可分为酸催化法和碱催化法两大类。其中乙酸芳樟酯合成时采用弱碱 K_2CO_3 作催化剂、醋酸酐作乙酰化剂，在真空条件下连续脱除醋酸，乙酸芳樟酯的收率大大提高。

芳樟醇酯的主要合成路线如下：

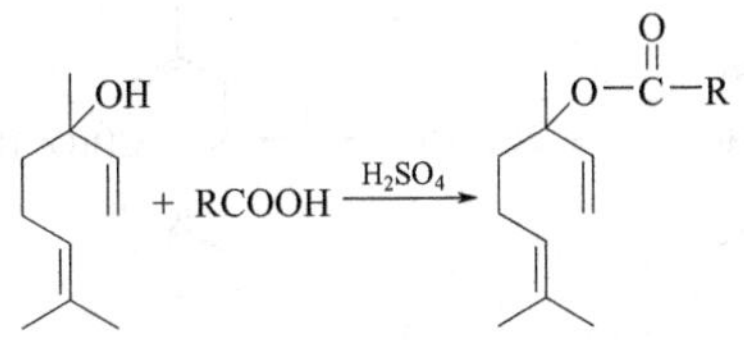

OH + RCOOH $\xrightarrow{H_2SO_4}$ O—C(=O)—R

乙酸芳樟酯合成路线如下：

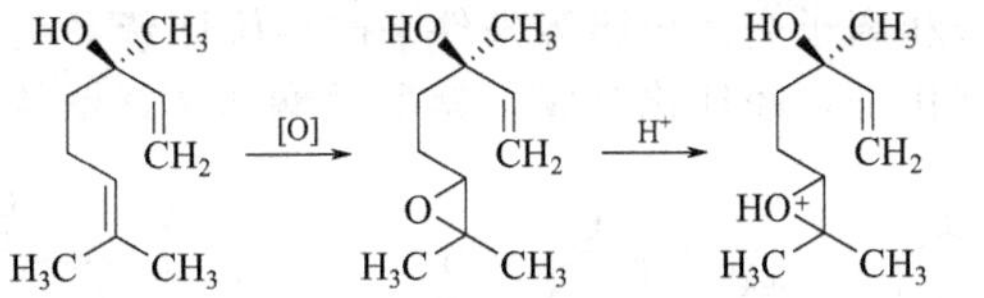

HO　CH$_3$　CH$_2$　H$_3$C　CH$_3$　[O]　HO　CH$_3$　CH$_2$　O　H$_3$C　CH$_3$　H$^+$　HO　CH$_3$　CH$_2$　HO　H$_3$C　CH$_3$

（五）柠檬醛系列香料

天然的柠檬醛存在于山苍子油、柠檬草油、桉叶油、柠檬罗勒油、柠檬艾油、柑桔油、马鞭草油和柠檬黍油等植物精油中，其中山苍子油和柠檬草油是天然柠檬醛的主要来源。柠檬醛属于链状萜烯醛类，具备醛和烯烃类化合物的通性和特征，结构中存在的羰基和双键，极易发生加成、缩合、环化和氧化等化学反应，其分子结构和化学反应性能为结构修饰与化合物衍生提供了充分的条件。采用合适的绿色催化剂，天然柠檬醛与其他天然来源的有机物合成，可以获得一系列柠檬醛系列天然等同香料。

1. 香柠檬醛的合成

由香茅醛和甲醛在二甲基氯化铵的催化下合成香柠檬醛。合成路线如下：

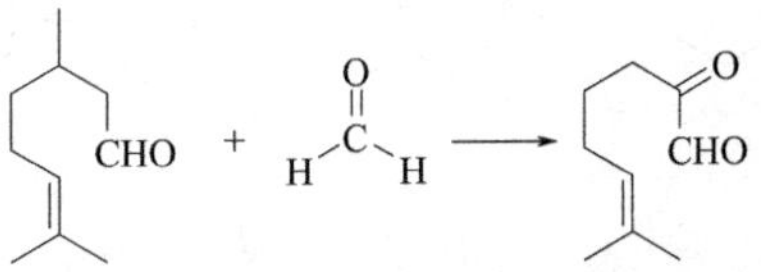

CHO + H—C(=O)—H ⟶ O　CHO

2. 柠檬腈的合成

以柠檬醛和氨水为原料，氯化亚铜作催化剂，H_2O_2 作氧化剂生成柠檬腈。传统的合成方法为盐酸羟胺肟化法，合成路线工艺繁多，使用的试剂盐酸羟胺具有强腐蚀性、毒性且价格昂贵。采用一步催化氨化合成法，以活性铜为脱氢催化剂，以脱水型分子筛为脱水催化剂，在一定的温度下反应，步骤简单、成本较低、产率较高。合成路线如下：

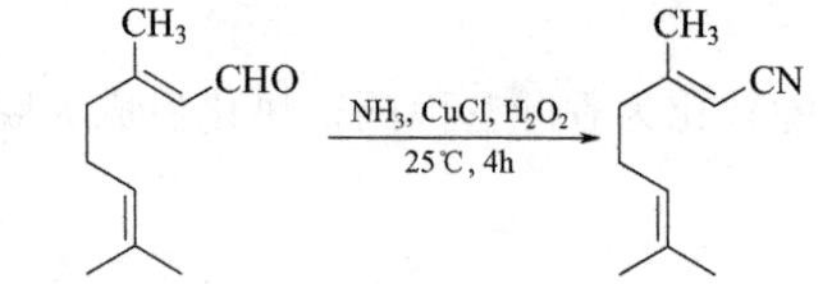

CH_3 CHO $\xrightarrow[25℃, 4h]{NH_3, CuCl, H_2O_2}$ CH_3 CN

3. 柠檬醛二甲醇缩醛、柠檬醛二乙醇缩醛的合成

以柠檬醛与原甲酸三乙酯为原料，以对苯磺酸为催化剂，在无水乙醇的存在下制得柠檬醛二乙醇缩醛。

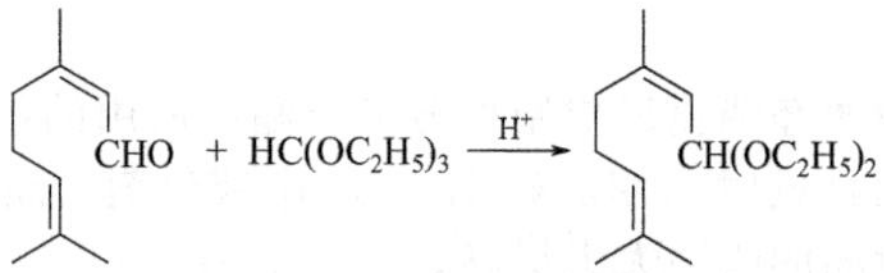

CHO $+ HC(OC_2H_5)_3 \xrightarrow{H^+}$ $CH(OC_2H_5)_2$

柠檬醛二甲醇缩醛由柠檬醛与甲醇在酸性催化剂存在下经脱水缩合而成。合成路线如下：

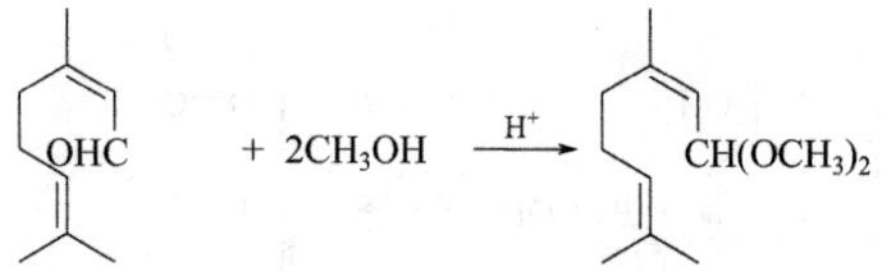

OHC $+ 2CH_3OH \xrightarrow{H^+}$ $CH(OCH_3)_2$

4. 紫罗兰酮的合成

以柠檬醛和丙酮为原料，以 KNO_3/Al_2O_3 为催化剂，缩合制得假性紫罗兰酮。近年来，采用相转移催化、微波辐射法和离子交换树脂等条件来改善假性紫罗兰酮的合成条件，实现绿色合成。假性紫罗兰酮，在酸催化下，经环化合成 *α*-紫罗兰酮和 *β*-紫罗兰酮，合成路线如下：

CHO $\xrightarrow{丙酮}$ O $\longrightarrow$ O

CHO $\xrightarrow{丙酮}$ O $\longrightarrow$ O

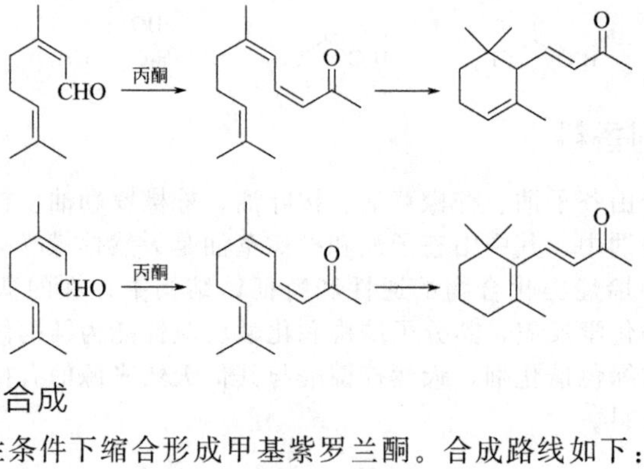

5. 甲基紫罗兰酮的合成

柠檬醛和丁酮在碱性条件下缩合形成甲基紫罗兰酮。合成路线如下：

OHC + O $\longrightarrow$ O $\longrightarrow$ O

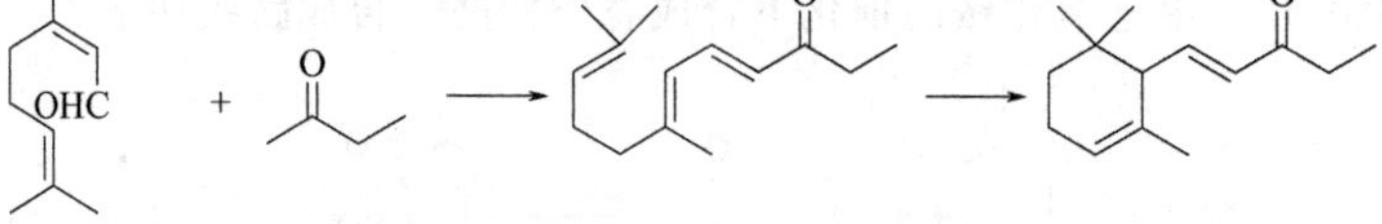

（六）肉桂系列香料

肉桂油为中国重要的特色芳香精油之一，年产量约 2000t，占全球总产量的 70%。肉桂油中

主要成分为肉桂醛、乙酸肉桂酯、香豆素、反式邻甲氧基肉桂醛等，其中肉桂醛含量为70%～95%。肉桂油可直接用于加香，更重要的用途是通过真空精馏的方法分离出肉桂醛、乙酸肉桂酯、香豆素、反式邻甲氧基肉桂醛等重要的单离香料，特别是肉桂醛可大量用于食用香精中。肉桂油还可通过化学深加工合成苯甲醛、肉桂醇、肉桂醛、肉桂酸及肉桂酸酯类等天然等同香料。

苯甲醛合成中通过复合碱液催化体系及其洁净回收技术，减少反应副产物和提高碱液循环次数，提升非均相逆羟醛缩合反应的效果，减少副反应的发生，减少或消除废弃物的排放和苯甲醛的流失，同时还使有机相副产物得到富集分离，减少废弃物。

1. 苯甲醛的合成

以肉桂油中分离出的肉桂醛为原料，通过臭氧法合成肉桂醇。反应温度0℃，反应时间210min下，肉桂醛转化率和苯甲醛选择性分别为97.8%和60.9%。

目前以肉桂醛合成苯甲醛主要采用碱性水解法，此法液体碱液对肉桂醛的溶解性差，需要额外添加化学助剂，存在废碱液及化学助剂的污染问题；也可采用氧化法使肉桂醛烯丙基上的双键氧化来制备苯甲醛，过去主要以重铬酸钾为氧化剂，此合成工艺会产生大量的化学危废，环境污染严重。相对来说臭氧氧化过程操作方便，反应速度快，产率高，反应结束后臭氧会自行分解，不会给环境带来污染。

反应式如下：

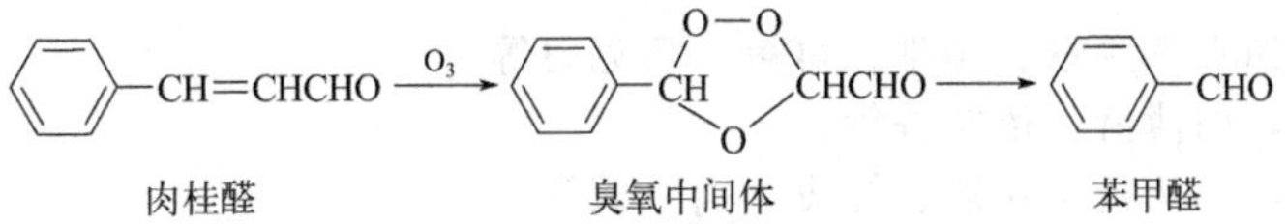

$$C_6H_5\text{—}CH{=}CHCHO \xrightarrow{O_3} \text{臭氧中间体} \longrightarrow C_6H_5\text{—}CHO$$

肉桂醛　　臭氧中间体　　苯甲醛

2. 肉桂醛选择性加氢合成肉桂醇

以肉桂醛为原料，丝光沸石为催化剂，通过选择性加氢合成肉桂醇。在压力3.0MPa、温度80℃条件下，肉桂醛转化率达74.0%，肉桂醇的选择性为77.1%。

目前，工业上通常由肉桂醛化学还原得到肉桂醇。化学还原法是肉桂醛与还原剂之间进行电子转移过程，肉桂醛还原为肉桂醇，而还原剂被氧化。该方法虽然可以得到高选择性的不饱和醇，但生产成本高，反应条件苛刻，还原剂与产物相互溶解，后处理困难，环境污染严重。多相催化加氢还原法与化学还原法相比，具有先进、“三废”少、收率高、产品质量好等优点，是肉桂醛制备肉桂醇工业化生产的方向。

反应式如下：

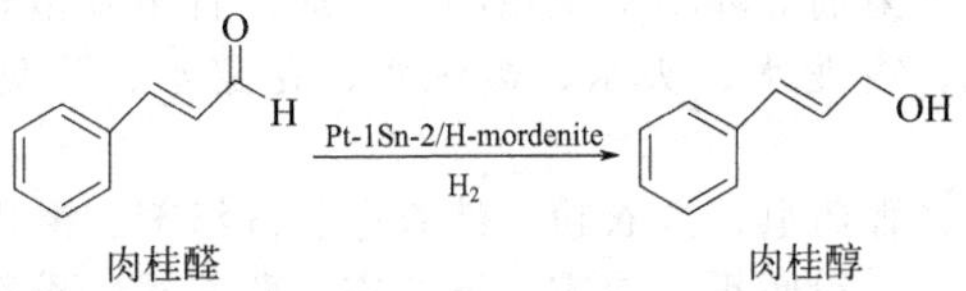

$$C_6H_5CH{=}CHCHO \xrightarrow[H_2]{\text{Pt-1Sn-2/H-mordenite}} C_6H_5CH{=}CHCH_2OH$$

肉桂醛　　肉桂醇

3. 肉桂醛选择性氧化制备肉桂酸

以肉桂醛为原料，Ag/C为催化剂，采用氧气催化氧化肉桂醛合成肉桂酸，反应温度40～45℃，反应时间1.5h，肉桂酸收率为93.5%。

传统的工艺主要以双氧水、次氯酸钠为氧化剂，肉桂醛氧化成肉桂酸。此法会产生大量的废液，造成环境的污染。

反应式如下：

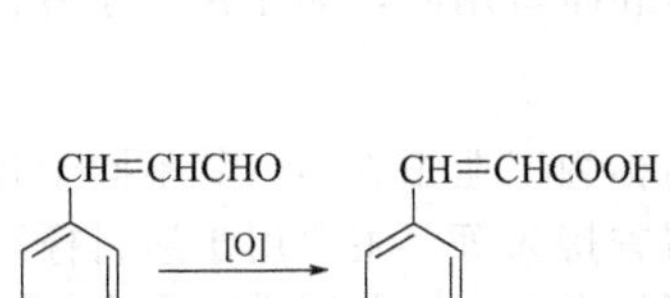

$$C_6H_5CH{=}CHCHO \xrightarrow{[O]} C_6H_5CH{=}CHCOOH$$

肉桂醛　　肉桂酸

第四节　林源香料的应用

一、调香应用

林源香料很少直接使用，而是和其他香料通过一定的人工技艺调配后，最终以调和香料（香精）的形式应用于加香产品中。

林源香料主要用于调配食用香精、日用香精及工业用香精。

1. 食用香精

通常，食用香精是参照天然食品的香味，采用天然和天然等同香料、合成香料经精心调配而成的具有天然风味的各种香型的香精，具有不同果香、乳香、巧克力香、坚果香、酒香、肉类香等香气，适用于饮料、饼干、糕点、冷冻食品、糖果、调味料、乳制品、罐头、酒等食品中。食用香精的剂型有液体、粉末、微胶囊、浆状等，是一类重要的食品添加剂，所用原料大多来自天然产品。

① 柑橘类香精，如橘子、柠檬、酸柠檬、柑等。

② 水果类香精，如香蕉、樱桃、葡萄、甜瓜、桃、菠萝、李子、热带非柑橘水果类以及其他杂交水果等。

③ 豆类香精，如香荚兰豆、咖啡、可可、巧克力等。

④ 薄荷类香精，如薄荷、留兰香等。

⑤ 调味类香精，如味精、酱油、桂皮、肉豆蔻等。

⑥ 坚果类香精，如杏仁、花生、胡桃等。

⑦ 乳品类香精，如奶品、奶油、干酪、炼乳等。

⑧ 肉类香精，如牛肉、猪肉、鸡肉、鱼贝类等。

⑨ 烟用香精，如烟丝和卷烟等。

⑩ 其他类香精，如蔬菜、谷类、海鲜类等。

2. 日用香精

随着人们生活水平的提高和对物质文化的追求，香料香精工业得到了迅猛的发展，在新品种、新原料、新技术方面有了较快提高，而日用香精在日用品中的使用也越来越广泛，主要用于香皂、洗涤剂、各种化妆品（冷霜、雪花膏、发乳、发蜡、洗发露、花露水和香水等）、护肤美容品、牙膏、空气清洁剂和杀菌剂等环境卫生用品中。通常日用香精分为以下几类。

（1）水质类　包括香水、古龙水、头水、盥洗水、花露水、除臭水、卫生香露、室内清香剂、生发水、剃须用水等。

（2）洗涤类　包括香皂、香药皂、洗衣粉、洗衣皂、洗涤剂、浴用剂等。

（3）膏霜类　包括雪花膏、粉底霜、冷霜、清洁霜、营养霜、香粉霜、防裂霜、眼睫霜、剃须膏、杏仁蜜、唇膏等。

（4）脂粉类　包括香粉、粉饼、爽身粉、痱子粉、胭脂等。

（5）发须用品类　包括发蜡、发乳、洗发香波、洗发香乳、洗发香膏、香头油、生发油、染发用品等。

（6）口腔用品类　主要是洁齿和净口用品，如牙膏、牙粉、牙净、漱口水和口用清凉剂等。

3. 工业用香精

一般将日用和食用以外的香精称为工业用香精，其不同于日用香精及食用香精，工业用香精的特点在于香味粗犷、耐高温及留香持久等，主要用于塑料橡胶、化工涂料及油漆油墨里，用来遮掩气味及增加香味，以达到最好的卖点。工业用香精是为加香产品配套的重要原料工业，在不同加香产品中的用量只有0.3%～3%，但它对产品质量优劣起重要作用，因此香精被称为加香产品的“灵魂”。按照用途可将工业用香精分为以下几类。

(1) 家用香精　包括杀虫剂用、防臭和除臭剂用、日用百货用、地板用蜡用、吸尘器用、鞋油用、洗革器用、汽车蜡用、蚊香用、卫生香用、蜡烛用、公安用等香精。

(2) 生物用香精　包括饲料用、引诱剂用、驱避剂用等香精。

(3) 工业品用香精　加香对象是工业产品，如合成树脂、纤维、合成革、燃料油、机油、溶剂等。最初加香的目的主要是清除产品的不快气味和原料的臭味。目前，工业品加香不仅是为了消除恶臭气味，同时也是为了改变产品的类型。

(4) 环境保护用香精　这一类香精属于除臭剂类香精。随着近代工业的迅速发展，城市污染越来越严重，各国都建立了环境保护法，因此目前用于缓和以及消除公害用的香精骤然增加。

二、芳香疗法

精油最早的应用可以追溯到6000多年前的古埃及，埃及艳后曾使用檀香精油、玫瑰精油和橙花精油沐浴并涂抹全身。关于芳香疗法（aromatherapy）最早的记载，来自拉丁文aromatherapy，是将代表“香味”“芳香”的单词aroma与代表“疗法、治疗”意思的therapy加以结合而成的词汇。其利用植物芳香精油中的某些成分在人类嗅感之后产生重量和心理反应，以达到防止疾病与养生保健的作用，它是医学、心理学和植物化学等相互交叉渗透的产物。

法国化学家Rene-Maurice Gattefosse在20世纪初最先发现薰衣草精油的抗烫伤作用。此后，他用实验的方法证实了精油的治疗功能。法国芳香疗法研究者Jean Valnet用不同的精油治疗烧伤、牛皮癣、咳嗽、湿疹、失眠、抑郁、腹痛及关节炎等。

芳香疗法是将气味芬芳的植物精油制成适当的剂型，作用于全身或者局部，用于减轻、预防或治疗人体某些疾病的一种辅助方法。一直以来，精油在美容、保健养生方面有着广泛的应用，并且为人们所熟知。近年来许多关于植物精油在医药卫生领域的研究发现，植物精油具有多方面的生物活性，在改善记忆、抗菌、抗病毒、抗肿瘤、缓解疼痛等方面均具有一定的作用。现代的国际交流和临床探索使植物精油的研究和应用发生了质的飞跃。

芳香精油的有效成分可以两种方法进入体内：一种是通过鼻腔吸入，向大脑传送芳香信息；另一种是直接从皮肤加以吸收。植物的芳香通过人体鼻腔内嗅觉细胞接触后，通过肺的呼吸作用于相关的脏腑，再由脏腑之间的联络作用于全身，纠正五脏六腑的病理状态，从而迅速产生良好的生理效应，起到平衡气血、防治疾病的作用；或由鼻腔传入附着在嗅细胞上，引起嗅细胞兴奋，芳香分子所具有的“化学情报”就会变成信号，传达到大脑边缘系统，进而控制、调节身体行动和愉快、不愉快、恐惧等情绪，同时，相邻的脑下垂体会立刻反应，引起身心的变化，调整人的身体状况，改变人的心情。利用植物精油直接进行皮肤按摩，精油通过皮肤系统进入人体，不但可以发挥精油的疗效，还可以促进血液、淋巴液的循环，促进有效成分的吸收。

（一）单方精油

单方精油是从一种植物的整株或某一个部位提取分离得到的挥发性成分，纯度高，经充分稀释后才能用在皮肤上。单方精油通常以该植物的名字来命名，如芳樟精油、桉树精油、茶树精油、迷迭香精油、薰衣草精油和玫瑰精油等。主要包括以下四类。

1. 花叶类精油

天竺葵精油是将天竺葵经过蒸馏作用提取的淡绿色芳香物质，具有稳定情绪、镇静和提神的作用，能用于压抑、焦虑和恐惧等精神方面的治疗，还可用于创伤和溃疡的治疗；玫瑰精油是将玫瑰花朵经过蒸馏萃取出来的芳香物质，具有愉悦心情、抗忧郁焦虑、有助于睡眠、治疗微血管松弛、促进血液循环，以及防皱、保湿、收敛肌肤的功能；薰衣草精油来自薰衣草，具有减轻胃肠胀气、镇定神经系统、放松肌肉、消除疲劳、治疗烫伤和关节炎、治疗风湿病等作用。

2. 果实类精油

柑橘类精油的化学结构极为相似，皆具激励、活化与提神的作用。柑橘类精油的共同特点在于含有大量的右旋柠檬烯，右旋柠檬烯具有强大的抗病毒、抗菌及刺激免疫等作用，能刺激大脑的血液循环，提高能量转换，进而使感觉敏锐、思路清晰、提振精神。柑橘类精油内含少量的香豆素，可使精神放松、心情愉悦，更有助于促进脑内啡的分泌，进而驱走悲伤、倦怠和心情低落等负向情绪。有些果实类精油中的呋喃香豆素能使心情开朗，或富含的脂溶性类黄酮素是最佳的自由基捕手，可强化免疫力。

果实种子类药材佛手为芸香科植物的成熟果实，研究证明，其所含佛手醇提物以 20g/kg 剂量给小鼠灌胃，令小鼠的自发活动明显减少并可维持 2h。同剂量还可显著延长小鼠戊巴比妥钠睡眠时间。

3. 木本类精油

沉香是瑞香科植物沉香及白木香含树脂的木材，具有镇静、镇痛、松弛肌肉的作用，沉香螺旋醇可能与中枢抑制有关，具有氯丙嗪样的安定作用；檀香为半寄生植物，其中所含的 α-檀香木醇和 β-檀香木醇具有氯丙嗪样的安定作用，可以降低环己烯巴比妥睡眠小鼠的直肠温度，延长睡眠时间。檀香和沉香其药用部位多为芯材，是常用的香木类助眠香料。

4. 根系类精油

用根茎进行蒸馏萃取以得到精油的植物有穗甘松、石菖蒲、岩兰草和生姜等，其有效成分挥发油具有促进吸收、稳定神经、镇静情绪的作用。此外，全株植物的支撑都由根完成，根类精油对骨骼有帮助，对肌肉、关节、骨骼系统的各类问题具有一定的功效。石菖蒲的水提物或醇提物可以延长戊巴比妥钠睡眠小鼠的睡眠时间，其作用主要是镇静。

（二）基础油及其选择

1. 基础油的概念

基础油（base oil，corier oil），又称为媒介油、基底油，是一类用于稀释精油的植物油，主要取自植物种子、花朵、坚果或根茎等部位。基础油是一类非挥发性的油脂，直接涂抹时可以润滑肌肤，是一种高效的皮肤润湿剂，也可以向皮肤提供多种营养物质，如蛋白质、维生素等。基础油本身具有医疗保健功效，是一种保养用油，当其用于稀释精油时，不仅能防止精油直接涂抹时因性质强烈而损伤肌肤的情况发生，而且可以向人体皮肤提供热与营养。当基础油按照一定比例稀释精油后，可直接用于芳香疗法按摩。

2. 常用的主要基础油

（1）月见草油（evening primrose oil） 月见草油气味如药草香，呈深黄色，富含 γ-亚麻油酸、维生素、矿物质等，由月见草种子压榨而得，具有极佳的保湿作用，能滋养和湿润皮肤，减少皮肤水分的流失，防止皮肤早衰，适用于干性老化皮肤。月见草油对治疗干癣、湿疹有特殊功效，还能帮助指甲发育，防止脱发和头皮屑过多，过去常被制成胶囊，也可以调和乳液乳霜，可治疗经前症候群、更年期障碍。

（2）荷荷巴油（jojoba oil） 荷荷巴油具有荷荷巴特有的油脂香味，呈黄色，富含蛋白质、矿物质、维生素 D 等，自荷荷巴种子中冷压榨取而得。荷荷巴油具有良好的渗透性，稳定性强，不易酸败，延展性佳，适用于油性敏感肌肤，可有效改善皮肤炎症、湿疹等。荷荷巴油实则是一种植物蜡，质地轻滑，是一种良好的护发素，可用于柔软头发、预防分叉；也可以保存皮肤水分，软化皮肤，有高度亲和性，适合成熟及老化皮肤，是一种护肤和护发的天然保养油。

（3）鳄梨油（avocado oil） 鳄梨油，又名酪梨油，味重，呈深绿色，富含维生素、蛋白质、矿物质等，营养极高，自干燥的果核中压榨而得，质地非常黏稠，属于渗透较深层的基础油。鳄梨油滋润保湿效果好，非常适合干性和脱水皮肤使用，可改善皮肤弹性，但不建议单独使用。鳄梨油具有良好的抗氧化作用，可以促进新陈代谢，消除皱纹，帮助皮肤增强抵抗力。

（4）甜杏仁油（sweet almond oil） 甜杏仁油气味清香，呈淡黄色，富含不饱和脂肪酸、蛋白质、维生素，自甜杏仁树的果实中压榨而得，有润滑性但无渗透性，非常清爽，属于中性的基础油。甜杏仁油具有较强的润滑性，对皮肤湿疹、干燥、炎症具有良好的效果，适用于各种类型的皮肤，是当前使用最为广泛的基础油。甜杏仁油极为温和，保养皮肤和滋润效果极好，婴儿娇嫩的皮肤也可以使用，抗过敏性强，对敏感性皮肤有保护功效，对面疱皮肤有调理作用。甜杏仁油可适配性强，可以与任意一种植物油互相调和。用于全身按摩，可以消除疲劳，促进细胞更新，具有镇痛作用。甜杏仁油还具有防晒功能，但效果有限，不能单独使用。

(5) 澳洲坚果油（mocadamia oil）　澳洲坚果油味重如坚果味，呈深黄色，富含不饱和脂肪酸、蛋白质、矿物质，自澳洲坚果中压榨或萃取而得。澳洲坚果油温和不刺激，渗透性好，延展性强，滋润性佳，质地较厚，适用于干性老化皮肤，可使皮肤柔软，常用于制作保湿霜和身体润肤乳。澳洲坚果油是促进皮肤更新最好的油脂之一，可用于消退瘢痕，治疗轻微伤口以及过敏症状。

(6) 葡萄籽油（gcapeseed oil）　葡萄籽油无味，呈淡黄色或淡绿色，富含不饱和脂肪酸、维生素和矿物质，自葡萄籽中加热压榨而得。葡萄籽油质地清爽不油腻，渗透性强，能延缓皮肤老化，预防动脉硬化，且具有美白功效，能降低紫外线的伤害，防止黑色素的沉淀。葡萄籽油适用于多种肌肤，尤其是油性、敏感混合性皮肤等。葡萄籽油温和不刺激，亲肤性强，润滑效果好，婴儿娇嫩的皮肤也可以使用。葡萄籽油可以保护肌肤中的胶原蛋白，皮肤收敛性低，可以使皮肤紧致但不加重发炎痤疮症状，避免皮肤下垂和皱纹的产生，改善静脉肿胀与水肿，降低血液中胆固醇含量，防止血栓形成，起到扩张血管的作用。葡萄籽油还可以预防胶原纤维的破坏，刺激细胞分裂与组织再生，活化表层细胞，使肌肤保持应有的弹性及张力。

(7) 杏桃仁油（apricot kermel oil）　杏桃仁油无味，呈淡黄色，富含不饱和脂肪酸、矿物质和各种维生素，自杏桃核仁中冷压萃取所得。与甜杏仁油相似，适合于各种肌肤，尤其是干性或者敏感性的皮肤。较甜杏仁油质地更加浓稠，多产于中亚、土耳其一带。杏桃仁油易于吸收，常用于改善动脉硬化和抗关节风湿症，帮助舒缓紧绷的身体。杏桃仁油是一种可用于脸部乃至全身按摩的身体油，具有软化肌肤的功效，常被用于化妆品、肥皂中，非常适合脸部有脱皮现象的人。

(8) 小麦胚芽油（wheatgerm oil）　小麦胚芽油具小麦胚芽特有的味道，呈黄棕色，富含天然蛋白质、矿物质、维生素 E，自小麦胚芽中热压榨或浸出而得。小麦胚芽油可治疗皮肤干裂，延缓皮肤老化，促进皮肤保湿和更新，使皮肤润泽，可用于修复因暴晒受损的肌肤，消除瘢痕，被广泛应用于美容保养中。其适用于干性肌肤，最适用于成熟及老化皮肤。小麦胚芽油中含有丰富的维生素 E，具有优良的抗氧化特质，可加入精油或其他油脂中以延长保质期。

（三）按摩油及其调配

香薰按摩的精油是由植物精油通过基础油加以稀释并调配而获得的，所用的基础油包括橄榄油、杏仁油或葵花籽油等。

调配：精油必须以 0.5%～3%的比例稀释，比例取决于精油的气味和用途。一般地，按摩油最低精油浓度（0.5%～1%）更适合面部按摩和敏感皮肤，12 岁以下的儿童可以使用。按摩油中精油的浓度很少超过 2%，但是，当在按摩过程中遇到拉长的肌肉时，可以适当提高精油的浓度，最好不超过 3%。

保存期：精油复合按摩油可在阴凉处保存两个月。一旦精油与基础油接触，会改变其化学成分或加速氧化。为减缓氧化，可添加高达 15%的生发小麦油，因为它富含维生素 E，这是一种天然抗氧化剂。

三、其他应用

1. 抗菌活性及应用

挥发油具有芳香气味，大部分挥发油具有较强的抗菌活性，是一类优良的天然抗菌材料。挥发油中含有的萜类、醇类、酚类赋予挥发油较强的抗菌能力。

萜类是一类具有十个碳原子及至少一个双环结构的不饱和脂肪链烃，是挥发油中的主要化学成分。挥发油中的萜类主要为单萜与倍半萜，植物种子和花的挥发油中都有单萜存在。α-蒎烯、

β-蒎烯、柠檬烯、香叶烯、莰烯、萜品烯等是萜类的代表性化合物，不仅对金黄色葡萄球菌、大肠杆菌、白色念珠菌等细菌抑制效果好，而且对某些皮肤致病真菌和霉菌也有一定的抑制作用。

醇类化合物主要包括薄荷醇、香叶醇、松油醇、橙花叔醇、芳樟醇等，广泛存在于香茅属、樟属、薄荷属、天竺葵属、薰衣草属、牛至属等中。研究表明，富含香茅醇、桉叶醇和芳樟醇的天竺葵挥发油对白色念珠菌、大肠杆菌、金黄色葡萄球菌及红色毛癣菌有抑制作用。芳樟醇对多数受试菌株有显著的抑制作用，且对致龋菌具有很好的抗菌活性，可以用于制作牙膏或者漱口液。

酚类化合物主要包括百里香酚、香芹酚、丁香酚、香荆芥酚等，主要存在于百里香属、牛至属、罗勒属、丁香属等中。研究表明，丁香挥发油不仅对常见大肠杆菌、金黄色葡萄球菌等细菌有抑制效果，且具有很强的抗真菌活性。

除此之外，挥发油中含有的醛酮类、醚类、有机酸等具有一定的抗菌活性，这些成分中的功能性基团与结构决定了它们的抗菌能力，现部分挥发油被广泛用于制作天然抗菌剂。

2. 抗氧化活性及应用

由于人体与外界的持续接触，包括呼吸、辐射等，人体内会不断产生自由基。人体新陈代谢需要有足够数量的自由基存在和参与。然而，科学研究表明，癌症和衰老等疾病的出现主要与产生过多的自由基有关。由于越来越多的报告表明合成抗氧化剂对人类健康的危害和致癌性，天然抗氧化剂越来越受到人们的重视，挥发油是其中备受关注的一类天然产物。

根据研究，多种植物挥发油具有抗氧化活性，如黄蒿挥发油、玫瑰精油、丁香精油、牛至精油和百里香精油等都具有很强的抗氧化活性。研究表明，麝香草香精油在抑制动物机体中脂氧合酶和乙酰胆碱酯酶活性上有影响；野生大蓟和小蓟地上部分精油具有较高的自由基清除能力；橄榄精油可以刺激大鼠，使大鼠体内产生超氧化物歧化酶，使细胞不受氧化应激的影响。从植物中提取的提取物含有多酚、多糖、生物碱和其他活性成分，这些成分通过不同途径，对动物表现出不同程度的抗氧化活性。由于植物精油中含有不同的活性成分，抗氧化活性也不同。

对精油抗氧化活性的研究主要集中在精油含量丰富的芳香植物上，包括樟科（Lauraceae）、桃金娘科（Myrtaceae）、木犀科（Oleaceae）、唇形科（Labiatae）等。以樟科中的樟属为例，此类植物含有丰富的芳香油，具有浓郁的香气，该属植物的精油均具有较强的抗氧化活性。研究表明，香樟叶片黄酮类提取物具有明显的抗氧化活性，香樟的樟树甲醇提取物和乙酸乙酯提取物具有较强的抗氧化活性。此外，肉桂油及其主要成分肉桂醛具有很好的抗氧化活性。

近年来，大量研究围绕着植物精油的抗氧化性展开，证明了植物精油具有普遍的抗氧化活性，有利于对精油的深度开发应用。

3. 抗抑郁作用及应用

随着社会的发展和人民生活水平的提高，人们面对的是越来越激烈的竞争和越来越大的压力，人们在高压下形成的一种情绪障碍称为抑郁，抑郁会导致人长时间萎靡甚至出现极端自残行为。目前对于抑郁症的治疗主要依靠化学合成类药物，但这些药物通常存在毒副作用大、抗抑郁谱窄、价格高昂等问题，因此从天然药物中寻找抗抑郁方法，引起了越来越多研究者的重视。

经过多次深入研究和临床实验，精油疗法逐渐引起人们的重视，并在医学领域得到广泛应用。临床观察表明，芳香疗法对抑郁症患者的治疗效果与氟西汀相同；小鼠实验中，嗅闻薰衣草油可以影响自主神经系统，并使小鼠的食欲增强；嗅闻迷迭香复方精油来治疗抑郁症的临床疗效与舍曲林相当；鼠尾草精油对人的情绪和认知能力具有改善作用。挥发油抗抑郁作用的优点主要体现在渗透性高、代谢快、无滞留、低毒，它容易穿透血脑屏障，达到开窍、消除浑浊、调节身心问题的治疗目的。精油中的芳香分子通过鼻腔进入经络系统并被皮肤吸收后，精油向身体传递积极愉悦的能量信息，协调心灵，发挥滋养身体、疗愈身心、激发灵性的作用，达到平衡身体的目的，能有效改善抑郁症，有助于维护人体健康。

参考文献

[1] Bakkali F, Averbeck S, Averbeck D, et al. Biological effects of essential oils-A review. Food and Chemical Toxicology, 2006, 46: 446-475.

[2] 何坚，孙保国. 香料化学与工艺学. 北京：化学工业出版社，2002.

[3] Bakkali F, Averbeck S, Averbeck D, et al. Biological effects of essential oils-A review. Food and Chemical Toxicology, 2006, 46: 446-475.

[4] 朱凯. 超临界 CO_2 萃取技术在天然产物提取中的应用. 现代化工，2006，26（增 2）：375-378.

[5] 王瑛，张宁. 天然香料的安全性与精细加工技术. 香料香精化妆品，2016（4）：53-58.

[6] Dezene P W, Ryan N, Kimberley A. Characterization of four terpene synthase cDNAs from methyl jasmonate-inducedDouglasfir, Pseudotsuga menziesii. Phytochemistry, 2005, 66 (12): 1427-1439.

[7] Tabanca N, Khan S I, Bedir E, et al. Estrogenic activity of isolated compounds and essential oils of Pimpinella species from Turkey, evaluated using a recombinant yeast screen. Planta Med. 2004, 70 (8) : 728-735.

[8] 孙宝国，郑福平，刘玉平. 香料与香精. 北京：中国石化出版社，2000.

[9] 章晓，马莉，朱凯. 阳离子交换树脂催化合成覆盆子酮. 香料香精化妆品，2015（5）：1-4.

[10] 李嘉欣，朱凯. 微波无溶剂法提取樟叶精油. 中南林业科技大学学报，2019，39（7）：136-142.

[11] 唐善宏，伍昭化，刘乃鸿，等. 精细化工高真空连续精馏技术. 现代化工，2008，28（增 2）：71-74.

[12] 王珍，易封萍. 天然香料分离提纯的研究进展. 上海应用技术学院学报，2013，13（1）：43-48.

[13] 孙丽媛，朱凯. 碳酸二甲酯作甲基化试剂合成丁香酚甲醚. 林产化学与工业，2013，33（2）：139-143.

[14] Kishore, D, Kannan S. Double bond migration of eugenol to isoeugenol over as-synthesized hydrotalcites and their modified forms. Applied Catalysis A-General, 2004, 270 (1): 227-235.

[15] 顾姗姗，施龚瑜，朱凯. 钌金属配合物催化的丁香酚双键异构反应. 香料香精化妆品，2015（2）：1-5.

[16] 朱凯，曹少元，陈科. 杉木油的提取及干馏油的精制. 农业工程学报，2012，28（9）：282-289.

[17] 王莹，陶凤瑛，崔东红，等. 复方精油香气抗抑郁作用研究. 天然产物研究与开发，2020，32（2）：278-287.

[18] 金书含，胡云峰，刘剑，等. Cu/SiO_2 催化香茅醇一步合成香茅腈的研究. 化学研究与应用，2018，30（5）：855-859.

[19] 杜金平，刘艳庭，武艺静，等. 植物挥发油快速起效抗抑郁潜能探讨. 中国中药杂志，2017，42（10）：2006-2016.

[20] 雷海洪. 香料紫罗兰酮系列化合物的合成工艺研究. 济南：山东大学，2017.

[21] 顾胜华，李湘洲，杨艳红，等. KNO_3/Al_2O_3 的制备及其对催化合成假紫罗兰酮的影响. 中南林业科技大学学报，2015，35（5）：141-145.

[22] 张业奇，邓鲲华，杨怡，等. 乳香精油抗抑郁作用的研究. 天然产物研究与开发，2015，27（1）：31-34.

[23] 赵扬，陆强，罗金岳. 微波辐照法固体碱合成假性紫罗兰酮. 林产化学与工业，2013，33（5）：88-92.

[24] 邱俊，王建刚，金华. 改性 BEA 沸石催化香茅醛 Meerwein-Ponndor-Verley（MPV）还原合成香茅醇. 化学世界，2011，52（1）：39-42.

[25] 佟棽棽，姚雷. 迷迭香和柠檬草的精油以及活体香气的抗抑郁作用的研究. 上海交通大学学报，2009，27（1）：82-85.

[26] 毛海舫，李琼. 天然香料加工工艺学. 北京：中国轻工业出版社，2006.

[27] 左宋林. 林产化学工艺学. 北京：中国林业出版社，2019.

[28] 汪开治. 植物芳香疗法. 植物杂志，1998（3）：18-19.

[29] 刘布鸣. 莫建光. 实用芳香精油手册. 南宁：广西科学技术出版社，2011.

[30] 向育君，王海华，孙远东. 山苍子油应用研究进展. 中国粮油学报，2020，35（8）：186-195.

[31] 葛洁瑜. 芳香植物与芳香疗法. 现代园艺，2020（3）：103-104.

[32] 张雨石. 汉香疗法的古中医理论与芳香植物应用汉香疗法概述. 中国化妆品，2007（增 2）：52-55.

[33] 杨明，薛晓，李慧婷，等. 中医香疗产业发展现状及对策研究. 江西中医药大学学报，2021，33（2）：114-119.

（朱凯，陈尚钘，梅海波，司红燕）

第八篇
木本油脂化学

本篇编写人员名单

主　　编　周永红　中国林业科学研究院林产化学工业研究所

编写人员（按姓名汉语拼音排序）

曹引梅　常州大学

丁海阳　中国林业科学研究院林产化学工业研究所

冯国东　中国林业科学研究院林产化学工业研究所

胡　云　中国林业科学研究院林产化学工业研究所

黄元波　集美大学

贾普友　中国林业科学研究院林产化学工业研究所

李昌珠　湖南省林业科学院

李　梅　中国林业科学研究院林产化学工业研究所

李培旺　湖南省林业科学院

刘承果　中国林业科学研究院林产化学工业研究所

刘汝宽　湖南省林业科学院

刘守庆　西南林业大学

刘思思　湖南省林业科学院

宋国强　常州大学

孙　勇　厦门大学

王　静　俏东方生物燃料集团有限公司

王　奎　中国林业科学研究院林产化学工业研究所

夏建陵　中国林业科学研究院林产化学工业研究所

许利娜　中国林业科学研究院林产化学工业研究所

张　猛　中国林业科学研究院林产化学工业研究所

郑志锋　厦门大学

周永红　中国林业科学研究院林产化学工业研究所

庄长福　西南林业大学

目　录

第一章　绪论

第一节　木本油脂加工利用历史

植物油脂是从大自然中植物的果实、种子、胚芽中提取的。按油料植物属性的不同，可将植物油脂划分为草本植物油脂和木本植物油脂。木本油脂根据其使用范畴分为食用木本油脂和非食用木本油脂，其中食用木本油脂亦可应用于工业领域。我国地域辽阔，经纬度跨度大、地形和气候多样，木本油料植物种类繁多、资源丰富。然而大部分木本油料植物并未得到有效开发[1]。油茶、油棕、油橄榄、椰子被称为世界 4 大木本油料植物，而油茶、核桃、油桐、乌桕称为我国四大木本油料植物。

早在古代人类就发现植物油脂除了食用外，还可用于生活的其他方面，如照明、润滑、制作涂料和肥皂。早在 6000 多年以前，古埃及就利用草本油脂蓖麻油照明。肥皂是最古老的油脂制成的洗涤用品，迄今约有 4000 年的历史[2]。我国历代农书如《王祯农书》《天工开物》和《农政全书》等都有对植物油脂、油料古法（木榨和水代法）制油器具和应用的记载。

桐油是中国的特产木本油脂，大约在距今 2500 年前的春秋时代，我国劳动人民就懂得用桐油作为成膜物质制造涂料，用于涂刷农具、渔具、家具及调制油泥嵌补木器等[3,4]。唐代陈藏器在《本草拾遗》中记载："罂子桐，有大毒。压为油，毒鼠立死，摩疥癣虫疮毒肿。一名虎子桐，似梧桐生山中。"此后，北宋寇宗的《本草衍义》、明代李时珍的《本草纲目》、明代徐光启的《农政全书》、清代吴其浚的《植物名实图考长编》、清代谢启昆修的《广西通志》也都记载了有关桐油的应用和制造事例[3-5]。

茶油是我国最古老的食用木本油脂之一，其生产和发展的历史源远流长。公元前 100 多年汉武帝时期，就开始栽种油茶，并取油茶果实榨油以供食用。以后，宋代的《图经本草》和明代李时珍的《本草纲目》中有油茶栽培的记述，徐光启的《农政全书》记述了油茶与油桐混交的好处[6,7]。

乌桕在我国至今已有 1400 多年的栽培历史，北魏末期贾思勰的《齐民要术》和明代徐光启的《农政全书》中有关于乌桕的种植、制油及油的利用等记载，到清末南方已普遍栽培[8]。

油棕果原产于非洲西海岸，并于20 世纪在东南亚大量种植。20 世纪20 年代中国曾从马来西亚引种油棕到海南岛，后来台湾、云南、广西、福建、广东等省区均有种植[8]。椰子为棕榈科常绿乔木，是热带地区重要的木本油料，西汉司马相如《上林赋》中已有记载，我国海南岛很早就有椰树种植[8]。世界上天然橡胶树是在 1493 年哥伦布发现新大陆时发现的"树的眼泪"，1903 年开始提出用胶籽榨油，1928 年国际市场上出现了橡胶种子油。中国的橡胶树在 1904 年由巴西引入，20 世纪 50 年代后期才开始对橡胶籽油的食用和医用价值进行研究。

180 多年前，法国化学家谢弗勒发现脂肪是由一分子甘油和三分子脂肪酸组成的甘油三酸酯，其化学式是 $CH_2COOR^1\text{-}CHCOOR^2\text{-}CH_2COOR^3$，其中 R^1、R^2、R^3 为烷基（alkyl）长链，三个脂肪酸 R^1COOH、R^2COOH、R^3COOH 可能为相同、相异或部分相异。油脂的脂肪酸根据是否含有碳碳双键，一般分为饱和脂肪酸（不含碳碳双键）、单不饱和脂肪酸（含有 1 个碳碳双键）和多不饱和脂肪酸（含有多个碳碳双键）。这一研究成果为包括木本油脂的油脂化工提供了科学基础。我国最早的《油脂》书籍是张辅良所著，于 1929 年 10 月由上海商务印书馆出版。顾毓珍先后编写的《液体燃料》《油脂制备学》《油脂工业》等学习参考用书，为国内油脂工业生产奠定了理论和实践基础。20 世纪 30 年代，我国近代林学和林业杰出的开拓者之一梁希先生开展了油桐种子的油量分析和化学浸提桐油试验，可获取桐子中 99%以上的桐油，大大增加了桐油得率。王昶是我国油脂学科的开创者、奠基人，开设了“油脂工业”“油料种子化学与分析”“油脂开发利用”等课程。

2014年国务院办公厅出台了《关于加快木本油料产业发展的意见》，木本油料产业迎来了重大发展机遇，目前我国每年加工茶油100万吨以上[9]。这一阶段我国利用木本油脂相继研究开发了塑料加工助剂、润滑油、表面活性剂和改性树脂等新产品和新材料，为木本油脂加工利用的发展提供了较好的技术基础[10]。

第二节　主要木本油脂

木本油脂主要是指通过木本油料植物的果实或种子经加工而获得的油脂，根据其使用范畴或成分差异分为食用木本油脂和非食用木本油脂，其中食用木本油脂亦可应用于工业。

一、食用木本油脂

食用木本油脂中不饱和脂肪酸的含量普遍较高，比如核桃、扁桃、翅果、元宝枫、杜仲、杏仁、榛子和松子等木本油脂中不饱和脂肪酸含量90%左右。其中油酸有助于预防心血管疾病，维持脑细胞膜结构，减缓记忆力衰退，还可以抑制肺肿瘤的发生。油茶籽、扁桃、文冠果、蒜头果仁、茶籽、沙棘籽、杏仁、油橄榄和榛子等油脂中油酸含量最高，具有非常好的保健作用。

亚油酸（$\omega6$）和α-亚麻酸（$\omega3$）是长碳链的多不饱和脂肪酸，也是人体必需脂肪酸，它们是大脑、视网膜和其他神经组织中重要成分的前体物质，对维护机体正常生理功能具有重要的作用。核桃、文冠果、翅果、元宝枫籽、美藤果、山桐子、沙棘籽、松子以及盐肤木果油中的脂肪酸均以亚油酸为主，其中山桐子和核桃油中亚油酸含量分别达到了80.12%和60.9%。杜仲籽、美藤果、牡丹籽和紫苏籽油中的脂肪酸则以亚麻酸为主，其中杜仲籽和紫苏籽油中亚麻酸含量60%以上，美藤果油中亚麻酸含量45%以上。

椰子油和棕榈仁油富含月桂酸，含量分别超过50%和40%。月桂酸是一种中碳链脂肪酸。相关研究认为其消化吸收速率是普通长链脂肪酸的4倍，代谢速度是其10倍，很难形成脂肪，不会造成肥胖，因此被用于开发针对特殊人群的膳食产品。

除了以上常见的脂肪酸外，木本食用油中还存在一些特殊脂肪酸。比如红松籽油中存在松油酸，具有减肥、防止血脂沉积和降低胆固醇的作用。文冠果、元宝枫以及蒜头果仁油中都富含神经酸，是世界上公认的唯一一种能完整通透过血脑屏障，修复疏通受损大脑神经通路，并促使神经细胞再生的物质。牡丹籽、麻疯树种子和翅果油及花椒籽油中均存在奇数碳脂肪酸，能够促进动物机体中胰岛素的分泌，具有重要的生理和临床营养价值。

目前食用木本油脂来源广、研究多，应用较为广泛的有茶油、核桃油、棕榈油、橄榄油、椰子油等。

1. 茶油

茶油由油茶果实加工制得。油茶（*Camellia oleifera* Abel）俗称“茶子树”，泛指山茶科（Theaceae）山茶属（*Camellia*）植物，种子含油率较高，且有较高栽培应用价值，为常绿灌木或乔木，喜酸性土壤，广泛分布于我国南方18个省（区），集中分布区为湖南、江西和广西。茶油是一种优质食用油，其不饱和脂肪酸含量高达90%以上，以油酸和亚油酸为主，还富含亚麻酸、维生素E、多酚、角鲨烯等营养成分，不含对人体有害的芥酸，被誉为“东方橄榄油”，联合国粮农组织重点推荐为健康型高级食用植物油。长期食用茶油能降低血清胆固醇含量，起到预防和治疗高血压和常见心脑血管疾病的作用。茶油及其副产品在工业、农业、医药、化工等方面具有多种用途。

2. 核桃油

核桃油是采用核桃仁为原料加工而成的食用植物油。干核桃仁的油脂含量高达65%～70%，居所有木本油料之首，有“树上油库”的美誉。核桃油中油酸和亚油酸含量均高于40%，属于高不饱和油脂，具有较好的健脑益智、护肝、降糖、降血脂、抗氧化和预防心血管疾病等作用。核桃油的生产工艺主要有压榨法、有机溶剂浸出法和超临界 CO_2 萃取法等。将核桃仁碱法蜕皮后利用液压冷榨法生产核桃油，压榨压力 30MPa，压榨时间 40min，入榨水分为 1.5%，出油率达 93.19%，不饱和脂肪酸含量达到 93.03%；利用水酶法和分子蒸馏法提取富集核桃油，解决了传统压榨法过程中核桃粕蛋白容易变性且不能充分利用等问题。核桃油微囊的制备可以提高核桃油在高温、强光照下的稳定性，便于贮藏。核桃（Juglans regia）属于胡桃科核桃属植物，位居世界四大干果之首，同时素有木本油料之王之称。我国的核桃种植已有 3000 多年历史，随着我国核桃良种选育、无性繁殖技术的突破及国家政策引导和市场驱动，核桃产业发展迅速，产量大幅度提高。从 1990 年至今，我国核桃种植面积已达到上亿亩，产量 400 多万吨，由占世界总产量的 7.6%上升到 50%，位居世界第一。我国是名副其实的核桃生产大国，但却不是核桃生产强国。虽然我国核桃产量大幅增长，但产业仍面临专用品种普及率低、栽培管理低效、采后处理加工滞后及销售不畅等难题。

3. 棕榈油

棕榈油又称棕油、棕皮油，是由棕榈科棕榈属植物油棕树（Elaeis guineansis Jacq.）上的棕榈果压榨而成，果肉和果仁分别产出棕榈油和棕榈仁油，传统概念上所言的棕榈油只包含前者。未精炼的棕榈油颜色为红棕色，常温条件下以半固体形态存在，是不干性油。棕榈油是一种热带木本植物油，是目前世界上生产量、消费量和国际贸易量最大的植物油品种，与大豆油、菜籽油并称为“世界三大植物油”，拥有超过五千年的历史。目前成品棕榈油加工过程由一系列机械化程序完成，从成熟油棕果的采摘到成品油，主要包括蒸煮、脱果、粉碎、萃提/压榨、脱酸、脱色、脱臭、分提、干燥、包装等过程[11,12]。

4. 橄榄油

橄榄油是由新鲜的油橄榄果实直接冷榨而成的，富含丰富的油酸，还有维生素 A、B 族维生素、维生素 D、维生素 E、维生素 K 及抗氧化物等。橄榄油被认为是迄今所发现的油脂中最适合人体营养的油。橄榄油主要生产于西班牙、意大利和希腊三国，分别占世界总量的 1/3、1/4 和 1/5，其他产油国包括土耳其、叙利亚、葡萄牙、法国、埃及等。国际橄榄油协会将橄榄油分为初榨橄榄油和精炼橄榄油两大类，五个级别。初榨橄榄油或称为天然橄榄油，是直接从新鲜的橄榄果实中采取机械冷榨、过滤等处理除去异物后得到的油脂，根据酸度的不同可分为三个级别：特级初榨橄榄油，口味绝佳，有淡雅怡人的植物芬芳，酸度不超过 1%；优质初榨橄榄油，酸度不超过 2%，味道纯正、芳香；普通初榨橄榄油，口味与风味尚可，酸度不超过 3.3%。精炼橄榄油是指酸度超过 3.3%的初榨橄榄油精炼后所得到的橄榄油，或称为“二次油”，精炼橄榄油可分为两个级别：普通橄榄油，精炼橄榄油与一定比例的初榨橄榄油混合，以调和味道与颜色，其酸度在 1.5%以下，呈透明的淡金黄色；精炼橄榄杂质油，是通过溶解法从油渣中提取并经过精炼而得到的橄榄油。

5. 椰子油

椰子油别名椰油，是棕榈科植物椰子树的果肉加工制成的非挥发性油，果肉含油量为 60%～65%，有特殊芬芳气味。油中的游离脂肪酸有羊油酸、棕榈酸、羊脂酸、脂蜡酸、羊蜡酸、油酸和月桂酸。椰子油的甾醇中豆甾三烯醇占比 4.5%，豆甾醇及岩藻甾醇占比 31.5%，α-菠菜甾醇及甾醇占比 6%，β-谷甾醇占比 58%。椰子油主要以食用为主，也可用于工业领域。椰子油是我们日常食物中唯一由中链脂肪酸组成的油脂，中链脂肪分子比其他食物的长链脂肪分子小，易被人体消化吸收，食疗椰子油的消化无需动用人体胰消化酶系统，能降低对人体酶和荷尔蒙系统的压力。而且肝脏更倾向于使用中链脂肪酸作为供能的燃料来源，进而提高新陈代谢的效率。椰子树生长在热带地区的岛上或大陆沿岸，中国的主要产区是海南、雷州半岛、云南和台湾地区的南部。椰子油的提取有多种方法，不同方法取得的椰子油其外观、质量、口味和香味互有差异。

二、非食用木本油脂

非食用木本油脂也称工业木本油脂，是指利用野生或人工种植的含油植物的果实、叶、茎，经过压榨、提炼、萃取和精炼等处理得到的油脂，主要用作工业原料（油脂基化工产品、油脂基材料等生产的原料）及用作动力和热能的油脂基能源原料。工业油脂根据用途可分为油脂基能源产品（脂肪类燃料油、烃类燃料油、醇类燃料油）、油脂基材料产品和油脂基础化工产品；根据油脂碘值［IV/（g/100g）］可分为不干性油脂（IV＜80），半干性油脂（IV＝80～130）和干性油脂（IV＞130）；根据油脂的存在状态可分为固态油脂、半固态油脂、液态油脂。工业木本油脂成分有饱和的脂肪酸如月桂酸、软脂酸、硬脂酸等，有不饱和的脂肪酸如油酸、亚油酸、亚麻酸等，除脂肪酸甘油三酯外，油脂中还会溶入少量游离脂肪酸、磷脂、甾醇、色素和维生素等物质。工业木本油脂不溶于水，溶于有机溶剂如烃类、醇类、酮类、醚类和酯类等。在较高温度，有催化剂或有解脂酵素存在时，工业木本油脂经水解而成脂肪酸和甘油。工业木本油脂与钙、钾和钠的氢氧化物经皂化而成金属皂和甘油，并能起其他许多化学反应如卤化、硫酸化、磺化、氧化、氢化、去氧、异构化、聚合、热解等。其广泛用于制造肥皂、脂肪酸、甘油、油漆、油墨、乳化剂、润滑剂等。

我国工业油脂植物资源十分丰富、种类繁多、分布广泛，其中木本油料植物有约400种。可利用的、含油率在15%～60%的有约200种，含油率高达50%～60%的有约50种，已经广泛应用的有约30种，其余大部分还没有利用。目前我国工业木本油脂来源广、研究多，应用较为广泛的主要木本工业油脂有桐油、乌桕籽油、橡胶籽油、麻疯树籽油、黄连木籽油和山苍子仁油等。

1. 桐油

桐油是大戟科油桐属油桐（*Vernicia fordii*）种子经压榨或溶剂浸出制得的植物油，是一种干性油脂，其外观为黄色透明液体。由三年桐桐籽所产的油称中国桐油。由千年桐桐籽所产的油又称中国木油（又称木桐油）。桐油是中国特产，以四川、湖南、湖北和贵州生产较多。桐果采收之后，经种子的剥取、干燥、贮存、榨油，遂得桐油原（毛）油。桐油榨取方法有机械榨油及浸出法制油两种。目前生产上使用的榨油机，有液压式榨油机和螺旋式榨油机两类。浸出法制油是现代油脂工业中先进的制油方法，但目前在桐油浸出法的使用上尚存在许多技术问题。因此，桐油生产仍以压榨为主。古代的时候主要是用木楔榨油，桐籽出油率低，油量损失多。现代方法采用蒸坯—榨饼—机械压榨和溶剂浸出的新工艺，出油率大大提高，桐油品质也大幅度提高。桐油的脂肪酸有桐酸、亚油酸、油酸、硬脂酸和棕榈酸等，还含维生素E及角鲨烯、植物甾醇、戊聚糖等生理活性物质，各级桐油的具体指标有林业行业标准规定[13]。桐油内服有毒，干燥后能有效降低桐油毒性，这里的“有毒”指的是不能内服，只有误食其他毒物如砒霜时，才会内服生桐油进行催吐。

2. 乌桕籽油

乌桕籽油是由大戟科（Euphorbiaceae）乌桕属（*Sapium* P. Br.）植物乌桕树（*Triadica sebifera*）的籽压榨后提取得到的油脂。乌桕种子与一般油料植物的种子不同，它可以榨取两种不同性状的油脂，由外种皮（又称为蜡层）榨取固体桕脂（俗称皮油），由种仁榨取液体桕脂（俗称梓油）。

中国乌桕籽油的主要产区为浙江、湖北、四川、重庆、贵州、安徽、江西、云南和江苏等省市。乌桕在中国已有1000多年的历史，在公元534年贾思勰著《齐民要术》里就有了关于乌桕的记载。乌桕籽油是制备生物柴油的优良原料。乌桕油脂皂化物脱羧后可以制备优质烃类燃料，同时由于乌桕籽油具有丰富的不饱和脂肪酸，还可以制备出环氧脂肪酸异辛酯和多酯类环保型增塑剂。此外，桕脂含有高浓度的棕榈酸（P）、油酸（O），POP为其主要的甘油三酯，是一种对称型的甘油三酯，其含量在80%以上。桕脂中含有高浓度的POP，因此，桕脂是是很罕见的植物种子油脂。

乌桕籽油被用于制类可可脂、蜡烛、肥皂、金属皂、润滑脂、合成洗涤剂、软化剂和制取软脂酸、硬脂酸、栓剂基质的原料，被广泛用于医药工业、食品工业、化学工业等领域。乌桕梓油含80%以上的不饱和脂肪酸，且含共轭的2,4-癸二烯酸和8-羟基-5,6-辛二烯酸，具有较好的成膜特性，是制造高级喷漆的原料，具有光滑易干、色泽鲜亮、漆膜不起皱等特点，被用作生产油墨、蜡纸、化妆品（高级香皂、雪花膏）、防水织物和机器润滑油的原料等，广泛用于轻工业、食品和国防等行业[14,15]。

3. 橡胶籽油

橡胶籽油也称橡胶树籽油，是从大戟科橡胶树属植物橡胶树（*Hevea brasiliensis*）的种子中提取的，属于半干性油。橡胶籽油原产地巴西，现主要产于巴西、中国、印度尼西亚、马来西亚、泰国、越南、斯里兰卡、孟加拉国、非洲西海岸以及尼日利亚等国家和地区。中国广东、海南、云南、广西、福建和台湾等省（区）均有产出，其中以海南省和云南省的西双版纳产量最多。橡胶籽油脂肪酸中含有棕榈酸、硬脂酸、油酸、亚麻酸、亚油酸和少量十八碳四烯酸及二十碳二烯酸，另外橡胶籽油中还含有磷脂约0.7%、橡胶烃约3%、橡胶约3%、生育酚320～450mg/kg。橡胶籽油中不饱和脂肪酸含量达80%以上。在橡胶籽油的脂肪酸组成中，$\omega 3$脂肪酸（α-亚麻酸）为18%～20%，$\omega 6$脂肪酸（亚油酸）为34%～38%，$\omega 3/\omega 6$值为1/2，是一种典型的富含$\omega 3$脂肪酸的木本油脂。

橡胶籽油具有广泛的工业用途[16-25]，主要代替豆油、亚麻油、桐油、脱水蓖麻油等用来制造醇酸漆、酚醛漆、油基漆等。另外，越南用橡胶籽油和钙制备绝缘清漆，用橡胶籽油和腰果酚甲醛树脂、达玛树脂制备防水绝缘清漆。在新型能源方面，橡胶籽油还可用于生产生物柴油，专家学者针对橡胶籽生物柴油生产技术进行了深入研究，在燃料特性改进、提高橡胶籽油利用率、提高原料品质、不饱和脂肪酸的综合利用等方面均取得了较大进展。

4. 麻疯树籽油

麻疯树籽油又名小桐子油，是大戟科麻疯树属植物小桐子（*Jatropha curcas*）的种子经压榨或溶剂浸出制得的半干性木本油脂。麻疯树原产自美洲，现广泛分布于亚热带及干热河谷地区，中国引种麻疯树至今已有300多年的历史。

麻疯树籽油的提取方法主要有压榨法、溶剂浸提法、超临界CO_2流体萃取法、超声波诱导萃取法、微波法和水酶法等。压榨法是一种传统的提油方法，但提油后籽粕中仍然有较多的油脂残留。溶剂浸提法具有操作温度较低、提取率高、成本低等优点，且提油后其籽粕中抗营养因子含量下降，目前已较广泛地应用于油脂提取行业[26,27]。对超临界、超声波、微波辅助萃取法进行了麻疯树籽提油对比试验发现，以上几种方法油脂提取率均低于38%，其中超临界萃取法提取出的麻疯树籽油品质好，但成本较高，微波和超声波萃取法提取出的油脂品质较低，须经精炼才可达到精炼油水平，同时微波可能导致油脂热降解，使挥发性成分损失。

麻疯树籽油脂肪酸中含肉豆蔻酸、棕榈酸、棕榈油酸、十七碳酸、硬脂酸、油酸、亚油酸、亚麻酸、花生酸和二十四碳四烯酸。饱和脂肪酸占38.71%～47.84%，不饱和脂肪酸占52.16%～59.25%。此外，麻疯树籽油由于含有多种毒性成分，包括佛波醇酯、植物凝集素和胰蛋白酶等抗营养因子，为非食用性油脂。

麻疯树籽油经催化裂解或酯交换反应等制备的生物柴油可适用于各种柴油发动机，并在闪点、凝固点、硫含量、一氧化碳排放量、颗粒值等关键技术上均优于国内零号柴油，达到欧洲二号排放标准，与柴油、汽油、酒精的掺和性好，且相互掺和后不易分离。麻疯树籽油还可以用于制造油漆、润滑油、硬化油、肥皂、化妆品、防蛀剂等产品[28-34]。

5. 黄连木籽油

黄连木籽油为漆树科黄连木属植物黄连木（*Pistacia chinensis*）种子经物理压榨制取的不干性木本油脂。黄连木又称为“楷木”“孔木”，清代《广群芳谱》就有相应的记载，在中国有2500多年的栽培历史。

黄连木籽的榨油方法与芝麻、胡麻的榨油方法基本相同，先将籽粒碾细，上蒸再行做饼、压榨。此法的主要特点是投资小、设备简单、操作维修方便，所得毛油品质好，色泽较浅，精炼过程脱色效果好，酸值低、易精炼，缺点是饼残油率高。

黄连木籽油为不干性油，呈黄绿色，室温下为透明液体，新榨油具有刺激性气味，但放置2～3个月后，有愉快的香味，在0℃下冷冻5.5h，无结晶出现。黄连木籽油脂肪酸中含棕榈酸、棕榈烯酸、硬脂酸、油酸、亚油酸、亚麻酸和微量肉豆蔻酸。黄连木籽油中含不溶性脂肪酸94.5%、可溶性脂肪酸0.31%、不皂化物1.59%[35,36]。

黄连木籽油油质澄清纯净，素有“二香油”之誉，与米糠油的脂肪酸组成很接近，其中油酸和亚油酸的含量高达77.85%，是一种营养丰富的食用油，可被应用于食品工业。对黄连木籽油进行碱炼和脱色精制后，经环氧化开发了环氧黄连木籽油增塑剂和环氧黄连木油酸丁酯增塑剂。其性能优良，生产成本也比环氧脂肪酸辛酯低，可以作为环氧增塑剂推广应用。黄连木籽油是加工生物柴油的优质原料，用黄连木籽油经酯交换反应制取的生物柴油碳链长度集中在C_{17}～C_{19}之间，理化性质与普通柴油非常接近，一氧化碳、碳氢化合物有所下降，微粒和烟排放明显改善。黄连木籽油的非皂化物组成与普通植物油不尽相同，含有高达48.8%的三萜醇类，可用于生产肥皂、润滑油、胶黏剂、塑料添加剂、表面活性剂等精细化工产品[37-40]。

6. 山苍子核仁油

山苍子核仁油又名山鸡椒籽油、木姜籽仁油、山胡椒籽油、香叶籽油等，是由樟科木姜子属植物山苍子（Litsea cubeba）的种子经压榨、浸取等方法得到的油脂。山苍子主产于中国的湖南、广西、福建、江西、贵州、安徽等地。中国年产山苍子的籽约40万吨，可产山苍子核仁油约10余万吨。山苍子的历史可以追溯到宋代的《本草纲目》。

山苍子的果核经蒸去山苍子精油后，再经过剥壳、压榨或浸出可得山苍子核仁油，粗核仁油为黑褐色的黏稠液体，精炼后的山苍子核仁油为黄色透明状液体。山苍子核仁油中脂肪酸有癸烯酸、癸酸、月桂酸、月桂烯酸、十四碳烯酸、肉豆蔻酸、十六碳烯酸、棕榈酸、亚油酸、油酸和硬脂酸[41-43]。

山苍子核仁油的主要成分是中、短链脂肪酸甘油酯，占90%以上。同时，山苍子核仁油中含有丰富的月桂酸等中碳链混合酸，具有易成盐、成酯、成酰卤、成铵盐等化学反应性质。以山苍子核仁油为原料，采用皂化酸化法制备混合脂肪酸，通过减压精馏等技术富集月桂酸（得率为3.5%～12.7%），进而通过皂化、甲酯化、酰胺化等反应获得了羧酸盐、月桂酸单乙醇酰胺硫酸酯盐等一系列月桂酸系阴离子表面活性剂，性能测试表明各产品具有明显的润湿、发泡、去污等作用，可广泛用作合成洗涤剂的配方组分。以月桂酸为原料经催化作用可制得月桂腈、月桂胺、咪唑啉季铵盐型及Gemini型等阳离子表面活性剂。以山苍子核仁油为原料，经加压氨化脱水，一步催化制得纯度大于99.5%的十二腈。以山苍子核仁油为原料，经硫酸酸炼、物理化学联合脱色得淡黄色核仁油，再皂化酸化得脂肪酸，并用以合成烷醇酰胺，其表面活性物含量达98.2%。山苍子核仁油中脂肪酸组成与椰子油相似，主要组成为月桂酸、癸酸、油酸和亚油酸等，可用于甘油和脂肪酸等油脂化工产品的生产中。此外，山苍子核仁油经热裂解或催化裂解后，还可生产液化气、柴油及汽油等产品[44-46]。

第三节　我国主要木本油料资源分布情况

我国地域辽阔，气候多样，南北间隔约5500km，东西距离约为5200km，可分为9个气候带（寒温带、中温带、暖温带、北亚热带、中亚热带、南亚热带、北热带、中热带和南热带），南北跨越了热带、亚热带、暖温带、温带和寒温带，东西横贯海洋性湿润森林地带、湿润半干旱森林草原和草原过渡带、大陆性干旱半荒漠和荒漠地带。我国地势复杂，西北高而东南低，东部地区大部分为丘陵、平原，西部为山地、高原和盆地。我国季风气候显著，海洋自东往西对大陆的影响逐渐减弱，造成了从东往西降水量的递减，加上高原、大山及其不同走向的影响，造成各地冷热干湿悬殊，特别是山地垂直高差引起的气候与土壤的变化。南北跨越50个纬度，东西跨越61

个经度，经纬度的大跨越带来气候的地带性差异，形成我国自然条件得天独厚的多样性，给我国带来了丰富的生物多样性。同时，这种自然条件和地理景观的多样性及区域环境间的差异，也带来了工业油脂生产的地带性分布。

一、木本油料资源分布

我国木本油料植物种类从南往北，从东向西逐渐减少。在海南、云南南部等地主要是热带雨林、季雨林，拥有典型的适应热带生长的油料树种，如龙桑科、脑香科、肉豆蔻科、藤黄科、楝科、梧桐科、漆树科、番荔枝科、桃金娘科、山榄科等科中的一些植物科。在淮河秦巴山以南主要是亚热带常绿阔叶林与热带雨林、季雨林相接，是油料植物种类多、分布密集的地带，主要有樟科、芸香科、杜鹃花科、大戟科、茶科、马兜铃科、松科、卫茅科、姜科、槭树科、安息香科、百合科等植物。往北则是暖温带落叶阔叶林带，主要是榆科、胡桃科等植物。再往北至小兴安岭长白山则是温带针叶落叶阔叶林，主要是松科、桦木科的一些种及一些草本油料能源植物。至西北是半湿润、半干旱的森林草原带，主要能源油料植物为鼠李科、木犀科、藜科中的一些种类[47,48]。

二、代表性木本油料资源分布

1. 油茶

我国油茶种植规模为 437 万公顷，油茶籽产量达 243.18 万吨。大部分为中低产林，良种推广面积占比不到 20%。在湖南、江西、广西三省区建设油茶林基地，重点培育区域为湖南（衡阳、邵阳、常德）主产区。

2. 核桃

我国核桃种植规模 667 万公顷以上，年产核桃 385 万吨。核桃产量最高的三个省份为云南（94.53 万吨）、新疆（74.36 万吨）、四川（45.14 万吨）。面临的主要问题是我国核桃种植生产成本较高，对此农户应积极扩大核桃种植生产规模，适当地向平坦地区发展种植，提高机械化水平。重点提质区域为云南、新疆、四川、河北等省份，重点培育区域为陕西省。

3. 油桐

我国油桐种植规模为 200 万公顷。油桐属典型的中亚热带树种，在我国北纬 22°15′～34°30′，东经 97°50′～121°30′的广大亚热带地区，包括重庆、贵州、湖南、湖北、四川、广西、广东、云南、陕西、河南、安徽、江苏、浙江、江西、福建、台湾等地都有分布，其中以重庆、贵州、湖南、湖北、广西等的栽培面积和总产量最大。三年桐的中心栽培区是重庆、贵州、湖南、湖北四省市毗邻区。千年桐是典型的南亚热带树种，在我国北纬 18°30′～34°30′，东经 99°40′～122°07′有栽培分布，主要栽培区为广东、广西及福建南部。重点培育油桐无性系良种，解决林木在结果量、果实大小等方面出现严重分化的问题。

4. 乌桕

我国乌桕分布区的地理位置为北纬 18°31′～36°，东经 9840′～122°之间。向东分布区扩展到日本，向南已延伸到中印度岛及印度北部。乌桕垂直分布。在分布区内，乌桕分布的下界接近海平面，在珠江三角洲及东南沿海乌桕为常见的分布树种，垂直分布的上界，最高可达到海拔 2800m。随着地域不同，其垂直分布的上界出现的高低也不相同。如川西木里可分布到海拔 2400m，滇中昆明可达海拔 1825m，鄂西长阳可达海拔 1300m，大别山的新县只达海拔 750m，浙皖山丘的休宁只达海拔 800m，桂西的田林可达海拔 1300m，闽粤山地不超过海拔 1000m。从整个乌桕分布区来看，垂直分布的上界呈现从东向西和自北向南逐渐升高的趋势，在同一地域随着海拔高度的降低，出现的频度和数量有所增加，阳坡比阴坡分布的多，林缘和旷地比森林地带多，由于水是乌桕种子重要的传播因素，在河溪两岸分布较多，往往形成茂密的天然林，乌桕集中栽培区都在海拔 1000m 以下的地带，以低山、丘陵地带为多。乌桕主要栽培区为长江流域及其以南各省，如浙江、湖北、四川、贵州、安徽、云南、江西、福建等省（市），以及河南省的淮河流域地区。

5. 麻疯树

麻疯树原产于美洲热带，在我国广东、广西、云南、四川、贵州、台湾、福建、海南等省区有栽培或少量野生。在我国的地理分布南起“云贵高原”南缘，自西向东包括潞西、耿马、临沧、思茅、元江、红河、屏边、文山、麻栗坡、广南、兴义、安龙、贞丰、册亨、望谟、罗甸一线，南与中南半岛的缅甸、老挝、越南、广西的麻疯树热带中心连成一片，西北则通过怒江、澜沧江上游河谷深入分布到北纬26°，正北越过元江支流水系，分布延伸至滇中高原南缘的弥渡、南涧、双柏等县的分水岭附近，最低纬度可达海南省的最南端。

6. 光皮树

光皮树能够在中国大部分地区正常生长，其地理分布区跨越北纬18°09′～40°09′，东经96°52′～123°14′之间的广大地区，在温带、亚热带、热带地区均能够正常生长，一般为零星分布，也有大面积的纯林或混交林。光皮树的水平分布为东北—西南走向，呈连续或间断分布。光皮树垂直分布的上限、下限与地理经纬度有密切的关系，随着地理经纬度的增大，垂直分布的上限、下限均呈现逐渐降低的趋势。光皮树一般分布于海拔2000m以下，其中以400～700m最多，只有少量分布于2000m以上的山地和海拔1～2m的沿海滩涂地带。主要集中分布在我国的湖南、湖北、江西、广西北部、广东北部，自然分布在长江流域。根据调查估计，全国现有光皮树资源总量3万多公顷，其中2006年以来新造林2万公顷，目前光皮树产果量0.5万～1.5万吨。湖南、江西等省有5～15公顷人工林栽培群落。现有光皮树林面积1530公顷，约6.1万株，其林木生长旺盛，树高多达12m以上，平均胸径14cm，其中最大立木胸径达60cm。

7. 文冠果

文冠果分布地域为28°34′～47°20′N、73°20′～120°25′E，横跨我国温带和暖温带两大热量带，遍及西北、华北等广大地区。其分布区整体上呈西北—东南走向的宽条形。分布区的边界为山东青岛-河北唐山-辽宁建平-安徽合肥-河南栾川-陕西洛南-甘肃平凉-青海循化-西藏察隅一线。在此界以西以北地区包括西北、华北、东北等广大地区均有文冠果分布，而在此界以东以南地区无文冠果分布；西部边界为新疆的喀什，南部边界为西藏察隅-陕西洛南-安徽合肥一线。垂直分布：文冠果垂直分布上下限与经度关系密切，随着经度的增加垂直分布的上下限有降低的趋势，而文冠果垂直分布的上下限受纬度的影响较小，随纬度的增加虽有下降的趋势，但变化趋势不明显，垂直分布在300～1500m的丘陵及荒山坡，其中海拔800～1800m的黄土丘陵沟壑区分布最多。

8. 山苍子

我国山苍子总面积1.44万公顷，占全国经济林总面积的0.04%，其中结果面积1.28万公顷。山苍子种类繁多，约有250余种，种源主要分布在中国、缅甸、越南、老挝、柬埔寨、泰国、印度、印度尼西亚等国，区域性很强。我国约有72种，分布在东经100°～140°和北纬20°～30°之间的狭窄区域内，种源分布主要集中在长江以南各省区（湖南、云南、四川、贵州、江西、安徽、广东、广西、福建、浙江、湖北、江苏等）。山苍子资源分布整体较分散，基本在山区，多为混交林，区域资源质量差异明显。多年来，我国生产山苍子油绝大部分都是利用野生资源加工得到，产量逐年萎缩。

第四节　木本油脂化工产业发展现状与趋势

以往的油脂化学工业仅指以油脂为原料进行较简单化学加工的工业。现代油脂化工则包括从含油脂的物料，如植物的种子、果实、根茎和动物的组织、骨骼等，通过各种物理、化学、生物的方法进行油脂的制备、精炼和改质，生产各种油脂产品，以及从油脂出发，生产塑料助剂、润滑油、表面活性剂和各种改性树脂等产品的工业[49]。国务院办公厅于2014年出台的《关于加快木本油料产业发展的意见》中指出：将木本油料采集、烘干、加工及综合利用列入国家科技创新开发项目，并给予重点扶持。木本油脂化工产业就包括木本油料的采集、加工和综合利用。

一、木本油脂化工产业发展现状

油茶、油棕、油橄榄、椰子被称为世界4大木本油料植物，而油茶、核桃、油桐、乌柏称为我国四大木本油料植物。目前我国木本油脂的消费以食用为主，如棕榈油、椰子油、橄榄油、茶油、核桃油等。由于产业链下游带动不足，非食用木本油脂产量没有大的突破。但棕榈油、椰子油等食用木本油脂也有部分用于非食用领域，目前我国脂肪酸、脂肪醇、脂肪酸甲酯等工业品主要来源于包括木本油脂的天然油脂。2019年，中国脂肪酸产量为136.27万吨，几乎全部由天然油脂水解而得；2020年中国脂肪醇产量为40.1万吨，天然脂肪醇产量为36.8万吨，占比超过90%。

与草本油脂相比，我国木本油脂加工量相对较小，但某些木本油脂的消费量较大。目前我国油茶籽设计加工能力达到430万吨，每年可加工茶油110多万吨；我国是全球第一大棕榈油进口国，棕榈油消费量每年约为600万吨；我国橄榄油消费量每年约5万吨；我国椰子油产量很少，2020年全年我国进口椰子油约16万吨，我国特有工业木本油脂桐油产量约10万吨，占世界总产量的近80%。

木本油脂的提取主要采用传统的机械压榨法和浸出法，在超临界流体萃取、亚临界流体萃取、水溶剂法、水酶法和超声波辅助酶法提取木本油脂方面也进行了广泛的研究并小规模推广应用，得到质量更优的木本油脂。陈颖慧等研究了压榨法、石油醚浸提法、超声波水代法、水酶法、超临界CO_2萃取5种方法对茶油提取率、感官品质、理化指标和脂肪酸组成等的影响，结果表明，超临界萃取法是生产高品质、高效益茶油的理想方法[50-52]。贺舍予对亚临界萃取法提取桐油进行了研究，萃取效率可达98.12%，与浸提法相比，提取时间更短[53]。陈艺等对压榨法、浸出法、水溶剂法和水酶法提取光皮树油进行了研究，发现生物酶法提取的光皮树果实油经精炼后色泽浅、透明澄清，优于其他方法提取的油脂[54]。顾雪敏等采用超声辅助酶法同步提取了文冠果油和蛋白质[55]。

木本油脂转化为化工产品和材料主要是指利用油脂生产脂肪酸、脂肪醇、甘油、塑料助剂、润滑油、表面活性剂、改性树脂等[56]，也可以转化为能源产品生物柴油。随着石油资源的严重短缺和环保问题的日益突出，以天然油脂特别是木本油脂为主要原料的油脂基产品的研发备受瞩目。

桐油是一种很好的干性油，具有干燥快、密度小、光泽好、不导电、能抗冷热与潮湿，以及防腐、防锈、耐酸、耐碱等优良特性，用途广泛，直接用桐油原料生产的产品有850多种，在工业用途上与桐油有关的产品则在千种以上[57]。用桐油、双马来酰亚胺、马来酸酐与酚醛树脂反应，制得耐热性较好的桐油酸酐酰亚胺酚醛树脂[58]，桐油与苯酚和甲醛反应可制备桐油改性二阶酚醛树脂[59]，桐油经醇解和酯化反应可合成水性醇酸树脂[60]，桐油通过共混、聚合和酯化可得到不同类型的不饱和聚酯树脂[61-64]。桐油改性树脂主要用于制备油漆、涂料和油墨等；桐油通过环氧化、氢化、氧化、酯交换、胺解等改性反应制备的桐油基多元醇可替代石油基原料用以制备聚氨酯材料[65-68]；桐油及其甲酯通过化学改性，可制备一系列塑料助剂，如环氧化桐油、环氧化桐马甲酯二异辛酯和桐油马来酸三缩水甘油酯等增塑剂，桐酸基C_{21}二元酸和C_{22}三元酸钙锌及一元酰胺桐油基钙锌等复合热稳定剂[69-71]，桐油基聚酰胺、桐油酸甲酯马来酸酐等环氧树脂固化剂[72,73]。癸酸和月桂酸占脂肪酸总量在70%（质量分数）以上的石山樟、阴香、潺槁树、山胡椒等树种是生产月桂酸或月桂酸酯较理想的香精原料，是牙膏和洗发香波及多种洗涤剂等日用品的不可缺少的原料；乌桕、竹叶椒、梧桐、山乌桕、圆叶乌桕、黄连木等是制皂的好原料；桑种子油及山核桃种仁油都可作为制油漆的原料[56]。

棕榈油和椰子油是适合做洗衣皂和其他硬皂的基本油脂，用于日化领域，用棕榈油做香皂可使香皂气味纯正，棕榈油在日化工业生产中的地位无可替代；椰子油、棕榈仁油和山苍子核仁油用于生产C_8～C_{14}脂肪酸和脂肪醇如月桂酸和月桂醇，可作为生产醇酸树脂、湿润剂、洗涤剂、杀虫剂、表面活性剂、食品添加剂和化妆品的原料，如合成高性能表面活性剂脂肪酸甲酯磺酸盐（MES）和季铵酯（c-SAA）等；棕榈油也是生产 C_{16}～C_{18} 脂肪酸如棕榈酸的主要原料，国内的脂肪酸生产工艺以引进的国外技术为主，随着生产技术的持续成熟，国产化设备已逐步占据一席之地，未来有望逐步实现进口替代。大约 50%的脂肪酸用于制皂及直接使用，大约 20%用于生产含氮衍生物，主要是脂肪胺和脂肪酰胺，约 10%用于制成脂肪酸酯类，其余用于合成油墨、油漆用树脂、二聚酸，以及塑料加工用的润滑剂和稳定剂、重金属盐等。由棕榈油、椰子油以及制备的脂肪酸和脂肪醇主要用于生产塑料加工助剂、表面活性剂、润滑油和涂料油墨用改性树脂等。椰子油经化学改性制备的椰油酸二乙醇酰胺、椰油酸甲基单乙醇酰胺、椰子油单乙醇酰胺丙氧基醚、椰子油脂肪酸烷醇酰胺磷酸酯、椰子油酰基芳香族氨基酸盐等表面活性剂，无毒、刺激性极低，具有良好的稳定性[74-77]；棕榈油和椰子油通过醇解和酯化反应生产的醇酸树脂可作为油漆原料，形成的固化膜的耐溶液性能良好，在浸泡过程中，对蒸馏水、氯化钠水溶液有很高的抵抗力，各种薄膜均不受影响[78,79]；椰子油脂肪酸季戊四醇酯和椰子油脂肪酸己二酸三羟甲基丙烷复合酯是绿色酯类润滑油的基础油，具有良好的流变学性能和热稳定性[80,81]。

目前我国木本油脂化工规模化发展的主要瓶颈，一是原料难以实现低成本规模持续供应。工业木本油脂化工产业原料持续稳定供应和原料价格保持合理波动是产业规模化发展的前提条件。目前我国消费量大的木本油脂如棕榈油、椰子油等主要依赖进口，受国际市场影响较大。企业所建特色木本油料原料基地均依靠野生木本油料林地而建，采摘不便，管理粗放，使得资源的产量和品质难以保证。二是木本油脂的精深加工技术与市场脱节，对产业链上游带动不足。进入 21 世纪后我国虽然研发了一系列木本油脂精深加工新产品，但大多数只停留在实验室或中试阶段，没有大规模推广应用。

二、木本油脂化工产业发展趋势

能源与环境问题是 21 世纪人类面临的最大挑战。以石油为基础的现代工业体系支撑着不断发展的人类文明。然而化石资源日益短缺，同时大量使用化石资源导致的巨大碳排放给全球生态环境带来了巨大压力。植物油脂经转化而成的能源、材料和化工产品，具有原料来源广、产品使用性能好、环保性能好、具有可再生性等特性，其应用和推广是现阶段解决资源与环境问题的有效手段之一。木本油料植物具有适应性强、保持水土、涵养水源、改善环境、不与农作物争地等特点，具有经济和生态双重效益，发展木本油脂化工产业具有巨大的开发潜力和广阔的发展前景。今后一段时间，我国将在保证原料供应、开发新技术和新产品、提高资源综合利用率和生产清洁化方面加大支持力度，促进木本油脂化工产业高质量发展，为我国乡村振兴和碳中和目标等国家战略的实施做出贡献。

① 挖掘利用新型工业木本油料资源，培育高产和高含油的木本油料树种，加强和完善原料基地建设，为木本油脂化工产业持续不断地提供低成本原料。我国工业油脂植物资源十分丰富，种类繁多、分布广泛，其中木本油料植物有 400 种。可利用的含油率在 15%～60%的有 200 种，含油率高达 50%～60%的有 50 种，已经广泛应用的有 30 种，其余大部分还没有利用。今后我们要挖掘利用这些工业木本油料资源，筛选可大规模种植、成本低、效益高的木本油料树种，同时利用分子育种、细胞工程、基因工程等现代育种技术，培育高产、高含油、高抗、适应非耕地种植的木本油料植物新品种。

木本油脂产业市场竞争主要体现为原材料的竞争，即油脂加工企业拥有的油料原材料资源越丰富，其竞争优势越强。木本油脂企业纷纷意识到建立原料基地的重要性与紧迫性，但目前所建原料基地均依靠野生工业木本油料林地而建，树种经济效益差，再加上野生林多分布在深山高地，采摘不便，管理粗放，使得资源的产量和品质难以保证，因此现已具备原料基地的企业将全面健全完善基地运行体制与机制，现无原料基地的企业，将力求建立完整的油脂原料基地，为企业的生产稳定提供优质原料。

② 立足市场需求，研究开发木本油脂精深加工新技术和新产品，为木本油脂化工产业发展提供强有力的技术基础。以提升木本油脂加工工艺技术水平和增加精深加工产品科技含量、附加

值为目标，通过多学科联合、多技术集成，加强对木本油脂精深加工技术的研究，缩短与国际先进水平的差距。围绕油脂高效转化核心关键技术，重点开展油脂分子结构与功能构效规律、油脂加工产品的种类与功能结构、新型高效催化剂制备技术研究，创制市场容量大、成本低、性能优良的塑料助剂、润滑油、表面活性剂、功能型油脂及脂肪代用品和改性树脂等木本油脂精深加工新产品和新材料；继续加强木本油脂制造生物柴油和生物油的核心装备和技术以及综合利用技术，降低生产成本；同时加强润滑油、表面活性剂、塑料助剂和节能保温材料等已开发的木本油脂精深加工新产品的工业化示范及推广应用。

③ 木本油脂化工产业将向木本油料全质综合利用和绿色化发展。根据木本油脂加工技术的现状与发展趋势，我国应充分利用现有科研条件和产业优势，针对加工产业长期存在的能耗高、污染重、资源利用率低等问题，加强脂质活性成分的分离和利用，加强油脂加工过程副产物综合利用和油脂高效、低耗、节能加工等关键技术的研究与装备制造，实现木本油料的全质综合利用和清洁生产。木本油脂加工主要副产物饼粕占油料总质量的70%，目前绝大部分被直接用作肥料或者燃料，并未得到高值化利用，因此采用分子筛层析、亲和层析或琼脂糖凝胶技术从饼粕中提纯和制造高品质的浓缩蛋白、纤维蛋白以及多酚、多糖、肌醇等功能产品并推广应用，是实现资源全质综合利用的主要途径[10]；加强生物技术在油料加工中的应用，如酶生物催化技术，酶分离转化技术，酶改性、定向可控酶酯交换技术等，实现全过程清洁生产。重点突破超临界液体萃取、超微粉碎、微胶囊化技术、微波技术、膜技术、冻干技术、挤压膨化技术等木本油脂提取绿色技术，同时积极推广应用。

参考文献

[1] 廖阳，李昌珠，于凌一丹，等.我国主要木本油料油脂资源研究进展.中国粮油学报，2021，36（8）：151-156.

[2] 王朋，胡慧林，赵昌俊，等.复合洗衣皂中阴离子表面活性剂的分析.中国洗涤用品工业，2014（2）：68-70.

[3] 周绍绳.十六、桐油小史.涂料工业，1986（2）：58.

[4] 刘玄启.中国桐油史研究.广西林业，2007（1）：37-38.

[5] 刘玄启.桐油用途变化与近代国际桐油市场的勃兴.广西师范大学学报（哲学社会科学版），2009，45（1）：114-118.

[6] 陈 凯，阙明明.关于油茶产业发展的历史、现状及对策.南方林业科学，2019，47（6）：59-63.

[7] 汤标中.几种油料小史.油脂科技，1981（6）：87-89.

[8] 袁剑秋.中国油料植物小史（续）.古今农业，1996（3）：77-84.

[9] 刘庆新，栗晓禹，梁巍，等.木本油料产业体系建设的思考及建议.林业资源管理，2016（2）：36-43.

[10] 李昌珠 蒋丽娟.油料植物资源培育与工业利用新技术.北京：中国林业出版社，2018：185-201.

[11] 张玉锋.棕榈油加工技术研究进展.粮油食品科技，2018，26（1）：30-33.

[12] Vincent C J，Shamsudin R，Baharuddin A S. Pre-treatment of oil palm fruits：a review. Journal of Food Engineering，2014，143（6）：123-163.

[13] LY/T 2865—2017.桐油.

[14] 李晖，杨志斌，胡静.乌桕籽综合开发利用概述.湖北林业科技，2011（172）：42-45.

[15] 李科，陈洁，黄金瑞，等.乌桕籽油制备环氧脂肪酸乙酯及增塑PVC研究.精细石油化工，2018，35（3）：75-82.

[16] Ikhuoria E U，Aigbodion A I，Okieimen F E. Preparation and characterization of water-reducible alkyds with fumarized rubber seed oil. Progress in Organic Coatings，2005，52：238-240.

[17] Joseph R，Madhusoodhanan K N，Alex R. Studies on epoxidised rubber seed oil as secondary plasticizer/stabiliser for polyvinyl chloride. Plastics Rubber and Composition，2004，33（5）：217 - 222.

[18] Egbuchunam T F，Balkese D，Okieimen F E. Effect of zincsoaps of rubber seed oil（RSO）and / or epoxidised rubber seed oil（ERSO）on the thermal stability of PVC plastigels. Polymer Degradation and Stability，2007，92（8）：1572-1582.

[19] Edwin G V，Nagaajan G，Nagalingam B. Studies on improving the performance of rubber seed oil fuel for diesel engine with DEE port injection. Fuel，2010，89：3559 - 3567.

[20] MAU 沃克，GGOO 尤瓦迪尔.用橡胶籽油浮选阿扎拉重晶石尾矿.国外选矿快报，1998（19）：21-22.

[21] 萧正春，张卫明，顾龚平.燃油植物橡胶树籽的开发利用.中国野生植物资源，2007，26（5）：13 - 15.

[22] 谢东，陶云凤，宇娟，等.橡胶籽油皂脚制备端环氧基脂肪酸酯的研究.中国油脂，2019，44（5）：38-42.

[23] 张博然，李法社，王霜，等.橡胶籽油及其生物柴油多参数的物理特性预测及分析.石油化工，2019，48（1）：23-28.

[24] 黄元波，郑志锋，马焕，等.橡胶籽油基多元醇的制备与表征.生物质化学工程，2017，51（3）：21-26.

［25］龚慧颖，郑志锋，黄元波，等. Ti-SBA-15 介孔分子筛催化制备环氧橡胶籽油的研究. 生物质化学工程，2016，50（2）：1-5.
［26］张敉，龚宽俊，向诚，等. 过氧化氢脱毒前后小桐子油饼营养成分分析. 植物资源与环境学报，2014，23（1）：113-115.
［27］吕微，蒋剑春，徐俊明. 小桐子油脂提取工艺研究及脂肪酸组成分析. 太阳能学报，2012，32（10）：1050-1055.
［28］刘强，孙海萍，鲁厚芳. 麻疯树籽油生产生物柴油产业化. 化工设计，2009，19（4）：3-8.
［29］佘珠花，刘大川，刘金波，等. 麻疯树籽油理化特性和脂肪酸组成分析 . 中国油脂，2005（5）：30-31.
［30］王菊华，陈玉保，郝亚杰，等. 响应面法优化麻疯树籽油加氢催化制备生物航空燃料工艺. 中国油脂，2019，44（9）：81-85.
［31］丁敏，曹栋，陈璐，等. 固体酸 SiO_2-Ti（SO_4）$_2$-Zr（SO_4）$_2$ 催化麻疯树籽油醇解反应的研究. 中国油脂，2015，40（4）：55-59.
［32］Mario B，Elena B，Claudio F. Seed processing and oil quality of *Jatropha curcas* L. on farm scale：A comparison with other energy crops. Energy for Sustainable Development，2014，19：7-14.
［33］蒋明珠，郭和军. 改性麻风树油的摩擦学性能. 合成润滑材料，2009，36（4）：7-8.
［34］Karaj S ，Müller J . Optimizing mechanical oil extraction of *Jatropha curcas* L. seeds with respect to press capacity，oil recovery and energy efficiency. Industrial Crops & Products，2011，34（1）：1010-1016.
［35］梁杰，杨鹭生. 黄连木油物理化学特性分析与评价. 广东化工，2012，39（18）：29-31.
［36］胡小泓，倪武松，周艺，等. 黄连木籽油的理化特性及其脂肪酸组成分析. 武汉工业学院学报，2007（3）：4-5.
［37］李良厚，肖志红，张爱华，等. Fe/C-SO_3H 中空纤维催化黄连木油制备生物柴油. 科学技术与工程，2019，19（28）：264-269.
［38］何磊. 黄连木油生物柴油副产物甘油发酵转化 1,3-丙二醇的研究. 南昌：江西农业大学，2012.
［39］常侠，聂小安，戴伟娣，等. 黄连木油脂基生物柴油的合成及其性能分析. 现代化工，2008（S2）：117-119.
［40］李俊玉，胥治杰. 环氧黄连木油增塑剂合成研究. 陕西化工，1990（4）：17-18.
［41］佘世望，张桂珍，王桂林. 山苍子核仁油的精炼. 江西教育学院学刊（自然科学版），1987（2）：80-81.
［42］赖鹏英，肖志红，黎继烈，等. 山苍子果实制备精油与核仁油的研究进展. 湖南林业科技，2019，46（1）：65-69.
［43］钟昌勇. 山苍子油高效提取和单离柠檬醛技术研究. 南宁：广西大学，2012.
［44］袁先友. 山苍籽核仁油应用研究进展. 湖南科技学院学报，2008（8）：35-37.
［45］陈学恒. 我国山苍子油产业化技术浅评和利用对策. 香料香精化妆品，2002（4）：31-37.
［46］Lizandra G M，Julia M S，Kamila A L，et al. In vitro efficacy of the essential oil of *Piper cubeba* L.（Piperaceae）against Schistosoma mansoni. Parasitology Research，2012，110（5）：1747-1754.
［47］Goffman F D，Alonso A P，Schwender J，et al. Light enables a very high efficiency of carbon storage in developing embryos of rapeseed. Plant Physiology，2005，138：2269-2279.
［48］程树棋 . 燃料植物选择和应用. 长沙：中南大学出版社，2005：56-108.
［49］齐景杰. 我国基础油脂化工工艺. 河南化工，2011，28（4）：13-14.
［50］吴秋娟，詹啸，李延冰. 我国油脂行业发展现状及未来方向探讨. 期货日报，2011-06-08.
［51］陈颖慧. 5 种提取方法对茶油品质的影响. 粮食与油脂，2019，32（2）：33-37.
［52］黄翠莉. 油茶籽油的超临界 CO_2 萃取及其功能评价. 长沙：长沙理工大学，2011.
［53］贺舍予. 桐油萃取工艺及质量分析方法研究. 长沙：中南林业科技大学，2015.
［54］陈艺，肖志红，申爱荣，等. 不同提油方法对光皮树果实油品质的影响. 中国油脂，2014，39（5）：5-8.
［55］顾雪敏，马慧，马丽春，等. 文冠果油和蛋白质超声辅助酶法同步提取工艺研究. 新疆农业大学学报，2020，43（4）：300-305.
［56］李昌珠，吴红，肖志红，等. 工业油料植物资源高值化利用研究进展. 湖南林业科技，2014，41（6）：106-111.
［57］廖燕珍，谭东. 桐油的加工利用. 广西化工，1992（1）：7-11.
［58］商士斌，王瑀，宋湛谦，等. 桐油酸酐酰亚胺酚醛树脂耐热性研究. 林产化学与工业，2007，27（2）：33-35.
［59］尹文华，陈瑶，吴璧耀. 桐油改性酚醛环氧树脂合成及室温固化物性能. 石油化工高等学校学报，2007，27（2）：33-35.
［60］王华林，王明，贺楠男，等. 桐油改性醇酸氨基水性绝缘漆的制备及性能. 高分子材料科学与工程，2011，27（2）：133-136.
［61］刘承果，周永红. 油脂基不饱和聚酯树脂研究进展. 林产化学与工业，2020，40（6）：107-115.
［62］LI F，Larock R C. Synthesis，structure and properties of new tung oil styrene divinylbenzene copolymers prepared by thermal polymerization. Biomacromolecules，2003，4（4）：1018-1025.
［63］毕耀文. 桐油基不饱和聚酯树脂的合成及其改性的研究. 长沙：中南林业科学大学，2019.
［64］崔竞方. 桐油改性双环戊二烯不饱和聚酯树脂的合成及其性能研究. 北京：中国林业科学研究院，2012.
［65］姜垒，付阳，李珂庆，等. 桐油基水性聚氨酯的可控合成与表征. 河南科学，2021，39（10）：1581-1584.

[66] 周威，张猛，郑开梅，等.阻燃型桐油基多元醇的合成及聚氨酯硬泡的制备.聚氨酯工业，2019，34（2）：4-7.

[67] 李小英，聂小安，陈洁，等.桐油基环氧增塑剂的合成及在聚氯乙烯中的应用.高分子材料科学与工程，2017，33（2）：28-33.

[68] Yang X J，Li S H，Xian J L，et al. Novel renewable resource-based UV curable copolymers derived from myrcene and tung oil：Preparation，characterization and properties. Ind Crops Prod ，2015，63：17-25.

[69] Li M，Zhang J W，Xin J，et al. Design of green zinc-based thermal stabilizers derived from tung oil fatty acid and study of thermal stabilization for PVC. Journal of Applied Polymer Science，2017，134（14）.

[70] Wang M，Xia J L，Jiang J C，et al. A novel liquid Ca/Zn thermal stabilizer synthesized from tung-maleic anhydride and its effects on thermal stability and mechanical properties of PVC. Polymer Degradation and Stability，2016，133：136-143.

[71] Wang M，Song X H，Jiang J C，et al. Binary amide-containing tung-oil-based Ca/Zn stabilizers：Effects on thermal stability and plasticization performance of poly（vinyl chloride）and mechanism of thermal stabilization. Polymer Degradation and Stability，2017，143：106-117.

[72] 夏建陵，王定选，聂小安，等.由桐油制备低分子聚酰胺的方法：CN1238402C. 2006-01-25.

[73] 张祥凯，王智敏，谢建强，等.生物质环氧树脂固化剂的研究进展.中国塑料，2022，36（2）：111-121.

[74] 王钰潘，谢荣锦.椰油酸单乙醇酰胺的合成与应用.精细石油化工进展，2002，3（5）：1-4.

[75] 刘振华，王定培，张涌.椰油酸甲基单乙醇酰胺合成工艺研究.中国洗涤用品工业，2019（2）：43-45.

[76] 赵强，刘传玉.椰子油单乙醇酰胺丙氧基醚的合成研究.化学与黏合，2012，34（2）：36-38.

[77] 王楠，张平平，陈政宏.椰子油酰基芳香族氨基酸盐的绿色合成与性能评价.精细化工，2021，38（11）：2305-2311.

[78] 沈希军.环保型棕榈油连接料的应用.上海涂料，2014，52（5）：20-24.

[79] 唐承垣，冼艳明，朱意明.棕榈油氨基醇酸漆的制备.涂料工业，1996，6：18-20.

[80] 何节玉，廖德仲，秦玉华，等.椰子油脂肪酸季戊四醇酯的制备.中国油脂，2013，38（3）：47-50.

[81] 何节玉，钟森，田永航，等.椰子油脂肪酸己二酸三羟甲基丙烷复合酯的制备及其润滑性能.润滑与密封，2021，46（12）：112-116.

（李昌珠，李培旺，周永红，张猛）

第二章　木本油脂提取的原理与技术

第一节　物理压榨提取技术

一、机械压榨法制油原理

机械压榨法制油是借助机械外力把油脂从料坯中挤压出来的过程，工艺简单，配套设备少，对油料品种适应性强，生产灵活，得到的油色泽浅、质量好、风味纯正。但压榨后的饼残油量高，出油效率较低，动力消耗大，零件易损耗。压榨法制油过程如下。

第一阶段为压榨过程。在压榨取油过程中，榨料坯的粒子受到强大的压力作用，致使其中油脂的液体部分和非脂物质的凝胶部分分别发生 2 种不同的变化，即油脂从榨料空隙中被挤压出来和榨料粒子经弹性变形形成坚硬的油饼。

第二阶段为油脂从榨料中被分离出来的过程。在压榨的开始阶段，粒子发生变形并在个别接触处结合，粒子间空隙缩小，油脂开始被压出；在压榨的主要阶段，粒子进一步变形结合，其内空隙缩得更小，油脂大量压出；在压榨的结束阶段，粒子结合完成，其内空隙的横截面突然缩小，油路显著封闭，油脂已很少被榨出。解除压力后的油饼，由于弹性变形而膨胀，其内形成细孔，有时有粗的裂缝，未排走的油反而被吸入。

第三阶段为油饼的形成过程。在压榨取油过程中，油饼的形成是在压力作用下，料坯粒子间随着油脂的排出而不断挤紧，由粒子间的直接接触、相互间产生的压力而造成某粒子的塑性变形，尤其在油膜破裂处将会相互结成一体。榨料已不再是松散体而开始形成一种完整的可塑体，称为油饼。油饼的成型是压榨制油过程中建立排油压力的前提，更是压榨制油过程中排油的必要条件。

在油料被压榨制油的过程中，压力、黏度和油饼成型是压榨法制油的三要素。压力和黏度是决定榨料排油的主要动力和可能条件，油饼成型是决定榨料排油的必要条件。榨料受压之后，料坯间空隙被压缩，空气被排出，料坯密度迅速增加，料坯互相挤压变形和位移。这样料坯的外表面被封闭，内表面的孔道迅速缩小。孔道小到一定程度时，常压液态油变为高压油。高压油产生了流动能量，在流动中，小油滴聚成大油滴，甚至以独立液相存在于料坯的间隙内。当压力大到一定程度时，高压油打开流动油路，摆脱榨料蛋白质分子与油分子、油分子与油分子之间的摩擦阻力，冲出榨料高压力场之外，与塑性饼分离。压榨过程中，黏度、动力表现为温度的函数。榨料在压榨中，机械能转为热能，物料温度上升，分子运动加剧，分子间的摩擦阻力降低，表面张力减小，油的黏度变小，从而为油迅速流动聚集与塑性饼分离提供了方便。排油深度压榨取油时，榨料中残留的油量可反映排油深度，残留量愈低，排油深度愈深。排油深度与压力大小、压力递增量、黏度影响等因素有关。压榨过程中，必须提供一定的压榨压力使料坯被挤压变形，密度增加，空气排出，间隙缩小，内外表面积缩小。压力大，物料变形也就大。压榨过程中，合理递增压力，才能获得好的排油深度。在压榨中，压力递增量要小，增压时间不能过短。这样，料间隙逐渐变小，给油聚集流动以充分时间，聚集起来的油又可以打开油路排出料外，排油深度方可提高。土法榨油总结“轻压勤压”的道理适用于一切榨机的增压设计。

排油的必要条件就是饼的成型。如果榨料塑性低，受压后，榨料不变形或很难变形，油饼不能成型，排油压力建立不起来，坯外表面不能被封闭，内表面孔道不被压缩变小，密度不能增加。在这种状况下，油不能由不连续相变为连续相，不能由小油滴聚为大油滴，常压油不能被封闭起来变为高压油，也就产生不了流动的排油动力，排油深度也就无从谈起。饼的顺利成型是排油的必要条件。料坯受压形成饼，压力可以顺利建立起来，适当控制温度，减少排油阻力，排油深度就会提高。

饼能否成型，与以下因素有关：a. 物料含水量要适当，温度适当，使得物料有一定的受压变形可塑性，抗压能力减小到一个合理数值，压力作用就可以充分发挥出来；b. 排渣、排油量适当；c. 物料应封闭在一个容器内，形成受力而塑性变形的空间力场。

二、典型制油设备

目前压榨设备主要有间歇式生产的液压榨油机和连续式生产的螺旋榨油机两类。油料品种繁多，要求压榨设备在结构设计中尽可能满足多方面的要求，同时，榨油设备应具有生产能力大、出油效率高、操作维护方便、一机多用、动力消耗少等特点[1,2]。

1. 液压榨油机

液压式榨油机是利用液体传送压力的原理（工作原理见图 8-2-1[3]），使油料在饼圈内受到挤压，将油脂取出的一种间隙式压榨设备。该机结构简单，操作方便，动力消耗小，油饼质量好，能加工多种油料，适用于油料品种多、数量又不大地区的小型油厂，进行零星分散油料的加工。但其劳动强度大，工艺条件严格，已逐渐被连续式压榨设备所取代。卧式自动液压榨油机见图 8-2-2[4]。

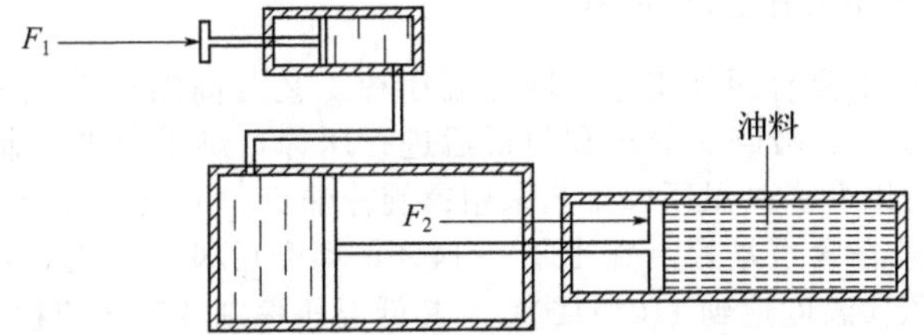

图 8-2-1　液压榨油机的工作原理

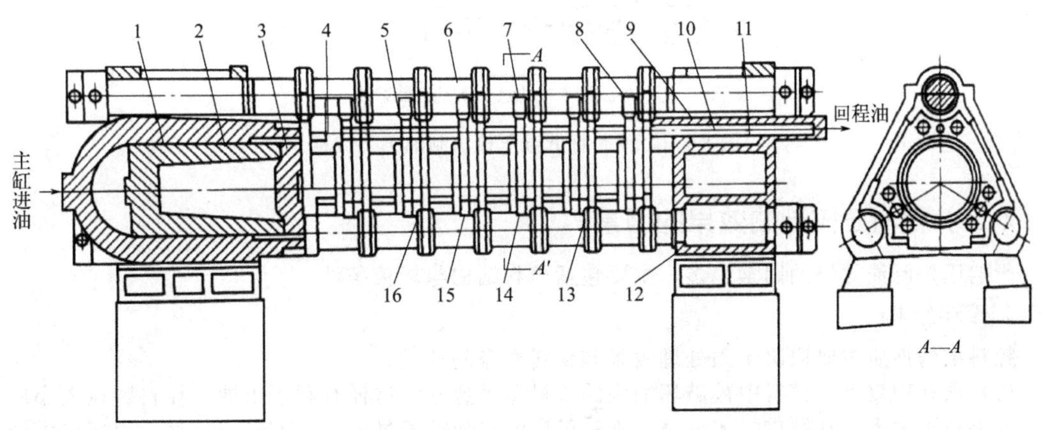

图 8-2-2　卧式自动液压榨油机

1—缸；2—活塞；3—嵌入板；4—弹簧；5，10—回程杆；6—榨柱（连接柱）；7—出饼推杆；8—榨膛顶端导轨轴承；9—回程油缸；11—回程活塞；12—顶盖；13—出饼拉杆；14—榨膛；15—底部导轨轴承；16—压盘（蒸汽板）

2. 螺旋榨油机

螺旋榨油机是国际上普遍采用的较先进的连续式榨油设备，其工作原理：旋转着的螺旋轴在榨膛内的推进作用使榨料连续地向前推进，同时由于榨料螺旋导程的缩短或根圆直径增大，榨膛空间体积不断缩小而产生压力，把榨料压缩，并把料坯中的油脂挤压出来，油脂从榨笼缝隙中流出，同时将残渣压成饼块，从榨轴末端不断排出。螺旋榨油机取油的特点是连续化生产，单机处理量大，劳动强度低，出油效率高，饼薄易粉碎，有利于综合利用，故应用十分广泛。螺旋式油棕果榨油机见图 8-2-3[5]。

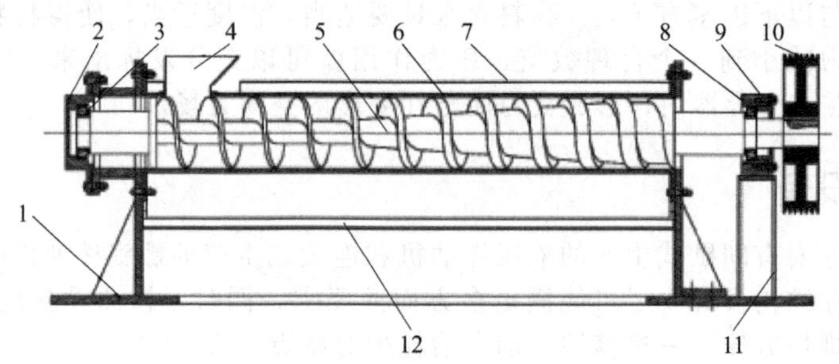

图 8-2-3　螺旋式油棕果榨油机

1—机架；2—轴承套；3，8—轴承；4—进料口；5—榨轴；6—榨笼；7—挡油罩；9—轴承座；10—带轮；11—轴承座架；12—接油板

三、压榨制油流程和影响压榨制油效果的因素

（一）油茶籽压榨制油工艺流程

国内油茶籽压榨制油主要有两种工艺，即低温压榨工艺与高温压榨工艺。低温压榨工艺采用液压榨油机。油茶籽经烘干、破碎、蒸坯和包饼后进行压榨，烘干温度控制在 60℃左右，用蒸汽蒸坯，温度要达到 100℃以上。高温压榨工艺采用螺旋榨油机。油茶籽经烘干、剥壳、压扁和蒸炒后进行压榨，烘干后油茶籽含水量控制在 12%～14%，剥壳后风力分选，仁壳分离，蒸炒要确保压榨水分在 3%左右，压榨温度达到 110～120℃。其低温压榨制油工艺流程见图 8-2-4[6]。

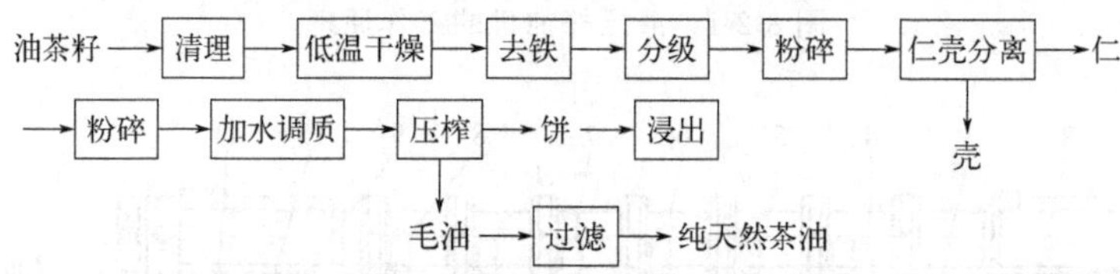

图 8-2-4　油茶籽低温压榨法制油工艺流程

（二）影响压榨制油效果的因素

影响压榨制油效果的因素很多，主要包括榨料结构与压榨条件。

1. 榨料结构

榨料结构性质主要取决于预处理效果和榨料本身的性质。

（1）预处理效果　榨料中被破坏细胞的数量愈多愈好，这样有利于出油。榨料颗粒大小应适当，如果粒子过大，易结皮封闭油路，不利于出油；如粒子过细，也不利于出油，因压榨中会带走细粒，增大流油阻力，甚至堵塞油路。同时，颗粒过细会使榨料塑性加大，不利于压力的提高。榨料容重在不影响内外结构的前提下愈大愈好，这样有利于设备处理量的提高。榨料要有适当的水分，流动性要好。榨料要有必要的温度，尽量降低榨料中油脂黏度与表面张力，以确保油脂在压榨全过程中保持良好的流动性。榨料粒子要具有足够的可塑性，榨料的可塑性必须有一定的范围。一方面，它须不低于某一限度，以保证粒子有相当完全的塑性变形；另一方面，塑性又不能过高，否则榨料流动性大，不易建立压力，压榨时会出现“挤出”现象，增加不必要的回料，同时塑性高，早成型，提前出油，易成坚饼而不利于出油，而且油质也差。

（2）榨料本身的性质　榨料性质不仅包括凝胶部分，同时还与油脂的存在形式、数量以及可分离程度等有关。影响榨料性质的因素有水分含量、温度以及蛋白质变性等。

① 水分含量。随着水分含量的增加，可塑性也逐渐增加。当水分达到某一点时，压榨出油情况最佳。一旦略超过此含量，就会产生很剧烈的“挤出”现象，即“突变”现象。另外，如果水分略低，也会使可塑性突然降低，使粒子结合松散，不利于油脂榨出。

② 温度。榨料加热，可塑性提高；榨料冷却，则可塑性降低。压榨时，若温度显著降低，则榨料粒子结合就不好，所得饼块松散不易成型。但是，温度也不宜过高，否则将会因高温而使某些物质分解成气体或产生焦味。因此，保温是压榨过程重要的条件之一。

③ 蛋白质变性。蛋白质变性是压榨法取油所必需的条件。但蛋白质过度变性，会使榨料塑性降低，从而提高榨油机的“挤出”压力，这与提高水分含量和温度的作用相反。榨料中蛋白质变性充分与否，衡量着油料内胶体结构破坏的程度。压榨时，由于加热与高压的联合作用，会使蛋白质继续变性，但是温度、压力不适当，会使变性过度，同样不利于出油。因此，榨料蛋白质变性，既不能过度而使可塑性太低，也不能因变性不足而影响出油效率和油品质量，如油中带入未变性胶体物质而影响精炼。

2. 压榨条件

压榨条件即工艺参数（压力、时间、温度、料层厚度、排油阻力等），是提高出油效率的决定性因素。

（1）榨膛内的压力　对榨料施加的压力必须合理，压力变化必须与排油速度一致，即做到“流油不断”。螺旋榨油机的最高压力区段较小，最大压力一般分布在主榨段。对于低油分油料籽粒的一次压榨，其最高压力点一般在主压榨段开始阶段；而对于高油分油料籽粒的压榨或预榨，最高压力点一般分布在主压榨段中后段。同时，长期实践中总结的“先轻后重、轻压勤压”的施压方法是行之有效的。

（2）压榨时间　压榨时间是影响榨油机生产能力和排油深度的重要因素。通常认为，压榨时间长，出油率高。然而，压榨时间过长，会造成不必要的热量散失，对出油率的提高不利，还会影响设备处理量。控制适当的压榨时间，必须综合考虑榨料特性、压榨方式、压力大小、料层厚薄、含油量、保温条件以及设备结构等因素。在满足出油率的前提下，尽可能缩短压榨时间。

（3）温度　温度直接影响榨料的可塑性及油脂黏度，进而影响压榨取油效率，关系到榨出油脂和饼粕的质量。若压榨时榨膛温度过高，将导致饼色加深甚至发焦，饼中残油率增加，以及榨出油脂的色泽加深。用冷的、不加热的榨油机压榨，不可能得到成型的硬的压榨饼和榨出最多的油脂。合适的压榨温度范围，通常是指榨料入榨温度（100～135℃）。不同的压榨方式及不同的油料有不同的温度要求。但是，此参数只在控制入榨时才有必要和可能，压榨过程中温度的变化要控制在上述范围实际是很难做到的。

第二节　溶剂萃取技术

一、浸出法制油原理

油脂浸出过程是油脂从固相转移到液相的传质过程，这一传质过程是借助分子扩散和对流扩散两种方式完成的。

1. 分子扩散

分子扩散是指以单个分子的形式进行的物质转移，是由分子无规则的热运动引起的。当油料与溶剂接触时，油料中的油脂分子借助其本身的热运动，从油料中渗透出来并向溶剂中扩散，形成混合油；同时溶剂分子也向油料中渗透扩散，这样在油料和溶剂接触面的两侧就形成了两种浓度不同的混合油。由于分子的热运动及两侧混合油浓度的差异，油脂分子将不断地从浓度较高的区域转移到浓度较小的区域，直到两侧的分子浓度达到平衡为止。

2. 对流扩散

对流扩散是指物质溶液以较小体积的形式进行的转移。与分子扩散一样，扩散物的数量与扩散面积、浓度差、扩散时间及扩散系数有关。在对流扩散过程中，对流的体积越大，单位时间内通过单位面积的物质体积越大，对流扩散系数越大，物质转移的数量也就越多。

油脂浸出过程的实质是传质过程，其传质过程是由分子扩散和对流扩散共同完成的。在分子扩散时，物质依靠分子热运动的动能进行转移。适当提高浸出温度，有利于提高分子扩散系数，加速分子扩散。而在对流扩散时，物质主要是依靠外界提供的能量进行转移。一般是利用液位差或泵产生的压力使溶剂或混合油与油料处于相对运动状态下，促进对流扩散。

二、浸出溶剂要求

浸出法制油所选择的浸出溶剂必须满足对油脂有较强的溶解能力、既要容易汽化又要容易冷凝回收、具有较强的化学稳定性、在水中的溶解度小和安全性高等条件[7-10]。

1. 对油脂有较强的溶解能力

在室温或稍高于室温的条件下，能以任何比例很好地溶解油脂，对油料中的其他成分溶解能力要尽可能小，甚至不溶。这样就能一方面把油料中的油脂尽可能多地提取出来，另一方面使混合油中少溶甚至不溶解其他杂质，提高毛油品质。

2. 既要容易汽化又要容易冷凝回收

为了容易脱除混合油和湿粕中的溶剂，使毛油和成品粕不带异味，要求溶剂容易汽化，也就是溶剂的沸点要低，汽化潜热要小。但又要考虑在脱除混合油和湿粕中的溶剂时产生的溶剂蒸气容易冷凝回收，要求沸点不能太低，否则会增加溶剂损耗。实践证明，溶剂的沸点在 65～70℃范围内比较合适。

3. 具有较强的化学稳定性

溶剂在生产过程中是循环使用的，反复不断地被加热、冷却。一方面要求溶剂本身物理、化学性质稳定，不起变化；另一方面要求溶剂不与油脂和粕中的成分发生化学反应，更不允许产生有毒物质。另外，对设备不能产生腐蚀作用。

4. 在水中的溶解度小

在生产过程中，溶剂不可避免地要与水接触，油料本身也含有水。要求溶剂与水互不相溶，便于溶剂与水分离，减少溶剂损耗，节约能源。

5. 安全性高

溶剂在使用过程中不易燃烧，不易爆炸，对人畜无毒。在生产中，往往因设备、管道密闭不严和操作不当，会使液态和气态溶剂泄漏出来。因此，应选择闪点高、不含毒性成分的溶剂。

三、浸出制油的工艺类型

1. 直接浸出

油料经一次浸出，浸出其中的油脂之后，油料中残留的油脂量就可以达到极低值，这种取油方式称为直接浸出取油。该取油方法常限于加工大豆等含油量在 20%左右的油料。

2. 预榨浸出

对一些含油量在 30%～50%的高油料加工，若采用直接浸出取油，粕中残留油脂量偏高。为此，在浸出取油之前，先采用压榨法取油，提取油料内 85%～89%的油脂，并将产生的饼粉碎成一定粒度后，再进行浸出法取油，这种方法称作预榨浸出。棉籽、菜籽、花生、葵花籽等高油料均采用此法加工。预榨浸出不仅提高出油率而且制取的毛油品质高，同时提高了浸出设备的生产能力。

四、浸出工艺流程

按溶剂与油料的混合方式，油脂浸出方式可分为浸泡式、喷淋式、混合式等三种。浸泡式是油料浸泡在溶剂之中，完成油脂溶解出来的过程；喷淋式是溶剂喷洒到油料料床上，溶剂在油料间非连续地滴状流动完成的浸出过程；溶剂与油料接触过程中，既有浸泡式，又有喷淋式，两种方式同在一个设备内进行，这种浸出方式称混合式。

目前国内使用的罐组式浸出器、U 形拖链式和 Y 形浸出器，均属浸泡式；履带式浸出器是典型的喷淋式浸出器；平转、环形浸出器，均属混合式浸出器。平转式浸出器直接浸出负压生产茶油的工艺流程见图 8-2-5[6]。

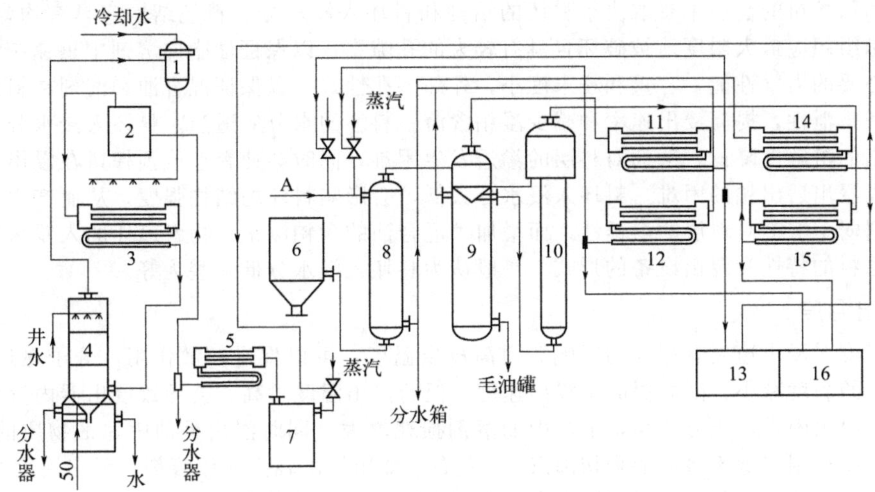

图 8-2-5　平转式浸出器直接浸出负压生产茶油的工艺流程

1—平衡器；2，5，11～14—冷凝器；3，9—汽提塔；4—水喷射泵；6—热水罐；7—混合油罐；8—蒸发罐；10—蒸发器；15—分水箱；16—周转罐；A—来自蒸脱机混合蒸气

浸出法制油工艺流程一般包括预处理、油脂浸出、湿粕脱溶、混合油蒸发和汽提、溶剂回收等工序。

（1）油脂浸出　经预处理后的料坯送入浸出设备完成油脂萃取分离的任务。经油脂浸出工序分别获得混合油和湿粕。

（2）湿粕脱溶　从浸出设备排出的湿粕，一般含有 25%～35%的溶剂，必须进行脱溶处理，才能获得合格的成品粕。通常采用加热解吸的方法，使溶剂受热汽化与粕分离。浸出油常被称为湿粕蒸烘。湿粕蒸烘一般采用间接蒸汽加热，同时结合直接蒸汽负压搅拌等措施，促进湿粕脱溶。湿粕脱溶过程中要根据粕的用途来调节脱溶的方法及条件，保证粕的品质。经过处理后，粕中水分不超过 8.0%～9.0%，残留溶剂量不超过 0.07%。

（3）混合油蒸发和汽提　从浸出设备排出的混合油由溶剂、油脂、非油物质等组成，经蒸发、汽提，从混合油中分离出溶剂而获得浸出毛油。

① 混合油蒸发。利用油脂与溶剂的沸点不同，将混合油加热至沸点温度，使溶剂汽化与油脂分离。混合油沸点随混合油浓度增加而提高，相同浓度的混合油沸点随蒸发操作压力降低而降低。混合油蒸发一般采用二次蒸发法。第一次蒸发使混合油质量分数由 20%～25%提高到 60%～70%，第二次蒸发使混合油质量分数达到 90%～95%。

② 混合油汽提。混合油汽提是指混合油的水蒸气蒸馏。混合油汽提能使高浓度混合油的沸点降低，从而使混合油中残留的少量溶剂在较低温度下尽可能被完全脱除。混合油汽提在负压条件下进行油脂脱溶，对毛油品质更为有利。为了保证混合油汽提效果，用于汽提的水蒸气必须是干蒸汽，避免直接蒸汽中所含的水与油脂接触，造成混合油中磷脂沉淀，影响汽提设备正常工作，同时可以减少汽提液泛现象。

（4）溶剂回收　溶剂回收直接关系到生产的成本、毛油和粕的质量，生产中应对溶剂进行有效回收，并进行循环使用。溶剂回收包括溶剂气体冷凝和冷却、溶剂和水分离、废水中溶剂回收、废气中溶剂回收等。

五、影响浸出法制油的主要因素

浸出法制油在浸出过程中，影响浸出速率的主要因素有料坯和预榨饼的性质、浸出温度、浸出时间、料层高度、溶剂比和混合油浓度、沥干时间和湿粕含溶剂量等 6 个方面。

1. 料坯和预榨饼的性质

料坯和预榨饼的性质主要取决于料坯的结构和料坯入浸水分。料坯结构应具有均匀一致性，料坯的细胞组织应最大限度地被破坏且具有较大的孔隙率，以保证油脂向溶剂中迅速扩散。料坯应该具有必要的力学性能，容重和粉末度小，外部多孔性好，以保证混合油和溶剂在料层中良好的渗透性和排泄性，提高浸出速率和减少湿粕含溶。料坯的水分应适当。料坯入浸水分太高会使溶剂对油脂的溶解度降低，溶剂对料层的渗透发生困难，同时会使料坯或预榨饼在浸出器内结块膨胀，造成浸出后出粕的困难。料坯入浸水分太低，会影响料坯的结构强度，从而产生过多的粉末，同样削弱了溶剂对料层的渗透性，而增加了混合油的含粕沫量。物料最佳的入浸水分量取决于被加工原料的特性和浸出设备的形式。一般认为料坯入浸水分低一些为好。

2. 浸出温度

浸出温度对浸出速度有很大的影响。提高浸出温度，可以促进扩散作用，分子热运动增强，油脂和溶剂的黏度减小，因而提高了浸出速度。但若浸出温度过高，会导致浸出器内汽化溶剂量增多，油脂浸出困难，压力增高，生产中的溶剂损耗增大，同时浸出毛油中非油物质的量增多。一般浸出温度控制在低于溶剂馏程初沸点 5℃左右，如用浸出轻汽油作溶剂，浸出温度为 55℃左右。若有条件的话，也可在接近溶剂沸点的温度下浸出，以提高浸出速度。

3. 浸出时间

根据油脂与物料结合的形式，浸出过程在时间上可以划分为 2 个阶段：第一阶段提取位于料坯内外表面的游离油脂；第二阶段提取未破坏细胞和结合态的油脂。浸出时间应保证油脂分子有足够的时间扩散到溶剂中去。但随着浸出时间的延长，粕残油量的降低已很缓慢，而且浸出毛油中非油物质的含量增加，浸出设备的处理量也相应减小。因此，过长的浸出时间是不经济的。在实际生产中，应在保证粕残油量达到指标的情况下，尽量缩短浸出时间，一般为 90～120min。在料坯性能和其他操作条件理想的情况下，浸出时间可以缩短为 60min 左右。

4. 料层高度

料层高度对浸出设备的利用率及浸出效果都有影响。一般来说，料层提高，对同一套设备而言，浸出设备的生产能力提高，同时料层对混合油的自过滤作用也好，混合油中含粕沫量减少，混合油浓度也较高。但料层太高，溶剂和混合油的渗透、滴干性能会受到影响。高料层浸出要求料坯的机械强度要高，不易粉碎，且可压缩性小。应在保证良好效果的前提下，尽量提高料层高度。

5. 溶剂比和混合油浓度

浸出溶剂比是指使用的溶剂与所浸出的料坯的质量之比。一般来说，溶剂比愈大，浓度差愈大，对高浸出速率和降低粕残油量愈有利，但混合油浓度会随之降低。混合油浓度太低，增大溶剂回收工序的工作量。溶剂比太小，又达不到或部分达不到浸出效果，而使干粕中的残油量增加。因此，要控制适当的溶剂比，以保证足够的浓度差和一定的粕中残油率。对于一般的料坯浸出，溶剂比多选用（0.8～1）：1。混合油质量分数要求达到 18%～25%。对于料坯的膨化浸出，溶剂比可以降低为（0.5～0.6）：1，混合油浓度可以更高。

6. 沥干时间和湿粕含溶剂量

料胚经浸出后，尚有一部分溶剂（或稀混合油）残留在湿粕中，须经蒸烘将这部分溶剂回收。为了减轻蒸烘设备的负荷，往往在浸出器内要有一定的时间让溶剂（或稀混合油）尽可能地与粕分离，这种使溶剂与粕分离所需的时间，称为沥干时间。生产中，在尽量减少湿粕含溶剂量的前提下，尽量缩短沥干时间。沥干时间依浸出所用原料而定，一般为15～25min。

第三节　超临界流体提取技术

一、超临界流体萃取法制油原理

超临界流体萃取技术是用超临界状态下的流体作为溶剂对油料中油脂进行萃取分离的技术[11]。

一般物质，当液相和气相在常压下平衡时，两相的物理特性如密度、黏度等差异显著。但随着压力的升高，这种差异逐渐缩小。当达到某一温度 T_C（临界温度）和压力 p_C（临界压力）时，两相的差别消失，合为一相，这一点就称为临界点。在临界点附近，压力和温度的微小变化都会引起气体密度的很大变化。随着向超临界气体加压，气体密度增大，逐渐达到液态性质，这种状态的流体称为超临界流体。

超临界流体具有介于液体和气体之间的物化性质，其密度相对接近液体的密度使它有较高的溶解度，而其黏度相对接近气体的黏度又使它有较高的流动性能，扩散系数介于液体和气体之间，因此其对所需萃取的物质有较佳的渗透性。这些性质使溶质进入超临界流体较进入平常液体有较高的传质速率。将温度和压力适宜变化时，可使其溶解度在100～1000倍的范围内变化。一般来讲，超临界流体的密度越大，其溶解力就越强；反之亦然。也就是说，超临界流体中物质的溶解度在恒温下随压力 p（$p>p_C$ 时）升高而增大，而在恒压下，其溶解度随温度 T（$T>T_C$ 时）增高而下降。这一特性有利于从物质中萃取某些易溶解的成分，而超临界流体的高流动性和扩散能力，则有助于所溶解的各成分之间的分离，并能加速溶解平衡，提高萃取效率。通过调节超临界流体的压力和温度来进行选择性萃取。

超临界 CO_2 萃取技术是国内外竞相研究开发的高效分离及分析技术，被广泛地应用于植物油脂的提取，对茶油的提取率达到90%以上。CO_2 超临界流体萃取技术的优点有：CO_2 超临界流体萃取可以在较低温度和无氧条件下操作，保证了油脂和饼粕的质量；CO_2 对人体无毒性，且易除去，不会造成污染，食用安全性高；整个加工过程中，原料不发生相变，有明显的节能效果；萃取分离效率高；具有良好的渗透性、溶解性和极高的萃取选择性，通过调节温度、压力，可以进行选择性提取；CO_2 成本低，不燃，无爆炸性，方便易得。

二、超临界流体萃取工艺

超临界流体萃取工艺主要由超临界流体萃取溶质、被萃取的溶质与超临界流体分离两部分组成。根据分离过程中萃取剂与溶质分离方式的不同，超临界流体萃取可分为恒压萃取法、恒温萃取法和吸附萃取法三种加工工艺形式。

1. 恒压萃取法

从萃取器出来的萃取相在等压条件下，加热升温，进入分离器进行溶质分离。溶剂经冷却后回到萃取器循环使用。

2. 恒温萃取法

从萃取器出来的萃取相在等温条件下减压、膨胀，进入分离器进行溶质分离，溶剂经调压装置加压后再回到萃取器中。

3. 吸附萃取法

从萃取器出来的萃取相在等温等压条件下进入分离器，萃取相中的溶质由分离器中吸附剂吸附，溶剂再回到萃取器中循环使用。

王成东对超临界 CO_2 流体萃取文冠果油、茶油、棕榈油、牡丹籽油等木本油脂进行了研究，针对不同木本油料得出不同的萃取条件[12-17]。普通超临界 CO_2 流体萃取流程如图8-2-6所示[14]。

超临界萃取文冠果籽油的工艺流程如图8-2-7所示[13]。

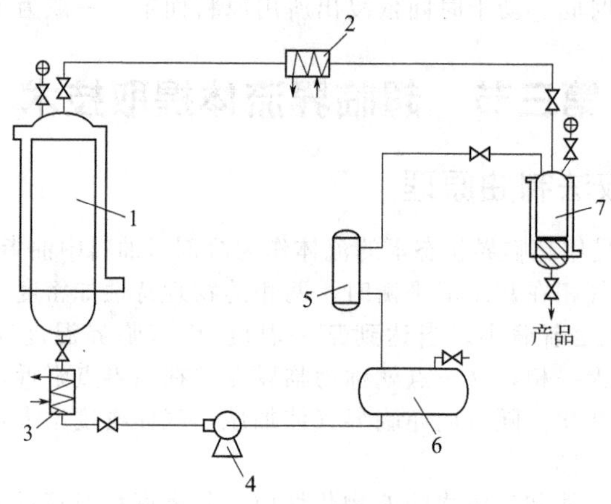

图 8-2-6 普通超临界 CO_2 流体萃取装置

1—萃取釜；2，3—换热器；4—高压泵；5—冷凝器；6—CO_2 贮罐；7—分离釜

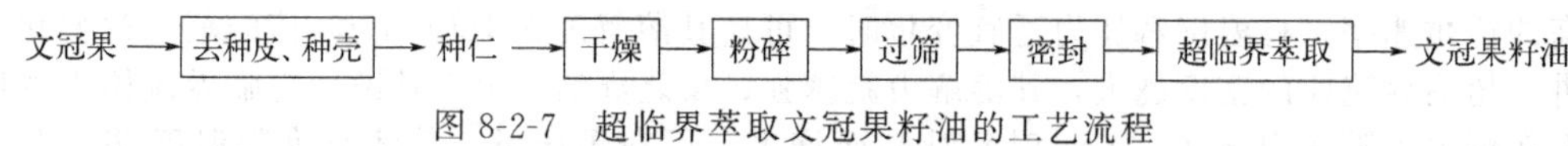

图 8-2-7 超临界萃取文冠果籽油的工艺流程

第四节 亚临界流体萃取技术

对于一种合适的萃取溶剂，当温度高于其沸点时以气态存在，对其施以一定的压力压缩使其液化，在此状态下利用其相似相溶的物理性质用作萃取溶剂，这种萃取溶剂称为亚临界萃取溶剂，其萃取技术称为亚临界萃取技术[18]。该萃取技术已应用到十几种植物油提取工业化生产中。

一、亚临界流体萃取制油原理

适合于亚临界萃取的溶剂沸点都低于我们周围的环境温度，一般沸点在 0℃以下，20℃时的液化压力在 0.8MPa 以下。其原理是在常温和一定压力下，以液化的亚临界溶剂对物料进行逆流萃取，萃取液在常温下减压蒸发，使溶剂汽化与萃取出的目标成分分离，得到产品。汽化的溶剂被再压缩液化后循环使用。整个萃取过程可以在室温或更低的温度下进行，所以不会对物料中的热敏性成分造成损害，这是亚临界萃取工艺的最大优点。溶剂从物料中汽化时需要吸收热量（汽化潜热），所以蒸发脱溶时要向物料中补充热量。溶剂气体被压缩液化时会放出热量（液化潜热），工艺中大部分热量可以通过汽化与液化溶剂的热交换达到节能的目的。

二、亚临界流体的性质及选择

选择要求亚临界流体温度高于其沸点时，流体以气态形式存在，对其施加一定的压力能使其液化，在此状态下利用其相似相溶的性质，用作植物油萃取的溶剂。丙烷、丁烷价格低廉，是法规（中华人民共和国卫生部公告 2008 年第 13 号）所允许的工业化亚临界萃取安全溶剂，具备易挥发、溶解性强、临界压力低等优势，所以对于热敏性强的物质可以用亚临界流体或液体丙烷来完成萃取。常用的亚临界流体的物理性质见表 8-2-1。

表 8-2-1 亚临界流体物理性质

亚临界流体	沸点/℃	蒸气压(20℃)/MPa	临界温度/℃	临界压力/MPa	液体密度/(kg/L)	气体密度/(kg/m^3)	介电常数	汽化潜热/(kJ/kg)	操作上下限/%
丙烷	−42.07	0.83	96.8	4.25	0.49	20.15	1.69	329	9.5～2.3

续表

亚临界流体	沸点/℃	蒸气压(20℃)/MPa	临界温度/℃	临界压力/MPa	液体密度/(kg/L)	气体密度/(kg/m³)	介电常数	汽化潜热/(kJ/kg)	操作上下限/%
丁烷	−0.50	0.23	152.8	3.60	0.57	6.18	1.78	358	8.5～1.9
二甲醚	−24.90	0.53	129.0	5.32	0.66	—	5.02	410	37～3.5
四氟乙烷	−26.20	0.60	101.1	4.07	1.20	—	—	213	—
液氨	33.40	0.88	132.3	11.30	0.61	0.60	16.90	1369	25～16

三、亚临界流体萃取工艺

贺舍予等研究了亚临界溶剂萃取制桐油、文冠果籽油、椰子油的工艺技术[19-22]。亚临界流体萃取工艺流程如图 8-2-8 所示[1]。工艺过程如下。

（1）装料　将待萃取的物料用输送机送入压力容器结构的萃取器中，关闭进料器后，抽出萃取器中的大部分空气。

（2）萃取　打入液化的萃取溶剂进行多次逆流萃取。

① 物料脱溶。达到最佳萃取率工艺要求时，抽完萃取器中液体溶剂后，打开萃取器的出气阀，使物料中吸附的溶剂汽化与物料分离，排出萃取器。

② 萃取液蒸发。萃取液打入蒸发系统，经过连续（大产量时采用）的或罐式间歇（小产量时采用）的蒸发，使溶剂与萃取物分离，得到萃取物产品，再经提纯，可得到目标产品。

③ 溶剂回收。溶剂中组分的沸点大多在 0℃以下，其中丙烷沸点 −42.07℃，丁烷沸点 −0.50℃，在常温常压下为气体，加压后为液态。从物料中和萃取液中蒸发出的溶剂气体，经过压缩液化。液态的溶剂流回溶剂循环罐，循环使用。

④ 热量的利用。萃取工艺中溶剂的汽化吸热与液化放出的热量是相等的，通过使这些热量进行热交换，可以最大限度地节能。脱溶过程中溶剂汽化所需吸收的热量一部分来自系统本身，另一部分由供热系统供给。

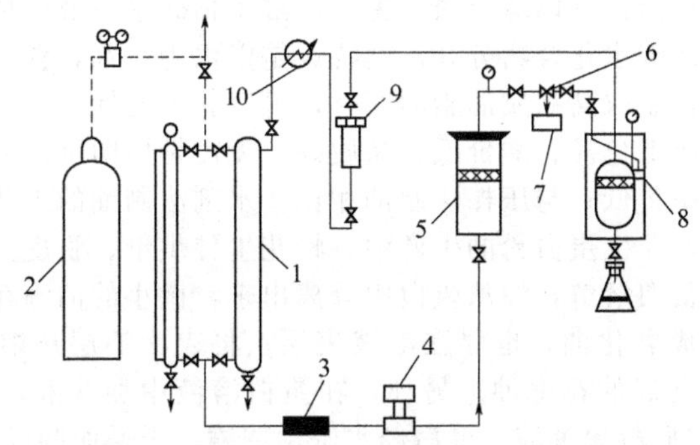

图 8-2-8　亚临界流体萃取工艺流程

1—溶剂罐；2—气瓶；3—溶剂过滤器；4—溶剂；5—萃取罐；6—压力控制阀；7—控制系统；8—分离器；9—冷凝器；10—压缩机

四、亚临界流体萃取技术的特点

亚临界流体萃取技术作为一种绿色环保技术在天然植物精油提取领域内得到了广泛而深入的研究，有以下几个优点：

① 萃取设备装置属于中、低压压力容器范围，大幅度降低了装置制造过程的工艺难度和工程造价；

② 利用亚临界流体沸点较低的特性，通过提高工艺过程的真空度，使萃取溶剂在 10～50℃

的温度下快速蒸发，提高了萃取溶剂回收率，降低了能源消耗，生产无“三废污染”，属于环保技术；

③ 可根据萃取对象不同，灵活选择不同的亚临界萃取介质，同时也可根据原料目标物质的含量大小，灵活选择多种萃取方式；

④ 通过调节压力可提取纯度较高的有效成分；

⑤ 选择适宜的溶剂可在较低温度下分离、精制热敏性物质和易氧化物质；

⑥ 具有良好的渗透性和溶解性，能从固体或黏稠的原料中快速提取出有效成分；

⑦ 容易使溶剂从产品中分离，无溶剂污染，且回收溶剂过程能耗低。

亚临界流体萃取天然植物油是一种极有前途的方法，能明显提高萃取率，缩短提取时间，不破坏功效成分，具有高效、低耗、环保的优点，是应用前景广阔的天然植物油提取新技术。

第五节　其他油脂提取技术

一、水溶剂法制油

水溶剂法制油是根据油料特性、水和油物理化学性质的差异，以水为溶剂，采取一些加工技术将油脂提取出来的制油方法[2,23]。根据制油原理及加工工艺的不同，水溶剂法制油有水代法制油和水剂法制油两种。

1. 水代法制油

水代法制油是利用油料中非油成分对水和油的亲和力不同以及油水之间的密度差，经过一系列工艺过程，将油脂和亲水性的蛋白质、碳水化合物等分开。水代法制油主要应用于传统的小磨麻油的生产。芝麻种子的细胞中除含有油分外，还含有蛋白质、磷脂等，它们相互结合成胶状物，经过炒制，使可溶性蛋白质变性，成为不可溶性蛋白质。当加水于炒熟磨细的芝麻酱中时，经过适当的搅动，水逐步渗入芝麻酱之中，油脂就被代替出来。

2. 水剂法制油

水剂法制油是利用油料蛋白（以球蛋白为主）可溶于稀碱水溶液或稀盐水溶液的特性，借助水的作用，把油、蛋白质及碳水化合物分开。其特点是以水为溶剂，食品安全性好，无有机溶剂浸提的易燃、易爆之虑；在制取高品质油脂的同时，可以获得变性程度较小的蛋白粉以及淀粉渣等产品。水剂法提取的油脂颜色浅、酸价低、品质好，无需精炼即可作为食用油。与浸出法制油相比，水剂法制油的出油率稍低；与压榨法制油相比，水剂法制油的工艺路线长。水剂法制油主要用于花生制油，同时提取花生蛋白粉的生产中。将花生仁烘干、脱皮，然后研磨成浆，加入数倍的稀碱溶液，促使花生蛋白溶解，油从蛋白中分离出来，微小的油滴在溶液内聚集，由于密度小而上浮，部分油与水形成乳化油，也浮在溶液表层。将表面油层从溶液中分离出来，加热水洗，脱水后即可得到质量良好的花生油。另外，在蛋白溶液中加盐酸，调节溶液的氢离子浓度（pH 值），在等电点时蛋白质凝聚沉淀，最后经水洗、浓缩、干燥而制成花生蛋白粉。

二、水酶法制油

虽然传统的油料机械压榨和有机溶剂（6＃溶剂）浸出制油这两种方法具有较高的出油率，但在压榨或浸出前，油料大多需进行湿热处理，这会导致油料中蛋白质变性从而降低其利用价值，不利于油料的综合利用。在水剂法制油工艺的基础上，通过在浸提溶剂中加入不同类型的酶如纤维素酶、半纤维素酶、葡聚糖酶、果胶酶、聚半乳糖醛酸酶等，来破坏植物种子细胞壁，使其中油脂得以释放，这种制油方法称为水酶法[24-27]。国内对利用水酶法提取木本油脂的研究也有报道[28-31]。

水酶法提油作为一种环保提油工艺，它的一个显著特点就是安全性好，无传统浸出方法中溶剂易燃易爆的问题，也不会产生有毒的有机挥发气体。另一个重要特点就是酶解条件温和，温度不高于蛋白质快速变性温度（80℃），因而不仅能耗明显低于传统方法，更主要的是油料蛋白质的性能可以很好地保持，达到同时利用油脂和蛋白质的目的，且油料不经高温处理，所提油脂的品质有所提高。另外，油料中存在的脂蛋白和脂多糖，不仅阻碍油脂的提取，而且这些复合物本身会对油分子起包埋作用。传统的热处理难以打破这种包埋，而通过酶法就能降解此类复合物，释放油脂，提高出油率。水酶法生产过程相对能耗低，没有溶剂损失的问题，废水中有机物含量明显减少，使废水中 BOD 与 COD 值大为下降，易于对废水进行处理，且废水处理费用相对较低。酶法提油工艺得到的油脂不需脱胶处理，它相当于在酶解的同时也达到了脱除磷脂等胶体物质的目的，简化了油脂精炼工艺。

纵观国内外的研究可以发现，许多文献中都提到了复合酶可以提高提油效果，却没有涉及各组成酶的具体比例，如何确定各酶的最佳比例，以达到提高出油率和降低酶成本的双重目的，还有待研究。虽然酶的造价不断降低，但酶的成本相对于油脂行业来说仍然较高，现今的酶解工艺都是在酶解结束后通过钝化酶达到使酶失活的目的，这无疑是一种资源的浪费，如何回收酶以降低生产成本也成为推动水酶法工艺向前发展的关键问题。水酶法工艺中，离心分离能耗较高，如何进行更有效的破乳以降低分离能耗势在必行。虽然酶解条件较为温和，因此可以很好地保持蛋白质活性是水酶法的一大优点，但对某些油料作物来说这个优点却可能成为一个障碍。以花生为例，水解条件使花生油的香味受到影响，由水酶法提取到的花生油在香味上要差于蒸炒压榨工艺得到的花生油，因而这就涉及水酶法提油的用途问题，可见加强水酶法应用的广泛性也需要克服一些问题。

尽管水酶法工艺目前还存在不少问题，仍不够完善，但由于其在油料提取方面具有巨大的优势，可以同时提取油脂和蛋白质，这赋予了它蓬勃的生命力。可以预见，不远的将来，水酶法必将成为油脂加工业新技术的一次革命。

参考文献

[1] 李昌珠，蒋丽娟. 工业油料植物资源利用新技术. 北京：中国林业出版社，2013：221-237.

[2] 刘玉兰. 植物油脂生产与综合利用. 北京：中国轻工业出版社，1999.

[3] 刘印志，李少华，曾祥菊，等. 卧式液压榨油机研究现状. 农业工程，2017，7（2）：80-83.

[4] 刘玉兰. 油脂制取工艺学. 北京：化学工业出版社，2006：166.

[5] 李国杰，邓干然，曹建华. 小型螺旋式油棕果榨油机的研制与试验研究. 农机化研究，2012（4）：139-141.

[6] 何东平，张效忠. 木本油料加工技术. 北京：中国轻工业出版社，2016：8-12.

[7] 武汉粮食工业学院. 油脂制取工艺与设备. 北京：中国财经出版社，1983.

[8] 罗学刚. 农产品加工. 北京：经济科学出版社，1997.

[9] 徐卫东. 四号溶剂浸出工艺影响溶剂消耗因素. 粮食与油脂，2005（6）：35-36.

[10] 程能林. 溶剂手册. 北京：化学工业出版社，2008.

[11] 汪洋，李淼. 超临界 CO_2 萃取在植物化学物提取中的研究进展. 中国酿造，2015，34（7）：10-14.

[12] 王成东，杨华登，季文，等. 应用超临界 CO_2 萃取技术萃取文冠果的研究. 机电信息，2009（14）：36-37.

[13] 王娅丽，赵卫英，刘思洋，等. 文冠果籽油的超临界萃取及其脂肪酸组成. 经济林研究，2014，32（1）：135-139.

[14] 黄沅玮. 超临界流体萃取技术及其在植物油脂提取中的应用. 食品工程，2020（3）：12-15.

[15] 陈合，杨辉. 超临界流体萃取方法的研究及应用. 西北轻工业学院学报，1999，18（3）：66-72.

[16] 李湘璐. 年处理核桃 350 吨超临界萃取生产工艺与设备配套设计. 长沙：湖南中医药大学，2017.

[17] 史小锋，任力民. 超临界 CO_2 萃取牡丹籽油的研究进展. 粮食加工，2016，41（6）：47-54.

[18] 祁鲲. 液化石油气浸出油脂工艺. CN1017806B. 1992-08-12.

[19] 贺舍予. 桐油萃取工艺及质量分析方法研究. 长沙：中南林业科技大学，2015.

[20] 姜月霞，李永纲，杨巡天，等. 亚临界萃取原生态椰子油的工艺研究. 海南医学院学报，2012，18（9）：1200-1205.

[21] 李冰，朱刚，郝琴，等. 亚临界萃取法提取文冠果籽油工艺研究. 粮油加工，2014（11）：45-48.

[22] Li C Z，Xiao Z H，He L N，et al. Industrial Oil Plant——Application Principles and Green Technologies. USA：Springer Nature，2020.

[23] 李依娜，钟海雁. 油茶籽油的水代法提取工艺研究及品质分析. 食品与机械，2010，26（2）：139-142.

[24] Hanmoungjai P，Pyle D L，Niranjan K. Enzymatic process for extracting oil and protein from rice bran. J Am Oil Chem Soc，2001，78（8）：817-821.

[25] Sosulski K，Sosulski F W. Enzyme-aided vs. two-stage processing of canola：Technology，product quality and cost evaluation. J Am Oil Chem Soc，1993，70（9）：825-829.

[26] Shemde D，Sidhu G K. Response surface methodology to optimize enzyme-assisted aqueous extraction of maize germ

oil. J Food Sci Technol，2016，53 (8)：3282-3295.
[27] Latif S，Aawar F. Aqueous enzymatic sesame oil and protein extraction. Food Chem，2011，125 (2)：679-684.
[28] 顾雪敏，马慧，马丽春，等. 文冠果油和蛋白质超声辅助酶法同步提取工艺研究. 新疆农业大学学报，2020，43 (4)：300-305.
[29] 高森，马晓军. 超声波辅助水酶法提取棕榈油工艺优化及其成分分析. 天津科技大学学报，2021，36 (4)：14-19.
[30] 赖鹏英. 酶法提取山苍子核仁油及制备月桂酸单甘酯工艺研究. 长沙：中南林业科学大学，2021.
[31] 葛杭丽，彭丽，孟祥河，等. 不同提取方法所得山茶油的品质比较. 浙江农业学报，2017，29 (7)：1195-1200.

（刘汝宽，刘思思）

第三章 木本油脂的组成、结构与性质

第一节 木本油脂脂肪酸的组成与分离

木本植物油脂主要是通过物理压榨或有机溶剂抽提等工艺，从木本油料中高含油部位获得的有机化合物，初获得的植物油称为毛油，其组成有甘油三脂肪酸酯、甘油二脂肪酸酯、甘油一脂肪酸酯、脂肪酸、甾醇、磷脂、色素及部分维生素等，其中甘油三酯含量通常高于95%，因此，通常人们提到的木本植物油脂主要指甘油三酯。脂肪酸分为饱和脂肪酸和不饱和脂肪酸，木本油脂中一般含有高含量的不饱和脂肪酸。木本油料经提取油脂后的饼粕是重要的蛋白资源，可用作饲料。木本油料中还含有磷脂、糖类、维生素E、植物甾醇等多种其他营养物质及微量生物活性成分，将它们提取出来并加以利用，也逐渐成为油脂生产的重要内容[1]。

一、主要木本油脂的脂肪酸组成

1. 茶油

茶油的不饱和脂肪酸含量丰富，高达93%，其中单不饱和脂肪酸含量超过75%，有的甚至高达90%，其余才是亚油酸、亚麻酸等多不饱和脂肪酸。曹冰等分析了茶油的脂肪酸组成，共鉴定出12种脂肪酸，其中：饱和脂肪酸5种，占脂肪酸总量的8.70%；不饱和脂肪酸7种，占脂肪酸总量的90.57%。茶油的脂肪酸组成及含量见表8-3-1[2]。

表 8-3-1 茶油的脂肪酸组成成分及含量

序号	化合物名称	化合物简称	含量/%
1	豆蔻酸	$C_{14:0}$	0.040
2	棕榈酸	$C_{16:0}$	7.174
3	棕榈油酸	$C_{16:1}$	0.062
4	十七碳酸	$C_{17:0}$	0.044
5	顺-10-十七碳一烯酸	$C_{17:1}$	0.046
6	硬脂酸	$C_{18:0}$	1.414
7	油酸	$C_{18:1n9c}$	81.807
8	亚油酸	$C_{18:2n6c}$	8.009
9	顺-二十碳一烯酸	$C_{20:1}$	0.421
10	二十四碳酸	$C_{24:0}$	0.029
11	顺-15-二十碳一烯酸	$C_{24:1}$	0.047
12	顺-4,7,10,13,16,19-二十二碳六烯酸	$C_{22:6nC}$	0.181

2. 桐油

桐油中脂肪酸主要有6种：棕榈酸、硬脂酸、油酸、亚油酸、亚麻酸和桐酸。桐酸的同分异构体主要有α-桐酸和β-桐酸，其中90%为α-桐酸，其余为β-桐酸和其他异构体。α-桐酸常呈液体状态，熔点为48℃；β-桐酸很容易析出为固体物质，熔点为71℃。桐油的特殊性质和品质好坏主要决定于桐酸的含量[3]。易金生等采用相似度分析法、聚类分析法和主成分分析法对桐油的脂肪酸组成数据进行分析，生成脂肪酸标准特征图谱[4]，见表8-3-2。

表8-3-2 桐油的脂肪酸组成

化合物	丁酸	己酸	棕榈酸	硬脂酸	油酸	亚油酸	花生酸	花生一烯酸	α-桐酸	β-桐酸
化合物简称	$C_{4:0}$	$C_{6:0}$	$C_{16:0}$	$C_{18:0}$	$C_{18:1n9c}$	$C_{18:2n6c}$	$C_{20:0}$	$C_{20:1}$	$C_{18:3n3c}$	$C_{18:3n3t}$
含量/%	2.150	0.720	2.415	2.248	6.983	7.697	0.158	1.027	66.156	7.513

3. 棕榈油和棕榈仁油

棕榈油是由油棕果肉压榨出的油脂，含有50%的饱和脂肪酸、40%的单不饱和脂肪酸和10%的多不饱和脂肪酸；棕榈仁油是由油棕果仁压榨出的油脂，其脂肪酸组成与椰子油非常相似，月桂酸含量达50%左右，是世界上仅有的两种月桂油之一。棕榈油和棕榈仁油的脂肪酸组成和含量见表8-3-3[3]。

表8-3-3 棕榈油和棕榈仁油的脂肪酸组成和含量 单位：%

脂肪酸	棕榈油	棕榈仁油	脂肪酸	棕榈油	棕榈仁油
辛酸	—	3.52	十六烷酸	41.77	9.28
壬酸	—	0.01	十七烷酸	0.10	0.02
癸酸	—	2.65	十八碳二烯酸	14.20	3.20
十一烷酸	—	0.04	十八碳烯酸	36.61	18.39
十二烷酸	0.09	42.78	十八烷酸	4.51	1.56
十三烷酸	—	0.06	二十碳烯酸	0.19	0.17
十四烷酸	1.13	18.09	二十烷酸	0.34	0.10
十五烷酸	0.04	0.01	二十二烷酸	0.08	0.02
十六碳烯酸	0.20	0.02	二十四烷酸	0.11	0.06

4. 椰子油

椰子油是唯一由中链脂肪酸组成的油脂，其组成主要为月桂酸、棕榈酸、肉豆蔻酸、硬脂酸、油酸等，见表8-3-4[5]。椰子油中75%以上为月桂酸和肉豆蔻酸，其中月桂酸占脂肪酸总量的45%左右[6]。

表8-3-4 椰子油脂肪酸组成和含量 单位：%

脂肪酸	油酸	亚油酸	月桂酸	肉豆蔻酸	棕榈酸	硬脂酸
含量	4.70	0.75	50.11	14.22	15.57	5.23

5. 橡胶籽油

橡胶籽油中亚油酸含量最高，其次是油酸、亚麻酸。黄小雪等采用浸出法、压榨法、超声波辅助溶剂法和水酶法四种提取工艺制备橡胶籽油并比较其脂肪酸组成，结果显示，4种方法得到的橡胶籽油的脂肪酸组成基本相同，具体组成和含量见表8-3-5[7]。

表 8-3-5　不同方法制备的橡胶籽油的脂肪酸组成比较　　单位：%

脂肪酸	压榨法	浸出法	超声波辅助溶剂法	水酶法
肉豆蔻酸	0.071	0.082	0.094	0.088
棕榈酸	8.112	8.224	8.207	8.366
棕榈油酸	0.156	0.148	0.151	0.155
硬脂酸	7.061	7.132	6.706	6.351
油酸	21.836	22.573	23.040	24.690
亚油酸	40.372	41.035	41.106	41.250
亚麻酸	21.883	20.089	20.121	18.410
花生酸	0.226	0.213	0.223	0.228
花生一烯酸	0.170	0.175	0.172	0.171

6. 麻疯树种子油

麻疯树种子中含有多种成分，主要有脂肪酸、蛋白质和多肽、萜类物质及一些小分子物质，但不同的产地其物质含量有所不同。麻疯树种子油的脂肪酸组成和含量见表 8-3-6[3]。

表 8-3-6　不同地方麻疯树种子油的脂肪酸组成和含量　　单位：%

脂肪酸	攀枝花	宾川	宁南	永胜	双柏	罗甸
肉豆蔻酸	0.09	0.04	0.07	0.06	0.05	0.11
棕榈酸	17.25	16.84	16.64	13.47	14.88	16.41
棕榈油酸	1.08	0.53	0.90	0.74	0.87	1.13
十七碳酸	0.13	0.08	0.14	0.11	0.13	0.12
十七碳烯酸	0.06	0.03	0.06	0.07	0.05	0.07
硬脂酸	7.42	7.83	7.96	6.43	9.81	5.58
油酸	40.31	42.44	44.91	40.26	46.03	37.91
亚油酸	32.69	32.67	28.02	38.04	27.78	37.02
亚麻酸	0.40	0.21	1.06	0.38	0.4	0.64
花生酸	0.22	0.11	0.25	0.25	—	0.66
二十碳烯酸	0.23	—	—	0.10	—	0.15
山嵛酸	0.13	—	—	0.10	—	0.18
饱和脂肪酸	25.11	24.54	25.06	20.32	24.87	22.88
不饱和脂肪酸	74.89	75.46	74.94	79.68	75.13	77.12

7. 山苍子核仁油

山苍子核仁中含有丰富的天然油脂、粗蛋白质、粗脂肪、粗纤维、钙、磷等物质，其油脂肪酸组成与椰子油相似，主要为月桂酸和癸酸。刘汝宽等研究了压榨法和浸出法等制油工艺对山苍子核仁油组分含量的影响。压榨山苍子核仁油中含的饱和脂肪酸占总脂肪酸含量的71%，其中主要为月桂酸 46.39%，而浸提山苍子核仁油中饱和脂肪酸占总脂肪酸的60%，主要组分除月桂酸（含量为 34.83%）外，还含有部分棕榈酸（8.98%），并且饱和脂肪酸少于压榨法得到的山苍子核仁油，具体组成和含量见表 8-3-7[8]。

表 8-3-7　不同工艺制备的山苍子核仁油的脂肪酸组成和含量

脂肪酸组成	含量/%	
	压榨法	浸出法
癸烯酸	0.80	1.11
癸酸	7.41	9.03
月桂烯酸	7.81	9.55
月桂酸	46.39	34.83
肉豆蔻烯酸	1.50	1.99
肉豆蔻酸	2.72	3.62
棕榈酸	4.24	8.98
亚油酸	5.30	11.26
油酸	9.23	14.19

8. 乌桕籽油

乌桕籽可榨出 2 种油：一种是由表皮榨出的高硬度白色油脂，称为皮油，出油率为 12%～35%，其脂肪酸组成为月桂酸 2.5%、棕榈酸 57.6%、肉豆蔻酸 3.6%、硬脂酸 1.8%、油酸 34.5%；另一种是由种子榨出的干燥快、光泽澄清的油脂，称为梓油，梓油为干性油，含有毒素，不宜食用，其脂肪酸主要有油酸、亚油酸、亚麻酸，并含有少量 2，4-癸二烯酸和棕榈酸[3]。

9. 黄连木油

黄连木油中所含的脂肪酸主要包括 7 种，其中不饱和脂肪酸高达 81.58%，不饱和脂肪酸以油酸和亚油酸为主。黄连木油脂中脂肪酸碳链长度集中在 C_{16}～C_{18} 之间，由黄连木油脂生产的生物柴油的碳链长度集中在 C_{17}～C_{20} 之间，与普通柴油主要成分的碳链长度（C_{15}～C_{19}）极为接近，因此，黄连木油脂非常适合用来生产生物柴油[3]。

10. 文冠果种子油

文冠果种子油中主要含有 5 种脂肪酸。其中含量最高的是亚油酸（48.34%），其次分别为油酸（33.93%）、棕榈酸（7.87%）、硬脂酸（5.25%）、亚麻酸（4.61%）。不饱和脂肪酸（油酸、亚油酸和亚麻酸）约占总脂肪酸含量的 86.88%，可见文冠果种子油中不饱和脂肪酸含量较高[3]。

二、脂肪酸的分离

脂肪酸作为一种重要的工业原料和油脂化工的基础原料，市场需求量增长迅速，对产品纯度的要求更高。木本油脂经水解后得到混合脂肪酸。混合脂肪酸分离提纯技术是制约脂肪酸工业发展的重要因素，其分离技术研究的关键是提高分离效率和产品纯度，以实现放大和工业化，而脂肪酸的识别和含量检测也显得至关重要。

现已发现的天然脂肪酸在 800 种以上，其中得到鉴别的就有 500 种之多，分子中碳链的碳原子数多为 12～24。自然界中脂肪酸大多以甘油酯形式存在，天然存在的游离脂肪酸较少。橡胶籽油、小桐子油等很多木本植物油水解都会产生混合脂肪酸，混合脂肪酸因油脂品种、产地等因素形成物理化学性质各不相同的多组分，组成比较复杂，而且组分间的物理性质十分相近，完全分离比较困难，尤其是饱和脂肪酸和不饱和脂肪酸的分离更加困难。这些混合脂肪酸中，有很多经济价值较高的成分，特别是不饱和脂肪酸。将混合脂肪酸中具有高附加值的组分单独分离出来加以利用，具有重要意义。

目前，分离脂肪酸的常规方法有精馏分离法、冷冻压榨分离法、低温结晶法、有机溶剂分离法、溶剂萃取法、尿素包合法、吸附分离法等传统分离技术，但这些常规分离方法均存在分离纯度不高、溶剂消耗量大等问题。为解决传统技术存在的问题，近年来，科研工作者开发了多种新型分离技术，如高速逆流色谱法、分子蒸馏法、超临界 CO_2 萃取法、脂肪酶辅助法等[9]。

（一）传统分离技术

1. 精馏分离法

精馏分离法是目前使用最广泛的工业化分离技术，其原理是利用混合脂肪酸中各组分在同一温度下具有不同饱和蒸气压的性质而实现分离，如生物柴油中 C_{16} 甲酯与 C_{18} 甲酯的减压精馏分离[10]。沙棘果油中混合脂肪酸甲酯经分离纯化，棕榈油酸的含量可达到 92.18%[11]。精馏分离法的主要缺点是操作温度较高，时间较长，致使不饱和脂肪酸发生热敏反应，影响产品质量和收率。为降低脂肪酸的分压和精馏操作温度，人们开发了水蒸气蒸馏。水蒸气蒸馏的原理就是在脂肪酸蒸馏过程中直接通入过热蒸汽，实现脂肪酸分压的下降，从而降低脂肪酸的沸点。水蒸气蒸馏由于蒸汽和脂肪酸密切接触，因此脱臭效果非常显著，而且可以很好地除去色素物质。但会消耗大量蒸汽以及产生大量废水 BOD（生化需氧量），且由于需向釜中通入水蒸气，必须增大釜径，也增大了设备投资。

2. 低温结晶法

低温结晶法也称温控容器结晶法，其原理是利用油脂化学品固化点的差别从而实现分离，如橡胶籽油脂肪酸中多不饱和脂肪酸的分离[12]。具体过程是：加热脂肪酸，确保饱和物全部溶解后，将物料放入结晶罐中，在低速搅拌下慢慢降温。这种缓慢温控冷却与结晶潜热释放同步进行，以防其过冷。结晶后浆料送入过滤器中，微负压条件下在不锈钢环带上进行水平过滤。在空调冷却气氛下，第一过滤段得到的油脂返回到硬脂精粗滤饼上预滤，以提高滤液质量。低温结晶法的优点是所得油精的质量高，操作、安装费用低且无环境污染，缺点是结晶的硬脂精中夹带了液体脂肪酸，因而硬脂精的质量较差。

3. 溶剂分离法

溶剂分离法是利用低温下不同的脂肪酸或脂肪酸盐在有机溶剂中溶解度不同来进行分离纯化[13]。一般来说，脂肪酸在有机溶剂中的溶解度随碳链长度的增加而减小，随双键数的增加而增加，这种溶解度的差异随着温度降低表现得更为显著。所以将混合脂肪酸溶于有机溶剂中，在一定的温度条件下进行分步结晶，实现混合脂肪酸的分离。通过改变脂肪酸溶液的冷却温度和溶剂比，可以得到不同质量的脂肪酸。常用的溶剂有甲醇、丙酮和丙烷。有机溶剂分离法工艺原理简单，操作方便，但是需要回收大量的有机溶剂，分离效率不高，而且溶剂对产品有一定的影响，如用甲醇作溶剂会形成少量的甲酯。

4. 水媒分离法

鉴于有机溶剂分离法的有机溶剂和动力消耗费用高，同时还需要防爆设备的缺点，G. haraldson 开发了水媒分离法[14]。此法先把脂肪酸混合物在刮板式热交换器中冷却到形成脂肪酸晶体浆的温度，生成一种饱和酸和不饱和酸的料浆，将此料浆与烷基芳基磺酸盐类湿润剂的水溶液混合，再加入硫酸镁一类的电解质水溶液。离心分离混合物，轻油组分含不饱和液态脂肪酸，较重组分为饱和脂肪酸。分别加热轻、重两组分，使脂肪酸与含湿润剂的水溶液分离，真空干燥脂肪酸，即得硬脂酸和油酸。水媒分离法的优点是消除了有机溶剂法造成的高费用和公害，缺点是得到的脂肪酸纯度不如有机溶剂分离法高。目前有几种改进的水媒分离法，大规模地用于生产硬脂酸和油酸。

5. Sorbex 分离法

Sorbex 分离法是 UOP 公司在 20 世纪 80 年代提出的，其原理是利用分子筛来分离脂肪酸[9]。根据分子大小和形状，研制了一些用于分离脂肪酸的新型分子筛。例如，Sorbex 法用以硅胶为基质的 Silicalite 从粗妥尔油脂肪酸中分离松香酸，该法用一新型的位置阀来模拟移动床，以溶剂连续地使各组分脱附。Sorbex 分离法的优点是能够在相对低的温度下分离脂肪酸，这对易聚合或者异构化的反应物料有特别重要的意义[15]。但是这种方法的缺点是分离时需要用两种溶剂。因为分子筛床起过滤作用，进入系统的原料必须除去所有的固体物以免床层结垢，还需要周期性地吹扫或者清洗以防微量污染物积累。该技术在油脂化学工业中还未商业化。

6. 萃取结晶法

萃取结晶法结合了萃取和结晶两种分离方法的优点，首先把脂肪酸混合物（如月桂酸和肉豆蔻酸的混合物）注入萃取罐，萃取罐中装有乙醇水溶液，加热萃取罐中的部分混溶液到萃取温度（$T_e=333K$），轻轻地搅拌混合物，速度要慢以防止发生乳化，把脂肪酸从有机相中萃取到水相中。结晶罐中的乙醇水溶液冷却到结晶温度（$T_c=283K$），当两个罐的温度保持恒定一段时间后，把萃取罐水相中的脂肪酸连续注入结晶罐中，轻轻搅拌混合物溶液，脂肪酸就在结晶罐中结晶析出，用尼龙过滤装置连续地从结晶罐的水相中得到产品脂肪酸。该法可以得到高纯度的单一脂肪酸，采用乙醇水溶液作为萃取剂消除了溶剂法造成的高费用和公害，在较低的温度下进行萃取结晶，有效地防止了脂肪酸降解反应的发生。

7. 尿素包合法

尿素包合法是一种常用的脂肪酸分离方法，是根据不饱和度的差异来实现分离的[16]。其原理是尿素分子在结晶过程中能与饱和脂肪酸或单不饱和脂肪酸形成较稳定的晶体包合物析出，而多价不饱和脂肪酸由于双键较多，碳链弯曲，具有一定的空间构型，不易被尿素包合，采用过滤的方法可将不同类型的脂肪酸分离。与尿素分子具有相同氨基结构但晶型不同的三聚氰胺采用包合法分离脂肪酸时，表现出优于尿素包合法的分离性能[17]。尿素包合法具有操作成本低、操作简单的优点，但产品收率低且纯度不高。通过与其他方法相结合起来使用，取长补短，可以优势互补。

8. 色谱分离技术

色谱分离技术的原理主要为吸附分离，用于脂肪酸分离纯化的主要有薄层色谱、柱色谱等。薄层色谱（thin layer chromatography，TLC）中用于油脂分离的固定相有硅胶、氧化铝、硅藻土。TLC 法最早应用于脂质分析，能够将甘油三酯、甘油二酯、甘油一酯及其游离脂肪酸有效分离。不同脂质由于极性不同及硅胶的吸附能力不相同，在 TLC 法中具有直观、快捷的优点，能快速分离，而且比较经济，可以用于油脂产品加工过程中快速进行工艺质量控制。TLC 法需要样品量大，测定的灵敏度和分辨率都很低，而且存在分离的不饱和脂肪酸易氧化和显色反应受杂质干扰的问题。目前国内外极少有利用 TLC 测定脂肪酸的研究，更多的是利用 TLC 作为色谱测定脂肪酸的前处理，经过 TLC 初步分离后用 GC（气相色谱法）、HPLC（高效液相色谱法）、GC-MS（气相色谱-质谱联用）或 HPLC-MS（高效液相色谱-质谱联用）做进一步的分析。

多数情况下用简易的硅胶色谱可以将极性相近、结构相似的不饱和脂肪酸分离。如硝酸银化硅胶，$AgNO_3$ 中的 Ag^+ 为 d_{10} 型离子，具有空的 s 轨道和 p 轨道，sp 杂化后，能和 π 电子形成二配位的稳定性不同的化合物，可以把单不饱和脂肪酸与饱和脂肪酸、多不饱和脂肪酸分离开。采用柱色谱法可将 90% 以上的亚油酸和亚麻酸分离出来。

（二）新型分离技术

1. 高速逆流色谱法

高速逆流色谱是一种液液分配色谱，其固定相和流动相均为液体，因此不会产生固体载体所造成的吸附损耗问题。利用高速逆流色谱可将 20 多种脂肪酸分离出来[18]，且含量较高。高速逆流色谱具有成本低廉、操作简单和易于放大的优点。相比于其他的色谱分离方法，高速逆流色谱由于采用液体溶剂作固定相，在目标成分的高纯度分离纯化和制备方面有巨大的优势。但高速逆流色谱技术需要经过多次实验才可以筛选出合适的溶剂系统，溶剂消耗量大，灵敏度不高。在分析化学的基础上，人们进一步研究开发出了 pH 区带精制逆流色谱等技术，pH 区带精制逆流色谱具有进样量高、分离纯化后所得的物质纯度高以及溶剂系统较容易优化的特点。

2. 分子蒸馏技术

分子蒸馏技术是在极高的真空条件下，利用混合物组分的分子运动平均自由程的不同进行分离，使液体在远低于其沸点的温度下进行蒸馏的精馏分离方法[19]，是一项较新的分离技术。分子蒸馏法特别适合于热敏性及易氧化的不饱和脂肪酸的分离，可以根据脂肪酸碳链长度和饱和程度的不同，在高真空条件下进行液相分离，不仅降低了待分离物的沸点，大大缩短分离时间，还可将不饱和脂肪酸分成以长碳链不饱和脂肪酸为主的重相和以碳链数目为 14、16、18 的脂肪酸为主的轻相，从而实现包括以二十碳五烯酸（EPA）和二十二碳六烯酸（DHA）为主要成分的重相的富集。采用多级分子蒸馏可显著提高脂肪酸的纯度。分子蒸馏技术属于物理过程，操作温度低且受热时间短，可有效防止多不饱和脂肪酸受热氧化分解，对热敏性脂肪酸的分离具有天然的优势。但是分子蒸馏难以分离分子量相近的脂肪酸，而且需要装置一次性投资较大，运行及维护费用较高，生产成本较大。

3. 超临界流体萃取法

超临界流体萃取法是近年发展起来的一种新型分离技术，原理是通过调节温度和压力使原料各组分在超临界流体中的溶解度发生大幅度变化从而达到分离的目的[20]。超临界流体萃取常常选用 CO_2（临界温度 31.3℃，临界压力 7.374MPa）等临界温度低且化学惰性的物质作为萃取剂，相平衡对超临界萃取具有基础作用[21]。因此，特别适用于热敏物质和易氧化物质的分离。与传统萃取技术相比，超临界萃取有许多不可比拟的优点，诸如：操作过程简单，易于调节，可实现萃取、分离二合一；达平衡时间短，萃取率高，产品与溶剂易于分离，无有机溶剂残留；操作温度低，对热敏性物质不易破坏等。缺点是设备投资大，抽提压力高，需要经常进行高压泵和回收设备的养护，成本较高。而且该技术可有效分离链长差别较大的脂肪酸，但很难将分子量相近的脂肪酸及其单烯酸、二烯酸分开，还须结合其他分离技术。

4. 脂肪酶辅助法

脂肪酶辅助法主要是根据脂肪酶的专一性、位置选择性或酰基选择性，经过水解、酯交换和酯化反应等得到高浓度的脂肪酸，再辅助其他分离纯化技术进行产品的分离富集。饱和及低不饱和的脂肪酸的直链结构不存在位阻作用或位阻较低，较易被水解。脂肪酶水解法是在酶的作用下，将甘油酯分子上饱和及低不饱和脂肪酸水解下来，从而提高甘油酯中多不饱和脂肪酸（EPA 和 DHA）的含量。研究中发现有的脂肪酶能选择性地水解脂肪酸，得到富集的 α-脂肪酸[22]。脂肪酶水解法工艺简单，得到的产物为多种甘油酯的混合物。脂肪酶辅助法反应条件温和，产品质量稳定，是一种有发展前景的脂肪酸分离方法。但该法反应环境相对复杂，反应方向较难控制，产物一般为多种甘油酯的混合物，因此，需要结合其他分离纯化技术，对酯化产物进行分离，以获得高纯度的 EPA 和 DHA 等甘油三酯。

三、脂肪酸的仪器分析方法

对油脂进行检测的方法首先有感官检测法，就是通过植物油脂的色泽、气味等物理性质从而对其作出定性的鉴别；然后是一些常规的理化检测方法，包含化学方法和物理方法，其实用性要更强一些，但是这些方法并不都适用于油脂的定性分析，主要是用来对油脂的质量指标进行评价。发展至今，主要使用仪器分析方法对植物油脂进行检测，比如光谱法中的荧光法、近红外光谱以及紫外-可见分光光度法，还有色谱法中的液相色谱法、气相色谱法、色谱-质谱联用法和核磁共振法等。其中色谱分析方法以其高的分离检测效能和较短的分析时间成为使用最广泛的现代仪器分析方法。

（一）气相色谱法（GC）在脂肪酸分析中的应用

1. 气相色谱法（GC）

气相色谱法（GC）是脂肪酸分析中应用最广泛的方法，分析除短链以外的脂肪酸，均具有检测不确定度小、检测结果重现性好的优点。GC 测定脂肪酸时需进行前处理，包括脂质提取、皂化、甲酯化，这种处理方法操作起来烦琐费时，因此前处理方法的优化也成为科学研究的热点。文献报道的快速前处理方法的差别主要在于脂质是否提取、是否需要皂化、甲酯化催化剂的类别及提取溶剂的加入时间。在实际操作中，常添加抗氧化剂（BHT）或充氮气来防止脂肪酸氧化。

近年来，国外关于 GC 测定脂肪酸的研究集中在对现有的 GC 测定方法进行改进或以 GC 测定方法为基准开发其他方法。如采用选择性甲酯化方法[23]测定甘油三酯和脂肪酸，在前处理中采用不同的甲酯化试剂以及不同的甲酯化反应条件，增加了结构相似脂肪酸在色谱柱上的分离效果，对于分析特殊脂肪酸具有一定的指导意义。

2. 气相色谱和质谱联用（GC-MS）

由于 GC 在脂肪酸定性能力上的欠缺，研究者借助质谱（MS）强有力的定性功能实现了 GC-MS 对脂肪酸的分析。随着现代分析仪器的普及，近年来利用气相色谱-质谱联用技术（GC-MS）进行脂肪酸测定的研究越来越多。质谱技术具有强大的化学结构解析功能，无需标准品即可通过特征离子比对质谱库准确定性，具有灵敏度高、稳定性好的优点。如对橡胶籽油等脂肪酸的组成就是借助 GC-MS 测定的，单纯采用 GC 无法得到这些信息。这些测定方法的开发，均充分利用了质谱分辨性好、定性准确的优点。

GC-MS 的灵敏度高于气相色谱法，是脂肪酸分析的一种重要工具。利用 GC-MS 定性分析脂肪酸时，无需昂贵的标准品，根据质谱特征离子就可确定脂肪酸组成；GC-MS 采用特征性离子进行定量，检出限高，定量下限低，但标准偏差较大。

（二）高效液相色谱法 (HPLC) 在脂肪酸分析中的应用

1. 高效液相色谱法 (HPLC)

高效液相色谱（HPLC）在常温和低温下就可实现物质的分离，对高温不稳定的高度不饱和脂肪酸和沸点较低的短链脂肪酸分析效果更好。将高效液相色谱与不同的检测器配合检测，可定量分析脂肪酸。近年来国内外鲜有液相色谱测定脂肪酸的研究，相关文献研究中大多在测定中采用新的提取技术或特殊的前处理方法。如采用超流体提取技术提取脂肪酸，再用液相色谱进行测定[24]。

HPLC 测定脂肪酸方法的稳定性、精确性及回收率虽然也在测定方法学允许范围内，但低于气相色谱法，这是 HPLC 测定脂肪酸研究越来越少的主要原因。但液相色谱测定短链脂肪酸如乙酸、丙酸及丁酸等水溶性脂肪酸具有优势，而这几种脂肪酸采用气相色谱难以测定。

2. 高效液相色谱和质谱联用技术（HPLC-MS）

HPLC-MS 比单独 HPLC 的灵敏度高，而且能够提供脂肪酰基离子、单酰基甘油离子及二酰基甘油离子的质量特征，使其能够准确判断甘油酯类型、脂肪酸组成及其位置分布[25]。近年来国内外研究报道较多，主要是开发同时测定多种脂肪酸的方法或利用质谱的高通量特点进行组学研究和分析。HPLC-MS 分析脂肪酸具有分离效果好、应用范围广、精密度高、分离速度快等特点，目前越来越多地应用到各种脂肪酸分析中。

（三）基于衍生化技术的游离脂肪酸的色谱-质谱分析方法

游离脂肪酸的传统检测方法主要有气相色谱-质谱法（GC-MS）和液相色谱-质谱法（LC-MS），游离脂肪酸在生物体内及油品中含量极低，且结构中缺少易电离的官能团，导致质谱分析灵敏度不高。利用化学衍生化技术对其进行结构修饰是改善色谱行为和提高质谱响应的有效手段。

利用化学衍生化技术，可在游离脂肪酸中引入易电离的特定基团，改变游离脂肪酸结构，改善色谱行为和质谱响应，提高电离效率，减少复杂样品分析时的电离抑制，进而提高检测灵敏度。今后基于衍生化技术的游离脂肪酸分析方法研究的重点和难点主要是：开发新型衍生化试剂，简化衍生化反应的步骤，减少衍生化副产物的干扰，提高衍生化反应的效率、专属性和稳定性；同时，衍生化产物易产生丰富的二级碎片离子，利于脂肪酸位置异构体（双键位置异构、顺反异构等）的质谱结构鉴定。

（四）二维色谱法测定脂肪酸

近年来采用多维色谱分析脂肪酸的报道逐渐增多。与常规的单色谱相比，具有更高的选择性、更大的峰容量和更好的分辨率，并且其进样量大、灵敏度高、分析速度快，适合对大量样品做痕量分析。郑月明等[26]采用全二维气相色谱-四极杆质谱分析方法，以DB-1柱作为一维柱、DB-Wax作为二维柱进行分离，分析了植物油脂中31种脂肪酸成分，脂肪酸在50min内得到准确和灵敏的检测，该法比气相色谱-质谱法的灵敏度提高了100倍以上，是脂肪酸成分分析的新技术手段。金静等[27]以UF-IMS毛细管柱作为一维柱、UF-mFFAP毛细管柱作为二维柱，搭建二维气相色谱-质谱，测定地沟油中奇数碳脂肪酸、不同碳数烷酸及同碳数烷酸异构体，测定效果与郑月明等类似。Lissitsyna等[28]利用和金静类似的色谱柱组成二维气相色谱-质谱，检测了航空油中的脂肪酸组成，回收率达100%，检出限2.5μg。

（五）近红外光谱分析方法

传统的GC、HPLC等脂肪酸检测方法不仅操作步骤烦琐而且成本较高，而且有机溶剂的使用会产生有害废物。红外光谱（IR）测定脂肪酸速度快，但定性定量的精确度不够，近年来文献逐渐增多。研究人员应用傅里叶变换近红外光谱（fourier transform near-infrared，FT-NIR）技术分析含量较低的脂肪酸，具有快速、高效、无污染、无需前处理、无损分析、在线检测及多组分同时测定等优点，越来越多的研究者使用FT-NIR检测油脂及其他样品中的脂肪酸含量和组成[29]。于修烛等[30]比较了FT-NIR和标准IR分析测定食用油中反式脂肪酸含量，FT-NIR法测得的反式脂肪酸含量与实际加入量线性相关好，线性回归方程的斜率为1.02，标准差小于0.05（$n=6$），比标准红外光谱法灵敏度高。Azizian等[31]对比了GC和FT-NIR测定食用油中脂肪酸的结果，一致性较高，认为FT-NIR是一种价效比较高的、潜在的测定单不饱和脂肪酸、反式脂肪酸和多不饱和脂肪酸的方法。

（六）其他技术

近年来，核磁共振（nuclear magnetic resonance，NMR）技术、X射线和拉曼光谱也应用到脂肪酸测定中。NMR能够满足测定食用油中脂肪酸的定性定量要求；采用X射线测定生物柴油中的脂肪酸甲酯；采用拉曼光谱测定榄油中游离脂肪酸的比例。这些方法如果没有与GC方法进行对比研究，应用性不强。

第二节　木本油脂的物理性质

油脂的主要成分是脂肪酸甘油三酯的混合物，其组成中除含95%的甘油三酯外，还有含量极少而成分非常复杂的非甘油三酯成分，因此，油脂的物理性质与脂肪酸的物理性质不同，且更复杂。而脂肪酸的物理性质是由其自身结构决定的，包括脂肪酸分子链的长短、双键的数目及位置等。

一、主要木本油脂的物理性质

光皮树油、麻疯树油、黄连木油、文冠果油、乌桕籽油（梓油）、山苍子核仁油、油茶籽油和橡胶籽油等主要木本油脂的部分物理性质见表8-3-8[3,6-8]。桐油、棕榈油、棕榈仁油和椰子油等的质量指标可参照相关国家标准或行业标准规定。

表 8-3-8 主要木本油脂的部分物理性质

油脂	外观	相对密度	折射率(20℃)	皂化值/(mg/g)	酸值/(mg/g)	碘值/(g/100g)	凝固点/℃	不皂化物/%
光皮树油	黄色到棕色透明液体	0.9195	1.6543	198.49	5.4	102.58	—	—
麻疯树油		0.9048～0.9095	1.459～1.466	177.95～187.72	3.85～4.92	63.44～76.65	—	—
黄连木油		0.9180	1.4742	201.9	19.95	94.50	32.7	1.59
文冠果油		0.9124	1.4665	167.46	0.93	101.32	—	—
乌桕籽油(梓油)		0.936～0.944	1.481～1.484	202～212	7	169～190	—	—
山苍子核仁油		0.93～0.935	1.483～1.484	242～2444	3.97	44～56	12.2～16.8	—
油茶籽油		0.912～0.922	1.460～1.464	193～196	—	83～89	—	≤15
橡胶籽油		0.9251	1.470～1.486	193.3	17.91	139.6	—	0.60～1.10

行业标准 LY/T 2865—2017 规定了桐油的理化指标，见表 8-3-9。

表 8-3-9 桐油的理化指标

指标名称		优等品	一等品	合格品
外观		黄色透明液体		
色泽(加德纳色度)	≤	8	10	12
气味		具有桐油固有的正常气味,无异味		
透明度(20℃,24h)		透明	透明	允许微浊
水分及挥发物/%	≤	0.10	0.15	0.20
不溶性杂质/%	≤	0.10	0.15	0.20
相对密度(20/20℃)		0.9350～0.9395		
酸值/(mg/g)	≤	3	5	7
碘值(I)/(g/100g)		163～175		
折射率(20℃)		1.5185～1.5225		
皂化值(KOH)/(mg/g)		190～199		
黏度(20℃)/(mPa·s)		200～350		
桐酸总量/%	≥	80	80	70

国家标准 GB/T 15680—2009 规定了棕榈油的特征质量指标，见表 8-3-10。

表 8-3-10 棕榈油的特征质量指标

项目	棕榈油
折射率(50℃)	1.454～1.456
相对密度(50℃/20℃)	0.891～0.899
碘值/(g/100g)	50.0～55.0
皂化值/(mg/g)	190～209
不皂化物/(g/kg)	≤12

国家标准 GB/T 18009—1999 规定了棕榈仁油的特征质量指标，见表 8-3-11。

表 8-3-11　棕榈仁油的特征质量指标

项目	棕榈仁油
折射率(40℃)	1.448～1.452
密度/(kg/m^3)	897～912
碘值/(g/100g)	13～23
皂化值/(mmol/kg)	4.1×10^3～4.53×10^3
不皂化物/%	≤0.1
水溶性挥发脂肪酸/(mmol/kg)	80～140
水不溶性挥发脂肪酸/(mmol/kg)	160～240

行业标准 NY/T 230—2006 规定了椰子油的特征质量指标，见表 8-3-12。

表 8-3-12　椰子油的特征质量指标

项目	椰子油
折射率(40℃)	1.448～1.450
相对密度(40℃/20℃)	0.908～0.921
碘值/(g/100g)	7.0～12.5
皂化值/(mg/g)	250～264
不皂化物/(g/kg)	≤15

二、油脂与脂肪酸的物理性质分析

1. 结晶与同质多晶现象

油脂的结晶性能，尤其是同质多晶现象对油脂产品的加工特性和储存性能具有重要的实际意义。

过冷度是指结晶温度与熔点的差值[32]。过冷度的驱动是油脂结晶的主要原因。当环境温度低于油脂中甘油三酯（简称甘三酯）的熔点时，由于过冷度的驱动，甘三酯分子由无序结构变为有序结构，并超过临界尺寸，生成晶核[33]。同时形成分子薄层，分子薄层叠加后形成纳米级的微晶结构，微晶结构单元在分子间作用力的作用下相互聚集、生长，并成长为晶体簇，晶体簇之间相互吸引、聚集、交织，继而形成三维空间网络结晶结构[34]。

同质多晶现象是指同一种物质在不同条件下形成两种或两种以上不同晶体结构的现象。甘三酯的同质多晶现象与其不饱和链的堆积排列或者倾斜角度有关。一般高级脂肪酸的甘三酯有三种类型的结晶体，即六方晶系（α 型）、正交晶系（β' 型）、三斜晶系（β 型）[35]，甘三酯三种晶型的性征见表 8-3-13[36]。当甘三酯相同时，三种晶系的熔点依次增高，稳定性依次增加。各晶系的稳定性与脂肪酸的侧链有序性相关，α 型的脂肪酸侧链是无序排列的，其稳定性最差，β' 型和 β 型脂肪酸的侧链虽都为有序排列，但 β 型脂肪酸的侧链均是朝一个方向倾斜排列，且有两种排列方式：DCL-二位碳链长，即 β-2 型；TCL-三位碳链长，即 β-3 型。表 8-3-14 给出了几种饱和脂肪酸甘三酯晶型不同时的熔点和长间隔数据[36]。

表 8-3-13　甘三酯三种晶型的重要特征

类型	形态	短间隔	长间隔	表面积	性状	熔点	稳定性	密度
α	六方结晶	0.41nm	长	大	小(5μ)	低	不	小
β'	正交结晶	0.38～0.41nm	稍短	中	中(1μ～5μ)	中	介	中
β	三斜结晶	0.46nm	最短	小	大(25μ～30μ)	高	稳	大

表 8-3-14 几种饱和脂肪酸甘三酯不同晶型的熔点和长间隔差异

脂肪酸	熔点/℃			长间隔/(10^{-10}m)		
	α	β'	β	α	β'	β
月桂酸	15.0	34.5	46.5	35.6	32.9	31.2
十三烷酸	24.5	41.5	44.5	37.8	34.2	34.0
肉豆蔻酸	33.0	46.0	58.0	41.0	37.3	35.7
十五烷酸	39.0	51.5	55.0	42.9	39.2	39.2
棕榈酸	45.0	56.5	66.0	45.8	42.5	40.8
十七烷酸	50.0	60.5	64.0	48.5	43.5	43.5
硬脂酸	54.7	64.0	73.3	50.6	47.0	45.1
十九烷酸	59.0	65.5	71.0	53.1	48.1	48.2
二十烷酸	62.0	69.0	78.0	55.8	50.7	49.5
二十一烷酸	65.0	71.0	76.0	58.5	53.2	52.7
二十二烷酸	68.0	74.0	82.5	61.5	56.0	54.0

油脂在快速冷却时最易形成 α 型多晶体。缓慢加热 α 型多晶体至略高于熔点时停置一段时间，油脂可结晶形成 β' 型多晶体，市售的起酥油、人造奶油、可涂性脂类等商品就是利用这一特性制得的。继续将 β' 型多晶体加热熔融，仍在略高于熔点时停置一段时间，油脂则可结晶形成 β 型多晶体。

油脂行业中有许多产品的制备和性能都应用了甘三酯的同质多晶性能。市场上售卖的奶油、人造奶油、起酥油等都是在生产时根据同质多晶现象，控制其生成不同类型的晶系，以获得不同稠度、塑性和黏度以及其他物理特性的产品。上述产品成分中常见的氢化植物油就是将植物油经氢化处理后，形成的反式脂肪酸含晶体细小，晶粒细腻，做出来的食品入口即化且不油腻。

在植物油的分离中也常利用同质结晶现象，比如油脂分提技术可把油脂分成固体油脂和液体油脂两种类型，分别加工利用。目前，全世界油脂产量的10%是通过油脂分提技术获得的。

2. 熔点及凝固点

物质的熔点是指在一定压力下，纯物质的固态和液态达到平衡时的温度，即物质从固态转变为液态时的温度。晶体开始熔化时的温度叫作熔点，而非晶体则没有熔点。凝固点是晶体凝固时的温度，不同晶体的凝固点也不相同。甘三酯和脂肪酸皆具有同质多晶现象，其熔点会比凝固点略高 1～2℃。

(1) 脂肪酸的熔点　脂肪酸分为饱和脂肪酸和不饱和脂肪酸，饱和脂肪酸分子中不含双键，以碳碳单键相连，而不饱和脂肪酸分子中含有双键。单键是一个 σ 键，双键是一个 σ 键和一个 π 键，σ 键的电子云达到最大重叠，而 π 键只是侧面重叠，因此，σ 键的键能要比 π 键的键能大，即一个双键比两个单键的键能要小。饱和脂肪酸和不饱和脂肪酸的分子结构决定了二者的熔点不同，相同碳数的饱和脂肪酸的熔点要高于非共轭不饱和脂肪酸的熔点；反式脂肪酸的熔点又远高于顺式脂肪酸；脂肪酸的碳数不同时，碳数越大的脂肪酸熔点越高。因此，氢化、反式化以及共轭化改性都可提高脂肪酸的熔点；双键数目越多时，脂肪酸的熔点越低，比如硬脂酸、油酸、亚酸、亚麻酸的熔点分别为 69.6℃、13.5℃、−5℃、−11℃；含有支链的脂肪酸的熔点要低于相同碳数的直链脂肪酸。

(2) 甘三酯和油脂的熔程　甘三酯具有同质多晶现象，主要有 α 型、β' 型、β 型三种类型的多晶体，因其不饱和链的堆积排列或倾斜角度不同而熔点有所不同。

油脂中除了主要成分甘三酯、脂肪酸外，还有其他成分，某些油脂中还含有例如胶质、胡萝卜素、山茶苷等其他杂质，油脂本身是一种混合物，所以油脂没有确定的熔解温度，只有一个熔程。

（3）油脂的凝固点　熔点是纯物质具有的物理特性。天然油脂是混合物，没有熔点，只有熔程，所以油脂的熔点可认为是油脂完全熔化时的温度，以此推理，油脂的凝固点是处于熔融态的油脂完全冷却凝固时的温度。油脂的熔点和凝固点也并不像纯物质那样是相等的，而是凝固点比熔点低1～2℃。这种现象是因为油脂中的甘三酯和脂肪酸具有同质多晶现象，形成的各晶体质点间发生相互吸引，使晶格中质点的键能削弱，晶格受到破坏，所需的平均能量降低，故熔点降低。所以油脂的熔点比纯甘三酯的熔点低；含有杂质的物质其熔点和凝固点都显著降低[37]。反之，油脂在凝固时，形成晶格需要的时间较长，因此凝固点较低，且低于熔点。此外，甘三酯和脂肪酸的不同多晶体之间可发生相互转化，也是油脂熔点与凝固点不相等的原因所在。因上述特性的存在，冷藏一段时间的油脂熔点会有所上升，见表 8-3-15[38]。利用这一特性还可以调配起酥油基料油的熔点以适应产品性能要求[39]。

表 8-3-15　不同冷藏时间下棕榈油的熔点　单位：℃

时间/h	1	2	16
棕榈油熔点(24℃)	22.4	22.5	22.8
棕榈油熔点(33℃)	36.5	36.5	36.7
棕榈油熔点(52℃)	52.0	52.0	52.4

3. 密度及相对密度、比容

油脂和脂肪酸的密度都小于 1。对脂肪酸而言，密度的大小与其不饱和度有关，不饱和度越大，密度也越大。共轭脂肪酸的密度比非共轭脂肪酸的密度大。甘三酯的密度主要取决于多晶体的类型，β'型、β型晶体的排列较整齐，密度相对大一些。不同油脂因其组成成分不同，密度也有所差异。温度不同时，油脂的密度也有所不同，表 8-3-16 列出了几种油脂在不同温度时的具体密度[40]。

表 8-3-16　几种典型木本植物油与常见草本植物油在不同温度时的密度 单位：kg/m^3

温度 T/K	棕榈油	橄榄油	茶油	大豆油	花生油	菜籽油
293.15	891.1	913.4	913.9	921.1	916.1	917.5
303.15	885.0	905.8	905.9	913.3	908.6	910.0
313.15	880.0	898.1	899.2	905.7	900.8	902.2
323.15	875.1	891.5	892.8	899.3	894.3	895.4
333.15	870.2	885.5	886.3	893.1	888.4	889.7
343.15	865.4	879.1	879.9	886.9	881.9	883.4
353.15	860.7	872.8	873.7	880.5	875.6	877.0
363.15	856.1	866.2	867.0	873.7	869.0	870.1
373.15	851.6	859.2	860.1	866.6	862.0	863.4
383.15	847.1	850.9	851.7	858.3	853.6	855.0
393.15	842.7	841.4	842.2	848.8	844.1	845.6

物质的绝对密度与水的绝对密度之比称为该物质的相对密度。油脂的相对密度是指在温度20℃时的重量与同体积纯水在4℃时的重量之比值，用“d_4^{20}”或“比重（20/4℃）”表示。它是油脂的特征常数之一，是评定油脂品质是否正常的指标之一，可用来计算油池或油槽中油脂的重量。油脂相对密度和油脂绝对密度大小的影响因素是一致的，脂肪酸分子链越短油脂相对密度越大，脂肪酸不饱和程度越高油脂相对密度越大，含羟酸或酮基等基团的油脂相对密度较大。

1g 油脂所具有的容积称为比容，单位是 mL/g。比容与密度成反比，影响油脂密度的因素也同样影响油脂的比容，但是影响恰好相反。

4. 黏度及稠度

黏度是指流体对流动所表现的阻力，即流体分子间存在内摩擦阻力，流体只有克服内摩擦阻力才可以流动，黏度就是用来衡量这种内摩擦力大小的。一般来讲，脂肪酸的碳链长度、不饱和度、是否共轭、是否含羟基等都会影响流体内摩擦力即黏度的大小。碳链越长、不饱和度越小、脂肪酸分子链有共轭化学键或含有羟基等都会使脂肪酸的黏度增大。然而有研究指出，油脂的黏度与油脂中脂肪酸的组成成分相关性不大，黏度虽会随着油酸含量的增加而增加，但油酸含量达到一定值后趋于稳定，这一性质同样表现在亚油酸含量增大时黏度的变化趋势方面[41]。

稠度是表征流体流变性能的参数，用来衡量流体抵抗形状发生永久变化的能力。当外界应力较小时，流体不发生流动，只产生弹性形变，外界应力撤销，弹性形变消失；当外界应力达到临界应力时，流体发生永久性形变，具有可塑性，此时流体为塑性体，临界应力即为塑变值；外界应力大于塑变值的情况下，流体具有一定的流动性，便于铺展。

5. 塑性脂肪的膨胀特性

室温下呈固态的油脂是由液态的油和固态的脂组成的。比如，植物油中的椰子油、棕榈油、乌桕脂等，动物油中的牛油、猪油等。牛油、猪油的塑性范围比较宽，而椰子油、棕榈油的塑性范围又比较窄，所以，塑性脂肪是经过一定加工制得的，并不是单一的天然脂肪。塑性脂肪最主要的特点就是具有一定的抵抗外界应力的能力。当外界应力超过塑性脂肪所能承受的最大值时，塑性脂肪发生形变，即使消除应力也不会恢复到原来的形态。塑性脂肪的性能主要受液态油和固态脂比例的影响，固态脂在塑性脂肪中起到了骨架支撑作用，液态油则赋予塑性脂肪回弹性能，因此，二者的比例要适中，固态脂过多，则塑性脂肪刚性较大，液态油过多，塑性脂肪易流动，抵抗外界应力的能力差。按照国家标准 GB/T 38069—2019 中规定的塑性范围来计，固体脂肪含量应在10.0％～37.5％范围内。因此，可测定塑性脂肪中的固体脂肪含量，来确定塑性脂肪的塑性性能。

6. 溶解及溶解度

在一定温度下，物质溶于100g溶剂中达到饱和状态时所溶解的溶质质量，即为该物质在此温度下在这种溶剂中的溶解度。通常是以温度20℃下的溶解度为标准溶解度。

（1）脂肪酸和油脂在水中的溶解度　脂肪酸的碳链越短、不饱和度越大越易溶于水中，C_{12}以上的脂肪酸几乎不溶于水，利用这一特性可将高级脂肪酸和低级脂肪酸分离。油脂与水几乎不互溶，但油脂溶于水的能力要大于水溶于油脂的能力。

升高温度，分子热运动增强，则可提高油脂、脂肪酸在水中的溶解度。但温度降低，溶解度变小，溶解的油脂或脂肪酸会结晶、析出。此外，含羟基等亲水基团的油脂与水的互溶性略高一些。表 8-3-17 给出了不同温度下饱和脂肪酸在水中的溶解度[37]。

表 8-3-17　饱和脂肪酸在水中的溶解度　　单位：g/100g

脂肪酸	0.0℃	20.0℃	30.0℃	45.0℃	60.0℃
己酸	0.864	0.968	1.019	1.095	1.671
庚酸	0.190	0.244	0.271	0.311	0.353
辛酸	0.044	0.068	0.079	0.095	0.113
壬酸	0.014	0.026	0.032	0.041	0.051
癸酸	0.005	0.015	0.018	0.023	0.027
月桂酸	0.0037	0.0055	0.0063	0.0075	0.0087
肉豆蔻酸	0.0013	0.0020	0.0024	0.0029	0.0034
棕榈酸	0.00046	0.00072	0.00083	0.0010	0.0012
硬脂酸	0.00018	0.00029	0.00034	0.00040	0.00050

(2) 脂肪酸和油脂在有机溶剂中的溶解度　油脂和脂肪酸可溶于大部分有机溶剂中，溶解度主要取决于溶剂的极性。脂肪酸分子链中包含两种不同极性的基团，一种是具有极性的羧基，另一种是非极性的烃基或甲烯基，所以脂肪酸既可溶于极性溶剂中，又可溶于非极性溶剂中。表 8-3-18 列出了几种脂肪酸在极性溶剂中不同温度下的溶解度[42]。脂肪酸是长碳链的化合物，极性与分子链的长度有关，长度越大，脂肪酸分子的极性越小，非极性则越大，根据相似相溶原理，脂肪酸分子链越长越易溶于非极性溶剂中。而水为极性溶剂，所以，脂肪酸分子链越长，在水中的溶解度就会越小。比如，20℃条件下，饱和脂肪酸的溶解度因分子链长度的增加由 C_6 的 0.97g/100g 降至 C_{18} 的 0.0003g/100g。这也是油脂和脂肪酸在非极性溶剂中溶解度远大于极性溶剂的主要原因。同样，升高温度，可提高油脂、脂肪酸在有机溶剂中的溶解度。温度降低，溶解度变小，溶解的油脂或脂肪酸会结晶、析出。利用这一特性可分离、提纯油脂或将饱和脂肪酸与不饱和脂肪酸分离，提高其利用价值。

表 8-3-18　几种主要脂肪酸在不同温度及不同极性溶剂中的溶解度　单位：g/100g

溶剂	脂肪酸	20℃	10℃	0℃	−10℃	−20℃	−30℃	−40℃	−50℃
丙酮	棕榈酸	5.38	1.94	0.60	0.27	0.10	0.038	—	—
	硬脂酸	1.54	0.80	0.21	0.023	0.025	—	—	—
	十八碳烯酸	—	87.0	15.9	27.4	5.1	1.4	0.5	
	十八碳二烯酸	∞	∞	∞	1200	147	27.2	8.6	3.3
甲醇	棕榈酸	3.7	1.3	0.8	0.16	0.05	—	—	—
	硬脂酸	0.1	—	0.09	0.031	0.001	—	—	—
	十八碳烯酸	—	1522	250	31.6	4.0	0.9	0.3	
	十八碳二烯酸	—	∞	∞	1850	233	48.1	9.9	3.3
90%乙醇	棕榈酸	4.93	2.1	0.85	—	—	—	—	—
	硬脂酸	1.13	0.65	0.24	—	—	—	—	—
	十八碳烯酸	∞	1470	235	47.5	9.5	2.2	0.7	—
	十八碳二烯酸	∞	∞	1150	70	47.5	11.1	4.5	—

7. 光学性质

折射率是指光在真空中传播的速度与其在媒介质中的传播速度之比，也称绝对折光指数。折射率与油脂的化学组成密切相关，一般来说，油脂的碳链越长，折射率越大；不饱和程度越大，折射率越大。比如，油酸、亚油酸、亚麻酸及油酸甲酯、亚油酸甲酯、亚麻酸甲酯的折射率分别为 1.4505、1.4666、1.4800、1.452、1.462、1.47；油脂含有带羟基的侧链时，折射率较大；共轭酸的折射率要高于非共轭酸；甘一酯的折射率高于同酸甘三酯；脂肪酸分子链中含有氧元素时，折射率高于不含氧元素的同碳数酸。测定油脂折射率可预测油脂的分子构成，鉴别油脂的种类、纯度以及是否酸败等性能。

8. 热性质

(1) 沸点和蒸气压　沸点是液体的饱和蒸气压与环境压强相等时的温度。沸点随环境压力变化而改变，压力低，沸点也低。沸点与蒸气压大小相反，蒸气压越大，液体越容易挥发，沸点则越低；蒸气压越小，液体越难挥发，沸点则越高。几种脂肪酸及其甲酯的沸点见表 8-3-19。饱和脂肪酸的碳链越长，沸点越高；同碳数饱和脂肪酸的沸点高于不饱和脂肪酯；脂肪酸酯化后沸点有所降低。

表 8-3-19 几种脂肪酸及其甲酯的沸点

脂肪酸	脂肪酸分子式	沸点/℃	脂肪酸甲酯	沸点/℃
癸酸	$C_{10}H_{20}O_2$	268～270	癸酸甲酯	224～229
月桂酸	$C_{12}H_{24}O_2$	299	月桂酸甲酯	262
肉豆蔻酸	$C_{14}H_{28}O_2$	250/13.33kPa	肉豆蔻酸甲酯	323
棕榈酸	$C_{16}H_{32}O_2$	352	棕榈酸甲酯	338
硬脂酸	$C_{18}H_{36}O_2$	361～383	硬脂酸甲酯	215/2kPa
油酸	$C_{18}H_{34}O_2$	360	油酸甲酯	219/2.67kPa
亚油酸	$C_{18}H_{32}O_2$	355	亚油酸甲酯	346
亚麻酸	$C_{10}H_{30}O_2$	230～232/133.3Pa	亚麻酸甲酯	347

（2）比热容　一定质量的物质，升高温度时所吸收的热量与该物质的质量和升高的温度的乘积之比，称为该物质的比热容，用符号 c 表示，单位是 J/(kg・K) 或 J/(kg・℃)。同一物质的比热容与物质的状态有关，一般来讲，液体的比热容比固体的比热容大，如式（8-3-1）所示。

$$c=Q/[m(\Delta T)] \tag{8-3-1}$$

式中　Q——物体吸收（或放出）的热量；

m——物体质量，g；

ΔT——吸热（或放热）后温度的变化量。

油脂的比热容与其组成密切相关。油脂中单不饱和酸（例如油酸）含量越多，油脂的比热容越大；但比热容随着油脂中多不饱和酸（例如亚油酸和亚麻酸）含量的增加而降低。此外，油脂的比热容随温度的升高而逐渐增大。表 8-3-20 中给出了几种植物油脂的脂肪酸含量。表 8-3-21 中给出了几种植物油脂在不同温度下的比热容和斜率值[34]。

表 8-3-20 几种植物油脂的脂肪酸成分与含量　　单位：%

脂肪酸	牛油果油	亚麻籽油	芝麻油	橄榄油	葡萄籽油
月桂酸 ($C_{12:0}$)	—	0.61	—	—	0.93
肉豆蔻酸 ($C_{14:0}$)	0.51	1.52	1.84	0.03	3.84
棕榈酸 ($C_{16:0}$)	7.11	11.29	8.96	9.64	11.66
棕榈油酸 ($C_{16:1}$)	1.53	1.53	0.25	0.79	0.31
硬脂酸 ($C_{18:0}$)	2.21	7.19	8.27	3.27	7.89
油酸 ($C_{18:1}$)	68.94	49.21	38.65	76.73	29.87
亚油酸 ($C_{18:2}$)	13.25	21.1	11.62	5.42	26.71
亚麻酸 ($C_{18:3}$)	2.29	—	21.71	0.54	—
饱和脂肪酸	11.85	23.94	21.16	14.24	30.33
不饱和脂肪酸	88.14	76.05	78.84	85.76	69.67

注：—表示未检出。

表 8-3-21 植物油脂的比热容和斜率值

T/℃	比热容/[10^3J/(kg・℃)]				
	牛油果油	亚麻籽油	芝麻油	橄榄油	葡萄籽油
25	2.2091±0.04	2.2166±0.02	2.1223±0.02	2.2261±0.01	2.1844±0.01

续表

T/℃	比热容/[10^3J/(kg·℃)]				
	牛油果油	亚麻籽油	芝麻油	橄榄油	葡萄籽油
30	2.2293±0.03	2.2306±0.01	2.1663±0.02	2.2652±0.01	2.2191±0.01
40	2.3095±0.03	2.3070±0.01	2.2490±0.02	2.3515±0.01	2.2987±0.01
50	2.3963±0.02	2.3942±0.01	2.3307±0.03	2.4316±0.01	2.3840±0.02
60	2.4860±0.04	2.4842±0.01	2.4208±0.05	2.5119±0.01	2.4715±0.01
70	2.5621±0.03	2.5567±0.01	2.4944±0.05	2.5905±0.01	2.5471±0.01
80	2.6420±0.03	2.6336±0.02	2.5702±0.04	2.6602±0.01	2.6243±0.01
90	2.7034±0.05	2.6923±0.06	2.6406±0.03	2.6969±0.01	2.6750±0.02
斜率	0.00828	0.00746	0.00839	0.00788	0.00811

（3）烟点、闪点、燃烧点　油脂在不通风的情况下加热发烟时的温度即为烟点。烟点是评价烹调油质量的重要指标。油脂的烟点与其是否精制有关，精制油的烟点要远高于未精制的油脂。油脂烟点随油脂中游离脂肪酸含量的增加而减小。如果油脂中含有磷脂，在油脂加工过程中，不饱和度较高的磷脂会发生氧化，并能促进油脂氧化分解，降低油脂的烟点[43,44]。

油脂闪点是指以缓慢的速率加热油脂，将火焰在加热油脂所逸出的蒸气和空气混合物上划过时，能使油面发生闪燃现象的最低温度。闪点是判断油脂中是否含有低分子挥发物的主要依据之一。

油脂的燃烧点亦称发火点，是指在严格规定的条件下加热油脂，直到将一火焰移近时油脂着火燃烧，且燃烧时间不少于5s，此温度称为油脂的燃烧点。

（4）热稳定性　在250℃以下时，油脂几乎不发生热解，热稳定性较好。温度升到300℃左右时，油脂的热分解反应明显加快。以橡胶籽油和橡胶籽油中分离的油酸热分解为例，热重分析（TG-DTG）曲线见图8-3-1[45]、图8-3-2[46]。橡胶籽油的热分解开始温度为317℃，热失重温度区间为317～470℃，热失重率约为93.88%。橡胶籽油油酸的热分解开始温度为268℃，热失重温度区间为268～300℃，热失重率约为94%。

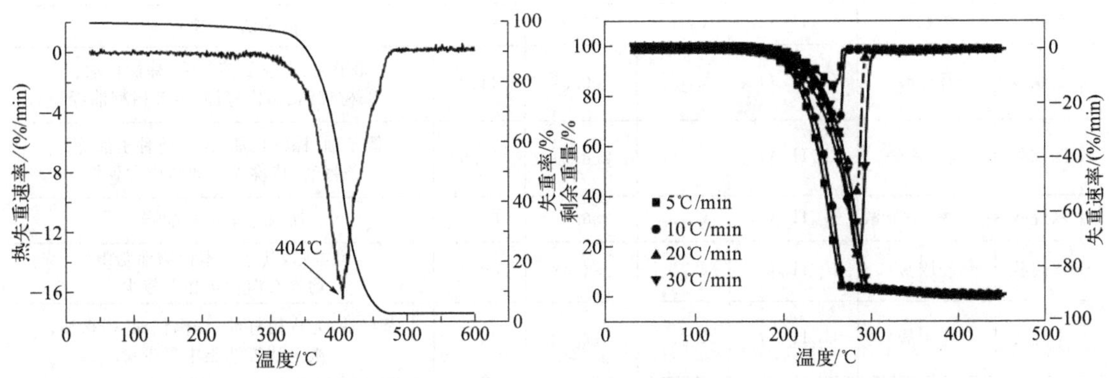

图8-3-1　橡胶籽油的TG-DTG曲线[45]　　图8-3-2　不同升温速率下油酸的TG-DTG曲线[46]

第三节　油脂与脂肪酸的结构和化学性质

木本植物油脂的组成有甘油三脂肪酸酯、甘油二脂肪酸酯、甘油一脂肪酸酯、脂肪酸、甾醇、磷脂、色素及部分维生素等，其中甘油三酯含量通常高于95%，因此，通常人们提到的木本植物油脂主要指甘油三酯。

从结构来看，甘油三酯分子可以认为是一分子甘油与三分子脂肪酸通过脱水缩合形成的大分子酯类化合物，其分子结构见式（8-3-2）。

$$\begin{array}{l} CH_2-OCOR^1 \\ | \\ CH-OCOR^2 \\ | \\ CH_2-OCOR^3 \end{array} \tag{8-3-2}$$

式中虚线左侧称为甘油基，右侧称为脂肪酸基，而脂肪酸基所含有的R^1、R^2、R^3代表脂肪酸烃基，多数情况下，天然植物油脂中的R^1、R^2、R^3是不同的，但有时也有相同的情况，此时称为同酸甘油酯或单酸甘油酯。脂肪酸烃基R多数为直链偶数碳烃基，碳碳间以单键、双键或三键连接，碳数、键的类型、数目及位置等变化，均会造成油脂结构性能的改变。天然油脂脂肪酸中还可能含有羧基酸、酮基酸、环氧基酸、炔酸等具有特殊官能团的脂肪酸，但这些特殊脂肪酸只存在于个别油品中，且含量相对较少。

总之，油脂的脂肪酸烃基及油脂分子的空间几何构型是影响木本植物油脂物理化学性质、生理生化性能的主要因素。

一、脂肪酸的结构与化学性质

（一）脂肪酸的结构

1. 饱和脂肪酸

木本植物油脂的饱和脂肪酸是指碳链上只有饱和的C—C键或C—H键的脂肪酸，通式可写为$C_nH_{2n}O_2$或$CH_3(CH_2)_mCOOH$。表8-3-22列出了木本植物油脂中主要的饱和脂肪酸。

表8-3-22 木本植物油脂中主要的饱和脂肪酸

系统命名	俗名	分子式	速记表示	分子量	熔点/℃	来源
己酸	羊油酸	$C_6H_{12}O_2$	$C_{6:0}$	116.15	−3.4	椰子油含少量
辛酸	羊脂酸	$C_8H_{16}O_2$	$C_{8:0}$	144.21	16.5	椰子油、棕榈仁油
癸酸	羊蜡酸	$C_{10}H_{20}O_2$	$C_{10:0}$	172.26	31.6	椰子油、棕榈仁油
十二烷酸	月桂酸	$C_{12}H_{24}O_2$	$C_{12:0}$	200.32	44.2	椰子油、山苍子核仁油、棕榈仁油、茶树籽油、樟树籽油、香叶树籽油等
十四烷酸	肉豆蔻酸	$C_{14}H_{28}O_2$	$C_{14:0}$	228.37	53.9	椰子油、棕榈仁油、肉豆蔻种子油等，茶籽油、核桃油等油脂中含少量
十六烷酸	棕榈酸、软脂酸	$C_{16}H_{32}O_2$	$C_{16:0}$	256.42	63.1	所有木本植物油脂
十八烷酸	硬脂酸	$C_{18}H_{36}O_2$	$C_{18:0}$	284.48	69.6	可可脂，其他木本植物油脂中均含有但含量相对较少
二十烷酸	花生酸	$C_{20}H_{40}O_2$	$C_{20:0}$	312.53	75.3	茶籽油、光皮树籽油、棕榈仁油、橘核油、橄榄油等油脂中含少量
二十二烷酸	山嵛酸	$C_{22}H_{44}O_2$	$C_{22:0}$	340.58	79.9	橄榄油、光皮树籽油、元宝枫等槭树籽油中含有少量
二十四烷酸	木焦油酸	$C_{24}H_{48}O_2$	$C_{24:0}$	368.64	84.2	元宝枫、三角枫、鸡爪枫等槭树籽油中含有少量

天然油脂中的饱和脂肪酸包括C_4～C_{30}，但在木本植物油脂中癸酸以下的饱和脂肪酸只存在于少数油脂中，而二十四烷酸以上的高碳链脂肪酸几乎未见报道。

从含量来看，多数木本植物油脂中饱和脂肪酸的含量相对较低，通常在15%以内，但部分特定木本植物油脂中饱和脂肪酸的含量相对较高，其中乌桕脂（俗称皮油）及可可脂中饱和脂肪酸含量约 60%，棕榈仁油中饱和脂肪酸含量达到 82%，而椰子油中饱和脂肪酸含量更是超过 90%。

木本植物油脂中存在的饱和脂肪酸主要为偶碳酸，奇碳酸含量较少，但在部分木本植物油中也有存在，如牡丹籽油、麻疯树种子油、翅果油、栀子油和橘核油中存在少量十五烷酸、十七烷酸。

饱和脂肪酸由于结构整齐，碳链间容易形成氢键，形成紧密结构，熔点较高，熔沸点随碳链增长而升高。

2. 不饱和脂肪酸

（1）单不饱和脂肪酸　单不饱和脂肪酸是指脂肪酸碳链中含有一个双键的脂肪酸，又称一烯酸，其通式可表示为 $C_nH_{2n-2}O_2$。其结构见式（8-3-3）。天然木本植物油脂中的单不饱和脂肪酸几乎均为顺式脂肪酸。

$$\underset{\text{顺式}}{\begin{matrix} \diagdown \quad \diagup \\ C=C \\ \diagup \quad \diagdown \\ H \quad\quad H \end{matrix}} \qquad \underset{\text{反式}}{\begin{matrix} \diagdown \quad\ \ H \\ C=C \\ H \quad \diagdown \end{matrix}} \tag{8-3-3}$$

单不饱和脂肪酸在天然木本植物油中广泛存在，其中以油酸分布最为广泛，几乎所有木本植物油中均存在。天然木本植物油中存在的油酸均为顺式结构，但在 S、Se、I_2、NO 等作用下容易异构化形成反式油酸。除此之外，在油脂氢化、白土高温脱色等加工处理过程中，油酸亦会发生异构化，除形成反油酸外，还会形成位置异构体。油酸、反油酸的结构如式（8-3-4）所示。

$$\underset{\text{顺式}}{\begin{matrix} CH_3(CH_2)_7 \quad (CH_2)_7COOH \\ C=C \\ H \qquad\qquad H \end{matrix}} \qquad \underset{\text{反式}}{\begin{matrix} CH_3(CH_2)_7 \quad H \\ C=C \\ H \qquad (CH_2)_7COOH \end{matrix}} \tag{8-3-4}$$

除油酸外，天然木本植物油中还可能存在棕榈油酸、芥酸、神经酸、山梅酸、三十碳烯酸等单不饱和脂肪酸。表 8-3-23 列举了木本植物油脂中的主要单不饱和脂肪酸。

表 8-3-23　木本植物油脂中的主要单不饱和脂肪酸

系统命名	俗名	分子式	速记表示	分子量	熔点/℃	来源
顺-9-十六碳一烯酸	棕榈油酸	$C_{16}H_{30}O_2$	9c-$C_{16:1}$	254.41	0.5	沙棘果油、橡胶籽油
顺-9-十八碳一烯酸	油酸	$C_{18}H_{34}O_2$	9c-$C_{18:1}$	282.46	13-14	所有木本植物油脂
顺-13-二十二碳一烯酸	芥酸	$C_{22}H_{42}O_2$	13c-$C_{22:1}$	338.57	33.5	槭树种子油、蒜头果油
顺-15-二十四碳一烯酸	神经酸	$C_{24}H_{46}O_2$	15c-$C_{24:1}$	366.62	43	文冠果油、蒜头果油、槭树种子油
顺-17-二十六碳一烯酸	山梅酸	$C_{26}H_{50}O_2$	17c-$C_{26:1}$	394.67	—	山梅种子油脂
顺-21-三十碳一烯酸	三十碳烯酸	$C_{30}H_{58}O_2$	21c-$C_{30:1}$	450.77	—	山梅种子油脂、Lumegue 坚果

（2）多不饱和脂肪酸　含有两个及两个以上双键的直链脂肪酸称为多不饱和脂肪酸，其中含有两个双键的称为二烯酸或二不饱和脂肪酸，含有三个双键的称为三烯酸或三不饱和脂肪酸，依次类推。

多不饱和脂肪酸中所含双键有共轭及非共轭五碳双烯两种结构。非共轭结构是指碳链的两个双键间被一个亚甲基隔开，即具有“—CH═CHCH$_2$CH═CH—”结构，该结构也称为 1,4-不饱和系统。而共轭结构指碳链中某些碳原子间交替出现单键及双键，即具有“—CH═CHCH═CH—”结构，该结构又称为 1,3-不饱和系统。天然木本植物油中存在的多不饱和脂肪酸主要为非共轭体系。

目前已发现的天然油脂中，最多含有 7 个双键，但在木本植物油中主要为含 2 个双键的亚油酸和 3 个双键的亚麻酸、桐酸，其他多不饱和脂肪酸含量较低，如橘核油中含有顺-5,顺-8,顺-

11,顺-14-二十碳四烯酸（俗称花生四烯酸），其含量仅有1.4%。

① 二烯酸。二烯酸的通式写作 $C_nH_{2n-4}O_2$，常以IUPAC的系统命名法命名或以俗名相称，亚油酸的结构式为 $CH_3(CH_2)_4CH=CHCH_2CH=CH(CH_2)_7COOH$，其系统命名为顺-9，顺-12-十八碳二烯酸。二烯也可采用速记法表示，如天然亚油酸的速记命名为9c，12c-$C_{18:2}$。

天然亚油酸的结构曾是困扰研究人员的重要问题，理论上亚油酸的两个双键应有顺顺、顺反、反反、反顺等四种几何异构体，其结构见图8-3-3。

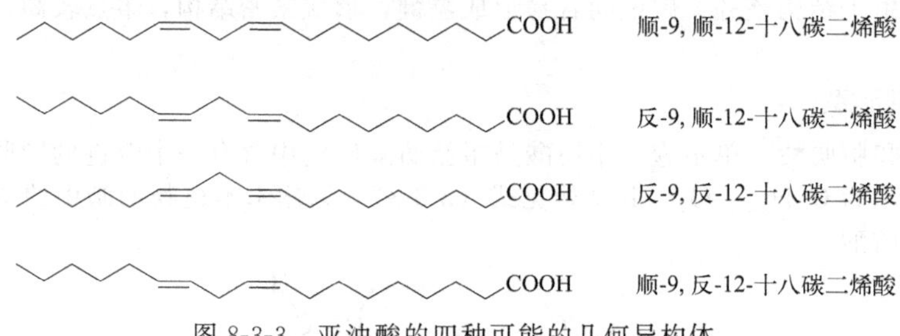

图8-3-3 亚油酸的四种可能的几何异构体

1950年，研究人员借助红外光谱证明天然亚油酸不存在反式结构，即天然亚油酸为顺-9，顺-12-十八碳二烯酸，又称为α-亚油酸，但近年来也有研究报道毛叶山桐子油中含有的亚油酸为反式9，12-十八碳二烯酸，且其含量高达60%。α-亚油酸在天然木本植物油中广泛存在，但含量与植物的种属有极大关系，从已报道的文献看，核桃油、香榧油、盐肤木种子油、松籽油、翅果油等木本植物油中的亚油酸含量接近甚至超过50%。

天然木本植物油中除了亚油酸外，还含有其他一些二不饱和脂肪酸。表8-3-24列举了部分常见的二不饱和脂肪酸。

表8-3-24 木本植物油脂中常见的二不饱和脂肪酸

系统命名	分子式	速记表示	分子量	熔点/℃	来源
2,4-己二烯酸	$C_6H_8O_2$	2,4-$C_{6:2}$	112.13	134.5	山梨籽油
反-2,顺-4-癸二烯酸	$C_{10}H_{16}O_2$	2t,4c-$C_{10:2}$	140.18	—	乌桕籽仁油
顺-9,顺-12-十八碳二烯酸	$C_{18}H_{32}O_2$	9c,12c-$C_{18:2}$	280.45	2-8	多数木本植物油
顺-11,顺-14-二十碳二烯酸	$C_{20}H_{36}O_2$	11c,14c-$C_{20:2}$	308.5	—	香榧油含少量(约3%)
顺-5,顺-13-二十二碳二烯酸	$C_{22}H_{40}O_2$	5c,13c-$C_{22:2}$	336.55	—	松子油、棕榈果油中含少量

② 三烯酸。三烯酸的通式记作 $C_nH_{2n-6}O_2$，有共轭酸及非共轭酸两种，天然存在的三烯酸主要为非共轭酸，少数油脂中存在共轭三烯酸。表8-3-25列举了木本植物油中常见的三烯酸。

表8-3-25 木本植物油脂中常见的三不饱和脂肪酸

系统命名	分子式	速记表示	俗名	熔点/℃	来源
顺-9,顺-12,顺-15-十八碳三烯酸	$C_{18}H_{30}O_2$	9c,12c,15c-$C_{18:3}$	α-亚麻酸	−11	核桃油、杜仲籽油、牡丹籽油
顺-9,反-11,反-13-十八碳三烯酸	$C_{18}H_{30}O_2$	9c,11t,13t-$C_{18:3}$	α-桐酸	48～49	桐油、*Couepia longipendula* 种子油
顺-9,反-11,顺-13-十八碳三烯酸	$C_{18}H_{30}O_2$	9c,11t,13c-$C_{18:3}$	石榴酸	43.5	石榴籽油
顺-6,顺-9,顺-12-十八碳三烯酸	$C_{18}H_{30}O_2$	6c,9c,12c-$C_{18:3}$	γ-亚麻酸	—	红松籽油、榛子油
顺-5,顺-9,顺-12-十八碳三烯酸	$C_{18}H_{30}O_2$	5c,9c,12c-$C_{18:3}$	松油酸	—	红松籽油
11,14,17-二十碳三烯酸	$C_{20}H_{34}O_2$	11,14,17-$C_{20:3}$	‘蜜’酸	—	香榧油、文冠果油

顺-9,顺-12,顺-15-十八碳三烯酸为最常见的非共轭三烯酸，俗称 α-亚麻酸，其结构如式（8-3-5）所示。

COOH　　(8-3-5)

α-亚麻酸在木本植物油中广泛存在，一般含量不高，但在野漆树种子油、牡丹籽油、美藤果种子油中含量较高，超过 40%。其他如杏仁油、沙棘果种子油、橡胶籽油等木本植物油中 α-亚麻酸含量亦超过 10%，属于富含 α-亚麻酸的植物油。

另一种非共轭三烯酸为顺-6,顺-9,顺-12-十八碳三烯酸，俗称 γ-亚麻酸，其为 α-亚麻酸的位置异构体，其结构如式（8-3-6）所示。

COOH　　(8-3-6)

早期研究显示，γ-亚麻酸仅在少数植物油脂中存在，如月见草及微孔草籽油中，但随着研究的深入，研究人员也在部分藻类及木本植物油中发现了 γ-亚麻酸，其中红松籽油中 γ-亚麻酸的含量高达 16%。

三烯酸中典型的共轭酸为桐酸。天然桐酸又称为 α-桐酸，其主要存在于桐油中，含量约为 72%，而在巴西 *Couepia longipendula* 种子油中亦含有约 11%。α-桐酸的系统命名为顺-9，反-11，反-13-十八碳三烯酸，其结构如式（8-3-7）所示。

COOH　　(8-3-7)

α-桐酸在空气中极易吸收氧气，在干燥受热过程中易发生聚合作用，稠度增加。除此之外，在日光作用下或与 S、Se、I 及其化合物相遇，会发生分子内聚变，形成熔点在 71℃的反-9，反-11，反-13-十八碳三烯酸，该化合物又称为 β-桐酸，其结构如式（8-3-8）所示。

COOH　　(8-3-8)

石榴酸为另一种共轭三烯酸，其系统命名为顺-9,反-11,顺-13-十八碳三烯酸，其结构如式（8-3-9）所示。石榴酸为 α-桐酸的另一异构体，熔点约为 44℃。含有石榴酸的木本植物油较少，其中石榴籽油中含有少量。

COOH　　(8-3-9)

3. 特殊脂肪酸

植物油脂中除了上述直链脂肪酸外，还含有具有特殊结构的脂肪酸，如支链脂肪酸、炔酸、酮基酸、环取代酸、环氧酸等，这些脂肪酸可认为是直碳链上的氢原子被其他原子或原子团取代后获得的脂肪酸，因此这类具有特殊结构的脂肪酸也称为取代脂肪酸。

与其他天然油脂相比，存在特殊脂肪酸的木本植物油相对较少，含量也较低，此处仅简单介绍几种特殊脂肪酸。

（1）甲基取代脂肪酸　天然油脂中最早发现的甲基取代脂肪酸是 3-甲基丁酸（又名异戊酸），随后人们在乳脂、牛脂、羊毛脂等天然油脂中也分离出了其他的甲基取代脂肪酸。现代研究显示，少数木本植物油中也存在甲基取代脂肪酸，例如翅果油中检测到存在 12-甲基-十四烷酸，但该脂肪酸含量相对较低，仅有 0.01%。

（2）羟基酸　12-羟基-顺-9-十八碳一烯酸是天然油脂中最重要的羟基取代酸，俗称蓖麻酸，其结构如式（8-3-10）所示。蓖麻酸易发生氧化、氢化、脱水、异构化等化学反应，其中氧化过程可形成壬二酸和 9,10,12-三羟基十八碳酸，脱水可形成二烯酸，氢化可形成油酸、12-羟基硬脂酸、二醇等，热解可生成十一碳烯酸及庚醛，因而是重要的工业原料。蓖麻酸主要存在于蓖麻油中，含量可达 80%～90%，但在木本植物油中含量较少。

$$CH_3(CH_2)_5CH(OH)CH_2-CH=CH-(CH_2)_7COOH \quad (cis) \tag{8-3-10}$$

研究显示，夹竹桃科（Apocynaceae）种子油中含有少量蓖麻酸的同分异构体 9-羟基-顺-12-

十八碳一烯酸，其结构如式（8-3-11）所示。

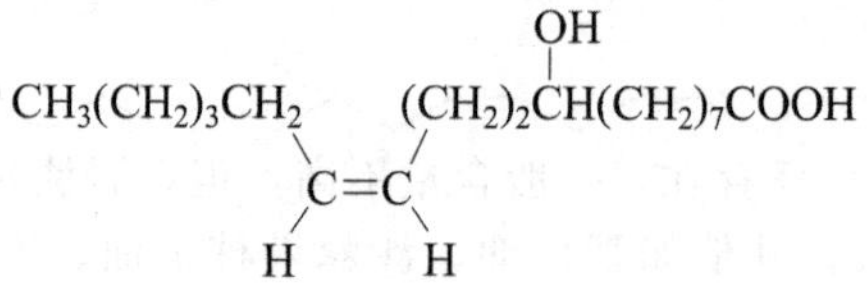

$$\mathrm{CH_3(CH_2)_3CH_2(H)C{=}C(H)(CH_2)_2CH(OH)(CH_2)_7COOH} \tag{8-3-11}$$

而大戟科（Euphorbiaceae）*Kama* 油中含有18-羟基-9,11,13-十八碳三烯酸（又称粗糠柴酸）。除此之外，在木本植物的叶蜡中，人们也发现了羟基脂肪酸的存在，如桧树叶蜡中发现了12-羟基-十二烷酸、松柏类叶蜡中发现了16-羟基-十六烷酸等，但上述羟基取代酸含量均较少。

（3）酮基酸　天然存在的酮基酸主要为酮酸，其中以巴西果油和蔷薇科（Rosaceae）种子油中存在的4-酮基-顺-9,反-11,反-13-十八碳三烯酸（$C_{18}H_{28}O_3$）为代表，其结构如式（8-3-12）所示。该脂肪酸又称为巴西果油酸（licanic acid），为Oiticica（*Licania rigida*）种子油的主要脂肪酸，含量在70%～80%，而在*Couepia longipendula*种子油中也有20%左右的含量。巴西果油酸存在α、β两种异构体，其中α-巴西果油酸为主要存在形式。

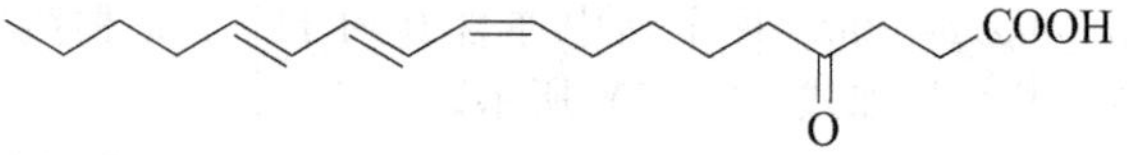

$$\mathrm{CH_3(CH_2)_3CH{=}CH{-}CH{=}CH{-}CH{=}CH(CH_2)_4C({=}O)(CH_2)_2COOH} \tag{8-3-12}$$

（4）环取代酸　天然油脂中的环取代脂肪酸主要有三碳环、五碳环、六碳环及杂环取代酸，其中又以环丙烷酸、环丙烯酸、环戊烯酸较为常见，但天然木本植物油中几乎不含环丙烷酸。

少数天然木本植物油中含有环丙烯脂肪酸，香苹婆种子油中含有9,10-环丙烯基-十八碳一烯酸，俗称苹婆酸，其结构如式（8-3-13）所示。

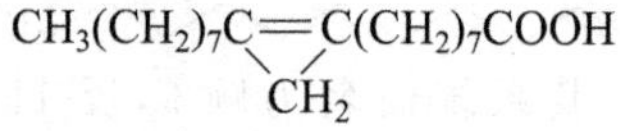

$$\mathrm{CH_3(CH_2)_7C{=}C(CH_2)_7COOH}\ (\text{两个C以}\ \mathrm{CH_2}\ \text{桥连成环}) \tag{8-3-13}$$

木棉籽油中含有锦葵酸，其结构如式（8-3-14）所示。

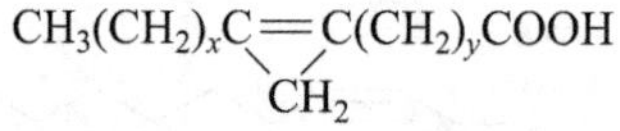

$$\mathrm{CH_3(CH_2)_xC{=}C(CH_2)_yCOOH}\ (\text{两个C以}\ \mathrm{CH_2}\ \text{桥连成环}) \tag{8-3-14}$$

式中，$x+y=13$。由其结构式可以看出，锦葵酸亦属于环丙烯脂肪酸。

脂肪酸碳链末端含有环戊烯基的脂肪酸称为环戊烯基脂肪酸，其结构如式（8-3-15）所示。

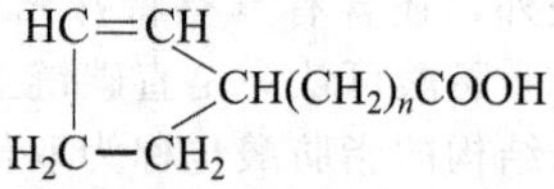

$$\text{环}\{\mathrm{HC{=}CH{-}CH(CH_2)_nCOOH{-}CH_2{-}CH_2}\} \tag{8-3-15}$$

式中，$n=12$时，该酸称为13-环戊烯-十三碳酸，俗称大风子酸、晁模酸；当$n=12$，且C6、C7间存在一个顺式双键时，该酸称为13-环戊烯-顺-6-十三碳一烯酸，俗称大风子油酸。

（5）炔酸　含有碳碳三键的脂肪酸称为炔酸。20世纪60年代，人们首次在漆树科（Anacardiaceae）种子油中发现了炔酸，随后还发现了二炔酸和炔烯酸，目前发现的炔酸主要存在于植物种子油中，其中多数为木本植物，而在动物油脂中几乎不存在炔酸。

产于中美、南美的Picramnia tariri种子油中含有90%左右的6-十八碳炔酸（俗称塔日酸），其结构如式（8-3-16）所示。

$$\mathrm{CH_3(CH_2)_{10}C{\equiv}C(CH_2)_4COOH} \tag{8-3-16}$$

海檀木属种子油中含有9,11-十八碳二炔酸，含量在25%左右，其结构如式（8-3-17）所示。

$$\mathrm{CH_3(CH_2)_5C{\equiv}C{-}C{\equiv}C(CH_2)_7COOH} \tag{8-3-17}$$

除此之外，研究人员还在山柚子科（Opiliaceae）、铁青树科（Olacaceae）、檀香科（Santalaceae）种子油中发现了反-11-十八碳烯酸-9-炔酸（俗称西门木炔酸），其结构如式（8-3-18）所示。

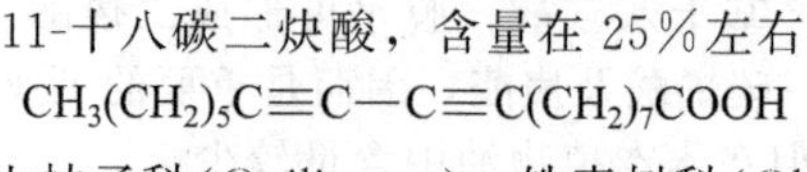

$$\mathrm{CH_3(CH_2)_5(H)C{=}C(H){-}C{\equiv}C(CH_2)_7COOH} \tag{8-3-18}$$

在依散种子油中发现了17-十八碳烯-9,11-二炔酸（俗称依散酸），其结构如式（8-3-19）

所示。

$$CH_2{=}CH(CH_2)_4C{\equiv}C{-}C{\equiv}C(CH_2)_7COOH \qquad (8\text{-}3\text{-}19)$$

这些脂肪酸分子结构中同时含有双键和三键，因此这类脂肪酸也称为炔烯酸。

（二）脂肪酸的化学性质

脂肪酸具有羧酸的性质，可发生羧基的所有化学反应。脂肪酸的羧基由羰基和羟基组成，实际上并非两者的简单组合，这两个基团相互影响，使它们不同于醛、酮分子中单独的羰基和醇分子中单独的羟基，而成为一个整体，表现出一些特殊的性质。

羧羟基上的孤对电子与羰基的 π 键形成 p-π 共轭体系，共轭的结果是电子云密度被平均化，碳原子的正电性下降，羟基中氧原子的负电性下降，使得羰基亲核加成的活性要比醛、酮小得多，而羧羟基作为亲核试剂的亲核性也比醇低得多，共轭使得羟基中 O—H 键的极性增强，有利于质子的离去，使脂肪酸呈现明显的酸性。羧基的化学反应主要发生在羧基和受羧基影响变得比较活跃的 α-H 上。脂肪酸的性质和参与的化学反应如图 8-3-4 所示[47]。

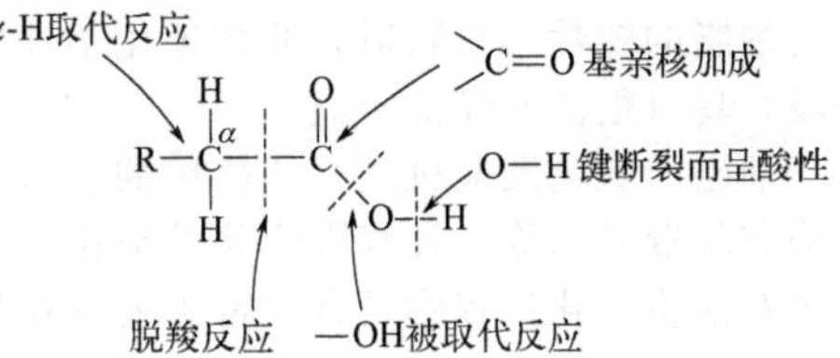

图 8-3-4　脂肪酸的性质和参与的化学反应

饱和脂肪酸相对不饱和脂肪酸，化学性质比较稳定。不饱和脂肪酸还可以发生加成、氧化、异构化及聚合等双键特有的反应。

二、油脂的结构与化学性质

1. 油脂的结构

天然油脂中含有的脂肪酸超过 800 种，除特殊油脂含有的脂肪酸较为单一外，绝大多数天然植物油中都含有 5 种以上的脂肪酸，而当其与丙三醇形成三酯时，其可能存在几百上千种甘油酯，这导致油脂中甘三酯的组成非常复杂。20 世纪中期前，研究人员对油脂的甘三酯结构没有清楚的认识，且普遍认为油脂化学就是脂肪酸化学，但随着油脂科学的不断发展，研究人员逐渐认识到构成甘三酯的脂肪酸不同，油脂的性质会有所不同；而即使构成甘三酯的脂肪酸几乎一样，由于其在甘油 Sn-1、Sn-2、Sn-3 位置不同，如图 8-3-5 所示，其性质也会存在一定的差异。现代研究显示，脂肪酸在甘三酯中的位置分布会对油脂的氧化稳定性、熔点、凝固点及营养价值有非常重要的影响。

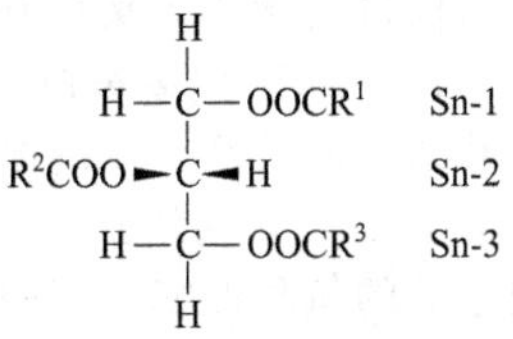

H
H—C—OOCR¹　Sn-1
R²COO►C◄H　Sn-2
H—C—OOCR³　Sn-3
H

图 8-3-5　甘三酯的立体专一命名

为确定脂肪酸在甘三酯中的位置分布，当前研究人员开发了多种甘油酯脂肪酸酰化位置分析方法，包括胰脂肪酶与气相色谱法、衍生化试剂法、胰脂肪酶与液相色谱法、HPLC-MS 法、银离子色谱法等，这为多方位、高通量、高准确性地确定脂肪酸在甘三酯中的位置分布提供了坚强的基础。

2. 油脂的化学性质

甘三酯分子中的羰基也可以与烷氧基氧的孤对电子形成 p-π 共轭体系，因此甘油酯分子中的 C—O 键也具有部分双键的性质。由于共轭，烷氧基氧的孤对电子的部分电荷转移到羰基氧上，使羰基氧具有负电性，碱性较强，因此酯的质子化在羰基氧上。甘油酯分子中的羰基可以与脂肪酸羰基一样发生典型的亲核取代反应，但酯键受疏水烷基的包围，故酯键本身不易受到极性亲核试剂的攻击。另外，当亲核取代反应在酸性催化剂条件下进行时，离去基是碱离解常数大的醇，其离解难度较大，所以总体上看，甘三酯是一种较稳定的化合物。木本油脂在一定条件下，同普通油脂一样，可以发生水解、皂化、酯交换、酰基转移、氨解、氢化还原等化学反应。利用油脂中不饱和脂肪酸的双键结构，也可以发生双键的一些特有反应[47]。

第四节　木本油脂的化学反应

木本油脂与各类高级脂肪酸酯一样，在结构上含有烷基、双键、羧酸、酯基、羟基等官能团，所以其化学性质非常活泼，可以发生诸如氢化、水解、酯交换、成盐等多种化学反应。

一、木本油脂的催化氢化反应

油脂氢化是指油脂在催化剂作用下于一定的温度、压力、机械搅拌条件下，不饱和双键与氢发生加成反应，使油脂中的双键得到饱和的过程。油脂氢化的目的主要是：a. 提高熔点，增加固体脂肪含量；b. 提高油脂的抗氧化能力、热稳定性，改善油脂色泽、气味和滋味并防止回味；c. 改变油脂的塑性，得到适宜的物理化学性能，拓展用途。因此，油脂氢化是油脂改性的一种有效手段，具有很高的经济价值。

油脂的氢化反应机理并非简单的不饱和双键加氢，随着双键饱和常伴有复杂的异构化（几何异构和位置异构等）及双键位移共轭化，且氢化产物种类繁杂，是一个极其复杂的反应过程。催化剂在油脂氢化过程中具有非常重要的作用。

（一）非均相油脂加氢催化剂

通过不同种类载体负载及不同的活性金属复配，可实现油脂非均相催化剂的比表面及活性位点可调控性，以有效地进行目标产物催化。用于油脂氢化的非均相催化剂大致分为单金属催化剂、二元及多金属催化剂、非晶态合金催化剂等。

1. 单金属催化剂

很多用于催化加氢的单金属催化剂，如 Cu、Ni、Mo、Pd、Pt、Rh、Ru、Ir 等也常用于油脂的氢化反应。其中 Ni 基催化剂具有催化活性高、制备简单、价格低廉、对油品无污染性等多种优势，在油脂催化氢化工业中的应用和研究较为广泛。通常通过对金属镍催化剂进行改性并对催化剂结构进行优化等来提升转化率，常用的方法是将 Ni 在多孔或具有特定酸位点的载体上进行负载。解金海等[48]以长白硅藻土为载体，研究硫化改性的 Ni-S 基油脂氢化催化剂的活性、选择性与其结构的关系，发现改性后催化活性有所降低，但提高了反式油酸酯的氢化选择性。Pankai 等[49]以正十二烷为溶剂，γ-Al_2O_3、SiO_2、H-ZSM-5 等为载体，研究了三种负载型 Ni 基催化剂对硬脂酸的氢化性能。其中，Ni/H-ZSM-5 的催化活性最好，但其表面的强酸位点致使较多副反应发生，导致对 $C_{17}H_{36}$ 的选择性较差。相比之下，Ni/γ-Al_2O_3 催化剂具有较好的选择性，Ni/γ-Al_2O_3 表面酸性随着 Ni 负载量的增加而增强，当由 10%增加至 25%时，硬脂酸转化率也从 10%持续增加到 70%。另一种策略是在镍催化剂中添加有机物或其他金属元素来提升催化剂的催化活性。

相对于 Ni，Cu 对氢的吸附能力较弱，催化油脂氢化反应的活性较低，同时 Cu 的流失容易造成油脂污染，因此采用 Cu 作为催化剂的反应通常需要较为苛刻的反应条件和较为严格的后处理工艺。但值得注意的是，Cu 在催化氢化过程中的氢化选择性很高，这也是 Cu 基催化剂在油脂氢化领域得到广泛关注的最重要的原因。

与 Ni 基和 Cu 基催化剂相比，Pd、Pt、Rh 等贵金属催化剂的价格高，但其活性高、相对用量低、氢化温度低、选择性及可循环再生性能较好等，受到越来越多研究者的广泛关注。Ray 等[50]研究了活性炭负载 Pd 催化剂的催化性能，在生产色拉油、人造奶油方面表现出用量少、氢化温度低、选择性好等优点，展现出替代 Ni 催化剂的潜力。考虑到催化成本的问题，后来的研究者又在反应的溶剂选择、金属改性、助剂添加等方面进行了努力。

2. 二元及多金属催化剂

受到 Ni、Cu 金属催化剂各自优势的启发，研究者们进行了一系列金属复合催化剂的制备与性能研究。常见的 Ni、Cu 复合型金属催化剂有 Cu-Ni、Cu-Cr、Ni-Al、Cu-Ni-Co、Cu-Ni-Ce、

Cu-Ni-Mn、Cu-Cr-Ba 等。其中以 Cu 与 Ni、Cu 与 Cr 复合的催化剂最为典型，但根据以往研究结果来看：Cu-Ni 复合催化剂表现出较低的活化温度，但 Cu 残留将严重影响氢化油的质量；Cr 复合到 Cu 催化剂中后，其催化活性得到显著提高。荷兰 Harshaw 公司进一步在 Cu-Cr 催化剂中掺入碱土金属 Ba 制成了 Cu-Cr-Ba 三元金属催化剂[51]，在油脂氢化过程中催化活性和选择性都比较令人满意，目前已经实现工业化生产。但此催化剂的使用也存在很大弊端，除了 Cu 残余物的影响外，油品中 Cr 残留会对人体健康及环境造成严重危害。鉴于 Cu、Cr 金属残留的问题，随后 Pd-Mo、Pt-Re、Ni-Mg、Ni-Fe、Ni-Ag、Ni-Mo、Co-Mo 以及与稀土元素等一系列复合金属催化剂相继出现。研究发现，不同的金属掺杂及配比可以调控催化剂的异构特性。在 Ni-Mg/SiO_2 催化剂中添加微量 Ag 后表现出氢吸附减弱的特性，催化活性降低，反式异构反应得到了抑制，且可以通过选择合适的 Ag/Ni 比来有效调控异构化产物的含量。另外，NiMo/B_2O_3-Al_2O_3、CoMo/Al_2O_3-SiO_2 双重金属氧化物载体的采用也可以有效提升催化剂的异构化特性。谢爱娟等用沉淀法制备了不同 Mg 含量的 Cu-Ni-Mg 三元催化剂，考察了 Mg 的加入对棕榈油氢化用 Cu-Ni 二元催化剂的活性和寿命的影响，结果表明：适量 Mg 的加入大大提高了催化剂的比表面积和孔容，促进了活性成分在载体表面的分散，从而提高了催化剂的活性和使用寿命[52]。

3. 非晶态合金催化剂

非晶态合金在微观结构上与晶态金属完全不同，其在催化反应过程中也表现出独特的性能优势。首先，非晶态合金短程有序，其内部具有很多配位不饱和原子，表面活性中心密度高，反应性强；其次，非晶态合金长程无序，不存在三维空间原子周期排列，其表面保持液态原子的混乱排列，有利于底物吸附；最后，其不存在晶粒界限、位错和积层等现象，催化活性中心分布均匀[53]。王盛枝采用化学还原法，以自制的二氧化硅为载体，氯化镍为活性组分前体，$NaBH_4$ 作为还原剂，制备了非晶合金 Ni-B/SiO_2 催化剂，对椰子油的加氢反应进行了研究[54]。

（二）均相油脂加氢催化剂

非均相催化油脂氢化的催化效果主要受反应物扩散控制，鉴于此，近年来均相催化剂也取得了飞速发展，其最大的优势在于可以直接将催化剂与原料油混为一相，并使其催化位点在油脂相中均匀分布。

相对于非均相催化剂，均相催化剂与氢化油难以分离，会造成催化剂组分残留，限制了其在工业化生产中的应用。为解决这一问题，油脂加氢领域的科研工作者做出了不懈努力。Bouriazos 等[55,56]采用水溶性过渡金属配合物 Rh/TPPTS 催化剂，完成在双相体系中对脂肪酸甲酯的高效加氢催化研究，Rh/TPPTS 催化剂表现出了高的催化活性和催化效率，且反应后的 Rh/TPPTS 催化剂可很容易通过相分离回收，水层回收的 Rh/TPPTS 在循环实验中仍表现出较高的催化活性。采用水溶性 Rh-和 Ru-/TPPTS 配合物在温和反应条件下对脂肪酸甲酯进行完全氢化，可以得到 99.0%（摩尔分数）硬脂酸甲酯产物。此外，还研究对比了水溶性 Pd-TPPTS 配合物及水溶性稳态 Pd^0 纳米粒子含氮配合物的催化活性，发现水溶性稳态 Pd^0 纳米粒子含氮配合物催化剂对脂肪酸甲酯在部分氢化方面表现出更高的催化活性。

二、木本油脂的水解反应

甘油三酯（三甘酯）在一定的条件下经过酸、碱或脂肪酶的催化作用，逐步水解产生甘油二酯、单酯、甘油以及混合脂肪酸或其盐的过程称为油脂的水解。油脂的水解为脂肪酸酯化反应的逆反应，反应路线如图 8-3-6 所示。

$$\begin{matrix} CH_2-OCOR^1 \\ | \\ CH-OCOR^2 \\ | \\ CH_2-OCOR^3 \end{matrix} + 3H_2O \xrightleftharpoons{\text{催化剂}} \begin{matrix} R^1COOH \\ R^2COOH \\ R^3COOH \end{matrix} + \begin{matrix} CH_2-OH \\ | \\ CH-OH \\ | \\ CH_2-OH \end{matrix}$$

甘油三酯　　　　脂肪酸　　　　甘油

图 8-3-6　甘油三酯的水解反应路线

油脂水解是油脂化工产品开发的重要环节，油脂通过水解可制取脂肪酸和甘油，才能进一步生成脂肪酸衍生物。此外，天然油脂水解的副产物甘油，也是一种极重要的化工原料，广泛应用于化工、轻工、国防、医药、日化等诸多领域。

1. 酸水解法

酯键对酸敏感，因此通常用酸作为催化剂水解油脂。油脂酸水解一般可用无机酸，如硫酸、盐酸、磷酸等，也可采用非均相固体酸或酸性树脂。酸催化水解法的优点是对设备要求不高，生产成本低；缺点是反应时间相对较长，能耗高，产品质量不高，酸会对设备造成一定的腐蚀风险，后续产生的含酸污水需要进一步处理，在一定程度上增加了生产成本。为了避免液体酸催化剂的腐蚀和产生的含酸污水需要中和的问题，当前研究中心转移到固体酸催化剂的开发上。

Satyarthi 等[57]进行了 Fe-Zn 双金属氰化配合物固体酸（DMC）水解油脂的研究，在油水比 1∶20、催化剂 5%（质量分数）、反应温度 190℃、反应时间 8h 的条件下，与酸性固体酸相比，DMC 催化剂可催化油脂完全水解，同时油脂产率可达 73%。无催化剂时，水解转化率只有 34.5%，油脂产率只有 14.4%，即使在其他催化剂存在情况下，转化率最好的催化剂 H-β 也不超过 70%，油脂得率不超过 40%。但当使用硫酸作为催化剂时，油脂产率明显超过固体酸催化剂，这说明在使用硫酸为催化剂的均相反应过程中游离的 H^+ 有效接触酯键的效率要明显高于固体酸活性位点对酯键的键合作用。DMC 催化剂的优秀表现归功于其亲油表面结构，有利于吸附和活化三甘酯的酯键。在催化剂耐受性研究中发现，经过六次循环后，油脂的转化率和脂肪酸得率没有明显降低，该催化剂有良好的循环性。

2. 碱法皂化酸化水解法

碱法皂化酸化水解法是用碱作为反应物对油脂进行水解的同时生成脂肪酸盐，然后对脂肪酸盐进行酸化得到脂肪酸。皂化酸化水解法制脂肪酸的历史悠久，所用的碱一般为石灰或者氢氧化钠，采用高浓度氢氧化钠的水溶液进行水解时，底物浓度高，反应速度快，反应温度要求低，一般不超过 100℃，油脂转化率高，脂肪酸产率高。如，桐油的水解，桐油酸产品收率可达 98.2%，酸值达 199.8mg/g。

整个皂化酸解法反应体系处于均相状态，油脂的水解更加完全，所得的产品质量较好，并且设备和工艺简单，适合工业化生产。但在常压条件下，产品收率较低，且工艺条件复杂，酸碱消耗量大，对环境污染大。

3. 高压水解法

1939～1942 年，伊特奈尔和米耳斯(Ittner 和 Mills)开发了油脂高压水解法，在压力为 3.0～5.0MPa 之间对油脂进行连续水解。这一方法经盖特-伊默里（Colgate-Emery）进行改良后，成为适宜于现代大规模工业生产的盖特-伊默里工艺[58,59]。在高压水解法中，通常有两种工艺：一是油和水分别加热到 230℃，然后通过高压泵加压到 3.0MPa，使油脂在高温液态水中进行水解；二是压力在 5.5MPa 左右，使反应在 250～260℃的反应条件下进行，由于油脂的水解反应是可逆反应，温度的升高可使油在水中的溶解度升高，进而提高反应速率。

高压连续水解法制脂肪酸，水解转化率可达 99%，脂肪酸得率较高，因甘油也是价值较高的副产物，该法中甘油的浓度可达 10%～16%。综合来看该方法是目前较为理想的油脂水解工艺，特别是只需简单处理就可得到高质量的甘油。但该工艺需要在高温高压条件下进行，对设备和能耗要求较高，投资费用大，适合大中型企业应用。

4. 酶水解法

脂肪酶催化天然油脂水解制取脂肪酸与其他方法相比，具有耗能少、设备投资低、脂肪酸品质高、水解选择性高等优点。特别是含有不饱和键较多而易氧化和产生副反应的油脂更为适合采用该法。酶水解的高选择性主要表现为底物选择、脂肪酸选择、立体或位置选择、无选择[60]等四种，这与酶的特性有很大的关系。

脂肪酶是一种“丝氨酸水解酶”，反应底物与谷氨酸或天冬氨酸、丝氨酸和组氨酸三者结合，形成四面中间体复合物，完成整个脂肪酶催化过程，如图 8-3-7 所示。

有学者认为脂肪酶催化油脂水解机制遵从 Bi-Bi Ping-Pong 反应机制，如图 8-3-8 所示[49]。其中，A 表示反应物油，B 表示水，P 表示产物甘油（二、单）酯，Q 表示产物脂肪酸。反应包含两个过渡态和两个酰基酶中间体，第一个由活性中心 Ser-His-Asp/Glu 三联体亲核攻击甘油三酯键形成，第二个由水分子亲核攻击酰基酶中间体形成。

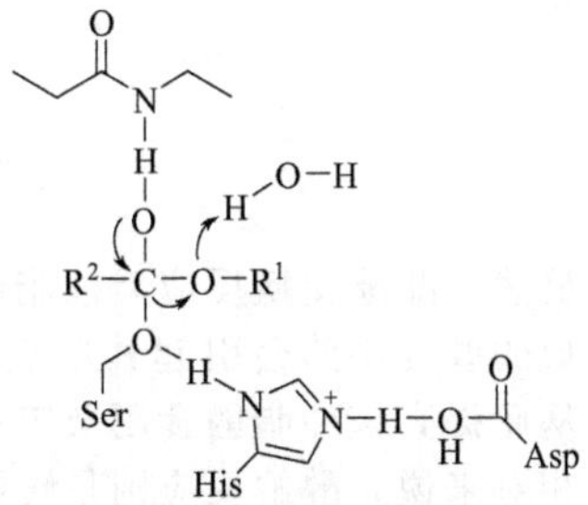

图 8-3-7　脂肪酶催化油脂水解反应中形成的中间形态

脂肪酶催化油脂水解的机制与化学酸碱催化相似，其中脂肪酶作为弱亲核试剂发生取代反应。反应主要有以下四步：a. 脂肪酶在底物上进行吸附结合形成酶-甘油三酯复合物。在此过程中亲核的丝氨酸残基被邻近组氨酸激活，酶活性中心上羟基的氧对底物中羧基碳进行亲核进攻。b. 形成的不稳定四面过渡中间体在两肽链—NH 作用下趋于稳定，组氨酸提供一个 H^+ 给底物中的—OH，以 H_2O 的形式离去；或电子通过甘油三酯烷基氧转移至咪唑环胺基共轭酸，释放出甘油二酯。c. 共价中间体“酰基酶”中羧酸部分与丝氨酸残基酯化结合，水分子被邻近组氨酸残基活化，产生—OH 对共价中间体羰基碳原子进行亲核进攻，形成酰基化酶-醇复合物。d. 组氨酸残基给活化丝氨酸残基提供一个 H^+ 形成羟基，同时丝氨酸与酰化物间酯键断裂，酰化产物和游离酶被释放出来。

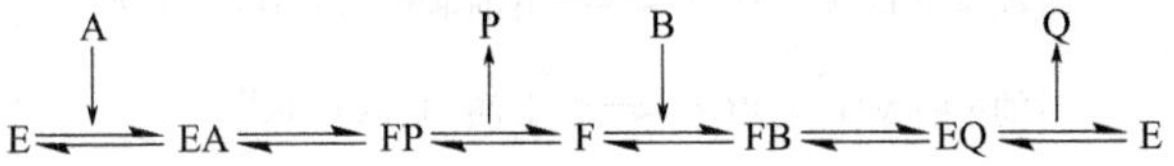

$$E \rightleftharpoons EA \rightleftharpoons FP \rightleftharpoons F \rightleftharpoons FB \rightleftharpoons EQ \rightleftharpoons E$$

图 8-3-8　“B-B P-P”机制示意图

三、木本油脂的酯交换反应

木本油脂的酯交换反应是指利用甘油三酯与脂肪酸、短链醇、自身或其他酯在催化剂（酸性、碱性、生物酶催化剂等）作用下进行酰基交换或分子重排而形成新酯的一类反应。酯交换反应基于酯化反应的可逆性而进行，因此其本身也是一种可逆反应。对于酯交换反应中不同的酰基供体而言，与酸供体作用的酯交换为酸解，与醇供体作用的酯交换为醇解，与酯供体作用的酯交换为酯酯互换。

在油脂与脂肪酸的酸解反应中，酯的酰基会被脂肪酸的酰基所置换，其酸解反应途径如图 8-3-9 所示。

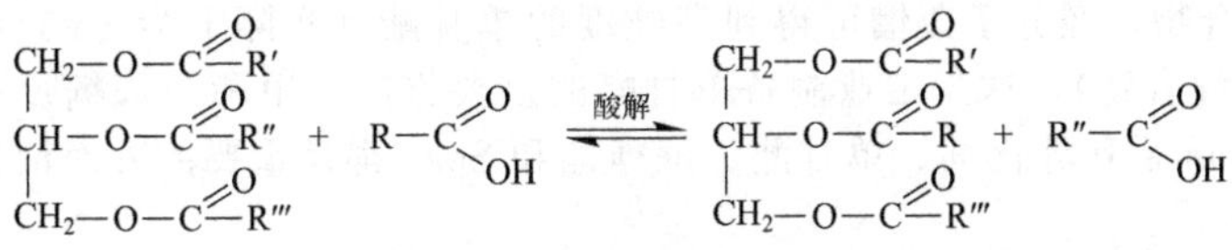

图 8-3-9　油脂的酸解酯交换反应途径

通过油脂的酸解反应可以将低（或高）分子量的脂肪酸引入较高（或低）分子量脂肪酸构成的油脂中去，例如：椰子油与甲酸、乙酸、丙酸在 150～170℃、H_2SO_4 催化下酸解制取一种低熔点增塑剂；椰子油与棉籽油脂肪酸在 260～300℃下酸解制取低皂化值的新油品[47]。但由于酸解反应速率十分缓慢，且伴有很多副反应的产生，因此在油脂改性与加工领域，对酸解反应的研究与应用相对较少。

酯酯互（交）换在油脂酯交换工艺中的研究与应用相对多一些。对于酯酯交换反应，一种酯可与自身或另一种酯在一定温度及催化剂作用下，随机或定向地进行酰基互换或分子重排而生成新酯。其酯酯交换反应途径如图 8-3-10 所示。

$$R-C(=O)OR' + R''-C(=O)OR''' \underset{}{\overset{\text{酯酯互换}}{\rightleftharpoons}} R-C(=O)OR''' + R''-C(=O)OR'$$

图 8-3-10　油脂的酯酯互换反应过程

显然，酯酯交换反应后油脂的脂肪酸组成没有变，但酰基互换或分子重排生成了新酯，酯结构组成的改变必然会引起其熔点、粒度、塑性、固脂指数、稠度及稳定性等物理化学性质的改变，从而提高该油脂的食用及工业使用价值。

相对来说，醇解反应则是传统油脂酯交换工艺研究中十分重要的可逆反应，通常需将甘油三酸酯或其他脂肪酸酯溶解于过量的短链醇中，在催化剂作用下原酯与醇交换烷氧基醇解生成新酯。其基本醇解反应路线如图 8-3-11 所示。

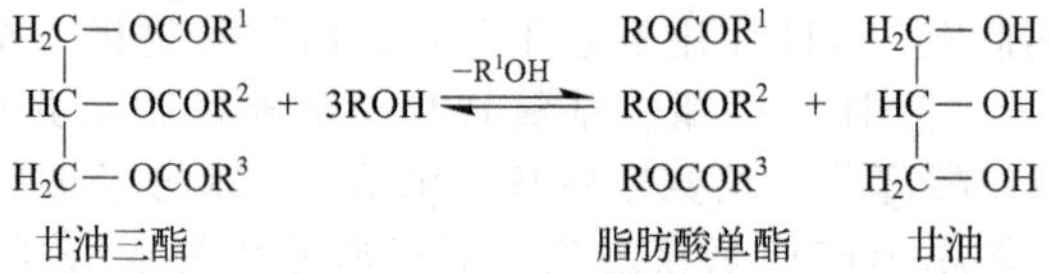

$$\begin{array}{l} H_2C-OCOR^1 \\ HC-OCOR^2 \\ H_2C-OCOR^3 \end{array} + 3ROH \underset{}{\overset{-R^1OH}{\rightleftharpoons}} \begin{array}{l} ROCOR^1 \\ ROCOR^2 \\ ROCOR^3 \end{array} + \begin{array}{l} H_2C-OH \\ HC-OH \\ H_2C-OH \end{array}$$

甘油三酯　　　　脂肪酸单酯　　甘油

$$\text{甘油三酯(TG)} + ROH \rightleftharpoons \text{甘油双酯 (DG)} + RCOOR^1$$

$$\text{甘油双酯(DG)} + ROH \rightleftharpoons \text{甘油单酯 (MG)} + RCOOR^2$$

$$\text{甘油单酯(MG)} + ROH \rightleftharpoons \text{甘油} + RCOOR^3$$

图 8-3-11　甘油三酯和醇类的酯交换反应路线

一般参与此醇解反应的醇类有一元醇（甲醇、乙醇）、二元醇（乙二醇）、三元醇（甘油）、多元醇（山梨醇、季戊四醇）以及碳水化合物（蔗糖）等，其中最常用的是甲醇，这是因为其价格低、碳链短、极性强、反应迅速，但同时也存在其在油脂中溶解性差的缺点。对于醇解反应来说，催化剂的选用十分关键，常采用的催化剂有酸性催化剂、碱性催化剂、生物酶催化剂等[61]。

据以往研究来看，无催化剂作用下的油脂酯交换反应需要在 250℃甚至更高的温度下才能实现，且反应速率缓慢，并伴随油脂裂解及聚合等多种副反应的发生[62]，然而采用催化剂催化的酯交换反应可大幅度降低反应温度，提高酯交换选择性，缩短反应时间，且不同种类催化剂的作用还可以改变酯交换的反应机理。可见，酯交换反应研究的关键点也在于催化剂的使用。

采用甲醇进行醇解的方法可以直接将油脂变成脂肪酸甲酯，这是脂肪酸色谱分析和利用天然油脂生产生物柴油的基础。油脂与甘油进行醇解，又称甘油解（glycerolysis），得到甘一酯、甘二酯、甘三酯的混合物，经分子蒸馏可得到高纯度的单甘酯（实际上为 Sn-1-甘一酯、Sn-3-甘一酯、Sn-2-甘一酯的混合物），这是工业制备单甘酯的重要方法。甲酯与蔗糖反应得到蔗糖酯，与山梨醇反应得到 Span 系列乳化剂。单甘酯、蔗糖酯和 Span 都是重要的表面活性剂[47]。

四、木本油脂的其他反应

油脂的结构决定了其化学反应的类型：一是酯基结构的反应，如水解、酯交换反应；二是脂肪酸链上的反应。在前三小节中已经对酯基结构的水解和酯交换反应、脂肪链上的不饱和双键的氢化等三个主要方面进行了叙述。除此之外，还有一些与酯键和脂肪酸链上相关的其他反应。

1. 酰胺化反应

油脂的酰胺化反应与醇解反应类似，是脂肪酸甘油酯与 NH_3、有机胺化合物胺解生成脂肪酰胺或其他中间体的过程。主要的反应类型如：油脂或脂肪酸与 NH_3 或烷基单胺反应生成烷基单脂肪酸酰胺；油脂或脂肪酸与烷基双胺反应生成烷基双脂肪酸酰胺；油脂或脂肪酸与 *N*-羟烷基胺类反应生成 *N*-羟烷基脂肪酸酰胺；油脂或脂肪酸与乙二胺在高温催化下进一步脱水环化生成咪唑啉化合物[63]；脂肪酸与羟基乙胺发生缩合反应则可生成噁唑化合物[64]。脂肪酸酰胺主要作为润滑剂、防堵剂、模具润滑剂、分散剂、敏化剂等用于塑料、橡胶、墨水、油漆、热敏纸等行业。

2. 加成反应

油脂加成是指使油脂中的不饱和双键与亲电试剂发生反应的过程，主要的加成反应类型有加氢、加卤、氢甲酰化、双烯加成、与含硫或含氮化合物加成等。由于不饱和油脂的不饱和键非常活泼，极易与很多试剂发生加成反应，具有重要的应用价值。

油脂的催化氢化是油脂加成反应的主要类型之一。油脂与卤素加成是指油脂中的双键与卤素发生的加成反应，卤素对烯键加成可以进行油脂不饱和度定量，常用油脂不饱和程度分析。

油脂的氢甲酰化是指油脂中的双键两端各自被 H 和甲酰基（醛基）加成，又被称为醛化反应，也是羰基合成反应（罗兰反应）；油脂的双烯加成反应是指油脂中的双键，尤其是具有共轭双键的油脂（反共轭）如桐酸，易与顺丁烯二酸酐等发生环加成反应（D-A 反应）。

油脂与含硫化合物的加成反应是指油脂中不饱和双键与浓硫酸、发烟硫酸、氯磺酸、硫化氢、亚硫酸盐、二氯化硫等含硫试剂发生的加成反应。其中，不饱和双键与浓 H_2SO_4 反应可引入硫酸基团（$—OSO_3H$）或磺酸基团（$—SO_3H$），形成表面活性剂，应用很广泛。油脂中不饱和键与硫化氢在低温和三氟化硼催化下加成可得巯基化合物；不饱和键与二氯化硫反应迅速，可得到二氯硫化物，该反应在润滑剂领域有较好应用。此外，磺化剂亚硫酸氢钠参与的亚硫酸化及氧化亚硫酸化反应可应用于皮革纤维加脂剂的生产[65,66]。

油脂加氮是指油脂中不饱和键与异硫氰酸碘、叠氮碘等含氮物质发生加成反应形成环亚氨等化合物（含氮化合物）。其中环亚氨非常活泼，可进一步生成戊二胺、羟基胺、烷氧基胺等。此外，不饱和油脂与硫氰的加成反应类似于卤素加成，是测定油品硫氰值的理论基础[65]。

3. 氧化反应

油脂的氧化反应十分复杂，通常可分为化学试剂氧化和空气氧化两大类。

油脂化学试剂氧化通常发生在脂肪酸不饱和双键上，可分为碳链不断裂氧化和碳链断裂氧化。碳链不断裂氧化可生成环氧化合物和羟基化合物，反应途径如图 8-3-12 所示。

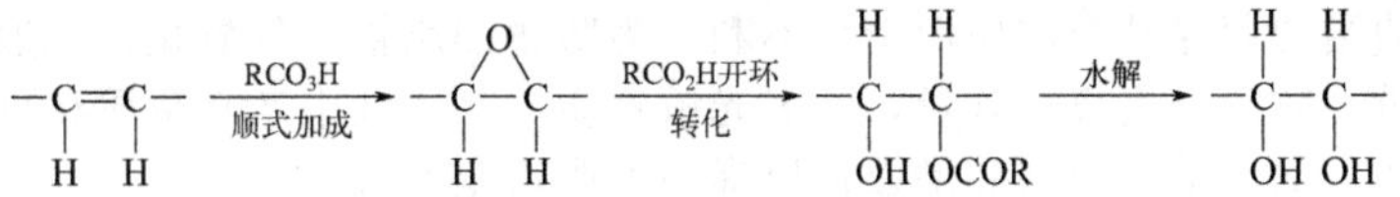
RCO₃H
顺式加成
RCO₂H开环
转化
水解
OH OCOR
OH OH

图 8-3-12　油脂的过氧化物环氧化途径

不饱和键与高锰酸钾、四氧化锇等氧化剂在碱性条件下反应能得到单纯的连二羟基化合物[67]。在低浓度碱溶液中高锰酸钾氧化顺-油酸制备连二羟基化合物的反应过程如图 8-3-13 所示。

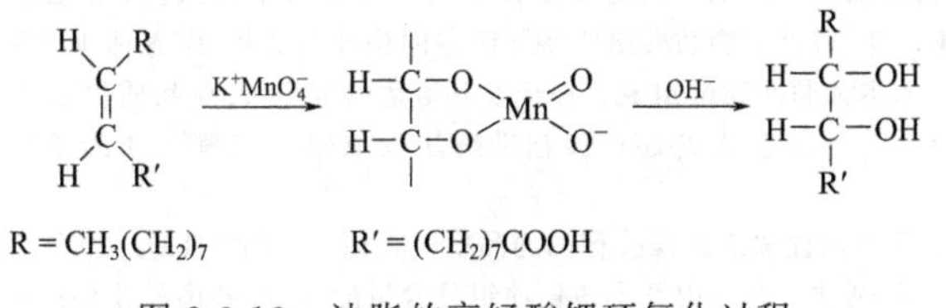
K⁺MnO₄⁻
OH⁻
R = CH₃(CH₂)₇
R′ = (CH₂)₇COOH

图 8-3-13　油脂的高锰酸钾环氧化过程

脂肪酸中双键的部分氧化断键可生成对应的醛或酮，反应途径如图 8-3-14 所示。

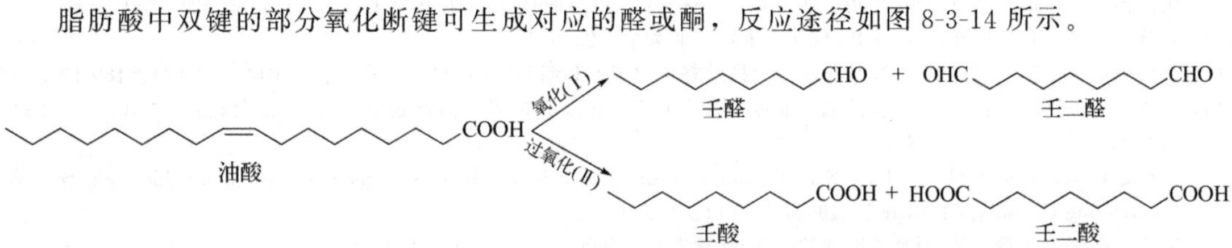
COOH
油酸
氧化(Ⅰ)
过氧化(Ⅱ)
CHO + OHC
CHO
壬醛
壬二醛
COOH + HOOC
COOH
壬酸
壬二酸

图 8-3-14　油脂的双键断键氧化途径

油脂结构中的不饱和键容易发生氧化结构异化和共轭化，反应途径见图 8-3-15。

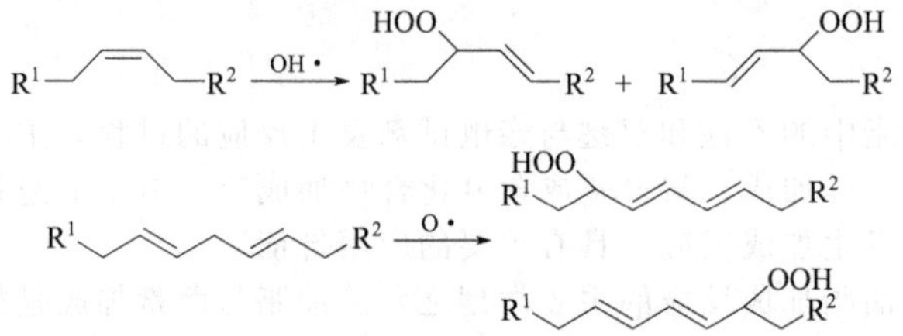

图 8-3-15　油脂氧化结构异化和共轭化反应途径

不饱和油脂氧化的结构变化、双键的共轭化，同时，也因其高活性，再加上系统内 O・游离基的存在，不饱和脂肪链之间发生分子与分子之间的环化反应，即油脂共轭结构的交联反应。环化可以是不饱和双键与共轭双键形成六元环，也可以是共轭双键发生环化形成八元环[68,69]。反应路线如图 8-3-16 所示。

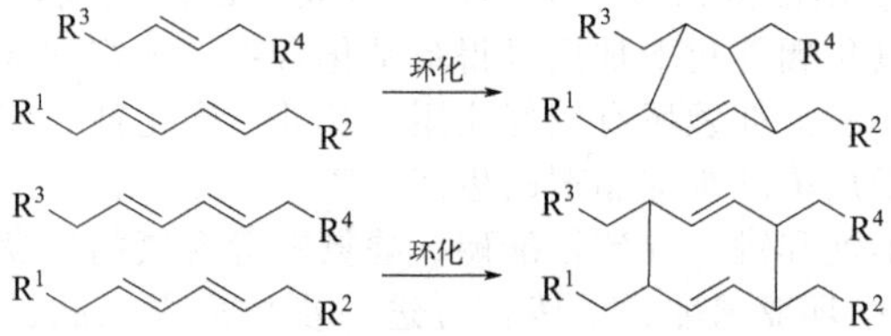

图 8-3-16　油脂共轭结构的交联反应路线

油脂的空气氧化在生活中非常常见，主要通过自动氧化、光氧化、酶促氧化等途径产生氢过氧化物，之后再继续氧化生成二级氧化产物，或发生聚合、分解或脱水等反应。空气氧化使油脂酸值升高，折射率增大，质量改变，黏度、色泽、气味、滋味变化，其分解易产生低分子醛、酮、酸、烃等绝大多数具有特殊刺激性气味的物质，俗称油脂酸败。油脂酸败影响油脂风味、适口性及毒性，对油脂的营养品质和应用十分不利。为防止油脂被空气氧化，一般要将其避光、避热，降低水分含量，减少金属离子含量，除去光敏物质，除去油中亲水杂质和可能存在的游离脂肪酸及有关微生物，加入抗氧化剂和增效剂以提高油脂稳定性等[70]。

参考文献

[1] 刘玉兰.油脂制取工艺学.北京：化学工业出版社，2006.
[2] 曹冰，吴妹杰，贺义昌，等.茶油的提取工艺优选及其脂肪酸组成分析.南方林业科学，2017，45（6）：26-64.
[3] 李昌珠，蒋丽娟.油料植物资源培育与工业利用新技术.北京：中国林业出版社，2018：150.
[4] 易金生，迟韵阳，吴巧花，等.桐油中脂肪酸组成特征图谱的构建和分析.南方林业科学，2021，49（6）：8-11.
[5] 蒋霞，赵佳平，刘朋，等.木本油料脂肪酸组成、提纯及其应用研究进展.生物质化学工业，2022，56（2）：60-68.
[6] 武林贺，白新鹏，张云竹，等．真空微波-超声波辅助酶法提取原生态椰子油的研究．中国油脂，2016，41（8）：5-10.
[7] 黄小雪，曾仕林，郭雄，等.4 种提取工艺橡胶籽油的品质比较研究.油脂加工，2019，44（6）：6-13.
[8] 刘汝宽，唐松，肖志红，等.制油工艺对山苍子核仁油组分含量的影响.湖南林业科技，2017，44（4）：68-71.
[9] 程瑾，李澜鹏，罗中，等.脂肪酸分离技术研究进展.中国油脂，2018，43（11）：49-53.
[10] 余国艳，聂勇，吴昂山，等.生物柴油中 C_{16} 甲酯与 C_{18} 甲酯的减压精馏.化学工程，2011，39（2）：6-9.
[11] 姚静雯.不饱和脂肪酸的分离纯化.杭州：浙江工业大学，2019.
[12] 雍梁敏，王丽蓉，刘石生.冷冻结晶法分离橡胶籽油中多不和脂肪酸的研究.食品工业，2014，12（7）：189-192.
[13] 袁汝玲，王韧，王莉，等.复合溶剂提取燕麦麸油工艺优化及其抗氧化活性物质分析.食品与机械，2016，32（3）：149-153，164.
[14] Liong K K，Foster N R，Ting S S T. Solubility of fatty acid esters in supercritical carbon dioxide. Industrial & Engineering Chemistry Research，1992，31（1）：400-404.
[15] 陈永，赵辉，江鸿，等.混合脂肪酸的分离.化学世界，2000，6（3）：156- 159.
[16] 王培燕，黄元波.尿素包合法分离混合脂肪酸研究进展.绿色科技，2017，20：186-189.

[17] 王培燕，黄元波，刘守庆，等.三聚氰胺包合法分离不饱和脂肪酸.林产化学与工业，2019，39（2）：115-121.

[18] Hammann S，Tillmann U，Schrder M，et al. Profiling the fatty acids from a strain of microalgae Alexandrium tamarense by means of high-speed counter-current chromatography and gas chromatography coupled with mass spectrometry. Journal of Chromatography A，2013，1312（17）：93-103.

[19] 傅红，裘爱咏.分子蒸馏法制备鱼油多不饱和脂肪酸.无锡轻工大学学报，2002，21（6）：617- 621.

[20] 王明霞，黄凤洪.多不饱和脂肪酸萃取中超临界技术的应用进展.中国油脂，2005，30（8）：60- 64.

[21] 陈颖娣.超临界 CO_2 萃取 α-亚麻酸及相平衡研究.武汉：武汉工程大学，2010.

[22] 高瑞萍，彭见林，刘辉，等.脂肪酸分析方法研究进展.食品工业科技，2011，32（8）：473-477.

[23] Kail B W，Link D，Moreale B D. Determination of free fatty acids and triglycerides by gas chromatography using selective esterification reactions. Journal of Chromatographic Science，2012，50（10）：934-939.

[24] Wang X，Wang H，Liu Y，et al. Extraction of pollen lipids by SFE-CO_2 and determination of free fatty acids by HPLC. European Journal of Lipid Science and Technology，2009，111（2）：155-163.

[25] 刘书成，章超桦，洪鹏志，等.液质联用技术在油脂分析中应用.粮食与油脂，2006（9）：10-13.

[26] 郑月明，冯峰，国伟，等.全二维气相色谱-四极杆质谱法检测植物油脂中脂肪酸.色谱，2012，30（11）：1166-1171.

[27] 金静，王龙星，陈吉平，等.非正常食用油鉴别新方法（二）：特征奇数碳脂肪酸的多维气相色谱-质谱检测.色谱，2012，30（11）：1100-1107.

[28] Lissitsyna K，Huertas S，Morales R，et al. Determination of trace levels of fatty acid methyl esters in aviation fuel by GC-FID and comparison with the reference GC-MS method. Chromatographia，2012，75（21-22）：1319-1325.

[29] 杨传得，唐月异，王秀贞，等.傅里叶近红外漫反射光谱技术在花生脂肪酸分析中的应用.花生学报，2015，44（1）：11-17.

[30] 于修烛，杜双奎，岳田利，等.食用油反式脂肪酸傅里叶红外光谱重组检测技术.农业机械学报，2009，40（1）：114-119.

[31] Azizian H，Kramer J，Mossoba M M. Evaluating the transferability of FT-NIR calibration models for fatty acid determination of edible fats and oils among five same-make spectrometers using transmission or transfection modes with different path lengths. Journal of the American Oil Chemists Society，2012，89（12）：2143-2154.

[32] 陈寸红.乳化剂对棕榈油结晶行为的影响.郑州：河南工业大学，2014.

[33] Hong E J，Park S J，Choi J Y，et al. Discrimination of palm olein oil and palm stearin oil mixtures using a mass spectrometry based electronic nose. Food Science and Biotechnology，2011，20（3）：809-816.

[34] Contreras-Gallegos E，Domínguez-Pa-checo F A，Hernández-Aguilar C，et al. Specific heat of vegetable oils as a function of temperature obtained by adiabatic scanning calorimetry. Journal of Thermal Analysis and Calorimetry，2017，128：523-531.

[35] Sato K. Crystallization behavior of fats and lipids - a review. Chemical Engineering Science，2001，56：2255-2265.

[36] 张根旺.油脂化学.北京：中国财政经济出版社，1999.

[37] 沈丹平.油脂化学.北京：中国财政经济出版社，1998.

[38] 闫军剑，高健，周万祥.棕榈油熔点测定方法的探讨.粮油与饲料科技，2020（5）：8-9，18.

[39] 毛锦远，马晓雨，胡振瀛，等.以樟树籽仁油、油茶籽油、全氢化棕榈油为原料的起酥油基料油的表征.中国油脂，2019，44（11）：23-28.

[40] 苏洪凯.温度和脂肪酸组成对植物油粘度和密度的影响及关联研究.郑州：河南工业大学，2018.

[41] Gila A，Jiménez A，Beltrán G，et al. Correlation of fatty acid composition of virgin olive oil with thermal and physical properties. European Journal of Lipid Science and Technology，2015，117：366-376.

[42] 韩国麒.油脂化学.郑州：河南科学技术出版社，1995.

[43] 方冰，朱宁科，王瑛瑶，等.大豆油和菜籽油中游离脂肪酸与烟点的数学关系研究.中国粮油学报，2016，31（10）：56-59，65.

[44] 吴政宙，张军华.影响大豆油烟点的因素及控制.粮油食品科技，2006，14（2）：20-21.

[45] 黄元波.橡胶籽油的环氧化与羟基化及其应用研究.哈尔滨：东北林业大学，2015.

[46] 田霖，胡建杭，刘慧利.基于热重-红外联用技术分析油酸的热解特性及动力学分析.化工进展，2020，39（2）：152-161.

[47] 王兴国，金庆哲.油脂化学.北京：科学出版社，2012：42-75.

[48] 解金海，王其武.Ni-S油脂氢化催化剂的EXAFS研究.高等学校化学学报，1993，14（4）：552-554.

[49] Kumar P，Yenumala S R，Maity S K，et al. Kinetics of hydrodeoxygenation of stearic acid using supported nickel catalysts：Effects of supports. Applied Catalysis A：General，2014，471：28-38.

[50] Ray J D，Carr B T. Empirical modeling of soybean oil hydrogenation. Journal of the American Oil Chemists' Society，1985，62（8）：1218-1222.

[51] Szukalska E，Drozdowski B. Selective hydrogenation of rapeseed oils with copper-chromite catalyst：Influence of erucic acid. Journal of the American Oil Chemists' Society，1982，59（3）：134-139.

[52] 谢爱娟，罗士平，冯逢，等. Mg 对棕榈油加氢 Cu-Ni 二元催化剂活性的影响. 化学研究与应用，2013，25（10）：1403-1407.

[53] 李月生，夏祥翔，李新怀，等. 非晶态合金催化剂的研究进展. 化学工业与工程技术，2007，28（4）：24-28.

[54] 王盛枝. 天然油脂氢化非晶态合金催化剂研究. 郑州：郑州大学，2003.

[55] Bouriazos A，Mouratidis K，Psaroudakis N，et al. Catalytic conversions in aqueous media：Part 2. A novel and highly efficient biphasic hydrogenation of renewable methyl esters of linseed and sunflower oils to high quality biodiesel employing Rh/TPPTS complexes. Catalysis Letters，2007，121（1-2）：158-164.

[56] Bouriazos A，Vasiliou C，Tsichla A，et al. Catalytic conversions in green aqueous media：Part 8. Partial and full hydrogenation of renewable methyl esters of vegetable oils. Catalysis Today，2015，247：20-32.

[57] Satyarthi J K，Srinivas D，Ratnasamy P. Hydrolysis of vegetable oils and fats to fatty acids over solid acid catalysts. Applied Catalysis A：General，2011，391：427-435.

[58] Yow C J，Liew K Y. Hydrolysis of palm oil catalyzed by macroporous cation-exchanged resin. Journal of the American Oil Chemists' Society，1999，76（4）：529-533.

[59] 朱培基. 国外油脂水解工艺发展概况及趋势. 上海化工，1993，18（4）：24-26.

[60] 王萍. 脂肪酶专一性在脂质生物转化中应用前景. 粮食与油脂，1998（2）：21-23.

[61] 汤逢. 油脂化学. 南昌：江西科学技术出版社，1985.

[62] Diasakou M，Louloudi A，Papayannakos N. Kinetics of the non-catalytic transesterification of soybean oil. Fuel，1998，77：1297-1302.

[63] Aiad I A，Hafiz A A，El-Awady M Y，et al. Some imidazoline derivatives as corrosion inhibitors. Journal of Surfactants and Detergents，2010，13（3）：247-254.

[64] Turchi I J. Oxazole chemistry：A review of recent advances. Industrial & Engineering Chemistry Product Research and Development，1981，20（1）：32-76.

[65] 李科，蒋剑春，聂小安. 油脂化学反应（Ⅲ）- 双键异构与加成. 化学工程师，2019，3：45-48.

[66] 冯文坡，尚勇，汤克勇. 亚硫酸化牛蹄油加脂剂的研究. 中国皮革，2010，39（9）：28-32.

[67] Lemieux R U，Rudloff E V. Periodate-permanganate oxidations：I. oxidation of olefins. Canadian Journal of Chemistry，1955，33（11）：1701-1709.

[68] 马兆云，王忠辉，周华龙，等. 天然油脂不饱和结构氧化深度与自交联反应机理. 中国皮革，2015，44（15）：5-10.

[69] 于华东，邹永鹏，周华龙，等. 不饱和天然油脂在氧化与环氧化反应历程中的差异. 中国皮革，2010，39（17）：26-30.

[70] 曹文明，薛斌，袁超，等. 油脂氧化酸败研究进展. 粮食与油脂，2013，26（3）：1-5.

（郑志锋，黄元波，刘守庆，孙勇，庄长福）

第四章　木本油脂基塑料助剂

第一节　木本油脂基增塑剂

增塑剂是一种加入塑料、树脂或弹性体中以改变它们的加工性、可塑性、柔韧性和拉伸性的重要添加剂，广泛应用于玩具、建筑材料、汽车配件、电子与医疗部件如血浆袋和成套输液器材等大量耐用并且易造型的塑料制品中。我国塑料制品产量增长迅速，增塑剂需求量也大幅度增长，目前我国增塑剂年产量近400万吨。

增塑剂品种主要包括邻苯二甲酸酯类、对苯二甲酸酯类、脂肪酸酯类、烷基磺酸苯酯类和氯化石蜡类等。其中以邻苯二甲酸酯类所占比例最大，其产量约占增塑剂总产量的80%。欧盟、美国的邻苯类增塑剂使用量占所有增塑剂用量的65%左右，而我国邻苯类增塑剂使用量占85%以上。由于邻苯类增塑剂可以经口、呼吸道、静脉输液、皮肤吸收等多种途径进入人体，对机体多个系统均有毒性作用，被认为是一种环境内分泌干扰因子。聚氯乙烯（PVC）医疗器械中的邻苯二甲酸二辛酯（DOP）释放到患者体内，对患者具有更大的危害性，尤其是处于发育早期和分化发育敏感阶段的儿童和孕妇，因此在欧盟、美国、日本和韩国相继被禁止使用，加快无毒环保增塑剂产品的研发及推广应用就更显得迫在眉睫。环保型塑料增塑剂包括石化基增塑剂如对苯二甲酸二辛酯（DOTP）、偏苯三酸类增塑剂、均苯四酸四辛酯（TOPM）、二甘醇二苯甲酸酯（DEDB）、二丙二醇二苯甲酸酯（DPGDB）、癸二酸二正己酯（DHS）等和生物基增塑剂如柠檬酸酯类、植物油基增塑剂等。

植物油基增塑剂是以植物油为基础，结合其他化学试剂合成的一类增塑剂。从现代增塑剂的发展来看，植物油是最早作为增塑剂应用的，1856年，巴黎的Marius就用蓖麻油作为火棉胶的增塑剂。由于植物油脂直接作为PVC增塑剂存在很多缺陷，但是通过对植物油脂的化学结构进行改性，其可以很好地作为PVC增塑剂使用，因具有多种优点，其用量已占增塑剂总量的8%左右，在美国，其消费量仅次于石油产品类增塑剂，占消费量的第三位。目前，欧洲、日本、北美发达国家环氧植物油基增塑剂人均年消费量约为17kg，而我国人均年消费量约为1.6kg，差距巨大。

基于油酸[1]、生物甘油[2]、椰子油[3]、桐油[4]、黄连木油[5]和草本油脂如葵花籽油[6]、豆油[7]等的植物油基增塑剂具有低毒、环保、生物可降解和原料可再生等优点，已经被广泛应用于食品包装、玩具以及医疗器械等对安全卫生条件要求较高的聚氯乙烯制品中。天然的植物油脂是一种脂肪酸甘油酯类化合物，广泛分布于自然界中。木本植物油脂中含有的主要脂肪酸有棕榈酸、油酸、硬脂酸、亚油酸、花生酸、亚麻酸、山嵛酸、蓖麻油酸、桐油酸和芥酸等[8]，存在可以参与化学反应的官能团如碳碳双键、羟基、酯基等，因此可以作为一种制备增塑剂的原料[9]。

根据木本植物油基增塑剂结构和用途，可以将其分为环氧类增塑剂、聚酯类增塑剂、阻燃类增塑剂和反应型增塑剂四类。

一、环氧类增塑剂

环氧类增塑剂是指分子结构中带有环氧基团的增塑剂，它不仅可以增塑聚氯乙烯，还可以使聚氯乙烯链中的活泼氯原子稳定，环氧基团可以吸收因光和热降解产生的氯化氢，从而阻止了聚氯乙烯的连续分解，起到稳定剂的作用，延长了聚氯乙烯的寿命。环氧类增塑剂具有优良的耐水性和耐油性，同时还是良好的辅助稳定剂。环氧植物油类增塑剂主要有环氧化植物油脂和环氧化脂肪酸酯两类。

环氧化生产工艺主要有两种，即由双氧水制备的过酸法和由乙醛氧化生产的乙酸法。过氧酸事先制备工艺和在环氧化反应器中的即时制备工艺如图 8-4-1 所示。

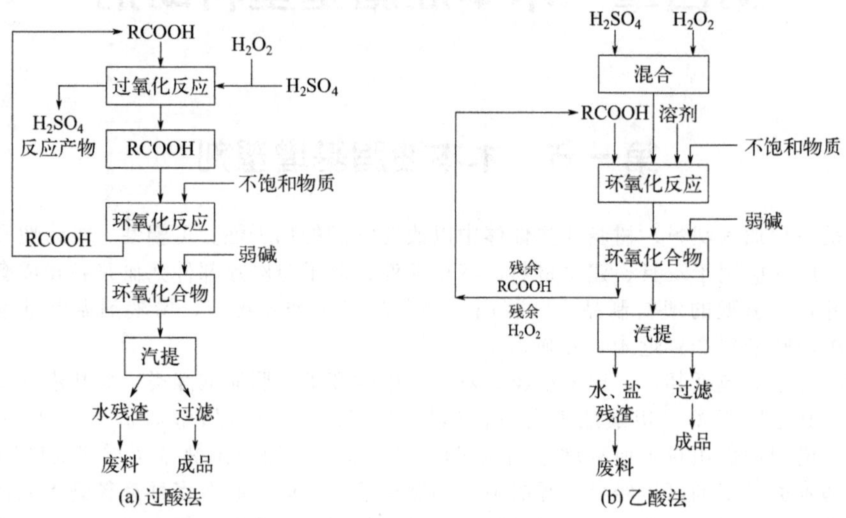

图 8-4-1　环氧化过程工艺

1. 环氧化植物油脂类

环氧化植物油脂类是植物油直接通过环氧化反应得到的增塑剂，主要品种有环氧化椰子油、环氧化印楝油、环氧化麻疯树油、环氧化梓油、环氧化大豆油、环氧化菜籽油、环氧化棉籽油、环氧化米糠油、环氧化亚麻油、环氧化橡胶籽油等。

植物油的环氧化方法主要有溶剂法和非溶剂法。

（1）溶剂法　以苯或乙酸乙酯等作为溶剂，用过氧酸或者双氧水作氧源，无机酸催化植物油制备环氧化植物油。工艺流程见图 8-4-2[10,11]。但是该方法生产出的产品不稳定、工艺流程长、三废较多。

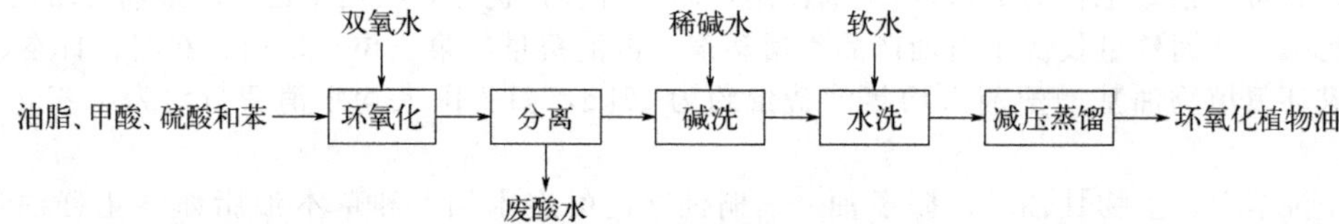

图 8-4-2　过氧酸氧化法合成环氧化植物油工艺流程

（2）非溶剂法　非溶剂法是当前工业生产中多采用的方法。程道语等[12]用 H_2O_2 作为氧源，用乙酸作为氧载体对棉籽油进行环氧化反应，反应 8h，产品的环氧值 5.28%，闪点 292℃。Badra 等[13]按照 C═C：乙酸：双氧水（30%）物质的量之比为 1：0.5：1.5、反应温度 55～60℃制备出不同环氧值的环氧化葵花籽油；另外，通过和环氧化大豆油对比发现，葵花籽油的分子量比大豆油低，得到的环氧化葵花籽油和 PVC 的相容性及制品的机械性能都优于环氧化大豆油。Snežana 等[14]采用 15%离子交换树脂作催化剂，原位氧化环氧化蓖麻油，在 50℃下，每摩尔双键用 0.5mol 的甲酸、1.5mol 的 30%的双氧水，反应时间 8h 得到产量相对最高的环氧化产物。Rios 等[15]分别用固定化酶和酸性树脂作为催化剂，对麻疯树油进行环氧化研究。

环氧化反应的研究发展趋势集中于催化剂选择和制备，其目的是不用羧酸作载体或者反应条件更加温和[16]。最有成效的是 2001 年诺贝尔奖获得者 Noyri[17]以 H_2O_2 为氧化剂，钨配合物为催化剂，甲基三辛基硫酸氢铵为相转移催化剂，开发了多种基本有机化合物的清洁的氧化生产方法。吴亚等[18]研究了以过氧磷钨配合物作为相转移催化剂对植物油脂进行环氧化的影响，结果表明：以 1，2-磷钨酸吡啶盐作催化剂，石油醚作溶剂，环氧化效果最好，在 60℃下反应6h 环氧值达到 6.4%，碘值为 4.4g/100g。该反应不用强腐蚀性的过氧酸和硫酸，但对配合物的回收再利用还有待深化研究。除了相转移催化剂之外，还有用杂多酸作催化剂催化环氧化反应的。Padmasiri 等[19]研究了环氧印楝油作为 PVC 增塑剂的迁移速率行为，确定了增塑剂迁移动力学符合动力学一级方程，增塑剂在 PVC 树脂中迁移是吸热反应；在不考虑其他相关因素的情况下，296K 时增塑剂的平衡迁移比例远低于 25%。

2. 环氧化脂肪酸酯类

植物油通过酯交换反应得到脂肪酸酯，再进行环氧化反应得到环氧化脂肪酸酯类增塑剂，主要品种有环氧化脂肪酸甲酯、环氧化脂肪酸丁酯、环氧化脂肪酸辛酯、环氧化棕榈酸苄酯、环氧化梓油脂肪酸酯、环氧化乙酰化蓖麻油酸甲酯、环氧化菜籽油脂肪酸苄酯等。

用于环氧化反应的脂肪酸酯要求碘值不低于 80g/100g，其环氧化过程类似于环氧化植物油脂的制备过程。Evelyne 等[20]研究了油酸甲酯在一种含钨的催化剂作用下，温度对环氧键的影响，对于单体化纯环氧化合物，即使在温度很高时其稳定性也比较好，但有催化剂和 H_2O_2 同时存在时，其环氧键就会在低温时发生开环反应，同时也会发生聚合反应生成低聚物。李祥庆[21]采用封闭式冷却循环装置，35%双氧水给氧体，有机酸作载体，在不使用任何溶剂、稳定剂和酸性催化剂的条件下，反应液温度控制在 55～62℃，制备出环氧化脂肪酸甲酯。李科[22]利用梓油合成了环氧化梓油脂肪酸甲酯、乙酯、丁酯和异辛酯系列环氧化脂肪酸酯增塑剂，对聚氯乙烯具有优良的增塑效果。

酶催化植物油脂的环氧化反应是目前比较前沿的方法，反应条件温和，无污染，具有很好的发展前景，但由于在环氧化过程中酶的活性不能持久地得到保证，目前还没有应用到工业化生产中，其技术有待继续深化开发。1996 年，Rüsch 等[23]将脂肪酶 Novozym435 应用于催化环氧化植物油脂中，结果表明产物收率可以达到 80%以上。Sun 等[24]用 2%固定化南极假丝酵母脂肪酶作催化剂，双氧水作给氧体，C═C：H_2O_2 为 1：4，在 50℃条件下，反应 7h 得到环氧值 4.63%的环氧化无患子籽油。

橡胶籽油脂肪酸组成中 80%以上为不饱和脂肪酸，是制备环氧增塑剂的潜在原料油脂。陈洁等[25,26]分别使用自制的 S_2O_{82}-/ZrO_2 型和 $(C_{21}H_{38}N)_3\{PO_4[WO(O_2)_2]_4\}$ 型催化剂对制备环氧化橡胶籽油甲酯的工艺进行了系统研究，并着重对增塑剂产品塑化聚氯乙烯制品的塑化性能和耐热性能进行了考察，研究表明环氧化橡胶籽油甲酯部分代替邻苯类增塑剂可以提高聚氯乙烯制品的耐热性能，改善制品的柔韧性，但耐水性和挥发性较差。

环氧橡胶籽油不仅可以作为增塑剂使用，还具有热稳定剂的作用。R. Joseph 等[27]将环氧橡胶籽油与邻苯类增塑剂配合使用塑化聚氯乙烯，制品的力学性能显著优于单独使用邻苯类增塑剂；减少氧化镁、氧化锌或硬脂酸盐的使用并不会影响制品的热稳定性。Egbuchunam 等[28]对环氧橡胶籽油作为聚氯乙烯增塑剂和热稳定剂的应用和作用机理进行了研究，发现环氧橡胶籽油与锌热稳定剂在聚氯乙烯热降解脱除氯化氢过程中有协同作用，优于单独使用锌热稳定剂。

聚乳酸（PLA）是一种新型可生物降解的材料，使用可再生资源（如玉米）所提取出的淀粉原料制成，其本身质地坚硬难以加工，往往需要加入环氧植物油来改善材料的品质。环氧植物油的环氧基团与聚乳酸的羟基发生化学反应后连接到聚合物的结构中，抑制了环氧植物油的析出，使制品的性质长期稳定，延长了使用寿命。

Al-Mulla 等[29]将环氧棕榈油作为聚乳酸的增塑剂，使用氯仿作为溶剂，采用流延法制膜，当 PLA：环氧大豆油（质量比）为 80：20 时共混物具有最高的断裂伸长率，约为纯 PLA 的 210%。Silverajah 等[30]使用三种不同的环氧棕榈油（EPO）与 PLA 混熔，加入质量分数 1%的环氧棕榈油可以有效地提高 PLA 的拉伸强度和弹性，弯曲性能和冲击性能也有所提高；EPO 的加入使 PLA 共混物的玻璃化温度降低；在 EPO 质量分数为 3%时，PLA 共混物表现出最佳的力学性能和热稳定性。Sarwono 等[31]将 EPO 与 *m*-xylylenediamine（*m*-XDA）在不同的温度和反应时间内预混合，然后与环氧树脂分别在 40℃和 120℃下混合后反应，间苯二甲胺与环氧棕榈油反应超过 2h 后可以得到具备优异力学性能的共混物，降低了环氧树脂的玻璃化温度。Zou 等[32]以辛酸亚锡为催化剂，使用环氧大豆油（ESO）和 L-丙交酯（L-LA）制备了可生物降解的 PLLA-ESO 共聚物，其玻璃化温度、熔点、结晶度等要低于聚 L-丙交酯，具有比线性聚乳酸更好的延展性。

二、聚酯类增塑剂

聚酯增塑剂是增塑剂的一个优良系列品种，它是由饱和二元醇和饱和二元酸通过缩聚反应制取的线性高分子聚合物，其工艺流程如图 8-4-3 所示。

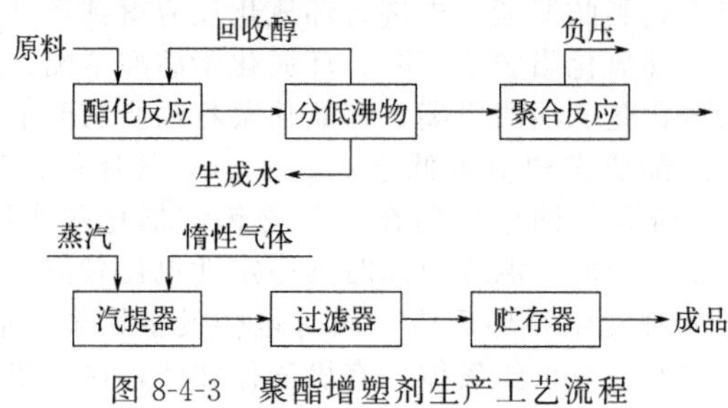

图 8-4-3　聚酯增塑剂生产工艺流程

聚酯增塑剂与单体分子结构增塑剂相比具有耐高温、迁移性小、不容易被水和溶剂抽出等特点，被广泛应用于防水卷材、儿童玩具、耐油电缆、煤气胶管、耐高温线材包覆膜及室内高级装饰品等制品的材料中。它可以使 PVC 制品保持特有的化学性质，可以使橡胶制品具有耐热性、耐油性、耐迁移性和抗溶胀性，也可作为乙烯-氯乙烯的硬质改性剂使用。植物油脂肪酸分子量较大，只能利用油酸和具有特殊结构的油脂如蓖麻油和大豆油等合成聚酯类增塑剂。

油酸作为木本油脂的下游原料，可以用来制备聚酯增塑剂。植物油酸单甘酯如单月桂酸甘油酯和单油酸甘油酯可以作为制备聚酯的二元醇组分，与一系列二元酸比如戊二酸、癸二酸等进行酯化反应，并将小分子一元醇异辛醇等作为封端剂，控制分子量，可以得到不同分子量和支化度的聚酯产品[33,34]。图 8-4-4 为聚癸二酸甘油单月桂酸酯的合成路线。

$$nH_3C-(CH_2)_{10}-\overset{\displaystyle O}{\overset{\|}{C}}-O-CH_2-\overset{\displaystyle OH}{\overset{|}{C}H}-\overset{\displaystyle OH}{\overset{|}{C}H_2}+nHO-\overset{\displaystyle O}{\overset{\|}{C}}-(CH_2)_8-\overset{\displaystyle O}{\overset{\|}{C}}-OH$$

$$\xrightarrow[\text{0.03\% TBT (钛酸四丁酯)}]{180℃} HO\left[\overset{\displaystyle O}{\overset{\|}{C}}-CH_2-(CH_2)_8-CH_2-\overset{\displaystyle O}{\overset{\|}{C}}-O-\underset{\underset{\displaystyle H_3C-(CH_2)_9-CH_2-\underset{\underset{\displaystyle O}{\|}}{C}-O-CH_2}{|}}{CH}-CH_2-O\right]_nH+nH_2O$$

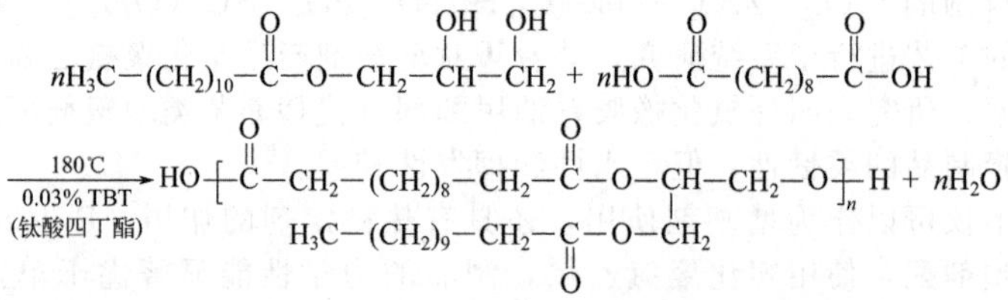

图 8-4-4　聚癸二酸甘油单月桂酸酯的合成路线

用环氧油酸和乙酸酐反应，以三乙胺为引发剂，能够制备油酸聚酯[35]。使用米糠油酸与多元醇直接进行酯化反应，可以制得米糠油酸多元醇酯[36]。使用豆油、甘油和马来酸酐可以制备一系列豆油基聚酯增塑剂，该聚酯产品较好地改善了聚氯乙烯和填料的相容性，增塑后的聚氯乙烯热力学性能得到提高，可以作为聚氯乙烯的优良增塑剂使用[37]。将邻苯酯类结构引入植物油基聚酯增塑剂产品中，使其具备与邻苯酯类增塑剂部分相似的分子结构，以提高聚氯乙烯的塑化性能，封端剂的使用可以控制聚酯产品的分子量，得到不同性能的聚酯产品[38]。

植物油可以与其他化学试剂或填料混配，在一定温度下聚合、交联，具有聚酯增塑剂的作用。蓖麻油通过配用适量的无机填料，可以部分代替邻苯类增塑剂用于耐寒的 PVC 制品中，使 PVC 制品具有较好的力学性能和耐低温性，用于增塑半软制品如地板胶、地砖、工程彩色塑料等，可使其具有良好的抗渗出性及低温柔韧性。蓖麻油酸酯挥发性小，具备优越的电性能，可以和大多数有机溶剂互溶，可以作为辅助增塑剂与主增塑剂配合，用于电缆和护套的配方中时可以改进制品的低挥发性、热稳定性、挤出润滑性和电性能。乙二醇单甲醚乙酰蓖麻油具有低温持久性、高度的耐水耐挥发性，可用作醇酸树脂、纤维素混合树脂等的溶剂，与聚乙烯醇酯和丁醛形成坚韧的膜，在合成橡胶的配方中有良好的低温柔软性。蓖麻油脂肪酸可以作为增塑剂，与纤维素酯制得不被氧化而柔软的薄膜；甘油单蓖麻油酸酯在合成橡胶时作为增塑剂可以使橡胶产生优良的柔软性、耐油性和耐寒性[39]。

Xiong 等[40]使用熔融挤出法研究了蓖麻油增塑剂对完全生物来源的 PLA 和淀粉聚合共混物的作用，研究发现蓖麻油增塑剂富集在淀粉基体上会显著提高共混物的韧性和冲击强度等性能。Lin[41]等使用蓖麻油、甘油三乙酸酯和乙酰基柠檬酸作为增塑剂研究聚乙烯和聚乙二醇共混膜增塑的性能，三种增塑剂都可以降低共混膜的结晶度；甘油三乙酸酯对共混膜的熔化焓有显著影响；亲油性的蓖麻油改变了共混膜疏水的区域，增加蓖麻油增塑剂的含量，共混膜的杨氏模量和拉伸强度呈下降趋势。Ibrahim 等[42]研究了蓖麻油、甘油和环氧大豆油等不同增塑剂对固化的环氧丙烯酸酯低聚物的增塑作用，使用 1,6-己二醇二丙烯酸酯稀释后，加入蓖麻油增塑剂，与未加入蓖麻油增塑剂和加入其他增塑剂后形成的固化膜相比，蓖麻油显著提高了固化膜的物理性能、化学性能和机械性能。Tian 等[43]以蓖麻油为增塑剂制备大豆蛋白塑料，使用扫描电子显微镜、热重分析、动态力学分析手段对增塑的大豆塑料的微观结构和性能进行了表征，发现添加少量的蓖麻油（甘油：蓖麻油大于 8：2），蓖麻油均匀分散在大豆蛋白的基质中，大豆蛋白塑料的玻璃化转变温度升高，抗拉强度增强，热稳定性提高，而且甘油作为增塑剂，塑料外表质地均匀整洁。

尽管植物油聚酯增塑剂有很多优点，但是黏度较单体增塑剂大，低温性能较差，聚酯大分子极性较强。石万聪等[44]在聚酯增塑剂领域有很多研究，在聚酯增塑剂应用于 PVC 制品过程中，由于聚酯分子极性较强，如果将 PVC 树脂和 DOP 同时加入，则聚酯增塑剂会在 PVC 之前首先吸收 DOP，这样就导致 PVC 塑化不全，产品的加工性和 PVC 的特性都会下降。因此，必须使 PVC 树脂与液体增塑剂完全吸收后再加入高分子聚酯增塑剂。所以应根据需要，选择不同聚合度的聚酯增塑剂。目前生物基聚酯增塑剂的研究方向是尽力解决耐久性与加工性、低温性之间的矛盾，研制具有较好低温性和较低黏度的聚酯。

三、阻燃类增塑剂

随着我国城市建设的密集化、房屋建筑的高层化、交通运输的高速化发展，对各种合成材料、橡胶、塑料、军工产品、纺织以及各种建筑材料的防火性能要求越来越高，使得容易燃烧的塑料增塑剂的应用空间越来越小，具有阻燃作用的磷酸酯类和氯代烷烃增塑剂得到了快速发展。因此，研制新型的来自于生物质资源并且具有阻燃作用的增塑剂产品是未来增塑剂行业发展的趋势之一。

植物油阻燃类增塑剂是以植物油及其下游产品为原料，结合其他含阻燃元素的化学试剂反应合成的一类增塑剂。如氯代甲氧基脂肪酸酯是由天然油脂与醇进行酯交换或直接用生物柴油进行氯代甲氧基化得到的一类具有较高分子量的产品，产品阻燃性和电绝缘性均好，不含有害金属以及邻苯类物质，与 PVC 相容性好，能部分替代电缆料配方中的 DOP，当 DOP 为增塑剂总量的 40%，氯代甲氧基脂肪酸甲酯为 60%时，电缆料材料的各项性能指标均好于 100% DOP 的电缆料材料，其最大拉伸力为 375N、抗拉强度为 23.78MPa、断裂伸长率为 324.42%，增塑效果优良[45]。冯国东等利用油酸和甘油为原料制备了含磷的环氧乙酰化聚合甘油脂肪酸酯阻燃增塑剂，当替代 60%的 DOP 时，PVC 的极限氧指数从 21.3%提高到 28.7%，增塑和阻燃效果良好[46]。同时，以环氧脂肪酸甲酯、四氯化硅和苯酚为主要原料合成含硅型油脂基阻燃增塑剂[47]，利用胺化桐油酸甲酯合成了同时含磷和氯的阻燃增塑剂[48]。贾普友利用蓖麻油结合 9,10-二氢-9-氧杂-10-磷杂菲-10-氧化物（DOPO）合成蓖麻油基多元醇酯阻燃增塑剂（PCOPE-2），合成路线如图 8-4-5 所示[49,50]。将 PCOPE-2 与 DOP 复配使用塑化 PVC 材料，PCOPE-2 具有抑止炭烟释放的作用，提高了制品的阻燃性能，PCOPE-2 塑化效率较 DOP 低，可与 DOP 复配使用制备阻燃聚氯乙烯材料。李小英利用腰果油合成了环氧腰果酚一苯基磷酸酯（ECPP）阻燃增塑剂[51]。

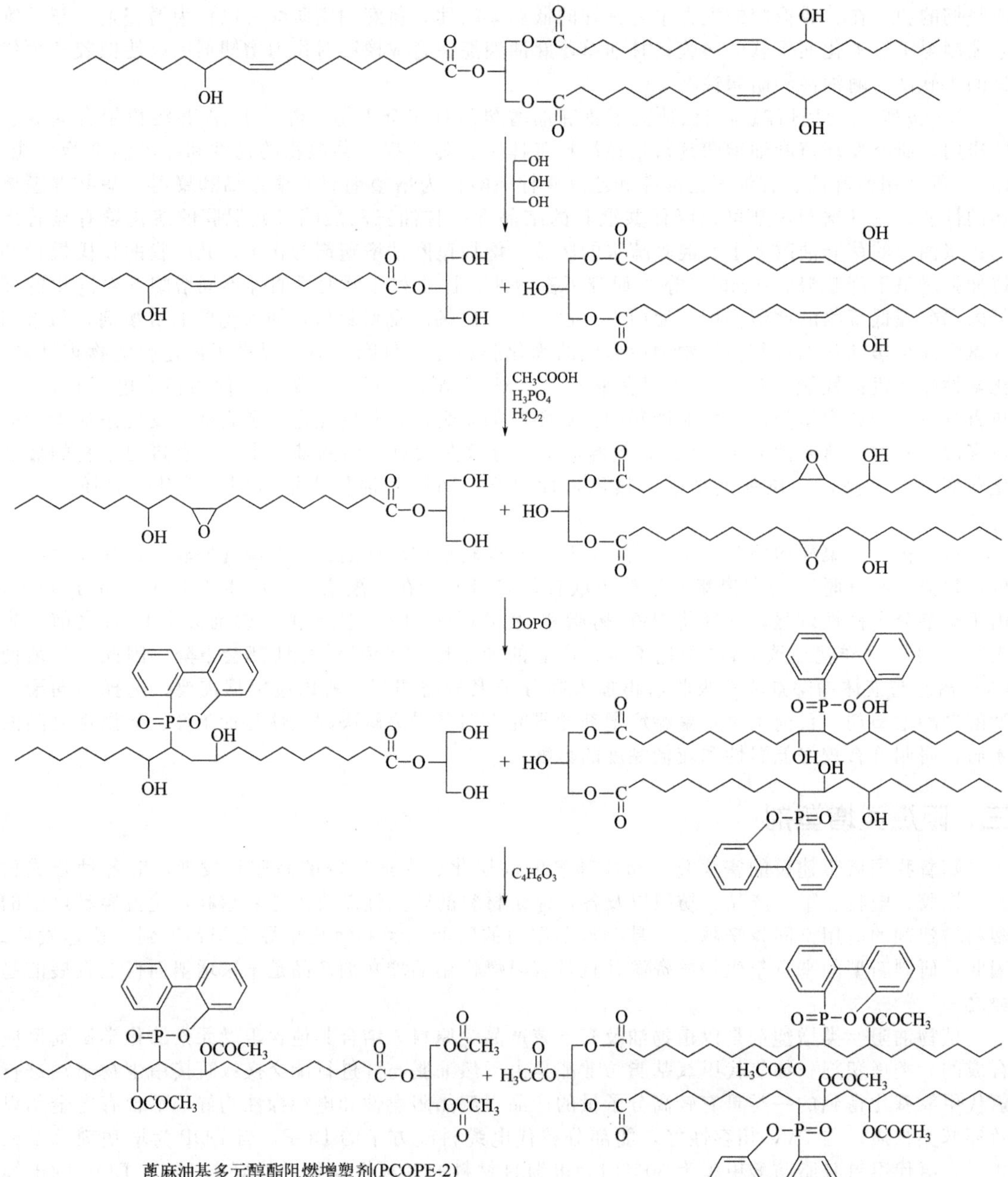

图 8-4-5 蓖麻油基阻燃增塑剂合成路线

四、反应型增塑剂

常用的增塑剂只对聚氯乙烯起溶胀作用，并没有和聚氯乙烯发生化学反应，并且当制品受到热辐射或者接触到抽出能力较强的酸碱溶液时，会被抽出或者自行迁移，制品自身物理化学性质发生改变，影响制品的性能和使用寿命，这类常用的增塑剂又称为外增塑剂。另一类增塑剂，分子中含有活性基团，可以和聚合物发生化学反应，或与聚合物相互交联形成团状结构，或与聚合物相互缠结形成一个整体，进而达到塑化聚合物性质的目的，这类增塑剂称为反应型增塑剂[52]。近年来，生物基反应型增塑剂越来越受到人们的关注。大豆油的化学结构中含有不饱和双键，可以在硫化过程中自身聚合，也可以在物料硫化过程中起到反应型增塑剂的作用。

利用胺化桐油甲酯和聚氯乙烯直接取代反应可以得到内增塑的PVC材料，合成路线如图8-4-6所示[48]。随着内增塑PVC材料侧链的增加，玻璃化转变温度由85℃降低到44℃，拉伸强度由30.63MPa降低到18.52MPa，断裂伸长率由163.03%增加到360.32%，且在正己烷中保持一定时间，没有增塑剂迁移，说明内增塑方法可显著提高PVC制品的柔韧性，并且没有增塑剂迁移，可保持PVC制品的性质长期稳定。

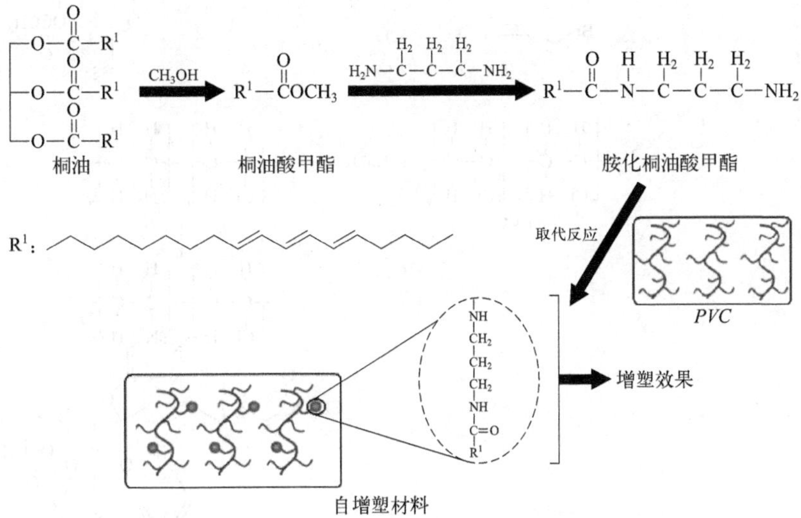

图8-4-6　桐油反应型增塑剂内增塑PVC材料制备路线

利用点击化学反应将含有DOPO阻燃基团的蓖麻油基化学中间体（EAMR-DOPO）反应到叠氮功能化聚氯乙烯链上，如图8-4-7和图8-4-8所示，通过增加聚合物主链上的侧基，增加主链分子间的距离，进而使链间的相互作用减弱，达到“内增塑”的作用[50]。研究表明，制备的蓖麻油基阻燃聚氯乙烯高分子材料较聚氯乙烯具有更好的热降解稳定性，并且具有较高的残炭率。

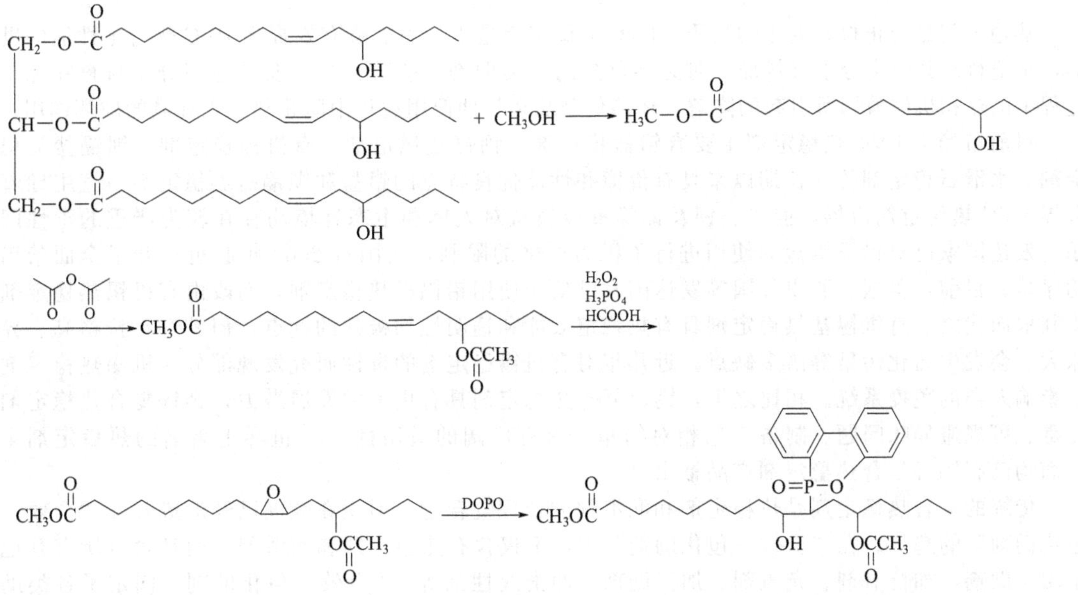

图8-4-7　蓖麻油基反应型增塑剂的合成

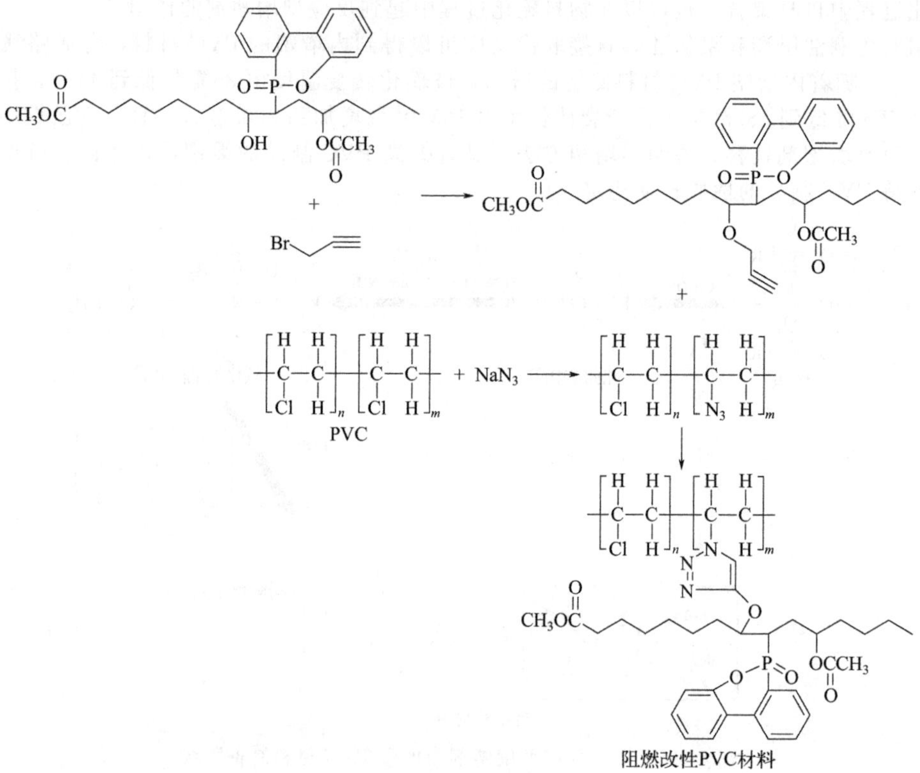

图 8-4-8　蓖麻油基反应型增塑剂内增塑 PVC 的合成

第二节　木本油脂基热稳定剂

热稳定剂是防止材料老化的物质。PVC 热稳定剂是指一类能够有效提高 PVC 热稳定性能的助剂，是塑料及其他高分子材料加工时必不可少的一类助剂，能防止塑料及其他高分子材料在加工过程中由热和机械剪切所引起的降解，还能使制品在长期使用过程中防止热、光和氧的破坏作用。

目前市场上 PVC 热稳定剂主要有铅盐稳定剂、钙锌盐稳定剂、有机锡稳定剂、钡镉盐类稳定剂、水滑石稳定剂等。长期以来具有价廉和性能优良特点的铅盐和钡镉盐类稳定剂一直主导着世界 PVC 热稳定剂市场，但铅、钡及镉等重金属盐对人体和生态环境均存在较为严重的毒性问题，发达国家已对铅及镉盐的使用进行了极为严格的限制，我国自 2003 年起也拉开了全面禁铅的序幕。目前，美国、欧盟各国等发达国家已禁止使用铅镉类热稳定剂，而改由有机锡热稳定剂将其取而代之。有机锡基热稳定剂具有热稳定效能和透明性均极佳的优点，但其存在价格高、异味大、会发生硫化污染等诸多缺点。近几年对有机锡稳定剂的毒性研究发现部分有机锡热稳定剂会影响人类的免疫系统。相比之下，钙锌复合热稳定剂具有更大的发展潜力，钙锌复合热稳定剂无毒、可规避异味问题、制备工艺相对简单、具有广阔的适用性[53]。世界上著名的热稳定剂生产商均已有钙锌复合热稳定剂产品推出。

传统的复合热稳定剂是热稳定剂和润滑剂的合理复合物，但现在欧洲已经形成开发“全效一包化助剂”的趋势。在“全效一包化助剂”中，不仅含有热稳定剂和润滑剂，而且含有所有其他小用量助剂，如抗氧剂、光氧剂、加工助剂、冲击改性剂等。“全效一包化助剂”固定了各类助剂的比例，只适用于以特定的加工方式和条件加工特定的制品。全效一包化复合热稳定剂由于综合性能平衡、性价比高、环保性好、使用方便，有利于减轻操作人员的劳动强度并提高加工生产效率，同时还有利于避免计量出错，不但可减少浪费，同时也间接地提高了生产效率。

木本油脂基热稳定剂是以木本油脂及其下游产品为基础，结合其他化学试剂合成的一类热稳定剂。木本油脂含有很多可供改性的官能团（如双键、羰基和羟基等），将木本油脂的官能团进行改性可制备脂肪酸酯、脂肪酸金属皂、环氧脂肪酸酯、多元醇和甘油金属配合物等能够作为抑制聚氯乙烯树脂及其他含氯聚合物在成型加工或使用过程中因受热发生降解作用的添加剂。根据热稳定剂结构和用途，可将其分为木本油脂基铅盐热稳定剂、木本油脂基非铅盐热稳定剂、木本油脂基稀土有机化合物类热稳定剂和甘油金属配合物型热稳定剂。

一、铅盐热稳定剂

油脂基铅盐热稳定剂中使用最早和最广泛的是硬脂酸铅［$Pb(OOC_{17}H_{35})_2$］等有机铅盐。硬脂酸铅经常和无机铅盐复配使用。硬脂酸可由木本油脂水解并加氢而得。

硬脂酸铅为白色微细粉末，不溶于水，在乙醇、乙醚等有机溶剂中加热溶解，再经冷却可成胶状物，遇无机酸分解，生成硬脂酸和相应的盐，在空气中具有吸水性。硬脂酸铅的生产工艺有以下两种[54]：a. 复分解法，硬脂酸和氢氧化钠或醋酸铅发生复分解反应制备硬脂酸铅；b. 催化法，硬脂酸和氧化铅在催化剂存在下发生反应制备硬脂酸铅。

铅盐热稳定剂具有良好的长期稳定性，这是因为它能有效地吸收热降解产生的 HCl，且其转化产物氯化铅对 PVC 的进一步降解无催化作用。同时具有良好的电绝缘性、润滑性、加工性能及低廉的成本等，使得这类稳定剂在电缆材料工业中具有广泛的用途。然而铅盐稳定剂与 PVC 相容性差，且在 PVC 中分散性差，阻碍了其在透明 PVC 制品中的使用。此外，粉状铅盐密度大、颗粒小，加工过程中易形成粉尘，从而导致工作人员铅中毒。铅盐热稳定剂的高毒性及其废弃物极易对环境造成污染，促使国内外出台了一系列的法令来禁止铅盐热稳定剂的使用[55]。由此可以预见，这一类热稳定剂将会被其他经济环保型热稳定剂所逐渐替代。

二、非铅金属盐热稳定剂

作为第二大主热稳定剂，非铅金属盐类仅次于铅盐类热稳定剂，主要包括锌、钙、镉、镁、钡和稀土金属等的脂肪酸盐，其中硬脂酸盐最为常见[56]。研究表明：金属盐热稳定剂的热稳定性与金属离子种类、含量及阴离子种类等有关，而热稳定效果主要取决于金属阳离子；热稳定剂的其他性能，如润滑性、透明性等，与阴离子的种类有较明显的相关性[57]。根据金属盐类热稳定剂的功能与特性，其主要可分为两类：a. 镉盐和锌盐热稳定剂，它们通过吸收 HCl 延缓 PVC 降解，同时其脂肪酸根能够替代 PVC 链中不稳定的氯原子，赋予 PVC 制品良好的初期热稳定性[58,59]。但它们对 PVC 发生热稳定作用后生成了强路易斯酸——金属氯化物，能强烈地催化 PVC 的热降解，导致 PVC 发生“锌烧”[58]。b. 钡盐、钙盐类热稳定剂，它们仅仅通过吸收 PVC 降解过程中生成的 HCl 来延缓其进一步的热降解，其热稳定反应的氯化物产物没有催化 PVC 热降解的功能。上述两类热稳定剂单独使用时具有各自的优缺点，一起使用时具有良好的协同作用[60]，因此市场中都是以双金属或三金属盐热稳定剂复合使用。目前，钙锌盐热稳定剂得到最广泛的使用，而钙盐与锌盐之间的协同作用已有许多报道。一方面，钙盐反应掉一部分热降解产生的 HCl，让更多的锌盐可以取代易脱除的氯原子；另一方面，钙盐能与 $ZnCl_2$ 反应生成锌盐和氯化钙（$CaCl_2$），消除 $ZnCl_2$ 的催化降解影响，且新生成的锌盐能够继续和 PVC 相互作用从而提高其热稳定性。但易起雾和易挥发等缺点都严重限制了金属盐热稳定剂在 PVC 领域的广泛应用。

油脂基热稳定剂的典型代表是脂肪酸金属皂类热稳定剂，尤其是目前市售通用型的硬脂酸钙锌盐复合热稳定剂。作为 PVC 热稳定剂使用的金属皂大多是镉、钡、锌、钙、镁的高级脂肪酸盐，常用的脂肪酸有硬脂酸、月桂酸、棕榈酸、二聚酸等。工业上的硬脂酸皂实际上是以硬脂酸皂和棕榈皂为主的混合物。目前研发和应用的油脂基热稳定剂种类主要有以下几类。

1. 油脂基二元或多元酸钙盐稳定剂

刘艳斌等[60]通过复分解法制备的二聚酸钙锌盐复合热稳定剂比硬脂酸钙锌盐复合热稳定剂的热稳定性更优，且二聚酸钙锌盐复合热稳定剂在增塑剂中的溶解性更好，提高了与 PVC 体系的相容性，有助于提高热稳定性。

汪梅等[61,62]以 C_{21} 二元酸单甲酯（即 TMAA）为原料，制备桐酸基二元酸钙盐，分别采用刚果红法、热烘法和转矩流变仪法考察桐酸基二元酸钙盐（简称 TODC）对 PVC 热稳定性的影响。结果表明：桐酸基二元酸钙盐的热稳定时间为 43min，硬脂酸锌盐的热稳定时间为 4min，两者复配后，最佳热稳定时间为 32min，显示桐酸基二元酸钙盐与硬脂酸锌盐具有较好的协同作用；用桐酸基二元酸钙盐取代硬脂酸锌盐，对 PVC 的塑化无不良影响，且能提高热稳定时间。

2. 油脂二元或多元酸钙锌盐复合稳定剂

钙锌盐复合热稳定剂有固态和液态两种类型。固态钙锌盐复合稳定剂以粉末状硬脂酸钙锌盐复合稳定剂为主，其次是油酸和月桂酸的钙锌盐复合稳定剂。产品润滑性好，不降低 PVC 硬制品软化点，适用于硬质 PVC 管材和异型材加工。液态钙锌盐复合稳定剂是有机酸钙锌盐、亚磷酸酯、抗氧剂、多元醇和有机溶剂等多组分的复合物，其具有与 PVC 和增塑剂相容性好、透明性好、不易析出、使用方便等优点。

李梅等[63]合成了桐酸甲酯-丙烯酸加成物和桐酸甲酯-马来酸酐加成物，然后以其为原料研制了桐酸基 C_{21} 二元酸钙锌盐复合热稳定剂和桐酸基 C_{22} 三元酸盐复合热稳定剂，在用量相对较少的情况下，其热稳定性和初期着色性可与市售通用型硬脂酸钙锌盐复合热稳定剂相媲美。汪梅等[64,65]将桐马酸酐分别与对氨基苯甲酸、乙二胺、对苯二胺经酸酐的胺解反应得到 *N*-(3-氨基-苯甲酸基）桐马酰胺酸、*N*-(2-氨乙基）桐马酰胺酸、*N*-(2-氨基苯基）桐马酰胺酸（APTMA），并成功合成了三种钙盐复合锌盐热稳定剂，具体合成路线详见图 8-4-9。他们[66,67]又以桐马酸酐和三聚氰胺为原料，合成了四种含羟基和富氮的桐油基多元醇及其羧酸钙锌盐 PVC 热稳定剂，合成路线详见图 8-4-10。并对各类复合热稳定剂 PVC 试样的热稳定性和热稳定机理等进行了研究，结果表明，这些产品有望部分甚至完全替代一些市售钙锌热稳定剂。

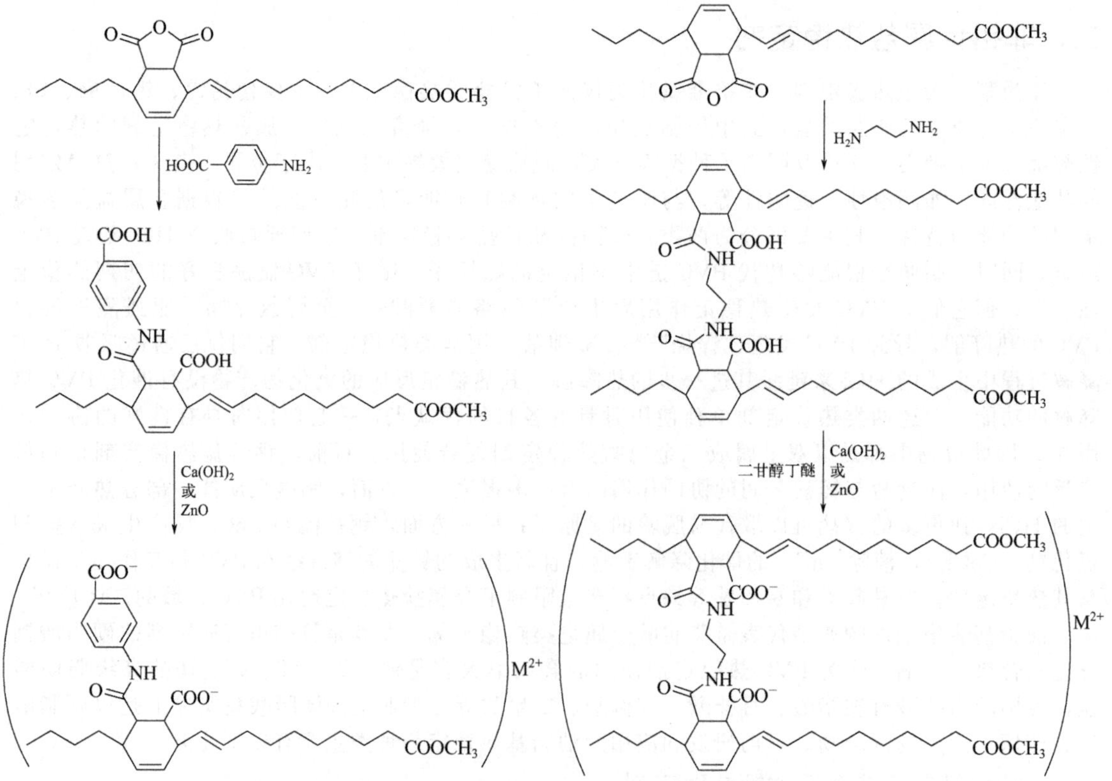

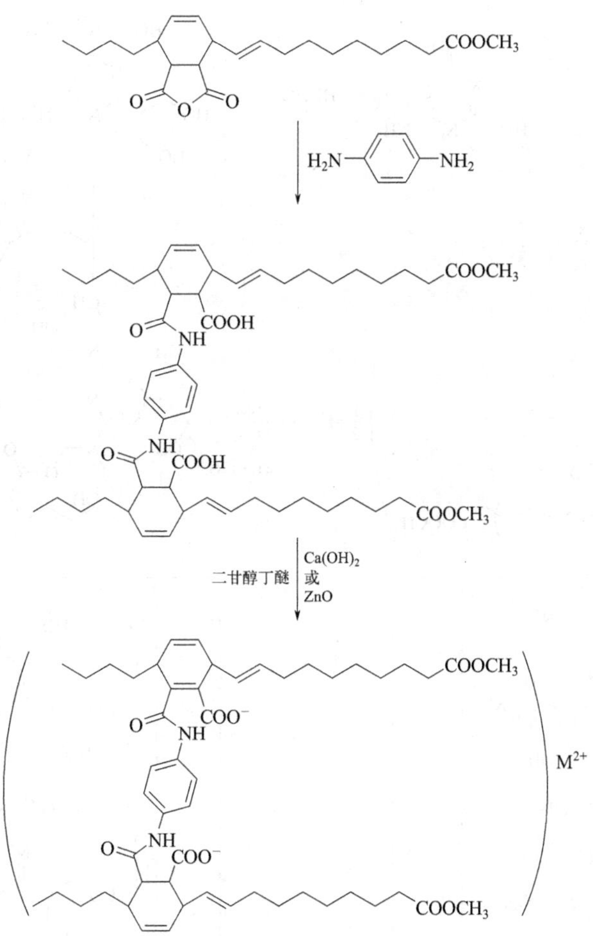

图 8-4-9　桐马酰胺酸钙锌复合热稳定剂的合成路线

3. 橡胶籽油金属皂稳定剂

Theresa Obuajulu Egbuch Linam[68]合成了橡胶籽油锌皂，发现含有 $Zn(OH)_2$ 的橡胶籽油锌皂的热稳定性能比不含 $Zn(OH)_2$ 的橡胶籽油锌皂的热稳定性能好，而且橡胶籽油锌皂与环氧橡胶籽油具有协同作用。D. Balkose 等[69]合成了钡、钙、镉和锌皂，并通过热重分析法和差示扫描量热法考察了它们的热稳定性能，计算了它们的热分解活化能，研究表明橡胶籽油金属皂是一种可降解的、新型 PVC 热稳定剂。

4. 环氧脂肪酸盐稳定剂

环氧脂肪酸盐稳定剂由于兼具金属皂和环氧化合物的功能，可以产生分子内协同作用，是效能较高的 PVC 热稳定剂。侯怡等[70]以油酸为原料，制备了一种以环氧油酸钙盐与环氧油酸锌盐为主体的新型 PVC 热稳定剂。该复合热稳定剂的最佳配方为：环氧油酸钙盐：环氧油酸锌盐：β-二酮：环氧大豆油：受阻酚 1010＝9：3：3：4：4。用热老化烘箱法、刚果红法和电导率法将该热稳定剂与国产和进口钙锌盐热稳定剂进行比较，研究结果表明，该复合热稳定剂的热稳定性高于国产钙锌盐热稳定剂和进口钙锌盐热稳定剂的热稳定性，180℃下的热稳定时间达到 320min。

5. 脂肪酸铋盐稳定剂

铋（Bi）元素作为第Ⅴ主族金属性最强的元素，具有特殊的理化性质。目前发现的有机铋化合物大多以三价铋离子和五价铋离子的形式存在，具有成本低、易处理、毒性低和放射性低等优

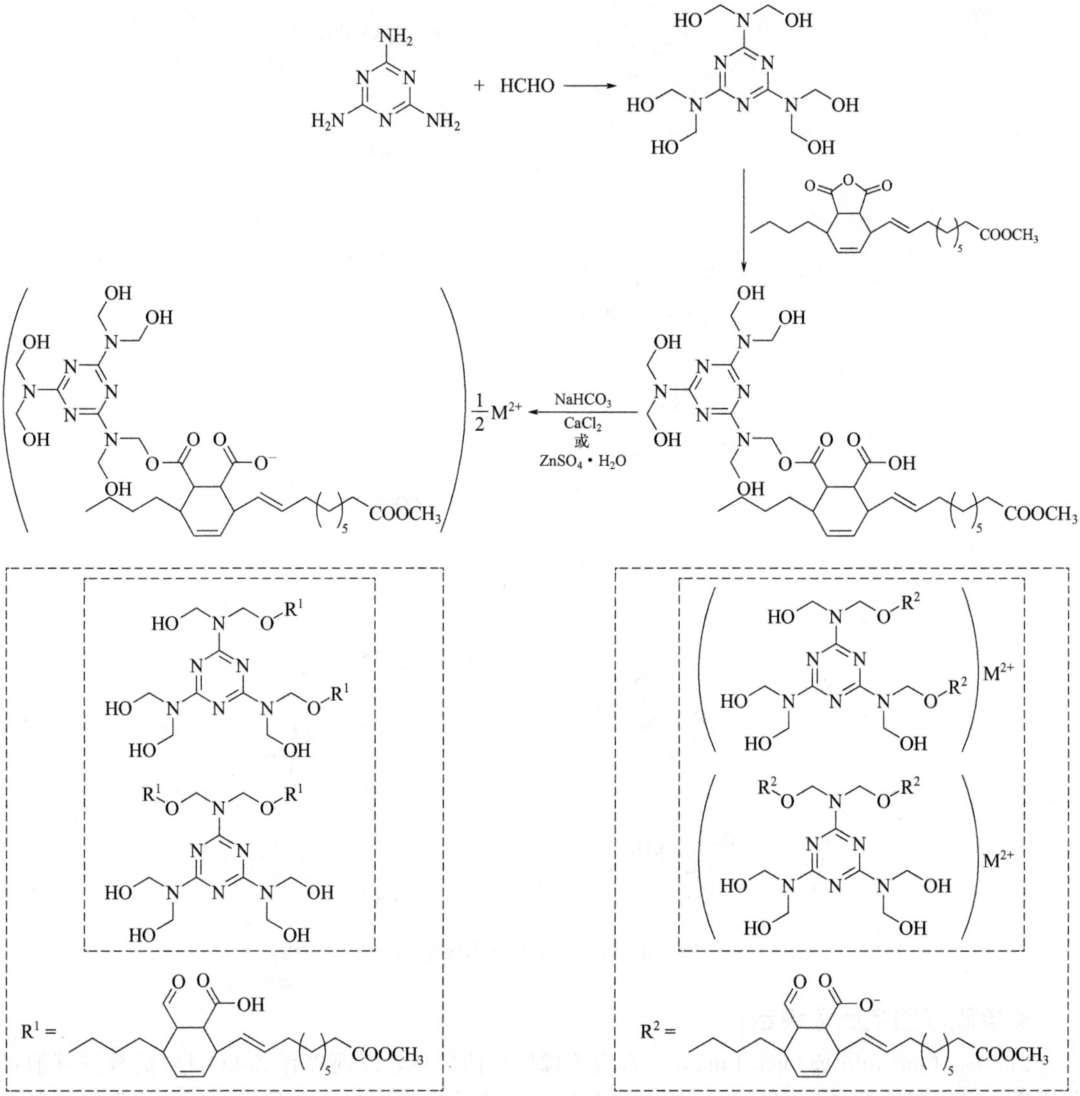

图 8-4-10　含羟基和富氮的桐油基多元醇羧酸钙锌热稳定剂的合成路线

良特性，主要应用于催化剂、生物医药、功能性材料等方面[71]。刘洪亮等[72]以乙酸酐、氧化铋和油酸为原料，通过两步反应合成了油酸铋盐（BO），将其作为热稳定剂应用到 PVC 试片中，通过热老化法、刚果红测试、电导率测试、热重分析以及流变曲线法研究了 PVC 样品的热稳定性。结果表明：当油酸铋盐的质量分数为 2.60％时，PVC 试片的初期白度可维持 60min，刚果红测试的静态热稳定时间达 39.5min，电导率测试的诱导时间和稳定时间分别为 55.0min 和 58.5min，油酸铋盐主要是通过油酸根取代不稳定氯原子来改善 PVC 的热稳定性，其可以作为一种液体热稳定剂使用。

三、稀土热稳定剂

稀土元素是ⅢB 族钪、钇和镧系元素群的总称。稀土热稳定剂是我国特有的一种热稳定剂。稀土热稳定剂主要为稀土金属的有机弱酸盐和无机盐，它具有耐受性和加工性良好、不受硫的污染以及易储存等优点。稀土热稳定剂之所以具有优异的热稳定性，是因为稀土元素特殊的结构。稀土离子均有 4f 及 5d 空轨道，作为配位中心离子可以接受 6～12 个配位体的孤电子对，同时其有较大的离子半径，因而有可能形成6～12个键能不等的配位键，即络合键。这个特征使其除了可以与3个或4个HCl形成离子键以外，亦可以与PVC链上的不稳定氯原子络合，这种效应在温度较低时最为明显，因而抑制了PVC的脱HCl降解反应[73]。但是稀土热稳定剂不能明显改善PVC制品的初期着色性，润滑性差且在PVC中分散性差，这导致其不能充分发挥热稳定作用。

硬脂酸镧盐是稀土热稳定剂中开发较早的一类稳定剂，兼具热稳定剂和加工助剂的作用，具有长期热稳定性。这主要是和稀土元素结构特性及硬脂酸与镧之间结合形式有关。通过傅里叶红外光谱（FTIR）和X射线衍射（XRD）对硬脂酸稀土热稳定剂进行结构分析表明，固态硬脂酸稀土盐中硬脂酸根离子与稀土离子之间主要以离子键结合，区别于硬脂酸通过形成氢键而以二聚体结构存在。硬脂酸稀土热稳定剂具有层状晶体结构，晶层由处于中间的稀土离子平面层两侧结合两层并行排列的硬脂酸根全伸展锯齿链所构成，且晶层中稀土离子轴倾斜于基面。彭振博等[74]通过比较PVC与硬脂酸镧盐作用前后的红外光谱，深入探讨了稀土热稳定剂对PVC的热稳定作用机制。红外线光谱分析表明，稀土元素具有形成配位络合物的能力，可大量吸收在PVC加工中放出的HCl，能使PVC中大部分氯原子（特别是使不稳定的烯丙基氯、叔氯原子）趋于稳定，从而起到对PVC的稳定作用。稀土热稳定剂还可以通过改变PVC构象来发挥作用[75]。

稀土和一元有机酸配比不同时可以形成正盐或碱式盐，这两种稀土盐均具有热稳定性。吴波等[76]采用皂化法制备硬脂酸镧正盐稳定剂，通过FTIR和差示扫描量热仪（DSC）对其结构和性能进行表征。研究发现，在初期随着硬脂酸镧盐含量的增加，PVC中的氯离子与镧离子进行配位络合，增加了分子间的作用力，使氯离子难以脱出。当硬脂酸镧盐的含量达到20%时，稳定时间趋于定值，此时拉伸强度和冲击强度也达到最大值，与传统稳定剂相比大大改善了PVC的力学性能。

稀土稳定剂的特殊作用机理使之在与其他稳定剂配合使用时，能相互促进，达到更佳的稳定效果。例如，稀土和锌在一定的配比条件下即能产生很好的协同效应。吴茂英[77]研究了稀土类热稳定剂的热稳定效果，结果显示，硬脂酸稀土盐具有良好的长期稳定效果，将其与$ZnSt_2$复配使用时，可有效改善PVC的初期着色性。从微观结构来说，稀土离子结构中的次外层d电子轨道为全空，与PVC分解产生的双键和氯原子进行配位结合时是以内层d轨道参与成键，且结合比较稳定，因而具有长期热稳定效果；而锌离子结构中的次外层d电子轨道为全充满，与PVC分解产生的双键和氯原子进行配位结合时是以外层s、p等轨道参与成键，由于成键是外层轨道，易于成键，所需能量较小，但相对不稳定，当有稀土离子存在时，双键和氯原子可转移到稀土离子上形成更稳定的化合物，所以稀土与锌具有协同热稳定作用。

刘孝谦等[78]合成并复配制成一种新型硬脂酸镧盐/己二酸钙盐/己二酸锌盐复合热稳定剂，并对其应用于PVC的力学、流变以及动态力学等性能进行了研究。结果表明：当己二酸钙盐与己二酸锌盐的质量比为1∶4时，PVC的热稳定时间最长；当加入硬脂酸镧盐且己二酸钙盐与己二酸锌盐的质量比为2∶3时，PVC的热稳定时间由原来的86min提高到135min，冲击强度提高了30%；加入硬脂酸镧盐降低了PVC的储能模量、损耗模量和损耗因子。

四、甘油金属配合物热稳定剂

甘油可以从木本油脂水解产生脂肪酸的过程中作为副产物得到。甘油金属配合物是由廉价易得的金属氧化物与甘油反应制得的。由于其兼具无毒、不着色、良好的抗紫外线能力及较好的热稳定作用等优点，被用作热稳定剂、塑料和橡胶的紫外线稳定剂。首先将甘油金属配合物用作PVC热稳定剂的是Charles W. Blewett等[79]。目前对甘油金属配合物类热稳定剂的研究主要集中在甘油锌配合物的合成上，如Reginald Taylor等[80]将乙酸锌在特定温度条件下与甘油反应，然后用异丙醇和乙醚洗涤混合物，制得固体甘油锌配合物。杨汉民等[81]在无催化剂存在条件下，将醋酸锌与甘油的溶液置入微波炉中，利用微波加热的方式，在边搅拌边回流的条件下制备甘油锌。该合成工艺简单，反应条件温和，且制备的甘油锌配合物是纳米粒子。谢兆雄等[82]将无水醋酸锌分散在甘油中，再置入长石英管，按质量/体积小于1/10，将石英管置于管式炉中加热，冷却、水洗、离心后可得到甘油锌配合物。蒋平平等[83]将氧化锌与甘油回流反应，然后置入高压釜反应，洗涤、分离、干燥后得到产品甘油锌配合物。

五、辅助型热稳定剂

有机辅助热稳定剂是一类纯有机化合物热稳定剂，其特点是单独使用时热稳定作用甚微或完全不具有热稳定性，但与金属皂或有机锡类热稳定剂并用时却能产生协同效应从而有效提升它们的热稳定效能。环氧化合物[84]、多元醇、亚磷酸酯、β-二酮等是常用的辅助型热稳定剂。

近年来，无毒、环保的有机辅助型热稳定剂的研究较多。常用的木本油脂基辅助型热稳定剂主要有环氧化合物、多元醇及酯类，如环氧橡胶籽油、环氧硬脂酸（异）辛酯、油酸季戊四醇单酯等。徐晓鹏等[85]报道了油酸季戊四醇单酯在钙/锌复合热稳定剂中的作用。油酸季戊四醇单酯不仅是良好的 PVC 辅助热稳定剂，还是一种兼具内外润滑效果的 PVC 润滑剂。与钙/锌盐复配时，油酸季戊四醇单酯体系的加工性能和蓝光白度优于季戊四醇。油酸季戊四醇单酯在水中的抽出率明显低于季戊四醇。T. O. Egbuchunam 等[86]研究了橡胶籽油以及环氧橡胶籽油在 Zn 皂体系中的辅助热稳定性能。结果表明，环氧橡胶籽油比橡胶籽油体系具有更好的热稳定性。这是因为环氧化合物既能中和吸收 HCl，也能在 Cd^{2+} 或 Zn^{2+} 催化下置换 PVC 中的不稳定氯原子，还能与双键加成，其主要的稳定机理见图 8-4-11。

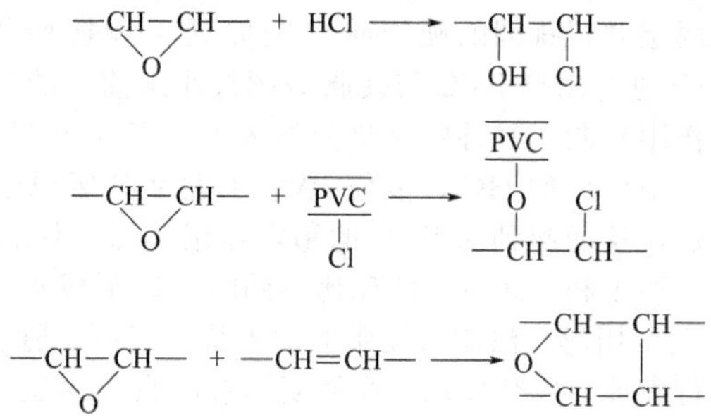

—CH—CH—(O) + HCl ⟶ —CH(OH)—CH(Cl)—

—CH—CH—(O) + PVC—Cl ⟶ —CH(O—PVC)—CH(Cl)—

—CH—CH—(O) + —CH=CH— ⟶ (—CH—CH—)—O—(—CH—CH—) 环状加成物

图 8-4-11　环氧化合物辅助热稳定剂的稳定机理

第三节　木本油脂基塑料润滑剂

高聚物在熔融之后通常具有较高的黏度，加工过程中，熔融的高聚物在通过窄缝、浇口等流道时，聚合物熔体必定要与加工机械表面产生摩擦，有些摩擦对聚合物的加工是很不利的，这些摩擦使熔体流动性降低，同时严重的摩擦会使薄膜表面变得粗糙，缺乏光泽或出现流纹。因此，需要加入以提高润滑性、减少摩擦、降低界面黏附性能为目的的助剂，这就是润滑剂。润滑剂除了改进流动性外，还可以起促进熔融、防粘连、防静电、爽滑等作用。除一般概念的润滑剂外，光泽剂、脱模剂、防粘剂等均属润滑剂的范畴，橡胶加工过程中使用的软化剂也具有一定的润滑作用。

润滑剂的用途很广，硬质 PVC、聚烯烃、聚苯乙烯、丙烯腈-丁二烯-苯乙烯共聚物（ABS）、酚醛树脂、三聚氰胺树脂、醋酸纤维素、不饱和聚酯、聚酰胺以及橡胶等在加工时都使用一些润滑剂。但润滑剂的主要用途仍然是在硬质 PVC 方面，所以在评价润滑剂的性能时人们往往以硬质 PVC 为中心。润滑剂的用量随树脂的种类而异，但一般 100 份树脂用 1～2 份润滑剂就能得到良好的润滑效果。

润滑剂与其他配合剂相比，虽然就某些加工工艺而言润滑剂是绝对不可少的，但却没有引起人们的足够重视，结果往往因润滑剂使用不当而影响生产和制品性能。今后随着塑料加工向自动化、高速化方向发展，塑料材料在加工过程中所受到的剪切与摩擦也日益增大，因此对润滑剂的要求也相应地更加迫切、更加严格，当然润滑剂的作用和意义也就更突出了。

一、润滑剂的作用和作用机理

（一）润滑剂的作用

润滑剂的主要作用是降低塑料材料与加工机械之间和塑料材料内部分子之间的相互摩擦，即所谓外部润滑作用和内部润滑作用。由于内外两种摩擦的降低，从而改善了塑料的加工性，节约了动力消耗，提高了生产速度，防止了因摩擦热过大所造成的树脂降解，提高了稳定剂的效率。

实际上内部润滑作用和外部润滑作用是联系在一起的，一种优良的润滑剂既具有内部润滑性，同时也具有外部润滑性。

润滑剂在塑料的实际加工中具有多种效能，例如在混炼、压延加工时，能防止聚合物黏着料筒，抑制摩擦生热，减小混炼转矩和负荷，从而防止聚合物材料的热劣化。在挤出成型时，可提高流动性，改善聚合物料与料筒和模具的黏附性，防止并减少滞留物。另外，润滑剂还能改善薄膜的外观和光泽。从加工机械角度来看，在混炼、压延、搪塑等成型加工中，外润滑剂有重要作用；在挤出、注射成型中，内润滑剂则更有效果。

（二）润滑剂的作用机理

关于润滑剂的作用机理[87]，由于影响润滑作用的因素复杂，所以在理论上还不是很清楚，因此这里仅能根据一般经验作一简要说明。

1. 内部润滑——塑化或软化机理

就 PVC 而言，润滑剂和增塑剂可以视为同一类物质，不同的是润滑剂的极性较低，碳链较长，因而同增塑剂相比，润滑剂和 PVC 的相容性显著较低。正因为润滑剂与 PVC 的相容性低(但又有一定的相容性)，所以只有少量的润滑剂分子能像增塑剂一样穿入聚合物的分子链之间，削弱分子链间的相互引力，而使聚合物在变形时分子链相互之间更容易滑动和旋转，同时又不至于过分降低聚合物的玻璃化温度（T_g）。PVC 润滑剂的内部润滑指数如表 8-4-1 所示。

表 8-4-1 PVC 润滑剂的内部润滑性指数（$\Delta T_g/V_1$）①

润滑剂	$\Delta T_g/V_1$	润滑剂	$\Delta T_g/V_1$
石蜡(Advawax 165)	0	环氧化大豆油(Paraplex G-62 或 Epoflex 945)	100
硬脂酸铅	0	C_{15}～C_{17} 的链烷-环烷馏分(Mentor 29)	110
Loxiol GE-1	0	廿碳-1-醇	120
聚乙烯 PA-190	0	十八碳-1-醇	130
9,10-二羟基硬脂酸	15	十六碳-1-醇	170
12-羟基硬脂酸	25	氯化聚乙烯(Ceveclor S-52)	180
N,*N'*-亚乙基双硬脂酰胺(Advawax 280)	25	十四碳-1-醇	185
Adawaxs 135 和 136	25	十二碳-1-醇	210
Adawax 146(乙二醇的硬脂酸-棕榈酸酯+游离酸)	35	硬脂酸甲酯	220
柠檬酸三(十八酯)	50	硬脂酸丁酯	225
十八碳烷	55	邻苯二甲酸二(2-乙基己酯)(DOP)	225
C_{17}～C_{18} 石蜡(白油,Marcol 52)	60	邻苯二甲酸丁苄酯(BBP)	230
硬脂酸	60	邻苯二甲酸二丁酯(DBP)	240
褐煤酸的乙二醇酯(Wax E)	60～65	9,10-二羟基硬脂酸甲酯	240
丙三醇单硬脂酸酯	85	2-羟基硬脂酸甲酯	275
Advawax 121	90	17-羟基硬脂酸甲酯	290
Loxiol G-40	95	12-羟基硬脂酸甲酯	300
Loxiol GH-1	100	环氧硬脂酸辛酯	325

① 每 100 份 PVC 添加 5 份润滑剂，V_1 是以 83℃时润滑剂的液体比重来计算的。

同样，对其他聚合物来说，为了降低聚合物分子间的摩擦，因此也希望润滑剂与聚合物之间有一定的相容性，即要有一定的亲合力，而这种亲合力通常是依靠润滑剂分子结构中的极性基团来获得的。

2. 界面润滑机理

润滑剂附着在熔融树脂的表面，或附着在加工机械、模具的表面形成润滑剂分子层。由于润滑剂分子层的存在而形成润滑界面，结果降低了树脂与加工机械之间的摩擦。润滑界面膜的黏度和它的润滑效率取决于润滑剂的熔点和加工温度。一般说来，分子碳链长的润滑剂由于更能使两个摩擦面远离，因而具有更大的润滑效果。

当使用脂肪酸作为润滑剂时，在高温下脂肪酸能与活性金属表面（如钢、铜等）反应，结果生成相应的金属皂的膜附着在金属表面上，此金属皂膜的熔点比相应的脂肪酸的熔点高得多，因此在更高的温度下仍具有润滑性。

二、润滑剂的主要类别

润滑剂可分为外润滑剂和内润滑剂[87,88]。外润滑剂与聚合物相容性较差，容易从熔体内往外迁移，所以能在塑料熔体与金属的交界面形成润滑的薄层。内润滑剂与聚合物有良好的相容性，它在聚合物内部起到降低聚合物分子间内聚力的作用，从而改善塑料熔体的内摩擦生热和熔体的流动性。常用的外润滑剂是硬脂酸及其盐类；内润滑剂是低分子量的聚合物。有的润滑剂还有其他的功用。实际上每一种润滑剂都有可以实现某一要求的作用，总是内外润滑共同作用，只是在某一方面更突出一些。同一种润滑剂在不同的聚合物中或不同的加工条件下会表现出不同的润滑作用，如高温、高压下，内润滑剂会被挤压出来而成为外润滑剂。

在塑料薄膜的生产中，我们还会遇到一些粘连现象，比如在塑料薄膜生产中，两层膜不易分开，这给自动高速包装带来困难。为了克服它，可向树脂中加入少量增加表面润滑性的助剂，以增加外部润滑性，一般称作抗粘连剂或润滑剂。一般润滑剂的分子结构中都会有长链的非极性基和极性基两部分，它们在不同聚合物中的相容性是不一样的，从而显示不同的内外润滑作用。按照化学组分，常用的润滑剂可分为如下几类：脂肪酸及其酯类、脂肪酸酰胺、金属皂、烃类、有机硅化合物等。

润滑剂的种类很多，分类的方法也有多种。常用的方法是根据润滑剂的化学结构和作用机能来分类。但是由于润滑剂的化学结构和性能之间不一定都有一致的关系，所以这两种分类方法都有不完善之处。

1. 按化学结构分类

根据润滑剂化学结构的不同，润滑剂可以分为烃类、脂肪酸类、脂肪酸酰胺类、酯类、醇类、金属皂类和复合润滑剂等七大类，见表 8-4-2。除烃类润滑剂外，其他类润滑剂都可以由木本油脂得到。

表 8-4-2　润滑剂的种类

类别	品种
烃类	液体石蜡 天然石蜡 微晶石蜡 聚乙烯蜡(低分子量聚乙烯) 氯代烃 氟代烃
脂肪酸类	高级脂肪酸 羟基脂肪酸(醇酸)
脂肪酸酰胺类	脂肪酰胺 烷撑双脂肪酰胺
酯类	脂肪酸低级醇酯和高级醇酯 脂肪酸多元醇酯 脂肪酸聚乙二醇酯
醇类	高级脂肪醇 多元醇 聚乙二醇或聚丙二醇
金属皂类	如硬脂酸钙、硬脂酸镁、硬脂酸铅
复合润滑剂	

2. 按作用机能分类

润滑剂按作用机能可以分为内部润滑剂和外部润滑剂，如表 8-4-3 所示。应该指出内部润滑剂和外部润滑剂之间并没有严格的界限，都是相对而言的。因此，同一种润滑剂有时可以看作是内部润滑剂，有时却又可以看作是外部润滑剂，视不同场合而异。

表 8-4-3　内部润滑剂和外部润滑剂

润滑剂种类①	化学名称或商品名称②	结构(极性部分及碳链长)
内部润滑作用 (指能溶于 PVC)	脂肪酸单甘油酯 高级脂肪醇 工业硬脂酸 金属皂类 双酰胺(Wax C)	C_{14}～C_{18} 脂肪酸单甘油酯 C_{14}～C_{18} 脂肪的脂肪醇 C_{14}～C_{18} 脂肪酸 C_{16}～C_{18} 脂肪酸盐 亚乙基双 C_{16}～C_{18} 脂肪酰胺
内部润滑作用与外部润滑作用相平衡的	蜡(Wax GL-3) 蜡(Wax OP) 蜡(Wax E)	含有极性基的双 C_{28}～C_{32} 长碳链 含有皂基或酯基的双 C_{28}～C_{32} 长碳链 含有酯基的双 C_{28}～C_{32} 长碳链
外部润滑剂 (在使用时必须仔细调整以防止过度润滑作用)	Wax S 石蜡 正构石蜡 聚乙烯蜡	C_{28}～C_{32} 高级脂肪酸 有短支链的脂肪烃 直链脂肪烃 多少有些短支链的脂肪烃

① 这种分类主要是以润滑剂的极性部分和碳链的长短为根据的，即考虑与 PVC 树脂是否相溶。

② WaxGL-3、Wax OP、Wax E 等都是西德赫司特公司（Hoechst）的产品。Wax GL-3 为用钙部分皂化了的合成脂肪酸；Wax OP 为用钙部分皂化了的褐煤酸的二元醇酯；Wax E 为褐煤酸的二元醇酯，褐煤酸即二十九烷酸。Wax S 为经过精制的褐煤蜡酸。

内部润滑剂与聚合物都有一定的亲合力，其润滑作用主要是降低聚合物分子间的相互摩擦，或降低像 PVC、ABS 等极性聚合物分子间的作用力。主要作为内部润滑剂使用的有高级脂肪醇、脂肪酸酯和液体石蜡等。

外部润滑剂极性小，但却具有很长的碳链，其润滑作用主要是降低聚合物和加工机械之间的摩擦。像高级脂肪酸、脂肪酰胺和石蜡类化合物等都是良好的外部润滑剂。

三、主要润滑剂的一般性质

（一）烃类

烃类润滑剂包括液体石蜡、天然石蜡、微晶石蜡、聚乙烯蜡和卤代烃。它们润滑效率高，具有内外两种润滑性，但一般与 PVC 相容性都差，多表现为外部润滑性。在挤出加工中，它们的初期润滑性和后期润滑性较差，但中期润滑效果显著。由于它们的化学性质稳定，所以不会降低塑料的热稳定性，使用方便。

1. 液体石蜡

液体石蜡的种类很多，其润滑效果也各不相同。凝固点为－35～－15℃者在挤出加工和注射成型时广泛用作 PVC 的内部润滑剂。由于相容性差，因此使添加量受到限制，用量一般以 0.3～0.5 质量份［每 100 份（以质量计）PVC 中加入的润滑剂份数］左右为好。如果用量过多，会产生压析（plate-out）和发黏现象，反而使加工性变差。在挤出加工中初期润滑效果良好，热稳定性也较好。

2. 天然石蜡

天然石蜡在常温下为固体，熔点较低，一般为 57～63℃。天然石蜡的脱模性良好，润滑效果好，但在 PVC 中由于分散性、相容性和热稳定性都差，所以用量受到限制。当用量在 0.3 质量份以上时，不仅润滑性过剩，而且使树脂的透明性也受到损害。宜与其他内部润滑剂或分散剂并用。

3. 微晶石蜡

微晶石蜡是从石油炼制过程中得到的，它们分子量较大，碳原子数为 32～72，且含有较多的异构体，熔点 65～90℃左右。对于 PVC 润滑效果大，热稳定性也良好，但分散性差，凝胶化速度慢，用量仅限于 0.1～0.2 质量份。为了弥补初期润滑性和后期润滑性不足，最好与硬脂酸丁酯、酯蜡和高级脂肪酸等并用。

4. 聚乙烯蜡（低分子量聚乙烯）

聚乙烯蜡是指分子量为 1500～2500 的低分子量聚乙烯。其特点是软化点较高（100℃以上），接近于高分子量聚乙烯，而熔融黏度和硬度则接近于石蜡，见表 8-4-4。作为润滑剂，其化学性质稳定、电性能优良。此外，分子量 7000 左右的聚乙烯也作为加工改性剂使用。

表 8-4-4　聚乙烯蜡同石蜡、聚乙烯树脂的物理性质的比较

品名	分子量	熔融黏度(140℃)/(mPa·s)	熔点/℃	硬度①(1/10mm)
石蜡	360	2	60	15
聚乙烯蜡	2000	290	107	4
聚乙烯树脂	20000	80000000	110	2

① 硬度以针插入度表示（100g，5s，25℃），数字小的表示硬度大。

聚乙烯蜡与聚乙烯、聚丙烯、聚醋酸乙烯、乙丙橡胶、丁基橡胶相溶，而与聚甲基丙烯酸甲酯、聚碳酸酯、聚苯乙烯、ABS、PVC 相溶性差。能改善聚乙烯、聚丙烯、ABS 的流动性和聚甲基丙烯酸甲酯、聚碳酸酯的脱模性。对于 PVC，和其他的外部润滑剂相比聚乙烯蜡具有更强的内部润滑作用。为了不损害制品的透明性，在聚乙烯中用量可以为 2 质量份，在 ABS、PVC 中最好为 0.5 质量份以下，在聚甲基丙烯酸甲酯、聚碳酸酯中为 0.1～0.2 质量份。

5. 氯化石蜡

氯化石蜡具有中期润滑性，与 PVC 树脂相容性较好，但因为初期润滑性和后期润滑性不足，最好与其他润滑剂并用。为了不损害制品的透明性，用量应在 0.3 质量份以下。

（二）脂肪酸类

脂肪酸类包括饱和脂肪酸、不饱和脂肪酸和羟基脂肪酸等，但最重要的还是高级饱和脂肪酸。在高级饱和脂肪酸中，碳原子数在 12 以上的都可以作为润滑剂使用，但应用最广泛的还是硬脂酸。一些高级饱和直链脂肪酸的物理性质如表 8-4-5 所示。

表 8-4-5　一些高级饱和直链脂肪酸的物理性质

品名	碳原子数	熔点/℃	沸点/℃	密度②/(g/cm³)	折射率②
癸酸	10	31.6	270.0	0.895^{30}	1.4169^{70}
十一烷酸	11	29.3	284.0	0.990^{525}	1.4202^{70}
月桂酸	12	44.2	298.9	0.883^{20}	1.4230^{70}
十三烷酸	13	41.5	312.4	0.8458^{80}	1.4252^{70}
肉豆蔻酸	14	53.9	326.2	0.858^{60}	1.4273^{70}
十五烷酸	15	52.3	339.1	0.8423^{80}	1.4292^{70}
软脂酸	16	63.1	351.5	0.8534^{62}	1.4309^{70}
十七烷酸	17	61.3	363.8	0.853^{60}	1.4324^{70}
硬脂酸	18	69.6	376.1	$0.847^{69.3}$	1.4337^{70}
十九烷酸	19	68.8	299^{100}①	0.8771^{24}	1.4512^{25}
花生酸	20	75.3	$203\sim205^{1}$①	0.8240^{100}	1.4250^{100}
廿一烷酸	21	74.3	—	—	—
山萮酸	22	79.9	306^{60}①	0.8221^{100}	1.4270^{100}

续表

品名	碳原子数	熔点/℃	沸点/℃	密度②/(g/cm³)	折射率②
廿三烷酸	23	79.1		—	—
廿四烷酸	24	84.2		0.8207^{100}	1.4287^{100}
廿五烷酸	25	83.5		—	—
虫蜡酸	26	87.7		0.8198^{100}	1.4303^{100}
廿七烷酸	27	87.6		—	—
廿八烷酸	28	90.0		0.8191^{100}	1.4313^{100}
褐煤酸	29	90.3		—	—
蜂花酸	30	93.6	分解	—	1.4323^{100}
卅一烷酸	31	93.1		—	—
卅二烷酸	32	96.2		—	—
卅四烷酸	34	98.4		—	—
卅五烷酸	35	98.3～98.5		—	—
卅六烷酸	36	99.5		—	—
卅八烷酸	38	101.5		—	—
四十六烷酸	46	106.8		—	—

① 系减压下的沸点，如 299^{100} 系指 100mmHg 下的沸点为 299℃。1mmHg=133.322Pa。

② 栏内数字的右上角数值表示测定时的温度。

硬脂酸目前不仅仍是最广泛使用的润滑剂之一，而且也是生产脂肪酸衍生物类润滑剂的主要原料。商品硬脂酸种类很多，作为润滑剂使用以碘值和酯值较低者为好，这样不会影响制品的耐热性和耐候性。硬脂酸外部润滑性优越，而且还有防止压析的效果，少量使用（0.2～0.3 质量份）即可得到很大的润滑效果。用量过多（0.5 质量份以上）对润滑效果不仅没有好处，反而会损害制品的透明性，甚至引起喷霜。为了避免延迟 PVC 的凝胶化速度，最好和硬脂酸丁酯等内部润滑剂并用。

在挤出加工中，硬脂酸、软脂酸、肉豆蔻酸、花生酸和山萮酸等都具有中期到后期润滑效果，当初期润滑性或后期润滑性不足时，可分别与少量硬脂酸丁酯或酯蜡等并用以改善加工性。

C_{28}～C_{32} 的高级饱和脂肪酸，如“S 蜡”，可直接作为润滑剂使用，有良好的外部润滑作用。但它们的主要用途还是进一步制取酯蜡和皂化蜡等更高级的润滑剂。

作为润滑剂使用的羟基脂肪酸有蓖麻油酸、羟基硬脂酸等，它们的挥发性比硬脂酸低，和 PVC 相容性好，具有内部润滑作用，但热稳定性较差。

（三）脂肪族酰胺

作为润滑剂使用的酰胺化合物主要包括脂肪酸酰胺和烷撑双脂肪酸酰胺，如硬脂酰胺、软脂酰胺、*N*,*N'*-亚甲基双硬脂酰胺和 *N*,*N'*-亚乙基双硬脂酰胺等。

脂肪酸酰胺如硬脂酰胺，系用硬脂酸与氨在高温（大约 200℃）下反应制得的，合成路线如图 8-4-12 所示。反应所生成的水随未反应的氨连续地排出系统，氨再回收循环使用。像这样制得的脂肪酰胺中含有少量的脂肪酸和腈。

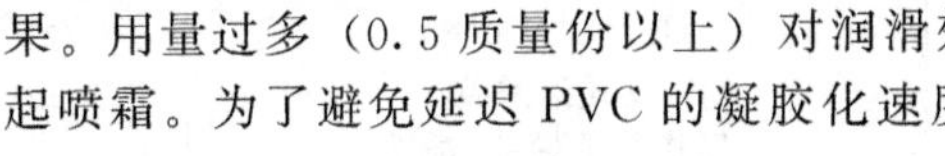

$$C_{17}H_{35}-\overset{\displaystyle O}{\overset{\|}{C}}-OH + NH_3 \longrightarrow C_{17}H_{35}-\overset{\displaystyle O}{\overset{\|}{C}}-NH_2 + H_2O$$

图 8-4-12　硬脂酰胺合成路线

N,*N'*-亚甲基双酰胺系由甲醛与酰胺在酸性介质中反应制得的，合成路线如图 8-4-13 所示。反应的催化剂可以是无机酸、有机酸或 PCl_3、$SiCl_4$、$AlCl_3$ 等。

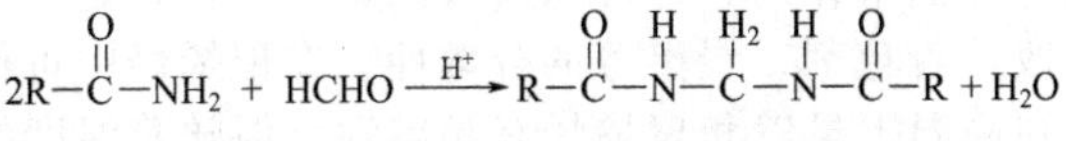

$$2R-\overset{\displaystyle O}{\overset{\|}{C}}-NH_2 + HCHO \xrightarrow{H^+} R-\overset{\displaystyle O}{\overset{\|}{C}}-\overset{\displaystyle H}{\overset{|}{N}}-\overset{\displaystyle H_2}{\overset{|}{C}}-\overset{\displaystyle H}{\overset{|}{N}}-\overset{\displaystyle O}{\overset{\|}{C}}-R + H_2O$$

图 8-4-13　*N*,*N'*-亚甲基双酰胺合成路线

N,N'-亚乙基双酰胺可由乙二胺与相应的脂肪酸或脂肪酸酯反应制得，如图 8-4-14 所示。

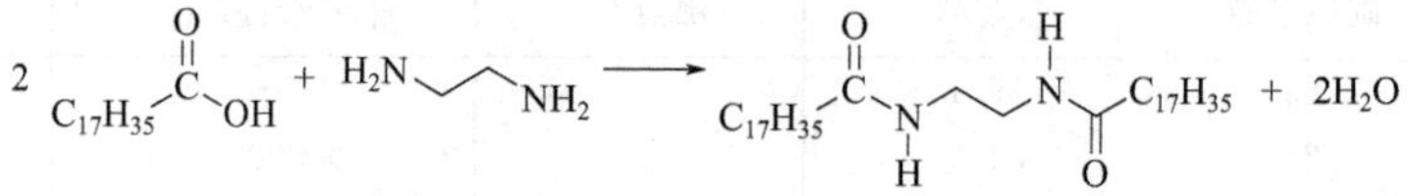

$$2\ C_{17}H_{35}-\overset{O}{\overset{\|}{C}}-OH + H_2N-CH_2CH_2-NH_2 \longrightarrow C_{17}H_{35}-\overset{O}{\overset{\|}{C}}-\underset{H}{N}-CH_2CH_2-\overset{H}{N}-\underset{O}{\underset{\|}{C}}-C_{17}H_{35} + 2H_2O$$

图 8-4-14　N,N'-亚乙基双酰胺合成路线

酰胺类化合物多为白色或淡黄色结晶粉末，熔点较高。一些脂肪酸酰胺的熔点如表 8-4-6 所示。N,N'-亚烷基双酰胺的热稳定性就比由同一脂肪酸构成的单酰胺好。硬脂酰胺在 200℃以下分解是缓慢的，但在 300℃下会急速热分解。

表 8-4-6　一些脂肪酰胺和 N,N'-亚烷基双脂肪酰胺的熔点

类别	化合物名称	碳原子数	熔点/℃
脂肪酰胺类	己酰胺	6	101
	辛酰胺	8	105
	癸酰胺	10	99
	月桂酰胺	12	100
	肉豆蔻酰胺	14	103
	软脂酰胺	16	106
	硬脂酰胺	18	109
	花生酸酰胺	20	108
	山萮酸酰胺	22	112
	棕榈油酸酰胺	16′	69
	油酰胺	18′	76
	廿碳烯酰胺	20′	79.3
	廿二碳烯酰胺	22′	83.5
	反式油酰胺	18′	91.2
	反式廿碳烯-11 酰胺	20′	91.2
	反式廿二碳烯-13 酰胺	22′	95.0
	亚油酸酰胺	18″	59
	亚麻酸酰胺	18‴	59
	蓖麻酸酰胺	18′	66
N,N'-亚烷基双脂肪酰胺类	N,N'-亚甲基双己酰胺	13	175.5
	N,N'-亚甲基双辛酰胺	17	166.5
	N,N'-亚甲基双癸酰胺	21	160.5
	N,N'-亚甲基双月桂酰胺	25	155.1
	N,N'-亚甲基双肉豆蔻酰胺	29	151.6
	N,N'-亚甲基双软脂酰胺	33	148.1
	N,N'-亚甲基双硬脂酰胺	37	148～150
	N,N'-亚甲基双山萮酸酰胺	45	141.9
	N,N'--亚甲基双油酰胺	37″	118.1
	N,N'-亚甲基双廿碳烯酰胺	41″	122.3
	N,N'-亚甲基双廿二碳烯酰胺	45″	123.8
	N,N'-亚甲基双反式油酰胺	37″	131.2
	N,N'-亚乙基双硬脂酰胺	38	149
	Advawax	38	149.9
	Armowax	38	138～143
	N,N'-亚乙基双软脂酰胺	34	140
	N,N'-亚乙基双肉豆蔻酰胺	30	151～152
	N,N'-亚乙基双月桂酰胺	26	154

注：碳原子数栏内，“′”、“″”、“‴”分别表示一个双键、两个双键和三个双键。

脂肪酰胺具有特殊的界面润滑作用，外部润滑效果优良，特别是与其他润滑剂并用时有十分显著的协同效果，同时能改善着色剂、炭黑等的分散性。在聚烯烃中可作为润滑剂和防黏剂（又称作“爽滑剂”）使用，在高温下虽然和聚烯烃有相容性，但随着温度的降低相容性也将大幅度下降，所以在使用时应注意。成型温度较低的聚乙烯宜用油酰胺，而成型温度高的聚丙烯则宜用芥酸酰胺（顺式廿二碳烯-13-酰胺）。

N,*N*′-亚乙基双硬脂酰胺（EBS）为一硬而坚韧的合成蜡，商品EBS的熔点为140～150℃，相对密度0.97（25℃），纯度为96%左右（其余部分主要是未反应的硬脂酸）。EBS的应用范围较广，硬质PVC、聚烯烃、聚苯乙烯、ABS树脂等几乎都可以适用，且美国食品药品监督管理局（FDA）已批准用于和食品接触的塑料制品中。

N,*N*′-亚乙基双油酰胺（EBO）性能和EBS相近，但较软（熔点约114℃），由于具有双键颜色也较深一些。

脂肪酰胺在PVC中由于外部润滑性优良，多用在压延和中空成型工艺中，但持续润滑特性差，且有初期着色现象。如果用量过多则会损坏制品的透明性和引起喷霜。在挤出加工中和高级醇、脂肪酸酯等并用可以弥补初期及后期润滑性的不足。由于酰胺基能使PVC的热稳定性降低，所以在配方上对稳定剂-润滑剂体系应予以适当考虑。

此外，脂肪酰胺也可作为聚酰胺的润滑剂使用。

（四）酯类

作为润滑剂使用的酯类都是高级脂肪酸的酯类，包括脂肪酸的低级醇酯、酯蜡、脂肪酸的多元醇酯。由于酯基对PVC分子有强的亲合力，所以一般酯类润滑剂与PVC的相容性都良好，具有内部润滑作用。

1. 脂肪酸的低级醇酯

在脂肪酸的低级醇酯中，硬脂酸、软脂酸以及其他饱和脂肪酸的酯是应用最广的，其中硬脂酸丁酯是代表性的化合物。硬脂酸丁酯（熔点17～22.5℃）内部润滑性优良，广泛用作硬质PVC的内部润滑剂，用量为0.5～2.0质量份。在挤出加工中，硬脂酸丁酯的初期润滑效果优良，但中期和后期持续性润滑效果较差，若与硬脂酸并用则能发挥更高的润滑效果。除PVC外还可作聚苯乙烯的润滑剂。

2. 酯蜡（褐煤蜡衍生物）

酯蜡是指含有C_{24}以上的高级脂肪酸和含有C_{26}～C_{32}的高级脂肪醇的酯类，它们是褐煤蜡、巴西棕榈蜡和虫蜡等的主要成分。由于它们外观上像蜡，所以称为酯蜡。C_{24}以上的高级脂肪酸和乙二醇、丙二醇、丁二醇的二酯也属酯蜡的范畴。由于在这类润滑剂的分子中，既含有1～2个极性的酯基，又含有2个非极性的长链烷基，因此在一定程度上内部润滑作用与外部润滑作用能取得平衡，所以它们是硬质PVC的高级润滑剂。同时，这类润滑剂的高温持续性优良，因此又是调制许多复合润滑剂的主要原料。在这类润滑剂中以由褐煤蜡制得的酯蜡［如E蜡、EG蜡和皂化蜡（如O蜡和OP蜡）］最重要。

3. 漂白蜡（S蜡和L蜡）

褐煤蜡为黑褐色固体，主要成分为酯蜡、游离酸、树脂和沥青质。用铬酸-硫酸氧化漂白，使树脂部分几乎全部破坏（为节省铬酸可先脱树脂后再氧化），得到S蜡或L蜡。L蜡的性能和S蜡相近，但因使用的氧化剂较少氧化不充分，所以酸值较S蜡低，颜色也较S蜡深。S蜡的主要成分为C_{26}～C_{32}的高级饱和脂肪酸，除进一步制取酯化蜡和皂化蜡外，可直接作为润滑剂或部分皂化后作为润滑剂使用。随着石油化学工业的发展，人们已实现用合成的方法来制取像S蜡这样的高级饱和脂肪酸，即以碳原子数多于22（如C_{29}）的α-烯烃经臭氧氧化或氧化，或用α-烯烃与一个低分子脂肪酸通过自由基催化加成来制取高碳饱和脂肪酸。

4. 酯蜡（E蜡和EG蜡）

E蜡是用S蜡与略过量的乙二醇在硫酸催化剂存在下酯化而得的。EG蜡的性质极类似于E蜡，系用丙二醇，或乙二醇、1,2-丙二醇和1,3-丁二醇的混合物，或乙二醇与丁二醇的混合物与S蜡酯化而得的。酯化蜡的特点是很容易被Ca、Cd、Hg等金属的氢氧化物皂化。

5. 皂化蜡（O蜡和OP蜡）

用 $Ca(OH)_2$ 将E蜡部分皂化即制得O蜡。O蜡中包含约60%的乙二醇酯和40%的钙皂。OP蜡为S蜡与1,3-丁二醇的酯的部分钙皂。S蜡、E蜡和O蜡等的物理常数如表8-4-7所示。E蜡、OP蜡与PVC相溶性良好，高温持续润滑性优良，是硬质PVC的优良润滑剂。用量一般为0.1～0.3质量份，如果用量超过0.5质量份则会影响制品的透明度。

表8-4-7　S蜡、E蜡、O蜡等的物理性质

酯蜡	颜色	熔点/℃	羟值/(mg/g)	酯值/(mg/g)	皂化值/(mg/g)	不皂化物/%	碘值(I_2)/(g/100g)	相对密度(20℃)
S蜡	淡黄色	80～83	142～157	10～30	160～175	7～10	0	1.01～1.02
L蜡	暗黄色	80～83	127～139	22～37	157～170	7～10	—	0.99～1.00
E蜡	淡黄色	79～81	14～21	140～156	160～175	7～10	0	1.01～1.02
EG蜡	—	72～75	18～26	135～153	158～173	5～8	0	1.01～1.02
O蜡	—	102～106	10～15	103～120	111～133	5～8	0	1.03～1.04
OP蜡	—	102～106	10～15	103～120	110～132	—	0	1.03～1.04

脂肪酸的多元醇酯作为润滑剂用得最多的是乙二醇、丙三醇的单硬脂酸酯或其他单脂肪酸酯。由于它们的分子中除了酯基以外，还具有亲水性的醇式羟基，因此是具有抗静电性、防雾滴性的润滑剂。它们与PVC相容性良好，用作硬质PVC的润滑剂有良好的内部润滑作用，但外部润滑作用稍差。在挤出加工中有中期润滑效果，但润滑作用的持续性较差。用量一般在0.5质量份以下。

多元醇的单脂肪酸酯多与其他润滑剂并用或做成复合润滑剂使用，很少单独使用。

（五）醇类

作为润滑剂使用的醇类，主要是含有16个碳原子以上的饱和脂肪醇，特别是硬脂醇（C_{18}）和软脂醇（亦称鲸蜡醇，C_{16}）。一些高级饱和脂肪醇的物理性质如表8-4-8所示。

表8-4-8　用作润滑剂的高级饱和脂肪醇的物理性质

名称	碳原子数	熔点/℃	沸点/℃	相对密度	n_D^{20}
癸醇	10	6.9	231	0.8297	1.4373
十一烷醇	11	15.9	247	0.8316	1.4402
月桂醇	12	23.95	263	0.8330②	1.4428②
十三烷醇	13	30.6	278	0.8344②	1.4450②
豆蔻醇	14	37.9	292	0.8355②	1.4470②
十五烷醇	15	43.9	306	0.8366②	1.4487②
软脂醇(鲸蜡醇)	16	49.3	320	0.8375②	1.4502②
十七烷醇	17	53.9	333	0.8384②	1.4516②
硬脂醇	18	58.0	345	0.8392②	1.4529②
十九烷醇	19	61.7	357	0.8399②	1.4540②
花生醇	20	65.5	369	0.8405②	1.4550②
山嵛醇	22	70～70.5	$210^{0.3}$①		
巴西棕榈醇	24	75.2～75.5			
虫蜡醇	26	79.3～79.6			
廿八烷醇	28	82.9～83.1			
蜂蜡醇	30	86.3～86.5			
卅二烷醇	32	89.3～89.5			

① 0.3mmHg下的沸点。

② 冷状态下的测定值。

高级醇具有初期和中期润滑效果，特别是与其他润滑剂混合性良好，能改善其他润滑剂的分散性，所以是许多复合润滑剂的基本组成之一。高级醇与 PVC 相容性良好，具有良好的内部润滑作用，和金属皂类、硫醇类有机锡稳定剂并用效果良好，一般用量 0.2～0.5 质量份。由于高级醇类透明性好，所以也作为聚苯乙烯的润滑剂。

多元醇的热稳定性比高级醇稍差。在硬质 PVC 辊压加工时，如与其他外部润滑剂并用也有效果。

（六）金属皂类

高级脂肪酸的金属盐类俗称金属皂。金属皂类是 PVC 广泛使用的热稳定剂，其主要作用是防止 PVC 在加工过程中或使用过程中降解。另外，在加工过程中金属皂类还具有润滑剂的作用。

金属皂类的润滑作用因金属的种类不同和脂肪酸根的种类不同而异。就同一种金属而言，脂肪酸根的碳链越长（即金属含量越低），其润滑效果越好。在常用的金属皂中，硬脂酸铅的润滑性最好，具有优良的外部润滑效果，见表 8-4-9 和表 8-4-10。有关常用金属皂类的物理性质及它们的润滑效果，请参阅第五章热稳定剂部分。

表 8-4-9　各种硬脂酸盐类的润滑性（挤出塑性形变法）

金属皂	金属含量/%	脂肪酸根含量/%	熔点/℃	润滑性值①/[g/(kg·m·min)]
无	—	—	—	26.0
硬脂酸钡	19.5	80.5	＞220	27.4
硬脂酸钙	6.6	93.4	145～155	35.7
硬脂酸镁	4.1	95.3	117～125	39.3
硬脂酸镉	16.5	83.5	104～110	54.7
硬脂酸锌	10.3	89.7	120	59.2
硬脂酸铅	26.8	73.2	105	59.3

① 润滑性值＝克/(公斤·米·分)，即单位时间内单位力矩的挤出量。

注：配方为 PVC 100，Cd-Ba 皂 3，润滑剂皂 0.5。

表 8-4-10　铅类金属皂的润滑性（挤出塑性形变法）

铅类金属皂		润滑性值/[g/(kg·m·min)]
正-辛酸铅	[游离脂肪酸 1%以下(熔融法)]	54.8
月桂酸铅	[游离脂肪酸 1%以下(熔融法)]	56.8
肉豆蔻酸铅	[游离脂肪酸 1%以下(熔融法)]	57.2
硬脂酸铅	[游离脂肪酸 1%以下(熔融法)]	59.3
二盐基硬脂酸铅	(Pb50%)	56.8
二盐基邻苯二甲酸铅	(Pb81%)	42.0

注：配方与表 8-4-9 相同。

（七）氧化聚乙烯蜡及其衍生物

前面已经谈到聚乙烯蜡作为润滑剂使用其化学性质稳定，电性能好。但聚乙烯蜡与 PVC、聚苯乙烯、聚碳酸酯等极性树脂的相容性差，在硬质 PVC 加工过程中仅作为外部润滑剂使用，应用受到限制。

将聚乙烯蜡部分氧化制成氧化聚乙烯蜡后，因其分子链上带有一定量的羧基和羟基，所以它们与极性树脂的相容性就得到显著改善。将这种氧化聚乙烯蜡再与脂肪醇或脂肪酸部分酯化，或用金属的氢氧化物部分皂化就制得了类似褐煤蜡型的酯蜡和皂化蜡。由于这类改性的聚乙烯蜡的长链分子上带有一定量的酯基或皂基，因而对 PVC 内、外润滑作用比较平衡，为一类性能优良的新型润滑剂，在硬质透明 PVC 配方中其润滑性和透明性均优于褐煤蜡型酯蜡。

1. 氧化聚乙烯蜡（亦称部分氧化低分子量聚乙烯）

在 Mn、Co、Cr、Sn、Pb 的 C_8～C_{18} 的脂肪酸盐或羟基脂肪酸盐的存在下，将聚乙烯蜡熔化后在130～170℃下通入空气或氧气氧化0.5～3.5h，得到氧化聚乙烯蜡。制备氧化聚乙烯蜡的原料除可以用聚乙烯蜡外，还可以使用聚乙烯和回收的废聚乙烯塑料，不过氧化工艺相应地要增加一个预降解过程。

美国联合化学公司的AC-629即为部分氧化的聚乙烯蜡。AC-629外观为白色颗粒，软化点101℃，硬度（针入度，25℃）5.5，黏度（140℃）160cP（$1cP=10^{-3}Pa\cdot s$），酸值15，为硬质PVC加工的优良润滑剂，用量一般为0.2～0.5质量份。

2. 氧化聚乙烯蜡衍生物

将1000g氧化聚乙烯蜡［酸值（以KOH计）28mg/g，羟值（以KOH计）32mg/g，分子量2500］在2.4g磷酸存在下与420g硬脂酸在220℃下酯化反应3h，直到羟值为5mg/g。然后再与350g硬脂醇反应3h，得到氧化聚乙烯蜡的酯蜡（酸值15mg/g，羟值8mg/g）。在硬质透明PVC配方中，用此氧化聚乙烯蜡的酯蜡0.5质量份其润滑性优于未酯化的氧化聚乙烯蜡。如果氧化聚乙烯蜡的羟值较低，酯化时仅用硬脂醇即可。若用乙二醇则所得到的酯蜡的硬度较大。

将氧化聚乙烯蜡（分子量1050，酸值30mg/g，皂化值62mg/g，相对密度0.961）13kg，与悬浮在1kg水中的0.24kg氢氧化钙反应，可制得透明的固体氧化聚乙烯蜡钙皂蜡。用0.5质量份的这种钙皂作为润滑剂可制得硬质透明PVC制品。

（八）高温润滑剂

为了适应塑料加工速度的提高和高软化点树脂加工的需要，要求润滑剂具有更好的热稳定性和更低的挥发性。目前已进入试用阶段的有乙内酰脲二醇的脂肪酸酯和聚甘油的脂肪酸酯。

1. 乙内酰脲二醇的脂肪酸酯

乙内酰脲二醇的脂肪酸酯由于它们有非常好的热稳定性和低的挥发性，所以是有希望的高温润滑剂。1,3-二（2-羟乙基）-5,5-二甲基乙内酰脲的二硬脂酸酯就是这类化合物的代表，结构式见图8-4-15。

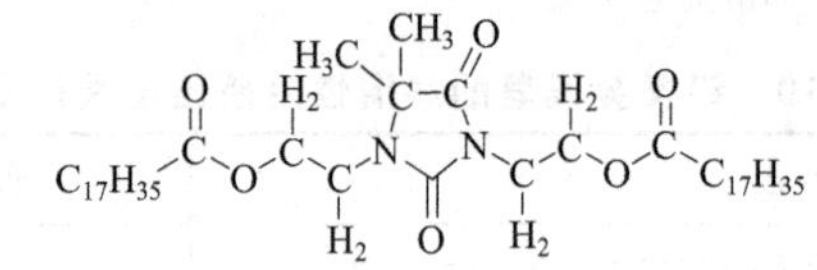

图8-4-15　乙内酰脲二醇的脂肪酸酯的结构式

该产品是一种白色到象牙色的蜡状固体，其熔点为38℃，闪点为321℃，相对密度为1.029（25℃），皂化值为153.3，在50℃时黏度为68.2cP。

2. 聚甘油及其脂肪酸酯

聚甘油及其脂肪酸酯具有良好的热稳定性和低的挥发性，也是很有希望的高温润滑剂。美国格莱科化学品公司（Glyco、Chemical，Inc）以Glycolube商品名出售的一系列产品是具有12个以上羟基的聚甘油（十聚甘油）的不同脂肪酸酯。美国FDA已批准Glycolube系列润滑剂用于和食品接触的塑料制品中。

（九）复合润滑剂

复合润滑剂或称组合润滑剂，系由上述几类主要润滑剂相互搭配调制而成的。复合润滑剂是目前发展最快、商品最多的一类润滑剂。这类润滑剂不仅使用方便，加工时润滑体系配方简单、节约原料，而且润滑性能良好，内部润滑性和外部润滑性比较平衡，且在挤出加工中初期润滑效果、中期润滑效果和后期润滑效果也比较平衡。

常用的复合润滑剂有石蜡烃类复合润滑剂、金属皂与石蜡烃复合润滑剂、脂肪酰胺与其他润滑剂复合物、以褐煤蜡型酯为主体的复合润滑剂和稳定剂与润滑剂复合体系几类[89-94]。国外研制的这类润滑剂其组成绝大多数均未公开，现仅列举一二，作为代表。英国赫司特公司（American

Hoechst）的 XL355 是蜡的复合物，主要用于聚氯乙烯硬管加工，内部润滑作用和外部润滑作用比较平衡，能用于单螺杆或多螺杆的挤出机中，其用量一般为 1 质量份。XL455 是 XL355 和金属皂的复合物，主要用于多螺杆的挤出机中，用量为 1.3～1.5 质量份。美国石油化学品公司（Petrochemicals Co.）的 Monolube MI 系由硬脂酸钙、石蜡和低分子量聚乙烯组成，是管材加工的完整的润滑体系。在多螺杆挤出机中用量为 1.5～1.6 质量份。Monolube SI 则适用于单螺杆挤出机。

PVC 热稳定剂与润滑剂复合物不仅使用方便，而且防止了毒性粉尘的飞扬。例如，将石蜡 130 份、工业硬脂酸 125 份、PbO150 份和催化剂（三乙醇胺二硬脂酸酯）3 份在 80～90℃下一起搅拌 30min，直到 PbO 完全反应。然后再添加 300 份三盐基硫酸铅、200 份硬脂酸钙以及少量高熔点的润滑剂（如 *N*，*N'*-亚乙基双硬脂酰胺），最后冷却到 45℃成型或造粒，得到硬质 PVC 加工用的性能全面的热稳定剂-润滑剂复合物。

参考文献

[1] Sander M M，Nicolau A，Guzatto R，et al. Plasticiser effect of oleic acid polyester on polyethylene and polypropylene. Polymer Testing，2012，31（8）：1077-1082.

[2] Palacios O Y S，Narvaez Rincon P C，Jean-Pierre C C，et al. Low-molecular-weight glycerol esters as plasticizers for poly (vinyl chloride). Journal of Vinyl and Additive Technology，2014，20（2）：65-71.

[3] 李志莹，蒋平平，楚喆. 食品级增塑剂乙酰化单甘油脂肪酸酯（ACETEM）的应用研究. 塑料助剂，2014（4）：48-53.

[4] 李小英，聂小安，陈洁，等. 桐油基环氧增塑剂的合成及在聚氯乙烯中的应用. 高分子材料科学与工程，2017，33（2）：28-33.

[5] 李俊玉，胥治杰. 环氧黄连木油增塑剂合成研究. 陕西化工，1990（4）：17-18.

[6] Palacios O Y Z，Rinco'n P C N，Corriou J，et al. Multicriteria optimization of production conditions for a new phthalate-free PVC plasticizer. Journal of Industrial and Engineering Chemistry，2014，20（4）：1985-1992.

[7] Bueno-Ferrer C，Garrigós M C，Jiménez A，et al. Characterization and thermal stability of poly（vinyl chloride）plasticized with epoxidized soybean oil for food packaging. Polymer Degradation and Stability，2012，95（11）：2207-2212.

[8] 沈丹平. 植物油料化学及油脂化学. 北京：中国商业出版社，1995：52-205.

[9] 毕艳兰. 油脂化学. 北京：化学工业出版社，2005：32-158.

[10] 施赛泉，蒋平平，卢云. 环保型增塑剂环氧大豆油的生产工艺与发展趋势. 塑料助剂，2007（3）：1-10.

[11] 邓芳，魏俊发，石先莹. 无羧酸条件下清洁合成环氧大豆油. 石油化工，2006，35（3）：281-283.

[12] 程道语，王金良，付长春，等. 环氧棉子油增塑剂的合成及其在聚氯乙烯塑料中的特性研究. 河南科学，1989（3）：64-68.

[13] Bouchareb B，Benaniba M T. Effects of epoxidized sunflower oil on the mechanical and dynamical analysis of the plasticized poly（vinyl chloride）. Journal of Applied Polymer Science，2008，107：3442-3450.

[14] Sinadinović-Fišer S，Janković M，Borota O. Epoxidation of castor oil with peracetic acid formed in situ in the presence of an ion exchange resin. Catalysis Today，2014，223，15：148-156.

[15] Rios L A，Echeverri D A，Franco A. Epoxidation of jatropha oil using heterogeneous catalysts suitable for the prileschajew reaction：acidic resins and immobilized lipase. Applied Catalysis A：General，2011，394（1）：132-137.

[16] Rios L A，Weckes P，Schuster H，et al. Mesoporous and amorphous Ti-silicas on the epoxidation of vegetable oils. Journal of Catalysis，2005，232（1）：19-26.

[17] Noyori R，Aoki M，Sato K. Green oxidation with aqueous hydrogen peroxide. Chem Commun，2003，16：1977-1986.

[18] 吴亚，魏俊发，张敏，等. 过氧钨配合物催化过氧化氢制备环氧大豆油的研究. 应用化工，2005，34（2）：119-120.

[19] Gamage K P，Ahmed S F. Oligomeric isosorbide esters as alternative renewable resource plasticizers for PVC. Journal of Applied Polymer Science，2011，121：823-838.

[20] Poli E，Clacens J M. Solvent-free selective epoxidation of fatty esters over a tungste-based catalyst. Catalysis Today，2009，140（1）：19-22.

[21] 李祥庆. 无毒增塑剂环氧脂肪酸甲酯的合成. 塑料助剂，2011（3）：27-30.

[22] 李科. 木本油脂基聚氯乙烯增塑剂的合成及构效关系研究. 北京：中国林业科学研究院，2020.

[23] Rüsch K M，Warwel S. Chemoenzymatic epoxidation of unsaturated fatty acid esters and plant oils. J Am Oil Chem Soc，1996，73（11）：1453-1457.

[24] Sun S，Ke X，Cui L. Enzymatic epoxidation of Sapindus mukorossi seed oil by perstearic acid optimized using response

surface methodology. Industrial Crops and Products，2011，33：676-682.

[25] 陈洁，蒋剑春，聂小安，等. 固体酸催化制备橡胶籽油基环氧脂肪酸甲酯增塑剂. 太阳能学报，2014，35（11）：2185-2189.

[26] 陈洁，王义刚，李小英，等. 橡胶籽油基复合型环保增塑剂用于PVC的研究. 中国塑料，2015，29（9）：78-84.

[27] Joseph R，Madhusoodhanan K N，Alex R，et al. Studies on epoxidised rubber seed oil as secondary plasticiser/stabiliser for polyvinyl chloride. Plastics，Rubbers and Composites，2004，33（5）：207-222.

[28] Theresa O E，Devrim B，Felix E O. Effect of zinc soaps of rubber seed oil（RSO）and/or epoxidised rubber seed oil（ERSO）on the thermal stability of PVC plastigels. Polymer Degradation and Stability，2007，92（8）：1572-1582.

[29] Al-Mulla E A J，Yunus W M Z W，Ibrahim N A B，et al. Properties of epoxidized palm oil plasticized polytlactic acid. Journal of Materials Science，2012，45（7）：1942-1946.

[30] Silverajah V S G，Ibrahim N A，Yunus W M Z W，et al. A comparative study on the mechanical，thermal and morphological characterization of poly（lactic acid）/epoxidized palm oil blend. International Journal of Molecular Sciences，2012，13：5878-5898.

[31] Sarwono A，Man Z ，Bustam M A. Blending of epoxidised palm oil with epoxy resin：The effect on morphology，thermal and mechanical properties. Journal of Polymers and the Environment，2012，20（2）：540-549.

[32] Zou J，Chen X，Shu Y，et al. Synthesis，characterization of star-shaped copolymers of L-lactide and epoxidized soybean oil. Polymer Bulltion，2011，66（3）：315-326.

[33] Puyou J，Caiying B，Lihong H，et al. Synthesis of a novel polyester plasticizer based on glyceryl monooleate and its application in poly（vinyl chloride）. Journal of Vinyl & Additive Technology，2015.

[34] Puyou J，Caiying B，Lihong H，et al. Synthesis and characterization of glyceryl monooleate-based polyester. Korean Journal of Chemical Engineering，2014，32（3）：547-551.

[35] 贾普友，薄采颖，胡立红，等. 聚癸二酸甘油单月桂酸酯的合成及其对聚氯乙烯增塑性能的研究. 中国塑料，2014，28（12）：84-87.

[36] Marcela M S，Aline N，Rafael G，et al. Plasticiser effect of oleic acid polyester on polyethylene and polypropylene. Polymer Testing，2012，31（8）：1077-1082.

[37] Melissa G A V，Mariana A S，André C G M. Synthesis and application of natural polymeric plasticizer obtained through polyesterification of rice fatty acid. Materials Research，2014，17（2）：386-391.

[38] 贾普友，薄采颖，胡立红，等. 豆油基聚酯增塑剂的合成及与聚氯乙烯共混性能分析. 农业工程学报，2014，17（30）：314-320.

[39] 贾普友，薄采颖，胡立红，等. 利用植物油油脚和皂脚制备脂肪酸的研究进展. 中国粮油学报，2015，30（2）：131-135.

[40] Xiong Z，Zhang L，Ma S，et al. Effect of castor oil enrichment layer produced by reaction on the properties of PLA \ HDI-g-atrch blends. Carbohydrate Polymers，2013，94（1）：235-243.

[41] Lin W J，Lee H K，Wang D M. The influence of platicizers on the release of theophylline from microporous-controlled tablets. Journal of Controlled Release，2004，99（3）：415-421.

[42] Mervat S I，Heba A，Nadia G K，et al. Electron beam processed platicized epoxy coatings for surface protection. Materials Chemistry and Physics，2011，130：237-242.

[43] Tian H F，Wu W Q，Guo G P，et al. Microstructure and properties of glycerol plasticized soy protein plastics containing castor oil. Journal of Food Engineering，2012，109（3）：496-500.

[44] 石万聪，石志博，蒋平平，等. 增塑剂及其应用. 北京：化学工业出版社，2004：271-272.

[45] 孙国强，刘莹，王正平. 氯代甲氧基脂肪酸甲酯增塑性能的研究. 化学工程师，2010（9）：50-52.

[46] 冯国东，胡云，周永红，等. 含磷型聚合甘油脂肪酸酯阻燃增塑剂的制备与应用. 林产化学与工业，2016，36（1）：77-84.

[47] 冯国东. 油脂基PVC阻燃增塑剂的合成、性能及阻燃机理研究. 北京：中国林业科学研究院，2015.

[48] Puyou J，Lihong H，Xiaohui Y，et al. Internally plasticized PVC materials via covalent attachment of aminated tung oil methyl ester. RSC Advance，2017，7：30101-30108.

[49] 贾普友. 蓖麻油基磷酸酯类聚氯乙烯阻燃塑化剂的制备、结构和阻燃性能研究. 北京：中国林业科学研究院，2016.

[50] Puyou J，Lihong H，Meng Z，et al. Phosphorus containing castor oil based derivatives：Potential non-migratory flame retardant plasticizer. European Polymer Journal，2017，87：209-220.

[51] 李小英. 环氧腰果酚增塑剂的制备及其性能研究. 北京：中国林业科学研究院，2017.

[52] 石万聪，司俊杰，刘文国. 增塑剂使用手册. 北京，化学工业出版社，2008：426-427.

[53] 吴茂英. PVC热稳定剂及其应用技术. 北京：化学工业出版社，2010：1-24.

[54] 白云起，宁晓军，白青子. 硬脂酸铅合成新工艺. 化学工程师，1997（3）.

[55] Zhu X，Song Y，Chen S，et al. Influence of acrylate processing aid-based ionomer containing lanthanide [La（Ⅲ）] ion

on thermal stability, fusion, transparency and mechanical properties of rigid poly (vinyl chloride). Polymer International, 2011, 60 (9): 1355-1361.

[56] Liu Y B, Liu W Q, Hou M H. Metal dicarboxylates as thermal stabilizers for PVC. Polymer Degradation and Stability, 2007, 92 (8): 1565-1571.

[57] Balköse D, Gökçelb H i. Synergism of Ca/Zn soaps in poly (vinyl chloride) thermal stability. European Polymer Journal, 2001, 37 (6): 1191-1197.

[58] Wang M, Xia J L, Jiang J C, et al. Mixed calcium and zinc salts of N- (3-amino-benzoic acid) terpene-maleamic acid: Preparation and its application as novel thermal stabilizer for poly (vinyl chloride). RSC Advances, 2016, 6: 97036-97047.

[59] Ikhuoria E U, Okieimen F E, Aigbodion A I. Evaluation of the effect of temperature on the stability of metal soaps of dicarboxylic acids. Journal of Applied Sciences and Environmental Management, 2005, 9 (1): 127-130.

[60] 刘艳斌，刘伟区，石磊. 环保型二聚酸钙锌 PVC 热稳定剂的研制. 化学建材，2006，22 (4)：10-12.

[61] 汪梅，夏建陵，李梅，等. PVC 热稳定剂桐油基二元酸钙的合成及其应用研究. 塑料工业，2012，9：33-35.

[62] 汪梅. 桐油基 PVC 复合热稳定剂的制备及性能研究. 北京：中国林业科学研究院，2013.

[63] Li M, Zhang J, Xin J, et al. Design of green zinc-based thermal stabilizers derived from tung oil fatty acid and study of thermal stabilization for PVC. Journal of Applied Polymer Science, 2017, 134 (14).

[64] Wang M, Xia J L, Jiang J C, et al. A novel liquid Ca/Zn thermal stabilizer synthesized from tung-maleic anhydride and its effects on thermal stability and mechanical properties of PVC. Polymer Degradation and Stability, 2016, 133: 136-143.

[65] Wang M, Song X H, Jiang J C, et al. Binary amide-containing tung-oil-based Ca/Zn stabilizers: Effects on thermal stability and plasticization performance of poly (vinyl chloride) and mechanism of thermal stabilization. Polymer Degradation and Stability, 2017, 143: 106-117.

[66] Wang M, Song X H, Jiang J C, et al. Excellent hydroxyl and nitrogen rich groups-containing tung-oil-based Ca/Zn and polyol stabilizers for enhanced thermal stability and plasticization of PVC. Thermochimica Acta, 2017, 658: 84-92.

[67] Wang M, Song X H, Jiang J C, et al. Plasticization and thermal behavior of hydroxyl and nitrogen rich groups-containing tung-oil-based esters plasticizers for PVC. New Journal of Chemistry, 2018, 42: 2422-2431.

[68] Theresa O E, Devrim B, Felix E O. Effect of zinc soaps of rubber seed oil (RSO) and/or epoxidised rubber seed oil (ERSO) on the thermal stability of PVC plastigel. Polymer Degradation and Stability, 2007, 92: 1572-1582.

[69] Balkose D, Egbuchunam T O, Okieimen F E. Thermal behaviour of metal soaps from biodegradable rubber seed oil. Journal of Thermal Analysis and Calorimtry, 2010, 101: 795-799.

[70] 侯怡，尹秀招，刘灵娜，等. 一种新型 PVC 热稳定剂——环氧油酸钙/锌复合热稳定剂的制备及性能研究. 广东化工，2018，45 (365)：1-3.

[71] 张晓文，尹双凤，伍水生，等. 有机铋化学近十年的研究进展. 化学进展，2008，20 (6)：878-896.

[72] 刘洪亮，蒋平平，张凯，等. 油酸铋的合成、表征及其在 PVC 中的应用. 精细化工，2017，34 (6)：690-695，702.

[73] Fang L, Song Y H, Zhu X N, et al. Influence of lanthanum stearate as a Co-stabilizer on stabilization efficiency of calcium/zinc stabilizers to polyvinyl chloride. Polymer Degradation and Stability, 2009, 94: 845-850.

[74] 彭振博，胡斌，苏庆德，等. 稀土 PVC 稳定剂的作用机制研究. 中国稀土学报，2003，21 (3)：255-258.

[75] Peng Z B, Hu B, Su Q D, et al. Study on mechanism of rare earth PVC stabilizer. Journal of Rare Earths, 2003, 21 (3): 328-330.

[76] 吴波，齐暑华，刘乃亮，等. 硬脂酸镧热稳定剂的制备、表征及在 PVC 中的应用. 塑料，2010，39 (1)：86-88.

[77] 吴茂英. 脂肪酸稀土用作热稳定剂的热稳定性的透明性递变规律. 稀土，1999，20 (5)：41-44.

[78] 刘孝谦，高俊刚，杨建波，等. 硬脂酸镧/己二酸钙/己二酸锌复合热稳定剂对聚氯乙烯性能的影响. 中国塑料，2012，26 (9)：88-92.

[79] Blewett C W, Rhodes P H. US 3859236, 1975-01-07.

[80] Taylor R M, Taylor M L, Fairlie D P, et al. US 2006/0173073 A1, 2006-08-03.

[81] 杨汉民，李金林，刘浩文. CN 200910272545. 7. 2009-10-27.

[82] 谢兆雄，何辉忠，韩锡光，等. CN 200810071953. 1 . 2008-10-17.

[83] 蒋平平，宋银银，董玉明，等. CN 201010572210. X. 2010-12-03.

[84] Atek D, Belhaneche-Bensemra N. FTIR investigation of the specific migration of additives from rigid poly (vinyl chloride). Polymer Degradation and Stability, 2005, 41: 707-714.

[85] 徐晓鹏，陈思，唐伟 ，等. 油酸季戊四醇单酯在钙/锌复合热稳定剂中的应用. 塑料，2012，41 (2)：64-66，93.

[86] Egbuchunam T O, Balkose D, Okieimen F E, et al. Effect of zinc soaps of rubber seed oil (RSO) and/or epoxidised rubber seed oil (ERSO) on the thermal stability of PVC plastigels. Polymer Degradation and Stability, 2007, 92: 1572-1582.

[87] 山西省化工研究所.塑料橡胶加工助剂.北京：化学工业出版社，1994.
[88] 杨士亮，杨宏伟，马玉红，等.塑料润滑剂的发展现状及应用.广州化工，2013（2）：20-21.
[89] 葛铁军，孔俊嘉.新型塑料润滑剂的研制及其在聚丙烯中的应用.沈阳化工大学学报，2013（1）：50-53.
[90] 张启兴.润滑剂在PVC塑料加工中的应用.聚氯乙烯，2010（8）：31-32.
[91] 刘芳，李杰，时凯.塑料润滑剂及润滑作用的理论与应用概述.聚氯乙烯，2008（8）：29-33.
[92] 塑料在加工成型时润滑剂的选用原则.聚合物与助剂，2007（5）：41-42.
[93] 邓如生，孙寅.润滑剂TAF在改性工程塑料中的应用.塑料加工，2007，42（1）：28-30.
[94] 彭少贤，张传吉，张燕.塑料加工用润滑剂.塑料助剂，2006（3）：47-49.

（夏建陵，贾普友，曹引梅，李梅）

第五章 木本油脂基润滑油

润滑油是用在各种类型机械上以减少摩擦，保护机械及加工件的液体润滑剂，主要起润滑、冷却、防锈、清洁、密封和缓冲等作用。润滑油广泛应用在汽车、机械加工、交通运输、冶金、煤炭、建筑等行业，随着工业的发展，润滑油的需求量逐年增加。

润滑油主要由基础油和添加剂组成，其中，基础油占70%～99%，添加剂占1%～30%。现在应用最多的润滑油是矿物油基润滑油，但由于润滑油泄漏、挥发，给环境带来了不利影响，尤其是对动物和水生植物的影响较大。绿色可生物降解润滑油具有环境友好、可生物降解、低毒、不会在生物体内聚集等优点，20多年来，可生物降解润滑油的发展迅速，已形成润滑油发展的一大潮流。从发展的趋势来看，具有生物降解性的环保型润滑油及其添加剂必将取代现有的润滑油[1]。

第一节 木本油脂基润滑油基础油

基础油是组成液体润滑油的主要成分。天然植物油、合成酯类油具有优良的生物降解性能，是基础油的替代品种，另外合成烃、聚醇等其他一些品种也有作为环境友好润滑油的潜力。目前国内外对环境友好型基础油的研究主要集中在合成酯、植物油和其他一些基础油，如聚二醇、聚α-烯烃（PAO）等方面，其中广泛应用的基础油主要是合成酯和植物油[2-4]。基础油主要分为以下五类。

Ⅰ类基础油是主要用物理方法提炼生产的，在生产过程中并不会改变原材料的分子化学结构，一切性能都基于原材料，原材料性能好，这类基础油性能就好点，反之亦然。

Ⅱ类基础油是使用化学方式生产的，采用组合工艺（溶剂工艺和加氢工艺结合）生产所得，性能不受原料性能的限制，能改变原来的分子化学结构。Ⅱ类基础油中饱和烃的含量更高一些，热安定性和抗氧化性都比较好，低温和烟炱分散性能都优于Ⅰ类基础油。

Ⅲ类基础油是用全加氢工艺制得的，与Ⅱ类基础油相比，属高黏度指数的加氢基础油，又称非常规基础油（UCBO）。Ⅲ类基础油在性能上远远超过Ⅰ类基础油和Ⅱ类基础油，尤其是具有很高的黏度指数和很低的挥发性。

Ⅳ类基础油指的是PAO合成油。常用的生产方法有石蜡分解法和乙烯聚合法。PAO依聚合度不同可分为低聚合度、中聚合度、高聚合度，分别用来调制不同的油品。这类基础油与矿物油相比，无S、P和金属，由于不含蜡，倾点极低，通常在−40℃以下，黏度指数一般超过140。

Ⅴ类基础油是指除Ⅰ～Ⅳ类基础油之外的其他合成油（合成烃类、酯类、硅油等）、植物油、再生基础油等。

各类基础油的理化性质见表8-5-1。

表8-5-1 各类基础油的理化性质

项目	矿物油	聚醚	合成酯	植物油
密度(20℃)/(kg/m)	880	1100	930	940
黏度指数	100	100～200	120～220	100～250
剪切稳定性	好	好	好	好
倾点/℃	−15	−40～20	−60～20	−20～10
与矿物油相溶性		不溶	好	好
水溶性	不溶	易溶	不溶	不溶

续表

项目	矿物油	聚醚	合成酯	植物油
可生物降解性/%	10～30	11～99	10～100	70～100
氧化稳定性	好	好	好	差
水稳定性	好	—	好	差
相对成本	1	2～4	4～20	2～3

一、合成酯基础油

合成酯基础油不仅具有众多矿物基础油无可比拟的环境优越性能，还能以来源广泛的可再生资源为原料制成环境兼容型润滑油（EAL）的基础油，具有很大的市场潜力。在第二次世界大战期间，德国在喷气式飞机发动机上首次应用了合成酯作润滑油。此后随着涡轮喷气式发动机的发展，对航空润滑油提出了耐高温、低温的苛刻要求，此时一般矿物润滑油已不能满足，从而加速了合成酯的发展。合成酯根据不同的分子结构和组成通常可分为五类：单酯、双酯、芳香酯（苯二甲酸酯和偏苯三酸酯）、多元醇酯、复合酯。木本油脂的下游产品脂肪酸和醇类化合物发生酯化反应可生成各种合成酯基础油，如新戊二醇二油酸酯、三羟甲基丙烷三油酸酯、季戊四醇四油酸酯、甘油 C_8～C_{10} 脂肪酸酯等。

合成酯基础油主要有以下几个特性[5]。

1. 合成酯基础油具有优良的黏温性能与低温性能

合成酯基础油的倾点远低于矿物油，但黏度指数高于矿物油。合成酯的物理化学性质与其结构组成有密切关系：分子链长增加，黏度和黏度指数增大，倾点升高；分子含异构化侧链，黏度和黏度指数增大，倾点下降，但侧链离酯基越远，对黏度和黏度指数的影响越小；双酯的黏度较小，但黏度指数较高，一般都超过 120，高的可达 180。双酯的倾点一般都低于－60℃，而闪点则通常超过 200℃，这是同黏度矿物油很难达到的。多元醇酯的黏度较双酯大，黏度指数低于双酯，但高于同黏度的矿物油，倾点也远低于矿物油。复酯的黏度高，但倾点低，黏度指数高，一般用作调和组分，提高油品黏度。

2. 合成酯基础油具有良好的热氧化安定性

植物油的热分解温度一般在 260～340℃，双酯的热分解温度比同黏度的矿物油要高。多元醇酯的热分解温度都在 310℃以上。酯类油的热安定性与酯的结构有较大关系，酯的结构不同，在高温下热分解机理不同。研究表明，支链醇和纯油酸反应制得的合成酯具有很好的性能，纯油酸的使用提高了酯类油的热氧化安定性。

3. 合成酯基础油具有极好的生物降解性能

合成酯的生物降解性与其化学结构有很大关系，大多数合成酯的生物降解性比较好。一般情况下直链非芳烃的短链分子更容易降解，所以作为环境友好润滑油基础油的合成酯一般为双酯或多元酯。酯基（—COOR）的存在为微生物攻击酯分子提供了活化点，使得酯分子具有可生物降解性。S. J. Randles 对不同结构的酯类化合物的生物降解性进行了研究，发现支链和芳烃的引入会降低合成酯的生物降解性。不同合成酯的可生物降解性见表 8-5-2，从表中降解率数据可以看出，最适合用作绿色润滑剂的合成酯一般是双酯和多元醇酯。

表 8-5-2　不同合成酯的可生物降解性

合成酯类型	生物降解性试验方法	
	OECD301B(20d)/%	CECL-33-A-93(21d)/%
单酯	30～90	70～100
双酯	10～80	70～100

续表

合成酯类型	生物降解性试验方法	
	OECD301B(20d)/%	CECL-33-A-93(21d)/%
苯二甲酸酯	5～70	40～100
偏苯三酸酯	0～40	0～70
直链多元醇酯	50～90	80～100
支链多元醇酯	0～40	0～40
复合酯	60～90	70～100

4. 合成酯基础油具有优良的摩擦润滑特性

合成酯的润滑性能优于矿物油和聚 α-烯烃。合成酯的分子结构中含有较高活性的酯基，易于吸附在金属表面形成牢固的润滑剂膜；有助于增加添加剂和油泥的溶解度，防止油泥的生成。多元醇酯的润滑性能优于双酯。在同一类型酯中，长链酯较短链酯润滑性好，见表 8-5-3。

表 8-5-3　合成酯的润滑性能

名称	四球试验			高频往复(SRV)实验	
	最大无卡咬负荷 P_B/N	烧结负荷 P_D/N	综合磨损值 ZMZ/N	磨痕直径 d/mm	摩擦系数
精制矿油	392	1236	182	0.54	0.135
三羟甲基丙烷酯(C_7～C_9)	441	1372	198.9	0.42	0.07
季戊四醇酯(C_5～C_8)	392	1224	222.5	0.41	0.08
双季戊四醇酯(C_5～C_8)	490	—	248.9	0.38	0.07
癸二酸二-2-乙基己酯	313.6	1234.8	227.4	0.47	0.08
新戊基二元醇双酯(C_9)	372.4	1568	309.7	0.45	0.08
二异十三醇癸二酸酯	392	1234.8	270.5	0.34	0.08
三羟甲基丙烷己二酸 C_7 酸复酯	617.4	1960	360.6	0.37	0.08

5. 合成酯基础油具有较低的挥发性

合成酯的高温蒸发损失低于相同黏度下的矿物基础油和聚 α-烯烃，合成酯能在比矿物油工作温度更高的温度下工作。

6. 合成酯基础油具有较低的毒性

酯类基础油对皮肤具有较低的刺激性。部分酯类油的毒性见表 8-5-4。

表 8-5-4　酯类基础油毒性

名称	毒性
癸二酸二乙基己酯	LD_{50} 1280mg/kg
苯二酸二乙基己酯	TDLO(产生毒性效应的最低剂量)143mg/kg
三羟甲基丙烷三己酰酯	鼠口服 56.3mL/kg 全部存活
甘油 C_8～C_{10} 脂肪酸酯	鼠口服 28.22mL/kg 全部存活
三羟甲基丙烷三油酸酯	鼠口服 56.3mL/kg 全部存活

尽管合成酯用作绿色润滑剂基础油有很多优点，但合成酯的水解安定性较差，而且相对价格较高，与天然植物油相比其相对成本比较高，这在很大程度上限制了其进一步的推广使用。

二、植物油基础油

早在公元前，橄榄油、棕榈油等木本油脂和菜籽油、蓖麻油等草本油脂已经被直接用作润滑剂，但是由于这些天然油脂有氧化安定性差等缺点，使用过程中发生腐败和变质，一部分会转化成酸性物质，对金属表面造成腐蚀。到19世纪的工业革命，人们开始依赖石油基矿物油来满足对廉价、耐热、抗氧化润滑剂的需求。1920年以来发展起来的汽车工业进一步推动了石油基润滑剂的发展。近年来由于环保的需求，将植物油用作可生物降解润滑剂的基础油又逐渐引起人们的重视。

现在市场上有许多品牌的可生物降解润滑剂采用植物油作基础油。植物油用作绿色润滑剂基础油的主要特性有以下几点：a.具有优良的润滑性能，黏度指数高，无毒且易生物降解（生物降解率在90%以上）；b.资源丰富且可再生，价格比合成酯低廉；c.热氧化稳定性、水解稳定性和低温流动性差，不足以使其应用于循环系统。

目前可用作生物降解润滑剂基础油的木本油脂有棕榈油、椰子油、桐油、橄榄油，草本油脂有菜籽油、葵花籽油、大豆油、蓖麻油、花生油等种类。菜籽油、葵花籽油在欧洲应用最多，这主要是因为其热氧化稳定性在某些应用领域是可以接受的，且其流动性能优于其他植物油。

植物油的主要成分是三脂肪酸甘油酯。构成植物油分子的脂肪酸有油酸、亚油酸、亚麻酸、棕榈酸、硬脂酸以及羟基脂肪酸如蓖麻酸、芥酸等，而且不饱和酸含量越高，其低温流动性就越好，但氧化安定性就越差。一般在植物油中，含有大量的C═C键（碘值一般在100以上），所以在植物油分子中存在大量活泼的烯丙基位，而氧化的机理一般是自由基反应机理，这正是其氧化安定性差的主要原因，尤其是含二个和三个双键的亚油酸和亚麻酸的成分，在氧化初期就被迅速氧化，同时对以后的氧化反应起到引发作用。

三、改性植物油基础油

植物油在自身的性能方面还有一定的局限性，如植物油的氧化稳定性较差，这样在使用中会产生油泥和沉积，将对润滑油的性能产生很大的影响。另外，植物油还存在水解安定性差、低温流动性差、与矿物油相比存在起泡多、过滤性差等缺点。通过对植物油的化学改性可以提高其某些方面的性能，如氧化稳定性、黏度等，但要使植物油在作润滑剂基础油时的各方面性能趋向完善，就需要加入具有不同作用的各种添加剂来实现，目前一般有三种途径改性植物油基础油。

（一）生物技术改性基础油

基础油中的植物油氧化安定性较差是由于植物油中的C═C，因此利用遗传基因改性增加一元不饱和组分，减少多元不饱和组分，减少C═C，可以使植物油具有更好的氧化稳定性。目前，国外利用生物技术进行植物油改性主要是针对高油酸含量的葵花籽油、菜籽油和大豆油等草本油料[6]，对木本油料的生物技术改性还未见报道。J. Fernández-Martínez 等[7]对高油酸含量的葵花籽进行遗传分析，得到了主导高油酸含量的主控基因，通过试验重组了内部基因序列，从中得到了高油酸植物。H. Kab 等[8]培养出油酸含量大于90%的葵花籽油，而硬脂酸含量仅为1.0%～1.5%。改性后，热氧化安定性和低温性明显提高。另外，Saurabh S. Lawate 等[9]介绍了一种食品级润滑油，可用作环境友好型的液压油、齿轮油、压缩机油。这种油品包括经过遗传基因改性的植物油基础油，选用了高油酸葵花籽油、高油酸棉籽油和高油酸大豆油。James W. Lambert 等[10]使用高油酸的植物油研制了内燃机润滑油，其中高油酸植物油占组分的68%～90%，具有良好的润滑、热传导和生物降解性。

（二）外加添加剂改性基础油

润滑油的添加剂品种繁多，功能各异，从功能上来看可以分为两大类：一类是改善润滑油物理性能的，有黏度指数改进剂、油性剂、降凝剂和抗泡剂等，它们能使润滑油分子变形、吸附、增溶；另一类是改善润滑油的化学性质的极压抗磨剂、抗氧剂、抗氧抗腐剂、防锈剂和清净分散剂等，它们本身可以与润滑油发生化学反应从而改变润滑油的性能。目前研究较多的添加剂主要是减摩抗磨极压添加剂和抗氧化添加剂两种。

黄伊辉等[11]合成了2-乙羟基-吗啡啉二硫代氨基甲酸酯（HMCT）和2-乙羟基-二正丁胺基二

硫代氨基甲酸酯（HDCT），作为抗磨剂加入菜籽油中，结果表明，菜籽油对这两种物质具有良好的感受性，可有效提高菜籽油的摩擦学性能。朱立业等[12]合成了一种含酯基的功能化离子液体，作为菜籽油的添加剂有显著的减摩和抗磨效果。范成凯[13]设计、合成了9种含硫、氮元素的硼酸酯类添加剂加入菜籽油中，均改善了菜籽油抗磨减摩性能，随着硼酸酯类添加剂烷基链的增长，减摩性能减弱，极压性能降低。方建华等[14]以环氧油酸甲酯作为添加剂，加入菜籽油中，结果证明，能够改善极压抗磨和减摩性能。Bhaumik 等[15]将不同浓度的氧化锌纳米摩擦改进剂加入蓖麻油和矿物油中，发现加入 0.1%摩擦改进剂后蓖麻油的摩擦系数更小，且纳米粒子添加剂在植物油中的分散程度越高，对纳米粒子的磨损越小，说明蓖麻油可以作为一种绿色润滑油基础油。在润滑油中添加金属钝化剂后可使环境中的铁、铜和锰等金属离子形成络合物，抑制金属离子对自由基氧化反应的催化作用，提高植物油的氧化安定性[16]。

（三）化学改性基础油

植物油的物理性质可以通过改变其化学结构来改变，如：提高其支链化程度可以获得出色的低温性能，提高水解稳定性和降低黏度指数，高线性的分子结构则会提高植物油的黏度系数；低饱和度的脂肪酸可以增强植物油的低温性能，而高饱和度的脂肪酸则可以提高植物油的氧化稳定性。因此，通过化学改性可以提高植物油的热稳定性、氧化稳定性和水解稳定性[17]。

1. 选择性氢化反应

选择性氢化就是有针对性地进行氢化，因此产品中还存在部分不饱和双键。选择性氢化在润滑油合成领域有着巨大的应用前景。选择性氢化可将天然油脂中的多不饱和脂肪酸，如亚麻酸、亚油酸等，转变成单不饱和脂肪酸，这样不会影响润滑油的低温性能。但选择性氢化也会产生顺反构型异构体。直到现在，对于选择性氢化的研究仍在进行。植物油选择性氢化的研究集中在豆油、菜籽油等草本油脂中。Hemendra 等[18]通过选择性氢化的方法对植物油双键加氢进行研究。Gomes[19]利用加氢的方法大大提高了菜籽油的抗氧化稳定性。Ravasio Nicoletta 等[20]对植物油的选择性氢化进行了研究，优化了催化剂载体、制备方法和活化处理过程，评估了催化剂的活性和选择性。A. T. Honary Lou 等[21]介绍了一种氢化大豆油作基础油的液压油，其基础油黏温性能得到很大提高，黏度变化率降低了 50%。同时对比了基础油中加入不同添加剂后的黏度变化率。其中加入添加剂后黏度变化率变为 4.6%，可见以氢化大豆油为基础油的液压油特别适合用于环境温度变化很大的液压系统。

木本油脂的选择性氢化反应报道较少。Shomchoam 等[22]通过使用 $Pd/\gamma\text{-}Al_2O_3$ 催化剂进行部分加氢来提高棕榈油的氧化稳定性，多不饱和脂肪酸被转化为单一的不饱和脂肪酸，而不再继续降低体系的不饱和度，提高了润滑剂的抗氧化能力。

2. 支链化

支链化脂肪酸酯由于空间位阻的增加，具有良好的物理特性，如极佳的低温性能和更强的水解稳定性等。较低的倾点、良好的流动性，以及较高的稳定性和高闪点使支链脂肪酸酯在润滑油领域有着良好的应用前景。目前支链化手段主要有以下几种[23]。

（1）加氢甲酰基化　油酸甲酯在钴和铑复合物催化作用下转变成支链脂肪酸酯，支链化过程如图 8-5-1 所示[24]。

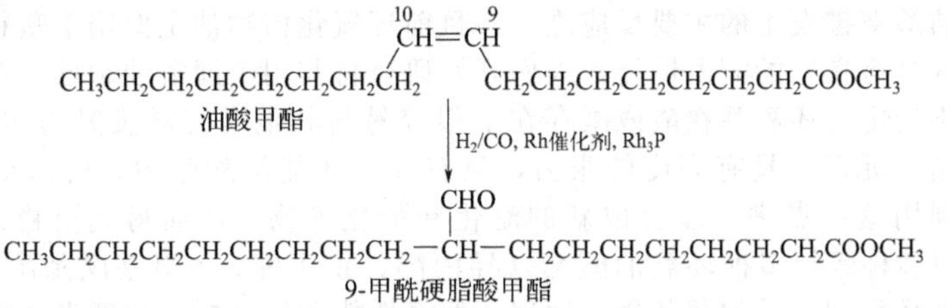

$$\begin{array}{c} \overset{10}{C}H{=}\overset{9}{C}H \\ CH_3CH_2CH_2CH_2CH_2CH_2CH_2CH_2 \qquad CH_2CH_2CH_2CH_2CH_2CH_2CH_2COOCH_3 \end{array}$$

油酸甲酯

↓ H_2/CO, Rh催化剂, Rh_3P

$$\begin{array}{c} CHO \\ | \\ CH_3CH_2CH_2CH_2CH_2CH_2CH_2CH_2CH_2{-}CH{-}CH_2CH_2CH_2CH_2CH_2CH_2CH_2COOCH_3 \end{array}$$

9-甲酰硬脂酸甲酯

图 8-5-1　油酸甲酯加氢甲酰基化反应过程

（2）共聚作用　在 $RhCl\cdot 3H_2O$ 作用下，乙烯与亚油酸衍生物发生共聚反应，反应过程如图 8-5-2 所示[25]。亚油酸甲酯首先通过异构化反应转变为共轭亚油酸甲酯，然后与乙烯反应得到乙烯十八碳二烯酸甲酯。支链位置可能在 9 位，也可能在 10 位，图 8-5-2 为支链在 9 位上的情况。乙烯与亚油酸衍生物发生共聚反应的转化率高达 95%。

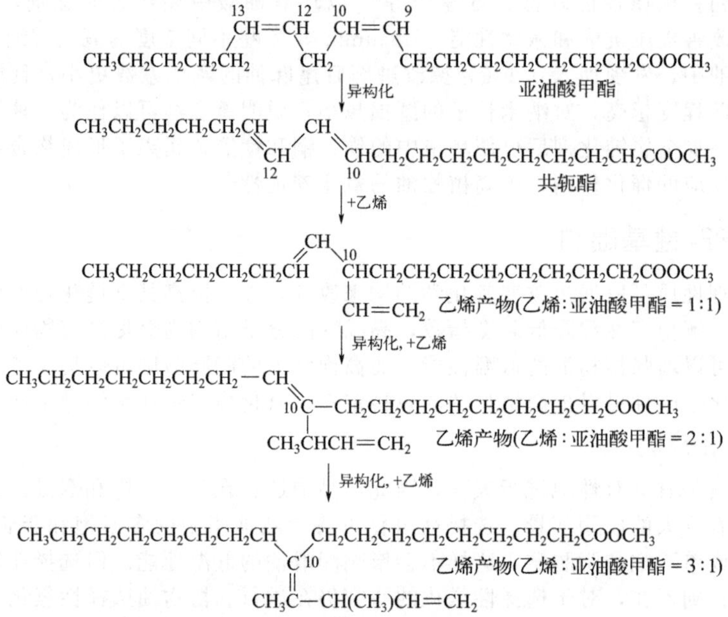

13　12　10　9
$CH=CH$　$CH=CH$
$CH_3CH_2CH_2CH_2CH_2$　CH_2　$CH_2CH_2CH_2CH_2CH_2CH_2CH_2COOCH_3$
亚油酸甲酯
↓ 异构化
$CH_3CH_2CH_2CH_2CH_2CH$　CH
CH　$CHCH_2CH_2CH_2CH_2CH_2CH_2CH_2CH_2COOCH_3$
12　10
共轭酯
↓ +乙烯
CH
$CH_3CH_2CH_2CH_2CH_2CH_2CH$　$CHCH_2CH_2CH_2CH_2CH_2CH_2CH_2CH_2COOCH_3$ 10
$CH=CH_2$　乙烯产物(乙烯∶亚油酸甲酯 = 1∶1)
↓ 异构化, +乙烯
$CH_3CH_2CH_2CH_2CH_2CH_2CH_2-CH$
10 $C-CH_2CH_2CH_2CH_2CH_2CH_2CH_2CH_2COOCH_3$
$CH_3CHCH=CH_2$　乙烯产物(乙烯∶亚油酸甲酯 = 2∶1)
↓ 异构化, +乙烯
$CH_3CH_2CH_2CH_2CH_2CH_2CH_2CH$　$CH_2CH_2CH_2CH_2CH_2CH_2CH_2COOCH_3$
C 10　乙烯产物(乙烯∶亚油酸甲酯 = 3∶1)
$CH_3C-CH(CH_3)CH=CH_2$

图 8-5-2　亚油酸甲酯与乙烯的共聚反应过程

（3）弗瑞德-克莱夫特烷基化反应　弗瑞德-克莱夫特烷基化是制备支链脂肪酸酯及其衍生物的手段之一。在 $Et_2Al_2Cl_3$ 作用下，油酸与异丙醇氯甲酸酯反应生产 1∶1 的 9 位和 10 位异构体，反应得率约 72%，反应过程见图 8-5-3[26]。

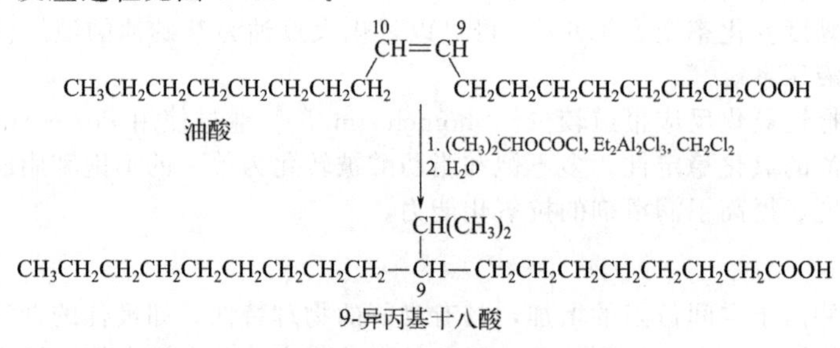

图 8-5-3　油酸的弗瑞德-克莱夫特烷基化反应过程

3. 环氧化反应

根据有机化学的反应原理，植物油中的双键很容易与过氧酸发生环氧化反应，从而使双键减少。环氧化是脂肪酸双键发生的主要反应之一。目前环氧化植物油主要用于塑料制品和稳定剂制品等领域，由于其具有良好的润滑性能，人们开始研究将其用于润滑油领域。但环氧化油脂和环氧化脂肪酸酯并不稳定，环氧基在酸或碱存在下很容易与其他含有活泼氢的物质发生开环反应，这是由于环氧基是三元环，具有高度的张力，只有开环才能解除张力，所以很容易发生化学反应。也可以考虑利用这一点进一步合成新的醚化和酯化产物，从而得到更稳定的改进油脂[27]。Moser 等[28,29]使用多种醇与多种环氧油酸酯（异丙酯、正丁酯、2-甲基戊基酯、2-乙基丁酯、2-乙基己基）进行开环得到一系列羟基醚，发现从低温性能和经济标准角度来看采用 2-乙基己醇与环氧油酸乙基己酯反应制备羟基醚最好，倾点为 −29℃。任庆功等[30]用生物柴油、甲酸和过氧化氢合成环氧生物柴油，然后再以 D001 树脂为催化剂，与异辛醇开环合成醚化产物，能改善热稳定性、低温流动性、闪点、氧化安定性、摩擦性能，可以作为润滑油基础油使用。

环氧脂肪酸酯可被有机酸或酸酐酰化制备脂肪酸单酯、二酯和三酯。郭瑞华[31]以过氧甲酸法制备的环氧棕榈油为原料，在无催化剂条件下使其与乙酸作用发生开环反应制备乙酸异构酯，其黏温性能、安全稳定性等优于市售石油基润滑剂。Moser 等[32]将环氧油酸丙酯、环氧油酸异丙酯、环氧油酸辛酯、环氧油酸 2-乙基己酯与正丙酸、正辛酸在 100℃、无催化、无溶剂状态下进行开环反应，生成油酸二酯，反应 8～9h，收率为 70%～93%，倾点为－42～－11℃。研究发现，增加中链酯的链长和增加端链酯的分支对双酯的低温性能有积极的影响，降低中链酯的链长可提高其氧化稳定性。此外，中链酯比端链酯对氧化稳定性的影响更大。Kleinova 等[33]使用乙酸或己酸对环氧油酸甲酯进行开环，再与月桂酰氯和棕榈酰氯反应，制备油酸三酯，制备的三酯的黏度和氧化稳定性均有所提高。在四球机上进行的润滑试验表明，与无添加剂的矿物基础油相比，合成的三酯具有更好的摩擦学特性。Salimon 和 Salih 等[34-38]使用一系列的有机酸（C_8、C_9、C_{12}、C_{16}、C_{18}、C_{22}）对环氧化油酸进行开环，再使用醇将开环产物头部羧基酯化，最后与酰氯或有机酸反应生成油酸三酯衍生物，反应过程如图 8-5-4 所示。实验发现：a. 增加中链酯的链长对低温性能有利，对热氧化稳定性不利；b. 当中链酯的链长相同时，极性小的合成酯的低温性能和热氧化稳定性较好，即三酯优于二酯，二酯优于单酯。这说明氢键是影响合成酯低温性能和氧化稳定性的关键因素。

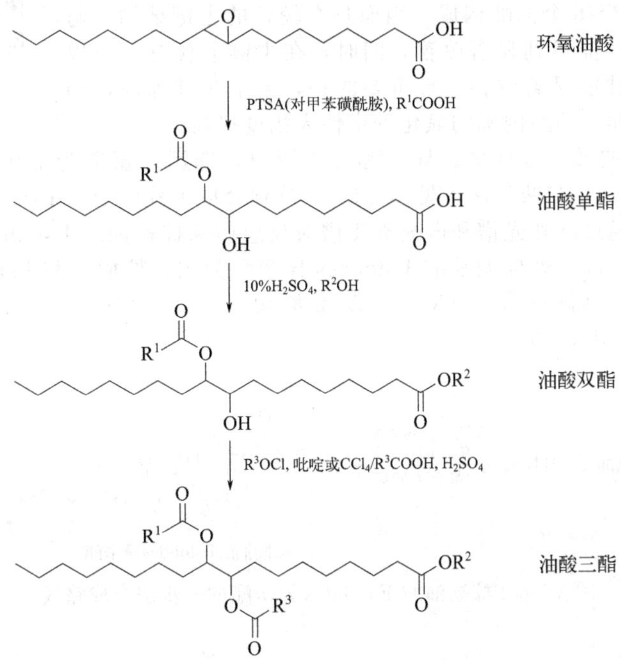

图 8-5-4　油酸三酯的制备过程

4. 酯化和酯交换反应

利用植物油制备多元醇酯主要有两个途径：一是由油脂制得脂肪酸，然后与多元醇进行酯化；二是将油脂转变为甲酯后，与多元醇进行酯交换。酯化可以提高基础油的饱和度，改变其理化性能。

何节玉等[39,40]以椰子油脂肪酸和季戊四醇为原料，对甲苯磺酸为催化剂，甲苯为带水剂，通过回流分水酯化法合成了椰子油脂肪酸季戊四醇酯，可作为生产绿色酯类润滑油的基础油。他们又合成了椰子油脂肪酸己二酸三羟甲基丙烷复合酯，该复合酯具有良好的流变学性能和热稳定性。

三羟甲基丙烷脂肪酸三酯是一类性能优良的绿色酯类润滑油。Yunus Robiah 等[41]以棕榈油脂肪酸甲酯和棕榈仁油脂肪酸甲酯为原料，经酯交换反应已经合成出棕榈油和棕榈仁油脂肪酸的单酯、二酯和三酯，由对比可得，三酯与单酯、二酯相比具有更好的高温稳定性和润滑性能，并且可生物降解，可以作为可生物降解润滑剂的基础油使用。汪勇等[42]以棕榈油制得的生物柴油为原料，与三羟甲基丙烷（TMP）发生酯交换反应制备三羟甲基丙烷棕榈油酸三酯，比较了常见的6种碱性催化剂（NaOH、KOH、Na_2CO_3、K_2CO_3、$NaHCO_3$、$KHCO_3$）和2种自主合成的TMP碱性催化剂（TMP-K、TMP-Na）的酯交换效果，发现TMP-K和TMP-Na相比于6种无机盐催化剂，由于更易溶解在体系中，催化效果更好，在大幅缩短反应时间的同时，酯的收率高达90.1%。Ivan-Tan等自主合成了CaO和SrO的复合非均相催化剂，当催化剂用量为1%，棕榈酸甲酯与TMP的物质的量之比为6∶1，反应温度为180℃时，真空下反应6h，酯的收率可达88.5%。

5.双键与羧基的加成反应

除对植物油不饱和双键进行加氢、环氧化来改善氧化安定性之外，双键与羧基的加成也是一种可行的解决方法[43]。从20世纪90年代起，美国农业研究局国家农业利用研究中心（USDA）的C. Stevenc等[44,45]通过植物油酸加成反应制备了一种具有独特结构的脂肪酸低聚物，分子结构如图8-5-5所示。其中，n是大于等于0的整数，m是大于等于1的整数，R^1～R^4是独立的直链或支链烷烃。通常情况下，脂肪酸内酯（Estolides酯）由2～5个油酸构成，因而具有较长的主链结构，与油酸单酯相比，黏温性能得到显著改善，同时，在主链上含有2个以上长烷基侧链，低温性能显著改善。最重要的是，由于羧基加成，油酸分子中双键得到饱和，油酸内酯的氧化安定性大幅度提高。

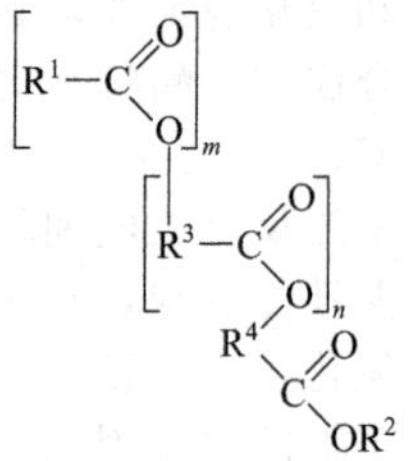

图8-5-5　脂肪酸内酯（Estolides酯）的结构式

孟冬梅[46]以棕榈油酸、月桂酸、异辛醇等为原料，选用高氯酸为催化剂，利用微波加热，采用一步法（见图8-5-6）和两步法（见图8-5-7）分别合成了棕榈油酸Estolides酯。对产物进行了分子蒸馏提纯，并通过红外光谱和电喷雾质谱对反应产物棕榈油酸Estolides异辛酯进行分析，结果显示聚合物的组成以二聚棕榈油酸Estolides异辛酯为主。棕榈油酸Estolides异辛酯是优良的绿色润滑油基础油，其倾点为−29℃，运动黏度100℃时17.15mm^2/s，40℃时为114mm^2/s，黏度指数为165，闪点高于300℃。

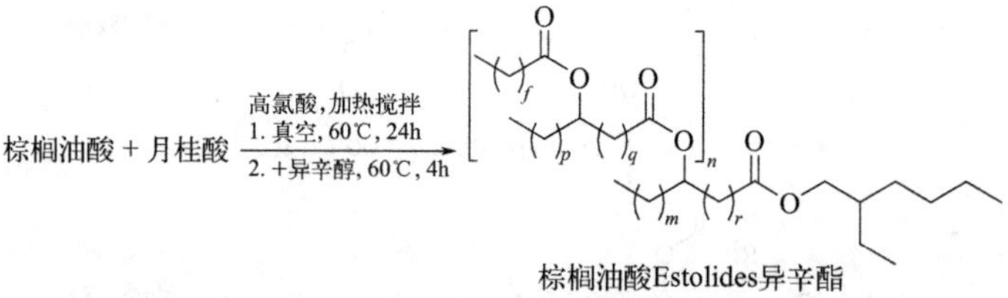

图8-5-6　棕榈油酸Estolides异辛酯的一步法合成路线

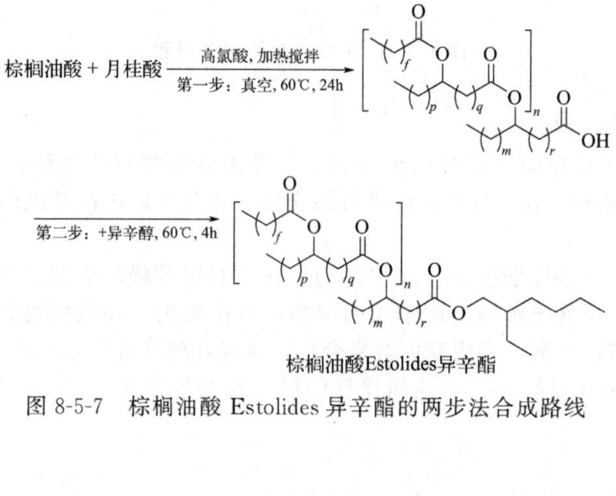

图8-5-7　棕榈油酸Estolides异辛酯的两步法合成路线

第二节　木本油脂基润滑添加剂

润滑油添加剂是近代高级润滑油的精髓，它的正确选用及合理加入可增强润滑油原有的某种性能，或赋予润滑油新的特殊性能，以满足机械工业更高的要求。传统的石油基润滑油添加剂是难以生物降解的，且其泄漏、溢出或处理不当也会对土壤、水质、空气等生态环境造成不利影响，产生恶劣的环境问题。随着环保要求的日益提高，对环境友好型润滑油添加剂的需求也相应增长，在满足工作性能的同时，其也应具有可生物降解及环境友好的特点，低磷、低硫、低灰分、生物可降解成为未来润滑油添加剂的一个主要发展方向。绿色添加剂研究的一个重要方向是在植物油中引入功能团或将功能团与可生物降解的基团结合，使添加剂不但具有优良的抗磨减摩、抗氧抗腐等综合性能，而且具有可生物降解性。润滑油添加剂按照功能主要分为极压抗磨剂、清净剂、无灰分散剂、抗氧抗腐蚀剂、油性剂、抗氧剂、黏度指数改进剂、防锈剂、降凝剂和表面活性剂等。目前植物油基润滑添加剂的研究主要集中在极压抗磨剂、油性剂和防锈剂方面[47,48]。

一、极压抗磨剂

极压抗磨剂（EP-antiwear agent）是指在高温高压的边界润滑状态下能与金属表面形成高熔点化学反应膜的添加剂，是油性剂失效条件下能起润滑作用的添加剂。

极压抗磨剂的作用机理一般认为添加剂分子首先吸附于金属摩擦副表面，在高温高负荷的条件下，分子中的 S、P、Cl 等活性元素与金属反应，形成具有低剪切强度的消耗保护层，从而达到减少金属摩擦副表面摩擦和损耗的目的[49-51]。

（一）油性极压抗磨剂

植物油基极压抗磨剂主要是在植物油中引入官能团，使添加剂具有优良的抗磨减摩性能。植物油基添加剂主要有硫化植物油、羟基化植物油、硼氮化植物油等。目前硫化植物油已经得到实际应用，其他类型的添加剂仍处于实验室阶段[52]。

1. 硫化植物油

天然植物油中含有大量的不饱和键、酯键，经氧化、加成、酯化、酯交换等反应制备硫化植物油，硫含量为5%～30%，具有抗氧、极压、抗磨、耐腐蚀等性能，是一种优良的润滑油添加剂。

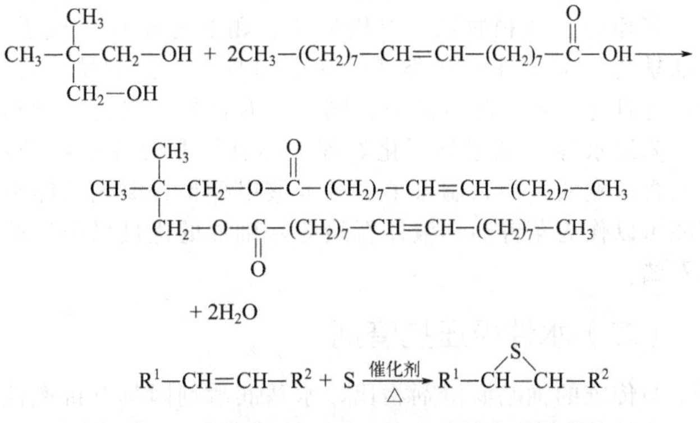

Habiby 等[53]利用硫在 160～200℃下硫化油酸酯，并用于取代鲸鱼油作为极压添加剂，合成路线见图 8-5-8。Zipf 等[54]则先用含碳原子 10～18 的一元羟基醇和含碳原子 12～24 的一元羧酸制成酯，再将其和固体脂肪混合制成固体添加剂，再将该物质通过硫化、氯化或磷化等化学反应来制备极压添加剂。郝振强等[55]采用单质硫硫化天然植物油脂制备含硫极压添加剂，2%的添加量即使基础油的磨斑直径由 0.83mm 降为 0.45mm，极压抗磨性优于进口极压剂。

$$CH_3-\underset{\substack{|\\CH_2-OH}}{\overset{\substack{CH_3\\|}}{C}}-CH_2-OH + 2CH_3-(CH_2)_7-CH=CH-(CH_2)_7-\overset{\substack{O\\\|}}{C}-OH \longrightarrow$$

$$CH_3-\underset{\substack{|\\CH_2-O-\underset{\substack{\|\\O}}{C}-(CH_2)_7-CH=CH-(CH_2)_7-CH_3}}{\overset{\substack{CH_3\\|}}{C}}-CH_2-O-\overset{\substack{O\\\|}}{C}-(CH_2)_7-CH=CH-(CH_2)_7-CH_3$$

$$+\,2H_2O$$

$$R^1-CH=CH-R^2 + S \xrightarrow[\triangle]{\text{催化剂}} R^1-\overset{\quad S\quad}{CH-CH}-R^2$$

图 8-5-8　硫化新戊二醇二油酸酯的合成路线

2. 羟基化植物油

羟基植物油的润滑机理为植物油分子在摩擦表面发生酯化反应生成聚酯类化合物，其物理吸附在摩擦副表面形成一层吸附膜，减少了金属的摩擦和磨损，氧元素在润滑机理中有着关键作用。由木本植物油深加工得到的十八酸、廿二酸、十八烯酸和廿二烯酸具有一定的抗磨减摩性能。胡志孟等[56]在石油醚溶剂中将不饱和植物油脂肪酸（芥酸或油酸）与浓硫酸在<10℃的温度下混合发生加成反应（硫酸化反应），制备13（14）羟基廿二酸和9（10）羟基十八酸，两种羟基酸具有一定的抗磨减摩性，且长碳链羟基酸的润滑性优于短碳链羟基酸的润滑性。

梁恺等[57]采用油酸、二乙醇胺和五氧化二磷为原料合成油酸二乙醇酰胺磷酸酯（简称OEAP），应用研究结果表明，OEAP作为添加剂可有效促进HVI350矿物润滑油的生物降解，且具有良好的抗磨减摩性能和抗腐蚀性能。当OEAP质量分数为1.5%时，生物降解性由32.51%提高到64.31%。当OEAP的质量分数为1.0%时，油品的PB（最大无卡咬负荷）值最高，达到637N，HVI350的腐蚀级别由1b提高到1a。油酸二乙醇酰胺磷酸酯的合成路线见图8-5-9。

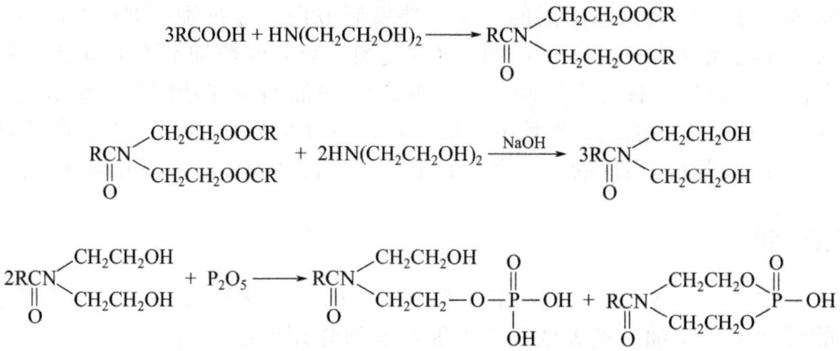

$$3RCOOH + HN(CH_2CH_2OH)_2 \longrightarrow RC(=O)N(CH_2CH_2OOCR)_2$$

$$RC(=O)N(CH_2CH_2OOCR)_2 + 2HN(CH_2CH_2OH)_2 \xrightarrow{NaOH} 3RC(=O)N(CH_2CH_2OH)_2$$

$$2RC(=O)N(CH_2CH_2OH)_2 + P_2O_5 \longrightarrow RC(=O)N(CH_2CH_2OH)(CH_2CH_2{-}O{-}P(=O)(OH){-}OH) + RC(=O)N(CH_2CH_2O)_2P(=O){-}OH$$

图8-5-9　油酸二乙醇酰胺磷酸酯的合成路线

3. 硼氮化植物油

传统含P、S的极压抗磨剂腐蚀性强，环境污染大，已不能适应"绿色润滑"的时代潮流。硼基化合物不仅抗磨减摩性能优越，而且能抑制金属腐蚀和环境污染，是一类高效、多效、环境友好的极压抗磨剂。硼氮化改性植物油的作用成分是硼酸酯，润滑机理为缺电子的硼元素和可以供电子的氮元素形成N-B配位键，长链的植物油分子强烈地吸附于金属表面，使硼更易在摩擦副金属表面形成一层强度高的吸附膜或（和）化学反应膜，提高了植物油的极压抗磨性。

张翔等[58]以植物油、有机醇胺、硼酸为原料合成了一种新型硼氮型润滑油添加剂，在美国石油学会（AP）Ⅰ～Ⅳ类基础油中均具有一定的抗磨性，与胺类抗氧剂具有良好的抗氧协同效应，并具有一定的防锈能力，同时具有良好的热稳定性和水解稳定性。

陈波水等[59]通过环氧化处理、环氧基非对称亲核开环反应和酯化反应在油酸分子双键位置引入含氮硼酸基团，制备了一种油酸甲酯型含氮硼酸酯类化合物（BN）。合成的硼氮化改性油酸甲酯可以作为菜籽油和液体石蜡等基础油的优良极压抗磨添加剂，且菜籽油对其感受性要好于液体石蜡。

（二）水性极压抗磨剂

与传统的油基润滑剂相比，水基润滑剂因具有抗燃性好、污染少、冷却性能好、易洗涤和防腐性能佳等优点，在近20年来获得了越来越广泛的使用。

传统的润滑添加剂大多是油溶性的，对油溶性的添加剂进行改性，提高其在水中溶解度的同时，保持或进一步改善其润滑性能已经成为发展水基润滑添加剂的方向。分子设计的方法就是使添加剂分子中含有水溶性的亲水基团，含有油溶性的憎水基团及吸附基团，含有抗磨、极压作用的反应基团。水溶性脂肪酸及其盐作为润滑添加剂具有突出的优点，合成工艺较为成熟，不同的链长使脂肪酸（盐）具有一定的选择性，是目前工业实践中应用最为广泛的一类水基添加剂[60]。

陈波水和蒋海珍等[61-64]合成了油酰基谷氨酸、月桂酰基谷氨酸、月桂酰基丙氨酸等多功能润滑油添加剂，并用四球试验机考察了其摩擦磨损性能，结果表明当油酰基谷氨酸水溶液浓度为0.25%时，其水溶液就表现出了较好的减摩特性和抗磨性能，当水溶液的浓度为2%时具有一定的防锈性能和抗菌能力。

严志军等[65]以精制妥尔油和二乙醇胺为主要原料合成妥尔油酸二乙醇酰胺，结果表明：妥尔油酸二乙醇酰胺可以极大地提高水基润滑剂的极压性能，添加量5%时，润滑液的PB值高达1020N；pH满足国标要求；浓度增加至3%后，防锈性能达到A级。其合成路线见图8-5-10。

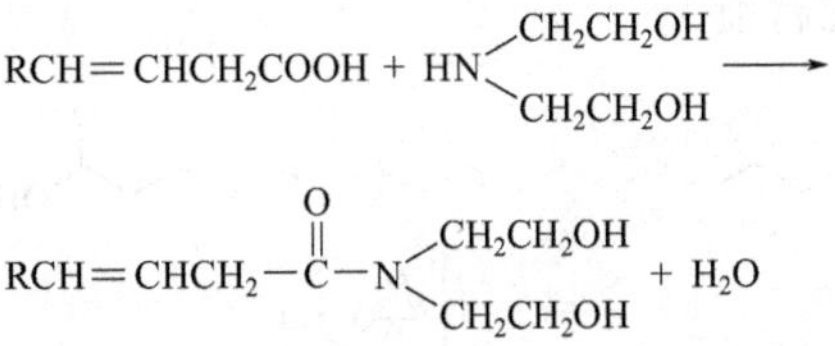

$$RCH{=}CHCH_2COOH + HN(CH_2CH_2OH)_2 \longrightarrow RCH{=}CHCH_2{-}\overset{O}{\overset{\|}{C}}{-}N(CH_2CH_2OH)_2 + H_2O$$

图 8-5-10　妥尔油酸二乙醇酰胺的合成路线

熊丽萍等[66]用油酸和二乙烯三胺合成油酸咪唑啉，考察其用作水基润滑剂的摩擦学性能。结果表明所合成的添加剂作为水基润滑剂具有优良的承载能力和抗磨减摩性能，当添加量为2.0%时，极压值为1048N，在高载荷下表现出很好的极压抗磨性能。其合成路线见图8-5-11。

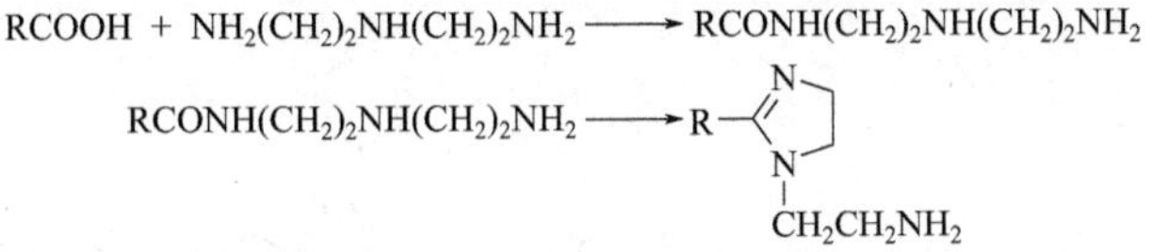

$$RCOOH + NH_2(CH_2)_2NH(CH_2)_2NH_2 \longrightarrow RCONH(CH_2)_2NH(CH_2)_2NH_2$$

$$RCONH(CH_2)_2NH(CH_2)_2NH_2 \longrightarrow R{-}(\text{咪唑啉环})N{-}CH_2CH_2NH_2$$

图 8-5-11　油酸咪唑啉的合成路线

夏建陵[67]以橡胶籽油分离的油酸合成了油酸基阴离子型极压水性润滑添加剂，合成路线如图8-5-12所示。当OA-AMPS（油酸-2-丙烯酰胺-2-甲基丙磺酸共聚物）添加量为0.5%时，水基润滑油的极压值达到431N，较纯水增大3.4倍。

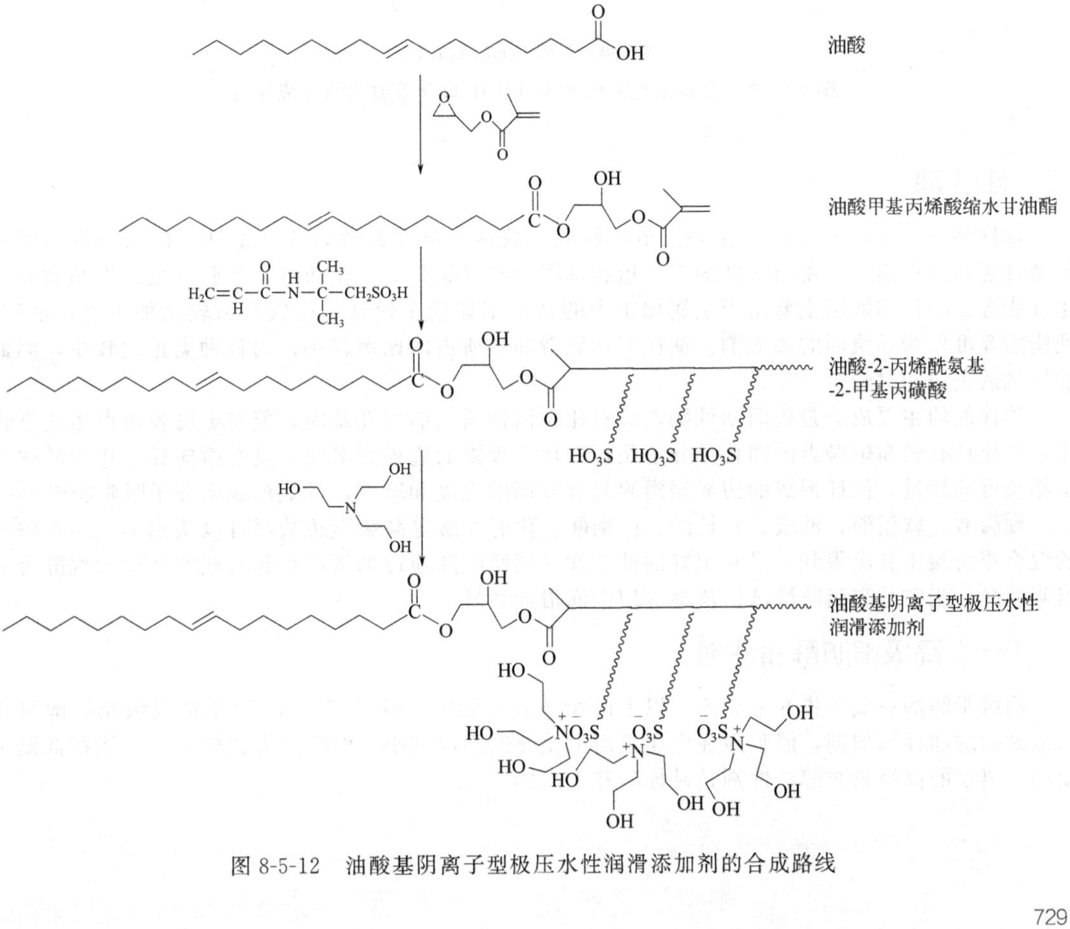

图 8-5-12　油酸基阴离子型极压水性润滑添加剂的合成路线

丁海阳等[68]以橡胶籽油分离的油酸、苯氧基磷酰二氯及聚乙二醇单甲醚等制备了油酸基非离子型水性极压润滑添加剂，合成路线如图 8-5-13 所示。当添加量为 0.5%时，极压值达 988N，与水相比（95N）提高 8.88 倍；摩擦系数和磨斑直径分别降低到 0.048mm 和 0.67mm；铜片腐蚀等级为 1b 级，对铜片基本无腐蚀。

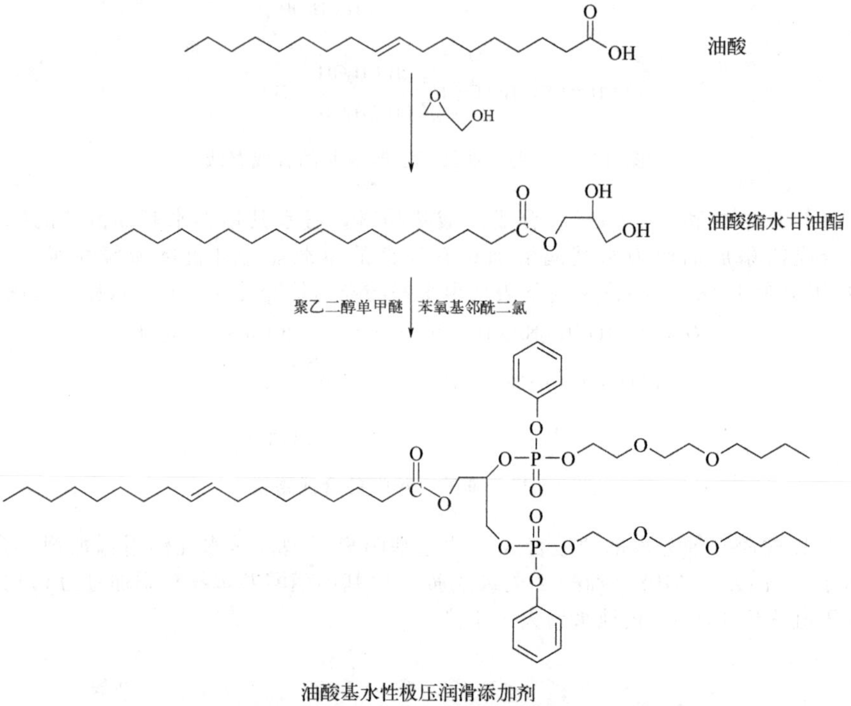

油酸

油酸缩水甘油酯

聚乙二醇单甲醚 | 苯氧基邻酰二氯

油酸基水性极压润滑添加剂

图 8-5-13 非离子型油酸基水性极压润滑添加剂的合成路线

二、油性剂

油性剂（oilness agents），主要是指在较低的载荷、温度和滑动速度条件下提高润滑剂减摩抗磨性能的添加剂。常用的油性剂有动植物油脂、高级脂肪酸、脂肪醇、脂肪酸酯、烷基胺和硫化油脂等。动植物油脂主要用于金属加工中的精加工如精车丝杠、精铰及齿轮精加工等；油酸、硬脂酸等可作为导轨油的添加剂。油性剂在润滑油中所占的比例较小，而且种类也比较少，因此油性剂的关注相对较少[69,70]。

油性剂的主要成分是表面活性物，具有化学活性适当的极性基团，能与金属表面产生化学作用，形成具有较高熔融点的固化单分子层，即化学吸附的边界润滑膜；具有横向黏着作用较强且足够长度的烃链，保证形成的边界润滑膜具有较高的强度和厚度，且能形成多分子吸附膜[71,72]。

硬脂酸、软脂酸、油酸、月桂酸、棕榈酸、蓖麻油酸等高级脂肪酸都可以从木本油脂水解后的混合脂肪酸中分离得到，具有很好的油溶性；脂肪酸酯通过加氢可得到月桂醇和十六烷醇等高级脂肪醇。脂肪酸和脂肪醇已广泛地应用于润滑油领域。

（一）高级脂肪醇油性剂

高级脂肪醇一般是指 6 个碳原子以上的脂肪族一元醇。碳原子数 12 以上的高级脂肪醇可作润滑油脂的油性添加剂，能吸附在金属表面上使摩擦因数减小，但吸附力比较小，只能在低温下使用。典型的高级脂肪醇油性剂是月桂醇和十六醇[73]。

（二）脂肪酸酯油性剂

目前国内市场上的油性剂以脂肪酸酯类产品为主，其优点是具有较小的摩擦因数，但存在常温贮存性差、油溶性差、酸值高（一般在20～50mg/g）等缺点。脂肪酸酯是以天然油脂、饱和或不饱和脂肪酸、糖及石油化工合成的一价或多价醇为原料，经酯化等反应得到。根据反应产物的酯基含量，分为单酯、双酯、多元醇酯和复酯等。

1. 单酯

典型的单酯为油酸、硬脂酸、软脂酸、棕榈酸、月桂酸等与单羟基脂肪醇如辛醇、十二醇等酯化所得。以山苍子核仁油为原料可生产甲基丙烯酸十二醇酯和甲基丙烯酸癸醇酯等润滑油添加剂，使润滑油在−60℃的低温下能减黏不结冻；在高于60℃的温度下，却能增加润滑油的黏度，降低其流溢性，使被润滑的机件保持良好的润滑状态。

2. 双酯

典型的双酯为癸二酸、壬二酸、己二酸、邻苯二甲酸、十二烷二酸、二聚油酸等与单羟基脂肪醇酯化所得到的双酯，或新戊基二元醇、低聚合度的聚乙二醇与单羧基脂肪酸酯化所得到的双酯。

3. 多元醇酯

脂肪酸多元醇酯主要指新戊基多元醇类如三羟甲基丙烷、三羟甲基乙烷、季戊四醇等的酯。新戊基多元醇与C_5～C_{18}的直链或支链脂肪酸合成的阻化酯在高温下不会出现环状中间产物，具有较好的耐高温、抗氧化及抗热分解性能，在轧制油中一般使用这类多元醇酯油性剂。林中华等[74]采用合成脂肪酸酯作为油性剂，与棕榈油进行了一系列的对比试验，结果表明硬脂酸辛酯不仅在改善矿物油的润滑性及与硫、氯极压添加剂的复合效果方面与棕榈油相当，而且改善了抗氧化性，大幅度延长了油品的使用寿命，综合成本显著下降。

4. 烷基胺

烷基胺也是油性剂中有着突出减摩性能的添加剂之一，如水溶性的乙二醇胺类，但其最具代表性的产品还是苯三唑脂肪胺盐。氮氧类添加剂具有优良的摩擦磨损性能，是优良的润滑油添加剂。酰胺类化合物就是其中的一种，这主要是由于酰胺类的化合物具有很大的极性，能够很好地吸附在金属表面，从而起到抗磨的作用。

5. 杂原子型油性剂

在植物油的基础上引入生态毒性相对较小的活性元素如N、S和B等制备的油性剂能够提高润滑油极压抗磨性能，且能满足环保要求。硫化植物油类油性剂就是其中的一种，硫或含硫的化合物与植物油进行反应，可以合成含硫无灰添加剂，具有极压、抗磨、抗氧、耐腐蚀等性能，可用于工业设备润滑油、齿轮油、内燃机油、金属加工用油和润滑脂中。

在脂肪酸中引入硫元素，提高了脂肪酸的减摩性能，其中具有代表性的是硫化油酸聚乙二醇酯。油酸聚乙二醇酯是一种浅黄色透明油状的非离子表面活性剂，它由具有油溶性的烃基基团和聚乙二醇亲水基团组成，具有润滑、乳化、净洗等性能，在润滑油中可作为油性剂、乳化剂使用[73,75]。

三、防锈剂

防锈剂是对金属有很强的吸附力，且能在金属和油的界面上形成紧密的吸附膜，以隔绝水分、潮气和酸性物质侵蚀一些极性化合物，一般都是油溶性的有机表面活性剂。防锈油脂是在第二次世界大战后期逐渐发展起来的，美国是世界上研制防锈油脂较早的国家，而我国从20世纪50年代开始研发和生产防锈油脂[76]。

防锈剂的作用机理是其极性基团吸附在金属表面，形成一层紧密的单分子层或多分子层，阻止水、氧等腐蚀介质与金属表面接触，从而起到防锈作用。另外，防锈剂中的活性基团都是亲水基团，把进入油中的水包围起来形成胶束，从而抑制了水对金属的锈蚀作用。防锈剂的主要类型有羧酸和羧酸盐、酯类、有机胺、咪唑啉及有机酸盐等。防锈剂在整个润滑油添加剂中所占的比例不大，但在润滑油产品使用性能上起着重要的作用[77]。

1. 羧酸、羧酸盐及其衍生物

长链脂肪酸具有一定的防锈性，而脂肪酸金属盐通常比原来脂肪酸的防锈性能更强。羧酸型防锈剂具有较好的抗潮湿性能，百叶箱暴露试验效果也较好，但缺乏酸中和性能，对铅、锌的防腐蚀能力较差。它的金属盐对金属有较好的抗腐蚀性能。大多数羧酸或羧酸金属盐的抗盐水、水置换性能较差。含羧酸基防锈剂很多，随着结构的不同，性能有很大差别[78,79]。

2. 脂肪酸酯

酯类防锈剂的代表性产品有山梨糖醇单油酸酯（又名司盘-80，Span-80）、季戊四醇单油酸酯等。不同的脂肪酸山梨糖醇酯的防锈性有差异，一般是油酸酯＞硬脂酸酯＞月桂酸酯。张龙华等[77]以硬脂酸与酰胺为原料合成了硬脂酸酰胺无灰防锈添加剂，其具有优良的防锈性能，应用于无灰抗磨液压油中使油品的性能满足 GB 11118.1—1994 规格要求，应用于 M220 重负荷开式齿轮油中使油品的性能满足 AGMA 250.02 规格要求，应用于钢厂专用 220 重负荷工业齿轮油中，使油品的性能满足 GB 5903—1995 规格要求。刘军等[80]以油酸、二乙醇胺反应，甲苯为带水剂制备油酸二乙醇酰胺，然后与硼酸、正丁醇在 180℃下反应制备油酸二乙醇酰胺硼酸酯。将其作为主要防锈剂应用于全合成切削液中，以叠片防锈试验为考察依据，通过正交试验优化切削液主要成分配比，产品符合 GB/T 6144—2010 要求。

3. 有机胺

烷基胺、烷基多元胺及酰胺都可作为防锈剂，直链脂肪胺比支链脂肪胺的防锈效果好。国外的脂肪胺产品主要有硬脂酸胺、油胺等。杜天源等[81]以油酸酰胺为添加剂的水基防锈剂有优良的防锈效果，且马来化油酸酰胺的质量分数为 10%～20%时效果最好。涂抹自制防锈剂后，电流密度从空白样钢的 $1.87\times10^{-5}A/cm^2$ 降至 $9.12\times10^{-7}A/cm^2$；耐腐蚀电位从 −0.7094V 提高到 −0.4206V，充分说明涂抹自制防锈剂后样钢的耐腐蚀性能明显改善。

第三节 油脂基润滑油的调和

润滑油基础油分为矿物基础油、合成基础油和植物油基础油三类。矿物基础油应用广泛，用量很大（约 90%以上），但有些应用场合则必须使用合成基础油和植物油基础油调配的产品，植物油基础油因其优异的生物降解性得以迅速发展。

油脂基润滑油调和是按既定的功能剂配方（包括清净分散剂、抗氧剂、极压抗磨剂、油性剂、金属钝化剂、防锈剂等），通过在允许范围内适当调整基础油组分（包括植物油、降凝剂、黏度指数改进剂、抗泡剂等），使所有组分均匀混合成质量合格的成品润滑油的工艺过程[49]。调和的目的是使油品具有使用要求的各种性能指标符合规格标准，并保持产品质量的稳定性；调整润滑油品种，提高产品的质量等级，改善油品的使用性能，使组分油合理使用，可以有效地提高产品的收率，增加产量[82]。

一、润滑油调和机理

润滑油调和大部分为液-液相系互相溶解的均相混合；个别情况下也有不互溶的液-液相系，混合后形成液-液分散体；当添加剂是固体时，则为液-固相系的非均相混合或溶解。固态的添加剂为数并不多，一般要求互溶而形成均相。本节重点讨论液-液相的均相混合。

一般认为液-液相系均相混合是分子扩散、湍流扩散和主体对流扩散三种扩散机理的综合作用[83]。由于黏度差异，在实际调和时哪种扩散过程起主导作用是不尽相同的。不互溶的液-液相系的混合，实际上是其中的一相（分散相）分散到另一相（连续相）中，使连续相内液滴不断地分散和不断聚结形成液-液分散体。当液滴的分散速率与聚结速率相等时，体系达到了动平衡状态，此时形成了稳定的分散体。如润滑油调和中硅油类添加剂调入润滑油时，为不互溶的液-液相系的混合。硅油和润滑油基础油不互溶，调和时需先向硅油中加入约 9 倍煤油，制成“母液”——煤油为连续相、硅油为分散相的液-液分散体，由于煤油的“稀释”，调入基础油中可以较快地均匀分散，形成新的稳定的分散体亦即润滑油产品。

二、润滑油调和工艺

目前，常用的调和工艺可分为两种方式：油罐（釜）调和（也称间歇调和、离线调和、批量的罐式调和）和管道调和（也称连续调和、在线调和、连续在线调和）[84]。

（一）油罐（釜）调和

油罐（釜）调和是把待调和的基础油组分油、添加剂等，按所规定的调和比例，分别送入调和罐（釜）内，再用泵循环、电动搅拌等方法将它们均匀混合成一种产品。这种调和方法操作简单，不受装置组分油质量波动影响，目前大部分润滑油厂采用此调和方法。缺点是需要数量较多的组分罐，调和时间长，易氧化，调和过程复杂，油品损耗大，能源消耗多，调和作业必须分批进行，调和比不精确。油罐（釜）调和主要分为以下几种方法。

1. 泵循环调和

将各种组分油和可能有的添加剂送入罐内，用泵不断地将罐内物料从罐底部抽出，再循环回调和罐，在泵的作用下形成主体对流扩散和涡流扩散，从而逐渐使油品调和均匀。为了提高调和效率，降低能耗，在生产实践中出现了泵循环喷嘴搅拌调和和静态混和器调和等两种改进方法。

2. 机械搅拌调和

调和物料是在搅拌器的作用下形成主体对流和涡流扩散传质、分子扩散传质，使全部物料性质达到均一，适用于批量不大的成品油的调和。搅拌器的安装方式有 2 种：a. 罐壁伸入式，即采用多个搅拌器时，应将搅拌器集中布置在罐壁的 1/4 圆周范围内；b. 罐顶进入式，可采用罐顶中央进入式，也可不在罐顶正中心。

罐内物料在搅拌器转动时产生两个方向的运动：一是沿搅拌器的轴线方向的向前运动，当受到罐壁或罐底的阻挡时，改变其方向，经多次变向后，最终形成近似圆周的循环流动；二是沿搅拌器桨叶的旋转方向形成的圆周运动，使物料翻滚，最终达到混合均匀的目的。搅拌调和的效率取决于搅拌器的设计及其安装。搅拌器主要有罐壁伸入及罐顶中央伸入两类。

油罐调和是把定量的各调和组分依次或同时加入调和罐中，加料过程中不需要度量或控制组分的流量，只需确定最后的数量。当所有的组分配齐后，调和罐便可开始搅拌，使其混合均匀。调和过程中可随时采样化验分析油品的性质，也可随时补加某种不足的组分，直至产品完全符合规格标准。这种调和方法、工艺和设备均比较简单，不需要精密的流量计和高度可靠的自动控制手段，也不需要在线的质量检测手段。因此，建设此种调和装置所需投资少，易于实现。此种调和装置的生产能力受调和罐大小的限制，只要选择合适的调和罐，就可以满足一定生产能力的要求，但劳动强度大。

（二）管道调和

管道调和（包括油罐-管道调和）是利用自动化仪表控制各个被调和组分的流量，并将各组分油与添加剂等按预定比例送入总管和管道混合器，使各组分油在其中混流均匀，调和成合乎质量指标的成品油；或采用先进的在线成分分析仪表连续控制调和成品油的质量指标，各组分油在管线中经管道混合器混流均匀达到自动调和目的。管道混合器（常用的是静态混合器）的作用在于流体逐次流过混合器每一混合元件前缘时，即被分割一次并交替变换，最后由分子扩散达到均匀混合状态。

管道调和是把全部调和组分以正确的比例同时送入调和器进行调和，从管道的出口即得到质量符合规格要求的最终产品。这种调和方法需要有满足混合器要求的连续混合器，需要有能够精确计量、控制各组分流量的计量器和控制手段，还要有在线质量分析仪表和计算机控制系统。由于该调和方法具备上述这些先进的设备和手段，所以管道调和可以实现优化控制，合理利用资源，减少不必要的质量过剩，从而降低成本。管道调和是连续进行的，其生产能力取决于组分罐和成品罐容量的大小。

综上所述，油罐调和适合批量小、组分多的油品调和，在产品品种多、缺少计算机技术装备的条件下更能发挥其作用。而生产规模大、品种和组分数较少，又有足够的吞吐储罐容量和资金能力时，管道调和则更有优势。油罐批量调和，一般情况下，设备简单，投资较少；管道连续调和相对投资较大。具体调和厂的建设取何种调和方法，需作具体的可行性研究，进行技术经济分析后再确定。

三、影响油品调和质量的因素

影响油品调和质量的因素很多，如调和设备的调和效率、调和组分的质量等，重点分析工艺和操作因素对调和质量的影响。

1. 组分的精确计量

无论是油罐间歇调和还是管道连续调和，精确的计量非常重要。精确的计量是各组分投料时正确比例的保证。批量调和虽然不要求投料时流量的精确计量，但要保证投料最终的精确数量。组分流量的精确计量对连续调和来说至关重要，流量计量不准，导致组分比例失调，影响调和产品的质量。连续调和设备的优劣，除混合器外，就在于该系统的计量及其控制的可靠性和精确的程度，它应该确保在调和总管的任何部位取样，其物料的配比是正确的。

2. 组分中的水含量

组分中含水会直接影响调和产品的浑浊度和油品的外观，有时还会引起某些添加剂的水解，降低添加剂的使用效果。但在实际生产中系统有水是难免的，为了保证油品质量，管道调和器负压操作，以脱除水分，或采用在线脱水器。

3. 组分中的空气

空气的存在不仅促进添加剂的反应和油品的变质，而且气泡的存在会导致组分计量的不准确，影响组分的正确配比，因为计量器一般使用容积式的。为了消除空气的不良影响，在管道连续调和装置中不仅混合器负压操作，还在辅助泵和配料泵之间安装自动空气分离罐，当组分通道内有气体时配料泵自动停机，直到气体从排气罐排完，配料泵才自动开启，从而保证计量的准确。

4. 调和组分的温度

温度过高可能引起油品和添加剂的氧化或热变质，温度偏低使组分的流动性能变差从而影响调和效果，要根据各组分油及产品油的物性来确定，一般以55～65℃为宜。

5. 添加剂的稀释

有些添加剂非常黏稠，使用前必须熔融、稀释，否则既可能影响调和的均匀程度，又可能影响计量的精确度。

6. 调和系统的洁净度

调和系统内存在的固体杂质和非调和组分的基础油、添加剂等，对系统造成污染，导致调和产品质量不合格。从经济性考虑，无论是油罐调和还是管道调和，一个系统只调一个产品的可能性是极小的，因此非调和组分对系统的污染不可避免。管道连续调和采用空气（氮气）反吹处理系统，油罐间歇调和在必要时则必须彻底清扫。实际生产中一方面尽量清理污染物，另一方面则应尽量安排质量、品种相近的油在一个系统内调和，以保证调和产品质量。

四、调和设备

油品调和主要有三种：罐（釜）式调和、罐式-管道调和、管道自动调和。罐式调和根据不同的条件采用不同的调和设备，主要有循环调和、喷嘴调和、搅拌混合。

1. 循环调和

利用油泵与调和罐使油品在泵与罐之间循环调和，达到油品各组分均匀混合的目的。

2. 喷嘴调和

在油罐进口处设置单喷嘴、多喷嘴或旋转喷嘴，使油品在罐内由喷射造成涡流扩散，达到均匀混合的目的。

3. 搅拌混合

在油罐内设置搅拌器，将油品及添加剂搅拌混合为成品油。批量少、质量要求高的成品油可选用顶部搅拌器；批量大的成品油应选用带侧向搅拌器的拱顶罐。

罐式-管道调和主要设备是罐式调和设备和在管道上应用的各种在线分析仪。管道自动调和主要设备为各种在线分析仪及计算机。

参考文献

[1] 陆交，张耀，段庆华，等. 生物基润滑油基础油的结构创新与产业化进展. 石油学报（石油加工），2018，34（2）：203-216.

[2] 张健，陈砺，严宗诚. 植物油作为润滑油的研究进展. 合成润滑材料，2018，45（4）：33-36.

[3] 王知彩. 国内外合成润滑油发展综述. 石油商技，1996，14（6）：6-12.

[4] 白杨，赵灵聪，柴功成，等. 植物油作为绿色润滑基础油的研究进展. 武汉工业学院学报，2009（2）：49-52.

[5] 马海红，李维民，马瑞，等. 合成酯类基础油的水解稳定性研究. 润滑与密封，2016，41（5）：53-58，75.

[6] 孙晓英，朱峰，曲洋君. 改性植物油作为可降解润滑油基础油的研究进展. 润滑油，2015，30（2）：1-5.

[7] Fernández- Martínez J，Jimenez A，Dominguez J，et al. Genetic analysis of the high oleic acid content in cultivat-6ed sunflower（Helianthus annuus L）. Euphytica，1989，41：39-51.

[8] Kab H. in：Fachagentur Nachwachsende Rohstoffe e. V. Proceedings of the Final Conference on CTVO- NET-Chemical-Technical Utilisation of Vegetable Oils. Bonn，2000，50：20-21.

[9] Saurabh S L，Paul C N，Virginia A C. Environmental friendly food grade lubricants from edible triglycerides containing FDA approved additives：US，5538654，1996.

[10] James W L，Duane L J. Vegetable oil lubricants for internal combustion engines and total loss lubrication：US，5888947，1999.

[11] 黄伊辉，李芬芳，尤建伟，等. 含羟基二硫代氨基甲酸衍生物在菜籽油中的摩擦学性能. 石油炼制与化工，2010，41（3）：60- 64.

[12] 朱立业，陈立功，刘汉臣，等. 功能化离子液体作为菜籽油添加剂的摩擦学研究. 石油学报（石油加工），2013，29（2）：336- 340.

[13] 范成凯. 含硫、氮硼酸酯的合成及在菜籽油中的摩擦学性能研究. 长沙：中南大学，2009.

[14] 方建华，陈波水，王九，等. 环氧油酸甲酯润滑添加剂的摩擦学性能研究. 润滑油，2015，30（2）：22-25.

[15] Bhaumik S，Maggirwar R，Datta S，et al. Analyses of anti-wear and extreme pressure properties of castor oil with zinc oxide nano friction modifiers. Applied Surface Science，2018，449（15）：277-286.

[16] 丁建华，方建华，江泽琦，等. 可生物降解润滑油综述. 合成润滑材料，2017，44（2）：38-43.

[17] 张霞玲，李红，王允峰，等. 生物降解润滑油的现状及发展趋势. 新疆石油科技，2006，16（3）：65-71.

[18] Hemendra N B，Wllen M R，Max E N. Preparation of glycol derivatives of partially hydrogenated soy bean oil fatty acids and their potential as lubricants. Journal of American Oil Chemical Society，1994，71（11）：1227-1230.

[19] Gomes Jefferson R. Vegetable oil hydroconversion process：US，2006186020，2006.

[20] Nicoletta R，Federica Z，Michele G，et al. Enviromental friendly lubricants through selective hydrogenation of rapeseed oil over supported copper catlatysts applied. Catalysis A：General，2002，233（1）：1-6.

[21] Lou A T H. Soybean based hydraulic fluid：US，5972855，1999.

[22] Shomchoam B，Yoosuk B. Eco-friendly lubricant by partial hydrogenation of palm oil over Pd/γ-Al_2O_3 catalysts. Industrial Crop and Products，2014，62：395-399.

[23] 李凯，王兴国，刘元法. 植物油为原料合成润滑油基础油研究现状. 粮食与油脂，2008（4）：3-6.

［24］ Pramod K，Andrew G，Zoran P. The hydroformylation of vegetable oils and model compounds by ligand modified rhodium catalysis. Joumal of Molecular Catalysis A：Chemical，2002，184：65-71.
［25］ Faujan B H A，Mohd A Y，Arisol A. Co-metathesis reaction of methyl linoleate with ethene over WC_{16} catalyst. Journal of Molecular Catalysis，1994，89：357-364.
［26］ Biermann U，Friedt W，Lang S，et al. Oils and fats as renewable raw materials in chemistry. Angew Chem，2000，112：2292.
［27］ 毛瑞云，段庆华. 环氧生物质油在合成润滑油基础油的研究进展. 化工进展，2021，40（S2）：340-347.
［28］ Moser B R，Erhan Z. Preparation and evaluation of a series of α-hydroxy ethers from 9，10-epoxystearates. European Journal of Lipid Science and Technology，2007，109（3）：206-213.
［29］ Moser B R，Erhan S Z. Synthesis and evaluation of a series of α-hydroxy ethers derived from isopropyl oleate. Journal of the American Oil Chemists' Society，2006，83（11）：959-963.
［30］ 任庆功，潘晶晶，徐庆瑞，等. 化学改性生物柴油制备润滑油基础油. 燃料化学学报，2015，43（1）：54-58.
［31］ 郭瑞华. 棕榈油制备润滑剂的研究. 郑州：河南工业大学，2019.
［32］ Moser B R，Sharma B K，Doll K M，et al. Diesters from oleic acid：Synthesis，low temperature properties，and oxidation stability. Journal of the American Oil Chemists' Society，2007，84（7）：675-680.
［33］ Kleinova A，Fodran P，Brncalova L，et al. Substituted esters of stearic acid as potential lubricants. Biomass and Bioenergy，2008，32（4）：366-371.
［34］ Salimon J，Salih N，Yousif E. Triester derivatives of oleic acid：the effect of chemical structure on low temperature，thermo-oxidation and tribological properties. Industrial Crops and Products，2012，38：107-114.
［35］ Salimon J，Salih N，Yousif E. Improvement of pour point and oxidative stability of synthetic ester basestocks for biolubricant applications. Arabian Journal of Chemistry，2012，5（2）：193-200.
［36］ Salimon J，Salih N，Yousif E. Synthetic biolubricant basestocks based on environmentally friendly raw materials. Journal of King Saud University-Science，2012，24（3）：221-226.
［37］ Salimon J，Salih N，Yousif E. The physicochemical and tribological properties of oleic acid based triester biolubricants. Industrial Crops and Products，2011，34（1）：1089-1096.
［38］ Salimon J，Salih N，Yousif E. Chemically modified biolubricant basestocks from epoxidized oleic acid：Improved low temperature properties and oxidative stability. Journal of Saudi Chemical Society，2011，15（3）：195-201.
［39］ 何节玉，廖德仲，秦玉华，等. 椰子油脂肪酸季戊四醇酯的制备. 中国油脂，2013，38（3）：47-50.
［40］ 何节玉，钟森，田永航，等. 椰子油脂肪酸己二酸三羟甲基丙烷复合酯的制备及其润滑性能. 润滑与密封，2021，46（12）：112-116.
［41］ Robiah Y，Ooi T L，Fakhru 1' Razi A，et al. A simple capillary column GC method for analysis of palm oil-based polyol esters. J Am Oil Chem Soc，2002，79（11）：1075-1080.
［42］ 汪勇，王尔佩，唐书泽，等. 棕榈油甲酯制备生物润滑油三羟甲基丙烷脂肪酸三酯的工艺研究. 中国粮油学报，2013，28（2）：27-32.
［43］ Ivan-Tan C T，Islam A，Yunus R，et al. Screening of solid base catalysts on palm oil based biolubricant synthesis. Journal of Cleaner Production，2017，148：441-451.
［44］ Stemenc C，Terrya I. Synthesis and physical properties of mono-estolides with varying chain lengths. Industrial Crops and Products，2009，29（1）：205-213.
［45］ Bridsguard J，Forest J，Thompson T. Refrigerating fluid composition comprising estolide compounds：US，8236194B1，2012.
［46］ 孟冬梅. 棕榈油酸 Estolides 酯的合成及其性能研究. 无锡：江南大学，2012.
［47］ 王磊. 可降解合成润滑油的摩擦学性能研究. 沈阳：沈阳工业大学，2007.
［48］ 黄文轩. 润滑剂添加剂应用指南. 北京：中国石化出版社，2004.
［49］ 杨宏伟，杨士亮，孙世安，等. 极压抗磨剂的发展现状及作用机理研究. 当代化工，2012，41（9）：961-963.
［50］ Leslie R Rudnick. 润滑剂添加剂化学与应用. 李华峰，等译. 北京：中国石化出版社，2006.
［51］ 孙令国. 极压抗磨剂的种类及作用机理. 合成润滑材料，2016，43（3）：29-34.
［52］ 郝振强. 含硫润滑油添加剂开发及应用研究. 郑州：郑州大学，2006.
［53］ Habiby. Novel sulfur-containing compositions. US3953347. 1976.
［54］ Zipf. Sperm oil substitute from blend of alcohol-carboxylic acid esters with liquid fat. US 4036769. 1977.
［55］ 郝振强，胡汉国. 硫化脂肪酸酯的合成与应用. 石油化工腐蚀与防护，2005，22（6）：20-22.
［56］ 胡志孟. 羟基植物油脂肪酸的合成及其润滑性. 化工科技，2001，9（3）：1-4.
［57］ 梁恺，陈波水，张楠，等. 妥尔油酸二乙醇酰胺水基润滑添加剂的摩擦学性能. 石油炼制与化工，2012，43（1）：68-71.
［58］ 张翔，李建明，王会东，等. 一种硼氮型润滑油添加剂的应用研究. 润滑与密封，2009（11）：93-95.

[59] 杨蔚权，陈波水，方建华，等. 油酸甲酯型含氮硼酸酯的合成及其抗磨减摩特性. 石油学报，2016，32 (1)：82-87.
[60] 卜军敏. 系列含磷水基润滑添加剂的合成及摩擦学性能研究. 上海：上海交通大学，2012.
[61] 陈波水，孙霞，谢学兵，等. *N*-油酰基丙氨酸多功能润滑油添加剂的性能研究. 石油学报（石油加工），2008，24 (1)：69-73.
[62] 蒋海珍，陶德华，王彬，等. *N*-油酰基谷氨酸水基润滑添加剂的合成及其摩擦磨损特性研究. 摩擦学学报，2006，26 (1)：45-48.
[63] 孙霞，陈波水，谢学兵，等. *N*-月桂酰基丙氨酸添加剂的合成及对润滑油生物降解性能影响. 化工技术与开发，2007，36 (8)：1-3.
[64] 孙霞，陈波水，谢学兵，等. *N*-月桂酰基谷氨酸的合成及作为润滑油添加剂的研究. 润滑与密封，2007，32 (6)：54-56.
[65] 何红坤，于桂峰，郝延龙，等. 妥尔油酸二乙醇酰胺水基润滑添加剂的摩擦学性能. 大连海事大学学报，2016，42 (1)：125-128.
[66] 熊丽萍，王威，穆琳，等. 油酸咪唑啉作为水基润滑剂的摩擦学性能. 润滑与密封，2013，38 (12)：6-10.
[67] 夏建陵. 木本油脂精制及精深加工利用关键技术研究."十三五" 重点研发计划项目科技报告，2021.
[68] Ding H Y，Yang X H，Xu L N，et al. Tribological behavior of plant oil-based extreme pressure lubricant additive in water-ethylene glycol liquid. Journal of Renewable Materials，2019，7 (12)：1391-1401.
[69] 敖广. 润滑油常用添加剂种类及作用. 设备管理与维修，2015 (11)：30-33.
[70] 李敬华. 润滑油添加剂简介. 润滑与密封，1999 (5)：78-79.
[71] 宋增红，阎育才，乔旦，等. 润滑油添加剂研究进展. 润滑油，2009，34 (5)：16-22.
[72] 王维伟，张辛迪，焦圣凯，等. 油性剂对有机钼减摩剂的润滑性能影响研究. 广东化工，2020，47 (427)：54-56.
[73] 张芹，石薇薇. 油性剂的合成及其减摩性能的研究现状. 润滑与密封，2014，39 (10)：114-118.
[74] 林中华，黄克明，林心勇. 合成酯型油性添加剂的研究. 润滑与密封，2006 (5)：152-154.
[75] 刘军杰. 低酸值油性剂工业化生产条件的优化. 甘肃科技，2017，33 (20)：11-14.
[76] 甘光奉，甘莉. 润滑油防锈添加剂的新进展. 润滑与密封，1996 (5)：66-68.
[77] 伏喜胜，姚文钊，张龙华，等. 润滑油添加剂的现状及发展趋势. 汽车工艺与材料，2005 (5)：1-6.
[78] 苏俊，陈炳耀，杨善杰，等. 浅谈润滑油中的防锈剂. 轻工科技，2020 (3)：28-29.
[79] 胡月华，李谨，等. 合成切削液中水溶性防锈剂的研究进展. 石油商技，2020 (5)：24-27.
[80] 刘军，宋扬扬. 油酸二乙醇酰胺硼酸酯的制备及在全合成切削液中的应用. 表面技术，2015 (12)：54-56.
[81] 杜天源，衣守志，袁博，等. 油酸酰胺作为防锈添加剂的防锈性能研究. 表面技术，2015，44 (9)：122-126.
[82] 汪德涛. 润滑技术手册. 北京：机械工业出版社，2002.
[83] 关子杰. 内燃机润滑油应用原理. 北京：中国石化出版社，2000.
[84] 付伟健. 润滑油调和灌装生产线的自动化实践和发展趋势. 化工管理，2020 (27)：178-179.

（夏建陵，刘汝宽，丁海阳，王静）

第六章　木本油脂基表面活性剂

一种液体与其他物体接触时，液体内部分子的受力与液体表面层分子的受力是不相等的。例如，液体与空气接触时，液体内部分子对液体表面层的吸力大于空气对液体表面层的吸力。因此，液体表面就产生内向聚集呈球形的现象，液体保持这种现象的力称为表面张力。同样，两物体相之间（如液-液、液-固、液-气）所具有的张力总称为界面张力。凡能改变（通常是降低）液体表面张力或两相间界面张力的物质称为表面活性剂或界面活性剂。降低表面张力的性能称为表面活性[1]。

表面活性剂分子是由至少两种以上极性或亲媒性显著不同的官能团所构成的，这是它的化学结构的基本特性，其结构如式（8-6-1）所示。例如，肥皂分子是由非极性（亲油性或疏水性）原子团的长链烃基和极性相当高的亲水性原子团的阴离子羧基所组成的，因此也称为双重亲媒结构（或双亲媒结构）。

$$CH_3(CH_2)_{16}C(=O)O^- \cdot Na^+ \qquad (8\text{-}6\text{-}1)$$

疏水基(亲油基R)　　亲水基Y

表面活性剂的亲油基（或叫疏水基，hydrophobic group）对水没有亲和力，不溶于水而易溶于油，具有亲油性质。表面活性剂的亲油基团主要是烃类，有饱和烃和不饱和烃。油脂和油脂化学制品如甘油三酸酯、脂肪酸、脂肪醇、脂肪酸衍生物（R—Y，Y：—COOR、—COCl、—$CONH_2$、—NH_2、—SH……）等中的R都可以作为表面活性剂的亲油基。表面活性剂的亲水基（hydrophilic group）对极性表面具有明显的亲和性，亲水即易溶于水。亲水基团种类很多，有离子型（阴、阳、两性）及非离子型两大类。前者在水溶液中能离解为带电荷的具有表面活性的基团及平衡离子；后者仅具有极性而不能在水中离解。按照亲水基种类，表面活性剂分为阴离子型、阳离子型、两性离子型和非离子型四类。

木本油脂和草本油脂一样，作为一种天然可再生资源，与石油产品相比表现出更好的生态安全性。现今石油资源大量、快速地被消耗，石油价格从总体趋势上将不断走高，石油紧缺甚至枯竭将不可避免，这给以石油为原料的石油基表面活性剂的生产带来了很大的压力，也为油脂基表面活性剂的发展提供了空间。近几十年来，世界上油脂特别是木本油脂的产量得到了较快的发展，尤其是近几年来马来西亚、印尼和菲律宾等东南亚国家大力开发椰子树和棕榈树的种植业，使得天然椰子油、棕榈仁油和棕榈油等的产量猛增，为我们提供了丰富的制取天然油脂基表面活性剂的基础原料。油脂基表面活性剂以其功能性和绿色化的优势正受到极大的关注，国内外表面活性剂行业对油脂基表面活性剂的研发也正在给予越来越多的投入，并已取得了显著的成效。随着“绿色化学”的呼声越来越高，无论在国外还是国内，以天然油脂为原料生产的油脂基表面活性剂已占到表面活性剂总量的一半以上，预计这一比例还将进一步提高[2,3]。

第一节　木本油脂制备表面活性剂的原料

表面活性剂由亲油基和亲水基两部分组成，因而其合成主要包括亲油基的制备和亲水基的引入两部分。当前生产表面活性剂亲油基部分的原料来源主要有两大类：一是矿物质（化石）资源，以石油为主；二是可再生的生物质资源。自20世纪50年代开始，石油产品开始用作表面活性剂疏水基的原料；到70年代，石油基表面活性剂的产量超过油脂基表面活性剂；90年代以来，鉴于安全、环保及可持续发展等原因，石油基表面活性剂在表面活性剂总产量中所占的份额逐渐下降。

作为人类主要化工原料和能源的煤、石油和天然气等化石资源，为人类的经济繁荣、社会进步和生活水平提高做出了巨大的贡献。但是，化石资源不可再生，又会造成环境污染。资源与环境的压力迫使人们寻找新型的可再生资源。目前，天然油脂、淀粉、松脂、木质纤维等生物质资源被认为是替代化石资源的最佳选择之一。

天然油脂是最早用于生产表面活性剂（如肥皂）的原料，至今仍是表面活性剂疏水基的主要来源之一。从 20 世纪 90 年代至今，石油价格逐渐上涨，人们的环保意识日益增强，可持续发展战略促使人们更多地使用可再生的天然资源，由油脂衍生的表面活性剂被誉为绿色表面活性剂，再度成为世界关注的热点之一。

根据油脂分子结构的特点，可以通过各种化学方法将其制成脂肪酸、脂肪酸甲酯、脂肪醇、脂肪胺等，进而制取各种表面活性剂和其他油脂化学品。一般而言，油脂可以通过一步反应如皂化、酰胺化、磺化、乙氧基化等直接制取表面活性剂。但更多的是经脂肪酸、脂肪酸甲酯、脂肪醇、脂肪胺以及甘油等中间体进行多道工艺过程，制备各种类型的表面活性剂。绝大多数市售的天然阳离子表面活性剂、非离子表面活性剂、阴离子表面活性剂以及两性离子表面活性剂都是从这几大类产品中生产出来的。

一、脂肪酸

脂肪酸的结构通式为 RCOOH，其中 R 代表烃链，链长可为 $C_1 \sim C_{22}$，作为表面活性剂的原料，以 $C_{12} \sim C_{18}$ 的脂肪酸最为重要。烃链也可分为饱和的和不饱和的两种，同时烃链的排列也可分为直链的和支链的。脂肪酸分为天然脂肪酸和合成脂肪酸。天然脂肪酸通常以酯的形式广泛存在于油脂和蜡中，主要由动植物油脂、皂角及妥尔油制备。动植物油脂作为一种天然可再生资源与石油化工产品相比显示了良好的生态性，可获得既无支链又无环状结构的直链脂肪酸，是制取脂肪酸的主要原料[1]。中国脂肪酸的生产主要以木本油脂棕榈油和草本油脂棉籽油、菜籽油等为主要原料，所得产品主要为硬脂酸、不饱和酸（以油酸为主）和芥酸等。2019 年中国脂肪酸产量达到 136.27 万 t，几乎全部由天然油脂水解而得。

在合适的条件下，油脂与水反应生成脂肪酸和甘油，这个反应称为油脂的水解。油脂水解的反应是逐步进行的，同时又是可逆的。水解反应分三步，首先是甘油三酸酯脱去一分子酰基生成甘油二酸酯，第二步是甘油二酸酯脱去一个酰基生成甘油一酸酯，最后由甘油一酸酯再脱酰基生成甘油和脂肪酸。其反应的特点是第一步水解反应速率缓慢，第二步反应速率很快，而第三步反应速率又降低。这是由于初级水解反应时，水在油脂中溶解度较低，且在后期反应过程中生成物脂肪酸对水解产生了抑制作用。

由于水解反应是可逆的，反应常需在高温高压及催化剂存在下进行。常用的催化剂有无机酸、碱、金属氧化物（ZnO、MgO）以及从动植物体中提取的脂肪酶等。

工业上油脂水解工艺有常压法、中压法、高压法和酶法等[1]。油脂常压水解法是由 Twitchell 于 1897 年开发的，至今仍在采用，其原因是该法适用于高度不饱和油脂的水解，且设备简单，采用低压蒸汽，易于管理。逆流式常压水解流程见图 8-6-1[4]。中压水解法是 1854 年作为专利发表的最古老的油脂水解方法之一。通常所说的中压水解是指 2.5～4.0MPa、230～240℃下的水解。为了提高水解率，减轻劳动强度，降低能耗，多采用双塔或三塔串联的工艺[4]。如意大利 GIANAZZA 公司的双塔串联中压连续水解装置，其流程见图 8-6-2[2]。油脂连续高压水解法的特点是维持在高温高压状态（245～255℃，5.0～5.5MPa），使水在油脂中的溶解度增大，直到成为高度混溶状态，使水解速度极大地加快；连续性地加水，可把水解得到的甘油不断地向系统外排出，破坏了反应的平衡状态，使油脂水解反应一直向水解的方向移动，故水解率可大大提高；整个操作过程是在相同的条件下进行的，同一种原料可以得到相同质量的脂肪酸；操作条件的控制可以进行智能化管理，劳动强度、生产环境等都得到了改善。如德国 Lugi 公司的油脂高压连续水解法，其流程见图 8-6-3[4]。

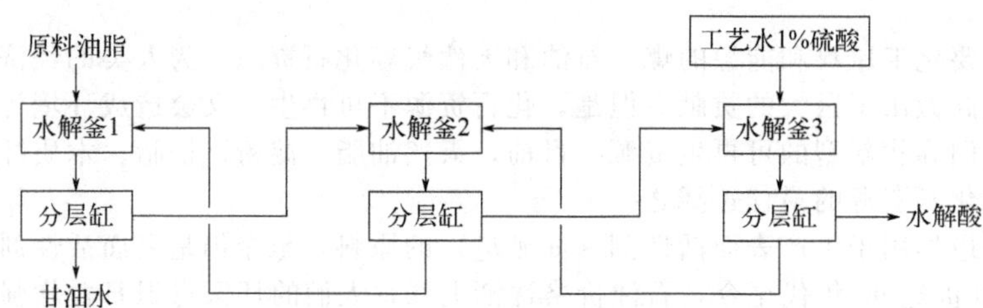

图 8-6-1　逆流式常压水解流程

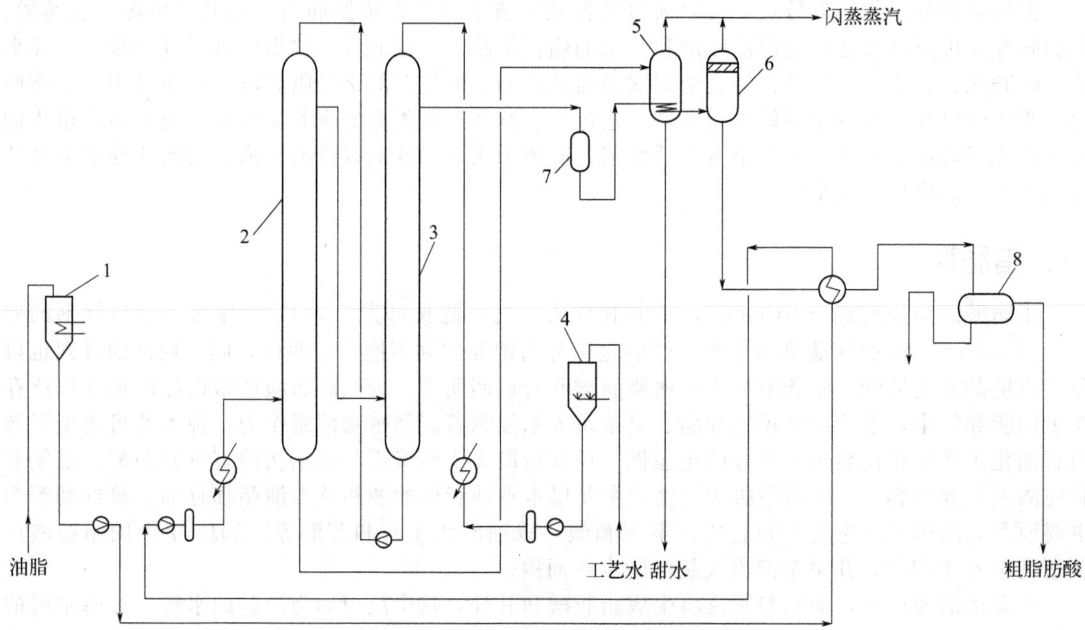

图 8-6-2　双塔中压连续水解流程

1—油脂预热器；2，3—水解塔；4—软水预热罐；5—甜水减压罐；6—粗脂肪酸减压罐；7—液封罐；8—粗脂肪酸沉降罐

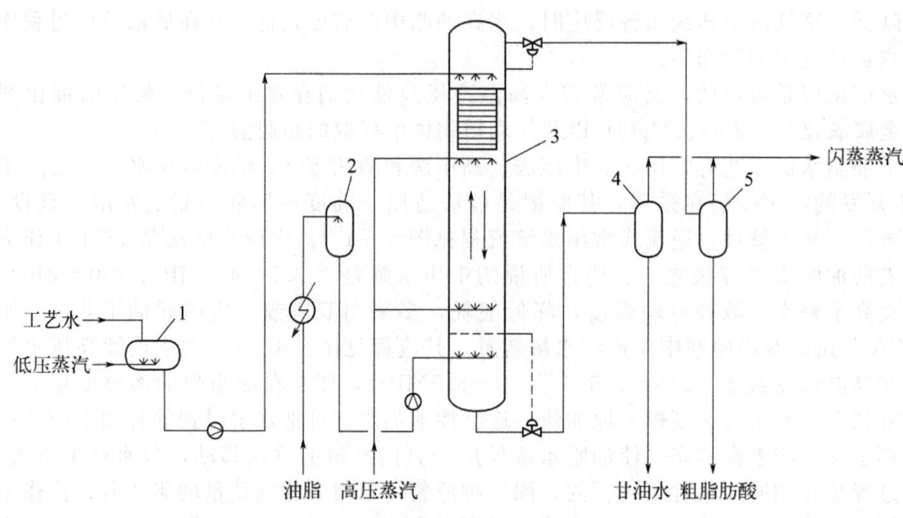

图 8-6-3　高压连续水解流程

1—工艺水脱气罐；2—油脂脱气罐；3—水解塔；4—甘油水闪蒸罐；5—脂肪酸闪蒸罐

胡斌等[5]以硫酸为催化剂，十二烷基磺酸钠为乳化剂，研究了橡胶籽油的常压水解反应，水解产物酸值为189.41mg/g，水解率为94.71%。徐娟等[6]在亚临界水作用下研究了橡胶籽油的高压水解反应。吕微等[7]采用碱性催化剂对小桐子油、光皮树油、桐油、棕榈油的水解反应进行了研究，所得的脂肪酸得率和酸值都接近98%和199mg/g，棕榈油、光皮树油和小桐子油三种木本油脂中脂肪酸成分基本相同，主要是亚油酸、7,10-十八碳二烯酸、油酸，桐油中脂肪酸组成与其他油脂有较大区别，含大量三价不饱和脂肪酸，其主要成分有油酸、十八碳二烯酸、桐酸等。张玲玲等[8]以棕榈油为原料进行了常压酸催化水解工艺研究，水解产物酸值为192.77mg/g，水解率达到91.96%，并研究出一套循环水解的工艺流程，实现了油脂水解产物的循环利用，提高了水相中甘油的含量。洪育春等[9]以棕榈油为原料，将超声技术应用于棕榈油的碱水解反应，超声技术可降低棕榈油水解反应温度，缩短反应时间，而且可减少氢氧化钠的添加量。阎杰[10]和刘元法等[11]也采用超声强化技术研究了椰子油的水解反应。酶法催化橄榄油、椰子油和棕榈油等木本油脂的水解反应的研究也有报道[12-14]，但均没有实现规模化生产。

木本油脂水解产物经分离后可以得到癸酸、月桂酸、肉豆蔻酸、棕榈酸、硬脂酸等饱和脂肪酸和油酸、亚油酸、亚麻酸和桐酸等不饱和脂肪酸。用途最广的脂肪酸有硬脂酸、油酸、亚油酸、月桂酸、棕榈酸。

脂肪酸及其衍生物的产品品种多达3000多种，几乎各个工业部门都在不同程度地使用脂肪酸及其衍生物。我国脂肪酸及其衍生物产品主要应用于塑料、橡胶、表面活性剂、纺织助剂等行业，这四个行业的需求占脂肪酸产品产量的70%以上。由脂肪酸可制取各种表面活性剂，包括肥皂类等阴离子表面活性剂、脂肪酸酰胺类及脂肪酸酯类等非离子表面活性剂、阳离子表面活性剂和两性表面活性剂。

二、脂肪酸甲酯和甘油

脂肪酸甲酯的结构通式为$RCOOCH_3$，其中R因原料而异，链长一般为C_9～C_{18}，可由脂肪酸与甲醇直接酯化或由天然油脂与甲醇进行酯交换而得。

工业上通常采用酯交换法制备脂肪酸甲酯，同时联产甘油。酯交换催化剂有酸性催化剂和碱性催化剂两种。使用H_2SO_4或无水HCl等酸性催化剂，反应时间长、温度高，对设备有腐蚀，工业上通常不采用。工业上常用碱性催化剂如甲醇钠、氢氧化钠、氢氧化钾和无水碳酸钠等进行酯交换反应。酯交换反应既可在加压、高温下进行，亦可在50～70℃常压下进行。

常压间歇酯交换法制备脂肪酸甲酯的工艺流程如图8-6-4所示[1]。管道式连续化制备脂肪酸甲酯的生产工艺流程见图8-6-5[15]。

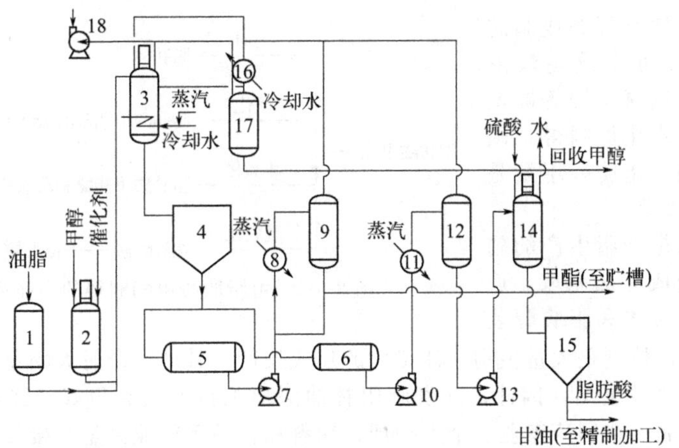

图8-6-4 常压间歇酯交换法制备脂肪酸甲酯的工艺流程

1—脂贮槽；2—甲醇贮罐；3—酯交换反应器；4，15—澄清器；5—甲酯收受槽；6—甘油收受槽；7—甲酯输送泵；8，9—甲醇蒸发器；10—甘油输送泵；11，12—甲醇闪蒸器；13—甘油输送泵；14—肥皂分解槽；16—甲醇冷凝器；17—甲醇受器；18—真空泵

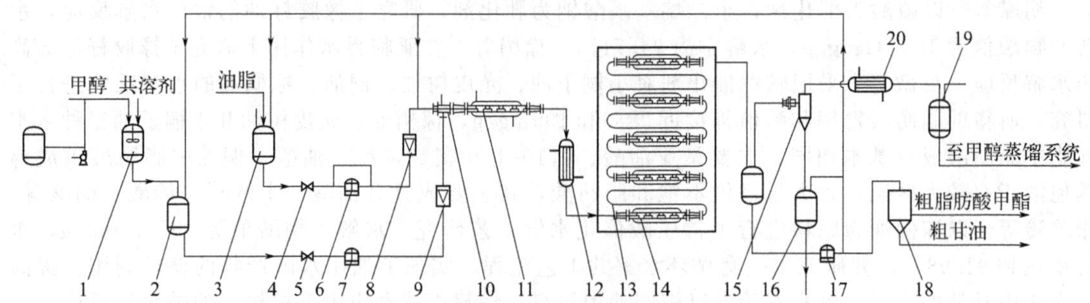

图 8-6-5 管道式连续化制备脂肪酸甲酯的生产工艺流程

1—甲醇配制罐；2—甲醇中间罐；3—油脂原料罐；4，5—管道过滤器；6—齿轮泵；7—甲醇泵；8，9—金属转子流量计；10—甲醇油脂混合器；11—混合器；12—列管换热器；13—光管；14—管道式反应器；15—旋液分离器；16—粗品受器；17—泵；18—贮罐；19—甲醇受器；20—冷凝冷却器

随着生物柴油（脂肪酸甲酯）产业的兴起，以棕榈油、椰子油、麻疯树油、文冠果油及黄连木油等木本油脂制备脂肪酸甲酯的研究非常活跃[16]。来源于木本油脂的常用工业脂肪酸甲酯的质量指标（德国汉高公司马来西亚厂）见表 8-6-1[1]。

表 8-6-1 工业天然脂肪酸甲酯的质量指标

产品	皂化值/(mg/g)	浊点/℃
椰子油脂肪酸甲酯(C_8～C_{16})	235～245	约−3
棕榈仁油脂肪酸甲酯(C_{12}～C_{18})	230～240	约−7
棕榈油/硬脂酸甲酯	196～208	约 21
辛酸甲酯	352～358	约−28
月桂酸甲酯	260～263	约 5
肉豆蔻酸甲酯	227～236	约 15～18
棕榈酸甲酯	203～209	约 25
硬脂酸甲酯	187～191	约 36

脂肪酸甲酯是加工制造脂肪醇、烷醇酰胺和甲酯磺酸盐的重要中间体，也是生产油脂基表面活性剂的重要原料。脂肪酸甲酯应用前景最为广阔的是在生物柴油方面，直接利用甲酯制备表面活性剂的开发也十分活跃，详见图 8-6-6。

脂肪酸甲酯经加氢可制成脂肪醇，与乙醇胺反应可生成烷醇酰胺，与氢氧化钠、氢氧化钾等碱反应可制得肥皂，经磺化可制得 α-磺基高级脂肪酸甲酯。脂肪酸甲酯是表面活性剂的重要原料。

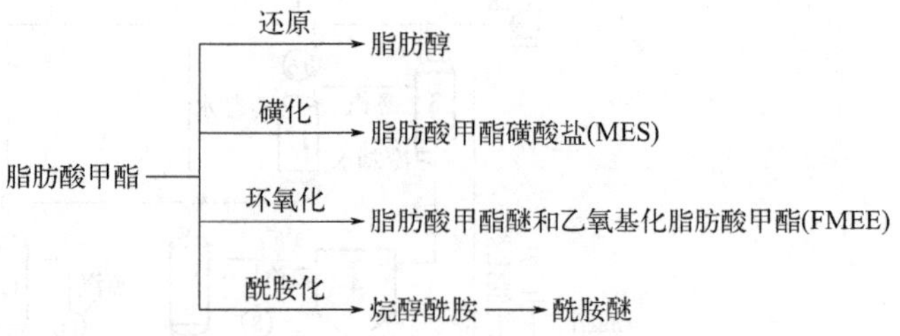

图 8-6-6 由脂肪酸甲酯制得的表面活性剂产品

商品级的甘油是油脂生产的副产品，也可通过合成方法制取。近年来，大型脂肪酸装置和脂肪醇装置建成投产的较多，特别是大量生物柴油工厂的建成投产，甘油的产量大幅急增，世界范围内甘油供大于求的状况比较突出。因此，开发利用甘油深加工技术具有很好的经济和社会效益。目前，甘油的精制产品已在制药工业、个人护理、涂料和食品等行业大量直接使用，再进一步加工制环氧氯丙烷进而在合成树脂、聚醚、脂类产品中使用，涉及的下游行业较多。甘油的应用范围包括肥皂、牙膏、炸药、药物、食品、烟草、美容化妆品、油漆和合成树脂等。甘油市场及其终端产品现在已经趋于成熟，因此甘油的耗用量在将来似乎不大可能出现显著增长的趋势。此外，

现在还有许多价格低廉的产品可以替代甘油。

甘油的分子结构为丙三醇，具亲水性，在表面活性剂分子中可以作为亲水基团存在。其性能与乙二醇相似。目前利用甘油作原料已经开发了一些表面活性剂，如脂肪酸单甘油酯、聚甘油酯和脂肪醇甘油醚等。

三、脂肪醇

脂肪醇的结构通式为ROH，R为C_{12}～C_{18}烃链，可以是饱和与不饱和烃链及直链和支链烃链。脂肪醇按原料来源不同又分为天然醇和合成醇。生产天然醇的原料主要是木本油脂棕榈油和椰子油，2016年全球脂肪醇产量约合340万吨，其中天然脂肪醇产量约合270万吨，占比近80%[17]。2020年中国脂肪醇产量为40.1万吨，天然脂肪醇产量为36.8万吨，占比超过90%。

脂肪酸甲酯在催化剂存在下加氢是生产天然脂肪醇最好的方法，可制得高纯度的高碳脂肪醇。用含铜催化剂（铬酸铜）可制得纯度很高的饱和脂肪醇，其中只有少量的烃及未反应的原料，酸值小于0.1mg/g；如用含锌催化剂，则起始原料中的双键可保留，因而可制得不饱和脂肪醇。天然醇为直链偶数碳的伯醇，醇的质量好，工艺成熟，设备定型生产，操作费用不大。缺点是加氢操作需要高压，设备投资高。脂肪酸甲酯加氢生产脂肪醇的典型流程见图8-6-7[1]。

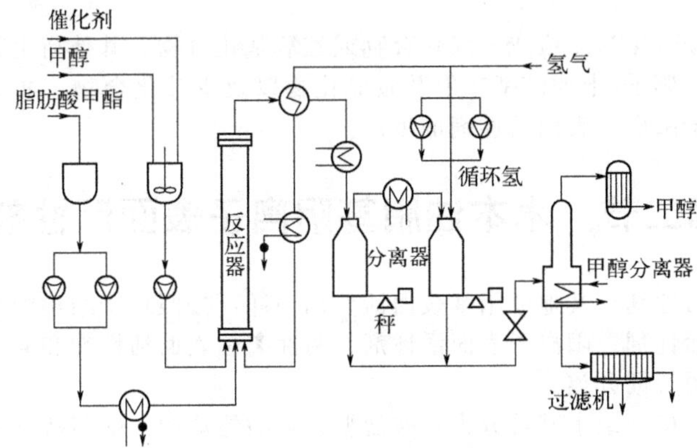

图8-6-7　脂肪酸甲酯流动床加氢生产脂肪醇典型流程

由石油为原料制备合成醇的路线很多，但目前已在工业上形成大规模生产的路线主要有羰基合成醇、齐格勒合成醇和正构烷烃氧化制仲醇三条。以石油为原料时，只能制得饱和脂肪醇。当要制备不饱和脂肪醇时，天然油脂将是唯一的原料来源。

从脂肪醇出发可制备的表面活性剂的品种很多，大多数是阴离子表面活性剂和少量非离子表面活性剂，详见图8-6-8。

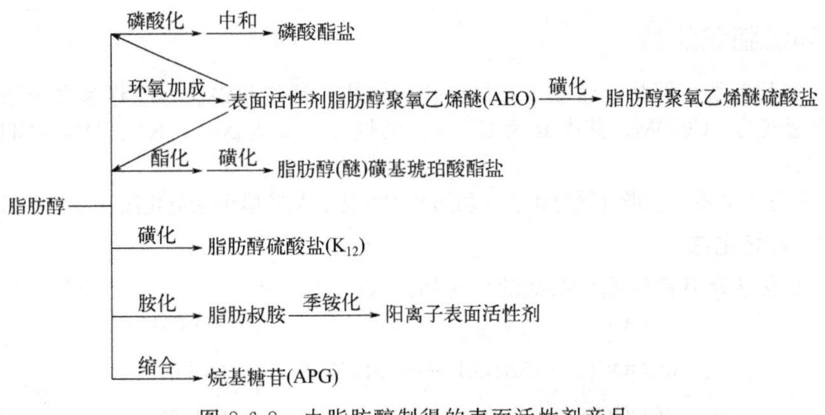

图8-6-8　由脂肪醇制得的表面活性剂产品

四、高碳脂肪胺

高碳脂肪胺(含长链 C_8～C_{22} 的有机胺化合物)的主要品种有伯胺 RCH_2NH_2、仲胺（$(RCH_2)_2NH$、双烷基甲基叔胺（$(RCH_2)_2NCH_3$、烷基二甲基叔胺 $RCH_2N(CH_3)_2$ 等。我国生产 C_{12}～C_{14} 脂肪胺的原料主要是木本油脂椰子油和棕榈仁油，生产 C_{16}～C_{18} 脂肪胺的原料主要是棕榈油。

高碳脂肪胺是三大油脂（脂肪醇、脂肪酸和脂肪胺）化学的主要中间体之一，是工业上最有价值的脂肪酸衍生物品种之一，由它可以制得季铵盐、甜菜碱、氧化叔胺、醚胺、伯胺醋酸盐、二胺等衍生物。它们都是常用的表面活性剂，通过进一步深加工制得的产品可广泛用于轻纺、建材、采矿等工业部门及日常生活领域，是精细化工的重要基本原料之一。

工业上普遍使用的技术路线是以天然脂肪酸胺化法制脂肪腈，再加氢制得脂肪胺。工艺路线见图 8-6-9[1]。

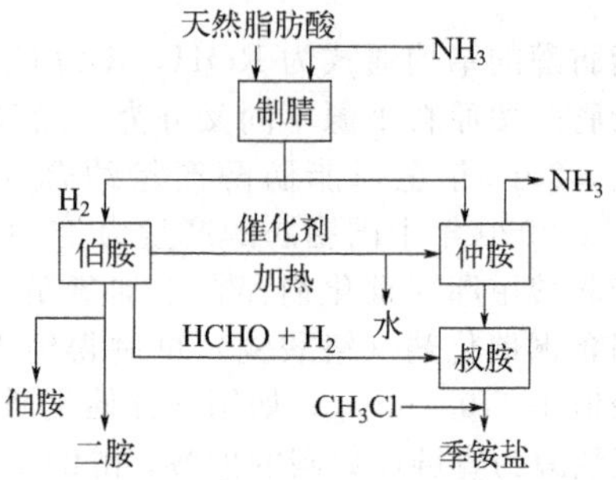

图 8-6-9　天然脂肪酸胺化法制备脂肪胺工艺路线

通常将初级脂肪胺转化为二级或三级化合物或乙氧基化合物。其他衍生物还包括椰子酰胺基丙基二甲基胺甜菜碱、椰子/十四烷基二甲基胺氧化物以及季铵化合物，如十四烷基三甲基胺溴化铵等。脂肪胺多用于阳离子表面活性剂的生产。

第二节　木本油脂基阴离子表面活性剂

木本油脂基表面活性剂与其他油脂基表面活性剂一样，按照分子结构中亲水基团的带电性不同也分为阴离子表面活性剂、阳离子表面活性剂、两性离子表面活性剂和非离子表面活性剂四大类，每一类再按官能团特征分类。

阴离子表面活性剂按其亲水基可分为羧酸盐型、硫酸酯盐型、磺酸盐型和磷酸酯盐型，是产量最大、品种最多、工业化成熟的一类表面活性剂。阴离子表面活性剂是润湿剂、家用洗涤剂、工业清洗剂和干洗剂的重要组分。

一、羧酸盐型阴离子表面活性剂

羧酸盐型阴离子表面活性剂的亲水基为羧基（$—COO^-$），是典型的阴离子型表面活性剂。按亲油基与亲水基的连接方式可分为两种类型：一类是高级脂肪酸的盐类——皂类；另一类是亲油基通过中间键如酰胺键、酯键、醚键等与亲水基连接，可认为是改良型皂类。

（一）高级脂肪酸盐

高级脂肪酸的钠盐、钾盐、铵盐、有机铵盐、锌盐、钙盐和铝盐等统称为高级脂肪酸盐，也称为皂，化学通式为 RCOOM，其中 R 为 C_7～C_{19} 的烷基，M 为 Na^+、K^+、$HN^+(CH_2CH_2OH)_3$、NH^+、Ca^{2+} 等。

制造肥皂的方法主要有油脂直接皂化法、脂肪酸中和法、脂肪酸甲酯皂化法和复分解反应法四种。

1. 油脂直接皂化法

油脂直接皂化法制备高级脂肪酸盐的反应如式（8-6-2）所示。

$$\begin{array}{l} RCOOCH_2 \\ \quad | \\ RCOOCH \\ \quad | \\ RCOOCH_2 \end{array} + 3NaOH \longrightarrow 3RCOONa + \begin{array}{l} CH_2OH \\ \quad | \\ CHOH \\ \quad | \\ CH_2OH \end{array} \tag{8-6-2}$$

2. 脂肪酸中和法

脂肪酸中和法制备高级脂肪酸盐的反应如式（8-6-3）～式（8-6-6）所示。

$$RCOOH + NaOH \longrightarrow RCOONa + H_2O \tag{8-6-3}$$

$$RCOOH + Na_2CO_3 \longrightarrow RCOONa + NaHCO_3 \tag{8-6-4}$$

$$RCOOH + NH(CH_2CH_2OH)_2 \longrightarrow RCOONH_2(CH_2CH_2OH)_2 \tag{8-6-5}$$

$$RCOOH + NH_4OH \longrightarrow RCOONH_4 + H_2O \tag{8-6-6}$$

而且某些碱土金属也可以用中和方法制取，如式（8-6-7）所示。

$$2RCOOH + CaO \longrightarrow (RCOO)_2Ca + H_2O \tag{8-6-7}$$

3. 脂肪酸甲酯皂化法

甲醇与油脂进行酯交换反应生成甲酯，然后用苛性碱皂化生成皂基。Lion 油脂公司在 1960 年取得甲酯连续皂化工业应用的成功，称之为 ES 法。经过不断改进，现在这一方法制成的优质甲酯可大规模用于生产高质量的香皂。谭立新[18]用棕榈油脂肪酸甲酯皂化，皂化反应转化率大于 99%，反应如式（8-6-8）所示。

$$RCOOCH_3 + NaOH \longrightarrow RCOONa + CH_3OH \tag{8-6-8}$$

4. 复分解反应法

碱土金属和高价金属皂一般由碱金属通过复分解反应制取，如式（8-6-9）所示。

$$2C_{17}H_{35}COONa + CaCl_2 \longrightarrow (C_{17}H_{35}COO)_2Ca + 2NaCl \tag{8-6-9}$$

碱金属皂（钠皂、钾皂）主要用作香皂、浴皂、洗衣皂、液体皂、肥皂粉、工业皂、药皂和软皂等；乙醇胺和其他的有机碱皂主要用作干洗皂、纺织用皂、化妆品皂、家用洗净剂乳化剂及擦亮剂等；金属皂如铝、钙、镁、锌、钡和其他金属所制成的无洗涤作用的皂主要用作塑料稳定剂、润滑剂等，但由于重金属盐的毒性以及环境安全问题，金属皂正在被逐步取代。

硬脂酸的钠盐、钾盐和三乙醇铵盐常用作化妆品的乳化剂；月桂酸钾是淡黄色浆状物，易溶于水，起泡作用大，主要用于液体皂的生产；油酸与三乙醇胺制成的皂常用作乳化剂；挥发性氨的脂肪酸盐常用于上光剂中，铵盐水解生成自由氨挥发后，表面涂层中留下拒水性物质脂肪酸，能提高表面的抗水性。水溶性高级脂肪酸盐有良好的发泡性和洗涤性能，但护硬水能力较差，能与水中的钙、镁等多价金属离子发生复分解反应形成皂垢。

棕榈油、棕榈仁油在制皂行业中大部分用于生产香皂，因而对油脂的色泽和气味要求较高。牛羊油的气味不及棕榈油好，棕榈油的气味适合于加香，加有相同数量和同一香精的两块香皂，棕榈油配方的香皂比牛羊油配方的香皂香味显得纯正芬芳[18,19]。李凡采用动物油脂（猪油、羊油、牛油）与植物油脂（椰子油、棕榈油、橄榄油、蓖麻油等）的复合油脂开发的新型肥皂，兼具肥皂和香皂的特性，其去污性强，温和性优于传统肥皂，手洗衣物时对皮肤具有一定的保湿保护作用[20]。李晓明等[21]采用如葡萄籽油、棕榈油、橄榄油、动物油不同的油脂成分和比例，加入所提取黄连中的小檗碱和金银花中的金银花苷等抗菌成分，制备中药肥皂。

（二）N-脂肪酰基氨基酸盐

N-脂肪酰基氨基酸盐与高级脂肪酸盐相比，可以视作在亲油基与羧基之间插入了酰胺基，改变了脂肪酸盐的性质，是一类性质温和的多功能表面活性剂。酰基氨基酸表面活性剂由氨基酸与脂肪酸及其衍生物反应得到。采用的氨基酸主要有谷氨酸、肌氨酸、甘氨酸、丝氨酸、丙氨酸、亮氨酸和乙二胺三乙酸等。采用的脂肪酸主要有月桂酸、椰子油酸、棕榈酸、硬脂酸、油酸、辛酸和癸酸等。合成时将不同的氨基酸和脂肪酸及其衍生物反应，即可得到性能各异的酰基氨基酸表面活性剂。酰基氨基酸表面活性剂自问世至今，已形成了几大系列多个品种，其中具有代表性的产品有 *N*-酰基肌氨酸系、*N*-酰基谷氨酸系、*N*-酰基多缩氨基酸盐和 *N*-酰基甘氨酸系表面活性剂。

N-酰基氨基酸表面活性剂的主要合成方法包括酸酐与氨基酸盐的酰化反应[22]、脂肪腈水解酰化反应[23]、酰胺羰基化反应[24-26]、肖顿-鲍曼（Schotten-Baumann）缩合反应[24-26]以及脂肪酸

甲酯与氨基酸盐反应[27-29]等。其中，肖顿-鲍曼缩合反应是目前工业上制备 *N*-酰基氨基酸表面活性剂普遍采用的方法，它是以脂肪酰氯为原料。

如 *N*-油酰基肌氨酸钠，即美迪兰-A 的合成路线如图 8-6-10 所示。

$$2C_{17}H_{33}COOH + PCl_3 \longrightarrow 3C_{17}H_{33}COCl + H_3PO_3$$

$$C_{17}H_{33}COCl + \underset{\overset{|}{CH_3}}{N}HCH_2COOH \longrightarrow C_{17}H_{33}CON(CH_3)CH_2COONa + H_2O + NaCl$$

图 8-6-10　*N*-油酰基肌氨酸钠的合成路线

肌氨酸系列表面活性剂还有月桂酰基肌氨酸钠、椰油酰基肌氨酸钠、十四酰基肌氨酸钠等。

N-月桂酰基谷氨酸钠的合成路线如图 8-6-11 所示。

$$3C_{11}H_{23}COOH + PCl_3 \longrightarrow 3C_{11}H_{23}COCl + H_3PO_3$$

$$C_{11}H_{23}COCl + HOOCCH_2CH_2CH(NH_2)COONa \longrightarrow HOOCCH_2CH_2\underset{|\atop C_{11}H_{23}CONH}{C}HCOONa + HCl$$

图 8-6-11　*N*-月桂酰基谷氨酸钠的合成路线

谷氨酸系列表面活性剂还有 *N*-月桂酰基谷氨酸钠（LGS-11）、*N*-椰油酰基谷氨酸钠（CGS-11）、*N*-椰油酰基谷氨酸三乙醇胺（CGT-12）、*N*-硬脂酰基谷氨酸钠（HGS-11）和 *N*-油酰基谷氨酸钠（OGS）等。

肖顿-鲍曼缩合反应以脂肪酰氯为原料，存在副产物多、产品色泽差并有异味等缺点，限制了产品在食品、医药和化妆品等领域中的应用。王楠等[30]采用绿色合成方法，利用椰子油与含芳香环取代基的组氨酸钠、苯丙氨酸钠、酪氨酸钠直接进行酰胺化反应制备了 3 种椰子油酰基芳香族氨基酸盐，合成路线及产物如图 8-6-12 所示。

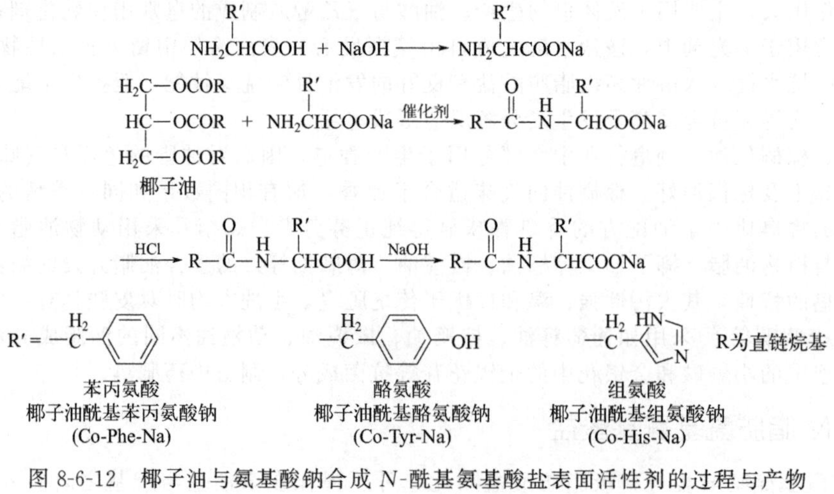

$$NH_2\overset{R'}{\overset{|}{C}}HCOOH + NaOH \longrightarrow NH_2\overset{R'}{\overset{|}{C}}HCOONa$$

$$\begin{matrix} H_2C-OCOR \\ | \\ HC-OCOR \\ | \\ H_2C-OCOR \\ \text{椰子油} \end{matrix} + NH_2\overset{R'}{\overset{|}{C}}HCOONa \xrightarrow{\text{催化剂}} R-\overset{O}{\overset{\|}{C}}-\overset{H}{\overset{|}{N}}-\overset{R'}{\overset{|}{C}}HCOONa$$

$$\xrightarrow{HCl} R-\overset{O}{\overset{\|}{C}}-\overset{H}{\overset{|}{N}}-\overset{R'}{\overset{|}{C}}HCOOH \xrightarrow{NaOH} R-\overset{O}{\overset{\|}{C}}-\overset{H}{\overset{|}{N}}-\overset{R'}{\overset{|}{C}}HCOONa$$

R′ = —CH₂—C₆H₅（苯丙氨酸，椰子油酰基苯丙氨酸钠 (Co-Phe-Na)）；—CH₂—C₆H₄—OH（酪氨酸，椰子油酰基酪氨酸钠 (Co-Tyr-Na)）；—CH₂—咪唑基（组氨酸，椰子油酰基组氨酸钠 (Co-His-Na)）　R为直链烷基

图 8-6-12　椰子油与氨基酸钠合成 *N*-酰基氨基酸盐表面活性剂的过程与产物

（三）烷基醚羧酸盐

基于木本油脂的烷基醚羧酸盐的主要品种有脂肪醇聚氧乙烯羧酸盐（AEC）和烷醇酰胺醚羧酸盐（AMEC）。烷基醚羧酸盐具有良好的温和、发泡、洗涤、熟化和润湿性能，在洗涤剂、润湿剂和化妆品方面得到应用[31]。

烷基醚羧酸盐的合成方法有羧甲基化法［如式（8-6-10）所示］、氧化法［如式（8-6-11）所示］、丙烯腈法［如式（8-6-12）所示］和丙烯酸酯法［如式（8-6-13）所示］。

$$RO(CH_2CH_2O)_nH + ClCH_2COONa \longrightarrow RO(CH_2CH_2O)_nCH_2COONa + HCl \quad (8\text{-}6\text{-}10)$$

$$RO(CH_2CH_2O)_nH \xrightarrow{[O]} RO(CH_2CH_2O)_{n-1}CH_2COONa \quad (8\text{-}6\text{-}11)$$

$$RO(CH_2CH_2O)_nH + CH_2{=}CHCN \longrightarrow RO(CH_2CH_2O)_nCH_2CH_2CN$$
$$\xrightarrow{NaOH} RO\ (CH_2CH_2O)_nCH_2CH_2COONa \quad (8\text{-}6\text{-}12)$$

$$RO(CH_2CH_2O)_nH + CH_2{=}CHCCOOCH_3 \longrightarrow RO(CH_2CH_2O)_nCH_2CH_2COOCH_3$$
$$\xrightarrow{NaOH} RO(CH_2CH_2O)_nCH_2CH_2COONa \quad (8\text{-}6\text{-}13)$$

烷醇酰胺醚羧酸盐（AMEC）是由烷醇酰胺或烷醇酰胺聚氧乙烯醚与氯乙酸钠在 NaOH 或 $NaOCH_3$ 的存在下发生取代反应生成的。AMEC 不仅具有优良的洗涤、发泡、助泡、柔软、调理等性能，而且 AMEC 的初始毒性和二次毒性明显低于 AEC，对眼睛和皮肤刺激性低。王培义等[32,33]以油酸和月桂酸为原料，经酰胺化和羧甲基化反应制得了油酸单乙醇酰胺醚羧酸盐和月桂酰胺醚羧酸盐。鲍新宁等[34]以椰油单乙醇酰胺为原料，制备系列椰油单乙醇酰胺聚氧乙烯醚羧酸盐阴离子表面活性剂，都达到 10^{-3} mN/m 数量级的超低界面张力，能满足油田驱油要求。

二、硫酸酯盐型阴离子表面活性剂

硫酸酯盐类主要是由脂肪醇或脂肪醇及烷基酚的乙氧基化物等羟基化合物与硫酸化试剂发生硫酸化作用，再经中和得到的一类阴离子表面活性剂。硫酸酯盐类的通式可表示为 $ROSO_3M$，其中 R 可以是烷基、烯烃、酚醚、醇醚等。油脂中的羟基或双键可以硫酸化，生成硫酸化油脂，直链烯烃可以硫酸化成仲烷基硫酸盐。乙氧基化烷基酚的硫酸酯盐，由于生物降解性差，其发展受到限制。硫酸酯盐类表面活性剂中，目前产量最大、应用最广泛的是脂肪醇硫酸酯盐和脂肪醇聚氧乙烯醚硫酸酯盐。

（一）脂肪醇硫酸酯盐（FAS）

脂肪醇可硫酸化生成硫酸酯（含双键烯烃也可硫酸化生成硫酸酯），经中和后可得各种硫酸酯盐表面活性剂，硫酸化剂主要有浓硫酸、发烟硫酸、氯磺酸和氨基磺酸等。其中硫酸和发烟硫酸的硫酸化是平衡反应，转化率不高。为提高转化率，酸过量较多，从而产生大量废酸，而且中和产物中无机盐含量高，一般不采用。

1. 脂肪醇硫酸酯（FAS）的制备

脂肪醇硫酸酯可通过以下几种工艺制备。

（1）三氧化硫硫酸化　SO_3 价格低廉，反应活性高，能定量反应，产品成本低，所得产品中无机盐含量低。SO_3 在发生硫酸化反应时，需用惰性载气稀释，以防止硫酸酯焦化。大规模工业生产中一般采用脂肪醇与 SO_3 进行硫酸化生成硫酸酯，其反应过程如式（8-6-14）所示。

$$ROH + 2SO_3 \xrightarrow{\text{很快}} \underset{(\text{焦硫酸酯})}{ROSO_2OSO_3H} \xrightarrow[ROH]{\text{稍慢}} \underset{(\text{烷基硫酸单酯})}{2ROSO_3H} \quad (8\text{-}6\text{-}14)$$

该反应是强放热反应，反应热 150kJ/mol。生成的酸性烷基硫酸单酯具有热不稳定性，受热易分解为原料醇、二烷基硫酸酯（$ROSO_2OR$）、二烷基醚（ROR）、异构醇和烯烃等的混合物，所以该反应的反应温度不应太高。硫酸化后应立即中和，以防止副产物的生成，影响产物色泽及质量。在 30～50℃下老化 1min，焦硫酸酯能转化为烷基硫酸单酯。

脂肪醇硫酸化合适的工艺条件为：脂肪醇与 SO_3 物质的量之比＝1∶(1.02～1.03)，SO_3 体积分数为 3%～5%；硫酸化温度，月桂醇为 30℃，C_{12}～C_{16} 醇为 35～40℃，C_{16}～C_{18} 醇为 45～55℃；烷基硫酸酯排出放一起后 1min 内立即中和；反应中防止局部过热。

三氧化硫硫酸化为气液相反应，具有反应速度快、放热量大、产物黏度高等特征。由于三氧化硫硫酸化工艺流程与磺化工艺流程常可通用，其反应器也基本通用。按其结构分类，反应器可分为罐组式和膜式两种。罐组式虽具有容量大、开停车容易、无酸雾等优点，但存在结焦、产品色泽差、不适合热敏物质等缺点，在 20 世纪 80 年代末逐渐被淘汰。膜式反应器是把反应热从整个反应管壁除去，体积小，结构紧凑，反应时间短，产品质量好，但在反应过程中控制严格，不宜经常开停车，投资费用大，并且反应过程中产生大量酸雾，需设置除雾器以净化尾气。膜式反应器有多种结构，可分为双膜式和多管式。

（2）氯磺酸硫酸化　脂肪醇与氯磺酸反应放出 HCl 气体，是放热反应，反应如式（8-6-15）所示。

$$R—OH+HSO_3Cl \longrightarrow R—OSO_3H+HCl \quad (8\text{-}6\text{-}15)$$

氯磺酸硫酸化间歇操作因反应时间长，一部分硫酸酯又分解成硫酸和脂肪醇而降低转化率，并且在反应开始时，由于反应较激烈，局部升温较大而使产品色泽加深，质量下降，所以间歇反应已逐步被连续硫酸化所替代。连续操作能提高醇转化率，改善产品色泽，产品质量较好。雾化法连续硫酸化流程如图 8-6-13 所示。开始时，在反应器 1 中加入高级醇，启动循环泵 2，使物料经石墨冷凝器 3 及雾化混合器 4（相当于一个液体喷射泵）回到反应釜，形成循环回路。高级醇和氯磺酸按物质的量之比 1∶1.02 喷射进反应釜。新鲜物料加入量与循环物料量之比为 1∶100，反应温度（28±1)℃。水流泵将反应釜中生成的氯化氢抽出，反应生成热经石墨冷凝器排出，冷却后的硫酸酯大部分回流至雾化器，其余部分作为成品抽出，引入脱气锅 5，用空气吹除残余氯化氢后，去中和锅 6，用碱中和，可得成品。

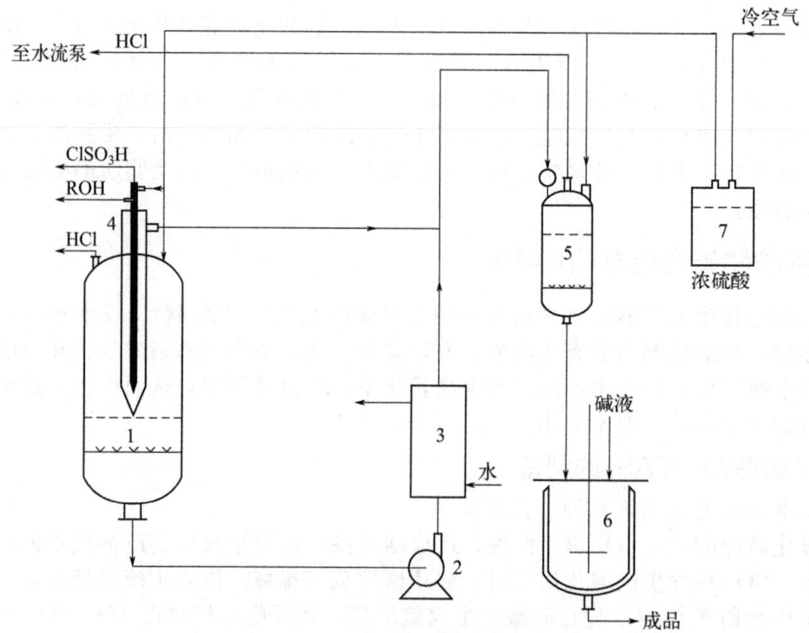

图 8-6-13　雾化法连续硫酸化流程

1—反应器；2—循环泵；3—石墨冷凝器；4—雾化混合器；5—脱气锅；6—中和锅；7—浓硫酸罐

除雾化连续法外，还有管式连续法，其反应器为套管式，内外均通冷却介质。氯磺酸预冷至 −20℃，然后进入反应器，与管壁上的醇反应，并将温度维持在 30℃或更低，只要高于醇的熔点 5℃即可，物料在反应管内停留时间约 15s，出来后进入气液分离器，除去氯化氢气体，便得到产物硫酸酯。

间歇法、雾化法和管式法三种硫酸化方法相比较，后两种连续法得到产品的转化率高、含盐量低、色泽浅，而雾化法软管式法醇的转化率更高。

（3）氨基磺酸硫酸化　氨基磺酸硫酸化反应如式（8-6-16）所示。

$$ROH+H_2NSO_3H \longrightarrow ROSO_3NH_2+H_2 \quad (8\text{-}6\text{-}16)$$

这种方法直接生成铵盐，省去了中和步骤。若要得到钠盐产品，可用氢氧化钠处理。氨基磺酸较其他磺化剂更温和，并且副反应少，能保留双链，缺点是成本高，仅适用于小规模生产。目前，大多用于烷基酚聚氧乙烯醚等含苯环结构物质的硫酸化，因为其他较强的硫酸化剂可能导致苯环上的磺化，使收率降低。

2. 高级醇硫酸酯的中和反应

脂肪醇硫酸酯用碱中和得到最终产品，反应如式（8-6-17）所示。

$$ROSO_3H + NaOH \longrightarrow ROSO_3Na + H_2O \quad (8\text{-}6\text{-}17)$$

中和是放热反应。在酸性条件下，产品重新水解为醇和硫酸，因而严格控制中和条件，避免局部偏酸和温度过高是非常必要的，一般pH值为7～8.5，反应温度不超过50℃。中和反应器有间歇式和连续式两种。间歇式也称中和锅中和法，反应热用冷却夹套将蛇管中冷却水除去。连续中和器由离心泵和换热器组成，泵将大量中和物料循环并均匀分散，同时不断引入碱，在循环线上新鲜物料加入处设有混合器，以便与循环物料强烈混合。中和系统中还应有缓冲罐，用以防止产物返酸。

脂肪醇硫酸酯盐在一定温度下发生热分解，使产物中含有醛、醚、环氧化物和烯烃，微量水的存在会促进热分解。因此，喷粉干燥时应控制好热风温度，一般顺流操作为220～230℃，逆流操作为210～220℃。产品中添加少量酚系或胺系抗氧剂或碳酸氢盐可防止储存产生异臭。

目前，脂肪醇硫酸酯盐类表面活性剂（FAS）的种类有十二烷基硫酸酯、十四烷基硫酸酯、十六烷基硫酸酯、十八烷基硫酸酯的钠盐、铵盐、乙醇铵盐等。脂肪酸单乙醇酰胺也可以利用羟基基团硫酸化制备脂肪酸单乙醇酰胺硫酸酯钠盐，如月桂酸单乙醇酰胺硫酸酯盐由于分子中引入了酰胺基团而稳定性较好，耐硬水，可制成粉状产品[35]。

脂肪醇硫酸酯盐具有良好的生物降解性，对硬水不敏感；C_{12}～C_{16} 的FAS降低表面张力的效果较好，而以 C_{14}～C_{15} 的效果最佳；C_{13}～C_{16} 的FAS具有优良的发泡、润湿、乳化等性能。在溶解性方面，C_{12}～C_{14} 的溶解性较好；钠盐的溶解度优于钾盐，但比铵盐差，而以有机胺盐的溶解度最好。由于十八醇硫酸酯盐碳链较长，溶解度较低，发泡力最差，在温度较高时才显示出好的去污能力。在刺激性方面，钠盐刺激性较大，而铵盐和乙醇胺盐刺激性较小，且铵盐和乙醇胺盐对织物和头发有柔软效果。因此，近年来铵盐产品备受青睐。

脂肪醇硫酸酯盐是香波、合成香皂、浴用品、剃须膏等个人卫生用品中的重要组分，也是轻垢洗涤剂、重垢洗涤剂、地毯清洗剂、硬表面清洗剂等洗涤制品配方中的重要组分。如十二烷基硫酸钠（K_{12}）用于各类膏霜、乳液等化妆品中作乳化剂以及用于膏状洗涤剂、牙膏润湿剂、泡沫剂和洗涤剂等；十二烷基硫酸铵（$K_{12}A$）用于制造香波、浴液、液体洗涤剂等，尤其适用于弱酸性儿童香波、浴液及高档香波、浴液等。

（二）脂肪醇聚氧乙烯醚硫酸酯盐

脂肪醇硫酸酯盐抗硬水性低，而且三聚磷酸钠螯合剂的用量又受到环保要求的限制，为了解决这一问题，人们注意到脂肪醇聚氧乙烯醚硫酸酯盐这种新的硫酸酯盐阴离子型表面活性剂，它是一种聚氧乙烯型非离子阴离子化产品，具有优良的抗硬水性，其他各种性能与脂肪醇硫酸酯盐相近，甚至更优。其合成方法是将高级醇聚氧乙烯醚用硫酸化剂硫酸化后再中和，所用硫酸化剂种类和工艺与高级醇一样。

脂肪醇聚氧乙烯醚硫酸酯盐的通式为 $RO(CH_2CH_2O)_nSO_3M$，式中R和M同脂肪醇硫酸酯盐，n 通常为2～3。

脂肪醇聚氧乙烯醚硫酸酯盐的主要品种有[36-38]：a. 脂肪醇聚氧乙烯醚硫酸钠（AES），用于香波、浴液、餐具洗涤剂和低磷、无磷洗涤剂，也用于轻垢洗涤剂、重垢洗涤剂、硬表面清洗剂、地毯清洗剂等产品中；b. 脂肪醇聚氧乙烯醚硫酸铵（AESA），易溶于水，无毒，对皮肤刺激性低，脱脂力低，用于香波、餐具洗涤剂、液体洗涤剂和儿童香波、浴液等；c. 脂肪醇聚氧乙烯醚硫酸三乙醇胺（TA40），用于香波、浴液、液体洗涤剂，也可用作化纤油剂、纺织助剂。

（三）其他硫酸酯盐

1. 不饱和醇硫酸酯盐

不饱和醇有羟基和双键两个活泼基团，与硫酸化试剂作用时，羟基上可发生硫酸化反应，双键上可发生磺化反应。如反应时采用氨基磺酸，由于该试剂性能温和，不发生双键上的磺化反应。如采用氨基磺酸为硫酸化试剂，只要使用膜式反应器，在合适的气体浓度和用量下，严格控制反应温度，可得到色浅、质优的产品。不饱和醇硫酸酯经中和可得盐[39]。

油醇硫酸酯盐是一种重要的不饱和醇硫酸酯盐，它的表面张力和临界胶束浓度较低，0℃时仍是透明状，而且润湿性良好[40]。

2. 硫酸化油

天然不饱和油脂或不饱和蜡经硫酸化后再中和的产物称为硫酸化油。常用的油脂为蓖麻油、橄榄油，有时也使用花生油、棉籽油、菜籽油等。这些产品结合硫酸量较低，只有微弱的亲水性，不适宜作洗涤剂，一般多用作纺纱油剂、纤维整理剂等复配原料。硫酸化反应需在低温下进行，以免分解、聚合、氧化等副反应过多。硫酸化剂除使用硫酸外，发烟硫酸、氯磺酸等均可使用。反应产物中含有原料油脂和副产物，组成较为复杂。

3. 硫酸化脂肪酸酯盐

硫酸化脂肪酸酯盐是不饱和脂肪酸低级醇酯经硫酸化再中和的产物，常用原料为油酸丁酯、月桂酸二聚甘油酯、蓖麻酸丁酯等。这些产品属红油改良品种，结合的硫酸量为 12.5%～20%，渗透力强，常作低泡染色助剂[41,42]。

4. 硫酸化脂肪酸盐

硫酸化脂肪酸盐为不饱和脂肪酸盐经硫酸化再中和的产物，分子上同时有两个亲水基，其结构如式（8-6-18）所示，因而较肥皂洗涤性能下降。

$$\underset{\displaystyle\mathrm{OSO_3Na}}{\mathrm{CH_3(CH_2)_{\mathit{m}}\underset{|}{C}HCH_2(CH_2)_{\mathit{n}}COONa}} \tag{8-6-18}$$

三、磺酸盐型阴离子表面活性剂

凡分子中含有—C—SO_3M 基团的阴离子表面活性剂，统称为磺酸盐型表面活性剂。磺酸盐型表面活性剂是产量最大、应用最广的一类阴离子表面活性剂，主要品种有烷基酸盐、烷基磺酸盐、烯基磺酸盐、高级脂肪酸酯 α-磺酸盐、琥珀酸酯磺酸盐、脂肪酰基磺酸盐、脂肪酰氧乙基磺酸盐、烷基萘磺酸盐、石油磺酸盐、木质素磺酸盐等。由木本油脂制备的磺酸盐型阴离子表面活性剂有高级脂肪酸酯 α-磺酸盐、琥珀酸酯磺酸盐、脂肪酰基磺酸盐、脂肪酰氧乙基磺酸盐等。

由于磺酸盐中磺基硫与碳直接相连，较硫酸酯盐更稳定，在酸性溶液中不发生水解，加热时也不易分解，可应用于洗涤、染色、纺织行业，也可用作渗透剂、润湿剂、防锈剂等工业助剂。

（一）脂肪酸酯 α-磺酸盐

此类表面活性剂包括高级脂肪酸酯 α-磺酸盐和低碳脂肪酸高碳醇酯 α-磺酸盐。

1. 高级脂肪酸酯 α-磺酸盐

高级脂肪酸酯 α-磺酸盐的化学通式为 $RCH(SO_3M)COOR'$。其中，R 为 C_{10}～C_{18} 的烷基；R′为 C_1～C_4 的烷基，通常为甲基或乙基；M 为碱金属或碱土金属离子。

较高分子量的高级脂肪酸酯 α-磺酸盐，尤其是 C_{12}～C_{20} 脂肪酸的产品，都具有良好的表面活性。特别是木本油脂脂肪酸月桂酸、棕榈酸、硬脂酸经酯化制成低碳醇酯，再通过磺化合成的 α-磺基高碳脂肪酸低碳醇酯的钠盐，是一类重要的阴离子表面活性剂。

代表产品为脂肪酸甲酯 α-磺酸钠盐（MES），通式为 $RCH(SO_3Na)COOCH_3$。MES 可以由饱和脂肪酸磺化后进行酯化，也可用脂肪酸甲酯磺化。前者由于饱和脂肪酸熔点及黏度较高，需用溶剂稀释才能进行反应，操作不便、不安全，生产成本较高，工业上实用价值不大。后者以脂肪酸甲酯为原料，工艺过程简单，易操作，且原料提供方便[43-46]。MES 的合成路线如图 8-6-14 所示，工艺流程见图 8-6-15[47]。

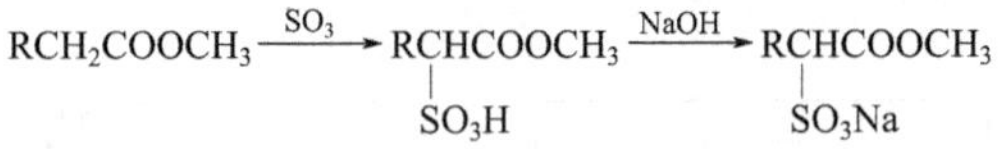

$$RCH_2COOCH_3 \xrightarrow{SO_3} \underset{SO_3H}{\underset{|}{RCHCOOCH_3}} \xrightarrow{NaOH} \underset{SO_3Na}{\underset{|}{RCHCOOCH_3}}$$

图 8-6-14　α-磺基脂肪酸甲酯钠盐的合成路线

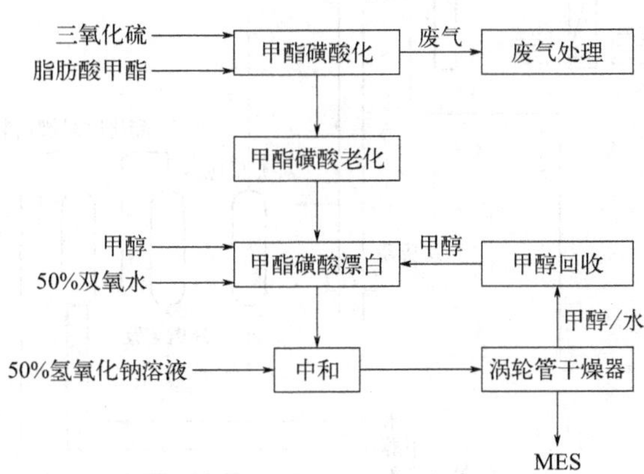

图 8-6-15　MES 的生产工艺流程

按反应方程式，SO_3 与甲酯的物质的量之比为 1∶1，按反应历程，为使 α 位磺化顺利进行，SO_3 应过量，实际操作中甲酯与 SO_3 的物质的量之比为 1∶(1.1～1.5)。重排反应是决定反应速度的一步，为使重排反应顺利进行，需延长反应时间。但通常采用膜式反应器，物料在反应器中停留时间短，因此出磺化器的物料分离气体后需进行老化，老化温度 90～95℃，在塞流状态老化 30min。

若磺化产物不经老化而进行中和，会使酯键水解生成副产物二钠盐，影响产品性能。

磺化产物老化后色泽加深，色泽主要是生成的共轭二磺酸化合物所致。在加入甲醇的情况下用 H_2O_2 漂白。甲醇的存在可使磺化中间体与甲醇作用生成硫酸甲酯，也可抑制甲酯水解，同时降低体系黏度，抑制局部过碱而发生碱性水解。也可用 NaClO 漂白，但将在产品中带入盐和其他杂质，并会对皮肤产生致敏反应，尽可能不用。

为保证磺化发生在 α 位，脂肪酸甲酯须是饱和的，以免不饱和链发生磺化反应。为降低二钠盐含量，有报道采用甲醇再酯化技术，同时还可改善产品色泽。

以脂肪酸甲酯为原料，在反应器中用 SO_3 生产正 MES 的工艺流程如图 8-6-16 所示。用干燥空气稀释的体积分数 5%～7%的 SO_3 气体进入反应器，脂肪酸甲酯经反应分配器形成均匀液膜。甲酯与 SO_3 的物质的量之比为 1∶(1.25～1.30)，在甲酯液膜与 SO_3 气体间通入保护风，磺化温度 80～85℃。产物从反应器下部导出，在气液分离装置分出气体后进入补充反应器进行老化，老化温度 90～95℃，时间约 30min。老化后的酸性产物用甲醇再酯化并进行第一次漂白，在装置中加入 1%～1.5%（以活性物 100 计）双氧水及适量甲醇，60～70℃下漂白 20～30min。第一次漂白产品加入 NaOH 中和，pH 值控制 7.2～9，温度 45℃以下，以减少甲酯的水解。中和产物进入汽提塔回收甲醇，塔底为产物 MES。若产品色泽较深可进行第二次漂白，第二次漂白可用 NaOCl 水溶液在 50～70℃下漂白 2h。

MES 热稳定性差，超过 60℃脂肪链上的磺酸基就易脱落，因此要求其干燥和粉剂化处理工艺在较低温度下进行。宋国强等[48]将含 70%活性物的 MES 产品在加热熔融的状态下滴加到低沸点水溶性有机溶剂中，经冷却、结晶、过滤和干燥等工艺，得到高纯 MES 粉剂产品。

MES 具有优良的表面活性、钙皂分散性能和洗涤性能，去污力好，其中 C_{16} 和 C_{18} 产品的去污力优于烷基苯磺酸盐（LAS）。抗硬水性能优于 LAS，高硬度水中仍有很好的去污力；起泡力与 LAS 相当；增溶性优于 LAS；对沸石、酶有优异的配伍性；生物降解性好，毒性低，LD_{50}（半数致死量）值大于 5g/kg，属于无毒物质。MES 可用作块状肥皂、肥皂粉等的钙皂分散剂，

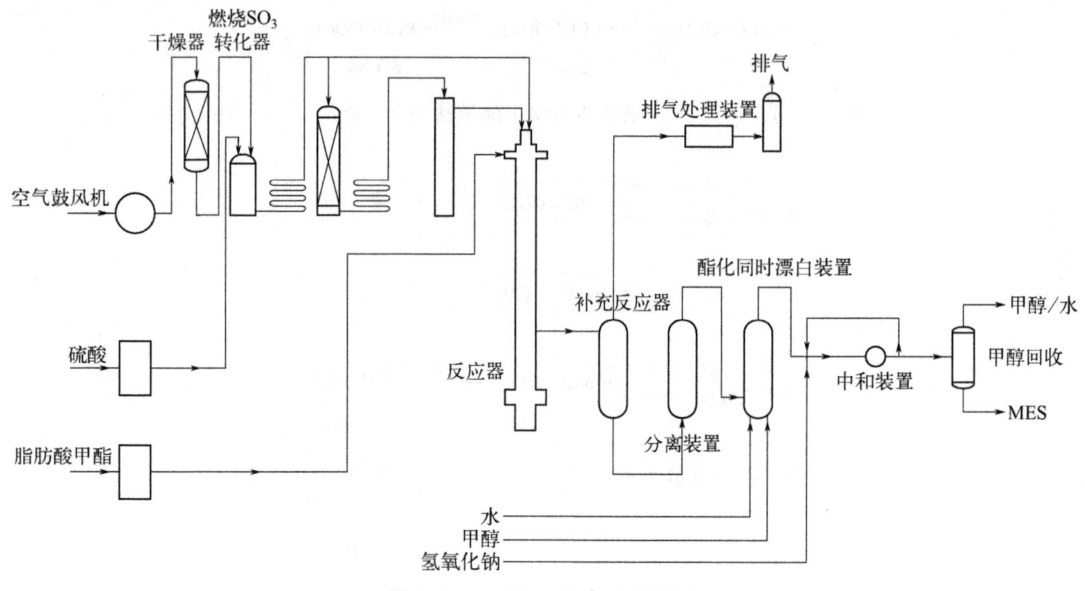

图 8-6-16　MES 生产工艺流程

在粉状、液体和硬表面清洗剂中具有好的应用前景，尤其适用于加酶浓缩洗衣粉的制造。MES 还可作为乳化剂，矿石浮选剂，皮革工助剂，橡胶与弹性体的脱模剂，化纤纺纱的整理剂，涂料与润滑油的分散剂，纺织印染剂，农药的润湿剂、分散剂等[49-51]。

2. 低碳脂肪酸高碳醇酯 α-磺酸盐

低碳脂肪酸高碳醇酯 α-磺酸盐的化学通式为 $RCH(SO_3M)COOR'$，其中 R 为 $C_1\sim C_4$ 的烷基，R′为 $C_{10}\sim C_{18}$ 的烷基，M 为碱金属或碱土金属离子。低碳脂肪酸高碳醇酯 α-磺酸盐有如图 8-6-17 所示的两种合成途径。

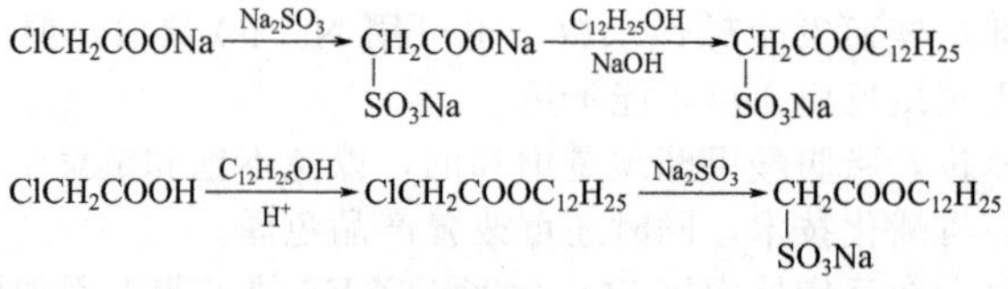

$$ClCH_2COONa \xrightarrow{Na_2SO_3} \underset{\displaystyle SO_3Na}{CH_2COONa} \xrightarrow[NaOH]{C_{12}H_{25}OH} \underset{\displaystyle SO_3Na}{CH_2COOC_{12}H_{25}}$$

$$ClCH_2COOH \xrightarrow[H^+]{C_{12}H_{25}OH} ClCH_2COOC_{12}H_{25} \xrightarrow{Na_2SO_3} \underset{\displaystyle SO_3Na}{CH_2COOC_{12}H_{25}}$$

图 8-6-17　低碳脂肪酸高碳醇酯 α-磺酸盐的两种合成途径

合成时采用的磺化剂为 Na_2SO_3。磺化的典型工艺为：在 500g $ClCH_2COOC_{12}H_{25}$ 和 365g Na_2SO_3 中加入 500mL 水，在 CO_2 保护下加热搅拌，140～150℃下反应 2h，α-磺基乙酸月桂醇酯钠盐从水溶液中分出，可在异丙醇中重结晶纯化。

低分子量的 α-磺基单羧酸本身不具有表面活性，但是通过酯化或酰胺化生成较高分子量的衍生物时具有表面活性，例如磺基乙酸十二烷基酯的钠盐。磺基乙酸月桂醇酯用于牙膏、香波、化妆品和洗涤剂中，其钠盐对粗糙、皲裂或破损的皮肤可能具有恢复作用。磺基乙酸与支链醇或醇醚生成的酯可以作为食品乳化剂使用。

（二）琥珀酸酯磺酸盐

琥珀酸酯磺酸盐是一类温和型阴离子表面活性剂，具有三个显著的特点：一是分子结构可变性强，仅疏水基就有脂肪醇、脂肪醇聚氧乙烯醚、烷醇酰胺、乙氧基化烷醇酰胺、甘油酯和酰胺等十几类上百种化合物，可根据需要改变分子结构合成出特定功能产品；二是表面活性好，其水溶液表面张力可达 $(27\sim35)\times10^{-3}$N/m，单酯类产品性能温和，对皮肤刺激性低，泡沫性好，双酯产品渗透力强，应用领域广；三是合成工艺简单，原料来源广，生产成本低，无三废污染。

因此，它是很有发展前景的表面活性剂。

琥珀酸酯磺酸盐合成是将顺丁烯二酸酐与适当碳链的含羟基或氨基的化合物反应，生成琥珀酸单酯或二酯，然后用亚硫酸盐与单酯或双酯发生加成反应，生成相应的琥珀酸酯磺酸盐。其反应过程如图 8-6-18 所示。

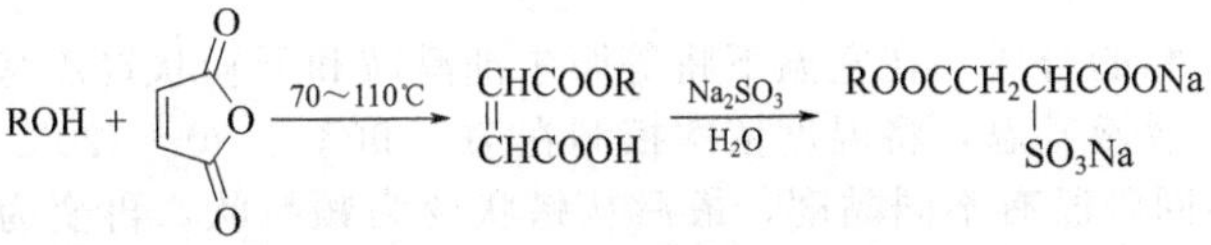

$$ROH + \text{(顺丁烯二酸酐)} \xrightarrow{70\sim110^\circ C} \begin{matrix} CHCOOR \\ \| \\ CHCOOH \end{matrix} \xrightarrow[H_2O]{Na_2SO_3} \begin{matrix} ROOCCH_2CHCOONa \\ | \\ SO_3Na \end{matrix}$$

图 8-6-18　琥珀酸酯磺酸盐的合成路线

以磺基琥珀酸脂肪醇聚氧乙烯醚酯二钠盐为例子说明，合成分两步进行。

1. 酯化

将乙氧基化脂肪醇在氮气保护下加热脱水，然后降温，边搅拌边加入醇与酸酐物质的量之比为 1∶(1.05～1.1) 的顺丁烯二酸酐，继续在氮气保护下反应，反应温度 70℃。取样测定酸值，当与理论量接近时反应完成，约需 5～10h。酯化反应需在无水条件下进行，少量水会使酸酐变为二酸，而酸与羰基化合物反应需要较高的温度，也会产生部分双酯。不加催化剂或严格控制反应温度或用弱酸（如硼酸）作催化剂，可减少双酯的产生。酯化产物不宜放置过久，否则会使色泽加深。若要合成双酯，则可以对甲苯磺酸为催化剂，醇与酸酐的物质的量之比为 2∶1，反应温度 90℃以上，反应中可采用减压脱水的方式，或加入甲苯、二甲苯等脱水剂。

2. 磺化

往磺化釜中加入水，用夹套或盘管蒸汽加热，搅拌下加入亚硫酸钠，待全部溶解后保持一定温度将单酯加入，搅拌下反应一定时间，反应完后降温可得水溶液产品。上述反应条件为：亚硫酸钠水溶液浓度 15%～20%，单酯与亚硫酸钠的物质的量之比为 1∶1，pH＝6～8，反应温度 60～80℃，反应时间 0.5～1h；双酯磺化通常采用 $NaHSO_3$，酯与 $NaHSO_3$ 的物质的量之比为 1∶1.05，$NaHSO_3$ 以水溶液状态加入，pH 值维持在 6～8，反应温度 95℃以下。

此类产品由于分子中酯基的存在，在酸性或碱性介质中易发生水解，在应用过程中应控制介质 pH 在中性或弱酸性条件下并加入 pH 缓冲剂。按羟基化合物 R 来源的不同，琥珀酸酯磺酸盐分为烷基酯盐、脂肪醇聚氧乙烯醚酯盐、脂肪酰胺基乙酯盐等。琥珀酸单酯磺酸盐目前的主要品种有：磺基琥珀酸单烷基酯盐（ASS、MS）、磺基琥珀酸单脂肪醇聚氧乙烯醚酯盐（AESS）、磺基琥珀酸烷基酚聚氧乙烯醚酯盐、磺基琥珀酸十一烯酸酰胺基乙酯盐（NS）、磺基琥珀酸月桂酰胺基乙酯盐（LASS）、磺基琥珀酸油酰胺基乙酯盐（OASS）、磺基琥珀酸蓖麻油酰胺基乙酯盐、磺基琥珀酸烷醇酰胺聚氧乙烯醚酯盐等。该系列产品普遍具有对皮肤和眼睛刺激性小等特点，属于温和型表面活性剂[52,53]。

（三）脂肪酸磺烷基酯和脂肪酸磺烷基酰胺

脂肪酸磺烷基酯和脂肪酸磺烷基酰胺最初作为纺织助剂使用，特别是酰胺型对硬水不敏感，有良好的去污力、润湿力和纤维柔软作用，并可在酸性条件下使用，在纺织工业中有广泛用途。此外，在精细纺织品洗涤剂、餐具洗涤剂、香波、泡沫浴配方中都可应用，尤其适用于复合香皂和全合成香皂配方中。

1. 脂肪酸磺烷基酯的合成

脂肪酸磺烷基酯的合成是以羟乙基磺酸钠为原料，反应路线如图 8-6-19 所示。

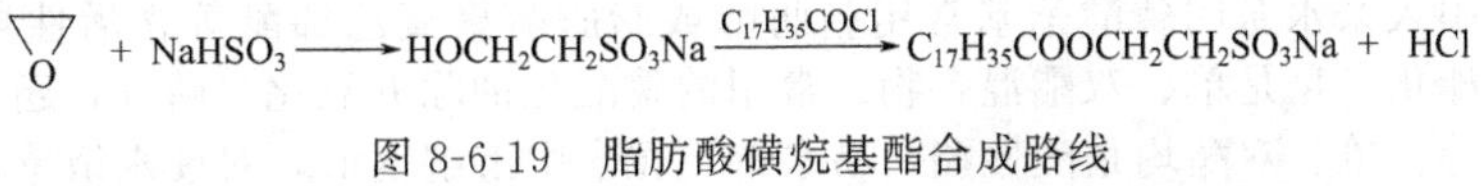

$$\text{(环氧乙烷)} + NaHSO_3 \longrightarrow HOCH_2CH_2SO_3Na \xrightarrow{C_{17}H_{35}COCl} C_{17}H_{35}COOCH_2CH_2SO_3Na + HCl$$

图 8-6-19　脂肪酸磺烷基酯合成路线

（1）羟乙基磺酸钠的合成　将优质工业级 $NaHSO_3$ 溶于水，将环氧乙烷通入，反应温度为60～80℃，制得的羟乙基磺酸钠浓溶液在转鼓干燥器中干燥即得粉状产品。也可在 pH＝5～8下，将 SO_2 与环氧乙烷交替通入 NaOH 溶液。首先是 NaOH 与 SO_2 反应生成 $NaHSO_3$，然后环氧乙烷再与之反应。如果环氧乙烷通入过量，可引起环氧乙烷与水反应生成乙二醇以及与羟乙基磺酸钠进一步反应。

（2）脂肪酸磺烷基酯的合成　在室温下将等摩尔油酰胺和干粉状羟乙基磺酸钠加入到立式不锈钢反应釜中，搅拌，缓慢升温，将温度依次控制在70～90℃、90～120℃和135～170℃，总反应时间1～5h。反应不同阶段有不同黏度，最后从蜡状变为颗粒状，再变为干粉状，搅拌越来越困难。反应最后阶段减压（或通惰性气体）升温使反应进行完全，并尽可能将 HCl 赶出，少量 HCl 用 NaOH 中和。也可用脂肪酸为原料合成，反应温度230～240℃，脂肪酸过量，催化剂可用 $ZnCl_2$。生成的水和脂肪酸一起流出，分出水后的脂肪酸回入反应器。为避免产品色泽加深，应尽可能排出空气。

2. 脂肪酸磺烷基酰胺的合成

脂肪酸磺烷基酰胺的合成分以下两步进行。

（1）*N*-甲基牛磺酸钠的合成　合成方法为羟乙基磺酸钠与甲胺进行反应，如图8-6-20所示。

$$CH_3NH_2 + HOCH_2CH_2SO_3Na \longrightarrow CH_3NHCH_2CH_2SO_3Na + H_2O$$

图8-6-20　*N*-甲基牛磺酸钠的合成路线

间歇法是在反应釜中进行，压力4.86～6.18MPa，温度200～250℃，反应时间7h，甲胺过量6～8mol，蒸馏回收甲胺即得 *N*-甲基牛磺酸钠。

连续法是将25％甲胺水溶液和35％羟乙基磺酸钠水溶液混合均匀，用高压泵通入反应器中。物料在管道内预热至150～160℃，反应温度255～265℃，压力18.0～20.0MPa。流出的生成物在薄膜蒸发器中蒸发，蒸出的甲胺循环使用。除去甲胺后的溶液再除去少量焦化颗粒后可得浓度25％～30％的淡黄色甲基牛磺酸钠溶液。

（2）脂肪酸磺烷基酰胺的合成　工业上常用脂肪酰氯与甲基牛磺酸钠在碱性溶液中反应制取脂肪酸磺烷基酰胺。合成路线如图8-6-21所示。

$$C_{17}H_{35}COCl + CH_3NHCH_2CH_2SO_3Na \xrightarrow{NaOH} C_{17}H_{35}CON(CH_3)CH_2CH_2SO_3Na + NaCl + H_2O$$

图8-6-21　脂肪酸磺烷基酰胺的合成路线

反应可在搪瓷釜中以间歇方式进行，也可在泵式循环的连续反应装置中进行。连续操作过程为：在储槽中加入一定量的甲基牛磺酸钠、碱和水，开动循环泵，加入油酰氯，制得一定量的油酰基甲基牛磺酸钠。然后按比例连续加入甲基牛磺酸钠、碱、水和油酰氯，甲基牛磺酸钠的浓度为8.5％，与 NaOH 的物质的量之比为1∶(1.26～1.30)，反应温度为室温至80℃。这样制得的产品中活性物含量20％左右，pH＝7.2～8.2，转化率可达92％～94％。

也可用脂肪酸为原料合成，反应温度220℃，时间10h，当脂肪酸与甲基牛磺酸钠的物质的量之比由1∶1增加到1.5∶1和2∶1时，甲基牛磺酸钠的利用率由82.6％增大到91.5％和94.5％，副反应减少；若采用酸性催化剂如硼酸、磷酸、次磷酸及盐类可缩短反应时间，降低反应温度，避免着色和减少不良气味。

四、磷酸酯盐型阴离子表面活性剂

在亲油基中引入亲水基团磷酸酯基常用脂肪醇或脂肪醇聚氧乙烯醚等含活性羟基物质与五氧化二磷的反应，酯化产物是单、双酯混合物。常用的磷酸化剂除五氧化二磷外，还有焦磷酸、三氯化磷、三氯氧磷等。单、双酯均是酸性酯，易水解，在水中溶解度低，对硬水敏感，且有热不稳定性和腐蚀性，需要对其进行中和。中和试剂除 NaOH 外，还有 KOH、氨和三乙醇胺等碱性试剂。

1. 与五氧化二磷反应

采用五氧化二磷为磷酸化试剂，反应条件温和，反应得率高，工艺简单易行，产品成本低。以脂肪醇的磷酸化为例，其反应如式（8-6-19）～式（8-6-21）所示。

$$P_2O_5+4ROH \longrightarrow 2(RO)_2POOH+H_2O \tag{8-6-19}$$

$$P_2O_5+2ROH+H_2O \longrightarrow 2ROPO(OH)_2 \tag{8-6-20}$$

$$P_2O_5+3ROH \longrightarrow ROPO(OH)_2+(RO)_2POOH \tag{8-6-21}$$

产物中单、双酯比例与原料中水分含量及反应生成的水量有关，水量增加，产物中单酯含量增多。脂肪醇碳数较高，单酯生成量也较多。醇与 P_2O_5 的物质的量之比由 2∶1 改变到 4∶1，产物中双酯含量可从 35%增加到 65%。

磷酸化温度一般不超过 100℃，超过此温度磷酸酯会分解，一般以 60～70℃为宜。反应时间一般为 4～5h。磷酸化时常加入 1%（以脂肪醇量计）次亚磷酸或亚磷酸，可抑制氧化反应的发生，改善产物色泽。

2. 与焦磷酸反应

五氧化二磷溶于磷酸时，在无水情况下生成焦磷酸。用焦磷酸作磷酸化试剂与醇反应，主要得到磷酸单脂，同时生成磷酸。以苯为溶剂，选择尽可能低的反应温度，醇与焦磷酸的物质的量之比为 1∶1 时，可得到单酯含量大于 90%的产物。脂肪醇也可与三聚磷酸反应，通过改变反应条件，可得以双酯为主的产物，但中和后产物中无机盐含量较高。

3. 与三氯化磷反应

PCl_3 与过量醇反应可方便地制得纯度较高的二烷基磷酸双酯。反应路线如图 8-6-22 所示。此外，脂肪醇和 $POCl_3$ 反应，也可制得磷酸单酯或双酯。

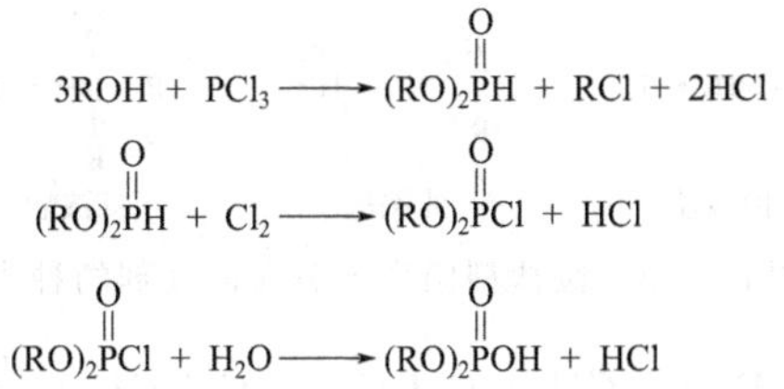

$$3ROH + PCl_3 \longrightarrow (RO)_2\overset{O}{\overset{\|}{P}}H + RCl + 2HCl$$

$$(RO)_2\overset{O}{\overset{\|}{P}}H + Cl_2 \longrightarrow (RO)_2\overset{O}{\overset{\|}{P}}Cl + HCl$$

$$(RO)_2\overset{O}{\overset{\|}{P}}Cl + H_2O \longrightarrow (RO)_2\overset{O}{\overset{\|}{P}}OH + HCl$$

图 8-6-22　脂肪醇与三氯化磷的反应路线

该反应在 20～30℃下进行，反应时需通入少量氯气，并加入少量水，反应产物中双酯含量可达 90%以上，该法制得的产品中含少量 NaCl。

以上方法所制得的磷酸酯用碱性试剂中和后可得到磷酸酯盐。通常磷酸酯盐的性质取决于亲油基、磷酸化剂、中和用碱，单酯和双酯的性质也不尽相同。磷酸酯被中和后比酸形式有更好的水溶性、发泡性和较低的皮肤刺激性。醇醚磷酸酯盐比醇磷酸酯盐的亲水性强。随烷基链长度增加表面活性提高，抗静电性变差。单酯盐比双酯盐有更好的溶解性和抗静电性，但去污力以双酯盐为好。由五氧化二磷制备的磷酸酯盐具有优良的去污、润湿、乳化和水助溶性，而以聚磷酸制备的磷酸酯盐去污性差，但有优良的水助溶性和对碱的稳定性。

磷酸酯盐表面活性剂具有优良的润湿、净洗、增溶、乳化、润滑、防锈、缓蚀、分散、螯合等多种功能，且生物降解性好，单酯盐的刺激性低。因此，还可用于塑料、采矿、金属加工、公共清洗、皮革、纸浆和化妆品等行业中。特别是优良的乳化性和低刺激性，使其最近几年在膏霜、奶液等化妆品中用作乳化剂、香波、浴液、洗面奶等的洗涤发泡剂等[54]。

第三节　木本油脂基阳离子表面活性剂

阳离子表面活性剂在水溶液中发生电离，其表面活性部分带有正电荷。如长链烷基三甲基氯

化铵 $[RN(CH_3)_3]^+Cl^-$ 在水溶液中即离解为 $RN^+(CH_3)_3$ 和 Cl^- 两部分，引起表面活性部分 $RN^+(CH_3)_3$ 带有正电荷，故称其为阳离子表面活性剂。

阳离子表面活性剂含有一个或两个长链烃疏水基，亲水基由含氮、磷、硫或碘等可携带正电荷的基团构成，目前最有商业价值的多为含氮化合物。含氮化合物中，氨的氢原子可以被一个或两个长链烃所取代而成为胺盐；也可全部被烷烃取代成为季铵盐。还有一大类是氮杂环化合物，它们是烷基吡啶、咪唑啉、吗啉的盐类。阳离子表面活性剂中亲水基和疏水基的连接方式有两种：一是亲水基直接连在疏水基上；二是亲水基通过酯、酰胺、醚键等形式与疏水基间接相连。

阳离子表面活性剂除具有一般表面活性剂的基本性质外，经常表现出一些特殊性能，如：具有良好的杀菌、杀藻、防霉能力，而且抗菌谱广、用量少；良好的柔软、抗静电、调理性能等。阳离子表面活性剂的典型应用包括作为柔软剂、杀菌剂、匀染剂、抗静电剂、乳化剂、调理剂、金属缓蚀剂、絮凝剂和浮选剂等[1]。

阳离子表面活性剂的极性基团由于静电引力朝向固体表面，疏水基朝向水相，使固体表面呈“水状态”，因此不适用于洗涤剂和清洗剂中。阳离子表面活性剂在固体表面所形成的吸附膜的特殊性能决定了阳离子表面活性剂的特殊性。

阳离子表面活性剂的主要原料是碳链为 $C_8 \sim C_{22}$ 的高级脂肪胺，可分为伯胺、仲胺、叔胺。在我国，脂肪胺及其衍生物的绝大多数也是以天然油脂为原料，其中椰子油、棕榈油等木本油脂都可以用来制取十二烷基胺、十四烷基胺、十六烷基胺、十八烷基胺等高级脂肪伯胺及其衍生的仲胺和叔胺。

一、铵盐型阳离子表面活性剂

铵盐型阳离子表面活性剂包括伯铵盐、仲铵盐和叔铵盐，如图 8-6-23 所示。

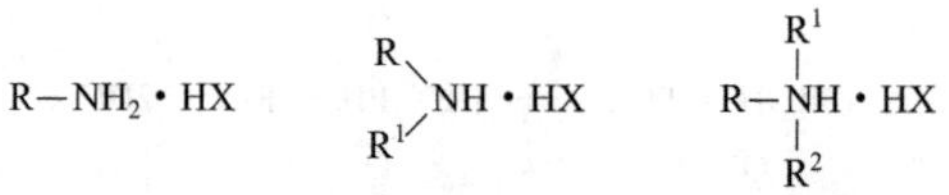

$R-NH_2 \cdot HX$　　$(R)(R^1)NH \cdot HX$　　$R-NH(R^1)(R^2) \cdot HX$

伯铵盐　　仲铵盐　　叔铵盐

图 8-6-23　铵盐型阳离子表面活性剂的种类

图中，$R=C_{10} \sim C_{18}$，R^1、R^2 = —CH_3、CH_2CH_3、CH_2CH_2OH 等，HX 为无机酸或有机酸，如 HCl、HBr、H_2SO_4、H_3PO_4、CH_3COOH、HCOOH。铵盐为弱碱盐，对 pH 较为敏感。在酸性条件下，形成可溶于水的铵盐，具有表面活性；而在碱性条件下，游离出胺，失去表面活性。

所有铵盐型阳离子表面活性剂均可通过胺与酸反应制得，通常先将胺化合物加入反应器中，然后加入用水稀释过的酸，反应后便可制得铵盐，所用的酸主要为乙酸、甲酸和盐酸等。一般按起始原料胺的不同分为高级铵盐阳离子表面活性剂和低级铵盐阳离子表面活性剂，前者多由高级脂肪胺与盐酸或乙酸等进行反应制得，常作为缓蚀剂、捕集剂、防结块剂等，如脂肪胺加热成液体后，在搅拌下加入计量乙酸，即可得脂肪胺乙酸盐。

由于高碳脂肪胺价格昂贵，因此可采用脂肪酸作原料与低碳有机胺衍生物反应来制备阳离子表面活性剂。如先合成含酰胺、酯或醚等基团的叔胺，然后再与小分子酸生成含酰胺、酯或醚等基团的铵盐型阳离子表面活性剂。疏水基通过中间键与氮原子连接的阳离子表面活性剂用烷基化试剂进行季铵化得到。

1. 含酰胺基团的铵盐型阳离子表面活性剂

萨帕明（Sapamine）型阳离子表面活性剂是典型的酰胺基铵盐，这类产品主要用作直接染料固色剂、柔软剂等。Sapamine 的合成方法如下：先用油酸制备油酰氯，然后与 *N*,*N*-二乙基乙二胺缩合可以得到酰胺形式的叔胺，之后再与醛、酸反应生成阳离子表面活性剂。反应式如图 8-6-24 所示。

$$C_{17}H_{33}COCl + H_2NCH_2CH_2N(C_2H_5)_2 \xrightarrow[\text{加热}]{-HCl}$$

$$C_{17}H_{33}CONHCH_2CH_2N(C_2H_5)_2 \xrightarrow{CH_3COOH}$$

$$C_{17}H_{33}CONHCH_2CH_2N^+H(C_2H_5)_2 \cdot CH_3COO^-$$

图 8-6-24 由油酸制备 Sapamine 型阳离子表面活性剂

脂肪酸也可与二乙基乙二胺、二乙烯三胺等多胺衍生物反应，生成一系列含酰胺基团的叔胺，再与酸反应生成阳离子表面活性剂。合成路线如图 8-6-25 所示。

$$C_{17}H_{35}COOH + H_2NCH_2CH_2NHCH_2CH_2NH + 2CH_3COOH \longrightarrow$$

$$C_{17}H_{35}CONHCH_2CH_2-\underset{\underset{COCH_3}{|}}{N}-CH_2CH_2NHCOCH_3$$

图 8-6-25 脂肪酸与多胺反应合成叔胺的过程

用硬脂酸和氨基乙醇胺或二亚乙基三胺加热缩合后再与尿素作用，经乙酸中和，可制得 Ahcovcl A，分子式如式（8-6-22）所示。

$$\begin{array}{l} C_{17}H_{35}CONHCH_2CH_2NCH_2CH_2OH \\ \qquad\qquad\qquad\qquad\quad | \\ \qquad\qquad\qquad\qquad\; C{=}O \qquad\qquad \cdot CH_3COOH \\ \qquad\qquad\qquad\qquad\quad | \\ C_{17}H_{35}CONHCH_2CH_2NCH_2CH_2OH \end{array} \tag{8-6-22}$$

该酰胺缩合物不仅可与乙酸反应，也可与乳酸、硼酸等反应，或与烷基化试剂如酸式磷酸乙酯、氮乙醇、氯化苄等进行反应，生成物的水溶性得到改善，对于合成纤维有良好的柔软和抗静电作用。

由硬脂酸、油酸、棕榈酸和肉豆蔻酸等脂肪酸与 *N*-胺丙基吗啉反应合成酰胺叔胺，合成路线见图 8-6-26。再由叔胺生成铵盐型阳离子表面活性剂，可作为黏弹性表面活性增稠剂[55]。

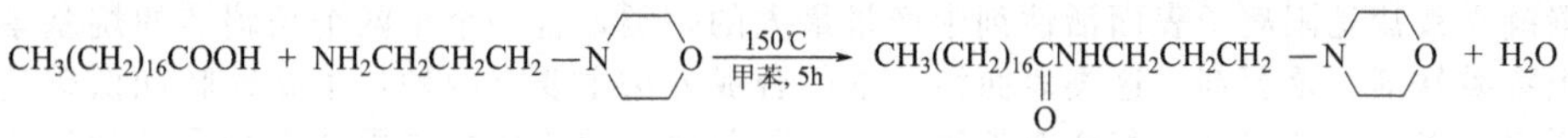

$$CH_3(CH_2)_{16}COOH + NH_2CH_2CH_2CH_2-N\langle\,\rangle O \xrightarrow[\text{甲苯, 5h}]{150℃} CH_3(CH_2)_{16}\overset{\overset{}{}}{\underset{\underset{O}{\|}}{C}}NHCH_2CH_2CH_2-N\langle\,\rangle O + H_2O$$

图 8-6-26 硬脂酸酰胺叔胺的合成路线

2. 含酯基的铵盐型阳离子表面活性剂

索罗明（Soromine）型阳离子表面活性剂是典型的酯基铵盐，生产成本较低，性能较好，大多用作纤维柔软整理剂。其合成主要是通过脂肪酰氯或脂肪酸和含羟基胺类反应而成，例如，硬脂酸在 160～180℃下与三乙醇胺脱水酯化或在苯中脱水酯化可制得脂肪酰氧乙基二乙醇胺，再用甲酸中和可得到 Soromine A。合成路线如图 8-6-27 所示。

$$C_{17}H_{35}COOH + N(C_2H_4OH)_3 \xrightarrow[\text{加热}]{-H_2O} C_{17}H_{35}COOCH_2CH_2N(C_2H_4OH)_2 \xrightarrow{HCOOH} C_{17}H_{35}COOCH_2CH_2N^+H(C_2H_4OH)_2 \cdot HCOO^-$$

图 8-6-27 索罗明型（Soromine A）阳离子表面活性剂的合成路线

3. 含醚键基团的铵盐型阳离子表面活性剂

油醇和甲醛及盐酸反应生成油醇氯甲基醚，然后和吡啶反应生成含醚键基团的铵盐型阳离子表面活性剂。合成路线如图 8-6-28 所示[1]。

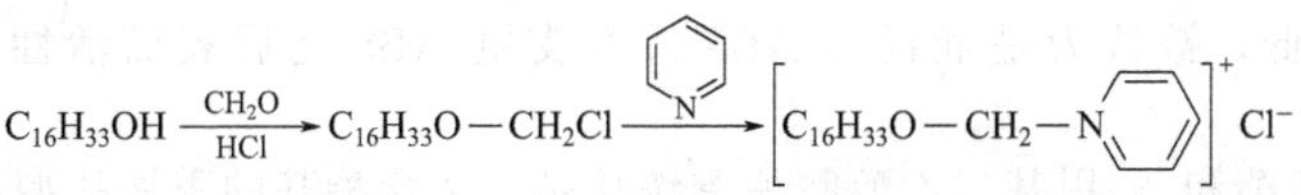

$$C_{16}H_{33}OH \xrightarrow[HCl]{CH_2O} C_{16}H_{33}O-CH_2Cl \xrightarrow{\text{吡啶}} \left[C_{16}H_{33}O-CH_2-N^+C_5H_5\right]^+ Cl^-$$

图 8-6-28 含醚键基团的铵盐型阳离子表面活性剂的合成路线

二、季铵盐型阳离子表面活性剂

季铵盐型阳离子表面活性剂从形式上看是铵离子的 4 个氢原子被有机基团取代。4 个烷基中，有 1～3 个是长碳链的（通常为 C_{12}～C_{18}），有 1～2 个为短链的（如甲基、乙基、羟乙基等）。季铵盐表面活性剂的结构如式（8-6-23）所示。

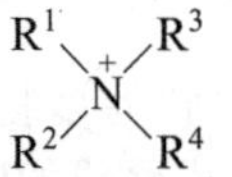

$$\begin{matrix} R^1 & & R^3 \\ & \overset{+}{N} & \\ R^2 & & R^4 \end{matrix} \tag{8-6-23}$$

季铵盐型阳离子表面活性剂通常是由叔胺与烷基化剂经季铵化反应制取，反应的关键在于各种叔胺的获得，季铵化反应一般较易实现。最重要的叔胺是烷基二甲基胺、二烷基甲基胺及伯胺的乙氧基化物和丙氧基化物。最常用的烷基化剂为卤代烷、氯化苄及硫酸二甲酯。

季铵盐型阳离子表面活性剂在酸性介质中铵盐和季铵盐均溶解并发挥表面活性，而在碱性介质中只有季铵盐不受影响，能很好地溶解，铵盐则会变成原来不溶性的胺而析出，失去表面活性。

最常用的季铵盐型阳离子表面活性剂有十二烷基三甲基溴（氯）化铵（1231）、十六烷基三甲基溴（氯）化铵（1631）、十八烷基三甲基溴（氯）化铵（1831）、十二烷基二甲基苄基溴（氯）化铵（1227）、双长链烷基二甲基氯化铵等。脂肪烷基二甲基苄基氯化铵通常作为消毒杀菌剂，当烷基含 12 个碳时商品名为洁而灭，当烷基为十二烷基，阴离子为溴时，即为新洁而灭[56]。由于长期使用单一品种易使某些微生物产生抗药性，国外已研制出更新换代的杀菌剂，例如双烷基二甲基氯化铵具有合成工艺简单、生产成本低、无毒和杀菌效果好等优点，在国外已逐步取代老产品。烷基中以碳数 8～10 的季铵盐的杀菌效果最佳，若将其与烷基二甲基苄基氯化铵复配使用，杀菌性可显著提高。C_8～C_{10} 的双烷基可以是双癸基、辛基癸基、双辛基等系列产物。

脂肪酸与低碳有机胺衍生物反应，先合成含酰胺、酯或醚等基团的叔胺，再用烷基化试剂进行季铵化，生成含酰胺、酯或醚等基团的季铵盐型阳离子表面活性剂。当季铵盐类阳离子表面活性剂的亲水基和疏水基通过酰胺、酯或醚等基团相连时，不仅具有优良的调理性能，还具有较好的生物降解性和安全毒理性能[57,58]。

长碳链季铵盐是阳离子表面活性剂中产量最大的一类，含一个至两个长碳链的烷基季铵盐主要用作织物柔软剂、杀菌剂。这类表面活性剂的合成方法主要有两种：由高碳胺和低碳烷基化剂合成，用得较多的是二甲基烷胺或双长链烷基叔胺与卤代烷或硫酸二甲酯进行季铵化反应；高碳卤化物和低碳胺合成季铵盐。

1. 含酰胺基团的季铵盐型阳离子表面活性剂

利用月桂酸、肉豆蔻酸、棕榈酸、油酸、硬脂酸等脂肪酸与二乙基乙二胺、二乙烯三胺等多胺衍生物反应，可生成一系列含酰胺基团的叔胺，再与硫酸二甲酯季铵化，生成含酰胺基团的系列季铵盐型阳离子表面活性剂[59]。硬脂酸衍生的含酰胺基团的季铵盐型阳离子表面活性剂的合成路线如图 8-6-29 所示。

$$C_{17}H_{35}COCl + H_2NCH_2CH_2N(C_2H_5)_2 \longrightarrow C_{17}H_{35}CONHCH_2CH_2N(C_2H_5)_2 \xrightarrow{(CH_3)_2SO_4} C_{17}H_{35}CONHCH_2CH_2\underset{\underset{CH_3}{|}}{N^+}(C_2H_5)_2 \cdot CH_3SO_4^-$$

图 8-6-29　硬脂酸衍生的含酰胺基团的季铵盐型阳离子表面活性剂的合成路线

2. 含酯基的季铵盐型阳离子表面活性剂

酯基季铵盐是以天然可再生的油脂为原料经系列加工而合成的一种阳离子表面活性剂，它的疏水基通过酯键与带电头基相连，很容易通过水解变成无表面活性的片段，其生物降解性优异且对水生生物毒性极低，被认为是继直链 ABS 代替支链 ABS 之后表面活性剂历史上的第二大变革[60]。

脂肪酸三乙醇胺酯和 *N*-甲基二乙醇胺酯季铵盐是一类含酯基的季铵盐型阳离子表面活性剂。

该酯基季铵盐是由脂肪酸与三乙醇胺或 N-甲基二乙醇胺酯化反应生成酯胺，再与烷基化试剂季铵化得到的[61-63]。脂肪酸三乙醇胺酯季铵盐的合成路线如图 8-6-30 所示[61]。

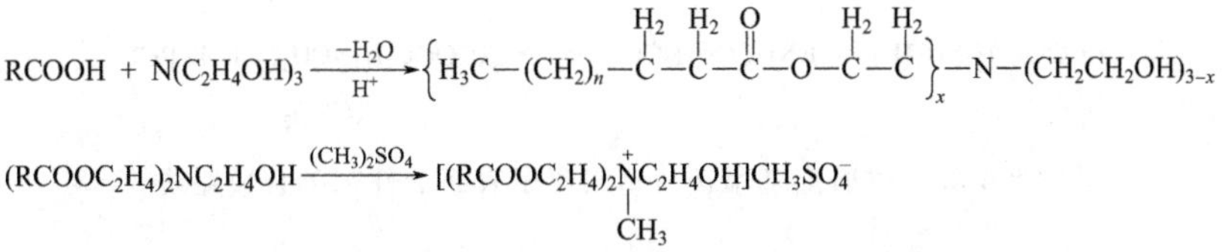

$$RCOOH + N(C_2H_4OH)_3 \xrightarrow[H^+]{-H_2O} \left\{H_3C-(CH_2)_n-\overset{H_2}{C}-\overset{H_2}{C}-\overset{O}{\overset{\|}{C}}-O-\overset{H_2}{C}-\overset{H_2}{C}\right\}_x-N-(CH_2CH_2OH)_{3-x}$$

$$(RCOOC_2H_4)_2NC_2H_4OH \xrightarrow{(CH_3)_2SO_4} [(RCOOC_2H_4)_2\overset{+}{N}(CH_3)C_2H_4OH]CH_3SO_4^-$$

图 8-6-30　脂肪酸三乙醇胺酯季铵盐型阳离子表面活性剂的合成路线

利用该方法得到的脂肪酸三乙醇胺酯是单、双、三酯基季铵盐的混合物，其柔软性能的好坏取决于第一步酯胺中单、双酯含量的高低，目前报道单双酯含量约在 70%。耿涛等[64]以固体酸作为脂肪酸与三乙醇胺的催化剂，提高了单双酯胺的选择性，可使酯基季铵盐中的单双酯含量达到 80%以上，改善了产品的性能。

由甲基二乙醇胺得到甲基二乙醇胺型双酯基季铵盐产品［式 (8-6-24)］，不含三酯基季铵盐，水溶性比脂肪酸三乙醇胺酯有所提高，但由于其亲水性也不是很强，柔软效果与前所述的单、双、三酯混合季铵盐相比没有明显改善。韩冰等[65]对该酯基季铵盐进行了改性，在亲水头基上引入羟乙基，改善了产品的柔软性。

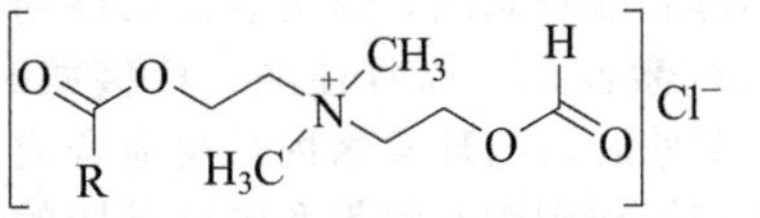

$$\left[RC(=O)O-CH_2CH_2-\overset{+}{N}(CH_3)_2-CH_2CH_2-OC(=O)H\right]Cl^- \tag{8-6-24}$$

脂肪酸或脂肪酸盐和环氧氯丙烷反应合成缩水甘油脂肪酸酯，然后和三甲基铵盐反应制备含酯基的季铵盐型阳离子表面活性剂。合成路线如图 8-6-31 所示[66]。

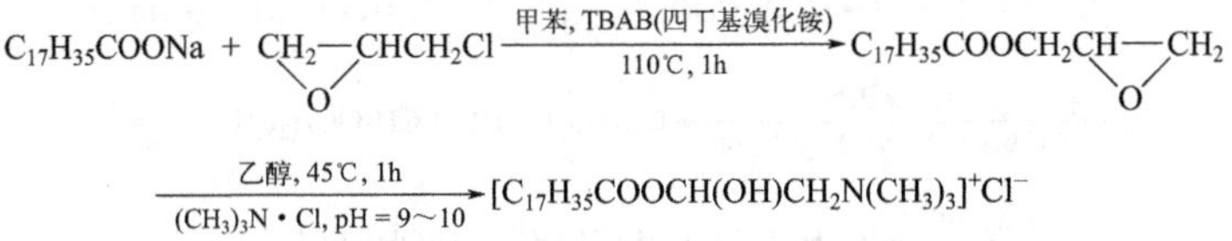

$$C_{17}H_{35}COONa + \underset{\backslash O /}{CH_2-CH}CH_2Cl \xrightarrow[110℃,\ 1h]{甲苯,\ TBAB(四丁基溴化铵)} C_{17}H_{35}COOCH_2\underset{\backslash O /}{CH-CH_2}$$

$$\xrightarrow[(CH_3)_3N\cdot Cl,\ pH=9\sim10]{乙醇,\ 45℃,\ 1h} [C_{17}H_{35}COOCH(OH)CH_2N(CH_3)_3]^+Cl^-$$

图 8-6-31　含酯基的硬脂酸季铵盐型阳离子表面活性剂的合成路线

高级脂肪胺十二烷基二甲基叔胺和环氧氯丙烷反应可制备出环氧中间体（2,3-环氧丙基）十二烷基二甲基氯化铵，然后与月桂酸反应，得到月桂酸酯季铵盐型阳离子表面活性剂。合成路线如图 8-6-32 所示[67]。

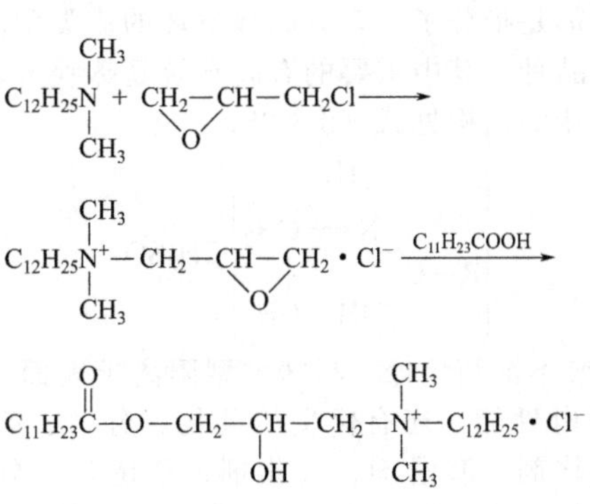

$$C_{12}H_{25}N(CH_3)_2 + \underset{\backslash O /}{CH_2-CH}-CH_2Cl \longrightarrow$$

$$C_{12}H_{25}\overset{+}{N}(CH_3)_2-CH_2-\underset{\backslash O /}{CH-CH_2}\cdot Cl^- \xrightarrow{C_{11}H_{23}COOH}$$

$$C_{11}H_{23}\overset{O}{\overset{\|}{C}}-O-CH_2-\underset{OH}{\underset{|}{CH}}-CH_2-\overset{+}{N}(CH_3)_2-C_{12}H_{25}\cdot Cl^-$$

图 8-6-32　月桂酸酯季铵盐型阳离子表面活性剂的合成路线

季铵盐分子中也可同时含有酯基和酰胺基团，酰胺酯基季铵盐型阳离子表面活性剂具有良好的织物柔软性和生物降解性。合成路线如图 8-6-33 所示[61,68]。

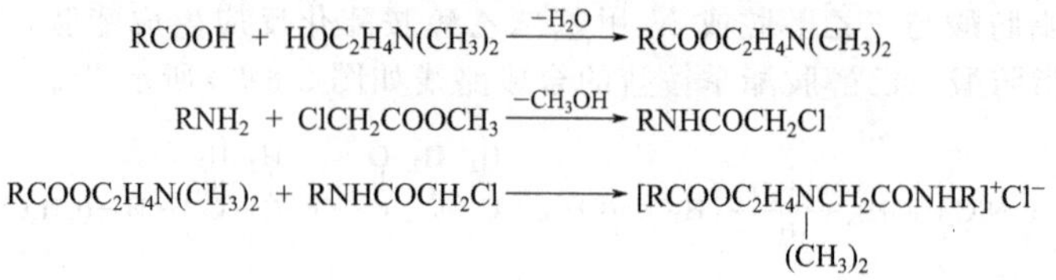

$$RCOOH + HOC_2H_4N(CH_3)_2 \xrightarrow{-H_2O} RCOOC_2H_4N(CH_3)_2$$

$$RNH_2 + ClCH_2COOCH_3 \xrightarrow{-CH_3OH} RNHCOCH_2Cl$$

$$RCOOC_2H_4N(CH_3)_2 + RNHCOCH_2Cl \longrightarrow [RCOOC_2H_4\underset{(CH_3)_2}{\underset{|}{N}}CH_2CONHR]^+Cl^-$$

图 8-6-33　酰胺酯基季铵盐型阳离子表面活性剂的合成路线

3. 含醚键的季铵盐型阳离子表面活性剂

高级脂肪醇与环氧氯丙烷反应制备烷基缩水甘油醚，然后用三甲胺盐酸盐季铵化，可以合成含醚键的季铵盐型阳离子表面活性剂。十二烷基醚季铵盐型阳离子表面活性剂的合成路线如图 8-6-34 所示[69]。

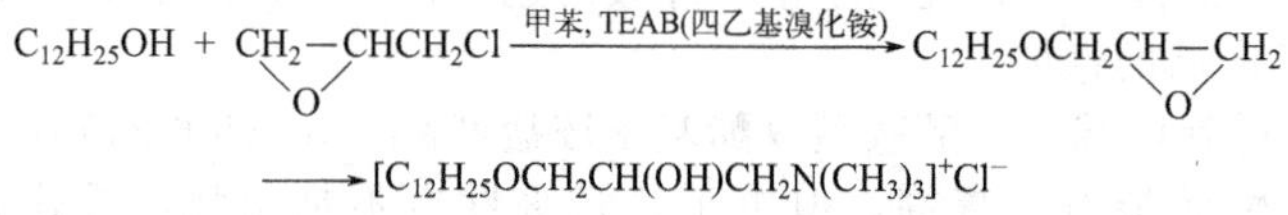

$$C_{12}H_{25}OH + \underset{\diagdown O \diagup}{CH_2-CH}CH_2Cl \xrightarrow{\text{甲苯, TEAB(四乙基溴化铵)}} C_{12}H_{25}OCH_2\underset{\diagdown O \diagup}{CH-CH_2}$$

$$\longrightarrow [C_{12}H_{25}OCH_2CH(OH)CH_2N(CH_3)_3]^+Cl^-$$

图 8-6-34　十二烷基醚季铵盐型阳离子表面活性剂的合成路线

季铵盐分子中可同时引入醚键和酰胺基团，这类表面活性剂具有极佳的调理效果及良好的柔软、保湿和抗静电性，且对皮肤刺激性小。以月桂酸、棕榈酸和硬脂酸等脂肪酸为原料，经酯化、氨解得到长链脂肪酸烷基醇酰胺，再与环氧氯丙烷反应合成具有环氧活性剂基团的烷基醇酰胺缩水甘油醚，并与盐酸三甲胺作用得到含有醚键和酰胺基团的季铵盐型阳离子表面活性剂。月桂酸酰胺醚季铵盐型阳离子表面活性剂的合成路线如图 8-6-35 所示[70]。

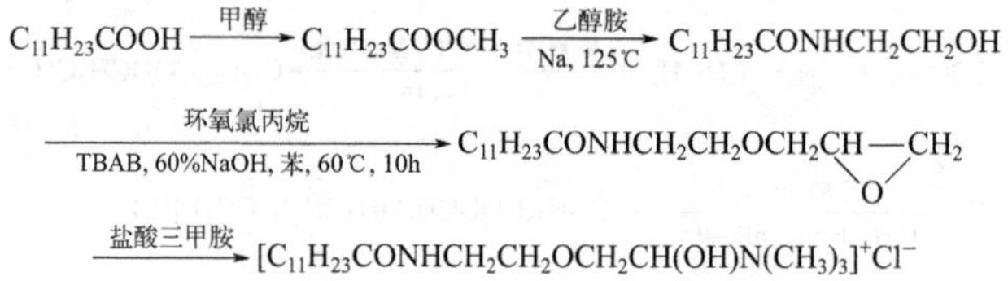

$$C_{11}H_{23}COOH \xrightarrow{\text{甲醇}} C_{11}H_{23}COOCH_3 \xrightarrow[\text{Na, 125℃}]{\text{乙醇胺}} C_{11}H_{23}CONHCH_2CH_2OH$$

$$\xrightarrow[\text{TBAB, 60\%NaOH, 苯, 60℃, 10h}]{\text{环氧氯丙烷}} C_{11}H_{23}CONHCH_2CH_2OCH_2\underset{\diagdown O \diagup}{CH-CH_2}$$

$$\xrightarrow{\text{盐酸三甲胺}} [C_{11}H_{23}CONHCH_2CH_2OCH_2CH(OH)N(CH_3)_3]^+Cl^-$$

图 8-6-35　月桂酸酰胺醚季铵盐型阳离子表面活性剂的合成路线

三、咪唑啉型阳离子表面活性剂

咪唑啉型阳离子表面活性剂是指分子中含有咪唑啉环的一类阳离子表面活性剂，是杂环型阳离子表面活性剂中最常应用的品种。其中重要的有高碳烷基咪唑啉、羟乙基咪唑啉、氨基乙基咪唑啉等。烷基咪唑啉硫酸甲酯盐的结构见式（8-6-25）。

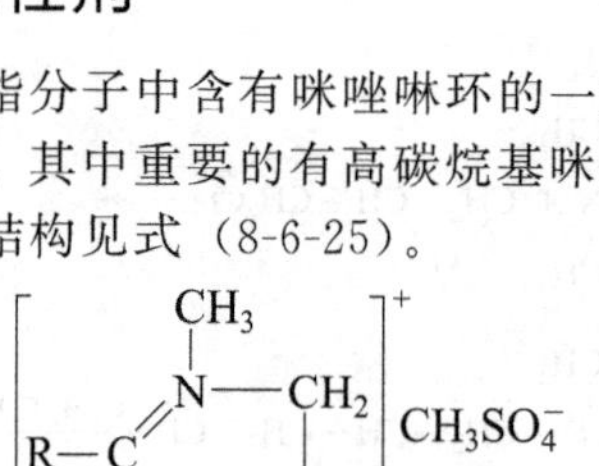

$$\left[R-C \begin{matrix} \overset{CH_3}{\overset{|}{N}}-CH_2 \\ \| \qquad\quad | \\ NH-CH_2 \end{matrix} \right]^+ CH_3SO_4^- \tag{8-6-25}$$

式中，R 为 C_8～C_{22} 饱和或不饱和烷烃。咪唑啉型阳离子表面活性剂具有优良的抑制金属腐蚀、良好的软化纤维和消除静电性能，还有优良的乳化、分散、起泡、杀菌和高生物降解等性能，可作高效有机缓蚀剂、柔软剂、润滑剂、乳化剂、杀菌剂、分散剂、燃料添加剂和静电剂等，广泛用于石油开采与炼制、化纤纺织、造纸、家用及工业纺织整理和燃料工业。

咪唑啉是通过酰胺脱水和环化进一步脱水合成的。在合成工艺中有不同的脱水法，如真空脱水法、真空催化剂法和潜溶剂法。真空脱水法是直接真空加热脱水，工艺较简单；真空催化剂法是在抽真空的条件下，加入特定催化剂，如氧化铝等，达到使反应时间缩短、收率提高的目的；潜溶剂法是采用苯、二甲苯等溶剂进行脱水，反应温度低，产物不易变色，但反应时间长，收率低，这些溶剂对人体有害，也存在回收利用问题。相比之下，真空法安全快捷，较适合工业化生产[71,72]。

咪唑啉可以生成铵盐型和季铵盐型阳离子表面活性剂。如生成咪唑啉季铵盐，季铵化试剂主要有硫酸酯、氯代烷、氯乙醇等。硫酸二甲酯是一种活性很好的甲基化试剂，它是偏酸性的，所以在咪唑啉的季铵化过程中通常被优先选择。在咪唑啉季铵化过程中应考虑到要防止咪唑啉中间体开环、过量试剂的分离以及成本等问题，尤其是咪唑啉中间体的稳定性问题。咪唑啉环的合成中，特别要注意咪唑啉环的水解。咪唑啉环在有水存在时，会发生一定程度的水解。在碱性条件下非常不稳定，极易发生水解开环。咪唑啉的水解反应是碱催化而酸抑制的。在酸性水溶液中，咪唑啉环是稳定的。水解开环的产物是仲酰胺和叔酰胺的混合物。

1. 由脂肪酸和多胺化合物合成咪唑啉铵盐

采用真空操作和连续通入氮气的措施，以硬脂酸等脂肪酸和二乙三胺或三乙烯四胺等为原料，在温度150～200℃时合成2-烷基-1-氨基乙基咪唑啉，然后再乙酰化，其甲酸盐是合成纤维的优良的柔软剂和抗静电剂。合成路线如图8-6-36所示。

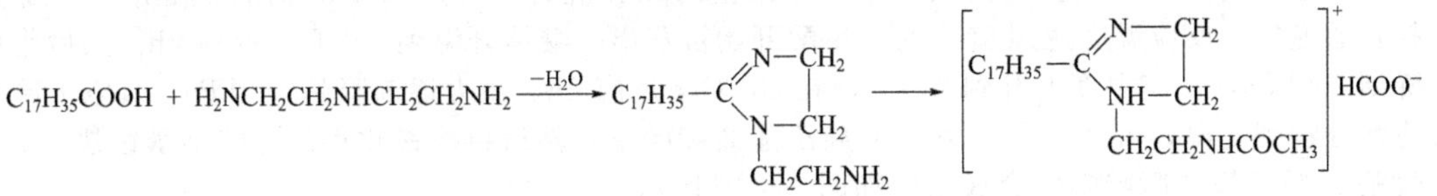

$$C_{17}H_{35}COOH + H_2NCH_2CH_2NHCH_2CH_2NH_2 \xrightarrow{-H_2O} C_{17}H_{35}-C\langle{}^{=N-CH_2}_{N-CH_2}\rangle(CH_2CH_2NH_2) \longrightarrow \left[C_{17}H_{35}-C\langle{}^{=N-CH_2}_{NH-CH_2}\rangle(CH_2CH_2NHCOCH_3)\right]^+ HCOO^-$$

图8-6-36　硬脂酸咪唑啉铵盐型阳离子表面活性剂的合成路线

2. 由脂肪酸和乙二胺合成咪唑啉季铵盐

脂肪酸与乙二胺脱水环化，可得2-烷基-2-咪唑啉，再与硫酸甲酯、卤代烷等反应，可得季铵盐型阳离子表面活性剂。合成路线如图8-6-37所示。

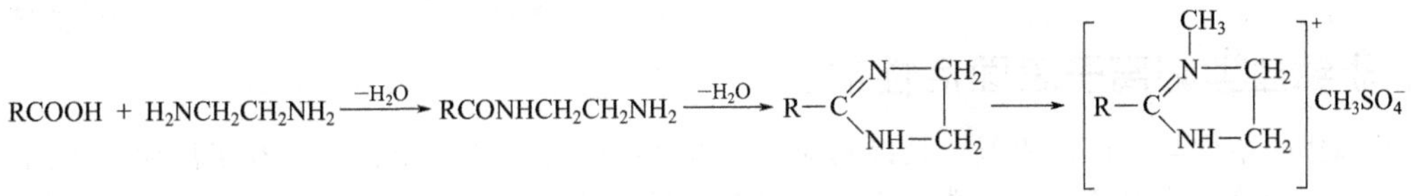

$$RCOOH + H_2NCH_2CH_2NH_2 \xrightarrow{-H_2O} RCONHCH_2CH_2NH_2 \xrightarrow{-H_2O} R-C\langle{}^{=N-CH_2}_{NH-CH_2}\rangle \longrightarrow \left[R-C\langle{}^{=N(CH_3)-CH_2}_{NH-CH_2}\rangle\right]^+ CH_3SO_4^-$$

图8-6-37　由脂肪酸和乙二胺合成咪唑啉季铵盐的路线

3. 由脂肪腈和乙二胺合成咪唑啉季铵盐

脂肪腈与乙醇、盐酸生成亚胺醚后，再和乙二胺作用可制得2-烷基-2-咪唑啉，再季铵化合成咪唑啉季铵盐。合成路线如图8-6-38所示。

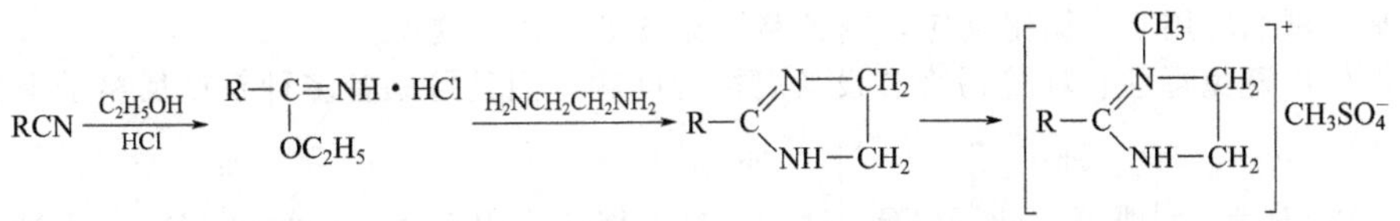

$$RCN \xrightarrow[HCl]{C_2H_5OH} R-C(OC_2H_5)=NH\cdot HCl \xrightarrow{H_2NCH_2CH_2NH_2} R-C\langle{}^{=N-CH_2}_{NH-CH_2}\rangle \longrightarrow \left[R-C\langle{}^{=N(CH_3)-CH_2}_{NH-CH_2}\rangle\right]^+ CH_3SO_4^-$$

图8-6-38　由脂肪腈和乙二胺合成咪唑啉季铵盐的路线

4. 由脂肪酸和乙二胺衍生物合成咪唑啉季铵盐

以羧酸和乙二胺衍生物为原料，采用真空法或溶剂法合成咪唑啉衍生物，是目前工业上使用的主要合成方法。以脂肪酸和羟乙基乙二胺为原料制备1-羟乙基-2-烷基咪唑啉，再季铵化合成咪唑啉季铵盐。1-羟乙基-2-烷基咪唑啉的合成路线如图8-6-39所示。

反应的第一步是脂肪酸与羟乙基乙二胺发生酰化反应，主要生成两种一酰化产物，一酰化产物进一步缩合脱水关环生成2-烷基-1-羟乙基-2-咪唑啉。酰化反应中，除生成两种一酰胺外，还有二酰胺（两分子脂肪酸与一分子胺脱去两分子水）生成。二酰胺不能进一步脱水关环生成咪唑

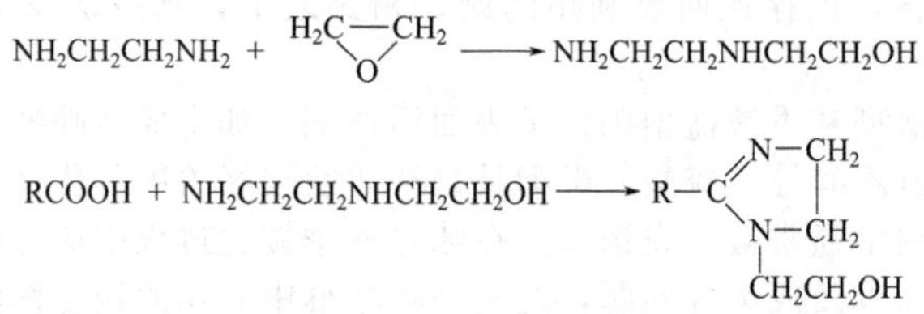

$$NH_2CH_2CH_2NH_2 + H_2C\underset{O}{-}CH_2 \longrightarrow NH_2CH_2CH_2NHCH_2CH_2OH$$

$$RCOOH + NH_2CH_2CH_2NHCH_2CH_2OH \longrightarrow R-C\begin{matrix}=N-CH_2\\ \quad|\\ -N-CH_2\\ |\\ CH_2CH_2OH\end{matrix}$$

图 8-6-39　1-羟乙基-2-烷基咪唑啉的合成路线

啉，是反应的主要副产物。咪唑啉中混有二酰胺时，会影响季铵化后产物的质量，产品易出现絮状沉淀，影响使用性能。反应时一般加大羟乙基乙二胺的用量，羟乙基乙二胺过量 20%可以抑制二酰胺的形成。同时对反应温度、反应时间和反应体系的真空度严加控制。

5. 由脂肪酸酯和乙二胺衍生物合成咪唑啉季铵盐

由脂肪酸酯合成咪唑啉衍生物，是工业上对由脂肪酸合成咪唑啉的改进。例如，2-十一烷基-1-羟乙基咪唑啉的合成：月桂酸甲酯与羟乙基乙二胺混合，再加入甲醇钠的甲醇溶液。加热搅拌，通氮气，反应温度达到 90℃时，甲醇开始被蒸出。继续升温到 165℃，反应 2h。然后将压力降到 200kPa，反应温度上升到 200℃，在 200℃下反应 2h。压力逐渐降到 3.3kPa。真空下冷却反应混合物到室温，得到 2-十一烷基-1-羟乙基-2-咪唑啉，然后再季铵化得到咪唑啉季铵盐。2-十一烷基-1-羟乙基-2-咪唑啉的合成路线如图 8-6-40 所示。

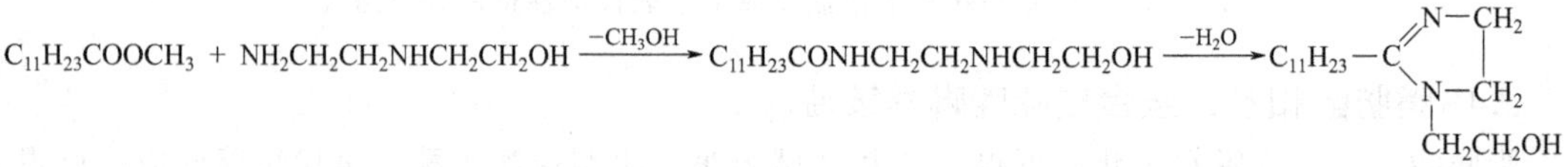

$$C_{11}H_{23}COOCH_3 + NH_2CH_2CH_2NHCH_2CH_2OH \xrightarrow{-CH_3OH} C_{11}H_{23}CONHCH_2CH_2NHCH_2CH_2OH \xrightarrow{-H_2O} C_{11}H_{23}-C\begin{matrix}=N-CH_2\\ \quad|\\ -N-CH_2\\ |\\ CH_2CH_2OH\end{matrix}$$

图 8-6-40　2-十一烷基-1-羟乙基-2-咪唑啉的合成路线

四、季鏻盐型阳离子表面活性剂

季鏻盐的结构与季铵盐相似，是以磷原子代替其中的氮原子。季鏻盐的抗菌活性大于同类型的季铵盐。季鏻盐抗菌剂的稳定性也优于季铵盐，与一般的氧化剂、还原剂、酸碱试剂等均不发生反应，泡沫也比较低。

季鏻盐的传统合成方法与季铵盐类似，以叔膦和卤代烷烃通过双分子亲核取代反应得到，合成路线见图 8-6-41[73]。

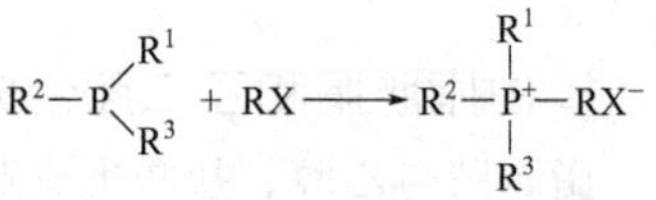

$$R^2-P(R^1)(R^3) + RX \longrightarrow R^2-\overset{R^1}{\underset{R^3}{P^+}}-RX^-$$

图 8-6-41　季鏻盐的传统合成路线

传统技术路线存在有毒有害烷基化剂使用的问题。段升富等[74,75]对季鏻盐的制备过程也进行了绿色化改进，将碳酸二甲酯作为烷基化试剂应用于季鏻化反应，制备路线见图 8-6-42。这种方法不仅可以避免毒性、环境污染和设备腐蚀等问题，而且可制备多种新型反离子季鏻盐。

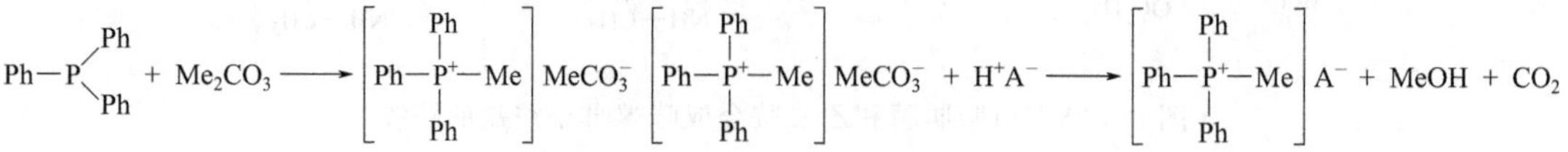

$$Ph-P(Ph)_2 + Me_2CO_3 \longrightarrow \left[Ph-\overset{Ph}{\underset{Ph}{P^+}}-Me\right]MeCO_3^- \quad \left[Ph-\overset{Ph}{\underset{Ph}{P^+}}-Me\right]MeCO_3^- + H^+A^- \longrightarrow \left[Ph-\overset{Ph}{\underset{Ph}{P^+}}-Me\right]A^- + MeOH + CO_2$$

图 8-6-42　碳酸二甲酯合成季鏻盐路线

季鏻盐具有较好的杀菌性能、渗透性能和稳定性，尤其在工业循环水和油田注水系统中，由于其具有低泡沫、强的黏泥剥离能力和宽的 pH 适用范围被誉为传统的季铵盐类杀菌剂的替换产品。其还可作为相转移催化剂、无机黏土修饰剂、黏土改性剂、药物试剂等。部分季鏻盐由于在室温下呈液体状态，还可作为离子液体用作电解质、润滑剂及有机溶剂等[61]。

第四节　木本油脂基两性离子表面活性剂

两性离子表面活性剂（zwitterionic surfactants）是指在同一分子结构中同时存在被桥链（碳氢链、碳氟链等）连接的一个或多个正、负电荷中心（或偶极中心）的表面活性剂。换言之，两性离子表面活性剂也可以定义为具有表面活性的分子残基中同时包含彼此不可被电离的正、负电荷中心（或偶极中心）的表面活性剂，如 *N*-十二烷基二甲基甜菜碱，结构见式（8-6-26）。

$$C_{12}H_{25}-\overset{\overset{\displaystyle CH_3}{|}}{\underset{\underset{\displaystyle CH_3}{|}}{N^+}}-CH_2COO^- \tag{8-6-26}$$

两性离子表面活性剂的结构特征是同时存在阴离子官能团和阳离子官能团，一般使用的两性离子表面活性剂的阳离子部分大多是具有铵盐亲水基或季铵盐亲水基，在阴离子部分具有羧酸基、磺酸基、硫酸酯盐或磷酸酯盐亲水基，实际使用的绝大部分是羧酸盐型，也可引入羟基或聚氧乙烯基来增加化合物的亲水性。两性离子表面活性剂按亲水基和疏水基结构不同可分为甜菜碱型、咪唑啉型、氧化胺型和氨基酸型，其中最重要的是咪唑啉型，约占产量的一半以上。

两性离子表面活性剂的离子性与溶液 pH 值有关，在酸性溶液中呈阳离子活性，在碱性溶液中呈阴离子活性，而在 pH 接近中性（等电点）时，则以内盐形式存在，即显示两性活性。

两性离子表面活性剂是近年来发展速度较快的表面活性剂，具有多功能性。除有良好的表面活性，以及去污、乳化、分散和润湿作用外，还同时具备杀菌、抗静电、柔软、耐盐、耐酸碱和生物降解性，并能使带正电荷或负电荷的物体表面成为亲水性面层。此外，还具有良好的配伍性和低毒性，其使用安全。因此，在民用和工业应用上范围日趋扩大。

一、甜菜碱型两性离子表面活性剂

甜菜碱最初是从植物甜菜中分离而得的，天然甜菜碱是三甲胺乙内酯，并不具有表面活性，只有当 1 个甲基被长链烷基取代后才具有表面活性，这类物质称为甜菜碱类表面活性剂。最普通的甜菜碱的阳离子部分为季铵盐，阴离子部分为羧酸盐。此外，按阴离子的不同，还有羧基甜菜碱和磺基甜菜碱等。

1. 羧基甜菜碱

羧基甜菜碱的典型品种是 *N*-烷基二甲基甜菜碱，工业上主要采用烷基二甲基叔胺与卤代乙酸盐反应制得。如十二烷基二甲基甜菜碱的合成反应路线如图 8-6-43 所示。

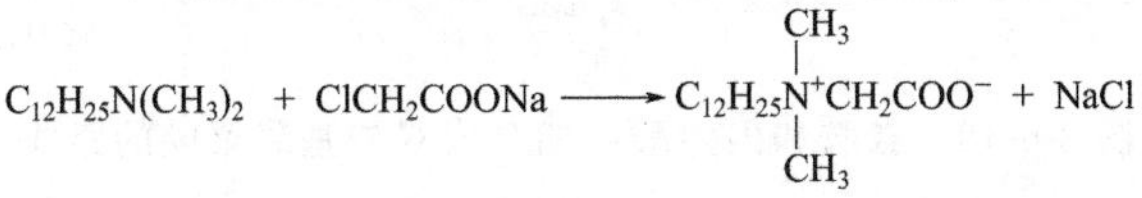

$$C_{12}H_{25}N(CH_3)_2 + ClCH_2COONa \longrightarrow C_{12}H_{25}\overset{\overset{\displaystyle CH_3}{|}}{\underset{\underset{\displaystyle CH_3}{|}}{N^+}}CH_2COO^- + NaCl$$

图 8-6-43　十二烷基二甲基甜菜碱的合成反应路线

首先用等物质量的氢氧化钠溶液中和氯乙酸至 pH 值为 7，可得氯乙酸钠盐，然后一次加入等物质的量的十二烷基二甲基胺，在 50～150℃下反应 5～10h，可得甜菜碱，浓度为 30%左右。

N-烷基二甲基甜菜碱的烷基一般为 C_{12}～C_{14}，如十二烷基二甲基甜菜碱、椰油基甜菜碱。利用天然脂肪酸与低分子量二胺如 *N*,*N*-二甲基-1,3-丙二胺、羟乙基乙二胺反应生成酰胺基叔胺，再与氯乙酸钠反应，可得含酰胺基的甜菜碱[76]，如由棕榈酸合成的含酰胺基的甜菜碱[76,77]，合成路线如图 8-6-44 所示。

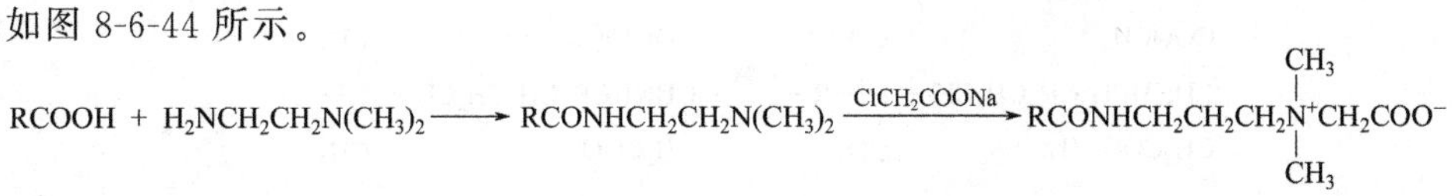

$$RCOOH + H_2NCH_2CH_2N(CH_3)_2 \longrightarrow RCONHCH_2CH_2N(CH_3)_2 \xrightarrow{ClCH_2COONa} RCONHCH_2CH_2CH_2\overset{\overset{\displaystyle CH_3}{|}}{\underset{\underset{\displaystyle CH_3}{|}}{N^+}}CH_2COO^-$$

图 8-6-44　含酰胺基甜菜碱的合成反应路线

月桂酸和羟乙基乙二胺及氯乙酸钠反应可得到分子中同时含酰胺基和羟基的甜菜碱，合成路线如图 8-6-45 所示[78]。

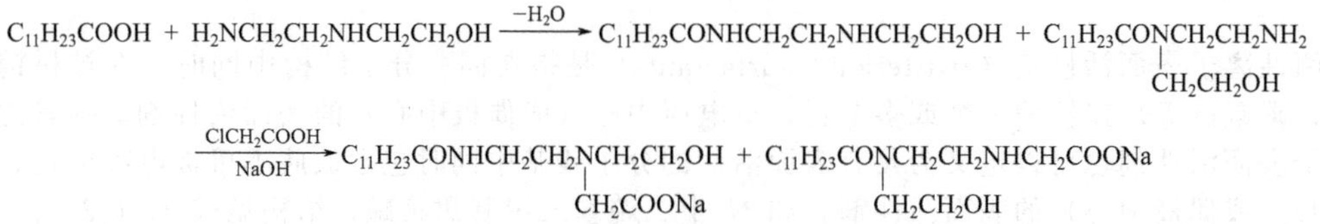

$$C_{11}H_{23}COOH + H_2NCH_2CH_2NHCH_2CH_2OH \xrightarrow{-H_2O} C_{11}H_{23}CONHCH_2CH_2NHCH_2CH_2OH + C_{11}H_{23}CON(CH_2CH_2OH)CH_2CH_2NH_2$$

$$\xrightarrow[NaOH]{ClCH_2COOH} C_{11}H_{23}CONHCH_2CH_2N(CH_2COONa)CH_2CH_2OH + C_{11}H_{23}CON(CH_2CH_2OH)CH_2CH_2NHCH_2COONa$$

图 8-6-45　月桂酸和羟乙基乙二胺合成含酰胺基和羟基甜菜碱的路线

以脂肪醇和脂肪醇聚氧乙烯醚为原料可以合成含醚键的甜菜碱两性离子表面活性剂[79,80]。合成路线如图 8-6-46 所示[80]。

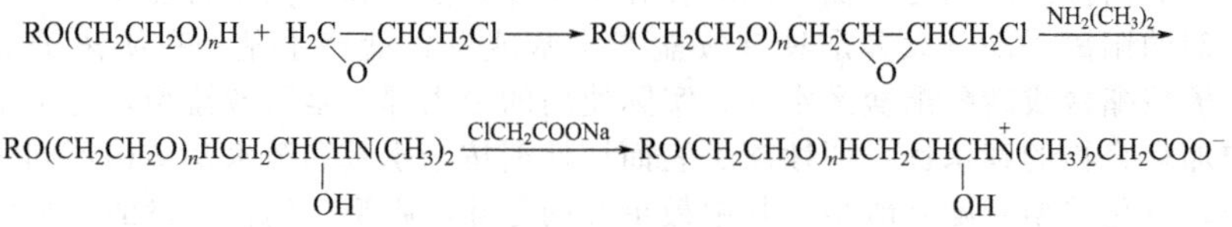

$$RO(CH_2CH_2O)_nH + H_2C\underset{O}{-}CHCH_2Cl \longrightarrow RO(CH_2CH_2O)_nCH_2CH\underset{O}{-}CHCH_2Cl \xrightarrow{NH_2(CH_3)_2}$$

$$RO(CH_2CH_2O)_nHCH_2CH(OH)CHN(CH_3)_2 \xrightarrow{ClCH_2COONa} RO(CH_2CH_2O)_nHCH_2CH(OH)CH\overset{+}{N}(CH_3)_2CH_2COO^-$$

图 8-6-46　含醚键甜菜碱的合成路线

不用氯乙酸钠，而用叔胺分子亲电加成不饱和脂肪酸（或酯），也可制得烷基二甲基甜菜碱。合成路线如图 8-6-47 所示。

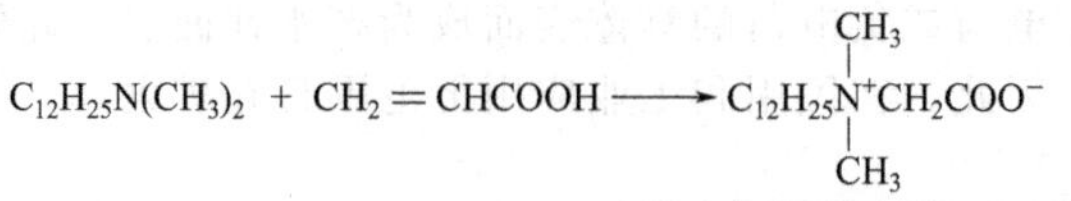

$$C_{12}H_{25}N(CH_3)_2 + CH_2=CHCOOH \longrightarrow C_{12}H_{25}N^+(CH_3)_2CH_2COO^-$$

图 8-6-47　叔胺与丙烯酸合成甜菜碱的路线

以 N,N-二甲基丙二胺和丙烯酸甲酯为原料，得到叔胺衍生物，分别用溴代十二烷、溴代十四烷、溴代十六烷和溴代十八烷对叔胺进行季铵化，然后再水解得到系列双羧基甜菜碱。合成路线如图 8-6-48 所示[81]。

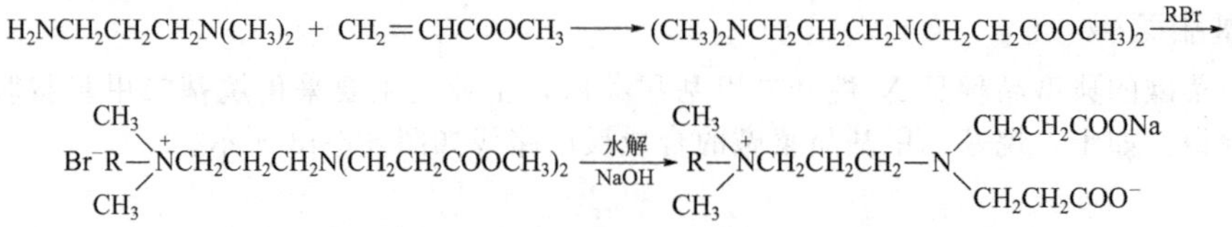

$$H_2NCH_2CH_2CH_2N(CH_3)_2 + CH_2=CHCOOCH_3 \longrightarrow (CH_3)_2NCH_2CH_2CH_2N(CH_2CH_2COOCH_3)_2 \xrightarrow{RBr}$$

$$Br^- R-\overset{+}{N}(CH_3)_2CH_2CH_2CH_2N(CH_2CH_2COOCH_3)_2 \xrightarrow[NaOH]{\text{水解}} R-\overset{+}{N}(CH_3)_2CH_2CH_2CH_2-N(CH_2CH_2COONa)(CH_2CH_2COO^-)$$

图 8-6-48　叔胺和丙烯酸甲酯合成双羧基甜菜碱的路线

顺丁烯二酸二甲酯也可和叔胺发生 Michael 加成反应生成丁二酸二甲酯叔胺衍生物，利用溴代烷烃进行季铵化，再在碱性条件下水解也可得双羧基甜菜碱两性离子表面活性剂。合成路线如图 8-6-49 所示[82]。

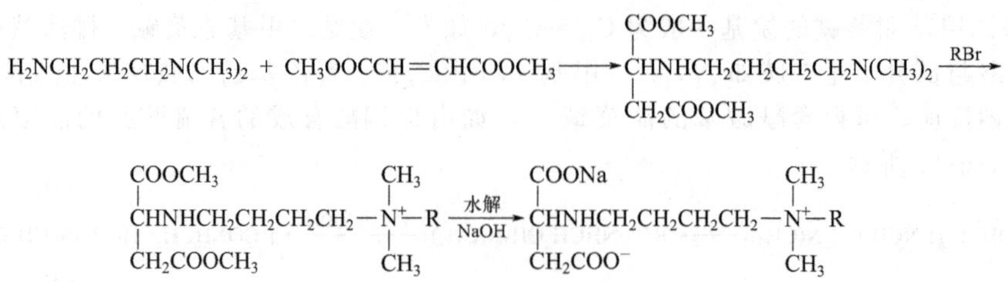

$$H_2NCH_2CH_2CH_2N(CH_3)_2 + CH_3OOCCH=CHCOOCH_3 \longrightarrow CH(COOCH_3)(CH_2COOCH_3)NHCH_2CH_2CH_2CH_2N(CH_3)_2 \xrightarrow{RBr}$$

$$CH(COOCH_3)(CH_2COOCH_3)NHCH_2CH_2CH_2CH_2-N^+(CH_3)_2-R \xrightarrow[NaOH]{\text{水解}} CH(COONa)(CH_2COO^-)NHCH_2CH_2CH_2CH_2-N^+(CH_3)_2-R$$

图 8-6-49　叔胺和顺丁烯二酸二甲酯合成双羧基甜菜碱的路线

还有一种类型的甜菜碱是长碳链连在羧基上的碳原子上，其合成方法是首先由长链脂肪酸与氯（或溴）反应生成氯（或溴）代脂肪酸，然后再与三甲胺反应。如月桂酸、肉豆蔻酸、棕榈酸和硬脂酸分别与氯气反应得到α-氯代十二酸、α-氯代十四酸、α-氯代十六酸和α-氯代十八酸，然后再和三甲胺反应，得到系列α-烷基甜菜碱[83]。合成路线如图 8-6-50 所示。

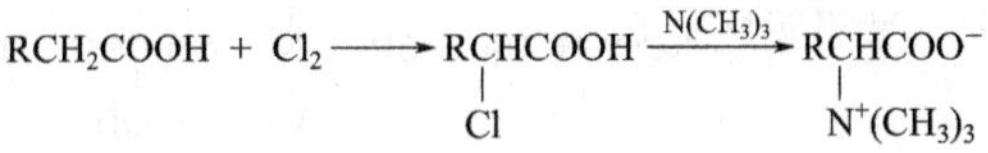

$$RCH_2COOH + Cl_2 \longrightarrow \underset{\displaystyle Cl}{RCHCOOH} \xrightarrow{N(CH_3)_3} \underset{\displaystyle N^+(CH_3)_3}{RCHCOO^-}$$

图 8-6-50 α-烷基甜菜碱的合成路线

2. 磺基甜菜碱

磺基甜菜碱与羧基甜菜碱相似，也是三烷基铵盐化合物，只是用烷基磺酸取代了羧基甜菜碱中的烷基羧酸，故名磺基甜菜碱。典型的磺基甜菜碱的结构如式（8-6-27）所示。

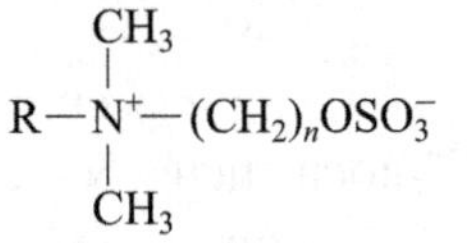

$$R-\overset{\displaystyle CH_3}{\underset{\displaystyle CH_3}{N^+}}-(CH_2)_nOSO_3^- \qquad (8\text{-}6\text{-}27)$$

羧基甜菜碱性能温和，但化学稳定性和钙皂分散性不强，而磺基甜菜碱在这些性能上有所改善。磺基甜菜碱的合成，从得率及纯度来说，以传统的 1,3-丙磺内酯与伯胺、仲胺或叔胺反应较好，如图 8-6-51 所示。

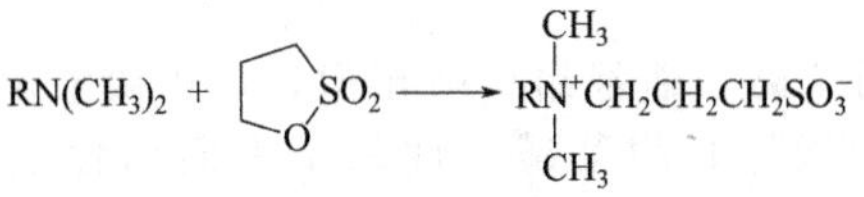

$$RN(CH_3)_2 + \text{(1,3-丙磺内酯, 环 } -CH_2CH_2CH_2SO_2O-) \longrightarrow R\overset{\displaystyle CH_3}{\underset{\displaystyle CH_3}{N^+}}CH_2CH_2CH_2SO_3^-$$

图 8-6-51 传统的磺基甜菜碱合成反应

这一反应较易进行，产物具有良好的去污和钙皂分散性，但丙磺内酯因易爆、致癌、有公害及价格昂贵等原因不宜采用。

目前认为比较可行的合成方法是以氯丙烯、氯丙醇和叔胺为原料，并用亚硫酸氢钠进行加成可得到两性磺基甜菜碱衍生物。氯丙烯合成磺基甜菜碱两性离子表面活性剂的路线如图 8-6-52 所示。

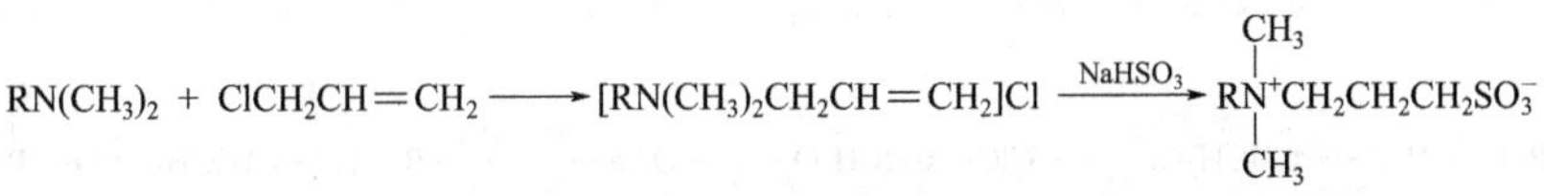

$$RN(CH_3)_2 + ClCH_2CH{=}CH_2 \longrightarrow [RN(CH_3)_2CH_2CH{=}CH_2]Cl \xrightarrow{NaHSO_3} R\overset{\displaystyle CH_3}{\underset{\displaystyle CH_3}{N^+}}CH_2CH_2CH_2SO_3^-$$

图 8-6-52 氯丙烯合成磺基甜菜碱两性离子表面活性剂的路线

先用亚硫酸氢钠与丙氯醇反应得到羟基氯化丙磺酸钠，再与长链叔胺反应合成含羟基的磺基甜菜碱，选择性较高，可得到单一产物，但常压下收率不高，加压可增加收率。合成路线如图 8-6-53 所示。

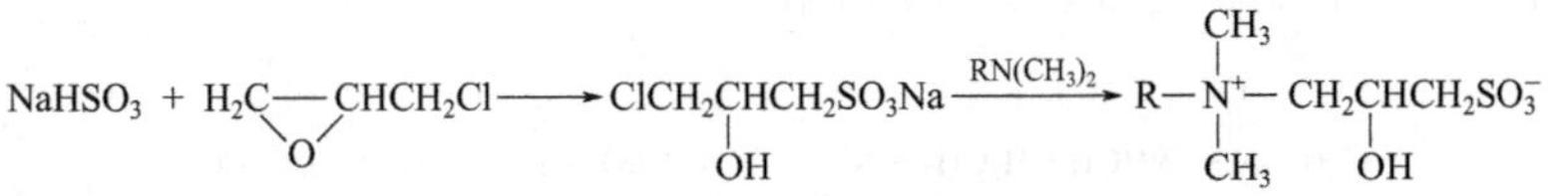

$$NaHSO_3 + \underset{\displaystyle \diagdown O \diagup}{H_2C-CH}CH_2Cl \longrightarrow ClCH_2\underset{\displaystyle OH}{CH}CH_2SO_3Na \xrightarrow{RN(CH_3)_2} R-\overset{\displaystyle CH_3}{\underset{\displaystyle CH_3}{N^+}}-CH_2\underset{\displaystyle OH}{CH}CH_2SO_3^-$$

图 8-6-53 丙氯醇合成含羟基的磺基甜菜碱的路线

制备含羟基的磺基甜菜碱，也可采用长链烷基二甲胺先与丙氯醇反应，再与亚硫酸氢钠加成，但产物将是羧基在不同位置的异构体，组成不单一。

磺基甜菜碱的水溶性比氨基甜菜碱低，可以在分子长链中引入酰胺基团、聚氧乙烯醚基团，除了水溶性有所改善外，其他性能也有所提高。如烷基酰胺羟磺基甜菜碱除了保持磺基甜菜碱的优点外，其钙皂分散性、水溶性、临界胶束浓度等性能均有所改善[76,84]，其合成路线如图 8-6-54 所示。

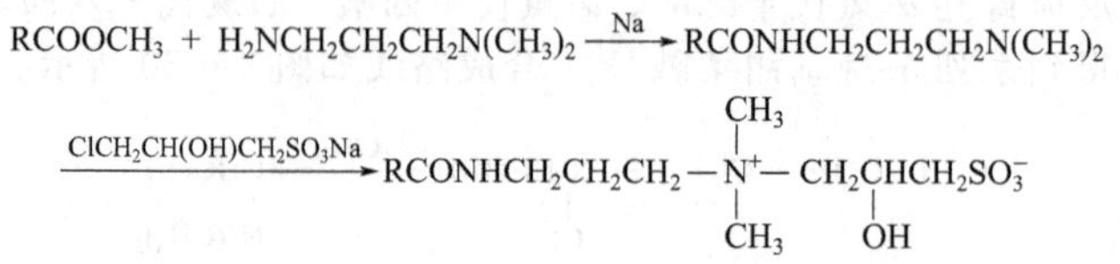

$$RCOOCH_3 + H_2NCH_2CH_2CH_2N(CH_3)_2 \xrightarrow{Na} RCONHCH_2CH_2CH_2N(CH_3)_2$$

$$\xrightarrow{ClCH_2CH(OH)CH_2SO_3Na} RCONHCH_2CH_2CH_2-\overset{\displaystyle CH_3}{\underset{\displaystyle CH_3}{N^+}}-CH_2\underset{\displaystyle OH}{CH}CH_2SO_3^-$$

图 8-6-54 烷基酰胺羟磺基甜菜碱的合成路线

以脂肪醇（十二醇、十四醇、十六醇）为原料，和环氧氯丙烷反应合成烷氧基缩水甘油醚，可合成含醚键的磺酸基甜菜碱两性离子表面活性剂。合成路线如图 8-6-55 所示[85]。

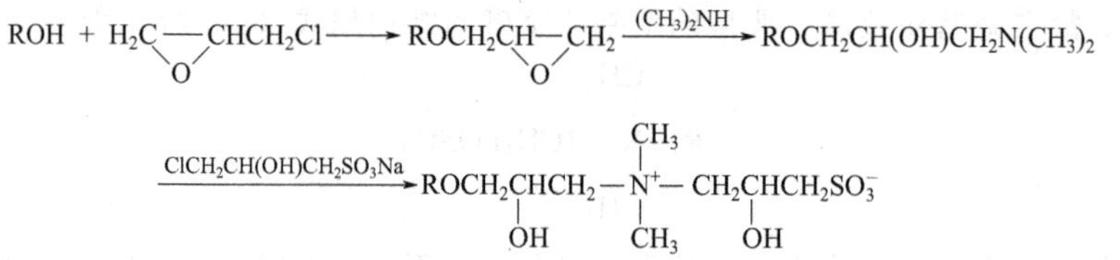

$$ROH + \underset{\backslash O/}{H_2C-CHCH_2Cl} \longrightarrow \underset{\backslash O/}{ROCH_2CH-CH_2} \xrightarrow{(CH_3)_2NH} ROCH_2CH(OH)CH_2N(CH_3)_2$$

$$\xrightarrow{ClCH_2CH(OH)CH_2SO_3Na} ROCH_2\underset{\displaystyle OH}{CH}CH_2-\overset{\displaystyle CH_3}{\underset{\displaystyle CH_3}{N^+}}-CH_2\underset{\displaystyle OH}{CH}CH_2SO_3^-$$

图 8-6-55 含醚键的磺酸基甜菜碱的合成路线

3. 磷酸酯基甜菜碱

磷酸酯基甜菜碱和羧基甜菜碱、磺基甜菜碱相似，是用磷酸酯基取代了烷基羧酸或烷基磺酸。发现最早且来源广泛的磷酸酯基甜菜碱两性离子表面活性剂是大豆中的卵磷脂，其结构见式（8-6-28）。

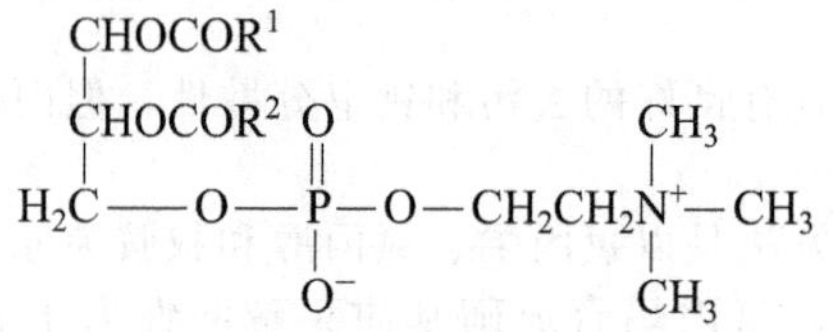

$$\begin{array}{l} CHOCOR^1 \\ | \\ CHOCOR^2 \\ | \\ H_2C-O-\overset{\displaystyle O}{\overset{\|}{\underset{\displaystyle O^-}{\underset{|}{P}}}}-O-CH_2CH_2\overset{\displaystyle CH_3}{\underset{\displaystyle CH_3}{N^+}}-CH_3 \end{array} \tag{8-6-28}$$

磷酸二氢钠在酸性条件下发生加成反应生成 2-羟基-3-氯丙基磷酸酯钠，然后和脂肪叔胺发生季铵化反应得到烷基磷酸酯甜菜碱两性离子表面活性剂。合成路线如图 8-6-56 所示。

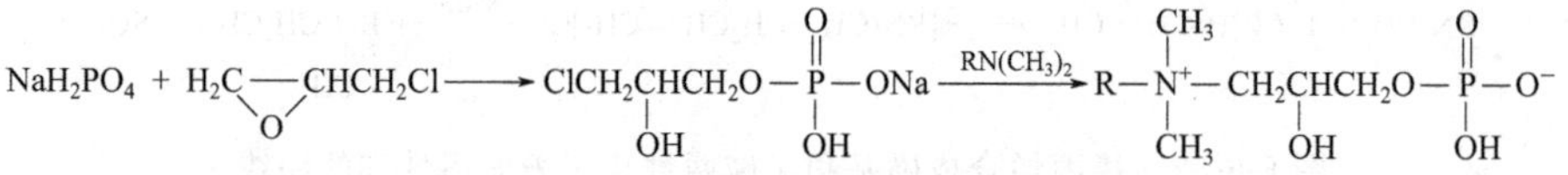

$$NaH_2PO_4 + \underset{\backslash O/}{H_2C-CHCH_2Cl} \longrightarrow ClCH_2\underset{\displaystyle OH}{CH}CH_2O-\overset{\displaystyle O}{\overset{\|}{\underset{\displaystyle OH}{\underset{|}{P}}}}-ONa \xrightarrow{RN(CH_3)_2} R-\overset{\displaystyle CH_3}{\underset{\displaystyle CH_3}{N^+}}-CH_2\underset{\displaystyle OH}{CH}CH_2O-\overset{\displaystyle O}{\overset{\|}{\underset{\displaystyle OH}{\underset{|}{P}}}}-O^-$$

图 8-6-56 烷基磷酸酯甜菜碱的合成路线

以月桂酸、肉豆蔻酸和棕榈酸等脂肪酸和 N,N-二甲基-1,3-丙二胺发生缩合反应生成脂肪酰胺丙基二甲基叔胺，然后再用 2-羟基-3-氯丙基磷酸酯钠季铵化得到含酰胺基团的磷酸酯甜菜碱两性离子表面活性剂。合成路线如图 8-6-57 所示[86]。

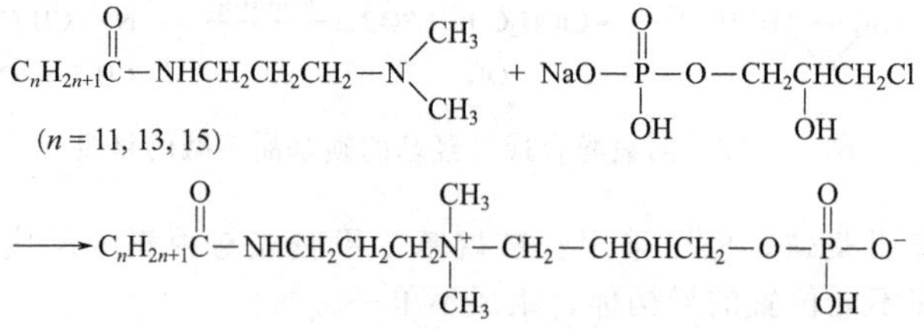

$$C_nH_{2n+1}\overset{\displaystyle O}{\overset{\|}{C}}-NHCH_2CH_2CH_2-N\begin{matrix}CH_3\\CH_3\end{matrix} + NaO-\overset{\displaystyle O}{\overset{\|}{\underset{\displaystyle OH}{\underset{|}{P}}}}-O-CH_2\underset{\displaystyle OH}{CH}CH_2Cl \quad (n=11, 13, 15)$$

$$\longrightarrow C_nH_{2n+1}\overset{\displaystyle O}{\overset{\|}{C}}-NHCH_2CH_2CH_2\overset{\displaystyle CH_3}{\underset{\displaystyle CH_3}{N^+}}-CH_2-CHOHCH_2-O-\overset{\displaystyle O}{\overset{\|}{\underset{\displaystyle OH}{\underset{|}{P}}}}-O^-$$

图 8-6-57 含酰胺基团的磷酸酯基甜菜碱的合成路线

以脂肪醇和脂肪醇聚氧乙烯醚为原料可合成含醚键的磷酸酯甜菜碱两性离子表面活性剂[87,88]，其结构如式（8-6-29）所示。

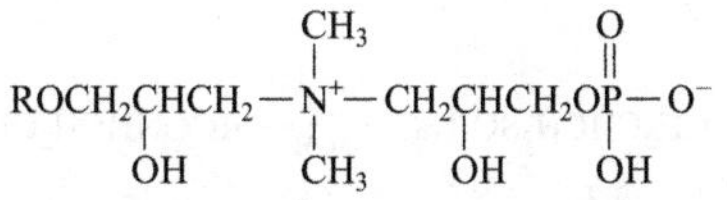

$$ROCH_2\underset{\displaystyle OH}{\underset{|}{C}}HCH_2-\overset{\displaystyle CH_3}{\overset{|}{\underset{\displaystyle CH_3}{\underset{|}{N^+}}}}-CH_2\underset{\displaystyle OH}{\underset{|}{C}}HCH_2O\overset{\displaystyle O}{\overset{\|}{\underset{\displaystyle OH}{\underset{|}{P}}}}-O^- \tag{8-6-29}$$

除了羧酸基、磺酸基和磷酸酯基甜菜碱外，还有硫酸基甜菜碱、亚硫酸基甜菜碱、锍镒型甜菜碱和鏻镒型甜菜碱等两性离子表面活性剂品种。

二、咪唑啉型两性离子表面活性剂

凡分子结构中含有咪唑啉结构的一类两性离子表面活性剂称为咪唑啉型两性离子表面活性剂。咪唑啉型表面活性剂是两性离子表面活性剂中产量和种类最多，应用最广的一种。

咪唑啉型两性离子表面活性剂的合成包括两步：第一步是合成长链烷基咪唑啉，已在咪唑啉阳离子表面活性剂中有详细阐述，具有工业意义的产品是以脂肪酸和多胺为原料经缩合、环化、消除两分子水形成的咪唑啉环，脂肪酸通常为 C_4～C_{18} 脂肪酸，多胺通常是羟乙基乙二胺、多乙烯多胺等；第二步是引入阴离子基团进行季铵化反应，引入羧基常用的烷基化剂为氯乙酸钠、丙烯酸酯和丙烯酸，引入磺酸基阴离子常用 3-氯-2-羟基丙磺酸和 2,3-环氧丙磺酸等[89,90]。

最常见的品种是咪唑啉环上带有 β-羟乙基，其合成与咪唑啉季铵盐类似，只是在最后季铵化时用氯乙酸钠或丙烯酸等。合成路线如图 8-6-58 所示。

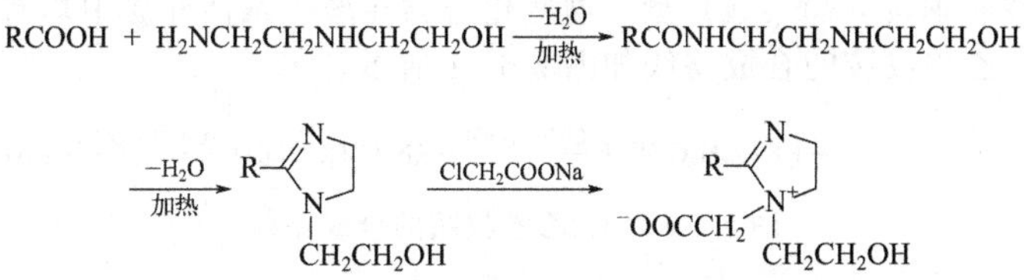

$$RCOOH + H_2NCH_2CH_2NHCH_2CH_2OH \xrightarrow[\text{加热}]{-H_2O} RCONHCH_2CH_2NHCH_2CH_2OH$$

$$\xrightarrow[\text{加热}]{-H_2O} \text{R-咪唑啉}(N\text{-}CH_2CH_2OH) \xrightarrow{ClCH_2COONa} \text{R-咪唑啉}^{+}(N\text{-}CH_2CH_2OH)(^{-}OOCCH_2)$$

图 8-6-58　咪唑啉型两性离子表面活性剂的合成路线

实际操作要在连续真空的带有夹套加热，并附有分馏塔、冷凝器、受器、搅拌器、压力表等的不锈钢反应器中进行。反应过程中有两次出水高峰，分别代表酸氨化和环化反应过程，反应生成的水通过减压在 120～160℃下除去，或者采用溶剂共沸除去。理论上反应完全时，1mol 脂肪酸应生成 2mol 水，产物酸值小于 0.5mg/g。产物红外光谱中有很强的 C═N 键的 1600cm^{-1} 特征吸收峰，而酰胺吸收峰 1560cm^{-1} 和 1638cm^{-1} 消失。产物在室温下为棕黄色固体，烷基咪唑啉含量 65%～97%。烷基咪唑啉与氯乙酸钠的反应过程为：将氯乙酸钠溶液用 NaOH 调至 pH 值为 13。按物质的量之比 1∶1 慢慢加入烷基咪唑啉，然后升温至 90℃，当 pH 值从 13 降至 8～8.5 时，认为反应完全。

制备过程中如果原料脂肪酸加入量过多会发生副反应，主要副产物是脂肪酸二酰胺，从而影响产品质量和使用性能。控制升温速度和压力变化快慢可减少副反应的发生。

烷基咪唑啉环在碱性条件下易水解，用氯乙酸钠进行烷基化时需在碱性环境中进行，这时可发生水解反应，如图 8-6-59 所示。

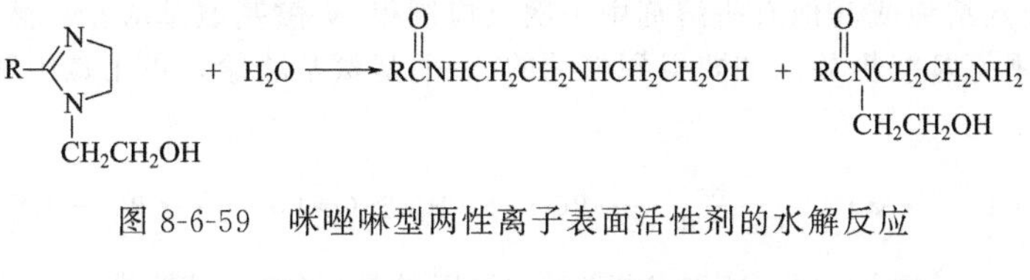

$$\text{R-咪唑啉}(N\text{-}CH_2CH_2OH) + H_2O \longrightarrow R\overset{O}{\overset{\|}{C}}NHCH_2CH_2NHCH_2CH_2OH + R\overset{O}{\overset{\|}{C}}\underset{\displaystyle CH_2CH_2OH}{\underset{|}{N}}CH_2CH_2NH_2$$

图 8-6-59　咪唑啉型两性离子表面活性剂的水解反应

水解生成的叔酰胺较仲酰胺稳定性差，可通过重排转化。因此，得到的产物是含有酰胺型线性结构的复杂混合体。

磺基化咪唑啉环中最常用的是羟丙基磺酸盐型，它是以 3-氯-2-羟基丙磺酸钠同烷基咪唑啉环反应而制取的，如图 8-6-60 所示。

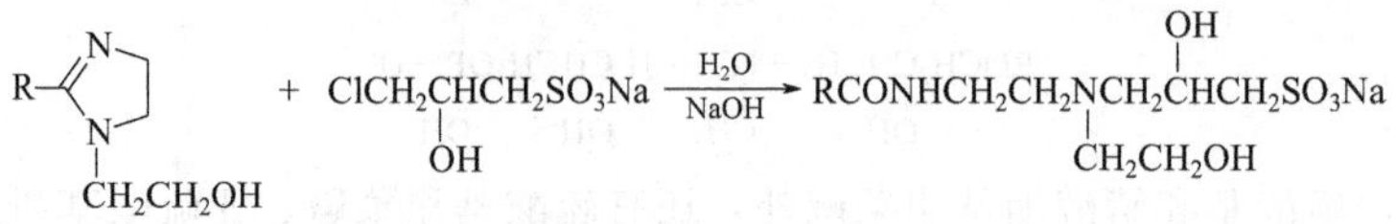

$$\text{R-咪唑啉}(\text{N-}CH_2CH_2OH) + ClCH_2CH(OH)CH_2SO_3Na \xrightarrow[NaOH]{H_2O} RCONHCH_2CH_2N(CH_2CH_2OH)CH_2CH(OH)CH_2SO_3Na$$

图 8-6-60 羟丙基磺酸盐型咪唑啉两性离子表面活性剂的合成反应

咪唑啉环两性离子表面活性剂无毒，性能柔和，无刺激性，对皮肤无过敏反应，常用于香波及其他化妆品中，还可用作织物柔软剂和纺织纤维加工助剂等，在金属表面处理、抗静电和消毒杀菌方面也有一定应用。

三、氨基酸型两性离子表面活性剂

氨基酸分子中有氨基和羧基，本身就是两性化合物。当氨基酸分子上存在适当长链作为亲油基时，就成为有表面活性的氨基酸型两性离子表面活性剂。其主要分为两类：一类是羧酸型氨基酸两性离子表面活性剂；另一类是磺酸型氨基酸两性离子表面活性剂。

1. 羧酸型氨基酸两性离子表面活性剂

羧酸型氨基酸两性离子表面活性剂如 α-氨基乙酸可由脂肪胺和氯乙酸反应制得，当氯乙酸量增加时，可生成叔胺或季铵（甜菜碱）型。这些化合物在酸、碱性介质中均有表面活性，是有效的钙皂分散剂[1]。三乙酸叔胺的合成路线如图 8-6-61 所示。

$$RNH_2 + ClCH_2COOH \longrightarrow RNHCH_2COOH \xrightarrow{ClCH_2COOH} RN(CH_2COOH)_2 \xrightarrow{ClCH_2COOH} RN(CH_2COOH)_3$$

图 8-6-61 三乙酸叔胺的合成路线

N-烷基-β-丙氨酸的合成有丙烯酸酯法和丙烯腈法两种[91]。丙烯酸甲酯和脂肪胺反应生成 N-烷基-β-丙氨酸羧酸型氨基酸两性离子表面活性剂，合成路线如图 8-6-62 所示。

$$RNH_2 + CH_2{=}CHCOOCH_3 \longrightarrow RNHC_2CH_2COOCH_3 \xrightarrow{NaOH} RNHCH_2CH_2COONa$$

图 8-6-62 脂肪胺和丙烯酸甲酯合成 N-烷基-β-丙氨酸羧酸型氨基酸两性离子表面活性剂的路线

脂肪胺也可和丙烯腈反应生成 N-烷基-β-丙氨酸羧酸型氨基酸两性离子表面活性剂，合成路线如图 8-6-63 所示。此方法以廉价的丙烯腈代替价格较高的丙烯酸甲酯与脂肪胺作用，生产成本低。

$$RNH_2 + CH_2{=}CHCN \longrightarrow RNHCH_2CH_2CN \xrightarrow{NaOH} RNHCH_2CH_2COONa \xrightarrow{HCl} RNHCH_2CH_2COOH$$

图 8-6-63 脂肪胺和丙烯腈合成 N-烷基-β-丙氨酸的路线

N-酰基氨基酸的合成方法有化学合成法和酶法。目前工业应用得最多的 N-酰基氨基酸的制备方法是肖顿-鲍曼（Schotten-Baunmann）缩合法，也就是脂肪酰氯与氨基酸反应工艺，脂肪酰氯和氨基酸在碱性水溶液或其他有机溶剂中一次反应制得 N-酰基氨基酸盐，然后经无机酸中和、分离，得到 N-酰基氨基酸粗品。如要得到较纯的 N-酰基氨基酸盐，再用碱中和[92]。合成路线如图 8-6-64 所示。

$$RCOOH + SOCl_2 \longrightarrow RCOCl \xrightarrow[CH_3NHCH_2COOH]{NaOH} RCO-N(CH_3)CH_2COONa \xrightarrow{HCl} RCO-N(CH_3)CH_2COOH$$

图 8-6-64 N-酰基氨基酸的肖顿-鲍曼缩合法合成路线

2. 磺酸型氨基酸两性离子表面活性剂

高碳脂肪胺与溴代乙基磺酸钠加热可制备 N-烷基氨乙基磺酸钠，合成路线如图 8-6-65 所示。

$$RNH_2 + BrCH_2CH_2SO_3Na \longrightarrow RNHCH_2CH_2SO_3Na$$

图 8-6-65　N-烷基氨乙基磺酸钠的合成路线

以粉末脂肪胺、甲醛和无机磺化剂（$NaHSO_3$ 或 Na_2SO_3）为原料，先经两步合成出酸式产物，再由固相成盐反应得到磺基氨基酸型两性离子表面活性剂，此法原料易得、条件温和、操作简便[93]。合成路线如图 8-6-66 所示。

$$RNH_2 \xrightarrow[OH^-]{HCHO} RN(CH_2OH)_2 \xrightarrow[H^+]{\text{无机磺化剂}} RN(CH_2SO_3H)_2 \xrightarrow[\text{NaOH粉末}]{\text{固相成盐}} RN(CH_2SO_3Na)_2$$

图 8-6-66　脂肪胺和甲醛合成磺基氨基酸型两性离子表面活性剂的路线

3. 硫酸基氨基酸两性离子表面活性剂

含硫酸基的氨基酸两性离子表面活性剂可以由含双键或羟基的脂肪胺进行硫酸化得到，如油酸与多元胺生成酰胺，用硫酸处理使双键硫酸化。合成路线如图 8-6-67 所示。

$$CH_3(CH_2)_7CH{=}CH(CH_2)_7COOH + H_2N(CH_2)_2NH_2 \longrightarrow CH_3(CH_2)_7CH{=}CH(CH_2)_7CONH(CH_2)_2NH_2$$

$$\xrightarrow{H_2SO_4} CH_3(CH_2)_7\underset{\displaystyle OSO_3H}{\underset{|}{C}}HCH_2(CH_2)_7CONH(CH_2)_2NH_2$$

图 8-6-67　硫酸基氨基酸两性离子表面活性剂的合成路线

四、氧化胺型两性离子表面活性剂

氧化胺的化学性质与两性离子表面活性剂相似，既能与阴离子表面活性剂相容，也能与非离子和阳离子表面活性剂相容。在中性和碱性溶液中显示出非离子特性，在酸性介质中显示出弱阳离子特性。常用的氧化胺有烷基二甲基氧化胺、烷基二乙醇基氧化胺和烷酰丙氨基二甲基氧化胺，其结构式如图 8-6-68 所示。

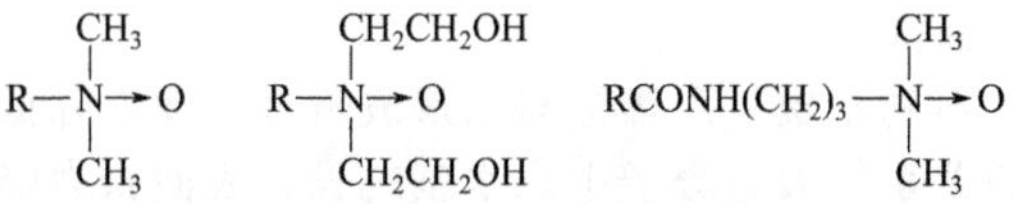

$$R{-}\overset{\displaystyle CH_3}{\underset{\displaystyle CH_3}{N}}{\rightarrow}O \qquad R{-}\overset{\displaystyle CH_2CH_2OH}{\underset{\displaystyle CH_2CH_2OH}{N}}{\rightarrow}O \qquad RCONH(CH_2)_3{-}\overset{\displaystyle CH_3}{\underset{\displaystyle CH_3}{N}}{\rightarrow}O$$

图 8-6-68　氧化胺的结构式

氧化胺制备分为空气氧化法和双氧水氧化法两种。前者是将空气通入有溶剂和叔胺的高压釜中，以八氰基铂酸盐为催化剂，温度 100～150℃，压力 15～70MPa，反应时间 16～46h，可制得含量 30%～80%的氧化胺，产率 50%以上。溶剂可以是水、甲醇、乙醇或异丙醇等。双氧水氧化法是较普遍使用的方法，将叔胺、溶剂（水或醇）及整合剂［柠檬酸、酒石酸盐、EDTA（乙二胺四乙酸）等］加入反应釜，搅拌下升温 55～65℃，滴加双氧水，反应放热，滴加速度取决于温度的控制。双氧水滴加完后，升温至 70～75℃老化，直到反应结束。反应总时间随叔胺不同而异，一般为 4～12h。以水为溶剂时，产物浓度应在 35%以下，浓度高时形成凝胶，妨碍混合。以异丙醇或异丙醇-水为溶剂时，浓度可达 70%。加入整合剂是因为过氧化氨对重金属比较敏感，且胺氧化物对铁也比较敏感，以水为溶剂时更是如此[94]。

氧化胺具有较好的泡沫性和稳定性，对皮肤非常温和，对眼睛刺激性小，在香波、餐具洗涤剂等日用化工产品配方中广泛使用。还可用作柔软剂、抗静电剂等。

第五节　木本油脂基非离子表面活性剂

非离子表面活性剂在水中不离解成离子状态，表面活性是整个中性分子中极性和非极性部分显示出来的。其亲油基原料是具有活泼氢原子的疏水化合物，如高碳脂肪醇、高碳脂肪酸、高碳脂肪胺等，目前使用量最大的是高碳脂肪醇。亲水基原料有环氧乙烷、多元醇和氨基醇等。非离子表面活性剂有优良的润湿和洗涤功能，与阴、阳离子表面活性剂兼容，不受硬水影响，但通常为蜡状物或液体，较难复配成粉状。

非离子表面活性剂的种类繁多，按亲水基的种类和结构的不同，主要分为聚氧乙烯型、多元醇型、烷醇酰胺型以及烷基多苷型等。

一、聚氧乙烯型非离子表面活性剂

聚氧乙烯型非离子表面活性剂是由含活泼氢的疏水性化合物与多个环氧乙烷加成而得的含有聚氧乙烯基的化合物，是非离子表面活性剂中品种最多、产量最大、应用最广的一类。合成这类表面活性剂的重要反应是乙氧基化反应，即由含活泼氢的化合物与环氧乙烷（EO）在催化剂作用下进行加成反应，引入聚氧乙烯链。合成路线如图 8-6-69。

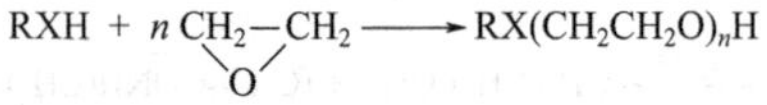

$$\mathrm{RXH} + n\,\underset{\diagdown\ \mathrm{O}\ \diagup}{\mathrm{CH_2{-}CH_2}} \longrightarrow \mathrm{RX(CH_2CH_2O)}_n\mathrm{H}$$

图 8-6-69　聚氧乙烯型非离子表面活性剂的合成路线

（RXH 为脂肪醇、脂肪酸、脂肪胺、烷醇酰胺、烷基酚、硫醇等含活泼氢的化合物；n 为环氧乙烷加成数）

这类表面活性剂的亲水性是分子中氧原子与水形成氢键，产生水化物而具有的。聚氧乙烯链有两种状态，在无水时为锯齿型，而在水溶液中主要为曲折型。当呈曲折型时，亲水的氧原子置于链外侧，亲油的亚甲基位于里面，因而链周围容易与水结合。虽然其结构很大，但整体似一个亲水基，因此聚氧乙烯链显示出较强的亲水性，并且分子中聚合度越大，亲水性越强。由于该类物质亲水性是靠氢键实现的，温度升高时结合的水分子逐渐脱离，直至该类化合物在水中析出，此时原来透明溶液变为白色浑浊乳状液，这种现象是可逆的，温度下降时又重新变得澄清。溶液呈浑浊时的温度称为浊点，聚氧乙烯型非离子表面活性剂的浊点随环氧乙烷加成数的增多而升高，随憎水基碳原子的增多而降低。

溶液中若含有电解质，不利于聚氧乙烯链与水形成氢键，浊点降低。该类表面活性剂降低表面张力的能力与分子结构的关系较大，分子中亲水基越长，表面张力降低能力越弱，当亲水基一定时，疏水基越长降低表面张力的能力越强。

（一）聚氧乙烯型非离子表面活性剂的生产工艺

聚氧乙烯型非离子表面活性剂的生产分两个阶段，即含活泼氢的疏水性化合物的制取和含活泼氢的疏水性化合物的乙氧基化。这里主要介绍乙氧基化工艺，如间歇式乙氧基化、Press 乙氧基化、Buss 回路反应器、管式反应器等[1]。

1. 带搅拌的单釜间歇法

带搅拌的间歇式乙氧基化典型流程如图 8-6-70 所示。首先，将醇加入反应釜中，然后加入催化剂，氢氧化钾可直接加入醇中，氢氧化钠可配成 50% 的水溶液加入。在搅拌条件下夹套蒸汽加热至 120℃，真空下脱水 1h。充氮气，再抽真空。也可从安全角度考虑，保持一定的氮气剩余压力。然后，将温度升至 140℃ 左右，将计量好的环氧乙烷从贮罐用氮气以液体状态压入反应釜，至 1.5×10^5～2.0×10^5Pa。待反应开始，温度上升，压力开始下降，继续通入环氧乙烷，用夹套及盘管中的冷却水将反应温度保持在 160～180℃，并严格控制操作压力在 2×10^5～3×10^5Pa。为防止环氧乙烷倒吸入贮罐，必须严格将操作压力控制在低于环氧乙烷贮罐内压力的状态。当环氧乙烷全部加完后，尚需继续搅拌、老化，直到压力完全下降，并伴随出现降温现象。这时，冷却至100℃以下，用氮气将反应物压入漂白釜内，用冰醋酸中和至微酸性。再滴加反应物量1%的双氧水于60～80℃下漂白，保温0.5h后冷却出料。

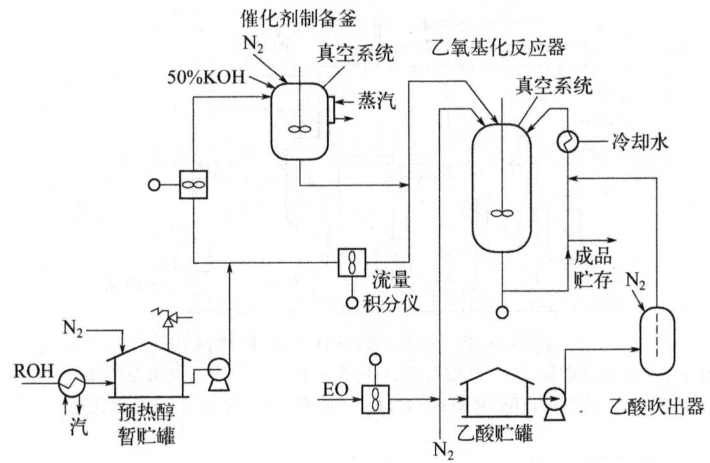

图 8-6-70　间歇式乙氧基化流程

该工艺技术成熟、设备简单、投资少，既可用于乙氧基化反应，又可用于酯化、磺化等。因此，目前国内外年产万吨以下的中、小厂仍然采用该工艺。但反应速率低、生产周期长、生产能力小，由于设备落后，易引起环氧乙烷的爆炸、污染和中毒等事故。

2. 反应物料循环喷雾反应的间歇式操作法

反应物料循环喷雾反应流程如图 8-6-71 所示。采用反应物料循环喷雾反应来代替搅拌混合。脂肪醇和催化剂经脱水干燥后由循环泵经喷头喷入反应器，与同时吸入的气相环氧乙烷混合、反应、喷出。反应物料用泵不断地从反应器抽出，通过热交换器进行冷却后，再进入喷嘴与EO反应并喷入反应釜，如此连续进行循环、反应，反应温度维持在150～170℃。反应物料的循环速度取决于物料的黏度，通常反应物料完成一个循环需1～10min。反应物料循环喷雾反应使传统的间歇釜式生产工艺获得新的生命力。

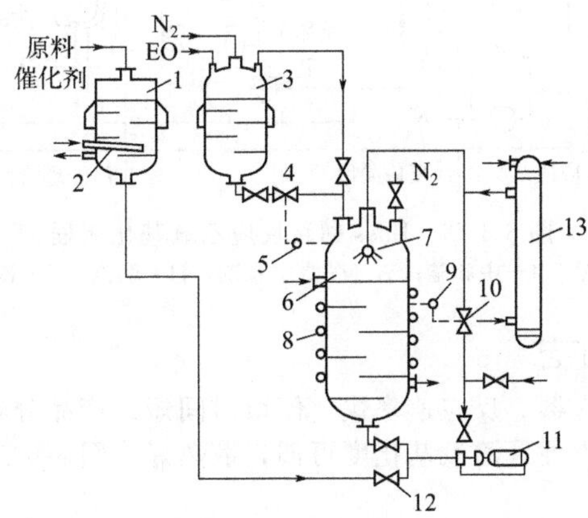

图 8-6-71　循环喷雾反应间歇式乙氧基化流程

1—原料和催化剂脱水器；2，8—加热蛇管；3—环氧乙烷贮罐；4，10，12—阀门；5—压力调节器；6—反应器；7—喷头；9—温度调节器；11—泵；13—热交换器

3. Press 乙氧基化工艺

Press 乙氧基化工艺设备有卧式和立式两种，内装不同开孔度的喷嘴管，物料经喷嘴雾化后

与气体环氧乙烷接触反应。第三代 Press 工艺技术（流程见图 8-6-71）中，采用了计算机程控技术，其数据库中储存有 200 多种产品配方和分析数据，因此，对产品适应性极强，聚氧乙烯链的 EO 加成数可达到 50 以上。

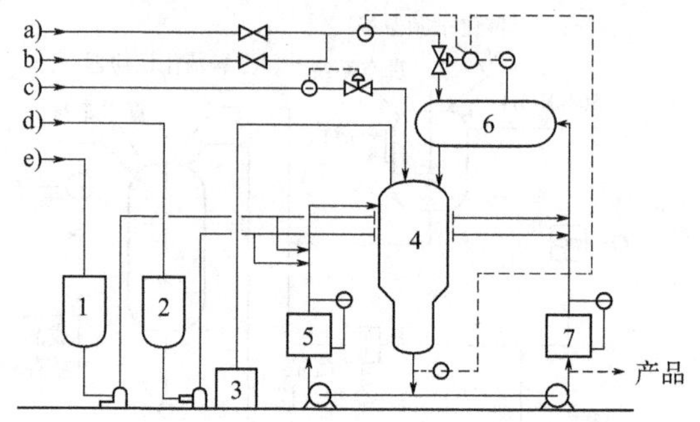

图 8-6-72　Press 第三代乙氧基化流程

1—催化剂贮罐；2—起始剂贮罐；3—真空系统；4—反应罐；5，7—冷却和加热系统；6—气液接触器；a—环氧乙烷；b—环氧丙乙烷；c—原料；d—起始剂；e—催化剂

4. Buss 乙氧基化回路反应器

Buss 回路乙氧基化技术工艺流程见图 8-6-73。液体物料（含催化剂）由底部循环泵经热交换器进入充 N_2 的反应器顶，由喷嘴喷入反应器内，在高速流动下局部形成负压。同时液相环氧乙烷由隔膜泵打入反应器顶部，并立即汽化。环氧乙烷和 N_2 一起由顶部气相循环通道被高速液流喷嘴吸入，与液体物料充分混合后喷向反应器底部。整个反应是在气相与液相两个回路不断循环的状态下进行，反应热由外部换热器移走。

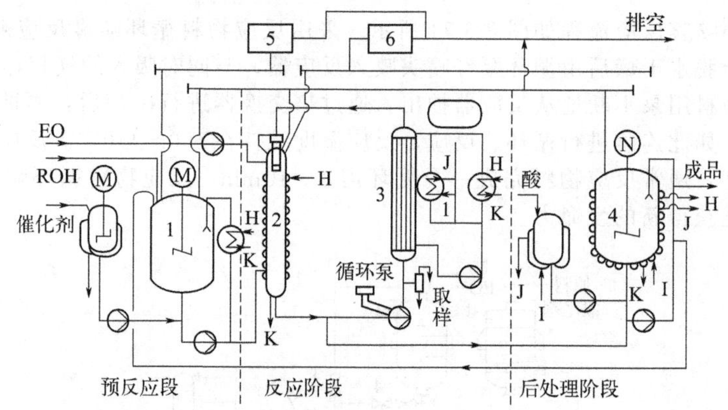

图 8-6-73　Buss 回路反应乙氧基化流程

1—脱水釜；2—反应器；3—热交换器；4—中和釜；5，6—真空系统；H—蒸汽；K—冷凝水；I—冷却进水；J—冷却出水

5. 管式连续乙氧基化工艺

管式反应器近于理想反应器，反应速率快、停留时间短，产品分布均匀、副产物含量低、色泽好，液相反应操作控制较方便，乙氧基化度可调，散热好。图 8-6-74 为国内开发的连续管式乙氧基化反应流程。

由于连续操作，反应比较激烈。为使反应缓和，散热容易，环氧乙烷分四段供给。反应器可由直径 9.4mm、长 2.5m 进料（原料、催化剂）的管道组成，反应温度 190～250℃，压力 2.2MPa，催化剂用量 0.2%，平均停留时间 15min。产品中聚乙二醇质量分数可小于 1%，聚合度分布与间歇法的相同。

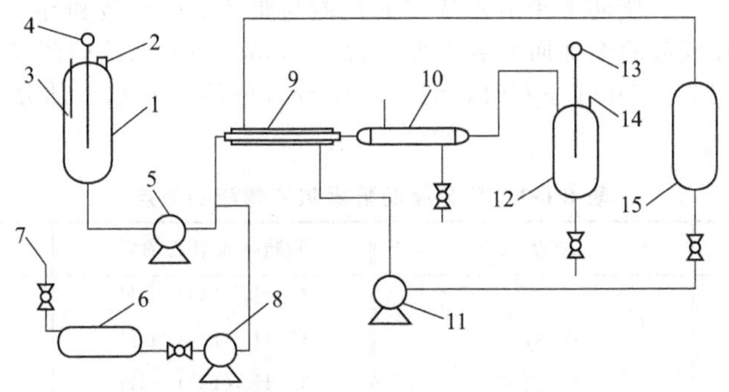

图 8-6-74　连续管式乙氧基化反应流程

1—配料釜；2—固体加料口；3—测温点；4，13—搅拌；5—原料泵；6—EO 钢瓶；7—氮气口；8—EO 泵；9—反应器（10 段）；10—冷却器；11—导热油泵；12—产品釜；14—中和剂进口；15—导热油釜

（二）影响乙氧基化反应的因素

影响含活泼氢化合物与环氧乙烷加成反应的因素主要有反应物结构和催化剂、反应温度、反应压力等。

1. 反应物结构和催化剂

在碱性条件下，同系物脂肪醇的乙氧基化速度随碳链长度的增加而减小。用碱作催化剂时，仲醇和叔醇的反应速度比伯醇慢，产物的分布也较伯醇宽，此时需选用酸性催化剂。脂肪胺的酸性弱，可在无催化剂或酸类催化剂下与环氧乙烷加合生成乙醇胺或二乙醇胺，再在碱催化下继续乙氧基化。除上述情况外，实际上很少使用酸性催化剂来进行乙氧基化反应。

碱性催化剂使用较多的有金属钠、甲醇钠、乙醇钠、氢氧化钾、氢氧化钠、碳酸钾、碳酸钠和乙酸钠等。对脂肪醇进行乙氧基化反应，当温度为 195～200℃时，前五种催化剂有相同的活性，后三种活性甚低。当温度降到 135～140℃时，前四种催化剂有相同的活性，氢氧化钠活性稍低，而后三种几乎无活性。碱性催化剂碱性越大，效率越高，乙氧基化反应随催化剂浓度增加而加快，低浓度时增加较快，高浓度时增加较慢。

2. 反应温度

温度对乙氧基化反应有较大影响，一般温度升高，反应速度加快，但副反应也较多。反应速度随温度升高而加快并不呈直线关系，在相同温度增量下，速度增加值在高温下比在低温下更大，对于窄分布催化剂来讲，只有在适宜温度下才能表现出较好的窄分布特征。

3. 反应压力

乙氧基化反应是一个由气体小分子逐步到大分子的加成聚合，显然，增大反应压力对提高反应速度有利，但过高的反应压力也会使副反应增加，如生成 PEG（聚乙二醇）、色泽变深等。同时，过高的反应压力也会提高设备造价，增加操作的危险性。因此，压力一般选用 0.2～0.5MPa 为宜。

4. 传质

乙氧基化反应是一个逐步加成的放热反应，物料能否充分均匀混合，影响反应速度、温度的高低、产物分子量分布以及未反应原料含量。通常传质效果愈好，混合愈均匀，愈能窄化产物分布，愈有利于降低副产物含量。

（三）聚氧乙烯型非离子表面活性剂的种类

1. 脂肪醇聚氧乙烯醚

脂肪醇聚氧乙烯醚的通式为 $RO(CH_2CH_2O)_nH$，是脂肪醇与环氧乙烷的加成物。R 为 C_{12}～

C_{18} 烷基，n 一般为 2～30。脂肪醇聚氧乙烯醚的性能与脂肪醇的碳数和环氧乙烷加成数有关。通常溶解度随环氧乙烷加成数的增加而显著增加，含 1～5mol 环氧乙烷的产品是油溶性的，当环氧乙烷的物质的量增加到 7～10mol 左右时，能在水中分散或溶解于水。部分脂肪醇聚氧乙烯醚的浊点见表 8-6-2。

表 8-6-2 部分脂肪醇聚氧乙烯醚的浊点

脂肪醇聚氧乙烯醚	浊点/℃	脂肪醇聚氧乙烯醚	浊点/℃
$C_{12}H_{25}(EO)_4OH$	7	$C_{12}H_{25}(EO)_{15}OH$	>100
$C_{12}H_{25}(EO)_5OH$	31	$C_{18}H_{37}(EO)_{10}OH$	55
$C_{12}H_{25}(EO)_7OH$	44	$C_{18}H_{37}(EO)_{15}OH$	79
$C_{12}H_{25}(EO)_9OH$	88	$C_{12}H_{25}(EO)_{20}OH$	>100
$C_{12}H_{25}(EO)_{10}OH$	95		

脂肪醇聚氧乙烯醚系列表面活性剂由于脂肪醇的碳原子数和环氧乙烷加成数的不同有多种类型。低碳（C_7～C_9）醇与 5～6mol 的 EO 加成的产物具有优良的润湿和渗透性能，应用于纤维的各种加工过程中。当脂肪醇的碳原子数为 C_{12}～C_{14} 时，通常称作 AEO。$AEO_{2\sim3}$ 不溶于水，通常用作合成 AES、AEC、AESS 等阴离子表面活性剂的原料，且具有乳化、匀染、渗透等性能，可用作纺织工业的匀染剂、润湿剂和各种油剂的组分；$AEO_{4\sim6}$ 为油溶性乳化剂；AEO_7、AEO_9、AEO_{10} 具有良好的润湿、乳化、去污等性能，用作洗涤剂的活性物，纺织工业的洗净剂、润湿剂等；AEO_{15}、AEO_{20} 具有很好的乳化、分散、去污等性能，用作纺织工业的匀染剂，金属加工的清洗剂，化妆品、农药、油墨等的乳化剂。

当脂肪醇的碳原子数为 C_{14}～C_{18} 时，通常称作平平加。其中 C_{14}～C_{16} 的称作平平加 OS；C_{16}～C_{17} 的称作平平加 O，C_{18} 的称作平平加 A 等。该系列具有良好的乳化、分散等性能，特别是对矿植物油具有独特的乳化性能，常用作乳化剂和纺织、印染助剂等。

总之，脂肪醇聚氧乙烯醚系列表面活性剂具有优良的润湿、乳化、分散、匀染、去污性能，因而作为洗涤剂、乳化剂、匀染剂、发泡剂、润湿剂、渗透剂等，在民用洗涤剂、纤油剂、纺织、印染、皮革、农药、冶金、造纸以及化妆品等行业中均有极其广泛的应用。

2. 脂肪酸聚氧乙烯酯

脂肪酸聚氧乙烯酯可由脂肪酸与环氧乙烷在碱性条件下加成制得，合成路线如图 8-6-75 所示。产物为单酯、双酯和聚乙二醇的混合物。

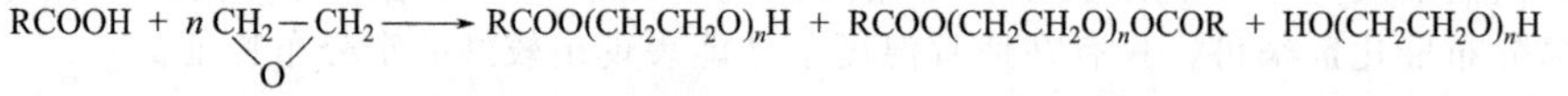

$$RCOOH + n\,\underset{\diagdown O \diagup}{CH_2-CH_2} \longrightarrow RCOO(CH_2CH_2O)_nH + RCOO(CH_2CH_2O)_nOCOR + HO(CH_2CH_2O)_nH$$

图 8-6-75 脂肪酸聚氧乙烯酯的合成路线

为了得到特定分子量的脂肪酸聚氧乙烯酯，也可用脂肪酸与聚乙二醇进行酯化制取，如图 8-6-76 所示。

$$RCOOH + HO(CH_2CH_2O)_nH \rightleftharpoons RCOO(CH_2CH_2O)_nH + 2H_2O$$

$$2RCOOH + HO(CH_2CH_2O)_nH \rightleftharpoons RCOO(CH_2CH_2O)_nOCR + 2H_2O$$

图 8-6-76 脂肪酸与聚乙二醇的反应

由于聚乙二醇有两个羟基，可生成单酯，也可生成二酯，两者的比例与反应物料比有关。如果采用等物质的量反应，单酯含量较高；如果脂肪酸用量较多，二酯含量较高。为制得大量单酯可在反应中加入过量聚乙二醇。催化剂一般用酸性催化剂如浓硫酸、苯磺酸等，用聚苯乙烯磺酸型阳离子交换树脂作催化剂，也有较好的效果，可获得高转化率。

来源于木本油脂的典型脂肪酸聚氧乙烯酯的理化性质见表 8-6-3。

表 8-6-3　典型脂肪酸聚氧乙烯酯的理化性质

脂肪酸	环氧乙烷加和数	相对密度(25℃)	分子量	HLB值(水油度)
椰油酸	5	0.997	440	10.6
椰油酸	15	1.059	868	15.0
硬脂酸	5	0.930	490	8.8
硬脂酸	10	0.960	720	12.6
硬脂酸	15	0.988	940	14.2
油酸	5	0.992	490	8.6
油酸	10	1.028	720	12.0

脂肪酸聚氧乙烯酯在强酸和强碱溶液中易发生水解，与醇醚和酚醚相比润湿、去污和发泡性均较差，常用作化妆品的乳化剂、增稠剂，也可作为纺织工业的柔软剂和抗静电剂。

3. 烷基胺聚氧乙烯醚

烷基胺聚氧乙烯醚由脂肪胺与环氧乙烷加成反应制得，合成路线见图 8-6-77。

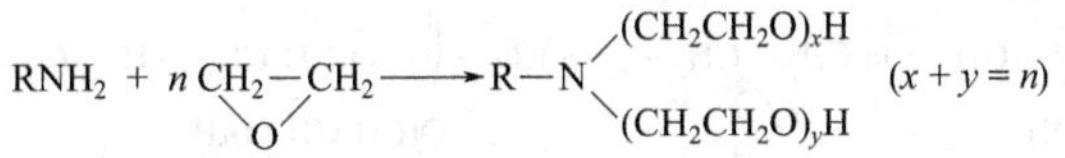

$$RNH_2 + n\,\underset{\diagdown O \diagup}{CH_2-CH_2} \longrightarrow R-N\begin{cases}(CH_2CH_2O)_xH\\(CH_2CH_2O)_yH\end{cases}\quad (x+y=n)$$

图 8-6-77　烷基胺聚氧乙烯醚的合成路线

烷基胺聚氧乙烯醚有多种用途，如在中性或酸性溶液中作乳化剂、起泡剂、腐蚀抑制破乳剂、润湿剂、钻井泥浆添加剂、染料匀染剂和纺织加工助剂等。其常用于人造丝生产，可以使再生纤维素丝的强度得到改进，并保持喷丝孔的清洁，不使污垢沉积。

4. 烷醇酰胺聚氧乙烯化合物

在烷醇酰胺中引入聚氧乙烯基，可改善烷醇酰胺的水溶性，产品可用于香波、浴液、液体洗涤剂中。刘琪灵等[95]以脂肪酸、甲醇、乙醇胺和环氧乙烷为原料，通过酯化、酰化和乙氧基化三步反应，制备了一系列具有 9 个环氧乙烷（EO）不同疏水链长的肉豆蔻酸单乙醇酰胺聚氧乙烯醚、棕榈酸单乙醇酰胺聚氧乙烯醚和油酸单乙醇酰胺聚氧乙烯醚等，并研究了碳链长度对该类表面活性剂表面性能的影响。合成路线如图 8-6-78 所示。

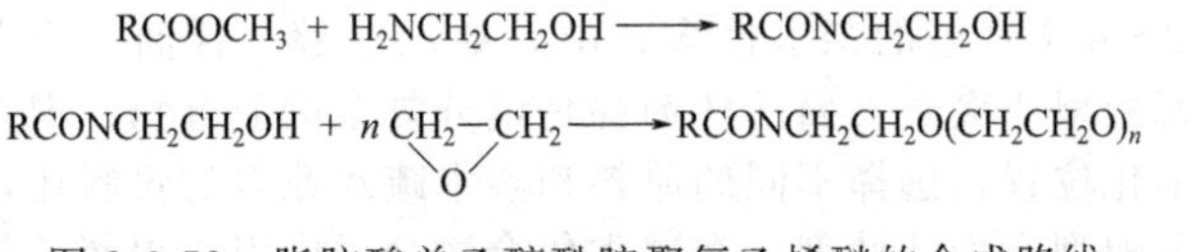

$$RCOOCH_3 + H_2NCH_2CH_2OH \longrightarrow RCONCH_2CH_2OH$$

$$RCONCH_2CH_2OH + n\,\underset{\diagdown O \diagup}{CH_2-CH_2} \longrightarrow RCONCH_2CH_2O(CH_2CH_2O)_n$$

图 8-6-78　脂肪酸单乙醇酰胺聚氧乙烯醚的合成路线

椰油酸和乙醇胺反应，然后和环氧乙烷加成合成椰油酰胺聚氧乙烯醚［见式（8-6-30)］，其水溶液具有良好的减摩抗磨性能[96]。

$$H_3C-(CH_2)_{12\sim14}-CONH(CH_2CH_2O)_{15}H \tag{8-6-30}$$

5. 脂肪酸酯聚氧乙烯化合物

以脂肪酸甲酯为原料，在合适的催化剂作用下，直接与环氧乙烷发生加成反应制得的产品与传统的脂肪醇聚氧乙烯醚相比，具有原料便宜，产品低泡、水溶速度快、对油脂增溶能力强、皮肤刺激性小、生物降解性好等特点[97-99]。合成路线如图 8-6-79 所示。

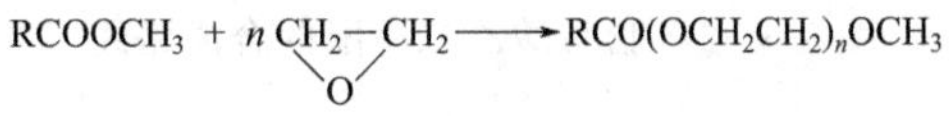

$$RCOOCH_3 + n\,\underset{\diagdown O \diagup}{CH_2-CH_2} \longrightarrow RCO(OCH_2CH_2)_nOCH_3$$

图 8-6-79　脂肪酸甲酯乙氧基化物的合成路线

在一些多元醇的酯类如甘油酯中引入聚氧乙烯基，可改善甘油单脂肪酸酯的水溶性，乙氧基化甘油单脂肪酸酯的分散性、乳化力、起泡力和渗透力都很好，可用于配制洗面奶、奶液、高级雪花膏、香波、浴液、液体洗涤剂等，也可作香料、色素、药品的增溶剂。甘油单脂肪酸酯聚氧乙烯醚的合成路线如图 8-6-80 所示。

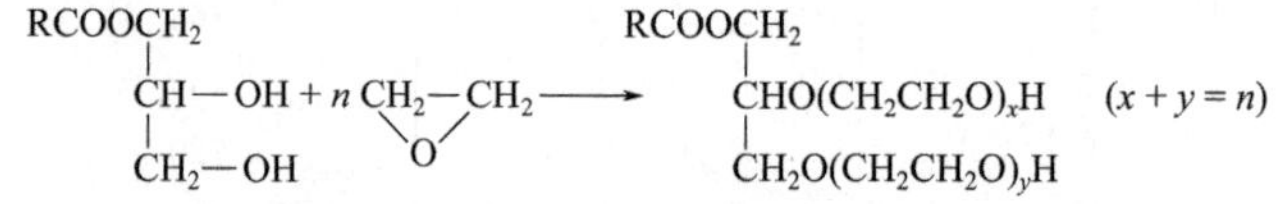

$$\begin{array}{l}RCOOCH_2\\ |\\ CH-OH\\ |\\ CH_2-OH\end{array} + n\,\underset{\text{O}}{CH_2-CH_2} \longrightarrow \begin{array}{l}RCOOCH_2\\ |\\ CHO(CH_2CH_2O)_xH\\ |\\ CH_2O(CH_2CH_2O)_yH\end{array} \quad (x+y=n)$$

图 8-6-80 甘油单脂肪酸酯聚氧乙烯醚的合成路线

椰油醇先与五氧化二磷发生酯化反应生成脂肪醇磷酸酯，然后利用磷酸酯基团的羟基与环氧乙烷发生加成反应可合成脂肪醇磷酸酯聚氧乙烯醚[100]。合成路线如图 8-6-81 所示。

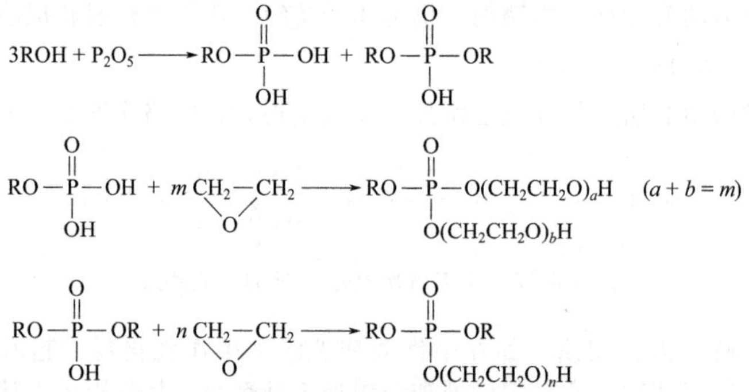

$$3ROH + P_2O_5 \longrightarrow RO-\overset{O}{\overset{\|}{P}}(OH)-OH + RO-\overset{O}{\overset{\|}{P}}(OH)-OR$$

$$RO-\overset{O}{\overset{\|}{P}}(OH)-OH + m\,\underset{\text{O}}{CH_2-CH_2} \longrightarrow RO-\overset{O}{\overset{\|}{P}}(O(CH_2CH_2O)_bH)-O(CH_2CH_2O)_aH \quad (a+b=m)$$

$$RO-\overset{O}{\overset{\|}{P}}(OH)-OR + n\,\underset{\text{O}}{CH_2-CH_2} \longrightarrow RO-\overset{O}{\overset{\|}{P}}(O(CH_2CH_2O)_nH)-OR$$

图 8-6-81 脂肪醇磷酸酯聚氧乙烯醚的合成路线

二、多元醇型非离子表面活性剂

多元醇型非离子表面活性剂是用多元醇与脂肪酸反应生成的酯作疏水基，其余未反应的羟基作亲水基的一类表面活性剂，如单硬脂酸甘油酯［见式（8-6-31）］。

$$C_{17}H_{35}COOCH(OH)CH_2OH \tag{8-6-31}$$

从化学结构上看，这类表面活性剂是多元醇的部分酯。所用疏水基原料主要为高级脂肪酸，主要亲水基原料为含 2～6 个羟基的亲水性多元醇，如乙二醇、甘油、季戊四醇、木糖醇、山梨醇、蔗糖等。商品多元醇型非离子表面活性剂都是组分复杂的混合物。混合物的组成取决于脂肪酸的组成、酯化度和酯化位置。选择不同的原料和亲水疏水原料的投料比，可以合成具有宽范围亲水与疏水特性的多元醇型表面活性剂，在这类化合物分子中引入聚氧乙烯链可增加亲水性，聚合度越大亲水性越强。多元醇型非离子表面活性剂具有不同的溶解特性、表面性质和其他物理性质，其中的极大部分为低毒和无毒物质，现已广泛用于食品、药品、化妆品和许多其他工业领域作乳化剂、分散剂，也可用作纺织油剂等[1]。

（一）乙二醇酯

硬脂酸、月桂酸等脂肪酸与乙二醇直接酯化生产单酯和树脂的混合物，合成路线如图 8-6-82。乙二醇过量越多，则单酯含量越高。脂肪酸乙二醇酯广泛用作化妆品的增稠剂和珠光剂。

$$2HOCH_2CH_2OH + 3RCOOH \longrightarrow RCOOCH_2CH_2OH + RCOOCH_2CH_2OOCR + 3H_2O$$

图 8-6-82 脂肪酸乙二醇酯的合成路线

（二）甘油酯

甘油酯一般为单酯、双酯和三酯的混合物。混合物的组成取决于反应物的相对比例、反应温度、反应时间和催化剂品种及用量等。甘油的单脂肪酸酯如甘油的单硬脂酸酯、单棕榈酸酯、单油酸酯、单月桂酸酯等可作食品和化妆品的油溶性乳化剂。二酯和三酯基本不具备乳化能力，所以产品中的单脂肪酸酯含量越高越好。工业上制取甘油单脂肪酸酯的主要方法是甘油和油脂在催化剂存在下发生酯化反应，合成路线如图 8-6-83 所示。甘油酯也可由脂肪酸和甘油的直接酯化来制取，反应产物同样为单酯、二酯和三酯的混合物。

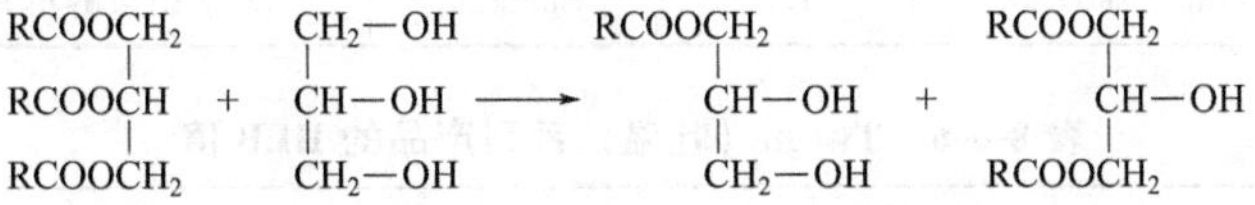

$$\begin{array}{c} RCOOCH_2 \\ | \\ RCOOCH \\ | \\ RCOOCH_2 \end{array} + \begin{array}{c} CH_2-OH \\ | \\ CH-OH \\ | \\ CH_2-OH \end{array} \longrightarrow \begin{array}{c} RCOOCH_2 \\ | \\ CH-OH \\ | \\ CH_2-OH \end{array} + \begin{array}{c} RCOOCH_2 \\ | \\ CH-OH \\ | \\ RCOOCH_2 \end{array}$$

图 8-6-83 脂肪酸甘油酯的合成路线

为制得高收率的单酯，也有人曾用缩水甘油（2,3-环氧-1-丙醇）或环氧氯丙烷与羧酸反应来合成甘油单脂肪酸酯，合成路线如图 8-6-84 所示。

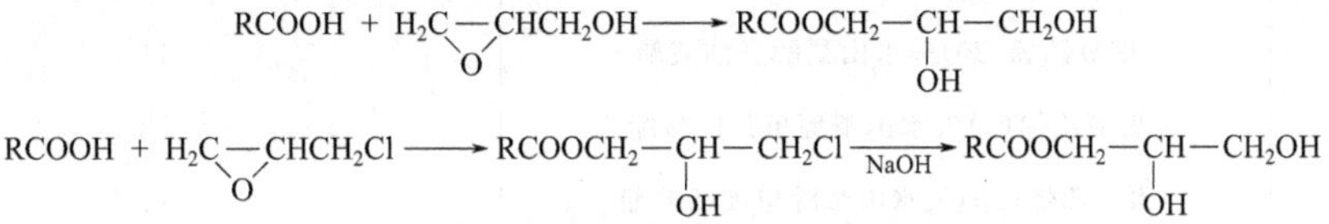

$$RCOOH + \underset{\diagdown O \diagup}{H_2C-CHCH_2OH} \longrightarrow RCOOCH_2-\underset{OH}{\underset{|}{CH}}-CH_2OH$$

$$RCOOH + \underset{\diagdown O \diagup}{H_2C-CHCH_2Cl} \longrightarrow RCOOCH_2-\underset{OH}{\underset{|}{CH}}-CH_2Cl \xrightarrow{NaOH} RCOOCH_2-\underset{OH}{\underset{|}{CH}}-CH_2OH$$

图 8-6-84 高收率甘油单脂肪酸酯的合成路线

甘油在碱或酸催化下加热可发生分子内脱水，形成聚甘油，和脂肪酸酯化可制备脂肪酸聚甘油酯。根据甘油的聚合度、脂肪酸的种类和酯化度的不同组合，可以得到从亲水性到亲油性，从液体到固体的产品。表 8-6-4 列出了部分脂肪酸聚甘油酯的 HLB 值。

表 8-6-4 部分脂肪酸聚甘油酯的 HLB 值

脂肪酸聚甘油酯	HLB 值	脂肪酸聚甘油酯	HLB 值
四聚甘油单硬脂酸酯	8	六聚甘油单月桂酸酯	13
四聚甘油五硬脂酸酯	2	八聚甘油单硬脂酸酯	13
四聚甘油单油酸酯	8	八聚甘油八硬脂酸酯	3
四聚甘油五油酸酯	2	八聚甘油单油酸酯	13
四聚甘油单月桂酸酯	10	八聚甘油单月桂酸酯	15
六聚甘油单硬脂酸酯	11	十聚甘油单硬脂酸酯	12
六聚甘油五硬脂酸酯	4	十聚甘油五硬脂酸酯	4.5
六聚甘油单油酸酯	11	十聚甘油单油酸酯	14.5
六聚甘油五油酸酯	4	十聚甘油单月桂酸酯	15.5

（三）失水山梨醇脂肪酸酯及其环氧乙烷加成物

失水山梨醇脂肪酸酯由脂肪酸与山梨醇酯化或由油脂与山梨醇酯交换反应制得。失水山梨醇脂肪酸酯又叫作脱水山梨醇酯或山梨醇酐烷基酯，商品名称 Span（司盘）。由于山梨醇受热达一定温度时易发生分子内脱水形成失水山梨醇，因此脂肪酸与山梨醇的酯化反应又可分为先酯化后醚化和先醚化后酯化两种方法。但不论何种方法，其产物均为单酯、双酯和三酯的混合物。

脂肪酸可采用月桂酸、棕榈酸、硬脂酸和油酸等，其相应单酯的商品代号为 Span20、Span40、Span60 和 Span80。硬脂酸和油酸的三酯代号为 Span65 和 Span85。Span 类产品同环氧乙烷进行加成反应生成聚氧乙烯失水山梨醇脂肪酸酯，商品代号为 Tween（吐温）。Span（司盘）和 Tween（吐温）系列产品的 HLB 值见表 8-6-5 和表 8-6-6。

表 8-6-5　Span（司盘）系列产品的 HLB 值

商品名称	化学组成	HLB 值	商品名称	化学组成	HLB 值
Span-85	失水山梨醇三油酸酯	1.8	Span-60	失水山梨醇单硬脂酸酯	4.7
Span-65	失水山梨醇三硬脂酸酯	2.1	Span-40	失水山梨醇单棕榈酸酯	6.7
Span-80	失水山梨醇单油酸酯	4.3	Span-20	失水山梨醇单月桂酸酯	8.6

表 8-6-6　Tween（吐温）系列产品的 HLB 值

商品名称	化学组成	HLB 值
Tween-61	聚氧乙烯(4)失水山梨醇单硬脂酸酯	9.6
Tween-81	聚氧乙烯(5)失水山梨醇单油酸酯	10.0
Tween-65	聚氧乙烯(20)失水山梨醇三硬脂酸酯	10.5
Tween-85	聚氧乙烯(20)失水山梨醇三油酸酯	11.0
Tween-21	聚氧乙烯(4)失水山梨醇单月桂酸酯	13.3
Tween-60	聚氧乙烯(20)失水山梨醇单硬脂酸酯	14.9
Tween-80	聚氧乙烯(20)失水山梨醇单油酸酯	15.0
Tween-40	聚氧乙烯(20)失水山梨醇单棕榈酸酯	15.6
Tween-20	聚氧乙烯(20)失水山梨醇单月桂酸酯	16.7

（四）蔗糖酯

蔗糖酯主要是通过蔗糖与脂肪酸酯进行酯交换合成的。蔗糖有 8 个羟基，同羟基结合的脂肪酸数可为 1～8 个，反应比较容易达到二酯和三酯，可理解为蔗糖有 3 个伯羧基的缘故。因此，通过调节蔗糖同脂肪酸的结合比例以及脂肪酸的碳链长度，可以制备具有各种亲水亲油性质的蔗糖酯产品。表 8-6-7 列出了部分蔗糖酯的表面张力数据。

表 8-6-7　部分蔗糖酯的表面张力

蔗糖酯	表面张力/(mN/m)	蔗糖酯	表面张力/(mN/m)
蔗糖单月桂酸酯	33.7	蔗糖单油酸酯	31.5
蔗糖单肉豆蔻酸酯	34.8	蔗糖单蓖麻醇酸酯	34.5
蔗糖单棕榈酸酯	33.7	蔗糖二棕榈酸酯	39.8
蔗糖单硬脂酸酯	34.0	蔗糖二蓖麻醇酯	33.2

蔗糖酯的合成工艺主要有溶剂法、微乳法和无溶剂法三种。

1. 溶剂法

将亲水基原料蔗糖溶于二甲基甲酰胺（DMF）中，加入脂肪酸甲酯。在碱性催化剂（如甲醇钠）存在下，于 1.33～2.67kPa 下加热至 60℃反应约 3h，反应产物蒸馏除去溶剂和副产品甲醇，再用正己烷抽提，将未反应脂肪酸甲酯抽提出来，并分离除去未反应糖。再用 5 倍于残液的丙酮稀释，糖酯呈白色沉淀析出，减压蒸去丙酮，便可得产品。

2. 微乳法

以无毒的丙二醇为溶剂，采用油酸钠皂作乳化剂，在碱性条件下使脂肪酸甲酯与蔗糖在微滴分散情况下进行反应。先将蔗糖溶于丙二醇中，加入脂肪酸甲酯，糖与甲酯的物质的量之比为

9∶8。再加入少量脂肪酸皂和 K_2CO_3，并加入 0.1%水利于温度降低，搅拌，加热至 130～135℃，然后减压蒸除丙二醇并维持温度 120℃以上，最后温度可达 165℃，真空残压 0.4～0.5MPa，得到粗糖酯，粗糖酯磨碎溶于丁酮中，滤去蔗糖中大部分皂，再加入乙酸或柠檬酸使皂分解为脂肪酸，冷却、过滤，滤饼为糖酯。产品为蔗糖、单酯、酯和多酯的混合物。纯化后糖酯含量 96%以上。该方法的优点是用糖量少、溶剂可回收、无毒可食用，缺点是少量的蔗糖会焦化。

3. 无溶剂法

无溶剂法即蔗糖直接与甘油三酯进行酯转移。反应产物为糖酯、单甘油酯、二甘油酯及未反应甘油三酯与糖的混合物。平衡产物组成随反应温度、原料配比、碱性催化剂种类及用量不同而不同。通常反应温度为 170～180℃，甘油三酯与蔗糖比不宜过高，反应在不锈钢反应釜内氨气保护下进行。

此外，也可选择适当的脂肪、肥皂和少量甘油经加热得到甘油一酯、二酯和三酯的混合物，再加入蔗糖进行反应，生成蔗糖酯，其中含有甘油单酯及少量甘油二酯和三酯。这种以甘油单酯和蔗糖单酯为主的混合物具有实用价值。

三、烷醇酰胺型非离子表面活性剂

烷醇酰胺是分子中具有酰胺键的一类表面活性剂，其结构见式（8-6-32）。

$$RCONH_m(CH_2CH_2OH)_n \quad (8\text{-}6\text{-}32)$$

式中，当 $n=m=1$ 时，为脂肪酸单乙醇酰胺；当 $n=2$、$m=0$ 时，为脂肪酸二乙醇酰胺。烷醇酰胺的特点是具有泡沫稳定作用和良好的洗涤性能，此外还可增加液体洗涤剂黏度，广泛应用于配制液体洗涤剂、香波、干洗剂以及纺织、皮革工业中的清洗剂，也可用于复配金属清洗剂和油墨清洗剂。

烷醇酰胺可用脂肪酸、脂肪酸甲酯或天然油脂与单乙醇胺或二乙醇胺进行缩合反应而制得。以脂肪酸为原料与单乙醇胺或二乙醇胺反应，如图 8-6-85 所示，可制得相应的单乙醇酰胺和二乙醇酰胺。

$$RCOOH + NH_2CH_2CH_2OH \longrightarrow RCONHCH_2CH_2OH + H_2O$$
$$RCOOH + NH(CH_2CH_2OH)_2 \longrightarrow RCON(CH_2CH_2OH)_2 + H_2O$$

图 8-6-85　由脂肪酸合成烷醇酰胺非离子表面活性剂的路线

脂肪酸与烷醇酰胺反应的副产物不具有表面活性，但这种产物中酯基在烷醇胺和碱性催化剂作用下可进行氨基分解。酰胺单酯和双酯在 100℃以下经数小时可转化为烷醇酰胺，而乙醇胺单酯和双酯要经几天乃至几周才能转化为烷醇酰胺。因此，增加反应时间可提高烷醇酰胺的转化率，但最多也仅能达到 70%。也可将反应分两步进行：第一步减少乙醇胺投料量，使其定量生成酰胺单酯和双酯，适宜的投料量为脂肪酸∶乙醇胺=1∶(0.75～0.8)；第二步反应时再投入剩余的乙醇胺和甲醇钠催化剂，使酰胺单酯和双酯转化为烷醇酰胺，最终产物酰胺含量可达 90%以上。

为制得高活性烷醇酰胺，工业生产中采用脂肪酸甲酯为原料较为有利。上述脂肪酸与乙醇胺之间的反应为脱水反应，反应温度较高（150～170℃），副反应较多。而采用甲酯与乙醇胺反应则为脱甲醇反应，反应温度较低（100～130℃），反应易于进行。由于温度低，氨基酯等副产物生成量少，可制得酰胺含量 90%以上的产物。其反应路线如图 8-6-86 所示[101]。

$$RCOOCH_3 + NH_2CH_2CH_2OH \longrightarrow RCONHCH_2CH_2OH + CH_3OH$$
$$RCOOCH_3 + NH(CH_2CH_2OH)_2 \longrightarrow RCON(CH_2CH_2OH)_2 + CH_3OH$$

图 8-6-86　由脂肪酸甲酯合成烷醇酰胺非离子表面活性剂的路线

将等物质的量的月桂酸甲酯和二乙醇胺中加入 0.1%的甲醇钠，于 100～110℃下加热反应

4h，在常压下不断蒸出生成的甲醇。反应时间可以在 2～6h 之间变化，其他条件亦可改变。氢氧化钾和甲醇钠是普遍采用的催化剂。产品中酰胺的含量可达 90%，游离二乙醇胺为 5%，酰胺酯 4%，月桂酸甲酯 0.8%，其他杂质均为微量。

采用天然油脂与乙醇胺直接缩合，也可制得烷醇酰胺，见图 8-6-87。

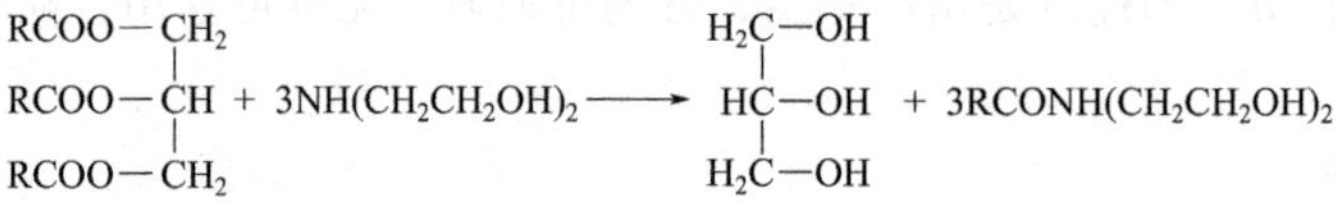

$$\begin{array}{l} RCOO-CH_2 \\ RCOO-CH \\ RCOO-CH_2 \end{array} + 3NH(CH_2CH_2OH)_2 \longrightarrow \begin{array}{l} H_2C-OH \\ HC-OH \\ H_2C-OH \end{array} + 3RCONH(CH_2CH_2OH)_2$$

图 8-6-87　油脂与乙醇胺直接缩合合成烷醇酰胺非离子表面活性剂的路线

椰子油与二乙醇胺按质量比 1.25∶1 进行混合，在催化剂氢氧化钾存在下，于 130℃下反应 5h，得到黄色或琥珀色黏稠液体，商品代号为 6502。这种产品由于甘油分不出来，影响产品的增稠和稳泡性能，但工艺过程简单，成本低。

四、烷基多苷型非离子表面活性剂

烷基多苷（APG），也称烷基多甙，是糖类化合物与脂肪醇的反应产物，其分子结构可以用通式 $RO(G)_n$ 表示。其中 R 代表烷基，一般为 C_8～C_{18} 饱和直链烷基；G 代表葡萄糖单元；n 表示糖单元的个数，若 $n=1$ 称为烷基单糖苷，$n\geqslant 2$ 的苷称为烷基多苷（简称 APG）。工业上生产的烷基多苷（APG）是既含有单糖苷又含有多糖苷的复杂混合物，糖苷的平均聚合度 n 一般为 1.4～1.8，其化学结构如式（8-6-33）所示。

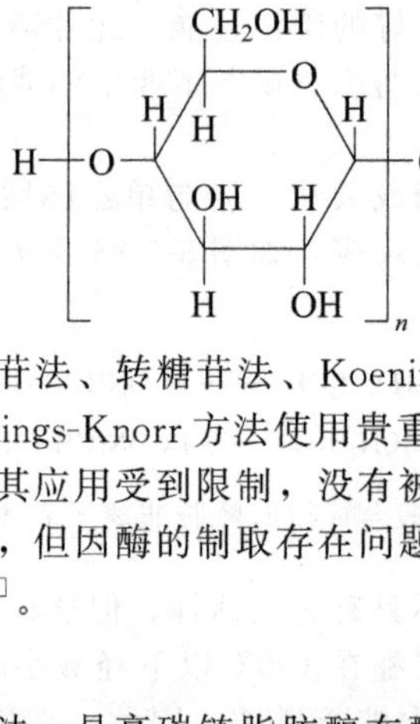

(8-6-33)

烷基糖苷的合成方法有直接糖苷法、转糖苷法、Koenings-Knorr 反应合成法、酶催化法、原酯法、糖的缩酮物醇解法等。Koenings-Knorr 方法使用贵重金属作为催化剂，工艺成本高，操作复杂，产率不高，存在环境污染，其应用受到限制，没有被工业化生产。酶催化法选择性好，条件温和易行，收率高，产品纯度高，但因酶的制取存在问题，没有被广泛采用。目前，工业上采用的只有直接糖苷法和转糖苷法[102]。

1. 直接糖苷法

直接糖苷法也称一步法、直接法，是高碳链脂肪醇在酸性催化剂存在下直接和葡萄糖反应，反应完成后经蒸馏除去脂肪醇，然后经中和、漂白等即得烷基糖苷。合成路线如图 8-6-88 所示。

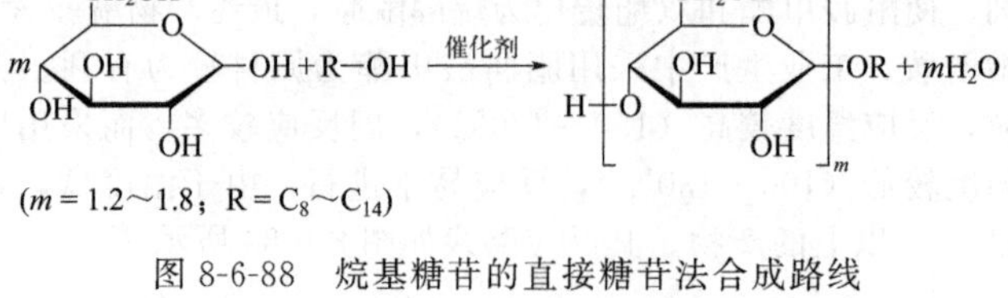

图 8-6-88　烷基糖苷的直接糖苷法合成路线

葡萄糖在醇中的溶解度较小，因此催化剂和工艺选择是关键。直接转苷法采用的催化剂有浓硫酸、磷酸等无机酸，十二烷基苯磺酸、十二烷基硫酸、烷基萘磺酸、柠檬酸、植酸等有机酸以及复合有机酸。由于有机酸具有乳化性能，作为催化剂对糖苷化十分有利，同时可减少糖的自聚物生成[103]。利用真空和氮气除去反应过程中生成的水分，可提高反应收率。

2. 转糖苷法

转糖苷法又称两步法、间接法，是利用低碳醇（如丁醇）和淀粉或葡萄糖在硫酸、对甲苯磺酸等酸性催化剂存在下先生成低碳醇糖苷如丁苷，然后再与 $C_8 \sim C_{18}$ 的脂肪醇进行醇交换（或缩醛交换、转糖苷化）反应，生成长链烷基多苷和低碳醇，低碳醇可再回用。过量的脂肪醇在真空下连续进行两次真空分离。卸料后溶于水，用双氧水漂白、调整 pH 值即得产物烷基糖苷。合成路线如图 8-6-89 所示。

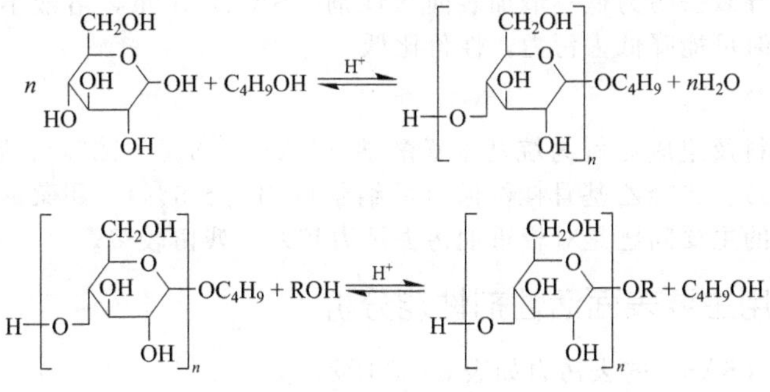

$$n\,(\text{glucose}) + C_4H_9OH \xrightleftharpoons{H^+} H{-}[O\text{-glucosyl}]_n{-}OC_4H_9 + nH_2O$$

$$H{-}[O\text{-glucosyl}]_n{-}OC_4H_9 + ROH \xrightleftharpoons{H^+} H{-}[O\text{-glucosyl}]_n{-}OR + C_4H_9OH$$

图 8-6-89　烷基糖苷的转糖苷法合成路线

反应时采取分批或缓慢连续加入的方式，既可避免糖的自聚又可保证反应顺利进行。低碳醇的糖苷化速率远远大于高碳醇的糖苷化速率，通过控制蒸出低碳醇的量可控制反应深度，为使粗产物黏度不致太大以利精制，可残留少量的低碳醇糖苷。

烷基糖苷作为安全无毒、对皮肤无刺激、生物降解性好、配伍性好及对环境友好的表面活性剂，被广泛应用在纺织、化妆品、农药、印染、高效油污清洗剂及生物化学等领域。

近 20 年来，基于木本油脂及其下游产品脂肪酸、脂肪醇和脂肪胺等的一些具有特殊结构的新型表面活性剂被相继开发，如含氟、含硅、含硼表面活性剂，双子表面活性剂，Bola 型表面活性剂等。它们有的是在普通表面活性剂的基础上进行结构修饰，有的是对一些本来不具有表面活性的物质进行结构修饰，更有一些是合成的具有全新结构的表面活性剂。这些新型表面活性剂不仅增加了表面活性剂的新品种，而且具有传统表面活性剂所不具备的特殊功能，可满足某些特殊需要。

第六节　木本油脂基表面活性剂的应用

表面活性剂已广泛应用于日常生活、工农业生产及高新技术领域，是最重要的工业助剂之一，被誉为“工业味精”。在许多行业中，表面活性剂起到画龙点睛的作用，只要很少量即可显著地改善物质表面（界面）的物理化学性质，改进生产工艺、降低消耗和提高产品质量。根据应用领域的不同，表面活性剂分民用表面活性剂和工业用表面活性剂两大类。民用表面活性剂主要是用作洗涤剂；工业用表面活性剂可以分成工业清洗和工业助剂两大类。

一、木本油脂基表面活性剂在洗涤剂领域的应用

（一）洗涤剂的主要原料

1. 肥（香）皂

肥（香）皂的主要原料有皂粒或油脂、4A 沸石、尿素、填充剂等。

2. 洗衣粉

洗衣粉的主要原料及组成比例是烷基苯磺酸钠（LAS）（8%～20%）、脂肪醇聚氧乙烯醚

（AEO）（0～3%）、三聚磷酸钠（STPP）（13%～30%）或 4A 沸石（15%～20%）、硅酸钠（5%～15%）、碳酸钠（3%～5%）和填充剂（40%～60%）等。

3. 洗衣液

洗衣液的主要原料及组成比例为烷基苯磺酸钠（LAS）、脂肪醇聚氧乙烯醚硫酸钠（AES）、脂肪醇聚氧乙烯醚（AEO）、α-烯基磺酸盐（AOS）（15%～30%）以及碳酸钠（0～3%）、柠檬酸钠（0～5%）、分散剂（0～3%）和增溶剂（0～10%）等。洗衣液的主要问题是常用的无机和有机助剂难以加入，导致去污力低；增加表面活性剂（SAA）用量，溶液不稳定；增加增溶剂、分散剂，成本高，同时可能降低去污力，性价比低。

4. 餐洗液

餐洗液的主要原料及组成比例为烷基苯磺酸钠（LAS）（8%～12%）、脂肪醇聚氧乙烯醚硫酸钠（AES）（0～5%）、二羟乙基月桂酰胺（尼纳尔）（1%～5%）、甜菜碱或咪唑啉（0～3%）等。餐具液体洗涤剂的主要问题是对较重油污去污力较差，残留较多。

（二）洗涤剂用主要表面活性剂性能分析

主要表面活性剂（SAS）的去污力如表 8-6-8 所示。

表 8-6-8 主要表面活性剂的去污力

SAS 去污力	AES-3	AOS	MES	LAS	AEO-9	APG
JB-1	11.50	10.95	7.95	2.96	15.23	3.31
JB-2	7.81	7.16	4.22	2.93	4.25	2.30
JB-3	10.09	1010	6.73	4.81	10.48	7.52

1. 烷基苯磺酸钠（LAS）

LAS 是最早最大量使用的合成表面活性剂，使用方便，价格低，但去污力差，抗硬水性能差，生物可降解性差，对无机和有机助剂配伍性差，皮肤刺激性较强，性价比低。

2. 脂肪醇聚氧乙烯醚硫酸钠（AES）

AES 是目前洗衣液和餐洗液中开始大量使用的表面活性剂，使用较方便，综合去污力强，价格中等，抗硬水性较强，生物可降解性好，泡沫高，对有机助剂配伍性较好，对无机助剂配伍性较差，皮肤刺激性较强，性价比高。其适合作液体洗涤剂的主要原料。

3. α-烯基磺酸盐（AOS）

AOS 综合去污力强，使用方便，价格低，抗硬水性较强，生物可降解性好，泡沫较高，低温稳定性较差，对有机助剂配伍性较好，对无机助剂配伍性较差，皮肤刺激性较强，性价比高。其适合作液体洗涤剂的主要原料。

4. 脂肪醇聚氧乙烯醚（AEO）

AEO 对油性污垢去污力强，使用较方便，对固体污垢去污力适中，抗硬水性强，生物可降解性好，泡沫高，耐强酸性好，对无机和有机助剂配伍性差，皮肤刺激性较强，价格高，性价比中等。其适合作低浓度、低黏度的硬表面液体清洁剂的主要原料。

5. 脂肪酸甲酯磺酸钠（MES）

目前液体洗涤剂中 MES 已开始少量使用，MES 对皮肤刺激性很低，生物可降解性很好，泡沫中等，但稳定性较好，与 LAS、AES、AOS 复合使用时能有效降低泡沫。其抗硬水性较强，综合去污力中等，但使用不方便，低温稳定性差，对无机和有机助剂配伍性差，价格较高。其适合作人体皮肤直接接触的餐具洗涤剂、洗手液、手洗洗衣液、硬表面液体清洁剂的原料。

6. 二羟乙基月桂酰胺（尼纳尔）

尼纳尔是很好的增稠、增溶剂，很好的泡沫稳定剂，皮肤刺激性较强，安全性有争议，性价比中等。

7. 烷基糖苷（APG）

目前液体洗涤剂中APG已开始少量使用，生物可降解性很好，泡沫中等，但稳定性较好，耐强碱性好，与LAS、AES、AOS复合使用时能有效增强低温稳定性，抗硬水性好，渗透性强，漂洗性极好，护色性好，使用方便，综合去污力较差，对无机和有机助剂配伍性好，价格高，性价比较低。其特别适合作低浓度、低黏度的硬表面液体清洁剂的主要原料和洗衣液、餐具洗涤剂的次要原料，同时也是农药很好的铺展剂。

8. 天然油脂乙氧基化嵌段共聚物（FMEE）

FMEE的生物降解性很好，性能温和，皮肤刺激性很低，价格中等。产品应用：普通型洗衣液、普通型餐具洗涤剂、普通丝毛织物洗涤剂、洗手液。目前存在的关键问题是解决长期低温稳定性。

9. $C_8\sim C_{10}$ 脂肪酸钠

脂肪酸钠水溶性好，低温稳定性好，消泡性好，生物降解性很好，性能温和，皮肤刺激性很低，消泡性好，去污力低，价格低。产品应用：低泡液体洗涤剂。

10. 油脂基聚氧乙烯醚季铵盐

油脂基聚氧乙烯醚季铵盐解决了普通季铵盐水溶性差的问题，与非离子相容性好，甚至能与阴离子形成可溶于水的阴阳离子络合物，不但增强去污力，而且能柔软衣物，性价比高。产品应用：洗衣液、柔软剂、硬表面清洁剂。

11. 十二碳脂肪酸钠

十二碳脂肪酸钠的水溶性较好，消泡性很好，生物降解性很好，性能温和，皮肤刺激性低，价格较低。产品应用：低泡液体洗涤剂。

12. 天然油脂聚甘油衍生物

聚甘油衍生物是一种新型非离子表面活性剂，生物降解性很好，性能温和，皮肤刺激性很低，水溶性好，去污力与市售AEO-9相当，泡沫低，在－5℃仍具有良好的流动性，抗冻性好，价格低。产品应用：浓缩型洗衣液、浓缩型餐具洗涤剂、抗菌洗衣液、抗菌型硬质表面清洁剂、浓缩丝毛织物洗涤剂。

二、木本油脂基表面活性剂在工业领域的应用

（一）石油

随着国内外对石油需求的剧增和石油工业的发展，油气田化学剂、油气田化学材料和油气田化学工作液得到了石油工程技术人员极大的重视。表面活性剂在其中起着举足轻重的作用，甚至可以说是油田化学应用技术成果研发成功与否的关键因素之一，关乎油田化学专用药剂及其形成的油田化学工作液体系的技术质量、应用效果和环境效益及经济效果。

由于表面活性剂在油田中的应用范围广、品种多，这里仅对几种常用油脂基表面活性剂在油田中的主要应用进行介绍。

1. 烷基羧酸盐

不同烷基、不同反离子的脂肪酸盐可用于钻井液、压裂液中。由油脂下脚料制得的天然混合羧酸盐具有很高的界面活性、很强的抗钙镁能力，作为驱油用表面活性剂在价格上具有竞争力，并已在大庆、胜利、中原等主力油田进行了矿场试验。

2. 烷基二苯醚磺酸盐

由于烷基二苯醚磺酸盐具有优异的高温稳定性和化学稳定性，耐电解质能力强，水溶性好，在亚表面的吸附和沉积量非常小，因此非常适用于三次采油和土壤净化等与地质有关的场合。在三次采油中，烷基二苯醚磺酸盐可以与烯烃磺酸盐（AOS）、两性表面活性剂复配，以降低AOS、两性表面活性剂在岩层、砂石和黏土中的吸附量，提高配方的抗电解质能力。

迄今为止，烷基二苯醚磺酸盐的工业化产品主要由美国DOW公司生产，商品名为DOWFAX，采用烯烃与二苯醚烷基化后再用气体SO_3进行磺化。国内相关研究的文献报道很多，主要采用卤代烷和α-烯烃作烷基化试剂，价格昂贵，其中α-烯烃来源于石油，属于不可再生资源，大部分由国外进口，从经济和战略角度看均不适宜用作我国三次采油的主要原料。

中国日用化学工业研究院（简称日化院）自主开发了以脂肪醇为烷基化试剂制备烷基二苯醚磺酸盐的工艺路线，采用自制的固体酸催化剂，脂肪醇转化率大于65%，单烷基化率大于90%，且催化剂分离过程简单，易于实现工业化。再则，脂肪醇由可再生的天然油脂制备而成，我国油脂资源十分丰富，成本相对较低，尤其是C_{16}～C_{18}醇供大于求，价格低，且碳链长度适合作三次采油用表面活性剂的疏水基。

3. 脂肪醇醚磺酸盐／羧酸盐

脂肪醇醚磺酸盐/羧酸盐分子结构中既含有非离子型表面活性剂的亲水基——烷氧基团，又含有阴离子型表面活性剂的亲水基——磺酸基/羧酸基，所以兼具了非离子型和阴离子型两类表面活性剂的特点。研究表明，以上两类表面活性剂耐温耐盐性好，在酸液中表现出良好的表面活性，并有优良的防垢作用，在高温、高矿化度的地层驱油剂、油井化学吞吐剂和酸液添加剂等方面具有广泛的应用前景。

中国日化院以不同脂肪醇（烷基酚）聚氧乙烯醚为原料，以羟乙基磺酸钠作为磺烷基化剂，采用磺烷基化法制备了不同样品，经纯化精制后对其应用性能及配伍性进行了研究。当前对脂肪醇醚磺酸盐的研究主要停留在实验室阶段，尚没有大规模的工业化生产。鉴于该类表面活性剂应用前景广阔，尤其在高温、高矿化度油藏开采中应用潜力很大，预计将成为未来几年研究和开发的热点。

4. 甜菜碱

清洁压裂液或称黏弹性表面活性剂压裂液始于20世纪90年代末，主要分阳离子季铵盐类、甜菜碱型、非离子型表面活性剂三大类型，目前已在克拉玛依油田、长庆油田进行了应用，大庆油田、大港油田也进行了试探，现场效果显著，预计今后会得到大力推广。近期研究表明，磺基甜菜碱和聚合物组成的二元复合驱在低渗透砂岩油层有广阔的应用前景。

（二）选矿

1. 脂肪酸及其衍生物

脂肪酸类化合物作为阴离子捕收剂，长期以来广泛用于氧化矿类的浮选，但在应用中存在明显缺点，主要表现在：对矿物的选择性差，药剂消耗大；在水中溶解分散性不好，不耐硬水，以致需要加温浮选；应用时同时需要选择脉石矿物抑制剂等。为改善脂肪酸的浮选性能，通常采用两类方式：其一，以脂肪酸为主剂，添加其他表面活性剂（如非离子表面活性剂）形成复合捕收剂；其二，对脂肪酸分子结构进行改性，一种是引入高极性的基团（如—Cl、—OH、—SH、—Br、—SO_3H、—NH_2）或引入不饱和键，以改善溶解性能，提高耐盐性，减少对温度的敏感性，另一种是引入有选择作用的基团，提高选择性，例如，在油酸、松香酸分子中先引入氯根与氢氧根，然后与乙醇胺反应生成烷基醇酰胺类非离子表面活性剂，该类物质水溶性好，抗硬水能力强，对某些矿物表现出很好的捕获性能。

有研究表明将天然脂肪酸与亚硫酰氯反应生成相应酰氯，再与3-羟基-3-羧基-戊二酸反应制得酯基羧酸钠，对磷矿物浮选结果表明，该类酯基羧酸钠具有较好的低温捕收性和一定的选择性，还具有适宜的起泡性，15℃所得浮选指标与加温浮选指标相近，可以降低选矿成本。

脂肪酸与氨基酸的缩合物可作为浮选氧化矿的捕收剂，脂肪酸与氨基磺酸的缩合物可用于浮选氧化铁矿、白钨、黑钨等。

2. 脂肪醇系表面活性剂

脂肪醇及脂肪醇聚氧乙烯醚在浮选中主要用作起泡剂。烷基长度与结构、烷氧基数均影响其起泡性能。

脂肪醇醚羧酸盐（AEC）早在 1975 年就用于浮选含钙、钡的矿物，如方解石、白云石、白钨矿、重晶石、萤石等，对孔雀石、钛铁矿、黄铜矿、异极矿也有捕收性。与脂肪酸相比，有以下特点：a. 水溶性较好，溶点较低；b. 对钙、镁离子的影响不敏感，与多价金属离子不生成难溶性盐；c. 解离度比脂肪酸高，在 pH 值为 2～6 时能发挥有效作用；d. 捕收能力较强，对不同矿物的捕收能力有差异；e. 作用机理与油酸不同，脂肪醇醚羧酸盐在矿物表面的吸附是可逆的，易被水清洗下来，而油酸则不然，说明脂肪醇醚羧酸盐主要是物理吸附，或虽有化学吸附，但产物溶于水。

用脂肪醇醚磷酸酯分别对磷灰石和方解石混合矿及磷矿石进行了浮选试验，结果表明该类表面活性剂具有较强的抗硬水能力，对 Ca^{2+}、Mg^{2+} 的影响不敏感，同时还有一定的耐低温能力。在弱碱性介质中用作磷矿捕收剂，有较好的选择吸收能力，比常用的脂肪酸类捕收剂浮选时的碱耗明显下降。

3. 脂肪胺系表面活性剂

阳离子捕收剂常用于浮选表面荷负电的矿物。脂肪胺是最常用的阳离子捕收剂，醚胺、烃链较短的季铵盐（包括丙基、丁基、戊基的季铵盐及三甲基十六烷基季铵盐）、二元胺（如 C_{10}～C_{14} 二胺），也是矿物浮选中常用的表面活性剂。

（三）农药

通常农药不能直接使用，需加工成各种具有特定物理化学性能的农药分散体系，即农药剂型。一方面，表面活性剂在农药加工中起着润湿、分散、乳化增溶等作用，是农药制剂不可或缺的组成部分；另一方面，可以增强药剂在植物或害虫表面的润湿、展布和附着力，增加农药在植物表面的滞留量，延长滞留时间和提高农药对植物表皮的穿透能力，从而提高药效。

农药剂型正朝着水性化、粒状化、多功能、缓释、省力和精细化的方向发展。一些高效、安全、经济和环境相容的新剂型（如微乳剂、水乳剂、悬乳剂、水分散粒剂、干悬浮剂、缓释等剂型）正在兴起，并将是 21 世纪农药剂型发展的主流，新剂型农药对表面活性剂的需求必将促使农药专用表面活性剂的生产开发。围绕农药剂型发展新趋势，世界农药用表面活性剂正向着无毒环保、分子量大、高效能、低用量、多功能、优质、价廉的方向发展。

我国是农业大国，农药需求总量已居世界第二，对农药用表面活性剂的需求量日益增长，采用油脂基表面活性剂代替传统乳化剂在水基制剂中的应用将成为未来几年的研究开发重点，水乳剂中表面活性剂的加量一般在 6%～8%左右，而在微乳剂中表面活性剂的添加量更高，一般在 15%～20%左右。综上，油脂基表面活性剂在农业行业的市场前景较好。

以蓖麻油聚氧乙烯醚为代表的各种植物油醚及酯、脂肪醇/胺、聚氧乙烯醚等非离子表面活性剂在农药制剂中的用量非常大，常与阴离子表面活性剂配伍后使用。

最近几年，国内外对烷基糖苷（APG）与脂肪醇醚羧酸盐（AEC）在农药乳液体系中应用的研究颇多。APG 具有良好的界面性能和优越的生物降解性能，可用于触杀型农药制剂，能显著提高液滴的铺展和渗透性能，从而提高农药的药效。另外，APG 耐盐能力强，与多种表面活性剂和无机助剂的配伍性好，在配制过程中不会出现浊点和凝胶区，可以配制高浓度水剂农药。

季铵葡萄糖苷（quaternary ammonium glycosidcs，QAG）是一类新型的低泡阳离子表面活性剂，毒性低、易降解，具有湿润、扩散、吸附等性能，能避免农药析晶，使其较长时间保持植物可吸收状态。与脂肪胺聚氧乙烯醚类表面活性剂相比，在草甘膦浓度高时不容易形成高黏度物，在草甘膦中具有很好的应用前景。

（四）纺织

据统计，全球纺织用表面活性剂年耗量在 270×10^4 t 以上，品种达 3000 多种，其中表面活性剂的用量占助剂总用量的 70%～80%。纺织工艺生产过程中，散纤维的精制纺丝、纺纱织布、染色、印花和后整理等各工序都离不开表面活性剂的应用。其作用是提高纺织品质量，改善纱线的织造性能，缩短加工工期。因此，表面活性剂在纺织工业中应用广泛，其技术作用和经济价值都相当大，是不可缺少的重要助剂。

从纺织助剂的应用水平来看，我国与发达国家尚存在较大差距，如世界各国纺织助剂与纤维产量之比，美、英、德、日为 0.15，工业发达国家为 0.07，世界平均值为 0.047，而中国仅为 0.0417。因此，纺织用表面活性剂的市场前景较好。再者，随着人们环保意识的增强和纺织品出口面临着更加严峻的国际环境标志认证壁垒，开发高效、低刺激性和易生物降解的功能性表面活性剂以及绿色表面活性剂已成为当今纺织业面临的迫切课题。

目前，纺织工业中大量使用的表面活性剂主要有阴离子型和非离子型表面活性剂。两性离子表面活性剂虽性能优异，但价格相对较高，其在纺织工业中的应用受到了一定的限制；阳离子表面活性剂主要用于抗静电及织物表面处理，用量相对较小。上述表面活性剂大部分属于油脂基表面活性剂，如用于洗涤剂、分散剂中的高碳醇、醚硫酸盐（AS/AES）、脂肪酸酯磺酸盐（MES）、脂肪胺醚硫酸钠等，用于前处理剂中的低碳醇、醚硫酸钠、烷基磷酸酯等，用于柔软剂中的蓖麻油硫酸化物、磺基琥珀酸酯等，用于抗静电剂中的双十八烷基二甲基季铵盐及新一代含酯基或酰胺基或羟基的季铵盐等。

值得关注的是，近年来国内外开发了多种环保型助剂，主要有 3 种类型：烷基糖苷（APG）及葡萄糖酰胺（AGA）、醇醚羧酸盐（AEC）及酰胺醚羧酸盐（AAEC）、单烷基磷酸酯（MAP）及单烷基醚磷酸酯（MAEP）。这 3 类表面活性剂生物降解快，对人体温和，性能优良，与其他表面活性剂的协同性好。其中，烷基多苷（APG）兼有阴离子和非离子表面活性剂的特点，即表现为无浊点和水稀释后无凝胶现象，表面活性高，表面张力可降至 2.25×10^{-5} N/cm，泡沫细腻而稳定，而且去污性和配伍性好，无毒，无刺激性，易生物降解和对环境友好，在水中有很强的溶解能力，即使在浓度很高的酸、碱、盐溶液中，其溶解度仍然很高。这些优良的性能使得 APG 可以作为精炼剂、净洗剂、乳化剂、润湿剂、消泡剂、增稠剂和分散剂等助剂中的重要成分应用于纺织品生产的各个环节。

（五）其他

在材料工程中，表面活性剂可以抑制机械合金化过程中的冷焊现象，用于合金化进程的控制，充当机械粉碎中的助磨剂、无机盐粉料的防结块剂，进行无机粉料的表面改性等，在许多方面对改善粉料及其合成体的性能起到了非常好的作用。表面活性剂在纳米材料的制备、纳米粉体的分散以及在纳米材料的透射电镜检测等方面具有广阔的应用前景。

此外，表面活性剂在造纸、皮革、塑料、橡胶等领域的应用亦相当广泛。

表面活性剂在工业领域的应用非常广泛，且不同行业对表面活性剂品种和用量的需求正在迅速增加，表面活性剂生产厂商应同用户有机结合在一起，共同开发含表面活性剂产品的新品种，以满足不同用户的需要。开发适合不同应用领域的油脂基功能性表面活性剂，符合绿色环保、可持续发展的战略，并可减少对石油基原料的依赖，势必引起各表面活性剂生产商的关注。

参考文献

[1] 王培义，徐宝财，王军.表面活性剂——合成·性能·应用.3 版.北京：化学工业出版社，2019.

[2] 徐宝财.油脂基表面活性剂研究进展.第九届（2019）中马油脂化工研讨会暨第十二届中国油脂化工行业年会论文集，2019，12：103-114.

[3] 孙永强.油脂基表面活性剂的现状及发展趋势.第八届（2017）中马油脂化工研讨会暨第十届中国油脂化工行业年会论文集，2017，18：19-27，90-98.

[4] 刘春媚.油脂水解生产脂肪酸工艺选择.广东化工，2014，41（6）：105-106.

[5] 胡斌，钟宏，王帅，等. 橡籽油的酸催化水解工艺研究. 应用化工，2011，40 (8)：1323-1325.
[6] 徐娟，包桂蓉，王华，等. 亚临界水中橡胶籽油水解反应的试验研究. 化学工程，2010，38 (1)：46-48.
[7] 吕微，蒋剑春，徐俊明，等. 植物油脂水解工艺及不饱和脂肪酸组成研究. 食品工业科技，2011，39 (9)：76-79.
[8] 张玲玲，王晖. 棕榈油的酸催化水解工艺研究. 中国油脂，2015，40 (8)：64-67.
[9] 洪育春，王洪国，胡爱军，等. 棕榈油的超声辅助水解研究. 食品研究与开发，2018，39 (8)：88-92.
[10] 阎杰，丘泰球. 超声强化椰子油水解的研究. 中国油脂，2003，28 (9)：28-32.
[11] 刘元法，王兴国，金青哲，等. 超声波技术与 PTC 在椰子油水解反应中的应用研究. 食品科学，2005，26 (6)：94-98.
[12] 朱必凤，刘安玲，罗莉菲，等. 有机溶剂中固定化脂肪酶催化水解植物油脂的研究. 南昌大学学报（理科版），2005，23 (2)：108-113.
[13] 陈华，李志刚，王永华，等. 三液相酶催化体系水解橄榄油的研究. 中国油脂，2018，43 (7)：51-56.
[14] 叶棋锋，王挥，赵松林，等. 固定化酶催化椰子油水解工艺研究. 中国油脂，2016，41 (11)：36-40.
[15] 张天健，蒋剑春，聂小安，等. 管道反应器在连续化制备生物柴油生产上的设计与应用. 生物质化学工程，2012，46 (4)：47-51.
[16] 李昌珠，吴红，肖志红，等. 工业油料植物资源高值化利用研究进展. 湖南林业科技，2014，41 (6)：106-111.
[17] 赵永杰. 全球表面活性剂原料及产品最新发展现状（一）. 中国洗涤用品工业，2018 (12)：74-82.
[18] 谭立新. 用棕榈油和月桂油制取肥皂及相关产品. 轻功机械，1992 (2)：38-42.
[19] 宋远萍. 棕榈油和棕榈仁油在制皂中的应用. 日用化学工业，1990 (5)：13-14.
[20] 李凡，代岚，陈文庆，等. 新型肥皂的制备工艺研究. 农业科技与装备，2016 (8)：37-39.
[21] 李晓明，李凡，李凡凡，等. 中药肥皂的制备与研究. 化工管理，2018 (17)：13.
[22] 陈燕妮，卢云，吴昊，等. *N*-酰基氨基酸系列表面活性剂的合成和应用. 化学研究与应用，2001 (13)：192-195.
[23] Wakamatsu H，Uda J，Yamakami N. Synthesis of N-acylacids by a carbonylation reaction. Chemical Communications，1971，23：1540.
[24] Beller M，Eckert M，Vollmuller F，et al. Palladium-catalyzed amidocarbonylation -A new efficient synthesis of N-acyl amino acids. Angewandte Chemie-International Edition，1997，36 (13/14)：1494-1496.
[25] 王峰，张兆国. 钯催化的酰胺羰基化反应. 有机化学，2002，22 (8)：536-542.
[26] Kana M，Toshiahi S. Process for producing N-acylamino acid：US20130116469 A1. 2013-05-09.
[27] Hattori T，Kitamura N，Yamato N，et al. Method for preparing N-long chain acyl neutral amino acid：US6703517B2，2004-03-09.
[28] Takehara M，Yoshimura I，Takizawa，et al. Surface-active N-acylglutamate：Ⅰ Preparation of long-chain N-acylglutamicacid. Journal of the American Oil Chemists Society，1972，49 (3)：157-161.
[29] 陆丹丹，叶志文. 一种 *N*-酰基氨基酸表面活性剂的合成研究. 日用化学工业，2013，43 (1)：34-37.
[30] 王楠，张平平，陈政宏，等. 椰子油酰基芳香族氨基酸盐的绿色合成与性能评价. 精细化工，2021，38 (11)：2305-2311.
[31] 夏良树. 脂肪醇聚氧乙烯醚羧酸盐的合成、表面活性及应用性能研究. 长沙：南华大学，2005.
[32] 王培义，赵小红，张应军，等. 羧甲基化法合成油酸单乙醇酰胺醚羧酸盐. 郑州轻工业学院学报，2006 (1)：1-4.
[33] 王培义，赵小红. 月桂酰胺醚羧酸盐的合成与性能研究. 精细石油化工，2006，23 (3)：44-47.
[34] 鲍新宁，张卫东，沙鸥，等. 椰油聚醚羧酸盐阴非离子驱油剂的合成及性能. 应用化工，2015，44 (7)：1230-1232.
[35] 万笑可，许虎君，肖华英，等. 月桂酸单乙醇酰胺硫酸酯盐的合成与性能. 应用化工，2010，39 (7)：1066-1068.
[36] 卢淑霞，曾幸谊，杨宇洪，等. 窄分布月桂醇聚氧乙烯 (2) 醚硫酸酯钠盐的研究. 华南师范大学学报（自然科学版），2017，49 (3)：32-36.
[37] 高欢泉，于文. 脂肪醇聚氧乙烯醚硫酸盐产品性能及在日化产品中的应用. 日用化学品科学，2008，31 (2)：10-15.
[38] 张卫丽，李淑英. 表面活性剂的应用和发展. 全面腐蚀控制，2005，19 (6)：42-45.
[39] 徐长卿. 不饱和醇及其醚的硫酸化/磺化产品. 日用化学工业，1992 (1)：23-28.
[40] 秦中海，陈姚，于欣伟，等. 油醇硫酸酯盐的合成. 广东化工，2014，41 (1)：11-12.
[41] 史鸿鑫，张辉，武宏科，等. 月桂酸二聚甘油酯硫酸酯钠盐的制备与表面性能. 日用化学工业，2012，42 (2)：93-95.
[42] Zhukov Dmitrij A，Logunov Yurij V，Makarova Nadezhda N，et al. Sulphates of carboxylic acid polyglycerides as surfactants：SU899541. 1982-01-23.
[43] Cohen L，Trujillo F. Synthesis，characterization，and surface properties of sulfoxyiated methyl esters. Journal of Surfactants and Detergents，1999，2 (3)：355-341.
[44] Xie T，Zeng C，Wang C，et al. Preparation of methyl ester sulfonates based on sulfonation in a falling film micro reactor from hydrogenated palm oil methyl esters with gaseous SO_3. Ind Eng Chem Res，2013，53 (10)：3714-3722.
[45] 李莉，朱永闯. 脂肪酸甲酯磺酸盐的研究及应用进展. 日用化学品科学，2012，35 (4)：7-12.

[46] Tulathammakith，Kitiyananb. Synthesis fo methyl ester sulfonate surfactant from palm oil methy ester by using UV or ozoneas initiator. J Biotechnol，2014，185（38）：S120-S121.

[47] 李乾. 脂肪酸甲酯磺酸盐的发展现状. 日用化学品科学，2008，31（6）：1-4.

[48] 宋国强，李欢，曹引梅，等. MES 表面活性剂的工业化精制工艺. 生物质化学工程，2020，54（5）：33-36.

[49] Danovkd，Stanirovard，Kralchec-skypa，et al. Sulfonated methyl esters of fatty acids in aqueous solutions：Interfacial and micellar properties. J Colloid Interface Sci，2015，457（1）：307-318.

[50] Siwayanan P，Aaiz R，Bakarna，et al. Characterization of phosphate-free detergent powders incorporated with palm C_{16} methyl ester sulfonate（C_{16}MES）and linear alkyl benzene sulfonic acid. J Surfactants Deterg，2014，17（5）：871-880.

[51] 徐坤华，史立文，雷小英，等. 脂肪酸甲酯磺酸盐的磺化机理、性能及其应用. 化学世界，2017（10）：616-623.

[52] 刘伟，段洪东，于耀芹，等. 十一烯酸单乙醇酰胺琥珀酸酯磺酸钠合成工艺改进研究. 日用化学品科学，1999（增刊）：52-54.

[53] 张跃军，华平. 磺基琥珀酸酯盐类表面活性剂的研究进展. 江苏化工，2001，29（6）：16-21.

[54] 李正军. 磷酸酯表面活性剂的基本合成方法进展. 西部皮革，2006（12）：26-30.

[55] 康寿兴. 利用动植物油脂制备高附加值粘弹性表面活性增稠剂. 青岛：中国石油大学（华东），2010.

[56] Russo C，Kundi M，Lavorgna M，et al. Benzalkonium chloride and anticancer drugs in binary mixtures：Reproductive toxicity and genotoxicity in the freshwater crustacean ceriodaphnia dubia. Arch Environ Con Tox，2017，74（30）：1-11.

[57] Oikonomou E K，Christov N，Cristobal G，et al. Design of eco-friendly fabric softeners：Structure，rheology and interaction with cellulose nanocrystals. J Colloid Interface Sci，2018，525（2）：206-214.

[58] Kapitanov I V，Jordan A，Karpichev Y，et al. Synthesis，self-assembly，bacterial and fungal toxicity，and preliminary biodegradaiton studies of L-phentlalanie-derived surface-active ionic Liquids. Green Chem，2019，21（2）：1777-1794.

[59] 李姝，许虎君，周国南，等. 系列酰胺型阳离子表面活性剂的合成与性能. 精细石油化工，2008，25（6）：27-30.

[60] Waters J，Bebington Bington W. A new rinse conditioner active with improved environment properties . Tenside Surfactants Detergents，1991，28（6）：460-467.

[61] 徐慧杰，姜亚洁，耿涛. 阳离子表面活性剂合成研究进展. 日用化学科学，2020，43（6）：48-53.

[62] Huang W H，Huang J J，Feng B N，et al. Advances in the development of esterquats. Materials Research and Application，2012，6（1）：9-13.

[63] 魏小桥. 酯季铵盐型阳离子表面活性剂的合成及性能研究. 无锡：江南大学，2012.

[64] 姜亚洁，耿涛，李秋小. Al-SBA-15 固体酸催化合成硬脂酸三乙醇胺酯. 精细化工，2014，31（1）：40-44.

[65] Han B，Geng T，Jiang Y J，et al. Synthesis and properties of di-chain esterquat surfactants. Journal of Surfactants and Detergents，2015，18：91-95.

[66] 阿不都热合曼·乌斯曼，卡哈尔·阿力木. 可降解型阳离子表面活性剂的合成及结构表征. 新疆师范大学学报（自然科学版），2007，26（3）：156-158.

[67] 郭睿，胡应燕，梁文庆，等. 月桂酸酯季铵盐阳离子表面活性剂的合成与表征. 精细化工，2009，26（10）：957-960.

[68] 王丽艳，程丹阳，段松言，等. 含酯基和酰胺基季铵盐阳离子表面活性剂的合成. 化学研究与应用，2020，32（12）：2182-2191.

[69] 张广友，赵淑英，王正祥. 氯化 *N*-（3-长链烷氧-2-羟）丙基-*N*,*N*,*N*-三甲基铵的合成及其相转移催化性能. 化学通报，1998（6）：37-38.

[70] 李保国，赵光远，陈树峰. 脂肪酰基阳离子表面活性剂的合成研究. 内蒙古大学学报（自然科学版），2017，4（4）：432-437.

[71] 陶亮亮，朱燕，方李艳，等. 咪唑啉季铵盐合成研究进展. 皮革与化工，2011，28（5）：30-33.

[72] 詹真真. 咪唑啉及咪唑化合物的合成方法研究. 兰州：兰州大学，2021.

[73] Aadriyashin V V，Bakhtiyarova Y V，Cherkasov R A，et al. Synthesis of quaternary phosphonium salts from phosphorylated sterically hindered phenols . Russian Journal of Organic Chemistry，2012，48（12）：1574-1575.

[74] 段升富. 新型季鏻盐离子液体表面活性剂的制备及性能研究. 太原：中国日用化学工业研究院，2019.

[75] Geng T，Duan S F，Jiang Y J，et al. Viscosity，electrical conductivity，density and surface tension of methyltriphenylphosphonium carboxylate ionic liquids . Bulletin of the Chemical Society of Japan，2019，92：578-584.

[76] 王信锐. 新型甜菜碱两性表面活性剂的研究. 广州：广州大学，2018.

[77] 王信锐，尚小琴，赖雅平，等. 棕榈酰胺丙基甜菜碱两性表面活性剂的合成及其性能. 精细化工，2017，34（3）：268-273.

[78] 李平，郭建龙. 月桂酸酰胺两性表面活性剂的合成. 天津理工大学学报，2008，24（3）：77-79.

[79] 范闽光，蒋月秀. 新型两性表面活性剂合成及表面化学性能研究. 广西大学学报（自然科学版），1998，23（1）：73-75.

[80] 李中华.甜菜碱支链两性表面活性剂的合成及性能研究.大连：大连理工大学，2013.
[81] 薛伟.新型甜菜碱两性表面活性剂的合成及性能研究.合肥：安徽大学，2014.
[82] 陶明山.双羧基甜菜碱型两性表面活性剂的合成及性能研究.合肥：安徽大学，2014.
[83] 王泽云.α-长链烷基甜菜碱的合成与性能研究.大连：大连理工大学，2009.
[84] 周雅文，韩富，徐宝财.椰油酰胺羟丙基磺基甜菜碱（CASB）的合成及泡沫性能研究.化学世界，2011（2）：106-108.
[85] 李淑杰.系列烷基醚类甜菜碱两性表面活性剂的合成.精细石油化工进展，2015，16（4）：48-50.
[86] 刘佳佳.一类磷酸酯两性表面活性剂的合成及其性能研究.无锡：江南大学，2020.
[87] 农兰平，钟振声.磷酸酯甜菜碱两性表面活性剂的合成与性能.化学研究与应用，2003，15（3）：435-436.
[88] 华任茂，宋伟明，邓启刚.聚醚基磷酸酯两性表面活性剂的制备及性能.齐齐哈尔大学学报，2007，23（6）：4-6.
[89] 焦晓芳.月桂酸咪唑啉两性表面活性剂的合成与性能研究.天津：天津工业大学，2017.
[90] 任朝华.氨基磺酸型两性表面活性剂的合成和性能研究.成都：西南石油大学，2013.
[91] 孔玉明，罗跃，任朝华，等.氨基酸型两性表面活性剂的合成进展.化学与生物工程，2012，29（3）：9-12.
[92] 杨璐，高清来，李可彬.N-酰基氨基酸型表面活性剂合成及应用研究进展.化工技术与开发，2006，36（10）：24-28.
[93] 汤芝平，薛永强，赵红，等.氨基磺酸系两性表面活性剂的一种新合成法.日用化学工业，2007，37（5）：338-340.
[94] 葛红，许培援，朱冬梅，等.氧化叔胺合成条件的优化.郑州轻工业学院学报，1995，10（1）：11-14.
[95] 刘琪灵，许虎君，沈俊.脂肪酸单乙醇酰胺聚氧乙烯醚的制备和性能.精细石油化工，2021，38（1）：28-32.
[96] 谷国平，张朝辉，丁晓峰.椰油酰胺聚氧乙烯醚水溶液的摩擦学性能研究.摩擦学学报，2015，35（3）：266-273.
[97] 刘伟.脂肪酸甲酯乙氧基化物的生产工艺及性能研究.当代化工，2015，4（10）：2511-2512.
[98] 丁莉荣，孙永强，周婧洁，等.油酸甲酯乙氧基化物的合成和性能研究.印染助剂，2018，35（12）：10-13.
[99] 刘岢鑫.脂肪酸甲酯乙氧基化物的合成及其性能研究.大庆：东北石油大学，2019.
[100] 宋明贵，王月芬，金一丰，等.脂肪醇磷酸酯聚氧乙烯醚的合成.印染助剂，2018，35（4）：27-30.
[101] 陈丹红.高活性椰子油酸二乙醇酰胺合成新工艺研究.化学工程与装备，2009（1）：22-26.
[102] 刘洋，张春峰，王丰收，等.烷基糖苷的最新研究进展.日用化学品科技，2016，39（4）：26-29.
[103] 钱锋，华平，喻红梅，等.合成烷基糖苷催化剂研究进展.精细石油化工进展，2019，20（1）：30-33.

（宋国强，王奎）

第七章　木本油脂改性树脂

第一节　木本油脂改性聚酰胺树脂

聚酰胺（polyamide，PA），又称尼龙、锦纶、卡普纶等，是分子链上含有重复结构单元键（—NH—CO—）的一类高聚物。聚酰胺是世界上最早实现工业化的合成纤维，具有弹性回复率高、吸湿性好、易染色、优良的耐磨性和耐疲劳性等优点，因此广泛应用于服装业、汽车工业、渔业、交通运输业等领域。聚酰胺品种较多，按主链结构可分为脂肪族聚酰胺、半芳香族聚酰胺、全芳香族聚酰胺、含杂环芳香族聚酰胺和脂环族聚酰胺。聚酰胺按其合成工艺一般可以分为两类[1]。一类是由二元酸和二胺缩聚而成，也称为AABB型聚酰胺，其结构如式（8-7-1）所示。

$$\left[\overset{\overset{\displaystyle O}{\|}}{C}-R-\overset{\overset{\displaystyle O}{\|}}{C}-NH-R'-NH\right]_n \tag{8-7-1}$$

另一类则是由氨基酸缩聚或由己内酰胺开环聚合而得，也称为AB型聚酰胺，其结构如式（8-7-2）所示。

$$\left[\overset{\overset{\displaystyle O}{\|}}{C}-R-NH\right]_n \tag{8-7-2}$$

蛋白氨基酸，用于油墨、胶黏剂和涂料的低熔点聚酰胺树脂，用于高性能纤维的全芳香族聚酰胺都属于聚酰胺（但尼龙不包括这些品种）。尼龙作为一个传统的术语主要用来描述可通过熔融加工制备成纤维、薄膜以及其他用途制品的聚酰胺[2]。

根据国际上通用的标准，聚酰胺通常可以缩写成PA，其品种可以简明地用其聚合单体的碳原子数来标记，如果是由二元酸和二元胺缩聚而得的聚酰胺，则要同时标记出两种单体的碳原子数，其中二元胺的碳原子数标记在前面，如聚己内酰胺可记为PA6，聚己二酰己二胺可记为PA66。值得注意的是，在ASTM D－123标准中，由二元胺和二元酸缩聚而成的聚酰胺，在命名书写时于二元胺和二元酸两种成分代号之间要加“－”线或“,”，例如尼龙66写成尼龙6-6或写成尼龙-6,6。对于非线型单体（含有支链、环状和芳香族结构的单体），则须在PA符号后面加注该单体的通用缩写代号（采用ISO 1874－1标准）。如由间苯二甲胺（ISO 1874－1标准代号为MXD）和己二酸缩聚而成的聚己二酰间苯二甲胺可记为PAMXD6（在中国缩写为MXD6）；由己二胺和对苯二甲酸缩聚制得的聚酰胺称为尼龙6T。对于由异构体的混合物聚合而成的聚酰胺可以看成是共聚物，除ISO 1874－1标准有指定代号的以外，要求记写时要同时标记出每一种异构体的代号，如三甲基己二胺［2,2,4-三甲基-1,6-己二胺（ND）和2,4,4-甲基-1,6-己二胺（IND）的混合物］和对苯二甲酸缩聚制备的聚酰胺可记为NDT/NIT。

油脂基聚酰胺的研究紧跟石油基聚酰胺的研究。20世纪50年代，法国Arkema公司利用蓖麻油作为原料，合成了全生物基聚酰胺PA11[3]。木本油脂的水解产物油酸、油酸下游产品壬二酸和二聚酸及桐油衍生产品C_{21}二元酸可用于制备聚酰胺树脂。

一、改性聚酰胺树脂的制备

（一）AB型聚酰胺

AB型聚酰胺由环状内酰胺的开环聚合制备。完全不含水的纯内酰胺，即使长时间加热，也完全不会发生聚合，但在少量水的存在下，在200℃以上的温度下加热时，就能生成AB型尼龙。工业生产中所采用的方法就是把内酰胺和水的混合物加热到约270℃，保持该温度下反应直至平衡。过程中加入开环催化剂（如氨基己酸或羧酸铵）和链终止剂等，以控制反应速率、分子量和端基等。涉及的主要反应有：a.内酰胺水解为氨基酸的开环反应［如式（8-7-3）所示］；b.端羧基和端氨基反应消去水的缩合反应［如式（8-7-4）所示］；c.内酰胺分子直接加到增长的高分子链末端的加成聚合反应［如式（8-7-5）所示］。

$$\overline{\mathrm{CORNH}} \rightleftharpoons \mathrm{H_2NRCOOH} \tag{8-7-3}$$

$$\mathrm{2H_2NRCOON} \rightleftharpoons \mathrm{H_2NRCONHRCOOH + H_2O} \tag{8-7-4}$$

$$\overline{\mathrm{CORNH}} + \mathrm{H_2NRCOOH} \rightleftharpoons \mathrm{H_2NRCONHRCOOH} \tag{8-7-5}$$

1. 直链型聚酰胺

AB型聚酰胺主要通过原料得到氨基酸，经缩聚制得聚酰胺。以油脂为原料生产的AB型聚酰胺中，最成熟的是PA11。最早产业化的生物基PA11是以蓖麻油为原料，经过醇解、高温裂解、水解、溴化、氨解等步骤制成ω-十一氨基酸，如图8-7-1所示。ω-十一氨基酸和水制成一定比例的浆料，加入酸作为催化剂，加热至ω-十一氨基酸的熔点，缩聚制得PA11。所得PA11具有优异的性能［弹性模量≈900MPa，熔点（T_m）≈189℃］，是基于化石资源的PA12的直接竞争者（弹性模量≈1000MPa，T_m≈178℃）。

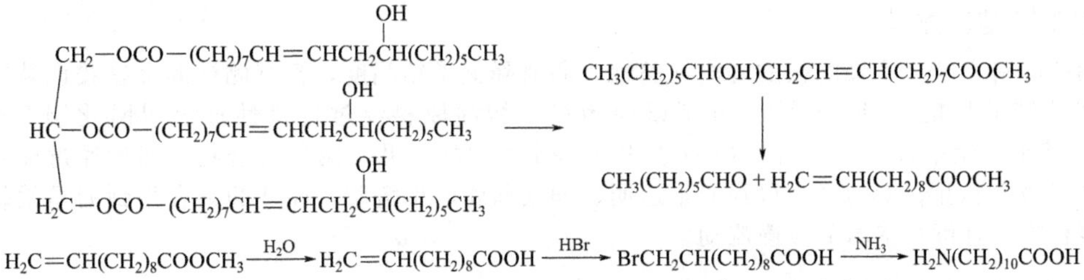

$$\begin{array}{l} \mathrm{CH_2{-}OCO{-}(CH_2)_7CH{=}CHCH_2CH(OH)(CH_2)_5CH_3} \\ \mathrm{HC{-}OCO{-}(CH_2)_7CH{=}CHCH_2CH(OH)(CH_2)_5CH_3} \\ \mathrm{H_2C{-}OCO{-}(CH_2)_7CH{=}CHCH_2CH(OH)(CH_2)_5CH_3} \end{array} \longrightarrow \mathrm{CH_3(CH_2)_5CH(OH)CH_2CH{=}CH(CH_2)_7COOCH_3} \longrightarrow \mathrm{CH_3(CH_2)_5CHO + H_2C{=}CH(CH_2)_8COOCH_3}$$

$$\mathrm{H_2C{=}CH(CH_2)_8COOCH_3} \xrightarrow{\mathrm{H_2O}} \mathrm{H_2C{=}CH(CH_2)_8COOH} \xrightarrow{\mathrm{HBr}} \mathrm{BrCH_2CH(CH_2)_8COOH} \xrightarrow{\mathrm{NH_3}} \mathrm{H_2N(CH_2)_{10}COOH}$$

图8-7-1　由蓖麻油制备ω-十一氨基酸的合成路线

Mudiyanselage等[4]以油酸为原料，先将其转化为烯基酰胺，再将其经酯交换反应生成不饱和内酰胺，然后通过催化加氢制备三种饱和的内酰胺，分别为十一内酰胺、十二内酰胺和十三内酰胺，这三种内酰胺可分别作为合成PA11、PA12和PA13的单体。合成路线如图8-7-2所示。该方法只需要三步，缩短了聚酰胺单体的合成步骤，提高了效率并节约了能源。

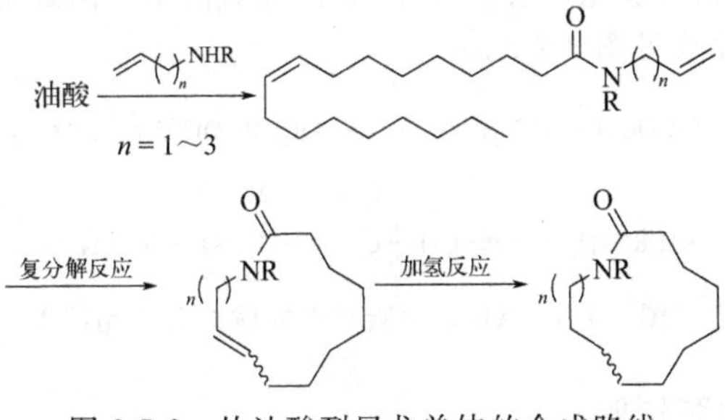

图8-7-2　从油酸到尼龙单体的合成路线

Jean-luc等[5]利用不饱和脂肪酸经过裂解、腈化、丙烯酸酯酯交换、加氢等过程，制得C_{11}、C_{12}ω-氨基酸和氨基酸酯。Meier等[6]以脂肪酸衍生的氨基甲酸苄酯作为起始剂用于与甲基丙烯酸酯的交叉复分解反应，以TBD（1,5,7-Triazabicyclo［4.4.0］dec-5-ene）作为催化剂进行催化性Lossen重排。值得注意的是，催化剂可循环使用五次，从而提高了催化剂的利用效率，并且为加氢甲酰化可能提供一种完全催化的途径，产生较少的副产物/废物。另外，可再生使用苯甲醇和二苄基氨基甲酸酯以可持续的方式进行Lossen重排，使用Kugelrohr蒸馏设备允许简单有效地通过蒸馏回收苄醇和二苄基氨基甲酸酯。Ayorinde 等[7]通过斑鸠菊油的皂化和重结晶得到斑鸠菊酸，再将其氢化、氧化、肟化得到中间产物十二烷酸肟。十二烷酸肟经催化还原制得 12-氨基十二烷酸，也可经过贝克曼重排、霍夫曼降解和水解制得 11-氨基十一烷酸，分别作为聚酰胺 PA11 和 PA12 的单体。与蓖麻油制备 PA11 相比，该方法避免了高温降解步骤，进一步降低了碳排放。

虽然斑鸠菊酸、油酸以及其他的不饱和脂肪酸都可以用来制备 PA11，但工业化生产中仍然以蓖麻油作原料制备 PA11 为主。PA11 的吸水率低、易加工等特点使其获得了广泛的应用，在使用过程中对其进行增韧、增强、提高耐热性等也得到了研究者的关注。

PA9、PA6、PA4 等 AB 型生物基聚酰胺品种也见诸报道。Jean-luc[8]报道了以不饱和脂肪酸经过复分解反应和氧化反应制备 9-氨基酸，聚合得到 PA9 的方法。可再生 PA6 的制备途径是利用高度不饱和脂肪酸衍生物（即来自含有大量亚油酸的植物油，如亚麻籽油）有效的烯烃自身复分解制备 1,4-环己二烯单体，再转化为己内酰胺和其衍生物，最后开环聚合[9]。Jean-luc[10]利用单一的不饱和天然脂肪酸经过发酵、醛化、氨化等步骤制备 PA4～PA11、PA13 和 PA15 系列 AB 尼龙。

另外，文献也报道了用油脂及其衍生物改性线性 AB 型聚酰胺来改善其性能。Naoko Yamano 等[11]用长链脂肪酸修饰 PA4 的末端基团，用一系列不同链长的酰氯化合物来改性 PA4，并用于生物降解试验，实验表明 PA4 的生物降解性可以通过聚合物端基的分子设计来控制，PA4 与脂肪酸官能化 PA4 的混合降低了其生物降解性。根据 PA4 表面上的接触角测量结果，表明生物降解性与聚合物的亲水性相关。

2. 支链型聚酰胺

侧链的引入破坏了聚酰胺的链段规整性，同时降低了结晶度，含有侧链的聚酰胺也被期望具有一些特殊的性能。Miller 等[12]分别以油腈和油酸为原料经过选择性加氢甲酰化制备得到 9（10)-羧基十八烷基胺（Ⅰ）和 9（10)-氨基甲基十八烷酸（Ⅱ）两种化合物，然后通过聚合反应制得共聚物Ⅰ和Ⅱ。Ⅰ的聚合得到的是透明、偏硬而脆的聚酰胺，而Ⅱ的聚合得到的是柔软的橡胶状聚合物，且可在室温下缓慢流动。

（二）AABB 型聚酰胺

将二元胺和二元酸进行缩聚，可获得 AABB 型尼龙。二元酸的中间体通常为结晶粉末，而二元胺在室温下是液体或难以处理的固体和半固体。把二元酸和二元胺配制成离子盐的水溶液，就很容易处理。随着二元酸和二元胺链长的增加，盐的溶解度下降。盐溶液的 pH 值是控制化学反应计量的简单方法。等价 pH 相当于成分的物质的量之比为 1∶1，近似地等于 $(\lg K_B - \lg K_w - \lg K_A)/2$，式中 K_w 是水的离解常数，K_A 和 K_B 是酸和碱的第二离解常数。涉及的主要反应有中和成盐和缩聚反应，合成路线见图 8-7-3。

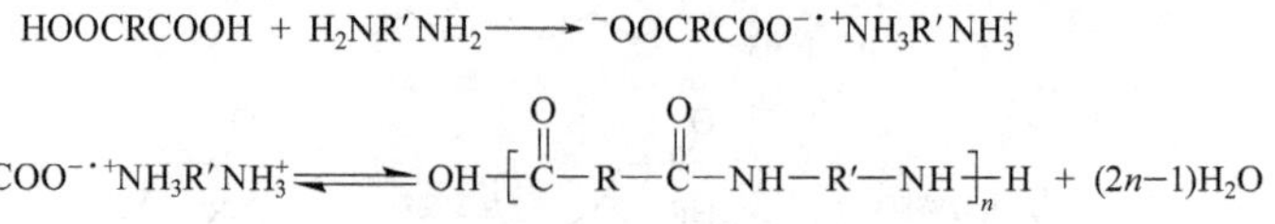

$$\mathrm{HOOCRCOOH + H_2NR'NH_2 \longrightarrow {}^{-}OOCRCOO^{-}\cdot{}^{+}NH_3R'NH_3^{+}}$$

$$n\,\mathrm{{}^{-}OOCRCOO^{-}\cdot{}^{+}NH_3R'NH_3^{+} \rightleftharpoons OH\!\left[\!-\overset{\displaystyle O}{\overset{\|}{C}}-R-\overset{\displaystyle O}{\overset{\|}{C}}-NH-R'-NH\!-\right]_{n}\!H + (2n-1)H_2O}$$

图 8-7-3　AB 型油脂基聚酰胺的合成路线

1. 基于二聚酸的聚酰胺树脂

传统的二聚脂肪酸（简称二聚酸）的合成工艺是以妥尔油脂肪酸或植物油脂肪酸（主要含十八碳不饱和脂肪酸）为原料，在金属盐催化及活性白土助催化作用下高温聚合所得。生成物经进一步地分离提纯（如使用真空蒸馏、分子蒸馏等技术），最终得到一定纯度的二聚酸产物，其中含有少量的三聚酸和未反应的单体酸。二聚酸分子中含有羧基和双键，可以发生多种化学反应，如氢化、磺化、皂化、酯化、乙氧基化、氨化等，因此二聚酸在化学工业中的应用十分广泛。然而二聚酸自 20 世纪 40 年代问世以来最主要的用途还是合成聚酰胺树脂。聚酰胺树脂有非反应型

（无氨基功能团）和反应型（含氨基功能团）两大类[13]。

非反应型聚酰胺树脂由二聚酸与各种二元胺（包括脂肪族、芳香族及杂环二胺）或多元胺的缩合反应制得，改变原料的类型及反应配比，可得到性质范围很广的各种聚酰胺树脂。反应型聚酰胺树脂是由二聚酸和多元胺（如二亚乙基三胺、三亚乙基四胺、四亚乙基五胺等）反应制得的。

夏建陵等[14]通过熔融缩聚法用二聚酸和异弗尔酮二胺（IPDA）等单体合成了一系列油墨用聚酰胺树脂，见图 8-7-4。制备的聚酰胺具有较高的邵氏硬度和剪切强度，其 20% 正丙醇溶液的冻点达到−35℃，具有良好的抗冻性。Chen 等[15]以二聚酸、癸二酸、乙二胺和哌嗪为原料，制备了一种新型 PA 热熔胶，其软化点温度为 107℃，玻璃化转变温度为−14℃。黄赤[16]以二聚酸与四乙烯五胺熔融缩聚合成了低黏度聚酰胺树脂，所得产物低分子聚酰胺树脂的胺值为 702mg KOH/g，黏度（25℃）为 11800mPa·s，可用作环氧树脂固化剂。司南等[17]以癸二酸和二聚酸与多元胺共聚缩合制备含癸二酰胺的共聚酰胺固化剂，当癸二酸的加入量为环氧树脂的 20%时，固化体系的热分解温度为 330.0～362.0℃。

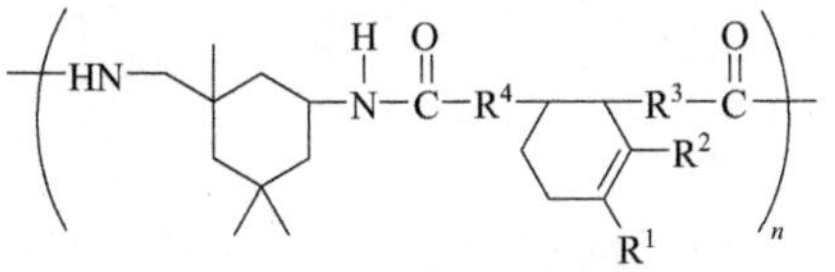

二聚脂肪酸和异弗尔酮二胺合成的聚酰胺树脂1009I

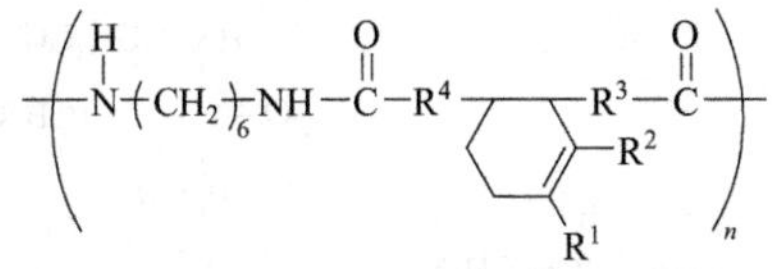

二聚脂肪酸和己二胺合成的聚酰胺树脂1009H

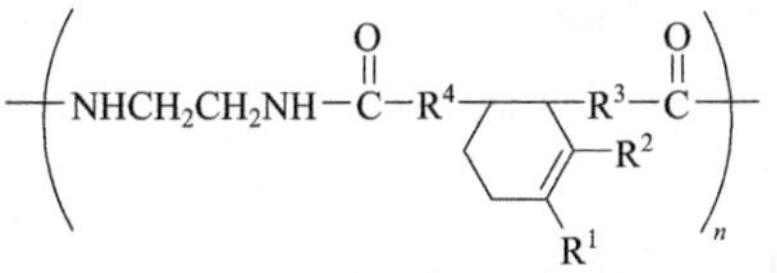

二聚脂肪酸和乙二胺合成的聚酰胺树脂1009E

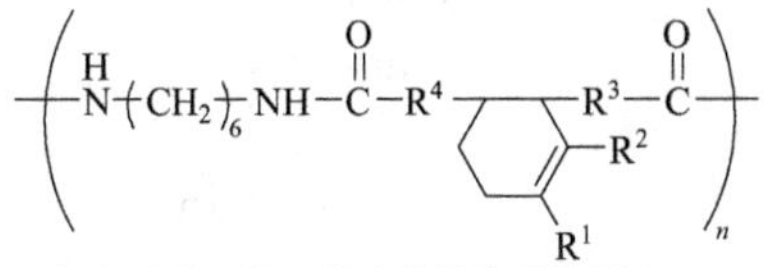

二聚脂肪酸和己二胺合成的聚酰胺树脂1007H

$$R^1 + R^2 + R^3 + R^4 = 28C$$

图 8-7-4 二聚酸和异弗尔酮二胺（IPDA）等单体合成的一系列油墨用聚酰胺树脂的结构

2. 基于二元酸的聚酰胺树脂

壬二酸是油酸的氧化裂解产物，目前已实现产业化。陶磊[18]以壬二酸为单体，分别与不同烷基链长的己二胺、癸二胺、十二碳二胺（1,12-二氨基十二烷）先经单体成盐反应再经缩聚反应合成了聚壬二酰己二胺（PA69）、聚壬二酰癸二胺（PA109）、聚壬二酰十二二胺（PA129）三种聚酰胺树脂。Nieschlag 等[19]利用植物油提取的芥酸（1,13-十三碳二酸）为原料，经过腈化、氨化制得 α,ω-十三碳二胺，成盐后熔融聚合得到 PA1313，与 PA11 和 PA12 相比，PA1313 具有较低密度、低熔点、低吸水率等特点。由芥酸生产 PA1313，聚合物的产率可达到 96%。

传统的二聚酸制备的聚酰胺固化剂与普通双酚 A 型环氧树脂的固化产物热变形温度较低的弊端逐渐显现，极大地限制了聚酰胺固化剂的应用范围和使用价值。因此，对聚酰胺固化剂提出新的要求，即要提高其固化产物的耐热性和坚韧性。目前的研究工作主要集中在二元酸原料方面，通过缩短二元酸的碳链长度来提高聚酰胺固化剂与环氧树脂的交联密度，从而在保证原有体系韧性的前提下提高固化产物的耐热性。

桐油的主要成分是桐油酸甘油三酯，桐油分子结构中具有共轭双键、羧基等官能团，能发生 Diels-Alder 反应、Friedel-Crafts 反应、氧化聚合、自由基聚合、酰胺化和酯化等多种化学反应。黄坤等[20,21]以桐油为原料，利用桐酸甲酯和丙烯酸进行 Diels-Alder 反应，合成一种桐油基 C_{21} 二元酸单甲酯，以此原料和多胺缩聚制备反应型聚酰胺环氧树脂固化剂，见图 8-7-5。夏建陵等[22]以桐油为原料，经甲醇醇解得桐酸甲酯，再与顺丁烯二酸酐进行加成反应，生成桐马酸酐，最后与三种胺进行酰胺化反应，合成三种桐马聚酰胺固化剂，固化产物的热分解温度分别为 267℃、261℃、255℃，玻璃化温度分别为 27.8℃、72.2℃、61.3℃。

杨小华[13]以工业脂肪酸和可再生资源松香为原料，经 Diels-Alder 加成反应，合成了松香/油

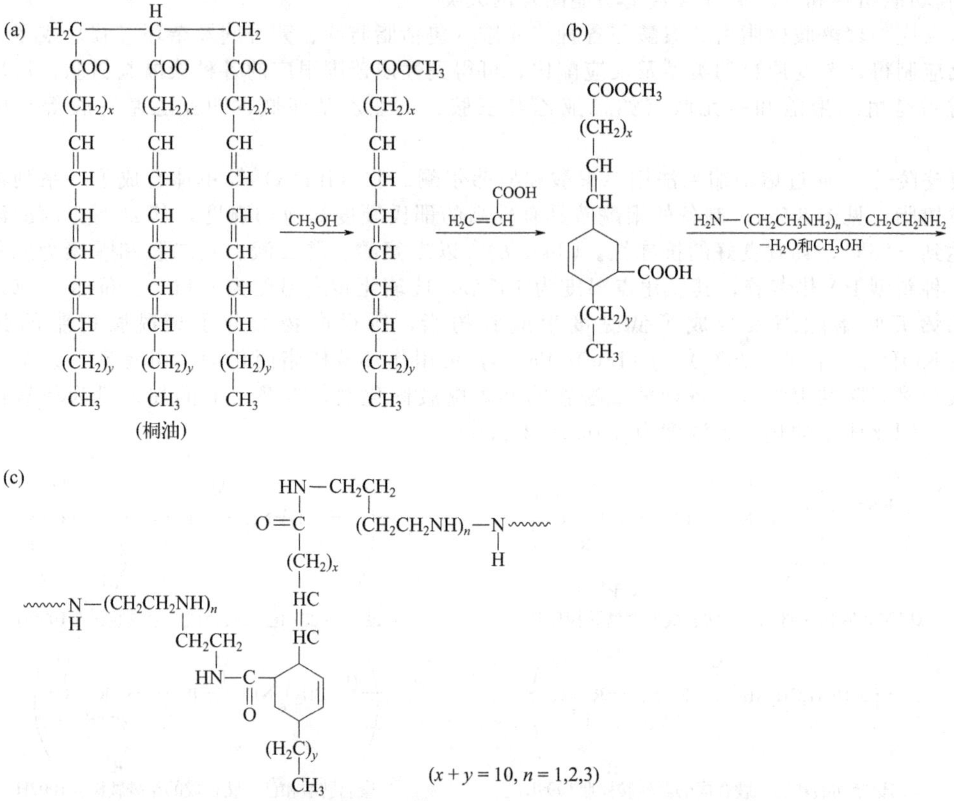

图 8-7-5　以桐油为原料的聚酰胺环氧树脂固化剂合成路线

脂基二元酸，分别与二乙烯三胺、三乙烯四胺、四乙烯五胺进行酰胺化反应，合成三种胺值不同的聚酰胺固化剂。利用该类聚酰胺固化剂固化的产物的拉伸剪切强度、拉伸强度及模量、弯曲强度及模量、压缩强度、硬度均得到提高。曾益坤等[23]以棉籽油皂脚为原料，经皂化、酸解及蒸馏得到富含亚油酸的脂肪酸，亚油酸经共轭化后和丙烯酸可发生 Diels-Alder 反应合成 C_{21} 二元酸。Vijayalakshmi 等[24]以脱水蓖麻油脂肪酸制备的 C_{21} 二元酸为原料，与不同的多胺反应合成的聚酰胺胺值范围为 310～389mg/g，与 C_{36} 二聚酸制备的聚酰胺固化剂相比，其与环氧树脂等当量固化后具有较好的粘接性能和硬度，以及优异的抗拉强度。

二、改性聚酰胺树脂的应用

从植物油中获得合适的单体以及衍生物，并将其应用于生物基聚酰胺领域，不仅可以缓解使用石油资源带来的环境问题，并且可以赋予聚酰胺新的性能。油脂生产的全生物基 PA11 已广泛应用于汽车行业、电子电器、耐压管道、运动器械、医药和食品包装、水处理等领域。由壬二酸制备的聚酰胺树脂适用于食品包装、电线涂料等，或应用在汽车和电子行业。非反应型聚酰胺树脂主要用于高速胶版印刷油墨中，此类聚酰胺树脂配制的油墨具有高光泽、粘接性能好、醇稀释性优良、胶凝性低、快干及低气味性等性能，作为热熔胶广泛用于制鞋、制罐、包装、书籍装订、织物粘连及黏结电缆套。其他用途包括制备触变型涂料、民用水基胶、织物抗静电剂、透明蜡烛及洗涤剂等。

由于聚酰胺树脂分子中含有活泼的伯胺基和仲胺基，能与多种官能团发生反应，在工业应用上主要作为环氧树脂或酚醛树脂的固化剂，具有无毒、使用配比随意性大、能在常温下交联固化等优点，固化产物具有极好的黏结性、挠曲性、韧性、抗腐蚀性及耐水性，可制成涂料、黏结剂、注型物、层压板等产品。低熔点 PA 由于其分子链中含有极性基团，对许多极性材料具有很好的黏结性能，且熔融范围窄、软化点高、固化快、耐有机溶剂干洗及在使用过程中不会污染环境等，因此在热熔胶、非织造布、工程塑料等领域得到了广泛的应用[25]。

聚酰胺因其结构中较长的脂肪酸碳链和氨基，可使固化产物具有优异的韧性、粘接力和耐水性，配料比例要求不严格，适用期长，施工性能较好，基本上无挥发物，毒性小，固化体系收缩率低，稳定性好等优点。Jian 等[26]以来源于蓖麻油的癸二酸和癸二胺制备了二羧基封端的聚酰胺 1010，并将其用于固化环氧大豆油，以获得全生物基高性能环氧树脂。研究结果表明环氧大豆油的固化速率随着聚酰胺 1010 链段的增长而降低。随着聚酰胺 1010 链段的增长，热固性环氧树脂的交联密度降低，结晶度增加，显著提高了热固性环氧树脂的拉伸强度、弹性模量与断裂伸长率。牛古丹等[27]用亚油酸二聚体和精制妥尔油的混酸合成低分子聚酰胺固化剂，当精制妥尔油含量为 20%时，与环氧树脂固化后的冲击强度和拉伸强度优于市售的聚酰胺固化剂 651 以及不加妥尔油的低分子聚酰胺固化剂。

第二节　木本油脂改性不饱和聚酯树脂

不饱和聚酯是指由不饱和二元酸（酐）、饱和二元酸（酐）和二元醇经缩聚而成的线性聚酯，合成路线如图 8-7-6 所示。

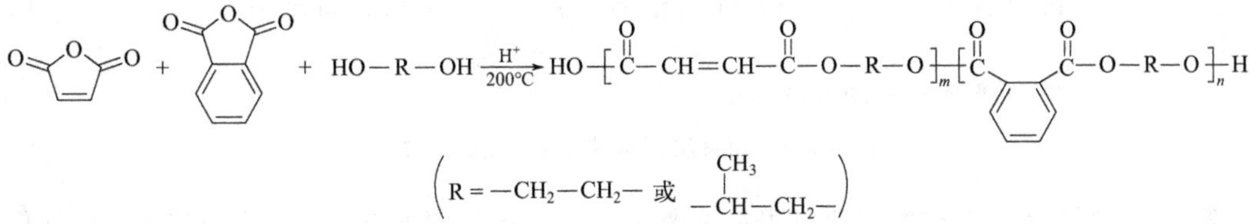

$$\text{(马来酸酐)} + \text{(邻苯二甲酸酐)} + HO-R-OH \xrightarrow[200^\circ C]{H^+} HO\!\left[\overset{O}{\overset{\|}{C}}-CH=CH-\overset{O}{\overset{\|}{C}}-O-R-O\right]_m\!\left[\overset{O}{\overset{\|}{C}}-C_6H_4-\overset{O}{\overset{\|}{C}}-O-R-O\right]_n\!H$$

$$\left(R=-CH_2-CH_2-\ \text{或}\ -\underset{}{\overset{CH_3}{\overset{|}{C}H}}-CH_2-\right)$$

图 8-7-6　不饱和聚酯的缩聚法合成路线

不饱和聚酯经含有双键的乙烯基单体（如苯乙烯）稀释后可制得不饱和聚酯树脂（unsaturated polyester resin，UPR）。在引发剂和促进剂的作用下，该树脂可发生共聚反应生成三维立体结构，形成不溶不熔的热固性塑料。UPR 具有优良的力学性能、电学性能和耐化学性能，原料易得，加工工艺简便，实用价值高，因此可作为模塑料、涂料、油墨等材料的主要成分，广泛应用于建筑、交通运输、造船工业、电器工业、化工防腐、娱乐工具、工艺雕塑、文体用品、家居用品等工业和生活领域。

利用油脂制备 UPR，不但有利于提升油脂资源的附加值，拓宽其应用范围，更可促进 UPR 行业的可持续发展。

一、改性不饱和聚酯树脂的制备

（一）缩聚法

缩聚法是制备不饱和聚酯树脂的传统方法。由于油脂结构中一般缺乏羧基或羟基官能团，因此，首先需要将其转化成醇或酸，作为合成 UPR 的原料之一。

1. 油脂转化为醇类化合物制备不饱和聚酯树脂

油脂在催化剂作用下可以与多元醇发生醇解反应[28]，其反应如图 8-7-7 所示。

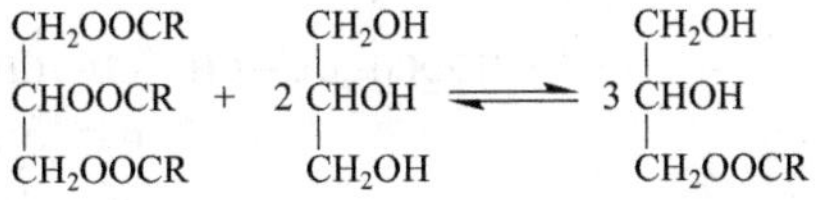

$$\begin{array}{l}CH_2OOCR\\ |\\ CHOOCR\\ |\\ CH_2OOCR\end{array} + 2\begin{array}{l}CH_2OH\\ |\\ CHOH\\ |\\ CH_2OH\end{array} \rightleftharpoons 3\begin{array}{l}CH_2OH\\ |\\ CHOH\\ |\\ CH_2OOCR\end{array}$$

图 8-7-7　油脂醇解制备单甘脂

通过控制醇油原料配比、催化剂、反应温度、反应时间等实验条件，可以得到以二元醇为主的反应物。另外，油脂还可以发生氨解反应，生成二元醇类化合物，其反应如图 8-7-8 所示。该反应比醇解反应更为完全，得到二醇结构的含量更高。

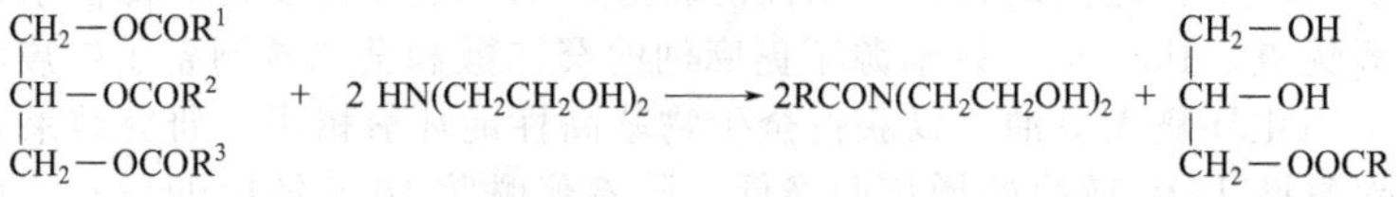

$$\begin{array}{l} CH_2-OCOR^1 \\ | \\ CH-OCOR^2 \\ | \\ CH_2-OCOR^3 \end{array} + 2\,HN(CH_2CH_2OH)_2 \longrightarrow 2RCON(CH_2CH_2OH)_2 + \begin{array}{l} CH_2-OH \\ | \\ CH-OH \\ | \\ CH_2-OOCR \end{array}$$

图 8-7-8 油脂氨解制备单甘酯

利用上述反应的产物完全或部分替代石油基二元醇，可与顺酐、苯酐等发生缩聚反应，从而制得不饱和聚酯，其反应如图 8-7-9 所示。

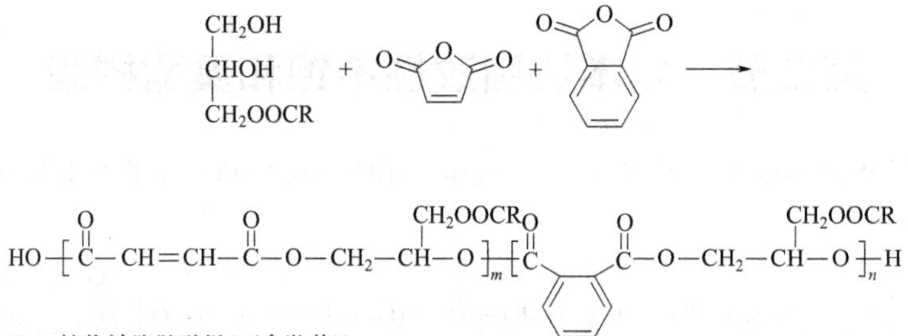

$$\begin{array}{l} CH_2OH \\ | \\ CHOH \\ | \\ CH_2OOCR \end{array} + (\text{顺酐}) + (\text{苯酐}) \longrightarrow$$

$$HO\!\left[\overset{O}{\overset{\|}{C}}-CH=CH-\overset{O}{\overset{\|}{C}}-O-CH_2-\overset{CH_2OOCR}{\overset{|}{CH}}-O\right]_m\!\left[\overset{O}{\overset{\|}{C}}-C_6H_4-\overset{O}{\overset{\|}{C}}-O-CH_2-\overset{CH_2OOCR}{\overset{|}{CH}}-O\right]_n\!H$$

[R = 植物油脂肪酸链(不含羧基)]

图 8-7-9 缩聚法制备油脂基不饱和聚酯

亚麻籽油制备不饱和聚酯的原料用量见表 8-7-1，合成步骤如下：在装有搅拌器、氮气保护装置、回流装置的四口烧瓶中，按配方加入亚麻仁油、二乙醇胺，在氮气保护下升温至 160℃，恒温反应 2h，胺化完全后，产物能以任何比例与乙醇混溶。降温至 150℃，加入丙二醇、顺酐和苯酐，升温至 160℃，保温反应 1h，改为蒸馏分水装置，逐步升温至 200℃，反应约 4h。降温至 180℃，加入氢醌，搅拌半小时后再降温至 110℃，加入 35%（质量分数）的苯乙烯混合制得。

表 8-7-1 亚麻籽油制备不饱和聚酯的原料用量

原料	亚麻籽油	苯酐	二乙醇胺	丙二醇	马来酸酐
用量/g	40	30	10.5	57	59

赵亮等[29]将大豆油、蓖麻油、亚麻油等分别与丙三醇反应，生成植物油单甘酯，再利用该单甘酯同丙二醇、顺酐和苯酐等发生缩聚反应，生成了新型的植物油基 UPR。当植物油单甘酯对石油基丙二醇的替代量为 20%时，植物油基 UPR 的拉伸强度为 9.6～26.5MPa，弯曲强度为 15.1～42.6MPa，弯曲弹性模量为 0.40～0.94GPa。

2. 油脂转化为多元酸制备不饱和聚酯树脂

利用马来酸酐对不饱和的甘油三酯或脂肪酸进行改性，可制得多元酸，其反应如图 8-7-10 所示。

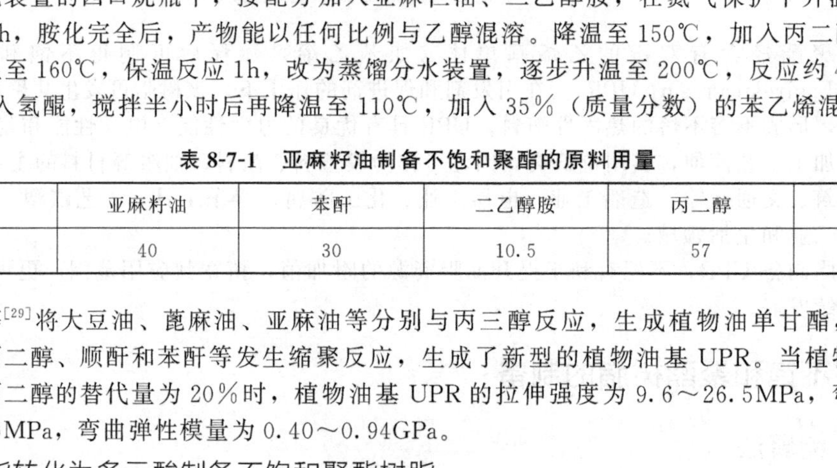

$$HOOC(H_2C)_6-CH=CH-CH_2-CH=CH-(CH_2)_5CH_3 + (\text{马来酸酐})$$

$$\xrightarrow{\triangle} HOOC(H_2C)_6-CH=CH-\underset{\begin{array}{c}|\\ H_2C-CH \\ \text{(酸酐环)}\end{array}}{CH}-CH=CH-(CH_2)_5CH_3$$

图 8-7-10 脂肪酸与马来酸酐反应制备多元羧酸

桐油制备不饱和树脂的原料见表 8-7-2，合成步骤如下。

（1）第一步　在装有自动搅拌器、温度计、球形冷凝管的四口烧瓶中加入桐油与部分顺酐，逐渐升温至 80～90℃，保温反应 2h，当温度有所下降时，再逐步升温，最高温度可达 170～180℃，反应 2h 后，降温至约 100℃。

（2）第二步　再加入顺酐、苯酐、二元醇、催化剂等，并将氮气导管接入四口烧瓶中，通氮气，再升温至 160℃，保温反应 1.5h。待保温时间到达后逐步升温至（200±2)℃，同时升高分馏柱的温度至（100±2)℃进行保温反应，当酸值降至一定值时，停止加热，在继续通氮气和搅拌的情况下让其冷却到 120℃后，将聚酯倒入混有对苯二酚的苯乙烯溶液中，并不断搅拌，配成树脂。

通过上述方法，可将一些干性油如桐油、亚麻油等引入 UPR 中，制备气干性 UPR。

表 8-7-2　桐油制备不饱和聚酯的原料用量

原料	桐油	苯酐	乙二醇	马来酸酐
用量/g	104.6	148.1	62.1	59

（二）化学改性法

化学改性法是指利用含有高活性碳碳双键（C═C）的小分子化合物对植物油或其衍生物进行改性（或修饰）的方法，其产物为不饱和酯（unsaturated ester，UE）大分子单体或低聚物。所得单体或低聚物可以像线性的不饱和聚酯一样，与小分子的乙烯基稀释单体共混后快速发生共聚交联。之所以需要化学改性，是因为甘油三酯不饱和脂肪酸链中的 C═C 活性不足，若直接与稀释单体固化交联则比较困难。常见的化学改性法有丙烯酸酯化法、马来酸酯化法等。

1. 丙烯酸酯化法

丙烯酸酯化是指利用丙烯酸类化合物对油脂或其衍生物进行改性，其中常用的丙烯酸类化合物有丙烯酸、甲基丙烯酸、丙烯酸羟乙酯、甲基丙烯酸羟乙酯等。最常见的油脂基丙烯酸酯为环氧丙烯酸酯（epoxidized acrylate，EA），可通过丙烯酸类化合物对环氧油脂开环反应制得，如图 8-7-11 所示。

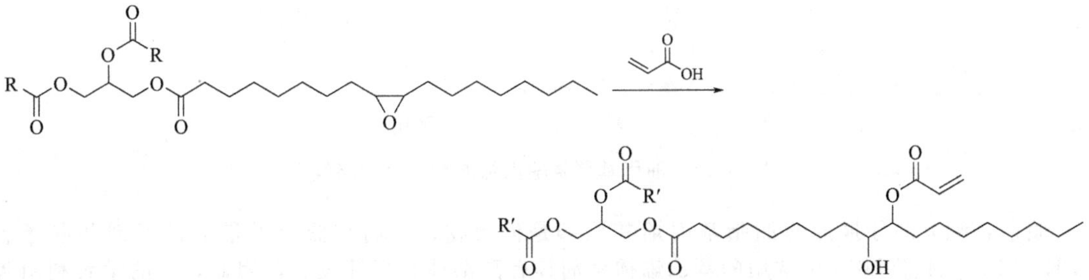

图 8-7-11　油脂基环氧丙烯酸酯的合成路线

环氧橡胶籽油制备橡胶籽油基环氧丙烯酸酯树脂的原料用量见表 8-7-3，合成步骤如下：在装有自动搅拌器、温度计、氮气导管及球形冷凝管的四口烧瓶中加入环氧橡胶籽油，于常压氮气保护下不断搅拌，缓慢搅拌加热至 100℃，然后滴加丙烯酸、三苯基膦催化剂和对甲氧基苯酚阻聚剂的混合液，1h 内滴完，加料完毕后保持反应温度为 110℃，每 1h 取样测定体系的酸值，直至酸值降为 5mg/g 以下，降温，得到橡胶籽油基环氧丙烯酸酯树脂。

表 8-7-3　橡胶籽油制备不饱和聚酯的原料用量

原料	环氧橡胶籽油	丙烯酸	三苯基膦	对甲氧基苯酚
用量/g	93	21.6	1.36	0.136

美国 Wool 及其合作者[30]报道了环氧大豆油丙烯酸酯（acrylated epoxidized soybean oil，AESO）与 40%的苯乙烯共聚后，其拉伸强度与模量分别可达 21MPa 和 1.6GPa，玻璃化转变温度（T_g）可达 65℃。他们还利用多种不同种类和 C=C 官能度的植物油基环氧丙烯酸酯，系统地研究了其与苯乙烯交联固化后的结构性能关系[31]。结果表明，当 AESO 的官能度较低时，树脂的交联密度随官能度的上升而缓慢上升；当其官能度较高时，交联密度的增加则与官能度的增加呈线性关系；树脂的 T_g、拉伸强度与模量等性能均随交联密度的增加而呈线性或指数关系增加。Fu 等[32]研究了不同环氧值的环氧大豆油（epoxidized soybean oil，ESO）所得 AESO 的结构性能影响，结果显示，随着 ESO 中碘值的降低（即环氧值升高），所得树脂（含 30%总重量的苯乙烯）的拉伸强度和冲击强度均增加。

聚氨酯丙烯酸酯（polyurethane acrylate，PUA）也是一类常见的不饱和酯低聚物。油脂基 PUA 可通过羟基化的植物油或其衍生物、含羟基的丙烯酸酯类化合物（如丙烯酸羟乙酯）以及扩链的异氰酸酯之间发生异氰酸酯化制得，如图 8-7-12 所示。其中，植物油上的羟基可以是先天具备的（如蓖麻油），也可通过化学反应（如环氧开环）制得。PUA 在光固化材料中应用较多，而在热固化 UPR 中则很少应用，这可能是由于 PUA 的刚硬性不足。Koprululu 等[33]首先利用甲基丙烯酰氯与叠氮化钠反应，生成了甲基乙烯基异氰酸酯，再利用该异氰酸酯与亚麻油醇解产物反应，获得了新型的植物油基 PUA。所得 PUA 与 33%总重量的苯乙烯共聚固化后，展示了良好的涂膜性能，有望应用于涂料方面。

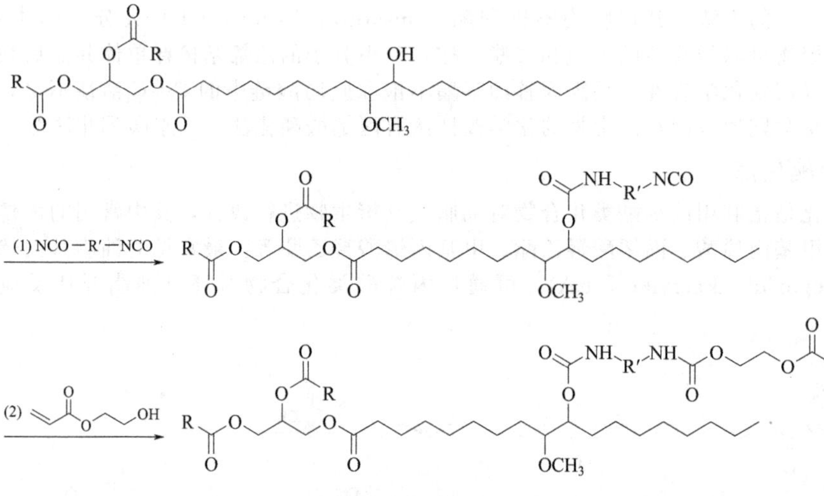

图 8-7-12　油脂基聚氨酯丙烯酸酯的合成路线

目前，绝大部分报道的油脂基丙烯酸酯都是低聚物，它们与低分子量的稀释剂共混形成 UPR。然而，由于 UPR 中常用的苯乙烯稀释剂具有高毒性和高挥发性，因此，有的学者利用脂肪酸制备丙烯酸酯来替代苯乙烯，以降低其对人体和环境造成的不利影响。例如，Palmese 及其合作者[34]利用甲基丙烯酸缩水甘油酯与脂肪酸进行反应，合成了一系列甲基丙烯酸化脂肪酸（methacrylated fatty acid，MFA），如图 8-7-13 所示。该单体价格低廉，挥发性低，且易发生自由基聚合。当利用该单体作为稀释剂与乙烯基酯混合时，其黏度为 700～2000cP；当脂肪酸链的长度由 18 碳缩短至 12 碳时，树脂的 T_g 提升了 20℃，黏度则由约 2500cP 降至约 1000cP。在另一项工作中[35]，他们首先对硬脂酸上的不饱和双键进行溴化，然后与甲基丙烯酸缩水甘油酯反应，获得了溴化的甲基丙烯酸酯化硬脂酸。由于该单体与乙烯基酯共混后，黏度要比苯乙烯作为稀释剂大得多，因此，该单体需与 15%～20%苯乙烯共混后作为混合稀释剂使用，此时树脂具有液体树脂适合加工的黏度以及与石油基乙烯基酯相媲美的模量、T_g 等。

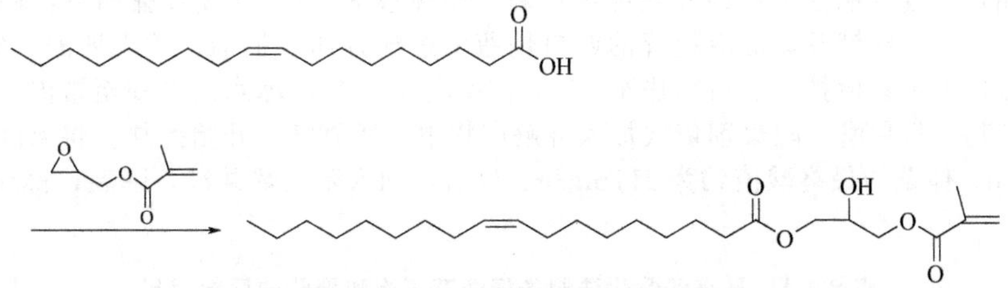

图 8-7-13　甲基丙烯酸酯化脂肪酸的合成

2. 马来酸酯化法

马来酸酯化是指往油脂或其衍生物结构中引入马来酸酯结构的改性方法，其中马来酸酯结构一般由马来酸酐引入。油脂转化为马来酸酯，一般有两条合成路线。第一条合成路线为首先利用多元醇（如丙三醇）对油脂进行醇解，得到油脂基醇解产物，再利用马来酸酐与所得醇解产物反应，生成马来酸半酯，如图 8-7-14 所示。

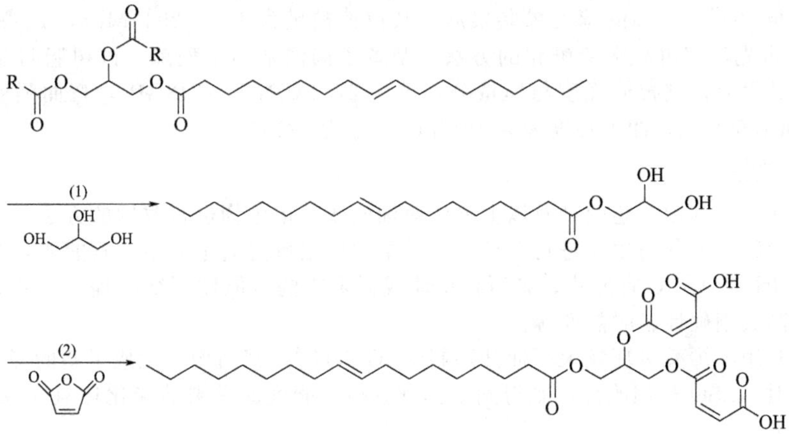

图 8-7-14　油脂醇解制备马来酸酯

第二条合成路线为首先将油脂中的不饱和双键转化成羟基，再马来酸酯化，如图 8-7-15 所示。

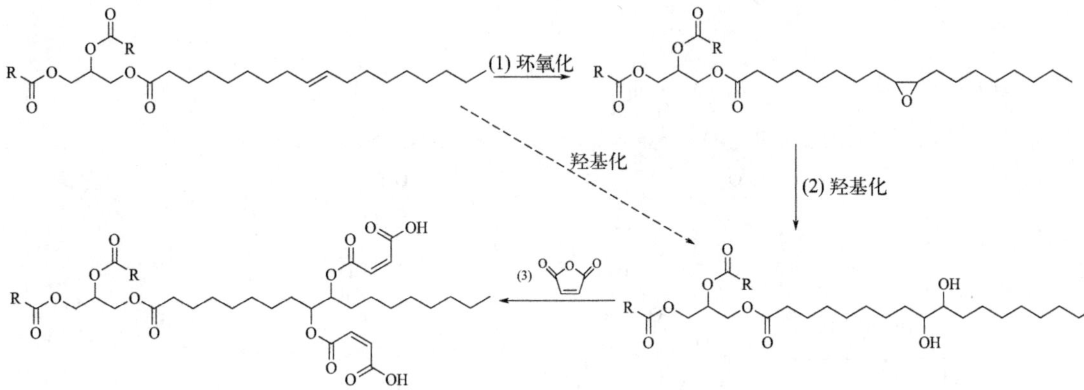

图 8-7-15　油脂双键羟基化制备马来酸酯

总的来说，第一条路线比第二条更简便，且反应过程中无需使用溶剂、无废弃物，因此采用该路线的研究工作更多。

马来酸酯化法制备桐油基不饱和聚酯的原料用量见表 8-7-4，合成步骤如下：往装有自动搅拌器、温度计、氮气导管及球形冷凝管的四口烧瓶中按配方加入桐油、季戊四醇、氢氧化钙等，于常压氮气保护下不断搅拌，然后加热至 220℃，反应 3h，然后冰水浴冷却至常温，得到桐油季戊四醇醇解产物。将顺酐、阻聚剂依次加入醇解产物中，通氮气，开始搅拌。将温度逐渐升至约 95℃，反应 5h。体系的最终酸值约为 211mg/g。最后，加入苯乙烯共混，降温，得到桐油基马来酸酯树脂。

表 8-7-4　马来酸酯化法制备桐油基不饱和聚酯的原料用量

原料	桐油	季戊四醇	马来酸酐	氢氧化钙	对苯二酚	苯乙烯
用量/g	87.2	27.2	78.4	1.14	0.19	98

E. Can 等[36]报道了蓖麻油基马来酸半酯与 33%（质量分数）的苯乙烯共聚固化后，其弯曲强度和模量分别高达 105MPa 和 2.17GPa，T_g 为 149℃，30℃储存模量为 2.94GPa，表面邵氏硬度达 89.3，已经非常接近通用型石油基 UPR 的水平。Echeverri 等[37]报道了利用生物柴油制备过程中废弃的丙三醇对大豆油、蓖麻油等进行醇解，再继续马来酸酐化，得到了植物油基马来酸酯。所得树脂与 10%～50%的苯乙烯共聚后，其拉伸模量为 465～2945MPa，T_g 为 72～152℃。刘承果等[38]通过先醇解再马来酸酐化的方法，制备了桐油基马来酸酯。该树脂与 33%（质量分数）的苯乙烯共聚后，其拉伸强度与模量分别可达 27.4MPa 和 2.43GPa，弯曲强度和模量分别为 47.3MPa 和 1.59GPa，冲击强度为 2.4kJ/m²，T_g 为 121℃。

3. 协同改性法

协同改性法是指利用上述两种及以上方法对油脂或其衍生物进行改性的方法。当利用上述一种改性方法对植物油或其衍生物进行改性时，其结构中很可能会生成新的官能团，若进一步对这些生成的官能团进行 C═C 官能化，则所得单体或低聚物的官能度可继续提高，从而增加材料的交联密度，提高其刚硬性、耐热性等。

例如，当利用丙烯酸对环氧大豆油开环制备 AESO 时，其结构中生成了新的羟基基团；继续利用马来酸酐对 AESO 产物改性，则得到了具有更高官能度的马来酸酯化环氧大豆油丙烯酸酯，如图 8-7-16 所示。

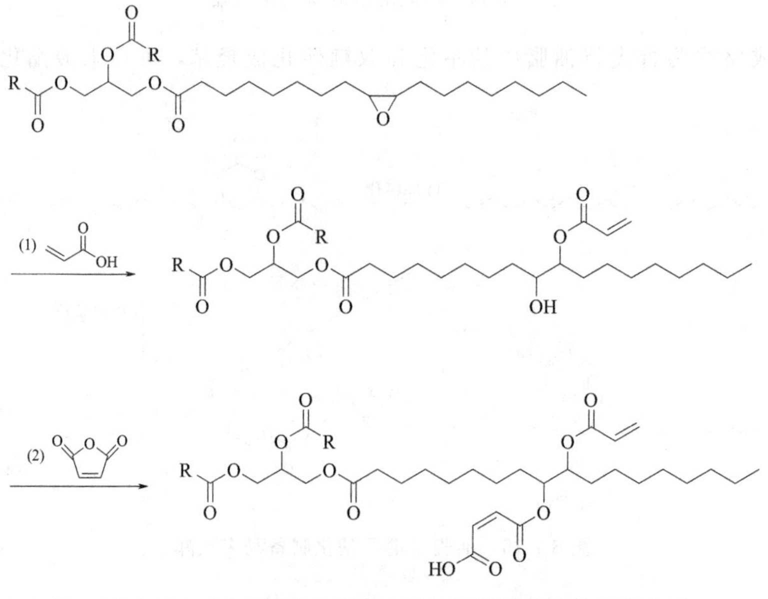

图 8-7-16　马来酸酯化环氧大豆油丙烯酸酯的合成路线

所得马来酸酯化环氧大豆油丙烯酸酯与苯乙烯稀释剂进行自由基共聚固化后，其拉伸强度与模量、T_g 分别可达 44MPa、2.5GPa 和 130℃，该性能与石油基 UPR 相比差距大大缩小[39]。

针对桐油，刘承果等[40]提出了一种先通过马来酸酐化，再丙烯酸酯化的协同改性方法。他们在前期通过季戊四醇醇解、马来酸酐化两步反应制备桐油基马来酸半酯时，发现马来酸酐与醇羟基发生反应的同时，还与桐油脂肪酸链上的共轭三烯结构发生了 Diels-Alder 加成。其中后者作为副反应，不但减少了马来酸酯的数量，也使得原本可参与共聚的桐油共轭三烯结构数目减少。因此，继续利用丙烯酸羟乙酯对 Diels-Alder 加成所形成的酸酐结构进行进一步的开环改性，制得了新型的桐油基不饱和酯，如图 8-7-17 所示。所得树脂与 40%（质量分数）的苯乙烯共聚固化后，其拉伸强度与模量、T_g 分别可达 36.3MPa、1.7GPa 和 127℃。

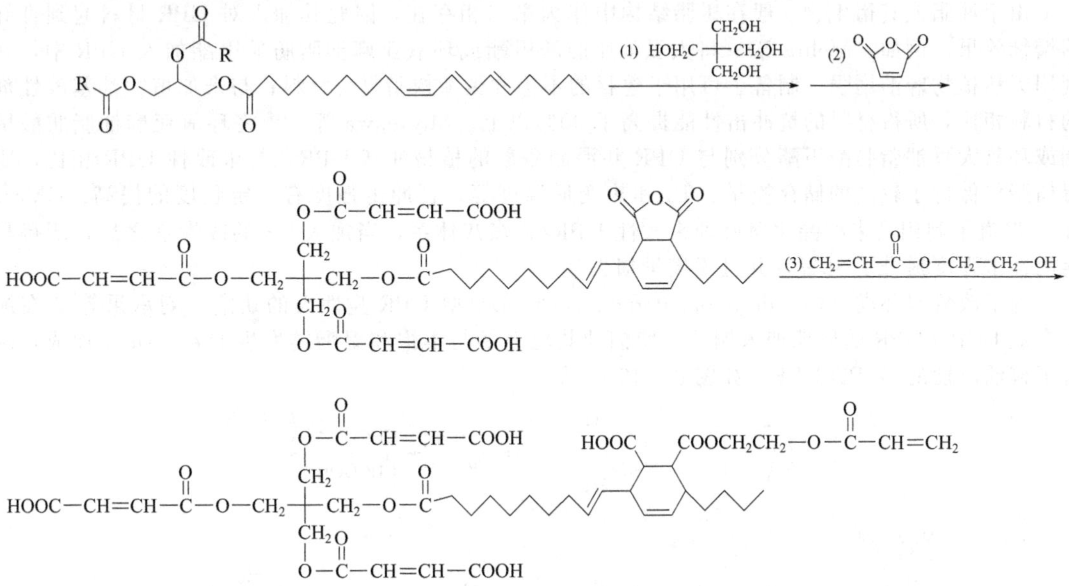
(1) HOH₂C—C(CH₂OH)₃
(2)
(3) CH₂=CH—C(=O)—O—CH₂—CH₂—OH
HOOC—CH=CH—C(=O)—O—CH₂
O—C(=O)—CH=CH—COOH
CH₂—O—C(=O)
HOOC
COOCH₂CH₂—O—C(=O)—CH=CH₂

图 8-7-17　桐油基不饱和共酯的合成路线

（三）直接聚合法

由于许多油脂的甘油三酯中具备酯结构和可聚合的不饱和碳碳双键，因此，广义上来说亦属于不饱和聚酯类，可以与稀释单体直接共聚交联，形成热固性塑料，如图 8-7-18 所示。

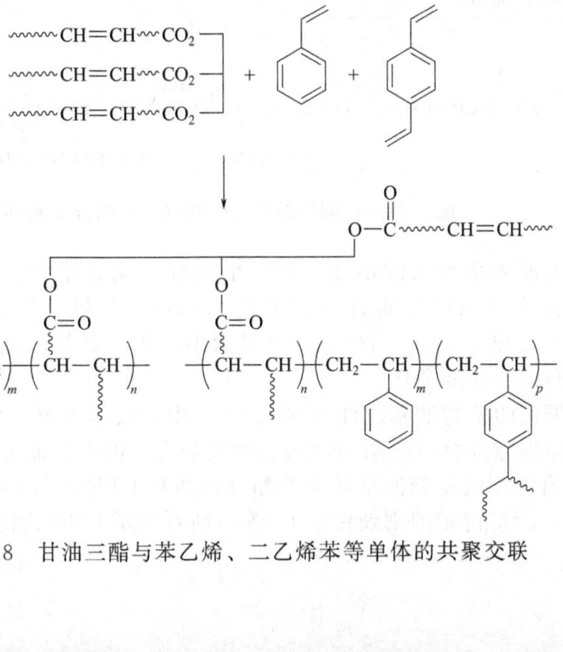
CH=CH〰CO₂
CH=CH〰CO₂
CH=CH〰CO₂
O—C(=O)〰CH=CH〰
C=O
(CH—CH₂)m (CH—CH)n
(CH—CH)n (CH₂—CH)m (CH₂—CH)p

图 8-7-18　甘油三酯与苯乙烯、二乙烯苯等单体的共聚交联

美国 Larock 及其合作者[41]利用桐油与苯乙烯、二乙烯苯等稀释剂单体共聚交联制成热固性塑料。所得热固性材料在常温下呈黄色透明状态，其 T_g 在 $-2\sim116$℃，交联密度在 $1.0\times10^3\sim2.5\times10^4\mathrm{mol/m^3}$，线性热扩散系数在 $2.3\times10^{-4}\sim4.4\times10^{-4}$℃$^{-1}$，压缩模量在 0.02～1.12GPa，压缩强度在 8～144MPa。

（四）物理共混法

将油脂或其衍生物作为添加剂与通用石油基 UPR 共混，可直接制得共混型油脂基 UPR。从性能上来看，由于目前化学法所制备的油脂基 UPR 性能与石油基 UPR 相比仍存在较大的差距，且操作较为烦琐，因此制备共混型油脂基 UPR 成为一种更切实际的选择。

由于油脂或其衍生物一般在树脂结构中作为第二相存在，因此其加入对 UPR 材料起到良好的增韧效果。例如，Mehta 等[42]将大豆油脂肪酸甲酯或环氧亚麻油脂肪酸甲酯加入 UPR 中，并利用天然植物麻油增强，制备了可用于建材的不饱和聚酯树脂复合材料；与未加植物油基改性剂的材料相比，所得材料的抗冲击性能提高了 90%以上。Miyagawa 等[43,44]将环氧亚麻油脂肪酸甲酯或环氧大豆油脂肪酸甲酯分别与 UPR 共混制备新的植物油基 UPR，与未改性 UPR 相比，所得树脂仍保持了较高的储存模量、T_g 和热变形温度等，且冲击强度有一定程度的提高。Ghorui 等[45]报道了利用马来酸酯化蓖麻油来改性 UPR/粉煤灰体系，当加入 5%的改性剂之后，所得材料的冲击强度提升了 52%，并且无模量损失。

为了改善双环戊二烯（dicyclopentadiene，DCPD）型 UPR 脆性大的缺陷，刘承果等[46]在缩聚合成 DCPD-UPR 的后期加入桐油，使桐油共轭三烯与不饱和聚酯链发生 Diels-Alder 加成，制备了桐油改性的 DCPD-UPR，如图 8-7-19 所示。

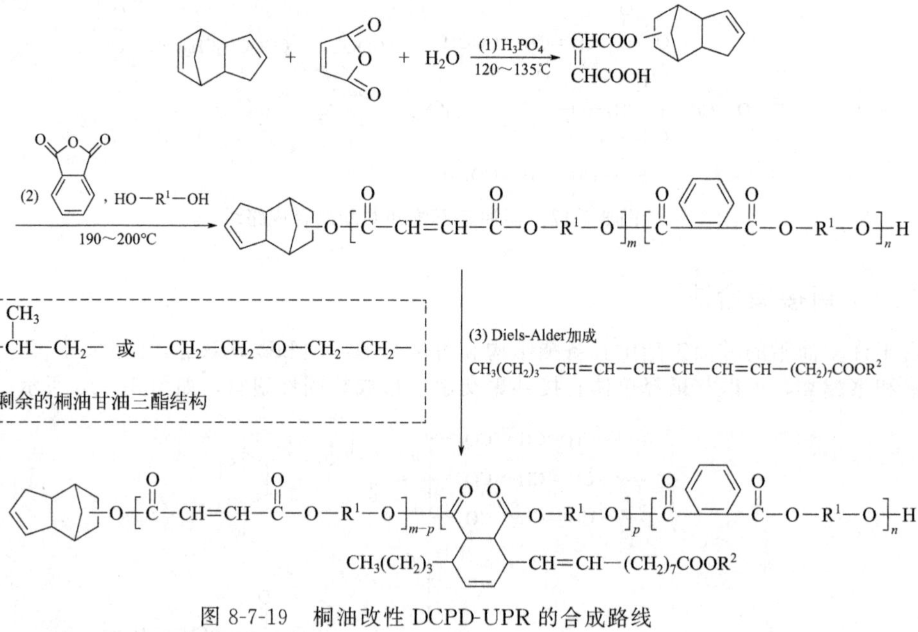

(1) H_3PO_4, 120～135℃

CHCOO / CHCOOH

(2) HO—R¹—OH, 190～200℃

(3) Diels-Alder加成

$CH_3(CH_2)_3$—CH=CH—CH=CH—CH=CH—$(CH_2)_7COOR^2$

R¹ —CH(CH₃)—CH₂— 或 —CH₂—CH₂—O—CH₂—CH₂—

R² 剩余的桐油甘油三酯结构

图 8-7-19　桐油改性 DCPD-UPR 的合成路线

结果表明，随着桐油添加量的增加，树脂的韧性也明显增加。当桐油的加入量为 20%时，所得改性树脂的冲击强度和拉伸断裂分别可达 $9.61\mathrm{kJ/m^2}$ 和 16%，比未改性的双环戊二烯型 UPR 分别提高了 373%和 875%。当桐油的含量为 10%时，改性树脂的刚硬性和韧性达到最佳平衡，桐油基改性树脂综合性能最优。

另外，目前已报道的植物油基改性剂加入 UPR 中后仅作为第二相分散于 UPR 基体中，虽提高了材料的韧性，却也导致材料的刚硬性随着改性剂含量的上升而大幅下降。针对该问题，刘承果等[47]提出利用高官能度的蓖麻油基马来酸酯对石油基 UPR 进行共混，制得蓖麻油基 UPR。加入 20%的改性剂后，所得树脂的刚硬性、T_g 等与纯石油基 UPR 相比并未出现下降，而韧性则得到了增强，因此其综合性能非常接近石油基 UPR。通过分析其微观结构发现，高官能度的蓖麻油基马来酸酯加入后，所得 UPR 材料的交联密度有所升高，且未出现相分离，因此其刚硬性得到了一定的提升。

二、改性不饱和聚酯树脂的应用

1. 模塑料

模塑料是由不饱和聚酯树脂、低收缩添加剂、填料、固化剂、增稠剂、脱模剂和玻璃纤维等组成的一种干片状的预浸料，它具有收缩率低、强度高、成型方便等特点，特别适合工业化大规模生产。早在 1938 年，亨利·福特就利用玻璃纤维增强的大豆油蛋白材料，制造了第一例汽车部件[48]。从目前的研究来看，大部分工作的研究目的也是将油脂基 UPR 作为模塑料使用。例如，雷可德引进了大豆油基树脂，适用于片状模塑料/团状模塑料（SMC/BMC）和拉挤型材。这种低黏度不饱和聚酯树脂是由可再生资源衍生而成的，其用途是作为一种通用模塑树脂用来生产板材，其力学性能和功能类似于 SMC、BMC 和拉挤树脂。其应用范围包括门窗、电器元件、农业用 A 级车身板材和电表箱等。

2. 涂料

涂料是油脂基不饱和聚酯树脂的另一大应用目的。例如，万石官等[49]介绍了油脂改性双环戊二烯型涂料用不饱和聚酯树脂的合成工艺以及调漆性能测试。结果显示，所得树脂具有良好的柔韧性、抗绿化性和透明性等优异性能，基本上能满足中低档家具涂料用树脂的要求。

3. 泡沫塑料

王红娟等[50]以蓖麻油为主要原料，利用其分子中的羟基与马来酸酐反应，合成了马来酸蓖麻油酯（MACO），然后以 MACO 为不饱和树脂基体，苯乙烯（St）为稀释单体，碳酸盐为发泡剂，制备了蓖麻油树脂基泡沫塑料，研究了 MACO/St（质量比）对所制备泡沫塑料压缩性能的影响，并用土埋法考察了其降解性能。结果显示，所制备的泡沫塑料的压缩强度在 15～270kPa 之间，压缩模量在 0.3～6.5MPa 之间。土埋法实验结果表明，所制备的 MACO/St 系列泡沫塑料在自然土埋条件下均可以缓慢降解，随着泡沫体中 MACO 含量的增大，降解速度增加。

4. 原子灰

原子灰，即不饱和聚酯腻子，是由一种聚酯树脂、颜料或填料、助剂等组成的膏状物质，主要应用于汽车车身底层涂装、汽车车身修补以及金属铸造物或高档家具的底层涂装。例如，薛宁等[51]报道利用亚麻油代替价格高昂的己二酸、癸二酸合成原子灰用不饱和聚酯树脂。实验结果表明，该方法有效地降低了不饱和聚酯树脂的成本，而且改性后树脂的气干性、柔韧性都超过市售产品，打磨性、附着力、热稳定性等都达到国家标准。千份下成本核算表明亚麻油改性的树脂成本每吨可以降低 700～900 元。

第三节　木本油脂改性醇酸树脂

醇酸树脂是由多元醇、多元酸和脂肪酸（一元酸）或者植物油通过酯化缩聚反应合成的线性树脂，也叫作一元酸改性的聚酯树脂[52]。从分子结构分析，醇酸树脂可以认为是以多元醇与多元酸反应生成的酯键为主链，以一元酸为侧链的线性树脂。常见醇酸树脂化学反应路线和典型线性醇酸树脂结构见图 8-7-20。

木本植物油是醇酸树脂（涂料）的重要原料，涂料行业习惯上把植物油分子中含 6 个及以上双键的油称为干性油脂，其碘值超过 140mg/g，如桐油和梓油（又叫乌桕籽油或青油）。含有 4～5 个双键的油称为半干性油，其碘值在 125～140mg/g，半干性的木本油脂有橡胶籽油和小桐子油（又叫麻疯树籽油）等[53]。含有 4 个以下双键的油称为不干性油，其碘值小于 125mg/g，比较常见的不干性木本油脂有棕榈油、椰油、茶油、山苍子油和橄榄油等[54]。除此之外，还有比较

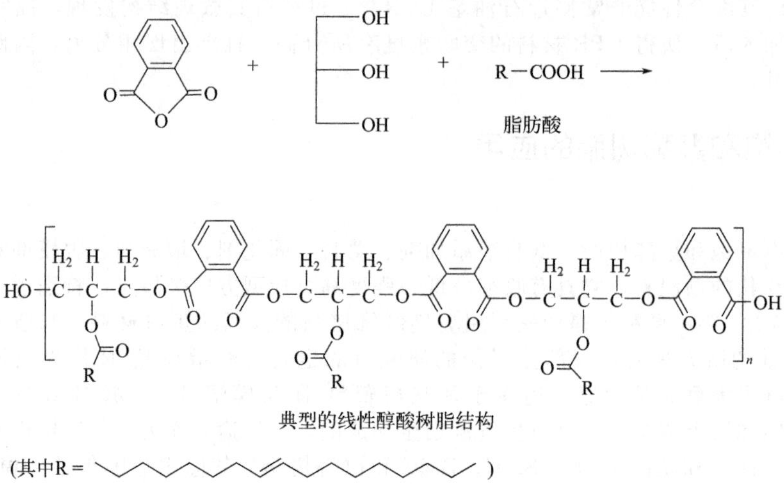

脂肪酸

典型的线性醇酸树脂结构

(其中R =)

图 8-7-20　醇酸树脂的化学反应路线及典型的线性醇酸树脂结构

特殊的林产油脂就是妥尔油，主要为硫酸盐法松木制浆工业的副产品黑液经蒸馏处理后所得的精制油品，主要成分为脂肪酸、松香树脂酸、不皂化物和氧化物，属于复杂混合物。Z. W. 威克斯在《有机涂料科学和技术》一书中引入干性指数的概念：干性指数＝1×亚油酸（%）＋2×亚麻酸（%）。当非共轭油的干性指数大于 70 时即为干性油，如梓油脂肪酸的组成中，亚油酸占 24%，亚麻酸占 55%，其干性指数为 134。在非共轭干性油中，两个双键中的亚甲基，与仅有一个双键相邻的两个亚甲基相比，其反应活性更强。甘油三油酸酯、甘油三亚油酸酯、甘油三亚麻酸酯的反应速率之比为 1∶120∶330。碘值高的油制成的气干性醇酸树脂不仅干燥快，而且硬度高、光泽较强。亚麻酸醇酸树脂干燥快，但易于泛黄。桐油因 80%以上的脂肪酸含“共轭三烯”键，反应很快，不适于单独用来制造醇酸树脂。醇酸树脂在以前主要直接用植物油作原料，现在则多用混合的植物油脂肪酸作原料[55,56]。

一、木本油脂改性醇酸树脂的制备方法

1. 脂肪酸法

脂肪酸法可以直接将多元醇与多元酸、脂肪酸进行酯化反应合成醇酸树脂，避免了复杂的醇解工序。因为脂肪酸对多元醇、苯二甲酸酐可起溶解作用，即酯化是在均相体系中完成的。脂肪酸法包括常规法和高聚物法。其中常规法是将全部反应物同时加入反应釜内，在不断搅拌下升温，在规定温度（200～220℃）下保持酯化，中间不断地定期测定酸值与黏度，至达到规定要求停止加热。将树脂溶解成溶液，然后过滤净化。高聚物法制备醇酸树脂的工艺为：a. 先将全部多元醇、苯二甲酸酐与一部分脂肪酸反应至低酸值，制成高分子量链状部分；b. 然后加入其余量（30%）的脂肪酸，再反应成低酸值树脂。制成的树脂黏度较常规者高，颜色较浅，涂膜干率与耐碱性有所提高。此法对妥尔油酸长油度醇酸树脂改进较多。在醇酸树脂制备的过程中，因为所用脂肪酸不同，有时也有热聚合发生（二聚化）。热聚合反应速率与油（脂肪酸）的种类有关，脂肪酸的聚合温度与其原始油相同，二聚化的发生相当于增加二元酸。桐油聚合非常快，亚麻油中等，豆油及碘值低于豆油的油（脂肪酸）则聚合很少。聚合快的油类、油度短的配方温度要低些，如 200～210℃，生产工艺选溶剂法。

脂肪酸法的优点有：a. 不含甘油，可以制备含有甘油的脂肪酸树脂，也可以制备不含甘油的醇酸树脂；b. 和醇解法相比，工时缩短，脂肪酸法制备的醇酸树脂分子量的分布要窄一些，提高了树脂的性能；c. 生产上可以分步加脂肪酸进行酯化，而用油作原料只能一次全部投入，不能改变；d. 混合脂肪酸由专业的厂商生产，用各种油脚、非食用油，甚至地沟油作原料，扩大了脂肪酸的来源。

脂肪酸法的缺点为：a. 脂肪酸有腐蚀性，需要有耐腐蚀的设备；b. 脂肪酸熔点高，需要有保温装置以保证其处于液体状态；c. 存放期间脂肪酸的颜色易变深。

2. 醇解法

因为植物油在加热的情况下不能溶解甘油和苯二甲酸酐，也形不成均相，所以应采取有效方法改变这种状态使之成为均相，然后再进行化学反应。这种方法就是制造醇酸树脂常用的醇解法。在工艺中首先表现为醇解温度下的均相化，也就是“热透明”，进一步才是完成醇解。应用几种醇之间以及醇解物之间的共溶效应，来促进体系均相化，从而促进醇解。例如，一缩二乙二醇（DEG）本身可以看成介于油脂和甘油之间的溶剂，又易于醇解，在油脂和甘油体系中加入少量的 DEG 可以加快体系的热透明，更快地完成醇解，加入量应根据树脂的性能需要确定。

醇解工序是以油脂为原料制造醇酸树脂中非常重要的步骤，它影响到醇酸树脂的分子结构和分子量分布，目的是制成甘油的不完全脂肪酸酯，主要是甘油一酯，实质上是一个改性的二元醇。用来制造醇酸树脂的油必须经过精制，特别是要经过碱精制以除去蛋白质、磷脂等杂质，还需要洗净残余的碱，以免影响催化剂的颜色。醇解反应发生在油与甘油的混溶相中。油、甘油、催化剂三者之间的比例为 1：（0.2～0.4）：（0.04～0.2）（质量比）。操作工艺为：先把油加入反应釜中，再加入甘油和催化剂，在惰性气体的保护下，加热至 200～250℃。最后将达到一个“平衡点”，游离的甘油与结合的甘油的量不再变化。豆油、亚麻油、梓油、桐油、棕榈油等的分子量都相近，和甘油的混溶度相差不大。椰子油的分子量相对较小，和甘油的混溶度相对大得多。混溶度随着温度的升高而增加，醇解程度与甘油量和反应温度有关。在不加催化剂时，醇解反应即使在高温下也进行得很慢，醇解程度很低，所以醇解反应需要加入催化剂，常用的醇解催化剂有氧化钙、氢氧化钙、环烷酸钙、氧化铅、氢氧化锂和氢氧化钠，其中氢氧化锂是效率较高的催化剂，氧化铅效率较低。在醇解过程中也可能发生醚化反应，致使最终实际出水量大于酯化反应理论出水量。温度对醇解反应也有影响，200℃下反应太慢，260℃下有分解和聚合。

影响醇解反应的外界因素还有：a. 油未精制好，含有脂肪酸等杂质，将消耗催化剂而使醇解缓慢，而且反应程度降低；b. 油与空气中的氧接触发生氧化聚合，颜色变深，不利于醇解反应进行，所以通常需要在惰性气体保护下进行；c. 碘值大的油类，其醇解深度相对较大，甘油一酯的收率较高，这是由于甘油在不饱和度高的油内溶解度较大；d. 在固定的催化剂和固定的温度下，增加甘油量并不能增大醇解反应速率。

醇解程度的测定方法有：a. 甲醇和乙醇容忍度测定法。具体步骤是取 1g（1mL）醇解物，在 25℃下以无水甲醇或 95%的乙醇（也可规定其他浓度）滴定至浑浊不消失为终点。滴定速度会影响滴定结果，慢滴定有利于得到偏高一些的数值。此法是目前生产中最普遍使用的方法。但此法不能确切地表示甘油一酯的含量。b. 发混点法。在试管中放入 5mL 乙醇，加入 2mL 热醇解物，立即将一个 100 刻度的温度计插入试管中，并搅动醇解物，使其均匀地冷却，注意醇解物溶液变浑浊的温度。c. 电导率法。

在利用醇解法生产时，还没有一个科学的、快捷的指示醇解物成分的中间控制方法，所以对醇解反应要综合考虑，如醇解物成分分析、醇酸树脂颜色变化和发混问题及生产条件（温度、时间、催化剂、反应的物质的量之比）。除了利用甘油作为醇解剂之外，季戊四醇和三羟甲基丙烷等多元醇也可作为醇解剂。

3. 醇酸树脂配方计算

醇酸树脂是一种复杂的聚合物，要求在合成时，反应尽量完全而又不至于凝胶化，制造工艺稳定，并且满足制漆要求。醇酸树脂配方计算只是根据理论的推导作为起点，还要经过试验反复修正，并在生产实践中不断完善配方。目前业内进行醇酸树脂配方的计算，仍基于卡氏方程（Carothers 方程），见式（8-7-6）[57]。

按 $P_g=2/f$，平均官能度 $f=2e_A/m_0$，则：

$$P_g=\frac{m_0}{e_A} \tag{8-7-6}$$

式中，e_A 为配方中酸的总当量数；m_0 为反应物的总物质的量；P_g 为达到凝胶点时的酯化程度。

在设计醇酸树脂的配方时，醇酸树脂常数（K）、油度（OL）、醇超量（r）是 3 个重要的工艺参数。醇酸树脂常数表示水溶性树脂凝胶时的酯化程度，其计算公式如式（8-7-7）所示：

$$K=\frac{n_0}{n_1} \tag{8-7-7}$$

式中，n_0 为反应物总的物质的量，mol；n_1 为反应物羧基的物质的量，mol。

理论上，$K=1$ 酯化反应可以进行到 100%；$K>1$ 表示醇酸树脂体系不会发生凝胶化；$K<1$ 则表示过早凝胶。所以在设计配方时，醇酸树脂常数 K 在 1～1.05 之间。卡氏方程计算的数值一般偏高，而且任何醇酸树脂配方也不能设计成恰好是凝胶点，需要有一些安全系数，不同的原料和油度长短都有其独立的“工作常数”。根据 K 值来比较、分析配方，推测是否会早期凝胶化，大于工作常数则树脂分子量将过小，性能不佳。两者之差不能超过 0.05。K 值在配方中的应用只适合于溶剂法，因为溶剂法生产醇酸树脂时醇和酸的损失都很少，基本保持它们的比例不变。对醇酸树脂常数经验的调整见表 8-7-5。一般醇酸树脂的制备都酯化至酸值 8mg/g 左右。如欲制备高酸值的醇酸树脂，可在高于酸值 8mg/g 后每 4 个单位减 K 值 0.01。

表 8-7-5　醇酸树脂常数经验的调整（理想 $K=1$）

原料	K 值调整数
豆油酸、亚麻酸、红花油酸、松浆油酸（妥尔油）	不调整
月桂酸、椰油酸	减 0.01
松香	减 0.03
脱水蓖麻油	加 0.02
桐油	作二官能度考虑

油度（OL）是指植物油或者脂肪酸在醇酸树脂中所占的质量分数，其计算公式如式（8-7-8）所示：

$$\mathrm{OL}=\frac{m_1}{m_0} \tag{8-7-8}$$

式中，m_0 为醇酸树脂的质量，g；m_1 为植物油或者脂肪酸的质量，g。

醇超量（r）是指醇酸树脂原料中的羟基对羧基过量的物质的量之比，其计算公式如式（8-7-9）所示：

$$r=\frac{n_{-\mathrm{OH}}}{n_{-\mathrm{COOH}}}-1 \tag{8-7-9}$$

式中，$n_{-\mathrm{OH}}$ 为醇酸树脂原料中总羟基的物质的量；$n_{-\mathrm{COOH}}$ 为醇酸树脂原料中羧基的物质的量。

二、桐油改性醇酸树脂的制备与性能

（一）桐油改性醇酸树脂氨基水性绝缘漆

早期的水性醇酸涂膜干燥慢、硬度低、贮存稳定性差。目前，水性醇酸树脂的研究主要集中在降低施工黏度、改善漆膜性能和降低成本上。水性醇酸树脂的合成方法同传统醇酸树脂类似，主要有脂肪酸法和醇解法两种，按操作工艺又可分溶剂法和熔融法。熔融法是一种传统的方法，设备简单，物料损失较大，酯化反应时间较长；溶剂法具有物料损失小、反应平稳、反应终点易控制等优点，但酯化反应时间长，工艺相对复杂。此外，溶剂法合成的树脂干燥速度相对熔融法较慢。

1. 桐油改性水性醇酸树脂的合成

将按配方计量的顺丁烯二酸酐 4.5g、月桂酸 5.75g、三羟甲基丙烷 30g 和已二酸 9g 加入四口烧瓶中，通 N_2 保护，缓慢升温至 190℃，待物料熔化后，开启搅拌，预反应 0.5h，加入桐油 34g 和邻苯二甲酸酐 12.3g（A），反应温度维持在 190～200℃，进行第一阶段酯化反应，一段时间后开始测量反应产物的酸值，酸值测量间隔为每 0.5h 测量一次，待反应产物酸值≤30mg/g 时，降温至 180℃，加入邻苯二甲酸酐 5.2g（B），进行第二阶段酯化反应，继续按规定的时间间隔测量反应产物酸值，待酸值达到 50～60mg/g 时，停止反应。降温至 80℃左右结束 N_2 保护，加入适量的助溶剂、中和剂，继续搅拌均匀出料，即得桐油改性水性醇酸树脂[58,59]。桐油改性水性醇酸树脂合成的工艺流程见图 8-7-21。

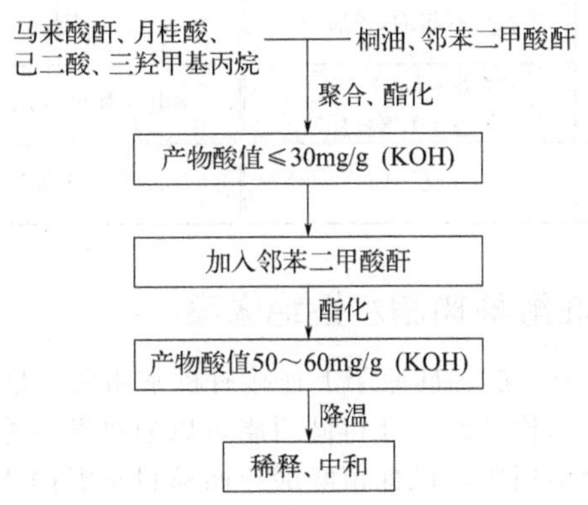

图 8-7-21　桐油改性水性醇酸树脂合成工艺流程

反应初期酸值较高，且酸值下降速率很快，随后酸值下降速率减慢，趋于平缓。酸值越小，体系黏度越大，因此，第一阶段酯化反应酸值控制在 30mg/g 左右，反应时间以 2～3h 为宜。实验发现，第一阶段反应时间低于 2h 时，反应产物水溶液呈浑浊状态，原因可能是桐油未完全加成到分子主链上，树脂中存在疏水性油组分，导致树脂亲水性不强。

用 *N*,*N*-二甲基乙醇胺调整 pH 值到 7.5 即可得到稳定的淡黄色透明液体。用水稀释桐油改性水性醇酸树脂，树脂固含量由 70%降至约 60%时，树脂黏度迅速下降至 3.9Pa·s，此后继续加水稀释，树脂黏度反而增大，在树脂固含量约 50%时达到最大值 4.5Pa·s，再继续加水稀释，树脂黏度又下降，在黏度曲线上表现出一个明显的稀释峰。用水作稀释剂时，以乙二醇丁醚和丙二醇甲醚按 1∶3（质量比）配成混合溶剂作为桐油改性水性醇酸树脂的助溶剂，助溶剂用量越大，桐油改性水性醇酸树脂水稀释峰出现得越不明显，添加量以树脂质量的 30%为宜。

2. 桐油改性醇酸树脂氨基水性绝缘漆的制备与性能

取制备的桐油改性水性醇酸树脂 100g、适量氨基树脂、催化剂 1g、流平剂 0.5g、缓蚀剂 0.5g、消泡剂 0.5g 和适量的去离子水，室温下高速搅拌 0.5h，混合均匀后再次用 *N*,*N*-二甲基乙醇胺调整 pH 值至 8.0 左右，加入去离子水继续搅拌，稀释至固含量为 35%即可出料。

以桐油（油度 33%～42%的短油度为宜）、顺丁烯二酸酐（占二元酸总物质的量的 18%）和邻苯二甲酸酐为原料，树脂醇超量 30%，最终酸值 50～60mg/g，该条件下，反应平稳，固化漆膜硬度高、电气强度高、吸水率低。氨基树脂与桐油改性水性醇酸树脂在 130℃下烘烤 3h，漆膜交联密度大，固化程度高，固化漆膜电气强度大于 80MV/m，耐水性优异。对比部分甲醚化氨基树脂，用高甲醚化氨基树脂（HMMM）作交联剂时，固化漆膜硬度高、柔韧性好、吸水率低。HMMM 添加量在 30%时，漆膜硬度、附着力、吸水率综合评价最好，玻璃化温度提高到 42℃，温度指数为 148℃，表观分解温度达到 305.9℃，水性绝缘漆可作为 F 级绝缘漆使用。漆膜耐热性随 HMMM 用量增大而提高，HMMM 用量超过 30%时，漆膜耐热性提高不明显[60,61]。桐油改性醇酸氨基水性绝缘漆性能检测结果见表 8-7-6。

表 8-7-6　桐油改性醇酸氨基水性绝缘漆性能

检测项目	检测结果	检测项目	检测结果
漆液外观	淡黄色透明	漆膜外观	平整光滑
漆膜光泽度，测量角度 60°/%	92	固含量/%	35
黏度(25℃，涂-4 杯)/s	64	pH 值	7.5～8.0
固化条件	130℃，3h	表干时间(130℃)/min	10
铅笔硬度/H	2	附着力/级	0
柔韧性/mm	1	耐冲击强度/kg·cm	50
耐油性	24h 不起泡，不脱落	耐水性	24h 不起泡，不脱落
体积电阻率/(Ω·m)	常态：1.0×10^{10} 湿态：1.2×10^{9}	电气强度/(MV/m)	常态：80 湿态：73
吸水率/%	1.01	绝缘等级	F

（二）硅树脂改性桐油醇酸树脂水性绝缘漆

硅树脂是以 Si—O—Si 键为主链、硅原子上连接有机基团的交联型的具有复杂网状分子结构的半无机高聚物。正是这样的结构特性，使得硅树脂可以通过发生缩聚、自由基聚合及加成反应等，改性醇酸树脂形成的混合型树脂，既保留醇酸树脂涂料室温固化和涂膜物理、机械性能好的优点，又具有硅树脂耐热、耐紫外线老化、电气绝缘性及耐水性好等特点。利用桐油对醇酸树脂进行改性，可以降低漆膜的固化温度，减少固化时间，提高醇酸树脂的耐水性、电气绝缘性能等。硅树脂具有优异的耐水性、电绝缘性和耐热性能，在宽广的温度和频率范围内均能保持良好的电绝缘性能。因此，利用硅树脂对桐油水性醇酸树脂进行改性，可进一步提高绝缘漆的综合性能[62-65]。

1. 桐油醇酸树脂的制备

桐油改性醇酸树脂的原料用量（质量分数）见表 8-7-7，合成步骤如下：在 N_2 保护下，将马来酸酐（MA）和三羟甲基丙烷（TMP）加入装有电动搅拌器、油水分离器的四口烧瓶中，将体系缓慢升温至 190℃反应 1h 后，加入桐油，快速升温至（200±2)℃进行加成反应。当聚合体系酸值下降至（55±5)mg/g 时，停止加热，降温，结束聚合反应。降温后，加入助溶剂乙二醇丁醚（EM）与丙二醇甲醚（PM），得淡黄色透明桐油醇酸树脂。桐油醇酸树脂的配方：马来酸酐 12%，邻苯二甲酸酐 16%，三羟甲基丙烷 39%，桐油 18%，助溶剂 15%。

表 8-7-7　制备桐油醇酸树脂的原料用量（质量分数）

原料	桐油	马来酸酐	邻苯二甲酸酐	三羟甲基丙烷	助溶剂
用量/%	18	12	16	39	15

2. 硅树脂的制备

将准确计量的乙醇、正硅酸乙酯（TEOS）、甲基三乙氧基硅烷（MTES）加入装有回流冷凝与恒压滴液漏斗装置的 250mL 四口烧瓶中。加入适量的催化剂，利用水浴加热至反应设定温度，配方量的水用恒压滴液漏斗按设定速度滴入四口烧瓶中，搅拌反应 4h；然后降低体系温度至 25℃，利用中和剂将产物中和至 pH 值为 7 左右。加入适量无水氯化钙于产物中，在铺有滤纸、硅藻土的漏斗中真空抽滤两次，即得无色或微黄色透明的硅树脂。硅树脂的最佳合成条件：TEOS、MTES、乙醇和水的物质的量之比为 3∶4∶3∶24，催化剂盐酸 pH3～4，反应温度

60℃，反应时间4h。在该条件下，硅树脂成膜后具有很好的耐水性，接触角随着MTES含量的增加而增大，$n_{TEOS}/n_{MTES}>5$时，接触角稳定在138°，漆膜的附着力为1级，硬度为3H。这种硅树脂以Si—O—Si为主链，含有大量的疏水基团Si—CH_3。

3. 硅树脂改性桐油醇酸树脂水性绝缘漆的制备与性质

将硅树脂与桐油醇酸树脂按一定配比混合，在（120±2）℃下反应3h后，加入适量的助溶剂丙二醇甲醚、异丙醇，以*N*,*N*-二甲基乙醇胺（DMEA）调节pH值至7.5～8.5，搅拌均匀后，得到淡黄色硅树脂改性桐油醇酸树脂水性绝缘漆。

当体系酸值在55mg/g，硅树脂含量为7.5%时，绝缘漆的固含量达到50%以上，而运动黏度在300mm^2/s以内。漆膜的耐温性能优良，电气强度达到130MV/m，水的接触角≥120°，硬度达到5H。

（三）桐油和豆油改性水性醇酸树脂清漆

1. 桐油和豆油改性水性醇酸树脂的合成

水性醇酸树脂的合成分为醇解、酯化、羧基化和中和等，工艺流程见图8-7-22。

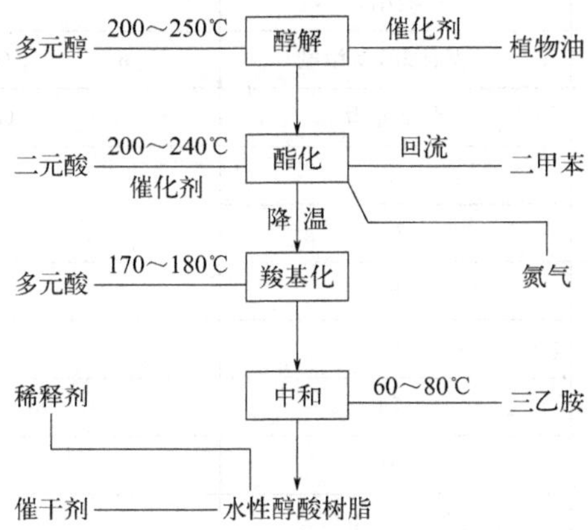

图8-7-22　植物油改性水性醇酸树脂的工艺流程

制备桐油和豆油改性水性醇酸树脂的原料用量（质量分数）见表8-7-8，合成步骤如下。

（1）醇解　将豆油、桐油、三羟甲基丙烷（TMP）、季戊四醇（PGR）加入带搅拌器、温度计、分水器及氮气导气管的四口烧瓶中，油浴加热使体系熔融，边搅拌边升温至120℃，加氢氧化锂，装冷凝管，升温至240℃保温15min左右，测醇容忍度，使甲醇：甘油酯≥3。

（2）酯化反应　加间苯二甲酸（IPA）、催化剂、二甲苯，在220～230℃下保温2h左右，体系澄清后测酸值，控制酸值在18～22mg/g。

（3）抽滤二甲苯　降温至120℃，减压蒸馏二甲苯，直至体系无气泡冒出。

（4）水性化　加偏苯三酸酐（TMA），升温至180℃并保温1h左右至溶液澄清，控制酸值在45～51mg/g。降温至120℃加稀释剂。

（5）中和　降温至80℃加计量胺，调节pH值至8.0左右加水稀释，冷却出料。

表8-7-8　制备桐油醇酸树脂的原料用量（质量分数）

原料	桐油	豆油	三羟甲基丙烷	季戊四醇	间苯二甲酸	偏苯三酸酐	催化剂
用量/%	16～20	28～32	16～20	5～7	18～21	6～8	0.1

桐油因为含共轭双键，反应较为迅速，所以不能单独使用，用量也不能过多。桐油的含量对树脂性能的影响极为显著。由表8-7-9可知，桐油的含量以占油量30%～40%较为适宜。

表 8-7-9 桐油含量对水性醇酸树脂性能的影响

桐油含量/%	0	20	30	40	50
工艺特征	反应平稳	反应平稳	反应平稳	反应平稳	容易凝胶
表干/h	4	3.5	3	3	3
实干/h	24(发黏)	24(发黏)	23	24	24
铅笔硬度	3B	2B	B	B	HB
耐水性(24h)	发白,起泡	合格	合格	合格	合格
贮存稳定性	轻微分层	不分层	不分层	不分层	不分层

2. 桐油和豆油改性水性醇酸树脂清漆的性能

利用桐油和豆油改性水性醇酸树脂制备的水性醇酸树脂清漆的质量指标见表 8-7-10。

表 8-7-10 水性醇酸树脂清漆的性能检测结果

检测项目	检测结果	检测标准
涂刷施工性	润湿性好,易涂刷	GB 6753.6—1986
漆膜外观	平整光滑	GB/T 3181—2008
干燥时间(表干)/h	3	GB 1728—2020
干燥时间(实干)/h	24	
铅笔硬度	B	GB 6739—2006
附着力/级	1	GB 9286—2021
柔韧性/mm	≤1	GB 1731—2020
耐冲击性/(kg·cm)	50	GB 1732—2020
耐水性(浸水法)	24h 发白,32h 气泡	GB 1733—1993
耐汽油性	24h 无异常	GB 1733—1993
耐 3%NaCl 溶液	12h 不起泡,18h 脱落	GB 9274—1988
贮存稳定性	4 个月轻微分层	GB 6753.3—1986

通过对水性醇酸树脂合成工艺过程及其性能的实验研究，得到以下结论：a. 选用桐油、大豆油复合使用制备醇酸树脂，具有较好的干燥性能、耐黄变性和贮存稳定性。b. 采用间苯二甲酸可以提高树脂的分子量，提高硬度和缩短漆膜的干燥时间，改善水溶性和耐水性，后加偏苯三酸酯提高树脂水溶性。c. 用三羟甲基丙烷可以改进树脂的水溶性，并减少酯键的水解，提高水解稳定性。用三乙胺作中和剂，调整值 7.5～8.5，使树脂具有好的水溶性和贮存稳定性，涂膜具有较好的干燥性能。d. 树脂的 K 值、醇超量、酸值对水溶性树脂的性能有很大影响，实验确定气干型水性醇酸树脂的桐油含量控制在 30%～40%，醇超量在 1.10～1.20，树脂最终酸值在 45～50mg/g。

（四）环氧树脂改性植物油水性醇酸树脂底漆

用环氧树脂对醇酸树脂进行化学改性，通过环氧树脂改性，增加醇酸树脂分子中支链数目，增大其空间位阻，从而降低酯键的水解性能，达到耐水性、贮藏稳定性都有很大幅度地提高的目的。通过大量苯环的引入增大醇酸树脂分子量，从而提高树脂的玻璃化温度，达到漆膜的干燥时间缩短的效果。环氧改性后，高分子主链中刚性苯环结构增多，漆膜的硬度会有一定程度的提高。环氧树脂含较多羟基，接入后对水性醇酸树脂附着力、耐冲击性都会有很大的帮助[66]。

1. 环氧树脂改性植物油水性醇酸树脂的合成

高温下环氧基开环与羟基反应，生成醚醇，再醇解甘油酯，然后与二元酸酯化缩聚成醇酸树脂小分子，然后羧基化，加胺中和成盐后具有水溶性，加水稀释得到水溶性醇酸树脂分子，其改性具体反应见图 8-7-23。

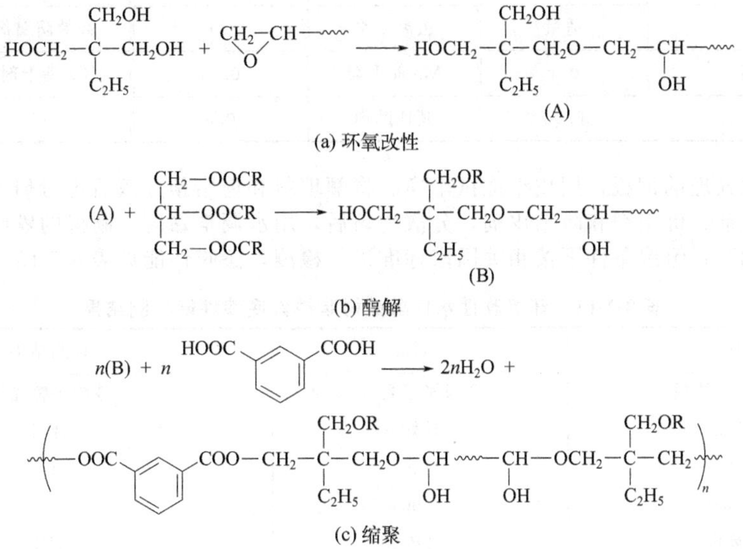

$$HOCH_2-C(CH_2OH)(C_2H_5)-CH_2OH + \underset{O}{CH_2-CH}\sim\sim \longrightarrow HOCH_2-C(CH_2OH)(C_2H_5)-CH_2O-CH_2-CH(OH)\sim\sim \quad (A)$$

(a) 环氧改性

$$(A) + \begin{array}{l} CH_2-OOCR \\ CH-OOCR \\ CH_2-OOCR \end{array} \longrightarrow HOCH_2-C(CH_2OR)(C_2H_5)-CH_2O-CH_2-CH(OH)\sim\sim \quad (B)$$

(b) 醇解

$$n(B) + n\ HOOC-C_6H_4-COOH \longrightarrow 2nH_2O + \left(\sim\sim OOC-C_6H_4-COO-CH_2-C(CH_2OR)(C_2H_5)-CH_2O-CH(OH)\sim\sim CH(OH)-OCH_2-C(CH_2OR)(C_2H_5)-CH_2\sim\sim\right)_n$$

(c) 缩聚

图 8-7-23　环氧改性水性醇酸树脂中的化学反应

制备环氧改性水性醇酸树脂的原料用量见表 8-7-11，制备过程如下。

（1）醇解及改性　将豆油、桐油、三羟甲基丙烷（TMP）、环氧树脂加入带搅拌器、温度计、分水器及氮气导气管的四口烧瓶中，油浴加热使体系熔融，边搅拌边升温至 120℃，加氢氧化锂 0.03%，装冷凝管，升温至 240℃保温进行醇解反应，使得环氧值为 0，甘油一酯含量大于 45%。

（2）酯化反应　加入间苯二甲酸（IPA）、催化剂、二甲苯，在 220～230℃下保温 2h 左右，体系澄清后测酸值，控制酸值在 20～25mg/g。

（3）抽滤二甲苯　降温至 120℃，减压蒸馏二甲苯，直至体系无气泡冒出。

（4）水性化　加入偏苯三酸酐（TMA），升温至 160℃并保温 1.5h 左右，至溶液澄清，控制酸值在 42～48mg/g。降温至 120℃加稀释剂。

（5）中和　降温至 80℃加计量胺，保温 0.5h，调节 pH 值至 8.0 左右加水稀释，冷却出料。

表 8-7-11　制备环氧改性水性醇酸树脂的原料用量（质量分数）

原料	桐油	豆油	三羟甲基丙烷	环氧树脂	氢氧化锂	间苯二甲酸	偏苯三酸酐
用量/%	16～20	28～32	13～17	10～14	0.03	16～20	5～8

2. 环氧改性水性醇酸树脂铁红底漆的制备与性能

首先将自制的水溶性醇酸树脂按配方表 8-7-12（占总漆量的质量分数）放入带搅拌器的配料罐中，开启搅拌，加入去离子水和丙二醇甲醚，并用适量的三乙胺和氨水中和至 pH 值为 7.5～8.5，高速搅拌后，配成树脂水溶液，然后加入其他颜料、填料、高效防腐剂、缓蚀剂等助剂，高速搅拌使其分散均匀，接着将其转移至研磨机，研磨至细度≤50μm 时加入助剂和催干剂，搅拌均匀后再加入防结皮剂，最后用助溶剂和去离子水调节至合格黏度，出料，过滤后入罐贮存。

表 8-7-12　环氧改性水性醇酸铁红底漆配方

原料名称	质量分数/%	原料名称	质量分数/%	原料名称	质量分数/%
环氧改性水性醇酸树脂(自制)	25	超细氧化铁红	25%	三聚磷酸二氢铝	8
重钙	8	铁黑	2	滑石粉	5
触变剂	1.4	丙二醇甲醚	0.6	三乙胺	适量
氨水	适量	去离子水	20	高效防腐剂	0.1
Co 催干剂	0.1	Mn 催干剂	0.05	Ca 催干剂	0.03
Zr 催干剂	0.03	其他助剂	0.5		

取经过磷化处理的钢板，用皮纸擦拭干净。将颜填料和树脂预分散后进行研磨分散，细度合格后，加入防沉剂、催干剂和防结皮剂，分散均匀后，用水调整黏度。制得的铁红环氧改性醇酸底漆在恒温（23℃）恒湿条件下按相关国家标准进行检测，漆膜性能见表 8-7-13。

表 8-7-13　环氧改性水性醇酸树脂铁红底漆性能检测结果

检测项目	指标	检测结果
漆膜颜色及外观	漆膜平整光滑	漆膜平整光滑
涂刷性	较好	合格
黏度(涂-4 杯)/s	≤50	45
细度/μm	≤60	50
铅笔硬度	2B	HB
杯突实验/mm	≥6.0	7
不挥发组分含量/%	≥55	61.2
附着力/级	≤1	0
干燥时间(表干)/h	≤4	2
干燥时间(实干)/h	≤18	16
VOC 含量/(g/L)	≤160	134
耐盐水性(3%NaCl 溶液、24h)	不起泡,不生锈	合格
耐盐雾性(96h)	无异常	合格
耐硝基性(24h 后喷涂硝基漆)	不咬起,不渗色	合格
贮存稳定性/月	≥	6

通过环氧改性得到的水性醇酸树脂性能良好，以此树脂制备的铁红底漆，具有优良的干燥性、力学性能以及贮存稳定性。制备改性醇酸树脂的适宜方案为：a. 选择油度，醇超量，最终酸值 42～48mg/g；b. 环氧树脂对改性醇酸树脂影响较大，实验发现，以环氧树脂 6100 改性较好，且用量以 12%～16%为宜；c. 反应过程中温度的控制很关键，实验采用逐步分段升温的方式，确保反应平稳，减少副反应；d. 催干剂类型和用量对漆膜干燥性影响甚大，通过实验最终确定以复合型水性催干剂、用量 8%达到的催干效果最好；e. 环氧改性水性醇酸树脂的干燥性、耐水性、硬度、附着力、贮存稳定性明显优于未改性的水性醇酸树脂。以环氧改性水性醇酸树脂制备的铁红底漆，与溶剂型醇酸底漆相比，各项性能都相近，附着力、硬度、光泽、抗冲击强度等优于溶剂型醇酸底漆，但是干燥性和贮存稳定性稍差。

三、橡胶籽油改性醇酸树脂的制备与性能

1. 橡胶籽油改性水性醇酸树脂的制备

将橡胶籽油加热到 180℃，加入计量的富马酸，继续加热，直到酸值约为 8mg/g，得到富马

酸橡胶籽油（FRSO）。在 230～250℃的温度范围内，将 FRSO 与甘油反应，制备橡胶籽油单甘油酯衍生物。接着将反应物冷却至约 100℃，添加邻苯二甲酸酐；然后迅速将温度升高到大约 230℃，并保持在 230～250℃的范围内。通过定期测定酸值来监测反应，直到酸值降至 60～80mg/g 之间。然后，将其冷却至 120℃，并添加计算量的三乙胺（TEA）用以中和游离酸。然后加入适量的丙二醇稀释该醇酸树脂，接着用 25%氨溶液中和，得到 60%（质量分数）的碱性溶液（pH=8）。随后添加蒸馏水（70%～80%）。按照上述操作过程制备以下配方（见表 8-7-14）中的五种橡胶籽油水性醇酸树脂。FA1：2%富马酸改性橡胶籽油（RSO）醇酸；FA2：5%富马酸改性 RSO 醇酸；FA3：10%富马酸改性 RSO 醇酸；FA4：15%富马酸改性 RSO 醇酸；FA5：20%富马酸改性 RSO 醇酸树脂；X：橡胶籽油醇酸树脂（不含富马酸）[67-69]。

表 8-7-14 富马酸改性橡胶籽油制备水性醇酸树脂原料用量

原料名称	FA1	FA2	FA3	FA4	FA5	X
RSO/g	151.13	151.13	151.13	151.13	151.13	151.13
邻苯二甲酸酐/g	89.45	86.72	82.15	77.59	73.02	91.28
甘油/g	57.60	61.25	65.61	70.03	74.45	57.60
富马酸/g	1.83	4.56	9.13	13.69	18.26	—
三乙胺/g	30.00	30.37	30.8	301.24	31.69	—
油度/%	50	50	50	50	50	50
醇酸树脂含量	1.00	1.00	1.00	1.00	1.00	1.00

2. 橡胶籽油改性水性醇酸树脂的性能

富马酸改性的 RSO 的水性醇酸树脂比 RSO 水性醇酸树脂密度低，所有的醇酸树脂颜色都相差不大且都为棕色。样品 X 醇酸薄膜硬度为 3H/4H（划痕/凿孔硬度），而用富马酸改性的 RSO 的水性醇酸树脂的铅笔硬度（划痕/凿孔）分别为 2H/HB、HB/H、4H/5H、2H/3H、2H/3H（样品 FA1、FA2、FA3、FA4 和 FA5），见表 8-7-15。这一趋势表明，用富马酸代替 10%的邻苯二甲酸酐的样品 FA3，得到了最硬的薄膜。从耐水/溶液性能测试结果得到（测试依据 ASTM D-1647—1989 标准），样品 FA1～FA5 对水和酸的耐抗性高于样品 X，而所有醇酸树脂样品的耐碱性都较差。根据研究结果，认为富马酸改性橡胶籽油制备的水溶性醇酸树脂提高了醇酸树脂涂膜的耐化学性，用 10%富马酸改性得到的醇酸树脂质量最佳。

表 8-7-15 富马酸改性橡胶籽油制备水性醇酸树脂物化性能

性能指标		X	FA1	FA2	FA3	FA4	FA5
皂化值/(mg/g)		326.29	299.63	329.09	287.63	275.57	264.72
酸值/(mg/g)		1.11	5.84	11.65	12.77	28.51	30.42
碘值/(mg/g)		74.16	69.08	50.39	70.21	56.26	62.56
相对密度		0.938	0.886	0.895	0.883	0.895	0.886
折射率		1.4777	1.4161	1.4019	1.4000	1.4170	1.4169
颜色		棕色	棕色	棕色	棕色	棕色	棕色
非挥发性物质/%		70.04	93.02	94.64	96.07	91.00	92.22
铅笔硬度	划痕	3H	2B	HB	4H	2H	2H
	凿孔	4H	HB	H	5H	3H	3H

续表

性能指标		X	FA1	FA2	FA3	FA4	FA5
耐水/溶液性能	蒸馏水	发皱	没反应	没反应	没反应	没反应	没反应
	5%NaCl	没反应	没反应	没反应	没反应	没反应	没反应
	0.1mol/L H_2SO_4	发皱	没反应	没反应	没反应	没反应	没反应
	0.1mol/L KOH	收缩	脱皮	脱皮	脱皮	脱皮	脱皮

四、麻疯树籽油改性醇酸树脂的制备与性能

1. 麻疯树籽油改性醇酸树脂的制备

将定量的麻疯树籽油、甘油和碳酸钙加入反应釜中加热到225～235℃，并维持在这个温度保温，每间隔5min提取反应混合物样品，监测第一阶段醇解反应；提取样品并测定样品的甲醇容忍度（无水甲醇以1∶1的比例混合形成一种澄清溶液证实了醇解反应的完成）。在第一阶段（醇解）工艺完成后，在反应介质中加入已知量的邻苯二甲酸酐和苯甲酸，同时将温度维持在240℃左右。醇酸树脂配方中的苯甲酸化合物有两个用途：a.作为单官能度化合物，可以作为链终止剂防止凝胶；b.在使用过程中缩短干燥时间。整个过程用 N_2 进行保护，每30min取样品测定反应混合物的酸值，当酸值为10mg/g时，将反应容器浸入冷水中冷却得到醇酸树脂。

采用两段醇解-聚酯化法制备了含有不同数量麻疯树籽油（即油度OL=40%、50%、60%和80%）的醇酸树脂，分别标记为JAL1、JAL2、JAL3和JAL4，见表8-7-16。

表8-7-16　不同油度的麻疯树籽油醇酸树脂制备配方

原料名称	JAL1	JAL2	JAL3	JAL4
油度/%	40	50	60	80
麻疯树籽油/g	54.9	85.9	67.8	169.6
甘油/g	23.4	23.4	11.7	11.7
碳酸钙/g	0.4	0.4	0.2	0.2
邻苯二酸酐/g	50	50	25	25
苯甲酸/g	9.6	9.6	4.8	4.8

对于含油量在40%～80%范围内的树脂配方，醇解反应时间为65～100min。图8-7-24为具有不同油度（40%～80%）树脂配方的酸值与聚酯化反应时间的函数关系图。酸值随着反应的进行而降低。与反应后期相比，酸值的降低在反应初期更快。酸值的最初快速降低可能是由于甘油的伯羟基首先参与反应，其反应速度比仲羟基快。后期酸值的降低主要是甘油的仲羟基参与的酯化反应引起的。醇酸树脂的交联反应主要发生在聚酯化反应的后期，酸值的降低速度也较慢。随着反应时间的延长，反应体系的黏度增大。这可以归因于醇酸链的三维交联网络的形成[70-72]。

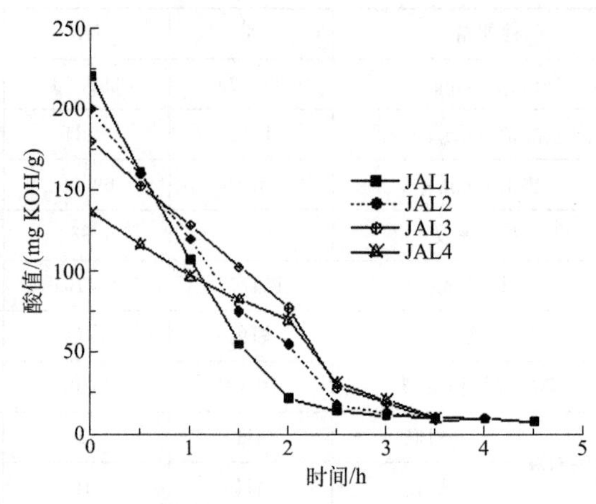

图8-7-24　醇酸树脂酸值与反应时间的关系曲线

2. 反应程度和平均聚合度的计算

利用测定的反应酸值，用式（8-7-10）计算反应程度 P：

$$P=(C_0-C_t)/C_0 \tag{8-7-10}$$

式中，C_0 为开始反应之前的酸值；C_t 为反应到 t 时刻时检测的酸值。

根据式（8-7-11）可以计算出反应物的平均聚合度 DP：

$$\mathrm{DP}=1/(1-P) \tag{8-7-11}$$

在整个缩合反应之后每个官能团之间反应被认为是等效的，根据式（8-7-12），通过酸值的变化，可以计算出反应程度 P、平均聚合度 DP 及反应速率常数 k：

$$\mathrm{DP}=1/(1-P)=C_0kt+1 \tag{8-7-12}$$

式中，C_0 为开始反应前反应物的浓度；t 为反应时间；P 为反应程度；k 为反应速率常数。

反应物的浓度用酸值表示。通过 $(1-P)^{-1}\sim t$ 的变化曲线（见图 8-7-25）可以观察到，整个反应过程中的曲线不是线性的，在反应初期存在线性关系，但反应到一定程度后偏离线性。这主要是因为，前期是相对小分子的线性反应，后期出现了交联反应。

表 8-7-17 给出了不同醇酸树脂的平均聚合度和反应程度（偏离线性点之前）。从表中可以看出，不同油含量的醇酸树脂的反应程度从 49.3%到 62.5%，即 40%～80%。油含量为 50%的醇酸树脂配方具有最高的聚合度。但这些值仍低于苯酐与甘油的聚酯化反应中 75%～80%的范围。与典型的聚酯化反应相比，观察到的低聚合度是由于在偏离线性点上存在低分子量的物质。从曲线的线性部分计算出的二阶速率常数（k），k 值在（2.1～3.35）$\times10^5$ g/(mg·min) 范围内，油含量为 50%的醇酸树脂配方显示出的 k 值最高。k 值的变化表明了醇酸树脂的反应速度取决于配方中所用反应物的比例。

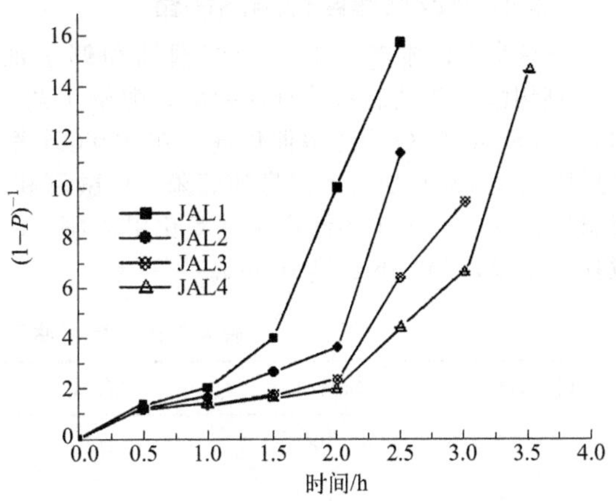

图 8-7-25 $(1-P)^{-1}\sim t$ 的变化曲线

表 8-7-17 不同麻疯树油含量的醇酸树脂的平均聚合度、反应程度与反应常数 k

参数	JAL1	JAL2	JAL3	JAL4
反应时间/min	60	60	90	120
平均聚合度 DP	2.03	2.66	2.34	1.97
反应程度/%	50.9	62.5	57.2	49.3
k/[10^5 g/(mg/min)]	2.1	3.35	2.15	2.37

3. 麻疯树籽油改性醇酸树脂的干燥性能

按文献方法配制醇酸树脂溶液并测定干燥性能[73]。表 8-7-18 给出了含 0.75%（按质量计）环烷酸钴（干燥剂）的醇酸树脂溶液的干燥特性。可以发现，室外干燥时间比室内短，这可能是由于室外温度过高。在没有环烷酸钴干燥剂的情况下，干燥时间很长。干燥时间随含油量和涂层厚度的增加而增加。醇酸树脂油含量高时，导致树脂的聚合度低是可能引起干燥时间延长的原因。油度 50%的醇酸树脂具有最高的聚合度，该类型的醇酸树脂与快干树脂混合，可进一步提高其干燥性能。

表 8-7-18　麻疯树油醇酸树脂的干燥时间

样品名称	干燥时间(35℃,户外)/h		干燥时间(25℃,室内)/h	
	20μm	40μm	20μm	40μm
JAL1	1.3	1.5	1.5	1.6
JAL2	1.8	2.0	2.1	2.2
JAL3	2.1	2.2	2.3	2.4
JAL4	2.2	2.4	2.4	2.5

五、棕榈油改性醇酸树脂的制备与性能

1. 棕榈油改性醇酸树脂的制备

一些非干性木本油脂（如棕榈油和椰子油）也常被用来改性醇酸树脂[74-77]。Muhammad 等[78]利用醇解工艺制备棕榈油醇酸，醇解工艺条件：按表 8-7-19 配方加入 100g 棕榈油、20g 甘油和 0.05g 的 CaO 为醇解催化剂，在 230℃下醇解 1.5h，得到甲醇容忍度为 1∶3 的醇解产物，然后降温至 120℃加入不同量的邻苯二甲酸酐和马来酸酐，升温到 230℃保温反应约 2h，测酸值，降温停止反应。固化条件：将过氧化甲乙酮（0.04g）和硝酸钴（0.02g）与 1g 树脂混合，手动搅拌，涂膜，60℃下加热 10min。

表 8-7-19　棕榈油改性醇酸树脂加料配方

树脂名称	棕榈油/g	甘油/g	氧化钙/g	苯酐/g	马来酸酐/g
Resin-A	100	20	0.05	50	0
Resin-B	100	20	0.05	25	25
Resin-C	100	20	0.05	12.5	12.5

2. 棕榈油改性醇酸树脂的性能

表 8-7-20 列出了棕榈油醇解制备醇酸树脂的物化性能，包括树脂的收率、干燥时间、不挥发物含量、酸值、碘值、密度、黏度等。树脂的颜色是浅棕色，而油的颜色是浅黄色。树脂密度在 0.9145～0.9502g/cm^3，高于油的密度。树脂黏度测定结果也有相同的趋势。在 25℃时，树脂 A、B 和 C 的黏度分别为 92.1mPa·s、97.2mPa·s 和 99.6mPa·s。结果表明，在醇酸树脂的聚合链中加入邻苯二甲酸酐（PA）和马来酸酐（MA），可提高醇酸树脂的密度和黏度。此外，聚合物中的交联对于黏度的变化也很重要，与其他聚合物相比，C 树脂中的交联效果最好，为便于应用，建议使用相对较低黏度的涂层材料。A、B 和 C 树脂的酸值分别为 1.35mg/g、2.39mg/g 和 4.27mg/g，高于油的酸值。通过测定树脂的碘值，发现树脂的不饱和度比油的不饱和度大大降低，这表明在树脂化反应过程中，油脂中的双键参与了化学反应。树脂的皂化值随 PA 含量的降低而降低，其范围约为 233～258mg/g。然而，与棕榈油相比，树脂的相对密度略有变化。该醇酸树脂的水分含量（湿度）非常低，约为 0.1%～0.15%。非挥发性物质含量高达 96.2%至 98.2%，表明树脂的固体含量比较高。收率从 62%到 75%不等。树脂 A 的干燥时间为 11h 32min，而树脂 B 和树脂 C 的干燥时间分别为 10h 11min 和 9h 23min。较长的干燥时间是由于棕榈油是非干燥性油脂，含有高达 51%的饱和脂肪酸链。各种固化膜的耐溶液性能结果表明，在浸泡过程中，对蒸馏水、氯化钠水溶液有很高的抵抗力，各种薄膜均不受影响。在树脂中，A 树脂比其他两种树脂表现出更好的耐溶液性能。PA 含量高的树脂对 NaOH 溶液和 HCl 溶液的抗忍

耐程度都表现良好，这可能是因为存在芳香族官能团，而基于 MA 的树脂对酸溶液和碱溶液分别表现出较好和较差的抗性。耐碱性差的原因可能是树脂 B 和 C 中存在可水解的酯基[79]。

表 8-7-20　棕榈油改性醇酸树脂的物化性能和耐溶液性能

物化性能		棕榈油	Resin-A	Resin-B	Resin-C
密度/(g/m^3)		0.8094	0.9145	0.9234	0.9502
黏度(25℃)/(mPa・s)		86.4	92.1	97.2	95.6
酸值/(mg/g)		0.65	1.35	2.38	4.27
碘值/(mg/g)		46.33	1.24	1.75	2.03
皂化值/(mg/g)		209.21	233.32	245.43	258.33
相对密度		0.8653	0.8967	0.8901	0.8921
颜色		浅黄色	浅棕色	浅棕色	浅棕色
水分/%		0.27	0.1	0.11	0.15
不挥发物/%		—	97.2	98.2	96.2
收率/%		—	67	75	62
干燥时间		—	11h 32min	10h 11min	9h 23min
数均分子量(M_n)		764	768	788	869
重均分子量(M_w)		1865	2283	2374	2803
分散指数(PDI)		2.46	2.97	3.01	3.23
光泽(60°)		—	65	77	62
铅笔硬度		—	2B	2B	2B
耐溶液性能	蒸馏水	—	好	好	好
	5% HCl(aq.)	—	好	一般	一般
	5%NaOH(aq.)		一般	差	差
	5%NaCl(aq.)	—	好	好	好

参考文献

[1] 高建舟. 二聚酸聚酰胺热熔胶的合成与改性. 太原：中北大学，2016.

[2] 彭治汉. 施祖培. 塑料工业手册：聚酰胺. 北京：化学工业出版社，2001：4.

[3] 黄正强，崔喆，张鹤鸣，等. 生物基聚酰胺研究进展. 生物工程学报，2016，32 (6)：761-774.

[4] Yapa Mudiyanselage A，Viamajala S，Varanasi S，et al. Simple ring-closing metathesis approach for synthesis of PA11，12，and 13 precursors from oleic acid. Acs Sustainable Chemistry & Engineering，2014，2 (12)：2831-2836.

[5] Jean-luc C，Jean-luc D. Process for the synthesis of C_{11} and C_{12} omega-aminoalkanoic acid esters comprising a nitrilation step：US，8835661 B2，2014-09-16.

[6] Meier M A R. Plant-oil-based polyamides and polyurethanes：Toward sustainable nitrogen-containing thermoplastic materials. Macromolecular rapid communications，2019，40 (1)：1800524.

[7] Ayorinde F O，Nana E Y，Nicely P D，et al. Syntheses of 12-aminododecanoic and 11-aminododecanoic acids from vernolic acid. J Am Oil Chem Soc，1997，74 (5)：531-538.

[8] Jean-luc D. Method for synthesising 9-aminononanoic acid or the esters thereof from natural unsaturated fatty acids：US，8450509 B. 2013-05-28.

[9] Mutlu H，Hofsäß R，Montenegro R E，et al. Self-metathesis of fatty acid methyl esters：Full conversion by choosing the appropriate plant oil. Rsc Advances，2013，3 (15)：4927-4934.

[10] Jean-luc D. Method for synthesising omegaamino-alkanoic acids or the esters thereof from natural fatty acids：US，83776611. 2013-02-19.
[11] Yamano N，Kawasaki N，Oshima M，et al. Polyamide 4 with long-chain fatty acid groups-suppressing the biodegradability of biodegradable polymers. Polymer degradation and stability，2014，108：116-122.
[12] Miller W R，Neff W E，Frankel E N，et al. 9（10）-Carboxyoctadecylamine and 9（10）-aminomethyloctadecanoic acid：Synthesis and polymerization to polyamides with lateral substitution. Journal of the American Oil Chemists Society，1974，51（10）：427-432.
[13] 杨小华. 松香/油脂基二元酸及其聚酰胺固化剂的制备与性能研究. 北京：中国林业科学研究院，2013.
[14] 黄坤，夏建陵，李梅，等. 高抗冻性油墨用二聚酸基醇溶聚酰胺树脂的性能研究. 林产化学与工业，2009，29(3)：47-52.
[15] Chen X，Zhong H，Jia L，et al. Polyamides derived from piperazine and used for hot-melt adhesives：Synthesis and properties. International journal of adhesion and adhesives，2002，22（1）：75-79.
[16] 黄赤. 新型环氧树脂固化剂的合成及应用研究. 武汉：武汉工程大学，2012.
[17] 司南，王小辉，姚成. 含癸二酰胺的共聚酰胺固化剂的合成与性能. 热固性树脂，2007，22（5）：11-14.
[18] 陶磊. 基于生物基壬二酸的聚酰胺合成及结构性能研究. 上海：东华大学，2020.
[19] Nieschlag H J，Rothfus J A，Sohns VE，et al. Nylon-1313 from brassylic acid. Ind Eng Chem Prod Res Dev，1977，16（1）：101-107.
[20] Huang K，Xia J L，Yang X，et al. Properties and curing kinetics of C_{21}-based reactive polyamides as epoxy-curing agents derived from tung oil. Polymer journal，2010，42（1）：51-57.
[21] 黄坤. 桐油基聚酰胺衍生物的合成、性能和固化反应动力学研究. 北京：中国林业科学研究院，2008.
[22] 夏建陵，孙小梅，王定选. 环氧树脂聚酰胺网络体系性能研究. 热固性树脂，2005，20（6）：14-17.
[23] 曾益坤，黄秀娟. 棉籽油皂脚脂肪酸制备 C_{21} 二元酸工艺的研究. 中国粮油学报，2004，19（16）：63-66.
[24] Vijayalakshmi P，Chandrasekhare R T，Vijay Kale，et al. Reactive polyamides from cycloaliphatic C_{21} dicarboxylic acid and their evaluation as epoxy curing agents. Polymer，1992，3（15）：3252-3256.
[25] 何建辉，熊华富，李湘平，等. 低熔点聚酰胺的合成与应用研究进展. 合成纤维工业，2017，40（1）：54-59.
[26] Jian X Y，An X P，Li Y D，et al. All plant oil derived epoxy thermosets with excellent comprehensive properties. Macromolecules，2017，50（15）：5729-5738.
[27] 牛古丹，杨秀春，张天娜. 妥尔油，亚油酸二聚体混酸低分子聚酰胺固化剂的合成. 哈尔滨师范大学自然科学学报，2007（1）：75-79.
[28] 周菊兴，董永琪. 不饱和聚酯树脂——生产及应用. 1 版. 北京：化学工业出版社，2000：222-223.
[29] 赵亮. 植物油醇解法制备单甘脂及不饱和聚酯合成研究. 武汉：武汉理工大学，2008.
[30] Wool R P，Sun X S. Bio-based polymers and composites. Amesterdam：Elsevier Science & Technology Books，2005：88.
[31] La Scala J，Wool R P. Property analysis of triglyceride-based thermosets. Polymer，2005，46（1）：61-69.
[32] Fu L，Yang L，Dai C，et al. Thermal and mechanical properties of acrylated expoxidized-soybean oil-based thermosets. J Appl Polym Sci，2009，117：2220-2225.
[33] Koprululu A，Onen A，Serhatli I E，et al. Synthesis of triglyceride-based urethane macromers and their use in copolymerization. Prog Org Coat，2008，63（4）：365-371.
[34] La Scala J J，Sands J M，Orlicki J A，et al. Fatty acid-based monomers as styrene replacements for liquid molding resins. Polymer，2004，45（22）：7729-7737.
[35] Can E，La Scala J J，Sands J M，et al. The synthesis of 9-10 Dibromo stearic acid glycidyl methacrylate and its use in vinyl ester resins. J Appl Polym Sci，2007，106（6）：3833-3842.
[36] Can E，Wool R P，Küsefoğlu S. Soybean- and castor-oil-based thermosetting polymers：Mechanical properties. J Appl Polym Sci，2006，102（2）：1497-1504.
[37] Echeverri D A，Cadiz V，Ronda J C，et al. Synthesis of elastomeric networks from maleated soybean-oil glycerides by thiol-ene coupling. Eur Polym J，2012，48（12）：2040-2049.
[38] Liu C G，Yang X H，Cui J F，et al. Tung oil based monomer for thermosetting polymers：Synthesis，characterization，and copolymerization with styrene. Bioresources，2012，7（1）：447-463.
[39] Lu J，Khot S，Wool R P. New sheet molding compound resins from soybean oil：I. Synthesis and characterization. Polymer，2005，46（1）：71-80.
[40] Liu C G，Shang Q Q，Jia P Y，et al. Tung oil-based unsaturated co-ester macromonomer for thermosetting polymers：Synergetic synthesis and copolymerization with styrene. ACS Sustain Chem Eng，2016，4（6）：3437-3449.
[41] Li F K，Larock R C. New soybean oil-styrene-divinylbenzene thermosetting copolymers：I. Synthesis and characterization. J Appl Polym Sci，2001，80（4）：658-670.

[42] Mehta G, Mohanty A K, Misra M, et al. Biobased resin as a toughening agent for biocomposites. Green Chem, 2004, 6 (5): 254-258.

[43] Miyagawa H, Mohanty A K, Burgueno R, et al. Development of biobased unsaturated polyester containing functionalized linseed oil. Ind Eng Chem Res, 2006, 45 (3): 1014-1018.

[44] Miyagawa H, Mohanty A K, Burgueno R, et al. Novel biobased resins from blends of functionalized soybean oil and unsaturated polyester resin. J Polym Sci Pol Phys, 2007, 45 (6): 698-704.

[45] Ghorui S, Bandyopadhyay N R, Ray D, et al. Use of maleated castor oil as biomodifier in unsaturated polyester resin/fly ash composites. Ind Crop Prod, 2011, 34 (1): 893-899.

[46] Liu C G, Lei W, Cai Z C, et al. Use of tung oil as a reactive toughening agent in dicyclopentadiene-terminated unsaturated polyester resins. Ind Crop Prod, 2013, 49: 412-418.

[47] Liu C G, Li J, Lei W, et al. Development of biobased unsaturated polyester resin containinghighly functionalized castor oil. Ind Crop Prod, 2014, 52: 329-337.

[48] Wool R P, Sun X S. Bio-based polymers and composites. Amesterdam: Elsevier Science & Technology Books, 2005: 114-115.

[49] 万石官，朱江林，王永刚. 油改性涂料用双环戊二烯型不饱和聚酯树脂的合成及应用研究. 中国涂料，2009，24 (2): 36-39.

[50] 王红娟，容敏智，章明秋，等. 蓖麻油树脂基泡沫塑料. 材料研究与应用，2010，4 (4): 771-773.

[51] 薛宁，徐卡秋，赵俊. 亚麻油改性不饱和聚酯腻子的性能和工艺研究. 四川化工，2008，11 (1): 6-9.

[52] 刘国杰. 醇酸树脂涂料. 北京: 化学工业出版社，2015: 62-64.

[53] 崔锡红，姜伟，赵光辉. 小桐子毛油制备及理化性质研究. 炼油与化工，2013，24 (6): 22-23.

[54] 贺近恪，李启基. 林产化学工业全书. 北京: 中国林业出版社，2001: 1842-1846.

[55] Eram S, Fahmina Z, Deewan A, et al. Recent advances in vegetable oils based environment friendly coatings: A review. Industrial Crops&Products, 2015, 76: 215-229.

[56] 刘国杰. 醇酸树脂涂料. 北京: 化学工业出版社，2015: 166-168.

[57] 刘国杰. 醇酸树脂涂料. 北京: 化学工业出版社，2015: 93-100.

[58] 王华林，王启文明，贺楠男，等. 桐油改性醇酸氨基水性绝缘漆的制备及性能. 高分子材料科学与工程，2011，27 (2): 133-136.

[59] 曾德娟，刘立柱. 桐油改性 F 级醇酸树脂浸渍漆. 绝缘材料通讯，2000，1: 6-8.

[60] Shailesh N S, Sharathiumar K M S T. Green materials from plant oils CHAPTER 12: Utilization of Green Materials for Coating Applications. The Royal Society of Chemistry, 2015.

[61] 王啟明. 桐油改性醇酸氨基水性绝缘漆研究. 合肥: 合肥工业大学，2010.

[62] Kanai T, Mahato T K, Kumar D. Synthesis and characterization of novel silicone acrylate-soya alkyd resin as binder for long life exterior coatings. Progress in Organic Coatings, 2007, 58: 259-264.

[63] Santos D, Costa M R, Santos M T. Performance of polyester and modified polyester coil coatings exposed in different environments with high UV radiation. Progress in Organic Coatings, 2007, 58: 296-302.

[64] 张淑玲，罗慧森，陈行琦. 醇酸-有机硅嵌段共聚物的性能与表征. 塑料工业，1996，6: 10-11.

[65] 李可彬. 有机硅改性醇酸树脂的合成工业与涂料性能. 四川轻化工学院学报，1995，8 (4): 87-93.

[66] 齐增清. 环氧改性水性醇酸树脂的合成与应用. 广州: 广东工业大学，2011.

[67] Ikhuoria E U, Aigbodion A I, Okieimen F E. Preparation and characterisation of water-reducible alkyds with fumarized rubber seed oil. Progress in Organic Coatings, 2005, 52: 238-240.

[68] Aigbodion A I, Okieimen F E, Ikhuoria E U, et al. Rubber seed oil modified with maleic anhydride and fumaric acid and their alkyd resins as binders in water-reducible coatings. Journal of Applied Polymer Science, 2003. 89: 3256-3259.

[69] 李经民. 橡胶籽油改性醇酸树脂的研制. 广东化工，1984，1: 10-16.

[70] Abdul Khalil H P S, Sri Aprilia N A, Bhat A H, et al. Jatropha biomass as renewable materials for biocomposites and its applications. Renewable and Sustainable Energy Reviews, 2013, 22: 667-685.

[71] Satheesh Kumar M N, Zahira Yaakob, Siti Maimunah, et al. Synthesis of alkyd resin from non-edible jatropha seed oil. J Polym Environ, 2010, 18: 539-544.

[72] Manawwer A, Naser M A. Microwave assisted synthesis of urethane modified polyesteramide coatings from jatropha seed oil. J Polym Environ, 2011, 19: 784-792.

[73] Ogunniyi D S, Odetoye T E. Preparation and evaluation of tobacco seed oil-modified alkyd resins. Bioresource Technology, 2008, 99 (5): 1300-1304.

[74] 沈希军. 环保型棕榈油连接料的应用. 上海涂料，2014，52 (5): 20-24.

[75] 唐承垣，冼艳明，朱意明. 棕榈油氨基醇酸漆的制备. 涂料工业，1996，6: 18-20.

[76] Saied N K, Shahla A, Rasoul E N. Microencapsulation of a coconut oil-based alkyd resin into poly (melamine-urea-

formaldehyde) as shell for self-healing purposes. Progress in Organic Coatings，2017，111：99-106.

[77] Shahla A，Rosiyah Y，Seng N G. Fast physical drying，high water and salt resistant coatings from non-drying vegetable oil. Progress in Organic Coatings，2011，72：703-708.

[78] Muhammad R I，Mohammad D H B，Saidul S J. Alkyd based resin from non-drying oil. Procedia Engineering，2014，90：78-88.

[79] Singha S，Mahapatra，Karak N. Synthesis and characterization of polyesteramide resins from Nahar seed oil for surface coating applications. Prog Org Coat，2004，51：103-108.

（刘承果，许利娜，冯国东，胡云）

第九篇
生物质能源

本篇编写人员名单

主　　编　王　飞　南京林业大学

编写人员（按姓名汉语拼音排序）

陈登宇　南京林业大学

冯君锋　南京林业大学

黄耀兵　华北电力大学

黄元波　集美大学

蒋建新　北京林业大学

李　迅　南京林业大学

刘　朋　中国林业科学研究院林产化学工业研究所

刘守庆　西南林业大学

聂小安　中国林业科学研究院林产化学工业研究所

潘　晖　南京林业大学

孙云娟　中国林业科学研究院林产化学工业研究所员

王　飞　南京林业大学

王　堃　北京林业大学

徐俊明　中国林业科学研究院林产化学工业研究所

徐　勇　南京林业大学

许　玉　中国林业科学研究院林产化学工业研究所

应　浩　中国林业科学研究院林产化学工业研究所

游艳芝　河南工业大学

张　瑜　南京林业大学

郑云武　西南林业大学

郑志锋　厦门大学

周建斌　南京林业大学

周　鑫　南京林业大学

目　录

第一章　绪论

能源是经济社会发展和人类文明进步的重要物质基础。第一次工业革命以来，煤炭、石油和天然气等化石能源成为人类能源利用的主体，随着世界经济的发展，全球化石能源消耗量快速增长，由于其不可再生及大量开采带来的资源和环境问题，能源安全问题日益凸显。20 世纪 70 年代第一次石油危机爆发以来，开发利用风能、太阳能、水能、生物质能、地热能、海洋能等可再生能源，实现能源可持续发展，成为国际社会的共识和能源发展的方向[1]。

生物质能是一种重要的可再生能源，直接或间接来自植物的光合作用，一般取材于农林废弃物、生活垃圾及畜禽粪便等，可通过物理转换（固体成型燃料）、化学转换（直接燃烧、气化、液化）、生物转换（如发酵转换成甲烷）等形式转化为固态、液态和气态燃料[2]。生物质能具有绿色、低碳、清洁、可再生等特点。开发可再生生物质能源，对于优化能源结构、增加能源供给、改善环境质量、促进节能减排、实现“双碳”目标等具有重要意义[3]。

第一节　生物质能源发展简史

生物质能源是重要的可再生能源，也是人类发展过程中最先利用的一种能源。人类在发现煤炭、石油、天然气等化石燃料之前，主要利用生物质作为人类生存和社会发展的基础能源。

一、生物质能源发展的历史背景

生物质能源的起步要从三次石油危机说起。第一次危机（1973～1975 年）：产油国阿拉伯将原油价格提高，随后油价猛然上涨了两倍多，从而触发了第二次世界大战之后最严重的全球性经济危机。

第二次危机（1979～1980 年）：1978 年底，世界第二大石油出口国伊朗爆发“伊斯兰革命”，原油供给严重不足，导致油价一路攀升，引发第二次石油危机。此后两伊战争爆发，产油设施遭到破坏，全球石油产量受到严重影响。随着产量的剧减，油价在 1979 年开始暴涨，此次危机成为 20 世纪 70 年代末西方经济全面衰退的一个主要原因。

第三次危机（1990～1992 年）：海湾战争对相关国家的石油设施造成严重破坏，石油产量骤降。伊拉克遭受国际经济制裁，使得原油供应中断。美国、英国经济加速陷入衰退，拖累全球经济增长。

20 世纪 70 年代至 90 年代的三次石油危机的爆发，导致油价暴涨，对发达国家经济体和依赖石油进口的发展中国家经济体都产生了不利影响，加剧了世界经济萧条，从而引发了世界能源市场长远的结构性变化，迫使主要石油进口国积极寻找替代能源，开发节能技术，以减轻对石油的过度依赖[4]。

二、国外生物质能源发展历史

第一次世界石油危机促使美国、巴西和北欧国家在寻求替代能源中试行开发了燃料乙醇及生物质直燃发电。1992 年联合国世界环境与发展首脑峰会提出“可持续发展”和《联合国气候变化公约》，使温室气体减排和化石能源替代成为全球使命与行动，为生物质能源发展提供了新的动力。克林顿 1999 年发布的《开发和推进生物基产品和生物能源》总统令则掀起了发展生物质能源的世界浪潮[3]。全球能源危机使得生物质能在 2004 年正式成为许多国家的战略能源，不但制定许多推动措施和财税优惠政策推动产业的发展，而且积极进行技术创新或技术引进，并大规模生产使用[5]。根据国际能源机构（IEA）对2000～2011年全球一次能源供应的统计中，总量年均增速2.96%，生物质能与之同步增长（2.46%），占比保持在10%左右。在2000～2011年全球能源消费结构的发展趋势中，生物质能源在可再生能源中的占比一直维持在75%左右。2011年全球生物质能源消费结构中固、液、气三态燃料的占比分别为91.3%、6.4%和1.0%。截至2015年，全球生物质成型燃料产量约3000万吨，欧洲是世界最大的生物质成型燃料消费地区，年均约1600万吨。北欧国家生物质成型燃料消费比重较大，其中瑞典生物质成型燃料供热约占供热能源消费总量的70%。全球生物质发电装机容量约1亿千瓦，其中美国1590万千瓦、巴西1100万千瓦。生物质热电联产已成为欧洲，特别是北欧国家重要的供热方式。生活垃圾焚烧发电发展较快，其中日本垃圾焚烧发电处理量占生活垃圾无害化处理量的70%以上。全球沼气产量约为570亿立方米，其中德国沼气年产量超过200亿立方米，瑞典生物天然气满足了全国30%车用燃气需求。全球生物液体燃料消费量约1亿吨，其中燃料乙醇全球产量约8000万吨，生物柴油产量约2000万吨。巴西甘蔗燃料乙醇和美国玉米燃料乙醇已规模化应用[6,7]。

三、中国生物质能源发展历史

虽然我国生物质资源丰富，能源化利用潜力大，但生物质能源在我国起步较晚。“十一五”是我国生物质能全面推进的时期。2005年全国人民代表大会通过了《中华人民共和国可再生能源法》，提出“国家鼓励清洁、高效地开发利用生物质燃料，鼓励发展能源作物”。国家“十一五”规划纲要提出，“加快开发生物质能，支持发展秸秆、垃圾焚烧和垃圾填埋发电，建设一批秸秆和林木质电站，扩大生物质固体成型燃料、燃料乙醇和生物柴油生产能力”。同年，《中共中央国务院关于推进社会主义新农村建设的若干意见》指出，“要加快农村能源建设步伐，在适宜地区积极推广沼气”，开始了我国农村户用沼气的建设。2006年3月，国家发展和改革委员会（发改委）启动了生物质产业的高技术示范工程专项；科技部也启动了发展生物质能源和化工的重大专项；同年8月，国家发改委、农业部、林业局联合召开了全国生物质能源开发利用工作会议，向各省和部分地市部署了生物质能源的开发利用工作。2007年9月国务院发布了《可再生能源中长期发展规划》，提出2010年和2020年发展目标分别是3.06×10^8t标煤和5.00×10^8t标煤，其中生物质能占43%、小水电占33.5%、太阳能占12.5%和风电占7%（不含大水电，国际惯例是大水电属传统能源）[3]。国家能源局于2011年召开全国农村能源工作会议，部署200个绿色能源示范县；2013年国家能源局发布《生物质能发展“十二五”规划》；2013年9月国务院发布《大气污染防治行动计划》等，均为生物质能源发展提供了良好的政策环境。

“十二五”时期，我国生物质能产业发展较快，开发利用规模不断扩大，生物质发电和液体燃料形成一定规模。生物质成型燃料、生物天然气等发展已起步，呈现良好势头。“十三五”是实现能源转型升级的重要时期，是新型城镇化建设、生态文明建设、全面建成小康社会的关键时期，生物质能面临产业化发展的重要机遇。根据国家《能源发展“十三五”规划》和《可再生能源发展“十三五”规划》，制定了《生物质能发展“十三五”规划》（简称《规划》）[7]。《规划》提出，到2020年，生物质发电总装机容量达到1500万千瓦，年发电量900亿千瓦时，其中农林生物质直燃发电700万千瓦，城镇生活垃圾焚烧发电750万千瓦，沼气发电50万千瓦；生物天然气年利用量80亿立方米；生物液体燃料年利用量600万吨；生物质成型燃料年利用量3000万吨。

第二节　生物质能源发展现状

一、生物质能源化利用技术方法

（一）物理法

生物质固化成型是生物质转化为能源的主要物理方法，即将低密度生物质通过一定温度、压力作用转化为具有高能量密度的固体燃料。生物质致密化后主要形成颗粒、木材和煤团等。20世纪30年代初，美国就已经开始研究压缩成型燃料的技术，并制造了螺杆型煤球机、环模颗粒磨机等，它们可以在80℃的高温下将锯末和刨花压缩成固体燃料。我国从20世纪80年代开始致力于生物质压缩成型技术的研究，目前，压缩成型技术的生产和应用已经在我国形成了一定规模。影响压缩成型的因素有很多，包括材料类型、含水量、粒度、压缩压力、模具的形状和尺寸以及加热温度等[8]。这些因素在不同的压缩条件下以不同的形式表现出来。

（二）热化学法

1. 直接燃烧

直接燃烧是最古老的生物质能利用方式。燃烧生物质是将储存的化学能以热能或热电联产（CHP）的形式释放。燃烧过程包括非常复杂的反应，通常可以分为不同的阶段，即热解和燃烧。所涉及的化学反应如图9-1-1所示[9]。

在热解阶段，生物质在加热过程中干燥，产生挥发性碳氢化合物、一氧化碳、氢气、液体等挥发性燃料气体的混合物。产生的燃料气体在燃烧过程中进一步氧化提供更多的热能。利用各种设备，如锅炉、燃烧器、涡轮机或内燃机、发电机，所释放的热能也可以被转化为电能。包括森林废物、树皮、锯末和动物粪便在内的各种生物质都可用于燃烧。虽然在生物质燃烧过程中也会产生氮氧化物、二氧化硫、二噁英和二氧化碳等，但这一过程被认为是碳中性的。

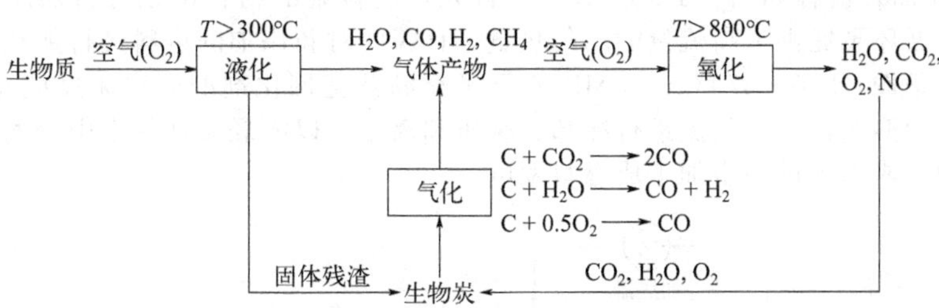

图9-1-1　生物质直接燃烧的流程图及产物

图9-1-2描述了生物质燃烧通过汽轮发电系统发电的过程。最初，生物质被磨碎并在锅炉中燃烧以产生高压蒸汽，蒸汽通过一系列与发电机相连的涡轮机进行发电。

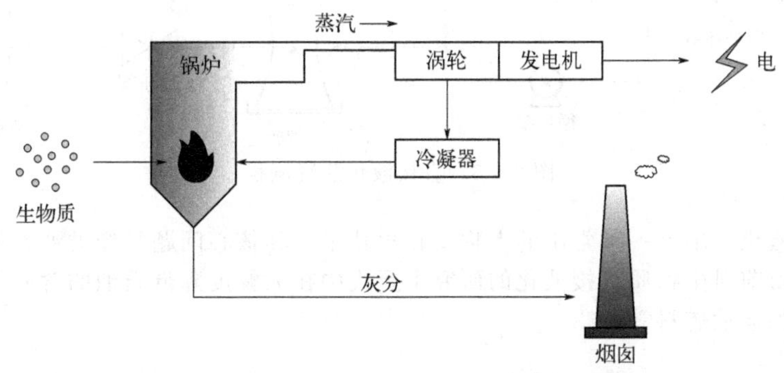

图9-1-2　生物质直接燃烧发电过程示意图

生物质直接燃烧发电面临几个问题。生物质在性质上是多种多样的，作为一种燃料，通常是具有低物理密度和低能量密度的组合。生物质的热值（燃烧热）通常是煤的50%左右。较高的含水量和较差的研磨能力，通常意味着收集、运输和使用不仅在物流与加工方面具有挑战性，而且在整体环境效益方面也存在问题。此外，生物质的直接燃烧不能同时获得化学品和能源[10]。

2. 直接液化

直接液化是一种高压热分解和加氢过程，它在一定压力（高达25MPa）和温度（高达

500℃）条件下，将生物质在溶剂中转化为碳氢油作为燃料。通过这一过程，生物质被解聚成不稳定的单体，然后在缺氧环境下重新聚合为一系列碳氢化合物[11]。水和二氧化碳的形成是为了除去生物质中的氧气。从根本上说，直接液化具有很高的原料灵活性，但在特定的条件下，在合适的催化剂作用下，只有一种类型的原料可以在同一批中加工，以获得一致的产品和收率。由于直接液化是在溶剂中进行的，因此不需要预先干燥。因此，该工艺可适用于含水率高达 78%的潮湿生物质，而气化和燃烧等其他加工技术仅适用于含水率低的生物质。

一些化学和物理参数对碳氢化合物的产量至关重要，这些因素包括温度、压力、停留时间、溶剂和催化剂的选择及其浓度。为了提高烃类油的产量，科学家对这些参数进行了大量的研究。研究发现，温度、停留时间和催化剂浓度对产油率的影响呈"火山型"曲线，即烃油产量在中期达到最大值，升高后下降，压力与烃油产量呈正相关。另外，通过添加溶剂、催化剂和还原气，可提高烃油的产率，并防止了在解聚过程中由形成的单体所凝聚成的固体焦[11]。采用 NaOH、H_2SO_4 等催化剂，不仅可以降低反应温度，而且使反应动力学得到提高。通常也可以通过添加溶剂以防止单体重新聚合或凝结形成不需要的固体焦。短碳链的醇如甲醇和乙醇，由于固体炭化形成的可能性最低，因此被认为是最有利的溶剂。此外，还可以使用 H_2 和 CO 等还原性气体来提高氢碳比，以促进含氧官能团的有效降解。

生物质的直接液化已在丹麦、德国和美国等几个国家进行了中试规模的试验[12]。丹麦 SCF 技术公司开发的 CatLiq®技术已在哥本哈根的一个试点中成功推广，是目前世界上最大的直接液化设施之一。CatLiq®流程如图 9-1-3 所示[13]。首先，进料罐的物料由泵进行加压，由给料加热器预热。另外，循环泵提供了高流量的均匀热量，且瞬间对新添加的进料进行加热。进料通过加热器，在亚临界条件（280～370℃，25MPa）下于充满锆基催化剂的固定床反应器中进行液化。在此过程中水作为溶剂，对产品流进行冷却、减压和离心，以将烃类油从水中分离出来。所生产的油可就地使用，或用于进一步加工成燃料发电。

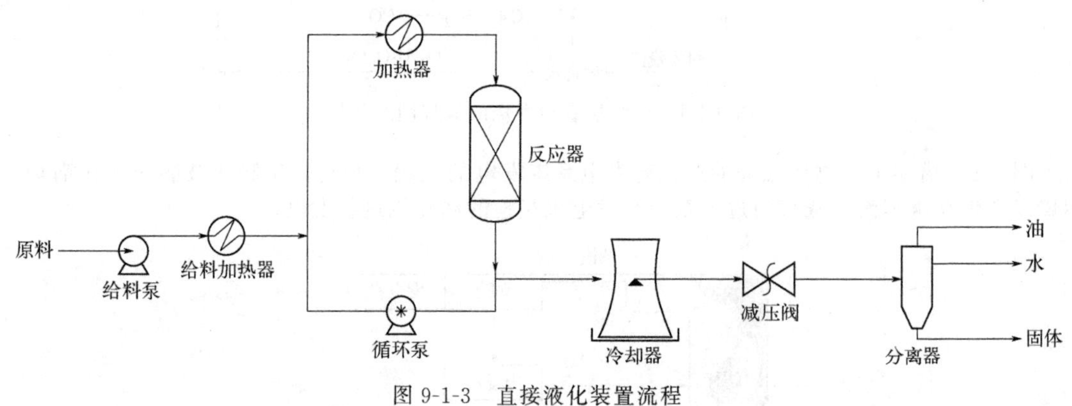

图 9-1-3　直接液化装置流程

目前，直接液化并不是一种常用的生物质转化技术，其核心问题是烃类油含氧量高，不能替代汽油或柴油。目前对生物质直接液化的研究主要集中在大幅度降低石油的含氧量，以促进更多样化的应用，比如运输燃料等[11]。

3. 气化

气化是指在氧化剂存在的情况下，在高温下通过生物质的部分氧化，将生物质转化为主要由 CO 和 H_2 组成的合成气的热化学过程。气化的工艺条件与热解的工艺条件相似，在没有氧气的情况下，生物质转化为液体（碳氢油）、气体（燃气）和固体（木炭）馏分。气化发生在从 700℃到 1000℃的较高温度时气体产量较高（85%），而热解只有 35%[14,15]。该合成气可用于热电联产以及化工产品如二甲醚、醇、有机酸及聚酯等的生产[16,17]。气化能够处理各种类型的生物质，包括农业残留物、林业残留物、食品废弃物和城市有机废弃物。为了促进生物质气化，对含水率低于 10%的地面生物质可应用此过程[15]。在缺乏空气或氧气的情况下加热到 350℃，生物质进行热降解变成固体炭生物质。在700～1000℃，添加氧化剂（空气、蒸汽、CO_2、O_2或其混合物）以氧化固体炭生物质，在高温（800～1000℃）下也会发生还原反应。表9-1-1总结了以蒸汽为氧化剂时气化过程中所发生的反应。在生成CO、CO_2、CH_4、H_2、H_2O等组成的气体混合物时，焦油、炭、碱、硫化合物、氮化合物等杂质也一起产生。因此，气体混合物在用作合成气之前，需要经过一系列的下游处理步骤，如过滤、气体清洗、湿式洗涤等去除杂质。除合成气外，气化过程还产生大量的焦油、多环芳烃等污染物，这是商业化的最大技术障碍之一[18]。

表9-1-1　生物质气化过程中发生的反应

氧化	不完全氧化反应	$2C+O_2 \longrightarrow 2CO$
	完全氧化反应	$C+O_2 \longrightarrow CO_2$
还原	水煤气反应	$C+H_2O \longrightarrow CO+H_2$
	有界反应	$C+CO_2 \rightleftharpoons 2CO$
	转移反应	$CO_2+H_2 \rightleftharpoons CO+H_2O$
	甲烷反应	$C+2H_2 \rightleftharpoons CH_4$
总反应	$C_xH_yO_z+O_2+H_2O$(蒸汽)$\longrightarrow CH_4+CO+CO_2+H_2+H_2O+C+$焦油	

4. 热解

热解是在无空气或氧气的情况下，将有机物分解成低分子量的液体、固体和气态产物的一种热处理方式。此过程在无空气情况下进行，以防止生物质燃烧生成二氧化碳。热解结束时得到的液体馏分为热解油或生物油，它是亲水有机物、水和焦油的混合物[19]。生物油可以直接用作燃料，通过涡轮或锅炉产生热量或电能。然而，由于其纯度低、热值低、与常规燃料不匹配、黏度高、挥发不完全、化学不稳定等特点，它作为发动机燃料的应用亦受到了限制[20,21]。随着净化和脱氧工艺的进一步升级，生物油有望成为一种具有广阔应用前景的运输燃料，引起了工业界的广泛关注。图9-1-4展示了生物油作为燃料和化学品生产原料的潜在应用[22]。热解剩余固体即生物炭或木炭，约占85%，生物炭通常被用于土壤修复[23]。气体馏分主要由CO、CO_2、H_2和CH_4组成。木材残渣、植物秸秆、稻壳或玉米秸秆等林业残留物和农业副产品是热解过程中常用的可再生原料。

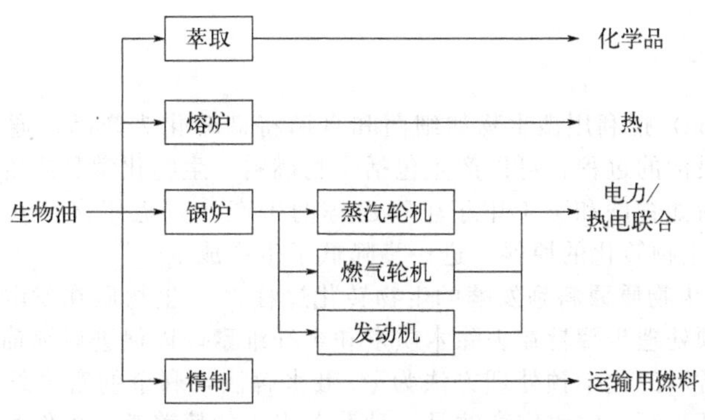

图9-1-4　生物油升级后的潜在应用

热解一般可分为两大类，即快热解和慢热解，其取决于加热方式，从秒到分钟不等。通过改变加热速率，最终产物的比例也会发生变化。在快速热解过程中，主要产品为生物油。此过程的加热速度可高达1000～10000℃/s，最高温度达500℃，最终大约50%～75%的生物质转化为生物油[19]。为获得高产量的生物油，应保证生物油的升温速率高、反应温度范围严格控制、反应器内蒸汽停留时间短（<3s）、产物气体快速淬火等条件。相比之下，缓慢热解的升温速率和最终温度较低，固体和蒸汽的停留时间较长。采用慢速热解法得到的主要产物为生物质炭，此过程

的升温速率为 0.1～2℃/s，最高温度约为 400℃。

图 9-1-5 为生物质制油流化床热解反应流程。生物质通过料斗进入热解室（热砂床），将生物质加热至所需的热解温度。生物质在这个腔内开始分解，从生物质中释放出来的蒸气均离开腔内。所形成的生物炭部分留在室内，部分留在气体中。当可冷凝的蒸气通过冷凝器时，被冷凝为生物油。一部分不可凝结的蒸气以气体产品的形式离开燃烧室时，另一部分蒸气返回为系统提供热量。

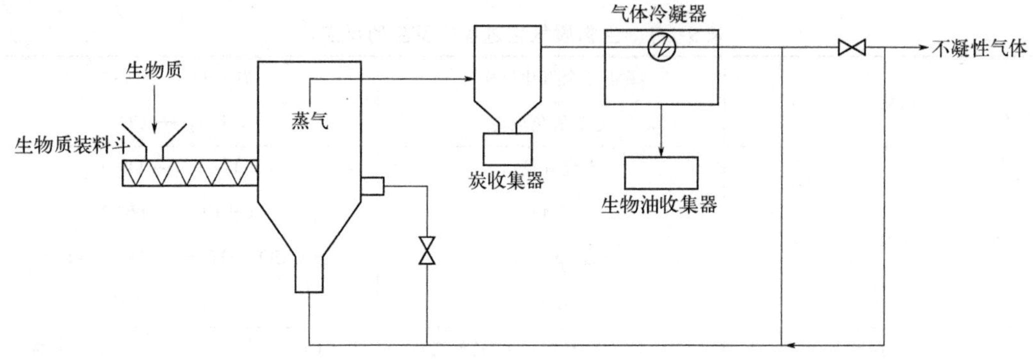

图 9-1-5 生物质制油流化床热解反应流程

（三）化学催化转化法

一次能源资源通常要经过加工或转化成二次能源使用，如煤气、液化石油气、柴油、焦炭、蒸汽等。在一次能源转化成二次能源中催化转化起着至关重要的作用，它已经成为将生物质转化为多种化学品或液体燃料的主要途径[24]。

催化热解过程涉及的化学反应包括脱氧反应、裂解反应、低聚反应、芳构化反应、烷基化反应和异构化反应等。以木质纤维素热解制备芳烃为例，明晰生物质催化热解反应机制。首先，高度聚合的纤维素和半纤维素发生解聚，之后纤维素经脱水、脱羰、脱羧形成左旋葡聚糖，然后在分子筛催化作用下发生齐聚反应生成芳烃和烯烃。目前，催化转化生物质热解的催化剂主要包括金属盐类、金属氧化物类、分子筛类等。

（四）生物法

1. 发酵

发酵（fermentation）指利用微生物如细菌和真菌将糖转化为产品。通过发酵将生物质能转化为产品是一个非常灵活的过程，可以产生包括生物燃料、生物化学品或生物材料在内的多种产品。传统上将糖或淀粉如甘蔗和玉米用于生物乙醇的生产[25]。近年来，农业副产物或城市垃圾（如食品垃圾）被用作生物转化的原料，进一步降低了生产成本[26-29]。

图 9-1-6 概述了从生物质原料到发酵的生物转化过程[30]。生物质在发酵前进行预处理，对于木质纤维素生物质，预处理步骤旨在去除木质素和半纤维素，以促进后续葡萄糖的水解，从而提高产品的发酵产量。常用的化学预处理方法为酸/碱水解法，剩余的富含纤维素的生物质被纤维素酶消化以产生葡萄糖。所得的水解产物是一种营养丰富的培养基，可作为后续微生物发酵的常用原料。

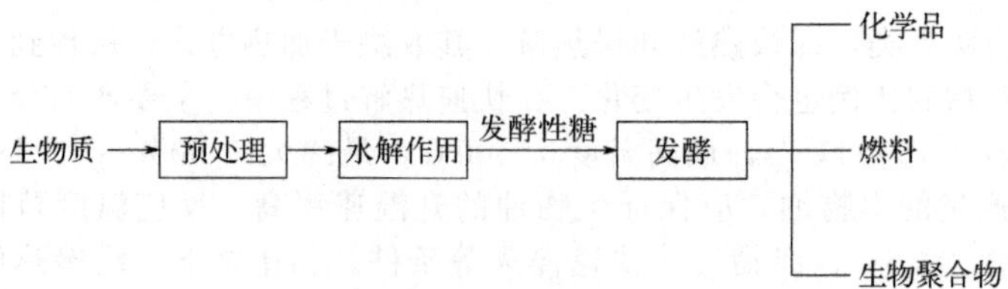

图 9-1-6 从生物质到发酵的生物转化过程

2. 厌氧消化

厌氧消化（anaerobic digestion，AD）是指由合成菌、发酵菌、产乙酸菌、产甲烷菌等细菌组成的混合菌，在厌氧条件下分解生物质，产生沼气（甲烷、氢气）作为燃料。该过程分为四个阶段，即水解、酸化、乙酸生成和产甲烷。在水解阶段，不溶性有机化合物被细菌分泌的水解酶分解成水溶性的单聚物。一些无法被降解的聚合物不能被水解酶水解，仍然为固体，从而限制了AD的效率。水解产物在酸化阶段转化为短链有机酸、醇、醛和二氧化碳，在乙酸生成阶段转化为乙酸、二氧化碳和氢气。最后，产甲烷细菌利用乙酸、氢气和二氧化碳产生甲烷。大约70%的甲烷是由醋酸转化而来的，剩下的30%来源于二氧化碳的还原[31]。

沼气的组成因底物的组成不同而不同。脂类底物所得甲烷的产量最高（1014m^3/t），而碳水化合物和蛋白质的甲烷产量则低得多（415m^3/t和496m^3/t）。图9-1-7为不同底物产甲烷情况。

如今，全世界生产的几乎所有沼气都用于热电生产，是一种用途广泛的可再生能源，应用于汽车燃料和城镇燃气等方面。然而，为了满足各种具体应用需求，需对沼气的质量进行改进，主要通过去除CO_2、H_2S、NH_3和固体颗粒等杂质，以增加沼气中的甲烷含量。在瑞典，沼气已被用作汽车燃料，同样，在一些欧洲国家如德国和瑞士，也将沼气注入天然气网供公众使用。鉴于AD的各种优势，包括对有机废物的降解、能源的生产、土壤改良，以及温室气体排放的减少，AD作为一种生物质处理方式将变得更加普遍。

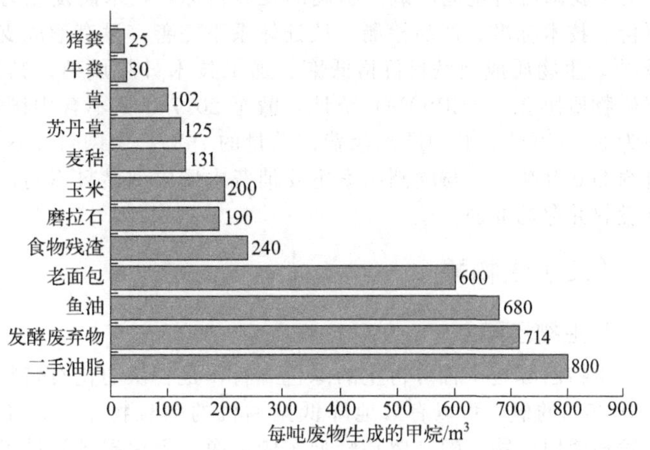

图9-1-7　不同底物产甲烷情况

二、典型的生物质能源产品

生物质能源种类较多，根据其表现形式的不同，主要分为三大类，包括生物质固体燃料、液体燃料和气态燃料。在此，将列举最具代表性的6种生物质能源产品，分别是：固体燃料——生物质成型燃料；液体燃料——生物醇、生物柴油和生物质烃类燃油；气态燃料——生物质可燃气和生物质氢气。

（一）生物质成型燃料

生物质成型燃料（biomass moulding fuel，BMF），是将农林废物作为原材料，经过粉碎、混合、挤压、烘干等工艺，制成各种成型（如块状、颗粒状等）的可直接燃烧的一种新型清洁燃料[32]。BMF作为生物质固体燃料，优势明显，主要表现在以下5方面：a. 是一种清洁环保的绿色能源。燃烧无烟无味、清洁环保，其含硫量、灰分、含氮量等远低于煤炭、石油等。b. 是一种附加值高的廉价能源。热值高，使用成本远低于石油能源。c. 是一种储运方便的能源。成型燃料体积小、密度大，便于加工转换、储存、运输与连续使用。d. 是一种高效节能的燃料。挥发分高，碳活性高，灰分只有煤的1/20，燃烧充分。e. 是一种适用性强的燃料。成型燃料可广泛应用于工农业生产和服务性行业，发电、供热取暖、烧锅炉、做饭，单位家庭都适用。与未加工的生物质相比，压缩成型后生物质的体积可缩小为原来的1/8～1/6，密度达到1100～1400 kg/m^3，能源密度迅速升高，基本相当于中质烟煤。生物质成型燃料替代原煤，对于有效缓解能源紧张，治理有机废弃物污染，保护生态环境，促进人与自然和谐发展都具有重要意义。

欧美生物质成型燃料技术走在世界前列，标准体系较为完善，产品质量认证体系成熟，已形成商业市场化运作模式。我国木质生物质成型燃料的生产和应用已初具规模，生产技术发展迅速，生产设备向规模化、智能化方向发展，成型燃料机械制造、专用锅炉制造和燃料燃烧等技术日益成熟，产业链趋于完善。但技术标准体系还不完善，缺乏质量认证机制，极大地限制了我国生物质成型燃料的商业化进程。我国生物质成型燃料产业就目前发展规模来看，还远达不到预期，除了煤炭价格竞争、政策导向等原因外，生物质成型燃料质量不一的内因直接制约了产业发展。我国生物质成型燃料产业仍存在以下突出问题：a.我国秸秆等生物质资源具有分布不集中的特点，缺乏促进秸秆综合利用的鼓励政策，原料收集成为我国成型燃料推广的第一个瓶颈，收集和运输成本高。b.我国用于生物质成型的经济实用设备匮乏，普遍存在以下问题：一是成型部件磨损快，使用寿命短，维修费用高；二是可靠性、稳定性以及与原料的匹配性差；三是能耗高。c.由于我国可再生能源缺乏明确的发展目标，技术研发能力、设备制造能力弱。d.再生能源资源评价、技术标准、产品检测、认证体系不完善，没有形成支撑可再生能源产业发展的技术服务体系[33]。生物质成型燃料价格低廉、加工技术日趋成熟，其消费量及市场认可度逐年升高。据欧洲生物质协会（AEBIOM）统计，截至2017年，不含中国在内的全球生物质成型燃料消费总量约为3200万吨，其中欧洲消费占总量的75%。中国自2000年逐步形成产业，年产生物质成型燃料约800万吨。但与欧洲国家主要消费木质成型燃料不同，中国的成型燃料存在木质与秸秆类成型燃料并存的局面[33]。

（二）生物醇

1. 生物乙醇

生物乙醇是一种可再生的绿色燃料，是公认的化石燃料的良好替代品。由于生物乙醇燃料中含有35%的氧，可以有效地降低柴油机的颗粒物排放，还可有效实现温室气体减排。Bergeron等发现使用生物乙醇来驱动轻型车辆，净二氧化碳排放量仅是汽油驱动车辆的7%[34]。除了环境友好的特点外，乙醇作为燃料也有十分优异的性能。与汽油相比，它具有更高的辛烷值、更宽泛的可燃极限、更快的燃烧速度和更高的汽化热值，这些特性使得生物乙醇燃料可以承受更高的压缩比，这样不但缩短了燃烧时间，燃烧发动机也更加轻薄。生物乙醇的缺点包括能量密度和蒸气压力比汽油低，对设备腐蚀性也较强，火焰亮度低，与水混溶，对生态系统有毒性，而且生物乙醇因其辛烷值高、十六烷值低、汽化热高，阻碍了柴油机的自燃，因此只适用于汽油机混合燃料。目前玉米淀粉是全球生物乙醇工业的主要原料，其制备工艺已经成熟，而用木质纤维素生物质代替玉米淀粉生产生物乙醇是未来的关注点。

生物乙醇作为内燃机（ICEs）的燃料具备经济和技术可行性，仍然是迄今为止全世界运输行业最具潜力的生物燃料。乙醇和汽油的混合物（gasohol）作为替代燃料的使用在全球稳步增长，2018年世界生物乙醇的产量已达到7975万吨，大部分以玉米和甘蔗为原料。巴西和美国分别占世界甘蔗和玉米产生物乙醇产量的70%左右。最受欢迎的混合轻型汽油被称为E85，即含有85%的生物乙醇和15%的汽油。还有少量的生物乙醇（体积分数10%）被添加到汽油中，称为乙醇或E10。我国推广使用的乙醇汽油是在汽油中添加了10%的乙醇。燃料乙醇产业是我国重要的战略性新兴产业，对替代石油等不可再生能源以及对大气雾霾污染、水土资源污染控制都有十分积极的战略意义。2018年8月，国务院常务会议决定，有序扩大车用乙醇汽油推广使用，会议确定了生物燃料乙醇产业总体布局。具体方法是，坚持控制总量、有限定点、公平准入，适量利用酒精闲置产能，适度布局粮食燃料乙醇生产，加快建设木薯燃料乙醇项目，开展秸秆、钢铁工业尾气等制燃料乙醇产业化示范[35]。

2. 生物丁醇

生物丁醇是由生物质原料制成的丁醇，原料可以是淀粉类食品原料、木质纤维素、可再生废料、藻类等多种生物质原料，可通过溶剂化菌株（如梭菌）进行丙酮-乙醇-丁醇（ABE）发酵[36]，其中以非粮作物为原材料生产生物丁醇是未来发展的方向。目前最好的生物丁醇生产菌依然是通过长期驯化的突变株乙酰丁酸梭菌（*Clostridium acetobutylicum*）JB200 和化学诱变突变株拜氏梭菌（*C. beijerinckii*）Ba101[37,38]。生物丁醇相对于传统生物燃料和低级醇，具有良好的理化性质及燃烧性能，表现在高热值、低挥发性、强混合性和弱腐蚀性等方面[39]。除了这些作为燃料的优越性能外，丁醇还可以作为重要的化学试剂和溶剂，用于化妆品、液压液、洗涤剂配方、药物和抗生素等不同的领域。

由于其作为燃料的优越性和在多领域的应用重要性，采用化学和生物化学方法生产丁醇的趋势越来越明显。虽然目前石油化工化学合成丁醇比微生物发酵生产丁醇更具经济竞争力，但合成丁醇的生产成本与丙烯市场有关，对原油价格极为敏感[40,41]。目前石化过程的成本约为 1.52 美元/kg 正丁醇，而传统的 ABE 发酵成本约为 1.87 美元/kg。与生物乙醇相比，生物丁醇微生物发酵生产的成本要高得多，生产生物丁醇需用较大的蒸发、加热、冷却等设施，投资费用较高。生产中的主要瓶颈是原料成本高（约占总生产成本的 60%），其次是生产效率低，还有回收成本高[42]。随着政府对可再生甚至废弃资源利用的日益重视，以及工艺技术的进步，正丁醇的微生物发酵生产有望具有竞争优势。杜邦和英国石油公司于 2006 年开始联合进行生物丁醇的开发、生产和销售[43]，两家公司于 2007 年底在英国推出了生物丁醇的第一个产品，一期工程建设以甜菜为原料，年产 3 万吨生物丁醇的生产装置。2020 年，美国俄勒冈州州立大学的 L. Gan 等揭示了生产生物丁醇的关键性突破，他们开发了一种新的金属有机框架（MOF），它能有效地将生物丁醇从生产燃料所需的发酵生物质的发酵液中分离出来，其效率高于蒸馏或任何其他现有方法[44]。

（三）生物柴油

生物柴油是指植物油（如菜籽油、大豆油、花生油、玉米油、棉籽油等）、动物油（如鱼油、猪油、牛油、羊油等）、废弃油脂或微生物油脂与甲醇经酯转化而形成的脂肪酸甲酯。生物柴油具有与石化柴油相似的性能，成为可以替代石化柴油的理想燃料。与石化柴油相比，生物柴油不仅具有石油基生物燃料的全部燃料价值，且具有优良的环保特性，可减少 90% 的有害物质，生物降解速率是石化柴油的 2 倍，也具有较好的安全性能，闪点高，有利于安全运输和储存，可利用现有管道运输和现有的运输基础设施，无须改动柴油机[45,46]。

生物柴油的消费使用目前主要集中在欧洲，北美，南美的巴西、阿根廷以及东南亚的印度尼西亚和泰国，其他地区有零星分布。欧洲地区生物柴油消费量占全球总消费量的 47%，中南美地区和亚洲及大洋洲地区均占比 18%，北美地区占比 16%。全球生物柴油消费量从 2000 年的 73 万吨上升至 2016 年的 2880 万吨，年平均增速 28%。当前全球很多国家已经采取了政策来推进生物柴油的商业化生产和工业化应用，不同国家根据自身情况设定了相应的掺混标准，主要应用形式为 B5、B10～B20 以及 B100 等类型。如美国通过提供联邦和州补贴对生物柴油行业进行补贴，欧盟主要通过免税和对柴油征税等政策来促进生物柴油的生产与消耗[47]。各国根据各自资源优势选择生物柴油原料，欧盟生物柴油的生产原料以菜籽油为主，美国和南美国家以豆油为主，而印度尼西亚则以棕榈油制造生物柴油，这些都以化学法（碱法或酸法）催化制备，但存在高能耗、催化剂难回收、无法处理酸值高的原料等问题[48]。生物催化法可以很好地避免化学法制备生物柴油的系列问题，但存在生物催化剂成本高和易失活的瓶颈问题[49]。

目前生物柴油的价格是石油柴油的两倍多，原料成本约占总运营成本的 80%，其原料包括大豆、油菜籽和花生等油料作物，麻风树籽（*Jatropha curcas*）等油料林木果实，动物油脂、废餐饮油，以及工程微藻等[50,51]。其中，以工程微藻作为原料制备生物柴油成为研究热点之一，美国国家可再生能源实验室（NREL）通过现代生物技术建成“工程小环藻”（*Cyclotella cryptica*），在实验室条件下可使脂质含量增加到 60% 以上，户外生产也可增加到 40% 以上[52,53]。除此之外，以木本油料植物果实、种子油脂等为原料，制备获得的生物柴油称为林业生物柴油(forest-based biodiesel)[54]。与油料作物等其他原料相比，其全生命周期环境综合影响较小，缓解温室效应能力更强[55]。因不与人争粮、不与粮争地，原料可再生，栽种 1 次收获多年，利于农村产业结构调整等优点，林业生物柴油受到中国、印度、马来西亚等发展中国家的青睐。在《全国林业生物质能源发展规划（2011～2020 年）》的基础上，我国国家林业和草原局于 2017 年发布了《林业生物质能源主要树种目录（第1批）》，其中包括油棕、麻风树、文冠果、无患子等在内的47种生物柴油原料树种。

我国于2006年开始实施《可再生能源法》，从国家层面鼓励生产和利用以生物质资源为原料生产的甲醇、乙醇和生物柴油等生物液体燃料，且要求石油销售企业应按照国务院能源主管部门或者省级人民政府的规定，将符合国家标准的生物液体燃料纳入其燃料销售体系。我国国家能源局于2014年底发布了《生物柴油产业发展政策》专项，要求构建以废弃油脂为主，木（草）本非食用油料为辅的可持续原料供应体系。建立健全适合我国国情的生物柴油价格形成机制、配套扶持政策、标准规范体系和市场销售网络，强化政府监管，营造市场规范、有序竞争的良好发展环境。政策要求生物柴油产品收率（以可转化物计）需达到90%以上，每吨生物柴油产品耗甲醇不高于125kg、新鲜水不高于0.35m^3、综合能耗不高于150kg标准煤；副产物甘油须回收、分离与纯化；“三废”达标排放；两年内仍达不到要求的生物柴油生产装置予以淘汰。鼓励京津冀、长三角、珠三角等大气污染防治重点区域推广使用生物柴油。鼓励汽车、船舶生产企业及相关研究机构优化柴油发动机系统设计，充分发挥生物柴油调合燃料的动力、节能与环保特性。自2002年中国首套1万吨/年产能的生物柴油示范装置投产以来，在国家政策的鼓励和引导下，我国生物柴油产业随着国际油价和国内外市场供需情况的变化而变化。2004～2020年，我国生物柴油产业大致经历了“迅速发展”、“普遍经营困难”和“出口为主”三个主要阶段。2019年，中国拥有生物柴油（脂肪酸甲酯）产能的企业有约50家，其中主要生产生物柴油的企业约有28家，名义总产能约为230万吨/年，实际总产能约为180万吨/年，产量约为120万吨[56]。

（四）生物质烃类燃油

生物质烃类燃油是木质纤维素原料和油脂类等生物质原料经催化转化制备的富烃液体燃料，因其成分与现有石化燃油基本一致，可实现完全兼容，被称为“完全替代型”生物质燃料，主要包括催化裂化、芳构化制备的生物质汽油（bio-gasoline）或生物质芳烃（bio-aromatics）[57]。生物质烃类燃油原料主要包括木质纤维素原料和油脂类原料。其中木质纤维素生物质原料自身结构复杂，其化学转化的抗性顽强，且木质纤维素氧含量较高（40%～45%），高含氧量导致其热值较低，因此将其制备成高效节能和具有成本效益的生物质液体燃料仍然是一个巨大的挑战[58]。而油脂类原料主要包括木本油脂和精炼油脂及其加工使用后的废弃油脂、酸化油、皂脚等低等级的甘油三酯。油脂类原料具有以下优势：a. 通常为液体或易液化为液态，良好的流动性便于运输和加工；b. 可与现有石油炼制基础设施兼容；c. 能量密度高，是动、植物主要的储能单元；d. 与化石燃料结构相似，除去酯基，主要为长直碳链；e. 含水率低且相对稳定等[59]。

生物质烃类燃油具有可再生性且污染小的特点，主要作为高品质的航空煤油使用，鉴于航空煤油要应对高空飞行的严苛条件，航空或喷气燃料是一种碳链长度为C_8～C_{16}的直链烷烃、环烷烃、芳香烃和烯烃化合物的混合物，其中直链烷烃、异构烷烃和环烷烃约占70%～85%，使其凝固点较低。芳烃的作用在于提升燃油的能量密度，还能使老化的弹性体密封件收缩，降低燃油泄漏的可能，现有喷气燃料中的芳香烃含量一般在8%～25%之间。但是芳烃含量过高会导致燃烧不充分，从而产生更多的烟雾，破坏燃烧室或涡轮叶片，导致发动机寿命缩短。油脂类原料制备生物质烃类燃油首先需要催化裂化生成碳链长度较短的烷烃、烯烃和轻质芳烃，再通过临氢异构化，使裂化形成的烯烃转化为饱和烷烃或异构烷烃以及芳烃加氢生成环烷等[60]。

（五）生物质可燃气

生物质可燃气是以农作物秸秆、林木废弃物、禽畜粪便、污水污泥等含有生物质体的物质为原料，在高温下，生物质热解或者气化分解产生的一种可燃性气体。生物质可燃气中的主要组分有CO、H_2、CH_4、CO_2和N_2，还有少量的低碳烃和氧气等组分，另外气体中还含有少量的焦油。生物质热解或气化产生粗燃气，经净化、组分重整获得高质量的生物质可燃气。每年全球共生产约6EJ生物质可燃气，相当于目前全球一次能源消耗总量的2%。

生物质可燃气的形成过程可分为生物质气化和热解。生物质气化是高温（通常1000℃）下，在气化炉中通入合适的空气、氧气或者水蒸气同生物质发生热分解反应产生气体。而生物质热解是在高温无氧或者厌氧条件下进行产气的过程。空气气化的燃气中 N_2 体积分数达到 45%～55%，燃气热值通常为 4～6MJ/m^3（标）；氧气气化的燃气热值可达 10MJ/m^3（标），但获得氧气的成本比空气高很多。生产民用燃气时必须考虑安全性问题，使 CO 体积分数尽可能低于 20%[61]。燃气中携带的焦油虽然数量不大，但对输送和用气设备的正常运转危害很大。为降低气化过程的焦油产量，发展了下吸式气化炉、二步法气化炉和各种利用氧化反应高温将焦油裂解的气化炉型。

生物质可燃气有更好地降低温室气体排放的功效，还有多种多样的用途，如家庭的供暖和做饭、其中的甲烷可注入天然气管网中、为天然气汽车提供原料等。由于运行成本限制等问题，生物质可燃气工业化进程还处在方兴未艾的阶段，目前只有少数生物质气化设备投入使用，作为工厂供暖供能需要等。国内外对生物质气的使用研究较多，比如目前最尖端的就是将生物质可燃气通入固体氧化物燃料电池中产电的研究等[62]。

沼气也属于生物燃气的范畴，主要是利用人畜粪便等有机废弃物通过微生物厌氧发酵得到的可燃性气体。鉴于其原料来源特点，在本书生物质能源篇中将不做介绍。

（六）生物质氢气

生物质氢气（biohydrogen）是以生物质为原料，通过化学催化（例如气化、热解、超临界水气化和水相重整）、生物催化（例如直接或间接生物热分解、光发酵和暗发酵[63]、光发酵和无细胞合成途径生物转化）或它们的组合方法生成的气体能源（图 9-1-8）。生物氢气是一种清洁的可再生能源，资源丰富，来源多样，是唯一一种燃烧产物为水的无碳燃料，不会造成环境污染和温室气体排放[64]。此外，在已知的气体燃料中，单位重量的 H_2 分子热值最高，氢的能量密度（142MJ/kg）几乎是汽油（47MJ/kg）和柴油（43MJ/kg）等运输燃料的 3 倍[65]。生物氢气也是导热性最好的气体，比大多数气体的热导率高出 10 倍，在能源工业中氢是极好的传热载体。生物氢气可以以气态、液态或者固态金属氢化物的形式出现，能适应储运及各种应用环境的要求。用于制备生物氢气的生物质主要包括农作物及其废物、木质纤维素产品如木材和木材废物等、食品加工废物、水生植物残渣和藻类废渣以及人类栖息地产生的废水。含水的生物质，如污水污泥、农业和牲畜废水以及动物排泄物主要通过微生物发酵回收。

氢的生产成本取决于单位原料的氢产量，美国能源部的报告设定，50%的转换效率（即每摩尔葡萄糖产生 6mol 氢气）即达到最低的生物质制氢转换目标。几种新技术已经实现生产超过 8molH_2/mol 己糖当量。其中，生物转化合成路径（SYPAB）因其产量最高、温和的反应条件、可接受的反应速率以及低成本的生物转化炉或生物反应器而具有很好的前景[66]。SYPAB 商业化制氢的障碍是缺乏耐热酶和高效的氧化还原酶，氧化还原酶目前所需的辅因子价格昂贵[67]。从目前来看，以木质纤维素为原料的催化制氢或以废物为原料的暗发酵可能更为可行。但不管是何种工艺产氢，过高的运行成本可能是阻碍生物氢大规模生产的最重要挑战，较高的原料成本和高能耗是导致高运行成本的主要原因。

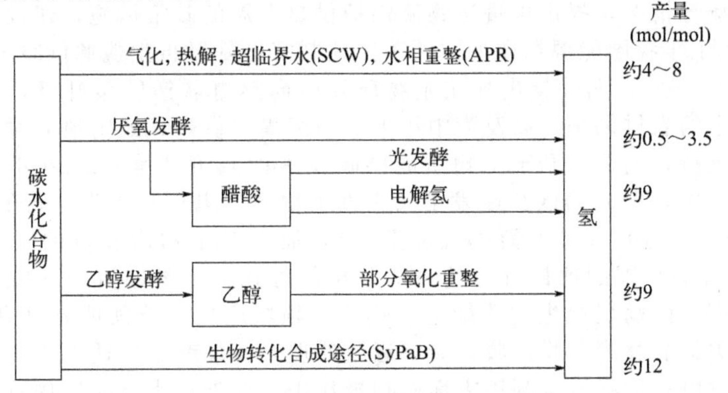

图 9-1-8 生物质制氢方法的比较[64]

第三节　生物质能源前景与展望

一、生物质能源相关政策与规划

我国生物质能年可利用资源量接近 8 亿～11 亿吨标准煤，如果能充分利用，将直接替代我国能源消费总量中 17%～24%的化石能源，将极大推动我国能源低碳转型，为应对全球气候变化做出巨大贡献。2016 年我国国家能源局发布的《能源发展“十三五”规划》确认现阶段的发展重点是生物质发电、生物质成型燃料、生物质燃气和生物液体燃料，主要目标是使生物质能到 2020 年基本实现商业化和规模化利用，使生物质能年利用量约 5800 万吨标准煤。我国碳中和的三条路径——电力碳中和、热力碳中和、动力碳中和，生物质能均可以发挥重要作用。

其中，在电力碳中和方面，我国有大量燃煤发电机组，如果将燃煤改为燃烧生物质，为风能和光能发电调峰，既节省了新建储能电站的投资，也有利于燃煤机组在减碳的前提下实现最大限度的利用，减少原有能源系统直接淘汰造成的巨大社会财富的浪费。截至 2019 年底，我国农林生物质发电、沼气发电装机容量分别达到 1081 万千瓦、75 万千瓦，城镇生活垃圾焚烧发电 750 万千瓦，有效促进秸秆能源化利用[68,69]。在国家财税和电价补贴政策刺激下，生物质发电或垃圾焚烧发电项目将成为行业投资热点。生物质能发电规划要求推动生物质气化发电，合理布局垃圾发电，有序发展生物质直燃发电、生物质耦合发电，因地制宜发展生物质热电联产。截至 2019 年底，我国已投产生物质发电项目 1094 个，装机容量为 2254 万千瓦，年发电量达 1111 亿千瓦时，年上网电量为 934 亿千瓦时。预测 2025 年生物质能发电装机规模达 4000 万千瓦左右。“十四五”期间需新增装机 2000 万千瓦[70]。

在热力碳中和方面，我国制造业的供热需求完全可以采用生物质能来满足，分布式供热需求可以通过成型燃料配套专业生物质热能装备实现。在生物质能供暖方面，2018 年，国家发展改革委、国家能源局联合发布《关于促进生物质能供热发展的指导意见》，指出到 2020 年，生物质成型燃料年利用量约 3000 万吨。到 2035 年，生物质成型燃料年利用量约 5000 万吨。在具备资源和市场条件的地区，特别是在大气污染形势严峻、淘汰燃煤锅炉任务较重的京津冀鲁、长三角、珠三角、东北等区域，以及散煤消费较多的农村地区，加快推广生物质成型燃料锅炉供热，为村镇、工业园区及公共和商业设施提供可再生清洁热力[71]。同时指出，到 2020 年生物质热电联产装机容量超过 1200 万千瓦，生物质燃气年利用量约 100 亿立方米，生物质能供热合计折合供暖面积约 10 亿平方米，年直接替代燃煤约 3000 万吨。到 2035 年，生物质热电联产装机容量超过 2500 万千瓦，生物质燃气年利用量约 250 亿立方米，生物质能供热合计折合供暖面积约 20 亿平方米，年直接替代燃煤约 6000 万吨。国家能源局明确表示将推动生物质锅炉清洁能源供热，推动“煤改生”取代“煤改气”，生物质锅炉供热适用于中小工业园区供热和城镇供暖，要求各地结合当地天然气供需形势、生物质资源和供热市场等情况，提出推进生物质锅炉供热发展的政策措施，建设城镇清洁可再生供热体系[71]。2021 年我国能源局印发《关于因地制宜做好可再生能源供暖工作的通知》（国能发新能〔2021〕3 号），明确提出加快生物质发电向热电联产转型升级，为具备资源条件的县城、人口集中的农村供暖，以及为中小工业园区集中供热，鼓励地方对生物质能清洁供暖项目积极给予支持，创造有利于生物质能供暖发展的政策环境。2020 年 9 月，国家发展改革委、财政部、国家能源局联合印发了《完善生物质发电项目建设运行的实施方案》（发改能源〔2020〕1421 号）（以下简称《方案》），加大对生物质发电的支持力度，明确自 2021 年起新纳入补贴范围的项目将通过央地分担的方式扩大补贴资金支持规模；提出拓展生物质能利用渠道，鼓励加快生物质能电、热、气领域应用；鼓励地方政府统筹各类资金，对生物质发电相关的农林废弃物“收、储、运、处理”各环节予以适当支持和补偿，更好地发挥农林生物质发电在秸秆综合利用方面的积极作用。此外，为推动生物质能开发利用转型升级，2019 年 12 月国家发展改革委、国家能源局、农业农村部等 10 部委联合印发了《关于促进生物天然气产业化发展的指导意见》，提出了生物天然气发展的方向、目标、任务和政策框架，促进生物天然气产业化、商业化发展，推动构建分布式可再生清洁燃气生产消费体系[72]。

我国林木生物质资源潜力约 180 亿吨[73]。根据《中国林业统计年鉴 2018》数据显示，2018 年我国森林面积约 22045 万公顷，蓄积量约 176 亿立方米；人工林面积约 8003 万公顷，蓄积量 34.5 亿立方米。同时，我国已建设生物质能源林基地约 300 万公顷，蓄积量 5665.68 万立方米[74]。除此之外，有约 4404 万公顷的宜林荒山、荒地，可用于培育能源林；有约 1 亿公顷的盐碱地、沙地以及矿山、油田复垦地等边缘性土地，可用于发展生物质能源。可作为能源利用的主要有木质资源、木本油料和淀粉植物等林木资源。林业生物质能源作为可再生能源的主要组成部分，具有可再生性、绿色洁净、存量丰富和分布广泛等特点，符合低碳环保经济发展特征，开发和利用林业生物质能源对推动节能减排、促进农村经济和中小城镇建设、优化能源结构、减少对外依存度、保障国家能源安全以及稳定能源供应体系具有重要意义[1]。2017 年国家林业局印发《林业产业发展“十三五”规划》[75]，要求充分挖掘我国现有 18 亿吨林木生物质资源开发潜力，开发生物柴油、生物乙醇、生物质热电联产和固体成型燃料等能源产品，重点推动木质纤维转化液体生物燃料和以油棕（*Elaeis guineensis* Jacq.）、小桐子（*Jatropha carcas*）、无患子（*Sapindus mukorossi* Gaertn.）、黄连木（*Pistacia chinensis* Bunge）等树种为主的能源树种新品种培育与产业化，促进林油一体化、林热一体化发展。2017 年国家发展改革委、国家能源局等十五部门联合印发《关于扩大生物燃料乙醇生产和推广使用车用乙醇汽油的实施方案》，要求扩大生物燃料乙醇生产和推广使用车用乙醇汽油，着力提高农林废弃物资源综合利用技术水平，推动先进生物能源产业发展；着力落实东北振兴战略部署，建设生物燃料乙醇产业基地，为促进我国替代化石能源、减排温室气体、培育农业农村发展新动能做出新贡献。到 2025 年，力争纤维素乙醇实现规模化生产，先进生物液体燃料技术、装备和产业整体达到国际领先水平，形成更加完善的市场化运行机制。从供给端看，据不完全统计，目前全国现有产能合计约 288 万吨，规划产能约 395.5 万吨。

二、生物质能源技术发展方向

如何实现生物质的高效转化和生物质能源产品的商业化开发一直是世界各国亟待解决的重大问题，其中对于纤维素类生物质的高效利用难度最大，如何开发有效的技术实现充分利用木质纤维素生物质，最有希望的方式是将生物质能源的最佳工艺组合成生物精炼模块。国际能源机构对于生物能源第 42 项任务将生物精炼定义为“将生物质可持续加工成一系列生物基产品（食品、饲料、化学品、材料）和生物能源”[76]，如图 9-1-9 所示。这些生物精炼模块采用物理、化学、生物技术和热化学技术的组合，遵循绿色化学原则，实现高效转化，实现高效技术和环境的优化整合，并确保所有产品的可持续性。今后面临的挑战是大力发展示范工厂，需要全球联合力量进行跨学科跨部门合作，从原材料消耗和再生、废物产生、三废处理方面来评估工厂生产的实际环境影响，这必须包括所有社会经济背景、资源可用性和短期市场可能性等，而非由经济因素来决定，在建设全面的先进生物精炼厂方面进行重大投资。同时，木质素、纤维素和半纤维素的结构复杂性相关的技术挑战仍然存在，现在需要的是开发一个具有先进技术的木质纤维素生物精炼平台，以满足对生物质能源与化学品研究的挑战。总之，未来生物质能源生产的良性模式在很大程度上仍有待改造。

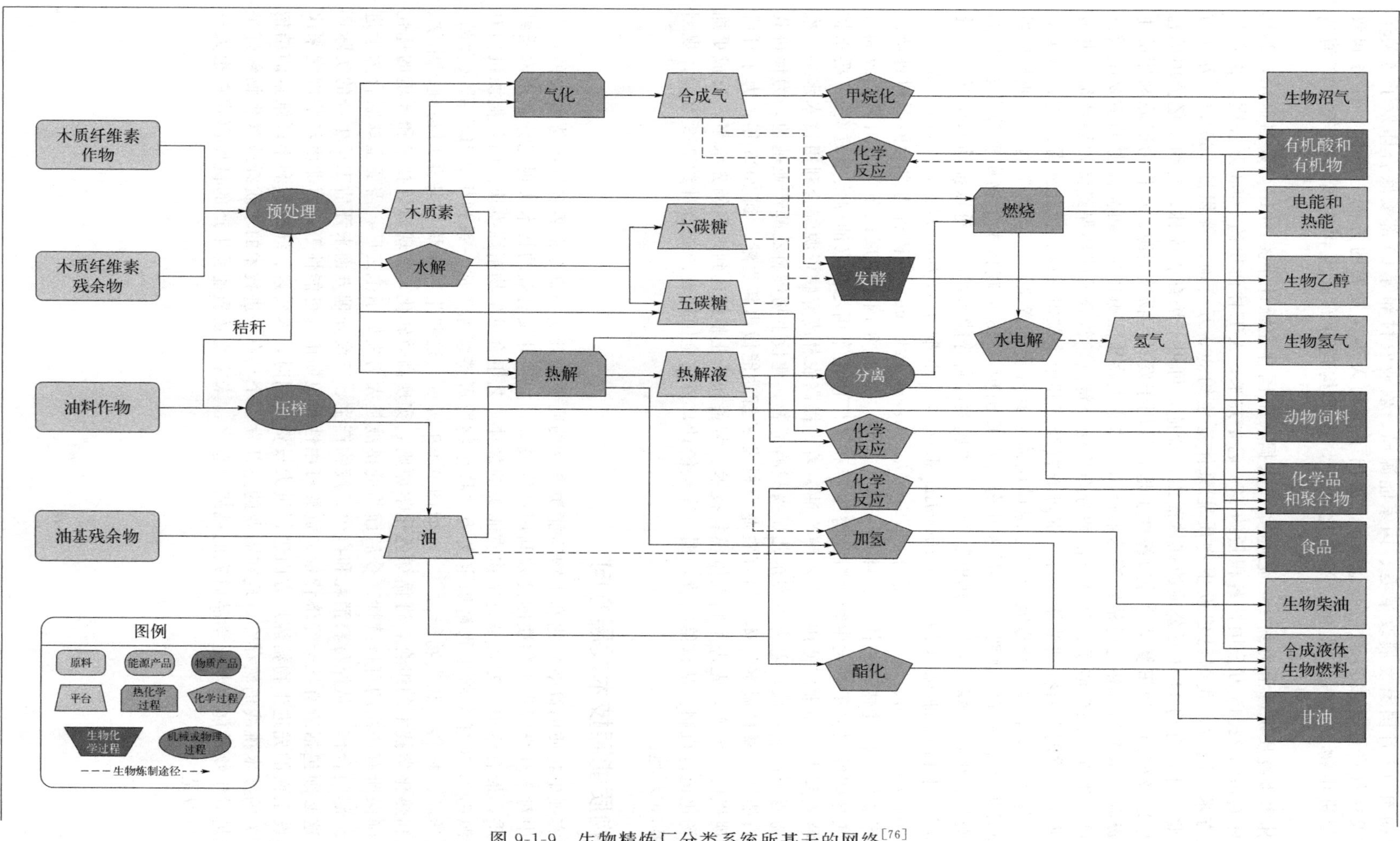

图 9-1-9　生物精炼厂分类系统所基于的网络[76]

三、生物质能源产业发展趋势

生物质能源是太阳能以化学能形式贮存在生物质中，也是唯一一种可以收集、储存、运输的最接近常规化石燃料的可再生能源。生物质能是当今可再生能源当中唯一的零碳燃料，若配套生物能源与碳捕获和储存（bioenergy and carbon capture and storage，BECCS）技术，生物质能将是负碳排放能源[77]，是仅次于煤炭、石油、天然气的第四大能源，在能源系统中占有重要地位。其优势包括可持续性、无污染（或污染小）、可储存性、产量巨大、减少温室气体排放、促进区域发展、调整社会和农业结构、优化新能源布局、保证能源供给安全。生物质能源的研究和发展，对进行生态保护、平衡人类社会活动和资源利用之间的关系、实现可持续发展具有重要意义。生物质能是唯一可以全面取代化石能源的可再生能源品种，不仅可以满足能源三大终端动力、电力、热力的需求，还可以生产生物基材料，取代石油基材料，这是其他可再生能源无法实现的。目前，基于生物质资源的生物炼制（biorefinery）在欧盟正成为取代石油炼制的新行业。欧盟是全球最早致力于低碳发展的组织，已完成碳达峰，正迈向碳中和，其经验值得学习和借鉴。欧盟 GDP（国内生产总值）占全球的比重为 22.54%，同期能耗占比为 8%，碳排放占比为 8.79%，实现能源系统碳中和采用的是以生物质能为主的可再生能源替代化石能源。从欧盟 27 国的能源总体结构来看，生物质能占可再生能源的比重高达 65%；从碳减排的贡献来看，生物质能占比达 43%，位居第一。究其原因：生物质能是化学能，也是唯一的可再生燃料，可储存、运输，面对多样化、多时段的供热需求，生物质燃料均可灵活满足，且生物质资源多、分布广、经济性强，用于供热竞争力强于化石能源，如北欧的丹麦、瑞典、芬兰基于广泛的农林废弃物构建了具有竞争力的生物质能产业链，并成为能源市场中占比第一的能源品种；生物质能与现有的化石能源基础设施相容，如英国最大的燃煤电厂 Drax6 台 660MW 燃煤机组全部改燃生物质，实现零碳排放，并获得巨大的碳减排收益[76]。目前，产业化最成功的生物质能源是生物燃料乙醇和生物柴油。2015 年以来，全球燃料乙醇产量一直维持小幅增长的状态，至 2019 年全球燃料乙醇产量高达 1098 亿升（约 8600 万吨）。美国、巴西是燃料乙醇产业规模最大的国家，占全球燃料乙醇产量的 80%以上，其中美国 2021 年生物燃料乙醇产量突破 4500 万吨。在生物柴油方面，其生产、消费、使用存在明显的地域性，目前主要集中在欧洲、北美，南美的巴西、阿根廷以及东南亚的印度尼西亚和泰国。2021 年，全球生物柴油产量约 4500 万吨，其中欧盟是全球最大的生物柴油产区（1409 万吨/年），占全球生物柴油产量的 31%，其次是印度尼西亚（809 万吨/年）、巴西（604 万吨/年）、美国（543 万吨/年）。从原料结构来看，大约 70%的生物柴油基于植物油，其中棕榈油占比 30%，豆油占比 25%，菜籽油占比 14%，废弃食用油占比 20%[78]。植物油生产的生物柴油在未来几年将依然是主要的生物质能来源，纤维素材料和其他非食用原料生产的生物质能源有望在 2030 年获得更大的市场份额[79]。根据国际能源署报道，到 2030 年，预计全球可再生能源的比例将翻一番，可再生能源在全球能源结构中的占比将提升到 36%，全球生物燃料乙醇的产量有望突破 3700 亿升（约 2.9 亿吨），生物柴油生产需求量将突破 8000 万吨。

我国生物质能产业发展相对不足，未来还存在较大的发展空间。据统计，我国 2017 年生物质发电量 795 亿千瓦时，占全部发电量的 1.2%，全国生物质发电新增装机 274 万千瓦，累计装机达到 1488 万千瓦，预计到 2030 年我国生物质发电比重将超过 5%。在生物质液体燃料领域，我国生物燃料乙醇和生物柴油的年生产规模也在不断增长。2021 年，我国生物燃料乙醇产量约为 260 万吨，且目前在建和拟建规模超过 200 万吨；目前生物柴油产量达到 150 万吨，未来将有望以 10%的年增长率持续增加。生物质能的开发利用能够有效处理城乡有机废弃物，有利于改善城乡人居环境，促进能源经济绿色转型升级，对于实现碳达峰、助力碳中和具有积极意义。“十四五”期间，我国将稳步推进生物质能多元化开发：一是优化生物质发电开发布局，稳步发展城镇生活垃圾焚烧发电，有序发展农林生物质发电和沼气发电；二是积极发展生物质能清洁供暖，选择典型农村开展生物质能清洁供暖试点示范，因地制宜推广生物质能集中供暖和户用炉具分散式供暖；三是加快发展生物天然气，在粮食主产区、林业三剩富集区、畜禽养殖集中区等种植养殖大县，开展生物天然气示范，积极促进生物天然气产业化发展；四是大力发展非粮生物质液体燃料，积极发展纤维素等非粮燃料乙醇，鼓励开展醇、电、气、肥等多联产示范。为支持新能源建设和生物质能深度开发利用，国家出台了一系列税收优惠政策，如对符合条件的生物质发电项目实行电价补贴政策等。在金融政策方面，国家积极引导金融机构加大对包括生物质能在内的清洁能源领域的融资支持。我国积极支持生物燃气、生物液体燃料、生物质发电及海洋生物质资源的开发利用，不断提升生物质能的综合效益和产品附加值。

参考文献

[1] 全国林业生物质能源发展规划（2011—2020年）. 国家林业局，2013-05-28.

[2] 马隆龙. 生物质能利用技术的研究及发展. 化学工业，2007，25（8）：9-14.

[3] 石元春. 我国生物质能源发展综述. 智慧电力，2017，45（7）：1-5.

[4] 我国生物质燃油行业的市场现状、前景与存在问题. 六乘风的雪球专栏，2021-01-07.

[5] 马隆龙，唐志华，汪丛伟，等. 生物质能研究现状及未来发展策略. 中国科学院院刊，2019，34（4）：434-442.

[6] 袁振宏，雷廷宙，庄新姝，等. 我国生物质能研究现状及未来发展趋势分析. 太阳能，2017，2：12-19.

[7] 生物质能发展"十三五"规划. 国能新能［2016］291号，国家能源局，2016-10-28.

[8] 朱文杰. 生物质压缩成型工况研究. 北京：华北电力大学，2012.

[9] Nussbaumer T. Combustion and co-combustion of biomass: Fundamentals, technologies, and primary measures for emission reduction. Energy Fuels, 2003, 17 (6): 1510-1521.

[10] 黄虬. 浅谈我国生物质发电产业的现状及存在问题. 科技风，2018，335（3）：177，182.

[11] Behrendt F, Neubauer Y, Oevermann M, et al. Direct liquefaction of biomass. Chem Eng Technol, 2008, 31 (5): 667-677.

[12] Toor S S, Rosendahl L, Rudolf A. Hydrothermal liquefaction of biomass: A review of subcritical water technologies. Energy, 2011, 36 (5): 2328-2342.

[13] Toor S S, Rosendahl L, Niesen M P, et al. Continuous production of bio-oil by catalytic liquefaction from wet distiller' s grain with solubles (WDGS) from bio-ethanol production. Biomass Bioenergy, 2012, 36 (Jan.): 327-332.

[14] Bridgwater A V. Review of fast pyrolysis of biomass and product upgrading. Biomass Bioenergy, 2012, 38 (Mar.): 68-94.

[15] Puig-Arnavat M, Bruno J C, Coronas A. Review and analysis of biomass gasification models. Renewable Sustainable Energy Rev, 2010, 14 (9): 2841-2851.

[16] Kumar A, Jones D D, Hanna M A. Thermochemical biomass gasification: A review of the current status of the technology. Energies, 2009, 2 (3): 556-581.

[17] Sansaniwal S K, Rosen M A, Tyagi S K. Global challenges in the sustainable development of biomass gasification: An overview. Renewable Sustainable Energy Rev, 2017, 80: 23-43.

[18] Kuo J H, Lian Y H, Rau J Y, et al. Effect of operating conditions on emission concentration of PAHs during fluidized bed air gasification of biomass. International Conference on Chemistry & Chemical Engineering, Kyoto, 2010.

[19] Hossain A K, Davies P A. Pyrolysis liquids and gases as alternative fuels in internal combustion engines - A review. Renewable Sustainable Energy Rev, 2013, 21 (May): 165-189.

[20] Ahmad M M, Nordin M F R, Azizan M T. Upgrading of bio-oil into high-value hydrocarbons via hydrodeoxygenation. Am J Appl Sci, 2010, 7 (6): 746-755.

[21] Mortensen P M, Grunwaldt J D, Jensen P A, et al. A review of catalytic upgrading of bio-oil to engine fuels. Appl Catal A, 2011, 407 (1-2): 1-19.

[22] Bridgwater A V, Toft A J, Brammer J G. A techno-economic comparison of power production by biomass fast pyrolysis with gasification and combustion. Renewable Sustainable Energy Rev, 2002, 6 (3): 181-246.

[23] Basu P. Biomass gasification, pyrolysis and torrefaction. 2nd edition. Boston: Academic Press, 2013: 147.

[24] 陈科，曾蕾，曾琦斐. 催化在能源转化中的作用. 中国石油石化，2016，24：63-64.

[25] Ayodele B V, Alsaffar M A, Mustapa S I. An overview of integration opportunities for sustainable bioethanol production from first- and second-generation sugar-based feedstocks. J Cleaner Prod, 2020, 245: 118857.

[26] Dorado M P, Lin S K C, Koutinas A, et al. Cereal-based biorefinery development: Utilisation of wheat milling by-products for the production of succinic acid. J Biotechnol, 2009, 143 (1): 51-59.

[27] Lin C S K, Luque R, Clark J H, et al. A seawater-based biorefining strategy for fermentative production and chemical transformations of succinic acid. Energy Environ Sci, 2011, 4 (4): 1471-1479.

[28] Leung C C J, Cheung A S Y, Zhang A Y-Z, et al. Utilisation of waste bread for fermentative succinic acid production. Biochem Eng J, 2012, 65: 10-15.

[29] Zhang A Y-Z, Sun Z, Leung C C J, et al. Valorisation of bakery waste for succinic acid production. Green Chem, 2013,

15 (3): 690-695.

[30] Weiland P. Biomass digestion in agriculture: A successful pathway for the energy production and waste treatment in Germany. Eng Life Sci, 2010, 6 (3): 302-309.

[31] Weiland P. Biogas production: Current state and perspectives. Appl Microbiol Biotechnol, 2010, 85 (4): 849-860.

[32] 杨帅，杨树斌，甘云华，等. 生物质成型燃料热解特性及动力学研究. 节能技术，2010，3: 199-201.

[33] 霍丽丽，赵立欣，郝彦辉，等. 国内外生物质成型燃料质量标准现状. 农业工程学报，2020，36 (9): 10.

[34] Wyman C E. Handbook on bioethanol: Production and utilization. Boca Raton: CRC Press, 1996.

[35] 车用乙醇汽油将有序扩大推广使用. 中国青年网，2018-08-30.

[36] Lutke-Eversloh T, Bahl H. Metabolic engineering of Clostridium acetobutylicum: Recent advances to improve butanol production. Curr Opin Biotechnol, 2011, 22 (5): 634-647.

[37] Xue C, Zhao J, Lu C, et al. High-titer n-butanol production by clostridium acetobutylicum JB200 in fed-batch fermentation with intermittent gas stripping. Biotechnol Bioeng, 2012, 109 (11): 2746-2756.

[38] Xue C, Wang Z, Wang S, et al. The vital role of citrate buffer in acetone-butanol-ethanol (ABE) fermentation using corn stover and high-efficient product recovery by vapor stripping-vapor permeation (VSVP) process. Biotechnol Biofuels, 2016, 9 (1): 146.

[39] Gupta V K, Schmoll M, Maki M, et al. Applications of microbial engineering. Boca Raton: CRC Press, 2013.

[40] Jiang Y, Liu J, Jiang W, et al. Current status and prospects of industrial bio-production of n-butanol in China. Biotechnol Adv, 2015, 33 (7): 1493-1501.

[41] Green E M. Fermentative production of butanol - the industrial perspective. Curr Opin Biotechnol, 2011, 22 (3): 337-343.

[42] Thang V H, Kanda K, Kobayashi G. Production of acetone-butanol-ethanol (ABE) in direct fermentation of cassava by Clostridium saccharoperbutylacetonicum N1-4. Appl Biochem Biotechnol, 2010, 161 (1-8): 157-170.

[43] 生物丁醇值得期待. 科技大观，2008-04-10.

[44] Lei G C A, Fonquernie P G, et al. A highly water-stable meta-carborane-based copper metal-organic framework for efficient high-temperature butanol separation. J Am Chem Soc, 2020, 142 (18): 8299-8311.

[45] Zhang Y, Dubé M, Mclean D D, et al. Biodiesel production from waste cooking oil: 2. Economic assessment and sensitivity analysis. Bioresour Technol, 2003, 90 (3): 229-240.

[46] Avhad M R, Marchetti J M. A review on recent advancement in catalytic materials for biodiesel production. Renewable Sustainable Energy Rev, 2015, 50 (Oct.): 696-718.

[47] Aransiola E F, Ojumu T V, Oyekola O O, et al. A review of current technology for biodiesel production. Biomass Bioenergy, 2014, 61: 276-297.

[48] Rico J, Sauer I L. A review of Brazilian biodiesel experiences. Renewable Sustainable Energy Rev, 2015, 45: 513-529.

[49] Akoh C C, Chang S W, Lee G C, et al. Enzymatic approach to biodiesel production. J Agric Food Chem, 2007, 55 (22): 8995-9005.

[50] 李昌珠，蒋丽娟，程树棋. 生物柴油-绿色能源. 北京：化学工业出版社，2005.

[51] Sajid Z, Khan F, Zhang Y. Process simulation and life cycle analysis of biodiesel production. Renewable Energy, 2016, 85: 945-952.

[52] Lee J W. Advanced Biofuels and Bioproducts. New York: Springer, 2012.

[53] Sheehan J, Dunahay T, Benemann J, et al. A look back at the US department of energy' s aquatic species program-biodiesel from algae golden. Aquatic Plants & Algae, 1998.

[54] 钱能志，费世民，韩志群. 中国林业生物柴油. 北京：中国林业出版社，2007.

[55] Liang S, Xu M, Zhang T. Life cycle assessment of biodiesel production in China. Bioresour Technol, 2013, 129: 72-77.

[56] 李顶杰，张丁南，李红杰，等. 中国生物柴油产业发展现状及建议. 国际石油经济，2021，29 (8): 91-98.

[57] Yeletsky P M, Kukushikin R G, Yakovlev V A, et al. Recent advances in one-stage conversion of lipid-based biomass-derived oils into fuel components - aromatics and isomerized alkanes. Fuel, 2020, 278: 118255.

[58] Xia Q, Chen Z, Shao Y, et al. Direct hydrodeoxygenation of raw woody biomass into liquid alkanes. Nat Commun, 2016, 7 (1): 1-10.

[59] Pattanaik B P, Misra R D. Effect of reaction pathway and operating parameters on the deoxygenation of vegetable oils to produce diesel range hydrocarbon fuels: A review. Renewable Sustainable Energy Rev, 2017, 73: 545-557.

[60] Wu X, Jiang P, Jin F, et al. Production of jet fuel range biofuels by catalytic transformation of triglycerides based oils. Fuel, 2017, 188: 205-211.

[61] 孙立，张晓东. 生物质热解气化原理与技术. 北京：化学工业出版社，2013.

[62] Din Z U, Zainal Z A, et al. Biomass integrated gasification-SOFC systems: Technology overview. Renewable Sustainable Energy Rev, 2016, 53: 1356-1376.

[63] Nath K, Das D. Improvement of fermentative hydrogen production: Various approaches. Appl Microbiol Biotechnol, 2004, 65 (5): 520-529.
[64] Zhang Y H P. Hydrogen production from carbohydrates: A mini-review. Sustainable Production of Fuels, Chemicals, and Fibers from Forest Biomass, 2011, 1067: 203-216.
[65] Soccol C R, Brar S K, Faulds C, et al. Green Fuels Technology: Biofuels. New York: Springer, 2016.
[66] Huang W D, Zhang Y. Analysis of biofuels production from sugar based on three criteria: Thermodynamics, bioenergetics, and product separation. Energy Environ Sci, 2011, 4 (3): 784-792.
[67] Zhang Y H P, Evans B R, Mielenz J R, et al. High-yield hydrogen production from starch and water by a synthetic enzymatic pathway. PloS One, 2007, 2 (5): e456.
[68] Han K, Gao J, Qi J. The study of sulphur retention characteristics of biomass briquettes during combustion. Energy, 2019, 186: 115788.
[69] 关于政协十三届全国委员会第三次会议第 3556 号（农业水利类 281 号）提案答复的函. 国家能源局，2022（10）.
[70] 2020 中国生物质发电产业发展报. 中国产业发展促进会生物质能产业分会，2020.
[71] 促进生物质能供热发展指导意见. 国家能源局，2018.
[72] 关于政协第十三届全国委员会第四次会议第 0449 号提案答复的函，2021.
[73] 吉敏，耿利敏. 基于林业循环经济的林业生物质能源发展研究. 中国林业经济，2019，5：82-86.
[74] 张忠涛. 大力发展林业生物质能源产业. 中国国情国力，2020（5）：9-11.
[75] 林业产业发展“十三五”规划. 国家林业和草原局，2020.
[76] 生物质能有望成为碳中和利器. 实现碳中和发展目标，2021-06-16.
[77] 生物质能对碳中和的重要性. 生物质观察，2021.
[78] 智研咨询，2021 年全球生物柴油产量、消费量及原料结构占比分析，2022-08-15.
[79] Economy N C. Better growth better climate - The new climate economy report. Global Commission on the Economy & Climate, 2014.

（李迅，张瑜）

第二章　生物质气化

在高温下利用氧或含氧物质（气化剂）使生物质原料转化为可燃气体的热化学过程称为生物质的气化过程[1]。生物质气化是源于更早的煤气化技术发展起来的一种生物质热化学转化技术，已有 100 多年的历史。瑞典人 Gustaf Ekman 在 1843 年发表了关于煤气发生器的论文，并于 1881 年第一套用于内燃机的下吸式气化炉投入运行；瑞典人 Axel Swedlund 在 1918 年设计出第一台上吸式木炭气化炉，1924 年制造出第一台下吸式木炭气化炉，从而开创了生物质气化技术的先河。早期的生物质气化反应器，以木炭为原料，气化后的燃气通过内燃机驱动农业排灌机械，之后逐渐用于移动工作的内燃机如汽车、拖拉机等动力装置。在大规模开发使用石油之前的 20 世纪 20 年代，生物质气化炉与内燃机相结合是一种获取动力的有效方法[2]。

在第一次世界大战末期，开始出现了用于驱动汽车、轮船、火车和小型发电机的木炭气化炉。在第二次世界大战期间，因为当时燃油几乎都被用于战争，民用燃料十分匮乏，民用车辆不得不寻找替代动力，因此促进了生物质气化技术很大的发展和应用。德国等国家大力发展车载生物质气化器用于民用汽车，并形成了与汽车发动机相适应的完整成套技术。战争期间，以 Imbert 型及其改进型为代表的车载气化器（图 9-2-1）和各种改进型气化炉大批量地生产，有超过 100 万辆（台）汽车、轮船、拖拉机等运输工具装备了生物质气化炉（图 9-2-2），主要是以木炭作为气化炉的燃料，当木炭供应不上时也使用优质的硬木作燃料。当时以木炭作为原料的下吸式气化反应器达到了商业化应用技术水平[2-4]。

图 9-2-1　汽车上的气化炉

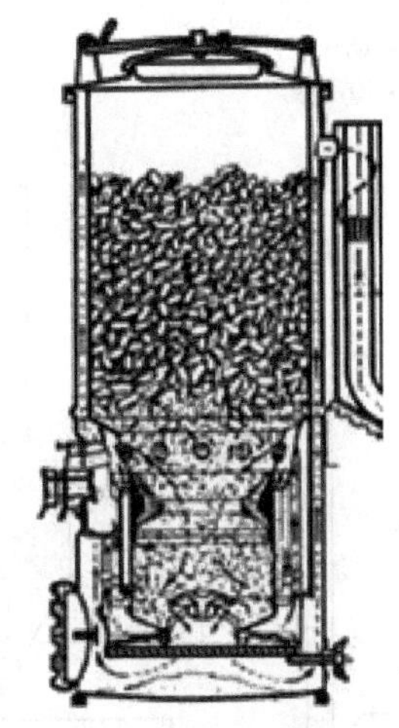

图 9-2-2　Imbert 型气化炉

中国的木炭气化技术起始于 20 世纪 30 年代。汤仲明在 1931 年制造了中国第 1 辆木炭气化汽车。湖南省工业试验所的向德在 1932 年先后研制出 5 种木炭气化器，成功安装在汽车上使用，到 1939 年湖南省有 50%以上的汽车被改装成木炭气化汽车。上海的张登义等人从法国引进下吸式气化器，在 1937 年将上海 1 路公共汽车全部改装为木炭气化汽车。我国当时的木炭气化器从研制推行使用到逐渐被淘汰，历时近 15 年，为我国抗日战争时期的公路交通运输提供了动力保障，作出了不可磨灭的贡献。新中国成立后至 20 世纪 60 年代之前，我国石油勘探和采油技术落后，缺乏燃油，也曾使用这种生物质气化器驱动汽车和农业排灌设备[2,5]。

第二次世界大战后，随着世界石油开采和炼制技术水平的极大提高，中东地区油田得到大规模开发，人类源源不断地获得低成本的石油燃料，发达国家开始转向以石油为主导的能源结构，因此，生物质气化技术在较长一段时间内处于停滞状态。直到 20 世纪 70 年代出现的石油危机，使各国政府认识到化石能源的不可再生性和资源分布受到地域限制等问题，为保障能源安全和经济可持续发展，纷纷投入大量资金开展新能源技术的研究，从而使生物质热解气化的研究重新活跃起来，学科技术的交叉使这一技术发展到新的高度[6]。近 30 年来，相关的科研与技术应用主要集中在以下方面：a. 生物质气化供气、供热和发电技术；b. 生物质快速热解制取生物油技术；c. 生物质气化合成液体产品技术；d. 生物质制氢技术[7-10]。

生物质气化技术主要用于集中供气、发电、供热，以及热电联产等。瑞典、美国、意大利、德国等国的技术处于领先水平，重点发展各种类型的固定床和流化床等气化装置。到 20 世纪 80 年代初期，欧洲和北美等地区有 15 个以上的生物质气化设备制造商，提供木材和木炭气化用于 250kW 以内的小型发电系统。以解决生物质空气气化燃气热值低和焦油含量高等问题为目标，各国相继研发新的气化方法、技术和设备，如丹麦技术大学研究了可制备低焦油含量的燃气的两步法气化技术，美国 PNL、荷兰 ECN、奥地利维也纳技术大学等研发了可制备中热值燃气的双循环流化床气化装置，德国 Future Energy 公司开发出可以得到几乎不含焦油的中热值燃气的加压气流床气化装置。在生物质气化发电系统方面，小型系统采用固定床气化炉与内燃机发电机组成机组，大型系统则采用流化床气化炉与燃气轮机和蒸汽轮机发电机组成生物质气化联合循环发电系统。在 20 世纪 90 年代，瑞典 Varnamo 建成了 18MW 的大型生物质整体煤气化联合循环发电系统（IGCC）。欧美等国则更多地将该技术用于发电、供热以及热电联产方面。现代的生物质热解气化技术朝着规模化、大型化、多联产等方向发展。这些国家先后研究开发了规模较大、自动化程度高、工艺较复杂的生物质气化系统。图 9-2-3 为奥地利建立的生物质发电厂的气化热电联产系统工艺流程，该工程装机容量为 $2MW_{el}/8MW_{th}$，主要由原料输送装置、气化炉、燃气冷却、过滤、净化、燃气发电机、锅炉以及烟气处理装置等组成[2]。

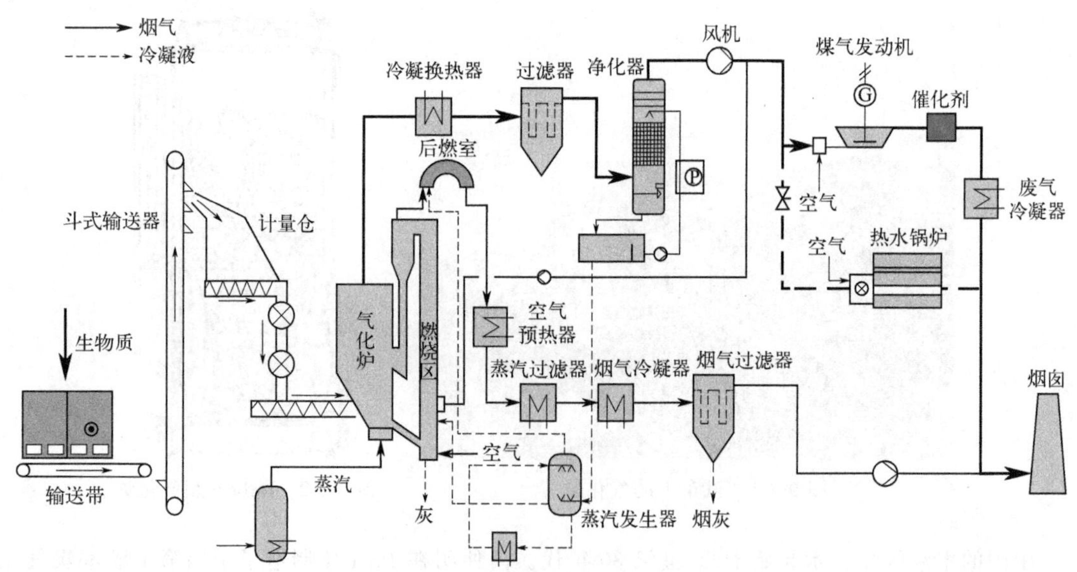

图 9-2-3 奥地利生物质气化热电联产系统工艺流程

我国生物质气化技术也在 20 世纪 70 年代重新活跃起来。我国研制开发了由固定床气化器和内燃机组成的稻壳气化发电机组，通过稻壳气化产生燃气驱动小型内燃机发电，形成了 100kW 和 200kW 稻壳气化发电机组的产品并得到推广应用。80 年代以后得到了较快发展，中国农业机械化科学研究院、中国林业科学研究院林产化学工业研究所开发了固定床木材气化炉生产燃气用于茶叶烘干、燃气锅炉热水采暖等方面的应用技术，并得到一定程度的推广应用；1991 年中国林业科学研究院林产化学工业研究所在福建省研制了上吸式固定床气化炉，以木片为原料气化生产燃气，通过2t/h锅炉产出蒸汽为纺织器材厂的木制品干燥供热，同时，还研发了由生物质气化炉、净化装置、储存气柜、输气管道等组成的集中供气系统，利用森林采伐剩余物气化制备的燃气为林场居民提供生活用能[11-13]；山东省科学院能源研究所开展生物质气化集中供气的技术研究，于1994年建成农村试点供气站。我国为解决农村居民生活炊事用能、日益严重的秸秆就地焚烧等问题，全国各地陆续建设了一批生物质气化集中供气站，其原理是将秸秆等农林废弃物通过气化炉气化反应转化为生物质燃气，经过冷却、净化后送入储气柜，再通过管道将燃气送到居民家中作炊事燃料[14]。在农业部的组织和资助下，科研院所和企业共同推动了相关技术的发展，在国内先后建成600多个秸秆气化集中供气站。生物质气化集中供气技术在利用农村剩余秸秆，减轻秸秆大量过剩引起的环境问题，为农村居民供应清洁的生活燃料方面已经开始发挥作用，以低品位生物质原料供应农村现代生活燃气。中国林业科学研究院林产化学工业研究所1998年研制锥形流化床气化炉，先后在国内外推广应用，3MW稻壳气化发电装置和5MW稻壳气化供热装置等出口东南亚国家[11,15,16]。中国科学院广州能源研究所进行了生物质流化床气化器的研制和大量研究，并与内燃机结合组成了流化床气化发电系统，于1998年建成了1MW木屑流化床气化发电示范系统，投入商业运行并取得了较好的效益；之后对流化床气化发电技术进行了推广，建成了一批兆瓦规模的示范工程，规模最大的为6MW生物质气化联合循环发电系统。近几年来，生物质气化热燃气直接用于锅炉、导热油炉等供热技术得到较快发展。生物质气化技术应用所面临的问题主要是焦油和醋液等液体产物的处理与利用技术瓶颈。焦油是生物质气化过程中伴生的一种副产物，它是包含多种有机成分的黏稠性液体。在生物质燃气输送和应用过程中，燃气中的焦油会导致输气管道和燃烧器等器件的堵塞。焦油的脱除是一个复杂和困难的过程，往往需要通过多种手段和多个步骤才能使气体质量满足应用要求，这也是导致生物质气化系统复杂的一个主要原因。目前，虽然有各种各样的焦油脱除技术，但是总体上来看，在工程上应用最多的还是水喷淋的湿式净化方法，这种方法虽然能脱除部分焦油，但是由此带来的水污染问题却难以解决。因此，如何在气化过程中减少焦油的生成，以及焦油的脱除和利用是一项长期的研究任务[17,18]。

第一节 气化技术原理

一、气化基本原理

生物质气化是指在一定的温度、压力下，生物质中的可燃组分与气化剂（如空气、水蒸气等）发生热化学反应，将固体生物质转化为氢气、一氧化碳、甲烷和其他烃类等可燃气体的过程。在本质上，生物质气化是将生物质由高分子固体物质转化为低分子气态产物的过程。在采用空气作为气化剂的条件下，气化所产生的生物质燃气的热值通常在4～6MJ/m^3（标）左右，属于一种低热值燃气[1,19]。

生物质气化时必须同时具备三个条件，即气化炉、气化剂、热量，这三者缺一不可。气化过程需要适量的空气或氧气或水蒸气等；需要在特定的空间内进行反应；原料需发生部分氧化反应释放出热量，为气化反应提供热力学条件。

生物质气化的反应过程主要包括热解、燃烧（氧化）和还原反应。以空气为气化剂的生物质气化，总的反应式可表述为：

$$CH_{1.4}O_{0.6}+0.4O_2+1.5N_2 \longrightarrow 0.7CO+0.3CO_2+0.6H_2+0.1H_2O+1.5N_2 \qquad (9\text{-}2\text{-}1)$$

式中，$CH_{1.4}O_{0.6}$ 代表生物质的分子式。

以空气为气化剂，在加入氧气的同时携入了惰性气体氮气，因此，稀释了燃气中的可燃成分，所以空气气化得到的燃气热值较低，通常在4～6MJ/m^3[5]。

生物质气化原理可以用上吸式固定床常压气化炉的气化反应过程来说明，如图9-2-4所示，生物质原料从顶部加入气化炉中，在重力作用下逐步向下移动，完成气化过程，最后变成灰渣由气化炉底部排出。气化剂（如空气）由底部进入，通过生物质料层，与原料发生气化反应后，由气化炉上部的燃气出口导出，整个反应过程是连续进行的。气化炉自上而下可以分成干燥、热解、还原和氧化四个区域，各个区域的分布见图 9-2-4[1,19-21]。

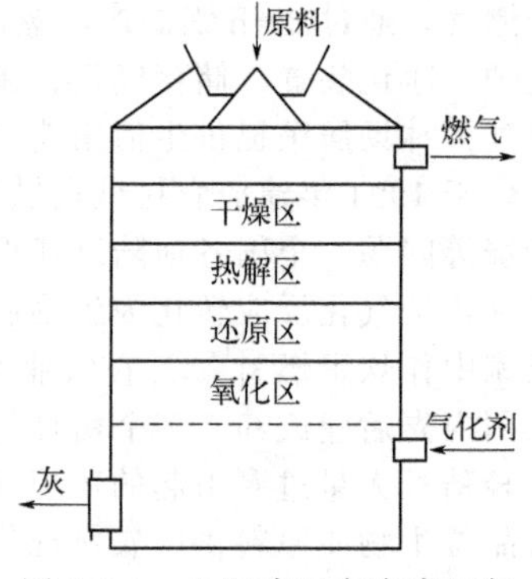

图 9-2-4　上吸式固定床常压气化炉的气化原理

（一）物料干燥

生物质物料由顶部进入气化炉，气化剂（空气）从底部进入。气化炉的最上层为干燥区，含有水分的原料在此区域受到来自热解区域的热源加热，原料中的水分被蒸发出去，包括原料中的游离水的蒸发和结合水的蒸发。干燥是一个物理变化过程，物料化学组成没有发生变化。

干燥区的温度大约在 100～150℃，其产物主要为干物料和水蒸气[22]。干物料由重力作用向下移动，水蒸气则在外部气体输送设备的抽吸下随燃气向上移动。

（二）热解反应

干燥区的干物料和来自还原区的高温气体进入热解区，在还原区传递来的热量加热下持续升温，当温度升高到 160～250℃时生物质开始发生热解反应。热解是高分子有机物受热在高温下所发生的不可逆裂解反应。其总的结果是大分子的碳水化合物的化学键被打断，降解生成并析出有机挥发物，形成焦炭进入还原层。生物质热分解总体为放热反应，反应产物非常复杂，主要为炭、氢气、一氧化碳、二氧化碳、甲烷、水蒸气、焦油和其他烃类物质等，可用化学反应方程式来近似表示：

$$CH_xO_y \longrightarrow n_1C + n_2H_2 + n_3CO + n_4CO_2 + n_5CH_4 + n_6H_2O \tag{9-2-2}$$

式中，CH_xO_y 为生物质的特征分子式，通常假设为 $x=1.4$，$y=0.6$；$n_1 \sim n_6$ 为依据气化反应具体情况而定的平衡常数。

（三）氧化反应

气化剂由气化炉的底部导入，在气化炉氧化反应区域，气化剂与来自还原区的炽热的焦炭发生氧化反应（燃烧反应），生成一氧化碳、二氧化碳和水蒸气，并放出大量热量，使氧化区的温度通常保持在 800～1200℃左右，这个区域氧化反应产生的热量为干燥、热解和还原过程提供了热源。生成的热气体进入气化炉的还原区，灰渣则进入下部的灰室排出。值得注意的是，这个区域的气化剂比例受到限量控制，是一个不完全燃烧过程。这也是生物质气化与生物质燃烧的本质区别。

氧化区发生的化学反应主要有：

$$C + O_2 \longrightarrow CO_2 + 393.51kJ \tag{9-2-3}$$

$$2C + O_2 \longrightarrow 2CO + 221.34kJ \tag{9-2-4}$$

$$2CO + O_2 \longrightarrow 2CO_2 + 565.94kJ \tag{9-2-5}$$

$$2H_2 + O_2 \longrightarrow 2H_2O + 483.68kJ \tag{9-2-6}$$

$$CH_4 + 2O_2 \longrightarrow CO_2 + 2H_2O + 890.36kJ \tag{9-2-7}$$

（四）还原反应

气化剂在氧化区域发生氧化反应（燃烧反应）而消耗其中的氧气组分，因此，在还原区已不存在氧气组分。在这个区域主要是二氧化碳和水蒸气与炽热的炭在高温下发生还原反应，生成一氧化碳和氢气等。生成的这些高温气体进入热解区，而未反应完的焦炭则进入氧化区。由于还原反应是吸热反应，还原区的温度相应地比氧化区有所降低，约为 700～900℃。

还原区发生的化学反应主要有：

$$C + CO_2 \longrightarrow 2CO - 172.43kJ \tag{9-2-8}$$

$$H_2O+C \longrightarrow CO+H_2-131.72kJ \tag{9-2-9}$$

$$2H_2O+C \longrightarrow CO_2+2H_2-90.17kJ \tag{9-2-10}$$

$$H_2O+CO \longrightarrow CO_2+H_2-41.13kJ \tag{9-2-11}$$

$$3H_2+CO \longrightarrow CH_4+H_2O+250.16kJ \tag{9-2-12}$$

需要指出的是，只有固定床气化炉中存在比较明显的这 4 个特征区域，而在流化床气化炉中是无法界定这些区域的。实际上，生物质气化反应过程既是复杂的，也是交错进行的，因此，划分气化炉为几个特征区域与实际情况并不完全相符，主要是为了便于分析气化反应过程。实际的气化过程，其区域的界限也并不固定，边界也不清晰，而且在气化反应过程中也会在不同区域间出现互相交错的状态[19]。

二、气化反应化学平衡

生物质气化是一种热化学转化过程，是生物质与气化剂气固两相间发生高温化学反应生成燃气的过程，这个过程存在着多个可逆反应。正逆两方向都可以进行的反应称为可逆反应。与其他大多数化学反应一样，在反应物之间进行正反应的同时，生成物之间还存在不同程度的逆反应。那么，只有当正反应生成的产物量与逆反应消耗的产物量相等时，反应才能达到平衡状态。气化反应的平衡状态是气化反应能够进行的限度。通常这个限度由平衡常数来表征。通过对气化反应化学平衡的研究，可以了解最佳的反应状态，并通过主动改变某些平衡条件以调节生成气的某些组分气体或各类产物的比例。

（一）气化反应的平衡常数

假设如下反应是一个可逆反应：

$$\underset{c_1}{A}+\underset{c_2}{B} \rightleftharpoons \underset{c_3}{C}+\underset{c_4}{D} \tag{9-2-13}$$

式中 A，B——气化反应物；

C，D——气化产物；

c_1，c_2，c_3，c_4——A、B、C、D 的浓度。

假设正反应（A+B⟶）的反应速率为 v_1，逆反应（C+D⟶）的反应速率为 v_2，根据质量作用定律，化学反应的速率和各反应物浓度的乘积成正比。在气化炉常压下运行时，气体介质可以看作理想气体。因此，反应速率 v_1 和 v_2 可分别表示如下：

$$v_1=k_1c_1c_2 \tag{9-2-14}$$

$$v_2=k_2c_3c_4 \tag{9-2-15}$$

式中 v_1——正反应速率；

v_2——逆反应速率；

k_1——正反应速率常数；

k_2——逆反应速率常数。

因此，可以得出化学反应方程式（9-2-13）的可逆反应速率为：

$$v=v_1-v_2 \tag{9-2-16}$$

在反应过程中，正反应的速率 v_1 随着反应物的不断消耗而降低，而逆反应的速率 v_2 则随着生成物的不断增加而提高，当正反应速率与逆反应速率相等时，也就是 $v=0$ 时，说明反应达到了动态平衡，此时可以表述为[23]：

$$k_1c_1c_2=k_2c_3c_4 \tag{9-2-17}$$

化学反应达到平衡状态时反应仍继续进行，只是说明此刻的正反应速率与逆反应速率相等，因此，从表面上看化学反应已终止。通过变换计算，可以得到如下公式[24]：

$$\frac{k_1}{k_2}=\frac{c_3c_4}{c_1c_2}=K \tag{9-2-18}$$

式中，K 为化学反应平衡常数。

反应的动态平衡状态是由反应物和生成物的浓度与反应温度、反应压力所决定的，平衡常数是关于反应温度和反应压力的函数。

在此平衡条件下，根据化学反应平衡常数，可以确定反应生成物的极限产率。对于生物质气化反应，据此可以确定气化反应条件获得最佳的反应状态，并通过改变反应条件来调节气化产物各个成分的比例。

（二）主要气化反应平衡常数的计算方法

平衡常数表示反应进行的程度，主要受反应温度的影响。平衡常数越大，反应越彻底，进行得越完全，反应物转化率就越大。平衡常数的数值大小可以判断反应进行的程度，估计反应的可能性，可以通过计算来确定生产条件。

生物质气化过程中存在多种化学反应，其主要反应的平衡常数的计算方程式见表 9-2-1[24]。其中反应温度 T 以热力学温标来度量。

表 9-2-1　气化过程的主要化学反应平衡常数计算式[24]

反应	平衡常数 K_T	平衡常数方程式
$C+O_2 \rightleftharpoons CO_2$	$\frac{CO_2}{O_2}$	$\lg k_T=\frac{20582.8}{T}-0.302\lg T+0.02143T-0.0724T^2+0.622$
$2C+O_2 \rightleftharpoons 2CO$	$\frac{(CO)^2}{O_2}$	$\lg k_T=\frac{11635.1}{T}-2.165\lg T-0.0894T+0.08876T^2+3.394$
$2CO+O_2 \rightleftharpoons 2CO_2$	$\frac{(CO)^2}{(O_2)(CO)^2}$	$\lg k_T=\frac{29530.5}{T}-2.769\lg T+0.001225T-0.061356T^2-2.15$
$2H_2+O_2 \rightleftharpoons 2H_2O$	$\frac{(H_2O)^2}{(O_2)(H_2)^2}$	$\lg k_T=\frac{25116.1}{T}-0.9466\lg T-0.087216T+0.081618T^2-1.714$
$C+CO_2 \rightleftharpoons 2CO$	$\frac{(CO)^2}{CO_2}$	$\lg k_T=\frac{8947.7}{T}+2.4675\lg T-0.0010824T+0.061167T^2+2.772$
$C+H_2O \rightleftharpoons CO+H_2$	$\frac{(CO)(H_2)}{H_2O}$	$\lg k_T=\frac{6740.5}{T}+1.5561\lg T-0.081092T-0.06371T^2+2.554$
$C+2H_2O \rightleftharpoons CO_2+2H_2$	$\frac{(CO)(H_2)^2}{(H_2O)^2}$	$\lg k_T=\frac{4533.3}{T}+0.6446\lg T+0.083646T-0.081858T^2+2.336$
$CO+H_2O \rightleftharpoons CO_2+H_2$	$\frac{(CO)(H_2O)}{(H_2)(CO_2)}$	$\lg k_T=\frac{2207.2}{T}+0.9115\lg T-0.09738T+0.081487T^2+0.098$
$C+2H_2 \rightleftharpoons CH_4$	$\frac{CH_4}{(H_2)^2}$	$\lg k_T=\frac{3348}{T}-5.957\lg T+0.001867T-0.061059T^2+11.79$

下面就气化过程中的几个主要化学反应的平衡状态随温度变化的趋势进行讨论[24]。

（1）反应一　$$C+CO_2 \longrightarrow 2CO \tag{9-2-19}$$

此反应为生物质气化过程中最重要的反应之一。当反应温度低于 850℃时，其逆反应速率很快，此时二氧化碳难以还原为一氧化碳；当反应温度高于 850℃时，生成一氧化碳的还原反应速率显著提高；当反应温度在 1200℃以上时，逆反应速率相比正反应速率则极为缓慢，二氧化碳几乎可以全部还原为一氧化碳。因此，反应温度的提高是增加一氧化碳体积分数的重要措施。

（2）反应二　$$CO+H_2O \longrightarrow CO_2+H_2 \tag{9-2-20}$$

这是生成氢气的重要反应，也是为气化过程中甲烷化反应提供氢源的基本反应。当温度高于 850℃时，其正反应速率高于逆反应速率，有利于氢气生成。为有利于此反应的进行，通常将反应温度控制在 900℃以上。

(3) 反应三　　$C+2H_2 \longrightarrow CH_4$　　(9-2-21)

这是生成甲烷的重要反应。温度升高，有利于逆反应进行，不利于生成甲烷的反应。在常压状态下，通常认为适宜此反应的温度在800℃左右。

(4) 反应四　　$2CO+2H_2 \longrightarrow CH_4+CO_2$　　(9-2-22)

气化过程中，此反应是生成甲烷的一个主要反应，也是增加燃气中甲烷体积分数的重要反应。与反应(9-2-21)不同，反应(9-2-22)属于均相反应。随着温度的上升，甲烷体积分数要比反应(9-2-21)下降得缓慢，但升高温度将使正反应速率降低，因此，需要控制适当的反应温度以利于甲烷化反应的进行。

三、当量比对气化产物的影响

空气气化是最常见的生物质气化工艺。在以空气等为气化剂的气化系统中，当量比(ER)是气化过程中一个最重要的影响因素。它不仅决定了生物质进料量与气化剂供给量之间的匹配关系，而且决定了反应器内的气化温度和压力，以及生成气体的热值和组分等。

当量比(ER)是指生物质气化过程中的实际供给空气量与生物质完全燃烧所需理论空气量的比值，即：

$$ER=\frac{AR}{SR} \tag{9-2-23}$$

式中，AR为气化过程中实际供给空气量与生物质原料量之比(kg/kg)，简称实际空燃比，该值由运行参数确定；SR为所供生物质原料完全燃烧最低所需要的空气量与生物质原料量之比(kg/kg)，简称化学当量比，该值由生物质的燃料特性确定。

由式(9-2-23)可以看出，ER是由生物质的燃料特性所决定的一个参数，ER越大，燃烧反应进行得越充分，反应器内的温度就会越高，从而越有利于气化反应的进行。同时，气化产物中N_2和CO_2的体积分数也会随之增加，因此，可燃成分被稀释从而使得热值随之降低。所以，应当综合考虑各种因素(包括原料含水率和气化方式等)来确定合适的ER值。在实际运行中，可根据不同的原料与气化方式，将生物质气化ER值控制在0.2～0.4较为适宜。

图9-2-5～图9-2-12给出了某下吸式固定床气化炉以木屑为原料进行气化反应时，其ER的变化对所得到燃气中的主要气体成分、热值和气体产率等方面的影响。从图中可以看出，通过改变ER的大小可以调节燃气各个组分的体积分数，且燃气的热值与ER存在一个最佳匹配范围，以木屑为例，最佳ER为0.3～0.4[19]。

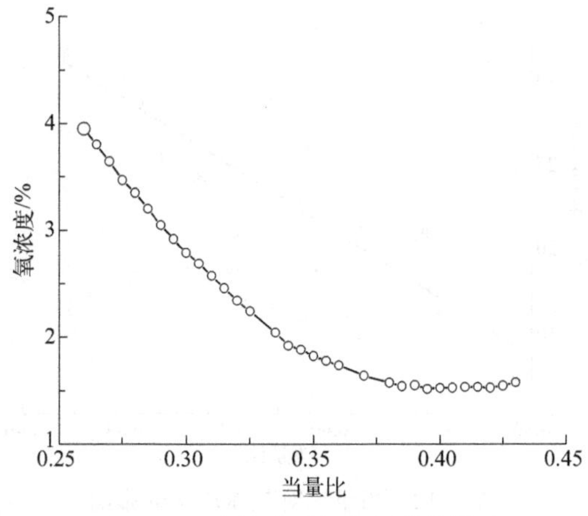

图9-2-5　当量比对氧气组分的影响

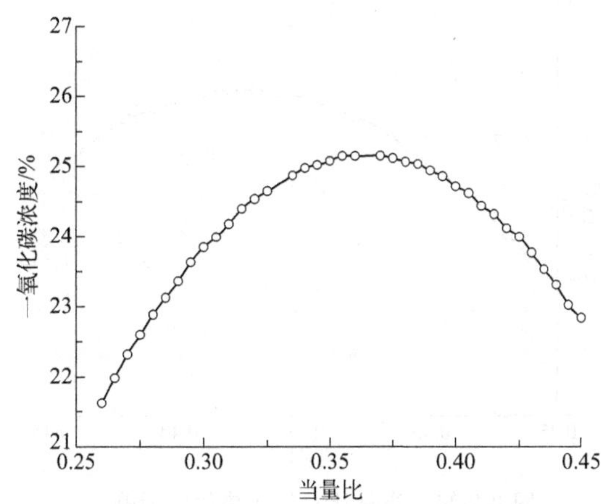

图9-2-6　当量比对一氧化碳组分的影响

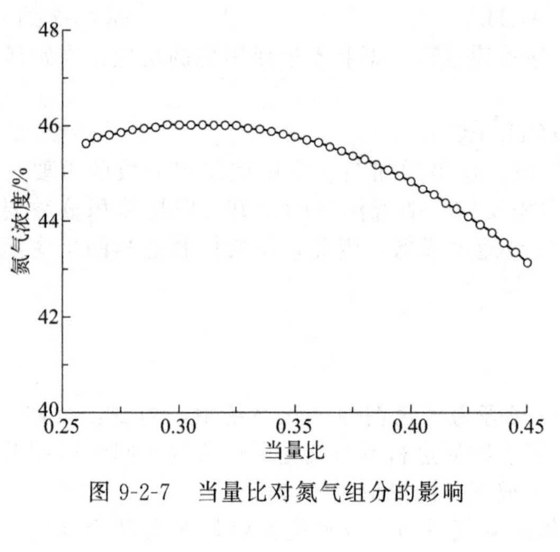

图 9-2-7　当量比对氮气组分的影响

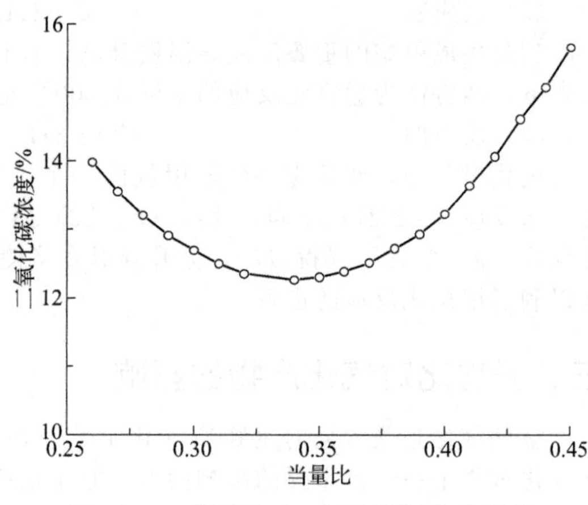

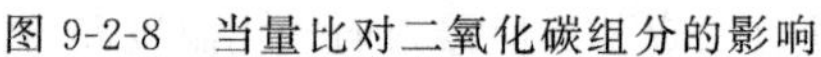
图 9-2-8　当量比对二氧化碳组分的影响

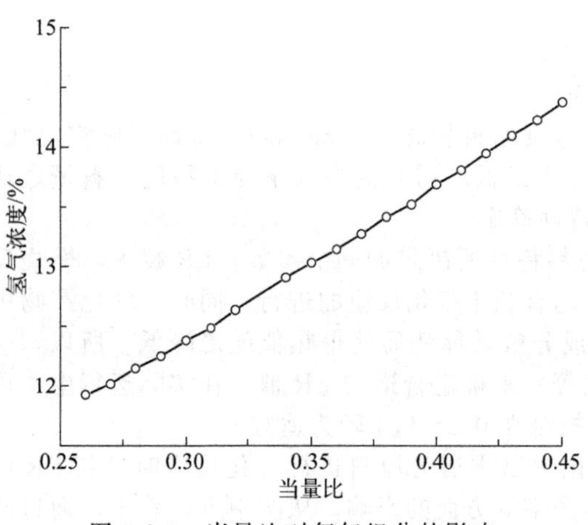

图 9-2-9　当量比对氢气组分的影响

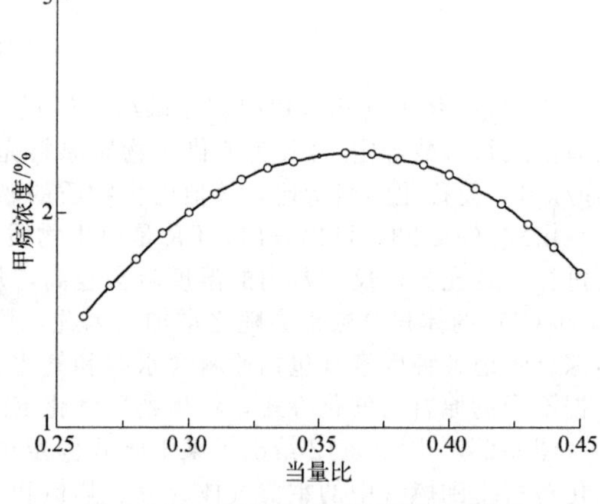

图 9-2-10　当量比对甲烷组分的影响

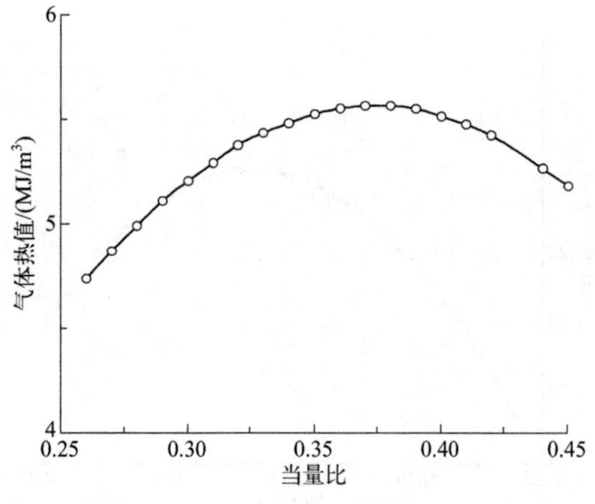

图 9-2-11　当量比对气体热值的影响

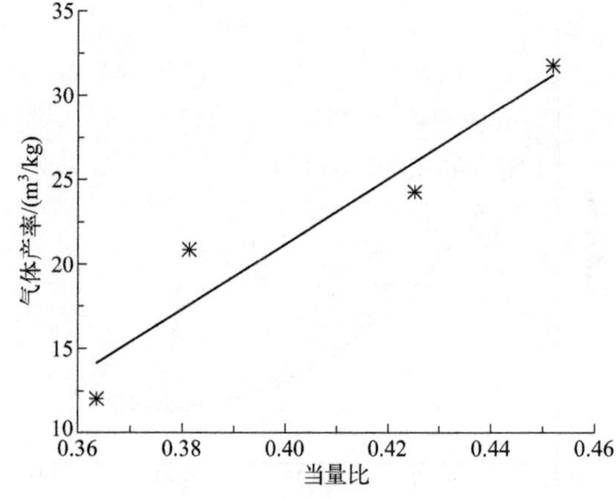

图 9-2-12　当量比对气体产率的影响

四、原料对气化过程的影响

（一）水分

水分是生物维持生存不可缺少的物质，在其生长过程中也往往需要大量的水分。收获后的生物质原料含水率与原料种类、环境条件等因素相关。生物质原料是多孔性固体物质，根据结合状态，生物质中的水分可分为游离水和结晶水两大类，生物质原料中水分的存在直接影响着热化学转化反应过程。初始状态的生物质原料的含水率通常为30%～60%，在其燃烧和气化过程中必然会造成水分的蒸发而消耗能量，使所产燃气的热值下降、氧化区的温度降低，从而导致热解区产生的碳水化合物不完全裂解，需要消耗更多的可燃物进行氧化反应，以维持反应温度，因此，燃气中 CO_2 的体积分数增加。另外，其中的水分会发生 H_2O 和 CO 之间的变换反应生成更多的 H_2，并进而由 CO 和 H_2 反应合成 CH_4，这些反应只是通过此消彼长的方式改变了燃气中各种组分的比例，也不会因为 H_2 和 CH_4 体积分数的增加而能弥补消耗 CO 所引起的热值下降。因此，总体而言其结果是降低了燃气的热值。随着原料含水率的增加，系统的热能消耗上升，还会引起生物质气化效率下降。上吸式气化炉适用于较高含水率物料的气化，而下吸式气化炉、流化床气化炉等反应器所用的物料含水率更低一些。所用的物料水分含量过高时，如果系统的反应温度无法维持或满足，直接导致气化反应终止，气化炉无法运行。所以，必须控制合适的水分，以提高燃气的质量和气化效率，上吸式气化炉的物料含水率不超过45%左右，而下吸式气化炉、流化床气化炉原料的含水率不宜超过15%～20%[1,19,22]。

（二）挥发分

生物质的有机组分受热分解析出的气态产物称为挥发分。与水分不同，挥发分不是生物质本身固有物质，而是其受热分解的产物，主要包括 CO、CO_2、H_2、CH_4、其他烃类和焦油、醋液等可凝性有机化合物。不同种类的生物质析出挥发分的数量、组成相差较大；同样的生物质由于加热条件不同，挥发分的数量和成分也随之变化。通常来说，原料的挥发分越多，其受热产生的燃气的热值也相对越高。不同原料的挥发物组成不同，燃气的热值也不与挥发分含量成正比。当挥发分中的焦油、醋液比例较高时，由于焦油、醋液在常温下凝结成液体，而未能将其化学能带入燃气中，会损失一部分能量，从而影响了燃气的热值。生物质受热析出挥发分后的残余固体称为焦炭或半焦。挥发分数量的多少及焦炭的特性，可以表明生物质是否容易燃烧或热分解[1,2,22]。

作为一种固体燃料，煤的挥发分仅为20%左右。而生物质具有较高的挥发分，通常在70%左右，因此，非常适合用作气化原料。生物质的挥发分含量较高，而其固定碳含量则相对较低，通常在20%左右。同时，与煤相比，生物质炭的反应活性相对较高，即使在相对低的温度下也可与 CO_2 和水蒸气进行较快速度的气化反应[19]。

（三）灰分

生物质中的灰分主要由 CaO、K_2O、Na_2O、MgO、SiO_2、Fe_2O_3 和 P_2O_5 等矿物质成分组成。生物质中所有可燃物质完全燃烧或气化后，这些矿物质成分在高温下经分解、化合等复杂反应后形成了灰分。生物质灰分来源于生物质中的矿物质，但是生物质灰分与生物质中原有的矿物质不完全相同，严格来说，它是生物质原料在一定温度下所形成的灰分，由于灰分中原有的矿物质经过高温后已经发生了化学变化，两者的重量不相等，其组成也不相同。此外，灰分还包括一部分外部杂质，如收获、运输和储存过程中混入的矿物、沙和泥土等。

在生物质气化过程中，由于氧化反应区的局部温度往往会超过灰分的熔点，会发生灰熔融的现象。对于灰分含量5%以上的生物质原料，高温结渣是气化过程需要考虑的一个问题，尤其是灰分中碱金属氧化物含量高的原料，常常因为多种碱金属氧化物共同形成熔点较低的低共熔混合物，导致气化炉某些局部高温区域如炉壁结渣、气化剂入口分布器和出灰炉栅熔渣堵塞等，甚至出现对炉内的受高温金属构件产生腐蚀等问题，还会影响物料流动、使气流阻力增加，严重时直接影响气化炉的正常运行。因此，设计热解反应器时要充分考虑灰分的熔融性，也即灰熔点对气化炉运行过程的影响[19,22]。

灰分的熔融性与灰分的化学组成关系密切，灰分熔融性习惯上称为灰熔点，但实际上灰分是由许多化合物组成的，因此熔点也不是固定的，熔化温度是一个较宽的范围。多种灰分在一定温度下还会形成共熔体，所以灰分熔化温度也并不是各组分熔点的加权平均值。生物质原料的灰熔点一般在 900～1050℃以内。因此，对于高灰分生物质原料，应尽量控制气化温度在灰分的熔点之下[2]。

（四）粒度及粒径分布

粒度是指物料的尺寸大小。粒径则是用其所占据空间范围的线性尺寸来表示，是颗粒状物料的最基本几何性质。通常以直径来表示球状颗粒的粒度，而对于形状不规则的颗粒状物料，则以某一代表性的物料尺寸或平均尺寸来表示粒度，或是折算成相对应的当量直径来表示粒度，通常是以与颗粒体积相等的圆球体的直径作为当量直径[2,23]。

在热化学转化过程中，物料的粒度涉及设备的选型和工艺的确定，影响气固两相间的扩散速率、传质传热速率、反应速率等过程参数，在流化床气化过程中则关系到流化的速率、压力分布等，而固定床气化中则影响床层的阻力、气流的穿透能力等。不同的气化工艺和设备适用于不同的物料粒度特性，例如固定床气化炉宜用粒度大的块状物料，而快速热解反应需要很高的加热速率，只能使用细小粒度的物料，气流床气化则需要细小的粉末状物料。

物料的粒度和粒径分布对生物质气化反应、燃气的质量有明显的影响。对于某一种气化炉而言，粒径小的物料，其反应表面积大，在相同气化条件下反应速度既快又彻底，可提高气化炉的生产能力、燃气质量。粒径小的物料，料层的气流阻力较大，同时，还会使带出物增多。

生物质原料通常是由粒度大小不一的颗粒组成，其中必然存在着原料的粒度分布范围。如果选用的原料的粒径分布均匀，则有利于气化剂的均匀分布、气化反应均衡进行、得到较好质量的燃气。也就是说，窄小的粒度分布对热解气化工艺是有利的。但实际生产过程中往往难以获得粒度十分均匀的物料，因此，选用和设计气化反应装置时充分考虑能够使用较宽粒度范围的物料。比如，流化床反应器可以使用在某一粒径及以下分布范围内的物料，这也体现了它对较宽的物料粒度分布具有良好的适应性[2]。

第二节　气化技术分类

生物质气化技术种类多样，主要的气化技术按照气化温度、气化压力、气化剂、加热方式、气化炉结构等进行分类[2]，具体见表 9-2-2。

表 9-2-2　气化技术分类

分类依据	气化技术类别
气化温度	低温气化、高温气化
气化压力	常压气化、加压气化
气化剂	不使用气化剂、使用气化剂(空气、O_2、水蒸气、CO_2、H_2 等)
加热方式	自热式气化、外热式气化、混合式加热气化
气化炉结构	固定床气化、流化床气化、循环流化床气化、气流床气化

实际的气化技术选择需要根据原料种类、产品方向、投资大小等因素来具体分析确定。

一、按气化温度分类

生物质气化按照气化温度的高低可以分为低温气化和高温气化两种。低温气化时气化反应器内的温度一般不超过700℃，而高温气化时气化反应器内的温度一般均超过700℃，有些甚至达到灰熔点以上，使得灰分在气化炉内的高温区域呈现熔融状态。

气化反应温度与气化炉内的温度场的形成方式密切相关，一般而言，外加热式气化大多属于低温气化，而自热式气化多数属于高温气化。并且气化产物随着气化温度的不同也有一定的差异。

具体气化温度选择低温还是高温主要根据产品方向、投资大小等因素来具体分析确定[19]。

二、按气化压力分类

生物质气化按照气化压力的大小可以分为常压气化和加压气化两种。常压气化时，气化反应器内的压力为微负压或者微正压，其压力范围通常为－0.1～0.1MPa；加压气化时，气化反应器内的压力范围多为0.5～2.5MPa，少数情况下可以达到5MPa或者更高。

加压气化的原理与常压气化相同，但加压气化装置的构造、操作、维护等都比常压气化复杂得多，设备加工制造的难度也大得多。加压气化的气化装置可以是固定床，也可以是流化床或气流床。加压气化在早期主要用于煤的气化，1936年德国建立了第一套鲁奇加压气化装置，主要将碎煤气化用于生产城市煤气，产气量5000～8000m^3/h。随着技术的进步，加压气化逐步应用于生物质的气化。1993年起，美国国家可再生能源实验室在夏威夷建设了一座生物质气化示范工厂，可气化蔗渣、木片、木屑等，采用鼓泡流化床气化炉，以氧气-水蒸气为气化剂，气化压力2.0MPa，日处理生物质100t。1995年，美国开始了Hynol Process的研究，将生物质在800℃、3MPa条件下气化转化为合成气（以氢气为气化剂），用于合成醇醚燃料，并建设了加料量为23kg/h的中试示范装置。瑞典Vamamo电站（于1996～2000年间运行）是世界上第一个以生物质作为燃料的生物质整体气化联合循环（BIGCC）发电站，该电站采用加压循环流化床，以空气为气化剂，气化压力为1.8MPa，发电量为6MW，供热量为9MW，发电效率和总效率分别为32%和83%[19,24,25]。

目前，生物质气化实际工程中通常采用常压气化，几乎没有加压气化。与常压气化相比，加压气化可以提高气化强度，增加单炉产量，减少带出物损失。在气化炉内，随着压力的提高，气化产物中的甲烷等烃类组分增加，而氢气等小分子组分减少，生成气的热值也相应提高，同时气化产物的得率也有一定程度的增加。由于压力的存在，生成气的体积得到压缩，能够在保证相同滞留时间的情况下大幅度减小气化设备尺寸。同时加压气化产生的焦油少，可以有效减少对后续设备（如内燃机、涡轮机等）的污染。当加压气化产物用作合成气原料时，其自带的压力可以有效减少压缩机等的功耗。如气化合成甲醇时的合成压力约为8～10MPa，合成气的相对密度也比较轻，为0.5～0.7kg/m^3，一次性压缩比80～100的加压非常困难，效率也较低；若以1.0MPa进行加压气化，则压缩比可以降低为8～10，工艺条件将变得较为温和。目前加压气化已普遍用于煤气化等领域，对生物质、污泥及其他废弃物与煤的混合物的联合加压气化则主要以研究为主，工程化应用还较少[2,24]。

三、按气化剂分类

生物质气化按照是否使用气化剂分为不使用气化剂和使用气化剂两类。其中不使用气化剂的气化只有干馏气化一种，而使用气化剂的气化根据气化剂的不同又可以分为空气气化、氧气气化、水蒸气气化、氢气气化、二氧化碳气化、复合式气化、化学链气化、超临界水气化等多种形式。

（1）干馏气化　是生物质气化的一种特例，是一种在完全无氧或者只提供极其有限的氧的情况下进行的生物质气化。其原理是，生物质的半纤维素、纤维素及木质素在一定温度作用下经过干燥、热解（预炭化、炭化）过程并生成固体炭、焦油、醋液和生物质气。由于该方法能够产生较多的醋液，是早期制取醋酸的主要方法。典型的干馏气化产物产率为固体炭25%～30%、焦油5%～10%、醋液30%～35%和生物质气15%～25%。干馏气化按照温度高低可以分为低温干馏气化（300～500℃）、中温干馏气化（500～700℃）和高温干馏气化（700～1200℃）三种，均需要外部提供热量以保证干馏反应能够连续进行。干馏气化生成气的热值约为12～15MJ/m^3（标），属于中热值气体，既可以作为气体燃料，也可以用作化工合成气的原料。但是干馏气化产生的可燃气的成分、热值和产气量是随着生物质热解的过程而变化的，产气率较低且不稳定。

(2) 空气气化　是以空气为气化剂的气化方法。空气中的氧气与生物质发生不完全氧化反应，为气化反应（还原反应）提供热量和反应物。由于空气可以任意取得，成本低廉，同时空气气化又能够实现自供热而不需要外部热源，故空气气化是所有气化方法中最简单、最经济，也是最容易实现的一种气化，但由于空气中含有79%的N_2，它基本不参加气化反应，但却降低了气化反应器中的反应温度并且稀释了生成气中的可燃组分的比例，使得生成气中的氮气体积分数高达50%左右，因而空气气化得到的可燃气热值较低，约为5MJ/m^3（标），属于低热值气体，作为燃气使用时输送效率低，作为化工合成气原料使用时需要进行进一步的处理。同时空气气化产生的燃气中焦油含量高，原料在气化过程中也容易结渣。

(3) 氧气气化　是以氧气为气化剂的气化方法，其过程原理与空气气化相同，但没有惰性气体氮气的稀释，在与空气气化相同的氧气当量比下，反应温度有所提高，反应速率加快，反应器容积相应减小，整体热效率提高。氧气气化生成气中的主要成分为一氧化碳、氢气和甲烷等，热值与城市煤气相当，约为12～15MJ/m^3（标），属于中热值气体，既可用作燃气，也可用作化工合成气的原料。实际应用中生物质氧气气化工艺往往采用富氧气化，通过提高空气中氧的体积分数来降低气化介质中氮气的体积分数。

(4) 水蒸气气化　是指以水蒸气作为气化剂在高温下与生物质发生反应生成生物质燃气的工艺。水蒸气气化过程包含了生物质的热解反应、高温（800℃以上）水蒸气与碳的还原反应、高温水蒸气与一氧化碳的变换反应及各种甲烷化反应等。水蒸气作为气化剂，与碳、生物质热解气相产物反应，为气化过程提供氧的同时也提供氢供体。

主要的反应类型及反应式如下。

① 生物质热解：生物质$\longrightarrow H_2+CO+CO_2+$轻质碳氢化合物＋焦油＋生物炭$+Q$（kJ/mol）

② CO的变换反应：$CO+H_2O\longrightarrow CO_2+H_2-42$kJ/mol

③ 焦油（Tar）高温裂解：$Tar\longrightarrow CO_2+CO+H_2+CH_4+$轻质碳氢化合物$+Q$（kJ/mol）

④ 水蒸气的还原反应：$C+H_2O\longrightarrow CO+H_2+118.9$kJ/mol

$$C+2H_2O\longrightarrow CO_2+2H_2+90.2\text{kJ/mol}$$

⑤ 甲烷水蒸气重整反应：$CH_4+H_2O\longrightarrow CO+3H_2+206.3$kJ/mol

$$CH_4+2H_2O\longrightarrow CO_2+4H_2+165\text{kJ/mol}$$

⑥ CO_2的还原反应：$C+CO_2\longrightarrow 2CO+173.8$kJ/mol

⑦ 干重整反应：$CH_4+CO_2\longrightarrow 2CO+2H_2+247.3$kJ/mol

⑧ 甲烷化反应：$C+2H_2\longrightarrow CH_4-74.82$kJ/mol

⑨ 碳氢化合物的水蒸气重整反应：$C_nH_m+2nH_2O\rightleftharpoons(2n+m/2)H_2+nCO_2$

可以得到生物质水蒸气气化的总化学反应方程式：

生物质＋热量＋水蒸气$\rightleftharpoons H_2+CO+CO_2+CH_4+$轻质和重质碳氢化合物

典型的水蒸气气化产物组分：H_2为20%～26%；CO为28%～42%；CO_2为16%～23%；CH_4为10%～20%；C_2H_2为2%～4%；C_2H_6为0～1%；C_nH_m为2%～3%。由于氢气体积分数较高，生成气的热值高，约为11～19MJ/m^3（标），属于中热值燃气。水蒸气气化得到的气体产物可用作燃料，由于该工艺生成气中H_2/CO值较高，也可用作合成气的原料。由于水蒸气气化过程中主反应为吸热反应，因此水蒸气气化一般不单独使用，而是与氧气（或富氧空气）气化联合使用[27,28]。

(5) 氢气气化　是以氢气为气化剂的气化方法，主要反应是在高温高压条件下氢气与碳和水蒸气反应生成甲烷。氢气气化所得可燃气热值较高，达22～26MJ/m^3（标），属于高热值气体，但由于反应条件苛刻，目前只在一些研究中提及，并未在工程中实际应用。

(6) 二氧化碳气化　是以二氧化碳为气化剂的生物质气化，其气化过程中首先经历快速热解，热解之后生物质固体转化为焦炭。在高温条件下，焦炭与二氧化碳反应生成一氧化碳，由于此反应需要吸收大量热量，反应速率比较慢。目前也是以研究为主，并未在工程中实际使用。

(7) 复合式气化　是指同时或者交替使用两种或两种以上气化剂的生物质气化方法，如富氧空气-水蒸气气化、氧气-水蒸气气化等。从理论上讲，氧气-水蒸气气化比单用空气或者单用水蒸气气化都优越。一方面，它是自供热系统，不需要复杂昂贵的外供热源；另一方面，气化所需要的氧一部分可由水蒸气裂解来提供，减少了外供氧气的消耗量，并生成更多的氢气和碳氢化合物，特别是在有催化剂作用下，一氧化碳可与氢气反应生成甲烷，降低了合成气中的一氧化碳体积分数，使得该气体燃料更适合于用作城乡居民的生活燃气。在水蒸气（800℃）与生物质比为0.95、氧气当量比为0.2、无甲烷化催化剂的情况下，氧气-水蒸气气化产生的气体的典型组分：H_2 为 32%；CO 为 28%；CO_2 为 30%；CH_4 为 7.5%；C_nH_m 为 2.5%。气体的热值为 11～12MJ/m^3（标），属于中热值气体，既可用作燃气，也可用作化工合成气的原料。

(8) 化学链气化　是一种新颖的气化技术，它以晶格氧替代纯氧作为氧源。气化过程在两个独立的反应器（燃料反应器和空气反应器）中分步进行，通过在燃料反应器中控制晶格氧与燃料的比值，可以得到以 CO 和 H_2 为主要组分的合成气，从而避免燃料被完全氧化生成 CO_2 和 H_2O。氧载体参与气化反应后被还原为低价氧化物，进入空气反应器中被空气氧化，恢复为晶格氧。氧载体在两个反应器中循环，实现了化学链气化过程。化学链气化技术的主要优势在于：a. 氧载体可循环使用，并为气化提供氧元素，节省了成本；b. 在空气反应器中，氧载体发生氧化反应，放出的热量被氧载体带到燃料反应器，为燃料的气化提供热量，使其无需外部加热就能维持反应的连续进行；c. 固态的晶格氧与气态组分在固体表面发生异相的气-固反应，相比于同相的气-气反应，该反应在常压下的有限空间内就能较完全地进行。

生物质化学链气化过程中，采用赤铁矿为氧载体，氩气气氛下 CO 和 H_2 体积分数达 85%，产气率为 1.13m^3/kg，气化效率可达 77.8%，碳转化率达 96%；当 S/B 为 0.85 时，H_2/CO 接近 1，产气率 1.53m^3/kg，气化效率可达 79.5%，碳转化率接近 98%。

(9) 超临界水气化（super critical water gasification，SCWG）　利用超临界水可溶解多数有机物和气体，而且密度高、黏性低、运输能力强的特性，将生物质高效气化，产生高含 H_2 燃气的气化技术。20 世纪 70 年代中期，美国麻省理工学院的 M. Modell 发现超临界水对有机废弃物能够高效转化的现象，随后部分研究者开展了有关纤维素在超临界水中分解的动力学研究进一步验证了这一现象，近年来超临界水气化作为一种生物质气化制氢的新方法，得到了广泛的关注。在温度、压力高于水的临界值（374.15℃、22.1MPa）的条件下，以超临界水作为反应介质，利用超临界水的特殊性质（介电常数小、黏度小、扩散系数大及溶解性强等），进行热解、氧化、还原等一系列复杂的热化学反应，将生物质转化为氢气。

其主要过程包括：

① 蒸汽重整反应［$CH_nO_m+(1-m)H_2O \longrightarrow (n/2+1-m)H_2+CO$］；

② 水气变换反应（$CO+H_2O \longrightarrow H_2+CO_2$）；

③ 甲烷化反应（$CO+3H_2 \longrightarrow CH_4+H_2O$ 和 $CO_2+4H_2 \longrightarrow CH_4+2H_2O$）。

由于水和有机成分的混合不存在界面传输限制，所以化学反应效率很高，在气化过程中原料的气化效率超过 99%，所产燃气中 H_2 的体积分数超过 50%，部分典型参数见表 9-2-3。该技术可直接处理高含湿量的生物质，无需高能耗的干燥过程，具有气化率高、对环境友好等优点，有效克服了传统方法存在的问题，目前已成为研究热点[19,24]。

表 9-2-3　典型的超临界水气化参数

原料	温度/℃	压力/MPa	催化剂	H_2/%	气化效率/%
锯末	650	25	—	21.0	93.8
锯末/玉米秆	600	34.5	C	57.0	98
木材	450	25	—	30.0	90
日本橡木	350	18	Ni/Na_2CO_3	47.2	55.4

四、按加热方式分类

生物质气化按照加热方式的不同，可以分为自热式气化和外热式气化两种。

自热式气化是向气化炉限量供应空气或者氧气，使部分生物质原料发生氧化反应，用其所产生的热量直接为余下的生物质原料提供气化所需的反应热量，如空气气化、氧气气化、富氧空气气化等。

外热式气化则主要采用燃料燃烧、微波加热、等离子加热等外部加热的方式向气化炉内的生物质原料提供气化所需要的反应热量，如水蒸气气化、氢气气化等。其中微波加热气化一般在实验室中应用，而等离子体气化是近年来受到关注较多的外热式气化技术，已有部分应用。常规气化主要依靠燃料自身的部分放热反应来维持气化炉内反应温度，若进一步提高气化温度，则必须引入外部热源。等离子体电弧能够将电能转化为热能，提供高温反应环境，有利于高温吸热反应的发生。采用等离子体气化，其核心温度可达 6000K 以上，炉内平均温度可达 1000～1600K，等离子体化学性质活泼，反应能力强，裂解彻底，可将有机物完全转化成小分子合成气，而无机物则可被变成玻璃体的无害灰渣，基本原理如图 9-2-13 所示。等离子体（plasma）气化技术的特点是能耗巨大，气化规模大（常规气化通常小于 200t/d，等离子体气化能达 1000t/d），在危险废物和垃圾处理方面优势突出[2,19]。

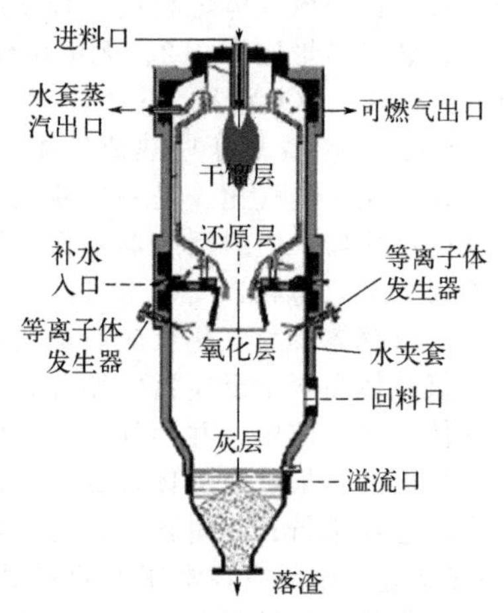

图 9-2-13　等离子体气化装置原理图

五、按气化炉结构分类

生物质气化按照气化炉结构的不同可以分为固定床气化、流化床气化和气流床气化三种。其中固定床气化又可以分为上吸式固定床气化、下吸式固定床气化和横吸式固定床气化；流化床气化又可以分为单流化床气化和循环流化床气化[5,24]。

（一）固定床气化

固定床气化是在高温和有限供氧的条件下，生物质依靠重力自上而下移动过程中与气化剂发生热化学反应产生可燃性气体的过程。固定床气化的主要特征是，生物质在反应器中向下移动，逐步完成气化的过程，相对于气体流动速度，生物质原料移动缓慢，所产生的混合燃气依靠外部动力引出。依据气体引出方式可分为上吸式、下吸式和横吸式 3 种，如图 9-2-14 所示。气化产物包括一氧化碳、氢气、甲烷及少量不饱和烃等可燃成分，同时还产生固体产物（灰渣）和液体产物（焦油）。

固定床气化装置简单，原料适应性广，块状、大颗粒、高密度的生物质都可以使用，如木片、成型燃料、果壳、稻壳、玉米芯等，适合于中小规模的气化操作。在实际工程应用中，固定床气化主要以上吸式和下吸式为主，且多以空气作为气化剂。随着气化技术的不断进步，在固定床气化的基础上还出现了将干燥热解和氧化还原分开的两步法气化、集成上下吸气化炉优点而设计的上下吸复合式固定床气化炉等新型装置。表 9-2-4 给出了不同类型固定床气化中对生物质原料的要求。

表 9-2-4　固定床气化对气化原料的要求

气化炉	原料种类	原料尺寸/cm	原料湿度/%	原料灰分(干基)/%
下吸式固定床	废木、秸秆	5～100	<30	<40
上吸式固定床	废木、秸秆	5～100	<25	<20

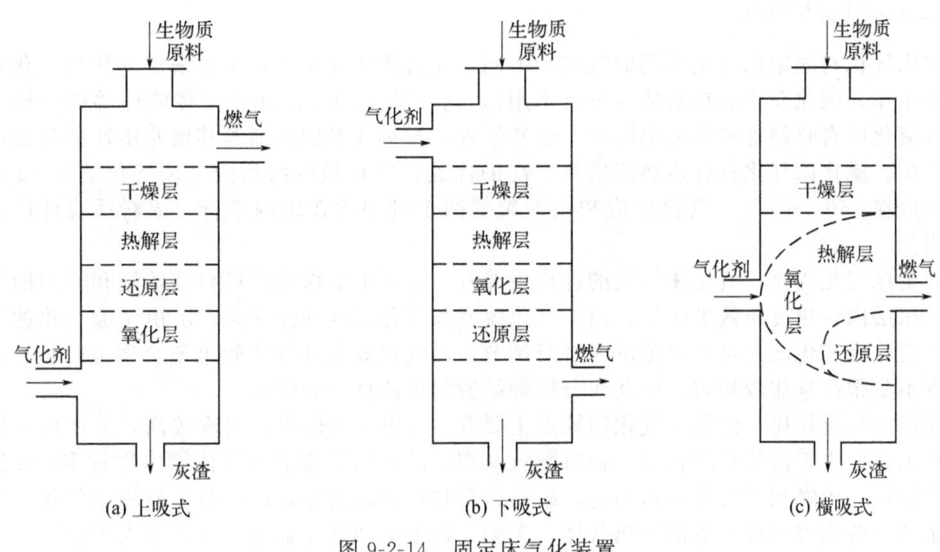

图 9-2-14　固定床气化装置

1. 上吸式固定床气化

上吸式固定床气化的工作过程是：生物质原料从顶部加入，然后依靠重力逐渐由顶部移动至底部；气化剂从下部进入，向上经过各反应层，燃气从上部排出；固体产物（灰渣）从底部排出。上吸式气化过程中，气化剂自下而上流动参与气化反应，原料移动方向与气流方向相反，所以也叫逆流式气化。炉内反应层自上而下可分为干燥层、热解层、还原层和氧化层。刚进入气化炉的原料遇到下方上升的热气流，首先脱除水分；下移过程中当温度升高到 200～250℃左右时发生热解反应，析出挥发分；挥发分和一部分生物质焦炭与气化剂中的氧发生不完全氧化反应，使炉内局部温度迅速升至 1000℃以上；剩余高温炽热的焦炭再与气体中的二氧化碳和水蒸气发生还原反应生成一氧化碳、氢气和甲烷等部分可燃气体；最后这些气体与热解层析出的挥发分混合，由气化炉上部引出炉外。

上吸式固定床气化的优点是气化效率高、燃气热值较高、气化炉压力损失小、燃气带灰少，缺点是燃气中焦油含量高、加料不方便。

2. 下吸式固定床气化

下吸式固定床气化的工作过程是：生物质原料从顶部加入，然后依靠重力逐渐由顶部移动至底部；气化剂从上部进入，向下经过各反应层，燃气由反应层下部排出；固体产物从底部排出。下吸式气化过程中，气化剂自上而下流动参与气化反应，原料移动方向与气流方向相同，所以也叫顺流式气化。炉内反应层自上而下可分为干燥层、热解层、氧化层和还原层。刚进入气化炉的原料遇到下方上升的热气流，首先脱除水分；下移过程中当温度升高到 200～250℃左右时发生热解反应并析出挥发分；挥发分随气化剂一起向下流动，当进入氧化区时，挥发分和一部分生物质焦炭与气化剂中的氧发生不完全氧化反应，使炉内局部温度迅速升至 1000℃以上；在氧气耗尽后的还原区，高温炽热的焦炭与气体中的二氧化碳和水蒸气发生还原反应生成一氧化碳、氢气和甲烷等部分可燃气体；最后这些混合气体从气化炉下部引出炉外。

下吸式固定床气化的优点是燃气中焦油含量低、加料端不需要严格密封，缺点是气化效率较低、床层阻力较大、气体含杂质较多。

3. 横吸式固定床气化

横吸式固定床气化过程中，气化剂由炉体的一侧进入，产生的燃气从炉体的另一侧抽出，装置内同一高度位置可能同时存在热解层、氧化层和还原层。

（二）流化床气化

流化床气化与固定床气化采用的气化炉不同，在流化床气化中，主要采用流化床气化炉。一般采用砂子作为流化介质和热载体（也可不用），向上流动的气流使砂子像液体沸腾一样漂浮起来，所以流化床有时候也被称为沸腾床。除砂子外，石灰或者催化剂等其他非惰性材料也可以作为流化介质。流化床气化具有传热传质效率高的优点，气化强度约为固定床气化的 2～3 倍，反应温度一般在 750～900℃，气化反应和焦油裂解两个过程均在床内进行，原料适应性广，可大规模应用。

与固定床气化相比，流化床气化的优点主要有：a. 由于生物质原料粒度较细和剧烈的气固混合流动，床层内传热传质效果较好，因而气化效率和气化强度均比较高；b. 由于流态化的操作范围较宽，流化床气化能力可在大范围内进行调节，而气化效率和气化效果不会明显降低；c. 由于床层温度不是很高且比较均匀，因此灰分熔融结渣的可能性大大降低。

与固定床气化相比，流化床气化的缺点主要有：a. 由于气体出口温度较高，故产出气体的显热损失较大；b. 由于流化速度较高、物料颗粒又细，故产出气体中的固体带出物较多；c. 流化床要求床内物料、压降和温度等分布均匀，故而启动和控制较为复杂；d. 对于鼓泡床气化，最好在床层内添加一些热容比较大的惰性热载体，否则气化效率和气化强度都难以令人满意。

根据流化床的结构，流化床气化可进一步分为单流化床气化、循环流化床气化以及双流化床气化等。

1. 单流化床气化

单流化床气化只有一个流化床气化反应器，反应器一般可分为上下两段，下段为气固密相段，上段为气固稀相段，流程如图 9-2-15 所示。气化剂从底部经由气体分布板进入流化床反应器，生物质原料从分布板上方进入流化床反应器。生物质原料与气化剂一边向上做混合运动，一边发生干燥、热解、氧化和还原等过程。随着气流速率逐渐增大，床层内出现气泡，床层表面起伏明显，固体物料在气化炉中表现出类似流体的性质，此时床层形象地被称为鼓泡床。这些反应主要发生在密相段，反应温度一般控制在 800℃左右。稀相段的作用主要是降低气体流速，使没有转化完全的生物质焦炭不至于被气流迅速带出反应器而是继续留在稀相段发生气化反应。经过高强度的传热传质和复杂的热化学反应，生物质转化为可燃气。气化炉内气化剂的上升流速一般为 1～3m/s，燃气中焦油含量较低，一般小于 1～3g/m^3（标）。生成的生物质燃气直接进入包含旋风分离器在内的净化系统。单流化床气化工艺中，气化炉的炉温可以通过调节气化剂的比消耗量控制在 700～900℃的温度范围内。

2. 循环流化床气化

循环流化床气化基本流程如图 9-2-16 所示。循环流化床气化的流化速度高，气化剂的上升流速约为 5～10m/s，与单流化床气化的主要区别是气化炉出来的燃气中携带大量的固体颗粒物，这些颗粒物包含大量未完全反应的炭粒，经过旋风分离器或滤袋分离器的分离之后再次被送入流化床气化炉中参加气化反应。循环流化床气化炉的反应温度一般控制在 700～900℃。以空气为气化剂时，循环流化床气化的操作特性见表 9-2-5。

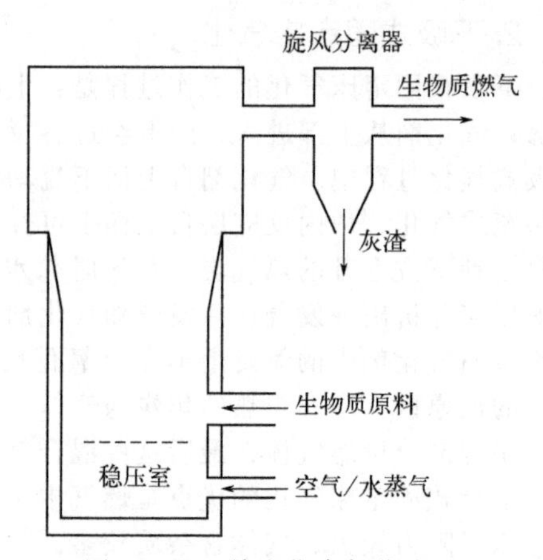

图 9-2-15 单流化床气化流程

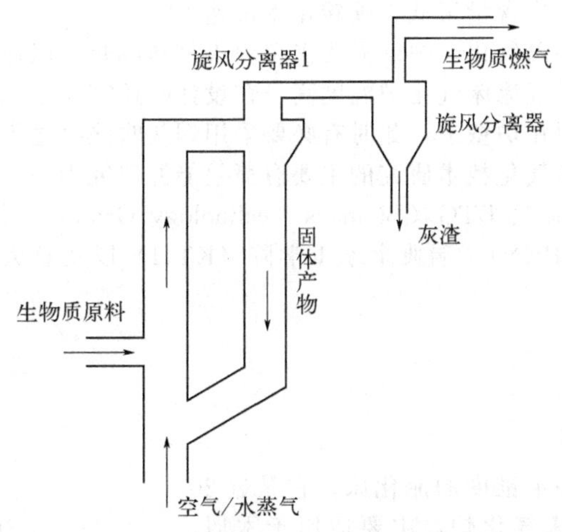

图 9-2-16　循环流化床气化基本流程

表 9-2-5　循环流化床气化以空气为气化剂时的操作特性

颗粒直径/μm	运行速度	当量比	反应温度/℃	固相滞留时间/min	气相滞留时间/s
150～360	$3\sim5u_t$	0.18～0.25	700～900	5～8	2～4

与单流化床气化相比，循环流化床气化的优点主要有：a. 操作气流速度可以明显提高而且不必担心碳的转化率，气化效率尤其是气化强度可以进一步得到提高；b. 可以适用更小的物料粒径，在大部分情况下可以不添加流化热载体，运行较为简单。其缺点主要是回流系统控制较难，料脚部位容易发生下料困难状况，且在固体产物回流较少的情况下容易变成低速携带床。

3. 双流化床气化

双流化床气化中采用两个流化床，一个作为气化炉，另一个则作为燃烧炉，其基本流程如图 9-2-17 所示。在气化炉中生物质原料发生气化反应，生成气携带着炭颗粒和床层物料如砂子等进入分离装置，分离后的炭颗粒和床层物料进入氧化炉，炭颗粒在氧化炉中进行氧化反应，使床层温度升高，高温烟气携带着床层物料进入分离装置，分离的床层物料重新进入气化炉，从而为生物质气化提供热量。双流化床气化将气化和燃烧过程分隔开，生物质原料不与空气直接接触，从而避免了气化产物被氮气稀释，提高气化产物的品质。

其设计关键是控制好床层物料的加热温度和循环速度，难度主要在于必须要在两床之间获得一个稳定的能量平衡操作范围，以保证热解产生的可燃气体不会被燃烧产生的烟气所稀释。该技术产生的生物质燃气热值可达 12～15MJ/m³（标），但该类型气化炉尚处于实验机理研究阶段，实际应用还较少。

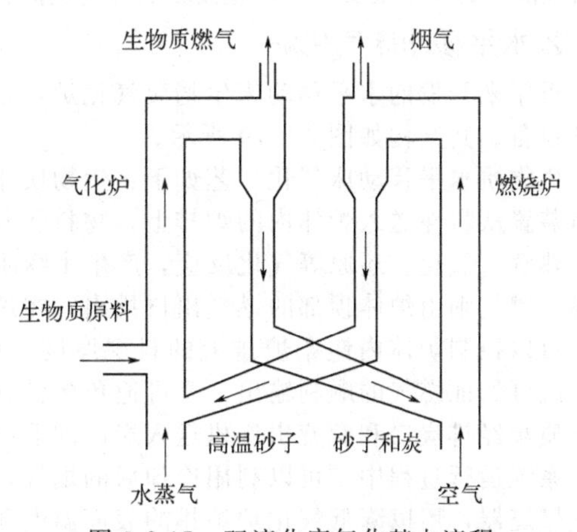

图 9-2-17　双流化床气化基本流程

（三）气流床气化

气流床又称携带床，是流化床的一种特例。该种气化炉要求将生物质原料破碎成粉状颗粒且不使用惰性床料，利用气化剂直接将粉状生物质原料载入气化炉中进行燃烧和气化，运行温度高达 1100～1300℃，气化速度非常快，气体在炉内的滞留时间只需要 1～2s 即可，生成气中的焦油及可凝物含量很低，碳转化率可达100%。

由于气流床气化属于高温气化，炉壁需要采用耐火材料隔热，以保证气化炉的上部区域始终处于高温状态。此外，由于气流床气化炉温度高，在设计时还需要考虑灰熔点，当炉内温度高于灰熔点时，灰分熔融并黏附在炉壁上，此时有必要采用烟灰吹除机之类的装置间歇性将其清除。

国外从事生物质气流床气化技术研究的主要有荷兰能源研究中心（Energy Research Center of the Netherlands，ECN）、荷兰 BTG（Biomass Technology Group）、德国 Institufür Technische Chemie 与科林公司（CHOREN）、瑞典皇家工学院（KTH）以及意大利 UnivesitadiPisa 等研究机构。

六、气化新技术

1. 锥形流化床气化炉

锥形流化床是炉体成一定锥度的流化床。它是近20年来开发应用的一种流化床气化炉，主要适用于木屑、稻壳等细颗粒生物质原料。其结构如图9-2-18所示。锥形流化床由于截面随高度变化，所以表观气速在轴向上存在着速度梯度，使得其具有独特的流化特性。在底部截面积较小，流速较高，可以保证大颗粒的流化，而在顶部截面较大，流速低，可防止颗粒的带出。该气化炉具有在一定的气化剂流量下，能使大小不同的颗粒都能在床层中流化的独特优点。

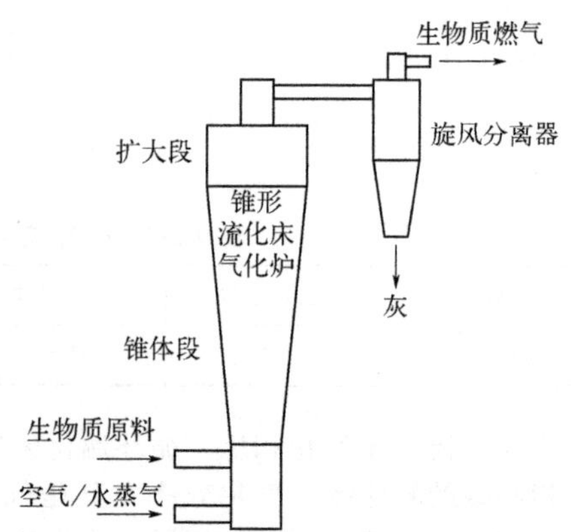

图 9-2-18　锥形流化床气化炉结构

对于颗粒粒径范围分布宽、堆积密度小、灰含量高、热值低的生物质原料，如稻糠、木屑、木粉、刨花、花生壳等，采用固定床气化炉易产生架桥现象，且因物料中灰分含量高，气化炉中氧化还原区不断上移，气化炉不能长时间稳定运行。

锥形流化床气化炉在运行过程中减少了腾涌和气泡现象，床层稳定，反应温度均匀，炉内传热传质速度快，提高了生物质的热解气化强度，系统的操作弹性可达25%～100%负荷；有效防止炉内局部过热及结渣；操作弹性大，压力降低。因此，锥形流化床气化炉适用于原料颗粒粒径范围分布宽的细颗粒物料的气化，而且对热值低、灰分高、易结渣的软秸秆类原料具有更好的适用性。

锥形流化床气化炉通过调节进料量和进空气量来控制气化炉的产气量及温度。气化温度是气化炉运行性能中的一个重要参数，直接影响燃气热值和燃气成分。操作温度一般控制在700～800℃[15,16]。

2. 水平移动床气化炉

近年来开发的水平移动床生物质气化炉，是一种生物质气化制备生物质燃气同时联产生物质炭的设备。其结构如图9-2-19所示。

生物质水平移动床气化工艺如下：生物质原料如木块、木片、木颗粒、枝杈、稻壳等物料由进料装置从料斗送入炉体内的炉排上，物料随着炉排的移动与炉排布风室进入的空气依次发生干燥、热解、氧化、还原等气化反应，产生生物质燃气和生物质炭。生物质炭最终由出料装置送出炉体，燃气则由炉体顶部的燃气出口排出。在炉体进料口处设有控制高度的料位闸板，调节闸板高度可以控制炉体内链条炉排上的料层厚度。炉膛顶部设计成燃气出口高、两端低的斜拱形结构，既可保证燃气的顺利输出，又可避免焦油在炉膛内的富集。生物质燃气可作为锅炉燃料等。生物质炭经排炭口和螺旋出炭机送入炭冷却器冷却后提升至炭仓进行包装。

系统运行过程中，可以利用冷却后的烟气，将其中一部分通过风机送入水平移动床气化炉和燃气燃烧器，用以降低气化炉炉排的表面温度和控制燃气燃烧温度，达到保护受热部件和减少氮氧化物形成的目的。

生物质水平移动床气化炉通过改变炉排运行速度可调节生物质原料处理量，提高炉排转速可

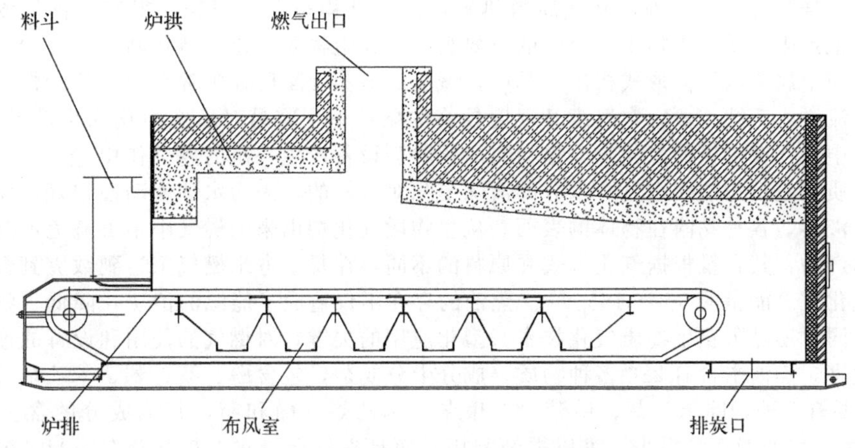

图 9-2-19　生物质水平移动床气化炉的结构

增加生物质原料处理量，反之则降低。通过改变进风量可调节生物质燃气产量及生物质炭的含碳量。在炉排转速不变的情况下，增加进风量可提高生物质燃气产量，但生物质炭的含碳量会降低；减少进风量会降低生物质燃气的产量，但生物质炭的含碳量则会提高。

生物质水平移动床气化炉运行时需控制炉内为微负压。炉内若为正压会导致燃气从炉体外漏，负压过大又会加大漏风量，导致产生的燃气在炉内燃烧消耗过多，不仅浪费能量，而且容易导致炉膛温度过高、生物质炭品质下降。

生物质水平移动床气化炉与传统的生物质固定床气化装置、流化床气化装置等相比，具有结构简单、造价及维修成本低、运行稳定、操作方便、设备规模易于放大等优点，提供热量的同时联产生物质炭，大大提高了生物质气化供热项目的经济性。

第三节　气化燃气净化与重整

气化炉中出来的可燃气体（称为粗燃气）中含有一定的杂质，或者温度太高，不能直接使用。若不经处理直接应用会影响用气设备正常运转，所以需对粗燃气做进一步的净化处理，使之符合有关燃气质量标准。粗燃气中杂质是复杂和多样的，一般可分为固体杂质、液体杂质和少量的微量元素。粗燃气中各种杂质的特性见表 9-2-6[29]。

表 9-2-6　粗燃气中各种杂质的特性[29]

杂质种类	典型成分	来源	可能引起的问题
固体颗粒	灰分、炭颗粒	未燃尽的炭颗粒、飞灰	设备磨损、堵塞
焦油	苯的衍生物及多环芳烃	生物质热解的产物	堵塞输气管道及阀门，腐蚀金属
碱金属	钠和钾等化合物	农作物秸秆	腐蚀、结渣
氮化物	NH_3 和 HCN	燃料中含有的氮	形成 NO_x
硫和氯	HCl 和 H_2S	燃料中含有的硫和氯	腐蚀以及污染环境
水分	H_2O	生物质干燥及反应产物	降低热值，影响燃气的使用

固体杂质中包括灰分、炭黑和未完全燃烧的细小炭颗粒 3 部分，灰分是生物质中固有的组分，占生物质质量分数的 4%～13%[2,24]。根据所用原料的不同，灰粒的数量和大小各异。当使用木炭或木材时，原料中含灰量很少，而且木炭的结构比较强，所以只在气化的最后阶段才出现被燃气携带的细小炭粒，燃气中灰粒的量约为 5～10g/m³（标）。使用秸秆类原料时情况要严重

得多，除了秸秆灰含量较高外，其他原料热解后的炭结构很弱也很轻，很容易被气流携带。另外，碱金属也是生物质和生物质灰分中的重要组分，在生物质热化学转化利用过程中，生物质中不同形态的碱金属会以不同形式析出。其中，碱金属 K 和 Na 具有非常高的可移动性，部分会随高温燃气气流进入后续工段，在温度及湿度较高的条件下，容易对后续净化除尘设备产生腐蚀。生物质燃气中还存在少量的氯化物，也会对净化除尘设备产生一定的腐蚀作用[30]。

液体杂质则包括焦油和水分。水分的清除是相对容易的，因为水的流动性很好，而焦油冷凝后是黏稠的液体，容易黏附在物体的表面。从生物质气化炉出来的燃气中不可避免地会有一定数量的焦油副产物，其含量根据气化方式和原料的不同，在每立方米燃气中达到数克到数百克，所含能量占气化气总能量的 5%～15%[31]。焦油的存在不仅造成了能源的浪费，降低生物质的综合利用效率，同时还是阻止生物质气化技术大型化应用的关键，对燃气的使用和设备的连续运行都有极大的危害。焦油中含有 220 多种物质，成分十分复杂，包含酚、萘、苯、苯乙烯等。含量大于 5%的主要有 7 种，即苯、萘、甲苯、二甲苯、苯乙烯、酚和茚，其他成分的含量一般小于 5%[14,32]。由于焦油的产量很小，难以提纯利用，而且它们会与水、灰结合在一起，沉积在气化设备、管道、阀门、燃气设备等部位，影响系统的运行。总体来说焦油的危害有如下几个方面[33]。

① 焦油在低温下会形成黏稠状的液体，与水和飞灰等一些杂质结合后具有腐蚀性，长期积累会堵塞管道，导致生产的不连续性，甚至停产。

② 生物质气化所产生的焦油约占生物质总能量的 5%～10%，如其不能转化成有用的可燃气体，将会大大降低生物质的转化率。另外，如果采用水洗等湿法除焦技术，水洗后的可燃气体热值大大降低，也会间接降低生物质的可利用率，同时还会产生大量有机废水，造成对环境的二次污染。

③ 焦油中的许多物质具有致癌作用，如果将这些物质排放到大气中，就会造成严重的环境污染。

④ 焦油在低温下与可燃气一起燃烧时，难以燃烧完全，易产生炭黑等，对燃气利用设备损害严重。

由此可见，燃气中的焦油具有相当大的危害性，对于热解气化来说焦油属于不希望得到的副产物，在热解气化过程中应该严格控制焦油的产量，或通过热裂解和催化裂解等手段将其尽量清除干净。

生物质粗燃气的净化是生物质气化燃气使用过程中必不可少的一个环节。针对生物质燃气中杂质的多样性，需要采用多种设备组成一个完整的净化系统，分别进行冷却及清除灰分、炭颗粒、水分和焦油等杂质。

燃气净化的一般流程是先在燃气温度显著下降前脱除灰尘和炭等固体杂质，然后逐步脱除焦油和水分，在脱除焦油和水分的同时气体的温度也随之降到常温，这是因为脱除焦油和水分时多半采用了冷却工艺。

一、燃气除尘

生物质燃气的除尘主要是想除去残留在生物质燃气中的灰尘和微细炭颗粒，采用的方法通常有两种，即干法除尘和湿法除尘。

（一）干法除尘

干法除尘的特点是从生物质粗燃气中分离出粉尘，保持了原有温度且保持干爽，不与水分混合。干法除尘又分为机械力除尘和过滤除尘。

1. 机械力除尘

机械力除尘是利用惯性效应使颗粒从气流中分离出来并附着于器壁上，再借助重力作用使尘粒下落。其除尘效果同气流的流动速度密切相关，气流速度越高分离效果越好，所分离的粉尘的粒度就越小，机械力除尘可除粉尘的最小粒度是5μm。最常见的机械力除尘设备是旋风除尘器和惯性除尘器。在机械力除尘器中，旋风除尘器效率相对较高，而且操作简单，成本较低，主要适用于>3μm的非黏性粒子，且可在1000℃以下高温条件工作[34]。

2. 过滤除尘

过滤除尘是利用多孔体，从气体中除去分散的固体颗粒。过滤时，由于惯性的碰撞、拦截、扩散以及静电、重力的作用，使悬浮于气体中的固体颗粒沉积于多孔体表面或容纳于多孔体中。过滤除尘可将0.1～1μm的微粒有效地捕集下来，是各种分离方法中效率最高而且最稳定的一种。只是滤速不高，设备较庞大，排料清灰也是一个不易处理好的难题。过滤器一般用于末级分离。常见的过滤除尘设备是颗粒层过滤器和袋式除尘器。

（二）湿法除尘

湿法除尘是利用液体（一般是水）作为捕集体，将气体中的杂质捕集下来，其原理是当气流穿过液层、液膜成液滴时，其中的颗粒就黏附在液体上从而被分离出来。湿法除尘的关键在于气液两者的充分接触，其方法很多，可以使液体雾化成细小液滴，可以将气体鼓泡进入液体内，可以是气体与很薄的液膜接触，还可以是这几种方法的综合应用。湿法除尘中常用的设备有鼓泡塔、喷淋塔、填料塔、文氏管洗涤器等。表9-2-7给出了湿法除尘技术类型及性能特点。

表9-2-7　湿法除尘技术类型及性能特点

类型	洗涤器名称	基本特性
喷雾接触型	喷淋塔	用雾化喷嘴将液体雾化成细小液滴，气体是连续相，与之逆流运动，压降低，液量消耗大；可除去粒径大于几微米的颗粒
	喷射洗涤器	要用高压雾化喷嘴，气体与液滴是同向流，但两者间相对速度高；能耗高；可除净大于1μm的颗粒
	离心喷淋洗涤器	将离心分离与湿法捕集结合，可捕集大于1μm的颗粒，压降约为750～2000Pa
气体雾化接触型	文氏管洗涤器	利用文氏管将气体速度升高到60～120m/s，吸入液体，使之雾化成细小液滴，它与气体间的相对速度很高；高压降文氏管（10^4Pa）可清除小于1μm的亚微颗粒，适用于处理黏性粉体
液膜接触型	填料塔	利用各种填料（如Raschig环、Pall环、Intalox环等），使液体形成表面积很大的液膜，增大两相接触面积；每米床层压降约10^3Pa；一个2m的床层可清除大于几微米的颗粒，但入口的颗粒浓度不宜过高，以免堵塞床层
	浮动填料床洗涤器	将填料改为塑料球、玻璃球或圆卵石，使气体流速加大到可将球状填料浮动起来，液体可从上下两面喷淋到床层，这样可加大气液相接触强度，又可清除填料上积尘；每级床层压降为700～1500Pa，可清除1μm的颗粒
	泡沫洗涤器	在筛孔板上保持一定高度的液体层，气体从下面上穿过筛孔，鼓泡进入液层内形成泡沫接触；它又有无溢流及有溢流两种形式；板可有多层
鼓泡接触型	冲击式泡沫洗涤器	气体鼓泡后又冲击到上面的挡板上，可大大提高其净化效果，一般在压降400Pa时，可清除大于1μm的颗粒
其他形式	冲击洗涤器	气体冲入液体内，转折180°再冲出液面，激起水雾，可多次得到净化，压降为$(1\sim5)\times10^3$Pa，可清除几微米的颗粒

二、燃气除焦油

在生物质气化过程中，无法避免地要产生焦油。焦油的成分非常复杂，大部分是苯的衍生物及多环芳烃，它们在高温状态下呈气态，当温度低于200℃时凝结为液体。

焦油的存在影响了燃气的利用，在低温时难以与燃气一起燃烧，降低了气化效率。而且，焦油容易与水、灰分和炭颗粒等杂质结合在一起，堵塞输气管道和阀门，腐蚀金属，影响系统的正常运行。试验表明，木材气化产生的焦油量远大于煤气化产生的焦油量，意味着煤气化去除焦油的技术不经改进，不能直接应用于生物质。针对气化过程中产生的焦油，采取办法把它转化为可燃气，既提高气化效率，又降低燃气中焦油的含量，提高可燃气体的利用价值，对发展和推广生物质气化技术具有决定性的意义。除生物质燃气中焦油的方法既有普通的水洗法、过滤法和机械法，也有较为复杂的静电法和催化裂解法。

（一）水洗法

在冷却/洗涤塔中使水和生物质燃气相接触，将其中的焦油去除，如果在水中加入一定量的碱，除焦油效果有所提高。水洗法又分为喷淋法和吹泡法。冷却/洗涤塔通常是跟在旋风分离器后面的第一个湿洗单元，在这里所有的重质焦油能够被完全冷凝下来。但是一般意义上的焦油液滴和气态/液态烟雾却能被气流带走，故后面通常跟有文丘里洗涤塔，其根据压力突变的原理，将气态中较重物质除去。采用冷却/洗涤塔与文丘里洗涤塔连用，在适当的条件下，文丘里洗涤塔出口固体和焦油液滴的体积含量低于 $10mL/m^3$。此方法在技术上成熟可靠，效率高，可分离 $1\sim5\mu m$ 的细粒，且集除尘、除焦油和冷却三项功能于一体，是中小型气化系统采用较多的一项技术。主要缺点是会产生含有焦油的废水，造成了能量的浪费和二次污染问题。

（二）过滤法

将生物质燃气通过装有吸附性强的材料（如活性炭、滤纸和陶瓷芯）的过滤器将焦油过滤出来，具有除尘和除焦两项功能，可将 $0.1\sim1\mu m$ 的微粒有效地捕集下来，是各种分离方法中分离效率最高而且稳定的一种。只是滤速不高，设备庞大，需要经常更换过滤材料，并且排料清灰也是一个不易处理好的难题。在工业上常用于末级分离器等要求较高的场合。为了防止产生废物，可以选择生物质作为过滤材料，如粉碎的玉米芯等。

水洗法和过滤法除焦油又分别被称为湿法和干法除焦油。湿法或干湿法是一种非常有效的焦油去除方法，它能将焦油冷凝在气相产品之外，但是值得注意的是湿洗法会产生大量的废水，而且在把焦油从产物蒸气里去除的过程中，燃气的热值降低，气化过程的整体效率降低。焦油洗涤产生的废水包括大量的有机不溶物、无机酸、NH_3 和金属等，因而不能随意排放，而且其后续处理过程非常烦琐，操作费用也较高。所以要使湿法或干湿除焦法得到更广泛的应用，必须找到合适的废水处理方法。

（三）机械法

机械法除焦油是利用离心力的作用，使在气体中的焦油同洗涤液密切接触，同时被洗涤液吸附，并被抛向分离器的外壳达到除焦油目的。类似于旋风分离器的原理，通常是传统的湿洗单元操作的第二步。除雾器能有效地去除经文丘里洗涤塔处理后的产物气中的焦油和水。包含有焦油的废水将不溶焦油除去后，可循环到洗涤系统中继续使用。

（四）静电法

首先将生物质燃气通过高压的静电区域，使焦油小液滴带上电荷，带电荷的雾滴将吸引不带电荷的微粒，小液滴聚合在一起形成大液滴，并在重力的作用下从燃气中分离出来。静电法对于去除液体颗粒很有效，对粒度为 $0.05\mu m$ 的颗粒去除效率能达到99%以上。但是一旦焦油呈气态时就会失效，所以要有效除焦必须避免高温，在应用静电除尘器之前气体必须先冷却。静电除焦对进口燃气中焦油含量的要求也较高，一般要求低于 $5g/m^3$（标）。另外，由于焦油与炭混合后容易黏在电除尘设备上，所以电捕焦器对燃气中灰的含量要求也很高。

（五）催化裂解法

热化学法除焦就是使焦油在一定的反应条件下发生一系列的化学反应，将大分子的焦油转化成小分子的有用气体。热化学法除焦不仅在根本上去除了焦油，消除了焦油对设备破坏和环境污染的隐患，而且有效地回收了能量。另外，焦油通过化学反应后大部分也转化成了同气化反应产生的气体相类似的无机气体和小分子烃化合物，增加了生物质的转化率，提高了原料的利用率。热化学除焦法主要有热裂解法和催化裂解法两种。热裂解一般在温度大于1100℃以上时，焦油才能很好地裂解，这么高的温度不仅对设备自身材质要求很高，而且要求有良好的保温设备。在这样的条件下进行裂解需要很大的能耗，经济上不合理，所以想通过单纯提高温度的方法来增强焦油裂解反应是不实际的，实际操作中往往通过加入水蒸气和部分氧化的方法来降低焦油含量。催化裂解法利用催化剂的作用，在700～900℃发生热解反应。催化裂解不仅降低了反应温度，还提高了焦油的转化效率。目前，催化焦油裂解效率能达到90%以上，甚至有的工艺还实现了焦油的全部转化。催化焦油裂解反应最重要的是催化剂的选择。不管在何种类型的反应器或何种反应条件下，对催化剂的基本要求大体是一致的[6]：a. 必须有效脱除焦油；b. 如果以合成气为目的产物，该催化剂必须能够实现甲烷重整；c. 应针对特定的用途而提供适宜的合成气化率；d. 应具有一定的抵抗因积炭或烧结而失活的能力；e. 应较容易再生；f. 应具有足够的强度；g. 价格低廉。催化剂多采用木炭、白云石（非金属氧化物）、镍基催化剂和复合催化剂，它们的主要性能参见表9-2-8。催化裂解的技术相当复杂，多用于大中型生物质气化系统。

表9-2-8　几种催化剂的主要性能

名称	反应温度/℃	接触时间/s	转化效率/%	特点
镍基催化剂	750	约1.0	99	反应温度低，转化效果好，易失活，价格昂贵
木炭	800	约0.5	91	气化自身产物，成本低；随反应进行，木炭减少
白云石	800	约0.5	90～95	转化效率高，材料分布广泛，成本低廉，热稳定性差，机械强度低

三、燃气除水分

在气化反应过程中以及在生物质燃气净化过程中都有水分的产生和进入，而水分对生物质燃气的使用影响较大。常见的去水分方法有机械法和过滤法。

（一）机械法

机械法除水分是使生物燃气通过一个有很多挡板或填料的容器，当气体与挡板相撞后，不断改变气流运动速度和运动方向，这样水雾滴在撞击挡板后被留下，顺挡板落下，脱离气流，达到除水分目的。

通常的除水分设备为液滴分离器，也就是液滴捕集器。气体在通过液滴分离器后，由于撞到设置在分离器内的不同方向的挡板，流动速度及方向都发生改变。撞击到挡板上的液滴在重力的作用下落下，从而使液滴从气体中分离出来。

液滴分离器的主要技术参数为流速及气体阻力。

（二）过滤法

过滤法除水分的原理与过滤法除尘原理是相同的，即利用滤料的吸附作用吸附生物质燃气中的水分。

四、燃气冷却

一般来讲，气体的冷却是通过散热及换热实现的。生物燃气也是一样的，通常的冷却方法是空气冷却和水冷却，其中水冷却方法效率高，又比较经济，因而，多数采用水冷却方式冷却气化燃气。常用的设备是喷淋塔和冷却器。一般生物质气化燃气经冷却后温度能降到30℃左右。

综上所述，生物质气化过程中生产的生物质燃气含有多种不同形式的杂质，这些杂质影响生物质燃气的有效使用，应尽可能地清除，使燃气得到净化。

净化生物质燃气的技术种类和方法很多，去除不同的杂质需要不同的燃气净化技术。但是同一种净化技术和设备可能对多种杂质的去除都有效。在实际应用的生物质气化系统中，也确实将多种净化技术综合使用，已达到更佳的净化效果。

经过这些设备净化后的生物质燃气中，灰、炭颗粒、焦油及水分的含量都大大降低了，而且气体也达到了预先要求的温度。但是，尽管有如此多级的处理方式，净化效果也不可能达到100％，而处理后的生物质燃气中仍旧会有不同量的灰、炭粉以及焦油，所以说，在经过净化后，我们使用的生物质燃气中仍然会有一些杂质，并非纯净。因此，在使用过程中还要考虑到这些杂质的影响，避免出现故障。

五、燃气重整

生物质经气化、净化后的气体，主要含有 H_2、CO 和 CO_2，碳氢之间的比例往往不合适，H_2 含量偏低，CO_2 体积分数过高，还含有一定量的碳氢化合物。气化气的品质无法满足后续化工生产利用，这需要通过生物质气化条件的优化和气化后的重整或组分调变来解决。同时，气体组分调变的目的是对 H_2、CO 和 CO_2 这几种气体的比例进行调节，并使 CO_2 在气体中体积分数适当。在这个过程中，所发生的反应主要包括甲烷重整、水气变换反应、碳氢化合物重整以及焦油重整。目前采用的生物质燃气组分重整方式主要有脱 CO_2 工艺和重整制氢[26]。

（一）脱 CO_2 工艺

生物质粗燃气的氢碳比较低，CO_2 体积分数较高，为获得合适氢碳比的合成气，一般需要进行脱 CO_2 处理。脱 CO_2 处理的方法，主要有物理化学吸收法、变压吸附法、膜分离法、低温分离法和新型生物脱 CO_2 技术。在合成氨工艺中，每 1000m^3 合成气的脱 CO_2 工艺能耗比较见表 9-2-9。

表 9-2-9　脱 CO_2 工艺能耗比较①

工艺	压力/MPa	水蒸气/t	电力/(kW·h)	冷却水/t	溶剂消耗/kg	脱碳后 CO_2 体积分数/％
聚乙二醇二甲醚法(NHD)	2.7	—	21.2	0.11	0.054	<5
二乙醇胺法(MDEA)	2.5	2.2	17.3	12.8	0.023	<0.3
碳酸丙烯酯法(Carbon-C)	2.5	—	36.3	14.4	0.47	<1.5

① 以 1000m^3 合成气计。

1. 物理化学吸收法

（1）高压水洗法　水洗法的工作原理是常温下 CO_2 在水中的溶解度远高于 CH_4，为 CH_4 的 26 倍。高压水洗法是生物燃气提纯工艺中最常用且目前最完善的工艺技术，该物理吸收过程遵循亨利定律，因此也较容易通过降压进行 CO_2 解吸。尽管水洗法工艺成熟，不需投入化学试剂，且甲烷回收率较高（>95％），但投资成本和运营成本仍很高，水再生过程中耗能较高。

（2）有机溶剂吸收法　有机溶剂吸收法的基本原理与高压水洗法相同，均属于物理吸收法，只是用有机溶剂替代水作为吸收剂。常用的吸收剂有甲醇（CH_3OH）、*N*-甲基吡咯烷酮（NMP）和聚乙二醇醚（PEG）。Selexol® 和 Genosorb® 是已商业化的两种吸收剂产品，均使用了聚乙二醇醚（PEG）。相比于水洗法，有机溶剂吸收速率快，CO_2 溶解度高，尤其是 Selexol® 对 CO_2 的溶解度是水的 3 倍，可减少吸收剂的用量，同时也可缩小吸收塔规模。但溶剂再生需要更多的能量，且有机溶剂的成本明显高于水。

（3）胺吸收法　胺吸收工艺属于化学吸收法，其吸收过程涉及可逆化学反应，常用的吸收剂有乙醇胺、二乙醇胺和三乙醇胺等。与 CO_2 在水中溶解不同的是，CO_2 在胺溶剂中的溶解过程同时涉及化学吸收和物理吸收，溶解度先随温度升高而增加，达到一定温度后随温度升高而降低，该吸收为放热过程。胺吸收法具有极好的吸收效果，经过胺吸收后的生物质燃气中 CH_4 浓度高达 99％。胺吸收法可同时将 H_2S 完全吸收。胺吸收法的缺点是能耗很高，溶剂具有腐蚀性和挥发性，不仅容易污染环境，且溶剂损耗也较严重。胺吸收法工艺面临的挑战是再生过程中的高热负荷及胺类溶剂的腐蚀性和挥发性。与胺溶液相比，目前处于研究中的无机盐溶液在某些方面更适合作为化学吸收剂。无机盐溶剂通常是一些碱性溶液［如 NaOH 溶液、$Ca(OH)_2$ 溶液等］，但目前还没有工业化应用实例报道。

2. 变压吸附法

变压吸附法（pressure swing adsorption，PSA）的原理是利用高压下吸附剂对不同气体组分吸附能力的差异实现生物质燃气中 CH_4 和 CO_2 的分离。变压吸附工艺在生物质燃气脱碳中得到广泛的工业化应用。吸附剂的优选是变压吸附技术的关键，选择适当的吸附剂甚至可在一定程度上实现同时脱除 CO_2、H_2S 和 H_2O。吸附剂优选的主要目的是获得高 CO_2 选择性的吸附剂，常用的吸附剂有活性炭、沸石（4A、5A、13X）和其他具有高比表面积的材料。

3. 膜分离法

膜分离脱除 CO_2 是利用膜的渗透选择性，在压力差（或浓度差、温度差）下实现气体的分离。基于相对渗透率，分子越小，越易透过膜。生物质燃气中不同组分的渗透率由小到大的顺序为 $CH_4<N_2<H_2S<CO_2<H_2O$。膜分离的核心问题是选择高性能的膜，理想的膜应具有较大的 CH_4 和 CO_2 渗透率差异，最大限度地减少 CH_4 损失。常用于生物质燃气提纯的分离膜有聚合膜、无机膜和混合基质膜，其中商业化应用最多的是聚合膜，常用的有聚砜（PSF）、聚酰亚胺（PI）、聚碳酸酯（PC）、聚二甲基硅氧烷（PDMS）和醋酸纤维素（CA）等。

4. 低温分离法

低温分离法是根据不同气体组分在不同温度和压力下液化或固化的原理，通过逐级降低原料气温度进行分离的一项技术，在降温过程中将液化的 CH_4 与 CO_2 和其余成分分开。CH_4 在 1atm（1atm＝101325Pa）下的液化温度为 161.5℃，远低于 CO_2（78.2℃），因此可通过液化将 CO_2 与 CH_4 分离。该方法主要用于生产液化生物天然气（LNG）。

5. 新型生物脱 CO_2 技术

CO_2 生物甲烷化技术是通过在反应器中添加 H_2，利用氢营养型产甲烷菌将 CO_2 转化为 CH_4。该过程可在发酵池中（原位）进行，也可在发酵池后（异位）的相邻反应器内进行，所以可将生物甲烷化技术分为原位生物脱碳技术、异位生物脱碳技术和混合生物脱碳技术三种。原位脱碳技术因为发酵池中固有细菌和有机质，所以只需要向发酵池内提供外源 H_2；异位脱碳技术除提供 H_2 外还需要保证产甲烷菌、菌种所必需的营养素；混合生物脱碳技术是在原位进行初步脱碳，然后再进行异位精度脱碳。甲烷化过程中所需的 H_2 可由过剩的风能、太阳能产生的电能进行电解水产生。CO_2 生物甲烷化技术已经成功应用于一些小型发酵池中，结果表明发酵池中固有的微生物群落易消耗 H_2。用该技术提纯后的生物质燃气中 CH_4 体积浓度可达 98%，符合天然气使用标准。

（二）重整制氢

CH_4 和 CO_2 重整制氢，用于木质纤维素气化的重整过程，目前研究还主要集中在性能优良的催化剂的筛选上。采用的重整催化剂也是以天然气重整为基础，目前有关产气净化与重整的催化剂载体主要有天然矿石、沸石分子筛、生物炭和金属氧化物等。其相应的活性组分以 Ni 为主，同时也经常涉及具有较好修饰作用的 Fe、Co、Ce、Pt、Pd 等过渡金属元素[35]。采用的载体主要有 Al_2O_3、SiO_2、TiO_2、$MgCO_3$、硅石和稀土氧化物等。在 Ni/Al_2O_3 上，加入 Na、K、Mg、Ca 的氧化物，使催化剂表面由优先吸附 CH_4（分解积炭）变为优先吸附 CO_2，各种氧化物对 Ni 分散的促进作用顺序为 $MgO>CaO>K_2O>Na_2O$，各种氧化物对催化剂抗积炭性提高的顺序为 $MgO>CaO>K_2O>Na_2O$。添加 La_2O_3 助剂有助于 Ni/Al_2O_3 催化剂中的 Ni 保持在还原状态，还能提高 Ni 的分散度，削弱 Ni 与 Al_2O_3 之间的相互作用[36]。

生物质热解产气的重整过程主要涉及的反应为 CH_4 与 CO_2 或水蒸气的重整反应[37,38]。

$$CH_4+CO_2 \longrightarrow 2H_2+2CO$$
$$CH_4+H_2O \longrightarrow 3H_2+CO$$

所以，CH_4 的重整反应是产气重整过程中最重要的反应，后续研究的重点应集中在制备能够提高 CH_4 重整效率的催化剂上。

生物质粗燃气重整净化技术的研究还处于初级阶段，技术上仍存在一些问题需要解决：a. 生物质焦油是组成十分复杂的难处理污染物，其热转化与催化转化的反应机理还未进行深入的系统研究；b. 目前对于生物质粗燃气催化重整净化的研究，还主要集中在商业水蒸气重整镍基催化剂上，催化剂积炭失活较严重，有待开发新的高稳镍基催化剂，以期获得高度洁净的廉价生物质合成气；c. 生物质粗燃气 H_2/CO 低、CO_2 体积分数高且富含焦油，其净化与组分重整的工艺路线还缺乏深入的研究与优化，还缺乏能提供工业参考的有力依据[39-41]。

第四节　气化燃气特性与过程评价

生物质与气化剂反应转化为气体燃料的过程受多种因素影响，工艺条件也影响气化燃气特性、质量和组分等；气化炉的性能，也需要相关的指标参数来衡量。

生物质气化过程的主要评价指标有气化炉气化强度、生产能力、气化效率、气化剂的比消耗量及负荷调节比等。

气化是生物质与气化剂在高温下进行化学反应的过程，也是一个物质和能量的转化过程，过程中的物质、能量都遵循质量守恒定律和能量守恒定律。生物质气化过程的物料衡算和热量衡算是生物质气化工艺的基础，对气化工艺选择、气化工艺设计、气化设备设计以及系统的运行具有重要意义。据此选择合理的技术指标和工艺参数，以达到优化设计气化工艺和设备的目标。

一、气化燃气特性

（一）气化燃气质量

生物质燃气的质量主要由燃气的成分、热值和燃气中的杂质含量来表征。其中燃气的热值与组分密切相关，燃气中 CO、H_2、CH_4 和 C_nH_m 等可燃组分的体积分数高，则相应燃气的热值也高。根据组分可以进行燃气的热值计算，公式如下：

$$LHV_g=126.36CO+107.98H_2+358.18CH_4+629.09C_nH_m \tag{9-2-24}$$

式中　LHV_g——燃气的低位热值，kJ/m^3(标)；

CO，H_2，CH_4 和 C_nH_m——CO、H_2、CH_4 和不饱和碳氢化合物（C_nH_m）的体积分数，%。

生物质燃气的质量主要与气化炉炉型、原料特性、气化反应温度和停留时间等相关。

生物质气化技术研究的重要目标是提高燃气质量，从原料、工艺、设备等方面来提高燃气热值、降低燃气中杂质含量。生物质空气气化得到的燃气，其中 N_2 体积分数占比 45%～60%左右，热值仅为 4～6MJ/m^3(标)；纯氧气化制备的燃气，热值在 10MJ/m^3(标) 以上，但制备纯氧气体的设备投入很大，氧气生产成本也很高。氧气/水蒸气气化工艺可获得具有较高的 H_2 体积分数的合成气，主要用于生产理想的合成燃料原料气。双流化床气化炉是一种新型的气化工艺设备，可以获得较高热值的燃气，主要是将气化过程和燃烧过程分别在两个反应器内进行，从而避免惰性气体的携入，并采用水蒸气气化，所得燃气热值达到 12～16MJ/m^3(标)。CO 是一种剧毒气体，考虑使用的安全性问题，民用燃气中必须限制 CO 体积分数，因此，在气化过程中必须尽可能控制在 20%以内[2,12]。

生物质气化过程中会产生一定比例的焦油，会影响燃气的质量和使用。根据气化的原料、工艺、设备不同，通常燃气中的焦油约为 10～50g/m^3，尽管焦油数量不大，但是会危害燃气的输送和用气设备。为了减少气化过程产生焦油，采用下吸式气化炉、二步法气化炉等气化炉及气化工艺，通过提高氧化反应区温度，在高温条件下将焦油部分裂解，以降低燃气中的焦油含量。

（二）气化燃气组分

生物质燃气是由多种气体组成的混合气体，通常认为生物质燃气的绝大部分组分接近理想气体，因此，可以用理想气体公式进行计算。

生物质燃气的性质与气化方式和所用气化剂种类有关，主要组分有 CO、H_2、CH_4、CO_2 和 N_2，还有少量的低碳烃和氧气等，其组分和热值与发生炉煤气、混合煤气等煤炭气化所得燃气相近，与天然气、石油液化气则差别很大。

表 9-2-10 列举了多种气化工艺所得生物质燃气中各个组分的体积分数范围。

表 9-2-10　几种气化工艺的生物质燃气组分

气化工艺	燃气组分体积分数/%						
	CO	CO_2	H_2	CH_4	C_nH_m	N_2	O_2
上吸式气化炉	25～31	3.6～4.6	6.2～10	4.0～5.2	0.3～0.6	46～60	1.0～2.2
下吸式气化炉	14～23	11～16	11～14	1.0～3.0	0.1～0.4	45～58	0.8～2.0
下吸式气化炉(富氧)	30～40	25～27	10～20	6.0～12	1.0～3.0	8.0～10	0.8～2.0
二步法气化	13～20	16～19	13～30	1.2～4.5	0.4～1.0	35～48	0.1～1.0
二步法气化(富氧)	29～32	18～21	32～36	1.5～3.0	0.4～0.6	6.4～12	0.8～1.0
鼓泡流化床炉	13～16	10～14	4.0～8.0	3.0～7.0	1.5～2.9	45～55	0.8～2.0
循环流化床炉	14～23	7.0～15	4.0～8.0	4.0～10	1.0～2.5	45～60	0.8～2.0
循环流化床炉(富氧)	32～38	22～25	20～28	8.0～12	1.2～2.2	6.0～11	0.8～2.0
双流化床气化炉	44～45	11～12	18～22	15～16	1.0～5.0	0.7～4.0	—
600℃热解	26～28	23～26	24～25	15～17	6.3～6.9	0.5～1.1	0.05～0.8
800℃热解	19～25	17～19	34～37	17～19	4.4～6.3	0.7～0.9	0.2～0.3

注：富氧指氧气体积分数为 90%。

从表 9-2-10 中可以看出，生物质燃气中可燃组分主要是 CO、H_2、CH_4。采用空气气化时燃气中 N_2 体积分数为 45%～60%；使用含氧 90%的富氧气体为气化剂时，燃气中 N_2 体积分数降至 6%～12%，使燃气中可燃组分显著提高；固定床气化炉的反应温度较高，燃气中 CH_4 体积分数相对较低，而流化床气化炉的反应温度较低，燃气中 CH_4 体积分数显著提高；对于生物质热解制气和双流化床气化，整个过程没有氧气参与反应，也没有携入 N_2，燃气中的 CH_4 体积分数可达 15%～19%，同时低碳烃类的体积分数也较高。可以看出，采用热解和双流化床气化工艺，可以达到与氧气气化相似的效果，由于没有 N_2 带入，燃气中可燃组分含量远高于空气气化获得的燃气[2]。

以某种特定的工艺进行生物质气化时，由于所使用的原料不同，以及原料含水率、气化反应条件等不同，燃气的组分也会随之发生较大的变化，因此，表 9-2-10 中给出的是气体组分变化范围的参考值。

二、气化过程评价指标

（一）气化炉气化强度

气化强度是指在单位时间内气化炉单位截面积上所气化的原料量或气化产生的燃气量，还可表达为炉膛热负荷，即气化炉单位截面积上所产生燃气的热通量。根据气化强度可以确定气化炉的生产能力，即每小时的原料处理量。

气化强度的3种计算方法如下[42]：

$$q_1=\frac{原料消耗量（kg/h）}{气化炉截面积（m^2）} \tag{9-2-25}$$

$$q_2=\frac{燃气产量（m^3/h）}{气化炉截面积（m^2）} \tag{9-2-26}$$

$$q_3=\frac{燃气产量（m^3/h）\times 燃气热值（MJ/m^3）}{气化炉截面积（m^2）} \tag{9-2-27}$$

从表达式可以看出，在同样的炉膛截面积下，气化炉的气化强度越大，其生产能力越大。气化强度与原料性质、气化剂种类和供给量、炉型结构等因素相关。在气化炉的实际运行过程中，要考虑各个因素来选择合适的气化强度。

气化强度与炉型、工艺密切相关，相同炉型才有比较的意义。由于气化炉炉型不同，其炉膛结构、形状自然不同，截面积也会有不同的定义。以下吸式气化炉为例，假如炉膛中设置一个缩口段，通常以缩口段的最小截面积来计算气化强度，而这个截面积仅为炉膛缩口段以外的直段截面积的1/5～1/4，相比没有缩口段的上吸式炉和层式下吸炉，其气化强度会高出很多；而流化床气化炉和固定床气化炉相比，由于气化剂与原料之间的传质传热速率及反应机制等方面存在很大差别，因此，在它们之间进行气化强度的比较没有意义。一般认为，对于特定的一种气化炉，其气化强度的最大值主要受到气化所获得的气体质量和原料灰熔点的限制。通常可以通过增大气化介质的气流速率来提高气化炉的气化强度，而二氧化碳的还原反应在高温下还处于动力区，增大气流速率，则与二氧化碳反应接触时间缩短，二氧化碳不能完全还原，导致燃气中可燃组分含量下降[43]。气化强度提高导致炉内反应温度升高，还会造成低灰熔点原料的结渣问题。气化强度最小值也受到气化反应条件的限制，气化强度过低会使得反应温度降低，上吸式炉燃气中水分和下吸式炉燃气中焦油的含量会大大增加，而对于流化床炉则因气流速率过低而无法流化运行。即使是同一种炉型，在合理确定各项运行参数指标后，可以进行不同燃料的气化实验以综合评价其气化强度，在数量上会相差几倍甚至几十倍。比如，在第二次世界大战期间广泛使用的Imbert型车载式下吸式气化炉的气化强度可高达9000m^3/(m^2·h)[44]，而使用稻壳原料的下吸式气化炉，气化强度仅为300～800m^3/(m^2·h)。

几种常见生物质气化炉的气化强度参考值：上吸式气化炉为100～300kg/(m^2·h)；下吸式气化炉为60～350kg/(m^2·h)；流化床气化炉为1000～2000kg/(m^2·h)。

（二）气化炉生产能力

气化炉生产能力是指气化炉在单位时间内生产的燃气量或消耗的原料量，主要取决于炉子的截面积、气化强度和原料产气率等因素。假定气化炉炉膛直径为D，则其生产能力为[2]：

$$V=\frac{x}{4}q_1D^2V_G \tag{9-2-28}$$

式中关联了原料产气率（V_G）和气化强度（q_1）两个因子。x为相关参数。原料产气率主要与气化工艺、气化炉、气化剂、当量比（ER）等相关。产气率高时燃气热值通常较低，而采用氧气或氧气/水蒸气作气化剂时，所得的燃气品质相对较好、产气率较低。对于某种原料、某种炉型，可以通过气化试验选择较理想的气化效率来确定合理的原料产气率。

气化炉的气化强度确定后，可以计算出气化炉的生产能力。在实际运行中，气化炉的生产能力可以通过工艺条件在一定范围内进行调控，但是也不能无限加大。如果为了增大截面积而选择过大直径的炉膛，往往不能保证气化剂的气流均匀分布，从而导致炉内气固反应状况恶化，甚至无法正常运行。从现有的运行经验来看，固定床气化炉适宜于中小规模气化运行，下吸式气化炉的最大生产能力在4000～5000m^3(标)/h，上吸式气化炉和层式下吸气化炉的最大生产能力在4000～6000m^3(标)/h；流化床气化炉适合于大规模气化运行，单台设备每小时可生产燃气数万立方米。

（三）气化炉气化效率

生物质气化效率是指单位质量的生物质原料气化得到的燃气所包含热量与气化原料所包含热量的比值。气化效率是反映生物质气化过程能量利用率的一项重要指标。根据燃气使用时状态的不同，有冷燃气气化效率和热燃气气化效率两种计算方法。前者更为常用，后者只在直接利用热燃气作为工业炉窑和锅炉燃料等方面使用[2]。

1. 冷燃气气化效率

冷燃气气化效率计算式为：

$$\eta=\frac{V_G Q_G}{Q_M}\times 100\% \tag{9-2-29}$$

式中　η——冷燃气气化效率，%；

V_G——气化产生燃气的产率，m^3/kg；

Q_G——气化产生燃气的热值，kJ/m^3；

Q_M——生物质原料的热值，kJ/kg。

2. 热燃气气化效率

热燃气气化效率计算式为：

$$\eta_h=\frac{V_G Q_G+Q_H}{Q_M}\times 100\% \tag{9-2-30}$$

式中　η_h——热燃气气化效率，%；

Q_H——气化产生燃气的热燃气显热，kJ/m^3。

气化效率受气化温度、气化剂比消耗量等因素的影响，还受气化过程中原料的损失、残炭的带出、燃气的显热损失及散热损失等因素的影响，因此，生物质原料的总能量不可能全部转移到燃气中。

以含碳量100%的木炭和空气作气化剂进行气化为例，假设为理想的气化过程，用来说明气化效率的计算过程。假定这个气化过程处于理想状态，且其中的碳全部只转化为CO，而没有生成CO_2，其反应式如下：

$$2C+O_2+3.76N_2 \longrightarrow 2CO+3.76N_2 \tag{9-2-31}$$

按照式（9-2-30）计算，燃气中CO的体积分数为：

$$C_{CO}=\frac{2}{2+3.76}\times 100\%=34.7\%$$

气化过程碳的产气率为：

$$V_G=\frac{22.4\times(2+3.76)}{2\times 12}=5.38(m^3/kg)$$

燃气热值为：

$$Q_{G,net}=\frac{H_{CO}}{22.4}\times C_{CO}=4.395[kJ/m^3(标)]$$

式中　H_{CO}——CO热值，283.7kJ/mol。

气化效率为：

$$\eta=\frac{V_G Q_{G,net}}{H_C}\times 100\%=69.4\%$$

式中　H_C——碳的热值，34070kJ/kg。

从上面分析可以看出，看作一个理想的气化过程，纯碳和空气进行气化反应全部转化为燃气的化学能，不考虑热损失等，并没有超过原料碳化学能的69.4%，其余则变成了热量等其他能量形式。在生物质气化生产运行过程中，气化效率通常高于69.4%，这是由于实际气化过程发生了一系列复杂的化学反应，比如其中的氧化反应产生热量形成高温，使生物质热裂解析出H_2、CH_4以及少量烃类，或者原料中的水分在高温下与炭反应生成可燃气体等[2]。

（四）气化剂比消耗量

气化剂比消耗量是指 1kg 生物质原料气化反应过程所消耗的空气、氧气、水蒸气或超临界水等气化剂的量。为了对各种气化方法进行比较，还可以生产 $1m^3$ 生物质燃气或燃气中的 $CO+H_2$ 气体为基准。它是设计生物质气化炉时需要考虑的一项重要技术和经济指标[23]。

气化剂比消耗量主要与原料的特性和气化反应的操作条件有关。气化剂比消耗量随着生物质原料种类和组分的不同而变化。碳含量高的气化原料，其气化剂比消耗量相对较高；气化原料中的水分和灰分含量高则气化剂比消耗量低。

此外，气化剂比消耗量还与操作条件有关。比如在水蒸气气化过程中，通入气化炉的水蒸气除了作为气化剂满足气化反应的需要外，还必须用于调节氧化层温度，使气化反应温度维持在原料灰分的熔点之下，以避免物料灰分熔融结渣。

（五）气化炉负荷调节比

对于某种气化炉型，通过试验或经验值确定其气化强度的合理范围以后，其允许的气化强度最大值与最小值之比称为该气化炉的负荷调节比。在生物质气化运行过程中，气化强度超过最大值或者低于最小值时，将导致生物质燃气品质和气化效率严重下降，或者使气化炉不能正常运行。负荷调节比反映了气化炉操作弹性的大小，跟气化方式和燃料的质量有关。固定床气化炉的负荷调节比通常在 4～6 之间，若使用粒度比较均匀的木质燃料，负荷调节比可达到 8 左右，木炭作气化燃料时甚至可以达到 10 以上；流化床气化炉的负荷调节比通常在 2～4 之间，操作弹性相对小一些[2]。

三、气化过程物料衡算

由于生物质气化过程是一个稳态过程，运行过程中系统内部并没有物料存积，因此，进入系统的物料与输出系统的物料在质量上是相等的。

气化过程中，生物质原料和气化剂两种物料进入系统参与反应，反应完成后有气体、液体（焦油和醋液等）和固体残炭等三类产物从系统输出。气化过程的物料衡算，在理论上应当对参与反应的每一种元素或成分进行平衡计算，但是，生物质气化原料及产物组成非常复杂，因此，有必要对计算过程进行简化处理。仅对生物质燃料中的碳、氢、氧、灰分、水分等元素和组分作平衡计算，而略去含量很低的氮和硫（两项之和通常为 1% 左右），产物焦油的含碳量按 70% 计算。简化后的计算结果不会有很大误差，却能使过程简化、物料平衡计算和测试工作量大大减少。生物质气化系统的物料平衡如图 9-2-20 所示[2]。

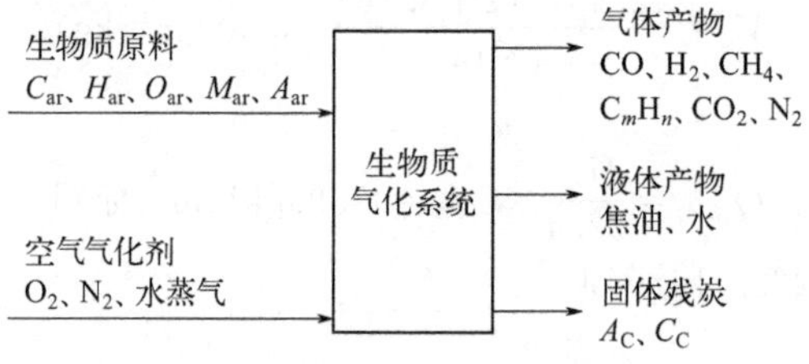

图 9-2-20　生物质气化系统的物料平衡

物料平衡条件：进入系统和输出系统的物料质量相等；进入系统和输出系统的各个元素质量相等。

（一）物料平衡的计算

取进入系统的生物质原料的质量为 1kg，对于物料的质量平衡，可以写作：

$$1+M_M=M_G+M_L+M_C \tag{9-2-32}$$

式中 M_M——原料消耗的气化剂质量，kg/kg；

M_G——原料产生的干燃气质量，kg/kg；

M_L——原料产生的液体质量，kg/kg；

M_C——原料产生的固体残炭质量，kg/kg。

上式中各项物料的质量分别计算如下[2]。

1. 原料消耗的气化剂质量

$$M_m = M_A + M_O + M_S = 1.293V_A + 1.429V_O + M_S \quad (9\text{-}2\text{-}33)$$

式中 M_A——原料消耗的空气质量，kg/kg；

M_O——原料消耗的氧气质量，kg/kg；

V_A——原料消耗的空气体积，m^3/kg；

1.293——标准状态下空气的密度，kg/m^3；

V_O——原料消耗的氧气体积，m^3/kg；

1.429——标准状态下氧气的密度，kg/m^3；

M_S——原料消耗的水蒸气质量，kg/kg。

V_A、V_O、M_S 是生物质气化时的各项反应物的消耗量，与具体选择的气化方式有关，并影响生物质燃气的质量指标。采用空气气化时后两项为零[2]。

2. 原料产生的干燃气质量

$$M_G = \rho_G V_G \quad (9\text{-}2\text{-}34)$$

式中 V_G——原料产生的燃气体积，m^3/kg；

ρ_G——标准状态下燃气的密度，kg/m^3。

V_G 是每千克原料产生的干燃气量，称作原料产气率。

3. 原料产生的液体质量

气化中产生的液体主要由焦油和燃气中水分（即燃气冷凝冷却得到的醋液）两部分组成，即：

$$M_L = M_T + M_W \quad (9\text{-}2\text{-}35)$$

式中 M_T——原料产生的焦油质量，kg/kg；

M_W——原料产生的水分质量，kg/kg。

高温燃气通过冷却冷凝后可以得到焦油和水分等液体产物。事实上，液体产物很难从燃气中完全冷凝分离出来，同时，它是焦油和水的混合物，难以精确测量两类组分。对于各种生物质气化工艺所形成的焦油，其产率有所不同，依据试验得到的经验数值，对上吸式气化工艺可取 $M_T = 0.05kg/kg$，对流化床气化工艺则可取 $M_T = 0.02kg/kg$，对下吸式气化工艺或其他低焦油气化工艺可忽略。原料产生的水分 M_W，可以通过氢的平衡计算[2]。

将各部分计算的公式代入式（9-2-30）进行合并，得出生物质气化的物料平衡式：

$$1 = \rho_G V_G + M_T + M_W + M_C - (1.293V_A + 1.429V_O + M_S) \quad (9\text{-}2\text{-}36)$$

（二）元素质量的平衡

气化过程的物料衡算，在理论上应对每个参与反应的元素进行换算，但整个计算工作会非常复杂，且无必要。因此，为简化过程的计算，仅对其中主要的碳、氢、氮和灰等进行衡算。

1. 碳衡算

参与气化过程的碳，主要来源于原料中所含有的碳元素；而生成物中的碳，则包括燃气成分中的碳、焦油中的碳和固体残炭中的碳等，其中燃气成分中的碳是主要的，也是气化生产的目的。通过碳平衡计算，可以评价气化过程的碳转化率。气化系统中碳的衡算式为：

$$C_{ar} = \frac{V_G}{22.4} \sum C_{Ci} n_{Ci} + 70M_T + C_C M_C \quad (9\text{-}2\text{-}37)$$

式中　C_{ar}——原料收到基碳元素质量，kg/kg；

C_{Ci}——燃气中第 i 种含碳气体的体积分数，%；

n_{Ci}——燃气中第 i 种含碳气体中碳的原子数；

C_C——固体残炭中的含碳量，%。

式中 C_{ar} 为原料收到基碳元素质量，通过原来的元素分析得到数值；右边的三项分别是生物质原料气化后转移到燃气、焦油和残炭中的碳元素质量，其中第一项中的含碳气体包括 CO、CO_2、CH_4 和 C_nH_m。

对于生物质气化生产燃气过程，从工艺的角度应将原料的碳元素尽可能多地转化到燃气中。因此，定义燃气中各组分碳元素质量的总和占原料中碳元素质量的百分比为气化工艺的碳转化率 η_C。

$$\eta_C=\frac{V_G}{22.4C_{ar}}\Sigma C_{Ci}n_{Ci}\times 100\% \tag{9-2-38}$$

碳转化率是衡量生物质气化技术的一项重要指标，从式（9-2-37）中可以看出，提高气化过程碳转化率的措施，一是提高燃气的产率，二是降低焦油的产率，同时降低固体残炭的排出量和其中的含碳量，以尽可能提高转化为燃气的碳元素。碳转化率与气化效率不同，它反映出原料中的碳元素转移到燃气中的百分比，但是在燃气中的二氧化碳并没有热值，而它也被计入碳转化率中[2]。

2. 氢衡算

气化过程中氢的来源，有原料中所含的氢元素（包括原料所含水分中的氢）和作为气化剂进入气化炉的水蒸气；生成物中的氢，则主要包括燃气各组分以及燃气中水分所包含的氢元素，由于焦油和固体残炭的产率及含氢量都很低，此处忽略计算其中的氢。实际上，燃气中的水分难以准确测量，而它对燃气的热平衡又有较大的影响，可以采用系统氢平衡的方法对燃气中的水分进行计算。气化系统氢的衡算式为：

$$9H_{ar}+M_{ar}+100M_S=\frac{9V_G}{22.4}\Sigma C_{Hi}n_{Hi}+M_W \tag{9-2-39}$$

式中　H_{ar}——原料收到基氢元素含量，%；

M_{ar}——原料收到基水分，%；

C_{Hi}——燃气中第 i 种含氢气体的体积分数，%；

n_{Hi}——燃气中第 i 种含氢气体中氢的原子数。

等式右边第一项中含氢气体包括 H_2、CH_4 和 C_nH_m。利用式（9-2-39），由已知的原料元素分析、干燃气成分和加入水蒸气量，通过计算可以得到燃气中水分的质量[2]。

3. 氮衡算

在气化过程中作为气化剂的空气是氮元素的主要来源，也包括生物质原料所含的氮元素；生成物中的氮元素全部存在于燃气中。生物质原料中的氮元素含量很低故忽略不计。实际上，氮气是一种惰性气体，气化过程中并不参与反应。通过生物质空气气化过程的氮平衡计算，当已知空气流量或燃气流量中一项时，可以计算出另一项。在生物质气化实际生产中，经常通过测量空气流量来计算燃气流量。气化系统氮的衡算式为：

$$79V_A=V_GC_N \tag{9-2-40}$$

式中　C_N——燃气中氮气的体积分数，%。

4. 灰分衡算

生物质原料中的灰分是一种惰性物质，在气化过程中以固体形态随残炭排出。气化反应后剩余的残炭可以分为两部分，其中一部分从气化炉的底部排出，另一部分细小颗粒则是随燃气被夹带出来，特别是在流化床气化工艺中被夹带的残炭比例很大。气化运行过程中燃气夹带的残炭颗粒物难以准确测量，而其中所含的碳是系统能量损失的一个组成部分，因此需要通过灰平衡的方法计算出残炭量。气化系统灰的衡算式为：

$$A_{ar}=(100-C_C)M_C \tag{9-2-41}$$

式中　A_{ar}——原料收到基灰分含量,%。

四、气化过程热量衡算

热量衡算可反映出生物质气化过程中热量发生转化的情况，也是评价其热量变换的基础计算之一。通过气化系统的热量平衡计算，可以分析其中能量转换率和各项能量损失等，进而评价生物质气化系统效率。

生物质气化作为一个稳态过程，系统内不存积热量，因此，系统输入的热量与输出的热量相等。

生物质气化系统进出各部分的热量如图 9-2-21 所示，所有进出热量均是相对于 1kg 生物质原料计算的。系统的输入热量为原料带入热量 Q_{ar} 和气化剂带入热量 Q_M，系统的输出热量为燃气带出的化学热量 Q_G、残炭中损失所包含碳的化学热量 Q_C、散热损失 Q_R、热燃气的气体显热 Q_H，这里忽略不计残炭的显热。以冷燃气状态输出时，Q_G 是有效热量；而以热燃气状态输出时，(Q_G+Q_H) 是有效热量[2]。

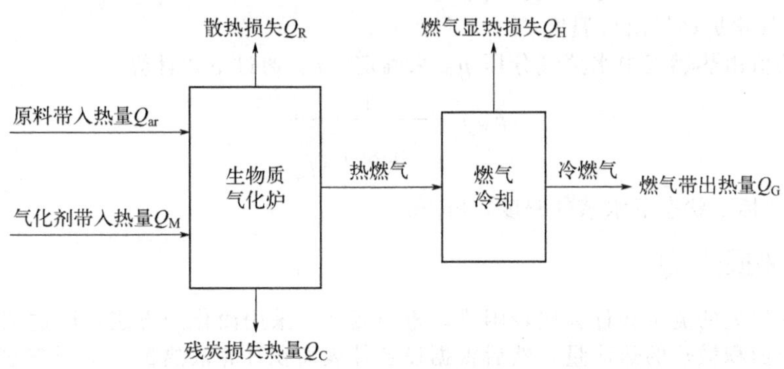

图 9-2-21　生物质气化系统的热量平衡

生物质气化系统的热量平衡式为：

$$Q_{ar}+Q_M=Q_G+Q_C+Q_R+Q_H \tag{9-2-42}$$

式中　Q_{ar}——原料的收到基热值。

其余各项的计算方法如下。

（一）气化剂带入热量 Q_M

气化剂可以采用空气、氧气和水蒸气等，当空气和氧气在常温下使用时，介质的温度约等于其气化炉入口的环境温度。气化剂带入热量的计算式为：

$$Q_M=t_0c_{p,A}V_A+t_0c_{p,O}V_O+I_SM_S \tag{9-2-43}$$

式中　t_0——环境温度,℃；

$c_{p,A}$——空气的等压平均比热容，kJ/(m³·℃)；

$c_{p,O}$——氧气的等压平均比热容，kJ/(m³·℃)；

I_S——水蒸气的焓，kJ/kg，该值可从水蒸气参数图表查得。

（二）燃气带出化学热量 Q_G

燃气带出的化学热量的计算式为：

$$Q_G=V_GQ_{G,net} \tag{9-2-44}$$

式中　$Q_{G,net}$——燃气的低位热值，kJ/m³（标）。

（三）残炭化学热量损失 Q_C

残炭化学热量损失的计算式为：

$$Q_C = 32866 \times \frac{c_C M_C}{100} \tag{9-2-45}$$

式中，碳的热值为32866kJ/kg。

（四）燃气带出显热 Q_H

气化炉出口热燃气带出的显热包括干燃气的显热和燃气中的水蒸气热量，忽略不计焦油冷凝放出的热量，其计算式为：

$$Q_H = \frac{V_G}{100} \sum c_{p,i} t C_i + I_W M_W \tag{9-2-46}$$

式中　$c_{p,i}$——燃气中第 i 种气体的等压平均比热容，kJ/(m³·℃)；

C_i——燃气中第 i 种气体的体积分数，%；

I_W——燃气中的水蒸气焓，kJ/kg；

t——气化炉燃气出口温度，℃。

水蒸气焓的值由热燃气中水蒸气分压 p_W 来确定，p_W 通过下式计算：

$$p_W = \frac{1}{1 + 0.804 \dfrac{V_G}{M_W}} \tag{9-2-47}$$

式中　0.804——标准状态下水蒸气密度，kg/m³。

（五）散热损失 Q_R

气化炉散热损失的测量和计算比较困难，也很复杂，采用简化的方法，通过测量设备的外表面温度得到单位面积散热的热流量，然后根据设备外表面积计算散热量[45]，计算公式为：

$$Q_R = \frac{q_R F}{B} \tag{9-2-48}$$

式中　q_R——单位面积散热的热流量，kJ/(m²·h)；

F——设备外表面积，m²；

B——原料消耗量，kg/h。

q_R 有实验数据可以作参考。当设备外表面温度等于或低于60℃时，取 q_R=1650kJ/(m²·h)；当设备外表面积温度高于60℃时，温度每增加10℃，q_R 值则增加550kJ/（m²·h)。

第五节　气化多联产技术

生物质气化技术作为一种清洁的可再生能源利用技术得到了快速发展，然而在其发展过程中仍然存在一些瓶颈问题。由于传统气化设备自身不够成熟以及未对气化副产物（生物质炭和生物质提取液）加以有效利用等问题，生物质气化技术的商业化推广和运行受到了严重的阻碍[46]。

传统的生物质气化主要以生物质燃气的生产为目的，往往采取完全气化，产生的生物质燃气用于居民集中供气或者用于发电，产品类别相对单一，经济效益不显著。而且传统生物质气化系统产生的燃气中焦油含量高，污染机具，影响设备正常运行；并且可燃气净化往往采用水洗的方式，该过程中产生的生物质提取液未得到很好的利用，形成废水造成环境污染。同时，传统生物质气化设备产能较小，其发电量一般为200～500kW，在一定程度上也限制了它的发展[47]。

针对传统的生物质气化技术产品单一、经济效益不佳、存在一定的环境污染（废渣和废水）、可燃气净化（焦油的分离）效果差及设备运行可靠性低、规模小等一系列世界性技术难题，南京林业大学于2002年起开始研究生物质气化多联产技术，2004年获授权专利“用农作物秸秆制取秸秆炭和秸秆醋液的方法”（ZL 200410014451.7），并获得相关授权发明专利20余项。在科研项目上，南京林业大学近年分别主持863计划课题“畜禽粪便气化多联产利用技术与装备创制”、林业行业公益专项“农林生物质制取炭、气、液产品工艺技术及应用研究”“活性炭清洁生产新技术研究与示范”和国家林业局推广项目“农林生物质能源多联产综合利用技术示范”，并获得“农林生物质能源多联产综合利用技术及工程研究”“生物质活性有机液体肥料的研究”“内滤式木废料气化供热成套设备”等多项省部级鉴定成果，发表相关论文60余篇[46,48]。

经过20年的研究和产业化实验，南京林业大学成功研发了具有自主知识产权的“农林生物质气化多联产技术”，利用农林加工剩余物（林业三剩物、果壳、秸秆、稻壳等）热解气化过程中自身产生的热能，在不需要外加能源和其他任何添加剂、化学药品、助剂及催化剂的条件下，实现了生物质气化发电（或供热）的同时联产炭、液体肥、热（冷）等多种高附加值产品，并根据生物质原料特性，研发了适应不同生物质原料的多种气化炉装备系统。研制的气化多联产设备稳定、连续、安全运行，对于我国林农废弃物资源化高值化利用、能源消费结构优化、节能减排和肥料、农药减施等目标的实现，具有重要推动意义。

2016年10月28日相关领导就南京林业大学的“生物质能源多联产技术”作出批示要抓紧落实推广这项技术。这项技术已经超越了欧美、日本现有的技术，能够产生电、热水、活性炭（或者木炭、工业用炭、炭基肥）、木醋活性肥等多种产品，将林农废弃物充分利用，完全颠覆了直接燃烧发电、单一产出的模式，成为目前世界上最先进的林农废弃物综合利用技术。2017年开始国家发改委、环保部（现生态环境部）、农业部、能源局、林业局等相关10多个部委相继采纳并发文鼓励推广南京林业大学生物质能源多联产技术[49]。

南京林业大学从2002年开始系统研究生物质气化发电联产生物质炭（活性炭）和生物质提取液的制备、成分、性能特点及应用的产业化，生物质气化多联产技术的理念已经被国内外广大的研究单位和学者接受，也引起了众多的国内外研究机构对生物质炭和提取液进行研究与应用的重视。生物质气化多联产技术已经成为生物质能源领域重要的研究方向之一。

生物质气化多联产技术在不需要外热和不需要任何化学药品、添加剂、助剂、催化剂等条件下，可以同时得到生物质可燃气、生物质炭和生物质提取液。生物质可燃气中主要可燃成分为CO、H_2、CH_4，还有少量的C_nH_m（$n>1$），可应用于供热、供气或发电等。生物质炭具有发达的孔隙结构。将木材、果壳类等灰分含量较少的生物质炭制成高品质活性炭、工业用炭或机制烧烤炭，用途广泛；秸秆类生物质炭可制成炭基复合肥，用于还田，在提高土壤最大持水量、增加土壤透气性和缓解土壤板结、缓释肥力、减少肥料用量、降低土壤重金属污染等方面具有明显效果。生物质提取液的主要成分为水溶性的活性有机物，具有抑菌、杀菌和驱避害虫能力，可制成消毒剂、杀菌剂、叶面肥、生物质活性有机液体肥，有效减少农药用量，缓解有害生物的抗药性，减轻农药对环境的毒性压力，促进我国农业绿色、无公害、可持续发展。

生物质气化多联产技术与工艺在提高生物质原料转化利用效率的同时，提升产品附加值，大大提高技术经济性，推进生物质原料的能源化、资源化高值利用，解决了传统生物质气化中存在废渣废液、经济效益不高等难题。生物质气化多联产技术是对生物质气化技术的提质和升级，是利用气化成套设备将生物质原料热解气化，同时产生燃气、生物质提取液、生物质炭和热能等多项产品的技术[46,47,49]。

一、气化多联产定义

生物质气化多联产技术是指基于生物质气化的炭、气、液、热等产品的多联产，即将生物质可燃气、生物质炭、生物质提取液、热能等分别回收并加工成多种产品的技术。基于生物质气化的多联产技术是一条生物质综合、高效、洁净利用的先进技术路线，是综合解决生物质气化技术面临困境的重要途径和关键技术。它可获得多种产品，可以解决单一产品造成的效益低下问题，提高生物质气化的综合效益；它采用科学、高效的气液分离技术，使可燃气中焦油含量满足用气设备的要求，解决了污染问题，确保发电机长期稳定运行。

生物质气化产生的粗燃气经净化系统气液分离后得到生物质燃气和生物质提取液，气化炉底部还会产出生物质炭。气相产物生物质燃气经过净化后可用于内燃机发电或替代燃煤作为锅炉燃料用于发电或供热；固相产物生物质炭根据生物质原料的特性可分别被加工为速燃炭、烧烤炭或活性炭，也可用于冶金行业的保温材料，或被加工成农业生产中的炭基肥料、缓释剂、土壤改良剂、修复剂等，还可制成高附加值的功能碳材料；液相产物生物质提取液中含有丰富的有机组分，可被加工成叶面肥、液体肥等用于农业生产，也可制成抑菌杀菌剂，其中的焦油等重质成分可通过精炼提取成苯、甲苯、二甲苯（BTX）及其他用途的化学品，或升级转化为清洁生物液体燃料；气化过程中产生的大量热能可以用过热回收装置回收，用于生产热水或者电力等。

在创新应用中，生物质多联产技术可以开发出1MW大功率的燃气发电机和配套的气化炉。同时，生物质气化多联产技术可以解决工业化规模问题，并利用可燃气、生物质炭、生物质提取液、焦油的多种应用途径和余热的回收利用技术，建设综合的电、热、炭联合工厂。

生物质气化多联产的优势具体表现为：

① 气化多联产技术可以生产多种产品并提高生物质的利用效率，多联产系统在发电的同时，还可以大规模地生产生物炭基缓释肥、活性炭、叶面肥、BTX等高附加值产品，拓展其在农业和化工业上的应用，有效扩展了生物质的利用范围。

② 气化多联产技术对水洗产生的生物质提取液等副产物进行资源化利用，能有效杜绝气化过程的环境污染，满足未来社会对环保更严格的要求。

③ 气化多联产技术产品的组合形式多样，具有优良的灵活性，有利于提高系统可靠性和可用率，如果其中一种产品被社会淘汰或者经济效益并不显著，可以开展另外一种新兴产品的应用。

④ 气化多联产系统的装机容量和规模可以灵活调整，同时还可以对发电机尾气余热进行回收利用，提高生物质利用效率，降低单位发电成本，提高生物质利用的规模效益[47,49]。

二、气化多联产技术工艺

生物质气化多联产典型工艺路线如图9-2-22所示。经过热解气化过程和气液分离器之后得到生物质燃气、生物质提取液以及生物质炭三大类产物，其中生物质提取液和生物质炭还可进一步开发成多种高值产品。

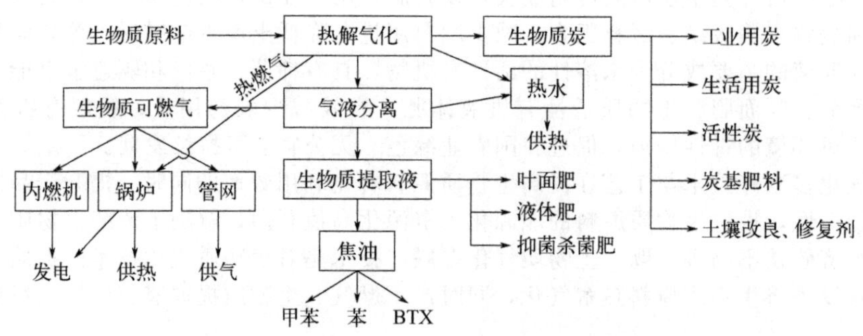

图9-2-22 生物质气化多联产典型工艺路线

生物质气化多联产技术根据产品不同可分为生物质气化热电联产、生物质气化炭电联产、生物质气化炭气联产、生物质气化炭-电-热-肥联产等多种形式；按照发电机类型可以分为内燃机型生物质气化多联产工艺、锅炉-汽轮机型生物质气化多联产工艺以及燃气轮机型生物质气化多联产工艺；按照生物质原料特性与气化炉特性的匹配情况可以分为秸秆-流化床生物质气化多联产、木竹块-上吸式固定床气化多联产和果壳类-下吸式固定床气化多联产等形式。本书将根据发电设备的不同详细介绍内燃机型生物质气化多联产工艺和锅炉-汽轮机型生物质气化多联产工艺[47,49]。

（一）内燃机型生物质气化多联产工艺

内燃机型生物质气化多联产工艺中，由于内燃机对生物质燃气的品质要求较高，往往需要设置燃气净化系统对气化得到的燃气进行处理，该过程通常设有水洗净化环节，会产生生物质提取液。该工艺系统主要包含生物质预处理系统、气化炉系统、生物质燃气净化系统、生物质炭冷却收集系统、生物质提取液回收系统、炭产品开发系统、内燃机发电机组、液体肥生产装置等。内燃机型生物质气化多联产工艺基本路线如图 9-2-23 所示。内燃机型生物质气化多联产工艺中一般采用固定床气化炉，如上吸式气化炉和下吸式气化炉。流化床气化炉在该技术路线中不太适用，主要是由于流化床气化炉气化生物质主要发生快速热解，产生较多的生物油成分。燃气经过净化将得到大量的液体产物，其中焦油成分含量较高，影响系统的整体经济性。

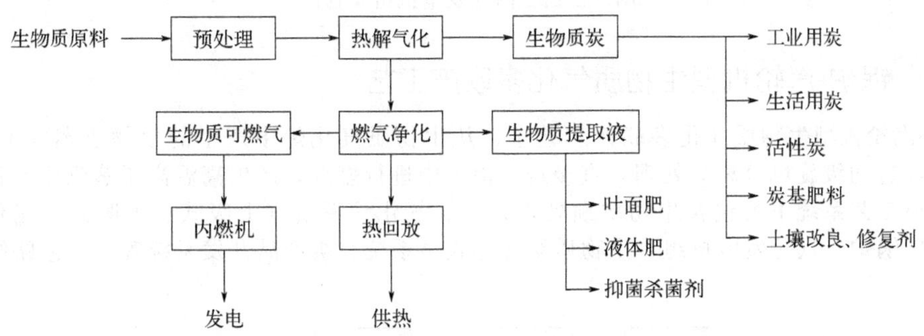

图 9-2-23　内燃机型生物质气化多联产工艺基本路线

生物质气化炉中产生的可燃气为气液混合物，不能直接进入内燃机加以利用，其中含有大量杂质，主要是固体杂质（灰、焦炭、颗粒）、液体杂质（焦油、水蒸气）和少量微量元素（碱金属等），必须经过净化处理才能进入内燃发电机发电。固体杂质的去除比较简单，一般采用干式除灰和湿式除灰这两种物理法去除。干式除灰的主要设备有旋风分离器、颗粒层过滤器、袋式除尘器等。湿式除灰是利用液体（一般为水）作为捕集体，将气体中杂质捕集下来，主要设备有鼓泡塔、喷淋塔、填料塔、文丘里管洗涤器等。液体杂质，特别是焦油组分的去除比较复杂。焦油的去除方法主要有机械/物理法、热裂解法和催化裂解法。虽然热裂解法和催化裂解法实验研究效果显著，但是离工业化应用还有很大差距，主要原因：催化剂易钝化，价格昂贵，难以回收利用；设备技术不成熟，成本投资太大等。因此，目前应用最广泛的是机械/物理除灰/焦法。

内燃机型生物质气化多联产工艺中可以得到生物质炭、生物质提取液、生物质燃气、电、热等多种产品。不同原料的生物质炭经过深加工可以得到活性炭、机制炭、炭基肥、液体肥、叶面肥、热水、蒸汽、电力、燃气等多种产品。

内燃机型生物质气化多联产工艺中所用发电机一般采用往复活塞式内燃机中的柴油机，如图 9-2-24 所示。其具有热效率高、启动性能好、耐久性好、维护周期长的优点。复活塞式内燃机对生物质燃气的质量要求是固体杂质含量少于 50mg/m^3（标），焦油含量少于 100mg/m^3（标）。传统的复活塞式内燃机一般都是以热值较高的天然气、柴油和汽油为燃料，而下吸式固定床气化炉产出的生物质燃气的热值一般只有 4～6MJ/m^3（标），其中含氢气量、氮气量分别为 15%～20%、40%～50%（体积分数），而且可能还含有少量未净化完全的焦油。因此，为了适应成分特殊、热值更低的生物质燃气燃料，复活塞式内燃机必须经过适当的改进才能用于燃气发电，主要包括机械部件和燃烧工艺的改进，改进型柴油机的电转化效率只有 30%左右。目前适用于生物质燃气发电的改进型柴油机一般都在 200～500kW，部分企业已成功开发出 1MW 的燃气柴油机，可与 1MW 下吸式固定床气化炉进行配套使用[49]。

图 9-2-24　内燃发电机组实物图

（二）锅炉-汽轮机型生物质气化多联产工艺

锅炉-汽轮机型生物质气化多联产工艺中，从生物质气化炉中产生的生物质燃气不经冷却、净化或只经过初级旋风分离等处理，直接送入锅炉中进行燃烧，产生高温高压蒸汽驱动汽轮机进行发电。该工艺系统主要包含生物质预处理系统、气化炉系统（上吸式、下吸式、流化床式）、生物质燃气锅炉、汽轮发电机组、生物质炭冷却收集系统、炭产品开发系统等。工艺路线如图 9-2-25 所示。

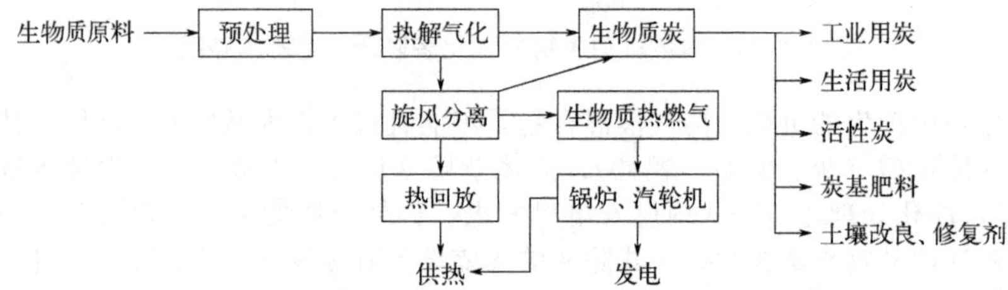

图 9-2-25　锅炉-汽轮机型生物质气化多联产工艺路线

锅炉-汽轮机型生物质气化多联产工艺中，气化炉中产生的燃气一般只经过简单的旋风分离，不经过冷却、净化等环节，仍然保持较高的温度直接送入锅炉燃烧，因此该工艺路线中不产生液相产品。该工艺中主要的产品为生物质炭、燃气、电力和热能等，经过进一步的开发可以得到活性炭、机制炭、炭基肥、燃气、电力、热水、蒸汽等多种产品。

在锅炉-汽轮机型生物质气化多联产工艺中，由于是热燃气直接进入锅炉燃烧，不需要考虑冷却净化系统，因此固定床气化炉和流化床气化炉均能使用。生物质原料的种类不同，其最佳匹配的气化炉类别也有所不同，根据综合效果匹配较好的优化方案主要有三种形式，即秸秆-流化床生物质气化多联产工艺、木竹块-上吸式固定床气化多联产工艺和果壳类-下吸式固定床气化多联产工艺，分别见图 9-2-26（a）～（c）[47,49]。

此外，由于热燃气直接送入锅炉中，燃气可以与燃煤在锅炉中混合燃烧，实现生物质气化与常规燃煤锅炉的耦合。在此基础上，发展出来了燃煤耦合生物质气化发电技术，该技术目前已被推广应用。这种新技术将气化得到的生物质燃气送入锅炉中与燃煤混燃，不改变锅炉的原有设计性能。燃煤耦合生物质气化发电技术一般采用高速循环流化床气化炉，其采用独特结构对生物质原料进行气化，高效的旋风分离器和返料器设计能保证大物料循环量与生物质原料的多次反应，从而很好地控制气化炉的温度场，实现了生物质燃料的稳定、高效气化。将生物质气化与原有大型燃煤电站相耦合，充分利用了原有的高参数锅炉、汽机等设备，生物质气化发电效率高（约为 32%～37%），环境效益好，无废水、焦油等污染。此外，在烟气处理上使用原有的大型集成成套设备，烟气处理效果也比传统的生物质气化发电要好，对于实现二氧化碳等气体的减排具有积极的效果。

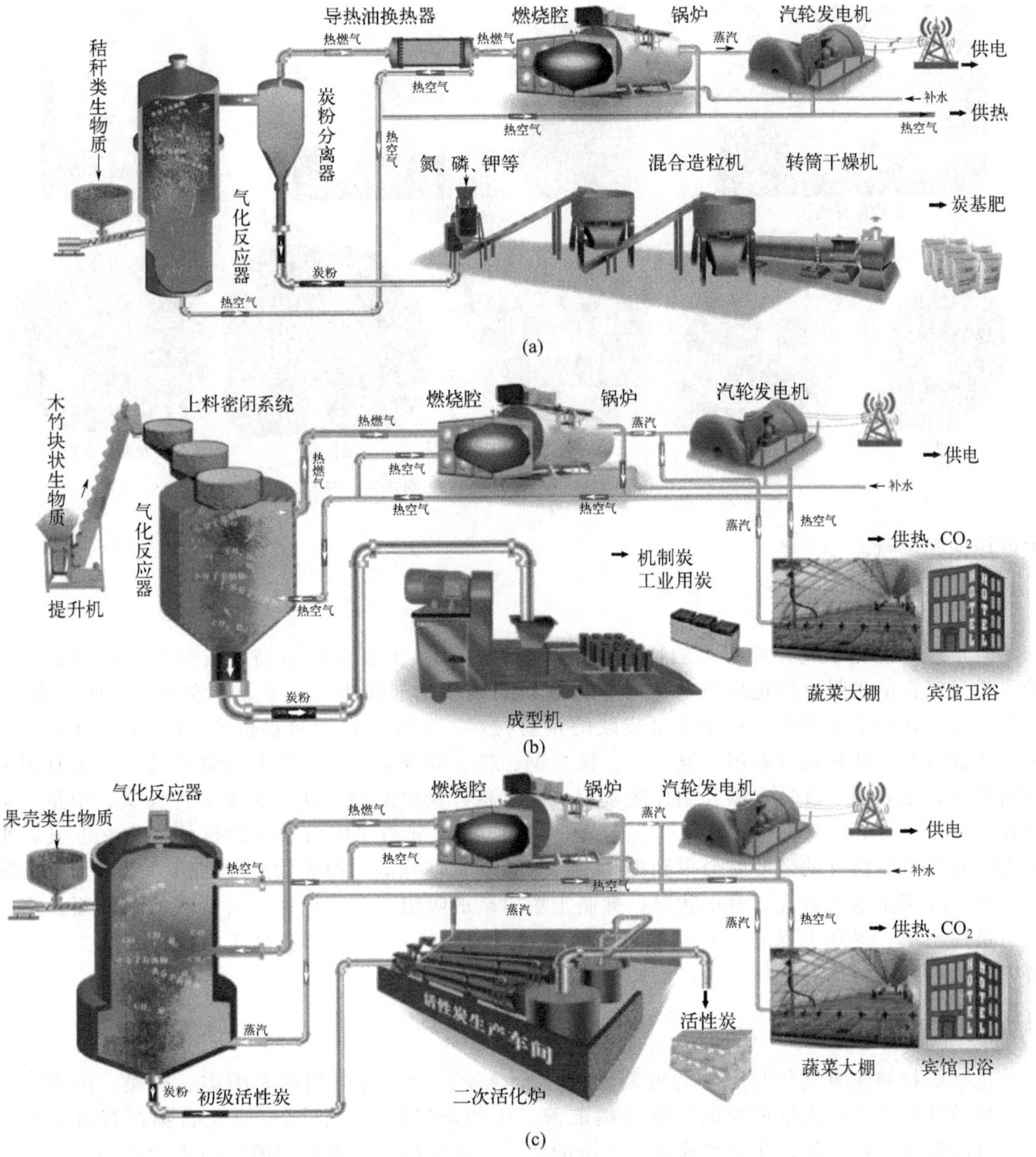

图 9-2-26 三种典型的锅炉-内燃机型生物质气化多联产工艺
(a) 秸秆-流化床生物质气化多联产工艺；(b) 木竹块-上吸式固定床气化多联产工艺；
(c) 果壳类-下吸式固定床气化多联产工艺

三、气化多联产产品分析

生物质气化多联产技术可同时获得气、炭、液、热等产品，它们各有特点、各有用途、各具效益。典型的生物质气化多联产产物/产品见图 9-2-27[46,47,49]。

（一）可燃气

不同的生物质原料，可燃气的成分有差别，热值也有差别。1kg 生物质燃料，可以产生 2.5～3m^3 可燃气，可燃气可用于发电。1kg 木片产生的可燃气可发电 0.9～1.0kW·h，1.5kg 稻壳产生的可燃气可发电 1.0kW·h。可燃气也可用作锅炉燃料，1500m^3 可燃气每小时可产生 2t

生物质可燃气　生物质提取液　液体肥

成型炭　速燃炭　烧烤炭　活性炭　炭基复合肥

图 9-2-27　生物质气化多联产典型产物/产品

中低压饱和蒸汽。

（二）生物质炭

炭是地球上化学成分最稳定的物质，用途非常广泛。木炭含碳量高、灰分少，可制成活性炭，作为优良的吸附、净化材料，也可作为催化剂或催化剂载体，是工业、农业、国防、交通、医药卫生、环保事业和尖端科学不可或缺的重要材料。每吨活性炭可售价 6000～8000 元，经济效益非常可观。秸秆炭含有钾、氮、磷、镁、铜、铁、锌等矿物质，因灰分含量高，不适宜用来制活性炭，主要用于改良土壤和制作炭基复合肥。秸秆炭中的钾、硅、镁等多种大量、中量、微量元素可回田，其中钾元素约为 5%，硅为 3%～10%。硅的回田对农作物抗倒伏意义非凡，水稻吸收硅以后，秸秆的强度就会得到提高，谷穗也会长得饱满。而生物质炭回田可以增加土壤的孔隙率，改善土壤的通气、透水状况；抑制土壤对磷的吸附，改善作物对磷的吸收；修复被重金属污染的土壤；提高土壤地温 1～3℃，使作物成熟期提前 3～5 天；提高土壤的持水能力，对土壤中的肥料和农药均有缓释作用，使肥料成为缓释肥。

（三）生物质提取液

生物质材料热解气化时产生的可凝性成分经冷凝、分离可得到含有酸类、醇类、酯类、酮类、酚类等多种有机化学成分的生物质提取液。生物质提取液中许多有机化合物都具有生物活性，可以促进作物生长，并起到抑菌、杀菌的作用。如生物质稻壳提取液对白色念珠菌、大肠杆菌的抑菌率可达 90%以上。此外，生物质提取液可以作为基质，加上农作物生长必需的一定数量的大量元素、中量元素、微量元素，制成活性有机叶面肥，可以显著提高作物的产量和品质。

（四）热能

气化过程中，为净化可燃气，获取生物质提取液，冷凝过程中需使用冷凝水。再者，发电机高速运行需使用冷却水冷却电机。此外，为使气化炉保持适当炉温，并使生物质炭冷却，也需对气化炉进行冷却。这几个过程的冷却都能够产生一定温度的热水。根据工程实际测算，1MW 功率的气化炉每小时可产生 10t 60～80℃的热水；内燃发电机尾气达 600℃高温，每小时可产生 1t 余热蒸汽。蒸汽和热水都是很重要的有价值的资源，1t 蒸汽约 250 元，1t 热水约 80 元。一座 5MW 的生物质气化多联产电厂，每小时可产生 5t 蒸汽和 50t 热水，其一天产生的蒸汽和热水的经济效益达 12 万多元。

除了获取各种具有效益的产品外，生物质多联产技术的应用还具有很好的节能减排效果。一个 5MW 的生物质多联产电厂，与传统燃煤发电相比，每年节约标准煤约 12600t，减排 SO_2 约 300t，NO_x 约 66t，CO_2 约 32760t。

四、典型工程应用分析

（一） 3MW 杏仁壳气化发电联产活性炭、热、肥项目

该项目发电装机容量 3MW（一期），发电的同时联产活性炭、热、肥。主要采用杏仁壳等果壳原料，利用生物质气化技术替代燃煤用于制备活性炭，同时联产电、热、肥，并利用烟气为大棚供暖和供 CO_2。其基本工艺流程如图 9-2-28 所示，项目现场如图 9-2-29 所示。杏仁壳原料经过气化转变成生物质气和生物质炭。其中生物质气经过气液分离和净化工艺得到生物质燃气和生物质提取液，净化后的生物质燃气被送到内燃发电机组用于发电，所发电力并网运行，发动机尾气先驱动余热锅炉产生热水，再被输送到大棚中用于供暖和供 CO_2。系统中产生的热水用于城市热水供应，而生物质炭则再经过活化用于制取活性炭，部分生物质炭以及生物质提取液用于生产肥料。该工程部分产品如图 9-2-30 所示[47,49]。

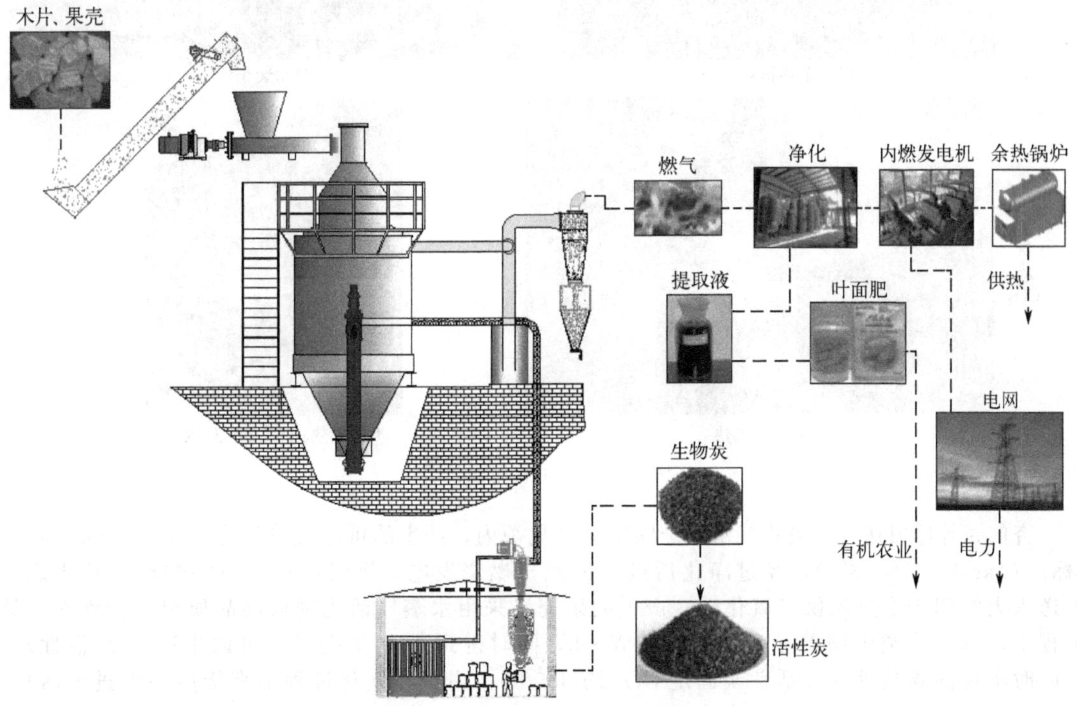

图 9-2-28　基本工艺流程（一）

图 9-2-29　工程项目现场（一）

图 9-2-30　工程部分产品

杏仁壳等原料送入下吸式气炭联产固定床气化炉内，产生的可燃气热值为 1100～1300kcal/m^3（标）（1kcal＝4185.85J），经过净化后进入内燃机燃烧发电，尾气经过余热锅炉产生热水之后再送入大棚用于供热和供二氧化碳。产生的果壳炭采用水蒸气活化制取高品质果壳活性炭。该工程中，1t 果壳类生物质可以发电 600kW・h，同时得到 0.3t 果壳炭，可以生产 0.2t 活性炭，并同时实现固碳减排（1t 活性炭固定 CO_2 约 3.50t）。由于在气化过程中直接用蒸汽进行活化，气化所得的杏壳炭的碘吸附值能达到 600mg/g 以上，在活化时间上减少 30%，得率提高 10%～15%[47,49]。

（二） 3MW 稻壳气化热燃气烧锅炉汽轮机发电联产炭项目

该项目发电装机容量 3MW，以稻壳为原料，采用生物质气化热燃气直接烧锅炉带动汽轮机发电多联产。其基本工艺流程如图 9-2-31 所示，工程项目现场如图 9-2-32 所示。生物质原料经过气化后得到生物质气和生物质炭，其中生物质气经过旋风分离不降温，仍处于较高温度的生物质燃气直接进入锅炉燃烧，产生高温高压蒸汽驱动汽轮机发电。

该工程以稻壳为原料，采用下吸式固定床气化炉，以空气气化为主，辅助增加少量水蒸气为气化剂。该项目中充分利用生物质气化炉中产生的高温余热，利用余热在汽包中产生部分高温水蒸气，再通过控制系统与空气混合送入气化炉中。由于采用了水蒸气气化，制取的生物质燃气热值较高，约为 1600kcal/m^3，经实际测量气化炉出口的生物质燃气温度约为 300℃。该热燃气经过一级旋风分离之后不经冷却直接被送入锅炉中燃烧，产生中温中压蒸汽，然后驱动汽轮机对外输出电力（3MW）。而生物质炭从气化炉底部经排炭装置排出，经过冷却之后进行封包，可直接出售用作保温剂[47,49]。

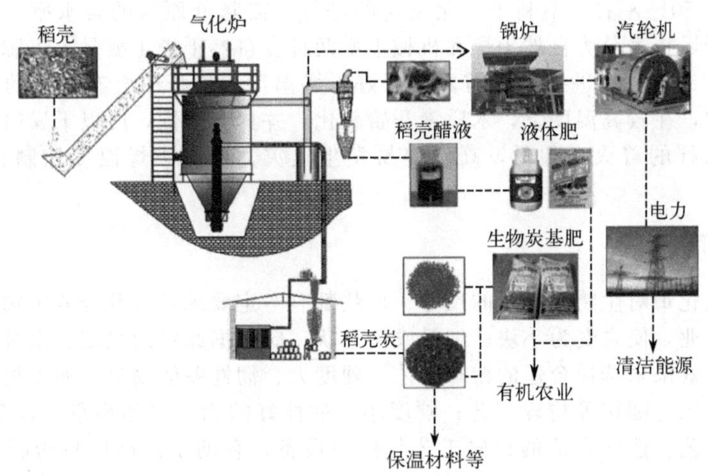

图 9-2-31　基本工艺流程（二）

图 9-2-32　工程项目现场（二）

第六节　气化技术应用

生物质燃气的用途主要有集中供气、提供热量、气化发电、作化工原料气等几个应用方向。采用不同生物质原料、不同生物质气化技术路线，得到的生物质燃气及副产物性质都不尽相同，因此应针对不同的燃气应用场合选取合适的生物质气化技术路线。

一、原料预处理

不同的气化炉对原料含水率及形状大小都有不同要求（表 9-2-11），需经预处理工艺将原料处理至符合气化炉要求，并根据生物质原料的种类确定原料预处理装置。

表 9-2-11　不同气化炉对原料的要求

气化炉类型	下吸式固定床	上吸式固定床	流化床	回转炉	移动床
适宜原料种类	秸秆、木块	木块	秸秆、木屑、稻壳	木块、稻壳	木块、稻壳
原料尺寸/mm	5～100	20～100	<10	5～100	5～100
原料含水率/%	<30	<35	<20	<30	<30

（一）生物质干燥

农业废弃物（如玉米秸秆、麦秸秆、棉秸秆等）与林业废弃物（如枝桠材、果树剪枝等）通常含水率在40%～50%左右，不利于气化反应的进行，需降低原料的含水率。根据是否使用热源，可将生物质干燥技术分为自然干燥和机械干燥两种。自然干燥主要是人工晾晒，一般没有什么特殊要求。通过干燥机械进行干燥需要控制好干燥温度。秸秆中含有大量的纤维素、半纤维素、木质素等物质，在较高温度下，木质素开始软化，并具有黏性，所以干燥时必须考虑到木质素的软化问题。秸秆的着火点很低，高温容易发生火灾危险，干燥温度控制在80℃左右比较适宜。

（二）生物质粉碎

由于生物质气化炉对生物质原料的尺寸、形状都有一定要求，大部分的生物质原料在利用前都需要进行粉碎作业，使之变为小块、细粉或粉末状。应根据原料的强度、水分含量、易碎性以及需要达到的粉碎效果来选择合适的粉碎工艺。硬度大、韧性差的物料（如干树枝、枝桠材等），适合采用撞击、挤压、铡切等粉碎工艺；硬度小、韧性好的物料（如稻草、青草），适合采用铡切、揉搓等粉碎工艺。选择合适的粉碎工艺与机械设备，有助于提高原料粉碎工作效率并降低能耗。

生物质粉碎设备主要有削片机、铡草机、锤片式粉碎机、揉切式粉碎机、组合式粉碎机等[50-52]。

1. 削片机

削片机也叫木材切片机，属于木材加工系列设备之一，是通过高速旋转的刀盘对木材进行削切制备木片的机械，可将剥皮后的小径木、枝桠枝、板皮材、废单板、竹材、采伐次薪材余料、棉秆及其他木质纤维秆茎等切削成一定规格的片料。随着木片产业的发展，国内外已研制和生产了上百种型号的固定式和移动式削片机，广泛应用于纺织、造纸、制浆、人造板等行业生产过程中的备料工段。削片机按机械结构不同主要分为切削刀装在圆盘上的盘式削片机和切削刀装在圆柱形鼓上的鼓式削片机两类。但对于过粗（350mm以上）、过细（30mm以下）、过短（250mm以下）、过薄（5mm以下）及不规则原料（未分解的树墩、枝杈等）不能充分均匀切削，对壁厚低于5mm竹材的切片不具有分层切削的功能，此时可选用再碎机，对过大尺寸的木片进行再碎，以达到理想大小。

（1）盘式削片机　由一个旋转的刀盘、飞刀和底刀组成，在刀盘上沿半径方向安装3～16把飞刀，其进料槽口的形式接近正方形，高度和宽度基本上相等。盘式削片机又分为普通削片机（4～6把刀）、多刀削片机（8～12把刀）和螺旋面削片机三种。这三种削片机的喂料方式又有斜口喂料和平口喂料（或称水平喂料）两种。长原木的削片一般采用平口喂料，短原木和板皮的削片可采用斜口喂料，亦可采用平口喂料。盘式削片机削片长度可在一定范围内调节，适宜于加工原木、间伐材和成捆的枝桠等，可以获得较高的生产率，若用来加工板皮、边条等截面尺寸较小的原料，喂料时不易将料槽充满，不能充分发挥设备的生产能力。

（2）鼓式削片机　由一个旋转的鼓轮、飞刀和底刀组成，鼓轮上安装若干把飞刀，底刀固定在底座上，其进料槽口的形状大都呈矩形，料槽口的高度小而宽度大，故对各种形状的原料如板皮、板条、碎单板片等均具有较好的适应性，但不适宜切削较大直径的原木。因为鼓式削片机的飞刀做圆周运动，切削力的方向随着飞刀的位置不同而变化，因此切削片过程中不能很好地形成有利的剪切，而是砍剁木材，切削功率消耗大，且易产生碎料，在削片的规格控制力方面不如盘式削片机。

2. 铡草机

铡草机也称切碎机，属于铡切式粉碎，主要用来切断茎秆，如谷草、稻草、麦秸、玉米秸秆等，具有结构简单、功耗低、生产率高的优点。铡草机是我国使用最早和生产量较多的饲草加工机械之一。按规模主要分为小型、中型、大型；按切割方式可分为滚筒式和圆盘式；按固定方式又可分为固定式和移动式两种。

小型铡草机主要用来铡切谷草、麦秸、青饲料及干草，也称作秸秆切碎机。大型铡草机常用于铡切青贮料，又称作青贮切碎机。中型铡草机可铡切和铡青贮两用，又称作青干切碎机。

3. 锤片式粉碎机

锤片式粉碎机是利用高速旋转的锤片击碎物料的一种机械，其一般是由上机体的齿板和下机体的筛网将锤片组与锤片架构成的转子包围起来构成粉碎室，物料从其顶部或转子旋转方向的切向方向进入粉碎室内，首先受到锤片的击打作用，然后以较高的速度抛向齿板和筛网，受到齿板的搓擦作用、筛网的碰撞作用以及物料相互间的碰撞作用而被粉碎，该过程往复进行，直到物料从筛孔漏出为止。

锤片式粉碎机的粉碎效果主要由粉碎细度、粉碎单位时间的产量和粉碎过程的单位能耗等3项指标来评定，这些指标取决于被粉碎物料的物理性能，粉碎机的结构，粉碎室的形状，锤片的数量、厚度和线速度，筛孔的形状及其孔径，锤片与筛面的间隙等因素。

由于高湿物料容易导致筛孔堵塞，锤片式粉碎机通常用于含水量较低的干秸秆的粉碎，具有粉碎质量好、维修方便和生产效率高等优点，但也存在能耗高、粉碎后物料粒度不均匀等问题。

4. 揉切式粉碎机

揉切式粉碎机可将秸秆加工成柔软、蓬松的丝段状，常用于饲料加工行业，按粉碎刀具及运动方式的差异可进一步分为揉搓机和揉碎机。

（1）揉搓机　是由锤片式粉碎机改进而来的，通常是将筛片替换为齿板，主要由机架、喂入机构、锤片转子、变高度齿板、刀片和风机等部件构成。工作时，高速旋转的锤片不断打击喂入的秸秆，同时机具凹板上面装有变高度齿板和定刀，斜齿呈螺旋走向，从而保证了撞击后产生轴向运动，秸秆碎段经过隔板空缺部分流向机器的抛送室，然后再由风机抛出。揉搓机生产率较低、耗能高，不适用于高湿或韧性大的物料。

（2）揉碎机　其锤片呈螺旋排列，物料从转子的一端垂直进入，在轴向气流和旋转锤片的作用下，物料的运动方向转变为平行轴向运动且被锤片击打成短段状，被切碎的物料在离心力的作用下甩到机壳内壁，与粉碎室内的齿板产生搓擦作用从而得到粉碎，该过程一直持续到物料沿轴向运动到另一端被抛送叶片抛出机外。揉碎机不仅适用于新鲜的秸秆，而且对含水率较低的秸秆也具有较好的揉碎效果。

5. 组合式粉碎机

组合式粉碎机集铡切、击碎、碰撞、磨搓与揉搓等多种粉碎技术于一身，通过两种及以上粉碎技术相互配合、共同作用将物料粉碎。该类型设备具有物料适应性强、出料粒度小、能够减少锤片数量及关键零部件的磨损等优势，但带来了设备体积较大、笨重的问题，设备难以搬动，只能在固定地点粉碎。

二、燃气燃烧

燃气燃烧是指燃气中的可燃成分（CO、H_2、CH_4、C_nH_m 等）与氧发生剧烈的氧化反应，产生大量的热和光的物理化学反应过程。通过燃烧获取热能是生物质燃气最主要的应用方式。生物质燃气燃烧应用的主要场合有：作为炊事燃气送入居民家中；作为锅炉燃料生产热水、蒸汽或高温导热油；作为工业炉窑燃料提供热量等。

（一）燃气燃烧的计算

1. 燃烧所需空气量

燃烧所需的氧一般是从空气中直接获得，当燃气组分已知时，根据各组分的反应方程式，可计算燃气燃烧所需的理论空气量。理论空气量是指按燃烧反应计量方程式，1m^3（或 kg）燃气完全燃烧所需的空气量，是燃气完全燃烧所需的最小空气量，可由下式计算：

$$V_0=\frac{1}{21}\left[0.5H_2+0.5CO+\sum\left(m+\frac{n}{4}\right)C_mH_n+1.5H_2S-O_2\right]$$

式中　V_0——理论空气需要量，m^3(标)/m^3(标)；

H_2，CO，C_mH_n，H_2S——可燃组分的体积分数，%；

O_2——燃气中氧气的体积分数，%。

由于燃气与空气的混合很难达到完全均匀，如果在实际燃烧装置中只供给理论空气量，很难保证燃气燃烧完全。因此，实际供应空气量应大于理论空气需要量，即供应一部分过剩空气，增加燃气分子与空气分子接触的机会，促使燃气燃烧完全。

实际供给空气量 V 与理论空气量 V_0 之比称为过剩空气系数 α，即 $\alpha=V/V_0$

在燃烧过程中，正确选择和控制 α 值的大小是十分重要的。α 值过小会导致燃烧不完全，造成能源的浪费和对环境的污染；α 值过大则使烟气体积增大，炉膛温度与烟气温度降低，导致换热设备换热效率的降低与排烟热损失的增大，同样造成能源的浪费。因此，先进的燃烧设备应在保证完全燃烧的前提下，尽量使 α 值趋近于 1。

实际中 α 的取值取决于所采用的燃烧方法及燃烧设备的运行状况。在工业设备中，α 一般控制在 1.05～1.20；在民用燃具中，α 一般控制在 1.3～1.8。

2. 燃烧产物的计算

燃气燃烧后的产物就是烟气。当只供给理论空气量时，燃气完全燃烧后产生的烟气量称为理论烟气量。

理论烟气的组分有 CO_2、H_2O 和 N_2。一些燃料中含有一定的硫分，在它们的燃烧产物中还含有 SO_2。由于在作气体分析时，CO_2 和 SO_2 的含量经常合在一起，而产生 CO_2 和 SO_2 的化学反应式也有许多相似之处，因此通常将 CO_2 和 SO_2 合称为三原子气体，用符号 RO_2 表示。

理论烟气量 V_f^0 可由下式进行计算（当 $\alpha=1$ 时）：

$$V_{RO_2}=V_{CO_2}+V_{SO_2}=0.01\left(CO_2+CO+\sum mC_mH_n+H_2S\right)$$

$$V_{N_2}^0=0.79V_0+0.01N_2$$

$$V_f^0=V_{RO_2}+V_{H_2O}^0+V_{N_2}^0$$

当有过剩空气时，烟气中除上述组分外还含有过剩空气，这时的烟气量称为实际烟气量。如果燃烧不完全，则除上述组分外，烟气中还将出现 CO、CH_4、H_2 等可燃组分。

实际烟气量 V_f 可由下式进行计算（当 $\alpha>1$ 时）：

$$V_{H_2O}=0.01\left[H_2+H_2S+\sum\frac{n}{2}C_mH_n+120(d_g+\alpha V_0d_a)\right]$$

$$V_{RO_2}=V_{CO_2}+V_{SO_2}=0.01\left(CO_2+CO+\sum mC_mH_n+H_2S\right)$$

$$V_{N_2}=0.79\alpha V_0+0.01N_2$$

$$V_f=V_{RO_2}+V_{H_2O}+V_{N_2}+V_{O_2}$$

式中　d_g——燃气的含水量，kg/m^3 干燃气；

d_a——空气的含水量，kg/m^3 干空气；

V_{RO_2}，V_{CO_2}，V_{SO_2}——1m^3 干燃气完全燃烧后所产生的三原子气体、CO_2、SO_2 的体积，m^3/m^3 干燃气。

3. 燃气燃烧温度

燃气燃烧时所放出的热量加热燃烧产物（烟气），使之能达到的温度称为燃气的燃烧温度。燃烧温度是由燃烧过程的热量平衡来确定的。

燃烧过程的热平衡方程：

$$H_1+I_g+I_a=I_f+Q_2+Q_3+Q_4$$

式中　H_1——燃气的低热值，kJ/m^3(标)；

I_g——燃气的物理热，kJ/m^3（标）；

I_a——空气带入的物理热，kJ/m^3（标）；

I_f——燃气燃烧后所产生的烟气的焓，kJ/m^3（标）；

Q_2——燃气燃烧后向周围介质散失的热量，kJ/m^3（标）；

Q_3——燃气由于不完全燃烧而损失的热量，kJ/m^3（标）；

Q_4——燃气燃烧产生烟气中的 CO_2 和 H_2O 在高温下分解所消耗的热量，kJ/m^3（标）。

其中：

$$I_g=(c_g+1.20c_{H_2O}d_g)t_g$$

$$I_a=\alpha V_0(c_a+1.20c_{H_2O}d_a)t_a$$

$$I_f=(V_{RO_2}c_{RO_2}+V_{H_2O}c_{H_2O}+V_{N_2}c_{N_2}+V_{O_2}c_{O_2})t_f$$

式中 c_g，c_{H_2O}，c_a，c_{RO_2}，c_{N_2}，c_{O_2}——燃气、水、空气、三原子气体、N_2、O_2 的平均定压比热容，kJ/(m^3·K)；

t_g，t_a，t_f——燃气、空气、烟气的温度,℃；

V_{RO_2}，V_{H_2O}，V_{N_2}，V_{O_2}——1m^3 干燃气完全燃烧后所产生的三原子气体、水蒸气、N_2、O_2 的体积，m^3/m^3 干燃气。

可得烟气温度：

$$t_f=\frac{H_1+(c_g+1.20c_{H_2O}d_g)t_g+\alpha V_0(c_a+1.20c_{H_2O}d_a)t_a-Q_2-Q_3-Q_4}{V_{RO_2}c_{RO_2}+V_{H_2O}c_{H_2O}+V_{N_2}c_{N_2}+V_{O_2}c_{O_2}}$$

可见影响燃气的实际燃烧温度 t_f 的因素很多，很难精确地计算。

燃气在绝热且完全燃烧的条件下（$Q_2=0$，$Q_3=0$，$\alpha=1$），所得到的烟气温度 t_{th} 称为理论燃烧温度，它表明燃气在一定条件下燃烧，其烟气所能达到的最高温度，是燃气燃烧过程中需要控制的一个重要指标。

理论燃烧温度 t_{th} 可由下式进行计算：

$$t_{th}=\frac{H_1+(c_g+1.20c_{H_2O}d_g)t_g+\alpha V_0(c_a+1.20c_{H_2O}d_a)t_a-Q_4}{V_{RO_2}c_{RO_2}+V_{H_2O}c_{H_2O}+V_{N_2}c_{N_2}+V_{O_2}c_{O_2}}$$

实际燃烧温度与理论燃烧温度的差值随工艺过程和炉窑结构的不同而不同，很难精确地计算出来。人们根据长期的实践经验，得出了实际燃烧温度的经验公式：

$$t_f=\mu t_{th}$$

式中，μ 为高温系数，对于一般燃气工业炉窑可取 $\mu=0.65\sim0.85$，无焰燃烧器的火道可取 $\mu=0.9$。

（二）燃气燃烧方法

根据燃气与空气在燃烧前的混合情况，燃气的燃烧分为三种基本方式，即扩散式燃烧、部分预混式燃烧和完全预混式燃烧。

扩散式燃烧是指燃气在点燃前与空气不相接触，燃烧所需的氧气完全依靠扩散作用从周围大气获得，燃气与空气在接触面处边混合边燃烧的燃烧方式。

部分预混式燃烧是指在燃烧前预先混入部分空气，一部分预先混合好的燃气-空气混合物一出口即可燃烧，而其余的燃气则需通过与周围空气的扩散混合燃烧。

完全预混式燃烧是在部分预混式燃烧的基础上发展起来的。它是按一定比例先将燃气和空气均匀混合，再经燃烧器火孔喷出进行燃烧。由于预先混合均匀，可燃混合气一到达燃烧区就能在瞬间燃烧完毕，燃烧火焰极短且不发光，常常看不到，故也称为无焰燃烧。

扩散式燃烧容易产生煤烟，燃烧温度也相当低。但当预先混入一部分燃烧所需的空气后，火焰就变得清洁，燃烧得以强化，火焰温度也提高了，因此部分预混式燃烧得到了广泛应用。而完全预混式燃烧能在较小的过剩空气系数（通常 $\alpha=1.05\sim1.10$）下实现完全燃烧，因此燃烧温度可以很高。

（三）燃气燃烧器

燃气燃烧器在工业上又常称为燃气烧嘴，是将燃气和空气，按所要求的浓度、速度、湍流度和混合方式送入炉膛，并使燃气在炉膛内稳定着火与燃烧的热能装置。

1. 燃气燃烧器的种类

燃气燃烧器的类型很多，通常按其燃烧方式的不同分为三类，即扩散式燃烧器、（部分预混）大气式燃烧器和完全预混式燃烧器。

（1）扩散式燃烧器　燃气和空气在燃烧器外混合燃烧，有较长火焰，其燃烧速率受控于空气向燃气中扩散的速率。扩散式燃气燃烧器按照空气供应方式又分为自然引风式和鼓风式。

① 自然引风扩散式燃烧器。依靠自然抽力或扩散供给空气，燃气在一定压力下进入管内，经火孔逸出后从周围空气中获得氧气而燃烧，形成扩散火焰，燃气燃烧前不与空气进行预混。该燃烧器具有结构简单、制造方便、燃烧稳定、不会回火、点火容易、调节方便的优点，但燃烧热强度低、燃烧温度低、火焰长、需较大燃烧室和提供较多的过剩空气（$\alpha=1.2\sim1.6$），且容易发生不完全燃烧。自然引风扩散式燃烧器主要适用于温度要求不高，但要求温度均匀、火焰稳定的场合，如用于沸水器、热水器、纺织业和食品业中的加热及在小型采暖锅炉中用作点火器。由于它结构简单、操作方便，也常用于临时性加热设备。

② 鼓风扩散式燃烧器。燃气燃烧所需全部空气均由鼓风机供给，燃气燃烧前并不与空气顶混，燃烧过程属于扩散式燃烧。鼓风扩散式燃烧器一般由分配器、燃气分流器和火道组成，常用的有套管式、旋流式、平流式等。套管式燃烧器是由粗细两层管相套而成，燃气从中部细管喷出，空气从两管的夹套中喷出，燃气和空气的混合、燃烧发生在流出燃烧器后的空间里。套管式燃烧器具有结构简单、不易回火、工作稳定、空气和燃气压力低（500～800Pa）的优点，但火焰长，需要较大的炉膛空间。为了强化燃烧过程和缩短火焰长度，在燃烧器中加装导流叶片、蜗壳等构件来加速燃气与空气的混合，发展出了许多旋流式燃烧器，在工业炉上取得了广泛应用。鼓风式燃烧器对燃气压力要求低，热负荷调节范围大，能适应正压炉膛。其可以采用预热空气或燃气，预热温度甚至可接近燃气着火温度，能够极大地提高燃烧温度，这点对于生物质燃气非常重要，避免了燃气中焦油冷凝造成的一系列问题。

（2）大气式燃烧器　是部分预混式燃烧器，燃气在一定压力下，以一定速度从喷嘴喷出，依靠燃气动能产生的引射作用从一次空气口吸入一次空气，在引射器内燃气与一次空气混合，经头部火孔流出与二次空气混合并燃烧。大气式燃烧器根据燃气压力分为低压引射式和高（中）压引射式，家用燃气灶具一般都是低压引射大气式燃烧器，高（中）压引射大气式燃烧器一般应用于小型锅炉和工业炉中。

（3）完全预混式燃烧器　又称为无焰燃烧器，由混合装置和头部组成，燃气与空气通过混合装置充分预先混合，再经燃烧器进行燃烧。根据燃烧器头部结构的不同，可分为有火道头部结构、无火道头部结构、用金属网或陶瓷板稳焰器做成的头部结构三种。完全预混式燃烧器具有火焰短、燃烧热强度大、燃烧温度高、过剩空气少、燃烧完全的优点，但火焰稳定性差，尤其是发生回火的可能性大，因此调节范围较小。为保证燃烧稳定，要求燃气热值及密度要稳定。为防止回火，头部结构比较复杂和笨重。由于燃气与空气完全预混，火孔出口流量明显增大，因而噪声大。

2. 燃烧器的工艺与技术要求

燃气燃烧器应满足以下要求：

① 能够达到所要求的热负荷，满足正常的加热需求。

② 燃烧稳定，当燃气压力和热值在正常范围内变动时，不会发生回火和脱火现象。

③ 燃烧完全，效率高，污染物排放符合国家标准。

④ 结构紧凑，便于燃烧器的布置。

⑤ 调节方便，噪声低。

⑥ 具备安全保护装置，如火焰监测装置、熄火保护装置等。

另外，由于生物质燃气的起燃温度比较高，且着火浓度下限（15.3%）远远高于煤气（5.3%）、天然气（4.5%）及液化气（9.0%），仅通过普通高压点火或采用常规燃气燃烧器的点火系统很难保证点火和正常燃烧，因此点火系统通常采用燃气燃烧器或燃油燃烧器与高压点火装置并用的形式，利用油或燃气的燃烧火焰点燃生物质燃气，保证其正常点燃和燃烧。

三、气化供气

生物质气化供气是将农村丰富的生物质资源转化为使用方便的清洁可燃气体输送给居民用户，用作炊事燃气，一般依靠以自然村为单元的小型燃气发生和供应系统。根据地域不同，主要使用的原料为农业秸秆如麦秸秆、棉秸秆、玉米秸秆、玉米芯、稻壳等，通常使用的气化炉有下吸式固定床气化炉、上吸式固定床气化炉、流化床气化炉等。

生物质气化集中供气系统主要由原料预处理装置、送料装置、气化炉、燃气净化装置、风机、储气柜、安全装置、管网和用户燃气灶等设备组成。秸秆气化集中供气系统如图 9-2-33 所示。根据不同生物质原料和所使用的气化炉要求，将生物质原料处理成符合条件的物料，通过送料装置送入气化炉产生生物质燃气。生物质燃气经冷却净化装置除去焦油、灰、炭粒等杂质并冷却后送入储气柜，最后通过管网送入居民户内[12,53,54]。

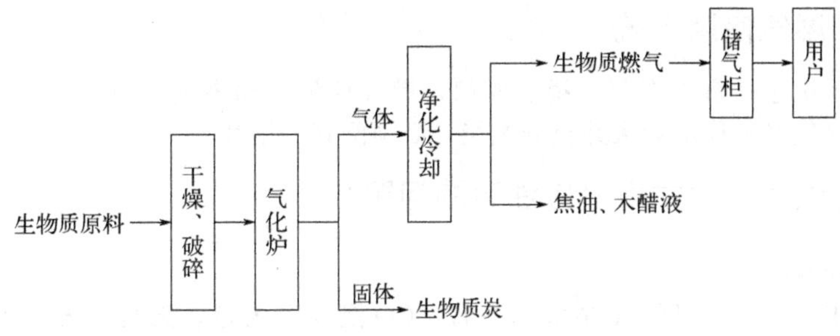

图 9-2-33 秸秆气化集中供气系统

（一）气化系统

生物质气化集中供气系统根据当地的原料种类，选择合适的生物质气化炉类型，通常为固定床或流化床气化炉，并根据供气规模确定气化炉的设计产气量。供气系统的生物质气化炉的设计产气量通常由下式计算

气化炉产气量（m^3/h）＝（1～1.2）m^3/h×供气户数/气化炉开机时数（h）

一般情况下，生物质气化炉的开机时间既不能太少（设备闲置率增高），又不能太长（工人劳动时间增加），通常选择每天 5 小时左右。

气化炉产生的可燃气中含有较多的灰尘、焦油和水分，需经过旋风分离器除去灰分、炭颗粒等固体后进入冷却净化装置，将燃气中的焦油、木醋液收集并降温。处理后的生物质燃气中焦油及灰含量应小于 $50mg/m^3$，温度低于 35℃。

（二）储气和输配

冷却净化后的生物质燃气需送入储气柜中储存，再通过燃气管网送至居民用户。储气柜压力一般在 3000～4000Pa，为保证管网的安全稳定，需要安装阀门、阻火器和集水器等附属设备。

1. 储气柜

储气柜是储存低压气体的容器，具有储存燃气、调节供气负荷和恒定供气压力的作用。储气柜分为湿式和干式两种，由于湿式储气柜结构简单、施工容易、运行密封可靠，在生物质气化集中供气系统中得到广泛的应用。

湿式储气柜主要由水槽和钟罩组成，按升降方式不同，又可分为直立式和螺旋式两种。直立式气柜设有立柱式导轨，每个塔节靠其侧面的斜导轨与相邻塔节上的导轮相互滑动从而缓慢旋转上升或下降，如套筒式结构。螺旋式低压湿式气柜则是沿着螺旋式导轨升降。储气柜内气体的压力靠钟罩上平衡块数量的多少来调节。

2. 输送管网

储气柜内的燃气需通过输送管网送至居民用户。输送管网按敷设方式可分为埋地管道和架空管道，按管网形状可分为环状管网、枝状管网和环枝状管网。

环状管网是在燃气供应区内管段连成封闭的环状，输送至任一管段的燃气可以由一条或多条管道供气。环状管网是城镇输配管网的基本形式，在同一环中，输气压力处于同一级制。其优点是供气压力均衡，当某一段管线发生故障需要检修或扩建时，可关断这部分管线而不影响全系统的工作；缺点是管线长、投资大。

枝状管网是以干管为主管，分配管呈树枝状由主管引出。其优点是投资少；缺点是某一段管线发生故障，整个系统就要停止运行。

以一个自然村为单元的集中供气系统，供气规模往往只有十几户到数百户，一般都选择枝状管网。而对于大规模的集中供气系统，如以乡镇为单元的集中供气系统，一般采用环状或环枝状管网。

（三）户内燃气使用系统

用户的燃气系统包括室内燃气管道、阀门、燃气计量表和燃气灶具。由于生物质燃气热值低，为保证这种燃气安全稳定着火并充分燃烧，必须配套专用灶具。

（四）生物质气化集中供气应注意的问题

1. 燃气安全问题

生物质燃气中CO的体积分数占20%左右，CO是一种无色、无臭、无刺激性的气体。CO进入人体后，会在血液中与血红蛋白结合，形成碳氧血红蛋白，使血红蛋白丧失携氧的能力和作用，造成组织窒息，严重时死亡。气化集中供气的用户以农民为主，对其危险性应给予足够的重视[12]。

2. 二次污染问题

生物质燃气中含有焦油等有害杂质，采用水洗法净化会产生大量含有焦油的废水。而集中供气系统一般规模较小，焦油难以收集转化为商品，如果这些含焦油的废水随意排泄，会对周围土壤和地下水产生污染。如何处理含焦油废水是生物质气化集中供气系统所面临的突出问题。

3. 燃气焦油含量问题

由于集中供气系统规模小，对生物质燃气中的焦油净化不完全，燃气中焦油含量较高。在实际使用过程中，焦油会在管网中凝结，对管网的长期稳定运行带来影响。

4. 经济效益问题

生物质气化集中供气属于微利性的农村公益事业，我国“十一五”“十二五”期间，在各地建设了许多为农村居民供气的生物质气化站。据农业部统计，截至2010年底全国共建成秸秆气化集中供气站900处。但由于生物质燃气热值低，有焦油二次污染，缺乏维护管理，经济效益不好等，目前多数生物质气化集中供气站已处于停运状态。小型生物质气化供气站单纯依靠供气收入，难以维持运行，必须开发生物质炭等副产物增加收入来源才能具有经济效益[55]。

四、气化供热

气化供热是指生物质气化后产生的燃气替代煤、天然气等化石燃料在锅炉或燃烧炉内燃烧，产生高温烟气或通过换热产生热水、蒸汽、高温导热油、热空气等，为企业生产、大棚保温、建筑采暖等提供热能。

生物质气化供热系统主要由生物质气化系统、高温除尘器、燃气燃烧器、锅炉或燃烧炉及相应辅助设备组成。其一般流程是经预处理后的生物质原料送入生物质气化炉中发生气化反应生成可燃气，可燃气经过旋风分离器或高温除尘器去除燃气中的灰分、炭颗粒等固体后，进入燃气燃烧器在锅炉炉膛或燃烧炉燃烧室内燃烧，产生高温烟气或通过换热加热水、导热油、空气等热媒，产生热水、蒸汽、高温导热油、热空气等[13]。

生物质气化供热系统尾气无需脱硫，只需配备简单的飞灰处理设备即可满足目前行业排放标准，是绿色低碳、清洁经济的可再生能源供热方式。其供热成本虽高于燃煤，但低于天然气和石油，是中小型燃煤锅炉的重要替代方案。

五、气化发电

生物质气化发电系统根据发电规模可以分为小规模、中等规模和大规模三种（表 9-2-12）。中、小规模生物质气化发电系统适合于生物质的分散利用，具有投资小和发电成本低等特点。大规模生物质气化发电系统是生物质的大规模应用，发电效率高，适合于生物质原料较集中的地区应用等[49,56,57]。

表 9-2-12　不同规模生物质气化发电常用技术

性能参数	小规模	中等规模	大规模
装机容量/kW	≤500	500～3000	>5000
气化技术	固定床、流化床	固定床、流化床	常压流化床、高压流化床、双床气化炉
发电技术	内燃机	内燃机	锅炉-蒸汽轮机气化发电整体气化联合循环
系统发电效率	11～14	15～20	35～40

生物质气化发电由于采用气化技术和燃气发电技术的不同，其系统和工艺过程都有差别。燃气发电根据发电过程可以分为内燃机发电、燃气轮机发电、锅炉-蒸汽轮机发电和燃气-蒸汽联合循环发电等[24]，如图 9-2-34 所示。

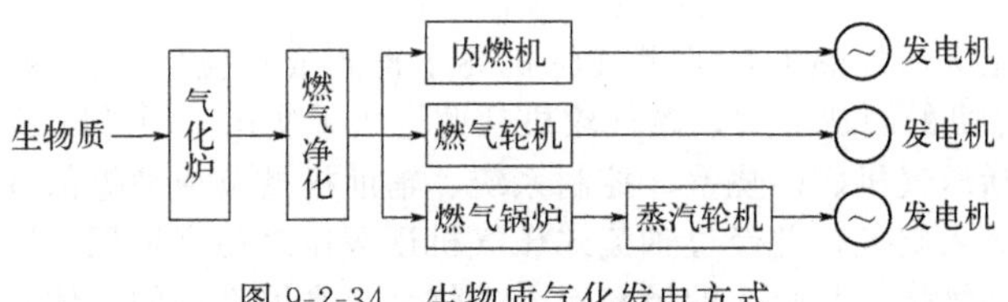

图 9-2-34　生物质气化发电方式

1. 内燃机气化发电

内燃机是通过在热功转换空间内部的燃烧过程将燃料中的化学能转变为热能，并通过一定的机构使之再转化为机械功的一种热力发动机。自 19 世纪 60 年代问世以来，内燃机经过不断改进和发展，已经是比较完善的机械，其中以往复活塞式内燃机最为普遍，被广泛用于汽车、工程机械等行业。往复活塞式内燃机的工作原理是将燃气和空气混合，在气缸内点火爆燃推动活塞做功，再通过曲柄连杆机构或其他机构将机械功输出。内燃机发电系统具有设备简单、技术成熟可靠、功率和转速范围宽、配套方便、机动性好、热效率高等特点，被广泛应用于柴油、天然气、沼气、高炉煤气、生物质气等燃料发电。

我国燃气内燃机技术发展时间较短，技术水平相对落后。从 20 世纪 80 年代开始，国内几家内燃机生产企业开始在柴油机的基础上改造气体发动机，目前我国所运行的生物质燃气内燃机大都是由柴油机或燃烧天然气的内燃机进行改进的[58]，燃气内燃机产品的功率范围主要集中在

100～1000kW，功率高于单台内燃机最大功率的气化发电系统由多台内燃机并联而成。

内燃机对燃气质量的要求较高，燃气必须进行净化及冷却处理。生物质燃气的热值低且杂质含量高，在进入内燃机前需经过冷却净化、气液分离、稳压等处理。一般要求生物质燃气压力变化率≤1kPa/min，焦油含量≤20mg/m^3（标），氢气体积分数≤6%，杂质粒度≤5μm，水分含量≤20mg/m^3（标），杂质含量≤30mg/m^3（标）。

典型的中小型生物质气化内燃机发电系统的主要设备有气化炉、燃气净化系统、风机、燃气发电机组、污水处理池、循环冷却水池、加料设备、生物质炭收集设备、控制系统等。流化床生物质气化发电系统流程如图 9-2-35 所示。

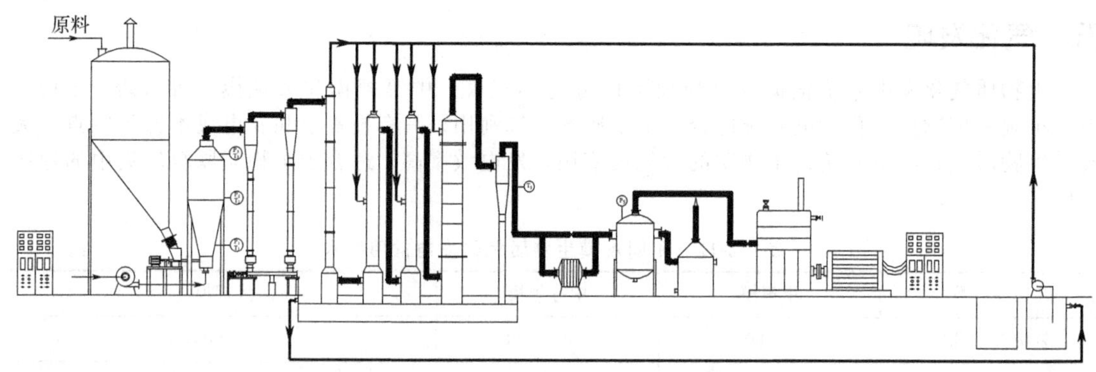

图 9-2-35　流化床生物质气化发电系统流程

2. 燃气轮机气化发电

燃气轮机是以连续流动的气体为工质带动叶轮高速旋转，将燃料的能量转变为有用功的内燃式动力机械，是一种旋转叶轮式热力发动机。

1920 年，德国人霍尔茨瓦特制成第一台实用的燃气轮机，按等容加热循环工作，但存在许多重大缺点。20 世纪 30 年代，随着空气动力学的发展，人们掌握了压气机叶片中气体扩压流动的特点，解决了设计高效率轴流式压气机的问题，出现了效率达 85%的轴流式压气机；在高温材料方面，出现了能承受 600℃以上高温的铬镍合金钢等耐热钢，大大提高了燃气进入燃气轮机的初始温度要求，于是等压加热循环的燃气轮机终于得到成功应用。1939 年，随着效率达 18%的 4MW 发电用燃气轮机的制造成功，燃气轮机从此进入了实用阶段并开始迅速发展。

燃气轮机系统包括压气机、燃烧室、控制系统、辅助机械及透平等部件，其工作过程是，压气机从外界大气环境吸入空气，并经过轴流式压气机逐级压缩使之增压，同时空气温度也相应提高；压缩空气被压送到燃烧室与喷入的燃料混合燃烧生成高温高压的气体；然后再进入涡轮中膨胀做功，推动涡轮带动压气机和外负荷转子一起高速旋转，实现了气体或液体燃料的化学能部分转化为机械功，并输出电功。通常在燃气轮机中，压气机是由燃气涡轮膨胀做功来带动的，它是涡轮的负载。在简单循环中，涡轮发出的机械功有 1/2～2/3 左右用来带动压气机，其余 1/3 左右的机械功用来驱动发电机。

生物质燃气属于低热值燃气，燃烧温度偏低，并且由于燃气体积偏大，压缩困难，降低了系统的发电效率，因此需要采用燃气增压技术。另外，由于生物质燃气中杂质较多，特别是有碱金属等腐蚀成分，对燃气轮机的转速和材料都有更严格的要求。燃气轮机对燃气杂质含量的要求也极为苛刻，如表 9-2-13 所示。一般生物质气化净化过程很难满足燃气轮机的要求，必须针对具体原料的特性进行专门的设计，而且燃气轮机也必须经过专门的改造以适应生物质燃气的特性。目前国内外仍没有适用于生物质气化燃气轮机的通用技术和设备，建成的示范工程都是由专门的研究部门或厂家根据项目的要求进行改造和定制的，造价较高。

表 9-2-13　燃气轮机对燃气的要求

项目		要求
燃气热值/[MJ/m^3(标)]		＞4～6
氢气含量/%		＞10～20
碱金属含量/(μg/kg)		＜20～1000
燃气温度/℃		＜450～600
焦油		全气相
颗粒浓度/(mg/kg)	＞20μm	＜0.1
	10～20μm	＜0.1
	4～10μm	＜0.1
HCl/(mg/kg)		0.5
SiH 或 SO_2/(mg/kg)		1

燃气轮机在运行过程中会排出高温烟气，温度达 500～600℃，高温烟气通过余热锅炉进行热量回收生产蒸汽或热水，可提高能源综合利用效率。若增加余热锅炉和过热器产生蒸汽，再利用蒸汽循环进行发电，则可提高整体发电效率（系统效率大于 40%），称为生物质整体气化联合循环（B/IGCC）。

IGCC 是 20 世纪 70 年代初开发的用于煤气化的发电技术，是大规模生物质气化发电系统的重点研究方向。整体气化联合循环由气化炉、净化装置、燃气轮机、余热锅炉和蒸汽轮机等组成，典型的工艺流程见图 9-2-36。

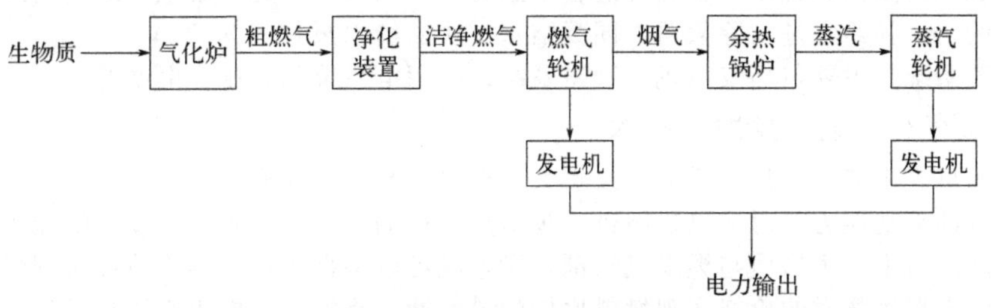

图 9-2-36　生物质整体气化联合循环发电系统工艺流程

要使 B/IGCC 达到较高效率，须具备两个条件：一是燃气进入燃气轮机之前不能降温；二是燃气必须是高压的[59]。这就要求系统必须采用生物质高压气化和高温净化两种技术，才能使 B/IGCC 的总体效率较高（40%）。如果采用一般的常压气化和降温净化，由于气化效率和带压缩的燃气轮机效率都较低，系统的整体效率一般都低于 35%。B/IGCC 技术的研究开发主要在欧美一些国家开展，如美国的 Battelle（63MW）和夏威夷（6MW）、英国（8MW）、瑞典（加压生物质气化发电 4MW）、芬兰（6MW）等。由于燃气轮机改造技术难度大，系统不够成熟，造价也很高，限制了其应用推广。

3. 锅炉-蒸汽轮机气化发电

锅炉-蒸汽轮机气化发电是指生物质气化产生的燃气进入锅炉燃烧换热，产生的过热蒸汽进入汽轮机内膨胀做功，使叶片转动从而带动发电机发电，做功后的废气经凝汽器、循环水泵、凝结水泵、给水加热装置等送回锅炉循环使用。

蒸汽轮机又叫蒸汽涡轮发动机，是一种撷取（将水加热后形成的）水蒸气之动能转换为涡轮转动的动能的机械。蒸汽轮机特别适用于火力发电和核能发电，世界上大约 80%的电是利用涡轮蒸汽机产生的。

锅炉-蒸汽轮机气化发电系统主要由生物质气化炉、高温除尘器、燃气燃烧器、锅炉、汽轮机、发电机及相应辅助设备组成，它们通过管道或线路相连构成生产主系统，即气化系统、燃烧系统、汽水系统和电气系统。

(1) 气化系统　主要由料仓、预处理系统、输送系统、气化炉、高温除尘器、出炭系统等组成。将预处理后的生物质送入生物质气化炉内发生气化反应生成可燃气，可燃气经过旋风分离器或高温除尘器去除灰分、炭颗粒等固体，再送入后段燃烧系统。

采用锅炉-蒸汽轮机气化发电系统，生物质气化炉中产生的生物质燃气不需冷却，仅通过旋风分离器去除燃气中的固体颗粒，便可直接送入锅炉中进行燃烧，因此避免了燃气冷却、净化带来的热量损失、焦油废水等问题。

(2) 燃烧系统　主要包括燃气燃烧器、除灰和烟气排放系统等。燃气和经过预热器预热的空气在燃烧器内以一定方式喷出混合，在锅炉炉膛内燃烧；烟气经除尘器清除灰分后，由引风机抽出，经烟囱排入大气。

(3) 汽水系统　主要包括锅炉、汽轮机、凝汽器及给水泵等组成的汽水循环和水处理系统、冷却水系统等。

水在锅炉中加热后蒸发成蒸汽，经过热器进一步加热，成为具有规定压力和温度的过热蒸汽，然后经过管道送入汽轮机。在汽轮机中，蒸汽不断膨胀，高速流动，冲击汽轮机的转子，以额定转速旋转，将热能转换成机械能，带动与汽轮机同轴的发电机发电。

在膨胀过程中，蒸汽的压力和温度不断降低。蒸汽做功后从汽轮机下部排出。排出的蒸汽称为乏汽，它排入凝汽器。在凝汽器中，汽轮机的乏汽被冷却水冷却，凝结成水。

凝汽器下部所凝结的水由凝结水泵升压后进入低压加热器和除氧器，提高水温并除去水中的氧（以防止腐蚀炉管等），再由给水泵进一步升压，然后进入高压加热器，回到锅炉，完成水—蒸汽—水的循环。给水泵以后的凝结水称为给水。

汽水系统中的蒸汽和凝结水在循环过程中总有一些损失，因此，必须不断向给水系统补充经过化学处理的水。补给水进入除氧器，同凝结水一块由给水泵打入锅炉。

(4) 电气系统　主要包括发电机、励磁系统、厂用电系统和升压变电站等。

4. 生物质气化耦合混烧发电技术

随着我国可再生能源装机规模的持续扩大，弃水、弃风、弃光电量也在不断提高。为提高可再生能源发电的消纳能力，对火电机组进一步增加负荷响应速率、具备深度调峰能力的运行灵活性也提出更高的要求。生物质与燃煤机组耦合发电既可以根据生物质的季节性实现燃料种类的灵活性，又可以根据生物质的价格实现燃料比例的灵活性，是实现火电机组燃料灵活性和降低燃煤发电机组 CO_2 排放的重要途径[60]。

按照生物质与原煤燃烧时的混合形式，生物质与燃煤机组耦合发电方式可分为直接混燃、间接混燃和并联混燃 3 类。生物质气化耦合混烧发电属于间接混燃，是指生物质气化产生的生物质燃气经过除尘后，直接送入大型燃煤电站锅炉，与煤粉进行混烧，利用燃煤机组现有的发电系统实现发电。生物质气化耦合混烧发电充分利用生物质燃气可燃性远强于燃煤的特点，将燃气喷入锅炉中起到稳燃及加强燃尽的作用，并适用于原有煤粉锅炉的改造，仅对烟气侧配风及燃料输送设计有所影响，对汽水侧基本没有影响[61]。

我国于 2012 年在湖北国电长源荆门电厂建设了生物质气化耦合混烧发电示范项目，利用原有 640MW 燃煤机组的系统和设备，配套循环流化床（CFB）生物质气化装置，将产生的生物质燃气送入燃煤锅炉耦合燃烧发电，设计生物质发电容量 10.8MW，生物质额定消耗量为 8t/h。欧洲芬兰瓦萨热电厂项目采用 CFB 生物质气化炉技术，将产生的生物质燃气送入锅炉与煤粉混燃，减少了 40%的燃煤消耗。生物质气化耦合混烧发电流程如图 9-2-37 所示。

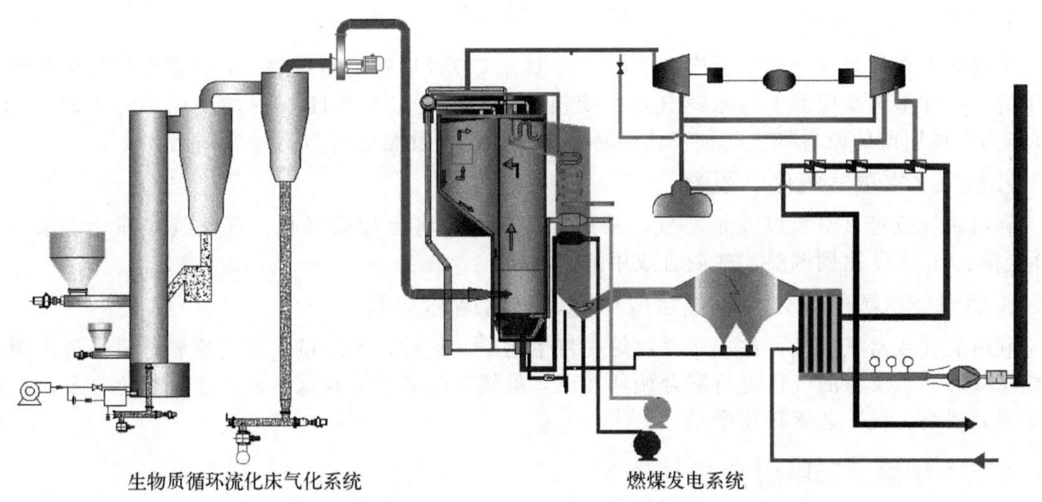

图 9-2-37 生物质循环流化床气化耦合燃煤锅炉汽轮机发电流程

六、气化合成化学品

生物质气化合成化学品是指利用生物质气化产生的生物质燃气合成化学制品，如甲醇、二甲醚、氨等。

生物质气化合成甲醇系统（BGMSS），主要由生物质预处理、热解气化、气体净化、气体重整、H_2/CO 比例调节、甲醇（二甲醚）合成及分离步骤构成。图 9-2-38 为典型的生物质气化合成甲醇/二甲醚流程示意图。

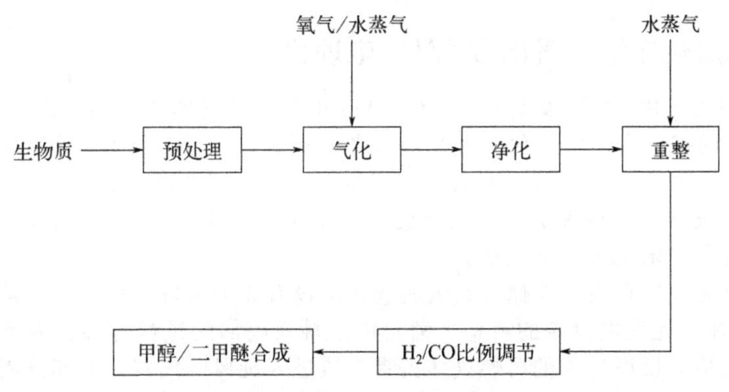

图 9-2-38 生物质气化合成甲醇/二甲醚流程示意图

（一）生物质气化与重整变换

生物质气化合成甲醇或二甲醚首先要将生物质转换为富含 H_2 和 CO 的合成气。当生物质以空气为气化剂时，气化后的气体产物中含 N_2 量高达 55%以上，将导致合成系统效率低下，因此必须采用氧气、水蒸气等作为气化剂。由于气化产物中含有固体颗粒、焦油、碱类物质、含硫含卤化合物等杂质和有害成分，需要将其净化处理。之后进行重整，即加入适量水蒸气在高温条件下将气体中的焦油、CH_4 以及其他碳氢化合物转化为 H_2 和 CO。经重整的气化气通常 H_2 不足，CO_2 过量，H_2/CO 比例达不到合成甲醇或二甲醚的要求，需添加 H_2 或者除去 CO_2 调整 H_2/CO 比例[41]。

生物质的气化与重整变换技术路线主要有以下 3 条。

1. 加氢气化、重整

生物质先在加氢气化炉中反应，生成含有 H_2、CO 及甲烷的富甲烷气，该富甲烷气再与外加的甲烷一起在重整反应器中与水蒸气发生变换反应，生成 CO 和 H_2，两次反应共同生成的 H_2、CO 作为合成甲醇的原料气。此种工艺碳转化率最高，一般能达到 75%，最高达 88%。

2. 氧气/水蒸气气化、重整

利用氧气或富氧空气以及水蒸气，采用加压气化炉将生物质气化，气化气经净化、水蒸气 CO 变换、H_2/CO 比例调整，然后合成甲醇。

3. 氧气/水蒸气气化、单程合成甲醇、联合循环发电

利用氧气或富氧空气，在加压气化炉中将生物质气化后，不经过水蒸气重整，直接进入甲醇合成反应器。未反应的气体进行联合循环发电，虽然甲醇的产量较低，但产生了热电，系统总体效率得到提高。该工艺碳转化率最低。

（二）甲醇/二甲醚合成

甲醇合成一般采用成熟的固定床合成工艺，生成的甲醇可以进一步脱水制成二甲醚。浆态床甲醇合成工艺单程转化率高，但还不成熟。

二甲醚合成的工艺路线主要有两条：一条是合成气经甲醇间接合成二甲醚；另一条是复合催化剂作用下合成气一步合成二甲醚。

采用常规的 ICI 和 Lurgi 工艺，需要将未反应的合成气反复循环以提高甲醇产率，但国外也有工厂只将生物质气化气一次性通过甲醇合成反应器，尾气不再循环回反应器，而是送入燃气轮机发电，以提高整体效率。

七、气化工程案例

（一）锥形流化床稻壳气化 3MW 发电项目

锥形流化床稻壳气化 3MW 发电系统，于 2008 年在菲律宾建成（图 9-2-39）。该系统由 3 套发电能力为 1MW 的锥形流化床气化炉及发电设备并联组成，单台气化炉扩大段内径 2.4m，高 11.5m；由 8 台 8300 型生物质气发动机并联组成发电机组。该系统主要由料仓、生物质锥形流化床气化炉、旋风分离器、进料螺旋、出灰螺旋、气体净化装置、罗茨风机、电捕焦器、缓冲罐、水封、储气柜和燃气发电机等部分组成。

生物质原料（稻壳）在大料仓储存，大料仓底部设有 3 个出口，稻壳原料被分别风送至 3 套 1MW 的锥形流化床气化发电设备的料仓。稻壳再由料仓底部的进料螺旋送入气化炉。稻壳在气化炉内进行气化反应，反应生成的可燃气体携带灰渣进入旋风分离器，大部分固体颗粒在旋风分离器内被分离并送入大灰仓储存，之后可燃气体进入喷淋塔等水洗净化设备除尘降温，经过电捕焦进一步去除焦油进入燃气储气柜，燃气由管道输送至各台内燃机进行发电。

锥形流化床气化炉主要通过调节进料螺旋的电机转速控制加料量和调节空气进气阀开度改变进风量来调节控制气化炉内反应温度及其产气量。气化炉操作温度约在 700～750℃，气化产生的燃气热值在 5000kJ/m^3（标）左右，稻壳炭含碳量 20%左右，产气率约 1.63m^3（标）/kg，系统发电总效率约 15%～18%。

菲律宾的电力缺口较大，而且电价昂贵，每千瓦时约合人民币 0.9～1.5 元不等。3MW 生物质锥形流化床气化发电机组的成功运行，将农业生产加工剩余物转化为清洁的电能，既解决了当地废弃物的出路，又为企业带来良好的社会和经济效益。

锥形流化床气化炉

燃气内燃发电机

大料仓

电除尘器与燃气储气柜

图 9-2-39　菲律宾 3MW 锥形流化床气化发电系统照片

（二）外热式回转炉热解气化联产炭项目

外热式回转炉热解气化联产炭项目位于山东省青岛市，于 2017 年建成投产（图 9-2-40）。该项目采用外热式热解气化工艺，研制了外热式回转热解气化炉，解决了回转炉的动态密封等关键问题，有效阻滞气化炉内燃气逸出和空气的吸入。外热式回转炉热解系统装置以当地的病死松木、间伐抚育等森林剩余物为原料，经破碎成一定的尺寸大小后进入外热式回转炉，在高温条件下，原料在炉内发生热解气化反应，产出生物质炭和生物质燃气。生物质炭经过冷却降温后，作为产品，可用作民用燃料，或深加工后可制造炭肥和活性炭等产品；生物质燃气通过降温、净化系统去除灰尘、焦油和水分，经过净化的燃气由罗茨风机输送一部分到热风炉内燃烧为回转炉提供反应所需热量，另一部分作为燃料输送至蒸汽锅炉燃烧产生蒸汽。生产的蒸汽或热水由管道输送至工业园区内的工厂或居民住宅，为工业生产和居民冬季采暖提供热量。

该回转炉炉管直径 1.2m、长度 14m，炉管材质为 310S。加热窑外形尺寸 9.4m×2.4m×2.9m，窑炉倾角 3°，炉管转速在 0～6r/mim 范围内可调。运行时控制回转炉内工作压力 0～100Pa，加热炉温度 850～900℃。该系统可处理木片原料 1000kg/h，产生的热解燃气可生产蒸汽 1.5～2t/h、生物质炭 300～350kg/h。生产的生物质燃气热值 13～15MJ/m^3（标），生物质炭含碳量 70%～80%。

原料(病死松木)　原料破碎
生物质回转炉热解气化装置　生物质燃气净化系统
蒸汽锅炉　块状生物质炭

图 9-2-40　外热式回转炉热解气化联产炭项目照片

（三）移动床热解气化联产炭项目

水平移动床热解气化联产炭项目位于江苏省溧阳市，为当地园区内企业的生物柴油生产线提供热量。

该项目研制的生物质水平移动床热解气化炉，以园林废弃物及稻壳等为原料。其工艺流程为：原料经预处理后通过螺旋进料机送入热解气化炉，在炉内发生热解气化反应生成生物质燃气及生物质炭；生物质燃气进入燃气燃烧器燃烧，为燃气导热油锅炉提供热量，被加热至250～300℃的高温导热油通过管道送至生产车间，为反应器、蒸发器等设备提供热量。高温烟气进入余热蒸汽锅炉回收热量产生蒸汽，再进入空气预热器进一步回收热量用于加热助燃空气，最后经过布袋除尘器净化后达标排放。部分烟气通过风机送回热解气化炉和燃气燃烧器，用以降低热解气化炉炉排表面温度和控制燃气燃烧温度，达到防止气化炉设备受热部件过热和控制氮氧化物形成的目的。生物质炭经过炭冷却器冷却后，再送入炭仓进行包装。生物质水平移动床热解气化供热成套装置采用PLC电器控制技术，实现整个系统的智能化操作运行（图 9-2-41 和图 9-2-42）。

该项目研发的生物质水平移动床热解气化炉生物质原料处理量1～3t/h，炉排为链条式炉排，炉排尺寸6.5m×2.1m，当量比0.25～0.35，炉排前轴转速0.951～9.51r/h，炉排上的料层厚度300～700mm，燃气导热油锅炉功率6000kW。以稻壳为原料生产的稻壳炭含碳量25%～45%。

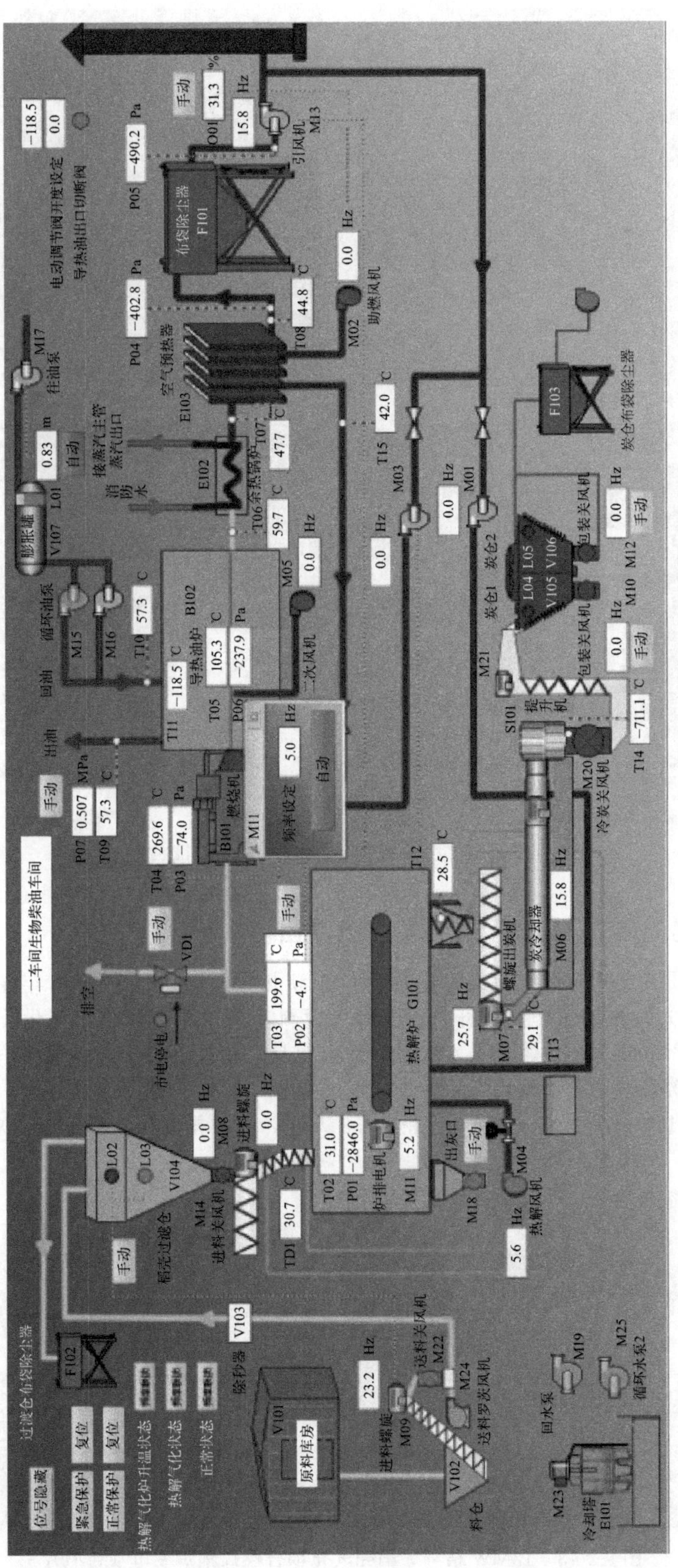

图 9-2-41　生物质移动床热解气化热炭联产系统 PLC 电器控制系统

生物质移动床热解气化炉

燃气导热油锅炉

省煤气及余热锅炉

炭冷却器

图 9-2-42　生物质移动床热解气化项目照片

（四）气化耦合燃煤锅炉 12MW 发电项目

12MW 生物质气化耦合燃煤机组发电项目位于湖北省襄阳市，于 2018 年建成投产（图 9-2-43）。该项目以周边地区的农作物秸秆、稻壳等为原料，采用循环流化床气化装置，将秸秆粉碎料或稻壳气化后产生的生物质燃气送入煤粉锅炉内，与煤粉混合燃烧，煤粉锅炉产生的蒸汽用于汽轮机发电。生物质燃气用于替代煤粉的发电功率约为 12MW，年发电量 7.56×10^7kW·h，年消纳秸秆、稻壳量约 6.04 万吨，年替代标煤 2.8 万吨，年减排 CO_2 7.4 万吨，灰渣全部作为有机肥还田综合利用，系统无焦油、污水排放。

图 9-2-43　12MW 秸秆、稻壳气化耦合燃煤锅炉发电项目照片

（五）稻壳气化供 10t/h 蒸汽锅炉联产炭项目

稻壳气化供 10t/h 蒸汽锅炉联产炭项目位于安徽省合肥市肥西县，于 2018 年建成投产（图 9-2-44）。项目采用 2 台下吸式固定床气化炉，以稻壳为原料，产生的燃气进入 1 台 10t/h 的燃气锅炉燃烧产生蒸汽，蒸汽为生产防护塑料的企业提供热能；稻壳气化后的稻壳炭销售给钢厂作为钢水保温剂。

单台气化炉每小时消耗 2.1t 稻壳，产生 3000m^3（标）左右的生物质燃气和 0.6t 稻壳炭，生物质燃气热值 4000～5000kJ/m^3（标），燃烧后生产蒸汽约 5t/h，稻壳炭含碳量 45%～50%。

该项目年消耗稻壳 3.2 万吨。锅炉尾气污染物排放达到新建天然气锅炉排放的国家标准，稻壳炭全部作为炭产品销售。

图 9-2-44 下吸式固定床稻壳气化供 10t/h 蒸汽锅炉联产炭项目照片

（六）木片气化蒸汽锅炉园区供热联产炭项目

木片气化蒸汽锅炉园区供热联产炭项目位于安徽省明光市某工业园区，于 2019 年建成投产（图 9-2-45）。采用 1 台上吸式固定床气化炉，以木片为原料，产生的燃气进入 1 台 15t/h 的燃气锅炉燃烧产生蒸汽，蒸汽为工业园区内的食品生产企业、酒店、浴池提供热能；木片气化后的木片炭用于生产机制炭或活性炭。

单台气化炉每小时消耗 4.2t 木片，产生 7000m^3（标）生物质燃气和 0.6t 木炭。生物质燃气热值 4000～5000kJ/m^3（标），燃烧后生产蒸汽约 15t/h，木片炭含碳量 75%～80%。

该项目年消耗木片量 3.2 万吨，年替代标煤 1.68 万吨，减排 CO_2 4.5 万吨。锅炉尾气污染物排放达到新建天然气锅炉排放的国家标准，木炭作为炭产品销售。

图 9-2-45 上吸式固定床木片气化蒸汽锅炉园区供热联产炭项目照片

参考文献

[1] 南京林学院木材热解工艺学教研组.木材热解工艺学.北京：农业出版社，1961.
[2] 孙立，张晓东.生物质热解气化原理与技术.北京：化学工业出版社，2013.
[3] 贺近恪，李启基.林产化学工业全书.北京：中国林业出版社，1997.
[4] 张建安，刘德华.生物质能源利用技术.北京：化学工业出版社，2009.
[5] 吴创之，马隆龙.生物质能现代化利用技术.北京：化学工业出版社，2003.
[6] 蒋剑春.生物质热化学转化行为特性和工程化研究.北京：中国林业科学研究院，2003.
[7] 涂军令，应浩，吴欢，等.生物质炭水蒸气气化制取合成气研究.太阳能学报，2013，34（9）：1514-1519.
[8] 孙宁，应浩，徐卫，等.木屑水蒸气气化制取富氢燃气研究.生物质化学工程，2016，50（2）：29-33.
[9] 应浩，涂军令，江俊飞，等.木屑高温水蒸气气化制备合成气研究.太阳能学报，2014，35（3）：379-383.
[10] 应浩，余维金，许玉，等.生物质热解与气化制氢研究进展.现代化工，2015，35（1）：53-57.
[11] 邓先伦，高一苇，许玉，等.生物质气化与设备的研究进展.生物质化学工程，2007（6）：37-41.
[12] 金淳，应浩，张建平，等.民用木煤气的研究.林产化工通讯，1995（3）：3-15.
[13] 金淳，雷振天，张进平，等，150 万千卡/时上吸式木材气化炉试验报告.林产化工通讯，1994（3）：3-12.
[14] 张无敌，宋洪川，孙世中.生物质能源转换技术与前景.新能源，2000，22（1）：16-20.
[15] 蒋剑春，应浩，戴伟娣，等.锥形流化床生物质气化技术和工程.农业工程学报，2006，22（1）：211-216.
[16] 许玉，蒋剑春，应浩，等.3000kW 生物质锥形流化床气化发电系统工程设计及应用.生物质化学工程，2009，43（6）：1-6.
[17] 蒋剑春，张进平，金淳，等.内循环锥形流化床秸杆富氧气化技术研究，林产化学与工业，2002，22（1）：25-29.
[18] 蒋剑春，应浩.中国林业生物质能源转化技术产业化趋势.林产化学与工业，2005，S1：5-9.
[19] 朱锡锋，陆强.生物质热解原理与技术.北京：科学出版社，2014.
[20] 南京林产工业学院.木材热解工艺学.北京：中国林业出版社，1983.
[21] 李雪瑶，应浩.生物质热解气化机理研究进展.精细石油化工进展，2009（10）：45-50.
[22] 刘荣厚，牛卫生，张大雷.生物质热化学转换技术.北京：化学工业出版社，2005.
[23] 杨世关，李继红，李刚.气体生物燃料技术与工程.上海：上海科学技术出版社，2013.
[24] 马隆龙，吴创之，孙立.生物质气化技术及其应用.北京：化学工业出版社，2003.
[25] 岳金方，应浩，左春丽.生物质加压气化技术的研究与应用现状.可再生能源，2006（6）：29-32.
[26] 定明月，熊伟，涂军令，等.生物质粗燃气重整净化技术及其研究进展.林产化学与工业，2015，38（5）：143-150.
[27] 贾爽，应浩，孙云娟，等.生物质水蒸气气化制取富氢合成气及其应用的研究进展.化工进展，2018，37（2）：497-504.
[28] Jia S，Ning S-Y，Ying H，et al. High quality syngas production from catalytic gasification of woodchip char. Energy Conversion & Management，2017，151：457-464.
[29] 姚向君，田宜水.生物质能资源清洁转化利用技术.北京：中国农业出版社，2004.
[30] 李晓霞，闫桂焕.生物质燃气净化除尘技术研究.现代化工，2020，40（增）：254-259.
[31] 杨少华.生物质燃气净化装置及其可靠性研究.哈尔滨：东北大学，2013.
[32] 贾永斌，张守玉，等.热解和气化过程中焦油裂解的研究.煤炭转化，2000，23（4）：1-6.
[33] 孙云娟.生物质催化气化及焦油裂解的研究.北京：中国林业科学研究院，2006.
[34] 兰珊，赵立欣，姚宗路，等.外加热式生物质连续热解设备燃气净化系统的研究.现代化工，2018，35（1）：173-176.
[35] 鲁敏，熊祖鸿，房科靖，等.生物质热解粗燃气催化重整特性和机理研究.太阳能学报，2020，41（10）：332-339.
[36] Ning S-Y，Jia S，Ying H，et al. Hydrogen-rich syngas produced by catalytic steam gasification of corncob char. Biomass & Bioenergy，2018，117：131-136.
[37] 蒋剑春，金淳，张进平，等.生物质催化气化工业应用技术研究.林产化学与工业，2001，21（4）：21-26.
[38] 江俊飞，应浩，蒋剑春，等.生物质催化气化研究进展.生物质化学工程，2012，46（4）：52-57.
[39] Jia S，Ying H，et al. Co-processing methanol and ethanol in bio-char steam gasification for hydrogen-rich gas production. International Journal of Hydrogen Energy，2017，42.
[40] Jia S，Ying H，et al. Steam Gasification of Sawdust-char for Syngas. Biomass Chemical Engineering，2017，51（5）.
[41] 孙晓轩.生物质气化合成甲醇二甲醚技术现状及展望.中外能源，2007，12（4）：29-36.
[42] Reed T B，Das A. Handbook of biomass downdraft gasifier engine systems. Golden：Solar Energy Research Institute，1988.
[43] 万仁新.生物质能工程.北京：中国农业出版社，1995.
[44] Reed T B. Generator gas-the swedish experience from 1939-1945. Golden：Solar Energy Research Institute，1979.

[45] 庄德安，刘烈英.燃煤工业锅炉热工测试方法.北京：机械工业出版社，1980.
[46] 张齐生，周建斌，屈永标.农林生物质的高效，无公害，资源化利用.林产工业，2009，36（1）：3-8.
[47] 张齐生，马中青，周建斌.生物质气化技术的再认识.南京林业大学学报（自然科学版），2013，37（1）：1-10.
[48] 张齐生，周建斌，倪传根.CN 1563277A.2005-01-12.
[49] 孙立.生物质发电产业化技术.北京：化学工业出版社，2011.
[50] 朱德文，陈永生，肖宏儒，等.我国生物质粉碎加工技术的研究进展.现代农业装备，2007（7）：47-50.
[51] 祖宇，郝玲，董良杰.我国秸秆粉碎机的研究现状与展望.安徽农业科学，2012（3）：1753-1756.
[52] 康德福，王金平，胡景媛，等.浅谈我国铡草机的现状及发展趋势.黑龙江畜牧科技，1995（1）：40-43.
[53] 张全国.农业废弃物气化技术.北京：化学工业出版社，2006.
[54] 陈冠益，马隆龙，颜蓓蓓.生物质能源技术与理论.北京：科学出版社，2017.
[55] 吴创之，刘华财，阴秀丽.生物质气化技术发展分析.燃料化学学报，2013，10（7）：798-804.
[56] 宋鸿伟，郭民臣.生物质气化发电技术发展状况的综述.现代电力，2003，20（5）：10-16.
[57] 吴创之，马隆龙，陈勇.生物质气化发电技术发展现状.中国科技产业，2006（2）：76-79.
[58] 孟凡生，阴秀丽，蔡建渝，等.我国低热值燃气内燃机的研究现状.内燃机，2007（3）：46-49.
[59] 米铁，唐汝江，陈汉平，等.生物质气化技术比较及其气化发电技术研究进展.能源工程，2004（5）：33-37.
[60] 王一坤，张广才，王晓旭，等.生物质气化耦合发电提升燃煤机组灵活性分析.热力发电，2018，47（5）：77-82.
[61] 张晓楠.生物质发电技术研究应用综述.山西化工，2021（5）：54-56.

（应浩，周建斌，孙云娟，陈登宇，许玉）

第三章　生物质制氢

氢能是一种清洁可再生能源，具有能量密度高、燃烧热值高（每千克氢 143MJ）、污染物零排放、便于储存等特点，是未来可以大规模利用的清洁能源之一。生物质是指通过光合作用形成的各种有机体，包括所有的动植物和微生物，具有可再生、产量巨大、可储存、碳循环、低污染物排放等特点，有望成为一种很有前途的制氢原料。制氢技术有很多种，其中生物质制氢技术不仅可提供氢燃料，改善燃料利用结构，减轻大气污染，而且能有效利用丰富的生物质资源，实现 CO_2 “零排放”[1]，因此进行生物质制氢具有重要意义。

第一节　氢能及其来源

随着经济的发展，人类对能源的需求量日益增加，而作为主要能源的石油、煤的贮量日益枯竭，人类面临的挑战是开发高效、洁净的二次能源。氢能作为二次能源，早在 20 世纪 70 年代中期就已经受到了人类的高度重视。世界上一些发达国家纷纷开发二次能源——氢能，氢的用途已有了广泛的发展；同时对制氢工艺也进行了大量的研究开发工作，至今已取得了突破性的进展[2]。

20 世纪 90 年代，利用煤炭、石油和天然气制备氢气的比例分别约为 18%、30%和 48%，约占世界氢气生产总量的 96%。利用生物质等其他资源制备氢气基本上还处于实验研究阶段。经过几十年的发展，生物质能正逐渐成为化石燃料的替代能源，其关键是能将能量密度低的生物质能转变成高品位能源。生物质的能源转化制氢方法主要包括热化学转化法和微生物转化法两种[3]。

一、氢的性质

(1) 物理性质　氢的原子量为 1.0079，沸点为−252.87℃，熔点为−259.14℃。氢元素位于元素周期表的第一位，通常状况下氢气是无色无味的气体，极难溶于水，不易液化。氢气是所有气体中最轻的，标准状态下的密度为 0.0899kg/m^3，只有空气密度的 1/14。在所有的气体中，氢的比热容最大、导热率最高、黏度最低，是良好的冷却工质和载热体。氢的热值很高，为 143MJ/kg，约为汽油热值的 3 倍，高于所有的化石燃料和生物质燃料，且燃烧效率很高。

(2) 化学性质　氢的化学性质比较活泼，一般不存在单原子的氢，都是以双原子构成的气体氢分子或与其他元素结合的形式存在，氢分子还原性强。氢气是一种易燃易爆的物质，在氧或空气中着火范围宽广，燃烧时若不含杂质可产生无色的火焰，火焰的传播速度很快，达 2.7m/s；着火能很低，为 0.2mJ。在大气压力及 293K 时氢气与空气混合物的燃烧体积分数范围是 4%～75%；当混合物中氢的体积分数为 18%～65%时特别容易引起爆炸。因此，进行液氢操作时需要特别小心，而且应对液氢纯度进行严格的控制与检测。

二、氢能的特点

氢能是一次能源的转换储存形式，是氢所含有的能量，因此它是一种二次能源。氢能作为理想的清洁能源之一，已引起人们的广泛重视。科学家认为，氢能在 21 世纪能源舞台上将成为一种重要的能源，因为氢具备其他能源所没有的特点[4,5]。

(1) 资源丰富性　氢是自然界存在的最普遍的元素，据估计它构成了宇宙质量的 75%。除空气中含有氢气外，在地球上的氢主要以其化合物，如水、碳氢化合物、石油、天然气等形式存在。水是地球上的主要资源，地球表面的 70%以上被水覆盖；即使在大陆，也有丰富的地表水和地下水。水就是地球上无处不在的“氢矿”。

(2) 来源多样性 氢可以来源于各种一次能源（化石燃料、天然气、煤、煤层气）；也可以来源于可再生能源（太阳能、风能、生物质能、海洋能、地热能）或者二次能源（电力）。

(3) 环境友好性 氢本身无色、无嗅、无毒。氢作内燃机燃料使用，其突出的优点是与氧反应后生成水，不排放一氧化碳、二氧化碳、碳氢化合物、氮氧化合物、硫化物和粉尘颗粒等对环境有害的污染物质，少量的氮化氢经过适当处理也不会污染环境，可实现真正的“零排放”，因此，氢能是最环保洁净的能源。利用低温燃料电池，由电化学反应将氢转化为电能和洁净的水，而且生成的水还可继续制氢，反复循环使用。氢能的利用将使人类彻底消除对温室气体排放造成全球变暖的担忧。

(4) 能量高密度性 除核燃料外，氢的热值是所有化石燃料、化工燃料和生物质燃料中最高的，每千克氢的热值为143MJ，约为石油热值的3倍，乙醇的4倍，焦炭的4.5倍（表9-3-1）[6]。其燃烧性能好，点燃快，与空气混合时有广泛的可燃范围（3%～97%），而且燃点高，燃烧速度快，容易达到比较完全的燃烧，燃烧效率很高，这是化石燃料和生物质燃料很难与之相比的。

(5) 好的导热性 在所有的气体中，氢气的导热性最好，比大多数气体的热导率高出10倍，因此，在能源工业中氢是极好的传热载体。

(6) 高效率性 根据热力学第二定律，所有将燃料的化学能转化为机械能的热机都伴随着一定比例的冷源损失，目前效率最高的火力发电厂的能源转化效率仅40%左右，内燃机的效率一般不超过28%。科学家们一直在寻找不受热力学第二定律限制的能源转换方式，燃料电池就是其中一种，理论上燃料电池可以使用多种气体燃料，但目前真正技术上取得突破的只有氢气，这使得氢能成为目前转换效率最高的能源。目前燃料电池的转换效率约为60%～70%，还有继续提高的潜力。

(7) 可存储性 氢可以以气态、液态或者固态金属氢化物出现，能适应储运及各种应用环境的要求。这也使氢在可再生能源的应用中起到其他能源载体（电、热）所起不到的作用。这样，在电力过剩的地方和时间，可以用氢的形式将电或热储存起来。需要时再使用，这种储能方式分散灵活，适应现代社会发展的需要。这也使氢在可再生能源的应用中起到其他能源载体所起不到的作用。

(8) 可再生性 氢通过化学反应产生电能（或热）并生成水，而水又可电解转化为氢和氧。

(9) “和平”性 化石能源分布极不均匀，常常引起激烈争端。例如，中东是世界上最大的石油产地，也是各列强必争之地。氢既可再生又来源广泛，每个国家都有丰富的“氢矿”，不会因为来源问题而产生矛盾，因此可以说是“和平”的能源。

表 9-3-1 各种燃料燃烧值的比较[6]

燃料种类	单位质量的热值/(MJ/kg)	单位质量燃料释放的含碳物质/(kg/kg)	单位体积的热值/(MJ/L)
氢气	120	0	2
液态氢	120	0	8.5
石油	42～45	0.84	38
汽油	40～43	0.86	31.5
柴油	42.8	0.9	35
天然气	33～35	0.46	9
无烟煤	15～19	0.5	—
含沥青的煤	27～30	0.7	—
木炭	30	0.5	—
木材	15	0.5	—
生物柴油	37	0.5	33
乙醇	30	0.5	32
农业废弃物	10～17	0.5	32

由于氢能具备其他能源所不能比拟的优点，可以同时满足资源、环境及可持续发展的要求，将成为各种能量形式之间转化的最优良载体，成为人类未来永恒的能源。

三、氢的存在方式与制取途径

地球上的氢主要以其化合物，如水、碳氢化合物、石油、天然气等的形式存在[7]。氢可以由化石燃料制取，也可由可再生资源获得，且不同国家或地区的制氢原料存在着很大的区别，这就决定了制氢工艺的不同。制氢工艺在大方向上分为非生物质制氢和生物质制氢技术。

（一）非生物质制氢

传统的制氢方法为物理法和化学法的综合性应用，如化石燃料制氢[1,2]、裂解水制氢[5]及其他制氢方法。

1. 化石燃料制氢

目前全球 96％的氢由化石燃料制取，包括煤制氢、气体燃料制氢、液体化石燃料制氢等[3]。其中，煤制氢主要是煤炭气化技术制氢及煤的焦化制氢，气体燃料制氢包括天然气水蒸气重整制氢、部分氧化重整制氢、天然气催化热裂解制氢、天然气新型催化剂制氢等；液体化石燃料制氢主要有甲醇制氢、乙醇制氢、石油制氢等[7]。化石燃料制氢效率高，生产技术与工艺成熟，但制取过程耗水量大，能耗高，造成资源浪费。另外，能量转化效率较低，反应温度高，制得的氢纯度低，消耗紧缺的化石燃料，同时排放 CO_2，也不利于燃料的综合利用，因此只能作为过渡性的制氢技术[1]。

2. 裂解水制氢

裂解水制氢主要包括电解水制氢、热解水制氢、光解水制氢、放射能水解制氢等，即分别利用电能、热能、太阳能、放射能等能量，以水为原料制取氢，其中电解水制氢和热解水制氢目前研究得比较深入[5]。水电解制氢有普通水电解制氢、重水电解制氢、煤水浆电解制氢及压力电解制氢。低价电电解水制氢方法是当前氢能规模制备的主要方法，但电耗过高，一般约为 415kW·h/m^3（标），无法达到商业化的大规模利用，只适合氢气用量较小的场合。利用可再生太阳能电解水制氢的方法无污染、适用范围广，代表了未来的技术发展趋势，但成本太高，效率也较低，技术水平需提高，近中期商业化应用难以实现。

（二）生物质制氢

从石油、煤炭、天然气等化石燃料中制氢，虽然工艺成熟，依然是化工产业的主流，但不可持续。水电解法制氢虽然对环境污染小，但需要耗用大量电力，其经济性不可取。随着科技的发展，从可再生的生物质中制取清洁能源氢气已成为未来能源开发的重要途径。生物质制氢包括两种方法：一种是生物质气化法，即通过热化学转化方式将处理过的生物质转化为燃气或合成气；另一种是生物制氢法，包括藻类（直接或间接）利用光能光解水制氢、光合细菌在光照条件下分解有机物的光合细菌制氢（光发酵）、厌氧细菌在黑暗条件下分解有机物的厌氧细菌制氢以及厌氧-光合细菌偶联生物制氢等多种方法[6]。与传统的物理化学方法相比，生物质制氢技术具有清洁环保、节约能源和不消耗矿物资源等突出优点，在氢的制备及其应用技术研究开发领域中越来越受到人们的关注。

1. 生物质热化学转化制氢

生物质热化学转化制氢是指在不充分氧化燃烧的情况下，生物质与外部添加的空气、氧气、水蒸气等发生反应产生以一氧化碳和氢气为主要成分的可燃气体。近年来高温空气气化和催化气化制氢成为气化技术的研究热点。生物质高温空气气化技术是使用 1000℃以上的高温预热空气，在低过剩空气系数下发生不完全燃烧化学反应，获得热值较高的燃气。该技术由于空气温度很高，无需使用纯氧或富氧气体反应便能迅速进行，并且气化效率也大大提高。催化气化制氢技术是指先将生物质原料裂解气化，然后将焦油等大分子烃类物质催化裂解制取富氢气体的技术[4,8]。生物质热化学转化制氢的基础研究较扎实，技术相对有保证，可根据需要选择不同的技术途径和应用场合，规模可大可小，经济性较好，整个生命周期内保证了 CO_2 的零排放。

2. 生物制氢

生物制氢的想法最早是由 Lewis 于 1966 年提出的[2]，是生物体在常温常压下，利用生物体特有的酶催化生物体代谢过程中产生的终产物或副产物来产生 H_2。生物制氢与生物体的物质和能量代谢密切相关，生物体产的氢是其能量代谢过程的副产物之一。也就是说，生物体利用太阳能或分解有机物获得的能量，以相关的酶（如固氮酶和氢酶等）作为催化剂，分解碳氢化合物，释放 H_2。微生物类型主要有化能营养微生物和光合微生物（藻类、蓝细菌和光合细菌）两种。属于化能营养微生物的一些严格厌氧菌和兼性厌氧菌，如利用酒厂废料发酵制氢等[9]。光合菌利用有机酸通过光产生 H_2 和 CO_2。这一技术很有前景，被认为是目前最具发展潜力的制氢方法之一。表 9-3-2 比较了不同微生物进行生物制氢时的优缺点[5,10]。

表 9-3-2　生物制氢优缺点比较

生物类型	主要产氢酶	优点	缺点	代表菌种
绿藻	氢酶	以水为底物进行产氢；太阳能转化效率高，是绿色植物的 10 倍	制氢过程需要光能；副产物 O_2 对制氢体系有抑制作用；产氢效率低	斜生栅藻(*Scenedesmus obliquus*)、莱茵衣藻(*Chlamydomonas reinhardii*)
蓝细菌	固氮酶	利用水为底物产氢；固氮酶主要用于催化产氢	制氢过程需要光能；氢酶在吸氢方向上起作用；副产物 O_2 对固氮酶有不可逆的抑制作用；伴随 CO_2 生成；产氢速率低	多变鱼腥蓝细菌(*Anabaena variabilis*)、海绵状念珠蓝细菌(*Nastoc spongiaeforme*)、繁育拟韦斯蓝细菌(*Westiellopsis prolifica*)、层状鞭枝蓝细菌(*Mastidocladus Iaminosus*)
光合细菌	固氮酶	能将氢气生产和废水处理过程相耦合；能利用较宽频谱的太阳光作为能源进行氢气生产；能广泛利用多重小分子的有机酸进行氢气生产	制氢过程需要光能，伴随 CO_2 生成；产氢速率低；光转化效率低	球形红细菌(*Rhodobacter sphaeroides*)、荚膜红细菌(*Rhodoseudomonas capsulate*)、深红红螺菌(*Rhodospirllum rubrum*)
厌氧细菌	氢酶(严格厌氧)、固氮酶(兼性厌氧)	不依赖光能，可昼夜连续产氢；能广泛利用各种碳源进行产氢，如葡萄糖、蔗糖等；同时可生成有价值的副产物，如乙酸、乳酸、丁酸等小分子有机酸	底物转化率低，且生成有机酸，发酵液需进一步处理，以防环境污染；伴随 CO_2 生成；存在底物抑制现象	大肠杆菌(*Escherichia coli*)、丁酸梭菌(*Clostridium butyricum*)、普通脱硫弧菌(*Desulfovibrio vulgaris*)、埃氏巨球形菌(*Magashaera elsdenli*)

四、氢气的应用及相关标准

（一）氢气的应用

氢气具有非常广泛的应用范围，可以通过不同的终端用户类型来定义其用途，这些类型被认为是氢能系统的服务对象。氢能系统的服务对象根据终端用户类型进行分组，例如用于运输、工业、住宅、发电等目的的能源。此外，氢可以用作工业生产中的材料来源，例如：石油和其他化石燃料的精炼需要氢能，如烃的增氢、煤的气化、重油的精炼等需要氢能；化工中制氨、制甲醇也需要氢能；氢还可用来还原铁矿石[11]。对于未来的“氢经济”而言，氢能主要应用于燃料电池、燃气轮机（蒸汽轮机）发电、内燃机和火箭发动机等。采用燃料电池和氢气-蒸汽联合循环发电，其能量转换效率将远远高于现有的火电厂。燃料电池将是未来人类社会主要的发电机动力设备。根据 H_2 参与的燃料电池体系中电解质的不同，燃料电池可分为碱性燃料电池（AFC）、质子交换膜燃料电池（PEMFC）、直接甲醇燃料电池（DMFC）、磷酸燃料电池（PAFC）、熔融碳酸盐燃料电池（MCFC）和固体氧化燃料电池（SOFC）。燃料电池的基本情况见表 9-3-3[4]。

表 9-3-3　常见燃料电池概况[4]

电池种类	工作温度/℃	燃料气体	氧化剂	单电池发电效率(理论)/%	单电池发电效率(实际)/%	电池系统发电效率/%
AFC	60～90	纯 H_2	纯 O_2	83	40	
PEMFC	80	H_2、C(CO)	O_2、空气	83	40	
DMFC	80	甲醇	O_2、空气	97	40	
PAFC	160～220	甲烷、天然气、H_2	O_2、空气	80	55	40
MCFC	660	甲烷、天然气、煤气、H_2	O_2、空气	78	47～65	48～60
SOFC(高温)	900～1000	甲烷、天然气、煤气、H_2	O_2、空气	73	44～65	55～60
SOFC(低温)	400～700	甲醇、H_2	O_2、空气	73	55～60	55～60

（二）氢气品质相关标准

随着产业的发展和用氢规模的扩大，人类对杂质含量较少的氢气源的需求越来越大，氢气品质也得到更为广泛的关注。氢气品质对氢燃料电池的寿命至关重要，氢气杂质含量过多会引起氢燃料电池催化剂中毒，严重损害燃料电池的耐久性。氢气品质的优劣与制取方式和提纯方式密切相关。由于专业领域和工作范围不同，目前，与氢气品质相关的国内外标准共有 7 项（见表 9-3-4）。此外，从制备方法、应用行业、氢气纯度和杂质含量四个方面对氢气品质国内外标准对比的详细数据如表 9-3-5 所示[12]。

表 9-3-4　氢气品质相关标准统计表

序号	标准编号	标准名称	归口机构
1	ISO/DIS 14687:2018(E)	Hydrogen fuel quality-Product specification 氢气燃料品质——产品规范	国际标准化组织
2	CGA G-5.3-2017	Commodity specification for hydrogen 商品氢规格	美国压缩燃气协会
3	JIS K 0512:1995	Hydrogen 氢	日本工业标准调查会
4	GB/T 3634.1—2006	氢气　第 1 部分:工业氢	全国气体标准化技术委员会
5	GB/T 16942—2009	电子工业用气体　氢	全国半导体设备和材料标准化技术委员会
6	GB/T 3634.2—2011	氢气　第 2 部分:纯氢、高纯氢和超纯氢	全国气体标准化技术委员会
7	GB/T 37244—2018	质子交换膜燃料电池汽车用燃料　氢气	全国氢能标准化技术委员会

表 9-3-5 氢气品质相关国内外标准比对表[12]

项目	GB/T 3634.1—2006			GB/T 16942—2009			GB/T 3634.2—2011			GB/T 37244—2018	ISO/DIS 14687:2018(E)				
氢气品质	优等品	一级品	合格品				纯氢	高纯氢	超纯氢		Grade D	Grade E Cat. 3	Grade A	Grade B	Grade C
概况															
制备方法	化学裂解、电解、吸附、膜分离、氢化物			以氢气为原料净化			吸附法、扩散法			—	—	—	—	—	—
应用行业	石油、食品、精细化			电子行业			电子工业、石油化工、金属冶炼、科学研究			PEM-FC 汽车	PEM-FC 道路车辆	PEM-FC 固定设备	运输内燃引擎、民(商)用燃力设备	非 PEM-FC 发电(热)工业燃料	非 PEM-FC 航空器地面支持系统
H_2/% ≥	99.95	99.5	99	99.9999	99.9997	99.9995	99.99	99.999	99.9999	99.97	99.97	99.9	98	99.9	99.995
总杂质/(μmol/mol) ≤	—	—	—	1.0	2.8	4.5	—	10	1	300	300	1000	20000	1000	50
颗粒物/(mg/kg) ≤	—	—	—	供需商定	供需商定	供需商定	—	—	—	1	1	1	无损	供需商定	供需商定
杂质种类/种	2			6			7			12	14	9	4	4	4
单类杂质的最大浓度/(μmol/mol)															
H_2O	—	—	—	0.2	0.2	0.5	10	3	0.5	5	5	非压缩	非压缩 b	非压缩	c
总烃	—	—	—	—	—	—	—	—	—	—	—	—	100	非压缩	c
总烃(非 CH_4)	—	—	—	—	—	—	—	—	—	—	2	2	—	—	—
CH_4	—	—	—	0.05	0.2	0.5	10	1	0.2	2	100	100	—	—	—
O_2	100	2000	4000	0.2	0.2	0.5	5	1	0.2	5	5	50	b	100	1
Ar	400	3000	6000	—	—	—	供需商定	供需商定		100	300	1000	b	—	
N_2	—	—	—	0.5	2.0	2	60	5	0.4		300		b	400	c
He	—	—	—	—	—	—	—	—	—	300	300		—	—	39

续表

项目	GB/T 3634.1—2006			GB/T 16942—2009			GB/T 3634.2—2011			GB/T 37244—2018	ISO/DIS 14687:2018(E)				
CO_2	—	—	—	0.05	0.2	0.5	5	1	0.1	2	2	2	—	—	1
CO	—	—	—	0.05		0.5	5	1	0.1	0.2	0.2	a	1	—	
总硫	—	—	—	—	—	—	—	—	—	—	0.004	0.004	2.0	10	—
H_2S	—	—	—	—	—	—	—	—	—	0.004	—	—	—	—	—
HCHO	—	—	—	—	—	—	—	—	—	0.01	0.2	a	—	—	—
HCOOH	—	—	—	—	—	—	—	—	—	0.2	0.2	a	—	—	—
NH_3	—	—	—	—	—	—	—	—	—	0.1	0.1	0.1	—	—	—
总卤化合物	—	—	—	—	—	—	—	—	—	0.05	0.05	0.05	—	—	—
Hg	—	—	—	—	—	—	—	—	—	—	—	—	—	0.004	—

注：a. $CO+HCHO+HCOOH\leqslant 0.2\mu mol/mol$；b. $H_2O+O_2+Ar+N_2\leqslant 19000\mu mol/mol$；c. H_2O+总烃$+N_2\leqslant 9\mu mol/mol$。

第二节　生物质热化学转化制氢

生物质热化学转化法可分为燃烧、气化、热解和液化[3]。在这些转化方法中，热化学气化被认为是用于生产发电的清洁原料的主要转化途径，并且因为它具有较低的污染物排放和较高的电力与热量产生效率而被认为是富有前景的制氢技术，已引起了世界各国研究者的普遍关注。生物质气化制氢一般是指通过热化学方式将生物质气化转化为高品质的混合燃气或合成气，然后通过分离气体得到纯氢。主要生物质制氢原料包括：a. 森林废物，如伐木废物、锯木厂木材废物以及树木的残余物；b. 农业残留物，如动物和农作物废料（如玉米秸秆）；c. 能源作物，如玉米、甘蔗、草和水生植物如水葫芦；d. 城市固体废弃物，如餐厨垃圾、污泥等[8,13]。

一、生物质气化制氢反应过程

生物质气化制氢过程在生物质气化炉中发生，以流化床式生物质反应器最为常用。过程主要是生物质炭与氧的氧化反应，碳与二氧化碳、水等的还原反应和生物质的热分解反应，通常炉中的燃料可分为干燥、热解、氧化、还原四层，各层燃料同时进行着各自不同的化学反应过程[7]。整个生物质气化过程包括热解反应、燃烧反应以及气化反应（包括蒸汽重整、水气转移和甲烷化）。生物质气化一般遵循下列反应式[14]：

$$C_xH_yO_2+O_2(H_2O) \longrightarrow CO,CO_2,H_2,CH_4+C_nH_m+\text{焦油}+\text{炭} \tag{9-3-1}$$

生物质气化具体涉及的典型化学反应及 C_6 化合物反应的焓如表 9-3-6 所示[15]。在热解反应过程中，生物质被裂解为燃气、焦炭和焦油，部分焦油在高温条件下继续裂解为燃气。在燃烧反应过程中主要发生的是碳氢化合物和一氧化碳的氧化反应。在气化反应过程中主要发生的也是碳氢化合物和一氧化碳的氧化反应。由此可见，碳氢化合物和一氧化碳的氧化反应是增加产物燃气中氢气含量的重要途径。

表 9-3-6　生物质气化过程发生的典型化学反应及 C_6 化合物反应的焓

反应类型	反应方程式	编号	焓（参考温度 27℃，$x=6$）/(kJ/gmol)
热解反应	$C_xH_yO_z \longrightarrow (1-x)CO+(y/2)H_2+C$	(9-3-2)	180
	$C_xH_yO_z \longrightarrow (1-x)CO+[(y-4)/2]/H_2+CH_4$		300
部分氧化	$C_xH_yO_z+(1/2)O_2 \longrightarrow xCO+(y/2)H_2$	(9-3-3)	71
	$C_xH_yO_z+O_2 \longrightarrow (1-x)CO+CO_2+(y/2)H_2$	(9-3-4)	−213
	$C_xH_yO_z+2O_2 \longrightarrow (x/2)CO+(x/2)CO_2+(y/2)H_2$	(9-3-5)	−778
蒸汽重整	$C_xH_yO_z+H_2O \longrightarrow xCO+yH_2$	(9-3-6)	310
	$C_xH_yO_z+nH_2O \longrightarrow aCO+(x-a)CO_2+yH_2$	(9-3-7)	230
	$C_xH_yO_z+(2x-z)H_2O \longrightarrow xCO_2+[2x+(y/2)-z]H_2$	(9-3-8)	64
水气转换	$CO+H_2O \longrightarrow CO_2+H_2$	(9-3-9)	−41
甲烷化	$CO+3H_2 \longrightarrow CH_4+H_2O$	(9-3-10)	−206

传统生物质气化产品由于焦油含量高而品质不高。一般说来，气化产物总能量的 5%～15% 来自焦油能量，过量的焦油不仅降低了整体气化效率，还对气化气的组成造成了不良影响。为了使气化反应活化能减小、进一步使产气的品质提高及产气中焦油含量下降，可以在气化反应中使用催化剂，催化裂解法能非常有效、经济地使生物质气化产物中焦油含量下降。生物质气化制氢主要包括生物质催化气化制氢、超临界水中生物质催化气化制氢、等离子体气化制氢等[16]。

二、生物质催化气化制氢

生物质催化气化制氢是指将预处理过的生物质在气化介质（如空气、纯氧、水蒸气或这 3 者的混合物）中加热至700℃以上，将生物质分解转化为富含氢气的合成气，然后将合成气进行催化变换得到含有更多氢气的新的合成气，最后从新的合成气中分离出氢气。生物质催化气化制氢主要分为三个过程，即生物质气化过程、合成气催化变换过程、氢气分离和净化过程[16]。

（一）生物质气化过程

生物质气化过程的主要产物为 H_2、CO、CO_2、CH_4，其组成因气化温度、压力以及气化反应停留时间等的不同而不同。气化反应器的选择在很大程度上也决定了合成气产物的组成。常用于生物质气化的反应器主要有上吸式气化炉、下吸式气化炉及循环流化床气化炉等，它们在生物质气化方面各有优缺点（表 9-3-7）。

表 9-3-7　生物质气化反应器优缺点比较[16]

气化器类型	优点	缺点	应用性
上吸式气化炉	结构简单；操作可行性强	湿物料从顶部下降时，物料中的部分水分被上升的热气流带走，使产品气中 H_2 的含量减少	目前应用较少
下吸式气化炉	缩嘴延长了气相停留时间，使焦油在高温区裂解，因而气体中的焦油含量比较少。物料中的水分也参加反应，使产品气中的 H_2 含量增加	结构比较复杂，可操作性差，当缩嘴直径较小时，物料流动性差，很容易发生物料架接，使气化过程不稳定。对气化原料尺寸要求也比较严格	重点研究如何改进其物料流动性和提高其气化稳定性，提高其产品气的含氢气量
循环流化床气化炉	传热条件好、加热速率高、可操作性强、流化速度高以及炭不断循环等，产品气的质量较高，H_2 的含量也较高	—	目前生物质催化气化制氢研究中应用较广泛的一种气化器

（二）合成气催化变换过程

1. 气化介质

合成气催化变换是指将生物质气化过程中得到的混合合成气进行催化变换，从而得到有更多氢气组分的合成气的过程。过程中一般使用的气化介质为空气、水蒸气或水蒸气和氧气的混合气。根据气化介质的不同，气化反应[7]分为以下几种。

（1）空气气化　由于气化效率高且不需要额外提供氧气，以空气为气化介质是气化技术中较简单的一种，一般在常压和700～1100℃下进行。由于空气中氮气的存在，产生的燃料气体热值较低，一般为 4～6MJ/m^3（标）。但是，由于气体产物中 N_2 含量达到60%，这为后续的氢气提纯增加了难度。

（2）氧气气化　该工艺比较成熟，用纯氧作生物质气化介质能产生中等热值的气体，一般在10～15MJ/m^3（标）。氧气气化过程中，反应器的温度为1000～1400℃，且反应过程中需要提供纯氧，增加投资成本。即便使用一套相应的制氧设备提供氧气，采用变压吸附制氧法，依然会增加运行成本，而且存在一定的安全隐患。

（3）水蒸气气化　生物质水蒸气气化的产物为合成气（H_2、CO、CO_2、CH_4 和 C_nH_m）、生物质炭和生物油。为了防止腐蚀、催化剂中毒和提高气化过程的效率，应该降低生物油的产率。

（4）水蒸气-空气气化　比单独使用空气或蒸汽作气化剂有优势，减少了空气的供给量，克服空气气化产物热值低的缺点，可以生成更多的氢气和碳氢化合物，提高了燃气热值。

（5）干馏气化　指在缺氧或少量供氧的情况下生物质进行干馏的过程，产物可燃气的主要成分为 CO、H_2、CO_2 和 CH_4 等，另有液态有机物产生。

气化过程中所用气化介质不同，所得产物中燃料气体的组成以及产生的焦油含量和处理难易程度也有所不同。实验表明，使用水蒸气作为气化介质更有利于过程产生的焦油裂解以及可燃气体的生成，且氢气产率最高[14,17]。

2.催化剂

在合成气催化变换过程中，催化剂的使用和种类也会影响燃料气组成及焦油含量[18,19]。焦油是一种复杂的混合物，包含醇、酚、醛和芳香族化合物等，它的凝结会带来管道堵塞等问题，增加运行和维护成本。另外，焦油中含有能源成分，如果能将其转化，气化效率会有极大的提升。焦油可以从气化炉或更下游的有机物冷凝中产生，但它一般是在气化炉的低运行温度下形成的。在超过1000℃时使用白云石、橄榄石、炭黑等催化剂辅助热裂解焦油，达到去除焦油的目的，且白云石的焦油去除率达100%。生物质热解气化中催化剂的主要作用有：一是降低热解气化反应温度，减少能耗；二是可以减少气化介质的投入量；三是促进反应向定向催化裂解的方向进行，以得到更多的目的产物[15]。在生物质催化气化制氢研究中使用的催化剂，包括天然催化剂、镍基催化剂、非镍基过渡金属催化剂和碱金属催化剂。

（1）天然催化剂　天然矿物，如石灰石、白云石、橄榄石和壳类可直接或经过一些预处理（如煅烧）作为催化剂使用。天然催化剂价格便宜，来源丰富，对生物油重整反应有相当大的活性。石灰石是最早被研究的，也是应用最多的天然矿石类催化剂。白云石是一种钙镁矿，组成中约有30%（质量分数，下同）的CaO、20%的MgO、45%的CO_2，还含有一些极其少量的矿物杂质，虽然其活性很高，Corella等[20]认为白云石可以消除气化气中90%～95%的焦油，但是其机械强度过低，热稳定性较差，在某些情况下会发生相变并且最后烧熔，使其空隙结构受到了破坏，降低了其有效比表面积，引起催化剂活性变差甚至失活，限制了它的进一步应用。橄榄石（含Mg、Fe和SiO_2的天然矿物质）是一种镁硅酸盐，其中有48%～50%的MgO、39%～42%的SiO_2、8%～10%的Fe_2O_3。橄榄石只有经过高温煅烧后才显示出焦化催化活性，其机械强度高，比较适合用在流化床中，已广泛用作生物质中焦油蒸汽重整的催化剂或催化剂载体。但一般来说，天然矿石的催化效果不尽理想，故研究人员大多以天然矿石为载体，负载具有催化活性的金属作为催化生物油蒸汽重整的催化剂[16]。

Heo等[21]用白云石作为载体，发现在Ni/白云石催化剂的基础上添加Mn元素比添加K、Ca金属对甲苯蒸气转化效果的提高更好；加入Mn可以抑制炭沉积，从而使甲苯蒸气转化，具有稳定的催化活性。Xu等[22]在Ni/橄榄石催化剂中添加CeO_2/MgO作为助剂制备了一系列催化剂用于乙酸重整制氢，发现加入CeO_2或MgO后，Ni/橄榄石催化剂的活性和稳定性均有所提高，其中6%Ni-3%Ce-1%Mg橄榄石催化剂表现出最优催化性能，碳转化率接近100%，氢气的产率高达75%，催化剂可以持续使用70h不失活。

（2）镍基催化剂　高效的Ni基催化剂对焦油中C—C键、C—H键和O—H键的断裂具有很高的活性，而且能够重整合成气中的甲烷。由于它们具有一定的水-气转化活性，可以方便地调整合成气中的H_2与CO的比例。同时，它还具有较高的氢化活性，能促进H原子构成H_2分子[23]。镍基催化剂是目前国内外生物质催化气化制氢过程中的催化剂研究的热点。

Kimura等[24]研究发现，在550～650℃温度下，可以在镍基催化剂上以任意比例负载CeO_2/Al_2O_3混合氧化物对雪松木进行催化气化制氢，并且CeO_2的加入可以提高催化剂的焦炭去除率和抗积炭能力。王荣静等[25]研究了固定床上松木屑水蒸气催化气化实验以及反应动力学，发现催化剂Ni/TiO_2的添加使反应活化能降低，这样有助于松木屑在水蒸气氛围中的气化过程，使反应效率升高。郭建维等[26]以白木屑为生物质原料，考察了Ni基催化剂的生物质催化裂解气化活性，分别选用了金属镍（0.125～2.00mm）、Ni/α-Al_2O_3（0.125～2.00mm，Ni负载量为8%）和共沉淀镍铝（0.125～2.00mm，镍铝物质的量之比为0.5）催化剂，在低温（600～700℃）下考察了催化剂对生物质催化裂解气化的活性，发现共沉淀镍铝在三种催化剂中的产气率最大，最差的是金属镍，Ni/α-Al_2O_3居中。

（3）非镍基过渡金属催化剂　Rh、Ru、Pd、Pt、Co、Fe等催化剂常被称为非镍基过渡金属催化剂，常被用于生物质催化气化制氢。研究表明，雪松木气化制氢550℃重整焦油合成气中催化剂的催化活性顺序为Rh>Pt>Pd>Ni=Ru，然而，就焦油重整活性和合成气的得率来讲，Rh和Ni在650℃表现出更好的性能。Co常被用于生物质催化气化制氢，Co/MgO催化剂比Ni基催化剂有更高的活性，且Co/MgO催化剂在600℃下气化生物质（辐射松）具有更高和更稳定的催化活性。这种优良的催化性能得益于Co金属元素高的比表面积和金属表面较低的积炭含量[27]。

（4）碱金属催化剂 锂（Li）、钠（Na）、钾（K）等元素常被用作碱金属催化剂，以Na、K的化合物催化剂为主。碱金属催化剂一般以湿法浸渍或干混方式直接加入生物质中，它可显著加快气化反应并有效减少焦油和甲烷含量。有研究发现，K_2CO_3对生物质热解和气化过程都有良好的催化活性，尤其是在高温条件下，生物质中所有的组分几乎完全转化。另外，在生物质热转化过程中释放的碱性物质还可以充当焦油蒸汽重组过程中的催化剂。碱金属催化剂的主要缺点是会在高温的反应条件下挥发，使得催化剂难以恢复活性。所以，碱金属较少单独用作重整制氢的催化剂，更多的是作为改性助剂添加到催化剂中，提高催化剂的抗积炭能力，例如，碱金属可负载到Al_2O_3上，提高抗积炭能力[16]。

（三）氢气分离、净化过程

氢气分离、净化过程就是利用化工分离单元的分离净化方法将经过催化变换过程制得的合成气中的氢气分离出来的过程。氢气分离常用的方法主要有变压吸附法、钯合金薄膜扩散法、金属氢化物分离法、聚合物薄膜扩散法、低温分离法等[16]。

（四）气化过程面临的主要难题

为进一步促进催化制氢研究，提高合成气中氢的含量，就要解决生物质催化气化制氢研究中存在的诸多问题。首先，生物质催化气化制氢的高效催化剂的制备中存在以下两个方面的问题亟待解决：a.对催化剂的活性、抗积炭性、防止活性组分迁移、烧结等方面的研究还需进一步深入探索；b.根据催化剂的特点进行的新工艺开发研究工作还需要进一步加强。只有加强对其催化剂的催化机理及催化工艺的研究，才能找出更有利于催化剂发挥其活性及促进产氢反应进行的途径，从而进一步提高产氢量[16]。其次是焦油问题，焦油的存在对于氢气的生成是非常不利的。一般可以通过三种方法来减少焦油的生成：a.调整反应器的结构；b.优化操作条件；c.添加催化剂。焦油的催化裂解是提高生物质催化气化制氢产氢量的一个重要的途径。目前，在气化合成气处理研究中，需加强对焦油裂解原理和方法的研究[28]。

三、超临界水中生物质催化气化制氢

（一）超临界水的性质

在温度≥374.2℃、压力≥22.1Mpa条件下，同时具有气体和液体两种性质状态的水即称为超临界水。在超临界条件下，水的离子积、密度、介电常数和黏度等物理化学特性与气相和液相的极端状态都有很大的不同。氢键是反映水的宏观和微观性质之间差异的重要因素。温度增加会改变或破坏室温下水的化学结构。在常温常压下，由于水中氢键的强烈影响，介电常数相对较大（约为80）。随着温度和压力的增加，水的介电常数急剧下降（接近5）。介电常数的变化可导致水的溶解能力的变化。超临界水的介电常数大致相当于普通有机化合物的介电常数。它的性能与非极性有机化合物相似，因此良好的溶解性使其成为非极性有机化合物的溶剂。所以，超临界水作为均匀的具有高传递特性、高扩散性的非极性溶剂，它可以溶解任意的非极性有机化合物以及气体。因此，即使是不溶于水的油及其他有机溶液，也均可溶于超临界水。这是由于超临界水中含有分解所需的氧，无论任何有机物均可在超临界水中溶解。相反，极性无机化合物的溶解性急剧下降，这使得溶解的极性有机化合物从水中分离出来。另外，温度升高，也会导致超临界水黏度变化。在临界点，水的黏度（2.98×10^{-5}Pa·s）接近水蒸气的黏度（2×10^{-5}Pa·s）。较低的黏度使水具有较高的扩散系数，从而为高反应速率创造了理想的反应条件[29]。

（二）超临界水的优点

超临界水制氢技术在热力学平衡条件下是可以实现的。在没有界面传递限制的情况下，水、有机化合物的混合体系可以进行高效率的化学反应，实现热力学平衡。超临界水制氢与传统的气化和液化过程相比有以下突出优势[17,30]。

① 反应速率高，可得到高浓度的气态产物。

② 相比于传统的反应体系，超临界水体系没有相间传质阻力的限制，反应进行得非常迅速和完全。

③ 只要改变操作参数，如温度和压力，就有可能实现反应后水和产物的分离。它比蒸馏或萃取更有利于产品的分离。

④ 与气体和液体相比，超临界水在反应过程中具有更高的分散性和更好的传热特性。

⑤ 超临界水具有良好的流动性和承载能力，可降低焦炭收率，从而延长催化剂的使用寿命。

因此，超临界水以其独特的性质和良好的环境相容性被广泛认为是一种具有吸引力和潜力的反应介质。

生物质超临界水催化气化制氢是生物质在超临界水反应气氛中发生催化裂解制取氢气的方法。与其他的生物质热化学转化技术（如空气气化和水蒸气气化）相比，在超临界水中进行生物质的催化气化反应，所需温度较低，生物质的气化率可以达到 100%，产物主要为 H_2 和 CO_2，H_2 的体积分数甚至可以超过 50%，并且反应还具有不生成焦油等副产品的优点，极大地提高了生物质气化效率[31,32]。对于含水量较高的生物质来说，可直接气化制氢，并不需要有高耗能的干燥过程，是一种非常理想的制氢技术[30,31]。此外，产生的氢气压力较高，可以直接储存，这样可以节省后续压缩需要的能量。

（三）国内外研究现状

1977 年美国 MIT 的 Modell 最先报道了木材在超临界水中气化的研究，随后美国夏威夷自然能源研究所的 Antal 等开展了更为系统深入的研究，并提出生物质的超临界水气化制氢的新构想[31]。我国对生物质的超临界水催化气化制氢的研究起步较晚，1997 年西安交通大学多相流国家重点实验室对超临界水催化气化制氢进行了持续的理论和实验探索研究，目前已建成连续管流式超临界水气化制氢的实验装置，并已基本实现生物质模型化合物原始生物质锯屑的完全气化实验，获得了最佳反应条件和操作参数及对气化结果的影响规律[32]。

不同类型且有趣的制氢调查都是基于不同条件下的超临界水气化研究，且关于氢气生产的结果为进一步优化核心绿色化工过程指标、进行下一阶段的流程升级提供了很好的发展前景，其中化学工程过程指标包括可更新性、可回收性、可扩展性、稳健性、可控性和可清理性。在超临界水中有效使用催化剂以增加生物质转化为可溶性极性有机化合物这一点是超临界水催化气化的附加优点，催化剂的加入使得超临界状态在中等温度下产生高产率的合成气[33]。但是不同的反应条件及催化剂下所得到的气体产率和产物的分布是有差别的。目前，生物质超临界水制氢气主要应用的催化剂有炭、碱金属等催化剂，超临界水催化生物质气化制氢方法还处于实验室研究阶段。

四、等离子体气化制氢

等离子体是由于气体不断地从外部吸收能量离解成正、负离子而形成的，基本组成是电子和重粒子，重粒子包括正、负离子和中性粒子。传统方法的活性物质是催化剂，等离子体方法的活性物质是高能电子和自由基。等离子体气化制氢是利用等离子产生的极光束、闪光管、微波等离子、电弧等离子等通过电场电弧能将生物质热解气化[17]。合成气中主要成分是 H_2 和 CO，且不含焦油。该方法气化制氢过程中，可通过水蒸气调节 H_2 和 CO 的比例，从而为制取其他液体燃料做准备。但该过程能耗很高，而且等离子体制氢的成本较高。

用等离子体进行生物质转化是一项完全不同于传统生物质转化形式的工艺，引起了许多研究者的普遍关注。近年来，国外的研究者广泛开展了各种等离子体制氢的实验与设计优化研究，国内在用等离子体进行生物质转化的研究方面也已经起步。但国内外研究的重点主要集中在甲烷、甲醇等方面，多为间接利用生物质制气，直接针对生物质的研究较少[16]。

五、生物质热裂解制氢

生物质热裂解是指在温度为400～600℃、压力为0.1～0.5MPa且无氧的条件下，间接加热生物质使其裂解，然后对热解产物二次催化裂解，使烃类物质继续裂解产生氢气，同时进行变换反应，最后进行气体分离的过程。热裂解包括慢速热裂解、快速热裂解和闪速热裂解三种。慢速热裂解的加热速率低，约5～7℃/min，主要产品是焦炭；快速热裂解的加热速率大约为300℃/min，主要产品为生物油等液体产品；闪速热裂解的加热速率很高，可达1000℃/min，停留时间一般小于0.5s。在高温和充足的停留时间下，快速或闪速热裂解都可直接产生氢气，同时由热裂解产生的一些高分子烃类可直接在高温下发生分解，生成低分子烃类、氢气和一氧化碳等。除了热裂解产生的氢气外，还可以将生物油通过催化重整反应制氢[34]。

在热裂解反应中，生物质会经历一系列复杂的化学反应和物理变化。前者主要包括生物质的一次热裂解反应和热裂解产物进行的二次裂解反应，后者包括了物质传递和能量传递。能量的传递是生物质热裂解过程的主要动力，热量是由生物质的外部传递到生物质颗粒内部，随着温度的逐渐升高，生物质内的水分开始蒸发，不稳定成分发生裂解，并从反应物内部逸出进入气相。气相产物和固体颗粒内部的挥发分还将发生二次反应，这一系列反应产生的热导致生物质内部出现温度梯度，这样会影响生物质热裂解的进程。

生物质的热裂解过程主要分为以下3个阶段。

（1）脱水　生物质是一类多孔性固体，其内部含有一定水分。在热裂解反应过程中，热量从颗粒表层传递至内部，使得水分气化。

（2）挥发分的析出　生物质颗粒在无氧或缺氧的条件下，加热到一定的温度，生物质内的有机质受热发生裂解，产生一定的气态产物，但由于环境缺氧，不会发生燃烧反应。

（3）炭化　随着生物质内易挥发组分的不断析出，未能挥发的组分最后会形成生物炭。

生物质主要是由碳水化合物（纤维素、半纤维素）和木质素组成。在热裂解过程中，碳水化合物和木质素的裂解经历了一系列的脱水、脱聚反应，并生成多种低聚物和低分子量的反应中间体。在反应动力学方面，传热与传质、扩散与反应相互竞争。因此，反应中间体可以生成焦炭，或在限制进一步裂解的条件下生成低分子量的产物，这些产物可以从焦炭中以挥发分的形式分离出来。通过完善反应器构造，控制粒径、流体力学和传热速率等因素，可以提高这些挥发分的产率。

当前，生物质热裂解制氢受到国内外科研单位的重视，美国对煤和生物质的高温热解过程进行了长期研究，并制取了氢气、甲醇及烃类。欧洲一些国家的能源研究机构也都进行了研究和示范。美国国家可再生能源实验室开发的生物质热裂解制氢工艺流程经过变压吸附装置后的H_2回收率达70%，H_2产量为10.19kg/d。Chittick设计的生物质热裂解反应器由于安装了红外辐射防护层，可大大降低热裂解过程中的热量损失，使裂解在800～1000℃下进行，且产物中基本没有木炭和焦油存在。我国对生物质热裂解制氢也进行了积极研究，并积累了一定经验，开展了生物质制氢和催化裂解方法的研究、二次裂解制取富氢气体的研究，取得了较好的成果[7]。

六、生物质气化制氢工艺及设备

（一）气化工艺

生物质热化学转化法包括燃烧、气化、热解和液化技术，近年来，国内外对热化学转化过程进行了大量的研究，其中气化技术在世界范围内得到了广泛的应用，是制取氢气和合成气（H_2和CO）的有效途径，如图9-3-1所示[35]。

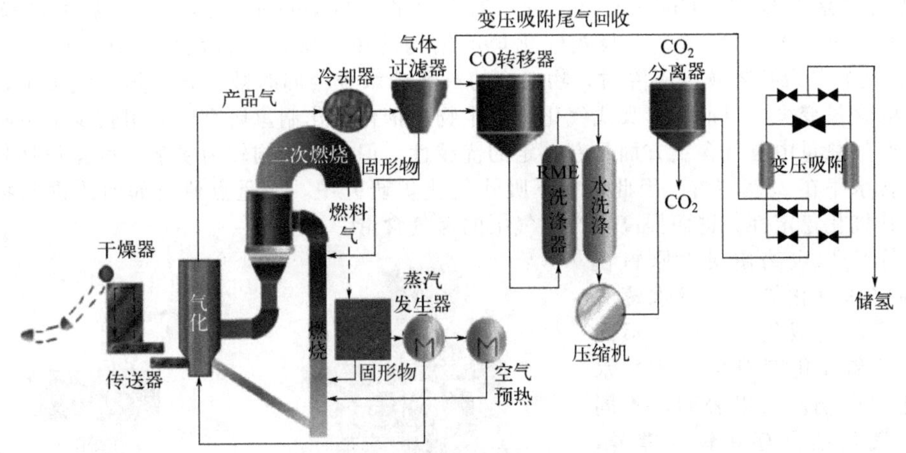

图 9-3-1　生物质制氢工艺流程

生物质气化过程是在高温引入气化剂（空气、氧气、水蒸气、二氧化碳等或其混合物）的条件下经由一系列复杂的物理化学变化将生物质原料转化为可燃气体，燃气包含 H_2、CO、CO_2、CH_4 及烃类气体。生物质气化制氢反应并不是一个单一的化学反应，本质上由一系列按顺序发生的连串和平行的反应及其中间产物间相互发生的反应组成，可以分为以下 3 个过程：a. 在一定的温度、压力条件下，生物质中的有机质经过气化重整过程生成合成气；b. 合成气中的 CO 经过水煤气变换反应（WGS）转化为 H_2；c. 经过一系列提纯工艺，最终制得氢气产物[36]。

生物质催化气化制氢工艺包括：

$$\text{流化床}\xrightarrow{\text{气化}}\text{固定床}\xrightarrow{\text{催化裂解}}\text{燃烧气} \tag{9-3-11}$$

$$\text{流化床}\xrightarrow{\text{催化气化}}\text{燃烧气} \tag{9-3-12}$$

$$\text{流化床}\xrightarrow{\text{气化}}\text{流化床}\xrightarrow{\text{催化裂解}}\text{燃烧气} \tag{9-3-13}$$

以上工艺中，工艺（9-3-12）最为简单，但其对催化剂的抗耐磨程度要求高，且反应气和催化剂之间的接触不充分，催化剂的利用效率较低，工艺中生物质气化产气的催化裂解反应过程使用了独立的反应器，从而改善了催化剂的外部使用环境，但独立的反应器需要外加热源以满足催化反应所需的温度条件，这样产生的运行成本较高。此外，不管裂解炉采用的是流化床还是固定床，过程产生的气体中的灰分或其他的固体颗粒都很有可能会引起裂解炉进口发生堵塞，为了避免这种情况，气化炉和裂解炉中间还需要增加一个气固分离的装置，同时也不能让气体温度下降得太多，因为这会影响效率，就会使反应系统更加复杂[37]。

（二）气化设备

燃料气体组成和焦油含量是评价生物质气化过程的重要依据。生物质气化制氢过程生成的焦油会增加反应器堵塞和腐蚀的风险，还会影响水蒸气变换催化剂的活性。为减少焦油生成量，实际操作时可通过设计合适的气化反应器、控制合适的操作条件和添加催化剂等来实现。操作参数对焦油的生成和分解有重要影响，高水蒸气含量、高反应温度有利于生成氢气反应的进行。研究表明，催化剂不仅可减少焦油的生成量，还可增加氢气产率。白云石、碱金属氧化物和镍基催化剂是气化过程的 3 类常用催化剂，白云石的催化活性受孔径、Fe_2O_3 含量、用量和焙烧与否影响[15]。也有研究者采用两段式气化反应器减少焦油的生成。此外，生物质一般含灰量较高，气化过程还易发生积灰、烧结、结垢和磨损等问题。

气化过程中最常用的反应器是固定床和流化床[35]。

1. 固定床

用于生物质气化制氢的固定床反应器主要包含上吸式气化炉、下吸式气化炉和错吸式气化炉[16]。常见的是上吸式（Updraft gasifier）和下吸式（Downdraft gasifier），其进料粒度允许51mm以下，如图9-3-2所示。上吸式气化炉的结构简单，操作可行性比较强，但是当湿物料（含水率60%）从反应器顶部下降时，物料中的一部分水分会同时被上升的热气流带走，使得产气中氢气的含量变少。目前，上吸式气化炉在生物质催化气化制氢研究中应用较少。下吸式气化炉在提高产气总量中氢气含量方面具有一定的优越性，但是其结构较为复杂，可操作性较差，且要求物料含水率在25%左右。因此，在下吸式气化炉研究中，应重点研究如何改进其物料流动性和提高其气化稳定性，进而提高其产品气中的氢气含量。

贾爽等[36]以生物质炭为原料在上吸式固定床气化炉中进行水蒸气气化制备富氢合成气，考察了不同原料、粒径和催化剂对生物质炭水蒸气气化的影响。结果表明，不同类型炭的气化结果存在较大差异，其中木片炭＞玉米芯炭＞稻壳炭＞秸秆炭，木片炭产氢率最大，为222.8g/kg。粒径的改变主要影响炭转化率，炭转化率随着粒径的增加呈增加趋势。通过炭吸收方式负载催化剂为有效的方法，其中在相同的钾盐质量分数下，KOH催化能力较优于K_2CO_3，且气化速率为未加催化剂条件下的两倍。炭转化率随着碱液浓度的增加而增大，但浓度过高会增加灰分含量从而不利于提高产氢率，在碱质量分数为6%时，玉米芯炭催化气化的最高产氢率为197.8g/kg。

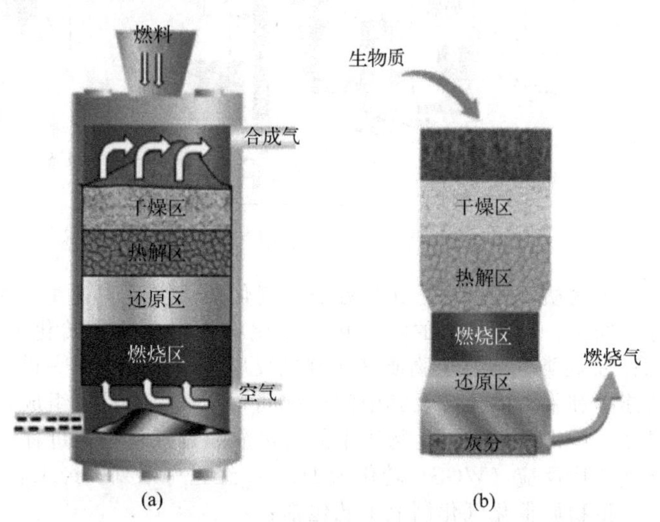

图 9-3-2　固定床常见反应器
（a）上吸式；（b）下吸式

2. 流化床

流化床气化器（fluidized bed gasifier，FBG）能获得较高的热容，是含有惰性流化颗粒的系统。流化床气化器一般包括两种类型，即鼓泡流化床气化器（bubbling fluidized bed，BFB）和循环流化床气化器（circulating fluidized bed，CFB），如图9-3-3所示。该类流化床允许粒径小于6mm，原料含水率低于55%。

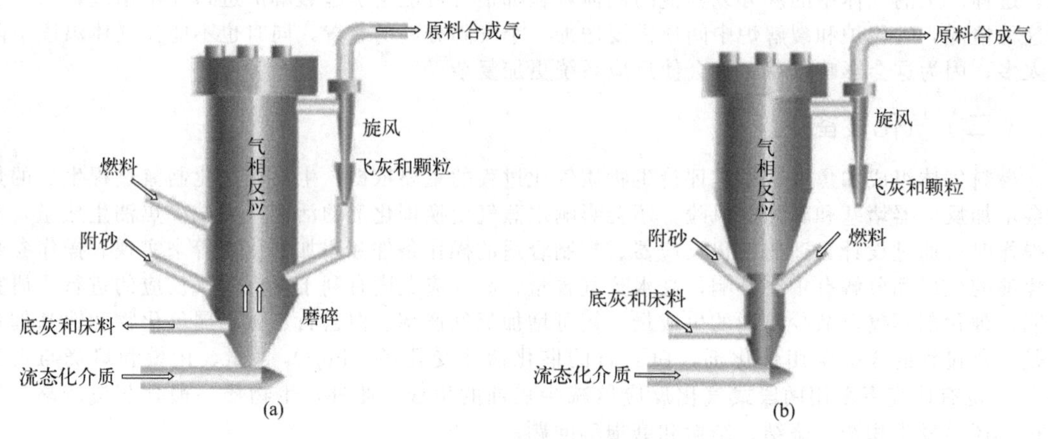

图 9-3-3　流化床反应器
（a）鼓泡流化床；（b）循环流化床

鼓泡流化床气化器中，气体通过床层材料来使床层材料流化或者鼓泡。循环流化床气化器中，床层材料在上升管和下降管之间循环，具有物料呈细颗粒、高的流化速度以及炭的不间断循环等优点，因而循环流化床与其他气化炉相比，在产气的氢气含量方面以及操作性等方面，是一种较为理想的气化制氢的反应器。根据气化器设计的不同，原料可以从气化器的顶部、中部或者底部被送入气化器中。气化器的选择应该根据系统的处理量、应用领域和产物的综合利用来进行。流化床气化器广泛地应用于固体原料气化过程中，然而，由于一定程度的颗粒夹带和混合问题，鼓泡流化床气化器难以实现高的固体气化率。循环流化床气化器可以通过旋风分离器来实现床层材料颗粒的循环利用，增加了颗粒的停留时间，从而使得原料的气化率提高[14,27]。

循环流化床气化炉是目前生物质催化气化制氢研究中应用较广泛的一种反应器。近年来国内外科研单位加大了生物质制氢的力度，也取得了显著进步。中国科学院广州能源所以流化床为反应器，对生物质空气-水蒸气气化制取富氢燃气的特性进行了一系列实验研究，最高的氢产率为71g/kg生物质，这是在反应器温度为900℃、ER为0.22、S/B为2.70的条件下取得的[38]。吕鹏梅等[19]利用流化床催化气化制氢，产氢率可达130.28g/kg。而国外的研究主要集中在欧、美、日等国家。如美国天然气能源研究所和夏威夷大学合作研究设计制造的一套流化床气化制氢装置，以水蒸气为气化介质，其产品气中氢含量可高达78%[39]。意大利L'Aqulia大学的S. Papagna等人利用二阶反应器（一级为流化床反应器，一级为固定床催化变换反应器）进行了杏仁壳的镍基催化剂催化气化实验，产生的混合燃气中氢气的体积分数可达60%[40]。荷兰ECN（Netherlands Energy Ressarch Foundafion）和Twene大学联合建造了一个500kW的中试循环流化床气化装置，用来研究生物质气化。ECN最新研制了一种七段循环流化床，这种反应器能够很好地提高气化效率和碳的转化效率[41]。实验表明产气的焦油含量很小，同时提高了碳的转化率和热效率，在这种新的循环流化床中，提升管分为7个相同的部分，而每一部分又分为两个相反的锥形构成。它的特殊结构能有效地阻止固体和气体的反混。Shen等[42]还提出了一种串联流化床生物气化制氢的技术，如图9-3-4所示。结果表明，气化器最佳温度为750～800℃，燃烧室反应温度为920℃，气固比在0.6～0.7之间。

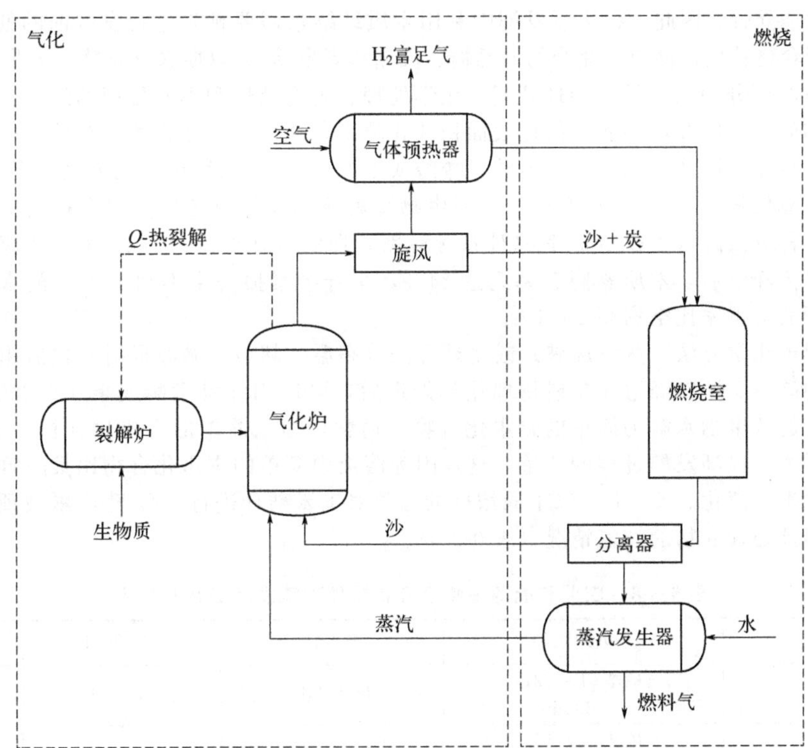

图9-3-4　串联流化床生物气化制氢工艺

第三节　生物质厌氧发酵制氢

生物制氢是在常温常压下，生物体利用自身特有的酶催化产生 H_2。生物制氢与生物体的物质和能量代谢密切相关，生物体产的氢是其能量代谢过程的副产物之一。也就是说，生物制氢是把自然界储存于有机化合物（如植物中的碳水化合物、蛋白质等）中的能量，通过高效产氢细菌体内的相关酶（如固氮酶和氢酶等）的催化作用，转化为氢气。由于所用原料可以是有机废水、城市垃圾或者生物质，来源丰富，价格低廉。其生产过程清洁、节能且不消耗矿物资源，正越来越受到人们的关注[5]。

生物制氢过程有多种途径：a. 直接生物光解制氢，利用藻类微生物的光合作用系统（PSⅠ、PSⅡ）将太阳能转化为化学能从而生成氢气；b. 间接生物光解制氢，利用蓝细菌等微生物的代谢作用将生物质中的能量转化并生成氢气；c. 生物学水气转换制氢，在革兰氏染色阴性菌种的作用下发生水气转换作用制氢；d. 厌氧发酵制氢，微生物在黑暗的厌氧环境中发酵有机物制氢；e. 光发酵制氢，微生物在光照条件下发酵有机物制氢。其中暗发酵制氢和光发酵制氢是以生物催化利用生物质资源产氢，且其具有产氢量大、易于实现工业化等优点，被广泛而深入地研究[43,44]。本章节重点讲解暗发酵生物催化制氢。

一、生物质预处理

木质纤维素是由三种聚合物通过共价键结合在一起的生物聚合物，这三种聚合物为纤维素和半纤维素（代表 70%～80%的木质纤维素生物质）以及镶嵌其中的木质素。根据植物来源不同，三种聚合物的含量也不相同。纤维素和半纤维素是厌氧发酵的理想聚合物。相反，木质素的生物不可抗性导致其应用性较小，仅有一部分菌种可以降解木质素。木质素的存在致使木质纤维原料未能快速有效地降解。因此，在厌氧发酵中利用木质纤维素需要预先进行发酵前的处理。通过预处理将结构聚合物转化为简单的化合物（己糖、戊糖和寡聚糖），以便厌氧发酵产氢菌可以利用[9]。

预处理方法可分为四大类：物理处理、化学处理、生物处理和不同处理的组合。首先是物理法，如粉碎和研磨，以此增加底物的比表面积和孔隙率，从而增加底物可降解性；其次是使用相应的催化剂进行化学降解，例如酸（硫酸、盐酸或乙酸）、碱（氢氧化钠或氢氧化钙、氨）、氧化剂（臭氧、过氧化氢）。还有一种方法是利用生物降解酶以及能够合成降解多糖酶的微生物，主要是真菌。这种方法降低了投资成本和对原材料预处理的能耗要求。Zhao 等[45]研究表明，玉米秸秆经过白腐菌降解后，木质素降解率高达 34%，全纤维素损失率不到 10%。酶水解后，预处理的玉米秸秆酶解得率比空白高 20.3%。

此外，物理化学方法（蒸汽爆破）或物理方法（高温、超声、微波辐射）也适用于木质纤维素材料的结构破坏。原料经过化学或物理化学处理后，可以用纤维素酶或半纤维素酶进行酶解，将化学处理后的低聚物水解为简单的碳水化合物。通常，当以简单的有机化合物（戊糖和己糖）为原料时，可大大提高发酵过程的产量，这是因为溶液中简单的碳水化合物比难降解的聚合物结构更容易被微生物消化。Xu 等[46]以不同浓度的乙酸对玉米秸秆进行乙酸-蒸汽爆破预处理，并全面比较了不同预处理底物的产氢情况（表 9-3-8）。

表 9-3-8　农业和能源植物废弃物预处理氢发酵参数和结果

底物	预处理条件	微生物	温度和 pH	氢气得率
松木[47]	5%硫酸，$T=121℃$，$t=60min$	污泥消化池的混合菌种	$T=35℃$，pH=7.0	0.99mol/mol
米糠[47]	5%硫酸，$T=121℃$，$t=60min$	污泥消化池的混合菌种	$T=35℃$，pH=7.0	1.25mol/mol
大豆秸秆预处理液[48]	4% HCl，30min，蒸煮	混合菌	$T=35℃$，pH=7.0	47.65cm^3/g

续表

底物	预处理条件	微生物	温度和 pH	氢气得率
玉米秸秆废弃物[49]	0.1g/g $Ca(OH)_2$，50℃，24h	从腐烂的木屑中提取的混合菌	T=60℃，pH=7.0	155.4cm^3/g
小麦秸秆[50]	白腐菌(黄孢原毛平革菌)预处理，30℃，21天	产气荚膜梭菌	T=40℃，pH=6.5	78.5cm^3/g
甘蔗渣[51]	0.5% H_2SO_4(60min，121℃，147Pa)	丁酸梭菌	T=37℃，pH=5.5	1.73mol/mol
甜高粱渣糖液[52]	12%NaOH，70℃，4h；酶法水解：纤维素酶 45FPU/g，50℃，24h，pH=5.0	极端嗜热纤维素降解菌	T=72℃，pH=6.8	2.6mol/mol

二、厌氧发酵生物制氢系统

（一）厌氧发酵生物制氢机理

过去 20 年中，生物制氢技术的研究主要集中在光合细菌上，Benemann[53]得出结论认为利用厌氧发酵细菌产氢比光合细菌更具前景。厌氧微生物可以在暗环境中以碳水化合物如淀粉、糖蜜和纤维素等原料，作为能量来源，并将其转化为氢气[54]。产氢反应方程式见式（9-3-14）和式(9-3-15)[55]。不需要太阳能，还可以同时实现产能和除废的双重目的。因此，在可再生的有机废水或有机废弃物中利用厌氧发酵过程生产氢气，在生物制能和环境保护领域展现了巨大前景。

$$\text{葡萄糖} + 2H_2O \longrightarrow 2\,\text{乙酸} + 2CO_2 + 4H_2 \quad \Delta G = -184.2\text{kJ} \tag{9-3-14}$$

$$\text{葡萄糖} \longrightarrow \text{丁酸} + 2CO_2 + 2H_2 \quad \Delta G = -257.1\text{kJ} \tag{9-3-15}$$

在厌氧发酵中，葡萄糖首先经过糖酵解（EMP）等途径生成丙酮酸，合成腺嘌呤核苷三磷酸(ATP）和还原态的烟酰胺腺嘌呤二核苷酸（NADH）。然后，由厌氧发酵细菌将丙酮酸转化为乙酰辅酶 A(CoA)，生成 H_2 和 CO_2。丙酮酸还可以转化为乙酰 CoA 和甲酸，而甲酸极易被厌氧发酵菌转化为 H_2 和 CO_2。在不同条件下乙酰 CoA 最终被不同微生物转化为乙酸、丁酸和乙醇。NADH 用于形成丁酸和乙醇，剩余的 NADH 被氧化为 NAD^+ 并释放 H_2。乙酰 CoA 形成丁酸和乙酸的过程伴随 ATP 的合成，为微生物活动提供能量[43]。

（二）发酵产氢微生物

发酵产氢微生物主要是一些不需要光照，以分解有机物为产氢提供能量的一些细菌。发酵产氢微生物主要包括严格厌氧发酵产氢菌、兼性厌氧发酵产氢菌和好氧发酵产氢菌[56]。

（1）严格厌氧发酵产氢菌　分子氧对严格厌氧微生物有毒，即使短期接触空气也会抑制严格厌氧微生物生长甚至致死，其生命活动所需能量是通过发酵、无氧呼吸或磷酸化等过程提供的。严格厌氧发酵产氢菌主要包括产氢梭菌（*Clostridia*）、产氢瘤胃细菌（*Rumen bacteria*）、嗜热产氢菌（*Thermophiles*）、产甲烷产氢细菌（*Methanogens*）等。不同的严格厌氧菌株具有不同的产氢能力，如丁酸梭菌（*C. butyricum*）每摩尔葡萄糖产氢量达 416mol，阴沟肠杆菌 ITT2BT08 (*enter-obacter cloacae* ITT2BT08）每摩尔葡萄糖产氢量达 212mol，类腐败梭菌（*C. paraputrificum*)、巴氏梭菌（*P. pasteurianum*）等也都具有一定的产氢能力。这些严格厌氧发酵菌可以用于单独产氢，也可以进行混合产氢。它们能够分解利用多种有机质产氢，如可以利用木糖、树胶醛糖、半乳糖、纤维二糖、蔗糖和果糖等小分子糖类，也可以利用纤维素和半纤维素等大分子糖类产氢。

纤维素在自然界中广泛存在，如果用纤维素类物质作为产氢的原料，可望大规模生产 H_2。瘤胃细菌生存在动物的瘤胃中，利用动物未完全消化的有机物作为产氢的底物，如白色瘤胃球菌(*Ruminococcus albus*）可以分解糖类产生 H_2。嗜热菌也具有产氢的能力，如热厌氧菌(*Thermoanaerobacter*)。许多嗜热菌的产氢量很高，但一般葡萄糖利用率很低。产甲烷细菌在厌氧的情况下有一定的产氢能力，在正常情况下，其主要产物仍然是甲烷，但在甲烷生成受到抑制的时候，巴氏甲烷八叠球菌（*Methanosarcina barkeri*）可以利用 CO 和 H_2O，生成 H_2 和 CO_2。

（2）兼性厌氧发酵产氢菌　兼性厌氧发酵产氢菌在有氧或无氧条件下均能生长，但在有氧情况下生长得更好。具有产氢能力的兼性厌氧发酵菌有大肠杆菌（*E. coli*）和柠檬酸杆菌（*Citrobacte*）等。大肠杆菌在厌氧的情况下可以分解利用多种有机物放出 H_2 和 CO_2，它有极高的生长率，能够利用多种碳源，而且产氢能力不受高浓度 H_2 的抑制，但其缺点是产氢量比较低。一些柠檬酸杆菌如 *Citrobacter* sp. Y19 可以在厌氧条件下利用 CO 和 H_2O 产生 H_2。

（3）好氧发酵产氢菌　好氧发酵产氢菌只能在有氧的条件下才能生长，有完整的呼吸链，以 O_2 作为最终氢受体。需氧产氢微生物主要有芽孢杆菌（*Bacillus*）、脱硫弧菌（*Desul fovibrio*）和粪产碱菌（*Alcaligenes*）等。

发酵型细菌能够分解多种底物制取 H_2，如甲酸、乳酸、丙酮酸、各种短链脂肪酸、葡萄糖、淀粉、纤维素二糖等。O_2 的存在会抑制与产氢相关的酶的合成和活性，甚至会使产氢过程完全受到抑制。在发酵型细菌中一般巴氏梭菌（*Clostridium pasteurianum*）、丁酸梭菌（*C. butyricum*）和拜氏梭菌（*C. beijerinkii*）是高产氢细菌，而丙酸梭菌（*C. propionicum*）、大肠杆菌（*E. coli*）和蜂房哈夫尼菌（*Hafnia alvei*）的产氢量较低。

（三）发酵制氢酶

在产氢微生物体内存在着特殊的氢代谢系统，其中固氮酶和氢酶是催化产氢反应的两种关键性酶，然而这两种酶均不是专一性产氢酶。

1. 固氮酶

固氮酶是一种多功能的氧化还原酶，主要成分是钼铁蛋白和铁蛋白，存在于能够发生固氮作用的原核生物（如固氮菌、光合细菌和藻类等）中，能够把空气中的 N_2 转化生成 NH_{4+} 或氨基酸，反应方程式为 $N_2+8e^-+10H^++16ATP \longrightarrow 2NH_4^++H_2+16ADP+16Pi$。固氮酶催化的还原反应至少需要 4 个条件：钼铁蛋白；铁蛋白；ATP 和 Mg^{2+}；供体和厌氧条件。固氮反应的电子转移方向是：电子供体→铁蛋白→钼铁蛋白→可还原底物。在可还原底物只有 H^+ 时，固氮酶中所有电子都参与还原 H^+ 生成 H_2。固氮酶的活性可由乙炔→乙烯还原法测定[57]。O_2 对固氮酶活性有抑制作用，在发酵过程中，产 H_2 一般被视为一种释放多余电子的方法。另外，由于要消耗大量的 ATP，放 H_2 被视为一种能量的浪费，但也正是这一特性能够被用来进行生物制氢的研究和应用[58]。

2. 氢酶

氢酶是一种多酶复合物，存在于原核生物和真核生物中，其主要成分是铁硫蛋白，分为产氢酶和吸氢酶两种，分别催化反应 $2H^++2e^- \rightleftharpoons H_2$ 的正反应和逆反应。有的微生物中同时含有这两种氢酶，如某些光合细菌；而有的微生物中则只含吸氢酶，如某些好气固氮菌。在原核生物中，菌体产 H_2 主要是由固氮酶催化进行的，氢酶主要发挥吸氢酶的作用。而在真核生物（如藻类）中，H_2 代谢主要由氢酶起催化作用。氢酶活性可用亚甲基蓝法测定。同样，O_2 对氢酶的活性也有抑制作用[58,59]。

（四）发酵细菌制氢途径

发酵细菌体内缺乏完整的呼吸链电子传递体系，因此必须有合适的途径保证在发酵过程中通过脱氢作用产生的“过剩”电子得到释放，从而可以维持物质的氧化还原过程保持平衡，使代谢能够顺利进行。通过发酵途径产生分子氢正是微生物解决这一问题的方式。发酵细菌产生分子氢主要有以下三种途径[56]。

1. 丙酮酸脱羧途径

产氢微生物对不同底物生物的共同代谢的中间产物丙酮酸进行脱羧，实现暗发酵产生氢气。厌氧产氢细菌降解有机物中经过糖酵解途径形成丙酮酸，经历丙酮酸-铁氧环蛋白途径（PFOR），丙酮酸＋CoA＋2Fd(ox) ⟶乙酰-CoA＋CO_2＋2Fe，将电子转移给还原性铁氧环蛋白（Fd），还原型的 Fd 被氢化酶重新氧化的同时释放出 H_2。经历该途径的产氢产酸细菌类型主要是梭状芽孢杆菌型。

2. 丙酮酸-甲酸裂解途径（PFL）

通过丙酮酸分解产生分子氢的另一种途径是 PFL 途径，丙酮酸＋CoA ⟶乙酰－CoA＋甲酸。此途径中丙酮酸脱羧后形成甲酸，然后甲酸的一部分转化为 H_2 和 CO_2。经历该途径的产氢产酸细菌类型主要是肠道杆菌型。

3. $NAD^+(NADP^+)/NADH(NADPH)$ 的氧化还原平衡调节产氢

碳水化合物途径产生的还原型辅酶可以通过与一定比例的丙酸、丁酸、乙醇或乳酸发酵相偶联成为氧化型辅酶Ⅰ（NAD^+），从而保证代谢过程中的 $NADH+H^+/NAD^+$ 的平衡。释放 H_2 有利于维持 $NADH+H^+/NAD^+$ 的平衡，保证正常的生理代谢过程的进行。

三、厌氧发酵生物制氢过程控制

（一）生物制氢的关键影响因素

1. 底物类型

Hallenbeck 等[60]研究发现已糖（包括葡萄糖）厌氧发酵的最大理论产氢得率为 32%。戊糖厌氧发酵可以得到相似的产氢得率（30%～33%）[61]，而甘油厌氧发酵的制氢得率为 38%[62]。

研究表明已糖厌氧发酵制氢有三种途径[59]：醋酸盐路径，方程式（9-3-16）；丁酸盐路径，方程式（9-3-17）；醋酸盐-乙醇路径，方程式（9-3-18）。

$$C_6H_{12}O_6+4H_2O \longrightarrow 2CH_3COO^-+2HCO_3^-+2CO_2+4H_2+4H^+ \quad \Delta G'=-48kJ/mol \tag{9-3-16}$$

$$C_6H_{12}O_6+2H_2O \longrightarrow CH_3CH_2CH_2COO+2HCO_3^-+2CO_2+2H_2+3H^+ \quad \Delta G'=-137kJ/mol \tag{9-3-17}$$

$$C_6H_{12}O_6+3H_2O \longrightarrow CH_3COO^-+2HCO_3^-+2CH_3CH_2OH+3H_2 \quad \Delta G'=-97kJ/mol \tag{9-3-18}$$

醋酸盐路径可以得到最大理论产氢率：1mol 已糖可以得到 4mol H_2。最有效的路径是醋酸盐路径（F-1），然而最适合的路径是丁酸盐路径（F-2）。碱性预处理经常促进乙酸盐路径的发生。

然而，由吉布斯自由能推导可知，1mol 葡萄糖发酵产生 12mol H_2 的过程从热力学角度来看是不可能实现的，见方程式（9-3-19）：

$$C_6H_{12}O_6+12H_2O \longrightarrow 6HCO_3^-+12H_2+6H^+ \quad \Delta G'=+241kJ/mol \tag{9-3-19}$$

以戊糖为发酵底物，厌氧发酵路径按照方程式（9-3-20）来进行：

$$C_5H_{10}O_5+2.67H_2O \longrightarrow 1.67CH_3COOH+1.67CO_2+3.33H_2 \quad \Delta G'=-1970.66kJ/mol \tag{9-3-20}$$

另外，Gomez 等[63]研究发现低负载量和混合发酵可以稳定厌氧发酵反应制氢。

2. 温度

发酵菌种可以根据最适发酵温度分为极端嗜热菌、嗜热菌、嗜温菌和嗜冷菌。嗜热菌可以在 45～90℃产氢，较佳产氢温度为 55～60℃。嗜温菌可以在 25～45℃产氢，但是其最佳产氢温度为 33～37℃。嗜冷菌可以在 0～25℃工作，但其最佳产氢温度为 2～25℃。一些极端嗜热菌，例如在纯培养基中生长的新阿波罗栖热袍菌（*Thermotoga neapolitana*）、解糖热解纤维素菌（*Caldicellulosiruptor saccharolyticus*），可以以马铃薯淀粉为底物产氢，得率为 1mol 葡萄糖产生 2.5～3.8mol H_2[64]。嗜冷菌能有效地用于高山和高海拔区域产氢，但其产氢量比较少，所以研究得也比较少。

3. 氢气分压

对连续产氢系统而言，氢分压是一个极为重要的影响因素。产氢代谢途径对氢分压敏感且易受末端产物抑制。当氢分压升高时，产氢量减少，代谢途径向还原态产物的生产转化。CO_2 的浓度也会影响产氢速率和产氢量。细胞可通过磷酸戊糖途径（PP途径）将 CO_2、丙酮酸、NADH合成琥珀酸和甲酸，该途径与NADH-氢化酶（通过氧化NADH为 NAD^+ 来产氢）产氢反应相竞争。从发酵体系中有效地去除 CO_2 可以减少对NADH的竞争，提高产氢量。Mandal等[65]通过降低氢分压［从760mmHg（1mmHg=133.322Pa）降到380mmHg］，可以将产氢量从每摩尔葡萄糖产氢气1.9mol提升至每摩尔葡萄糖产氢气3.9mol。

可以通过气体喷射来实现较低的氢气分压。Melis等[66]研究了向反应器中喷射氮气对氢分压的影响，结果表明可使氢气产率提高68%而对末端产物无影响。Polle等[67]向反应器中吹入氩气以去除二氧化碳和降低氢分压，使剩余NADH增加，每摩尔葡萄糖的氢气产率从0.52mol提高到1.58mol。

4. C/N比

研究表明，低C/N比会抑制厌氧发酵实验制氢[68]。最佳C/N比取决于原料、工艺类型和菌种。Rojas等[69]确定，当以废水为底物时，最优的C/N比是137∶1，每摩尔蔗糖可产氢3.5mol。Argun等[70]确定小麦粉最优的发酵C/N比约为200∶1。

5. 金属、磷酸根离子

Wang等[71]研究表明 Fe^{2+} 是影响厌氧发酵产氢工艺效率最重要的离子之一，它是铁氢化酶组成的一部分，可以激活厌氧细菌产氢。但是目前，最优的 Fe^{2+} 浓度还未得知。Fe^{2+} 的最优浓度会随着温度的上升而降低。$FeSO_4 \cdot 7H_2O$ 和 $FeCl_2$ 被作为 Fe^{2+} 的来源。有研究表明，Fe^{2+} 的最优浓度还与菌种和温度有关。在有巴氏固氮菌和淀粉作底物的混合培养基中，Fe^{2+} 浓度为800mg/L，温度25℃条件下，每升淀粉产生的氢气为356mL；当温度升至35℃时，最优的 Fe^{2+} 浓度为200mg/L，每升淀粉产氢气为377mL；继续增加温度到40℃，最优的 Fe^{2+} 浓度为25mg/L，每升淀粉产氢气为351.1mL。另外，Fe^{2+} 浓度也会影响发酵时间，当 Fe^{2+} 浓度在25～100mg/L时，发酵时间持续60h；当 Fe^{2+} 浓度在100～1600mg/L时，发酵时间缩短至48h[72]。Wang等[73]以 $NiCl_2$ 作为 Ni^{2+} 的来源，探究得到最优的 Ni^{2+} 浓度为0.1mg/L，每克葡萄糖产氢气为232mg。Azbar等[74]研究了厌氧发酵条件下，以甘酪乳清为底物，各种金属离子的最优浓度分别为 $ZnCl_2$（1.25～2.5mg/L）、$CaCl_2$（250～500mg/L）、$MgCl_2$（50～100mg/L）、$MnCl_2$（2.5～5mg/L）和 $FeCl_2$（50～100mg/L），每摩尔乳清产氢气为3.5mol。磷酸根离子既可以作营养也可以作缓冲溶液，Argun等[70]得出最优的C/P比为2000∶1。

6. pH值与氧化还原电位（ORP）

pH值对氢化酶活性及代谢途径影响很大，是最关键的操作条件之一。已报道的最佳pH值相差较大，Fang等[75]报道蔗糖间歇发酵的最佳pH值为9.0，而任南琪等[76]用蔗糖、Lay等[77]用淀粉进行连续发酵的最佳pH值分别为4.0～4.5和4.7～5.7。Hwang等[78]用葡萄糖间歇发酵，pH值为5.0时达到最大产气量。Khanal等[79]用蔗糖和淀粉进行间歇发酵，产气量均在pH值5.5～5.7时最大，每克COD（化学需氧量）产氢量分别为214.0mL和125.0mL。总的来说，pH值必须在酸性范围内以抑制产甲烷菌等氢营养菌的生长，但不能低于4。已有的研究均表明pH值低于4时产氢菌的生长及产氢过程都受到明显的抑制，故pH值为4是生物制氢工艺pH值控制的一个下限。

Kargi等[68]分析了初始总乳糖浓度为20g/L时，pH值与氧化还原电位（ORP）之间的时间演变关系（图9-3-5），结果表明，在嗜热条件下，以干酪乳清粉为底物发酵，最优的pH值为5.5～6.0，pH值的改变导致ORP值在53mV到－200mV之间变动。Kargi等证明最优的ORP值范围为－200～－50mV。

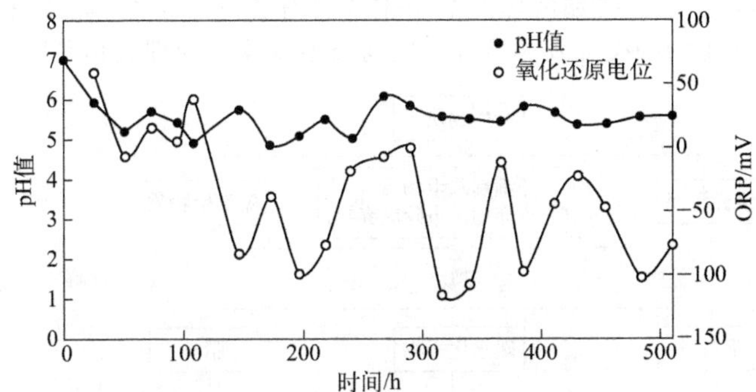

图 9-3-5　干酪乳清厌氧发酵制氢 pH 和氧化还原电位随时间变化的关系
（底物干酪乳清初始总浓度 20g/L）

7. 水力停留时间（HRT）

Zhu 等[80]证明，HRT 在半连续发酵过程中发挥重要作用。HRT 变化可引起气流中氢浓度变化［图 9-3-6（a)］，且图 9-3-6（b）给出了沼气生产过程中 pH 值和 HRT 之间相互依赖的关系。

从图 9-3-6（a）中可以看出，HRT 值在 16～20h，沼气中氢气浓度最高，为 35.7%～37%。Wu 等[81]研究表明，pH 值为 5 时，得到最大的气体产量为 27L/d，且混合反应器系列的最优 HRT 为 4～8h。Oh 等[82]和 Fang 等[75]将膜反应器的 HRT 值从 5h 降到 3.3h，葡萄糖转化率从 90%增加到 98%。

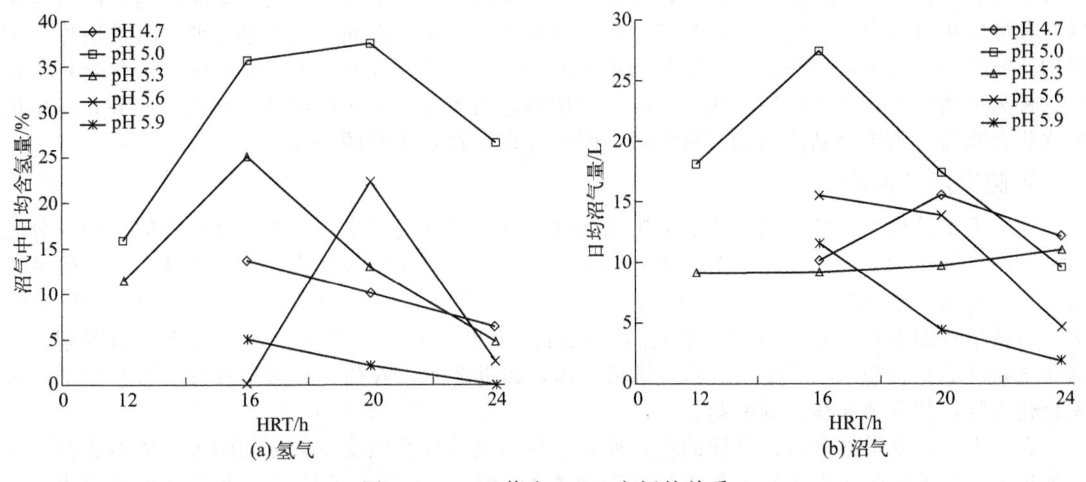

图 9-3-6　pH 值和 HRT 之间的关系

（二）厌氧发酵生物制氢底物选择

影响厌氧发酵结果的一个重要因素是选择合适的生物质原料作为产氢底物有机化合物的来源，这在工业规模的氢气生产中尤其重要。首先，单糖（如葡萄糖）和二糖（如乳糖或蔗糖）是厌氧发酵中微生物代谢的首选碳源。自然界中存在的可再生糖来源，如淀粉、纤维素和半纤维素，主要是以聚合物的形式存在于植物体中。淀粉是很容易水解的化合物，因此选择淀粉基原料作为制氢底物更方便[83]。

用于厌氧发酵制氢具有代表性的生物质原料还有活性污泥以及富含纤维素和半纤维素的原料，如藻类、纤维素基生物质等。在暗发酵过程中，复杂的生物质先降解为可溶性物质，例如蛋白质、碳水化合物和油脂类。其次，大分子物质再进一步降解为小分子物质，例如氨基酸、单糖和长链脂肪酸。然后再经过酸化和产乙酸过程，除了目标产物 H_2 以外，还有一系列中间体、可溶性代谢副产物和CO_2生成。终端液体产品中主要含有乙酸、丁酸、乙醇和丙酸。当然，组分种类及含量还取决于微生物种类、发酵条件、底物类型以及预处理过程等因素（图 9-3-7）[13]。

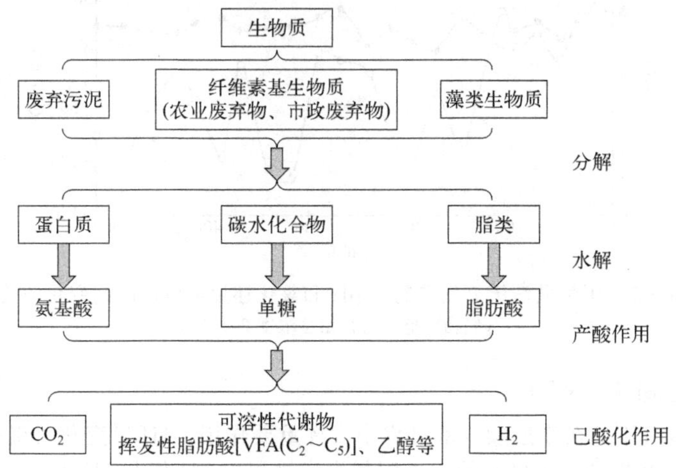

图 9-3-7　生物质发酵产氢的生物降解步骤和生物过程

1. 单糖和二糖类

单糖如已糖（如葡萄糖）和戊糖（如木糖），以及二糖，特别是蔗糖和乳糖，是很容易生物降解的底物。自 20 世纪 80 年代以来，这类糖一直被用于厌氧发酵生物制氢实验。这是因为这类糖在发酵应用过程中不需要复杂的加工过程，而且结果可重复性高，所以这类糖一直被用作新实验的研究对象。厌氧发酵研究的最新趋势涉及能够连续生产氢气的技术。简单的碳水化合物不适合这种类型的生产，因为它们的成本太高，这使得它们无法在工业中规模化利用。此外，简单的碳水化合物通常用于食品或动物饲料领域，因此存在粮食之争问题[84]。

2. 废弃活性污泥

生物废水处理工艺是应用最广泛的废水处理过程。在此过程中，废水中有机物的主要成分是CO_2和微生物生物质。随着产生的废水量越来越大，废物量也越来越大，形成活性污泥。废活性污泥是一种固液混合物，含水量高达 95%～99.5%，其成分可以分为 4 大类[85]：a. 无毒碳源，主要由微生物细胞和细胞外高分子物质组成，占总干重的 60%～70%左右；b. 无机营养素，包括含氮和磷的化合物；c. 有毒无机和有机污染物，如重金属、农药、雌激素和病原微生物等；d. 无机化合物，如含钙和镁的硅酸盐。

含量大、含水量高和有毒物质的存在使废活性污泥处理及倾倒变得更加困难，成本更高。通常处理废活性污泥的成本占污水处理厂运营成本的 50%以上[86]。废活性污泥的处理已成为一个紧急的环境问题，现有的污泥处理包括卫生土地填埋、焚烧、农业用途如污泥堆肥、建筑用途如建筑材料以及能源回收[87]。由于废弃活性污泥中含有丰富的有机物质，因此，以活性污泥作为生物燃料底物的研究备受关注。可再生燃料生产，即生物燃料的生产包括甲烷、氢气、合成气（H_2+CO）[18]、生物油[13]和生物柴油[88]等的生产。其中，发酵氢生产具有更多的环境效益并具有可持续发展的潜力。

为使氢气成为污泥代谢的主要产物，必须清除在其代谢过程中消耗氢的细菌（尤其是美沙诺细菌）。为此，热震处理、超声预处理、酸性或碱性预处理或补充有机化合物来调节合适的 C/N 比等一系列预处理相继被开发研究[13]。Ren 等[89]研究了 4 种处理方式（热、酸、碱、反复曝气）对厌氧发酵产氢类型的影响，实验结果表明，除碱处理以外，其他三种预处理的污泥在用于发酵时能够几乎完全抑制产甲烷菌种的活性，且反复曝气处理后的菌种发酵类型多为乙醇型发酵，最高产氢量为 1.96mol/mol。Kim 等[90]发现通过将稻草或食物垃圾与活性污泥共发酵可以显著地增加氢气得率。也有研究将厌氧发酵与光发酵相结合制氢，活性污泥厌氧发酵生物制氢后，进行光发酵和甲烷化反应，实现资源化利用。除上述措施外，接种稳健性制氢剂、优化处理条件和操作条件也可促进制氢工艺的发展。

3. 纤维素基生物质

纤维素基生物质主要由纤维素、半纤维素和木质素三种生物聚合物组成，具体组成随植物种类的不同而不同。废弃的木质纤维素作为厌氧发酵制氢底物似乎特别有吸引力，因为它是农场上种植、加工的谷物和植物（小麦、黑麦、水稻、玉米等）的残留物。这些废物包括稻草、果皮、玉米秆和茎、甘蔗渣、树叶和不适合作为饲料的草。培育生长迅速、富含木质素和纤维素的可再生能源植物（如能量柳、能量杨树、芒草），以及收集木材和造纸工业的废料，也可为制氢提供宝贵的原料。据估计，全世界每年木质纤维素生物质残留物的产量超过 2200 亿吨。为了提高纤维素基生物质的消化率，需要进行预处理来除去或溶解纤维素基生物质中存在的木质素。此外，预处理可以有效地降低纤维素的结晶度、增加比表面积，进一步提高纤维素基生物质的生物降解性[13]。

4. 藻类

藻类生物质是一种简单的含有叶绿素的化合物，可以通过光合作用将大气中的 CO_2 转化为各种有机物，如蛋白质、多糖和脂质。藻类可以分为巨藻和微藻。用于生物发酵制氢的藻类的一般组分如表 9-3-9 所示。

藻类已广泛用作制备生物柴油、生物乙醇和沼气的原料。研究表明，日本海带等褐藻属由于其碳水化合物含量高且预处理要求低，经常用作厌氧发酵的底物[91]。小球藻属和栅藻属都被广泛地用作生物制氢的底物，且每克挥发性固体产氢量分别达 0.4～760mL 和 0.42～113.1mL。然而，藻类作为制氢底物，其应用依然存在很多障碍，例如：培养和收获；开发高效大规模生产藻类生物质的技术；降低藻类收集和浓缩成本等[92]。此外，由于栽培、环境等因素的高度影响，因此不同的藻类其成分差别较大，这也导致原料的不均一性，从而影响制氢系统的稳定性。

表 9-3-9　不同藻类成分分析　　单位：%（占干基质量分数）

	种类	蛋白质	多糖	脂质
微藻	小球藻属(*Chlorella* sp.)	51～58	12～17	2～63
	栅藻属(*Scenedesmus* sp.)	8～56	10～50	11～55
	微绿球藻属(*Nannochloropsis* sp.)	50～67	10～20	5～56
	节旋藻属(*Arthrospira* sp.)	33～70	10～23	6～13
	杜氏盐藻属(*Dunaliella* sp.)	50～60	12～40	6～67
	衣藻属(*Chlamydomonas* sp.)	48～60	13～20	21～70
	螺旋藻属(*Spirulina* sp.)	43～71	13～16	2～17
	珠宝鱼腥藻(*Anabaena cylindrica*)	43～56	25～30	4～7
巨藻	海带(*Laminaria japonica*)	12～55	10～61	0.6～4
	石花菜(*Gelidium amansii*)	19～42	30～60	0.8～2

四、厌氧发酵制氢工艺及设备

（一）厌氧发酵制氢工艺

厌氧发酵有机物制氢的研究始于 20 世纪 60 年代。其中 Suzuki 和我国任南琪的产氢研究最具代表性。其运行过程是以有机废水为原料，加入发酵培养液。反应器在厌氧环境下进行发酵产氢。装置中 pH 控制器监测反应过程中的 pH，并用 NaOH 溶液调节酸碱度。将反应装置置于恒温培养箱内，提供恒温环境，用排水法对气体进行收集，反应器中过剩的反应液进入废液储槽。与其他生物氢生产过程相比，由厌氧细菌催化的厌氧发酵制氢系统最突出的优点之一就是该系统比其他制氢系统大一个数量级。典型的厌氧微生物发酵制氢反应器如图 9-3-8 所示[7]。

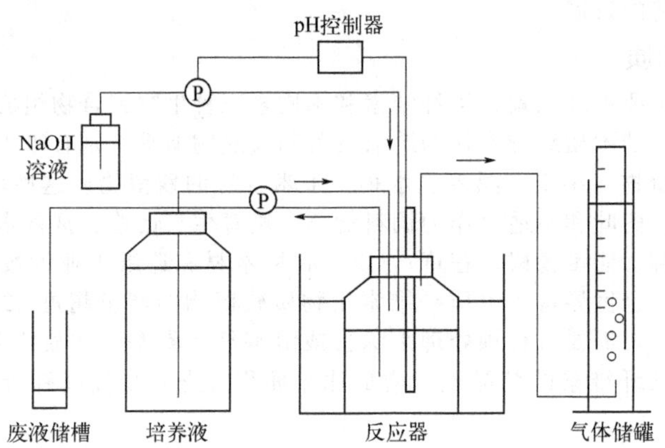

图 9-3-8 典型的厌氧微生物发酵制氢反应器[7]

为了满足高有机负荷和高生物量的要求，研究人员对多种新的工艺进行了研究。目前，厌氧发酵制氢技术的研究可分为如下几种：a. 纯菌种厌氧发酵制氢；b. 以厌氧活性污泥为代表的混合菌种厌氧发酵制氢；c. 固定化细胞生物制氢。

1. 纯菌种厌氧发酵制氢

利用纯菌种的代谢作用将富含碳水化合物的有机质进行发酵制氢。目前，国内外研究所用的菌种可分为嗜温菌种（25～40℃）、嗜热菌种（40～65℃）、耐热菌种（65～80℃）以及超级嗜热菌种（>80℃）。目前，嗜温菌种在暗发酵产氢过程中能够实现较高的产氢量，同时缓解有机废水和生物质排放产生的环境危害。最常用的是严格厌氧的梭状芽孢杆菌属（*Clostridium*）和兼性厌氧的肠杆菌属（*Enterobacter*）。对嗜温菌种产氢特性的研究打开了暗发酵制氢的途径，拓宽了制氢技术的发展方向，同时，对耐热菌种产氢特性的研究也为厌氧发酵制氢技术提供了新的思路。而目前研究的重点在于如何进一步提高菌种的产氢能力，选择高效产氢菌种，并建立有效的反应器进行放大试验[93]。

2. 以厌氧活性污泥为代表的混合菌种厌氧发酵制氢

由于纯菌种用于制氢过程受到操作条件的限制，考虑到菌种之间的协同作用，且厌氧活性污泥含有复杂的混合菌种，因此，利用污泥进行暗发酵制氢突破了利用纯菌种的种种局限，能够持续产氢，成本低，环境负荷小[93]。活性污泥法利用生物厌氧产氢-产酸发酵过程制取氢气，同时活性污泥可以作为污泥、废水的二相厌氧生物处理工艺的产酸相。污泥接种后进行驯化，发酵废水为废糖蜜，辅助加入 N/P 配制而成的作用底物，使反应器进入乙醇型发酵状态，进行连续流的氢气生产[94]。

3. 固定化细胞生物制氢

细胞固定化技术就是指将细胞包埋在天然的或者合成的人工载体上，与悬浮生长系统相比，有很明显的产氢优势。常用的细胞固定化方法有添加活性炭等载体以形成生物膜，污泥颗粒化、自絮凝以形成颗粒污泥等。固定化技术有两种：a. 使用载体固定化，聚酯泡沫、黏土等都可作为载体，提高生物质浓度；b. 污泥的自固定化，通过特殊挡板等反应器设计，可延长微生物在反应器内的停留时间，培养出产氢颗粒污泥，实现污泥的自固定化，具有独特优势[43]。

（二）厌氧发酵制氢设备

发酵反应器分类以分批、半连续和连续的工艺运行方式为基础。间歇反应器是最简单的反应器，主要用于实验室对暗发酵最佳条件进行初步研究。反应器应该廉价，且操作简单，发酵参数尤其是温度和 pH 值都可方便控制[83]。然而，工业规模的氢生产需要使用连续反应器，因为过程效率更高。连续反应器通常以连续方式运行，以保证接种剂的制备和预处理的正确进行。发酵反应器由分批或半连续工艺运行模式成功过渡到连续工艺运行模式在很大程度上受到启动策略的影响[95]。最常用的反应器配置有连续搅拌池反应器（continuous stirred-tank reactors，CSTR)、上流式厌氧污泥包层反应器（upflow anaerobic sludge blanket reactor，UASB)、厌氧流化床反应器(anaerobic fluidized bed reactor，AFBR）和膜生物反应器（membrane bioreactor，MBR)[96]。

1. 连续搅拌池反应器（CSTR）

连续发酵最常用的反应器是 CSTR。CSTR 是圆形的，并配有机械搅拌系统（图 9-3-9)[96]。原料被送入反应器，并以连续或顺序的方式从反应器中排出废水。由于水力停留时间短，这类反应器的尺寸比用于生产甲烷的传统发酵罐小得多。CSTR 反应器由于设计简单、操作条件容易调整、搅拌方便、介质均匀性以及微生物与底物的良好接触而被广泛使用。搅拌还能有效控制反应器内的条件（pH 值、温度)。连续搅拌提高了反应混合物中氢的去除率，降低了反应混合物的分压，提高了产氢率。与典型反应器相比，CSTR 中细菌在液体培养基中的悬浮效果更好。然而，该反应器也有一些缺点。CSTR 操作的主要参数是水力停留时间（HRT）和有机负荷率。反应混合物中生物量的浓度受到限制，其停留时间与 HRT 相同，这对制氢速率有显著的影响。在操作过程中存在着生物量去除的问题，细菌不能在高稀释率下活动[83]。HRT 必须小于所使用微生物的最大生长速率。CSTR 反应器在使用短 HRT 时产氢率不高[96]。

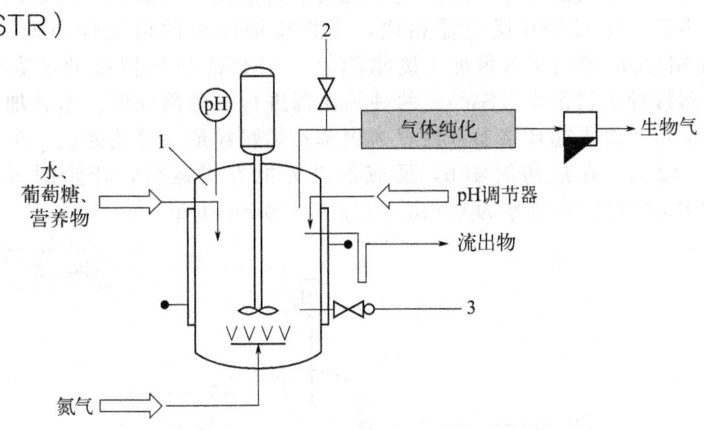

图 9-3-9　连续搅拌池反应器结构

1—反应罐；2—气体抽样口；3—液体抽样口

2. 上流式厌氧污泥包层反应器（UASB）

采用 UASB 反应器及在这些反应器内添加载体的上流式反应器（图 9-3-10）近几年已受到关注。UASB 反应器通常具有细长的形状，反应器上部有三相分离器，其中产氢颗粒（HPG）迅速形成并沉积在反应器底部，形成一层较厚的生物质。UASB 反应器由于污泥停留时间（SRT）长可能会引起甲烷的产生，但通过对接种物的预处理及 pH 的控制，可以实现稳定的氢生产。采用 UASB 反应器的研究表明，产氢率受条件控制差异很大，中温条件下产氢率为 0.65～2.01mol/mol，高温条件下的产氢率各有不同。UASB 反应器具有生产效率高、HRT 短、运行条件稳定等优点[96]。

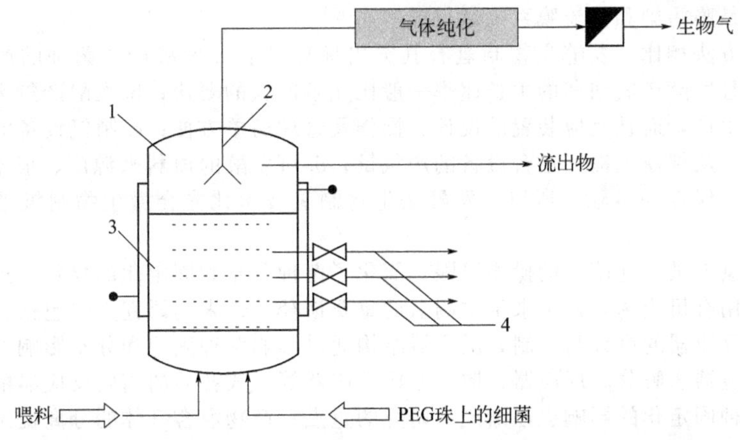

图 9-3-10　上流式厌氧污泥包层反应器结构

1—反应罐；2—三相分离器；3—聚乙二醇（PEG）-固定化细胞；4—取样端口

3. 厌氧流化床反应器（AFBR）

这种类型的反应器结合了 CSTR 和固定床反应器的特点（图 9-3-11）。微生物沉积在固体表面不同尺寸的颗粒或生物膜上。AFBR 的优点是具有良好的传质和传热性能。从反应器的底部注入气体，形成流化床。这影响系统的催化活性，从而影响底物的降解程度。由于微生物沉积在固体表面，与 UASB 反应器相比，生物质被冲走的可能性更低。缺点是 AFBR 能耗较高。两个 AFBR 反应器用于木薯加工废水制氢：AFBR1 反应器接种了家禽屠宰场废水（SP）；AFBR2 反应器接种了猪污水（SW）。两种污泥都进行了热预处理。木薯加工废水经酸化、热处理后，可作为饲料。将再循环泵参数设置为聚苯乙烯颗粒最小流化速度（0.74cm/s）的 1.3 倍，反应器运行了 142 天，在最初的 48h，反应器以分批方式运行，开始制氢。然后，在连续的模式下操作，AFBR 的最大产氢率为 0.6mmol/g 和 1.0mmol/g[96]。

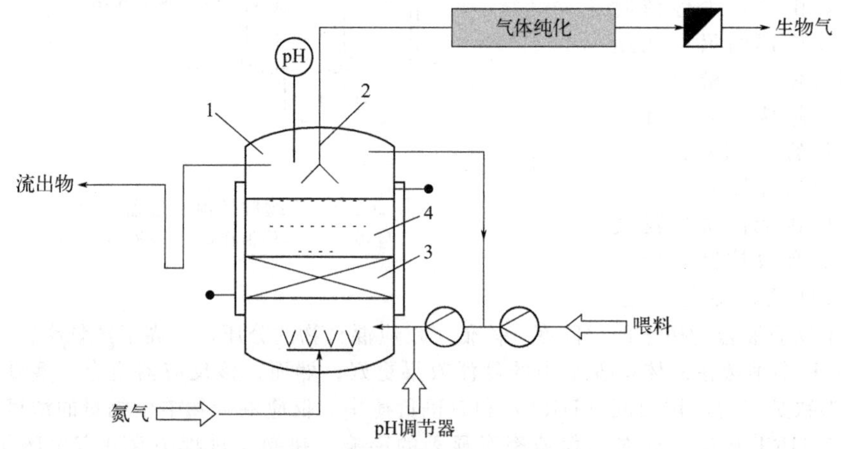

图 9-3-11 厌氧流化床反应器结构

1—反应罐；2—三相分离器；3—玻璃珠床体；4—菌体载体颗粒活性炭

4. 膜生物反应器（MBR）

膜生物反应器是一种典型的用于发酵过程的反应器。然而，它配备了膜或膜系统。膜可以放置在反应器外（侧流 MBR）使用交叉流（图 9-3-12）或可以浸泡。后一种设计是有利的，因为它具有较低的操作成本，且膜更小。膜生物反应器的使用避免了 CSTR 反应器的主要缺点，即生物质的洗脱。膜保留了反应器内的微生物，使生物量保持在恒定的高浓度[97]。膜的存在有利于选择与活性污泥保留时间相关的最佳 HRT，从而更好地控制工艺参数[82]。生物质保留时间的增加证实了 HRT 的存在，从而提高了底物的转化速率，但对氢的生成速率有负面影响。膜生物反应器的主要缺点是膜污染和侧流膜系统运行成本高[96]。

与其他制氢方法相比，发酵生物制氢有其突出优势[10]：a. 发酵产氢菌种的产氢能力高于光合产氢菌种，而且发酵产氢细菌的生长速率一般比光解产氢的要快；b. 发酵产氢无需光源，可以实现持续稳定的生产，而且反应装置的设计、操作及管理简单方便；c. 制氢设备的反应容积可以比较大，从而可以从规模上提高单台设备的产氢量；d. 可发酵的原料来源广、成本低；e. 兼性发酵产氢细菌更易于保存和运输。所以，发酵法生物制氢技术比光合微生物制氢更容易实现规模化、工业化生产。

混合菌种制氢突破了纯菌种的操作局限，简化了菌种分布和固定化的操作，产氢量大，环境负荷小且能够利用有机废物，是未来生物制氢的重要途径，未来的研究方向包括：高产氢量的持续性；高效产氢反应器的设计与控制，反应器结构通过影响菌种固定和分布影响产氢结果，升流式厌氧污泥床反应器、膜分离反应器、散水滤床反应器等形式各异的高效反应器的研究，以及填料等支撑物对菌种固定化的影响也逐渐成为研究的重点；产物混合气体的分离提纯与保存；高效产氢混合菌群的筛选与培育等。

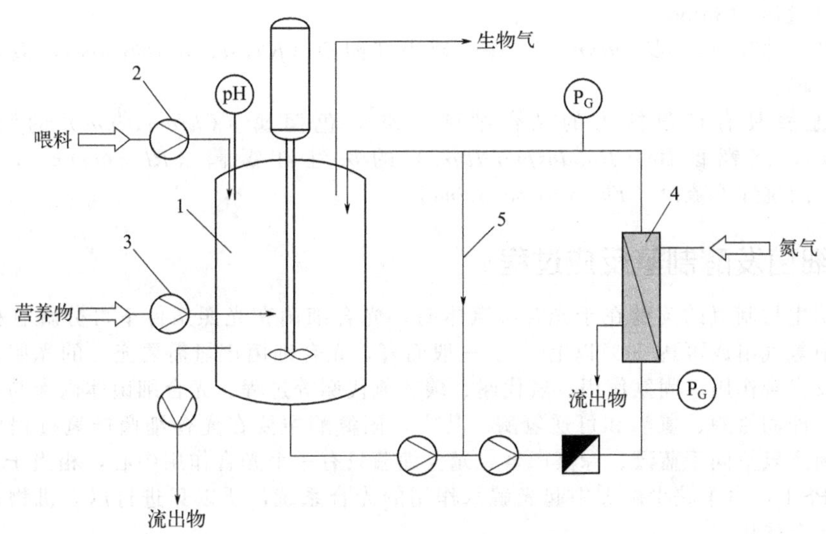

图 9-3-12 膜生物反应器结构
1—反应罐；2—进料泵；3—补充营养的泵；4—膜组件；5—循环回路

第四节 生物质光合细菌制氢

光合细菌制氢与其他生物制氢方法相比具有能量利用率高，能将产氢与光能利用、有机物的去除耦合在一起等优点，成为最具发展潜力的生物制氢方式之一[98]。

一、光合产氢菌

光合细菌简称 PSB（*photosynthetic bacteria*），是一群没有形成芽孢能力的革兰氏阴性菌，属光合成原核生物的一种。细胞含有光合色素——细菌叶绿素，其能够在厌氧、光照条件下进行光合生长，代谢类型为固氮代谢，并通过这一重要的生化反应产生氢气[5,99]。光合细菌是地球上最早（约 20 亿年以前）出现的具有原始光能合成体系的原核生物，广泛分布于水田、湖沼、江河、海洋、活性污泥和土壤中，具有随环境条件变化而改变代谢类型的特性[7]。利用光合细菌制氢的研究已有几十年的历史。早在 1942 年，Gest 和 Kamen[100] 就发现了深红螺菌（*RhodosPitrllumurburm*）在厌氧光照下能以谷氨酸或天冬氨酸为氮源，以有机酸如丙酮酸、乳酸、苹果酸为底物进行光照产氢。近年来，光合细菌产氢获得了广泛研究，也已证明，许多光合细胞中普遍存在着产氢系统[101]。

（1）红假单胞菌属（*Rhodopseudomon*） 如球形红假单胞菌（*Rh. sphaeroide*）的一些菌株，包括 *Rh. sphaeroides* B22、*Rh. spheaeordes* B21、*Rh. Sphaeroides* 等；荚膜红假单胞菌（*Rh. Capsulatus*）的一些菌株，包括 *Rp. cap*1 ATCC23782、*Rp. capsulatus* Z1、*Rp. cap* 1386、*Rp. cap* NCB 18254 等；绿色红假单胞菌（*Rh. vividis*）；红假单胞菌菌株 D（*Rh. Sp.* D）；嗜酸红假单胞菌（*Rh. acidophila*）；沼泽红假单胞菌（*Rh. palustris*）等。它们的产氢能力各不相同，如沼泽红假单胞菌利用醋酸作为培养基，最大产氢量达 918mL/(g·h)、荚膜红假单胞菌的产氢量达 3819mL/[g(干重)·h]。

（2）外硫红螺菌属（*Ectothiorhodospira*） 如空泡外硫红螺菌（*E. vacuola*）可以利用丙酮酸作为碳源，产氢量达 7mL/(25mL·h)。

（3）红微菌属（*Rhodomicrobium*） 如万尼氏红微菌（*Rh. vannielii*）和荚膜红微菌（*Rh. capsulatus*）等，其中荚膜红微菌以丁酸盐为底物，每摩尔丁酸产氢量达 317mol。

（4）红细菌属（*Rhodobacter*） 如浑球红细菌（*Rh. sphaeroides*），以葡萄糖为底物，每摩

尔葡萄糖产氢量达 1186mol。

（5）小红卵菌属（*Rhodovulum*） 如嗜硫小红卵菌（*Rh. sulfidophilum*），最大产氢量达 3310mL/(L·h)。

（6）其他属具有产氢能力的光合细菌 如着色菌属（*Chromatium*）的酒色红硫菌（*Ch. vinosum*），红螺菌属（*Rhodospririllum*）的深红红螺菌（*Rh. rubrum*），荚硫菌属（*Thiocapsa*）的桃红荚硫菌（*Th. roseopersicina*）。

二、光合细菌发酵制氢反应过程

光合细菌生物制氢的关键在于光合细菌本身，光合细菌在光照条件下可分解有机质产生氢气，终产物中氢气组成可达 60%以上[102]。一般而言，光合细菌产氢需要充足的光照和严格的厌氧条件，涉及光合作用、固氮作用、氢代谢、碳和氮代谢等过程。光合细菌体内参与氢代谢的酶主要有三种，即固氮酶、氢酶和可逆氢酶。其中，固氮酶主要在光合细菌产氢过程中起催化作用。光合细菌产氢不同于蓝藻、绿藻产氢，光合细菌只有一个光合作用中心，相当于蓝藻、绿藻的光合系统 PSⅠ，由于缺少藻类中起光解水作用的光合系统，所以只进行以有机物作为电子供体的不产氧光合作用[99]。

光合细菌产氢的大致过程是[100,102]：外源性有机物依次经过糖酵解途径（EMP）和三羧酸循环（TCA）生成质子、电子供体、ATP 和 CO，同时光合系统Ⅰ（PSⅠ）吸收光能，低能态的电子光反应中心受到光的激发产生高能态的电子。一部分高能态电子传递给铁氧化还原蛋白（Fd），铁氧化还原蛋白（Fd）又将这部分高能态电子传递给固氮酶；另一部分高能态电子则在电子链内传递，在 ATP 酶的作用下生成三磷酸腺苷（ATP）。固氮酶则利用高能态电子、质子和 ATP 生产氢气。光合细菌光合作用及电子传递的主要过程见图 9-3-13。

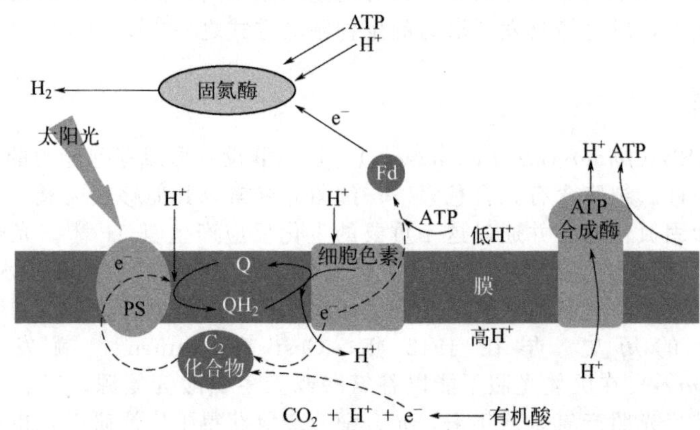

图 9-3-13 光合细菌细胞光合产氢过程电子传递示意图

光发酵的所有生物化学途径都可表示为方程式（9-3-21）[43]：

$$(CH_2O)_x \longrightarrow \text{铁氧还蛋白} \longrightarrow \text{固氮酶} \longrightarrow H_2 \quad (\text{铁氧还蛋白、固氮酶两步均由 ATP 驱动}) \tag{9-3-21}$$

属光营养细菌的紫色非硫细菌 PNS（*Photosynthetic purple non-sulfur bacteria*）可在厌氧且缺氮条件下以有机酸为底物生成氢气。以乳酸、苹果酸、琥珀酸和丁酸为底物时的最大产氢量如式（9-3-22）～式（9-3-25）所示[103]：

$$C_3H_6O_3 + 3H_2O \xrightarrow{\text{光能}} 6H_2 + 3CO_2 \quad \Delta rG' = +14.4\text{kJ/mol} \tag{9-3-22}$$

$$C_4H_6O_5 + 3H_2O \xrightarrow{\text{光能}} 6H_2 + 4CO_2 \quad \Delta rG' = +10.3\text{kJ/mol} \tag{9-3-23}$$

$$C_4H_6O_4 + 4H_2O \xrightarrow{\text{光能}} 7H_2 + 4CO_2 \quad \Delta rG' = +20.9\text{kJ/mol} \tag{9-3-24}$$

$$C_4H_8O_2 + 6H_2O \xrightarrow{\text{光能}} 10H_2 + 4CO_2 \quad \Delta rG' = +24.0\text{kJ/mol} \tag{9-3-25}$$

除有机酸外，单糖（如葡萄糖）和多糖（如淀粉）也可以用来产氢，其反应方程式为式（9-3-26），光营养细菌利用芳香族化合物产氢也已有研究。

$$C_6H_{12}O_6 + 6H_2O \longrightarrow 12H_2 + 6CO_2 \tag{9-3-26}$$

发酵产氢必须有 ATP 和细胞还原力的参与。其中 ATP 来自光合磷酸化，故光合细菌产氢所需的能量来源不受限制，因而其产氢效率高于厌养细菌的产氢效率。固氮产氢所需的还原力则由胞内 Fd 的水平决定，即在光照和 ATP 提供能量条件下，固氮酶接受 Fd 传递的高能态电子 e^-，将 H^+ 还原为 H_2，或者也把空气中的 N_2 转化生成 NH_4^+ 或氨基酸用于细胞生长，见式（9-3-27）和式（9-3-28）[6]。在缺氮但有光照的条件下，固氮酶催化反应式（9-3-22）～式（9-3-25）生成氢气和二氧化碳，所以氮的存在会抑制产氢过程。另外，铵可使固氮酶失活从而抑制产氢[104]。

$$N_2 + 12ATP + 6H^+ + 6e^- \longrightarrow 2NH_3 + 12ADP + 12Pi \tag{9-3-27}$$

$$2H^+ + 4ATP + 2e^- \longrightarrow H_2 + 4ADP + 4Pi \tag{9-3-28}$$

式中，ATP 为三磷酸腺苷；ADP 为二磷酸腺苷；Pi 为磷酸。

其电子转移方向为：电子供体→铁蛋白→钼铁蛋白→还原性底物。

此外，光合细菌还具有脱氮脱硫和光合产氢功能，在自然界的碳、氮、硫物质循环和能量流动中起着重要作用。

三、光合细菌发酵制氢过程控制

（一）发酵制氢影响因素

随着对光合细菌产氢机理的深入研究和对产氢过程的了解与认识，光合细菌生物制氢已逐渐由理论研究转向获取氢能的技术研究。对产氢影响因素的分析是氢能制取过程中提高产氢量、产氢速率、设计产氢最优工艺条件、改善产氢反应器设计的基础[105]。迄今为止，国内外很多学者已经深入研究了诸如光照度、温度、pH、接种量等各种不同条件对光合细菌的产氢影响。

1. 接种浓度及菌龄

光合细菌的接种浓度和菌龄对其产氢持续时间和产氢量都有很大的影响。一般来说生物量越高，产氢量也越高，但是过高的生物量对产氢会有负效应。张全国等[44]研究表明光合细菌接种量与氢气产量密切相关；当接种量小于 200%时，随着接种量的增加，氢气产量和产氢速率逐渐增加；接种量在 10%～100%时，产氢效果最好；当接种量增加到 200%时，产氢速率和氢气产量反而会降低。师玉忠[102]在光合细菌连续制氢工艺及相关机理研究中也指出过高的菌体浓度不仅会影响细胞的营养供给和产氢原料的供应，菌体的遮光效应还会影响深层细菌光能的获取，导致负效应。不同光合细菌及同一菌种不同初期活性所具有的酶系发育程度有所不同，表现在产氢能力上的不同，大多数学者研究认为选择处于对数生长期的菌种产氢效果最为理想。

2. 产氢底物及初始浓度

尽管光合细菌较喜欢有机酸（VFA）底物，但是培养基中充足的 C/N 比对于 H_2 的生产至关重要。*R. sphaeroides* O. U. 001 以 VFA 作底物，C/N 比为 7.5 时得到最大的 H_2 得率。氮作为蛋白质来源，谷氨酸盐或酵母提取物的添加都可以增加 H_2 产量[106]。

光合细菌制氢的核心问题是提高氢气的转化率，降低产氢成本。为了获得较低成本的产氢原料，国内外开展了对各种工业废弃物，例如酿酒厂废弃物、橄榄油厂废弃物、糖厂废弃物、乳制品厂废弃物、甘油、生活有机废水及工农业废弃物作产氢原料的研究，取得了显著的效果。Türkarslan 等[107]以牛奶厂的生产废水作产氢底物，发现生产废水中添加苹果酸盐后产氢效果良好。Singh 等[108]研究了以蔬菜淀粉、甘蔗汁和乳清为原料产氢的对比实验，还研究了果蔬市场废弃物产氢，结果表明果蔬废弃物产氢速率比合成培养基产氢速率提高了近 3 倍。然而，工业废水的使用也存在一些问题，如动物废水含有高浓度氨，深色废水会减小光穿透强度，以及废水中含有重金属、酚类和多环芳烃等高有机质或有毒化合物。因此，在 H_2 产生之前需要对底物进行预处理。因此，在通过 *R. sphaeroides* O. U. 001 从橄榄油厂废水（OMW）生产 H_2 的时候，采用臭氧或 Fenton 试剂的化学氧化以及紫外线光降解来防止基板的光吸收阴影。尽管这些预处理对 H_2 的生产提供了不合适的底物，但是，研究发现吸附是一种很好的预处理。使用黏土和沸石作为吸附剂，4%的 OMW 的产氢速率分别为 11mL/h 和 7mL/h[109]。

王永忠[110]研究了底物初始浓度对光合细菌产氢动力学特性的影响，并对光合细菌产氢得率和初始底物转化为氢气的效率进行比较，分析底物初始浓度对光合细菌产氢代谢的影响，实验发现底物初始浓度为 120mmol/L 时最适合光合细菌的产氢代谢，底物初始浓度达到 140mmol/L 时，光合细菌主要进行生物量合成和产酸代谢，得到各浓度梯度下的最大生物量，但对产氢代谢产生抑制作用，表明最大生物量与最大的产氢能力之间不成正比关系，以及光合细菌产 CO_2 机制与产氢机制不同；光合细菌最大比产氢活性表现在对数生长期，最大生物量出现在稳定期。实验证明，光合细菌对数生长期受底物浓度影响大，底物浓度低，最大生物量所对应的时间相对较早，底物浓度增大，最大生物量所对应的时间相对延后。

3. 光照

光照是光合细菌产氢的必备条件，光合产氢菌在黑暗处不产氢或仅有较低的产氢速率，光源、光照强度和光照时间对光合细菌制氢活性的影响很大。张全国等[111]对高效光合产氢菌群的研究显示：当光照强度小于 6000lx 时，随着光照强度的增大，产氢量和产氢速率逐渐增大；而当光照强度大于 8000lx 或小于 500lx 时，产氢量都会下降。田鑫等[112]用光合细菌生物膜反应器证明最佳光照度为 5000lx，过高或过低的底物浓度和光照度均对光合细菌产氢具有抑制作用；而光的波长对光合细菌产氢的最适底物浓度和最佳光照度均无影响。当光照度为 5000lx，波长为 590nm 时，反应器的产氢率达到最高，为 3.54mg/h。不同光源下光合产氢菌的生长情况和产氢能力有很大的差别，且与其吸收光谱间存在着良好的相关性，当提供给光合产氢菌其吸收峰附近及吸光度高的波段时，其各方面的指标都比较理想。然而，对于同一菌株，当改变其光源的光照波段时，其生理特性就会发生明显的改变。

4. 温度和 pH 值

在光合制氢过程中，环境温度和培养基的 pH 值均能影响产氢速率。培养基的 pH 值主要影响氢酶和固氮酶的活性，从而影响氢气的产量。孙琦等[113]研究表明：pH 值在 4～5 之间时，光合细菌基本不产氢或产氢量很小；光合细菌是典型的中性菌，最佳生长和产氢 pH 值在 6～8 之间，当 pH 值保持在 7 左右时产氢量最佳。温度对菌体的生长活性及产氢活性的影响也不容忽视，温度太高或过低都会对细菌产生不利影响。张全国等[44]以高效产氢光合细菌群为实验用菌种，研究了影响以葡萄糖为基质利用高效产氢光合菌群生产氢气的因素，得出高效产氢光合菌群产氢必须在光照、厌氧的条件下进行，高效产氢光合菌群的良好产氢工艺条件为：光照度 2000～6000lx，温度 28～34℃，pH 值 5～8，接种量 10%～100%。

5. 氮源种类及浓度

氮源的种类及其浓度对光合细菌产氢有很大的影响。光合细菌产氢主要是由固氮酶催化的，因而氮源对光合细菌产氢的影响主要体现在不同氮对固氮酶活性的影响上。NH_4^+ 的存在会抑制固氮酶的活性，光合产氢的活性亦受到 NH_4^+ 的阻遏与抑制。国内外在固氮酶产氢机理及固氮酶活性影响因素方面已有一定的认识和了解。张全国等[44]以高效产氢光合细菌群为实验用菌种，研究了影响以葡萄糖为基质利用高效产氢光合菌群生产氢气的因素，结果发现添加氮源对产氢效果没有显著的影响，但是添加谷氨酸的处理组，稳定产氢阶段的平均产氢速率略高于不加氮源的处理组，而添加尿素的处理组稳定产氢阶段产氢速率略低于不加氮源的处理组。反应瓶中若有氧气存在时会严重影响高效产氢菌群的产氢效果，不仅产氢开始较晚，而且结束较早。并得出由于猪粪中含有大量的有机氮，所以猪粪产氢具有较好的工程应用前景。文星等[114]证明不同氮源对光合产氢菌群产氢的影响并不是很明显，谷氨酸钠为光合细菌产氢提供了最佳氮源，且当谷氨酸钠的浓度为 2g/L 时，最佳产氢累积量为 300mL。Madden 等[115]研究发现，NH_4^+ 不论是对光合厌氧生长的菌体还是好氧生长的菌体均抑制固氮酶的生长活性。Scolnik 等[116]发现过量 NH_4^+ 抑制光合细菌产氢是由于 NH_4^+ 阻抑了固氮酶 nifHDK 的转录。

6. 金属离子

营养物质应满足微生物的生长、繁殖和完成各种生理活动的需要。它们的作用可概括为形成结构（参与细胞组成）、提供能量和调节作用（构成酶的活性和物质运输系统）。而无机营养物在微生物生长过程中有着至关重要的作用，是微生物生长必不可少的一类营养物质，它们在机体中的生理功能多样，其主要功能是：a. 构成细胞的组成成分；b. 作为酶的组成成分；c. 维持酶的活性；d. 调节细胞的渗透压、氢离子浓度和氧化还原电位；e. 作为某些自氧菌的能源。如铁作为酶活性中心的组成成分，对维持酶活性起着重要作用[44]。因此，优化产氢时必须考虑无机营养物的影响。其中，需求量较大（$10^{-4}\sim10^{-3}$mol/L）的磷、钾、钠等“微量元素”具有促进能量转移、调节细胞通透性等功能；需求量较小（$10^{-8}\sim10^{-6}$mol/L）的铁、锰、铜、钴等“微量元素”可作为辅酶因子。上述元素大多是以盐的形式来提供给微生物的，因此称它们为无机盐或矿质营养。这些无机盐是组成生命物质的必要成分，或是维持正常生命活动必需的，有些则是用于促进或抑制某些物质的产生[117]。

光合细菌的光合产氢是在光合磷酸化提供能量和有机物降解提供还原力条件下由固氮酶催化完成的。在此过程中，铁起着举足轻重的作用，因为与光合产氢有关的电子传递载体（铁氧还蛋白、细胞色素、铁醌）、固氮酶（铁钼蛋白和铁蛋白）、氢酶（NiFe 氢酶、Fe 氢酶）等都需要铁的参与。镍是组成光合细菌 NiFe 氢酶、CO 脱氢酶的重要活性物质。镍的研究多集中在对固氮酶和氢酶合成与活性的影响上[117]。刘雪梅等[118]指出在细胞水平上某些金属离子对产氢细菌的活性和数量有一定影响，并指出可通过投加二价铁离子来提高产氢发酵细菌氢酶与还原酶的比活性，从而提高其产氢活性达到提高产氢能力的目的。Xie 等[119]研究了不同的 Ni^{2+}（$0\sim100\mu$mol/L）、Fe^{2+}（$0\sim200\mu$mol/L）、Mg^{2+}（$0\sim15$mmol/L）对光合细菌乙酸型产氢的影响。结果表明，在合适的浓度范围内，Ni^{2+} 能够增大氢气生成速率和得率；Fe^{2+} 能够在发酵的 24～72h 内增大氢气得率；但是，较高浓度的 Ni^{2+} 和 Fe^{2+} 则会抑制细胞生长，影响产氢。

（二）光合细菌产氢过程优化

1. 高效产氢菌种的筛选和分离

筛选和改造高产氢气的菌株是光合生物制氢研究的基础，尽管光合细菌对产氢条件的要求要优于厌氧菌，但是，仍有必要通过光合优势高产菌株的筛选和改造来进一步提高产氢菌株的产氢能力。光合产氢菌株能从自然环境中获得，也可从人工环境中分离筛选得到，还可以通过基因工程技术和人工诱变来得到所需的基因缺陷菌株与诱变菌株。尤希凤[120]从养殖场、食品厂等废水中分离出多株能高效利用猪粪污水产氢的光合细菌。

2. 光合系统的改造和调控

提高太阳能转化效率是太阳能制氢的根本问题。与蓝细菌和绿藻相比，光合细菌对太阳光谱有较强的响应能力。在太阳辐射中，紫外线和可见光占太阳辐射的 48%，红外线占 50%。按 P700（1）吸收 700nm 可见光效率 50%计算，蓝细菌和绿藻将太阳能转化为化学能的比例只占到理论值的 10%～20%。光合细菌吸收可见光和红外线，如果能将这部分光作为光合制氢的辅助光，则可以提高太阳能全谱的能量转换效率。作为一种性能优良的吸光材料，光合细菌的光合制氢技术值得开发和应用[121]。

光合细菌光照条件下生长和产氢所需的 ATP 都是由光合磷酸化提供的，光照的形式以及强度对光合细菌的产氢具有显著影响，对光合反应器的研制也具有直接的指导意义。目前光合细菌制氢反应器多采用人工光源，能耗高，效率低，而太阳光源又太分散，难以满足规模化制氢的需要，通过遗传技术或诱变手段获得光合系统改进的突变株，降低光合细菌生长和产氢过程中对光的依赖性，选育具有光依赖性低、产氢效率高的高效生产菌株是未来光合产氢育种方面发展的一个重要方向。

3. 混合菌种发酵制氢

靠单一菌种实现规模化制氢是非常困难的，因为很多生物过程需要靠几种或多种菌种的协同作用来完成。采用多菌种联合制氢不仅可以提高制氢效率，使反应物得到彻底分解，还能提高氢气的产量，生物制氢的微生物混合培养或混合发酵已越来越受到人们的重视。张立宏[122]的研究表明：混合菌种比纯菌种表现出更高的产氢能力和更高的稳定性，且混合菌种较单一菌种的产氢条件更宽松。目前，较为典型的混合菌种发酵就是厌氧细菌与光合细菌的暗-光结合发酵体系，非光合细菌和光合细菌分别在各自的反应器中进行反应，易于控制它们分别达到最佳状态。这两种细菌的结合不仅减少了所需的光能，而且增加了氢气产量，同时也彻底分解了有机物[98,101]。

四、光合细菌制氢工艺及装置

尽管厌氧发酵是主要的制氢方法，但其存在能量回收率低、产氢率低、生产成本高等缺点。为了最大限度地提高产氢量和产氢速率，增大底物利用率，以及更好地发挥菌种间的协同作用，光合细菌制氢技术逐渐被人们关注和重视，它能将产氢与光能作用、有机物的去除有机地耦合在一起[98]。

（一）光合细菌培养方式

1. 分批培养（batch culture）

分批培养又称为分批发酵，是一种封闭式培养方式，即在一个密闭的培养系统内一次性投入有限的营养物质进行培养的方法。在培养过程中，随着微生物细胞的生长和产物的生成，培养基中的营养成分逐渐减少，直至底物耗完发酵结束，所以这是一种非恒态的培养方法。这种方法操作简单，周期短，染菌机会少，同时生产过程和产品质量容易掌握，因此，大多数光合细菌产氢均采用分批培养[103,123]。

2. 补料分批培养（fed-bach culture）

补料分批培养又称流加培养，即在分批培养过程的某些阶段间歇地或连续地补加新鲜培养基，以防养分的不足导致发酵过早结束，使菌体及其代谢产物的生产时间延长。补料分批培养可以维持发酵系统中很低的基质浓度，从而避免了底物抑制，并且减缓有毒代谢产物的不利影响，延长发酵时间，最终达到细胞的高密度培养，进而提高产物的发酵产量[124]。补料分批培养用于光合细菌产氢，可以增加发酵液中的细胞浓度，延长发酵周期，提高底物转化率和氢气产量[125]。因此，越来越多的研究人员开始重视把补料分批培养用于光合细菌制氢的研究。

3. 连续培养（continuous culture）

连续培养又称连续发酵，是指以恒定的流速向培养系统内不断地添加新鲜的培养基，同时以相同的流速排出部分培养液，从而使培养系统的体积基本保持恒定，使微生物在近乎恒定的状态下生长。连续培养与在封闭培养系统中的分批培养方式相反，是一种开放式的培养方式。Fascetti 等[126]以乳酸为底物采用二级连续培养的方式进行光合制氢，最佳的水力停留时间为15h，此时与单级连续培养相比，氢气产量提高了40%。

4. 细胞固定化培养（cell immobilization culture）

细胞固定化培养对光合细菌产氢过程也有显著的影响。通过细胞的固定化处理可消除氧气对固氮酶的抑制，防止渗透压对细胞的危害，能够提高产氢的稳定性，延长产氢时间[127]。其中以包埋法、物理吸附法、共价结合法、交联法等为代表的菌种固定化方法有利于简化处理工艺和操作、减少菌体流失进而提高菌种生物活性等，并能够增加菌种的耐氧性，消除氧气对固氮酶的抑制，增强菌种对 pH 的耐受力，易于大规模生产、稳定运行和便捷有效地控制，成为扩大生产的基础保障。结合国内外的研究成果，其较佳的工艺条件为：30～35℃，初始 pH 6.0～7.0，光照强度 4000～6000lx，保护气为氩气[93]。

（二）光合细菌生物反应器

光合细菌生物反应器（photobioreactor）是指设计有光源系统的主体为透明材料的一类特殊

的生物反应器，主要用于进行光合作用的光合细菌的细胞培养和产氢。在光发酵产氢过程中，光合细菌具有对光的依赖性、对 O_2 毒害作用的敏感性以及产氢代谢过程的复杂性，使得大规模光合生物制氢反应器的开发成为亟待攻克的难题[128]。光合细菌生物反应器是光合细菌生物制氢系统中的关键设备，它的研制是光合制氢技术由理论研究向实际应用转化的必要条件。目前，适合于光发酵制氢过程的光反应器的研制主要集中在反应器尺寸、几何构造、光源、采光材料，以及反应器的放大和连续运行的稳定性等方面。光合细菌生物反应器可分为开放式（跑道池、湖泊等）和密闭式（管状、柱形、平板、发酵罐等）两类[123,129]。其中，密闭式反应器的应用最广。这是因为光合制氢反应需要在厌氧光照的特定条件下进行，这就要求相适应的光反应器必须是一个密闭系统，且密闭式反应器还具有不受外界环境的干扰、不易染菌、产物得率高、培养条件(如温度、pH、ORP) 可控制等优点。因此，此章节重点讨论密闭式反应器的类型。图 9-3-14 给出了各类封闭光反应器的几何图。

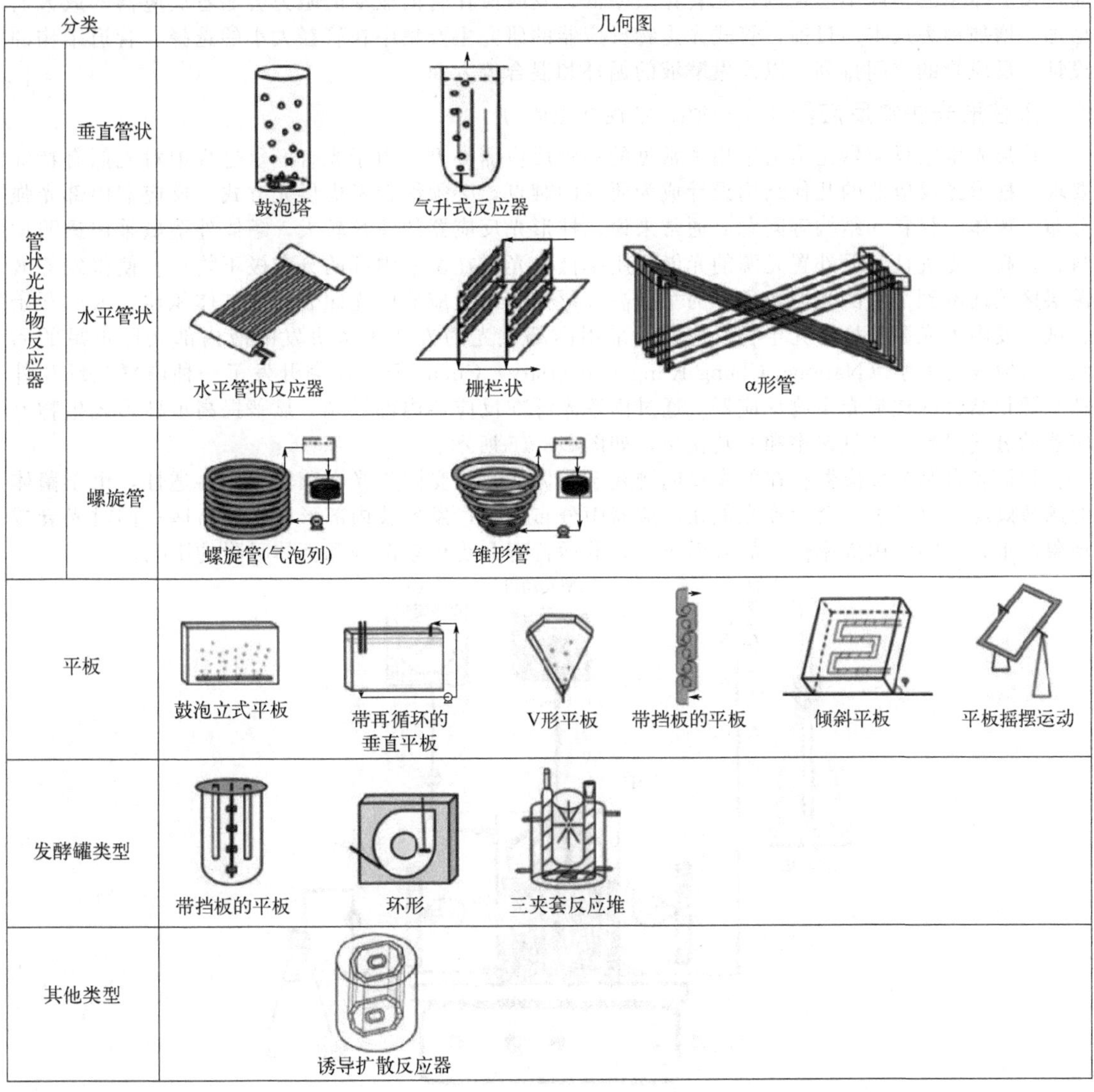

图 9-3-14　各类封闭光反应器的几何图

1. 管式光生物反应器（tubular reactors）

管式光生物反应器是由一根或多根透明材质的管道安装成螺旋式、跑道式或者环绕成圆筒状，然后用垂直、倾斜或平行交错等不同方式组装成完整的反应器，以便反应体系能最充分地利用光能，在空气升液器或循环泵的作用下使反应液在管道中循环流动。管式反应器的结构不同，可分为以下几大类[130]：a. 简单气举和受 CO_2 气泡搅动的气泡柱（垂直型）（vertical tubular reactors）；b. 水平管式反应器（horizontal tubular reactors），其中集光装置和气体交换装置是分开的；c. 螺旋管式反应器（helical tubular reactors），其建筑材料透明、柔韧且延展性好；d. α 形反应器。

对于管式光生物反应器来说，反应管直径大小的选择直接影响反应装置的光合制氢效率。如果选取的管径较大，光线在菌液中沿管径方向传递时由于管壁对光线的吸收、折射和散射等作用，以及菌体细胞对光的遮蔽效应，会产生严重的光衰减，容易在管径中心部位产生光照盲区；如果选取的管径过小，发酵液在管道中流动的阻力较大，且不利于气体的排出，容易形成气阻。管式光生物反应器的主要缺点在于：对材料要求严格，必须采取透光性能优良的材料；最佳的管径尺寸不易确定，且受限于管径尺寸，占地面积大，不利于反应器的放大；采光面同时作为散热面，反应体系的温度不易控制；光转化效率低；发酵液在管内流动的阻力会随着反应器的放大而增加，增加动力成本。目前，管式光生物反应器的研究主要集中在管径大小的选择、管道结构的设计、反应管的空间排列，以及发酵液的循环和混合等方面。

2. 柱形光生物反应器（cylindrical reactors）

柱形光生物反应器是最为常用和常见的一种反应器类型。由于光合产氢过程中对光照有特殊要求，柱形光反应器的几何结构设计成为研发的难点，必须综合考虑供光方式、反应器内部光强分布、罐体的材料和结构等问题。通常来说，柱形光反应器的体积较大，罐体外壁虽采用透明材料，提高了光透性，但外置光源的光能利用率低、光强在菌液内部的分布极不均一，使得发酵液深层区域达不到最优的光照条件。为了提高柱形光生物反应器的光照表面积与体积比，人们开始尝试开发内置光源的柱形光生物反应器，采用内部供光的方式来解决发酵液内部光照不足的问题。台湾成功大学（National Cheng Kung University）Chen 等[131]研究开发了一种内置光纤和外辅光源相结合的柱形光生物反应器，通过内置光纤在反应器内部供光，显著提高了柱形光生物反应器的氢气得率、产氢速率和光转化率，如图 9-3-15 所示。

柱形光合制氢反应器存在的主要问题在于柱体的直径受限于光在菌液中的穿透性，由于菌体的遮蔽效应，直径过大会导致光能在反应器中分布不均，发酵液内部形成光照盲区；同时光衰减现象严重，光能利用效率低，而且反应装置的运行寿命受色素沉积和菌体吸附的影响。

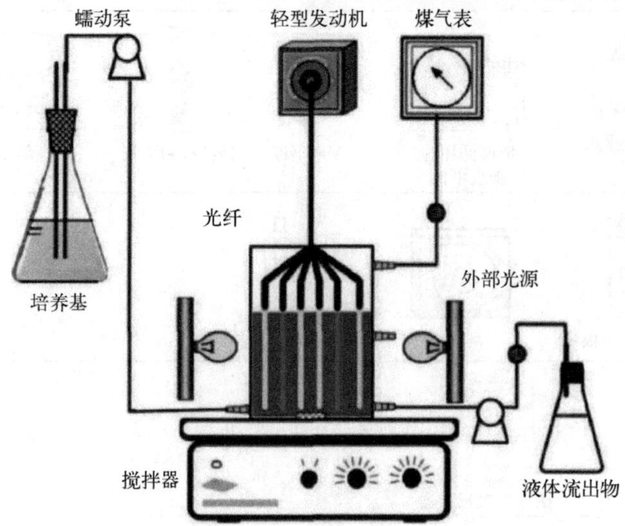

图 9-3-15 内置光纤与外辅光源相结合的柱形光生物反应器

3. 平板式光生物反应器（flat plate reactors）

一般而言，平板式光生物反应器是由一个或多个箱式、板式或槽式的反应单元组合而成的反应装置。这种反应器可以通过减小反应器厚度和采用双侧采光增加反应器光照面积与容积之比。采光面使用透光材料制作，如聚乙烯塑料或玻璃。平板式反应器结构简单、反应单元的排列形式灵活多样、便于控制和操作、易于放大氢气的生产速率和底物转化效率是检验产氢系统性能是否良好的标准，而反应器中光的遮蔽效应是影响氢气生产速率的原因之一。Hoekema 等[132]设计研发了一种具有气体自循环功能的平板式光生物反应器，如图 9-3-16 所示。该平板式光生物反应器由三聚碳酸酯材质的采光面和不锈钢框架构成，具有双层结构设计，内层为培养室，外层为夹套结构，以保温水在夹套中不断循环的方式来维持培养室内的温度恒定，同时将菌体自身产生的混合气体重新泵入反应器中以鼓泡的方式来实现反应体系内的充分混合，使底物和菌体细胞在反应器内分布均匀，也避免了 CO_2 脱离反应体系对光发酵产氢造成的不利影响。

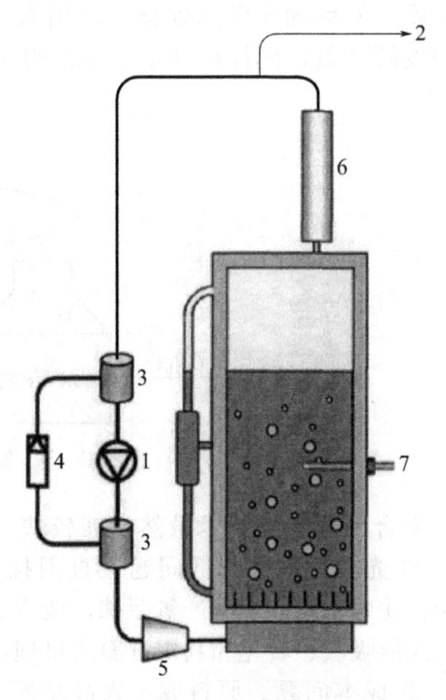

图 9-3-16　气体自循环平板式生物反应器

1—薄膜气泵；2—气体收集器；3—压力计；4—压力阀门；5—质量流量控制计；6—冷凝器；7—pH/氧化还原电极

平板式光合细菌制氢反应器存在的主要问题在于：光线受细胞遮蔽作用的限制，导致反应器厚度不能太大，厚度过大会造成反应装置光透性差，不利于光合产氢反应，因此反应器容积受到限制；大型的平板式产氢光生物反应器通常由于其高表面积体积比而很难进行机械混合，溶液在反应装置内的混合性比较差；若采用向反应体系中喷射惰性气体的方法来进行混合，这会增加下游氢气分离的难度和成本。目前平板式光生物反应器的研究主要集中在增加反应器的有效受光面积，提高光转化率以及通过对反应器内的结构优化来实现发酵液的搅拌混合等。

4. 发酵生物反应器（fermentor type of reactors）

针对异养生物的工业生物反应器已被改造并用作光生物反应器。在受控生物反应器中，与其他反应器类型相比，每个参数都可以被精确地监测和控制。它主要用于优化研究，但由于面积体积比较低，其放大受到限制。对于非常大体积的反应器，内部提供照明[130]。搅拌由叶轮（船用或带式）或磁力搅拌器（小单位）提供。它提供开放式天然气交换，但在扩大规模方面有许多限制。

（三）厌氧细菌发酵和光合细菌光发酵耦合发酵制氢

光合细菌光发酵制氢和厌氧细菌暗发酵制氢均有优缺点，厌氧细菌的暗发酵具有降解大分子有机物进行产氢的特性，因此其在生物转化可再生能源物质（如淀粉、纤维素及其降解产物等）生产氢能的研究中显示出独特的优势，如产氢速率快，且该产氢过程不受光照限制。但厌氧细菌暗发酵的底物转化效率低，不能彻底降解大分子底物，发酵液中仍有大量的小分子有机酸需要进一步处理，否则污染环境。光合细菌不能直接利用淀粉和纤维素等复杂的有机物，但它可以利用光能来克服小分子有机酸进一步分解所面临的正自由能阻碍，使有机酸得以彻底分解成 H_2O，释放出有机酸中所含的全部氢。将这两种细菌相结合进行生物制氢不仅减少了对光能的依赖，彻底分解了有机物，而且增加了氢气产量。因此，将厌氧细菌的暗发酵和光合细菌的光发酵耦合（图 9-3-17）[7]，发挥两者优势，互补缺点，是一种较理想的生物制氢方法。

Singh 等[108]验证了混合产氢途径的可行性，同时发现发酵菌和光合细菌耦合不仅提高了氢气产量，而且降低了光合细菌产氢所需的能量。Tao 等[133]探讨了暗发酵和光发酵耦合过程中，暗发酵的最佳起始 pH、预处理温度、C/N 比等发酵参数，验证了厌氧细菌暗发酵与光合细菌光发酵的耦合可以大大提高氢气的产量，并减少暗发酵产生的污水对环境的污染。Kim 等[134]通过两步法将暗发酵和光发酵耦合，利用 *Rhodobacter capsulatus* 等光合细菌以糖基、淀粉基或甘油为底物发酵产氢，同样提高了氢气的得率。

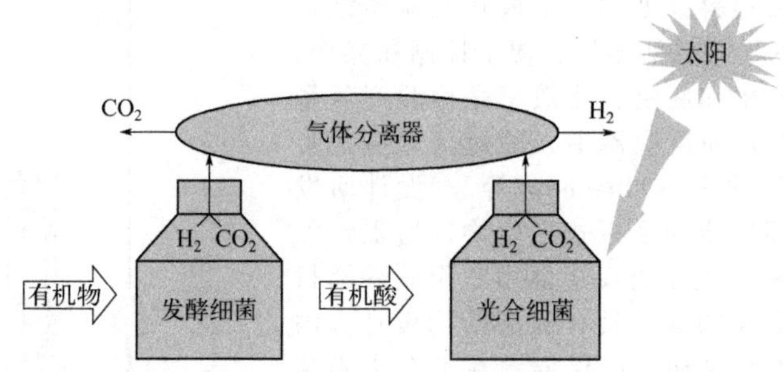

图 9-3-17　发酵细菌与光合细菌耦合产氢示意图

光合细菌制氢技术虽然发展较快，但光转化效率偏低和制氢成本较高限制了其产业化推广。

① 光转化效率偏低问题一直困扰着广大研究者。利用物理、化学或基因工程培育手段获取高光能转化效率的光发酵产氢菌株，或者针对不同的原料筛选高效产氢菌株，深入研究光能转化机制，包括光能吸收、转化和利用方面的机理，提高光能的利用率，以加快生物产氢的工业化进程。

② 成本问题。原料成本太高是所有种类的光合细菌产氢所面临的共同问题。成本问题制约了生物制氢技术的工业化应用。廉价底物的开发利用对降低生物制氢的成本至关重要。重点开展以工农业废水、城市污水、畜禽废水等可再生资源以及秸秆等含纤维素类生物质为原料进行光发酵或者光-暗结合产氢的研究，既可降低生产成本又可净化环境。

参考文献

[1] 陈冠益，高文学，马文超. 生物质制氢技术的研究现状与展望. 太阳能学报，2006，27（12）：1276-1284.

[2] 王艳辉，吴迪镛，迟建. 氢能及制氢的应用技术现状及发展趋势. 化工进展，2001，20（1）：6-8.

[3] Nikolaidis P，Poullikkas A. A comparative overview of hydrogen production processes. Renewable and Sustainable Energy Reviews，2017，67（jan.）：597-611.

[4] 戚峰. 生物质高效水解及发酵产氢的机理研究. 杭州：浙江大学，2007.

[5] 张建安，刘德华. 生物质能源利用技术. 北京：化学工业出版社，2010.

[6] 李旭. 光合细菌（Rhodobacter sphareroides）生物制氢及其光生物反应器研究. 上海：华东理工大学，2011.

[7] 刘荣厚. 生物质能工程. 北京：化学工业出版社，2009.

[8] 蒋建新. 生物质化学分析技术. 北京：化学工业出版社，2013.

[9] 蒋建新，卜令习，于海龙，等. 木糖型生物质炼制原理与技术. 北京：科学出版社，2013.

[10] 胡庆丽. 玉米秸秆厌氧发酵生物制氢放大实验研究. 郑州：郑州大学，2007.

[11] Acar C，Dincer I. Review and evaluation of hydrogen production options for better environment. Journal of Cleaner Production，2019，218：835-849.

[12] 王志远，艾斌. 氢气品质国内外标准比对研究. 中国标准化，2021（3）：194-198.

[13] Wang J，Yin Y. Fermentative hydrogen production using various biomass-based materials as feedstock. Renewable & Sustainable Energy Reviews，2018，92：284-306.

[14] 马忠. 生物质高效转化制氢研究. 上海：华东理工大学，2014.

[15] Tanksale A，Beltramini J N，Lu G. A review of catalytic hydrogen production processes from biomass. Renewable & Sustainable Energy Reviews，2010，14（1）：166-182.

[16] 郑安桥，张先中，苏亚欣. 生物质气化制氢研究现状. 能源与环境，2007（2）：72-75.

[17] 曹凌燕. 生物质水蒸气催化重整制富氢合成气的催化剂制备及性能研究. 北京：北京化工大学，2011.

[18] Lv P，Yuan Z，Wu C，et al. Bio-syngas production from biomass catalytic gasification. Energy Conversion & Management，2007，48（4）：1132-1139.

[19] 吕鹏梅，常杰，王铁军，等. 生物质气化过程催化剂应用研究进展. 环境工程学报，2005，6（5）：1-6.

[20] Corella J，Orío A，Aznar P. Biomass gasification with air in fluidized bed：reforming of the gas composition with commercial steam reforming catalysts. Industrial & Engineering Chemistry Research，1998，37（12）：4617-4624.

[21] Heo D H，Lee R，Hwang J H，et al. The effect of addition of Ca，K and Mn over Ni-based catalyst on steam reforming

of toluene as model tar compound. Catalysis Today，2016，265：95-102.

[22] Xu X，Zhang C，Liu Y，et al. Catalytic reforming of acetic acid as a model compound of bio-oil for hydrogen production over Ni-CeO_2-MgO/olivine catalysts. Environmental Progress & Sustainable Energy，2015，34（3）：915-922.

[23] Ni M，Leung D Y，Leung M K，et al. A review on reforming bio-ethanol for hydrogen production. International Journal of Hydrogen Energy，2007，32（15）：3238-3247.

[24] Kimura T，Miyazawa T，Nishikawa J，et al. Development of Ni catalysts for tar removal by steam gasification of biomass. Applied Catalysis B Environmental，2006，68（3-4）：160-170.

[25] 王荣静，李爱民，高宁博，等. 松木屑水蒸气催化气化制氢及其大物料量气化动力学研究. 太阳能学报，2009，30（9）：1240-1245.

[26] 郭建维，宋晓锐，崔英德. 流化床反应器中生物质的催化裂解气化研究. 燃料化学学报，2001，29（4）：319-322.

[27] Tomishige K，Miyazawa T，Asadullah M，et al. Catalyst performance in reforming of tar derived from biomass over noble metal catalysts. Green Chemistry，2003，5（4）：399-403.

[28] Ma Z，Zhang S，Xie D. A novel integrated process for hydrogen production from biomass. International Journal of Hydrogen Energy，2014，39（3）：1274-1279.

[29] Mudhoo A，Torres-Mayanga P C，Forster-Carneiro T，et al. A review of research trends in the enhancement of biomass-to-hydrogen conversion. Waste Management，2018，79：580-594.

[30] Guo Y，Wang S，Xu D，et al. Review of catalytic supercritical water gasification for hydrogen production from biomass. Renewable and Sustainable Energy Reviews，2010，14（1）：334-343.

[31] Antal M J，Allen S G，Schulman D，et al. Biomass gasification in supercritical water. Industrial & Engineering Chemistry Research，2000，39（11）：4040-4053.

[32] 郝小红，郭烈锦. 超临界水中湿生物质催化气化制氢研究评述. 化工学报，2002，53（3）：221-228.

[33] Safari F，Javani N，Yumurtaci Z. Hydrogen production via supercritical water gasification of almond shell over algal and agricultural hydrochars as catalysts. International Journal of Hydrogen Energy，2018，43（2）：1071-1080.

[34] 魁彦萍. 生物质热裂解制氢的试验研究及机理分析. 杭州：浙江工业大学，2012.

[35] Salam M A，Ahmed K，Akter N，et al. A review of hydrogen production via biomass gasification and its prospect in Bangladesh. International Journal of Hydrogen Energy，2018，43（32）：14944-14973.

[36] 贾爽，应浩，孙云娟，等. 生物质水蒸气气化制取富氢合成气及其应用的研究进展. 化工进展，2018，37（2）：497-504.

[37] 雷学军，罗梅健. 生物质能转化技术及资源综合开发利用研究. 中国能源，2010，32（1）：22-28.

[38] Lv P，Xiong Z，Wang T，et al. Biomass gasfication in a fluiidize bed toproduce hydrogen rich gas. Energy & Fuels，2003，17（3）：677-682.

[39] Turn S，Kinoshita C，Zhang Z，et al. An experimental investigation of hydrogen production from biomass gasification. International Journal of Hydrogen Energy，1998，23（8）：641-648.

[40] Rapagnà S，Jand N，Foscolo P. Catalytic gasification of biomass to produce hydrogen rich gas. International Journal of Hydrogen Energy，1998，23（7）：551-557.

[41] Kersten S R，Prins W，Van der Drift B，et al. Principles of a novel multistage circulating fluidized bed reactor for biomass gasification. Chemical Engineering Science，2003，58（3-6）：725-731.

[42] Shen L，Gao Y，Xiao J. Simulation of hydrogen production from biomass gasification in interconnected fluidized beds. Proceedings of the Csee，2008，32（2）：120-127.

[43] 柯水洲，马晶伟. 生物制氢研究进展（Ⅰ）产氢机理与研究动态. 化工进展，2006，25（9）：1001-1005.

[44] 张全国，尤希凤，张军合. 生物制氢技术研究现状及其进展. 生物质化学工程，2006a，40（1）：27-31.

[45] Zhao L，Cao G L，Wang A J，et al. Evaluation of continuous biohydrogen production from enzymatically treated cornstalk hydrolysate. International Journal of Hydrogen Energy，2013，38（35）：15100-15104.

[46] Xu J，Deshusses M，et al. Fermentation of swine wastewater-derived duckweed for biohydrogen production. International Journal of Hydrogen Energy，2015，40（22）：7028-7036.

[47] Gonzales R R，Sivagurunathan P，Parthiban A，et al. Optimization of substrate concentration of dilute acid hydrolyzate of lignocellulosic biomass in batch hydrogen production. International Biodeterioration & Biodegradation，2016，113：22-27.

[48] Han H，Wei L，Liu B，et al. Optimization of biohydrogen production from soybean straw using anaerobic mixed bacteria. International Journal of Hydrogen Energy，2012，37（17）：13200-13208.

[49] Cao G L，Guo W Q，Wang A J，et al. Enhanced cellulosic hydrogen production from lime-treated cornstalk wastes using thermophilic anaerobic microflora. International Journal of Hydrogen Energy，2012，37（17）：13161-13166.

[50] Zhi Z，Wang H. White-rot fungal pretreatment of wheat straw with Phanerochaete chrysosporium for biohydrogen production：Simultaneous saccharification and fermentation. Bioprocess & Biosystems Engineering，2014，37（7）：

1447-1458.

[51] Pattra S, Sangyoka S, Boonmee M, et al. Bio-hydrogen production from the fermentation of sugarcane bagasse hydrolysate by *Clostridium butyricum*. International Journal of Hydrogen Energy, 2008, 33 (19): 5256-5265.

[52] Panagiotopoulos I, Bakker R, De Vrije T, et al. Pretreatment of sweet sorghum bagasse for hydrogen production by *Caldicellulosiruptor saccharolyticus*. International Journal of Hydrogen Energy, 2010, 35 (15): 7738-7747.

[53] Benemann J R. The technology of biohydrogen. BioHydrogen, Springer, 1998: 19-30.

[54] Bundhoo M Z, Mohee R, Hassan M A. Effects of pre-treatment technologies on dark fermentative biohydrogen production: A review. Journal of Environmental Management, 2015, 157: 20-48.

[55] Ueno Y, Kawai T, Sato S, et al. Biological production of hydrogen from cellulose by natural anaerobic microflora. Journal of fermentation and bioengineering, 1995, 79 (4): 395-397.

[56] 李珊珊. 微生物厌氧发酵产氢及其培养基优化研究. 西安：西北大学，2009.

[57] M T 马迪根，杨文博. 微生物生物学. 8 版. 北京：科学出版社，2001.

[58] 李冬敏，陈洪章，李佐虎. 生物制氢技术的研究进展. 生物技术通报，2003 (4): 1-5.

[59] Sołowski G, Shalaby M S, Abdallah H, et al. Production of hydrogen from biomass and its separation using membrane technology. Renewable and Sustainable Energy Reviews, 2018, 82: 3152-3167.

[60] Hallenbeck P C, Ghosh D. Advances in fermentative biohydrogen production: The way forward? Trends in Biotechnology, 2009, 27 (5): 287-297.

[61] Pradhan N, Dipasquale L, d'Ippolito G, et al. Kinetic modeling of fermentative hydrogen production by Thermotoga neapolitana. International Journal of Hydrogen Energy, 2016, 41 (9): 4931-4940.

[62] Trchounian K, Trchounian A. Hydrogen production from glycerol by *Escherichia coli* and other bacteria: An overview and perspectives. Applied Energy, 2015, 156: 174-184.

[63] Gomez X, Moran A, Cuetos M, et al. The production of hydrogen by dark fermentation of municipal solid wastes and slaughterhouse waste: A two-phase process. Journal of Power Sources, 2006, 157 (2): 727-732.

[64] Kotay S M, Das D J. Novel dark fermentation involving bioaugmentation with constructed bacterial consortium for enhanced biohydrogen production from pretreated sewage sludge. International Journal of Hydrogen Energy, 2009, 34 (17): 7489-7496.

[65] Mandal B, Nath K, Das D. Improvement of biohydrogen production under decreased partial pressure of H_2 by Enterobacter cloacae. Biotechnology Letters, 2006, 28 (11): 831-835.

[66] Melis A J. Green alga hydrogen production: Progress, challenges and prospects. International Journal of Hydrogen Energy, 2002, 27 (11): 1217-1228.

[67] Polle J E, Kanakagiri S, Jin E, et al. Truncated chlorophyll antenna size of the photosystems-a practical method to improve microalgal productivity and hydrogen production in mass culture. International Journal of Hydrogen Energy, 2002, 27 (11-12): 1257-1264.

[68] Kargi F, Eren N S, Ozmihci S. Hydrogen gas production from cheese whey powder (CWP) solution by thermophilic dark fermentation. International Journal of Hydrogen Energy, 2012, 37 (3): 2260-2266.

[69] del Pilar Anzola-Rojas M, da Fonseca S G, da Silva C C, et al. The use of the carbon/nitrogen ratio and specific organic loading rate as tools for improving biohydrogen production in fixed-bed reactors. Biotechnology Reports, 2015, 5 (1): 46-54.

[70] Argun H, Kargi F, Kapdan I K, et al. Biohydrogen production by dark fermentation of wheat powder solution: Effects of C/N and C/P ratio on hydrogen yield and formation rate. International Journal of Hydrogen Energy, 2008, 33 (7): 1813-1819.

[71] Wang J, Wan W. Factors influencing fermentative hydrogen production: A review. International Journal of Hydrogen Energy, 2009, 34 (2): 799-811.

[72] Zhang Y, Shen J. Effect of temperature and iron concentration on the growth and hydrogen production of mixed bacteria. International Journal of Hydrogen Energy, 2006, 31 (4): 441-446.

[73] Wang J, Wan W. Influence of Ni^{2+} concentration on biohydrogen production. Bioresource Technology, 2008, 99 (18): 8864-8868.

[74] Azbar N, Dokgöz F T Ç, Peker Z. Optimization of basal medium for fermentative hydrogen production from cheese whey wastewater. International Journal of Green Energy, 2009, 6 (4): 371-380.

[75] Fang H H, Liu H. Effect of pH on hydrogen production from glucose by a mixed culture. Bioresource Technology, 2002, 82 (1): 87-93.

[76] Ren N, Wang B, Huang J. Ethanol-type fermentation from carbohydrate in high rate acidogenic reactor. Biotechnology and Bioengineering, 1997, 54 (5): 428-433.

[77] Lay J J. Modeling and optimization of anaerobic digested sludge converting starch to hydrogen. Biotechnology &

Bioengineering，2015，68（3）：269-278.
[78] Hwang M H，Jang N J，Hyun S H，Anaerobic bio-hydrogen production from ethanol fermentation：The role of pH. Journal of Biotechnology，2004，111（3）：297-309.
[79] Khanal S K，Chen W H，Li L，et al. Biological hydrogen production：Effects of pH and intermediate products. International Journal of Hydrogen Energy，2004，29（11）：1123-1131.
[80] Zhu J，Li Y，Wu X，et al. Swine manure fermentation for hydrogen production. Bioresource Technology，2009，100（22）：5472-5477.
[81] Wu K J，Chang J S. Batch and continuous fermentative production of hydrogen with anaerobic sludge entrapped in a composite polymeric matrix. Process Biochemistry，2007，42（2）：279-284.
[82] Oh S E，Iyer P，Bruns M A，et al. Biological hydrogen production using a membrane bioreactor. Biotechnology & Bioengineering，2010，87（1）：119-127.
[83] Hallenbeck P C. *Microbial technologies in advanced biofuels production*. Springer，2012.
[84] Ghimire A，Frunzo L，Pirozzi F，et al. A review on dark fermentative biohydrogen production from organic biomass：Process parameters and use of by-products. Applied Energy，2015，144：73-95.
[85] Rulkens W. Sewage sludge as a biomass resource for the production of energy：Overview and assessment of the various options. Energy & Fuels，2008，22（1）：9-15.
[86] Cai M，Liu J，Wei Y. Enhanced biohydrogen production from sewage sludge with alkaline pretreatment. Environmental Science and Technology，2004，38（11）：3195-3202.
[87] Yang G，Zhang G，Wang H. Current state of sludge production，management，treatment and disposal in China. Water Research，2015，78：60-73.
[88] Dufreche S，Hernandez R，French T，et al. Extraction of lipids from municipal wastewater plant microorganisms for production of biodiesel. Journal of the American Oil Chemists' Society，2007，84（2）：181-187.
[89] Ren N Q，Guo W Q，Wang X J，et al. Effects of different pretreatment methods on fermentation types and dominant bacteria for hydrogen production. International Journal of Hydrogen Energy，2008，33（16）：4318-4324.
[90] Kim M，Liu C，Noh J W，et al. Hydrogen and methane production from untreated rice straw and raw sewage sludge under thermophilic anaerobic conditions. International Journal of Hydrogen Energy，2013，38（21）：8648-8656.
[91] Park J I，Lee J，Sim S J，et al. Production of hydrogen from marine macro-algae biomass using anaerobic sewage sludge microflora. Biotechnology & Bioprocess Engineering，2009，14（3）：307-315.
[92] Uggetti E，Sialve B，Trably E，et al. Integrating microalgae production with anaerobic digestion：A biorefinery approach. Biofuels Bioproducts & Biorefining，2014，8（4）：516-529.
[93] 吴梦佳，隋红，张瑞玲.生物发酵制氢技术的最新研究进展.现代化工，2014，34（5）.
[94] 李永峰，任南琪，丁杰，等.生物制氢：Ⅱ.工程应用问题.地球科学进展，2004，19（S1）：147-152.
[95] Bakonyi P，Nemestóthy N，Simon V，et al. Review on the start-up experiences of continuous fermentative hydrogen producing bioreactors. Renewable & Sustainable Energy Reviews，2014，40：806-813.
[96] Łukajtis R，Hołowacz I，Kucharska K，et al. Hydrogen production from biomass using dark fermentation. Renewable & Sustainable Energy Reviews，2018，91：665-694.
[97] Li C，Fang H. Fermentative hydrogen production from wastewater and solid wastes by mixed cultures. Critical Reviews in Environmental Science & Technology，2007，37（1）：1-39.
[98] Hallenbeck P C，Liu Y J. Recent advances in hydrogen production by photosynthetic bacteria. International Journal of Hydrogen Energy，2016，41（7）：4446-4454.
[99] 王毅.光合细菌产氢基质代谢实验研究.郑州：河南农业大学，2009.
[100] Gest H，Kamen M D. Photoproduction of molecular hydrogen by Rhodospirillum rubrum. Science，1949，109（2840）：558-559.
[101] Mishra P，Krishnan S，Rana S，et al. Outlook of fermentative hydrogen production techniques：An overview of dark，photo and integrated dark-photo fermentative approach to biomass. Energy Strategy Reviews，2019，24：27-37.
[102] 师玉忠.光合细菌连续制氢工艺及相关机理研究.郑州：河南农业大学，2008.
[103] Tao Y，He Y，Wu Y，et al. Characteristics of a new photosynthetic bacterial strain for hydrogen production and its application in wastewater treatment. International Journal of Hydrogen Energy，2008，33（3）：963-973.
[104] Zhu H，Suzuki T，Tsygankov A A，et al. Hydrogen production from tofu wastewater by Rhodobacter sphaeroides immobilized in agar gels. International Journal of Hydrogen Energy，1999，24（4）：305-310.
[105] 张全国，王毅.光合细菌生物制氢技术研究进展.农业机械学报，2013，44（6）：156.
[106] Eroğlu İ，Aslan K，Gündüz U，et al. Continuous hydrogen production by *Rhodobacter sphaeroides* OU 001. Biohydrogen，Springer，1998：143-149.
[107] Türkarslan S，Yigit D Ö，Aslan K，et al. Photobiological hydrogen production by *Rhodobacter sphaeroides* O. U. 001

by utilization of waste water from milk industry. BioHydrogen，Springer，1998.

[108] Singh S，Srivastava S，Pandey K. Hydrogen production by Rhodopseudomonas at the expense of vegetable starch，sugarcane juice and whey. International Journal of Hydrogen Energy，1994，19（5）：437-440.

[109] Erog Lu E，Erog Lu I，Gündüz U，et al. Comparison of physicochemical characteristics and photofermentative hydrogen production potential of wastewaters produced from different olive oil mills in Western-Anatolia，Turkey. Biomass & Bioenergy，2009，33（4）：706-771.

[110] 王永忠. 底物初始浓度对光合细菌产氢动力学特性的影响. 环境工程学报，2007，1（7）：125-129.

[111] 张全国，师玉忠，张军合，等. 太阳光谱对光合细菌生长及产氢特性的影响研究. 太阳能学报，2007，28（10）：1135-1139.

[112] 田鑫，廖强，张攀，等. 光合细菌生物膜制氢反应器的产氢特性. 太阳能学报，2008，29（12）：1553-1557.

[113] 孙琦，徐向阳，焦杨文. 光合细菌产氢条件的研究. 微生物学报，1995（1）：65-73.

[114] 文星，秦芳玲. 光合细菌利用废水分批产氢的影响因子实验研究. 环境影响评价，2018，40（3）：92-96.

[115] Madden M S，Paustian T D，Ludden P W，et al. Effects of homocitrate，homocitrate lactone，and fluorohomocitrate on nitrogenase in NifV- mutants of *Azotobacter vinelandii*. Journal of Bacteriology，1991，173（17）：5403-5405.

[116] Scolnik P A，Virosco J，Haselkorn R，et al. The wild-type gene for glutamine synthetase restores ammonia control of nitrogen fixation to Gln-（glnA）mutants of *Rhodopseudomonas capsulat*a. Journal of Bacteriology，1983，155（1）：180-185.

[117] 陈蕾，王毅，胡建军，等. 铁离子对光合细菌产氢过程的影响. 太阳能学报，2013，34（2）：353-356.

[118] 刘雪梅，任南琪，宋福南. 微生物发酵生物制氢研究进展. 太阳能学报，2008，29（5）：544-549.

[119] Xie G J，Liu B F，Xing D F，et al. The kinetic characterization of photofermentative bacterium *Rhodopseudomonas faecalis* RLD-53 and its application for enhancing continuous hydrogen production. International Journal of Hydrogen Energy，2012，37（18）：13718-13724.

[120] 尤希凤. 光合产氢菌群的筛选及其利用猪粪污水产氢因素的研究. 郑州：河南农业大学，2005.

[121] 杨素萍，赵春贵，李建波，等. 高效选育产氢光合细菌的研究. 山东大学学报（理学版），2002，37（4）：353-358.

[122] 张立宏. 混合菌种生物技术（MCB）光合产氢的试验研究. 杭州：浙江大学，2008.

[123] Li X，Wang Y H，Zhang S L，et al. Enhancement of phototrophic hydrogen production by Rhodobacter sphaeroides ZX-5 using a novel strategy-shaking and extra-light supplementation approach. International Journal of Hydrogen Energy，2009，34（24）：9677-9685.

[124] Soletto D，Binaghi L，Ferrari L，et al. Effects of carbon dioxide feeding rate and light intensity on the fed-batch pulse-feeding cultivation of Spirulina platensis in helical photobioreactor. Biochemical Engineering Journal，2008，39（2）：369-375.

[125] Ren N Q，Liu B F，Zheng G X，et al. Strategy for enhancing photo-hydrogen production yield by repeated fed-batch cultures. International Journal of Hydrogen Energy，2009，34（18）：7579-7584.

[126] Fascetti E，Todini O. Rhodobacter sphaeroides RV cultivation and hydrogen production in a one-and two-stage chemostat. Applied Microbiology and Biotechnology，1995，44（3-4）：300-305.

[127] 徐向阳. 固定化光合细菌利用有机物产氢的研究. 生物工程学报，1994，10（4）：362-368.

[128] 李德峰，周雪花，李刚，等. 光合细菌制氢试验装置及其技术研究进展. 生物质化学工程，2009，43（4）：56-61.

[129] Dasgupta C N，Gilbert J J，Lindblad P，et al. Recent trends on the development of photobiological processes and photobioreactors for the improvement of hydrogen production. International Journal of Hydrogen Energy，2010，35（19）：10218-10238.

[130] Carvalho A，Meireles L，Malcata F. Microalgal reactors：A review of enclosed system designs and performances. Biotechnology Progress，2010，22（6）：1490-1506.

[131] Chen C，Lee C，Chang J. Hydrogen production by indigenous photosynthetic bacterium *Rhodopseudomonas palustris* WP3-5 using optical fiber-illuminating photobioreactors. Biochemical Engineering Journal，2006，32（1）：33-42.

[132] Hoekema S，Bijmans M，Janssen M，et al. A pneumatically agitated flat-panel photobioreactor with gas re-circulation：Anaerobic photoheterotrophic cultivation of a purple non-sulfur bacterium. International Journal of Hydrogen Energy，2002，27（11-12）：1331-1338.

[133] Tao Y，Chen Y，Wu Y，et al. High hydrogen yield from a two-step process of dark-and photo-fermentation of sucrose. International Journal of Hydrogen Energy，2007，32（2）：200-206.

[134] Kim M S，Baek J S，Yun Y S，et al. Hydrogen production from *Chlamydomonas reinhardtii* biomass using a two-step conversion process：Anaerobic conversion and photosynthetic fermentation. International Journal of Hydrogen Energy，2006，31（6）：812-816.

（蒋建新，游艳芝，王堃）

第四章　生物质成型燃料

生物质成型燃料是指利用成型设备将农林废弃物等生物质压缩获得的颗粒状、块状或棒状的固体燃料，具有使用方便、清洁环保、燃烧效率高、便于储存和运输等优点，既能用于农村居民的炊事取暖，又能用于城镇供热、发电等，是生物质能利用的主要方向之一。

生物质成型燃料的开创源于人们以煤粉为原料借助压力制成型煤的实践。早在1900年，日本就已开始研究用于替代木材的煤粉压缩成型技术，该技术的目的是提高粉煤的利用率和燃烧效率。而与粉煤不同，农林残余物等生物质容积大、热值低，直接燃烧效率较低，且由于燃烧不充分，容易造成环境污染。为解决该问题，众多国家相继开始进行生物质压缩成型研究。

美国是研制生物质成型燃料较早的国家。20世纪30年代，美国就已开始生物质致密成型技术的研发，成功研制出螺旋成型机并用于商业化。日本生物质成型燃料的研发也较早，但其生物质燃料致密成型技术经历了引进、消化吸收、再创造的过程。1948年，日本申报了第一项以木屑为原料制备棒状成型燃料的专利，并于50年代初完成了商品化棒状成型机的研制，随后于60年代率先成立木质成型燃料行业协会。

20世纪70年代以来，随着全球性石油危机的冲击及人们环保意识的提高，世界各国逐渐认识到生物质能高效转换的重要性，纷纷投入大量资金用于生物质成型燃料的研究和开发，生物质成型燃料及相关固化成型技术也得到迅速发展。70年代初，美国成功开发内压滚筒式颗粒成型机，年生产颗粒成型燃料80万吨，至1985年，其年产成型燃料达200万吨以上，而在20世纪末，美国已在25个州兴建了日产量250～300t的树皮成型燃料加工厂。日本的生物质成型燃料的生产能力也增加迅速，至1982年，日本棒状成型燃料的年生产能力已达20万吨。同一时期，欧洲的荷兰、瑞典、比利时、芬兰、丹麦等国也开发了冲压式成型机及配套的燃烧设备，依靠国内生物质资源优势，这些国家的生物质成型燃料发展迅速，截至2006年，仅瑞典就有生物质成型燃料加工企业10余家，年产生物质成型燃料超过200万吨。总体来看，目前日本、美国、欧洲等发达国家（地区）的生物质致密成型技术已经发展得相当成熟。

与欧洲、美国、日本等发达国家（地区）不同，多数发展中国家生物质成型燃料的起步相对较晚，发展相对落后。20世纪80年代，泰国、印度、韩国、菲律宾等国家才开始出现生物质固化、碳化专业生产工厂。我国生物质压缩成型技术起步也较晚，20世纪70年代中期，中国林业科学研究院林产化学工业研究所开始开展生物质成型技术研究；1985年湖南省衡阳市粮食机械厂研制出我国第一台生物质压缩成型机；1990年，中国林业科学研究院林产化学工业研究所研发出木质棒状成型燃料的相关技术与装备，1998年，完成了我国第一台环模颗粒成型机；2000年以后，生物质固体成型技术才得到迅速发展。近几年，随着经济的快速发展以及政府对发展生物质能源的高度重视，我国生物质成型燃料技术已趋向成熟，国产成型设备已实现了商业化，并出口到印度尼西亚、马来西亚、埃塞俄比亚等众多国家。

生物质成型燃料价格低廉、加工技术日趋成熟，其消费量及市场认可度逐年升高。据欧洲生物质协会（AEBIOM）统计，截至2017年，不含我国在内的全球生物质成型燃料消费总量约为3200万吨，其中欧洲消费占总量的75%。我国自2000年逐步形成产业，年产生物质成型燃料约800万吨，截至2017年，我国生物质固体成型燃料年产量已达1500万吨，2020年生物质成型燃料规划利用规模达3000万吨。但与欧洲国家主要消费木质成型燃料不同，我国的成型燃料存在木质与秸秆类成型燃料并存的局面。

生物质成型燃料挥发分含量高，且主要为低分子量碳氢化合物，这导致其燃烧性能与煤炭存在较大差异，因此深入分析生物质成型燃料的燃烧特性是当前生物质成型燃料相关研究的热点，也是设计高效生物质成型燃料燃烧设备、提高燃烧效率、减少污染的重要依据。另外，随着生物质成型燃料使用量增加、使用时间延长，燃烧成型燃料造成的锅炉受热面积灰、腐蚀现象日益突出，通过对生物质原料灰分与沉积物组成分析，人们已对灰分沉积及腐蚀机理有了较为深入的认识，当前已从原料预处理、混合燃烧、外加剂、燃烧设备材质及结构方面对成型燃料锅炉进行改进。

当然，作为以分散生物质为原料的可再生能源，成型燃料到达消费终端，中间需经历原料收集、贮运、加工成型、销售等诸多环节，其中原料收集困难、用户认知度低、市场销售渠道混乱等仍是制约成型燃料快速发展的关键问题，因此借助大数据、云计算等互联网平台及现代物联网体系，有望真正构建基于效益的供应链模型。此外，生物质成型燃料已在农村炊事供暖、工业供热、发电及热电联产等领域逐渐得到广泛应用，虽仍存在设备先进性有待提升、能源利用效率低下等问题，但总体上看，生物质成型燃料作为可再生能源，对于推动实现碳中和具有重要意义。可以预见，随着“双碳”战略的推进，生物质成型燃料迅速发展的又一个春天正在到来。

第一节　生物质成型燃料应用基础理论

一、生物质成型燃料的特点

自然状态下，生物质堆积密度小、能量密度及热效率相对较低、贮存运输不便，导致直接燃烧利用受到较大限制。为解决这一问题，人们尝试将原本松散分布的没有固定形状的生物质借助一定的温度及压力压制成特定形状的固体，该过程称为生物质固体成型，又称生物质致密成型，采用固化成型技术获得的燃料称为生物质成型燃料[1]。

在外力作用下，生物质成型燃料通常被压缩为棒状、颗粒状或块状。表 9-4-1 为我国《生物质固体成型燃料技术条件》（NY/T 1878—2010）对生物质成型燃料的基本性能要求及辅助性能指标要求。

表 9-4-1　生物质固体成型燃料基本性能要求及辅助性能指标要求

项目	颗粒成型燃料		棒(块)状成型燃料	
	主要原料为草本类	主要原料为木本类	主要原料为草本类	主要原料为木本类
直径或横截面最大尺寸/mm	≤25	≤25	>25	>25
长度/mm	≤4D	≤4D	≤4D	≤4D
成型燃料密度/(kg/m^3)	≥1000	≥1000	≥1000	≥1000
含水率/%	≤13	≤13	≤16	≤16
灰分含量/%	≤10	≤6	≤12	≤6
低位发热量/(MJ/kg)	≥13.4	≥16.9	≥13.4	≥16.9
破碎率/%	≤5			
硫含量/%	≤0.2			
氯含量/%	≤0.8			
钾含量/%	≤1			
添加剂含量/%	≤2,无毒、无害、无味			

注：D 为固体成型燃料的直径或横截面最大尺寸。

与未加工的生物质相比，压缩成型后生物质的体积可缩小到原来的 1/8～1/6，密度≥1000kg/m^3，能量密度迅速升高，基本相当于中热值煤[2]。而与煤等化石燃料相比，生物质成型燃料还具有以下特性。

1. 清洁燃烧

成型燃料主要以秸秆、木屑、树枝等农林残余物及有机固体废弃物为原料，其S含量较低，因此燃烧过程中SO_2排放量较少，有利于减少空气污染[3]。成型燃料的灰分含量一般少于3%，因此燃烧过程中形成的飞灰少。另外，成型燃料燃烧形成的少量灰分主要为K、Ca、Mg，基本不含As、Hg、V、Pb、Zn、Se、Co、Ni、Cr等重金属，因此可将其重新回用到田地，实现“生物质—燃料—肥料”的良性循环。构成成型燃料的生物质即使不燃烧利用，它也会在自然消化过程中放出CO_2，而CO_2的排碳量不会超过其生长期间所吸收的碳量，这可实现CO_2的零排放。

2. 经济性优良

从原料来源看，用于制备成型燃料的原料主要为农林残余物，其来源多样，资源量丰富，且价格较化石燃料便宜；从加工过程看，构成生物质的主要成分木质素本身具有黏结性，因而可实现无外加黏结剂成型，有利于减少加工工序，降低加工成本；而从燃烧性能看，生物质成型燃料的固定碳含量仅15%左右，因此燃烧充分，燃尽度高。由此可见，生物质成型燃料的综合经济性能优良。

3. 着火燃烧性能好

与原煤相比，生物质成型燃料含有大量挥发分，其组成主要为H_2、CH_4、CO、烃类化合物等可燃气体，因此生物质成型燃料的点火温度低、点火时间短，表现出优良的着火燃烧性能，而且在燃烧过程中不易出现灭火现象。

二、生物质固体成型基础理论

1. 成型过程受力分析

生物质固体成型过程需经受一定外力，对压缩成型过程的压力-形变量变化曲线（图9-4-1）进行分析，可将成型过程划分为四个阶段[4,5]：a为松散阶段，该阶段施加的压力随形变量呈线性变化，但曲线斜率较小，表明材料结构较松散，较小压力增长即可获得较大的形变增量；b为过渡阶段，此时压力与形变量呈指数关系，即随形变量增加，压力亦有显著增加；c为压紧阶段，该阶段压力随形变量增加呈近乎垂直变化，此时生物质固体燃料基本成型；d为推移阶段，原料发生塑性和黏弹性变形，以黏弹性变形为主，生物质固体产生应力松弛和蠕变等现象，压力会显著下降。

对应上述压力-形变量曲线，实际生物质固体成型的生产过程可分为原料预处理、预压成型、成型、保型等，结合成型设备，各阶段所受外力主要有轴向压力、径向力、剪切力、原料与模具间的轴向摩擦力。

预处理阶段原料主要受轴向压力及剪切力作用，原料颗粒与颗粒间的空隙减小，存留于间隙中的空气及松散物料中的部分水分在一定程度上被排除，颗粒被部分破坏，颗粒间发生不规则位移及摩擦升温，同时物料也发生局部弹性变形。

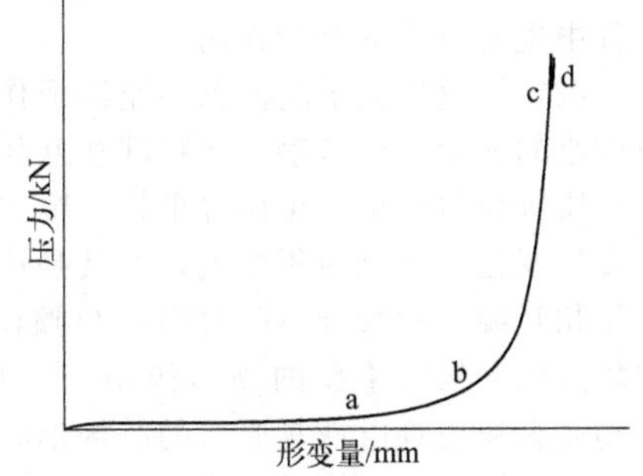

图9-4-1　压缩过程的压力-形变量变化曲线

预压成型阶段生物质原料温度逐步升至软化点，承受的力主要是轴向压力和直径收缩造成的径向反作用力。此时物料颗粒发生较大位移，物料颗粒间空隙进一步缩小，部分水分汽化排出，物料颗粒发生严重弹性变形，内部细小颗粒重排并相互填补，淀粉、糖类析出物开始产生黏接作用，成型燃料形成雏形。

成型阶段生物质原料温度进一步升高，物料中的木质素发生熔融现象，此时物料承受较大的正压力，并与成型模具间产生摩擦力，细小颗粒间产生范德华力或静电引力。

保型阶段主要是消除成型燃料的内应力，以便保持其松弛密度及外部形状。应力松弛时间越长，松弛（保型）距离越长，内应力消除就越充分，成型后的燃料稳定性越好。

2. 成型原理

生物质通常质地较为松散，分子间间隙较大，借助外力可使其内部结构致密化，而将松散的生物质颗粒黏结成整体的机理相对复杂，总体可概括为生物质自身固有组分的黏结及固形作用、生物质粒子间的黏结及固形作用、形成“固体桥”结构等。

（1）生物质自身固有组分的黏结及固形作用　现有研究证明，生物质颗粒黏结成整体的过程主要与木质素的软化黏结有关。木质素广泛存在于植物组织中，主要发挥增强细胞壁、黏合纤维的作用，是一类由对羟基苯基、愈创木基、紫丁香基等苯丙烷基结构单元聚合而成的具有三维立体结构的高分子化合物。木质素属于非晶体，当温度在70～110℃时，木质素开始软化，而达到200～300℃时，木质素呈熔融状态。处于软化、熔融状态的木质素表现出较强的黏结性能，此时施加外力，可使其与纤维素紧密黏结，从而达到减小体积、增加密度并使颗粒生物质固定成型的作用。

半纤维素是由不同类型的单糖构成的异质多聚体，聚合链呈无定形结构且有短链存在。成型过程中，在压力和水解共同作用下半纤维素可降解，并起到一定的黏结剂作用。

纤维素在植物性生物质中含量最多，但纤维素并不具有黏结成型作用。纤维素是由β-1，4糖苷键联结数百至上千个D-葡萄糖形成的高度有序的线状高分子聚合物，在植物细胞内，纤维素会形成晶体状的微纤维，并被无定形纤维包围[6]。纤维素的晶体结构和大量存在的氢键导致其在成型中难以发挥黏结剂作用，但纤维素在受热后较为柔软，表面存在的大量氢键可将其连接成纤丝，在外加压力下，这些纤丝相互缠绕，形成成型燃料的“骨架”，这对维持成型燃料的形状和强度、避免卸压后物料反弹具有重要作用[7,8]。

除上述木质素、纤维素、半纤维素等生物质的主要构成成分在固化成型过程中发挥各自不同的作用外，生物质中所含的淀粉、蛋白质、脂肪等成分在压制成型的过程中也可发挥一定作用。淀粉在生物质中含量相对较少，其主要是α-D-葡萄糖聚合物。在成型过程中，淀粉会在一定温度、水分、压力和压缩时间下出现糊化现象，而糊化的淀粉可以发挥黏结剂和润滑剂作用[9]。生物质原料中的蛋白质具有一定的黏结性，在成型过程中，生物质所含蛋白质还会与脂肪、淀粉等发生变性过程，形成的新物质有助于提高蛋白质的黏结性，改善生物质固化成型体的力学性能。原料中的脂肪在成型过程中主要起润滑剂作用，少量脂肪能促进成型，但脂肪过多反而会阻碍粒子间的结合，这与脂肪疏水性较强，能够抑制其他水溶性成分（如木质素、淀粉、蛋白质等）的黏结作用有关[10]。除此之外，部分生物质中含有的果胶质、树脂、蜡等成分在生物质固化成型过程中也有一定的黏结作用。

（2）生物质粒子间的黏结及固形作用　成型前，经过粉碎的生物质细小颗粒仅在一些点、线或微小的面上有所接触，颗粒间相互作用力微小，但在固化成型过程中，随着外加压力的升高，生物质颗粒将先后经历位置重排、颗粒机械变形、颗粒塑性变形等阶段，颗粒与颗粒间的接触状态发生变化，接触面积增大，尤其是达到塑性变形阶段，颗粒间互相填充，非弹性或黏弹性纤维分子相互缠绕和绞合，此时颗粒与颗粒间交错黏结，而部分距离小于0.1μm的粒子间存在的范德华力也会发挥重要的黏结作用[11]。而由于生物质颗粒经历了塑性变形，即便此时撤去外力，生物质颗粒也难以恢复原有的结构形状，从而达到了压缩成型的目的。

（3）形成“固体桥”结构　研究证实，木质素、碳水化合物、淀粉、蛋白质和脂肪等发生软化或变形，能形成“固体桥”结构，而在生物质成型过程中添加部分具有长纤维结构或木质素含量高的生物质，可以使生物质颗粒间更易形成“固体桥”[12]。“固体桥”的形成主要是生物质颗粒中的部分物质在化学反应、结晶或固化作用下，互相扩散并形成交叉结合。“固体桥”的形成能够有效抵消成型后颗粒的弹性回复，使生物质成型体具有更好的机械耐久性，便于存储和运输。

3. 影响成型过程的因素

生物质固体成型过程的影响因素众多，物料种类、粒度、含水率等内在因素及温度、压力、保型时间、模具尺寸等外在因素均会影响成型过程，进而影响所得成型产品的质量及性能，为此本部分将对生物质固体成型过程的众多因素进行阐述。

(1) 原料种类影响　生物质种类不同，其构成成分及相对含量均有较大差异，这不但会影响所得固化体的品质，也会影响成型过程的难易程度及过程能耗。作为生物质固化成型过程的主要黏结剂，木质素含量会影响固体成型燃料的品质。通常木质素含量越高，颗粒内部结合越好，所得成型产品机械强度越大，耐久性越好[13]。阔叶木、针叶木的木质素含量为27%～32%（干基），禾草类的木质素含量为14%～25%（干基），因此以木质素含量较高的木质生物质为原料制备的固体成型燃料强度较高，耐久性较好。但木质素含量较高的木质生物质往往硬度较大，在常温下，较秸秆、树皮等易于变形的一般纤维素植物的固化成型困难。

(2) 含水率影响　水分是成型过程中必须控制的一个重要参数。生物质原料所含的水分能传递压力，促进木质素软化、塑化[14]，同时还可发挥润滑剂作用，降低团粒间摩擦，便于生物质团粒流动并辅助粒子互相填充、嵌合。在一定压力下，所含水分还可与果胶质、糖类混合形成胶体，发挥黏结剂作用，促进原料成型[15]。

生物质原料含水率过高或过低都不利于压缩成型。原料含水率太低，木质素的塑化和热量传递作用较弱，原料成型困难，但过高的含水率又会在颗粒间形成由水分导致的隔离层，使层间难以紧密结合，而且过量的水分还会加大热量消耗，同时产生大量蒸汽，这些蒸汽来不及由成型筒中排出，会在成型筒的纵向形成较大的蒸汽压力，轻者使产品开裂，重者产生“放炮”现象，危及人身安全。

固化成型体的形貌也对生物质的含水率有一定要求，通常颗粒成型燃料需要原料的含水率在15%～25%左右，而制备棒状成型燃料时，原料的含水率一般不超过10%。

(3) 原料粒度影响　从成型的角度看，原料粒度应小于成型孔（成型筒）的尺寸。较小粒径的原料粒子延伸率大，充填特性、流动特性和压缩特性好，容易压缩成型，但原料粒径过小，压制过程其黏性迅速升高，流动性下降，这反而会降低成型燃料的强度。虽然较大的原料粒度会加大成型过程的能耗，降低生产效率，但在冲压成型等特定成型方式下，反而有助于生物质原料成型。由此可见，依据成型机械的工作原理选择恰当的粒度，并保证一定的均匀性对生物质固化成型极为重要[16]。

(4) 成型温度影响　除使用黏结剂的湿压成型技术外，将干燥松散的生物质压缩成型的过程都需要有一定的温度。加热可使生物质中的木质素软化、熔融，增强黏性，以便生物质颗粒顺利成型，同时借助加热，生物质原料内部组织结构发生变化，相关化学反应可以顺利发生。Mani等[17]研究发现，当温度升至160℃时，木质素将会熔融成胶体物质，在一定的压力作用下可与纤维素紧密黏结，生物质颗粒相互嵌合，外部析出焦油或焦化，冷却成型后不会散开。加热温度过低，木质素难以达到软化点，固化成型困难，电机功耗急剧增加；加热温度过高，尽管电机功耗及成型压力减小，但成型固体的强度反而有所下降。当然较高的加热温度易使成型燃料表层炭化，这对使其顺利滑出模具，减少挤压过程的动力消耗有利，但炭化会产生大量烟气，造成严重的环境污染。

(5) 成型压力影响　压力是生物质成型过程的关键工艺参数之一。在成型过程中，成型设备提供的压力一方面克服原料颗粒与颗粒间、颗粒与套筒间存在的摩擦阻力，另一方面通过破坏生物质原料本身的组织结构并促使新物相结构形成使生物质物料成型。此外，成型压力还可加固分子间的凝聚力，使成型体获得足够的强度和刚度，并为物料的成型和向前推进提供动力，可以说成型压力正是使生物质原料由松散状态转变为成型状态的根本。

成型过程的压力必须适中。压力过低不足以克服摩擦阻力，难以将原料压实，产品不能成型或成型后机械强度较低，达不到相关质量指标；适当增大成型压力，可提高生物质成型产品的密度，改善其整体性能；压力过高，原料在套筒内停留的时间较短，不能获取足够的热量，同样难以成型，当然过高的压力也可能导致成型产品过于致密，造成点火困难。

大量研究显示[18,19]，压力与成型颗粒密度间存在较为复杂的关系。在较低成型压力时，颗粒产品的密度与压力基本呈线性关系，超出该压力范围，压力和产品密度呈指数关系，但压力达到一定值后，继续增大压力，产品密度增加不明显。因此，确定适当的成型压力对获得合适密度的成型颗粒极为重要，而适当提高成型温度可降低所需压力。

（6）成型和保型时间影响　成型时间对成型燃料质量的影响当前并没有统一的定论。橡树木屑低压成型的试验显示，成型时间对成型燃料质量的影响较大，而压力升高，成型时间的影响变小，尤其在超高压（达到138MPa）下，成型时间的影响可以忽略。但以橄榄树木屑制备成型燃料的研究却显示，成型时间在5～20s时，所得成型棒的机械强度变化并不明显。一般来说，当成型时间超过40s后，其对成型颗粒质量的影响可以忽略，而当成型时间在20s左右时，每延长10s，成型燃料的密度会增大约5%。

保型主要是为了消除生物质成型颗粒在刚成型时存在的残余应力，使成型后的生物质在温度降低时可保持固定形状。通常物料在模具中的停留时间越长，成型颗粒越耐用，成型所需能耗越低。但过长的保型时间会降低设备的生产效率，甚至堵塞模具。此外，保型时间对成型颗粒的密度也有一定影响。

（7）成型套筒的几何尺寸影响　当前所使用的成型设备均为挤压成型，成型压力与模具（成型孔）的形状和尺寸密切相关。原料经喂料室进入成型机后将连续地从模具的一端压入，由另一端挤出，该过程中原料所受的挤压压力与成型孔内壁面的摩擦力处于平衡状态，而摩擦力的大小与模具的形状和尺寸直接相关。对于质量一定的生物质，在相同的压力下，直径越小的成型套筒生产的成型燃料密度越大、长度越长。较为理想的成型套筒长度与直径之比约为8～10，此时生物质成型颗粒品质较高。

4. 生物质成型固体性能评价

（1）松弛密度　生物质的固化成型过程是加压收缩过程，该过程伴随生物质密度增加，因此密度是衡量生物质成型燃料及成型设备的重要参数。但由于存在弹性变形和应力松弛作用，生物质成型固体在脱离模具后需经历一定时间才能达到密度稳定，此时的成型固体密度称为松弛密度。

（2）松弛比　生物质成型固体在模具末端的最大压缩密度与其松弛密度之比称为松弛比，松弛比的数值大小反映了生物质成型固体的松弛程度。

（3）机械耐久性　耐久性是评价生物质成型固体使用性能和储藏性能的重要指标，反映了成型固体的黏结性能，主要由压缩条件和松弛密度决定。当前对成型固体耐久性的测定已形成标准，较为常见的有我国农业行业标准（NY/T 1881.8—2010）及欧盟技术标准（CEN/TS 15210-2），其中我国农业行业标准规定耐久性测试方法为：将一定质量外形完整的生物质成型固体放在振动台上，施加一定振动，使成型固体与成型固体或测试器内壁碰撞，待振动结束，称取完好生物质成型固体的质量，以该质量与成型固体起始质量之比评价成型固体的机械耐久性。

（4）抗跌碎性　生物质成型固体在实际运输过程中总是会出现跌落现象，这会对其品质造成影响。为测试成型固体的抗跌落能力，当前人们通常参照煤跌落破碎标准实验方法（ASTM D440-07）进行测试，即将生物质成型固体放置于一定高度的实验台上，使它无初速度自由落在水泥地上，重复两次，计算跌落后成型固体质量与跌落前的质量之比，该值反映生物质成型固体的抗跌碎性。

（5）孔隙率　孔隙率又称相对孔隙率，指成型固体内部孔隙体积与总体积之比，该值大小可反映生物质成型固体的结构致密性。生物质成型固体的孔隙特征包括孔隙分布、孔隙大小及孔隙连通性等，成型原料不同、成型方式不同，所得生物质成型固体的孔隙率存在差异。

三、生物质成型燃料的燃烧

1. 生物质成型燃料燃烧特点

与未成型生物质相比，经固化成型处理后，生物质成型燃料的燃烧过程呈现新的变化，并具有独特特性。

（1）发热量高　未成型生物质的密度约为150～500kg/m^3，而经过压制成型，生物质成型燃料的密度通常>1000kg/m³，其单位容积能量密度远高于未压缩的生物质，因此生物质成型燃料燃烧过程发热量高。

(2) 具有层状燃烧核心 生物质固化成型燃料在200℃左右开始析出挥发分，至550℃，绝大多数挥发分逸出、分解，挥发分燃烧后，剩余的半焦炭骨架结构紧密，运动的气流不能使其解体。半焦炭骨架保持层状燃烧，形成层状燃烧核心。

(3) 燃烧速度均匀适中、燃烧状态稳定 在生物质固化成型燃料所含挥发分逸出分解后，剩余焦炭燃烧的需氧量与外界渗透扩散的供氧量匹配性好，燃烧相对平稳，接近于型煤。

2. 生物质成型燃料的点火特性

(1) 生物质成型燃料点火过程 点火过程是指生物质成型燃料与点火火种接触，局部温度升高，挥发分逐步析出，直至发生激烈燃烧的过程。生物质成型燃料的点火过程需经历如图9-4-2所示的过程，具体为：a. 在热源作用下，局部水分逐渐被蒸发逸出；b. 部分挥发性成分析出；c. 可燃性挥发成分着火；d. 燃料表面局部着火燃烧；e. 局部燃烧向周围和燃料内部扩展，挥发分析出量迅速增加，形成整体火焰；f. 形成稳定火焰。

研究表明，点火过程与燃烧过程在机理上没有明显区别，仅是温度供给来源不同，点火开始的温度升高是外来热源，人为提供，空气也是控制供给，而维持燃烧是燃料自身供给热量。

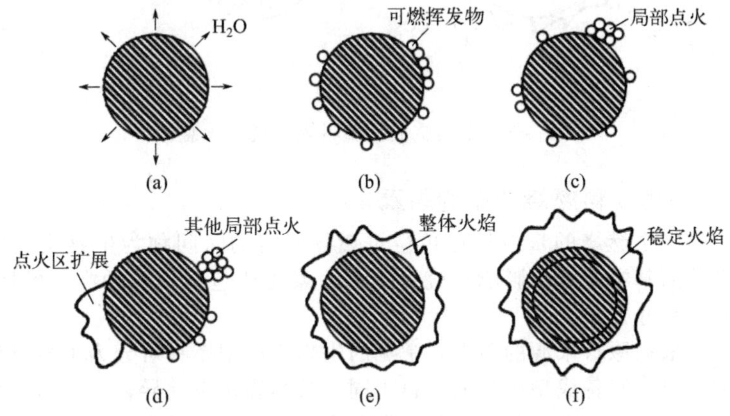

图 9-4-2 生物质成型燃料的点火过程示意图

(2) 影响生物质成型燃料点火性能的因素 影响生物质成型燃料点火的因素与影响生物质正常燃烧的因素基本相同，主要包括点火温度、空气供给量以及生物质成型燃料的种类、成型密度、含水率及几何尺寸等，其中点火温度越高、成型燃料的密度越小、挥发分释放越快、含水率越低，生物质成型燃料越容易点火[20]。

挥发分含量与点火时间呈线性关系，即挥发分含量越高，点火时间越短。含水率也会影响点火时间，二者大致呈指数关系，即含水率越高，点火时间越长，这与较高的含水率会延长干燥时间，导致挥发分析出速度下降有关，当含水率超过一定值后，生物质成型燃料将无法点燃。

当然，生物质成型燃料的组织结构紧密，抑制了挥发分由内向外的析出速度，也影响热量由外向内的传递速度，导致同等质量的生物质成型燃料点火所需的氧气比成型前生物质原料有所减少，因此，其点火性能较生物质原料有所降低。

3. 生物质成型燃料的燃烧过程

与普通松散生物质燃烧不同，由于生物质成型燃料密度更大，其燃烧过程有明显的内外层之分，其中析出挥发分的燃烧及焦炭的燃烧在时间上有所差别[21]，因此生物质成型燃料的燃烧实质上属于静态渗透式扩散燃烧。

图9-4-3为生物质成型燃料燃烧过程的示意图。生物质成型燃料的燃烧首先从表面可燃挥发物析出开始，进而可燃性气体、部分焦炭相继着火燃烧，燃烧过程很快进入过渡区，高温面由燃料表面向其内部逐层传递，点火区周围及内部开始释放可燃性挥发气体，并与CO_2、CO等燃烧

形成的气体一起由内部向外扩散，成型燃料内部受热膨胀，灰层中出现微小的空隙、裂纹，这些空隙及裂纹使气体进出更加容易，也更易于焦炭骨架形成，由此燃烧进入激烈氧化阶段。激烈氧化阶段温度高、放热量大，是生物质成型燃料燃烧最重要的阶段。此后，随内层物质基本燃尽，成型燃料的整个燃烧过程结束，而最后残炭率<1%的灰渣将被排出炉外。

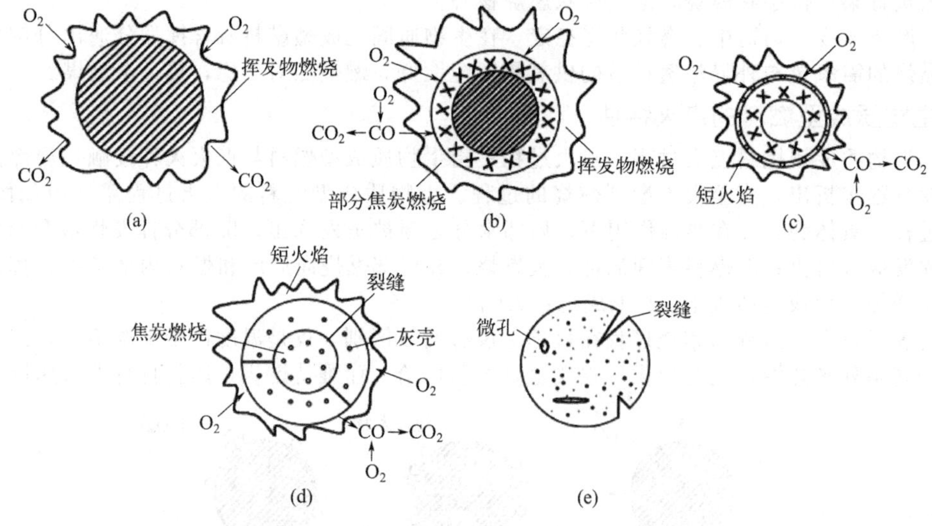

图 9-4-3 生物质成型燃料燃烧过程示意图

4. 影响生物质成型燃料燃烧速率的因素

单位时间可燃物完全燃烧的量或燃尽单位可燃物所需的时间称为生物质成型燃料的燃烧速率，它是燃烧器设计的基本要素。影响燃烧速率的因素主要包括原料种类、燃烧温度、供风量、成型燃料密度和几何尺寸。

（1）原料种类　依据原料来源的不同，常见的生物质成型燃料可分为木质成型燃料、秸秆成型燃料及混合成型燃料。制备成型燃料的原料不同，其燃烧速率差异较大。与秸秆类成型燃料相比，木质成型燃料尽管着火温度较高，但其挥发分含量高、析出反应强度大，因此木质成型燃料一旦着火，其燃烧速度快，燃尽时间短。此外，木质成型燃料在挥发分析出后，其内部形成较多通道，利于可燃性气体逸出及 O_2 向颗粒内扩散，而这样可改善其燃烧速率。将多种生物质、生活垃圾、塑料或煤等混合成型，所得混合成型燃料在共热解过程中可能发生化学相互作用，并产生协同作用，这也对其燃烧速度产生影响。

（2）燃烧温度　温度是影响燃烧的主要因素。研究显示，当环境温度在 100℃左右时，生物质中部分挥发分就已析出，而在 550℃左右，约 80%的挥发分都已析出。因此对生物质成型燃料而言，升高温度会促使挥发分析出，而挥发分析出速度越快，生物质成型燃料的燃烧速度越快。此外，对较大的块状成型燃料，其燃烧过程中热量由外向内传递需要一定的温度梯度，这一温度梯度会影响成型燃料的燃烧状况，高温工况下成型燃料的平均燃烧速率明显大于低温工况下的平均燃烧速率。

（3）供风量　生物质本身含氧量高达 40%～50%，因此燃烧速率较快，而合理控制供风量可以进一步改善生物质燃烧速率。根据燃烧机理，生物质成型燃料的燃烧过程多采用风量分级供给方式，燃烧初期需要生物质挥发分充分析出，因此温度不能太高，通常控制在 500℃以下，此时进风量必须严格控制，不能过大或过小，为便于控制，常将这个温度段单独设计成一个区，并根据温度要求自动控制进风阀门；燃烧中后期，通常需获得高温，因此必须使可燃气体及焦炭充分燃烧，此时应加大供风量以使可燃气体充分燃烧生成 CO_2。实践中较大的燃烧设备多采用将挥发分引到另一高温区并单独供风的方式，而对不便于分室的小型燃烧器，可以采用分级供风措施，即所谓的二次、三次进风。

（4）成型燃料密度　随着成型燃料密度的增大，成型燃料内部挥发分逸出阻力增加，因此燃烧初期燃烧速率与成型燃料的密度成反比；但在燃烧中期，随着挥发分的析出，密度大的成型燃料内部可燃挥发分含量较高，此时成型燃料的燃烧速率与其密度呈正相关；燃尽阶段，成型燃料的挥发分基本释放完毕，此时燃烧工况趋于稳定。整体看，密度大的成型燃料在整个燃烧过程中燃烧速率相对稳定，因此在大型燃烧设备上一般使用密度较大的成型燃料，以便维持炉内温度相对稳定，而对家用生活燃炉或小型热水炉等小型燃烧设备，密度较小的成型燃料即可满足要求，这不但有利于快速点火及加快炉膛升温，而且可以减少成型燃料加工过程中的能耗。研究显示，用于小型燃烧设备的成型燃料密度一般在 $0.9t/cm^3$ 即可满足燃烧要求。

（5）成型燃料几何尺寸　大量实验证明，大直径成型燃料的相对燃烧速率比小直径成型燃料的燃烧速率相对平稳。在成型燃料燃烧前期，其平均燃烧速率随成型燃料直径的增大有增大的趋势，这主要是因为小直径的成型燃料燃烧过程短，提前燃至块径中心，结束单体块的燃烧，而大直径成型燃料燃烧层到达燃烧中心的时间长，释放热量多，维持燃炉内温度稳定能力大。

5. 生物质成型燃料燃烧性能评价指标

生物质成型燃料燃烧性能的评价指标可参照煤燃烧性能的评价指标，主要包括着火温度、最大燃烧速率、燃烧稳定性判别指数、挥发分释放特性指数及综合燃烧特性指数等[22,23]。

（1）着火温度 θ_e　生物质成型燃料在空气或氧气中加热达到连续燃烧的最低温度即着火温度，该值衡量生物质成型燃料的着火性能及活化能高低，着火温度越高，表明其着火燃烧越困难。

（2）最大燃烧速率 $(\mathrm{d}m/\mathrm{d}t)_{max}$　也称最大析出速率，指单位时间挥发分析出的最大质量，mg/min。最大析出速率所对应的温度记为 θ_{max}。

（3）燃烧稳定性判别指数 R_w　以纯碳实验参数为基准，定义生物质成型燃料燃烧稳定性判别指数 R_w，该值越小，表明燃烧越不稳定，即生物质燃料稳定性越差。其定义式为：

$$R_w=\frac{655}{\theta_e}\times\frac{763}{\theta_{max}}\times\frac{(\mathrm{d}m/\mathrm{d}t)_{max}}{8.73} \tag{9-4-1}$$

式中，655 为炭粉着火温度，℃；763 为炭粉燃烧速率最大时的温度，℃；8.73 为炭粉最大失重速率，mg/min。

（4）挥发分释放特性指数 R_v　主要表征挥发分析出性能，R_v 越小，成型燃料挥发分越易析出。其定义式为：

$$R_v=\frac{(\mathrm{d}m/\mathrm{d}t)_{max}}{\theta_{max}\times\Delta\theta_{1/3}} \tag{9-4-2}$$

式中，$\Delta\theta_{1/3}$ 为 $\frac{(\mathrm{d}m/\mathrm{d}t)_i}{(\mathrm{d}m/\mathrm{d}t)_{max}}=1/3$ 时对应的温度区间，℃；$\mathrm{d}m/\mathrm{d}t$ 指任意时刻挥发分析出速度。

（5）综合燃烧特性指数 S_N　评价生物质成型燃料燃烧状况，S_N 越大，成型燃料燃烧状况越好，其计算公式为：

$$S_N=\frac{(\mathrm{d}m/\mathrm{d}t)_{max}(\mathrm{d}m/\mathrm{d}t)_{mean}}{\theta_e^2\theta_h} \tag{9-4-3}$$

式中，$(\mathrm{d}m/\mathrm{d}t)_{mean}$ 为平均燃烧速率，mg/min；θ_h 为燃尽温度，℃。

四、生物质成型燃料燃烧过程的沉积与腐蚀

1. 沉积形成机理

尽管生物质成型燃料具有诸多优点，但在使用过程中，人们发现燃烧设备的炉膛内壁受热面及部分附属设备如空气预热器、换热器、再热器、省煤器等的表面会出现大量沉积物，时间稍长将形成具有清晰界面的硬壳，这种在燃炉受热面上黏附飞灰颗粒形成垢层的现象称为沉积。沉积会降低壁面的热导率及炉内燃烧效率，增加设备的热量损失，同时还会导致严重的腐蚀现象，因此了解沉积的形成机理并有针对性地削弱沉积现象，对生物质成型燃料燃烧设备的设计及使用极

为重要。

生物质成型燃料燃烧过程中发生的沉积现象有其形成的必然性和复杂性，但主要是灰分在燃烧过程中的形态变化和输送作用引起的。生物质成型燃料的化学组成复杂，通常含有生物质生长环境土壤及水体中所含的各种元素，其中 K、Na 等碱金属及 Cl、N、S 等非金属含量相对较高，这些元素化学性质活泼，极易在炉膛中结合形成化合物。

燃烧炉的炉温较高，通常高于 1000℃，其产生的烟气温度也一般高于 800℃，因此生物质成型燃料中所含的 Na^+、K^+ 等碱金属离子会以气态形式随烟气上升，待烟气与受热面接触时，由于受热面壁温相对较低（一般在 550～650℃），此时烟气中存在的气态碱金属离子将发生凝结。积于受热面的碱金属大多形成低熔点化合物或共晶体，呈黏稠熔融态，随烟气运动的矿质颗粒会撞击受热面，从而黏附于其表面，形成沉积。

对垢层成分进一步分析可以发现，燃烧含氯较少的木质生物质成型燃料时，受热面表面形成的垢层主要为碱金属硫酸盐及碳酸盐，而燃烧氯元素含量较高的禾本、草本生物质成型燃料时，形成的垢层主要成分为碱金属氯化物，这与碱金属在炉膛高温下发生的化学转化有关。在高温作用下，生物质成型燃料中的碱金属会首先转化为不稳定的氧化物，进而与空气中的水蒸气作用形成较为稳定的氢氧化物（NaOH、KOH）。当成型燃料中氯含量较少时，这些氢氧化物与燃烧过程中形成的 SO_2、CO_2 发生反应，会形成碱金属硫酸盐（Na_2SO_4、K_2SO_4）及碳酸盐（Na_2CO_3、K_2CO_3），该过程发生的相应化学反应见式（9-4-4）～式（9-4-7）；当成型燃料中氯含量较高时，高温下氯会转变为 Cl_2、HCl，进而与氢氧化物作用生成碱金属氯化物，该过程发生的反应见式（9-4-8）～式（9-4-10）。[24]

$$M_2O+H_2O \longrightarrow 2MOH \tag{9-4-4}$$

$$2MOH+SO_2+1/2O_2 \longrightarrow M_2SO_4+H_2O \tag{9-4-5}$$

$$2MCl+SO_2+1/2O_2+H_2O \longrightarrow M_2SO_4+2HCl \tag{9-4-6}$$

$$2MOH+CO_2 \longrightarrow M_2CO_3+H_2O \tag{9-4-7}$$

$$MOH+HCl \longrightarrow MCl+H_2O \tag{9-4-8}$$

$$4MOH+2Cl_2 \longrightarrow 4MCl+O_2+2H_2O \tag{9-4-9}$$

$$M_2CO_3+2HCl \longrightarrow 2MCl+CO_2+H_2O \tag{9-4-10}$$

其中，M 代表碱金属 K、Na。

2. 沉积腐蚀机理

生物质成型燃料在燃烧过程中形成的沉积现象不仅会影响传质效率，而且会对燃烧设备的传热面造成严重腐蚀，极大缩短设备的使用寿命。总体来看，造成沉积腐蚀的原因主要可分为化学腐蚀和电化学腐蚀两类，而这均与高温下碱金属氯化物及硫酸盐与铁的反应、迁移有关。

制造燃烧设备的材料主要为碳钢或合金钢，其表面会形成致密的氧化铁膜层，可以避免烟气中 O_2、SO_2、H_2 等对其形成的腐蚀。但当垢层形成后，垢层的热导率极低，导致锅炉与垢层外表面间形成较大的温度梯度，这会使靠近炉膛侧的壁面温度显著升高。在此高温下，已经沉积在金属表面的氯化物可再次与烟气中的 SO_2、SO_3 反应，从而释放 HCl、Cl_2。释放的 Cl 具有较强的穿透能力，可穿过垢层及氧化铁致密膜层，并与水冷壁表面的 Fe 发生化学反应，形成 $FeCl_3$。$FeCl_3$ 的熔融温度较低，在高温壁面上可形成大的蒸气压，因此逐步以气态形式向垢层扩散，与扩散的 O_2 发生氧化还原反应，重新释放 Cl_2，而铁也由锅炉壁面发生迁移进入垢层，相关化学反应见式（9-4-6）及式（9-4-11）～式（9-4-15）。由于释放的 Cl_2 可以继续参与上述反应，因此会造成持续腐蚀（氯腐蚀）。[25]

$$Fe(s)+2HCl(g) \longrightarrow FeCl_2(s)+H_2(g) \tag{9-4-11}$$

$$3FeCl_2(s)+2O_2(g) \longrightarrow Fe_3O_4(s)+3Cl_2(g) \tag{9-4-12}$$

$$2MCl(g)+SO_2(g)+O_2(g) \longrightarrow M_2SO_4(s)+Cl_2(g) \tag{9-4-13}$$

$$2Fe(s)+3Cl_2(g) \longrightarrow 2FeCl_3(g) \tag{9-4-14}$$

$$6FeCl_3(g)+4O_2(g) \longrightarrow 2Fe_3O_4(s)+9Cl_2(g) \tag{9-4-15}$$

也有学者认为氧化层中的 Fe_2O_3 对 SO_2 有催化作用，促使 $FeCl_3$ 反应并生成 FeS，$FeCl_3$ 的浓度下降，可促使炉壁中的铁与氯化物反应，从而加速腐蚀。发生的相关反应见式（9-4-16）：

$$4FeCl_3(g)+O_2(g)+SO_2(g)\longrightarrow Fe_3O_4(s)+6Cl_2(g)+FeS(s) \quad (9\text{-}4\text{-}16)$$

除了氯对 Fe、Fe_2O_3 的腐蚀外，氯与氯化物还可在一定条件下对设备的 Cr_2O_3 保护膜造成腐蚀：

$$2Cr_2O_3+4Cl_2+O_2\longrightarrow 4CrO_2Cl_2 \quad (9\text{-}4\text{-}17)$$

$$Cr_2O_3+4HCl+H_2\longrightarrow 2CrCl_2+3H_2O \quad (9\text{-}4\text{-}18)$$

$$2Cr_2O_3+8NaCl+5O_2\longrightarrow 4Na_2CrO_4+4Cl_2 \quad (9\text{-}4\text{-}19)$$

$$4CrCl_2+3O_2\longrightarrow 2Cr_2O_3+4Cl_2 \quad (9\text{-}4\text{-}20)$$

当氯、硫化合物共存时：

$$2MCl+SO_3+H_2O\longrightarrow M_2SO_4+2HCl \quad (9\text{-}4\text{-}21)$$

$$2MCl+SO_2+O_2\longrightarrow M_2SO_4+Cl_2 \quad (9\text{-}4\text{-}22)$$

当氯、硫化物、水、氧气共存时，会加速高温腐蚀过程。除了上述熔融盐沉积腐蚀和高温气体腐蚀外，HCl 气体还易在烟道出口处形成露点腐蚀。

3. 沉积及腐蚀的预防措施

（1）原料洗涤　通过上述分析可知，引起沉积的物质主要是生物质原料中所含的 K、Na、Cl、S 等元素，因此从源头上减少这些沉积元素的含量对减轻沉积现象极为重要。分析发现，K、Na、Cl、S 等在生物质中主要以无机物存在，因此借助洗涤可将其有效脱除。常用的洗涤措施包括酸洗、水洗等，与水洗相比，酸洗极易引起二次环境污染，而且 K、Na、Cl、S 等形成的化合物本身极易溶于水，简单采用水洗即可去除上述元素中的绝大部分，因此实际中多采用水洗处理。当然，水洗又分为自然水洗和人工水洗。自然水洗可用于农业残余物，是指在收获之后将生物质原料留存于农田中，经过一段时间的雨水沥滤，从而去除原料中无机化合物的水洗技术。丹麦曾进行的一项大麦秸秆沥滤试验表明，经过雨水沥滤，Cl、K 等元素含量分别下降了 90%、80%。但自然水洗易受环境条件影响，为减少自然条件限制，研究人员也尝试了以蒸煮或温水冲洗的方式进行人工水洗，但研究显示，人工水洗过程所需消耗的动力及烘干所需的能量约占生物质本身热值的 8%，因此采用人工水洗极易增加生物质成型燃料的制造成本。

（2）混合燃烧技术　混合燃烧技术是指将生物质成型燃料与煤或其他生物质共同燃烧获取能源的技术。与生物质相比，煤的固定碳含量远高于生物质，这使得煤的发热量更高。同时煤中灰分的含量也高于生物质，其主要构成成分包括 Ca、Al、Si 等的氧化物，这些物质可与引起沉积的 K 元素相互作用，从而有效减少挥发性钾的含量。除了与煤混合燃烧外，也有研究人员尝试了将生物质成型燃料与市政污泥、垃圾衍生燃料混合燃烧以减少沉积现象的试验，结果显示，采用混合燃烧技术可有效减少烟气中 KCl 含量，减弱设备的沉积现象。除此之外，研究显示，采用混合燃烧技术还可以减少 NO_x、SO_2、CO_2 的排放量，提高热效率。

（3）外加添加剂　为抑制沉积现象的发生，当前研究人员还通过在生物质成型燃料中添加一定的外加剂来抑制碱金属氯化物的析出和挥发，从而减弱沉积及沉积带来的腐蚀问题。在众多的外加剂中，Al_2O_3 在抑制沉积方面效果较佳，其主要与 KCl 及 SiO_2 生成高熔点的 $KAlSiO_4$ 和 $KAlSi_2O_6$，从而达到减少 KCl 挥发的作用，相应反应方程式见式（9-4-23）、式（9-4-24）。

$$2KCl(g)+Al_2O_3(s)+2SiO_2(s)+H_2O\longrightarrow 2KAlSiO_4(s)+2HCl(g) \quad (9\text{-}4\text{-}23)$$

$$2KCl(g)+Al_2O_3(s)+4SiO_2(s)+H_2O\longrightarrow 2KAlSi_2O_6(s)+2HCl(g) \quad (9\text{-}4\text{-}24)$$

高岭土、硅藻土、燃煤飞灰、矾土等物质均为高含铝添加剂，将其添加到生物质成型燃料中，也可与 KCl 作用形成高熔点化合物，减弱沉积现象。

添加 CaO、石灰石时，它们会与 KCl 作用形成更低熔点的 $CaCl_2$，借助其高挥发性进入飞灰，从而达到减少沉积的作用。但对添加含 Ca 化合物的效果当前尚有争议，有研究者甚至认为添加 CaO 或 $CaCO_3$ 时，由于低熔点 $CaCl_2$ 的形成反而会加剧沉积现象，对该问题尚需进一步分析和探讨。

除此之外，鉴于单一添加剂在抑制受热面沉积腐蚀问题上尚难达到理想效果，当前已有研究者在尝试以复合添加剂解决沉积问题[26]。

（4）燃烧设备材质及结构改进　与碳钢相比，铬合金钢表面会与 O_2 作用形成致密 Cr_2O_3 膜层，这使得铬合金钢的耐腐蚀性能更好，对缓解燃烧过程中产生的沉积腐蚀问题有利。但 Cr_2O_3 也会与碱金属氯化物在高温下反应形成低熔点铬酸盐，这导致即便以铬合金钢制造燃烧设备的水冷壁，仍会出现较为严重的沉积腐蚀现象。为此，当前研究人员还在尝试对水冷壁面进行耐腐蚀涂层喷涂处理，以减轻沉积对受热面的腐蚀。寻找适宜的惰性设备材料，研究显示，高铬含量的NiCrMoSiB合金涂层、NiAl合金涂层有一定的防腐效果。此外，过热器材料选用耐腐蚀的不锈钢、容易腐蚀区加保护套管等也是有效的方法。

过高的炉膛温度也是造成沉积腐蚀的重要原因。合理设计燃烧设备的炉膛结构，采用分段燃烧、加装炉膛温度调控元件等措施，将炉膛温度控制在较佳范围可以减缓沉积腐蚀。

（5）合理调整燃烧工况　通过采用合理的风速、一二次风比，控制密相区燃烧份额，控制合理的床温及烟气再循环控制床温，及时排出炉渣，确保均匀流化，监控炉内各点温度，控制风量等手段来合理调整燃烧工况。

此外，采用机械除灰方法使垢层得到及时清理也可有效缓解沉积腐蚀。吹灰是燃煤锅炉常用的机械除灰措施，该措施也可用于生物质成型燃料燃烧设备。吹灰常用的介质是高压蒸汽、水及高压空气。除此之外，为了达到更好的除灰效果，当前研究人员还设计了刮板除灰装置，利用刮板在受热面表面上下移动产生的机械摩擦及撞击，使沉积垢层得到及时清除。

第二节　原料分类、收集与预处理

一、原料的分类与评价

1. 原料的分类

适用于固体成型的生物质资源主要来源于农林业废弃物、能源作物及废木材等。生物质资源的品质及获取的难易程度对成型燃料的质量及成本均有较大影响。本部分将对用于制备成型燃料的生物质资源进行简单介绍。

（1）农林业废弃物　农林业废弃物涵盖的领域较宽，主要包括农业废弃物、农产品加工副产物、林业废弃物等。

农业废弃物是在进行农作物收获过程中形成的，主要包括不可食用的作物根、茎、叶，其中以作物秸秆为代表。农业废弃物在我国分布广泛，数量大、种类多，每年仅秸秆的理论资源量就达到约6亿～8亿吨，折合约4.1亿吨标准煤。农业废弃物是广大农村地区传统生活用能燃料，再加上秸秆还田、畜牧饲料、造纸等消耗，每年实际可用于制备成型燃料的农业废弃物资源约为3.2亿吨。尽管农业废弃物资源总量较高，但分布较为分散，再加上我国农村地区实行的土地承包责任制，导致秸秆收集运输主要以人力为主，效率低下。因此，以农业废弃物为原料进行成型燃料制备时，原料收集是第一个必须克服的瓶颈。

收获后的农作物在进一步深加工过程中还会产生大量废弃物，如稻壳、玉米芯、花生壳、甘蔗渣和棉籽壳等，这些农产品加工副产物主要来源于粮食加工厂、食品加工厂、制糖厂和酿酒厂等，产地相对集中、数量巨大、收集容易，可作为成型燃料制备的原料。

林业废弃物资源是指森林生长和林业生产过程中所形成的生物质材料，包括：在森林抚育和间伐作业中形成的零散木材、残留的树枝、树叶、木屑等；木材采运和加工过程中产生的枝桠、锯末、木屑、梢头、板皮和截头等；林业副产品废弃物如果壳和果核等。我国林地面积约2.2亿公顷，森林蓄积量175.6亿立方米，其中仅采伐、造材过程产生的林业生物质废弃物约为1亿吨，这些均是制备成型燃料的较佳资源。但林业生物质原料生长密度低、单位面积产出少，且林区交通条件差，这些均会降低林业废弃物资源的有效利用性。

（2）能源作物　能源作物涵盖范围较广，薪炭林、油料能源林及油料农作物、淀粉植物等均属于能源作物，而从生物质成型燃料的角度看，能源作物主要指短轮伐薪炭林。短轮伐薪炭林的生物质产量高，其中柳属薪炭林每年每公顷产生物质约为10吨，其他如白杨、赤杨、桦树、桉树等生物质产量也较高。我国薪炭林生物质总量约为6600万吨，主要分布于贵州、云南、辽宁、江西、湖北、陕西等15个省区，其面积及蓄积量约占全国薪炭林总量的97%，资源分布相对集中，因而是制备生物质成型燃料的较佳原料。除此之外，我国竹资源丰富，现有竹林面积超过540万公顷，每年竹材的采伐量折合木材超过1000万立方米，而且竹材生长迅速，即使较慢生长状态下，竹材的昼夜高生长速度也可达到20～30cm，因此竹材也是优良的生物质成型燃料能源作物。

(3) 废木材　废木材主要指家具破损后形成的废弃木料、纤维板废弃物、某些行业产生的木质废弃物如铁路枕木等。据粗略统计，随着我国城市化进程不断推进，每年我国城市因城市改造、房地产建设、家装等产生的旧家具、废木料、一次性木制品、建筑工程废弃木料、老枯朽木等城市废旧木材约8500万吨，这些废木材大多集中于垃圾回收站，资源相对集中，通过简单破碎即可用作生物质成型燃料的原料，因而具有较佳的利用性能。

2. 原料资源量的评价

生物质资源的产量和分布对成型燃料加工企业的选址及决策具有极为重要的意义，但当前尚缺少统一的评价和统计标准，本部分仅描述生物质资源统计评价中的部分通用方法及指标。

(1) 评价指标

① 资源总量。主要指某地区某种生物质资源的总产量。资源分布分散是生物质资源的典型特征，其产量又受自然条件、生产情况影响，因而统计较为困难，目前资源总量的统计多采用估算法。对林木生物质的资源总量当前较为流行的估算方法是平均生物量法和生物量转换因子法。

② 可收集资源量。考虑到收集过程中的损耗，可收集资源量与估算产量并不相同。通常以资源总量为基准，乘上相应的收集系数获得，即可收集资源量＝资源总量×收集系数。农作物秸秆的收集系数通常为0.82～1.0，林木生物质的收集系数目前尚无确切数据。

③ 可供应资源量。该指标主要反映可用于特定生产的生物质资源量。生物质资源的用途多样，以秸秆为例，它不但可以作为制备生物质成型燃料的原料，还会被用作肥料或饲料，这使得实际可供应的资源量少于可收集资源量，因此收集该指标信息对进行生物质资源综合利用极为重要。

④ 单位面积资源量。与矿石类、化石类资源相比，生物质资源的分布相对分散，因此以某一区域单位面积下可收集的资源量来衡量该生物质资源收集的难易程度。单位面积资源量越高，其资源化利用的经济性越好。

⑤ 成本。生物质资源的成本主要包括收集成本及运输成本。其中，生物质收购费用及收集现场装卸、临时贮藏、短途运输等发生在收集过程中的费用构成收集成本；由临时贮藏点运输至处置地点的费用构成运输成本，通常每吨生物质资源的运输成本与运输距离成正比。

(2) 评价方法　首先进行文案调查、实地调查以及问卷调查，然后对所收集的数据进行编辑、组织、分类、计算，使调查的资料成为可供分析、预测的信息。具体调查内容应包括：当地的自然资源、经济发展状况、城镇村落分布、劳动力成本等；农业与土地利用，包括耕地面积、作物种类及产量和谷草比；当地农产品加工业情况，包括分布、产量等。

二、原料收集

生物质成型燃料的原料收集过程因生物质种类、劳作方式的不同而存在显著差异。人工收集是最早的生物质原料收集方式，在农作物秸秆、林业生物质原料的收集过程中均有应用。稻、麦等农作物在收获后，作物籽粒会随同秸秆一起运回打晒场地，再经人力或机械脱粒处理，剩余秸秆即可码垛堆放；玉米秸秆、棉秆、烟秆等作物秸秆的收集则是在大田首先进行玉米、棉花、烟叶的收集，收集完毕，再在大田中完成秸秆收集。但人工收集需要消耗大量人力，收集效率较低，而且近年来随着我国城镇化进程的不断推进，大量农村劳动力向城市转移，造成农村劳动力大量流失，生物质人工收集正逐渐被机械自动化收集取代。截至2019年，我国主要农作物的耕种收全程机械化率已达到70%，这使得作物秸秆的机械收集成为主流。[27]

林业生物质的收集过程可采取人工收集法，也可采用机械收集法，从节省人力、提高效率的角度看，未来林业生物质的收集也将趋于机械收集。采用机械收集法时，必须考虑树木种类和尺寸、地形、单台设备的工作效率等。目前国外在林业生物质收集过程中的机械化程度较高。林分皆伐时，既可采用收割粉碎一体的收割机械收集，也可先收集、贮藏，再运送到处理中心集中破碎进行收集。而在疏伐时，疏伐后的产物通常采用整树粉碎的方式进行收集。近年来，我国在林业生物质机械化采收方面也有了较大进步，新型割灌机、枝桠收集机、伐根挖掘机等采收设备及削片机、粉碎机等破碎设备均已市场化。图 9-4-4 为常见林业生物质的采收工艺。

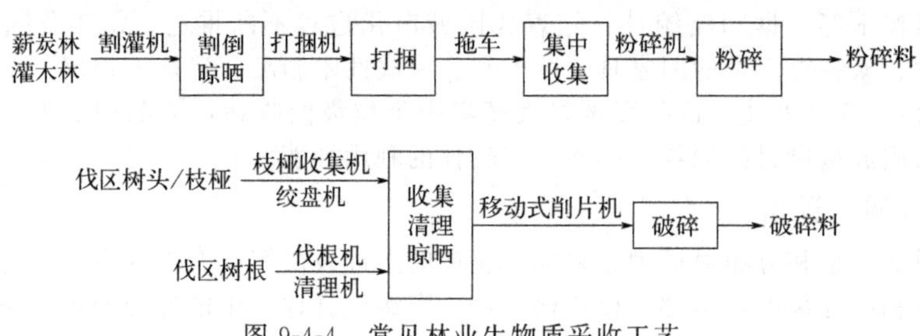

图 9-4-4　常见林业生物质采收工艺

三、原料预处理

1. 粉碎

与秸秆、农产品加工副产物等农业生物质废弃物不同，林业生物质在外形、尺寸、硬度等方面差异性较大，因此在制备林业生物质成型燃料前需进行切削、粉碎等预处理。较大体量的茎干、树枝、板皮、竹材及废木材等林业生物质需首先切削为 5～50mm 的片状，最后经研磨粉碎，制成粒度＜1mm 的颗粒。

盘式或鼓式削片机是当前较为常见的削片机。盘式削片机的核心部件是直径约为 600～2000mm 的重型刀盘，其上装有 2～8 个刀片，刀盘转速约为 500～800r/min。盘式削片机的进料槽口通常为正方形，适宜加工间伐材茎干、成捆枝桠材，而在加工板皮、边条等小截面林业生物质时，会因原料难以充满料槽而降低生产效率。盘式削片机的飞刀做平面运动，飞刀与底刀能形成较好的剪切作用，且切割角保持恒定，因此切片均匀性较佳，所耗切削功率较小。

图 9-4-5 为鼓式削片机的结构示意图。

鼓式削片机的切削部件是嵌有 2～4 个飞刀的刀辊，刀辊直径约为 450～1300mm，刀辊转速 400～1000r/min。鼓式削片机的进料槽口通常为矩形，其高度较小而宽度较大，因而不适宜进原木。鼓式削片机的飞刀随刀辊做圆周运动，切削力方向随飞刀位置的变化而变化，因而剪切效果较差，生产的削片均匀性较差，且易形成碎料，切削功率消耗较高。

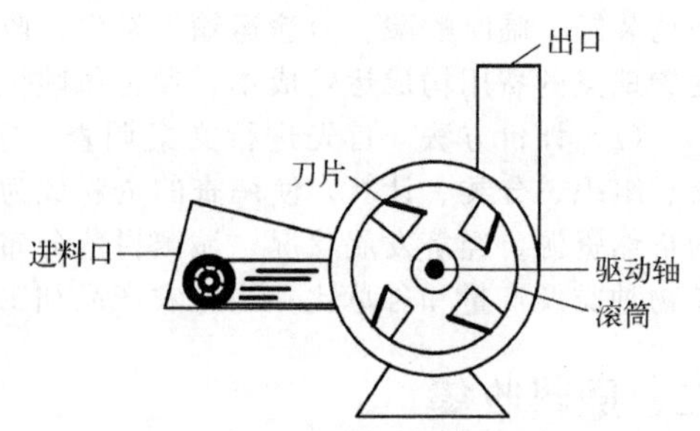

图 9-4-5　鼓式削片机的结构

除了盘式削片机及鼓式削片机外，研究人员还开发了螺旋削片机。该设备的切削部位是水平安装的螺旋刀具。工作时，螺旋刀片在电机带动下高速旋转，切削原料水平进料，并逐渐与螺旋刀具接触，最终原料被切削为片状。由于螺旋削片机螺旋刀具的旋转还可产生水平方向的推力，因此该设备属于动送料。

经过削片处理的林业生物质因颗粒粒度较大尚无法直接进行成型燃料的制备，还需进一步粉碎、研磨。对切削处理的林业生物质进一步粉碎、研磨通常采用机械式粉碎机，其中又以齿式粉碎机、锤式粉碎机及刀式粉碎机最为常见。精细研磨机属于刀式粉碎机，其滚筒上装有较多刀片，高速旋转的刀片与固定齿圈产生相对运动，借助剪切、碰撞、摩擦等作用力将物料粉碎成细小颗粒。锤式粉碎机的破碎部件是锤击件，在高速旋转下活动锤击件与固定圈产生相对运动，并对物料进行锤击、碰撞、摩擦，从而获得细小颗粒。齿式粉碎机的破碎部件为紧密贴合的固定齿盘和活动齿盘，也有二者均为活动齿盘的齿式粉碎机。齿盘相对运动时，相互贴合的指抓可对物料产生冲击、剪切、摩擦等作用，从而达到破碎作用。机械式粉碎机通常均配有筛网，破碎后的颗粒在离心力下借助挤压力通过筛网，筛网的筛孔孔径决定了粒度的大小。

2. 干燥

以林业生物质为原料进行成型燃料制备时，通常湿基含水量需保持在15%以内，过高或过低的含水量均会影响生物质的成型及成型燃料的品质。新采集的生物质可以就地自然干燥或收集后于室内或室外码垛堆存，这种措施可以有效降低生物质的含水量，例如新鲜木材在室外码垛堆存一个夏季，其湿基含水量可由50%下降到30%。

自然干燥速率较慢，在长期贮存时可以采用，但原料在收集过程中就已直接粉碎，此时采用堆存方式易导致其内部因生物降解而温度升高，并可能造成干物质损失，同时也会对后期成型产生影响。对此类原料，应当选用适当的干燥设备进行调湿处理。当前常见的干燥设备包括带式干燥机、转筒干燥器、流化床干燥器等，可以采用燃烧过程中产生的烟气直接加热，也可以采用导热油或水蒸气间接加热。

(1) 带式干燥机　带式干燥机主要由加料器、网带、传动装置、换热器、风机构成，依据用途不同，风机又分为分风机、循环风机、除湿风机等。带式干燥机内部通常被分割为若干个单元，每一个单元均有独立的热风循环系统，部分尾气则由除湿风机排出。工作时，经加料器均匀铺展在网带上的原料在传动装置的带动下随网带不断移入干燥机内部，循环风机推动气流经加热器加热后喷射在网带底部，网带具有微孔，气流可以透过网带从底部与物料接触，进而穿透料层进入上腔，从而完成质量及热量传递。进入上腔的气流大部分继续循环，少部分借助除湿风机排出干燥机。

带式干燥机通常在低温状态下运行，气体进口温度100℃，出口温度约为60℃，由于加热温度较低，因此不会产生气味。另外，由于气流穿透料层，可对气流产生过滤作用，因此可以以热烟气直接对物料进行干燥。带式干燥机结构简单，安装及维修方便，干燥速率快，蒸发强度高。

(2) 转筒干燥器　转筒干燥器是一种应用较早的干燥设备，其主要构成部件是一个与水平成一定倾角的圆筒，圆筒内壁装有顺向抄板。进行物料干燥时，湿物料由高端进料口进入缓慢旋转的回转筒体，在重力作用下逐渐向低端的出料口移动，在此过程中，干燥介质与生物质原料以并流或逆流的方式沿轴向流过筒体，完成原料干燥。筒体内壁加装的顺向抄板可将物料抄起至高处再撒下，以此增大物料与干燥介质的接触面积，提高干燥效率。干燥过程的热载体可以是热空气、烟道气或水蒸气等，物料可从受热的筒体壁面获得热量，也可将除水蒸气外的热载体直接通入筒体对物料进行干燥，因此转筒干燥器是一种直接接触式干燥器。

转筒干燥器生产能力大、结构简单、操作方便、适用范围广、操作弹性大，因而在众多领域均有广泛应用。但转筒干燥器也存在设备庞大、一次性投资较高、安装拆卸困难、占地面积大等不足，这在一定程度上限制了该干燥器的应用。

(3) 流化床干燥器　流化床干燥器又名沸腾床干燥器，是固体流态化技术在干燥领域的应用。湿物料由位于设备上部的加料口加入，干燥介质则由底部进气口送入，随后经多孔分布板均匀地通过物料层，物料颗粒在气流中悬浮，呈上下翻动状态，由于物料表面不断更新，可有效缩短水分由物料内部向物料表面的扩散距离，因而可有效强化干燥过程的传热和传质。

流化床干燥器结构简单、制造方便、干燥速度快，适用于粒状、片状物料，而且在同一设备中既可进行连续生产，也可进行间歇生产。但流化床干燥器返混现象严重，对颗粒的粒度有较高要求，过于细小的颗粒极易被气流夹带，而较大粒径的颗粒又难以流态化，因此合理控制颗粒粒度及粒度分布极为重要。另外，流化床干燥器并不适合干燥含水率高且易黏结成团的物料。

3. 除杂

制备成型燃料的生物质来源广泛，这对解决成型燃料的原料供应问题有利，但复杂的来源也会使原料中混有数量较多的杂质，如金属、沙石、泥土、绳子等，这些杂质会对生产设备造成磨损，严重时可导致设备损毁，因此对原料中的杂质应进行除杂处理。

除杂主要利用杂质的不同物理性质进行。金属、沙石、泥土等密度较大，可采用风选或振动筛进行分离；磁性金属杂质还可利用其磁性以平板式除铁器、磁栅式除铁器或永磁滚筒等对其去除；而对绳子、线头等柔软的线性杂质，可设计绞龙装置对其去除。

4. 蒸汽爆破、低温热解及水热处理

构成生物质细胞壁的三大组分（纤维素、半纤维素和木质素）紧密交联，形成抵抗压缩成型的物理和化学屏障，导致成型燃料机械强度和能量密度偏低。为提升生物质成型燃料的品质，当前研究人员还尝试采用蒸汽爆破、低温热解及水热处理等技术对破碎的生物质原料进行进一步的预处理。

(1) 蒸汽爆破　蒸汽爆破最早由美国学者 Mason 在 1928 年发明[28]，主要用于制浆过程的生物质处理，该过程的作用机理是：植物纤维所含的半纤维素首先在高温高压蒸汽中发生降解，同时木质素软化，以降低纤维间的横向连接强度，随后在极短时间内释放高压蒸汽，使原料孔隙中的水蒸气急剧膨胀，形成类似爆破的效果，从而将生物质撕裂成细小的纤维状。采用蒸汽爆破可以增加细纤维含量，改善纤维质量，同时还可减少产品的灰分含量[29]。Lamp 等[30]对杉木树皮进行的蒸汽爆破实验显示，经蒸汽爆破处理，树皮中的纤维素分子链及分子内氢键均会受到一定的破坏，促使纤维素向无序结构转化。除此之外，蒸汽爆破处理可使生物质的纤维尺寸变细、变小，同时木质素活性增强，并渗入纤维素之间形成新的连接或经降解、重聚进而迁移到纤维素表面[31]，从而产生更好的黏结效果。研究显示，经蒸汽爆破处理制备的成型燃料机械强度较处理前可提高 1.4～3.3 倍。

(2) 低温热解　低温热解是指在 200～300℃的缺氧条件下对生物质原料进行热解处理。该过程中生物质原料可发生一系列化学反应，包括脱羰、脱羧、脱水、脱甲氧基、芳构化、键断裂等，生物质原料的纤维结构遭受破坏。经低温热解处理，生物质原料的可粉碎性及流动性有所改善，过量氧元素得以消除，能量密度可提高约 30%。不同种类生物质由于化学组分不同，其热稳定性及热解产物的特性也不同。对稻壳、木屑、花生壳、甘蔗渣、水葫芦进行的研究显示[32]，经低温热解预处理，甘蔗渣的能量密度增幅最大，约为未处理原料的 1.66 倍，而木屑增幅最小，仅有 1.08 倍。热解温度和停留时间也是影响成型燃料品质的重要因素，升高热解温度、增加停留时间，所得成型燃料的能量密度明显增加，但机械强度有所下降。Shang 等[33]发现，赤松木屑在经过 230～270℃低温热解预处理后，热值由 18.37MJ/kg 升高至 24.34MJ/kg，但赤松成型燃料的机械强度迅速降低；Wu 等[34]以棉秆、木屑进行的研究也得出了相同的结果，试验显示，将棉秆和木屑在 200～260℃下进行低温热解预处理，所得固体成型燃料的表观密度和抗压强度较未处理前分别降低了 3.9%～16.7%和 23.2%～61.0%。

(3) 水热处理　水热处理是指在密闭反应器中，借助高温高压的液态水与生物质原料相互作用，使结构稳定的生物质分解的处理方式[35]。在水热处理中，原料会经历水解、聚合、芳构化 3 个阶段的变化，该变化可使生物质所含木质素转变为玻璃态，使颗粒内部形成局部熔融和机械互锁，促进颗粒成型。当然水热处理还可增加颗粒表面的平整规则度，并且形成生物油等极性化合物，加强颗粒间的黏结性能，这些也对提高生物质的成型性能、改善成型固体的抗压强度及耐久性有利。稻谷皮、椰子壳及松木屑等生物质原料经水热处理，所得成型燃料抗压强度可提高 2～5 倍，而火炬松经 260℃水热预处理后，其成型固体的耐久度、质量密度及能量密度分别从 97.5%、1080.2kg/m^3、21.3GJ/m^3 提高到 99.8%、1478kg/m^3、39.2GJ/m^3[36]。此外，水热预处理会降低生物质中低沸点成分的含量，并通过脱羧和脱羰作用减少木屑含氧量，这有利于提高生物质的热值。

当然，生物质原料的水热处理过程需将原料与水混合，因此，整个工艺过程对原料的水分含量无任何要求，也无需对原料进行干燥预处理，这无疑可以大量减少生产过程的能量消耗。同时，水热处理还可有效减少原料中所含无机元素的含量，可有效缓解成型燃料燃烧过程中的沉积及腐蚀现象[37,38]。由此可见，对生物质原料进行水热处理是提高生物质固体成型燃料品质的有效途径。

第三节　成型技术

一、成型技术分类及特点

成型技术的分类与分类依据紧密相关。根据产品形状差异，成型技术可分为块状成型工艺、颗粒成型工艺和棒状成型工艺；根据生产过程的自动化程度，成型技术可分为自动化生产和非自动化生产；根据压缩压力的大小，成型技术可分为高压压缩成型（压缩压力＞100MPa）、中压压缩成型（压缩压力在5～100MPa）及低压压缩成型（压缩压力＜5MPa）；而依据加压成型的加工方式，成型技术可分为湿基压缩成型、常温压缩成型、加热压缩成型和炭化压缩成型等[39]。本部分将对加压成型的加工方式进行简单阐述。

1. 湿基压缩成型

湿基压缩成型（简称湿压成型）是在常温下通过挤压使粉碎的生物质互相镶嵌包裹，并借助水对纤维素的润胀作用使其加压成型的加工成型技术。采用湿基压缩成型技术时，生物质原料需具有较高的含水量，而为达到所需含水量，可对原料进行浸水或喷水处理。湿基压缩成型工艺制备的成型燃料通常能量密度较低，燃料平均热值约为23MJ/kg。湿压成型设备比较简单，容易操作，但是成型部件磨损较快，烘干费用高，而且因含水率较高，多数产品燃烧性能较差。

2. 加热压缩成型

加热压缩成型（简称热压成型）是在较高温度及一定压力作用下将粉碎的生物质材料挤压成型的加工工艺，该工艺主要借助高温下木质素的软化黏结作用。由于原料的种类、粒度、含水率、成型压力、成型温度、成型方式、成型模具的形状和尺寸等因素对成型工艺过程和产品的性能都有一定影响，因此热压成型设备的结构和工作机理也存在较大差异，目前较为常见的加热压缩成型设备主要包括螺旋挤压成型设备、活塞压缩成型设备和压模辊压成型设备。加热压缩成型需对生物质原料进行加热处理，依据加热物料的部位不同，热压成型又分为非预热热压成型和预热热压成型。其中预热热压成型的加热部位分为两处，物料在进入压缩机件前需先进行一定的加热处理，在进入成型机件后，进一步对物料进行加热以达到成型温度；而非预热热压成型的加热部位仅位于成型机件处。现有研究显示，预热热压成型在降低能耗、延长成型模具使用寿命方面具有明显优势。

3. 常温压缩成型

常温压缩成型是指在常温下直接借助高压使生物质颗粒成型的加工过程。常温压缩成型的物料无需预热，仅依靠挤压过程产生的热量及挤压过程中颗粒与颗粒、颗粒与成型部件的摩擦产生的热量，使生物质颗粒中所含的木质素发生塑化黏结。为提高成型产品品质，采用常温压缩成型一方面需提高成型压力，另一方面可适当添加一定的黏结剂。常温压缩成型的物料适应性强，生产效率较高，单位能耗较低，但较高的成型压力使该工艺对成型设备的要求较高。

4. 炭化压缩成型

直接以生物质为原料制备成型燃料的工艺相对简单，但生物质的高含氧特性往往导致成型燃料的能量密度较低，为此研究人员尝试将生物质原料进行炭化或者是部分炭化，再加入一定量的黏结剂将其挤压成一定形状和尺寸的成型燃料，该成型技术称为炭化压缩成型技术，所得产品称为成型木炭。炭化压缩成型工艺分为先炭化后成型和先成型后炭化两种形式。先炭化后成型技术是首先将生物质原料炭化成粉状木炭，然后添加一定量黏合剂，借助压缩成型机挤压成一定规格和形状的成品木炭。由于炭化过程中生物质原料的纤维结构受到破坏，因此其挤压成型特性有所改善，成型部件的机械磨损和挤压过程中的能量消耗较热压成型约降低2/3，但炭化后的原料在挤压成型后维持既定形状的能力较差，贮运和使用时容易开裂和破碎，因此先炭化后成型的制备工艺一般需外加黏合剂。成型木炭的另一种制备工艺是先成型后炭化工艺，该工艺借助压缩成型机先将松散细碎的生物质原料压缩成具有一定密度和形状的棒状材料，继而在炭化炉内使其炭化以获得成型木炭，该工艺由于未添加黏合剂，所得成型木炭的保型能力较差，机械强度较低，贮运和使用时容易开裂和破碎。

成型木炭固定碳含量达70%以上，除碳元素外，还含有一定的氢、氧、氮等元素。与传统木炭相比，成型木炭的热值高，约为21～35MJ/kg，同时还具有放热时间长、无毒、无味、无烟等特点，因而是传统木炭产品的理想替代品。

二、成型技术的工艺流程

固体成型燃料的生产工艺由所选择的成型技术决定，成型技术不同，构成工序存在一定差异。但总体来看，固体成型燃料的制备通常由粉碎、干燥、调湿、混合搅拌、输送、成型、切断、冷却、包装、入库等工序构成，工艺流程见图9-4-6。其中粉碎、干燥属于预处理阶段，调湿、混合搅拌、输送、成型、切断、冷却等属于加工成型阶段，而剩余工序属于后处理阶段。

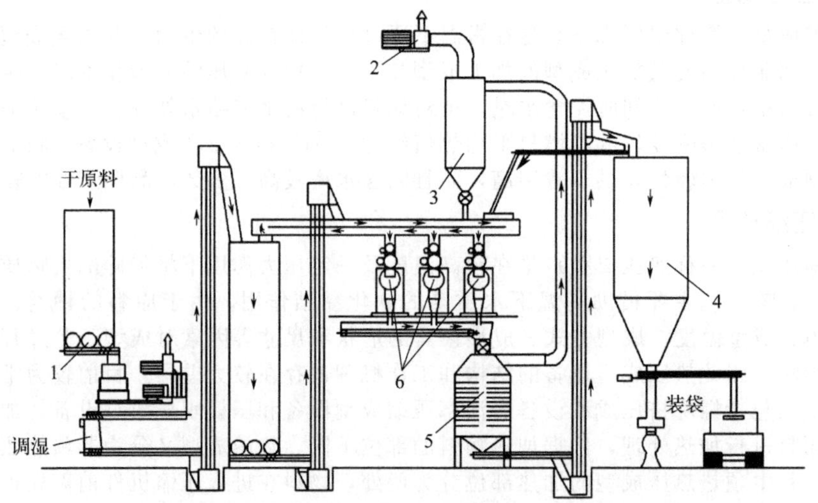

图9-4-6　生物质固体成型燃料制备工艺流程

1—粉碎机；2—引风机；3—除尘器；4—料仓；5—冷却器；6—造粒机

1. 调湿

为便于储存，生物质原料通常需经干燥处理，而生物质成型过程对水分含量有一定要求，水分含量过低不利于成型，也会影响成型燃料的品质，为此需对生物质原料的水分进行准确调控。该过程通常借助安装在送料皮带上的红外水分测量仪对原料的含水率进行在线检测，并借助雾化加水系统完成水分的自动添加。

2. 混合搅拌

为保证物料的均匀性，调湿后的物料需暂存于原料仓内，原料仓中安装抄板，对原料进行进一步的混合搅拌，以保证成型产品的品质，同时保证成型过程喂料顺畅。

3. 输送

经干燥、粉碎、调湿及混合均匀的生物质物料需输送至成型设备进行压制成型，输送过程物料流量均匀性对成型极为重要。当前输送主要借助螺旋输送机、提升机和刮板构成的输送系统完成。

4. 成型

成型是生物质成型燃料制备过程的关键工序，借助成型机，通过挤压使粉碎的生物质颗粒形成棒状、块状或颗粒状成型燃料。成型过程中一般不使用添加剂，主要借助生物质原料中所含的木质素等成分进行黏合。

5. 切断

为便于贮运，需将成型燃料加工成尺寸、形状几乎完全相同的形体，该工作主要借助成型机上安装的切刀完成。

6. 冷却

从成型机中刚挤出的成型燃料温度较高，约为75～85℃，此时成型固体易破碎，须经冷却系统降温。常用的冷却系统是逆流式风冷系统，即通过风机将空气鼓入系统，使成型固体与冷却空气逆流接触，在带走热量的同时，减少成型固体所含的水分。待产品冷却至常温后装袋入库或经输送设备送入料仓贮存。风冷系统往往还配有旋风分离器，可将分离出来的粉末返回前面工序，以便实现再成型。

固体成型燃料加工工艺的各工序间相互制约，对所得产品的质量及经济性有决定性作用，因此进行成型工艺选定时，必须考虑生产规模、产品形制及产品要求，以便确保产品品质。

第四节　成型设备

一、螺旋挤压式成型机

螺旋挤压式成型机是开发最早、当前应用较为普遍的成型设备，也是螺旋挤压成型的典型代表设备。目前，国内外用于生物质成型的螺旋挤压式成型机主要有三类：锥形螺杆挤压成型机、双螺杆挤压成型机和外部加热螺旋挤压成型机。国外较多采用前两种大型螺旋挤压式成型机，而我国多采用外部加热螺旋挤压成型机。

1. 锥形螺杆挤压成型机

图9-4-7为锥形螺杆挤压成型机的工作原理示意图。该成型设备主要由锥形螺杆、套筒构成，匹配单孔或多孔模具。经破碎处理的木粉等生物质原料由进料口进入套筒，在旋转的锥形螺杆推动下逐渐前移进入压缩室，并逐渐由挤压头挤入模具，再通过模具孔挤出，经切刀切割后获得一定长度的成型棒。锥形螺杆挤压成型机的工作压力可达60～100MPa，生产能力为600～1000kg/h，能耗为55～75kW·h/t，所得成型产品的密度为1.2～1.4t/m^3。锥形螺杆挤压成型机具有结构简单、运行平稳等优点，但它也具有螺旋头及模具磨损严重、维修频繁、维修费用高昂等缺陷。

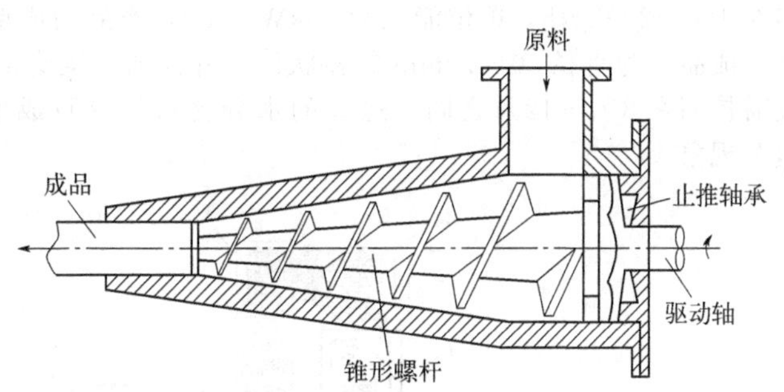

图9-4-7　锥形螺杆挤压成型机工作原理示意图

2. 双螺杆挤压成型机

双螺杆挤压成型机的核心部件是两根啮合的螺杆，依据螺杆的旋转方向可将双螺杆分为同向旋转型、异相旋转型两类，依据螺杆中心线是否平行可分为圆柱形双螺杆及锥形双螺杆（图9-4-8），而根据两根螺杆螺纹的啮合程度不同，双螺杆又分为部分啮合、全啮合及非啮合等形式。由于生物质颗粒较为蓬松，堆积密度较低，因此选用大工作扭矩、大荷载能力的异相锥形双螺杆挤压成型机较为恰当。在压缩成型过程中，螺杆、套筒内壁与原料间存在摩擦，而摩擦产生的热量会导致成型机内的生物质原料干燥，因而双螺杆挤压成型机对原料的含水量敏感性较低，含水量达到30%的生物质原料可经该设备挤压成型。与单螺杆挤压成型机相比，双螺杆挤压成型机的表观传送角更大，约是单螺杆成型机的3倍，因而其物料输送能力更强，同时双螺杆挤压成型机的物料输送遵循正位移原理，可避免物料的压力回流现象，便于设备进料。除此之外，双螺杆挤压成型机还具有物料混合、排气及自清理功能，这些均对制备高品质生物质成型燃料有利。双螺杆挤压成型机较适合含水率较高的物料，而压缩干物料时，设备的能耗会迅速升高，另外该设备还存在设备结构复杂、维护保养成本高昂等缺陷。根据原料的种类不同，双螺杆挤压成型机的生产率可达 2800～3600kg/h。

锥形螺杆挤压成型机及双螺杆挤压成型机在工作过程中均无需加热，仅依靠机具工作部件进行纯粹的压缩，因而所需压力较大，能耗也较高。

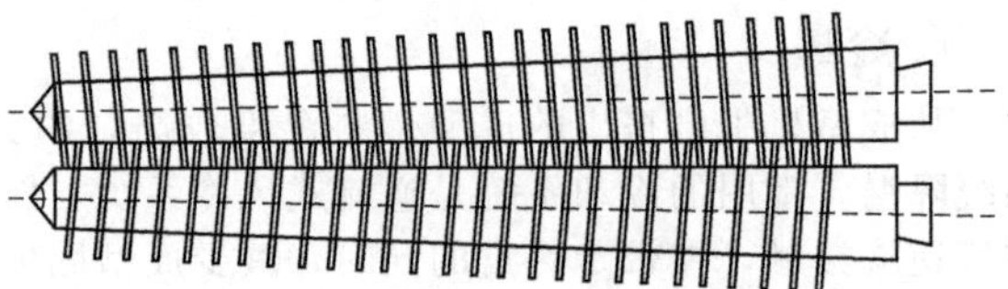

图 9-4-8　锥形双螺杆结构示意图

3. 外部加热螺旋挤压成型机

该挤压成型设备主要由驱动机、传动部件、进料机构、挤压螺旋、成型套筒和加热圈等组成，可将生物质原料加工成方形、六边形或八边形的固体成型燃料，其结构见图 9-4-9。加热圈缠绕在成型套筒外，借助热电偶及控温仪实现对成型套筒温度的控制，套筒温度一般维持在 150～300℃。工作时，粉碎的生物质原料从料斗连续喂入，经进料口进入螺杆套筒压缩副，在机体内壁和转动螺杆推动下连续向前输送，并最终进入压缩区。在输送过程中，由于存在强烈的剪切、搅拌和摩擦作用，物料温度逐渐升高并被部分压缩，而在进入压缩区后，较高的加热温度可使物料中所含木质素进一步软化并发挥黏结剂作用，纤维素也变得柔软，同时物料中的水分部分蒸发并对物料产生润湿作用，因此在压力作用下，颗粒间的接触面积增加，形成架桥，物料开始黏结成型。成型后的棒状生物质燃料被连续挤出成型筒，后经导向槽由切断机切成设定尺寸的短棒。

外部加热螺旋挤压成型机的工作温度一般为 150～300℃，压力约为 49～127MPa，生产能力多在 100～200kg/h，单位能耗为 70kW・h/t，产品的成型密度介于 1.0～1.4t/m^3 之间，产品规格（成品）为直径 50～70mm 的棒状体。外部加热螺旋挤压成型机对原料的含水率要求严格，一般需控制在 8%～12%之间，过高的水分含量易导致成型燃料开裂，加工过程中还会出现“放炮”现象。

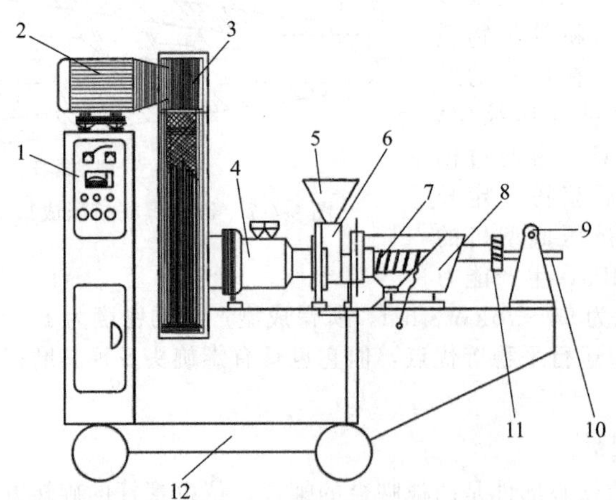

图 9-4-9　外部加热螺旋挤压成型机

1—工具箱电气柜；2—电机；3—传动皮带；4—传动轴；5—料斗；6—进料口；7—电热丝；8—保温罩；9—切断机；10—导向槽；11—压紧阀；12—机座

外部加热螺旋挤压成型机运行平稳，可实现连续成型，产品质量好，而通过调整螺杆进套尺寸可对成型压力进行调节，因而在实际中有较多应用。但该机型生产能力较小，单位产品能耗较高，产品成本高（固定成本超过 280 元/t），且成型部件磨损严重，这些缺点也极大地限制了该设备在实际生产过程中的使用。成型部件中螺杆头的磨损最为严重，对此研究人员已开发出将螺杆头与螺杆主体分拆的新型螺杆，不但可以更便捷地更换螺杆头，还可以有效降低生产成本。

二、活塞冲压式成型机

活塞冲压式成型机是采用冲压方式制备成型燃料的设备，其工作原理见图 9-4-10。该设备的主要构成部件是活塞、成型套筒。工作时，由进料口加入的秸秆、木粉等生物质原料在活塞后退时进入套筒，随后活塞前进，原料被压紧并进入减缩的锥形模具，最终在喉管处成型。由于压缩过程中存在摩擦作用，秸秆、木粉等生物质在冲压过程中温度会升高，这对木质素软化并发挥黏结作用有利。但仅靠压缩过程的摩擦作用，有时难以达到 140～200℃的成型温度，而为确保成型温度，该设备的模具外层通常还会加装电加热元件。活塞冲压式成型机的进料、压缩和出料过程都是间歇进行的，即活塞每工作一次可以形成一个压缩块，这些压缩块在成型管内会挤在一起，但有边界，当这些压缩块离开模具后，通过切割刀具可将其分割成 10～30cm 的棒或块。

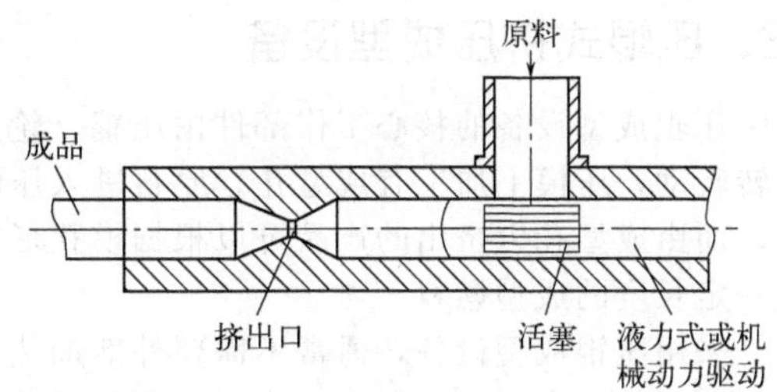

图 9-4-10　活塞冲压式成型机工作原理

按照驱动动力不同，活塞冲压式成型机又可分为机械活塞冲压式成型机和液压活塞冲压式成型机两大类。图 9-4-11 为机械活塞冲压式成型机结构示意图。该设备主要由成型筒、料斗、套筒、飞轮和电动机等组成。电动机是该设备的驱动元件，其带动惯性飞轮转动，利用惯性飞轮储存的能量，通过曲轴或凸轮将飞轮的回转运动转变为活塞的往复运动，产生的冲压力将生物质压缩成型。机械活塞冲压式成型机的生产能力大，生产能力可达 0.7t/h。

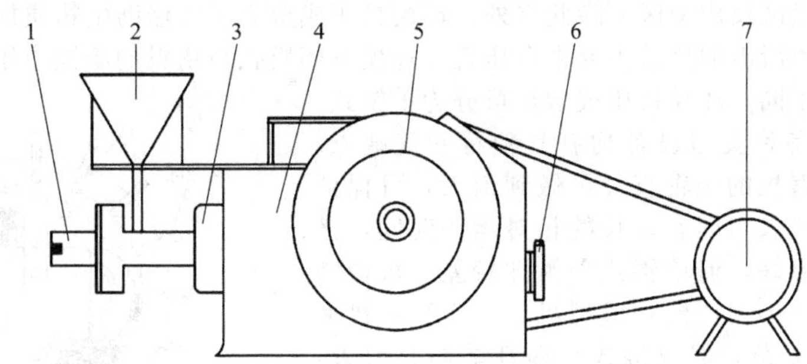

图 9-4-11　机械活塞冲压式成型机结构

1—成型筒；2—料斗；3—套筒；4—机体；5—飞轮；6—机油滤清器；7—电动机

液压活塞冲压式成型机是利用液压油缸所提供的压力带动冲压活塞将生物质原料冲压成型，其结构见图 9-4-12。根据工作介质不同，液压驱动又分为“油压”和“水压”两种。油压驱动设计比较成熟，运行平稳、油温控制方便、体积小、驱动力大，生产能力可达 1t/h；水压驱动的活塞冲压成型机体积大、投资多、驱动力小、生产能力低，一般仅有 0.25～0.35t/h。

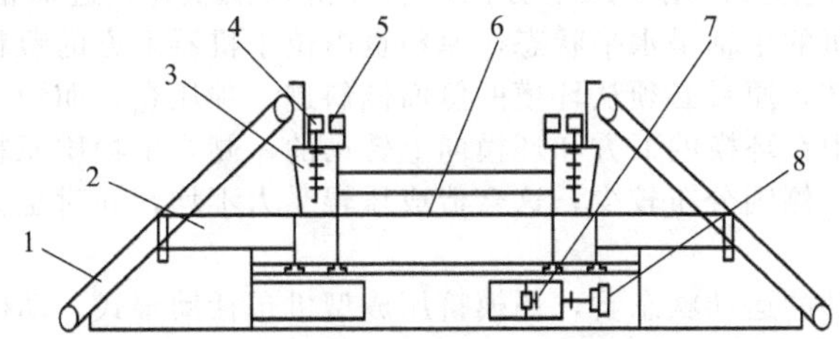

图 9-4-12　液压活塞冲压式成型机结构

1—自动上料机；2—成型套筒；3—进料斗；4—螺旋输送机；5—搅拌电机；6—液压系统；7—液压泵；8—主电机

总体来看，活塞冲压式成型机对原料的含水率要求较低，即使原料含水率高达 20%仍可正常工作，所得产品的成型密度约为0.8～1.1g/cm³，单位能耗约为80～140kW·h/t，设备使用寿命超过200h。但活塞冲压式成型机也存在一定的缺点，主要包括产品质量波动较大、设备运行稳定性差、噪声严重、成型模腔易磨损等。另外，采用活塞冲压式成型机制备的成型燃料还存在润滑油污染等问题。

三、压辊式挤压成型设备

压辊成型设备的核心工作部件由压辊（轮）（以下简称压辊）和压模组成，其中压辊绕轴做回转转动，压模上加工有成型孔，原料进入压辊和压模之间，在压辊的挤压作用下被压入成型孔内，而由成型孔内挤出的产品可以根据模孔形状加工成圆柱形或棱柱形，最后借助切刀将其切割成一定长度的成型燃料。

采用压辊成型设备，通常不需要外部加热，而为获得较佳的成型产品，可根据原料状况适量添加一定的黏合剂，而且压辊成型对原料的含水率要求较宽，一般在10%～40%下均能很好成型。根据压模形状，压辊式挤压成型设备又可分为环模挤压成型机和平模挤压成型机。

（1）环模挤压成型机　生物质颗粒成型燃料主要采用环模挤压成型机生产，而通过调整设备的工艺参数，也可完成棒状、块状成型燃料的制备。环模挤压成型机主要由料斗、螺旋供料器、进料刮板、压辊、电机及减速传动装置等组成，图9-4-13为该设备的工作原理示意图。压缩成型时，压辊或环模在电机带动下做回转运动，生物质原料则在进料刮板带动下进入压辊和环模的间隙，在强烈的摩擦挤压作用下，物料被挤入环模成型孔内，随着物料不断被挤入，成型燃料不断向孔外挤出，再借助切刀将其切断成一定长度的成型颗粒产品。物料在环模与压辊之间的空腔内所受的压紧力差异较大，根据不同区域所受压紧力的差异，可将压制区分为四个区间，分别为供料区、挤压区、压紧区及成型区。除此之外，环模挤压成型亦需要借助生物质原料所含的木质素作为黏结剂，该过程所需的热量主要来自压辊、环模及环模孔与物料的摩擦作用。

依据压辊数量不同，环模挤压成型机可分为单辊式、双辊式和多辊式，各种类型设备均有其独特的优缺点。单辊式环模挤压成型机的压辊直径可做到最大，可保证压辊外切线与成型孔入口间有较长的相对运动时间，挤压时间长，成型效果好，但单辊式平衡性较差，机械结构较大，因此多用于小型环模式成型机上。双辊式机械结构较单辊式略微复杂，但双棍式平衡性能明显改善，设备承载能力也较高。多辊式机械结构的受力平衡性更好，但较多的压辊会占用过多的混料仓面积，影响进料，因而生产能力有所下降，一般大直径环模成型机设计成两辊或四辊结构。

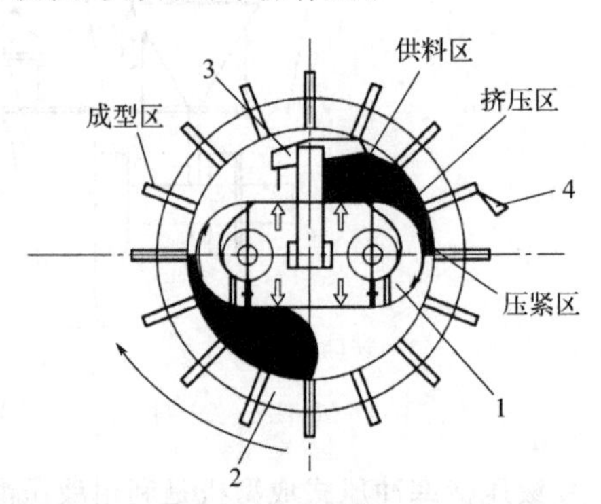

图9-4-13　环模挤压成型机工作原理示意图

1—压辊；2—环模；3—进料刮板；4—切刀

依据带动环模的主轴放置方向的不同，环模挤压成型机还可分为立式和卧式两种。立式环模挤压成型机的主轴呈垂直状态，原料在重力作用下从上方的喂料斗落入预压仓，进而依靠转轮分送至成型腔中。卧式环模挤压成型机的主轴呈水平状态，原料也由位于机器上方的喂料斗进入预压仓，但由于转轮是在垂直面内回转，原料必须从环模的侧面倾斜进入预压仓，而预压仓中的原料在环模内壁的分布也不均匀，其中在环模的下方和环模向上转动的一侧，生物质原料分布较多，而在环模上方和环模向下转动的一侧则分布较少，这会造成压辊受力不均，同时也会对压辊及环模形成不均匀磨损。

从成型主要运行部件的运动状态看，环模挤压成型机包括动辊式、动模式和模辊双动式。立式环模挤压成型机一般为动辊式，卧式环模挤压成型机多为动模式，而为减小压辊对模盘的冲击力，加装陶管的立式成型机也可采用动模式。

环模是环模挤压成型机的核心部件之一，环模厚度、有效长度、直径、开孔率及环模孔形状等均对成型产品的质量和设备的生产效率存在较大影响。当前，环模挤压成型机的环模厚度一般为 32～127mm；环模孔的形状较多，主要有直形孔、释放阶梯孔、压缩阶梯孔、外锥形扩孔和内锥形扩孔 5 种（图 9-4-14），其中外锥形扩孔可缩短物料在模孔中的挤压时间，因而较适合直径小于 10mm 的颗粒，而直径大于 10mm、体积质量低的原料，则适合采用压缩阶梯孔或内锥形扩孔。除此之外，环模的开孔率会直接影响设备的生产能力，开孔直径不同，开孔率存在一定变化，但通常在 20%～30%。

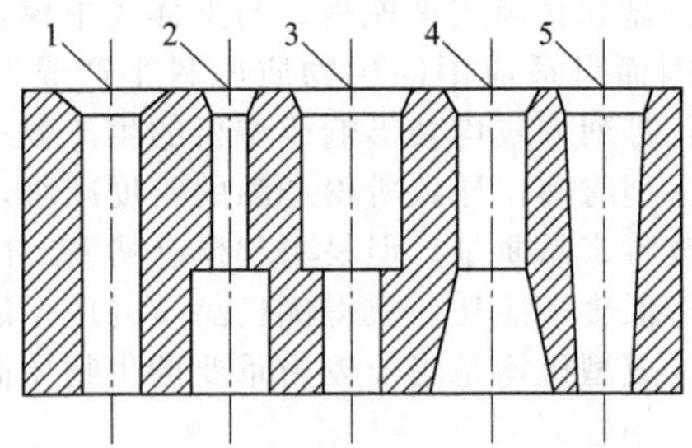

图 9-4-14　环模孔形状

1—直形孔；2—释放阶梯孔；3—压缩阶梯孔；4—外锥形扩孔；5—内锥形扩孔

压辊也是环模挤压成型机的核心部件，其作用主要是将物料挤入模孔。为能顺利将物料带入模孔，压辊表面需进行一定的粗糙化处理，以增大物料与压辊之间的摩擦力，防止压辊出现“打滑”现象。压辊常见的表面形式有拉丝辊面、带凹穴辊面、槽沟辊面及碳化钨辊面等，其中拉丝辊面最为常见，镶嵌碳化钨颗粒的碳化钨辊面表面粗糙、质硬耐磨，其寿命是普通拉丝辊面的 3 倍以上，因而在加工对辊面磨损严重或黏性较大的物料时较为常见。

尽管环模挤压成型机在生物质成型燃料制备方面具有明显优势，但其也存在磨损严重、能耗高等问题。环模挤压成型机的磨损主要是成型过程中环模、压辊的磨损，造成磨损的机制复杂，软、硬磨料对环模、压辊表面的纤维切削，周期性塑性变形引起的疲劳损失，塑性变形下的脆化剥离，非均匀荷载分布引起的不规则磨损等均会造成严重的磨损。针对环模挤压成型机的磨损问题，当前的解决途径主要是选择恰当的材质及热处理工艺、优化模具工艺参数等。制备材料的选择需综合考虑其耐磨性、耐蚀性及韧性，目前常用的压模材料主要有 45 钢，20CrMnTi、9SiCr、$60Si_2Mn$、35CrMo、42CrMo、40Cr 等合金钢，铬钢及渗碳不锈钢等。材料的热处理工艺众多，从已有的研究来看，激光淬火、亚温淬火、火焰热喷涂等均有改善材料抗磨损性能的作用。而在优化模具工艺参数方面，有研究认为环模的内径处线速度应控制在 4～8m/s，模孔内壁粗糙度介于 0.8～1.6 之间较为适宜，而模具的孔形、开孔率、长径比、开孔面积等则需参考生物质原料的种类、颗粒粒度、含水量等因素综合考虑。

(2) 平模挤压成型机　平模挤压成型是水平放置的圆盘压模（平模盘）与其相配的压辊相对运动，借助挤压作用获得固体成型燃料的成型技术，其工作原理见图 9-4-15。借助平模挤压成型的设备称为平模挤压成型机，由于平模盘需水平放置，因此该设备又称立轴平模颗粒成型机。总体来看，平模挤压成型机主要由螺旋供料器、料斗、调质器、分料器、压辊、平模盘、减速机构、电机及传动装置组成。压缩成型时，物料由螺旋供料器输送到搅拌调质器，进行搅拌匀整，再经分料器均匀分配至模、辊之间，电机通过减速机构带动成型机主轴转动，主轴上方的压辊轴也随之低速转动，带动压辊绕主轴公转。此外，压辊自身还会绕轴自转，借助压辊与平模盘的相对运动，物料被挤入压模成型孔，经模孔挤压成型后由压模下方挤出，达到一定长度，通过切刀将其切断成所需尺寸的颗粒。

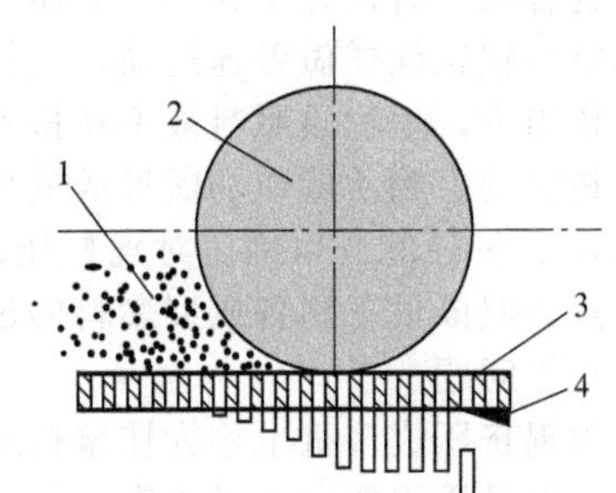

图 9-4-15　平模挤压成型原理示意图

1—原料；2—压辊；3—平模；4—切刀

平模挤压成型机按执行部件的运动状态不同可分为动辊式、动模式和模辊双动式，其中动辊式一般用于大型平模挤压成型机，而动模式、模辊双动式多用于小型平模挤压成型机。压辊的形状对压辊与平模盘间摩擦阻力的影响较大，进而会影响生产能耗和压辊、平模盘的使用寿命。当前较为常见的压辊形状主要有直辊和锥辊两种。锥辊的两端与平模盘内、外圈线速度一致，因而再压辊与平模盘间不产生错位摩擦，设备运行阻力小、能耗低，压辊与平模盘的使用寿命较长。

平模盘是平模挤压成型机的关键部件，其作用主要是将受挤压的生物质原料在模孔中成型。当前常见的平模盘有整体式平模盘和套筒式平模盘，与整体式平模盘相比，套筒式平模盘的母盘可以设计多种形状的成型腔，因而可适应不同生物质原料生产成型燃料。平模盘的开孔率、孔径、开孔面积、模孔形状及模孔排列方式均会影响成型机的生产效率，减小模孔的长径比可以提高设备的生产能力，但会缩短保型时间，导致所得产品的密度减小，成型率下降，反之，增大长径比尽管可以延长保型时间，改善产品质量，但易引起模孔堵塞。因此，恰当地设计平模盘对提高平模挤压成型机生产能力、降低生产能耗、获得优良品质的成型燃料极为必要。

平模挤压成型机和环模挤压成型机均是当前较为重要的生物质固体成型设备，两种成型机的性能对比见表 9-4-2。

表 9-4-2　平模挤压成型机与环模挤压成型机性能对比

成型机类型	功耗/(kW·h/t)	产量/(t/h)	成型密度/(g/cm^3)	磨损情况	维护情况
平模挤压成型机	30～100	＜0.5	0.8～1.0	压辊与平模磨损不均衡	配件拆装烦琐，维护麻烦
环模挤压成型机	60～110	1.0～2.0	1.0～1.3	压辊与环模磨损均衡	拆装容易，维护方便

总体来看，环模挤压成型机功耗相对较高，但其产量大，产品的成型密度较高，且拆装容易，维护方便，因而更适合工业化大规模运作。与之相比，平模挤压成型机尽管功耗较低，但其产量低，成型产品质量差，加宽工作面又会造成压辊和平模的磨损不均衡，且配件拆装烦琐，维护麻烦，因此仅适合农村居民小规模应用。

(3) 其他压辊式挤压成型设备　平模挤压成型机、环模挤压成型机作为典型的压辊式挤压成型设备，目前已完成市场化，但两种设备的模盘与压辊间的相对运动主要依靠摩擦力完成，这导致设备磨损严重，比能耗较高，而且设备的生产能力有限。针对上述问题，当前研究人员也在尝试开发新型压辊式挤压成型设备，其中对辊挤压成型机、齿辊挤压成型机较有代表性。

对辊成型是利用对辊上部两圆弧相交区中双向挤压压力，使生物质原料成型的一种工艺技术，其工作原理见图 9-4-16 (a)。工作时，两个开有成型孔的空心辊轮做差速运动，辊轮间物料在摩擦力、辊轮差速运动产生的剪切力、进料装置的推动力及两辊轮运转过程产生的挤压力共同作用下实现进料、挤压与成型，出辊压机后的物料形成强度较低的料饼。而为改善颗粒料性能，目前也有研究者设计了如图 9-4-16 (b) 所示工作原理的对辊挤压成型机，工作时两个开有成型孔的空心辊轮同样做差速运动，生物质原料由两辊轮上方加入，在摩擦力、剪切力、推动力及挤压力作用下，生物质原料被不断挤入成型孔中，并在成型后挤出成型孔，空心辊轮内壁安装的切刀将挤出的生物质颗粒切断形成成型生物质颗粒。对辊成型要求生物质原料粒度小于 10mm，含水率在 10%～35%以内。对辊挤压成型机具有连续运行、工作稳定、生产效率高、磨损部件少等优点，但该设备制备成型燃料的过程仅能依靠外曲面挤压，因此存在能耗较高及关键零部件磨损严重等问题[40]。

齿辊挤压成型机也称为柱塞挤压成型机，本质是传统环模挤压成型机的变形设计，其中最大的变化就是压辊的表面做成辊齿的形状。工作时，带辊齿的压辊和环模同向转动，生物质原料由送料系统输送到供料区，在重力及离心力的作用下，原料紧贴环模内壁运动，进而在齿辊和环模间摩擦力作用下被卷入楔形空间，在滚压、挤压及辊齿的推动下，最终达到一定的密度并挤出模孔，由切刀切割制成成型燃料。该设备中齿辊主要发挥两个作用：在齿辊与环模啮合阶段，成型主要靠齿辊的推挤作用；在齿辊与环模非啮合阶段，成型主要靠楔形空间形成的摩擦力推挤作用。该改进使设备同时具有了活塞挤压成型机与环模挤压成型机的优势。尽管如此，齿辊挤压成型机也有一定的缺陷，尤其是要使设备能正常运转，必须保证压辊辊齿与环模齿槽的相位严格配

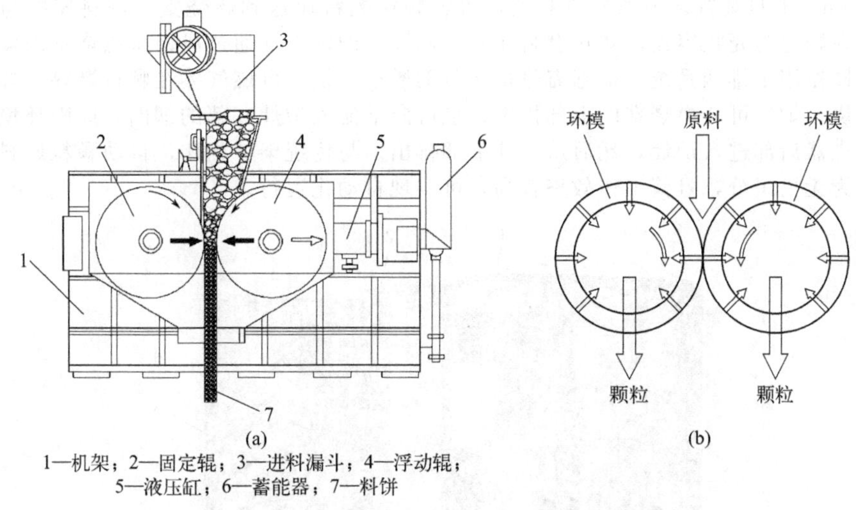

1—机架；2—固定辊；3—进料漏斗；4—浮动辊；
5—液压缸；6—蓄能器；7—料饼

图 9-4-16　对辊挤压成型机工作原理示意图

合，这既需要压辊辊齿与环模齿槽线速一致，同时又必须有较高的加工精度，以免辊齿对环模造成破坏，目前改型设备尚在研发之中。

第五节　成型燃料的应用

生物质固体成型燃料可在作物秸秆资源量大的区域或林业资源相对比较丰富的地区为农村居民提供生活用能，也可作为工业锅炉、热水锅炉和电站的燃料等。

一、农村居民生活用能

以煤散烧或生物质直燃提供能量，满足取暖、炊事能耗是农村地区传统的生活方式，但这种获能方式极易导致 $PM_{2.5}$ 升高，引发雾、霾等严重环境污染问题。为减轻环境污染压力，国家发改委、能源局最先于 2017 年印发《北方地区冬季清洁取暖规划（2017—2021 年）》，规划提出以“煤改气”“煤改电”等技术手段替代传统燃煤散烧或生物质直燃，以此改善区域大气环境和农村室内人居环境。但无论“煤改气”还是“煤改电”，均会造成居民炊事、采暖成本大幅升高，即使政府推出价格补贴，农村居民的采暖、炊事支出仍有小幅增长，这影响了农村居民参与“煤改气”“煤改电”的积极性[41]。相比于“煤改气”“煤改电”，生物质成型燃料成本低廉，更宜在农村地区大规模推广，而这也与国家能源局在 2019 年发布的《关于解决“煤改气”“煤改电”等清洁供暖推进过程中有关问题的通知（征求意见稿）》中“因地制宜拓展多种清洁供暖方式，保障清洁供暖均衡发展”的精神相一致。由此可见，生物质固体成型燃料的主要需求市场之一为农村。

推广生物质成型燃料，关键是提供适用于生物质成型燃料的炉具。根据用途不同，生物质成型燃料炉具可分为炊事炉、取暖炉和炊事取暖两用炉；根据使用燃料的规格不同，成型燃料炉具可分为颗粒炉和棒状炉；根据进料方式不同，成型燃料炉具可分为自动进料炉和手动炉；而根据燃烧方式的不同，成型燃料炉具又可分为燃烧炉、半气化炉和气化炉。下面介绍几种典型的生物质成型燃料炉具。

1. 自动颗粒燃料采暖炉

自动颗粒燃料采暖炉使用生物质固体成型颗粒燃料，炉灶通常由贮料室、上料装置、鼓风机、外壳和排烟系统等组成（图 9-4-17）。炉灶配有风扇，通过调整助燃空气用量可控制燃烧过程，降低 CO 和 C_nH_m 排放量。燃料从贮料室上部喂入，在装满整个贮料室的情况下，燃料的燃烧时间可达 6h。上料装置多为螺杆进料器，可将颗粒燃料输送到燃烧室，进料速度与热需求有关。炉灶的燃烧室为壳状容器，颗粒燃料在其中燃烧。助燃空气通过风扇从燃烧室内墙的孔隙引入，风扇同样作用于排烟系统，根据需热量调节助燃空气量。可燃气体在颗粒燃料燃烧器的上部进行二次燃烧。烟气可从燃烧室的上部排出，也可向下流入炉灶底部的烟囱。周围环境中洁净的冷空气从燃烧器后部进入炉灶，然后从炉灶上部排出。与传统柴炉相比，自动颗粒燃料采暖炉的飞灰大部分为无机组分，且其工作效率较高，可实现自动化运行。

图 9-4-17　自动颗粒燃料采暖炉[41]

1—热空气；2—烟囱；3—贮料室；4—热水；5—燃烧室；6—上料装置；7—集灰装置

2. 棒状燃料炉

（1）过火炉　过火炉是以棒状燃料为燃料的一种家用锅炉，其构造简单、价格低廉，结构见图 9-4-18。锅炉通常采用自然通风的方式通入空气，炉膛下方设置一次空气进口，而二次空气进口设在燃料堆上部的气体燃烧区域。燃料从上炉门喂入，从下炉门除灰。北欧国家的过火炉通常配备容积为 1～5m^3 的蓄水罐，借助换热器生产热水。配备的蓄水罐可使锅炉处于额定热量输出状态，从而尽可能地降低污染物排放量，并能保证为用户提供相对舒适的环境。为增加系统的灵活性及适应性，过火炉蓄水罐中通常安装电加热器，从而方便在生物质成型燃料加热与电加热间切换。

（2）欠火锅炉　与过火锅炉不同，在欠火锅炉的燃料仓底部，燃料会发生气化和部分燃烧，进而在分开的燃烧室内完全燃烧，产生的灰分通过炉箅落到灰箱（图 9-4-19）。欠火锅炉的进风方式通常为自然通风，但个别欠火锅炉也配有鼓风机或烟气排风扇。欠火锅炉的投资成本大约比过火锅炉高 50%，但欠火锅炉的燃烧状态比过火锅炉更稳定，污染物排放量相对低。

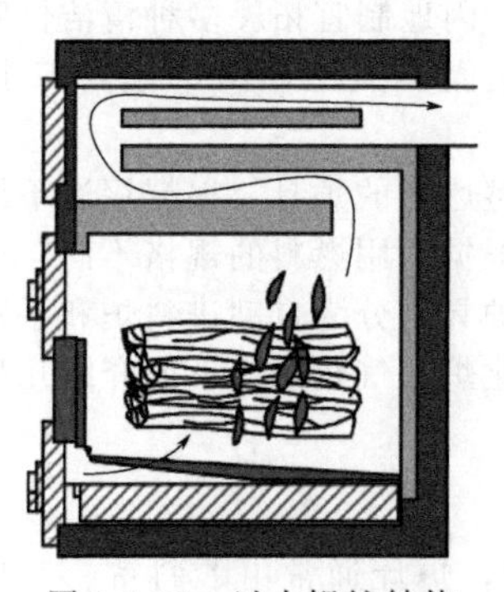

图 9-4-18　过火锅炉结构

图 9-4-19　欠火锅炉结构

3. 半气化炉

生物质原料挥发分含量可高达70%，因此借助空气中的氧或其他含氧化合物作气化剂，可将生物质在高温下转化为可燃气（主要是氢气、一氧化碳和甲烷），该热化学过程称为生物质气化。利用生物质气化技术工作的炉具称为气化炉，它为该技术的核心设备。按设备运行方式不同，生物质气化炉可分为固定床、流化床和气流床，其中固定床和流化床较为常见。近年来市场上还出现了一系列户用生物质半气化炉，其中较为简单的半气化炉结构见图9-4-20。该炉主要由炉体、调风门、配气孔、锅支架、烟囱等部件构成，炉体内部有气化室、燃烧室。使用时首先将气化器取出装料，成型燃料不能高出气化器周围，中央放置引火材。燃料装好后将燃烧器放在气化器上方，待点火即可使用。灶底调风门可以控制火力大小，点火后打开1cm左右即可，二次进风待火旺时全部关闭。燃烧室内火力太弱时，说明气化室内燃料已产气完毕。

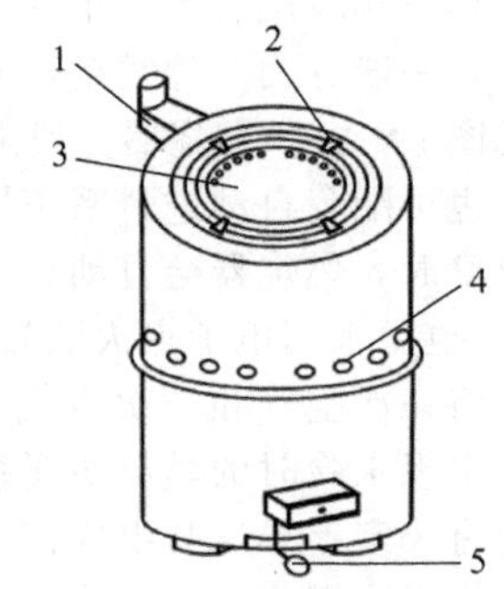

图9-4-20　半气化炉结构
1—烟囱；2—锅支架；3—炉胆；4—配气孔；5—调风门

总体来看，在半气化炉中，由于颗粒或棒状燃料发生半气化燃烧，燃料清洁、不冒黑烟，但也正是由于颗粒或棒状燃料的半气化燃烧，往往剩余一定的木炭，这会降低能源利用效率。此外，半气化炉对燃料含水率也有一定的要求。

二、工业用途

松散生物质经加工成型，能量密度迅速升高，基本相当于中热值煤，因此可替代燃煤用于工业供热、发电或热电联产。传统燃烧发电过程分为闭式循环和开式循环两种，但由于成型燃料燃烧过程产生的烟气含有对发动机有害的成分，因此成型燃料发电多为闭式循环，即燃烧过程产生的热量首先传递给载热体，再由载热体将能量传递给发电机，由于分离了燃料和发电机，可避免烟气及燃料对发电机组的损害。作为成熟技术，汽轮机、活塞式蒸汽机、螺旋式蒸汽机、以低沸点有机油代替水作为工作介质的有机朗肯循环或以空气、氦气、氢气为介质的斯特林发动机均可用于成型燃料发电或热电联产。从发电效率来看，斯特林发动机的发电效率较高，可达15%～30%。与单纯发电相比，采用热电联产可提高能量利用效率，丹麦开发的30kW斯特林发动机热电联产总效率可达87%，而通过提高设备功率，该效率还有较大提升空间。

成型燃料发电厂的规模通常受运输距离及季节等因素限制，而采用化石燃料与生物质成型燃料混燃耦合发电可有效解决该问题，同时，混合燃烧还有助于减少NO_x、SO_x的排放量，减轻环境污染风险[42]。

锅炉是成型燃料供热、发电及热电联产技术的核心，目前，国外发达国家的锅炉已经较为成熟。德国鲁奇公司通过研究炉排循环速度与分段供气比例的关系，开发了专门的生物质成型燃料燃烧炉，借助分段供气措施，实现了炉膛下部为还原性气氛，二次风口上部为富氧燃烧的状态，有效提高了燃烧效率，并能有效控制NO_x的产生；芬兰奥斯龙公司开发了结构更为紧凑的生物质循环流化床锅炉，其炉膛由上部的膜式水冷壁、多级过热器及下部的水冷壁管束、耐火砖衬构成，高负荷状态下，整个炉堂都可以用来燃烧，可有效提高成型燃料的燃烧效率及传热速率；美国福斯特公司研发了具有内置床的生物质燃烧炉，可为受热面的布置提供更多空间，同时简化了高温管，减少了热膨胀节点的数量，另外，通过特殊绝缘材料，能有效减少辐射热损失；我国引进的丹麦BWE公司的生物质高温高压锅炉热效率高达91%。与之相比，我国在生物质成型燃料锅炉在研发和设计方面起步较晚、能量利用效率仍相对较低，关键技术设备尚需国外进口。但经过几十年的发展，国产设备已开发出从2t到160t的生物质成型燃料蒸汽锅炉，其中：小型生物质锅炉（吨位$<400t/h$）体积小、结构简单，主要用于提供热水；中型生物质锅炉（$400t/h<D<670t/h$）效率高，主要用于住宅供暖或提供工业蒸汽；而大型生物质锅炉（$D>670t/h$）效率高、参数大，主要用于燃烧发电或热电联产[43]。另外，针对我国实际国情，目前国内锅炉除进口及自主研发外，对旧有燃煤锅炉改造也是企业降低生产成本的重要途径，改造措施包括改进燃烧系统及烟气系统等。

颗粒燃料燃烧器起源于 20 世纪 80 年代，是通过替代锅炉上已有的燃油燃烧器而设计制造的。针对颗粒燃料尺寸单一、均匀的特性，颗粒燃料器可通过螺旋进料系统将颗粒燃料自动喂入锅炉，一般分为三种类型，即底部进料式燃烧器、水平进料式燃烧器、上进料式燃烧器，其示意图见图 9-4-21。燃烧器一般配备较大的料仓，可满足一天或几天时间的正常运行，料仓可手工装料，也可配套自动进料系统。燃烧器通常设定固定的热输出，当锅炉（或蓄热罐）的水温低于最低温度时，燃烧器会自动启动运行，直至锅炉达到最高温度。燃烧器可运行在最低水平（引燃火焰），也可采用电子点火装置来点火。燃烧器的助燃空气常使用鼓风机供给，为提高燃烧效率，通常将一次空气和二次空气分开。燃烧器还配备一定数量的独立安全系统，包括喷水系统、闸门、出现水险时的燃料切断系统、密封燃料仓和密封进料装置等。根据结构不同，燃烧器的火焰方向有一定差异，其中底部进料式、上进料式形成的火焰为竖直方向，而水平进料式为水平方向。为提高燃烧效率、减少污染物排放，依据火焰方向实现燃烧器与锅炉匹配极为重要。颗粒燃料燃烧器的烟气流动路径比燃油燃烧器更长，否则烟气在锅炉中的滞留时间太短，导致排烟温度过高，同时烟气中未燃尽的碳氢化合物含量过高。

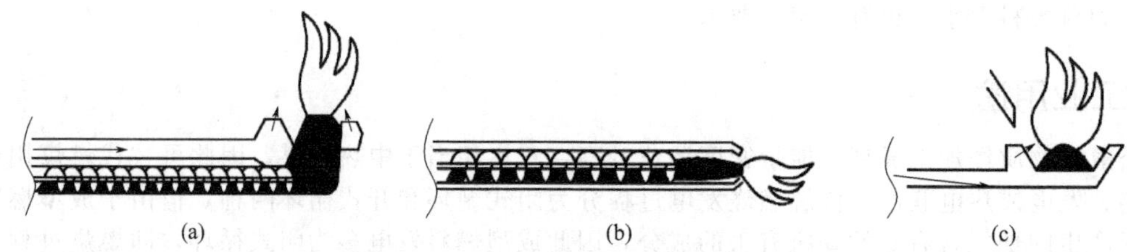

图 9-4-21　木质颗粒燃料燃烧器的基本原理

（a）底部进料式燃烧器；（b）水平进料式燃烧器；（c）上进料式燃烧器

改造锅炉前拱、增加三次风及侧墙风也是燃煤锅炉改造的重要措施。生物质成型燃料的挥发分主要为低分子量碳氢化合物，其含量高，遇热即可析出。为保证燃烧初始阶段挥发分的充分燃烧，必须为其提供足够的氧气和较大的燃烧空间。为增大燃烧空间，必须对锅炉炉膛进行改进，如增大前拱角度、提高前拱高度，而为增强辐射传热，可对炉膛后拱进行改造，缩短炉膛长度。为提供足够的氧气，目前普遍采用的措施是在二次进风的基础上，增加三次进风。杜军堂等[44]在进行燃煤锅炉改造时，还在三次进风的基础上增设了侧墙风，通过侧墙风与三次进风共同作用，加强燃烧时烟气与颗粒物的扰动，以促进颗粒充分燃烧。

尽管通过燃煤锅炉改造，可节省一定的设备投资成本，但直接改造的燃煤锅炉仍存在热效率低、废气中污染物含量高、容易结渣等问题，为此继续开发专门针对生物质成型燃料的高效成型燃料燃烧炉仍是未来一段时期重点发展的方向。

参考文献

[1] 贾敬敦，马隆龙，蒋丹平，等.生物质能源产业科技创新发展战略.北京：化学工业出版社，2014.

[2] 张世红，廖新杰，张雄，等.生物质燃料转化利用技术的现状、发展与锅炉行业的选择.工业锅炉，2019，174（2）：6-13.

[3] Williams A，Jones J M，Ma L，et al. Pollutants from the combustion of solid biomass fuels. Progress in Energy & Combustion Science，2012，38（2）：113-137.

[4] 李伟振，姜洋，阴秀丽.生物质成型燃料压缩机理的国内外研究现状.新能源进展，2017，5（4）：286-293.

[5] 胡建军，雷廷宙，沈胜强，等.秸秆颗粒冷态压缩成型过程的比能耗回归分析.可再生能源，2010，28（1）：29-32，35.

[6] Mattos B D，Lourencon T V，Serrano L，et al. Chemical modification of fast-growing eucalyptus wood. Wood Science and

Technology，2015，49 (2)：273-288.
[7] 蒋恩臣，高忠志，秦丽元，等. 纤维素单独成型及燃烧特性研究. 东北农业大学学报，2016，47 (5)：106-112.
[8] 李震，王宏强，高雨航，等. 沙柳生物质燃料颗粒致密成型粘结机理研究. 农业工程学报，2019，35 (21)：235-241.
[9] 王慧. 基于生物质碾压成型机理的成型能耗影响因素研究. 济南：山东大学，2011.
[10] Demirbas A，Sahin-Demirbas A，Hilal Demirbas A. Briquetting properties of biomass waste materials. Energy Sources，2004，26：83-91.
[11] Kaliyan N，Morey R V. Natural binders and solid bridge type binding mechanisms in briquettes and pellets made from corn stover and switchgrass. Bioresource Technology，2010，101 (3)：1082-1090.
[12] Kong L，Tian S H，He C，et al. Effect of waste wrapping paper fiber as a "solid bridge" on physical characteristics of biomass pellets made from wood sawdust. Applied Energy，2012，98：33-39.
[13] Stelte W，Clemons C，Holm J K，et al. Fuel pellets from wheat straw：The effect of lignin glass transition and surface waxes on pelletizing properties. Bioenergy Research，2012，5 (2)：450-458.
[14] Li H，Mcdonald A G. Fractionation and characterization of industrial lignins. Industrial Crops and Products，2014，62：67-76.
[15] 张静，郭玉明，负慧星. 原料含水率对生物质固体燃料成型效果的影响. 山西农业科学，2012，40 (1)：65-67，71.
[16] Harun N Y，Afzal M T. Effect of particle size on mechanical properties of pellets made from biomass blends. Procedia Engineering，2016，148：93-99.
[17] Mani S，Tabil L G，Sokhansanj S. An overview of compaction of biomass grinds. Powder Handling & Processing，2003，15 (3)：160-168.
[18] 武凯，施水娟，彭斌彬，等. 环模制粒挤压过程力学建模及影响因素分析. 农业工程学报，2010，26 (12)：142-147.
[19] Stelte W，Holm J K，Sanadi A R，et al. Fuel pellets from biomass：The importance of the pelletizing pressure and its dependency on the processing conditions. Fuel，2011，90 (11)：3285-3290.
[20] 罗娟，候书林，赵立欣，等. 典型生物质颗粒燃料燃烧特性实验. 农业工程学报，2010，26 (5)：220-226.
[21] 彭浩斌，陈国华，李运泉，等. 粉末与颗粒状木质燃料燃烧动力学特性研究. 太阳能学报，2017，38 (1)：53-59.
[22] 蒋绍坚，王涛，彭好义，等. 木质和玉米秸秆成型燃料热重分析与燃烧动力学. 中南大学学报（自然科学版），2013 (10)：4312-4318.
[23] 鱼银虎，崔海婷，宋静. 桃木质成型燃料燃烧特性研究. 环境科学导刊，2020，39 (6)：1-3.
[24] 张泽. 生物质成型燃料结渣机理及防治技术研究. 唐山：华北理工大学，2017.
[25] 赵青玲. 生物质成型燃料的燃烧技术. 北京：中国电力出版社，2016.
[26] 赵青玲，王梅杰，赵建松，等. 基于复合添加剂的生物质成型燃料的灰分特性. 太阳能学报，2017，38 (4)：906-912.
[27] 张润锴. 生物质秸秆收储运与成型燃料生产及供热运营模式研究. 郑州：河南农业大学，2019.
[28] Mason W H. Process and apparatus for disintegration of wood and the like. US Patent，1926 ：1578609
[29] 岳磊，王乃雯，罗海，等. 蒸汽爆破处理对芦苇纤维制备的影响. 林业科技开发，2013，27 (6)：69-72.
[30] Lamp S，Sokhansanj S，Bi X，et al. Energetic feasibility of biomass densification with steam explosion pretreatment. CSBE Annual General Meeting，Vancouver US，2008.
[31] Shaw M D，Karunakaran C，Tabil L G. Physicochemical characteristics of densified untreated and steam exploded poplar wood and wheat straw grinds. Biosystems Engineering，2009，103 (2)：198-207.
[32] 王贵军，罗永浩，陆方，等. 农业生物质秸秆低温热解预处理技术. 工业锅炉，2010 (2)：4-9.
[33] Shang L，Nielsen N P K，Dahl J，et al. Quality effects caused by torrefaction of pellets made from Scots pine. Fuel Processing Technology，2012，101：23-28.
[34] Wu S，Zhang S，Wang C，et al. High-strength charcoal briquette preparation from hydrothermal pretreated biomass wastes. Fuel Processing Technology，2018，171：293-300.
[35] Cai J，Li B，Chen C，et al. Hydrothermal carbonization of tobacco stalk for fuel application. Bioresource Technology，2016，220：305-311.
[36] Liu Z，Quek A，Balasubramanian R. Preparation and characterization of fuel pellets from woody biomass，agro-residues and their corresponding hydrochars. Applied Energy，2014，113 (1) ：1315-1322.
[37] 李士伟，杨静翎，李辉，等. 水热预处理对樟木屑制备成型燃料行为的影响. 林产化学与工业，2017，37 (4)：129-136.
[38] Kambo H S，Dutta A. Comparative evaluation of torrefaction and hydrothermal carbonization of lignocellulosic biomass for the production of solid biofuel. Energy Conversion Management，2015，105：746-755.
[39] 刘灿. 生物质能源. 北京：电子工业出版社，2016.
[40] Xia X ，Sun Y ，Wu K ，et al. Modeling of a straw ring-die briquetting process. Bioresources，2014，9 (4)：6316-6328.
[41] 刘联胜，王冬计，段润泽. 农村地区生物质成型燃料清洁供暖技术研究进展. 华电技术，2020，42340 (11)：

112-122.
[42] 顾玮伦，孙锁柱，王静杰，等.生物质颗粒与煤粉耦合燃烧热态试验研究.锅炉制造，2021（3）：8-10，21.
[43] 彭育明.生物质成型燃料（BMF）链条锅炉设计与优化.长沙：长沙理工大学，2018.
[44] 杜军堂，李云.燃煤锅炉改燃成型生物质燃料的案例分析.工业锅炉，2020（6）：50-52.

（郑志锋，刘守庆，黄元波，郑云武）

第五章　生物质醇类燃料

能源是人类社会赖以生存的基础，是工业文明的保障。伴随着社会的快速发展，人类对能源的需求量也在不断增加。由于传统化石能源储量有限且不可再生，以化石资源为主的能源利用形式导致了一系列的社会问题，如环境污染、能源危机等。化石燃料主要来源于煤炭、石油、油页岩、天然气、油砂等。相对而言，生物质能源通常是从植物、动物和微生物等生物质中获得的碳基原料，作为替代能源具有相当大的环境和经济优势。因此，开发木质纤维素这一可再生资源，是缓解能源危机、环境污染等问题，实现可持续发展的重要途径。

木质纤维素是植物细胞壁的主要成分，包含了纤维素、半纤维素和木质素三大组分。地球上每年通过光合作用产生的木质纤维素类生物质高达 1 千亿吨以上，我国国内每年可收集木质纤维素类生物质超过 8 亿吨，这些生物质的有效利用必将减少化石资源的开采。生物质资源来源丰富，可通过生物炼制技术将其转变为可广泛利用的生物质醇类燃料等清洁能源。生物质醇类燃料自身含氧，在燃烧过程中有自供氧效应，燃烧彻底，热转换效率高，且尾气中主要为二氧化碳和水，燃烧产物不含有害气体，是一种高效环保的清洁能源。醇类燃料属于低热值液体燃料，热值是一些高热值燃料热值的 60%左右。生物质醇类燃料除了本身可以作内燃机的替代燃料外，还可以作汽油的高辛烷值调和剂，其中高碳醇（如丁醇）还可以作为甲醇、乙醇与汽油或柴油之间的助溶剂。目前，燃料乙醇汽油经过多年的发展和推广使用，已经成为最成熟、最可行的石油燃料替代品。另外，生物质醇类燃料在锅炉燃烧供热，饭店、酒店等厨房供热方面也得到了良好的发展和推广。

目前，生物质醇类燃料是主要以生物质（林业加工剩余物、农业秸秆等）为原料，通过生物发酵等技术生产的醇类燃料，其中制备较为容易和应用较为广泛的是生物质燃料乙醇和燃料丁醇。生物质炼制醇类燃料工艺如图 9-5-1 所示。我国林业与农业资源丰富，储量大，以生物质醇类燃料作替代能源极具发展潜力和竞争力，通过糖平台转化为高品质液体生物燃料将是未来的研发和产业化的方向，也是解决我国石油替代问题，保障石油安全的必然途径。

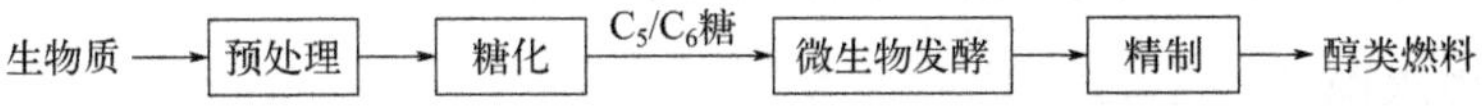

生物质 → 预处理 → 糖化 →（C_5/C_6糖）→ 微生物发酵 → 精制 → 醇类燃料

图 9-5-1　生物质炼制醇类燃料的工艺流程

第一节　木质纤维素水解

木质纤维素是由纤维素、半纤维素、木质素及灰分组成的高分子聚合物。在不同植物中，木质纤维素的组成和比例有一定的差异，一般来说，纤维素占 30%～60%，半纤维素占 20%～40%，木质素占 10%～30%。纤维素分子中吡喃糖环通过缩醛键彼此相连（-*O*-，*β*-1,4-糖苷键），且每个吡喃糖中有三个羟基与其他的吡喃糖形成分子内或分子间的氢键，这些氢键使得纤维素形成了高结晶度的结构，因此纤维素具有较高的机械强度和化学稳定性。半纤维素是一种复杂的碳水化合物，由 D-木糖、D-甘露糖、D-半乳糖、D-葡萄糖、L-阿拉伯糖、4-*O*-甲基-葡萄糖醛酸、D-半乳糖醛酸和 D-葡萄糖醛酸等物质组成，不同种类的植物中半纤维素的组成结构稍有差异，其与纤维素的主要差异在于半纤维素的支链通常由不同种类的单糖组成，相较于纤维素，半纤维素更易于糖化水解。水解糖化制备可溶性单糖是木质纤维素类生物质资源化的重要步骤，是指将纤维素、半纤维素等高分子碳水化合物水解成可溶性糖的过程，目前常用的水解糖化技术主要有酸水解法和酶水解法两种。

一、酸水解法

利用酸对纤维素进行水解的方法早在1923年就被提出[1]。目前，用于纤维素水解的酸主要可划分为有机酸、无机酸和固体酸。图9-5-2为纤维素的酸水解机理，主要分为3个过程：a.酸溶液电离出H^+，随即H^+攻击糖苷键上的氧原子，氧原子迅速质子化；b. C—O键发生断裂，糖苷键上的正电荷转移到葡萄糖单元的C原子上，形成碳正离子（C^+）；c.水分子随即攻击碳正离子，反应后得到游离的残基葡萄糖，并形成水合氢离子（H_3O^+）[2,3]。

（一）浓酸水解

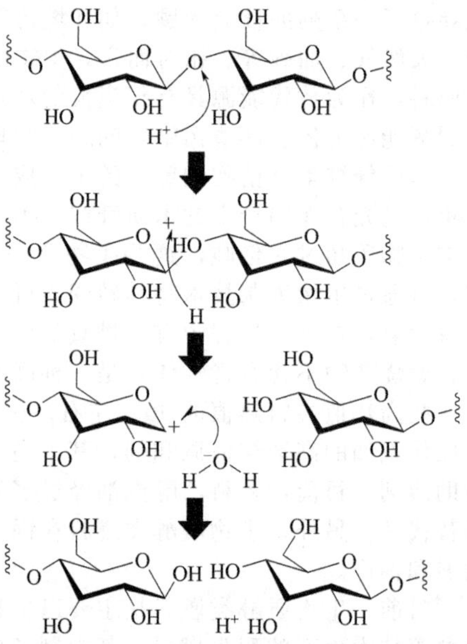

木质纤维素的浓酸水解过程主要分为2个步骤：先在较低的温度下用浓酸对木质纤维素进行预处理，使它完全溶解，转化成低聚糖；再将溶液稀释并加热，在较高温度下进一步催化水解低聚糖，得到葡萄糖。浓酸可以使纤维素类物质发生溶胀作用，破坏其结晶结构，得到的葡萄糖极少发生进一步水解，副产物少。此外，浓酸水解法通常伴随着高比例的单糖（可达90%以上），因此可使其下游产品（如乙醇、氢气、甲烷等）获得较高的产量。

图9-5-2 纤维素酸催化水解机理[2,3]

浓酸水解法可在相对温和的条件下进行，这与稀酸水解法所要求的苛刻条件相比具有很大的优势。但是，浓酸水解法对酸浓度要求较高（通常为30%～70%），水解糖化过程中引起的酸稀释及升温使其具有极大的腐蚀性。因此，该过程需要昂贵的合金或专门的非金属材料（如陶瓷或碳砖衬里等）制成的设备，且酸回收也是一个耗能过程。使用浓硫酸水解糖化时，中和过程中会产生大量的硫酸钙，随意排放易造成环境污染，增加处理难度；使用浓盐酸水解糖化时，又会对环境造成严重影响。高投资和高维护成本大大降低了浓酸水解法的潜在商业价值。以上种种缺点限制了浓酸水解纤维素技术的进一步发展。

（二）稀酸水解

与浓酸水解法相比，稀酸水解法既可以破坏木质纤维素类生物质的结构，又可以将纤维素、半纤维素水解成糖。稀酸水解是科研工作者对浓酸水解纤维素技术的一种改进，目前已成为一种常用的水解方法。稀酸水解通常是指利用浓度低（10%）的酸溶液在高温下将纤维素水解成葡萄糖。该水解过程符合一般酸水解机理，体系中的氢离子将β-1,4-糖苷键的氧原子质子化，使其变得不稳定后与水反应，从而导致糖苷键的断裂，实现纤维素的降解，直到分解成葡萄糖。

稀酸水解法工艺简单、周期短、成本低、污染小，但是经稀酸水解得到的葡萄糖会进一步降解，生成其他副产物，影响产率，很多学者还在进一步地探索和改进稀酸水解技术。胡耀波[4]以玉米芯为原料，先对其水解过程中的单一组分进行了研究，再利用响应面优化法在微波辅助下，得到稀硫酸水解玉米芯生产还原糖的最佳工艺：微波反应时间12min，微波功率356.27W，料液比1∶9.7，硫酸质量分数3.55%，水解还原糖产率为28.9%。

二、酶水解法

尽管酸水解技术在目前市场上的性价比较高，但不论是采用何种酸水解工艺，都存在酸解液回收率低、酸解液副产物多以及造成设备腐蚀等缺点。而酶水解法因具有条件温和、副产品少、负影响小、效率高等优点，是目前木质纤维素水解研究的热点。酶水解法是指木质纤维素经预处理后再在酶的作用下分解生成相应种类单糖的方法，与化学试剂法水解糖化木质纤维素类生物质相比，纤维素酶水解糖化法条件温和、专一性高、不产生有毒害作用的副产物、产品质量高、耗能少，因此，该方法逐渐成为研究的一个热点。从生物质中获取发酵糖，然后糖通过微生物发酵生产各种产品的技术路线也被称为“糖平台”技术。“糖平台”技术主要包括预处理和酶水解过程。

（一）预处理

木质纤维素的预处理过程是将木质纤维素转化为可发酵糖的关键步骤。木质纤维素中的半纤维素包裹着纤维素，并与木质素交织形成复杂的木质素碳水化合物复合体。木质纤维素复杂的结构使得纤维素酶很难直接与纤维素接触，从而导致纤维素生物降解效率低下，同时，纤维素的高聚合度和高结晶度等特点也影响了其生物降解。因此，预处理是实现木质纤维素高效转化利用至关重要的一步。

通过特殊物理化学方法的处理将木质纤维素的结构打开，降低聚合度和结晶度，增加物料的比表面积，可以有效提高酶水解效率与水解糖产率。目前常用的预处理方法如图 9-5-3 所示，主要包括物理法、化学法、物理化学法和生物法等。

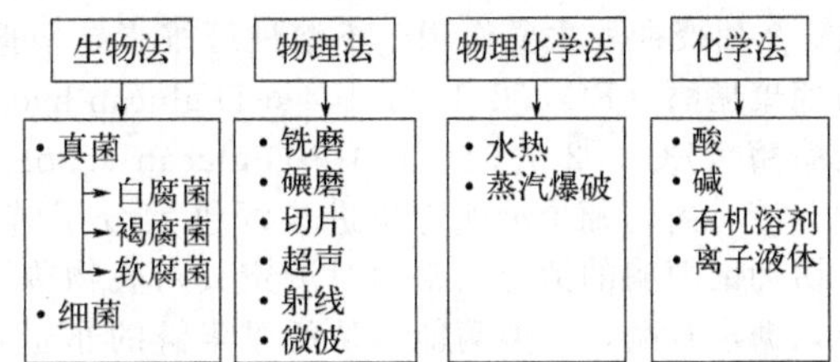

图 9-5-3　常用的原料预处理方法

（1）物理法预处理　主要是通过物理的方式破坏生物质的细胞壁结构，使纤维素暴露出来，从而提高纤维素的可及性。物理法预处理包括研磨粉碎、β射线照射和微波处理等。机械预挤压处理方法是物理法中最常用的一种，这种预处理方法在较高温度（＞300℃）下对生物质进行机械剪切研磨，能够有效地破坏生物质细胞结构，扰乱纤维素的结晶区，从而提高纤维素的酶解效率[5]。这种预处理方法的主要缺点是能耗高，因而在工业化应用过程中的前景有限。

（2）化学法预处理　主要是通过化学反应切断木质素-碳水化合物复合体中的化学键，破坏或去除生物质中的半纤维素或者木质素，从而提高纤维素的酶促反应可及性，以提高酶解效率[6]。化学法预处理主要包括稀酸预处理、碱预处理、有机溶剂预处理和湿式氧化预处理等。其中，稀酸预处理主要是将半纤维素在预处理过程中水解为单糖，从而把半纤维素从纤维素表面剥离，使纤维素暴露出来便于生物降解[7]。这种预处理方法成本低，操作较为简单，但预处理过程中会导致糖的降解以及抑制物（如酚类、糠醛和呋喃等）的生成。同时，稀酸对设备具有腐蚀性，增加了设备的运行及维护成本[8]。碱预处理的应用也较为广泛，该方法能有效切断木质素与碳水化合物之间的化学键，从而打散木质纤维素结构。同时，碱法预处理还能溶解、去除部分木质素，从而提高木质纤维素的酶解转化效率。然而，该方法常常需要大量的水对预处理后的底物进行冲洗除盐、脱毒，导致下游处理成本大大提高，不利于工业化应用。

（3）物理化学法预处理　主要是在高温、高压的条件下，破坏木质纤维素不同组分之间的连接，同时可去除部分木质素或者半纤维素[9]。物理化学法有蒸汽爆破法、氨纤维膨胀法等[10]。其中，蒸汽爆破预处理方法的应用较为广泛，该法主要是利用蒸汽作为介质，进入植物细胞内部，在压力瞬间释放的作用下破碎细胞壁结构。另外，在高温、高压的作用下，催化剂（H_2SO_4 和 SO_2）的存在能显著提高蒸汽爆破的预处理效果，达到较好的半纤维素去除率以及糖回收率[11]。和酸催化预处理类似，蒸汽爆破预处理过程中也会产生大量抑制物，这些抑制物对后续酶解发酵产生较为强烈的抑制影响。蒸汽爆破预处理的相关技术难题仍有待进一步解决[12]。氨纤维爆破法（AFEX）采用的氨气呈弱碱性，因此具有碱预处理的一些特征，但由于是弱碱，从而避免了过多副反应的发生，产生的抑制物较少[13]。另外，氨的挥发性使得氨气回收利用较为方便，残留在木质纤维素中的氨还能作为后续微生物发酵的氮源。

（4）生物法预处理　该预处理方法主要利用白腐菌、软腐菌等微生物选择性地对木质纤维素中的木质素进行降解，对木质纤维素也具有较好的预处理效果。然而，由于生物降解反应速率过慢，该预处理方法所需时间较长（长达数周），因此较难在工业化生产中得到广泛应用[14]。目前，稀酸预处理、蒸汽爆破预处理和氨纤维膨胀法预处理都已经实现了中试规模以上的放大测试。

（二）酶水解

木质纤维素酶水解的主要目的是将其中的纤维素和半纤维素水解为可发酵单糖。纤维素是由葡萄糖通过β-1,4-糖苷键连接起来的聚合物。半纤维素则是由几种不同类型的单糖构成的多聚体，这些单糖主要为木糖、阿拉伯糖、葡萄糖和半乳糖等，其中最多的是木糖。

1. 纤维素酶

纤维素酶是一类可催化水解棉花、木材和纸浆等纤维原料中纤维素链并生成终产物葡萄糖的一类糖苷水解酶的总称。按照作用底物的不同，纤维素酶包括β-葡聚糖酶和β-葡萄糖苷酶两大类。β-葡聚糖酶主要作用于不溶性纤维素，根据其在水解纤维素过程中的作用方式不同又分为内切葡聚糖酶（EC 3.2.1.4，1,4-β-D-glucan hydrolases 或 Endo-1,4-β-D-glucanases，EG）和外切葡聚糖酶（EC 3.2.1.91，1,4-β-D-glucan cellobiohydrolases 或 Exo-1,4-β-D-glucanases，CBH）两类[15,16]。内切葡聚糖酶随机进攻纤维素分子链，水解断裂β-1，4-糖苷键，产生游离的链末端。内切葡聚糖酶的活力通常通过测定其对底物羧甲基纤维素的水解能力确定。外切葡聚糖酶又称纤维二糖水解酶，这类酶能够从纤维素链的非还原末端或还原末端剪切纤维二糖单位。β-葡萄糖苷酶又称纤维二糖酶，（EC 3.2.1.21，β-glucosidase，BG），主要作用于可溶性的纤维二糖和纤维低聚糖，将其彻底水解为葡萄糖[17]。

纤维素酶的分子组成成分多为糖蛋白，在结构上大多含有多个彼此独立的结构域。常见的高级结构为包含了催化结构域（catalytic domain，CD）的头部、纤维素结合域（cellulose binding domain，CBD）的楔形尾部和将这两部分相连的连接区（linker）（图 9-5-4）[16,18,19]。按照 CD 区域划分，内切葡聚糖酶分布最广，涉及 14 个糖苷水解酶家族（GHF 5/A、6/B、7/C、8/D、9/E、10/F、11/G、12/H、26/I、44/J、45/K、48/L、51、60 和 61 家族）[15]；真菌外切葡聚糖酶主要分布在 6/B、7/C 家族，细菌外切葡聚糖酶主要分布在 6/B、48/L、9/E 和 10/F 家族；除此之外，β-葡萄糖苷酶主要分布在 1、3 家族，保守性较低。CBD 是纤维素降解酶第二个重要的结构域，目前数量已超过 150 个[20]。它们不仅存在于纤维素酶分子中，其他木质纤维素水解酶如木聚糖酶、甘露聚糖酶和一些非水解蛋白的结构中也时有发现[21]。

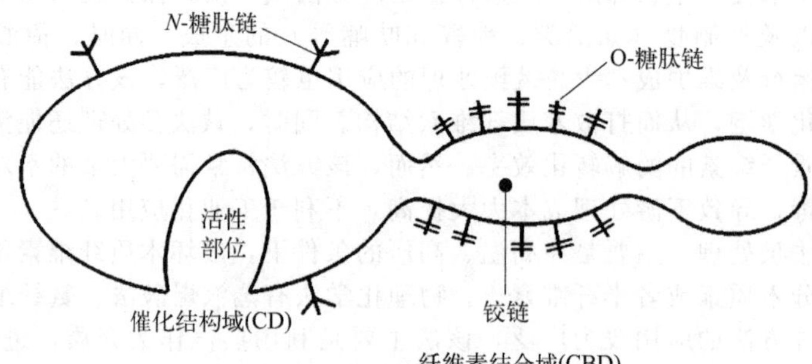

图 9-5-4　纤维素酶的分子结构[19]

2. 半纤维素酶

半纤维素是存在于植物细胞壁中的一类非均一杂多糖，组成和结构比纤维素更为复杂。半纤维素完全水解需要主链降解酶和侧链降解酶多种酶的协同作用（图 9-5-5）。半纤维素酶种类繁多，主要涉及负责木聚糖主链降解的木聚糖酶（EC 3.2.1.8）和β-木糖苷酶（EC 3.2.1.37），负责甘露聚糖主链降解的β-甘露聚糖酶（EC 3.2.1.78）和β-甘露糖苷酶（EC 3.2.1.25）以及各种侧链降解酶如乙酰木聚糖酯酶（EC 3.1.1.72）、α-L-阿拉伯呋喃糖苷酶（EC 3.2.1.55）、阿魏酸酯酶（EC 3.1.1.73）和α-葡萄糖醛酸酶（EC 3.2.1.139）等[22,23]。

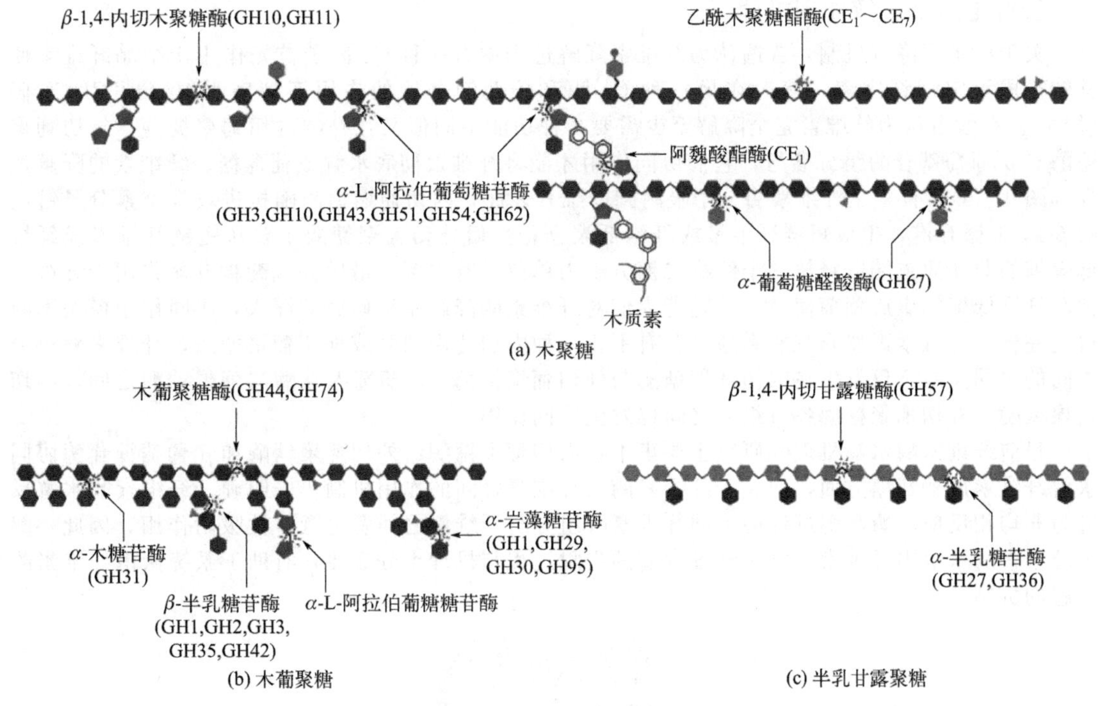

图 9-5-5　参与半纤维素降解的半纤维素酶

β-1,4-内切木聚糖酶是主要的木聚糖降解酶，该酶以内切的方式水解木聚糖主链的糖苷键，产生不同聚合度的低聚木糖。根据氨基酸序列同源性和疏水性分析，β-1,4-内切木聚糖酶分布在21个糖苷水解酶家族，其中GH10家族木聚糖酶和GH11家族木聚糖酶是研究较为深入的两种木聚糖酶[24]。GH10家族木聚糖酶，底物特异性较低，能够水解木聚糖上靠近侧链基团的糖苷键，该家族蛋白质部分有CBD结构域，与木质纤维材料中木聚糖结合的同时也可以和纤维素相互作用，有助于破坏植物细胞壁结构促进酶水解；而GH11家族木聚糖酶多为单结构域，底物特异性高，活性容易受木聚糖侧链乙酰基、葡萄糖醛酰基、阿拉伯糖酰基等取代基影响，酶分子量较小，能有效渗透到纤维素类底物中。

β-木糖苷酶主要分布在糖苷水解酶的GH3、GH30、GH39、GH43、GH52和GH54家族，可作用于低聚合度低聚木糖的非还原性末端生成木糖[25]。真菌来源的β-木糖苷酶主要属于GH3家族、GH43家族及GH54家族。里氏木霉GH3的β-木糖苷酶不仅具有β-木糖苷酶活性，还具有α-L-阿拉伯糖苷酶活性[26]。

β-甘露聚糖酶是甘露聚糖的主要降解酶，进攻甘露聚糖分子主链内的糖苷键，释放甘露低聚糖[27]。目前发现的β-甘露聚糖酶属于GH5、GH26和GH113家族[28]。除了催化结构域外，大多数β-甘露聚糖酶还含有非催化区结合域如碳水化合物结合域（CBM）和甘露聚糖结合域(MBO)，这些非催化区结合域多存在于β-甘露聚糖酶催化区域的一侧或两侧，可以使β-甘露聚糖酶更好地与甘露聚糖结合，增强其对甘露聚糖的水解能力。

半纤维素支链降解的半纤维素酶中，α-L-阿拉伯糖苷酶作用于木聚糖或低聚木糖主链上的L-阿拉伯糖取代基，降低阿拉伯糖取代基对内切木聚糖酶的空间位阻作用[25]。根据底物专一性差异，α-L-阿拉伯糖苷酶分为两类：α-L-阿拉伯糖苷酶A，该类酶一般降解末端的阿拉伯糖基；α-L-阿拉伯糖苷酶B，既能降解末端的阿拉伯糖基，也能降解阿拉伯糖基侧链。α-葡萄糖醛酸酶主要作用于4-O-甲基葡萄糖醛酸与木糖之间的α-1,2-糖苷键[25]，目前发现的两种α-葡萄糖醛酸酶分别属于GH67和GH115家族。乙酰木聚糖酯酶主要作用于低聚木糖或者木聚糖上C2或C3位

上的 O-乙酰基，降低乙酰基对木聚糖酶的空间位阻作用[29]。α-半乳糖苷酶作为脱支酶能催化水解半乳甘露聚糖、半乳葡甘露聚糖以及相应的甘露低聚糖主链的 α-1,6-D-吡喃半乳糖取代基。

3. 纤维素酶水解作用机理

关于纤维素降解机制，普遍认为纤维素降解过程中有一种 C1 因子首先作用于结晶纤维素使其转换成无定形纤维素，然后在另一种 Cx 酶和葡萄糖苷酶的作用下彻底水解（即 C1-Cx 假说）[30]。有学者认为纤维素完全降解至少需要 3 种功能不同但又互补的内切葡聚糖酶、外切葡聚糖酶和 β-葡萄糖苷酶组分参与，它们协同作用才能将纤维素彻底水解成葡萄糖。纤维素的降解过程（图 9-5-6），首先是纤维素酶分子吸附到纤维素表面，内切葡聚糖酶随机进攻纤维素分子链内的 β-1，4-糖苷键，生成短链纤维素或纤维低聚糖；然后外切葡聚糖酶主要从短链纤维素或纤维低聚糖的非还原末端以释放一个纤维二糖分子为单位进行水解；最后 β-葡萄糖苷酶作用于纤维二糖和纤维低聚糖生成葡萄糖[31,32]。随着人们对纤维素酶降解系统研究的深入，协同作用模型不断得到完善。纤维素天然降解酶系通常含有不止一种内切葡聚糖酶或外切葡聚糖酶，纤维素酶组分之间的协同关系不仅发生在内切葡聚糖酶与外切葡聚糖酶、β-葡萄糖苷酶与葡聚糖酶之间，内切葡聚糖酶、外切葡聚糖酶各自组分之间也发生协同作用。

目前纤维素酶水解机理的研究主要集中在内切葡聚糖酶、外切葡聚糖酶和 β-葡萄糖苷酶协同水解纤维素成葡萄糖方面，而关于纤维素酶与纤维素之间的作用机制仍未明确。纤维素酶水解反应为非均相反应，酶水解过程中不同纤维素酶组分与纤维素之间发生竞争性吸附作用，因此，解析纤维素酶水解中纤维素底物对纤维素酶的吸附过程与机理十分必要，有助于系统认识纤维素酶水解的机制。

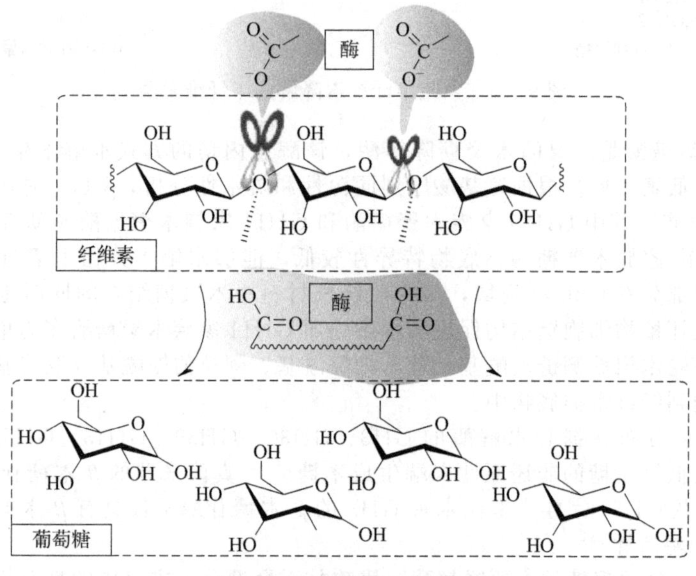

图 9-5-6　纤维素酶解机理

4. 木质纤维素水解糖化影响因素

木质纤维素的酶水解是一个在非均相体系中的假一级反应，在水解的最初几小时内，酶解速率较快，之后酶解速率随着时间的变化快速下降，且即使酶解周期延长，仍无法实现完全水解。通常将影响木质纤维素酶水解的因素分为三类：一是与底物相关的因素；二是与纤维素酶相关的因素；三是水解体系特性。

（1）与底物相关的因素　与底物相关的因素主要包括纤维素结晶度、底物孔隙率、木质素含量与结构、木质素-碳水化合物复合物（LCC）含量与结构、底物表面电荷和纤维素对酶的可及度等[33,34]。

① 纤维素结晶度。通常认为降低纤维素的结晶度有利于纤维素酶水解效率的提高。但也有研究表明结晶度本身不能解释纤维素酶水解效率的高低，部分木质纤维原料预处理过程中尽管纤维素结晶度提高，但预处理物料的酶水解得率也提高，因为在预处理过程中纤维素结晶度的改变伴随着原料其他结构特征的变化，其他底物因素向有利于纤维素酶水解效率提高的方向发生改变，从而使纤维素酶水解效率提高。

② 底物孔隙率。纤维素酶水解纤维素的第一步是酶与纤维素表面的吸附，底物中纤维素对纤维素酶的可及度是影响纤维素酶水解的最重要因素。底物孔隙的孔径尺寸大于纤维素酶蛋白时，有利于纤维素酶的吸附[35]。

③ 木质素含量与结构。木质纤维原料主要是由纤维素、半纤维素和木质素组成的致密超分子复合体，对微生物或酶的降解有较强的抵抗作用。尽管预处理过程可实现木质纤维原料中纤维素、半纤维素和木质素组分间的有效分离，但预处理物料中或多或少存在的木质素对纤维素酶水解具有抑制作用。底物中木质素对纤维素酶水解的抑制作用主要表现在通过物理屏障作用阻碍纤维素酶对纤维素的进攻，以及疏水性的木质素分子对纤维素酶的非特异性吸附，即非生产性吸附[36]。

④ 木质素-碳水化合物复合物含量与结构。底物中木质素-碳水化合物复合物也阻碍纤维素酶在底物上的吸附[37]。同时，木质素分子上的官能团对纤维素酶水解有着不同程度的影响。木质素分子中酚羟基含量和缩合程度越高，它对纤维素酶的非特异性吸附越大，木质素分子中带负电的羧基基团增多可减少纤维素酶在木质素上的非特异性吸附。

⑤ 底物表面电荷。纤维素酶分子通常带有负电荷，底物表面电荷的类型和大小影响纤维素酶和纤维素分子的吸附，底物表面所带的正电荷越高，越有利于纤维素酶的吸附。

(2) 与纤维素酶相关的因素

① 纤维素酶系组成[38]。纤维素的酶水解是在纤维素酶系中内切葡聚糖酶、外切葡聚糖酶和β-葡萄糖苷酶的协同作用下完成的，同时纤维素酶系中的酶组分在水解过程中又受反馈抑制作用控制，因此，酶水解体系中内切葡聚糖酶、外切葡聚糖酶和β-葡萄糖苷酶合适的比例是保证高效酶水解的关键。除了以上三种酶组分外，纤维素水解糖化还需要其他酶组分或者蛋白因子的参与。木质纤维原料中，纤维素被半纤维素和木质素包裹，阻碍了纤维素酶在纤维素表面的吸附和水解，尽管预处理能溶解部分木质素和半纤维素，解除半纤维素和木质素对纤维素酶水解的物料屏障，但预处理物料中残留的部分半纤维素和木质素仍然对纤维素水解糖化有制约作用，因此，纤维素酶水解体系中一定量的半纤维素酶和木质素酶的存在有利于提高纤维素酶水解效率。

② 纤维素酶用量[39]。纤维素水解糖化过程中，在一定范围内提高纤维素酶用量可以提高纤维素酶反应速率和酶水解产物得率，但底物中纤维素与纤维素酶可及位点有限，当底物纤维素分子表面与纤维素酶的可及位点被纤维素酶吸附后，继续增加纤维素酶用量不能提高纤维素酶反应速率。同时，酶用量的提高增加了纤维素水解糖化成本。因此，在纤维素水解糖化过程中酶用量要控制在合理的范围内。

(3) 水解体系特性　纤维素酶是一种大分子蛋白质，具有一般蛋白质的理化性质，纤维素酶蛋白的活性受外部环境温度、酸碱度和抑制物质等因素的影响。

① 温度。温度是影响酶活性的重要因素，温度升高，酶反应速度加快，但过高的温度可引起酶蛋白变性从而降低其活性，因此酶反应温度有一个适宜的范围。研究表明，纤维素酶系中内切葡聚糖酶、外切葡聚糖酶和β-葡萄糖苷酶对温度的敏感性不同。内切葡聚糖酶对温度耐受性高，最适温度一般为50～70℃；外切葡聚糖酶对温度较敏感，最适温度为42℃；而β-葡萄糖苷酶具有很高的耐温性，在50℃下保温60h仍保持95%以上的酶活性，最适温度在70℃左右。纤维素的酶水解主要是这三种酶组分的协同作用，过高或者过低的温度下都不能充分发挥纤维素酶的综合活性，因此纤维素酶水解时适宜温度一般在40～50℃。

② 表面活性剂。理论上，纤维素对纤维素酶的吸附并不是完全可逆的。因此在水解糖化过程中，部分纤维素酶会残留在底物上，导致纤维素酶的失活[40]。在水解糖化期间添加表面活性剂能够改变纤维素的表面性质并使纤维素酶对纤维素的不可逆结合最小化。用于酶水解糖化的表面活性剂有吐温20、吐温80、聚氧乙烯乙二醇、吐温81、槐糖脂、鼠李糖脂和杆菌肽等。由于

阳离子表面活性剂 Q-86W 和阴离子表面活性剂 Neopelex F-25 对纤维素酶的活性有抑制作用，因此非离子型表面活性剂被认为更适于增强纤维素的酶水解糖化。使用吐温 80 作为表面活性剂酶解纤维素，酶水解糖化速率提高了 33%。

③ 环境酸碱度。纤维素酶活性受环境酸碱度影响很大，纤维素酶在一定 pH 值下才表现最大酶活性，高于或低于最适 pH 值，酶活性降低。不同来源的纤维素酶或同一来源不同纤维素酶组分之间酶的最适 pH 值不同。例如，酸性纤维素酶最适 pH 值为 4.8～5.0 左右，中性纤维素酶最适 pH 值为 5.0～7.5，而碱性纤维素酶最适 pH 值为 8.5～9.5。环境酸碱度对纤维素酶水解影响的机理是环境 pH 值改变了纤维素酶分子活性中心或底物分子上的基团解离状态，从而影响酶与纤维素的结合。在最适 pH 条件下，纤维素酶分子活性中心的三维构象最适合与底物纤维素分子的结合。

④ 底物浓度：底物浓度是影响纤维素酶水解糖化产率和初始速率的主要因素之一。纤维素水解糖化中，底物浓度与酶反应速度的关系符合酶促反应米氏方程式。低底物浓度下，酶反应速度与底物浓度成正比。但底物达到一定浓度，纤维素酶的活性位点全部被纤维素分子饱和后，继续提高底物浓度，酶反应速度不再增加。在纤维素酶用量一定时，过高的底物浓度不仅不利于纤维素酶反应速度的提高，而且高底物浓度引起反应体系传质阻力的增加，对非均相的纤维素酶反应不利，高底物浓度的纤维素水解糖化通常采用分批补料的酶水解方式[41]。一般来说，纤维素酶在水解糖化中的负载量为 7～33FPU/g 底物，具体取决于底物的类型和浓度。

⑤ 抑制剂和激活剂。酶水解体系中某些化学物质的存在对纤维素酶活性也有影响。通常把能提高酶活性的物质称为激活剂，而降低酶活性的物质称为抑制剂。研究表明，某些金属离子可作为纤维素酶的激活剂，而有些金属离子则抑制纤维素酶的活性。例如，Mn^{2+}、Co^{2+}、Na^{+}、K^{+}、Fe^{2+}、La^{3+}、Nd^{3+}、Ca^{2+} 等对纤维素酶活性有促进作用，而 Cu^{2+} 对纤维素酶有抑制作用。纤维素水解糖化中，通常添加一些非离子型表面活性剂或两性表面活性剂以提高纤维素水解糖化效率。非离子型表面活性剂对纤维素有润湿和渗透功能，有利于纤维素酶向纤维素内部扩散，同时可降低纤维素酶在底物中木质素上的不可逆吸附作用，提高纤维素酶在纤维素上的吸附能力与酶稳定性。

三、其他水解法

超/亚临界水解技术是近年发展起来的一种高新技术，具有广阔的应用前景。水是一种极性溶剂，当反应体系的温度和压力超过临界点时，水的氧化性质和对物质的溶解性能会发生极大的改变。超/亚临界水能打破纤维素的结晶结构，使纤维素的溶解度大大增加，直至完全溶解，且水中电离的 H^{+} 能进一步将纤维素催化水解，从而获得低聚糖、葡萄糖等。超/亚临界水解法克服了传统水解技术耗时长、效率低、成本高的缺点，但该法容易使纤维素水解成各种复杂的化合物，如生成的葡萄糖易降解为 5-羟甲基糠醛。目前，临界水解催化技术的目标主要集中在高效水解和抑制纤维素水解复杂化两方面。牟晓红等[42]采用超临界水一步法对花生壳进行预处理，在料液比 1∶20、温度 374℃、压力 22MPa 的条件下处理 15s，可发酵糖回收率最大，为 33.8%。Abaide 等[43]利用稻草作为水解原料，在压力（25MPa）和反应时间（15min）不变的情况下，就反应温度（180℃、220℃、260℃）以及料液比（稻草∶水为 1∶7.5 和 1∶15）进行了探究，实验结果表明，在料液比为 1∶7.5、温度为 220℃时，水解液中葡萄糖的质量分数最高可达 1.5%。

第二节　燃料乙醇的制备

生物乙醇是公认的化石燃料的良好替代品，除了环境友好的特点外，乙醇作为燃料也有十分优异的性能。与汽油相比，它具有更高的辛烷值、更宽泛的可燃极限、更快的燃烧速度和更高的汽化热值，这些特性使得生物乙醇燃料可以承受更高的压缩比，这样不但缩短了燃烧时间，燃烧发动机也更加轻薄。此外，乙醇的氧含量高达 34.7%，因此，乙醇与汽油的混用在一定程度上解决了汽油在油缸内燃烧供氧不足的问题，从而使汽油燃烧更加充分，减少 CO 和其他有害气体的生成，降低对环境的污染。然而与汽油相比，乙醇也有一定缺陷——能量密度和蒸气压力较低，对设备腐蚀性也较强。尽管有这些缺点，生物乙醇仍然是迄今为止全世界运输行业最具潜力的生物燃料，2018 年世界生物乙醇的产量已达到 9000 万吨。

生物乙醇的生产和使用对我国经济和社会的可持续发展同样具有十分重大的意义。2018 年 8 月 22 日，国务院常务会议确定了有序扩大车用乙醇汽油推广使用，并出台了一系列政策。随着可再生清洁液体能源需求的增加，基于糖质和淀粉质原料生产的第 1 代燃料乙醇由于存在“与人争粮、与粮争地”的问题，已经不太符合我国国情。第 2 代燃料乙醇能够使用农业和森林废弃物，将在原料成本和政策方面更具竞争优势。

一、燃料乙醇的发展历程

目前，生物燃料乙醇生产技术按原料来源可分为 3 代，分别为：以玉米、小麦、甘蔗、甜菜等为原料的第 1 代燃料乙醇技术；使用木薯、甘蔗等非粮经济作物作为原料的第 1.5 代燃料乙醇技术；以农、林废弃物（秸秆等）为主要原料的第 2 代燃料乙醇技术和以微藻为主要原料的第 3 代燃料乙醇技术。

（一）第 1 代燃料乙醇

1999 年，连续多年的粮食高产使得我国面临严重的粮食积压问题，新建粮库加之库存粮食的补贴需要大量资金，时任总理朱镕基将粮食称为“甜蜜的负担”，这促使我国思考如何在粮食与能源之间搭建桥梁进行转换，由此产生了推广燃料乙醇的最初设想。为了推进可再生能源与新能源的发展，2001 年，国家计划委员会等五部委联合颁布了《陈化粮处理若干规定》，确定陈化粮的用途主要用于生产酒精、饲料等[44]。2004 年 2 月，经国务院同意，国家发展与改革委员会等 8 部门联合颁布了《车用乙醇汽油扩大试点方案》[45]和《车用乙醇汽油扩大试点工作实施细则》，把推广使用车用乙醇汽油作为一项国家战略性举措，在国内几个粮食主产区试点开展用陈化粮生产乙醇项目，以满足试点车用乙醇汽油所需变性燃料乙醇。

在上述背景下，四个燃料乙醇生产企业获批准建立，分别是安徽丰原生化、中粮生化能源（肇东）有限公司、吉林燃料乙醇、河南天冠集团。按照当时的补贴政策，每生产一吨车用乙醇汽油，企业获得国家补贴 1880 元并且免除一切税收。受此政策的激励，全国各地积极建设燃料乙醇项目，也导致了作为燃料乙醇生产主要原料的玉米的价格在此期间水涨船高。然而，随着陈化粮消耗殆尽，至 2005 年左右，燃料乙醇生产原料逐步以玉米新粮为主，至 2007 年玉米新粮在生产原料里的比例已经上升到了 86%左右。但是，由于“人多地少”的国情（用全世界 7%的耕地养活世界 20%的人口），且工业化和城镇化的发展进一步减少可耕地面积，我国面临着日益增长的粮食生产压力。若如此继续大规模地使用玉米、小麦等粮食生产燃料乙醇，会造成“与人争粮、与粮争地”的问题，势必会威胁到我国粮食安全。相比美国、巴西等生物燃料乙醇生产大国，其通行的粮食制乙醇方式既不利于我国农业结构调整，也不利于粮食加工业的健康发展，并可能引发我国粮食安全问题，显然不适合中国国情。2007 年，国家发展与改革委员会明确表示不再使用粮食作为生物质能源的生产原料，取而代之的是非粮作物[46]。

（二）第 1.5 代燃料乙醇

随着以玉米、小麦等粮食为原料的第 1 代燃料乙醇生产被叫停，各个燃料乙醇公司迫不得已开始利用甜高粱、木薯等原料作为过渡性的非粮原料。2007 年财政部印发的《可再生能源发展专项资金管理暂行办法》[47]也明确提出：“石油替代可再生能源开发利用，重点是扶持发展生物乙醇燃料、生物柴油等。”2008 年年初，中粮集团有限公司的木薯乙醇项目（20 万吨）正式投产，由广西中粮生物能源有限公司（以下简称广西中粮）负责运作，这是中粮集团首个，亦是中国当时第一个非粮乙醇项目，广西中粮亦成为中国第五家乙醇定点生产企业。此外，中石油及河南天冠集团都相继投入木薯生产乙醇项目的研究中。

然而，虽然与玉米、小麦相比，木薯已属“非粮”原料，但由于我国可以种植木薯的地域有限，且木薯可种植地同样适合种植玉米、小麦等，所以木薯燃料乙醇项目仍然存在“与粮争地”的问题。另外，我国国内木薯产量有限，难以满足发展燃料乙醇的需要，导致原料不能可靠供应以及原料价格上扬问题，加上由于木薯乙醇废液治理难度较大而导致的环境污染问题，严重制约了木薯燃料乙醇项目的进一步发展。广西中粮木薯乙醇项目于 2011 年 3 月 21 日被迫全面停产。此外，我国耕地面积有限，不能大面积种植甘蔗作为燃料乙醇原料，不能像巴西一样单凭甘蔗一种原料就轻易解决本国燃料乙醇问题。甜高粱是适合北方种植的耐旱作物，利用旱地、盐碱地等边际土地种植甜高粱生产燃料乙醇是一个好途径，但存在原料生产周期和原料保存等问题，导致难以满足工业化连续生产线的稳定供应，同时也需要解决大量秸秆的去向问题。木薯、甜高粱等作物在中国大规模种植同样存在“与粮争地”的问题，进口则易引起国际贸易争端，导致其可获得性受到限制。因此，目前第 1.5 代燃料乙醇技术未能大规模生产。

（三）第 2 代燃料乙醇

木质纤维素原料，包括秸秆、干草、木材等农林废弃物以及能源作物等，在我国分布广泛且价格低廉，具有非常大的应用潜力。据农业部相关数据显示，我国每年可利用的秸秆资源量为 6 亿～7 亿吨，去除喂养牲畜和秸秆还田消耗外，大量多余的秸秆原料可用来生产燃料乙醇且具有广阔的前景。2007 年 9 月，国家发改委制定的《可再生能源中长期发展规划》[48]中将生物液体燃料列为可再生能源发展重点领域；明确规定不再增加以粮食为原料的燃料乙醇生产能力，合理利用非粮生物质原料生产燃料乙醇；从长远考虑，要积极发展以纤维素生物质为原料的生物液体燃料技术；规定到 2020 年，生物燃料乙醇年利用量达到 1000 万吨。2012 年 8 月国家能源局组织制定的《可再生能源发展“十二五”规划》[49]规定支持建设具备条件的木薯乙醇、甜高粱茎秆乙醇、纤维素乙醇等项目；积极开展新一代生物液体燃料技术研发和示范，推进以农林剩余物为主要原料的纤维素乙醇和生物质热化学转化制备液体燃料示范工程。2012 年 7 月，国家发改委正式批复了山东龙力生物科技股份有限公司的纤维燃料乙醇项目（5 万吨/年），龙力生物成为国内第一个规模化生产第 2 代纤维燃料乙醇并且获得国家定点生产资格的企业。此外，中粮集团从 2006 年起开始对纤维素生产燃料乙醇进行研发，已开发出适用于玉米秸秆等多种生物质原料的全套纤维素产乙醇的 5 万吨级工艺包，中粮生化能源（肇东）有限公司采用该工艺包建设完成了 5 万吨/年纤维素乙醇示范生产线。

（四）第 3 代燃料乙醇

第 3 代生物乙醇主要利用藻类生产，技术尚不成熟，还远未达到工业化生产水平。该技术路线是利用藻类等高效光生物为原料生产燃料乙醇，具有生产周期短、光合效率高、吸收大气中 CO_2 等优点，目前正处于研发起步阶段。工程藻株开发、有害生物污染控制、低能耗微藻收集、高抗逆性的菌种培育等技术有待突破。

（五）燃料乙醇工业面临的诸多困难

如上所述，以木质纤维素为原料的第 2 代燃料乙醇得到了国家的大力支持，但是其能否得到广泛应用，关键是看它是否具有成本价格优势。

首先，木质纤维素原料中含有数量巨大的可发酵糖类物质，然而这类物质以高分子量的纤维素（以分子链聚集成束和排列有序的微纤丝状态存在于细胞壁中，起着骨架物质作用）和半纤维素（以无定形状态渗透在骨架物质之中，起着基体连接作用，故称其为基体物质）等聚糖形式存在，并通过共价键连接，此外还含有大量的木质素（在细胞分化的最后阶段木质化过程中形成，它渗透在细胞壁的骨架物质和基体物质之中，包围在微细纤维、毫微纤维等之间，是在纤维与纤维之间形成胞间层的主要物质，但细胞壁坚硬，称其为结壳物质）以及蛋白质等，这些化学成分和多层次的超分子结构使得植物体具有抗生物降解的各种特性，统称为“生物质降解屏障”。表 9-5-1 列举了不同木质纤维素原料中纤维素、半纤维素及木质素三种主要成分的比例[50]。木质纤维素原料具有的天然的“抗降解屏障”使得对其直接进行酶水解效率极低，因此第2代燃料乙醇的生产过程比以粮食原料为主的第1代乙醇或以木薯、甘蔗、甜高粱等为原料的第1.5代燃料乙醇更加复杂，首先木质纤维素原料需要经过预处理来打破其天然屏障，各种预处理方法增加了过程的复杂性，同时增加了第2代燃料乙醇的生产成本。

其次，虽然木质纤维素水解能产生大量的可发酵单糖（已糖与戊糖），但其中戊糖（主要为木糖）不能被传统的发酵菌株酿酒酵母利用，使得第2代燃料乙醇的竞争力下降。此外，在木质纤维素原料预处理过程中产生大量的抑制性化合物，这些化合物抑制了纤维素的有效酶解、酿酒酵母的生长及乙醇发酵，进一步阻碍了第2代燃料乙醇经济有效的规模化生产[51]。

预处理后的酶解过程需要高效纤维素酶系的作用使其转化为可发酵性糖，而纤维素酶普遍会受到产物的反馈抑制，所以大量添加纤维素酶的成本是很高的，而此过程中纤维素酶占有很高的生产成本。商业化生产乙醇的纤维素酶成本投入过高使得纤维素乙醇生产在经济上并不可行。所以，纤维素酶的成本过高是限制纤维素乙醇工业化生产的重要原因之一。

表 9-5-1　常见木质纤维素原料中纤维素、半纤维素和木质素的含量（质量分数）[50]

木质纤维素原料	纤维素/%	半纤维素/%	木质素/%
硬木	40～45	24～40	18～25
软木	45～50	25～35	25～35
玉米芯	45	35	15
纸	85～90	0	0～15
小麦秸秆	30	50	15
树叶	15～20	80～85	0

二、燃料乙醇的生产

生产乙醇的方法主要有发酵法和化学合成法。区别于用发酵法制取的乙醇，用化学方法使乙烯与水结合生成的乙醇称为合成乙醇，主要包括乙烯间接水合法和乙烯直接水合法。发酵法是利用酵母或细菌等微生物的生理活动，把植物纤维糖转化为乙醇的过程，我国乙醇的生产主要以发酵法为主。

细菌、酵母菌和丝状真菌等微生物都能够发酵木质纤维素水解产物生产乙醇。这些微生物具有不同的生理特征，目前在纤维素乙醇发酵中使用最广泛的微生物是酵母菌。目前，能代谢产生乙醇的菌种主要有酿酒酵母、树干毕赤酵母、产朊假丝酵母、休哈塔假丝酵母、嗜鞣管囊酵母、马克斯克鲁维酵母。此外，少数细菌也具有发酵产生乙醇的能力，诸如运动发酵单胞菌、大肠杆菌、耐热纤梭菌、嗜热厌氧杆菌等。以下列举了常见的几种乙醇生产菌。

（一）酿酒酵母

酵母菌为异养型微生物，它们能够以糖类物质为能源和碳源，在有氧或厌氧条件下进行糖的代谢。在有氧条件下，酵母菌通过呼吸作用，将糖最终代谢生成二氧化碳和水，同时产生大量能量用于细胞物质的生物合成；在厌氧条件下，酵母菌主要是通过糖酵解途径［embden-meyerhof-parnas（EMP）途径］把可发酵己糖（葡萄糖、果糖、甘露糖、半乳糖等）转化为乙醇的，其过程是葡萄糖在厌氧环境下通过EMP途径脱羧生成丙酮酸，丙酮酸在丙酮酸脱氢酶的作用下脱羧生成乙醛，乙醛在乙醇脱氢酶的作用下生成乙醇，其代谢途径如图9-5-7所示。酵母乙醇发酵的总方程式为 $C_6H_{12}O_6 + 2ADP + 2H_3PO_4 \longrightarrow 2CH_3CH_2OH + 2CO_2 + 2ATP$，理论上1mol葡萄糖可生成2mol乙醇，质量转化率为51.1%。

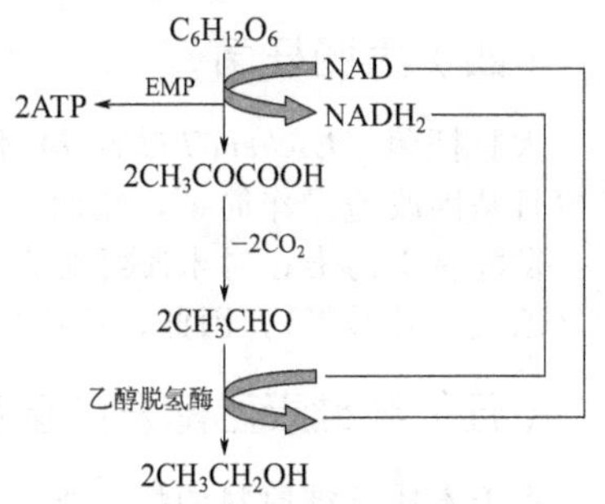

图 9-5-7　酵母菌乙醇发酵代谢途径

其中，酿酒酵母（*S. cerevisiae*）是传统的乙醇工业生产菌株，具有较高的己糖发酵乙醇得率，可以有效地发酵简单的己糖，如葡萄糖、甘露糖和半乳糖，乙醇浓度可高达 20%(体积分数)，在低于 10%(体积分数)的乙醇浓度下，发酵速率没有显著降低，且对多种抑制物包括终产物乙醇和诸多工业过程条件如较高渗透压具有耐受性。酿酒酵母通常也被认为是安全的(GRAS)，与其他潜在的乙醇生产菌（例如一些 *Anaerobic bacteria*、*Escherichia coli*、*Zmomonas mobilis*、*Scheffersomyces stipitis*、*Filamentous fungi*）相比，更适合以木质纤维素生物质水解液为原料进行第 2 代燃料乙醇的生产[52,53]。

（二）树干毕赤酵母

与 *S. cerevisiae* 相反，树干毕赤酵母（*Pichia stipitis*）能够天然地利用阿拉伯糖和木糖生长并能有效地将木糖发酵成乙醇。因此，在纤维素乙醇生产菌株的选育中受到广泛关注。树干毕赤酵母虽然能有效地发酵木糖生产乙醇，但仅限于氧气限制条件下。此外，*P. stipiti* 对 pH、乙醇和水解抑制物的耐受性较差，难以适应来源于木质纤维原料的复杂水解体系。

（三）运动发酵单胞菌

运动发酵单胞菌（*Zymomonas mobilis*）与通过 EMP 途径代谢葡萄糖的酿酒酵母相比，由 1mol 葡萄糖代谢产生 2mol ATP，*Z. mobilis* 通过 entner-doudoroff（ED）途径将葡萄糖代谢为乙醇和二氧化碳。由相同量的葡萄糖消耗产生的 ATP 只有 1mol，在乙醇发酵过程中积累的生物量较少，因此乙醇产量可以得到提高，其主要代谢途径如图 9-5-8 所示。此外，*Z. mobilis* 的大小比酿酒酵母小得多，以提供更大的葡萄糖摄取表面，从而快速产生乙醇[54]。

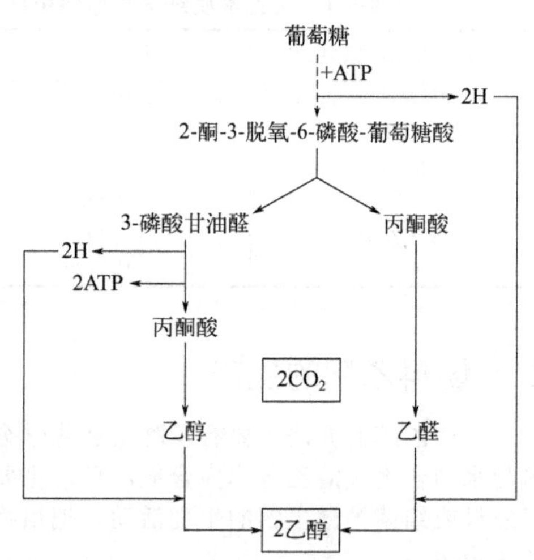

图 9-5-8　细菌乙醇发酵代谢途径

与酿酒酵母的生长和乙醇发酵紧密结合的 EMP 途径不同，从 2-酮-3-脱氧-6-磷酸-葡萄糖酸到丙酮酸的 ED 途径使 *Z. mobili* 的部分生长与乙醇生产分离，即使没有显著的细胞生长，也可以生产乙醇。尽管具有上述优点，但是 *Z. mobilis* 在中性 pH 范围内对纤维素水解抑制物的耐受能力较差，不适合真实水解液发酵。此外，在保持良好发酵能力的条件下，*Z. mobilis* 对乙醇的耐受浓度（体积分数）范围为 12%～13.5%，但是乙醇浓度在低至 2% 的情况下也会对发酵造成明显的抑制作用。除此之外，*Z. mobilis* 的底物利用范围较窄，不能利用纤维素原料中除葡萄糖外的其他糖类，这限制了其在纤维素乙醇生产上的应用。总之，*Z. mobilis* 需要通过基因工程改造增强其耐受性，以及引入外源途径使其能够利用其他糖类。

（四）大肠杆菌

大肠杆菌（*Escherichia coli*）作为细菌，能够发酵木糖和阿拉伯糖在内的各种糖，遗传背景清楚且基因改造操作简单，然而它也存在应用上的局限：最适 pH 范围为中性且范围较窄（6～8），发酵易受污染；对木质纤维素水解产生的抑制物的耐受性差；低乙醇耐受性；容易形成副产物（乙酸、乳酸等），因此，严重影响乙醇产量。

（五）纤维素乙醇发酵菌种适应性改造

由于木质纤维原料的特殊性，要提高酿酒酵母第 2 代燃料乙醇生产的经济竞争力和可持续性，必须解决两方面的难题：一是高效率转化水解液原料中所有类型的糖，包括己糖与戊糖。戊糖（主要以木糖为主）在水解液总糖中占比可高达 40%，其含量仅次于葡萄糖，然而传统用于乙醇生产的微生物只能利用己糖，不能利用木糖。因此，对木糖的有效利用对于实现纤维素原料乙醇工业化生产具有重要的经济性意义。二是提高酿酒酵母的抑制物耐性。酿酒酵母在木质纤维素乙醇生产过程中面临多种胁迫条件，包括原料在预处理和水解过程中产生的多种抑制物（弱酸类、呋喃醛类及酚类化合物）、水解液较高的渗透压以及终产物乙醇等，这些胁迫因素及其相互间存在的协同抑制作用严重影响了酿酒酵母的生长及发酵性能，降低了乙醇得率和生产效率，从而降低了第2代乙醇生产的经济效益，是木质纤维素乙醇大规模生产的重要障碍[55]。

1. 木糖代谢途径改造

木质纤维素生物燃料产业化进程的一个关键步骤是利用微生物代谢来实现高生产率，从而降低成本。在木质纤维素水解液中，木糖是主要的戊糖，其含量在5%至35%之间，快速有效地利用木糖是以木质纤维素为原料经济地生产生物燃料的先决条件。

木糖发酵产乙醇的代谢机理如图9-5-9所示，即木糖首先被异构成木酮糖，然后在木酮糖激酶的作用下转变成磷酸木酮糖，再经过磷酸戊糖途径，生成中间产物3-磷酸甘油醛和6-磷酸果糖，6-磷酸果糖可以加入磷酸戊糖途径，而3-磷酸甘油醛则经过脱羧、还原等步骤，最后转化成乙醇。大多数天然酿酒酵母无法高效利用木糖，因此，构建重组酵母菌株的第一步需要在其体内异源表达木糖代谢途径，即氧化还原途径或者木糖异构酶途径。其中，木糖被木糖异构酶（XI，编码基因为 *XYLA*）直接转化为木酮糖的途径为XI途径；氧化还原途径需依次通过木糖还原酶（XR）和木糖醇脱氢酶（XDH）的作用来实现木糖到木酮糖的转化（木糖先被XR催化还原成木糖醇，随后木糖醇被XDH氧化成木酮糖），因此氧化还原途径又叫XR-XDH途径。

近20年来，通过理性基因工程及进化工程策略提高酵母的葡萄糖与木糖共发酵能力，以及通过基因重组技术增强酵母的木糖转运性能，已取得了很大进展。Diao等[56]以二倍体工业酿酒酵母CCTCC M94055为出发菌株，通过理性基因工程改造（染色体超表达）来自 *Piromyces* 的木糖异构酶基因 *XYLA* 使宿主获得转化木糖为木酮糖的能力；在δ位点整合木酮糖激酶基因。Wahlbom等[57]以二倍体工业酿酒酵母菌株USM21为基础，在其HIS3位点整合来源于树干毕赤酵母 *Sheffersomyces stipitis* 中编码木糖还原酶XR和木糖醇脱氢酶XDH的基因 *XYL*1 和 *XYL*2，以及自身木酮糖激酶基因 *XKSI*，得到重组木糖利用工业菌TMB3399，其摇瓶发酵利用木糖能力较差，随后经过EMS诱变并在木糖培养基中筛选得到最优菌株TMB3400，好氧条件下，其在木糖上的最大比生长速率达到0.14h^{-1}，是驯化前菌株TMB3399的5倍，且在厌氧条件下发酵木糖产生乙醇的得率为0.18g/g木糖。

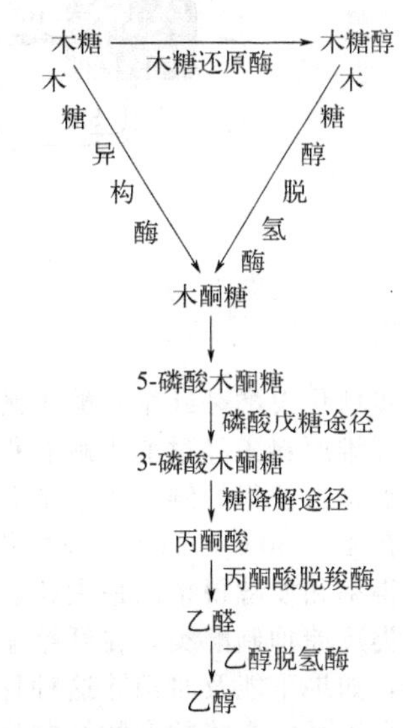

图9-5-9 木糖生产乙醇的主要代谢过程

2. 菌株抑制物耐受能力提高

酿酒酵母对这些胁迫因素的耐受能力通称为抑制物耐受性。原料预处理过程中产生的抑制物种类和含量与预处理方法、原料种类及浓度有关，虽然有多种脱毒方法可以用来减少预处理液或水解液中抑制物含量，但是脱毒过程无疑会增加过程复杂性及生产成本，同时也造成了可发酵糖的损失[58]。因此，第2代乙醇经济可持续发展需要抑制物耐受性足够强的工程酿酒酵母菌株。此外，乙醇的高密度发酵应用更加迫切地需求对抑制物耐受性强的菌株[59]。目前，依托基因工程与进化工程等手段，也显著提高了菌株的抑制物耐受能力。

（1）基因工程　Larsson等[60]在 *S. cerevisiae* 中表达了来源于白腐真菌 *Trametesversicolor* 的漆酶基因，重组菌株对云杉木水解液的耐受性增强。Sanda等[61]通过表达转醛醇酶基因和乙醇脱氢酶基因得到了对甲酸、乙酸耐受性提高的重组酿酒酵母。Guadalupe Medin等[62]去除酵母中编码甘油-3-磷酸脱氢酶的基因，并表达来自于 *E. coli* 的乙酰化乙醛脱氢酶基因，从而将抑制物乙酸转化为乙醇并避免厌氧条件下形成甘油。

(2) 进化工程　发酵微生物的抑制物耐受性可采用适应性进化的方法得到提高，即利用添加了抑制物的培养基，使微生物逐步适应，从而选育出高抑制物耐受性微生物。Chen 等[63]通过三个月的进化工程获得改良突变体，乙醇耐受能力提高，且可以由 5% 的木糖生产 2.3% 的乙醇。酿酒酵母 TMB3001 在微氧条件下通过进化工程操作，得到的进化菌株具有高效的木糖利用能力，能够在厌氧条件下在木糖中生长。Almario 等[64]也通过驯化的方法提高了 *S. cerevisiae* 对玉米芯水解液的抑制物抗性。

三、燃料乙醇的发酵策略

木质纤维素经预处理、纤维素酶水解后得到含有大量可发酵糖的水解液，水解液经微生物进一步发酵得到燃料乙醇。根据酶水解与发酵模式的选择，生物乙醇的发酵方式主要包括分步糖化发酵（SHF）、同步糖化发酵（SSF）和联合生物过程（CBP）等[65]，其技术路线如图 9-5-10 所示。

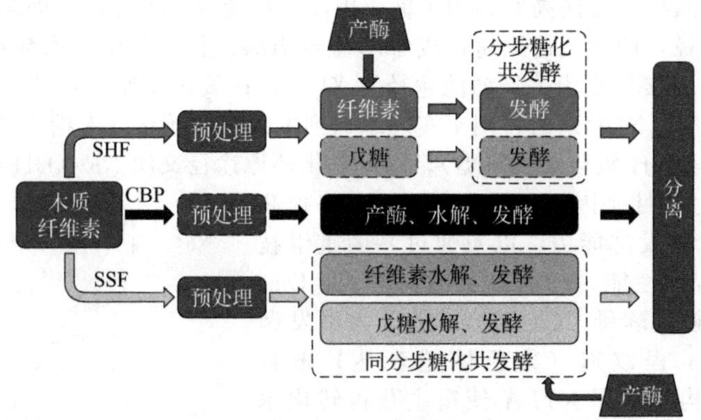

图 9-5-10　生物乙醇的发酵路线

分步糖化发酵是纤维素酶水解与发酵分开进行的一类发酵方式，因此也称水解发酵二段法，即木质纤维原料先经过酶水解获得可发酵糖后进行发酵的模式，为传统的纤维乙醇生产方法。该法的优点是：使得纤维素酶水解和微生物发酵分别在各自最适条件下进行，纤维素酶水解最适温度一般在 45～50℃，而大多发酵微生物的最适生长温度在 30～37℃，水解与发酵分步可以实现酶水解得率和发酵得率的最大化。但是，分步糖化发酵存在酶水解过程产物抑制的问题。纤维素酶是一类反馈抑制酶类，在纤维素酶水解过程中，纤维素酶活性受到产物葡萄糖和纤维二糖的抑制作用，如果不能及时消除这种抑制作用，纤维素酶水解反应速度和水解得率均会大幅度降低。也正是由于纤维素酶的产物抑制作用，分步糖化发酵酶水解过程中底物浓度受到限制。此外，由于酶水解过程与发酵过程分开进行，在一定程度上增加了发酵体系被杂菌污染的风险。

同步糖化发酵方式则能够有效避免分步糖化发酵的缺点。同步糖化发酵酶水解过程与发酵过程在同一个体系中进行，酶水解产生的可发酵糖迅速被微生物发酵成乙醇，有效避免了产物抑制与污染的风险，有助于提高反应物的浓度。此外，同步糖化发酵还具有反应时间短、生产效率高等优点。但同步糖化发酵也存在缺点，绝大部分微生物发酵的最适温度在 30～35℃之间，而纤维素酶水解的最佳温度为 50℃，因而纤维素同步糖化发酵时往往需要在酶解与发酵之间寻求一个温度平衡点，而这个温度平衡点都偏离了酶解和发酵的最适温度。近年来，通过基因改造或菌种驯化来提高微生物发酵温度的实验相继展开，有望提高发酵温度到 40℃左右[66]。

联合生物过程是在单一或组合微生物群体作用下，将纤维素酶和半纤维素酶的生产、纤维素酶水解糖化、戊糖和已糖发酵产乙醇过程整合于单一系统中的生物加工过程。木质纤维素类原料生物转化过程的主要障碍是纤维素酶的生产效率低、成本较高。由于商业用纤维素酶的价格比较高，纤维素酶的成本占纤维乙醇生产成本的主要部分。为了减少发酵过程中的生产成本，联合生物过程（consolidatedbioprocessing，CBP）应运而生。该工艺流程简单，操作方便，在微生物高效代谢作用下将底物一步转化为乙醇，有利于降低整个生物转化过程的成本。采用联合生物过程转化纤维底物生产乙醇，目前有两条途径：一是直接发酵技术，即在生产乙醇的过程中，使用双功能的既能产纤维素酶也能发酵葡萄糖产乙醇的单一菌株（如热纤梭菌），利用其末端产物乙醇代谢途径的改进以使菌株全功能改进，提高终产物乙醇得率；二是利用基因工程技术，在能够发酵乙醇的真菌表达系统或细菌表达系统中，向里面导入异源纤维素酶系统，目的是让其能够在预处理后的纤维底物上生长和发酵。

第三节　燃料乙醇生产工艺与设备

近年来，世界上已有约30个国家推广使用液体乙醇汽油。巴西以甘蔗为原料发展燃料乙醇技术，早在2001年巴西就已完全实现了商业化的燃料乙醇生产，燃料乙醇供应了其国内约40%的车用燃料需求。美国在近20年内通过不断发展更新技术，已使燃料乙醇生产成本降低了一大半，早在第1代燃料乙醇使用期间，美国的E85乙醇汽油，原料来自甘蔗和玉米，E85燃油价格与常规汽油相似，目前美国燃料乙醇生产成本已具备与汽油竞争的实力。美国政府也出台相应文件要求到2022年利用生物燃料降低20%的汽油消耗，其中15%通过使用替代燃料实现。全球燃料乙醇的其他重要生产国还有中国（2.1×10^{10}L）、加拿大（1.8×10^{10}L）、法国（1.1×10^{9}L）和德国（8×10^{8}L）等。我国燃料乙醇产业起步较晚，但发展迅速，目前已成为继巴西、美国之后第三大燃料乙醇生产国。我国生物质资源量巨大，转化为能源的潜力可达10亿吨标准煤，将这些原料用于生产液体燃料，前景十分可观。随着石油价格不断攀涨，能源多元化战略已成为我国能源可持续发展的一个重要方向[67]。

一、燃料乙醇工业化生产与消费

（一）国际第2代燃料乙醇生产与消费

目前世界燃料乙醇产量近8176.5万吨，其中生产和消费量最大的国家是美国，2017年产量近4784.8万吨，占到全球产量的58%，超过其他国家产量的总和；其次是巴西，2017年产量约2122.9万吨，占全球产量的26%。这两个燃料乙醇的生产大国形成了绝大部分市场，其余国家贡献的总量仅16%。2017年世界燃料乙醇产量分布区域见图9-5-11。

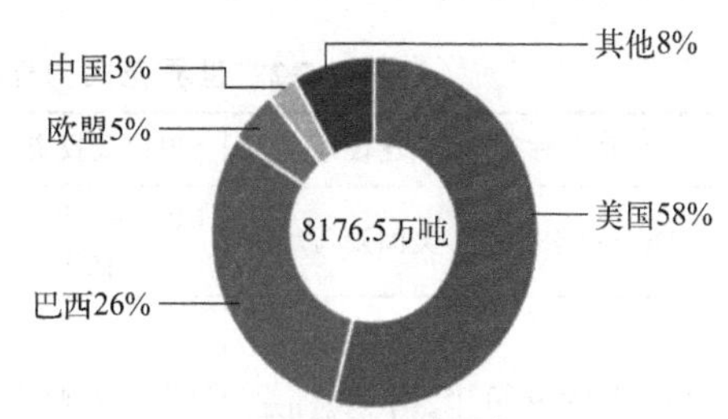

图9-5-11　2017年世界燃料乙醇产量分布区域

美国是目前世界上最大的车用乙醇汽油生产和消费国，目前有50个州使用车用乙醇汽油，大部分地区使用的是10%比例的乙醇汽油（E10），部分地区使用的是更高比例的E15乙醇汽油。燃料乙醇的生产量和消费量逐年上升，2017年，美国在产的玉米燃料乙醇生物炼制厂共211家，在建6家，分布在28个州，生产能力达到4905.9万吨。美国自20世纪80年代初推行使用燃料乙醇以来，生产量和消费量逐年稳步上升，2017年创下4784.8万吨产量的纪录。巴西是最早开始建设燃料乙醇项目的国家，1975年推出全国燃料乙醇计划（PROALCOOL），20世纪80年代初便已开始全面使用乙醇汽油。巴西是全球第二大燃料乙醇生产国，是全球最早立法支持生物能源的国家，主要是发展以甘蔗为原料的燃料乙醇。2015年2月15日起，巴西政府将乙醇掺混比例由25%提高至27%。2017年，巴西燃料乙醇产量达到2122.9万吨。欧盟早在1985年就开始使用乙醇含量为5%的车用乙醇汽油。2017年，欧盟生物燃料乙醇产量为428.5万吨[68]。

（二）国内第2代燃料乙醇生产与消费

我国是世界第三大燃料乙醇生产国，但在产量、生产效率上与美国、巴西两国仍有显著差距。我国纤维素乙醇的起步较晚，1980年召开了“全国纤维素化学学术会议”，提出开发利用纤维素资源作为动力。目前，我国燃料乙醇的生产主要采取第1代技术，第2代燃料乙醇产业化过程艰难，装置均采用国内自主研发技术，并结合副产品建设装置，虽已有多个项目在建或建成，其中国内外已有万吨级装置（表9-5-2），也未见长期连续稳定运转的考核报道，更没有公布规范的技术经济评价材料，总体运行情况并不理想。

2006年中粮集团与中石化、诺维信联合在肇东市建立了年产500t的中试生产装置，开始积极探索用玉米秸秆生产纤维素乙醇技术，目前该中试设备仍在间断运行。经过多年试验，中粮集团已经拥有整套的先进纤维素乙醇生产技术，但目前也没有着手建立大型项目。山东龙力生物是目前唯一获得国家批复可以生产纤维素燃料乙醇的企业，2012年，龙力生物建立了当时中国最大的纤维素乙醇厂，最多可年产5万吨乙醇，但遗憾的是该装置目前也处于停运状态。其余国内在建或已经建立的纤维素乙醇项目也都处于停产状态或者从未开工，河南天冠集团在南阳建立的3万吨/年醇油联产项目自建成以来从未运行，其他几家与国外公司合资建立的工厂也没有开工[69]。

2017年9月13日国家发展改革委、国家能源局等十五部门联合印发《关于扩大生物燃料乙醇生产和推广使用车用乙醇汽油的实施方案》中明确要求，到2020年，在全国范围内基本实现车用乙醇汽油全覆盖[70]。此后各省对于乙醇汽油推广工作有序进行。天津市于2018年10月起正式推广车用乙醇汽油。山西省人民政府办公厅于2019年2月27日下发了《关于做好车用乙醇汽油推广使用工作的通知》，将在部分城市作先期试点，2020年1月1日开始全面推广使用车用乙醇汽油。2019年2月27日国家能源局综合司又发布了《关于建立扩大生物燃料乙醇生产和推广使用车用乙醇汽油工作信息月报制度的通知》，明确将建立燃料乙醇和乙醇汽油的月报工作。据发改委数据统计，2018年我国汽油产量达到13887.7万吨，按照乙醇汽油的添加比例1∶10来计算，我国燃料乙醇的需求量在1388.7万吨左右，而我国2018年燃料乙醇已建成产能仅为369.5万吨，2018年燃料乙醇的总供应量也仅为294.9万吨，其中包括了59.9万吨的进口量，也就是说国内燃料乙醇的产量仅为235.0万吨，燃料乙醇供应面临较大缺口。

表9-5-2　世界范围内建成或建设中的工业规模纤维素乙醇示范项目

公司名称	建设地点	规模及投资	主要原料	目前情况
Dupont公司	美国爱荷华州	9万吨/年，2.76亿美元	玉米秸秆、玉米芯等	2015年底建成试产，2017年11月宣布出售其纤维素乙醇业务
POET-DSM先进生物燃料公司	美国爱荷华州	约7.5万吨/年，2.5亿美元	玉米秸秆、玉米芯等	当前在运行的装置，2014年末开始生产，2017年2月筹建就地产酶设施，产能负荷在50%～60%；同年11月宣布处理技术得到突破，效益指标已经接近每吨秸秆生产72gal（$1gal=3.78\times10^{-3}m^3$）乙醇的目标
Beta Renewables公司	意大利Crescentino	6万吨/年，2.5亿美元	小麦秸秆、芦竹、甘蔗渣等	2013年10月建成投产，一直未满负荷生产，2017年11月宣布关闭该设施，出售该技术计划，2018年9月，意大利Eni集团的Versalis公司中标
Abengoa公司	美国堪萨斯州	7.5万吨/年，3.5亿美元	玉米芯、玉米秸秆	醇电联产项目，2013年底开工发电，2014年9月开工试产乙醇，2015年宣布破产，2016宣布出售其纤维素乙醇业务给壳牌公司
GranBio公司	巴西阿拉戈斯州	6.5万吨/年	蔗叶、蔗梢等	2014年9月宣布开工试产
Raizen公司	巴西圣保罗州	3万吨/年	蔗叶、蔗渣等	2014年建成试产，但一直在调试改进其设备，计划到2018年底将产能扩大到3万吨
Clariant公司	德国	现有1000t/a中试	小麦、玉米等农作物秸秆	德国Straubing建有中试规模生产厂，已运行5年；2017年9月对斯洛伐克的Enviral公司进行技术许可；2018年9月，在罗马尼亚的首个大型商业化纤维素乙醇项目奠基，处理约25万t小麦和其他谷物秸秆，纤维素乙醇产能5万吨
日立造船公司、熊本大学	西京区	不明	废纸和餐厨垃圾	2015年宣布建立，目前每吨垃圾可产60L乙醇

续表

公司名称	建设地点	规模及投资	主要原料	目前情况
河南天冠集团	南阳市	3万吨/年	麦秸、玉米秸秆	燃料乙醇醇电联产，2009年开建，2013年建成，目前未运行
吉林松原光禾能源	松原市	2万吨/年	玉米芯、玉米秸秆	2007年宣布建立，2014年建成
山东龙力生物科技	禹城高新区	5万吨/年	玉米芯	2012年建成投产，目前没有在运行
山东济南胜泉集团	济南市	2万吨/年	玉米秸秆	2009年宣布建立，2012年建成
安徽国祯集团和意大利M&G	阜阳市	18.5万吨/年	玉米秸秆	2014年宣布建立，公司称预计2019年建成
大唐新能源和杜邦公司	吉林	8万吨/年	玉米秸秆	2014年宣布拟建8万吨醇电联产项目，目前只有电力部分开工
中粮集团	肇东	500t/a	玉米秸秆	2006年建立，目前仍在间断运行试验，探索新技术

近10年，国家出台了一系列政策大力发展可再生能源，纤维素乙醇确立为我国“十三五”期间燃料乙醇产业研发的重点，到2020年，纤维素燃料乙醇5万吨级装置实现示范运行；到2025年，力争纤维素燃料乙醇实现规模化生产。政策的大力支持、第2代燃料乙醇技术持续优化、乙醇汽油的使用日趋推进，为第2代燃料乙醇的研发和产业化提供推动力。

二、典型燃料乙醇生产工艺与设备

（一）燃料乙醇生产工艺

用木质纤维素原料生产乙醇，主要是利用木质纤维素经过预处理产生半纤维素和纤维素，后酶解产生可发酵糖发酵生产乙醇，然后通过一定的分离提纯手段获得合格产品。主流工艺流程与设备简图如图9-5-12所示。纤维素乙醇生产工艺主要包括原料预处理、酶解、水解糖发酵和乙醇产品脱水精制。

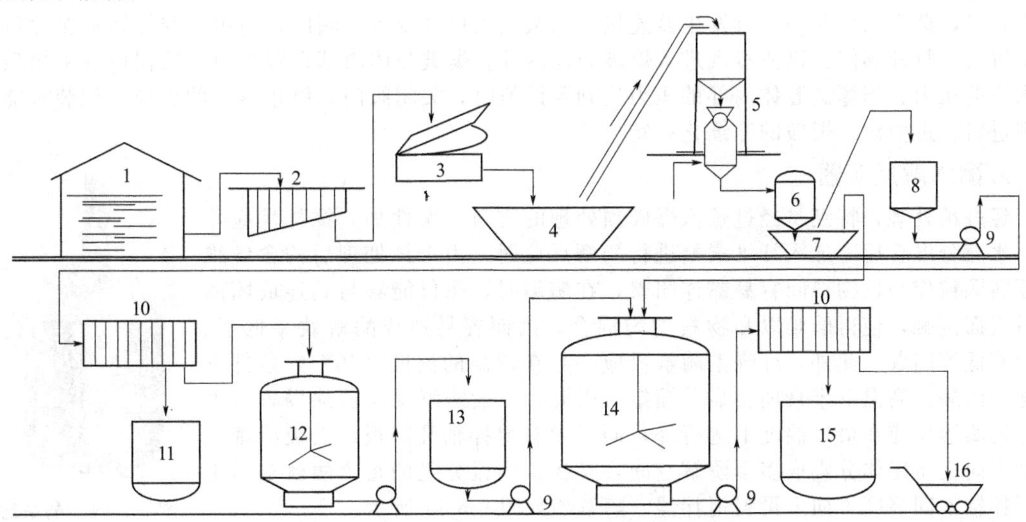

图9-5-12　木质纤维素乙醇生产工艺流程与设备简图

1—原料储仓；2—筛分机；3—切料机；4—物料储槽；5—蒸汽爆破器；6—接收器；7—汽爆渣储槽；8—水洗汽爆渣储槽；9—泵；10—板框压滤机；11—水洗糖液储罐；12—产酶罐；13—酶液储罐；14—酶解罐；15—酶解糖液储罐；16—废料小推车

1. 蒸汽爆破设备

预处理的目的主要是降低原料的损失，提高后续水解过程糖得率，一般纤维素乙醇发酵过程中预处理过程是成本比较高的步骤。预处理技术经过几百套小试、中试验证，几条技术路线逐渐清晰，商业化装置主要是添加化学试剂的连续蒸汽爆破预处理设备。连续蒸汽爆破预处理是目前燃料乙醇工业化中最常用的木质纤维原料预处理方法。

蒸汽爆破预处理技术（简称汽爆）是一种较经济、有效和无污染的预处理技术。在此方法中，首先是具有细胞结构的木质纤维原料在高压、高温介质下气相蒸煮，半纤维素和木质素产生一些酸性物质，使半纤维素降解成可溶性糖，同时复合胞间层的木质素软化和部分降解，从而削弱了纤维间的黏结，为爆破过程提供选择性的机械分离；其次是爆破过程，突然减压，介质和物料共同完成物理的能量释放过程。物料内的气相介质喷出，瞬间急速膨胀，同时物料内的高压液态水迅速暴沸形成闪蒸，对外做功，使物料从胞间层解离成单个纤维细胞。在爆破过程中，膨胀的气体以冲击波的形式作用于物料，使物料在软化条件下产生剪切力变形运动。物料变形速度较冲击波速度小得多，使之多次产生剪切，使纤维有目的地分离。总之，该方法可快速有效地引起半纤维素降解、木质素转化，使纤维素溶解性增大[71]。蒸汽爆破法的典型反应条件为：160～260℃（相应的压力为0.69～4.83MPa），作用时间为几秒或几分钟。连续化蒸汽爆破流程如图9-5-13所示。

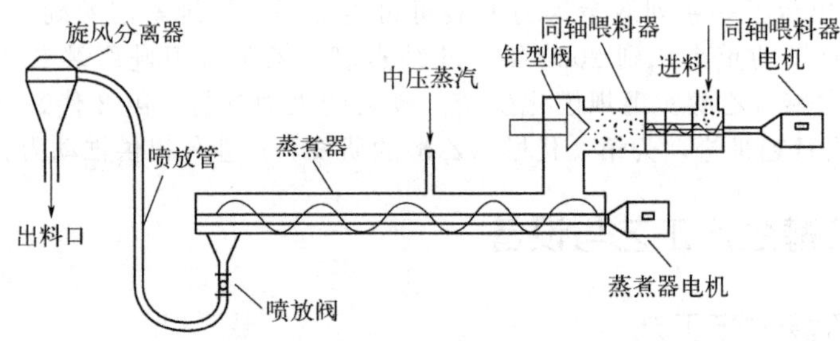

图 9-5-13　连续化蒸汽爆破流程

如图9-5-13所示，该种木质纤维素连续式蒸汽爆破装置包括外壳、转轴、多个爆破腔体。外壳为圆柱形，转轴设置在外壳的轴线上，爆破腔体固定设置在转轴的周围，转轴用于驱动爆破腔体在壳体内绕着外壳做轴线转动。在壳体的上部设置进料口、下部设置爆破口，并在壳体上设置蒸汽入口，蒸汽入口与一蒸汽发生器连接，在蒸汽入口处设置一阀门，当爆破腔体转动至蒸汽入口位置时，打开阀门，以使蒸汽进入爆破腔体内部。爆破腔体内部设置压力传感器以检测爆破腔体内部的压力，当爆破腔体内部的压力达到预设值时，关闭阀门，停止蒸汽的供应。该装置能够实现进料、进蒸汽、爆破的连续化运转。

2. 酶水解反应器

经过预处理，特别是经过蒸汽爆破预处理的物料一次性加入搅拌反应器中与水充分混合后，加入纤维素酶进行酶解反应时，由于预处理后的含纤维素原料颗粒变小，物料间容易黏连团聚，在酶解时，酶仅能够与黏连成团的物料表面接触，使得酶难以和物料均匀混合，因而容易造成酶解效率低下、产糖率低等问题。此外，纤维素酶解反应一般在较高的温度（50℃）条件下实施，而酶在高温下半衰期会显著缩短。因此，一般酶解反应器除设置有夹套保证酶解反应在最适温度下进行外，同时设有搅拌轴及隔板，隔板沿罐体高度方向上将罐体分隔成多个酶解空间，且在被隔板分隔的每个酶解空间中的搅拌轴不同高度方向上设置搅拌器。酶解罐如图9-5-14所示。

图 9-5-14　酶解罐

3. 乙醇发酵罐

乙醇发酵属于厌氧微生物代谢反应，因此一般采用密闭式发酵罐（如

图 9-5-15 所示)，且一般乙醇发酵罐为圆柱形，底部和顶部均为碟形或锥形的立式金属容器。乙醇发酵罐一般采用钢板制成，钢板厚度视发酵罐容积不同而异，罐身呈圆柱形，罐身直径与高之比为 1∶1.1；盖及底为圆锥形或碟形；罐内装冷却蛇管，蛇管数量根据每立方米发酵醪用不少于 0.25m^3 的冷却面积计算。蛇管可分上下两组安装，并加以固定。也有采用在罐顶用淋水管或淋水围板使水沿罐壁流下，达到冷却发酵醪的目的。对于容积较大的发酵罐，这两种冷却形式可同时采用。对地处南方的乙醇厂，因气温较高，会加强冷却措施。有的工厂在发酵罐底部设置吹泡器，以搅拌醪液，使发酵均匀。罐顶设有 CO_2 排出管和加热蒸汽管、醪液输入管。管路设置应尽量简化，做到一管多用，这对减少管道死角，防止杂菌污染有重要作用。大的发酵罐的顶部及侧面还应设有人孔，以便于清洗。

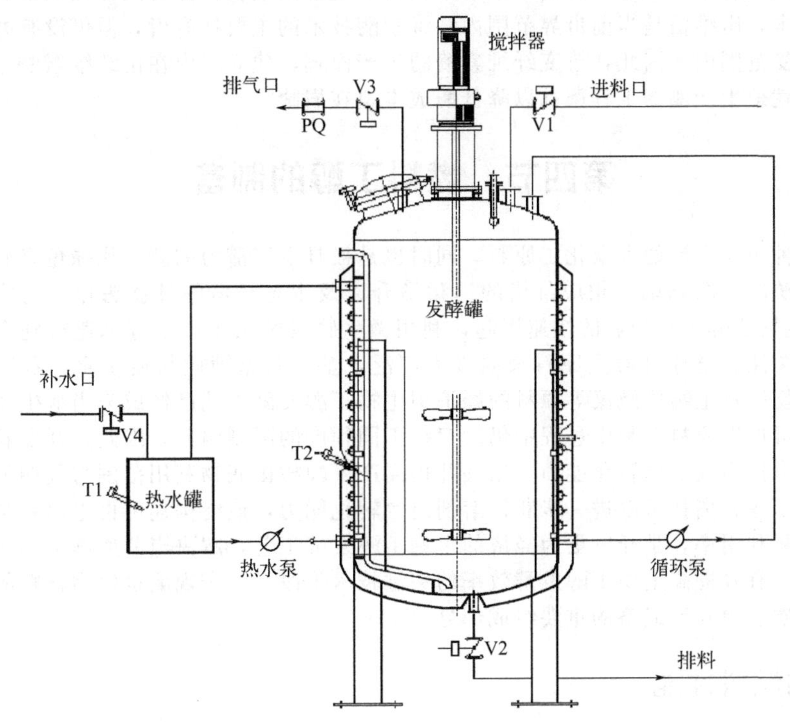

图 9-5-15　乙醇发酵罐示意图

V1—进料阀；V2—出料阀；V3—排气阀；V4—冷水阀；PQ—排气管；T1，T2—温度计

(二) 燃料乙醇生产关键技术难点

1. 原料来源不稳定

目前用于乙醇生产的木质纤维素主要来源于农作物秸秆，但秸秆种类繁多、性状不一、分布分散、收获具有季节性，因此秸秆的收集、储存和运输费用约占乙醇生产成本的 1/3，且秸秆易燃易潮易发霉，长期储存需要做好防雨、防潮、防火和防雷等设施建设，日常还需要进行必要的维护和管理。因此，秸秆收、储、运是秸秆大规模能源化利用的一大瓶颈，构建合理的秸秆收储运体系对纤维素燃料乙醇连续化生产至关重要[72]。

2. 预处理工艺复杂，收率低

预处理过程相当于整个纤维素乙醇生产的龙头单元，不仅对其过程本身有影响，还几乎间接控制着其他所有操作过程。高水平的预处理技术能够降低昂贵酶制剂的用量，减少酶抑制物和酵母抑制物的生成，提高酶解速率和发酵水平[73]。然而，从工业应用的角度来分析，仅有稀酸蒸爆预处理、中性蒸爆预处理及氨爆预处理等少数几种方法具有工业化的可行性，但处理过程极其复杂、能耗巨大且收率较低，因此，开发简捷低耗的预处理方法仍势在必行。

3. 酶解成本高

经过预处理后纤维素原料需要先被纤维素酶水解成可发酵糖，再通过酵母等发酵微生物代谢生产乙醇。纤维素酶解是纤维素生产乙醇行业成本最高的单元操作。首先，木质纤维素固体基质物性引起的组分基质效应、纤维素酶吸附效应、水束缚效应、抑制物效应等，造成体系传质、传热和反应特性改变，能耗增加、反应效率降低，使得纤维素乙醇酶解和发酵过程的控制与放大存在很大难度。其次，纤维素酶的成本居高不下，水解过程需要使用大量昂贵的专用酶制剂，由生产实践数据可知，酶制剂成本是整个生产成本的重中之重，占比高达 30%～50%，远高于粮食乙醇原料成本占比 5%～10%的水平[74]。因此，酶制剂成本已成为纤维素乙醇技术突破的关键，掌握了酶核心生产技术，就等于控制了未来产业链的上游高端。世界各国都在积极研究降低纤维素酶的生产成本，诺维信是当前世界范围内纤维素酶技术的主要拥有者，但仍没有办法将酶制剂成本降到可接受范围内。因此，改变纤维素酶的生产模式，建立厂内在位纤维素酶生产系统，自主开发适用于就地生产酶的工程菌株以降低酶成本迫在眉睫。

第四节　燃料丁醇的制备

丁醇是一种用途广泛的大众化工原料，同时也是极具发展潜力的新一代绿色燃料。随着近年来全球石油资源的日渐枯竭、相应价格的迅猛攀升以及生态环境的日益恶化，全球生物质能源（生物柴油及生物乙醇等）产业的快速崛起，利用微生物发酵法生产丁醇迅速得到全球科研与工业领域的广泛关注。全球可再生原料来源极为广泛，基于新型糖质与淀粉质、木质纤维素类原料、生产废弃物以及生物质微藻等原料的经济型生物丁醇发酵工艺已经成为当前生物丁醇研究热点，但是这些可再生原料在利用过程中仍然存在不同程度的限制因素，因此，开发新型可再生原料预处理技术以提高发酵糖转化能力，拓展并提高产丁醇梭菌底物利用范围与代谢能力，在此基础上偶联先进丁醇分离技术以进一步获得溶剂高效转化能力，最终构建可再生原料高效生物转化平台以提高原料利用率，是开发更为经济的生物丁醇发酵工艺，解决当前生物丁醇产业发展道路中的瓶颈问题，有效提高生物丁醇发酵效率的关键技术手段，是实现廉价生物材料的工业转换与当今世界生物质能源发展战略的重要组成部分[75]。

一、丁醇的燃料性能

1852 年，法国人 Wirtz 在杂醇油中发现丁醇。1862 年，Pasteur 通过实验验证，厌氧条件下，乳酸和乳酸钙可以转化成丁醇。丁醇最早的工业化生产始于 20 世纪初，Weizmann 在第一次世界大战期间以谷物淀粉为原料开创了生物发酵法生产丙酮-丁醇-乙醇（acetone-butanol-ethanol，ABE）。然而传统的 ABE 发酵法丁醇产量较低，且成本较高，随着石油化工行业发展的成熟，20 世纪 60 年代以来，化学法生产丁醇成为主流生产方式。中国的 ABE 发酵产业最早建立于 20 世纪 50 年代，同样在石化产业的冲击下，20 世纪末所有的 ABE 生产工厂被关闭。直到近年来，由于石油资源的短缺和环境问题的凸显，丁醇作为极具前景的第 2 代生物燃料再次成为研究热点。

丁醇（$CH_3CH_2CH_2CH_2OH$）在常温下呈液态，其分子量为 74，密度为 0.8109kg/L，熔点为−88.9℃，沸点为 117.7℃，溶解度为 7.7%（20℃）。与乙醇相比，丁醇有天然的性能优势：a. 丁醇相对于传统生物燃料和低级醇，具有良好的理化性质及燃烧性能，如表 9-5-3 所示，此外，丁醇烷基链较长且能量密度高，可与柴油或汽油等传统化石燃料较好地混溶；b. 丁醇和商用柴油具有较为接近的黏度值及表面张力值，可在发动机内部快速雾化，且无需改造现有发动机构造，可直接加入使用；c. 丁醇含氧量为 22%，这使得丁醇的燃烧更加清洁，丁醇的添加也有助于减少重型柴油机的污染物排放量；d. 丁醇还具有吸湿性小和腐蚀性小的优点，不会腐蚀现有的汽油存储和运输的基础设施。

表 9-5-3 丁醇与其他常见燃料燃烧性能的比较

燃料	密度(25℃)/(g/L)	十六烷值	辛烷值	能量密度/(MJ/L)	空燃比	饱和压力(38℃)/kPa
汽油	0.72～0.78	0～10	80～99	32	14.6	31.01
柴油	0.82～0.86	40～45	20～30	31～33	12.5	1.86
甲醇	0.796	3	111	16	6.5	31.69
乙醇	0.790	8	108	19.6	9.0	13.80
丁醇	0.808	25	96	29.2	11.2	2.27

二、燃料丁醇的生产

工业上生产丁醇主要采用化学合成和生物发酵两种方法。化学合成法主要包括羰基合成法和醇醛缩合法，但是这些方法反应条件复杂，对技术和设备要求较高。生物发酵法是以淀粉和糖质等为原料，利用丁醇梭菌生产丁醇，与化学合成法相比具有众多优势，包括投资小、技术设备要求低、发酵条件温和等。发酵法因其产物为丙酮（acetone）、丁醇（butanol）和乙醇（ethanol），所以又称为 ABE 发酵。生物丁醇可通过厌氧发酵各类可再生生物质资源中的碳源得到，发酵微生物主要是一些产溶剂梭菌，如丙酮丁醇梭菌（*Clostridium acetobutylicum*）和拜氏梭菌（*Clostridium beijerinckii*）等，它们是革兰氏阳性和专性厌氧微生物，能够利用多种碳源代谢，包括多糖、二糖、已糖及戊糖等。以可再生生物质资源为发酵原料的丁醇生产不仅有助于农业废物的资源化利用，而且可降低生产成本。但是，有些生物质资源具有刚性结构，直接纤维素酶水解获得可发酵糖的效率较低，必须经过预处理后，再进行酶解发酵。

（一）生物质燃料丁醇发酵原料

1. 淀粉质原料

富含淀粉的物质是生产生物燃料的第一代原料，如玉米、木薯等。这些原料经预处理得到富含还原糖的水解液，然后经 ABE 发酵、发酵液精馏后得到正丁醇。木薯作为淀粉质原料，市场价格较玉米、小麦等粮食类原料相对低廉，且对各种恶劣环境的抵抗力强，能够在贫瘠的土壤上顽强生长，亩产量高，鲜木薯的淀粉质量分数可达到 30%左右。Li 等[76]利用 *C. acetobutylicum* ATCC 824 发酵木薯生产丁醇，研究发现酵母粉的添加可以有效促进细胞代谢由产酸期向产溶剂期转化，缩短发酵迟滞期，批次发酵丁醇产量由 11.85g/L 提高至 13.60g/L，丁醇产率及转化率也分别提高至 0.31g/（L·h）及 0.27g/g。除此以外，西米淀粉及芭蕉芋等种植成本同样低廉，产量高，也可作为生物丁醇发酵的经济原料。Al-Shorgani 等[77]以西米淀粉为底物进行丁醇发酵研究，在 P2 培养基中直接添加 70g/L 西米淀粉后，*C. saccharoperbutylacetonicum* N1-4 发酵获得丁醇及总溶剂的量分别达到了 9.83g/L 及 16.65g/L，但产率较低，研究再以 50g/L 酶解液为发酵底物，丁醇产量达到了 9.81g/L。龙飞等[78]首次以鲜芭蕉芋为原料，利用 *C. acetobutylicum* CICC 8012 发酵生产丁醇，采用中心组合实验设计（CCD）优化发酵条件，最终在优化条件下，丁醇产量可达到 12.73g/L。虽然富含淀粉的物质是丁醇发酵的良好底物，但生物燃料生产对这些底物需求的增加也提高了这些原料的价格，因此需要寻找廉价且适宜的原料用于丁醇的生产。

2. 木质纤维素类原料

木质纤维素类原料来源主要包括玉米秸秆、玉米芯、稻草秸秆、小麦秸秆及多种农作物残渣，这些原料水解液中的发酵糖成分主要是由戊糖和已糖（葡萄糖、木糖及阿拉伯糖等）组成的混合糖体系，同时也存在有机酸及糠醛等毒性化合物，它们对丁醇发酵效率具有重要影响。事实上，随着近年来对生物质能源的不断深入研究，木质纤维素类原料凸显出其重要的市场经济价值及能源战略地位，得到国内外生物丁醇研究领域的极大关注。Moradi 等[79]分别使用浓 H_3PO_4 和 NaOH 预处理稻秆，丁醇发酵效率得到极大提高，相对于未处理原料发酵，每公斤稻秆总溶剂产量由 10g

提高至 62g。Ranjan 等[80]采用稀 H_2SO_4 酸解预处理稻秆，发酵糖得率提高，以 *C. acetobutylicum* NCIM 2337 为发酵菌株，获得丁醇及总溶剂产量分别达到了 13.5g/L 及 20.6g/L。Boonsombuti 等[81]利用 *C. beijerinckii* TISTR 1461 以玉米芯水解液为底物对丁醇发酵进行了优化，研究发现乙酸铵及木糖成分对发酵过程有着重要的调控作用，在最终发酵优化条件下，总溶剂产量可达到 20.58g/L，总溶剂产率及转化率也分别达到了 0.44g/(L·h) 与 0.45g/g。Guo 等[82]利用一株发酵抑制物抗性菌株 *C. beijerinckii* RT66 以玉米半纤维素水解液为底物，无需脱毒处理，丁醇及总溶剂产量分别达到了 9.3g/L 与 12.9g/L，总溶剂产率及转化率也分别达到了 0.18g/(L·h) 与 0.35g/g。Lu 等[83]利用高浓度木薯渣水解液发酵生产丁醇，采用纤维床生物反应器偶联气提技术进行分批补料发酵，丁醇及总溶剂产量分别达到了 76.4g/L 与 108.5g/L。

3. 生物质微藻与甘油原料

生物质微藻相对于众多的陆地生物质原料来说，具有明显的原料优势，主要表现在具有占地面积小、生长快速且生物量大、生长周期短且易于培养、培养需水量少、可耐受高浓度 CO_2 环境等优点，因此，利用生物质微藻类原料发酵生产丁醇极具发展潜力。微藻含有的碳水化合物主要是以淀粉的形式存在的，经过简单的酸处理或者碱处理就可以获得大量的还原糖。微藻中含有较少半纤维素和木质素，这可以降低预处理成本。纤维素原料预处理时，会释放出一系列的有害物质，干扰发酵过程，而微藻生物质酸水解产物只含有微量的糠醛和 5-羟甲基糠醛（0.5g/L）。近年来，有关生物质微藻类原料发酵生产丁醇的研究取得了巨大进展。石莼是一种主要富含戊聚糖的绿色藻类，其水解液无需添加任何营养成分即可用于丁醇发酵。Wal 等[84]的研究结果表明，*C. beijerincki* NCIMB 8052 可代谢利用所有底物糖成分，发酵终点总溶剂转化率可达 0.35g/g。Ellis 等[85]利用废水微藻优化发酵条件，研究结果表明，以预处理微藻以及质量分数 1% 葡萄糖为共同底物进行丁醇发酵，总溶剂产量提高了 160%，达到 7.27g/L；当添加木聚糖酶及纤维素酶进行酶解后，总溶剂产量提高近 250%，达到了 9.74g/L，总溶剂产率及转化率分别为 0.102g/(L·h) 与 0.311g/g。

甘油是一种重要的可再生碳源，在工业生产中被广泛用作发酵的底物。以甘油为唯一碳源进行发酵的第一种溶剂生产菌是巴氏梭菌，甘油通过磷酸化和氧化两种途径，部分转化为可用于糖酵解途径的二羟基丙酮磷酸盐。粗甘油用于生产丁醇的主要问题是杂质的抑制作用，在酯交换后，甘油通常含有不同浓度的甲醇（生物柴油甲基化过程的残留物）、硫酸盐或氯盐、游离脂肪酸、脂肪酸甲酯和肥皂（作为氢氧化物酯交换催化剂和游离脂肪酸的副产品）。

（二）丁醇发酵菌株

ABE 发酵法是产溶剂梭菌利用含有淀粉、纤维素或糖类物质的原料（玉米、谷物、甜菜、甘蔗和菊芋等）作为主要碳源和能量来源，发酵生产丙酮、丁醇、乙醇等溶剂，同时伴随乙酸、乳酸和丁酸等有机酸，H_2 和 CO_2 等气体生成的产丁醇方法。产溶剂梭菌发酵的典型特征是包含产酸期和产溶剂期：产酸期通常发生在菌体的对数生长期，在此阶段，产酸途径被激活，乙酸、丁酸等有机酸因此生成，pH 降低，有机酸产物的生成诱导了产溶剂期所需酶的表达，而丙酮丁醇梭菌等 ABE 发酵菌种同时还伴有 H_2 和 CO_2 气体的产生；产溶剂期则主要处于菌体生长的稳定期，此时期酸回流被重新利用，生产丙酮（或异丙醇）、丁醇和乙醇，同时仍有少量气体生成。主要代谢途径如图 9-5-16 所示。以葡萄糖为例，菌株先通过糖酵解途径将糖转化为丙酮酸，同时生成大量对菌体对数生长及后期产溶剂代谢至关重要的储能化合物 ATP 及还原力 NADH。碳流经糖酵解催化转化后进入产酸期，菌体对数生长状态进一步增强，乙酸和丁酸快速积累，引发发酵体系 pH 水平迅速下降，同时气体产物 CO_2 与 H_2 大量释放。当酸积累到一定水平时，ABE 发酵进入产溶剂阶段，以 3∶6∶1 的体积比生产丙酮、丁醇和乙醇。

工业上产溶剂梭菌有四种，分别为丙酮丁醇梭菌（*Clostridium acetobutylicum*）、拜氏梭菌（*Clostridium beijerinckii*）、糖丁酸梭菌（*Clostridium saccharobutylicum*）和糖乙酸多丁醇梭菌（*Clostridium saccharoperbutylacetonicum*），其中丙酮丁醇梭菌是最常用且研究得最深的菌株。此外，当丁醇质量浓度达到 13～14g/L 时对梭菌细胞有毒害作用，并抑制其生长代谢。产物丁醇浓

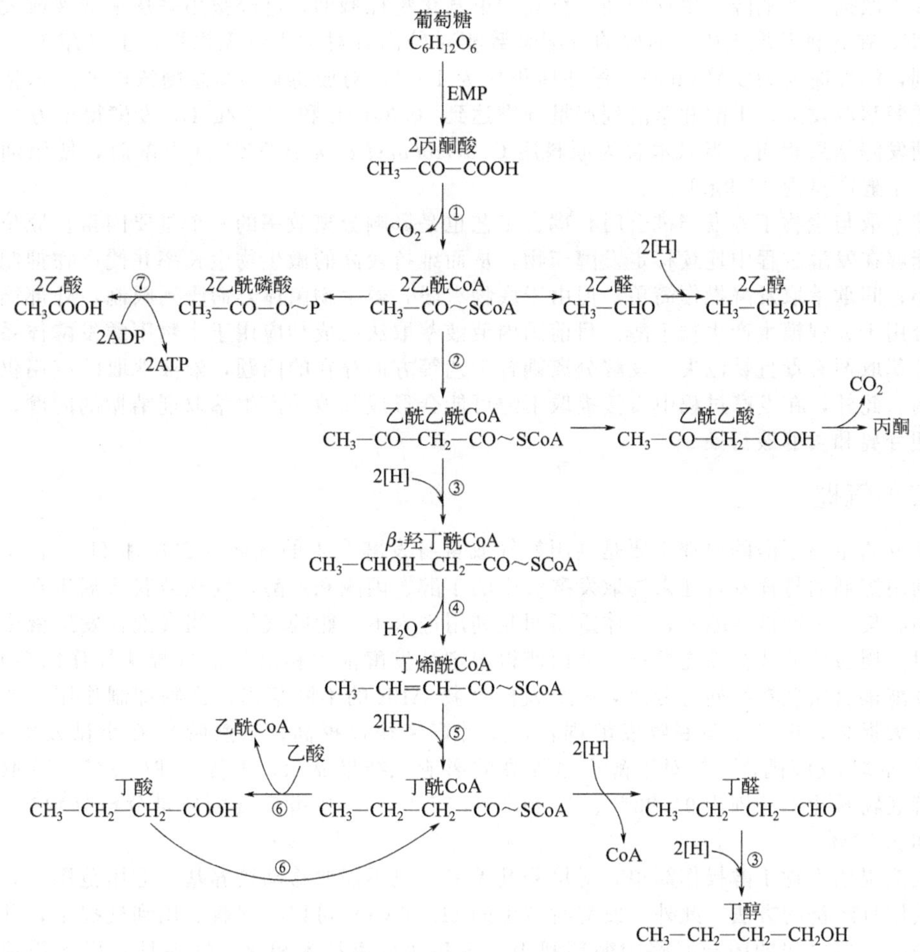

图 9-5-16 产溶剂梭菌的中心代谢途径

度低是制约丁醇工业发展的瓶颈之一，所以筛选和构建高产丁醇的菌株是一种有效的解决办法。

三、燃料丁醇的分离技术

丁醇分离通常采用发酵分离耦合的方法，在发酵的同时将丁醇分离出来，一方面可以得到高浓度丁醇，另一方面可以将丁醇从发酵液中移除，减轻丁醇对微生物的毒性，从而提高丁醇产量。目前常用的丁醇分离方法主要有吸附、精馏、气提、液液萃取和渗透汽化等[86]。

（一）液液萃取

萃取法是指在发酵的同时对产物进行分离的方法，原理是利用组分在互不相溶的两相中溶解度的差异进行分离。液液萃取应用到生物丁醇发酵体系中，即选用水不溶性的有机萃取剂与发酵液混合，由于丁醇在有机相中的溶解度比在发酵液水相中的溶解度大，可以选择性地分离浓缩在有机相中，从而实现丁醇从发酵液中的移除，提高发酵产率和糖的转化率[87]。发酵与萃取相结合的工艺主要有间歇萃取发酵、原位萃取发酵、外部循环萃取发酵等几种耦合方式，在萃取发酵过程中萃取剂的选择至关重要，需要考虑萃取剂的分配系数、选择性、密度、黏度、极性、挥发性等理化性质。适宜的萃取剂要求对发酵产物分离度好、对微生物尽量无毒害作用，萃取剂的选择已成为萃取发酵技术的关键点之一。

许多萃取剂，如油醇、生物柴油、癸醇和甲基化粗棕榈油，已经被用来从水溶液或发酵液中提取ABE。在各种萃取剂中，油醇的分配系数相对较高且对微生物无毒性。王风芹等[88]以油醇为萃取剂，添加时间为发酵0h时，添加体积比为1∶1，对脱毒后5%总糖浓度的玉米秸秆水解液进行丁醇萃取发酵，丁醇和总溶剂产量分别达到10.34g/L和14.72g/L，发酵得率为0.31g/g，与混合糖发酵结果相当。当以木薯为原料用*C. acetobutylicum* ATCC824发酵时，使用油醇作为萃取剂，丁醇产量为35.9g/L。

液液萃取与生物丁醇发酵耦合时，耦合工艺也是影响分离效率的一个重要因素。原位萃取发酵耦合能够在发酵过程中连续移走发酵产物，从而维持较高的微生物生长率并使产物抑制的影响降为最小；间歇萃取发酵操作简单，但由于底物有限，微生物菌体寿命受到限制，外部循环萃取发酵适合用于大规模生产生物丁醇。目前国内液液萃取法已成功应用于生物丁醇发酵体系中。然而，由于萃取剂有毒且易流失、发酵分离耦合工艺等方面存在的问题，液液萃取的应用仍然受到一定限制。此外，在发酵过程中直接提取丁醇可能会形成乳液并产生萃取剂结垢的问题，导致不完全的相分离和发酵液污染。

（二）气提

气提分离生物丁醇的原理主要是利用氮气或自身发酵产生的气体（CO_2和H_2）在发酵液中鼓泡，利用溶剂的易挥发特性来提取发酵液中的丁醇、丙酮和乙醇，气泡截获溶剂后在一个冷凝器中压缩收集。溶剂被浓缩后，气体重新回收利用进入下一轮的气提。当气泡在发酵液中形成或者破坏时，周边的液体会随之振动，从而使得溶剂从发酵液中移出[89]。气提法操作简单且实用，可以与发酵耦合实现在线同时分离，随着发酵产物ABE的不断移出，产物抑制作用减小，糖的利用率大大提高，也可以与底物发酵耦合，发酵产率得以提高。王鑫昕[86]在小试发酵实验中，研究气提-萃取-发酵耦合工艺对丁醇产量提高的影响，结果显示，气提-萃取-发酵、萃取发酵和传统发酵底物转化率分别为91.93%、83.86%和75.91%，发酵后残糖质量分数分别为0.71%、1.42%和2.12%。

气提法提取生物丁醇操作简单，对培养基无害，也不需要移动培养基，适用范围广，是一种简单、实用且经济的方法。此外，发酵时产生的H_2和CO_2可以经回收后用到气提中，并在生物反应器和冷凝器之间的闭合回路中循环利用。与其他分离技术相比，气提具有操作简单、成本低、效率不会因生物质的堵塞而受影响的优点。但是，气提过程中需要防止气泡过多或其直径太大而影响传质效果[90]。

（三）吸附

吸附法是指在发酵的同时添加硅藻土、活性炭、聚乙烯吡咯烷酮（polyvinylpyridine，PVPP）等吸附剂，将发酵产物吸附在吸附剂上，除了解除产物抑制外还可延长发酵时间，从而得到较高的溶剂浓度。马兴等[91]用少量硅藻土吸附发酵残液中的丁醇，并且发现原位添加微量硅藻土有利于丁醇发酵的进行，在使用油醇的萃取发酵条件下，丁醇总生产强度提高了8%。刘佳[92]采用气提吸附法进行丙酮丁醇发酵工艺的研究，选用竹炭作为吸附剂，研究发现竹炭对有机溶剂吸附效果好、再生性良好。虽然吸附法操作简单、能耗低，但对丁醇吸附容量较低，仍需进一步通过精馏等手段浓缩丁醇。吸附剂在发酵体系中难以解吸重生，易受污染。另外，由于溶剂和吸附剂之间的相互作用及吸附平衡关系通常是非线性的，故设计比较复杂，实验的工作量较大。

（四）渗透汽化

渗透汽化是建立在膜分离技术基础上的，进料（混合物）溶液在膜两侧组分蒸气分压差的推动下，利用组分在膜中溶解和扩散速率的不同来实现分离。对于生物丁醇发酵体系，发酵液中除含有丁醇、乙醇和丙酮外，还含有乙酸和丁酸等。渗透汽化将发酵液中溶剂组分及其他组分有选择性地在膜渗透侧富集回收，而营养物质、糖和微生物细胞被截留，处理后可重新用于发酵。渗透汽化作为一种新型膜分离技术具有选择性高、能耗低、可降低后续成本并保证产品纯度等优势。罗建泉等[93]采用渗透汽化分离模拟发酵液中的丁醇，结果表明，渗透汽化膜分离技术可以实现ABE溶液中丁醇的高效浓缩，在适当的条件下，总渗透通量可达0.12kg/(m^2·h)，膜对丁醇的选择性约为47。渗透汽化被认为是丁醇回收最具潜力的方法，因为它具有高分离因子且对细胞培养没有影响，但生物分子、培养基组分和细胞会引起膜污染，导致渗透汽化性能的降低。

（五）精馏

精馏法分离提取生物丁醇主要是指在精馏塔中通过多次汽化冷凝从发酵液中分离丁醇、丙酮和乙醇溶剂。精馏法是目前应用最广泛的生物丁醇分离工艺。李珊[94]根据某工厂的生产状况，对丁醇-丙酮-乙醇-水多组分精馏过程进行分析计算，解决了丁醇产品纯度较低的问题。生物丁醇精馏分离工艺成熟，应用最为广泛，因此丁醇的实际生产中大多选用精馏分离。但同时精馏法分离生物丁醇也存在问题，由于发酵液中丁醇含量低，总溶剂含量一般在2%左右，需要多次精馏，能耗很大，导致成本增高。

第五节　发酵残渣综合利用

木质纤维原料的主要成分为纤维素、半纤维素和木质素，其转化为生物基能源或化学品的原理是将作为糖源的碳水化合物的聚合体纤维素、半纤维素与结构复杂的木质素分离，然后将纤维素与半纤维素聚糖组分水解成可发酵性糖（戊糖和己糖）后再将其转化。其中的纤维素、半纤维素经酶解与发酵为生物能源或化学品后，几乎保留了所有的木质素成分，因此，产生大量以木质素为主的残渣。此外，醇类发酵会产生大量包含酵母细胞成分的有机废水。如果能够在生产燃料乙醇的同时，联产生物基化学品或高分子材料，实现废醪液的能源回收与资源利用，对生物质原料“吃干榨尽”，可合理地分担整个生产成本，增加利润，对于促进生物质醇类燃料工业化进程具有积极的现实意义。

一、酶解木质素残渣的利用

酶解木质素残渣是木质纤维原料酶解后得到的残渣，采用一定的方法分离纯化得到的木质素，是一种天然高分子物质。南京林业大学徐勇等[95]对玉米秸秆制备能源乙醇进行了研究，用6.5t玉米秆可以得到1t的能源乙醇和1t左右的酶解木质素残渣。木质素是具有空间网状结构的芳香族大分子，不能被用于乙醇的生产，而乙醇分离后留下的占总原料质量30%的残渣均以直接燃烧提供生产热能的方式处理，经济效益低，无法推广。此外，由于木质纤维素酶解过程比较温和，酶解木质素较好地保留了天然木质素的化学活性，对酶解木质素的精深加工十分有利。总之，酶解木质素的综合利用不仅可以变废为宝，减少工业固废对环境的污染，而且可以提高木质纤维素生物炼制的综合效益，对于实现木质纤维资源生物炼制工业化生产有重要意义。

（一）酶解木质素化学结构特点

木质素的化学结构比较复杂，其主要是由愈创木基苯丙烷结构单元、紫丁香基苯丙烷结构单元和对-羟基苯丙烷单元结构构成，这些基本结构单元在不同植物中的含量和比例有所差别。除了上述主要的结构单元以外，一些其他的分子也参与了木质素的聚合。例如，阿魏酸、松伯醛、肉桂醛、5-羟基肉桂醇，以及含对羟基苯甲酸甲酯和酰化的对香豆酸结构单元[96]。木质素单体间主要通过醚键或碳碳键连接成3D网状高分子结构，其中醚键主要有酚醚键、烷醚键和芳基醚键，碳碳键主要包括β-5、β-β、β-1、β-2等。酶解木质素是一种棕黑色粉末，主要由C、H、O三种元素组成，化学结构同原木质素结构类似，是自然界可以提供可再生芳香基高分子化合物的非化石资源[97,98]。由于木质素的基本结构中包含着芳醇羟基、酚羟基、羰基、羧基、共轭双键等活性较大的基团，因此，木质素具有较好的反应活性，它可以与亲电子试剂反应，也可以与亲核试剂反应，还能进行氧化反应、卤化反应、硝化反应、醛化反应、Mannich反应、汞化和重氮化反应以及接枝共聚反应等。在木质素侧链的官能基上，还能进行烷基化、酰化、异氰化和酚化等反应。因此，可以通过改性提升木质素的反应活性和亲水性，使得木质素衍生物的应用范围和应用性能得到进一步提升[98,99]。

在传统制浆造纸工业中，亚硫酸盐法制浆和碱法制浆中废液里提取出的木质素经过亚硫酸盐和强碱的蒸煮，其分子结构发生较大损坏，而制备生物乙醇时反应相对温和，酶解木质素较好地保留了木质素的活性，其分子结构中含有大量的官能团，如苯环、酚羟基和醚键等。与木质素的衍生物如碱木素、木素磺酸盐等相比，酶解木质素具有更强的反应活性。此外，酶解木质素和原本的木质素结构类似，具有众多优异的物理化学特性：a. 与较多通用工业化学品有着良好的反应活性；b. 芳香环结构使木质素具有良好的力学性能，以及可以大范围地进行化学结构转化的可能性；c. 侧链活性基团使其可以制备接枝聚合物；d. 粒径小，在共混体系中分散性较高；e. 由于原料来源不同，木质素亲水或疏水特性不同，使其可以更广泛地应用于复合材料的制备[100]。

（二）酶解木质素的提取

1. 有机溶剂提取法

有机溶剂提取法一般是指将经过纤维素酶水解后的生物质原料的残渣，用能够溶解木质素的中性有机溶剂进行萃取，且该溶剂不与木质素发生化学反应，过滤掉残渣得到酶解木质素的溶液，将溶剂回收，所得剩余物即为酶解木质素。由于该方法的制备条件温和，酶解木质素能够基本保持原有的化学结构，经常被用于木质素化学结构的研究。1975 年 Chang 等[101]先将木粉在振动球磨机中磨 48h，然后使用纤维素酶及半纤维素酶对木粉进行处理，再用 96％的二氧六环的水溶液进行抽提，精制得到酶解木质素。此方法至今仍被广泛应用于酶解木质素的分离与应用中[102]。通过改变溶剂的种类和萃取条件，酶解木质素的得率为 Klason 木素含量的 20％～30％。Guo 等[103]采用苯甲醇、二氧六环和乙醇 3 种有机溶剂对生物质乙醇残渣进行了抽提，并与传统的碱溶酸析的方法进行了对照，结果得出苯甲醇和二氧六环溶剂的提取率分别高达 71.55％和 74.14％，是常规方法的 2 倍以上。

2. 碱溶酸析法

碱溶酸析法是向酶解生物质残渣中加入氢氧化钠或氨水等碱性液体，低温搅拌反应一定时间，使木质素溶解在碱性液体中，真空抽滤，向滤液中加入硫酸或稀盐酸溶液调节 pH 值至中性，使酶解木质素以沉淀形式析出，过滤、冷冻干燥得到酶解木质素粉末。刘晓玲等[104]使用 3％的氢氧化钠水溶液和 25％的氨水溶液分别对酶解玉米秸秆制备能源乙醇的残渣进行酶解木质素的提取，提取率分别达到 35％和 32％。

（三）酶解木质素的应用

木质素有很好的多分散性、阻燃性、耐溶剂性、热稳定性，其分子结构中含有多种活性官能团，且无毒、价廉，因此具有较高的利用价值。目前优质的木质素已被广泛应用，国际上已开发的木质素产品达 200 余种。相关研究表明，酶解木质素可以用于制备化工产品比如环氧树脂、聚氨酯等高聚物、生物吸附剂、抗氧化剂等，还可以和塑料、橡胶等高分子材料通过共混反应制备高性能、更经济的工业产品，具有较高的潜在市场经济效益[105]。

1. 酶解木质素制备木质素磺酸盐

木质素磺酸盐，又称磺化木质素，是植物原料中的木质素在亚硫酸盐法制浆过程中经磺化溶解在废液中的高分子化合物，通常由亚硫酸盐制浆废液经碱中和得到，主要有木质素磺酸钙、木质素磺酸钠、木质素磺酸镁等[106]。木质素磺酸盐是一种多组分高分子聚合物阴离子表面活性剂，外观为浅黄色至深棕色粉末，略有芳香气味，分子量一般在 800～10000 之间，具有很强的分散性、黏结性、螯合性，溶于水，但不溶于有机溶剂。在工业上木质素磺酸盐主要用于水煤浆分散剂及用作混凝土减水剂、石膏板生产助剂、农药助剂、印染扩散剂、橡胶耐磨剂和生产染料、香兰素、鞣剂的原料或中间体[107,108]。随着木质纤维素生物炼制技术的兴起，木质纤维素生物炼制产生的大量副产物酶解木质素可用于生产木质素磺酸盐，通常采用磺化或者磺甲基化技术，将磺酸基引入酶解木质素中制备木质素磺酸盐[107]。Huang 等[109]以竹材酶解木质素为原料采用磺甲基化反应制备木质素磺酸钠，木质素磺化率为 68.9%。在相同浓度下，酶解木质素磺酸钠水溶液的表面张力高于商业木质素磺酸钠水溶液的表面张力；在相同 pH 值下，酶解木质素的木质素磺酸钠的 Zeta 电位值最小；水泥减水剂试验表明，酶解木质素分子量较小，在结构上较好地保留了各种活性基团，酶解木质素磺酸钠减水率高于商业木质素磺酸钠。

2. 酶解木质素制备酚醛树脂胶黏剂

酚醛树脂胶黏剂是以酚醛树脂或改性酚醛树脂为主要黏结组分的胶黏剂，也是最早发展的合成胶黏剂。酚醛树脂胶黏剂粘接强度高、耐高温、耐水、耐油，工艺简单，价格低廉，是目前用量最大的胶黏剂产品。酚醛树脂在木材加工工业、电子电气工业、铸造工业、航空航天工业、车辆与船舶工业和建筑行业等领域广泛应用。由于酚醛树脂中残留有游离酚和游离醛，尤其是游离甲醛，对人体和环境有很大的危害，酚醛树脂胶黏剂的使用受到了一定限制。酶解木质素结构中既有酚羟基、醇羟基，又有醛基、羧基等，在合成木质酚醛树脂时，木质素既可以替代部分酚与甲醛反应，又可替代部分醛与苯酚反应。因此，木质素具有替代苯酚和甲醛制备胶黏剂的潜力。在碱性条件下，木质素可与苯酚反应，然后再与甲醛反应；或者在酸性条件下，木质素与苯酚反应，然后再在碱性条件下与甲醛反应制备胶黏剂。木质素的分子量较大，芳环上的空间位阻大，反应活性小，甚至影响苯酚与甲醛的聚合反应。为了提高木质素的反应活性，通常对木质素进行化学改性。陈艳艳等[110]利用玉米秸秆酶解木质素残渣酚化替代苯酚、糠醛替代甲醛，系统研究了酶解木质素的酚化工艺和胶黏剂的合成工艺。当酶解木质素取代 70%的苯酚时，除游离醛含量有待进一步改进外，其他指标都能达到国家标准。

3. 酶解木质素制备酚醛泡沫

泡沫材料是工农业生产和日常生活中广泛应用的一类重要的高分子材料，主要以石油为原料生产。与石油基泡沫材料相比，生物质泡沫材料具有低成本、可循环再生和可部分生物降解的优势，开发生物质泡沫材料已成为各国研究的热点[111]。目前，兼具阻燃和保温性能的木质素基酚醛泡沫材料的研究与应用尤其受到关注。酚醛泡沫保温材料具有隔热、阻燃、自熄、低烟等特性，其安全可靠性优于现有市场上的聚苯乙烯、聚氨酯等有机泡沫材料。利用植物资源中的天然多酚化合物制备低成本环保型生物质基酚醛泡沫材料，是未来泡沫材料的发展趋势[112]。王祺铭等[113]利用酶解木质素部分替代苯酚，以十二胺为增韧剂，成功制备了含有柔性侧链的酶解木质素酚醛树脂，并利用其制备改性酶解木质素酚醛泡沫，改性木质素酚醛泡沫孔和孔壁厚度均匀，具有规则和致密的网络结构，改性后泡沫残炭率为 49.0%。

4. 植物纤维液化产物制备聚氨酯

聚氨酯是一种具有氨基甲酸酯（—NH—COO—）重复结构单元的高分子聚合物，可由二元或多元有机异氰酸酯与多元醇发生反应制成，被广泛运用在多个领域，如油漆、涂料、冰箱和冷柜、屋顶防水保温层和各种聚氨酯材料等中。目前生产聚氨酯的聚酯、聚醚的原料多元醇大部分由苯酐、苯二甲酸制成，但它们具有较强的毒性和腐蚀性且均是来自石油化工产品，由于化石资源的大量使用，对环境也造成了污染，同时随着石油资源的日渐枯竭，聚氨酯工业受到了极大的冲击。而酶解木质素可以直接改性聚氨酯，因为酶解木质素中含有丰富的纯度高、反应活性强的苯环和酚羟基官能团。陈贤甦等[114]利用酶解木质素直接与异氰酸酯反应制备木质素改性聚氨酯，随着酶解木质素含量的增加，聚氨酯的拉伸强度增加、伸长率降低，且当酶解木质素用量低于 20%时，聚氨酯具有较好的弹性。靳艳巧等[115]利用酶解木质素替代部分聚乙二醇，采用一步法制备了浇注型聚氨酯弹性体，随着酶解木质素添加量的增加，聚氨酯材料的拉伸强度和耐环己酮溶剂的溶胀性能提高，但伸长率有所降低。同时，酶解木质素的引入没有降低聚氨酯的耐热性能。

5. 木质素在肥料中的应用

木质素是一种网状高分子物质，活性基团多，在土壤中分解缓慢，是土壤腐殖质的前体[116]。

木质素是由苯丙烷结构单元通过醚键和碳碳键联结而成的芳香族高分子聚合物，结构单元上的羟基、羧基和羰基等活性基团，使其具有较强的螯合性能，能与 Fe、Cu、Zn 等金属离子络合成微量元素肥料。刘佳铭[117]直接由含镁工业废水与絮凝状制浆废液制得了符合国家质量标准的木质素镁肥。此外，当利用氧化氨解法在黑液木质素分子结构上接上氮素时，这些氮素绝大多数就成为有机键合态氮，表现出较强的缓释性，可以在土壤微生物的作用下逐渐矿化释放出来，因而这种含氮的木质素可以作为一种缓释氮肥使用[118]。

二、发酵废液的利用

纤维素是地球上资源量最丰富的可再生资源之一，使用纤维素发酵生产燃料乙醇具有巨大的发展潜力。然而，纤维素乙醇/丁醇发酵过程中会产生大量的发酵废醪液，它是一种高浓度、高悬浮物的有机废水，直接排放会对环境造成巨大的影响。发酵废醪液的有效处理与转化能有效促进生物质醇类燃料行业的发展。

（一）发酵废液的特点

以燃料乙醇生产为例，其过程中会产生大量高浓度有机废水，其中含有大量的营养物质，70%以上为有机质，主要为糖分、蛋白质、维生素、短纤维和氨磷钾等，以及发酵微生物本身（酵母），属无毒有害高浓度有机废水。平均生产 1t 燃料乙醇会产生 10～15t 废水，相当于产生约 430kg 的 SS（悬浮物）和 210kg 的可溶性 COD（化学需氧量），由于这些物质全部进入蒸馏液中，蒸馏废液中 COD 含量高达 45000～55000mg/L。以日产量为 100t 燃料乙醇的工厂为例，蒸馏废液中所排出的废水相当于日排 1500t。为提高生物质醇类燃料的综合经济效益并达到环保要求，纤维素醇类燃料发酵废液综合利用势在必行。

（二）燃料乙醇发酵废液的利用

1. 生产蛋白饲料

单细胞蛋白（single cell protein，SCP）亦称微生物蛋白、菌体蛋白，是指细菌、真菌和微藻在其生长过程中利用各种基质，在适宜的培养条件下培养细胞或丝状微生物的个体而获得的菌体蛋白。因为这类蛋白质是由多个独立生存的单细胞构成，所以富含多种酶系、B 族维生素、必需氨基酸，以及微量元素。首先，用发酵法生产醇类燃料的过程中，特别是燃料乙醇的生产必须依赖于酵母细胞的作用，因此，发酵结束后除大部分酵母细胞回收用于二次发酵外，其余死亡酵母、发酵沉淀物以及发酵有机废液可作为单细胞蛋白饲料的生产原料，利用此类工业废液生产单细胞蛋白不仅可以去除有机污染物，减轻环境负荷，还可以回收资源，给企业带来经济效益。周媛等[119]向高浓度发酵废水中接种近平滑假丝酵母和黑曲霉等工业菌种进行发酵，产物中的生物量可达 8.0g/L，粗蛋白含量为 50%。

2. 直接农田浇灌

乙醇发酵废液由于价值低、不方便长途运输，糖厂直接处理在周围蔗区利用是目前最主要的利用方式。由于乙醇发酵废液中有甘蔗生长所需的大量元素氮、磷、钾和有机质，可直接施用在农田中作肥料使用。关于乙醇发酵废液稀释农灌法，国内外都有长期实践的经验，稀释农灌法提高了土壤中无机盐含量，增加土壤保水性、微生物种群，使土壤肥力得到恢复和补充，改善了土壤的物理、化学性质。但要必须严格控制施用时期，施用过多会造成烧苗和不同程度的土壤板结。

3. 浓缩生产有机复合（混）肥

乙醇废液可在最后浓缩、烘干后生产固态有机肥，废液浓缩至 60°Bx，经中和降解，再加上氮、磷、钾等，造粒烘干后包装得有机复合肥。有机复合肥中不仅含有氮、磷、钾，还含有有机质，再调节氮、磷、钾的比例可生产适合多种农作物的专用肥料。彻底治理乙醇废液污染，又把从土壤中获取的多种营养元素归还土壤，是目前提倡循环农业利用最好的途径。不足之处是浓缩液的添加量仅占到复合肥的40%，另外60%的氮磷钾肥需要采购，成本运作大，而且蒸发系统投资和运行成本大。有机复合肥浓缩生产处理基本实现废液无污染排放，但这种方法能耗高，且设备资金投入多、运行费用也高，而且在蒸发过程中还有设备腐蚀和积垢严重等一系列问题。

4. 厌氧发酵生产沼气

纤维素乙醇废液包含大量的有机质，经过厌氧微生物对其含有的有机物进行分解后产生沼气，减少废液排放后对水域中溶解氧的消耗从而起到保护水体作用，该利用途径的优点是不需要消耗很多动力，与厂区废物处理工艺相结合，将废液中的含碳有机物通过微生物的作用降解产生沼气能源，可以反向供给降低厂区能源电气消耗。但厌氧发酵仍残留20%左右的有机物，且发酵后的沼气废液又黑又臭，不能直接排放，必须降低有机物含量，二次处理，但投资厌氧曝气装置设备资金大，需要消耗高动力才能运行。

参考文献

[1] 赵博，胡尚连，龚道勇，等.固体酸催化纤维素水解转化葡萄糖的研究进展.化工进展，2017，36（2）：555-567.

[2] 乔颖，腾娜，翟承凯，等.化学法催化纤维素高效水解成糖.化学进展，2018，30（9）：169-177.

[3] 张欢欢.固体酸催化纤维素水解制备葡萄糖的工艺研究及糖液食用安全性评价.重庆：西南大学，2017.

[4] 胡耀波.微波辅助玉米芯的稀酸水解研究.武汉：华中科技大学，2018.

[5] 孙然，冷云伟，赵兰，等.秸秆原料预处理方法研究进展.江苏农业科学，2010（6）：453-455.

[6] 黄仁亮，苏荣欣，齐崴，等.木质纤维素甲酸预处理及其组分分离.过程工程学报，2008，8（6）：1103-1107.

[7] 王大宝，赵东旭.纤维素酶解研究进展.第六届国际生物能源会议，北京，2012.

[8] 李薇.不同碱性催化剂预处理芒草秸秆研究.武汉：华中农业大学，2013.

[9] 徐昌洪.木质纤维素类原料生物炼制预处理技术的研究进展.精细与专用化学品，2011（9）：38-41.

[10] 白晓州，张镒飞.蒸汽爆破预处理对沙棘果渣可溶性膳食纤维含量及性质的影响.食品研究与开发，2019，40（12）：148-153.

[11] 谢章红，周景辉.蒸汽爆破预处理的硫酸盐法制浆与生物质精炼的整合.国际造纸，2013，32（6）：4-11.

[12] 王雅.蒸汽爆破联合化学法预处理棉秆生产生物乙醇的关键问题研究.石河子：石河子大学，2019.

[13] 李兵.氨水循环爆破法对高粱秸秆预处理效果的研究.天津：天津大学，2012.

[14] 张元晶，魏刚，张小冬，等.木质纤维素生物质预处理技术研究现状.中国农学通报，2012（11）：278-283.

[15] Rabinovich M L，Melnick M S，Bolobova A V. The structure and mechanism of action of cellulolytic enzymes. Biochemistry，2002，67（8）：850-871.

[16] Henrissat B，Davies G. Structural and sequence-based classification of glycoside hydrolases. Current Opinion in Structural Biology，1997，7（5）：637-644.

[17] Obeng E M，Adam S N，Budiman C，et al. Lignocellulases：A review of emerging and developing enzymes，systems，and practices. Bioresources and Bioprocessing，2017，4（16）.

[18] Gilkes N R，Claeyssens M，Aebersold R，et al. Structural and functional relationships in two families of beta-1，4-glycanases. European Journal of Biochemistry，1991（202）：367-377.

[19] Jeffries T. Enzymatic hydrolysis of the walls of yeast cells and germinated fungal spores. Biochimica Et Biophysica Acta，1977，499（1）：10-23.

[20] Heximer S P，Watson N，Linder M E，et al. RGS2/G0S8 is a selective inhibitor of Gq α function. PNAS，1997，94（26）：14389.

[21] Ouyang J，Yan M，Kong D，et al. A complete protein pattern of cellulase and hemicellulase genes in the filamentous fungus Trichoderma reesei. Biotechnology Journal，2006（1）：1266-1274.

[22] Beg Q K，Kapoor M，Mahajan L，et al. Microbial xylanases and their industrial applications：A review. Applied Microbiology & Biotechnology，2001，56（3-4）：326-338.

[23] Glass N L，Schmoll M，Cate J D，et al. Plant cell wall deconstruction by ascomycete fungi. Annual Review of Microbiology，2013，67（1）：477-498.

[24] Vardakou M，Palop C N，Christakopoulos P，et al. Evaluation of the prebiotic properties of wheat arabinoxylan fractions and induction of hydrolase activity in gut microflora. International Journal of Food Microbiology，2008，123（1-2）：166-170.

[25] Biely P，Singh S，Puchart V. Towards enzymatic breakdown of complex plant xylan structures：State of the art. Biotechnology Advances，2016，2016，34（7）：1260-1274.

[26] Andlar M，Rezic T，Marđetko N，et al. Lignocellulose degradation：An overview of fungi and fungal enzymes involved in lignocellulose degradation. Engineering in Life Sciences，2018（18）：768-778.

[27] Srivastava P K，Kapoor M. Production，properties，and applications of endo-β-mannanases. Biotechnology Advances，2016，35（1）：1-19.

[28] Sharma K，Dhillon A，Goyal A. Insights into structure and reaction mechanism of β-mannanases. Current Protein & Peptide Science，2018，19（1）：34-47.

[29] Malgas S，Mafa M S，Mkabayi L，et al. A mini review of xylanolytic enzymes with regards to their synergistic interactions during hetero-xylan degradation. World Journal of Microbiology & Biotechnology，2019，35（12）：187.

[30] Eriksson K E，Hollmark B H. Kinetic studies of the action of cellulase upon sodium carboxymethyl cellulose. Archives of Biochemistry & Biophysics，1969，133（2）：233-237.

[31] Rabinovich M L，Melnick M S，Bolobova A V. The structure and mechanism of action of cellulolytic enzymes. Biochemistry，2002，67（8）：850-871.

[32] 许富强. 甜高粱秸秆酶解效率的研究. 北京：中国科学院大学，2019.

[33] Yang Q，Pan X. Synthesis and application of bifunctional porous polymers bearing chloride and sulfonic acid as cellulase-mimetic solid acids for cellulose hydrolysis. Bioenergy Research，2016，9（2）：578-586.

[34] 黄春凯，左小明，王红蕾，等. 一株产纤维素酶菌株的分离、鉴定及产酶特性. 微生物学通报，2015，42（4）：646-653.

[35] Foster C E，Martin T M，Pauly M. Comprehensive compositional analysis of plant cell walls（lignocellulosic biomass）part Ⅱ：carbohydrates. Journal of Visualized Experiments，2010，37：e1837.

[36] Huang C，Li R，Tang W，et al. Improve enzymatic hydrolysis of lignocellulosic biomass by modifying lignin structure via sulfite pretreatment and using lignin blockers. Fermentation，2022，8：558.

[37] Chandra R P，Bura R，Mabee W E，et al. Substrate pretreatment：The key to effective enzymatic hydrolysis of lignocellulosics. Springer，Berlin Heidelberg，2007：67-93.

[38] 李忠海，姚光山，高丽伟，等. 通过表达调控网络重构增加草酸青霉纤维素酶生产和改进酶系组成. 第八届中国模式真菌研讨会论文集，济南，2015.

[39] Lou H，Wang M，Lai H，et al. Reducing non-productive adsorption of cellulase and enhancing enzymatic hydrolysis of lignocelluloses by noncovalent modification of lignin with lignosulfonate. Bioresource Technology，2013，146：478-484.

[40] Converse A O，Matsuno R，Tanaka M，et al. A model of enzyme adsorption and hydrolysis of microcrystalline cellulose with slow deactivation of the adsorbed enzyme. Biotechnology & Bioengineering，2010，32（1）：38-45.

[41] Sun S，Huang Y，Sun R，et al. The strong association of condensed phenolic moieties in isolated lignins with their inhibition of enzymatic hydrolysis. Green Chemistry，2016，18（15）：4276-4286.

[42] 牟晓红，赵成赟. 超临界水预处理花生壳及混合菌种发酵制备乙醇. 石化技术与应用，2016（2）：118-120.

[43] Abaide E R，Mortari S R，Ugalde G，et al. Subcritical water hydrolysis of rice straw in a semi-continuous mode. Journal of Cleaner Production，2019，209：386-397.

[44] 刘新春. 国家粮食局等四部门强调处理陈化粮必须严守规定. 粮食流通技术，2003（1）：46.

[45] 乔映宾. 解读车用乙醇汽油扩大试点方案及实施细则. 石油商技，2004，22（2）：1-4.

[46] 律星光. 燃料乙醇：乘低碳之风顺势而起. 财经界，2014，8（22）：60.

[47] 可再生能源发展专项资金管理暂行办法. 财政监督，2006，24（8）：61-62.

[48] 编辑部华北电力技术.《可再生能源中长期发展规划》印发. 华北电力技术，2007，000（2）：188.

[49] 本刊编辑部. 可再生能源发展“十二五”规划发布. 中国能源，2012，34（8）：93.

[50] Sun Y，Cheng J. Hydrolysis of lignocellulosic materials for ethanol production：A review. Cheminform，2003，83（1）：1-11.

[51] 李云成，苟梓希，苟敏，等. 以农业废弃物为原料的燃料乙醇生产用酿酒酵母木糖发酵及有机酸耐受改善. 2014 中国环境科学学会学术年会（第七章），成都，2014.

[52] Demeke M M，Dietz H，Li Y，et al. Development of a D-xylose fermenting and inhibitor tolerant industrial Saccharomyces cerevisiae strain with high performance in lignocellulose hydrolysates using metabolic and evolutionary engineering. Biotechnology for Biofuels，2013，6（1）：89.

[53] Hahn-Hägerdal B，Pamment N. Microbial pentose metabolism. Applied Biochemistry & Biotechnology，2004，113-116（2）：1207.

[54] Yan Z，Zhang J，Bao J. Increasing cellulosic ethanol production by enhancing phenolic tolerance of Zymomonas mobilis in adaptive evolution. Bioresource Technology，2021，329（1-2）：124926.

[55] Palmqvist E，Hahn-H Gerdal B R. Fermentation of lignocellulosic hydrolysates. Ⅱ：Inhibitors and mechanisms of inhibition. Bioresource Technology，2000，74（1）：25-33.

[56] Diao L，Liu Y，Qian F，et al. Construction of fast xylose-fermenting yeast based on industrial ethanol-producing diploid Saccharomyces cerevisiae by rational design and adaptive evolution. Bmc Biotechnology，2013，13（1）：110.

[57] Fredrik Wahlbom C, Zyl W H V, Jonsson L J, et al. Generation of the improved recombinant xylose-utilizing Saccharomyces cerevisiae TMB 3400 by random mutagenesis and physiological comparison with Pichia stipitis CBS 6054. Fems Yeast Research, 2003 (3): 319-326.

[58] Almeida J R, Modig T, Petersson A, et al. Increased tolerance and conversion of inhibitors in lignocellulosic hydrolysates by Saccharomyces cerevisiae. Journal of Chemical Technology and Biotechnology, 2010, 82 (4): 340-349.

[59] Koppram R, Tomás-Pejó E, Xiros C, et al. Lignocellulosic ethanol production at high-gravity: Challenges and perspectives. Trends in Biotechnology, 2014, 32 (1): 46-53.

[60] Larsson S, Cassland P, Jonsson L J. Development of a Saccharomyces cerevisiae strain with enhanced resistance to phenolic fermentation inhibitors in lignocellulose hydrolysates by heterologous expression of laccase. Applied & Environmental Microbiology, 2001, 67 (3): 1163.

[61] Sanda T, Hasunuma T, Matsud F, et al. Repeated-batch fermentation of lignocellulosic hydrolysate to ethanol using a hybrid Saccharomyces cerevisiae strain metabolically engineered for tolerance to acetic and formic acids. Bioresource Technology, 2011, 102 (17): 7917-7924.

[62] Medina V G, Almering M, Maris A V, et al. Elimination of glycerol production in anaerobic cultures of a saccharomyces cerevisiae strain engineered to use acetic acid as an electron acceptor. Applied and Environmental Microbiology, 2010, 76 (1): 190-195.

[63] Chen K, Iverson A G, Garza E A, et al. Metabolic evolution of non-transgenic Escherichia coli SZ420 for enhanced homoethanol fermentation from xylose. Biotechnology Letters, 2010, 32 (1): 87.

[64] Almario M P, Reyes L H, Kao K C. Evolutionary engineering of Saccharomyces cerevisiae for enhanced tolerance to hydrolysates of lignocellulosic biomass. Biotechnology & Bioengineering, 2013, 110 (10): 2616-2623.

[65] 丁伟军，李波，张影，等. 木糖发酵酿酒酵母抑制物耐受能力提升及利用秸秆原料的乙醇发酵性能. 应用与环境生物学报，2018，24 (4)：879-888.

[66] 陈玉亮，呼世斌，张守文，等. 麦秆分步糖化发酵产乙醇的初步研究. 西北农业学报，2009 (2)：149-153.

[67] 仉磊，李纪红，李十中. 燃料乙醇产业发展现状. 化工进展，2013.

[68] 毛开云，范月蕾，王跃，等. 国内外燃料乙醇产业现状＋深度解析. 高科技与产业化，2018，265 (6)：4-13.

[69] 闻碧. 天冠集团 30 万 t 燃料乙醇项目开工兴建. 粮食流通技术，2002，6：38.

[70] 本刊编辑部.《关于扩大生物燃料乙醇生产和推广使用车用乙醇汽油的实施方案》印发. 中国能源，2017，39 (9)：1.

[71] 张德强，黄镇亚. 木质纤维生物量一步法（SSF）转化成乙醇的研究（Ⅰ）——木质纤维原料蒸汽爆破预处理的研究. 北京林业大学学报，2000，22 (6)：43-46.

[72] 吕亚兵. 小麦秸秆收储运系统仿真优化研究. 郑州：河南农业大学，2019.

[73] Eisenhuber K, Krennhuber K, Steinmüller V, et al. Comparison of different pre-treatment methods for separating hemicellulose from straw during lignocellulose bioethanol production. Energy Procedia, 2013, 40: 172-181.

[74] 肖林，赵海涛. 生产纤维乙醇所用酶制剂的工业化生产. 2007 年全国发酵行业高峰论坛暨中国发酵工业协会 2007 年行业大会，2007.

[75] 刘力强，杨丽萍，李立强，等. 生物丁醇燃料产业化制造中的问题及发展趋势. 生物产业技术，2008 (5)：36-44.

[76] Li X, Li Z, Zheng J, et al. Yeast extract promotes phase shift of bio-butanol fermentation by Clostridium acetobutylicum ATCC824 using cassava as substrate. Bioresource Technology, 2012, 125: 43-51.

[77] Al-Shorgani N K N, Kalil M S, Yusoff W M W. Fermentation of sago starch to biobutanol in a batch culture using Clostridium saccharoperbutylacetonicum N1-4 (ATCC 13564). Annals of Microbiology, 2011, 62 (3): 1059-1070.

[78] 龙飞，靳艳玲，赵云，等. 丙酮丁醇梭菌 Clostridium acetobutylicum CICC 8012 发酵鲜芭蕉芋生产丁醇. 应用与环境生物学报，2013，19 (1)：54-60.

[79] Moradi F, Amiri H, Soleimanian-Zad S, et al. Improvement of acetone, butanol and ethanol production from rice straw by acid and alkaline pretreatments. Fuel, 2013, 112: 8-13.

[80] Ranjan A, Khanna S, Moholkar V S. Feasibility of rice straw as alternate substrate for biobutanol production. Applied Energy, 2013, 103 (MAR.): 32-38.

[81] Boonsombuti A, Komolpis K, Luengnaruemitchai A, et al. Enhancement of ABE fermentation through regulation of ammonium acetate and D-xylose uptake from acid-pretreated corncobs. Annals of Microbiology, 2014, 64: 431-439.

[82] Guo T, He A, Du T, et al. Butanol production from hemicellulosic hydrolysate of corn fiber by a Clostridium beijerinckii mutant with high inhibitor-tolerance. Bioresource Technology, 2013, 135: 379-385.

[83] Lu C, Zhao J, Yang S, et al. Fed-batch fermentation for n-butanol production from cassava bagasse hydrolysate in a fibrous bed bioreactor with continuous gas stripping. Bioresource Technology, 2012, 104: 380-387.

[84] Wal H V D, Sperber B L, Houweling-Tan B, et al. Production of acetone, butanol, and ethanol from biomass of the green seaweed Ulva lactuca. Bioresour Technology, 2013, 128 (1): 431-437.

[85] Ellis J T，Hengge N N，Sims R C，et al. Acetone，butanol，and ethanol production from wastewater algae. Bioresource Technology，2012，111：491-495.

[86] 王鑫昕. 发酵分离耦合系统高产丁醇的工艺优化研究. 成都：四川师范大学，2009.

[87] Ezeji T C，Qureshi N，Blaschek H P. Bioproduction of butanol from biomass：From genes to bioreactors. Current Opinion in Biotechnology，2007，18（3）：220-227.

[88] 王风芹，程翔，谢慧，等. 萃取耦合技术对玉米秸秆水解液发酵产丁醇的影响. 生物工程学报，2013（10）：1515-1526.

[89] Ezeji T C，Qureshi N，Blaschek H P. Butanol fermentation research：upstream and downstream manipulations. The Chemical Record，2010，4（5）：305-314.

[90] 朱大伟，韦萍，吴昊，等. 原位分离耦合技术制备生物丁醇的研究进展. 生物加工过程，2013，11（6）：90-96.

[91] 马兴，张书敏，冯豪杰，等. 使用硅藻土处理发酵废液、提高丁醇发酵废液回用率. 生物技术通报，2009：367-372.

[92] 刘佳. 气提吸附法提取丙酮丁醇工艺的研究. 石家庄：河北科技大学，2011.

[93] 罗建泉，伊守亮，苏仪，等. 渗透汽化法从丙酮-丁醇-乙醇中分离浓缩丁醇. 化学工程，2010，38（2）：43-46.

[94] 李珊. 丁醇-丙酮-乙醇-水多组分精馏过程分析计算. 化学工程，1996，24（6）：47-50.

[95] 徐勇，勇强. 汽喷玉米秸秆纤维素酶水解的研究. 林产化工通讯，1999，33（6）：15-18.

[96] Mansfield S D，Kim H，Lu F，et al. Whole plant cell wall characterization using solution-state 2D NMR. Nature Protocols，2012，7（9）：1579-1589.

[97] Sjstrm E. Wood chemistry：Fundamentals and applications. Academic Press，New York，1981.

[98] 吕思美，李佳珠，杨冬梅，等. 酶解木质素的分离与研究进展. 云南化工，2017，44（6）：8-12.

[99] 潘奇，陈介南，张新民，等. 纤维乙醇发酵残渣中酶解木质素的提取与表征. 化工进展，2015，34（1）：86-90.

[100] 张伟. 生物炼制木质素基酚醛树脂的制备与应用. 北京：中国林业科学研究院，2013.

[101] Chang H，Cowling E B，Brown W. Comparative studies on cellulolytic enzyme lignin and milled wood lignin of sweetgum and spruce. Holzforschung，1975，29（5）：153-159.

[102] Yang L，Wang D，Zhou D，et al. Effect of different isolation methods on structure and properties of lignin from valonea of Quercus variabilis. International Journal of Biological Macromolecules，2016，85：417-424.

[103] Guo G，Li S，Wang L，et al. Separation and characterization of lignin from bio-ethanol production residue. Bioresource Technology，2013，135：738-741.

[104] 刘晓玲，程贤甦. 酶解木质素的分离与结构研究. 纤维素科学与技术，2007，15（3）：41-46.

[105] 何骋. 玉米秸秆糖化残渣综合利用研究. 南京：南京林业大学，2010.

[106] 廖科超，李鹏飞，吴成林，等. 木质素磺酸盐在农药制剂加工中的应用. 农药科学与管理，2018，281（11）：30-33.

[107] 李加伟，曹洪，刘蕾，等. 木质素磺酸盐分离提取的研究进展. 河南化工，2020，37（4）：5-6.

[108] 王忠华. 木质素磺酸盐的应用. 乙醛醋酸化工，2019，228（8）：24-27.

[109] Caoxing H，Junmei M，Weiyu Z，et al. Preparation of lignosulfonates from biorefinery lignins by sulfomethylation and their application as a water reducer for concrete. Polymers，2018，10（8）：841.

[110] 陈艳艳，常杰，范娟. 秸秆酶解木质素制备木材胶黏剂工艺. 化工进展，2011（S1）：306-312.

[111] 马灼明，李淑君，杨冬梅. 酶解木质素的活化及用于酚醛树脂的制备. 森林工程，2017，33（2）：64-67.

[112] 赵丽斌，冯利邦，易增博，等. 酶解木质素改性酚醛泡沫塑料的制备与性能. 高分子材料科学与工程，2015，31（3）：138-141.

[113] 王祺铭，海潇涵，时君友，等. 新型酶解木质素酚醛泡沫的制备及性能研究. 林产工业，2020，57（3）：35-40.

[114] 程贤甦，刘晓玲，靳艳巧. 新型聚氨酯助剂——酶解木质素的研制. 聚氨酯工业，2007，22（6）：18-21.

[115] 靳艳巧，程贤甦. 浇注型酶解木质素聚氨酯弹性体的制备. 聚氨酯工业，2008（3）：22-24.

[116] Meier D，Iga-Partida V Z，Ramírez-Cano F，et al. Conversion of technical lignins into slow-release nitrogenous fertilizers by ammoxidation in liquid phase. Bioresource Technology，1994，49（2）：121-128.

[117] 刘佳铭. 含木质素镁有机无机复混肥的开发. 磷肥与复肥，1997，12（3）：17-18.

[118] 杨益琴，李忠正. 尿素改性木素磺酸钙制备缓释氮肥的工艺研究. 中国造纸，2007，26（3）：26-28.

[119] 周媛，周子洋，封莉，等. 高浓度发酵废水生产单细胞蛋白的菌种筛选. 环境工程学报，2016（11）：6307-6312.

（徐勇，周鑫）

第六章　生物柴油

生物柴油（biodiesel）这一概念最早是由柴油发动机的发明者、德国机械工程师鲁道夫·狄赛尔（Rudolf Diesel）提出的，他在1900年巴黎世界博览会上展示了由天然油脂花生油作为燃料的柴油发动机[1,2]，但因积炭严重没有太大实用价值。此后的发展历经天然油脂与柴油混合[3]、微乳化[4]和高温裂解[5]的技术阶段，但发展仍然缓慢，直至20世纪80年代以后，随着环境污染和化石能源枯竭的问题越来越突出，生物柴油再次引起人们的重视。通过化学催化转酯化[6-8]的生产技术使得生物柴油在一些发达国家如德国、美国等得到了政府支持并相继工业化生产和商业化应用，近年来科学家又陆续开发了一些新的生产技术如生物催化转酯化、超临界醇转酯化、微波辅助转酯化和超声波辅助转酯化等[9-12]，如今生物柴油已成为诸多可再生能源中重点发展的液体燃料之一。

第一节　生物柴油的特性与制备方法

一、生物柴油的组成与特性

当前公认的生物柴油主要是脂肪酸单酯，是指以油料作物、野生油料植物和工程微藻类的水生油料植物，以及动物油脂、废餐饮油等为原料通过与甲醇或乙醇的转酯化反应制成的甲酯或乙酯燃料。实际应用中，一般将生物柴油体积分数为$X\%$的柴油混合燃料称为BX，纯生物柴油为B100，主要应用形式为B5、B10～B20以及B100等类型。通常所说的生物柴油为B100，即纯生物柴油，而B5、B10、B20则分别为5%、10%、20%的生物柴油与石化柴油勾兑而成的柴油。

就化学成分而言，生物柴油主要是一系列长链脂肪酸甲酯或乙酯，其中脂肪酸主要由C_{14}～C_{24}脂肪酸组成。天然油脂多由直链脂肪酸的甘油三酯组成，经转酯化后，分子量和黏度都大大降低，具有与石化柴油相似的性能，成为可以替代石化柴油的理想燃料。生物柴油的一些技术特性见表9-6-1。

表9-6-1　生物柴油的一些技术特性

通俗名	生物柴油
常用化学名	脂肪酸甲(乙)酯
化学式	C_{14}～C_{24}甲(乙)酯
运动黏度(在313K下)/(mm^2/s)	3.3～5.2
密度(在288K下)/(kg/m^3)	860～894
沸点/K	>475
闪点/K	428～453
馏程/K	470～600
蒸气压(在295K下)/mmHg	<5
水溶性	不溶于水
外观	浅黄色至深黄色的透明液体
气味	轻霉味或轻肥皂味
生物降解性	生物可降解性远高于石化柴油
反应活性	稳定，但需避免接触强氧化剂

注：1mmHg=0.133kPa

生物柴油与常规石化柴油的性能对比见表 9-6-2，表中的生物柴油由德国凯姆瑞亚·斯凯特公司生产。

表 9-6-2 生物柴油与常规石化柴油的性能比较

特性指标		生物柴油	石化柴油
冷滤点(CFPP)/℃	夏季产品	−10	0
	冬季产品	−20	−20
20℃的密度/(g/mL)		0.88	0.83
40℃动力黏度/(mm^2/s)		4～6	2～4
闭口闪点/℃		>100	60
十六烷值		≥56	≥49
热值/(MJ/L)		32	35
燃烧功效/%		104	100
硫含量(质量分数)/%		<0.001	<0.2
氧含量(体积分数)/%		10	0
燃烧 1kg 燃料按化学计算法的最小空气耗量/kg		12.5	14.5
水危害等级		1	2

生物柴油是资源永续的可再生能源，具有润滑性能好，储存、运输、使用安全，抗爆性好，燃烧充分等优良性能。与石化柴油相比，生物柴油具有以下优点：a. 具有优良的环保特性。由于生物柴油含硫量低，二氧化硫和硫化物的排放可减少约 30%；基本不含芳香族烷烃成分，不具致癌性，与石化柴油相比可降低 90% 的空气毒性；含氧量高，燃烧排烟少，一氧化碳的排放量减少；生物柴油的生物降解性高达 98%，降解速率是石化柴油的 2 倍。b. 具有较好的润滑性能，使喷油泵、发动机缸体和连杆的磨损率降低，使用寿命长。c. 具有较好的安全性能，生物柴油的闪点较石化柴油高，有利于安全运输、储存。d. 具有良好的燃料性能，十六烷值高，一般大于 50，燃烧性能好于石化柴油，抗爆性能也优于石化柴油。e. 具有可再生性能，原料供应不会枯竭。f. 无须改动柴油机，可直接添加使用，同时无须另添设加油设备、储存设备及人员的特殊技术训练。

二、生物柴油的制备方法

生物柴油的制备可采用物理法和化学法，物理法有直接混合法和微乳液法，化学法有高温裂解法和酯交换（或转酯化）法[13-15]。

直接混合法是将脱胶动植物油与石化柴油按一定比例混合，微乳液法是将动植物油混合成微乳液，两者的目的都是降低燃料的黏度，不涉及燃料化学组分的改变，所以燃料十六烷值不高，而且燃烧时容易产生积炭堵塞管路以及造成润滑油污染等问题。高温裂解法过程简单，没有污染物产生，缺点是在高温下进行，需催化剂，设备昂贵，反应难控制且主要产品是生物汽油，柴油产量不高[14]。

目前工业上主要是用酯交换法生产生物柴油。酯交换法有化学酯交换法和生物酶法两种，目前最常用的是化学酯交换法，即用动物和植物油脂与甲醇或乙醇等低碳醇在酸或碱催化下进行酯交换反应，生成相应的脂肪酸甲酯或乙酯，再经洗涤干燥得到生物柴油，同时可得到约 10% 的副产物甘油。酸性催化剂包括液体酸[16]、固体酸[17]以及近来开发的新型离子液体催化体系[18]；碱性催化剂包括液体碱[19]、固体碱[20]、有机碱[21]等。化学酯交换法可采用一般制油设备，生产成本相对较低，反应时间短，得率高，一般可超过 90%。但化学酯交换法制备生物柴油有以下缺点：原料要求高，酸值高或含水率高的油脂原料难以进行酯交换；醇必须过量，后续工艺必须有相应的醇回收装置；色泽深，由于脂肪中不饱和脂肪酸在高温下容易变质；酯化产物难于回收；生产过程有大量废液排放等。

为解决化学酯交换法面临的问题，人们开始研究用生物酶法催化合成生物柴油，即用动物油脂和低碳醇通过脂肪酶进行转酯化反应，制备相应的脂肪酸甲酯及乙酯[22-26]。酶法合成生物柴油具有提取简单、反应条件温和、醇用量小、甘油易回收和无或少污染排放等优点[27,28]。但目前主要问题有：酶的制备成本高，反应转化率相对较低，一般都需要有机溶剂介质，而且短链醇和副产物甘油对酶有一定的毒性，导致酶的使用寿命短，限制了其工业化规模的生产。

一个很好的解决办法是以全细胞（或固定化细胞）生物催化剂的形式来利用酶，全细胞生物催化能克服化学法生产的高温高能耗、污染环境和酶法生产的高成本、酶使用寿命短等缺点，是一种很有前景的生物柴油工业化生产途径[29,30]。全细胞催化主要有以下优点：省去酶的提取纯化过程，防止酶活损失；减少了酶纯化设备投资费用；微生物细胞可自发固定于载体上，制备简单；反应后全细胞催化剂分离容易；可多次重复使用，成本低廉等。当前，全细胞生物催化法因其绿色环保和节能高效的特点已引起催化行业广泛的关注和应用[31-35]。

三、国内外生物柴油行业现状

近年来，世界生物柴油产业快速发展，2019 年全球生物柴油产能约为 4500 万吨/年，产量约为 3500 万吨。欧洲、美洲和亚太地区是世界上最主要的生物柴油生产和消费地区，其中欧洲、美洲生物柴油总产量约占世界总产量的 68%，印度尼西亚是亚太地区生物柴油产量最大的国家，其 2019 年的生物柴油产量约为 680 万吨[36]。全球生物柴油消费量从 2000 年的 73 万吨上升至 2016 年的 2880 万吨，年平均增速 28%，2004～2009 年经历了一个增长爆发期，平均消费增速 51%，但 2014 年以后的年平均消费增速则降到了不足 1.5%。当前全球很多国家已经采取了政策来推进生物柴油的商业化生产和工业化应用，不同国家根据自身情况设定了相应的掺混标准。生物柴油消费使用存在明显的地域性，目前主要集中在欧洲，北美洲，南美洲的巴西、阿根廷以及东南亚的印度尼西亚和泰国，其他地区有零星分布。欧洲地区生物柴油消费量占全球总消费量的 47%，中南美（包括巴西、阿根廷、哥伦比亚、秘鲁等）、亚洲及大洋洲（印度尼西亚、马来西亚、泰国和澳大利亚等）均占比 18%，北美洲（美国、加拿大）占比 16%。

我国于 2006 年开始实施《可再生能源法》，从国家层面鼓励生产和利用以生物质资源为原料生产的甲醇、乙醇和生物柴油等生物液体燃料，且要求石油销售企业应按照国务院能源主管部门或者省级人民政府的规定，将符合国家标准的生物液体燃料纳入其燃料销售体系。我国国家能源局于 2014 年底发布了《生物柴油产业发展政策》专项，要求充分发挥市场配置和政府引导监管的作用，统筹规划布局，强化政策扶持，创新体制机制，打造原料路线适合国情、产业布局合理、转化技术先进、市场规范有序、可持续健康发展的新型生物柴油产业。

政策要求根据我国资源特点，构建以废弃油脂为主、木（草）本非食用油料为辅的可持续原料供应体系。发展废弃油脂生物柴油产业的省份建成比较完善的废弃油脂回收利用体系，健全回收利用法律法规；初步建立能源作（植）物油料供应模式；探索优化微藻养殖及油脂提取工艺，实现微藻生物柴油技术突破。树立生物柴油生产企业社会责任意识，严格行业准入，形成清洁、高效、成熟可靠、自动化水平高的先进成套工艺技术，建立技术先进、规模经济、布局合理、环境友好的生物柴油生产格局。政策要求生物柴油产品收率（以可转化物计）需达到 90%以上，每吨生物柴油产品耗甲醇不高于 125kg、新鲜水不高于 $0.35m^3$、综合能耗不高于 150kg 标准煤；副产物甘油须回收、分离与纯化；“三废”达标排放；两年内仍达不到要求的生物柴油生产装置予以淘汰。鼓励京津冀、长三角、珠三角等大气污染防治重点区域推广使用生物柴油。鼓励汽车、船舶生产企业及相关研究机构优化柴油发动机系统设计，充分发挥生物柴油调合燃料的动力、节能与环保特性。

自 2002 年首套 1 万吨/年产能的生物柴油示范装置投产以来，在国家政策的鼓励和引导下，我国生物柴油产业随着国际油价和国内外市场供需情况的变化而变化。2004～2020 年，我国生物柴油产业大致经历了“迅速发展”、“普遍经营困难”和“出口为主”三个主要阶段。2019 年，我国拥有生物柴油（脂肪酸甲酯）产能的企业约有 50 家，其中主要生产生物柴油的企业约有 28 家，名义总产能约为 230 万吨/年，实际总产能约为 180 万吨/年，产量约为 120 万吨[36]。

第二节　油脂原料及其预处理

一、油脂原料

可用于生物柴油生产的原料有很多，一切来自动物、植物、微生物以及其他渠道的脂肪酸甘油三酯和游离脂肪酸都可作为生物柴油的生产原料。油脂原料根据来源一般可分为以下几类。

1. 植物油脂

植物油脂来自传统的草本油料作物和野生木本油料植物，是迄今为止生物柴油最主要的原料来源。常见的草本油料作物主要有油菜、大豆、花生、芝麻、玉米、棉籽、亚麻等，常见的木本油料植物有棕榈树、麻风树、黄连木、光皮树、文冠果树、乌桕树、油茶、椰子树等。传统可食用性油料作物油脂营养或药用价值高，必须先满足人类的消费需求，这些高成本的油脂用于生产生物柴油是不划算的，只有少数几个国家或地区如美国利用转基因大豆油、欧盟利用菜籽油来生产生物柴油。而一些野生木本油料作物因具有不可食用、耐寒耐贫瘠、只需很短时间即可采油并能规模化种植等优越性成为生物柴油原料的首选，如我国重点栽培的麻风树和黄连木，印度主要种植的也是麻风树，马来西亚和印度尼西亚则主要种植棕榈树等。

2. 动物油脂

动物油脂包括猪油、牛油、羊油和鱼油等，这类油脂在多数情况下主要用于食品行业，一般经过人类一次消费利用后形成的次级油才用于生产生物柴油，但也有个别国家直接利用动物油脂生产生物柴油，如巴西用牛油、加拿大用鱼油等，产量和规模都较小。

3. 微生物油脂

产油微生物主要包括酵母、霉菌、细菌和微藻等，这些微生物在一定的条件下，利用碳水化合物、碳氢化合物等作为碳源，在菌体内产生大量油脂和一些有商业价值的脂质。某些微生物细胞含油量高，经培养条件优化后可达菌体重的 70%以上[37]。微生物产油有许多优点，微生物细胞增殖快、生产周期短，所需的原料丰富、价格便宜，同时不受季节、气候变化的限制，能连续大规模生产，生产成本低等[38]。

微生物油脂中，研究得最多也是目前最有希望率先实现产业化生产的是微藻油脂。微藻油脂脂肪酸主要由 C_{16} 和 C_{18} 脂肪酸组成[39]，与植物油相似。一般自然生长的微藻含油量在 20%～50%之间，有时可高达 80%。通过基因工程技术制成的工程微藻，在实验室条件下油脂含量高达 60%，户外批量生产也可达 40%，预计每英亩（1 英亩≈0.405 公顷）工程微藻每年可生产 40～100 桶生物柴油[40]。

4. 废油脂

此类油脂包括地沟油、潲水油、煎炸油、酸化油、白土油以及油脂工厂的油脚等，资源有限、不易收集、成分复杂且不稳定，其中可用于制备生物柴油的部分（甘油酯或脂肪酸）实质上也是来自植物油或动物油。废油脂在生产前必须预处理脱除水分和杂质，此过程必将投入更多的化学试剂、仪器设备等，增加了生产成本。但是目前来看，因为废油脂本身价格相对较低且来源广泛，成为我国生物柴油企业的重要原料。除我国以外，日本也较多地利用废油脂来生产生物柴油。

由此可见，生物柴油的原料虽然来源丰富，但各种各样的限制导致原料油成本高，已成为制约生物柴油发展的最主要瓶颈，如何提供充足、持续、价廉、质优的原料油是目前生物柴油研究的最大热点。当前，各国或各地区应结合自身情况，因地制宜，选择合理的生产原料。

我国油料类作物资源丰富，分布范围广，广大的山区、沙区都可栽种乔灌木油料植物作为生产生物柴油的原料。我国现已查明的能源油料植物（种子植物）种类为151科697属1554种，占全国种子植物的5%，其中种子含油量在40%以上的植物有154种[41,42]。近年来，诸如黄连木、麻风树等高含油树种已在我国北方和西南多个地区有大规模种植或示范基地。此外，我国每年消耗的大量餐饮废油和煎炸油是生产生物柴油原料的又一大潜在来源。除大力推广种植能源林外，以基因工程手段筛选、诱变、育种出产油量超高的油料作物和微生物也势在必行，这或将成为未来生物柴油原料的重要来源。

二、油脂原料预处理

植物所含油脂主要在其种子或种仁中，一般含油量在30%～60%之间，需经破碎、压榨等工艺才能得到粗油（或毛油）。提取得到的粗油含有多种杂质，而且酸值往往较高，在化学法尤其是碱催化转酯化制备生物柴油的工艺中，粗油还需先经过脱胶、脱酸、脱色等精制处理[43,44]。精制工艺流程如图9-6-1所示。酶法催化制备生物柴油并不受原料油中少量的游离脂肪酸的影响，所以粗油的精制过程中，可以将脱酸步骤省去。

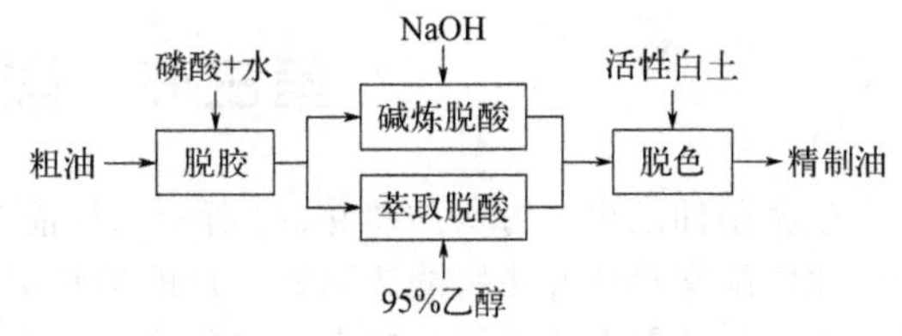

图9-6-1　粗油精制工艺流程

1. 油脂的脱胶

油脂胶质中所含有的物质主要有磷脂、糖、蛋白质、微量金属元素（Ca、Mg、Fe、Cu）及其他杂质。胶质是影响成品油质量的主要因素，因为这些胶质常遮住油脂细小粒子，使油脂与催化剂不能很好地接触，从而降低了油脂的利用速度。油脂中存在两种磷脂，即水化磷脂和非水化磷脂。水化磷脂可以通过加水去除，非水化磷脂可通过加酸转变成水化磷脂去除。使用的酸有多种，但最常用的酸是柠檬酸和磷酸，酸的加入可提高水化效率。

水化脱胶法是去除油脂中胶质的一种传统方法。水化脱胶是利用磷脂等胶质的亲水性，在搅拌下将热水加入油中，使磷脂吸水膨胀凝聚，膨胀后的磷脂能吸附油脂中的其他胶质，使胶质在油中的溶解度降低，经自然沉降与油分离。水化时，还可以加入稀盐或其他电解质，由于电解质的作用，可使絮凝加快，还可使形成的胶团含油更少、更稳定，为油脂中的磷脂尽快尽可能除去提供可靠的保证。

2. 油脂的脱酸

未经精炼的各种粗油中，均含有一定数量的游离脂肪酸，脱除游离脂肪酸的过程称为脱酸。脱酸的方法有碱炼、蒸馏、溶剂萃取及酯化等。

碱炼法是用碱中和油脂中的游离脂肪酸，所生成的皂吸附部分其他杂质，从而从油中沉降分离的精炼方法。用于中和游离脂肪酸的碱有NaOH、Na_2CO_3和$Ca(OH)_2$等。油脂工业生产上普遍采用的是前两者或是先用Na_2CO_3后用NaOH，尤其是NaOH在国内外应用最为广泛。NaOH碱炼分间歇式和连续式。连续式碱炼是一种先进的碱炼工艺，该工艺的全部生产过程是连续进行的。工艺流程：由泵将固体杂质含量小于0.2%的过滤粗油泵入板式热交换器预热到30～40℃后，与由计量泵泵入的浓度为85%的磷酸（占油量的0.05%～0.2%）一起进入混合器进行充分混合。经过酸处理的混合物到达滞留混合器，与经油碱比配系统定量送入的、经过预热的碱液进行中和反应，反应时间10min左右。完成中和反应的油-碱混合物，进入板式热交换器迅速加热至75℃左右，通过脱皂离心机进行油-皂分离。分离出的含皂脱酸油经板式热交换器加热至85～90℃后，进入混合机，与由热水泵送入的热水进行充分洗涤后，进入脱水离心机分离洗涤废水，分离出的脱酸油去真空干燥器连续干燥后，进入脱色工段或储存。

萃取法脱酸是基于醇（如甲醇、乙醇）在较低的温度（如室温）下基本不溶解油脂，但能溶解部分脂肪酸的性质。用醇萃取高酸值原料，将原料中的游离脂肪酸萃取到醇相，将含脂肪酸的醇溶液进行蒸馏，回收的醇可循环再用，得到的脂肪酸可直接出售。这种方法不适用于酸值太高的原料，因为原料酸值越高，萃取后醇相与油相分层越困难。

3. 油脂的脱色

纯净的甘油三酸酯在液态时无色，在固态时呈白色，各种天然油脂之所以带有色泽，是由于混有油溶性的色素。这些色素有些是天然的，有些则是在油料储藏和制油过程中新生成的。脱色的方法很多，但工业上应用最为广泛的是吸附脱色法，即利用某些对色素具有吸附选择性作用的物质（活性白土、凹凸棒土、活性炭、沸石、酸化稻壳灰、炭化豆壳灰等）吸附除去油脂内色素及其他杂质的方法。在吸附脱色中除了脱除油脂中的色素，改善油品外观外，还可吸附除去微量金属和微量肥皂、磷脂等胶质，甚至还可吸附某些臭味物质、多环芳烃和残留农药等，从而保证油品的质量，提高油品的稳定性，为油脂的进一步精制提供良好的条件。

第三节　酸催化转酯化

生物柴油的生产方法如图 9-6-2 所示。目前工业上主要是用酯交换法生产生物柴油。酯交换法有化学酯交换法和生物酶法两种，目前最常用的是化学酯交换法，即用动物和植物油脂与甲醇或乙醇等低碳醇在酸或碱催化下进行酯交换反应，生成相应的脂肪酸甲酯或乙酯，再经洗涤干燥得到生物柴油，同时可得到约 10%的副产物甘油。

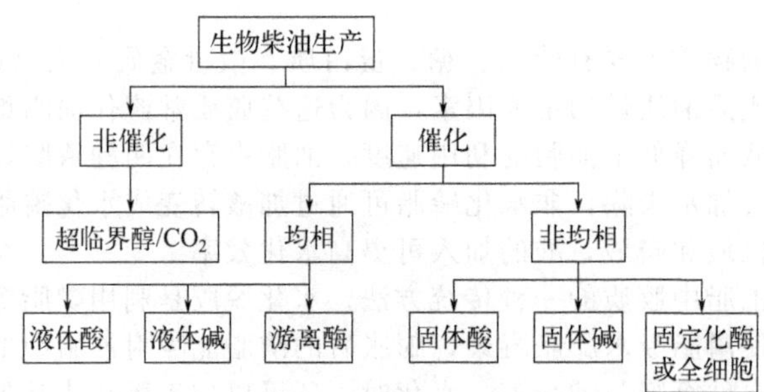

图 9-6-2　生物柴油的生产方法

生产生物柴油所用的各类催化剂见表 9-6-3。

表 9-6-3　生产生物柴油所用的各类催化剂

催化剂种类		已报道的各类代表性催化剂
均相	酸催化剂	H_2SO_4、HCl、对甲苯磺酸、HCOOH、CH_3COOH、HNO_3
	碱催化剂	NaOH、KOH、CH_3ONa、CH_3OK、Na_2CO_3、K_2CO_3
	生物催化剂	游离脂肪酶
非均相	酸催化剂	酸性离子交换树脂、过渡金属氨基酸盐（如精氨酸锌盐）、过渡金属脂肪酸盐（如棕榈酸锌盐）、磺化氧化锆、磺化氧化锡、大孔树脂 Amberlyst-15
	碱催化剂	碱金属氧化物、碱金属羧酸盐、碱土金属醇盐、碱土金属碳酸盐、碱土金属氧化物和氢氧化物、碱土金属羧酸盐、过渡金属氧化物和氢氧化物、过渡金属碳酸盐、金属磷酸盐、硅酸盐、强阴离子交换树脂（如 Amberlyst A26）、沸石（如钛基沸石、八面沸石）、蛋壳、虾壳
	生物催化剂	固定化脂肪酶、固定化产脂肪酶细胞（全细胞）

酯交换反应的总化学方程式如图 9-6-3 所示。

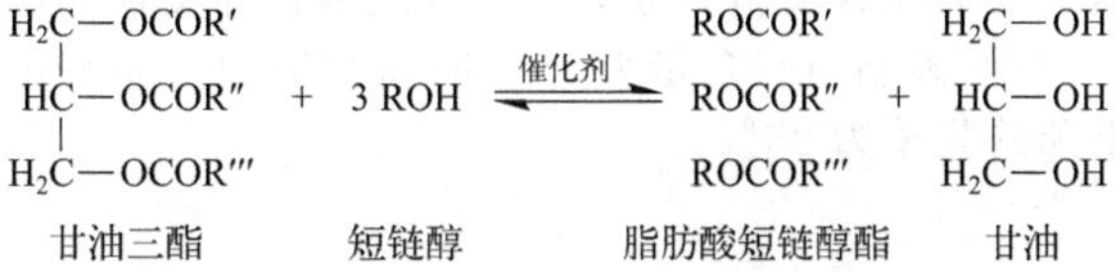

$$\begin{array}{l}H_2C-OCOR' \\ HC-OCOR'' \\ H_2C-OCOR'''\end{array} + 3\,ROH \underset{}{\overset{催化剂}{\rightleftharpoons}} \begin{array}{l}ROCOR' \\ ROCOR'' \\ ROCOR'''\end{array} + \begin{array}{l}H_2C-OH \\ HC-OH \\ H_2C-OH\end{array}$$

甘油三酯　　短链醇　　脂肪酸短链醇酯　　甘油

图 9-6-3　甘油三酯与短链醇的酯交换反应

实际上该反应过程并不是一步完成的，甘油三酯在催化剂的作用下，分步转变为二甘酯、单甘酯，最终转变成甘油，且每一步反应均产生一种脂肪酸甲酯，如图 9-6-4 所示。

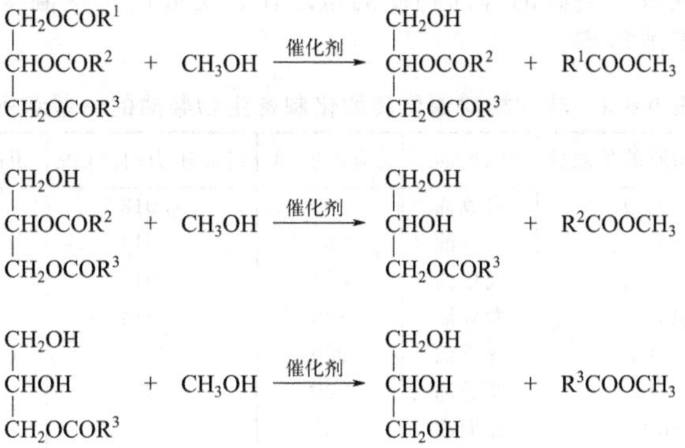

$$\begin{array}{l}CH_2OCOR^1 \\ CHOCOR^2 \\ CH_2OCOR^3\end{array} + CH_3OH \xrightarrow{催化剂} \begin{array}{l}CH_2OH \\ CHOCOR^2 \\ CH_2OCOR^3\end{array} + R^1COOCH_3$$

$$\begin{array}{l}CH_2OH \\ CHOCOR^2 \\ CH_2OCOR^3\end{array} + CH_3OH \xrightarrow{催化剂} \begin{array}{l}CH_2OH \\ CHOH \\ CH_2OCOR^3\end{array} + R^2COOCH_3$$

$$\begin{array}{l}CH_2OH \\ CHOH \\ CH_2OCOR^3\end{array} + CH_3OH \xrightarrow{催化剂} \begin{array}{l}CH_2OH \\ CHOH \\ CH_2OH\end{array} + R^3COOCH_3$$

图 9-6-4　甘油三酯与甲醇酯交换反应的三个阶段

动力学研究表明，上述酯交换反应为可逆反应，在反应体系中加入过量的醇或提高反应体系温度可使平衡向产物生成的方向进行，所以生物柴油生产中醇的实际用量一般都大于理论的化学当量值（理论的摩尔当量比为醇∶油＝3∶1）。

一、均相酸催化

酸催化转酯化反应采用的催化剂包括均相酸（无机液体酸、有机磺酸、酸性离子液体等）和非均相酸（强酸性离子交换树脂和固体酸等）两类。均相酸催化剂包括 H_2SO_4、HCl、HNO_3、磺酸等，前两者最常用。与均相碱催化剂相比，均相酸催化剂也能达到同样高的生物柴油得率，但是反应温度更高，醇和催化剂用量更大，反应时间更长。

Freedman 等在 1984 年用 1%（基于油重，下同）H_2SO_4 作催化剂催化大豆油与短链醇的转酯化反应，当甲醇∶大豆油（物质的量之比）为 30∶1 时，65℃下反应 69h 得率大于 90%，用同样物质的量的乙醇或丁醇代替甲醇，反应温度分别为 78℃或 117℃，反应时间分别为 18h 或 3h，也能达到一样的得率。增加酸催化剂的用量，可使反应速率和生物柴油得率进一步提高。Canakci 等报道当反应体系中 H_2SO_4 浓度从 1%增加至 5%时，相同反应条件下产物得率也从 72.7%上升到 95.0%。增加醇的用量也能达到更快的反应速率和更高的生物柴油得率。Lotero 等报道以 H_2SO_4 催化大豆油与甲醇反应，醇油物质的量之比为 3∶1 时得率为 77%，醇油物质的量之比为 6∶1 时得率为 87.8%，醇油物质的量之比为 30∶1 时得率达到最高的 98.4%。

尽管均相酸催化反应速度很慢，而且与均相碱催化一样对体系含水量也很敏感，但它对游离脂肪酸不敏感，不需要考虑游离脂肪酸的预处理步骤，节省了原料油。当以废餐饮油、废动物油、酸化油等游离脂肪酸含量较高的油脂为原料时，均相酸催化表现出比均相碱催化明显的优势。但由于均相酸催化需要高浓度的酸催化剂和大量的醇才能达到高的产物得率，这不仅直接增加了生产成本，还会为后续的酸中和、醇回收以及废弃物排放带来更大的压力，而且在高浓度酸存在时，醇有可能会脱水形成醚，进一步降低生产效率。另外，酸的使用会对设备造成腐蚀等潜在的危害。

考虑到均相酸催化剂不受游离脂肪酸影响的优势，一般可以将其应用于预酯化反应从而降低一些高酸值原料油的酸值，以消除游离脂肪酸对下一步碱催化酯交换反应的影响，同时还能获得更多的产品。Ghadge 等[45]以游离脂肪酸含量为19%的高酸值油为原料进行酯交换反应，采取两步酸催化预酯化，最终甲酯的收率为98%。

二、非均相酸催化

非均相酸催化剂主要采用的是固体酸催化剂，也可用于生产生物柴油，研究得较多的包括硫酸锡、氧化锆及钨酸锆等固体超强酸催化剂[46-50]。表 9-6-4 列出了一些已报道的非均相酸催化转酯化制备生物柴油的示例。与碱催化转酯化甚至与均相酸催化转酯化相比，非均相酸催化转酯化一般需要更高的催化剂载量、更高的醇油物质的量之比、更高的反应温度和反应压力、更长的反应时间，才能达到高的甲酯得率。

表 9-6-4　非均相酸催化转酯化制备生物柴油的一些示例

非均相酸催化剂	醇/油物质的量之比	原料油	反应温度/℃	反应压力/10^2kPa	甲酯得率/%	煅烧温度/℃
无定形钨酸锆	40∶1	大豆油	250	1.013	88	800
TiO_2/ZrO_2	40∶1	大豆油	250	1.013	84	800
WO_3/ZrO_2	40∶1	大豆油	>250	1.013	90	800
SO_4/ZrO_2	40∶1	大豆油	300	1.013	80	800
SnO^{2-}/ZrO_2	6∶1	椰子油	200	50	86.3	500
SO_4^{2-}/SnO_2	6∶1	椰子油	200	50	80.6	500
Al-MCM-41	60∶1	棕榈油	180	—	60	480
磺化多壁碳纳米管	18.2∶1	棉籽油	260	—	89.9	700
$ZnO-La_2O_3$	3∶1	棕榈油	200	—	96	450
硬脂酸锌/Si	18∶1	废餐饮油	200	—	81	110
磷酸氧钒	27∶1	大豆油	180	—	80	300
Fe-Zn-聚乙二醇 4000	15∶1	葵花籽油	250	—	96.5	180
V_2O_5/TiO_2	45∶1	棕榈油	120	—	74	460
Pb_3O_4	7∶1	大豆油	225	高	82	—

第四节　碱催化转酯化

碱催化转酯化是指以碱为催化剂在非水相体系中催化油脂原料与短链醇反应生产脂肪酸短链醇酯的过程。根据碱催化剂的性质分为均相碱催化转酯化和非均相碱催化转酯化。

一、均相碱催化

均相碱催化剂主要包括碱金属氢氧化物、碱金属醇盐、碱金属碳酸盐等。碱金属醇盐（如 CH_3ONa）在三者中具有最高的催化活性，其能在较低的使用量（催化剂与油脂的物质的量之比为0.5%）下，在30min的反应时间内达到超过98%的生物柴油得率，但由于该类催化剂价格昂贵，且对水极其敏感，因此不适合工业化应用。相比之下，碱金属氢氧化物（如 NaOH 和 KOH）价格便宜，且通过略微提高用量（催化剂与油脂的物质的量之比为1%～2%）也能达到与碱金属醇盐同样高的催化效率，因此在工业上较常用，尤其是氢氧化钾的催化应用更为广泛。

NaOH 催化油脂转酯化生产生物柴油的流程如图 9-6-5 所示。

碱金属氢氧化物催化转酯化一般在带搅拌的反应器中进行，反应条件根据原料油、碱催化剂和醇（有时用乙醇）的不同而有所不同。一般反应时间为20min至几小时，反应温度为25～60℃，反应压力为常压，醇油物质的量之比为（5∶1）～（10∶1）。反应后反应液分为两相，即粗产物甲酯相和副产物粗甘油相。粗产物甲酯相必须进一步用酸（HCl 或 H_2SO_4）中和未反应的碱催化剂，然后水洗去除可溶性盐（如 NaCl 或 Na_2SO_4、KCl 或 K_2SO_4），再通过蒸馏回收可能存在的过量甲醇，最后即得产物脂肪酸甲酯。粗甘油是价值可观的副产物，可直接出售，也可进

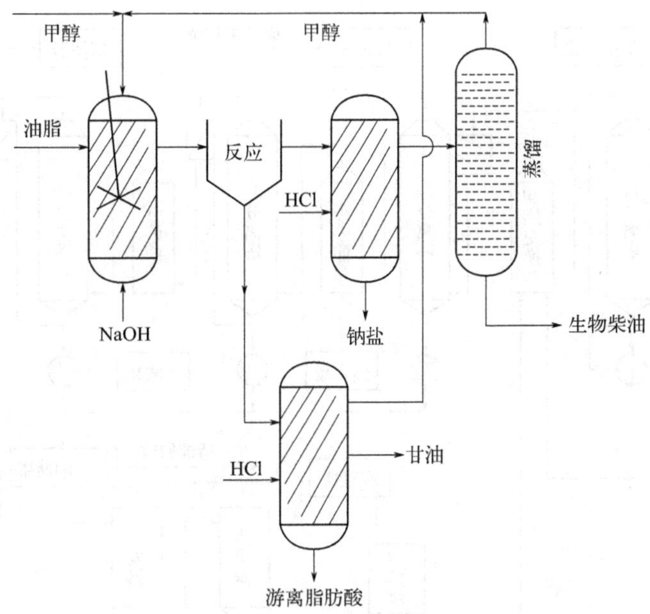

图 9-6-5　NaOH 催化植物油与甲醇转酯化制备生物柴油的流程

一步精制后获得更高级别的甘油产品。

均相碱金属氢氧化物作催化剂时，油脂的转化率高，可以达到 99%以上。但缺点是催化剂不容易与产物分离，合成产物中存在的催化剂必须在反应后进行中和及水洗，从而产生大量的废水；催化剂随产品流出，不能重复使用，带来较高的催化剂成本。而且，这类反应一般需要在无水或水分含量极低的情况下进行，即使以无水醇为试剂，由于在一定程度上存在碱金属氢氧化物与醇的反应生成少量的水，从而有可能导致产物脂肪酸短链醇酯的部分水解以及游离脂肪酸与碱的皂化反应（见图 9-6-6）。皂化反应会减少产物的最终得率，增加反应体系的黏度，造成甘油回收困难等问题。因此，碱金属氢氧化物催化的生物柴油反应对原料的要求较高，需要尽可能去除反应原料中的水分和游离脂肪酸等杂质。

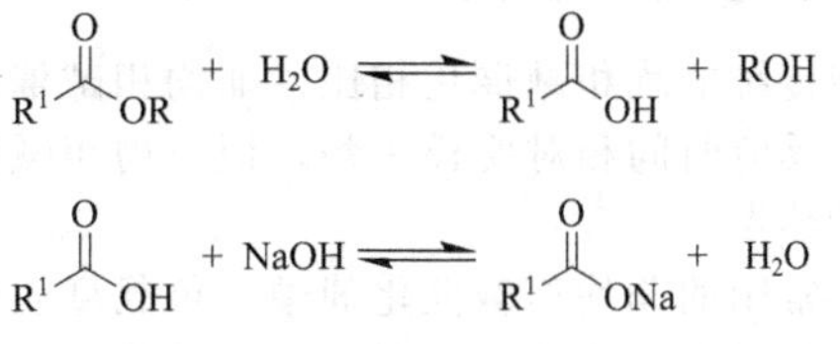

$$R^1C(=O)OR + H_2O \rightleftharpoons R^1C(=O)OH + ROH$$

$$R^1C(=O)OH + NaOH \rightleftharpoons R^1C(=O)ONa + H_2O$$

图 9-6-6　水分存在时酯的水解和脂肪酸的皂化反应

R^1—脂肪酸的碳链；R—短链醇的烷基

据报道以碱金属碳酸盐（如 K_2CO_3）为催化剂可以减轻皂化反应，但是达到高的产物得率需要大的催化剂用量（催化剂与油脂的物质的量之比为 2%～3%），导致生产成本较高。

图 9-6-7 为常规 KOH 催化油脂转酯化生产生物柴油工艺流程。

如图 9-6-7 所示，油脂经过预处理后泵入 1＃酯交换器，同时泵入甲醇和 KOH 混合液，在酯交换器中反应一定时间后，转入 1＃分离塔进行初步分离，未反应完全的油脂进入 2＃酯交换（或转酯化）器进一步反应。反应产物进入 2＃分离塔静置分离出粗甘油层，上层反应产物进入水洗涤器用热水进行水洗，然后进入 3＃分离塔静置分离出下层水层，上层油层再进入酸洗涤器进行稀酸洗涤中和除去残余的 KOH，并进入 4＃分离塔静置分离出酸水层，分离后得到的上层为生物柴油粗产品(即脂肪酸甲酯粗产物)。合并 2＃～4＃分离塔分离出的下层粗甘油产物，粗甘油进行后续精馏处理得到甘油副产品；粗甲酯产物经预热进入蒸馏塔蒸馏，蒸馏出的残余甲醇进行薄膜蒸发回收甲醇，蒸馏出的甲酯产物经过冷却和精滤便可制得生物柴油成品。由于游离脂肪酸能与 KOH 发生酸碱中和反应生成具有表面活性作用的钾皂，一方面会使反应体系易产生难以分离的乳化中间层，另一方面会导致催化剂 KOH 的损失，因此对于游离脂肪酸含量较高的木本油脂、酸化油以及废餐饮油等油脂原料，需先经过预酯化后方可采用 KOH 催化制备生物柴油。

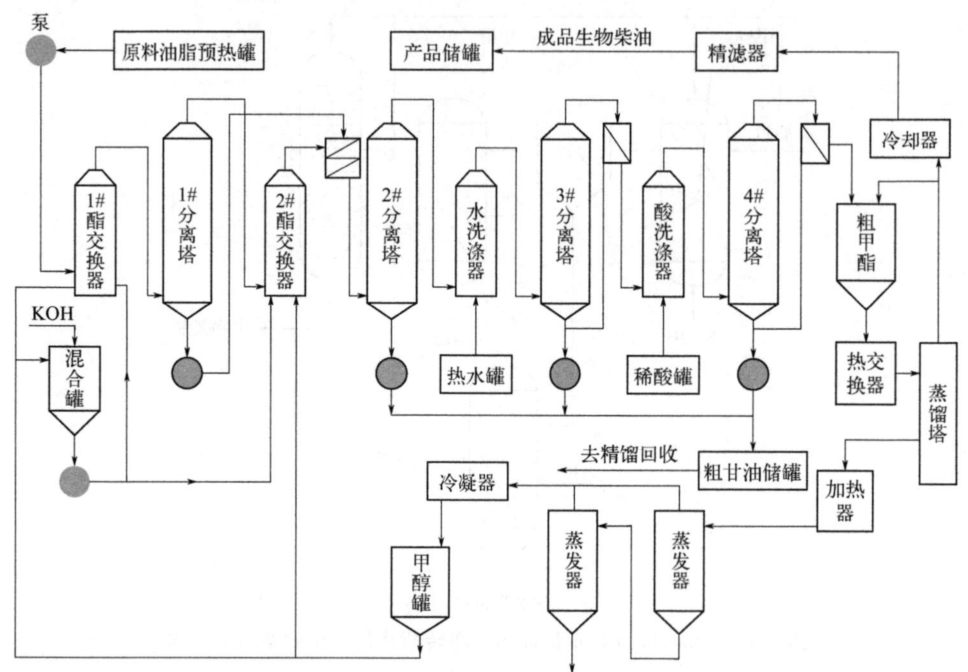

图 9-6-7　常规 KOH 催化油脂转酯化生产生物柴油工艺流程

二、非均相碱催化

与传统的均相碱催化相比，非均相碱催化工艺也可以在很温和的条件下进行，但由于是多相反应，反应时间相对要长一些。但非均相碱催化工艺具有很多生产上和环境上的优势，成为目前研究的热点。

在常用的非均相碱催化剂中，负载型固体碱因具有制备简单、比表面积相对较大、碱性强和孔均匀等优点而成为研究最多的一种催化剂。目前，用于生物柴油酯交换反应的负载型催化剂所用的载体主要为 Al_2O_3、CaO 这类常见的载体。崔士贞等[51]采用浸渍法分别制备了 $K_2O/\gamma\text{-}Al_2O_3$ 和 $Cs_2O/\gamma\text{-}Al_2O_3$ 固体碱催化剂，并应用于催化大豆油甲醇解反应，当醇油物质的量之比为 12∶1、催化剂用量为 3%（占油重）、反应温度为 70℃和反应时间为 3h 时，大豆油转化率均达到 95.8%以上；孟鑫等[52]采用浸渍法制备了 KF/CaO 催化剂，当醇油物质的量之比为 12∶1、催化剂用量为 3%（占油重）、反应温度为 60～70℃和反应时间为 1h 时，催化大豆油转酯化反应制备生物柴油的得率达到 90%，与 CaO 直接催化酯交换反应的结果相比，该固体碱催化剂的催化活性明显提高。朱华平等采用一定浓度的碳酸铵溶液浸泡氧化钙，经高温焙烧后制得了超强碱氧化钙，并用于催化麻风树油甲酯化反应，最高转化率达到 93%，但反应后需加入络合剂对生物柴油进行脱钙处理。表 9-6-5 列出了其他一些已报道的非均相碱催化转酯化制备生物柴油的示例。

表 9-6-5　非均相碱催化转酯化制备生物柴油的一些示例

催化剂类别	非均相碱催化剂	醇/油物质的量之比	原料油	反应温度/℃	甲酯得率/%
氧化铝负载碱金属盐	KF/Al_2O_3	15∶1	大豆油	甲醇回流温度	85.8
	KCO_3/Al_2O_3	15∶1	大豆油	甲醇回流温度	48
	KI/Al_2O_3	30∶1	棕榈油	甲醇回流温度	87.4
	KNO_3/Al_2O_3	12∶1	麻风树油	70	84
	$NaOH/\gamma\text{-}Al_2O_3$	12∶1	葵花籽油	50	88
	$Na/NaOH/\gamma\text{-}Al_2O_3$	6∶1	大豆油	60	78

续表

催化剂类别	非均相碱催化剂	醇/油物质的量之比	原料油	反应温度/℃	甲酯得率/%
碱土金属氧化物	MgO	55∶1	大豆油	130	82
	CaO	6∶1	葵花籽油	252	65
	$Ca(OH)_2$	39.4∶1	大豆油	300	98
	SrO	12∶1	大豆油	70	95
	$Ca(OCH_3)_2$	12∶1	大豆油	65	98
	$Ba(OH)_2$	9∶1	菜籽油	甲醇回流温度	97
水滑石	MgO/Al_2O_3 (Mg∶Al=3)	15∶1	大豆油	甲醇回流温度	66
	MgO/CaO (Mg∶Ca=3.8)	12∶1	葵花籽油	60	92
	MgO/Al_2O_3 (Mg∶Al=5.8)	12∶1	葵花籽油	60	65
金属氧化物	$CaTiO_3$	6∶1	菜籽油	60	79
	$CaMnO_3$	6∶1	菜籽油	60	92
	$Ca_2Fe_2O_5$	6∶1	菜籽油	60	92
	$CaZrO_3$	6∶1	菜籽油	60	88
	$CaCeO_3$	6∶1	菜籽油	60	89
碱性沸石	ETS-10	6∶1	大豆油	100	92
	KOH/NaX	6∶1	大豆油	60	82
	NaO/NaX	10∶1	大豆油	65	28
	KI/NaX	15∶1	大豆油	甲醇回流温度	12.9
金属氧化物负载碱金属盐	KI/ZnO	15∶1	大豆油	甲醇回流温度	72.6
	CaO/ZnO	30∶1	棕榈仁油	60	93.5
	KF/ZnO	15∶1	大豆油	甲醇回流温度	80
	KI/ZrO_2	15∶1	大豆油	甲醇回流温度	78.2

在非均相碱催化剂的制备过程中，催化剂的煅烧工段发挥着非常重要的作用。催化剂煅烧不仅直接影响其催化活性，而且也是催化剂再生、保证催化剂重复使用的关键因素之一。Benjapornkulaphong等[53]研究了煅烧温度对各种 Al_2O_3 负载的固体碱催化剂催化棕榈仁油与甲醇反应制备生物柴油的影响，如图 9-6-8 所示。$Ca(NO_3)_2/Al_2O_3$ 在 450℃下煅烧时显示出最高的催化活性（甲酯得率 94%），在 550℃下煅烧时催化活性急剧下降，再进一步升高煅烧温度其活性几乎完全丧失。KNO_3/Al_2O_3 在 550℃煅烧时显示出最高的催化活性，低于或高于此温度煅烧时活性会明显降低。

与均相碱催化剂相似，非均相碱催化剂也对原料含水量和游离脂肪酸含量有很高的要求，而且大多数反应体系也需要比较高的温度、压力和醇油物质的量之比才能达到高的转化效率。此外，一些强碱性离子交换树脂在温度高于 40℃时稳定性会降低。因此，这些因素可能会阻碍非均相碱催化剂的商业化应用。

催化剂对生物柴油的生产起着至关重要的作用，但要在某一种催化剂上同时实现高活性、高比表面积、多孔性以及廉价等优点是很难的，生产上所用的催化剂需要根据实际情况下的所有工艺参数来选择。基本上，以反应速率和甲酯得率来评价，碱催化剂比酸催化剂更好，但碱催化工艺必须克服水和游离脂肪酸对催化剂活性的不利影响。目前，使用非均相酸催化剂或非均相碱催化剂都已获得了很高的生物柴油得率。非均相催化剂为固体粉末状，而且为了暴露活性中心提高反应速率，催化剂粒径的范围多为纳米至微米级，但这为催化剂的重复利用带来了困难，后续的回收纯化往往需要超速离心

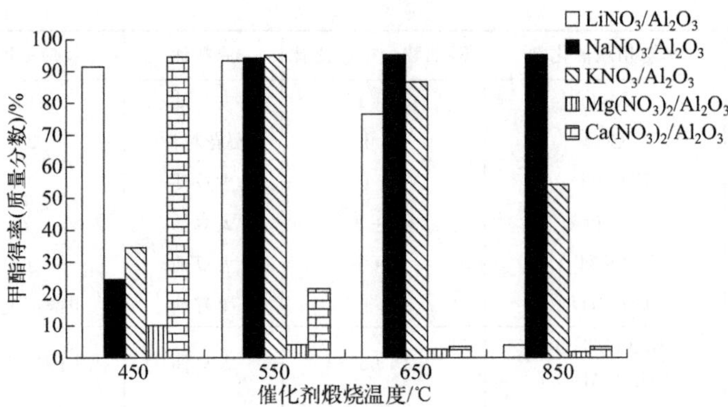

图 9-6-8　非均相碱催化剂的煅烧温度对其催化棕榈仁油甲酯化反应的影响

等高耗能的操作。因此，仍需要进一步研究开发粒径大（如毫米级）的高效的非均相催化剂，同时也必须兼顾高的机械强度和稳定性以及易于分离和重复使用等关键性能。

第五节　生物催化转酯化

在生物柴油的制备方法中，碱催化方法对油脂原料要求较高，不适合游离脂肪酸含量较高的油脂，否则易发生皂化反应，并且水洗和酸洗中和导致后处理复杂；酸催化虽然适用于游离脂肪酸含量高的原料油，但其甲醇或乙醇必须大大过量，并且对原料水分也有一定要求。这些脱水或除杂的过程增加了酸、碱化学法催化制备生物柴油的困难和成本。同时，酸碱催化还存在着设备腐蚀、环境污染及后处理工艺复杂的缺陷。以脂肪酶或产脂肪酶细胞为催化剂的生物催化法可以避免上述问题，成为很有前景的生物柴油生产制备方法。

一、脂肪酶催化

脂肪酶生物催化合成生物柴油具有操作简单、反应条件温和、醇用量小、甘油易回收和无或少污染排放等优点。

脂肪酶（lipase，EC3.1.1.3）是能在油水界面催化甘油三酯水解、合成、转酯化等的酶类。脂肪酶能在常温常压下催化反应，条件温和、转化率高、不易产生副产物，许多脂肪酶具有高度的化学选择性、区域选择性、底物选择性和立体选择性，广泛应用于食品、医药、制革、制浆造纸、洗涤、有机合成及生物能源等领域[54-60]（见表 9-6-6）。

表 9-6-6　脂肪酶主要应用领域

应用领域	主要作用
食品	乳品增香，改进风味；油脂改性，增强营养
饲料	帮助动物消化脂肪
洗涤	提高去污能力，减少环境污染
纺织	增加织物柔软度、光洁度
制革	脱除残脂，软化皮革
造纸	控制树脂障碍
环境治理	生物修复，降解漏油
药物合成	合成、拆分手性药物
生物能源	制备生物柴油

脂肪酶广泛存在于动植物和微生物中。植物脂肪酶主要来自油料种子，当油料种子发芽时，

脂肪酶能与其他的酶协同发挥作用催化分解油脂类物质生成糖类，提供种子生根发芽所必需的养料和能量。动物体内含脂肪酶较多的是高等动物的胰脏和脂肪组织，在肠液中含有少量的脂肪酶，用于弥补胰脂肪酶对脂肪消化的不足。脂肪酶在微生物界分布很广，据估计，细菌有 28 个属，放线菌有 4 个属，酵母菌有 10 个属，其他真菌有 23 个属，共计达 65 个属的微生物产脂肪酶[61-63]。表 9-6-7 列出了主要的脂肪酶产生菌的属名。

表 9-6-7 主要的脂肪酶产生菌的属名

细菌	革兰氏阳性：*Bacillus*、*Staphylococcus*、*Lactobacillus*、*Streptococcus*、*Micrococcus*、*Propionibacterium*、*Burkholderia*。 革兰氏阴性：*Pseudomonas*、*Chromobacterium*、*Acinetobacter*、*Aeromonas*
真菌	*Rhizopus*、*Aspergillus*、*Penicillium*、*Mucor*、*Ashbya*、*Geotrichum*、*Beauveria*、*Humicola*、*Rhizomucor*、*Fusarium*、*Acremonium*、*Alternaria*、*Eurotrium*、*Ophiostoma*
酵母菌	*Candida*、*Yarrowia*、*Rhodotorula*、*Pichia*、*Saccharomyces*、*Torulospora*、*Trichosporon*
放线菌	*Streptomyces*

由于微生物种类多、繁殖快、易发生遗传变异，微生物脂肪酶具有比动植物脂肪酶更广的作用 pH 范围、作用温度范围以及底物专一性，适合于工业化大生产和获得高纯度样品，因此微生物脂肪酶是工业用脂肪酶的重要来源。高产脂肪酶微生物菌株主要有根霉（*Rhizopus*）、曲霉（*Aspergillus*）、毛霉（*Mucor*）、青霉（*Penicillium*）、假丝酵母（*Candida*）、假单胞菌（*Pseudomonas*）等。

微生物脂肪酶的底物特异性主要表现在脂肪酸特异性、位置特异性和立体特异性三方面。脂肪酸特异性是指脂肪酶对不同碳链长度和饱和度的脂肪酸表现出不同的反应性。如圆弧青霉（*P. cyclopium*）脂肪酶对短链（C_8 以下）脂肪酸表现出特异性；黑曲霉（*A. niger*）和德式根霉（*R. delemar*）对中等链长（C_8～C_{12}）脂肪酸表现出强烈特异性；*Achromobaterium lipolyticum* 脂肪酶对饱和脂肪酸表现出特异性；葡萄球菌（*S. asreus*）脂肪酶对不饱和脂肪酸具有特异性；白地霉（*G. candidum*）对油酸、奎酸、亚麻酸表现出特异性。

位置特异性是指脂肪酶对甘油三酯中 3 个酯键的识别和水解能力不同。只有少数脂肪酶如白地霉和圆弧青霉脂肪酶无位置特异性，而大多数脂肪酶只作用于 Sn1 或 Sn3 位酯键，而对 Sn2 位酯键不起作用，如黑曲霉、根霉等，因此此类脂肪酶的水解产物往往是脂肪酸、二甘酯和单甘酯的混合物，虽然也可以通过酰基转移将 Sn2 位的脂肪酸转移至 Sn1 或 Sn3 位，然后再被脂肪酶水解，但是酰基转移过程非常缓慢，完全水解需要较长的时间。

立体特异性主要是指脂肪酶对脂肪酸中立体对映结构 1 位和 3 位具有选择性水解作用，如来源于荧光假单胞菌（*P. flurescens*）的脂肪酶能区分 Sn1＋Sn3 二酰基甘油，但水解 Sn2＋Sn3 二酰基甘油比水解它的对映体速度快得多。

微生物胞外或胞内脂肪酶都可用于生物柴油的生产。生产上胞外脂肪酶一般以固定化酶的形式利用，胞内脂肪酶一般以全细胞或固定化细胞的形式利用，而很少采用游离脂肪酶。脂肪酶催化制备生物柴油的反应温度通常在 20～60℃之间，产品甲酯相（上层）和副产物甘油相（下层）很容易分离。酶催化对原料要求不高，油脂原料如精制油、粗油（或毛油）、废油甚至游离脂肪酸，短链醇原料如甲醇、乙醇、丙醇、丁醇等都可作为生物柴油的生产原料。

制备生物柴油应用较多的微生物脂肪酶主要有假丝酵母脂肪酶、假单胞菌脂肪酶和根霉脂肪酶三类，它们各有特点。假丝酵母脂肪酶具有宽广的底物（油脂）适应性，但对油脂质量要求较高；假单胞菌脂肪酶具有良好的有机溶剂和短链醇耐受性；根霉脂肪酶具有催化高酸值及高含水量油脂反应的特性。由于脂肪酶的这些特异性，所以转酯化反应前应根据原料选择相应的脂肪酶。酶催化反应还需要合适的反应条件，主要的条件包括合适的有机溶剂及适宜的含水量、温度、pH 值、甲醇添加方式、醇油物质的量之比等，此外副产物甘油也会对反应造成影响。

用于生物柴油制备研究得较多的根霉脂肪酶是米根霉脂肪酶（ROL），其催化甲酯化反应无需有机溶剂，并能在高含水体系中进行，具有良好的催化废油、粗油等油脂转酯化反应的能力，有很好的工业应用前景。Kaieda 等[64]研究表明在含水率为 4%～30%的大豆油甲醇体系中，甲醇分 3 步添加，米根霉脂肪酶催化反应结束后甲酯得率为 80%～90%。米根霉脂肪酶具有严格的 1,3-位特异性，对油脂的 Sn1（3）位起催化作用，而基本不作用于 Sn2 位，但在反应过程中存在酰基迁移现象，Sn2 位酰基会自发地迁移至 Sn1（3）位，然后能被米根霉脂肪酶继续水解并酯化生成甲酯。Pizarro 等[65]用米根霉脂肪酶催化经正已烷萃取得到的黏度较高的废白土油反应，在醇油比 4∶1、含水率 75%、甲醇每隔 12h 加入的情况下，最高甲酯得率为 60%左右，高的含水率可以降低萃取油的黏度。水活度（a_w）对脂肪酶催化转酯化有很大影响，米根霉脂肪酶在 a_w 为 0.54 的环境中有最大的丁酸丁酯合成能力。南京林业大学王飞课题组对米根霉脂肪酶基因重组工程菌的构建及其催化油脂转酯化制备生物柴油进行了较系统的研究，利用重组米根霉脂肪酶在无有机溶剂体系中催化黄连木籽油、麻风树籽油及大豆油的转酯化，在含水率 20%～80%条件下脂肪酸甲酯得率达到 92%～95%[66]。

由于脂肪酶的价格较贵，为了减少脂肪酶的流失，目前常用固定化的方式来增加酶的重复使用性以降低脂肪酶的使用成本。固定化酶是指将酶通过物理或化学的方法有效地固定在惰性载体上。物理方法包括吸附法、凝胶包埋法、微胶囊法等；化学方法包括共价法和交联法[67]。固定化酶的优越性在于：不溶于水，易与产物分离，可反复使用，可连续化生产，稳定性好。

固定化酶应用的载体主要分为无机载体、有机高分子载体和复合载体 3 大类。常用的无机载体有硅藻土、高岭土、活性炭、硅胶、氧化铝、多孔二氧化钛等氧化物及无机盐。最近的研究表明，载体吸附酶量、载体与酶结合的牢固程度以及固定化以后的酶活力取决于载体的本质。无机载体的结构不易调控，影响传质且键合酶的能力差，但可与传统有机聚合物载体材料形成互补体系。因此，利用组成和结构可调控的有机聚合物对传统无机载体材料改性修饰，制备兼具两者优良特性的复合载体用于酶的固定化研究，受到了众多学者的青睐。有机高分子载体主要有天然高分子载体材料和合成的高分子载体材料。天然高分子载体材料一般无毒性，传质性能好，但是强度低，常见的有琼脂、海藻酸钠、壳聚糖等。合成的高分子载体材料主要有聚丙烯氰类、聚丙烯酰胺、凝胶聚丙烯酸类聚合物等。壳聚糖类载体是近年来国内外研究最热门的固定化材料之一，其作为固定化载体的研究在国外早有报道。壳聚糖具有堆积密度低、无毒、化学性质稳定、耐热性好、易接枝改性等优点，以壳聚糖为载体用共价连接法固定化酶是研究中较活跃的酶固定化方法。酶分子中含有游离的氨基、羧基、酪氨酸残基中的酚基、半胱氨酸残基中的巯基等官能团，采用适当的载体和化学试剂，可以将这些官能团通过化学反应共价结合到载体上。由于共价键键能大，用这种方法固定化的酶一般不会渗漏，因此如何选择载体和交联剂，使酶固定化后最大限度地保持活力成为此类研究的重点。壳聚糖可通过物理吸附固定化酶，载体上的游离氨基也可以与戊二醛发生 Schiff 反应，戊二醛再与酶上的氨基发生 Schiff 反应，从而使酶和载体共价结合成固定化酶。纤维素是最丰富的天然有机物，用不同取代基取代羟基可制得多种改性纤维素，是固定化酶的优良载体。纤维素具有开放性的长链和疏松的网状结构，有利于大分子的渗透和吸附。高分子合成材料具有良好的抗微生物性能，机械强度大，再生能力好，并能够根据各种酶的特性设计出合适的具有不同官能团、孔隙大小以及比表面积的材料，因而以高分子合成材料开发研制酶固定化载体前景较好。

脂肪酶经固定化后会引起酶性质的改变，一般认为其原因可能有两种：一是酶本身的变化；二是受固定化载体的物理或化学性质的影响。固定化脂肪酶的稳定性（如热稳定性、保存稳定性、对蛋白酶的抵抗性、对变性剂的耐受性、操作的稳定性）一般比游离酶的稳定性好；脂肪酶被固定化后，酶反应的最适温度有时会发生变化；脂肪酶经过固定化，其作用的最适 pH 值往往会发生一些变化。如 Sroka[68]比较了游离形态根霉脂肪酶和中空纤维膜固定化根霉脂肪酶的性质，固定化酶的最适作用温度（45℃）比游离酶的最适作用温度（30℃）提高了许多，且固定化酶比游离酶有更强的抵抗表面活性剂和金属离子的能力。邱勇隽等[69]用硅胶吸附-戊二醛交联的方法固定化根霉（*Rhizopus* sp.）脂肪酶，酶学性质研究表明固定化酶的热稳定性、pH 稳定性、操作稳定性都有了大幅度提高。影响固定化酶最适 pH 的因素主要有两个：一个是载体的带电性质；另一个是酶催化反应产物的性质。固定化酶底物特异性会发生改变，是由载体的空间位阻作用引起的。

固定化可以起到提高米根霉脂肪酶催化性能的作用，固定化提高了米根霉脂肪酶的催化稳定性、有机溶剂耐受性、催化活性和重复使用性，碳酸钙固定化米根霉脂肪酶催化合成油酸乙酯的得率（83%）比游离脂肪酶（6%）高许多。固定化也改变了脂肪酶的最适水活度，聚丙烯 EP-100 固定化米根霉脂肪酶在低水活度（$a_w=0.06$）下表现出最高的活性和最好的选择性。Chen 等[70]用固定化米根霉脂肪酶催化废油反应制备生物柴油，在固定化酶量 30%、水含量 50%、醇油比 4∶1、40℃下反应，甲酯得率最高为 92%。甲醇分批加入的情况下，固定化米根霉脂肪酶重复 40 个循环（80d）未见得率有明显的下降。

在生物柴油生产领域另一个比较有名的固定化酶是来源于南极假丝酵母（*C. antartica* B）的脂肪酶，诺维信公司商品名为 Novozym 435。Xu 等[71]利用 Novozym 435 催化大豆油制备生物柴油，当油酸甲酯与大豆油的物质的量之比为 12∶1 时，最终的甲酯得率可达 92%，且该固定化脂肪酶重复使用 10 次后酶活基本无损失。Watanabe 等[72]利用 Novozym 435 催化脱胶大豆油，在分批添加甲醇的情况下脂肪酸甲酯得率可达 93.8%，且重复使用 25 次没有出现任何酶活的损失。一般酶催化转酯化反应的时间为 12～48h，有的更高甚至达到 120h，这显然不符合工业化的生产需要。而经研究已发现了能够耐高甲醇浓度且反应时间短的酶类，如来源于洋葱假单胞菌（*P. cepacia*）的脂肪酶，该酶在醇油比为 7.5∶1 的情况下，反应 1h 后的脂肪酸甲酯得率可达 67%。由于该酶具有很高的甲醇耐受性，因此反应所需的甲醇可以一次性或少批次添加，从而将总的反应时间缩短为几小时。一些已报道的固定化脂肪酶催化制备生物柴油的实例见表 9-6-8。

表 9-6-8　固定化酶催化制备生物柴油实例

固定化		脂肪酶来源	酶量（占油重）/%	原料油	醇	醇/油物质的量之比	反应温度/℃	反应时间/h	酯得率/%
方法	载体								
吸附	多孔高岭石	荧光假单胞菌	9.4	葵花籽油	1-丙醇	3∶1	60	20	91
	硅藻土	洋葱假单胞菌	10	麻风树籽油	乙醇	4∶1	50	12	98
	大孔阴离子交换树脂	白地霉	20	葵花籽油	乙醇	11∶1	45	5	82
	—	南极假丝酵母	3	菜籽油	甲醇	4∶1	35	12	95
	大孔丙烯酸树脂	南极假丝酵母	10	麻风树籽油	乙酸乙酯	11∶1	50	12	91.3
	大孔丙烯酸树脂	南极假丝酵母	4	废棕榈油	甲醇	4∶1	40	12	88
	聚丙烯	荧光假单胞菌	10	葵花籽油	甲醇	4.5∶1	40	48	91
	丙烯酸树脂	南极假丝酵母	4	棕榈油	甲醇	3∶1	40	40	97
	硅胶	南极假丝酵母	5	大豆油	甲醇	3.9∶1	40	25	94
	硅藻土 545	染色黏性菌	10	麻风树籽油	乙醇	4∶1	40	10	92
	阴离子树脂	猪胰腺	10	葵花籽油	乙醇	3∶1	45	7	80
	非极性树脂	假丝酵母 sp. 99-125	25	大豆油	甲醇	3∶1	40	28	98.8
	硅藻土	洋葱假单胞菌	1.4	葵花籽油	2-丁醇	3∶1	40	6	100
	丙烯酸树脂	南极假丝酵母	30	大豆油	乙酸甲酯	12∶1	40	14	92
	丙烯酸树脂	南极假丝酵母	10	粗麻风树油	甲醇	4∶1	50	8	92.8
	纺织膜	假丝酵母 sp. 99-125	20	沙拉油	甲醇	3∶1	40	30	96
	大孔阴离子树脂	南极假丝酵母	5	棕榈仁油	乙醇	10∶1	40	4	63
	水滑石	嗜热真菌	4	废餐饮油	甲醇	4∶1	45	105	92.8
交联	戊二醛	洋葱假单胞菌	10	紫荆树油	乙醇	4∶1	40	2.5	92
包埋	疏水溶胶-凝胶	洋葱假单胞菌	5	大豆油	甲醇	7.5∶1	35	30	56
	矽酸盐溶胶-凝胶	洋葱假单胞菌	57	牛油	乙醇	4∶1	50	20	94
微囊	气凝胶	洋葱伯克霍尔德菌	2.4	葵花籽油	乙酸甲酯	3∶1	—	360	64

另外，由于各种脂肪酶的价格差异较大，如 Novozym 435 脂肪酶是一种非特异性酶，耐甲醇性和催化得率较好，但价格较高；而来源于 *Thermomyces lanuginosus* 的固定化脂肪酶（商品名为 Lipozyme TLIM）是 1,3-位特异性脂肪酶，催化速率较快且价格相对较低。鉴于这两类脂肪酶的优势与劣势，可以考虑将这两类脂肪酶按一定的配比用于催化酯交换反应。Erzheng Su 等[73]利用 1% Novozym 435 和 6.5% Lipozyme TLIM 混合催化合成生物柴油，得率与 7.5% Novozym 435 的效果相同，从而可以大大降低生产成本。Lee 等[74]利用 *R. oryzae* 脂肪酶与 *C. rugosa* 脂肪酶混合（质量比 3∶1）催化生产生物柴油，在反应 4h 后生物柴油的得率达到 98%，且该两种固定化酶的混合物在重复使用 5 次后，得率仍然超过 80%。因此，复合酶催化是提高酶法制备生物柴油的经济性的一个重要手段。

油脂转酯化反应器的改进也是近年来生物柴油制备研究的重要内容。Fidalgo 等[75]以固定化南极假丝酵母脂肪酶（Novozym 435）为催化剂，利用配备甘油吸附分离柱的流化床反应器对巴巴苏仁油转酯化制备生物柴油进行了研究，在催化剂用量 12%、反应时间 8h 条件下，甲酯得率达到 98%以上。Silva 等[76]利用装有甘油萃取柱的双固定床反应装置研究了固定化脂肪酶催化花生油的转酯化，在油醇物质的量之比 1∶12、反应时间 14h 条件下，脂肪酸甲酯得率达到 97.3%。Ramos 等[77]利用装有甘油萃取柱的双固定床反应装置研究了固定化脂肪酶催化棕榈油的转酯化，当油醇物质的量之比为 1∶12 时，反应 14h 脂肪酸甲酯的得率可达到 96%以上。

二、全细胞催化

将产脂肪酶的细胞直接固定化作为催化剂也是一种较好的解决酶成本高的方法，这样既可以省去酶的提取、分离、提纯等烦琐过程，还可以保护酶的活性。固定化细胞是在固定化酶的基础上发展起来的一项技术，始于 20 世纪 70 年代。固定化细胞的方法与固定化酶一样，有吸附法、共价结合法、包埋法、微囊法和交联法等，表 9-6-9 列出了各种固定化方法的比较。对于特定的应用，必须找到价格低廉、操作简便的方法，并且要求固定化后具有较高的催化活力和操作稳定性，这是评价固定化细胞生物催化剂的先决条件。

表 9-6-9　各种细胞固定化方法的比较

方法	优点	缺点
吸附法	制作条件温和，方法简便，成本低；载体可再生，可反复使用	结合力较弱，对 pH、离子强度、温度等因素敏感，细胞易脱落，且装载容量小
共价结合法	载体与偶联方法可选择性大；细胞的结合力强，结合稳定	偶联条件激烈，易引起胞内酶失效，成本高，某些偶联试剂有一定的毒性
包埋法	包埋材料、包埋方法可选余地大，包埋条件温和，固定细胞适用面广	仅可用于低分子量的底物，不适于柱系统，有扩散限制问题，降低细胞催化活力
微囊法	颗粒比网格型包埋法要小得多，比较有利于底物和产物扩散	操作条件要求较高，制备成本也高，反应时底物扩散到膜内和产物扩散到膜外要精确控制
交联法	可用的交联剂多，技术简易；细胞的结合力强，稳定性高	交联条件激烈，机械性能较差

产脂肪酶霉菌属好氧丝状真菌，不宜采用包埋法固定细胞，这是由于包埋法固定时会因表面菌丝膜的迅速形成隔绝氧传递从而影响内部孢子的萌发和生长。霉菌细胞常以吸附法固定，如白姝等用聚氨酯泡沫吸附固定化米根霉（*R. oryzae* BTC115）细胞产 L-乳酸，发现产酸速度比游离菌高 3 倍以上。一些产脂肪酶的霉菌如米根霉（*R. oryzae*）、少根根霉（*R. arrhizus*）、华根霉（*R. chinensis*）、葡枝根霉（*R. Stolonifer*）被较多地用于生产生物柴油和合成有机化合物等领域。随着基因工程手段的发展，尤其是细胞表面展示技术的深入研究，拓宽了全细胞催化剂的应用领域。

Ban 等[78]将米根霉细胞固定在网状聚氨酯泡沫树脂上制得固定化全细胞催化剂，在分批添加甲醇的条件下，甲酯得率可达到 90%，与胞外脂肪酶催化的得率相近。李治林等[79]以废弃聚氨酯泡沫固定米根霉细胞，在分批加入甲醇至醇油比 5∶1 时，催化大豆油反应的甲酯得率可达 94%，重复 4 次得率仍稳定在 80%，此固定化细胞催化剂催化麻风树籽粗油和橡胶籽粗油反应的甲酯得率约 80%，与催化精制油相当。此外，许多学者对全细胞生物催化进行了更深入的探讨，提高了全细胞催化剂的催化稳定性和催化活性，Hama 等[80]将固定化米根霉全细胞在填充床反应器（packed-bed reactor，PBR）上反应，反应液流速在 25L/h 时，前 10 个循环甲酯得率在 80%～90%，与摇瓶相比，PBR 系统可保护固定化细胞免于机械损害和过量甲醇的毒害，对工业化生产有极大的指导意义。南京林业大学王飞课题组利用可再生生物质材料丝瓜络为固定化载体，对固定化华根霉全细胞生物催化油脂转酯化制备生物柴油进行了研究，结果表明廉价且方便易得的丝瓜络可以很好地作为丝状真菌类微生物的载体制备固定化全细胞催化剂，在 3%～10% 含水率的非有机溶剂体系中脂肪酸甲酯得率达到 90%以上[81]。

表 9-6-10 列出了各类催化剂催化制备生物柴油的关键参数对比，综合来看，非均相生物催化（包括固定化酶和固定化细胞）在各项参数上都显示出优势。

表 9-6-10 各类生物柴油生产用催化剂的关键参数对比

对比参数	催化剂种类		所在水平	备注
催化剂成本	均相	酸	低	与生物催化剂相比
		碱	低	与生物催化剂相比
		生物	高	与酸或碱催化剂相比
	非均相	酸	低	可重复使用，成本降低
		碱	低	可重复使用，成本降低
		生物	中	可重复使用，成本降低
	非催化		无	无催化剂
设备成本	均相	酸	非常高	对设备腐蚀大
		碱	非常高	对设备腐蚀大
		生物	低	对设备无腐蚀
	非均相	酸	中	对设备腐蚀减小
		碱	中	对设备腐蚀减小
		生物	低	对设备无腐蚀
	非催化		非常高	需要很高安全性的设备系统
操作成本	均相	酸	高	反应温度高，能耗高
		碱	高	反应温度高，能耗高
		生物	低	反应温度低，能耗低
	非均相	酸	非常高	反应温度高，能耗高
		碱	非常高	反应温度高，能耗高
		生物	低	反应温度低，能耗低
	非催化		非常高	反应温度和反应压力高，能耗高
产品纯度	均相	酸	低	有副反应
		碱	低	有副反应
		生物	低	无副反应
	非均相	酸	高	无副反应
		碱	高	无副反应
		生物	高	无副反应
	非催化		非常高	无副反应

续表

对比参数	催化剂种类		所在水平	备注
废水处理成本	均相	酸	高	中和酸
		碱	高	中和碱
		生物	低	无或少用化学试剂
	非均相	酸	高	中和酸
		碱	高	中和碱
		生物	低	无或少用化学试剂
	非催化		无	无化学试剂
环境效益	均相	酸	低	需处理大量废弃物
		碱	低	需处理大量废弃物
		生物	高	需处理少量废弃物
	非均相	酸	低	需处理大量废弃物
		碱	低	需处理大量废弃物
		生物	高	需处理少量废弃物
	非催化		非常高	虽需大量溶剂，但很易回收
连续操作	均相	酸	不可能	催化剂很难回收
		碱	不可能	催化剂很难回收
		生物	不可能	催化剂很难回收
	非均相	酸	可能	催化剂容易回收再用
		碱	可能	催化剂容易回收再用
		生物	可能	催化剂容易回收再用
	非催化		可能	溶剂容易回收再用

国内也有很多大学用生物酶法制备生物柴油取得了较好的效果。清华大学采用全新工艺生物酶法在常温、常压下可将动植物油脂有效转化生成生物柴油，取得中试成功，在中试装置上生物柴油产率达 90%以上。北京化工大学依托国家“十五”和“863”项目多个有关“酶法生产生物柴油”项目，开发了专用脂肪酶，建立了国内外第一套 200t/a 酶法生物柴油的中试装置和一套年产万吨的酶法生物柴油生产线，生物柴油转化率达到 95%，生物柴油产品符合欧洲生物柴油标准。

第六节　超临界酯交换法

一、超临界酯交换反应原理

超临界酯交换反应是最近被提出的一种无催化剂的酯交换反应。超临界甲醇和甘油三酯进行酯交换的反应机理如图 9-6-9 所示[82]。

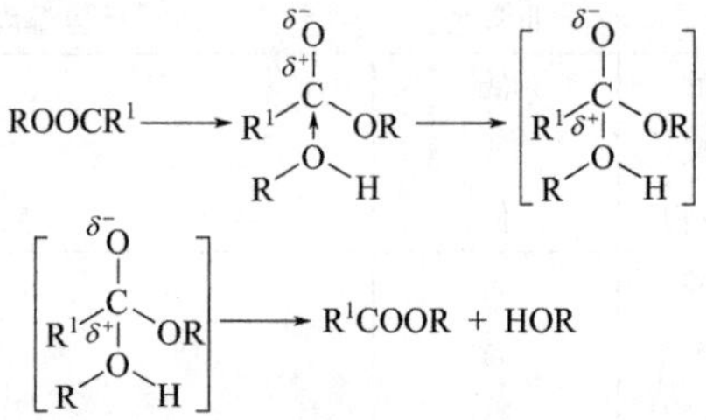

$$ROOCR^1 \longrightarrow \cdots \longrightarrow [\cdots] \longrightarrow R^1COOR + HOR$$

图 9-6-9　超临界酯交换反应机理[82]

ROH—甘油二酯；R—长链烃基；R^1—烷基

此反应机理假设在高压下，醇分子直接攻击甘油三酯的羰基，并且在超临界状态下，由于高温、高压，氢键被显著削弱，这使得甲醇可以作为自由单体而存在。最终，酯交换反应通过甲醇盐的转移来完成。通过相似的途径，甘油二酯转化生成脂肪酸甲酯和甘油单酸酯，甘油单酸酯进一步反应生成脂肪酸甲酯和甘油。

上述酯交换反应也属于亲核反应，也可作如下解释：首先二甘油酯由于电子分布不均匀而发生振动，使羰基上 C 原子显示正价，而 O 原子显示负价。同时甲醇上的 O 原子攻击带有正电的 C 原子，形成中间体，然后中间体醇类物质的 H 原子向二甘油酯中烷基上 O 的转移形成第二种反应中间体，进而得到酯交换产物。其反应过程见图 9-6-10。

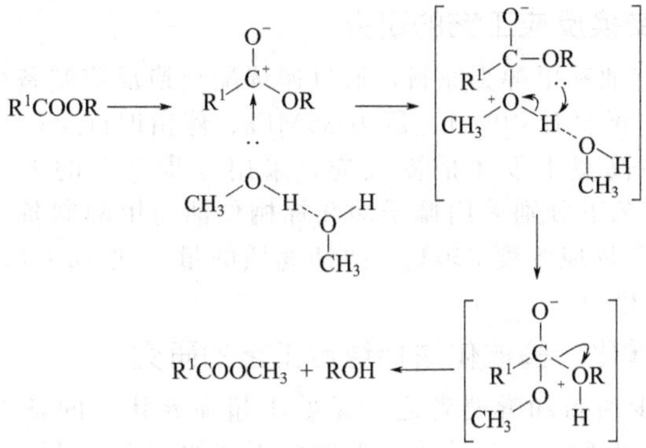

$R^1COOR \longrightarrow$ … $\longrightarrow R^1COOCH_3 + ROH$

图 9-6-10　超临界酯交换反应过程

超临界流体在化学反应中既可作为反应介质，也可直接参加反应。超临界流体中的化学反应技术能影响反应混合物在超临界流体中的溶解度、传质和反应动力学，从而提供了一种控制产率、选择性和反应产物回收的方法。若把超临界流体用作反应介质，它的物理化学性质，如密度、黏度、扩散系数、介电常数以及化学平衡和反应速率常数等，常能通过改变操作条件而得以调节。充分运用超临界流体的特点，可以使传统的气相或液相反应转变成一种全新的化学过程，从而大大提高其效率。一般而言，在超临界相中进行的化学反应，由于传递性质的改善，要比在液相中的反应速率快。

超临界法制备生物柴油是一种新兴的工艺技术。超临界甲醇介电常数小，具有疏水性，可以和甘油三酸酯互溶，能够加快反应速率。超临界酯交换法是指在不添加催化剂的条件下，油脂与甲醇在甲醇的超临界状态（$T_c=512.4K$、$P_c=8.09MPa$）下进行的酯交换反应。所谓超临界状态是指当物质的温度和压力同时超过其临界温度和压力时，气态和液态将无法区分，于是物质处于一种施加任何压力都不会凝聚流动的状态。超临界流体具有不同于气体或液体的性质，它的密度接近于液体，黏度接近于气体，而导热率和扩散系数则介于气体和液体之间。在此种状态下，甲醇既可作为反应介质，也可直接参加反应，而且其溶解性相当高，因此油脂与甲醇能够很好地互溶，使酯交换过程在均相中进行，从而大大加快酯交换反应速率，提高产率。北京化工大学曹维良等采用加入小分子共溶剂 CO_2 的方法，在超临界条件下制备生物柴油取得良好效果。

1. 超临界法基本条件的研究

Kusdiana 等[83]对菜籽油和超临界甲醇反应的动力学进行了研究，不考虑中间产物，认为反应为一级反应，反应温度低于甲醇的超临界温度时，反应速度很慢，而当甲醇处于超临界状态时，反应速度大大提高。并且认为，在超临界条件下，水的存在不但对产率没有负面影响，一定量的水反而能促进脂肪酸甲酯的生成。

Ayhan 等[84]考察了棉籽油在甲醇的临界点附近的酯交换反应，发现反应在达到临界点后甘油的收率有一个较大的提高，比如 230℃时反应 300s 后甘油的收率只有 60%左右，而在 240℃时同样的反应时间内甘油的收率可达到 95%左右，酯交换产率可达到 96.5%。

2. 超临界法加入共溶剂的研究

Hiroaki 等[85]在临界状态下加入共溶剂（环己烷、二氧化碳和氮气）制备生物柴油，结果发现：生物柴油的产率是由反应过程中的压力与反应物的浓度决定的，而不是由共溶剂决定的。另外，研究还发现氮气的加入有利于提高产物的氧化安定性和减少甘油的含量，从而制备出高品位的生物柴油。

Cao 等[86]通过分别加入共溶剂丙烷和二氧化碳使反应条件变得更温和。加入共溶剂丙烷，反应的最佳工艺条件为醇油物质的量之比 24∶1、反应温度 280℃、丙烷与甲醇的物质的量之比为 0.05∶1、反应压力 12.8MPa、反应时间 10min，在此条件下生物柴油的收率达到 98%。而加入共溶剂二氧化碳，反应的最佳工艺条件中除了二氧化碳与甲醇的物质的量之比上升为 0.1，反应压力上升为 14.3MPa 以外，其余条件与丙烷作为共溶剂相同，收率也达到 98%。

3. 超临界法连续酯交换反应工艺的研究

He 等[87]探讨了以菜籽油和甲醇为原料，通过连续酯交换反应制备生物柴油，在最佳反应条件下，即反应温度 310℃、醇油比 40∶1、压力 35MPa、停留时间 25min，收率达到 77%；为了克服不饱和脂肪酸甲酯在高温下发生的副反应，采用逐步升温的方式，收率达到 96%以上。Bunyakiat 在连续酯交换工艺下分别采用椰子油和棕榈仁油与甲醇制备生物柴油，结果表明，酯交换反应的最佳工艺条件为反应温度 350℃、醇油物质的量之比 42∶1、停留时间 400s，在此条件下收率分别可达到 95%和 96%。

4. 超临界法和酸碱催化、酶催化法相结合工艺的研究

Sasaki[88]提出，在至少油脂和醇两者之一是处于超临界状态的条件下，加入少量碱性催化剂，反应温度 300℃以上，时间 10min 左右，脂肪酸甲酯的产率均可达到 95%以上。

Tateno 等[89]在甲醇超临界状态下，分别加入少量的碳酸钙、氧化钙和氢氧化钙等固体碱催化剂，在 10min 以内脂肪酸甲酯的产率达到 97%以上。

Jackson 等[90]探讨了在超临界二氧化碳中固定酶作用下甲醇与油脂酯交换的过程。实验中玉米油由泵以 4μL/min 的流量注入二氧化碳流体中，甲醇以 54μL/min 的流量被注入，脂肪酸甲酯的产率达到了 98%。

综上所述，超临界酯交换法解决了油脂与甲醇两相的共溶问题，并且对游离脂肪酸和水分没有要求，具有取材广泛、无需催化剂、对环境友好、转化率高、反应和分离同时进行、后续处理简单等优势，是一种很有前景的生产工艺。但由于其反应过程中需要较高的温度和压力，耗能大，反应条件较苛刻，对设备的要求高，操作费用高，这在一定程度上制约了其工业化发展。

5. 超临界酯交换反应的反应动力学方程

Diasakou 等[91]探讨了乙酰三甘酯的酯交换，提出甘油三酸酯醇解反应分三步进行，即甘油三乙酸酯与醇反应生成甘油二乙酸酯，甘油二乙酸酯与醇反应生成甘油单乙酸酯，甘油单乙酸酯最后与醇反应得到终产物甘油和乙酸酯。由于每步反应都为可逆反应，故共有 6 个反应速率常数，计算比较复杂。Kusdiana 等提出反应为一步反应，但甲醇必须大量过量，且最终产物都是甘油和乙酸酯，产生甘油二乙酸酯和甘油单乙酸酯的中间反应可以忽略，这样三步反应可以简化为一步反应，即甘油三乙酸酯与醇反应生成甘油和乙酸酯，简化了计算过程。

鞠庆华等[92]利用乙酰三甘酯进一步研究了超临界酯交换反应的动力学，反应中油醇物质的量之比为 1∶4.1，可以近似认为甲醇过量，甲醇浓度为常数，则可以把甘油三乙酸酯与甲醇和乙醇的酯交换反应作为拟一级反应。

$$r=-k[\mathrm{TG}][\mathrm{MEOH}]=k[\mathrm{TG}]$$

$$r=\frac{-\mathrm{d}[\mathrm{TG}]}{\mathrm{d}t}$$

修正为：

$$r=\frac{-\mathrm{d}\ [\mathrm{uTG}]}{\mathrm{d}t}=k\ [\mathrm{uTG}]$$

以上三个公式中，r 为反应速率，mol/(m^3·min)；t 为时间，s；k 为反应速率常数；[TG] 为未反应的三乙酸甘油酯的量，mol/L；[MEOH] 为未反应的甲醇的量，mol/L；[uTG] 为未

反应的乙酸甘油酯、二乙酸甘油酯和三乙酸甘油酯折算成三乙酸甘油酯的量，mol/L。

将上述修正方程求积分后得到如下方程：

$$K=\frac{\ln\left[\mathrm{uTG},\ t\right]-\ln\left[\mathrm{uTG},\ 0\right]}{t}$$

各温度下的反应速率常数见表 9-6-11。当反应温度为 350℃时，反应的速率常数是 200℃时的几十倍。乙醇的反应速率常数比甲醇要低一些，验证了在超临界状态下甲醇溶解能力比乙醇强。与 Kusdiana 等研究得到的速率常数相比，鞠庆华等的结果偏低一些，这主要是由于醇油物质的量之比相对较低。Warabi 等[93]研究认为，在同一反应时间和温度条件下醇类的碳链越短，甘油三酸酯的转化率越高。

表 9-6-11　酯交换反应的速率常数

T/K	$k/(10^{-4}\mathrm{s}^{-1})$	
	甲醇	乙醇
473	1	0.1
523	7	0.3
573	23	6
623	52	10
673	84	19

通过以上数据，根据 Arrhenius 定律（即一步完成化学反应的速率 r 对反应系统温度 T 依赖关系的定律，亦即速率常数 k 对 T 依赖关系的经验公式），可以得出超临界酯交换反应条件下的 Arrhenius 方程式：

$$\frac{\mathrm{d}\ln k}{\mathrm{d}T}=\frac{E_a}{RT^2}$$

式中，k 为反应速率常数，min^{-1}；E_a 为表观活化能，kJ/mol；R 为理想气体常数；T 为反应温度，K。

为求取 E_a，对方程进行整理并分离变量，并使 k 由 k_1 积分至 k_2，T 由 T_1 积分至 T_2，得：

$$\ln\frac{k_2}{k_1}=-\frac{E_a}{R}\left(\frac{1}{T_2}-\frac{1}{T_1}\right)$$

将表 9-6-11 中各温度下的反应速率常数代入上面方程式中，图 9-6-11 为速率常数随温度变化的 Arrhenius 方程线型拟合图。求得甲醇与三乙酸甘油酯酯交换反应的表观活化能 E_a=58.7kJ/mol，乙醇与三乙酸甘油酯反应的表观活化能 E_a=75.1kJ/mol。根据 Kusdiana 等报道的速率常数可求得超临界甲醇状态下油脂酯交换反应活化能为 47.1kJ/mol。通过对比可以看出，三乙酸甘油酯与甲醇酯交换反应的活化能比长链的油脂与甲醇酯交换反应的活化能要稍大一些。

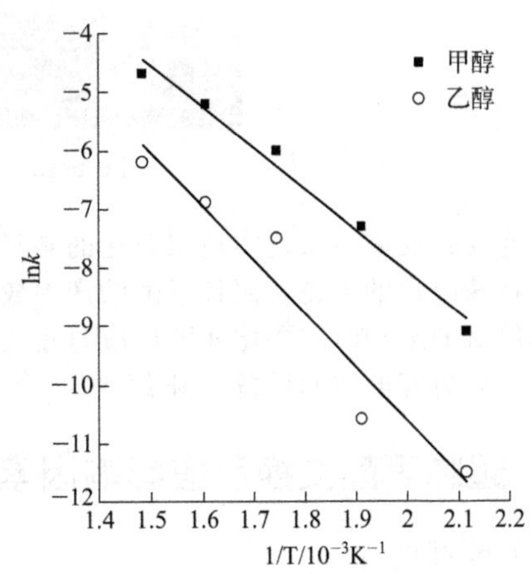

图 9-6-11　超临界酯交换反应温度与反应速率的关系

6. 超临界酯交换反应的影响因素

超临界酯交换反应的过程很复杂，会受到诸多因素的影响，根据反应工艺形式的不同，醇油比、反应温度、反应压力、反应时间、催化剂、助溶剂的种类及含量、短链醇种类、水和游离酸含量等的变化，都会对甲酯类的产率产生较大影响。

二、超临界酯交换反应工艺流程

天津大学谢明霞[94]提出的超临界反应工艺流程及其开发的实验室设备分别如图 9-6-12 和图 9-6-13 所示，该工艺过程可以分为间歇式操作和连续式操作两种体系。

间歇式反应体系设备简单，易实现，甲酯的产率也比较高，但反应周期长，每次制得的生物柴油量少，而且难以实现工业化。目前大部分实验室的超临界设备都属于间歇式反应体系。

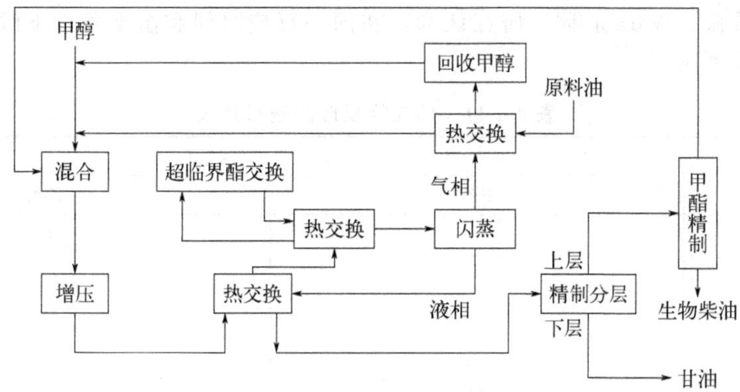

图 9-6-12　超临界甲醇法生产生物柴油的工艺流程

图 9-6-13　超临界法制备生物柴油装置

连续式反应体系是实现工业化的必经阶段，实验每次制得的生物柴油量多，操作简便，但是需要特殊改进的设备，而且甲酯的产率较间歇式低。分析原因可能是因为连续反应时物料在反应管内停留的平均时间要比间歇反应时短，醇与油脂的混合状况不好，可通过加入助溶剂，或改用混合效果更好的控制设备[95]来解决。

三、超临界酯交换反应影响因素

1. 醇油比

酯交换反应是一个可逆反应，反应物及产物的多少会影响反应平衡的移动。因此，为了使反应朝着生成甲酯的方向移动，需要使反应物之一过量。一般研究中都让价廉而又可以回收的甲醇大大过量，于是就有了醇油比这一项影响因素。目前，多数研究中采用的是醇油的物质的量之比。

在 Saka 等[96]提出的超临界酯交换制取生物柴油的方法中，不锈钢反应器中的甲醇与菜籽油的物质的量之比为 42∶1，温度为 350～400℃，压力为 45～65MPa，仅需 5min，产率就达到 95%以上。当醇油物质的量之比降低到 21∶1 时，甲酯的收率只有 80%，醇油物质的量之比进一步降低到 6∶1 时，甲酯的收率降到了 64%。

可见，醇油比值越高，反应正向进行的趋势越大，甲酯的产率越高，但是相应的甲醇回收的费用也越高。因此，需要有一个最佳的值，文献报道中最佳的醇油物质的量之比一般在 42∶1 左右。

2. 反应温度

温度的变化对超临界酯交换反应有很大影响。Saka 等比较了不同温度下甲酯的收率，结果表明，350℃下甲酯的收率最高；温度升高至 400℃时，会导致一些副反应产生。

一般认为，反应温度每增加 10℃，植物油在甲醇中的溶解度就增加 2%左右，而随着油脂在甲醇中溶解度的增加，酯交换反应的甲酯产率不断提高。但是，过高的反应温度会使生成的甲酯分解，并使原料中的不饱和组分发生副反应，从而导致甲酯的产率下降。

因此，超临界酯交换反应也有一个温度的最佳值。而原料油种类不同时，温度的最佳值区别较大，这主要跟原料油中不饱和成分的含量有关。

3. 反应压力

对于间歇式操作体系，由于反应器的容积是一定的，当反应温度和加入的醇油量给定以后，反应体系需要的压力就确定了。因此，一般不把压力作为影响因素来讨论，而是根据经验值将反应压力固定在某一范围内。

对于连续式操作体系，反应压力可以根据需要进行设定，也存在一个最佳压力，超过此压力值后甲酯产率几乎不再增加。最佳压力的具体值根据体系不同而不同，但一般不会超过 45MPa。

4. 反应时间

反应时间对酯交换反应的影响与反应温度及压力有关，一般随着反应时间的延长，甲酯的产率增加直至几乎不变。温度、压力较高时，所需的反应时间缩短；反之，反应时间延长。但是，如果温度、压力太低，反应达不到稳定的超临界状态，即使反应时间再长，甲酯产率也依然很低。

5. 催化剂种类及数量

超临界酯交换法最大的优势之一就是无需使用催化剂，但是为了降低反应条件的苛刻性，一些研究者在反应体系中加入催化剂，在保证反应快速、高转化率完成的前提下，大幅度降低反应条件的苛刻性。

文献报道中使用的催化剂种类有 CaO、NaOH、KOH、K_2CO_3/Al_2O_3 固体碱、纳米 MgO 等，加入量 0.1%～3%不等。也有使用酶催化的，如在超临界 CO_2 反应体系中选用 Novozym 435 酶催化蓖麻油与醇的酯交换反应，Novozym 435 酶的加入量占油重的 20%。

总体来说，超临界反应体系中加入少量催化剂，在不影响甲酯产率的前提下，均可以降低反应温度、压力及醇油比等条件。因此，只要催化剂在反应后容易除去，或者即使不除去对生物柴油品质也没有严重的影响，就可以考虑在超临界法中使用催化剂。

6. 助溶剂种类及数量

酯交换反应中，醇与油脂之间的溶解度极大地影响了反应的进行，采用超临界方法就是为了增加油脂在甲醇中的溶解度，而另一改善油脂在甲醇中溶解状况的方法就是在体系中引入助溶剂，这样做同时还可以降低反应条件的苛刻性和危险性。另外，在连续式反应中，反应物的黏度对反应过程影响较大，有时也需要引入助溶剂来降低反应物的黏度。

目前，报道得较多的两种助溶剂是四氢呋喃（THF）和正己烷，研究表明二者均可以使酯交换反应在较低的反应条件下获得较高的甲酯产率。但是，助溶剂的加入也势必会给反应产物的提取带来麻烦，因此是否采用助溶剂要根据制备条件的实际情况来决定。

7. 短链醇种类

酯交换反应是油脂与短链醇发生的反应，其中短链醇种类的选择对甲酯产率有很大影响。甲醇因酯交换反应的产率高，成为目前使用最为广泛的一种短链醇。鉴于甲醇仍为化石原料，一些研究者尝试研究各种可再生资源来替代甲醇，制备真正意义上的生物柴油。

Isayama 等[97]研究了用木材气化制造的生物甲醇来制备生物柴油。这种生物甲醇中含有91.3%的甲醇、1.5%的1-丁醇、6.0%的甲酸甲酯以及少量二异丙基醚和水等杂质，采用两步法的实验工艺可以高效制备脂肪族甲酯。但是，生物甲醇因其生产成本太高，还只限于实验室的研究阶段，用它来制备生物柴油，目前还不具备经济上的可行性。

Meher 等[98]研究了乙醇酯交换反应中的影响因素。众所周知，乙醇可以由生物质发酵来制备，是完全可以再生的，符合制备真正生物柴油的条件。但由于脂肪酸乙酯的产率过低，而且乙醇酯交换反应生成的产物不易分层，因此甘油的分离也成了一个棘手问题，这也限制了乙醇在酯交换反应中的使用。

从生物柴油产业的长期发展看，采用可再生的甲醇、乙醇来制备生物柴油是未来的发展方向。针对乙醇作为反应介质所存在的问题，可以通过加入催化剂或助溶剂来提高反应的转化率，同时减少甘一酯和甘二酯的含量，以使甘油容易分离出来。而生物甲醇能否使用，主要是看其生产成本是否能降下来。

8. 水和游离酸含量

在传统的酸碱催化酯交换反应中，要求原料油必须进行除水、除酸处理，控制两者的量在0.06%和0.5%以下。但是超临界酯交换实验的相关研究数据表明，超临界反应对于水和游离酸的容忍力要远高于传统酸碱催化酯交换反应。

Saka 等比较了在酸催化、碱催化和超临界法下，水对反应的影响。在酸催化法下，0.1%的水就会导致甲酯收率下降，当水含量增加到5%时，油脂的转化率只有6%；在碱催化法下，当水的含量增加到2.5%时，甲酯的收率从97%降低到80%；在超临界法下，即使水的含量达到50%，甲酯的收率仍大于98%。同时，通过比较游离脂肪酸对超临界法制备生物柴油的影响发现，游离脂肪酸的存在对反应的影响不大，且游离脂肪酸与醇的酯化反应速率大于酯交换的反应速率。

可见，在超临界方法下，水的存在对油脂的转化率影响不大，而且因为甘油更易溶在水中而被除去，因此有水体系超临界酯交换反应的产物更易分离。但是，过量水会降低甲醇浓度，降低反应速率，并能使水解生成的一部分饱和脂肪酸不能被酯化而造成最后生物柴油产品酸值偏高。而在水不是过量的情况下，游离酸的存在对超临界法制备生物柴油没有影响。这就意味着借助超临界法，可以用高水含量和高酸值的毛油或废油为原料，直接制备生物柴油。但是，值得注意的是，虽然超临界条件下水的存在对制备反应无影响，但是原料中的水分若残留在产物中不除去，会对产物油的稳定性造成极大影响，使其迅速酸败。

采用超临界法具有操作简单、高效、高收率、低污染、时间短等优点，可以克服传统酯交换方法工艺流程过长并且复杂、含碱废液的排放污染环境、反应速度慢、反应时间长等缺点。然而由于苛刻的操作条件和制备成本、安全性等原因，超临界流体技术制备生物柴油目前大都仅停留在实验室研究阶段。有报道日本住友化学公司已开发出使用菜籽油和大豆油等原料与超临界甲醇反应制备脂肪酸甲酯的新工艺。因此，可以相信，随着研究的深入，超临界制备法必将越来越受关注，并逐渐接近实用化和工业化。

四、超临界法制备生物柴油工艺实例

近年来，国内外对于超临界法制备生物柴油的研究均有不少报道。国外以菜籽油、葵花籽油等植物油为原料，使甲醇在超临界条件下与油脂发生酯交换反应，考察了超临界温度、压力、醇油质量比、水和游离脂肪酸等对反应转化率的影响，结果表明，操作条件为反应温度200～400℃、压力12～18MPa、醇油质量比（35∶1）～（50∶1）时，在一般酯交换反应当中需要尽量减少水和游离脂肪酸等，在超临界条件下水和游离脂肪酸对反应转化率不但没有影响，反而有可能促进脂肪酸甲酯的生成。国内清华大学、华南理工大学、四川大学、天津大学、武汉工程大学等[99,100]单位均对超临界方法制备生物柴油进行了许多基础性探讨，也取得了一些有益的研究成果。

Saka 等提出的一步法和二步法超临界制备生物柴油的工艺，其工艺流程如图 9-6-14 和图 9-6-15 所示。在二步法工艺中，第一步是甘油三酸酯在近临界水条件下的水解，水解后除去甘油；第二步是水解产物（游离脂肪酸）在超临界醇条件下发生酯化反应。两步法可以降低反应条件的苛刻性并减少热量消耗，比一步法有一定优势，但无疑也增加了工艺的复杂性。Eiji 等在此基础上，对比了 Saka 等提出的两种方法，着重研究了超临界二步法中油脂的水解和酯化机理。结果发现二步法中水解生成的脂肪酸具有催化作用，开始油脂水解缓慢，随着脂肪酸含量的增多，反应速率加快。脂肪酸在随后的酯化制备生物柴油中也起着重要的作用。因此，若想该方法在工业上应用，实现其连续高效生产是必需的。

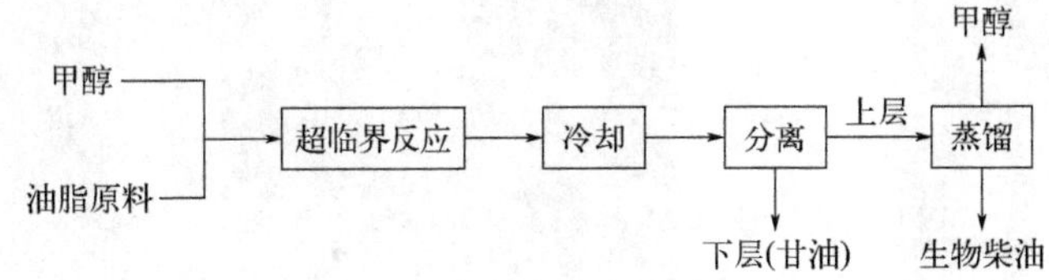

图 9-6-14　超临界一步法制备生物柴油工艺流程

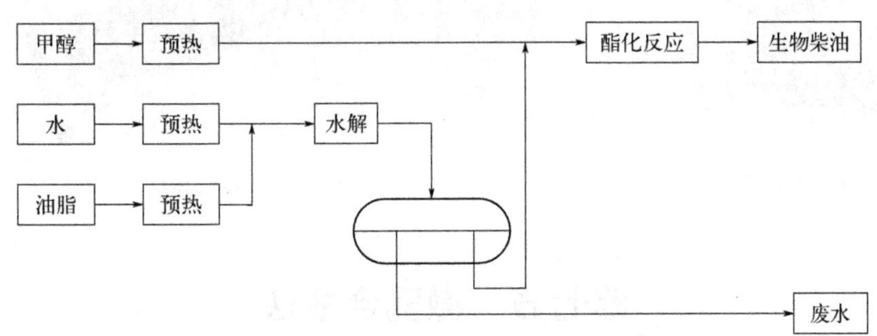

图 9-6-15　超临界二步法制备生物柴油工艺流程

目前对超临界流体法制备生物柴油的研究仍然是以间歇操作工艺的为多，连续操作工艺并不多见。

间歇操作是将一定量的植物油和甲醇加入釜内，升高釜内温度至预定的反应温度（一般高于甲醇的临界点），维持这种状态一段时间进行反应。反应结束后，产物由出口阀引入冷凝器，使其温度低于甲醇的沸点，以便使未反应的甲醇呈液态，然后移到接收器中，静置 30min 分层，上层和下层分别在 90℃下蒸馏，回收甲醇，然后对上下层物质进行分析鉴定。

连续操作是分别将甲醇和油脂预热到设定的温度，用泵打入混合器，通过两泵的流量来确定醇油比，然后将混合物送入反应器进行反应，同时控制反应器中的温度、压力，出来的产品依次经过换热、回收甲醇及离心分层，最后对上下层物质进行分析鉴定。

超临界流体技术制备生物柴油的设备，目前普遍采用的是管式反应器和高压反应釜两种反应器。

Saka 和 Kusdiana 等在超临界条件下的管式反应器中制备生物柴油，常用的设备示意图如图 9-6-16 所示。试验所用的反应容器容积为 5mL，温度和压力可以实时监测，其最大可以承受 200MPa 的高压和 550℃的高温。在反应过程中使用熔锡作为加热介质，其具有 250～550℃的供热能力。在反应开始时，将一定物质的量之比的油料和甲醇注入反应容器中，同时迅速将反应容器浸入已经预热到指定温度的锡浴中，保持一定的时间使甲醇达到超临界状态并与油料反应，浸泡时间为 60～240s。随后把反应容器移入水浴中使反应停止。接着将反应容器中的溶液静置 30min 使其分成 3 相，其中顶层是甲醇，在随后的操作中将其除去。剩下的溶液分上下两层，每层都要进行脱水干燥以除去水和残余的甲醇。经过处理后的溶液就是产品脂肪酸甲酯和副产品甘油。

Demibras[101]使用高压反应釜制备生物柴油，其常用设备示意图如图 9-6-17 所示。高压反应釜为圆柱形，采用 316 不锈钢制成，容积为 100mL，并且可以承受 100MPa 的高压和 850℃的高温，其内的压力和温度可实时监控。将一定配比的油料和甲醇从高压釜的注射孔中注入，反应过程中用螺栓将孔封紧。高压釜由外部热源供热，先预热 15min。在加热过程中反应开始进行，并用铁-康铜温差电偶将反应釜内的温度控制在指定温度±5℃，此加热过程进行 30min。反应结束后经过简单处理即可得到产品。

图 9-6-16　超临界法管式反应器

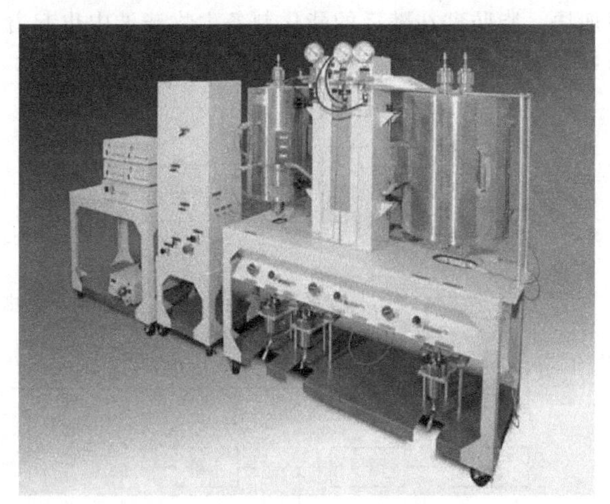

图 9-6-17　超临界法高压反应釜

第七节　微乳合成法

微乳液法[102]是将动植物油与溶剂混合制成微乳状液，也是解决动植物油高黏度的办法之一。微乳状液是一种透明的、热力学稳定的胶体分散系[103]，是由两种不互溶的液体与离子或非离子的两性分子混合而形成的直径在 1～150nm 的胶质平衡体系[104]。1982 年 Goering 等[105]用乙醇水溶液与大豆油制成微乳状液，这种微乳状液除了十六烷值较低之外，其他性质均与 2# 柴油相似。Ziejewski 等[106]以 53.3%的冬化葵花籽油、13.3%的甲醇以及 33.4%的 1-丁醇制成乳状液，在 200h 的实验室耐久性测试中，除了出现积炭和使润滑油黏度增加等问题外，没有其他严重的恶化现象。

Neuma 等[107]使用表面活性剂（主要成分为豆油皂质、十二烷基磺酸钠及脂肪酸乙醇胺）、助表面活性剂（成分为乙醇、丙醇和异戊醇）、水、柴油和大豆油为原料，开发了可替代柴油的新的微乳状液体系，其中组成为柴油 3.160g、大豆油 0.790g、水 0.050g、异戊醇 0.338g、十二烷基磺酸钠 0.676g 的微乳状液体系的性质与柴油最为接近。

尽管微乳液法制得的生物柴油在黏度上有所降低，但其十六烷值也偏低，且会出现问题。长时间使用生物柴油微乳液对发动机会造成损害，例如发动机喷嘴结焦和润滑油黏度增大等。

一、微乳柴油节能原理

1. “微爆”效应（二次雾化）

目前，国内外大多数专家认为乳化柴油的节能是由乳液内部微小水珠的“微爆”效应引起的或称二次雾化。“微爆”是在高温环境下，由两种或多种不同挥发性的液体的汽化引起的。由于液体的扩散速度是有限的，稳定性差的液体就会覆盖在表面，从而导致液滴迅速升温。一旦温度达到某个组分的过热极限，“微爆”就会伴随连续产生并变大的泡核而发生。“微爆”的作用是提高油滴的表面活化能。

如图 9-6-18[108]所示，乳化柴油为油包水（W/O）型乳液，外相为柴油，内相为水。由于油的沸点比水高，所以受热时水总是先达到沸点而沸腾或蒸发。当油滴内部的压力超过油的表面张力和环境压力之和时，水汽将冲破油膜的阻力而使油滴爆炸，形成更细小的油滴。爆炸后的油滴更细小，因此燃烧更完全，从而达到节能效果。

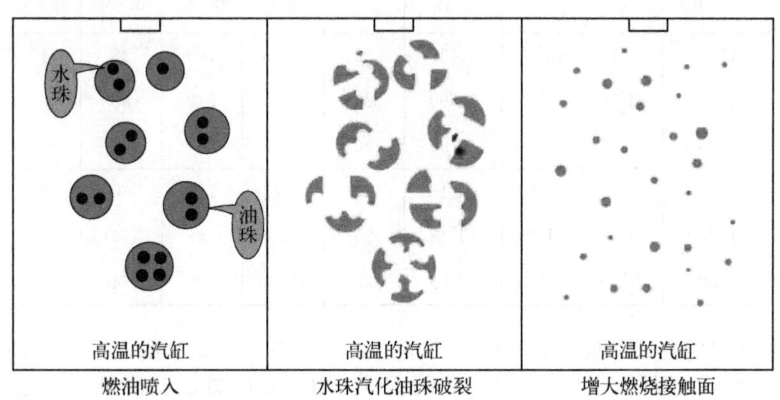

图 9-6-18　“微爆”示意图[108]

微乳液是一种热力学稳定系统，可以用 Gibbs 自由能方程式来解释：

$$\Delta G=\gamma\Delta A-T\Delta S$$

式中，ΔG 为自由能；γ 为表面张力；ΔA 为表面积变量；T 为系统温度；ΔS 为熵。

热力学状态的基本原理是：对于任何一个要达到稳定状态的体系来说，体系的表面自由能趋向于减小。随着体系 ΔG 的减小，体系变得更加稳定[109]；当 $\Delta G=0$ 时体系达到平衡。

2. 化学效应

有文献对乳化油的燃烧化学进行了研究，提出了水煤气反应[110]的重要性，燃料中由高温裂解产生的炭粒子，能与水蒸气反应生成 CO 和 H_2，使炭粒子充分燃烧，提高了燃烧效率，降低了排烟中的烟尘含量[111]。乳化柴油在柴油机燃烧室高温、高压条件下发生化学反应[112]，由于乳化油中水的存在，产生了许多 OH·基团，使得消除积炭的反应（$CO+OH\cdot \longrightarrow CO_2+H\cdot$）速度加快，从而达到降污的目的。

有文献提出了其他一些用于解释乳化油节能降污的观点，例如掺混效应、汽提效应、改善燃料与空气的混合比例减小过剩空气系数以大幅度降低氮氧化物（NO_x）的产生量等[11]。

二、微乳柴油分类

微乳柴油可以分成四大类，即纯微乳柴油、生物柴油微乳液、油脂微乳柴油和脂肪酸微乳柴油。

1. 纯微乳柴油

微乳柴油是指在表面活性剂和助表面活性剂的参与下，水以粒度小于 100nm 的微滴均匀分散在柴油中，形成热力学上稳定的油包水型体系。该油外观透明或略带乳光，油水界面张力极低，黏度符合燃油要求，尾气中有害组分排放量大大降低，稳定存放半年以上不分层，同时微乳柴油燃烧后汽缸内各部件光滑如洗。

在台架试验机上[113]，0# 纯柴油和微乳柴油在工况 25%、50%和 75%条件下进行燃烧时间对比实验，结果如表 9-6-12 所示。在相同工况条件下，单位时间内微乳柴油比 0# 纯柴油消耗的油量少，节油率分别是：工况 25%节油 6.42%；工况 50%节油 10.39%；工况 75%节油 11.40%。试验数据表明：随着功率的加大，节油率增加。这是因为微乳燃油中的分散相水是以纳米级微滴存在的，这种分散形式增加了水与柴油的界面面积，降低了柴油的聚集度，使柴油成为化学活性较强的小聚集体，在燃烧过程中与氧的接触更充分，燃烧更完全，而柴油机功率的增加有利于燃烧，因此节能效果更为明显。

表 9-6-12 120 型柴油机性能测试数据

试样	工况/%	转速/(r/min)	燃烧时间/s			油量/g	节油率/%	排气温度/℃	进水温度/℃	排水温度/℃	机油温度/℃
			Ⅰ	Ⅱ	平均						
0#纯柴油	25	1500	46″11	46″62	46″37	20		180	35	45	30
	50	1500	31″96	31″84	31″90	20		240	50	62	30
	75	1500	36″75	37″23	36″99	30		340	56	68	30
微乳柴油	25	1500	44″36	43″30	44″16	20	6.42	180	60	71	39
	50	1500	31″68	31″30	31″49	20	10.39	245	56	68	39
	75	1500	37″99	36″78	37″38	20	11.40	300	54	66	39

尾气排放和排烟度测试结果见表 9-6-13 和表 9-6-14。表 9-6-13 数据显示：0#纯柴油和微乳柴油的尾气成分有很大的不同，CO_2 升高了，而 CO、HC、NO 排放量降低了。这一试验支持了“微暴”理论、“水煤气”理论和“解聚”理论。表 9-6-14 数据显示：微乳柴油的黑烟排放量减少了，说明微乳柴油在燃烧过程中有阻止炭粒形成和在膨胀与排气过程中促进炭粒氧化的作用。同时上述理论也解释了实验结果。

表 9-6-13 尾气成分分析

试样	工况/%	转速/(r/min)	CO 含量/(mg/L)	CO 降低率/%	CO^2 含量/%	CO^2 升高率/%	HC 含量/(mg/L)	HC 降低率/%	NO 含量/(mg/L)	NO 降低率/%
0#纯柴油	25	1500	280	—	27	—	120	—	340	—
	50	1500	150	—	61	—	100	—	840	—
	75	1500	120	—	89	—	105	—	1150	—
微乳柴油	25	1500	280	0	64	57.8	110	8.3	250	26.47
	50	1500	150	0	91	32.9	90	10	670	27.83
	75	1500	110	8.3	122	27.5	95	9.5	830	28.57

表 9-6-14 排烟度分析

工况/%	0#纯柴油排烟度	微乳柴油排烟度	排烟度降低率/%
25	0.4	0.35	12.5
50	0.6	0.5	16.7
75	0.8	0.7	12.5

2. 生物柴油微乳液

生物柴油具有生物降解能力和良好的润滑性，其燃烧排放物中没有硫化物，PAH（多环芳烃）和 n-PAH（正多环芳烃）也可以降低 CO_2、PM（颗粒物）和 CO 的排放，又因其含氧，还可以获得高的功率[114,115]，所以它是前景广阔的代用燃料之一。将甲醇、生物柴油与柴油混合后制成微乳化液将会改善柴油燃料短缺的现状。对于混合溶液，往往由三个组分形成微乳液，即柴油、甲醇和助溶剂，它们各占三角相图的一个顶点。根据文献[116]，油酸具有良好的助溶效果，因此助溶剂选择油酸来配制甲醇柴油微乳化液，结果如图 9-6-19 所示。

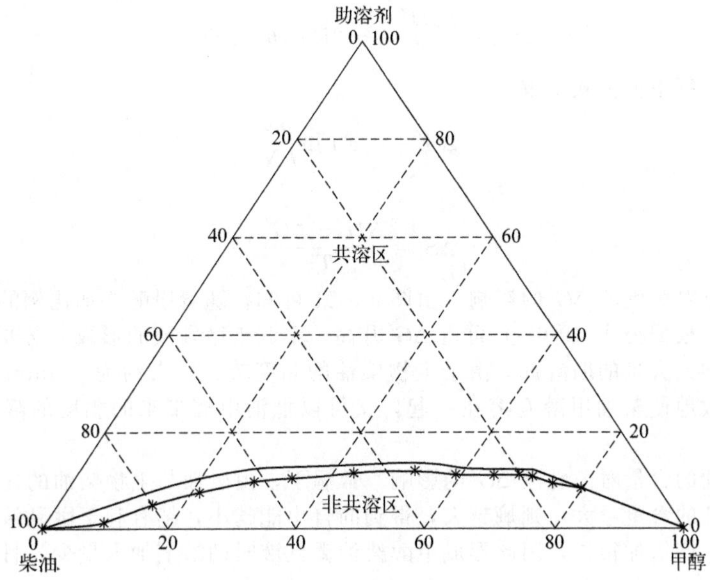

图 9-6-19　油酸（上实线）与生物柴油-油酸（下曲线）的比较

(1) 微乳液形成的热力学函数计算方法　根据 A. Acharya 提出的动力黏度计算公式[117]：

$$\eta=\left[\frac{hN}{V}\right]\mathrm{e}^{\Delta H'RT}\mathrm{e}^{-\Delta S'R} \tag{9-6-1}$$

式中，η 为动力黏度，Pa・s；N 为阿伏伽德罗常量；h 为普朗克数；$\Delta H'$ 为焓，kcal/mol；$\Delta S'$ 为熵，cal/(K・mol)；T 为温度，K；R 为气体常数；V 为摩尔体积，m^3。

由于 $\eta=\nu\rho$

$$m=\rho\nu$$

式中，m 为摩尔质量，kg；ν 为运动黏度，mm^2/s；ρ 为测量运动黏度时相同温度下试样的密度，$\mathrm{kg/m}^3$。

可以得到：

$$\nu=\left[\frac{hN}{m}\right]\mathrm{e}^{\Delta H'RT}\mathrm{e}^{-\Delta S'R} \tag{9-6-2}$$

则：

$$\ln\nu=\left[\ln\left(\frac{hN}{m}\right)-\frac{\Delta S'}{R}\right]+\frac{\Delta H'}{RT} \tag{9-6-3}$$

求导出：

$$\frac{\mathrm{d}\ln\ (\nu)}{\mathrm{d}T}=-\frac{\Delta H'}{RT^2} \tag{9-6-4}$$

公式左侧表示温度和黏度的关系。为了求出这种关系，分别对纯柴油（记为 M0）、甲醇含量 10%（记为 M10）和甲醇含量 20%（记为 M20）柴油微乳化液进行黏温特性试验，试验结果如图 9-6-20 所示。

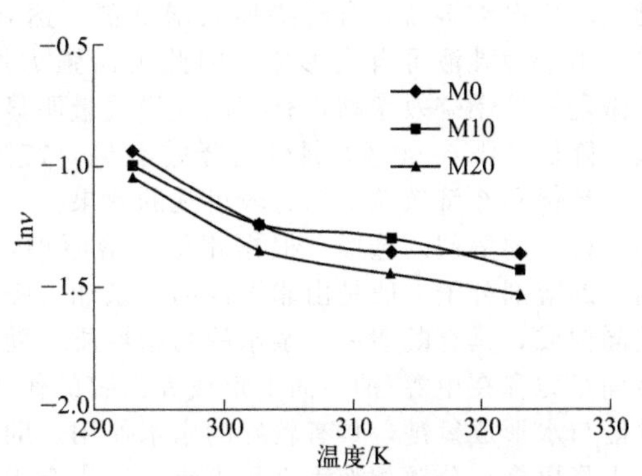

图 9-6-20　黏温特性曲线图

图 9-6-19 中表明两者之间并非线性关系。根据多项式拟合，设：

$$\ln\nu=a+bT+cT^2 \tag{9-6-5}$$

则：$$-\frac{\Delta H'}{RT^2}=\frac{\mathrm{d}\ln\nu}{\mathrm{d}T}=b+2cT \tag{9-6-6}$$

故：

$$\Delta C_p=\frac{\mathrm{d}\Delta H'}{\mathrm{d}T}=-2RT(b+3cT) \tag{9-6-7}$$

自由能 $\Delta G'$根据下面公式求解：

$$\Delta G'=-RT\ln\frac{m\nu}{hN} \tag{9-6-8}$$

可以求出熵：

$$\Delta S'=\frac{\Delta H'-\Delta G'}{T} \tag{9-6-9}$$

(2) 甲醇含量对微乳液 $\Delta G'$的影响　由图 9-6-21 可知，随着甲醇添加比例的增大，混合燃料的黏度逐渐降低，根据公式（9-6-9）可得 $\Delta G'$升高，不利于微乳液的形成。若要降低 $\Delta G'$，应当提高黏度，需要加入大量的助溶剂。由于生物柴油的黏度较大，大约为 $6.5mm^2/s$，采用它为助溶剂，既可以有效地使柴油甲醇互溶在一起，又可以抵消甲醇带来的黏度的降低，改善燃料的性质。

(3) 生物柴油的含量对微乳液 $\Delta G'$的影响　常温下，由柴油与生物柴油的比值和熵的变化曲线可知，生物柴油的含量越大，则熵越大，得到的自由能越小，越有利于微乳液的形成。生物柴油与柴油混合后，熵增加很快，因此形成甲醇柴油微乳液时助溶剂加入量少，且混合液微乳化效果好。

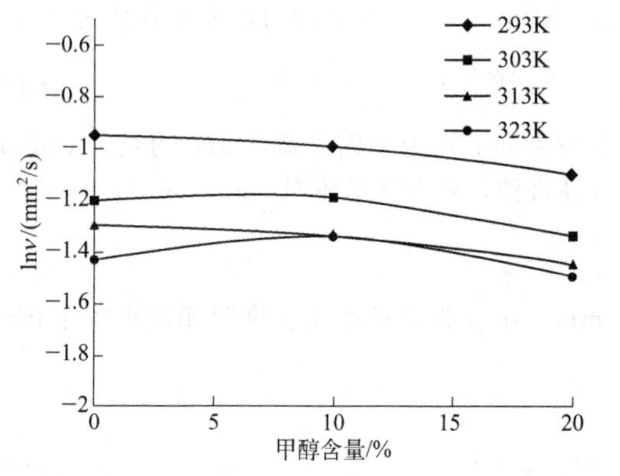

图 9-6-21　甲醇含量与运动黏度的关系图

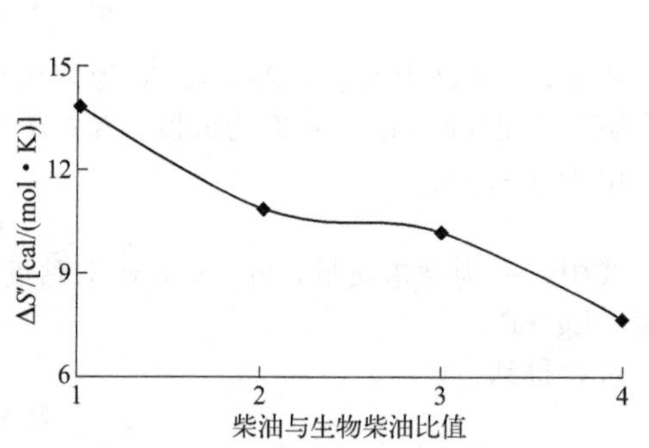

图 9-6-22　柴油与生物柴油的比值和熵的关系曲线

3. 油脂微乳柴油

油脂微乳柴油是指以油脂和甲醇作为原料替代部分柴油，三者在助溶剂作用下进行乳化得到的微乳柴油。微乳燃油有如下优点：a. 长期稳定。微乳液是一种热力学稳定体系，能自发形成，粒径小，可达到长期稳定。b. 黏度适中。微乳燃油的黏度与未掺水燃油的黏度相差不大，而为了延长乳化燃油寿命，有时要加入增黏剂，达到稳定的目的，但这样不利于燃油雾化。c. 制备简单。由于微乳液可自发形成，因此无需强力搅拌，而乳状液通常对乳化装置的要求较为严格。d. 微乳燃油燃烧效率高，有害废气排放量明显低于乳化燃油。微乳油节油率为 5%～15%，排气温度降低 20%～60%，排烟度降低 40%～77%，NO_x 和 CO 排放量约为一般汽油的 25%，在节能、环保和经济效益上都有较可观的效果。

(1) 助溶剂的选择　根据相似相溶原理，油与甲醇在不加助溶剂的情况下是不会完全相溶的。助溶剂分子一般是由非极性的、亲油（疏水）的碳氢链部分和极性的、亲水（疏油）的基团共同构成，具有既亲油又亲水的两亲性质。助溶剂在甲醇/油混合燃料中具有降低甲醇/油界面的表面张力和在甲醇/油界面上形成界面膜的作用[118]。助溶剂分子中碳氢链起亲油疏水作用，而羟基能与水形成氢键，具有较好的亲水作用。助溶剂的加入使油水界面的吸附膜强度更大，表面张力下降更多，分散相液滴直径更小，形成介于溶液与乳液之间的微乳液[119,120]。

从图 9-6-23 中可以看出，在相同乳化剂用量下，异丁醇和戊醇具有较好的助溶效果，而相同碳原子的异构醇的助溶效果较直链醇的效果好。这是由于碳链短的醇与水形成的氢键较强，能够无限混溶，亲油性很差，助乳化效果也差；随着碳链的增长，亲油性增加，亲水亲油平衡值降低，增加了互溶性；同时，支链的特殊作用使得异构醇有较好的助溶性。实验证明，微乳液的形成和稳定性与醇的碳链长度有着密切关系，碳链越长，效果越好，说明越易在油水界面吸附，即表面活性越大。

(2) 临界互溶温度和助溶剂加入量的关系　温度是影响混合燃料稳定性的一个重要因素，也是影响形成微乳液助溶剂用量的重要因素。以 $M_xD_yP_z$ 表示配方组成，其中 M、D、P 分别代表甲醇、柴油和工业棕榈油，x、y、z 分别代表相应原料的用量，临界互溶温度和助溶剂加入量的关系见图 9-6-24。

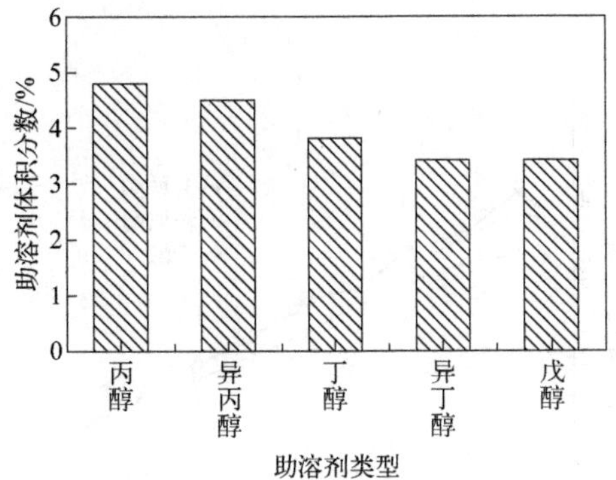

图 9-6-23　中等长度碳链脂肪醇的增溶作用

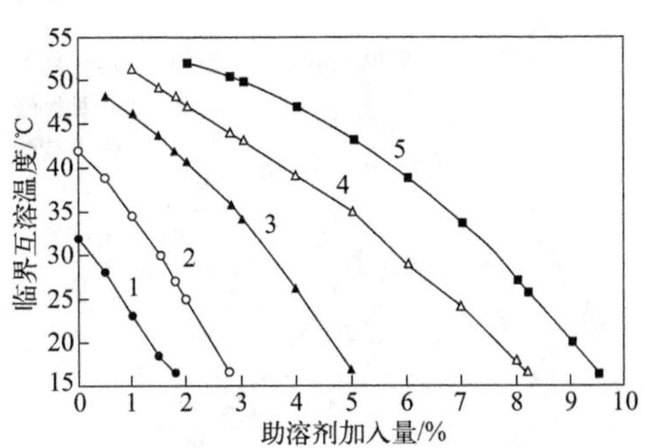

图 9-6-24　临界互溶温度和助溶剂加入量的关系

1—$M_{25}P_{23}D_{52}$；2—$M_{30}P_{21}D_{49}$；3—$M_{35}P_{19.5}D_{45.5}$；4—$M_{40}P_{18}D_{42}$；5—$M_{45}P_{16.5}D_{38.5}$

从图 9-6-24 中可以看出，在相同助溶剂用量条件下，临界互溶温度随着甲醇比例的增加而升高；相同温度下，随着甲醇比例的增加，配制成微乳液所需要的助溶剂的量增加。由 M_{35}、M_{40} 和 M_{45} 这 3 条曲线可见，随着温度的升高，曲线的斜率降低。这是由于甲醇的沸点低，在温度升高时，甲醇的挥发性比较大，造成了试样中甲醇含量的降低。由此得出的曲线在实际中可以指导根据温度变化来选择助溶剂用量。

(3) 微乳液流变特性的变化　微乳液的黏度是其基本物性参数，直接关系到液体的应用和理论研究，影响液体射流的稳定性以及燃烧时的雾化性能，而且用于管道输送时，首先要考虑液体的黏度。生物柴油、棕榈油和 M30 微乳液这 3 种油样在不同温度下的黏度变化见图 9-6-25。

从图 9-6-25 中可以看出，棕榈油黏度相对较大，混合油的黏度并不与按照原料比例的理论黏度一致。其原因在于所制备的微乳液为 W/O 型，黏度较小的甲醇为分散相，被包裹在液滴的内部，连续相是黏度较大的混合油。

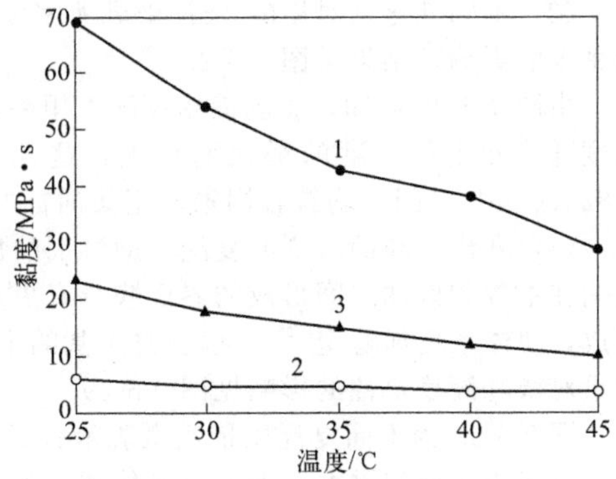

图 9-6-25　各种油的黏度随温度的变化

1—棕榈油密度曲线；2—M30 微乳液密度曲线；3—生物柴油密度曲线

4. 脂肪酸微乳柴油

脂肪酸微乳柴油是以长碳链脂肪酸作为甲醇-柴油增溶剂、十二醇作为助溶剂，形成的多种质量比的甲醇-柴油微乳液，具有以下特点：技术成熟，生产成本低，环境友好，推广使用可大大降低汽车燃料成本；甲醇含氧量达 50%，其着火极限比柴油宽，燃烧速度快，沸点比柴油低，易形成较均匀的混合气，有利于完全燃烧，减少燃料消耗，降低尾气中污染物的排放量。

（1）乳化剂的选择　制备甲醇-柴油时一般选择制备油包水型微乳液，由于甲醇分子结构中存在羟基，分子极性较强，不易溶于柴油，必须向体系中加入能降低表面张力的物质，形成热力学稳定的甲醇-柴油体系，而乳化剂作为一种表面活性剂，分子结构中存在亲水基和疏水基，二者吸附于油醇界面上，能有效降低表面张力与自由能，增强表面活性[121]。以月桂酸、棕榈酸、辛酸为乳化剂，在25℃下考察其增溶效果，结果见图9-6-26。

图9-6-26中曲线分别为辛酸、月桂酸和棕榈酸的最低加量曲线，可见月桂酸的增溶效果最好。随着甲醇含量的增大，乳化剂加量先缓慢增大，再基本保持不变，最后持续降低。这是由于乳化剂分子中含羧基，有利于形成氢键，增加界面膜的稳定性，使形成的乳液更稳定。

（2）不同乳化剂对甲醇-柴油微乳液运动黏度的影响　25℃下，考察不同乳化剂对甲醇-柴油微乳液运动黏度的影响，结果见图9-6-27。

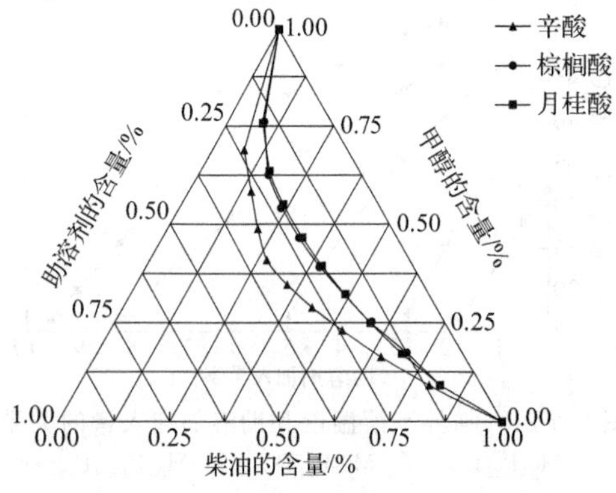

图9-6-26　不同乳化剂对甲醇-柴油微乳液相平衡的影响

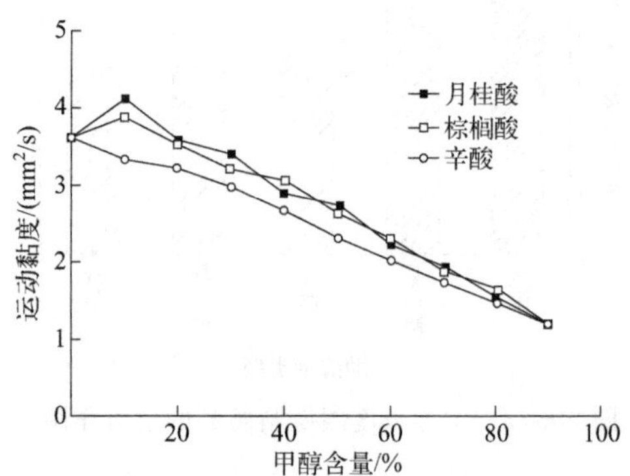

图9-6-27　不同乳化剂对甲醇-柴油微乳液运动黏度的影响

甲醇含量较低时，由于月桂酸和棕榈酸的运动黏度较大，使微乳液运动黏度有所增加；随着甲醇含量的增加，微乳液运动黏度大幅下降；当甲醇含量相同时，微乳液运动黏度随乳化剂运动黏度的增大而增大。因此，在该体系中需控制甲醇含量≤30%，才可满足国家车用柴油标准（GB 19147—2016《车用柴油》，下同）的要求（运动黏度3.0～8.0mm^2/s）。

（3）不同乳化剂对甲醇-柴油微乳液密度的影响　25℃下，考察不同乳化剂对甲醇-柴油微乳液密度的影响，结果见图9-6-28。

由图9-6-28可知，微乳液密度随着甲醇含量的增大而逐渐减小。当甲醇含量相同时，微乳液密度随着乳化剂密度的增大而增大，这几种乳化剂配制的甲醇-柴油微乳液密度在0.7947～0.8267g/mL之间，均符合国家车用柴油标准的要求（密度0.810～0.850g/mL）。

（4）乳化剂和助溶剂的复配　助溶剂的加入可进一步降低甲醇与柴油之间的界面张力，使乳化剂在甲醇和柴油之间形成的界面膜具有更高的柔性，增加界面膜的流动性，促进微乳液的自发形成，使体系更加稳定[122]。以长链烷基的十二醇作为助溶剂，将其与月桂酸进行复配，助溶剂加量对微乳液稳定性的影响见图9-6-29。

图9-6-29为不同复配质量比微乳液体系的拟三元相图。随着复配乳化剂中月桂酸含量的增加，乳液相区面积增大，当m（月桂酸）∶m（十二醇）=9∶1时，乳液相区面积最大，其乳化效果最佳。这是由于当乳化剂含量较低时，甲醇和柴油界面上吸附的乳化剂分子较少，界面膜强度较差，形成的乳状液不稳定。乳化剂含量增至一定程度后，界面膜则由较紧密排列的定向吸附的分子组成，形成的界面膜强度高，大大提高了乳状液的稳定性。

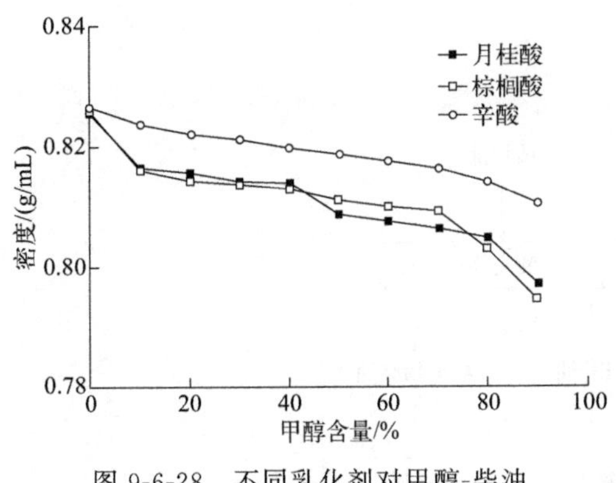

图 9-6-28　不同乳化剂对甲醇-柴油微乳液密度的影响

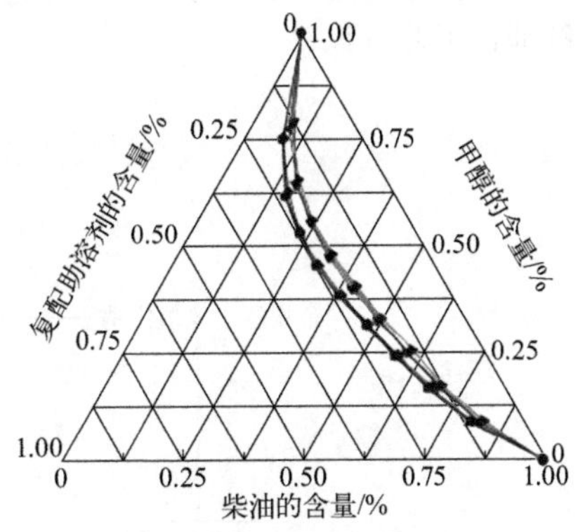

图 9-6-29　助溶剂加量对甲醇-柴油微乳液相平衡的影响

第八节　典型生物柴油生产工艺与设备

生产工艺的优劣决定了产品质量的好坏和生产成本的高低，从而影响产品的市场竞争力。早在 20 世纪 40 年代许多生物柴油生产工艺就已被开发出来，最早的酯交换工业反应过程采用的是带回流的间歇釜式反应器，目前年产生物柴油万吨级以下规模通常采用间歇式操作。但是更大规模的生物柴油生产则需连续化的生产装置，德国是欧洲较早开发和利用连续化方法制备生物柴油的国家，1992 年德国凯姆瑞亚斯凯特公司（CIMBRIA SKET GmbH）在德国北部建立了一套连续化的生物柴油生产装置，为生物柴油的工业化连续生产奠定了基础。此后随着该项技术的完善，该公司目前已在欧洲建立了多套连续化酯交换生物柴油生产装置[123]。

酯交换法是目前制备生物柴油的主要方法。酯交换反应体系中油脂与甲醇（或其他醇类）的不互溶特性，决定了酯交换过程的复杂性。酯交换过程的反应速率取决于反应物之间的传质状况和反应体系的动力学条件。近年来，许多学者和研究人员提出了强化生物柴油制备过程的方法和工艺技术，由此形成了多种多样的生物柴油生产工艺和技术装备。如加拿大 BIOX 公司使用共溶剂的 BIOX 工艺[124]；德国 Henkle 公司开发的催化剂作用下连续化高温反应工艺[125]；日本住友公司成功开发了无催化剂的超临界甲醇醇解工艺[126]；美国生物柴油工业公司使用模块化生产装置（MPU）等[127]。

除了化学法合成生物柴油工艺外，也有许多学者致力于研究用生物酶法合成生物柴油的工艺。国外 1996 年开始这方面的研究工作，国内清华大学和北京化工大学的研究也取得了一定的进展，完成了中试。另外，近年来一些学者还提出了许多新型的生物柴油制备方法和工艺，包括超临界技术、离子液催化技术、超声波技术、微波或振荡技术以及多种传质与反应相耦合的技术等。

一、间歇法生物柴油生产工艺与设备

目前，世界上生物柴油生产规模在 1 万吨/年以下的大部分工业装置是以间歇方式进行操作的。酸碱均可作为催化剂用于酯交换反应生产生物柴油，而碱催化法的应用更为普遍。两种催化条件既可采用均相催化，也可采用非均相催化，目前应用较多的是均相催化，但非均相催化由于具有比均相催化更多的优势，是目前开发研究的热点[128,129]。

1. 间歇均相碱催化

目前大部分工业生产装置采用均相碱催化技术。与酸催化工艺相比较，均相碱催化是不可逆过程，反应条件温和，在低温下可获得较高油脂转化率，反应时间较短，腐蚀性小，对反应器材质要求较低，但原料适应性较差，水含量应小于0.5%，脂肪酸含量应小于3%。图9-6-30为间歇均相碱催化工艺流程。

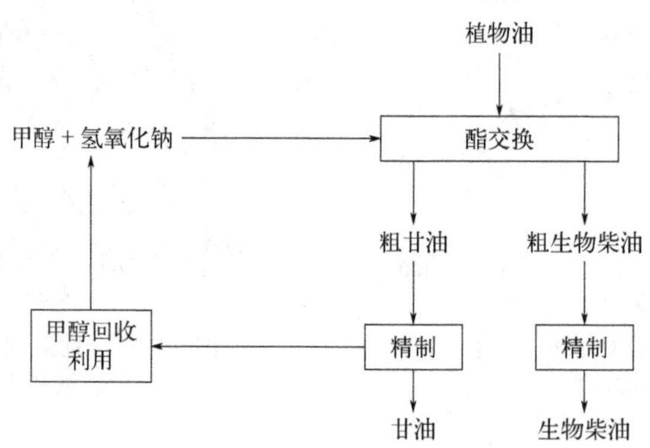

图9-6-30 间歇均相碱催化工艺流程

该工艺的主要步骤包括：a. 醇与催化剂的混合；b. 酯交换反应；c. 分离；d. 生物柴油水洗；e. 醇回收；f. 甘油中和；g. 产品质量控制。

可作为催化剂的碱种类很多，氢氧化钠、氢氧化钾、甲醇钠、甲醇钾均是常用的均相碱催化剂。不同催化剂的使用情况见表9-6-15。

表9-6-15 均相碱催化剂使用情况比较

催化剂类型	说明
氢氧化钠	价格便宜，残留盐不能回收
氢氧化钾	反应速率快，甘油易回收，可作为肥料再利用
甲醇钠	无需溶解催化剂，残留盐不能回收
甲醇钾	无需溶解催化剂，甘油易回收，可作为肥料再利用，价格较高

均相碱催化的主要工艺条件与技术指标是：a. 醇油比范围（4∶1）～（10∶1），6∶1最为常用；b. 酯交换反应温度范围从常温至85℃，但由于醇类易挥发，一般取60～65℃；c. 催化剂用量占油脂量的0.3%～1.5%；d. 反应时间从20min至3h；油脂转化率85%～95%。

2. 间歇均相酸催化

均相碱催化虽然具有较多优点，但对原料中游离脂肪酸（FFA）和水含量有严格限制，因为在反应过程中，FFA与碱反应产生皂，会在反应体系中起到乳化剂作用，使产物甘油与脂肪酸甲酯产生乳化而无法分离，所含的水则能引起酯水解，从而进一步引起皂化反应，最终减弱催化剂活性，因此，碱催化法在实际应用中受到很大限制。对于含有较多水和游离脂肪酸的油脂原料，例如餐饮废油、酸化油等，采用酸催化工艺是比较合理的，因为少量水对酸催化工艺没有不利影响，而原料中的游离脂肪酸则可以在酸催化下与甲醇发生酯化反应从而转化成生物柴油，不会发生乳化和皂化。但与碱催化工艺相比较，酸催化工艺的反应时间长，需要的温度和压力较高，醇油比高，能耗较高，对酯化设备的耐腐蚀要求高。

图9-6-31是间歇均相酸催化工艺流程。该工艺的主要步骤与均相碱催化工艺基本相同。最常

用的均相酸催化剂是硫酸。主要工艺条件：a. 反应温度 100℃以上；b. 为保持醇相为液态，压力须在 0.5MPa 以上；c. 催化剂用量占油脂量的 0.5%～2.0%；d. 反应时间从 2h 至 10h，油脂转化率 75%～95%。

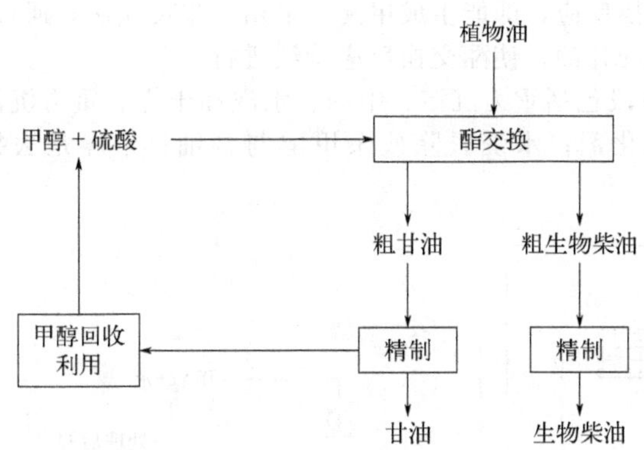

图 9-6-31　间歇均相酸催化工艺流程

常用的几种酸性催化剂性能的比较见表 9-6-16。

表 9-6-16　常用酸性催化剂比较

催化剂类型	评价
浓硫酸	价格便宜；分解产物；腐蚀设备
苯磺酸	价格高；必须回收利用
酸性离子交换树脂	可实现连续反应；价格高；稳定性差

3. 间歇均相酸碱结合催化

由于均相酸催化不及碱催化效果好，而且反应时间较长，因此，对游离脂肪酸含量不太高（如略高于 3%左右）的原料，通常采用两种可能的技术方案：一种是用碱中和游离酸形成皂后分离，精制后的油脂通过碱催化与醇完成酯交换反应；另一种是首先在酸性催化条件下游离脂肪酸与醇进行酯化反应，得到脂肪酸酯，待原料中的游离脂肪酸完全转化成脂肪酸酯后再在碱催化作用下完成油脂与醇的酯交换过程。

两种方案比较，第一种方案因游离脂肪酸被除去，生物柴油的总产率较低；第二种方案采用了预酯化步骤，游离脂肪酸得到充分利用，生物柴油的总产率较高，是一种比较经济合理的方案，也是目前工业中采用较多的一种方案，这种方案习惯上被称为酸碱结合工艺，其流程如图 9-6-32 所示。

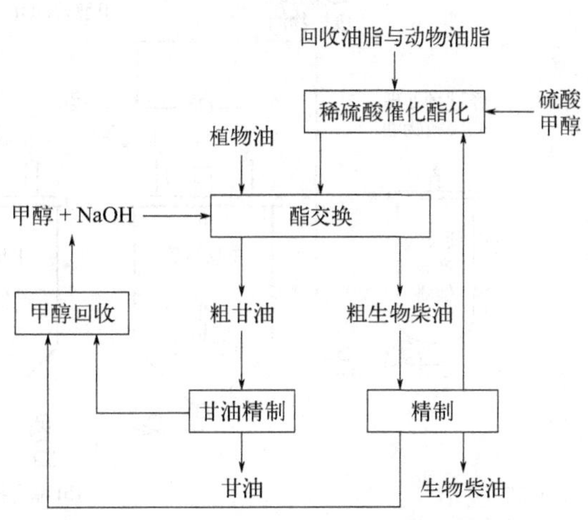

图 9-6-32　间歇均相酸碱结合催化工艺流程

酸碱结合催化工艺的优点是能耗低，原料适应性广，可以采用地沟油、酸化油等含水和游离脂肪酸的低品位原料进行生物柴油的生产；缺点是要经过酸-碱的转化，工艺流程长，对酯化后物料的酸价、杂质、水等要求比较严，容易发生皂化，废水量较大。

酸碱结合催化工艺的详细流程如图 9-6-33 所示。整个工艺流程包括预处理（a）、酯交换

(b)、后处理（c）三个部分，采用物料闭路循环，原料全部综合利用，实现清洁生产。

① 预处理阶段。此阶段进行酸催化预酯化反应，将原料中的游离脂肪酸含量降到合适的值，蒸发除去甲醇与水分，为反应阶段做准备。

② 酯交换阶段。经预处理的油脂与甲醇一起进入反应器，加入少量 NaOH 作催化剂，在一定温度与常压下进行酯交换反应，即能生成甲酯，采用二步反应法，通过一个特殊设计的分离器连续地除去初反应中生成的甘油，使酯交换反应持续进行。

③ 后处理阶段。此阶段包括重力沉淀、中和、水洗和干燥。重力沉淀使甘油与甲酯相分离；中和是去除多余的碱性催化剂；水洗去除残余甲醇与甘油；干燥是去掉水分得到精制的生物柴油。

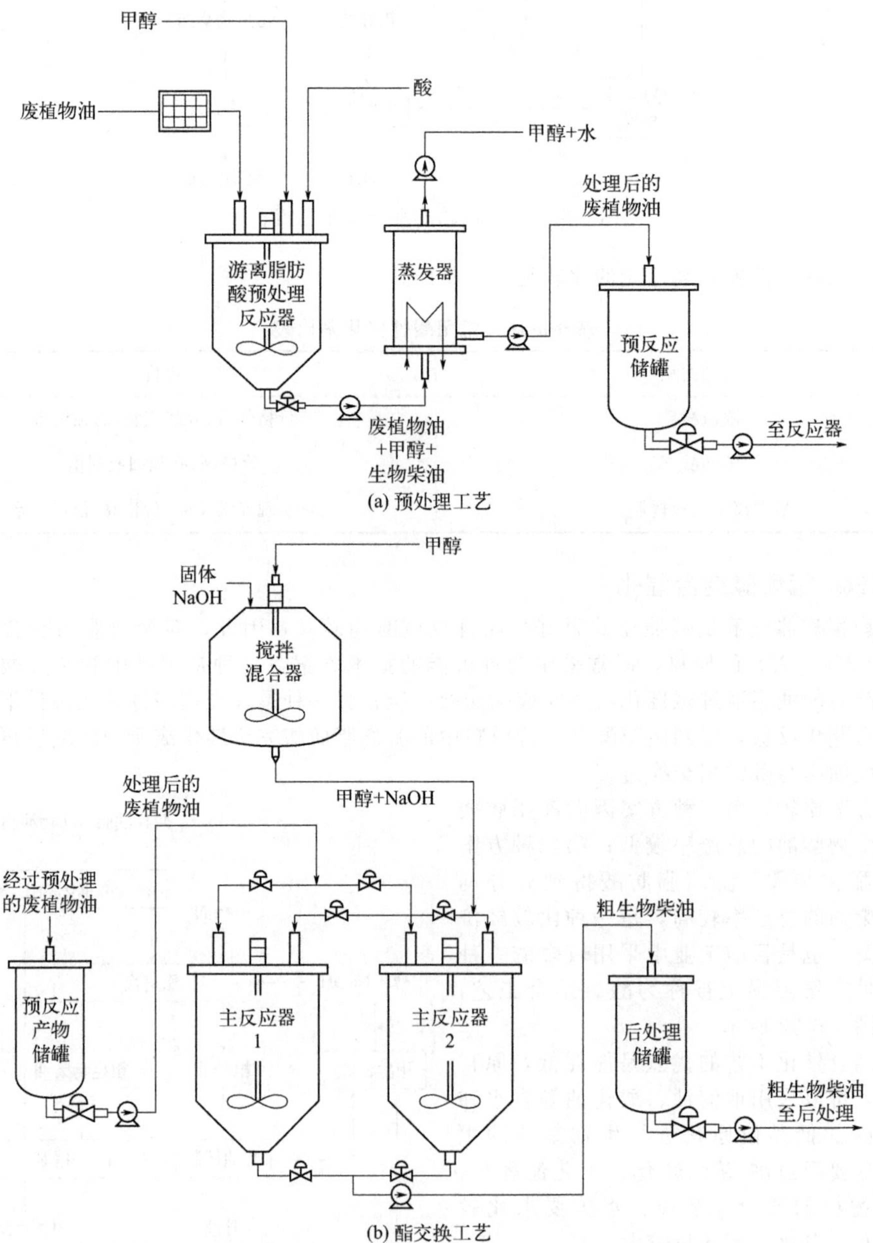

(a) 预处理工艺

(b) 酯交换工艺

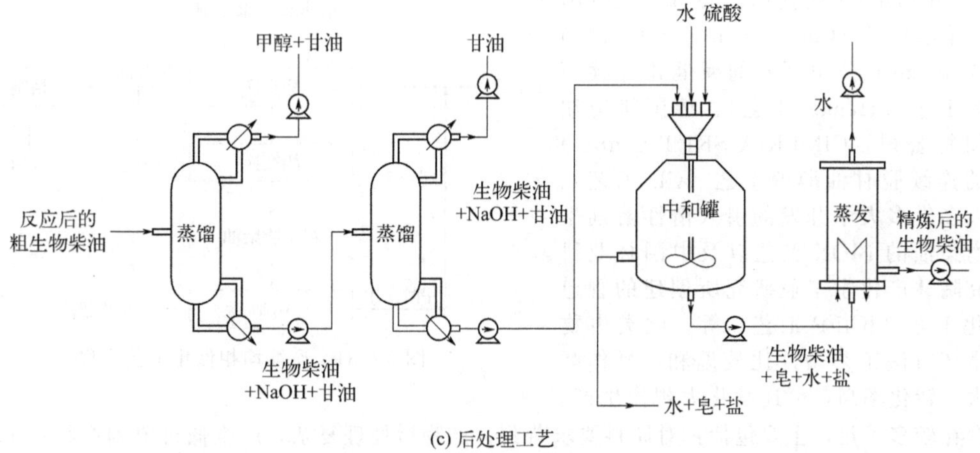

(c) 后处理工艺

图 9-6-33 酸碱结合催化工艺详细流程

4. 间歇非均相催化工艺

间歇均相催化过程中催化剂易于溶解分散、催化效率高、操作方便，但存在催化剂不能重复使用、残留催化剂通常需用水洗从而形成大量废酸或碱废水等问题。非均相催化剂的使用可以简化后续产品的纯化精制步骤，同时催化剂可以重复使用，这样大大简化了工艺流程，降低了成本，减少了废水排放。间歇非均相催化酯交换过程多是在间歇反应釜中完成，使用后的催化剂通过过滤进行分离回收。但非均相催化比较多的是在固定床反应器中进行，因此，非均相催化工艺多采用连续化生产方式，而采用间歇式的较少，将在连续生产工艺中进行较详细的介绍。

二、连续法生物柴油生产工艺与设备

由于规模效应，目前生物柴油生产装置的规模在不断扩大。年产 50 万吨甚至百万吨的装置也实现了工业化运行。随着生产规模的扩大，连续化工艺逐渐取代间歇工艺。连续装置可以更好地实现热量利用、产品精制、过量甲醇的回收与循环，不仅使产品质量稳定，而且使生产成本大大降低。连续化生产工艺可采用均相催化方法，也可采用非均相催化技术。

1. 连续均相催化工艺

连续化最简单的就是在间歇搅拌釜式反应器的基础上，将两台搅拌釜式反应器（CSTR）串联以增加反应停留时间，从而达到连续化生产目的。一般是通过改变 CSTR 的体积来调整反应时间。第一台 CSTR 的体积较大，保证达到最大反应程度所需的停留时间。在第一台 CSTR 中完成大部分酯交换反应并分离甘油后，物料进入第二台 CSTR 中继续反应，由于甘油分离对酯交换反应的促进作用，第二台 CSTR 中反应相对快，总转化率可达到 98%以上。

CSTR 的设计核心就是要求反应原料充分混合以保证整个反应器内各组分分布均匀。通过泵循环或静态混合器可以强化混合过程，促进酯交换反应。当然这也会导致甘油在酯相分散的量增加，结果使后续的酯相与甘油相的分离时间延长。

此外，管式反应器（PFR）也能用于连续均相催化工艺。该类型反应器的轴向返混小，并且可在升温加压下操作，因而可增加反应速率，反应时间（停留时间）大大缩短。

图 9-6-34 为连续均相催化工艺流程。该工艺的主要步骤包括：a. 醇与催化剂的混合；b. 油脂与醇混合及预热；c. 第一步酯交换反应；d. 醇与甘油分离；e. 第二步酯交换反应；f. 醇回收；g. 生物柴油与甘油分离；h. 生物柴油精制。主要工艺条件与技术指标：a. 醇油比范围(4∶1)～(20∶1)，6∶1 最为常用；b. 温度可从常温至 250℃，压力范围为常压至 15MPa；c. 酸碱催化剂均可使用，催化剂用量占油脂量的 0.1%～1.5%；d. 反应时间 6～10min；e. 油脂转化率 85%～95%。

连续均相催化主要工艺包括德国鲁奇（Lurgi）公司开发的两级连续醇解工艺（Lurgi 工艺）、

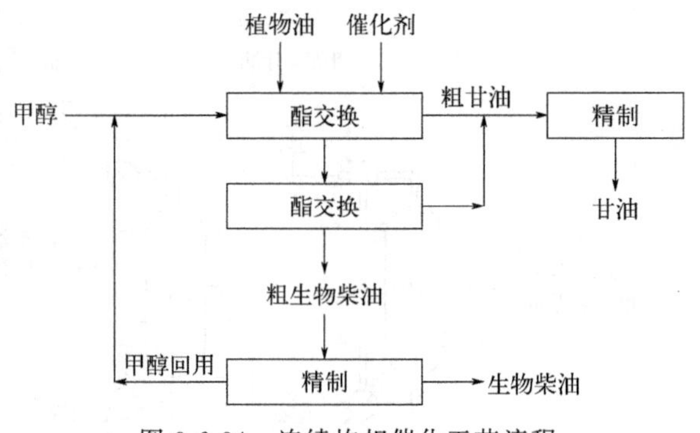

图 9-6-34　连续均相催化工艺流程

德国 Connemann 公司使用离心机连续分离的生物柴油技术（Connemann 工艺）、德国汉高（Henkel）公司开发的碱催化连续高压醇解工艺（Henkel 工艺）、德国凯姆瑞亚斯凯特公司（CIMBRIA SKET GmbH）开发的连续脱甘油醇解工艺（CD 工艺）、加拿大多伦多大学开发的引入惰性溶剂生产生物柴油的 BIOX 工艺以及中国林业科学研究院林产化学工业研究所创建的管道连续化工艺（ICIFP 工艺）等。此类生物柴油生产方法工艺条件比较温和，操作弹性较大，转化率高，可连续化大规模生产。但也存在较多不足，主要包括：对原料要求苛刻；产物后处理复杂，产生低价值副产物；工艺流程较复杂；三废排放量大，污染环境。

（1）鲁奇（Lurgi）工艺　鲁奇酯交换工艺是德国鲁奇（Lurgi）公司采用的两级连续醇解工艺，是目前在世界上使用最为广泛的一种工艺。其工艺流程如图 9-6-35 所示。先将甲醇和催化剂配成溶液，然后油脂与甲醇的碱溶液用泵按一定配比连续打入第一级醇解反应器，在搅拌下反应，生成的混合物分出甘油相后溢流进入第二级反应器，补充甲醇和催化剂，在搅拌下继续反应，然后再溢流进入沉降槽分离。分离后的粗甲酯经水洗后脱水得到生物柴油。油脂转化率可达 96%。过量的甲醇可以回收继续作为原料进行反应。

来自反应器Ⅱ中含过量甲醇和催化剂的重甘油相被循环加入反应器Ⅰ中，离开反应器Ⅰ的仍含有过量甲醇的甘油相在甲醇回收塔中蒸馏以回收甲醇，并送回反应器Ⅰ中。来自水洗塔中的洗水在甲醇回收塔中回收甲酯相中的甲醇，因此所有的甲醇只是在甲酯化过程中消耗。甲醇回收塔中的重相部分送到甘油水蒸发塔中回收粗甘油（80%～85%）作为副产品，再经过精馏、脱色、真空干燥等进一步精制得到医用甘油。

鲁奇工艺的特点：原料适应性强；过程连续，常压，温度 60℃；双反应器系统，其中获得专利的甘油错流结构能实现转化率最大化；甲醇可回收及循环利用；封闭循环水洗系统能减少废水排放；通过重力沉降实现相分离。

表 9-6-17 显示了 Lurgi 工艺生产一吨生物柴油所需消耗的物料及用量。鲁奇工艺所具有的优点使该工艺得到了广泛的推广使用，从 2005 年 7 月起，鲁奇公司承接了 9 套生物柴油建设合同，总产能达 1Mt/a。至 2005 年底，全球生物柴油产量约 60%～70%采用鲁奇技术生产。

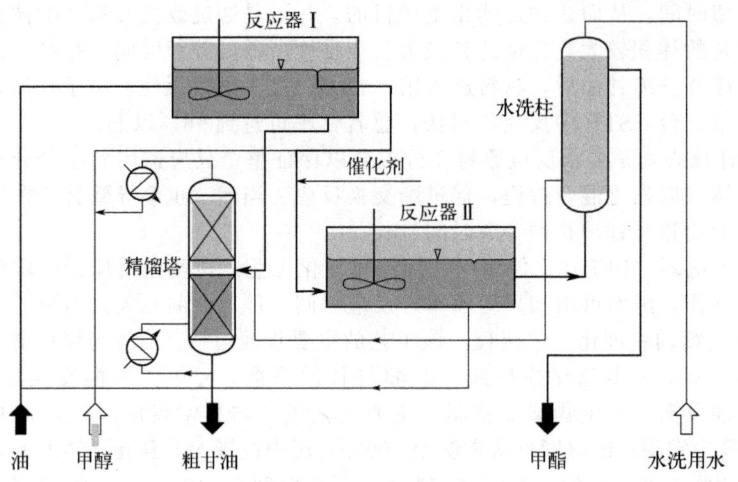

图 9-6-35　Lurgi 工艺流程

表 9-6-17 Lurgi 工艺每生产一吨生物柴油所需消耗的物料及用量

输入	生产每吨生物柴油的原料消耗量
原料	1000kg 植物油
蒸汽消耗	415kg
电力消耗	12kW·h
甲醇	96kg
催化剂(甲酸钠)	5kg
盐酸(37%)	10kg
烧碱(50%)	1.5kg
氮气	$1m^3$(标)
过程消耗水量	20kg

(2) Henkel 酯化工艺 德国的 Henkel 高压工艺是将过量甲醇、未精炼油和催化剂预热至240℃，送入压力为 9MPa 的反应器，反应的油脂与甲醇体积之比为 1∶0.8，反应后将甘油和甲酯分离。甘油相经过中和提纯后得到甘油，同时回收的甲醇可重新在酯交换过程中使用。甲酯相进行水洗，以除去残留的催化剂、溶解皂和甘油，然后再经过分离塔将其加以分离。随后再次以稀酸洗涤，以使残留的皂从甲酯中分离出来。最后，产物经蒸发除去醇和溶解水后得到精制生物柴油成品。

图 9-6-36 是具体的 Henkel 酯化工艺流程。该工艺可使原料中甘油三酸酯的转化率接近100%，大部分游离脂肪酸也可以与甲醇发生酯化反应从而生成脂肪酸甲酯，但同时也会形成部分皂化物存在于上层甲酯相与下层甘油相之间，因此后续工段包括除皂、中和、洗涤、干燥等。此工艺的优点是可使用高酸值原料，催化剂用量少，工艺流程短，得到的产品质量高、颜色浅、纯度高、甘油酯含量低，适合规模化连续生产；缺点是反应条件苛刻，对反应器要求高，甘油回收能耗较高，投资高，能量消耗高，浊度较高，由于经过蒸馏抗氧化性差。

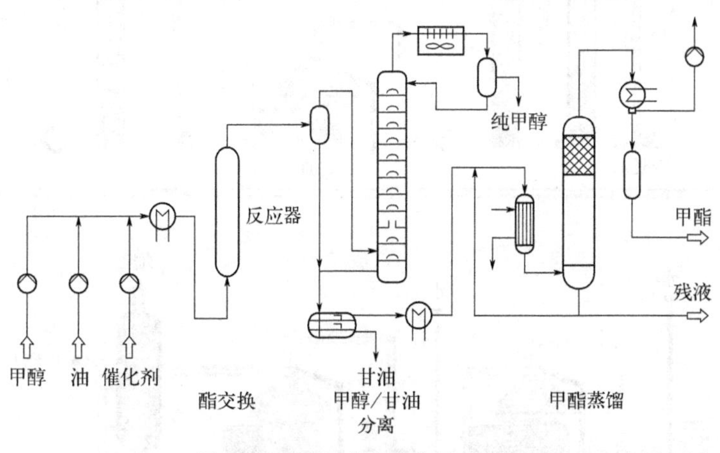

图 9-6-36 Henkel 酯化工艺流程

(3) CD 酯化工艺 德国凯姆瑞亚斯凯特公司（CIMBRIA SKET GmbH）的 CD（continuous deglycerin-连续脱甘油）生物柴油生产工艺是一种连续的，适合于工业化规模生产的技术。在欧洲已有超过 20 套采用该工艺的生物柴油生产装置，产量从 5000t/a 至 20 万吨/年不等，设备的生物柴油产量占到欧洲生物柴油总产量的约 50%。

该工艺装置包括酯交换装置、甲醇回收装置、甘油水浓缩装置和甘油蒸馏装置。先在第一级反应器中对油脂醇解、甘油沉降并分离，上层粗酯在第二级反应器中进一步酯交换后，沉降分甘油，上层粗酯通过第一级分离器洗涤除去甘油。物料再进入第三级反应器，并补充甲醇与催化剂，再进行酯交换反应。然后依次通过二级分离器、含水的萃取缓冲溶剂，脱除甲醇、甘油、皂以及催化剂。进一步汽提除醇后，洗涤干燥得生物柴油。由于采用了连续脱甘油技术，可以使醇解反应的平衡不断向右移动，从而获得极高的转化率。

该工艺的主要优点：工艺成熟，可间歇或连续操作，反应条件温和，适用于优质原料，设备投入相对较低；常压及 65～70℃温度下操作；能耗低；产品质量优良，安全稳定；采用两级酯交换可使甘油含量低于 0.15%，采用三级酯交换则甘油含量降到 0.05%以下。主要缺点：原料需精制，控制酸值小于 0.5，工艺流程复杂，甘油回收能耗高，三废排放多，腐蚀严重。

（4）Connemann 工艺　该工艺在 20 世纪 80 年代开始推出，菜籽油和甲醇在烧碱催化剂存在的条件下发生连续甲酯化。目前在德国已有多家工厂，可以生产高质量的生物柴油，同时配套甘油蒸馏设备后还可以生产医药级甘油。

图 9-6-37 为 Connemann 工艺流程。菜籽油加热后加入甲醇和催化剂进行第一级反应，菜籽油被部分甲酯化，生成的甘油与甲醇混合物被连续带出，用离心机来分离第一级反应部分甲酯化的物料。分离出菜籽油/甲酯与甘油/甲醇混合物，甲醇与甘油在后续工艺中被回收。菜籽油/甲酯混合物在第二级反应中进一步甲酯化，再次加入甲醇与催化剂，在第二级反应中菜籽油几乎完全被甲酯化，用离心机再次分出反应后的两相。经过两级甲酯化反应后产物进入水洗工艺，水洗步骤分两次进行，第一次水洗时使用普通水，第二次使用加酸水。用离心机来分离洗涤水。水洗过的菜籽油/甲酯经过真空干燥再通过换热冷却即得生物柴油。

该工艺的优点是甲酯纯度高，原料适应性广，动植物油脂均可采用。由于工艺分两步完成酯交换反应，每次反应生成的甘油都被离心分离，油料转化率 99%以上。甲酯纯度高，按该工艺生产的甲酯的纯度可以和蒸馏脂肪酸甲酯相媲美。缺点是不适用于游离脂肪酸含量高的酸化油或粗油料。

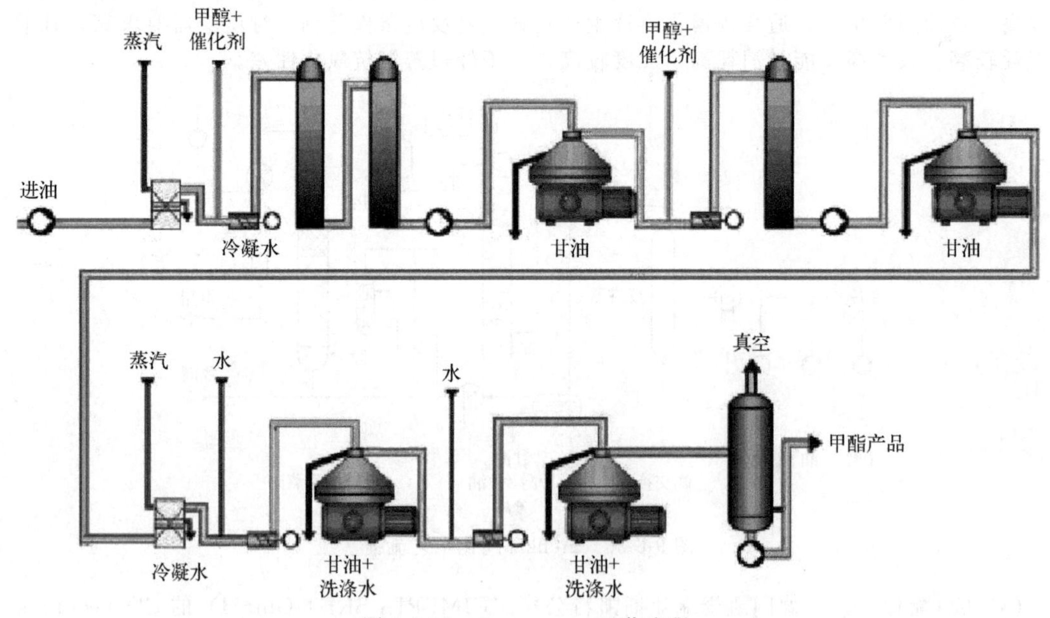

图 9-6-37　Connemann 工艺流程

（5）BIOX 工艺　BIOX 工艺是加拿大多伦多大学开发出来的，该工艺包含酸催化和碱催化两个过程，且原料适应性好，可以采用废弃动植物油和地沟油等。目前，加拿大 BIOX 公司已将该工艺推向工业化。BIOX 技术能提高反应速率和转化效率，可以用酸性催化步骤使任何含量在 30%以下的游离脂肪酸原料（包括农业种子油、废动物脂肪和回收的菜籽油）转化成生物柴油，该工艺可使生产成本降低 50%。

此工艺过程首先使脂肪酸在一个活塞流反应器内进行酸催化反应转化成甲基酯，操作温度接近甲醇溶剂的沸点（60℃），反应时间 40min。然后在第二个活塞流反应器中（共溶剂条件下）进行碱催化反应。甘油三酯在几分钟内转化成生物柴油和甘油副产物。未消耗的甲醇（共溶剂）循环使用，冷凝潜热被回收用于加热进料。

在新工艺中，惰性的共溶剂产生一个富油的单相系统，整个过程在此单相系统内进行，因此可提高传质和反应速率。在接近常温、常压条件下，碱催化步骤可在几分钟内完成。再与酸催化步骤结合，可使 BIOX 工艺连续运转。BIOX 工艺特点：选择惰性可回收共溶剂，形成富油的单相系统，整个反应过程在此单相系统内进行，因此可提高传质和反应速率；反应时间短，5～10min 反应即可完成；转化率高，可达到 99%；工艺可连续运转；原料可用植物油、废煎炸油和动物脂肪。

（6）ICIFP 工艺　ICIFP 工艺是由中国林业科学研究院林产化学工业研究所开发出来的[130]，该工艺包含酸催化和碱催化两个过程，酸催化主要采用流化床反应器，而碱催化主要采用管道式反应器，除常规油脂外还适用于废弃植物油和地沟油等高酸值油脂，原料适应性极好。

该工艺的主要特征是运用了管道式反应器实现了连续化的酯交换反应，工艺流程见图 9-6-38。将预先配制的催化剂、甲醇溶液和降酸后的油脂分别加入甲醇罐和油脂罐，用相应的电机（甲醇需防爆泵）以一定的速度将醇油注入混合器，当其混合后进入管道式反应器并在流动的过程中逐步完成酯交换反应。产物分离出甲醇后再静置分离甘油即可得到粗生物柴油。

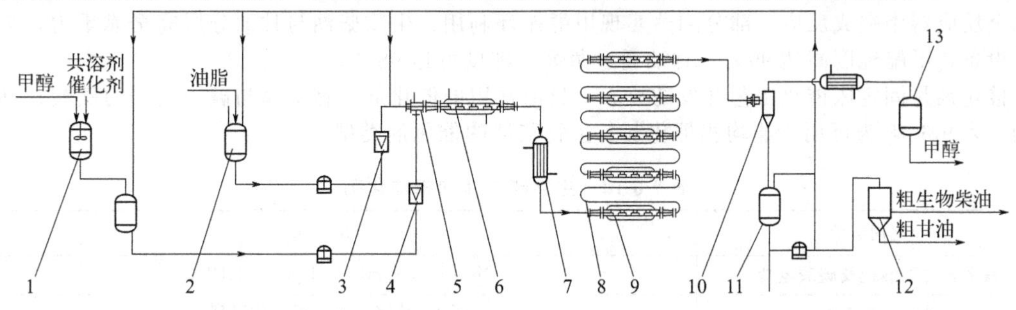

图 9-6-38　ICIFP 工艺流程

1—甲醇罐；2—油脂罐；3，4—流量计；5—醇油混合器；6，7，9—换热器；8—管道反应器；10—旋液分离器；11—蒸馏罐；12—静置罐；13—甲醇储罐

ICIFP 工艺特点：选择惰性可回收共溶剂，使油脂、甲醇、催化剂成为单相系统，整个反应过程在此单相系统内进行，因此可提高传质和反应速率；反应时间短，釜式反应器需要两小时的反应此工艺仅需 20min，且能耗也降低 20%；可连续运转；原料适应性极好。

2. 连续非均相催化工艺

均相催化工艺需要排放大量的废酸或废碱液，环境污染较大，因此，均相催化工艺的应用越来越受到限制。尽管也有文献报道，废水可以循环利用以减少排放，但这将导致总生产成本增加。

为了克服均相催化的缺点，近年来，人们致力于非均相催化工艺的研究与开发，尤其以固定床反应器为核心的催化剂及催化工艺为重点。目前实现工业化的非均相催化技术并不多。法国石油研究院成功开发了一种新工艺，采用尖晶石结构的固体催化剂来进行连续制备生物柴油的多相催化反应过程，称为 Esterfip-H 工艺，16 万吨/年的工业化装置已投入运行[131]。该工艺的流程如图 9-6-39 所示。

该工艺的主要步骤包括：a. 油脂与醇混合及预热；b. 第一步酯交换反应；c. 醇回收；d. 甘油富集；e. 第二步酯交换反应；f. 醇回收；g. 生物柴油与甘油分离；h. 生物柴油精制。

主要工艺条件与技术指标：a. 醇油比范围（4∶1）～（20∶1），6∶1 最为常用；b. 温度可从常温至 250℃，压力范围为常压至 15MPa；c. 催化剂用量占油脂量的 0.1%～1.5%；d. 停留时间 6～10min；e. 油脂转化率 85%～95%。

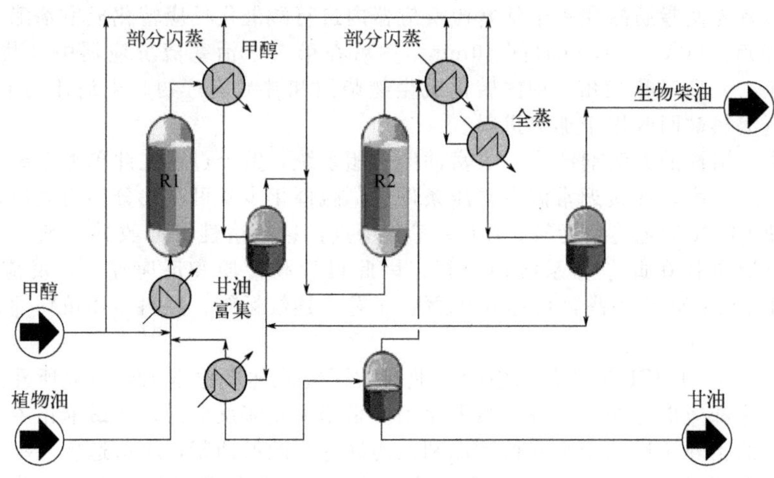

图 9-6-39　Esterfip-H 工艺流程

Esterfip-H 工艺特点：与以氢氧化钠或甲醇钠为催化剂的液相反应相比，该工艺中无需酸碱中和步骤与洗涤步骤，废水和废渣排放较少；主要反应发生在第一个反应器中，移除甘油后，在第二个反应器中完成反应，部分闪蒸实现甲醇循环利用；生物柴油与甘油分层完全靠重力，无需离心设备，甲酯纯度高达 99%；甘油通过蒸馏，纯度可达 98%。

催化剂是固定床催化工艺开发的核心。目前常用的催化剂是碱金属与碱土金属的碳酸盐和氧化物。表 9-6-18 为可用于非均相催化制备生物柴油的催化剂类型。

表 9-6-18　生物柴油非均相催化剂

催化剂类型	应用实例
碱金属的碳酸盐及碳酸氢盐	Na_2CO_3、$NaHCO_3$、K_2CO_3、$KHCO_3$
碱金属氧化物	K_2O(焚烧农作物废弃物得到)
碱金属羧酸盐	十二酸铯
碱土金属醇化物	碱金属和碱土金属的氧化物与醇混合
碱土金属碳酸盐	$CaCO_3$
碱土金属氧化物	CaO、SrO、BaO
碱土金属氢氧化物	$Ba(OH)_2$
碱土金属羧酸盐	醋酸钙和醋酸钡
阴离子交换树脂	Amberlyst A 26、A 27
金属磷酸盐	磷酸铝
铝酸盐	镁-铝复合氧化物
过渡金属的氧化物、氢氧化物、碳酸盐	$Fe_2O_3(+Al_2O_3)$、Fe_2O_3、Fe_3O_4、FeOOH、NiO、Ni_2O_3、$NiCO_3$、$Ni(OH)_2Al_2O_3$
过渡金属氨基酸盐	精氨酸锌和精氨酸镉
过渡金属的脂肪酸盐	棕榈酸与硬脂酸的锌盐和锰盐
黏土矿和硅酸盐	钠、钾的硅酸盐
沸石	钛基沸石、八面沸石

由表 9-6-18 可知，无论是鲁奇（Lurgi）工艺等均相催化体系，还是 Esterfip-H 工艺等非均相催化体系，都是基本上已工业化的成熟工艺，而且都有各自的优势和缺点，在实际的实施过程中，需要根据不同的实际情况特别是原料情况来选择不同的工艺流程，以达到最佳生产水平。表 9-6-19 是不同工艺之间的对比情况。

表 9-6-19　化学法制备生物柴油已工业化主要工艺的比较

工艺名称	优缺点	催化剂	收率与品质	反应条件	原料适应性	规模/(10^4t/a)
Lurgi	优点：产品质量高，分离过程不需要离心。缺点：工艺流程长，原料适应性差	均相碱催化 $NaOCH_3$	收率 99%	温度 60℃，压力为常压	不适用高酸值原料	4～25
Henkel	优点：产品纯度高，颜色浅，甘油酯含量低。缺点：投资高，能耗高，产品抗氧化性较差	运用碱性催化剂	收率 99%，副产物甘油纯度 92%以上	温度 220～240℃，压力 9～10MPa	不适用高酸值原料	1～10
CD	优点：能耗低，品质高。缺点：产品颜色较深，原料适应性差	均相碱催化剂 $NaOCH_3$ 或 NaOH	收率大于 98%，粗甘油纯度 80%以上	温度 65～75℃，压力为常压	适用于游离脂肪酸含量小于 2%的原料	3.5～50
ICIFP	优点：反应快，能耗低，且可连续运行。缺点：需要共溶剂	均相碱催化剂，KOH 或甲醇钠	油脂转化率大于 98%	温度 60～75℃，常压	不适用高酸值油料	规模大于 0.1
BIOX	优点：条件温和，操作弹性大。缺点：产品后处理复杂，三废排放多，工艺流程长	碱催化，引入惰性共溶剂四氢呋喃	油脂转化率达到 99%	常温，常压	适用于游离脂肪酸含量低于 30%的原料	0.5～4
Ester-H	优点：能耗低，无离心设备。缺点：原料适应性较差	非均相固体碱催化(尖晶石结构)	甲酯纯度达到 99%，甘油纯度 98%	加温，加压	适用于游离脂肪酸含量小于 0.25%的原料	规模大于 10

三、生物法生物柴油生产工艺与设备

前面论述的主要是化学法制备生物柴油的工艺，由于传统的化学法具有较多缺点，因此，有学者提出采用生物酶法来制备生物柴油，即以酶或全细胞为催化剂的生物转酯化方法[131,132]。生物酶法工艺简单、反应条件温和、选择性高、醇用量小、副产物少、生成的甘油容易回收且无需进行废液处理，本法的关键是催化剂。脂肪酶能够高效催化醇与脂肪酸甘油酯进行酯交换反应，通过使用脂肪酶可以解决目前传统化学方法生产生物柴油使用的催化剂存在难以分离以及所需能量太大等问题。但是缺点是：反应体系中的甲醇会导致脂肪酶失活从而失去催化能力；酶价格偏高，反应时间较长。因此，提高脂肪酶活性和防止酶失活是该法实现工业化生产的关键。

游离脂肪酶作催化剂用于催化合成生物柴油的脂肪酶，主要是酵母脂肪酶、假单细胞脂肪酶、假丝酵母脂肪酶、根霉脂肪酶、毛霉脂肪酶和猪胰脂肪酶等。如根霉脂肪酶能在初始含水质量分数为 4%～30%的反应系统中催化植物油生成柴油。在正己烷中，假丝酵母脂肪酶催化转化棕榈油与短链醇的底物，反应 4h 转化率达 78.6%；以正丙醇为底物时，反应 8h，转化率可达 96.0%。脂肪酶选择性好、催化活性高，但作为大规模工业生产生物柴油用催化剂还面临一些问题待解决。脂肪酶价格昂贵，使用它作催化剂生产成本较高，限制了其在工业规模生产生物柴油中的应用。解决此问题的主要方法是：一是采用脂肪酶固定化技术，使其能重复应用；二是将整个能产生脂肪酶的细胞作生物催化剂。

固定脂肪酶作催化剂可大大提高酶的稳定性和重复使用率并降低成本[133]。日本利用丹麦诺维信公司生产的固定化假丝酵母脂肪酶，在 30℃下反应 48h，转化率可达 97.3%。日本大阪市立工业研究所研究解决了用发酵法生产生物柴油的技术问题，成功开发使用固定化脂肪酶连续生产生物油的技术，其生产成本可与化学法相匹敌，且不需像化学法那样进行废液处理，生产可实现零排放。游离脂肪酸和水对酶催化反应无影响，反应液静置后，脂肪酸甲酯即可与甘油分离。反应在 30℃下进行，转化率达 95%，脂肪酶连续使用 100 天仍不失活。

清华大学化工系应用化学研究所创造性地提出了利用新型有机介质体系进行酶促油脂原料和甲醇合成生物柴油的新工艺[134]，从根本上解除了传统工艺中反应物甲醇及副产物甘油对酶反应活性及稳定性的负面影响，使酶的使用寿命延长了数十倍。图 9-6-40 为该工艺的流程。该工艺的主要优点：一是操作简单，单程转化率达 90%以上；二是脂肪酶不需任何处理就可直接连续使用，并且表现出相当好的操作稳定性，连续运转 9 个月，酶活性未出现任何下降趋势；三是新工艺大大降低了生物酶的使用成本，突破了生物酶法产业化的瓶颈；四是新工艺可转化廉价的高酸价废弃油脂，可以大幅降低生物柴油的原料成本。废弃油脂如地沟油、泔水油、酸化油等一般都含有大量的游离脂肪酸和相当一部分的水，因此废弃油脂不能用传统的化学碱法进行转化，而化学酸法对废弃油脂中的中性油脂转化效率低，且设备投资更高、运行能耗大。生物酶法新工艺可以同时催化中性油脂和游离酸的转化，即废弃油脂也可以用来生产生物柴油，大大降低了生物柴油的原料成本。该技术对我国新型柴油能源开发有重要意义，并对减少城市地沟油和煎炸油排量，改善城市环境起到积极作用。

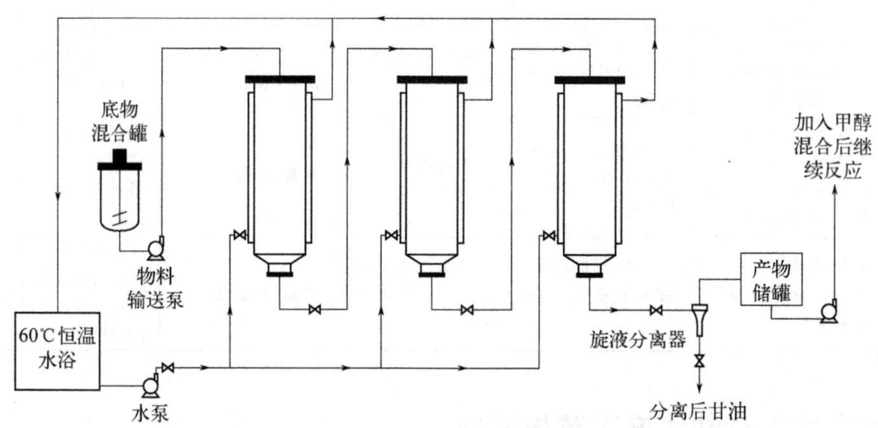

图 9-6-40 生物酶法制备生物柴油工艺流程

四、超临界制备工艺与设备

利用超临界流体技术进行生物柴油制备的研究工作是近十几年才开始的，它是在超临界甲醇（反应物）条件下进行的无催化酯交换反应[135,136]。日本京都大学 Saka 等于 2001 年首次发表论文报道了超临界甲醇法制备生物柴油的研究[137]，其研究结果表明，菜籽油与甲醇在 350℃下按醇油物质的量之比 42∶1 进行反应，4min 的转化率为 95%；并且研究了水及游离脂肪酸对酯交换反应活性的影响[138]，在有催化剂的酯交换反应中，水和游离脂肪酸都会降低反应活性，而在超临界甲醇的反应体系中，水和游离脂肪酸几乎不影响酯交换活性，甚至水的存在对反应活性还略有促进作用。含有水的超临界甲醇反应更有利于产品的分离，这是因为甘油溶解于水中比在甲醇中稳定。而游离脂肪酸在超临界甲醇条件下不仅可以起到一定的催化作用，并且可以与甲醇发生酯化反应最终转化成生物柴油。

国内武汉工程大学王存文教授等[139]也对超临界法制备生物柴油进行了系统和深入的研究，研究表明：超临界法的酯交换反应时间大大缩短（4～5min 反应时间能达到 95%以上的转化率）；原料适用性广（可适当含水且油脂中游离脂肪酸含量不影响产品收率和产品质量）；无需催化剂，但弱酸催化的条件下可以较大限度地降低反应温度和压力；几乎无废弃物产生；产品分离简单；利用闪蒸方法可以实现甲醇的循环利用；可大规模连续化生产；技术经济性评价完全可与传统的化学法相媲美。在研究的基础上，王存文教授等设计开发了连续超临界法制备生物柴油的成套工艺技术，完成了小试和扩大试验，取得了较好的效果。图 9-6-41 是小试装置工艺流程，采用 $\Phi 6\times 1$mm、长 7m 的 1Ni18Cr9Ti 不锈钢管式反应器。图 9-6-42 是扩大实验装置工艺流程[140]，反应器为单管，长 6m，材质为 1Ni18Cr9Ti，型号为 $\Phi 37\times 2.5$mm。反应装置的设计最高温度为

500℃，最大压力为50MPa，可在确定的条件下进行良好的定态反应。反应器设有侧线取样口，方便研究整个反应器的混合及反应状态。

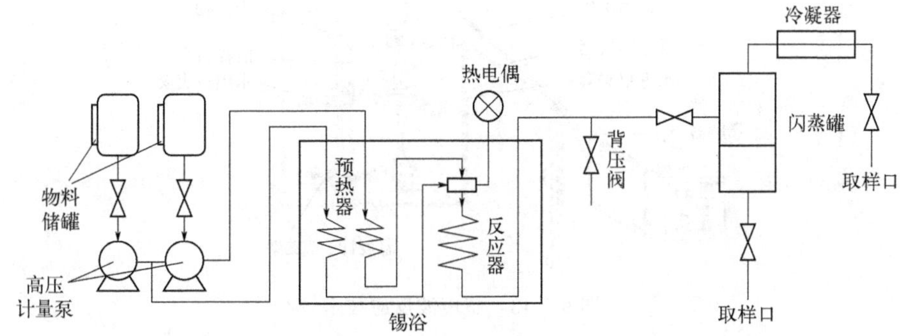

图 9-6-41　连续化超临界甲醇法制备生物柴油耦合闪蒸小试装置的工艺流程

该工艺的优点是反应时间快、无需催化剂、油脂转化率高、产物分离简单、产品质量高，并且反应后的物料不经过冷凝器，直接进行闪蒸操作，回收热量用以预热原料，同时回收过量甲醇进行循环使用，使能量和物料都得到综合利用。

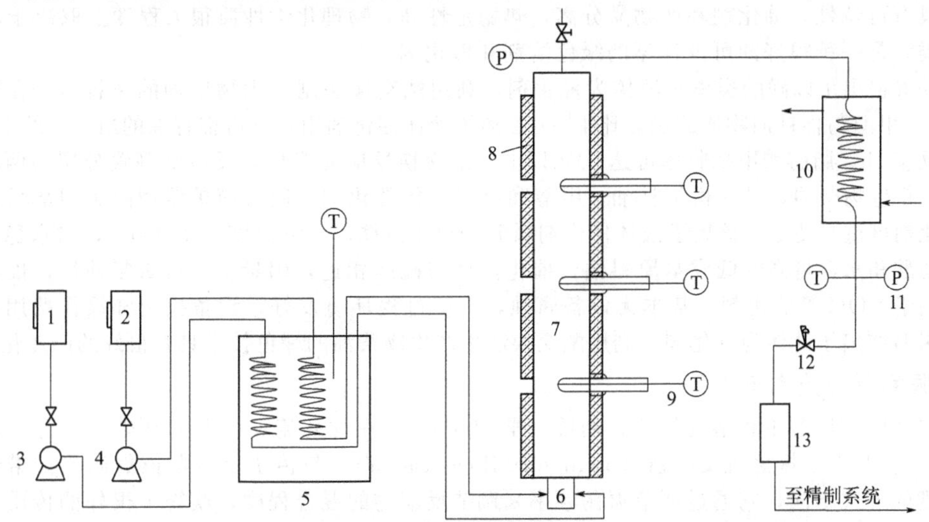

图 9-6-42　连续超临界甲醇法制备生物柴油扩大试验装置的工艺流程

1—原料油计量罐；2—甲醇计量罐；3，4—高压计量泵；5—预热器；6—预混合器；7—管式反应器；8—管式电阻炉；9—控温热电偶；10—冷凝器；11—压力传感器；12—背压阀；13—产品收集罐

五、其他工艺与设备

1. 超声波辅助工艺与设备

超声波在传播过程中具有方向性好、功率大、穿透性强、会引起空化作用等特点[141,142]。其在液体介质中传播时产生的声空化效应能产生局部高温、高压，并伴随有强烈的冲击波和微射流（见图 9-6-43）。因此，超声波空化效应能产生强烈的分散、搅拌、乳化、引发等作用。在生物柴油制取过程中，超声波的空化作用、加热作用和高频振荡的特点同时得到了应用。存在于甲醇和原料油中的微气核（空化核）在超声波声场的作用下，产生高频振动、生长和崩溃闭合的动力学过程，空化泡破裂时，极短时间内能在空化泡周围的极小空间产生局部高温和高压。高温使反应物的活性增加，促进反应的进行；高压致使冲击波和微射流的发生，从而导致分子之间产生强烈的碰撞，进而加速酯交换反应。

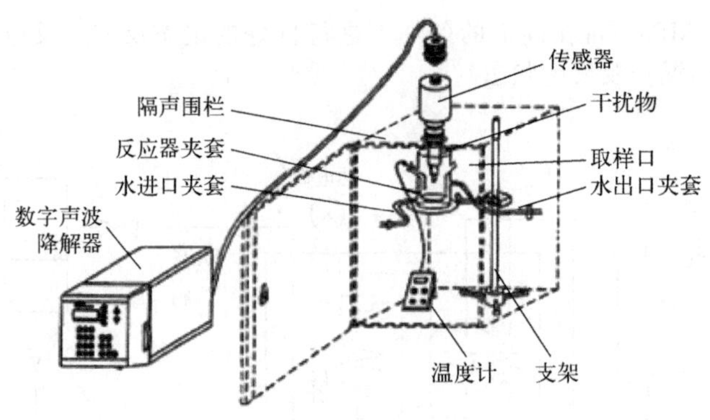

图 9-6-43　超声波反应技术

2. 离子液制备工艺与设备

为克服非均相固体酸催化剂活性低的不足，同时又保留固体酸催化剂环境友好的优点，近年来环境友好的酸性离子液体催化剂受到了人们的广泛重视[143]。离子液体作为一种新型的环境友好溶剂和液体酸催化剂，它同时具有液体酸的离子密度反应活性位和固体酸的不挥发性，其结构和酸性具有可调性，催化剂和产物易分离，热稳定性高，物理化学性质很大程度上取决于阴阳离子的种类，是一种很好的可设计型的绿色溶剂和催化剂。

吴芹等提出了以磺酸类离子液体为催化剂，利用酯交换法制备生物柴油的新技术。在反应温度 170℃、甲醇与棉籽油物质的量之比 12∶1、离子液体催化剂用量（占棉籽油的质量）约 1%的条件下，反应 5h，脂肪酸甲酯收率可达 90%以上。酯交换反应完毕后，反应液静置分层为两相，其中一相是粗生物柴油，另一相是甘油、甲醇和离子液体催化剂。通过简单蒸馏除去甲醇后，离子液体催化剂可重复使用。该离子液体催化剂属 B 酸离子液体，分解温度大于 300℃，对水稳定，适用于脂肪酸和水含量高的低成本原料油；催化活性与硫酸相近，用量少，可重复使用，催化剂总成本不高于 KOH 等催化剂，基本无设备腐蚀，生产过程环境友好，设备投资和操作费用低。因此，采用 B 酸离子液体为催化剂，利用酯交换法生产生物柴油的绿色技术具有很好的产业化前景。

3. 振荡反应技术与工艺

针对油脂与甲醇不相溶的特点，剑桥大学 Harvey 等在柱塞流反应器的基础上加上平滑的振荡设备[144]，开发了振荡流反应器（oscillatory flow reactor）。与传统反应器依靠调节雷诺数改变混合程度的方式不同，它通过调节振荡频率来调节反应物的混合程度，获得了很好的传质、传热效果。他们采用以两根长度为 1.5m、内径为 25mm 的 QVF 管组成的振荡流反应器，考察了脂肪酸甲酯的制备工艺，发现在甲醇与菜籽油物质的量之比为 4.7∶1、催化剂为 NaOH、60℃下反应 30min 的条件下，甲酯收率即达 99%，反应 40min，甲酯收率可进一步提高到 99.5%。振荡流反应器虽可以在较低的醇油物质的量之比下得到较高甲酯收率，但该技术对设备的要求较高，使投资费用增加。

4. 微波反应技术

甲醇的极性较大，能很好地吸收微波，由于微波的加热特性，故在微波的辐射下甲醇会迅速升温到沸腾，而油脂由于具有较长的非极性碳链，基本不吸收微波，其酯基部分具有极性，有较强的微波吸收能力，且酯交换反应正是发生在酯基位置，因此微波具有类似定向聚能的作用，可极大地加速酯交换反应[145]。研究发现[146]，用微波强化酯交换反应，几分钟之内可完成反应，且甲酯收率明显提高，从而解决了常规外加热法进行酯交换反应所需时间长，醇、油两相接触不好的缺点。

5. 反应精馏耦合技术

反应蒸馏反应器（reactive distillation reactor）是将反应过程和蒸馏分离过程结合在一起，在蒸馏分离反应产物和原料的过程中，打破化学反应的平衡，使反应向正反应方向连续进行，同时也破坏了反应器中的气液平衡，加快了传质分离。在反应蒸馏反应器中，反应物料从顶部进入，与塔底再沸器产生的甲醇蒸气充分接触，局部达到很高的醇油比，每个塔板可看作一个微型反应器，提高反应进行的程度。甲醇蒸气在塔顶冷凝器中冷凝，回流进入反应系统；再沸器将产物中的甲醇蒸出，亦进入反应系统重复使用，大大降低了甲醇用量，同时达到产物分离的目的，从而在较短时间内提高了单位反应体积的生物柴油的生产能力。在反应温度 65℃、醇/油物质的量之比 4∶1 的条件下，反应 3min 后，生物柴油的产率可达 94.4%，生产能力比目前其他反应器高 6～10 倍，而反应时间则缩短到其他反应器的 1/30～1/20[147]。图 9-6-44 是反应精馏工艺流程。

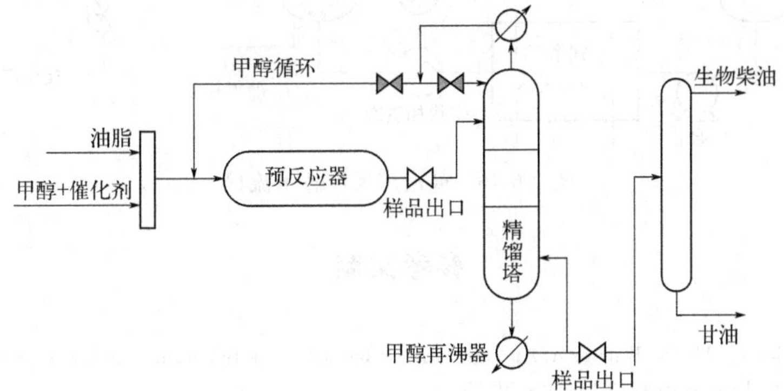

图 9-6-44　反应精馏工艺流程

6. 反应膜分离耦合

油脂与甲醇的酯交换反应为平衡反应，使用膜反应器可选择性地将反应产物与原料分开，从而推动反应平衡向生成产物的方向移动，提高反应物的转化率。反应膜分离工艺流程如图 9-6-45 所示。Dube 等采用内外径分别为 6mm 和 8mm、膜孔径为 0.05μm、长度为 1200mm 的多孔炭膜构建的膜反应器[148]，以芥花籽油为原料制备生物柴油。反应温度 65℃，当以 2%浓硫酸作催化剂时，转化率随流体流速的增大而增大，在流速 6.1mL/min 时，转化率达到最高 64%；而以 1% NaOH 为催化剂进行反应时，流速从 2.5mL/min 提高到 6.1mL/min，转化率从 95%仅增加到 96%，基本无变化。膜反应器虽可以及时地将产物分离出来，但存在反应过程中原料混合不充分的问题。

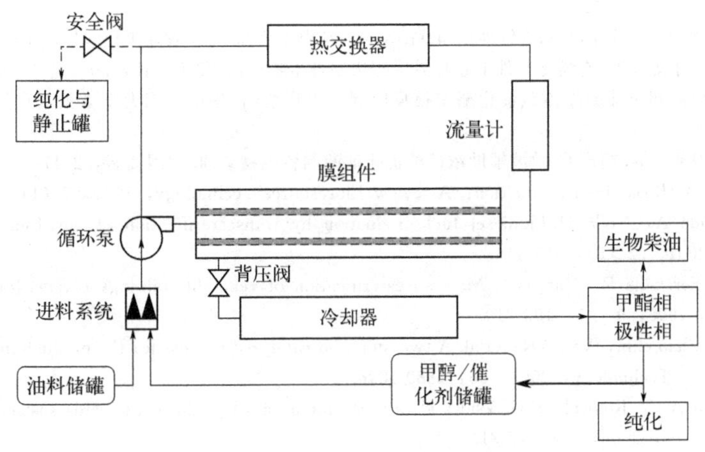

图 9-6-45　反应膜分离工艺流程

7. 鼓泡床反应技术

日本学者 Joelianingsih 提出一种新型的反应技术[149]，具体流程见图 9-6-46。整个反应技术的核心是鼓泡床反应器，甲醇经过锡浴加热为过热甲醇蒸气，源源不断地通入油，甲醇与植物油充分接触发生反应，取得了良好的效果。

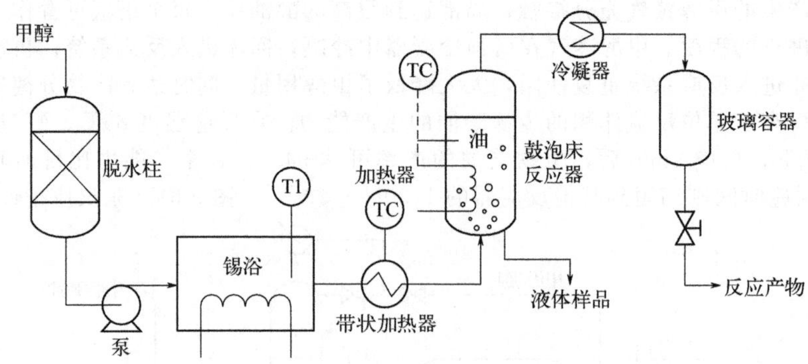

图 9-6-46　鼓泡床反应技术流程

参考文献

[1] Masjuki H J, Hassan M D, Kalam A. An overview of biofuel as a renewable energy source: Development and challenges. Procedia Engineering, 2013, 56: 39-53.

[2] Rothamer D A, Donohue T J. Chemistry and combustion of fit-for-purpose biofuels. Current Opinion in Chemical Biology, 2013, 17: 522-528.

[3] Adams C, Peters J F, Rand M C, et al. Investigation of soybean oil as adiesel fuel extender. J Am Oil Chem Soc, 1983, 60 (8): 1574-1579.

[4] Goering C E, Fry B. Engine durability screening test of a diesel oil/soy oil/alcohol microemulsion fuel. J Am Oil Chem Soc, 1984, 61 (10): 1627-1632.

[5] Schwab A, Dykstra G, Selke E, et al. Diesel fuel from thermal decomposition of soybean oil. J Am Oil Chem Soc, 1988, 65: 1781-1786.

[6] Aksoy H, Kahraman I, Karaosmanoglu F, et al. Evaluation of Turkish sulphur olive oil as an alternative diesel fuel. J Am Oil Chem Soc, 1988, 65 (6): 936-938.

[7] Freedman B, Pryde E, Mounts T. Variables affecting the yields of fatty esters from transesterified vegetable oils. J Am Oil Chem Soc, 1984, 61 (10): 1638-1643.

[8] Boocock D G, Konar S K, Mao V, et al. Fast formation of high-purity methyl ester from vegetable oils. J Am Oil Chem Soc, 1998, 75 (9): 1167-1172.

[9] 徐桂转，岳建芝，张百良，等. 脂肪酶连续催化桐油酯交换反应制取生物柴油. 农业工程学报，2010，26 (7)：245-249.

[10] 王存文，周俊锋，陈文，等. 连续化条件下超临界甲醇法制备生物柴油. 化工科技，2007，15 (5)：28-33.

[11] 邹华生 李剑 陈文标. 超声辅助固体碱催化酯交换反应制备生物柴油. 华南理工大学学报（自然科学版），2011，39 (11)：6-11.

[12] 吴梅，张慧，姚闽娜，等. 超声波-微波辅助浓硫酸催化油酸制备生物柴油. 中国油脂，2017，42 (7)：97-100.

[13] Fang R, Milford A H. Biodiesel production: A review. Bioresource Technology, 1999, 7 (1): 1-15.

[14] Fukuda H, Kondo A, Noda H. Biodiesel fuel production by transesterification of oils. Journal of Bioscience and Bioengineering, 2001, 92 (5): 405-416.

[15] Schuchardta U, Serchelia R, Vargas R M. Transesterification of vegetable oils: A review. Journal of the Brazilian Chemical Society, 1998, 9 (1): 199-210.

[16] Zullaikah S, Lai Chao-chin, Vali S R, et al. A two-step acid-catalyzed process for the production of biodiesel from rice bran oil. Bioresource Technology, 2005, 96: 1889-1896.

[17] Kiss A A, Dimian A C, Rothenberg G. Solid acid catalysts for biodiesel production-towards sustainable energy. Advanced Synthesis & Catalysis, 2006, 348: 75-81.

[18] 吴芹，陈和，韩明汉，等. 高活性离子液体催化棉籽油酯交换制备生物柴油. 催化学报，2006，27 (4)：294-296.

[19] 盛梅，郭国英，徐鸽，等. 生物柴油的制备. 高校化学工程学报，2004，18 (2)：231-236.

[20] Liu X, He H, Wang Y, et al. Transesterification of soybean oil to biodiesel using SrO as a solid base catalyst. Catalysis Communications, 2007, 8: 1107-1111.

[21] Schuchardt U, Vatgas R M, Gelbard G. Transesterification of soybean oil catalyzed by alkylguanidines heterogenized on different substituted polystyrenes. Journal of Molecular Catalysis A: Chemical, 1996, 109: 37-44.

[22] Martin M. Lipase catalyzed alcoholysis of sunflower oil. J Am Oil Chem Soc, 1990, 67 (3): 168-170.

[23] Nelson L A, Foglia T A, Marmer W W. Lipase-catalyzed production of biodiesel. J Am Oil Chem Soc, 1996, 73: 1191-1195.

[24] Watanabe Y, Samukawa T, Sugihara A, et al. Conversion of vegetable oil to biodiesel using immobilized Candida antarctica lipase. J Am Oil Chem Soc, 1999, 76 (7): 789-793.

[25] Andrea S, Marcella P, Maura M, et al. Biodiesel production from triolein and short chain alcohols through biocatalysis. Journal of Biotechnology, 2005, 119: 291-299.

[26] Li D, Tan T, Wang F, et al. Enzymatic production of fatty acid alkyl esters with a lipase preparation from Candida sp. 99-125. Eur J Lipid Sci Technol, 2003, 105: 727-734.

[27] 姚专，侯飞. 我国生物柴油的发展现状与前景分析. 粮食与食品工业，2006，13 (4)：34-37.

[28] 杨继国，林炜铁，吴军林. 酶法合成生物柴油的研究进展. 化工环保，2004，24 (2)：116-120.

[29] Fukuda H, Hama S, Tamalampudi S, et al. Whole-cell biocatalysts for biodiesel fuel production. Trends in Biotechnology, 2008, 26 (12): 668-673.

[30] Srivathsan V R, Srinivasan L N, Karuppan M. An overview of enzymatic production of biodiesel. Bioresource Technology, 2008, 99: 3975-3981.

[31] Xu Y, Wang D, Mu X, et al. Biosynthesis of ethyl esters of short-chain fatty acids using whole-cell lipase from *Rhizopus chinesis* CCTCC M201021 in non-aqueous phase. Journal of Molecular Catalysis B: Enzymatic, 2002, 18: 29-37.

[32] Panke S, Lorenzo V, Kaiser A, et al. Engineering of a stable whole-cell biocatalyst capable of (S) -styrene oxide formation for continuous two-liquid-phase applications. Applied and environmental microbiology, 1999, 65 (12): 5619-5623.

[33] Matsuyama A, Yamamoto H, Kobayashi Y. Practical application of recombinant whole-cell biocatalysts for the manufacturing of pharmaceutical intermediates such as chiral alcohols. Organic Process Research & Development, 2002, 6 (4): 558-561.

[34] Ban, K, Kaieda M, Matsumoto T, et al. Whole-cell biocatalyst for biodiesel fuel production utilizing *Rhizopus oryzae* cells immobilized within biomass support particles. Biochemical Engineering Journal, 2001, 8: 39-43.

[35] Matsumoto T, Takahashi S, Kaieda M, et al. Yeast whole-cell biocatalyst constructed by intracellular overproduction of *Rhizopus oryzae* lipase is applicable to biodiesel fuel production. Appl Microbiol Biotechnol, 2001, 57: 515-520.

[36] 李顶杰，张丁南，李红杰，等. 中国生物柴油产业发展现状及建议. 国际石油经济，2021，29 (8)：91-98.

[37] 李永红，刘波，赵宗保，等. 圆红冬孢酵母菌发酵产油脂培养基及发酵条件的优化研究. 生物工程学报，2006，22 (4)：650-656.

[38] 薛飞燕，张栩，谭天伟. 微生物油脂的研究进展及展望. 生物加工过程，2005，3 (1)：23-27.

[39] 齐沛沛，王飞. 制备生物柴油用小球藻的油脂富集培养研究. 现代化工，2008，28：36-39.

[40] 陈英明，陆继东，肖波，等. 生物柴油原料资源利用与开发. 能源工程，2007，1：33-37.

[41] 王涛. 生态能源林-未来生物质燃料油原料基地. 生物质化学工程，2006，S1：1-6.

[42] 王涛. 中国主要生物质燃料油木本能源植物资源概况与展望. 科技导报，2005，23 (5)：12-14.

[43] 赵国志，刘喜亮，刘智锋. 油脂精炼技术最新进展（Ⅰ）. 粮食与油脂，2007，5：5-9.

[44] 李世磊，张海军，刘德安，等. 油脂脱酸过程中碱炼效果优化研究. 粮油工程，2021，28 (5)：1-5.

[45] Ghadge S V, Raheman H. Biodiesel production from mahua (Madhuca indica) oil having high free fatty acids. Biomass and Bioenergy, 2005, 28: 601-605.

[46] Srinivas D, Satyarthi J K. Biodiesel production from vegetable oils and animal fat over solid acid double-metal cyanide catalysts. Catal Surv Asia, 2011, 15: 145-160.

[47] Yang J, Wu X, Cheng Y, et al. Novel solid acid with both Brønsted and Lewis acid sites for biodiesel synthesis. Kinetics and Catalysis, 2013, 54: 703-708.

[48] Hanif M A, Nisar S, Rashid U. Supported solid and heteropoly acid catalysts for production of biodiesel. Catalysis Review-Science and Engineering, 2017, 59 (2): 165-188.

[49] Kevin M W, Liang X. Synthesis of a novel porous carbon based solid acid and its catalytic activities for biodiesel synthesis from waste oils. Kinetics and Catalysis, 2020, 61: 486-493.

[50] Parangi T, Mishra M K. Solid acid catalysts for biodiesel production. Comments on Inorganic Chemistry, 2020, 40 (4): 176-216.

[51] 俞丹群，刘纯山，崔士贞. 制备生物柴油的固体碱催化剂的研究. 工业催化，2005，13：368-370.

[52] 孟鑫，辛忠. KF/CaO 催化剂催化大豆油酯交换反应制备生物柴油. 石油化工，2005，34：282-286.

[53] Benjapornkulaphong S, Ngamcharussrivichai C, Bunyakiat K. Al_2O_3-supported alkali and alkali earth metal oxides for transesterification of palm kernel oil and coconut oil. Chemical Engineering Journal, 2009, 145 (3): 468-474.

[54] Yao W, Liu K, Liu H, et al. A valuable product of microbial cell factories: Microbial lipase. Frontiers in Microbiology,

2021，12：1-16.

[55] Filho D G，Silval A G，Guidini C Z. Lipases：Sources，immobilization methods，and industrial applications. Applied Microbiology and Biotechnology，2019，103：7399-7423.

[56] Priyanka P，Tan Y，Kinsella G K，et al. Solvent stable microbial lipases：Current understanding and biotechnological applications. Biotechnology Letters，2019，41：203-220.

[57] Salgado C A，Santos C I A，Vanetti M C D. Microbial lipases：Propitious biocatalysts for the food industry. Food Bioscience，2022，45：(online).

[58] Bilal M，Fernandes C D，Mehmood T，et al. Immobilized lipases-based nano-biocatalytic systems-A versatile platform with incredible biotechnological potential. International Journal of Biological Macromolecules，2021，175：108-122.

[59] 汪玲. 微生物脂肪酶的性质及应用. 生物化工，2021，6（3）：161-163.

[60] Lu Y，Lv Q，Liu J. Immobilized Candida antarctica lipase B catalyzed synthesis of biodegradable polymers for biomedical applications. Biomaterials Science，2019，7：4963-4983.

[61] Chandra P，Singh R，Arora P K. Microbial lipases and their industrial applications：A comprehensive review. Microbial Cell Factories，2020，19：169.

[62] Patel N，Rai D，Mishra U，et al. Lipases：Sources，production，purification，and applications. Recent patents on biotechnology，2019，13（1）：45-56.

[63] Navvabia A，Razzaghia M，Fernandes P，et al. Novel lipases discovery specifically from marine organisms for industrial production and practical applications. Process Biochemistry，2018，70：61-70.

[64] Kaieda M，Samukawa T，Matsumoto T. Biodiesel fuel production from plant oil catalyzed by Rhizopus oryzae lipase in a water-containing system without an organic solvent. Journal of Bioscience and Bioengineering，1999，88（6）：627-631.

[65] Pizarro A V，Park E Y. Lipase-catalyzed production of biodiesel fuel from vegetable oils contained in waste activated bleaching earth. Process Biochemistry，2003，38（7）：1077-1082.

[66] Li Z，Li X ，Wang Y，et al. Expression and characterization of recombinant Rhizopus oryzae lipase for enzymatic biodiesel production. Bioresource Technology，2011，102：9810-9813.

[67] Ismail A R，Baek K H. Lipase immobilization with support materials，preparation techniques，and applications：Present and future aspects. International Journal of Biological Macromolecules，2020，163：1624-1639.

[68] Sroka Z. The activity of lipase from *Rhizopus* sp. in native form and after immobilization on hollow-fiber membranes. Journal of Membrane Science，1994，97：209-214.

[69] 邱勇隽，许建和. 固定化根霉脂肪酶的性质及在手性酯拆分中的应用. 应用与环境生物学报，2001，7（5）：469-473.

[70] Chen G，Ying M，Li W. Enzymatic conversion of waste cooking oils into alternative fuel-biodiesel. Applied Biochemistry and Biotechnology，2006：129-132.

[71] Xu Y，Du W，Liu D，et al. A novel enzymatic route for biodiesel production from renewable oils in a solvent-free medium. Biotechnology Letters，2003，25：1239-1241.

[72] Watanabe Y，Shimada Y，Sugihara A，et al. Conversion of degummed soybean oil to biodiesel fuel with immobilized Candida antarctica lipase. Journal of Molecular Catalysis B：Enzymatic，2002，17：151-155.

[73] Su E，Du L，Gong X，et al. Lipase-catalyzed irreversible transesterification of jatropha curcasL. Seed Oil to Fatty Acid Esters：An Optimization Study. Journal of American Oil Chemistry Society，2011，88：793-800.

[74] Lee J H，Kim S B，Yoo H Y，et al. Biodiesel production by enzymatic process using jatropha oil and waste soybean oil. Biotechnology and Bioprocess Engineering，2013，18：703-708.

[75] Fidalgo W R R，Ceron A，Freitas L，et al. A flfluidized bed reactor as an approach to enzymatic biodiesel production in a process with simultaneous glycerol removal. Journal of Industrial and Engineering Chemistry，2016，38：217-223.

[76] Silva W C，Freitas L，Oliveira P C，et al. Continuous enzymatic biodiesel production from coconut oil in two-stage packed-bed reactor incorporating an extracting column to remove glycerol formed as by-product. Bioprocess Biosyst Eng，2016，39：1611-1617.

[77] Ramos L，Martin L S，Santos J C，et al. Combined use of a two-stage packed bed reactor with a glycerol extraction column for enzymatic biodiesel synthesis from macaw palm oil. Industrial & Engineering Chemistry Research，2017，56：1-7.

[78] Ban K，Kaieda M，Matsumoto T，et al. Whole-cell biocatalyst for biodiesel fuel production utilizing *Rhizopus oryzae* cells immobilized within biomass support particles. Biochemical Engineering Journal，2001，8：39-43.

[79] 李治林，李迅，王飞，等. 全细胞生物催化制备生物柴油研究——固定化细胞的制备及其催化性能. 林产化学与工业，2009，29（1）：18-22.

[80] Hama S，Yamaji H，Fukumizu T，et al. Biodiesel-fuel production in a packed-bed reactor using lipase-producing Rhizopus oryzae cells immobilized within biomass support particles. Biochemical Engineering Journal，2007，34（3）：

273-278.

[81] He Q, Xia Q, Wang F, et al. Biodiesel production: Utilization of loofah sponge to immobilize rhizopus chinensis CGMCC ＃3. 0232 cells as a whole-cell biocatalyst. J Microbiol Biotechnol, 2016, 26 (7): 1278-1284.

[82] 王存文. 生物柴油制备技术及实例. 北京：化学工业出版社，2009.

[83] Yuichiro W, Dadan K, Shiro S. Bioresour reactivity of triglycerides and fatty acids of rapeseed oil in supercritical alcohols . Bioresource Technology, 2004, 91 (3): 283-287.

[84] Demirbas A, Ayhan D. Biodiesel from vegetable oils via transesterification in supereritieal methanol. Energy Conversion and Management, 2002, 43: 2349-2356.

[85] Hiroaki I, Jiayu X, Shiro S. Effect of CO_2/N_2 addition to supercritical methanol on reactivities and fuel qualities in biodiesel production. Fuel, 2009, 88 (7): 1329-1332.

[86] Cao W, Han H, Zhang J. Preparation of biodiesel from soybean oil using supercritical methanol and co-solvent. Fuel, 2005a, 84: 347-351.

[87] He H, Wang T, Zhu S, Continous production of biodiesel fuel from vegetable oil using supercritical methanol process. Fuel, 2007, 86: 442-447.

[88] Sasaki S. Method for preparing fatty acid esters and fuel comprising fatty acid esters. EP0985654, 2000.

[89] Tateno T, Nilhamashi E, Sakaki T, et al. Process for producing fatty acid esters and fuels comprising fatty acid ester. CN1126011, 2001.

[90] Jackson M A, King J W, et al. Methanolysis of seed oils in flowing supercritical carbon dioxide. J Am Oil Chem Soc, 1996, 73 (3): 353-356.

[91] Diasakou M, Louloudi A, Papayannakos N. Kinetics of the non-catalytic transesterification of soybean oil. Fuel, 1998, 77 (12): 1297-1302.

[92] 鞠庆华，郭卫军，张利雄，等. 甘油三乙酸酯超临界酯交换反应及其动力学研究. 石油化工，2005，34 (12)：168-170.

[93] Warabi Y, Kusdiana D, Saka S. Reactivity of triglycerides and fatty acids of rapeseed oil in supercritical alcohols. Bioresource Technology, 2004, 91 (3): 283-287.

[94] 谢明霞. 超临界法制备生物柴油的动力学研究与全流程模拟. 天津：天津大学，2007.

[95] 陈文，王存文，王为国. 超临界甲醇法连续制备生物柴油. 武汉工程大学学报，2007，29 (2)：1-4.

[96] Saka S, Kusdiana D. Biodiesel fuel from rapeseed oil as prepared in supercntical methanol. Fuel, 2001, 80 (2): 225-231.

[97] Isayama Y, Saka S. Biodiesel production by supercritical process with crude bio-methanol prepared by wood gasification. Bioresource Technology, 2007: 1-5.

[98] Meher L C, Sagar D V, Naik S N. Technical aspects of biodiesel production by transesterification -a review. Renewable and Sustainable Energy Reviews, 2006 (10): 248-268.

[99] 孙世尧，贺华阳，王连鸳，等. 超临界甲醇中制备生物柴油. 精细化工，2005，22 (12)：916-919.

[100] 朱海峰，程健，何寿林. 超临界甲醇中酯交换反应及其动力学. 武汉化工学院学报，2006，28 (l)：8-12.

[101] Demibras A. Biodiesel form vegetable oils via transesterifieation in supercritical methanol. Energy Conversion and Management, 2002, 43: 2349-2356.

[102] 李莹，张苗苗，张航，等. 生物柴油合成方法的探讨. 长江大学学报（自然科学版）理工卷，2010，7 (2)：153-155.

[103] 吴可克，王海颖，徐龙全. 微乳柴油的制备及其性能研究. 节能技术，2003，21 (6)：14-16.

[104] 张志，史吉平，杜风光，等. 生物柴油及其生产技术的进展. 能源技术，2007，28 (2)：88-91.

[105] Goering C E, Fry B. Engine durability screening test of a diesel oil/soy oil/alcohol microemulsion fuel. Journal of the American Oil Chemists Society, 1984, 61 (10): 1627-1632.

[106] Ziejewski M, Kaufman K R, Pratt G L. Vegetable oils as diesel fuel. Seminar Ⅱ, Northern Regional Reseach Center. Peoria, Illinois, 1983.

[107] Dantas T, Silva A, Neto A. New microemulsion systems using diesel and vegetable oils. Fuel, 2001, 80 (1): 75-81.

[108] 李科，蒋剑春，李翔宇. 乳化柴油的研究进展. 生物质化学工程，2010，44 (1)：44-50.

[109] Schwab A, Dykstra G, Selke E, et al. Diesel fuel from thermal decomposition of soybean oil. J Am Oil Chem Soc, 1988, 65: 1781-1786.

[110] Rothamer D A, Donohue T J . Chemistry and combustion of fit-for-purpose biofuels. Current Opinion in Chemical Biology, 2013, 17: 522-528.

[111] 陈登龙，丁以钿，林建生. 乳化柴油的研究. 化工科技，2002 (1)：15-18.

[112] 李靖靖. 乳化油节能降污理论探讨. 信阳师范学院学报（自然科学版），2002，15 (2)：237-239.

[113] 吴可克 ，王海颖，徐龙全. 微乳柴油的制备及其性能研究. 节 能 技 术，2003，21 (6)：14-16.

[114] Rothamer D A , Donohue T J . Chemistry and combustion of fit-for-purpose biofuels. Current Opinion in Chemical Biology, 2013, 17: 522-528.

[115] Adams C，Peters J F，Rand M C，et al. Investigation of soybean oil as adiesel fuel extender. J Am Oil Chem Soc，1983，60（8）：1574-1579.

[116] 周庆辉，纪威，王冬冬. 利用生物柴油制取甲醇柴油微乳液及其热力学分析. 拖拉机与农用运输车，2007，34（7）：18-19，22.

[117] Acharya A，Moulik S P，Sanyal S K，et al. Physicochemical investigations of microemulsification of coconut oil and water using polyoxyethylene 2-cetyl ether（Brij 52）and isopropanol or ethanol. Journal of Colloid & Interface Science，2002，245（1）：163-170.

[118] 王辉，徐国强，楚宜民，等. 柴油机燃用甲醇-柴油混合燃料的研究. 河南农业大学学报，2000，34（4）：395.

[119] 袁风英. 甲醇-柴油微乳燃料工艺研究. 华北工学院学报，2004，25（2）：125-127.

[120] 王立英，李春虎，冯丽娟，等. 棕榈油-甲醇-柴油微乳液的制备研究. 现代化工，2008，28（S2）：54-57.

[121] 汤颖，方文博，杨娜，等. 长链脂肪酸-甲醇-柴油微乳液体系研究. 精细石油化工进展，2018，19（3）：50-53.

[122] 王金英，张景林，彭英健. Span80/Tween80 形成的 W/O 型微乳液体系研究. 精细石油化工，2007（6）：12-16.

[123] 曹文明. 生物柴油国内外研究应用综述. 上海市粮油学会 2005 年学术年会论文汇编，2005：122-132.

[124] 赵淑战. Biox 公司开发出基于蔬菜油的生物柴油. 国外石油化工快报，2002，32（9）：1.

[125] 梁斌. 生物柴油的生产技术. 化工进展，2005，24（6）：577-585.

[126] 佚名. 住友超临界路线生产低成本脂肪酸酯. 浙江化工，2003，4（3）：30.

[127] 王璇，冀星. 国内外生物柴油技术进展. 国际化工信息，2006（4）：13-17.

[128] 闵恩泽，张利雄. 生物柴油产业链的开拓 2 生物柴油炼油化工厂. 北京：中国石化出版社，2006.

[129] 王存文. 生物柴油制备技术及实例. 北京：化学工业出版社，2009.

[130] 李科，蒋剑春，聂小安，等. 管道式连续甲酯化制备生物柴油中试实验. 生物质化学工程，2011，45（6）：15-18.

[131] 钱伯章. 使用多相催化剂生产生物柴油. 精细石油化工进展，2005，6（1）：58.

[132] 王建勋，黄庆德，黄凤洪，等. 酶法催化生产生物柴油的研究进展. 可再生能源，2006（6）：18-23.

[133] 汪勇，欧仕益，温勇，等. 酶法催化合成生物柴油的研究进展. 中国油脂，2006，31（1）：65-68.

[134] 高静，王芳，谭天伟，等. 固定脂肪酶催化废油合成生物柴油. 化工学报，2005，56（9）：1727-1730.

[135] 徐圆圆，杜伟，刘德华. 非水相脂肪酶催化大豆油脂合成生物柴油的研究. 现代化工，2003，23：167-171.

[136] Kusdiana D，Saka S. Methyl esterification of free fatty acids of rapeseed oil as treated in supercritical methanol. J Chem Eng Jpn，2001，34（3）：383-387.

[137] Saka S，Kusdiana D. Biodiesel fuel from rapeseed oil as prepared in supercritical methanol. Fuel，2001，80（2）：225-231.

[138] Yuichiro W，Dadan K，Shiro S. Bioresour reactivity of triglycerides and fatty acids of rapeseed oil in supercritical alcohols. Bioresour Technol，2004，91（3）：283-287.

[139] Kusdiana D，Saka S. Effects of water on biodiesel fuel production by supercritical methanol treatment. Bioresour Technol，2004，91（3）：289-295.

[140] Chen W，Wang C，Ying W，et al. Continuous production of biodiesel via supercritical methanol transesterification in a tubular reactor. Part 1：Thermophysical and transitive properties of supercritical methanol. Energy & Fuels，2009，23（1）：526.

[141] 王存文，周俊锋，陈文，等. 连续化条件下超临界甲醇法制备生物柴油. 化工科技，2007，15（5）：28-33.

[142] 王建黎，李永超，徐之超，等. 超声波辐射对醇-油不相容体系酯交换反应的影响. 中国油脂，2006，31（4）：61- 64.

[143] 岳鹍，金青哲，刘元法，等. 超声波作用下甲醇钠催化废煎炸油合成生物柴油的研究. 中国粮油学报，2006，21：98-101.

[144] 吴芹，陈和，韩明汉，等. B 酸离子液体催化棉籽油酯交换制备生物柴油. 石油化工，2006，35（6）：583-586.

[145] Harvey A P，Mackley M R，Seliger T. Process intensification of biodiesel production using a continuous oscillatory flow reactor. Journal of Chemical Technology & Biotechnology，2010，78（2-3）：338-341.

[146] Breccia A，Esposito B，Fratadocchi G，et al. Reaction between methanol and commercial seed oils under microwave irradiation. Journal of Microwave Power ang Electromagnetic Energy，1999，34（1）：3-8.

[147] 孙培永，张利雄，姚志龙，等. 新型反应器和过程强化技术在生物柴油制备中的应用研究进展. 石油学报（石油加工），2008，24（1）：1-8.

[148] Dubé M A ，Trembla Y A Y，Liu J. Biodiesel production using a membrane reactor. Bioresource Technology，2007，93：639-647.

[149] Nabetani H，Hagiwara S，Sagara Y，et al. Performance of a bubble column reactor for the non-catalytic methyl esterification of free fatty acids at atmospheric pressure. Journal of Chemical Engineering of Japan，2007，40（9）：780-785.

（王飞，聂小安）

第七章　生物质液化

生物质液化是通过热化学或生物化学方法将生物质部分或全部转化为液体燃料以及化学品的过程。生物质液化又可分为生物化学法和热化学法。生物化学法主要是指采用水解、发酵等手段将生物质转化为燃料乙醇；热化学法主要包括快速热解液化和加压催化液化等。生物质液化燃油能替代石油的前景早已引起国际社会的重视，许多发达国家和发展中国家纷纷将其列为国家能源可持续发展战略的重要组成和21世纪能源发展战略的基本选择之一。根据产物来分，生物质液化可分为制取液体燃料（乙醇和生物油等）的工艺和制取化学品的工艺。由于制取化学品需要较为复杂的产品分离与提纯过程，技术要求高且成本高，目前国内外还处于实验室研究阶段。生物质是唯一可以转化为液体燃料的可再生资源，将生物质转化为液体燃料不仅能够弥补化石燃料的不足，而且有助于保护生态环境。生物质包括各种速生的能源植物、农业废弃物、林业废弃物、水生植物以及各种有机垃圾等。我国生物质资源丰富，理论年产量为50亿吨左右，发展生物质液化替代化石燃料有巨大的资源潜力。

第一节　液化基础理论

一、原料来源

生物质一般是指植物通过光合作用将太阳能以化学能的形式储存起来而形成的有机物质，也是一种以可再生形式储存在生物圈中的炭。全球每年通过光合作用形式生产的有机物质约1700亿吨，相当于全球每年能源消耗量的10～20倍[1]，因此它是一种取之不尽、用之不竭的资源。自然界中生物质资源不仅含量丰富，而且来源广泛。一般情况下，生物质的来源主要分为以下几个方面[2]。

(1) 林业生物质资源　是指森林在生长过程以及林产品生产加工过程中产生的生物质能源，包括：薪炭林以及在森林抚育和间伐作业中产生的废弃物（树枝、树叶、木屑等）等；林产品加工过程产生的废弃物（木屑、梢头、板皮和截头等）；果壳、果核等林业副产品废弃物。

(2) 农业生物质资源　是指农作物以及能源作物生长过程中产生的生物质能源，包括：农业生产过程中的废弃物，例如小麦秸秆、玉米秸秆、稻草、棉花秸秆、玉米芯等；农业产品生产加工过程中产生的废弃物。能源作物通常是指可以提供能源的植物，一般情况下包括草本能源植物、油料植物、水生植物以及可以制取碳氢化合物的植物等。

二、液化定义及分类

1. 定义

生物质液化是指，在一定压力（5～25MPa）、温度（200～450℃）以及还原性气体和催化剂的作用下，经过一定的反应时间（0.2～1h），将生物质中的大分子有机聚合物降解成反应活性较高的小分子有机物质，其目的在于将生物质原料转化成具有较高H/C比值和较低O/C比值的高热值生物油产品，或者将生物质转化为附加值较高的小分子化学品[3]。生物质液化大致包括三个过程[4,5]：a. 破坏生物质的宏观结构，使其降解为大分子有机化合物；b. 大分子有机化合物进一步降解为分子量较小的低聚物或单体；c. 低聚物和单体再经过处理可得到液态小分子化学品，或者通过重整反应形成生物油。

2. 分类

按照液化机理的不同，生物质液化技术主要分为以下几类：

① 快速热解液化；
② 溶剂液化；
③ 外加场辅助液化；
④ 加氢液化；
⑤ 定向催化液化。

三、液化反应机理

（一）快速热解液化

生物质热解是在一定条件（缺氧或有限氧）下，将生物质原料热解为生物油、可燃气体以及生物质炭的过程，根据反应条件（如反应速度和升温速率等）的不同可以得到不同的热解产物。

生物质是由纤维素、半纤维素、木质素及其他少量杂质构成的，这些物质的热解速度、热解机理以及热解路径互不相同[6]，在热解过程中，纤维素在 240℃时开始发生降解，随着温度的升高，热解加剧，到 300～375℃时，热解为低分子碎片段，其降解过程如下：

$$(C_6H_{10}O_5)_x \xrightarrow{\text{约}500℃} xC_6H_{10}O_5$$

$$C_6H_{10}O_5 \longrightarrow H_2O + 2CH_3{-}CO{-}CHO$$

$$CH_3{-}CO{-}CHO + H_2 \longrightarrow CH_3{-}CO{-}CH_2OH$$

$$CH_3{-}CO{-}CH_2OH + 2H_2 \longrightarrow CH_3{-}CHOH{-}CH_3 + H_2O$$

而半纤维素结构上带有支链，比纤维素更易降解，其降解机制与纤维素相似。木质素结构单元通过醚键和碳碳键相连，结构比纤维素、半纤维素要复杂得多。木质素的热化学液化反应首先是烷基醚键的断裂反应。木质素大分子在高温、供氢溶剂存在下，通过自由基反应[7]，首先断裂成低分子碎片，其基本反应如下：

$$\text{木质素} \longrightarrow 2R\cdot \qquad R\cdot\cdot + DH_2 \longrightarrow RH + DH\cdot$$

$$R\cdot + MH \longrightarrow RH + M\cdot \qquad R\cdot\cdot + DH\cdot \longrightarrow RH + D\cdot$$

$$M + M \longrightarrow 2M \qquad (DH_2\text{：供氢溶剂})$$

通过以上过程，木质素形成小分子碎片，这些碎片进一步通过侧链 C—O 键、C—C 键及芳环 C—O 键断裂形成低分子量化合物。以上是生物质降解为低分子的基本断裂反应。

生物质的快速热解反应是一个瞬间反应的过程，加热速率快，停留时间短，产物的冷却速度快。反应过程如下[8]：首先是热量传递到生物质原料的表面，随后到达内部，热解反应过程由外部向内部逐渐进行，加热后的生物质原料被分解为木炭和挥发成分（由可冷凝气体和不可冷凝气体组成）。其中可冷凝气体通过快速冷凝制得生物油产品。经过一次热解反应生成的产品主要是炭、生物油、不可冷凝气体。生物质颗粒内部成分的热解会造成二次热解反应，反应器内部温度越高，生物质原料停留时间越长，二次热解反应越严重。因此，快速热解反应可以避免二次热解反应的发生，也抑制了中间产物的生成，增加了生物油的得率。生物质热解反应过程大致如图 9-7-1 所示。

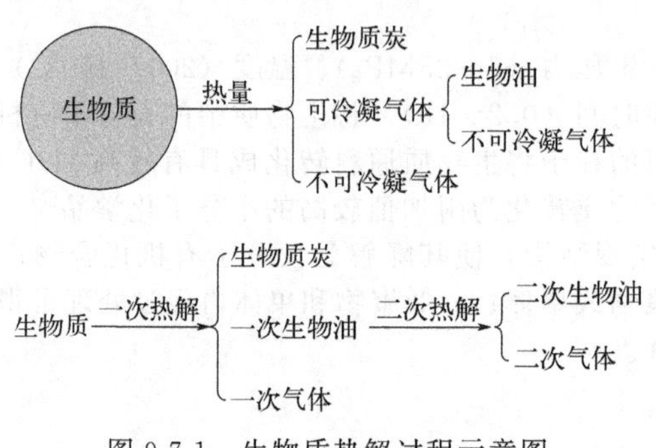

图 9-7-1 生物质热解过程示意图

（二）溶剂液化

1. 苯酚液化

溶剂液化是利用键的热解断裂把生物质原料中的分子碎片分散、稳定以及溶解。苯酚液化是酚类液化中较为常用的方法，苯酚作为供氢溶剂与生物质的化学组分发生反应，使得高分子有机化合物转变成反应活性较高的物质。在酸性条件下，苯酚在液化反应过程中起到如下作用[9]：a. 亲核试剂，使得木材组分中的主要化学键发生断裂生成小分子物质；b. 反应试剂，与反应生成的小分子物质发生化学反应生成具有酚类结构的化合物；c. 反应溶剂，使得生成的酚类化合物溶解，抑制了小分子物质间的缩合反应。酸性条件下，高聚物中的化学键更易断裂，同时液化反应的路径也发生了变化。另外，纤维素和半纤维素除了糖环与糖环之间醚键断裂之外，还发生糖环的开环反应。由于侧链醚键的断裂，木质素发生降解，暴露出反应活性位点与苯酚发生反应。

不同的液化反应条件对液化产物的结构和性质具有决定性影响。棉纤维素在无催化剂时，苯酚液化的主要产物有葡萄糖、低聚糖以及5-羟甲基糠醛。首先纤维素在高温湿热条件下降解为低聚糖，然后进一步降解为葡萄糖，5-羟甲基糠醛是葡萄糖经连续脱水后的产物，反应历程如图9-7-2所示[10]。而在酸性催化剂的条件下，纤维素的转化过程如图9-7-3所示[11]。

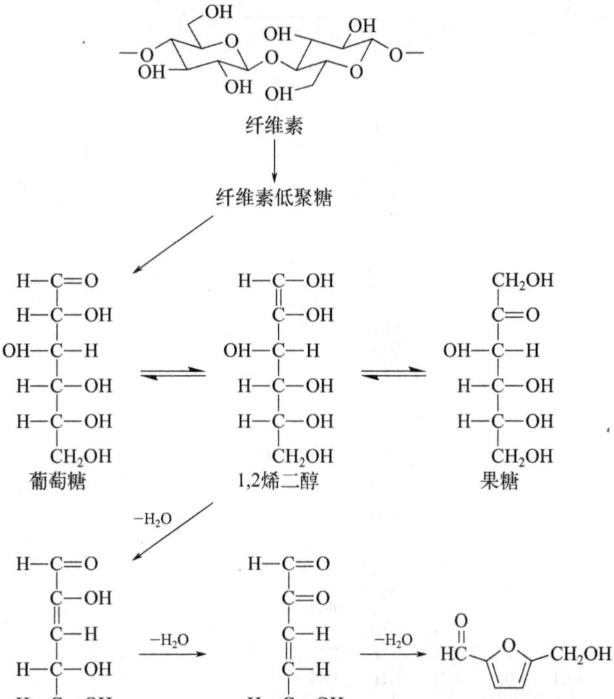

图 9-7-2 无催化剂条件下苯酚液化时纤维素的降解机理[10]

关于木质素的苯酚液化机理，以愈创木基甘油-β-愈创木基醚（GG）为木质素的模型化合物，在无催化剂时进行研究。木质素模型化合物液化时首先产生低分子量的中间产物，然后中间产物又继续转化为聚合物，液相色谱分离技术研究表明，这些中间产物主要是愈创木酚化合物和各种松柏醇的酚化产物。其反应路径大致为：木质素模型化合物（GG）先在其β-O-4处发生均相裂解，产生了松柏醇和愈创木基自由基，支链上带有共轭双键的松柏醇自由基将会继续发生反应，其主要是与苯酚自由基反应，产生一系列相应的酚化产物。而在催化剂存在的条件下，木质素模型物的苯酚液化产物明显不同于无催化剂时，其主要产物为愈创木基甘油-α-苯基-β-愈创木基醚，以及愈创木酚、三苯基乙烷、二苯基甲烷、苯并环丁烷、苯基香豆满。其主要反应路径如图 9-7-4 所示。

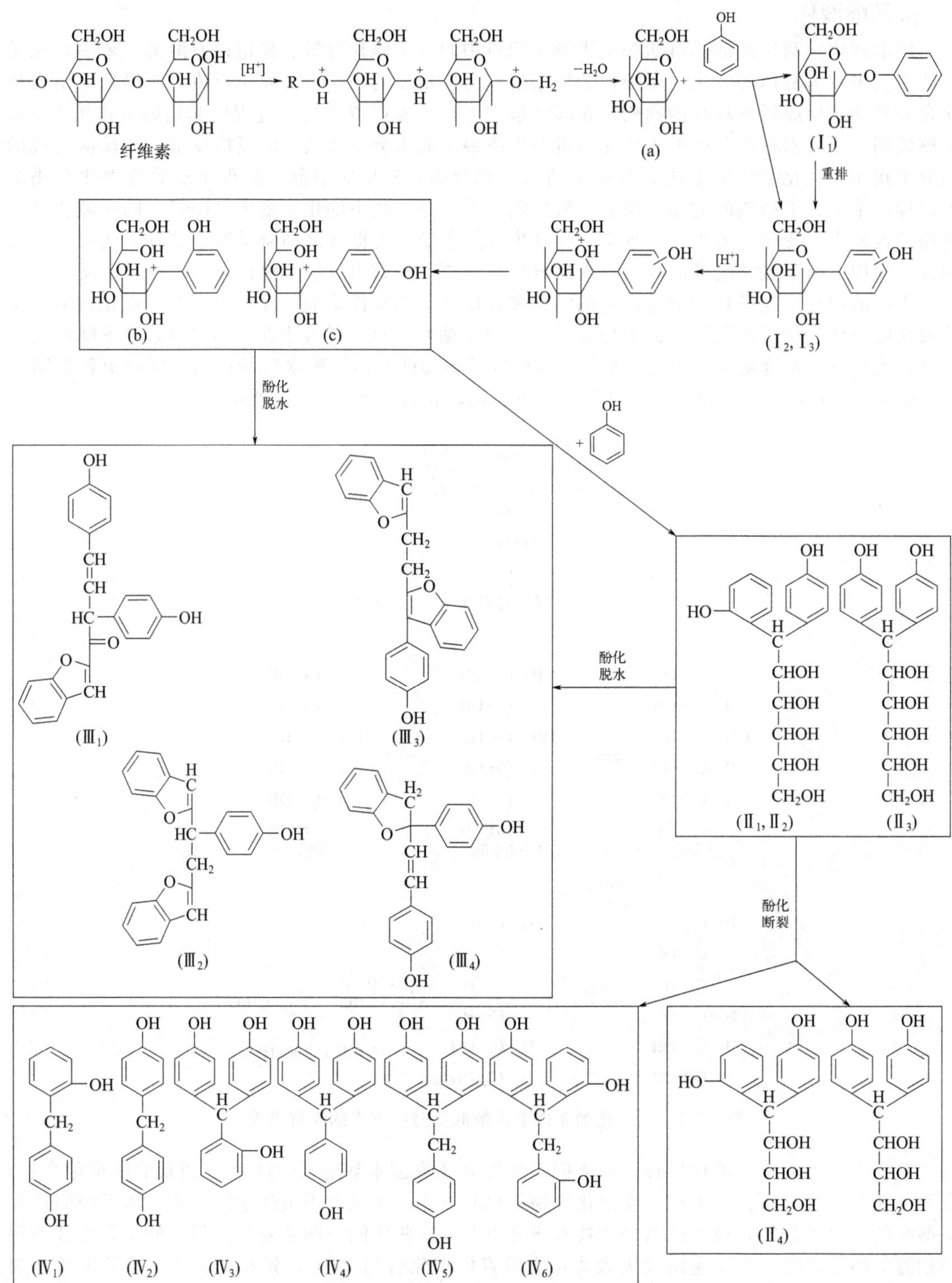

图 9-7-3　酸性催化剂条件下纤维素的苯酚液化机理[11]

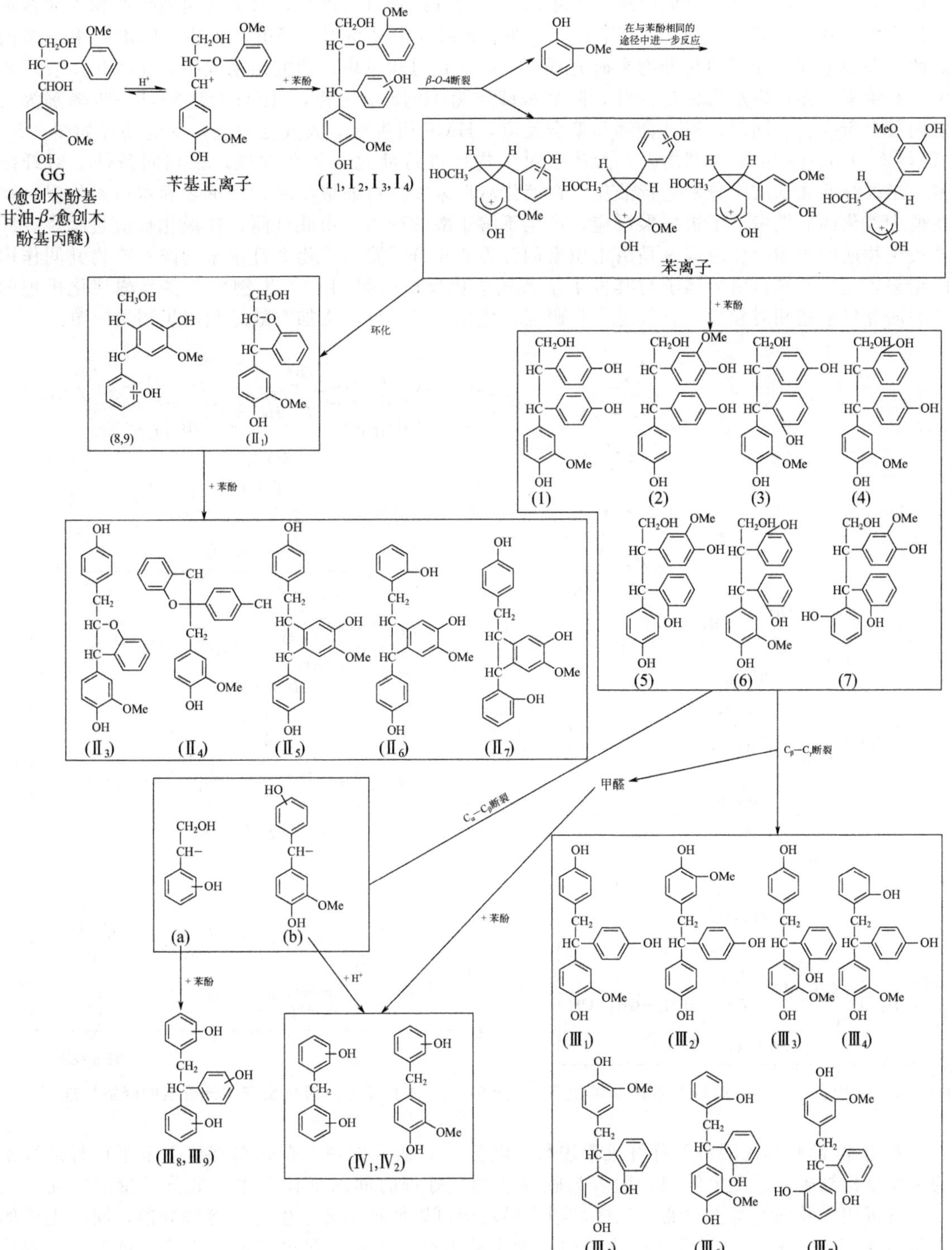

图 9-7-4　酸性条件下木质素模型物 GG 苯酚液化的反应路径

2. 多元醇液化

木质纤维类生物质主要是由纤维素、半纤维素及木质素三大组分组成，三大组分结构和反应活性不同，造成液化产物的成分较为复杂。一般情况下可以根据模型液化产物的结构和反应历程来推测纤维类生物质液化反应机理。采用乙二醇对纤维素进行液化，研究表明液化产物为块茎糖酸化合物，其反应路径如图 9-7-5 所示[12]。在后续研究中又利用5-羟甲基呋喃（HMF）和乙酰丙酸两种关键中间体作模型化合物来研究纤维素的液化过程机理。研究结果表明，在醇化反应过程中，纤维素首先被降解为葡萄糖苷，随后被降解为 HMF 衍生物，HFM 衍生物进一步降解为乙酰丙酸酯衍生物。同时，通过分解和聚合反应，HMF 衍生物形成液化残渣，反应路径如图 9-7-6 所示[13]。Kobayashi 等[14]利用多元醇体系对生物质进行液化，研究发现，在相同条件下对纤维素、半纤维素和木质素分别进行液化，在液化后期未发生再缩聚反应，纤维素和木质素的混合物在醇中液化的后期发生了再缩聚反应，产生不溶于醇的残渣。由此推测，在液化反应过程中，纤维类生物质的再缩聚反应应该是由木质素的芳香族小分子降解产物和纤维素的降解产物共同作用的结果，也可能是自由酚离子与其发生了亲核取代反应引起的[15]。生物质的多元醇液化机理的相关研究目前还相对较少，有待进一步研究，优化反应条件，更加有效地利用生物质能源。

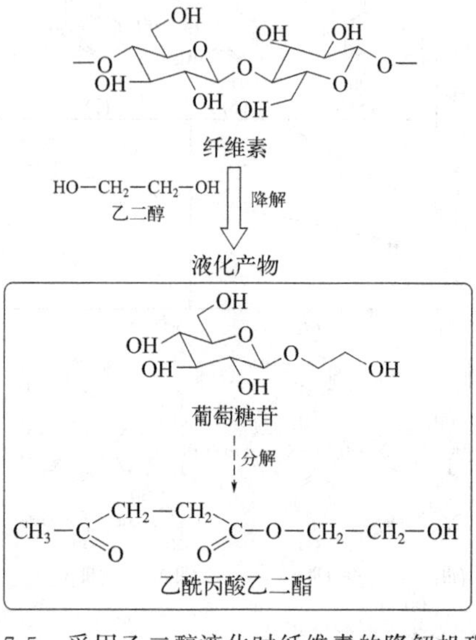

纤维素

$HO-CH_2-CH_2-OH$ 乙二醇

降解

液化产物

葡萄糖苷

分解

$CH_3-C(=O)-CH_2-CH_2-C(=O)-O-CH_2-CH_2-OH$

乙酰丙酸乙二酯

图 9-7-5 采用乙二醇液化时纤维素的降解机理[13]

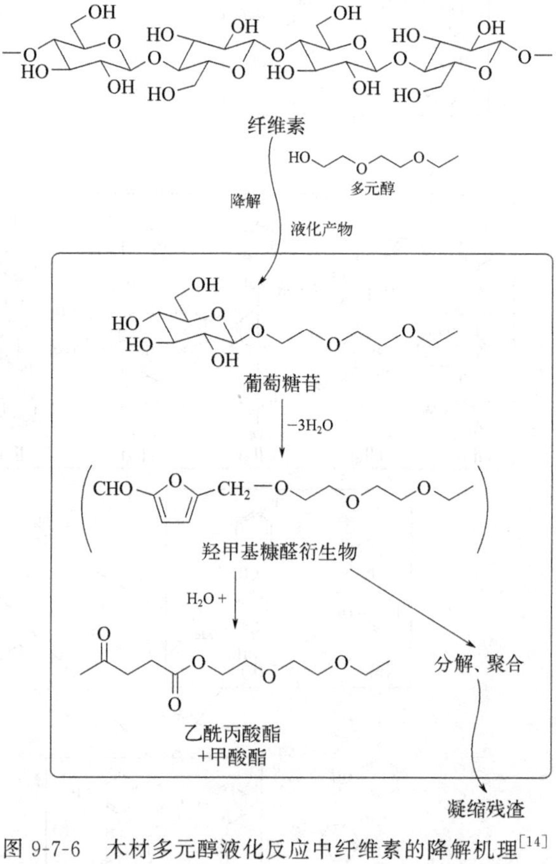

纤维素

多元醇

降解

液化产物

葡萄糖苷

$-3H_2O$

CHO … CH_2-O …

羟甲基糠醛衍生物

H_2O+

乙酰丙酸酯

+甲酸酯

分解、聚合

凝缩残渣

图 9-7-6 木材多元醇液化反应中纤维素的降解机理[14]

利用亚/超临界乙醇对秸秆纤维素进行了液化[16]，研究发现，在高温高压下玉米秸秆纤维素的致密结构被破坏，发生解聚，随着超临界乙醇预处理时间的延长产生了低分子量的呋喃衍生物、有机酸以及酮类等生物油和气体；超临界乙醇可以使得小分子生物油溶解分散，同时生成的大量活性 H 可以稳定中间活性产物和生物油中的不稳定物质，促进解聚反应不断进行，从而使生物油和气体产物的得率不断增加。纤维素大分子是由 D-葡萄糖以 β-糖苷键连接而成，在 C2、C3 以及 C6 位置上存在活性羟基，可以发生氧化、酯化和醚化反应，分子间可以形成氢键，这些羟基对纤维素的性质有决定性的影响。在温度较低的环境下，纤维素受热分解导致其强度下降，除了蒸发出水、一氧化碳、二氧化碳外，还形成羰基；温度超过 300℃时，产生大量的气体和挥发性产物，同时形成大量的 1,6-β-D-脱水吡喃式葡萄糖，继而形成焦油。纤维素的葡萄糖基环的 C2、C3、C6 以及还原性末端基 C1 的游离羟基生成醛基、酮基和羧基，以及葡萄糖基环上形成

羧基后发生 β-分裂，产生多种分解产物，形成一系列有机酸、酮类以及衍生物。产物中的有机酸与超临界乙醇发生酯化反应，生成了相应的乙酯类化合物。图 9-7-7 为玉米秸秆纤维素在亚/超临界乙醇中液化反应的路径[16]。

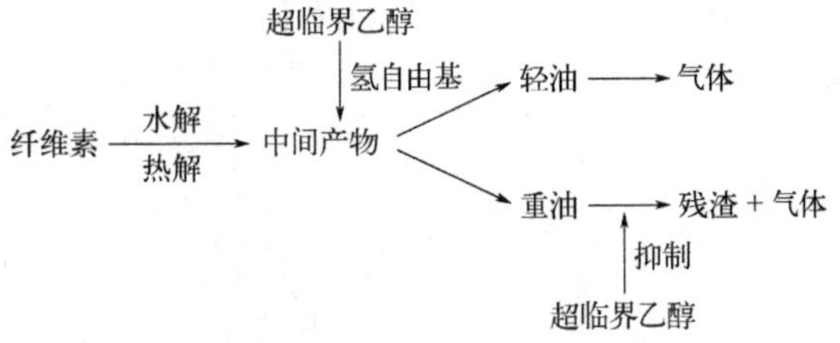

图 9-7-7 亚/超临界乙醇中玉米秸秆纤维素液化路径[16]

纤维素在超临界乙醇中分子内的羟基脱落形成水，同时发生—C=O、—COOH 等自由基基团的断裂和重整反应，形成小分子气体和醛、酮类物质。纤维素在超临界乙醇液化过程中形成酮类物质的反应网络如图 9-7-8 所示[17]。首先纤维素脱水形成活性纤维素，之后发生开环、脱水、异构化等反应，形成酮类或醛类化合物，进而发生羟醛缩合，与超临界乙醇中的自由基缩合形成脂肪族酮类化合物。另外，活性纤维素进一步脱水，C—O—C、C—C 等键断裂开环，然后与乙醇自由基缩合，形成环戊烯酮；环戊烯酮与中间小分子发生缩合、环化、酯化等反应，形成芳香族酮类化合物。在高浓度乙醇自由基作用下，芳香族酮类化合物可进一步裂解形成小分子的酮类、酸类等化合物。

秸秆生物质在超临界溶剂中液化生成的生物油产物中，酯类化合物的含量占有较大的比例，这些化合物含有大量的羟基、酯基等基团，具有较强的反应活性，可以与羟基化合物、羧基化合物等发生基团转移反应得到聚酯。将玉米秸秆纤维素在乙醇中进行液化，对生物油中轻油和重油中的酯类物质进行性质分析，发现轻油产物中 2-甲基-丙酸乙酯和反式-2-丁基-2-丁烯二酸的相对含量分别达到 26.9%和 10.8%，重油中酯类相对含量达到 26.5%。在液化初期，纤维素发生脱水、C—O—C 键断裂等反应形成葡萄糖苷，在乙醇自由基的作用下，葡萄糖苷中的 C2—C3、C4—C5、C5—C6 等键断裂发生异构化反应，形成酮类化合物。CH_3CH_2·、CH_3·、H·和 HO·等自由基具有较强的氧化作用，使得酮类、醛类等化合物发生氧化、脱水、异构化、加成以及脱碳等反应，形成酸类等化合物。在乙醇自由基的作用下，这些酸类化合物进一步发生酯化反应，形成多种含有 CH_3—、HO—的酯类化合物[18,19]。

王娅莉[19]利用超临界甲醇液化玉米秸秆纤维素并对其机理进行探讨，研究表明，在高温下纤维素大分子结构中的 C—O—C 键、羟基、C—O 键断裂生成了活性纤维素，在超临界甲醇中生成低聚糖，低聚糖进一步转化为烃类、酸类、脂类、醇类等物质，或者降解为单糖，它们之间为竞争关系，不同的反应条件（甲醇用量、反应温度、反应时间）对各类反应竞争的促进程度不同。在亚/超临界甲醇液化纤维素的过程中，轻油中甲基糖苷、葡萄糖等糖类随甲醇用量的增加迅速减少，醇类减少，烃类增加，重油中烃类物质减少，酯类增加。纤维素在超临界甲醇中发生裂解与液化，裂解为糖类，糖类进一步转化为酮类、酸类以及酯类等物质，甲醇用量增加，H·、HO·以及 CH_3·等自由基增加，进一步促进糖类发生分子内脱水、C1—O 键断裂、醇醛缩合、重整等反应形成酮类化合物和烃类化合物，同时促进醇类和酸类发生酯化反应生成酯类，促进纤维素充分降解，生成各种可溶于水的物质。随反应温度增加，自由基活性增强，自由基对纤维素中 C—C 键的作用增强，促进纤维素断裂，化合物进一步发生氧化、羟醛缩合以及异构化等多种反应，促进葡萄糖与醇类氧化成酮类、酸类等物质的作用加大，醇类与酸类物质进一步生成酯类化合物，同时 H·的增加促进糖类发生羟醛缩合，加氢生成烃类的反应。反应温度达到 320℃时，甲醇释放的 HO·、H·自由基活性增强，同时二者存在竞争关系，H·比 HO·活性强，继续促进加氢反应，使部分酯类还原为酸类。温度增加过程中甲基糖苷、葡萄糖等糖类减少，烃类增加，醇类减少，反应过程中随时间增加，重油组分中烃类减少，酸类减少，主要表现为烃类与其他糖类、酸类、醇类和酯类间的相互竞争关系。

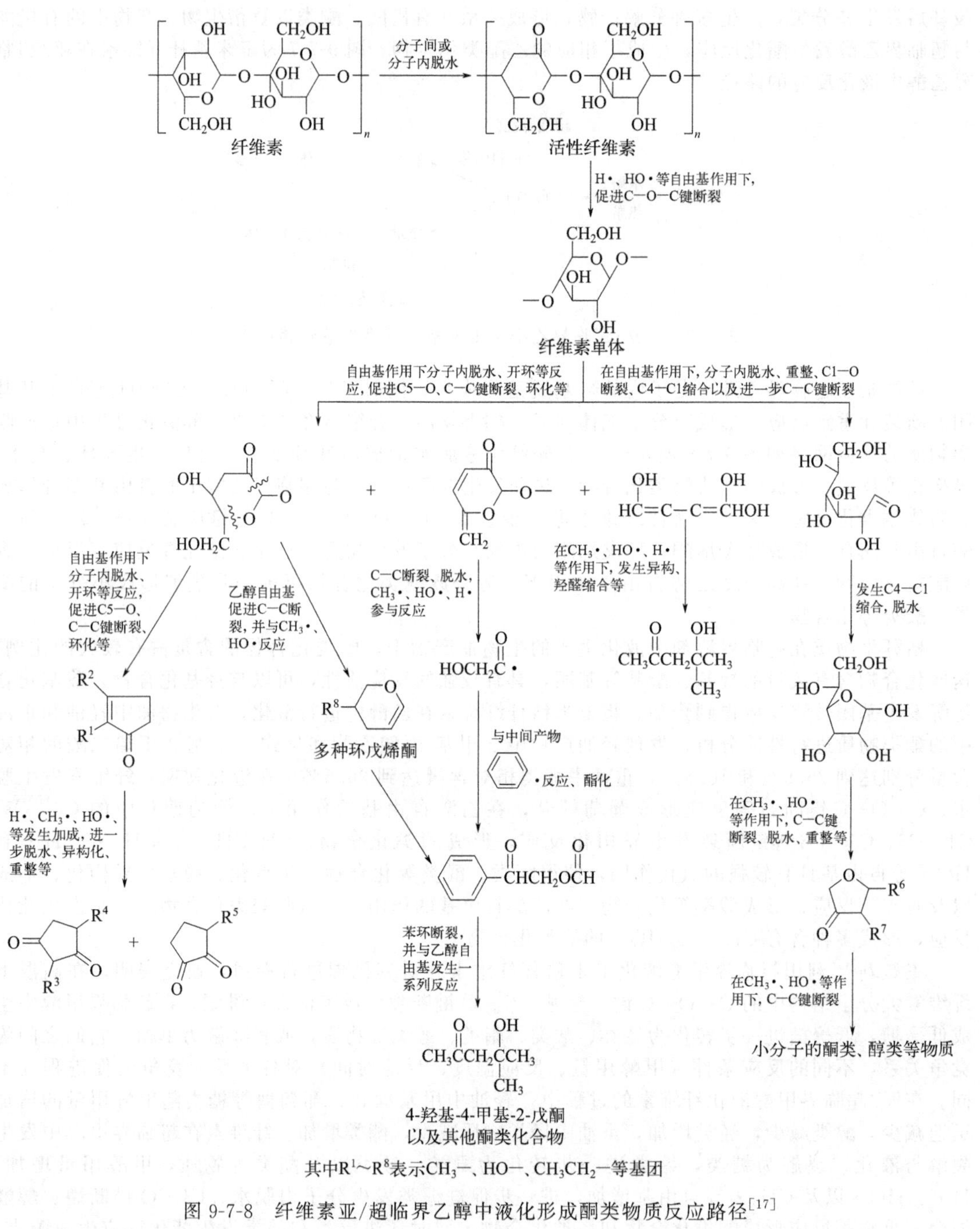

其中R^1～R^8表示CH_3—、HO—、CH_3CH_2—等基团

图 9-7-8　纤维素亚/超临界乙醇中液化形成酮类物质反应路径[17]

3. 离子液体液化

离子液体又称室温离子液体、室温熔融盐或有机离子液体，一般是由有机阳离子和无机阴离子或有机阴离子组成。离子液体的种类由其阴阳离子决定，比较常用的阳离子取代基有烷基取代的咪唑阳离子、吡啶阳离子、硫鎓阳离子、铵阳离子、季鏻阳离子，阴离子取代基有 Cl^-、Br^-、I^-、PF_6^-、$A_sF_6^-$、SbF_6^-、BF_4^-、NO_3^-、ClO_4^-、HSO_4^-、$Al_2Cl_7^-$、$CF_3SO_3^-$、$CH_3CO_2^-$、$CF_3CO_2^-$、$CH_3CH(OH)CO_2^-$、$(CF_3SO_2)_2N^-$ 和其他酰亚胺阴离子（如糖精阴离子）及有机硼酸阴离子[20]。与常见的有机溶剂相比，大部分离子液体具有不易挥发、热稳定性好、离子传导性

好等优点。

离子液体的阴阳离子组成影响离子液体的溶解能力，例如甲基咪唑阳离子与不同无机阴离子组成的离子液体，其阴离子的种类影响离子液体对木质纤维素的溶解能力。研究表明1-丁基-3-甲基咪唑氯盐（[BMIm][Cl]）溶解性能最好，最高溶解25%的纤维素；改变离子的种类会影响纤维素的溶解度；阳离子侧链的长度增加，纤维素在离子液体中的溶解度下降。核磁共振技术表明纤维素在1-丁基-3-甲基咪唑氯盐中的溶解机理是纤维素羟基与Cl^-形成氢键从而使纤维素溶解，如图9-7-9所示[21]。

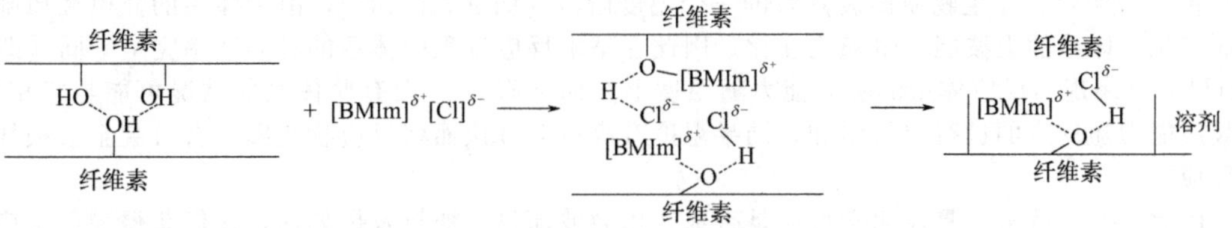

图9-7-9 离子液体[BMIm][Cl]溶解纤维素的过程[21]

纤维素是由D-葡萄糖通过β-1,4-糖苷键连接形成的大分子多糖。组成纤维素的每个葡萄糖分子上存在三个氢键，彼此之间极易形成氢键，因此在纤维素的内部存在着强大的氢键网络系统。离子液体的独特属性可以使纤维素溶解，其对纤维素分子内氢键的破坏是纤维素溶解的关键原因，而且离子液体中阴离子接受质子的能力与纤维素溶解能力成线性增长关系。阳离子的侧链越短，基团的不饱和性越大，其对生物质的溶解性越强。

利用离子液体对木材进行液化，可能存在的机理是纤维素首先受到溶剂的作用发生迅速解聚，进而降解为低分子的化合物，或者降解为葡萄糖而木质素和半纤维素的液化反应速率较慢；其后，纤维素解聚速率趋于缓和，而半纤维素液化速率加快；最后，木质素的液化程度加深，但并不迅速。在离子液体中纤维素的降解、溶解比木质素和半纤维素较早，中后期随着反应温度的升高和反应时间的延长，木质素和半纤维素的液化速率增加[22]。

（三）外加场辅助液化（微波辅助液化）

微波是指波长在0.1～1000nm、频率在300～3×10^{5}范围内的具有穿透性的电磁波。微波加热又称介电加热，是指微波电磁复合场中电磁感应物质吸收微波能量并将其转化为热能的一种加热方式，在微波场中物质被加热的特性取决于其介电性质。微波加热通过两种机制完成，即偶极极化与离子传导。与传统方式相比，微波加热具有两个鲜明的特点：a.微波是电磁波，其传播速度等同于光速，因而极大提高了整个物体加热的速率和同步性；b.微波加热是物质与微波场的直接耦合，因此可以实现定向和选择性地加热[23]。

生物质处于微波场时，反应体系中的水分子、苯酚或多元醇等溶剂以及硫酸等催化剂均为极性分子，这些极性分子的取向随外加电场的变化而变化。微波场以高速周期性改变外加电场方向，极性分子急剧摆动、碰撞，通过摩擦作用产生热量，并将热量传递给其他分子，导致液化体系的温度和压力增加，极性介质在微波场的作用下高速旋转产生“分子搅拌运动”，从而快速均匀加热[24]。组成生物质的纤维素、半纤维素以及木质素是极性高分子化合物，因此易受微波场作用的影响。

目前，国内外对木质纤维生物质微波辅助热化学转化的研究大多数是基于经验和宏观认识来对实验方案进行优化，而关于微波辅助生物质热化学转化的机理鲜有报道。赵希强等对农作物秸秆微波热解机理进行了初步探索[25,26]，他们通过对热解产物的组成分析，推测在麦草秸秆微波热解的过程中由于麦草原料中无机金属的存在而产生了“微波等离子体”效应，同时由于外加的金属氧化物等强微波吸收体产生了局部的热点。上述原因导致与传统热解相比，麦草微波热解的气体产物中H_2与CO的含量更丰富。Xiao等从反应动力学的角度比较了传统液化和微波液化玉米秸秆的方法，提出微波非热效应降低了液化反应活化能[27]。

微波加热是个复杂的过程。首先，微波以电磁场存在于反应器腔体内，其场强分布是不均匀的[28,29]。当材料被引入这个电磁场后，会使场内的电磁波重新分散，与原来的场相消或相加，形成不同强度的干扰模式。场强的不均匀直接引起微波加热的不均匀，而且在目前的技术手段下实现对反应器中每一点的实时温度进行监测还有难度[28]。图 9-7-10 显示了微波加热时物体与电磁波相干扰引起的场能分布情况[28]。其次，由于微波加热是物质与电磁场的直接耦合，物质的加热状态直接取决于其介电性质，即物质的相对复介电常数 ε 和介电损耗角正切 $\tan\delta$。而这两个参数是温度和微波频率的非线性函数，换言之，微波作用下被加热物质的温度响应是非线性的。如图 9-7-11[30] 所示，在生物质微波热解的三个温度阶段［图 9-7-11(a)］，由于体系的介电性质随温度而变化，体系的吸波能力也随之变化，因此在整个反应过程中体系的升温速率完全不同［图 9-7-11(b)］，表现为反应体系的吸波能力随温度上升而下降[30]。而有些体系的情况可能与之相反，即吸波能力随反应的进行突然增加，结果温度升高过多过快而将反应物烧毁，有时甚至会损坏微波反应器。

因此，要了解某一具体化学反应是否适合用微波加热，加热效果如何，如何获得最优反应条件，必须要了解被加热物质与微波电磁场在反应过程中的相互作用，确定反应物与反应体系的动态介电性质与反应进程的关系。

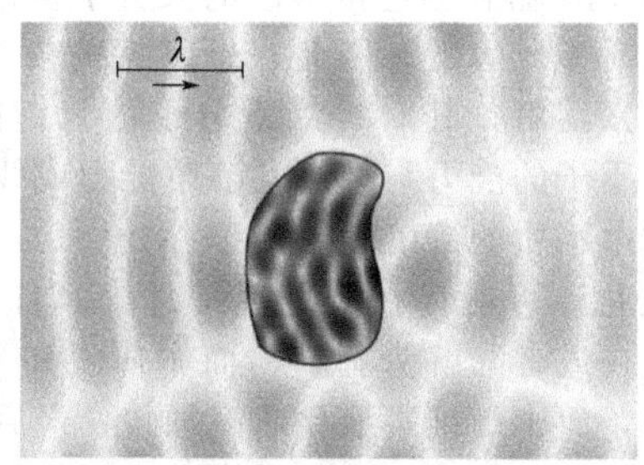

图 9-7-10 被加热材料在微波场中场强分布情况[28]

（深颜色代表较强的场强；λ 为微波波长）

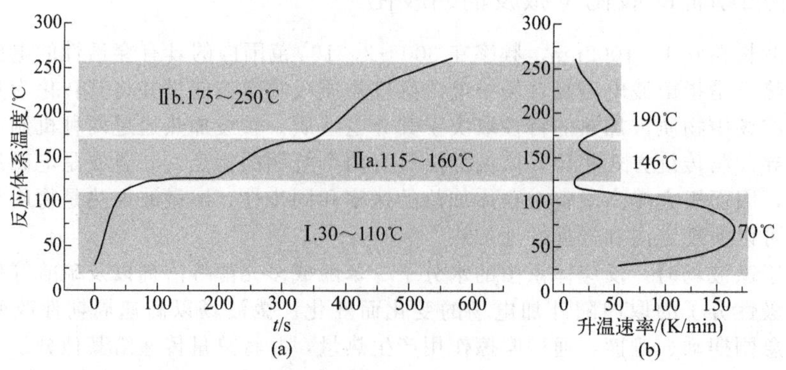

图 9-7-11 微波热解生物质体系反应温度（a）与升温速率（b）对比[30]

（四）加氢液化

通常情况下，供氢溶剂是指含有活泼氢键和氢氧键等的溶剂。除了具有溶解和抑制碎片重结合的作用之外，供氢溶剂还具有提供氢自由基的功能。在液化反应中，供氢溶剂容易脱氢，脱离的氢原子以自由基的形式存在，氢自由基与植物纤维热解产生的自由基碎片结合，减小自由基碎片偶联形成缩合产物的可能性[31]。供氢溶剂参与反应后可分离出来，然后加氢再生。四氢萘就是一种典型的供氢溶剂，在热的作用下转化为萘，释放出四个氢自由基，形成的氢自由基与原料液化过程中产生的自由基碎片结合并使其终止反应。常见的其他供氢溶剂还有 9,10-二氢蒽、7-

氢苯并蒽、木质素、仲醇和碱的混合液、苯酚等。在液化反应中，供氢溶剂加快植物纤维原料降解主要归因于它可以提供自由基、封闭热解碎片，从而促进植物纤维降解。

依据相关文献，纤维素的氢解机理如下[32]：

$$(C_6H_{10}O_5)_x \rightleftharpoons xC_6H_{10}O_5$$

纤维素　　　左旋葡萄糖

$$C_6H_{10}O_5 \rightleftharpoons H_2O+2CH_3—CO—CHO$$

左旋葡萄糖　　　　甲基乙二醛

$$CH_3—CO—CHO+H_2 \rightleftharpoons CH_3—CO—CH_2OH$$

乙缩醛

$$CH_3—CO—CH_2OH+H_2 \rightleftharpoons CH_3—CHOH—CH_2OH$$

丙二醇

$$CH_3—CHOH—CH_2OH+H_2 \rightleftharpoons CH_3—CHOH—CH_3+H_2O$$

异丙醇

（五）定向催化液化

利用常规的热化学液化法由植物纤维生物质制备液体燃料和化学品，在液化过程中往往存在以下问题：a. 利用先液化、后精炼的方法，侧重于液化转化率和产品得率，得到的液化产物组分复杂，导致后续分离和精炼的难度增大。木质纤维液化过程中生成的产物种类不可控制，含有酚、酯、酮、醇、醛等几百种活泼的含氧化合物，给后续的提质改性增加难度。b. 一般情况下，纤维素和半纤维素液化得到的产物进一步精炼催化效率低，难以实现高附加值利用。c. 液化过程中木质素降解产物利用价值低，亟待开展木质素降解的酚类化合物高值化利用研究。针对生物质直接液化过程存在的问题，开展木质纤维生物质定向液化研究，例如：纤维素可以经过糖苷键水解、醇酮互变异构、醇重排反应（pinacol rearrangement）、脱水和醇解等过程，定向转化为燃料添加剂及化工原料乙酰丙酸甲酯（MLA）等（图 9-7-12）；半纤维素经醇解、亲电取代和脱水等过程也可以转化为乙酰丙酸酯类化合物，此外还可以通过调控反应过程，将半纤维素定向转化为糠醛、2-(二甲氧基甲基)-5-(甲氧基甲基)-呋喃(DMF)、5-羟甲基糠醛(HMF)等精细化学品(图 9-7-13)；木质素在酸性催化剂和醇类溶剂的条件下，可以定向醇解转化为 2-甲氧基-4-丙基-苯酚、3-羟基-4-甲氧基苯甲醛和 4-羟基-2-甲基苯甲酸等酚类化合物（图 9-7-14）。

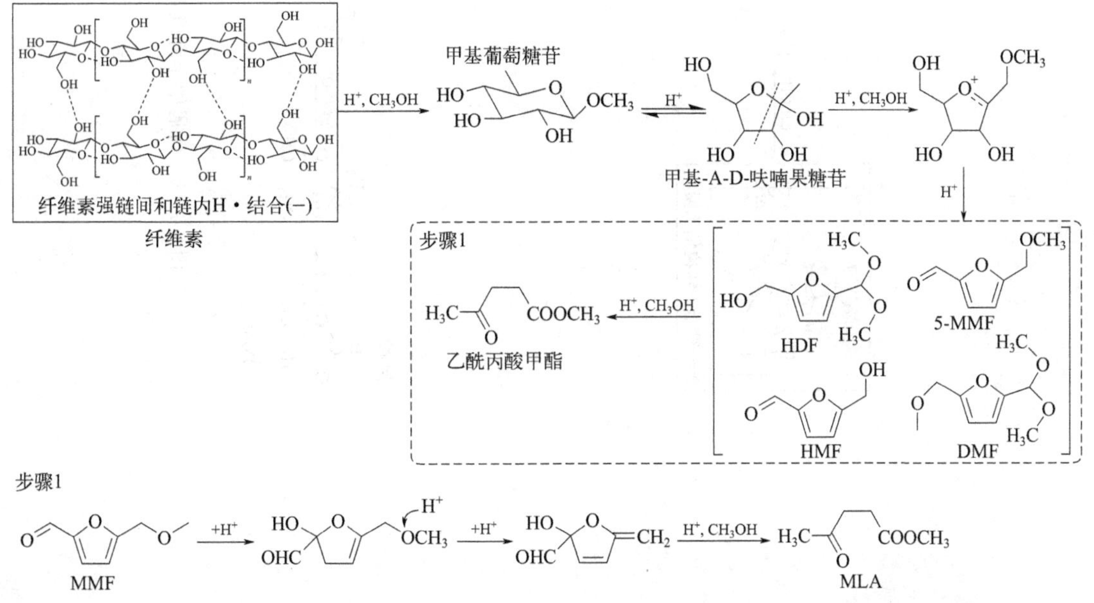

图 9-7-12　竹屑中纤维素在二甲氧基甲烷/甲醇共溶剂中定向转化为 MLA 的反应路径[33]

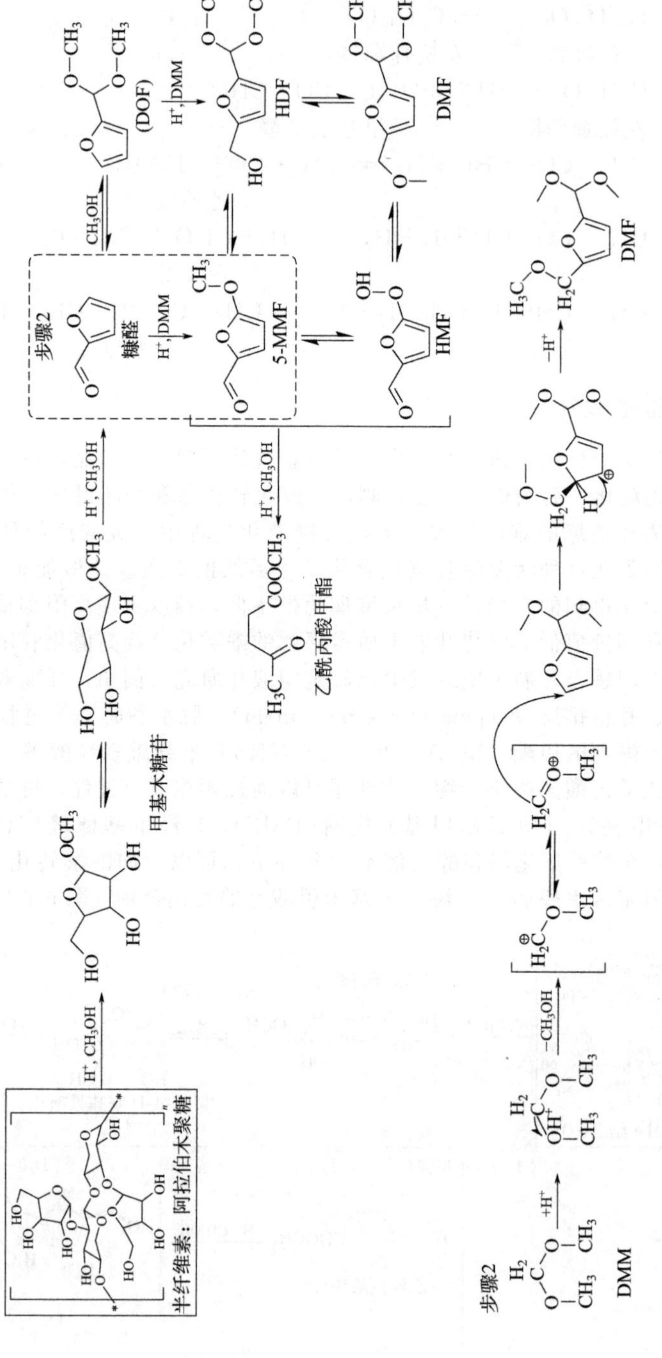

图 9-7-13 竹屑中半纤维素在二甲氧基甲烷/甲醇共溶剂中定向转化为 DMF 的反应路径[33]

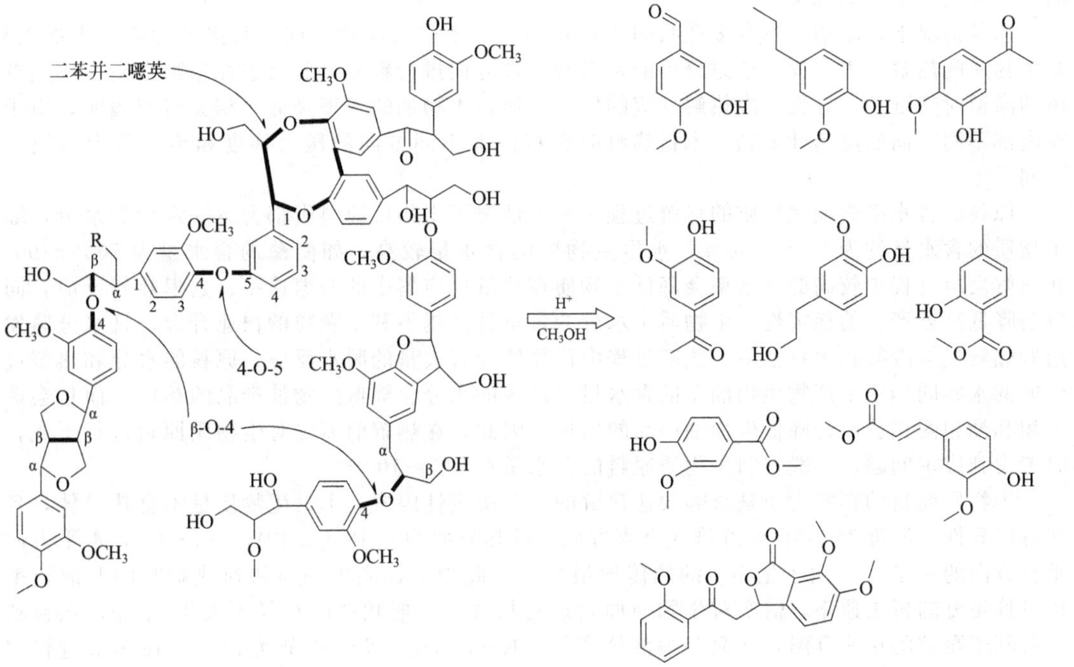

图 9-7-14　生物质中木质素在酸性条件下的醇解演变机制[34]

第二节　快速热解液化

一、快速热解液化工艺

生物质的热解液化是生物质在缺氧或者有限氧供给的条件下迅速受热分解，经过快速冷凝获得液体产物（生物油）、部分气体和固体产物（燃气和焦炭）的热化学过程[35]。热解过程主要控制的参数为：中温（500～650℃）、高加热速率（1000～10000K/s）、低停留时间（＜2s）。生物质直接热解，产物快速冷却，可避免中间液态产物的二次分解，从而获得高质量的生物油。

生物质热解液化制备生物油的一般流程包括：原料的预处理；进料；热解；热解产物的气固分离；热解气冷凝和生物油收集等。

（一）热解

1. 原料的性质与预处理

不同种类的生物质因其化学组成、分子结构、组分含量存在差异，快速热解的反应特性及产物不同。常见的木质纤维类生物质原料，针叶材、阔叶材及禾本科，在化学组成、结构方面存在较大的差异性，严重影响其后续产物生物油的化学成分。生物质原料中纤维素、半纤维素和木质素的含量比例显著影响后续生物油的质量，农业废物相比于木材类生物质、其半纤维素、灰分以及碱金属的含量偏高，而木质素含量低，因此其O/C比值较高。纤维素在热解液化过程中大部分可以转化为生物油产品，而半纤维素转化为生物油的产率较低，且产物中炭和气体增多[36]。一般情况下，阔叶材木质素主要由愈创木基与紫丁香基结构单元组成，含有少量的对羟苯基结构单元；针叶材木质素主要以愈创木基结构单元为主，含有少量对羟苯基结构单元。这导致阔叶材热解液化的产物生物油同时含有较多的愈创木酚和紫丁香酚，而针叶材热解液化形成的生物油中主要以愈创木酚为主[37]。另外，阔叶材中的半纤维素含有大量的乙酰基取代基，导致其热解液化形成的生物油中乙酸的含量比针叶材高[38]。因此，选择合适的生物质原料，对于获得高质量的生物油具有重要的意义。

通常情况下，生物质具有多孔状的非均相结构、不同的纹理方向，其渗透性有很大的差异。在生物质的热解过程中挥发性组分可能是沿着纹理方向进行释放，若渗透性差则会使一次热解气体的滞留时间延长，导致二次热解反应的发生，使得生物油的产率降低。相关研究表明，由于颗粒内部不同方向的渗透性差别，木材热解时颗粒内部不同方向的压力梯度和传质阻力有很大的不同[39]。

原料的含水率影响生物质的热解过程。一般情况下生物质原料中都含有一定量的水分，陆生生物质的含水量约为10%～30%，水生生物质的含水量较高，如微藻的含水量为50%～90%。在热解反应过程中较高的含水率会降低生物质在热解反应器中的升温速率、延迟热解反应，同时也会降低液体产物的稳定性。生物质中水分的含量越高越不利于颗粒的快速升温，且水分蒸发后随着热解气被冷凝到生物油中。热解过程中往往伴随着大量的脱水反应，原料的水分和热解过程生成的水共同构成了产物生物油总的含水量。过多的水分会降低生物油产品的热值，而且会造成水相和油相两相分离，降低生物油产品的质量。因此，在热解前需要对生物质原料进行干燥，同时考虑到成本问题，一般控制生物质原料的含水量在5%～10%。

生物质原料的颗粒大小是影响快速热解的一个决定性因素。木材生物质是不良热导体，且存在各向异性，温度为300K时纤维在垂直方向上的热导率为0.12～0.42W/(m·K)，水平方向是垂直方向的一半[40]。由于生物质的热传导很难，因此为了提高生物质快速热解时的升温速率和挥发性组分的析出速率，需要对生物质原料进行粉碎，一般颗粒的粒径不大于3mm，颗粒越小越有利于颗粒的快速升温，从而获得液体产物。Koufopanos等[41]的研究也指出在热解过程中颗粒粒径的增加会使挥发性组分的滞留时间增加，造成二次热解反应，同时在一定温度下达到一定转化程度所需的时间也会增加。此外，粒径较大时，热量是从外部向内部传递，颗粒的表面升温速率远高于其内部，导致颗粒的中心部分易于发生低温降解，生成过多的炭。因此，在热解过程中，尽量减小颗粒的粒径，以减少炭的生成量，提高生物油的得率。生物质颗粒粒径的增加会使气体产物的扩散路径相对较长，气体的滞留时间延长，导致不可冷凝气体的产量增加，其增加会使生物油的得率降低。然而颗粒过小，在热解过程中易被吹走，导致热解反应不彻底。除了提高传热速率外，对生物质原料进行粉碎的另一个目的是满足热解反应器的要求。不同的反应器对原料的粒径要求也不尽相同，鼓泡流化床反应器、循环流化床反应器及旋转锥反应器对原料的粒径要求分别为2～3mm、1～2mm、2～3mm，而烧蚀式反应器适用的原料粒径可达2cm，真空反应器适用的原料粒径达到2～5cm[35]。

2. 进料系统

生物质颗粒经过粉碎和干燥处理之后，进入加料系统。进料系统是将生物质原料连续且均匀地输送到下一步操作单元（热解反应器）中，是热解液化过程连续、稳定进行的重要环节。加料是否连续和均匀，影响物料的升温速率，进而影响后续产物的收率以及生物油的组成和性质。生物质具有质量轻、密度小、休止角大、流动性能差等特点，在进料时易搭桥，进料困难，导致进料不稳定。目前已研究出多种加料技术，例如螺旋加料、柱式加料、流化床加料、脉冲加料、喷吹式气力输送加料、旋流式气力输送加料等[42]。脉冲加料、流化床加料、活塞式加料在加料过程中易产生物料结块现象，引起管道堵塞，影响后续工序的正常进行；喷吹式气力输送加料稳定性好，是实验研究的理想加料方式，但其加料量受载气携带能力的限制[43]。

螺旋加料技术因结构简单、输送能力大、易于工业化等优点，被广泛应用于实验室和工业化生产中。螺旋进料系统由料筒和螺旋进料器组成，其中料筒作为储料装置，同时具有料层封闭功能。螺旋进料器是进料系统的核心部分，主要由电机、进料口、螺旋管、螺旋叶片、出料口以及轴承组成，如图9-7-15所示。其中，螺旋管是位于螺旋叶片外侧的机壳，其主要作用是将物料稳定在螺旋叶片之间，使其正常运输；螺旋轴主要是对螺旋叶片起到固定和支撑的作用，在整个进料过程中带动螺旋叶片做旋转运动；螺旋叶片一般为螺旋状的薄钢片，主要作用是推动物料做轴向运动；轴承主要起支撑作用；电机通常与减速箱构成传动体系，主要作用是提供动力和调节进料量[44]。

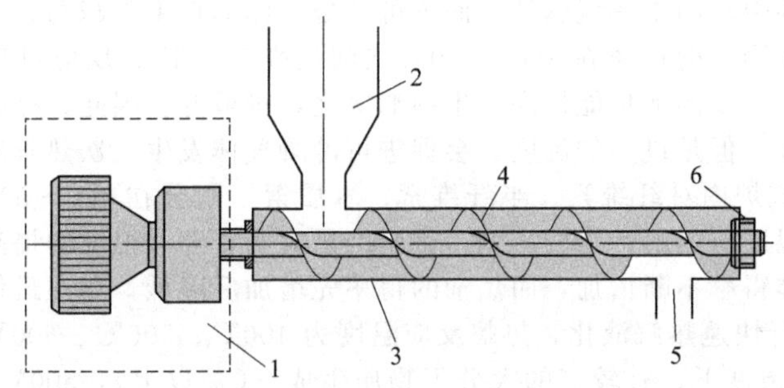

图 9-7-15　螺旋进料器结构[44]

1—电机；2—进料口；3—螺旋管；4—螺旋叶片；5—出料口；6—轴承

由于快速热解反应温度较高（一般为 500℃左右），热传导作用使螺旋进料器与热解反应器的接口处温度大约为 200～300℃。高温会使木质纤维原料软化，呈现熔融状，物料黏性增强，出现挂壁现象，导致进料不顺或堵塞。因此，考虑到高温对生物质原料的影响，通常采用两级螺旋进料器。两级螺旋进料器呈串联状，第一级螺旋进料器定量进料，主要作用是确定进料量，工作时运转速率较低，故又称低速级螺旋进料器；第二级螺旋进料器快速进料，主要作用是避免生物质进入热解反应器之前高温热解软化，工作时运转速率较高，故又称高速级螺旋进料器。

3. 热解过程

生物质原料经进料系统进入热解反应器，进行热解，这是快速热解液化技术最重要的部分。原料被送入特制的热解器中进行高速热解气化，该过程的关键是生物质原料在有严格温度控制的反应器中以极短的滞留时间，在极快的加热速率和热传导速率下迅速转变成热解蒸气。生物质热解过程，首先热量由生物质颗粒表面传递到内部，内部被加热物质的分子链断裂，并快速分解成炭和挥发性成分，其中挥发性气体由可冷凝气体（生物燃油气）和不可冷凝气体组成。由于气体的产生，多孔性颗粒内部形成了一定的压力，颗粒中心处的压力最大，沿着颗粒表面依次递减。生物质快速热解液化技术采用超高的加热速率，加热速率一般需达到 $10^2 \sim 10^4 K/s$，热解产物的滞留时间约为 0.2～3s，在适宜的热解温度（约 500℃）、无氧或有限氧条件下使生物质中的有机高分子聚合物裂解为小分子化合物，炭和产物气降到最低限度，从而最大限度地获得液体生物油产品[45]。生物质的快速热解液化技术需要遵循以下 3 个原则：a. 热解温度控制在 500～650℃之间，使生物质热解产物中尽可能多的为可冷凝气体；b. 保证生物质热解反应器中传质和传热的强度，迅速提高生物质颗粒的温度，使其达到热解状态；c. 热解气体尽快排出，进行冷凝，避免可冷凝气体二次热解生成不可冷凝气体[46]。生物质热解液化产物中，主要有生物油、不可冷凝气体以及未热解的残留物生物质炭。与传统的热解工艺相比较，快速热解是一个更为先进的工艺，以得到高得率生物油为目的。另外，快速热解技术可以实现连续的工艺和工厂化的生产方式，比传统的热解技术具有更大的经济效益。

生物质原料颗粒在反应器中首先发生的是干燥过程，将原料中含有的水分蒸发；随后生物质原料发生一次热解，生物质组分中纤维素、半纤维素、木质素以及抽提物等的化学键发生断裂，挥发性组分释放，主要产物是糖和愈创木酚等大分子物质，还有部分 CO_2、CO、H_2O 等小分子物质；在热解过程中，一次热解反应产物会发生二次热解反应。由于生物质原料的不同，一次热解反应发生的温度区间也有一定的差异性，通常情况下在 500℃以下，二次热解反应发生的温度更高一些。一次热解反应和二次热解反应并不是一个顺序反应，而是一个杂合的过程，在每一个温度阶段都存在一定程度的一次热解和二次热解。生物质热解过程中的一次热解和二次热解是一个复杂的过程，其反应过程与产物的分布密切相关。影响生物质热解过程的因素有很多，主要有温度、升温速率、滞留时间等。

温度是生物质热解反应过程中最重要的因素，热解温度在很大程度上影响产物的组成和分布。热解反应中若温度稍低，有利于焦炭的生成，若温度偏高则有利于不可冷凝气体的生成。热解反应温度越高，产物中炭的得率就越低，而不可冷凝气体的得率就越高，并且伴随着温度的提高趋于一定值，产物生物油的得率在450～550℃之间最高[47]。这和反应过程中所需要的活化能相关，生成气体的反应需要的活化能最高，生物油次之，炭最低。因此，提高热解温度有利于热解气体和生物油的生成，但是过高的温度又会促进可冷凝气体发生二次热解反应，降低生物油的产率。赵坤等[48]在管式炉内对纤维素、半纤维素、木质素三组分在400～500℃范围内进行快速热解研究，考察热解温度对热解产物的影响，试验结果表明，随着温度的提高，热解产物中焦炭的得率逐渐降低，气体得率不断增加，而焦油的得率先增加后降低，存在最佳反应温度。柳恒饶等[49]以晚松为原料进行快速热解液化，热解反应温度为400℃、500℃、600℃，对其产物进行分析，得出结论：400℃条件下，有较多的大分子物质生成（C_{10}以上），500℃、600℃反应条件下有较多的小分子物质，这说明高温使得产物发生二次热解生成小分子物质。中国科学技术大学生物质洁净能源实验室采用快速流化床反应器对四种生物质原料进行热解，研究表明不同的生物质原料，生物油的得率随温度的变化都有一个转折点，存在一个最佳热解温度，大约为450～550℃[50]，如图9-7-16所示。因此，在热解液化技术中合适的反应温度对提高生物油的产率具有重要作用，温度升高或降低，都会使生物油的产率降低，而且生物油的品质也会下降。

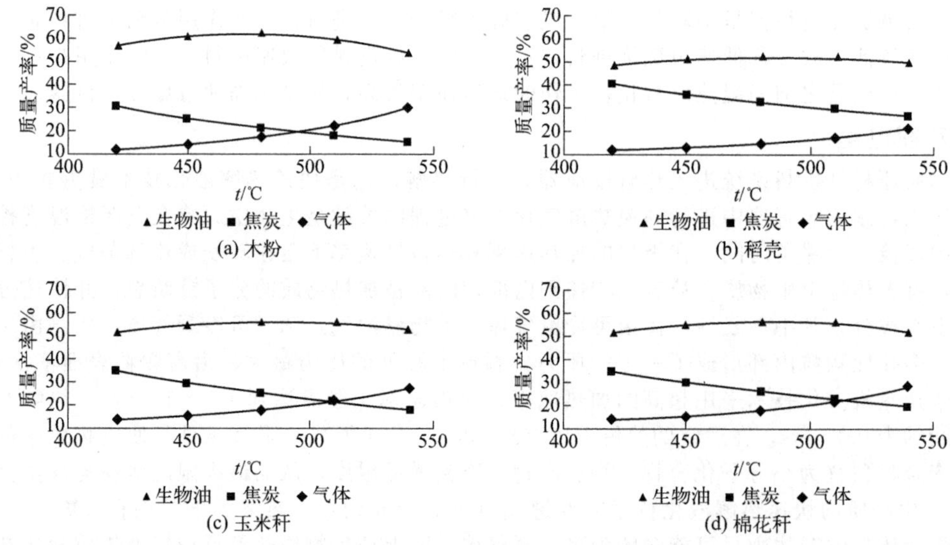

图 9-7-16 四种生物质原料的热解产物得率与反应温度的关系[50]

升温速率是生物质热解过程中的又一重要因素。增大升温速率一方面可以缩短物料颗粒到达热解所需温度的响应时间，有利于促进热解反应；另一方面升温速率的提高会导致颗粒内外部温差增大，传热的滞后效应会影响颗粒内部的热解反应。热解特征温度如热解起始温度、热解速率最快的温度、热解终止温度均随升温速率的提高呈线性增加。在一定的反应时间内，较低的升温速率会增加原料在低温区的滞留时间，从而有利于纤维素和木质素的脱水反应与炭化反应，导致炭的产率增加。相反，过高的升温速率会增加挥发组分在高温环境下的停留时间，增加二次热解反应发生的概率，降低生物油的得率。传统热解过程其升温速率一般约为0.01～2℃/s，热解温度相对较低（＜500℃），产物的滞留时间相对较长，经过慢速降解和二次热解，生物质原料的热解产物炭、液体、气体产量基本一样。以生产生物油产品为目标的快速热解液化过程，一般要求升温速率大于10^3℃/s，在此条件下，可以从干燥的生物质原料中得到60%～80%的液体产物。

滞留时间是影响热解产物分布的一个决定性因素，在热解反应中有固相滞留时间和气相滞留时间之分。在反应温度和升温速率一定的条件下，固相滞留时间越短，热解转化产物中的固态产物越少，气相产物的量越大。气相的滞留时间是指热解气相产物在反应器中的停留时间，一般不会影响生物质原料的一次热解反应，对可冷凝气体的二次热解反应有一定的影响。在热解反应中，生物质颗粒内部受热分解，气相产物从颗粒内部移动到外部受到颗粒孔隙率和气象产物动力黏度的影响，随着气相产物离开生物质颗粒，产物中的生物油和不可冷凝气体还会发生进一步的反应，即二次热解。在热解反应中，气相产物的滞留时间越长，二次热解反应也就越严重，造成不可冷凝气体量增加，生物油的产量减少。因此，在以制备生物油为目的的快速热解反应中，气相产物迅速离开反应器，降低生物油产物发生二次热解的可能性。在热解反应的最佳温度下，由于装置、原料的种类不同，其最佳的生物油产率和气相滞留时间也不同。

（二）分离

生物质热解液化过程中，热解固体产物多为植物纤维性焦炭，并掺杂了部分灰分。生物质焦炭的形状不规则，在热解反应中会随着热解气进入冷凝装置。热解中的焦炭对冷凝过程会产生不利影响，造成冷凝管道的堵塞等。炭的存在还会催化促进热解气发生二次热解，使不可冷凝气体的量增加，生物油的得率降低。此外，随着热解温度的变化，部分冷凝热解气与焦炭黏附，形成焦油状物质，黏附在反应器壁上，不易清除。生物质原料的种类不同，炭粉的性质也有所差异。一般而言，木材类生物质原料因灰分低，颗粒机械强度较高，产物炭固体颗粒较重，粒径较大，分离较容易；秸秆类生物质原料因灰分较高，颗粒机械强度较低，产物炭固体颗粒较轻，粒径小，分离较为困难[44]。因此，在热解产物的气固分离中，依据原料的种类不同，要选择合适的分离设备。

为了减少生物油中的焦炭，降低生物油的黏稠度，提高生物油的品质，在进入冷凝装置前需要将热解气中的焦炭除去。热解工艺对气固分离设备也有一定的要求[51]。生物质热解产物离开反应器的温度大概为400～500℃，所以分离设备首先要有一定的耐高温性。其次，分离设备要有一定的保温性和抗腐蚀性，因为在气固分离过程中，如果温度下降太多，热解气在壁面发生冷凝，与固体颗粒黏附形成焦垢，堵塞管道，热解气中的酸性气体冷凝还会造成管道腐蚀，加速管道老化。热解气在分离系统中的停留时间要短，从热解器到冷凝器的时间要少于2s，炭的分离速度要尽可能快，避免热解气发生二次热解，降低生物油的产量。最后，分离设备要有良好的密封性能，由于生物质热解是在高温无氧条件下进行的，密封性不好会进入空气，不仅影响热解产物的生成，还会使热解气发生燃烧。目前常见的分离器主要有机械式除尘器、过滤式除尘器、干式静电除尘器[52]。机械式除尘器的工作原理是利用原料自身的重力和离心力，使热解产物中的固体与气流分开。旋风分离器是典型的机械式除尘器。

1. 旋风分离器的结构和工作原理

图 9-7-17 是旋风分离器中最典型的一种结构形式，被称为标准式旋风分离器。整个旋风分离器主体上半部分为圆筒形，下半部分为圆锥形，主要由筒体、锥体、进气管、排气管和排尘口等组成。其中筒体和锥体组合形成旋风分离器的分离空间，又成为旋风分离器的本体；进气管截面通常为矩形，位于筒体切向位置。

工作原理[52]：当含有炭粉和粉尘等固体杂质的热解气沿切向进入分离器时，由于受到器壁的约束作用，气流会由原来的直线运动转变为旋转运动。大部分热解气沿着器壁从筒体向锥体呈螺旋状向下运动，称为外旋气流。含尘热解气流在运动过程中产生离心力，在惯性离心力的作用下，密度较大的颗粒被抛向器壁，与器壁接触后会失去惯性离心力，靠向下的动量和向下的重力沿着器壁下落至排灰口，从而与气流分离。外旋气流到达锥体时受到圆锥体形状收缩的影响，气流向分离器中心靠拢。根据“旋转矩”不变原理，气流切向速度逐渐提高。此外，外旋气流的旋转运动导致周围气流压力增加，在圆锥中心区域形成低压区，受低压区影响，气流到达锥体下端时会向中心靠拢，在分离器内部以相同的旋转方向由下向上继续做螺旋运动，称为内旋气流。最后，净化后的气流从顶部的出气管排出，同时未被收集的固体颗粒

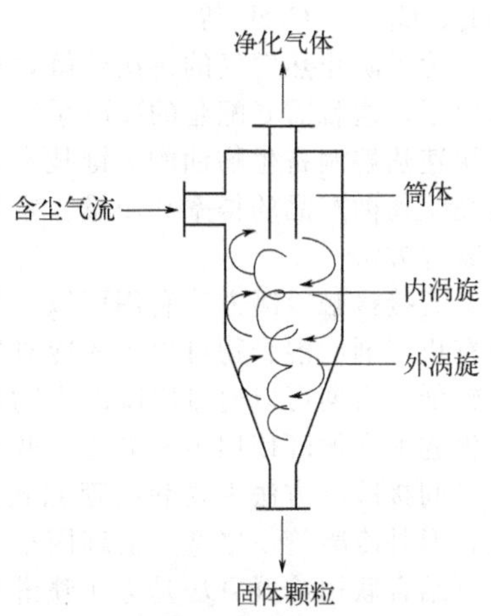

图 9-7-17 标准式旋风分离器的结构

也由此气流携带排出。热解气中的固体颗粒只要满足颗粒到达器壁的时间小于或等于气流旋转向上到达排气口的时间，就可以被分离出来，实现气固分离。

2.过滤式除尘器

过滤式除尘器是依靠多孔材料制成的滤袋、填料层、过滤层等将气流中的固体颗粒或气溶胶粒子分离出来的除尘装置。一般而言，粉尘的粒径远小于过滤介质的间隙，因此简单的筛选对净化气体作用有限。气流净化主要借助于拦截、惯性碰撞以及扩散效应，同时还有静电力。重力和热泳力也发挥重要作用。依据多孔介质的不同，过滤式除尘器主要分为袋式除尘器、陶瓷过滤器、颗粒层过滤除尘器。

袋式除尘器，当含尘气流通过过滤袋时，粉尘被截留下来，由于惯性碰撞和静电核的扩散作用，滤袋表面形成一层粉尘初层，随后的过滤过程主要依靠粉尘初层来完成。袋式除尘器具有较高的除尘效率，可以有效除去直径小于或等于 10μm 甚至更小的微细颗粒，效率可以达到 99.99%。

陶瓷过滤器主要是利用陶瓷材料的多孔性进行除尘，按照结构形式不同主要分为陶瓷纤维袋式过滤器、织状陶瓷过滤器、管状陶瓷过滤器、交叉流式陶瓷过滤器以及蜂房式过滤器等。其过滤机理主要是惯性冲撞、扩散以及截留。随着过滤元件的不断发展，陶瓷过滤器也得到了不断的改进。美国 Bell 公司、美国西屋公司、美国电力研究所、美国 Acurex 公司分别对陶瓷纤维布袋式过滤器和陶瓷纤维毯过滤器进行了相关实验研究，其过滤速度分别为 0.033m/s 和 0.1m/s，除尘效率分别为 99.7% 和 99.9%；德国 BWF 公司、英国 Industrial Filter & Pump 公司、芬兰 Foster Wheeler 公司分别对试管过滤器进行研究，发现其除尘效率较高[53]。

颗粒层过滤除尘器是利用石英砂、卵石、玻璃屑等颗粒状物料作为过滤介质达到净化目的的过滤式除尘设备，具有耐高温、耐腐蚀、耐磨损、除尘效率高等优点，被认为是一种理想的空气净化设备。其缺点是体积大，阻力大，清灰装置复杂。日本的采煤研究中心和川崎重工业公司联合开发了移动床颗粒层过滤器，将其用于热煤气的除尘进行了实验，飞灰质量浓度为 $1\sim5g/m^3$，除尘效率达到 99.8%以上；美国 Conbustion Power 公司和西屋公司联合开发的移动床颗粒层过滤器，在纽约大学 PFBC（增压流化床燃烧）设备上进行了实验，运行温度为 870℃，除尘效率达到 99.1%；我国国家电力公司国电热工研究院研究开发了无筛移动逆流式颗粒层过滤器，通过相关试验研究从理论上提出了提高细微尘粒除尘效率的方法[54,55]。

（三）热解气冷凝与生物油收集

生物质原料经过快速热解和气固分离之后的热解气主要包括可冷凝气体、不可冷凝气体以及少量没有被分离出去的气溶胶。其中，可冷凝气体主要由可挥发的有机物和不可挥发的低聚物组成，经过快速冷却可得到生物油产品；不可冷凝气体主要由 CO_2、CO、H_2 组成，还含有少量的 CH_4、C_2H_2、C_2H_6 等。

为了防止热解气的再次分解，冷凝时间应尽可能短，提高冷凝效率，净化后的热解气需要快速冷凝，这就需要配套的冷凝系统具有较高的传热效率和较低的冷凝温度。因此，快速冷凝系统是快速热解制备生物油的关键技术，气固分离后的热解气需要经快速冷凝，减少二次热解反应，提高生物油产品的得率和质量。常见的快速冷凝技术包括直接接触冷凝、间接冷凝以及结合联用冷凝等方法[56]。

直接接触冷凝方法利用可以和生物油互溶的有机溶剂对热解气进行冷凝，经冷凝后的生物油与有机溶剂的混合物可以进入冷凝器中循环冷却。该方法的优势是设备简单、易于清洗维护，成本较低，后期可以通过冷凝的生物油来完成冷凝任务。但是该方法的缺点是对设备要求较高，而且生物油在循环使用中易老化、变质。

间接冷凝方法主要利用管壳式换热器和板式换热器进行热交换实现冷凝。该方法传热效率高，但是冷凝管一堵塞，清理困难。

结合联用冷凝方法是雾化喷淋和冷凝器结合使用，首先成品生物油作为冷凝剂，被雾化喷淋到高温热解气中，雾化液滴与热解气接触进行传热，热解气快速降温从而避免发生缩合缩聚；随后采用降膜冷凝，一方面使高沸点组分经冷凝形成的液膜温度降低，另一方面使低沸点的组分蒸气在液膜界面进行冷凝。该方法是生物质快速热解中较为常用的方法。

二、热解液化产物

（一）生物油

1. 生物油的化学组成

生物油的元素组成包括C、H、O、N、S，以及多种金属元素，其中主要元素为C、H、O，与生物质原料比较相近。生物油的元素组成在很大程度上受到含水量的影响。不同的生物质原料制取的生物油元素组成也有一定的差别，木材类原料制取的生物油其N含量通常小于0.1%，而秸秆类原料制取的生物油其N含量一般为0.2%～0.4%，S的含量约为60～500mg/L。生物油中的金属元素主要来源于生物质原料中的灰分，或者热解反应器、冷凝器、储存器等设备析出的金属。生物油与石油最大的区别在于其氧含量较高，导致其物理化学性质与石油有很大的差异性。

生物油的化学组成成分十分复杂，其中主要有机物包括有机酸、醛酮类、醇类、酯类、呋喃类、吡喃类、芳香类、脱水糖等[57]。生物油化学组分成分的分析比较困难，由于生物油中含有大量的低聚物大分子，现有的分析技术无法完全测定生物油中的成分。到目前为止，生物油中被检测出的物质已经超过400种，有很多成分在多数生物油中都存在，也有少量成分仅存在于部分特定的生物油中。一般生物油的成分分析大多采用GC-MS（气质联用）、HPLC-MS（液质联用）等技术。图9-7-18为不同原料制取的生物油中有机物的含量分布[57]。

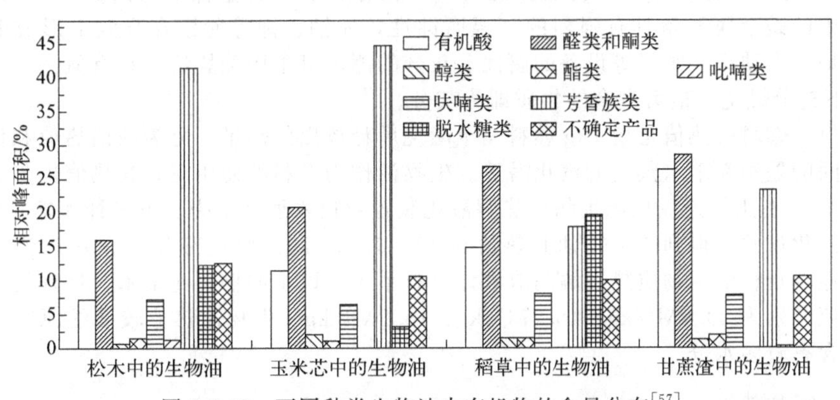

图9-7-18 不同种类生物油中有机物的含量分布[57]

2. 生物油的理化性质

（1）密度 生物质通过热解得到的生物油是呈棕黑色的液体，流动性好，并伴有强烈的刺激性气味。生物油的密度对于生物油的储存、运输、利用来说，是一个重要的参数，它与原料密度的比值可以衡量其在容积能量密度上的优势。有关研究表明，在不同的反应温度（750K、773K）和进料速率（675～850g/min）下得到的生物油，其密度值并没有显著的差别，总体上生物油的密度分布在1120～1157kg/m^3[58]。通常情况下认为生物油的密度为1.2g/cm^3。生物质原料和热解条件的变化会改变生物油的密度，此外环境温度和存放方式的变化也会影响其密度。

（2）黏度 黏度对燃油输送和雾化具有重要影响，为了确保燃油的顺利输送和油泵的稳定工作，以及各种燃烧器喷嘴的良好雾化，对油的黏度有一定的要求。而生物油具有高黏度的特性，给输送和雾化带来了一定的困难，这主要源于生物油的高含氧量。含水量和水不溶物含量影响生物油的黏度，水分含量高时黏度小，水不溶物含量高时黏度大。外界环境温度的变化也会影响生物油的黏度，相关研究表明：当温度低于85℃时，生物油的黏度随温度的升高而减小；当温度高于85℃时，生物油的黏度随温度上升而增大。这是由于在一定温度下生物油中的某些成分开始发生聚合反应，生成了更大分子量的聚合物[59]。

（3）酸性　生物质热解产生的生物油是一种酸性液体，它的酸含量一般可以用pH值或酸度来表示。通常情况下生物油的pH值为2～4。酸度指的是中和1g生物油所需要KOH的质量，生物油的酸度通常为50～100mg/g[44]。

生物油的酸性源于其中含有大量的有机酸，例如甲酸、乙酸、丙酸等。不同的原料和热解条件制取的生物酸含量不同，其酸性强弱也不同。较强的酸性使得生物油的腐蚀性很强，也严重阻碍了生物油的利用。在生物油的存放过程中应选择聚丙烯或不锈钢材料制作的容器。另外，还可以通过酯化反应来降低生物油的酸性。

（4）氧含量　生物油中的氧主要源于生物质原料中的纤维素、半纤维素和木质素热解产生的酚类和类似酚类化合物的各种含氧官能团。生物油的含氧量一般在35%～40%之间。较高的含氧量是生物油与燃料油性质差别较大的主要原因，导致生物油不能与以烃类为主的燃料油混搭，其热值也仅为燃料油的一半，并且会使生物油的稳定性变差，给生物油的实际应用带来问题。

（5）水分　生物油组分中水是含量最多的单个组分。生物油中的水分主要来源于生物质原料中的水分和热解过程中大分子发生缩合或缩聚反应生成的水，一般含水量在15%～30%。生物油中的水分可以降低其黏度，增加其流动性，同时也降低了生物油的热值。由于生物油极性很强，其中的有机成分易与水发生乳化反应，可以使生物油中的水分稳定存在而不发生分层现象，但是含水量过高时容易发生分层现象。因此，为了避免生物油出现水油两相的分层现象，需要对原料进行干燥，使其含水量不超过10%。

（6）灰分　生物油中含有少量的灰分，这是由于在热解系统中，除尘装置不能彻底地将热解气中的灰分和残炭除去，部分灰分和残炭进入生物油中。生物油中的灰分含量一般在0.01%～0.2%之间。灰分含量也是评价生物油性能的一项指标，灰分含量低是其广泛利用的原因之一。生物油灰分中的碱金属元素具有强烈的高温腐蚀性，如钠、钾等元素在高温下形成低沸点化合物，引起锅炉、发动机、阀门等设备的腐蚀。灰分的测定可采用焚烧法，在有氧条件下，将生物油在775℃下充分燃烧，最后剩余的物质即为灰分。

（7）热值　燃料的热值是指1kg燃料完全燃烧后释放出的热量，分为高位热值和低位热值两种，两者之间的差别在于水蒸气的汽化潜热。生物油作为燃料油使用时，其热值也受到了广泛关注。朱锡锋等[50]利用快速流化床生物质热解液化装置对松木屑、稻壳、玉米秆和棉花秆4种物料进行了热解液化试验，得到的生物油其热值在17～18MJ/kg。廖艳芬等[60]采用以流化床反应器为主体的可连续运行的生物质热裂解制取液体燃料系统，以水曲柳、花梨木、秸秆为原料制取生物油，其热值分别为23.4MJ/kg、18.7MJ/kg、18.2MJ/kg。生物油热值较低的原因是其含氧量较高，同时含有较多水分。

（二）清洁燃气

生物质快速热解经过冷却分离后可得到不可冷凝热解气体。不可冷凝气体是一种可燃气，主要由CO、CH_4、CO_2、H_2、H_2O以及饱和或不饱和烃类化合物组成。生物质热解过程中热解气体的产生主要通过两种形式：热解形成焦炭的过程中，伴随少量的初级气体产生，其中CO、CO_2的含量占了90%以上，还有一些烃类化合物；在后续的热解过程中，有机蒸气会发生二次热解，生成不可冷凝气体。最终产生的热解气来源于初级气体和其他气体的混合物。研究表明，热解温度是影响不可冷凝气体组分含量的主要因素，Scott等[61]通过闪速热解装置对木屑进行热解试验得出结论，在400～800℃范围内，随着温度的升高，CO、CH_4、CO_2、H_2以及H_2O的得率不断增加，其中CO_2的产量在450～550℃范围相对不变。Figueiredo等[62]以木屑为原料进行热解，研究表明在400～700℃的范围内，生物质热解后气相产物中H_2的含量随温度升高而增大。吕兆川[63]以工业生物质药渣为原料进行热解，在600～800℃的范围内，研究不同温度下热解产物的析出顺序，结果表明：在温度低于650℃时，四种气体的释放顺序差别不大，CO和CO_2的析出时间相同，CH_4和H_2的析出时间一致，并且CO、CO_2的析出时间早于CH_4和H_2的析出时间；当温度高于700℃时，气体的析出顺序开始出现较为明显的差别，其析出的先后顺

序分别为 CO_2、CO、CH_4 和 H_2。气体产物析出时间的先后说明生物质热解过程中不同气体产物具有不同的反应途径，并且生成各种气体产物的难易程度也不同。由于生物质组分中含有较多的羰基、羧基、酮基以及醚基等，此类含氧化学键的断裂是生成 CO_2 的主要途径，生物质热解过程中一次热解和二次热解均伴随着 CO_2 的产生。CO、CH_4 的产生主要是源于二次热解，随着反应温度的升高，CO 和 CH_4 的产量不断升高，其中 CO 的产量是评价二次热解反应程度的重要指标。热解过程中产生 H_2 的途径较多，例如二次裂解、芳香环断裂、有机分子缩聚脱氢反应等，该类反应多在高温下进行。

（三）生物质炭

生物质热解过程中，随温度升高，原料中水分不断蒸发，在进一步加热过程中，生物质在缺氧环境下受热分解释放出挥发性组分，同时随着温度进一步提高生物质中的深层挥发性组分继续扩散，最终形成热解炭（生物质炭）。生物质炭是生物质在缺氧条件下不完全燃烧产生的物质，是生物质原料热解产物的重要组成部分。热解过程的反应条件对生物质炭的形成影响较大，主要是在较低的反应温度和较低的升温速率的条件下易于形成。

生物质炭主要由芳香烃和单质炭或具有石墨结构的炭组成，从元素组成上来说，C 元素的含量在 60%以上，还有少量的 H、N、S、O 以及少量的微量元素[64]。热解温度升高，热解气体产物和液体产物得率增加，而生物质炭的产量下降。通常情况下，生物质炭呈碱性，主要源于其含有碳酸盐晶体。此外，红外光谱分析表明生物质炭的表面含有大量的—COOH、—OH 等含氧活性基团，在 pH 值较高时以阴离子状态存在，吸收 H^+，表现出碱性。研究表明，生物质炭中有机阴离子的含量随温度的升高而减小，低温下制备的生物质炭中有机阴离子的含量对生物质炭总碱含量的影响大于高温下制备的生物质炭。另外，生物质原料的种类对后续生物质炭的含碱量也有一定的影响。生物质炭的可溶解性很低，具有高度的羧酸酯结构和芳香化结构，其孔隙结构发达，比表面积大，稳定性好。这些性质使得生物质炭广泛应用于环境、农业、能源等领域。

1. 生物质炭在环境领域的应用

虽然生物质炭的吸附性能与活性炭相比较弱，但是其成本低，表面含有多种活性基团，除了吸附作用外，还可以利用静电作用和化学沉淀将多种污染物同时除去。例如生物质炭对 Pb 的吸附借助于其表面含有的大量含氧基团，通过结合沉淀法将 Pb 以 $Pb_5(PO_4)_3(OH)$ 的形式除去，同时又可以利用微孔结构将阿特拉津等有机物吸附，并且两者之间不存在竞争关系[65]。而活性炭对两者的去除均依靠表面吸附来完成，总容量有限。相关研究表明不同的生物质原料对有机污染物的吸附能力与比表面积变化相一致，与以大、中空隙为主的生物质炭相比，以微孔为主的生物质炭比表面积更大，其表面吸附能力和微孔填充能力更强，饱和吸附量也更高[66]。另外，生物质表面的含氧基团影响其表面的电子得失、阳离子交换量、极性和稳定性，伴随着老化过程脂肪族官能团减少而羰基官能团增多，极性增强，极性官能团与极性污染物相互作用是生物质炭除去有机污染物的关键[67]。吴晴雯等[68]利用芦苇生物质炭对 1,1-二氯乙烯进行吸附，通过红外光谱检测生物质炭吸附前后官能团的变化情况，得出结论：有机物与—OH、C═C、C═O 以及 C—H 等官能团成键和 π-π 相互作用是主要的吸附机制，生物质炭对 1,1-二氯乙烯的吸附达到 90%。

2. 生物质炭在农业领域的应用

生物质炭作为一种土壤改良剂施加到土壤中，改善土壤的性质，提高土壤肥力，进而提高农作物的产量。生物质炭自身发达的微孔结构和超强的吸附性能，使它能够吸附更多的养分离子。生物质炭对土壤的改良作用主要是通过改变土壤的物理性状和结构，有利于土壤生物化学和物理化学的相互作用，促进微生物的生长和活性，从而提高土壤的生产性能、作物的产量和品质。生物质炭的多孔结构可以增加土壤表层的孔隙率，容重减小，有利于植物根系的生长，提高作物产量；在干旱的土壤中，生物质炭的施加能够有效缓解植物根部受到的限制作用[69]。生物质炭对土壤中重金属污染修复具有良好的作用，Beesley 等[70]利用不同原料制备生物质炭，添加到土壤中，土壤沥出液中Cd和Zn的浓度分别降低为原来的0.03%和2%。土壤缓冲能力源于其土壤阳离子交换量（CEC），CEC的高低是衡量土壤团聚体供肥能力、保肥能力和缓冲能力的重要参数，受土壤黏粒含量、矿物含量、有机质以及土壤pH值的影响。生物质炭的加入可以显著提高土壤团聚体的CEC，通常情况下，矿物质和灰分含量高的生物质炭对土壤团聚体的CEC改善效果更为显著，生物质炭与土壤作用时间越长，炭的用量越大，土壤团聚体CEC的提高越明显。易卿等[71]向土壤中分别添加水稻黑炭和樟木黑炭培养一定时间后，检测发现土壤的CEC得到显著提高。

3. 生物质炭在能源领域的应用

此外，生物质炭在能源领域也具有广阔的应用前景，可以用来制备炭燃料电池，超高的比表面积和丰富的含氧基团可以促进电池的阳极反应，良好的导电性和较低的灰度可以降低欧姆极化，是一种理想的阳极材料。生物质炭本身具有一定的热值，可以作为燃料使用，可以避免将生物质原料作为直接燃料的弊端，而且充分利用了生物质资源。

三、生物油提质改性

生物油的化学成分复杂，水分和含氧量较高，热值低、黏度大、酸性高、化学稳定性差，这些缺点限制了其在燃料领域的应用，在后续需要进一步处理和精制，提高生物油品质。生物油精制的核心是脱出生物油中的氧、提高H/C，从而提高其挥发性。目前生物油精制的主要技术有催化加氢、催化裂解、催化酯化、乳化等。

1. 催化加氢

催化加氢是指在高压（7～20MPa）和氢气或供氢溶剂的作用下，通过催化剂的催化作用对生物油进行加氢处理，使得碳氧键断裂，氧元素以H_2O或CO_2的形式脱除，不饱和键变为饱和键，生物油的稳定性提高。Churin等[72]采用固定床反应器，在压力5～12MPa、温度270～400℃条件下，以Co-Mo和Ni-Mo为催化剂对生物油进行催化加氢，处理后生物油中的烃类质量分数从10%～20%增加到70%～75%，同时酚类物质的质量分数从原来的40%降低到18%。仲卫成等[73]在固定反应器中以Ni-Co-Pd/γ-Al_2O_3为催化剂对生物油进行催化加氢，对催化加氢后的生物油进行分析，结果表明：在压力2MPa、氢油比为120∶1、温度300℃的条件下，精制生物油的收率达到89.6%，热值和十六烷值比加氢前分别增加了17.94%和71.2%，黏度下降66.32%，生物油的H/C比由原来的1.55上升到1.97，氧、氮、硫含量明显降低，脱氧率达到80.46%，精制油中的有机酸、酯、酮、醛的含量明显降低，烷烃和醇醚含量明显增加。

催化加氢技术可以有效降低生物油中氧的含量，提高生物油的热值，但是氢气的需求量大，催化剂造价昂贵，且操作条件严苛，使得该技术的应用受到了限制。因此，减少氢气用量、寻找新型高效且廉价的催化剂是生物油催化加氢技术未来发展的方向。

2. 催化裂解

催化裂解是指在催化剂的作用下将生物油中的大分子裂解为小分子物质，生物油中的氧元素以CO、CO_2、H_2O的形式脱出，从而获得以烃类为主的高辛烷值燃料油。该方法一般是在常压下进行，设备较催化加氢简单，成本相对较低，经济性高。

在生物油催化裂解技术中，最为常用的催化剂是HZSM-5，它是一种沸石分子筛类催化剂，能将大部分小分子含氧化合物转化为甲烷基苯类化合物，因而被广泛使用。Williams等[74]在流化床中直接热解木屑得到生物油产品，以HZSM为催化剂对得到的生物油进行催化裂解，油产率从40.4%降低到5.5%，但催化裂解后的生物油中富含芳香族化合物，可作为优等燃料或化学原料，同时催化裂解产物中的气相和水相成分增加，说明了该过程中生物油中的氧以CO、CO_2和H_2O的形式被脱除。马文超等[75]利用HZSM-5分子筛催化剂在550℃下对生物油典型模型化合物（羟基丙酮、乙酸乙酯、愈创木酚）进行了催化裂解反应，得出结论：不含苯环的模型化合物经催化裂解得到的液体产物主要以芳烃为主，含氧化合物含量较低；羟基丙酮和乙酸乙酯的裂解气体产物分别以CO和烯烃为主；酚类化合物经催化裂解的液体产物仍以酚类为主，芳烃次之，说明酚类物质裂解结果相对稳定，根据产物气液产物分布，推测出生物油在催化裂解过程中主要发生脱氧和环化反应，并对芳烃和烯烃有较好的选择性。

催化裂解过程反应条件较为温和，不需要添加氢气，成本较低，但是该方法精制的生物油得率相对较低，且在反应过程中焦油和焦炭沉积在催化剂表面，堵塞孔道，导致催化剂结焦失活。为了提高生物油产品的得率，生物油经初步分离后对各组分分别精制，或采用四氢萘作为溶剂将生物油稀释，降低生物油的黏度，提高其稳定性，延长催化剂的使用寿命。

3. 催化酯化

催化酯化作为一种常用的生物油提质改性方法，通常使用醇类助剂，在生物油中加入酸碱等催化剂，进而使羧基发生酯化反应转化为酯类物质，最终使生物油的 pH 值提高，降低其酸性以及腐蚀性。生物油催化酯化过程常用到的催化剂有离子交换树脂、固体酸碱等。Mahfud 等[76]向生物油中加入高沸点醇类物质，以固体酸为催化剂，进行减压蒸馏处理，研究结论得出：生物油经过催化酯化后其中的水分含量显著降低，热值明显提高，表明催化酯化使生物油的性质得到一定的改善。徐俊明等[77]提出了一种较为温和的生物油提质改性方法，以苄基氯为改性剂，在相转移催化剂的作用下，将热解油中的酚羟基和羧酸基团转化为醚类、酯类化合物。研究结果得出：改性后的生物油疏水性增强，水分含量由原来的 33.0%下降到 0.83%，pH 值由原来的 2.82 提高至 5.72，热值由 14.3MJ/kg 上升到 31.7MJ/kg，由于含氧基团的转化含氧量降低；GC-MS 和 IR（红外分析）等分析表明生物油中的羧酸和酚类化合物转化为酯类和醚类化合物，羧基转变为酯基，使生物油的 pH 提高，而且固体酸催化剂可以实现再生利用。

催化酯化技术可以有效提升生物油的品质，但是在反应中生物油的黏性会降低分子筛的择形性，发生不必要的交叉反应，生物油中的水分对酯化反应也有一定的抑制作用，反应中醇类物质的添加增加了生物油精制的成本。

4. 乳化

乳化是指在表面活性剂的作用下，在一定温度下将生物油与化石燃油（大部分为柴油）混合，得到的乳化油可作为燃料直接使用，并且高含氧量的生物油可促进化石燃油的充分燃烧。表面活性剂的加入能有效降低生物油的表面张力，防止其凝聚，与柴油混合后形成乳化油，提升了生物油的稳定性，腐蚀性也得到有效改善。

王丽红等[78]利用 GC-MS 分析了轻质生物油和柴油乳化后燃料的物理性质，并将轻质生物油、0＃柴油、复合乳化剂按照一定的工艺进行乳化，制成乳化燃料，研究表明：增加均质时间、乳化剂和柴油比例或降低生物油的比例均可以提高乳化油的稳定性，与轻质生物油相比，乳化油的热值明显提高，但是其 pH 值没有得到改善。于济业等[79]在使用稳定剂的情况下，将生物油与柴油按照一定比例混合，利用均匀技术制备出乳化燃油，得出结论：当生物油含量为 10%、稳定剂含量为 4%～6%时，乳化油的稳定时间可以达到 120h 以上，将此乳化燃油用于泰山-25 拖拉机时，发动机运转正常。王琦等[80]通过生物质热解生物油模型化合物与柴油乳化的研究确定了乳化剂合适的 HLB（亲水亲油平衡值）范围，在该范围内稻壳热解生物油与柴油的乳化效果良好，同时研究了生物油贮存时间对乳化效果的影响。在柴油、乳化剂和生物油质量分数分别为 92%、3%、5%时，研究了不同种类生物质热解生物油与柴油的乳化性能，乳化燃料在热值上接近柴油，黏度符合国家轻柴油标准，具有商业化利用价值。

生物油乳化技术相对而言工艺简单，是一项具有前景的生物油利用技术，但是该技术的缺点是乳化剂成本和乳化过程能耗较高，乳化液具有一定的腐蚀性、不稳定。在未来的发展中可考虑对生物油进行适当的前处理，寻找价格低廉的乳化剂。

5. 水蒸气重整制氢

生物油水蒸气重整制氢是指在催化剂的作用下，生物油与水蒸气发生反应生成氢气。氢气是一种清洁能源，也是一种重要的化工原料，目前工业上氢气主要是由煤、石油、天然气等化石燃料制得，而生物油通过水蒸气重整是生产氢气的又一重要途径。

隋森等[81]选取乙酸、丙酮、糠醛、苯酚的混合物作为生物质油模拟物，以 Ni/MgO 为催化剂，在常压、800℃下在固定床管式反应器中进行水蒸气催化重整制氢反应，并考察了催化剂与生物油模拟物的质量比（R）对反应的影响。研究结果表明：反应稳定后产气的速率以及气相产物中 H_2 和 CO_2 的摩尔分数与收率均随 R 的增大而增大；而 CO 和 CH_4 的摩尔分数与收率随 R 的增大而减小；碳元素选择性和目的产物纯度均随 R 的增大而增加；当 $R>6$ 时，目的产物纯度大于99.9%，气相产物中几乎不含有 CH_4；当 $R<3$ 时，催化剂上的绝对积炭量随 R 的增大而增加；当 $R \geqslant 3$ 时，R 对催化剂上的绝对积炭量影响不大。Xu 等[82]选取乙酸、丁酮、糠醛和间甲酚作为生物质油模拟物，在 S/C＝6、LHSV（液时空速）＝$5h^{-1}$、600℃下，在催化剂 Ni/MgO 的作用下进行水蒸气催化重整制氢反应。研究表明，生物油模拟物在催化重整过程中通过消除、重组等反应形成反应中间体，反应中间体再进一步分解为简单中间体，并参与水汽反应。

水蒸气重整制氢的设备以及工艺相对复杂，且对设备的要求高、投资成本大。目前的关键问题是开发成熟、稳定有效的新型催化剂以提高氢气的产量、减少焦油的含量，同时还需要对生物油重整制氢的机理进行深入研究。应开发新型设备，对现有的工艺设备进行优化调整，体现现有工艺设备的经济实用性。

四、热解液化反应器

反应器是生物质快速热解液化技术的核心部分，反应器的类型和加热方式在很大程度上决定了产物的最终分布，所以反应器类型及加热方式的选择是各种技术路线的关键环节。一般常用的制备生物油的反应器都具有加热速率快、热量转化率高、反应温度中等和气相停留时间极短等共同特征。目前达到工业示范规模的生物质快速热解液化反应器主要有流化床反应器、循环流化床反应器、烧蚀反应器、旋转锥反应器、引流床反应器以及真空移动床反应器。

1. 流化床反应器

流化床反应器的工作原理是物料在高温反应器底部的常规沸腾床内燃烧释放热量，并同时加热底部的沙子；加热后的沙子随高温燃烧的气体进入反应器与生物质混合并将热量传递给生物质，生物质获得热量后发生热裂解反应。流化床反应器具有设备小、传热速率高、床层温度稳定等优点，而且气相停留时间短，避免二次热解反应的发生，有利于生物油产量的提高，是快速热解反应过程中使用最为广泛的一种技术工艺。Garcia-Perez 等[83]以流化床为反应器，对桉树进行快速热解液化研究，研究表明热解温度影响热解产物的组成，且生物质颗粒的大小影响生物质油的含水量，当温度在450～475℃时，生物油的产率最大。Zheng[84]采用流化床反应器对稻壳进行快速热解液化，研究结果表明：当热解温度为465℃时，生物油的得率最大为56%。

2. 循环流化床反应器

与流化床不同的是，循环流化床在热解反应中将焦炭与热载体砂子一同送入流化床反应器底部的常规沸腾床，焦炭燃烧释放热量加热砂子，加热后的砂子返回流化床反应器提供热解所需的热量，构成一个完整的循环过程。循环流化床反应器与流化床反应器一样具有较高的传热效率和较短的停留时间，因此它是生物质快速热解液化反应中另一个较为理想的选择。此外，循环流化床在生物质热解技术的应用中具有较大的优势，可以增加生物质的处理量，但是砂子的传输以及加热温度需要严格控制，增加了操作系统的复杂性和能量消耗。加拿大的 Ensyn 工程师协会开发研制的循环流化床工艺在意大利 Bastardo 建成了 650kg/h 规模的示范装置，在反应温度 550℃时，以杨木粉为原料生物油的产率可达 65%[45]。希腊的 GRES 研制的循环流化床将鼓泡流化床和高速流化床串联起来，利用生物炭燃烧提供热解所需要的热量，在循环流化床内应用了提升管技术，加快传热效率，实验系统处理能力为 10kg/h[56]。

3. 烧蚀反应器

烧蚀反应器是生物质快速热解研究最深入的方法之一，大多数关于烧蚀反应器的研究工作是由美国国家可再生能源实验室（NREL）、法国国家科研中心化学工程实验室（CNRS）公司完成的。在一定的压力下，生物质颗粒以相对反应器较高的速率（>1.2m/s）移动并发生热解，叶片将生物质压入金属表面，该装置的优点是不受原料粒径大小和传热速率的影响，但是加热速率对其有一定的影响。烧蚀反应器的热量来源为高温壁面，生物质与高温壁面接触快速热解，设备简单紧凑，物料加热速率快，生物油的产率得到提高。在 NREL 的研究基础上，Johnson 等[85]开发了第二代烧蚀反应器并进行了规模化生产，生物油的产率约为 70%，焦炭和不凝气的得率均为 15%。

4. 旋转锥反应器

旋转锥反应器是由荷兰 Twente 大学和 Biomass Technology Group（BTG）公司共同开发的，其工作原理为：生物质颗粒和惰性热解载体一起喂入旋转锥反应器的底部，生物质颗粒会在旋转锥中螺旋上升，在上升的过程中生物质被迅速加热、裂解，热解气由导出管进入旋风分离器，经过净化后由冷凝器凝结为生物油，生物质炭和热解载体进入燃烧室燃烧，提供所需温度。旋转锥反应器一般不需要载气，结构紧凑，减少了成本；固体和热解气在旋转锥中的停留时间较短，减少热解气的二次裂解，进而提高生物油的品质。但是旋转锥反应器要求生物质原料的粒径要小，设备相对复杂，且设备放大较难。刘荣厚等[86]采用旋转锥反应器，以木屑为原料进行热解实验，实验结果表明：热解产物为生物油、不可冷凝气体和木炭，在温度为 600℃ 的条件下，生物质喂入率为 26.42kg/h 时，生物油的得率达到 53.37%。

5. 引流床反应器

引流床反应器又称携带床，其最大的特点是不使用热载体砂子，热解过程中需要的热量由流化床载气带入，热量的传递是通过载气与生物质颗粒之间的对流来完成的。其工作原理是：生物质原料经过干燥粉碎后由喂料机进入反应器，生物质颗粒被高温烟气流携带，并行向上流经反应管并发生热解，产生的混合物有不可冷凝气体、水蒸气、热解油蒸气和炭。引流床反应器在实际应用中设备放大较为容易，但是需要大量的高温燃烧气，并产生大量低热值的不凝气。

6. 真空移动床反应器

真空移动床反应器是由加拿大 Pyrovac 大学和 Laval 大学开发的，它是以熔盐为传热介质，并采用电子感应调温技术，容易实现严格中温控制条件下的热解，从反应器出来的残渣可直接与水接触进行冷却。该设备的优点在于生物质原料在低压环境下进行热解，压力的降低也相应地降低了热解气体的沸点，有利于热解气体分子的蒸发。另外，压力的降低缩短了热解气在反应区的停留时间，避免了二次热解反应的发生，提高生物油的产率。其主要缺点在于传热性能差，导致生物油产率较低（35%～50%）；产物生物油的黏度大，给实际应用带来困难；对真空泵和密封材料有一定的要求，增加了设备成本和运行难度。

五、生物油的应用

1. 锅炉

通过对生物油理化特性和成分的分析，发现生物油成分中碳、氢比例较大，具有一定的热值，可以作为燃料使用。锅炉是常见的能量转换系统，相比于柴油机和燃气轮机，它的能量转换效率较低，但是应用燃料范围广，对于燃料品质没有严格的要求，开发生物油作为锅炉和燃料的技术难度相对较小，可以在短时间内实现。生物油在锅炉燃烧中可以单独使用或者与化石燃料混合使用，用于供热、发电；或者与甲醇、乙醇、柴油等燃料混合燃烧驱动柴油机发电；也可以直接用于燃气轮机中。目前生物油作为燃料已经成功应用于试验炉和商业方面，美国可再生能源实验室（NREL）在工业锅炉中对生物油进行了燃烧方面的测试，结果表明：较小体积的工业锅炉经过适当的改造后可以稳定地燃烧生物油，采取适当的措施后 CO 和 NO_x 的排放量可以控制在规定的范围内，但是如果不采取热蒸汽过滤等措施降低生物油中杂质的含量，颗粒物的排放量将是燃轻质油的两倍。美国威斯康星州某电厂将生物油与煤混合，在一台 20MW 的燃煤锅炉中进行混烧实验，实验结果表明：混烧生物油对锅炉的运行和设备都没有不利的影响，由于生物油中不含硫，烟气中 SO_x 的排放量减少了 5%，烟、灰没有发生明显的变化，无需改变除尘系统[87]。芬兰国家技术研究中心（VTT）和芬兰 Neste Oy 公司合作在一台 8MW 的锅炉中进行生物油的燃烧测试，试验发现生物油在燃烧初始时需要添加辅助燃料，而低质量生物油燃烧的整个过程都需要辅助燃料，燃烧排放物中除微粒外，烟气排放量低于重油[88]。由此看来，生物油用于锅炉燃烧供热切实可行，还可通过改进设备、优化工艺以取得更好的经济效益。

2. 柴油机

与锅炉相比，柴油机具有转换效率高、经济性好、使用范围广等优势，但是柴油机属于高压点燃燃油的设备，对液体燃料的品质要求较高。在各种柴油机中，低速和中速的柴油机对燃料的参数要求较低，比较适合初级生物油的燃烧试验。在燃烧过程中生物油的点火性能差，冷启动非常困难，需要添加点火助剂或柴油辅助点火，生物油着火之后燃烧较为稳定，热效率达到44.9%，但是由于生物油具有腐蚀性，含有较多的固体杂质和炭化沉积物，燃烧过程中会对柴油机的喷嘴和排气阀等部件产生损坏作用，导致柴油机无法长期稳定运转，而且燃烧过程中CO排放量较多。在研究中合适的添加剂，如甲醇或乙醇等，可以有效降低生物油的黏度，提高生物油的十六烷值和稳定性，改善生物油的雾化、点火以及燃烧等性能。芬兰的VTT Energy公司利用Petter内燃机进行试验，发现适量的助剂可以使生物油自燃，硝化酒精的添加量＞5%时柴油机可以稳定运行[89]。刘旭等[90]将混合醇加入生物油中，储存一定的时间（6周），利用GC-MS分析储存前后生物油的变化，结果表明：生物油中添入醇类添加剂后，含量较多的醛酮类物质和羧酸类物质与醇反应，从而抑制了其参与的缩合缩聚反应，同时辛醇对生物油的均相作用减缓了大分子物质的生成，从而提升了生物油的稳定性。生物油的热值相比柴油较低，可以通过添加合适的乳化剂，制备生物油/柴油乳化液，改善生物油的热值和燃烧性能。柏雪源等[91]将生物油和0号柴油以及适量的乳化剂混合，得到生物油/柴油乳化燃料，并将其在ZS1110型柴油机上进行试验，研究结果表明：生物油体积分数为15%的乳化燃料较纯柴油有明显的节油效果，最大节油率可达10%，NO、CO的排放量也少于纯柴油。以生物油作为柴油机的燃料，燃烧技术还不够成熟，但可以确定的是，对现有中速至低速柴油机的结构和材质进行必要的改动，可以实现生物油在柴油机上的应用。

3. 燃气轮机

燃气轮机具有比功率高、效率高、功率大、检修时间长等优点，在航空、电力工业等领域具有广泛的应用，而采用燃气轮机燃烧生物油发电一直是研究人员希望实现的目标。与生物油燃烧供热相比，利用生物质油发电具有更高的经济价值，并且易于销售、经营和运作。目前，关于生物油发电的研究已经取得了一定的成果。Magellan航空设备公司制造的OGTS2500型2.5MW燃气轮机已通过最后的测试阶段，它将应用于全球第一个以生物油为燃料的联合发电厂发电。该项目的原料来自木材废弃物，并采用加拿大Wa-terloo大学专利技术鼓泡床热解反应器将其转化为生物质油，其处理量为100t/d，生物质油产量70t/d，其中50t作为燃料用于燃气轮机燃烧发电，可满足2500个家庭的用电需求，多余的热量可以生产蒸汽（5t/h）。德国罗斯托克大学采用生物质油在Deutz T216型75kW的燃气轮机中燃烧发电，并做了优化燃烧和排放量的评价，研究结果表明：在双燃料供应系统下燃气轮机仅输出最大功率的73%，其中40%的输出功率来自生物质油，60%的输出功率来自柴油，此外在燃烧腔和叶片上出现积炭现象[92]。为了使生物质油能够在燃气轮机中直接燃烧，需要对燃气轮机进行相应的改造：改进燃料系统的喷嘴结构，提高雾化效果，由于生物质油具有腐蚀性，发电机要具有一定的抗腐蚀性，与生物油接触的部分可以采用耐腐蚀的不锈钢或高密度聚乙烯塑料材料；生物油的点火性差，使用时先用柴油预热、引燃；生物油中的固体杂质含量较高，燃烧产生的灰沉积在燃气通道上，会降低燃气轮机的效率，因此在运行过程中需要经常清洗除灰[93]。总体来说，生物油应用于燃气轮机燃烧发电的技术是可行的，是实现生物油高价值利用的一个有效途径。

4. 提取高附加值化学品

生物油中含有大量的有机化合物，到目前为止，人们已经从生物油中鉴别出300多种，主要是纤维素、半纤维素和木质素的热解衍生物，其中很多物质都具有很高的应用价值。生物油中的主要化学成分包括左旋葡萄糖、羟基乙醛、有机酸以及低酚等，此外还含有少量其他醛、酮、醇等产物。左旋葡萄糖是一种重要的化工原料，可以用来制备杀虫剂、生长剂、表面活性剂和乙醇等；羟基乙醛可以用来制备食品着色剂、香料剂、防腐剂等。左旋葡萄糖是纤维素热解过程中的重要产物，关于左旋葡萄糖的分离有多种不同的手段，Carlson 等将生物油中的大部分水分除去，然后用氯仿、丙酮分别萃取，最后从浓缩的丙酮溶液中重结晶出产物。Mones 等采用甲基异丁基酮除去生物油中的木质素裂解物，随后加入过量的氢氧化钙，经过冷冻干燥得到含有左旋葡萄糖的固体粉末，产物再经乙酸乙酯提取。羟基乙醛是生物油中除水以外含量最高的单一组分，它是一种良好的食品染色剂和导入剂。Stradal 等将生物油在低温下进行减压蒸馏得到含有羟基乙醛等小分子物质的组分，除去水分后加入二氯甲烷等溶剂，在合适的低温下可以将羟基乙醛从溶液中结晶分离出来。生物油中含有大量的酚类物质，经过提取可以直接应用于制备酚醛树脂，酚醛树脂可以用来生产刨花板和胶合板等。

作为一种非热力学平衡产物，生物油中的许多化学物质反应活性较强，可以用来生产一些特定的化学品，如木材防腐剂、缓释氮肥、脱硫脱硝剂、路面除冰剂等。生物油作为木材防腐剂，主要是其中含有的萜类和酚类物质具有杀虫的作用，此外，生物油在空气中会发生聚合反应在木材表面形成一层保护膜，进而防止防腐组分的丢失以及水分的渗透。生物油可以单独作为防腐剂使用，也可以和传统的油类防腐剂混合使用[44]。

第三节　溶剂液化

一、水热液化

1. 生物质水热液化

生物质水热液化是以水为反应介质，将生物质通过热解液化转化为生物油的过程，一般反应温度为 270～370℃，压力为 10～25MPa，此反应体系中水为液态，既是反应物又起到催化剂的作用，主要产物有生物油、焦炭水溶性物质以及气体[94]。生物质高压液化的实质是纤维素、半纤维素和木质素的解聚与脱氧的过程，纤维素、半纤维素和木质素被降解成低聚体，低聚体再经过脱羟基、脱羧基、脱水、脱氧等反应形成小分子物质，形成的小分子化合物经过缩合、环化以及聚合等二次反应生成新的化合物。

木质纤维素类生物质水热液化形成的产物中各组分的含量因原料的不同而有一定的差异性。Zhang 等[95]对两种不同的原料进行水热液化，研究发现玉米秸秆的液化产物主要有 4-乙基苯酚、1-(4-羟基-3,5-二甲氧基苯基）-乙酮、2-羟基-3-甲基-2-环戊烯-1-酮、2,5-己二酮和 1-羟基-2-丙酮，而这些产物在经过 1%硫酸处理的白杨木的水热液化产物中并未发现，经过 1%硫酸处理的白杨木的水热液化产物主要有 3-甲基-2-环戊烯-1-酮、3-甲基-苯酚、2-甲氧基-4-丙基苯酚，而这些产物在玉米秸秆的液化产物中没有检测到。不同种类的木质纤维素生物质原料经过水热液化产生的生物油得率不同，一般情况下纤维素和半纤维素含量较高的生物质原料会产生更多的生物油。Zhong 等[96]对四种不同的原料即杉木、水曲柳、马尾松和毛白杨进行水热液化，研究了温度对其液化效果的影响，得出结论：反应温度和原料中木质素的含量影响生物油的得率，水曲柳由于含有较多的纤维素和半纤维素，生物油的产率最大。Karagöz 等[97]以锯末、稻壳、木质素、纤维素为原料，研究其在温度为 280℃、停留时间为 15min 时的水热液化特性，结果表明：木质素的转化效率最低（40%），纤维素的转化效率最高（70%），锯末和稻壳的转化效率差别不大，分别为 58.3%和 56.6%。Yuan 等[98]在 200～310℃下，研究麦秆水热液化产物的分布特性，结果表明：纤维素和半纤维素在 200℃左右时发生液化，而木质素在 205～300℃时发生热化；纤维素和半纤维素主要生成葡萄糖、左旋葡萄糖、羟甲基糠醛等轻质产物，木质素主要生成重质产物，如二丁基羟基甲苯邻苯二甲酸二丁酯等。对木质纤维原料生物质在进行液化前进行适当的预处理可以提高生物油的转化效率。李润东等[99]采用稀酸和发酵法改性玉米秸秆，然后采用高温高压反应釜进行水热液化制备生物油，分析了稀酸改性和发酵改性处理对玉米秸秆微观形貌和官能团以及生物油产率和化学成分的影响。研究结果得出：稀酸改性处理和发酵改性处理均能破坏玉米秸秆木质纤维素的结构，但是对官能团种类的影响较小，改性处理有利于生物油产率和生物质转化率的提高，发酵改性处理效果更为显著，生物油的化学成分中相对含量大于4%的化合物有6种，相对含量总和高达54.84%。

2. 生物质亚/超临界水液化

亚/超临界水作为一种环境友好型溶剂被应用于生物质液化，现已成为生物质液化方向的一种趋势。水在标准状况下是一种极性溶剂，其密度是998kg/cm^3，介电常数在78左右，离子积为10～14，随着温度和压力的升高，水的性质，如介电常数、离子积、氢键结构等，会发生相应的改变。当温度高于200℃时，此温度以上的水称为亚临界水，继续升温至水的临界点（温度374℃，压力22.1MPa），气液两相界面消失，此状态下的水称为超临界水。水在其临界点下性质发生了很大的改变，介电常数显著降低，氢键的数量减少，强度降低，具有优良的溶解性能和传质性能；临界点处的水的电离常数比常温下的液态水要高三个数量级，因而临界点附近的水和超临界水是有机化合物的优良溶剂；与液态水相比，H^+和OH^-的浓度较高，水不仅作为反应物，而且可以作为酸碱催化的前驱体，参与并催化离子反应。超临界水独特的性质决定了其具有其他溶剂不具有的优点[100]：a. 优良的传质性能和溶解性能，可以和大多数有机物互溶，无机盐却因溶解度低而自动分离，为生物质的热解提供了良好的反应环境；b. 有机物、气体和超临界水形成均相反应环境，阻碍反应速率的相界面消失，反应速率显著增加，反应时间缩短；c. 水作为反应介质和反应剂，廉价易得，性质稳定，清洁无污染；d. 调节温度和压力可以控制超临界水的性质；e. 超临界水处理生物质，生物质无需干燥，节省了能量；f. 过程集萃取和热解为一体，集反应和分离为一体，且对环境无污染。

作为一种环境友好型溶剂，亚/超临界水已经被成功应用于生物质液化领域的研究。超临界水转化生物质的研究最早起源于20世纪80年代，Donovan等[101]用超临界水处理木屑，木屑快速分解为焦油和气体，产物中无木炭产生。随着超临界水在生物质液化领域的不断研究发展，其技术也越来越成熟。马晶等[102]采用亚/超临界水解方法进行了甘蔗渣和稻草液化的实验研究，考察了反应过程中温度、质量比对纤维素液化转化所得还原糖产率的影响。研究结果表明：当反应温度为350℃、固液比为1∶4时甘蔗渣转化为还原糖的产率和浓度最大，产率为31.8%，浓度为127g/L；当温度为333℃、固液比为1∶3.6时，稻草秸还原糖的产率最高，达到20%，浓度为90g/L，甘蔗渣中木质素的含量比稻草秸中的要高，是其水解液化最优温度高于稻草秸的原因之一。傅木星等[103]以农业废弃物稻草为原料，研究了其在亚临界水（温度350℃，压力约20MPa）和超临界水（温度380℃，压力约30MPa）中的液化行为，并对反应后得到的固体残渣和生物油进行了分析。研究结果表明：固体残渣的结构遭到破坏，质地变得疏松，利于生物发酵；获得的生物油主要成分为酮类和酚类衍生物，能量密度比原料提高约一倍，但是其黏度和酸性较大；超临界状态下固体残渣的得率较低，液化率较高，生物油的组分相对简单，酸性较弱，因此稻草在超临界水中的液化优于其在亚临界水中的液化。Sasaki等[104]以纤维素为原料，将其在亚临界水和超临界水中水解，反应条件：温度320～400℃，压力25MPa。在超临界状态下反应0.05s，纤维素的转化率接近100%，水解产物的得率为76.5%；而在亚临界状态下反应0.9s，纤维素的转化率仅为62.2%，水解产物的得率约为50.2%。该研究表明超临界水对纤维素的溶解能力远超过亚临界水。

二、苯酚液化

生物质资源的酚解液化主要是利用苯酚为液化剂，将木质纤维原料转化为反应活性较高的产物。生物质原料通过苯酚液化技术可以转化为制备高品质生物质高分子材料的原料，代替部分石油化工产品。该技术的主要目的是将生物质的大分子结构转化为化学活性较高的小分子物质，以便后续多途径、高效率的综合利用。生物质苯酚液化可以分为三大类，即酸催化液化、碱催化液化、无催化剂液化。

（一）酸催化液化

无机酸是一种优良的生物质液化酸催化剂，在酸性催化剂体系下生物质原料的苯酚液化具有转化率高、得率高、液化温度低、可常压液化、成本低等优点，是实现工业化最为有效的手段。在酸性催化剂中，浓硫酸是较为常用的催化剂，被广泛应用于生物质的液化研究，但是该过程存在一定的缺陷，如设备腐蚀严重，液化过程中出现局部炭化和发烟。但是，目前在工业化利用方面，无机酸作为催化剂液化生物质是最为有效的技术。较为常用的酸性催化剂有硫酸、磷酸、盐酸、草酸等。

早在 1980 年，Hesse 等[105]以苯酚为溶剂对木材进行液化，并以浓硫酸作为催化剂，研究最后得到了两种不同用处的树脂：一种可用于浇筑；另一种可用作涂料。张金萍等以苯酚为溶剂对竹粉进行液化，同时以硫酸作为催化剂，该研究采用正交试验的方法探究了温度、催化剂用量、液固质量比以及反应时间等因素对液化率的影响。结果表明液固质量比是影响竹粉苯酚液化最重要的因素，在常压下，反应温度为 140℃时，液化率最高达到 99.6%[106]。

Lee 等[107,108]采用苯酚为溶剂，以硫酸为催化剂，对玉米麸等废弃物进行液化，研究了温度、固液比、时间以及水含量等工艺参数对液化效果与产物性能的影响。研究表明随着含水量的增加，反应过程中温度降低，同时反应速率也会降低；含水液化得到的产物，其性能与工业用环氧树脂相似。毛磊等[109]系统地研究了酸性催化剂对木材苯酚液化能力的影响，酸性催化剂主要采用了浓度为 85%的磷酸、浓度为 36%的低浓硫酸、浓度为 37%的盐酸以及浓度为 99.5%的草酸，实验中对不同温度下的木材苯酚液化的现象进行阐述，最终测得的结果表明上述四种催化剂中磷酸与低浓度硫酸表现最好，当温度为 150℃时，效果最为理想。Alma 等以硫酸和盐酸为催化剂对桦木进行液化，在温度为 60～150℃下处理 1～2h，研究结果表明以硫酸为催化剂时液化反应相对容易进行，液化效率较高，液化产物中结合酚含量可达到 95%，残渣率控制在 1%。该研究得出的最佳工艺参数：液比 2%～5%，反应温度 60～150℃，反应时间 60～120min，硫酸用量 1%～3%。苯酚液化相关研究表明结合酚含量和残渣率是影响液化产物热性能的直接因素，影响液化产物的热流动性，最终会影响到酚醛树脂材料的最终性能。生物质苯酚液化受反应温度、液比、液化时间、催化剂用量等多种因素的影响，其主次关系为液比＞液化时间＞催化剂用量＞反应温度，其中液比和液化时间对液化率的影响最为显著，其他因素对液化效果的影响不大[110]。

（二）碱催化液化

在生物质的苯酚液化反应中，使用的碱性催化剂主要是氢氧化钠，它也是工业上较为常用的润胀剂，在反应中可以使纤维素发生润胀作用。关于生物质原料的碱性催化液化研究，Maldas 等[111]将木粉、苯酚、碱溶液等搅拌均匀置于密封的高压反应釜中进行催化液化反应，研究结果表明以碱性较强的碱和碱式盐作为催化剂的催化效果优于酸式盐催化剂，并且液化过程中产生的残渣率低，产物中结合酚含量高，但是碱催化液化需要较高的反应温度。

（三）无催化剂液化

无催化剂液化是将生物质原料直接液化的方法，该方法不需要预先提取，工艺简单，液化效果好，可操作性强，且液化物具有较高的酚结合量。但是该方法所需温度高，能耗大，需要特殊的耐压设备，导致液化成本增加，因此无催化剂液化研究还没有得到深入的研究。

（四）苯酚液化物利用

木质纤维原料的苯酚液化过程中，木质素大分子会发生降解生成酚类及其衍生物等，中间产物会通过酚化反应引入少量苯酚以及反应剩余的苯酚溶剂，苯酚类衍生物都可以用来制备酚醛树脂。研究表明，利用苯酚对木质纤维进行液化，用其产物制备树脂的流程中，甲醛与游离苯酚以及带有活性官能团的液化物都会发生化学反应。目前生物质苯酚液化产物主要用于改性酚醛树脂的制备，包括热固型和热塑型酚醛树脂。其中热固型酚醛树脂可以用来制备胶黏剂和泡沫材料，热塑型酚醛树脂可以用于模塑料和炭纤维的制备。

1. 生物质基酚醛树脂胶黏剂

酚醛树脂胶黏剂在板材加工行业的用量仅次于脲醛树脂，然而由于酚醛树脂成本较高，其使用量也受到限制。经过不断研究，以苯酚为溶剂将木质纤维原料进行液化，反应得到一种具有较高反应活性的黏稠状液态物质，作为一种新型高分子材料可用于胶黏剂的制备。Ono 等[112]将废弃报纸进行苯酚液化，制备得到的液化产物与甲醛反应制备胶黏剂，其胶结强度达到了工业上生产胶合板的标准。Shiraishi 等[113]利用木材的苯酚液化物制备热固型酚醛树脂胶黏剂，将其应用于胶合板的生产，其胶合性能比常规的酚醛树脂较差，且树脂渗透现象严重，这也是其胶和性能差的原因。进入 21 世纪以来，我国研究者专注于生物质苯酚液化产物制备酚醛树脂胶黏剂。傅深渊等[114]在竹材加工过程中利用加工废弃物与甲醛反应制备胶黏剂，通过傅里叶红外光谱检测发现制备的胶黏剂与商用酚醛树脂胶黏剂结构类似。郑志锋等[115]对核桃壳进行苯酚液化制备胶黏剂，其性能达到胶合板的生产要求。秦特夫等[116]对木材进行苯酚液化，液化产物与甲醛反应制备得到酚醛胶黏剂，该胶黏剂游离苯酚的含量较低，满足生产胶合板的技术指标要求，制备的胶合板物理强度符合国家标准。

2. 生物质基酚醛泡沫材料

Lee 等[117]以硫酸为催化剂，对木材进行苯酚液化，研究表明，与传统酚醛树脂的合成条件相比，液化木基酚醛树脂条件更加温和，反应温度 70℃，反应时间 2h，此条件下可以有效防止树脂黏度的上升。利用液化得到的酚醛树脂与发泡助剂混合制备出酚醛泡沫材料，泡沫密度 0.032～0.066g/cm^3、抗压强度 99～212kPa，其性能与商用酚醛泡沫材料相似。焦真真等在硫酸-磷酸复合酸催化剂的作用下，对芦竹进行苯酚液化，利用液化产物成功制备出酚醛树脂，通过正交试验优化得出最佳的制备工艺，制备得到的酚醛泡沫材料密度为 0.2～0.6g/cm^3。

3. 生物质基酚醛模塑材料

关于生物质苯酚液化物制备酚醛模塑材料，国内外已经有了一定的研究工作。其中 Shiraishi 等利用木粉在常温下进行苯酚液化，液化后的产物用来合成热塑型酚醛树脂，最佳工艺条件为反应温度 130℃、反应体系的 pH 值 2.51、反应时间 1h、苯酚与甲醛的物质的量之比 1.6∶1，在相同的制备条件下，制备的酚醛模塑材料的弯曲性能和耐水性比传统商用酚醛模塑材料较好[118]。Alma 等[119]利用木材苯酚液化产物与甲醛作用制备酚醛模塑材料，其降解性优于商用模塑材料，在密度和模注收缩率性能方面不亚于商用模塑材料。Zhang 等[120-122]选取毛白杨和杉木两种不同的木材进行液化，然后对其液化物进行树脂化和性能的研究，用液化产物树脂制备模压材料并对其进行综合性能分析。研究结果表明，制备的模压材料其抗压强度为 73.01～73.58MPa，与传统酚醛树脂模塑材料相比，木基酚醛树脂模塑材料具有优良的降解性能。

4. 生物质基酚醛树脂炭纤维

生物质苯酚液化产物制备炭纤维是近年来一个新兴的研究方向，也是国内外学者研究的一个热点问题。关于生物质炭纤维的研究，早在 1984 年，Tsujimoto[123]将木材与苯酚混合反应，后续经过加热制备出拉丝性能良好的溶液，拉丝后经过加热硬化，然后加热至 900℃进行炭化，最后制得质量较好的生物质炭纤维。Yoshida 等[124]利用木材制备出木基酚醛树脂，在适当的温度（105℃）下将其溶解在甲醇中被喷射成小颗粒物质，利用聚合物混合的办法将其均匀分散到含有聚乙烯的甲苯溶液中，然后将甲苯蒸馏出来纺成纤丝，在甲醛酸溶液中固化交联，随后在 1000℃下进行炭化处理 1h 并以氮气作为保护气，成功制备出木基炭纤维。国内天津科技大学的马晓军等[125]对木材苯酚液化产物进行了研究，在此基础上提出了木材苯酚液化物制备炭纤维的过程，该过程可分为纺丝液的制备、熔融纺丝、纤丝固化、炭化等四个部分，且对不同工艺得到的木基炭纤维原丝的力学性能进行研究，结果显示：随着转速和稳定化时间的增加，原丝的拉伸强度也随之增大；在盐酸浓度为 15%时其拉伸强度和模量达到最大值；原丝的拉伸模量和拉伸强度的变化趋势相近。在固化液浓度为 18.5%、辊转速 72r/min、固化速率 10℃/h、固化时间

4h时可以得到的炭纤维原丝的拉伸模量为31Gpa，拉伸强度为356MPa。

三、多元醇液化

采用多元醇试剂对生物质原料进行液化是在苯酚液化的基础上发展而来的。常用的多元醇主要包括聚乙二醇（PEG）、乙二醇、丙三醇以及其混合溶剂等。与苯酚作为溶剂来液化生物质相似，多元醇液化同样需要催化剂来催化反应进行，常用的酸性催化剂有硫酸、磷酸、磷钨酸等，也存在碱性催化剂，但是由于它们对反应条件要求较高，在实际反应中很少用到。

（一）酸性条件下的多元醇液化

早在1994年，Yao等[126]就进行了多元醇液化研究，以聚乙二醇和甘油作为溶剂液化木质纤维原料，在酸性条件下木质纤维素得到了完全液化。以硫酸作为催化剂进行液化时，一般情况下通常将木粉、多元醇以及硫酸放入烧瓶中，同时烧瓶中配有冷凝器、温度计、搅拌器，在150℃的温度下反应一段时间[127]。相关研究证明，不加催化剂时木材几乎不发生液化反应，不同分子量的聚乙二醇的液化行为也不相同，当使用分子量较高的聚乙二醇作为液化溶剂时，木材液化过程中产生缩合反应的时间较长。为了抑制缩合反应的发生，在液化时增加液化剂的使用量可以在一定程度上减少缩合反应的发生，但是这种方法不能从根本上解决问题。研究表明以混合多元醇作为液化剂，可以降低残渣率，延迟或者抑制缩合反应的发生。

聚乙二醇是最为常用的液化试剂，但是使用量较多，反应体系中木材的量一般低于33%，如果增加木材的量会导致液化产物之间发生缩合反应。为了减少成本和提高生物质液化产物的可降解性，在实际的液化反应中应该适当增加木质纤维原料在反应体系中的比例。研究表明，聚乙二醇很容易和淀粉发生液化反应，而且液化过程中液化产物很少发生缩合反应。利用多元醇对木材和苯酚的混合物进行液化，其中淀粉在发生液化反应的同时消耗了一部分液化试剂和催化剂，从而降低了木材液化速率，在一定程度上促进了缩合反应的发生[128]。进一步的实验研究表明，将木粉液化到需要的程度，随后加入淀粉共同液化，可以实现木粉和淀粉的理想液化效果。该方法为高生物质含量的液化产物的制备提供了一个可行的方法。Yu等[129]以浓硫酸为催化剂，用乙二醇作为溶剂，对玉米秸秆进行液化反应，实验结果表明液化产物富含羟基，可直接应用于农业膜或工业膜的生产。姜增琨等[130]用正丁醇为液化剂，在浓硫酸的作用下对木粉进行液化，反应结束后对液化产物进行催化裂解，产物中液化油的产率达69.73%。

（二）碱性条件下的多元醇液化

木质纤维原料的多元醇液化，除了酸性催化液化外，还可以使用碱性催化剂，例如氢氧化钠。在使用氢氧化钠作为催化剂时，需要在耐压反应管中进行，将反应体系木粉、多元醇、氢氧化钠以及水放入其中，在高温条件下进行液化反应。Maldas等[131]在以氢氧化钠作为催化剂的条件下，系统地研究了反应温度、时间、催化剂浓度、液化溶剂与木粉的质量比以及多元醇的种类对木粉液化反应的影响。研究结果表明，以聚乙二醇-400作为液化溶剂时，当液化温度从150℃上升至250℃时，残渣率由90%降低至0。这和木质纤维本身的结构有关，纤维素本身是半晶体结构，由于纤维素结构中存在大量的氢键，它很难溶于一般的溶剂中，氢氧化钠的存在可以使纤维素结晶区发生润胀作用，破坏其晶体结构，从而加速纤维素的溶解。当温度低于170℃时，纤维素中的糖苷键在碱液中比较稳定；当温度超过170℃时，纤维素中的糖苷键会发生断裂，其聚合度明显降低，最终造成纤维素的溶解。随着反应时间的增加，残渣率逐步降低，而当反应时间延长至1h以上时，木质素发生缩聚反应导致残渣率出现上升现象。不同分子量的聚乙二醇作为溶剂对生物质原料进行液化时发现，平均分子量较低的多元醇液化，与酸催化条件下在高分子醇中混入分子量较小的丙三醇可以降低残渣率的结果相反。在使用多元醇液化时，液化产物的pH值都接近中性，这是由于纤维素在高温环境下降解形成较多的酸性低分子物质。在碱性条件下，木材多元醇液化的适宜条件为：催化剂氢氧化钠的浓度5%，反应温度250℃，反应时间1h，液比4∶6。

木质纤维原料的种类不同，因此会造成液化行为以及液化产物的不同。在实际应用中废弃木材大多数是不同种类木材的混合物，为了实现这些废弃木材的合理高效利用，其液化条件以及液化产物的性质必须相似。有研究将不同种类的针叶材和阔叶材进行液化实验，实验结果表明，以聚乙二醇作为溶剂时，树种的化学组成、细胞壁中组分的连接方式、组成木质素的结构单元不同，从而导致液化行为和缩聚反应的不同，因此聚乙二醇溶剂体系不适合用来液化混合树种。但是如果在聚乙二醇体系中加入一定量的丙三醇，研究表明，10%丙三醇的加入，对于不同的树种都可以降低其残渣率，液化产物的羟基值可以保持基本稳定，溶解产物也不会发生小分子之间的再缩聚现象。因此，含有适量丙三醇的 PEG 溶剂体系可以用来对混合树种进行液化。

（三）影响缩聚反应的因素

液化反应过程中，缩聚反应直接影响液化产物的质量，为了提高液化产物的质量，应尽量避免缩聚反应的发生。在温度不变的条件下，影响缩聚反应的因素主要有液化溶剂、液化原料以及液化时间，其中任何一个因素的变动都会对后期缩聚产物的结构产生重大影响。

1. 液化溶剂

液化溶剂对液化反应起至关重要的作用，不同的液化溶剂对液化系统的反应路径和产物结构都有很大的影响。相关研究表明，若使用苯酚作为液化溶剂，其亲核作用可以使木材中部分大分子结构中的主要化学键发生断裂。另外，苯酚作为反应试剂可以与降解的小分子反应生成具有酚类结构的化合物，抑制了产物中活性小分子之间缩聚反应的发生。

Kurimoto 等[132]的研究结果表明，将 10%的甘油加入 PEG 中可以使整个溶剂体系的羟基值保持稳定，液化产物中小分子的缩聚现象得以减缓。将丙三醇和 PEG 的混合物作为液化溶剂，液化产物中小分子之间的再缩聚现象也会降低，此阶段主要是大分子降解的过程。

同一种液化溶剂，不同的液比大小对液化反应后期的缩聚反应也会产生影响。液化溶剂的种类和用量对液化过程中缩聚反应的发生和程度大小有重要影响。

2. 液化原料

不同原料的液化行为以及液化产物都有一定的差异。利用平均分子量为 400 的 PEG，在酸性条件下对木质纤维的解聚反应进行研究，研究结果表明，液化反应的后期液化产物发生了缩聚反应生成残余物，同时纤维素也会发生降解生成胡敏素等不溶产物，从而导致液化反应后期残渣率上升。

Kurimoto 等[132]采用聚乙二醇和含有甘油的聚乙二醇为液化溶剂，研究不同原料对液化效率的影响，在温度为 150℃、木材：液化溶剂：硫酸（质量比）为 3：9：0.27 的条件下，研究结果表明，在聚乙二醇溶剂体系下，原料的种类对液化效果具有重要的影响，而且在液化反应的后期羟基值减小，导致所有原料发生不同程度的溶解产物的再缩聚现象。Kobayashi 等[14]采用不同的原料来进行液化，探索剩余物在液化过程中的变化趋势，研究结果发现，碱木质素和蒸煮木质素在整个液化过程中残余物的得率接近 100%，液化产物之间发生缩聚反应的情况不明显，纤维素在整个液化反应过程中的残余物-时间曲线呈现下降的趋势，缩聚反应不明显，但是当液化时间超过 120min 以后，残余物-时间曲线有上升的趋势。

由于纤维素、半纤维素以及木质素在不同的原料中所占的比例不同，其液化行为不同。例如在针叶材中纤维素的含量较低而木质素含量较高，在同样的液化条件下，液化反应过程中残余物的得率相对较高，发生缩聚反应的可能性较小。因此，在同样的液化条件下，选择不同的液化原料，其液化产物的结构以及发生缩聚反应的程度也不尽相同。

3. 液化时间

液化时间是影响液化效果的一个重要因素，总体来说，随着液化反应时间的延长，液化后的残余物含量逐步降低。当液化时间达到一个最佳值时，继续延长液化时间并不能有效地提高液化效率。同时继续延长液化时间还会造成残余物含量的增加。

在液固质量比为 5：1、催化剂用量为 1mmol/g、温度为 90℃的条件下，利用乙二醇对稻草进行液化，其中研究了液化时间对液化产物中纤维素含量的影响[133]。当液化时间为30min时，已经发生了液化反应，而且纤维素含量有了较大的提高，原因是填充在纤维素非结晶区的木质素与半纤维素更容易被液化而且液化速率较快。随着液化时间的延长，纤维素含量逐渐增加。当反应时间为90min时，液化产物中纤维素的含量达到最大值52.9%，继续延长液化时间，纤维素含量降低，这是有部分纤维素发生了液化反应导致其含量降低。

Kobayashi等[14]在液比、温度和催化剂用量都不变的情况下，对白桦木材和纤维素进行液化，研究结果表明：在液化初期残余物得率最低，当液化时间达到270min时残余物得率达到90%，随后残余物得率变化不明显，因此270min是最佳的液化时间；木材在液化120min之前，残余物的含量随时间逐渐降低，在120min时达到最小，随后残余物含量逐渐增加，480min时达到最大，其值大于80%。

因此，液化反应选择不同的原料（纤维素、木质素和木材），或使用不同的液化溶剂，或者延长液化反应时间，在液化过程中都可能发生缩聚反应，生成新的残余物导致残余物总量增加。

（四）多元醇液化产物的利用

木材在乙二醇、丙三醇、PEG-400等多种多元醇溶剂体系中的液化产物含有大量的羟基，可以用来制造聚氨酯泡沫材料和聚氨酯胶黏剂。聚氨酯是聚氨基甲酸酯的简称。聚氨酯是由异氰酸酯与多元醇反应制成的一种具有氨基甲酸酯链重复结构单元的聚合物。聚氨酯材料性能优异，用途广泛，制品种类多，其中以聚氨酯泡沫塑料的用途最为广泛。经过半个世纪的发展，聚氨酯材料被广泛应用于交通、建筑、轻工、纺织、机电、航空、医疗卫生等领域，已成为全球发展最快的高分子合成材料。

Kurimoto等[134]利用多元醇对木材进行液化，随后用碱中和，加入一定比例的表面活性剂、催化剂、发泡剂混合均匀，再加入异氰酸酯高速搅拌，在室温下制备得到聚氨酯硬泡材料。研究表明，液化木材组分在聚氨酯泡沫材料中提供刚性，聚乙二醇提供韧性。但是木材在多元醇液化产物中占比较少，大约为20%～35%。为了提高液化产物生物质材料在液化产物中的比例，姚耀广等采用两步液化法制备高生物质含量的液化产物。由于胺类催化剂对高生物质含量的液化产物的催化效果不明显，且由PEG-400和甘油混合试剂制备的液化产物与异氰酸酯的混溶性较差，通过加入表面活性剂，改用二月桂酸二丁锡作为催化剂，并加入少量的添加剂，成功制备出高生物质含量的泡沫材料，其性质和常规的聚氨酯硬泡相似。左志越[135]以甘油为液化剂对杨木屑进行液化，将其液化油与工业聚醚4110按照一定比例混合制备出性质优良的泡沫体。通过对泡沫体压缩强度、压缩模量和弯曲强度的考察，当组分中液化油含量低于10%时，所制备的泡沫的力学性质与工业聚醚发泡体性质相似，通过扫描电镜观察到泡沫体的泡孔结构主要为五元环和六元环结构；当液化油含量超过10%时，泡沫体的开口率逐渐下降，泡孔也逐渐发生了形变。

四、小分子醇类液化

小分子醇类是指甲醇、乙醇、丙醇、丁醇等分子量较小的醇类物质，近年来关于小分子醇类作为溶剂应用于生物质液化反应的研究已经有大量的相关报道，它们在生物质液化反应过程中有很多优点：这类醇类物质的反应温度和压力低于水的临界温度和压力，而且反应条件较为温和；在液化过程中它们可以作为氢供体的来源提供活性氢；相对于无机溶剂，小分子醇类具有较低的介电常数，能够较容易地溶解来自综纤维素和木质素相对分子量较高的极性产物，同时可以有效地抑制液化产物之间的聚合反应[136,137]。因此，甲醇、乙醇、丙醇等小分子醇类物质在生物质液化领域发挥着重要作用。

Xu等[138]以甲醇为溶剂，在硫酸作催化剂的条件下，探讨木质纤维类生物质醇解液化的反应过程，如图9-7-19所示。木质纤维原料中的纤维素和半纤维素主要是糖苷键连接而成的多糖。图9-7-19（a）为液化过程中综纤维素的降解反应，组成纤维素的葡萄糖之间的糖苷键发生断裂。由于糖苷键的亲电性和亲核性都很弱，不易发生断裂，而质子酸的加入使糖苷键的亲电性显著提高；液化溶剂甲醇的羟基作为亲核试剂易于进攻邻近糖苷键的碳原子，最终使糖苷键发生断裂，产生游离的糖苷和中性羟基基团。木质素大分子结构中含有多种不同类型的C—O键，包括β-O-4、5-5、β-5、4-O-5、β-1连接键等。其C—O键的断裂方式与综纤维素结构中糖苷键断裂方式相似。图9-7-19（b）为木质素大分子中3种不同连接结构的断裂方式。

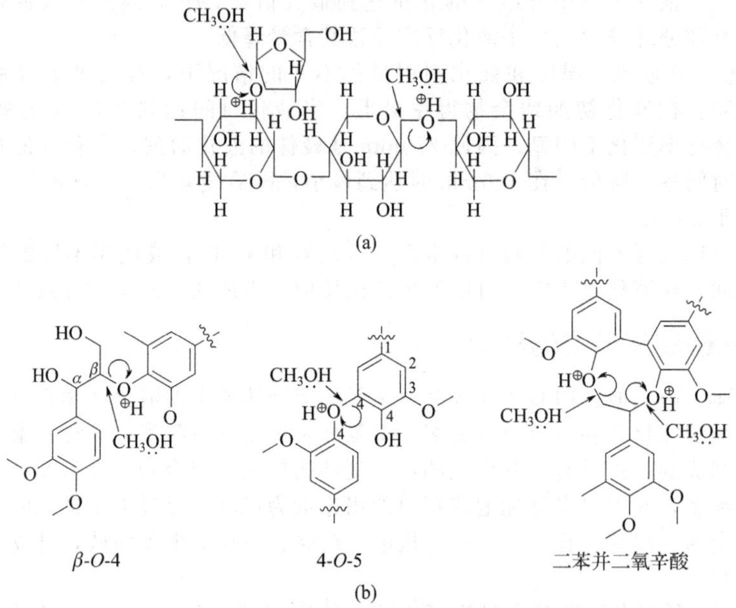

(a)

β-O-4　　4-O-5　　二苯并二氧辛酸

(b)

图 9-7-19　木质生物质液化主要的化学键断键机理[138]

（a）综纤维素的断键机理；（b）木质素结构中主要化学键的断键机理

醇类作为液化剂时常用的催化剂可以分为均相催化剂和非均相催化剂，其中均相催化剂包括酸性催化剂（硫酸、盐酸）、碱性催化剂（金属盐）和离子液体催化剂，非均相催化剂包括金属催化剂、固体酸催化剂等。

马依文[139]以微晶纤维素和松木屑为原料，在超临界甲醇溶剂体系中研究木质纤维生物质的催化液化行为，并通过气质联用对液体液化产物进行分析检测。研究结果表明，微晶纤维素和松木屑催化液化的产物非常相似，但是松木屑的液化产物更为复杂，可以看作是三大组分共同作用液化的结果。纤维素主要生成醇类、酮类、酯类等小分子化合物，半纤维素的液化产物以醇类、酮类、呋喃类等化合物为主，而木质素的液化产物以苯酚和其衍生物为主。在研究反应温度和反应时间对松木屑液化产物的影响中发现，随着温度的升高，纤维素和半纤维素的裂解行为加剧，同时甲醇溶剂中游离H的活性增强，有利于加氢脱氧反应生成醇类物质；反应时间增加，醇类物质的含量相对稳定，木质素参与反应导致苯酚类物质的含量也有所增加，到达一定的反应时间以后，液化产物之间发生缩合反应，导致醛类物质含量的上升。

徐敏强等[140]在超临界乙醇中研究水解木质素的催化液化行为，并探讨了温度、总碱量以及硫化钠比例对液化反应的影响。通过对液化产物的分布、碳氢含量和羰基转化率分析，发现氢氧化钠是水解木质素在超临界乙醇中的高效催化剂，当氢氧化钠的浓度为0.06g/mL时，碳转化率可高达93.53%，总油分碳基收率则高达94.96%。该研究还发现氢氧化钠的催化效果要优于氢氧化钠/硫化钠复合催化剂的催化效果，硫化钠的加入对于水解木质素在超临界乙醇中液化无实质性帮助。通过对研究结果的分析得出，水解木质素在超临界乙醇中的液化过程非常复杂，包括水解木质素单元的降解反应、脱氧反应和木质素单元的支链脱落等过程。

Brand等在超临界乙醇介质中研究松木的液化行为，研究表明，在没有催化剂的条件下当液化温度为400℃、反应时间为2h时，松木液化为气体和液体产物的转化率达到98.1%，生物油的产率约为65.8%。与原料相比，液化得到的生物油具有更高的热值，与亚临界和超临界水液化相比较，超临界乙醇液化制备得到的生物油具有较高的液化产率且分子量较低。

Huang 等[141]探讨了稻壳在乙醇中的液化行为，研究表明：与催化剂 Na_2CO_3、FeS 和 $FeSO_4$ 相比，NaOH 的催化效果最好，是稻壳的理想催化剂，最佳用量约为 10%；稻壳液化所得到的生物油热值（20.9～24.8MJ/kg）比其自身的热值（14.9MJ/kg）高很多；与无催化剂相比，碱性催化剂氢氧化钠的加入增加了液化产物中烷烃的含量，但生物油中酯的含量有所降低，这是由于氢氧化钠的加入促进了脂肪酸解离为阴离子，随后脂肪酸脱羧生成烷烃，而脂肪酸和乙醇的酯化反应相对较弱。

总体来看，采用小分子醇类作为液化溶剂对生物质进行液化具有诸多明显优势，其较低的介电常数使得生物质液化反应具有较高的产率；相同条件下醇类的液化效率明显高于水作为液化溶剂的效率。此外，醇类具有相对较低的临界温度和压力，在液化反应中能够阻碍液化产物的二次分解，得到质量较高的液化油产品。因此，醇类溶剂在生物质的催化液化方面具有广阔的应用前景，以后应侧重于高性能催化剂和下游产品方面的研究，尤其是燃油添加剂、高质量烃类燃油的开发利用。

五、离子液体液化

离子液体作为一种新型的溶剂体系在生物质预处理及催化液化方面引起了学者们的广泛研究。离子液体是由阴阳离子组成的有机盐，在室温或者接近室温时为液态，其阴阳离子的组成决定了离子液体的化学性质，因此可以通过改变阴阳离子的组合来调整离子液体的性质。与传统溶剂相比，离子液体具有不易挥发、热稳定性高、离子传导性好、溶剂化能力强等优点，尤其是阴阳离子之间的氢键作用使其具有超强的碳水化合物溶解和生物质处理能力。采用离子液体处理木质纤维生物质过程中，纤维素会发生部分或者全部溶解，其中多糖可以通过加入非溶剂沉淀出来。经过离子液体处理之后，细胞壁自身的致密结构被打破，纤维素的晶体结构发生变化，表面积增加，少量木质素在此过程中也发生降解，从而显著减少了纤维素和半纤维素的水解时间。

1. 离子液体中生物质的组分分离

在生物质原料的组分分离方法中，比较传统的技术集中在制浆造纸过程和纤维板的制造过程，相对于纤维板的制备，制浆造纸过程对生物质组分的分离效率以及纯度有更高的要求。现阶段，造纸行业的制浆技术是比较成熟的木质纤维原料组分分离工艺。其中硫酸盐制浆方法是将生物质原料加入氢氧化钠和硫化钠的混合溶液中，在 130～180℃的条件下将生物质原料蒸煮一定的时间，大部分木质素被除去，还有小部分半纤维素发生降解。造纸过程中产物的废液俗称黑夜，在后续经过浓缩脱水后用于燃烧，为蒸煮提供热量，同时使硫化物再生。除了硫酸盐法制浆外，还有亚硫酸盐法和热机械法制浆技术，这些工艺的目的在于获得高质量的纤维素，在保证高得率的同时纤维强度好，以此来生产质量优良的纸制品。但是，上述生物质组分分离的过程都使用了化学试剂，对环境造成污染，并且在预处理过程中生物质原料中的半纤维素和木质素未得到有效利用，因此寻找一种新的分离技术仍是科研工作者的研究重点。

离子液体作为一种环保型绿色溶剂，用于木质纤维生物质的组分分离和催化转化已经发展为一个极具潜力的研究方向。离子液体可以对生物质进行有效分离，从而实现生物质的高效利用。此外，它对各种生物聚合物具有优良的溶解性，被认为是有机溶剂的优良替代品，独特的优势使它越来越受到关注。

生物质的分离方法基本上可以概括为两种：一种方法是使用的溶剂可以有效溶解生物质原料的各个组分，通过添加反向溶剂分级沉淀、分离、纯化，得到生物质组分；另外一种方法是选择性溶解生物质原料中的一种或者两种组分，对未溶解的部分进行分离，随后同样采用添加反向溶剂的方法沉淀、分离得到生物质组分[142]。基于以上两种思路研究离子液体对生物质原料的组分分离，生物质原料自身的复杂结构和抗降解性严重阻碍了其在离子液体中的完全溶解和高效分离。研究者通过调整离子液体的组成、加入助溶剂以及催化剂、改变工艺条件等方法改善生物质原料在离子液体中的溶解和分离，取得了令人满意的研究成果。

2002 年，Rogers 等人第一次用离子液体溶解纤维素，且该溶剂不会影响纤维素的结构，在此过程中对纤维素溶解起重要作用的是其阴离子结构，其中1-丁基-3-甲基咪唑氯盐（[BMIm][Cl]）对纤维素的溶解效果最好，基于此研究人员开展了大量以离子液体为基础的生物质组分分离研究[143]。2007年，Rogers团队第一次将木粉直接溶解在[BMIm][Cl]离子液体中，再从离子液体中分离得到纤维素[144]。随着离子液体在生物质组分分离中的不断应用，研究者用[BMIm][Cl]和1-烯丙基-3-甲基咪唑氯盐（[AMIm][Cl]）溶解木粉和热机械木浆，研究结果表明，相比于[BMIm][Cl]，[AMIm][Cl]离子液体对生物质原料的溶解和处理能力更强，这可能是因为[AMIm][Cl]离子液体具有相对较低的熔点和黏度[145]。Pu等[146]首次发现木质素可以溶解于离子液体中，且木质素没有发生衍生化反应，推测溶解过程中起主要作用的是阳离子。有关研究发现苯基咪唑氯（[Benzylmim][Cl]）、1-丁基-3-甲基咪唑三氟甲基磺酸盐（$[BMIm]CF_3SO_3$）以及*N*-甲基咪唑甲基硫酸盐（$[HMIm]MeSO_4$）可以优先溶解木质纤维原料中的木质素部分，当调整溶剂和溶质的Hildebrand溶解度参数一致时，木质素的溶解性最好[147]。

程芳超采用不同的离子液体分别作为生物质选择性溶解性溶剂、生物质全溶性溶剂和催化剂，探索了基于离子液体的不同溶剂体系中生物质的组分分离和催化转化[142]。该研究利用生物质胆碱与醋酸、丙氨酸、甘氨酸等有机酸或者氨基酸作为原料，成功制备出成本较低、可生物降解的醋酸胆碱、丙氨酸胆碱、甘氨酸胆碱等三种生物质基离子液体，利用醋酸胆碱离子液体在100℃条件下处理蔗渣和北美黄松木粉，其中半纤维素和木质素发生选择性降解，溶解量分别占蔗渣和北美黄松木粉质量的37.4%和25.8%，同时纤维素自身的结构不受影响，并将其从离子液体中分离出来；利用醋酸胆碱处理的蔗渣得到的半纤维素其主要组分为木糖，所得到的木质素其结构单元以S型木质素为主，含有少量的G型和H型木质素结构单元。

2. 离子液体中生物质的催化转化

近年来随着化石能源的日益枯竭和环境污染问题的日益严重，生物质作为一种价格低廉、绿色可再生资源得到了越来越多的关注，以生物质精细化利用为基础提出了生物质炼制的概念。生物质炼制的重点是将碳水化合物从生物质原料中提取分离出来，以纤维素成分为主，而分布在纤维素外部的半纤维素和木质素需要脱除，以打破生物质自身复杂的结构，更加有利于纤维素的提取。鉴于离子液体对生物质良好的溶解性能，研究者们开展了以离子液体为溶剂的生物质催化转化，主要的研究工作是碳水化合物在离子液体中的催化转化，包括碳水化合物的保护和改性、水解、酯化、糖基化、氧化、还原和脱水反应[20]。

Nakamura等[148]采用1-乙基-3-甲基咪唑氯([EMIm][Cl])离子液体处理木材，探究氧气、氮气、二氧化碳以及干燥和湿润等不同的条件对木材液化和解聚行为的影响，研究表明，氧气氛围可以提高木材的液化速率，同时氧气和湿度可以使木材的解聚反应加快。Long等[149]在水热压缩法中以磺酸功能化、羧酸功能化的咪唑硫酸氢盐作为催化剂催化液化蔗渣，研究发现，在543K时经过磺酸功能化的离子液体可以实现高效液化，液化效率达到96.1%，56.1%的液化产物选择性地转化为生物化学品，且酸性越强越有利于其转化。

关倩等[150]以合成1-甲基-3-(4-磺酸基丁基)咪唑硫酸氢盐离子液体为催化剂，以乙醇作为溶剂对小麦秸秆进行液化，并对液化产物进行傅里叶红外光谱、热重、气质联用分析。研究表明，合成的离子液体对小麦秸秆具有优良的催化性能，当反应温度为200℃、反应时间为60min、离子液体的用量为26%时，液化效率可以达到85.5%，液化产物中乙酰丙酸乙酯的得率为9.97%，在液化产物中的体积分数为29.9%；液化产物中包含醛、酮、酯、酸和酚类等含氧化合物，其中酚类化合物来源于木质素的降解，其他化合物主要来源于纤维素和半纤维素的降解。

黎英文[151]构建了复合离子液体催化剂$[bSmim][HSO_4]/[bmim][CF_3SO_3]$[1-(4-丁磺酸基)-3-甲基咪唑硫酸氢盐/1-丁基-3-甲基咪唑三氟甲磺酸盐]对蔗渣木质素进行高效解聚反应。在蔗渣木质素解聚过程中该反应体系表现出卓越的反应活性和抗焦炭能力；在优化的条件下，蔗渣木质素的降解率达到66.7%，此外有14.5%的酚类单体和多种挥发性产物，而且此过程没有焦炭产生。利用HSQC（异核单量子相关谱）、^{1}H NMR（核磁共振-维氢谱）、FT-IR（傅里叶变换红外光谱）、GPC（凝胶渗透色谱）和元素分析等手段研究反应前后木质素的结构变化情况，研究结果表明反应前后木质素三种结构单元在反应过程中都发生分解反应，其中H型木质素结构单元的降解效果最为突出。结合磺酸基离子液体对木质素高效的解聚性能和杂多酸的多功能特性，该研究还设计并合成了一类多功能杂多酸离子液体，考察其对木质素的选择性催化氧化性能。在优化的条件下，碱木质素的转化率达到91.3%，产物中马来酸二乙酯的得率为376.16mg/g，选择性为61.4%，达到了木质素高选择性转化的研究目的。

与传统的生物质转化技术相比，生物质液化反应所需温度低，原料不需要提前进行预处理，而且液化产物具有含氧量低、热值高等优点，因此是生物质催化转化的重要途径。而离子液体在生物质的预处理和催化转化方面表现出独特的优势，是实现生物质高效转化的有效方法。但是目前在离子液体催化生物质的研究中，离子液体的用量大，而且还存在黏度和成本高的问题，未能在工业上大力推广使用。

六、其他溶剂液化

除了上述几种比较常用的生物质液化技术外，还有一些其他的方法，例如复合溶剂液化、低共熔溶剂液化等。

复合溶剂液化是采用两种不同的物质对生物质进行液化，有效规避单一溶剂液化的缺点，提高生物质的液化效率。采用甘油-甲醇复合溶剂为液化剂对微晶纤维素进行液化，探讨不同催化剂、反应温度、催化剂用量、反应时间、甘油/甲醇质量比对微晶纤维素液化以及乙酰丙酸甲酯得率的影响[152]。研究结果表明：在以硫酸为催化剂、反应温度为200℃、硫酸用量为0.25g、反应时间为30min、甘油/甲醇质量比为10/50的条件下，液化转化率为93.7%，乙酰丙酸甲酯的得率为25.05%。液化产物通过GC-MS分析表明，反应温度为180℃时，液化产物中含有大量未反应的甘油和甲基糖苷；当液化温度为200℃时，甘油大部分发生反应，并且此温度下产物乙酰丙酸甲酯的含量最高，达到26.838%；在220℃和240℃时甘油完全反应，液化产物更为复杂。李翔宇等[153]采用多组分复合溶剂乙二醇、PEG-200和丙三醇作为溶剂对玉米秸秆进行液化，通过正交试验探索得出最佳的液化参数，当乙二醇、PEG-200和丙三醇的体积比为1∶1∶1时液化效果最好，反应温度为160℃，反应时间为60min，催化剂用量占总液体量的3%，液化率达到90.53%。红外光谱的分析结果表明，该方法可以有效降解原料中的纤维素、半纤维素及木质素。

低共熔溶剂液化方法是一种新型的液化技术。低共熔溶剂主要是由季铵盐和氢键供体组成的在较低温度下呈液态的混合物。关于低共熔溶剂的报道，在2003年，Abbott团队首次发现尿素与氯化胆碱共熔后形成均一混合物，其凝固点低于室温，并将其命名为低共熔溶剂。关于低共熔溶剂对生物质转化的研究主要集中在果糖、木糖、木聚糖在酸性低共熔溶剂中的转化利用。Hu等[154,155]采用草酸/氯化胆碱（1∶1）、柠檬酸/氯化胆碱（1∶1）等低共熔溶剂对果糖、菊粉进行液化制备5-羟甲基糠醛（5-HMF），转化率高于90%，低共熔溶剂在反应中既是反应介质又是Bransted酸性催化剂。Assanosi等[156]采用酸性低共熔溶剂甲苯磺酸/氯化胆碱同时作为氢键供体和催化剂将果糖脱水转化为5-HMF，在较为温和（80℃）的条件下甲苯磺酸/氯化胆碱（1∶1）用量为2.5%，5-HMF甲基糠醛的得率达到90.7%。低共熔溶剂液化方法为生物质的高效转化利用提供了一条新的途径。

参考文献

[1] 徐丽华，罗鹏，严明. 我国生物质能源利用现状. 广州化工，2016，44（11）：47-48.

[2] 段永斌. 生物质能源发展前景研究. 时代农机，2015（4）：91-92.

[3] 张志剑，李鸿毅，朱军. 废弃物生物质液化制取生物油的研究进展. 环境污染与防治，2014，36（3）：87-93.

[4] 滕俊江. 生物质催化液化过程工艺及机理研究. 广州：华南理工大学，2016.

[5] 田原宇，乔英云. 生物质液化技术面临的挑战与技术选择. 中外能源，2014，19（2）：19-24.

[6] 孔晓英，武书彬，唐爱民，等. 农林废弃物热解液化机理及其主要影响因素. 造纸科学与技术，2001，20（5）：22-26.

[7] Avni E，Suib S L. Free radical formation in lignin during pyrolysis. Holzforschung-International Journal of the Biology，Chemistry，Physics and Technology of Wood，1985，39（1）：33-40.

[8] 董治国，王述洋. 生物质快速热解液化技术的研究. 林业劳动安全，2004，17（1）：12-14.

[9] 马天旗，郑志锋，张宏健，等. 木材酸性液化条件下苯酚的作用机理. 西南林学院学报，2006，26（2）：93-96.

[10] Yamada T，Ono H，Ohara S，et al. Characterization of the products resulting from direct liquefaction of cellulose Ⅰ. Identification of intermediates and the relevant mechanism in direct phenol liquefaction of cellulose in the presence of water. Journal of the Japan Wood Research Society，1996，42：1098-1104.
[11] Lin L，Yao Y，Yoshioka M，et al. Liquefaction mechanism of cellulose in the presence of phenol under acid catalysis. Carbohydrate polymers，2004，57（2）：123-129.
[12] Yamada T，Ono H. Rapid liquefaction of lignocellulosic waste by using ethylene carbonate. Bioresource technology，1999，70（1）：61-67.
[13] Yamada T. Condensation reaction of degraded lignocellulose during wood liquefaction in the presence of polyhydric alcohols. J Adhesion Soc Jpn，2001，37：471-478.
[14] Kobayashi M，Asano T，Kajiyama M，et al. Analysis on residue formation during wood liquefaction with polyhydric alcohol. Journal of Wood Science，2004，50（5）：407-414.
[15] 左志越，蒋剑春，徐俊明. 纤维类生物质的溶剂液化及在聚氨酯材料中的应用. 纤维素科学与技术，2021，18（4）：55-64.
[16] 郑朝阳，解新安，陶红秀，等. 亚/超临界乙醇液化秸秆纤维素解聚反应研究与机理初探. 燃料化学学报，2012，40（5）：526-532.
[17] 陶红秀，解新安，汤成正，等. 玉米秸秆纤维素在亚/超临界乙醇中液化生成酮类化合物的机理探讨. 燃料化学学报，2013，41（1）：60-66.
[18] 陶红秀，解新安，郑朝阳，等. 玉米秸秆纤维素在亚/超临界乙醇中的液化行为研究. 西北农林科技大学学报（自然科学版），2014，42（1）：196-204.
[19] 王娅莉. 玉米秸秆纤维素在亚/超临界甲醇和环己烷中液化过程研究. 广州：华南农业大学，2016.
[20] 胡素琴，张晓东，许敏，等. 离子液体在生物质利用方面的应用. 化学进展，2011，23（4）：731-738.
[21] 张加阜. 离子液体预处理木质纤维素生物质机理及对厌氧消化性能的影响研究. 北京：北京化工大学，2017.
[22] 谢红璐. 生物质木材的离子液体液化及其产物的应用研究. 合肥：合肥工业大学，2011.
[23] Stefanidis G D，Munoz A N，Sturm G S J，et al. A helicopter view of microwave application to chemical processes：Reactions，separations，and equipment concepts. Reviews in Chemical Engineering，2014，30（3）：233-259.
[24] 朱显超，李改云，秦特夫. 生物质微波辅助液化主要影响因素的研究现状. 南京林业大学学报（自然科学版），2014，38（1）：157-162.
[25] 赵希强，宋占龙，马春元，等. 整包秸秆微波热解的试验研究. 太阳能学报， 2010，31：118-122.
[26] Zhao X Q，Wang W，Liu H，et al. Microwave pyrolysis of wheat straw：Product distribution and generation mechanism. Bioresource Technology，2014，158：278-285.
[27] Xiao W，Han L，Zhao Y. Comparative study of conventional and microwave assisted liquefaction of corn stover in ethylene glycol. Industrial Crops and Products，2011，34：1602-1606.
[28] Sturm G S J，Verweij M D，Stankiewicz A I，et al. Microwaves and microreactors：Design challenges and remedies. Chemical Engineering Journal，2014，243：147-158.
[29] Chandrasekaran S，Ramanathan S，Basak T. Microwave food processing——A review. Food Research International，2013，52（1）：243-261.
[30] Budarin V L，Shuttleworth P S，Farmer T J，et al. The potential of microwave technology for the recovery，synthesis and manufacturing of chemicals from bio-wastes. Catalysis Today，2015，239：80-89.
[31] 郭贵全，王红娟，谌凡更. 植物纤维在供氢溶剂中的液化反应. 纤维素科学与技术，2003，11（2）：41-50.
[32] Demirbaş A. Mechanisms of liquefaction and pyrolysis reactions of biomass. Energy conversion and management，2000，41（6）：633-646.
[33] 冯君锋. 木质纤维生物质定向液化和产物提质演变的机理研究. 北京：中国林业科学研究院，2018.
[34] Xu J，Jiang J，Hse C，et al. Renewable chemical feedstocks from integrated liquefaction processing of lignocellulosic materials using microwave energy. Green Chemistry，2012，14（10）：2821-2830.
[35] 朱锡锋，陆强. 生物质快速热解制备生物油. 科技导报，2007，25（21）：69-75.
[36] Shen D，Gu S，Bridgwater A V. The thermal performance of the polysaccharides extracted from hardwood：Cellulose and hemicellulose. Carbohydrate Polymers，2010，82（1）：39-45.
[37] Elliott D C. Comparative analysis of gasification/pyrolysis condensates. Pacific Northwest Labs，Richland，WA（USA），1985.
[38] Evans R J，Milne T A. Molecular characterization of the pyrolysis of biomass. Energy & Fuels，1987，1（2）：123-137.
[39] Lee C K，Chaiken R F，Singer J M. Charring pyrolysis of wood in fires by laser simulation. Symposium（International）on Combustion. Elsevier，1977，16（1）：1459-1470.
[40] 曾其良，王述洋，徐凯宏. 典型生物质快速热解工艺流程及其性能评价. 森林工程，2008，24（3）：47-50.

[41] Koufopanos C A，Lucchesi A，Maschio G. Kinetic modelling of the pyrolysis of biomass and biomass components. The Canadian Journal of Chemical Engineering，1989，67（1）：75-84.

[42] 贺心燕. 生物质热解液化的研究进展. 纤维素科学与技术，2010，18（1）：62-69.

[43] 杨昌炎，鲁长波，吕雪松，等. 生物质热解制燃料油及化学品的工艺技术研究进展. 现代化工，2006，26（4）：10-14.

[44] 朱锡锋，陆强. 生物质热解原理与技术. 北京：科学出版社，2014.

[45] 常杰. 生物质液化技术的研究进展. 现代化工，2003，23（9）：13-16.

[46] 傅利华，郑典模，孙云. 生物质快速热解液化技术的研究进展. 江西化工，2007（2）：45-49.

[47] 王富丽，黄世勇，宋清滨，等. 生物质快速热解液化技术的研究进展. 广西科学院学报，2008，24（3）：225-230.

[48] 赵坤，肖军，沈来宏，等. 基于三组分的生物质快速热解实验研究. 太阳能学报，2011，32（5）：710-717.

[49] 柳恒饶，刘光斌，熊万明，等. 不同温度下晚松生物质热解成分分析. 广州化工，2016，44（11）：71-75.

[50] 朱锡锋，郑冀鲁，陆强，等. 生物质热解液化装置研制与试验研究. 中国工程科学，2006，8（10）：89-93.

[51] 李美莲，柏雪源，李永军，等. 生物质热解气中固体颗粒的分离方法综述. 生物质化学工程，2012，46（3）：49-55.

[52] 李美莲. 生物质热解系统中旋风分离器分离性能的实验研究. 淄博：山东理工大学，2012.

[53] Kanaoka C，Kishima T. Observation of the process of dust accumulation on a rigid ceramic filter surface and the mechanism of cleaning dust from the filter surface. Advanced Powder Technology，1999，10（4）：417-426.

[54] Dahlin R S，Pontius D H，Haq Z U，et al. Plans for hot gas cleanup testing at the power systems development facility. American Society of Mechanical Engineers，New York，1995.

[55] 许世森. 移动颗粒层过滤高温除尘性能的研究. 热力发电，2000（4）：29-32.

[56] 高新源，徐庆，李占勇，等. 生物质快速热解装置研究进展. 化工进展，2016，35（10）：3032-3041.

[57] 常胜，赵增立，张伟，等. 不同种类生物油化学组成结构的对比研究. 燃料化学学报，2011，39（10）：746-753.

[58] 王丽红，柏雪源，易维明，等. 玉米秸秆热解生物油特性的研究. 农业工程学报，2006，22（3）：108-111.

[59] 朱锡锋，陆强，郑冀鲁，等. 生物质热解与生物油的特性研究. 太阳能学报，2006，27（12）：1285-1289.

[60] 廖艳芬，王树荣，洪军，等. 生物质热裂解制取液体燃料的实验研究. 能源工程，2002（3）：1-3.

[61] Scott D S，Piskorz J，Bergougnou M A，et al. The role of temperature in the fast pyrolysis of cellulose and wood. Industrial & Engineering Chemistry Research，1988，27（1）：8-15.

[62] Figueiredo J L，Valenzuela C，Bernalte A，et al. Pyrolysis of holm-oak wood：Influence of temperature and particle size. Fuel，1989，68（8）：1012-1016.

[63] 吕兆川. 生物质流化床热解气相产物析出特性及反应动力学研究. 济南：山东大学，2015.

[64] Goldberg E D. Black carbon in the environment：Properties and distribution. Environmental Science & Technology，1985.

[65] Cao X，Ma L，Gao B，et al. Dairy-manure derived biochar effectively sorbs lead and atrazine. Environmental Science & Technology，2009，43（9）：3285-3291.

[66] 张晗，林宁，黄仁龙，等. 不同生物质制备的生物炭对菲的吸附特性研究. 环境工程，2016，34（10）：166-171.

[67] 李晓娜，宋洋，贾明云，等. 生物质炭对有机污染物的吸附及机理研究进展. 土壤学报，2017，54（6）：1313-1325.

[68] 吴晴雯，孟梁，张志豪，等. 芦苇秸秆生物炭对水中菲和 1，1-二氯乙烯的吸附特性. 环境科学，2016，37（2）：680-688.

[69] 袁金华，徐仁扣. 生物质炭的性质及其对土壤环境功能影响的研究进展. 生态环境学报，2011，20（4）：779-785.

[70] Beesley L，Marmiroli M. The immobilisation and retention of soluble arsenic，cadmium and zinc by biochar. Environmental Pollution，2011，159（2）：474-480.

[71] 易卿，胡学玉，柯跃进，等. 不同生物质黑碳对土壤中外源镉（Cd）有效性的影响. 农业环境科学学报，2013，32（1）：88-94.

[72] Churin E，Grange P，Delmn B. Catalysis oils biomass for energy and industry. Elsevier Appl Sci Pub，1990，15（7）：120-125.

[73] 仲卫成，郭庆杰，王许云，等. 小球藻热裂解油催化加氢精制研究. 燃料化学学报，2013，41（5）：571-578.

[74] Williams P T，Horne P A. The influence of catalyst regeneration on the composition of zeolite-upgraded biomass pyrolysis oils. Fuel，1995，74（12）：1839-1851.

[75] 马文超，陈娇娇，王铁军，等. 生物油模型化合物催化裂解机理. 农业工程学报，2013，29（9）：207-213.

[76] Mahfud F H，Melian-Cabrera I，Manurung R，et al. Biomass to fuels：Upgrading of flash pyrolysis oil by reactive distillation using a high boiling alcohol and acid catalysts. Process Safety and Environmental Protection，2007，85（5）：466-472.

[77] 徐俊明，蒋剑春，孙云娟，等. 反应精馏催化改性生物质热解油. 太阳能学报，2009，30（2）：237-240.

[78] 王丽红，吴娟，易维明，等. 玉米秸秆粉热解生物油的分析及乳化. 农业工程学报，2009，25（10）：204-209.

[79] 于济业，彭艳丽，李燕飞，等. 生物油/柴油乳化燃油稳定性试验. 山东理工大学学报（自然科学版），2007，21（5）：101-103.

[80] 王琦，李信宝，王树荣，等. 生物质热解生物油与柴油乳化的试验研究. 太阳能学报，2010，31（3）：380-384.

［81］ 隋淼，许庆利，吴层，等. 生物质油模拟物水蒸气催化重整制氢. 石油化工，2009，38（5）：476-481.
［82］ Xu Q，Xie D，Wang F，et al. Mechanism of hydrogen production by the catalytic steam reforming of bio-oil. Energy Sources，Part A：Recovery，Utilization，and Environmental Effects，2013，35（11）：1028-1038.
［83］ Garcia-Perez M，Wang X S，Shen J，et al. Fast pyrolysis of oil mallee woody biomass：Effect of temperature on the yield and quality of pyrolysis products. Industrial & engineering chemistry research，2008，47（6）：1846-1854.
［84］ Zheng J. Bio-oil from fast pyrolysis of rice husk：Yields and related properties and improvement of the pyrolysis system. Journal of Analytical & Applied Pyrolysis，2007，80（1）：30-35.
［85］ Johnson D A，Maclean D，Feller J，et al. Developments in the scale-up of the vortex-pyrolysis system. Biomass and Bioenergy，1994，7（1-6）：259-266.
［86］ 刘荣厚，鲁楠. 旋转锥反应器生物质热裂解工艺过程及实验. 沈阳农业大学学报，1997，28（4）：307-311.
［87］ Sturzl R. The commercial co-firing of RTP bio-oil at the Manitowoc Public Utilities power generation station. Manitowoc Public utilities，1997.
［88］ Oasmaa A，Kytö M，Sipilä K. Pyrolysis oil combustion tests in an industrial boiler. Progress in thermochemical biomass conversion，Wiley-Blackwell，2008：1468-1481.
［89］ Solantausta Y，Nylund N O，Westerholm M，et al. Wood-pyrolysis oil as fuel in a diesel-power plant. Bioresource Technology，1993，46（1-2）：177-188.
［90］ 刘旭，朱锡锋. 混合醇对生物油稳定性影响的研究. 太阳能学报，2015，36（6）：1391-1396.
［91］ 柏雪源，王娟，王丽红，等. 生物质热解生物油/柴油乳化燃料的制备与试验. 农业机械学报，2009（9）：112-115.
［92］ Strenziok R，Hansen U，Künstner H. Combustion of bio-oil in a gas turbine. Progress in thermochemical biomass conversion，Wiley-Blackwell，2001：1452-1458.
［93］ 唐汝江，陈汉平，王贤华，等. 生物质油应用技术. 能源技术，2005，26（2）：66-69.
［94］ 何选明，王春霞，付鹏睿，等. 水热技术在生物质转换中的研究进展. 现代化工，2014，34（1）：26-29.
［95］ Zhang B，Von K M，Valentas K. Thermal effects on hydrothermal biomass liquefaction. Applied Biochemistry & Biotechnology，2008，147（1-3）：143.
［96］ Zhong C，Wei X. A comparative experimental study on the liquefaction of wood. Energy，2004，29（11）：1731-1741.
［97］ Karagöz S，Bhaskar T，Muto A，et al. Comparative studies of oil compositions produced from sawdust，rice husk，lignin and cellulose by hydrothermal treatment. Fuel，2005，84(7-8)：875-884.
［98］ Yuan X，Tong J，Zeng G，et al. Comparative studies of products obtained at different temperatures during straw liquefaction by hot compressed water. Energy & Fuels，2009，23（6）：3262-3267.
［99］ 李润东，谢迎辉，杨天华，等. 源头改性对玉米秸秆水热液化制备生物油的影响. 太阳能学报，2016，37（11）：2741-2746.
［100］ 曹洪涛. 生物质在超/亚临界水条件下液化研究. 长沙：湖南大学，2008.
［101］ Donovan J M，Molton P M，Demmitt T F. Effect of pressure，temperature，pH，and carbon monoxide on oil yields from cellulose liquefaction. Fuel，1981，60（10）：898-902.
［102］ 马晶，董宇，申哲民，等. 甘蔗渣和稻草秸在亚/超临界水中液化的初探. 环境科学与技术，2011，34（4）：52-154.
［103］ 傅木星，袁兴中，曾光明，等. 稻草水热法液化的实验研究. 能源工程，2006（2）：34-38.
［104］ Sasaki M，Fang Z，Fukushima Y，et al. Dissolution and hydrolysis of cellulose in subcritical and supercritical water. Industrial & Engineering Chemistry Research，2000，39（8）：2883-2890.
［105］ Hesse W，Jung A. Harderable binding agents and their use. Eur Pat Appl EP43097，1980.
［106］ 张金萍，杜孟浩，王敬文，等. 竹粉苯酚液化工艺优化及产物结构表征. 纤维素科学与技术，2009，17（3）：1-6.
［107］ Lee S H，Yoshioka M，Shiraishi N. Liquefaction and product identification of corn bran（CB）in phenol. Journal of applied polymer science，2000，78（2）：311-318.
［108］ Lee S H，Yoshioka M，Shiraishi N. Preparation and properties of phenolated corn bran（CB）/phenol/formaldehyde cocondensed resin. Journal of applied polymer science，2000，77（13）：2901-2907.
［109］ 毛磊，李晨琦，赵桂玲. 酸性催化剂对木材苯酚液化能力的影响. 黑龙江科技信息，2016（14）：286.
［110］ 李俊尧，张求慧. 生物质苯酚液化影响因素的研究——废纸的苯酚液化. 科协论坛（下半月），2011，33（1）：49-50.
［111］ Maldas D，Shiraishi N. Liquefaction of biomass in the presence of phenol and H_2O using alkalies and salts as the catalyst. Biomass & Bioenergy，1997，12（4）：273-279.
［112］ Ono H，Yamada T，Hatano Y，et al. Adhesives from waste paper by means of phenolation. Journal of Adhesion，1996，59（1-4）：11.
［113］ Shiraishi N，Hse C Y. Liquefaction of the used creosote-treated wood in the presence of phenol and its application to phenolic resin. Wood Adhesives，2001.
［114］ 傅深渊，余仁广，杜波，等. 竹材残料液化及其液化物胶粘剂的制备. 林产工业，2004，31（3）：35-38.
［115］ 郑志锋，邹局春，张宏健，等. 核桃壳苯酚液化及其产物树脂化制备木材胶黏剂的研究. 林产化学与工业，2007，27

(4): 31-36.
[116] 秦特夫，罗蓓，李改云. 人工林木材的苯酚液化及树脂化研究 Ⅱ. 液化木基酚醛树脂的制备和性能表征. 木材工业，2006，20 (5): 8-10.
[117] Lee S H，Teramoto Y，Shiraishi N. Resol-type phenolic resin from liquefied phenolated wood and its application to phenolic foam. Journal of applied polymer science，2002，84 (3): 468-472.
[118] 刘晓欢，傅深渊，王春鹏，等. 生物质苯酚液化物制备酚醛树脂材料的研究进展. 化工新型材料，2014 (11): 7-10.
[119] Alma M H，Yoshioka M，Yao Y，et al. The preparation and flow properties of HCl catalyzed phenolated wood and its blends with commercial novolak resin. Holzforschung-International Journal of the Biology，Chemistry，Physics and Technology of Wood，1996，50 (1): 85-90.
[120] Zhang Q，Zhao G，Jie S. Effects of phosphoric acid on liquefaction of wood in phenol and optimum liquefaction processing parameters. Forestry Studies in China，2004，6 (3): 50-54.
[121] Zhang Q，Zhao G，Hu S. Factors affecting the resinification of liquefied phenolated wood. Forest Ecosystems，2005，7 (2): 38-42.
[122] Zhang Q，Zhao G，Yu L，et al. Preparation of liquefied wood-based resins and their application in molding material. Forest Ecosystems，2007，9 (1): 51-56.
[123] Tsujimoto N. Wood——Phenol resin fiber. Recent research on wood and wood-based materials. Elsevier，1993: 169-183.
[124] Yoshida C，Okabe K，Yao T，et al. Preparation of carbon fibers from biomass-based phenol-formaldehyde resin. Journal of Materials Science，2005，40 (2): 335-339.
[125] 马晓军，赵广杰. 木材苯酚液化产物制备碳纤维的初步探讨. 林产化学与工业，2007，27 (2): 29-32.
[126] Yao Y，Yoshioka M，Shiraishi N. Soluble properties of liquefied biomass prepared in organic solvents，1: The soluble behavior of liquefied biomass in various diluents. Journal of the Japan Wood Research Society (Japan)，1994.
[127] 李改云，江泽慧. 木质生物材料多元醇液化及其在聚氨酯中的应用. 中国胶粘剂，2006，15 (9): 42-45.
[128] Yao Y. Combined liquefaction of wood and starch in a polyethylene glycol-glycerin blended solvent. Mokuzai Gakkaishi，1993，39: 930-938.
[129] Yu F，Liu Y，Pan X，et al. Liquefaction of corn stover and preparation of polyester from the liquefied polyol. Twenty-Seventh Symposium on Biotechnology for Fuels and Chemicals. Humana Press，2006: 574-585.
[130] 姜增琨，刘建军，左胜利，等. 木质生物质常压液化及催化裂解研究. 北京化工大学学报（自然科学版），2012，39 (3): 46-49.
[131] Maldas D，Shiraishi N. Liquefaction of wood in the presence of polyol using NaOH as a catalyst and its application to polyurethane foams. International journal of polymeric materials，1996，33 (1-2): 61-71.
[132] Kurimoto Y，Doi S，Tamura Y. Species effects on wood-liquefaction in polyhydric alcohols. Holzforschung，1999，53 (6): 617-622.
[133] 丛日昕. 多元醇“液化”预处理稻草及应用. 大连：大连工业大学，2011.
[134] Kurimoto Y. Liquefaction of untreated wood with polyhydric alcohols and its application to polyurethane forms. FRI (New Zealand) Bull，1992，176: 163-172.
[135] 左志越. 杨木屑多元醇液化及聚氨酯泡沫材料的制备. 北京：中国林业科学研究院，2011.
[136] 翟巧龙，徐俊明，苏秋丽，等. 木质生物质在不同溶剂作用下的液化反应研究进展. 生物质化学工程，2018，52 (5): 46-54.
[137] Xu J，Jiang J，Hse C，et al. Effect of methanol on the liquefaction reaction of biomass in hot compressed water under microwave energy. Energy & Fuels，2013，27 (8): 4791-4795.
[138] Xu J，Xie X，Wang J，et al. Directional liquefaction coupling fractionation of lignocellulosic biomass for platform chemicals. Green Chemistry，2016，18 (10): 3124-3138.
[139] 马依文. 改性 Cu 基催化剂超临界甲醇中催化液化纤维素. 昆明：昆明理工大学，2016.
[140] 徐敏强，张素萍，李庭深，等. 水解木质素在超临界乙醇溶液中的催化液化（Ⅰ）温度，总碱量和硫化比对反应的影响. 太阳能学报，2007 (3): 22.
[141] Huang H，Yuan X，Zeng G，et al. Thermochemical liquefaction of rice husk for bio-oil production with sub-and supercritical ethanol as solvent. Journal of analytical and applied pyrolysis，2013，102: 60-67.
[142] 程芳超. 基于离子液体的农林生物质组分分离及催化转化研究. 哈尔滨：东北林业大学，2015.
[143] Swatloski R P，Spear S K，Holbrey J D，et al. Dissolution of cellose with ionic liquids. Journal of the American chemical society，2002，124 (18): 4974-4975.
[144] Fort D A，Remsing R C，Swatloski R P，et al. Can ionic liquids dissolve wood? Processing and analysis of lignocellulosic materials with 1-n-butyl-3-methylimidazolium chloride. Green Chemistry，2007，9 (1): 63-69.
[145] Kilpeläinen I，Xie H，King A，et al. Dissolution of wood in ionic liquids. J Agric Food Chem，2007，55 (22):

9142-9148.

[146] Pu Y，Jiang N，Ragauskas A J. Ionic liquid as a green solvent for lignin. Journal of Wood Chemistry and Technology，2007，27（1）：23-33.

[147] Lee S H，Doherty T V，Linhardt R J，et al. Ionic liquid-mediated selective extraction of lignin from wood leading to enhanced enzymatic cellulose hydrolysis. Biotechnology and bioengineering，2009，102（5）：1368-1376.

[148] Nakamura A，Miyafuji H，Saka S. Influence of reaction atmosphere on the liquefaction and depolymerization of wood in an ionic liquid，1-ethyl-3-methylimidazolium chloride. Journal of wood science，2010，56（3）：256-261.

[149] Long J，Guo B，Teng J，et al. SO_3H-functionalized ionic liquid：Efficient catalyst for bagasse liquefaction. Bioresource technology，2011，102（21）：10114-10123.

[150] 关倩，蒋剑春，徐俊明，等. 酸性离子液体催化麦秸液化及其产物分析. Transactions of the Chinese Society of Agricultural Engineering，2016，32（12）.

[151] 黎英文. 离子液体在生物质催化转化为高附加值化学品中的应用. 广州：华南理工大学，2017.

[152] 贺小亮，蒋剑春，冯君锋，等. 微晶纤维素复合溶剂醇解制备乙酰丙酸甲酯的研究. 现代化工，2014，34（7）：89-93.

[153] 李翔宇，邹宜刚，庞久寅，等. 多组分溶剂液化玉米秸秆工艺研究. 林产化学与工业，2013，33（4）：27-31.

[154] Hu S，Zhang Z，Zhou Y，et al. Conversion of fructose to 5-hydroxymethylfurfural using ionic liquids prepared from renewable materials. Cheminform，2008，10（12）：1280-1283.

[155] Hu S，Zhang Z，Zhou Y，et al. Direct conversion of inulin to 5-hydroxymethylfurfural in biorenewable ionic liquids. Green Chemistry，2009，11（6）：873-877.

[156] Assanosi A A，Farah M M，Wood J，et al. A facile acidic choline chloride-p-TSA DES-catalysed dehydration of fructose to 5-hydroxymethylfurfural. RSC Advances，2014，4（74）：39359-39364.

（潘晖，冯君锋）

第八章　生物质烃类燃油

生物质烃类燃油是指含氧生物质原料包括油脂、纤维素和半纤维素等通过裂解、加氢脱氧等方法制得的富烃液体燃料。油脂尤其是非食用木本油脂、废弃餐饮油、微藻油脂等是重要的可再生能源资源，通常可通过酯交换方法制备脂肪酸甲酯（或乙酯）即第一代生物柴油作为柴油发动机燃油，但因酯交换法制得的生物柴油含氧量较高、能量密度较低，近年来将油脂通过裂解、加氢脱氧等技术制备氢化生物柴油（即第二代生物柴油）以及生物航空煤油等高品位液体燃料已成为重要的发展趋势。木质纤维原料的主要组成是纤维素、半纤维素和木质素，此类生物质可经快速热裂解得到生物油，再经提质改性，也可经过水解或裂解、加氢脱氧等方法，从而制取燃料性能优异的富烃燃油。由油脂、木质纤维原料等生物质制备生物质烃类燃油的技术方法主要有油脂高温裂解、油脂高压加氢、生物质合成气费托（F-T）合成、木质纤维快速热解生物油催化加氢、木质纤维水解糖催化加氢脱氧等。

第一节　油脂高温裂解

一、原料来源

油脂高温裂解主要的原料是木本油料作物油茶、核桃、油用牡丹、长柄扁桃、油橄榄、光皮梾木、元宝枫、翅果油树、杜仲、盐肤木、文冠果等和精炼油脂加工使用之后的废弃油脂、地沟油、酸化油、皂脚等低等级的甘油三酯。

地沟油是我国普遍存在的废弃油脂。地沟油的主要成分是长碳链的甘油三酯、甘油二酯、甘油单酯以及游离的脂肪酸，主要包括硬脂酸、软脂酸、油酸等。我国的地沟油产量很大，并且廉价易得。据统计，餐厨每年产生的地沟油超过 500 万吨，目前，我国的地沟油价格在 3000～4500 元/吨，而当前航空煤油的价格在 7500～8000 元/吨。因此，将地沟油升级为高附加值的生物航空燃油，既可以实现地沟油的资源化利用，又可以解决生物航空煤油的油脂来源问题[1-3]。

酸化油呈黑色膏体状，地沟油中有少量白色固体（饱和脂肪酸），2 种油脂的颜色较深，大豆油和橡胶籽油则为澄清液体。表 9-8-1 为 4 种原料油脂（大豆油、橡胶籽油、地沟油和酸化油）的物理化学性质的测定结果。4 种原料油脂中，地沟油的密度最小，其他 3 种油脂的密度相近；酸化油的热值较低，且在 20℃时呈膏体状，无法测定黏度；与大豆油和橡胶籽油的黏度相比，地沟油黏度较大；对比 4 种原料的酸值可知，大豆油的酸值较低，为 0.31mg/g，而地沟油和酸化油的酸值较高[4]。

表 9-8-1　4 种原料油脂的物理化学性质

原料油脂	密度/(kg/m^3)	热值/(MJ/kg)	黏度/(mm^2/s)	酸值/(mg/g)
大豆油	0.92	38.95	64.82	0.31
橡胶籽油	0.92	38.50	76.68	19.72
地沟油	0.84	37.89	149.06	104.65
酸化油	0.94	31.78	—	114.00

由 4 种原料油脂（大豆油、橡胶籽油、地沟油、酸化油）的元素分析结果（表 9-8-2）可知，

4 种原料油脂的主要元素组成为 C、H、O 三种元素，N 元素含量较低（分别为 0.33%、0.36%、0.63%、1.02%），均不含 S 元素。与其他 3 种原料油脂相比，酸化油的含氧量较高，含碳量较低。4 种原料油脂的主要脂肪酸组成为棕榈酸、硬脂酸、油酸、亚油酸、亚麻酸。

表 9-8-2　不同原料油脂的元素分析和主要脂肪酸组成

元素/%	大豆油	橡胶籽油	地沟油	酸化油
C	77.43	77.36	76.06	64.22
H	11.53	11.75	12.04	10.47
O	10.70	10.53	11.27	24.29
N	0.33	0.36	0.63	1.02
S	—	—	—	—
棕榈酸(16∶0)	17.0	3.4	12.8	17.9
硬脂酸(18∶0)	7.6	1.9	1.4	—
油酸(18∶1)	23.5	1.9	68.6	33.5
亚油酸(18∶2)	49.0	71	17.2	48.6
亚麻酸(18∶3)	0.9	21.8	—	—

二、裂解机理

生物质烃类原料催化裂解的产物包括有机液体产品、气态化合物、水和焦炭。烃类的性质取决于所使用的催化剂、反应条件和油脂原料。一般情况下，植物油在沸石等酸性催化剂下的裂解表现出较高的芳烃产量，其中包括了脱羧、脱羰、脱水、氢转移、异构化、环合、芳构化和聚合等过程。相反，无催化裂解或金属氧化物催化剂、贵金属催化剂催化下的油脂原料的催化裂化通常形成更多的烷烃和烯烃，主要发生的是 C—C 和 C—O 键的断裂[4]。油脂受到高温，则分解为丙烯醛、脂肪酸与烯酮。丙烯醛继续分解得轻质烃；脂肪酸分解得烃和二氧化碳；烯酮亦为不稳定化合物，加热下分解为碳氢化合物和一氧化碳[5]。

1. 甘油三酯的无催化裂解

甘油三酯的无催化裂解是在不添加催化剂的情况下进行甘油三酯的热催化转化，也称为甘油三酯的直接催化裂解。甘油三酯的无催化裂解主要发生在 350～500℃ 高温下，高温下酯基容易断键使得油脂易转化成酸（饱和脂肪酸和不饱和脂肪酸），酸在高温的条件下进行脱氧转化生成烃类化合物[2,6]。Seames 等[7]利用气相质谱、热重等检测方法，根据大豆油等生物油脂的裂解反应产物推测甘油三酯裂解转化机理，甘油三酯脱氧生成长碳链自由基，再经过氢转移、异构化、环合、芳构化和聚合等反应生成各类碳氢化合物，该机理被广泛接受。

最近，Xu 等[8]通过热重红外、气相质谱、气相色谱等检测分析结合 DFT（离散傅里叶变换）计算进一步研究了甘油三酯的无催化裂解机理。反应机理如图 9-8-1 所示。甘油三酯的热裂解脱氧形式主要有两种，即脱羰和脱羧，其中脱羰分为两种途径，脱羧为一种途径，总共三种途径。脱羰是因为酸的 α-H 在高温下被活化转移到羧基上进行脱水。路径一如图 9-8-1（a）所示，被活化的 α-H 转移到端位的 OH 基团上。因此脂肪酸脱水变成酮中间体，之后酮中间体进一步脱羧获得 CO 和长碳链自由基，长碳链自由基上的 α-H 进一步活化转移最后生成端位烯烃。路径二与路径一略微不同，如图 9-8-1（b）所示，被活化的 α-H 转移到羧基的 C═O 基团上形成烯二醇中间体，不稳定的烯二醇迅速脱水转化形成酮中间体，同样酮脱 CO 形成长碳链自由基，最后氢转移形成端位烯烃。除此之外，脂肪酸的脱羧路径如图 9-8-1（c）所示，羧基上的活化氢发生构型转变使得酸直接脱 CO_2 形成长碳链烷烃。该理论计算结果和实验分析结果非常吻合。最终获得的长碳链烷烃和烯烃在高温条件下发生各种复杂的反应，例如键的断裂、环化、脱氢、芳构化、异构化等，最终获得的裂解产物成分复杂多样。

Kozliak 等[9]以霍霍巴油为原料进行无催化裂解，得到的液体燃料组分主要分布在 C_6～C_{22}，气相分析结果表明，烷烃和烯烃含量达到 76.5%，芳香烃含量为 5.5%。由此可见，裂解是一种有效的制备生物燃料的方法，但是仅含有直链烃类难以满足高品质运输燃料的要求。但是，无催化裂解燃料油中脂肪酸含量较高（20%～30%），酸值达到 116～207mg/g。

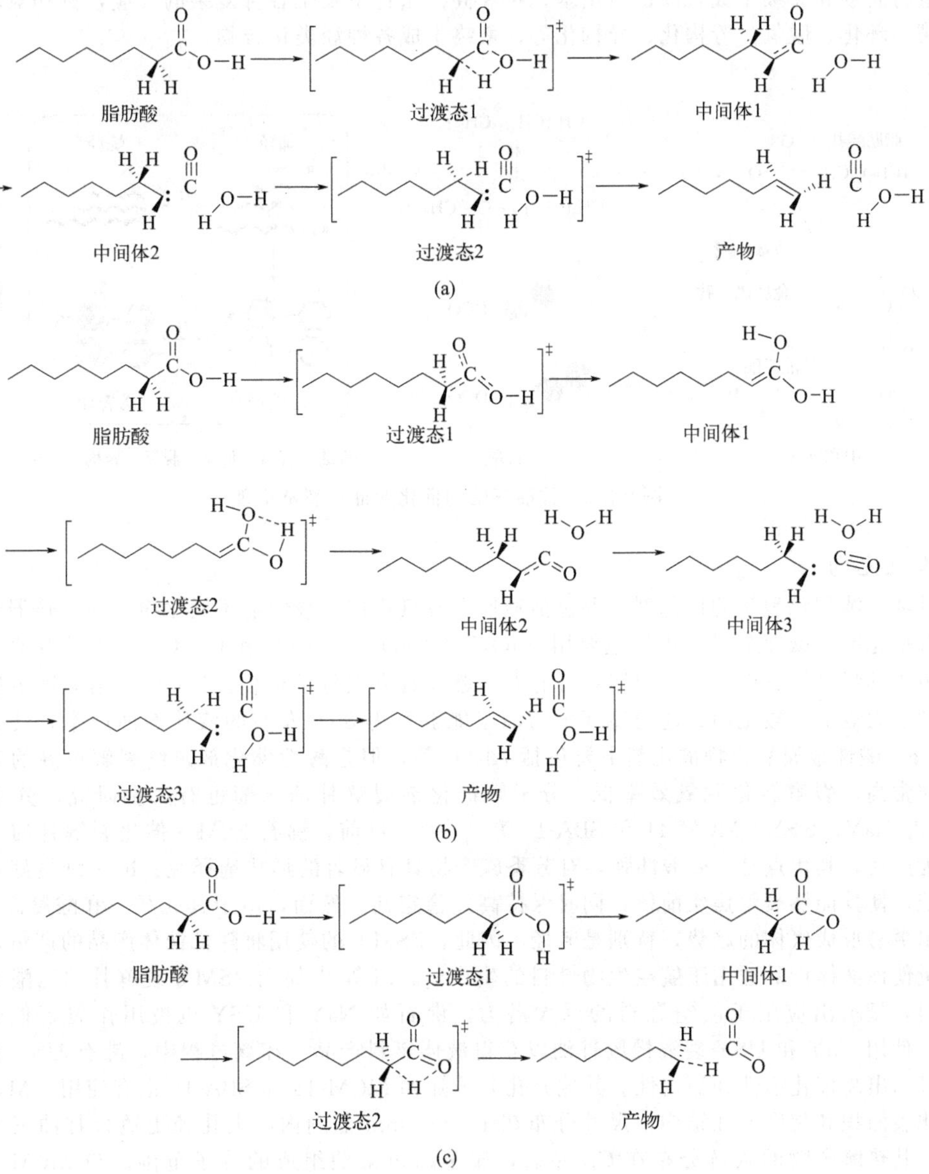

脂肪酸　过渡态1　中间体1

中间体2　过渡态2　产物

(a)

脂肪酸　过渡态1　中间体1

过渡态2　中间体2　中间体3

过渡态3　产物

(b)

脂肪酸　过渡态1　中间体1

过渡态2　产物

(c)

图 9-8-1　甘油三酯无催化裂解机理

2. 甘油三酯的催化裂解

与甘油三酯的无催化裂解相比，甘油三酯的催化裂解能够进一步提高裂解脱氧的效率，获得酸值更低的液体燃油产品。其中，碱性金属氧化物催化裂解甘油三酯的研究最多，目前公认的裂解转化机制是脂肪酸在高温条件下与碱性金属氧化物进行中和反应生成脂肪酸盐，脂肪酸盐在高温条件下易于脱端位的—COOM 基团，从而生成长碳链烷烃自由基。Long 等[6]利用热重红外、DFT 计算和实验相结合，研究第一主族的碱土金属氧化物催化裂解脂肪酸的机制。以硬脂酸盐为模型化合物进行 αC—C 键的解离能计算，发现在酸的羧基上引进碱土金属离子能够降低 αC—C 键的解离能，这样有利于酸的脱羧反应，从而生成烃类化合物。中国林业科学研究院林产化学工业研究所蒋剑春院士团队利用金属化合物催化裂解大豆油，结合一系列脂肪酸盐的热重曲线变化研究硬脂酸盐的动力学行为，提出了金属化合物催化裂解甘油三酯的机制[1,10]。如图 9-8-2 所示，酸在金属氧化物的催化作用下先发生中和反应生成硬脂酸盐，多个硬脂酸盐在相互作用下能够有效地进行脱羰和脱羧生成长碳链自由基，再在高温条件下发生各种复杂的反应，例如氢转移、键的断裂、环化、脱氢、芳构化、异构化等，最终生成各种烃类化合物。

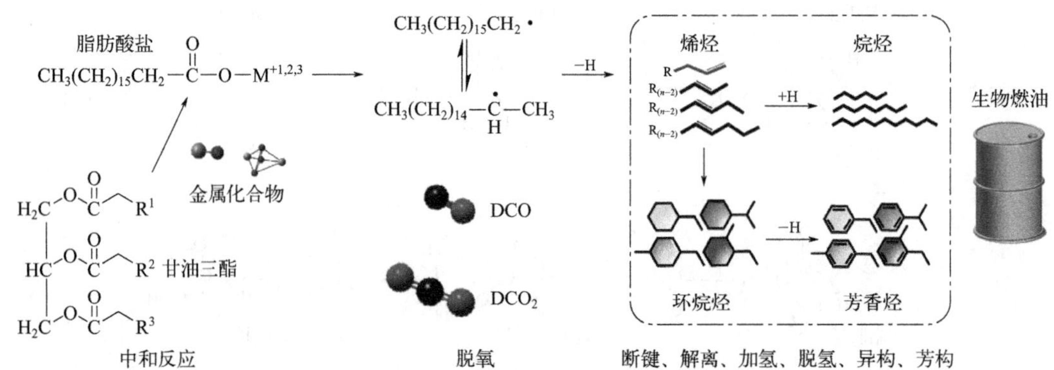

图 9-8-2　甘油三酯的催化剂催化裂解机理

3. 催化剂

甘油三酯催化裂解的催化剂主要包括碱性金属氧化物、酸性金属氧化物、分子筛催化剂和各种复合催化剂。碱性金属氧化物主要用 NaOH 和 CaO（Na_2CO_3 和 $CaCO_3$）[11-14]进行油脂催化裂解，由于其强碱性属性，最终裂解获得的液体燃油具有很低的酸值。Xu 等[11]用碱性金属氧化物催化裂解大豆油、酸化油、地沟油等生物油脂能够获得 80%左右的液体燃油产率，其酸值低于 30mg/g。酸性金属氧化物催化剂主要包括 Al_2O_3 等，但是酸性催化剂最终裂解得到的液体成分酸值非常高，裂解转化脱氧效率低。分子筛催化剂裂解甘油三酯也有大量研究，分子筛包括 ZSM-5、NaY、USY、MCM-41 和 SBA-15 等[11,15-19]。目前，沸石 ZSM-5 催化裂解甘油三酯的应用最为广泛，其优点是：a. 酸性强，对芳香族产物具有显著的形状选择性；b. 三维良好连接的微孔系统，使其能够裂解焦炭前体，同时保持高热稳定性。然而，由于其孔径小和酸度高，ZSM-5 显示出更易形成气体的趋势，特别是芳烃。因此，ZSM-5 的使用将降低液体产品的产量，但高芳烃含量使该液体产品适用于航空生物燃料的生产[2]。Li 等[11]使用 ZSM-5 裂解甘油三酯来生产液体燃料，显示出应用于航空燃料的巨大潜力。沸石如 NaY 和 USY 也被用作裂解催化剂。Li 等[18,19]使用 NaY 和 USY 裂解橡胶籽油以获得液体燃料产品。在该过程中，沸石 USY 在六个循环后显示出高催化活性和稳定性。其他介孔分子筛如 MCM-41 和 SBA-15 也有使用。MCM-41 具有高比表面积和规则的孔结构，尺寸分布在 1.3～50nm 范围内，大孔径更适合甘油三酯分子的扩散，其热解产物的碳链分布在 C_{12} 左右，属于绿色柴油组成的分子范围。与 MCM-41 相比，SBA-15 壁厚，稳定性好，在裂解过程中催化剂稳定性高。但是，分子筛一般复合一些碱性金属来使用，其中碱性金属（例如 Mg、Zn、Cu 或 Ca）及其氧化物（例如 MgO、ZnO、CuO 或 CaO）负载到中孔分子筛上以用于高价值液体燃料生产。这种复合催化剂可以降低液体馏分的酸值，同时保持高液体燃油产率。Zhao 等[20]对 Zn/ZSM-5 催化裂解亚麻油的反应过程进行了条件优化实验，液体燃料的产率较低，分布在46%～60%。Zandonai等[5]以ZSM-5催化剂对植物油进行催化裂化，液体燃料油产率低于50%，产生了较多的气体组分。液体燃料油的组成包括43%的芳香烃、46%的脂肪酸和9%的脂肪烃。Kubicka等[21]对甘油三酯在CoMo/MCM-41上的催化裂解进行了研究，结果表明，液体燃料油中的脂肪酸含量为10%～60%，表明MCM-41催化剂的降酸值效果较差。此外，南京林业大学王飞课题组[22]用金属氧化物负载硫酸型固体酸于固定床反应器中常压下催化桐油、橡胶籽油等非食用油脂高温裂解、加氢与芳构化，采用一步法制备了具有低酸值、低氧含量且组成与航空煤油相近的富烃生物燃油，生物油得率达到65%～72%，主要组成为直链烷烃、烯烃及单环芳烃。

三、制备技术

1. 技术路线

通常，甘油三酯的催化裂解能够产生大量的碳氢化合物，包括烷烃、烯烃、环烷烃、芳香烃和炔烃，也包含少量未完全裂解的含氧化合物，如酸、醛和酮等。由于其成分的复杂性，裂解产生的液体燃油很难满足燃油的使用要求，所以需要对裂解油进行精馏提质来提高其理化性能。如图9-8-3所示，提质一般包括芳构化或者异构化，使用ZSM-5基催化剂进行裂解油的芳构化，增加裂解油的芳香烃含量。对芳构化的裂解油进行分馏，根据碳链长度分馏成柴油成分和航油成分，可以满足航油对芳香烃成分含量的需求。中国林业科学研究院林产化学工业研究所蒋剑春院士团队通过使用ZSM-5-Pd/C复合催化剂，对裂解油进行芳构化和加氢转化，制备的生物柴油和生物航油的理化性质能够满足商用燃油的使用标准[1,10,11]。提质也可以使用SAPO-11基催化剂进行裂解油的异构化，获得更多的支链烷烃，提高液体燃料的冷滤点。

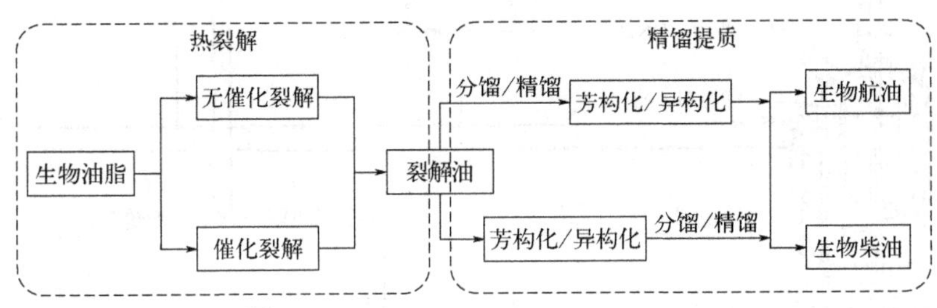

图9-8-3 催化裂解制备生物燃料的技术路线

2. 装置

中国林业科学研究院林产化学工业研究所自行设计了一套5L生物油脂裂解-精馏装置。如图9-8-4所示，该精馏装置由一个加热器、一个搅拌桨、一个精馏柱、两个冷凝器和两个接收罐组成。生物油脂和催化剂在加热器中反应，裂解气体产物进入精馏柱进行精馏，通过加热器和精馏柱的精馏耦合作用可以控制裂解反应的脱氧程度和裂解产物的碳链分布。然后裂解产物进入两个冷凝器中冷凝，最后收集起来。

3. 裂解条件

不同裂解终止温度对热裂解过程有一定的影响[4]，如图9-8-5和图9-8-6所示。一般来说，终止温度较高会导致较多的无规则热解反应的发生，产生较多的气体产品，随之液体收率、釜残都会有差异。从图9-8-5和图9-8-6中可以看出，随着终止温度的升高，液体收率逐渐增加。

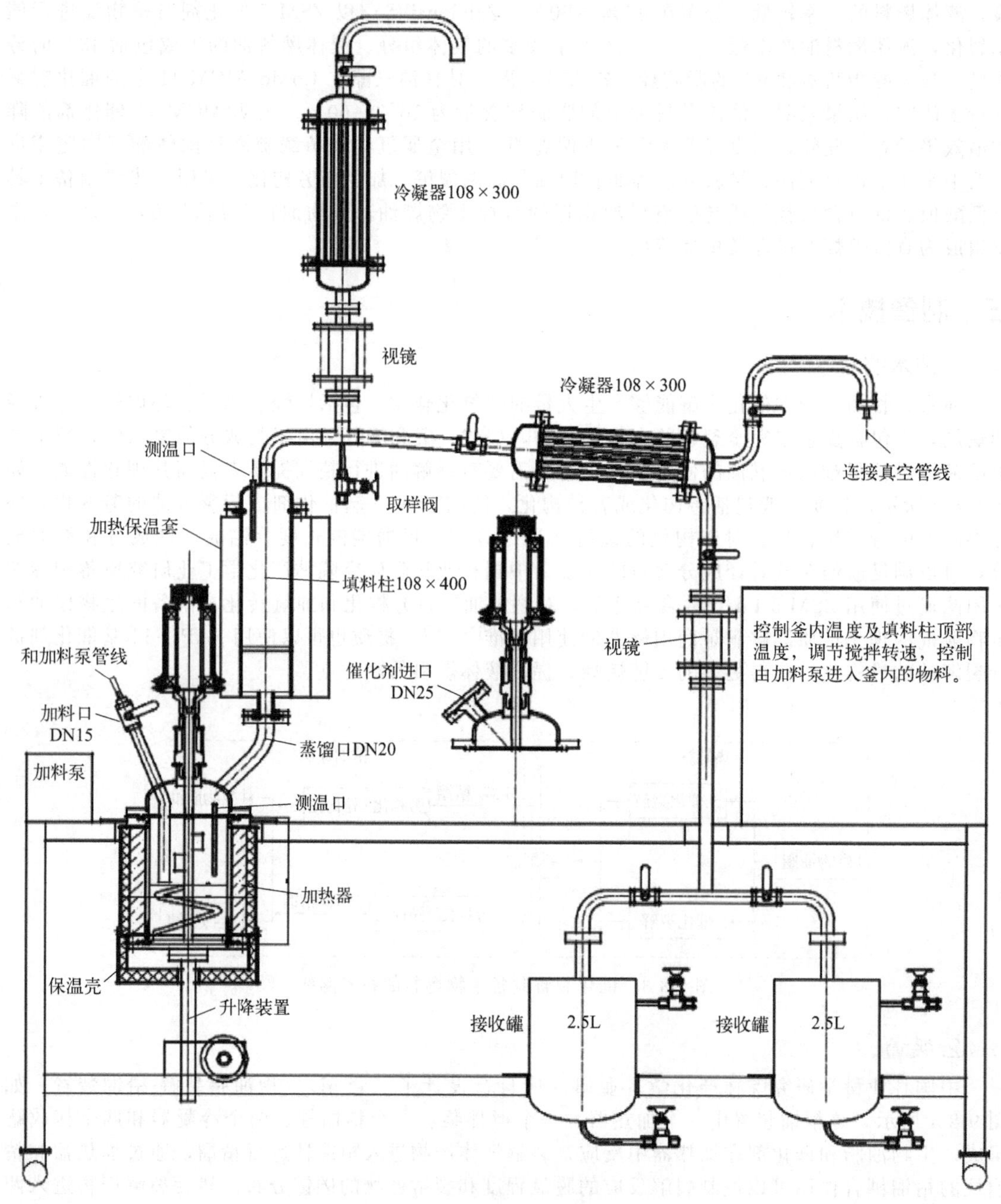

图 9-8-4　裂解-精馏装置

以下探讨不同催化剂及精馏柱温度对油脂裂解的影响。以大豆油为原料，在 350～450℃进行裂解，对不同条件下得到的裂解产物进行了分析，其中轻质油和重质油是由裂解产物的碳链长度决定的，轻质油 C 数小于 15，重质油 C 数大于等于 15，结果如表 9-8-3 所示。在无催化剂裂解时，裂解液体的收率较高，同时，与加入碱性催化剂裂解的燃料油相比，酸值较高，轻质油和重质油的酸值均在 120mg/g 以上。以 5%的 CaO 为催化剂，分别控制精馏柱温度为 260℃、280℃、300℃和 320℃，考察精馏柱温度的改变对裂解产物的影响。由表 9-8-3 可知，当精馏柱温度在 280℃以下时，与精馏柱温度在 300℃时相比，裂解液体的产率从 78%降低至 70%，相应地生成了较多的固体残炭和气体组分。这是因为当精馏柱温度过低时，裂解组分中沸点较高的组分被精馏柱拦截，增加了裂解时间，生成较多的结炭（固体残炭），同时，高沸点的物质被拦截，再次发生裂解产生了更多的气体组分。当精馏柱温度控制在 320℃时，大豆油裂解得到了更多的重质油组分。因此，选择在催化剂用量为 5%、精馏柱温度为 300℃的条件下，考察不同碱性催化剂对大豆油裂解效果的影响。

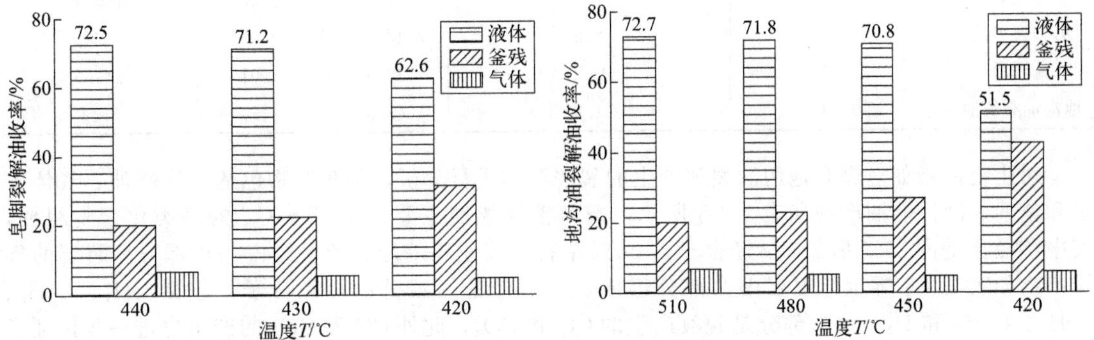

图 9-8-5　终止温度对皂脚裂解油收率的影响　　图 9-8-6　终止温度对地沟油裂解油收率的影响

表 9-8-3　不同条件下大豆油的催化裂解效果

催化剂	用量/%	精馏柱温度/℃	轻质油		重质油		液体收率/%	残炭收率/%	气体收率/%
			收率/%	酸值/(mg/g)	收率/%	酸值/(mg/g)			
无催化剂	0	—	32.9	131	32.7	128	81.5	11.4	7.1
CaO	5	260	29.9	49.4	33.2	18.9	70.6	12.6	16.7
CaO	5	280	30.2	48.0	30.1	17.6	69.6	10.0	20.4
CaO	5	300	44.8	47.9	25.4	15.5	77.9	7.5	14.6
CaO	5	320	39.3	49.2	31.7	12.8	75.7	6.7	17.6
NaOH	5	300	41.8	55.1	26.4	4.5	71.8	6.8	21.4
K_2CO_3	5	300	43.8	33.4	23.6	15.1	72.0	8.7	19.3
Na_2CO_3	5	300	49.4	40.3	21.6	8.8	74.6	6.6	18.8
Na_2CO_3	10	300	37.8	13.1	32.6	3.2	77.1	7.8	15.1

当催化剂用量为 5%时，对比不同催化剂对大豆油的裂解效果，可以看出，Na_2CO_3 的催化效果较好，轻质油产率可以达到 49%，酸值为 40.3mg/g。当催化剂用量提高到 10%时，裂解液体产率变化不大，轻质油产率有所降低，同时，轻质油的酸值降低至 13.1mg/g。

因此，碱催化大豆油裂解可以得到 70%以上的裂解液体，且裂解-精馏的主要组分为轻质油，产率主要分布在 40%～50%，为进一步调整分子结构，制备生物航空燃料提供了可能性。而且碱催化裂解有效降低了燃料油的酸值，轻质油酸值为 13.1～55mg/g，重质油酸值分布在 3.2～19mg/g。

4. 产品及性能

生物油脂经过催化裂解获得裂解油再经过精馏提质制备的生物燃油能够满足商用燃油的基本理化性质要求。Xu 等[1,4,10,13]对裂解提质反应过程中的原料、产物进行了成分和理化性质分析，具体如下。

皂脚裂解后颜色变浅，由于经过热裂解物质发生了根本的变化，变成了烷烃、烯烃、酮和酸等小分子混合物。而地沟油经过热裂解颜色也稍微变浅了，很明显能看出油品的黏度变小，装地沟油原料的管壁有很多黏稠油滞留。

对裂解油基本性质进行测定，结果见表 9-8-4。由表可知裂解油的性质明显优于原料油，酸值、黏度显著降低，有利于油脂的运输和使用；热值的提高和水分的降低，使油脂燃烧性能提高。

表 9-8-4 油脂热裂解前后基本性质比较

原料	密度(25℃)/(g/cm)	运动黏度(40℃)/(mm²/s)	热值/(kJ/g)	含水量/%	酸值/(mg/g)
皂脚	0.94	121.3	37.6	2.35	140.1
皂脚裂解油	0.83	2.5	42.8	0.29	78
地沟油	0.91	46.6	38.9	1.01	143.5
地沟油裂解油	0.81	1.8	43.9	0.21	59.8

对生物油脂如皂脚和地沟油裂解产生的裂解产物进行分析，裂解产物包括液体燃油、气体分子和釜残。液体燃油产物如表 9-8-5 所示，裂解液体燃油主要是由 C_8～C_{18} 的烃类化合物组成，其中烷烃含量占 35%左右，烯烃含量占 30%左右，其他环烷烃、芳香烃占一小部分。裂解的气体产物如表 9-8-6 所示，主要由两部分组成：一部分是短碳链的烃类分子，包括 CH_4、C_2H_6、C_2H_4、C_2H_2 和 H_2；另一部分是脱氧产生的 CO 和 CO_2，此外 CO 和 CO_2 的产生也进一步论证了脱羰、脱羧的机理。此外，裂解的釜残成分如表 9-8-7 所示，裂解残渣主要由 C、H、O 组成，是大量烷烃和芳香烃聚合而成的大分子化合物。

表 9-8-5 皂脚裂解油和地沟油裂解油的组成成分

保留时间/min	组分	皂脚裂解油		地沟油裂解油	
		含量/%	相似度/%	含量/%	相似度/%
3.416	辛烷	0.824	80		
5.253	1-羟甲基-2-甲基-1-环己烯	3.139	42		
8.086	1-癸烯	1.229	97	0.723	96
8.342	癸烷	1.563	90	1.172	91
10.033	丁苯	1.010	93		
11.120	1-庚基-2-甲基-环丙烷	1.645	95	1.145	95
11.388	十一烷	1.857	94	1.283	94
11.461	5-十一烯			0.822	96
12.034	庚酸			4.547	90
13.134	戊基苯	1.344	83		
13.428	1-甲基-4-(2-甲基丙基)苯	1.078	86		
14.167	1-十二烯	1.675	95	1.556	93
14.428	十二烷	1.887	97	2.226	97
15.414	辛酸	4.154	58	5.076	78
16.183	己基苯	1.342	81		
16.395	(1,3-二甲基丁基)苯	1.626	83		
17.112	1-十三烯	1.986	98	1.968	95
17.211	1-甲基萘	1.022	96		
17.359	十三烷	2.225	97	5.203	95
17.714	2-甲基萘	1.021	90		
19.121	庚基苯	1.645	60		
19.278	1-甲基-2-正己基苯	0.837	87		
19.671	7-十四烯			1.789	93

续表

保留时间/min	组分	皂脚裂解油		地沟油裂解油	
		含量/%	相似度/%	含量/%	相似度/%
19.913	2-十四烯	2.473	98	5.897	97
20.015	十四烷	3.195	98	8.821	98
20.126	癸酸	1.345	78	4.224	96
22.304	十一酸	1.179	42	2.198	90
22.564	1-十五烯	3.288	91	1.784	98
22.847	十五烷	8.738	96	8.385	96
24.545	1-壬基环己烯	1.115	42		
25.061	3-十六烯	1.499	94	0.827	94
25.266	十六烷	3.575	98	1.450	99
26.713	7-甲基-3,4-辛二烯	2.695	55		
27.103	8-十七烯	11.406	97	10.086	98
27.459	3-十七烯	2.225	99		
27.689	十七烷	8.519	98	3.837	97
27.888	(1-甲基癸基)苯	2.274	47	0.902	46
28.126	*N*,*N*-二庚基-3-甲基苄胺	1.544	25	0.826	74
29.838	十八烷	1.779	98	1.125	96
32.049	2-十五酮	1.468	87	0.920	98
33.651	十六酸	3.523	99	10.296	99

表 9-8-6　皂脚裂解气体（GC）组成成分分析

组分	出峰时间/min	含量/%	高位热值/(MJ/m³)
CH_4	1.198	16.67	39.82
C_2H_6	1.340	10.10	70.30
C_2H_4	1.561	2.37	63.40
C_2H_2	12.035	4.84	58.48
H_2	1.714	11.49	12.74
N_2	3.021	1.35	—
CO	5.672	32.56	12.64
CO_2	14.047	8.46	—
总含量/%		87.84	

表 9-8-7　废弃油脂裂解釜残成分和基本性质

项目		皂脚釜残	地沟油釜残
热值/(kJ/g)		41.5	43.2
灰分/%		1.66	1.33
元素分析/%	C	80.11	86.14
	H	10.89	10.02
	O	9.00	3.84
	N	0	0
	S	0	0

最后，为了提高裂解油产物的理化性质，符合现有商用燃油的使用价值，对裂解油进行精馏提质，包括芳构化和异构化，改进裂解油分子质量和理化性能。生物燃料产品的理化性质如表9-8-8所示。生物燃料产品的基本理化性质包括密度、热值、黏度、酸值和冷凝点。热值是航空燃料的一个重要属性，提供了燃烧过程中释放的最大热能的量度。根据测量，生物燃料的热值高于标准的最低限制热值，因此可以提供足够的热能。黏度是影响喷油器系统和发动机性能的一种特性。燃料的效用在很大程度上也取决于其物理和化学特性，例如密度、酸值和冷凝点。由此可见，裂解油制备的航空生物燃料和生物柴油的理化性质都在要求范围之内。

表 9-8-8　基于裂解油精馏提质制备的生物柴油的基本理化性质

产品	密度/(kg/m^3)	热值/(MJ/kg)	黏度/(mm^2/s)	酸值/(mg/g)	冷凝点/℃
生物航油	812	43.7	2.08	—	−47.5
RP-3[b] 喷气燃油	775～830	>42.8	1.25～8	<0.015	−47
生物柴油	854	44.1	5.1	6.7	5.9
0[#] 柴油	820～860	43.5	3.0～8.0	0	0

第二节　油脂高压加氢

一、原料来源与性质

油脂高压加氢常用的原料主要包括小桐子油、黄连木油、棕榈油等木本油脂，菜籽油、大豆油、亚麻籽油等草本油脂，以及微藻。

木本油料树种资源丰富，含油量高，据统计，我国木本油料树种的种植面积为400多万公顷，种子含油量40%以上的有154种，我国现已查明的油料植物为151科697属1554种。其中，分布广、适应性强、可用以建立规模化生物质燃料油原料基地的乔灌木近30种；分部集中成片，并能利用荒山、沙地等宜林地进行造林建立起规模化的良种供应基地的木本油料树种有10种以上。目前培育开发技术相对较成熟的木本油料能源树种主要是小桐子树、黄连木、文冠果和光皮树。表9-8-9是几种木本油脂的理化性质。

表 9-8-9　三种木本油脂的理化性质

项目		小桐子油	文冠果油	黄连木油
密度(20℃)/(g/cm^3)		0.9048	0.9085	0.9139
运动黏度(40℃)/(mm^2/s)		33.0551	28.8607	34.4934
冷凝点/℃		−9	−20	−12
游离脂肪酸含量/(μg/g)		1.6964	1.55	1.42
硫含量/(μg/g)		3.37	2.86	7.91
磷含量/(μg/g)		110.6	59.09	11.95
金属含量/(μg/g)	Ca	32.74	32.40	13.70
	Mg	10.28	10.52	11.64
	Cu	1.26	1.35	1.97
	Fe	5.16	5.09	14.24
	Na	15.39	11.67	9.03
	Zn	0.25	0.37	0.80
	K	4.31	3.82	7.73
	合计	69.39	65.22	59.11

大豆是世界上产量最大的经济作物，含油质量分数在20%左右，其中不饱和脂肪酸占豆油总质量的80%以上，因此大豆油油脂是生产生物燃油最重要的原料油。其具体脂肪酸组成及含量见表9-8-10。

表9-8-10　大豆油油脂的脂肪酸组成及含量

饱和脂肪酸	含量/%	不饱和脂肪酸	含量/%
十四烷酸	<0.5	十六碳一烯酸	<0.5
十六烷酸	7～12	十八碳一烯酸	20～50
十八烷酸	2～5.5	十八碳二烯酸	35～60
二十烷酸	<1.0	十八碳三烯酸	2～13
二十二烷酸	<0.5	二十碳一烯酸	<1.0

表9-8-11是对几种常见的天然植物油脂中主要脂肪酸成分的分析结果。

微藻是含有叶绿素a并能进行光合作用的微生物的总称，如丛粒藻、葡萄藻等，种类繁多。微藻对环境的适应性很强，广泛分布于温带至热带的淡水池塘、湖泊及临时性水域，在半咸水环境中也能大量繁殖。微藻油脂中不仅含有大量甘油酯、游离脂肪酸，还含有磷脂、半乳糖脂等类脂物质。微藻的组分可简单表示为$C_{106}H_{181}O_{45}N_{16}P$，微藻的含油量最高可达细胞干重的70%。据计算，每培养1吨微藻，需要消耗约2吨二氧化碳。微藻利用光合作用，将二氧化碳转化为微藻自身的生物质从而固定了碳元素，再通过诱导反应使微藻自身的碳物质转化为油脂，然后利用物理或化学方法把细胞内的油脂转化到细胞外，得到微藻油。采用微藻油作为生物燃料的原料，可很好地解决国内外油脂供应问题，避免生物质能源“与人争粮、与粮争地”的矛盾。美国2007年启动了微藻能源计划，被称为“微型曼哈顿计划”。2008年10月，英国碳基金公司启动了目前世界上最大的藻类生物燃料项目。2011年，我国开展了微藻能源方向首个国家重点基础研究发展计划（“937计划”）项目。

表9-8-11　常见天然植物油脂脂肪酸的组成

原料	脂肪酸组成/%									
	14∶0	16∶0	18∶0	18∶1	18∶2	18∶3	20∶0	20∶1	22∶0	22∶1	其他
小桐子油		12.3	5.3	35.4	40.5	—	—	2.2	—	2.46	1.72
文冠果油		5.6	2.1	31.5	39.9	0.4	0.2	6.7	0.5	7.67	4.3
黄连木油		15.9	1.2	44.6	33.9	0.8	0.1	0.4	0.3	0.88	1.2
棕榈油	1.1	44.0	4.5	39.2	10.0	0.4	—		—		0.3
花生油	0.2	21.6	3.0	39.2	36.2	—	1.7		2.5		2.3
菜籽油	—	2.7	13.7	13.9	13.5	11.1	6.9		47.6		2.7
棉籽油	0.9	25.3	2.2	16.7	53.7	—	—		—		1.2

二、油脂加氢脱氧反应机理

油脂加氢脱氧过程一般为两段加氢反应：第一段为加氢饱和阶段，主要是甘油三酯中的不饱和酸发生加成反应，生成饱和的含氧化合物；第二段为加氢脱氧过程，主要是饱和的脂肪酸甘油酯通过β消除、γ-H转移和直接脱氧三种可能的分解途径转变为反应中间体，如甘油二酯、甘油单酯、脂肪酸和蜡状物。随后这些中间体经加氢脱氧（$-H_2O$）、加氢脱羧（$-CO_2$）和脱羰（$-CO$）反应后生成正构烷烃（图9-8-7）。

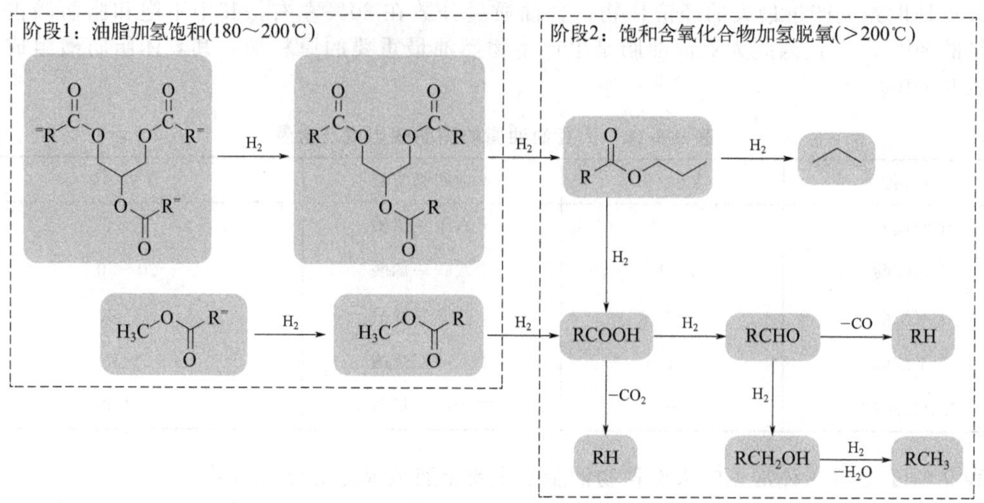

图 9-8-7 油脂加氢脱氧制备烷烃的反应网络

脂肪酸作为油脂加氢脱氧反应过程中一个主要的中间体，对研究油脂加氢脱氧反应机理至关重要。脂肪酸的脱氧方式主要取决于所使用的催化剂和反应条件。一般情况下，加氢金属和酸性位点的协同效应是实现脂肪酸在温和反应条件下加氢脱氧的关键。Xu 等[1]探究了 Bronsted 酸（布朗斯特酸）和 Lewis 酸（路易斯酸）对油脂加氢脱氧反应路径的影响，并提出了相应的反应机理（图 9-8-8）。具体如下：a. 脂肪酸的羧基（Lewis base）首先被 MoO_x 上不饱和的金属位点（Lewis acid）吸附和活化。b. 氢气在 Ni 金属和 MoO_x 物种之间的界面处发生异裂生成带负电荷的氢化物（$H^{\delta-}$）和带正电荷的质子（$H^{\delta+}$）。c. 带负电荷的氢化物（$H^{\delta-}$）进攻被 Lewis 酸位点活化的脂肪酸生成脂肪醛。d. 产生的脂肪醛通过 Lewis acid-based 位点的相互作用被 MoO_x 吸附和活化，然后受到氢化物（$H^{\delta-}$）进攻，产生脂肪醇。e. 脂肪醇在 Bronsted 酸（主要来源于 Mo^{5+}-OH）的作用下脱水生成烯烃，然后经过加氢生成没有任何碳原子损失的烷烃（HDO 途径）。此外，脂肪酸也会通过脱羰生成少一个碳原子的 C_{n-1} 烷烃产物（DCO 途径），主要归因于裸露金属 Ni 位点对 C—C 键具有强的吸附作用，促进了脂肪醛中 C—CHO 键断裂。

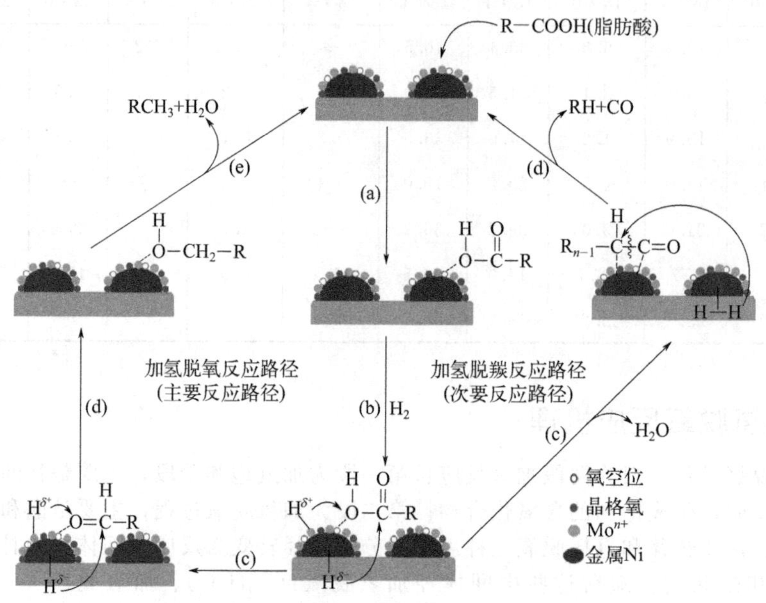

图 9-8-8 脂肪酸在 Ni-Mo 双金属催化剂作用下加氢脱氧反应机理

三、制备技术

（一）技术路线

在工业生产中，油脂在反应器中发生催化加氢只是一个单元操作，油脂加氢总的生产工艺流程大致包括 5 个步骤[2]，如图 9-8-9 所示。a. 油脂预处理，除去原料中的磷、钠、钙、氯等杂质；b. 加氢脱氧阶段，经预处理的原料与催化剂接触，在氢气条件下，脂肪酸甘油酯和脂肪酸转化为长链烷烃和丙烷，油脂中的氧元素以 CO、CO_2 和 H_2O 的形式脱除；c. 相分离阶段，分离出油脂加氢脱氧过程中产生的水和气体化合物；d. 加氢异构/裂化阶段，使长链的烷烃化合物发生裂化和异构化，生成异构烷烃；e. 产品分馏阶段，通过蒸馏分离获得石脑油、生物航煤、生物柴油和重组分燃料等产品。

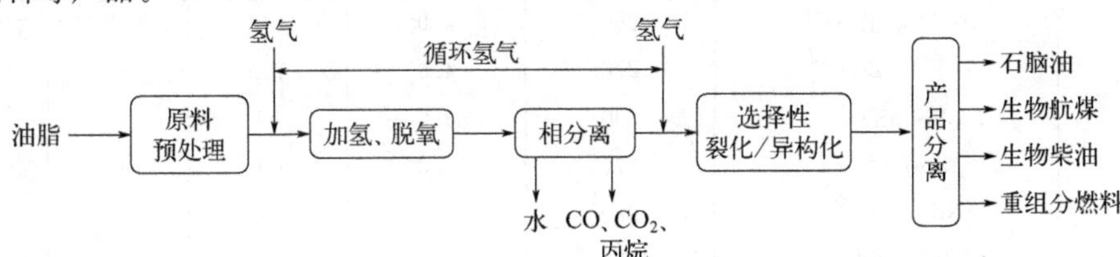

图 9-8-9　油脂加氢生产工艺流程

（二）实验装置

油脂连续加氢工艺是油脂加氢工业较先进的工艺技术。该工艺由于连续进料和输出产品，因而能够有效降低能耗和提高生产效率，达到经济地使用资源的目的。该工艺的一个特点是采用固定床催化剂，生产过程中无需过滤除去催化剂，但催化剂易随使用次数的增多而失活，所以比较适合催化剂有毒元素含量极低的油脂氢化。固定床反应器催化加氢装置见图 9-8-10。

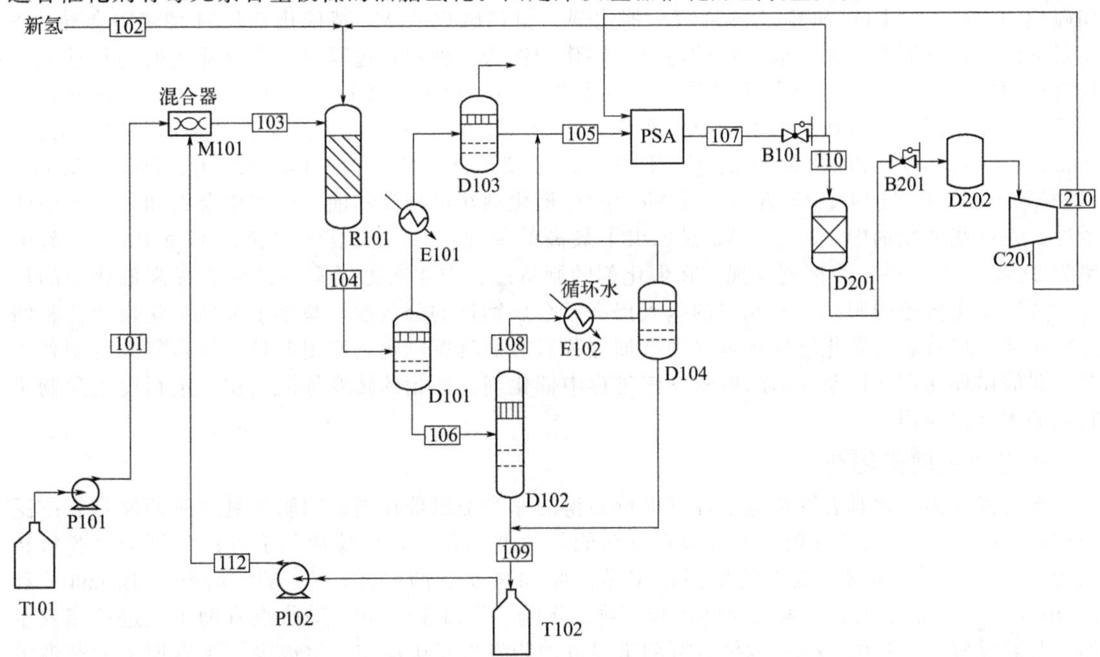

图 9-8-10　固定床反应器催化加氢装置

C201—压缩机；E102—换热器；T101—原料油储罐；P101—原料油进料泵；M101—液相进料混合器；D101—热高分离罐；PSA—变压吸附装置；D202—压缩机前缓冲罐；E101—水冷凝器；D103，D104—汽液闪蒸罐；T102—中间产物储罐；P102—中间产物循环泵；R101—加氢脱氧反应器；D102—热低分离罐；D201—临氢异构工段；B101，B102—背压阀；

（三）油脂加氢脱氧反应条件

加氢脱氧反应条件主要取决于所使用的催化剂。如表 9-8-12 所示，金属碳化物和还原态的非贵金属催化剂（Ni、Cu、Fe 等）的反应温度一般在 250℃以上，而贵金属催化剂的反应温度一般在 150～300℃，氢气压力在 1.0～6.0MPa 之间。高的反应温度和低的氢气压力易促进油脂分子发生脱羧、脱羰和裂解反应，而低的反应温度和高的氢气压力有利于促进油脂分子发生加氢脱氧反应，生成长碳链的生物柴油。

表 9-8-12 油脂加氢脱氧的反应条件

原料	催化剂	反应温度/℃	氢气压力/MPa	转化率/%	选择性/%	
					C_5～C_9	C_{10}～C_{20}
微藻油	10%Ni/Hbeta[3]	260	4.0	100	—	93
	10%Ni/ZrO_2[4]	270	4.0	100	—	91
	Fe-MSN[5]	290	3.0	67	—	84
大豆油	Mo_2C/AC[6]	370	3.0	100	18.5	73.5
	NiCu/Al_2O[7]	260	3.0	100	—	84
	Pd/$NbOPO_4$[8]	180	3.0	100	—	85.1
麻风籽油	1%Pt/HZSM-5[9]	270	6.5	100	7.1	83
	1%Pt/USY(6.3)[9]	270	6.5	31	—	69

（四）催化剂

1. 金属碳化物催化剂

目前，工业上油脂加氢脱氧常用的催化剂为 Ni 系金属[23,24]、贵金属[25,26]、金属硫化物等，如硫化的 Ni-Mo/Al_2O_3 和 Co-Mo/Al_2O_3 催化剂。但是硫化的 Mo 基催化剂长时间使用会导致 S 元素的流失，从而对产品造成一定的污染。碳化钼作为一种制备过程中不需要硫化的多相催化剂具有广阔的应用前景[27]。碳化钼的催化活性主要归因于引入的碳原子插入了金属原子之间，增加了金属原子间距，进而增加了钼原子费米能级的 d 带电子密度，从而改变了其加氢脱氧活性。Wang 等[28] 在 370℃和 3.0MPa 的 H_2 压力下，比较了 Mo_2C/AC、MoO/Al_2O_3、MoS_2/Al_2O_3、Mo/Al_2O_3、NiP/Al_2O_3、Ni/Al_2O_3 及 MoO/AC 催化剂在植物油和油脂模型化合物加氢脱氧中的活性。在这些催化剂中，Mo_2C/AC 显示出了最高的催化活性（大豆油的转化率为 100%，裂解率为 21%）[29-31]。进一步探究发现，在催化剂的制备过程中掺入氮元素可以显著提高催化剂的活性[32,33]，其主要原因归结于氮元素的引入提高了金属物种的分散度，减小了金属碳化物活性相的晶粒尺寸。尽管金属碳化物催化剂在油脂加氢脱氧方面具有广阔的应用前景，但是复杂的制备工艺、弱的循环使用性以及在油脂脱氧反应过程中催化剂活性相的转变等缺点在一定程度上限制了它们的大规模应用。

2. 过渡金属催化剂

金属镍作为一种具有高加氢活性且廉价易得的非贵金属催化剂在油脂加氢脱氧领域具有广泛的应用。Peng 等[25] 报道在镍和酸性沸石双功能催化剂催化下，微藻油几乎可以定量加氢脱氧转化为烷烃。金属镍和酸性位点的协同作用是油脂加氢脱氧的关键。Xu 等[23] 研究了 Bronsted 和 Lewis 酸位点对油脂加氢脱氧反应路径和产物的影响，发现 Bronsted 酸位点有助于促进油脂发生加氢脱氧反应，而强的 Lewis 酸位点有助于促进油脂发生脱羰反应，生成少一个碳原子的柴油链状烷烃。为了制备具有高稳定性和循环使用性能的 Ni 基催化剂，Liu 等[34] 合成了含有金属 Ni 的 MOF 催化剂，在连续循环使用 4 次之后，甘油三酯的转化率依然高达 80%以上。Loe 等[35] 以脂肪酸甘油酯为原料研究了将 Cu 和 Sn 添加到 20%Ni/Al_2O_3 催化剂中对催化剂活性的影响，结果表明：在相对低的温度（260℃）下，Cu的加入有助于提高其催化活性（转化率和C_{10}～C_{17}的产率分别从27%、23%提升至97%、96%）；而在高温（350℃）条件下，Sn的引入对催化性能具有较大的提升（C_{10}～C_{17}的产率从87%提升至96%）。

3. 加氢-异构化催化剂

利用常规催化剂催化油脂加氢得到的烃类产物主要是直链烷烃，虽然其可直接被用作石化柴油的添加剂，但是较差的低温流动性极大地限制了其大规模使用。因此，对该类直链烷烃进行异构化非常有必要。采用两步法可以由油脂制备异构烷烃，即首先对油脂进行催化加氢脱氧，然后对直链烷烃产物进行催化异构化反应。Wang等[36]使用固定床反应器研究了贵金属Pt负载的SAPO-11和ZSM-22催化大豆油加氢异构反应。结果表明，在反应温度为357℃、氢气压力为4.0MPa和进料空速（WHSV）为1h^{-1}时，大豆油的转化率高达100%，烷烃产率为80%，其中异构烷烃的选择性为63%。虽然加氢-异构一步反应已被广泛研究和应用，但是该方法对催化剂具有较高的要求，不仅要求其具有优异的加氢脱氧性能，而且要具有异构的性能。为了解决上述问题，Jiang等[37]采用了裂解-加氢异构的方案，即油脂首先在高温下发生裂解生成烯烃和部分烷烃化合物，然后将获得的产物进行加氢异构获得高品质的生物燃油。探究发现该方法不仅降低了对催化剂的设计要求，而且对含有多种金属离子的地沟油也具有较好的加氢异构效果。

第三节 生物质合成气F-T合成

一、原料来源

生物质合成气费托（F-T）合成法是指生物质原料气化生成的CO、H_2在金属催化剂的作用下，生成液态烃类燃料的反应[38]。费托合成原料来源很广泛且原料种类对合成的燃料性能没有影响。理论上讲，任何可以产生氢气或一氧化碳的物质都可以作为费托工艺的原料，如动植物油脂以及高纤维素含量的木屑、农作物秸秆等。目前，常用的费托合成生物质原料是木质纤维素，木质纤维素还可以与其他化石燃料如煤和天然气混合气化以改善工艺经济性，但这会增加温室气体排放量。

二、机理

费托合成就是CO在金属催化剂的作用下，发生非均相加氢反应，生成以烷烃、烯烃为主的碳氢化合物混合物的过程。F-T反应过程很复杂，长期以来，很多研究人员对合成的反应过程进行了深入的研究探索，提出了不同的反应机理。这些反应机理模型主要有表面碳化物机理、表面烯醇中间体缩聚机理、CO插入机理和碳烯插入机理。

① 表面碳化物机理。该机理最早由F. Fischer和H. Tropsch提出，该机理认为CO在催化剂活性金属表面首先发生解离，形成金属碳化物。生成的金属碳化物经过加氢还原，生成亚甲基中间体，亚甲基中间体聚合，发生链增长，进而生成烃类产物。

② 表面烯醇中间体缩聚机理。该机理认为，F-T反应过程中，H_2分子在催化剂金属活性中心表面发生化学吸附，与CO反应形成烯醇中间体，烯醇中间体通过脱水缩合以及加氢还原来实现碳链增长。

③ CO插入机理。该机理认为，CO在催化剂表面发生非解离吸附，然后通过加氢生成甲基，在催化剂表面发生非解离吸附的CO能够在金属-烷基键中间进行插入，并且通过加氢对插入的CO进行还原，形成C—C键，进而实现了碳链的增长。

④ 碳烯插入机理。该机理认为，CO在催化剂活性中心表面发生解离，在催化剂表面解离的碳加氢形成碳的氢化物（金属—CH、金属—CH_2），碳的氢化物结合，生成表面碳烯。碳链的增长则通过亚甲基插入表面碳烯开始，通过异构化，再形成新碳烯物种。催化剂表面的碳烯物种，通过加氢还原生成烯烃，致使碳链增长终止。产物中的烷烃是通过烯烃重新被吸附后，再次加氢产生的。

三、制备技术

（一）反应路径

费托合成工艺路线见图 9-8-11。

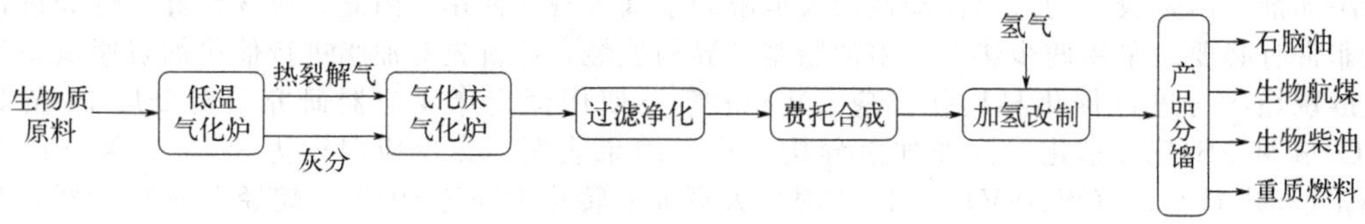

图 9-8-11　费托合成工艺路线

原料预处理包括干燥和研磨，目的是减小生物质的颗粒度和水分含量。预处理对于原料的储存和运输至关重要，特别是长时间储存和长距离运输。预处理还可以保证原料进料的连续性和可靠性[39]。

经预处理的生物质进入气化炉中气化，影响气化的因素很多，包括温度、气化剂、生物质种类、颗粒大小、升温速率、操作压力、当量比、催化剂添加量和反应器配置等。费托合成中的气化一般发生在高温、高纯度氧气或蒸汽的情况下，常见的气化炉反应器包括移动床、固定床和流化床[40]。

气化后的合成气进入酸性气体去除系统中去除 CO_2、H_2S 和硫化物等酸性气体。二氧化碳的去除可以提高下游合成过程的动力学和经济性，硫化氢的去除是为了避免费托合成中催化剂的失活。去除酸性气体的合成气进入气体调节系统，通过水煤气反应来调节 H_2 和 CO 的比例，H_2 和 CO 的比例对费托合成油的选择性和产率有很大的影响。

含有 H_2 和 CO 的混合气进入费托合成反应器中进行费托合成，费托合成的主要反应是 CO 和 H_2 反应生成 $C_nH_{2n}O_2$、$C_nH_{2n}O$、$C_nH_{2n+2}O$、C_nH_{2n+2} 和 C_nH_{2n}。常见的费托合成反应器有固定床、流化床等传统反应器，以及浆态床反应器、微孔道反应器等新型反应器[41]。温度、压力和催化剂是影响费托合成的三个主要因素。根据反应温度的不同，费托合成反应分为高温费托合成和低温费托合成。高温费托合成温度一般在 310～340℃左右，产品主要为汽油、溶剂油和烯烃；低温费托合成温度在 210～260℃左右，产品主要为煤油、柴油、润滑油和石脑油，如果费托合成温度过低，则会形成大量甲烷副产物[42]。费托合成的反应压力通常为 1～10MPa，压力越高越有利于长链烷烃的形成[43]。费托合成反应的另一个关键影响因素是催化剂的种类，费托合成常用的催化剂有 Fe、Co、Ni 和 Ru。Ru 具有良好的催化活性和产物选择性，但高价限制了它的广泛应用[44]。Fe 和 Co 是工业生产中使用最广泛的催化剂，Fe 基催化剂具有较高的时空收率，但具有使用寿命过短的缺点；Co 基催化剂具有较好的碳链增长能力，较高的直链饱和烃选择性，生成的产物中含氧化合物少，还具备在反应过程中不易积炭、WGS（水煤气变换）反应活性低等特点。助剂的加入也可以调节催化剂的活性和选择性，常用的助剂包括碱金属、碱土金属、Cu 或其他过渡金属[45]。未转化的合成气和一些费托合成生成的气体可在重整后重新循环到费托合成反应器中反应。所得到的液体产品在加氢精炼后可得到航空煤油。

（二）费托合成工艺及反应器

典型的费托合成工艺过程是先将煤经过气化炉气化或将天然气经过蒸汽转化法、部分氧化法转化为粗合成气，粗合成气经脱硫、脱氧净化后，依据采用的费托合成反应器，经过水煤气变换反应调整为高 H_2/CO 比的合成气进入固定床反应器合成烃类，或直接采用高 H_2/CO 比的合成气进入浆态床反应器合成烃类。不同链长的烃经过后续加工即可得到汽油、柴油、煤油等，并可副产硬蜡。费托合成反应尾气可低温分离得到低碳烯烃，或经齐聚反应增加油品收率，或经重整返回反应器。具体工艺流程见图 9-8-12。

生物质合成气费托合成-加氢提质技术路线见图 9-8-13。

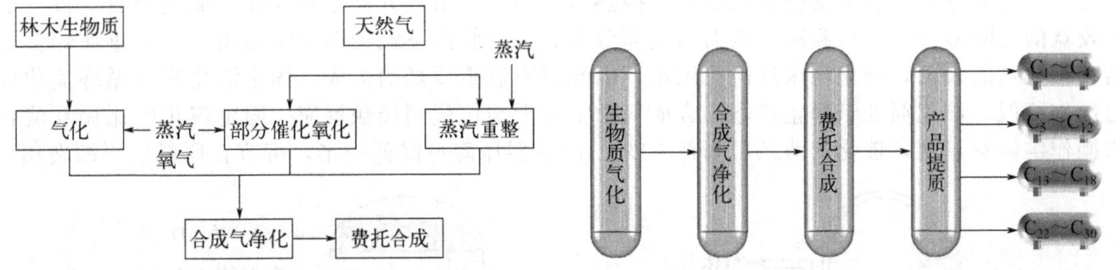

图 9-8-12　典型的费托合成工艺流程　　图 9-8-13　生物质合成气费托合成-加氢提质技术路线

开发出廉价、高效可靠的费托合成工业反应器是费托合成工业化的关键。费托合成工艺技术分为两种，分别为高温费托合成（high temperature fischer-tropsch synthesis，HTFT，300～350℃）和低温费托合成（low temperature fischer-tropsch synthesis，LTFT，220～270℃）。固定流化床和循环流化床主要用于高温费托合成，采用熔铁催化剂，主要产品是汽油和轻质烯烃；列管式固定床反应器和浆态床反应器主要用于低温费托合成，采用铁基催化剂，主要产品是柴油、煤油和蜡。下面以 Sasol 公司开发的反应器为例，来详细介绍这几种反应器的特点。

1. 列管式固定床反应器

列管式固定床反应器（见图 9-8-14）在费托合成反应中最早应用的是德国。它的优点是：操作简单；无论费托合成产物是气态、液态还是混合态，在宽的温度范围内均可使用；无从催化剂上分离液态产品的问题；液态产物容易从出口气流中分离，适宜蜡的生产；固定床催化剂床层上部可吸附大部分硫，从而保护其下部床层，使催化剂活性损失不很严重，因而受合成气净化装置波动影响较小。缺点是：因为大量反应热要导出，因此催化剂管径受到限制；更换催化剂困难；单位装置产量低，通过增加反应器直径来提高装置产量的难度较大。

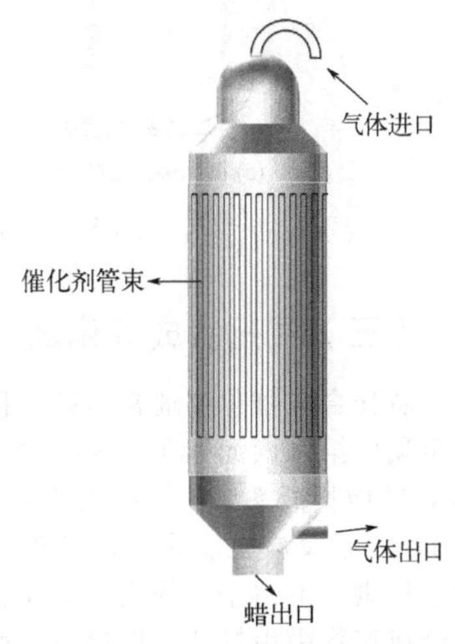

图 9-8-14　列管式固定床反应器

2. 浆态床反应器

浆态床反应器（见图 9-8-15）是一个气（合成气）、液（液体石蜡）、固（催化剂颗粒）三相鼓泡塔。合成气原料从反应器底部进入反应器，扩散入由生成的液体石蜡和催化剂颗粒组成的淤浆中，在气泡上升的过程中合成气不断地发生费托转化，生成更多的石蜡。反应产生的热由内置式冷却盘管生产蒸汽取出。蜡产品则用 Sasol 开发的专利分离技术在内置式分离器中进行分离。浆态床反应器主要有以下优点：温度、压力容易控制，操作弹性大；产品灵活性大；传热、传质效果好；催化剂负荷较均匀；单程转化率高；C_{5+} 烃选择性高。此外，该反应器还有不怕催化剂破裂、结构简单、投资省等优点。但是它对原料气的硫要求比较苛刻，对催化剂的粒度也有一定的要求。目前一些专利对该分离技术有所描述，但真实的商业分离装置仍不十分清楚。

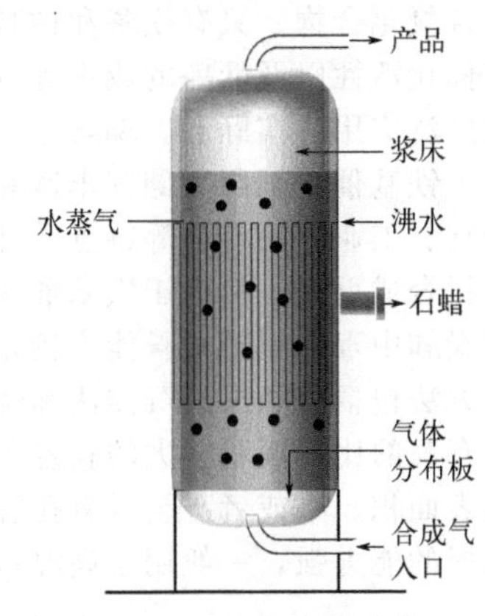

图 9-8-15　浆态床反应器

3. 流化床反应器

流化床反应器分为两种，分别是循环流化床反应器和固定流化床反应器（见图 9-8-16）。循环流化床反应器由四部分组成，即反应器、沉降漏斗、旋风分离器和多孔金属过滤器。合成气从反应器底部进入，与立管中经滑阀下降的热催化剂流混合，将气体预热到反应温度，进入反应区。大部分反应热由反应器内的两组换热器带出，其余部分被原料气和产品气吸收。催化剂在较宽的沉降漏斗中，经旋风分离器与气体分离，由立管向下流动而继续使用。由于重质烃会凝结在催化剂的表面，催化剂床层流化困难，因此应限制重质烃的生成。固定流化床与循环流化床的操作相似，催化剂处于静止状态，合成气由下而上与催化剂接触反应。固定流化床比循环流化床操作维修费用低，催化剂消耗可降低40%，反应器压降可降低一半，可节省原料气压缩费用。

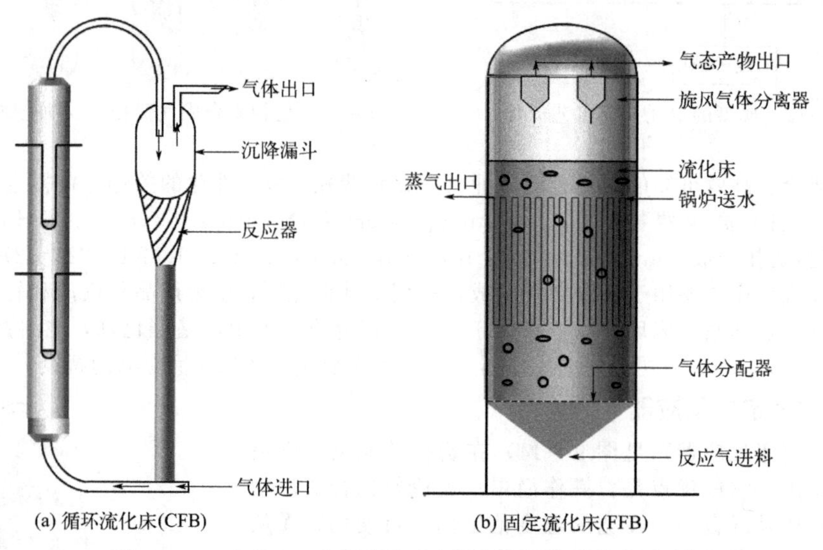

图 9-8-16　南非 Sasol 公司循环流化床和固定流化床反应器

（三）费托合成催化剂

费托合成催化剂通常包括三种组分，即主金属、载体或结构助剂、其他各种助剂和添加剂。主金属以第八族元素 Fe、Co、Ni、Ru 和 Rh 为主，其催化活性高低排序为 Ru＞Fe＞Ni＞Co＞Rh，链增长概率大小顺序大致为 Ru＞Fe≈Co。Ru 是费托合成反应中活性最高的催化剂，即使在150℃下反应也能获得相当高的重质烃收率，寿命长，有利于液体燃料组分的生成，但其价格非常昂贵，不适于大规模的工业化生产，仅限于基础研究。Ni 催化剂的加氢能力极强，使得费托合成产物中甲烷选择性过高，产物以低分子烷烃为主，而且在反应过程中易形成易挥发的羰基镍，难以实现液体燃料成分的催化转化，因而不具备工业技术开发的基本条件。而 Rh 则易于生成含氧化合物。只有铁基和钴基催化剂在 C_{5+} 液体燃料范围组成组分生成、合适的水汽转化副反应催化活性以及低廉的成本等方面具有明显优势，所以，铁基和钴基催化剂在费托合成反应中得到广泛应用。实际上，Sasol 工业化的催化剂是沉淀铁和熔铁，而 Shell 公司则采用了钴催化剂。

铁基催化剂因为储存丰富和低廉的价格而受到广泛的关注。铁基催化剂具有原料易得、价格便宜、工业应用容易等特点，且具有较高的水煤气变换活性，可以适用于低氢碳比的煤基合成气费托合成反应。但由于铁基催化剂对水煤气变换反应具有高活性，所以反应温度高时催化剂容易积炭和中毒，且链增长能力较差，不利于合成长链烃产物。目前研究最多的是沉淀铁和熔铁。制备方法包括熔融法、沉淀法和烧结法。不同方法制得的铁基催化剂性质差异较大。沉淀铁催化剂具有高的比表面积、大的孔容和高的活性，一般用于低温费托合成反应。烧结铁催化剂具有低的比表面积、小或者甚至没有孔容和低的活性。熔融铁催化剂的比表面积、孔容及活性更低，但抗磨损的能力强，一般用于高温费托合成反应。

（四）产品及性能

费托合成是指合成气（$CO+H_2$）在催化剂作用下转化生成烃类的过程，产物包括各种烷烃和烯烃，以及副产物CO_2、H_2O及醇、醛、酮、酸和酯等水相含氧有机化合物。由费托合成得到的烃类产物分布很广。

① 化学组成。F-T 柴油几乎不含芳香烃及硫，烯烃也比石油炼制的柴油少，基本上全由饱和烃构成，不利于排气炭烟颗粒的生产，由于含硫极少，不会对为进一步降低NO_x及 PM 的柴油机后处理装置中催化剂造成毒害。

② 理化性能。F-T 柴油的十六烷值比常规的柴油高很多，低位热值及黏度比常规柴油略高，低温特性和润滑性较差。芳烃含量低的 F-T 油有可能使弹性体收缩，失去密封作用，以致漏油。F-T 柴油中含有高分子直链烷烃——石蜡，在环境温度较低时，石蜡会析出，即其云点、倾点及滤清器的阻塞点（CFPP）较高。

第四节 木质纤维快速热解生物油催化加氢

生物油是一种具有广泛用途的液体燃料，且已经被认为是一种潜在的可以代替化石燃料的候选产品，其可以经过快速热解木质纤维获得，通常是在 1～5atm 和 400～600℃的反应条件下对木质纤维处理 1～2s。这种方法得到的生物油的产率较高并且成本较低。液化也可用来将木质纤维转化成生物油。但是这两种方法得到的生物油的组分复杂，并具有黏度较高、化学稳定性较差和含氧量高等特点，这大大降低了生物油的使用价值。所以需要对生物油进行进一步的处理。目前，在催化加氢、催化裂解、催化酯化、蒸汽重整和乳化等方法中，催化加氢受到人们的广泛关注。

催化加氢技术虽然在很大程度上降低了生物油的含氧量，但是这个过程氢气的消耗量巨大，操作条件也比较严格。因此，如何解决氢气用量巨大、操作条件苛刻等问题，并寻求廉价、高效的新型催化剂，减少催化剂的失活率等是催化加氢技术发展的关键所在。

一、生物油的加氢脱氧

生物油由于其不稳定的物理化学性质不能直接用作化石燃料的替代品，因此必须对生物油进行提质改性。生物油的提质可以采用物理方法以及化学方法，但是使用物理手段得到的生物油并不能从根本上提高生物油的物理化学性质，而催化加氢可以降低体系的不饱和度、断裂复杂的官能团，所以，催化加氢是生物油提质的一种有效手段。

生物油的催化加氢是指在高压（10～20MPa）以及存在氢气或者存在供氢溶剂的条件下，通过催化剂的催化作用对生物油进行加氢处理，以达到降低生物油的含氧量的目的，并增加 H/C 的比例，提高生物油的能量密度[46]。生物油的催化加氢之前一直都借鉴石油精炼工艺。石油的脱硫以及脱氮工艺可以高效地除去石油中的硫元素以及氮元素，这大大减少了二氧化硫以及氮氧化物的排放量，降低了对环境的污染。石油在脱硫和脱氮的同时，也正在进行着脱氧反应。硫、氮、氧这三种元素的脱除效率按从高到低的顺序排列依次为脱硫＞脱氧＞脱氮。但是与石油不同的是，生物油中硫元素以及氮元素的含量十分少，相反氧元素的含量很高。因此，生物油在催化加氢过程中以脱氧反应为主。

（一）非贵金属催化剂催化

早期的生物油催化加氢主要依赖于工业上的石油催化加氢技术。但是氢气压力以及反应温度都较高。Bykova 等[47]以溶胶-凝胶法制备了 Ni 基催化剂，在 320℃和 17MPa 的氢气压力下，生物油的催化加氢效果较好，但是在高温以及高压的反应条件下，也伴随着 Ni 基催化剂的中毒失活，这样的结果可以归因于生物油中的酸性物质。Mahfud[48]采用了固定床反应器，将硫化的 CoMo 以及 NiMo 双金属负载在Al_2O_3上，对桦树生物油的催化加氢进行了研究。研究结果表明，$NiMo/Al_2O_3$催化剂的催化效果更优，使得生物油中的含氧量大大降低，从原来的 20.7%降到了提质后的 9.4%。除此之外，提质后的有机层产物氧含量、热值以及含水率也均大幅度降低。但是这种硫化的催化剂在反应过程中存在失活的现象，这是因为有积炭、氧硫的交换以及载体的水合，前两者是主要原因。Zhang 等[49]使用硫化的 Co-Mo-P/Al_2O_3 在固定床反应器中对锯屑热解生物油进行催化加氢，随着氢气压力以及反应温度的提高，焦炭产率下降，转化率和油产率显著提高。在此基础上，Zhou 等[50]开发了不含硫的 NiCo/CNT 催化剂，并且对生物油的催化加氢可以在较低的温度下进行，提质后生物油的酸性有所降低，氢含量从 8.4%提高到 11.26%。

由于生物油的复杂性，催化剂的选择是决定催化活性以及产物分布的重要因素。如选择金属和沸石双功能催化剂时，在大多数的情况下，金属中心主要将生物油转化为相应的醇类，生成的醇类物质可以在沸石的酸性位点上脱水以达到脱除氧元素的目的。

Zhang 等[51]以苯酚为模型化合物，评价了用于加氢处理的廉价非硫化镍基催化剂。在负载 10%Ni 的 HZSM-5（Si/Al=38）存在下，苯酚转化率在 240℃时最高（91.8%）。Puertolas 等[52]用不同金属（包括 Ga、Ni、Sn、Cu、Mg）负载在 ZSM-5 载体上的催化剂对热解生物油的提质进行了研究。在 450℃的反应条件下，发现提质后生物油的黏度以及氧含量都明显降低，得到的主要产物包括芳烃、环烃还有多环芳烃。值得注意的是，不同金属阳离子负载的催化剂在生物油催化加氢提质中的反应路线不同。对于 Ga/ZSM-5 催化剂，可以通过热解蒸汽的脱羰基和低聚反应将大量的酚转化为芳烃，并且有最高的水产率，这也证明了通过高效的加氢脱水的方式去除了氧元素。对于 Cu/ ZSM-5 催化剂，大多数的金属阳离子处在离子交换位置，所以很可能是铜位点而不是沸石载体上的酸性位点促进了脱羰基反应的进行。而 Mg/ZSM-5 催化剂与其他金属催化剂相比与众不同，其在反应中有着最低的焦炭产率以及更高的芳烃得率。He 等[53]还研究了 ZSM-5 负载的 Zn 催化剂用于生物油的提质改性，在 300～600℃以及 CH_4 的存在下进行反应。与其他的贱金属（包括 Fe、Co、Cu、Mn、Zr 和 Ce）相比，使用 Zn/ZSM-5 催化剂的反应对生物油的提质效果最好，这主要归因于高度分散的 Zn 可以促进 CH_4 进入生物油的碳链中提高生物油的品质，达到提质的效果。

（二）贵金属催化剂催化

贵金属催化剂由于其加氢活性高也被广泛地进行了研究。Ardiyanti 等[54]制备了 Rh、Pt、Pd/ZrO_2 催化剂用于研究生物油的催化加氢并与上述传统的硫化催化剂进行了对比，实验数据表明，所有的贵金属催化剂的催化活性均高于传统的催化剂，而 Pd/ZrO_2 催化剂的反应活性最高，Rh/ZrO_2 催化得到的生物油品质最好。Soltes 等[55]研究了 20 种不同金属的负载型金属催化剂对松木屑生物油的加氢脱氧反应，研究发现，5%Pd 和 5%Pt 负载的催化剂的活性最高，生物油的转化率可以达到 60%～70%。此外，Wildschut 等[56]采用三种不同 Ru 前体制备 Ru 催化剂，在 350℃和 3MPa 氢气压力下，对生物油进行了催化加氢研究，结果表明，在这三种催化剂中，以 $RuCl_3$ 制备的 5%Ru/C 催化剂反应活性最佳，并且在反应结束后，催化剂的比表面积和金属分散度降低最小。Shinyoung 等[57]考察了 Ru/C 和 Pt/C 催化剂对生物油催化加氢反应的影响，结果表明，当使用 Pt/C 催化剂时，随着反应温度的升高，生物油主要分解为气体和轻油；相反，以 Ru/C 为催化剂时，重油组分会大大增加。此外，Ru/C 更容易受到温度以及时间的影响。

二、生物油中各含氧化合物的催化加氢

生物油中存在着大量的醛、酚、酮以及酸类等含氧化合物，所以在催化加氢过程中，主要是通过与氢气反应，使得碳氧键断裂以及氢氧键形成，氧元素以水和二氧化碳的形式除去。催化加氢反应可以分为两种：第一种是氢解，是指在还原过程中对化合物中的碳碳键以及碳氧键等进行断裂，使得化合物断裂生成小分子，或者是开环，又或者是去除掉某些官能团；另一种则是加氢，也就是在反应过程中单纯地增加化合物中氢原子的数目，但是不减少氧原子的数目，将不饱和的官能团转化为饱和的官能团。

1. 呋喃类化合物的加氢脱氧

糠醛（呋喃甲醛）是来源于生物质的一种重要的有机化工原料。利用糠醛结构中的醛基以及

呋喃环可以将其高效地转化为高附加值化学品以及高分子材料。糠醛可被广泛用于生产航空煤油以及生物柴油的重要中间体。通过对糠醛的加氢还可以得到一些化学品，产物主要包括糠醇、四氢糠醇、2-甲基呋喃、2-甲基四氢呋喃、戊二醇、环戊醇等。在较高温度（即 523K 和 573K）下，四氢糠醇会迅速转化为甲基四氢呋喃和四氢呋喃（图 9-8-17）。

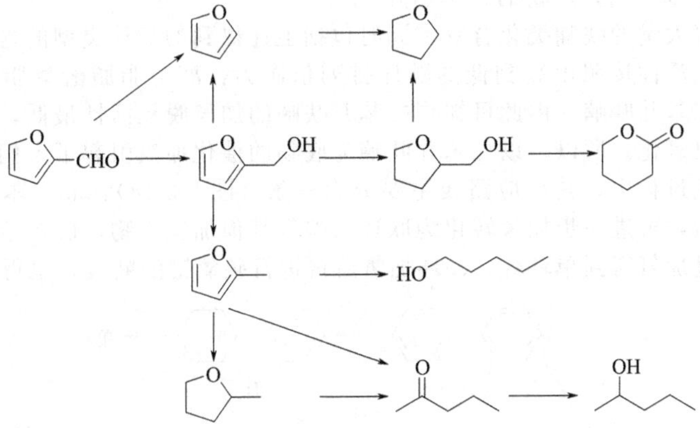

图 9-8-17　糠醛加氢脱氧的反应路径

Li 等[58]用 Ni-Fe-B 作为催化剂，在 1MPa 氢气压力和 200℃下，将糠醛转化为糠醇，且糠醇的选择性很高。对于单金属催化剂，李学琴等[59]用相同的方法分别制备了 10％Cu/Si-Al 分子筛、15％Cu/Si-Al 分子筛、10％Cu/C 分子筛、10％Ni/Si-Al 分子筛催化剂，在 100mL 的间歇式高压反应釜中研究了在 5MPa 氢气压力和 200℃的反应条件下糠醛的加氢脱氧。结果表明，10％Cu/Si-Al 催化剂的催化加氢活性最高，且糠醛加氢的主要产物是糠醇。这样的结果表明，催化剂的加氢活性取决于 Cu 纳米粒子的大小和载体的酸性。与单金属催化剂相比较，双金属催化剂在加氢方面有着更高的活性。上述的 Cu、Ni 等单金属催化剂，通常都需要较高的反应温度。而 Tamura 等[60]采用 Ir-ReOx/SiO_2 催化剂，在 30℃、0.8MPa 的氢气压力下，在水相体系中反应，糠醛的转化率高于 99％，且产物糠醇的选择性也高于 99％。在糠醛制备糠醇的基础上，对糠醇进一步加氢可以得到四氢糠醇。Tomishige 等[61]使用 Ni/SiO_2 催化剂，在 140℃和 0.1MPa 的氢气压力下，得到的四氢糠醇的产率达到 94％。有研究报道，使用 Pd/MFI 催化剂或 Ni-Pd 合金催化剂由糠醛制备四氢糠醇，四氢糠醇的选择性均高达 95％[62,63]，2-甲基呋喃也是糠醛加氢脱氧的产物。反应过程如下：首先对醛基进行加氢，将糠醛还原为糠醇，再将糠醇上的羟基脱去生成 2-甲基呋喃。Bremner 等[64]研究了系列 Cu 催化剂的催化，发现其催化活性相近，且催化活性都较为理想，但是催化剂都会在短时间内失去活性。在反应时，也可以对 2-甲基呋喃的呋喃环进一步加氢。Ding 等[65]制备了 25％Ni/SiO_2 催化剂，2-甲基呋喃的转化率达到 98％，并且产物 2-甲基四氢呋喃的选择性可以达到 86.8％。

通过对糠醛的催化加氢还可以得到其他一些产物（如环戊醇、环戊酮等）。Hronec 等[66]研究了 Pt/C 催化剂和 PtRu/C 催化剂用于糠醛的加氢反应，反应在 3MPa 氢气压力下进行。结果表明，在使用 Pt/C 催化剂进行反应时，糠醛的转化率达到 100％，产物环戊酮的收率为 76.5％。而对于 PtRu/C 催化剂参与的反应，氢气压力从 3MPa 提高到 8MPa 时，也得到了 100％的糠醛转化率，但是此时糠醛催化加氢的主要产物不是环戊酮而是环己醇，收率达到 42.7％。

Wang 等[67]制备了一系列非晶态催化剂（如 Co-Mo-B、Co-W-B、Ni-Mo-B 催化剂），对苯甲醛进行催化加氢。研究结果表明，在使用 Co-Mo-B 催化剂时，催化剂的活性会随着 Mo/Co 的增加而提高，并且苯甲醛的转化率可以接近 100％。这主要是因为在催化剂的表面上存在着大量的布朗斯特酸。

5-羟甲基糠醛（5-HMF）是基于生物质制备液体烷烃燃料的重要中间化合物，是实现生物质向化石燃料转变的重要途径[68]。目前已有很多关于 5-羟甲基糠醛制备的研究报道。但是 5-羟甲基糠醛具有容易分解、水溶性较高、碳链长度较低以及热值不高等特点，所以不能够直接作为液体燃料或者是燃料添加剂使用。因此，如何以5-羟甲基糠醛为原料制备液体烷烃燃料成为当前研究的重点。可以通过对5-羟甲基糠醛催化加氢制备2,5-二甲基呋喃以及2,5-二甲基四氢呋喃，制备的2,5-二甲基呋喃以及2,5-二甲基四氢呋喃都是很好的液体燃料。Roman-Leshkov等[69]将双金属Cu以及Ru负载于炭上，制得了双金属Cu-Ru/C催化剂，通过对5-羟甲基糠醛催化加氢，最终得到了2,5-二甲基呋喃，产物的得率达到71%。

生物油中存在着大量的呋喃类化合物，同时包括上述提到的其他类型的含氧化合物，这些含氧化合物的加氢脱氧活性按照由高到低的顺序排列依次为：醛＞脂肪醚＞脂肪醇＞羧酸类化合物＞酚类化合物＞二苯并呋喃。由此可知，二苯并呋喃的加氢脱氧活性最低，这主要是由于其含氧基团不稳定，难以氧化。所以，以二苯并呋喃为底物的催化加氢引起了人们广泛的研究。在二苯并呋喃的催化加氢过程中，其反应路线主要分为三条（图9-8-18）：a.二苯并呋喃通过直接脱氧的方式生成联苯后，再进一步加氢转化为联环己烷等其他加氢产物。b.二苯并呋喃上的碳氧键先发生断裂，再经过加氢得到单环烃。c.环加氢后再进行碳氧键的断裂，也得到单环烃。

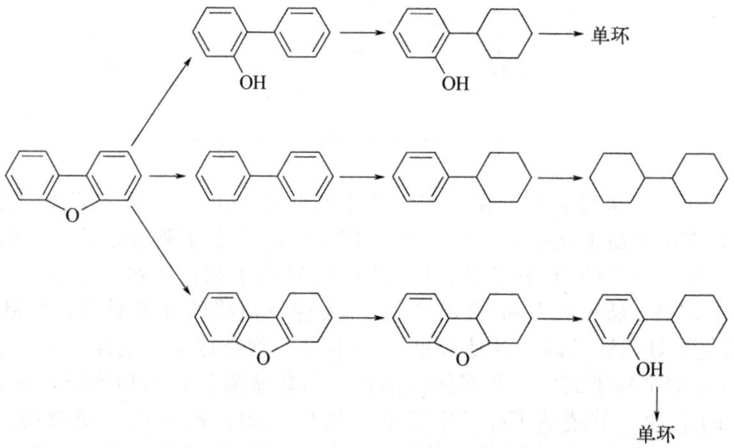

图9-8-18　二苯并呋喃的加氢脱氧路线

大连理工大学的梁长海教授课题组[70]通过浸渍法制备了单金属催化剂（Pd/SiO_2-Al_2O_3和Pt/SiO_2-Al_2O_3催化剂）以及不同金属比例的双金属催化剂（Pd-Pt/SiO_2-Al_2O_3催化剂），在300℃和3MPa的氢气压力下对二苯并呋喃进行了催化加氢脱氧研究，得到了以双环烃类（以联环己烷为主）以及单环烃类为主的产物。采用Pd催化剂时，二苯并呋喃的转化率为80%，脱氧产物的选择性为93%；采用Pt催化剂时，二苯并呋喃的转化率只有62%，脱氧产物的选择性为88%；采用Pd-Pt双金属催化剂时，二苯并呋喃的转化率可高达99%，脱氧产物的选择性高达98%。显然，与单金属催化剂Pd/SiO_2-Al_2O_3和Pt/SiO_2-Al_2O_3相比，双金属催化剂Pd-Pt/SiO_2-Al_2O_3有更高的催化活性，这主要是因为Pd和Pt之间存在着相互作用，从而使得双金属催化剂具有了更小的金属颗粒以及较高的金属分散度。

Wang等[71]分别以介孔ZSM-5分子筛、微孔ZSM-5分子筛以及γ-Al_2O_3为载体，负载贵金属Pt，制备了三种催化剂用于催化二苯并呋喃的加氢脱氧。结果表明，当采取低空速时，这三种催化剂的催化活性相当，二苯并呋喃的脱氧效率均高于98%。但是在高空速情况下，Pt/介孔ZSM-5相较于Pt/微孔ZSM-5和Pt/γ-Al_2O_3的脱氧程度要高得多。这种现象主要归因于两个方面：a.介孔ZSM-5载体的孔道结构有助于降低物质的传质阻力。b.介孔ZSM-5载体表面的酸性较强，这有利于发生脱水反应。Hyung等[72]将Pt负载在两种介孔分子筛（介孔Y分子筛以及介孔MFI分子筛）和微孔分子筛HZSM-5上，在250℃和4MPa氢气压力下，研究了二苯并呋喃的加氢脱氧反应。在Pt/介孔Y分子筛和Pt/介孔MFI分子筛催化剂上，得到了相似的二苯并呋喃的转化率，并且得到的主要产物也类似，完全脱氧产物包括联环己烷、环戊基甲基环己烷和环己烷等。在使用Pt/HZSM-5催化剂时，二苯并呋喃的转化率可达到100%。

2. 酚类化合物的加氢脱氧

酚类化合物是生物质木质素部分生物油的主要成分，包括苯酚（以及烷基化苯酚）在内的化合物均是研究加氢脱氧的主要模型化合物。酚类化合物的加氢脱氧有三种有效路径：只切断酚类上的碳氧键，制备芳烃类化合物；断裂酚类化合物上的甲氧基并加氢，制备环己醇类化合物；酚类化合物完全加氢脱氧，制备环烷烃化合物。以4-甲基苯酚为例，4-甲基苯酚的加氢脱氧主要包括两种反应路线（图9-8-19）：第一种是直接脱氧，生成甲苯，随后甲苯氢化生成最终产物甲基环己烷；第二种是4-甲基苯酚先氢化得到4-甲基环己醇，随后进行脱氧得到最终产物甲基环己烷[73,74]。

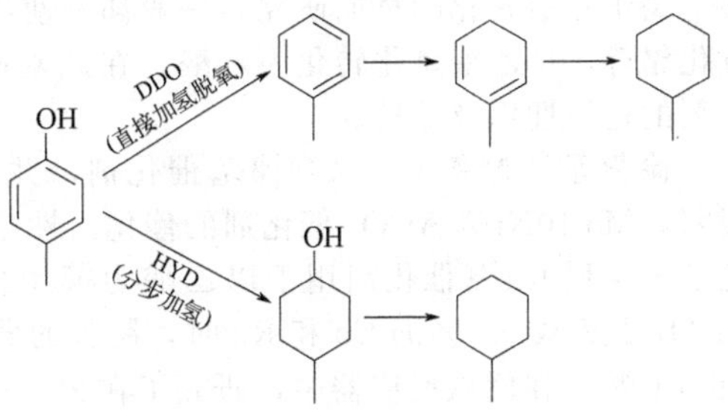

OH　DDO（直接加氢脱氧）　HYD（分步加氢）　OH

图 9-8-19　甲基苯酚的加氢脱氧

由于碳氧键具有较高的键能，想要通过碳氧键的直接断裂得到芳香烃化合物是比较困难的。因此，需要选择亲氧型的催化剂，使其与氧原子结合以降低碳氧键的键能，从而使得碳氧键易于断裂，实现对酚类衍生物氢解制备芳烃的目的。在气相反应条件下，Chang 等[75]研究了负载在碳纳米管上的 Mo 催化剂对酚类的加氢脱氧反应，当反应温度为 380℃时，苯的得率达到 83.5%。Jongerius 等[76]研究了 W 和 Mo 负载在碳纳米管上的催化剂用于愈创木酚转化为苯酚的反应，在375℃的反应条件下，分别获得了选择性为 87%和 69%的苯酚。然而，当苯酚进一步断裂碳氧键生成苯时，Mo 表现出比 W 更好的催化活性。Talukdar 等[77]研究了负载在氧化铝上的 Pt 和 Pd 催化剂的苯酚加氢反应，反应条件为 1MPa 氢气压力和 200～275℃，加氢脱氧的产物是环己酮以及环己醇。但是 Pd 催化剂对于环己醇的生成有较高的催化效果，而 Pt 催化剂则有利于环己酮的生成，并且这两种产物的选择性都高达 99%。

随后，又发展制备出了一系列以金属和酸为活性中心的双功能催化剂（金属功能以及酸功能）。相对于之前的催化体系，双功能催化剂体系可以在温和的条件下大大提高氧的去除效率。Huang 等[78]制备了 Ru-W 双功能催化剂，以叔丁基苯酚为底物，在 270℃、2.2MPa 氢气压力下进行反应，叔丁基苯酚的转化率达到 99%，且获得的产物叔丁基苯的选择性为 86%。当氢气压力下降到 1.6MPa 时，芳烃的选择性提高到 93%。此外，有人使用各种固体酸作为载体或助催化剂以制备用于苯酚和甲酚加氢脱氧的双功能催化剂。Zhao 等[79]报道了使用 Pd/C 或 Raney Ni 与 HZSM-5 或 SiO_2 负载的 Nafion 催化剂，在 200℃和 4.0～5.0MPa 的氢气压力下，于水相中使苯酚加氢脱氧生成环烷烃，产物的产率接近 100%。Zhang 等[80]制备了 Ni/HZSM-5 双功能催化剂，并研究了不同硅铝比的 HZSM-5 作为载体时和不同负载量的 Ni 对苯酚加氢脱氧的催化效果。研究表明，在反应温度为 240℃时，将 10%的 Ni 负载在硅铝比（Si∶Al）为 15 的 HZSM-5 上时，催化效率最好，苯酚的转化率达到了 98%。Forster 等[81]报道了通过酸处理增加 γ-Al_2O_3 载体上酸位的数量和强度，在 260℃和 0.05MPa 氢气压力下，提高了 Pt/γ-Al_2O_3 催化剂的加氢脱氧速率。Zhang 等[82]制备了 Ru/HZSM-5 催化剂，在 150℃和 5MPa 氢气压力下，催化转化苯酚为环己烷，产物的选择性达到 96.3%。他们还以其他的酚类化合物作为底物，烷烃的选择性都超过了 85%。

与单金属催化剂相比较，双金属催化剂在催化加氢方面具有协同效应，可以促进反应的进行。Shafaghat 等[83]制备了 Ni/HBeta、Fe/HBeta、NiFe/HBeta 三种催化剂，研究它们对酚类化合物加氢脱氧制备烷烃和芳香烃的效果，结果表明，NiFe/HBeta 比其他两种单金属催化剂具有更好的催化活性。Bykova 等[84]制备了 Ni-Cu 双金属催化剂，研究了以 2-甲氧基苯酚为底物的催化加氢，反应结果表明，用 SiO_2-ZrO_2-La_2O_3 作为载体，且 Ni/Cu 质量百分比为 36.5/2.3 时，催化剂的催化活性最高，2-甲氧基苯酚的转化率达到 85.6%，主要产物为环己烷。Senol 等[85]以苯酚作为模型化合物，探索了 Co-Mo/γ-Al_2O_3 催化剂以及 Ni-Mo/γ-Al_2O_3 催化剂对反应加氢效果的影响，通过实验结果证明，Co-Mo/γ-Al_2O_3 催化剂的催化活性要远远大于 Ni-Mo/γ-Al_2O_3 催化剂。

3. 羧酸类化合物的加氢脱氧

在生物油中存在着大量的羧酸化合物，如甲酸、乙酸以及丙酸，这都大大增加了生物油的酸性以及腐蚀性。因此，在生物油催化加氢处理过程中羧酸的转化对生产合适的运输燃料至关重要。关于乙酸转化的早期研究，一般都是使用氧化物催化剂，例如二氧化钛、氧化铁、氧化锡、氧化铬等，将乙酸氢化转化为乙醛，在此基础上，向氧化物催化剂中加入贵金属 Pt 可以增加催化剂的选择性以及活性。

徐莹等[86]制备了一系列镍基催化剂，并以乙酸作为底物，研究了催化剂的催化活性，结果表明，Mo-10Ni/δ-Al_2O_3 催化剂的催化活性是最好的，乙酸的转化率达到了 33.2%。Xu 等[87]研究了一系列 Ru 基催化剂用于以乙酸为模型化合物的催化加氢，最终的实验结果显示，当在 γ-Al_2O_3 上负载 0.5%的 Co 和 Ru 时，制备的催化剂的活性最高，乙酸的转化率可以达到 30.98%。Elliott 等[88]在间歇反应器中，研究了在 200～300℃和 4.0MPa 的氢气压力条件下，Pd 和 Ru 负载在炭上的催化剂对乙酸的催化加氢脱氧反应。反应温度为 300℃时，在 Pd/C 催化剂上，乙酸转化为乙醇，产物的收率达到中等效果，并且还伴随着少量乙酸乙酯的生成。相反，在以 Ru/C 为催化剂时，并没有观察到乙酸有效地转化为乙醇，而是分解成了二氧化碳以及甲烷。此外，也有其他研究者研究了一系列过渡金属催化剂（包含炭负载的 Ru、Rh、Pt、Ir 和 Pd，Raney Ni 以及 Raney Cu）在 5.17MPa 的氢气压力和 110～410℃下，在水相中对乙酸的催化加氢。乙酸的转化率从高到低依次是：Ru＞Rh、Pt＞Pd、Ir＞Ni＞Cu。当反应温度低于 175℃，用 Ru/C 作为催化剂时，加氢产物乙醇的选择性为 70%～80%；当反应温度低于 225℃时，分解产物甲烷的选择性达到了 83%。

除了乙酸之外，还有其他一系列生物质有机酸的催化加氢也被研究。Dennis J. Miller 等[89]研究了乳酸的加氢反应。在 7～14MPa 的氢气压力以及 100～170℃下，采用 Ru/C 催化剂，乳酸的转化率高达 100%，并且产物 1,2-丙二醇的选择性也高达 90%。在此基础上，有课题组改变了载体，将 Ru 负载在 TiO_2 上，实验结果证明，Ru/TiO_2 催化剂的催化活性远大于 Ru/C 催化剂，并且 1,2-丙二醇的选择性高达 95%，大于 Ru/C 催化剂的选择性。Jurgen Klankermayer 等[90]将 MeC（CH_2PPh_2）$_3$ 和 Ru（acac）$_3$ 结合制备了催化剂，在 160℃以及 10MPa 的氢气压力下，对乙酰丙酸进行催化反应，乙酰丙酸的转化率为 100%，1,4-戊二醇的产率高达 95%。但是此反应体系为均相催化体系，在反应结束后，产物难以分离，且反应时间较长。另外，还有课题组[91]分别制备了 RePd/C 以及 ReRu/C 两种催化剂，用于丁二酸的加氢反应，采用的反应条件为 160℃和 15MPa 氢气压力，1,4-丁二醇的收率达到 66%。

乙酰丙酸在生物质有机酸中是最具有前景的羧酸化合物。与此同时，对乙酰丙酸进行加氢获得的二元醇也是目前非常具有应用价值以及前景的原材料。乙酰丙酸的结构比较特殊，其分子中含有不饱和的羰基，在一些催化剂（Ni、Co、Pd 以及 Pt 基催化剂）的作用下，其加氢可以获得 4-羟基戊酸，而且 4-羟基戊酸可以通过脱水进一步得到 γ-戊内酯。接着，如若反应条件适当，γ-戊内酯还可以进一步开环，然后加氢得到产物 1,4-戊二醇（图 9-8-20）。

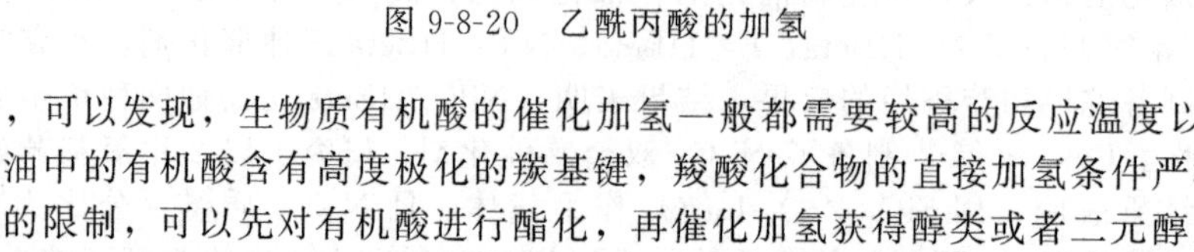

O OH 加氢 OH OH 脱水 O O 加氢 OH CH₂OH O O

图 9-8-20 乙酰丙酸的加氢

综上所述，可以发现，生物质有机酸的催化加氢一般都需要较高的反应温度以及氢气压力，这是由于生物油中的有机酸含有高度极化的羰基键，羧酸化合物的直接加氢条件严格苛刻。为了降低反应条件的限制，可以先对有机酸进行酯化，再催化加氢获得醇类或者二元醇。但是这种反应路线需要对原料先进行酯化反应处理，接着再进行纯化、加氢，所以反应过程较为烦琐。因此，开发探索新型的催化剂，在高效、低能耗以及环保的情况下将生物质有机酸直接加氢制备醇类化合物具有极为重要的意义。

4. 醚类化合物的加氢脱氧

Ardiyanti 等[92]制备了 Ni 和 Cu 负载在 δ-Al_2O_3 载体上的非硫化双金属催化剂，以生物油及其模型化合物苯甲醚为底物，研究了其加氢脱氧反应。当负载的 Ni 和 Cu 的质量百分比为 16/2 时，催化剂的催化活性最高，此时苯甲醚的转化率达到 100%，主要产物是环己烷、甲基环己烷、苯以及甲苯，其产率分别为 24%、8.8%、60%、3%。在此基础上，Ardiyanti 等[93]还研究了催化剂载体对双金属 Ni 和 Cu 催化剂催化活性的影响，分别以 ZrO_2、SiO_2、TiO_2、CeO_2-ZrO_2 以及稻壳炭为载体，负载 Ni 和 Cu 双金属，在这几种载体中，以 TiO_2 为载体的催化剂的催化活性明显高于其他载体的催化剂。这主要是由于 TiO_2 和 Ni-Cu 合金之间形成了固溶体，有效地阻止了活性金属的逸出。

有课题组制备了 $CoMo/Al_2O_3$ 催化剂，在连续流动反应器中，在 200～300℃、1.5MPa 氢气压力的反应条件下，研究了苯甲醚的催化加氢反应。在反应过程中，苯甲醚上的碳氧键断裂，生成了甲烷以及苯酚，再经过烷基转移后，进一步生成了甲基苯酚以及二甲基苯酚。在此基础上，酚类通过加氢脱氧或者直接脱氧的方式进一步反应。Li 等[94]制备了 Ni_2P/SiO_2、$NiMoP/SiO_2$ 以及 MoP/SiO_2 三种催化剂，在 300℃和 1.5MPa 的氢气压力下研究苯甲醚的加氢脱氧，在反应结束后检测产物时，只检测到苯酚、苯以及环己烷的存在。这一结果表明在苯甲醚的加氢脱氧过程中，主要是通过碳氧键的断裂转化为苯酚，之后苯酚再通过加氢脱氧或者直接脱氧得到了碳氢化合物（苯、环己烷）。

5. 其他含氧化合物的加氢脱氧

Sitthisa 等[95]使用 Pd 以及 Pd-Cu 负载于二氧化硅上的催化剂，在 125℃以及 0.1MPa 的氢气压力条件下，研究了 2-甲基戊醛的催化加氢反应。采用 Pd/SiO_2 催化剂时，2-甲基戊醛首先脱羰基，生成了产物戊烷，或者是 2-甲基戊醛氢化得到产物 2-戊醇。与此同时，2-甲基戊醛和生成的 2-甲基戊醇之间会发生醚化反应产生醚。在使用 Pd-Cu/SiO_2 催化剂时，总的活性以及脱羰选择性都会下降，但是加氢以及醚化的选择性会增加。

Li 等[96]在连续流动反应器中，于 245℃以及 3MPa 的氢气压力下，采用 Pt/SiO_2-Al_2O_3 催化剂分别研究了 1-丁醇和 2-丁醇的催化加氢脱氧。结果表明，当底物是 1-丁醇时，丙烷、丁烷以及二氧化碳是反应的主要产物，当底物是 2-丁醇时，只存在唯一的产物丁烷。在该反应条件下，1-丁醇碳碳键的断裂比碳氧键的断裂更为优先。1-丁醇可以通过一个连续的脱氢以及脱羰反应，生成丙烷以及二氧化碳。但是 2-丁醇由于其脱氢产物不是醛而是酮，所以不能通过脱羰的形式来进行碳碳键的断裂。

三、生物油催化加氢面临的挑战

生物质能作为清洁环保的可再生能源已经受到了全世界的广泛关注。近年来，研究者们也已经进行了大量的研究。通过发展生物质能转化技术可以大大减少人类发展过程中对化石、矿物资源的依赖，也可以极大限度地缓解环境压力。生物质快速热解制备生物油被广泛地认为是最具前景的生物质能源转化路径之一。但是生物油由于其自身特点不能被直接用作燃料等，还需要进一步进行提质处理。而生物油中存在的化合物本身含有较多的不饱和键，包括双键和芳环，因此，催化加氢是处理生物质基含氧化合物的一种有效方法。

尽管催化加氢是有效的方法，但是仍面临着重大的挑战，即生物油的高含氧量、高含水量、分子复杂性、焦化倾向以及生物油的腐蚀性。针对这些挑战，仍然急需发展具有高脱氧活性、高耐水性、良好的抗结焦性的高效催化剂。除此之外，催化加氢的反应条件也比较苛刻，需要较高的氢气压力以及较高的反应温度，这都导致了生产成本的大大增加以及操作难度的增加。这也需要进行催化体系的选择，以保证在不降低催化活性的前提下降低反应温度以及压力。

第五节　木质纤维水解糖催化加氢脱氧

自然界木质纤维除了可以通过热解获得生物油产品外，还可以通过水解途径获得糖类产品。水解途径主要利用酸催化剂，选择性地破坏纤维素、半纤维素等高分子结构中的糖苷键，促使水解产生糖类化合物。水解途径不仅反应条件温和，而且产物种类大大减少，反应体系酸性和含水量等比生物油均有较大提升，更适宜于转化合成特定的目标分子，烃类化合物便是其中之一。首先，烃类化合物作为燃料，可以广泛应用于各种交通工具、工程机械以及发电等各行各业。现代社会对这种烃类燃料的需求量极大。其次，作为有机溶剂使用，烃类物质具有低极性、高溶氢能力等特点，广泛用作萃取剂、加氢反应的溶剂。最后，作为化学合成的原料，烃类衍生物可广泛用于有机合成，特别是合成炸药，烷烃经过硝化反应得到硝基烷烃，这是制作炸药的重要原料。此外，烃类还可以用于除味剂、防腐剂和润滑油等一系列日化品中。因此，从木质纤维素出发，通过水解途径获得单糖，再深度加氢脱氧最终获得烃类燃料分子的研究引起了全世界的关注。

众所周知，木质纤维素水解获得的主要糖类是 C_6 和 C_5 糖类，分子中富含羟基且C—O键键能相近。完全断裂糖类物质中的C—O键并进行加氢是制备烷烃的一种理想的技术路线。目前，糖类加氢脱氧制备烷烃的方法主要分两类：一是直接加氢脱氧，例如葡萄糖或木糖加氢生成多元醇，生成的多元醇再发生加氢脱氧、异构化等反应来得到烷烃，一般可得到 C_5～C_6 小分子液态烷烃。二是将糖类物质部分脱氧脱水得到中间体平台分子，例如六碳糖脱水得到5-羟甲基糠醛，五碳糖脱水得到糠醛，再将这些平台分子通过碳链增长、加氢脱氧得到长链烷烃，这一技术的优势是可调控C链的长度，从而满足不同液体燃料对碳原子数的要求，也是生物质制备航空燃料的重要技术路线之一。

一、糖类制备小分子 C_5 和 C_6 烷烃

由于糖类分子具有较好的水溶性，而反应生成的烷烃几乎无水溶性，因此两相反应体系广泛应用于糖类加氢脱氧制备烷烃的研究中。多元醇加氢脱氧制备烷烃通常用第Ⅷ族金属和固体酸组合的催化剂催化，由金属提供加氢功能，酸提供脱水功能，通过金属中心-酸性中心的功能匹配，实现多元醇到烷烃的转化。

1. 反应路径

通常来看，糖类化合物制备烃类的反应包含两种情形，即糖类分子直接加氢脱氧和糖类经由呋喃类中间体的加氢脱氧。在反应机理研究中，可通过中间体模型化合物，探究加氢脱氧反应中间体和具体的反应途径。反应主要包括C—C键断裂、C—O键断裂以及加氢反应。其中，C—C键断裂发生在金属中心，主要通过逆醇醛缩合反应和脱羰基反应实现。C—O键断裂主要通过在含质子酸催化位点上发生脱水反应。加氢反应也是发生在金属位点上，加氢速率依次为C═C>C═O>C—O—C。

以葡萄糖为例，糖类直接加氢脱氧的具体反应路径如下（图9-8-21）。首先葡萄糖加氢获得山梨醇，再脱水生成1,4-异山梨醇酯，然后脱水环合生成异山梨醇中间体。异山梨醇在金属中心上加氢开环变为1,2-己二醇，后经反复脱水得到己烷。约95%的山梨醇都经过异山梨醇中间体得到己烷。此外，短链烷烃是山梨醇在金属中心上通过逆醇醛缩合反应实现C—C断裂得到的 C_3 醇类，这些醇类和反应中形成的中间化合物也可继续发生脱羰基、加氢、脱水反应，从而生成更小碳数的烃类。逆醇醛反应是制备液态烷烃不期望发生的副反应，容易造成烷烃的损失。

除了直接加氢途径外，糖类分子可部分脱水获得呋喃类中间体，再进行深度加氢制备烷烃。具体路线如下（图9-8-22）：葡萄糖经酸催化脱水获得5-羟甲基糠醛，通过选择性加氢可以得到糠醇类物质或者羟甲基呋喃，再经加氢脱氧将侧链羟基上的氧脱除得到甲基呋喃或者甲基四氢呋喃等含氧燃料分子。进一步深度加氢脱氧，可获得己烷。此外，5-羟甲基糠醛可水解开环得到乙酰丙酸，再深度加氢脱氧可获得碳原子数为5的戊烷分子。

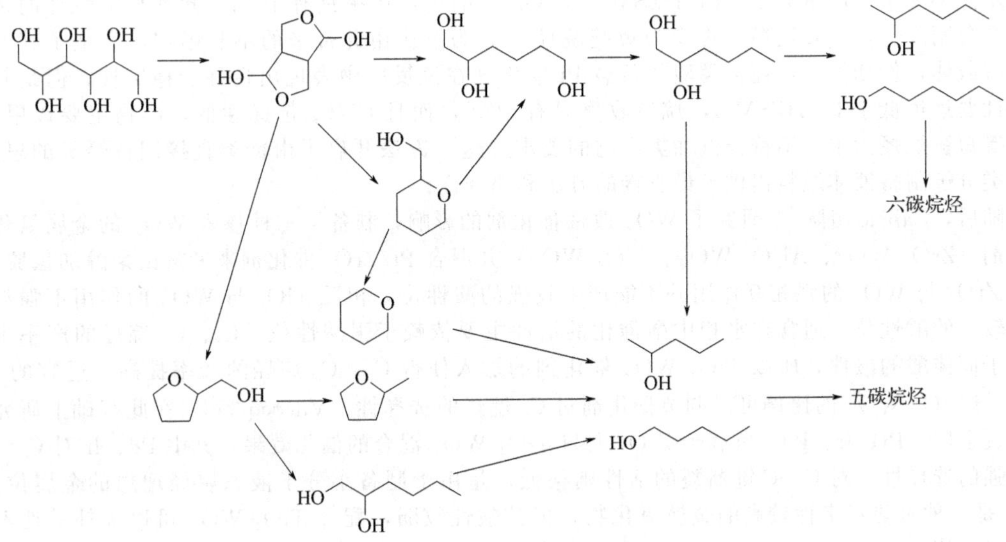

图 9-8-21　纤维素经多元醇加氢脱氧生成液态烷烃的反应路径

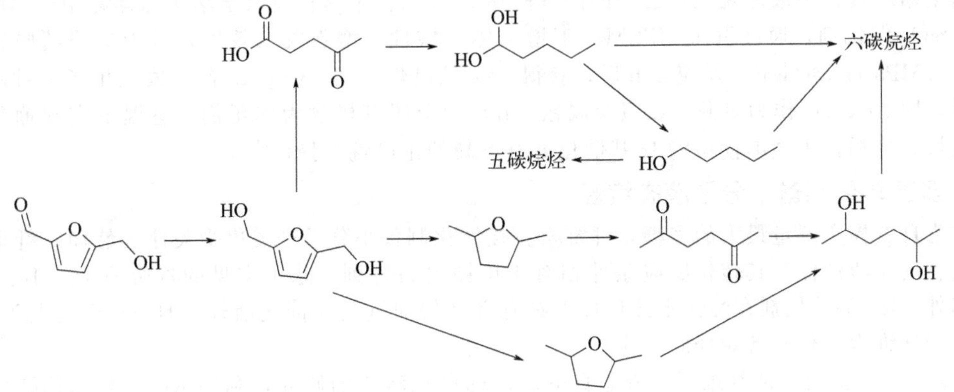

图 9-8-22　纤维素经 HMF 加氢脱氧生成液态烷烃反应路径

2.单糖转化制备小分子烷烃

木质纤维水解糖是一种高含氧量的化学物质，其加氢脱氧制备小分子液态烷烃需要具有很强的加氢脱氧能力的催化剂才能实现，大多数需要 Pt、Pd、Ru、Ir 等贵金属作为催化剂反应中心，同时结合酸性位点实现饱和羟基的酸催化脱水反应。2004 年，美国威斯康辛大学 Dumesic 教授课题组[97]发现了 Pt/Si-Al 催化剂可以在两相体系下催化重整山梨醇制取烷烃。研究了 Pt、Pd 负载型催化剂的催化效果，分别制备了 4%Pt/SiO_2-Al_2O_3(Pt-SiAl)、3%Pd/SiO_2-Al_2O_3(Pd-SiAl)、3%Pt/Al_2O_3(Pt-Al)，在 498～538K 条件下，利用 Pt/SiO_2-Al_2O_3 催化葡萄糖加氢产物山梨糖醇在水相下重整，可以得到戊烷和己烷，烷烃得率可以达到 58%～89%，其中主要是直链烷烃，大约有 5%的支链烷烃，连续反应 6 天，可以达到 92%的转化率，也没有出现钝化现象，生成的产物主要为丁烷、戊烷、己烷等烷烃产物。Pt-Al 催化剂在加入 SiO_2-Al_2O_3 或无机酸 HCl 后，烷烃产物分布会向长链烷烃转移，且随着无机酸加入量的增大（pH 值由 3 变为 2)，己烷选择性从 29%上升到 47%，表明酸性对长链烷烃产生至关重要的作用。此外，金属中心和酸性中心的紧密接触可提高催化剂的活性[98]。改用强酸性载体负载的 Pt 催化剂，除 Pt/Si-Al 外，Pt/HZSM-5、Pt/ZrP 也都具有较高的烷烃产率，其中 Pt/HZSM-5 的催化活性要高于其他两个，反应 12h 可以达到 65%的芳烃产率，其中长链（C_5、C_6）烷烃的选择性达到 50%以上，但是此催化剂在高温水热环境下会严重失活。Pt/HZSM-5在36h后的烷烃产率只有10%，此外长链烷烃的选择性也会急剧降低，主要烷烃产物变为短链烷烃[99]。为解决由此带来的不利影响，尝试了其他的固体酸载体，例如铌酸，铌基磷酸盐负载Pt催化剂在该反应中表现出良好的稳定性，但是其催化活性要远远低于Pt/HZSM-5，烷烃收率只有10%，而且C_5/C_6选择性低，产物主要以甲烷、乙烷等短链烷烃为主，不符合汽油类产物的要求。这一方法开启了由糖类直接制备烃类的思路，为糖类分子制备液体燃料提供了最直接的方法和路线。

随后，Cabiac团队[100]研究了WO_x改性催化剂的影响，制备了三种掺入WO_x的金属氧化物催化剂（ZrO_2-WO_x、Al_2O_3-WO_x、TiO_2-WO_x）并混合Pt/ZrO_2催化剂来考察山梨醇加氢脱氧，发现ZrO_2与WO_x的强相互作用并不能产生较强的酸性位，相反TiO_2与WO_x的作用不强却产生了较强的酸性位。通常在水相中酸催化的活性主要依赖于强酸性位，C_5、C_6烷烃的产率主要依赖于固体酸的酸性，所以TiO_2-WO_x催化剂的加入使得C_5、C_6烷烃的产率提高。适宜的Pt/ZrO_2与TiO_2-WO_x的比例可以调节催化剂对C_6烷烃的选择性。Vilcocq等[101]在此基础上研究了不同贵金属（Pt、Ir、Pd）负载于ZrO_2上与TiO_2-WO_x混合的催化效果，其中Pd、Ir对C_5～C_6有较强的选择性，对C—C键断裂的活性则很低，是用于制备小分子液态烷烃理想的金属位点。ZrO_2是一种水热稳定性较高的金属氧化物，但其酸性较弱，配合TiO_2-WO_x可以弥补酸性不足的缺点，使负载于ZrO_2上的催化剂保持很高的稳定性。

日本Keiichi Tomishige教授课题组[102,103]使用Ir-Re/SiO_2催化剂加入助催化剂HZSM-5可以催化山梨糖醇转化为液态烷烃，己烷的产率高达93.6%。中国科技大学李文志课题组[104]使用Ir-ReO_x/SiO_2催化剂，通过引入HZSM-5来增加体系酸性、增强脱水效果，对于葡萄糖底物，在170℃、7MPa H_2条件下，反应24h后，获得18%的己烷产率。Gagne等[105]发展出了一种新的反应体系，用Et_2SiH_2作为氢源，以贵金属铱（Ir）的金属有机物为催化剂，室温下实现葡萄糖还原为己烷，且相比于之前使用的Ir基催化剂有更高的正己烷选择性[106]。

3. 多糖转化制备小分子液态烷烃

作为自然界资源量最大的多糖，纤维素直接转化制备小分子烃类更受关注。然而，纤维素结晶度大、反应活性低，其转化反应条件相对于单糖更为苛刻。除了常见的贵金属Pt、Ir、Pd等催化剂外，Ru基催化剂在酸性水热环境下具有良好的加氢脱氧催化活性，且Ru相对更为廉价，更适用于纤维素转化制备烷烃的反应。

Beau等[107]报道了从纤维素到液态直链烷烃的催化转化的研究，利用Ru/C和硅钨酸可以实现纤维素到烷烃的一步转化。硅钨酸的酸性较强，可以水解纤维素为糖类，随后在双催化剂的共同作用下可以实现糖到烷烃的转化。同样，此方案液态烷烃的产率较低，难以做到高选择性地断裂C—O键而不断裂C—C键。Ru具有很强的断C—O键能力的同时也会有很强的断C—C键的能力。通过探究发现，使用$H_4SiW_{12}O_{40}$＋htTSARu/C时的转化路径是按照HMF路径进行加氢脱氧，对于此路径可以通过控制加热速率控制葡萄糖到HMF的转化，避免其他副反应的发生。改性Ru/C所得的htSTARu/C催化剂可以抑制葡萄糖加氢生成山梨醇，从而促进反应朝着HMF转化进行。

多元醇催化加氢脱氧制备烷烃，除了要满足加氢/脱水所需的金属-酸性位点协同作用外，还需要催化剂在高温水热条件下保持高催化活性和稳定性。并且为达到燃料所需要求，要抑制C—C键断裂来提高C_5、C_6选择性。目前主要是通过改变金属中心，调节载体酸度来优化催化剂，以解决C—C键断裂、催化剂失活、催化活性低等不利影响。针对上述情况，Iwamoto团队[108]研究了一系列用PVP保护的金属催化剂催化纤维素转化为烷烃的反应，Ru的加氢脱氧能力远远高于其他贵金属，但是同时有很强的断C—C键的能力，易产生小分子气态烷烃。同时，通过改变载体调节催化反应活性时发现，采用TiO_2、ZrO_2、SiO_2、Si-Al等载体可以使Ru基催化剂活性降低，反应得到的主产物变为了醇类物质，无法继续深度加氢。广州能源所马隆龙团队[109]利用Ru/C与无机酸和固体酸组合催化纤维素转化，用Ru/C-层状化合物-磷酸可以获得72%的己烷产率。此外，催化效果的重复性也相对较为稳定，五次循环之后还可以获得52.8%的己烷产率，

且使用后的 $LiNbMoO_6$ 经过焙烧可恢复催化活性。令人惊奇的是他们研究不同底物的催化效果时发现，己烷产率顺序为纤维素＞葡萄糖＞山梨醇＞异山梨醇，特别是异山梨醇仅有 14.1%，远远低于纤维素 72%的己烷产率。其原因是磷酸降解纤维素得到的葡萄糖，可以被层状化合物吸附进入孔道，而后被 Ru/C 加氢成山梨醇。而异山梨醇则不能进入孔道，表明孔道结构可以抑制山梨醇脱水成异山梨醇，使得山梨醇通过连续的 C—O 键断裂生成己烷。通过这个特殊路径可以得到更高的己烷产率，这表明调节催化剂孔道结构可以优化反应路径，实现更高的选择性。Murata 等[110]研究了不同载体负载 Pt 催化剂催化转化纤维素，结果是 Pt/HZSM-5 催化剂具有较强的加氢脱氧能力，用醇预处理纤维素还可以进一步提高烷烃收率，引入 Re 可以减少副反应的发生。Kato 等[111]研究了 Pt 负载在不同氢化分子筛上所制备的催化剂的活性，转化率的结果依次是 Pt/H-FER(18)＜Pt/H-MOR(90)＜Pt/HZSM-5(38)＜Pt/H-MOR(10.2)＜Pt/H-beta(150)＜Pt/H-beta(25)＜Pt/H-USY(14)，不同催化剂及其组成会极大地影响纤维素的氢解活性，Si/Al 低的大孔结构的氢化分子筛具有较强的转化纤维素的能力，不同硅铝比可以调节酸性强度，大孔结构有利于降解的葡萄糖分子在孔道结构内扩散。

李志文课题组[104]在平台分子转化成己烷的研究基础上进一步对上游生物质底物制备烷烃进行了研究，采用 Ir-Re/SiO_2 偶合 HZSM-5 催化生物质转化制备 C_5、C_6 烷烃，结果显示 Ir-Re/SiO_2 可以氢化糖类物质得到多元醇，加入 HZSM-5 可实现多元醇脱氧得到烷烃。

纤维素的预处理也是影响纤维素转化的重要因素，将纤维素用醇预处理可以在特定条件下提高液态烷烃的收率。此外，更重要的方式是用球磨机处理，使纤维素变为球磨纤维素，球磨处理可以降低纤维素的结晶度，增加其在水中的溶胀和溶解度。Shrotri 等[112]发现球磨后的纤维素可以形成 α(1-6) 键从而大大增加了低聚糖在水中的溶解度，更易降解加氢得到多元醇。Liu 等[103]用球磨纤维素作底物，在 463K 条件下己烷的产率高达 83%。而用微晶纤维素为底物，在 483K 条件下己烷产率只有 78%。

4. 真实生物质转化制备小分子液态烷烃

真实生物质的组成相对复杂，除了糖类组分纤维素和半纤维素外，还包含木质素。因此，直接对真实生物质原料进行加氢脱氧转化制备液体烷烃，对催化反应体系的要求更加严苛。华东理工大学的王艳芹团队[113]开展了生物质催化转化液态烷烃的研究。研究发现，Pt 负载 Nb 基磷酸盐催化剂可以将不经化学预处理或者分离的原始生物质在温和条件下直接加氢脱氧生成液态烷烃，收率达 28.1%。NbO_x 物种具有一定的特殊作用，在反应中有至关重要的作用。首先，NbO_x 作为酸性中心，可以催化水解纤维素以及后面的脱水反应；其次，NbO_x 具有活化 C—O 键的功能，促进加氢脱氧反应进行。马隆龙团队[114,115]采用 Ru/C-$LiTaMoO_6$-磷酸组合催化剂，比较了它对不同生物质原料的催化转化效果，研究发现生物质中稻秆和麦秆的液态烃的产率只有 42%，而松木屑可以高效地转化为己烷、戊烷等液态烷烃，玉米秸秆可以得到 82.4%的液态烷烃产率。其原因可能是有些秸秆中含硫元素多，使得催化剂中毒而失活。选择甲硫氨酸含量少的生物质原料，也是一种预防催化剂失活的重要手段。此外，使用 Ru/C 和 Ni/HZSM-5-MCM-41 混合催化剂催化多种生物质水解液的反应，在规模为 150t/a 的中试试验装置上进行了生产验证试验。研究发现，水解液中单糖的碳转化率维持在 85%左右，产物中 C_5、C_6 的选择性在 80%～90%，反应 72h 后糖类转化率与产物选择性均未出现明显的下降。

不难发现，通过生物质原料制备烃类燃料有以下优点：a. 生物质原料量大、价格更加低廉；b. 由于生成的烷烃与原料极性差异大，采用双相反应体系，产物分布于有机相，而多元醇溶于水相，有助于产品和原料的分离，避免产物进一步和催化剂作用发生分解。然而，由真实生物质直接制备小分子烷烃所需解决的问题也较多，如何开发高活性、耐酸型催化剂，提高催化剂水热稳定性，避免催化剂中毒等，这些问题还有待进一步研究和突破。从发展趋势来看，由生物质高效制备液体烷烃是未来发展的趋势，也是发展绿色可持续能源的必经之路。

二、糖类制备长链烷烃

通过糖类直接加氢脱氧可以获得 C_5 和 C_6 液体烷烃分子，可用作汽油燃料供给小型汽车发动机使用。而对于大型运输车、航空发动机，这些小分子烷烃无法满足其燃烧性能。因此，需要通过缩合反应增长糖类化合物的碳链，获得特定碳数的燃料前体分子，再经过加氢脱氧反应获得长链烷烃。然而，由于糖类化合官能团单一，无法直接进行增碳反应，通常需使用糖类经部分脱水转化获得的中间体如醛类，进行缩合反应增长碳链（图 9-8-23）。

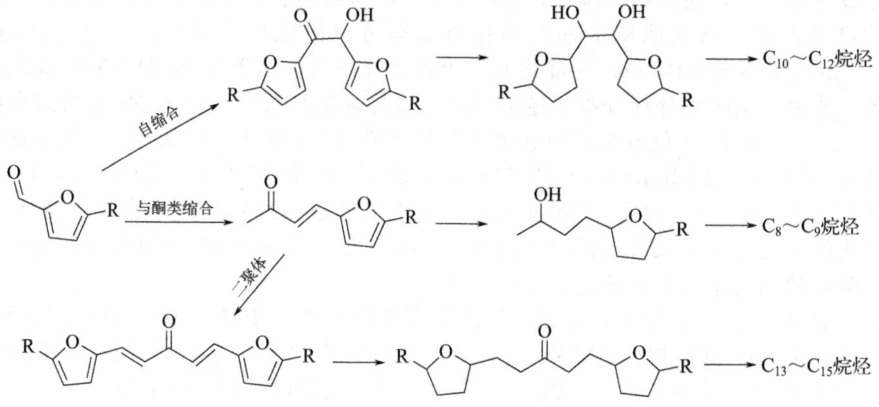

图 9-8-23　醇醛缩合制备长链烷烃的工艺路线

羟醛缩合和偶联反应通常在碱性条件下进行，例如 NaOH、KOH、氨水等，这些均相催化剂可以高效地催化此类反应，但是难以分离，重复使用所带来的高成本和环境污染等问题严重限制了其广泛使用。近些年研究人员开始不断研究更适宜于生物质衍生醛类的催化醇醛缩合反应的碱催化剂。

1. 糠醛类与酮缩合

威斯康星大学的 Dumesic 团队[116]使用 Mg-Al 混合氧化物作为碱性催化剂，发现它在室温下对糠醛类物质醇醛缩合反应有良好的催化性能，但是由于此催化剂的耐水性不好，在水相中催化效果的循环稳定性表现得很差。用耐水性较好的氧化锆代替耐水性差的氧化铝所制备的 $MgO-ZrO_2$ 催化剂具有和 $MgO-Al_2O_3$ 催化剂相当的催化活性，并且表现出了在水相中稳定的循环重复效果[117]。最近，有报道绿色合成的纳米 TiO_2 对糠醛和丙酮的缩合反应有一定的催化效果，糠醛转化率为 25%，选择性为 70%。煅烧后由于脱水和羟基作用，催化活性急剧降低，仅有 3.3%的糠醛转化率[118]。此外，尖晶石材料对 HMF 和丙酮的缩合反应也表现出很高的活性。比较不同尖晶石材料（$MgAl_2O_4$、$CoAl_2O_4$ 和 $ZnAl_2O_4$）的活性发现，$MgAl_2O_4$ 显示出最佳的催化性能，HMF 转化率为 100%，单体选择性为 81%。此外，通过连续再生，可以回收催化剂而不损失活性[118]。活化白云石也可用作糠醛与丙酮的醛醇缩合催化剂，此催化剂作用下 C_{13} 二聚体的产率高达 80%[119]。大连物理化学研究所的张涛团队[120]用 CaO 作催化剂，HMF 转化率接近 98%，缩合单体的产率高达 95%。CaO 通过石灰石加热可得，来源广，价格低廉。

基于上述碱性材料对糠醛、HMF 和丙酮缩合反应活性的研究，现已发展出了具有缩合和加氢的双功能催化剂，可以将缩合产物氢化成饱和的含氧化合物。Dumesic 团队[121]发现，在单一反应器中，用双功能催化剂 $Pd/MgO-ZrO_2$ 可以在将糠醛和丙酮交叉缩合的同时将缩合产物加氢成饱和的含氧化合物。缩合的单体可以形成 C_8～C_9 化合物，而二聚体则可以生成 C_{13}～C_{15} 化合物。HMF 在 Pd/Al_2O_3 上提供对 C_{12} 化合物的最高选择性，而糠醛和丙酮的缩合衍生物在 Pd/Al_2O_3 上对 C_8 化合物的选择性最高。Palkovits 等[122]发展出了贱金属负载型催化剂（$Cu/MgAl_2O_4$），经 HMF 与丙酮缩合并氢化缩合产物，产物主要为 3-羟基丁基-5-甲基呋喃，选择性高达 84%。

2. 糠醛类化合物自偶联

糠醛类物质自偶联是增碳的一种重要途径，相比于加入丙酮来增碳，通过这种方式增碳的最大优势是原料都来自可再生生物质，是生物质制备长链烷烃最理想的方式。

目前已经开发出许多高效的有机催化剂（离子液体、*N*-杂环卡宾、胺类等）。Liu 等[123]用 1-乙基-3-甲基咪唑鎓乙酸高效地催化 HMF 自偶联，在 80°C 下可以达到 72%的 5,5′-二羟甲基糠醛（DHMF）产率。稳定的 NHC-1,3,4-三苯基-4,5-二羟基-1H-1,2,4-三唑-5-亚基（TPT）是一种更高效的催化 HMF 自偶联的催化剂，在 60℃、1% TPT 以及无溶剂条件下，实现了 95%的 DHMF 分离产率[124]。Zhang 等[125]发展出了更高产率的反应体系，3-苄基-5-(2-乙酰氧基乙基)-4-甲基噻唑氯化物（^{AcO}[TM]Cl）和 3-苄基-5-(2-羟乙基)-4-甲基噻唑氯化物（^{HO}[TM]Cl）由于有强碱性，以其为前体制备的 NHCs 催化剂在 120℃下反应 2h，可以达到 97%的 DHMF 产率。Lu 等[126]最近提出了一种 NHC 负载于 SiO_2 上的负载型催化剂，DHMF 的产率高达 94%，催化剂可回收循环使用，在循环 10 次后依然可以保持很高的活性。此外，还利用 Merrifield 聚苯乙烯树脂（PS）作为载体的负载型催化剂，通过苯并咪唑与树脂中的苄基氯官能团烷基化将 1-十二烷基苯并咪唑接枝到 PS 上，产生有机聚合物负载的预催化剂 PS-g-[BI]-C_{12}-苄基，此催化剂用于糠醛和 HMF 自偶联产率分别为 97%和 94%。

中国科技大学 Huang 等[127]利用金属粉末（Mg、Al、Zn 等）在水中、室温条件下便可实现糠醛、HMF 的自偶联。这些自偶联产物可以进一步通过采用 Pd/C 与固体酸的结合型催化剂催化来实现烷基化，可以高产率地得到 C_8～C_{14} 的直链和支链烷烃。

3. 缩合产物和偶联产物加氢脱氧制备长链烷烃

DHMF 转化是通过水中的 HDO 工艺实现的，Pd/*β*-沸石可以在极端条件下氢化糠醛自偶联的产物，正十二烷的产率可以达到 76%，选择性高达 90%。以 Pt/C 和固体酸作催化剂，将 DHMF 转化为高品质的烷烃燃料，对直链 C_{10}～C_{12} 烷烃的选择性为 96%，主要由 27.0%正癸烷、22.9%正十一烷和 45.6%正十二烷组成[123]。由 Pt/C 和 $TaOPO_4$ 催化的 DHMF 的 HDO 方法，主要产生 C_{10}～C_{12} 直链烷烃的混合物。然而，从原子经济的角度来看，优选将 C_{12} 的 DHMF 选择性地转化为 C_{12} 烷烃。最近，有报道利用乙酸、Pd/C 和 $La(OTf)_3$ 的 DHMF 高选择性 HDO 方法。利用此双功能催化体系在 250℃、2.07MPa H_2 下将 DHMF 转化为液态烃燃料，反应 16h 得到 78%烷烃，正十二烷的选择性为 64%[128]。

张涛团队研究了糠醛和不同酮类化合物缩合产物加氢的多种催化剂[129]，结果见表 9-8-13。

表 9-8-13 羟醛缩合产物加氢脱氧

缩合产物	催化剂	烷烃产物	碳产率/%	参考文献
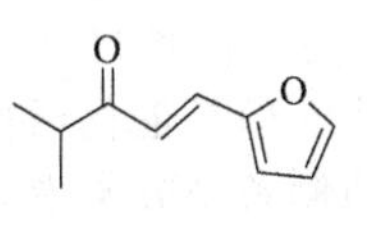	Pd-Fe/C	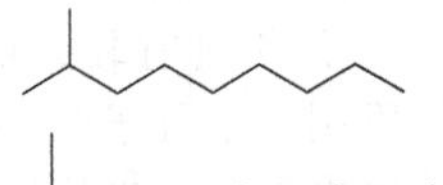	90～95	[44]
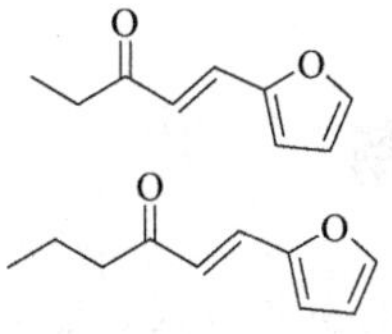	Pd/H-ZSM-5	C_9～C_{12} 烷烃	约 80	[53]
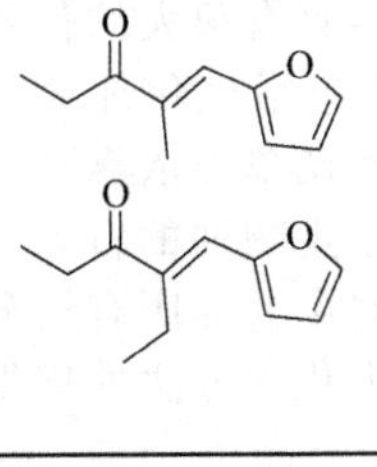	Ni-Cu/SiO_2	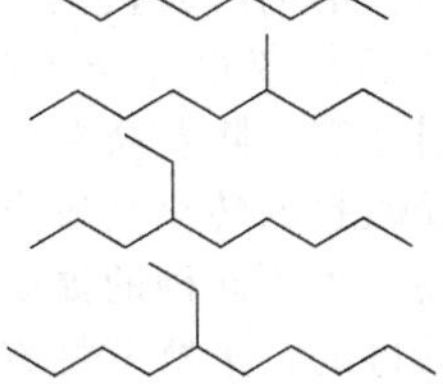	95	[53]

续表

缩合产物	催化剂	烷烃产物	碳产率/%	参考文献
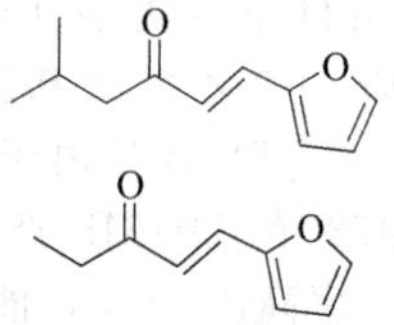 O O O O	Pd-FeO_x/SiO_2	$C_9 \sim C_{12}$ 烷烃	87～94	[54]
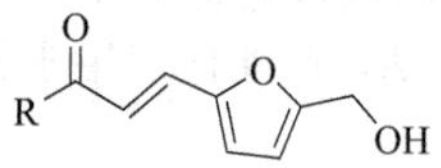 O R　O　OH R=CH_3，$CH_2CH_2CH_3$，$CH_2CH(CH_3)_2$	Au/TiO_2	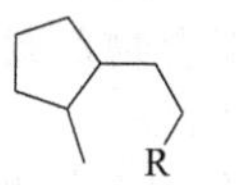 R	约 90	[44]

Dumesic 团队[130]将糠醛和丙酮缩合产物在 Pt 负载的酸性固体催化剂上进行加氢脱氧，从而制得了 $C_8 \sim C_{13}$ 的烷烃燃料。

综上所述，通过糠醛类物质缩合再加氢脱氧生成的长链烷烃是一种高附加值的液体燃料，可以用于航空产业，但是此技术的工艺路线复杂，原料成本也非常高，苛刻的反应条件增加更多的能耗和催化剂成本，就目前的研究成果来看还很难用于规模产业化。随着化石能源的日益枯竭，生物质能源作为可再生能源也是当前研究的热点。但该工艺较复杂，目前还处于采用平台化合物进行研究的阶段。简化这种长链烷烃生产工艺，发展出非贵金属催化剂和降低原料成本是后续研究的方向。

生物质制得的小分子液态烃可以以任意比例与现代汽油混合使用，对缓解日益短缺的化石资源具有重要意义。但是目前以模型化合物为底物的研究居多，由真实生物质制备液态烷烃的研究还很少。

通过对比可以发现，木质纤维素水解糖通过加氢得到多元醇再加氢脱氧得到 $C_5 \sim C_6$ 液态烷烃的研究相对较多，从开始研究模型化合物多元醇的加氢脱氧到单糖、纤维素及真实生物质都可实现一步转化。而且催化剂的低活性、低重复性问题也较好地得到了解决，目前液态烷烃的产率最高可以达到 80%以上，并且催化剂具有较好的稳定性。而由多元醇制备长链烷烃和芳烃的研究目前来说还比较少。由生物质制备小分子液态烷烃的技术有了长足进步，但是催化活性和稳定性还有很大的提升空间。设计出更高效、更稳定的廉价催化剂催化生物质制备小分子液态烷烃是当前需要尽快突破的技术瓶颈。

第六节　富烃燃油生产工艺与设备

由生物质直接热解获得生物油是当前规模化利用自然界生物质原料的主要方式。然而，由于生物油本身具有含氧量高、含水量高、酸值高、热不稳定性、热值低等特点，无法直接用作内燃机的燃料。虽然生物油充当燃料油的品质较低，但生物油通过提质精炼后具有很大的代替石油作运输燃料的潜力。生物油提质富集获得烃类主产物的方法有很多，主要包括催化加氢、催化裂解、催化酯化和水蒸气重整制氢等。随着众多学者的进一步深入研究，发现单独依靠某一种提质精炼方法来实现生物油到富烃燃料的转化是较为困难的，因而，需要根据生物油的特点，针对不同生物油组分的不同理化特性，将不同种的提质方法进行组合，以达到对生物油所有组分充分利用、提高工艺生产的经济性的目的。本章节将重点介绍生物油通过一系列化学方法处理得到富烃燃油工艺的研究现状以及工艺所涉及的一些设备。

一、富烃燃料合成工艺

（一）催化加氢工艺

1. 工艺条件

（1）深度加氢　对生物油的催化加氢研究最初依据的是石油化工行业的加氢工艺，对生物油进行严格的加氢脱氧，从而得到低含氧量或者不含氧的烃类化合物[131]。在研究初期，催化剂使用最多的是石油工业中的 NiMo、CoMo 催化剂[132]。Sheu 等[133]在滴流床反应器中，采用 CoMo/γ-Al_2O_3、NiMo/γ-Al_2O_3、NiW/γ-Al_2O_3 催化剂对松木热解生物油的加氢脱氧进行了研究，研究了温度、压力和重时空速对生物油加氢脱氧效果的影响。最终结果显示，相对于重时空速而言，压力和温度对脱氧率的影响更大。Parapati 等[134]在固定床反应器中研究 CoMo/γ-Al_2O_3，混合氧化物负载的 Fe-Cr、FeW/Si-Al 以及 1∶2 混合的 Ru/γ-Al_2O_3、Ni/Si-Al 催化剂对预处理的生物油的加氢脱氧性能，结果显示 CoMo/γ-Al_2O_3 性能最好且提质精炼后燃料油的主要成分为烯烃、异构烷烃、环烷烃和芳香烃等，含氧量降低到 0.1%。Şenol 等[135]研究了经过预硫化处理的 NiMo/Al_2O_3、CoMo/Al_2O_3 催化剂对生物油催化加氢的反应机理，最终研究结果发现，因为芳香族和脂肪族含氧化合物中电子与分子结构不同，其在催化剂上显示出不同的反应机理。其中，NiMo 催化剂对酚类物质具有较高的催化活性，但是催化剂 CoMo 对脂肪族含氧化合物具有较高的催化活性。

虽然，NiMo 和 CoMo 催化剂均表现出了极好的加氢脱氧性能，但二者在使用前都需要预硫化，并且需要硫来保持自身的活性，因而此类催化剂在使用过程中会对不含硫的生物油造成硫污染，并且在反应过程中会有比较严重的结焦现象发生，最终导致催化剂失活[136]。因为贵金属催化剂本身具有很好的加氢活性，所以贵金属催化剂也常被用于生物油加氢提质工艺中。Ardiyanti 等[137]研究了铑、铂、钯催化剂对生物油的加氢提质效果，最终结果表明，以上三种贵金属催化剂都比传统的 CoMo/Al_2O_3 催化剂的催化活性高，而在这之中 Pd/ZrO_2 表现出的反应活性最高，而 Rh/ZrO_2 催化得到的最终产品油的油品最好，产生的结焦量最少。Wildschut 等[138]以高压反应釜作为反应容器比较了新型贵金属催化剂和传统的加氢催化剂催化生物油加氢提质的效果，最终研究结果发现，贵金属催化剂 Ru/C 具有最佳催化效果，产品油产率达到 60%，而其脱氧率达到 90%。

（2）部分加氢　部分加氢就是将生物油在温和的条件下进行加氢处理，最终转化为以饱和醇为主要组分的含氧燃料，具有相当的原子经济性。

姚燕等[139]在固定床加氢微反应装置中研究了催化剂 Ru/γ-Al_2O_3 对生物油轻组分的加氢精制效果，最终研究结果表明，当反应温度超过 120℃时，生物油轻组分中的不饱和化合物将完全进行转化，最终产品燃料油中醇类物质的种类增多。徐莹等[140]在高压反应釜中研究了自制的催化剂 Raney-Ni 在催化生物油轻质组分加氢制备饱和醇方面的性能，研究了反应温度、最初氢气压力、催化剂用量对催化加氢提质的影响。最终研究结果表明，饱和醇的含量随着反应温度以及最初氢气压力的增大先增大再减小，通过优化反应条件，最终产物中的饱和醇含量可以达到 53.51%，但是最大的缺点是此类自制催化剂的重复使用性较差。张丽敏等[141]在前人研究的基础上针对 Raney-Ni 催化剂催化生物油轻质组分加氢提质产品中酸含量依旧比较高的问题，提出了新的解决方法，即先用碳酸盐中和生物油中的酸然后再进行催化加氢，而最终的研究结果显示，使用 Na_2CO_3 中和加氢时，使得醛酮类物质加氢效果极其显著，最终饱和醇含量高达 90.02%，酸含量明显减少，但是产品燃料油中的灰分增加。朱富楠等[142]利用 Pt/C 催化剂对生物油中汽油馏分进行两步加氢制取含氧液体燃料，依次经过温和条件 80℃、2h、2MPa 氢气初压、800r/min、5% Pt/C 下初步加氢和 270℃、3h、4MPa 氢气初压、800r/min、5% Pt/C 条件下二次加氢后，产品燃料油中的饱和醇含量能够达到 85.38%。常佳敏等[143]将催化酯化和催化氢化两种方法耦合起来对生物油的轻质组分进行精制，最终研究结果显示，先酯化加氢再二次加氢的工艺路线的效果最好，产品燃料油中饱和醇、酯的含量分别为74.21%和9.96%，且产品油的pH值提高到5.88。

2.工艺路线

生物油在催化加氢过程中因剧烈的反应而容易产生积炭和结焦。为解决这一问题以及工艺生产中的氢源问题，研究开发了分段加氢、催化加氢与加氢裂化相结合、原位加氢等工艺。Vispute等[144]利用钌基催化剂和铂基催化剂首先对生物热解油进行温和加氢精制，然后再利用沸石分子筛催化剂进行催化转化，此种工艺设计有效地避免了在反应过程中过多地使用氢气，同时可以有效地阻止催化剂结焦和设备阻塞，从而延长连续反应时间。Elliott等[145]对松木屑热解油的催化加氢精制是在二段反应器中进行的。在第一段170℃、13.8MPa条件下使用Ru/C催化剂进行温和催化加氢，然后在第二段400℃、13.8MPa条件下使用硫化的钼基催化剂进行深度加氢脱氧，LHSV均为$0.19h^{-1}$。最终研究结果显示，产品燃料油产率为35%～45%，含氧量为0.2%～0.7%，其酸值和密度明显降低。Xu等[146]对生物油进行两段催化加氢脱氧处理，在第一段300℃、10MPa条件下以Ru/C作为催化剂进行温和催化加氢，在第二段400℃、13MPa条件下以$NiMo/Al_2O_3$作为催化剂进行深度加氢脱氧，最终研究结果显示经过这样的处理能够有效地避免形成积炭，产品燃料油的含氧量降低至0.5%，且气质色谱检测结果显示产品燃料油的主要组分是C_{11}～C_{27}的脂肪烃和芳香烃。Elliott等[147]将加氢精制和加氢裂化有效地组合起来，对由不同种生物质原料得到的生物油分别进行提质处理。加氢精制是在40℃、13.8MPa和LHSV $0.25h^{-1}$的条件下以Pd/C作为催化剂进行的，而加氢裂化是在405℃、13.8MPa和LHSV $0.2h^{-1}$的条件下以传统加氢裂解催化剂催化进行的。最终的研究结果显示，不同种类的原料得到的产品燃料油的元素构成相似，产品燃料油的质量很高，产率为36%～38%，氧含量为0.3%～0.8%。

（二）催化酯化工艺

生物油中富含大量有机酸，如乙酸等，其油品的pH值一般在2～3之间，使得其本身对存储的设备有一定的腐蚀性，所以生物油在使用之前必须经过处理降低其自身的酸性，减少对设备的损害。催化酯化是指在酸、碱等催化剂的作用下，向生物油中加入小分子醇类，促使生物油中的有机酸与醇发生酯化反应，达到除去羧基，有效降低生物油中羧酸含量的目的。生成的酯类化合物也容易与水相体系分离，从而实现对含氧燃料分子的富集。目前，最常用的催化生物油酯化的催化剂主要有固体酸、固体碱以及离子液体等。

Mahfud等[148]研究了在反应温度323～353K、反应压力小于10kPa的条件下固体酸催化剂Nafion SAC-13对山毛榉快速热解生物油的催化酯化精制。研究以高沸点醇如正丁醇等作为反应溶剂以及生物油中有机酸酯化的醇源，最终反应结果显示生物油中的水分在低压反应条件下大幅度减少，同时正丁醇取代了生物油中的水以维持生物油的流动性，得到的精制产品燃料油的热值大幅提升，同时其自身黏度大幅度降低，理化特性得到了极大的改善。虽然生物油中的有机酸含量大幅减少，但是因为固体酸催化剂本身存在酸性流失的问题，所以并不能很明显地降低产品燃料油的pH。

徐俊明[149]采用凝胶共沉淀法制备固体超强酸，以乙醇和甲酸作为原料，比较了不同种类的载体对催化剂催化性能的影响，最终研究结果发现氧化锆作为载体时催化剂的催化性能最好，并且对不同条件下氧化锆负载的超强酸催化剂的活性进行了比较，发现在优化后的条件下甲酸的转化率高达58.2%，为这种催化剂应用于生物油催化酯化中提供了极大的可能。

王锦江[150]利用生物油的替代品即模型化合物在离子交换树脂732和NKC-9催化下，在间歇反应釜中对生物油进行酯化处理。最终结果显示，产品燃料油的含水量大大降低，密度和酸值都明显降低，说明这种离子交换树脂能够有效地将生物油中的有机酸酯化，在很大程度上改变生物油的性质。

Xu等[151]将反应精馏的概念引入了生物油的催化酯化过程中，以介孔分子筛SO_4^{2-}/Zr-MCM-41为催化剂，以乙醇作为反应溶剂和醇源，与生物油混合后加入底精馏反应釜中，研究生物油的催化酯化。最终研究结果显示，生物油在精馏塔反应釜中经过反应后分离，可以分为轻质组分和重质组分，与生物油相比，轻质油和重质油的，热值大幅度提升，同时酸性大幅度下降，密度大大降低，含水量也大大降低。且通过研究发现，在此反应过程中，用于生物油中有机酸酯化的溶剂乙醇的用量比较少，仅为生物油自身体积的一半，与之前的固定床、间歇搅拌釜等相比，精馏催化酯化的效果更好。

Xiong 等[152]通过制备室温双阳离子液体 C_6（mim）$_2$-HSO_4 催化剂来研究生物油的催化酯化过程。最终研究结果表明，反应之后生物油分为两层：上层的轻质油水含量大幅下降，热值大大升高，且生物油的酸值大大减小，且经过分析之后发现，生物油中的羧酸类化合物和醇转化为酯；下层为重质油，含有大量的水分，下层经过静置后再度分为两层，下层为油相，主要成分为糖类、甘油、酚类等，且反应结束后催化剂并没有发生失活、结焦等现象。

张琦等[153]利用乙酸和乙醇作为生物油催化酯化的模型反应物，以机械混合法和浸渍法制备了固体酸催化剂 SO_4^{2-}/SiO_2-TiO_2，研究了 SiO_2 含量及焙烧温度对催化剂催化活性的影响。最终研究结果表明，当反应采取全回流操作时，乙酸的转化率为 84%，而采用部分回流的操作时，乙酸几乎全部转化。

通过上面的研究发现，通过催化酯化，生物油自身的酸性会降低，对设备的腐蚀性减轻，且能够在一定程度上提高生物油的热值，但是因为在酯化过程中会生成大量的水且没有对生物油中的氧元素进行脱除，因此对生物油热值的提高是有限的。单独采用催化酯化的方法精制生物油对生物油品质的提升是有限的，因此，结合其他生物油的精制方法，能够进一步提升生物油的品质。

（三）催化裂解工艺

催化裂解工艺是指生物油在常压及 350～500℃的反应条件下，经过加热变为蒸气，于氢气氛围条件下，在催化剂的催化作用下，发生一系列如脱羧、脱水和脱羰等的加氢脱氧反应，生物油各组分中的氧元素最终以 CO_2、CO 或 H_2O 的形式除去。催化裂解处理不仅能够降低生物油的含氧量，而且能够大大增加其饱和度，使生物油变得更加稳定。在催化裂解处理过程中常用的催化剂主要为石油裂解类催化剂沸石分子筛，催化剂自身具有较高的比表面积和可控的吸附能力，在生物油催化裂解反应中被广泛使用。其中 HZSM-5 催化剂是生物油催化裂解过程中使用最多的催化剂。HZSM-5 催化剂的主要特点是高活性、强酸性和择形性，可以通过催化剂的催化作用催化生物油发生脱氧和脱水反应，将生物油中的含氧基团除去并分解为轻质的 C_1～C_{10} 的碳氢化合物。

Adam 等[154]利用 Al-MCM(介孔分子筛)-41 和 Cu/Al-MCM-41 两种催化剂及其扩大孔径后的催化剂对以云杉为原料制得的生物油进行催化裂解研究。最终研究结果表明，生物油在加热变为蒸气之后再经过催化剂床层后，最显著的变化是其含有的左旋葡聚糖消失。研究发现，Al-MCM-41 催化剂能够显著增加提质后生物油中苯酚和烃类的含量，而通过负载过渡金属、扩大催化剂孔径能够降低生物油中水和乙酸的含量。

贤晖等[155]研究比较了 $C_{12}A_7MgO$ 和 $C_{12}A_7O^-$ 两种催化剂的不同催化效果，研究结果表明，$C_{12}A_7MgO$ 的催化效果最好，催化剂中加入氧化镁能够在很大程度上抑制积炭的生成，并且能够大大增加催化剂的使用寿命，最终达到提高氢气产率的目的。

结合以上研究发现，利用催化剂催化裂解处理生物油具有很多优点，比如，技术相对简单和成熟，能够参考石油产品生产经验，能在常压下进行操作处理，并且产物中轻组分的汽油馏分含量比较高。但是研究开发新型经济高效的催化剂是催化裂化方法的关键，现在常用的催化剂普遍存在结焦率高、催化剂容易积炭失活等现象，并且催化剂催化所得产物中碳氢化合物收率较低，所以研究开发转化率高、催化性能好、结焦率低的催化剂是未来研究的重要方向。

（四）水蒸气重整工艺

作为高品位清洁能源，氢气不仅能够满足人类社会的多种能源需求，并且还有其他极其广泛的用途。自美国国家可再生能源实验室开发出生物油中水溶性组分重整制氢技术路线以来，生物油作为一种新型的可再生、易储运、清洁的潜在制氢原料，受到人们的广泛关注。生物油水蒸气重整制氢是指在水蒸气、高热和催化剂的共同作用下，生物油中的有机组分完全断键和重组，碳、氧元素以 CO 和 CO_2 的形式脱除，而氢元素则生成氢气，完成从复杂的低品位液体燃料向简单的高品位氢能的转化。

生物油水蒸气重整所涉及的催化剂主要是镍基催化剂，反应温度一般设定在 600～800℃之间。Davidian 等[156]采用两步法制氢的技术路线，分别通过 Ni/Al_2O_3 与 $Ni\text{-}K/La_2O_3\text{-}Al_2O_3$ 两种镍基催化剂对生物油进行水蒸气重整制氢，最终研究结果显示，此种方法下的氢产率可达到 45%～50%，且研究发现在生物油水蒸气重整反应发生的同时，含氧有机物的热解反应也在进行，不仅会导致氢气的产率降低，而且反应过程中生成的副产物焦炭更会造成催化剂的快速失活。

Medrano 等[157]使用 Ni/Al 和 Ni/Al/Ca 催化剂在流化床反应器中对生物油模型化合物乙酸水溶液进行水蒸气重整实验，通过向重整反应体系中加入一定量的 O_2 将吸附在催化剂表面的半焦前驱物提前去除，在不损失 H_2 产率的前提下达到减少催化剂表面的积炭，防止催化剂失活的目的，碳转化率能够达到 100%。

Rennard 等[158]使用铑基和铂基催化剂对生物油模型化合物进行自热式催化重整制氢实验研究。研究结果表明，反应过程中所需要的热量来自反应底物的氧化反应，而改变重整反应条件能得到合成气、烯烃或者醛类产物，并且铑基催化剂对合成气具有更高的选择性。

Dumesic 等[159]提出了在加压条件下水溶液中的生物油低温重整与水气变换制氢的技术路线，选择 $Pt/Al_2O_3\text{-}SiO_2$ 作为催化剂，在反应温度 225℃或 265℃，反应压力 2.9MPa 或 5.6MPa 条件下进行研究，研究结果表明此种技术路线下氢气转化率较低，但其选择性大大增加，且可以明显减少催化剂结焦。

就目前的研究成果而言，生物油水蒸气重整技术仍然存在能耗大、设备成本高、氢气产率低、氢气选择性低以及催化剂失活严重等一系列问题，因此在实际生产中的大规模应用尚未实现。

二、富烃燃油生产设备

综合前人的研究内容，生物油可以通过催化加氢、催化裂解、催化酯化、水蒸气重整等工艺路线提质精制得到高品质的富烃燃油。要实现生物油提质精制富烃燃油的工业化生产，除了必要的工艺路线设计外，还需要合适的生产设备，下面将介绍几种可应用于富烃燃油生产的工业反应器。

1. 大型加氢反应器

工业上的加氢主要分为加氢脱硫、加氢脱氧和加强脱氮几种，即分别将原料中的含硫、氧、氮的化合物杂质通过加氢去除，达到烯烃饱和的目的。图 9-8-24 即为加氢反应器。由于加氢过程中存在气、固、液三相的放热反应，欲使反应进料与催化剂充分、均匀、有效地接触，加氢反应器中设计有多个催化剂床层，在每个床层的顶部都设置分配盘，并在两个床层之间设置温控结构（冷氢箱），以确保加氢装置的安全平稳生产和延长催化剂的使用寿命。反应器内设置入口扩散器、积垢篮、卸料管、催化剂支撑盘、出口捕集器、气液反应物流分配盘、冷氢箱、热电偶保护管和出口收集器等。

（1）入口扩散器　来自反应器入口的介质首先经过入口扩散器，在上部锥形体整流后，经上下两挡板上两层孔的节流、碰撞后被扩散到整个反应器截面上。其主要作用：一是将进入的介质扩散到反应器的整个截面上；二是消除气、液介质对顶分配盘的垂直冲击，为分配盘的稳定工作创造条件；三是通过扰动，促使气液两相混合。

（2）分配盘　目前国内加氢反应器所使用的反应物流分配器，按其作用原理大致可以分为溢流式和抽烟喷射式两类。反应物流分配盘应不漏液，安装后需进行测漏试验。分配盘安装的水平度要求：对于喷射式的分配器，包括制造公差等在内，其分配盘的水平度应控制为±5～±6mm；

对于溢流式的分配器，其分配盘安装的水平度要求更严格一些。在催化剂床层上面，采用分配盘是为了均布反应介质，改善其流动状况，实现与催化剂的良好接触，进而达到径向和轴向的均匀分布。

(3) 积垢篮　由不同规模的不锈钢金属网和骨架构成的篮筐，置于反应器上部催化剂床层的顶部，可为反应物流提供更大的流通面积，在上部催化剂床层的顶部捕集更多的机械杂质沉积物，而又不致引起反应器压力降过快地增长。积垢篮框在反应器内截面上呈等边三角形均匀排列，其内是空的，安装好后要用不锈钢铁链将其穿连在一起，并牢固地拴在其上部分配盘的支撑梁上，不锈钢金属链条要有足够的长度裕量，以便适应催化剂床层的下沉。

(4) 催化剂支撑盘　催化剂支撑盘由 T 型大梁、格栅和丝网组成。大梁的两边搭在反应器器壁的凸台上，而格栅则放在大梁和凸台上。催化剂支撑大梁和格栅要有足够的高温强度和刚度，即在 420℃高温下弯曲变形很小，且具有一定的抗腐蚀性能。因此，大梁、格栅和丝网的材质均为不锈钢。在设计中应考虑催化剂支撑盘上催化剂和磁球的重量、催化剂支撑盘本身的重量、床层压力降和操作液重等载荷，经过计算得出支撑大梁和格栅的结构尺寸。

(5) 卸料管　固定床反应器每一催化剂床层下都安装有若干根卸料管，跨过催化剂支撑盘、物料分配盘和冷氢箱，通向下一层床，作为反应器停工时的卸剂通道。

(6) 冷氢管　烃类加氢反应器属于放热反应器，对多床层的加氢反应器来说，油气和氢气在上一床层反应后温度降升高，为了下一床层继续有效反应的需要，必须在两床层间引入冷氢气来控制温度。将冷氢气引入反应器内部并加以散布的管子被称为冷氢管。

(7) 冷氢箱　冷氢箱实际上是混合箱和预分配盘的组合体。它是加氢反应器内的热反应物与冷氢气进行混合及热量交换的场所。其作用是将上层流下来的反应产物与冷氢管注入的冷氢在箱内进行充分地混合，以吸收反应热，降低反应物温度，满足下一催化剂床层的反应要求，避免反应器超温。

(8) 出口收集器　出口收集器是一个帽状部件，顶部有圆孔，侧壁有长孔，覆盖不锈钢网。其作用主要是阻止反应器底部的瓷球从出口漏出，并导出流体。反应器底部的出口收集器，用于支撑下部的催化剂床层，减小床层的压降和改善反应物料的分配。出口收集器与下端封头接触的下沿有数个缺口，供停工时排液用。

(9) 热电偶保护管　为掌握加氢放热反应引起床层温度升高及床层截面温度分布状况而对操作温度进行监控。

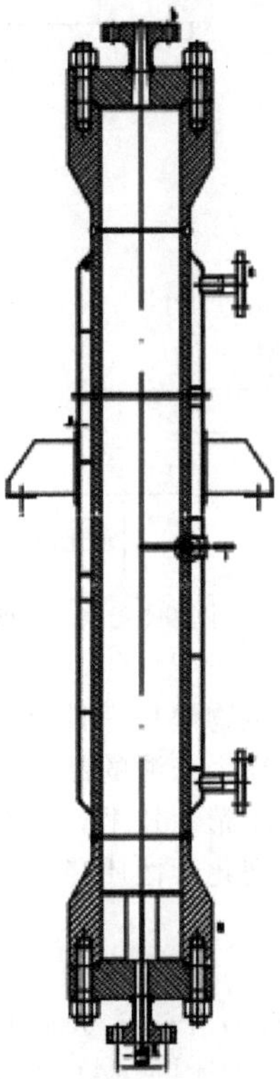

图 9-8-24　加氢反应器

2. 鼓泡式流化床反应器

鼓泡式流化床反应器[58]的内部分布着许多粒子，在受到气体持续向上的吹动作用时，可以保持流态化。一般的流化床系统由一个垂直的圆柱形容器构成，在底部设有布满小孔的分布板。一些颗粒状原料装填于管道内，同时气体从底部向上吹过颗粒层。如果气体流动速率很低，会在颗粒周围简单地流动，最终从顶部流出。气体流动速率持续增加，直到粒子呈悬浮状态。当气体速率进一步增加时，系统中将会产生气泡，并迅速向上流动，这种结构的流化床就称为鼓泡式流化床，如图 9-8-25 所示。

鼓泡式流化床的热传递非常有效并且对于温度的控制也很精确，该反应器对快速裂解而言能够通过改变气体通入速率很容易地缩短气体的停留时间。但其最大的缺点就是要求介质的颗粒直径必须足够小，从而减少热量在物质之间传递的影响。

3. 循环流化床反应器

循环流化床反应器大体上与鼓泡式流化床相似[160]。二者最大的不同在于气体流动速率。在鼓泡式流化床反应器中当气体流动速率不断上升时，在某一点颗粒受到的力足够带动其向上运动至床外，即“扬折”现象。而在循环流化床反应器中，扬折作用将热载体与炭粉颗粒均带出容器，并在旋风分离器中受到主反应器的旋流吹动。二者一旦分离，炭粉就会马上燃烧以给载体提供额外的能量。而经过热量补充后的载体被重新送入反应器中循环利用。因此，在此类反应器中，热载体维持了反应器所要求的热量，并提供大部分的热量。因此，相比较鼓泡式流化床反应器而言，循环流化床反应器对热量的需求要小得多。图 9-8-26 为循环流化床反应器示意图。

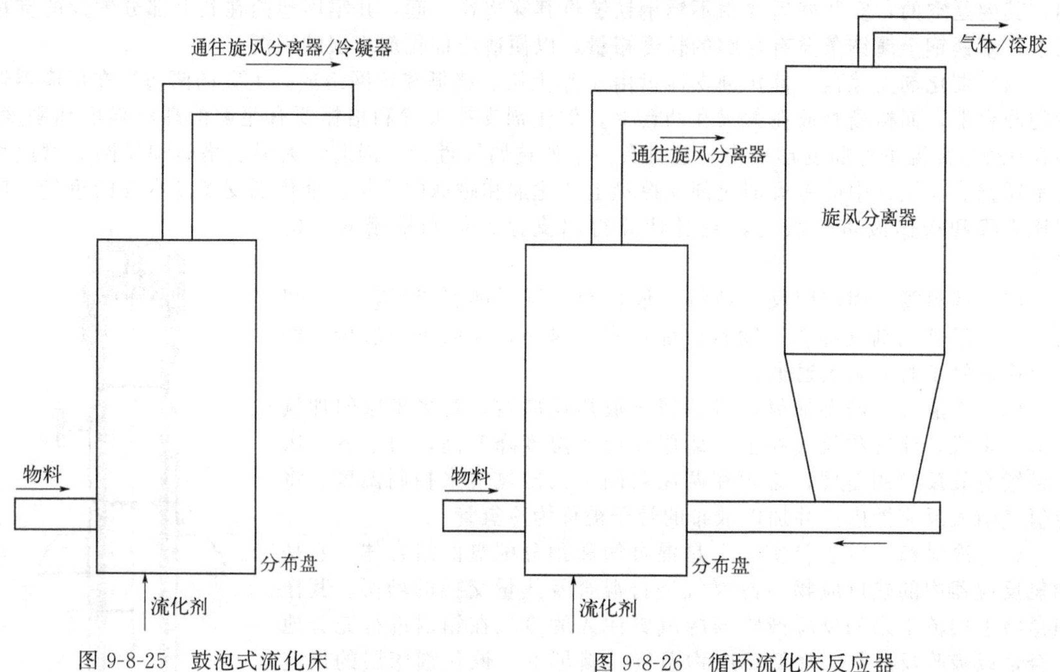

图 9-8-25 鼓泡式流化床　　图 9-8-26 循环流化床反应器

生物油是一种极具发展前景的新型能源，而生物油的提质精制技术又是此中的重中之重。要想提高生物油的品质就需要不断深入地研究生物质热解液化的机理、生物油的理化性质以及生物油提质精制技术，只有这样才能在生物油提质精制的各个阶段控制生物油各成分的生成途径，从而得到化学性质稳定、利用价值较高的富烃燃油或者其他各种化工原料。

参考文献

[1] Xu J，Long F，Jiang J，et al. Integrated catalytic conversion of waste triglycerides to liquid hydrocarbons for aviation biofuels. Journal of Cleaner Production，2019，222（7）：84-92.

[2] Long F，Liu W，Jiang X，et al. State-of-the-art technologies for biofuel production from triglycerides：A review. Renewable and Sustainable Energy Reviews，2021，148（111269）.

[3] Xu J，Jiang J，Zhao J. Thermochemical conversion of triglycerides for production of drop-in liquid fuels. Renewable and Sustainable Energy Reviews，2016，58（3）：31-40.

[4] 李芳琳. 油脂热化学转化制备航空烃类燃油的研究. 北京：中国林业科学研究院，2018.

[5] Zandonai C H，Yassue-Cordeiro P H，Castellã-Pergher S B，et al. Production of petroleum-like synthetic fuel by hydrocracking of crude soybean oil over ZSM5 zeolite-improvement of catalyst lifetime by ion exchange. Fuel，2016，172（2）：28-37.

[6] Long F，Zhang X，Cao X，et al. Mechanism investigation on the formation of olefins and paraffin from the thermochemical catalytic conversion of triglycerides catalyzed by alkali metal catalysts. Fuel Processing Technology，2020，200（106）：312.

[7] Kubátová A，Luo Y，ŠŤávová J，et al. New path in the thermal cracking of triacylglycerols（canola and soybean oil）. Fuel，2011，90（8）：2598-2608.

[8] Long F，Cao X，Jiang X，et al. An effective strategy for waste oil deoxygenation and upgrading for hydrocarbon biofuels

production：A computational and experimental investigation. Journal of the Energy Institute，2022，100（10）：9-19.

[9] Kozliak E，Mota R，Rodriguez D，et al. Non-catalytic cracking of jojoba oil to produce fuel and chemical by-products. Industrial Crops and Products，2013，43（3）：86-92.

[10] Long F，Zhai Q，Liu P，et al. Catalytic conversion of triglycerides by metal-based catalysts and subsequent modification of molecular structure by ZSM-5 and Raney Ni for the production of high-value biofuel. Renewable Energy，2020，157（10）：72-80.

[11] Li F，Jiang J，Liu P，et al. Catalytic cracking of triglycerides with a base catalyst and modification of pyrolytic oils for production of aviation fuels. Sustainable Energy & Fuels，2018，2（6）：1206-1215.

[12] Xu J，Jiang J，Sun Y，et al. Production of hydrocarbon fuels from pyrolysis of soybean oils using a basic catalyst. Bioresource Technology，2010，101（24）：9803-9806.

[13] Long F，Li F，Zhai Q，et al. Thermochemical conversion of waste acidic oil into hydrocarbon products over basic composite catalysts. Journal of Cleaner Production，2019，234（10）：5-12.

[14] Wang S，Yuan C，Easkkiunuthu S，et al. Catalytic pyrolysis of waste clay oil to produce high quality biofuel. Journal of Analytical and Applied Pyrolysis，2019，141（104633）.

[15] Cao X，Li L，Yu S，et al. Catalytic conversion of waste cooking oils for the production of liquid hydrocarbon biofuels using in-situ coating metal oxide on SBA-15 as heterogeneous catalyst. Journal of Analytical and Applied Pyrolysis 2019，138：137-144.

[16] Zhang Z，Wang J，Wei Y，et al. Effect of La-Fe/Si-MCM-41 catalysts and CaO additive on catalytic cracking of soybean oil for biofuel with low aromatics. Journal of Analytical and Applied Pyrolysis，2019，143（104693）.

[17] Yu S，Cao X，Li L，et al. Catalytic cracking of rubber seed oil using basic mesoporous molecular sieves K_2O/MeO-SBA-15（Me＝Ca，Mg or Ba）as heterogeneous catalysts for the production of liquid hydrocarbon fuels. Catalysis Letters，2018，148（12）：3787-3796.

[18] Li L，Quan K，Xu J，et al. Liquid hydrocarbon fuels from catalytic cracking of rubber seed oil using USY as catalyst. Fuel，2014，123（1）：89-93.

[19] Li L，Quan K，Xu J，et al. Mesoporous molecular sieves K_2O/Ba（Ca or Mg）-MCM-41 with base sites as heterogeneous catalysts for the production of liquid hydrocarbon fuel from catalytic cracking of rubber seed oil. Green Chemistry，2013，15（9）：2573-2578.

[20] Zhao X，Wei L，Cheng S，et al. Optimization of catalytic cracking process for upgrading camelina oil to hydrocarbon biofuel. Industrial Crops and Products，2015，77（5）：16-26.

[21] Kubicka D，Bejblová M J. Conversion of vegetable oils into hydrocarbons over CoMo/MCM-41 catalysts. Topics in catalysis，2010，53（3）：168-178.

[22] Zhang J，Wu Z，Li X，et al. Catalytic cracking of inedible oils for the production of drop-in biofuels over a SO_4^{2-}/TiO_2-ZrO_2 catalyst. Energy & Fuels，2020，34（11）：14204-14214.

[23] Cao X，Xu J，Jiang J，et al. Enhancement of fatty acids hydrodeoxygenation selectivity to diesel-range alkanes over the supported Ni-MoO_x catalyst and elucidation of the active phase. Renewable Energy，2020，162：2113-2125.

[24] 乔凯，傅杰，周峰，等. 国内外生物航煤产业回顾与展望. 生物质工程学报，2016，32（10）：1309-1321.

[25] Peng B，Yao Y，Zhao C，et al. Towards quantitative conversion of microalgae oil to diesel-range alkanes with bifunctional catalysts. Angewandte Chemie International Edition，2012，51：2072-2075.

[26] Peng B，Yuan X，Zhao C，Lercher J A，et al. Stabilizing catalytic pathways via redundancy：Selective reduction of microalgae oil to alkanes. Journal of the American Chemical Society，2012，134：9400-9405.

[27] Kandel K，Anderegg J W，Nelson N C，et al. Supported iron nanoparticles for the hydrodeoxygenation of microalgal oil to green diesel. Journal of Catalysis，2014，314：142-148.

[28] Wang F，Xu J M，Jiang J C，et al. Hydrotreatment of vegetable oil for green diesel over activated carbon supported molybdenum carbide catalyst. Fuel，2018，216：738-746.

[29] Cao X C，Xu J M，Jiang J C，et al. Chemoselective decarboxylation of higher aliphatic esters to diesel-range alkanes over the $NiCu/Al_2O_3$ bifunctional catalyst under mild reaction conditions. Renewable Energy，2021，180：1-13.

[30] Xia Q，Zhuang M，Li M，et al. Cooperative catalysis for the direct hydrodeoxygenation of vegetable oils into diesel-range alkanes over $Pd/NbOPO_4$. Chemical Communications，2016，52：5160-5163.

[31] Murata K，Liu Y，Inaba M，et al. Production of synthetic diesel by hydrotreatment of jatropha oils using Pt-Re/H-ZSM-5 catalyst. Energy & Fuels，2010，24：2404-2409.

[32] Wang F，Zhang W，Jiang J，et al. Nitrogen-rich carbon-supported ultrafine MoC nanoparticles for the hydrotreatment of oleic acid into diesel-like hydrocarbons. Chemical Engineering Journal，2020，382：1-10.

[33] Wang F，Zhang W，Jiang J，et al. Hydrotreatment of lipid model for diesel-like alkane using nitrogen-doped mesoporous carbon-supported molybdenum carbide. Applied Catalysis B：Environmental，2019，242：150-160.

[34] Liu P, Chen C, Zhou M, et al. Metal-organic framework-derived Ni-based catalyst for the hydrotreatment of triolein into green diesel. Sustainable Energy Fuels, 2021, 5: 1809-1820.

[35] Loe R, Santillan-Jimenez E, Morgan T, et al. Effect of Cu and Sn promotion on the catalytic deoxygenation of model and algal lipids to fuel-like hydrocarbons over supported Ni catalysts. Applied Catalysis B: Environmental, 2016, 191: 147-156.

[36] Wang C, Tian Z, Wang L. One-step hydrotreatment of vegetable oil to produce high quality diesel-range alkanes. ChemSuSChem, 2012, 5: 1-11.

[37] Jiang X, Long F, Zhao J, et al. The production of high-quality biofuel from waste oil. Reaction Chemistry & Engineering, 2022, 7: 699-710.

[38] Modenbach A A, Nokes S E. The use of high-solids loadings in biomass pretreatment-a review. Biotechnology & Bioengineering, 2012, 109 (6): 1430.

[39] Nor Afzanizam B S, Mohammad Nazri B M J, Chongcheng T, et al. A review of biomass gasification technology to produce syngas. American-Eurasian Journal of Sustainable Agriculture, 2014, 8 (7): 1-7.

[40] 陈凯，夏祖西，孙婷. 利用费托合成工艺制备航空生物燃料. 天然气化工（C1 化学与化工），2012，37（4）：74-78.

[41] Leckel D. Diesel production from fischer-Tropsch: The past, the present, and new concepts. Energy & Fuels, 2009, 23 (5): 2342-2358.

[42] Luque R, Osa A R D L, Campelo J M, et al. Design and development of catalysts for Biomass-To-Liquid-Fischer-Tropsch (BTL-FT) processes for biofuels production. Energy & Environmental Science, 2012, 5 (1): 5186-5202.

[43] Steynberg A P, Dry M E, Davis B H, et al. Fischer-Tropsch reactors. Studies in Surface Science & Catalysis, 2004, 152: 64-195.

[44] Zhang C, Yang Y, Teng B, et al. Study of an iron-manganese Fischer-Tropsch synthesis catalyst promoted with copper. Journal of Catalysis, 2006, 237 (2): 405-415.

[45] Li J, Cheng X, Zhang C, et al. Comparative study of iron-based fischer-Tropsch synthesis catalysts promoted with strontium or potassium. Catalysis Letters, 2016, 146 (12): 2574-2584.

[46] 魏宏鸽，仲兆平. 生物油催化加氢提质的研究进展. 能源研究与利用，2009（3）：1-4.

[47] Bykova M V, Ermakov D Yu, Kaichev V V, et al. Ni-based sol-gel catalysts as promising systems for crude bio—oil upgrading: Guaiacol hydrodeoxygenation study. Environmenta, 2012, 113-114: 296-307.

[48] Mahfud F H. Exploratory Studies on fast pyrolysis oil upgrading. Groningen, Netherland: University of Groningen, 2007.

[49] Zhang S, Yan Y, Li T, et al. Upgrading of liquid fuel from the pyrolysis of biomass. Bioresource technology, 2005, 96 (5): 545-550.

[50] Zhou M, Tian L, Niu L, et al. Upgrading of liquid fuel from fast pyrolysis of biomass over modifiedNi/CNT catalysts. Fuel Process Technol, 2014, 126: 12-18.

[51] Zhang X, Wang T, Ma L, et al. Hydrotreatment of bio-oil over Ni-based catalyst. Bioresourse Technology, 2013, 127: 306-311.

[52] Veses A, Puertolas B, Callen M S, et al. Catalytic upgrading of biomass derived pyrolysis vapors over metal-loaded ZSM-5 zeolites: Effect of different metal cations on the bio-oil final properties. Microporous Mesoporous Materials, 2015, 209: 189-196.

[53] He P, Shan W, Xiao Y, et al. Performance of Zn/ZSM-5 for in situ catalytic upgrading of pyrolysis bio-oil by methane. Topics in Catalysis, 2016, 59: 86-93.

[54] Ardiyanti A R, Khromova S A, Venderbosch R H, et al. Catalytic hydrotreatment of fast-pyrolysis oil using non-sulfided bimetallic Ni-Cu catalysts on a δ-Al_2O_3 support. Applied Catalysis B: Environmental, 2012 (117/118): 105-117.

[55] Soltes E J, Lin S C K, Sheu Y H E. Catalyst specificities in high-pressure hydroprocessing of pyrolysis and gasification tars. Abstracts of Papers of the American Chemical Society, 1987, 193: 62.

[56] Wildschut J, Melifin Cabrera I, Heeres H J. Catalyst studies on the hydrotreatment of fast pyrolysis oil. Appl Catal B-Environ, 2010, 99: 298-306.

[57] Oh S, Hwang H, Choi H S, et al. The effect of noble metal catalysts on the bio-oil quality during the hydrodeoxygenative upgrading process. Fuel, 2015, 153: 535-543.

[58] Li H, Luo H, Zhuang L, et al. Liquid phase hydrogenation of furfural to furfuryl alcohol over the Fe-promoted NiB amorphous alloy catalysts. J Mol Catal A, 2003, 203: 267-275.

[59] 李学琴，陈高峰，徐海燕. 生物油加氢提质中 Cu 基催化剂的研究. 河南科学，2016（34）：1879-1883.

[60] Tamura M, Tokonami K, Nakagawa Y, et al. Rapid synthesis of unsaturated alcohols under mild conditions by highly selective hydrogenation. Chem Commun, 2013, 49: 7034-7036.

[61] Nakagawa Y, Tomishige K. Total hydrogenation of furan derivatives over silica-supportedNi-Pd alloy catalyst. Catal Commun, 2010, 12: 154-156.

[62] Nakagawa Y, Nakazawa H, Watanabe H, et al. Total hydrogenation of furfural over a silica-supported nickel catalyst prepared by the reduction of a nickel nitrate precursor. Chem Cat Chem, 2012, 4: 1791-1797.

[63] Biradar N S, Hengne A M, Birajdar S N, et al. Single-pot formation of THFAL via catalytic hydrogenation of FFR over Pd/MFI catalyst. ACS Sustainable Chem Eng, 2014, 2 (2): 272-281.

[64] Bremner J G M, Keeys R K F. The hydrogenation of furfuraldehyde to furfuryl alcohol and sylvan (2-methylfuran). J Chem Soc, 1947: 1068-1080.

[65] Ding F, Zhang Y, Yuan G, et al. Synthesis and catalytic performance of Ni/SiO_2 for hydrogenation of 2-methylfuran to 2-methyltetrahydrofuran. Journal of Nanomaterials, 2015, http: //dx. doi. org/10. 1155/2015/791529.

[66] Hronec M, Fulajtarovfi K. Selective transformation of furfural to cyclopentanone. Catal Commun, 2012, 24: 100-104.

[67] Wang W, Yang Y, Luo H. Amorphous Co-Mo-B catalyst with high activity for the hydrodeoxygenation of bio-oil. Catalysis Communications, 2011, 12 (6): 436-440.

[68] Huber G W, Chheda J, Barrett C B, et al. Production of liquid alkanes by aqueous-phase processing ofbiomass-derived carbohydrates. Science, 2005, 308: 1446-2079.

[69] Roman-Leshkov Y, Barrett C J, Liu Z, et al. Production of dimethylfuran for liquid fuels from biomass-derived carbohydrates. Nature, 2007, 447 (7147): 982-985.

[70] 梁长海,刘春艳.负载型 Pt、Pd 以及 Pt-Pd 催化剂上苯并呋喃加氢脱氧反应.大连:大连理工大学,2016.

[71] Wang Y, Fang Y, He T, et al. Hydrodeoxygenation of dibenzofuran over noble metai supported on mesoporous zeolite. Catalysis Communications, 2011, 12 (13): 1201-1205.

[72] Lee H W, Bo R J, Kim H, et al. Catalytic hydrodeoxygenation of 2-methoxy phenol and dibenzofuran over Pt/mesoporous zeolities. Energy, 2014, (81): 33-40.

[73] Aidi M, Samimi F, Karimipourfard D. Upgrading of lignin-derived bio-oils by catalytic hydrodeoxygenation. Energy Environment Science, 2014, 7: 103-129.

[74] Li Z, Wang Y, Yin C, et al. Selective breaking of C—O bonds in hydrodeoxygenation of 4-methylphenol over CoMoS/ZrO_2. Journal of Fuel Chemistry and Technology, 2021, 49 (4): 522-528.

[75] Chang J, Danuthai T, Dewiyanti S, et al. Hydrodeoxygenation of guaiacol over carbon-supported metal catalysts. Chemcatchem., 2013, 5: 3041-3049.

[76] Jongerius A L, Gosselink R W, Dijkstra J, et al. Carbon nanofiber supported transition-Metal carbide catalysts for the hydrodeoxygenation of guaiacol. Chem Cat Chem, 2013, 5: 2964-2972.

[77] Talukdar A K, Bhattacharyya K G, Sivasanker S. Hydrogenation of phenol over supported platinum and palladium catalysts. Appl Catal, 1993, 96 (2): 229-239.

[78] Huang Y, Yan L, Chen M, et al. Selective hydrogenolysis of phenols and phenyl ethers to arenes through direct C—O cleavage over ruthenium-tungsten bifunctional catalysts. Green Chemistry, 2015, 17 (5): 3010-3017.

[79] Zhao C, Lercher J A. Selective hydrodeoxygenation of lignin-Derived phenolic monomers and dimers to cycloalkanes on Pd/C and HZSM-5 catalysts. Chem Cat Chem, 2012, 4 (1): 64-68.

[80] Zhang X, Wang T, Ma L, et al. Hydrotreatment of bio-oil over Ni-based catalyst. Bioresource Technology, 2013, 127: 306-311.

[81] Foster A J, Do P T M, Lobo R F. The synergy of the support acid function and the metal function in the catalytic hydrodeoxygenation of *m*-cresol. Topics in Catalysis, 2012, 55 (3-4): 118-128.

[82] Zhang W, Chen J, Liu R, et al. Hydrodeoxygenation of lignin • derived phenolic monomers and dimers to alkane fuels over bifunctional zeolite-suppoaed metal catalysts. ACS Sustainable Chem Eng, 2014. 2: 683-691.

[83] Shafaghat H, Rezaei P S, Daud W M A W. Catalytic hydrodeoxygenation of simulated phenolic bio-oil to cycloalkanes and aromatic hydrocarbons over bifunctional metal/acid catalysts of Ni/HBeta, Fe/HBeta and NiFe/HBeta. Journal of Industrial and Engineering Chemistry, 2016, 35: 268-276.

[84] Bykova M V, Ermakov D Y, Kaichev V V, et al. Ni-based sol-gel catalysts as promising systems for crude bio-oil upgrading: Guaiacol hydrodeoxygenation study. Appl Catal B Environ, 2012: 113-114.

[85] Senol O I, Ryymin E M, Viljava T R, et al. Effect of hydrogen sulphide on the hydrodeoxygenation of aromatic and aiiphatic oxygenates on sulphided catalysts. Journal of Molecular Catalysis (A): Chemical, 2007, 277 (1): 107-112.

[86] Xu Y, Wang T, Ma L, et al. Upgrading of liquid fuel from the vacuum pyrolysis of biomass over the Mo-Ni/1, —Al_2O_3 catalysts. Biomass and Biocnergy, 2009, 33 (8): 1030-1036.

[87] Xu Y, Wang T, Ma L, et al. Upgrading of fast pyrolysis liquid fuel from biomass over Ru/T—Al_2O_3 catalyst. Energy Conversion and Management, 2012, 55: 172-177.

[88] Elliott D C, Hart T R. Catalytic hydroprocessing of chemical models for bio-oil. Energy Fuels, 2009, 23 (1): 631-637.

[89] Tanielyan S, Schmidt S, Marin N, et al. Selective hydrogenation of 2-butyne-1,4-diol to 1,4-butanediol over particulate raney nickel catalysts. Topics in Catalysis, 2010, 53: 1145-1149.

[90] Meine N, Benedito F, Rinaldi R. Thermal stability of ionic liquids assessed by potentiometric titration. Green Chemistry, 2010, 12: 1711-1714.

[91] Guzman C, Del Angel G, Fierro J L G, et al. Role of Pt oxidation state on the activity and selectivity for crotonaldehyde hydrogenation over Pt-Sn/Al_2O_3-La and Pt-Pb/Al_2O_3-La catalysts. Topics in Catalysis, 2010, 53: 1142-1144.

[92] Ardiyanti A R, Khmmova S A, Venderbosch R H, et al. Catalytic hydrotreatment of fast pyrolysis oil using non-sulfided bimetallic Ni-Cu catalysts on a fi-$A1_2O_3$ support. Appl Catal B—Environ, 2012, 117-118: 105-117.

[93] Ardiyanti A R, Khromova S A, Venderbosch R H, et al. Catalytic hydrotreatment of fast pyrolysis oil using bimetallic Ni-Cu catalysts on various supports. Appl Catal A—Gen, 2012, 449: 121-130.

[94] Li K, Wang R, Chen J. Hydrodeoxygenation of Anisole over Silica-Supported Ni_2P, MoP, and NiMoP Catalysts. Energy Fuels, 2011, 25 (3): 854-863.

[95] Sitthisa S, Pham T, Prasomsri T, et al. Conversion of furfural and 2-methylpentanal on Pd/SiO_2 and Pd-Cu/SiO_2 catalysts. Journal of Catalysis, 2011, 280 (1): 17- 27.

[96] Li N, Huber G W. Aqueous-phase hydrodeoxygenation of sorbitol with Pt/SiO_2-Al_2O_3: Identification of reaction intermediates. Journal of Catalysis, 2010, 270 (1) : 48- 59.

[97] Davda R R, Dumesic J A. Catalytic reforming of oxygenated hydrocarbons for hydrogen with low levels of carbon monoxide. Angewandte Chemie, 2003, 42 (34): 4068-4071.

[98] Huber G , Cortright R , Dumesic J . Renewable alkanes by aqueous-phase Reforming of biomass-derived oxygenates. Angewandte Chemie, 2010, 43 (12): 1549-1551.

[99] 周华，王铁军，张兴华，等. Pt/HZSM-5 水相重整山梨醇合成生物汽油的研究. 太阳能学报，2010，31 (9)：1097-1100.

[100] Vilcocq L, Koerin R, Cabiac A , et al. New bifunctional catalytic systems for sorbitol transformation into biofuels. Applied Catalysis B Environmental, 2014, 148-149 (47): 499-508.

[101] Vilcocq L, Cabiac A, Especel C, et al. Hydrocarbon fuel synthesis from sorbitol over bifunctional catalysts: Association of tungstated titania with platinum, palladium or iridium. Catalysis Today, 2015, 242: 91-100.

[102] Chen K , Tamura M , Yuan Z , et al. Cover picture: One-pot conversion of sugar and sugar polyols to n-Alkanes without C—C Dissociation over the Ir-ReO_x/SiO_2 catalyst combined with H-ZSM-5 (Chem Sus Chem 4/2013). Chem Sus Chem, 2013, 6 (4): 547-547.

[103] Liu S , Tamura M , Nakagawa Y , et al. One-pot conversion of cellulose into n-hexane over the Ir-ReO_x/SiO_2 catalyst combined with HZSM-5. ACS Sustainable Chemistry & Engineering, 2014, 2 (7): 1819-1827.

[104] 吴昊，李文志，徐志平，等. Ir-ReO_x/SiO_2 耦合 HZSM-5 催化转化生物质原料制备 C_5/C_6 烷烃的研究. 中国科学技术大学学报，2017，47 (5)：377-384.

[105] Mclaughlin M P , Adduci L L , Becker J J , et al. Iridium-catalyzed hydrosilylative reduction of glucose to hexane (s). Journal of the American Chemical Society, 2013, 135 (4): 1225-1227.

[106] Adduci L L, McLaughlin D M P, Bender T A, et al. Metal-free deoxygenation of carbohydrates. Angewandte Chemie, 2014, 53 (6): 1646-1649.

[107] Beau O D B , Dusselier M , Geboers J , et al. Direct catalytic conversion of cellulose to liquid straight-chain alkanes. Energy Environ Sci, 2015, 8 (1): 230-240.

[108] Osaka Y , Ikeda Y , Hashizume D , et al. Direct hydrodeoxygenation of cellulose and xylan to lower alkanes on ruthenium catalysts in subcritical water. Biomass & Bioenergy, 2013, 56 (56): 1-7.

[109] Liu Y, Chen L, Wang T, et al. High yield of renewable hexanes by direct hydrolysis-hydrodeoxygenation of cellulose in an aqueous phase catalytic system. RCS Advances, 2015, 5: 11649-11657.

[110] Murata K , Liu Y , Inaba M , et al. Hydrocracking of biomass-derived materials into alkanes in the presence of platinum-based catalyst and hydrogen. Catalysis Letters, 2010, 140 (1-2): 8-13.

[111] Kato Y, Sekine Y. One pot direct catalytic conversion of cellulose to hydrocarbon by decarbonation using Pt/H-beta zeolite catalyst at low temperature. Catalysis Letters, 2013, 143 (5): 418-423.

[112] Shrotri A , Lambert L K , Tanksale A , et al. Mechanical depolymerisation of acidulated cellulose: Understanding the solubility of high molecular weight oligomers. Green Chemistry, 2013, 15 (10): 2761.

[113] Xia Q , Chen Z , Shao Y , et al. Direct hydrodeoxygenation of raw woody biomass into liquid alkanes. Nature Communications, 2016, 7: 11162.

[114] Liu Y, Chen L, Wang T, et al. One-pot catalytic conversion of raw lignocellulosic biomass into gasoline alkanes and chemicals over $LiTaMoO_6$ and Ru/C in aqueous phosphoric acid. ACS Sustainable Chemistry & Engineering, 2015, 3 (8): 1745-1755.

[115] Wei Lv, Yuhe Liao, Yuting Zhu, et al. The effect of Ru/C and $MgCl_2$ on the cleavage of inter-and intra-molecular linkages during cornstalk hydrolysis residue valorization. Cellulose volume 27, 2020: 799-823.

[116] Chheda J N, Dumesic J A. Dehydration, aldol condensation and hydrogenation processes for the production of liquid alkanes from biomass-derived Carbohydrates. Catalysis Today, 2007, 123 (1-4): 59-70.

[117] Dong N, Kikhtyanin O, Ramos R, et al. Nanosized TiO_2—A promising catalyst for the aldol condensation of furfural with acetone in biomass upgrading. Catalysis Today, 2016, 277: 97-107.

[118] Pupovac K, Palkovits R. Cu/MgAl(2)O(4) as bifunctional catalyst for aldol condensation of 5-hydroxymethylfurfural and selective transfer hydrogenation. Chemsuschem, 2013, 6 (11): 2103-2110.

[119] O' Neill R E, Vanoye L, Bellefon C D, et al. Aldol-condensation of furfural by activated dolomite catalyst. Applied Catalysis B Environmental, 2014, 144 (1): 46-56.

[120] Zhang J, Yang X, Hou B, et al. Comparison of cellobiose and glucose transformation to ethylene glycol. Chinese Journal of Catalysis, 2014, 35 (11): 1811-1817.

[121] Barrett C J, Chheda J N, Huber G W, et al. Single-reactor process for sequential aldol-condensation and hydrogenation of biomass-derived compounds in water. Applied Catalysis B Environmental, 2006, 66 (1): 111-118.

[122] Pupovac K, Palkovits R. Cu/MgAl(2)O(4) as bifunctional catalyst for aldol condensation of 5-hydroxymethylfurfural and selective transfer hydrogenation. Chem Sus Chem, 2013, 6 (11): 2103-2110.

[123] Liu D, Zhang Y, Chen Y. Organocatalytic upgrading of the key biorefining building block by a catalytic ionic liquid and N-heterocyclic carbenes. Green Chemistry, 2012, 14 (10): 2738-2746.

[124] Liu D, Chen Y. Diesel and alkane fuels from biomass by organocatalysis and metal-acid tandem catalysis. Chem Sus Chem, 2013, 6 (12): 2236-2239.

[125] Zang H, Chen E Y. Organocatalytic upgrading of furfural and 5-hydroxymethyl furfural to c10 and c12 furoins with quantitative yield and atom-efficiency. International Journal of Molecular Sciences, 2015, 16 (4): 7143-7158.

[126] Lu W, Chen E. Recyclable supported carbene catalysts for high-yielding self-condensation of furaldehydes into C_{10} and C_{12} furoins. Acs Catalysis, 2015, 5 (11): 6907-6917.

[127] Huang Y, Yang Z, Dai J, et al. Production of high quality fuels from lignocellulose-derived chemicals: a convenient C—C bond formation of furfural, 5-methylfurfural and aromatic aldehyde. Rsc Advances, 2012, 2(30): 11211-11214.

[128] Pagántorres Y J, Wang T, Gallo J M R, et al. Production of 5-hydroxymethylfurfural from glucose using a combination of lewis and brønsted acid catalysts in water in a biphasic reactor with an alkylphenol solvent. Acs Catalysis, 2012, 2 (6): 930-934.

[129] Li N, Li S, Yang J, et al. Solvent-free synthesis of C_9 and C_{10} branched alkanes with furfural and 3-pentanone from lignocellulose. Catalysis Communications, 2015, 59 (10): 229.

[130] Chheda J, Huber G, Dumesic J. Liquid-phase catalytic processing of biomass-derived oxygenated hydrocarbons to fuels and chemicals. Angew Chem Int Ed Engl, 2007, 46 (38): 7164-7183.

[131] 李雁斌，徐莹，马隆龙，等.生物油加氢精制工艺研究进展.农业工程学报，2014 (9): 183-191.

[132] Elliott D C. Historical developments in hydroprocessing bio-oils. Energy & Fuels, 2007, 21 (3): 1792-1815.

[133] Sheu Y E, Anthony R G, Soltes E J. Kinetic studies of upgrading pine pyrolytic oil by hydrotreatment. Fuel Processing Technology, 1988, 19 (88): 31-50.

[134] Parapati D R, Guda V K, Penmetsa V K, et al. Single stage hydroprocessing of pyrolysis oil in a continuous packed-bed reactor. Environmental Progress & Sustainable Energy, 2014, 33 (3): 726-731.

[135] Şenol Oİ, Ryymin E M, Viljava T R, et al. Effect of hydrogen sulphide on the hydrodeoxygenation of aromatic and aliphatic oxygenates on sulphided catalysts. Journal of Molecular Catalysis A: Chemical, 2007, 277 (1-2): 107-112.

[136] Wildschut J, Melián-Cabrera I, Heeres H J. Catalyst studies on the hydrotreatment of fast pyrolysis oil. Applied Catalysis B: Environmental, 2010, 99 (1-2): 298-306.

[137] Ardiyanti A R, Gutierrez A, Honkela M L, et al. Hydrotreatment of wood-based pyrolysis oil using zirconia-supported mono- and bimetallic (Pt, Pd, Rh) catalysts. Applied Catalysis A: General, 2011, 407 (1-2): 56-66.

[138] Wildschut J, Mahfud F H, Venderbosch R H, et al. Hydrotreatment of fast pyrolysis oil using heterogeneous noble-metal catalysts. Industrial & Engineering Chemistry Research, 2009, 48 (23): 10324-10334.

[139] 姚燕，王树荣，骆仲泱，等.生物油轻质馏分加氢试验研究.工程热物理学报，2008, 29 (4): 715-719.

[140] 徐莹，龙金星，张丽敏，等.Raney-Ni催化生物油轻质组分加氢制备含氧燃料.农业工程学报，2014, 30 (24): 252-258.

[141] 张丽敏，徐垂，张埼，等.Raney-Ni催化中和生物油加氢制取饱和醇的研究.太阳能学报，2015, 36 (10): 2530-2535.

[142] 朱富楠，郑先伟，鲁俊祥，等.Pt/C催化生物油加氢制备含氧液体燃料.广东化工，2014, 41 (24): 3-5.

[143] 常佳敏，徐莹，马隆龙，等.生物油酯化-加氢提质制备醇酯类燃料.农业工程学报，2016, 32 (5): 263-267.

[144] Vispute T P, Zhang H, Sanna A, et al. Renewable chemical commodity feedstocks from integrated catalytic processing of pyrolysis oils. Science, 2010, 330 (6008): 1222-1227.

[145] Elliott D C, Hart T R, Neuenschwander G G, et al. Catalytic hydroprocessing of fast pyrolysis bio-oil from pine sawdust. Energy & Fuels, 2012, 26 (6): 3891-3896.

[146] Xu X, Zhang C, Liu Y, et al. Two-step catalytic hydrodeoxygenation of fast pyrolysis oil to hydrocarbon liquid fuels. Chemosphere, 2013, 93 (4): 652-660.

[147] Elliott D C, Hart T R, Neuenschwander G G, et al. Catalytic hydroprocessing of biomass fast pyrolysis bio-oil to produce hydrocarbon products. Environmental Progress & Sustainable Energy, 2009, 28 (3): 441-449.

[148] Mahfud F H, Melian-Cabrera I, Manurung R, et al. Biomass to fuels: Upgrading of flash pyrolysis on by reactive distillation using a high boiling alcohol and acid catalysts. Trans IChem E, B: Process Safety and Environmental Protection, 2007, 85 (B5): 466-472.

[149] 徐俊明. 生物质热解油分类精制基础研究. 北京：中国林业科学研究院，2009.

[150] 王锦江. 催化酯化改质生物质油的试验研究. 广州：华东理工大学，2010.

[151] Xu J, Jiang J, Sun Y, et al. Bio-oil upgrading by means of ethyl ester production in reactive distillation to removewater and to improve storage and fuel characteristics. Biomass and Bioenergy, 2008, 32: 1056-1061.

[152] Xiong W, Zhu M, Deng L, et al. Esterification of organic acid in bio-oil using acidic ionic liquid catalysts. Energy & Fuels, 2009, 23: 2278-2283.

[153] 张琦，常杰，王铁军，等. 固体酸催化剂 SO_4^{2-}/SiO_2-TiO_2 的制备及其催化酯化性能. 催化学报，2006，27（Ⅱ）：1033-1038.

[154] Adam J, Blazso M, Meszaros E, et al. Pyrolysis of biormss in the presence of Al-MClVI-41type catalysts. Fuel, 2005, 84: 1494-1502.

[155] 贤晖，潘越，仇松柏，等. $C_{12}A_7$. MgO 催化剂上的生物质油裂解制氧. 化学物理学报，2005，(18) 4：469-470 .

[156] Davidian T, Guilhaume N, Iojoiu E, et al. Hydrogen production from crude pyrolysis oil by a sequential catalytic process. Applied Catalysis B: Environmental, 2007, 73: 116-127.

[157] Medrano J A, Oliva M, Ruiz J, et al. Catalytic steam reforming of acetic acid in a fludized bed reactor with oxygen addition. International Journal of Hydrigen Energy, 2008, 33 (16): 4387-4396.

[158] Rennard D C, Dauenhauer P J, Tupy S A, et al. Autothermal catalytic partial oxidation of bio-oil functional groups: Esters and acids. Energy & Fuels, 2008, 22 (2): 1318-1327.

[159] Cortright R D, Davda R R, Dumesic J A. Hydrogen from catalytic reforming of biomass-derived hydricarbons in liquid water. Nature, 2002, 418 (6901): 964-967.

[160] 吴云鹏. 生物燃油催化加氢制烃类燃料反应器设计及理论研究. 哈尔滨：东北林业大学，2018.

（徐俊明，黄耀兵，刘朋）